산업안전기사
필기

무조건 단기에 뽀개기

시대에듀

편·저·자·약·력

황정호

[경력]
한양대학교병원 서울직업병안심센터 사무국장
한양대학교 보건대학원 직업 및 환경보건전공 겸임교수
한국산업보건학회 학술이사(제17대 2023~2025)
前 대한산업보건협회 교육사업본부 교육팀장
　　연세대학교 의료원 인천근로자건강센터 사무국장
　　포스코 포항제철소 보건관리자
　　순천향대학교서울병원 직업환경의학과 연구원
[자격]
산업위생관리기사, 인간공학기사

심용섭

[경력]
연세대학교 의료원 안전관리자
前 인제대학교 일산백병원 안전관리자
　　서울드래곤시티 안전관리자
[자격]
산업안전기사, 대기환경기사, 위험물산업기사

추철웅

[경력]
강남세브란스병원 안전보건파트장
경희사이버대학교 안전공학전공 강사
[자격]
인간공학기술사, 산업안전기사, 산업위생관리기사,
농작업안전보건기사, 위험물산업기사

김홍관

[경력]
연세대학교 의료원 안전보건팀장
연세대학교 보건대학원 산업환경보건학과 겸임교수
인하대학교 대학원 환경·안전융합전공 강사
[자격]
산업안전기사, 산업위생관리기사, 기업재난관리사,
농작업안전보건기사, 선박안전관리사, 인간공학기사,
직업능력개발훈련교사

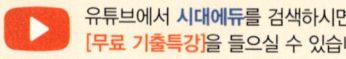

유튜브에서 **시대에듀**를 검색하시면
[무료 기출특강]을 들으실 수 있습니다.

끝까지 책임진다! 시대에듀!
QR코드를 통해 도서 출간 이후 발견된 오류나 개정법령, 변경된 시험 정보, 최신기출문제, 도서 업데이트 자료 등이 있는지 확인해 보세요! **시대에듀 합격 스마트 앱**을 통해서도 알려 드리고 있으니 구글 플레이나 앱 스토어에서 다운받아 사용하세요. 또한, 파본 도서인 경우에는 구입하신 곳에서 교환해 드립니다.

편집진행 윤진영·오현석 | **표지디자인** 권은경·길전홍선 | **본문디자인** 정경일·박동진

※ 이 책은 저작권법에 의해 보호를 받는 저작물이므로 동영상 제작 및 무단전재와 복제를 금합니다.

PREFACE

산업안전기사는 산업현장에서 일어날 수 있는 안전사고 예방에 특화된 자격입니다. 제조 및 서비스업 등 각 산업현장에서의 안전은 근로자의 생명과 직결되는 중요한 문제로서, 그만큼 안전에 대한 중요성이 부각됩니다. 따라서, 근로자를 보호하며 근로자들이 안심하고 생산성 향상에 주력할 수 있는 안전한 작업환경을 만들기 위한 전문적인 지식을 가진 기술인력을 양성하기 위한 자격이라고 할 수 있습니다.

또한, 산업재해 예방계획의 수립에 관한 사항을 수행하며, 작업환경의 점검 및 개선에 관한 사항, 유해 및 위험방지에 관한 사항, 사고사례 분석 및 개선에 관한 사항, 근로자의 안전교육 및 훈련에 관한 업무를 수행할 수 있습니다.

2022년 중대재해 처벌 등에 관한 법률의 시행과 함께 산업안전보건법의 지속적인 개정과 법률 이행의 강화로 안전관리 분야의 자격증에 대한 관심이 높아지고 있습니다. 그중 산업안전기사는 2011년부터 지속적으로 응시자가 증가하는 추세로, 2024년에는 필기 86,032명, 실기 52,956명이 응시할 정도였습니다. 안전에 대한 인식이 상향되고, 관계 법령에서 정하는 요구사항이 강화되는 만큼 수험생들의 산업안전기사 자격증 수요는 증가할 것으로 보입니다.

본 도서는 출제기준 및 새로 개정된 산업안전보건법령과 국가직무능력표준(NCS) 학습모듈에 따라 중요한 핵심이론 및 기출(복원)문제와 상세한 해설을 수록하여 수험생들이 혼자서도 어렵지 않게 시험을 준비할 수 있도록 하였습니다.

부족한 점은 꾸준히 수정·보완하여 좋은 수험 대비서가 되도록 노력하겠으며, 수험생 여러분의 합격을 진심으로 기원합니다. 끝으로 도서가 출간되기까지 애써 주신 시대에듀 임직원 여러분의 노고에 감사드립니다.

편저자 일동

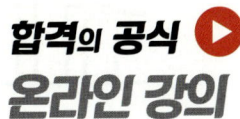 

보다 깊이 있는 학습을 원하는 수험생들을 위한 시대에듀의 동영상 강의가 준비되어 있습니다.
www.youtube.com → 시대에듀 → 구독

NEWS ── **인기 유망 자격증!** ── SIDAEEDU

산업안전기사를 주목해야 하는 이유

2025.00.00 | www.sdedu.co.kr | NEWSPAPER

"취업에 유리한 '산업안전기사' 우선 따고 본다"

재해율에 대한 지속적인 관심 증가로 기업에서 안전보건 분야 자격을 적극 활용하고 있다는 전망이 나왔다.

최근 한 기업에서는 자격 취득 교육과정을 개설하여 전 사원을 교육하는 등 직업능력개발의 수단으로 산업안전기사 자격을 주목하고 있다.

… 중략 …

산업안전기사에 대한 기업의 수요 증가로 인해 앞으로 관련 채용이 더욱 활성화될 것으로 보이며 이에 따른 산업안전기사 실용성이 제고된다.

국가기술자격 트렌드 상위권 안착 "산업안전기사"

산업안전기사 자격증이 큰 관심을 받은 것으로 나타났다.

최근 5년간 산업안전기사의 응시인원이 5만 명 이상 증가하는 가파른 상승세를 보이고 있다. 이는 중대재해 처벌 등에 관한 법률의 시행과 함께 안전관리 분야 자격증에 대한 관심이 높아진 것이 큰 이유인 것으로 분석된다.

취업 준비생뿐만 아니라 이직을 준비 중인 직장인 등의 산업안전기사 응시가 증가함에 따라 자격증에 도전하는 인원은 꾸준히 증가할 것으로 보인다.

산·안·기 Q&A

Q 산업안전기사는 무슨 직무를 수행하나요?

A 제조 및 서비스업 등 각 산업현장에 소속되어 산업재해 예방계획의 수립에 관한 사항을 수행하며, 작업환경의 점검 및 개선에 관한 사항, 유해 및 위험방지에 관한 사항, 사고사례 분석 및 개선에 관한 사항, 근로자의 안전교육 및 훈련 등을 수행합니다.

Q 산업안전기사 자격증의 우대사항이나 가산점이 있나요?

A 사업의 종류와 규모에 따라 사업장에 일정 수 이상의 안전관리자를 채용해야 하기 때문에, 산업안전 분야 인력 채용 시 자격증 소지자를 우대하고 있습니다. 직종별 기준은 상이하지만 6급 이하 기술직 공무원 5%의 가산점이 인정됩니다.

Q 건설안전기사와 산업안전기사의 차이점은 무엇인가요?

A 건설안전기사가 건설현장에 특화된 자격증이라면 산업안전기사는 건설현장뿐 아니라 화학, 전기 등의 현장에서도 사용할 수 있는 자격증입니다.

Q 산업안전기사의 전망은 어떤가요?

A 우리나라의 경우 재해율이 아직 후진국 수준에 머물러 있어 이에 대한 계속적 투자의 사회적 인식이 높아져 가고 있으며, 프레스, 용접기 등 기계·기구에서 각종 방호장치까지 안전인증 대상을 확대하도록 산업안전보건법 시행규칙이 개정되어 이에 따른 고용창출 효과가 기대되고 있습니다. 또한 경제회복 국면과 안전보건조직 축소가 맞물림에 따라 산업재해의 증가가 우려되고 있어 정부의 적극적인 재해 예방 정책 등으로 산업안전기사 자격증 취득자에 대한 인력 수요는 증가할 것입니다.

" 산업안전기사는 취득 시 거의 모든 제조업체, 안전관리 전문기관, 정부기관 등에 진출할 수 있고, 평생 활용할 수 있으므로 취업과 노후대비에 필수 자격증입니다. "

산업안전기사 시험의 모든 것

산업안전기사란?
생산관리에서 안전을 제외하고는 생산성 향상이 불가능하다는 인식 속에서 산업현장의 근로자를 보호하고 근로자들이 안심하고 생산성 향상에 주력할 수 있는 작업환경을 만들기 위해 전문적인 지식을 가진 기술인력을 양성하고자 자격제도를 제정하였다.

시험일정

구분	필기 원서접수	필기시험	필기합격 (예정자) 발표	실기 원서접수	실기시험	최종합격자 발표일
제1회	1월 중순	2월 초순	3월 중순	3월 하순	4월 중순	6월 중순
제2회	4월 중순	5월 초순	6월 중순	6월 하순	7월 중순	9월 중순
제3회	7월 하순	8월 초순	9월 초순	9월 하순	11월 초순	12월 하순

※ 상기 시험일정은 시행처의 사정에 따라 변경될 수 있으니, 큐넷 홈페이지(www.q-net.or.kr)에서 확인하시기 바랍니다.

시험 관련 세부정보

❶ **시행처** : 한국산업인력공단

❷ **시험과목**
- 필기 : 산업재해예방 및 안전보건교육, 인간공학 및 위험성 평가·관리, 기계·기구 및 설비 안전 관리, 전기설비 안전 관리, 화학설비 안전관리, 건설공사 안전관리
- 실기 : 산업안전관리 실무

❸ **검정방법**
- 필기 : 객관식 4지 택일형, 과목당 20문항(3시간)
- 실기 : 복합형(필답형 1시간 30분, 작업형 1시간 정도)

❹ **합격기준**
- 필기 : 100점을 만점으로 하여 과목당 40점 이상, 전 과목 평균 60점 이상
- 실기 : 100점을 만점으로 하여 60점 이상

연도별 합격자 현황

검정현황

구분		2018	2019	2020	2021	2022	2023	2024
필기	응시자	27,018	33,287	33,732	41,704	54,500	80,253	86,032
	합격자	11,641	15,076	19,655	20,205	26,032	41,014	36,717
실기	응시자	15,755	20,704	26,012	29,571	32,473	52,776	52,956
	합격자	7,600	9,765	14,824	15,310	15,681	28,636	31,191

필기시험

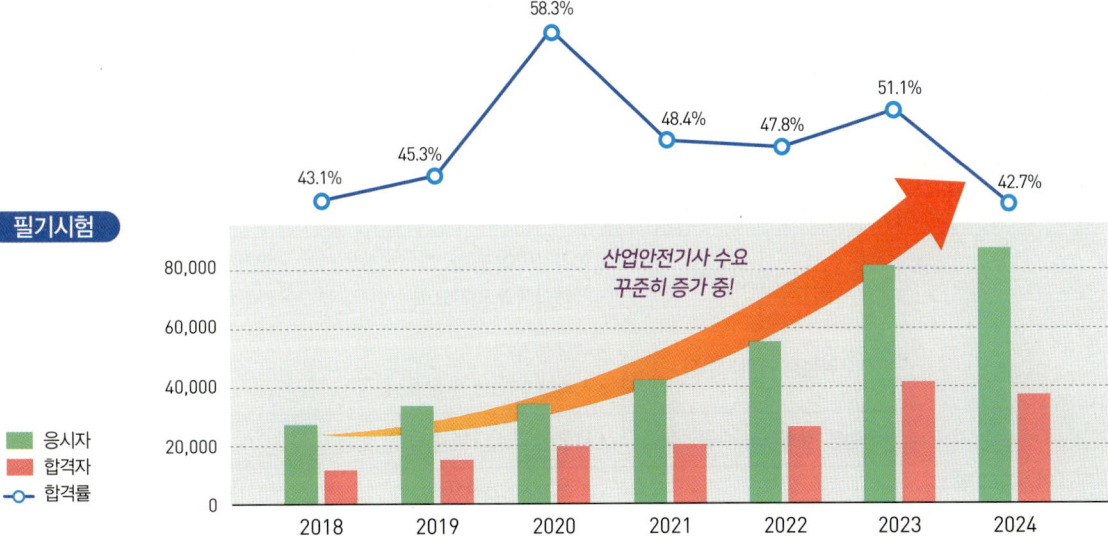

산업안전기사 수요 꾸준히 증가 중!

실기시험

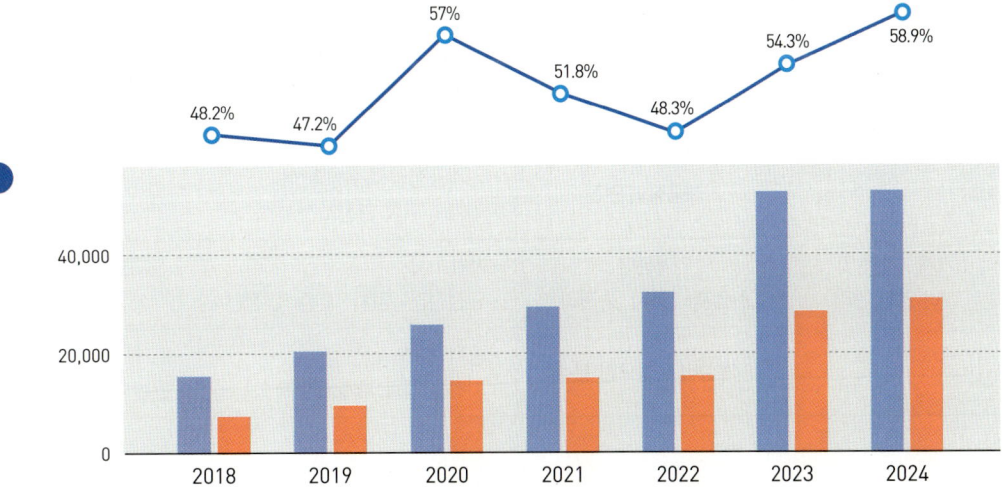

산업안전기사 필기 출제기준

필기 과목명	주요항목	세부항목	
산업재해예방 및 안전보건교육	산업재해예방 계획수립	• 안전관리	• 안전보건관리 체제 및 운용
	안전보호구 관리	• 보호구 및 안전장구 관리	
	산업안전심리	• 산업심리와 심리검사 • 인간의 특성과 안전과의 관계	• 직업적성과 배치
	인간의 행동과학	• 조직과 인간행동 • 집단관리와 리더십	• 재해 빈발성 및 행동과학 • 생체리듬과 피로
	안전보건교육의 내용 및 방법	• 교육의 필요성과 목적 • 교육실시 방법 • 교육내용	• 교육방법 • 안전보건교육계획 수립 및 실시
	산업안전 관계법규	• 산업안전보건법령	
인간공학 및 위험성 평가·관리	안전과 인간공학	• 인간공학의 정의 • 체계설계와 인간요소	• 인간-기계체계 • 인간요소와 휴먼에러
	위험성 파악·결정	• 위험성 평가 • 시스템 위험성 추정 및 결정	
	위험성 감소대책 수립·실행	• 위험성 감소대책 수립 및 실행	
	근골격계질환 예방관리	• 근골격계 유해요인 • 근골격계 유해요인 관리	• 인간공학적 유해요인 평가
	유해요인 관리	• 물리적 유해요인 관리 • 생물학적 유해요인 관리	• 화학적 유해요인 관리
	작업환경 관리	• 인체계측 및 체계제어 • 작업 공간 및 작업자세 • 작업환경과 인간공학	• 신체활동의 생리학적 측정법 • 작업측정 • 중량물 취급 작업
기계·기구 및 설비 안전 관리	기계공정의 안전	• 기계공정의 특수성 분석 • 기계의 위험 안전조건 분석	
	기계분야 산업재해 조사 및 관리	• 재해조사 • 안전점검·검사·인증 및 진단	• 산재분류 및 통계 분석
	기계설비 위험요인 분석	• 공작기계의 안전 • 기타 산업용 기계·기구	• 프레스 및 전단기의 안전 • 운반기계 및 양중기

필기 과목명	주요항목	세부항목	
기계 · 기구 및 설비 안전 관리	기계안전시설 관리	• 안전시설 관리 계획하기 • 안전시설 유지 · 관리하기	• 안전시설 설치하기
	설비진단 및 검사	• 비파괴검사의 종류 및 특징	• 소음 · 진동 방지 기술
전기설비 안전관리	전기안전관리 업무수행	• 전기안전관리	
	감전재해 및 방지대책	• 감전재해 예방 및 조치 • 절연용 안전장구	• 감전재해의 요인
	정전기 장 · 재해 관리	• 정전기 위험요소 파악	• 정전기 위험요소 제거
	전기방폭 관리	• 전기방폭설비	• 전기방폭 사고예방 및 대응
	전기설비 위험요인 관리	• 전기설비 위험요인 파악 • 전기설비 위험요인 점검 및 개선	
화학설비 안전관리	화재 · 폭발 검토	• 화재 · 폭발 이론 및 발생 이해 • 폭발방지대책 수립	• 소화 원리 이해
	화학물질 안전관리 실행	• 화학물질(위험물, 유해화학물질) 확인 • 화학물질(위험물, 유해화학물질) 유해 위험성 확인 • 화학물질 취급설비 개념 확인	
	화공안전 비상조치 계획 · 대응	• 비상조치계획 및 평가	
	화공 안전운전 · 점검	• 공정안전 기술 • 공정안전보고서 작성심사 · 확인	• 안전 점검 계획 수립
건설공사 안전관리	건설공사 특성분석	• 건설공사 특수성 분석	• 안전관리 고려사항 확인
	건설공사 위험성	• 건설공사 유해 · 위험요인 파악 • 건설공사 위험성 추정 · 결정	
	건설업 산업안전보건관리비 관리	• 건설업 산업안전보건관리비 규정	
	건설현장 안전시설 관리	• 안전시설 설치 및 관리	• 건설공구 및 장비 안전수칙
	비계 · 거푸집 가시설 위험방지	• 건설 가시설물 설치 및 관리	
	공사 및 작업 종류별 안전	• 양중 및 해체 공사 • 운반 및 하역작업	• 콘크리트 및 PC 공사

이 책의 구성과 특징

❶ 출제포인트
본격적인 학습에 앞서 시험에 자주 나오는 출제포인트를 정리하였습니다. 시험에 전략적으로 대비하기 위해 어떤 부분에 중점을 두고 학습해야 하는지 방향을 제시하였습니다.

❷ 기출 키워드
빈출 핵심 키워드를 통해 최근 출제경향을 파악할 수 있습니다. 각 키워드와 연계된 중요이론을 놓치지 않고 학습할 수 있도록 하였습니다.

❸ 괄호문제
학습한 이론에서 꼭 알아야 할 내용을 기반으로 괄호문제를 구성하였습니다. 이론의 핵심 포인트를 파악하여 중요 개념을 확실히 학습할 수 있도록 하였습니다.

❹ 확인! OX
그동안 출제되었던 기출문제를 활용하여 OX문제를 구성하였습니다. 시험에서 자주 오답으로 출제되는 선지를 풀어보며 오답의 함정에서 벗어나는 연습을 할 수 있습니다.

❺ 더 알아보기
이론의 심화학습을 위해 더 알아보기를 구성하였습니다. 비전공자도 쉽게 이해할 수 있도록 친절하고 꼼꼼히 정리하였습니다.

---

01 산업재해예방 계획수

❶ 출제포인트
- 안전과 위험의 개념
- 안전보건관리체제
- 건설업
- 산업안전

❷ 기출 키워드
도미노이론, 재해예방의 4원칙, 4M 기법, 산업안전보건관리비, 산업안전보건위원회, 안전보건관리규정

제1절 안전관리

1. 안전과 위험의 개념
(1) 안전
① 사전적으로 위험이 생기거나 사고가
② 안전관리 : 안전관리는 생산성의 향상과 비능률적 요소인 안전사고가 발생하지

❸ + 괄호문제
다음 괄호 안에 알맞은 내용을 쓰시오.
① ( )를 탱크로 이동시킬 경우에 정전기를 예방하기 위해 최대 허용유속 이내로 유속을 제한하여야 한다.
② 정전기를 예방하기 위해 인체에 착용하는 기구로서 ( )는 인체를 접지하여 정전기를 예방한다.

| 정답 |
① 절연성 액체
② 손목접지대

❺ 더 알아보기
접지도체의 접지단자는 접지도체 또는 접속기 이용하여 연결하여야 한다.

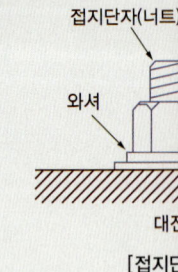

[접지단

❹ 확인! OX
다음은 보호구에 대한 설명이다. 옳으면 "O", 틀리면 "X"로 표시하시오.
1. 손목접지대는 좌식작업 시에 유효하다. ( )
2. 대전방지용 안전화는 감전사고 예방을 위해 사용되며, 정전기의 발생을 방지하지는 못한다. ( )

2. 보호구의 착용
(1) 손목접지대
① 좌식작업 시에 유효한 것으로 손목에 활용하여 접지선에 연결해 인체를 접
② 접지대는 1MΩ 정도의 저항을 직렬로 감전사고가 일어나지 않도록 하여야

(2) 대전방지용 안전화

❻ 출제율

최근 기출 분석을 반영한 각 장별 출제비율을 알아보세요. 전략적으로 시험에 대비하여 더 똑똑하게 공부할 수 있습니다.

❼ 중요도

기출 데이터를 기반으로 자주 출제되는 이론을 별의 개수로 나타내어 학습방향 설정에 도움이 되도록 하였습니다.

❽ 확인 Check!

○, △, ×로 풀이 난이도를 체크해 보세요. 복습 시에는 △, × 표시문제 위주로 풀어보는 것을 추천합니다.

❾ 해설

제대로 한 번 익힌 해설, 열 이론 부럽지 않다! 모든 문제에 친절하고 똑똑한 해설을 담았습니다. 앞서 표시한 △, × 문제를 확실히 잡고 가세요!

기출문제를 분석하면 합격이 보인다!

※ 2022년도 3회차부터는 개인별 CBT 시험 시행으로 분석에서 제외되었습니다.

✓ 산업재해예방 및 안전보건교육

장	구분	2020	2021	2022	누계	출제 비율	회별 출제
1	산업재해예방 계획수립	23	19	15	57	**36%**	7.13
2	안전보호구 관리	6	7	5	18	11%	2.25
3	산업안전심리	3	4	1	8	5%	1.00
4	인간의 행동과학	12	8	7	27	17%	3.38
5	안전보건교육의 내용 및 방법	14	14	9	37	23%	4.63
6	산업안전 관계법규	2	8	3	13	8%	1.61
	합계	60	60	40	160	100%	20

✓ 인간공학 및 위험성 평가·관리

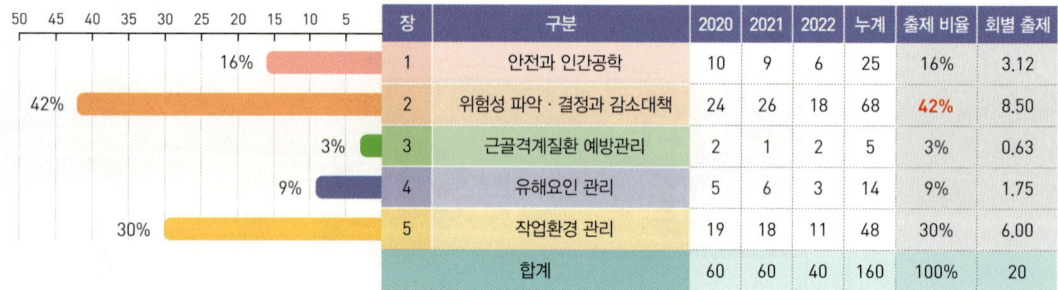

장	구분	2020	2021	2022	누계	출제 비율	회별 출제
1	안전과 인간공학	10	9	6	25	16%	3.12
2	위험성 파악·결정과 감소대책	24	26	18	68	**42%**	8.50
3	근골격계질환 예방관리	2	1	2	5	3%	0.63
4	유해요인 관리	5	6	3	14	9%	1.75
5	작업환경 관리	19	18	11	48	30%	6.00
	합계	60	60	40	160	100%	20

✓ 기계·기구 및 설비 안전 관리

장	구분	2020	2021	2022	누계	출제 비율	회별 출제
1	기계공정의 안전	6	5	4	15	9%	1.88
2	기계분야 산업재해 조사 및 관리	2	1	0	3	2%	0.38
3	기계설비 위험요인 분석	48	49	30	127	**79%**	15.88
4	기계안전시설 관리	2	1	3	6	4%	0.75
5	설비진단 및 검사	2	4	3	9	6%	1.11
	합계	60	60	40	160	100%	20

✔ 전기설비 안전관리

장	구분	2020	2021	2022	누계	출제 비율	회별 출제
1	전기안전관리 업무수행	7	12	4	23	14%	2.86
2	감전재해 및 방지대책	14	16	10	40	**25%**	5.00
3	정전기 장·재해 관리	17	11	11	39	24%	4.88
4	전기방폭 관리	12	11	8	31	20%	3.88
5	전기설비 위험요인 관리	10	10	7	27	17%	3.38
	합계	60	60	40	160	100%	20

✔ 화학설비 안전관리

장	구분	2020	2021	2022	누계	출제 비율	회별 출제
1	화재·폭발 검토	24	24	14	62	39%	7.75
2	화학물질 안전관리 실행	25	30	24	79	**49%**	9.88
3	화공안전 비상조치 계획·대응	1	0	0	1	1%	0.12
4	화공 안전운전·점검	10	6	2	18	11%	2.25
	합계	60	60	40	160	100%	20

✔ 건설공사 안전관리

장	구분	2020	2021	2022	누계	출제 비율	회별 출제
1	건설공사 특성분석	0	0	1	1	1%	0.11
2	건설공사 위험성	5	3	4	12	8%	1.50
3	건설업 산업안전보건관리비 관리	3	3	1	7	3%	0.88
4	건설현장 안전시설 관리	22	21	9	52	**33%**	6.50
5	비계·거푸집 가시설 위험방지	16	20	13	49	31%	6.13
6	공사 및 작업 종류별 안전	14	13	12	39	24%	4.88
	합계	60	60	40	160	100%	20

이 책의 목차 & 학습플랜

PART 01 | 산업재해예방 및 안전보건교육

- CHAPTER 01　산업재해예방 계획수립 ······ 2
- CHAPTER 02　안전보호구 관리 ······ 22
- CHAPTER 03　산업안전심리 ······ 35
- CHAPTER 04　인간의 행동과학 ······ 48
- CHAPTER 05　안전보건교육의 내용 및 방법 ······ 65
- CHAPTER 06　산업안전 관계법규 ······ 85

PART 02 | 인간공학 및 위험성 평가·관리

- CHAPTER 01　안전과 인간공학 ······ 90
- CHAPTER 02　위험성 파악·결정과 감소대책 ······ 104
- CHAPTER 03　근골격계질환 예방관리 ······ 123
- CHAPTER 04　유해요인 관리 ······ 134
- CHAPTER 05　작업환경 관리 ······ 146

PART 03 | 기계·기구 및 설비 안전 관리

- CHAPTER 01　기계공정의 안전 ······ 208
- CHAPTER 02　기계분야 산업재해 조사 및 관리 ······ 225
- CHAPTER 03　기계설비 위험요인 분석 ······ 238
- CHAPTER 04　기계안전시설 관리 ······ 295
- CHAPTER 05　설비진단 및 검사 ······ 306

PART 04 | 전기설비 안전관리

- CHAPTER 01　전기안전관리 업무수행 ······ 320
- CHAPTER 02　감전재해 및 방지대책 ······ 330
- CHAPTER 03　정전기 장·재해 관리 ······ 340
- CHAPTER 04　전기방폭 관리 ······ 351
- CHAPTER 05　전기설비 위험요인 관리 ······ 357

학습플랜 체크란

☑ 1월 1일, 1회독

PART 05 | 화학설비 안전관리

CHAPTER 01	화재·폭발 검토	372
CHAPTER 02	화학물질 안전관리 실행	394
CHAPTER 03	화공안전 비상조치 계획·대응	429
CHAPTER 04	화공 안전운전·점검	435

PART 06 | 건설공사 안전관리

CHAPTER 01	건설공사 특성분석	452
CHAPTER 02	건설공사 위험성	465
CHAPTER 03	건설업 산업안전보건관리비 관리	477
CHAPTER 04	건설현장 안전시설 관리	482
CHAPTER 05	비계·거푸집 가시설 위험방지	498
CHAPTER 06	공사 및 작업 종류별 안전	506

Add+ | 산업안전기사 기출(복원)문제

2020년	과년도 기출문제	526
2021년	과년도 기출문제	615
2022년	과년도 기출문제	704
2023년	과년도 기출복원문제	795
2024년	최근 기출복원문제	881

Add++ | 산업안전기사 최근 기출복원문제

| 2025년 | 최근 기출복원문제 | 974 |

일러두기

화학용어 표기 안내

본 도서는 국립국어원 외래어 표기법과 대한화학회 명명법에 의거하여 화학명칭 등을 개정된 용어로 수정하였습니다.

현재용어	개정용어
니트로	나이트로
디아조	다이아조
망간	망가니즈
부탄	뷰테인
불소	플루오린
브롬	브로민
메탄	메테인
시안	사이안

현재용어	개정용어
알데히드	알데하이드
요오드	아이오딘
에스테르	에스터
에탄	에테인
크실렌	자일렌
트리	트라이
프로판	프로페인
아미드	아마이드

개정법령 및 고시 · 기준 · 지침 등 안내

도서 출간 이후 개정되는 법령 등은 주요 개정내용을 정리하여 시대에듀 홈페이지에 업데이트하고 있습니다. 산업안전 기사는 개정이 잦은 법이 수록된 만큼 반드시 법제처를 확인하시기 바랍니다.

무료 동영상 강의 제공

혼자 공부하기 어려워하는 분들을 위해 무료 동영상 강의(기출 문제풀이)가 준비되어 있습니다. 동영상 강의는 시대에듀 유튜브 채널에서 만날 수 있습니다.

※ 강의 순차 업로드 예정

"산업안전기사의 시작, 시대에듀와 함께하세요"

PART 01

산업재해예방 및 안전보건교육

CHAPTER 01	산업재해예방 계획수립
CHAPTER 02	안전보호구 관리
CHAPTER 03	산업안전심리
CHAPTER 04	인간의 행동과학
CHAPTER 05	안전보건교육의 내용 및 방법
CHAPTER 06	산업안전 관계법규

CHAPTER 01 산업재해예방 계획수립

PART 01. 산업재해예방 및 안전보건교육

36% 출제율

출제포인트
- 안전과 위험의 개념
- 안전보건관리체제
- 건설업 산업안전보건관리비
- 산업안전보건위원회 운영

기출 키워드
도미노이론, 재해예방의 4원칙, 4M 기법, 산업안전보건관리비, 산업안전보건위원회, 안전보건관리규정

제1절 안전관리

1. 안전과 위험의 개념   중요도 ★☆☆

(1) 안전
① 사전적으로 위험이 생기거나 사고가 날 염려가 없음. 또는 그런 상태를 말한다.
② 안전관리 : 안전관리는 생산성의 향상과 재산 손실의 최소화를 위하여 행하는 것으로 비능률적 요소인 안전사고가 발생하지 않은 상태를 유지하기 위한 활동이다. 즉 재해로부터의 인간의 생명과 재산을 보호하기 위한 계획적이고 체계적인 제반 활동이며, 이를 산업안전관리(safety management)라고 한다.

(2) 위험
① 위험(hazard)
  ㉠ 직간접적으로 인적, 물적, 환경적 피해를 주는 원인이 될 수 있는 실제 또는 잠재된 상태를 말한다(사람에게 상해, 질병 또는 사망을, 시스템 장비나 자산의 손상이나 손실을, 혹은 환경 손상을 유발할 수 있는 실재 혹은 잠재적 상태).
  ㉡ 사전적으로는 위험하게 하는 것(to risk), 즉 손실 또는 상해 위험에 빠뜨리는 것(to put in danger of loss or injury)이다.
② 위험성(risk) : 특정한 위험요인이 위험한 상태로 노출되어 특정한 사건으로 이어질 수 있는 사고의 빈도(가능성)와 사고의 강도(중대성)의 조합을 말하며, 위험의 크기 또는 위험의 정도라고도 말할 수 있다.

2. 안전보건관리 제이론   중요도 ★★☆

(1) 하인리히(H. W. Heinrich)의 사고연쇄반응이론
① 하인리히는 사고의 원인이 어떻게 연쇄반응을 일으키는지 설명하기 위해, 도미노를 일렬로 세워놓고 어느 한끝을 쓰러뜨리면 연쇄·순서적으로 쓰러지는 현상으로 비유하였다.

하인리히는 사고의 발생과정을 다음과 같이 5단계로 정리하고 있으며 이것을 사고발생 5단계 또는 도미노이론이라고 한다.
㉠ 제1단계 : 사회적 환경 및 유전적 요소
㉡ 제2단계 : 개인적인 결함
㉢ 제3단계 : 불안전한 행동 및 상태(인적원인과 물적원인)
㉣ 제4단계 : 사고
㉤ 제5단계 : 재해

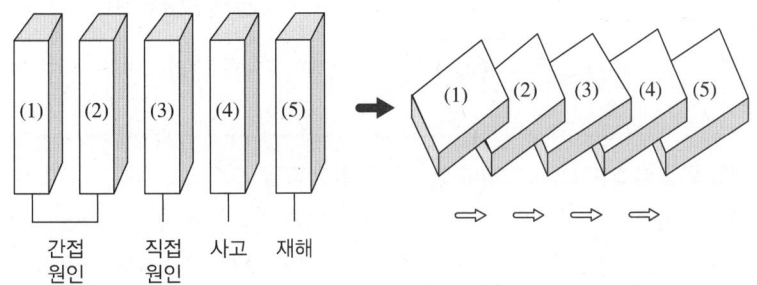

② **재해구성비율** : 하인리히는 재해구성비율을 1 : 29 : 300의 법칙으로 설명하면서 안전사고 330건 중 사망 또는 중상이 나올 확률은 1건, 경상은 29건, 무상해사고는 300건이 발생할 수 있다고 주장하였다.

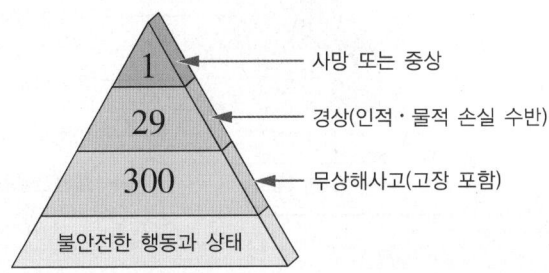

(2) 버드(Frank E. Bird)의 사고연쇄반응이론

① 버드는 다음 그림과 같이 통제의 부족(관리의 부재) → 기본원인(원인학) → 직접원인(징후) → 사고(접촉) → 상해 또는 손해(손실)로 사고연쇄반응이론을 설명하였다.

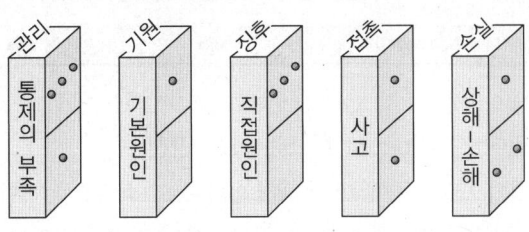

+ 괄호문제

다음 괄호 안에 알맞은 내용을 쓰시오.
① 하인리히 재해발생 이론 : 재해의 발생 = 설비적 결함 + 관리적 결함 + ( )
② 하인리히의 재해구성비율에 따라 안전사고 330건 중 사망 또는 중상이 나올 확률은 (㉠)건, 경상은 (㉡)건, 무상해사고는 (㉢)건이다.

| 정답 |
① 잠재된 위험의 상태
② ㉠ 1, ㉡ 29, ㉢ 300

확인! OX

다음은 버드(Bird)의 사고연쇄반응이론(신도미노이론)에 대한 설명이다. 옳으면 "O", 틀리면 "X"로 표시하시오.
1. 기본원인(원인학)은 사고연쇄반응이론에 해당한다. ( )
2. 간접원인(평가)은 사고연쇄반응이론에 해당한다. ( )

정답 1. O 2. X

| 해설 |
2. 버드는 통제의 부족(관리의 부재) → 기본원인(원인학) → 직접원인(징후) → 사고(접촉) → 상해 또는 손실로 사고연쇄반응이론을 설명하였다.

+ 괄호문제

다음 괄호 안에 알맞은 내용을 쓰시오.
① 버드의 재해발생이론을 따라 15건의 경상(인적·물적 손실) 사고가 발생하였다면 무상해 및 무사고 고장(위험순간)의 발생건수는 ( )건이다.
② 버드의 재해발생이론을 따라 1건의 중상 또는 폐질이 발생한다면 ( )은 30회 발생한다.

| 정답 |
① 900
② 무상해사고(물적 손실)

| 해설 |
① 경상이 10일 때, 무상해 및 무사고 고장(위험순간)의 발생은 600이므로, 15 × (600 / 10) = 900건이다.

② 재해발생이론 : 버드는 다음 그림과 같이 중상 또는 폐질이 1회, 경상(인적 또는 물적 손실)이 10회, 무상해사고(물적 손실)가 30회, 무상해 및 무사고 고장(위험순간)이 600회의 비율로 사고가 발생한다고 주장하였다.

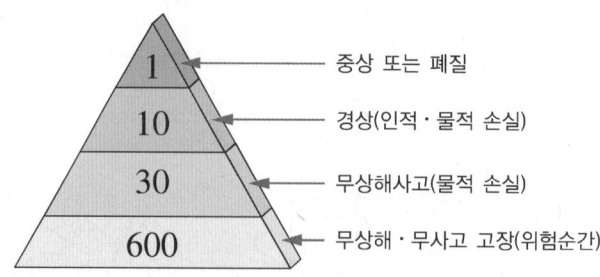

(3) 코노코필립스(Conocophillips) 재해발생비율

석유, 천연가스 등을 탐사, 개발, 판매하는 미국의 다국적 에너지 기업인 코노코필립스(Conocophillips Marine)는 중대재해 : 근로손실재해 : 보고재해 : 아차사고 : 불안전행동 조건의 비율이 1 : 30 : 300 : 3,000 : 300,000으로 발생한다고 주장하였다.

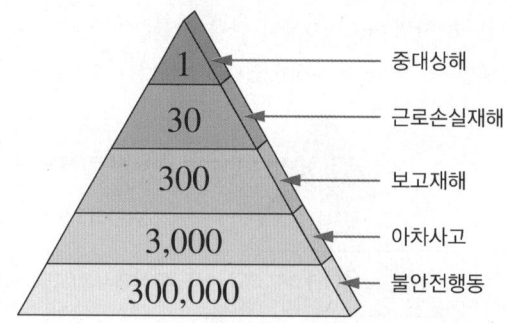

확인! OX

다음은 안전관리에 대한 설명이다. 옳으면 "O", 틀리면 "X"로 표시하시오.
1. 코노코필립스는 중대재해 : 근로손실재해 : 보고재해 : 아차사고 : 불안전행동 조건의 비율이 1 : 30 : 300 : 3,000 : 300,000으로 발생한다고 주장하였다. ( )
2. 생산성 향상을 위한 안전의 체계적인 관리 사이클은 계획(Plan) – 검토(Check) – 실시(Do) – 조치(Action) 순이다. ( )

정답 1. O 2. X

| 해설 |
2. 계획(Plan)-실시(Do)-검토(Check)-조치(Action)이다.

3. 생산성과 경제적 안전도

중요도 ★☆☆

(1) 생산성 향상을 위한 안전의 효율적 관리

[체계적인 PDCA 관리 사이클(cycle)]

(2) 제조물 책임(PL ; Product Liability)과 안전
① 제조물 결함으로 인한 손해 → 제조업자 등의 손해배상 책임 규정 → 피해자 보호 도모 → 국민 생활안전 향상 → 국민경제의 건전한 발전에 기여

② 제조물 책임과 리콜제도의 비교

제조물 책임	리콜제도
민사적 책임 원칙의 변경	행정적 규제
사후적 손해배상 책임	사전적 회수 예방
간접적인 소비자 보호	직접적인 소비자 안전 확보

(3) 제조물 책임법

① 결함(제2조) : 제조물에 대한 제조, 설계 또는 표시상의 결함이나 그 밖에 통상적으로 기대할 수 있는 안전성이 결여되어 있는 것을 말한다.

㉠ 제조상 결함 : 제조업자의 제조물에 대한 제조·가공상의 주의의무의 이행 여부에 관계없이 제조물이 원래 의도한 설계와 다르게 제조·가공됨으로써 안전하지 못하게 된 경우를 말한다.

㉡ 설계상 결함 : 제조업자가 합리적인 대체설계를 채용하였더라면 피해나 위험을 줄이거나 피할 수 있었음에도 대체설계를 채용하지 아니하여 해당 제조물이 안전하지 못하게 된 경우를 말한다.

㉢ 표시상 결함 : 제조업자가 합리적인 설명·지시·경고 또는 그 밖의 표시를 하였더라면 해당 제조물에 의하여 발생될 수 있는 피해나 위험을 줄이거나 피할 수 있었음에도 이를 하지 아니한 경우를 말한다.

② 제조물 책임의 손해배상 청구권 소멸시효(제7조)

㉠ 손해 및 손해배상 책임이 있는 제조업자를 안 날로부터 3년(단기 소멸시효)

㉡ 제조업자가 손해를 발생시킨 제조물을 공급한 날로부터 10년(다만, 잠복기간 경과 후 손해 발생 시에는 손해가 발생한 때로부터 기산)

(4) 제조물 책임법의 영향

① 긍정적 영향 : 제품의 안정성 향상, 소비자 권익 향상, 기업 경쟁력 향상
② 부정적 영향 : 제품의 원가 상승, 클레임의 증가에 따른 기업경영 약화, 신제품 개발 지연, 기업이미지의 저하

4. 재해예방활동기법 중요도 ★★★

(1) 재해예방의 4원칙

① 예방가능의 원칙 : 천재지변을 제외한 대부분의 재해는 예방이 가능하다.
② 손실우연의 원칙 : 사고 결과의 손실은 우연적으로 발생한다.
③ 원인연계의 원칙 : 사고에는 반드시 원인이 있으며, 원인은 복합적으로 연계된다.
④ 대책선정의 원칙 : 재해의 원인을 정확히 규명하여 대책을 선정하고 실시한다.

+ 괄호문제

다음 괄호 안에 알맞은 내용을 쓰시오.

① 제조물 책임법의 결함은 제조상 결함, ( ), 표시상 결함으로 나뉜다.
② 제조물 책임의 손해배상 청구권 소멸시효는 손해 및 손해배상 책임이 있는 제조업자를 안 날로부터 ( )년이다.

| 정답 |
① 설계상 결함
② 3

확인! OX

다음은 재해예방의 4원칙에 대한 설명이다. 옳으면 "O", 틀리면 "X"로 표시하시오.

1. 재해예방의 4원칙에는 예방가능의 원칙, 손실우연의 원칙, 원인연계의 원칙, 재해연쇄성의 원칙이 있다.
( )

2. 재해예방의 4원칙에 따르면 천재지변을 제외한 대부분의 재해는 예방이 가능하다.
( )

정답 1. X 2. O

| 해설 |
1. 재해연쇄성의 원칙이 아닌 대책선정의 원칙이다.

+ 괄호문제

다음 괄호 안에 알맞은 내용을 쓰시오.
① 사고예방 대책의 기본원리의 1단계는 ( )이다.
② 사고예방 대책의 기본원리에서 위험성평가를 수행하는 단계는 ( )이다.

| 정답 |
① 안전보건관리조직(organization)
② 평가·분석 단계

더 알아보기

하비(J. H. Harvey)의 3E 기법
하비(Harvey)는 안전사고를 방지하고 안전을 도모하기 위하여 3E의 조치가 균형을 이루어야 한다고 주장하여 안전에 크게 기여하였다.
- 관리적 측면[safety enforcement(안전독려)] : 안전관리조직 정비 및 적정인원 배치, 적합한 기준설정 및 각종 수칙의 준수 등
- 기술적 측면[safety engineering(안전기술)] : 안전설계(안전기준)의 선정, 작업행정의 개선 및 환경설비의 개선
- 교육적 측면[(safety education(안전교육)] : 안전지식 교육 및 안전교육 실시, 안전훈련 및 경험훈련 실시

(2) 사고예방 대책의 기본원리(5단계)
① 안전보건관리조직(organization) : 안전보건관리조직을 구성하고 운영한다.
② 사실의 발견(fact finding) : 작업분석, 위험요인 확인, 점검, 검사, 재해원인 조사를 실시한다.
③ 평가·분석(analysis) : 재해조사, 분석, 평가, 위험성평가, 작업환경 측정을 수행한다.
④ 대책의 선정(selection of remedy) : 기술적, 제도적인 개선안을 수립하고 구체적으로 강구한다.
⑤ 대책의 적용(application of remedy) : 대책을 실현하고 재평가 및 보완을 진행한다.

(3) 4M 기법(Man, Machine, Media, Management)
① Man(인간) : 작업자의 불안전한 행동을 평가한다.
② Machine(기계) : 불안전한 기계상태를 평가한다.
③ Media(매체) : 작업환경과 물질을 평가한다.
④ Management(관리) : 관리적 결함사항을 평가한다.

확인! OX

다음은 재해예방활동기법에 대한 설명이다. 옳으면 "O", 틀리면 "X"로 표시하시오.
1. 하비의 3E 기법은 안전독려, 안전기술, 안전교육이다. ( )
2. 산업재해의 기본원인 중 '작업정보, 작업방법 및 작업환경' 등이 분류되는 항목은 Media(환경적 요인)이다. ( )

| 정답 | 1. O 2. O

5. KOSHA Guide   중요도 ★☆☆

(1) 개요
① 산업안전보건법령에서 정한 최소한의 수준이 아니라, 사업장의 자기규율 예방체계 확립을 지원하고, 안전보건 향상을 위해 참고할 수 있는 기술적 내용을 기술한 자율적 안전보건가이드이다.
② 강제적인 법률이 아닌 권고 기술기준이며, 사업장의 이해를 돕기 위해 작성된 기술적 권고 지침으로 한국산업안전보건공단에 의해서 제·개정되고 있는 지침이지만, 법적 구속력(효력)은 없다.

③ 사업장의 안전·보건을 확보하기 위하여 위험설비·공정, 작업에 대한 선진 각국의 기술수준 및 국제표준을 참고하여 우리나라에 맞게 일반, 기계, 화공, 건설, 보건 등 전문분야별로 세분화하여 안전보건기술지침(기술지원규정)으로 제정·공표하여 사업장에 보급하며 활용되고 있다.

④ 한국산업안전보건공단 홈페이지에서 '기술지원규정 안내'를 확인하여 활용방법을 알 수 있다.

+ 괄호문제

다음 괄호 안에 알맞은 내용을 쓰시오.
① KOSHA Guide의 일련번호 체계에서 산업안전일반 분야를 의미하는 분류기호는 (　　)이다(세부분야 제외).
② KOSHA Guide의 일련번호 체계에서 보건·위생 분야를 의미하는 분류기호는 (　　)이다.

| 정답 |
① A
② E

(2) 일련번호 체계

가이드 표시, 분야별 또는 세부분야별 분류기호, 일련번호, 발행연도의 순으로 번호를 부여한다.

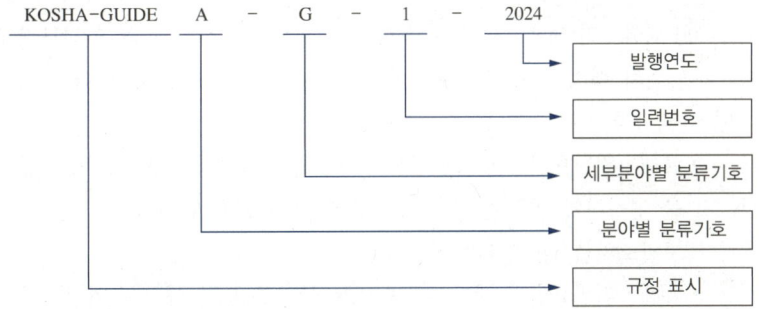

※ 기존 KOSHA GUIDE는 향후 표준제정위원회에서 심의 후 변경 예정이다(일련번호 동일).

(3) 분야별 또는 업종별 분류기호

분야	세부분야
산업안전일반(A)	산업안전일반(G)
	리스크관리(R)
기계·전기안전(B)	기계안전(M)
	전기안전(E)
화학안전(C)	화학안전(C)
건설안전(D)	건설안전(C)
보건·위생(E)	산업보건일반(G)
	산업위생(H)
	산업의학(M)
	산업독성(T)

확인! OX

다음은 KOSHA Guide에 대한 설명이다. 옳으면 "O", 틀리면 "X"로 표시하시오.

1. 기술지원규정은 선진 각국의 기술수준 및 국제표준을 참고하여 우리나라에 맞게 일반, 기계, 화공, 건설, 보건 등 분야별로 세분화하여 제정·공표하고 있다. (　)
2. KOSHA Guide의 일련번호 체계는 가이드 표시, 분야별 또는 세부분야별 분류기호, 일련번호, 발행연도의 순으로 번호를 부여한다. (　)

정답 1. O 2. O

더 알아보기

기존 KOSHA GUIDE 분야별 또는 업종별 분류기호
- 시료채취 및 분석지침 : A
- 건설안전지침 : C
- 전기·계장 일반지침 : E
- 안전·보건 일반지침 : G
- 화학공업지침 : K
- 점검·정비·유지관리지침 : O
- 산업독성지침 : T
- 리스크 관리지침 : X
- 조선·항만하역지침 : B
- 안전설계지침 : D
- 화재보호지침 : F
- 건강진단 및 관리지침 : H
- 기계일반지침 : M
- 공정안전지침 : P
- 작업환경 관리지침 : W
- 안전경영 관리지침 : Z

+ 괄호문제

다음 괄호 안에 알맞은 내용을 쓰시오.
① 기본적인 안전수칙 준수에 필요한 ( )·시설·장비를 구비할 예산은 반드시 편성되어야 한다.
② 유해·위험요인의 제거·대체 및 ( )를 위한 예산을 편성하지 않았을 경우 중대재해처벌법 위반이 될 수 있다.

| 정답 |
① 인력
② 통제

6. 안전보건예산 편성 및 계상 중요도 ★☆☆

(1) 개요

① 목적 : 안전보건예산은 중대재해 처벌 등에 관한 법률(약칭 : 중대재해처벌법) 시행령 제4조 제4호에 따라 편성되며, 사업장의 안전보건을 확보하기 위해 편성된다.
② 절차와 방법 : 안전보건예산을 편성하도록 규정하고, 예산은 재해 예방을 위해 필요한 안전·보건에 관한 인력, 시설 및 장비의 구비, 유해·위험요인 개선, 안전보건 관리체계 구축 등을 위해 필요한 사항으로 편성한다(중대재해처벌법 시행령 제4조).
③ 예산 편성 방법
  ㉠ 기본적인 안전수칙 준수에 필요한 인력·시설·장비를 구비할 예산은 반드시 편성되어야 한다.
    예 위험요인 대체·제거 및 통제를 위한 시설과 장비 확충, 안전보건 담당자 등 인력 배치, 비상조치계획 수립 및 훈련에 필요한 예산이다.
  ㉡ 유의사항
    • 유해·위험요인의 제거·대체에 필요한 인력투입·장비·시설개선 등의 예산을 편성하기 어려운 경우, 종사자에 대한 교육과 다각적인 점검을 진행하고 보완조치를 할 필요가 있다.
    • 유해·위험요인의 제거·대체 또는 통제를 위한 예산을 편성하지 않았거나, 예산은 편성했지만 용도에 맞지 않게 집행했다면 중대재해처벌법 위반이 될 수 있다.

(2) 안전관리비와 산업안전보건관리비의 차이점

안전관리비	산업안전보건관리비
[건설공사의 안전관리에 필요한 비용] • 안전관리계획의 작성 및 검토 비용 • 건설기술진흥법 시행령 제100조 제1항 제1호 및 제3호에 따른 안전점검 비용 • 발파, 굴착 등 건설공사로 인한 주변 건축물 등의 피해방지대책 비용 • 공사장 주변의 통행안전 및 교통소통을 위한 안전시설의 설치 및 유지관리 비용 • 공사시행 중 구조적 안전성 확보 비용	[현장근로자의 안전을 위하여 사용되는 비용] • 안전관리자 등 인건비 및 각종 업무수당 등 • 안전시설비 등 • 개인보호구 및 안전장구 구입비 등 • 안전진단비 등 • 안전보건교육비 및 행사비 등 • 근로자 건강관리비 등 • 건설재해예방 기술지도비 • 본사 사용비

확인! OX

다음은 안전관리비와 산업안전보건관리비에 대한 설명이다. 옳으면 "O", 틀리면 "X"로 표시하시오.
1. 안전관리비에는 안전관리계획의 작성 및 검토 비용이 포함된다. ( )
2. 산업안전보건관리비에는 개인보호구 및 안전장구 구입비 등이 포함된다. ( )

| 정답 | 1. O 2. O

7. 건설업 산업안전보건관리비 계상 및 사용기준 중요도 ★★★

1) 용어정의와 적용범위

이 고시는 산업안전보건법 제72조, 같은 법 시행령 제59조 및 제60조와 같은 법 시행규칙 제89조에 따라 건설업의 산업안전보건관리비 계상 및 사용기준을 정함을 목적으로 한다.

(1) 용어정의
　① 건설업 산업안전보건관리비(이하 산업안전보건관리비)란 산업재해 예방을 위하여 건설공사 현장에서 직접 사용되거나 해당 건설업체의 본점 또는 주사무소(이하 본사)에 설치된 안전전담부서에서 법령에 규정된 사항을 이행하는 데 소요되는 비용을 말한다.
　② 산업안전보건관리비 대상액(이하 대상액)이란 예정가격 작성기준(기획재정부 계약예규) 및 지방자치단체 입찰 및 계약집행기준(행정안전부 예규) 등 관련 규정에서 정하는 공사원가계산서 구성항목 중 직접재료비, 간접재료비와 직접노무비를 합한 금액(발주자가 재료를 제공할 경우에는 해당 재료비를 포함)을 말한다.
　③ 건설공사발주자(이하 발주자)란 법 제2조 제10호에 따른 건설공사발주자를 말한다.
　④ 건설공사도급인이란 발주자에게 건설공사를 도급받은 사업주로서 건설공사의 시공을 주도하여 총괄·관리하는 자를 말한다.
　⑤ 자기공사자란 건설공사의 시공을 주도하여 총괄·관리하는 자(발주자로부터 건설공사를 최초로 도급받은 수급인은 제외)를 말한다.
　⑥ 감리자란 다음의 어느 하나에 해당하는 자를 말한다.
　　㉠ 건설기술진흥법 제2조 제5호에 따른 감리 업무를 수행하는 자
　　㉡ 건축법 제2조 제1항 제15호의 공사감리자
　　㉢ 문화재수리 등에 관한 법률 제2조 제12호의 문화재감리원
　　㉣ 소방시설공사업법 제2조 제3호의 감리원
　　㉤ 전력기술관리법 제2조 제5호의 감리원
　　㉥ 정보통신공사업법 제2조 제10호의 감리원
　　㉦ 그 밖에 관계 법률에 따라 감리 또는 공사감리 업무와 유사한 업무를 수행하는 자
　⑦ 그 밖에 이 고시에서 사용하는 용어의 정의는 이 고시에 특별한 규정이 없으면 산업안전보건법(이하 법), 같은 법 시행령(이하 영), 같은 법 시행규칙(이하 규칙), 예산회계 및 건설관계법령에서 정하는 바에 따른다.

(2) 적용범위
이 고시는 법 제2조 제11호의 건설공사 중 총공사금액 2,000만 원 이상인 공사에 적용한다. 다만, 단가계약에 의하여 행하는 공사에 대하여는 총계약금액을 기준으로 적용한다.

2) 산업안전보건관리비의 계상 및 사용
(1) 사용기준
　① 도급인과 자기공사자는 산업안전보건관리비를 산업재해예방 목적으로 다음의 기준에 따라 사용하여야 한다.
　　㉠ 안전관리자·보건관리자의 임금 등
　　　가. 법 제17조 제3항 및 법 제18조 제3항에 따라 안전관리 또는 보건관리 업무만을 전담하는 안전관리자 또는 보건관리자의 임금과 출장비 전액(지방고용노동관서에 선임 보고한 날부터 발생한 비용에 한정)

+ 괄호문제

다음 괄호 안에 알맞은 내용을 쓰시오.
① ( )이란 발주자에게 건설공사를 도급받은 사업주로서 건설공사의 시공을 주도하여 총괄·관리하는 자를 말한다.
② 건설업 산업안전보건관리비 계상은 건설공사 중 총공사금액 ( ) 이상인 공사에 적용한다.

| 정답 |
① 건설공사도급인
② 2,000만 원

확인! OX

다음은 건설업 산업안전보건관리비 계상 및 사용기준에 대한 설명이다. 옳으면 "O", 틀리면 "X"로 표시하시오.
1. 산업안전보건관리비 대상액은 공사원가계산서 구성항목 중 직접재료비, 간접재료비와 직접노무비를 합한 금액을 말한다. ( )
2. 안전관리 또는 보건관리 업무만을 전담하는 안전관리자 또는 보건관리자의 임금과 출장비 전액은 산업안전보건관리비로 사용할 수 있다. ( )

정답 1. O 2. O

+ 괄호문제

다음 괄호 안에 알맞은 내용을 쓰시오.

① 안전관리자·보건관리자의 임금은 안전관리 또는 보건관리 업무를 전담하지 않는 안전관리자 또는 보건관리자의 임금과 출장비의 각각 ( )분의 1에 해당하는 비용만 사용 가능하다.
② 안전시설비는 스마트 안전장비 구입·임대 비용으로, 계상된 산업안전보건관리비 총액의 ( )분의 2를 초과할 수 없다.

| 정답 |
① 2
② 10

확인! OX

다음은 건설업 산업안전보건관리비 계상 및 사용기준에 대한 설명이다. 옳으면 "O", 틀리면 "X"로 표시하시오.

1. 혹한·혹서에 장기간 노출로 인해 건강장해를 일으킬 우려가 있는 경우 특정 근로자에게 지급되는 기능성 보호장구는 안전관리비로 사용이 가능하다. (   )
2. 감리원이나 외부에서 방문하는 인사에게 지급하는 보호구는 안전관리비로 사용이 가능하다. (   )

정답 1. O 2. X

| 해설 |
2. 외부방문 인사의 보호구는 해당하지 않는다.

나. 안전관리 또는 보건관리 업무를 전담하지 않는 안전관리자 또는 보건관리자의 임금과 출장비의 각각 2분의 1에 해당하는 비용(지방고용노동관서에 선임 보고한 날부터 발생한 비용에 한정)

다. 안전관리자를 선임한 건설공사 현장에서 산업재해 예방 업무만을 수행하는 작업지휘자, 유도자, 신호자 등의 임금 전액

라. 별표 1의2에 해당하는 작업을 직접 지휘·감독하는 직·조·반장 등 관리감독자의 직위에 있는 자가 영 제15조 제1항에서 정하는 업무를 수행하는 경우에 지급하는 업무수당(임금의 10분의 1 이내)

ⓒ 안전시설비 등

가. 산업재해 예방을 위한 안전난간, 추락방호망, 안전대 부착설비, 방호장치(기계·기구와 방호장치가 일체로 제작된 경우, 방호장치 부분의 가액에 한함) 등 안전시설의 구입·임대 및 설치 등을 위해 소요되는 비용

나. 산업재해예방시설자금 융자금 지원사업 및 보조금 지급사업 운영규정(고용노동부고시) 제2조 제12호에 따른 "스마트안전장비 지원사업" 및 건설기술진흥법 제62조의3에 따른 스마트 안전장비 구입·임대 비용. 다만, 제4조에 따라 계상된 산업안전보건관리비 총액의 10분의 2를 초과할 수 없다.

다. 용접 작업 등 화재 위험작업 시 사용하는 소화기의 구입·임대비용

ⓒ 보호구 등

가. 영 제74조 제1항 제3호 및 제77조 제1항 제3호에 따른 보호구의 구입·수리·관리 등에 소요되는 비용

나. 근로자가 가목에 따른 보호구를 직접 구매·사용하여 합리적인 범위 내에서 보전하는 비용

다. ⓒ 가목부터 다목까지의 규정에 따른 안전관리자 등의 업무용 피복, 기기 등을 구입하기 위한 비용

라. ⓒ 가목에 따른 안전관리자 및 보건관리자가 안전보건 점검 등을 목적으로 건설공사 현장에서 사용하는 차량의 유류비·수리비·보험료

ⓔ 안전보건진단비 등

가. 법 제42조에 따른 유해위험방지계획서의 작성 등에 소요되는 비용

나. 법 제47조에 따른 안전보건진단에 소요되는 비용

다. 법 제125조에 따른 작업환경 측정에 소요되는 비용

라. 그 밖에 산업재해예방을 위해 법에서 지정한 전문기관 등에서 실시하는 진단, 검사, 지도 등에 소요되는 비용

ⓜ 안전보건교육비 등

가. 법 제29조부터 제32조까지의 규정에 따라 실시하는 의무교육이나 이에 준하여 실시하는 교육을 위해 건설공사 현장의 교육 장소 설치·운영 등에 소요되는 비용

나. 가목 이외 산업재해 예방이 주된 목적인 교육을 실시하기 위해 소요되는 비용

다. 응급의료에 관한 법률 제14조 제1항 제5호에 따른 안전보건교육 대상자 등에게 구조 및 응급처치에 관한 교육을 실시하기 위해 소요되는 비용
라. 안전보건관리책임자, 안전관리자, 보건관리자가 업무수행을 위해 필요한 정보를 취득하기 위한 목적으로 도서, 정기간행물을 구입하는 데 소요되는 비용
마. 건설공사 현장에서 안전기원제 등 산업재해 예방을 기원하는 행사를 개최하기 위해 소요되는 비용. 다만, 행사의 방법, 소요된 비용 등을 고려하여 사회통념에 적합한 행사에 한한다.
바. 건설공사 현장의 유해·위험요인을 제보하거나 개선방안을 제안한 근로자를 격려하기 위해 지급하는 비용
ⓑ 근로자 건강장해예방비 등
가. 법·영·규칙에서 규정하거나 그에 준하여 필요로 하는 각종 근로자의 건강장해 예방에 필요한 비용
나. 중대재해 목격으로 발생한 정신질환을 치료하기 위해 소요되는 비용
다. 감염병의 예방 및 관리에 관한 법률 제2조 제1호에 따른 감염병의 확산 방지를 위한 마스크, 손소독제, 체온계 구입비용 및 감염병병원체 검사를 위해 소요되는 비용
라. 법 제128조의2 등에 따른 휴게시설을 갖춘 경우 온도, 조명 설치·관리기준을 준수하기 위해 소요되는 비용
마. 건설공사 현장에서 근로자 심폐소생을 위해 사용되는 자동심장충격기(AED) 구입에 소요되는 비용
바. 온열·한랭질환으로부터 근로자 건강장해를 예방하기 위한 임시 휴게시설 설치·해체·임대 비용 및 냉·난방기기의 임대 비용
ⓐ 법 제73조 및 제74조에 따른 건설재해예방전문지도기관의 지도에 대한 대가로 제2조 제1항 제5호의 자기공사자가 지급하는 비용
ⓞ 중대재해 처벌 등에 관한 법률 시행령 제4조 제2호 나목에 해당하는 건설사업자가 아닌 자가 운영하는 사업에서 안전보건 업무를 총괄·관리하는 3명 이상으로 구성된 본사 전담조직에 소속된 근로자의 임금 및 업무수행 출장비 전액. 다만, 제4조에 따라 계상된 산업안전보건관리비 총액의 20분의 1을 초과할 수 없다.
ⓩ 법 제36조에 따른 위험성평가 또는 중대재해 처벌 등에 관한 법률 시행령 제4조 제3호에 따라 유해·위험요인 개선을 위해 필요하다고 판단하여 법 제24조의 산업안전보건위원회 또는 법 제75조의 노사협의체에서 사용하기로 결정한 사항을 이행하기 위한 비용(산업안전보건위원회 또는 노사협의체가 없는 현장의 경우에는 근로자의 의견을 들어 법 제64조에 따른 안전 및 보건에 관한 협의체에서 결정한 사항을 이행하기 위한 비용). 다만, 제4조에 따라 계상된 산업안전보건관리비 총액의 100분의 15를 초과할 수 없다.
② ①에도 불구하고 도급인 및 자기공사자는 다음의 어느 하나에 해당하는 경우에는 산업안전보건관리비를 사용할 수 없다. 다만, ①의 ⓒ 나목 및 다목, ①의 ⓑ 나목부터 마목, ①의 ⓩ의 경우에는 그러하지 아니하다.

+ 괄호문제

다음 괄호 안에 알맞은 내용을 쓰시오.

① 휴게시설을 갖춘 경우 ( ), 조명 설치·관리기준을 준수하기 위해 소요되는 비용은 근로자 건강장해예방비 항목으로 산업안전보건관리비 계상이 가능하다.
② 중대재해 처벌 등에 관한 법률 시행령 제4조 제2호 나목에 해당하는 건설사업자가 아닌 자가 운영하는 사업에서 안전보건 업무를 총괄·관리하는 ( )명 이상으로 구성된 본사 전담조직에 소속된 근로자의 임금 및 업무수행 출장비 전액은 산업안전보건관리비로 계상할 수 있다.

| 정답 |
① 온도
② 3

확인! OX

다음은 산업안전보건관리비에 대한 설명이다. 옳으면 "O", 틀리면 "X"로 표시하시오.

1. 감염병의 예방 및 관리에 관한 법률 제2조 제1호에 따른 감염병의 확산 방지를 위한 마스크, 손소독제, 체온계 구입비용 및 감염병병원체 검사를 위해 소요되는 비용은 근로자 건강장해예방비로 사용할 수 있다. (   )
2. 건설공사 현장에서 근로자 심폐소생을 위해 사용되는 자동심장충격기(AED) 구입에 소요되는 비용은 안전시설비로 사용이 가능하다. (   )

| 정답 | 1. O 2. X

| 해설 |
2. 자동심장충격기(AED) 구입에 소요되는 비용은 근로자 건강장해예방비에 해당된다.

+ 괄호문제

다음 괄호 안에 알맞은 내용을 쓰시오.
① 산업안전보건관리비 계상기준에 따른 대상액 5억 원 이상 50억 원 미만의 건축공사 안전관리비 비율은 (㉠)%, 기초액은 (㉡)원이다.
② ( )는 일하는 사람의 안전과 건강을 보호하기 위해, 기업 스스로 위험요인을 파악하여 제거·대체 및 통제방안을 마련·이행하며, 이를 지속적으로 개선하는 일련의 활동이다.

| 정답 |
① ㉠ 2.28, ㉡ 4,325,000
② 안전보건관리체계

㉠ (계약예규)예정가격작성기준 제19조 제3항 중 각 호(단, 제14호는 제외)에 해당되는 비용
㉡ 다른 법령에서 의무사항으로 규정한 사항을 이행하는 데 필요한 비용
㉢ 근로자 재해예방 외의 목적이 있는 시설·장비나 물건 등을 사용하기 위해 소요되는 비용
㉣ 환경관리, 민원 또는 수방대비 등 다른 목적이 포함된 경우
③ 도급인 및 자기공사자는 별표 3에서 정한 공사진척에 따른 산업안전보건관리비 사용기준을 준수하여야 한다. 다만, 건설공사발주자는 건설공사의 특성 등을 고려하여 사용기준을 달리 정할 수 있다.
④ 도급인 및 자기공사자는 도급금액 또는 사업비에 계상된 산업안전보건관리비의 범위에서 그의 관계수급인에게 해당 사업의 위험도를 고려하여 적정하게 산업안전보건관리비를 지급하여 사용하게 할 수 있다.

(2) 공사종류 및 규모별 산업안전보건관리비 계상기준표(별표 1)

(단위 : 원)

구분 공사종류	대상액 5억 원 미만인 경우 적용비율	대상액 5억 원 이상 50억 원 미만인 경우		대상액 50억 원 이상인 경우 적용비율	영 별표5에 따른 보건관리자 선임 대상 건설공사의 적용비율
		적용비율	기초액		
건축공사	3.11%	2.28%	4,325,000원	2.37%	2.64%
토목공사	3.15%	2.53%	3,300,000원	2.60%	2.73%
중건설공사	3.64%	3.05%	2,975,000원	3.11%	3.39%
특수건설공사	2.07%	1.59%	2,450,000원	1.64%	1.78%

제2절 안전보건관리 체제 및 운용

확인! OX

다음은 산업안전보건관리비에 대한 설명이다. 옳으면 "O", 틀리면 "X"로 표시하시오.
1. 도급인 및 자기공사자는 공사진척에 따른 산업안전보건관리비 사용기준을 준수하여야 한다. ( )
2. 토목공사로서 대상액이 5억 원 이상 50억 원 미만인 경우에 산업안전보건관리비의 적용비율은 2.53%, 기초액은 3,300,000원이다. ( )

정답 1. O 2. O

1. 안전보건관리조직 구성   중요도 ★★☆

(1) 사업장 안전보건관리체계

① 안전보건관리체계 : 일하는 사람의 안전과 건강을 보호하기 위해, 기업 스스로 위험요인을 파악하여 제거·대체 및 통제방안을 마련·이행하며, 이를 지속적으로 개선하는 일련의 활동이다.
② 안전보건관리체계 구축방법
  ㉠ 기업마다 보유한 기계·기구 및 공정이 모두 다르므로 기업여건에 맞게 구축한다.
  ㉡ 기술적 역량이 부족하고, 재정적 여건이 어려운 기업은 기초적인 안전보건 조치부터 시작한다.
  ㉢ 공정이 복잡하고, 위험요인이 많은 기업은 구체적인 안전보건관리체계를 구축한다.

③ 안전보건관리체계 구축을 위한 7가지 핵심요소
　㉠ 경영자 리더십
　　• 안전보건에 대한 의지를 밝히고, 목표를 정한다.
　　• 안전보건에 필요한 자원(인력·시설·장비)을 배정한다.
　　• 구성원의 권한과 책임을 정하고, 참여를 독려한다.
　㉡ 근로자의 참여
　　• 안전보건관리 전반에 관한 정보를 공개한다.
　　• 모든 구성원이 참여할 수 있는 절차를 마련한다.
　　• 자유롭게 의견을 제시할 수 있는 문화를 조성한다.
　㉢ 위험요인 파악
　　• 위험요인에 따른 정보를 수집하고 정리한다.
　　• 산업재해 및 아차사고를 조사한다.
　　• 위험기계·기구·설비 등을 파악한다.
　　• 유해인자를 파악한다.
　　• 위험장소 및 작업형태별 위험요인을 파악한다.
　㉣ 위험요인 제거·대체 및 통제
　　• 위험요인별 위험성을 평가한다.
　　• 위험요인별 제거·대체 및 통제방안을 검토한다.
　　• 종합적인 대책을 수립하고 이행한다.
　　• 교육훈련을 실시한다.
　㉤ 비상조치계획 수립
　　• 위험요인을 바탕으로 '시나리오'를 작성한다.
　　• 재해발생 시나리오별 조치계획을 수립한다.
　　• 조치계획에 따라 주기적으로 훈련한다.
　㉥ 도급·용역 위탁 시 안전보건 확보
　　• 산업재해 예방 능력을 갖춘 사업주를 선정한다.
　　• 안전보건관리체계 구축·운영 시 사업장 내 모든 구성원이 보호받을 수 있도록 한다.
　㉦ 평가 및 개선
　　• 안전보건목표를 설정하고 관리한다.
　　• 안전보건관리체계가 제대로 운영되는지 점검한다.
　　• 발굴된 문제점을 주기적으로 검토하고 개선한다.

(2) 안전보건체계도와 구성원의 임무, 역할
① 안전보건관리책임자(산업안전보건법 제15조)
　㉠ 사업주는 사업장을 실질적으로 총괄하여 관리하는 사람에게 해당 사업장의 다음 업무를 총괄하여 관리하도록 하여야 한다.
　　• 사업장의 산업재해 예방계획의 수립에 관한 사항

+ 괄호문제

다음 괄호 안에 알맞은 내용을 쓰시오.
① 안전보건관리체계 구축을 위해 위험요인을 바탕으로 (　)를 작성하여 비상조치계획을 수립해야 한다.
② 사업장을 실질적으로 총괄하여 관리하는 사람에게 해당 사업장의 산업안전보건 업무를 총괄하여 관리하는 (　)를 두어야 한다.

| 정답 |
① 시나리오
② 안전보건관리책임자

확인! OX

다음은 안전보건관리체계에 대한 설명이다. 옳으면 "O", 틀리면 "X"로 표시하시오.
1. 안전보건관리체계 구축을 위한 7가지 핵심요소 중 안전보건에 대한 의지를 밝히고, 목표를 정하는 사람은 근로자이다.　(　)
2. 안전보건관리체계를 구축하기 위해 위험요인을 파악하고, 위험요인 제거·대체 및 통제하여야 한다.　(　)

정답 1. X　2. O

| 해설 |
1. 경영방침을 수립하는 사람은 경영자이다.

> **+ 괄호문제**
>
> 다음 괄호 안에 알맞은 내용을 쓰시오.
> ① ( )는 안전관리자와 보건관리자를 지휘·감독한다.
> ② ( )는 사업장의 생산과 관련되는 업무와 그 소속 직원을 직접 지휘·감독하는 직위에 있는 사람으로 산업 안전 및 보건에 관한 업무를 수행하여야 한다.
>
> | 정답 |
> ① 안전보건관리책임자
> ② 관리감독자

- 제25조 및 제26조에 따른 안전보건관리규정의 작성 및 변경에 관한 사항
- 제29조에 따른 안전보건교육에 관한 사항
- 작업환경측정 등 작업환경의 점검 및 개선에 관한 사항
- 제129조부터 제132조까지에 따른 근로자의 건강진단 등 건강관리에 관한 사항
- 산업재해의 원인 조사 및 재발 방지대책 수립에 관한 사항
- 산업재해에 관한 통계의 기록 및 유지에 관한 사항
- 안전장치 및 보호구 구입 시 적격품 여부 확인에 관한 사항
- 그 밖에 근로자의 유해·위험 방지조치에 관한 사항으로서 고용노동부령으로 정하는 사항

ⓒ ㉠의 업무를 총괄하여 관리하는 사람(안전보건관리책임자)은 제17조에 따른 안전관리자와 제18조에 따른 보건관리자를 지휘·감독한다.

② 관리감독자(산업안전보건법 제16조)
  ㉠ 사업주는 사업장의 생산과 관련되는 업무와 그 소속 직원을 직접 지휘·감독하는 직위에 있는 사람에게 산업 안전 및 보건에 관한 업무로서 대통령령으로 정하는 업무를 수행하도록 하여야 한다.
  ㉡ 관리감독자의 업무 등(산업안전보건법 시행령 제15조)
  - 사업장 내 산업안전보건법(이하 법) 제16조 제1항에 따른 관리감독자가 지휘·감독하는 작업(이하 해당작업)과 관련된 기계·기구 또는 설비의 안전·보건 점검 및 이상 유무의 확인
  - 관리감독자에게 소속된 근로자의 작업복·보호구 및 방호장치의 점검과 그 착용·사용에 관한 교육·지도
  - 해당작업에서 발생한 산업재해에 관한 보고 및 이에 대한 응급조치
  - 해당작업의 작업장 정리·정돈 및 통로 확보에 대한 확인·감독
  - 사업장의 다음의 어느 하나에 해당하는 사람의 지도·조언에 대한 협조
    - 법 제17조 제1항에 따른 안전관리자 또는 같은 조 제5항에 따라 안전관리자의 업무를 같은 항에 따른 안전관리전문기관에 위탁한 사업장의 경우에는 그 안전관리전문기관의 해당 사업장 담당자
    - 법 제18조 제1항에 따른 보건관리자 또는 같은 조 제5항에 따라 보건관리자의 업무를 같은 항에 따른 보건관리전문기관에 위탁한 사업장의 경우에는 그 보건관리전문기관의 해당 사업장 담당자
    - 법 제19조 제1항에 따른 안전보건관리담당자 또는 같은 조 제4항에 따라 안전보건관리담당자의 업무를 안전관리전문기관 또는 보건관리전문기관에 위탁한 사업장의 경우에는 그 안전관리전문기관 또는 보건관리전문기관의 해당 사업장 담당자
    - 법 제22조 제1항에 따른 산업보건의
  - 법 제36조에 따라 실시되는 위험성평가에 관한 다음의 업무
    - 유해·위험요인의 파악에 대한 참여
    - 개선조치의 시행에 대한 참여

> **확인! OX**
>
> 다음은 안전보건관리 구성원에 대한 설명이다. 옳으면 "O", 틀리면 "X"로 표시하시오.
> 1. 산업안전보건법상 해당작업에서 발생한 산업재해에 관한 보고 및 이에 대한 응급조치 업무는 안전보건관리책임자의 중요한 직무이다. ( )
> 2. 관리감독자는 안전관리자, 보건관리자, 안전보건관리책임자, 산업보건의의 지도·조언에 대해 협조하여야 한다. ( )
>
> | 정답 | 1. X 2. X
>
> | 해설 |
> 1. 관리감독자의 직무에 해당한다.
> 2. 안전보건관리책임자가 아닌 안전보건관리담당자이다.

- 그 밖에 해당작업의 안전 및 보건에 관한 사항으로서 고용노동부령으로 정하는 사항

③ 안전관리자(산업안전보건법 제17조)
  ㉠ 사업주는 사업장에 제15조 제1항 각 호의 사항 중 안전에 관한 기술적인 사항에 관하여 사업주 또는 안전보건관리책임자를 보좌하고 관리감독자에게 지도·조언하는 업무를 수행하는 사람을 두어야 한다.
  ㉡ 안전관리자의 업무 등(산업안전보건법 시행령 제18조)
    - 법 제24조 제1항에 따른 산업안전보건위원회 또는 법 제75조 제1항에 따른 안전 및 보건에 관한 노사협의체에서 심의·의결한 업무와 해당 사업장의 법 제25조 제1항에 따른 안전보건관리규정 및 취업규칙에서 정한 업무
    - 법 제36조에 따른 위험성평가에 관한 보좌 및 지도·조언
    - 법 제84조 제1항에 따른 안전인증대상기계 등과 법 제89조 제1항 각 호 외의 부분 본문에 따른 자율안전확인대상기계 등 구입 시 적격품의 선정에 관한 보좌 및 지도·조언
    - 해당 사업장 안전교육계획의 수립 및 안전교육 실시에 관한 보좌 및 지도·조언
    - 사업장 순회점검, 지도 및 조치 건의
    - 산업재해 발생의 원인 조사·분석 및 재발 방지를 위한 기술적 보좌 및 지도·조언
    - 산업재해에 관한 통계의 유지·관리·분석을 위한 보좌 및 지도·조언
    - 법 또는 법에 따른 명령으로 정한 안전에 관한 사항의 이행에 관한 보좌 및 지도·조언
    - 업무 수행 내용의 기록·유지
    - 그 밖에 안전에 관한 사항으로서 고용노동부장관이 정하는 사항

④ 보건관리자(산업안전보건법 제18조)
  ㉠ 사업주는 사업장에 제15조 제1항 각 호의 사항 중 보건에 관한 기술적인 사항에 관하여 사업주 또는 안전보건관리책임자를 보좌하고 관리감독자에게 지도·조언하는 업무를 수행하는 사람을 두어야 한다.
  ㉡ 보건관리자의 업무 등(산업안전보건법 시행령 제22조)
    - 산업안전보건위원회 또는 노사협의체에서 심의·의결한 업무와 안전보건관리규정 및 취업규칙에서 정한 업무
    - 안전인증대상기계 등과 자율안전확인대상기계 등 중 보건과 관련된 보호구(保護具) 구입 시 적격품 선정에 관한 보좌 및 지도·조언
    - 법 제36조에 따른 위험성평가에 관한 보좌 및 지도·조언
    - 법 제110조에 따라 작성된 물질안전보건자료의 게시 또는 비치에 관한 보좌 및 지도·조언
    - 제31조 제1항에 따른 산업보건의의 직무(보건관리자가 별표 6 제2호에 해당하는 사람인 경우로 한정)
    - 해당 사업장 보건교육계획의 수립 및 보건교육 실시에 관한 보좌 및 지도·조언

+ 괄호문제

다음 괄호 안에 알맞은 내용을 쓰시오.
① ( )는 해당 사업장 안전교육계획의 수립 및 안전교육 실시에 관한 보좌 및 지도·조언 역할을 수행한다.
② ( )는 물질안전보건자료의 게시 또는 비치에 관한 보좌 및 지도·조언 역할을 수행한다.

| 정답 |
① 안전관리자
② 보건관리자

확인! OX

다음은 안전보건관리 구성원에 대한 설명이다. 옳으면 "O", 틀리면 "X"로 표시하시오.

1. 안전관리자는 업무 수행 내용을 기록·유지해야 한다. ( )
2. 안전관리자와 보건관리자의 직무 중 공통으로 해당되는 직무는 위험성평가에 관한 보좌 및 지도·조언이 유일하다. ( )

정답 1. O 2. X

| 해설 |
2. 공통에 해당하는 직무에는 사업장 순회점검, 지도 및 조치 건의, 산업재해 발생의 원인 조사 등 다양하다.

+ **괄호문제**

다음 괄호 안에 알맞은 내용을 쓰시오.
① 보건관리자의 업무에서 의료행위는 오직 (　)에 해당하는 경우만이 가능하다.
② 사업장에 안전 및 보건에 관하여 사업주를 보좌하고 관리감독자에게 지도·조언하는 업무를 수행하는 (　)를 두어야 한다.

| 정답 |
① 의사, 간호사
② 안전보건관리담당자

- 해당 사업장의 근로자를 보호하기 위한 다음의 조치에 해당하는 의료행위(보건관리자가 의료법에 따른 의사, 간호법에 따른 간호사에 해당하는 경우로 한정)
  - 자주 발생하는 가벼운 부상에 대한 치료
  - 응급처치가 필요한 사람에 대한 처치
  - 부상·질병의 악화를 방지하기 위한 처치
  - 건강진단 결과 발견된 질병자의 요양 지도 및 관리
  - 위 열거된 항목의 의료행위에 따르는 의약품의 투여
- 작업장 내에서 사용되는 전체 환기장치 및 국소 배기장치 등에 관한 설비의 점검과 작업방법의 공학적 개선에 관한 보좌 및 지도·조언
- 사업장 순회점검, 지도 및 조치 건의
- 산업재해 발생의 원인 조사·분석 및 재발 방지를 위한 기술적 보좌 및 지도·조언
- 산업재해에 관한 통계의 유지·관리·분석을 위한 보좌 및 지도·조언
- 법 또는 법에 따른 명령으로 정한 보건에 관한 사항의 이행에 관한 보좌 및 지도·조언
- 업무 수행 내용의 기록·유지
- 그 밖에 보건과 관련된 작업관리 및 작업환경관리에 관한 사항으로서 고용노동부장관이 정하는 사항

⑤ 안전보건관리담당자(산업안전보건법 제19조)
  ㉠ 사업주는 사업장에 안전 및 보건에 관하여 사업주를 보좌하고 관리감독자에게 지도·조언하는 업무를 수행하는 사람을 두어야 한다. 다만, 안전관리자 또는 보건관리자가 있거나 이를 두어야 하는 경우에는 그러하지 아니하다.
  ㉡ 안전보건관리담당자의 업무(산업안전보건법 시행령 제25조)
    - 법 제29조에 따른 안전보건교육 실시에 관한 보좌 및 지도·조언
    - 법 제36조에 따른 위험성평가에 관한 보좌 및 지도·조언
    - 법 제125조에 따른 작업환경측정 및 개선에 관한 보좌 및 지도·조언
    - 법 제129조부터 제131조까지의 규정에 따른 각종 건강진단에 관한 보좌 및 지도·조언
    - 산업재해 발생의 원인 조사, 산업재해 통계의 기록 및 유지를 위한 보좌 및 지도·조언
    - 산업안전·보건과 관련된 안전장치 및 보호구 구입 시 적격품 선정에 관한 보좌 및 지도·조언

⑥ 산업보건의(산업안전보건법 제22조)
  ㉠ 사업주는 근로자의 건강관리나 그 밖에 보건관리자의 업무를 지도하기 위하여 사업장에 산업보건의를 두어야 한다. 다만, 의료법 제2조에 따른 의사를 보건관리자로 둔 경우에는 그러하지 아니하다.

확인! OX

다음은 안전보건관리 구성원에 대한 설명이다. 옳으면 "O", 틀리면 "X"로 표시하시오.

1. 보건관리자는 작업장 내에서 사용되는 전체 환기장치 및 국소 배기장치 등에 관한 설비의 점검과 작업방법의 공학적 개선에 관한 보좌 및 지도·조언 역할을 수행한다. (　)
2. 사업주는 근로자의 건강관리나 그 밖에 보건관리자의 업무를 지도하기 위하여 사업장에 산업보건의를 두어야 한다. (　)

정답 1. O 2. O

ⓒ 산업보건의의 직무 등(산업안전보건법 시행령 제31조)
- 법 제134조에 따른 건강진단 결과의 검토 및 그 결과에 따른 작업 배치, 작업 전환 또는 근로시간의 단축 등 근로자의 건강보호 조치
- 근로자의 건강장해의 원인 조사와 재발 방지를 위한 의학적 조치
- 그 밖에 근로자의 건강 유지 및 증진을 위하여 필요한 의학적 조치에 관하여 고용노동부장관이 정하는 사항

+ 괄호문제

다음 괄호 안에 알맞은 내용을 쓰시오.
① 산업보건의는 건강진단 결과 검토 후 해당 사업장 근로자의 작업 배치, 작업 전환 또는 근로시간 단축 등 ( )를 시행하여야 한다.
② 사업주는 사업장의 안전 및 보건에 관한 중요 사항을 심의·의결하기 위하여 사업장에 근로자위원과 사용자위원이 같은 수로 구성되는 ( )를 구성·운영하여야 한다.

| 정답 |
① 근로자의 건강보호 조치
② 산업안전보건위원회

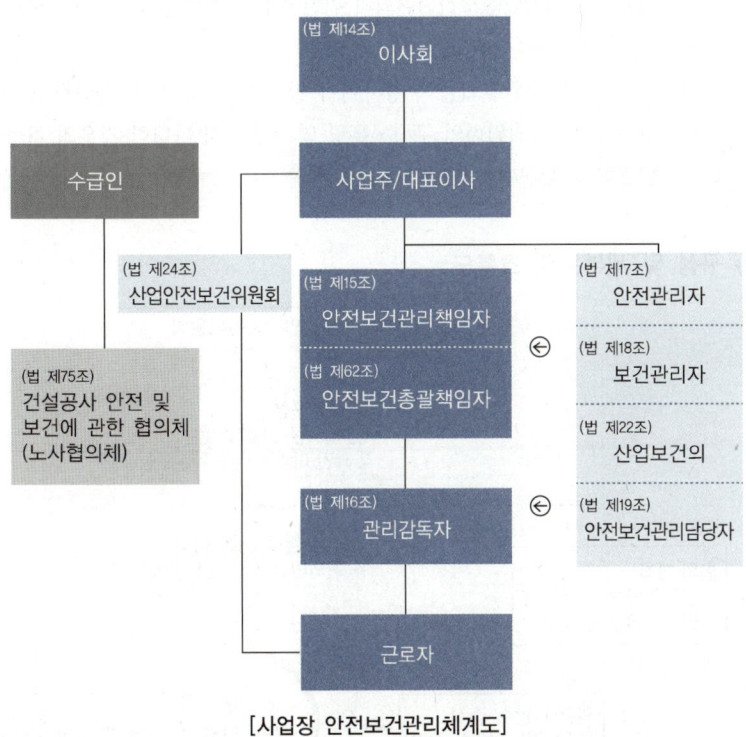

[사업장 안전보건관리체계도]

2. 산업안전보건위원회 운영 중요도 ★★☆

(1) 개요
① 산업안전보건위원회는 사업장의 자율적 재해예방활동을 위해 필요한 안전과 보건에 관한 중요사항을 사업주와 근로자들이 협의하고 결정하기 위한 상호 존중과 협력에 기반한 회의체이다.
② 역할 : 산업안전보건위원회는 안전과 보건의 유지·증진을 위해 필요한 사항을 노사가 함께 심의하고 의결함으로써 근로자의 이해와 협력을 구하고, 의견을 반영하는 노사의 중요한 소통기구로서 역할을 한다.
③ 법적 근거(산업안전보건법 제24조)
㉠ 사업주는 사업장의 안전 및 보건에 관한 중요 사항을 심의·의결하기 위하여 사업장에 근로자위원과 사용자위원이 같은 수로 구성되는 산업안전보건위원회를 구성·운영하여야 한다.

확인! OX

다음은 산업안전보건위원회에 대한 설명이다. 옳으면 "O", 틀리면 "X"로 표시하시오.
1. 산업안전보건위원회는 안전과 보건의 증진을 위해 필요한 사항을 노사가 함께 심의하고 의결함으로써 근로자의 이해를 구하고, 의견을 반영하는 중요한 소통기구 역할을 한다. ( )
2. 산업안전보건위원회 위원 구성은 근로자위원 50%, 사용자위원 50%로 구성하되 사안에 따라 그 비율이 달라질 수 있다. ( )

정답 1. O 2. X

| 해설 |
2. 사업장에 근로자위원과 사용자위원이 같은 수로 구성되는 산업안전보건위원회를 구성·운영하여야 한다.

+ 괄호문제

다음 괄호 안에 알맞은 내용을 쓰시오.
① 산업안전보건위원회는 정기회의는 (　)마다, 임시회의는 필요시 개최하여야 한다.
② 산업안전보건위원회에서 의결되지 않은 사항 등의 처리는 근로자위원과 사용자위원이 합의에 따라 산업안전보건위원회에 (　)를 두어 해결하거나 제3자에 의한 중재를 받아야 한다.

| 정답 |
① 분기
② 중재기구

ⓒ 산업안전보건위원회는 대통령령으로 정하는 바에 따라 회의를 개최하고 그 결과를 회의록으로 작성하여 보존하여야 한다.
ⓒ 사업주와 근로자는 산업안전보건위원회가 심의·의결한 사항을 성실하게 이행하여야 한다.
ⓔ 산업안전보건위원회는 이 법, 이 법에 따른 명령, 단체협약, 취업규칙 및 제25조에 따른 안전보건관리규정에 반하는 내용으로 심의·의결해서는 아니 된다.
ⓜ 사업주는 산업안전보건위원회의 위원에게 직무 수행과 관련한 사유로 불리한 처우를 해서는 아니 된다.
ⓗ 산업안전보건위원회를 구성하여야 할 사업의 종류 및 사업장의 상시근로자 수, 산업안전보건위원회의 구성·운영 및 의결되지 아니한 경우의 처리방법, 그 밖에 필요한 사항은 대통령령으로 정한다.

(2) 구성 및 세부운영 흐름도

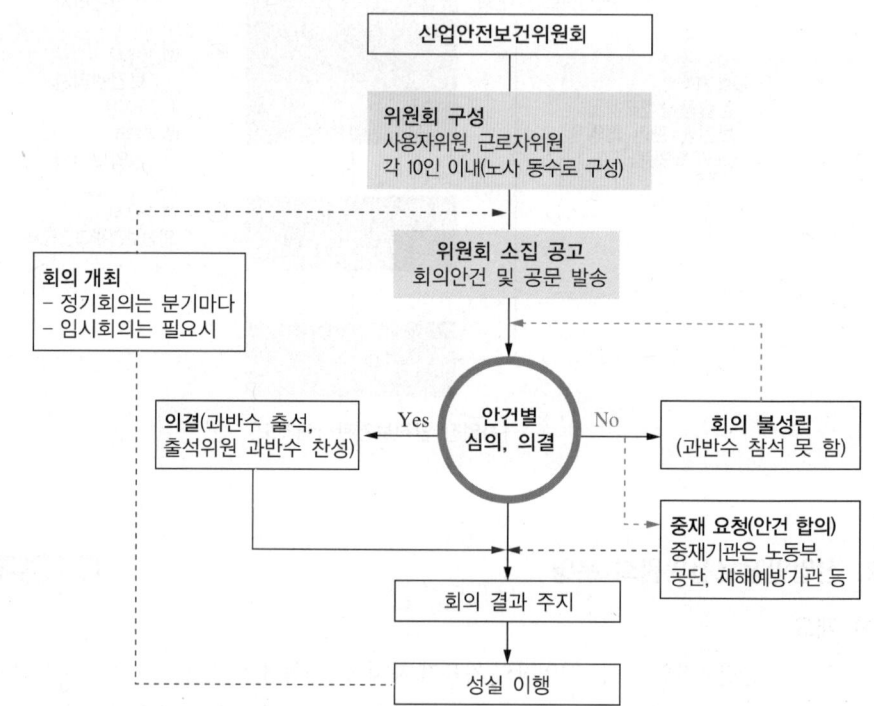

확인! OX

다음은 산업안전보건위원회에 대한 설명이다. 옳으면 "O", 틀리면 "X"로 표시하시오.
1. 사업주와 근로자는 산업안전보건위원회가 심의·의결한 사항의 시행을 불가피할 경우 유보할 수 있다. (　)
2. 사업주는 산업안전보건위원회의 위원에게 직무 수행과 관련한 사유로 불리한 처우를 해서는 아니 된다. (　)

정답 1. X 2. O

| 해설 |
1. 사업주와 근로자는 산업안전보건위원회가 심의·의결한 사항을 성실하게 이행하여야 한다.

(3) 산업안전보건위원회 설치 대상

[산업안전보건위원회를 구성해야 할 사업의 종류 및 사업장의 상시근로자 수
(산업안전보건법 시행령 별표 9)]

사업의 종류	사업장의 상시근로자 수
• 토사석 광업 • 목재 및 나무제품 제조업 ; 가구 제외 • 화학물질 및 화학제품 제조업 ; 의약품 제외(세제, 화장품 및 광택제 제조업과 화학섬유 제조업은 제외) • 비금속 광물제품 제조업 • 1차 금속 제조업 • 금속가공제품 제조업 ; 기계 및 가구 제외 • 자동차 및 트레일러 제조업 • 기타 기계 및 장비 제조업 ; 사무용 기계 및 장비 제조업 제외 • 기타 운송장비 제조업 ; 전투용 차량 제조업 제외	상시근로자 50명 이상
• 농업 • 어업 • 소프트웨어 개발 및 공급업 • 컴퓨터 프로그래밍, 시스템 통합 및 관리업 • 영상 · 오디오물 제공 서비스업 • 정보서비스업 • 금융 및 보험업 • 임대업 ; 부동산 제외 • 전문, 과학 및 기술 서비스업 ; 연구개발업 제외 • 사업지원 서비스업 • 사회복지 서비스업	상시근로자 300명 이상
건설업	공사금액 120억 원 이상 (건설산업기본법 시행령 별표 1의 종합공사를 시공하는 업종의 건설업종란 제1호에 따른 토목공사업의 경우에는 150억 원 이상)
위의 사업을 제외한 사업	상시근로자 100명 이상

+ 괄호문제

다음 괄호 안에 알맞은 내용을 쓰시오.

① 농업, 어업, 정보서비스업, 금융 및 보험업, 사회복지 서비스업은 상시근로자가 (   )명 이상인 경우 산업안전보건위원회 설치 대상이 된다.

② 건설업의 산업안전보건위원회 설치 대상은 공사금액이 (   )원 이상일 경우에 적용된다.

| 정답 |
① 300
② 120억

(4) 산업안전보건위원회 심의 · 의결 사항(산업안전보건법 제24조 제2항)

① 사업장의 산업재해 예방계획의 수립에 관한 사항
② 안전보건관리규정의 작성 및 변경에 관한 사항(법 제25조, 제26조)
③ 근로자에 대한 안전보건교육에 관한 사항(법 제29조)
④ 작업환경측정 등 작업환경의 점검 및 개선에 관한 사항
⑤ 근로자의 건강진단 등 건강관리에 관한 사항(법 제129조부터 제132조)
⑥ 산업재해에 관한 통계의 기록 및 유지에 관한 사항
⑦ 산업재해의 원인 조사 및 재발 방지대책 수립에 관한 사항 중 중대재해에 관한 사항
⑧ 유해하거나 위험한 기계 · 기구 · 설비를 도입한 경우 안전 및 보건 관련 조치에 관한 사항
⑨ 그 밖에 해당 사업장 근로자의 안전과 보건을 유지 · 증진시키기 위하여 필요한 사항

확인! OX

다음은 산업안전보건위원회에 대한 설명이다. 옳으면 "O", 틀리면 "X"로 표시하시오.

1. 비금속 광물제품 제조업, 1차 금속 제조업, 자동차 및 트레일러 제조업 등은 상시근로자가 50명 이상인 경우 산업안전보건위원회 설치 대상이 된다. (   )
2. 작업환경측정 등 작업환경의 점검 및 개선에 관한 사항은 산업안전보건위원회 심의 · 의결 사항에 해당된다. (   )

| 정답 | 1. O 2. O

3. 안전보건경영시스템(KOSHA-MS) 중요도 ★☆☆

(1) 개요
① 한국산업안전보건공단에서 산업안전보건법의 요구조건과 국제표준(ISO 45001) 기준체계 및 국제노동기구(ILO)의 안전보건경영시스템 구축에 관한 권고를 반영하여 독자적으로 개발한 안전보건경영체제이며, 사업장으로부터 자율적으로 인증 신청을 받아 이를 심사하여 일정 수준 이상인 사업장에 인증서를 수여함으로써 자율적인 재해예방활동을 촉진시키는 사업이다.
② 안전보건경영시스템은 최고경영자가 안전보건방침에 안전보건정책을 선언하고 이에 대한 실행계획을 수립(P), 그에 필요한 자원을 지원(S)하여 실행 및 운영(D), 점검 및 시정조치(C)하며 그 결과를 최고경영자가 검토(A)하는 P-S-D-C-A 순환과정의 체계적인 안전보건활동이다.

(2) 안전보건경영시스템 도입 목적 및 효과
① 안전보건 인프라 구축
② 대형사고 예방 및 재해율 관리
③ 정부의 안전보건정책에 대한 적절한 대응
④ 안전보건에 대한 사회적 책임성 강화

4. 안전보건관리규정 중요도 ★★☆

(1) 개요
사업장의 업종, 기계설비, 생산공정 등의 실태에 상응하는 산업재해 예방을 추진하기 위해 안전보건관리에 관한 기본적인 사항을 정한 것이다.

(2) 안전보건관리규정의 작성 내용 및 작성 대상
① 작성 내용(산업안전보건법 제25조)
  ㉠ 안전 및 보건에 관한 관리조직과 그 직무에 관한 사항
  ㉡ 안전보건교육에 관한 사항
  ㉢ 작업장의 안전 및 보건 관리에 관한 사항
  ㉣ 사고 조사 및 대책 수립에 관한 사항
  ㉤ 그 밖에 안전 및 보건에 관한 사항
② 작성 대상 : 100명 이상을 사용하는 회사에 대하여 사업장의 안전보건을 유지하기 위하여 안전보건관리규정을 작성하도록 의무를 부과하고 있다.

+ 괄호문제
다음 괄호 안에 알맞은 내용을 쓰시오.
① ( )은 최고경영자가 안전보건방침에 안전보건정책을 선언하고 이에 대한 실행계획을 수립, 그에 필요한 자원을 지원하여 실행 및 운영, 점검 및 시정조치하며 그 결과를 최고경영자가 검토하는 P-S-D-C-A 순환과정의 체계적인 안전보건활동이다.
② ( )명 이상을 사용하는 회사에 대하여 사업장의 안전보건을 유지하기 위하여 안전보건관리규정을 작성하도록 의무를 부과하고 있다.

| 정답 |
① 안전보건경영시스템
② 100

확인! OX
다음은 안전보건관리규정의 작성에 대한 설명이다. 옳으면 "O", 틀리면 "X"로 표시하시오.
1. '안전 및 보건에 관한 관리조직과 그 직무에 관한 사항'은 안전보건관리규정 작성 내용으로 적절하다. ( )
2. '사고 조사 비용 산출 및 적용에 관한 사항'은 안전보건관리규정 작성 내용으로 적절하다. ( )

정답 1. O 2. X

| 해설 |
2. 사고 조사 및 대책 수립에 관한 사항이 적절하다.

[안전보건관리규정을 작성해야 할 사업의 종류 및 상시근로자 수
(산업안전보건법 시행규칙 별표 2)]

사업의 종류	상시근로자 수
• 농업 • 어업 • 소프트웨어 개발 및 공급업 • 컴퓨터 프로그래밍, 시스템 통합 및 관리업 • 영상·오디오물 제공 서비스업 • 정보서비스업 • 금융 및 보험업 • 임대업 ; 부동산 제외 • 전문, 과학 및 기술 서비스업 ; 연구개발업 제외 • 사업지원 서비스업 • 사회복지 서비스업	300명 이상
위의 사업을 제외한 사업	100명 이상

+ 괄호문제

다음 괄호 안에 알맞은 내용을 쓰시오.
① 금융 및 보험업은 상시근로자 수가 (　　)명 이상이어야 안전보건관리규정 작성 대상 사업장에 해당된다.
② 사업주는 안전보건관리규정을 작성하거나 변경할 때에는 (　　)의 심의·의결을 거쳐야 한다.

| 정답 |
① 300
② 산업안전보건위원회

(3) 안전보건관리규정의 작성·변경 절차(산업안전보건법 제26조)

사업주는 안전보건관리규정을 작성하거나 변경할 때에는 산업안전보건위원회의 심의·의결을 거쳐야 한다. 다만, 산업안전보건위원회가 설치되어 있지 아니한 사업장의 경우에는 근로자대표의 동의를 받아야 한다.

확인! OX

다음은 안전보건관리규정에 대한 설명이다. 옳으면 "O", 틀리면 "X"로 표시하시오.

1. 농업, 어업, 정보서비스업, 사회복지 서비스업은 상시근로자가 300명 이상인 경우 안전보건관리규정을 작성하여야 한다. (　　)
2. 안전보건관리규정을 작성·변경할 때, 산업안전보건위원회가 설치되어 있지 아니한 사업장의 경우에는 근로자대표의 동의를 받아야 한다. (　　)

정답 1. O 2. O

CHAPTER 02 안전보호구 관리

PART 01. 산업재해예방 및 안전보건교육

출제율 11%

출제포인트
- 보호구 및 안전장구
- 보호구의 성능기준
- 보호구의 종류
- 안전보건표지

기출 키워드

보호구, 안전모, 안전장갑, 방독마스크, 안전인증, 안전보건표지

제1절 보호구 및 안전장구 관리

1. 보호구의 개요   중요도 ★★☆

(1) 보호구의 필요성

안전보호구란 근로자의 신체 일부 또는 전체에 착용하여 외부의 유해·위험요인을 차단시키거나 그 영향을 감소시켜 산업재해를 예방할 수 있거나, 그 재해 정도를 줄여주는 기구를 말한다.

(2) 안전인증대상 보호구의 종류(산업안전보건법 시행령 제74조)

① 추락 및 감전 위험방지용 안전모
② 안전화
③ 안전장갑
④ 방진마스크
⑤ 방독마스크
⑥ 송기(送氣)마스크
⑦ 전동식 호흡보호구
⑧ 보호복
⑨ 안전대
⑩ 차광(遮光) 및 비산물(飛散物) 위험방지용 보안경
⑪ 용접용 보안면
⑫ 방음용 귀마개 또는 귀덮개

(3) 보호구를 착용해야 할 작업(산업안전보건기준에 관한 규칙 제32조)

① 물체가 떨어지거나 날아올 위험 또는 근로자가 추락할 위험이 있는 작업 : 안전모
② 높이 또는 깊이 2m 이상의 추락할 위험이 있는 장소에서 하는 작업 : 안전대(安全帶)
③ 물체의 낙하·충격, 물체에의 끼임, 감전 또는 정전기의 대전(帶電)에 의한 위험이 있는 작업 : 안전화
④ 물체가 흩날릴 위험이 있는 작업 : 보안경

⑤ 용접 시 불꽃이나 물체가 흩날릴 위험이 있는 작업 : 보안면
⑥ 감전의 위험이 있는 작업 : 절연용 보호구
⑦ 고열에 의한 화상 등의 위험이 있는 작업 : 방열복
⑧ 선창 등에서 분진(粉塵)이 심하게 발생하는 하역작업 : 방진마스크
⑨ -18℃ 이하인 급냉동어창에서 하는 하역작업 : 방한모·방한복·방한화·방한장갑
⑩ 물건을 운반하거나 수거·배달하기 위하여 도로교통법에 따른 이륜자동차 또는 같은 법에 따른 원동기장치자전거를 운행하는 작업 : 도로교통법 시행규칙의 기준에 적합한 승차용 안전모
⑪ 물건을 운반하거나 수거·배달하기 위해 도로교통법에 따른 자전거 등을 운행하는 작업 : 도로교통법 시행규칙의 기준에 적합한 안전모

+ 괄호문제

다음 괄호 안에 알맞은 내용을 쓰시오.
① 감전의 위험이 있을 경우 사용하여야 하는 안전모는 안전인증을 받은 ( ) 안전모이다.
② 안전인증품이 아닌 자율안전확인신고품인 안전모는 ( )이다.

| 정답 |
① ABE형, AE형
② A형

2. 보호구의 종류별 특성 중요도 ★★★

(1) 안전모

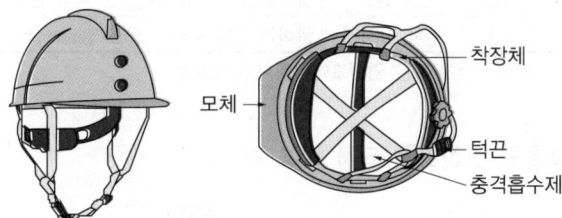

안전인증품(보호구 안전인증 고시 별표 1)*			자율안전확인신고품**
ABE형 (낙하·비래·추락·감전)	AB형 (낙하·비래·추락)	AE형 (낙하·비래·감전)	A형 (낙하·비래)
물체의 낙하·비래·추락에 의한 위험을 방지 또는 경감, 머리 부위 감전에 의한 위험 방지	물체의 낙하·비래·추락에 의한 위험 방지 또는 경감	물체의 낙하·비래에 의한 위험을 방지 또는 경감, 머리 부위의 감전에 의한 위험 방지	물체의 낙하·비래에 의한 위험 방지 또는 경감

* 안전인증(인증서) : 안전인증대상품을 제조·수입하는 경우 안전인증기준에 맞는지 의무적으로 안전인증을 받음
** 자율안전확인신고(증명서) : 인증대상이 아닌 유해·위험기계 등을 제조·수입하는 경우, 안전에 관한 성능이 기준에 맞는지 확인하여 신고

확인! OX

다음은 보호구에 대한 설명이다. 옳으면 "O", 틀리면 "X"로 표시하시오.

1. 보호구를 착용해야 하는 작업 중 높이 또는 깊이 1.5m 이상의 추락할 위험이 있는 장소에서 작업할 경우 안전대를 착용하여야 한다. ( )

2. -18℃ 이하인 급냉동어창에서 하는 하역작업 시 착용하여야 할 보호구는 방한모·방한복·방한화·방한장갑이다. ( )

정답 1. X 2. O

| 해설 |
1. 2m 이상이다.

(2) 안전대 구성 및 종류

종류	등급	사용구분	용도
벨트식/ 안전그네식	1종	U자 걸이용	• 로프를 구조물 등에 U자 모양으로 돌려 신체를 안전대에 지지 • 일명 전주 작업용이라 하며, 신체를 안전대에 지지하여 두 손으로 작업이 필요한 경우 사용
	2종	1개 걸이용	작업발판이 설치되어 신체를 안전대에 의지할 필요가 없고, 불의의 사고로 떨어질 시 신체 보호 목적으로 사용
	3종	1개 걸이, U자 걸이 공용	1개 걸이, U자 걸이 공용으로 사용
안전그네식	4종	안전블록	떨어짐을 억제할 수 있는 자동 감김장치가 갖추어져 있음
	5종	추락 방지대	달비계, 고층사다리 또는 철골, 철탑 등의 상하행 시 사용

※ 추락 방지대 및 안전블록은 안전그네식에서만 적용함

+ **괄호문제**

다음 괄호 안에 알맞은 내용을 쓰시오.
① 추락 방지대 및 안전블록은 ( )에서만 적용한다.
② ( )은 떨어짐을 억제할 수 있는 자동 감김장치가 갖추어져 있다.

| 정답 |
① 안전그네식
② 안전블록

(3) 안전화(보호구 안전인증 고시 별표 2)

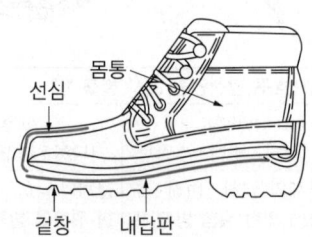

① 안전화의 종류

종류	성능구분
가죽제 안전화	물체의 낙하, 충격 또는 날카로운 물체에 의한 찔림 위험으로부터 발을 보호하기 위한 것
고무제 안전화	물체의 낙하, 충격 또는 날카로운 물체에 의한 찔림 위험으로부터 발을 보호하고 내수성을 겸한 것
정전기 안전화	물체의 낙하, 충격 또는 날카로운 물체에 의한 찔림 위험으로부터 발을 보호하고 정전기의 인체대전을 방지하기 위한 것
발등 안전화	물체의 낙하, 충격 또는 날카로운 물체에 의한 찔림 위험으로부터 발 및 발등을 보호하기 위한 것
절연화	물체의 낙하, 충격 또는 날카로운 물체에 의한 찔림 위험으로부터 발을 보호하고 저압의 전기에 의한 감전을 방지하기 위한 것
절연장화	고압에 의한 감전을 방지 및 방수를 겸한 것
화학물질용 안전화	물체의 낙하, 충격 또는 날카로운 물체에 의한 찔림 위험으로부터 발을 보호하고 화학물질로부터 유해·위험을 방지하기 위한 것

확인! OX

다음은 안전화에 대한 설명이다. 옳으면 "O", 틀리면 "X"로 표시하시오.
1. 물체의 낙하, 충격 또는 날카로운 물체에 의한 찔림 위험으로부터 발을 보호하고 내수성을 겸한 안전화는 가죽제 안전화이다. ( )
2. 고압에 의한 감전을 방지하고 방수를 겸한 안전화는 절연장화이다. ( )

| 정답 | 1. X 2. O

| 해설 |
1. 고무제 안전화에 대한 설명이다.

② 안전화의 등급

등급	사용장소
중작업용	광업, 건설업 및 철광업 등에서 원료취급, 가공, 강재취급 및 강재운반, 건설업 등에서 중량물 운반작업, 가공대상물의 중량이 큰 물체를 취급하는 작업장으로서 날카로운 물체에 의해 찔릴 우려가 있는 장소
보통 작업용	기계공업, 금속가공업, 운반, 건축업 등 공구 가공품을 손으로 취급하는 작업 및 차량 사업장, 기계 등을 운전조작하는 일반작업장으로서 날카로운 물체에 의해 찔릴 우려가 있는 장소
경작업용	금속 선별, 전기제품 조립, 화학제품 선별, 반응장치 운전, 식품 가공업 등 비교적 경량의 물체를 취급하는 작업장으로서 날카로운 물체에 의해 찔릴 우려가 있는 장소

+ 괄호문제

다음 괄호 안에 알맞은 내용을 쓰시오.
① ( ) 안전화는 기계공업, 금속가공업, 운반, 건축업 등 공구 가공품을 손으로 취급하는 작업 및 차량 사업장, 기계 등을 운전조작하는 일반작업장으로서 날카로운 물체에 의해 찔릴 우려가 있는 장소에서 사용한다.
② 최대사용전압 교류 1,000V의 절연용 장갑 색상은 ( )이다.

| 정답 |
① 보통 작업용
② 빨간색

(4) 안전장갑

① 절연용 장갑의 등급별 색상(보호구 안전인증 고시 별표 3)

등급	최대사용전압		등급별 색상
	교류(V, 실횻값)	직류(V)	
00	500	750	갈색
0	1,000	1,500	빨간색
1	7,500	11,250	흰색
2	17,000	25,500	노란색
3	26,500	39,750	녹색
4	36,000	54,000	등색

(5) 방진마스크(보호구 안전인증 고시 별표 4)

① 형태 및 구조

② 등급에 따른 사용장소

등급	사용장소
특급	• 베릴륨 등과 같이 독성이 강한 물질들을 함유한 분진 등 발생장소 • 석면 취급장소
1급	• 특급마스크 착용장소를 제외한 분진 등 발생장소 • 금속흄 등과 같이 열적으로 생기는 분진 등 발생장소 • 기계적으로 생기는 분진 등 발생장소(규소 등과 같이 2급 방진마스크를 착용하여도 무방한 경우는 제외)
2급	특급 및 1급 마스크 착용장소를 제외한 분진 등 발생장소

※ 배기밸브가 없는 안면부여과식 마스크는 특급 및 1급 장소에 사용해서는 안 된다.

확인! OX

다음은 방진마스크에 대한 설명이다. 옳으면 "O", 틀리면 "X"로 표시하시오.
1. 베릴륨 등과 같이 독성이 강한 물질들을 함유한 분진 등 발생장소에서는 1급 방진마스크를 사용한다. ( )
2. 석면 취급장소는 2급 이상의 마스크를 사용하여야 한다. ( )

정답 1. X 2. X

| 해설 |
1 · 2 특급마스크를 사용해야 한다.

+ 괄호문제

다음 괄호 안에 알맞은 내용을 쓰시오.
① 할로겐용 정화통의 외부 측면 표시색은 ( )이다.
② 방독마스크는 산소농도가 ( )% 이상인 장소에서 사용하여야 한다.

| 정답 |
① 회색
② 18

(6) 방독마스크(보호구 안전인증 고시 별표 5)

① 형태 및 구조

격리식		직결식		
전면형	반면형	전면형(1안식)	전면형(2안식)	반면형

② 등급에 따른 사용장소

등급	사용장소
고농도	가스 또는 증기의 농도가 100분의 2(암모니아에 있어서는 100분의 3) 이하의 대기 중에서 사용하는 것
중농도	가스 또는 증기의 농도가 100분의 1(암모니아에 있어서는 100분의 1.5) 이하의 대기 중에서 사용하는 것
저농도 및 최저농도	가스 또는 증기의 농도가 100분의 0.1 이하의 대기 중에서 사용하는 것으로서 긴급용이 아닌 것

※ 방독마스크는 산소농도가 18% 이상인 장소에서 사용하여야 하고, 고농도와 중농도에서 사용하는 방독마스크는 전면형(격리식, 직결식)을 사용해야 한다.

③ 종류별 정화통 외부 측면 표시색

종류	표시색
유기화합물용 정화통	갈색
할로겐용 정화통	회색
황화수소용 정화통	회색
사이안화수소용 정화통	회색
아황산용 정화통	노랑색
암모니아용 정화통	녹색
복합용 및 겸용의 정화통	• 복합용 : 해당가스 모두 표시(2층 분리) • 겸용 : 백색과 해당가스 모두 표시(2층 분리)

※ 증기밀도가 낮은 유기화합물 정화통의 경우 색상표시 및 화학물질명 또는 화학기호를 표기

확인! OX

다음은 방독마스크에 대한 설명이다. 옳으면 "O", 틀리면 "X"로 표시하시오.

1. 가스 또는 증기의 농도가 100분의 1(암모니아에 있어서는 100분의 1.5) 이하의 대기 중에서 사용하는 방독마스크는 중농도 등급으로 한다. ( )
2. 방독마스크의 정화통 외부 측면 표시색에서 유기화합물용 정화통의 색상은 노랑색이다. ( )

정답 1. O 2. X

| 해설 |
2. 유기화합물용 정화통은 갈색이며, 아황산용 정화통이 노랑색이다.

(7) 송기마스크(보호구 안전인증 고시 별표 6)

① 종류에 따른 형상 및 사용범위

종류	등급	형상 및 사용범위
호스마스크	폐력흡인형	호스의 끝을 신선한 공기 중에 고정하고 호스, 안면부 등을 통하여 사용자의 폐력으로 공기를 흡입하는 구조
호스마스크	전동/수동 송풍기형 (전동형은 페이스실드, 후드 적용 가능)	송풍기(전동, 수동)를 신선한 공기 중에 고정시키고 호스, 안면부 등을 통하여 송기하는 구조(유량조절장치 및 송풍기에는 교환이 가능한 필터 구비)
에어라인 마스크	일정유량형 (페이스실드, 후드 적용 가능)	압축공기관, 고압공기용기 및 공기압축기 등으로부터 중압호스, 안면부 등을 통하여 압축공기를 착용자에게 송기하는 구조(유량조정장치 및 여과장치 구비)
에어라인 마스크	디맨드형 및 압력 디맨드형	일정유량형과 같은 구조로 공급밸브를 갖추고 사용자의 호흡량에 따라 안면부 내로 송기하는 구조
복합식 에어라인 마스크	디맨드형 및 압력 디맨드형	보통의 상태에서는 디맨드형 또는 압력 디맨드형으로 사용, 급기 중단 등 긴급 시 고압공기용기에서 급기하는 구조

+ 괄호문제

다음 괄호 안에 알맞은 내용을 쓰시오.
① 송기마스크는 ( )마스크, 에어라인 마스크, 복합식 에어라인 마스크로 구분된다.
② ( )는 호스의 끝을 신선한 공기 중에 고정하고 호스, 안면부 등을 통하여 사용자의 폐력으로 공기를 흡입하는 구조이다.

| 정답 |
① 호스
② 폐력흡인형 호스마스크

확인! OX

다음은 송기마스크에 대한 설명이다. 옳으면 "O", 틀리면 "X"로 표시하시오.

1. 송풍기(전동, 수동)를 신선한 공기 중에 고정시키고 호스, 안면부 등을 통하여 송기하는 구조(유량조절장치 및 송풍기에는 교환이 가능한 필터 구비)의 호흡보호구는 송기마스크 중 호스마스크이다. ( )
2. 일정유량형과 같은 구조로 공급밸브를 갖추고 사용자의 호흡량에 따라 안면부 내로 송기하는 구조의 송기마스크 종류는 에어라인 마스크이다. ( )

정답 1. O 2. O

+ 괄호문제

다음 괄호 안에 알맞은 내용을 쓰시오.
① 방음용 보호구에서 저음부터 고음까지 차음하는 것을 ( ) 귀마개라고 한다.
② 방음용 보호구에서 주로 고음을 차음하고 저음은 차음하지 않는 것을 ( ) 귀마개라고 한다.

| 정답 |
① 1종
② 2종

② 에어라인 마스크의 공기원 종류

| 공기압축기(에어컴프레서) | 압축공기관 | 고압공기용기 |

(8) 방음용 보호구

① 종류

| 귀마개 | 귀덮개 |

② 방음용 귀마개 또는 귀덮개의 종류·등급 등(보호구 안전인증 고시 별표 12)

종류	등급	기호	성능
귀마개	1종	EP-1	저음부터 고음까지 차음하는 것
	2종	EP-2	주로 고음을 차음하고 저음(회화음영역)은 차음하지 않는 것
귀덮개	-	EM	-

※ 귀마개의 경우 재사용 여부를 제조 특성으로 표기

(9) 보안면 및 보안경

① 용접용 보안면

| 일반 용접필터형 | 핸드실드형 | 자동 용접필터형 |

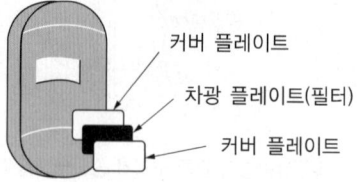

- 커버 플레이트
- 차광 플레이트(필터)
- 커버 플레이트

㉠ 용접 시에 발생하는 유해광선으로부터 눈을 보호하고 실명을 예방한다.
㉡ 열에 의한 화상 및 용접파편 등으로부터 안면을 보호한다.

확인! OX

다음은 보호구에 대한 설명이다. 옳으면 "O", 틀리면 "X"로 표시하시오.

1. 보호구 안전인증 고시에 따라 방음용 귀마개는 외이도에 삽입 또는 외이 내부·외이도 입구에 반 삽입함으로서 차음효과를 나타내는 일회용 귀마개를 말한다. ( )
2. 용접 시에 발생하는 유해광선으로부터 눈을 보호하고 실명을 예방하기 위한 용도로 착용하는 보호구는 용접용 보안면이다. ( )

정답 1. X 2. O

| 해설 |
1. 재사용 가능한 방음용 귀마개도 포함된다.

② 보안경
　㉠ 보안경의 종류

차광보안경	일반보안경

　㉡ 사용구분에 따른 종류

안전인증품(차광보안경)*	자율안전확인신고품(일반보안경)**
눈에 해로운 자외선, 적외선 및 강렬한 가시광선 또는 비산물로부터 눈을 보호	비산물로부터 눈을 보호
• 자외선용 : 자외선이 발생하는 장소 • 적외선용 : 적외선이 발생하는 장소 • 복합용 : 자외선 및 적외선이 발생하는 장소 • 용접용 : 산소용접 작업 등과 같이 자외선, 적외선 및 강렬한 가시광선이 발생하는 장소	• 유리보안경 : 렌즈의 재질이 유리인 것 • 플라스틱 보안경 : 렌즈의 재질이 플라스틱인 것 • 도수렌즈 보안경 : 도수가 있는 것

* 안전인증(인증서) : 안전인증대상품을 제조·수입하는 경우 안전인증기준에 맞는지 의무적으로 안전인증을 받음(보호구 안전인증 고시 별표 10 참고)
** 자율안전확인신고(증명서) : 인증대상이 아닌 유해·위험기계 등을 제조·수입하는 경우, 안전에 관한 성능이 기준에 맞는지 확인하여 신고

+ 괄호문제

다음 괄호 안에 알맞은 내용을 쓰시오.
① 보안경 중 차광보안경은 (　　)을 받아야 한다.
② 보안경 중 일반보안경은 (　　)을 받아야 한다.

|정답|
① 안전인증
② 자율안전확인신고

3. 보호구의 성능기준 및 시험방법　　중요도 ★★★

(1) 보호구의 성능기준
① 사용목적에 적합 : 보호구는 해당 작업 목적에 맞게 선택해야 한다.
② 착용 간편 : 보호구를 착용하고 제거하는 과정이 편리해야 한다.
③ 작업에 방해되지 않아야 함 : 보호구 착용으로 작업이 원활하게 진행되어야 한다.
④ 품질 우수 : 보호구의 내구성과 품질이 높아야 한다.
⑤ 구조와 마무리의 양호 : 보호구의 디자인과 마감이 튼튼해야 한다.
⑥ 겉모양이 보기 좋아야 함 : 보호구는 근로자들에게 보기 좋아야 한다.

(2) 안전인증의 종류
① 안전인증(산업안전보건법 제84조)
　㉠ 안전인증 대상 방호장치·보호구를 제조하거나 수입하는 자는 안전인증기준에 맞는지에 대하여 고용노동부장관이 실시하는 안전인증을 받아야 한다.
　㉡ 위반 시 : 3년 이하의 징역 또는 3천만 원 이하의 벌금(산업안전보건법 제169조)
② 자율안전확인 신고(산업안전보건법 제89조)
　㉠ 자율안전확인 대상 방호장치·보호구를 제조하거나 수입하는 자는 고용노동부장관이 정하여 고시하는 자율안전기준에 맞는 것임을 확인하여 고용노동부장관에게 신고하여야 한다.

확인! OX

다음은 보호구에 대한 설명이다. 옳으면 "O", 틀리면 "X"로 표시하시오.

1. 보호구는 해당 작업 목적에 맞게 선택하여야 하고, 보호구의 내구성과 품질이 높아야 한다. (　)
2. 눈에 해로운 자외선, 적외선 및 강렬한 가시광선 또는 비산물로부터 눈을 보호하기 위한 보호구는 차광보안경이다. (　)

정답 1. O　2. O

+ 괄호문제

다음 괄호 안에 알맞은 내용을 쓰시오.
① ( )은 방호장치·보호구를 제조하거나 수입하는 자가 안전인증기준에 맞는지에 대하여 받아야 하는 인증제도이다.
② 안전인증 제품 표시사항으로 형식 또는 모델명, 규격 또는 등급 등, 제조자명, 제조번호 및 제조연월, ( )를 표시한다.

| 정답 |
① 안전인증
② 안전인증 번호

ⓒ 위반 시 : 1천만 원 이하의 벌금(산업안전보건법 제171조)
※ 기타 보호구 안전인증 및 자율안전확인 신고에 관한 사항은 한국산업안전보건공단(산업안전보건인증원)에서 확인

(3) 안전인증 제품 표시사항(보호구 안전인증 고시 제34조)
① 형식 또는 모델명
② 규격 또는 등급 등
③ 제조자명
④ 제조번호 및 제조연월
⑤ 안전인증 번호

(4) 자율안전확인 제품 표시사항(보호구 자율안전확인 고시 제11조)
① 형식 또는 모델명
② 규격 또는 등급 등
③ 제조자명
④ 제조번호 및 제조연월
⑤ 자율안전확인 번호

확인! OX

다음은 보호구에 대한 설명이다. 옳으면 "O", 틀리면 "X"로 표시하시오.
1. 보호구 자율안전확인 고시상 자율안전확인 제품 표시사항에는 사용기한이 포함된다. ( )
2. 추락 및 감전 위험방지용 안전모는 자율안전확인대상 보호구이다. ( )

정답 1. X 2. X

| 해설 |
1. 형식 또는 모델명, 규격 또는 등급 등, 제조자명, 제조번호 및 제조연월, 자율안전확인 번호를 표시해야 한다.
2. 추락 및 감전 위험방지용 안전모는 안전인증대상 보호구이다.

(5) 안전인증과 자율안전확인 대상 보호구
① 안전인증대상 보호구(산업안전보건법 시행령 제74조)
  ㉠ 추락 및 감전 위험방지용 안전모
  ㉡ 안전화
  ㉢ 안전장갑
  ㉣ 방진·방독·송기마스크
  ㉤ 전동식 호흡보호구
  ㉥ 보호복
  ㉦ 안전대
  ㉧ 차광(遮光) 및 비산물(飛散物) 위험방지용 보안경
  ㉨ 용접용 보안면
  ㉩ 방음용 귀마개 또는 귀덮개
② 자율안전확인대상 보호구(산업안전보건법 시행령 제77조)
  ㉠ 안전모(추락 및 감전 위험방지용 안전모 제외)
  ㉡ 보안경[차광(遮光) 및 비산물(飛散物) 위험방지용 보안경 제외]
  ㉢ 보안면(용접용 보안면 제외)

4. 안전보건표지

(1) 안전보건표지의 종류별 용도 및 색채(산업안전보건법 시행규칙 별표 7)

분류	용도 및 종류	색채
금지표지	• 위험한 행동을 금지하는 데 사용된다. • 출입금지, 보행금지, 차량통행금지, 사용금지, 탑승금지, 금연, 화기금지, 물체이동금지	바탕은 흰색, 기본 모형은 빨간색, 관련 부호 및 그림은 검은색
경고표지	• 직접 위험한 것 및 장소 또는 상태에 대한 경고로서 사용된다. • 인화성물질 경고, 산화성물질 경고, 폭발성물질 경고, 급성독성물질 경고, 부식성물질 경고, 방사성물질 경고, 고압전기 경고, 매달린 물체 경고, 낙하물체 경고, 고온 경고, 저온 경고, 몸균형 상실 경고, 레이저광선 경고, 발암성·변이원성·생식독성·전신독성·호흡기과민성 물질 경고, 위험장소 경고	• 바탕은 노란색, 기본 모형은 검은색, 관련 부호 및 그림은 검은색 • 일부 : 바탕은 무색, 기본 모형은 빨간색(검은색도 가능)
지시표지	• 작업에 관한 지시, 즉 안전보건 보호구의 착용에 사용된다. • 보안경 착용, 방독마스크 착용, 방진마스크 착용, 보안면 착용, 안전모 착용, 귀마개 착용, 안전화 착용, 안전장갑 착용, 안전복 착용	바탕은 파란색, 관련 그림은 흰색
안내표지	• 구명, 구호, 피난의 방향 등을 분명히 하는 데 사용된다. • 녹십자표지, 응급구호표지, 들것, 세안장치, 비상용기구, 비상구, 좌측비상구, 우측비상구	• 바탕은 흰색, 기본 모형 및 관련 부호는 녹색 • 바탕은 녹색, 관련 그림 및 관련 부호는 흰색

(2) 안전보건표지 색채 및 색도기준(산업안전보건법 시행규칙 별표 8)

색채	색도기준	용도	사용 예
빨간색	7.5R 4/14	금지	정지신호, 소화설비 및 그 장소, 유해행위의 금지
		경고	화학물질 취급장소에서의 유해·위험 경고
노란색	5Y 8.5/12	경고	화학물질 취급장소에서의 유해·위험경고 이외의 위험경고, 주의표지 또는 기계방호물
파란색	2.5PB 4/10	지시	특정 행위의 지시 및 사실의 고지
녹색	2.5G 4/10	안내	비상구 및 피난소, 사람 또는 차량의 통행표지
흰색	N9.5	–	파란색 또는 녹색에 대한 보조색
검은색	N0.5	–	문자 및 빨간색 또는 노란색에 대한 보조색

+ 괄호문제

다음 괄호 안에 알맞은 내용을 쓰시오.
① 직접 위험한 것 및 장소 또는 상태에 대한 경고로서 사용되는 안전보건표지의 색채로 바탕은 ( )으로 기본 모형은 검은색으로 한다.
② 구명, 구호, 피난의 방향 등을 분명히 하는 데 사용되는 안전보건표지는 ( )이다.

| 정답 |
① 노란색
② 안내표지

확인! OX

다음은 안전보건표지에 대한 설명이다. 옳으면 "O", 틀리면 "X"로 표시하시오.
1. 안전보건 보호구의 착용에 사용되는 안전보건표지는 지시표지이고, 바탕은 파란색으로 나타낸다. ( )
2. 안내표지는 빨간색이고, 정지신호, 소화설비 및 그 장소, 유해행위의 금지에 사용된다. ( )

정답 1. O 2. X

| 해설 |
2. 안내표지의 기본모형 및 관련 부호는 녹색 또는 흰색이며, 비상구 등 표지에 사용된다.

+ 괄호문제

다음 괄호 안에 알맞은 내용을 쓰시오.
① 산업안전보건법령상 위험장소 경고, 레이저광선 경고, 방사성물질 경고, 부식성물질 경고 안전보건표지 중 기본 모형이 다른 것은 ( )이다.
② 허가대상물질 작업장, 석면 취급/해체 작업장, 금지대상 물질의 취급 실험실 등에 공통적으로 사용되는 안전보건표지는 ( )이다.

| 정답 |
① 부식성물질 경고
② 관계자 외 출입금지

(3) 안전보건표지의 종류와 형태(산업안전보건법 시행규칙 별표 6)

1. 금지표지	101 출입금지	102 보행금지	103 차량통행금지	104 사용금지	105 탑승금지	106 금연
	107 화기금지	108 물체이동금지	2. 경고표지	201 인화성물질 경고	202 산화성물질 경고	203 폭발성물질 경고	204 급성독성물질 경고
	205 부식성물질 경고	206 방사성물질 경고	207 고압전기 경고	208 매달린 물체 경고	209 낙하물 경고	210 고온 경고	211 저온 경고
	212 몸균형 상실 경고	213 레이저광선 경고	214 발암성·변이원성·생식독성·전신독성·호흡기 과민성 물질 경고	215 위험장소 경고	3. 지시표지	301 보안경 착용	302 방독마스크 착용
	303 방진마스크 착용	304 보안면 착용	305 안전모 착용	306 귀마개 착용	307 안전화 착용	308 안전장갑 착용	309 안전복 착용
4. 안내표지		401 녹십자표지	402 응급구호표지	403 들것	404 세안장치	405 비상용기구	406 비상구
	407 좌측비상구	408 우측비상구	5. 관계자 외 출입금지	501 허가대상물질 작업장 관계자외 출입금지 (허가물질 명칭) 제조/사용/보관 중 보호구/보호복 착용 흡연 및 음식물 섭취 금지	502 석면취급/해체 작업장 관계자외 출입금지 석면 취급/해체 중 보호구/보호복 착용 흡연 및 음식물 섭취 금지	503 금지대상물질의 취급 실험실 등 관계자외 출입금지 발암물질 취급 중 보호구/보호복 착용 흡연 및 음식물 섭취 금지
6. 문자추가 시 예시문	휘발유화기엄금	▶ 내 자신의 건강과 복지를 위하여 안전을 늘 생각한다. ▶ 내 가정의 행복과 화목을 위하여 안전을 늘 생각한다. ▶ 내 자신의 실수로써 동료를 해치지 않도록 안전을 늘 생각한다. ▶ 내 자신이 일으킨 사고로 인한 회사의 재산과 손실을 방지하기 위하여 안전을 늘 생각한다. ▶ 내 자신의 방심과 불안전한 행동이 조국의 번영에 장애가 되지 않도록 하기 위하여 안전을 늘 생각한다.

확인! OX

다음은 안전보건표지에 대한 설명이다. 옳으면 "O", 틀리면 "X"로 표시하시오.

1. 금연에 관한 안전보건표지는 안내표지이다. ( )
2. 보안경 착용을 포함하는 안전보건표지는 지시표지이다. ( )

정답 1. X 2. O

| 해설 |
1. 금연에 관한 안전보건표지는 금지표지이다.

(4) 안전보건표지의 기본모형(산업안전보건법 시행규칙 별표 9)

번호	기본모형	규격비율(크기)	표시사항
1	(원에 45° 사선)	$d \geq 0.025L$ $d_1 = 0.8d$ $0.7d < d_2 < 0.8d$ $d_3 = 0.1d$	금지
2	(정삼각형, 60°) (마름모, 45°)	$a \geq 0.034L$ $a_1 = 0.8a$ $0.7a < a_2 < 0.8a$ $a \geq 0.025L$ $a_1 = 0.8a$ $0.7a < a_2 < 0.8a$	경고
3	(원)	$d \geq 0.025L$ $d_1 = 0.8d$	지시
4	(직사각형)	$b \geq 0.0224L$ $b_2 = 0.8b$	안내
5	(직사각형)	$h < l$ $h_2 = 0.8h$ $l \times h \geq 0.0005L^2$ $h - h_2 = l - l_2 = 2e_2$ $l/h = 1, 2, 4, 8(4종류)$	안내

+ 괄호문제

다음 괄호 안에 알맞은 내용을 쓰시오.

① 산업안전보건법령상 안전보건표지의 종류 중 마름모 테두리를 기본모형으로 하는 것은 ( )이다.
② 안전보건표지의 기본모형에서 점선 안쪽에는 표시사항과 관련된 ( ) 또는 그림을 그린다.

| 정답 |
① 경고표지
② 부호

확인! OX

다음은 안전보건표지의 기본모형에 대한 설명이다. 옳으면 "O", 틀리면 "X"로 표시하시오.

1. 인화성물질 경고, 폭발성물질 경고, 방사성물질 경고의 경고표지는 안전보건표지의 기본모형을 마름모로 한다. ( )
2. 관계자외 출입금지의 안전보건표지 기본모형의 규격비율은 가로 40cm 이상, 세로 25cm 이상이어야 한다. ( )

정답 1. X 2. O

| 해설 |
1. 방사성물질 경고의 경우 안전보건표지의 기본모형이 삼각형이다.

번호	기본모형	규격비율(크기)	표시사항
6	A B C 모형 안쪽에는 A, B, C로 3가지 구역으로 구분하여 글씨를 기재한다.	• 모형 크기 : 가로 40cm, 세로 25cm 이상 • 글자 크기 – A : 가로 4cm, 세로 5cm 이상 – B : 가로 2.5cm, 세로 3cm 이상 – C : 가로 3cm, 세로 3.5cm 이상	관계자 외 출입금지
7	A B C 모형 안쪽에는 A, B, C로 3가지 구역으로 구분하여 글씨를 기재한다.	• 모형 크기 : 가로 70cm, 세로 50cm 이상 • 글자 크기 – A : 가로 8cm, 세로 10cm 이상 – B, C : 가로 6cm, 세로 6cm 이상	관계자 외 출입금지

※ L은 안전·보건표지를 인식할 수 있거나 인식해야 할 안전거리를 말한다(L과 a, b, d, e, h, l은 같은 단위로 계산해야 한다).
※ 점선 안쪽에는 표시사항과 관련된 부호 또는 그림을 그린다.

CHAPTER

03 산업안전심리

PART 01. 산업재해예방 및 안전보건교육

5% 출제율

출제포인트
- 산업심리와 심리검사
- 적성검사의 종류
- 산업안전심리의 요소
- 심리학적 요인
- 안전사고 요인
- 착시의 종류

제1절 산업심리와 심리검사

기출 키워드
동기, 산업안전심리, 착시현상, 매슬로, 욕구, 스트레스

1. 심리검사의 종류   중요도 ★★☆

(1) 심리검사의 종류

① 지능검사 : 개인의 지적 능력을 측정한다.
   예 성인용 한국 웩슬러 지능검사(K-WAIS-Ⅳ)
② 적성검사 : 개인의 적성과 관련된 특성을 평가한다.
   예 미네소타 사무직검사, 벤니트 기계이해검사, 직업선호도검사(VPI)
③ 흥미검사 : 개인의 흥미와 관심사를 측정한다.
   예 스트롱 직업흥미검사(SVIB), 쿠더 직무흥미검사(KOIS), 주제통각검사(TAT), 그림검사
④ 운동능력검사 : 물체를 조작하고 도구를 사용하는 운동능력을 검사한다.
   예 맥쿼리 기계능력검사, 퍼듀 펙보드검사, 오코너 손재주검사
⑤ 성격검사 : 개인의 성격 특성, 태도, 정서 등을 측정한다.
   예 질문지법(MMPI, MBTI), 투사기법, 작업검사법

(2) 심리검사의 요건

① 표준화 : 조건과 절차가 일관성, 통일성을 갖추어야 한다.
② 객관성 : 채점자의 주관성이나 편견을 배제하여야 한다.
③ 규준 : 개인의 성적을 타인과 비교할 수 있는 참조 또는 비교의 기준이 있어야 한다.
④ 신뢰성 : 반복검사 시에도 재현성이 있어야 한다.
⑤ 타당성 : 선발 후 직무수행 능력과 검사점수의 상관관계가 있어야 한다.
⑥ 실용성 : 검사를 실시하고 채점하기가 용이하여야 한다. 즉, 결과의 해석이나 이용 방법이 간단하고 비용이 저렴하여야 한다.

+ 괄호문제

다음 괄호 안에 알맞은 내용을 쓰시오.

① ( )는 능동적인 감각에 의한 자극에서 일어나는 사고의 결과로서 사람의 마음을 움직이는 원동력을 말한다.
② 매슬로의 인간의 욕구 5단계에서 생리적 욕구가 충족된 생활을 유지하고자 하는 욕구는 ( )단계이다.

| 정답 |
① 동기
② 안전 욕구(2단계)

확인! OX

다음은 심리검사에 대한 설명이다. 옳으면 "O", 틀리면 "X"로 표시하시오.

1. 산업심리검사의 요건 중 타당성이란 반복검사 시에도 재현성이 있어야 하는 것을 의미한다. ( )
2. 매슬로의 인간의 욕구 5단계에서 어느 정도 존경을 받게 되면 자신의 목적을 설정하고 이를 이루고자 하는 욕구에 해당하는 것은 자아실현 욕구이다. ( )

정답 1. X 2. O

| 해설 |
1. 타당성이란 선발 후 직무수행 능력과 검사점수 간의 상관관계가 있어야 하는 것을 의미하며, 재현성이 있어야 하는 것은 신뢰성이다.

2. 심리학적 요인

중요도 ★★☆

(1) 동기(motive)

능동적인 감각에 의한 자극에서 일어나는 사고의 결과로서 사람의 마음을 움직이는 원동력을 말한다.

① 동기부여
  ㉠ 어떤 목적을 향해서 행동할 수 있도록 영향력을 행사하는 것
  ㉡ 종류 : 안정, 기회, 참여, 인정, 경제, 성과, 권력, 적응도
  ㉢ 방법
    • 안전의 근본이념을 인식하도록 한다.
    • 명확한 안전목표를 설정한다.
    • 상벌을 시행한다.
    • 경쟁과 협동을 유도한다.

② 인간의 욕구
  ㉠ 알더퍼의 이론
    • 존재 욕구(E) : 사회에서 자신이 인정받으려는 욕구(고차원적인 욕구)
    • 관계 욕구(R) : 사회에서 타인과 상호관계를 맺으려는 욕구
    • 성장 욕구(G) : 생명을 유지하고자 하는 욕구(저차원적인 욕구)
  ㉡ 매슬로의 5단계
    • 생리적 욕구(1단계) : 생명유지에 필요한 물질, 생필품을 요구하는 욕구
    • 안전 욕구(2단계) : 생리적 욕구가 충족된 생활을 유지하고자 하는 욕구
    • 사회적 욕구(3단계) : 생활이 안정되면 주변의 사람들과 사귀고자 하는 욕구
    • 존경 욕구(4단계) : 타인과의 관계 형성 후 타인에게서 인정받고자 하는 욕구
    • 자아실현 욕구(5단계) : 어느 정도 존경을 받게 되면 자신의 목적을 설정하고 이를 이루고자 하는 욕구

(2) 정신상태(기질)

① 인간이 가지고 있는 의식과 주의집중력 및 긴장상태이며, 인간의 성격, 능력 등 개인적인 특성을 말한다.
② 종류
  ㉠ 외향적(extraversion) : 사회적 상호작용을 즐기며 에너지를 얻는다. 활기차고 사교성이 뛰어나다.
  ㉡ 내향적(introversion) : 혼자 있는 시간을 좋아하고, 조용한 환경에서 에너지를 충전한다. 심사숙고하는 경향이 있다.
  ㉢ 안정성(stability) : 안정적인 기질을 가진 사람들은 감정의 기복이 적고, 스트레스 상황에서도 평정심을 유지한다.
  ㉣ 민감성(sensitivity) : 민감한 기질을 가진 사람들은 감정적으로 쉽게 흔들릴 수 있으며, 세세한 부분에 집중하는 경향이 있다.

(3) 감정

① 희로애락 등의 의식을 말하며, 다음의 다양한 심리적 요인에 의해 영향을 받는다.

② 심리적 요인

㉠ 인지(perception) : 우리가 세상을 어떻게 인식하고 해석하는지에 따라 감정이 달라진다.

㉡ 기억(memory) : 과거 경험에 대한 기억은 현재의 감정상태에 큰 영향을 미친다.

㉢ 문화(culture) : 문화적 배경은 우리가 감정을 표현하고 이해하는 방식에 영향을 준다.

㉣ 호르몬(hormone) : 스트레스 호르몬인 코르티솔(cortisol)이 증가하면 불안감이 상승하듯이, 호르몬 수준은 감정에 직접적인 영향을 미친다.

(4) 개성(습성)

① 동기, 기질, 감정 등의 밀접한 연관관계를 형성하여 인간의 행동에 영향을 미치게 하는 것으로, 다음 요인에 의해 형성된다.

② 요인

㉠ 생물학적 요인 : 신경계의 구조와 기능, 호르몬 균형 등이 개인의 개성 형성에 영향을 미친다.

㉡ 환경적 요인 : 가족, 친구, 사회적 경험 등 외부 환경도 개성에 큰 영향을 준다.

㉢ 유전적 요인 : 부모로부터 물려받은 유전적 특징이 개인의 기질과 행동 패턴을 결정하는 데 중요한 역할을 한다.

(5) 습관

① 규칙적인 행동, 습관 중에서 각 개인의 특유한 버릇이 된 성질을 말하며, 습관의 형성에는 동기, 기질, 습성 등의 요인 외에도 다양한 심리적인 요인들이 포함된다.

② 요인

㉠ 보상 시스템 : 뇌의 보상 시스템은 습관 형성에 중요한 역할을 한다. 특정 행동을 할 때 긍정적인 보상을 받으면, 그 행동을 반복하고자 하는 동기가 생긴다.

㉡ 일관성 : 꾸준히 반복하는 행동은 뇌에 신경경로를 형성한다. 이 신경경로는 습관이 형성되고 자동화되는 과정을 돕는다. 처음에는 의식적으로 행동해야 하지만 시간이 지나면 무의식적으로 그 행동을 하게 된다.

㉢ 심리적 상태 : 스트레스나 감정상태도 습관 형성에 영향을 준다. 스트레스를 받을 때, 사람들은 종종 위안이 되는 행동(예 간식 먹기)을 반복하여 습관으로 형성한다.

+ 괄호문제

다음 괄호 안에 알맞은 내용을 쓰시오.

① ( )은 희로애락 등의 의식을 말하며, 인지, 기억, 문화, 호르몬 등 다양한 심리적 요인에 의해 영향을 받는다.

② ( )은 동기, 기질, 감정 등의 밀접한 연관관계를 형성하여 인간의 행동에 영향을 미치게 하는 것으로 생물학적 요인, 환경적 요인, 유전적 요인에 의해 형성된다.

| 정답 |
① 감정
② 개성(습성)

확인! OX

다음은 심리학적 요인에 대한 설명이다. 옳으면 "O", 틀리면 "X"로 표시하시오.

1. 스트레스 호르몬인 코르티솔이 증가하면 불안감이 상승하듯이, 호르몬 수준은 감정에 직접적인 영향을 미친다. ( )

2. 개성은 규칙적인 행동, 습관 중에서 각 개인의 특유한 버릇이 된 성질을 말하며, 개성의 형성에는 동기, 기질, 습성 등의 요인 외에도 다양한 심리적인 요인들이 포함된다. ( )

정답 1. O 2. X

| 해설 |
2. 개성이 아닌 습관에 대한 설명이다.

3. 지각과 정서, 동기 · 좌절 · 갈등 중요도 ★☆☆

(1) 지각
① 지각은 환경 내의 사물을 인지하는 과정이다. 이는 감각수용기와 신경시스템이 환경으로부터 자극 에너지를 받아들이고 표상하는 과정을 의미한다.
② 지각은 머리스타일, 걸음걸이, 목소리, 특정한 신체 특징 등을 통해 사람들이 사물과 사건을 재인식할 수 있게 해 준다.

(2) 정서
① 정서는 개인의 감정상태를 나타낸다. 생리적 각성(심장 박동)과 외적 행동(미소, 찡그리기 등)이 함께 관여되는 감성의 상태이다.
② 정서는 신체의 특정 상태에 대한 지각인 동시에 사고의 특정 방식, 그리고 특정 주제를 가진 생각에 대한 지각이기도 하다.

(3) 동기
① 동기는 행동을 시작하게 하고, 방향을 결정하며, 끈기와 강도를 결정하는 힘을 말한다. 내적 결핍 상태가 욕구를 발생시키고 이러한 욕구는 추동으로 변하여 행동의 직접적인 원인인 동기를 유발한다.
② 동기의 유형 : 내재적 동기, 외재적 동기
③ 인간의 동기 : 생물학적, 행동적, 인지적 요소로 구성됨

(4) 좌절
① 좌절은 일반적으로 두 개 이상의 요구가 동시에 일어났을 때, 갈등상황에서 원하는 목표를 달성하지 못하거나, 선택의 결과가 기대에 미치지 못할 때 발생할 수 있다.
② 좌절의 요인 : 행동과정의 지연, 자원의 결핍, 상실, 실패, 인생에 대한 무의미감

(5) 갈등
① 갈등은 일반적으로 두 개 이상의 요구가 동시에 일어났을 때, 그 선택에 망설이며 동요하는 상태를 의미한다. 이는 상극상태로, 서로 모순되는 욕망, 요구, 또는 개인에게 강력한 영향을 미치는 환경조건 등이 포함된다. 이러한 요소들이 보통 심리적이고 정서적인 긴장상태를 불러오면서 '갈등'이 시작된다.
② 갈등의 유형 : 사회심리학자 레빈은 갈등을 목표와 욕구의 측면에서 조명했으며, 갈등의 유형을 다음 4가지로 구분하였다.
㉠ 접근-접근 갈등 : 두 가지 긍정적인 목표 중 하나를 선택해야 하는 상황
㉡ 회피-회피 갈등 : 두 가지 부정적인 상황 중 하나를 선택해야 하는 상황
㉢ 접근-회피 갈등 : 한 가지 긍정적인 목표와 한 가지 부정적인 목표 중 하나를 선택해야 하는 상황

+ 괄호문제

다음 괄호 안에 알맞은 내용을 쓰시오.
① ( )은 환경 내의 사물을 인지하는 과정으로 감각수용기와 신경시스템이 환경으로부터 자극 에너지를 받아들이고 표상하는 과정을 의미한다.
② ( )는 행동을 시작하게 하고, 방향을 결정하며, 끈기와 강도를 결정하는 힘을 말한다.

| 정답 |
① 지각
② 동기

확인! OX

다음은 좌절과 갈등에 대한 설명이다. 옳으면 "O", 틀리면 "X"로 표시하시오.
1. 일반적으로 두 개 이상의 요구가 동시에 일어났을 때, 갈등상황에서 원하는 목표를 달성하지 못하거나, 선택의 결과가 기대에 미치지 못할 때 발생하는 것을 좌절이라고 한다. ( )
2. 일반적으로 두 개 이상의 요구가 동시에 일어났을 때, 그 선택에 망설이며 동요하는 상태를 갈등이라고 한다. ( )

정답 1. O 2. O

ⓔ 이중접근-회피 갈등 : 접근-회피 갈등이 둘 이상의 목표나 사건에서 발생할 때, 이 중 하나를 선택해야 하는 상황

4. 불안과 스트레스   중요도 ★☆☆

(1) 개념
① 스트레스 : 즉각적인 위험 같은 환경의 긴급한 요구에 대한 반응이다. 상황을 최대한 빨리 해결하기 위해 교감 신경계를 활성화하여 신속한 대응을 목표로 한다. 급박한 상황에서 스트레스는 적응력이 있고 유익할 수 있어 긴급상황에 대처하는 데 도움이 되지만, 만성 또는 급성으로 발전하면 건강에 심각한 영향을 미칠 수 있다.
② 불안 : 종종 미래에 대한 위험이나 위협을 예측할 때 활성화된다. 교감 신경계에 의존하는 생리적 반응은 이러한 상황을 해결이 아닌 예방에 목표를 둔다. 따라서 불안은 지속해서 경험되지 않거나 실제 위험이 없는 한 적응적이고 유용한 감정이기도 하다.

(2) 스트레스의 구분
① 긍정적 스트레스(eustress) : 지금 당장은 부담스럽게 느껴질지라도 적절하게 대응하는 경우 미래의 삶이 더 나아질 수 있는 스트레스를 말한다.
② 부정적 스트레스(distress) : 자신의 대처에도 불구하고 지속됨으로써 불안, 우울의 증상이 계속 발생하는 경우를 말한다.

(3) 스트레스에 대한 인체의 반응
① 경고반응 : 두통, 발열, 피로감, 근육통, 식욕감퇴, 허탈감 등 신체저항 저하
② 저항반응 : 호르몬 분비로 인해 저항력이 높아지나 긴장, 걱정 등의 현상이 나타남
③ 소진반응 : 생체적응능력 상실 → 질병 이환

+ 괄호문제

다음 괄호 안에 알맞은 내용을 쓰시오.
① 사회심리학자 레빈은 갈등의 유형 중 (　)이란 접근-회피 갈등이 둘 이상의 목표나 사건에서 발생할 때, 이 중 하나를 선택해야 하는 상황이라고 하였다.
② 결혼식 준비 등 큰 이벤트를 준비하는 과정에서의 스트레스는 즐거운 긴장감과 기대감을 동반할 수 있는데 이러한 유형의 스트레스를 (　)라고 한다.

| 정답 |
① 이중접근-회피 갈등
② 긍정적 스트레스(eustress)

확인! OX

다음은 스트레스에 대한 설명이다. 옳으면 "O", 틀리면 "X"로 표시하시오.
1. 스트레스에 의한 인체의 반응 중에서, 두통, 발열, 피로감, 근육통, 식욕감퇴, 허탈감 등 신체저항 저하되는 것을 경고반응이라 한다. (　)
2. 스트레스에 의한 인체의 반응 중에서, 극심한 스트레스로 인해 생체적응능력을 상실하여 질병으로 이환되는 것을 저항반응이라 한다. (　)

정답 1. O 2. X

| 해설 |
2. 소진반응이다.

제2절 직업적성과 배치

1. 직업적성의 분류

중요도 ★☆☆

(1) 홀랜드(Holland)의 6가지 흥미유형 이론

직업적성을 파악하는 데 가장 광범위하게 활용된다.
① 실제형(R) : 현실적이고 관찰적인 성향으로, 기술적 또는 기계적인 직업에 적합하다.
② 탐구형(I) : 탐구적이고 분석적인 성향으로, 연구 또는 과학 관련 직업에 적합하다.
③ 예술형(A) : 창의적이고 표현적인 성향으로, 예술 또는 창작 관련 직업에 적합하다.
④ 사회형(S) : 사교적이고 도움을 주는 성향으로, 사회복지 또는 교육 관련 직업에 적합하다.
⑤ 진취형(E) : 리더십과 통솔적인 성향으로, 경영 또는 경제 관련 직업에 적합하다.
⑥ 관습형(C) : 체계적이고 정확한 성향으로, 사무 또는 관리 관련 직업에 적합하다.

(2) 기계적·사무적 적성

구분	종류
기계적 적성	• 손과 팔의 솜씨 : 신속하고 정확한 능력 • 공간 시각화 : 크기의 판단 능력 • 기계적 이해 : 공간지각능력, 지각속도, 경험, 기술적 지식 등 복합적 인자가 합쳐져 만들어진 적성
사무적 적성	• 지능 • 지각속도 • 정확성

2. 적성검사의 종류

중요도 ★☆☆

① 자기평가 : 자신의 성격, 흥미, 태도를 명확히 지각하고 이해하는 능력을 평가한다. 어떤 직업이 자신에게 가장 적합한지를 알아내는 데 도움이 된다.
② 인성검사 : 직무와 회사에서 적합한 인재를 뽑기 위해 지원자의 특성을 파악하는 검사이다. 성격, 평소 생활, 신념 등에 대한 질문이 많이 포함된다.
③ 직업적성검사 : 다양한 능력을 어느 정도 가지고 있는지 스스로 진단하여 자아성찰과 진로 탐색에 도움을 주는 검사이다. 신체, 운동능력, 손재능, 공간지각력, 음악능력, 창의력, 언어능력, 수리, 논리력, 자기성찰능력, 대인관계능력, 자연친화력, 예술시각능력, 자기관리능력 등 다양한 적성 영역을 포함한다.
  예 시각적 판단검사, 정확도 및 기민성 검사(정밀성 검사), 계산에 의한 검사, 속도에 의한 검사

+ 괄호문제

다음 괄호 안에 알맞은 내용을 쓰시오.
① 홀랜드(Holland)의 6가지 흥미유형 이론 중 (　)은 리더십과 통솔적인 성향으로, 경영 또는 경제 관련 직업에 적합하다.
② 사무적 적성을 검사하는 항목에는 (　), 지능, 지각속도가 있다.

| 정답 |
① 진취형(E)
② 정확성

확인! OX

다음은 적성검사의 종류에 대한 설명이다. 옳으면 "O", 틀리면 "X"로 표시하시오.
1. 자기평가는 자신의 성격, 흥미, 태도를 명확히 지각하고 이해하는 능력을 평가한다. (　)
2. 직업적성검사는 다양한 능력을 어느 정도 가지고 있는지 스스로 진단하여 자아성찰과 진로 탐색에 도움을 주는 검사이다. (　)

정답 1. O 2. O

3. 직무분석 및 직무평가 중요도 ★★☆

(1) 직무분석의 4가지 절차
① 배경정보 수집
② 직무 분류표 작성 및 대상 직무의 선정
③ 직무 정보의 수집 및 분석
④ 직무 기술서 및 직무명세서 작성

(2) 직무분석 방법
① 면접법 : 각 직무의 담당자를 개별적 혹은 집단적으로 면접하여 정보를 획득하는 방법이다.
② 관찰법 : 직무분석자가 평상시 직무를 수행하는 것을 관찰하고 체계적으로 기록하는 방법이다.
③ 질문지법 : 직무분석자가 직무수행자에게 직무내용, 수행방법, 수행목적, 수행과정 그리고 직무수행자가 갖추어야 하는 자격 요건 등에 대한 질문이 포함된 질문지를 배부하는 방법이다.
④ 워크샘플링법 : 직무수행자가 매일 작업 일지나 메모사항을 통해 해당 직무에 대한 정보를 수집하는 방법이다. 어느 정도 성의를 갖고 기록하느냐가 정확한 분석 여부를 결정한다. 보통 어려운 직무의 정보수집에 활용된다.
⑤ 중요사건법 : 감독자에 의해 수행되는 직무수집방법이다. 즉, 직무수행자의 직무행동 중 성과와 관련하여 효과적인 행동과 비효과적인 행동을 구분하여 정보를 수집하고 이러한 정보로부터 직무성과에 효과적인 행동패턴을 추출하여 분류하는 방법이다.

(3) 직무평가 방법
① 서열법 : 직무의 상대적 중요도, 곤란도, 책임도가 요구되는 지식과 숙련도 등을 비교하여 서열을 매기는 방법이다.
② 분류법 : 직무를 몇 개의 등급으로 분류하여 각 직무를 해당 등급에 편입시키는 방법이다.
③ 점수법 : 직무를 각 구성요소로 분해하여 요소별로 그 중요도에 따라 점수를 매긴 후 합계하여 각 직무의 가치를 평가하는 방법이다.
④ 요소비교법 : 직무를 요소별로 나누고 표준 직무의 요소와 비교하여 각각의 임금률을 결정하는 방법이다. 구체적인 평가 과정은 기준 직무의 선정, 평가요소의 결정, 기준 임무의 등급 결정, 기준 직무의 요소별 임금 배분, 평가직무의 상대적 가치 및 임금액의 결정 등 다섯 단계로 이루어진다.

+ 괄호문제

다음 괄호 안에 알맞은 내용을 쓰시오.
① 직무분석 방법 중 직무수행자가 매일 작업 일지나 메모사항을 통해 해당 직무에 대한 정보를 수집하는 방법의 명칭은 ( )이다.
② ( )은 감독자에 의해 수행되는 직무수집방법이다. 즉, 직무수행자의 직무행동 중 성과와 관련하여 효과적인 행동과 비효과적인 행동을 구분하여 정보를 수집하고 이러한 정보로부터 직무성과에 효과적인 행동패턴을 추출하여 분류하는 방법이다.

| 정답 |
① 워크샘플링법
② 중요사건법

확인! OX

다음은 직무평가 방법에 대한 설명이다. 옳으면 "O", 틀리면 "X"로 표시하시오.
1. 직무의 상대적 중요도, 곤란도, 책임도가 요구되는 지식과 숙련도 등을 비교하여 서열을 매기는 방법인 서열법이 있다. ( )
2. 직무를 각 구성요소로 분해하여 요소별로 그 중요도에 따라 점수를 매긴 후 합계하여 각 직무의 가치를 평가하는 방법을 점수법이라 한다. ( )

정답 1. O 2. O

4. 선발 및 배치

중요도 ★☆☆

(1) 적성배치의 효과
① 근로의욕 고취
② 재해의 예방
③ 근로자 자신의 자아실현
④ 생산성 및 능률 향상

(2) 적성과 배치
① 적성과 지능
  ㉠ 적성 : 근로자의 소질, 즉 어느 분야에 흥미를 가지고 있으며 능력을 발휘할 수 있는지를 파악한다.
  ㉡ 지능 : 학습능력, 추상적 사고능력, 환경능력을 고려한 뇌의 능력을 뜻한다.
    IQ = MA / LA × 100(여기서, MA : 정신연령, LA : 생활능력)
    • IQ 70 이하 : 지적 및 발달장애(IDD)
    • IQ 140 이상 : 천재
    • IQ가 낮은 사람 : 사고의 빈도가 높음
    • IQ가 높은 사람 : 대형사고의 위험이 있음

② 적성배치 시 작업과 작업자의 특성

작업의 특성	작업자의 특성
• 환경적 조건 • 작업적 조건 • 작업내용 • 작업형태 • 법적 자격 및 제한	• 지적 능력 • 성격 • 기능 • 업무 수행력 • 연령적 특성 • 신체적 특성

5. 인사관리의 기초

중요도 ★☆☆

(1) 인사관리의 주요요인
① 조직과 리더십
② 선발(적성검사 및 시험)
③ 적성을 고려한 배치
④ 작업 및 업무분석
⑤ 노사 간의 이해관계와 상담

(2) 작업조건과 생산성
① 작업환경과 작업방법의 개선
② 휴식시간의 부여, 피로 및 단조로움의 해소

+ 괄호문제

다음 괄호 안에 알맞은 내용을 쓰시오.
① 적성배치의 효과로는 근로의욕 고취, 재해의 예방, ( ), 생산성 및 능률 향상이 있다.
② ( )은 학습능력, 추상적 사고능력, 환경능력을 고려한 뇌의 능력을 뜻한다.

| 정답 |
① 근로자 자신의 자아실현
② 지능

확인! OX

다음은 적성과 지능에 대한 설명이다. 옳으면 "O", 틀리면 "X"로 표시하시오.
1. 근로자의 소질을 적성이라고 하며, 어느 분야에 흥미를 가지고 있으며 능력을 발휘할 수 있는지를 파악한다. ( )
2. IQ가 낮은 사람은 사고의 빈도가 낮고, IQ가 높은 사람은 대형사고의 위험이 있다. ( )

정답 1. O 2. X

| 해설 |
2. IQ가 낮은 사람은 사고의 빈도가 높다.

③ 급여인상, 공로표창, 승진기회의 부여
④ 직장 내의 신분 부여

(3) 작업분석과 표준작업
① 작업분석 : 직무의 구체적인 내용을 파악하고 기록하는 과정이다. 작업의 목표, 필요한 기술, 수행 조건, 책임 등을 상세히 분석한다.
② 표준작업 : 특정 직무를 수행하는 데 있어 가장 효율적이고 일관된 방법을 정의한 것이다. 표준작업을 설정하면 모든 직원이 동일한 절차를 따라 일관된 품질을 유지할 수 있으며, 새로운 직원이 적응하는 데 도움이 된다.

(4) 노사관계
① 정규직, 비정규직에서 오는 노·노 갈등 해소
② 원만한 노사협력체계 구축

> **+ 괄호문제**
> 다음 괄호 안에 알맞은 내용을 쓰시오.
> ① (　　)은 직무의 구체적인 내용을 파악하고 기록하는 과정으로 작업의 목표, 필요한 기술, 수행 조건, 책임 등을 상세히 분석한다.
> ② (　　)은 특정 직무를 수행하는 데 있어 가장 효율적이고 일관된 방법을 정의한 것이다.
>
> | 정답 |
> ① 작업분석
> ② 표준작업

제3절　인간의 특성과 안전과의 관계

1. 안전사고 요인　　　중요도 ★★☆

(1) 생리적·정신적 요소

생리적 요소	정신적 요소
• 극도의 피로 • 시력 및 청각기능의 이상 • 근육운동의 부적합 • 생리 및 신경계통의 이상	• 안전의식의 부족 • 주의력의 부족 • 방심, 공상 • 판단력 부족

(2) 불안전 행동
① 직접적인 원인 : 지식의 부족, 기능 미숙, 태도 불량, 인간 에러 등
② 간접적인 원인
　㉠ 망각 : 학습된 행동이 지속되지 않고 소멸되는 것. 기억된 내용의 망각은 시간의 경과에 비례하여 급격히 이루어진다.
　㉡ 의식의 우회 : 공상, 회상 등
　㉢ 생략행위 : 정해진 순서를 빠뜨린 것
　㉣ 억측판단 : 자기 멋대로 하는 주관적인 판단 후 행동에 옮기는 것
　㉤ 4M요인 : 인간관계(Man), 설비(Machine), 작업환경(Media), 관리(Management)

> **확인! OX**
> 다음은 불안전 행동에 대한 설명이다. 옳으면 "O", 틀리면 "X"로 표시하시오.
> 1. 불안전 행동의 직접적인 원인으로 지식의 부족, 기능 미숙, 태도 불량, 인간 에러 등이 있다. (　　)
> 2. 4M요인은 인간관계(Man), 설비(Machine), 작업방법(Method), 관리(Management)를 의미한다. (　　)
>
> 정답 1. O 2. X
>
> | 해설 |
> 2. 4M이란 인간관계(Man), 설비(Machine), 작업환경(Media), 관리(Management)를 의미한다.

2. 산업안전심리의 요소 중요도 ★★☆

(1) 5대 요소

① 동기(motive) : 능동적인 감각에 의한 자극에서 발생되는 생각의 결과를 의미한다. 인간의 마음을 움직이는 원동력이다.
② 기질(temper) : 인간의 성격, 능력 등 개인적인 특성을 말한다. 성장하면서 생활환경에 영향을 받으며, 주위 환경에 따라 변화한다.
③ 감정(feeling) : 지각, 사고와 같이 대상의 성질을 아는 것이 아니라 희로애락 등의 의식을 말한다. 사람의 감정은 안전과 밀접한 관계를 갖게 되며, 사고를 일으키는 정신적 동기가 된다.
④ 습성(habit) : 감정, 동기, 기질 등과 밀접한 관계를 갖고 있으며, 사람의 행동에 영향을 미칠 수 있다.
⑤ 습관(custom) : 성장과정을 통해 형성된 특성 등이 자신도 모르게 습관화된 현상이다. 습관에 영향을 미칠 수 있는 요소로는 동기, 기질, 습성 등이 있다.

(2) 사회심리와 개성

① 인간과 사회활동
  ㉠ 경제활동 : 생명유지와 물질적인 욕구에 의한 활동
  ㉡ 통제활동 : 개인의 활동을 규제하는 활동
  ㉢ 가족활동 : 친분이 있는 사람들끼리 모인 최소단위의 사회활동
  ㉣ 사회활동 : 가족과 가족이 모인 커다란 사회활동
  ㉤ 정신적 활동 : 각 개인이 고유하게 소유하고 있는 활동
② 인간의 대인활동 : 일체화, 통일화, 역할학습, 커뮤니케이션, 공감, 모방, 암시
③ 개인이 사회에 표현하는 형태
  ㉠ 협업(collaboration)
    • 협력 : 사회가 잘되도록 하는 것이다.
    • 조력 : 사회를 도와주는 것이다.
    • 분업 : 사회의 한 부분을 맡아서 이끌어 가는 것이다.
  ㉡ 대립 : 사회를 비평하고 공격하는 것으로, 다른 사회로 바꾸려는 노력이다.
  ㉢ 도피 : 협력도 대립도 아닌 사회로부터의 도피형태로서 고립, 정신병, 자살 등의 형태가 있다.

+ 괄호문제

다음 괄호 안에 알맞은 내용을 쓰시오.
① ( )은 인간의 성격, 능력 등 개인적인 특성을 말한다. 성장하면서 생활환경에 영향을 받으며, 주위 환경에 따라 변화한다.
② ( )은 감정, 동기, 기질 등과 밀접한 관계를 갖고 있으며, 사람의 행동에 영향을 미칠 수 있다.

| 정답 |
① 기질
② 습성

확인! OX

다음은 사회심리와 개성에 대한 설명이다. 옳으면 "O", 틀리면 "X"로 표시하시오.
1. 협업은 협력, 조력, 분업을 포함한다. ( )
2. 도피는 사회를 비평하고 공격하는 것으로, 다른 사회로 바꾸려는 노력이다. ( )

정답 1. O 2. X

| 해설 |
2. 대립에 대한 설명이다. 도피는 협력도 대립도 아닌 사회로부터 도피형태로서 고립, 정신병, 자살 등의 형태가 있다.

3. 착상(著想)심리 중요도 ★☆☆

① 사람들이 특정한 정보나 기억에 기반하여 다른 정보나 기억을 잘못 해석하는 경향을 의미하는 것이다. 즉 인간의 생각은 건전하다고만 볼 수 없다.
② 예시
　㉠ 첫인상 효과 : 처음 만났을 때의 인상이 이후의 판단에 영향을 미치는 현상이다. 첫인상이 긍정적이라면 이후의 평가도 긍정적으로 기울어지는 경향이 있고, 반대로 부정적 첫인상은 이후 평가에 부정적인 영향을 미칠 수 있다.
　㉡ 앵커링 효과 : 처음 주어진 정보나 수치가 이후 판단에 큰 영향을 미치는 현상이다. 예를 들어, 가격협상 시 처음 제시된 가격이 앵커 역할을 하여 이후 협상 과정에서 중요한 기준이 돼서, 이로 인해 사람들이 초기 정보에 지나치게 의존하게 된다.
　㉢ 확인편향 : 자신이 가지고 있는 믿음을 뒷받침하는 정보만 찾는 경향을 말한다.

4. 착오 중요도 ★☆☆

(1) 착오의 종류
① 위치의 착오
② 순서의 착오
③ 패턴의 착오
④ 형태의 착오
⑤ 기억의 착오(틀림, 오류)

(2) 착오의 원인
① 인지과정 착오의 요인 : 생리 심리적 능력의 한계, 정보량 저장 능력의 한계, 감각차단현상(단조로운 업무, 반복작업 등), 정서 불안정(공포, 불안, 불만 등)
② 판단과정 착오의 요인 : 능력부족, 정보부족, 자기합리화, 환경조건의 불비
③ 조치과정 착오의 요인 : 피로, 작업경험 부족, 작업자의 기능미숙(지식, 기술부족)

+ 괄호문제

다음 괄호 안에 알맞은 내용을 쓰시오.
① ( )는 사람들이 특정한 정보나 기억에 기반하여 다른 정보나 기억을 잘못 해석하는 경향을 의미하는 것이다.
② ( )는 처음 주어진 정보나 수치가 이후 판단에 큰 영향을 미치는 현상을 말한다. 예를 들어, 가격협상 시 처음 제시된 가격이 앵커 역할을 하여 이후 협상 과정에서 중요한 기준이 된다.

| 정답 |
① 착상심리
② 앵커링 효과

확인! OX

다음은 착상심리의 내용에 대한 설명이다. 옳으면 "O", 틀리면 "X"로 표시하시오.
1. 얼굴을 보면 지능 정도를 알 수 있다. ( )
2. 민첩한 사람은 느린 사람보다 착오가 적다. ( )

정답 1. O 2. X

| 해설 |
2. 민첩성과 착오는 직접적인 관련이 없다.

+ 괄호문제

다음 괄호 안에 알맞은 내용을 쓰시오.
① 착시의 종류 중 ( )는 가운데 두 직선이 곡선으로 보이는 현상을 가지고 있다.
② 착시의 종류 중 안쪽 원이 찌그러져 보이는 것은 ( )라고 한다.

| 정답 |
① 헤링의 착시
② 오르비곤의 착시

5. 착시

중요도 ★★☆

학설	그림	현상
뮐러리어(Müller-Lyer)의 착시	(a) (b)	(a)가 (b)보다 길게 보이지만 실제로는 둘이 길이가 같다.
헬름홀츠(Helmholtz)의 착시	(a) (b)	(a)는 세로로 길어 보이고 (b)는 가로로 길어 보인다.
헤링(Hering)의 착시		가운데 두 직선이 곡선으로 보인다.
쾰러(Köhler)의 착시		우선 평행의 호를 보고 이어서 직선을 본 경우에 직선은 호의 반대방향으로 굽어 보인다.
쵤너(Zöllner)의 착시		세로의 선이 굽어 보인다.
오르비곤(Orbigon)의 착시		안쪽 원이 찌그러져 보인다.
샌더(Sander)의 착시		두 점선의 길이가 다르게 보인다.
폰조(Ponzo)의 착시		두 수평선부의 길이가 다르게 보인다.
티치너(Titchener)의 착시[에빙하우스(Ebbinghaus)의 착시]		가운데 두 원이 같은 크기이지만 달라 보인다.

확인! OX

다음은 착시에 대한 설명이다. 옳으면 "O", 틀리면 "X"로 표시하시오.

1. 헬름홀츠의 착시는 네모 안의 세로 선은 세로로 길어 보이고, 네모 안의 가로 선은 가로로 길어 보이는 현상을 가지고 있다. ( )
2. 두 수평선부의 길이가 다르게 보이는 것을 에빙하우스의 착시라고 한다. ( )

정답 1. O 2. X

| 해설 |
2. 폰조의 착시이다.

6. 착각현상 중요도 ★☆☆

① 착각은 물리현상을 왜곡하는 지각현상을 말한다.

② 종류

　㉠ 자동운동 : 광점이 작고, 배경이 암흑이고, 대상이 단순하고, 빛의 강도가 적어야 한다.

　　예 암실 내 정지된 소광점이 움직이는 것처럼 보이는 운동

　㉡ 유도운동 : 실제 움직이지 않는 것이 어떤 기준의 이동으로 유도되어 움직이는 현상이다.

　　예 정지한 버스 탑승 시 옆 버스가 움직일 때 탑승한 버스가 움직이는 착각

　㉢ 기현운동 : 객관적으로 정지하고 있는 대상물이 급속히 나타나거나 소멸하는 것으로 인하여 일어나는 운동으로, 마치 대상이 운동하는 것처럼 인식되는 현상을 말한다.

　　예 카드섹션

+ 괄호문제

다음 괄호 안에 알맞은 내용을 쓰시오.

① 착각현상의 종류 중 정지한 버스 탑승 시 옆 버스가 움직일 때 탑승한 버스가 움직이는 것으로 착각하는 현상은 (　　)이다.

② 착각현상의 종류 중 카드섹션처럼 객관적으로 정지하고 있는 대상물이 나타났다 사라졌다 하는 착각은 (　　)이다.

| 정답 |
① 유도운동
② 기현운동

확인! OX

다음은 착각현상에 대한 설명이다. 옳으면 "O", 틀리면 "X"로 표시하시오.

1. 착각은 물리현상을 왜곡하는 지각현상을 말한다. (　　)

2. 착각현상의 종류 중 자동운동은 광점이 작고, 배경이 암흑이고, 대상이 단순하고, 빛의 강도가 적어야 한다. (　　)

정답 1. O 2. O

CHAPTER 04 인간의 행동과학

PART 01. 산업재해예방 및 안전보건교육

출제율 17%

출제포인트
- 인간관계 매커니즘
- 사고경향 및 재해 빈발성
- 주의와 부주의
- 생체리듬과 피로
- 인간의 행동특성
- 동기부여
- 리더십 유형

기출 키워드
레빈의 법칙, 매슬로, 맥그리거, 부주의, 에너지대사율, 생체리듬

제1절 조직과 인간행동

1. 인간관계 　　　　　　　　　　　　중요도 ★☆☆

(1) 인간관계의 필요성
산업의 발전에 따라 기업의 규모가 확대되고, 작업의 기계화가 가속되면서 인간이 소외되고, 노동조합의 발전으로 노사의 이해가 요구됨으로써 인간관계 관리가 절실하게 되었으며, 안전은 물론 경영 전반에 걸쳐 매우 중요한 과제로 등장하였다.

(2) 관리방법
① 호손(Hawthorne)공장 실험
  ㉠ 인간관계 관리의 개선을 위한 연구로 미국의 메이요(E. Mayo) 교수가 주축이 되어 호손공장에서 실시하였다.
  ㉡ 작업능률을 좌우하는 것은 단지 임금, 노동시간 등의 노동조건과 조명, 환기, 그 밖에 작업환경으로서의 물적조건보다 종업원의 태도, 즉 심리적, 내적 양심과 감정이 중요하다.
  ㉢ 물적조건도 그 개선에 의하여 효과를 가져올 수 있으나 종업원의 심리적 요소가 더욱 중요하다(인간관계가 작업 및 작업설계에 영향을 준다).
② 개인적인 카운슬링(counseling)
  ㉠ 방법 : 장면 구성 → 내담자와의 대화 → 의견 재분석 → 감정의 명확화
    - 직접 충고(수칙 불이행 시 적합)
    - 설득적 방법
    - 설명적 방법
  ㉡ 효과 : 정신적 스트레스 해소, 동기부여, 안전태도 형성
③ 로저스(C. R. Rogers) 방법 : 지시적 카운슬링과 비지시적 카운슬링을 병용한다.

2. 사회행동의 기초　　중요도 ★☆☆

(1) 적응(adaptation)
① 개인이 환경 변화에 효과적으로 대응하고, 새로운 상황이나 요구에 맞게 자신의 행동과 태도를 조정하는 과정을 말한다.
② 일반적으로 유기체가 장애를 극복하고 욕구를 충족하기 위해 변화시키는 활동뿐만 아니라 신체적 환경과 조화로운 관계를 수립하는 것이다.

(2) 부적응(maladaptation)
① 개인이 환경 변화에 적절히 대처하지 못하거나, 새로운 상황에 효과적으로 대응하지 못하는 상태를 의미한다.
② 현상 : 능률이 떨어지고, 사고나 불만 등의 문제점이 발생한다.
③ 원인 : 감각기관 장애, 지체 부자유, 허약, 언어장애, 기타 신체상의 장애, 정신적 결함(지적지체, 정신이상, 성격결함 등), 가정이나 사회환경의 결함 등

3. 인간관계 메커니즘　　중요도 ★☆☆

① 일체화 : 심리적 결합. 내면의 감정과 의식이 결합하여 자신을 객관적으로 볼 수 없는 상태를 말한다.
② 동일화 : 다른 사람의 행동양식이나 태도를 투입시키거나 다른 사람 사이에서 자기와 비슷한 점을 발견하는 것, 부모나 형제자매 등의 중요한 인물들의 태도나 행동을 따라 하는 것이다.
③ 투사 : 자기 속의 억압된 것들을 다른 사람의 것으로 생각하는 것이다.
④ 소통, 커뮤니케이션 : 각가지 행동양식의 기초를 매개로 하여 어떤 사람으로부터 다른 사람에게 전달되는 과정이다.
　예 언어, 몸짓, 신호, 기호
⑤ 공감 : 다른 사람의 감정이나 경험을 실제로 느끼고 이해하는 능력이다. 이입공감(emotional contagion)과 동정(sympathy)은 구분되어야 한다.
　예 감정적 공감, 인지적 공감
⑥ 모방 : 남의 행동이나 판단을 표본으로 하여 그것과 같거나, 그것에 가까운 행동 또는 판단을 취하려는 것이다.
　예 직접모방, 간접모방, 부분모방
⑦ 암시 : 다른 사람으로부터의 판단이나 행동을 무비판적으로 논리적, 사실적인 근거 없이 받아들이는 것이다.
　예 각성암시, 최면암시

+ 괄호문제

다음 괄호 안에 알맞은 내용을 쓰시오.
① ( )는 다른 사람의 행동양식이나 태도를 투입시키거나 다른 사람 사이에서 자기와 비슷한 점을 발견하는 것, 부모나 형제자매 등의 중요한 인물들의 태도나 행동을 따라 하는 것을 말한다.
② ( )는 다른 사람으로부터의 판단이나 행동을 무비판적으로 논리적, 사실적인 근거 없이 받아들이는 것이다.

| 정답 |
① 동일화
② 암시

확인! OX

다음은 인간관계에 대한 설명이다. 옳으면 "O", 틀리면 "X"로 표시하시오.
1. 종업원 심리적 요소의 중요함을 강조한 실험은 미국의 메이요 교수에 의하여 호손(Hawthone)공장에서 시도되었다. ( )
2. 자기 속의 억압된 것들을 다른 사람의 것으로 생각하는 것을 모방이라고 한다. ( )

정답 1. O 2. X

| 해설 |
2. 투사이다.

4. 집단행동

(1) 통제가 있는 집단행동
① 관습 : 규칙이나 규율이 존재하는 것이다.
　　예 풍습, 예의, 금기 등
② 제도적 행동 : 합리적으로 성원의 행동을 통제하고 표준화함으로써 집단의 안정을 유지하려는 것이다.
③ 유행 : 공통적인 행동양식이나 태도 등을 뜻한다.

(2) 통제가 없는 집단행동
① 군중(crowd) : 성원 사이에 지위나 역할의 분화가 없고, 성원 각자는 책임감을 가지지 않으며, 비판력도 가지지 않는다.
② 모브(mob) : 폭동과 같은 것을 말하며, 군중보다 합의성이 없고 감정에 의해 행동하는 것을 뜻한다.
③ 패닉(panic) : 모브가 공격적인 데 반해, 패닉은 방어적인 특징이 있다.
④ 심리적 전염(mental epidemic) : 어떤 사상을 상당 기간에 걸쳐 광범위하게 논리적 근거 없이 무비판적으로 받아들이는 것을 말한다.

5. 인간의 일반적인 행동특성

(1) 억측판단이 발생하는 배경
① 희망적인 관측 : "그때도 그랬으니까 괜찮겠지" 하는 관측
② 정보나 지식의 불확실 : 위험에 대한 정보의 불확실 및 지식의 부족
③ 과거의 선입관 : 과거에 그 행위로 성공한 경험의 선입관
④ 초조한 심정 : 일을 빨리 끝내고 싶은 초조한 심정

(2) 레빈(K. Lewin)의 법칙
① 레빈은 인간의 행동(B)은 그 사람이 가진 자질, 즉 개체(P)와 심리적 환경(E)과의 상호 함수관계에 있다고 주장하였다.
② $B = f(P \cdot E)$
　여기서, B : Behavior(인간의 행동)
　　　　　f : function(함수 관계)
　　　　　P : Person(개체 : 연령, 경험, 심신상태, 성격, 지능 등)
　　　　　E : Environment(심리적 환경 : 가정・직장 등의 인간관계 등, 물리적 작업환경 : 조도・습도, 조명, 먼지, 소음 등, 설비적 결함 : 기계나 설비 등의 모든 결함 요인)
③ 핵심개념 : 상호작용의 중요성, 심리적 환경의 중요성, 역동적인 변화
④ 적용분야 : 교육・마케팅・인사관리 분야

+ 괄호문제

다음 괄호 안에 알맞은 내용을 쓰시오.
① 통제가 있는 집단행동에는 (　　)이 해당된다.
② 통제가 없는 집단행동에는 (　　)이 해당된다.

| 정답 |
① 관습, 제도적 행동, 유행
② 군중, 모브, 패닉, 심리적 전염

확인! OX

다음은 레빈의 법칙에 대한 설명이다. 옳으면 "O", 틀리면 "X"로 표시하시오.
1. $B = f(P \cdot E)$에서 B가 의미하는 것은 인간의 행동이다. (　)
2. $B = f(P \cdot E)$에서 E가 의미하는 것은 지능이다. (　)

정답 1. O　2. X

| 해설 |
2. 환경이다.

(3) 안전수단을 생략하는 경우
   ① 의식 과잉
   ② 과로, 피로
   ③ 주변 영향

제2절 재해 빈발성 및 행동과학

1. 사고경향   중요도 ★★☆

(1) 사고의 경향성
   ① 사고의 대부분은 소수의 근로자에 의해 발생되었으며, 사고를 낸 사람이 또다시 사고를 발생시키는 경향이 있다.
   ② 성격 : 환경에 대한 개인의 적응을 특징짓는 비교적 일관성 있고 독특한 행동 양식
      ㉠ 사고 경향성인 사람 : 소심한 사람, 도전적 성격
      ㉡ 사고 경향성이 아닌 사람 : 침착하고 숙고형
      ㉢ 성격의 결정요인
         • 생물학적 요인 : 신생아 때부터의 성질인 기질상 차이가 있다는 것은 유전적 요인이 영향을 미친다는 것이다.
         • 환경적 요인(경험) : 다양한 환경적 요인이나 개인마다 다른 경험에 의해서 성격이 형성된다.

(2) 사고 빈발자의 정신특성
   ① 지능과 사고
      ㉠ 지능에 따른 사고의 관련성은 적으며 직종에 따라 차별화된다.
      ㉡ 지적능력이 많이 소요될수록 지능측정에 의한 선발이 효과적이다.
      ㉢ 지적능력이 적게 소요될수록 지능검사에 의한 선발은 효율성이 저하된다.
   ② 성격특성과 사고
      ㉠ 정서적 불안정, 사회적 부적응, 충동, 외향 등의 성격
      ㉡ 허영적, 쾌락추구적, 도덕적, 결벽성의 결여 등의 성격
   ③ 감각운동기능과 사고
      ㉠ 시각기능의 결함자는 사고 발생비율이 높게 나온다.
      ㉡ 반응동작(운동능력)과 사고의 관련성(일관성이 부족) : 일반적으로 반응속도 자체보다 반응의 정확도가 더 중요하다.

+ 괄호문제

다음 괄호 안에 알맞은 내용을 쓰시오.
① (   )은 환경에 대한 개인의 적응을 특징짓는 비교적 일관성 있고 독특한 행동 양식을 말한다.
② 반응동작과 사고의 관련성을 보면 일반적으로 반응속도 자체보다 반응의 (   )가 더 중요하다.

| 정답 |
① 성격
② 정확도

확인! OX

다음은 사고 빈발자의 정신특성에 대한 설명이다. 옳으면 "O", 틀리면 "X"로 표시하시오.
1. 지적능력이 많이 소요될수록 지능측정에 의한 선발이 효과적이고, 지적능력이 적게 소요될수록 지능검사에 의한 선발은 효율성이 저하된다.   (   )
2. 감각운동기능과 사고의 연관성을 보면 시각기능의 결함자는 사고 발생비율이 낮은 편이다.   (   )

정답 1. O   2. X

| 해설 |
2. 시각기능의 결함자는 사고 발생비율이 높은 편이다.

+ 괄호문제

다음 괄호 안에 알맞은 내용을 쓰시오.
① ( )은 작업의 안전, 능률 등을 고려하여 작업내용, 작업조건, 사용재료, 사용설비, 작업방법 및 관리, 이상 발생 시 처리방법 등에 관한 기준을 규정하는 것으로, 작업기준이라고도 한다.
② 재해 빈발성의 원인에 대한 이론 중 재해를 한 번 경험한 사람은 정신적, 심리적으로 압박을 받게 되어 상황에 대한 대응능력이 떨어져 재해가 빈발한다는 이론은 ( )이다.

| 정답 |
① 작업표준
② 암시설

  ⓒ 지각과 운동능력의 불균형은 사고유발 가능성이 높다.
    예 지각속도가 느리거나, 지각의 정확성이 불량한데 동작은 빠른 경우 → 사고발생률 증가

(3) 작업표준(표준안전 작업방법)

작업의 안전, 능률 등을 고려하여 작업내용, 작업조건, 사용재료, 사용설비, 작업방법 및 관리, 이상 발생 시 처리방법 등에 관한 기준을 규정하는 것으로, 작업기준이라고도 한다.

2. 재해 빈발성 중요도 ★☆☆

(1) 재해 빈발성의 원인에 대한 이론
  ① 기회설 : 개인의 문제가 아니라 작업 자체에 위험성이 많기 때문이라는 설이다. 교육훈련 실시 및 작업환경개선대책을 세워야 한다.
  ② 암시설 : 재해를 한 번 경험한 사람은 정신적, 심리적으로 압박을 받게 되어 상황에 대한 대응능력이 떨어져 재해가 빈발한다는 설이다.
  ③ 빈발경향자설 : 재해를 자주 일으키는 소질적 결함요소를 가진 근로자가 있다는 설이다.

(2) 재해 누발자 유형
  ① 미숙성 누발자 : 환경에 익숙하지 못하거나 기능미숙으로 인한 재해 누발자
  ② 상황성 누발자 : 작업이 어렵거나, 기계설비의 결함, 환경상 주의력 및 집중이 혼란된 경우, 심신의 근심으로 사고 경향자가 되는 경우(상황이 변하면 안전한 성향으로 바뀜)
  ③ 습관성 누발자 : 재해의 경험으로 신경과민이 되거나 슬럼프에 빠지기 때문에 사고 경향자가 되는 경우
  ④ 소질성 누발자 : 지능, 성격, 감각운동에 의한 소질적 요소에 의해서 결정되는 특수성격 소유자

확인! OX

다음은 재해 빈발성에 대한 설명이다. 옳으면 "O", 틀리면 "X"로 표시하시오.
1. 작업이 어렵거나, 기계설비의 결함, 환경상 주의력 및 집중이 혼란된 경우, 심신의 근심으로 사고 경향자가 되는 경우를 상황성 누발자라고 한다. ( )
2. 재해의 경험으로 신경과민이 되거나 슬럼프에 빠지기 때문에 사고 경향자가 되는 경우를 습관성 누발자라고 한다. ( )

정답 1. O 2. O

3. 동기부여

(1) 동기부여 방법
① 안전의 근본이념을 인식시킴
② 안전목표를 명확히 설정함
③ 결과의 가치를 알려줌
④ 상과 벌을 줌
⑤ 경쟁과 협동을 유도함
⑥ 동기유발의 최적수준을 유지하도록 함

(2) 동기부여 이론
① 매슬로(A. Maslow)의 욕구 5단계 이론

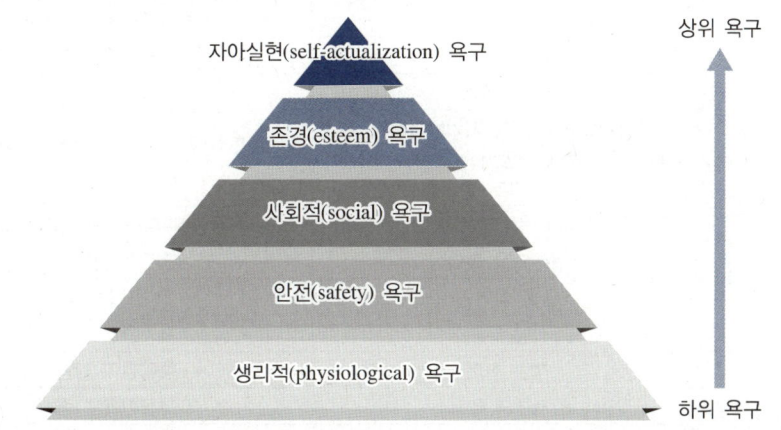

계층	명칭	내용	기업에서 충족 가능 분야
1단계	생리적, 기본적 욕구	생존을 위한 의식주 욕구, 신체적 욕구	통풍, 난방장치, 최저임금
2단계	안전, 안정 욕구	물리적 안정과 타인의 위협이나 재해로부터의 안전 욕구	고용보장, 생계보장, 안전작업
3단계	사회적, 소속 욕구	사랑, 우정, 인간 모임에 대한 소속 욕구	리더, 화해와 친목 분위기
4단계	존경 욕구	타인으로부터 존경, 자아존중, 타인지배 욕구	포상, 승진, 인정, 책임감 부여
5단계	자아실현 욕구	자아발전과 이상적 자아를 실현하고 싶은 욕구	도전적 과업, 창의성 개발

+ 괄호문제

다음 괄호 안에 알맞은 내용을 쓰시오.
① 매슬로의 욕구 5단계 이론 중 안전 욕구는 ( )단계이다.
② 매슬로의 욕구 5단계 이론 중 ( )는 5번째 단계의 욕구이다.

| 정답 |
① 2
② 자아실현 욕구

확인! OX

다음은 동기부여 이론에 대한 설명이다. 옳으면 "O", 틀리면 "X"로 표시하시오.

1. 매슬로의 욕구 5단계 이론은 1단계(생리적, 기본적 욕구), 2단계(안전, 안정 욕구), 3단계(사회적, 소속 욕구), 4단계(존경 욕구), 5단계(자아실현 욕구)로 나타낼 수 있다. ( )
2. 사랑, 우정, 인간 모임에 대한 소속 욕구는 매슬로의 욕구 5단계 이론 중 4단계이다. ( )

정답 1. O 2. X

| 해설 |
2. 3단계인 사회적, 소속 욕구이다. 4단계는 존경 욕구이다.

② 맥그리거(McGregor)의 X이론, Y이론
　㉠ X이론, Y이론 : 인간은 X형 인간과 Y형 인간의 소양을 모두 가지고 있는데, X형은 외부의 강제와 통제에 의하여 동기부여가 되고, Y형은 자기실현과 성취를 통해 동기부여가 된다.
　　• X형 인간 : 소극적, 수동적, 지도력 부재, 창의성 부족, 자율성 부재
　　• Y형 인간 : 적극적, 능동적, 책임감, 자율적, 창의성 충만

[X, Y이론의 특징비교]

X이론	Y이론
인간불신감	상호신뢰감
성악설	성선설
인간은 본래 게으르며 태만, 수동적이고 남의 지배받기를 즐김	인간은 본래 부지런하고 근면, 적극적이며 일을 자기 책임하에 자주적으로 함
저차적 욕구(물질 욕구)	고차적 욕구(정신 욕구)
명령, 통제에 의한 관리	목표통합과 자기통제에 의한 관리
저개발국형	선진국형
보수적, 자기본위, 자기방어적임 어리석기 때문에 선동되고 변화와 혁신을 거부	자아실현을 위해 스스로 목표를 달성하려고 노력
조직의 욕구에 무관심	조직의 방향에 적극적으로 관여하고 노력
권위주의적 리더십	민주적 리더십
일을 싫어함	일을 좋아함
조직에 무관심	자기관리 중심
책임 회피	책임감이 강함
강제통제 필요	자아실현욕구 중시
선천적 악한 마음	선천적 선한 마음
비자발적 행동	창조적 인간

　㉡ X이론, Y이론에 대한 관리처방

X이론의 관리처방(독재적 리더십)	Y이론의 관리처방(민주적 리더십)
• 권위주의적 리더십의 확보 • 경제적 보상체계의 강화 • 세밀한 감독과 엄격한 통제 • 상부책임제도의 강화(경영자의 간섭) • 설득, 보상, 벌, 통제에 의한 관리	• 분권화와 권한의 위임 • 민주적 리더십의 확립 • 직무확장 • 비공식적 조직의 활용 • 목표에 의한 관리 • 자체평가제도의 활성화 • 조직목표달성을 위한 자율적인 통제

+ 괄호문제

다음 괄호 안에 알맞은 내용을 쓰시오.
① 맥그리거의 (　)은 상호신뢰감이라는 특성을 가지고 있다.
② 맥그리거의 (　)은 성악설의 특성을 가지고 있다.

| 정답 |
① Y이론
② X이론

확인! OX

다음은 맥그리거의 Y이론에 대한 설명이다. 옳으면 "O", 틀리면 "X"로 표시하시오.
1. 권위주의적 리더십이다.　(　)
2. 선진국형이다.　(　)

정답 1. X　2. O

| 해설 |
1. Y이론은 민주적 리더십이다.

③ 허즈버그(Herzberg)의 두 요인 이론 : 직장 내에서 구성원들이 업무를 할 때 업무에 영향을 주는 여러 환경요인이 존재한다.
  ㉠ 위생요인 : 일정 수준을 넘지 않으면 만족을 하지 못한다(불만족 요인).
  ㉡ 동기요인 : 충족된다면 무조건 만족상태(만족요인) → 각각의 요인이 개인마다 다르다.

위생요인(직무환경, 저차적 욕구)	동기요인(직무내용, 고차적 욕구)
• 조직의 정책과 방침 • 작업조건 • 대인관계 • 임금, 신분, 지위 • 감독 등(생산능력의 향상 불가)	• 직무상의 성취 • 인정 • 성장 또는 발전 • 책임의 중대 • 직무내용 자체(보람된 직무) 등(생산능력 향상 가능)

요인 \ 욕구	욕구충족이 되지 않을 경우	욕구충족이 될 경우
위생요인(불만족 요인)	불만을 느낌	만족감을 느끼지 못함
동기요인(만족요인)	불만을 느끼지 않음	만족감을 느낌

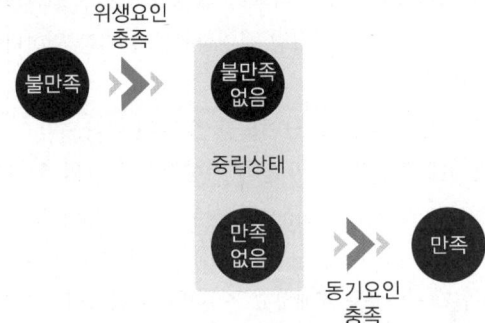

④ 알더퍼(Alderfer)의 ERG 이론
  ㉠ 생존(존재) 욕구(E ; Existence) : 유기체의 생존과 유지에 관련되며, 의식주와 같은 기본를 욕구 포함한다(임금, 안전한 작업조건).
  ㉡ 관계 욕구(R ; Relatedness) : 타인과의 상호작용을 통하여 만족을 얻으려는 대인 욕구이다(개인 간 관계, 소속감).
  ㉢ 성장 욕구(G ; Growth) : 개인의 발전과 증진에 관한 욕구, 주어진 능력이나 잠재능력을 발전시킴으로 충족된다(개인의 능력 개발, 창의력 발휘).
  ※ 매슬로와 알더퍼 이론의 차이점 : ERG 이론은 위계적 순위를 강조하지 않음

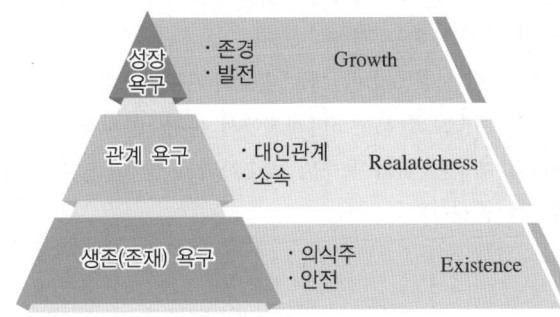

+ 괄호문제

다음 괄호 안에 알맞은 내용을 쓰시오.
① 허즈버그의 두 요인 이론에서 직무상의 성취, 인정, 성장 또는 발전은 (　)에 해당한다.
② 새롭고 어려운 업무의 부여는 허즈버즈의 두 요인 이론 중 (　)에 해당한다.
| 정답 |
① · ② 동기요인

확인! OX

다음은 동기부여 이론에 대한 설명이다. 옳으면 "O", 틀리면 "X"로 표시하시오.

1. 허즈버그의 위생-동기 이론에서 동기요인으로는 성취감, 책임감, 안정감, 도전감 등 성장 또는 발전을 도모하는 동기부여 원칙이다.
　　　　　　　(　)

2. 알더퍼의 ERG 이론에는 생존 욕구, 관계 욕구, 성장 욕구가 있다. 　(　)

정답 1. O 2. O

+ 괄호문제

다음 괄호 안에 알맞은 내용을 쓰시오.
① 데이비스의 동기부여 이론에 관한 공식 중 '상황×( )=동기유발이다.
② 데이비스의 동기부여 이론 중 ( )는 인간의 성과와 물적인 성과의 곱으로 정의할 수 있다.

| 정답 |
① 태도
② 경영의 성과

확인! OX

다음은 동기부여 이론에 대한 설명이다. 옳으면 "O", 틀리면 "X"로 표시하시오.
1. 데이비스의 동기부여 이론에 관한 공식 중 '능력×태도 = 인간의 성과'가 있다. ( )
2. 맥클랜드의 성취동기 이론의 모델 중 성취 욕구는 어려운 일을 성취하려 하고 물질·인간·사상을 지배하고 조종하고 관리하는 것을 말한다. ( )

| 정답 | 1. X 2. O

| 해설 |
1. 능력×동기유발=인간의 성과이다.

⑤ 데이비스(K. Davis)의 동기부여 이론
　㉠ 경영의 성과 = 인간의 성과 × 물적인 성과
　㉡ 결론적으로 경영에 있어 인간의 역할은 매우 중요한 부분을 차지하고 있으며, 이러한 인간적인 부분에 중대한 영향을 미치는 요소가 동기유발이다.
　　※ 데이비스의 동기부여 이론에 관한 공식

지식(knowledge) × 기술(skill)	=	능력(ability)
상황(situation) × 태도(attitude)	=	동기유발(motivation)
능력(ability) × 동기유발(motivation)	=	인간의 성과(human performance)
인간의 성과(human performance) × 물질의 성과	=	경영의 성과

　㉢ 데이비스는 조직의 성과는 능력과 동기에서 나온다고 하였으며, 능력은 지식과 기술에서 만들어지고, 동기는 상황과 태도에서 만들어진다고 하였다.

⑥ 맥클랜드(McClelland)의 성취동기 이론
　㉠ 특징
　　• 성취 그 자체에 만족한다.
　　• 목표설정을 중요시하고 목표를 달성할 때까지 노력한다.
　　• 자신이 하는 일의 구체적인 진행상황을 알기를 원한다(진행상황과 달성결과에 대한 피드백).
　　• 적절한 모험을 즐기고 난이도를 잘 절충한다.
　　• 동료관계에 관심을 갖고 성과 지향적인 동료와 일하기를 원한다.
　㉡ 맥클랜드(David McClelland)의 성취동기 이론의 모델
　　• 성취 욕구(need for achievement) : 성취 욕구란 어려운 일을 성취하려 하고 물질·인간·사상을 지배하고 조종하고 관리하려는 것이며, 그러한 일을 신속히 그리고 독자적으로 해내려는 것이다. 심리학자들은 스스로의 능력을 성공적으로 발휘함으로써 자긍심을 높이려는 것 등에 관한 욕구라고 규정하고 있다. 이러한 성취 욕구가 강한 사람은 성공에 대한 강한 욕구를 가지고 있으며, 책임을 적극적으로 수용하고, 행동에 대한 즉각적인 피드백을 선호한다.
　　• 권력 욕구(need for power) : 높은 권력 욕구를 가지고 있는 사람은 리더가 되어 남을 통제하는 위치에 서는 것을 선호하며 타인들로 하여금 자기가 바라는 대로 행동하도록 강요하는 경향이 크다.
　　• 친화 욕구(need for affiliation) : 친화 욕구가 높은 사람은 다른 사람들과 좋은 관계를 유지하려고 노력하며 타인들에게 친절하고 동정심이 많으며 타인을 돕고 즐겁게 살려고 하는 경향이 크다.
　　※ 맥클랜드의 성취동기이론과 매슬로의 욕구 5단계설의 비교 : 성취 욕구와 권력 욕구는 매슬로의 욕구 5단계설에서 존경 및 자아실현 욕구와 일맥상통하며 사회적 욕구는 친화 욕구와 비슷하다고 할 수 있다. 물론 약간의 개념상의 차이는 존재한다.

4. 주의와 부주의

중요도 ★★☆

(1) 주의

① 주의란 행동하고자 하는 목적에 의식수준이 집중되는 심리상태를 말한다.
② 특성
   ㉠ 선택성 : 동시에 두 개 이상의 방향에 집중하지 못함(중복집중 불가)
   ㉡ 변동성 : 고도의 주의는 장시간 동안 지속될 수 없음
   ㉢ 방향성 : 한 지점에 주의를 집중하면 주변 다른 곳의 주의는 약해짐(주시점만 인지)
③ 외적조건과 내적조건 : 작업상황에 따라서 주의력의 집중과 배분이 적절하게 이루어져야 휴먼에러 예방에 효과적이다.

외적조건	내적조건
• 자극의 대소(주의의 가치는 면적의 제곱근에 비례) • 자극의 강도 • 자극의 신기성 • 자극의 반복 • 자극의 운동 • 자극의 대비	• 욕구 • 흥미 • 기대 • 자극의 의미

(2) 부주의

① 개념(특성)
   ㉠ 목적수행을 위한 행동전개 과정 중 목적에서 벗어나는 심리적, 육체적인 변화의 현상으로 바람직하지 못한 정신상태를 총칭한다.
   ㉡ 부주의는 불안전한 행위나 행동뿐만 아니라 불안전한 상태에서도 통용된다.
   ㉢ 부주의란 말은 결과를 표현한다.
   ㉣ 부주의에는 발생원인이 있다.
   ㉤ 부주의와 유사한 현상 구분 : 착각이나 인간능력의 한계를 초과하는 요인에 의한 동작실패는 부주의에서 제외한다.
   ※ 부주의는 무의식행위나 그것에 가까운 의식의 주변에서 행해지는 행위에 한정한다.

+ 괄호문제

다음 괄호 안에 알맞은 내용을 쓰시오.
① (　　)란 행동하고자 하는 목적에 의식수준이 집중되는 심리상태를 말한다.
② (　　)는 목적수행을 위한 행동전개 과정 중 목적에서 벗어나는 심리적, 육체적인 변화의 현상으로 바람직하지 못한 정신상태를 총칭한다.

| 정답 |
① 주의
② 부주의

확인! OX

다음은 주의에 대한 설명이다. 옳으면 "O", 틀리면 "X"로 표시하시오.

1. 고도의 주의는 장시간 동안 지속될 수 없는 변동성이라는 특성을 가지고 있다. (　)
2. 주의의 외적조건으로 자극의 강도, 자극의 반복, 자극의 의미 등이 포함된다. (　)

정답 1. O 2. X

| 해설 |
2. 자극의 의미는 내적조건이다.

+ 괄호문제

다음 괄호 안에 알맞은 내용을 쓰시오.
① 부주의의 현상 중 의식의 단절과 의식의 우회는 의식수준 제( )단계를 의미한다.
② 작업을 하고 있을 때 돌발사태 또는 긴급이상상태가 되면 순간적으로 긴장하게 되어 판단능력의 둔화 또는 정지 상태가 되는 의식수준이 제4단계인 부주의 현상을 ( )라고 한다.

| 정답 |
① 0
② 의식의 과잉

② 원인 및 대책

구분	원인	대책
외적원인	작업, 환경조건 불량	환경정비
	작업순서 부적당	작업순서 조절
	작업강도	작업량, 시간, 속도 등의 조절
	기상조건	온도, 습도 등의 조절
내적원인	소질적 요인	적성배치
	의식의 우회	상담
	경험 부족 및 미숙련	교육
	피로도	충분한 휴식
	정서 불안정 등	심리적 안정 및 치료

③ 부주의 현상
  ㉠ 의식의 단절(중단) : 의식수준 제0단계의 상태(특수한 질병의 경우)
  ㉡ 의식의 우회 : 의식수준 제0단계의 상태(걱정, 고뇌, 욕구불만 등)
  ㉢ 의식수준의 저하 : 의식수준 제1단계 이하의 상태(심신 피로 또는 단조로운 작업 시)
  ㉣ 의식의 혼란 : 외적조건의 문제로 의식이 혼란되고 분산되어 작업에 잠재된 위험요인에 대응할 수 없는 상태(자극이 애매모호 하거나, 너무 강하거나 약할 때)
  ㉤ 의식의 과잉 : 의식수준이 제4단계인 상태(돌발사태 및 긴급이상사태로 주의의 일점집중현상 발생)

제3절 집단관리와 리더십

1. 리더십의 유형 중요도 ★☆☆

① 권위주의적 리더십
  ㉠ 지시와 처벌을 통해 강제적으로 부하직원이 따르도록 한다.
  ㉡ 의사결정을 독단적으로 하고, 부하직원에게 과업과 관련된 지시나 명령을 내린다.
  ㉢ 위기나 긴급상황 시에 효력을 발휘한다.
② 자유방임적 리더십 : 과제나 의사결정 등을 부하직원에게 일임하여 그 일에 대해 별다른 신경을 쓰지 않으며, 그들과의 관계에도 무관심하다.
③ 민주주의적 리더십 : 상사와 부하 간의 신뢰를 바탕으로 상호작용(interaction)을 중시하며 부하에게 지원과 격려를 아끼지 않는다.
④ 과업지향적 리더십
  ㉠ 조직 구성원들의 역할을 분담하고 일의 내용, 방식 등을 토론 등을 통해 결정한다.
  ㉡ 일 자체의 중요성을 강조하여 그 일을 성공적으로 끝마치기 위해 리더를 따르게 만든다.
  ㉢ 직원들을 조직목표 수행의 도구로 보고 작업의 업적달성에만 관심을 가진다.

확인! OX

다음은 리더십에 대한 설명이다. 옳으면 "O", 틀리면 "X"로 표시하시오.
1. 민주주의적 리더십은 상사와 부하 간의 신뢰를 바탕으로 상호작용을 중시하며 부하에게 지원과 격려를 아끼지 않는다. ( )
2. 권위주의적 리더십은 직원들을 조직목표 수행의 도구로 보고 작업의 업적달성에만 관심을 갖는 단점이 있다. ( )

| 정답 | 1. O 2. X

| 해설 |
2. 과업지향적 리더십에 대한 설명이다.

⑤ 인간관계지향적 리더십
  ㉠ 인간적이며, 개인 대 개인(man to man)으로 조직원들과 친밀도를 높이고 참여를 유도한다.
  ㉡ 지휘자를 따르게 하여 과업달성을 유도하려는 유형이다.
⑥ 거래적 리더십
  ㉠ 조직원들의 노력에 대한 대가를 리더가 보상해 줌으로써 동기부여가 되는 상호교환 과정에 바탕을 두고 있다.
  ㉡ 조직원들은 리더로부터 보상을 받음으로써 목표를 달성하는 노력을 하게 되어 리더십이 생긴다.
⑦ 변혁적 리더십
  ㉠ 조직원들에게 자아실현 등 높은 수준의 개인적 목표를 동경하도록 동기를 부여하여 그들에게 기대되는 행동 이상의 성과를 달성할 수 있도록 이끌어 나간다.
  ㉡ 리더는 변화에 대한 새로운 도전을 하도록 조직원을 격려한다.
⑧ 카리스마적 리더십 : 리더가 가진 비전, 자신감 및 신뢰형성, 개인적 매력, 솔선수범 등을 통해 부하로 하여금 대가 없이 또는 리더의 구체적 간섭 없이 자발적으로 조직에 헌신하도록 하게 한다.
⑨ 혁신주도형 리더십 : 조직 구성원들로 하여금 그들 자신의 관심사를 조직 발전 속에서 찾도록 영감을 주어 개인의 발전과 조직의 발전을 동시에 꾀하고, 항상 새로운 창조와 혁신을 할 수 있도록 비전을 제시해 준다.

2. 리더십과 헤드십

중요도 ★☆☆

(1) 개요
① 리더십(leadership) : 리더십은 공식적 직위와는 무관한 사람의 권위를 근거로 한다. 이는 구성원들의 자발적인 참여와 지지를 이끌어 내며, 구성원들과 함께 목표를 설정하고, 그 목표를 달성하기 위해 구성원들을 동기부여하고, 역량을 강화하는 것이 특징이다. 즉, 리더십은 구성원의 자발성과 상호작용을 촉진시켜서 조직의 목적을 달성시키는 것이다.
② 헤드십(headship) : 헤드십은 공식적인 계층제적 직위의 권위를 근거로 하여 구성원을 조정하며 동작하게 하는 능력을 말한다. 이는 개인의 권위가 아닌, 제도상의 권위에만 의존하는 것으로, 구성원들의 자발적인 참여와 지지를 이끌어 내는 것이 아니라, 처벌과 제재 등의 공포와 권위를 사용하여 구성원들을 통제하는 것이 특징이다. 즉, 헤드십은 위계적인 권력에 의존하여 구성원을 통제하는 것이다.

(2) 공통점과 차이점
① 공통점
  ㉠ 조직이나 집단의 목표달성을 위해 노력한다.

+ 괄호문제

다음 괄호 안에 알맞은 내용을 쓰시오.
① (   ) 리더십은 지휘자를 따르게 하여 과업달성을 유도하려는 유형이다.
② (   ) 리더십은 리더가 가진 비전, 자신감 및 신뢰형성, 개인적 매력, 솔선수범 등을 통해 부하로 하여금 대가 없이 또는 리더의 구체적 간섭 없이 자발적으로 조직에 헌신하도록 하게 한다.

| 정답 |
① 인간관계지향적
② 카리스마적

확인! OX

다음은 리더십과 헤드십에 대한 설명이다. 옳으면 "O", 틀리면 "X"로 표시하시오.
1. 리더십은 공식적인 계층제적 직위의 권위를 근거로 하여 구성원을 조정하며 동작하게 하는 능력을 말한다.   (   )
2. 헤드십은 공식적 직위와는 무관한 사람의 권위를 근거로 한다.   (   )

정답 1. X 2. X

| 해설 |
1. 리더십은 공식적 직위와는 무관한 사람의 권위를 근거로 한다.
2. 헤드십은 공식적인 계층제적 직위의 권위를 근거로 하여 구성원을 조정하며 동작하게 하는 능력을 말한다.

+ 괄호문제

다음 괄호 안에 알맞은 내용을 쓰시오.
① 사기조사의 방법 중 ( )은 실험그룹과 통제그룹으로 나누고, 정황·자극을 주어 태도변화 여부를 조사하는 방법을 말한다.
② 사기조사의 방법 중 ( )은 질문지법, 면접법, 집단토의법, 투사법 등에 의해 의견을 조사하는 방법을 말한다.

| 정답 |
① 실험연구법
② 태도조사법

        ⓒ 조직이나 집단에 대한 책임감을 가지고 있어야 한다.
        ⓒ 효과적인 의사소통 능력을 갖춰야 한다.
        ⓔ 어려운 상황에서도 결단력을 가지고 판단을 내릴 줄 알아야 한다.
        ⓜ 조직의 구성원에게 직간접적인 영향력을 행사한다.
   ② 차이점

분류	리더십	헤드십
권위의 근거	구성원들의 지지와 신뢰	직위나 명령
구성원과 관계	파트너 관계	상하 관계
변화에 대한 태도	능동적 대처	수동적 대처
동기부여방식	비전과 목표 제시	보상과 처벌
초점	미래 지향	현재 지향
결정방식	참여적	권위적
성격	영감, 카리스마	조직력, 관리능력

3. 사기와 집단역학   중요도 ★★☆

(1) 사기조사(morale survey, 모랄 서베이)

근로의욕조사라고도 하는데, 근로자의 감정과 기분을 과학적으로 고려하고 이에 따른 경영의 관리활동을 개선하려는 데 목적이 있다.
① 통계에 의한 방법 : 사고상해율, 생산고, 결근, 지각, 조퇴, 이직 등을 분석하여 파악하는 방법
② 사례연구법 : 경영관리상의 여러 가지 제도에 나타나는 사례에 대해 사례연구(case study)로서 파악하는 방법
③ 관찰법 : 종업원의 근무 실태를 계속 관찰함으로써 문제점을 찾아내는 방법
④ 실험연구법 : 실험그룹과 통제그룹으로 나누고, 정황·자극을 주어 태도변화 여부를 조사하는 방법
⑤ 태도조사법(의견조사) : 질문지법, 면접법, 집단토의법, 투사법 등에 의해 의견을 조사하는 방법

확인! OX

다음은 집단관리 적응이론에 대한 설명이다. 옳으면 "O", 틀리면 "X"로 표시하시오.
1. 역할연기란 자아탐색인 동시에 자아실현의 수단인 이론이다. ( )
2. 역할기대란 자기의 역할을 기대하고 감수하는 사람은 그 직업에 충실하다는 이론이다. ( )

정답 1. O 2. O

(2) 집단관리 적응이론(Super D. E.의 역할이론)

① 역할연기(role playing) : 자아탐색(self-exploration)인 동시에 자아실현(self-realization)의 수단이다.
② 역할기대(role expectation) : 자기의 역할을 기대하고 감수하는 사람은 그 직업에 충실하다.
③ 역할조성(role shaping) : 개인에게 여러 개의 역할기대가 있을 경우, 그중의 어떤 역할기대는 불응, 거부할 수도 있으며, 혹은 다른 역할을 해내기 위해 다른 일을 구할 때도 있다.
④ 역할갈등(role conflict) : 작업 중 상반된 역할이 기대되는 경우, 갈등이 생기게 된다.

제4절 생체리듬과 피로

1. 피로의 증상 및 대책
중요도 ★☆☆

(1) 개요
① 피로는 생체기능의 변화를 가져오는 현상이며, 주로 고단하다는 주관적인 느낌이 있고 작업능률이 떨어지고 생체기능의 변화를 가져오는 현상을 뜻한다.
② 피로의 3대 특징
   ㉠ 능률의 저하
   ㉡ 생체의 다각적인 기능의 변화
   ㉢ 피로의 자각 등의 변화 발생

(2) 발생원인
① 작업공간, 작업방식, 작업강도
② 작업환경조건(조명, 환기, 소음, 진동 등의 물리적 조건)
③ 작업시간과 작업편성
④ 생활조건
⑤ 개인조건(기초체력, 적응능력, 작업숙련도 등)

(3) 증상
① 순환기능의 변화 : 맥박이 빨라지고 회복까지 시간이 걸린다. 혈압은 초기에는 높아지나 피로가 진행되면 도리어 낮아진다.
② 호흡기능의 변화 : 호흡이 얕고 빠르며, 심할 때는 호흡곤란을 일으키는데, 이것은 혈액 중의 이산화탄소량이 증가하여 호흡중추를 자극하기 때문이다. 또한 체온이 상승하여 호흡중추를 흥분시키기도 한다.
③ 신경기능의 변화 : 맛, 냄새, 시각, 촉각 등 지각기능이 둔해지고, 슬관절의 건반사 등 반사기능이 낮아진다. 중추신경이 피로하면 판단력이 떨어지고 권태감, 졸음이 온다.
④ 혈액 및 소변의 소견 : 혈당치가 낮아지고, 젖산과 탄산량이 증가하여 산혈증(acidosis)이 발생한다. 소변은 양이 줄고 진한 갈색을 나타내며, 단백질 또는 교질물질(섬유성 단백질)의 배설량이 증가한다.
⑤ 체온변화 : 체온이 높아지나, 피로 정도가 심해지면 체온조절기능의 장해가 초래되기 때문에 도리어 체온이 낮아진다.
⑥ 자각증상
   ㉠ 신체적 자각증상 : 머리가 무겁고, 아프고, 전신이 나른하고, 어깨 및 가슴이 결리고, 숨쉬기가 어렵고, 팔다리가 쑤시며, 입이 마르고, 하품이 나며, 식은땀이 난다.
   ㉡ 정신적 자각증상 : 머리가 울리고, 생각이 정리되지 않으며, 주의력이 산만해지고, 졸음이 온다.

+ 괄호문제

다음 괄호 안에 알맞은 내용을 쓰시오.
① ( )는 생체기능의 변화를 가져오는 현상이며, 주로 고단하다는 주관적인 느낌이 있고 작업능률이 떨어지고 생체기능의 변화를 가져오는 현상을 말한다.
② 산업피로 발생원인에는 ( )이 있다.

| 정답 |
① 피로
② 작업공간, 작업방식, 작업강도, 작업환경조건, 작업시간과 작업편성, 생활조건, 개인조건 등

확인! OX

다음은 피로에 대한 설명이다. 옳으면 "O", 틀리면 "X"로 표시하시오.
1. 피로는 맥박이 빨라지고 회복까지 시간이 걸린다. 혈압은 초기에는 낮으나 피로가 진행되면 도리어 높아진다. ( )
2. 피로 정도가 심해지면 체온조절기능의 장해가 초래되기 때문에 도리어 체온이 낮아진다. ( )

정답 1. X 2. O

| 해설 |
1. 피로는 혈압이 초기에는 높아지나, 피로가 진행되면 도리어 낮아진다.

+ 괄호문제

다음 괄호 안에 알맞은 내용을 쓰시오.
① ( )은 빛이 연속광처럼 보이는 것과 단속광처럼 보이는 것 사이의 경계에서의 회전 속도를 측정한다.
② 신체적 작업 부하에 관한 생리학적 측정법 중 근육의 피로도와 활성화 검사는 ( )이다.

| 정답 |
① 플리커 치 측정
② 근전도(EMG)

(4) 대책
① 작업환경관리, 작업관리, 건강관리가 조화롭게 이루어져야 한다.
② 유해·위험작업 근로시간 제한 및 작업 시 적정 휴식시간을 부여한다.
③ 규칙적이고 균형 잡힌 식사을 하고, 편안한 마음가짐을 갖는다.
④ 금연, 절주 등으로 생활습관을 건강하게 관리한다.

더 알아보기

교대근무자 생체리듬 관리
- 물리적 스트레스 예방을 위한 유해·위험 작업환경 개선
- 정신적 스트레스 완화를 위한 쾌적한 작업환경 조성
- 건강증진을 위한 건강생활의 적극적 실천 및 환경조성

2. 피로의 측정법   중요도 ★★☆

(1) 피로의 측정

생리학적 측정	생화학적 측정	심리학적 측정
• 근력 및 근활동[근전계검사(EMG)] • 대뇌활동[플리커(flicker)검사, 뇌파계검사(EEG)] • 호흡(산소소비량) • 순환기[심전계검사(ECG)]	• 혈액농도 측정 • 혈액수분 측정 • 요 전해질 • 요 단백질 측정	• 피부저항 • 동작분석 • 연속반응시간 • 집중력

(2) 생리학적 측정법과 타각적 방법
① 생리학적 측정법(생리적인 변화)
  ㉠ 정적근력 작업 : 에너지 대사량과 맥박수의 상관성, 근전도(EMG) 등
  ㉡ 동적근력 작업 : 에너지 대사량, 산소소비량 및 호흡량, 맥박수, 근전도 등
  ㉢ 신경적 작업 : 매회 평균 호흡진폭, 맥박수, 피부전기반사(GSR) 등
  ㉣ 심적 작업 : 프릿가값 등
② 타각적 방법(플리커 측정법, flicker) : 회전하는 원판을 사용하여 빛의 단속 주기를 측정하는 방법
  ㉠ 회전하는 원판 사용 : 특정한 간격을 두고 검은색과 흰색의 영역이 반복되는 원판을 빠르게 회전시키고, 회전하는 원판을 광원 앞에 배치한다.
  ㉡ 빛의 단속과 연속광 확인 : 원판이 회전하면서 광원의 빛을 가리거나 노출시키면 관찰자가 빛이 연속적으로 보이는지, 아니면 단속적으로 깜빡이는지를 확인할 수 있다.
  ㉢ 플리커 치 측정 : 빛이 연속광처럼 보이는 것과 단속광처럼 보이는 것 사이의 경계에서의 회전 속도를 측정한다. 이 속도를 '플리커 치'라고 부르며, 이는 눈의 피로도를 평가하는 데 사용한다.

확인! OX

다음은 피로 측정방법에 대한 설명이다. 옳으면 "O", 틀리면 "X"로 표시하시오.
1. 대표적인 생리학적 측정방법으로는 근전계검사, 심전계검사가 있다. ( )
2. 플리커(flicker) 측정법의 목적은 체내 산소량 측정이다. ( )

정답 1. O 2. X

| 해설 |
2. 눈의 피로도를 평가하는 데 사용한다.

3. 작업강도와 피로

(1) 작업강도(에너지 대사율, RMR)

① 작업강도는 휴식시간과 밀접한 관련이 있으며, 이 두 조건의 적절한 조절은 작업의 능률과 생산성에 큰 영향을 줄 수 있다. 따라서 작업의 강도에 따라 에너지 소모가 다르게 나타나므로 에너지 대사율은 작업강도의 측정에 유효한 방법이다.

② 산출식

㉠ 에너지 대사율$(R) = \dfrac{\text{작업 시 소비에너지} - \text{안정 시 소비에너지}}{\text{기초대사 시 소비에너지}}$

$= \dfrac{\text{작업대사량}}{\text{기초대사량}}$

여기서, 작업 시 소비에너지 : 작업 중에 소비한 산소의 소비량
안정 시 소비에너지 : 의자에 앉아서 호흡하는 동안 소비한 산소의 소모량
기초대사량(BMR) : 체표면적 산출식과 기초대사량 표에 의해 산출

㉡ $A = H^{0.725} \times W^{0.425} \times 72.46$

여기서, A : 몸의 표면적(cm^2), H : 신장(cm), W : 체중(kg)

(2) RMR에 의한 작업강도 단계

구분	작업강도	내용
0~2RMR	경작업	정신작업(정밀작업, 감시작업, 사무적인 작업 등)
2~4RMR	중작업(中)	손끝으로 하는 상체작업 또는 힘이나 동작 및 속도가 작은 하체작업
4~7RMR	중작업(重), 강작업	힘이나 동작 및 속도가 큰 상체작업 또는 일반적인 전신작업
7RMR 이상	초중작업	과격한 작업에 해당하는 전신작업

※ 7RMR 이상은 되도록 기계화하고, 10RMR 이상은 반드시 기계화한다.
※ 작업의 지속시간
 • 3RMR : 3시간 지속 가능
 • 7RMR : 약 10분간 지속 가능

4. 생체리듬

① 인간의 생리적 주기 또는 리듬에 관한 이론
② 종류 및 특징
 ㉠ 육체적(신체적) 리듬 : 몸의 물리적인 상태를 나타내는 리듬으로 질병에 저항하는 면역력, 각종 체내 기관의 기능, 외부환경에 대한 신체의 반사작용 등을 알아볼 수 있는 척도로서 23일의 주기를 갖는다.
 ㉡ 감성적 리듬 : 기분이나 신경계통의 상태를 나타내는 리듬으로 창조력, 대인관계, 감정의 기복 등을 알아볼 수 있으며 28일의 주기를 갖는다.
 ㉢ 지성적 리듬 : 집중력, 기억력, 논리적인 사고력, 분석력 등의 기복을 나타내는 리듬이다. 주로 두뇌활동과 관련된 리듬으로 33일의 주기를 갖는다.

+ 괄호문제

다음 괄호 안에 알맞은 내용을 쓰시오.

① 작업의 강도에 따라 에너지 소모가 다르게 나타나므로 ( )은 작업강도의 측정에 유효한 방법이다.
② RMR에 의한 작업강도 단계에서 ( )RMR 이상은 되도록 기계화하고, 10RMR 이상은 반드시 기계화한다.

| 정답 |
① 에너지 대사율
② 7

확인! OX

다음은 작업강도에 대한 설명이다. 옳으면 "O", 틀리면 "X"로 표시하시오.

1. 에너지 대사율의 산출식은 $\dfrac{\text{작업대사량}}{\text{기초대사량}}$이다. ( )
2. 작업의 강도는 에너지 대사율(RMR)에 따라 분류되는데, 분류기준 중, 중작업(中)의 에너지대사율은 2~4RMR이다. ( )

정답 1. O 2. O

5. 위험일

중요도 ★☆☆

(1) 개요

① 세 가지의 리듬이 안정기(+)와 불안정기(-)를 교대로 반복하면서 사인곡선을 그리며 반복되는데, (+)에서 (-)로 또는 (-)에서 (+)로 변하는 지점을 영 또는 위험일이라고 한다.

② 바이오리듬의 변화
  ㉠ 주간감소, 야간증가 : 혈액의 수분, 염분량
  ㉡ 주간상승, 야간감소 : 체온, 혈압, 맥박수
  ㉢ 특히 야간에는 체중감소, 소화불량, 말초신경기능 저하, 피로의 자각증상 증대 등의 현상이 나타난다.
  ㉣ 사고발생률이 가장 높은 시간대
    • 24시간 업무 중 : 오전 3~5시 사이
    • 주간업무 중 : 오전 10~11시, 오후 3~4시 사이

(2) 바이오리듬의 표시방법

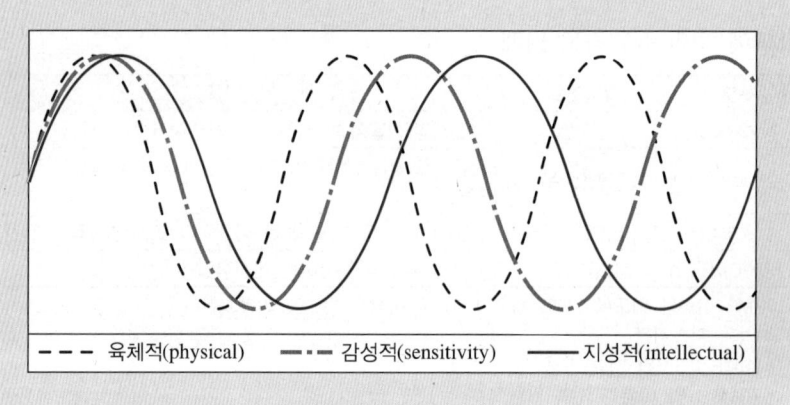

[바이오리듬 그래프]

① 육체적 리듬(P) : 23일 주기로 반복되며 식욕, 스태미나, 지구력 등을 좌우하는 리듬이다.
② 감성적 리듬(S) : 28일 주기로 반복되며 주의력, 창조력, 예감, 통찰력 등을 좌우하는 리듬이다.
③ 지성적 리듬(I) : 33일 주기로 반복되며 상상력, 사고력, 기억력, 의지, 비판력 등을 좌우하는 리듬이다.

+ 괄호문제

다음 괄호 안에 알맞은 내용을 쓰시오.
① 세 가지의 리듬이 안정기(+)와 불안정기(-)를 교대로 반복하면서 사인곡선을 그리며 반복되는데, (+)에서 (-)로 또는 (-)에서 (+)로 변화는 지점을 (   )이라고 한다.
② (   )은 'I'로 표시하며 사고력과 관련이 있다.

| 정답 |
① 위험일
② 지성적 리듬

확인! OX

다음은 바이오리듬에 대한 설명이다. 옳으면 "O", 틀리면 "X"로 표시하시오.
1. 육체적 리듬은 신체적 컨디션의 율동적 발현, 즉 식욕·활동력 등과 밀접한 관계를 갖는다. (   )
2. 감성적 리듬은 33일을 주기로 반복되며 주의력, 창조력, 예감, 통찰력 등과 관련되어 있다. (   )

정답 1. O 2. X

| 해설 |
2. 감성적 리듬은 28일 주기로 반복된다.

CHAPTER 05 안전보건교육의 내용 및 방법

PART 01. 산업재해예방 및 안전보건교육

출제율 23%

출제포인트
- 안전교육
- 안전보건교육 방법
- 안전보건교육 교육내용
- 교육심리학
- 안전보건교육 계획

제1절 교육의 필요성과 목적

기출 키워드
TWI, 학습정도, 안전교육방법, 안전교육, 교육계획, 교육과정, 헤드십

1. 교육의 목적   중요도 ★☆☆

(1) 개요
① 안전교육이란 인간의 사고예방 수단인 동시에 안전한 인간을 형성하기 위한 영구적인 목표이며, 인간을 자연상태로부터 어떤 이상적인 상태로 이끌어 가는 작용을 하는 것이다.
② 안전교육은 안전지식과 기능을 부여하고 태도형성을 습관화함으로서 지식, 기능, 태도의 종합능력을 확보하기 위하여 실시하는 것이다.
③ 의의 : 불안전한 행동은 올바르며 안전한 방법을 모르고, 할 수 없고, 하지 않기 때문이라는 사실에 입각하여 교육에 의한 잠재요인을 사전에 발굴하는 데 있다.

(2) 목적(불안전한 상태와 불안전한 행동을 제거하는 것)
① 근로자를 산업재해로부터 보호하고 재해의 발생으로 인한 직간접적인 경제적 손실을 예방한다.
② 지식, 기능, 태도의 향상으로 생산방법을 개선한다.
③ 안도감, 기업에 대한 신뢰감을 부여한다.
④ 생산성 및 품질향상에 기여한다.

2. 교육의 개념   중요도 ★★☆

(1) 안전교육의 기본방향
① 사고사례 중심의 교육
② 안전작업을 위한 교육
③ 안전의식을 위한 교육

+ 괄호문제

다음 괄호 안에 알맞은 내용을 쓰시오.
① 안전교육의 4대 목표는 인간정신의 안전화, 환경의 안전화, ( ), 설비물자의 안전화이다.
② 안전교육의 효과로 ( )의 발생 가능성을 예측할 수 있다.

| 정답 |
① 행동의 안전화
② 재해사고

(2) 안전교육의 4대 목표
① 인간정신의 안전화
② 환경의 안전화
③ 행동의 안전화
④ 설비물자의 안전화

(3) 안전교육의 효과
① 잠재위험의 발견능력 향상
② 재해사고의 발생 가능성 예측
③ 사고예방대책 기술의 습득
④ 재해사고의 조사와 비상사태에 대응

3. 학습지도 이론

① 피교육자 중심의 교육 : 피교육자가 교육내용을 충분히 이해해야만 의미가 있는 것
② 동기부여
③ 반복
④ 쉬운 것에서부터 어려운 것으로 적용
⑤ 한 번에 한 가지씩 적용
⑥ 인상의 강화
　㉠ 현장사진 제시 및 교육 전 견학
　㉡ 보조자료의 제공 및 사고사례의 제시
　㉢ 중요점의 재강조
　㉣ 토의과제 제시 및 의견청취
　㉤ 속담, 격언과의 연결 및 암시
⑦ 오감의 활용
　㉠ 시각효과 : 60%
　㉡ 청각효과 : 20%
　㉢ 촉각효과 : 15%
　㉣ 미각효과 : 3%
　㉤ 후각효과 : 2%
　㉥ 귀 : 20%
　㉦ 눈 : 40%
　㉧ 귀 + 눈 : 60%
　㉨ 입 : 80%
　㉩ 머리 + 손, 발 : 90%
⑧ 기능적인 이해

확인! OX

다음은 학습지도 이론에 대한 설명이다. 옳으면 "O", 틀리면 "X"로 표시하시오.
1. 교육내용은 쉬운 것부터 어려운 것으로, 한 번에 여러 가지씩 적용한다. ( )
2. 안전보건교육에서 오감을 활용할 때 가장 효과가 높은 것은 청각효과이다. ( )

| 정답 | 1. X 2. X

| 해설 |
1. 한 번에 한 가지씩 적용한다.
2. 시각효과가 60% 이상으로 가장 효과가 높다.

4. 교육심리학의 이해

(1) 개요

① 정의 : 개인의 학습경험이나 성장발달을 체계적으로 연구하여 심리학적 사실이나 법칙을 밝혀 교육의 효과를 높이고자 하는 학문

② 목적

㉠ 학문적 목적
- 어떤 현상에 대한 원인을 설명하고자 함
- 특정 대상에 대한 독립변인이나 조건을 변화실킬 경우, 어떠한 결과가 나올 것인가에 관한 예언을 하고자 함
- 교육의 심리학적인 변인들을 밝혀내어 그 값을 산출하고, 그 변인들 간의 관계를 기술함으로서 교육의 심리학적인 현상을 이해하고자 함
- 교육문제의 해결을 위해 교육의 심리학적 변인들과 원리를 응용함

㉡ 기능적 목적
- 교육의 실제에 대한 통찰을 제시하고자 함
- 교육문제의 해결을 돕고자 함
- 생활지도 전반에 대한 정보를 줌
- 상담, 교육과정 개발, 교육행정, 교육활동에 영향을 미침
- 학습과정에 중요한 아이디어를 제시함

(2) 교육심리학의 연구방법

① 관찰법(observational method)

㉠ 자연 발생적인 행동이나 사태를 자연상태 그대로 자세히 관찰해서, 관찰한 내용을 '기록'하고 피험자의 내면의 상태나 경험을 추정하는 방법이다.

㉡ 어떤 대상에도 적용이 가능하다.

㉢ '자연적 관찰(natural observation)'과 '실험적 관찰(experimental observation)'이 있다.

② 면접법(interview method)

㉠ 면접자와 피면접자가 직접 대면하여 피면접자의 내면의 세계, 즉 감정, 의지, 사고 및 가치관 등을 파악하고자 하는 방법이다.

㉡ 성공적인 면접진행을 위해서는, 면접자가 순화된 감정상태에 있어야 한다.

③ 실험연구법(experimental method)

㉠ 한 변인의 변화(예 흡연)가 다른 변인(예 폐암)의 원인이 되는가를 알아보기 위해 어느 하나의 변인(독립변인)을 조작하고 그 결과로 다른 변인(종속변인)이 얼마나 변화되었는가를 측정한다.

㉡ 실험연구에서는 실험집단(처치를 받는 집단)과 통제집단(처치를 받지 않는 집단)의 두 가지 형태의 입장을 활용하는 실험설계를 채택한다(예 독립변인인 새로운 학습법과 종속변인인 학업성취도 간의 관계 연구).

+ 괄호문제

다음 괄호 안에 알맞은 내용을 쓰시오.

① ( )은 자연 발생적인 행동이나 사태를 자연상태 그대로 자세히 관찰해서, 관찰한 내용을 '기록'하고 피험자의 내면의 상태나 경험을 추정하는 방법이다.

② ( )은 면접자와 피면접자가 직접 대면하여 피면접자의 내면의 세계, 즉 감정, 의지, 사고 및 가치관 등을 파악하고자 하는 방법이다.

| 정답 |
① 관찰법
② 면접법

확인! OX

다음은 교육심리학의 연구방법에 대한 설명이다. 옳으면 "O", 틀리면 "X"로 표시하시오.

1. 관찰법은 자연적 관찰과 실험적 관찰이 있다. ( )
2. 실험연구에서는 실험집단과 통제집단의 두 가지 형태의 입장을 활용하는 실험설계를 채택한다. ( )

정답 1. O 2. O

+ 괄호문제

다음 괄호 안에 알맞은 내용을 쓰시오.
① 어떤 한 변인의 움직임이 또 다른 한 변인의 움직임과 어떤 관계가 있는가를 밝히는 연구방법을 (　)이라고 한다.
② (　)은 짧은 시간 내에 다인수 집단을 대상으로 실시할 수 있고, 자료처리와 결과분석이 비교적 신속하며, 피험자들의 행동특성을 진단하는 데 중요한 기능을 지니고 있기 때문에 주로 활용된다.

| 정답 |
① 상관연구법
② 질문지법

④ 상관연구법(correlational method)
  ㉠ 어떤 한 변인의 움직임이 또 다른 한 변인의 움직임과 어떤 관계가 있는가를 밝히는 연구방법이다.
  ㉡ 이 연구는 상관관계(correlation)의 정도(상관계수, 범위는 $-1 \leq r \leq +1$)를 통계적으로 측정한다.

⑤ 자연적 관찰방법(uncontrolled observational method) : 실험통제나 인위적인 조작 없이 연구 대상자들이 자신의 일상적 환경 속에서 자연스럽게 활동하는 것을 있는 그대로 관찰·기록·분석하는 연구방법이다.

⑥ 임상적 연구방법(clinical study method)
  ㉠ 특정한 개인을 심층적으로 연구하는 방법으로, 정신적(심리적) 문제를 가진 학습자가 어떻게 치료되었는지 그 과정을 연구한다.
  ㉡ 구두정보, 자연발생적 행동의 관찰, 자서전, 일기, 포트폴리오 같은 기록의 분석 등을 활용하는 연구방법이다.

⑦ 질문지법(questionnaire method)
  ㉠ 질문지법은 구두질문에서 발전한 것이다.
  ㉡ 연구대상이나 목적에 따라 질문 문항들(items)로 구성된 질문지를 작성하고, 이것을 피험자들에게 제시 혹은 배포한 후, 각 문항에 대해 피험자들이 응답(반응)하게 하는 것이다.
  ㉢ 일종의 지필검사(paper-pencil-test)로서, 대부분의 질문양식은 피험자로 하여금 선택반응하거나 자유반응(free response)을 할 수 있게 구성한다.
  ㉣ 이 방법이 주로 활용되는 이유는 짧은 시간 내에 다인수 집단을 대상으로 실시할 수 있고, 자료처리와 결과분석이 비교적 신속하며, 피험자들의 행동특성을 진단하는 데 중요한 기능을 지니고 있기 때문이다.

⑧ 사례연구법(case study method)
  ㉠ 사례연구는 개인의 문제행동을 심층적으로 조사·분석하고, 그 원인을 규명하여 조처하는 실제적인 연구방법이다.
  ㉡ 문제(무단결석, 학업부진, 주의력 결핍 등)를 가진 한 개인이 처한 상황에 관한 각종 자료를 수집하고, 수집한 자료를 기반으로 개인의 계통적이고 종합적인 진단(문제행동에 영향을 준 원인에 관한 이론이나 가설을 형성하는 행위)을 내린 다음 효과적인 치료방법을 찾아내려는 것이다.

⑨ 투사법(projective techniques)
  ㉠ 무의식을 찾아내는 방법으로 검사자와 일대일로 마주 앉아 애매한 자극에 대해 피검사자가 자유롭게 자신이 생각하는 것이나 상상하는 바를 대답하게 하여 이 대답을 양적 또는 질적으로 분석하여 개인의 성격특성을 측정하는 방법이다.
  ㉡ 제반 심리검사와 달리, 피험자들은 아무런 가치판단이 없이 자유로이 자신의 취미나 공상에 근거해서 반응하면 된다.
  ㉢ 대표적인 투사법으로 로르샤흐 잉크반점 검사와 주제통각 검사가 있다.

확인! OX

다음은 교육심리학의 연구방법에 대한 설명이다. 옳으면 "O", 틀리면 "X"로 표시하시오.
1. 개인의 문제행동을 심층적으로 조사·분석하고, 그 원인을 규명하여 조처하는 방법을 사례연구법이라고 한다. (　)
2. 대표적인 투사법으로 로르샤흐 잉크반점 검사와 주제통각 검사가 있다. (　)

정답 1. O 2. O

⑩ 사회측정법(sociometry method)
  ㉠ 학교 내에서나 학급 내에서 구성원 개개인의 위치를 밝히고, 집단의 구조와 성격을 파악하기 위해서 사용되는 방법이다.
  ㉡ 1892년 모레노(Moreno)가 제안하였으며, 인간관계를 중심으로 개인에 대한 이해와 성격 및 집단의 구조를 파악하는 데 의의를 지니고 있는 일종의 평정법이다.
⑪ 검사법
  ㉠ 검사법은 심리검사도구(psychological testing tool)나 척도를 실시하여 피험자들의 심리적 특성(예 지능, 흥미, 태도, 성격, 창의성, 자아개념, 학습동기, 학교적응, 귀인성향, 스트레스, 정서지능 등)이 어느 정도인가를 밝히려는 방법이다.
  ㉡ 각종 심리검사(지능검사, 학습흥미검사, 성격검사 등)나 척도가 많이 개발되어 널리 활용된다.
⑫ 통계적 방법(statistical method) : 현상에 대한 일부분을 표집해서 얻은 자료를 통계적 기법을 적용하여 현상 전체를 이해하고자 하는 방법을 일반적으로 통계적 방법이라 한다.

제2절 교육방법

1. 교육훈련 기법 　중요도 ★★☆

① 강의법 : 안전지식의 전달방법으로 초보적인 단계에서 효과가 큰 방법이며, 단시간에 많은 내용을 교육하는 경우에 적합하다.
② 시범법 : 어떤 기능이나 작업과정을 학습시키기 위해 필요로 하는 분명한 동작을 제시하는 방법이다.
③ 반복법 : 이미 학습한 내용이나 기능을 반복해서 이야기하거나 실연하도록 하는 방법이다.
④ 토의법 : 쌍방적 의사전달방식에 의한 교육으로 적극성, 협동성을 기르는 데 유효하다.
⑤ 실연법 : 학습자가 이미 설명을 듣거나 시범을 보고 알게 된 지식이나 기능을 교사의 지휘·감독 아래 연습에 적용을 해보게 하는 교육방법이다.
⑥ 모의법 : 실제의 장면이나 상태와 극히 유사한 상태를 인위적으로 만들어 그 속에서 학습하도록 하는 교육방법이다.

+ 괄호문제

다음 괄호 안에 알맞은 내용을 쓰시오.
① ( )은 심리검사도구나 척도를 실시하여 피험자들의 심리적 특성이 어느 정도인가를 밝히려는 방법이다.
② ( )은 안전지식의 전달방법으로 초보적인 단계에서 효과가 큰 방법이며, 단시간에 많은 내용을 교육하는 경우에 적합하다.

| 정답 |
① 검사법
② 강의법

확인! OX

다음은 교육훈련 기법에 대한 설명이다. 옳으면 "O", 틀리면 "X"로 표시하시오.
1. 반복법은 이미 학습한 내용이나 기능을 반복해서 이야기하거나 실연하도록 하는 방법이다. ( )
2. 실연법은 실제의 장면이나 상태와 극히 유사한 상태를 인위적으로 만들어 그 속에서 학습하도록 하는 교육방법이다. ( )

　정답　1. O 2. X

| 해설 |
2. 모의법에 대한 설명이다. 실연법은 학습자가 이미 설명을 듣거나 시범을 보고 알게 된 지식이나 기능을 교사의 지휘·감독 아래 연습에 적용을 해보게 하는 교육방법이다.

+ 괄호문제

다음 괄호 안에 알맞은 내용을 쓰시오.
① (　) 교육 방법은 개개인에게 적절한 지도훈련이 가능하다.
② (　) 교육 방법은 집단적인 교육에 적합하다.

| 정답 |
① OJT
② OFF JT

2. 안전보건교육 방법 중요도 ★★☆

(1) TWI, OJT, OFF JT

① TWI(Training Within Industry)
  ㉠ 주로 관리감독자를 대상으로 실시하며, 전체 교육시간은 1일 2시간씩 5일이다.
  ㉡ 한 그룹당 10명 내외로 토의법과 실연법 중심으로 강의가 진행된다.

② OJT(On the Job Training)
  ㉠ 교육훈련과 직무수행을 병행하는 교육방법으로 주로 업무 현장에서 직속상사 또는 선배사원이 진행하는 교육훈련기법이다.
  ㉡ 신입사원 교육, 신기술 도입 시 숙련된 직원의 기술 향상, 부서 또는 팀 내 직원 간의 업무교차 교육, 전근한 직원에 대한 교육 등에 활용된다.

③ OFF JT(Off the Job Training)
  ㉠ 계측별, 직능별로 공통적인 요소가 있는 근로자를 한 장소에 모아 교육하는 방법이다.
  ㉡ 주로 집단교육에 적합하다.

[OJT와 OFF JT 특징 비교]

OJT 특징	OFF JT 특징
• 개개인에게 적절한 지도훈련이 가능하다. • 직장의 실정에 맞게 실제적인 훈련이 가능하다. • 즉시 업무에 연결되는 관계로 몸과 관련이 있다. • 훈련에 필요한 업무의 계속성이 끊어지지 않는다. • 효과가 곧 업무에 나타나며 훈련의 좋고 나쁨에 따라 개선이 쉽다. • 훈련효과를 보고 상호 이해도가 높아지는 것이 가능하다.	• 다수의 근로자에게 조직적 훈련을 행하는 것이 가능하다. • 훈련에만 전념하게 된다. • 각자 전문가를 강사로 초청하는 것이 가능하다. • 특별 설비기구를 이용하는 것이 가능하다. • 각 직장의 근로자가 많은 지식과 경험을 교류할 수 있다. • 교육훈련 목표에 대한 집단적 노력이 흐트러질 수 있다.

(2) 토의식 교육방법

① 문제법 : '문제의 인식 → 해결방법의 연구계획 → 자료의 수집 → 해결방법의 실시 → 정리와 결과의 검토'의 단계를 거치며 진행된다.
② 사례연구법 : 먼저 사례를 제시하고 문제적 사실들과 그의 상호관계에 대해서 검토하고 대책을 토의한다.
③ 포럼(forum) : 새로운 자료나 교재를 제시하고 거기서의 문제점을 피교육자로 하여금 제기하게 하거나 의견을 여러 가지 방법으로 발표하게 하고 다시 깊이 파고들어 토의를 행하는 방법이다.
④ 심포지엄(symposium) : 몇 사람의 전문가에 의하여 과제에 관한 견해를 발표한 뒤, 참가자로 하여금 의견이나 질문을 하게 하여 토의하는 방법이다.
⑤ 패널 디스커션(panel discussion) : 피교육자 앞에서 자유로이 토의하고 뒤에 피교육자 전원이 참가하여 사회자의 사회에 따라 토의하는 방법이다.
⑥ 버즈 세션(buzz session) : 6-6회의, 6명씩의 소집단을 구성하여 6분씩 자유토의하는 방법이다.

확인! OX

다음은 안전보건교육 방법에 대한 설명이다. 옳으면 "O", 틀리면 "X"로 표시하시오.
1. 제일선의 감독자를 교육대상으로 하여 작업지도방법, 작업개선방법 등의 주요 내용을 다루는 기업 내 교육방법을 TWI라고 한다. (　)
2. 심포지엄은 몇 사람의 전문가에 의하여 과제에 관한 견해를 발표한 뒤, 참가자로 하여금 의견이나 질문을 하게 하여 토의하는 방법이다. (　)

정답 1. O 2. O

[토의법과 강의법 교육의 비교]

토의법	강의법
• 교육의 주연은 참가자이다. • 참가자가 자주적, 적극적이기 쉽다. • 상호통행적, 상호개발적이다. • 교육내용을 철저하게 주의시키기 쉽다. • 중지를 모아 문제의 대책을 검토할 수 있다. • 참가자 개개인에게 동기부여가 쉽다. • 기능적, 태도적인 것에 대한 교육이 쉽다. • 발언, 질문하기가 쉬우므로 참가의 만족감이 크다. • 회의 결론, 결정에 참가자가 납득, 협조하여 목표의 달성의욕을 높인다. • 참가자 1인당 피상적 경비는 많아질 수 있으나 효과는 좋다.	• 교육의 주역은 강사이다. • 수강자가 의타적, 소극적이기 쉽다. • 일방통행적, 개인개발적이다. • 교육내용을 철저하게 주의시키기 어렵다. • 생각이나 원리, 법규 등을 단시간에 체계적, 이론적으로 다수인에게 전달할 수 있다. • 참가자 개개인에게 동기부여가 어렵다. • 기능적, 태도적인 것의 교육이 어렵다. • 발언, 질문이 어렵고 참여의식이 낮다. • 참가자의 납득, 협조를 얻기 어렵고 목표달성 의욕도 환기시키기 어렵다. • 강사의 결론, 요청을 타인의 일로 받아들이기 쉽다. • 수강자 1인당 경비는 적으나 교육효과를 올리기 어려운 경우도 있다.

> **+ 괄호문제**
>
> 다음 괄호 안에 알맞은 내용을 쓰시오.
> ① 교육방법 중 ( )은 교육의 주연이 참가자이며, 참가자는 자주적, 적극적이기 쉽고 상호통행적, 상호개발적인 특징을 가지고 있다.
> ② 학습의 구성 3요소는 (㉠), (㉡), (㉢)이다.
>
> | 정답 |
> ① 토의법
> ② ㉠ 목표, ㉡ 주제, ㉢ 학습 정도

3. 학습목적의 3요소 중요도 ★★☆

(1) 학습의 목적과 성과

① 학습의 목적

㉠ 구성 3요소
- 목표(학습목적의 핵심, 달성하려는 목표)
- 주제(목표달성을 위한 테마)
- 학습 정도(주제를 학습시킬 범위와 내용의 정도)

㉡ 학습 정도(level of learning) 4단계

인지 ➡ 지각 ➡ 이해 ➡ 적용

② 학습성과

㉠ 학습목적을 세분화하여 구체적으로 결정하는 것으로 구체화된 학습목적을 의미한다.

㉡ 유의사항
- 주제와 학습정도가 반드시 포함될 것
- 학습목적에 적합하고 타당할 것
- 구체적으로 서술하고, 수강자의 입장에서 기술할 것

(2) 안전교육의 3요소

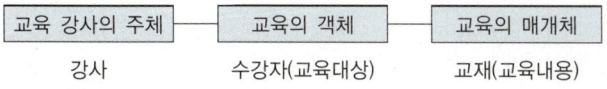

교육 강사의 주체 — 교육의 객체 — 교육의 매개체
강사   수강자(교육대상)   교재(교육내용)

> **확인! OX**
>
> 다음은 학습의 목적에 대한 설명이다. 옳으면 "O", 틀리면 "X"로 표시하시오.
> 1. 학습 정도 4단계는 인지 → 지각 → 이해 → 적용이다. ( )
> 2. 안전교육의 3요소는 강사, 수강자, 교육방법이다. ( )
>
> 정답 1. O 2. X
>
> | 해설 |
> 2. 안전교육의 3요소에는 강사, 수강자(교육대상), 교재(교육내용)가 해당된다.

+ 괄호문제

다음 괄호 안에 알맞은 내용을 쓰시오.
① 교육방법의 4단계는 도입 → ( ) → 적용 → 확인이다.
② 교육훈련 평가의 4단계는 반응단계 → 학습단계 → ( ) → 결과단계이다.

| 정답 |
① 제시
② 행동단계

4. 교육법의 4단계 　　중요도 ★★☆

(1) 교육방법의 4단계(기본모델)

단계	구분	내용
제1단계	도입	학습자의 동기부여 및 마음의 안정
제2단계	제시	강의순서대로 진행하며 설명, 교재를 통해 듣고 말하는 단계(확실한 이해)
제3단계	적용	자율학습을 통해 배운 것 학습, 상호상흡 및 토의 등으로 이해력 향상
제4단계	확인	잘못된 이해를 수정하고 요점을 정리하여 복습

(2) 기능교육의 4단계

① 1단계 : 학습할 준비를 한다.
② 2단계 : 작업에 대한 설명을 한다.
③ 3단계 : 작업을 시켜본다.
④ 4단계 : 가르친 후 보충지도를 한다.

5. 교육훈련의 평가방법 　　중요도 ★★☆

(1) 학습평가

① 교육훈련 평가의 4단계
　㉠ 1단계 : 반응단계
　㉡ 2단계 : 학습단계
　㉢ 3단계 : 행동단계
　㉣ 4단계 : 결과단계
② 학습평가 도구의 기준 : 타당도, 신뢰도, 객관도, 실용도

(2) 구체적인 안전교육 평가방법의 종류

종류	관찰	면접	노트	질문	시험	테스트
지식교육	▲	▲	×	▲	○	○
기능교육	▲	×	○	×	×	○
태도교육	○	○	×	▲	▲	×

확인! OX

다음은 교육훈련의 평가방법에 대한 설명이다. 옳으면 "O", 틀리면 "X"로 표시하시오.
1. 학습평가 도구의 기준으로 타당도, 신뢰도, 객관도, 실용도를 들 수 있다. ( )
2. 안전교육의 3단계는 지식교육, 기초교육, 태도교육이다. ( )

정답 1. O 2. X

| 해설 |
2. 안전교육의 3단계는 지식교육, 기능교육, 태도교육이다.

6. 교육실시 방법

(1) 강의법

① 장점
- ㉠ 가장 오래된 전통적인 교수방법으로 안전지식의 전달방법으로 유용하다.
- ㉡ 집단적 지도법으로 많은 인원(최적 인원 30~50명)을 단시간에 교육할 수 있으며, 교육내용이 많을 때 효율적인 방법이다.
- ㉢ 교육준비가 간단하며 언제 어디서나 가능하다.
- ㉣ 적절한 학습 기자재의 활용은 동기유발 및 교과과정의 이해력을 높일 수 있다.
- ㉤ 수업의 도입이나 초기단계에 적용하는 것이 효과적이다.
- ㉥ 새로운 지식에 대한 체계적인 교육과 개념정리에 유리하다.

② 단점
- ㉠ 교육 대상자가 어느 정도 지식을 갖고 있는 경우 효과를 기대하기 힘들다.
- ㉡ 교사 중심으로 진행되어 수강자는 완전히 수동적인 입장이며 참여가 제약된다.
- ㉢ 수강자의 학습진척 상황이나 성취정도를 점검하기 곤란하다.
- ㉣ 교재 위주의 교육으로 현실과 무관한 지식의 암기에 그치기 쉽다.

(2) 토의법

① 특징
- ㉠ 쌍방적 의사전달 방식으로 최적 인원은 10~20명 수준이다.
- ㉡ 기본적인 지식과 경험을 가진 자에 대한 교육이다(관리감독자 등).
- ㉢ 실제적인 활동과 직접경험의 기회를 제공하는 자발적인 학습의욕을 높이는 방식이다.
- ㉣ 태도와 행동의 변용이 쉽고 용이하다.

② 장점
- ㉠ 수강자의 학습 참여도가 높고 적극성과 협조성을 부여하는 데 효과적이다.
- ㉡ 타인의 의견을 존중하는 태도를 가지고 자신의 의견을 변화시킬 수 있다.
- ㉢ 스스로 사고하는 능력과 표현력 및 자발적인 학습의욕을 향상시킬 수 있다.
- ㉣ 결정된 사항은 받아들이거나 실행시키기 쉽다.

③ 단점
- ㉠ 토의에 임하기 전 토의내용에 대한 충분한 사전준비가 필요하다.
- ㉡ 결정의 과정이 신속하지 않아 진행시간이 길어지고 인원이 제한적이다.
- ㉢ 구성원들의 관심이 부족한 경우 형식적인 토의가 되기 쉽다.

④ 토의법의 유형
- ㉠ 자유토의법 : 정해진 기준이 있는 것이 아니라 참가자가 주어진 주제에 대하여 자유로운 발표와 토의를 통하여 서로의 의견을 교환하고 상호 이해력을 높이며 의견을 절충해 나가는 방식이다.

+ 괄호문제

다음 괄호 안에 알맞은 내용을 쓰시오.
① 발제자 없이 몇 사람의 전문가가 과제에 대한 견해를 발표한 뒤 참석자들로부터 질문이나 의견을 제시하도록 하는 방법은 (　)이다.
② (　)은 사회자의 진행으로 몇 사람이 주제에 대하여 발표한 후 참석자가 질문을 하고 토론하는 방법이다.

| 정답 |
① 심포지엄
② 포럼

ⓒ 패널 디스커션[panel discussion(workshop)] : 과제에 관한 결론의 도출보다 참가자의 다양한 의견이나 사고방식을 이해하고 그것들을 과제에 적용하여 보다 구체적이고 체계적인 결론을 유도해 내기 위한 방법이다.

한두 명의 발제자가 주제에 대해 발표한다.
↓
4~5명의 패널이 참석자 앞에서 자유롭게 논의한다.
↓
사회자에 의해 참가자의 의견을 들으면서 상호 토의한다.

ⓒ 심포지엄(symposium) : 발제자 없이 몇 사람의 전문가가 과제에 대한 견해를 발표한 뒤 참석자들로부터 질문이나 의견을 제시하도록 하는 방법이다.
ⓔ 포럼(forum, 공개 토론회)
  • 사회자의 진행으로 몇 사람이 주제에 대하여 발표한 후 참석자가 질문을 하고 토론하는 방법이다.
  • 새로운 자료나 주제를 내보이거나 발표한 후 참석자로 하여금 문제나 의견을 제시하게 하고 다시 깊이 있게 토론하는 방법이다.
ⓜ 버즈 세션(buzz session) : 6-6회의라고도 하며 6명씩 소집단으로 구분하고 사회자를 선출하여 6분간 자유토의를 행하여 의견을 종합하는 방법이다.

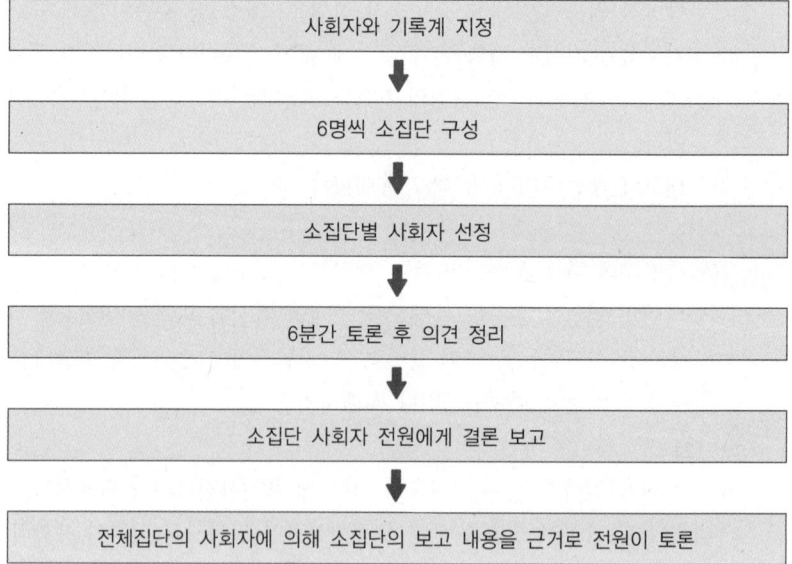

확인! OX

다음은 교육실시 방법에 대한 설명이다. 옳으면 "O", 틀리면 "X"로 표시하시오.
1. 패널 디스커션은 소수의 전문가들이 과제에 관한 견해를 자유롭게 참가자들 앞에서 토의한 후 참가자 전원이 참가하여 사회자의 사회에 따라 토의하는 방법이다. (　)
2. 버즈 세션은 6-6회의라고도 하며 6명씩 소집단으로 구분하고 사회자를 선출하여 6분간 자유토의를 행하여 의견을 종합하는 방법이다. (　)

정답 1. O 2. O

(3) 실연법
① 이미 설명을 듣고 시범을 보아서 습득하게 된 지식이나 기능을 교사의 지도 아래 직접 연습을 통해 적용해 보는 방법이다.
② 유의사항
㉠ 충분한 시설이나 철저한 자료의 준비가 필요하다.
㉡ 교육 전 현장에 대한 확실한 안전확보가 필요하다.
㉢ 단순한 상황에서 복잡한 상황으로 진행할 수 있도록 수업계획을 수립한다.
㉣ 교사 대 수강자의 비율이 높아지는 것에 대해 대비해야 한다.

(4) 프로그램 학습법
① 수강자의 학습진행 정도에 맞도록 프로그램 자료를 작성하여 스스로 학습하도록 하는 방법이다.
② 적용단계
㉠ 수업의 전 단계에서 적용 가능
㉡ 수강자의 개인차가 최대한 조절되어야 할 경우
㉢ 기본개념학이나 논리적인 학습이 필요할 때 효과적
③ 유의사항
㉠ 프로그램 학습은 자신의 조건에 맞추어 스스로 하는 학습임을 주지해야 한다.
㉡ 학습과정의 철저한 점검이 필요하다.
㉢ 수강자의 사회성이 결여되기 쉬운 점에 대한 대책을 강구해야 한다.
㉣ 새로운 프로그램의 개발에 노력해야 한다.

(5) 모의법
① 실제의 장면이나 상황을 인위적으로 구성하여 학습하게 하는 방법이다.
② 특징
㉠ 단위 교육비가 비싸고 시간 소비가 많은 편이다.
㉡ 시설 유지비가 높다.
㉢ 다른 방법에 비해 학생 대 교사의 비율이 높다.
㉣ 실제로는 위험성이 따를 때나 직접조작을 중요시하는 경우에 모의법을 사용한다.

(6) 시청각교육법
① 시청각 교재(TV, VTR, 슬라이드, 사진, 그림, 모형 등)를 최대한 활용하여 교육효과를 향상시키기 위한 방법이다.
② 집중법과 분산법
㉠ 집중 연습법 : 학습내용을 계속해서 반복하는 학습이다(초보자에게 유리).
㉡ 분산 연습법 : 충분한 휴식시간을 사이에 두어 몇 회로 나누어서 학습하는 방법이다.

+ 괄호문제

다음 괄호 안에 알맞은 내용을 쓰시오.
① ( )은 이미 설명을 듣고 시범을 보아서 습득하게 된 지식이나 기능을 교사의 지도 아래 직접 연습을 통해 적용해 보는 방법이다.
② ( )은 수강자의 학습진행 정도에 맞도록 프로그램 자료를 작성하여 스스로 학습하도록 하는 방법이다.

| 정답 |
① 실연법
② 프로그램 학습법

확인! OX

다음은 교육실시 방법에 대한 설명이다. 옳으면 "O", 틀리면 "X"로 표시하시오.
1. 모의법은 실제의 장면이나 상황을 인위적으로 구성하여 학습하게 하는 방법이다. ( )
2. 시청각교육법 중 학습내용을 계속해서 반복하는 학습으로 집중 연습법이 있다. ( )

정답 1. O 2. O

+ 괄호문제

다음 괄호 안에 알맞은 내용을 쓰시오.
① 안전보건교육의 3단계 가운데 (　)은 시범, 견학, 현장실습 등을 통한 경험 체득과 이해를 통해 교육대상자가 스스로 행함으로써 습득하게 되는 교육이다.
② 안전보건교육의 3단계 가운데 (　)은 지식교육과 기능교육을 통해 얻은 안전지식을 통해 행할 수 있게 안전행동을 체득화시키는 단계이다.

| 정답 |
① 기능교육
② 태도교육

③ 전습법과 분습법

구분	전습법	분습법
개념	학습해야 할 과제를 하나로 묶어 반복하여 일괄학습하는 방법이다.	학습과제를 여러 부분으로 분할하여 따로 학습한 후 종합하는 방법이다.
유리한 경우	• 경험이 많은 학습자 • 지적으로 우수한 학습자 • 한 과정의 학습이 어느 정도 경과한 경우 • 분산학습이 필요한 경우 • 학습내용이 의미 있는 내용일 경우(종합적인 학습내용으로 통일성이 있는 경우)	• 경험이 적은 학습자 • 지적으로 부진한 학습자 • 학습의 초기 단계일 경우 • 집중학습이 필요한 경우 • 학습내용이 무의미한 내용일 경우(상호 관련성이 적은 내용)
효과	• 반복이 적고 망각이 적어서 노력과 시간이 적게 든다. • 연합이 잘 이루어진다.	• 학습의 질을 높일 수 있다. • 학습의 범위가 적으며 복잡하고 긴 학습을 능률적으로 할 수 있다.

제3절 안전보건교육계획 수립 및 실시

1. 안전보건교육의 단계별 교육과정　　중요도 ★★☆

(1) 안전보건교육의 3단계

지식교육 (1단계)	특징	• 강의, 시청각교육 등 지식의 전달과 이해 • 다수인원에 대한 교육 가능 • 광범위한 지식의 전달 가능 • 안전의식의 제고 용이 • 피교육자의 이해도 측정 곤란 • 교사의 학습방법에 따라 차이 발생
	단계	도입(준비) → 제시(설명) → 적용(응용) → 확인(종합, 총괄)
기능교육 (2단계)	특징	• 시범, 견학, 현장실습 등을 통한 경험 체득과 이해(표준작업방법 사용) • 작업능력 및 기술능력 부여 • 작업동작의 표준화 • 교육기간의 장기화 • 다수인원 교육 곤란
	단계	학습준비 → 작업설명 → 실습 → 결과시찰
	기능교육의 3원칙	• 준비 • 위험작업의 규제 • 안전작업의 표준화
태도교육 (3단계)	특징	• 생활지도, 작업동작지도, 안전의 습관화 및 일체감 • 자아실현 욕구의 충족기회 제공 • 상사와 부하의 목표설정을 위한 대화(대인관계) • 작업자의 능력을 약간 초월하는 구체적이고 정량적인 목표 설정 • 신규 채용 시에도 태도교육에 중점
	단계	청취 → 이해, 납득 → 모범 → 평가(권장) → 장려 및 처벌
추후지도	특징	• 지식-기능-태도 교육을 반복 • 정기적인 OJT 실시

확인! OX

다음은 안전보건교육에 대한 설명이다. 옳으면 "O", 틀리면 "X"로 표시하시오.
1. 안전보건교육의 3단계는 지식, 기능, 태도교육이다.　(　)
2. 지식교육은 안전에 대한 지식을 교육하는 방법으로 인간이 직접 경험하기에는 위험한 사례들을 위주로 교육하여 학습시킨다.　(　)

정답 1. O　2. O

(2) 수업단계별 최적의 수업방법
① 도입단계 : 강의법, 시범법
② 전개, 정리단계 : 반복법, 토의법, 실연법
③ 정리단계 : 자율 학습법
④ 도입, 전개, 정리단계 : 프로그램 학습법, 학생상호 학습법, 모의 학습법

2. 안전보건교육계획 중요도 ★☆☆

(1) 계획수립
① 계획수립 절차(단계)
㉠ 교육의 필요성 및 요구사항 파악
㉡ 교육내용 및 교육방법 결정
㉢ 교육의 준비 및 실시
㉣ 교육의 성과 평가
② 계획수립 시 고려사항(포함사항)
㉠ 교육목표
㉡ 교육의 종류 및 대상
㉢ 교육과목 및 내용
㉣ 교육장소 및 방법
㉤ 교육기간 및 시간
㉥ 교육담당자 및 강사

(2) 교육준비 순서
① 수강대상 그룹의 분석
② 교육목표의 명확화
③ 주된 강조점 명확화
④ 교재 준비
㉠ 관련 자료를 수집하여 자체적으로 교재를 제작한다.
㉡ 교육의 효과를 높이기 위한 시청각교육기법을 적극적으로 활용한다.
㉢ 한국산업안전보건공단 및 협회의 자료를 활용한다.
⑤ 자료 및 지도안 확정
㉠ 지도안 작성 : 교육의 진행방법과 요점을 교육사항마다 구체적으로 표시한다(지도단계에 따라 작성).
㉡ 지도안 예시

구분	도입	제시	적용	확인
강의식	5분	40분	10분	5분
토의식	5분	10분	40분	5분

+ 괄호문제

다음 괄호 안에 알맞은 내용을 쓰시오.
① 수업단계별 최적의 수업방법으로 도입단계에 ( ), 시범법을 적용할 수 있다.
② 교육계획 수립 시 가장 먼저 실시하여야 하는 것은 ( )이다.

|정답|
① 강의법
② 교육의 필요성 및 요구사항 파악

확인! OX

다음은 안전보건교육 계획 수립에 대한 설명이다. 옳으면 "O", 틀리면 "X"로 표시하시오.
1. 안전보건교육 계획 수립 시 현장의 의견은 고려하지 않는다. ( )
2. 안전보건교육계획에 포함되어야 할 사항으로 교육의 종류 및 대상, 교육과목 및 내용, 교육장소 및 방법 등이 있다. ( )

정답 1. X 2. O

|해설|
1. 안전보건교육은 근로자의 재해예방을 위해 근로자를 대상으로 하는 교육이기 때문에 현장의 의견을 고려하여 수립해 보다 효과적인 교육이 될 수 있도록 하여야 한다.

3. 안전보건교육 교육대상별 교육내용(산업안전보건법 시행규칙 별표 5)

중요도 ★★☆

(1) 근로자 정기 안전보건교육
① 산업안전 및 산업재해 예방에 관한 사항(화재·폭발 사고 발생 시 대피에 관한 사항 포함)
② 산업보건 및 건강장해 예방에 관한 사항(폭염·한파작업으로 인한 건강장해 발생 시 응급조치에 관한 사항을 포함)
③ 위험성 평가에 관한 사항
④ 건강증진 및 질병 예방에 관한 사항
⑤ 유해·위험 작업환경 관리에 관한 사항
⑥ 산업안전보건법령 및 산업재해보상보험 제도에 관한 사항
⑦ 직무스트레스 예방 및 관리에 관한 사항
⑧ 직장 내 괴롭힘, 고객의 폭언 등으로 인한 건강장해 예방 및 관리에 관한 사항

(2) 관리감독자 정기 안전보건교육
① 산업안전 및 산업재해 예방에 관한 사항(화재·폭발 사고 발생 시 대피에 관한 사항 포함)
② 산업보건 및 건강장해 예방에 관한 사항(폭염·한파작업으로 인한 건강장해 발생 시 응급조치에 관한 사항을 포함)
③ 위험성평가에 관한 사항
④ 유해·위험 작업환경 관리에 관한 사항
⑤ 산업안전보건법령 및 산업재해보상보험 제도에 관한 사항
⑥ 직무스트레스 예방 및 관리에 관한 사항
⑦ 직장 내 괴롭힘, 고객의 폭언 등으로 인한 건강장해 예방 및 관리에 관한 사항
⑧ 작업공정의 유해·위험과 재해 예방대책에 관한 사항
⑨ 사업장 내 안전보건관리체제 및 안전·보건조치 현황에 관한 사항
⑩ 표준안전 작업방법 결정 및 지도·감독 요령에 관한 사항
⑪ 현장근로자와의 의사소통능력 및 강의능력 등 안전보건교육 능력 배양에 관한 사항
⑫ 비상시 또는 재해 발생 시 긴급조치에 관한 사항
⑬ 그 밖의 관리감독자의 직무에 관한 사항

(3) 채용 시 교육 및 작업내용 변경 시 교육
① 근로자
  ㉠ 산업안전 및 산업재해 예방에 관한 사항(화재·폭발 사고 발생 시 대피에 관한 사항 포함)
  ㉡ 산업보건 및 건강장해 예방에 관한 사항
  ㉢ 위험성평가에 관한 사항
  ㉣ 산업안전보건법령 및 산업재해보상보험 제도에 관한 사항
  ㉤ 직무스트레스 예방 및 관리에 관한 사항
  ㉥ 직장 내 괴롭힘, 고객의 폭언 등으로 인한 건강장해 예방 및 관리에 관한 사항
  ㉦ 기계·기구의 위험성과 작업의 순서 및 동선에 관한 사항

+ 괄호문제

다음 괄호 안에 알맞은 내용을 쓰시오.
① 유해·위험 작업환경 관리에 관한 사항에 대한 교육내용의 정기 안전보건교육 대상자는 ( )이다.
② 현장근로자와의 의사소통능력 및 강의능력 등 안전보건교육 능력 배양에 관한 사항에 대한 교육내용의 정기 안전보건교육 대상자는 ( )이다.

| 정답 |
① 근로자, 관리감독자
② 관리감독자

확인! OX

다음은 안전보건교육 교육대상별 교육내용에 대한 설명이다. 옳으면 "O", 틀리면 "X"로 표시하시오.
1. 직장 내 괴롭힘, 고객의 폭언 등으로 인한 건강장해 예방 및 관리에 관한 사항은 근로자 정기 안전보건교육 내용에 해당하지 않는다. ( )
2. 표준안전 작업방법 결정 및 지도·감독 요령에 관한 사항은 관리감독자 정기 안전보건교육 내용으로 적합하다. ( )

정답 1. X 2. O

| 해설 |
1. 포함되어야 한다.

ⓞ 작업 개시 전 점검에 관한 사항
ⓩ 정리·정돈 및 청소에 관한 사항
ⓒ 사고 발생 시 긴급조치에 관한 사항
ⓚ 물질안전보건자료에 관한 사항

② 관리감독자
㉠ 산업안전 및 산업재해 예방에 관한 사항(화재·폭발 사고 발생 시 대피에 관한 사항 포함)
㉡ 산업보건 및 건강장해 예방에 관한 사항
㉢ 위험성평가에 관한 사항
㉣ 산업안전보건법령 및 산업재해보상보험 제도에 관한 사항
㉤ 직무스트레스 예방 및 관리에 관한 사항
㉥ 직장 내 괴롭힘, 고객의 폭언 등으로 인한 건강장해 예방 및 관리에 관한 사항
㉦ 기계·기구의 위험성과 작업의 순서 및 동선에 관한 사항
㉧ 작업 개시 전 점검에 관한 사항
㉨ 물질안전보건자료에 관한 사항
㉩ 사업장 내 안전보건관리체제 및 안전·보건조치 현황에 관한 사항
㉪ 표준안전 작업방법 결정 및 지도·감독 요령에 관한 사항
㉫ 비상시 또는 재해 발생 시 긴급조치에 관한 사항
㉬ 그 밖의 관리감독자의 직무에 관한 사항

+ 괄호문제

다음 괄호 안에 알맞은 내용을 쓰시오.
① 채용 시 교육 및 작업내용 변경 시 교육내용 중 정리·정돈 및 청소에 관한 사항의 대상자는 ( )이다.
② 채용 시 교육 및 작업내용 변경 시 교육내용 중 비상시 또는 재해 발생 시 긴급조치에 관한 사항의 대상자는 ( )이다.

| 정답 |
① 근로자
② 관리감독자

(4) 근로자 특별교육대상 작업별 교육

작업명	교육내용
〈공통내용〉 ①부터 ㊴까지의 작업	• 산업안전 및 산업재해 예방에 관한 사항(화재·폭발 사고 발생 시 대피에 관한 사항 포함) • 산업보건 및 건강장해 예방에 관한 사항 • 위험성 평가에 관한 사항 • 산업안전보건법령 및 산업재해보상보험 제도에 관한 사항 • 직무스트레스 예방 및 관리에 관한 사항 • 직장 내 괴롭힘, 고객의 폭언 등으로 인한 건강장해 예방 및 관리에 관한 사항 • 기계·기구의 위험성과 작업의 순서 및 동선에 관한 사항 • 작업 개시 전 점검에 관한 사항 • 정리·정돈 및 청소에 관한 사항 • 사고 발생 시 긴급조치에 관한 사항 • 물질안전보건자료에 관한 사항
〈개별내용〉 ① 고압실 내 작업(잠함공법이나 그 밖의 압기공법으로 대기압을 넘는 기압인 작업실 또는 수갱 내부에서 하는 작업만 해당)	• 고기압 장해의 인체에 미치는 영향에 관한 사항 • 작업의 시간·작업 방법 및 절차에 관한 사항 • 압기공법에 관한 기초지식 및 보호구 착용에 관한 사항 • 이상 발생 시 응급조치에 관한 사항 • 그 밖에 안전·보건관리에 필요한 사항
② 아세틸렌 용접장치 또는 가스집합 용접장치를 사용하는 금속의 용접·용단 또는 가열작업(발생기·도관 등에 의하여 구성되는 용접장치만 해당)	• 용접 흄, 분진 및 유해광선 등의 유해성에 관한 사항 • 가스용접기, 압력조정기, 호스 및 취관두(불꽃이 나오는 용접기의 앞부분) 등의 기기점검에 관한 사항 • 작업방법·순서 및 응급처치에 관한 사항 • 안전기 및 보호구 취급에 관한 사항 • 화재예방 및 초기대응에 관한 사항 • 그 밖에 안전·보건관리에 필요한 사항

확인! OX

다음은 근로자 특별교육대상 작업별 교육에 대한 설명이다. 옳으면 "O", 틀리면 "X"로 표시하시오.

1. 고압실 내 작업(수갱 내부에서 하는 작업) 시 교육내용에는 고기압 장해의 인체에 미치는 영향에 관한 사항이 포함된다. ( )
2. 아세틸렌 용접장치를 사용하는 금속의 용접 작업 시 교육내용에는 안전기 및 보호구 취급에 관한 사항이 포함된다. ( )

정답 1. O 2. O

+ 괄호문제

다음 괄호 안에 알맞은 내용을 쓰시오.
① 환기가 극히 불량한 좁은 밀폐된 장소에서 용접작업을 하는 근로자를 대상으로 한 특별안전보건교육 내용에는 작업순서, ( ) 및 수칙에 관한 사항이 포함된다.
② 환기가 극히 불량한 좁은 밀폐된 장소에서 용접작업을 하는 근로자를 대상으로 한 특별안전보건교육 내용에는 ( ) 점검에 관한 사항이 포함된다.

| 정답 |
① 안전작업방법
② 작업환경

확인! OX

다음은 근로자 특별교육대상 작업별 교육에 대한 설명이다. 옳으면 "O", 틀리면 "X"로 표시하시오.
1. 밀폐된 장소(탱크 내 또는 환기가 극히 불량한 좁은 장소)에서 하는 용접작업 또는 습한 장소에서 하는 전기용접 작업 시 교육내용에는 질식 시 응급조치에 관한 사항이 포함된다. ( )
2. 화학설비 중 반응기, 교반기·추출기의 사용 및 세척작업 시 교육내용에는 탱크 내의 산소농도 측정 및 작업환경에 관한 사항이 포함된다. ( )

정답 1. O 2. X

| 해설 |
2. 탱크 내의 산소농도 측정 및 작업환경에 관한 사항은 화학설비의 탱크 내 작업 시 적용되는 교육내용이다.

작업명	교육내용
③ 밀폐된 장소(탱크 내 또는 환기가 극히 불량한 좁은 장소)에서 하는 용접작업 또는 습한 장소에서 하는 전기용접 작업	• 작업순서, 안전작업방법 및 수칙에 관한 사항 • 환기설비에 관한 사항 • 전격 방지 및 보호구 착용에 관한 사항 • 질식 시 응급조치에 관한 사항 • 작업환경 점검에 관한 사항 • 그 밖에 안전·보건관리에 필요한 사항
④ 폭발성·물반응성·자기반응성·자기발열성 물질, 자연발화성 액체·고체 및 인화성 액체의 제조 또는 취급작업(시험연구를 위한 취급작업은 제외)	• 폭발성·물반응성·자기반응성·자기발열성 물질, 자연발화성 액체·고체 및 인화성 액체의 성질이나 상태에 관한 사항 • 폭발 한계점, 발화점 및 인화점 등에 관한 사항 • 취급방법 및 안전수칙에 관한 사항 • 이상 발견 시의 응급처치 및 대피 요령에 관한 사항 • 화기·정전기·충격 및 자연발화 등의 위험방지에 관한 사항 • 작업순서, 취급주의사항 및 방호거리 등에 관한 사항 • 그 밖에 안전·보건관리에 필요한 사항
⑤ 액화석유가스·수소가스 등 인화성 가스 또는 폭발성 물질 중 가스의 발생장치 취급 작업	• 취급가스의 상태 및 성질에 관한 사항 • 발생장치 등의 위험 방지에 관한 사항 • 고압가스 저장설비 및 안전취급방법에 관한 사항 • 설비 및 기구의 점검 요령 • 그 밖에 안전·보건관리에 필요한 사항
⑥ 화학설비 중 반응기, 교반기·추출기의 사용 및 세척작업	• 각 계측장치의 취급 및 주의에 관한 사항 • 투시창·수위 및 유량계 등의 점검 및 밸브의 조작주의에 관한 사항 • 세척액의 유해성 및 인체에 미치는 영향에 관한 사항 • 작업절차에 관한 사항 • 그 밖에 안전·보건관리에 필요한 사항
⑦ 화학설비의 탱크 내 작업	• 차단장치·정지장치 및 밸브 개폐장치의 점검에 관한 사항 • 탱크 내의 산소농도 측정 및 작업환경에 관한 사항 • 안전보호구 및 이상 발생 시 응급조치에 관한 사항 • 작업절차·방법 및 유해·위험에 관한 사항 • 그 밖에 안전·보건관리에 필요한 사항
⑧ 분말·원재료 등을 담은 호퍼(하부가 깔대기 모양으로 된 저장통)·저장창고 등 저장탱크의 내부작업	• 분말·원재료의 인체에 미치는 영향에 관한 사항 • 저장탱크 내부작업 및 복장보호구 착용에 관한 사항 • 작업의 지정·방법·순서 및 작업환경 점검에 관한 사항 • 팬·풍기(風旗) 조작 및 취급에 관한 사항 • 분진 폭발에 관한 사항 • 그 밖에 안전·보건관리에 필요한 사항
⑨ 다음에 정하는 설비에 의한 물건의 가열·건조작업 ㉠ 건조설비 중 위험물 등에 관계되는 설비로 속부피가 1m³ 이상인 것 ㉡ 건조설비 중 ㉠의 위험물 등 외의 물질에 관계되는 설비로서, 연료를 열원으로 사용하는 것(그 최대 연소소비량이 매 시간당 10kg 이상인 것만 해당) 또는 전력을 열원으로 사용하는 것(정격소비전력이 10kW 이상인 경우만 해당)	• 건조설비 내외면 및 기기기능의 점검에 관한 사항 • 복장보호구 착용에 관한 사항 • 건조 시 유해가스 및 고열 등이 인체에 미치는 영향에 관한 사항 • 건조설비에 의한 화재·폭발 예방에 관한 사항

작업명	교육내용
⑩ 다음에 해당하는 집재장치(집재기·가선·운반기구·지주 및 이들에 부속하는 물건으로 구성되고, 동력을 사용하여 원목 또는 장작과 숯을 담아 올리거나 공중에서 운반하는 설비)의 조립, 해체, 변경 또는 수리작업 및 이들 설비에 의한 집재 또는 운반 작업 ㉠ 원동기의 정격출력이 7.5kW를 넘는 것 ㉡ 지간의 경사거리 합계가 350m 이상인 것 ㉢ 최대사용하중이 200kg 이상인 것	• 기계의 브레이크 비상정지장치 및 운반경로, 각종 기능 점검에 관한 사항 • 작업 시작 전 준비사항 및 작업방법에 관한 사항 • 취급물의 유해·위험에 관한 사항 • 구조상의 이상 시 응급처치에 관한 사항 • 그 밖에 안전·보건관리에 필요한 사항
⑪ 동력에 의하여 작동되는 프레스기계를 5대 이상 보유한 사업장에서 해당 기계로 하는 작업	• 프레스의 특성과 위험성에 관한 사항 • 방호장치 종류와 취급에 관한 사항 • 안전작업방법에 관한 사항 • 프레스 안전기준에 관한 사항 • 그 밖에 안전·보건관리에 필요한 사항
⑫ 목재가공용 기계[둥근톱기계, 띠톱기계, 대패기계, 모떼기기계 및 라우터기(목재를 자르거나 홈을 파는 기계)만 해당하며, 휴대용은 제외]를 5대 이상 보유한 사업장에서 해당 기계로 하는 작업	• 목재가공용 기계의 특성과 위험성에 관한 사항 • 방호장치의 종류와 구조 및 취급에 관한 사항 • 안전기준에 관한 사항 • 안전작업방법 및 목재 취급에 관한 사항 • 그 밖에 안전·보건관리에 필요한 사항
⑬ 운반용 등 하역기계를 5대 이상 보유한 사업장에서의 해당 기계로 하는 작업	• 운반하역기계 및 부속설비의 점검에 관한 사항 • 작업순서와 방법에 관한 사항 • 안전운전방법에 관한 사항 • 화물의 취급 및 작업신호에 관한 사항 • 그 밖에 안전·보건관리에 필요한 사항
⑭ 1ton 이상의 크레인을 사용하는 작업 또는 1ton 미만의 크레인 또는 호이스트를 5대 이상 보유한 사업장에서 해당 기계로 하는 작업(제39호의 작업은 제외)	• 방호장치의 종류, 기능 및 취급에 관한 사항 • 걸고리·와이어로프 및 비상정지장치 등의 기계·기구 점검에 관한 사항 • 화물의 취급 및 안전작업방법에 관한 사항 • 신호방법 및 공동작업에 관한 사항 • 인양 물건의 위험성 및 낙하·비래(飛來)·충돌재해 예방에 관한 사항 • 인양물이 적재될 지반의 조건, 인양하중, 풍압 등이 인양물과 타워크레인에 미치는 영향 • 그 밖에 안전·보건관리에 필요한 사항
⑮ 건설용 리프트·곤돌라를 이용한 작업	• 방호장치의 기능 및 사용에 관한 사항 • 기계, 기구, 달기체인 및 와이어 등의 점검에 관한 사항 • 화물의 권상·권하 작업방법 및 안전작업 지도에 관한 사항 • 기계·기구에 특성 및 동작원리에 관한 사항 • 신호방법 및 공동작업에 관한 사항 • 그 밖에 안전·보건관리에 필요한 사항
⑯ 주물 및 단조(금속을 두들기거나 눌러서 형체를 만드는 일) 작업	• 고열물의 재료 및 작업환경에 관한 사항 • 출탕·주조 및 고열물의 취급과 안전작업방법에 관한 사항 • 고열작업의 유해·위험 및 보호구 착용에 관한 사항 • 안전기준 및 중량물 취급에 관한 사항 • 그 밖에 안전·보건관리에 필요한 사항

+ 괄호문제

다음 괄호 안에 알맞은 내용을 쓰시오.

① 목재가공용 기계를 ( )대 이상 보유한 사업장에서 해당 기계로 하는 작업의 경우 근로자 특별안전보건교육 대상이 된다.
② 건설용 리프트·곤돌라를 이용한 작업을 하는 근로자를 대상으로 한 특별안전보건교육 내용에는 ( )의 기능 및 사용에 관한 사항이 포함된다.

| 정답 |
① 5
② 방호장치

확인! OX

다음은 근로자 특별교육대상 작업별 교육에 대한 설명이다. 옳으면 "O", 틀리면 "X"로 표시하시오.

1. 동력에 의하여 작동되는 프레스 기계를 3대 이상 보유한 사업장에서 해당 기계로 하는 작업의 경우 근로자 특별안전보건교육 대상이 된다. ( )
2. 0.5ton 이상의 크레인을 사용하는 작업 또는 0.5ton 미만의 크레인 또는 호이스트를 5대 이상 보유한 사업장에서의 해당 기계로 하는 작업의 경우 근로자 특별안전보건교육 대상이 된다. ( )

정답 1. X 2. X

| 해설 |
1. 프레스 기계를 5대 이상 보유한 사업장이 해당된다.
2. 1ton 이상의 크레인을 사용하는 작업 또는 1ton 미만의 크레인 또는 호이스트를 5대 이상 보유한 사업장이 해당된다.

+ 괄호문제

다음 괄호 안에 알맞은 내용을 쓰시오.
① 거푸집 동바리의 조립 또는 해체작업을 하는 근로자를 대상으로 한 특별안전보건교육 내용에는 ( ) 시의 사고 예방에 관한 사항이 포함된다.
② 거푸집 동바리의 조립 또는 해체작업을 하는 근로자를 대상으로 한 특별안전보건교육 내용에는 ( ) 착용 및 점검에 관한 사항이 포함된다.

| 정답 |
① 조립·해체
② 보호구

작업명	교육내용
⑰ 전압이 75V 이상인 정전 및 활선작업	• 전기의 위험성 및 전격 방지에 관한 사항 • 해당 설비의 보수 및 점검에 관한 사항 • 정전작업·활선작업 시의 안전작업방법 및 순서에 관한 사항 • 절연용 보호구, 절연용 방호구 및 활선작업용 기구 등의 사용에 관한 사항 • 그 밖에 안전·보건관리에 필요한 사항
⑱ 콘크리트 파쇄기를 사용하여 하는 파쇄작업(2m 이상인 구축물의 파쇄작업만 해당)	• 콘크리트 해체 요령과 방호거리에 관한 사항 • 작업안전조치 및 안전기준에 관한 사항 • 파쇄기의 조작 및 공통작업 신호에 관한 사항 • 보호구 및 방호장비 등에 관한 사항 • 그 밖에 안전·보건관리에 필요한 사항
⑲ 굴착면의 높이가 2m 이상이 되는 지반 굴착(터널 및 수직갱 외의 갱 굴착은 제외)작업	• 지반의 형태·구조 및 굴착 요령에 관한 사항 • 지반의 붕괴재해 예방에 관한 사항 • 붕괴 방지용 구조물 설치 및 작업방법에 관한 사항 • 보호구의 종류 및 사용에 관한 사항 • 그 밖에 안전·보건관리에 필요한 사항
⑳ 흙막이 지보공의 보강 또는 동바리를 설치하거나 해체하는 작업	• 작업안전 점검 요령과 방법에 관한 사항 • 동바리의 운반·취급 및 설치 시 안전작업에 관한 사항 • 해체작업 순서와 안전기준에 관한 사항 • 보호구 취급 및 사용에 관한 사항 • 그 밖에 안전·보건관리에 필요한 사항
㉑ 터널 안에서의 굴착작업(굴착용 기계를 사용하여야 하는 굴착작업 중 근로자가 칼날 밑에 접근하지 않고 하는 작업은 제외) 또는 같은 작업에서의 터널 거푸집 지보공의 조립 또는 콘크리트 작업	• 작업환경의 점검 요령과 방법에 관한 사항 • 붕괴 방지용 구조물 설치 및 안전작업 방법에 관한 사항 • 재료의 운반 및 취급·설치의 안전기준에 관한 사항 • 보호구의 종류 및 사용에 관한 사항 • 소화설비의 설치장소 및 사용방법에 관한 사항 • 그 밖에 안전·보건관리에 필요한 사항
㉒ 굴착면의 높이가 2m 이상이 되는 암석의 굴착작업	• 폭발물 취급 요령과 대피 요령에 관한 사항 • 안전거리 및 안전기준에 관한 사항 • 방호물의 설치 및 기준에 관한 사항 • 보호구 및 신호방법 등에 관한 사항 • 그 밖에 안전·보건관리에 필요한 사항
㉓ 높이가 2m 이상인 물건을 쌓거나 무너뜨리는 작업(하역기계로만 하는 작업은 제외)	• 원부재료의 취급 방법 및 요령에 관한 사항 • 물건의 위험성·낙하 및 붕괴재해 예방에 관한 사항 • 적재방법 및 전도 방지에 관한 사항 • 보호구 착용에 관한 사항 • 그 밖에 안전·보건관리에 필요한 사항
㉔ 선박에 짐을 쌓거나 부리거나 이동시키는 작업	• 하역 기계·기구의 운전방법에 관한 사항 • 운반·이송경로의 안전작업방법 및 기준에 관한 사항 • 중량물 취급 요령과 신호 요령에 관한 사항 • 작업안전 점검과 보호구 취급에 관한 사항 • 그 밖에 안전·보건관리에 필요한 사항
㉕ 거푸집 동바리의 조립 또는 해체 작업	• 동바리의 조립방법 및 작업절차에 관한 사항 • 조립재료의 취급방법 및 설치기준에 관한 사항 • 조립·해체 시의 사고 예방에 관한 사항 • 보호구 착용 및 점검에 관한 사항 • 그 밖에 안전·보건관리에 필요한 사항

확인! OX

다음은 근로자 특별교육대상 작업별 교육에 대한 설명이다. 옳으면 "O", 틀리면 "X"로 표시하시오.

1. 전압이 75V 이상인 정전 및 활선작업의 경우 근로자 특별안전보건교육 대상이 된다. ( )
2. 높이가 2m 이상인 물건을 쌓거나 무너뜨리는 작업(하역기계만 하는 작업은 제외)의 경우 근로자 특별안전보건교육 대상이 된다. ( )

정답 1. O 2. O

작업명	교육내용
㉖ 비계의 조립·해체 또는 변경작업	• 비계의 조립순서 및 방법에 관한 사항 • 비계작업의 재료 취급 및 설치에 관한 사항 • 추락재해 방지에 관한 사항 • 보호구 착용에 관한 사항 • 비계 상부 작업 시 최대 적재하중에 관한 사항 • 그 밖에 안전·보건관리에 필요한 사항
㉗ 건축물의 골조, 다리의 상부구조 또는 탑의 금속제의 부재로 구성되는 것(5m 이상인 것만 해당)의 조립·해체 또는 변경작업	• 건립 및 버팀대의 설치순서에 관한 사항 • 조립·해체 시의 추락재해 및 위험요인에 관한 사항 • 건립용 기계의 조작 및 작업신호 방법에 관한 사항 • 안전장비 착용 및 해체순서에 관한 사항 • 그 밖에 안전·보건관리에 필요한 사항
㉘ 처마 높이가 5m 이상인 목조건축물의 구조 부재의 조립이나 건축물의 지붕 또는 외벽 밑에서의 설치작업	• 붕괴·추락 및 재해 방지에 관한 사항 • 부재의 강도·재질 및 특성에 관한 사항 • 조립·설치 순서 및 안전작업방법에 관한 사항 • 보호구 착용 및 작업 점검에 관한 사항 • 그 밖에 안전·보건관리에 필요한 사항
㉙ 콘크리트 인공구조물(그 높이가 2m 이상인 것만 해당)의 해체 또는 파괴작업	• 콘크리트 해체기계의 점검에 관한 사항 • 파괴 시의 안전거리 및 대피 요령에 관한 사항 • 작업방법·순서 및 신호 방법 등에 관한 사항 • 해체·파괴 시의 작업안전기준 및 보호구에 관한 사항 • 그 밖에 안전·보건관리에 필요한 사항
㉚ 타워크레인을 설치(상승작업을 포함)·해체하는 작업	• 붕괴·추락 및 재해 방지에 관한 사항 • 설치·해체 순서 및 안전작업방법에 관한 사항 • 부재의 구조·재질 및 특성에 관한 사항 • 신호방법 및 요령에 관한 사항 • 이상 발생 시 응급조치에 관한 사항 • 그 밖에 안전·보건관리에 필요한 사항
㉛ 보일러(소형 보일러 및 다음에서 정하는 보일러는 제외)의 설치 및 취급 작업 ㉠ 몸통 반지름이 750mm 이하이고 그 길이가 1,300mm 이하인 증기보일러 ㉡ 전열면적이 3m² 이하인 증기보일러 ㉢ 전열면적이 14m² 이하인 온수보일러 ㉣ 전열면적이 30m² 이하인 관류보일러(물관을 사용하여 가열시키는 방식의 보일러)	• 기계 및 기기 점화장치 계측기의 점검에 관한 사항 • 열관리 및 방호장치에 관한 사항 • 작업순서 및 방법에 관한 사항 • 그 밖에 안전·보건관리에 필요한 사항
㉜ 게이지 압력을 cm²당 1kg 이상으로 사용하는 압력용기의 설치 및 취급작업	• 안전시설 및 안전기준에 관한 사항 • 압력용기의 위험성에 관한 사항 • 용기 취급 및 설치기준에 관한 사항 • 작업안전 점검 방법 및 요령에 관한 사항 • 그 밖에 안전·보건관리에 필요한 사항
㉝ 방사선 업무에 관계되는 작업(의료 및 실험용은 제외)	• 방사선의 유해·위험 및 인체에 미치는 영향 • 방사선의 측정기기 기능의 점검에 관한 사항 • 방호거리·방호벽 및 방사선물질의 취급 요령에 관한 사항 • 응급처치 및 보호구 착용에 관한 사항 • 그 밖에 안전·보건관리에 필요한 사항

+ 괄호문제

다음 괄호 안에 알맞은 내용을 쓰시오.

① 방사선 업무에 관계되는 작업(의료 및 실험용은 제외)을 하는 근로자를 대상으로 한 특별안전보건교육 내용에는 방사선의 (   )에 미치는 영향이 포함된다.
② 방사선 업무에 관계되는 작업(의료 및 실험용은 제외)을 하는 근로자를 대상으로 한 특별안전보건교육 내용에는 (   )의 점검에 관한 사항이 포함된다.

| 정답 |
① 유해·위험 및 인체
② 방사선의 측정기기 기능

확인! OX

다음은 근로자 특별교육대상 작업별 교육에 대한 설명이다. 옳으면 "O", 틀리면 "X"로 표시하시오.

1. 처마 높이가 5m 이상인 목조건축물의 구조 부재의 조립이나 건축물의 지붕 또는 외벽 밑에서의 설치작업의 경우 근로자 특별안전보건교육 대상이 된다. (   )
2. 게이지 압력을 cm²당 0.5kg 이상으로 사용하는 압력용기의 설치 및 취급작업의 경우 근로자 특별안전보건교육 대상이 된다. (   )

정답 1. O 2. X

| 해설 |
2. 게이지 압력을 cm²당 1kg 이상으로 사용하는 압력용기의 설치 및 취급작업의 경우 대상이 된다.

+ 괄호문제

다음 괄호 안에 알맞은 내용을 쓰시오.

① 타워크레인을 사용하는 작업 시 신호업무를 하는 작업을 하는 근로자를 대상으로 한 특별안전보건교육 내용에는 타워크레인의 (　) 및 방호장치 등에 관한 사항이 포함된다.

② 타워크레인을 사용하는 작업 시 신호업무를 하는 작업을 하는 근로자를 대상으로 한 특별안전보건교육 내용에는 인양 물건의 위험성 및 (　) 예방에 관한 사항이 포함된다.

| 정답 |
① 기계적 특성
② 낙하·비래·충돌재해

확인! OX

다음은 근로자 특별교육대상 작업별 교육에 대한 설명이다. 옳으면 "O", 틀리면 "X"로 표시하시오.

1. 허가 또는 관리 대상 유해물질의 제조 또는 취급작업의 경우 근로자 특별안전보건교육 내용으로 유해물질이 인체에 미치는 영향, 국소배기장치 및 안전설비에 관한 사항 등을 반영하여야 한다. (　)

2. 밀폐공간에서의 작업의 경우 근로자 특별안전보건교육 내용으로 산소농도 측정 및 작업환경에 관한 사항, 사고 시의 응급처치 및 비상시 구출에 관한 사항 등을 반영하여야 한다. (　)

정답 1. O　2. O

작업명	교육내용
㉞ 밀폐공간에서의 작업	• 산소농도 측정 및 작업환경에 관한 사항 • 사고 시의 응급처치 및 비상시 구출에 관한 사항 • 보호구 착용 및 보호 장비 사용에 관한 사항 • 작업내용·안전작업방법 및 절차에 관한 사항 • 장비·설비 및 시설 등의 안전점검에 관한 사항 • 그 밖에 안전·보건관리에 필요한 사항
㉟ 허가 또는 관리 대상 유해물질의 제조 또는 취급작업	• 취급물질의 성질 및 상태에 관한 사항 • 유해물질이 인체에 미치는 영향 • 국소배기장치 및 안전설비에 관한 사항 • 안전작업방법 및 보호구 사용에 관한 사항 • 그 밖에 안전·보건관리에 필요한 사항
㊱ 로봇작업	• 로봇의 기본원리·구조 및 작업방법에 관한 사항 • 이상 발생 시 응급조치에 관한 사항 • 안전시설 및 안전기준에 관한 사항 • 조작방법 및 작업순서에 관한 사항
㊲ 석면해체·제거작업	• 석면의 특성과 위험성 • 석면해체·제거의 작업방법에 관한 사항 • 장비 및 보호구 사용에 관한 사항 • 그 밖에 안전·보건관리에 필요한 사항
㊳ 가연물이 있는 장소에서 하는 화재위험작업	• 작업준비 및 작업절차에 관한 사항 • 작업장 내 위험물, 가연물의 사용·보관·설치 현황에 관한 사항 • 화재위험작업에 따른 인근 인화성 액체에 대한 방호조치에 관한 사항 • 화재위험작업으로 인한 불꽃, 불티 등의 흩날림 방지 조치에 관한 사항 • 인화성 액체의 증기가 남아 있지 않도록 환기 등의 조치에 관한 사항 • 화재감시자의 직무 및 피난교육 등 비상조치에 관한 사항 • 그 밖에 안전·보건관리에 필요한 사항
㊴ 타워크레인을 사용하는 작업 시 신호업무를 하는 작업	• 타워크레인의 기계적 특성 및 방호장치 등에 관한 사항 • 화물의 취급 및 안전작업방법에 관한 사항 • 신호방법 및 요령에 관한 사항 • 인양 물건의 위험성 및 낙하·비래·충돌재해 예방에 관한 사항 • 인양물이 적재될 지반의 조건, 인양하중, 풍압 등이 인양물과 타워크레인에 미치는 영향 • 그 밖에 안전·보건관리에 필요한 사항

CHAPTER 06 산업안전 관계법규

PART 01. 산업재해예방 및 안전보건교육

출제율 8%

출제포인트
- 산업안전보건법
- 고시 및 예규
- 산업안전보건기준에 관한 규칙

제1절 산업안전보건법령

기출 키워드
산업안전보건법, 산업안전보건기준에 관한 규칙

1. 산업안전보건법 중요도 ★☆☆

산업재해예방을 위한 각종 제도를 설정하고 그 시행근거를 확보하여 정부의 산업재해 예방정책 및 사업수행의 근거를 설정한 것으로 175개 조문과 부칙으로 구성되어 있다.

(1) 안전 및 보건에 관한 기준을 확립

(2) 산업재해 예방 및 쾌적한 작업환경 조성

[산업안전보건법령 계층 구조도]

제정	법률 체계	적용	관할	위반 구속력
국회	헌법	모든 국민	헌법재판소	
국회 (환노위 및 법사위)	산업안전보건법		법원	형사처벌 (벌금, 구속)
대통령	산업안전보건법 시행령	사업장		
고용노동부 (입법예고 → 규제심사 → 법제처심사)	• 산업안전보건법 시행규칙 • 산업안전보건기준에 관한 규칙 • 유해·위험작업의 취업 제한에 관한 규칙 고시, 예규, 훈령		행정청	행정명령 (과태료, 업무정지 등)

> **더 알아보기**
> - 중대재해 처벌 등에 관한 법률 : 안전·보건 조치의무를 위반하여 인명피해를 발생하게 한 사업주, 경영책임자, 공무원 및 법인의 처벌 등을 규정함으로써 중대재해를 예방하고 시민과 종사자의 생명과 신체를 보호함을 목적으로 한다.
> - 산업재해보상보험법 : 근로자의 업무상의 재해를 신속하고 공정하게 보상하며, 재해근로자의 재활 및 사회 복귀를 촉진하기 위하여 이에 필요한 보험시설을 설치·운영하고, 재해 예방과 그 밖에 근로자의 복지 증진을 위한 사업을 시행하여 근로자 보호에 이바지하는 것을 목적으로 한다.
> - 유해·위험작업의 취업 제한에 관한 규칙 : 유해하거나 위험한 작업에 대한 취업 제한에 관한 사항과 그 시행에 필요한 사항을 규정함을 목적으로 한다.

+ 괄호문제

다음 괄호 안에 알맞은 내용을 쓰시오.
① (   )은 산업안전 및 보건에 관한 기준을 확립하고 그 책임의 소재를 명확하게 하여 산업재해를 예방하고 쾌적한 작업환경을 조성함으로써 노무를 제공하는 사람의 안전 및 보건을 유지·증진함을 목적으로 한다.
② 각종 검사, 감정 등에 필요한 일반적이고 객관적인 사항을 널리 알리어 활용할 수 있는 수치적, 표준적 내용을 (   )라고 한다.

| 정답 |
① 산업안전보건법
② 고시

확인! OX

다음은 산업안전 관계법규에 대한 설명이다. 옳으면 "O", 틀리면 "X"로 표시하시오.
1. 안전·보건 조치의무를 위반하여 인명피해를 발생하게 한 사업주, 경영책임자, 공무원 및 법인의 처벌 등을 규정함으로써 중대재해를 예방하고 시민과 종사자의 생명과 신체를 보호함을 목적으로 제정된 법률은 중대재해 처벌 등에 관한 법률이다. (   )
2. 산업재해보상보험법은 근로자의 복지 증진을 위한 사업을 시행하여 근로자 보호에 이바지하는 것을 목적으로 제정된 법률이다. (   )

| 정답 | 1. O 2. O

2. 산업안전보건법 시행령 중요도 ★☆☆

산업안전보건법 시행령은 산업안전보건법에서 위임된 사항과 그 시행에 필요한 사항을 규정하고 있다. 즉, 제도의 대상, 범위, 절차 등을 설정한 것으로 119개의 조문과 부칙으로 되어 있다.

3. 산업안전보건법 시행규칙 중요도 ★☆☆

산업안전보건법 시행규칙은 산업안전보건법 및 시행령에서 위임된 사항과 그 시행에 필요한 사항을 규정하고 있다. 243개의 조문과 부칙으로 되어 있다.

4. 산업안전보건기준에 관한 규칙 중요도 ★☆☆

산업안전보건법에서 위임한 산업안전보건기준에 관한 사항과 그 시행에 필요한 사항을 규정(안전 및 보건 조치)하고 있다. 제1편 총칙, 제2편 안전기준, 제3편 보건기준, 제4편 특수형태근로종사자 등에 대한 안전조치 및 보건조치 등 674개의 조문과 부칙으로 구성되어 있다.

5. 관련 고시 및 지침에 관한 사항 중요도 ★☆☆

(1) 고시 및 예규

① 고시 : 각종 검사, 감정 등에 필요한 일반적이고 객관적인 사항을 널리 알리어 활용할 수 있는 수치적, 표준적 내용이다.
  ㉠ 근로자 건강진단 실시기준
    • 일반건강진단에 대한 제2차 건강진단항목
    • 건강관리구분, 사후관리내용 및 업무수행 적합여부 판정
    • 특수건강진단 교육내용, 근로자 건강진단 개인표(배치 전, 특수, 임시, 수시, 일반 등)
  ㉡ 작업환경측정 및 정도관리 등에 관한 고시
    • 임시작업, 단시간 작업의 적용 제외, 작업환경측정기관의 지정
    • 소음노출량과 TWA 사이의 변화
    • 허용기준 이하 유지대상 유해인자의 허용기준 초과여부 평가방법
  ㉢ 사업장 위험성평가에 관한 지침
    • 위험성평가의 목적을 명확히 함
    • 쉽게 접근할 수 있는 위험성평가 기법을 제시
    • 위험성평가 기준 제시 및 상시 위험성평가 반영

② 예규 : 정부와 실시기관 및 의무대상자 간에 일상적, 반복적으로 이루어지는 업무절차 등을 모델화하여 조문형식으로 규정화한 내용으로 화학물질의 유해성·위험성 평가에 관한 규정이 있다.

(2) 기술상의 지침 및 작업환경표준

안전작업을 위한 기술적인 지침을 규범 형식으로 작성한 기술상의 지침과 작업장 내의 유해 환경요소 제거를 위한 모델을 규정한 작업환경표준이 마련되어 있으며 이는 고시의 범주에 포함되는 것으로 볼 수 있으나 법률적 위임근거에 따라 마련된 규정이 아니므로 강제적 효력은 없고, 지도권고적 성격을 띤다.

① KOSHA Guide

㉠ 산업안전보건법령에서 정한 최소한의 수준이 아니라, 사업장의 자기규율 예방체계 확립을 지원하고, 좀 더 높은 수준의 안전보건 향상을 위해 참고할 수 있는 기술적 내용을 기술한 자율적 안전보건가이드이며, 산업안전보건법과 같은 강제적인 법률이 아닌 권고 기술기준으로써 한국산업안전보건공단에 의해서 제·개정되고 있는 지침이다.

㉡ 사업장의 안전·보건을 확보하기 위하여 위험설비·공정, 작업에 대한 선진 각국의 기술수준 및 국제표준을 참고하여 우리나라 실정에 맞게 일반, 기계, 전기, 화공, 건설, 보건 등 전문분야별로 세분화하여 안전보건기술지침(KOSHA Guide)으로 제정·공표하여 사업장에 보급·활용되고 있다.

+ 괄호문제

다음 괄호 안에 알맞은 내용을 쓰시오.

정부와 실시기관 및 의무대상자 간에 일상적, 반복적으로 이루어지는 업무절차 등을 모델화하여 조문형식으로 규정화한 내용으로 화학물질의 유해성·위험성 평가에 관한 규정을 (   )라고 한다.

| 정답 |
예규

확인! OX

다음은 산업안전 관계법규에 대한 설명이다. 옳으면 "O", 틀리면 "X"로 표시하시오.

1. 산업안전보건법령에서 정한 최소한의 수준이 아니라, 사업장의 자기규율 예방체계 확립을 지원하고, 좀 더 높은 수준의 안전보건 향상을 위해 참고할 수 있는 기술적 내용을 기술한 자율적 안전보건가이드를 KOSHA Guide 라고 한다. (   )

2. KOSHA Guide는 사업장의 안전·보건을 확보하기 위하여 위험설비·공정, 작업에 대한 선진 각국의 기술수준 및 국제표준을 참고하여 우리나라 실정에 맞게 세분화하여 안전보건기술지침으로 제정·공표하여 사업장에 보급·활용되고 있다. (   )

정답 1. O 2. O

합격의 공식 시대에듀 www.sdedu.co.kr

PART 02

인간공학 및 위험성 평가·관리

CHAPTER 01	안전과 인간공학
CHAPTER 02	위험성 파악·결정과 감소대책
CHAPTER 03	근골격계질환 예방관리
CHAPTER 04	유해요인 관리
CHAPTER 05	작업환경 관리

CHAPTER 01 안전과 인간공학

PART 02. 인간공학 및 위험성 평가·관리

출제율 16%

출제포인트
- 인간공학의 정의
- 시스템 설계절차 및 평가척도
- 인간-기계 시스템 체계 및 인터페이스의 구분
- 휴먼에러와 예방대책

기출 키워드

인간공학, 인간공학의 정의·목적·기대효과·적용분야·목표·가정·연구방법, 인간-기계 시스템의 인터페이스·성능 비교·설계원칙·정보처리, 인간의 기능, 연구기준의 구비요건, 기준척도, 설계절차 6단계, 숙련기반 에러, 규칙기반 에러, 지식기반 에러, 부작위/생략 오류, 작위적/실행 오류, 시간지연 오류, 순서 오류, 부적절한 수행 오류, 실수, 착오, 위반, 건망증, fool proof, fail safe

제1절 인간공학의 정의

1. 정의 및 목적 중요도 ★☆☆

(1) 정의

인간이 사용하는 시스템, 제품이나 환경을 설계하는 데 인간의 특성과 능력에 관한 정보를 응용함으로써, 편리성과 안전성, 쾌적성과 효율성을 제고하고자 하는 학문이다.

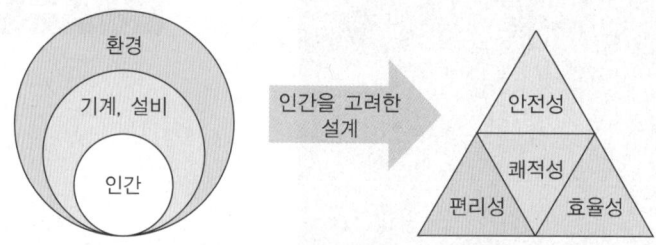

(2) 초점

① 인간이 작업과 일상생활에서 사용하는 제품, 기구·장비, 시설, 절차, 환경을 설계하는 과정에서 이들 시스템과 인간의 상호작용에 초점을 둔다.
② 공학은 기능적 효율성에만 중점을 두고 있지만, 인간공학은 시스템의 설계에 있어서 인간요소를 고려한다.

(3) 목표

① 안전성, 편리성, 효율성의 제고로 더 쾌적한 삶을 추구한다.
② **기능적 효과 및 효율 향상** : 사용 편의성 증대, 정확성 제고, 반응시간 경감, 사고나 오류감소, 생산성 향상
③ **인간가치 향상** : 직무 만족도 및 생활의 질, 쾌적감 증가, 안전 향상, 스트레스 및 피로 감소, 수용자의 수용도 향상

(4) 접근방법

① 인간의 신체적, 인지적 특성과 한계를 체계적으로 반영하여 설계한다.
② 제품, 기구, 환경을 설계하는 과정에서 인간의 능력, 한계, 특성, 행동에 관한 정보 등을 시스템의 설계에 체계적으로 적용한다.
③ 여기에는 인간에 관련된 정보와 제품, 환경 등에 의한 인간의 반응 특성에 대한 연구가 포함된다.

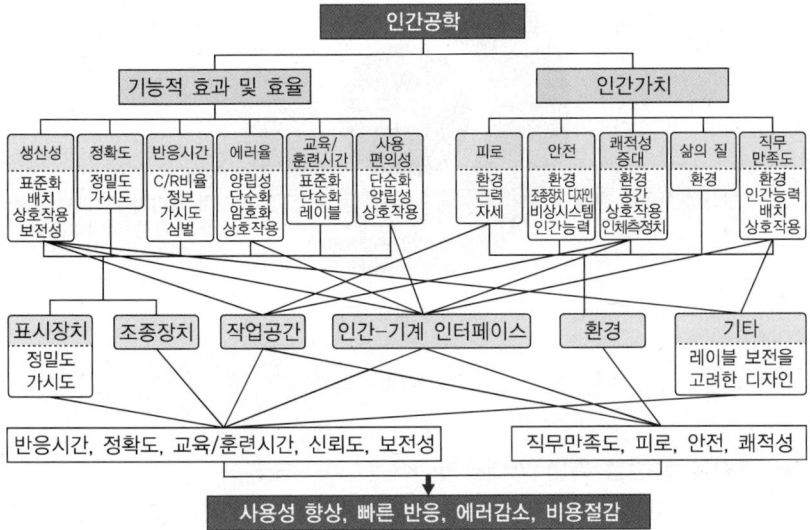

+ 괄호문제

다음 괄호 안에 알맞은 내용을 쓰시오.
① 인간공학은 인간이 사용하는 제품이나 환경을 설계하는 데 인간의 특성과 능력에 관한 정보를 응용함으로써, ( )을 제고하고자 하는 학문이다.
② 인간공학은 인간이 사용하는 제품, 환경 등을 설계하는 과정에서 이들 시스템과 인간의 ( )에 초점을 둔다.

| 정답 |
① 편리성, 안전성, 쾌적성, 효율성
② 상호작용

2. 배경 및 필요성

(1) 인간공학의 필요성

① 제품이나 작업장의 설계단계에서부터 인적요소를 체계적으로 고려하지 않으면 사용자의 실수를 유발하거나 불편함, 불만, 심지어 심각한 재산과 인명피해를 발생시킬 가능성이 높다.
② 잘못 설계된 제품이나 작업장을 사후에 수정, 복구하려면 엄청난 시간과 비용을 감수해야 한다.
③ 이에 대한 최선의 해결책은 제품, 기계, 도구, 작업 환경의 설계단계에서 인적요소를 고려해 주는 것이다.
④ 이러한 인간공학적인 작업환경 조성은 장기적으로 소요되는 비용 감소와 생산성 향상으로 연결된다.

확인! OX

다음은 인간공학에 대한 설명이다. 옳으면 "O", 틀리면 "X"로 표시하시오.
1. 인간공학을 기업에 적용할 때 노사 간의 신뢰 구축을 기대할 수 있다. ( )
2. 인간공학의 궁극적인 목적은 안전성 제고와 능률의 향상이다. ( )

정답 1. O 2. O

+ 괄호문제

다음 괄호 안에 알맞은 내용을 쓰시오.
① 인간공학을 기업에 적용할 때의 기대효과로 작업손실 시간의 (　) 가 있다.
② 인간공학을 기업에 적용할 때의 기대효과로 작업자의 건강 및 안전 (　) 이 있다.

| 정답 |
① 감소
② 향상

[인간공학의 혜택]

- 조직/기업
  - 생산성, 효율성 향상
  - 제품 수준 향상
  - 매출 및 브랜드 가치 증대
  - 안전사고 등 경영 위험요인 감소
  - 효과적인 인력 선발, 양성
  - 임직원 사기 진작
- 업무
  - 효율적, 효과적인 작업
  - 쉽게 배우고 사용하기 편리한 기계설비와 도구
  - 작업 절차, 훈련 프로그램 효과 향상
  - 인적 오류 위험 감소
- 제품/서비스
  - 편하고 쓰기 쉬우며 쓸수록 더 애착이 가는 제품/서비스
  - 좋은 제품/서비스를 통해 더 편리하고 안전한 생활
- 사용자/고객
  - 고객 충성도 향상
  - 지속사용 고객 증가
- 환경
  - 임직원 및 고객 친화적인 업무 환경
  - 안전성, 효율성, 생산성 향상
- 직원
  - 임직원 복지 향상
  - 팀내/간 소통 향상
  - 안전하고 효율적인 근무조건

(2) 비용 측면과 생산성 측면 기대효과

비용 측면	생산성 측면
• 산재손실 비용의 감소	• 직무 만족도의 향상
• 기업 이미지 향상	• 제품과 작업의 질 향상
• 국제적 경쟁력의 확보	• 이직률 감소
• 판매량 증가	• 작업손실 시간의 감소
• 훈련비용 감소	• 노사 간의 신뢰 구축
• 고객지원비용 감소	• 사용자 에러 감소
• 개발비용 감소	• 서비스 질 향상
• 유지비용 감소	• 고객 이탈 감소

확인! OX

다음은 인간공학에 대한 설명이다. 옳으면 "O", 틀리면 "X"로 표시하시오.

1. 인간공학의 고려는 조직 측면에서 안전사고 등 경영 위험요인을 감소시킨다. (　)
2. 인간의 신체적 특성과 업무 특성을 고려한 인간공학적 사무용 가구와 집기를 사용하는 것은 업무의 생산성과 작업자의 만족도와는 무관하다. (　)

정답 1. O 2. X

| 해설 |
2. 업무의 생산성과 작업자의 만족도가 향상된다.

3. 사업장에서의 인간공학 적용분야

(1) 인간공학 관련 최근 동향

① 요통을 비롯한 다양한 근골격계질환의 예방과 관리에 인간공학이 널리 적용되어 산업재해의 감소에 크게 기여하고 있다.
② 컴퓨터와 첨단 전자제품이 널리 보급되면서 사용자 친화적인 제품과 소프트웨어의 설계에 인간공학이 활발히 적용되고 있다.
③ 기업의 사회적 책임과 가치를 높여 주는 인간 중심적인 제품 및 서비스의 개발에도 인간공학이 필수적인 핵심기술로 인식되고 있다.

(2) 인간공학의 적용분야

① 인간의 신체적 특성과 업무 특성을 고려한 인간공학적 사무용 가구와 집기를 사용하면 업무의 생산성과 작업자의 만족이 향상된다. 또한 손가락과 구부림을 최소화하는 인간공학적 마우스가 보편화되고 있다.
② 산업현장에서 작업물의 각도를 조절 가능한 것으로 만들면 허리와 목 부상의 위험을 최소화할 수 있다.
③ 장애인들도 쉽게 사용 가능한 부엌을 설계하는 데 인간공학이 적용된다.
④ 눈동자의 움직임을 촬영할 수 있는 장비를 사용하면 사용자가 화면의 어느 부분을 중점적으로 보는지를 알 수 있어 효율적인 화면설계가 가능하다.
⑤ 작업조건의 변화에 따른 뇌파, 피부온도, 근력, 심장박동의 변화를 측정하며 최적의 조건을 찾아내는 데 인간공학이 기여한다.
⑥ 거동이 불편한 고령 농업인의 보행을 지지하며 수확물 운반과 휴식용 의자를 겸할 수 있는 운반수레를 개발하는 데 인간공학이 적용된다.

(3) 인간공학의 연구방법

① **조사연구** : 대상 집단의 속성이나 태도에 대한 특성을 알아보기 위해 수행, 설문조사나 인터뷰 조사를 통해 연구 시행
② **실험연구** : 제품의 물리적 성능, 제품 사용과 관련한 인간성능, 생리적 변화, 주관적 반응 등을 측정 혹은 평가하는 과정
③ **평가연구** : 체계 성능에 대한 인간-기계 시스템이나 제품 등을 평가

더 알아보기

현장연구와 실험실연구의 장단점

구분	현장연구	실험실연구
장점	• 현실성이 높음 • 결과의 일반화 용이	• 실험조건 제어 용이 • 정확한 자료수집 가능
단점	• 과도한 실험비용 • 실험조건 제어가 어려움	• 현실성 낮음 • 결과의 일반화가 어려움

+ 괄호문제

다음 괄호 안에 알맞은 내용을 쓰시오.
① 장애인들도 쉽게 사용 가능한 부엌을 설계하는 데 (   )이 적용된다.
② 조사연구는 대상 집단의 속성이나 태도에 대한 특성을 알아보기 위해 수행하는 것으로 (   )를 통해 연구를 시행한다.

| 정답 |
① 인간공학
② 설문조사, 인터뷰 조사

확인! OX

다음은 현장연구와 실험실연구에 대한 설명이다. 옳으면 "O", 틀리면 "X"로 표시하시오.
1. 현장연구는 현실성이 높고, 결과의 일반화가 용이하다. (   )
2. 실험실연구는 실험비용이 과도하게 발생하고, 실험조건의 제어가 어렵다. (   )

정답 1. O 2. X

| 해설 |
2. 현장연구에 대한 설명이다.

제2절 인간-기계 시스템

1. 개요

(1) 정의

어떤 환경 속에서 인간과 기계가 특정한 목적을 수행하기 위하여 결합된 집합체를 인간-기계 시스템이라고 한다. 즉, 인간-기계 시스템이란 인간과 기계에게 각각의 역할과 기능이 주어지고, 공통의 목표인 작업이나 직무를 수행하기 위하여 유기적인 정보의 흐름 과정이 존재하는 집합체를 뜻한다. 인간-기계 시스템의 효율성은 인간의 특성에 맞게 시스템이 설계되고, 운용되느냐에 의해 좌우된다. 이는 일반적인 인간-기계 시스템의 설계나 구성이 인간의 특성을 충분히 고려해서 사용자에게 맞게 설계되어야 한다는 것을 의미한다. 과학기술의 발전과 더불어 기계 장비들의 기능이 복잡해지고 다양해지면서, 인간요소를 고려한 설계의 필요성은 더욱 증가하고 있다.

(2) 정보의 감지 및 보관

① 정보의 감지(정보의 수용)
　㉠ 인간 : 시각, 청각, 촉각과 같은 여러 종류의 감각기관이 사용된다.
　㉡ 기계 : 전자, 사진, 기계적인 요소 등 여러 종류가 있으며, 음파탐지기와 같이 인간이 감지할 수 없는 것을 감지하기도 한다.
② 정보의 보관 : 인간-기계 시스템에 있어서의 정보보관은 인간의 기억과 유사하며, 여러 가지 방법으로 기록된다. 또한, 대부분은 코드화나 상징화된 형태로 저장된다.
　㉠ 인간 : 인간에 있어서 정보보관이란 기억된 학습내용과 같은 말이다.
　㉡ 기계 : 기계에 있어서 정보는 펀치카드, 형판, 기록, 자료표 등과 같은 물리적 기구에 여러 가지 방법으로 보관할 수 있다. 나중에 사용하기 위해서 보관되는 정보는 암호화되거나 부호화된 형태로 보관되기도 한다.

(3) 정보처리 및 의사결정

정보처리란 수용한 정보를 가지고 수행하는 여러 종류의 조작을 말한다. 인간이 정보처리를 하는 경우에는 의사결정이 뒤따르는 것이 일반적이다. 자동화된 기계장치를 쓸 경우에는 가능한 한 모든 입력 정보에 대해서 미리 프로그램된 방식으로 반응하게 된다.
① 인간 : 그 과정의 복잡성에 상관없이 행동에 대한 결정으로 이어진다.
② 기계 : 정해진 절차에 의해 입력에 대한 예정된 반응으로 이루어진다.

(4) 행동기능

시스템에서의 행동기능이란 결정 후의 행동을 의미한다. 이는 크게 어떤 조종기의 조작이나 수정, 물질의 취급 등과 같은 물리적인 조종행동과 신호나 기록 등과 같은 전달행동으로 나눌 수 있다.

+ 괄호문제

다음 괄호 안에 알맞은 내용을 쓰시오.
① 어떤 환경 속에서 인간과 기계가 특정한 목적을 수행하기 위하여 결합된 집합체를 (　　)이라고 한다.
② 인간-기계 시스템에 있어서의 (　　)은 인간의 기억과 유사하며, 여러 가지 방법으로 기록된다.

| 정답 |
① 인간-기계 시스템
② 정보보관

확인! OX

다음은 인간-기계 시스템에 대한 설명이다. 옳으면 "O", 틀리면 "X"로 표시하시오.
1. 인간-기계 통합 체계의 인간 또는 기계에 의해서 수행되는 기본기능에는 정보의 감지기능, 정보처리 및 의사결정기능, 행동기능, 정보의 보관기능, 출력기능이 있다.　(　)
2. 정보처리 및 의사결정 과정에서 인간은 정해진 절차에 의해 입력에 대한 예정된 반응으로 이루어진다. (　)

정답　1. O　2. X

| 해설 |
2. 인간이 아닌 기계의 특성에 관한 설명이다.

예제

다음 제시된 상황에서 인간-기계 인터페이스 체계에 일어나는 활동을 단계별로 설명하시오.

> 자동차(승용차) 운전자가 서해안고속도로를 시속 120km/hr로 운행하고 있다가 과속카메라를 보고 속도를 줄이기 시작했다. 서해안고속도로 제한속도는 110km/hr이다.

해설

운전자가 자동차의 속도를 조절하는 인간-기계 시스템을 예로 들어 보면, 자동차의 속도가 자동차의 속도 표시장치인 속도계에 나타나면 인간은 감각기관인 눈을 통하여 속도를 감지하게 된다. 이때 중추신경계에서 정보처리를 통하여 속도가 빠르다고 해석되면 발로 자동차의 조종장치인 브레이크를 밟게 된다. 조종장치의 조절에 따라 자동차는 반응하게 되고 속도가 줄어든 결과는 다시 표시장치인 속도계에 나타나 일련의 정보링크가 형성된다. 이러한 자동차와 인간의 상호작용에 따라 적당한 속도를 유지하고자 하는 목표가 성취되는 것이다.

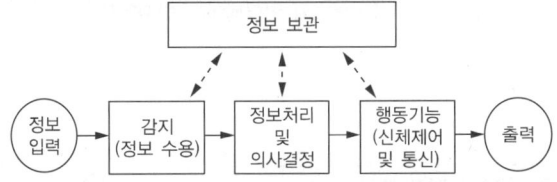

- 정보입력 : 자동차 계기판에 현재 속도(120km/h) 표시
- 감지 : 눈을 통해 시각 정보(계기판, 감시카메라) 감지
- 정보처리 및 의사결정 : 중추신경계 정보처리를 통하여 현재 속도(120km/h)가 제한속도(110km/h)보다 빠른 것을 인지
- 행동기능 : 가속 페달을 밟고 있던 발을 떼서 브레이크 페달을 밟음
- 출력 : 브레이크 작동으로 인해 속도가 줄어듦

2. 인간-기계 시스템(MMS)

(1) 개요

① 인간-기계 시스템 : 인간과 기계에게 각각의 역할과 기능이 주어지고, 공통의 목표를 성취하기 위하여 유기적인 정보의 흐름 과정이 존재하는 집합체이다.

② 인간-기계 인터페이스 혹은 사용자 인터페이스(UI) : 인간-기계 시스템에서 사용자가 보고 조작하는 정보의 상호작용이 이루어지는 공간이다.

(2) 인터페이스의 구분

① 신체적 인터페이스
  ㉠ 제품의 모양과 크기 등 물리적 특성에 관한 설계를 할 때 신체의 역학적 특성과 인체측정학적 특성을 고려한다.
  ㉡ 인간의 신체적 특징과 같은 인체측정학적 자료가 원천이다.

② 인지적 인터페이스
  ㉠ 사용자의 행동에 관한 특성정보를 설계에 반영한다.
  ㉡ 인간의 인지적 특성을 다루는 산업심리학 자료가 원천이다.

+ 괄호문제

다음 괄호 안에 알맞은 내용을 쓰시오.

① 인간-기계 시스템(MMS)은 (㉠)적 인터페이스, (㉡)적 인터페이스, (㉢)적 인터페이스로 구분한다.

② 인간-기계 시스템에서 사용자가 보고 조작하는 정보의 상호작용이 이루어지는 공간을 ( )라고 한다.

| 정답 |
① ㉠ 신체, ㉡ 인지, ㉢ 감성
② 인터페이스

확인! OX

다음은 인간-기계 시스템에 대한 설명이다. 옳으면 "O", 틀리면 "X"로 표시하시오.

1. 제품의 모양과 크기 등 물리적 특성에 관한 설계를 할 때 신체의 역학적 특성과 인체측정학적 특성을 고려한다. ( )

2. 인지적 인터페이스를 설계할 때 즐거움이나 기쁨을 느끼게 하는 감성특성에 관한 정보를 고려한다. ( )

정답 1. O 2. X

| 해설 |
2. 감성적 인터페이스에 대한 설명이다.

+ 괄호문제

다음 괄호 안에 알맞은 내용을 쓰시오.

인간-기계 시스템 설계절차 6단계는 '1. (㉠), 2. 시스템의 정의, 3. (㉡), 4. 인터페이스 설계, 5. 촉진물 설계, 6. 시험 및 평가'로 이루어진다.

| 정답 |
㉠ 목표 및 성능 명세 결정,
㉡ 기본설계

③ 감성적 인터페이스 : 즐거움이나 기쁨을 느끼게 하는 감성특성에 관한 정보를 고려한다.

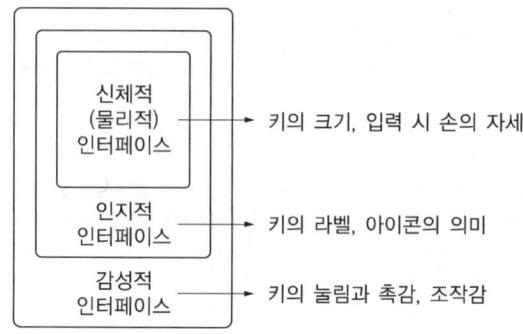

[키보드의 인터페이스 디자인]

제3절 체계설계와 인간요소

1. 인간-기계 시스템 설계절차 중요도 ★★☆

(1) 인간-기계 시스템 설계절차 6단계

① 1단계 : 목표 및 성능 명세 결정
② 2단계 : 시스템의 정의
③ 3단계 : 기본설계
   인간공학적으로 인간, H/W, S/W를 각각에 대해 초기결정, 기능할당, 직무분석, 작업설계 등의 과정을 거친다.
④ 4단계 : 인터페이스 설계(계면설계)
   작업공간, 표시장치, 조종장치 등이 인터페이스에 해당하며, 인터페이스 설계를 위한 인간요소 관련 자료는 인체측정학, 생리학적 측정 자료 등이 활용된다.
⑤ 5단계 : 촉진물 설계
   인간성능을 증진시킬 수 있는 보조도구의 설계를 의미한다.
⑥ 6단계 : 시험 및 평가
   시스템이 의도에 맞게 설계되었는지를 검토하는 단계이다.

확인! OX

다음은 인간-기계 시스템에 대한 설명이다. 옳으면 "O", 틀리면 "X"로 표시하시오.

1. 생리학적 지표는 신체활동에 관한 육체적, 정신적 활동의 정도 측정하는 것으로 심장활동, 호흡, 신경, 감각 지표 등이 있다. ( )
2. 인간-기계 시스템 설계절차 중 직무분석을 하는 단계는 '4단계 : 인터페이스 설계'이다. ( )

정답 1. O 2. X

| 해설 |
2. 3단계 : 기본설계이다.

(2) 기준(평가척도)의 유형

① 인간 기준 : 작업 실행 중 인간의 행동과 응답을 다루는 기준
   ㉠ 성능척도 : 빈도척도, 강도척도, 지속성 척도
   ㉡ 생리학적 지표 : 신체활동에 관한 육체적, 정신적 활동의 정도 측정
      • 심장활동 지표 : 심박수, 혈압 등

- 호흡지표 : 호흡률, 산소 소비량 등
- 신경지표 : 뇌전위, 근육활동 등
- 감각지표 : 시력, 청력, 눈 깜박이는 속도 등

ⓒ 주관적 반응 : 사용자의 선호도와 같이 피실험자의 의견, 판단, 평가지표
ⓓ 사고빈도 : 사고나 상해 발생 빈도가 적절한 기준

② 시스템 기준(system criteria) : 시스템의 성능이나 산출물(output)에 관련한 기준, 시스템의 예상수명, 신뢰도, 정비도, 가용도, 운용비, 운용 용이도, 소요 인력

(3) 평가척도가 갖추어야 하는 일반적인 요건
① 실제적 요건 : 현실성을 가져야 하며, 실질적으로 이용하기 쉬워야 한다.
② 타당성 및 적절성 : 시스템의 목표(goal)를 잘 반영하여야 한다.
③ 신뢰성 : 실험반복에 대한 일정한 결과를 나타내어야 한다.
④ 무오염성 : 측정하고자 하는 변수가 아닌 다른 변수들의 영향을 받지 않아야 한다.
⑤ 측정의 민감도 : 기대되는 차이에 적합한 정도의 단위로 측정이 가능해야 한다.

2. 감성공학

(1) 정의
① 인간의 감성을 정량 또는 정성적으로 측정하여 과학적으로 분석하고, 그 결과를 제품이나 환경의 설계에 적극적으로 응용하고자 하는 기술이다.
② 구체적으로 감성공학은 다음 그림과 같이 어휘(주로 형용사)로 표현되는 인간의 심상을 구체적인 물리적 설계 요소로 번역해 주는 번역 체계이다.

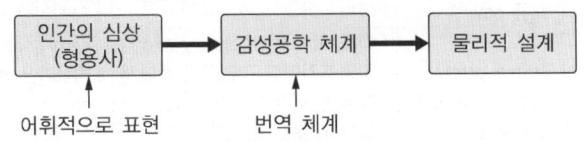

(2) 감성공학과 기존 기술과의 근본적 차이
① 기존기술은 물리적 편의성만을 고려하는 반면, 감성공학은 물리적 편의성뿐만 아니라 정서적 충족까지 고려한다.
② 기존 제품 개발기술 : 제품 자체의 성능이나 품질의 개선에 주력
③ 감성공학, 인간공학의 지향점
  ㉠ 제품을 사용하는 인간에 초점을 둔다.
  ㉡ 인간의 물리적 편리성을 극단적으로 추구한다고 해서 반드시 인간이 정서적으로 만족하는 것은 아니다.
    ㉢ 여름에 에어컨을 많이 쐰 사람들에게서 나타나는 냉방병 증세 : 인간의 쾌적성에 대한 고려는 하지 않은 채 새로운 공기조화기술을 적용하여 에어컨이라는 기계의 성능 향상에만 관심을 기울였기 때문이다.

+ 괄호문제

다음 괄호 안에 알맞은 내용을 쓰시오.
① (　　)은 설계대상 제품의 감성적 개념을 정의한 후 몇 단계의 상세한 개념으로 분해하여 전개해 나가면서 감성적 개념과 연관되는 물리적 특성을 찾아내는 방법이다.
② (　　)은 디자인 특성을 대변하는 감성어휘를 소재로 사용자의 평가를 통계적으로 분석하여 감성어휘와 디자인과의 관계를 수치화한다.

| 정답 |
① 기능전개형 감성공학
② 다변량 해석형 감성공학

(3) 나가마치 교수의 감성공학 접근방법

구분	접근방법
감성공학 A형	• 기능전개형 감성공학은 설계대상 제품의 감성적 개념을 정의한 후 몇 단계의 상세한 개념으로 분해하여 전개해 나가면서 감성적 개념과 연관되는 물리적 특성을 찾아내는 방법이다. • 감성과 물리적 특성과의 연관성을 수치화시키기 어려우며 주관적인 부분이 개입될 수치가 많다. • 의미미분법(semantic difference)
감성공학 B형	• 다변량 해석형 감성공학은 디자인 특성을 대변하는 감성어휘를 소재로 사용자의 평가를 통계적으로 분석하여 감성어휘와 디자인과의 관계를 수치화한다. • 가장 많이 사용되는 방법이지만, 많은 피실험자와 디자인 프로토 타입의 정교성이 요구된다.
감성공학 C형	• 가상현실형 감성공학은 가상현실과 감성공학을 통합한 기술로 평가실험에서 가상현실을 이용하여 제공함으로써 사용자가 본인의 감성에 맞는 대상을 가상현실 속에서 선택하는 방법이다. • 큰 비용이 수반된다.

제4절　인간요소와 휴먼에러

1. 인간실수의 분류　　중요도 ★★★

(1) 휴먼에러(human error) 분류

심리적 분류	원인수준 분류	원인에 따른 분류
• 작위적/실행 오류(commission error) • 부작위/생략 오류(omission error) • 시간지연 오류(time error) • 순서 오류(sequential error) • 부적절한 수행 오류(extraneous error)	• 초기단계오류(primary error) : 작업자 자신으로부터 발생한 에러 • 2차단계 오류(secondary error) : 작업조건이나 작업형태 중에서 다른 문제가 생겨서 필요한 사항을 실행할 수 없는 상태 • 수행단계 오류(command error) : 필요한 물품, 정보, 에너지 등 공급되지 않아 작업자가 움직일 수 없는 상태	• 숙련기반 에러(skill based error) • 규칙기반 에러(rule based error) • 지식기반 에러(knowledge based error) • 부적절한 수행 오류(extraneous error)

(2) 휴먼에러의 심리적 분류(Swain의 분류)

행위적 관점에서 생략(부작위) 오류, 실행(작위적) 오류, 시간지연 오류, 순서 오류, 부적절한 수행 오류로 구분

① 생략(부작위) 오류(omission error) : 수행해야 할 작업을 빠트리는 오류
　　예 자동차에서 하차 시 전조등을 끄는 것을 잊고 내려 방전되는 경우

확인! OX

다음은 휴먼에러에 대한 설명이다. 옳으면 "O", 틀리면 "X"로 표시하시오.
1. 작업 내지 절차를 수행하지 않는 데서 기인하는 에러는 생략 오류이다.　(　　)
2. 휴먼에러는 행위적 관점에서 생략(부작위) 오류, 실행(작위적) 오류, 시간지연 오류, 순서 오류, 부적절한 수행 오류로 구분된다.　(　　)

정답　1. O　2. O

② 실행(작위적) 오류(commission error) : 수행해야 할 작업을 부정확하게 수행하는 오류
　예 주차금지 구역에 주차하여 경고 스티커를 발부받은 경우
③ 시간지연 오류(time error) : 수행해야 할 작업을 정해진 시간 안에 완수하지 못하는 오류
　예 자동차로 학교에 도착하였으나 수업시간을 넘겨 지각으로 처리되는 경우
④ 순서 오류(sequential error) : 수행해야 하는 작업의 순서를 틀리게 수행하는 오류
　예 자동차 출발 시 핸드브레이크를 내리지 않고 액셀(accelerator)을 밟는 것과 같이 순서를 바꾸어 수행한 경우
⑤ 부적절한 수행(과잉행동) 오류(extraneous error) : 작업 완수에 불필요한 작업을 수행하는 오류
　예 자동차 운전 중 손을 창문 밖으로 내놓다가 다치는 경우

+ 괄호문제
다음 괄호 안에 알맞은 내용을 쓰시오.
① 수행해야 할 작업을 정해진 시간 안에 완수하지 못하는 오류는 (　)이다.
② 수행해야 하는 작업의 순서를 틀리게 수행하는 오류는 (　)이다.

| 정답 |
① 시간지연 오류
② 순서 오류

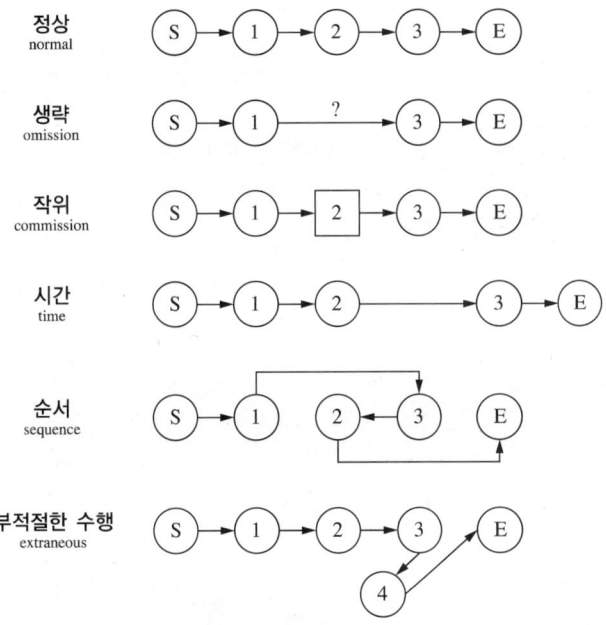

2. 형태적 특성

(1) 인간의 오류(human error)

① 실수(slip) : 상황이나 목표의 해석을 제대로 하였으나 의도와는 다른 행동을 하는 경우에 발생하는 오류
　㉠ 목표와 결과의 불일치로 쉽게 발견되나 피드백이 있어야 오류의 발견이 가능하다.
　㉡ 주의산만이나 주의결핍에 의해 발생할 수 있으며, 잘못된 디자인이 원인이 된다.
② 망각, 건망증(lapse) : 여러 과정이 연계적으로 일어나는 행동 중의 일부를 잊어버리거나 기억의 실패에 의하여 발생하는 오류

확인! OX
다음은 휴먼에러에 대한 설명이다. 옳으면 "O", 틀리면 "X"로 표시하시오.
1. 자동차로 학교에 도착은 하였으나 수업시간을 넘겨 도착해 지각으로 처리되는 경우는 실행오류이다. (　)
2. 작업 완수에 불필요한 작업을 수행하는 오류는 부적절한 수행 오류이다. (　)

정답 1. X　2. O

| 해설 |
1. 시간지연 오류이다.

③ 착오(mistake) : 상황해석을 잘못하거나 목표를 잘못 이해하고 착각하여 행하는 오류
  ㉠ 주어진 정보가 불완전하거나 오해하는 경우에 주로 발생한다.
  ㉡ 틀린 줄 모르고 발생하기 때문에 중대한 사건이 될 수 있을 뿐만 아니라 오류를 찾아내기도 어렵다.
④ 위반, 고의사고(violation) : 정해진 규칙을 알고 있음에도 불구하고 고의로 따르지 않거나 무시하는 행위
  예 운전 중 과속, 신호 위반 등 알고 있음에도 불구하고 고의로 무시하는 경우

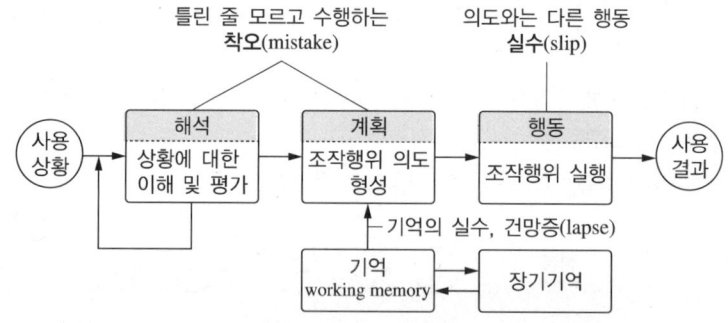

(2) 라스무센(Rasmussen)의 분류(원인에 따른 분류)

인간의 불안전한 행동을 의도적인 경우와 비의도적인 경우로 나누었다. 비의도적인 행동은 모두 숙련기반의 에러, 의도적 행동은 규칙기반 착오와 지식기반 착오, 고의사고로 분류하였다.

① 숙련기반 에러(skill based error)
  ㉠ 무의식에 의한 행동, 행동패턴에 의한 자동적 행동이다.
  ㉡ 대부분 실행과정에서의 에러이다.
  ㉢ 숙련상태에 있는 행동을 수행하다가 나타날 수 있는 에러로 실수(slip)와 단기기억 망각(lapse)이 있다.

㉔ 자동차에서 내릴 때 마음이 급해 창문 닫는 것을 잊고서 내리는 경우, 전화 통화 중 상대의 전화번호를 기억했으나 전화를 끊은 후 옮겨 적을 펜을 찾는 중에 기억을 잊는 경우

② 규칙기반 에러(rule based error)
㉠ 친숙한 상황에 적용되며 저장된 규칙을 적용하는 행동이다.
㉡ 처음부터 잘못된 규칙을 기억하고 있거나, 정확한 규칙이라 해도 상황에 맞지 않게 잘못 적용하는 경우의 에러이다.
㉔ 자동차는 우측운행을 한다는 규칙을 가지고 좌측운행하는 나라에서 우측운행을 하다 사고를 낸 경우

③ 지식기반 에러(knowledge based error)
㉠ 생소하고 특수한 상황에서 나타나는 행동이다.
㉡ 처음부터 장기기억 속에 관련 지식이 없는 경우이다.
㉢ 인간은 추론(inference)이나 유추(analogy)와 같은 고도의 지식 처리 과정을 수행해야 한다. 이런 과정에서 실패해 오답을 찾은 경우를 지식기반 착오라 한다.
㉔ 외국에서 자동차를 운전할 때 그 나라의 교통 표지판 문자를 몰라서 교통규칙을 위반하게 되는 경우

④ 고의사고, 위반(violation) : 작업수행 과정에 대한 올바른 지식을 가지고 있고, 이에 맞는 행동을 할 수 있음에도 일부러 나쁜 의도를 가지고 발생시키는 에러이다.
㉔ 비장애인임에도 불구하고 고의로 장애인 주차구역에 주차하는 경우

3. 인간실수 확률에 대한 추정기법 - 인간신뢰도

중요도 ★☆☆

인간이 어떠한 작업을 수행하는 동안 에러를 범하지 않고 작업을 수행할 확률

- 휴먼에러 확률(HEP) : $p = \dfrac{\text{실제 인간의 에러 횟수}}{\text{전체 에러 기회의 횟수}}$
- 인간신뢰도(R) = $1 - HEP$
- 직렬작업 인간신뢰도(R_s) = $R_1 \times R_2$

+ 괄호문제

다음 괄호 안에 알맞은 내용을 쓰시오.
① 자동차가 우측운행하는 한국의 도로에 익숙해진 운전자가 좌측운행을 해야 하는 일본에서 우측운행을 하다가 교통사고를 냈다면 원인적 휴먼에러 종류 중 ( )에 해당한다.
② ( )는 처음부터 잘못된 규칙을 기억하고 있거나, 정확한 규칙이라 해도 상황에 맞지 않게 잘못 적용하는 경우의 에러이다.

| 정답 |
① · ② 규칙기반 에러

확인! OX

다음은 휴먼에러에 대한 설명이다. 옳으면 "O", 틀리면 "X"로 표시하시오.
1. 인간의 오류모형에서 '정해진 규칙을 알고 있음에도 고의로 따르지 않거나 무시하는 경우'를 위반(violation)이라고 한다. ( )
2. 외국에서 자동차를 운전할 때 그 나라의 교통 표지판 문자를 몰라서 교통규칙을 위반하게 되는 경우는 숙련기반 에러에 해당한다. ( )

정답 1. O 2. X

| 해설 |
2. 지식기반 에러에 해당한다.

+ 괄호문제

다음 괄호 안에 알맞은 내용을 쓰시오.
① 사용자가 실수하더라도 사용자나 시스템에 피해가 발생하지 않도록 하는 설계개념은 ( )이다.
② 고장이나 오류가 발생하는 경우(fail)에도 안전한 상태(safe)를 유지하는 방식은 ( )이다.

| 정답 |
① fool proof
② fail safe

예제

A 사무원은 시간당 10,000자를 타이핑하며, 평균 40개의 오타가 발생한다. B 사무원은 1,000자로 구성된 원고에 대해 평균 5개 글자를 잘못 읽는다. B 사무원이 불러주고 A 사무원이 받아서 타이핑하는 작업의 인간신뢰도를 구하시오.

해설

휴먼에러 확률(HEP) = $\frac{\text{실제 인간의 에러 횟수}}{\text{전체 에러 기회의 횟수}}$

인간신뢰도(R) = $1 - HEP$
직렬작업 인간신뢰도(R_s) = $R_1 \times R_2$

• A 사무원 인간신뢰도
$HEP = \frac{40}{10,000} = 0.004$ $R_1 = (1 - 0.004) = 0.996$

• B 사무원 인간신뢰도
$HEP = \frac{5}{1,000} = 0.005$ $R_2 = (1 - 0.005) = 0.995$

즉, B 사무원이 불러주고 A 사무원이 받아서 타이핑하는 작업의 인간신뢰도
$R_s = 0.996 \times 0.995 = 0.99102$

4. 인간실수 예방기법

(1) 안전설계 원리

① fool proof : 바보(fool)와 같이 되는 경우를 방지(proof)한다는 의미로, 사용자가 실수하더라도 사용자나 시스템에 피해가 발생하지 않도록 하는 설계개념이다. 예를 들면, 전원 플러그를 사용하여야 할 때 극성이 다르게 삽입되는 것을 방지하기 위하여 플러그의 모양을 극성이 올바른 경우에만 삽입될 수 있도록 설계하는 경우이다. 특히 초보자나 미숙련자가 사용법을 잘 모르고 제품을 사용하더라도 사고가 나지 않도록 하는 데 적절한 설계개념이다.
  ㉠ affordance(행동 유도성 원칙)
  ㉡ mental model(좋은 개념모형의 원칙)
  ㉢ mapping(대응의 원칙)
  ㉣ visibility(가시성의 원칙)
  ㉤ feedback(피드백의 원칙)
  ㉥ consistency(일관성의 원칙)
  ㉦ constraints(사용상 제약 원칙)

② fail safe : 고장이나 오류가 발생하는 경우(fail)에도 안전한 상태(safe)를 유지하는 방식을 말한다.
  ㉠ redundant system(중복 시스템 설계, 병렬체계 방식) : 비행기 엔진을 2개 이상 장착하여 1개 엔진이 고장 나더라도 다른 엔진을 이용하여 당분간 운항한 뒤 착륙할 수 있도록 하는 병렬체계 방식

확인! OX

다음은 안전설계 원리에 대한 설명이다. 옳으면 "O", 틀리면 "X"로 표시하시오.

1. 초보자나 미숙련자가 사용법을 잘 모르고 제품을 사용하더라도 사고가 나지 않도록 하는 데 적절한 설계개념은 tamper proof이다. ( )
2. fail safe는 중복 시스템 설계, 대기 시스템 설계, 에러 복구 등의 방법이 있다. ( )

정답 1. X 2. O

| 해설 |
1. fool proof이다.

ⓒ standby system(대기 시스템 설계, 대기체계 방식) : 평소에는 작동하지 않다가 주 장치에 고장이 나면 작동하는 방식
  예 병원 수술실이나 엘리베이터의 자가 발전기
ⓒ error recovery(에러 복구) : 오류가 발생하여도 이를 쉽게 복구할 수 있게 하는 방식
  예 컴퓨터 바탕화면의 휴지통
ⓔ 고장이 발생하면 시스템이 작동을 멈추는 방식
  예 과전압이 흐르면 전기가 차단되는 차단기, 넘어지면 작동이 되지 않는 전기히터 등
③ tamper proof : 고의로 안전장치를 제거하여도 안전한 상태를 유지시킬 수 있게 하는 설계개념
  예 작업자가 프레스 작업 시 작업속도가 느려지고 불편하다는 이유로 고의로 안전장치를 제거하는 경우, 프레스가 아예 작동하지 않도록 설계

(2) 휴먼에러 예방을 위한 잠금장치의 종류

① 바깥 잠금(lock-out)
  ㉠ 기계조작 장치를 외부에서 잠그는 것
  ㉡ 위험한 장소에 들어가거나 사건이 일어나는 것을 방지하기 위하여 들어가는 것을 제한하거나 예방하는 개념
  예 건물에 화재가 발생했을 때 사람들이 1층까지 내려온 뒤에는 더 이상 지하로 내려가지 않도록 진행을 방해하기 위하여 1층까지는 비상구가 바로 연결되게 배치하다가 지하로 내려가는 것에 대해서는 다른 쪽으로 돌아서 내려가도록 위치시키는 것

② 안 잠금(lock-in)
  ㉠ 시스템의 안쪽에서 접근을 방지하는 장치
  ㉡ 작동하던 제품의 작동을 계속 유지시켜 작동의 정지로 인한 피해를 막기 위한 개념
  예 워드프로세스의 자동 저장장치 : 컴퓨터로 이메일을 보내는 작업에서 중간에 종료 버튼을 누를 경우 작업 내용을 저장할 것인지를 묻는 기능

③ 맞잠금(interlock)
  ㉠ 조작들이 올바른 순서대로 일어나도록 강제하는 장치
  ㉡ 동작되는 기계장치에 접근이 이루어지면 자동으로 동작이 멈추도록 하는 것
  ㉢ 주어진 모든 조건을 만족하는 경우에만 작동
  예 작동 중 전자레인지의 문을 열면 전원이 차단됨, 소화기 및 수류탄의 안전핀, 자동차 자동변속기

+ 괄호문제

다음 괄호 안에 알맞은 내용을 쓰시오.
① 프레스 작업 시 작업속도가 느려지고 불편하다는 이유로 고의로 안전장치를 제거하는 경우, 프레스가 아예 작동하지 않도록 설계하는 것은 안전설계의 원리 중 ( )에 해당된다.
② 휴먼에러 예방을 위한 잠금장치의 종류 중 위험한 장소에 들어가거나 사건이 일어나는 것을 방지하기 위하여 들어가는 것을 제한하거나 예방하는 개념은 ( )이다.

| 정답 |
① tamper proof
② 바깥 잠금

확인! OX

다음은 휴먼에러 예방을 위한 잠금장치의 종류에 대한 설명이다. 옳으면 "O", 틀리면 "X"로 표시하시오.
1. 조작들이 올바른 순서대로 일어나도록 강제하는 장치는 맞잠금이다. ( )
2. 맞잠금이 적용된 사례로는 작동 중 전자레인지의 문을 열면 전원이 차단되는 경우가 있다. ( )

정답 1. O 2. O

CHAPTER 02 위험성 파악·결정과 감소대책

PART 02. 인간공학 및 위험성 평가·관리

42% 출제율

출제포인트
- 위험성평가의 진행 흐름
- 시스템 위험성 추정기법의 종류
- 위험성 개선을 위한 공학적, 관리적 개선 및 허용 가능한 위험수준 분석 방법
- 위험성평가의 절차별 주요 확인내용
- 위험분석 기법의 특성과 수행절차

기출 키워드

위험성평가, 위험성 결정, 유해·위험요인 파악, 고장형태와 영향분석(FMEA), 휴먼에러율 예측 기법, 조작자 행동 나무, 예비위험분석, 결함위험분석, 피해영향분석법, FTA, OR gate, AND gate, 최소 컷셋, 최소 패스셋, 발생확률, ALARP

제1절 위험성평가

1. 개요

(1) 정의
사업주가 근로자에게 부상이나 질병 등을 일으킬 수 있는 유해·위험요인이 무엇인지 사전에 찾아내어 그것이 얼마나 위험한지를 살펴보고, 위험하다면 그것을 감소시키기 위한 대책을 수립하고 실행하는 과정을 말한다.

(2) 실시주체
위험성평가는 사업주가 주체가 되어 실시하며, 안전보건관리책임자, 관리감독자, 안전관리자·보건관리자 또는 안전보건관리담당자, 대상 공정의 작업자가 참여하여 각자의 역할을 분담하여 실시한다.

2. 위험성평가 시 사전준비 사항

① 위험성평가 실시규정의 작성 : 위험성평가의 성과를 거두기 위해서는 위험성평가를 실시하는 사업장의 생산활동에 따른 자체적인 계획을 담은 실시규정을 작성하여 실시한다.
② 위험성평가 실시규정의 내용
  ㉠ 안전보건방침 및 추진목표 설정
  ㉡ 위험성평가 실시 조직의 구성, 역할과 책임
  ㉢ 위험성평가 평가대상, 실시시기, 방법 및 추진절차
  ㉣ 위험성평가 실시의 주지방법
  ㉤ 위험성평가 실시상의 유의사항
  ㉥ 위험성평가 기록

③ 위험성평가에 관한 교육 실시
  ㉠ 사업장이 위험성평가를 실시하는 경우, 실시담당자 또는 관계자가 그 방법에 대한 상당한 지식과 경험이 없으면 실효성 있는 위험성평가의 성과를 거두는 것이 어렵다.
  ㉡ 사업주는 실시담당자 및 관계자에게 외부 교육기관의 필요한 교육을 수강하게 하거나 사업장 자체적으로 근로자에게 위험성평가의 중요성, 실시방법 등을 교육하는 것이 필요하다.

④ 평가대상 선정 : 위험성평가는 모든 유해·위험요인을 대상으로 하는 것이 바람직하다.
  ㉠ 주로 작업을 대상으로 하되 설비 등을 포함한다.
  ㉡ 평가대상 선정에서 '작업'은 광의의 표현이며, 근로자의 작업 등에 관계되는 유해·위험요인에 의한 부상 또는 질병의 발생이 합리적으로 예견 가능한 것은 모두 위험성평가의 대상으로 한다.

⑤ 평가대상 작업별 분류방법
  ㉠ 평가대상을 작업별로 분류한다.
  ㉡ 작업별 평가담당자를 지정한다.
  ㉢ 자동차부품 업종의 브래킷(bracket) 제조공정 흐름도

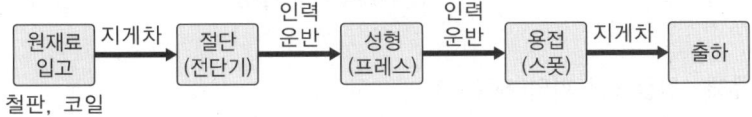

⑥ 안전보건정보 사전조사
  ㉠ 위험성의 크기가 큰 것부터 우선적으로 개선하기 위해서는 유해·위험요인 파악단계에서 유해·위험요인이 누락되지 않도록 하여야 한다. 이를 위해서는 유해·위험요인에 관한 정보를 가급적 많이 수집하고 정리해 두는 것이 중요하다.
  ㉡ 유해·위험요인에 관한 정보를 입수할 때는 법령, 지침, 사내규정 등 각종 기준과 재해통계, 안전보건관리 기록, 안전보건활동 기록 등의 정보를 토대로 파악하여야 한다.

> **더 알아보기**
>
> **위험성평가 실시규정 작성, 평가대상 선정, 평가에 필요한 각종 자료수집(사전자료수집)**
> - 작업표준, 작업절차 등에 관한 정보
> - 기계·기구, 설비 등의 사양서, 물질안전보건자료(MSDS) 등의 유해·위험요인에 관한 정보
> - 기계·기구, 설비 등의 공정흐름과 작업 주변의 환경에 관한 정보
> - 같은 장소에서 사업의 일부 또는 전부를 도급을 주어 행하는 작업이 있는 경우 혼재 작업의 위험성 및 작업상황 등에 관한 정보
> - 재해사례, 재해통계 등에 관한 정보
> - 작업환경 측정 결과, 근로자 건강진단 결과에 관한 정보
> - 그 밖에 위험성평가에 참고가 되는 자료 등

+ 괄호문제

다음 괄호 안에 알맞은 내용을 쓰시오.
① 위험성의 크기가 큰 것부터 우선적으로 개선하기 위해서는 ( )의 파악단계에서 유해·위험요인이 누락되지 않도록 하여야 한다.
② 유해·위험요인에 관한 정보를 입수할 때는 각종 기준과 ( ) 등의 정보를 토대로 파악하여야 한다.

| 정답 |
① 유해·위험요인
② 재해통계, 안전보건관리 기록, 안전보건활동 기록

확인! OX

다음은 위험성평가 시 사전준비 사항에 대한 설명이다. 옳으면 "O", 틀리면 "X"로 표시하시오.

1. 사업장이 위험성평가를 실시하는 경우, 실시담당자 또는 관계자가 그 방법에 대한 상당한 지식과 경험이 없으면 실효성 있는 위험성평가의 성과를 거두는 것이 어렵다. ( )

2. 위험성평가는 모든 유해·위험요인을 대상으로 하는 것이 바람직하다. ( )

정답 1. O 2. O

3. 평가항목(사업장 위험성평가에 관한 지침) 중요도 ★★☆

(1) 위험성평가의 절차

① 사전준비를 통해 평가대상을 확정하고 실무에 필요한 자료를 입수한다[상시근로자 5인 미만 사업장(건설공사의 경우 1억 원 미만)의 경우 이 절차를 생략할 수 있다].
② 다양한 방법을 통해 유해·위험요인을 파악한다.
③ 위험성을 결정한다.
④ 허용할 수 없는 위험성의 경우 감소 대책을 세워야 하며, 감소 대책은 실행 가능하고 합리적인 대책인지를 검토한다. 감소 대책은 우선순위를 정해 실행하고 실행 후에는 허용할 수 있는 범위 이내이어야 한다.
⑤ 위험성평가 실시내용 및 결과를 기록하고 보존한다.

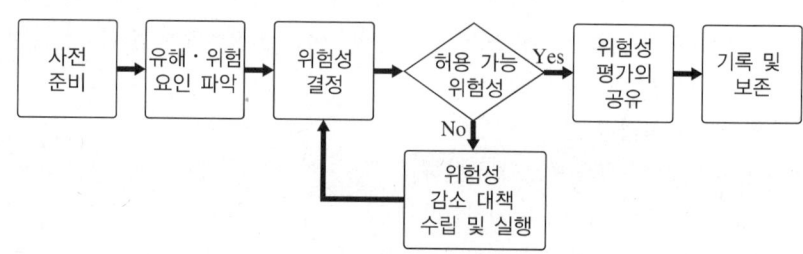

[위험성평가의 절차]

(2) 유해·위험요인 파악(제10조)

유해·위험을 일으키는 잠재적 가능성이 있는 요인을 찾아내는 과정으로 업종, 규모 등 사업장 실정에 따라 다음 방법 중 어느 하나 이상의 방법을 사용해야 한다.

① 사업장 순회점검에 의한 방법(특별한 사정이 없는 한 포함)
② 근로자들의 상시적 제안에 의한 방법
③ 청취조사(설문조사, 인터뷰 등)에 의한 방법
④ 안전보건 자료(물질안전보건자료, 작업환경측정결과, 특수건강진단결과 등)에 의한 방법
⑤ 안전보건 체크리스트에 의한 방법
⑥ 그 밖에 사업장의 특성에 적합한 방법

(3) 위험성 결정(제11조)

① 사업주는 파악된 유해·위험요인이 근로자에게 노출되었을 때의 위험성을 위험성의 수준과 그 수준을 판단하는 기준에 의해 판단하여야 한다.
② 사업주는 ①에 따라 판단한 위험성의 수준이 허용 가능한 위험성의 수준인지 결정하여야 한다.

(4) 위험성 감소 대책 수립 및 실행(제12조)

① 사업주는 허용 가능한 위험성이 아니라고 판단한 경우에는 위험성의 수준, 영향을 받는 근로자 수 및 다음의 순서를 고려하여 위험성 감소를 위한 대책을 수립하여 실행하여야 한다. 이 경우 법령에서 정하는 사항과 그 밖에 근로자의 위험 또는 건강장해를 방지하기 위하여 필요한 조치를 반영하여야 한다.
  ㉠ 위험한 작업의 폐지·변경, 유해·위험물질 대체 등의 조치 또는 설계나 계획 단계에서 위험성을 제거 또는 저감하는 조치
  ㉡ 연동장치, 환기장치 설치 등의 공학적 대책
  ㉢ 사업장 작업절차서 정비 등의 관리적 대책
  ㉣ 개인용 보호구의 사용

② 사업주는 위험성 감소 대책을 실행한 후 해당 공정 또는 작업의 위험성의 수준이 사전에 자체 설정한 허용 가능한 위험성의 범위인지 확인해야 한다.

③ ②에 따른 확인 결과 위험성이 자체 설정한 허용 가능한 위험성 수준으로 내려오지 않는 경우에는 허용 가능한 위험성 수준이 될 때까지 추가의 감소 대책을 수립·실행해야 한다.

④ 사업주는 중대재해, 중대산업사고 또는 심각한 질병이 발생할 우려가 있는 위험성으로서 ①에 따라 수립한 위험성 감소 대책의 실행에 많은 시간이 필요한 경우에는 즉시 잠정적인 조치를 강구해야 한다.

(5) 위험성평가의 공유(제13조)

① 사업주는 위험성평가를 실시한 결과 중 다음에 해당하는 사항을 근로자에게 게시, 주지 등의 방법으로 알려야 한다.
  ㉠ 근로자가 종사하는 작업과 관련된 유해·위험요인
  ㉡ ㉠에 따른 유해·위험요인의 위험성 결정 결과
  ㉢ ㉠에 따른 유해·위험요인의 위험성 감소 대책과 그 실행 계획 및 실행 여부
  ㉣ ㉢에 따른 위험성 감소 대책에 따라 근로자가 준수하거나 주의하여야 할 사항

② 사업주는 위험성평가 결과 중대재해로 이어질 수 있는 유해·위험요인에 대해서는 작업 전 안전점검회의(TBM ; Tool Box Meeting) 등을 통해 근로자에게 상시적으로 주지시키도록 노력하여야 한다.

(6) 기록 및 보존(제14조)

① 기록내용
  ㉠ 위험성평가를 위해 사전조사 한 안전보건정보
  ㉡ 그 밖에 사업장에서 필요하다고 정한 사항

② 기록의 최소 보존기한은 실시 시기별 위험성평가를 완료한 날부터 기산한다.

+ 괄호문제

다음 괄호 안에 알맞은 내용을 쓰시오.
① 위험성평가 결과 중대재해로 이어질 수 있는 유해·위험요인에 대해서는 ( ) 등을 통해 근로자에게 상시적으로 주지시키도록 노력하여야 한다.
② 위험성평가 기록의 최소 보존기한은 실시 시기별 위험성평가를 ( )한 날부터 기산한다.

| 정답 |
① 작업 전 안전점검회의(TBM)
② 완료

확인! OX

다음은 위험성 감소 대책 수립 및 실행에 대한 설명이다. 옳으면 "O", 틀리면 "X"로 표시하시오.

1. 사업주는 위험성 감소 대책을 실행한 후 해당 공정 또는 작업의 위험성의 수준이 사전에 자체 설정한 허용 가능한 위험성의 범위인지 확인해야 한다. ( )

2. 위험성이 자체 설정한 기준까지 내려오지 않을 경우에는 해당 기준을 수정한다. ( )

정답 1. O 2. X

| 해설 |
2. 허용 가능한 위험성 수준이 될 때까지 추가의 감소 대책을 수립·실행해야 한다.

+ 괄호문제

다음 괄호 안에 알맞은 내용을 쓰시오.

FMEA는 서브시스템 위험 분석을 위하여 일반적으로 사용되는 전형적인 (㉠), (㉡) 분석법이며, 시스템에 영향을 미치는 모든 요소의 고장을 형태별로 분석하여 그 영향을 검토하는 것을 뜻한다.

| 정답 |
㉠ 정성적, ㉡ 귀납적

4. 위험성평가의 법적 근거(산업안전보건법 제36조)

① 사업주는 건설물, 기계·기구, 설비, 원재료, 가스, 증기, 분진, 근로자의 작업행동 또는 그 밖의 업무로 인한 유해·위험요인을 찾아내어 부상 및 질병으로 이어질 수 있는 위험성의 크기가 허용 가능한 범위인지를 평가하여야 하고, 그 결과에 따라 이 법과 이 법에 따른 명령에 따른 조치를 하여야 하며, 근로자에 대한 위험 또는 건강장해를 방지하기 위하여 필요한 경우에는 추가적인 조치를 하여야 한다.

② 사업주는 ①에 따른 평가 시 고용노동부장관이 정하여 고시하는 바에 따라 해당 작업장의 근로자를 참여시켜야 한다.

③ 사업주는 ①에 따른 평가의 결과와 조치사항을 고용노동부령으로 정하는 바에 따라 기록하여 보존하여야 한다.

④ ①에 따른 평가의 방법, 절차 및 시기, 그 밖에 필요한 사항은 고용노동부장관이 정하여 고시한다.

제2절 시스템 위험성 추정 및 결정

1. 인간오류 확률의 추정기법 활용 시 장점

① 체계적인(systematic) 분석을 하기 때문에 간과하는 것이 줄어든다.
② 원인과 결과, 사고에 이르기까지의 관계가 명확하게 된다.
③ 시각적인 표현력에 의해서 평가 집단 내와 제3자와의 정보전달이 쉽게 된다.
④ 잠재적인 위험의 구조의 종결이 확실해진다.
⑤ 개선안에 대한 오류 가능성을 정량적으로 다룬다.

확인! OX

다음은 고장형태와 영향분석(FMEA)에 대한 설명이다. 옳으면 "O", 틀리면 "X"로 표시하시오.

1. FMEA는 요소 간 영향분석이 되지 않기 때문에 2 이상의 요소가 고장이 나더라도 분석할 수 있다. ( )
2. FMEA의 시스템 해석기법은 정성적, 귀납적 분석법 등에 사용된다. ( )

| 정답 | 1. X 2. O

| 해설 |
1. 2 이상의 요소가 고장 나면 분석할 수 없다.

2. 위험분석기법 중요도 ★★★

(1) 고장형태와 영향분석(FMEA)

① 정의 : FMEA는 서브시스템 위험 분석을 위하여 일반적으로 사용되는 전형적인 정성적, 귀납적 분석법이며, 시스템에 영향을 미치는 모든 요소의 고장을 형태별로 분석하여 그 영향을 검토하는 것을 뜻한다.

② 특징
   ㉠ 장점
   • 서식이 간단하다.
   • 특별한 교육이 없어도 분석이 가능하다.
   ㉡ 단점
   • 논리가 부족하다.

- 요소 간 영향분석이 되지 않기 때문에 2 이상의 요소가 고장이 나면 분석이 불가능하다.
- 물적 원인에 대한 영향분석으로 한정되기 때문에 인적 원인은 분석할 수 없다.

③ 수행절차

단계	절차	주요내용
1단계	대상 시스템의 분석	• 기기, 시스템의 구성 및 기능을 파악 • FMEA 실시를 위한 기본 방침의 결정 • 기능 BLOCK과 신뢰성 BLOCK의 작성
2단계	고장형태와 그 영향의 해석	• 고장형태의 예측과 설정 • 고장원인의 산정 • 상위 항목의 고장 영향의 검토 • 고장 검지법의 검토 • 고장에 대한 보상법이나 대응법 • FMEA 워크시트에 기입 • 고장등급의 평가
3단계	치명도 해석과 개선책의 검토	• 치명도 해석 • 해석 결과의 정리와 설계 개선 제안

④ 고장등급 결정
  ㉠ 고장평점산출 : $C = (C_1 \times C_2 \times C_3 \times C_4 \times C_5)$
    여기서, C_1 : 기능적 고장 영향의 중요도
        C_2 : 영향을 미치는 시스템의 범위
        C_3 : 고장발생 빈도
        C_4 : 고장방지 가능성
        C_5 : 신규설계 정도
  ㉡ 고장등급 결정

Ⅰ등급	Ⅱ등급	Ⅲ등급	Ⅳ등급
치명적	중대	경미	미소

⑤ 위험성 분류

발생 확률에 따른 분류		위험성 분류 표시	
실제손실	$\beta = 1.0$	category Ⅰ	파국 – 생명, 가옥의 상실
예상손실	$0.1 < \beta < 1.0$	category Ⅱ	중대위험 – 임무 수행 실패
가능한 손실	$0 < \beta \leq 0.1$	category Ⅲ	한계적 – 활동 지연
영향 없음	$\beta = 0$	category Ⅳ	무시단계 – 손실 및 영향 없음

⑥ 적용 가능한 예
  ㉠ 개로 또는 개방고장
  ㉡ 폐로 또는 폐쇄고장
  ㉢ 가동고장
  ㉣ 정지고장
  ㉤ 운전 계속의 고장
  ㉥ 오작동 고장

+ 괄호문제

다음 괄호 안에 알맞은 내용을 쓰시오.
① 고장형태와 영향분석(FMEA)에서 고장평점산출식 중 C_1는 기능적 고장 영향의 ( )를 뜻한다.
② 고장형태와 영향분석(FMEA)에서 고장평점산출식 중 C_3는 고장발생의 ( )를 뜻한다.

| 정답 |
① 중요도
② 빈도

확인! OX

다음은 위험분석 기법에 대한 설명이다. 옳으면 "O", 틀리면 "X"로 표시하시오.
1. 수행절차 2단계인 고장형태와 그 영향의 해석에서 고장원인을 산정한다. ( )
2. 고장등급 결정 시, 고장등급 Ⅰ등급은 중대하다고 판단한다. ( )

정답 1. O 2. X

| 해설 |
2. 치명적으로 판단한다.

(2) 휴먼에러율 예측기법(THERP ; Technique for Human Error Rate Prediction)

① 정의
  ㉠ 휴먼에러 발생률을 전문적으로 예측하는 정량적 분석기법이다.
  ㉡ 인간이 수행하는 작업을 상호 배반적 사건으로 나누어 ETA와 비슷하게 사건나무를 작성하고, 각 작업의 성공 혹은 실패 확률을 부여하여 각 경로의 확률을 계산한다.

② 방법
  ㉠ 우선 작업장 상황을 이해할 필요가 있고, 그 후에 정성적·정량적 평가 구체화의 과정을 거친다.
  ㉡ 파악(familiarization)은 정량화할 직무를 이해하고 그 절차를 검토하고 작업장과 작업장을 운영하는 사람들에 대한 정보를 모으는 것이다. 정성적 평가는 직무분석을 수행하는 것을 말한다.
  ㉢ 평가되어야 할 직무를 결정하고 직무의 단계와 중첩성 그리고 각 단계에 영향을 미치는 수행도 형성인자(PSF ; Performance Shaping Factors)를 결정한다.
  ㉣ HRA 사건나무를 통하여 정량적 평가를 행한다.
  ㉤ 최종적으로 민감도 분석이나 통계분석 등을 통하여 결과를 통합시킨다.

③ 적용 예시

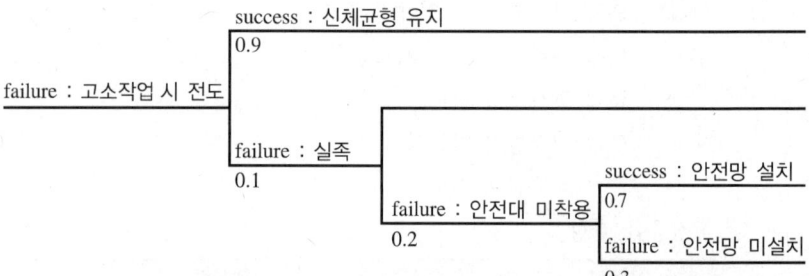

파악
• 정보수집　　　　　　　• 작업장 방문 • 시스템 분석가와 절차/정보 검토

↓

정성적 평가
• 성능요건 결정　　　　　• 작업수행 상황 평가 • 수행목적 규정　　　　　• 가능한 인적오류 규명

↓

정량적 평가
• 인적오류 확률 결정 • 인간수행도에 영향을 주는 요인 / 상호작용 규명 • 오류로부터의 회복확률 고려 • 시스템 고장 확률에 대한 인적오류 기여율 계산

↓

통합
• 민감도 분석 수행　　　　• 시스템분석에 결과입력

+ 괄호문제

다음 괄호 안에 알맞은 내용을 쓰시오.
① 휴먼에러율 예측기법은 휴먼에러 발생률을 전문적으로 예측하는 ( ) 분석기법이다.
② 평가되어야 할 직무를 결정하고 직무의 단계와 중첩성 그리고 각 단계에 영향을 미치는 ( )를 결정한다.

|정답|
① 정량적
② 수행도 형성인자

확인! OX

다음은 THERP(Technique for Human Error Rate Prediction)의 특징에 대한 설명이다. 옳으면 "O", 틀리면 "X"로 표시하시오.

1. 인간-기계 시스템에서 여러 가지 인간의 에러와 이에 의해 발생할 수 있는 위험성의 예측과 개선을 위한 기법이다. (　)
2. 가지처럼 갈라지는 형태의 논리구조와 나무형태의 그래프를 이용한다. (　)

정답 1. O　2. O

(3) 조작자 행동 나무(OAT ; Operator Action Tree)

① 정의
- ㉠ 1980년대 초에 John Wreathall에 의하여 개발되었다.
- ㉡ 사고가 시작된 이후에 발생하는 사건의 전개 과정에서의 인적오류 분석을 대상으로 한다.
- ㉢ 의사결정 시 여러 단계에서 조작자의 선택을 성공과 실패의 경로로 표현하고, 이로부터 일반적인 상황에 일치하는 조작자의 확률적 성능을 묘사한다.
- ㉣ 주위 사건에 대한 인간의 대응을 감지(perception), 진단(diagnosis), 반응(response) 활동으로 표현한다.

② 방법
- ㉠ 시스템 사상수로부터 적절한 안전 기능을 규명한다.
- ㉡ 안전기능을 달성하기 위하여 요구된 특정한 행위들을 규명한다.
- ㉢ 적절한 경보 지시를 나타내는 표시(display)와 적절한 행위를 취하기 위하여 작업자가 이용할 수 있는 시간을 규명한다.
- ㉣ 고장수나 사상수에서의 오류들을 나타낸다.
- ㉤ 오류의 확률을 추정한다.

(4) 예비위험분석(PHA ; Preliminary Hazard Analysis)

① 정의 : 공정의 설비단계에서 예비로 간단히 위험을 찾아내어 이 위험이 나중에 발견되었을 때 드는 비용을 절약하자는 것이다.

② 특징
- ㉠ 시스템에 대한 주요사고 분류
- ㉡ 사고유발요인 도출
- ㉢ 사고를 가정하고 시스템에 발생되는 결과를 명기하고 평가
- ㉣ 분류된 사고유형을 카테고리별로 분류

③ 카테고리 분류
- ㉠ class 1 : 파국적
- ㉡ class 2 : 중대
- ㉢ class 3 : 한계적
- ㉣ class 4 : 무시 가능

> **더 알아보기**
> 시스템 수명주기에 있어서 예비위험분석(PHA)이 이루어지는 단계는 '구상단계'이다.

+ 괄호문제

다음 괄호 안에 알맞은 내용을 쓰시오.
① 시스템 수명주기에 있어서 예비위험분석(PHA)은 ( ) 단계에서 이루어진다.
② 조작자 행동 나무에서 주위 사건에 대한 인간의 대응을 ( ) 활동으로 표현한다.

| 정답 |
① 구상
② 감지, 진단, 반응

확인! OX

다음은 위험분석기법에 대한 설명이다. 옳으면 "O", 틀리면 "X"로 표시하시오.

1. 조작자 행동 나무는 공정의 설비단계에서 예비로 간단히 위험을 찾아내어 이 위험이 나중에 발견되었을 때 드는 비용을 절약하자는 것이다. ( )

2. 예비위험분석은 의사결정 시, 여러 단계에서 조작자의 선택을 성공과 실패의 경로로 표현하고, 이로부터 일반적인 상황에 일치하는 조작자의 확률적 성능을 묘사한다. ( )

정답 1. X 2. X

| 해설 |
1. 예비위험분석에 대한 설명이다.
2. 조작자 행동 나무에 대한 설명이다.

(5) 결함위험분석(FHA ; Fault Hazard Analysis)

① 정의 : 복잡한 전체제품을 몇 개의 하부제품으로 분할하여 제작하는 경우, 하부제품 간의 인터페이스를 면밀히 검토하고 조사하여 각 하부제품이 다른 하부제품 또는 전체제품의 안전성에 악영향을 미치지 않도록 분석하는 기법이다.

② 필요성 : 각 부품은 한 가지 이상의 고장요인을 가질 수 있으며 각 부품의 고장형태는 정상적인 제품기능에 위험을 초래하므로 부품의 위험성이나 원인 그리고 제품이나 하부제품 간에 미치는 영향 등에 대해 상세한 조사를 할 필요가 있다.

③ 기재사항
  ㉠ 구성요소 명칭
  ㉡ 구성요소 위험방식
  ㉢ 시스템 작동방식
  ㉣ 서브시스템에서의 위험영향
  ㉤ 서브시스템과 대표적 시스템의 위험영향
  ㉥ 경적 요인
  ㉦ 위험영향을 받을 수 있는 2차 요인
  ㉧ 위험수준
  ㉨ 위험관리

(6) 피해영향분석법(CA ; Consequence Analysis)

① 정의
  ㉠ 공정에서 최악의 사고가 발생할 경우에 대한 시나리오를 작성하여, 각각의 시나리오에 대한 화재, 폭발 그리고 누출에 의해 발생하는 복사열에 따른 피해 거리, 과압에 따른 피해 거리 등을 구해 사고피해를 예측한다.
  ㉡ 화재, 폭발, 누출과 같은 사고 발생 시 인명·재산상의 손실 또는 업무중단으로 인한 손실비용 등에 영향을 주는 원치 않는 결과를 분석, 추산하는 위험성평가 기법이다.

② 수행방법
  ㉠ 누출원모델링(source term modeling)을 다음과 같이 산정한다.
    • 기상 유출
    • 액체 유출
    • two phase 포화액체 유출
    • two phase 과냉액체 유출
  ㉡ 대기확산모델링(dispersion modeling), 화재모델링(fire modeling) 및 폭발모델링(explosion modeling)을 수행한다.
  ㉢ 사고영향모델링(effect modeling)을 수행한다.
    • 복사열 영향(radiation heat effect)
    • 과압(overpressurization)
    • 인체에 대한 독성(toxic effect)

+ 괄호문제

다음 괄호 안에 알맞은 내용을 쓰시오.

① ( )은 복잡한 전체제품을 분할하여 제작하는 경우, 하부제품 간의 인터페이스를 면밀히 조사하여 각 하부제품이 다른 하부제품 또는 전체제품의 안전성에 악영향을 미치지 않도록 분석하는 기법이다.

② ( )은 공정에서 최악의 사고가 발생할 경우에 대한 시나리오를 작성하여, 각각의 시나리오에 대한 화재, 폭발 그리고 누출에 의해 발생하는 복사열에 따른 피해 거리, 과압에 따른 피해 거리 등을 구해 사고 피해를 예측한다.

| 정답 |
① 결함위험분석
② 피해영향분석법

확인! OX

다음은 위험분석기법에 대한 설명이다. 옳으면 "O", 틀리면 "X"로 표시하시오.

1. 위험분석기법 중 고장이 시스템의 손실과 인명의 사상에 연결되는 높은 위험도를 가진 요소나 고장의 형태에 따른 분석법은 FTA이다. ( )

2. 피해영향분석법은 화재, 폭발, 누출과 같은 사고 발생 시 인명이나 재산상의 손실 또는 업무중단으로 인한 손실비용 등에 영향을 주는 원치 않는 결과를 분석, 추산하는 위험성평가 기법이다. ( )

정답 1. X 2. O

| 해설 |
1. CA이다.

> **더 알아보기**
>
> 위험분석 기법의 특성
>
> | FTA | 연역적, 정량적 |
> |---|---|
> | FMEA | 귀납적, 정성적 |
> | ETA, DT | 귀납적, 정량적 |
> | CA | 정량적 |

(7) 위험과 운전분석(HAZOP ; HAZard and OPerability)

① 정의 : 공정에 존재하는 위험요인과 공정의 효율을 떨어뜨릴 수 있는 운전상의 문제점을 찾아내어 그 원인을 제거하는 방법을 말한다.

② 수행 시점 : HAZOP은 설계 및 운전 절차가 완성된 상태에서 가이드워드를 통한 위험성 분석이 가능하다. 따라서 설계가 마무리된 시점과 생산설계가 시작되기 전에 HAZOP을 수행하는 것이 일반적이다.

③ 관련 용어

가이드워드	정의	예시
없음(no) 동작 없음	의미 있는 동작이나 조건이 전혀 발생하지 않음	• 흐름 없음 : 펌프가 고장 나서 파이프라인을 통해 액체가 흐르지 않음 • 반응 없음 : 촉매가 없기 때문에 화학 반응이 일어나지 않음
증가(more) 정량적인 증가	프로세스 매개변수 또는 조건의 양적 증가	• 과도한 흐름 : 과도한 액체가 파이프를 통해 흐르면서 잠재적으로 과충전이 발생 • 고압 : 압력방출밸브가 고장 나서 용기 내부에 과도한 압력이 발생
감소(less) 정량적인 감소	프로세스 매개변수 또는 조건의 양적 감소	• 흐름 감소 : 파이프가 부분적으로 막혀 흐름이 감소 • 낮은 온도 : 가열이 충분하지 않으면 반응이 완료되지 않음
반대(reverse) 반대 활동 및 흐름	활동이나 흐름이 반대 방향으로 발생	• 역류 : 체크밸브 고장으로 파이프라인에 역류 발생 • 역회전 : 펌프나 모터가 반대 방향으로 작동
부가(as well as) 성질상의 증가	의도한 활동이나 조건과 함께 추가적인 활동이나 조건이 발생	• 오염 : 의도치 않은 물질이 공정 흐름에 유입 • 2차 반응 : 부작용이 발생하여 원치 않는 부산물이 생성
부분(parts of) 성질상의 감소	의도된 활동이나 조건의 일부만 발생	• 부분 흐름 : 밸브가 부분적으로 열려 일부 유체만 통과 • 불완전 혼합 : 믹서가 용액을 완전히 균질화하지 못함
기타(other than) 완전한 대체	의도한 조건이나 내용과 다른 일이 발생	• 잘못된 물질 : 잘못된 물질이 반응기에 투입 • 다른 에너지원 : 장비가 의도하지 않은 전원 공급을 사용하여 비효율성이나 손상을 초래

④ 수행 시 필요한 자료 : 설계개념, 공정흐름도(PFD), 주요 기계장치의 기본 설계자료, 공정설명서, 설비배치도, 공정배관계장도(P&ID), 정상 및 비정상 운전절차, 모든 경보 및 자동 운전정지 설정치 목록, 물질안전보건자료(MSDS), 안전밸브 등 설정치 및 용량 산출자료, 배관 표준 및 명세서, 과거 중대산업사고 사례 등

+ 괄호문제

다음 괄호 안에 알맞은 내용을 쓰시오.

① FTA는 특정한 사고에 대하여 그 사고의 원인이 되는 장치 및 기기의 결함이나 작업자 오류들을 (　)으로 평가하는 분석법이다.

② (　)이란, 공정에 존재하는 위험요인과 공정의 효율을 떨어뜨릴 수 있는 운전상의 문제점을 찾아내어 그 원인을 제거하는 방법을 말한다.

| 정답 |
① 연역적, 정량적
② 위험과 운전분석(HAZOP)

확인! OX

다음은 위험분석기법에 대한 설명이다. 옳으면 "O", 틀리면 "X"로 표시하시오.

1. FMEA는 연역적, 정성적으로 평가하는 분석법이다. (　)

2. 설계가 마무리된 시점과 생산설계가 시작되기 전에 HAZOP을 수행하는 것이 일반적이다. (　)

정답 1. X　2. O

| 해설 |
1. FMEA는 귀납적, 정성적 분석법으로 평가하는 분석법이다.

+ 괄호문제

다음 괄호 안에 알맞은 내용을 쓰시오.
① HAZOP 전제조건에서 동일 기능의 ( ) 이상 기기고장 및 사고는 발생하지 않는다.
② HAZOP 전제조건에서 작업자는 ( )상황 시 필요한 조치를 취한다고 본다.

| 정답 |
① 2가지
② 위험

⑤ 전제조건
  ㉠ 동일 기능의 2가지 이상 기기고장 및 사고는 발생하지 않는다.
  ㉡ 안전장치는 필요시 정상작동한다고 본다.
  ㉢ 장치와 설비는 설계 및 제작사양에 적합하게 제작되어 있다고 본다.
  ㉣ 작업자는 위험상황 시 필요한 조치를 취한다고 본다.
  ㉤ 사소한 사항도 간과하지 않는다.

⑥ 장단점
  ㉠ 장점
    • 체계적 접근, 분야별 종합적 검토로 완벽하게 위험요소 확인이 가능하다.
    • 공정의 운전정지 시간을 줄여 생산물의 품질 향상이 가능하고 폐기물 발생이 감소한다.
    • 근로자에게 공정안전에 대한 신뢰성을 제공한다.
  ㉡ 단점
    • 팀의 구성 및 구성원의 참여 소요기간이 많이 소모된다.
    • 접근방법이 매우 지루하며 위험과는 무관한 잠재적인 요소들까지도 함께 도출된다.

> **예제**
>
> HAZOP 기법에서 사용하는 가이드워드와 그 의미가 잘못 연결된 것은?
> ① part of : 성질상의 감소
> ② as well as : 성질상의 증가
> ③ other than : 기타 환경적인 요인
> ④ more/less : 정량적인 증가 또는 감소
>
> **해설**
> • other than : 완전한 대체
> • no 또는 not : 설계 의도의 완전한 부정
> • as well as : 성질상의 증가
> • part of : 성질상의 감소, 성취나 성취되지 않음
> • more/less : 양의 증가 또는 양의 감소
>
> 정답 ③

확인! OX

다음은 HAZOP에 대한 설명이다. 옳으면 "O", 틀리면 "X"로 표시하시오.

1. HAZOP 전제조건에서 안전장치는 필요시 정상작동하지 않는다고 본다. ( )
2. HAZOP는 체계적 접근, 분야별 종합적 검토로 완벽하게 위험요소 확인이 가능하다. ( )

정답 1. X 2. O

| 해설 |
1. 안전장치는 필요시 정상작동한다고 본다.

3. 결함수 분석 ★★★

(1) 인간오류 분석기법 – FTA(Fault Tree Analysis)

① 결함수 분석법이라고도 하며, 기계설비 또는 인간-기계 시스템의 고장이나 재해발생 요인을 FT 도표에 의하여 분석하는 방법이다. 즉, 사건의 결과(사고)로부터 시작해 원인이나 조건을 찾아 나가는 순서로 분석이 이루어진다.

② 특징
  ㉠ 고장이나 재해요인의 정성적인 분석뿐만 아니라 개개의 요인이 발생하는 확률을 얻을 수 있으며, 재해 발생 후의 규명보다 재해 발생 이전의 예측기법으로, 활용 가치가 높은 유효한 방법이다.
  ㉡ 정상사상인 재해현상으로부터 기본사상인 재해원인을 향해 연역적인 분석을 행하므로 재해현상과 재해원인의 상호 관련을 해석하여 안전대책을 검토할 수 있다.
  ㉢ 정량적 해석이 가능하므로 정량적 예측을 할 수 있다.

(2) 용어 정의

① 정상사상(top event) : 재해의 위험도를 고려하여 결함수 분석을 하기로 결정한 사고나 결과를 말한다.
② 기본사상(basic event) : 더 이상 원인을 독립적으로 전개할 수 없는 기본적인 사고의 원인으로서 기기의 기계적 고장, 보수와 시험 이용 불능 및 작업자 실수사상 등을 말한다.
③ 중간사상(intermediate event) : 정상사상과 기본사상 중간에 전개되는 사상을 말한다.
④ 결함수(fault tree) 기호 : 결함에 대한 각각의 원인을 기호로써, 연결하는 표현수단을 말한다.
⑤ 컷셋(cut set) : 정상사상을 발생시키는 기본사상의 집합을 말한다.
⑥ 최소 컷셋(minimal cut set) : 정상사상을 발생시키는 기본사상의 최소집합을 말한다.
⑦ 계통분석(system analysis) : 계통의 기능상실을 초래하는 모든 사상조합을 체계적으로 분석하고 그 발생 가능성을 평가하는 작업을 말한다.
⑧ 고장률(failure rate) : 시간당 또는 작동 횟수당 설비 고장이 발생하는 확률을 말한다.
⑨ 이용불능도(unavailability) : 보수 등의 이유로 주어진 시간에 설비를 이용할 수 없는 가능성을 말한다.

(3) 적용시기

결함수 분석 기법은 현재 설계 또는 건설 중인 공장의 경우 공정의 개발단계나 초기 시운전 단계에 적용하며, 기존 공장은 공정 또는 운전절차의 변경이나 개선이 필요한 경우 등에 적용한다.
① 공정개발 단계
② 설계 및 건설 단계
③ 시운전 단계
④ 운전 단계
⑤ 공정 및 운전절차의 수정 또는 변경 시
⑥ 예상되는 사고나 사고원인 조사 시

+ 괄호문제

다음 괄호 안에 알맞은 내용을 쓰시오.
① (　)은 재해의 위험도를 고려하여 결함수 분석을 하기로 결정한 사고나 결과를 말한다.
② (　)은 정상사상을 발생시키는 기본사상의 집합을 말한다.

| 정답 |
① 정상사상
② 컷셋

확인! OX

다음은 결함수 분석에 대한 설명이다. 옳으면 "O", 틀리면 "X"로 표시하시오.
1. 결함수 분석 기법은 현재 설계 또는 건설 중인 공장의 경우 공정의 개발단계나 초기 시운전 단계에 적용한다. (　)
2. 고장률이란 계통의 기능상실을 초래하는 모든 사상조합을 체계적으로 분석하고 그 발생 가능성을 평가하는 작업을 말한다. (　)

정답 1. O 2. X

| 해설 |
2. 계통분석에 대한 설명이다.

+ 괄호문제

다음 괄호 안에 알맞은 내용을 쓰시오.
① FTA에 사용되는 논리기호 중 통상의 작업이나 기계의 상태에서 재해의 발생 원인이 되는 요소가 있는 것은 ( )이다.
② FTA에 사용되는 논리기호 중 사고 결과나 관련 정보가 미비하여 계속 개발될 수 없는 특정 초기사상을 ( )이라고 한다.

| 정답 |
① 통상사상
② 생략사상

확인! OX

다음은 FTA에 사용되는 논리기호에 대한 설명이다. 옳으면 "O", 틀리면 "X"로 표시하시오.
1. 입력사상이 전부 발생하는 경우에만 출력사상이 발생하는 논리게이트는 OR 게이트이다. ( )
2. 한 개 이상의 입력사상이 발생하면 출력사상이 발생하는 논리게이트는 AND 게이트이다. ( )

정답 1. X 2. X

| 해설 |
1. AND 게이트에 대한 설명이다.
2. OR 게이트에 대한 설명이다.

(4) FTA에 사용되는 논리기호(결함수 분석에 관한 기술지침)

기호	명칭	설명
○	기본사상 (basic event)	더 이상 전개할 수 없는 사건의 원인
⬭	조건부사상 (conditional event)	논리게이트에 연결되어 사용되며, 논리에 적용되는 조건이나 제약 등을 명시(우선적 억제 게이트에 우선적으로 적용)
◇	생략사상 (undeveloped event)	사고 결과나 관련 정보가 미비하여 계속 개발될 수 없는 특정 초기사상
⌂	통상사상 (external event)	유동계통의 층 변화와 같이 일반적으로 발생이 예상되는 사상
▭	중간사상 (intermediate event)	한 개 이상의 입력사상에 의해 발생된 고장사상으로 주로 고장에 대한 설명 서술
∩	OR 게이트 (OR gate)	한 개 이상의 입력사상이 발생하면 출력사상이 발생하는 논리게이트
⌒	AND 게이트 (AND gate)	입력사상이 전부 발생하는 경우에만 출력사상이 발생하는 논리게이트
⬡○	억제 게이트 (inhibit gate)	AND 게이트의 특별한 경우로서 이 게이트의 출력사상은 한 개의 입력사상에 의해 발생하며, 입력사상이 출력사상을 생성하기 전에 특정조건을 만족하여야 하는 논리게이트
⌂	배타적 OR 게이트 (exclusive OR gate)	OR 게이트의 특별한 경우로서 입력사상 중 오직 한 개의 발생으로만 출력사상이 생성되는 논리게이트
⌂	우선적 AND 게이트 (priority AND gate)	AND 게이트의 특별한 경우로서 입력사상이 특정 순서별로 발생한 경우에만 출력사상이 발생하는 논리게이트
△	전이기호 (transfer symbol)	다른 부분에 있는(예 다른 페이지) 게이트와의 연결관계를 나타내기 위한 기호. 전입(transfer in)과 전출(transfer out)기호가 있음

(5) 분석절차

① 결함수 분석은 분석대상 공정이 이용불능 상태가 되는 모든 경우를 논리적 도형으로 표현한다.
② 공정의 기능상실을 정상사상으로 정의하고 그러한 정상사상이 발생할 수 있는 원인과 경로를 연역적으로 분석한다.
③ 공정 또는 기기의 기능실패 상태를 확인하고 계통의 환경 및 운전조건 등을 고려하여 기능상실을 초래하는 모든 사상과 그 발생원인을 도식적 논리로 분석한다.

④ 세부분석 절차
  ㉠ 시스템의 정의
  ㉡ 기초 OR gate 사상 분석
  ㉢ 논리게이트를 이용한 도해(FT 작성)
  ㉣ 결정된 사상이 더 전개가 가능한지 검사
  ㉤ FT 간소화
  ㉥ 정성적 평가
  ㉦ 정량적 평가

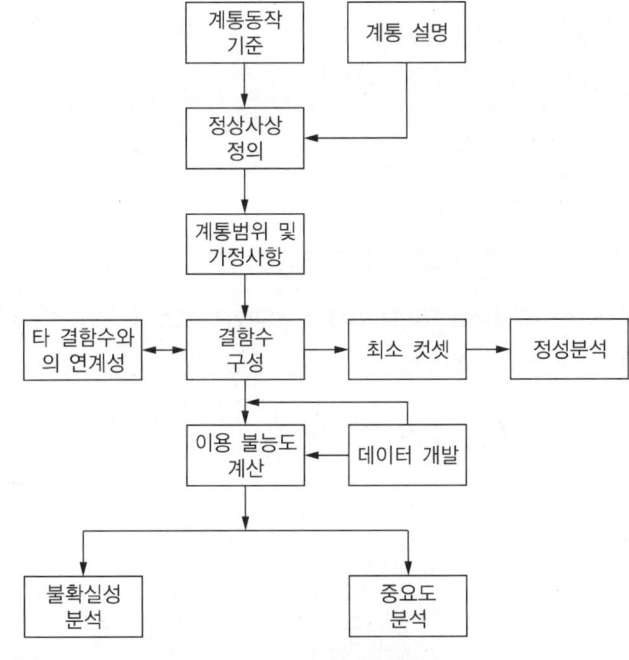

[결함수 분석 세부절차]

> **+ 괄호문제**
>
> 다음 괄호 안에 알맞은 내용을 쓰시오.
> ① ( )은 그 속에 포함되어 있는 모든 기본사상이 일어났을 때 정상사상을 일으키는 기본사상의 집합이다.
> ② ( )은 시스템의 신뢰성을 나타내는 집합이다.
>
> | 정답 |
> ① 컷셋
> ② 최소 패스셋

(6) 결함수 분석법(FTA)의 최소 컷셋, 최소 패스셋
  ① 컷셋(cut set) : 정상사상을 일으키는 기본사상의 집합
  ② 최소 컷셋(minimal cut set)
    ㉠ 모든 기본사상이 일어났을 때 top사상을 발생시키는 기본사상의 최소 집합
    ㉡ 시스템을 고장 나게 하는 최소한의 기본사상의 조합
    ㉢ 기본사상을 집중관리 함으로써 top사상의 재해 발생확률을 효과적, 경제적으로 감소시킬 수 있다.
  ③ 패스셋(path set) : 시스템이 고장 나지 않도록 하는 기본사상의 조합
  ④ 최소 패스셋(minimal path set)
    ㉠ 고장 나지 않는 최소한의 기본사상 조합
    ㉡ 여기에 포함되어 있는 기본사상이 일어나지 않으면 정상사상이 발생하지 않는 기본사상의 집합
    ㉢ 시스템의 신뢰성을 나타낸다.

> **확인! OX**
>
> 다음은 FTA에 의한 재해사례의 연구 순서에 대한 설명이다. 옳으면 "O", 틀리면 "X"로 표시하시오.
> 1. 1단계는 top사상의 선정이다. ( )
> 2. 4단계는 FT도 작성이다. ( )
>
> 정답 1. O 2. X
>
> | 해설 |
> 2. 제1단계 : top사상의 선정 → 제2단계 : 사상마다 재해원인 및 요인 규명 → 제3단계 : FT도 작성 → 제4단계 : 개선계획 작성 → 제5단계 : 개선안 실시 계획

+ 괄호문제

다음 괄호 안에 알맞은 내용을 쓰시오.
① 동정법칙에 따라
  A·A = (   )이다.
② 교환법칙에 따라
  A·B = (   )이다.

| 정답 |
① A
② B·A

4. 확률사상의 계산

중요도 ★☆☆

① 논리곱의 확률(독립사상) : $A(B·C·D) = AB·AC·AD$
② 논리합의 확률(독립사상) : $A(B+C+D) = 1-(1-AB)(1-AC)(1-AD)$
③ 불 대수의 법칙
  ㉠ 동정법칙 : $A+A = A, \ A·A = A$
  ㉡ 교환법칙 : $A·B = B·A, \ A+B = B+A$
  ㉢ 흡수법칙 : $A(A·B) = (A·A)B = A·B$
  ㉣ 분배법칙 : $A(B+C) = A·B+A·C, \ A+(B·C) = (A+B)·(A+C)$
  ㉤ 결합법칙 : $A(B·C) = (A·B)C, \ A+(B+C) = (A+B)+C$
  ㉥ 항등법칙 : $A+0 = A, \ A+1 = 1, \ A·1 = A, \ A·0 = 0$
④ 드모르간의 법칙
  ㉠ $\overline{A+B} = \overline{A}·\overline{B}$
  ㉡ $A+\overline{A}·B = A+B$

예제

다음의 FT도에서 정상사상 T의 발생확률은 얼마인가?(단, X_1, X_2, X_3의 발생확률은 모두 0.1이다)

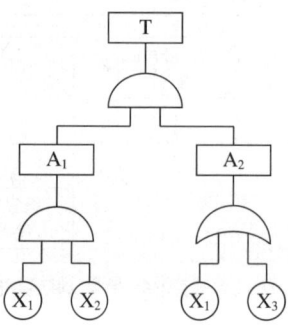

해설

중복사상이 있을 경우 미니멀 컷의 발생확률이 전체 시스템의 발생확률이 된다.

$$(X_1·X_2)·(X_1+X_3) = (X_1·X_1·X_2)+(X_1·X_2·X_3)$$
$$= (X_1·X_2)+(X_1·X_2·X_3)$$
$$= (X_1·X_2)·(1+X_3)$$
$$= (X_1·X_2)$$
$$= 0.1 \times 0.1$$
$$= 0.01$$

컷셋 : $(X_1·X_2)(X_1·X_2·X_3)$
미니멀 컷 : $(X_1·X_2)$

확인! OX

다음은 확률사상에 대한 설명이다. 옳으면 "O", 틀리면 "X"로 표시하시오.

1. 드모르간의 법칙에 따라
   $\overline{A+B} = \overline{A}·\overline{B}$이다. (   )
2. 드모르간의 법칙에 따라
   $A+\overline{A}·B = A+B$이다.
   (   )

정답 1. O 2. O

> **더 알아보기**
>
> 불대수의 법칙
> - $\overline{A}+A=1$
> - $1+A=1$
> - $0+A=A$
> - $\overline{A} \cdot A=0$
> - $1 \cdot A=A$
> - $0 \cdot A=0$

> **+ 괄호문제**
>
> 다음 괄호 안에 알맞은 내용을 쓰시오.
> ① 설비의 신뢰도에서 ( )의 전체 시스템 수명은 요소 중 가장 짧은 것으로 결정된다.
> ② 설비의 신뢰도에서 ( )의 전체 시스템 수명은 요소 중 가장 긴 것으로 결정된다.
>
> | 정답 |
> ① 직렬연결
> ② 병렬연결

5. 신뢰도 계산 중요도 ★★☆

(1) 설비의 신뢰도

① 직렬연결

㉠ 연결된 여러 요소 중 하나만 고장 나도 전체 시스템이 고장 나는 형태이다.

㉡ 전체 시스템의 수명은 요소 중 가장 짧은 것으로 결정된다.

㉢ 직렬작업 신뢰도(R_s)=$R_1 \times R_2 \times R_3$

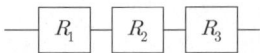

② 병렬연결

㉠ 여러 요소 중 하나만 정상이라도 전체 시스템이 가동되는 형태이다.

㉡ 전체 시스템의 수명은 요소 중 가장 긴 것으로 결정된다.

㉢ 병렬작업 신뢰도(R_s)=$1-(1-R_1) \times (1-R_2)$

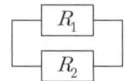

> **예제**
>
> 제어시스템과 인간 작업자의 추가 비용이 동일하다면, 어떻게 하는 것이 인간-기계 시스템의 전체 신뢰도를 높이는지 이 인간-기계 시스템의 신뢰도 블록도를 각각 그려서 그 차이를 비교하시오.
>
> | 해설 |
> • 제어시스템의 중복 설치
>
> 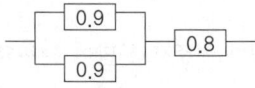 $R=(1-(1-0.9)^2) \times 0.8 = 0.792$
>
> • 작업자 1명 추가
>
> 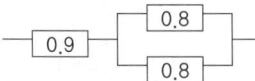 $R=0.9 \times (1-(1-0.8)^2) = 0.864$

(2) 신뢰도 계산

작업이 완료될 때까지 제어시스템의 정상작동 신뢰도는 0.9이다. 운전자의 시스템 관찰(monitoring) 신뢰도는 0.8이다.

> **확인! OX**
>
> 다음은 설비의 신뢰도에 대한 설명이다. 옳으면 "O", 틀리면 "X"로 표시하시오.
> 1. 병렬연결은 연결된 여러 요소 중 하나만 고장 나도 전체 시스템이 고장 나는 형태이다. ( )
> 2. 직렬연결은 여러 요소 중 하나만 정상이라도 전체 시스템이 가동되는 형태이다. ( )
>
> 정답 1. X 2. X
>
> | 해설 |
> 1. 직렬연결에 대한 설명이다.
> 2. 병렬연결에 대한 설명이다.

제3절 위험성 감소대책 수립 및 실행

1. 위험성 개선대책의 종류

(1) 공학적 개선

① 정의 : 장비의 재설계, 재배치, 대체(substitution)를 통하여 위험요소를 제거 또는 줄임으로써 개선하는 방법이다.

② 방법
- ㉠ 자재, 부품, 제품의 이동방법을 변경한다.
- ㉡ 작업공정 또는 제품을 변경하여 작업자가 위험에 노출되는 정도를 감소시킨다.
- ㉢ 작업장의 배치(workplace layout)를 변경한다.
- ㉣ 부품, 도구, 자재의 취급 또는 사용방법을 변경한다.
- ㉤ 도구(수공구) 설계를 변경한다.
- ㉥ 자동화(automation), 기계화(mechanization)

(2) 관리적 개선

① 정의 : 작업절차, 작업시간의 변경 또는 개인보호장구(PPE)의 사용을 통하여 작업자의 행동을 통제함으로써 위험에 노출되는 것을 줄이는 개선방법이다.

② 방법
- ㉠ 작업내용을 확대(job enlargement) 또는 변경한다.
- ㉡ 근골격계질환 위험을 인지할 수 있도록 교육(hazard awareness training)한다.
- ㉢ 작업속도를 조절(work schedule)한다.
- ㉣ 교대시간을 짧게 하거나 잔업시간 또는 횟수를 줄인다.
- ㉤ 작업순환(job rotation)
- ㉥ 휴식과 회복을 위해 휴식시간을 더 많이 제공한다.

2. 허용 가능한 위험수준 분석(ALARP)

① ALARP의 개념은 영국에서 시작되어 정량적 위험성평가 기준으로 많이 활용되고 있으며, As Low As Reasonable Practicable의 약어로 '위험성을 합리적으로 실행 가능한 수준으로 낮춘다'는 것을 의미한다.

② 합리적으로 실현 가능한 수준으로 위험성을 낮춘다는 것은 잔류 위험성이 무시할 수 있는 위험성 이하, 즉 수용 가능한 위험성(acceptable risk)으로 낮춘다는 것을 의미한다.

③ 최근 유럽에서는 수용 가능한 위험성보다는 허용 가능한 위험성(tolerability risk)으로 표현을 수정하고 있다. 사고 발생 시 피해를 입는 당사자가 직접적으로 수용 가능하다는 의견을 제시한 것이 아니기 때문이다.

+ 괄호문제

다음 괄호 안에 알맞은 내용을 쓰시오.

① 장비의 재설계, 재배치, 대체를 통하여 위험요소를 제거 또는 줄임으로써 개선하는 방법은 ( ) 개선이다.

② 작업절차, 작업시간의 변경 또는 개인보호장구(PPE)의 사용을 통하여 작업자의 행동을 통제함으로써 위험에 노출되는 것을 줄여가는 개선방법은 ( ) 개선이다.

| 정답 |
① 공학적
② 관리적

확인! OX

다음은 위험성 개선대책의 종류에 대한 설명이다. 옳으면 "O", 틀리면 "X"로 표시하시오.

1. 작업공정 또는 제품을 변경하여 작업자가 위험에 노출되는 정도를 감소시키는 방법은 관리적 개선이다. ( )

2. 작업내용을 확대 또는 변경하는 것은 공학적 개선이다. ( )

정답 1. X 2. X

| 해설 |
1. 공학적 개선에 대한 설명이다.
2. 관리적 개선에 대한 설명이다.

㉠ 허용 불가능한 위험 : 예외적인 상황에서만 허용 가능
㉡ 허용 가능한 위험 : 비용 및 이점을 고려하여 합리적으로 실행 가능한 만큼(ALARP) 낮아야 함
㉢ 수용 가능한 위험 : 일반적으로 추가적인 감소가 필요하지 않은 경우

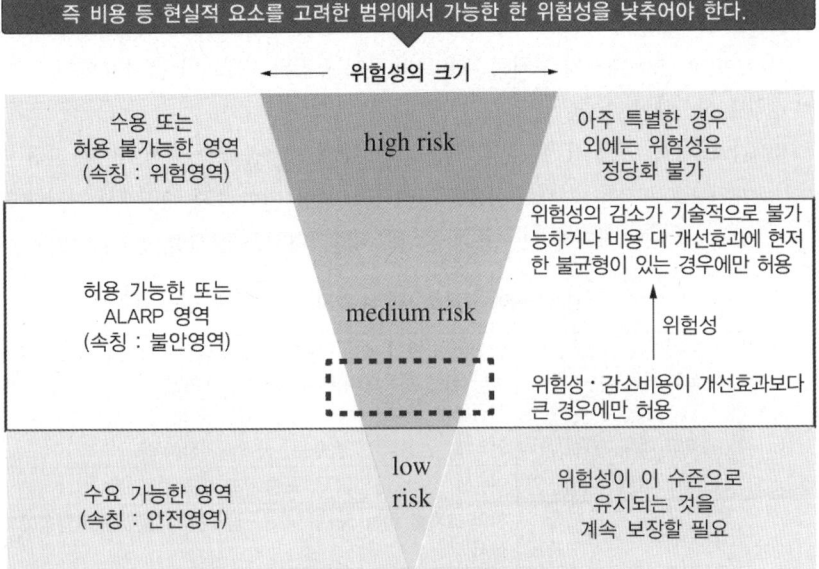

+ 괄호문제

다음 괄호 안에 알맞은 내용을 쓰시오.

① ALARP의 개념은 영국에서 시작되어 (   ) 위험성평가 기준으로 많이 활용되고 있다.
② 합리적으로 실현 가능한 수준으로 위험성을 낮춘다는 것은 (   )으로 낮춘다는 것을 의미한다.

| 정답 |
① 정량적
② 수용 가능한 위험성

더 알아보기

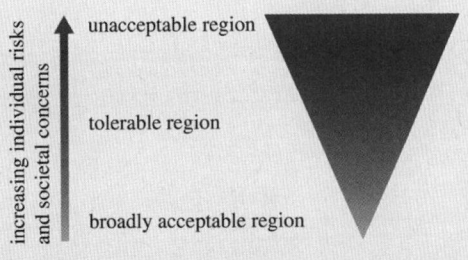

[HSE ALARP 표현]

HSE 그림의 원칙은 위의 프레임워크로 표현될 수 있으며, 이는 위로 갈수록 위험성이 커지며 일정 기준이 넘어서면 수용할 수 없는 위험을 의미하게 된다. ALARP의 영역 내에서는 허용 불가능한 영역의 근처에 머무는 것이 허용되는 것은 위험성의 감소가 불가능하거나 위험성을 감소시키는 비용이 과도하게 설정되어 불균형을 이루고 있는 경우뿐이다. 또한 허용 가능한 영역의 바로 위의 ALARP 영역이 허용되는 조건은 위험성을 감소시키는 비용이 얻어지는 효과에 비해 현저히 낮은 경우뿐이다. ALARP은 위험성평가에만 사용되는 것이 아닌 산업안전 모든 분야에서 활용할 수 있다. 안전에서 무엇을 가지고 허용 가능한 위험성으로 할 것인지, 어느 정도로 위험성을 내려야 할 것인지의 지침으로 활용할 수 있으며, 국내의 위험성 기준에 참고할 수 있다.

확인! OX

다음은 ALARP에 대한 설명이다. 옳으면 "O", 틀리면 "X"로 표시하시오.

1. 비용 및 이점을 고려하여 합리적으로 실행 가능한 만큼(ALARP) 낮아야 하는 것은 허용 불가능한 위험의 범주에 속한다.   (   )
2. 허용 불가능한 위험은 예외적인 상황에서만 허용 가능하다.   (   )

정답 1. X 2. O

| 해설 |
1. 허용 가능한 위험의 범주에 속한다.

+ 괄호문제

다음 괄호 안에 알맞은 내용을 쓰시오.

① ( )은 안전에서 무엇을 가지고 허용 가능한 위험성으로 할 것인지, 어느 정도로 위험성을 내려야 할 것인지의 지침으로 활용할 수 있으며, 국내의 위험성 기준에 참고할 수 있다.

② 위험한 작업의 폐지·변경, 유해·위험물질 또는 위해·위험요인이 보다 적은 재료로의 대체, 설계나 계획단계에서 위험성을 제거 또는 저감하는 조치는 ( )에 해당한다.

| 정답 |
① ALARP
② 본질적(근원적) 대책

3. 감소 대책에 따른 효과 분석 능력

위험성 감소 대책 수립·실행 시 고려사항은 다음과 같다.

① 위험성의 크기가 큰 것부터 위험성 감소 대책의 대상으로 한다.
② 위험성 감소를 위한 우선도를 결정하는 방법은 위험성평가 1단계인 사전준비 단계에서 미리 설정해 두는 것이 바람직하다.
③ 안전보건상 중대한 문제가 있는 것은 위험성 감소 조치를 즉시 실시하여야 한다.
④ 위험성 감소 대책의 구체적 내용은 법령에 규정된 사항이 있는 경우에는 그것을 반드시 실시해야 한다.
⑤ 감소 대책 수립 시 '1. 본질적(근원적) 대책, 2. 공학적 대책, 3. 관리적 대책, 4. 개인보호구 사용' 순서로 적용을 고려하고, 비용 대비 효과 측면에서 현저한 불균형이 있는 경우를 제외하고는 보다 상위의 감소 대책을 실시할 필요가 있다.

[법령 등에 규정된 사항의 실시(해당 사항이 있는 경우)]

1. 본질적(근원적) 대책	위험한 작업의 폐지·변경, 유해·위험물질 또는 위해·위험요인이 보다 적은 재료로의 대체, 설계나 계획단계에서 위험성을 제거 또는 저감하는 조치
2. 공학적 대책	인터록, 안전장치, 방호문, 국소배기장치 등
3. 관리적 대책	매뉴얼 정비, 출입금지, 노출관리, 교육훈련 등
4. 개인보호구 사용	위의 조치를 취하더라도 제거·감소할 수 없었던 위험성에 대해서만 실시

확인! OX

다음은 위험성 감소 대책 수립·실행 시 고려사항에 대한 설명이다. 옳으면 "O", 틀리면 "X"로 표시하시오.

1. 위험성의 크기가 큰 것부터 위험성 감소 대책의 대상으로 한다. ( )
2. 위험성 감소를 위한 우선도를 결정하는 방법은 위험성평가 단계 중 위험성 감소대책 수립 및 실행 단계에서 미리 설정해 두는 것이 바람직하다. ( )

정답 1. O 2. X

| 해설 |
2. 위험성평가 1단계인 사전준비 단계에서 미리 설정해 두는 것이 바람직하다.

CHAPTER 03 근골격계질환 예방관리

PART 02. 인간공학 및 위험성 평가·관리

출제율 3%

출제포인트
- 근골격계질환의 종류
- 인간공학적 평가방법의 구성, 특성, 장단점 및 사용법
- 직업성 근골격계 부담작업의 범위

제1절 근골격계 유해요인

기출 키워드
부담작업의 범위, 유해요인조사, OWAS, RULA, REBA

1. 근골격계질환의 정의 및 유형

(1) 정의

반복작업 또는 인체에 과도한 부담을 주는 작업에 의하여 목, 어깨, 허리, 팔, 다리의 신경, 근육 및 그 주변 조직 등에 발생하는 질환으로서 통증이나 감각 이상 또는 기능 저하가 초래되는 질환을 총칭한다. 유사용어로는 누적 외상성 질환 또는 반복성 긴장 상해 등이 있다.

(2) 근골격계질환 유해요인(ergonomic risk factors)

작업 관련 요인	개인적 요인	사회심리적 요인
• 동작의 반복 • 과도한 힘 • 부적절한 자세 • 접촉 스트레스 : 날카로운 면, 차가운 면과 접촉 • 정적 부하 • 진동이나 극한 온도 • 휴식시간의 부족	• 연령 : 고령 • 신체조건 • 성별 : 여성 • 작업 경력 • 유전적 요인 • 과거 병력 : 근골격계 관련 질환 • 작업 습관 및 자세 • 건강상태 • 운동 및 취미활동	• 작업 만족도 • 근무조건에 대한 만족도 • 작업의 자율적 조절 • 상사 및 동료들과의 인간관계 • 업무적 스트레스 • 정신, 심리 상태

(3) 근골격계질환의 단계별 증상

① 1단계
  ㉠ 작업시간 동안에 통증이나 피로감을 호소
  ㉡ 하룻밤을 지내거나 휴식을 취하게 되면 증상이 없어짐
  ㉢ 작업능력의 저하가 발생하지 않음

② 2단계
  ㉠ 작업시간 초기부터 통증이 발생
  ㉡ 하룻밤이 지나도 통증이 계속되며, 통증 때문에 잠을 설치게 됨
  ㉢ 작업을 수행하는 능력 감소

③ 3단계
  ㉠ 작업을 수행할 수 없을 정도
  ㉡ 작업시간이나 휴식시간에도 계속 통증을 느낌
  ㉢ 통증으로 잠을 잘 수 없을 정도로 고통이 계속되어 다른 일에도 어려움을 겪음

(4) 근골격계질환의 원인

① 반복성 : 지속적인 반복작업으로 인해 손가락, 손목, 팔의 반복성이 발생한다. 반복성을 개선하기 위해서는 같은 근육을 반복하여 사용하지 않도록 작업을 변경(작업순환)하여 작업자끼리 공유하거나 공정을 자동화시켜 주어야 하며, 근육의 피로를 더 빨리 회복시키기 위해 작업 중 잠시 쉬는 것이 좋고, 수시로 스트레칭을 실시한다.

② 부자연스러운 자세 : 작업을 위해 어쩔 수 없이 취해야 하는 동작으로 인해 팔, 어깨, 허리 등의 부자연스러운 자세가 발생한다. 부자연스러운 자세를 개선하기 위해서는 높이 조절이 가능한 작업대를 설치하는 것이 좋으며, 아래로 많은 힘을 필요로 하는 중작업(무거운 물건을 다루는 작업)은 작업자의 팔꿈치 높이를 10~30cm 정도 낮게 한다.

③ 과도한 힘의 발생 : 과도한 힘을 개선하기 위해서는 앉아서 작업하는 것보다 서서 작업하는 것이 좋으며, 과도한 힘을 요구하는 작업공구는 동력을 사용하는 공구로 교체하는 것이 좋다. 손에 맞는 공구를 선택하고 힘이 요구되는 작업에는 파워그립(power grip)을 사용한다.

④ 접촉스트레스 : 지속적인 조립작업과 작업대 모서리, 작업공구 사용으로 인해 손가락, 손바닥, 팔의 접촉스트레스가 발생한다. 접촉스트레스를 개선하기 위해서는 작업대 모서리에 고무패드를 부착하는 것이 좋으며 작업에 알맞은 안전장갑 및 라텍스 장갑을 사용한다.

⑤ 기타 요인 : 진동, 온도, 조명 등

(5) 수공구 사용과 관련하여 손목 부위에서 다발하는 근골격계질환

손 및 손목 부위에서 발생하는 질병에는 수근관증후군, 주부관증후군, 드퀘르뱅 건초염, 방아쇠 수지, 결절종, 수완 및 완관절부의 건염 또는 건활막 등이 있으며, 이 질병의 유해요인은 주로 자세, 힘, 반복성, 공구(무게, 진동) 등이다.

① 수근관증후군
  ㉠ 손목을 반복적으로 많이 사용하여 수근관을 덮고 있는 인대가 두꺼워져 정중신경을 압박하면서 통증이나 감각 이상 등이 나타나는 질환이다.
  ㉡ 손목 부위의 감각마비, 쑤심, 욱신거리는 증상이 있고 특히 밤에 통증이 심하다.

정중신경

+ 괄호문제

다음 괄호 안에 알맞은 내용을 쓰시오.
① 근골격계질환의 단계별 증상 중 통증으로 잠을 잘 수 없을 정도로 고통이 계속되어 다른 일에도 어려움을 겪게 되는 경우는 (   )에 해당한다.
② 근골격계질환의 주요 원인으로는 (   ), 과도한 힘의 발생, 접촉스트레스 등이 있다.

| 정답 |
① 3단계
② 반복성, 부자연스러운 자세

확인! OX

다음은 근골격계질환의 원인의 개선에 대한 설명이다. 옳으면 "O", 틀리면 "X"로 표시하시오.
1. 반복성을 개선하기 위해서는 같은 근육을 반복하여 사용하지 않도록 작업을 변경(작업순환)하여 작업자끼리 공유하거나 공정을 자동화시켜 주어야 한다. (   )
2. 과도한 힘을 개선하기 위해서는 서서 작업하는 것보다 앉아서 작업하는 것이 좋다. (   )

정답 1. O 2. X

| 해설 |
2. 앉아서 작업하는 것보다 서서 작업하는 것이 좋다.

② 건초염 : 인대 또는 이들을 둘러싸고 있는 건초(건막) 부위가 부어오르고 손이나 팔이 붓고 누르면 아픈 증상이 있다.
③ 결절종 : 관절 부위의 얇은 막이나 건초 부분 낭종이나 활액(synovial fluid)을 채우고 있는 건초(tendon sheath)가 부풀어 오르는 현상이다. 손목의 윗부분이나 요굴 부위가 붓거나 혹이 생기기도 한다.
④ 건염 : 대표적인 수공구 관련 누적 외상병으로, 부적절하게 설계된 공구의 과다 사용으로 발생(손목의 상향과 척골 편향)한다. 인대의 섬유질이 찢어지거나 상처를 입어 염증이 발생하는 것으로 손, 팔꿈치, 어깨 손상과 붓거나 누르면 통증이 있고 힘을 쓸 수 없게 되는 증상이 있다.

+ 괄호문제

다음 괄호 안에 알맞은 내용을 쓰시오.

수근관증후군을 측정할 수 있는 객관적 검사 3가지는 (㉠), (㉡), (㉢)이다.

| 정답 |
㉠ 신경타진검사
㉡ 수근굴곡검사
㉢ 전기적 검사

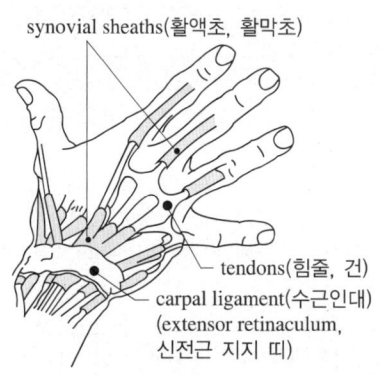
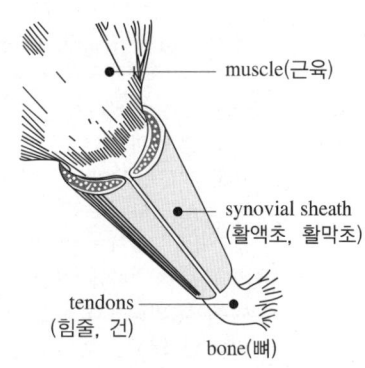

⑤ 수근관증후군을 측정할 수 있는 객관적 검사
  ㉠ 신경타진검사 : 정중신경이 지나가는 손목의 신경을 손가락으로 눌렀을 때, 정중신경의 지배 영역에 이상 감각이나 통증이 유발되는지 검사한다.
  ㉡ 수근굴곡검사 : 손바닥을 안쪽으로 향하여 손목을 약 1분 동안 심하게 꺾었을 때, 정중신경의 지배 영역에 통증과 이상 감각이 나타나거나 심해지는지 검사한다.
  ㉢ 전기적 검사 : 무지구 근육(엄지손가락 밑부분의 불룩한 부분)에서 근전도의 이상이 있는지, 손목에서 신경 전달 속도의 지연이 있는지를 검사한다.

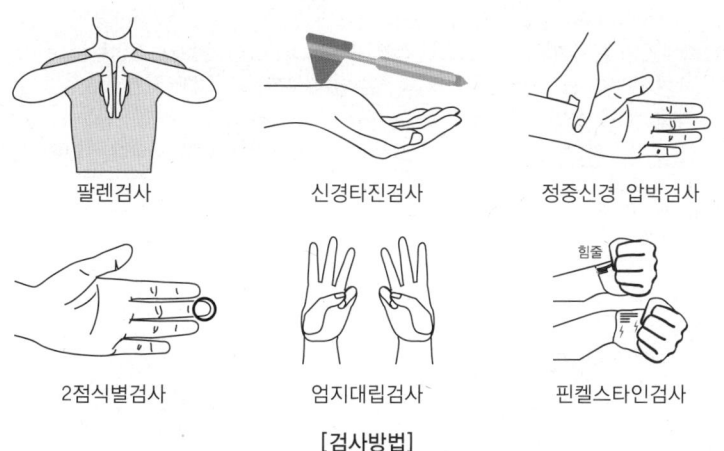

[검사방법]

확인! OX

다음은 수공구 사용과 관련한 손목 부위에서 다발하는 근골격계 질환에 대한 설명이다. 옳으면 "O", 틀리면 "X"로 표시하시오.

1. 결절종은 관절 부위의 얇은 막이나 건초 부분 낭종이나 활액을 채우고 있는 건초가 부풀어 오르는 현상이다. ( )

2. 수근굴곡검사는 정중신경이 지나가는 손목의 신경을 손가락으로 눌렀을 때, 정중신경의 지배 영역에 이상 감각이나 통증이 유발되는지 검사한다. ( )

정답 1. O 2. X

| 해설 |
2. 신경타진검사에 대한 설명이다.

+ 괄호문제

다음 괄호 안에 알맞은 내용을 쓰시오.

( ) 질병은 특정 신체부위에 부담을 주는 업무로 그 업무와 관련이 있는 근육, 인대, 힘줄, 추간판, 연골, 뼈 또는 이와 관련된 신경 및 혈관에 미세한 손상이 누적되어 통증이나 기능 저하가 초래되는 급성 또는 만성질환을 말한다.

| 정답 |
근골격계

더 알아보기

근골격계질환 직무상 질병 추정의 원칙(뇌혈관 질병 또는 심장 질병 및 근골격계 질병의 업무상 질병 인정 여부 결정에 필요한 사항)

(중략)

2. 근골격계에 발생한 질병
   가. 근골격계 질병의 정의 및 범위
      1) 근골격계 질병은 특정 신체부위에 부담을 주는 업무로 그 업무와 관련이 있는 근육, 인대, 힘줄, 추간판, 연골, 뼈 또는 이와 관련된 신경 및 혈관에 미세한 손상이 누적되어 통증이나 기능 저하가 초래되는 급성 또는 만성질환을 말한다.
      2) 근골격계 질병은 팔(上肢), 다리(下肢) 및 허리 부분으로 구분한다.
         • '팔 부분(上肢)'은 목, 어깨, 등, 위팔, 아래팔, 팔꿈치, 손목, 손 및 손가락의 부위를 말하며, 대표적 질병으로는 경추염좌, 경추간판탈출증, 회전근개건염, 팔꿈치의 내(외)상과염, 수부의 건염 및 건초염, 수근관증후군 등이 있다.
         • '다리 부분(下肢)'은 둔부, 대퇴부, 무릎, 다리, 발목, 발 및 발가락의 부위를 말하며, 대표적 질병으로는 무릎의 반월상 연골손상, 슬개대퇴부 통증증후군, 발바닥의 근막염, 발과 발목의 건염 등이 있다.
         • '허리 부분'은 요추 및 주변의 조직을 지칭하며 대표적 질병으로는 요부염좌, 요추간판탈출증 등이 있다.
   나. 가. 1)에 따른 근골격계 질병을 판단할 때에는 해당 질병에 대한 증상, 이학적 소견, 검사 소견, 진단명 등을 확인하여 판단한다.
   다. 업무수행 중 발생한 사고로 인한 근골격계 질병
      1) 신체부담업무를 수행한 작업력이 있는 근로자에게 업무수행 중 발생한 사고로 인해 나타나는 근골격계 질병은 업무상 질병의 판단 절차에 따른다. 다만, 신체에 가해진 외력의 정도와 그에 따른 신체손상(골절, 인대손상, 연부조직 손상, 열상, 타박상 등)이 그 근로자의 직업력과 관계없이 사고로 발생한 것으로 의학적으로 인정되는 경우에는 업무상 사고의 판단 절차에 따른다.
      2) 1)에서 '업무수행 중 발생한 사고'란 업무수행 중에 통상의 동작 또는 다른 동작에 의해 관절 부위에 급격한 힘이 돌발적으로 가해져 발생한 경우를 말한다. 이 경우, '급격한 힘이 돌발적으로 가해져 발생한 경우'를 판단할 때에는 신체부담업무에 따른 신체의 영향과 급격한 힘의 작용에 따른 신체의 영향을 종합적으로 고려하여 업무관련성 여부를 판단한다.
   라. 업무관련성의 판단
      1) 신체부담업무의 업무관련성을 판단할 때에는 신체부담 정도, 직업력, 간헐적 작업 유무, 비고정작업 유무, 종사기간, 질병의 상태 등을 종합적으로 고려하여 판단한다.
      2) 1)의 신체부담 정도는 재해조사 내용을 토대로 인간공학전문가, 산업위생전문가, 직업환경의학 전문의 등 관련 전문가의 의견을 들어 평가하되, 필요한 경우 관련 전문가와 함께 재해조사를 하여 판단한다.
      3) [별표 1]에 해당하는 상병, 직종, 근무기간, 유효기간을 충족할 경우에는 업무관련성이 강하다고 평가한다.

확인! OX

다음은 업무수행 중 발생한 사고로 인한 근골격계 질병에 대한 설명이다. 옳으면 "O", 틀리면 "X"로 표시하시오.

신체부담업무를 수행한 작업력이 있는 근로자에게 업무수행 중 발생한 사고로 인해 나타나는 근골격계 질병은 업무상 질병의 판단 절차에 따른다. ( )

| 정답 | O

[별표 1] 상병, 직종, 근무기간, 유효기간 기준

신체부위	상병명	직종명*	근무기간 (유효기간**)
목	경추간판 탈출증	• 건설(용접공, 배관공, 형틀목공, 전기공, 미장공, 도장공, 경량철골공) • 조선(용접공, 배관공, 취부공, 사상공, 도장공) • 자동차(정비공), 제조업 용접공	10년 이상 (12개월 이내)
어깨	회전근개 파열	• 건설(용접공, 배관공, 형틀목공, 석공, 전기공, 미장공, 도장공, 경량철골공, 새시조립 및 설치공, 인테리어공, 토목공, 조적공, 타일공, 견출공, 터널공, 관로공, 도배공) • 조선(용접공, 배관공, 취부공, 사상공, 도장공, 비계공, 기계조립공, 전장공, 의장설치공) • 자동차(부품조립공, 의장조립공, 정비공, 도장공, 엔진조립공) • 타이어(성형공, 압출공, 정련공, 비드공, 검사원, 재단공) • 주류 및 음료 배달원, 쓰레기수거원(재활용 포함), 급식조리원, 제조업 용접공, 가구제조원(배달 포함), 정육원, 마트 판매원, 항만하역원, 이사작업원	10년 이상 (12개월 이내)
팔꿈치	내(외) 상과염	• 건설(용접공, 형틀목공, 철근공) • 조선(용접공, 취부공, 사상공, 도장공) • 자동차(부품조립공, 의장조립공) • 타이어(가류공, 정련공, 성형공, 압출공, 검사원) • 제조업 용접공, 조리원, 급식조리원, 음식서비스 종사원, 정육원, 쓰레기수거원(재활용 포함), 건물 청소원	1년 이상 (2개월 이내)
손·손목	수근관 증후군	• 건설(용접공, 형틀목공, 석공, 미장공) • 자동차(정비공, 의장조립공) • 조선(용접공, 취부공, 도장공) • 제조업 용접공, 조리원, 급식조리원, 음식서비스 종사원, 주방보조원, 정육원, 객실청소원	2년 이상 (6개월 이내)
손·손목	삼각섬유 연골복합체 파열	• 자동차(부품조립공, 의장조립공), 급식조리원 • 타이어(가류공, 정련공, 성형공, 압출공, 검사원)	5년 이상 (12개월 이내)
손·손목	드퀘르벵	• 자동차(부품조립공, 의장조립공) • 조리원, 급식조리원, 제빵원	1년 이상 (2개월 이내)
허리	요추간판 탈출증	• 건설(용접공, 배관공, 형틀목공, 석공, 전기공, 철골공, 중기운전원) • 조선(용접공, 배관공, 취부공, 사상공, 도장공) • 자동차 정비공, 타이어 성형공 • 제조업 용접공, 쓰레기수거원(재활용 포함), 열차 정비공	10년 이상 (12개월 이내)
무릎	반월상 연골파열	• 건설(용접공, 배관공, 형틀목공, 석공, 전기공, 철근공, 미장공, 비계공) • 조선(용접공, 배관공, 취부공, 사상공, 도장공, 의장조립공, 심출·철목공, 전장공, 절단공, 보온공, 비계공, 선박정비공) • 제조업 용접공, 택배원, 이사작업원, 쓰레기수거원(재활용 포함), 어린이집 보육교사	5년 이상 (12개월 이내)

* 직종명은 한국표준직업 분류와 일치하지 않을 경우, 직종명에 대한 상세정의는 근로복지공단에서 정하는 바에 따름
** 신청인이 신체부담 업무를 중단한 다음 날부터 최초 상병진단일까지의 기간

+ 괄호문제

다음 괄호 안에 알맞은 내용을 쓰시오.
① 근골격계 질병 중 (　) 부분에 발생하는 대표적인 질병에는 경추염좌, 경추간판탈출증 등이 있다.
② 근골격계 질병 중 (　) 부분에 발생하는 대표적인 질병에는 요부염좌, 요추간판탈출증 등이 있다.

| 정답 |
① 팔
② 허리

확인! OX

다음은 근골격계질환에 대한 설명이다. 옳으면 "O", 틀리면 "X"로 표시하시오.

근골격계질환을 감소시키는 것이 인간공학의 목표 중 하나이다. (　)

정답 O

2. 근골격계 부담작업의 범위

(1) 근골격계 부담작업의 범위 및 유해요인조사 방법에 관한 고시

① 정의(제2조)
  ㉠ '단기간 작업'이란 2개월 이내에 종료되는 1회성 작업을 말한다.
  ㉡ '간헐적인 작업'이란 연간 총작업일수가 60일을 초과하지 않는 작업을 말한다.
  ㉢ '하루'란 1일 소정근로시간과 1일 연장근로시간 동안 근로자 수행하는 총작업시간을 말한다.
  ㉣ '4시간 이상' 또는 '2시간 이상'은 '하루' 중 근로자가 근골격계 부담작업을 실제로 수행한 시간을 합산한 시간을 말한다.

② 근골격계 부담작업(제3조)
  ㉠ 하루에 4시간 이상 집중적으로 자료입력 등을 위해 키보드 또는 마우스를 조작하는 작업
  ㉡ 하루에 총 2시간 이상 목, 어깨, 팔꿈치, 손목 또는 손을 사용하여 같은 동작을 반복하는 작업
  ㉢ 하루에 총 2시간 이상 머리 위에 손이 있거나, 팔꿈치가 어깨 위에 있거나, 팔꿈치를 몸통으로부터 들거나, 팔꿈치를 몸통 뒤쪽에 위치하도록 하는 상태에서 이루어지는 작업
  ㉣ 지지되지 않은 상태이거나 임의로 자세를 바꿀 수 없는 조건에서, 하루에 총 2시간 이상 목이나 허리를 구부리거나 트는 상태에서 이루어지는 작업
  ㉤ 하루에 총 2시간 이상 쪼그리고 앉거나 무릎을 굽힌 자세에서 이루어지는 작업
  ㉥ 하루에 총 2시간 이상 지지되지 않은 상태에서 1kg 이상의 물건을 한 손의 손가락으로 집어 옮기거나, 2kg 이상에 상응하는 힘을 가하여 손가락으로 물건을 쥐는 작업
  ㉦ 하루에 총 2시간 이상 지지되지 않은 상태에서 4.5kg 이상의 물건을 한 손으로 들거나 동일한 힘으로 쥐는 작업
  ㉧ 하루에 10회 이상 25kg 이상의 물체를 드는 작업
  ㉨ 하루에 25회 이상 10kg 이상의 물체를 무릎 아래에서 들거나, 어깨 위에서 들거나, 팔을 뻗은 상태에서 드는 작업
  ㉩ 하루에 총 2시간 이상, 분당 2회 이상 4.5kg 이상의 물체를 드는 작업
  ㉪ 하루에 총 2시간 이상 시간당 10회 이상 손 또는 무릎을 사용하여 반복적으로 충격을 가하는 작업
  ※ 단, 단기간 작업 또는 간헐적인 작업은 제외

(2) 근골격계 유해요인조사

① 조사시기
  ㉠ 정기조사 : 매 3년 이내에 정기적으로 실시한다.
  ㉡ 수시조사 : 수시조사 사유에 해당하는 경우, 1개월 이내에 실시한다.

+ 괄호문제

다음 괄호 안에 알맞은 내용을 쓰시오.
① 근골격계 유해요인 정기조사는 매 (　　) 에 정기적으로 실시한다.
② 근골격계 유해요인 수시조사는 수시조사 사유에 해당하는 경우, (　　) 에 실시한다.

| 정답 |
① 3년 이내
② 1개월 이내

확인! OX

다음은 근골격계 부담작업에 대한 설명이다. 옳으면 "O", 틀리면 "X"로 표시하시오.

1. 단기간 작업이란 2개월 이내에 종료되는 1회성 작업을 말한다. (　　)
2. '하루에 총 2시간 이상 시간당 5회 이상 손 또는 무릎을 사용하여 반복적으로 충격을 가하는 작업'은 근골격계부담작업의 범위 및 유해요인 조사 방법에 관한 고시상 근골격계 부담작업에 해당한다. (　　)

| 정답 | 1. O 2. X

| 해설 |
2. 하루에 총 2시간 이상, 시간당 10회 이상 손 또는 무릎을 사용하여 반복적으로 충격을 가하는 작업이 해당된다.

② 조사내용
  ㉠ 작업장 상황조사 : 작업설비, 작업량, 작업속도 및 업무의 변화 여부 등
  ㉡ 작업조건 조사
    • 1단계 : 직종 및 작업내용 조사
    • 2단계 : 작업내용별 작업부하(A) 및 작업빈도(B)를 조사하여 작업내용별 총점(A×B)을 산정
    • 3단계 : 총점이 높은 작업 순서대로 기술하고, 유해요인 및 유해요인의 원인 파악
  ㉢ 근골격계질환 증상조사 : 유해요인과의 부합성을 확인하기 위해 구체적인 증상과 징후, 직업력, 근무형태(교대제 여부 등), 취미생활, 과거 질병력 등의 정보를 활용

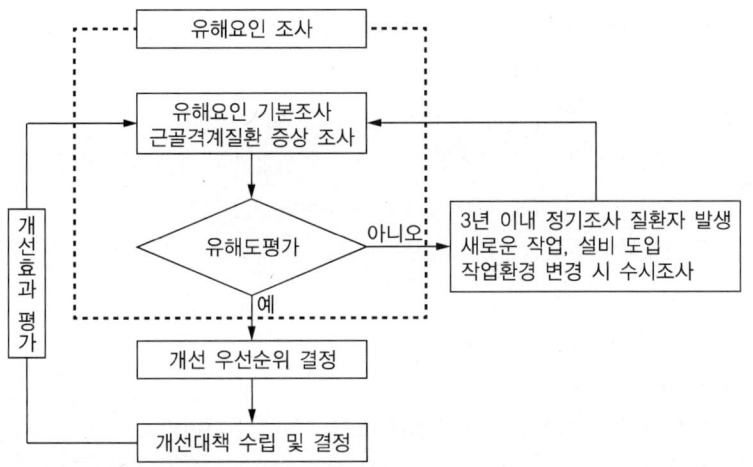

③ 작업환경 개선 및 사후조치
  ㉠ 개선 우선순위에 따른 개선계획 수립
  ㉡ 작업환경개선 실시
  ㉢ 해당 근로자에게 알림(통지의 의무)
④ 기록보존 문서
  ㉠ 유해요인 기본조사표
  ㉡ 근골격계질환 증상조사표
  ㉢ 개선계획 및 결과보고서
  ㉣ 근로자의 신상에 관한 문서는 5년 동안 보존(시설·설비와 관련된 자료는 시설·설비가 작업장 내에 존재하는 한 보존)

+ 괄호문제

다음 괄호 안에 알맞은 내용을 쓰시오.
① 근골격계 유해요인조사 관련 기록보존 문서는 ( )이다.
② 근골격계 유해요인조사 관련 기록보존 문서 중 근로자의 신상에 관한 문서는 ( ) 동안 보존해야 한다.

| 정답 |
① 유해요인 기본조사표, 근골격계질환 증상조사표, 개선계획 및 결과보고서
② 5년

확인! OX

다음은 근골격계 유해요인조사에 대한 설명이다. 옳으면 "O", 틀리면 "X"로 표시하시오.
1. 근골격계질환 증상조사는 유해요인과의 부합성을 확인하기 위해 구체적인 증상과 징후, 직업력, 근무형태(교대제 여부 등), 취미생활, 과거 질병력 등의 정보를 활용한다. ( )
2. 근골격계 유해요인조사 관련 기록보존 문서 중 시설·설비와 관련된 자료는 5년 동안 보존해야 한다. ( )

정답 1. O 2. X

| 해설 |
2. 시설·설비가 작업장 내에 존재하는 한 보존해야 한다.

+ 괄호문제

다음 괄호 안에 알맞은 내용을 쓰시오.

① OWAS의 장점은 특별한 기구 없이 (　)에 의해서만 작업자세를 평가하는 것이다.
② OWAS의 단점은 작업자세 특성에 대한 (　)인 분석만 가능하다는 것이다.

| 정답 |
① 관찰
② 정성적

제2절　인간공학적 유해요인 평가

1. OWAS(Ovako Working-posture Analysis System)

(1) 개요

OWAS는 핀란드의 철강회사인 Ovako사와 핀란드 노동위생연구소가 1970년대 중반 육체작업에 있어서 부적절한 작업자세를 구별해 낼 목적으로 개발되었다. 작업자의 작업자세를 일정 간격으로 관찰하여 분류 체계에 따라 기록한다.

① 장점
  ㉠ 특별한 기구 없이 관찰에 의해서만 작업자세를 평가한다.
  ㉡ 현장에서 기록 및 해석의 용이함 때문에 많은 작업장에서 작업자세를 평가한다.
  ㉢ 평가기준을 완비하여 분명하고 간편하게 평가가 가능하다.
  ㉣ 현장성이 강하면서도 상지와 하지의 작업분석이 가능하며, 작업대상물의 무게를 분석요인에 포함한다.

② 단점
  ㉠ 작업자세를 너무 단순화했기 때문에 세밀한 분석에 어려움이 있다.
  ㉡ 작업자세 특성에 대한 정성적인 분석만 가능하다.

③ 평가대상작업 : 조선업 및 의료서비스업과 같이 비특이적인 작업자세가 문제되는 작업

(2) 분석방법

① 신체부위별로 각 코드의 비율을 조사 : 각 신체부위별로 자세의 특성을 파악하기 위한 것이며, 이를 바탕으로 작업부하에 영향이 큰 신체부위를 판단할 수 있다.
② 각 작업자세를 4가지 작업수준으로 나눈 기준에 따라 분류
  ㉠ AC판정표를 이용하여 작업자세 수준(Action Category)을 결정한다.
  ㉡ OWAS는 전체 작업자세를 근골격계에 미치는 영향에 따라 크게 네 수준으로 분류한다.
  ㉢ 4가지 작업자세 수준 중, 작업수준 3과 4는 근골격계에 나쁜 영향을 미치는 자세로 시급한 조정이 필요하다.

작업자세 수준	평가내용
Action Category 1	• 이 자세에 의한 근골격계 부담은 문제없다. • 개선이 불필요하다.
Action Category 2	• 이 자세는 근골격계에 유해하다. • 가까운 시일 내에 개선해야 한다.
Action Category 3	• 이 자세는 근골격계에 유해하다. • 가능한 한 빠른 시일 내에 개선해야 한다.
Action Category 4	• 이 자세는 근골격계에 매우 유해하다. • 즉시 개선해야 한다.

확인! OX

다음은 OWAS에 대한 설명이다. 옳으면 "O", 틀리면 "X"로 표시하시오.

1. OWAS 평가결과, 이 자세에 의한 근골격계 부담은 문제없고, 개선이 불필요하다고 판단되는 단계는 Action Category 1이다. (　)
2. OWAS는 전체 작업자세를 근골격계에 미치는 영향에 따라 크게 네 수준으로 분류하는데, 작업수준 1, 2는 근골격계에 나쁜 영향을 미치는 자세로 시급한 조정이 필요하다. (　)

정답 1. O 2. X

| 해설 |
2. 작업수준 3, 4일 경우 시급한 조정이 필요하다.

OWAS 작업분석 SHEET

부서명		작업설명	
공정명			
분석자			
날짜			

자료입력 및 분석

신체부위	작업자세(괄호 안은 자세코드)			
허리	(1) 바로 섬	(2) 굽힘	(3) 비틈	(4) 굽히고 비틈
팔	(1) 양팔 어깨 아래	(2) 한팔 어깨 아래	(3) 양팔 어깨 위	
다리	(1) 앉음	(2) 두 다리로 섬	(3) 한 다리로 섬	(4) 두 다리 구부림
	(5) 한 다리 구부림	(6) 무릎 꿇음	(7) 걷기	
하중/힘	(1) 10kg 이하	(2) 10~20kg	(3) 20kg 이상	

AC값

AC값		(1)			(2)			(3)			(4)			(5)			(6)			(7)		
		(1)	(2)	(3)	(1)	(2)	(3)	(1)	(2)	(3)	(1)	(2)	(3)	(1)	(2)	(3)	(1)	(2)	(3)	(1)	(2)	(3)
(1)	(1)	1	1	1	1	1	1	1	1	1	2	2	2	2	2	2	1	1	1	1	1	1
	(2)	1	1	1	1	1	1	1	1	1	2	2	2	2	2	2	1	1	1	1	1	1
	(3)	1	1	1	1	1	1	1	1	1	2	2	3	2	2	3	1	1	1	1	1	2
(2)	(1)	2	2	3	2	2	3	2	2	3	3	3	3	3	3	3	2	2	2	2	3	3
	(2)	2	2	3	2	2	3	2	3	3	3	4	4	3	4	3	3	4	2	3	4
	(3)	3	3	4	2	2	3	3	3	3	4	4	4	4	4	4	4	2	3	4
(3)	(1)	1	1	1	1	1	1	1	1	2	3	3	3	4	4	4	1	1	1	1	1	1
	(2)	2	2	3	1	1	1	2	4	4	4	4	4	4	4	3	3	3	1	1	1
	(3)	2	2	3	1	1	1	2	3	3	4	4	4	4	4	4	4	1	1	1
(4)	(1)	2	3	3	2	2	3	2	2	3	4	4	4	4	4	4	2	3	4
	(2)	3	3	4	2	3	4	3	3	4	4	4	4	4	4	4	2	3	4
	(3)	4	4	4	2	3	4	3	3	4	4	4	4	4	4	4	2	3	4

(다리 → 무게, 팔 → 허리)

최종평가	AC 1, 2	AC 3, 4
	관망의 작업	재설계가 필요한 작업
개선방향		

+ 괄호문제

다음 괄호 안에 알맞은 내용을 쓰시오.
① OWAS 작업분석 SHEET 상단에는 ( )을 기재한다.
② 최종평가 AC 3, 4일 경우 ( )가 필요한 작업으로 판단한다.

| 정답 |
① 부서명, 공정명, 분석자, 날짜, 작업설명
② 재설계

확인! OX

다음은 OWAS에 대한 설명이다. 옳으면 "O", 틀리면 "X"로 표시하시오.

1. 유해요인 조사 방법 중 OWAS 작업자세를 허리, 팔, 손목으로 구분하여 각 부위의 자세를 코드로 표현한다. ( )

2. 자료입력 및 분석단계에서 양팔이 어깨 아래에 있으면 팔의 자세코드는 3이다. ( )

정답 1. X 2. X

| 해설 |
1. OWAS는 작업자세를 허리, 팔, 다리, 하중/힘으로 구분하여 각 부위의 자세를 코드로 표현한다.
2. 양팔이 어깨 아래에 있으면 자세코드는 1이다.

+ 괄호문제

다음 괄호 안에 알맞은 내용을 쓰시오.
① 근골격계질환 작업분석 및 평가 방법인 OWAS의 평가 요소는 ( ), 하중/힘이다.
② ( )는 어깨, 팔목, 손목, 목 등 상지에 초점을 맞추어서 작업자세로 인한 작업부하를 쉽고 빠르게 평가하기 위해 만들어진 기법이다.

| 정답 |
① 허리, 팔, 다리
② RULA

신체부위	코드	자세설명	신체부위	코드	자세설명
허리	1	곧바로 편 자세(서 있음)	다리	1	의자에 앉은 자세
	2	상체를 앞으로 굽힌 자세		2	두 다리를 펴고 선 자세
	3	바로 서서 허리를 옆으로 비튼 자세		3	한 다리로 선 자세
	4	상체를 앞으로 굽힌 채 옆으로 비튼 자세		4	두 다리를 구부린 자세
				5	한 다리로 서서 구부린 자세
				6	무릎 꿇은 자세
팔	1	양손을 어깨 아래로 내린 자세		7	걷기
	2	한 손만 어깨 위로 올린 자세	하중/힘	1	10kg 이하
	3	양손 모두 어깨 위로 올린 자세		2	10~20kg
				3	20kg 이상

2. RULA(Rapid Upper Limb Assessment)

(1) 개요

① 어깨, 팔목, 손목, 목 등 상지에 초점을 맞추어서 작업자세로 인한 작업부하를 쉽고 빠르게 평가하기 위해 만들어진 기법이다.
② RULA의 평가표는 크게 각 신체부위별 작업자세를 나타내는 3개의 배점표로 구성된다.
③ 평가대상이 되는 주요 작업 요소로는 반복수, 정적작업, 힘, 작업자세, 연속작업시간 등이 있다.
④ 평가방법은 크게 신체부위별로 A와 B 그룹으로 나누어지며 A, B의 그룹별로 작업자세 그리고 근육과 힘에 대한 평가로 이루어진다.
⑤ 장점 : 특별한 장비가 필요 없이 단지 펜과 종이만 가지고도 쉽게 작업부하를 평가할 수 있다.

확인! OX

다음은 RULA에 대한 설명이다. 옳으면 "O", 틀리면 "X"로 표시하시오.

1. RULA의 평가대상이 되는 주요 작업 요소로는 반복수, 정적작업, 힘, 작업자세, 연속작업시간 등이 있다. ( )
2. RULA 평가 시, 평가에 적합한 전용 장비가 필요하다. ( )

| 정답 | 1. O 2. X

| 해설 |
2. 특별한 장비가 필요 없이 단지 펜과 종이만 가지고도 쉽게 작업부하를 평가할 수 있다.

(2) 평가절차

① 분석절차 부분(4개) : 근육 사용, 무게나 힘, 비틀림, 다리와 발
② 평가에 사용하는 신체부위
  ㉠ 그룹 A : 위팔, 아래팔, 손목
  ㉡ 그룹 B : 목, 몸통, 다리

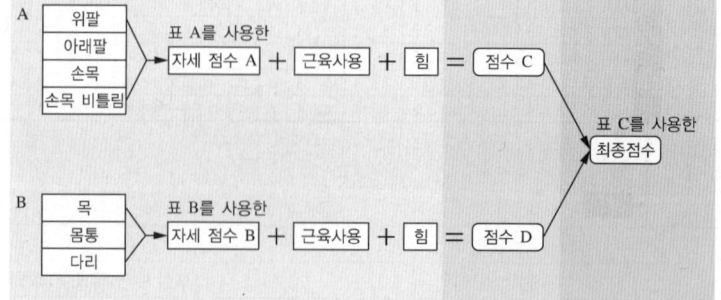

(3) 평가결과

평가에 대한 결과는 1에서 7 사이의 총점으로 나타내며 점수에 따라 4개의 조치단계 (action level)로 분류한다.

① 최종점수 1~2 : 수용 가능한 작업(acceptable job)
② 최종점수 3~4 : 계속적 추적관찰 요함(investigate further)
③ 최종점수 5~6 : 계속적 관찰과 빠른 작업개선 요함(investigate further and change soon)
④ 최종점수 7점 이상 : 정밀조사와 즉각적인 개선이 요구됨

3. REBA(Rapid Entire Body Assessment)

(1) 개요

① 예측하기 힘든 다양한 자세에서 이루어지는 서비스업에서의 전체적인 신체에 대한 부담 정도와 유해인자에 노출된 정도를 분석하기 위해 개발되었다.
② 크게 각 신체부위별 작업자세를 나타내는 그림과 4개의 배점표로 구성된다.
③ 분석 가능한 유해요인 : 작업자세, 반복성/정적 동작, 힘(하중), 손잡이 상태, 행동점수
④ 평가방법은 크게 신체부위별로 A와 B 그룹으로 나누어지며, A, B의 각각 그룹별로 작업자세 그리고 근육과 힘에 대한 평가로 이루어진다.
⑤ 적용 신체부위 : 손·손목, 아래팔, 팔꿈치, 어깨, 목, 허리, 다리
⑥ 평가 대상작업 : 병원종사자 등과 같이 비특이적인 작업을 주로 하는 서비스업, VDT 작업

(2) 평가결과

1~15점 사이의 총점으로 점수에 따라 5개의 조치단계(action level)로 분류한다.

조치단계	REBA score	위험수준	조치(추가 정보조사 포함)
0	1	무시해도 좋음	필요 없음
1	2~3	낮음	필요할지도 모름
2	4~7	보통	필요함
3	8~10	높음	곧 필요함
4	11~15	매우 높음	지금 즉시 필요함

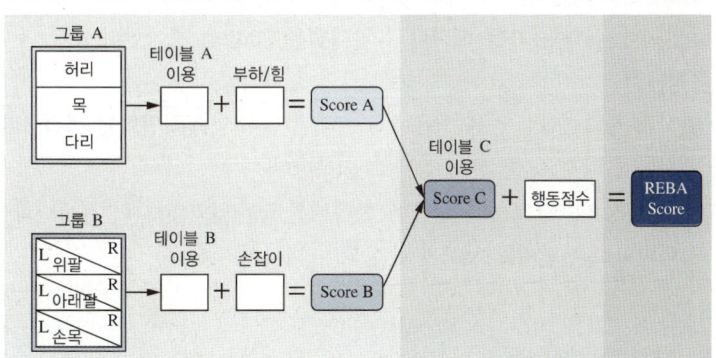

+ 괄호문제

다음 괄호 안에 알맞은 내용을 쓰시오.
① RULA평가에 대한 결과는 1에서 7 사이의 총점으로 나타내며 점수에 따라 (   )개의 조치단계로 분류한다.
② 병원종사자 등과 같이 비특이적인 작업을 주로 하는 서비스업의 평가에 적합한 인간공학적평가도구는 (   )이다.

| 정답 |
① 4
② REBA

확인! OX

다음은 인간공학적 유해요인 평가에 대한 설명이다. 옳으면 "O", 틀리면 "X"로 표시하시오.
1. RULA 평가에 대한 결과, 최종점수가 5점 이상이면 정밀조사와 즉각적인 개선이 요구된다.   (   )
2. REBA 평가도구를 활용하여 분석 가능한 유해요인은 작업자세, 반복성/정적 동작, 힘(하중), 손잡이 상태, 행동 점수 등이다.   (   )

정답 1. X 2. O

| 해설 |
1. 7점 이상이면 정밀조사와 즉각적인 개선이 요구된다.

CHAPTER 04 유해요인 관리

PART 02. 인간공학 및 위험성 평가·관리

9% 출제율

출제포인트
- 작업장에서 발생하는 물리적, 화학적 유해요인
- 유해요인에 의한 인체영향 및 노출기준

기출 키워드
소음 노출기준, 음압수준, 명료도지수, 통화이해도, 진동, 시간가중평균, 습구흑구온도지수

제1절 물리적 유해요인 관리

1. 물리적 유해요인 파악

(1) 소음

① 소음 관련 주요 용어 정의
  ㉠ 소음 : 소음성난청을 유발할 수 있는 85dB(A) 이상의 시끄러운 소리
  ㉡ 음(sound, 또는 음파) : 대기압보다 높거나 낮은 압력의 파동, 매질을 타고 전달되는 진동에너지
  ㉢ 음압(또는 진폭) : 음파에 의하여 발생하는 대기압과의 압력 차이
  ㉣ 주파수(frequency) : 1초 동안에 음파로 발생되는 고압력 부분과 저압력 부분을 포함한 압력변화의 완전한 주기(cycle)수. 단위는 Hz
  ㉤ 파장(wavelength, λ) : 주파수의 1주기 거리, 주파수와 파장은 서로 반비례

② 음세기레벨(SIL ; Sound Intensity Level)

$$SIL(\mathrm{dB}) = 10\log \frac{I}{I_r}$$

여기서, I = 음세기, 단위는 W/m²
I_r = 기준 음세기 1,000Hz에서 들을 수 있는 최소 세기[10^{-12}(W/m²)]

③ 음압레벨(SPL ; Sound Pressure Level)

$$SPL = 20\log \frac{P}{P_r}$$

여기서, P_r : 20대가 1,000Hz에서 들을 수 있는 최소음압인 2×10^{-5}(N/m²)

※ 음압이 10배씩 증가할 때마다 음압레벨은 20dB씩 증가한다.

④ 소음성난청
  ㉠ 일시적 청력변화 : 높은 소음에 노출되면 일시적 청력변화를 경험하나, 소음이 중지되면 다시 노출 전의 상태로 회복한다.
  ㉡ 영구적 청력변화 : 높은 소음에 반복해서 노출되면 일시적 청력변화가 영구적 청력변화로 변한다(청세포가 손상되어 회복되지 않음).

⑤ 등청감곡선

㉠ 음의 크기를 수치화하는 방법
- 1kHz의 순음을 가진 일정한 크기의 기준음을 듣는다.
- 다른 주파수에서 해당하는 음의 크기를 들어 1kHz의 순음과 같다고 판단되는 음압레벨로 표시한다.
- 이것을 음의 크기레벨이라 하고 단위는 phon으로 나타낸다.

㉡ 1kHz의 순음과 같은 크기로 느껴지는 주파수별 음압레벨을 연결한 선을 등청감곡 선이라고 한다.

더 알아보기

소음과 관련된 명료도 지수(articulation index)
- 음환경을 알고 있을 때의 이해도를 추정하기 위해 개발되었으며 말소리의 질을 결정하기 위해 사용
- 명료도 지수를 계산하는 절차
  - 말소리 정보가 분포하는 스펙트럼을 몇 개의 구간으로 분할한 후 각 구간에 따라 신호 대 소음의 비율을 계산
  - 비율값을 로그값으로 전환(그림에서 두 번째 단계)
  - 주파수 대역에 따라 서로 다른 가중치가 주어지는데, 말소리 신호에 상대적으로 더 기여하는 대역(소음의 파워보다 말소리의 파워가 더 큰 구간)에 더 큰 가중치를 부여(그림에서 세 번째 단계)
  - 각각의 대역에 대하여 이 가중치를 말소리 대 소음의 로그 비율값과 각각 곱한 후 합산하여 명료도 지수를 산출

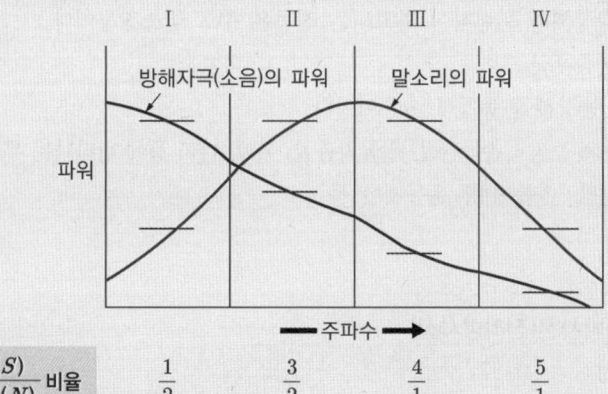

	I	II	III	IV
$\dfrac{말소리(S)}{방해자극(N)}$ 비율	$\dfrac{1}{2}$	$\dfrac{3}{2}$	$\dfrac{4}{1}$	$\dfrac{5}{1}$
$\log\left(\dfrac{S}{N}\right)$	−0.7	0.18	0.6	0.7
말소리 중요도 가중치	1	2	2	1
산출	−0.7 +	0.36 +	1.2 +	0.7 = 1.56

[명료도 계산 방식에 대한 도식적 표상]

여기에서의 말소리 스펙트럼은 네 개의 구간으로 분리되어 각각의 구간에서 말소리 신호에 기여하는 상대적 파워에 따라 가중치가 달리 주어졌다.

+ 괄호문제

다음 괄호 안에 알맞은 내용을 쓰시오.

① 1kHz의 순음과 같은 크기로 느껴지는 주파수별 음압레벨을 연결한 선을 (   )이라고 한다.

② (   )는 음환경을 알고 있을 때의 이해도를 추정하기 위해 개발되었으며 말소리의 질을 결정하기 위해 사용한다.

| 정답 |
① 등청감곡선
② 명료도 지수

확인! OX

다음은 소음성난청에 대한 설명이다. 옳으면 "O", 틀리면 "X"로 표시하시오.

1. 높은 소음에 노출되면 일시적 청력변화를 경험하나, 소음이 중지되면 다시 노출 전의 상태로 회복한다. (   )
2. 높은 소음에 반복해서 노출되면 일시적 청력변화가 영구적 청력변화로 변한다. (   )

정답 1. O 2. O

+ 괄호문제

다음 괄호 안에 알맞은 내용을 쓰시오.
① 물체가 일정한 주기를 가지고 반복적으로 움직이는 현상을 ( )이라고 한다.
② 이온화(전리)방사선의 종류 중 ( )선은 핵전이로부터 생기는 광자로 전자기방사선이다.

| 정답 |
① 진동
② γ

예제

통화이해도를 측정하는 지표로서, 각 옥타브(octave)대의 음성과 잡음의 데시벨(dB)값에 가중치를 곱하여 합계를 구하는 것을 무엇이라 하는가?

① 명료도 지수
② 통화 간섭 수준
③ 이해도 점수
④ 소음 기준 곡선

정답 ①

(2) 진동

① 정의 : 물체가 일정한 주기(period)를 가지고 반복적으로 움직이는 현상을 말한다.
② 전신진동
  ㉠ 바닥, 등받이와 같이 몸을 받치고 있는 지지구조물을 통해 몸 전체에 진동이 전해지는 것으로 관절통·디스크·소화장애 등의 질환이 발생한다.
  ㉡ 운송수단, 중장비 등에서 발견된다.
③ 국소진동
  ㉠ 동력공구를 사용할 때 손, 팔, 어깨에 해당하는 상지에 전달되는 진동이다.
  ㉡ 착암기, 손망치 등의 공구를 사용함으로써 백랍병·레이노 현상·말초순환장애 등의 질환이 발생한다.
④ 건강장해
  ㉠ 건강장해와 관련하여 보고되는 진동은 주로 국소진동이다.
  ㉡ 진동증후군
    • 진동장해를 총칭하는 용어이다.
    • 주요 증상 : 손목관절, 팔꿈치관절, 어깨, 다리 등에 나타나는 무력감, 감각저하, 떨림, 손톱변형, 운동제한 등

확인! OX

다음은 진동에 대한 설명이다. 옳으면 "O", 틀리면 "X"로 표시하시오.

1. 건강장해와 관련하여 보고되는 진동은 주로 전신진동이다. 주요 증상으로는 손목관절, 팔꿈치관절 등에 나타나는 무력감, 감각저하 등이 있다. ( )
2. 동력공구를 사용할 때 손, 팔, 어깨에 해당하는 상지에 전달되는 진동은 국소진동이다. ( )

정답 1. X 2. O

| 해설 |
1. 건강장해와 관련하여 보고되는 진동은 주로 국소진동이다.

(3) 방사선

① 이온화방사선(전리방사선)
  ㉠ 특성
    • 짧은 파장과 높은 에너지를 가지고 있어 어떤 원자에서 전자를 떨어지게 하여 이온화할 수 있다.
    • 이런 이온화를 일으키는 강한 에너지를 가진 방사선을 이온화방사선이라고 한다.
  ㉡ 종류
    • X선 : 자유전자의 상호작용으로 생기는 것으로, 전자에서 에너지 변화에 따라 생기는 광자로서 전자기방사선
    • α선 : 두 개의 중성자와 양성자로 구성되는 것으로 헬륨과 동일한 입자방사선
    • β선 : 불안정한 핵으로부터 방출되는 입자방사선
    • γ선 : 핵전이로부터 생기는 광자로 전자기방사선

ⓒ 방사선에 대한 노출측정
- 인체의 노출량을 측정할 때 이용하는 단위 : Sv(sievert)
- 인체의 흡수량 단위 : rad(radiation absorbed dose)

② 비이온화방사선(비전리방사선)
ⓐ 이온화를 일으킬 정도의 에너지는 아니지만 안정된 바닥상태의 전자를 들뜨게 만드는 에너지를 가진 방사선을 말한다.
ⓑ 비이온화방사선의 종류
- 자외선(UV ; Ultra Violet) : 피부암을 유발한다.
- 가시광선, 적외선, 라디오파, 저주파, 극저주파가 해당된다.

(4) 이상기압과 이상기온
① 이상기압 : 게이지 압력이 cm^2당 1kg 초과 또는 미만인 기압
② 이상기온 : 고열·한랭·다습으로 인하여 열사병·동상·피부질환 등을 일으킬 수 있는 기온

2. 물리적 유해요인 노출기준(화학물질 및 물리적 인자의 노출기준)

(1) 정의(제2조)
① '노출기준'이란 근로자가 유해인자에 노출되는 경우 노출기준 이하 수준에서는 거의 모든 근로자에게 건강상 나쁜 영향을 미치지 아니하는 기준을 말하며, 1일 작업시간 동안의 시간가중평균노출기준(TWA ; Time Weighted Average), 단시간노출기준(STEL ; Short Term Exposure Limit) 또는 최고노출기준(C ; Ceiling)으로 표시한다.
② '시간가중평균노출기준(TWA)'이란 1일 8시간 작업을 기준으로 하여 유해인자의 측정치에 발생시간을 곱하여 8시간으로 나눈 값을 말하며, 다음 식에 따라 산출한다.

$$TWA \text{ 환산값} = \frac{C_1 T_1 + C_2 T_2 + \cdots + C_n T_n}{8}$$

여기서, C : 유해인자의 측정치(단위 : ppm, mg/m³ 또는 개/cm³)
T : 유해인자의 발생시간(단위 : 시간)

③ '단시간노출기준(STEL)'이란 15분간의 시간가중평균노출값으로서 노출농도가 시간가중평균노출기준(TWA)을 초과하고 단시간노출기준(STEL) 이하인 경우에는 1회 노출 지속시간이 15분 미만이어야 하고, 이러한 상태가 1일 4회 이하로 발생하여야 하며, 각 노출의 간격은 60분 이상이어야 한다.
④ '최고노출기준(C)'이란 근로자가 1일 작업시간 동안 잠시라도 노출되어서는 아니 되는 기준을 말하며, 노출기준 앞에 'C'를 붙여 표시한다.

+ 괄호문제

다음 괄호 안에 알맞은 내용을 쓰시오.
① 방사선에 대한 인체의 노출량을 측정할 때 이용하는 단위는 ( )이다.
② ( )이란 근로자가 유해인자에 노출되는 경우 노출기준 이하 수준에서는 거의 모든 근로자에게 건강상 나쁜 영향을 미치지 아니하는 기준을 말한다.

| 정답 |
① Sv(sievert)
② 노출기준

확인! OX

다음은 화학물질 및 물리적 인자의 노출기준에 따른 용어정의에 대한 설명이다. 옳으면 "O", 틀리면 "X"로 표시하시오.
1. '단시간노출기준(STEL)'이란 30분간의 시간가중평균노출값이다. ( )
2. '최고노출기준'이란 근로자가 1일 작업시간 동안 잠시라도 노출되어서는 아니 되는 기준을 말하며, 노출기준 앞에 'H(high)'를 붙여 표시한다. ( )

정답 1. X 2. X

| 해설 |
1. 30분간이 아닌 15분간이다.
2. 노출기준 앞에 'C'를 붙여 표시한다.

+ 괄호문제

다음 괄호 안에 알맞은 내용을 쓰시오.

① 자동차를 생산하는 공장의 어떤 근로자가 95dB(A)의 소음수준에서 하루 8시간 작업하며 매시간 조용한 휴게실에서 20분씩 휴식을 취한다고 가정하였을 때, 8시간 시간가중평균(TWA)은 약 (   )dB(A)이다(단, 소음은 누적소음노출량 측정기로 측정하였으며, OSHA에서 정한 95dB(A)의 허용시간은 4시간이라 가정한다).
② TWA는 시간가중평균으로 (   )시간 가중평균이며, 단위는 dB(A)이다.

| 정답 |
① 92
② 8

확인! OX

다음은 소음의 노출기준에 대한 설명이다. 옳으면 "O", 틀리면 "X"로 표시하시오.

1. 하루 8시간 동안 소음작업을 수행하는 경우, 소음의 노출기준은 80dB(A)이다. (   )
2. 근로자는 작업을 지속하는 동안 최대음압수준이 140dB(A)를 초과하는 충격소음에 노출되어서는 안 된다. (   )

| 정답 | 1. X   2. O

| 해설 |
1. 1일 노출시간이 8시간인 경우, 노출기준은 90dB(A)이다.

---

(2) 소음의 노출기준

① 소음의 노출기준(별표 2의1)

소음강도 dB(A)	90	95	100	105	110	115
1일 노출시간(hr)	8	4	2	1	$\frac{1}{2}$	$\frac{1}{4}$

※ 충격소음제외
※ 115dB(A)를 초과하는 소음 수준에 노출되어서는 안 됨

② 충격소음의 노출기준(별표 2의2)

1일 노출횟수	충격소음의 강도 dB(A)
100	140
1,000	130
10,000	120

※ 최대음압수준이 140dB(A)를 초과하는 충격소음에 노출되어서는 안 됨
※ 충격소음이라 함은 최대음압수준에 120dB(A) 이상인 소음이 1초 이상의 간격으로 발생하는 것을 말함

③ 누적소음 노출지수

㉠ 누적소음 노출지수(%)를 이용하여 시간가중평균지수를 구할 수 있다.
㉡ 누적소음 노출지수를 D(%)라 할 때 TWA는 다음 식으로 구할 수 있다.

$$\text{TWA} = 16.61 \log\left(\frac{D}{100}\right) + 90 \text{dB(A)}$$

여기서, D : 소음노출량계로 측정한 누적노출량, 단위는 %
TWA : 시간가중평균(Time Weighted Average)으로 8시간 가중평균, 단위는 dB(A)

예제

다음과 같은 작업장에서 8시간을 작업하는 경우 소음노출지수는?

> 85dBA(2시간), 90dBA(4시간), 95dBA(2시간)

해설

$$\text{소음노출지수(\%)} = \left(\frac{C_1}{T_1} + \frac{C_2}{T_2} + \cdots + \frac{C_n}{T_n}\right) \times 100$$
$$= \left(\frac{2}{16} + \frac{4}{8} + \frac{2}{4}\right) \times 100$$
$$= 112.5\%$$

| 정답 | 112.5

(3) 고온의 노출기준(제11조)

고온의 노출기준 표시단위는 습구흑구온도지수(WBGT)를 사용하며, 다음 식에 따라 산출한다.

① 태양광선이 내리쬐는 옥외 장소

WBGT(℃) = 0.7 × 자연습구온도 + 0.2 × 흑구온도 + 0.1 × 건구온도

② 태양광선이 내리쬐지 않는 옥내 또는 옥외 장소

WBGT(℃) = 0.7 × 자연습구온도 + 0.3 × 흑구온도

[고온의 노출기준(별표 3)]

(단위 : ℃, WBGT)

작업 휴식시간 비 \ 작업강도	경작업	중등작업	중작업
계속작업	30.0	26.7	25.0
매시간 75% 작업, 25% 휴식	30.6	28.0	25.9
매시간 50% 작업, 50% 휴식	31.4	29.4	27.9
매시간 25% 작업, 75% 휴식	32.2	31.1	30.0

※ 1. 경작업 : 200kcal까지의 열량이 소요되는 작업을 말하며, 앉아서 또는 서서 기계의 조정을 하기 위하여 손 또는 팔을 가볍게 쓰는 일 등을 뜻함
2. 중등작업 : 시간당 200~350kcal의 열량이 소요되는 작업을 말하며, 물체를 들거나 밀면서 걸어다니는 일 등을 뜻함
3. 중작업 : 시간당 350~500kcal의 열량이 소요되는 작업을 말하며, 곡괭이질 또는 삽질하는 일 등을 뜻함

+ 괄호문제

다음 괄호 안에 알맞은 내용을 쓰시오.
① 태양광선이 내리쬐는 옥외 장소의 자연습구온도가 20℃, 흑구온도가 18℃, 건구온도가 30℃일 때 습구흑구온도지수(WBGT)는 ( )℃이다.
② 태양광선이 내리쬐지 않는 옥내 또는 옥외 장소의 WBGT(℃) 구하는 식은 '0.7 × 자연습구온도 + ( ) × 흑구온도'이다.

| 정답 |
① 20.6
② 0.3

제2절 화학적 유해요인 관리

1. 화학적 유해요인 파악

(1) 화학적 인자의 분류

① 화학적 특성에 따른 분류 : 무기·유기화학물질

㉠ 무기화학물질
- 금속 : 크롬(Cr), 니켈(Ni), 비소(As), 카드뮴(Cd), 수은(Hg), 베릴륨(Be), 납(Pb)
- 비활성기체 : 원소주기율표에서 맨 오른쪽의 0족으로 매우 안정적이기 때문에 활성이 없음
- 할로겐족 : 원소주기율표의 오른쪽에서 두 번째 열(7족)로 반응성이 매우 강하며, 체내로 들어가서 생체세포와 반응을 잘함

㉡ 유기화학물질
- 유기화학원소[탄소(C), 산소(O), 수소(H), 인(P), 황(S), 질소(N)]가 포함된 화합물
- 예외도 있음(CO, CO_2, $COCL_2$ 등)

확인! OX

다음은 유해요인 관리에 대한 설명이다. 옳으면 "O", 틀리면 "X"로 표시하시오.

1. 작업 휴식시간 비가 매시간 75% 작업, 25% 휴식이고, 경작업으로 이루어질 때의 노출기준은 30.6℃이다. ( )
2. 비활성기체는 원소주기율표에서 맨 오른쪽의 0족으로 매우 안정적이기 때문에 활성이 없다. ( )

정답 1. O 2. O

+ 괄호문제

다음 괄호 안에 알맞은 내용을 쓰시오.
① 화학적 유해인자는 물질형태에 따라 (㉠)물질과 (㉡)물질로 분류된다.
② ( )는 다른 물질을 용해시키는 능력이 있는 액체로서 용매라고도 하며, 이러한 특성 때문에 작업장이나 일반 환경에서 많이 사용된다.

| 정답 |
① ㉠ 가스상, ㉡ 입자상
② 유기용제

확인! OX

다음은 화학적 인자에 대한 설명이다. 옳으면 "O", 틀리면 "X"로 표시하시오.
1. 유기용제는 특성이 다른 용매끼리 용해된다. ( )
2. 그 자체로는 연소하지 않더라도, 일반적으로 산소를 발생시켜 다른 물질을 연소시키거나 연소를 촉진하는 액체를 산화성 액체라고 한다. ( )

정답 1. X 2. O

| 해설 |
1. 특성이 비슷한 용매끼리 용해된다(like dissolves like).

② 용도에 따른 분류
  ㉠ 유기용제
    • 유기용제는 다른 물질을 용해시키는 능력이 있는 액체로서 용매라고도 하며, 이러한 특성 때문에 작업장이나 일반 환경에서 많이 사용된다.
    • like dissolves like : 특성이 비슷한 용매끼리 용해된다.
  ㉡ 단량체 : PVC, 폴리프로필렌, 폴리스티렌 등이 있다.
  ㉢ 농약 : 해충 박멸을 위한 살충제, 잡초 제거를 위한 제초제, 쥐 등 해로운 동물을 죽이기 위한 살서제, 곰팡이류를 제거하기 위한 방부제 등이 있다.
③ 물질형태에 따른 분류 : 가스상물질, 입자상물질

더 알아보기

유해인자의 유해성·위험성 분류기준(산업안전보건법 시행규칙 별표 18)
화학물질의 분류기준
① 물리적 위험성 분류기준
  • 폭발성 물질 : 자체의 화학반응에 따라 주위환경에 손상을 줄 수 있는 정도의 온도·압력 및 속도를 가진 가스를 발생시키는 고체·액체 또는 혼합물
  • 인화성 가스 : 20℃, 표준압력(101.3kPa)에서 공기와 혼합하여 인화되는 범위에 있는 가스와 54℃ 이하 공기 중에서 자연발화하는 가스(혼합물을 포함)
  • 인화성 액체 : 표준압력(101.3kPa)에서 인화점이 93℃ 이하인 액체
  • 인화성 고체 : 쉽게 연소되거나 마찰에 의하여 화재를 일으키거나 촉진할 수 있는 물질
  • 에어로졸 : 재충전이 불가능한 금속·유리 또는 플라스틱 용기에 압축가스·액화가스 또는 용해가스를 충전하고 내용물을 가스에 현탁시킨 고체나 액상입자로, 액상 또는 가스상에서 폼·페이스트·분말상으로 배출되는 분사장치를 갖춘 것
  • 물반응성 물질 : 물과 상호작용을 하여 자연발화되거나 인화성 가스를 발생시키는 고체·액체 또는 혼합물
  • 산화성 가스 : 일반적으로 산소를 공급함으로써 공기보다 다른 물질의 연소를 더 잘 일으키거나 촉진하는 가스
  • 산화성 액체 : 그 자체로는 연소하지 않더라도, 일반적으로 산소를 발생시켜 다른 물질을 연소시키거나 연소를 촉진하는 액체
  • 산화성 고체 : 그 자체로는 연소하지 않더라도 일반적으로 산소를 발생시켜 다른 물질을 연소시키거나 연소를 촉진하는 고체
  • 고압가스 : 20℃, 200kPa 이상의 압력하에서 용기에 충전되어 있는 가스 또는 냉동액화가스 형태로 용기에 충전되어 있는 가스(압축가스, 액화가스, 냉동액화가스, 용해가스로 구분)
  • 자기반응성 물질 : 열적(熱的)인 면에서 불안정하여 산소가 공급되지 않아도 강렬하게 발열·분해하기 쉬운 액체·고체 또는 혼합물
  • 자연발화성 액체 : 적은 양으로도 공기와 접촉하여 5분 안에 발화할 수 있는 액체
  • 자연발화성 고체 : 적은 양으로도 공기와 접촉하여 5분 안에 발화할 수 있는 고체
  • 자기발열성 물질 : 주위의 에너지 공급 없이 공기와 반응하여 스스로 발열하는 물질(자기발화성 물질은 제외)
  • 유기과산화물 : 2가의 -O-O- 구조를 가지고 1개 또는 2개의 수소 원자가 유기라디칼에 의하여 치환된 과산화수소의 유도체를 포함한 액체 또는 고체 유기물질
  • 금속 부식성 물질 : 화학적인 작용으로 금속에 손상 또는 부식을 일으키는 물질

② 건강 및 환경 유해성 분류기준
- 급성 독성 물질 : 입 또는 피부를 통하여 1회 투여 또는 24시간 이내에 여러 차례로 나누어 투여하거나 호흡기를 통하여 4시간 동안 흡입하는 경우 유해한 영향을 일으키는 물질
- 피부 부식성 또는 자극성 물질 : 접촉 시 피부조직을 파괴하거나 자극을 일으키는 물질(피부 부식성 물질 및 피부 자극성 물질로 구분)
- 심한 눈 손상성 또는 자극성 물질 : 접촉 시 눈 조직의 손상 또는 시력의 저하 등을 일으키는 물질(눈 손상성 물질 및 눈 자극성 물질로 구분)
- 호흡기 과민성 물질 : 호흡기를 통하여 흡입되는 경우 기도에 과민반응을 일으키는 물질
- 피부 과민성 물질 : 피부에 접촉되는 경우 피부 알레르기 반응을 일으키는 물질
- 발암성 물질 : 암을 일으키거나 그 발생을 증가시키는 물질
- 생식세포 변이원성 물질 : 자손에게 유전될 수 있는 사람의 생식세포에 돌연변이를 일으킬 수 있는 물질
- 생식독성 물질 : 생식기능, 생식능력 또는 태아의 발생·발육에 유해한 영향을 주는 물질
- 특정 표적장기 독성 물질(1회 노출) : 1회 노출로 특정 표적장기 또는 전신에 독성을 일으키는 물질
- 특정 표적장기 독성 물질(반복 노출) : 반복적인 노출로 특정 표적장기 또는 전신에 독성을 일으키는 물질
- 흡인 유해성 물질 : 액체 또는 고체 화학물질이 입이나 코를 통하여 직접적으로 또는 구토로 인하여 간접적으로, 기관 및 더 깊은 호흡기관으로 유입되어 화학적 폐렴, 다양한 폐 손상이나 사망과 같은 심각한 급성 영향을 일으키는 물질
- 수생 환경 유해성 물질 : 단기간 또는 장기간의 노출로 수생생물에 유해한 영향을 일으키는 물질
- 오존층 유해성 물질 : 오존층 보호 등을 위한 특정물질의 관리에 관한 법률에 따른 특정물질

(2) 가스상물질

① 가스
  ㉠ 상온에서 기체인 상태
  ㉡ 호흡기계 자극가스
  ㉢ 혈액과 호흡기계 독성물질
  ㉣ 발암물질(예 라돈)
  ㉤ 질식제와 마취제

② 증기 : 상온에서 액체이나 공정의 환경적인 조건(온도) 등에 따라 공기 중으로 증발하여 기체로 존재하는 형태이다.

> **더 알아보기**
>
> 라돈
> - 불활성 가스이며 바위와 흙에 묻어 있다.
> - 이들이 먼지와 함께 공기 중으로 발생하여 폐에 흡수된다.
> - 라돈이 붕괴하면서 방출하는 알파입자가 폐에 박히면, 폐암이 유발될 수 있다.

+ 괄호문제

다음 괄호 안에 알맞은 내용을 쓰시오.
① 입 또는 피부를 통하여 1회 투여 또는 24시간 이내에 여러 차례로 나누어 투여하거나 호흡기를 통하여 4시간 동안 흡입하는 경우 유해한 영향을 일으키는 물질은 (   )이다.
② (   )은 자손에게 유전될 수 있는 사람의 생식세포에 돌연변이를 일으킬 수 있는 물질이다.

| 정답 |
① 급성 독성 물질
② 생식세포 변이원성 물질

확인! OX

다음은 화학적 유해요인에 대한 설명이다. 옳으면 "O", 틀리면 "X"로 표시하시오.
1. 생식세포 변이원성 물질은 자손에게 유전될 수 있는 사람의 생식세포에 돌연변이를 일으킬 수 있는 물질이다. (   )
2. 증기는 상온에서 액체이나 공정의 환경적인 조건(온도) 등에 따라 공기 중으로 증발하여 기체로 존재하는 형태이다. (   )

정답 1. O 2. O

+ 괄호문제

다음 괄호 안에 알맞은 내용을 쓰시오.
① 입자상물질의 종류 중 고체 형태로 분류되는 것은 ( ) 등이다.
② ( )는 가스교환지역인 폐포나 폐기도에 침착되었을 때 독성을 나타내는 입자상물질이다.

| 정답 |
① 먼지, 섬유, 흄
② 흉곽성 먼지

확인! OX

다음은 입자상물질에 대한 설명이다. 옳으면 "O", 틀리면 "X"로 표시하시오.
1. 상온에서 액체물질을 휘젓거나, 뿌리거나, 끓이거나, 거품을 낼 때 공기 중으로 발생되는 액체의 미립자를 포그라고 한다. ( )
2. 흄의 발생기전 3단계는 금속의 입자화 → 증기물의 산화 → 산화물의 응축이다. ( )

정답 1. X 2. X

| 해설 |
1. 미스트에 대한 설명이다.
2. 흄의 3단계 발생기전 : 금속의 증기화 → 증기물의 산화 → 산화물의 응축

---

(3) 입자상물질

① 정의 : 공기 중에 존재하는 고체나 액체의 형태
② 종류
  ㉠ 고체형태 : 먼지, 섬유, 흄
    - 먼지 : 고체물질(경물질)이 파쇄, 분쇄, 연마, 마찰 등의 공정에 의해 공기 중으로 분산되어 떠다니는 고체미립자($1\mu m$ 이상)
    - 섬유 : 공기 중에 있는 일정한 길이와 폭을 가진 형태의 고체(석면, 유리섬유 등)
    - 흄 : 상온에서 고체상태 물질이 높은 온도로 증기화되고 이 증기물이 응축, 산화되면서 생기는 고체상의 미립자
  ㉡ 액체형태 : 미스트, 포그 등
    - 미스트 : 상온에서 액체물질을 휘젓거나, 뿌리거나, 끓이거나, 거품을 낼 때 공기 중으로 발생되는 액체의 미립자

> **더 알아보기**
>
> **흄의 3단계 발생기전**
> - 금속의 증기화 : 금속이 녹는점 이상의 열에너지를 받으면 증기형태로 공기 중으로 증기화된다.
> - 증기물의 산화 : 공기 중으로 발생된 금속증기는 공기 중의 산소에 의해 쉽게 산화물을 생성한다.
> - 산화물의 응축 : 산화물을 형성하면서 온도차에 따라 냉각, 응축되면서 다시 고체인 금속입자가 된다.

③ 입자상물질의 호흡기 침착
  ㉠ 입자상물질이 포함된 공기의 흐름 : 코 → 인두 → 후두 → 기관 → 기관지 → 세기관지 → 종말세기관지 → 폐포
  ㉡ 입자크기별 농도
    - 흡입성 먼지(IPM ; Inhalable Particulate Mass) : 호흡기의 어느 부위에 침착하더라도 독성을 나타내는 입자상물질이다. 대표적인 것으로는 상기도에 침착되어 비강암을 일으키는 목재먼지나 비중격천공을 일으키는 크롬이 있다. 보통 입자크기는 $0 \sim 100\mu m$이다.
    - 흉곽성 먼지(TPM ; Thoracic Particulate Mass) : 가스교환지역인 폐포나 폐기도에 침착되었을 때 독성을 나타내는 입자상물질이다. 50%가 침착되는 입자의 평균크기는 $10\mu m$이다.
    - 호흡성먼지(RPM ; Respirable Particulate Mass) : 폐포에 침착될 때 독성을 나타내는 크기로서 입자의 평균 크기는 $4\mu m$이다.

④ 입자상물질의 제거기전
  ㉠ 점액섬모운동에 의한 정화 : 객담(가래)은 입자상물질에 대한 1차 방어작용이다.
  ㉡ 대식세포에 의한 정화 : 일반 먼지는 대부분 대식세포에 둘러싸여 정화작용으로 제거되지만 석면이나 유리규산은 제거되지 않는다.

2. 화학적 유해요인 노출기준(화학물질 및 물리적 인자의 노출기준)

(1) 화학물질의 노출기준

① 화학물질의 노출기준(별표 1)

㉠ skin 표시 물질은 점막과 눈 그리고 경피로 흡수되어 전신 영향을 일으킬 수 있는 물질을 말한다(피부자극성을 뜻하는 것이 아님).

㉡ 발암성 정보물질의 표기는 화학물질의 분류・표시 및 물질안전보건자료에 관한 기준에 따라 다음과 같이 표기한다.

구분	구분기준
1A	사람에게 충분한 발암성 증거가 있는 물질
1B	시험동물에서 발암성 증거가 충분히 있거나, 시험동물과 사람 모두에서 제한된 발암성 증거가 있는 물질
2	사람이나 동물에서 제한된 증거가 있지만, 구분1로 분류하기에는 증거가 충분하지 않은 물질

㉢ 생식세포 변이원성 정보물질의 표기는 화학물질의 분류・표시 및 물질안전보건자료에 관한 기준에 따라 다음과 같이 표기한다.

구분	구분기준
1A	사람에게서의 역학조사 연구결과 양성의 증거가 있는 물질
1B	다음 어느 하나에 해당하는 물질 • 포유류를 이용한 생체 내(in vivo) 유전성 생식세포 변이원성 시험에서 양성 • 포유류를 이용한 생체 내(in vivo) 체세포 변이원성 시험에서 양성이고, 생식세포에 돌연변이를 일으킬 수 있다는 증거가 있음 • 노출된 사람의 정자 세포에서 이수체 발생빈도의 증가와 같이 사람의 생식세포 변이원성 시험에서 양성
2	다음 어느 하나에 해당되어 생식세포에 유전성 돌연변이를 일으킬 가능성이 있는 물질 • 포유류를 이용한 생체 내(in vivo) 체세포 변이원성 시험에서 양성 • 기타 시험동물을 이용한 생체 내(in vivo) 체세포 유전독성 시험에서 양성이고, 시험관 내(in vitro) 변이원성 시험에서 추가로 입증된 경우 • 포유류 세포를 이용한 변이원성시험에서 양성이며, 알려진 생식세포 변이원성 물질과 화학적 구조활성 관계를 가지는 경우

㉣ 생식독성 정보물질의 표기는 화학물질의 분류・표시 및 물질안전보건자료에 관한 기준에 따라 다음과 같이 표기한다.

구분	구분기준
1A	사람에게 성적기능, 생식능력이나 발육에 악영향을 주는 것으로 판단할 정도의 사람에서의 증거가 있는 물질
1B	사람에게 성적기능, 생식능력이나 발육에 악영향을 주는 것으로 추정할 정도의 동물시험 증거가 있는 물질
2	사람에게 성적기능, 생식능력이나 발육에 악영향을 주는 것으로 의심할 정도의 사람 또는 동물시험 증거가 있는 물질
수유 독성	다음 어느 하나에 해당하는 물질 • 흡수, 대사, 분포 및 배설에 대한 연구에서, 해당 물질이 잠재적으로 유독한 수준으로 모유에 존재할 가능성을 보임 • 동물에 대한 1세대 또는 2세대 연구결과에서, 모유를 통해 전이되어 자손에게 유해영향을 주거나, 모유의 질에 유해영향을 준다는 명확한 증거가 있음 • 수유 기간 동안 아기에게 유해성을 유발한다는 사람에 대한 증거가 있음

+ 괄호문제

다음 괄호 안에 알맞은 내용을 쓰시오.

① ( ) 표시 물질은 점막과 눈 그리고 경피로 흡수되어 전신 영향을 일으킬 수 있는 물질을 말한다(피부자극성을 뜻하는 것이 아님).

② 발암성 정보물질의 표기에서 시험동물에서 발암성 증거가 충분히 있거나, 시험동물과 사람 모두에서 제한된 발암성 증거가 있는 물질은 ( )로 표기한다.

| 정답 |
① skin
② 1B

확인! OX

다음은 화학물질의 노출기준에 대한 설명이다. 옳으면 "O", 틀리면 "X"로 표시하시오.

1. 발암성 정보물질의 표기에서 사람이나 동물에서 제한된 증거가 있지만, 구분1로 분류하기에는 증거가 충분하지 않은 물질인 경우 구분상 2에 해당한다. ( )

2. 생식독성 정보물질의 표기에서 사람에게 성적기능, 생식능력이나 발육에 악영향을 주는 것으로 추정할 정도의 동물시험 증거가 있는 물질은 1A로 구분한다. ( )

정답 1. O 2. X

| 해설 |
2. 1B로 구분한다.

+ 괄호문제

다음 괄호 안에 알맞은 내용을 쓰시오.
① 노출기준이 설정되지 않은 물질의 경우 이에 대한 노출이 가능한 한 ( ) 수준이 되도록 관리하여야 한다.
② 화학물질이 2종 이상 혼재하는 경우에 혼재하는 물질 간에 유해성이 인체의 서로 다른 부위에 작용한다는 증거가 없는 한 유해작용은 ( )된다.

| 정답 |
① 낮은
② 가중

ⓜ 발암성, 생식세포 변이원성 및 생식독성 물질의 정의는 산업안전보건법 시행규칙 별표 18 참조한다.
ⓗ 화학물질이 IARC 등의 발암성 등급과 NTP의 R등급을 모두 갖는 경우에는 NTP의 R등급은 고려하지 않는다.
ⓢ 혼합용매추출은 에틸에테르, 톨루엔, 메탄올을 부피비 1:1:1로 혼합한 용매나 이와 동등 이상의 용매로 추출한 물질을 말한다.
ⓞ 노출기준이 설정되지 않은 물질의 경우 이에 대한 노출이 가능한 한 낮은 수준이 되도록 관리하여야 한다.

(2) 혼합물(제6조)

① 화학물질이 2종 이상 혼재하는 경우에 혼재하는 물질 간에 유해성이 인체의 서로 다른 부위에 작용한다는 증거가 없는 한 유해작용은 가중되므로 노출기준은 다음 식에 따라 산출하되, 산출되는 수치가 1을 초과하지 아니하는 것으로 한다.

$$\frac{C_1}{T_1} + \frac{C_2}{T_2} + \cdots + \frac{C_n}{T_n}$$

여기서, C : 화학물질 각각의 측정치
T : 화학물질 각각의 노출기준

② ①의 경우와는 달리 혼재하는 물질 간에 유해성이 인체의 서로 다른 부위에 유해작용을 하는 경우에 유해성이 각각 작용하므로 혼재하는 물질 중 어느 한 가지라도 노출기준을 넘는 경우 노출기준을 초과하는 것으로 한다.

(3) 라돈의 노출기준(별표 4)

작업장 농도(Bq/m³)
600

※ 1. 단위환산(농도) : 600Bq/m³ = 16pCi/L(1pCi/L = 37.46Bq/m³)
2. 단위환산(노출량) : 600Bq/m³인 작업장에서 연 2,000시간 근무하고, 방사평형인자(Feq)값을 0.4로 할 경우 9.2mSv/y 또는 0.77WLM/y에 해당[800Bq/m³(2,000시간 근무, Feq = 0.4) = 1WLM = 12mSv]

확인! OX

다음은 혼합물에 대한 설명이다. 옳으면 "O", 틀리면 "X"로 표시하시오.

1. 혼재하는 물질 간에 유해성이 인체의 서로 다른 부위에 유해작용을 하는 경우에 유해성이 혼합하여 작용하므로 혼합물의 노출기준을 확인하여 판단한다. ( )
2. 라돈의 노출기준은 300Bq/m³이다. ( )

정답 1. X 2. X

| 해설 |
1. 혼재하는 물질 간에 유해성이 인체의 서로 다른 부위에 유해작용을 하는 경우에 유해성이 각각 작용하므로 혼재하는 물질 중 어느 한 가지라도 노출기준을 넘는 경우 노출기준을 초과하는 것으로 한다.
2. 라돈의 노출기준은 600Bq/m³이다.

제3절 생물학적 유해요인 관리

1. 생물학적 유해요인 파악

(1) 정의
① 사람이 아닌 살아 있거나 죽은 유기체 그 자체와 이들에게서 떨어져 나오는(배출하는) 파편(fragment), 배설물, 독소(toxin), 휘발성 화합물(VOC) 등을 말한다.
② 생물학적 유해인자는 생물학적 특성이 있는 유기체가 근원이 되어 발생하는 것이다.

(2) 종류
① 혈액매개 감염인자 : 인간면역결핍바이러스, B형·C형 간염바이러스, 매독바이러스 등 혈액을 매개로 다른 사람에게 전염되어 질병을 유발하는 인자
② 공기매개 감염인자 : 결핵·수두·홍역 등 공기 또는 비말감염 등을 매개로 호흡기를 통하여 전염되는 인자
③ 곤충 및 동물매개 감염인자 : 쯔쯔가무시증, 렙토스피라증, 유행성 출혈열 등 동물의 배설물 등에 의하여 전염되는 인자 및 탄저병, 브루셀라병 등 가축 또는 야생동물로부터 사람에게 감염되는 인자

2. 생물학적 유해요인 노출기준

(1) 측정 및 분석
① 공기 중 박테리아와 곰팡이에 대한 측정 및 분석은 곰팡이와 박테리아를 살아 있는 상태로 채취하여 배양한 다음, 그 마릿수(집락수)를 세어서 CFU(Colony Forming Unit)로 나타낸다.
② 박테리아와 곰팡이를 채취하는 방법에는 필터에 여과시키는 방법, 배지에 공기를 충돌시키는 방법, 액체 임핀저를 이용하는 방법 등이 있다.

(2) 노출기준 설정의 어려움
① 생물학적 유해인자 중 국제적으로 공인된 노출기준이 있는 인자는 없다.
② 노출기준이 설정되지 못한 이유는 다음과 같다.
  ㉠ 곰팡이와 박테리아의 경우 채취, 배양, 분석(계수)이 가능한 생물학적 유해인자만을 근거로 노출기준을 설정하는 것은 문제가 있기 때문이다.
  ㉡ 생물학적 유해인자의 구성성분이나 농도는 노출환경에 따라 크게 다른데도 짧은 시간 동안 측정한 순간채취(grab sample)에 의한 결과가 대부분이다.
  ㉢ 생물학적 유해인자의 노출농도와 건강상 영향의 관계가 통계적으로 유의하지 않은 경우가 많기 때문이다.
  ㉣ 생물학적 유해인자에 대한 공인된 측정방법이 아직 없거나 분석 가능한 항목도 적어 노출기준의 설정을 위한 자료가 부족하기 때문이다.

+ 괄호문제

다음 괄호 안에 알맞은 내용을 쓰시오.
① 생물학적 유해요인의 종류는 (㉠) 감염인자, (㉡) 감염인자, (㉢) 감염인자로 구분할 수 있다.
② 공기 중 박테리아와 곰팡이에 대한 측정 및 분석은 곰팡이와 박테리아를 살아 있는 상태로 채취하여 배양한 다음, 그 (㉠)를 세어서 (㉡)로 나타낸다.

| 정답 |
① ㉠ 혈액매개, ㉡ 공기매개, ㉢ 곤충 및 동물매개
② ㉠ 마릿수(집락수), ㉡ CFU(Colony Forming Unit)

확인! OX

다음은 생물학적 유해요인 관리에 대한 설명이다. 옳으면 "O", 틀리면 "X"로 표시하시오.

1. 혈액매개 감염인자는 인간면역결핍바이러스, 매독바이러스 등 혈액을 매개로 다른 사람에게 전염되어 질병을 유발하는 인자를 말한다.
( )
2. 박테리아와 곰팡이를 채취하는 방법에는 필터에 여과시키는 방법, 배지에 공기를 충돌시키는 방법, 액체 임핀저를 이용하는 방법 등이 있다.
( )

정답 1. O 2. O

CHAPTER 05 작업환경 관리

PART 02. 인간공학 및 위험성 평가·관리

30% 출제율

출제포인트
- 인체계측의 응용원리
- 양립성의 종류
- 신체역학
- 시각적, 청각적, 기타 작업환경적 요소의 특성
- 효율적인 작업공간의 설치를 위한 배치원칙, 설계지침
- 표시장치의 특성
- 피로의 측정
- 근육의 특성
- NIOSH 들기 공식

기출 키워드

인체측정, 인체측정자료 응용원칙(조절, 극단, 평균), 작업공간 포락면, 정상작업영역, 최대작업영역, 입식작업대 높이, 표시장치(정량, 정성, 계수), 청각적 표시장치의 설계, 시각/청각 표시장치 비교, 촉각적 표시장치, 신호검출이론(SDT), 정보량, 조종장치 코드화, 조종-반응비, 양립성(개념, 운동, 공간), 산소소비량, 근전도, 점멸융합 주파수, 신체역학, 근육수축이론, 지구력, 굴곡, Murrell의 휴식시간, 에너지 소비량, 에너지 대사율, 피츠의 법칙, 웨버의 법칙, 부품배치의 원칙(중사기사), 맹목위치동작, 범위효과, 개선의 ECRS, 동작경제의 원칙, 의자의 설계, 정미시간, 표준시간, 워크샘플링, 외경법, 내경법, 조도(lx), 반사율, 명조응, 암조응, 시력, phon, sone, 은폐효과, 열교환방정식, 온열질환, 한랭질환, 레이노증후군, 실효온도, 옥스퍼드 지수, VDT 작업, NIOSH Lifting Equation(NLE), 권장무게한계, 들기지수

제1절 인체계측 및 체계제어

1. 인체계측 및 응용원칙
중요도 ★★★

(1) 구조적 치수와 기능적 치수

① 구조적 치수(structural dimension)
   ㉠ 형태학적 또는 정적 측정
   ㉡ 표준자세에서 움직이지 않는 피측정자를 마틴식 인체측정기로 구조적 치수를 측정하여 특수 또는 일반적 용품의 설계에 기초자료로 활용한다.
   ㉢ 나체 측정이 원칙이다.

② 기능적 치수(functional dimension)
   ㉠ 동적 인체측정
   ㉡ 상지나 하지의 운동, 체위의 움직임에 따른 상태에서 측정하는 것이다.
   ㉢ 동적 인체측정은 실제의 작업 혹은 실제 조건에 밀접한 관계를 갖는 현실성 있는 인체치수를 구하는 것이다.
   ㉣ 동적 측정을 하는 이유
     - 신체적 기능을 수행할 때, 각 신체부위는 독립적으로 움직이는 것이 아니라 조화를 이루어 움직이기 때문이다.
     - 정적 측정만으로는 실제 작업 혹은 실제 조건에서 밀접한 관계를 갖는 현실성 있는 인체치수를 구할 수 없다.
     예 손 뻗침(arm reach)을 측정하는 것은 팔 길이만이 함수가 아니며, 어깨 움직임, 몸통 회전, 등 구부림, 손으로 수행하는 기능 등에도 영향을 받는다.
   ㉤ 인체측정 시 주의사항
     - 측정목적을 명확히 해야 한다.
     - 측정방법에 따른 측정기구의 특성과 측정 정밀도를 파악해야 한다.
     - 통계적인 신뢰성 확보를 위해 충분한 수의 피실험자를 확보해야 한다.

(2) 백분위수(percentile, %tile)

① 자료를 크기순으로 배열하여 100등분하였을 때의 각 등분점
② 계측치를 작은 쪽에서부터 세어 몇 퍼센트(%)째의 값이 어느 정도인지를 나타내는 통계적 표시법
③ 측정한 특성치를 순서대로 나열하였을 때 백분율로 나타낸 순서수 개념이다.
　例 10%tile이란 순서대로 나열하였을 때 100명 중 10번째에 해당하는 수치이다.
④ 10, 50, 90의 각각의 %tile 값은 작은 쪽으로부터 세어 각각 10%째, 50%째, 90%째의 수치에 대응하고 있다.

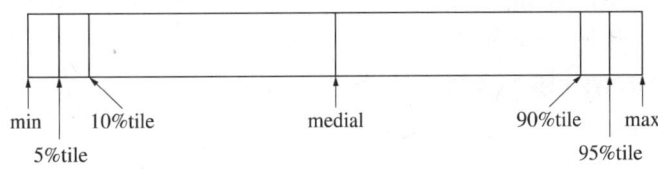

(3) 인체측정치의 응용원리

① 조절식 설계
　㉠ 물건이나 설비의 치수를, 그것을 사용하는 개인의 신체치수에 맞게 조절이 가능하도록 설계하는 원칙으로 가장 바람직한 설계원칙이다.
　㉡ 자동차 좌석의 전후 조절, 사무실 의자의 상하 조절 등을 정할 때 사용한다.
　㉢ 조절범위 : 5~95%까지의 90%p 범위를 수용 대상으로 한다.
　㉣ 단점 : 생산 비용이 증가하고, 고정식에 비해 제품의 견고성이 떨어진다.

② 극단치를 이용한 설계 : 인체측정 특성의 최대치수 또는 최소치수를 기준으로 한 설계이며, 한 극단에 속하는 사용자를 대상으로 설계하면 거의 모든 사람을 수용할 수 있는 경우에 이용한다.
　㉠ 최대 집단값에 의한 설계
　　• 통상 대상집단에 대한 관련 인체측정변수의 상위 백분위수를 기준으로 하여 90%, 95% 혹은 99%값이 사용된다.
　　• 95%값에 속하는 큰 사람을 수용할 수 있다면, 이보다 작은 사람은 모두 수용한다.
　　• 문, 탈출구, 통로 등과 같은 공간 여유를 정하거나 줄사다리의 강도 등을 정할 때 사용한다.
　㉡ 최소 집단값에 의한 설계
　　• 관련 인체측정변수 분포의 1%, 5%, 10% 등과 같은 하위 백분위수를 기준으로 정한다.
　　• 팔이 짧은 사람이 잡을 수 있다면 이보다 더 긴 사람은 모두 잡을 수 있다.
　　• 선반의 높이, 조종장치까지의 거리 등을 정할 때 사용된다.

+ 괄호문제

다음 괄호 안에 알맞은 내용을 쓰시오.
① 남녀가 공용으로 사용하는 경우에는 (㉠)의 5%tile에서 (㉡)의 95%tile를 사용하는 것이 일반적이다.
② 최대치수나 최소치수, 조절식으로 설계가 부적절한 경우에는 (   )를 이용한 설계를 적용한다.

| 정답 |
① ㉠ 여성, ㉡ 남성
② 평균치

㉢ 극단치를 구하는 방법 : 측정 자료가 정규분포를 따르는 경우 각 백분위수는 다음 식에 의하여 산출한다.

※ 정규분포(normal distribution) : 도수분포곡선이 평균값을 중앙으로 하여 좌우대칭인 종 모양을 이루는 것이다. 예 신장의 분포, 지능의 분포 등

- 1%tile = 평균 − (2.326 × 표준편차)
- 5%tile = 평균 − (1.645 × 표준편차)
- 95%tile = 평균 + (1.645 × 표준편차)
- 99%tile = 평균 + (2.326 × 표준편차)

※ 남녀가 공용으로 사용하는 경우에는 여성의 5%tile에서 남성의 95%tile를 사용하는 것이 일반적이다.

③ 평균치를 이용한 설계
㉠ 최대치수나 최소치수, 조절식으로 설계가 부적절한 경우
㉡ 인체측정학 관점에서 볼 때 모든 면에서 보통인 사람이란 있을 수 없다. 따라서, 이런 사람을 대상으로 장비를 설계하면 안 된다는 주장에도 논리적 근거가 있다.
예 미 공군 4,000명을 대상으로 피복 설계에 사용되는 10종류의 치수가 모두 평균에 속하는지를 조사한 실험 결과, 10개 치수 모두 평균에 포함된 사람은 1명도 없었다.
㉢ 평균 신장의 손님을 기준으로 만들어진 은행의 계산대가 키가 작은 사람 혹은 키가 큰 사람을 기준으로 해서 만드는 것보다는 대다수의 일반 손님에게 덜 불편할 것이다.
㉣ 머무는 시간이 짧은 공공장소의 의자, 화장실 변기, 은행의 접수대 높이 등에 적용한다.

확인! OX

다음은 인체측정치의 응용원리에 대한 설명이다. 옳으면 "O", 틀리면 "X"로 표시하시오.

1. 머무는 시간이 짧은 공공장소의 의자, 화장실 변기, 은행의 접수대 높이 등에는 극단치를 이용한 설계를 적용한다. (   )
2. 조절식 설계에서는 체격이 다른 여러 사람에게 맞도록 통상 여자 5%에서 남자 95%까지를 수용대상으로 설계한다. (   )

정답 1. X   2. O

| 해설 |
1. 평균치를 이용한 설계를 적용해야 한다.

더 알아보기

응용원리 3가지 비교

구분	조절식 설계	극단치를 이용한 설계		평균치를 이용한 설계
		최대 집단값에 의한 설계	최소 집단값에 의한 설계	
내용	체격이 다른 여러 사람에게 맞도록 통상 여자 5%에서 남자 95%까지를 수용대상으로 설계	대상 집단에 대한 인체측정변수의 상위 백분위수를 기준으로 하여 90%, 95%, 99% 값을 사용	대상 집단에 대한 인체측정변수의 하위 백분위수를 기준으로 하여 1%, 5%, 10%값을 사용	극단치를 이용한 설계나 조절식 설계가 불가능한 경우 평균값을 기준으로 설계
사용범위	자동차 좌석의 전후 조절, 사무실 의자의 상하 조절 등	문, 탈출구, 통로 등과 같은 공간여유를 정할 때 사용	선반의 높이, 조종장치까지의 거리 등을 정할 때 사용	은행의 계산대 등

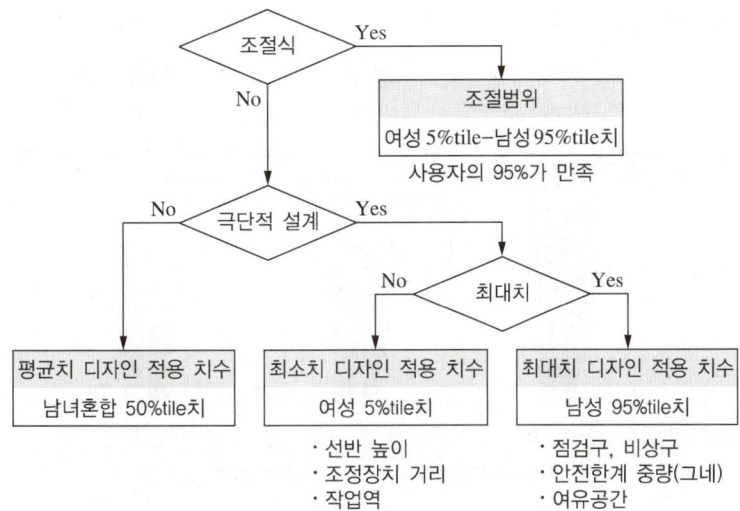

+ 괄호문제

다음 괄호 안에 알맞은 내용을 쓰시오.
① ( )은 위팔을 자연스럽게 수직으로 늘어뜨린 채, 아래팔만으로 편하게 뻗어 파악할 수 있는 구역이다.
② ( )은 위팔과 아래팔을 곧게 펴서 파악할 수 있는 구역이다.

| 정답 |
① 정상작업역
② 최대작업역

(4) 작업공간 포락면과 파악한계

① 작업공간 포락면
  ㉠ 사람이 작업하는 데 사용하는 공간이다.
  ㉡ 사람이 몸을 앞으로 구부리거나 구부리지 않고 도달할 수 있는 전방의 3차원 공간으로 reach envelope 개념이다.
② 파악한계 : 작업자가 특정한 수작업 기능을 편히 할 수 있는 공간의 외곽한계

(5) 정상작업역과 최대작업역

① 정상작업역 : 위팔을 자연스럽게 수직으로 늘어뜨린 채, 아래팔만으로 편하게 뻗어 파악할 수 있는 구역(40cm 내외)
② 최대작업역 : 위팔과 아래팔을 곧게 펴서 파악할 수 있는 구역(60cm 내외)

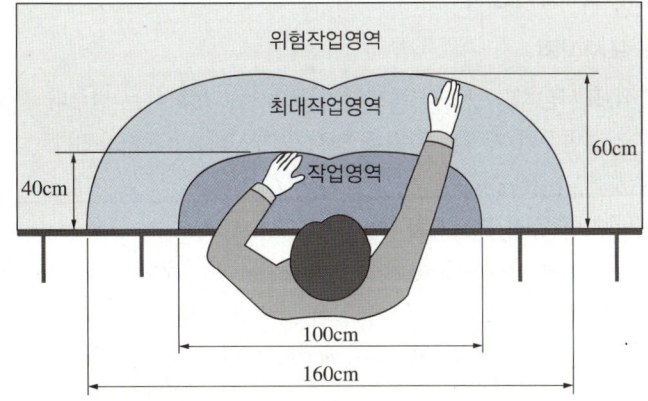

- 중요하고 사용빈도가 높은 도구, 부품 등은 정상작업영역에 배치한다.
- 기타 나머지도 최소한 최대작업영역에는 배치한다.

확인! OX

다음은 작업공간 포락면에 대한 설명이다. 옳으면 "O", 틀리면 "X"로 표시하시오.
1. 작업의 성질에 따라 포락면의 경계가 달라진다. ( )
2. 개인이 그 안에서 일하는 일차원 공간이다. ( )

정답 1. O 2. X

| 해설 |
2. 포락면은 한 장소에 앉아서 수행하는 작업에서 작업하는 데 사용하는 공간으로 작업의 성질에 따라 포락면의 경계가 달라지며 사람이 몸을 앞으로 구부리거나 구부리지 않고 도달할 수 있는 전방의 3차원 공간으로 reach envelope 개념이다.

(6) 입식작업대의 설계

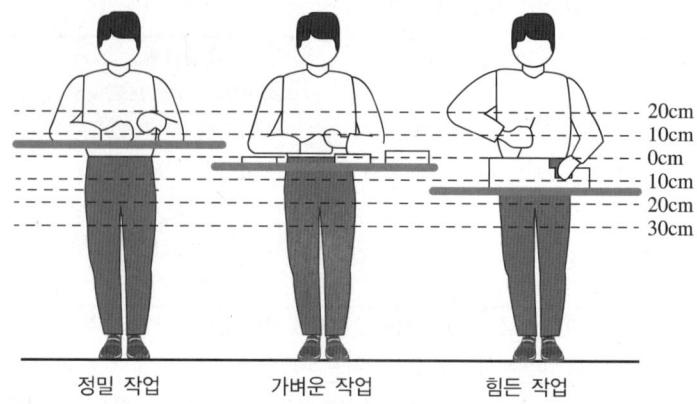

[선 작업자세에서 작업 특성에 따른 작업대 높이]

① 정밀작업 : 팔꿈치 높이보다 5~10cm 높게 설계한다.
② 일반작업 : 팔꿈치 높이보다 5~10cm 낮게 설계한다.
③ 힘든 작업[중(重)작업] : 팔꿈치 높이보다 10~20cm 낮게 설계한다.

> **예제**
>
> 다음 중 중(重)작업의 경우 작업대의 높이로 가장 적절한 것은?
>
> ① 허리높이보다 0~10cm 정도 낮게
> ② 팔꿈치 높이보다 10~20cm 정도 높게
> ③ 팔꿈치 높이보다 15~20cm 정도 낮게
> ④ 어깨 높이보다 30~40cm 정도 높게
>
> 정답 ③

+ 괄호문제

다음 괄호 안에 알맞은 내용을 쓰시오.
① 입식작업대의 설계 시, 정밀작업은 팔꿈치 높이보다 ( ) 설계한다.
② 입식작업대의 설계 시, 일반작업은 팔꿈치 높이보다 ( ) 설계한다.

| 정답 |
① 5~10cm 높게
② 5~10cm 낮게

2. 표시장치 및 제어장치

(1) 시각적 표시장치

① 정량적 표시장치 : 온도와 속도같이 동적으로 변화하는 변수나 자로 재는 길이와 같은 정적변수의 계량값에 관한 정보를 제공하는 데 사용된다.
  예 속도계, 전력계 등
  ㉠ 정량적인 동적 표시장치 3가지
   • 동침형(moving pointer) : 눈금(scale)이 고정되고 지침(pointer)이 움직임
   • 동목형(moving scale) : 지침이 고정되고 눈금이 움직임
   • 계수형 : 전력계나 택시요금 계기와 같이 기계, 전자적으로 숫자가 표시되는 형식

확인! OX

다음은 정량적 표시장치에 대한 설명이다. 옳으면 "O", 틀리면 "X"로 표시하시오.
1. 동침형은 정량적인 눈금이 정성적으로 사용될 수 있으며 대략적인 편차나 고도를 읽을 때 그 변화 방향과 변화율 등을 알 수 있다. ( )
2. 동목형 아날로그 표시장치는 표시장치의 면적을 최소화할 수 있는 장점이 있다. ( )

정답 1. O 2. O

구분	동침형	동목형	계수형
장점	변화율(방향과 속도) 판독 가능		정확한 판독
	목표치와 차이 판독 유리	동침형에 비해 좁은 창 면적	
단점	정확한 수치 판단에 내삽(interpolation)이 필요		변화율, 차이 판독 어려움

ⓒ 정량적 눈금의 지침 설계
- (선각이 약 20° 되는) 뾰족한 지침을 사용하라.
  → 지침 끝은 20° 정도로 각이 져야 하며 끝은 편편하게 되어 세부 눈금의 간격과 같아야 한다.
- 지침의 끝은 작은 눈금과 맞닿되 겹치지 않게 하라.
  → 모든 표시장치는 지침의 끝이 명확하게 세부 눈금까지 닿을 수 있도록 해야 한다.
- (원형 눈금의 경우) 지침의 색은 선단에서 지침의 중심까지 칠하라.
- (시차를 없애기 위해) 지침을 눈금면과 밀착시켜라.
  → 지침은 시차를 최소화하기 위하여 눈금판에 가깝게 위치해야 한다.
- 지침의 폭은 눈금의 폭보다 넓어서는 안 된다.

예제

정상조명하에서 5m 거리에서 볼 수 있는 아날로그 시계를 디자인하고자 한다. 시계의 눈금단위를 1분(′) 간격으로 표시할 때, 눈금표시 중심 간의 최소 간격을 구하고 설명하시오.

해설

표시장치의 눈금중심 간 최소 간격(판독거리 0.71m 기준)
정상 조명에서는 1.3mm, 낮은 조명에서는 1.8mm 이상이 권장된다.
1분 간격의 눈금 단위 길이를 X라 하면 1.3mm : 0.71m = Xmm : 5m

$$X = \frac{1.3\text{mm} \times 5\text{m}}{0.71\text{m}} = 9.155\text{mm}$$

② 정성적 표시장치
  ⓐ 정성적 정보를 제공하는 표시장치는 온도, 압력, 속도와 같이 연속적으로 변하는 변수의 대략적인 값이나 변화추세, 변화율 등을 알고자 할 때 주로 사용한다.
  ⓑ 정성적 표시장치는 색을 이용하여 각 범위값들을 따로 암호화하여 설계를 최적화시킬 수 있다.
  ⓒ 색채 암호가 부적합한 경우에는 구간을 형상 암호화할 수 있다.
  ⓓ 정성적 표시장치는 상태점검, 즉 나타내는 값이 정상상태인지 판정하는 데에도 사용한다.

+ 괄호문제

다음 괄호 안에 알맞은 내용을 쓰시오.
① 정량적 눈금의 지침 설계 시, 선각이 약 20° 되는 ( ) 지침을 사용해야 한다.
② ( ) 표시장치는 연속적으로 변하는 변수의 대략적인 값이나 변화추세, 변화율 등을 알고자 할 때 주로 사용된다.

| 정답 |
① 뾰족한
② 정성적

확인! OX

다음은 시각적 표시장치에 대한 설명이다. 옳으면 "O", 틀리면 "X"로 표시하시오.

1. 정량적 눈금의 지침 설계에서 지침의 폭은 눈금의 폭보다 좁아서는 안 된다. ( )
2. 정성적 표시장치는 상태점검, 즉 나타내는 값이 정상상태인지 판정하는 데도 사용한다. ( )

정답 1. X 2. O

| 해설 |
1. 지침의 폭은 눈금의 폭보다 넓어서는 안 된다.

+ 괄호문제

다음 괄호 안에 알맞은 내용을 쓰시오.

① ( )는 항공기 표시장치와 게임 시뮬레이터의 3차원 표현장치 등과 같이 배경에 변화하는 상황을 중첩하여 나타내는 표시장치로 상황을 효과적으로 파악하는 데 목적이 있다.
② 데이터를 청각으로 표시하는 장치를 ( )라고 한다.

| 정답 |
① 묘사적 표시장치
② 청각적 표시장치

ⓜ 연료량 게이지 등에 사용된다.

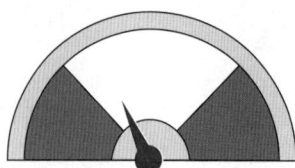
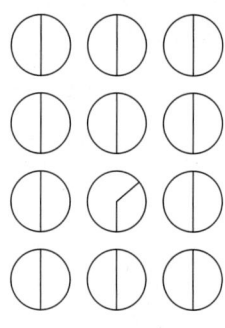

- 변수 상태 범위 식별
- 바람직한 범위 유지
- 변화추세, 변화율 파악

[정량적 자료를 정성적으로 판단]   [상태점검]

③ 묘사적 표시장치 : 항공기 표시장치와 게임 시뮬레이터의 3차원 표현장치 등과 같이 배경에 변화하는 상황을 중첩하여 나타내는 표시장치로 상황을 효과적으로 파악하는 데 목적이 있다.

ⓐ 항공기 이동형 표시장치
- 항공기 밖에서 안을 보는 외견형
- 지면이 고정되고 항공기가 이에 대해 움직이는 형태

ⓑ 지평선 이동형 표시장치
- 항공기 안에서 밖을 보는 내견형
- 항공기가 고정되고, 지평선이 이에 대해 움직이는 형태
- 대부분 항공기의 표시 방법

예 항공기 이동형 표시장치, 좌표계, 레이더 등

 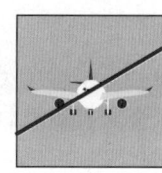

④ 상태 표시장치
ⓐ 시스템의 현재 상황 혹은 상태에 대한 정보
ⓑ 엄밀한 의미에서 상태 표시장치는 on-off 또는 교통신호의 멈춤, 주의, 주행과 같이 별개의 이산적 상태를 나타낸다. 그리고 정량적 계기가 상태점검 목적으로만 사용된다면, 정량적 눈금 대신에 상태 표시기를 사용할 수 있다.

예 신호등, 멀티탭 전원스위치

(2) 청각적 표시장치

① 정의 : 데이터를 청각으로 표시하는 장치
② 경보신호 설계지침
ⓐ 귀는 중음역에 민감하므로 500~3,000Hz의 진동수를 사용한다.
ⓑ 장거리용 신호는 1,000Hz 이하의 진동수를 사용한다.
ⓒ 칸막이 등 장애물이 있는 경우에는 500Hz 이하의 진동수를 사용한다.

확인! OX

다음은 시각적 표시장치에 대한 설명이다. 옳으면 "O", 틀리면 "X"로 표시하시오.

1. 항공기 이동형 표시장치에서 항공기 밖에서 안을 보는 외견형은 지면이 고정되고 항공기가 이에 대해 움직이는 형태이다. ( )
2. 정량적 계기가 상태점검 목적으로만 사용된다면, 정량적 눈금 대신에 상태 표시기를 사용할 수 있다. ( )

정답 1. O 2. O

② 주의를 끌기 위해 쉽게 구별되는 신호를 사용한다.
⑩ 배경 소음의 진동수와 구별되는 신호를 사용한다.
⑪ 경보효과를 높이기 위해서 고감도 신호를 사용한다.

③ 청각장치와 시각장치 사용의 특성 비교

청각장치가 이로운 경우	시각장치가 이로운 경우
• 전달정보가 간단하고 짧을 경우 • 전달정보가 후에 재참조되지 않는 경우 • 전달정보가 시각적인 이벤트를 다루는 경우 • 전달정보가 즉각적인 행동을 요구하는 경우 • 수신자의 시각계통이 과부하 상태인 경우 • 수신장소가 너무 밝거나 암조응 유지가 필요한 경우 • 직무상 수신자가 자주 움직이는 경우	• 전달정보가 복잡하고 길 경우 • 전달정보가 후에 재참조되는 경우 • 전달정보가 공간적인 위치를 다루는 경우 • 전달정보가 즉각적인 행동을 요구하지 않을 경우 • 수신자의 청각계통이 과부하 상태인 경우 • 수신장소가 시끄러운 경우 • 직무상 수신자가 한곳에 머무르는 경우

> **+ 괄호문제**
> 다음 괄호 안에 알맞은 내용을 쓰시오.
> ① 신호검출이론에서 판정자는 반응기준보다 자극의 강도가 (㉠) 경우 신호가 나타난 것으로 판정하고, 반응기준보다 자극의 강도가 (㉡) 경우 신호가 없는 것으로 판정한다.
> ② 신호검출이론에서 (   )는 잡음을 신호로 판정하는 것으로 1종 오류에 해당한다.
>
> | 정답 |
> ① ㉠ 클, ㉡ 작을
> ② 허위경보

더 알아보기

신호검출이론(SDT ; Signal Detection Theory)
소리의 강도는 연속선상에 있으며, 신호가 나타났는지의 여부를 결정하는 반응기준은 연속선상의 어떤 한 점에서 정해지며, 이 기준에 따라 네 가지 반응대안의 확률이 결정된다. 즉, 판정자는 반응기준보다 자극의 강도가 클 경우 신호가 나타난 것으로 판정하고, 반응기준보다 자극의 강도가 작을 경우 신호가 없는 것으로 판정한다.

판정 \ 자극	소음 + 신호(S)	소음(N)
신호 발생(S)	적중(hit) P(S/S)	허위경보(false alarm) P(S/N), 1종 오류
신호 없음(N)	신호검출 못 함(miss) P(N/S), 2종 오류	정기각(correct rejection) P(N/N)

• 신호의 정확한 판정, 적중(hit) : 신호가 나타났을 때 신호라고 판정, P(S/S)
• 허위경보(false alarm) : 잡음을 신호로 판정, P(S/N), 1종 오류
• 신호검출 못 함(miss) : 신호를 잡음으로 판정, P(N/S), 2종 오류
• 잡음을 제대로 판정(correct rejection) : 잡음을 잡음으로 판정, P(N/N)

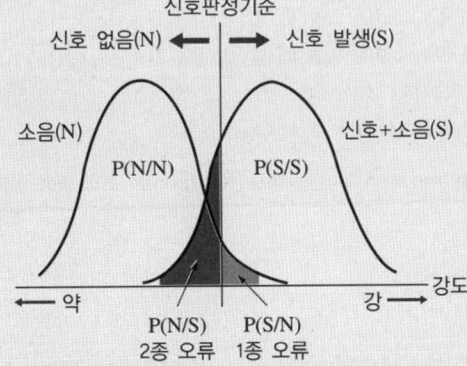

• 신호검출이론에서 신호를 소음으로부터 구분해 내는 정도를 민감도(sensitivity)라고 하고, 2종 오류 (신호검출 못 함) 확률과 1종 오류(허위경보) 확률의 비를 반응편중(response bias) β라 한다.

$$\beta = \frac{P(N/S)}{P(S/N)} = \frac{2종\ 오류}{1종\ 오류}$$

> **확인! OX**
> 다음은 청각장치와 시각장치 사용의 특성에 대한 설명이다. 옳으면 "O", 틀리면 "X"로 표시하시오.
>
> 1. 직무상 수신자가 한곳에 머무르는 경우에는 정보를 전송하기 위해 청각적 표시장치보다 시각적 표시장치를 사용하는 것이 더 효과적이다. (   )
>
> 2. 전달정보가 즉각적인 행동을 요구하는 경우에는 정보를 전송하기 위해 청각적 표시장치보다 시각적 표시장치를 사용하는 것이 더 효과적이다. (   )
>
> 정답 1. O 2. X
>
> | 해설 |
> 2. 청각적 표시장치의 사용이 더 이롭다.

+ 괄호문제

다음 괄호 안에 알맞은 내용을 쓰시오.

① 반응편중이 1보다 작은 경우는 (㉠)적인 의사결정, 1보다 큰 경우에는 (㉡)적인 의사결정의 경향을 나타낸다.
② 동일 확률을 갖는 2개의 신호가 있을 때 갖는 정보량을 (㉠)라고 하고, 대안이 2가지일 경우 정보량은 (㉡)이다.

| 정답 |
① ㉠ 모험, ㉡ 보수
② ㉠ bit, ㉡ 1bit

- 민감도는 신호의 평균과 소음의 평균 차이가 클수록, 변동성(표준편차)이 작을수록 민감하다.
- 반응편중은 신호를 관측하는 관측자의 반응성향을 나타낸다. 반응편중이 1보다 작은 경우는 모험적인 의사결정을, 1보다 큰 경우에는 보수적인 의사결정의 경향을 나타낸다.
  - 판정기준선이 오른쪽(강도가 높은 쪽)으로 이동할 때 : 판정자는 신호라고 판정하는 기회가 줄어들게 되므로 신호가 나타났을 때 신호의 정확한 판정은 적어지나 허위경보는 덜하게 된다. 보수적 판정에 해당된다.
  - 판정기준선이 왼쪽(강도가 낮은 쪽)으로 이동할 때 : 신호로 판정하는 기회가 많아지게 되므로 신호의 정확한 판정은 많아지나 허위경보도 증가하게 된다. 진취적, 모험적 판정에 해당된다.

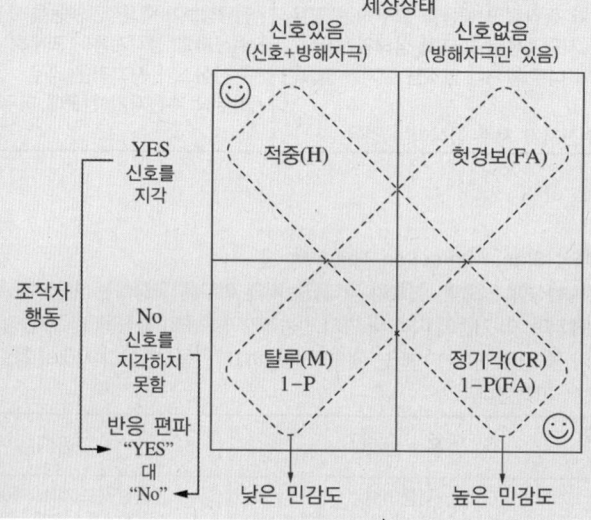

더 알아보기

bit
- bit : 동일 확률을 갖는 2개의 신호가 있을 때 갖는 정보량
- 대안이 2가지일 경우 정보량은 1bit

확률이 동일한 4가지 대안의 정보량
- 실현 가능성이 같은 n개의 대안이 있을 때 총정보량 : $H = \log_2 N$
- 실현 가능성이 같은 4개의 대안이 있을 때 총정보량 : $H = \log_2 4 = 2$
  - 동전던지기 : 앞과 뒤 $H = \log_2 2 = 1$
  - 신호등 : 적, 녹, 황(동일확률 가정) $= H = \log_2 3 ≒ 1.59$

자극정보량(stimulus information)과 반응정보량(response information)의 자극-반응관계
- H(x) : 자극정보량
- H(y) : 반응정보량
- H(x, y) : 자극과 반응정보량의 합
- T(x, y) : 전달정보량
- 전달된 정보량 T(x, y) = H(x) + H(y) − H(x, y)
- 손실정보량 : H(x) − T(x, y)
- 소음정보량 : H(y) − T(x, y)

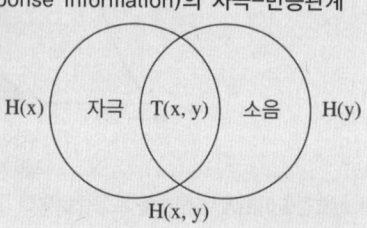

확인! OX

다음은 신호검출이론에 대한 설명이다. 옳으면 "O", 틀리면 "X"로 표시하시오.

1. 신호의 평균과 소음의 평균 차이가 클수록, 표준편차가 작을수록 민감하다. (   )
2. 실현 가능성이 같은 4개의 대안이 있을 때 총정보량은 4이다. (   )

정답 1. O 2. X

| 해설 |
2. $\log_2 4 = 2$

> **예제**
>
> 신호검출이론(SDT)의 판정결과 중 신호가 없었는데도 있었다고 말하는 경우는?
>
> ① 긍정(hit)
> ② 누락(miss)
> ③ 허위(false alarm)
> ④ 부정(correct rejection)
>
> **해설**
> 허위경보(false alarm) : 잡음을 신호로 판정, P(S/N), 1종 오류
>
> 정답 ③

(3) 촉각적 표시장치

① 기계적 진동이나 전기적 자극을 이용한다.
② 시각 대체 장치나 보조 장치로 가장 많이 사용한다.
③ 최근에는 촉각적 표시장치 중 햅틱 기술이 다양한 분야에서 활용된다.
  ㉠ 햅틱이란 사람의 피부가 물체에 닿아서 느끼는 촉감과 관절과 근육이 움직일 때 느껴지는 근감각적인 힘의 두 가지를 모두 합쳐서 부르는 말이다.
  ㉡ 사용자에게 힘, 진동, 모션을 적용함으로써 터치의 느낌을 구현하는 기술이다.
  ㉢ 컴퓨터의 기능 가운데 사용자의 입력장치인 키보드, 마우스, 조이스틱, 터치스크린에서 힘과 운동감을 촉각을 통해 느끼게 한다.
  ㉣ 원격 의료도구, 항공기 및 전투기 시뮬레이터, 첨단 오락기기 등에 적용되고 있다.

(4) 후각적 표시장치

① 후각으로서의 사용성 척도가 널리 사용되지는 않는 이유
  ㉠ 냄새의 분산을 제어하기가 힘들다.
  ㉡ 사람마다 민감도가 다르다.
  ㉢ 코가 막히면 민감도가 떨어진다.
  ㉣ 시간이 지나면 냄새에 순응되어 냄새를 맡을 수 없게 된다.
② 사용성 척도 부분에서는 신뢰성이 떨어지기 때문에 후각을 이용한 사용성 평가 참고자료로만 활용하되, 절대적인 기준으로 설정하지 않는 것이 좋다.
③ 천연가스에 냄새나는 물질을 첨가하여 가스가 누출되는 것을 감지하는 경우, 지하갱도에 있는 광부들에게 긴급 대피 상황 발생 시 악취를 환기구로 주입하여 긴급 정보전달 수단으로 사용하는 경우를 후각에 의한 정보전달이라고 할 수 있다.

+ 괄호문제

다음 괄호 안에 알맞은 내용을 쓰시오.
① 촉각적 표시장치는 기계적 (㉠)이나 전기적 (㉡)을 이용한다.
② ( )이란 사람의 피부가 물체에 닿아서 느끼는 촉감과 관절과 근육이 움직일 때 느껴지는 근감각적인 힘의 두 가지를 모두 합쳐서 부르는 말이다.

| 정답 |
① ㉠ 진동, ㉡ 자극
② 햅틱

확인! OX

다음은 후각적 표시장치에 대한 설명이다. 옳으면 "O", 틀리면 "X"로 표시하시오.

1. 냄새의 분산을 제어하기가 힘들기 때문에 후각은 사용성 척도로 널리 사용하지 않는다. ( )
2. 후각적 표시장치는 경보장치로서 실용성이 없기 때문에 사용되지 않는다. ( )

정답 1. O 2. X

| 해설 |
2. 가스가 누출되는 것을 감지하는 데 사용한다.

3. 통제표시비

(1) 조종-반응 비율

① 조종-반응 비율(C/R비)은 조종-표시장치 이동비율(C/D비 ; Control-Display ratio)이다.

② C/R비가 작으면 조종장치를 조금만 움직여도 표시장치의 지침이 많이 움직이므로 이동시간이 적어지지만, 상대적으로 조심스럽게 제어해야 하므로 조종시간이 많이 걸린다.

③ C/R비가 크면 표시장치의 지침을 조금 이동시키기 위해 조종장치를 여러 번 돌려야 하므로 이동시간이 많이 걸리지만, 특정 위치에 지나침이 없이 곧바로 잘 맞출 수 있으므로 조종시간은 적게 걸린다.

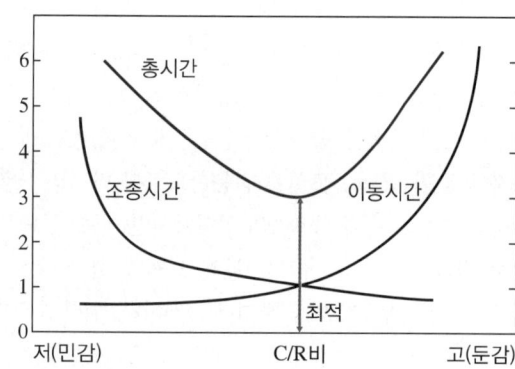

④ C/R비 = $\dfrac{\left(\dfrac{a}{360}\right) \times 2\pi L}{\text{표시장치 이동거리}}$

여기서, L : 지레의 길이
a : 조종장치가 움직인 각도

(2) 노브와 레버의 최적 C/R비와 그에 영향을 미치는 매개변수

① 최적 C/R비

㉠ 노브(knob)의 최적 C/R비는 0.2~0.8이다.

C/R비 = $\dfrac{\text{조종장치 이동거리}}{\text{표시장치 이동거리}}$ = $\dfrac{\text{노브 회전수}}{\text{표시장치 이동거리}}$

㉡ 레버(lever)의 최적 C/R비는 2.5~4.0이다.

C/R비 = $\dfrac{\text{조종장치 이동거리}}{\text{표시장치 이동거리}}$ = $\dfrac{\left(\dfrac{a}{360}\right) \times 2\pi L}{\text{표시장치 이동거리}}$

여기서, L : 지레의 길이
a : 조종장치가 움직인 각도

+ 괄호문제

다음 괄호 안에 알맞은 내용을 쓰시오.
① 노브의 최적 C/R비는 ( )이다.
② 레버의 최적 C/R비는 ( )이다.

| 정답 |
① 0.2~0.8
② 2.5~4.0

확인! OX

다음은 조종-반응 비율에 대한 설명이다. 옳으면 "O", 틀리면 "X"로 표시하시오.

1. C/R비가 클수록 조종장치는 민감하다. ( )
2. C/R비가 작으면 조종장치를 조금만 움직여도 표시장치의 지침이 많이 움직이므로 이동시간이 적어지지만, 상대적으로 조심스럽게 제어해야 하므로 조종시간이 많이 걸린다. ( )

정답 1. X 2. O

| 해설 |
1. C/R비가 작을수록 민감하다.

② 최적 C/R비에 영향을 미치는 매개변수 : 제어장치의 종류, 표시장치의 크기, 제어 허용오차 및 지연시간 등

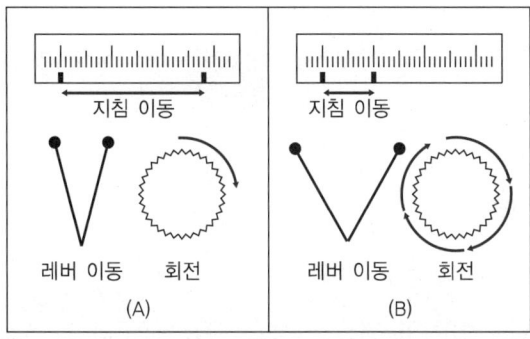

구분	A	B
C/R비	작다.	크다.
민감도	민감하다.	둔감하다.
미세조종시간	길다.	짧다.
이동시간	짧다.	길다.

(3) 코딩(암호화)의 종류

① 색 암호화
   ㉠ 서로 관련된 조종장치와 표시장치를 색 암호화할 때는 같은 색을 사용하여야 한다.
   ㉡ 조종장치의 색은 패널 배경과 조종장치 사이에 대비효과가 나타나도록 선택하여야 한다.
   ㉢ 비상용 조종장치 : 비상용 조종장치는 적색으로 암호화하는 것이 좋다. 비상용 조종장치를 시각적으로 강조하기 위하여 중요도가 낮은 기타 조종장치에는 색 암호화의 사용을 최소로 하여야 한다.

② 형상 암호화
   ㉠ 조종장치는 시각뿐만 아니라 촉각으로도 구분 가능해야 하며, 날카로운 모서리가 없어야 한다.
   ㉡ 조종장치에 대한 형상 코딩의 주요 용도는 촉감으로 조종장치의 손잡이나 핸들을 식별하는 것이다.
   ㉢ 조종장치를 선택할 때에는 일반적으로 상호 간에 혼동이 안 되도록 해야 한다. 이러한 점을 염두에 두어 15종류의 꼭지를 고안하였는데, 용도에 따라 크게 다회전용, 단회전용, 이산 멈춤 위치용이 있다.

③ 크기 암호화
   ㉠ 사용자가 적절한 조종장치를 선택하기 전에 촉감으로 구별하지 못할 때는 조종장치의 크기를 단지 두 종류 혹은 많아야 세 종류만 사용하여야 한다(지름 1.3cm, 두께 0.95cm 차이 이상이면 촉각에 의해서 정확히 구별할 수 있다).

+ 괄호문제

다음 괄호 안에 알맞은 내용을 쓰시오.
① 최적 C/R비에 영향을 미치는 매개변수에는 (㉠), (㉡), (㉢) 등이 있다.
② 코딩(암호화)의 종류에는 (㉠) 암호화, (㉡) 암호화, (㉢) 암호화 등이 있다.

| 정답 |
① ㉠ 제어장치의 종류,
  ㉡ 표시장치의 크기,
  ㉢ 제어 허용오차 및 지연시간
② ㉠ 색, ㉡ 형상, ㉢ 크기

확인! OX

다음은 코딩에 대한 설명이다. 옳으면 "O", 틀리면 "X"로 표시하시오.

1. 조종장치의 색은 패널 배경과 조종장치 사이에 대비효과가 나타나도록 선택하여야 한다. ( )
2. 조종장치에 대한 형상 암호화의 주요 용도는 촉감으로 조종장치의 손잡이나 핸들을 식별하는 것이다. ( )

정답 1. O 2. O

+ 괄호문제

다음 괄호 안에 알맞은 내용을 쓰시오.
① 촉감 암호화를 사용할 때, 흔히 사용되는 표면가공 중 (㉠), (㉡), (㉢) 표면의 3종류로 정확하게 식별할 수 있다.
② 조종장치를 눈으로 보지 않고 손을 뻗어 잡을 때와 같이 손이나 발을 공간의 한 위치에서 다른 위치로 이동하는 동작을 ( )이라고 한다.

| 정답 |
① ㉠ 매끄러운 면, ㉡ 세로 홈, ㉢ 깔쭉면
② 맹목위치동작

확인! OX

다음은 코딩에 대한 설명이다. 옳으면 "O", 틀리면 "X"로 표시하시오.
1. 사용자는 조종장치가 그들의 측면에 있을 때 위치를 좀 더 정확하게 구별할 수 있다. ( )
2. 작동방법에 의해 조종장치를 암호화하면 각 조종장치는 고유한 작동방법을 갖게 된다. 예를 들면 하나는 밀고 당기는 종류이고, 하나는 회전식인 경우이다. ( )

정답 1. X 2. O

| 해설 |
1. 정면에 위치할 때 구별이 더 용이하다.

㉡ 조종장치를 절대적 크기에 의해서만 식별할 때는 조종장치의 크기를 세 종류 이상 사용하여서는 안 된다. 다른 기기에서 같은 작용을 하는 조종장치는 같은 크기로 하여야 한다.

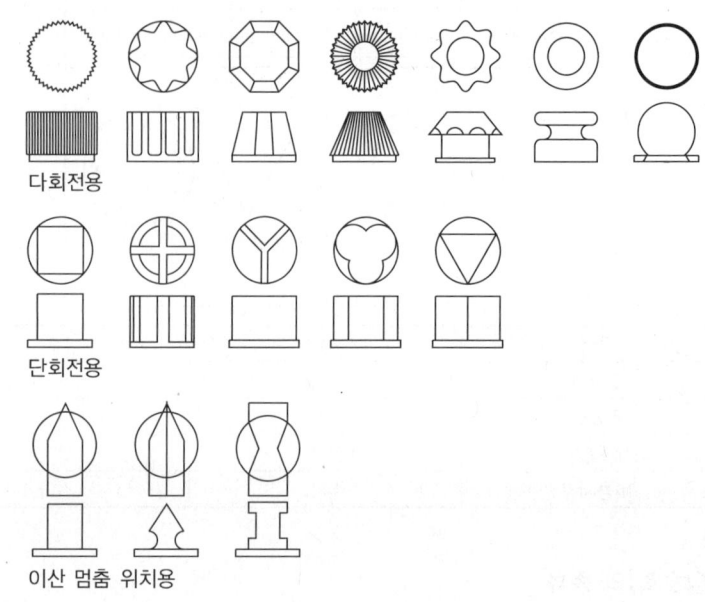

[만져서 혼동되지 않는 꼭지들(hunt)]

④ 촉감 암호화
  ㉠ 조종장치는 표면의 촉감을 달리하는 코딩을 할 수 있다.
  ㉡ 흔히 사용되는 표면가공 중 매끄러운 면, 세로 홈, 깔쭉면 표면의 3종류로 정확하게 식별할 수 있다.

⑤ 위치 암호화
  ㉠ 유사한 기능을 가진 조종장치는 모든 패널에서 상대적으로 같은 위치에 있어야 한다.
  ㉡ 사용자는 조종장치가 그들의 정면에 있을 때 위치를 좀 더 정확하게 구별할 수 있다.
  ㉢ 사용자가 조종장치를 볼 수는 없지만 맹목위치동작으로 운영할 경우에는 위치 암호화가 가장 효과적인 암호화 방법이다.
  ※ 맹목위치동작(blind positioning)
    • 조종장치를 눈으로 보지 않고 손을 뻗어 잡을 때와 같이 손이나 발을 공간의 한 위치에서 다른 위치로 이동하는 동작을 말한다.
    • 맹목위치동작은 정면방향이 정확하고 측면은 부정확하다.

⑥ 작동방법에 의한 암호화 : 작동방법에 의해서 조종장치를 암호화하면 각 조종장치는 고유한 작동방법을 갖게 된다. 예를 들면 하나는 밀고 당기는 종류이고, 하나는 회전식인 경우이다.

> **예제**
>
> 1. 작업자가 용이하게 기계·기구를 식별하도록 암호화(coding)를 할 때 암호화 방법이 아닌 것은?
>   ① 강도 ② 형상
>   ③ 크기 ④ 색채
>   정답 ①
>
> 2. 정보의 촉각적 암호화 방법으로만 구성된 것은?
>   ① 점자, 진동, 온도 ② 초인종, 점멸등, 점자
>   ③ 신호등, 경보음, 점멸등 ④ 연기, 온도, 모스(morse)부호
>
> **해설**
> 조종장치를 촉각적으로 식별하기 위하여 암호화한다.
> ※ 표면 촉감을 사용하는 경우 : 점자, 진동, 온도
> 정답 ①

+ 괄호문제

다음 괄호 안에 알맞은 내용을 쓰시오.
① 양립성은 (㉠)양립성, (㉡)양립성, (㉢)양립성, (㉣)양립성으로 구분된다.
② 양립성의 정도가 높을수록 학습이 더 빨리 진행되고, 반응시간이 더 (㉠), 오류가 (㉡), 정신적 부하가 감소한다.

| 정답 |
① ㉠ 개념, ㉡ 운동, ㉢ 공간, ㉣ 양태(양식)
② ㉠ 짧아지며, ㉡ 줄어들고

4. 양립성 ★★★

(1) 양립성(compatibility)의 원칙

자극 간, 반응 간의 혹은 자극-반응 조합에 대하여 공간, 운동, 개념 혹은 양태(modality) 관계가 인간의 기대와 모순되지 않는 것을 말한다.

(2) 양립성의 생성

① 본질적(본능적)으로 습득 : 자동차 핸들을 오른쪽으로 돌리면 오른쪽으로 회전
② 문화적으로 습득 : 나라별 자동차 통행방법(좌측, 우측통행)
③ 양립성의 정도가 높을수록 학습이 더 빨리 진행되고, 반응시간이 더 짧아지며, 오류가 줄어들고, 정신적 부하가 감소한다.

(3) 종류

① **개념양립성** : 사람들이 가지고 있는 개념적 연상의 양립성을 뜻한다.
   ㉠ 코드나 심벌의 의미가 인간이 가지고 있는 개념과 양립
      예 지도에서 비행기 모형 → 비행장
   ㉡ 냉수와 온수를 색깔로 구분한 정수기는 사용자가 가지고 있는 개념적 연상에 관한 기대와 일치하도록 하는 개념양립성의 원리가 적용된다.
② **운동양립성** : 표시장치와 조종장치 그리고 체계반응과 운동방향 간의 관련을 나타내는 것이다.
   ㉠ 조종기를 조작하거나 디스플레이상의 정보가 움직일 때 반응결과가 인간의 기대와 양립

확인! OX

다음은 양립성에 대한 설명이다. 옳으면 "O", 틀리면 "X"로 표시하시오.

1. 자극 간, 반응 간의 혹은 자극-반응 조합에 대하여 공간, 운동, 개념 혹은 양태 관계가 인간의 기대와 모순되지 않는 것을 양립성이라고 한다. ( )
2. 냉수와 온수를 색깔로 구분한 정수기는 사용자가 가지고 있는 개념적 연상에 관한 기대와 일치하도록 하는 양태양립성의 원리가 적용된다. ( )

정답 1. O 2. X

| 해설 |
2. 개념양립성에 대한 설명이다.

+ 괄호문제

다음 괄호 안에 알맞은 내용을 쓰시오.
① ( )양립성 : 오른쪽 버튼을 누르면 오른쪽 화면에 표시되는 것
② ( )양립성 : 기계가 특정 음성에 대해 정해진 반응을 하는 것

| 정답 |
① 공간
② 양태(양식)

ⓒ 자동차 핸들은 움직이는 방향에 따라 자동차가 움직이도록 하여 사용자가 기대하는 방향으로 움직이도록 하는 운동양립성의 원리가 적용된다.
ⓔ 라디오의 음량을 줄일 때 조절장치를 반시계 방향으로 회전

③ 공간양립성 : 특정한 사물, 특히 표시장치나 조종장치에서 물리적 형태나 공간적인 배치의 양립성을 뜻한다.
ⓐ 버튼의 위치와 관련 디스플레이의 위치가 양립하는 것이다.
ⓑ 가스버너에서 오른쪽 조리대는 오른쪽 조리장치로, 왼쪽 조리대는 왼쪽 조절장치로 조정하도록 배치하는 것은 물리적 형태나 공간적인 배치가 사용자의 기대와 일치하도록 하는 공간양립성이 적용된다.

④ 양태(양식)양립성 : 자극-반응에 관한 양립성이다.
ⓐ 특정한 자극에는 이에 맞는 양태의 반응 조합이 양립성이 더 높다는 것을 의미한다.
ⓑ 양태(양식)양립성이 높은 예
- 소리로 제시된 정보는 말로 반응
- 시각적으로 제시된 정보는 손으로 반응

개념양립성	운동양립성	공간양립성
빨강 파랑 온수 냉수	→ ↻	◎◎ ● ●

확인! OX

다음은 양립성에 대한 설명이다. 옳으면 "O", 틀리면 "X"로 표시하시오.
1. 자동차 핸들은 움직이는 방향에 따라 자동차가 움직이도록 하여 사용자가 기대하는 방향으로 움직이도록 하는 운동양립성의 원리가 적용된다. ( )
2. 특정한 사물, 특히 표시장치나 조종장치에서 물리적 형태나 공간적인 배치의 양립성을 공간양립성이라고 한다. ( )

정답 1. O 2. O

예제

다음과 같이 4가지 버너를 사용할 때 그림 I 버너가 가장 오류가 적었으나 사용자는 그림 II 버너를 가장 선호하였다. 객관적인 오류와 주관적인 선호도의 결과가 다를 경우 이를 해결하기 위한 방안은?

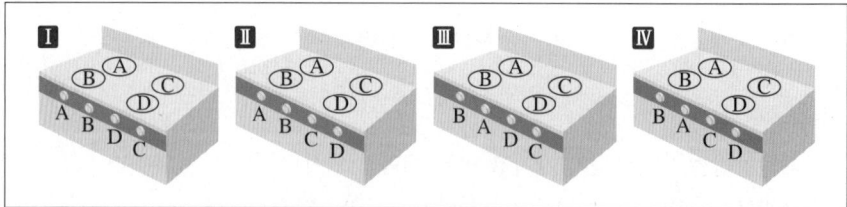

해설

특별한 정보가 없는 경우 화구와 조절장치를 할당하는 가짓수가 24가지나 된다. 어떻게 배치하더라도 사용자는 화구와 조절장치의 관계를 외워야 할 것이다.
조절장치 설계 시 표시장치와 이에 대응하는 조절장치 간의 실체적 유사성이나 이들의 배열 혹은 비슷한 표시(조절)장치들의 배열 등을 고려하여 객관적인 오류와 주관적 선호도를 일치하도록 개선이 필요하다.
사용자에게 각 불판이 어느 조절장치를 사용하면 될 것인가에 대한 암시를 줄 수 있도록 조절장치의 위치를 화구의 위치와 일직선상에 있도록 재설계하여 단순화하여야 한다.

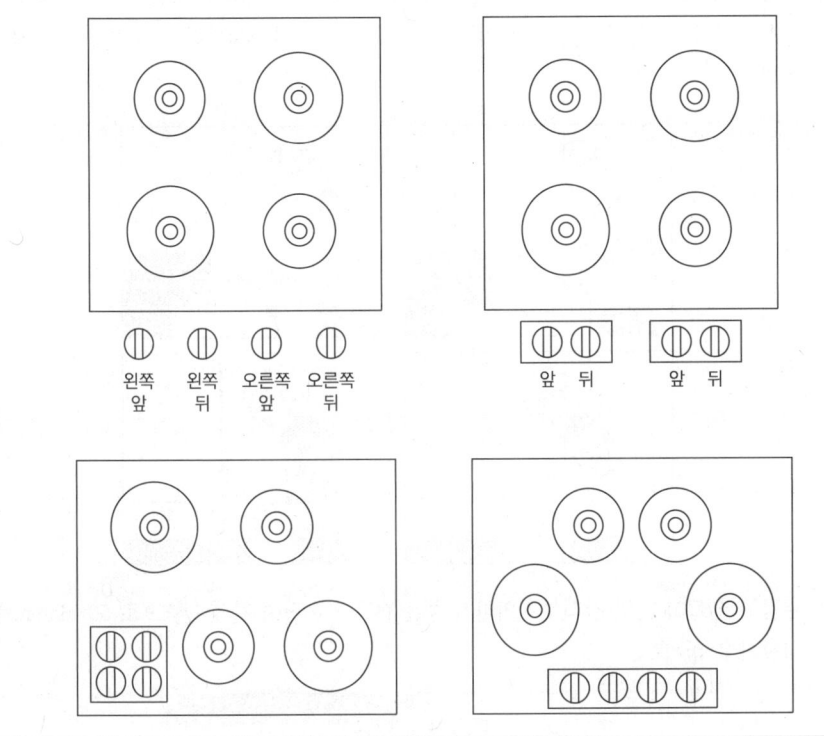

5. 수공구

(1) 수공구 설계의 인간공학적 원리

① 수공구의 무게 : 공구는 사용자가 한 손으로 쉽게 공구를 취급할 수 있어야 한다. 연속해서 반복적으로 사용하는 공구 무게는 1kg 이하이어야 하며, 대부분의 공구 무게는 2.3kg 이하로 설계되어야 한다.

② 수공구의 손잡이 : 사용자가 최대 힘을 내기 위해서 파워그립 형태의 지름 32~45mm 가 적당하고, 손잡이 길이는 100mm 이상이 좋다.

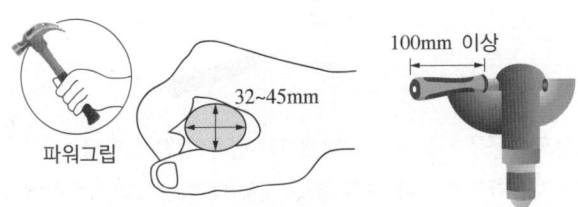

+ 괄호문제

다음 괄호 안에 알맞은 내용을 쓰시오.
① 수공구의 손잡이 지름은 ( )가 적당하다.
② 수공구의 손잡이 길이는 ( )가 이상이 좋다.

| 정답 |
① 32~45mm
② 100mm

확인! OX

다음은 수공구 설계에 대한 설명이다. 옳으면 "O", 틀리면 "X"로 표시하시오.

1. 연속해서 반복적으로 사용하는 공구 무게는 1kg 이하이어야 하며, 대부분의 공구 무게는 5kg 이하로 설계되어야 한다. ( )
2. 수공구의 손잡이는 사용자가 최대 힘을 내기 위해서 핀치그립 형태가 적당하다. ( )

정답 1. X 2. X

| 해설 |
1. 대부분의 공구 무게는 2.3kg 이하로 설계되어야 한다.
2. 파워그립 형태가 적당하다.

③ 수공구의 손잡이 모양 : 권총 모양의 손잡이는 힘이 수평으로 가해지도록 수직면에 사용하도록 하고, 일자형 손잡이는 힘이 수직으로 가해지도록 수평면에 사용해야 한다.

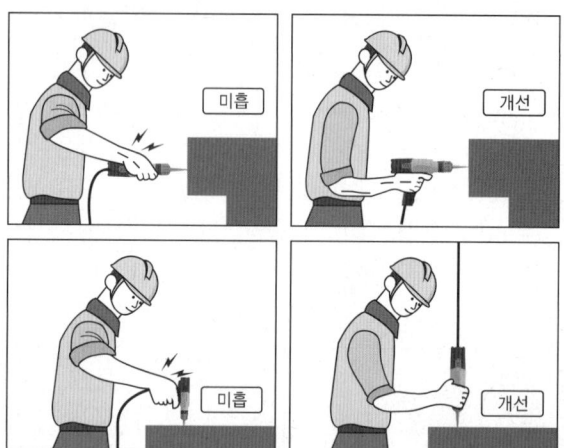

④ 수공구 손잡이 간의 간격 : 작업하기 좋은 수공구 손잡이 간의 간격으로 50~65mm를 권장하고 있다.

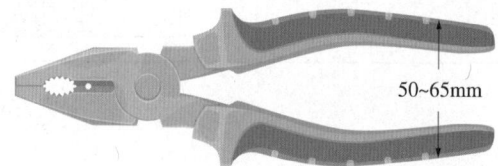

⑤ 동력공구의 방아쇠(제동장치) : 한 손가락만을 사용하는 방아쇠가 아닌 적어도 세 손가락 또는 네 손가락을 사용하도록 선택 또는 설계해야 한다.

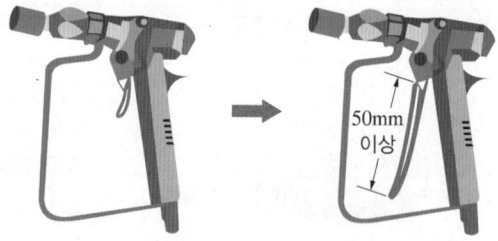

⑥ 손잡이 재질 및 질감 : 고무 재질 등으로 표면처리 하여 미끄러지거나 놓치는 현상 등을 방지하여야 하고, 비전도성의 손잡이 재질을 사용하도록 해야 한다.

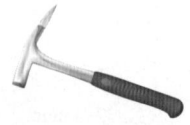

⑦ 진동 : 동력공구를 사용하는 작업에서는 진동이 적게 발생하도록 설계된 동력공구를 구매하여 사용하도록 해야 하며, 또는 진동 방지 장갑을 착용하여 진동에 대한 노출을 최소화해야 한다.

+ 괄호문제

다음 괄호 안에 알맞은 내용을 쓰시오.
① 권총 모양의 손잡이는 힘이 수평으로 가해지도록 (㉠)에 사용하도록 하고, 일자형 손잡이는 힘이 수직으로 가해지도록 (㉡)에 사용해야 한다.
② 작업하기 좋은 수공구 손잡이 간의 간격으로 ( )mm를 권장하고 있다.

| 정답 |
① ㉠ 수직면, ㉡ 수평면
② 50~65

확인! OX

다음은 수공구에 대한 설명이다. 옳으면 "O", 틀리면 "X"로 표시하시오.
1. 동력공구의 방아쇠(제동장치)는 한 손가락만으로 사용하는 방아쇠 형태로 설계해야 한다. ( )
2. 동력공구를 사용하는 작업에서는 진동이 적게 발생하도록 설계된 동력공구를 구매하여 사용하도록 하는 것이 좋다. ( )

정답 1. X 2. O

| 해설 |
1. 적어도 세 손가락 또는 네 손가락을 사용하는 것으로 선택 또는 설계해야 한다.

(2) 수공구 디자인의 인간공학적 원칙

① 손목의 중립적 자세 유지
② 손잡이(그립)
③ 직경, 길이의 인체측정치 고려
④ 손의 자세와 적용되는 힘 고려
⑤ 손가락의 반복동작 회피
⑥ 접촉 스트레스의 최소화
⑦ 올바른 방향으로 사용

> **+ 괄호문제**
> 다음 괄호 안에 알맞은 내용을 쓰시오.
> ① ( ) : 근육활동의 전위차를 기록
> ② ( ) : 심장근육활동의 전위차를 기록
>
> | 정답 |
> ① 근전도
> ② 심전도

더 알아보기

그림과 같이 핸드툴을 사용할 때 생체역학적 측면에서의 문제점

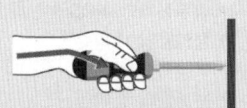 

- 그림에서 작업자는 손목을 중립자세에서 벗어나 작업을 하고 있다. 이로 인해 과도한 생체역학적 스트레스로 인한 불편함, 통증, 피로, 질병·부상이 발생할 수 있다.
- 권총 모양의 손잡이는 힘이 수평으로 가해지도록 수직면에 사용하도록 하고, 일자형 손잡이는 힘이 수직으로 가해지도록 수평면에 사용해야 한다.

제2절 신체활동의 생리학적 측정법

1. 신체반응의 측정 중요도 ★☆☆

(1) 피로의 측정방법

① **생리적 방법** : 근력이나 대뇌피질의 활동, 순환기능의 측정 등
  ㉠ 근전도(EMG, electromyography) : 근육활동의 전위차를 기록
  ㉡ 심전도(ECG, electrocardiogram) : 심장근육활동의 전위차를 기록
  ㉢ 뇌전도(EEG, electroencephalography) : 신경활동의 전위차를 기록
  ㉣ 안전도(EOG) : 안구운동의 전위차를 기록
  ㉤ 산소소비량(oxygen consumption) : 단위시간에 체내에서 소비하는 산소의 양
  ㉥ 에너지소비량(RMR, energy expenditure) : 특정작업 시 소요 에너지 기록
  ㉦ 피부전기반사(GSR) : 작업부하의 정신적 부담도가 피로와 함께 증대하는 양상을 전기저항의 변화에서 측정하는 것
  ㉧ 점멸융합 주파수(플리커법, FFF ; Flicker Fusion Frequency) : 피검자가 점멸한 다고 느낄 때까지 점멸률을 측정

> **확인! OX**
> 다음은 피로의 측정방법에 대한 설명이다. 옳으면 "O", 틀리면 "X"로 표시하시오.
> 1. 신체활동의 생리학적 측정법 중 전신의 육체적인 활동을 측정하는 데 가장 적합한 방법은 피부전기반사 측정이다. ( )
> 2. 근전도, 뇌전도, 부정맥 지수, 점멸융합 주파수 등의 척도는 정신적 작업 부하에 관한 생리적 척도에 해당한다. ( )
>
> 정답 1. X 2. X
>
> | 해설 |
> 1. 피부전기반사는 작업부하의 정신적 부담도가 피로와 함께 증대하는 양상을 전기저항의 변화에서 측정하는 것이다.
> 2. 근전도는 신체적 작업 부하 척도이다.

+ 괄호문제

다음 괄호 안에 알맞은 내용을 쓰시오.
① 피로를 측정할 수 있는 생화학적 방법에는 (㉠), (㉡), (㉢) 측정 등이 있다.
② 정신적인 부하를 측정하기 위한 생리학적 측정지표에는 (㉠), (㉡), (㉢), 눈꺼풀 깜박임, 동공지름 측정 등의 방법이 있다.

| 정답 |
① ㉠ 혈액의 성분,
  ㉡ 소변의 스테로이드양,
  ㉢ 아드레날린 배설량
② ㉠ 뇌전도,
  ㉡ 점멸융합 주파수,
  ㉢ 부정맥 지수

② 심리학적 방법 : 집중 유지시간의 측정이나 전신자각 증상 조사
  ㉠ 주의력 테스트
  ㉡ 집중력 테스트 등
③ 생화학적 방법
  ㉠ 혈액의 성분측정
  ㉡ 소변의 스테로이드양 측정
  ㉢ 아드레날린 배설량 측정 등

(2) 신체적, 정신적인 부하를 측정하기 위한 생리학적 측정지표

신체적 부하 측정	정신적 부하 측정
• 근전도(EMG) • 심전도(ECG) • 산소소비량 • 에너지소비량(RMR)	• 뇌전도(EEG) • 안전도(EOG) • 피부전기반사(GSR) • 점멸융합 주파수 • 부정맥 지수 • 눈꺼풀의 깜박임 • 동공지름

확인! OX

다음은 근력에 대한 설명이다. 옳으면 "O", 틀리면 "X"로 표시하시오.

1. 근섬유의 수축단위는 근원섬유라 하는데, 이것은 두 가지 기본형의 단백질 필라멘트로 구성되어 있으며, 액틴 필라멘트가 마이오신 필라멘트 사이로 미끄러져 들어가는 현상으로 근육의 수축을 설명하기도 한다. (　)
2. 근력이란 연속적으로 근육이 등속성으로 낼 수 있는 힘의 최댓값이다. (　)

정답 1. O 2. X

| 해설 |
2. 근력은 한 번의 수의적인 노력에 의하여 근육이 등척성으로 낼 수 있는 힘의 최댓값이다.

2. 신체역학

(1) 근력(strength)

한 번의 수의적인 노력에 의하여 근육이 등척성(isometric)으로 낼 수 있는 힘의 최댓값을 말하며, 손, 팔, 다리 등의 특정 근육이나 근육군과 관련이 있다.

더 알아보기

근육의 구조

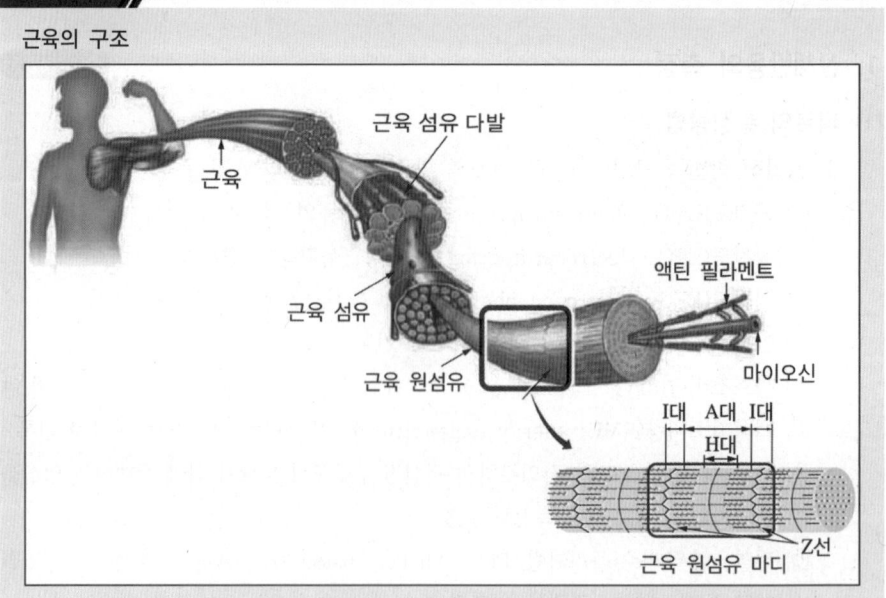

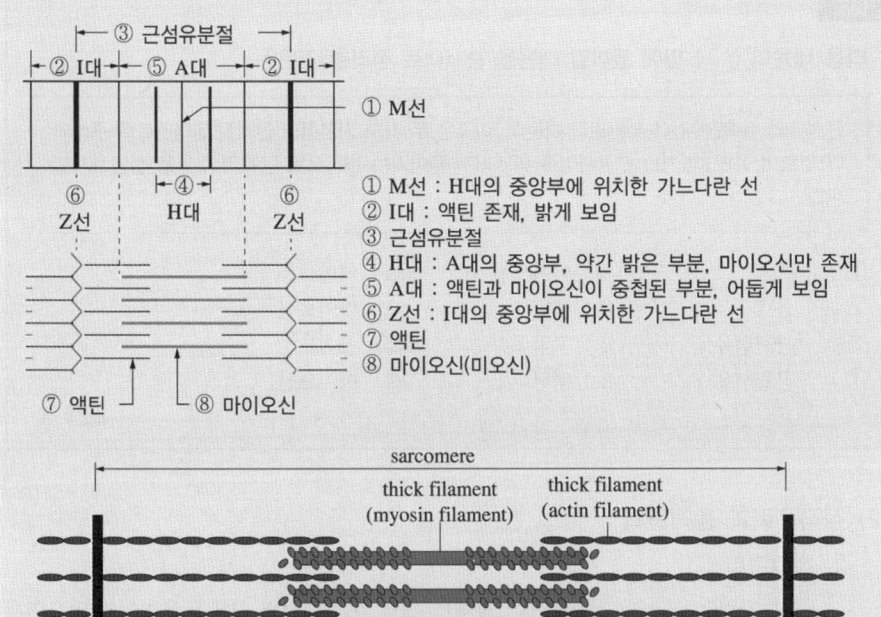

① M선
① M선 : H대의 중앙부에 위치한 가느다란 선
② I대 : 액틴 존재, 밝게 보임
③ 근섬유분절
④ H대 : A대의 중앙부, 약간 밝은 부분, 마이오신만 존재
⑤ A대 : 액틴과 마이오신이 중첩된 부분, 어둡게 보임
⑥ Z선 : I대의 중앙부에 위치한 가느다란 선
⑦ 액틴
⑧ 마이오신(미오신)

+ 괄호문제

다음 괄호 안에 알맞은 내용을 쓰시오.
① 근섬유분절 중 액틴과 마이오신이 중첩된 부분으로 어둡게 보이는 것은 ( )이다.
② I대의 중앙부에 위치한 가느다란 선을 ( )이라고 한다.

| 정답 |
① A대
② Z선

근육수축이론

- 근육은 자극을 받으면 수축을 하는데, 이러한 수축은 근육의 유일한 활동으로 근육의 길이는 단축된다.
- 근육이 수축할 때 짧아지는 것은 마이오신 필라멘트 속으로 액틴 필라멘트가 들어간 결과이다(가는 액틴 필라멘트가 굵은 마이오신 필라멘트 사이로 미끄러져 들어감).
- 액틴과 마이오신 필라멘트의 길이는 변하지 않고 근섬유가 수축하면 I대와 H대가 짧아진다.
- 최대로 수축했을 때는 Z선이 A대에 맞닿고 I대는 사라진다.
- 각 섬유는 일정한 힘으로 수축하며, 근육 전체가 내는 힘은 활성화된 근섬유 수에 의해 결정된다.

확인! OX

다음은 근육수축이론에 대한 설명이다. 옳으면 "O", 틀리면 "X"로 표시하시오.

1. 근육은 자극을 받으면 수축을 하는데, 이러한 수축은 근육의 유일한 활동으로 근육의 길이는 단축된다. ( )
2. 근육수축 시, 액틴과 마이오신 필라멘트의 길이는 줄어들고 근섬유가 수축하면 I대와 H대가 짧아진다. ( )

정답 1. O 2. X

| 해설 |
2. 액틴과 마이오신 필라멘트의 길이는 변하지 않는다.

+ 괄호문제

다음 괄호 안에 알맞은 내용을 쓰시오.
① ( )은 물체를 들고 있을 때처럼 신체를 움직이지 않으면서 자발적으로 가할 수 있는 힘의 최댓값이다.
② ( )은 중량물을 들어 올릴 때처럼 팔이나 다리의 신체부위를 실제로 움직이는 상태에서 낼 수 있는 힘이다.

| 정답 |
① 등척력
② 등속력

예제

다음 내용의 ( ) 안에 들어갈 내용을 순서대로 정리한 것은?

> 근섬유의 수축단위는 (A)(이)라 하는데, 이것은 두 가지 기본형의 단백질 필라멘트로 구성되어 있으며, (B)이(가) (C) 사이로 미끄러져 들어가는 현상으로 근육의 수축을 설명하기도 한다.

① A : 근막　　　　　B : 마이오신　　　C : 액틴
② A : 근막　　　　　B : 액틴　　　　　C : 마이오신
③ A : 근원섬유　　　B : 근막　　　　　C : 근섬유
④ A : 근원섬유　　　B : 액틴　　　　　C : 마이오신

| 정답 | ④

(2) 정적근력과 동적근력

① 정적근력
　㉠ 등척력(isometric strength) : 물체를 들고 있을 때처럼 신체를 움직이지 않으면서 자발적으로 가할 수 있는 힘의 최댓값을 말한다.
　㉡ 근육이 수축해도 길이는 변하지 않는다.
　　※ 4~6초 동안 피실험자들이 고정된 물체에 대해 최대한 힘을 발휘하도록 한 후 30~120초 동안 휴식을 취하는 과정을 반복하여 처음 3초 동안 발휘된 근력의 평균으로 측정한다.

② 동적근력
　㉠ 등속력(isokinetic strength) : 중량물을 들어 올릴 때처럼 팔이나 다리의 신체부위를 실제로 움직이는 상태에서 낼 수 있는 힘을 말한다.
　㉡ 등장성 수축과 등속성 수축으로 나눌 수 있다.
　㉢ 등속성 수축은 일정한 속도에서 관절각도에 따라 발휘되는 힘이다.
　㉣ 일반적으로 일정한 속도를 유지하기 어렵기 때문에 Cybex나 Biodex와 같은 상용화된 계측기를 사용하여 측정한다.

(3) 근수축(muscle contraction) 유형

① 등장성 수축(isotonic contraction)
　㉠ 푸시업이나 턱걸이같이 관절의 각도가 변하고, 근육의 길이가 늘어나거나 짧아지며 수축하는 운동이다.
　㉡ 동적운동(등장성 수축)은 신체에 가해지는 장력은 일정하지만, 모든 관절의 범위에서 동일한 장력이 발생하지는 않는다.
　㉢ 덤벨로 이두근을 자극하는 컬(curl) 동작을 할 때 같은 무게를 들어 올려도 팔을 편 상태(팔의 관절각도가 넓어짐)에서 들어 올릴 때보다, 팔의 각도가 90°에 가까워질수록(팔의 관절각도가 좁아짐) 힘이 덜 들게 된다.

확인! OX

다음은 등장성 수축에 대한 설명이다. 옳으면 "O", 틀리면 "X"로 표시하시오.

1. 푸시업이나 턱걸이같이 관절의 각도가 변하고, 근육의 길이가 늘어나거나 짧아지며 수축하는 운동이다. ( )
2. 동적운동은 신체에 가해지는 장력은 일정하고, 모든 관절의 범위에서 동일한 장력이 발생한다. ( )

| 정답 | 1. O　2. X

| 해설 |
2. 동적운동(등장성 수축)은 신체에 가해지는 장력은 일정하지만, 모든 관절의 범위에서 동일한 장력이 발생하지는 않는다.

② 정적운동은 관절의 변화 없이 고정된 각도에서 실시되기 때문에 근육의 장력도 동일하지만, 동적운동은 관절의 각도가 변화되기 때문에 관절각에 따라 발생하는 근육힘도 달라지게 된다.
- 단축성(구심성) 수축 : 근육의 길이가 짧아지면서 수축하는 형태 [굴곡]
- 신장성(원심성) 수축 : 근육이 수축하고 있음에도 불구하고, 결과적으로 늘어나는 형태 [신전]

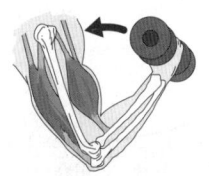
[단축성 수축]

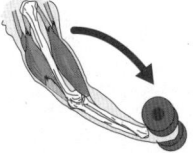
[신장성 수축]

② 등척성 수축(isometric contraction)
㉠ 관절의 각도, 근육의 길이가 변하지 않고 근육이 수축하는 것이다.
㉡ 관절각의 변화가 없어 일은 없으나 에너지 소모는 일어난다.
㉢ 근육의 길이에 변함이 없다는 것은 움직임이 없다는 뜻이기 때문에 움직이지 않고 한 가지 동작에서 버티는 운동을 정적운동이라고 한다.
㉣ 손에 무거운 물건을 들고 다닐 때 팔의 근육이나 기마자세로 가만히 서 있을 때의 다리 근육
㉤ 대표적으로 플랭크 동작이 있다.

③ 등속성 수축(isokinetic contraction)
㉠ 관절각이 동일한 속도로 움직이는 근수축을 말한다.
㉡ 관절각의 속도는 일정하나 각도에 따라 발생하는 장력은 변화한다.
㉢ 재활이나 운동으로 복귀(RTP ; Return To Play) 전 평가에 유용할 수 있으나, 오직 특수한 기구로만 가능한 운동으로 비싸다는 제한점이 있다.

(4) 지구력(endurance)
① 근력을 사용하여 특정 힘을 유지할 수 있는 능력으로 지구력은 힘의 크기와 관계가 있다.
② 최대 근력으로 유지할 수 있는 것은 몇 초이며, 최대 근력의 50% 힘으로는 약 1분간 유지할 수 있다. 최대 근력의 15% 이하의 힘에서는 상당히 오래 유지할 수 있다.

+ 괄호문제

다음 괄호 안에 알맞은 내용을 쓰시오.
① 관절의 각도, 근육의 길이가 변하지 않고 근육이 수축하는 것을 ( ) 수축이라고 한다.
② 관절각이 동일한 속도로 움직이는 근수축을 ( ) 수축이라고 한다.

| 정답 |
① 등척성
② 등속성

확인! OX

다음은 등척성 수축에 대한 설명이다. 옳으면 "O", 틀리면 "X"로 표시하시오.
1. 관절각의 변화가 없어 일은 없으나 에너지 소모는 일어난다. ( )
2. 근육의 길이에 변함이 없다는 것은 움직임이 없다는 뜻이기 때문에 움직이지 않고 한 가지 동작에서 버티는 운동을 정적운동이라고 한다. ( )

정답 1. O 2. O

+ 괄호문제

다음 괄호 안에 알맞은 내용을 쓰시오.
① 정적 근육피로 한도시간과 근력발휘 수준의 관계를 나타내는 것은 (   )이다.
② 신체부위의 운동유형에서 몸의 중심선에서 멀어지는 이동 동작은 (   )이다.

| 정답 |
① Rohmert 곡선(Rohmert curve)
② 외전

③ Rohmert 곡선(Rohmert curve) : 정적 근육피로 한도시간과 근력발휘 수준의 관계를 나타낸다.

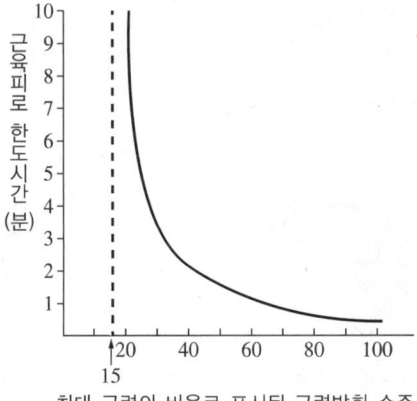

[Rohmert 곡선]

(5) 신체부위의 운동유형

운동유형	동작내용
외전(abduction)	몸의 중심선에서 멀어지는 이동 동작
내전(adduction)	몸의 중심선으로 향하는 이동 동작
신전(extension)	관절에서의 각도가 증가하는 동작
굴곡(flexion)	관절에서의 각도가 감소하는 동작
외선(lateral rotation)	몸의 중심선으로부터의 회전
내선(medial rotation)	몸의 중심선을 향하여 안쪽을 회전하는 동작
하향(pronation)	손바닥을 아래로 향하도록 하는 회전
상향(supination)	손바닥을 위로 향하도록 하는 회전
회내(pronation)	손과 전완 사이, 발과 정강이 사이에서 일어나는 동작으로 손바닥이나 발바닥이 아래를 향하도록 안쪽으로 회전하는 동작
회외(supination)	회내와 반대방향으로 움직이는 동작으로 손바닥이나 발바닥이 위로 향하도록 바깥쪽으로 회전하는 동작
내번(inversion)	손목 관절이나 발목 관절이 안쪽으로 움직이는 운동
외번(eversion)	손목 관절이나 발목 관절이 바깥쪽으로 움직이는 운동
저측굴곡(plantar flexion)	족저의 경우 발끝을 뒤쪽으로 당기는 운동으로 발바닥 쪽으로 굴곡
배측굴곡(dorsal flexion)	족저의 경우 발끝을 앞쪽으로 당기는 운동으로 발등 쪽으로 굴곡

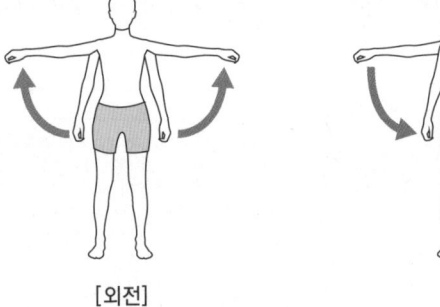

[외전]   [내전]

확인! OX

다음은 신체부위의 운동유형에 대한 설명이다. 옳으면 "O", 틀리면 "X"로 표시하시오.

1. 관절에서의 각도가 증가하는 동작은 굴곡이라고 한다. (   )
2. 몸의 중심선으로부터의 회전 동작은 내선이라고 한다. (   )

정답 1. X 2. X

| 해설 |
1. 신전에 대한 설명이다.
2. 외선에 대한 설명이다.

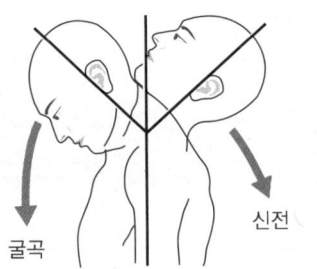
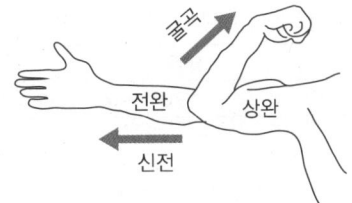

[굴곡과 신전]

+ 괄호문제

다음 괄호 안에 알맞은 내용을 쓰시오.

육체활동의 정도는 (   ) 측정 후 작업 에너지 계산이 가능하다.

| 정답 |
산소 소비량

3. 신체활동의 에너지 소비   중요도 ★☆☆

(1) 작업부하의 생리학적 측정

① 에너지 소비량
   ㉠ 산소 소비량과 에너지 소비량은 선형적 관계가 있으며, 산소 1L가 소비되면 5kcal의 에너지가 소모된다. → 육체활동의 정도는 산소 소비량 측정 후 작업 에너지 계산이 가능하다.
   ㉡ 산소 소비량 측정 시, 호흡배기량 측정장비와 O_2, CO_2 비율측정 가스분석기가 필요하다.
   ㉢ 에너지 소비량 계산 : 79%×흡기량 = N_2%×배기량 → 질소는 체내에서 대사하지 않고, 그대로 배출된다.

   $$흡기량 = \frac{배기량 \times (100 - O_2\% - CO_2\%)}{79\%}$$

   ㉣ 산소 소비량 = (21%×흡기량) − (O_2%×배기량)
   ㉤ 에너지 소비량(kcal/min) = 분당 산소 소비량(L)×5kcal
   ㉥ 에너지 소비량은 수치화하여 객관적인 데이터로서 표출할 수 있기 때문에 생리학적 접근방법으로 에너지 소비량이 주요 접근법으로 사용된다.

② 산소 소비량
   ㉠ 호흡 시 배기량을 측정할 수 있는 장비를 이용하여 작업자의 배기량을 측정한다.
   ㉡ 측정된 배기의 표본을 취하여 성분을 분석한다.
   ㉢ 표본을 취하고 남은 배기는 가스미터(gas meter)를 이용하여 부피를 측정한다.
   ㉣ 배기성분과 부피를 이용하여 흡기의 부피를 구한다. 질소는 체내에서 대사되지 않고 배기되므로 흡기와 배기 중의 질소의 양은 같게 된다(에너지 소비량 계산식 참조).
   ㉤ 산소분석기 혹은 대사기능측정기 등을 이용하면 산소 소비량 분석을 위하여 공식을 이용하지 않더라도 자동으로 산소 및 탄소 소비량, 호흡작용의 변화 비율을 자동으로 알 수 있다.

확인! OX

다음은 산소 소비량과 에너지 소비량에 대한 설명이다. 옳으면 "O", 틀리면 "X"로 표시하시오.

1. 산소 소비량과 에너지 소비량은 선형적 관계가 있으며, 산소 1L가 소비되면 5kcal의 에너지가 소모된다. (   )
2. 에너지 소비량은 수치화하여 객관적인 데이터로서 표출할 수 있기 때문에 생리학적 접근방법으로 에너지 소비량이 주요 접근법으로 사용된다. (   )

정답 1. O 2. O

+ 괄호문제

다음 괄호 안에 알맞은 내용을 쓰시오.
① 생명유지에 필요한 단위시간당 에너지양을 ( )이라고 한다.
② 에너지 대사율(RMR)은 (㉠)대사량에 대한 (㉡)대사량의 비로 정의된다.

| 정답 |
① 기초대사율
② ㉠ 기초, ㉡ 작업

더 알아보기

다양한 활동들에 대한 에너지 소비율의 추정치

활동	에너지 소비율의 추정치(kcal/min)
수면	1.3
앉아 있기	1.6
서 있기	2.3
걷기(3km/h)	2.8
걷기(6km/h)	5.2
저장고 작업	4.2
용접 작업	3.4
나무 톱질	6.8
나무 베기	8.0
운동 활동	10.0

③ 에너지 대사율(RMR)
  ㉠ 기초대사율(BMR ; Basal Metabolic Rate) : 생명유지에 필요한 단위시간당 에너지양
  ㉡ 기초대사율은 체형, 나이, 성별 등 개인차에 따라 다르며, 일반적으로 신체가 크고 젊을수록 높고, 여자보다 남자의 기초대사량이 높다.
    • 성인 기초대사량 : 1,500~1,800kcal/일
    • 기초 + 여가 대사량 : 2,300kcal/일
    • 작업 시 정상적인 에너지 소비량 : 4,300kcal/일
      작업 시의 에너지 대사량은 휴식 후부터 작업 종료 시까지의 에너지 대사량을 나타내며, 총에너지 소모량은 기초에너지 대사량과 휴식 시 에너지 대사량, 작업 시 에너지 대사량을 합한 것으로 나타낼 수 있다.
  ㉢ 에너지 대사율(RMR)은 기초대사량에 대한 작업대사량의 비로 정의된다.

$$R = \frac{\text{작업 시 에너지 대사량} - \text{안정 시 에너지 대사량}}{\text{기초대사량}} = \frac{\text{작업대사량}}{\text{기초대사량}}$$

(초중작업 : 7 이상, 중(重)작업 : 4~7, 중(中)작업 : 2~4, 경작업 : 0~2)

확인! OX

다음은 에너지 대사율에 대한 설명이다. 옳으면 "O", 틀리면 "X"로 표시하시오.

1. 기초대사율은 체형, 나이, 성별 등 개인차에 따라 다르며, 일반적으로 신체가 크고 젊을수록 높고, 여자보다는 남자의 기초대사량이 높다. ( )
2. 에너지 대사율이 2~4의 범위이면 경작업으로 분류한다. ( )

정답 1. O 2. X

| 해설 |
2. 중(中)작업의 범위가 2~4이고, 경작업은 0~2이다.

더 알아보기

작업 강도에 따른 에너지 소비율
• 가벼운 작업(light work)인 경우 에너지 소비율은 매우 적고(2.5kcal/min) 에너지 요구량은 신체의 산화성 대사만으로도 쉽게 충족 가능하다.
• 약간 힘든 작업(moderate work)인 경우 에너지 소비율은 2.5~5.0kcal/min이며, 이 정도의 에너지 소비량도 산화성 대사작용으로 충족 가능하다.
• 힘든 작업(heavy work)은 5.0~7.5kcal/min 정도의 에너지 소비량을 요구하며, 신체적으로 건강한 사람이라면 산화성 대사에 의해 공급되는 에너지를 통해 비교적 긴 시간 동안 작성 수행 가능하다.
• 에너지 소비율 7.5~10kcal/min의 매우 힘든 작업(very heavy work)과 에너지 소비율 10kcal/min 이상의 극히 힘든 작업(extremely heavy work)의 경우에는 신체적으로 건강한 사람이라 해도 작업 기간 중에 안정 상태 조건에 도달하지 못한다.

④ Murrell의 휴식시간 산출공식

$$휴식시간(R) = \frac{T(E-S)}{E-1.5}$$

여기서, T : 총작업시간(분)
E : 해당 작업 중 평균 에너지 소비량(kcal/min)
S : 권장 평균 에너지 소비량(남성 : 5kcal/min, 여성 : 3.5kcal/min)

+ 괄호문제

다음 괄호 안에 알맞은 내용을 쓰시오.
Murrell의 휴식시간 산출공식에 사용되는 항목 중, 남성의 평균 에너지 소비량은 (㉠)kcal/min이고 여성의 평균 에너지 소비량은 (㉡)kcal/min이다.

| 정답 |
㉠ 5, ㉡ 3.5

예제

A 사업장의 주물공정에서는 1,200℃의 용융로를 남성 작업자 1명이 하루 8시간 동안 작업하고 있다. 작업자가 높은 작업강도를 호소하여 작업부하를 알아보기 위하여 더글러스 백(douglas bag)을 이용하여 배기량을 10분간 측정하였더니 300L(리터)였다. 가스미터를 이용하여 배기 성분을 조사하니 산소가 15%, 이산화탄소가 5%일 때, 다음 각 물음에 답하시오(단, 대기 중 질소의 비율은 79%, 기초대사량은 1.2kcal/min, 권장 평균에너지 소비량은 5kcal/min, 산소 1L당 방출할 수 있는 에너지는 5kcal/min, 안정 시 에너지 소비량은 1.5kcal/min).

(1) 분당 에너지 소비량을 구하시오.

(2) Murrell이 제시한 공식을 따를 때, 하루 작업 중 휴식시간을 구하시오.

(3) 에너지 대사율(RMR ; Relative Metabolic Rate)을 구하시오.

(4) 위 작업의 (2), (3)의 평가결과에 따라 현재 작업장에 문제가 있다고 판단되면 이에 대한 개선 방향을 제안하시오.

해설

(1) 분당 배기량 $= \frac{300L}{10분} = 30L/분$

 분당 흡기량 $= \frac{100\% - 15\% - 5\%}{79\%} \times 30L/분 ≒ 30.38L/분$

 산소 소비량 $= 21\% \times 30.38L/분 - 15\% \times 30L/분 ≒ 1.88L/분$

 에너지 소비량 $= 1.88L/분 \times 5kcal/L = 9.4kcal/분$

(2) 휴식시간$(R) = \frac{T(E-S)}{E-1.5} = \frac{60(9.4-5)}{9.4-1.5} ≒ 33.41분/시간$

 여기서, T : 총작업시간
 E : 해당 작업 중 평균 에너지 소비량(kcal/min)
 S : 권장 평균 에너지 소비량(남성 : 5kcal/min, 여성 : 3.5kcal/min)

 하루 작업 중 휴식시간 $= 33.41분/시간 \times 8시간 = 267.28분$

(3) $R = \frac{작업\ 시\ 에너지\ 대사량 - 안정\ 시\ 에너지\ 대사량}{기초대사량} = \frac{작업대사량}{기초대사량}$

 초중작업 : 7 이상
 중(重)작업 : 4~7
 중(中)작업 : 2~4
 경작업 : 0~2

 $R = \frac{작업대사량}{기초대사량} = \frac{9.4kcal/min - 1.5kcal/min}{1.2kcal/min} ≒ 6.58$

확인! OX

다음은 작업 강도에 따른 에너지 소비율에 대한 설명이다. 옳으면 "O", 틀리면 "X"로 표시하시오.

1. 가벼운 작업인 경우 에너지 소비율은 2.5~5.0kcal/min이며, 이 정도의 에너지 소비량도 산화성 대사작용으로 충족 가능하다. (　)

2. 힘든 작업은 5.0~7.5kcal/min 정도의 에너지 소비량을 요구하며, 신체적으로 건강한 사람이라면 산화성 대사에 의해 공급되는 에너지를 통해 비교적 긴 시간 동안 작성 수행 가능하다. (　)

정답 1. X 2. O

| 해설 |
1. 약간 힘든 작업에 대한 설명이다.

+ 괄호문제

다음 괄호 안에 알맞은 내용을 쓰시오.
① 컴퓨터 스크린상에 있는 버튼을 선택하기 위해 커서를 이동시키는 데 걸리는 시간을 예측하는 가장 적합한 법칙은 ( )의 법칙이다.
② 피츠의 법칙은 정확성이 많이 요구될수록 운동 속도가 (㉠), 속도가 증가하면 정확성이 (㉡).

| 정답 |
① 피츠
② ㉠ 느려지고, ㉡ 줄어든다

| 해설 |
① 피츠의 법칙이란 인간의 행동에 대해 속도와 정확성 간의 관계를 설명하는 기본적인 법칙이다.

(4) 에너지 대사율 6.58으로 중(重)작업에 속하는 강도가 높은 작업이다.
  • 주물공정 작업공정 및 설비를 기계적으로 대체한다.
  • 사용빈도, 사용순서에 따라 작업장 재배치를 실시한다.
  • 충분한 휴식시간을 제공한다. 휴식은 긴 시간을 쉬는 것보다는 짧게 여러 번 부여하는 것이 효과적이다.
  • 작업의 연속성이 필요하다면 휴식시간을 보장하기 위하여 작업자 1명을 추가 투입하여야 한다.

4. 동작의 속도와 정확성   중요도 ★☆☆

(1) 피츠의 법칙(Fitts's law)

① 인간의 행동에 대해 속도와 정확성 간의 관계를 설명하는 기본적인 법칙이다.

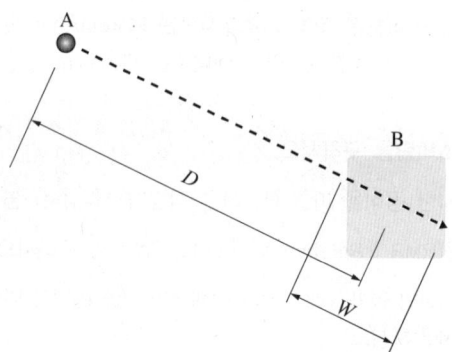

② 목표물의 크기가 작고 움직이는 거리가 증가할수록 운동 시간(MT)이 증가한다는 것으로, 정확성이 많이 요구될수록 운동 속도가 느려지고(MT 증가), 속도가 증가하면 정확성이 줄어든다. 더 빨리 수행되는 운동일수록 정확도가 떨어지는 경향성을 말하는 원리이다.

③ 떨어진 영역을 클릭하는 데 걸리는 시간은 영역까지의 거리와 영역의 폭에 따라 달라지는데, 멀리 있을수록, 버튼이 작을수록 클릭하는 데 시간이 더 많이 걸린다.

$$T = a + b\log_2\left(\frac{D}{W}+1\right)$$

여기서, T : 동작을 완수하는 데 필요한 평균 시간
D : 대상 물체의 중심까지 거리
W : 움직이는 방향을 축으로 하였을 때 측정되는 목표물의 폭
※ a와 b는 실험 상수로서 상황이 정해지면 그에 따라 실험 결과로 정해짐

확인! OX

다음은 피츠의 법칙에 대한 설명이다. 옳으면 "O", 틀리면 "X"로 표시하시오.

1. 목표물의 크기가 작고 움직이는 거리가 증가할수록 운동시간이 줄어든다는 것이다. ( )
2. 더 빨리 수행되는 운동일수록 정확도가 떨어지는 경향성을 나타낸다. ( )

정답 1. X 2. O

| 해설 |
1. 목표물의 크기가 작고 움직이는 거리가 증가할수록 운동 시간이 증가한다.

※ 동작 시간에 대한 피츠의 법칙 예시

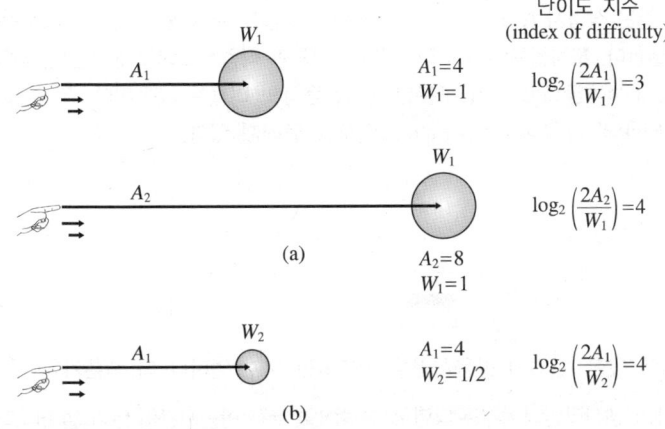

- 동작 진폭이 $A_1 \to A_2$로 됨에 따라 동작 진폭이 두 배가 되는 것을 보여주고 있다.
- 표적의 너비가 $W_1 \to W_2$로 변화되어 표적 정확성을 두 배로 요구하고 있는 것을 보여주고 있다.
- 그림의 오른쪽에는 난이도 지수를 계산하는 방법을 제시하고 있는데, 동작 시간은 난이도 지수에 직접적으로 비례한다.

(2) 힉의 법칙(Hick's law)

① 인간의 선택반응시간(RT ; Reaction Time)은 자극정보의 양에 비례한다.

$$RT(\text{선택반응시간}) = a + b\log_2 N$$

여기서, N : 자극의 수

㉠ 선택반응시간은 자극의 정보량에 비례한다.
㉡ 선택반응시간은 일반적으로 선택 대안의 수(N)가 증가할수록 비례하여 증가한다.
㉢ 디자인의 단순화를 강조하는 원리이다.
㉣ 힉-하이먼(Hick-Hyman)의 법칙이라고도 불린다.

+ 괄호문제

다음 괄호 안에 알맞은 내용을 쓰시오.
① 피츠의 법칙에서 동작 시간은 난이도 지수에 직접적으로 (　)한다.
② 선택반응시간은 자극정보의 양에 (㉠)하고, 일반적으로 선택 대안의 수가 (㉡)할수록 비례하여 증가한다.

| 정답 |
① 비례
② ㉠ 비례, ㉡ 증가

확인! OX

다음은 힉의 법칙에 대한 설명이다. 옳으면 "O", 틀리면 "X"로 표시하시오.

1. 인간의 선택반응시간(RT)은 자극정보의 양에 비례한다. (　)
2. 인간이 감지할 수 있는 외부의 물리적 자극 변화의 최소 범위는 표준 자극의 크기에 비례한다는 현상을 설명한 이론이다. (　)

| 정답 | 1. O 2. X

| 해설 |
2. 웨버(Weber) 법칙 : 물리적 자극을 상대적으로 판단하는 데 있어 특정 감각의 변화감지역은 기준 자극의 크기에 비례한다.

+ 괄호문제

다음 괄호 안에 알맞은 내용을 쓰시오.
① 자극 사이의 변화를 감지할 수 있는 두 자극 사이의 가장 작은 차이 값을 ( )이라고 한다.
② 웨버의 법칙에 따르면 물리적 자극을 상대적으로 판단하는 데 있어 특정 감각의 변화감지역은 기준 자극의 크기에 ( )한다.

| 정답 |
① 변화감지역
② 비례

【예제】

다음 그림과 같은 작업자 A, B가 순서대로 앉아서 작업을 수행 중이다. 작업자 A는 양품과 불량품을 선별한다. 불량률은 50%이다. 선별된 양품만 작업자 B에게 전해진다. 작업자 B는 양품을 1, 2, 3, 4등급으로 각각 구분한다. 각 등급의 비율은 25%이다. 두 작업에 대한 반응시간은 Hick의 법칙($RT = a + b\log_2 N$)으로 알려져 있다.

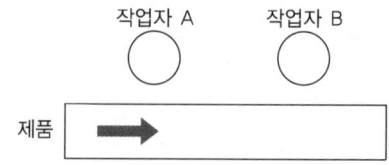

(1) 제품 1개에 대한 A, B의 반응시간을 비교하면 누가 얼마나 더 빠른가?
(2) 1일 100개가 생산라인에 투입된다면 A, B 중 1일 누적 반응시간이 누가 얼마나 더 긴가?

【해설】
(1) a, b는 상수이므로 자극정보의 수(N)로 계산을 하면, 작업자 A의 반응시간은 $\log_2 2 = 1$, 작업자 B의 반응시간은 $\log_2 4 = 2$로 작업자 A가 B보다 2배 빠르다.
(2) 작업자 A의 반응시간은 $\log_2 200 = 7.64$, 작업자 B의 반응시간은 $\log_2 400 = 8.64$로 작업자 B가 A보다 더 길다.

(3) 웨버의 법칙(Weber's law)

① 물리적 자극을 상대적으로 판단하는 데 있어 특정 감각의 변화감지역은 기준 자극의 크기에 비례하며, 웨버의 비가 작을수록 감각의 분별력이 뛰어나다.

$$웨버의\ 법칙 = \frac{변화감지역}{기준\ 자극의\ 크기}$$

감각	웨버의 비	분별력
시각	1/60	높음 ↑
무게	1/50	
청각	1/10	
후각	1/4	
미각	1/3	↓ 낮음

② 변화감지역(JND ; Just Noticeable Difference)
　㉠ 자극 사이의 변화를 감지할 수 있는 두 자극 사이의 가장 작은 차이 값
　㉡ 변화감지역이 작을수록 감각의 변화를 검출하기 쉽다.
　　※ 무게 감지 : 웨버의 비가 0.02일 때 100g을 기준으로 무게의 변화를 느끼려면 2g 정도면 되지만, 10kg의 무게를 기준으로 한 경우에는 200g이 되어야 무게의 차이를 감지할 수 있다.

【확인! OX】

다음은 웨버의 법칙에 대한 설명이다. 옳으면 "O", 틀리면 "X"로 표시하시오.
1. 시각의 분별력이 가장 높으며, 후각의 분별력이 가장 낮다. ( )
2. 웨버의 비가 작을수록 감각의 분별력이 뛰어나다. ( )

정답 1. X 2. O

| 해설 |
1. 미각의 분별력이 가장 낮다.

③ 절대식별과 상대식별 : 자극이 인간의 감각 기관에 감지되어 이를 식별하는 방법으로 절대식별과 상대식별 형태가 있다.
  ㉠ 절대식별(absolute judgments) : 어떤 부류에 속하는 신호가 단독으로 제시되었을 때 이를 얼마나 잘 식별하느냐를 나타내는 것으로, 상대적인 비교 대상 또는 기준 대상이 없는 경우이다.
  ㉡ 상대식별(relative discrimination) : 두 가지 이상의 신호가 공간적 혹은 시간상으로, 근접하게 제시되었을 때 이를 비교·판단하는 경우이다.
    ㉮ 피아노 건반을 임의로 하나 눌러 놓고 그 음계를 답하도록 하는 경우는 절대식별, 2개의 건반을 차례대로 들려준 후 어떤 음이 높은음인지를 구분하도록 하는 경우는 상대식별이다.
  ※ 경로용량 : 절대식별에 근거하여 정보를 신뢰성 있게 전달할 수 있는 전달된 정보량으로 단기기억에 의해 전달할 수 있는 최대 가짓수

> **더 알아보기**
>
> **밀러(Miller)의 신비의 수 'magical number 7±2'**
> 밀러의 선택반응실험 결과 인간의 절대적 판단에 의한 단일자극의 판별범위는 보통 7±2(다섯에서 아홉 가지)이다. 절대식별 과제에서 많은 정보가 제시되더라도 인간은 최대 7±2개(약 2.8bit)의 정보량만을 전달할 수 있다(단기기억 용량의 한계 때문에). 인간이 신뢰성 있게 정보를 전달할 수 있는 기억은 5가지 미만이며, 감각에 따라 정보를 신뢰성 있게 전달할 수 있는 한계 개수는 5~9가지이다. 그러나 단일자극이 아니라 여러 차원을 조합하여 사용하는 경우에는 신뢰성 있게 처리할 수 있는 자극 판별의 수가 증가한다.

> **+ 괄호문제**
>
> 다음 괄호 안에 알맞은 내용을 쓰시오.
> ① 피아노 건반을 임의로 하나 눌러 놓고 그 음계를 답하도록 하는 경우는 (㉠), 2개의 건반을 차례대로 들려준 후 어떤 음이 높은음인지를 구분하도록 하는 경우는 (㉡)이다.
> ② 부품배치의 원칙에서 부품의 우선순위를 목표 달성에 상대적으로 긴요한 정도에 따라 결정하는 것은 (㉠)의 원칙이며, 빈번하게 사용되는 정도 따라 부품의 우선순위를 결정하는 것은 (㉡)의 원칙이다.
>
> | 정답 |
> ① ㉠ 절대식별, ㉡ 상대식별
> ② ㉠ 중요도, ㉡ 사용빈도

제3절 작업공간 및 작업자세

1. 부품배치의 원칙

① 중요도 원리
  ㉠ 시스템의 목적을 달성하는 데 상대적으로 더 중요한 요소들은 사용하기 편리한 지점에 위치해야 한다.
  ㉡ 중요도의 수준에 따라 디스플레이와 제어장치들은 일차적인 것과 이차적인 것으로 구분한다.
② 사용빈도의 원리
  ㉠ 가장 빈번하게 사용되는 요소들은 가장 사용하기 편리한 곳에 배치해야 한다.
  ㉡ 자주 사용하는 도구는 잘 쓰는 손과 가까운 지점에 위치해야 한다.
  ㉢ 빈번하게 사용되는 발 조작 페달은 오른발과 가까운 곳에 위치해야 한다.

> **확인! OX**
>
> 다음은 밀러의 신비의 수에 대한 설명이다. 옳으면 "O", 틀리면 "X"로 표시하시오.
>
> 밀러의 선택반응실험 결과 인간의 절대적 판단에 의한 단일자극의 판별범위는 보통 7±2(다섯에서 아홉 가지)이다. ( )
>
> 정답 O

+ 괄호문제

다음 괄호 안에 알맞은 내용을 쓰시오.

① 작업개선을 위하여 도입되는 원리인 ECRS에서 E는 (㉠), C는 (㉡), R은 (㉢), S는 (㉣)를 뜻한다.

② 보지 않고 손을 움직일 경우 짧은 거리는 지나치고 긴 거리는 못 미치는 경향을 ( )라고 한다. 작은 오차에는 과잉반응하고 큰 오차에는 과소반응한다.

| 정답 |
① ㉠ 제거, ㉡ 결합, ㉢ 재배열, ㉣ 단순화
② 범위(사정)효과

확인! OX

다음은 ECRS에 대한 설명이다. 옳으면 "O", 틀리면 "X"로 표시하시오.

1. 효율성과 관계없이 다른 작업과 결합해서는 안 된다. ( )
2. 작업순서나 위치를 바꾸어 효율적이면 재배열한다. ( )

정답 1. X 2. O

| 해설 |
1. 다른 작업과 결합하여 더 나은 결과를 얻을 수 있으면 결합한다.

---

③ 기능적 집단화 원리
  ㉠ 밀접하게 관련된 기능을 갖는 요소들은 서로 가까운 곳에 위치해야 한다.
  ㉡ 관련 요소들끼리 서로 집단화되어 있으면 더 쉽고 분명하게 확인 가능하다.
④ 사용순서의 원리 : 연속해서 사용되어야 하는 요소들은 서로 바로 옆에 놓여야 하고, 조작의 순서를 반영할 수 있도록 배열해야 한다.

> **더 알아보기**
>
> **범위(사정)효과(range effect)**
> 보지 않고 손을 움직일 경우 짧은 거리는 지나치고 긴 거리는 못 미치는 경향이다. 작은 오차에는 과잉반응하고 큰 오차에는 과소반응한다.

2. 활동분석   중요도 ★★☆

(1) 작업개선의 원칙

① ECRS
  ㉠ 제거(Eliminate)
    • '이 작업은 꼭 필요한가?'를 검토하여 필요하지 않으면 제거한다.
    • 불필요한 작업, 작업요소 제거
  ㉡ 결합(Combine) : 다른 작업과 결합하여 더 나은 결과를 얻을 수 있으면 결합한다.
  ㉢ 재배열(Rearrange)
    • 효율성을 높이기 위하여 작업순서 교체를 고려한다.
    • 작업순서나 위치를 바꾸어 효율적이면 재배열한다.
  ㉣ 단순화(Simplify)
    • 방법을 더 단순화할 수 있으면 단순화한다.
    • 작업요소의 단순화, 간소화

② SEARCH 원칙
  • S(Simplify operations) : 작업의 단순화
  • E(Eliminate unnecessary work and material) : 불필요한 작업, 자재 제거
  • A(Alter sequence) : 순서의 변경
  • R(Requirements) : 요구 조건
  • C(Combine operations) : 작업의 결합
  • H(How often) : 얼마나 자주, 몇 번인가?

(2) 동작경제의 원칙(바안즈, Barnes)

① 신체 사용에 대한 원칙
  ㉠ 두 손의 동작은 같이 시작하고 같이 끝나도록 한다.
  ㉡ 휴식시간을 제외하고는 양손이 동시에 쉬지 않는다.

ⓒ 두 팔의 동작은 동시에 서로 반대방향, 대칭적으로 움직이도록 한다.
ⓔ 손과 신체의 동작은 작업을 원만히 처리할 수 있는 범위 내에서 가장 낮은 동작등급을 하도록 한다.
ⓘ 가능한 한 관성을 이용하여 작업하도록 하되, 작업자가 관성을 억제해야 하는 경우에는 발생되는 관성을 최소화한다.
ⓗ 손의 동작은 부드럽게 하고 연속적으로 동작이 되도록 하며, 방향이 갑작스럽게 크게 바뀌는 모양의 직선운동은 피하도록 한다.
ⓢ 가능한 한 쉽고 자연스러운 리듬이 작업동작에 생기도록 작업을 배치한다.
ⓞ 눈의 초점을 모아야 작업을 할 수 있는 경우는 가급적 없애야 하지만, 불가피한 경우에는 눈의 초점이 모이는 서로 다른 두 지점 간의 거리를 짧게 한다.

② 작업장 배치에 관한 원칙
ⓐ 모든 공구나 재료는 지정된 곳에 위치하도록 한다.
ⓑ 공구, 재료 및 제어장치는 사용위치에 가까이 두도록 한다.
ⓒ 중력 이송원리를 이용한 부품상자나 용기는 부품 사용 장소에 가까이 보낼 수 있도록 한다.
ⓓ 가능하다면 중력을 이용한 운반방법을 이용한다.
ⓔ 공구나 재료는 작업동작이 원활하게 수행되도록 그 위치를 정해준다.

③ 공구 및 설비 디자인에 관한 원칙
ⓐ 치구 등을 활용하여 양손이 다른 일을 할 수 있도록 한다.
ⓑ 공구의 기능을 결합하여 사용한다.
ⓒ 공구와 자재는 가능한 한 사용하기 쉽도록 미리 위치를 잡아준다.
ⓓ 각 손가락이 다른 작업을 할 때는 작업량을 각 손가락의 능력에 맞게 분배한다.
ⓔ 레버핸들 등의 장치는 작업자가 몸의 자세를 크게 바꾸지 않더라도 조작하기 쉽게 배열한다.

3. 개별 작업공간 설계지침

(1) 설계에서 인체측정 자료의 이용
① 사용자 집단을 결정 : 서로 다른 연령 집단에 있는 사람은 신체적 특징이나 요구수준이 상이하며, 성별, 인종 민족 사이에도 차이가 있으므로 이를 고려하여야 한다.
② 해당되는 신체부위를 결정
ⓐ 현재의 설계와 관련된 가장 중요한 신체부위가 어디인지를 파악하고 설계에 반영해야 한다.
ⓑ 출입문을 설계할 때는 사용자의 키나 어깨너비 등을 의자의 표면을 설계할 때는 엉덩이 너비를 가장 중요하게 고려해야 한다.

+ 괄호문제

다음 괄호 안에 알맞은 내용을 쓰시오.
① 동작경제의 원칙은 (㉠)에 대한 원칙, (㉡)에 관한 원칙, (㉢)에 관한 원칙으로 구분된다.
② 동작을 원활하게 하기 위하여 가능하다면 ( )을 이용한 운반방법을 이용한다.

| 정답 |
① ㉠ 신체 사용, ㉡ 작업장 배치, ㉢ 공구 및 설비 디자인
② 중력

확인! OX

다음은 동작경제에 대한 설명이다. 옳으면 "O", 틀리면 "X"로 표시하시오.
1. 공구의 기능을 결합하는 것보다는 각각 분리하여 사용하도록 해야 한다. ( )
2. 손의 동작은 부드럽게 하고 연속적으로 동작이 되도록 하며, 방향이 갑작스럽게 크게 바뀌는 모양의 직선운동은 피하도록 한다. ( )

정답 1. X 2. O

| 해설 |
1. 공구의 기능을 결합하여 사용한다.

+ 괄호문제

다음 괄호 안에 알맞은 내용을 쓰시오.
① 의자 설계의 원칙 중 체중분포는 의자에 앉았을 때 체중이 주로 ( )에 실려야 한다.
② 설계 시 발판이 굉장히 무거운 사람이 올라설 수 있을 만큼 튼튼해야 한다면 요구되는 강도의 최솟값으로 남성 체중의 (㉠)번째 백분위수나 (㉡)번째 백분위수를 사용한다.

| 정답 |
① 좌골결절
② ㉠ 95, ㉡ 99

③ 전체 집단에 대해 그 제품이나 작업장을 사용할 수 있는 사람들의 비율을 결정
  ㉠ 구성원 모든 사람이 사용할 수 있도록 하면 좋겠으나, 이는 재정적, 경제적, 설계상의 제약 때문에 많은 설계 장면에서 실용적이지 않고 바람직하지 않다.
  ㉡ 제약 범위 내에서 가능하면 많은 사람이 사용할 수 있도록 설계한다.
④ 선택된 인체측정 치수들의 백분위수를 결정
  ㉠ 핵심이 되는 설계상의 문제는 '해당하는 치수의 어떤 백분위수를 사용할 것인가?'를 결정하는 것이다.
  ㉡ 설계자들은 시스템이나 장치의 여러 치수를 결정할 때 상한계를 적용하는지 하한계를 적용하며 설계하는지를 분명히 해야 한다.
    예 발판이 굉장히 무거운 사람이 올라설 수 있을 만큼 튼튼해야 한다면 요구되는 강도의 최솟값으로 남성 체중의 95번째 백분위수나 99번째 백분위수를 사용한다.
⑤ 설계의 평가에 실제 모형이나 시뮬레이터를 사용 : 표준화된 인체측정 조사방법으로 측정되었다 하더라도 직무를 수행하는 데 요구되는 다양한 신체부위 사이에 복잡한 상호작용이 있기 때문에 설계 요구사항들이 제대로 반영되었는지를 확인하기 위하여 실제 모형을 사용하여 평가해야 한다.

(2) 의자 설계

① 의자 설계의 일반 원리
  ㉠ 요추의 전만곡선을 유지한다.
  ㉡ 디스크의 압력을 줄인다.
  ㉢ 등근육의 정적부하를 감소시킨다.
  ㉣ 자세고정을 줄인다.
  ㉤ 쉽게 조절할 수 있도록 설계한다.
② 의자 설계의 원칙
  ㉠ 체중분포 : 의자에 앉았을 때 체중이 주로 좌골결절에 실려야 한다.
  ㉡ 의자 좌판의 높이 : 좌판 앞부분이 대퇴를 압박하지 않도록 오금 높이보다 높지 않아야 한다.
  ㉢ 의자 좌판의 깊이와 폭
    • 일반적으로 좌판의 폭은 큰 사람에게 맞도록 설계한다.
    • 깊이는 장딴지 여유를 주고 대퇴를 압박하지 않도록 작은 사람에게 맞도록 설계한다.
  ㉣ 몸통의 안정
    • 의자 좌판의 각도는 3°, 등판의 각도는 100°가 몸통에 안정적이다.
    • 좌판의 앞 모서리 부분은 5cm 정도 낮아야 한다.
    • 좌판과 등받이 사이 각도는 90~105°를 유지하도록 한다.

확인! OX

다음은 의자 설계 시 고려해야 할 사항에 대한 설명이다. 옳으면 "O", 틀리면 "X"로 표시하시오.
1. 자세고정을 줄이며, 조정이 용이해야 한다. ( )
2. 디스크가 받는 압력을 줄이며, 요추 부위의 후만곡선을 유지한다. ( )

정답 1. O 2. X

| 해설 |
2. 요추의 전만곡선을 유지해야 한다.

제4절 작업측정

1. 표준시간 및 연구

(1) 정미시간(normal time)
평균 관측시간에 레이팅계수를 곱하여 구하며 여유시간 없이 오로지 일을 하는 데 소요되는 시간을 말한다.

(2) 수행도평가(performance rating)
① 정의 : 관측 대상 작업 작업자의 작업 페이스를 정상 작업 페이스 혹은 표준 페이스와 비교하여 보정해 주는 과정을 수행도평가라 하며, 레이팅, 평준화, 정상화라 하기도 한다.

② 수행도평가 훈련의 효과
  ㉠ 관측자가 가지고 있는 나쁜 습성이나 성향을 교정할 수 있다.
  ㉡ 시간연구를 수행하는 회사 내 관측자가 일관성 있는 레이팅을 할 수 있게 한다.
  ㉢ 오차를 줄여 레이팅보다 정확히 하게 한다.

③ 수행도평가 결과의 평가
  ㉠ 정성적 평가 : 주어진 올바른 레이팅계수와 관측자의 실제 레이팅계수를 2차원 그래프에 나타내어 평가한다. 관측자의 레이팅계수가 모두 45° 기울기의 직선상에 그려지면 관측자는 완전하게 평가한 경우이다. 일반적 평가 결과는 후한 레이팅과 박한 레이팅, 극단적 레이팅과 보수적 레이팅으로 분류된다.
  ㉡ 정량적 평가 : 관측자의 실제 레이팅계수가 올바른 레이팅계수의 ±5% 내에 존재할 확률을 계산하여 확률값의 크기에 따라 관측자의 레이팅 능력을 평가한다. 확률 계산 시에는 정규분포가 이용된다.

(3) 수행도 평가방법
수행도 평가(레이팅)란 작업자가 수행한 작업속도를 표준속도와 비교하여 관측 평균 시간치를 보정해 주는 과정이다.

① 속도평가법
  ㉠ 속도라는 한 가지 요소만 평가하기 때문에 간단하다.
  ㉡ 기본 표준 작업(걷기, 벽돌 운반 등)을 설정하고 이것과 실제 작업시간과의 비율을 적용하는 방법이다.

$$\text{레이팅계수(수행도 평가계수)} = \frac{\text{기준 작업시간(표준속도)}}{\text{실제 작업시간(작업자 속도)}}$$

$$\text{정미시간} = \text{관측시간치의 평균} \times \text{레이팅계수}$$

+ 괄호문제

다음 괄호 안에 알맞은 내용을 쓰시오.
① (   )은 평균 관측시간에 레이팅계수를 곱하여 구하며 여유시간 없이 오로지 일을 하는 데 소요되는 시간을 말한다.
② 관측 대상 작업 작업자의 작업 페이스를 정상 작업 페이스 혹은 표준 페이스와 비교하여 보정해 주는 과정을 (   )라 하며, 레이팅, 평준화, 정상화라 하기도 한다.

| 정답 |
① 정미시간
② 수행도평가

확인! OX

다음은 작업측정에 대한 설명이다. 옳으면 "O", 틀리면 "X"로 표시하시오.

1. 수행도평가 결과에 대한 평가는 정성적 방법은 불가능하며, 정량적 방법으로만 이루어진다. (   )
2. 속도평가법은 기본 표준 작업(걷기, 벽돌 운반 등)을 설정하고 이것과 실제 작업시간과의 비율을 적용하는 방법이다. (   )

정답 1. X 2. O

| 해설 |
1. 수행도평가 결과에 대한 평가는 정성적 방법과 정량적 방법으로 이루어진다.

+ 괄호문제

다음 괄호 안에 알맞은 내용을 쓰시오.

① 수행도 평가기법의 종류에는 (㉠)평가법, (㉡)평가법, (㉢)평가법 등이 있다.
② 연속적인 측정방법으로 스톱워치, 전자식 타이머, 비디오카메라 등이 사용되며 작업을 실제로 관측하여 표준시간을 산정하는 방법을 ( )이라고 한다.

| 정답 |
① ㉠ 속도, ㉡ 객관적, ㉢ 합성
② 시간연구법

확인! OX

다음은 작업측정에 대한 설명이다. 옳으면 "O", 틀리면 "X"로 표시하시오.

1. 정해진 방법, 장비, 작업조건에서 해당 작업에 요구되는 숙련도를 가진 작업자가 그 일을 충분히 수행할 수 있는 상태에서 표준의 속도로 일할 때 한 단위의 작업량을 달성하는 데 소요되는 시간을 표준시간이라고 한다. ( )

2. 측정 대상의 작업의 시간적 경과를 스톱워치, 전자식 타이머나 VTR 카메라 등의 기록 장치를 이용하여 직접 관측하여 표준시간을 산출하는 방법을 워크 샘플링법이라고 한다. ( )

정답 1. O 2. X

| 해설 |
2. 시간연구법에 대한 설명이다.

② 웨스팅하우스(westinghouse) 시스템
  ㉠ 개개의 요소작업보다는 전체 작업을 평가할 때 주로 사용한다.
  ㉡ 작업의 수행도를 '숙련도, 노력, 작업환경, 작업시간'의 일관성 네 가지 측면으로 각각 평가한 뒤 이를 합산하여 레이팅계수를 구하는 방법이다.
  ㉢ 평가계수의 합(레이팅계수) = 숙련도 + 노력 + 환경 + 일관성
    ※ 보통이 0, 보통보다 좋으면 +값, 나쁘면 -값이다.
  ㉣ 정미시간 : 관측 시간치의 평균 × (1 – 평가계수의 합)
③ 객관적 평가법 : 속도평가법이 단순히 속도만을 고려한다는 단점을 보완하여, 속도와 작업의 난이도를 동시에 고려하는 방법이다.

$$\text{정미시간} = \text{속도평가계수(1차 조정계수)} \times (1 + \text{2차 조정계수})$$

$$\text{여기서, 1차 조정계수} = \frac{\text{표준속도}}{\text{실제 작업속도}}$$

2차 조정계수[작업난이도 계수(%)] = 사용 신체부위 + 족답 페달 + 양손 사용 여부 + 눈과 손의 조합 + 취급의 주의 정도 + 중량

④ 합성평가법 : 관측자의 주관적 판단의 결함을 보정하고 일관성을 높이기 위해 제안되었다.

$$R = \frac{\text{PTS 적용해 산정한 시간치}}{\text{실제 관측 평균치}}$$

(4) 표준시간(standard time)

① 부과된 작업을 수행하는 데 필요한 숙련도를 지닌 작업자가 주어진 작업조건하에서 보통의 작업페이스로 작업을 하고 정상적인 피로와 지연을 수반하면서 규정된 질과 양의 작업을 규정된 작업방법에 따라 행하는 데 필요한 시간을 뜻한다.
② '필요한 숙련도', '보통의 작업 페이스', '규정된 질과 양' 등 기준이 모호한 표현이 많다. 이로부터 표준시간을 객관적 기준에 의해서 체계적으로 정하기가 어려움을 알 수 있다.
③ 표준시간은 기업과 작업자가 처한 사회적, 경제적 여건의 영향을 많이 받으며 작업자와 경영자 측에서 서로 공정하다고 양해되는 선에서 주관적으로 결정된다.

(5) 작업 표준시간 측정법

① 직접측정법
  ㉠ 시간연구법 : 측정 대상의 작업의 시간적 경과를 스톱워치(stopwatch), 전자식 타이머나 VTR 카메라(비디오카메라) 등의 기록 장치를 이용하여 직접 관측하여 표준시간을 산출하는 방법이다.
  ㉡ 워크 샘플링법 : 간헐적으로 랜덤한 시점에서 연구대상을 순간적으로 관측하여 대상이 처한 상황을 파악하고, 이를 토대로 관측기간 동안 나타난 항목별로 차지하

는 비율을 추정하는 방법이다.
② 간접측정법
⊙ 표준자료법 : 작업시간을 새로이 측정하기보다는 과거에 측정한 기록들을 기준으로 동작에 영향을 미치는 요인들을 검토하여 만든 함수식, 표, 그래프 등으로 동작 시간을 예측하는 방법이다.
⊙ PTS : 사람이 행하는 작업을 기본동작으로 분류하고, 각 기본 동작들은 동작의 성질과 조건에 따라 이미 정해진 기준 시간치를 적용하여 전체 작업의 정미시간을 구하는 방법이다.

2. 워크샘플링(work sampling)의 원리 및 절차

(1) 워크샘플링

① 정의 : 사람이나 기계의 가동상태 및 일의 종류 등을 순간적으로 관측하고 그 결과를 정리, 집계하여 각 관측 항목의 시간 구성이나 그 추이, 상황 등을 통계적으로 추측하는 기법이다.

② 절차
⊙ 준비와 예비관측
- 대상 작업이 결정되면 분류된 가동상태를 파악할 수 있도록 관측용지를 준비하여 관측횟수 100회 정도(종업원이 50명인 경우 한 사람을 2회 관측)의 예비관측을 한다.
- 그 결과로부터 비가동률을 계산하여 결과로 기대되는 정밀도(진짜 값을 중심으로 한 편차)와 신뢰도(신뢰도 95%란 100회의 샘플링 중 95회는 사실을 나타내며, 5회는 그렇지 않을 수도 있다는 것을 의미한다)를 결정한다.
- 일반적으로는 신뢰도 95%, 절대오차 3%를 이용해 계산한다.
- 현상 발생률에도 의거하는데, 1,000회 정도면 충분하며 '통칭 1,000의 법칙'이라고도 한다.

⊙ 본관측과 정리
- 관측횟수가 결정되면 예비관측수를 뺀 수를 본관측으로 한다. 관측수는 대상자수에 맞게 1회마다 체크한다.
- 관측시간은 랜덤시각표를 사용하는 경우도 있는데, 관측시간의 간격을 15분 이상으로 두어 순회의 시작점과 종료가 무작위로 정해지면 독자적으로 결정해서 진행한다.
- 관측 샘플수가 필요횟수에 이르면 내용마다의 집계를 실시하며 그 비율을 계산하여 원그래프로 정리하여 그 결과로부터 문제점을 정리해 개선활동으로 연결시킨다.

+ 괄호문제

다음 괄호 안에 알맞은 내용을 쓰시오.
① (　　)은 과거에 측정한 기록들을 기준으로 동작에 영향을 미치는 요인들을 검토하여 만든 함수식, 표, 그래프 등으로 동작 시간을 예측하는 방법이다.
② (　　)은 사람이나 기계의 가동상태 및 일의 종류 등을 순간적으로 관측하고 그 결과를 정리, 집계하여 각 관측 항목의 시간 구성이나 그 추이, 상황 등을 통계적으로 추측하는 기법이다.

| 정답 |
① 표준자료법
② 워크샘플링

확인! OX

다음은 작업측정에 대한 설명이다. 옳으면 "O", 틀리면 "X"로 표시하시오.

1. 표준자료법은 사람이 행하는 작업을 기본동작으로 분류하고, 각 기본 동작들은 동작의 성질과 조건에 따라 이미 정해진 기준 시간치를 적용하여 전체 작업의 정미시간을 구하는 방법이다. (　　)

2. 워크샘플링 방법에서는 별도의 예비관측이 없이 본관측과 정리의 순서로 진행된다. (　　)

정답 1. X 2. X

| 해설 |
1. PTS에 대한 설명이다.
2. 준비와 예비관측 절차 이후에 본관측이 진행된다.

+ 괄호문제

다음 괄호 안에 알맞은 내용을 쓰시오.

① 3시간 동안 작업 수행과정을 촬영하여 워크샘플링 방법으로 200회를 샘플링한 결과 이 중에서 30번의 손목꺾임이 확인되었을 경우, 이 작업의 시간당 손목꺾임시간은 ( )분이다.
② 워크샘플링법은 비용 면에서 시간관측법에 비해 (㉠)하고, 자료수집이나 분석에 필요한 순수시간이 다른 시간연구방법에 비해 (㉡).

|정답|
① 9
② ㉠ 저렴, ㉡ 적다

|해설|
① 손목꺾임 발생확률
 = 관측된 횟수 / 총관측 횟수
 = 30 / 200
 = 0.15
시간당 손목꺾임 시간
 = 발생확률 × 60분
 = 9분

확인! OX

다음은 워크샘플링법에 대한 설명이다. 옳으면 "O", 틀리면 "X"로 표시하시오.

1. 내용이나 절차가 복잡하지 않기 때문에 시간관측법과 같이 관측자에 대한 고도의 훈련이 필요하지 않다. ( )
2. 관측 항목의 분류가 자유로워 작업현황을 세밀히 관찰할 수 있는 장점이 있다. ( )

정답 1. O 2. X

|해설|
2. 워크샘플링은 관측 항목을 분류하는 데 한계가 있기 때문에 작업 현황을 세밀히 관찰할 수 없다.

③ 장단점
　㉠ 장점
　　• 내용이나 절차가 복잡하지 않기 때문에 시간관측법(시간연구법)과 같이 관측자에 대한 고도의 훈련이 필요하지 않다.
　　• 비용 면에서 시간관측법에 비해 저렴하다.
　　• 자료수집이나 분석에 필요한 순수시간이 다른 시간연구방법에 비해 적다.
　㉡ 단점
　　• 관측 항목을 분류하는 데 한계가 있기 때문에 작업 현황을 세밀히 관찰할 수 없다.
　　• 작업 요소별로 분할해서 관측이 불가능하다.
　　• 작업자 혹은 관측자에 의해 편의가 평가될 여지가 많다.

예제

다음 표는 4시간 동안의 작업내용을 워크샘플링(work sampling)한 내용이다. 각 작업에 대한 8시간 동안의 추정 작업시간을 구하시오.

작업	작업 횟수	팔을 어깨 위로 들고 작업하는 횟수	쪼그려 앉아 작업하는 횟수
작업 1	///// /////		
작업 2	///// ///// ///// /////	///	/////
작업 3	///// ///// ///// ///// ///// ///// ///// ///// ///// /////	///// ///// /////	///// /////
작업 4	///// /////	///// /////	/////
유휴기간	///// /////		
총계	100회	28회	20회

해설

작업 1 = $\dfrac{10회}{100회}$ × 8시간 = 0.8시간

작업 2 = $\dfrac{20회}{100회}$ × 8시간 = 1.6시간

작업 3 = $\dfrac{50회}{100회}$ × 8시간 = 4.0시간

작업 4 = $\dfrac{10회}{100회}$ × 8시간 = 0.8시간

(2) 여유시간(allowance time)

① 작업자가 일하는 도중 발생한 생리적 현상이나 피로로 인한 작업의 중단, 지연, 지체 등을 보상해 주는 시간을 의미한다. 일반여유(인적여유, 피로여유, 불가피한 지연여유)와 특수여유(기계간섭 여유, 조(group)여유, 소로트 여유, 장사이클 여유, 기계여유)가 있다.

② 여유시간에 포함되어야 할 항목

일반여유	인적여유	물 마시기, 화장실 가기 등과 같이 작업자의 생리적, 심리적 요구에 의하여 발생하는 지연 시간을 보상하기 위한 것으로 작업환경이나 작업 난이도에 따라 달라질 수 있다. ※ 국제노동기구(ILO)가 제안한 인적 여유(personal allowance) • 인간의 생리적 현상(물 마시기, 땀 닦기, 화장실 등)에 따른 지연시간의 보상 • ILO는 남자 5%, 여자 7%로 할당할 것을 권고하고 있으며, 작업의 내용, 질, 강도에 따라 달리 적용해야 한다.
	피로여유	정신적, 육체적 피로를 회복시키기 위해 부여하는 여유시간으로 순수하게 인력으로 하는 작업과 관련하여 부여한다.
	불가피한 지연여유	설비의 보수 유지, 기계의 정지, 조장의 작업지시 등과 같이 작업자와 관계없이 발생하는 지연과 관련하여 부여한다.
특수여유	기계간섭 여유	작업자 한 명이 동일한 기계를 여러 대 담당할 때 발생하는 기계 유휴에 의한 생산량 감소를 보상하기 위함이다.
	조여유	조 작업의 경우 작업자 상호 보조를 맞추기 위한 지연을 보상한다.
	소로트 여유	작업능률이 100%에 도달하는 데 필요한 물량보다도 미달되어 물량을 생산하는 경우에 부여한다.

(3) 외경법과 내경법

① 외경법(work allowances) : 정미시간에 대한 비율을 여유율로 사용한다.

$$여유율(A) = \frac{여유시간의\ 총계}{정미시간의\ 총계} \times 100$$

$$표준시간(ST) = 정미시간 \times (1 + 여유율) = NT(1+A) = NT\left(1 + \frac{AT}{BT}\right)$$

여기서, NT : 정미시간, AT : 여유시간

② 내경법(shift allowances) : 근무시간에 대한 비율을 여유율로 사용한다.

$$여유율(A) = \frac{(일반)여유시간}{실동시간} \times 100$$
$$= \frac{여유시간}{정미시간 + 여유시간} \times 100$$
$$= \frac{AT}{NT+AT} \times 100$$

$$표준시간(ST) = 정미시간 \times \left(\frac{1}{1-여유율}\right)$$

+ 괄호문제

다음 괄호 안에 알맞은 내용을 쓰시오.
① ( )은 정미시간에 대한 비율을 여유율로 사용한다.
② ( )은 근무시간에 대한 비율을 여유율로 사용한다.

| 정답 |
① 외경법
② 내경법

예제

어느 부품을 조립하는 컨베이어 라인의 요소작업 5개에 대한 사이클 타임을 각 10회 측정한 결과 다음과 같은 측정치를 얻었다.

요소작업	작업 1	작업 2	작업 3	작업 4	작업 5
작업시간 (초)	45	23	20	15	27
	47	22	21	14	28
	46	52	19	16	27
	50	23	20	15	29
	51	21	22	14	30
	43	25	23	16	27
	47	24	22	15	26
	46	25	21	14	28
	52	26	23	14	28
	50	24	23	15	27

(1) 각 측정치가 정상적인 상태로 측정되었다고 가정할 때 작업별로 여유율 10%를 부여한 표준작업시간을 외경법으로 구하시오(단, 소수점 이하 첫 번째 자리에서 반올림하시오).

(2) 각 작업을 개별 공정으로 가정하고, 작업자를 5인 배치할 경우 이 라인의 주기시간과 공정효율을 구하시오.

(3) 요소작업을 병합하여 작업자 수를 줄일 경우 최적 공정효율을 보이는 작업자 수와 이때의 공정효율을 구하시오.

해설

(1) 표준시간(ST) = 정미시간×(1 + 여유율)

작업 1 = $\frac{477초}{10회} \times (1+0.1) = 52초$

작업 2 = $\frac{265초}{10회} \times (1+0.1) = 29초$

작업 3 = $\frac{214초}{10회} \times (1+0.1) = 24초$

작업 4 = $\frac{148초}{10회} \times (1+0.1) = 16초$

작업 5 = $\frac{277초}{10회} \times (1+0.1) = 30초$

(2) 공정효율 = $\frac{각\ 공정시간의\ 합}{주기시간 \times 작업자\ 수} \times 100$

$= \frac{52초 + 29초 + 24초 + 16초 + 30초}{52초 \times 5명} \times 100$

≒ 58%

※ 주기시간(cycle time) : 작업 중 가장 긴 시간인 작업 1의 52초

(3) 최적의 작업자수 : 3명

공정효율 = $\frac{각\ 공정시간의\ 합}{주기시간 \times 작업자\ 수} \times 100$

$= \frac{52초 + 29초 + 24초 + 16초 + 30초}{52초 \times 3명} \times 100$

≒ 96.8%

확인! OX

다음은 반사율에 대한 설명이다. 옳으면 "O", 틀리면 "X"로 표시하시오.

1. 반사율은 표면으로부터 반사되는 비율로서 휘도와 조도의 비율을 뜻한다. ( )
2. 검은색 표면은 도달하는 대부분의 조도를 흡수하기 때문에 휘도가 거의 없지만, 흰색 표면은 대부분 반사한다. ( )

정답 1. O 2. O

제5절 작업환경과 인간공학

1. 빛과 소음의 특성   중요도 ★★★

(1) 시식별에 영향을 미치는 요인

① 광도(luminous)
  ㉠ 광원 자체의 고유의 밝기 또는 빛의 세기를 뜻한다.
  ㉡ 단위 : 칸델라(cd)
  ※ 1cd는 촛불 1개의 빛의 세기이다.

② 광속(광량)
  ㉠ 광원에 의해 초당 방출되는 빛의 전체 양을 뜻한다.
  ㉡ 단위 : lm(루멘)
  ※ 1lm은 1cd의 광원에서 1m 떨어진 구면 위에 $1m^3$의 면적을 1초 동안 통과하는 빛에너지의 양이다.

③ 조도(illuminance)
  ㉠ 빛을 받는 면의 단위 면적이 단위 시간에 받는 광량을 뜻한다.
  ㉡ 빛의 밀도, 어떤 광원으로부터 일정 거리 떨어진 곳에서의 밝기로, 1cd의 광원으로부터 1m 떨어진 곳의 조도는 $1lm/m^2$로 1lx(럭스)라 한다.
  ㉢ 조도 = $\dfrac{광량}{거리^2}$
  ㉣ 법적 조도기준(산업안전보건기준에 관한 규칙 제8조)
    • 초정밀작업 : 750lx 이상
    • 정밀작업 : 300lx 이상
    • 보통작업 : 150lx 이상
    • 그 밖의 작업 : 75lx 이상

④ 휘도
  ㉠ 단위 면적당 표면에서 반사 또는 방출되는 광량을 말한다.
  ㉡ 단위 : L(램버트)

⑤ 반사율(reflections)
  ㉠ 표면으로부터 반사되는 비율로서 휘도와 조도의 비율을 뜻한다.
  ㉡ 반사율(%) = $\dfrac{광도}{조도} = \dfrac{cd/m^2 \times \pi}{lx}$
  ※ 검은색 표면은 도달하는 대부분의 조도를 흡수하기 때문에 휘도가 거의 없지만, 흰색 표면은 대부분 반사한다. 따라서, 추천 반사율은 천장은 80~90%, 벽은 40~60%, 가구는 25~45%, 바닥은 20~40%이다.

+ 괄호문제

다음 괄호 안에 알맞은 내용을 쓰시오.

① 반사경 없이 모든 방향으로 빛을 발하는 점광원에서 3m 떨어진 곳의 조도가 300lx라면 2m 떨어진 곳에서 조도는 (   )lx이다.
② 산업안전보건기준에 관한 규칙에 따른 조도기준은 초정밀작업 (㉠)lx 이상, 정밀작업 (㉡)lx 이상, 보통작업 (㉢)lx 이상, 그 밖의 작업 (㉣)lx 이상이다.

| 정답 |
① 675
② ㉠ 750, ㉡ 300, ㉢ 150, ㉣ 75

| 해설 |
① 3m 떨어진 곳의 조도가 300lx이므로, 광도 = 300×3^2 = 2,700 cd이다. 따라서 2m 떨어진 곳의 조도는 $2,700 / 2^2$ = 675이다.

확인! OX

다음은 빛과 소음의 특성에 대한 설명이다. 옳으면 "O", 틀리면 "X"로 표시하시오.

1. 실내 표면에서 일반적으로 추천 반사율의 크기는 바닥 < 천장 < 가구 < 벽 순이다. (   )
2. 음량수준을 평가하는 척도에는 dB, HSI, phon, sone이 있다. (   )

정답 1. X 2. X

| 해설 |
1. 반사율의 크기는 바닥 < 가구 < 벽 < 천장 순이다.
2. HSI은 색의 공간표현을 나타낸다.

+ 괄호문제

다음 괄호 안에 알맞은 내용을 쓰시오.

① 특정 음과 같은 크기로 들리는 1,000Hz 순음의 음압수준(dB)을 (　　)이라고 한다.
② (　　)은 음의 상대적인 주관적 크기를 표시하며, 기준음보다 몇 배 크기인가를 나타낸다.

| 정답 |
① phon
② sone

(2) 소음과 청력손실

① phon과 sone의 정의
  ㉠ phon : 특정 음과 같은 크기로 들리는 1,000Hz 순음의 음압수준(dB)
    예 1,000Hz, 60dB인 음은 60phon이며, 50Hz, 65dB인 음과 1,000Hz, 40dB의 음은 40phon이다. phon값은 주파수 보정 효과는 있으나, 상대적인 크기는 나타내지 못한다.
  ㉡ sone
    • 음의 상대적인 주관적 크기를 표시하며, 기준음보다 몇 배 크기인가를 나타낸다.
    • 2sone은 1sone의 2배 크기인 음이다.
    • sone = $2^{\frac{p-40}{10}}$

| 예제 |

1,000Hz 80dB인 음의 phon값과 sone값은?

| 해설 |
• 80phon
• $2^{\frac{80-40}{10}}$ = 16sone

| 더 알아보기 |

여러 가지 소리와 크기

소음원	dB	sone
경보 사이렌	140	1,024
제트(jet)엔진 15m에서	130	512
회전톱	110	128
드릴 3m에서	100	64
보통 공장(사람 통행 많음)	80	16
보통 사무실(사람 통행 적음)	60	4
조용한 사무실	40	1
속삭임	20	0.25
가청 최소 수준	0	

확인! OX

다음은 빛과 소음의 특성에 대한 설명이다. 옳으면 "O", 틀리면 "X"로 표시하시오.

1. 1,000Hz, 80dB인 음은 80phon이다. (　)
2. phon값을 이용하여 음의 상대적 크기를 비교할 수 있다. (　)

정답 1. O 2. X

| 해설 |
2. phon값은 상대적인 크기를 나타내지 못한다.

② 소음 방지대책

분류	방법	예시
소음원 대책	• 진동량과 진동 부분의 표면을 줄임 • 장비의 적절한 설계, 관리, 윤활 • 차음벽 설치 • 노후부품 교환 • 덮개, 장막 사용 • 탄력성 있는 재질의 공구 사용	• 부조합 조정, 부품 교환 • 저소음형 기계의 사용 • 방음커버 • 소음기, 흡음덕트 설치 • 방진고무 사용 • 제진재 장착 • 소음기, 덕트, 차음벽 사용 • 자동화 도입
전파경로 대책	• 소음원을 멀리 이동시킴 • 흡음재를 사용하여 반사음을 억제 • 소음기, 차음벽 이용	• 차폐물, 방음창, 방음실 • 건물 내부 흡음처리 • 소음기, 덕트, 차음벽 이용
수음자 대책	• 방음용구 착용(귀마개, 귀덮개 착용) • 노출시간 단축 및 적절한 휴식	• 방음 감시실 • 작업스케줄의 조정, 원격조정 • 귀마개, 귀덮개

③ 은폐효과(masking effect)
  ㉠ 음의 한 성분이 다른 성분의 청각 감지를 방해하는 현상을 말한다. 즉, 은폐란 한 음(피은폐음)의 가청 역치가 다음 음(은폐음) 때문에 높아지는 것을 말한다.
  ㉡ 산업현장에서 소음(은폐음)이 발생할 경우에는 신호검출의 역치가 상승하며 신호가 확실히 전달되기 위해서는 신호의 강도는 이 역치 상승분을 초과해야 한다.

(3) 암순응과 명순응
  ① 암순응과 간상세포
    ※ 순응(adaptation) : 빛에 대한 눈의 감도 변화. 조응이라고도 한다.
    ㉠ 암순응 : 밝은 곳에서 어두운 곳으로 이동 시, 순간적으로 원추세포의 작동이 멈추어 사물 식별이 어렵다가, 점차 간상세포가 작동하는 과정을 뜻한다.
    ㉡ 밝은 곳에서 어두운 곳으로 들어갈 때의 적응으로 동공이 확대되어 빛의 양을 늘린다.
    ㉢ 어둠 속에서 순응은 2단계로 발생한다.

구분	시간	주체
1단계	약 5분	원추체
2단계	약 30~40분	간상체

    ㉣ 간상세포는 어두울 때 기능이 작동되며, 명암을 구분한다.
    ㉤ 간상세포는 막대모양으로 망막의 전체에 분포한다.
  ② 명순응과 원추세포
    ㉠ 명순응 : 어두운 곳에서 밝은 곳으로 이동 시, 순간적으로 간상세포의 작동이 멈추어 사물 식별이 어렵다가, 원추세포가 동작하는 과정을 뜻한다.
    ㉡ 어두운 곳에서 밝은 곳으로 들어갈 때의 적응으로 동공이 축소되어 빛의 양을 줄인다.
    ㉢ 명순응은 몇 초밖에 안 걸리며 넉넉잡아 1~2분 소요된다.

+ 괄호문제

다음 괄호 안에 알맞은 내용을 쓰시오.
① 소음 방지대책은 크게 (㉠) 대책, (㉡) 대책, (㉢) 대책으로 구분할 수 있다.
② 소음기, 흡음덕트 설치, 방진고무 사용 등은 ( ) 대책에 속한다.

| 정답 |
① ㉠ 소음원, ㉡ 전파경로, ㉢ 수음자
② 소음원

확인! OX

다음은 은폐(차폐)효과에 대한 설명이다. 옳으면 "O", 틀리면 "X"로 표시하시오.
1. 차폐음과 배음의 주파수가 가까울 때 차폐효과가 크며, 헤어드라이어 소음 때문에 전화 음을 듣지 못한 것과 관련이 있다. ( )
2. 차폐효과는 어느 한 음 때문에 다른 음에 대한 감도가 증가하는 현상이다. ( )

정답 1. O 2. X

| 해설 |
2. 은폐(차폐)효과는 높은음과 낮은음이 공존할 때 낮은음이 강한 음에 가로 막혀 들리지 않게 되는 현상을 말한다.

+ 괄호문제

다음 괄호 안에 알맞은 내용을 쓰시오.
① 빛에 대한 눈의 감도 변화를 ( )이라고 한다.
② 간상세포는 어두울 때 기능이 작동되며, (㉠)을 구분하고, 원추세포는 밝을 때 기능이 작동되며, (㉡)을 감지·구분한다.

| 정답 |
① 순응/조응
② ㉠ 명암, ㉡ 색

㉣ 원추세포는 밝을 때 기능이 작동되며, 색을 감지·구분한다.
㉤ 원추세포는 원추모양으로 망막의 황반에 밀집되어 있다.

> **예제**
>
> 밝은 곳에서 어두운 곳으로 갈 때 망막에 시홍이 형성되는 생리적 과정인 암조응이 발생하는데 완전 암조응(dark adaptation)이 발생하는 데 소요되는 시간은?
>
> ① 약 3~5분 ② 약 10~15분
> ③ 약 30~40분 ④ 약 60~90분
>
> **해설**
> 암조응 : 보통 30~40분 소요, 명조응 : 수초 내지 1~2분
>
> 정답 ③

> **더 알아보기**
>
> **최소가분시력**
> 인간의 시력을 측정하는 방법에는 여러 가지가 있으나 가장 보편적으로 사용되는 것은 최소가분시력(minimal separable acuity)으로, 이는 눈이 식별할 수 있는 표적의 최소공간을 말한다.
> 시각은 보는 물체에 의한 눈에서의 대각인데, 일반적으로 호의 분이나 초 단위로 나타낸다(1° = 60′ = 3,600″). 시각이 10° 이하일 때는 다음 공식에 의해 계산된다.
>
> • 시각 = $\dfrac{57.3 \times 60 \times H}{D}$
>
> 여기서, H : 시각자극(물체)의 크기(높이), D : 눈과 물체 사이의 거리
>
> • 시력 = $\dfrac{1}{시각}$

확인! OX

다음은 암순응에 대한 설명이다. 옳으면 "O", 틀리면 "X"로 표시하시오.

1. 암순응은 몇 초밖에 안 걸리며 넉넉잡아 1~2분 소요된다. ( )

2. 암순응은 밝은 곳에서 어두운 곳으로 들어갈 때의 적응으로 동공이 확대되어 빛의 양을 늘린다. ( )

정답 1. X 2. O

| 해설 |
1. 명순응에 대한 설명이다.

> **예제**
>
> 다음 그림은 물체의 거리와 높이에 따른 시각을 나타낸 것이다. 표지판의 문자 높이 크기는 시각이 15~22′ 정도 내에 있기를 권장하고 있다. 최적 시각이 20′라고 하였을 경우 10m 떨어진 곳에서 최적의 조건으로 볼 수 있는 글씨의 크기(H)를 구하시오.
>
>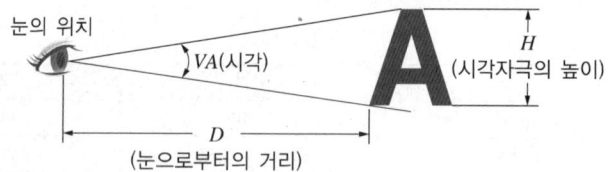
>
> **해설**
> 시각(′) = $\dfrac{57.3 \times 60 \times H}{D}$
>
> 여기서, H : 시각자극(물체)의 크기(높이)
> D : 눈과 물체 사이의 거리
>   (57.3)(60) : 시각이 600′ 이하일 때 라디안(radian) 단위를 분으로 환산하기 위한 상수
>
> $20' = \dfrac{57.3 \times 60 \times H}{10m}$
>
> $H = \dfrac{200}{57.3 \times 60} = 0.058m = 5.8cm$

2. 열교환 과정과 열압박

(1) 열교환방정식

$$\triangle S(열이득) = M(대사) - E(증발) \pm R(복사) \pm C(대류) - W(수행한\ 일)$$

여기서, M : 대사(metabolism)에 의한 열
S : 신체에 저장되는 열(heat content)
C : 대류와 전도에 의한 열교환량
R : 복사에 의한 열교환량
E : 증발에 의한 열손실

① 신체가 열적 평형상태에 있으면 △S는 0이다.
② 불균형조건이면 체온이 상승하거나(△S > 0) 하강한다(△S < 0).
③ 대사에 의한 열 발생량 M은 항상 (+)를 나타내며, 증발 과정에서 E는 (-)를 나타낸다.
④ 열교환 과정에 영향을 미치는 3가지 요인
  ㉠ 의복 착용 → 단열효과가 있어 기온이 높을 때는 열의 발산을 방해
  ㉡ 자연적인 바람이나 환풍기에 의한 공기의 흐름
  ㉢ 작업자들에 의해 수행되는 육체적인 일의 정도

(2) 열압박

① 열압박의 가장 직접적인 영향은 체온에 나타난다. 직장온도는 가장 우수한 피로지수로서 38.8℃만 되면 지치게 된다.
② 체심온도를 증가시키는 환경조건과 작업수준의 조합이 오래 계속되면 정상적인 열 발산이 더욱 어렵게 된다.

(3) 열중증

① 열피로(열허탈, 열실신)
  ㉠ 고온에서 오랫동안 폭로되어 말초혈관 운동신경의 조절장애와 심박출량의 부족으로 인한 순환 부전, 특히 대뇌피질의 혈류량 부족이 주원인이다.
  ㉡ 전신의 권태감, 두통, 현기증, 구역질 등을 호소하다가 완전히 허탈한 상태에 빠져 의식을 잃는다.
  ㉢ 시원하고 쾌적한 환경에서 휴식시키고, 탈수가 심하면 포도당 용액을 주사한다.
② 열쇠약(열탈진)
  ㉠ 고열에 의한 만성 체력소모를 말한다.
  ㉡ 피로감, 현기증, 구토, 근육경련, 실신 등이 주 증상이며, 고온 작업 시 체내 수분 및 염분 소실이 주원인이다.
  ㉢ 서늘한 장소에서 안정을 취하며, 생리식염수를 공급하고, 의사의 진료를 받도록 한다.

+ 괄호문제

다음 괄호 안에 알맞은 내용을 쓰시오.
① 열교환방정식에서 M은 (㉠)에 의한 열을 나타내며, R은 (㉡)에 의한 열교환량을 나타낸다.
② ( )온도는 가장 우수한 피로지수로서 38.8℃만 되면 지치게 된다.

| 정답 |
① ㉠ 대사, ㉡ 복사
② 직장

확인! OX

다음은 열교환 과정에 대한 설명이다. 옳으면 "O", 틀리면 "X"로 표시하시오.
1. 대사에 의한 열 발생량 M은 항상 (+)를 나타내며, 증발 과정에서 E는 (-)를 나타낸다. ( )
2. 의복 착용은 단열효과가 있어 기온이 높을 때는 열의 발산을 방해한다. ( )

정답 1. O 2. O

+ 괄호문제

다음 괄호 안에 알맞은 내용을 쓰시오.
① 대형 운송차량, 굴착기 등의 구조물에서 작업자가 앉거나 서서 장시간 작업하는 경우 (　)의 수직 영향에 의하여 디스크 등과 같은 직업병을 유발할 수 있다.
② 진동 그라인더, 임팩트 렌치 등의 진동원이 원인이 되는 것으로 신체의 일부에 국소적으로 전파되는 진동은 (　)이라고 한다.

| 정답 |
① 전신진동
② 국소진동

③ 열경련
　㉠ 고온 환경에서 심한 육체적 노동을 할 때 잘 발생하며, 발생기전은 지나친 발한에 의한 탈수와 염분 소실이다.
　㉡ 특징적으로 몸이 젖고, 수의근의 통증성 경련이 일어나는 증상이 있다.
　㉢ 전조증상은 현기증, 이명, 두통, 구역, 구토이다. 하지만 체온은 정상이다.
　㉣ 바람이 잘 통하는 곳에 대상자를 눕히고, 작업복을 벗겨 전도와 복사에 의한 체열 방출을 촉진시킴으로써 더 이상의 발한이 없도록 해야 한다.

④ 열사병, 일사병
　㉠ 체온조절중추 기능장애로, 고온다습한 작업환경에서 격한 육체적 노동을 하거나 옥외에서 태양의 복사열을 머리에 직접 받는 경우 발생한다.
　㉡ 땀의 증발에 의한 체온방출 장애로 인해 체내에 열이 축적되고, 뇌막혈관의 충혈과 뇌 온도가 상승하여 생긴다.
　㉢ 치료하지 않으면 100% 사망하며, 치료해도 체온이 43℃ 이상일 때는 80%, 43℃ 이하일 때는 40%의 치명률을 나타낸다.
　㉣ 대표적인 증상으로 땀을 흘리지 못하여 생기는 고열(40℃ 이상), 혼수상태, 두통, 건조한 피부 등이 있다.

3. 진동과 가속도

(1) 진동

임의의 점의 위치가 시간이 경과함에 따라 기준점을 중심으로 반복적으로 상하로 변하는 현상을 말한다.

(2) 전신진동과 국소진동

① 전신진동
　㉠ 신체를 지지하는 구조물을 통해 전신에 전파되는 진동으로 100Hz 미만의 저주파
　㉡ 진동원 : 대형 운송차량, 굴착기(굴삭기), 선박, 항공기 등
　㉢ 전신진동을 유발하는 구조물에서 작업자가 앉거나 서서 장시간 작업하는 경우 전신진동의 수직 영향에 의하여 디스크 등과 같은 직업병을 유발할 수 있다.

② 국소진동
　㉠ 신체의 일부에 국소적으로 전파되는 진동
　㉡ 작업현장에서는 특히 수공구로 인한 손과 팔에서의 국소진동이 많이 발생한다.
　㉢ 진동원 : 진동 그라인더, 임팩트 렌치, 전동 톱 등

확인! OX

다음은 열중증에 대한 설명이다. 옳으면 "O", 틀리면 "X"로 표시하시오.

열사병, 일사병은 치료하지 않으면 100% 사망하며, 치료해도 체온이 43℃ 이상일 때는 80%, 43℃ 이하일 때는 40%의 치명률을 나타낸다. (　)

| 정답 | O

(3) 진동작업의 종류(산업안전보건기준에 관한 규칙 제512조)

다음 어느 하나에 해당하는 기계·기구를 사용하는 작업을 말한다.
① 착암기(鑿巖機)
② 동력을 이용한 해머
③ 체인톱
④ 엔진 커터(engine cutter)
⑤ 동력을 이용한 연삭기
⑥ 임팩트 렌치(impact wrench)
⑦ 그 밖에 진동으로 인하여 건강장해를 유발할 수 있는 기계·기구

(4) 진동이 인간의 성능에 미치는 영향

① 전신진동의 생리적 영향
  ㉠ 단시간 노출되는 경우 인체에 미치는 생리학적인 영향은 크지 않지만, 점차 호흡량이 증가하고 심박수가 상승하게 되며, 근육을 긴장시킨다.
  ㉡ 장시간 반복적으로 노출되면 소화기관과 말초신경계 등에 영향을 미친다.

> **더 알아보기**
>
> **주파수에 따라 인체에 미치는 생리학적 변화**
> - 1~3Hz : 호흡이 힘들고 산소의 소비가 증가하며 맥박수가 증가한다.
> - 4~14Hz : 흉부와 복부에 통증을 느낀다.
> - 3~6Hz : 신체의 심한 공명현상을 보여 가해진 진동보다 크게 느끼며, 6Hz에서는 허리, 가슴, 등 쪽에 심한 통증을 느낀다.
> - 8~12Hz : 요통을 느낀다.
> - 10~20Hz : 땀 혹은 열이 나는 느낌이 나고, 두통이 생기며, 장과 방광에 자극을 준다.
> - 20~30Hz : 신체의 2차 공진현상이 나타난다.

② 국소진동의 영향
  ㉠ 진동공구로 인한 손가락의 감각마비 발생
  ㉡ 작업 과정에서 발생할 수 있는 파편의 비래
  ㉢ 진동작업 시 발생하는 소음으로 인한 청력손실 위험
  ※ 레이노증후군의 증상
   • 국소진동으로 인하여 발생하는 질병이다.
   • 진동으로 인하여 손과 손가락으로 가는 혈관이 수축하여, 손과 손가락이 하얗게 되며, 저리고 아프고 쑤시는 현상이 나타난다.
   • 추운 환경에서 진동을 유발하는 진동공구를 사용하는 경우 손가락의 감각과 민첩성이 떨어지고, 혈류의 흐름이 원활하지 못하며, 악화되면 손끝에 괴사가 일어난다.

+ 괄호문제

다음 괄호 안에 알맞은 내용을 쓰시오.
① 전신진동에 단시간 노출되는 경우 인체에 미치는 생리학적인 영향은 크지 않지만, 점차 호흡량이 증가하고 심박수가 (㉠)하게 되며, 근육을 (㉡)시킨다.
② 국소진동에 지속적으로 노출된 근로자에게 발생할 수 있으며, 말초혈관장해로 손가락이 창백해지고 동통을 느끼는 질환은 ( )이다.

| 정답 |
① ㉠ 상승, ㉡ 긴장
② 레이노 증후군

확인! OX

다음은 진동에 대한 설명이다. 옳으면 "O", 틀리면 "X"로 표시하시오.
1. 전신진동에 단시간 노출되는 경우에 소화기관과 말초신경계 등에 영향을 미친다. ( )
2. 레이노 증후군은 전신진동으로 인하여 발생하는 질병이다. ( )

정답 1. X 2. X

| 해설 |
1. 전신진동에 장시간 반복적으로 노출되면 소화기관과 말초신경계 등에 영향을 미친다.
2. 국소진동으로 인하여 발생하는 질병이다.

+ 괄호문제

다음 괄호 안에 알맞은 내용을 쓰시오.
① (   )는 온도, 습도 및 공기유동이 인체에 미치는 열 효과를 하나의 수치로 통합한 경험적 감각지수이다.
② 실효온도의 결정요소는 (㉠), (㉡), (㉢)이다.

| 정답 |
① 실효온도
② ㉠ 온도, ㉡ 습도,
   ㉢ 대류(공기유동)

(5) 진동의 종류에 따른 방지대책

종류	대책
전신진동	• 진동 발생원을 격리하여 원격제어 • 방진매트 사용 • 지속적인 장비 수리 및 관리 • 진동 저감 의자 사용
국소진동	• 진동 기준이 최저인 공구 사용 • 방진공구, 방진장갑 사용 • 연장을 잡는 악력을 감소시킴 • 진동공구를 사용하지 않는 다른 방법으로 대체 • 추운 곳에서의 진동공구 사용을 자제하고 수공구 사용 시 손을 따뜻하게 유지
모든 진동	• 진동 노출 시간을 줄임 • 교대 작업 및 휴식시간 조절

4. 실효온도와 옥스퍼드 지수

(1) 실효온도(감각온도, effective temperature)

온도, 습도 및 공기유동이 인체에 미치는 열 효과를 하나의 수치로 통합한 경험적 감각지수이다. 상대습도가 100%일 때의 건구온도에서 느끼는 것과 동일한 온감이다.

① 실효온도의 결정요소 : 온도, 습도, 대류(공기유동)
② 허용한계
   ㉠ 사무작업 : 60~64°F
   ㉡ 경작업 : 55~60°F
   ㉢ 중작업 : 50~55°F

(2) 옥스퍼드(oxford) 지수

① 습건(WD) 지수라고도 하며, 습구, 건구온도의 가중 평균치이다.
② 옥스퍼드 지수(습건 지수) 공식

$$WD = 0.85W + 0.15D(℃)$$

여기서, W : 습구온도, D : 건구온도

확인! OX

다음은 진동의 종류에 따른 방지대책에 대한 설명이다. 옳으면 "O", 틀리면 "X"로 표시하시오.
1. 전신진동 감소를 위하여 추운 곳에서의 진동공구 사용을 자제하고 수공구 사용 시 손을 따뜻하게 유지해야 한다. (   )
2. 진동으로 인한 영향을 예방하기 위해서는 진동 노출 시간을 줄이는 것이 좋다. (   )

정답 1. X 2. O

| 해설 |
1. 국소진동의 방지대책이다.

5. 이상환경 및 노출에 따른 사고와 부상

(1) 열 작업자를 보호하기 위한 방안

① 방열보호구(방열복, 방열장갑) 지급
② 주기적 휴식 제공, 휴게시설 설치
③ 수분 보충

※ 사업주는 근로자가 고열·한랭·다습 작업을 하는 경우 적절하게 휴식을 하도록 하여야 하며, 휴식시간에 이용할 수 있는 휴게시설을 갖추어야 한다(산업안전보건기준에 관한 규칙 제566조, 제567조).

물	• 시원하고 깨끗한 물이 제공되어야 한다. • 규칙적으로 물을 마실 수 있도록 해야 한다.
그늘	• 근로자가 일하는 장소에서 가까운 곳에 그늘진 장소를 마련해야 한다. • 그늘막이나 차양막은 햇볕을 완전히 차단할 수 있는 재질을 선택해야 한다. • 시원한 바람이 통할 수 있게 한다. • 쉬고자 하는 근로자를 충분히 수용할 수 있어야 한다. • 의자나 돗자리, 음료수대 등 적절한 비품을 놔두어야 한다. • 소음, 낙하물, 차량통행 등 위험이 없는 안전한 장소에 설치하여야 한다.
휴식	• 폭염특보 발령 시 1시간 주기로 10~15분 이상씩 규칙적으로 휴식할 수 있어야 한다. 　예 특보 종류에 따라 휴식시간을 늘려야 한다. 폭염주의보(33℃) 발령 시에는 매 시간당 10분씩, 폭염경보(35℃) 발령 시에는 15분씩 휴식하도록 한다. • 같은 온도조건이라도 습도가 높은 경우에는 휴식시간을 더 늘려야 한다(기상청에서 제공하는 열지수나 더위체감지수를 활용하여 휴식시간을 조정). • 휴식은 반드시 작업을 중단하고 쉬는 것만을 의미하지 않는다. 따라서 가장 무더운 시간대에 실내에서 안전보건교육을 하거나 경미한 작업을 함으로써 충분히 생산적 시간이 될 수 있다.

(2) 이상환경 예방조치(산업안전보건기준에 관한 규칙)

① **고열장해 예방조치(제562조)** : 사업주는 근로자가 고열작업을 하는 경우에 열경련·열탈진 등의 건강장해를 예방하기 위하여 다음의 조치를 하여야 한다.

　※ 고열작업 : 열원을 사용하여 물건 등을 건조시키는 장소 등에서의 작업(제559조)

　㉠ 근로자를 새로 배치할 경우에는 고열에 순응할 때까지 고열작업시간을 매일 단계적으로 증가시키는 등 필요한 조치를 할 것
　㉡ 근로자가 온도·습도를 쉽게 알 수 있도록 온도계 등의 기기를 작업장소에 상시 갖추어 둘 것
　㉢ 근로자에게 고열작업에 따른 건강장해의 증상 및 예방조치, 응급조치 요령 등에 관한 사항을 고열작업 전에 미리 알릴 것

② **한랭장해 예방조치(제563조)** : 사업주는 근로자가 한랭작업을 하는 경우에 동상 등의 건강장해를 예방하기 위하여 다음의 조치를 하여야 한다.

　㉠ 혈액순환을 원활히 하기 위한 운동지도를 할 것
　㉡ 적절한 지방과 비타민 섭취를 위한 영양지도를 할 것
　㉢ 체온 유지를 위하여 더운물을 준비할 것
　㉣ 젖은 작업복 등은 즉시 갈아입도록 할 것

+ 괄호문제

다음 괄호 안에 알맞은 내용을 쓰시오.

① (㉠)는 근로자가 고열·한랭·다습 작업을 하는 경우 적절하게 (㉡)을 하도록 하여야 하며, 휴식시간에 이용할 수 있는 (㉢)을 갖추어야 한다.
② 사업주는 근로자가 (　　)을 하는 경우에 열경련·열탈진 등의 건강장해를 예방하기 위하여 적절한 조치를 하여야 한다.

| 정답 |
① ㉠ 사업주, ㉡ 휴식, ㉢ 휴게시설
② 고열작업

확인! OX

다음은 적절한 온도의 작업환경에서 추운 환경으로 온도가 변할 때 우리의 신체가 수행하는 조절작용에 대한 설명이다. 옳으면 "O", 틀리면 "X"로 표시하시오.

1. 발한이 시작되며, 피부의 온도가 내려간다. (　　)
2. 직장온도가 약간 올라가며, 혈액의 많은 양이 몸의 중심부를 위주로 순환한다. (　　)

　정답　1. X　2. O

| 해설 |
1. 발한은 피부의 땀샘에서 땀이 분비되는 현상으로, 땀은 99%가 물이며 이 수분의 증발열에 의해 체온이 떨어지게 된다.

③ 다습장해 예방조치(제564조)
　㉠ 사업주는 근로자가 다습작업을 하는 경우에 습기 제거를 위하여 환기하는 등 적절한 조치를 하여야 한다. 다만, 작업의 성질상 습기 제거가 어려운 경우에는 그러하지 아니하다.
　㉡ 사업주는 ㉠ 단서에 따라 작업의 성질상 습기 제거가 어려운 경우에 다습으로 인한 건강장해가 발생하지 않도록 개인위생관리를 하도록 하는 등 필요한 조치를 하여야 한다.
　㉢ 사업주는 실내에서 다습작업을 하는 경우에 수시로 소독하거나 청소하는 등 미생물이 번식하지 않도록 필요한 조치를 하여야 한다.

6. 사무/VDT 작업 설계 및 관리

(1) 작업시간 및 휴식시간
① VDT 작업의 지속적인 수행을 금하도록 하고 다른 작업을 병행하도록 하는 작업확대 또는 작업순환을 하도록 한다.
② 1회 연속 작업시간이 1시간을 넘지 않도록 한다.
③ 연속 작업 1시간당 10~15분의 휴식을 제공한다.
④ 한 번의 긴 휴식보다는 여러 번의 짧은 휴식이 더 효과적이다.

(2) VDT 기기, 의자 및 키보드 받침대의 사용지침[영상표시단말기(VDT) 취급근로자 작업관리지침 제6조, 제8조]
① 영상표시단말기 취급근로자의 시선은 화면상단과 눈높이가 일치할 정도로 하고 작업화면상의 시야는 수평선상으로부터 아래로 10° 이상 15° 이하에 오도록 하며 화면과 근로자의 눈과의 거리(시거리 : eye-screen distance)는 40cm 이상을 확보해야 한다.

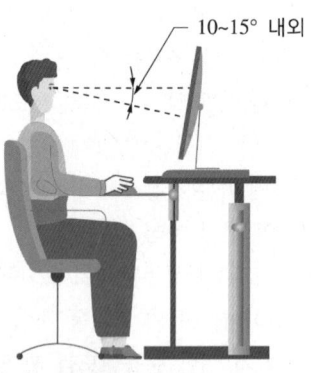

[작업자의 시선범위]

+ 괄호문제

다음 괄호 안에 알맞은 내용을 쓰시오.
① 영상표시단말기 취급근로자에게 작업시간 및 휴식시간을 부여할 때, 1회 연속 작업시간이 (㉠)시간을 넘지 않도록 하여야 하며, 연속 작업 1시간당 (㉡)분 휴식을 제공한다. 한 번의 (㉢) 휴식보다는 여러 번의 (㉣) 휴식이 더 효과적이다.
② 영상표시단말기 취급근로자의 시선은 (㉠)과 눈높이가 일치할 정도로 하고 화면과 근로자의 눈과의 거리는 (㉡)cm 이상을 확보해야 한다.

| 정답 |
① ㉠ 1, ㉡ 10~15, ㉢ 긴, ㉣ 짧은
② ㉠ 화면상단, ㉡ 40

확인! OX

다음은 이상환경 예방조치 및 작업시간에 대한 설명이다. 옳으면 "O", 틀리면 "X"로 표시하시오.
1. 사업주는 작업의 성질상 습기 제거가 어려운 경우에 다습으로 인한 건강장해가 발생하지 않도록 개인위생관리를 하도록 하는 등 필요한 조치를 하여야 한다. ( )
2. 작업 중 휴식시간의 부여는 여러 번의 짧은 휴식보다는 한 번의 긴 휴식이 더 효과적이다. ( )

정답 1. O 2. X

| 해설 |
2. 한 번의 긴 휴식보다는 여러 번의 짧은 휴식이 더 효과적이다.

② 위팔(upper arm)은 자연스럽게 늘어뜨리고, 작업자의 어깨가 들리지 않아야 하며, 팔꿈치의 내각은 90° 이상이 되어야 하고, 아래팔(forearm)은 손등과 수평을 유지하여 키보드를 조작해야 한다. 아래팔은 손등과 일직선을 유지하여 손목이 꺾이지 않도록 한다.

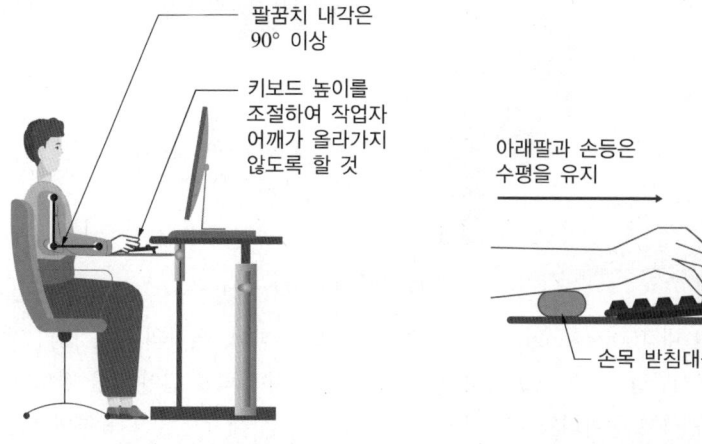

[팔꿈치 내각 및 키보드 높이]   [손목 받침대 사용]

③ 연속적인 자료의 입력 작업 시에는 서류 받침대(document holder)를 사용하도록 하고, 서류 받침대는 거리, 각도, 높이 등을 조절하여 화면과 동일한 높이 및 거리에 두어 작업해야 한다.

[서류 받침대 사용]

④ 의자에 앉을 때는 의자 깊숙이 앉아 의자등받이에 등이 충분히 지지되도록 해야 한다.

> **+ 괄호문제**
>
> 다음 괄호 안에 알맞은 내용을 쓰시오.
>
> 의자에 앉을 때는 의자 깊숙이 앉아 ( )에 등이 충분히 지지되도록 해야 한다.
>
> | 정답 |
> 의자등받이

> **확인! OX**
>
> 다음은 VDT 작업 시 작업자세에 대한 설명이다. 옳으면 "O", 틀리면 "X"로 표시하시오.
>
> 1. 위팔은 자연스럽게 늘어뜨리고, 작업자의 어깨가 들리지 않아야 하며, 팔꿈치의 내각은 60° 이상이 되어야 한다. ( )
> 2. 아래팔은 손등과 수평을 유지하여 키보드를 조작해야 한다. ( )
>
> 정답 1. X 2. O
>
> | 해설 |
> 1. 팔꿈치의 내각은 90° 이상이 되어야 한다.

+ 괄호문제

다음 괄호 안에 알맞은 내용을 쓰시오.

① 영상표시단말기 취급근로자의 발바닥 전면이 바닥면에 닿는 자세를 기본으로 하되, 그러하지 못할 때에는 (   )를 조건에 맞는 높이와 각도로 설치해야 한다.
② 의자의 앉는 면의 앞부분과 영상표시단말기 취급근로자의 종아리 사이에는 (   )을 밀어 넣을 정도의 틈새가 있도록 하여 종아리와 대퇴부에 무리한 압력이 가해지지 않도록 해야 한다.

| 정답 |
① 발 받침대
② 손가락

⑤ 영상표시단말기 취급근로자의 발바닥 전면이 바닥면에 닿는 자세를 기본으로 하되, 그러하지 못할 때에는 발 받침대(foot rest)를 조건에 맞는 높이와 각도로 설치해야 한다.

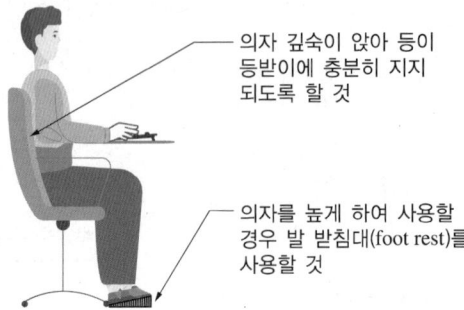

[발 받침대 사용]

⑥ 무릎의 내각(knee angle)은 90° 전후가 되도록 하되, 의자의 앉는 면의 앞부분과 영상표시단말기 취급근로자의 종아리 사이에는 손가락을 밀어 넣을 정도의 틈새가 있도록 하여 종아리와 대퇴부에 무리한 압력이 가해지지 않도록 해야 한다.

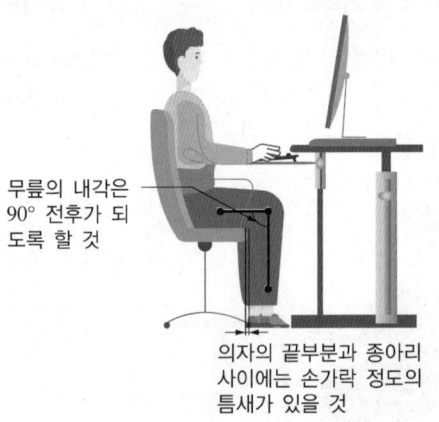

[무릎 내각]

⑦ 키보드를 조작하여 자료를 입력할 때 양 손목을 바깥으로 꺾은 자세가 오래 지속되지 않도록 주의해야 한다.

확인! OX

다음은 VDT 작업 시 작업자세에 대한 설명이다. 옳으면 "O", 틀리면 "X"로 표시하시오.

1. 무릎의 내각은 45° 전후가 되도록 하는 것이 좋다. (   )
2. 키보드를 조작하여 자료를 입력할 때 양 손목을 바깥으로 꺾은 자세가 오래 지속되지 않도록 주의해야 한다. (   )

정답 1. X 2. O

| 해설 |
1. 무릎의 내각은 90° 전후가 되도록 하는 것이 좋다.

⑧ 빛이 작업화면에 도달하는 각도는 화면으로부터 45° 이내여야 한다.

[조명의 각도]

(3) VDT 작업에서 발생 가능한 유해요인

① 개인적 요인 : 나이, 시력, 경력, 작업수행도
② 작업환경 요인
  ㉠ 책상, 의자, 키보드 등에 의한 정적이거나 부자연스러운 작업자세
  ㉡ 조명, 온도, 습도 등의 부적절한 실내(작업)환경
  ㉢ 부적절한 조명과 눈부심, 소음
③ 작업조건 요인
  ㉠ 연속적이고 과도한 작업시간
  ㉡ 과도한 직무 스트레스
  ㉢ 반복적인 작업, 동작

+ 괄호문제

다음 괄호 안에 알맞은 내용을 쓰시오.
① VDT 작업에서 발생 가능한 유해요인 중 개인적 요인으로는 (㉠), (㉡), (㉢), (㉣) 등이 있다.
② 인력으로 중량물을 취급하는 경우 중량물에 몸의 중심을 가깝게 하고, 등을 반듯이 유지하면서 ( )의 힘으로 일어난다.

| 정답 |
① ㉠ 나이, ㉡ 시력, ㉢ 경력, ㉣ 작업수행도
② 무릎

제6절 중량물 취급 작업

1. 중량물 취급 방법

근골격계질환 예방을 위한 기술지원규정에서 근로자가 인력으로 중량물을 취급하는 경우 권고하는 6단계의 작업방법
① 중량물에 몸의 중심을 가깝게 한다.
② 발을 어깨너비 정도로 벌리고 몸은 정확하게 균형을 유지한다.
③ 무릎을 굽힌다.
④ 가능하면 중량물을 양손으로 잡는다.
⑤ 목과 등이 거의 일직선이 되도록 한다.
⑥ 등을 반듯이 유지하면서 무릎의 힘으로 일어난다.

확인! OX

다음은 VDT 작업에 대한 설명이다. 옳으면 "O", 틀리면 "X"로 표시하시오.
빛이 작업화면에 도달하는 각도는 화면으로부터 100° 이내이어야 한다. ( )

정답 X

| 해설 |
45° 이내이어야 한다.

+ 괄호문제

다음 괄호 안에 알맞은 내용을 쓰시오.
① NLE는 들기작업에 대한 (　　)를 쉽게 산출하도록 하여 작업의 위험성을 예측하는 평가도구이다.
② NLE는 들기작업의 위험성을 정량적으로 평가할 수 있는 도구로서 안전하게 작업할 수 있는 하중을 산출하여 (　　)을 제시한다.

| 정답 |
① 권장무게한계(RWL)
② 작업 개선의 방향

[올바른 중량물 취급방법]

2. NIOSH Lifting Equation(NLE) 중요도 ★☆☆

(1) NLE(NIOSH Lifting Equation)
① 들기작업과 관련된 작업 변수로부터 작업의 안전성을 평가한다.
② 1981년에 최초로 정면에서 드는 작업에 대한 공식 제시, 1991년에 개정하였다(비틀림, 손잡이 추가).
③ NLE는 들기작업에 대한 권장무게한계(RWL)를 쉽게 산출하도록 하여 작업의 위험성을 예측하고, 인간공학적인 작업방법의 개선을 통해 작업자의 직업성 요통을 사전에 예방하기 위해 개발되었다.
④ 취급 중량과 취급 횟수, 중량물 취급 위치, 드는 거리, 신체의 비틀기, 중량물 들기 쉬움 정도 등 여러 요인을 고려하며, 중량물 취급에 관한 생리학·정신물리학·생체역학·병리학의 각 분야에서의 연구성과를 통합한 결과이다.
⑤ 들기작업의 위험성을 정량적으로 평가할 수 있는 도구(tool)로서 안전하게 작업할 수 있는 하중을 산출하여 작업 개선의 방향을 제시한다.
※ 들기작업 : 특정 물건을 두 손으로 잡고 기계의 도움 없이 들어 수직으로 이동시키는 작업

더 알아보기

NIOSH 기준 비교

1981년 기준	1991년 기준
• 두 손의 대칭형 들기작업, 제한 조건이 없는 들기 자세 • 좋은 커플링 상태, 쾌적한 주위 환경 등의 제약조건 • 행동한계(AL ; Action Limit) • 최대허용한계(MPL ; Maximum Permissible Limit)	• 비대칭 작업 포함 • 커플링 기준(coupling factor) 추가 • 권장무게한계(RWL ; Recommended Weight Limit)

확인!

다음은 NLE에 대한 설명이다. 옳으면 "O", 틀리면 "X"로 표시하시오.
NLE는 1991년 개정되어 정면에서 드는 작업에 대한 적절한 중량을 구하는 공식을 제시하였다.
(　　)

정답 X

| 해설 |
1981년에 최초로 정면에서 드는 작업에 대한 공식 제시, 1991년에 개정하였다(비틀림, 손잡이 추가).

(2) NIOSH 들기작업 공식(1991년) 개발 시 적용된 기준

① 생체역학적 기준
  ㉠ 설계기준 : 신체의 압축력
  ㉡ 인체를 역학적 시스템으로 고려
  ㉢ 부위에 부과되는 힘과 모멘트 계산
  ㉣ 최대치 초과하지 않도록 설계(3,400N at L5/S1)
    ※ 요추 5번, 천추 1번

② 생리학적 기준
  ㉠ 작업 시 소모되는 에너지 요구량 기준(인체의 심장 순환계 능력)
  ㉡ 작업 시 스트레스 정도 평가 : 산소소모량, 심박수, 혈압 등 이용(2.2~4.7kcal/min)
  ㉢ 반복적인 들기작업의 에너지 소모 한계를 결정하기 위하여 최대 유기 들기 작업능력(9.5kcal/min)을 기초 자료로 사용
  ㉣ 작업시간에 따라 최대 작업 능력의 1시간(50%), 1~2시간(40%), 2~8시간(33%)으로 조정

손잡이 높이(cm)	duration of lifting		
	<1h	1~2h	2~8h
V ≤ 75	4.7	3.7	3.1
V > 75	3.3	2.7	2.2

③ 정신물리학적 기준
  ㉠ 작업자 스스로 적합한 작업량이라고 판단하는 기준
  ㉡ 생체학적, 생리학적 스트레스가 공존할 때, 그 정도를 작업자가 심리적, 물리적으로 산정함
  ㉢ 남자 중 99%, 여자 중 75%가 이 조건에서 무리 없이 인력 운반 작업을 수행할 수 있어야 함

④ 임상학적 기준 : 작업조건에 따른 요통의 발생률, 심각성 정도를 통계학적으로 분석

(3) 권장무게한계(RWL)

건강한 작업자가 그 작업조건에서 작업을 최대 8시간 계속해도 요통의 발생 위험이 증대되지 않는 취급물 중량의 한계값이다.

$$RWL = LC(23kg) \times HM \times VM \times DM \times FM \times AM \times CM$$

+ 괄호문제

다음 괄호 안에 알맞은 내용을 쓰시오.

① 개정된 들기작업 공식을 개발하는 데 적용된 기준은 (㉠) 기준, (㉡) 기준, (㉢) 기준, (㉣) 기준이다.
② NIOSH 들기작업 공식을 개발하는 데 적용된 기준으로 남자 중 (㉠)%, 여자 중 (㉡)%가 이 조건에서 무리 없이 인력 운반 작업을 수행할 수 있어야 한다.

| 정답 |
① ㉠ 생체역학적, ㉡ 생리학적, ㉢ 정신물리학적, ㉣ 임상학적
② ㉠ 99, ㉡ 75

확인! OX

다음은 NLE에 대한 설명이다. 옳으면 "O", 틀리면 "X"로 표시하시오.

1. 정신물리학적 기준은 생체학적, 생리학적 스트레스가 공존할 때, 그 정도를 작업자가 심리적, 물리적으로 산정하여 산출한다. ( )
2. 권장무게한계는 건강한 작업자가 그 작업조건에서 작업을 최대 8시간 계속해도 요통의 발생 위험이 증대되지 않는 취급물 중량의 한계값을 말한다. ( )

정답 1. O 2. O

+ 괄호문제

다음 괄호 안에 알맞은 내용을 쓰시오.

① ( )cm는 작업자가 물체를 몸에 가장 가깝게 할 수 있는 최소 수평거리이다.
② ( )는 작업자와 물체 사이의 수직거리를 권장무게한계에 고려하기 위한 계수이다.

| 정답 |
① 25
② 수직계수

기호	정의	수식
HM (수평계수)	발의 위치에서 중량물을 들고 있는 손의 위치까지의 수평거리	HM = 25 / H(25~63cm) = 1(H ≤ 25cm) = 0(H ≥ 63cm)
VM (수직계수)	바닥에서 손까지의 거리(cm)로 들기 작업의 시작점과 종점의 두 군데서 측정	VM = 1 − (0.003 × | V − 75 |)(0 ≤ V ≤ 175) = 0(V > 175cm)
DM (수직이동 거리계수)	중량물을 들고 내리는 수직방향 이동거리의 절댓값	DM = 0.82 + 4.5 / D(25~175cm) = 1(D ≤ 25cm) = 0(D ≥ 175cm)
AM (비대칭계수)	중량물이 몸의 정면에서 몇 도 어긋난 위치에 있는지 나타내는 각도	AM = 1 − 0.0032 × A(0° ≤ A ≤ 135°) = 0(A ≥ 135°)
FM (빈도계수)	분당 드는 횟수, 분당 0.2~16회	201쪽 표 참조
CM (손잡이계수)	손잡이 조건 수직거리(V)의 조건	202쪽 표 참조

① 수평계수(Horizontal Multiplier)
  ㉠ 수평계수는 수평거리(H)를 권장무게한계에 고려하기 위한 계수이다.
  ㉡ HM = 25cm/H로 나타내며 25cm보다 작을 경우는 1이고, 63cm를 초과할 경우 HM은 0이다.
  ㉢ 25cm(10in)는 작업자가 물체를 몸에 가장 가깝게 할 수 있는 최소 수평거리이다.
  ㉣ 63cm(25in)는 체구가 작은 사람이 물체를 최대한 멀리 잡고 들 수 있는 수평거리를 기준으로 하였다.

② 수직계수(Vertical Multiplier)
  ㉠ 작업자와 물체 사이의 수직거리(V)를 권장무게한계에 고려하기 위한 계수이다.
  ㉡ VM = 1 − (0.003 × | V − 75 |)
  ㉢ 역학적인 분석에 의하면 들기작업을 하는 동안 요추에 걸리는 스트레스는 물체를 바닥에서 들 때 증가하며, 바닥에 있는 물체를 들 때 요통 발생 비율이 크기 때문에 V가 적으면 그만큼 무게를 줄여야 한다.
  ㉣ 75cm 이상인 높이에서 물건을 들기 시작할 때에는 다시 심물리학적 부하(psychophysical stress)가 감소하기 때문에 75cm를 기준값으로 설정한다.
  ㉤ 수직거리가 175cm를 초과할 경우에는 VM이 0이다.

확인! OX

다음은 권장무게한계에 대한 설명이다. 옳으면 "O", 틀리면 "X"로 표시하시오.

1. 수평거리가 63cm를 초과할 경우 수평계수의 값은 0이다. ( )
2. 수직계수에서 수직거리가 175cm를 초과할 경우에는 VM이 0이다. ( )

| 정답 | 1. O 2. O

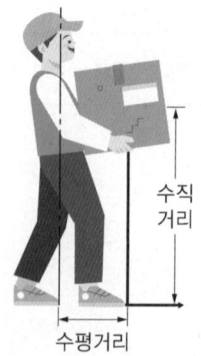
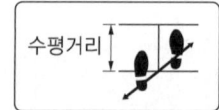

③ 거리계수(Distance Multiplier)
  ㉠ 물체를 이동시킨 수직거리(D)를 권장무게한계에 고려하기 위한 계수이다.
  ㉡ DM = 0.82 + (4.5 / D)
  ㉢ 25cm보다 작을 때는 1, 175cm보다 클 경우는 0이다.

④ 비대칭계수(Asymmetric Multiplier)
  ㉠ 1981년 NIOSH 공식에서는 전혀 고려되지 않았던 요소이다.
  ㉡ 이전의 공식에서는 정중면에서 대칭적인 들기작업에 대한 평가만을 할 수 있었으며, 비대칭적으로 일어나는 들기작업에 대한 고려는 하지 않았다.
  ㉢ 개정된 공식에서는 권장무게한계에 비대칭계수를 고려한다.
  ㉣ AM = 1 - 0.0032A(여기서, A : 정중면과 비대칭 평면 사이의 각도)
  ㉤ 135°가 넘을 경우는 AM이 0이다.

⑤ 빈도계수(Frequency Multiplier) : 수학적인 식을 사용하지 않고, 다음 표와 같이 분당 물체를 드는 횟수에 따라 값을 제공한다.

[빈도계수]

빈도수 (회/분)	작업시간					
	1시간 이하		2시간 이하		8시간 이하	
	V < 75	V > 75	V < 75	V > 75	V < 75	V > 75
0.2	1.00	1.00	0.95	0.95	0.85	0.85
0.5	0.97	0.97	0.92	0.92	0.81	0.81
1	0.94	0.94	0.88	0.88	0.75	0.75
2	0.91	0.91	0.84	0.84	0.65	0.65
3	0.88	0.88	0.79	0.79	0.55	0.55
4	0.84	0.84	0.72	0.72	0.45	0.45
5	0.80	0.80	0.60	0.60	0.35	0.35
6	0.75	0.75	0.50	0.50	0.27	0.27
7	0.70	0.70	0.42	0.42	0.22	0.22
8	0.60	0.60	0.35	0.35	0.18	0.18
9	0.52	0.52	0.30	0.30	0.00	0.15
10	0.45	0.45	0.26	0.26	0.00	0.13
11	0.41	0.41	0.00	0.23	0.00	0.00
12	0.37	0.37	0.00	0.21	0.00	0.00
13	0.00	0.34	0.00	0.00	0.00	0.00
14	0.00	0.31	0.00	0.00	0.00	0.00
15	0.00	0.28	0.00	0.00	0.00	0.00
16 이상	0.00	0.00	0.00	0.00	0.00	0.00

+ 괄호문제

다음 괄호 안에 알맞은 내용을 쓰시오.

거리계수는 물체를 이동시킨 ( )를 권장무게한계에 고려하기 위한 계수이다.

| 정답 |
수직거리

확인! OX

다음은 권장무게한계에 대한 설명이다. 옳으면 "O", 틀리면 "X"로 표시하시오.

1. 빈도계수는 수학적인 식을 사용하여 계산한다. ( )
2. 비대칭계수는 1981년 NIOSH 공식에서는 전혀 고려되지 않았던 요소이며, 100°가 넘을 경우는 AM이 0이다. ( )

정답 1. X 2. X

| 해설 |
1. 수학적인 식을 사용하지 않고, 표와 같이 분당 물체를 드는 횟수에 따라 값을 제공한다.
2. 135°가 넘을 경우는 AM이 0이다.

+ 괄호문제

다음 괄호 안에 알맞은 내용을 쓰시오.
① 커플링은 크게 ( ) 3가지로 구분한다.
② 커플링은 물체를 들 때 미끄러지거나 떨어뜨리지 않도록 ( ) 등이 좋은지를 권장무게한계에 반영한 것이다.

| 정답 |
① 양호, 보통, 불량
② 손잡이

⑥ 커플링계수(Coupling Multiplier)
  ㉠ 비대칭계수와 마찬가지로 1981년 방정식에서는 고려되지 않았던 요소이다.
  ㉡ 커플링은 물체를 들 때 미끄러지거나 떨어뜨리지 않도록 손잡이 등이 좋은지를 권장무게한계에 반영한 것이다.
  ㉢ 물체가 다소 가볍더라도 손잡이가 없어서 자꾸 미끄러진다거나 드는 물체가 부정형이라서 손으로 들기 불편한 경우에는, 커플링계수가 1보다 작게 되어 권장무게한계도 작아지게 된다.
  ㉣ 커플링은 크게 '양호', '보통', '불량' 3가지로 구분한다.
    • 양호 : 손잡이가 들기 적당하게 위치한 경우, 손잡이는 없지만 들기 쉽고 편하게 들 수 있는 부분이 존재할 경우
    • 보통 : 손잡이나 잡을 수 있는 부분이 있으며 적당하게 위치하지는 않았지만, 손목의 각도를 90° 정도 유지할 수 있을 경우
    • 불량 : 손잡이나 잡을 수 있는 부분이 없거나 불편한 경우, 끝부분이 날카로운 경우

[커플링계수]

결합타입	수직위치	
	V < 75cm	V ≥ 75cm
양호(good)	1.00	1.00
보통(fair)	0.95	1.00
불량(poor)	0.90	0.90

확인! OX

다음은 커플링계수에 대한 설명이다. 옳으면 "O", 틀리면 "X"로 표시하시오.

1. 물체가 다소 가볍더라도 손잡이가 없어서 자꾸 미끄러진다거나 드는 물체가 부정형이라서 손으로 들기 불편한 경우에는, 커플링계수가 1보다 작게 되어 권장무게한계도 작아지게 된다. ( )
2. 손잡이나 잡을 수 있는 부분이 있으며 적당하게 위치하지는 않았지만, 손목의 각도를 90° 정도 유지할 수 있을 경우에는 불량으로 판단한다. ( )

정답 1. O 2. X

| 해설 |
2. 보통으로 판단한다.

(4) 들기지수(LI)

$$\text{Lifting Index(LI)} = \frac{\text{실제 중량물 무게}}{\text{권장무게한계(RWL)}}$$

① 실제 작업물의 무게와 권장무게한계(RWL)의 비
② 특정 작업에서의 육체적 스트레스의 상대적인 양
③ 1.0보다 크면 작업 부하가 권장치보다 크다고 할 수 있음
  ㉠ LI ≤ 1.0 : 요통 발병의 위험이 크지 않은 안전한 들기작업
  ㉡ LI ≤ 2.0 : 약간의 신체 건강한 근로자가 신체 부담을 느끼는 들기작업(physically stressful for some healthy workers)
  ㉢ LI ≥ 2.0 : 많은 신체 건강한 근로자가 신체 부담을 느끼는 들기작업(physically stressful for many healthy workers)
  ㉣ LI ≥ 3.0 : 거의 대부분의 신체 건강한 근로자가 신체 부담을 느끼는 들기작업 [physically stressful for nearly all(or majority of) workers]

예제

다음은 중량물 취급작업의 NIOSH Lifting Equation을 이용한 작업 분석표이다.

[단계 1. 작업 변수 측정 및 기록]

중량물 무게(kg)		손의 위치(cm)				수직 거리 (cm)	비대칭 각도 (°)		빈도	지속 시간	커플링
		시점		종점			시점	종점	회수/분	(시간)	
L(평균)	L(최대)	H	V	H	V	D	A	A	F		C
12	12	30	60	54	130	90	0	0	4	0.75	fair

[단계 2. 계수 및 RWL 계산]

	RWL	=	23	HM	VM	DM	AM	FM	CM		
시점	RWL	=	23	0.83	0.96	0.88	1.00	0.84	0.95	=	kg
종점	RWL	=	23	0.46	0.84	0.88	1.00	0.84	1.00	=	kg

(1) 시점과 종점의 권장중량물한계(RWL)를 각각 순서대로 구하시오.
(2) 시점과 종점의 들기작업 지수(LI)를 각각 순서대로 구하시오.
(3) 시점과 종점 중 어디를 먼저 개선해야 하는가?
(4) (3)의 답에서 가장 먼저 개선해야 할 요소는 HM, VM, DM, AM, FM, CM 중 어느 것인가?

해설

(1) • 시점 RWL = LC × HM × VM × DM × AM × FM × CM
  = 23kg × 0.83 × 0.96 × 0.88 × 1.00 × 0.84 × 0.95
  = 12.8695kg
 • 종점 RWL = LC × HM × VM × DM × AM × FM × CM
  = 23kg × 0.46 × 0.84 × 0.88 × 1.00 × 0.84 × 1.00
  = 6.5694kg

(2) • 시점 LI = $\dfrac{작업물의\ 무게}{RWL}$ = $\dfrac{12kg}{12.8695kg}$ = 0.9324
 • 종점 LI = $\dfrac{작업물의\ 무게}{RWL}$ = $\dfrac{12kg}{6.5694kg}$ = 1.8267

(3) 시점보다 종점의 LI값이 크기 때문에 종점을 먼저 개선해야 한다.
(4) 계수값이 가장 작은 것부터 개선해야 한다. → HM(수평계수)

+ 괄호문제

다음 괄호 안에 알맞은 내용을 쓰시오.
① 들기지수는 실제 작업물의 무게와 (　　)의 비이다.
② 들기지수의 값이 1보다 (　　) 요통 발병의 위험이 크지 않은 안전한 들기작업이다.

| 정답 |
① 권장무게한계(RWL)
② 작으면

확인! OX

다음은 권장무게한계에 대한 설명이다. 옳으면 "O", 틀리면 "X"로 표시하시오.

1. HM, VM, DM, AM, FM, CM 중 가장 큰 값이 가장 먼저 개선해야 할 요소이다. (　　)
2. LI > 1면 들기작업환경을 개선해야 한다. (　　)

정답 1. X 2. O

| 해설 |
1. 가장 작은 값이 개선 우선 요소이다.

+ 괄호문제

다음 괄호 안에 알맞은 내용을 쓰시오.

① 들기작업의 최적 조건으로는 수평거리가 몸의 중심에서 손잡이까지 (㉠)cm 이내일 때, 수직높이가 바닥에서 손잡이 높이 (㉡)cm 내외일 때, 허리 비틀림이 (㉢) 때가 있다.

② 들기작업의 최적 조건으로는 수직이동거리가 이동 전과 이동 후의 수직이동 (㉠) cm 이내일 때, 중량물 손잡이를 (㉡)으로 쥘 수 있어야 하고 작업빈도가 (㉢) 당 1회여야 한다.

| 정답 |
① ㉠ 25, ㉡ 75, ㉢ 없음
② ㉠ 25, ㉡ 파워그립, ㉢ 5분

(5) 수동물자취급작업(manual material handing task) 중 NIOSH 들기작업수식 적용이 어려운 작업

① 한 손으로 중량물을 취급하는 경우
② 8시간 이상 중량물을 취급하는 작업을 계속하는 경우
③ 앉거나 무릎을 굽힌 자세로 작업을 하는 경우
④ 작업공간이 제약된 경우
⑤ 균형이 맞지 않는 중량물을 취급하는 경우
⑥ 운반이나 밀거나 당기는 작업에서의 중량물 취급
⑦ 손수레나 운반도구를 사용하는 작업
⑧ 빠른 속도로 중량물을 취급하는 경우(약 75cm/sec를 넘어가는 경우)
⑨ 바닥면이 좋지 않은 경우(지면과의 마찰계수가 0.4 미만인 경우)
⑩ 온도·습도 환경이 나쁜 경우(온도 19~26℃, 습도 35~50%의 범위에 속하지 않는 경우)

(6) 들기작업의 최적 조건

① 수평거리 : 몸의 중심에서 손잡이까지의 거리가 25cm 이내
② 수직높이 : 바닥에서 손잡이 높이 75cm 내외
③ 자세 : 허리 비틀림 없음
④ 수직이동거리 : 이동 전과 이동 후의 수직이동 25cm 이내
⑤ 중량물 손잡이 : 파워그립(power grip)으로 쥘 수 있어야 함
⑥ 작업빈도 : 5분당 1회 빈도

확인! OX

다음은 수동물자취급작업에 대한 설명이다. 옳으면 "O", 틀리면 "X"로 표시하시오.

1. 두 손으로 중량물을 취급하거나 8시간 이상 중량물을 취급하는 작업을 계속하는 경우 NIOSH 들기작업수식 적용이 어렵다. ( )

2. 앉거나 무릎을 굽힌 자세로 작업을 하거나, 작업공간이 제약된 경우 NIOSH 들기작업수식 적용이 어렵다. ( )

정답 1. X 2. O

| 해설 |
1. 한 손으로 중량물을 취급하는 경우 NIOSH 들기작업수식 적용이 어렵다.

교육은 우리 자신의 무지를 점차 발견해 가는 과정이다.

- 윌 듀란트 -

합격의 공식 시대에듀 www.sdedu.co.kr

PART 03

기계·기구 및 설비 안전 관리

CHAPTER 01	기계공정의 안전
CHAPTER 02	기계분야 산업재해 조사 및 관리
CHAPTER 03	기계설비 위험요인 분석
CHAPTER 04	기계안전시설 관리
CHAPTER 05	설비진단 및 검사

CHAPTER 01 기계공정의 안전

PART 03. 기계·기구 및 설비 안전 관리

9% 출제율

출제포인트
- 기계설비의 위험점
- 위험요인별 방호장치

기출 키워드
위험점, 화학설비의 안전성 평가, 본질안전, 유해·위험 방지계획, 방호장치, 설비보전, MTTR, 욕조곡선, 고장률

제1절 기계공정의 특수성 분석

1. 설계도 검토

(1) 설계도
① 정의 : 기계나 장치를 만들 때 사용목적에 맞는 기구(機構), 구조, 치수, 재료 등을 결정하고, 이에 따라 그 개요를 그린 도면이다.
② 설계도 검토 제도 : 공사가 완료된 뒤에야 행정기관의 사용 전 검사를 받게 되고 검사결과가 불합격일 경우 재시공으로 인한 불합리한 낭비가 발생할 수 있다. 이를 사전에 막을 수 있도록 신축·증축 등 건축물 착공 전 설계단계에서 공사 설계도가 기술기준에 적합하게 설계되었는지 확인받는 제도이다.

(2) 장비사양서
① 기업에서 운영 및 생산에 필요한 장비를 구입할 경우, 구입한 장비는 기업의 재산으로 규정되며 그것은 공적사용을 목적으로 한다. 그렇기 때문에 기업에서 사용되는 모든 장비는 기업의 보유자산으로 규정하여 주기적으로 관리한다.
② 장비에 필요하거나 요구되는 사항들을 모아 문서로 정리한 것을 말하며, 주로 설계를 위한 기초자료나 조건이 된다.
③ 소요동력과 소요출력, 성능, 구조, 작동방식, 형상, 치수, 무게, 부속품, 설치면적 등을 기록해야 한다. 내용과 실제 간에 오차나 오류가 발생하지 않도록 정확하게 기재하도록 한다.

2. 파레토도, 특성요인도, 크로스도, 관리도

(1) 파레토도
사고 유형, 기인물 등 데이터를 분류하여 그 항목값이 큰 순서대로 정리하여 막대그래프로 나타내는 것이다.

> 예

[D회사의 근골격계 증상에 대한 빈도 분석]

증상종류	빈도
수근관증후군	2
팔꿈치터널증후군	1
드퀘르벵병	5
요통	75
견통	10
합계	93

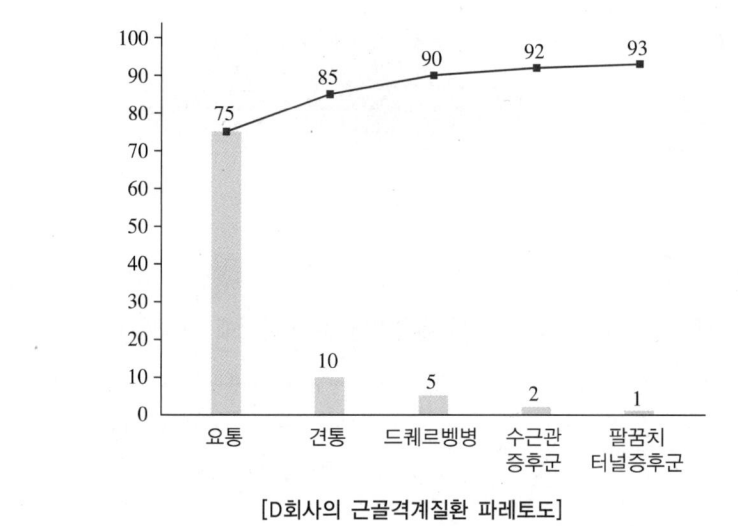

[D회사의 근골격계질환 파레토도]

+ 괄호문제

다음 괄호 안에 알맞은 내용을 쓰시오.
① 기계나 장치를 만들 때 사용 목적에 맞는 기구, 구조, 치수, 재료 등을 결정하고, 이에 따라 그 개요를 그린 도면을 ( )라고 한다.
② ( )는 사고 유형, 기인물 등 데이터를 분류하여 그 항목값이 큰 순서대로 정리하여 막대그래프로 나타낸다.

| 정답 |
① 설계도
② 파레토도

(2) 특성요인도
① 재해와 그 요인의 관계를 어골상으로 세분화하여 나타낸다.

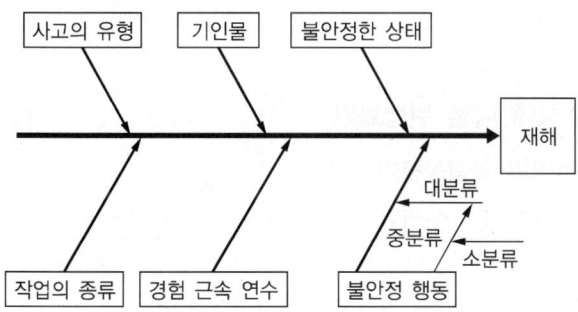

② 작성방법
㉠ 특성은 무엇에 대한 특성요인도를 작성할 것인가를 결정하고 기입한다.
㉡ 등뼈는 원칙적으로 좌측에서 우측으로 향하는 화살표이다.
㉢ 큰 뼈는 특성이 일어나는 요인이라고 생각되는 것을 크게 분류하여 기입한다.
㉣ 중 뼈는 특성이 일어나는 큰 뼈의 요인마다 미세하게 원인을 결정하여 기입한다.

확인! OX

다음은 설계도에 대한 설명이다. 옳으면 "O", 틀리면 "X"로 표시하시오.

1. 장비사양서는 장비에 필요하거나 요구되는 사항들을 모아 문서로 정리한 것을 말하며, 주로 설계를 위한 기초자료나 조건이 된다.
( )
2. 재해와 그 요인의 관계를 어골상으로 세분화하여 나타낸 것은 파레토도이다.
( )

정답 1. O 2. X

| 해설 |
2. 특성요인도에 대한 설명이다.

> **+ 괄호문제**
>
> 다음 괄호 안에 알맞은 내용을 쓰시오.
> ① 특성요인도에서 작은 뼈는 ( )을 기입한다.
> ② 위험성평가는 사업주의 주도하에 (㉠), 관리감독자, (㉡) 및 보건관리자, (㉢) 등이 주체가 되어 실시한다.
>
> | 정답 |
> ① 개선책
> ② ㉠ 안전보건관리책임자,
> ㉡ 안전관리자,
> ㉢ 대상 작업의 근로자

㉤ 작은 뼈는 개선책을 기입한다.
㉥ 원인을 확인한다.
㉦ 이력사항을 기입한다.
　　예 작성일, 작성자, 검토자, 대상제품, 작성목적 등

(3) 크로스(cross)도[클로즈(close) 분석]

두 가지 또는 두 개 항목 이상의 요인이 상호관계를 유지할 때 문제를 분석하는 데 사용된다.

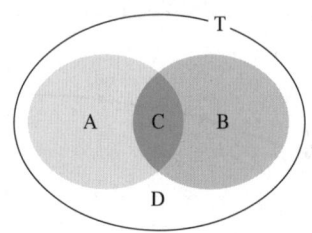

(4) 관리도

시간경과에 따른 재해발생 건수 등 대략적인 추이 파악에 사용된다.

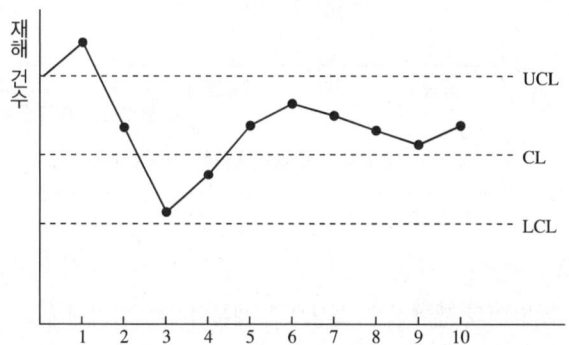

> **확인! OX**
>
> 다음은 크로스도에 대한 설명이다. 옳으면 "O", 틀리면 "X"로 표시하시오.
>
> 1. 크로스도는 시간경과에 따른 재해발생 건수 등 대략적인 추이 파악에 사용된다. ( )
> 2. 크로스도는 두 가지 또는 두 개 항목 이상의 요인이 상호관계를 유지할 때 문제를 분석하는 데 사용된다. ( )
>
> 정답 1. X 2. O
>
> | 해설 |
> 1. 관리도에 대한 설명이다.

3. 공정의 특수성에 따른 위험요인

(1) 산업안전보건법의 위험성평가

① 산업안전보건법 제36조(위험성평가의 실시)에 따르면 근로자의 작업행동 또는 그 밖의 업무로 인한 유해·위험요인을 찾아내어 부상 및 질병으로 이어질 수 있는 위험성의 크기가 허용 가능한 범위인지 평가해야 한다.
② 사업주의 주도하에 안전보건관리책임자, 관리감독자, 안전관리자 및 보건관리자, 대상 작업의 근로자 등이 주체가 되어 실시한다.
③ 1단계 '사전준비', 2단계 '유해·위험요인 파악', 3단계 '위험성 결정', 4단계 '위험성 감소대책 수립 및 실행', 5단계 '위험성평가의 공유', 6단계 '기록 및 보존'의 순서로 진행된다(사업장 위험성 평가에 관한 지침 제9조~제14조).

(2) 위험성 평가방법

① 위험성 수준 3단계 판단법
  ㉠ 3단계 판단법은 위험성 수준을 판단할 때 상·중·하 또는 저·중·고와 같이 세 가지 수준으로 구분하여 판단하는 방법이다.
  ㉡ 유해·위험요인별 등급을 매겼다면 등급이 사업장에서 허용 가능한 위험성 수준인지 그 여부를 결정한다.
  ㉢ 개선대책을 수립하고 시행해야 하며, 이때 위험성이 높은 유해·위험요인부터 조치해야 한다.

② 체크리스트법
  ㉠ 평가대상에 대해 미리 준비한 세부적 목록을 사용하는 방법이다.
  ㉡ 일반적으로 항목별 'O', 'X' 등으로 위험 여부를 판단한다.
  ㉢ 작업, 기계·기구 등에서 발생할 수 있는 위험을 파악하고 간단명료하게 비교할 수 있도록 질문형으로 목록을 작성한다.
  ㉣ 정확하게 위험성평가 체크리스트를 만드는 것이 중요하기에 법령이나 각종 지침을 꼼꼼하게 확인하여 여러 사람이 함께 작성한다.

③ 핵심요인 기술법(OPS ; One Point Sheet)
  ㉠ 국제노동기구(ILO ; International Labour Organization)에서 중·소규모 사업장의 위험성평가 방법으로 권고한 것으로 핵심 질문에 단계적인 답변을 통해 위험성을 평가한다.
  ㉡ 전등 교체, 부품 교체 등 유해·위험요인이 적고 간단한 작업에 대해서는 한 장으로 위험성평가 내용을 기록할 수 있다.
  ㉢ 대표적인 위험성 결정의 기록 예시로는 "어떤 유해·위험요인이 있나?"라는 질문에 먼저 답한 뒤 이러한 유해·위험요인과 관련하여 "누가 어떻게 피해를 입나?"라는 질문에 답한다. 그 뒤, "현재 시행 중인 조치는 무엇인가?" 그리고 "추가로 필요한 조치는?"이라는 질문에 차례로 답하는 방식의 진행이 있다.

④ 빈도·강도법
  ㉠ 위험성의 가능성을 나타내는 빈도(가능성)와 강도(중대성)를 곱셈이나 덧셈, 행렬 등의 방법을 통해 조합해 위험성의 수준을 산출하고 해당 수준의 허용 가능 여부를 판단하는 방법이다.
  ㉡ 온라인으로 지원하는 위험성평가 시스템(https://kras.kosha.or.kr)을 활용할 수 있다.

⑤ 그 밖의 평가방법(JSA, HAZOP, 4M을 활용한 빈도·강도법)
  ㉠ 작업안전분석(JSA ; Job Safety Analysis) : 작업을 단계별로 구분하여, 해당 단계별 유해·위험요인을 파악하고 이를 제거하기 위한 대책을 마련하는 방법이다.

+ 괄호문제

다음 괄호 안에 알맞은 내용을 쓰시오.
① 위험성평가 (　　)은 평가대상에 대해 미리 준비한 세부적 목록을 사용하는 방법이다.
② 국제노동기구에서 중·소규모 사업장의 위험성평가 방법으로 권고한 것으로 핵심 질문에 단계적인 답변을 통해 위험성을 평가하는 방법은 (　　)이다.

| 정답 |
① 체크리스트법
② 핵심요인 기술법

확인! OX

다음은 위험성 평가방법에 대한 설명이다. 옳으면 "O", 틀리면 "X"로 표시하시오.

1. 3단계 판단법은 위험성 수준을 판단할 때 상·중·하 또는 저·중·고와 같이 세 가지 수준으로 구분하여 판단하는 방법이다. (　　)
2. 위험성 수준 3단계 판단법은 개선대책을 수립하고 시행해야 하며, 이때 위험성이 높은 유해·위험요인부터 조치해야 한다. (　　)

정답 1. O 2. O

+ 괄호문제

다음 괄호 안에 알맞은 내용을 쓰시오.
① ( )은 작업 공정상의 위험요인들과 공정의 효율에 문제를 일으키는 운전상 문제를 파악하고 그 원인을 제거하는 방법이다.
② 4M을 응용한 빈도·강도법에서는 4M은 4가지 분야를 ( )으로 구분해 유해·위험요인을 파악하고 감소대책을 마련하는 방법이다.

| 정답 |
① 위험과 운전분석
② 기계적(Machine), 물질·환경적((Media), 인적(Man), 관리적(Management)

ⓒ 위험과 운전분석(HAZOP ; HAZard and OPerability) : 작업 공정상의 위험요인들과 공정의 효율에 문제를 일으키는 운전상 문제를 파악하고 그 원인을 제거하는 방법이다.

ⓒ 4M을 응용한 빈도·강도법 : 4M은 4가지 분야를 '기계적(Machine), 물질·환경적(Media), 인적(Man), 관리적(Management)'으로 구분해 유해·위험요인을 파악하고 감소대책을 마련하는 방법이다.

4. 설계도에 따른 안전지침

(1) 번호부여

기술지원규정에는 가이드 표시, 분야별 또는 세부분야별 분류기호, 일련번호, 발행연도의 순서로 번호를 부여한다.

KOSHA GUIDE	A	-	G	-	1	-	2024
(가이드 표시)	(분야별 분류기호)		(세부분야별 분류기호)		(일련번호)		(발행연도)

(2) 분야별 또는 업종별 분류기호

분야	세부분야
산업안전일반(A)	산업안전일반(G)
	리스크관리(R)
기계·전기안전(B)	기계안전(M)
	전기안전(E)
화학안전(C)	화학안전(C)
건설안전(D)	건설안전(C)
보건·위생(E)	산업보건일반(G)
	산업위생(H)
	산업의학(M)
	산업독성(T)

확인! OX

다음은 기술지침에 대한 설명이다. 옳으면 "O", 틀리면 "X"로 표시하시오.
1. 기술지원규정에는 가이드 표시, 분야별 또는 세부분야별 분류기호, 일련번호, 발행연도의 순서로 번호를 부여한다. ( )
2. 산업안전일반의 분류기호는 A이다. ( )

정답 1. O 2. O

5. 특수작업의 조건

(1) 특수작업

비정상작업을 할 때의 작업자세를 말하며, 수리작업 등 특수한 작업자세에 필요한 작업영역은 다음 그림과 같다.

[작업자세에 필요한 작업영역]

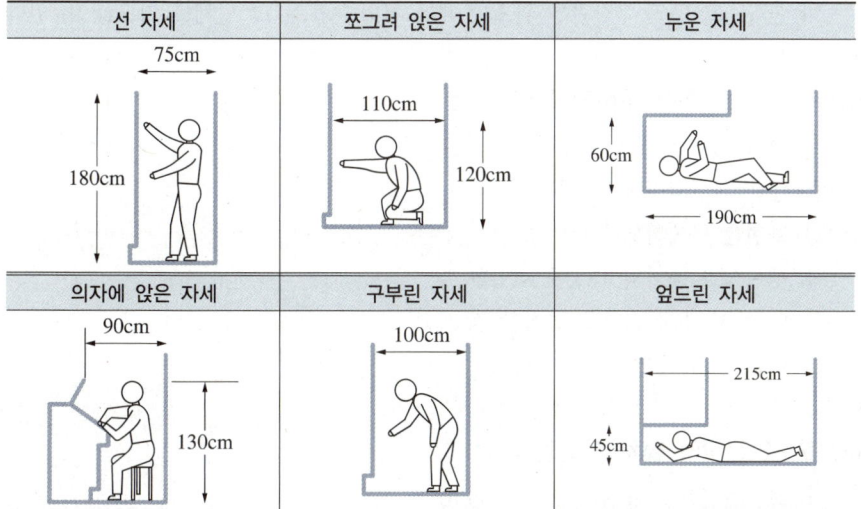

(2) 비정상작업

① 생산라인의 사정상 일상적으로 행하는 담당 작업 이외의 작업과 건설공사 등에서 일상적인 작업을 포함한 것을 말한다.
② 정상작업 이외의 작업이라고 할 수 있지만, 전문적으로 행하는 작업이라도 빈도나 주기, 또는 작업종류(보전이나 이상 시의 처치 등)도 포함된다.
③ 다양한 비정상작업을 요소작업이나 기본작업까지 분류해서 유형화하면 의외로 한정된 형으로 분류할 수 있어서 정상작업과 거의 유사한 작업분석을 실시할 수 있다.

작업의 형태		정의
정상작업		대체로 동일한 작업방법에 의해 일상적·반복적으로 행하는 작업(작업빈도는 10일에 약 1회 이상을 목표로 함)
비정상작업	계획적 비정상작업	반복적으로 행하지만 작업빈도가 적은 작업과 작업별로 작업방법이 다른 작업으로서 예정하여 행하는 작업(작업빈도는 10일에 약 1회 미만을 목표로 함)
	긴급작업	돌발적으로 발생하는 이상사태로서 바로 대처해야 하는 작업(바로 대처하지 않아도 되는 작업은 계획적 비정상작업이 됨)

+ 괄호문제

다음 괄호 안에 알맞은 내용을 쓰시오.
① 특수작업은 ( )을 할 때의 작업자세를 말하며, 수리작업 등 특수한 작업자세에 필요한 작업영역은 자세에 따라 다르다.
② 특수작업의 종류는 작업자세에 따라 선 자세, 쪼그려 앉은 자세, (㉠) 자세, 의자에 앉은 자세, (㉡) 자세, (㉢) 자세 등으로 구분할 수 있다.

| 정답 |
① 비정상작업
② ㉠ 누운, ㉡ 구부린, ㉢ 엎드린

확인! OX

다음은 비정상작업에 대한 설명이다. 옳으면 "O", 틀리면 "X"로 표시하시오.
1. 생산라인의 사정상 일상적으로 행하는 담당 작업 이외의 작업과 건설공사 등에서 일상적인 작업을 비정상작업이라 한다. ( )
2. 다양한 비정상작업을 요소작업이나 기본작업까지 분류해서 유형화하면 의외로 한정된 형으로 분류할 수 있어서 정상작업과 거의 유사한 작업분석을 실시할 수 있다. ( )

정답 1. O 2. O

6. 표준안전작업절차서

(1) 안전기술지침(安全技術指針, safety engineering guide)

생산작업의 종류에 의해 직장에는 기계, 폭발성물질, 전기, 열에너지 등에 의한 위험성이 존재하고 있으며, 산업재해를 방지하기 위해 강구해야 할 적절하고 유효한 조치가 필요한 업종 또는 방법별로 고용노동부장관이 공포(公布)하는 기술상의 표준을 안전기술지침이라 한다. 고용노동부장관은 필요할 때에 사업주 또는 그 단체를 지도할 수 있다.

(2) 작업안전표준이 구비해야 할 요건

① 작업의 표준 설정은 실정에 적합할 것
② 좋은 작업의 표준일 것
③ 표현은 구체적으로 나타낼 것
④ 생산성과 품질의 특성에 적합할 것
⑤ 이상 시 조치 기준을 설정할 것
⑥ 다른 규정 등에 위배되지 않을 것

(3) 표준안전작업 절차 사이클 파악

① 표준안전작업 방법을 정한다(plan).
② 표준안전작업 방법대로 일을 할 수 있도록 지도한다(do).
③ 표준안전작업 방법대로 작업을 실시한다(do).
④ 표준안전작업 방법대로 작업을 하고 있는지 체크한다(check).
⑤ 체크 결과, 표준안전작업 방법대로 실시되지 않으면 왜 그런지 그 원인을 알아내어 대책을 세운다(action).
⑥ 표준안전작업 방법을 더욱 좋은 방법으로 개선한다(feedback).

7. 공정도를 활용한 공정분석 기술

(1) 작업공정을 효율적으로 분석하기 위해 사용되는 도표 또는 차트

① 작업공정도(operation process chart) : 원재료부터 완제품이 포장될 때까지 일어나는 모든 작업과 검사를 제조과정 순서에 따라 도식적으로 표현한 공정도이다.
② 유통공정도(flow process chart) : 작업 중에 발생하는 작업, 운반, 검사, 저장, 지체 등을 공정흐름에 따라 나타낸 공정도로 주로 유통선도와 함께 사용된다. 운반거리, 정체, 일시 저장과 같은 잠복 비용을 찾아 개선하는 데 사용된다.
③ 유통선도(flow diagram) : 유통공정도에 사용되는 기호를 발생 위치에 따라 시설배치도상에 표시한 후 이를 선으로 연결한 차트이다. 유통선도는 시설배치 문제에 적용되어 운반 거리를 줄이고, 물류 흐름이 복잡한 곳을 파악하며 역류현상을 찾아 개선에 이용한다.

④ 다중활동분석표(multiple activity chart) : 여러 작업자가 같이 작업하거나 한 명의 작업자가 여러 대의 기계를 운용하는 작업장 혹은 부서에서 일어나는 작업을 분석하여 개선하는 데 사용된다. 다중활동분석표는 한 명의 작업자가 운용 가능한 기계대수 산정, 기계 혹은 작업자의 유휴시간 파악 및 단축, 그룹작업의 작업 현황을 파악하여 작업그룹 재편성 등에 사용된다.

⑤ 크로노사이클그래프(chronocyclegraph) : 연구대상인 신체부위에 꼬마전구 등의 광원을 부착한 후 광원을 일정 시간 간격으로 켰다 껐다 하면서 찍은 사진으로, 동작의 동작경로와 가속, 감속까지 관찰할 수 있다.

⑥ 사이클차트(SIMO chart) : 작업동작을 서블리그 단위로 나누어 분석하고 각 서블리그에 소요된 시간을 함께 표시한 미세동작 연구에 사용되는 공정도이다.

(2) 공정도(ASME) 사용 기호

공정분류	공정도시 기호	공정내용
가공(작업)	○	원재료 또는 부품을 가지고 작업하는 상태(물리적, 화학적 변화)
운반	⇨	재료, 부품, 제품 등이 한 장소에서 다른 장소로 이동하는 상태
정체	D	△ 원료, 재료 및 부분품의 저장
		▽ 제품 또는 반제품의 저장
		✡ 지체 또는 정체
		▽ 대기(수량 또는 로트 대기)
검사		□ 수량 검사(검수)
		◇ 품질 검사
	복합	◈ 품질 중심 수량 검사
		◇ 수량 중심 품질 검사

+ 괄호문제

다음 괄호 안에 알맞은 내용을 쓰시오.

① 작업장 시설의 재배치, 기자재 소통상 혼잡지역 파악, 공정과정 중 역류현상 점검 등에 가장 유용하게 사용할 수 있는 공정도는 ( )이다.
② ( )는 유통공정도에 사용되는 기호를 발생 위치에 따라 시설 배치도상에 표시한 후 이를 선으로 연결한 차트이다.

| 정답 |
①·② 유통선도

확인! OX

다음은 작업공정을 효율적으로 분석하기 위해 사용되는 도표 또는 차트에 대한 설명이다. 옳으면 "O", 틀리면 "X"로 표시하시오.

1. 유통공정도는 원재료부터 완제품이 포장될 때까지 일어나는 모든 작업과 검사를 제조과정 순서에 따라 도식적으로 표현한 공정도이다. ( )

2. 작업공정도는 작업 중에 발생하는 작업, 운반, 검사, 저장, 지체 등을 공정흐름에 따라 나타낸 공정도이다. ( )

정답 1. X 2. X

| 해설 |
1. 작업공정도에 대한 설명이다.
2. 유통공정도에 대한 설명이다.

제2절 기계의 위험 안전조건 분석

1. 기계의 위험요인

(1) 기계의 위험요인
① 기계는 운동하고 있는 작업점을 가지고 있으며, 작업점은 큰 힘을 가진다.
② 기계는 동력 전달 부분이 있으며, 다양한 운동형태를 지니고 있다.
③ 기계는 부품고장이 발생한다.

(2) 기계설비에서 발생하는 위험점 분류

구분	내역	그림
협착점	• 왕복 운동을 하는 동작 부분과 움직임이 없는 고정 부분 사이에서 형성되는 위험점 • 사업장의 기계 설비에서 많이 볼 수 있음 예 인쇄기, 프레스, 절단기, 성형기, 펀칭기	
끼임점	고정 부분과 회전하는 동작 부분이 함께 만드는 위험점 예 연삭숫돌과 작업받침대, 교반기의 날개와 하우스, 반복왕복 운동을 하는 기계 부분	
절단점	• 회전하는 운동 부분 자체 • 운동하는 기계의 돌출부에서 초래되는 위험점 예 밀링의 커터, 둥근톱의 톱날, 벨트의 이음새	
물림점	서로 반대방향으로 맞물려 회전하는 2개의 회전체에 물려 들어가 만들어지는 위험점 예 롤러와 기어	
접선 물림점	회전하는 부분의 접선방향으로 물려 들어갈 위험이 만들어지는 위험점 예 풀리와 브이벨트 사이, 피니언과 랙의 사이, 체인과 스프로킷 휠의 사이	
회전 말림점	회전하는 물체에 작업복, 머리카락 등이 말려드는 위험이 존재하는 위험점 예 회전하는 축, 커플링, 회전하는 공구	

+ 괄호문제

다음 괄호 안에 알맞은 내용을 쓰시오.

① 회전하는 부분의 접선방향으로 물려 들어갈 위험이 존재하는 점으로 주로 체인, 풀리, 벨트, 랙 등에서 형성되는 위험점은 (　　)이다.
② 왕복 운동을 하는 동작 부분과 움직임이 없는 고정 부분 사이에서 형성되는 위험점은 (　　)이며, 인쇄기, 프레스, 절단기, 성형기, 펀칭기 등 사업장의 기계 설비에서 많이 볼 수 있다.

| 정답 |
① 접선 물림점
② 협착점

확인! OX

다음은 기계설비에서 발생하는 위험점에 대한 설명이다. 옳으면 "O", 틀리면 "X"로 표시하시오.

1. 연삭숫돌과 작업받침대, 교반기의 날개와 하우스, 반복왕복 운동을 하는 기계 부분에 나타나는 위험점으로 고정 부분과 회전하는 동작 부분이 함께 만드는 위험점을 끼임점이라고 한다. (　)
2. 롤러와 기어 등과 같이 서로 반대방향으로 맞물려 회전하는 2개의 회전체에 물려 들어가 위험점이 만들어지는 것을 접선 물림점이라고 한다. (　)

정답 1. O 2. X

| 해설 |
2. 물림점에 대한 설명이다.

2. 본질적 안전

(1) 본질안전화
① 본질안전 방폭전기기계·기구에서 나온 용어이다.
② 폭발성의 분위기 중에서 사용되는 통신, 계측용 등의 전기기계·기구가 그 내부 혹은 배선 사이에 단락이나 단선 등이 발생하여도 외부 분위기에 착화되는 일이 없는 구조의 것을 말한다.
③ 본질안전화의 3원칙
　㉠ 안전 기능이 기계장치에 내장되어 있을 것(interlock)
　　• 안전프레스(안전장치 기능이 내장된 것)
　　• 교류아크용접기(자동 전격 방지기가 내장된 것)
　㉡ fool proof 기능을 가질 것
　㉢ fail safe 기능을 가질 것

(2) 기계설비의 근본적인 안전 확보를 위한 고려사항
① 외관의 안전화 : 노출된 위험부위의 커버 설치, 스위치의 명확한 색채 구분
② 기능의 안전화 : 전압 및 압력강하 시 자동 정지
③ 구조의 안전화
　㉠ 재료의 결함 : 가공 조건이나 사용 환경에 부적합한 재료의 사용
　㉡ 설계의 결함 : 강도 계산의 오류로 인한 결함이 있으며, 이를 예방하기 위해 적절한 안전계수를 도입하여야 한다.
　㉢ 가공 과정의 결함
　㉣ 사용상의 결함 : 온도, 습도, 설치방법, 조작방법 등
④ 작업의 안전화 : 가동장치들을 안전하게 배치하고 알맞은 밝기의 조명과 충분한 작업

3. 기계의 일반적인 안전사항과 안전조건

(1) 원동기·회전축 등의 위험 방지(산업안전보건기준에 관한 규칙 제87조)
① 기계의 원동기·회전축·기어·풀리·플라이휠·벨트 및 체인 등 근로자에게 위험에 처할 우려가 있는 부위에는 덮개·울·슬리브 및 건널다리 등을 설치하여야 한다.
② 회전축·기어·풀리 및 플라이휠 등에 부속되는 키·핀 등의 기계요소는 묻힘형으로 하거나 해당 부위에 덮개를 설치하여야 한다.
③ 벨트의 이음 부분에는 돌출된 고정구를 사용하여서는 아니 된다.
④ ①의 건널다리에는 안전난간 및 미끄러지지 아니하는 구조의 발판을 설치하여야 한다.

+ 괄호문제

다음 괄호 안에 알맞은 내용을 쓰시오.
① 본질안전화 3원칙 : (㉠)을 가질 것, (㉡)을 가질 것, (㉢)을 가질 것
② 산업안전보건기준에 관한 규칙에 따라 원동기·회전축 등의 위험 방지를 위하여 사업주는 회전축·기어·풀리 및 플라이휠 등에 부속되는 키·핀 등의 기계요소는 ( )으로 하거나 해당 부위에 덮개를 설치하여야 한다.

|정답|
① ㉠ interlock 기능,
　㉡ fool proof 기능,
　㉢ fail safe 기능
② 묻힘형

확인! OX

다음은 기계설비에 대한 본질적인 안전화 방안의 하나인 풀 프루프(fool proof)에 대한 설명이다. 옳으면 "O", 틀리면 "X"로 표시하시오.
1. 계기나 표시를 보기 쉽게 하거나 이른바 인체공학적 설계도 넓은 의미의 풀 프루프에 해당된다. (　)
2. 설비 및 기계장치 일부가 고장이 난 경우 기능의 저하는 가져오나 전체기능은 정지하지 않는다. (　)

|정답| 1. O 2. X

|해설|
2. fail safe에 대한 설명이다.

+ 괄호문제

다음 괄호 안에 알맞은 내용을 쓰시오.
① ( )는 기계가 한계를 벗어나 과도하게 작동하는 것을 제한하는 장치를 말한다.
② 리밋스위치의 종류에는 (㉠)장치, (㉡)장치, (㉢)장치, (㉣)장치가 있다.

| 정답 |
① 리밋스위치
② ㉠ 과부하방지, ㉡ 권과방지, ㉢ 과전류차단, ㉣ 압력제한

(2) 리밋스위치
① 기계가 한계를 벗어나 과도하게 작동하는 것을 제한하는 장치를 말한다.
② 과부하방지장치, 권과방지장치, 과전류차단장치, 압력제한장치

(3) 기계의 점검사항

정지상태에서 점검해야 할 사항	운전상태에서 점검해야 할 사항
• 주유 상태 • 개폐기의 이상 유무 • 방호장치의 이상 유무 • 동력 전달장치의 이상 유무 • 볼트, 너트의 풀림 유무 • 스위치 상태의 이상 유무	• 클러치 • 기어의 맞물림 상태 • 베어링의 온도 상승 유무 • 이상음 및 진동 상태 • 슬라이드면의 온도 상승 여부

(4) 기계설비 레이아웃(layout) 시 유의사항
① 작업 흐름에 따라 배치한다.
② 통로를 확보한다.
③ 장래의 확장을 고려하여 설계·배치한다.
④ 기계설비의 간격을 유지한다.
⑤ 유해·위험공정으로부터 작업자를 격리한다.
⑥ 운반작업을 기계 작업화한다.
⑦ 원재료, 제품저장소 등의 공간을 확보한다.

4. 유해, 위험 기계·기구의 종류, 기능과 작동원리

(1) 방호조치를 해야 하는 유해하거나 위험한 기계·기구

종류	방호장치	비고
예초기	날 접촉 예방장치	누구든지 동력으로 작동하는 기계·기구로서 다음의 어느 하나에 해당하는 것은 방호조치를 하지 아니하고는 양도·대여·설치 또는 사용에 제공하거나 양도·대여의 목적으로 진열해서는 아니 된다. • 작동 부분에 돌기 부분이 있는 것 • 동력전달 부분 또는 속도조절 부분이 있는 것 • 회전기계에 물체 등이 말려 들어갈 부분이 있는 것
원심기	회전체 접촉 예방장치	
공기압축기	압력방출장치	
금속절단기	날 접촉 예방장치	
지게차	헤드가드, 백레스트(backrest), 전조등, 후미등, 안전벨트	
포장기계 (진공포장기, 래핑기로 한정)	구동부 방호 연동장치	

※ 산업안전보건법 제80조, 시행규칙 제98조

확인! OX

다음은 기계의 점검사항에 대한 설명이다. 옳으면 "O", 틀리면 "X"로 표시하시오.
1. 주유 상태, 개폐기의 이상 유무, 방호장치의 이상 유무 등은 운전상태에서 점검해야 한다. ( )
2. 클러치, 기어의 맞물림 상태, 베어링의 온도 상승 유무 등은 운전상태에서 점검해야 한다. ( )

정답 1. X 2. O

| 해설 |
1. 정지상태에서 점검해야 한다.

(2) 유해, 위험 기계·기구의 방호장치와 기능 및 작동원리

기계·기구명	방호장치	기능 및 작동원리
프레스·전단기	광전자식 안전장치 등 방호장치	• 프레스 : 금형을 사이에 두고 금속 또는 비금속 물질을 압축·전단 또는 조형하는 데 사용하는 기계 • 전단기 : 원재료를 전단하기 위해 사용하는 기계
아세틸렌 또는 가스집합용접장치	안전기	산소 및 가연성 가스의 용기의 다수를 결합시킨 뒤 배관으로 작업현장에 가스를 공급하도록 하는 용접장치
폭발 가능성이 있는 장소에서의 전기기계·기구	방폭용 전기기계·기구	대기 중에서 폭발이나 발화를 할 충분한 양의 가연성 혼합기가 존재하는 장소에서 전기기계·기구
교류아크용접기	자동전격방지기	교류 전류를 사용하여 현장에서 용접이 가능한 아크용접기
크레인, 승강기, 곤돌라, 리프트	과부하방지장치	• 크레인 : 동력을 사용하여 중량물을 매달아 상하 및 좌우(수평 또는 선회)로 운반하는 것을 목적으로 하는 기계장치 • 승강기 : 건축물이나 고정된 시설물에 설치되어 일정한 경로에 따라 사람이나 화물을 승강장으로 옮기는 데 사용되는 설비 • 곤돌라 : 달기발판 또는 운반구, 승강장치, 그 밖의 장치 및 이들에 부속된 기계부품에 의하여 구성되고, 와이어로프 또는 달기강선에 의하여 달기발판 또는 운반구가 전용 승강장치에 의하여 오르내리는 설비 • 리프트 : 동력을 사용하여 사람이나 화물을 운반하는 것을 목적으로 하는 기계설비
압력용기	압력방출장치	내부에 대기압을 초과하는 압력의 기체 또는 액체를 보유하는 용기
보일러	압력방출장치 및 압력제한스위치	강철제 용기 내의 물에 연료의 연소열을 전하여 필요한 증기를 발생시키는 장치
롤러기	급정지장치	2개 이상의 롤러를 한 조로 해서 각각 반대방향으로 회전하면서 가공재료를 롤러 사이로 통과시켜 롤러의 압력에 의하여 소성변형 또는 연화시키는 기계
연삭기	덮개	가공물을 소요치수로 가공하기 위하여 연삭숫돌을 고속회전시켜 가공물 표면을 절삭가공하는 기계
목재가공용 둥근톱	반발 예방장치 및 날 접촉 예방장치	지름 300~400mm 강철 원판의 둘레에 톱니를 만들어 이것을 회전체에 부착 후 고속으로 회전시켜 목재가공작업을 하는 설비
동력식 수동대패	칼날 접촉 예방장치	가공물을 고정시키는 두 개의 테이블 사이에 수평으로 설치되어 회전하는 커터블록(cutter block)을 이용하여 목재 또는 이와 유사한 재질의 표면을 매끄럽게 깎아서 가공하는 기계
산업용 로봇	안전매트 또는 방호울	자동제어에 의한 머니퓰레이터의 조작 또는 이동 기능을 갖고, 각종 작업을 프로그램에 의하여 실행할 수 있고 산업에 사용되는 기계

+ 괄호문제

다음 괄호 안에 알맞은 내용을 쓰시오.
① ( )는 금형을 사이에 두고 금속 또는 비금속 물질을 압축·전단 또는 조형하는 데 사용하는 기계를 말한다.
② 압력용기의 방호장치는 (㉠)이고, 롤러기의 방호장치는 (㉡)이다.

| 정답 |
① 프레스
② ㉠ 압력방출장치,
㉡ 급정지장치

확인! OX

다음은 유해, 위험 기계·기구에 대한 설명이다. 옳으면 "O", 틀리면 "X"로 표시하시오.

1. 곤돌라는 동력을 사용하여 중량물을 매달아 상하 및 좌우로 운반하는 것을 목적으로 하는 기계장치이다. ( )
2. 연삭기의 방호장치는 덮개이다. ( )

정답 1. X 2. O

| 해설 |
1. 크레인에 대한 설명이다.

5. 기계 방호장치

(1) 방호장치의 분류

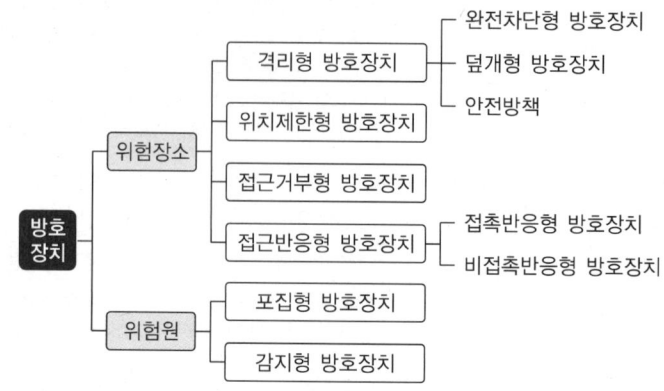

① 위험장소에 따른 분류

격리형 방호장치	위험한 작업점과 작업자 사이에 서로 접근되어 일어날 수 있는 재해를 방지하기 위해 차단벽이나 망을 설치하는 방호장치 예 완전차단형 방호장치, 덮개형 방호장치, 안전방책 등
위치제한형 방호장치	작업자의 신체부위가 위험한계 밖에 있도록 기계의 조작장치를 위험한 작업점에서 안전거리 이상 떨어지게 하거나, 조작장치를 양손으로 동시조작하게 함으로써 위험한계에 접근하는 것을 제한하는 방호장치 예 프레스의 양수조작식 방호장치
접근거부형 방호장치	작업자의 신체부위가 위험한계 내로 접근하였을 때 기계적인 작용에 의하여 접근을 못 하도록 저지하는 방호장치 예 프레스의 수인식, 손 쳐내기식 방호장치
접근반응형 방호장치	작업자의 신체부위가 위험한계 또는 그 인접한 거리 내로 들어오면 이를 감지하여 그 즉시 기계의 동작을 정지시키고 경보 등을 발하는 방호장치 예 프레스의 광전자식 방호장치

② 위험원에 따른 분류

포집형 방호장치	위험장소에 설치하여 위험원이 비산하거나 튀는 것을 포집하여 작업자로부터 위험원을 차단하는 방호장치 예 목재가공용 둥근톱의 반발예방장치, 연삭기의 덮개 등
감지형 방호장치	이상온도, 이상기압, 과부하 등 기계의 부하가 안전 한계치를 초과하는 경우 이를 감지하고 자동으로 안전상태가 되도록 조정하거나 기계의 작동을 중지시키는 방호장치

(2) 유해하거나 위험한 기계·기구에 대한 방호조치

① '방호조치'란 위험기계·기구의 위험장소 또는 부위에 근로자가 통상적인 방법으로는 접근하지 못하도록 하는 제한조치를 말하며, 방호망, 방책, 덮개 또는 각종 방호장치 등을 설치하는 것을 포함한다.
② 누구든지 동력(動力)으로 작동하는 기계·기구로서 대통령령으로 정하는 것은 고용노동부령으로 정하는 유해·위험 방지를 위한 방호조치를 하지 아니하고는 양도, 대여, 설치 또는 사용에 제공하거나 양도·대여의 목적으로 진열해서는 아니 된다(산업안전보건법 제80조).

※ 방호조치를 하지 아니하고는 양도・대여・설치 또는 사용에 제공하거나 양도・대여의 목적으로 진열해서는 아니 되는 기계・기구 : 예초기, 원심기, 공기압축기, 금속절단기, 지게차, 포장기계(진공포장기, 랩핑기로 한정)

③ 누구든지 동력으로 작동하는 기계・기구로서 다음 어느 하나에 해당하는 것은 고용노동부령으로 정하는 방호조치를 하지 아니하고는 양도, 대여, 설치 또는 사용에 제공하거나 양도・대여의 목적으로 진열해서는 아니 된다(산업안전보건법 제80조).
  ㉠ 작동 부분에 돌기 부분이 있는 것
  ㉡ 동력전달 부분 또는 속도 조절 부분이 있는 것
  ㉢ 회전기계에 물체 등이 말려 들어갈 부분이 있는 것

④ 대여자 등이 안전조치 등을 해야 하는 기계・기구・설비 및 건축물(산업안전보건법 시행령 제71조)

- 사무실 및 공장용 건축물
- 타워크레인
- 모터그레이더
- 스크레이퍼
- 파워 셔블
- 클램셸
- 트렌치
- 항발기
- 천공기
- 페이퍼드레인머신
- 지게차
- 콘크리트 펌프
- 이동식 크레인
- 불도저
- 로더
- 스크레이퍼 도저
- 드래그라인
- 버킷굴삭기
- 항타기
- 어스드릴
- 어스오거
- 리프트
- 롤러기
- 고소작업대
- 그 밖에 산업재해 보상보험 및 예방심의위원회 심의를 거쳐 고용노동부장관이 정하여 고시하는 기계, 기구, 설비 및 건축물 등

⑤ 사업주는 방호조치가 정상적인 기능을 발휘할 수 있도록 방호조치와 관련되는 장치를 상시적으로 점검하고 정비하여야 한다(산업안전보건법 제80조).

⑥ 사업주와 근로자는 방호조치를 해체하려는 경우 등의 경우에는 다음의 필요한 안전조치 및 보건조치를 하여야 한다(산업안전보건법 제80조).
  ㉠ 방호조치를 해체하려는 경우 : 사업주의 허가를 받아 해체할 것
  ㉡ 방호조치 해체 사유가 소멸된 경우 : 방호조치를 지체 없이 원상 회복시킬 것
  ㉢ 방호조치의 기능이 상실된 것을 발견한 경우 : 지체 없이 사업주에게 신고할 것

+ 괄호문제

다음 괄호 안에 알맞은 내용을 쓰시오.

작동 부분에 (㉠) 부분이 있는 것, 동력전달 부분 또는 (㉡) 부분이 있는 것, (㉢)에 물체 등이 말려 들어갈 부분이 있는 것 중 하나에 해당하는 것은 방호조치를 하지 아니하고는 양도, 대여, 설치 또는 사용에 제공하거나 양도・대여의 목적으로 진열해서는 아니 된다.

| 정답 |
㉠ 돌기, ㉡ 속도 조절, ㉢ 회전기계

확인! OX

다음은 방호조치에 대한 설명이다. 옳으면 "O", 틀리면 "X"로 표시하시오.

1. 방호조치를 하지 아니하고 양도・대여의 목적으로 진열해서는 아니 되는 기계・기구에는 예초기, 원심기, 공기압축기, 금속절단기, 지게차, 포장기계(진공포장기, 랩핑기로 한정) 등이 있다. ( )

2. 사무실 및 공장용 건축물, 트렌치, 어스오거 등은 유해・위험 방지를 위하여 대여자 등이 안전조치를 하지 않아도 사용이 가능하다. ( )

정답 1. O 2. X

| 해설 |
2. 안전조치를 하여야 한다.

6. 설비보전의 개념

(1) 설비관리의 정의

기업의 생산성을 높이기 위하여 설비의 조사, 계획, 설계, 구축, 운전, 유지·보전의 설비의 생애(life-cycle)를 통하여 설비의 기능 및 신뢰성을 향상하기 위한 제반 활동을 말한다.

(2) 설비의 운전 및 유지관리

① MTBF(평균 고장간격, Mean Time Between Failures) : 수리 가능한 제품에서 고장~다음 고장까지 시간의 평균치(신뢰도)를 말한다.

[고장률과 신뢰도]

고장률	고장률(λ) = $\dfrac{고장건수}{총가동시간}$ (건/시간)
MTBF(평균 고장시간)	$MTBF = \dfrac{1}{고장률(\lambda)}$ (시간)
신뢰도(고장 나지 않을 확률)	$R(t) = e^{-\frac{t}{t_0}} = e^{-\lambda \times t}$ 여기서, t_0 : 평균 고장시간 또는 평균 수명 t : 앞으로 고장 없이 사용할 시간 λ : 고장률
불신뢰도(고장 날 확률)	1 - 신뢰도

② MTTF(고장까지의 평균시간, Mean Time To Failure) : 수리 불가능한 제품에서 처음 고장 날 때까지의 시간(평균수명)을 말한다.

[계의 수명]

직렬계의 수명	$MTTF(MTBF) \times \dfrac{1}{요소\ 개수(n)}$
병렬계의 수명	$MTTF(MTBF) \times \left(1 + \dfrac{1}{2} + \dfrac{1}{3} + \cdots + \dfrac{1}{n}\right)$ 여기서, n : 요소의 개수

③ MTTR(Mean Time To Repair) : 평균 수리에 소요되는 시간을 말한다.

[MTTR과 설비가동률]

직렬계의 수명	$MTTR = \dfrac{수리시간\ 합계}{수리\ 횟수}$ (시간)
병렬계의 수명	설비가동률 = $\dfrac{MTBF}{MTBF + MTTR} = \dfrac{\frac{1}{\lambda}}{\frac{1}{\lambda} + \frac{1}{\mu}}$ 여기서, λ : 고장률 μ : 수리율

+ 괄호문제

다음 괄호 안에 알맞은 내용을 쓰시오.
① (　　)은 수리 가능한 제품에서 고장~다음 고장까지 시간의 평균치를 말한다.
② (　　)은 고장건수를 총가동시간으로 나누어 구하며, 시간당 발생건수를 나타낸다.

| 정답 |
① 평균 고장간격(MTBF)
② 고장률

확인! OX

다음은 설비보전에 대한 설명이다. 옳으면 "O", 틀리면 "X"로 표시하시오.

1. MTTF는 수리 불가능한 제품에서 처음 고장 날 때까지의 시간(평균수명)을 말한다. (　)
2. MTBF는 평균 수리에 소요되는 시간을 말한다. (　)

정답 1. O 2. X

| 해설 |
2. MTTR에 대한 설명이다.

(3) 기계설비 고장 유형

욕조곡선 : 예방보전을 하지 않았을 때의 시간에 따른 고장률 곡선은 욕조 모양과 비슷하게 나타난다.

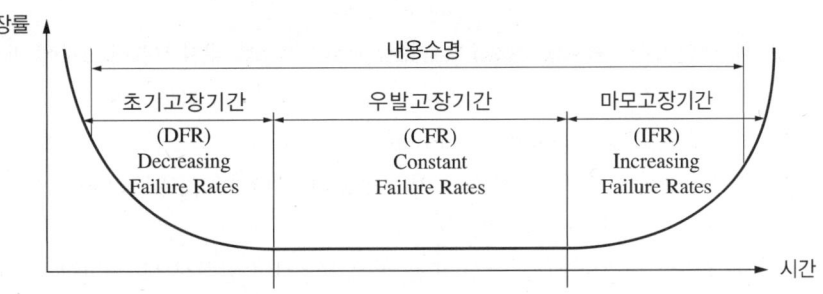

[기계의 고장률(욕조곡선, bathtub curve)]

① 초기고장
  ㉠ 설비 등 사용 개시 후의 비교적 빠른 시기에 설계, 제작, 조립상의 결함, 사용환경과의 부적합 등에 의해서 발생하는 고장이다.
  ㉡ 대책 : 적절한 번인 기간을 설정하여 고장을 발견하고 디버깅을 행하여 제거한다.
    • 디버깅(debugging) 기간 : 결함을 찾아내어 고장률을 안정시키는 기간
    • 번인(burn-in) 기간 : 장시간 움직여 보고 그동안에 고장 난 것을 제거하는 기간

② 우발고장
  ㉠ 초기고장 기간과 마모고장 기간 사이에 우발적으로 발생하는 고장이다. 돌발형 고장이라 시간의 의존성이 없고, 전적으로 우발적이기 때문에 언제 다음 고장이 일어날지 예측할 수 없게 일어나며, 평균적으로 동일비율로 발생한다.
  ㉡ 대책 : 정상운전 중의 고장에 대해 사후보전(BM ; Breakdown Maintenance)을 실시한다.

③ 마모고장
  ㉠ 구성부품 등의 피로, 마모, 노화현상 등에 의해 발생하며 시간의 경과와 함께 고장률이 급격히 커진다.
  ㉡ 대책 : 노화에 따른 마모고장의 경우 예방보전(PM)을 통해 고장률을 감소시킨다.

(4) 보전성 공학

① 예방보전(PM ; Preventive Maintenance) : 시스템 또는 부품의 사용 중 고장 또는 정지와 같은 사고를 미리 방지하거나, 품목을 사용 가능 상태로 유지하기 위하여 계획적으로 하는 보전활동이다.
  ㉠ 정기보전
    • 적정 주기를 정하고 주기에 따라 수리, 교환 등을 행하는 활동이다.
    • 시간기준보전(TBM ; Time Based Maintenance) : 설비의 열화에 따른 수리주기를 정하고 그 주기에 맞추어 수리를 실시한다.

+ 괄호문제

다음 괄호 안에 알맞은 내용을 쓰시오.
① 설비보전 정보와 신기술을 기초로 신뢰성, 조작성, 보전성, 안전성, 경제성 등이 우수한 설비의 선정, 조달 또는 설계를 통하여 궁극적으로 설비의 설계, 제작 단계에서 보전활동이 불필요한 체제를 목표로 한 보전활동을 (   )이라고 한다.
② (   )은 설비의 열화를 방지하고 그 진행을 지연시켜 수명을 연장하기 위해 매일 설비의 점검, 청소, 주유 및 교체 등을 행하는 보전활동이다.

| 정답 |
① 보전예방
② 일상보전

　　ⓒ 예지보전
　　　• 설비의 열화 상태를 알아보기 위한 점검이나 점검에 따른 수리 활동이다.
　　　• 상태기준보전(CBM ; Condition Based Maintenance) : 설비의 열화상태가 미리 정한 기준에 도달하면 수리를 행한다.
② 사후보전(BM ; Break-down Maintenance) : 시스템 내지 부품이 고장에 의해 정지 또는 유해한 성능 저하를 초래한 뒤 수리를 하는 보전활동이다.
③ 보전예방(MP ; Maintenance Prevention)
　　㉠ 신규설비의 계획과 건설을 할 때 보전정보나 새로운 기술을 도입하여 열화 손실을 적게 하는 보전활동이다.
　　ⓒ 우수한 설비의 선정, 조달 또는 설계를 통하여 궁극적으로 설비의 설계, 제작 단계에서 보전활동이 불필요한 체제를 목표로 한 보전활동이다.
④ 개량보전(CM ; Corrective Maintenance) : 설비의 신뢰성, 보전성, 경제성, 조작성, 안전성, 에너지 절약, 유용성 등의 향상을 목적으로 설비의 재질이나 형상의 개량, 설계변경 등을 행하는 보전활동이다.
⑤ 일상보전(RM ; Routine Maintenance) : 설비의 열화를 방지하고 그 진행을 지연시켜 수명을 연장하기 위해 매일 설비 점검, 청소, 주유 및 교체 등을 행하는 보전활동이다.
⑥ 생산보전(PM ; Production Maintenance) : 미국의 GE사가 처음으로 사용한 보전으로 설계에서 폐기에 이르기까지 기계설비의 전 과정에서 소요되는 설비의 열화 손실과 보전 비용을 최소화하여 생산성을 향상시키는 보전활동이다.
⑦ 보전성 설계의 고려사항
　　㉠ 고장이나 결함이 발생한 부분에 접근이 좋을 것
　　ⓒ 고장이나 결함의 징조를 쉽게 검출할 수 있을 것
　　ⓒ 고장, 결함부품 및 재료의 교환이 신속하고 쉬울 것

확인! OX

다음은 보전성 공학에 대한 설명이다. 옳으면 "O", 틀리면 "X"로 표시하시오.
1. 적정 주기를 정하고 주기에 따라 수리, 교환 등을 행하는 활동을 예지보전이라고 한다.　(   )
2. 설비의 신뢰성, 보전성, 경제성, 조작성, 안전성, 에너지 절약, 유용성 등의 향상을 목적으로 설비의 재질이나 형상의 개량, 설계변경 등을 행하는 보전활동을 개량보전이라고 한다. (   )

정답 1. X　2. O

| 해설 |
1. 정기보전에 대한 설명이다.

CHAPTER 02 기계분야 산업재해 조사 및 관리

PART 03. 기계·기구 및 설비 안전 관리

출제율 2%

출제포인트
- 산재분류, 통계분석을 활용한 산업재해통계 산출
- 사고예방을 위한 안전점검, 안전검사, 안전진단 활동

제1절 재해조사

기출 키워드
재해조사, 산업재해, 산재분류, 연천인율, 도수율, 강도율, 안전점검, 안전검사, 안전진단

1. 재해조사의 목적 및 유의사항

(1) 목적
① 재해발생 원인 및 결함 규명
② 재해예방 자료 수집
③ 가장 적절한 예방대책을 찾아내어 동종 재해 및 유사 재해 재발 방지

(2) 유의사항
① 사실을 수집한다.
② 목격자 등이 증언하는 사실 이외의 추측의 말은 참고만 한다.
③ 조사는 신속하게 행하고 긴급조치를 하여 2차 재해의 방지를 도모한다.
④ 사람, 기계설비, 환경의 측면에서 재해요인을 모두 도출한다.
⑤ 객관적인 입장에서 공정하게 조사하며, 조사는 2인 이상이 한다.
⑥ 책임추궁보다 재발 방지를 우선하는 기본 태도를 갖는다.

2. 재해발생 시 조치사항

(1) 산업재해 발생 은폐 금지 및 보고(산업안전보건법 제57조)
① 사업주는 산업재해가 발생하였을 때는 그 발생 사실을 은폐해서는 아니 된다.
② 사업주는 고용노동부령으로 정하는 산업재해에 대해서는 그 발생 개요·원인 및 보고 시기, 재발방지 계획 등을 고용노동부령으로 정하는 바에 따라 고용노동부장관에게 보고하여야 한다(시행규칙 제73조).
  ㉠ 사업주는 산업재해로 사망자가 발생, 3일 이상의 휴업이 필요한 부상을 입거나 질병에 걸린 사람이 발생할 경우 해당 산업재해가 발생한 날부터 1개월 이내에 산업재해조사표를 작성하여 관할 지방고용노동관서장에게 제출해야 한다.

+ 괄호문제

다음 괄호 안에 알맞은 내용을 쓰시오.

① 재해조사의 목적은 산업재해에 대한 원인을 분명하게 함으로써 가장 적절한 (㉠)을 찾아내어 (㉡) 또는 유사 재해를 미연에 방지하기 위함이다.

② 사업주는 산업재해로 사망자가 발생, (㉠)일 이상의 휴업이 필요한 부상을 입거나 질병에 걸린 사람이 발생할 경우 해당 산업재해가 발생한 날부터 (㉡)개월 이내에 산업재해조사표를 작성하여 (㉢)에게 제출해야 한다.

| 정답 |
① ㉠ 예방대책, ㉡ 동종 재해
② ㉠ 3, ㉡ 1,
  ㉢ 관할 지방고용노동관서장

㉡ 사업주는 ㉠에 따른 산업재해조사표에 근로자대표의 확인을 받아야 하며, 그 기재 내용에 대하여 근로자대표의 이견이 있는 경우에는 그 내용을 첨부하여야 한다. 다만, 근로자대표가 없는 경우에는 재해자 본인의 확인을 받아 산업재해조사표를 제출할 수 있다.

③ 사업주는 산업재해가 발생한 때에는 다음의 사항을 기록·보존하여야 한다(시행규칙 제72조).
  ㉠ 사업장의 개요 및 근로자의 인적사항
  ㉡ 재해 발생의 일시 및 장소, 원인 및 과정
  ㉢ 재해 재발방지 계획

(2) 중대재해 발생 시 사업주의 조치(산업안전보건법 제54조)

① 사업주는 중대재해가 발생하였을 때는 즉시 해당 작업을 중지시키고 근로자를 작업장소에서 대피시키는 등 안전 및 보건에 관하여 필요한 조치를 하여야 한다.

② 사업주는 중대재해가 발생한 사실을 알게 된 경우에는 ③에 따라 지체 없이 고용노동부장관에게 보고하여야 한다. 다만, 천재지변 등 부득이한 사유가 발생한 경우에는 그 사유가 소멸되면 지체 없이 보고하여야 한다.

③ 사업주는 중대재해가 발생한 때는 지체 없이 다음의 사항을 사업장 소재지를 관할하는 지방고용노동관서의 장에게 전화·팩스, 또는 그 밖에 적절한 방법으로 보고하여야 한다.
  ㉠ 발생 개요 및 피해 상황
  ㉡ 조치 및 전망
  ㉢ 그 밖의 중요한 사항

확인! OX

다음은 재해에 대한 설명이다. 옳으면 "O", 틀리면 "X"로 표시하시오.

1. 사업주는 중대재해가 발생한 사실을 알게 된 경우에는 45일 이내에 고용노동부장관에게 보고하여야 한다. ( )

2. 재해의 원인분석에서 위험장소 접근, 안전장치의 기능 제거, 복장, 보호구의 잘못 사용은 물적원인에 해당한다. ( )

| 정답 | 1. X 2. X

| 해설 |
1. 지체 없이 보고하여야 한다.
2. 인적원인에 해당한다.

3. 재해의 원인분석 및 조사기법

(1) 직접원인

① 인적원인(불안전한 행동)
  ㉠ 위험장소 접근
  ㉡ 안전장치의 기능 제거
  ㉢ 복장, 보호구의 잘못 사용
  ㉣ 기계·기구 잘못 사용
  ㉤ 운전 중인 기계장치의 손질
  ㉥ 불안전한 속도 조작
  ㉦ 위험물 취급 부주의
  ㉧ 불안전한 상태 방치
  ㉨ 불안전한 자세·동작
  ㉩ 감독 및 연락 불충분

② 물적원인(불안전한 상태)
　㉠ 물질 자체의 결함
　㉡ 안전 방호장치의 결함
　㉢ 복장, 보호구의 결함
　㉣ 물의 배치 및 작업장소 불량
　㉤ 작업환경의 결함
　㉥ 생산공정의 결함
　㉦ 경계표시, 설비의 결함

(2) 간접원인
① 기술적 원인
　㉠ 건물 기계장치 설계 불량
　㉡ 생산방법의 부적당
　㉢ 구조 재료의 부적합
　㉣ 점검정비 보존 불량
② 교육적 원인
　㉠ 안전지식의 부족
　㉡ 경험훈련의 부족
　㉢ 유해·위험 작업의 교육 불충분
　㉣ 안전수칙의 오해
　㉤ 작업방법 교육 불충분
③ 신체적 원인 : 고령, 신체기능 저하 등
④ 정신적 원인 : 스트레스, 직장 내 인간관계 등
⑤ 작업관리상 원인
　㉠ 안전관리 조직 결함
　㉡ 작업준비 불충분
　㉢ 작업지시 부적당
　㉣ 안전수칙 미제정
　㉤ 인원배치 부적당

(3) 산업재해 발생 형태
① 단순자극형(집중형) : 상호 자극에 의하여 순간적으로 재해가 발생하는 유형으로 재해가 일어난 장소나 그 시기에 일시적으로 요인이 집중한다는 유형이다.
② 연쇄형 : 하나의 사고 요인이 또 다른 요인을 발생시키면서 재해가 발생하는 유형이다.
③ 복합형 : 단순자극형과 연쇄형이 복합된 유형이다.

+ 괄호문제

다음 괄호 안에 알맞은 내용을 쓰시오.
① 산업재해 발생 형태 중 상호 자극에 의하여 순간적으로 재해가 발생하는 유행으로 재해가 일어난 장소나 그 시기에 일시적으로 요인이 집중한다는 유형은 (　)이다.
② 산업재해 발생 형태 중 하나의 사고 요인이 또 다른 요인을 발생시키면서 재해가 발생하는 유형은 (　)이다.

| 정답 |
① 단순자극형(집중형)
② 연쇄형

확인! OX

다음은 재해 원인분석에 대한 설명이다. 옳으면 "O", 틀리면 "X"로 표시하시오.
1. 보호구를 올바른 방식으로 착용하지 않고 사용하는 과정에서 사고가 발생하였을 경우에는 사고원인을 물적원인(불안전한 상태)로 분류한다. (　)
2. 안전지식의 부족, 경험훈련의 부족은 작업관리상 원인으로 분류한다. (　)

정답 1. X　2. X

| 해설 |
1. 인적원인(불안전한 행동)으로 분류한다.
2. 교육적 원인으로 분류한다.

+ 괄호문제

다음 괄호 안에 알맞은 내용을 쓰시오.

① 산업재해 예방의 4원칙 중 '재해는 원칙적으로 원인만 제거하면 예방이 가능하다'고 하는 것은 (㉠)의 원칙이며, '사고의 결과, 생기는 상해의 종류나 정도는 사고발생 시 사고대상의 조건에 따라 우연히 발생한다'고 하는 것은 (㉡)의 원칙이다.
② 산업재해 예방의 4원칙 중 '사고의 원인에 대한 가장 적합한 대책이 선정되어야 한다'는 것은 (㉠)의 원칙이며, '재해는 직접원인과 간접원인이 연계되어 일어난다'는 것은 (㉡)의 원칙이다.

| 정답 |
① ㉠ 예방가능, ㉡ 손실우연
② ㉠ 대책선정, ㉡ 원인연계

(4) 산업재해 예방의 4원칙

① 예방가능의 원칙 : 재해는 원칙적으로 원인만 제거하면 예방이 가능하다.
② 손실우연의 원칙 : 사고의 결과, 생기는 상해의 종류나 정도는 사고발생 시 사고대상의 조건에 따라 우연히 발생한다.
③ 대책선정의 원칙 : 사고의 원인에 대한 가장 적합한 대책이 선정되어야 한다.
④ 원인연계의 원칙 : 재해는 직접원인과 간접원인이 연계되어 일어난다.

더 알아보기

산업재해의 기본원인 4가지

man(사람)	• 심리적 원인 : 망각, 생각(고민, 걱정, 염려 등), 무의식 행동, 위험감각, 생략행위, 억측판단, 착오, 착각 등 • 생리적 원인 : 피로, 수면부족, 신체기능, 질병 등 • 직장적 원인 : 직장에서의 인간관계, 의사소통, 통솔력 등
machine(설비)	• 기계, 설비의 설계상의 결함 • 위험방호의 불량 • 개인보호장구의 근원적인 결함 • 점검 불량
media(작업)	• 작업정보의 부적절 • 작업자세, 작업동작의 결함 • 작업공간의 불량 • 작업환경조건의 불량
management(관리)	• 안전관리조직의 결함 • 안전관리규정의 불비 • 안전관리계획의 미수립 • 안전교육·훈련의 부족 • 적정배치의 부적절 • 건강관리의 불량 • 부하에 대한 지도·감독의 부족

확인! OX

다음은 인명손상에 대한 설명이다. 옳으면 "O", 틀리면 "X"로 표시하시오.

1. 사망까지는 초래하지 않으나 입원할 정도의 상해가 일어나는 주요재해를 중대사고라 한다. ( )
2. 상해 없이 재산피해만 일어나는 사고를 경미사고라고 한다. ( )

| 정답 | 1. O 2. X

| 해설 |
2. 무상해사고에 대한 설명이다.

제2절 산재분류 및 통계 분석

1. 산재분류의 이해

(1) 인명손상 중심

① 사망사고(fatal accident)
② 상해(non-fatal injuries)
  ㉠ 중대사고(major accident) : 사망까지는 초래하지 않으나 입원할 정도의 상해가 일어나는 주요재해를 말한다.
  ㉡ 경미사고(minor accident) : 통원할 정도의 상해가 일어나는 경미한 재해를 말한다.
  ㉢ 무상해사고(near accident) : 상해 없이 재산피해만 일어나는 사고를 말하며, 상해는 후속 효과에 따라서 영구상해와 일시장해로 구분한다.

(2) 경제손실 중심
① 재산피해 : 장비 손상, 인프라 손실 등으로 인한 값비싼 수리 비용을 초래
② 시간손실 : 작업중단, 복구노력, 조사 등으로 인해 시간 손실을 초래하여 생산성을 지연

2. 재해 관련 통계의 정의

(1) 산업재해통계의 국제적 권고
① 국가별, 시기별, 산업별 비교를 위해 산업사상통계를 도수율이나 강도율로 나타낸다.
② 도수율은 재해의 수량(100만 배로 함)을 총연인원의 근로시간수로 나누어 산정한다.
③ 강도율은 손실근로일수(1,000배로 함)를 총인원의 연근로시간수로 나누어 산정한다.
④ 산업재해의 정도를 부상의 결과 생긴 노동기능의 저하에 따라 다음과 같이 구분한다.
  ㉠ 사망
  ㉡ 영구 전 노동 불능재해 : 노동기능의 완전 상실. 신체장해등급 제1급에서 제3급에 해당한다.
  ㉢ 영구 일부 노동 불능재해 : 노동기능의 일부 상실. 신체장해등급 제4급에서 제14급에 해당한다.
  ㉣ 일시 전 노동 불능재해 : 의사의 소견에 따라서 부상의 익일 또는 이후 어느 기간까지 근로에 종사할 수 없는 것으로, 신체의 장해를 수반하지 않는 일반 휴업재해를 뜻한다.
  ㉤ 일시 일부 노동 불능재해 : 의사의 소견에 따라서 부상의 익일 또는 이후 어느 기간까지 근로에 종사할 수 없는 것으로, 취업 시간에 일시적으로 작업을 떠나서 진료를 받는 것이 여기에 속한다.
  ㉥ 구급처치재해 : 구급처치 또는 의료처치를 받아 부상의 익일까지 정규직에 복귀할 수 있는 정도를 뜻한다.

3. 재해 관련 통계의 종류 및 계산 　　중요도 ★☆☆

(1) 연천인율
① 연천인율은 1,000명의 재적 근로자 중에서 연간(혹은 일정기간) 재해자수가 몇 명인지 나타내는 것으로서 근로시간수, 근로일수의 변동이 많은 사업장에서는 적합하지 않다.
② 한 사람이 몇 번의 재해를 입어도 재해자 수는 1명으로 적용된다는 단점이 있다.

$$연천인율 = \frac{연간재해자수}{평균근로자수} \times 1,000$$

+ 괄호문제

다음 괄호 안에 알맞은 내용을 쓰시오.
① ( )재해 : 노동기능의 완전 상실. 신체장해등급 제1급에서 제3급에 해당한다.
② ( )재해 : 노동기능의 일부 상실. 신체장해등급 제4급에서 제14급에 해당한다.

| 정답 |
① 영구 전 노동 불능
② 영구 일부 노동 불능

확인! OX

다음은 연천인율에 대한 설명이다. 옳으면 "O", 틀리면 "X"로 표시하시오.

1. 재해 관련 통계에서 연천인율은 재적 근로자 1,000명당 발생하는 재해자수로서 근로일 수의 변동이 많은 사업장에서는 적합하지 않다. 　　( )

2. 연천인율의 장점은 한 사람이 몇 번의 재해를 입어도 재해자수는 1명으로 적용된다는 점이다. 　　( )

정답 1. O　2. X

| 해설 |
2. 연천인율의 단점에 해당한다.

+ 괄호문제

다음 괄호 안에 알맞은 내용을 쓰시오.

① 강도율 = $\dfrac{(㉠)}{(㉡)} \times 1,000$

② 손실일수의 계산에서 사망 및 영구 전 노동 불능은 (㉠)일로 계산하며, 일시 전 노동 불능은 휴업일수에 (㉡)을 곱한다.

| 정답 |
① ㉠ 근로손실일수, ㉡ 연근로시간수
② ㉠ 7,500 ㉡ $\dfrac{300}{365}$

(2) 건수율(발생률, incidence rate)

① 연천인율의 단점을 보완한 통계로 1,000명의 근로자 중에서 연간(혹은 일정기간) 재해건수가 몇 건인가를 나타낸다.
② 한 사람이 재해를 두 번 입으면 2건으로 나타낸다.
③ 근로시간, 근로일수 변경이 많은 사업장에서는 정확한 재해지수가 될 수 없다.

$$건수율(발생률) = \dfrac{연간재해건수}{평균근로자수} \times 1,000$$

(3) 도수율(frequency rate of injury)

① 도수율은 근로시간 1,000,000시간 중 발생한 재해건수를 의미한다.
② 도수율은 산업재해의 발생빈도를 나타내는 단위로, 현재 재해발생의 정도를 나타내는 표준 척도이다.
③ 재해의 빈도는 가동시간을 고려해야 정확하며, 근로시간은 기록에 의한 것이 바람직하나, 기록이 없으면 1일 8시간, 1개월 25일, 근로자 1인당 근로시간을 2,400시간으로 계산한다.
④ 도수율은 재해발생의 정도를 나타낼 수 있으나, 재해의 심각도를 나타내지는 못한다.

$$도수율(FR) = \dfrac{재해발생건수}{연근로시간수} \times 1,000,000$$

(4) 강도율(severity rate of injury)

① 재해의 경중을 나타내는 척도이다.
② 강도율은 근로시간 1,000시간 중 재해로 잃어버린 손실일수를 나타낸다.
③ 손실일수의 계산
  ㉠ 사망 및 영구 전 노동 불능(신체장해 등급 1~3급) : 7,500일
  ㉡ 영구 일부 노동 불능

신체장해등급	4	5	6	7	8	9	10	11	12	13	14
근로손실일수	5,500	4,000	3,000	2,200	1,500	1,000	600	400	200	100	50

  ㉢ 일시 전 노동 불능은 휴업일수에 $\dfrac{300}{365}$을 곱한다.
  ㉣ 강도율은 나라마다 손실일수계산이 다르기 때문에 국제적으로 정확하게 비교하기 어렵다.

$$강도율(SR) = \dfrac{근로손실일수}{연근로시간수} \times 1,000$$

확인! OX

다음은 도수율과 강도율에 대한 설명이다. 옳으면 "O", 틀리면 "X"로 표시하시오.

1. 도수율은 근로시간 1,000시간 중 발생한 재해건수를 의미한다. ( )
2. 강도율은 나라마다 손실일수계산이 다르기 때문에 국제적으로 정확하게 비교하기 어렵다. ( )

| 정답 | 1. X 2. O

| 해설 |
1. 도수율은 근로시간 1,000,000시간 중 발생한 재해건수를 의미한다.

더 알아보기

사망에 의한 손실일수 7,500일 산출근거
- 사망자의 평균연령 : 30세
- 근로 가능 연령 : 55세
- 근로손실연수 : 55 - 30 = 25년
- 연간 근로손실일수 : 300일
- 사망으로 인한 근로손실일수 : 25년 × 300일 = 7,500일

+ 괄호문제

다음 괄호 안에 알맞은 내용을 쓰시오.
① 10만 시간당 재해건수를 ( )이라고 한다.
② 10만 시간당 강도율을 ( )이라고 한다.

| 정답 |
① 환산도수율
② 환산강도율

(5) 환산도수율과 환산강도율

① 환산도수율과 환산강도율은 연근로시간을 100,000시간(한 사람이 평생 일하는 시간의 개념)으로 하여 계산한 것이다.

② 10만 시간당 재해건수를 환산도수율(F)이라고 하고, 10만 시간당 강도율을 환산강도율(S)이라고 한다.

$$환산도수율(F) = 도수율(FR) \times \frac{100,000시간}{1,000,000시간} = \frac{FR}{10}$$

$$환산강도율(S) = 강도율(SR) \times \frac{100,000시간}{1,000시간} = SR \times 100$$

예제

어떤 사업장에서 도수율이 15이고, 강도율이 1.1일 때, 환산도수율과 환산강도율을 구하고 그 의미를 설명하시오.

해설

- 환산도수율(F) = $15 \times \frac{100,000시간}{1,000,000시간} = 1.5$
- 환산강도율(S) = $1.1 \times \frac{100,000시간}{1,000시간} = 110$
- 한평생 이 사업장에서 근무하는 사람은 평균 1.5회의 재해를 입고, 한 사람은 평균 110일간의 근로손실을 초래한다.

확인! OX

다음은 재해 관련 통계의 계산에 대한 설명이다. 옳으면 "O", 틀리면 "X"로 표시하시오.

1. 사망으로 인한 근로손실일수는 '25년 × 300일 = 7,500일'로 계산한다. ( )
2. 환산도수율과 환산강도율은 연근로시간을 100,000시간(한 사람이 평생 일하는 시간의 개념)으로 하여 계산한 것이다. ( )

| 정답 | 1. O 2. O

+ 괄호문제

다음 괄호 안에 알맞은 내용을 쓰시오.

① 사고가 발생하기 전에 모든 작업장에서 존재하는 불안전한 행동 및 불안전한 상태를 조사하여 위험성을 찾아내는 행위를 (   )이라고 한다.
② 안전점검은 (㉠), (㉡), (㉢)를 위하여 실시한다.

| 정답 |
① 안전점검
② ㉠ 결함이나 불안전 조건의 제거,
㉡ 기계·설비의 본래 성능 유지,
㉢ 합리적인 생산관리

4. 재해손실비의 종류 및 계산

구분	내용
① 하인리히 방식	• 총재해비용 : 직접비 + 간접비 (1 : 4) • 직접비 : 치료비, 요양급여, 장해급여, 직업재활급여, 휴업급여, 유족급여, 간병급여, 상병보상연금, 장의비 등 • 간접비 : 인적손실비, 생산손실비, 물적손실비, 기계·기구 손실비 등
② 시몬즈의 방식	총재해코스트 = 보험코스트 + 비보험코스트 = 산재보험료 + (A × 휴업상해 건수) + (B × 통원상해 건수) + (C × 구급조치상해 건수) + (D × 무상해사고 건수) 여기서, A, B, C, D : 상수(각 재해에 대한 평균 비보험코스트) 보험코스트 : 산재보험료 비보험코스트 : 휴업상해, 통원상해, 구급조치상해, 무상해사고
③ 버즈의 방식	보험비용 : 비보험 재산 비용 : 비보험 기타 재산 비용 = 1 : 5~50 : 1~3
④ 콤패스 방식	총재해비용 = 공동비용 + 개별비용 여기서, 공동비용(불변비용) : 보험료, 안전보건팀 유지비 등 개별비용(가변비용) : 작업중단 손실비, 사고조사비, 수리비용 등

확인! OX

다음은 재해손실비의 종류 및 계산에 대한 설명이다. 옳으면 "O", 틀리면 "X"로 표시하시오.

1. 하인리히 방식에서의 총재해비용은 직접비 + 간접비의 합이며, 직접비와 간접비의 비는 1 : 4이다. (   )
2. 시몬즈의 방식에서 총재해코스트는 보험코스트와 비보험코스트의 곱이다. (   )

정답 1. O 2. X

| 해설 |
2. 총재해코스트 = 보험코스트 + 비보험코스트

제3절 안전점검·검사·인증 및 진단

1. 안전점검 및 안전점검표

(1) 안전점검

① 정의 : 사고가 발생하기 전에 모든 작업장에서 존재하는 불안전한 행동 및 불안전한 상태를 조사하여 위험성을 찾아내는 행위를 말한다.

② 목적
   ㉠ 결함이나 불안전 조건의 제거
   ㉡ 기계·설비의 본래 성능 유지
   ㉢ 합리적인 생산관리

③ 종류

종류	특징
정기점검 (계획점검)	• 일정 기간마다 정기적으로 실시하는 점검을 말한다. • 법적 기준 또는 사내 안전규정에 따라 해당 책임자가 실시하는 점검이다.
수시점검 (일상점검)	• 매일 작업 전, 중, 후에 실시하는 점검을 말한다. • 작업자·작업책임자·관리감독자가 실시하며 사업주의 안전순찰도 넓은 의미로 포함된다.
특별점검	• 기계·기구 또는 설비의 신설·변경 또는 고장·수리 등으로 인한 비정기적인 특정점검을 말하며 기술 책임자가 실시한다. • 산업안전보건 강조기간이나 악천후 시에도 실시한다.
임시점검	• 기계·기구 또는 설비의 이상 발견 시에 임시로 점검하는 점검을 말한다. • 정기점검 실시 후 다음 점검일 이전에 임시로 실시하는 점검의 형태이다.

(2) 안전점검표의 작성

① 사업장에 적합한 내용이며 독자적이어야 한다.
② 내용은 구체적이며, 재해예방에 실효가 있어야 한다.
③ 중요도가 높은 순으로 작성해야 한다.
④ 일정양식 및 점검대상을 정하여 작성해야 한다.
⑤ 가급적 쉬운 표현으로 작성해야 한다.

2. 안전검사 및 안전인증   중요도 ★☆☆

(1) 안전검사(산업안전보건법 제93조)

① 유해하거나 위험한 기계·기구·설비로서 '대통령령으로 정하는 것'(이하 안전검사대상 기계 등)을 사용하는 사업주는 안전검사대상 기계 등의 안전에 관한 성능이 고용노동부장관이 정하여 고시하는 검사기준에 맞는지에 대하여 안전검사를 받아야 한다. 이 경우 안전검사대상 기계 등을 사용하는 사업주와 소유자가 다른 경우에는 안전검사대상 기계 등의 소유자가 안전검사를 받아야 한다.

※ 안전검사대상 기계 등(산업안전보건법 시행령 제78조)
- 프레스, 전단기
- 크레인(정격 하중이 2ton 미만인 것은 제외)
- 리프트
- 압력용기
- 곤돌라
- 국소 배기장치(이동식은 제외)
- 원심기(산업용만 해당)
- 롤러기(밀폐형 구조는 제외)
- 사출성형기[형 체결력(型締結力) 294킬로뉴턴(KN) 미만은 제외]
- 고소작업대(화물자동차 또는 특수자동차에 탑재한 고소작업대로 한정)
- 컨베이어
- 산업용 로봇
- 혼합기(시행일 : 26.06.26)
- 파쇄기 또는 분쇄기(시행일 : 26.06.26)

② 안전검사대상 기계 등이 다른 법령에 따라 안전성에 관한 검사나 인증을 받은 경우로서 고용노동부령으로 정하는 경우에는 안전검사를 면제할 수 있다.

(2) 안전검사대상 기계 등의 사용 금지(산업안전보건법 제95조)

사업주는 다음 어느 하나에 해당하는 안전검사대상 기계 등을 사용해서는 아니 된다.
① 안전검사를 받지 아니한 안전검사대상 기계 등
② 안전검사에 불합격한 안전검사대상 기계 등

+ 괄호문제

다음 괄호 안에 알맞은 내용을 쓰시오.
① 유해하거나 위험한 기계·기구·설비로서 대통령령으로 정하는 것을 사용하는 사업주는 안전검사대상 기계 등의 안전에 관한 성능이 (   )이 정하여 고시하는 검사기준에 맞는지에 대하여 안전검사를 받아야 한다.
② '대통령령으로 정하는 것'에 해당하는 유해하거나 위험한 기계·기구·설비 중 크레인은 정격 하중이 (   ) ton 미만인 것은 제외한다.

| 정답 |
① 고용노동부장관
② 2

확인! OX

다음은 안전점검표 작성에 대한 설명이다. 옳으면 "O", 틀리면 "X"로 표시하시오.
1. 사업장에 적합한 내용이며 독자적이고, 가급적 쉬운 표현으로 작성해야 한다. (   )
2. 내용은 광범위하며, 재해예방에 실효가 있어야 하고, 중요도가 낮은 순으로 작성해야 한다. (   )

정답 1. O 2. X

| 해설 |
2. 내용은 구체적이며, 재해예방에 실효가 있어야 하고, 중요도가 높은 순으로 작성해야 한다.

+ 괄호문제

다음 괄호 안에 알맞은 내용을 쓰시오.

① 연삭기 덮개는 ( )대상 방호장치이다.
② 안전인증대상 방호장치의 종류 : 프레스 및 (㉠) 방호장치, 양중기용 (㉡)방지장치, 보일러 (㉢) 안전밸브, 압력용기 압력방출용 (㉣), 압력용기 압력방출용 (㉤) 등

| 정답 |
① 자율안전확인
② ㉠ 전단기, ㉡ 과부하,
  ㉢ 압력방출용, ㉣ 안전밸브,
  ㉤ 파열판

확인! OX

다음은 안전검사에 대한 설명이다. 옳으면 "O", 틀리면 "X"로 표시하시오.

1. 안전검사기관은 안전검사 결과, 부적합한 경우에는 해당 사업주에게 안전검사 불합격 통지서에 그 사유를 밝혀 통지해야 한다. ( )
2. 안전검사를 받아야 하는 자는 안전검사 신청서를 검사 주기 만료일 60일 전에 안전검사기관에 제출해야 한다. ( )

| 정답 | 1. O 2. X

| 해설 |
2. 검사 주기 만료일 30일 전에 안전검사기관에 제출해야 한다.

(3) 안전검사의 신청(산업안전보건법 시행규칙)

① 안전검사를 받아야 하는 자는 안전검사 신청서를 검사 주기 만료일 30일 전에 안전검사기관에 제출해야 한다(제124조).
② 안전검사 신청을 받은 안전검사기관은 검사주기 만료일 전후 각각 30일 이내에 해당 기계·기구 및 설비별로 안전검사를 해야 한다(제124조).
③ 고용노동부장관은 안전검사에 합격한 사업주에게 안전검사대상 기계 등에 직접 부착 가능한 안전검사 합격증명서를 발급하고, 부적합한 경우에는 해당 사업주에게 안전검사 불합격 통지서에 그 사유를 밝혀 통지해야 한다(제127조).

(4) 안전인증(산업안전보건법 시행령 제74조, 제77조)

구분	안전인증대상	자율안전확인대상
기계 또는 설비	• 프레스 • 전단기 및 절곡기(折曲機) • 크레인 • 리프트 • 압력용기 • 롤러기 • 사출성형기(射出成形機) • 고소(高所) 작업대 • 곤돌라	• 연삭기(硏削機) 또는 연마기(이 경우 휴대형은 제외) • 산업용 로봇 • 혼합기 • 파쇄기 또는 분쇄기 • 식품가공용 기계(파쇄·절단·혼합·제면기만 해당) • 컨베이어 • 자동차정비용 리프트 • 공작기계(선반, 드릴기, 평삭·형삭기, 밀링만 해당) • 고정형 목재가공용 기계(둥근톱, 대패, 루터기, 띠톱, 모떼기 기계만 해당) • 인쇄기
방호장치	• 프레스 및 전단기 방호장치 • 양중기용(揚重機用) 과부하방지장치 • 보일러 압력방출용 안전밸브 • 압력용기 압력방출용 안전밸브 • 압력용기 압력방출용 파열판 • 절연용 방호구 및 활선작업용(活線作業用) 기구 • 방폭구조(防爆構造) 전기기계·기구 및 부품 • 추락·낙하 및 붕괴 등의 위험 방지 및 보호에 필요한 가설기자재로서 고용노동부장관이 정하여 고시하는 것 • 충돌·협착 등의 위험 방지에 필요한 산업용 로봇 방호장치로서 고용노동부장관이 정하여 고시하는 것	• 아세틸렌 용접장치용 또는 가스집합 용접장치용 안전기 • 교류아크용접기용 자동전격방지기 • 롤러기 급정지장치 • 연삭기 덮개 • 목재가공용 둥근톱 반발 예방장치와 날 접촉 예방장치 • 동력식 수동대패용 칼날 접촉 방지장치 • 추락·낙하 및 붕괴 등의 위험 방지 및 보호에 필요한 가설기자재(안전인증대상 가설기자재는 제외)로서 고용노동부장관이 정하여 고시하는 것
보호구	• 추락 및 감전 위험방지용 안전모 • 안전화 • 안전장갑 • 방진마스크 • 방독마스크 • 송기(送氣)마스크 • 전동식 호흡보호구 • 보호복 • 안전대 • 차광(遮光) 및 비산물(飛散物) 위험방지용 보안경 • 용접용 보안면 • 방음용 귀마개 또는 귀덮개	• 안전모(안전인증대상 안전모는 제외) • 보안경(안전인증대상 보안경은 제외) • 보안면(안전인증대상 보안면은 제외)

(5) 안전인증 심사 시 적용되는 전기적 시험

① **접지연속성 시험** : 외함 접지단자(PE)와 보호본딩회로 일부의 적절한 지점에서 실시하며 10A 이상의 전류를 인가하였을 때 최대 전압강하의 값이 다음 표에 제시한 값을 초과하지 않아야 한다.

시험대상 전선의 최소 유효단면적(mm²)	최고 전압강하(V)
1.0	3.3
1.5	2.6
2.5	1.9
4.0	1.4
6.0 이상	1.0

② **절연저항 시험**
  ㉠ 전원선과 보호본딩회로 사이에 직류전압 500V를 인가하여 측정한 절연저항값은 1MΩ 이상이어야 한다.
  ㉡ 부스바, 컬렉터선, 컬렉터봉 설비 또는 슬립링 조립품 등과 같은 전기장비 일부의 최소 절연저항값은 1MΩ보다 낮을 수 있으나 최소 50kΩ 이상이어야 한다.

③ **내전압 시험**
  ㉠ 안전 초저전압 또는 그 이하에서 작동되도록 설계된 선로를 제외한 모든 회로의 도체와 보호본딩회로 사이에 최소 1초 이상의 시험전압을 인가하였을 때 견딜 수 있어야 한다.
  ㉡ 시험전압을 견딜 수 없는 정격을 가진 부품은 시험 중에 차단시켜야 하며 이 경우 사용되는 전압은 다음과 같다.
  • 장비의 정격전압의 2배와 1,000V 중 큰 전압
  • 50/60Hz의 주파수
  • 최소 500VA 정격의 변압기에서 공급

④ **잔류전압 시험** : 전원이 차단된 이후에도 60V 이상의 잔류전압이 있는 노출 충전부는 전원차단 후 5초 이내에 장비 기능에 영향을 미치지 않는 범위에서 60V 이하가 되도록 방전되어야 한다. 다음의 경우는 예외로 한다.
  ㉠ 충전전하가 60μC 이하인 경우
  ㉡ 장비 기능상 급속한 방전이 어려운 경우 외함이 개방하기 전에 일정 시간 대기할 수 있도록 주의표시를 하는 경우

3. 안전진단

(1) 개요
① **안전진단의 시행(산업안전보건법 제47조)** : 고용노동부장관은 추락·붕괴, 화재·폭발, 유해하거나 위험한 물질의 누출 등 산업재해 발생의 위험이 현저히 높은 사업장의 사업주에게 안전보건진단기관이 실시하는 안전보건진단을 받을 것을 명할 수 있다.

+ 괄호문제

다음 괄호 안에 알맞은 내용을 쓰시오.
① 내전압 시험에서 시험전압을 견딜 수 없는 정격을 가진 부품은 시험 중에 차단시켜야 하며 이 경우 사용되는 전압은 장비의 정격전압의 2배와 (   )V 중 큰 전압이다.
② 고용노동부장관은 유해하거나 위험한 물질의 누출 등 산업재해 발생의 위험이 현저히 높은 사업장의 사업주에게 안전보건진단기관이 실시하는 (   )을 받을 것을 명할 수 있다.

| 정답 |
① 1,000
② 안전보건진단

확인! OX

다음은 안전인증 심사 시 적용되는 전기적 시험에 대한 설명이다. 옳으면 "O", 틀리면 "X"로 표시하시오.
1. 절연저항 시험에서 전원선과 보호본딩회로 사이에 직류전압 500V를 인가하여 측정한 절연저항값은 10MΩ 이상이어야 한다. (   )
2. 접지연속성 시험은 외함 접지단자(PE)와 보호본딩회로 일부의 적절한 지점에서 실시하며 1A 이상의 전류를 인가하였을 때 최대 전압강하의 값이 표에 제시한 값을 초과하지 않아야 한다. (   )

정답 1. X 2. X

| 해설 |
1. 1MΩ 이상이어야 한다.
2. 10A 이상의 전류를 인가하였을 때 최대 전압강하의 값이 표에 제시한 값을 초과하지 않아야 한다.

+ 괄호문제

다음 괄호 안에 알맞은 내용을 쓰시오.

① 안전진단 대상 사업장의 종류에는 (㉠) 발생 사업장, 안전보건개선계획 (㉡)명령을 받은 사업장 등이 있다.
② 안전보건진단을 실시한 경우에는 조사·평가 및 측정 결과와 그 (㉠)이 포함된 보고서를 진단 실시일부터 (㉡)일 이내에 해당 사업장의 사업주 및 관할 지방노동관서의 장에게 제출하여야 한다.

| 정답 |
① ㉠ 중대재해,
  ㉡ 수립·시행
② ㉠ 개선방법, ㉡ 30

확인! OX

다음은 안전진단에 대한 설명이다. 옳으면 "O", 틀리면 "X"로 표시하시오.

1. 안전보건진단 명령을 받은 사업주는 30일 이내에 안전보건진단기관에 안전보건진단을 의뢰해야 한다. ( )
2. 고용노동부장관은 산업재해 발생 사업장의 사업주에게 안전보건진단기관이 실시하는 안전보건진단을 받을 것을 명할 수 있다. ( )

| 정답 | 1. X 2. X

| 해설 |
1. 15일 이내이다.
2. 산업재해 발생의 위험이 현저히 높은 사업장의 사업주에게 명할 수 있다.

※ 안전진단 대상 사업장의 종류
- 중대재해 발생 사업장
- 안전보건개선계획 수립·시행명령을 받은 사업장
- 추락·폭발·붕괴 등 재해발생 위험이 현저히 높은 사업장으로서 지방노동관서의 장이 안전보건진단이 필요하다고 인정하는 사업장

② 안전보건진단 명령을 받은 사업주는 15일 이내에 안전보건진단기관에 안전보건진단을 의뢰해야 한다(산업안전보건법 시행규칙 제56조).

③ 사업주는 안전보건진단기관이 실시하는 안전보건진단에 적극적으로 협조하여야 하며, 정당한 사유 없이 이를 거부하거나 방해 또는 기피해서는 아니 된다. 이 경우 근로자대표가 요구할 때에는 해당 안전보건진단에 근로자대표를 참여시켜야 한다(산업안전보건법 제47조).

(2) 안전보건진단 결과의 보고

① 안전보건진단기관은 안전보건진단을 실시한 경우에는 안전보건진단 결과보고서를 해당 사업장의 사업주 및 고용노동부장관에게 제출하여야 한다(산업안전보건법 제47조).

② 안전보건진단을 실시한 안전보건진단기관은 진단내용에 해당하는 사항에 대한 조사·평가 및 측정 결과와 그 개선방법이 포함된 보고서를 진단을 의뢰받은 날부터 30일 이내에 해당 사업장의 사업주 및 관할 지방노동관서의 장에게 제출하여야 한다(산업안전보건법 시행규칙 제57조).

(3) 안전보건진단의 종류 및 진단내용

① 종합진단의 진단내용
  ㉠ 경영·관리적 사항에 대한 평가
   - 산업재해 예방계획의 적정성
   - 안전·보건 관리조직과 그 직무의 적정성
   - 산업안전보건위원회 설치·운영, 명예산업안전감독관의 역할 등 근로자의 참여 정도
   - 안전보건관리규정 내용의 적정성
  ㉡ 산업재해 또는 사고의 발생 원인(산업재해 또는 사고가 발생한 경우만 해당)
  ㉢ 작업조건 및 작업방법에 대한 평가
  ㉣ 유해·위험요인에 대한 측정 및 분석
   - 기계·기구 또는 그 밖의 설비에 의한 위험성
   - 폭발성·물반응성·자기반응성·자기발열성 물질, 자연발화성 액체·고체 및 인화성 액체 등에 의한 위험성
   - 전기·열 또는 그 밖의 에너지에 의한 위험성
   - 추락, 붕괴, 낙하, 비래 등으로 인한 위험성

- 그 밖에 기계·기구·설비·장치·구축물·시설물·원재료 및 공정 등에 의한 위험성
- 법 제118조 제1항에 따른 허가대상물질, 고용노동부령으로 정하는 관리대상 유해물질 및 온도·습도·환기·소음·진동·분진, 유해광선 등의 유해성 또는 위험성

ⓜ 보호구, 안전·보건장비 및 작업환경 개선시설의 적정성
ⓑ 유해물질의 사용·보관·저장, 물질안전보건자료의 작성, 근로자 교육 및 경고표시 부착의 적정성
ⓢ 그 밖에 작업환경 및 근로자 건강 유지·증진 등 보건관리의 개선을 위하여 필요한 사항

② 안전진단의 진단내용
  ㉠ 산업재해 또는 사고의 발생 원인(산업재해 또는 사고가 발생한 경우만 해당)
  ㉡ 작업조건 및 작업방법에 대한 평가
  ㉢ 유해·위험요인에 대한 측정 및 분석(안전 관련 사항만 해당)
    - 기계·기구 또는 그 밖의 설비에 의한 위험성
    - 폭발성·물반응성·자기반응성·자기발열성 물질, 자연발화성 액체, 고체 및 인화성 액체 등에 의한 위험성
    - 전기·열 또는 그 밖의 에너지에 의한 위험성
    - 추락, 붕괴, 낙하, 비래 등으로 인한 위험성
    - 그 밖에 기계·기구·설비·장치·구축물·시설물·원재료 및 공정 등에 의한 위험성

③ 보건진단의 진단내용
  ㉠ 산업재해 또는 사고의 발생 원인(산업재해 또는 사고가 발생한 경우만 해당)
  ㉡ 작업조건 및 작업방법에 대한 평가
  ㉢ 허가대상물질, 관리대상 유해물질 및 온도·습도·환기·소음·진동·분진, 유해광선 등의 유해성 또는 위험성
  ㉣ 보호구, 안전·보건장비 및 작업환경 개선시설의 적정성(보건 관련 사항만 해당)
  ㉤ 유해물질의 사용·보관·저장, 물질안전보건자료의 작성, 근로자 교육 및 경고표지 부착의 적정성
  ㉥ 그 밖에 작업환경 및 근로자 건강 유지·증진 등 보건관리의 개선을 위하여 필요한 사항

+ 괄호문제

다음 괄호 안에 알맞은 내용을 쓰시오.
① 안전진단의 진단내용에는 '(㉠)의 발생 원인', '작업조건 및 (㉡)에 대한 평가', '유해·위험요인에 대한 (㉢) 및 (㉣)'이 있다.
② 보건진단의 진단내용에는 '(㉠), 관리대상 유해물질 및 온도·습도·환기·소음·진동·분진, 유해광선 등의 유해성 또는 위험성', '유해물질의 사용·보관·저장, (㉡)의 작성, 근로자 교육 및 경고표시 부착의 적정성' 등이 있다.

| 정답 |
① ㉠ 산업재해 또는 사고의, ㉡ 작업방법, ㉢ 측정, ㉣ 분석
② ㉠ 허가대상물질, ㉡ 물질안전보건자료

확인! OX

다음은 안전보건진단에 대한 설명이다. 옳으면 "O", 틀리면 "X"로 표시하시오.

1. 안전진단의 진단내용 중 산업재해 또는 사고의 발생 원인은 산업재해 또는 사고가 발생한 경우만 해당한다. ( )
2. 보건진단의 진단내용에 작업조건 및 작업방법에 대한 평가는 포함되지 않는다. ( )

정답 1. O 2. X

| 해설 |
2. 포함된다.

CHAPTER 03 기계설비 위험요인 분석

PART 03. 기계·기구 및 설비 안전 관리

79%

출제포인트
- 산업용 기계의 종류
- 프레스의 위험 파악
- 지게차 등 운반기계의 구성, 분류, 특성
- 운반기계의 안전한 작업방법
- 산업용 기계의 위험과 안전대책
- 프레스 재해방지의 근본적 대책
- 운반기계의 방호장치

기출 키워드

절삭가공, 덮개, 방호장치, 선반, 밀링, 플레이너, 셰이퍼, 형삭기, 드릴, 연삭기, 칩, 구성인선, 소성가공, 프레스, 금형의 안전화, 롤러기, 원심기, 아세틸렌 용접장치, 보일러, 산업용 로봇, 목재가공용 기계, 고속회전체, 사출성형기, 양중기, 지게차, 컨베이어, 크레인, 와이어로프, 구내운반차

제1절 공작기계의 안전

1. 절삭가공기계의 종류 및 방호장치   중요도 ★★★

(1) 공작기계 작업의 안전
① 움직이는 기계 위에 공구, 재료를 올려놓지 않는다.
② 기계 이송을 건 채 기계를 정지시키지 않는다.
③ 기계 회전을 손이나 공구로 멈추지 않는다.
④ 절삭공구의 장착은 정확하게 한다.
⑤ 절삭공구를 짧게 장착하고, 절삭성이 나쁘면 교체한다.
⑥ 보안경을 착용하고 차폐막을 설치한다.
⑦ 절삭분 제거는 기계를 정지시킨 후 브러시나 봉을 사용한다(손 사용 금지).
⑧ 회전이나 절삭 중에는 공작물 측정, 점검, 주유 등의 작업을 금지한다(운전 정지 후 실시).
⑨ 장갑은 절대 착용하지 않는다.

(2) 선반 작업의 안전
① 선반은 주축에 일감을 고정하고 회전시키며 일감을 절삭하는 공작기계로 많이 사용되는 공작기계이다.
② 안전장치
  ㉠ 실드(shield) : 칩 및 절삭유의 비산을 방지하기 위해 설치하는 플라스틱 덮개
  ㉡ 칩 브레이커 : 칩을 짧게 절단하는 장치
  ㉢ 척 커버 : 기어 등을 복개하는 장치
  ㉣ 브레이크 : 선반의 일시정지 장치
③ 안전작업 방법
  ㉠ 베드에는 공구를 올려놓지 말아야 한다.
  ㉡ 칩 제거는 운전 정지 후 브러시를 이용해야 한다.
  ㉢ 양 센터 작업 시 심압대에 윤활유를 자주 주입해야 한다.

ⓒ 공작물의 길이가 직경의 12~20배 이상일 때에는 방진구를 사용하여 재료를 고정한다.
ⓓ 바이트는 끝을 짧게 한다.
ⓔ 시동 전에 척 핸들을 빼 둔다.
ⓕ 반드시 보안경을 착용해야 한다.

(3) 밀링 작업의 안전
① 커터가 날카롭고 예리해서 칩이 가장 가늘고 예리하니 주의한다.
② 반드시 보안경을 착용하고, 장갑은 절대 착용하지 않는다.
③ 칩 제거는 운전 정지 후 브러시를 이용한다.
④ 강력 절삭 시 일감을 바이스에 깊게 물린다.
⑤ 제품을 측정, 풀어낼 때는 반드시 운전을 정지한다.
⑥ 보링, 드릴, 내형 홈파기 작업이 가능하다.

(4) 플레이너(planer, 평삭기) 작업의 안전
① 플레이너 운동범위에 방책을 설치한다.
② 프레임 내 피트에 덮개를 설치한다.
③ 베드 위에 물건 등을 두지 않는다.
④ 바이트는 되도록 짧게 나오도록 설치한다.

(5) 셰이퍼(shaper, 형삭기) 작업의 안전
① 램은 가급적 행정을 짧게 한다.
② 바이트를 짧게 물린다.
③ 재질에 따라 절삭속도를 결정한다.
④ 운전자는 바이트의 운동방향(정면)에 서지 말고 측면에서 작업한다.
⑤ 셰이퍼 운동범위에 방책을 설치한다.

(6) 드릴(drill) 작업의 안전
① 일감 고정방법
  ㉠ 일감이 작을 때 : 바이스로 고정한다.
  ㉡ 일감이 크고 복잡할 때 : 볼트와 고정구를 이용한다.
  ㉢ 대량 생산과 정밀도를 요할 때 : 전용 지그를 사용한다.
② 드릴 안전대책
  ㉠ 드릴 작업 시에는 장갑 착용을 금지한다.
  ㉡ 칩 제거 시에는 운전 정지 후 솔을 사용하여 제거한다.
  ㉢ 큰 구멍을 뚫을 때는 작은 구멍을 먼저 뚫은 후에 큰 구멍을 뚫어야 한다.
  ㉣ 작업 시에는 보안경을 착용한다.
  ㉤ 자동 이송작업 중에는 기계를 멈추지 말아야 한다.

+ 괄호문제

다음 괄호 안에 알맞은 내용을 쓰시오.
① ( )은 주축에 일감을 고정하고 회전시키며 일감을 절삭하는 공작기계로 가장 많이 사용되는 공작기계이다.
② 드릴 작업 시, 일감 고정방법은 일감이 작을 때는 (㉠)로 고정하며, 일감이 크고 복잡할 때는 (㉡)와 (㉢)를 이용한다. 그리고 대량 생산과 정밀도를 요할 때는 전용 (㉣)를 사용한다.

| 정답 |
① 선반
② ㉠ 바이스, ㉡ 볼트, ㉢ 고정구, ㉣ 지그

확인! OX

다음은 밀링 작업 시 안전수칙에 대한 설명이다. 옳으면 "O", 틀리면 "X"로 표시하시오.
1. 테이블 위에 공구나 기타 물건 등을 올려놓지 않는다. ( )
2. 면장갑을 반드시 끼고 작업한다. ( )

정답 1. O 2. X

| 해설 |
2. 면장갑의 끼임으로 인해 신체 일부(손)가 빨려 들어가는 상황이 발생할 수 있으므로 면장갑의 착용을 금지한다.

+ 괄호문제

다음 괄호 안에 알맞은 내용을 쓰시오.

① 연삭숫돌의 3요소는 (㉠), (㉡), (㉢)이다.
② 회전 중인 연삭숫돌이 근로자에게 위험을 미칠 우려가 있을 시 덮개를 설치하여야 할 연삭숫돌의 최소 지름은 (㉠)cm이며, 연삭기의 연삭숫돌을 교체했을 경우 시운전은 최소 (㉡)분 이상 실시하여야 하고, 휴대용 연삭기 덮개의 각도는 (㉢)° 이내이다.

| 정답 |
① ㉠ 입자(abrasive) : 공작물을 깎아내는 경도가 높은 광물질 결정체,
㉡ 결합제(bond) : 입자를 고정시킴,
㉢ 기공(pore) : 절삭칩이 빠져나가는 길을 의미, 연삭열을 억제시킴
② ㉠ 5, ㉡ 3, ㉢ 180

(7) 연삭기 작업의 안전

① 재해유형
  ㉠ 숫돌의 파괴 및 파편의 비래 등에 의한 위험
  ㉡ 회전하는 숫돌에 신체부위가 닿아 절단, 스침 등의 위험
  ㉢ 공작물의 파편이나 칩의 비래에 의한 위험
  ㉣ 회전하는 숫돌과 덮개 혹은 고정부 사이에 끼임 재해 위험

② 연삭숫돌의 파괴원인
  ㉠ 숫돌의 회전속도가 너무 빠를 때(회전력이 결합력보다 큼)
  ㉡ 숫돌 자체에 균열이 있을 때
  ㉢ 숫돌에 과대한 충격을 가할 때
  ㉣ 숫돌의 측면을 사용하여 작업할 때
  ㉤ 숫돌의 불균형이나 베어링 마모에 의한 진동이 있을 때
  ㉥ 숫돌 반경 방향의 온도 변화가 심할 때
  ㉦ 플랜지가 현저히 작을 때(플랜지는 숫돌 지름의 3분의 1 이상일 것)
  ㉧ 작업에 적당하지 않은 숫돌을 사용할 때
  ㉨ 숫돌의 치수가 적당하지 않을 때

③ 방호대책
  ㉠ 연삭기는 연삭숫돌 덮개를 설치하여 숫돌이 파괴, 비산되어도 방호할 수 있어야 하며 설치기준은 다음과 같다.
    • 숫돌 직경이 5cm 이상이면 반드시 덮개 설치
    • 연삭숫돌과 작업대의 간격은 1~3mm 정도일 것
    • 연삭숫돌과 덮개의 간격은 3~10mm 정도일 것
    • 표준노출각도는 적당할 것
  ㉡ 칩 비산방지장치 : 연마작업 시 칩의 비래에 의한 방호조치로 고정식 연삭기에 투명한 비산방지판을 설치한다.

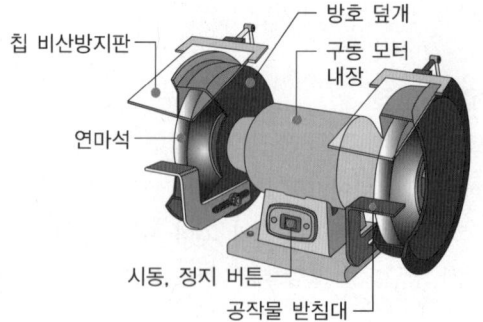

확인! OX

다음은 연삭숫돌의 파괴원인에 대한 설명이다. 옳으면 "O", 틀리면 "X"로 표시하시오.

1. 플랜지가 현저히 크거나 숫돌에 균열이 있을 때 파괴된다. ( )
2. 숫돌의 측면을 사용할 때나 숫돌의 치수 특히 내경의 크기가 적당하지 않을 때 파괴된다. ( )

정답 1. X 2. O

| 해설 |
1. 플랜지가 현저히 작을 때(플랜지는 숫돌 지름의 3분의 1 이상일 것) 파괴된다.

④ 검사방법

　㉠ 연삭숫돌은 기동 전 외관검사를 실시해야 한다.

　㉡ 숫돌의 갈라짐, 잔금, 이 빠짐, 홈 등이 없어야 한다.

　㉢ 숫돌이 지나치게 마모가 되어 있지 않아야 한다.

　㉣ 숫돌을 목재해머로 가볍게 두들겨 소리로 이상 유무를 확인해야 한다.

　　• 깨끗한 소리 : 정상

　　• 둔탁한 소리 : 결함

　㉤ 연삭숫돌을 고정시키는 플랜지의 직경 및 접촉폭은 고정측과 이동측이 동일한 값을 가져야 하며, 플랜지 직경은 연삭숫돌 직경의 3분의 1 이상이 되어야 한다.

　㉥ 볼트는 너무 세게 조이지 않아야 한다.

　㉦ 숫돌 부착, 교환 후 숫돌의 균형을 확인해야 한다.

[연삭기 덮개의 각도(방호장치 자율안전기준 고시 별표 4)]

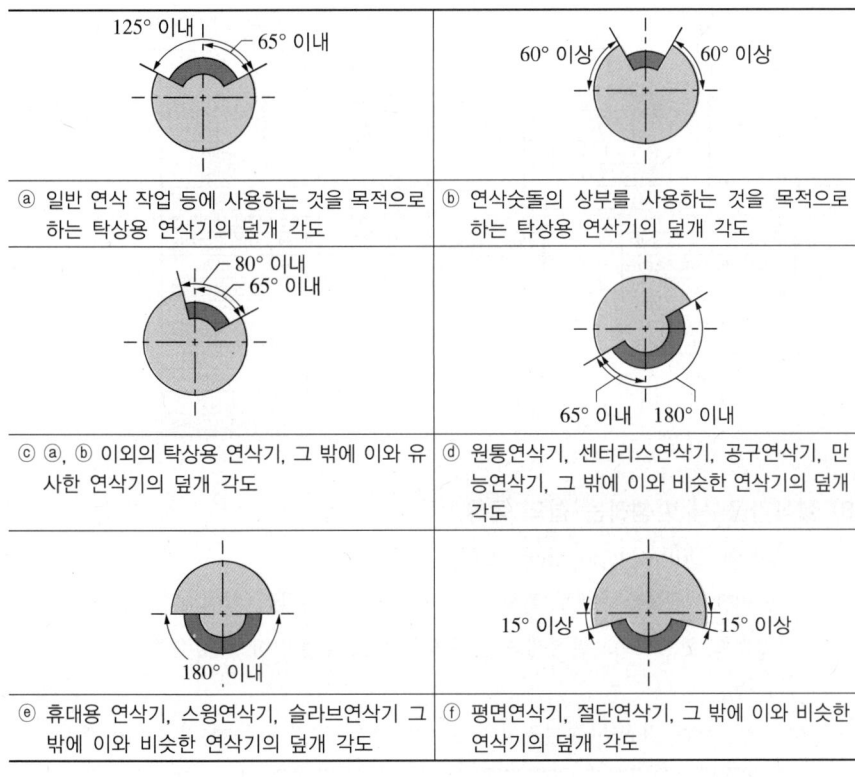

+ 괄호문제

다음 괄호 안에 알맞은 내용을 쓰시오.

① 연삭숫돌은 기동 전 (㉠)를 실시해야 하며, 숫돌의 (㉡), (㉢), 이 빠짐, 홈 등이 없어야 한다.

② 연삭숫돌은 지나치게 ( )가 되어 있지 않아야 한다.

| 정답 |
① ㉠ 외관검사 ㉡ 갈라짐, ㉢ 잔금
② 마모

확인! OX

다음은 연삭기에 대한 설명이다. 옳으면 "O", 틀리면 "X"로 표시하시오.

1. 연삭숫돌을 고정시키는 플랜지의 직경 및 접촉폭은 고정측과 이동측이 동일한 값을 가져야 하며, 플랜지 직경은 연삭숫돌 직경의 3분의 1 이상이 되어야 한다. ( )

2. 스윙연삭기, 슬라브연삭기 그 밖에 이와 비슷한 연삭기의 덮개 각도는 120° 이내로 해야 한다. ( )

정답 1. O 2. X

| 해설 |
2. 덮개 각도는 180° 이내로 한다.

+ 괄호문제

다음 괄호 안에 알맞은 내용을 쓰시오.
① ( ) 칩은 연한 재질을 고속으로 절삭할 때 나타나는 칩 형태로, 칩이 유동하는 것처럼 연속적으로 생성되며, 연성재료를 고속절삭할 때 용이하게 생긴다.
② ( ) 칩은 매우 연한 재질을 절삭할 때 나타내는 칩 형태로, 공구가 진행함에 따라 진행선의 아래쪽 방향으로 찢어짐(tear)이 일어나 마무리면에 뜯어낸 자리가 남은 칩 형태이다.

| 정답 |
① 유동형
② 열단형

⑤ 표시순서
  ㉠ 연삭숫돌의 재료(입자)
  ㉡ 입도
  ㉢ 경도
  ㉣ 조직
  ㉤ 결합체
  ㉥ 숫돌형상
  ㉦ 숫돌 크기 치수(직경×두께×숫돌 축구멍 지름)
  ㉧ 연삭숫돌의 표시법
    WA 54 Lm V-1호 A 205×16×19.05

WA	54	L	m	V	1호	A	205×16×19.05
숫돌입자	입도	결합도	조직	결합체	모양	연삭면 모양	치수

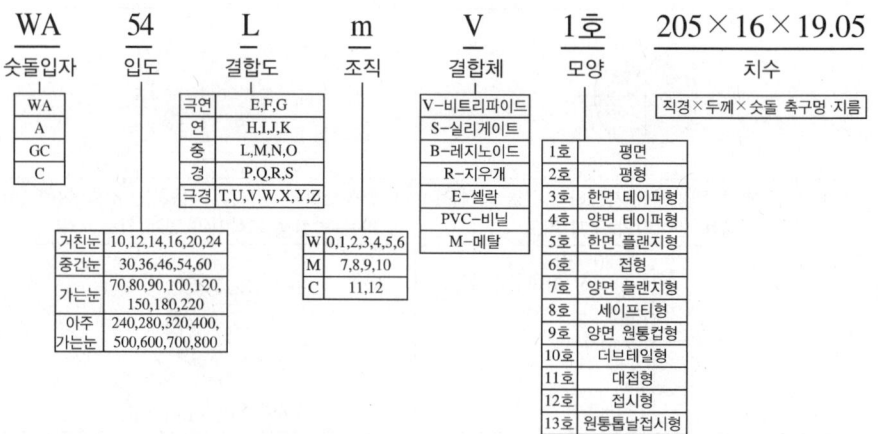

(8) 절삭가공 시 발생하는 칩의 종류
① 유동형 칩(flow type chip)[지향]
  ㉠ 연한 재질을 고속으로 절삭할 때 나타나는 칩 형태로, 칩이 유동하는 것처럼 연속적으로 생성되며, 연성재료를 고속절삭할 때 용이하게 생긴다.
  ㉡ 특징
    • 깨끗한 가공면(절삭저항의 변동이 거의 없기 때문에 가공면이 깨끗함)
    • 전단소성변형에 의한 칩의 미끄럼 발생 간격이 매우 좁음
    • 칩이 공작물로부터 분리되지 않음
    • 공구경사면에서의 마모가 심함
② 전단형 칩(shear type chip) : 비교적 단단한 재질을 약간 느리게 절삭할 때 나타내는 칩 형태로, 일정한 간격을 두고 두께가 고르지 않는 칩들이 분리된 상태로 생성된다.
③ 열단형 칩(tear type chip) : 매우 연한 재질을 절삭할 때 나타내는 칩 형태로, 공구가 진행함에 따라 진행선의 아래쪽 방향으로 찢어짐(tear)이 일어나 마무리면에 뜯어낸 자리가 남은 칩 형태이다.

확인! OX

다음은 절삭가공기계에 대한 설명이다. 옳으면 "O", 틀리면 "X"로 표시하시오.
1. 연삭숫돌 크기 치수는 직경×두께×숫돌 축구멍 지름이다. ( )
2. 연삭숫돌의 표시법 WA 54 Lm V-1호 D 205×16×19.05에서 WA는 숫돌입자, m은 조직을 나타낸다. ( )

정답 1. O 2. O

④ 균열형 칩(crack type chip)
  ㉠ 백주철과 같이 취성이 큰 재질을 절삭할 때 나타나는 칩 형태로, 절삭력을 가해도 거의 변형을 하지 않다가 임계압력 이상이 될 때 순간적으로 균열이 발생되면서 생성된다.
  ㉡ 칩의 특징
    • 절삭저항의 변동이 매우 심하다(공구 진행에 따라 단속적으로 절삭 진행).
    • 균열파괴에 의해 절삭면이 얼어지므로 깨끗한 마무리면을 얻을 수 없다.
    • 공구경사면을 미끄러지는 마찰력이 적다(공구경사면 마모 적음).
    • 공구선단에서 심한 마모가 발생한다(유동형 칩은 공구경사면 마모 큼).

⑤ 칩의 생성에 영향을 미치는 요인
  ㉠ 공작물의 재질(연질/경질)
  ㉡ 절삭속도
  ㉢ 절삭깊이
  ㉣ 칩의 변형 전 두께(공작물 표면부터 공구의 날까지)
  ㉤ 칩과 공구의 경사면 간의 마찰의 영향(적절한 절삭유 투입)
  ㉥ 공구의 형상 : 특히 공구의 상면경사각(공구의 전면과 절삭방향 수직면 사이각)
    ※ 상면경사각(上面傾斜角, back rake angle) : 절인의 임의점(일반적으로 선단)을 지나는 바이트(bite) 저면 및 가공물의 축선에 직각인 평면에서 측정한 경사각

종류	특징	그림
유동형 칩	• 절삭속도가 클 때 • 절삭깊이가 작을 때 • 절삭제 공급이 많을 때 • 공구경사면 유동 • 절삭저항, 절삭온도 변화 일정 • 진동이 적고 가공상태 양호	
전단형 칩	• 연성소재 저속절삭 • 절삭각이 클 때 • 절삭깊이가 깊을 때 • 전단변형 주기적	
열단형 칩	• 경작형 칩이라고도 함 • 점성이 큰 재료의 저속절삭 시 발생 • 공구인선 하방 균열과 파단이 반복 • 절삭저항 변동이 큼 • 표면 가공상태 불량	
균열형 칩	• 취성재료 저속절삭 • 절삭각이 적을 때 • 날이 절입되는 순간 균열 • 절삭저항 급격 변화 • 소성변형 없이 균열 • 소재 표면까지 균열되어 가공면 불량	

※ 칩 : 공작기계에서 공작물을 공구로 가공할 때 공작물에서 분리되어 생겨나는 부스러기

+ 괄호문제

다음 괄호 안에 알맞은 내용을 쓰시오.
① 공작기계에서 공작물을 공구로 가공할 때 공작물에서 분리되어 생겨나는 부스러기를 ( )이라고 한다.
② 칩의 생성에 영향을 미치는 요인은 공작물의 (㉠), 절삭(㉡), 절삭(㉢), 칩의 변형 전 (㉣), 칩과 공구의 (㉤) 간의 마찰의 영향, 공구의 (㉥)이다.

| 정답 |
① 칩
② ㉠ 재질, ㉡ 속도, ㉢ 깊이, ㉣ 두께, ㉤ 경사면, ㉥ 형상

확인! OX

다음은 절삭가공 시 발생하는 칩에 대한 설명이다. 옳으면 "O", 틀리면 "X"로 표시하시오.

1. 전단형 칩은 비교적 단단한 재질을 약간 느리게 절삭할 때 나타내는 칩 형태로, 일정한 간격을 두고 두께가 고르지 않는 칩들이 분리된 상태로 생성된다. ( )

2. 균열형 칩은 절삭저항의 변동이 매우 심하고, 균열파괴에 의해 절삭면이 얼어지므로 깨끗한 마무리면을 얻을 수 있으며, 공구경사면을 미끄러지는 마찰력이 크고, 공구선단에서 심한 마모가 발생한다는 특징이 있다. ( )

정답 1. O 2. X

| 해설 |
2. 깨끗한 마무리면을 얻을 수 없으며, 공구경사면을 미끄러지는 마찰력이 적다.

(9) 구성인선(BUE ; Built-Up Edge)

① 절삭공구에 의하여 절삭작업을 할 때, 칩과 공구면 사이에 높은 압력과 큰 마찰저항 및 절삭열에 의하여 칩의 일부가 바이트인선(공구인선)에 융착하여, 단단하게 굳은 퇴적물이 되어 절삭날과 같은 작용을 하면서 절삭이 계속되는 경우가 생긴다. 이러한 현상을 구성인선(Built-Up Edge)이라고 한다.
  ㉠ 절삭공구의 날 끝(edge, 인선)에 공작물의 미분이 압착 또는 용착된 것이다(온도가 높아 눌어붙은 것).
  ㉡ 절삭 과정에서 칩의 일부가 가공경화되어 공구의 날 끝에 용착된 것이다(날 끝에 붙어 절삭날의 역할을 하게 되어 원하는 절삭이 이루어지지 않음).

② 생성주기 : 발생 → 성장 → 최대성장 → 균열 → 탈락
  ㉠ 균열이 발생할 때 공구의 인선이 같이 떨어져 나갈 수 있다.
  ㉡ 0.01~0.1초 동안 주기가 반복된다.

③ 영향
  ㉠ 치수정밀도, 표면거칠기가 나빠져서 도면과 같은 형상, 치수의 제품을 얻을 수 없게 된다(불량품이 발생).
  ㉡ 구성인선은 경도가 커서 가공면을 거칠게 하고 공구의 마모를 크게 하여 수명을 짧게 한다.

④ 원인과 대책

원인	대책

• 적절한 가공공정을 갖추지 않은 경우
• 경사각을 작게 했을 때
• 절삭깊이가 깊을 때
• 절삭속도가 낮을 때
• 절삭공구의 날 끝 온도가 높을 때
• 알루미늄, 황동, 스테인리스강, 연강 등의 연한 재료를 절삭할 때
	• 공구의 경사각을 크게 한다.
	• 절삭속도를 크게 한다.
	  – 임계속도(120~150m/min) 이상으로 절삭
	  – 임계속도 이상에서는 구성인성이 거의 발생하지 않음
	• 절삭깊이를 작게 한다.
	• 이송속도를 작게 한다.
	• 윤활성, 냉각성이 좋은 절삭유를 사용한다.

더 알아보기

공작기계에서 가공물을 절삭할 때 발생하는 절삭저항 3분력

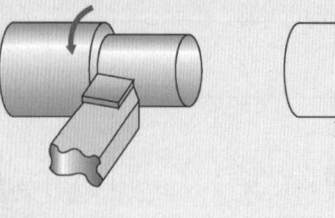
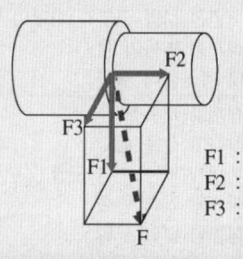

F1 : 주분력
F2 : 횡분력
F3 : 배분력

• 주분력(절삭방향의 분력) : 가공면에 접해서 회전축과 직각방향의 분력, 절삭방향으로 평행한 분력
• 횡분력(이송분력) : 회전축과 평행한 분력, 이송방향으로 평행한 분력
• 배분력(절삭깊이 방향 분력) : 절삭깊이 방향의 분력, 절삭공구 축방향으로 평행한 분력

+ 괄호문제

다음 괄호 안에 알맞은 내용을 쓰시오.

① 절삭공구의 날 끝에 공작물의 미분이 압착 또는 용착된 것을 (　　)이라고 한다.
② 공작기계에서 가공물을 절삭할 때 발생하는 절삭저항 3분력은 (㉠), (㉡), (㉢)이다.

| 정답 |
① 구성인선
② ㉠ 주분력, ㉡ 횡분력, ㉢ 배분력

확인! OX

다음은 구성인선에 대한 설명이다. 옳으면 "O", 틀리면 "X"로 표시하시오.

1. 구성인선은 경도가 커서 가공면을 거칠게 하고 공구의 마모를 크게 하여 수명을 짧게 한다. (　　)
2. 적절한 가공공정을 갖추지 않은 경우에 구성인선이 발생하는 것을 방지하기 위하여 공구의 경사각을 작게 한다. (　　)

정답 1. O 2. X

| 해설 |
2. 공구의 경사각을 크게 한다.

2. 소성가공 및 방호장치

중요도 ★☆☆

(1) 소성가공의 정의와 종류

① 정의 : 고체 재료에 힘을 가해 소성변형을 일으켜 여러 가지 모양을 만드는 가공법

② 종류

구분	내역	그림
압연가공 (rolling)	• 금속재료를 회전하는 롤러 사이에 통과시켜 성형하는 방법 • 판의 제조에 이용됨 • 봉(bar), 관(pipe), 형강재, 레일 등을 만들 수 있음	
인발가공 (drawing)	• 다이의 구멍을 통하여 재료를 축방향으로 당겨 바깥지름을 감소시키는 가공법 • 봉(bar), 관(pipe), 선의 제조에 이용됨	
압출가공 (extrusion)	• 금속을 실린더 모양의 컨테이너에 넣고 한쪽에 램(ram)에 압력을 가하여 밀어내어 가공하는 방법 • 봉(bar), 관(pipe), 형재의 제조에 적용함	
프레스 가공 (pressing)	• 판재를 펀치와 다이 사이에서 압축하여 성형하는 방법 • 전단 가공, 굽힘, 압축, 딥 드로잉(deep drawing) 등으로 분류함	
단조가공 (forging)	• 잉곳(ingot)의 소재를 단조 기계나 해머로 두들겨서 성형하는 가공법 • 자유 단조와 형 단조로 구분함	
전조가공 (roll forming)	압연과 비슷하며 전조 공구를 이용하여 나사나 기어 등을 성형하는 가공법	

(2) 강(steel)의 열간가공 및 냉간가공

① 열간가공(hot working)

  ㉠ 정의 : 재결정 온도 이상에서 소성가공하는 고온가공이다.

  ㉡ 특징

  • 작은 힘으로 큰 변형을 줄 수 있다.

  • 재질의 균일화가 이루어진다.

  • 가공도가 커서 거친 가공에 적합하다.

  • 가열로 인해 산화되기 쉬워 정밀가공은 곤란하다.

+ 괄호문제

다음 괄호 안에 알맞은 내용을 쓰시오.

① 소성가공의 종류 중 금속재료를 회전하는 롤러 사이에 통과시켜 성형하는 방법을 (　　)이라고 한다.

② 소성가공의 종류 중 금속을 실린더 모양의 컨테이너에 넣고 한쪽에 램(ram)에 압력을 가하여 밀어내어 가공하는 방법을 (　　)이라고 한다.

| 정답 |
① 압연가공
② 압출가공

확인! OX

다음은 소성가공에 대한 설명이다. 옳으면 "O", 틀리면 "X"로 표시하시오.

1. 다이의 구멍을 통하여 재료를 축방향으로 당겨 바깥지름을 감소시키는 가공법을 인발가공이라고 한다. (　　)

2. 판재를 펀치와 다이 사이에서 압축하여 성형하는 방법을 단조가공이라고 한다. (　　)

정답 1. O 2. X

| 해설 |

2. 프레스 가공에 대한 설명이며, 단조가공은 잉곳의 소재를 단조 기계나 해머로 두들겨서 성형하는 가공법이다.

+ 괄호문제

다음 괄호 안에 알맞은 내용을 쓰시오.

① 프레스기의 안전대책 중 손을 금형 사이에 집어넣을 수 없도록 하는 본질적 안전화를 위한 방식(no-hand in die)에 해당하는 것은 (㉠), (㉡), (㉢), (㉣)이다.

② 가드식 방호장치, 손쳐내기식 방호장치, ( ) 방호장치는 hand in die 방식에 사용되는 방호장치이다.

| 정답 |
① ㉠ 방호울 부착 프레스,
  ㉡ 안전금형 부착 프레스,
  ㉢ 전용 프레스,
  ㉣ 자동 프레스
② 수인식

확인! OX

다음은 소성가공에 대한 설명이다. 옳으면 "O", 틀리면 "X"로 표시하시오.

소성가공을 열간가공과 냉간가공으로 분류하는 가공온도의 기준은 융해점 온도이다. ( )

정답 X

| 해설 |
냉간가공 : 재결정 온도 이하에서 금속의 인장강도, 항복점, 탄성한계, 경도, 연신율, 단면수축율과 같은 기계적 성질을 변화시키는 가공이다.

② 냉간가공(cold working)
  ㉠ 정의 : 재결정 온도 이하에서 소성가공하는 상온기온이다.
  ㉡ 특징
    • 제품의 치수를 정확히 할 수 있다.
    • 가공면이 아름답다.
    • 가공경화로 강도 및 경도가 증가하고 연신율이 감소한다.
    • 가공방향으로 섬유조직이 형성되어 방향에 따라 강도가 달라진다.

제2절 프레스 및 전단기의 안전

1. 프레스 재해방지의 근본적인 대책   중요도 ★★★

(1) 프레스의 작업점에 대한 방호방법
  ① no-hand in die 방식
    ㉠ 방호울이 부착된 프레스
    ㉡ 안전금형을 부착한 프레스
    ㉢ 전용 프레스의 도입(작업자의 손을 금형 사이에 넣을 필요가 없는 프레스)
    ㉣ 자동 프레스의 도입(자동송급, 배출장치를 부착한 프레스)
  ② hand in die 방식
    ㉠ 프레스기의 종류, 압입능력, 매분 행정수, 행정길이, 작업방법에 상응하는 방호장치를 설치함
      • 가드식 방호장치
      • 손쳐내기식 방호장치
      • 수인식 방호장치
    ㉡ 정지성능에 상응하는 방호장치를 설치함
      • 양수조작식 방호장치
      • 감응식 방호장치

(2) 프레스 방호장치
  ① 종류

방호장치	기능 및 성능기준
양수조작식	• 누름버튼을 양손으로 동시에 조작하지 않으면 기계가 동작하지 않으며, 한 손이라도 떼어내면 기계를 정지시키는 방호장치 • 누름버튼(작동버튼)을 조작한 손이 위험한계 내에 도달하기 전에 슬라이드 작동을 정지시키거나, 양손으로 누름버튼을 조작한 손이 위험한계 내에 도달하지 않을 것

방호장치	기능 및 성능기준
광전자식	• 신체의 일부가 광선을 차단하면 기계를 급정지시키는 방호장치 • 신체 일부가 위험한계 내에 접근한 경우 슬라이드 등의 작동을 정지시킬 수 있을 것
손쳐내기식	손을 위험 영역에서 밀어내거나 쳐내는 방호장치
수인식	• 슬라이드와 작업자 손을 끈으로 연결하여 슬라이드 하강 시 작업자 손을 당겨 위험영역에서 빼낼 수 있도록 하는 장치 • 신체의 일부를 슬라이드 등의 작동과 함께 위험한계 내에서 배제할 수 있을 것
게이트 가드식	• 가드가 열린 상태에서는 기계의 위험 부분이 동작되지 않고 기계가 위험한 상태일 때에는 가드를 열 수 없도록 한 방호장치 • 슬라이드 작동 중에는 신체의 일부가 위험한계 내에 들어갈 우려가 없을 것

② 설치기준
  ㉠ 1행정 1정지식 프레스(크랭크 프레스) : 양수조작식
  ㉡ 슬라이드 행정길이 50mm 이상, 행정수 100spm 이하 : 수인식
  ㉢ 슬라이드 행정길이 40mm 이상, 행정수 100spm 이하 : 손쳐내기식
  ㉣ 슬라이드 작동 중 정지 가능한 구조 : 감응식(광전자식), 양수조작식(급정지장치)
  ㉤ 마찰 프레스에 사용 가능하나, 크랭크식에 사용 불가능 : 감응식(광전자식)

(3) 양수조작식 방호장치

① 양수조작식 방호장치 설치 안전거리 계산식

$$D \geq 1.6(T_l + T_s)$$

여기서, D : 안전거리(mm) 작동시간
  T_l : 누름버튼에서 손을 떼는 순간부터 급정지기구가 작동을 개시하기까지 시간(ms)
  T_s : 급정지 기구가 작동을 개시할 때부터 슬라이드가 정지할 때까지의 시간
  $T_l + T_s$ = 최대정지시간

② 양수조작식 방호장치 구비조건
  ㉠ 1행정 1정지기구를 프레스에 사용한다.
  ㉡ 완전 회전식 클러치 프레스에는 기계적 1행정 1정지기구를 구비하고 있는 양수기동식 방호장치에 한하여 사용한다.
  ㉢ 안전거리가 확보되어야 한다.
  ㉣ 비상정지스위치를 구비하여야 한다.
  ㉤ 슬라이드 작동 중 누름버튼에서 손을 떼서 손이 위험한계에 들어가기 전에 슬라이드 작동이 정지되어야 한다.
  ㉥ 1행정마다 누름버튼에서 양손을 떼지 않으면 재기동 작업을 할 수 없는 구조여야 한다.

+ 괄호문제

다음 괄호 안에 알맞은 내용을 쓰시오.
① 슬라이드가 내려옴에 따라 손을 쳐내는 막대가 좌우로 왕복하면서 위험점으로부터 손을 보호하여 주는 프레스의 안전장치는 ( ) 방호장치이다.
② 누름버튼을 양손으로 동시에 조작하지 않으면 기계가 동작하지 않으며, 한 손이라도 떼어내면 기계를 정지시키는 방호장치는 ( ) 방호장치이다.

| 정답 |
① 손쳐내기식
② 양수조작식

확인! OX

다음은 프레스 방호장치에 대한 설명이다. 옳으면 "O", 틀리면 "X"로 표시하시오.
1. 수인식 방호장치는 슬라이드와 작업자 손을 끈으로 연결하여 슬라이드 하강 시 작업자 손을 당겨 위험영역에서 빼낼 수 있도록 하는 장치이다. ( )
2. 양수조작식 방호장치 구비조건에서 1행정마다 누름버튼에서 한 손을 떼지 않으면 재기동 작업을 할 수 없는 구조여야 한다. ( )

정답 1. O 2. X

| 해설 |
2. 1행정마다 누름버튼에서 양손을 떼지 않으면 재기동 작업을 할 수 없는 구조여야 한다.

+ 괄호문제

다음 괄호 안에 알맞은 내용을 쓰시오.
① 프레스 금형 부착, 조정 작업 등의 경우 슬라이드의 낙하를 방지하기 위하여 설치하는 것은 (   )이다.
② 금형 설치 시, 금형 사이 (㉠)을 설치하고, 상하 간의 틈새를 (㉡) 이하로 하여 손가락이 들어가지 않도록 한다.

| 정답 |
① 안전블럭
② ㉠ 안전망, ㉡ 8mm

③ 양수조작식 방호장치와 양수기동식 방호장치의 차이점
  ㉠ 양수조작식 방호장치 : 2개의 누름버튼에서 손을 떼면 프레스의 급정지기구가 작동하여 손이 금형에 도달하기 전에 슬라이드를 정지하는 방식으로, 안전 1행정 운전방식이 있는 마찰식 클러치에 부착한다.
  ㉡ 양수기동식 방호장치 : 슬라이딩 핀 클러치 프레스용의 전자, 스프링 당김형 양수기동식 방호장치는 기계적 1행정, 1정지기구를 구비하고 있는 확동식 클러치 프레스에 부착한다.
※ 양수기동식 방호장치 안전거리 계산식

$$D_m = 1.6\,T_m$$

여기서, D_m : 안전거리(확동식 클러치의 경우 : mm)
T_m : 양손으로 누름버튼을 눌렀을 때부터 슬라이드가 하사점에 도달하기까지의 최대 소요시간(단위 : ms)
$$T_m = \left(\frac{1}{\text{클러치 맞물림 개소수}} + \frac{1}{2}\right) \times \frac{60{,}000}{\text{매 분 스트로크 수}(s.p.m)}$$

2. 금형의 안전화

금형을 부착, 해체, 조정 작업할 때 신체 일부가 위험점 내에서 슬라이드 불시 하강으로 인한 위험을 방지할 목적으로 안전블럭을 설치한다(금형 수리작업은 해당되지 않는다).

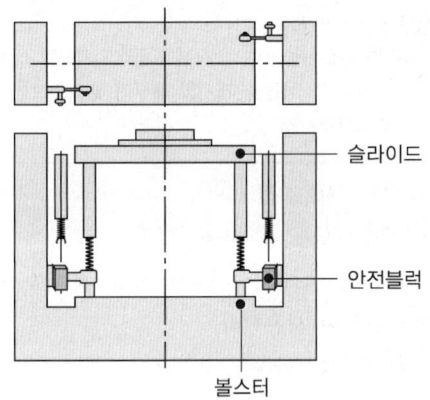

(1) 금형 설치 시 안전조치
① 금형 사이 안전망을 설치한다.
② 상하 간의 틈새(펀치와 다이 틈새, 가이드 포스트와 부시와의 틈새, 상사점의 상형, 하형 간격)를 8mm 이하로 하여 손가락이 들어가지 않도록 한다.

확인! OX

다음은 양수조작 · 기동식 방호장치에 대한 설명이다. 옳으면 "O", 틀리면 "X"로 표시하시오.
1. 양수조작식 방호장치는 2개의 누름버튼에서 손을 떼면 프레스의 급정지기구가 작동하여 손이 금형에 도달하기 전에 슬라이드를 정지하는 방식이다. (   )
2. 양수기동식 방호장치는 안전 1행정 운전방식이 있는 마찰식 클러치에 부착한다. (   )

정답 1. O 2. X

| 해설 |
2. 양수조작식 방호장치에 대한 설명이다.

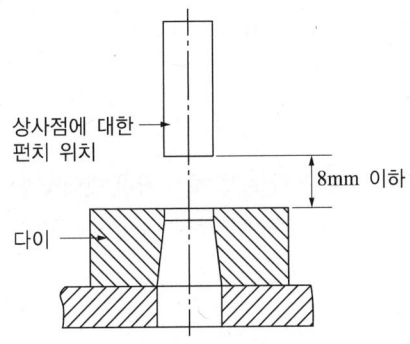

(2) 프레스에 금형 설치 시 점검사항
① 다이홀더와 펀치의 직각도, 섕크홀(shank hole)과 펀치의 직각도
② 펀치와 다이의 평행도, 펀치와 볼스터의 평행도
③ 다이와 볼스터의 평행도

(3) 금형작업 시 사용하는 수공구
① 집게류(플라이어류)
② 핀셋류
③ 진공컵류
④ 자석공구류(마그넷류)
⑤ 누름봉 및 갈고리류

(4) 금형의 표시사항
① 압력 능력
② 길이
③ 총중량
④ 상형 중량

(5) 금형 설치·해체작업 시 안전사항
① 금형의 설치용구는 프레스의 구조에 적합한 형태로 한다.
② 고정볼트는 고정 후 가능하면 나사산을 3~4개 정도 짧게 남겨 슬라이드 면의 사이에 협착이 발생하지 않도록 해야 한다.
③ 금형 고정용 브래킷을 고정시킬 때 고정용 브래킷은 수평이 되게 하고, 고정볼트는 수직이 되게 고정해야 한다.
④ 금형을 설치하는 프레스의 T홈의 안길이는 설치 볼트 직경의 2배 이상으로 한다.

> **+ 괄호문제**
>
> 다음 괄호 안에 알맞은 내용을 쓰시오.
> ① 고정볼트는 고정 후 가능하면 나사산을 ( )개 정도 짧게 남겨 슬라이드 면의 사이에 협착이 발생하지 않도록 해야 한다.
> ② 금형 고정용 브래킷을 고정시킬 때 고정용 브래킷은 (㉠)이 되게 하고, 고정볼트는 (㉡)이 되게 고정해야 한다.
>
> | 정답 |
> ① 3~4
> ② ㉠ 수평, ㉡ 수직

> **확인! OX**
>
> 다음은 프레스기에 금형 설치 및 조정 작업 시 준수하여야 할 안전수칙에 대한 설명이다. 옳으면 "O", 틀리면 "X"로 표시하시오.
> 1. 금형을 부착하기 전에 하사점을 확인해야 하며, 체결은 올바른 치공구를 사용하고 균등하게 한다. ( )
> 2. 금형은 하형부터 잡고 무거운 금형의 받침은 인력으로 하지 않으며, 슬라이드의 불시하강을 방지하기 위하여 안전블록을 제거한다. ( )
>
> 정답 1. O 2. X
>
> | 해설 |
> 2. 프레스 슬라이드 하강 시, 안전블록이 없으면 사고가 발생한다.

+ 괄호문제

다음 괄호 안에 알맞은 내용을 쓰시오.

① ( )란 2개 이상의 원통형을 한 조로 해서 각각 반대방향으로 회전하면서 가공재료를 롤러 사이로 통과시켜 롤러의 압력에 의하여 소성변형하거나 연화하는 기계·기구이다.
② 급정지장치의 조작부는 롤러기의 전면과 후면에 각각 1개씩 ( )으로 설치하고, 그 길이는 롤의 길이 이상이어야 한다.

| 정답 |
① 롤러기
② 수평

확인! OX

다음은 롤러기의 방호장치 중 급정지장치에 대한 설명이다. 옳으면 "O", 틀리면 "X"로 표시하시오.

1. 손조작식 위치 : 밑면으로부터 1.8m 이내 ( )
2. 복부조작식 위치 : 밑면으로부터 0.4m 이상 0.6m 이내 ( )

정답 1. O 2. X

| 해설 |
2. 복부조작식은 밑면으로부터 0.8m 이상 1.1m 이내이며, 무릎조작식이 밑면으로부터 0.4m 이상 0.6m 이내이다.

제3절 기타 산업용 기계·기구

1. 롤러기

중요도 ★☆☆

롤러기란 2개 이상의 원통형을 한 조로 해서 각각 반대방향으로 회전하면서 가공재료를 롤러 사이로 통과시켜 롤러의 압력에 의하여 소성변형하거나 연화하는 기계·기구이다.

(1) 롤러기 방호장치(가드)

롤러기는 각종 재료 및 위험도에 따라 다음과 같이 방호장치를 설치하여야 한다.

① 위험기계·기구인 롤러기에는 급정지장치를 설치한다.
  ㉠ 급정지장치 조작부의 종류 및 위치(위험기계·기구 안전인증 고시 별표 5)

급정지장치 조작부의 종류	위치	비고
손으로 조작하는 것	밑면으로부터 1.8m 이내	위치는 급정지장치 조작부의 중심점을 기준으로 함
복부로 조작하는 것	밑면으로부터 0.8m 이상 1.1m 이내	
무릎으로 조작하는 것	밑면으로부터 0.4m 이상 0.6m 이내	

  ㉡ 성능기준 : 무부하로 회전 시 위의 정지거리 내에서 정지
  ㉢ 설치방법
    • 급정지장치의 조작부는 롤러기의 전면과 후면에 각각 1개씩 수평으로 설치하고, 그 길이는 롤의 길이 이상이어야 한다.
    • 손으로 조작하는 급정지장치의 조작부에 사용하는 줄은 사용 중에 늘어나거나 끊어지지 않아야 한다.
    • 급정지장치가 동작한 경우에는 롤러기의 기동장치를 재조작하지 않으면 가동되지 않는 구조여야 한다.
    • 롤러기에는 방호장치로서 울 또는 안내롤 등을 설치하여야 한다.
② 가드를 설치할 때 일반적인 개구부의 간격은 다음의 수식으로 계산한다.

$$Y = 6 + 0.15X (X < 160\text{mm}) \text{ (단, } X \geq 160\text{mm 이면 } Y = 30\text{)}$$

여기서, X : 개구부에서 위험점까지의 최단거리(mm)
    Y : 개구부의 간격(mm)

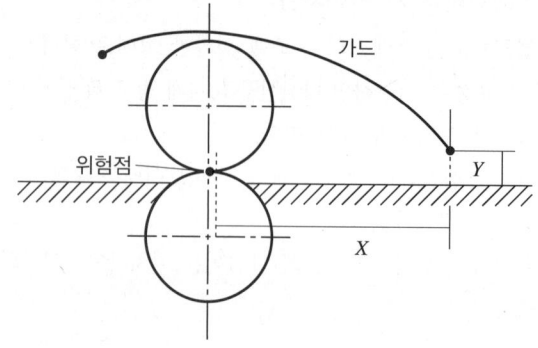

다만, 위험점이 전동체인 경우 개구부의 간격은 다음 식으로 계산한다.

$Y = 6 + \dfrac{X}{10}$ (단, $X < 760\text{mm}$ 에서 유효)

여기서, X : 개구부에서 전동대차 위험점까지의 최단거리(mm)
　　　　Y : 개구부의 간격(mm)

※ 두꺼운 원재료를 가공할 때 개구부 간격 Y가 작으면 원재료의 투입이 불가능해지거나 불량품이 생산된다. 그러므로 가공에 충분한 개구부를 얻고 안전을 확보하기 위해서는 X를 충분히 확보해야 한다.

(2) 롤러기의 회전속도에 따른 급정지장치 성능

① 급정지장치 정의 : 롤러기의 전면에서 작업하고 있는 근로자의 신체 일부가 롤러 사이에 말려들어 가거나 말려들어 갈 우려가 있는 경우에 근로자가 손, 무릎, 복부 등으로 급정지조작부를 동작시켜 롤러기를 급정지시키는 장치를 말한다.

② 급정지장치 성능 요건(위험기계·기구 안전인증 고시 별표 5)
　㉠ 롤러기를 무부하에서 최대속도로 회전시킨 상태에서 앞면 롤러의 표면속도에 따라 규정된 정지거리 내에서 당해 롤러를 정지시킬 수 있는 성능을 보유해야 한다.
　㉡ 롤러기 급정지장치의 정지거리

앞면 롤러의 표면속도(m/min)	급정지거리
30 미만	앞면 롤러 원주의 1/3
30 이상	앞면 롤러 원주의 1/2.5

　㉢ 급정지장치는 자율안전확인 신고를 마친 제품이어야 한다.

2. 원심기

(1) 정의(안전검사 절차에 관한 고시 별표 1)

① 액체·고체 사이에서의 분리 또는 이 물질들 중 최소 2개를 분리하기 위한 목적으로 쓰이는 동력에 의해 작동되는 산업용 원심기이다.
② 다음의 어느 하나에 해당하는 원심기는 제외한다.
　㉠ 회전체의 회전운동에너지가 750J 이하인 것
　㉡ 최고 원주속도가 300m/s를 초과하는 원심기
　㉢ 원자력에너지 제품 공정에만 사용되는 원심기
　㉣ 자동조작설비로 연속공정과정에 사용되는 원심기
　㉤ 화학설비에 해당되는 원심기

(2) 원심기의 방호장치(회전체 접촉 예방장치)

① 작동 부분의 돌기 부분은 묻힘형으로 하거나 덮개를 부착할 것
② 동력전달 부분 및 속도조절 부분에는 덮개를 부착하거나 방호망을 설치할 것

+ 괄호문제

다음 괄호 안에 알맞은 내용을 쓰시오.
① 롤러기의 전면에서 작업하고 있는 근로자의 신체 일부가 롤러 사이에 말려들어 가거나 말려들어 갈 우려가 있는 경우에 근로자가 손, 무릎, 복부 등으로 급정지조작부를 동작시켜 롤러기를 급정지시키는 장치를 (　)라고 한다.
② 원심기의 방호장치는 (㉠)이며, 동력전달 부분 및 속도조절 부분에는 (㉡)를 부착하거나 (㉢)을 설치하여야 한다.

|정답|
① 급정지장치
② ㉠ 회전체 접촉 예방장치, ㉡ 덮개, ㉢ 방호망

확인! OX

다음은 롤러기의 회전속도에 따른 급정지장치 성능에 대한 설명이다. 옳으면 "O", 틀리면 "X"로 표시하시오.

1. 앞면 롤러의 표면속도가 30 m/min일 경우, 롤러기 급정지장치의 정지거리는 앞면 롤러 원주의 1/3이다. (　)
2. 롤러기를 무부하에서 최대속도로 회전시킨 상태에서 앞면 롤러의 표면속도에 따라 규정된 정지거리 내에서 당해 롤러를 정지시킬 수 있는 성능을 보유해야 한다. (　)

정답 1. X　2. O

|해설|
1. 앞면 롤러 원주의 1/2.5이다.

+ 괄호문제

다음 괄호 안에 알맞은 내용을 쓰시오.
① 아세틸렌 용기의 사용 시 (   )을 가하지 않는다.
② 아세틸렌 용기의 사용 시 (㉠)를 멀리하고, 운반 시에는 반드시 (㉡)을 씌우도록 한다.

| 정답 |
① 충격
② ㉠ 화기나 열기, ㉡ 캡

③ 회전기계의 물림점(롤러나 톱니바퀴 등 반대방향의 두 회전체에 물려 들어가는 위험점)에는 덮개 또는 울을 설치할 것
※ 산업안전보건법 시행규칙 제98조

3. 아세틸렌 용접장치 및 가스집합 용접장치   중요도 ★★★

(1) 가스용접의 정의
① 연소가스와 산소 혹은 공기와의 혼합가스를 용접 토치에서 분사해, 고온의 화염을 접합부에 조사하여 금속을 용해시켜 접합하는 용접법이다.
② 과열온도의 조정이 비교적 용이하고 가열 영역이 광범위하게 미치기 때문에 열전도율이 낮은 재료에 유효하다.
③ 가열시간이 길기 때문에 재질에 따라서는 열적인 손상이 발생하는 경우가 있다. 또한 연소가스의 종류에 의해 온도가 다르기 때문에, 용접재료에 적절한 연소가스가 필요하다.

[연소가스에 의한 연소온도와 용도]

가스의 종류	연소온도	용도
산소·아세틸렌	3,200℃	철강·비철금속
일반산소·수소	2,500℃	얇은 판자 철강·저융점 금속 후판
산소·석탄 가스	1,500℃	저융점 금속
공기·석탄 가스	900℃	아연, 납

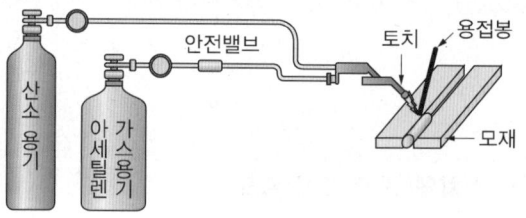

[아세틸렌 가스용접]

확인! OX

다음은 가스용접에 대한 설명이다. 옳으면 "O", 틀리면 "X"로 표시하시오.
1. 연소가스와 산소 혹은 공기와의 혼합가스를 용접 토치에서 분사해, 고온의 화염을 접합부에 조사하여 금속을 용해시켜 접합하는 용접법이다. (   )
2. 과열온도의 조정이 비교적 용이하고 가열 영역이 광범위하게 미치기 때문에 열전도율이 높은 재료에 유효하다. (   )

정답 1. O 2. X

| 해설 |
2. 열전도율이 낮은 재료에 유효하다.

더 알아보기

용접결함의 종류
• 크랙 : 용접터짐, 균열발생
• 기공(blowhole) : 용접부에 기공 발생
• 슬래그 혼입 : 용합부에 부스러기가 잔존하는 현상
• 언더컷(under cut) : 과대전류가 원인으로 용압 부족으로 모재가 파이는 현상
• 항아리(crater) : 용접 시 끝이 오목하게 파이는 현상
• 핏(pit) : 용접부 표면에 작은 기폭 구멍이 발생하는 현상
• 용입 불량 : 모재가 완전 용입되지 않는 현상(녹지 않음)
• 은점(fish eye) : 반점이 발생하는 현상
• 오버랩(overlap) : 모재가 겹치는 현상
• overhang : 융착금속이 흘러내리는 현상
• 스패터(spatter) : 용융된 금속의 작은 입자가 튀어나와 모재에 묻어 있는 것

(2) 아세틸렌 가스의 특성
① 용접, 용단에 가장 많이 사용되며, 탄화수소 중에서 가장 불안전한 가스이다.
② 작은 압력(1.5기압)이나 충격에도 폭발할 정도로 위험성이 높다(폭발한계 : 2.5~80%).
③ 아세틸렌 용기 관리
  ㉠ 반드시 똑바로 세워서 보관한다(용기 전도 시 아세톤이 아세틸렌 가스와 함께 분출되어 위험).
  ㉡ 화기 주변이나 온도가 높은 장소에 보관하지 않는다(용기 상부의 가용안전밸브 손상 위험).

(3) 아세틸렌 용접장치 및 가스집합 용접장치의 방호장치
① 방호장치 : 안전기(역화방지기)
② 안전기의 역할 : 가스의 역화 및 역류 방지
  ㉠ 역화 : 아세틸렌 가스의 압력이 부족할 경우 팁 끝에서 '빵빵' 소리를 내면서 불꽃이 들어갔다 나왔다 하는 현상을 말한다.
  ㉡ 역류 : 산소가 아세틸렌 호스 쪽으로 흘러가는 현상을 말한다.

(4) 용접·절단 작업 시 위험요인
① 화염의 역화 및 역류 발생요인
  ㉠ 팁 끝이 막혔을 때
  ㉡ 팁 끝이 과열되었을 때
  ㉢ 가스 압력과 유량이 적당하지 않을 때
  ㉣ 팁의 조임이 풀려올 때
  ㉤ 압력 조정기가 불량일 때
  ㉥ 토치의 성능이 좋지 않을 때
  ※ 역화 발생 시 산소밸브를 먼저 잠그고, 아세틸렌 밸브를 잠근다.
② 화염의 역화 방지대책
  ㉠ 팁을 깨끗이 함
  ㉡ 산소 차단
  ㉢ 아세틸렌 차단
  ㉣ 안전기 및 발생기 차단(아세틸렌 발생기 사용 시)
③ 화염의 역류 방지대책
  ㉠ 아세틸렌 차단
  ㉡ 팁을 물로 식힘
  ㉢ 토치 기능 점검
  ㉣ 발생기 기능 점검
  ㉤ 안전기에 물을 넣어 다시 사용

+ 괄호문제

다음 괄호 안에 알맞은 내용을 쓰시오.
① 아세틸렌 용접장치 및 가스집합 용접장치의 방호장치는 ( )이며, ( )의 역할은 가스의 역화 및 역류 방지이다.
② 아세틸렌 가스의 압력이 부족할 경우 팁 끝에서 '빵빵' 소리를 내면서 불꽃이 들어갔다 나왔다 하는 현상을 ( )라고 한다.

| 정답 |
① 안전기(역화방지기)
② 역화

확인! OX

다음은 아세틸렌 가스에 대한 설명이다. 옳으면 "O", 틀리면 "X"로 표시하시오.

1. 아세틸렌 용기는 전도 시 아세톤이 아세틸렌 가스와 함께 분출되어 위험하기 때문에 반드시 똑바로 세워서 보관하여야 한다. ( )
2. 아세틸렌 가스는 용접, 용단에 가장 많이 사용되며, 탄화수소 중에서 가장 불안전한 가스이다. 폭발한계는 1.5~90%로 작은 압력이나 충격에도 폭발할 정도로 위험성이 높다. ( )

| 정답 | 1. O 2. X

| 해설 |
2. 폭발한계는 2.5~80%이다.

+ 괄호문제

다음 괄호 안에 알맞은 내용을 쓰시오.

① 아세틸렌 용접장치 및 가스집합 용접장치의 역화 발생 시 (㉠)를 먼저 잠그고 (㉡)를 잠근다.
② 아세틸렌 발생기실의 출입구 문은 불연성 재료로 하고 두께 (   ) 이상의 철판이나 그 밖에 그 이상의 강도를 가진 구조로 하여야 한다.

| 정답 |
① ㉠ 산소밸브,
　㉡ 아세틸렌 밸브
② 1.5mm

확인! OX

다음은 아세틸렌 용접장치 발생기실의 구조에 대한 설명이다. 옳으면 "O", 틀리면 "X"로 표시하시오.

1. 벽은 가연성 재료로 할 것, 배기통을 옥상으로 돌출시키고 그 개구부를 출입구로부터 1.5m 거리 이내에 설치할 것　　　　(　　)
2. 지붕과 천장에는 얇은 철판과 같은 가벼운 불연성 재료를 사용할 것, 벽과 발생기 사이에는 발생기의 조정 또는 카바이드 공급 등의 작업을 방해하지 않도록 간격을 확보할 것　　(　　)

| 정답 | 1. X　2. O

| 해설 |
1. 벽은 불연성 재료로 할 것, 개구부를 출입구로부터 1.5m 이상 떨어지게 할 것

---

(5) 아세틸렌 발생기실 설치장소(산업안전보건기준에 관한 규칙 제286조)

① 사업주는 아세틸렌 용접장치의 아세틸렌 발생기를 설치하는 경우 전용 발생기실에 설치하여야 한다.
② ①에서 발생기실은 건물의 최상층에 위치해야 하며, 화기를 사용하는 설비로부터 3m를 초과하는 장소에 설치하여야 한다.
③ ①에서 발생기실을 옥외에 설치한 경우, 그 개구부를 다른 건축물로부터 1.5m 이상 떨어지도록 하여야 한다.

(6) 발생기실의 구조(산업안전보건기준에 관한 규칙 제287조)

① 벽은 불연성 재료로 하고 철근 콘크리트 또는 그 밖에 이와 같은 수준이거나 그 이상의 강도를 가진 구조로 해야 한다.
② 지붕과 천장에는 얇은 철판이나 가벼운 불연성 재료를 사용해야 한다.
③ 바닥면적의 16분의 1 이상의 단면적을 가진 배기통을 옥상으로 돌출시키고 그 개구부를 창이나 출입구로부터 1.5m 이상 떨어지도록 해야 한다.
④ 출입구의 문은 불연성 재료로 하고 두께 1.5mm 이상의 철판이나 그 밖의 그 이상의 강도를 가진 구조로 해야 한다.
⑤ 벽과 발생기 사이에는 발생기의 조정 또는 카바이드 공급 등의 작업을 방해하지 않도록 간격을 확보해야 한다.

> **더 알아보기**
>
> **충전가스 용기의 도색**
> - 산소 – 녹색
> - 탄산가스 – 청색
> - 암모니아 – 백색
> - 그 외 가스 – 회색
> - 수소 – 주황색
> - 염소 – 갈색
> - 아세틸렌 – 황색

4. 보일러 및 압력용기　　중요도 ★★★

(1) 보일러 취급 시 이상현상

① 포밍(foaming, 물거품) : 보일러수 속에 유지류, 용해 고형물, 부유물 등의 농도가 높아지면 드럼 수면에 안정한 거품이 발생·증가하여 정상적인 흐름과 열 전달 과정을 방해하는 현상이다. 증기에 수분이 혼입하여 캐리오버하게 된다.

㉠ 발생원인
- 화학적 현상으로서 보일러수의 농도가 높은 경우
- 가성소다, 유지분 등의 함유 비율이 높을 경우
- 보일러수 내에 고형 부유물이 콜로이드형으로 존재하는 경우
- 보일러수의 농도가 같더라도 증기부의 단위용적당 증발량이 많은 경우

㉡ 방지대책
- 나트륨, 칼륨, 칼슘, 마그네슘 및 유기물 현탁 고형물의 농도를 일정량 이하로 관리한다.
- 거품을 파괴할 수 있는 염화나트륨을 이용한다.

② 프라이밍(priming, 비수현상) : 보일러 수면에서 증발이 격심하여 기포가 비산해서 수적(물방울)이 증기부에 심하게 튀어 오르고, 비산되는 수적으로 수위도 불안전해지는 현상이다. 수분이 증기와 분리되지 않아 수면이 심하게 솟아오른다.

㉠ 발생원인
- 보일러의 농도가 높은 경우
- 보일러의 수위가 높아진 경우
- 송기 시 증기밸브를 급개함으로써 이에 따른 증기 배출이 급격히 증가한 경우
- 과부하 사용

㉡ 방지대책
- 보일러 수질관리 : 용존 고형물 감소, 여과 등
- 적절한 보일러 작동 유지 : 과부하 방지, 보일러 수위 조절 등
- 보일러 설계 및 장비 최적화 : 증기 분리 장치, 드럼 공간 개선 등
- 정기 유지보수 : 장비검사, 수질 모니터링 등

③ 캐리오버(carry over, 기수공발) : 보일러수가 미세한 수분이나 거품 상태로 다량 발생하여 증기와 더불어 보일러 밖으로 송출되는 현상이며, 이는 워터해머의 원인이 된다.

㉠ 캐리오버에 의한 장애
- 증기건도가 나빠져 증기시스템의 증기밸브시트, 터빈날개 등에 석출물이 부착되어 운전이 불량해짐
- 보일러 동체 수위의 상하진동이 심해 정확한 수위제어가 어려움
- 증기건도가 저하되어 제품품질을 저하시키고 과열기가 팽창 파열됨
- 열사용설비의 고형물 부착에 의한 효율감소가 발생함

+ 괄호문제

다음 괄호 안에 알맞은 내용을 쓰시오.

① 보일러 부하의 급변, 수위의 과상승 등에 의해 수분이 증기와 분리되지 않아 보일러 수면이 심하게 솟아올라 올바른 수위를 판단하지 못하는 현상은 ( )이다.
② ( )은 보일러 수면에서 증발이 격심하여 기포가 비산해서 수적(물방울)이 증기부에 심하게 튀어 오르고, 비산되는 수적으로 수위도 불안전해지는 현상이다.

| 정답 |
① · ② 프라이밍

확인! OX

다음은 보일러 이상현상에 대한 설명이다. 옳으면 "O", 틀리면 "X"로 표시하시오.

1. 보일러 발생증기가 불안정하게 되는 현상의 종류에는 캐리오버, 프라이밍, 절탄기, 포밍이 있다. ( )
2. 송기 시 증기밸브를 급개함으로써 이에 따른 증기 배출이 급격히 증가한 경우 포밍 현상이 발생한다. ( )

정답 1. X 2. X

| 해설 |
1. 절탄기(economizer) : 보일러 굴뚝에서 버려지는 여열을 이용해서 보일러에 공급되는 급수를 가열하는 장치
2. 프라이밍 현상에 대한 설명이다.

+ 괄호문제

다음 괄호 안에 알맞은 내용을 쓰시오.
① ( )은 응축수가 배관을 강하게 치는 현상으로 배관파열을 초래한다.
② 펌프계에서 발생하는 수충격 현상 중에서 가장 큰 문제가 되는 것은 동력을 급히 ( )할 때 일어나는 것이다.

| 정답 |
① 수격작용
② 차단

ⓒ 발생원인
- 증발 수면적의 불충분
- 증기실이 좁거나 보일러 수면이 높을 때
- 증기정비밸브를 급히 열거나, 부하가 돌연 증가했을 때
- 압력의 급강하가 일어나 격렬한 자기증발을 일으켰을 때
- 유지류가 많을 때

ⓒ 방지대책
- 급격한 운전을 피한다.
- 보일러 수위를 일정하게 유지한다.
- 증기드럼에 기수분리장치를 설치한다.
- 보일러 운전압력을 당초 설계조건대로 유지한다.
- 부하를 급격하게 발생하는 등의 운전은 지양한다.
- 보일러수의 혼탁농도를 일정 농도 이하로 유지한다.

④ 수격작용(water hammering)

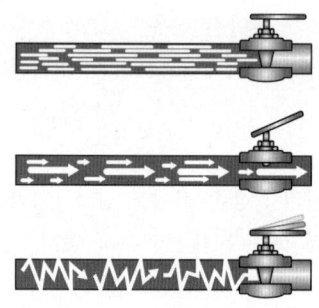

[수격작용]

㉠ 응축수가 배관을 강하게 치는 현상으로 배관파열을 초래한다.
㉡ 관로에서 유속이 급격하게 변화하면 관내 압력이 상승 또는 강하한다.
㉢ 펌프의 송수관에서 정전으로 동력이 갑자기 단절되고 펌프가 급히 가동할 때 또는 밸브를 급히 닫거나 열 때 수충격(water hammering)이 발생한다.
㉣ 펌프계에서 발생하는 수충격 현상 중에서 가장 큰 문제가 되는 것은 동력을 급히 차단할 때 일어나는 것이다.

확인! OX

다음은 보일러 이상현상에 대한 설명이다. 옳으면 "O", 틀리면 "X"로 표시하시오.

1. 증발 수면적이 불충분하거나, 증기실이 좁거나 보일러 수면이 낮을 때 캐리오버가 발생한다. ( )
2. 펌프의 송수관에서 정전으로 동력이 갑자기 단절되고 펌프가 급히 가동할 때 또는 밸브를 급히 닫거나 열 때 수충격이 발생한다. ( )

정답 1. X 2. O

| 해설 |
1. 보일러 수면이 높을 때 캐리오버가 발생한다.

> **더 알아보기**
>
> **수충격 현상**
> - water pump 상승압에 의하여 펌프, 밸브, 관로들이 파손된다.
> - 압력강하에 의하여 관로가 쪼그라든다.
> - 펌프 및 전동기의 역전에 대한 고려를 하지 않았을 때, 역전과속의 사고를 일으킬 수 있다.
> - 압력강하에 의하여 관내의 물이 분리되어 공동부(void)가 생길 수 있다. 수주 분리 현상이 발생하며 이 공동부에 다시 물이 찰 때 비정상적으로 높은 충격압이 일어나 관을 파손한다.
> - 수충격 현상의 경감법
>   - 펌프에 플라이휠(fly wheel)을 붙인다. 플라이휠은 회전속도가 갑자기 느려지는 것을 막고, 급격한 압력강하를 완화시킨다.
>   - 서지탱크(surge tank)를 설치한다. 펌프의 급정지 후 압력이 강하할 때 서지탱크를 설치하고 물을 관로에 보급해 주는 방법이다.
>   - 관내의 유속을 느리게 한다. 관로의 경을 크게 하여 관내 유속을 느리게 한다. 이로 인해 관로 내에서 수주의 관성력이 작아지므로 압력강하도 작아진다.
>
>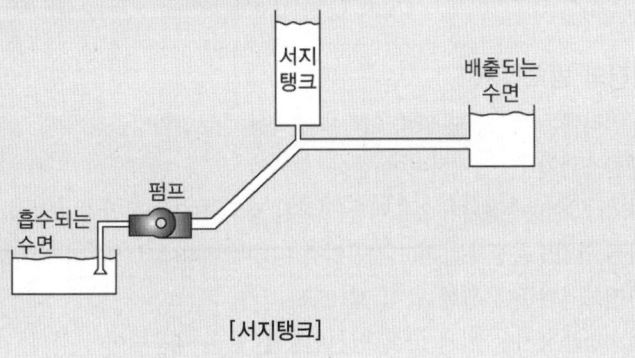
>
> [서지탱크]

+ **괄호문제**

다음 괄호 안에 알맞은 내용을 쓰시오.
① 펌프에 (㉠)을 붙이고, 관 내의 유속을 (㉡) 하여 수충격 현상을 경감시킨다.
② 펌프의 급정지 후 압력이 강하할 때 (　)를 설치하고 물을 관로에 보급해 수충격 현상을 경감시킨다.

| 정답 |
① ㉠ 플라이휠
　㉡ 느리게
② 서지탱크

⑤ 역화(back fire) : 불꽃이 토치 안쪽으로 밀려 들어가면서 뻥뻥거리면서, 불꽃이 꺼졌다가 다시 나타나는 현상이다.

⑥ 블로다운(blow-down)

㉠ 정의
- 보일러수의 주기적인 배출과 보충을 통해 보일러수 내의 불순물 농도를 적정 범위 이내로 조정하는 것이다.
- 보일러수의 수질을 개선해 주지 않으면 부식이나 스케일 캐리오버 등 여러 가지 문제들이 발생할 수 있다.

㉡ 조절대상
- 염소이온 농도
- 보일러 관수의 pH
- 부착 또는 침전된 고형물질

확인! OX

다음은 블로다운에 대한 설명이다. 옳으면 "O", 틀리면 "X"로 표시하시오.

1. 보일러수의 주기적인 배출과 보충을 통해 보일러수 내의 불순물 농도를 적정범위 이내로 조정하는 것을 블로다운이라고 한다. (　)
2. 보일러수의 수질을 개선해 주지 않으면 부식이나 스케일 캐리오버 등 여러 가지 문제들이 발생할 수 있다. (　)

정답 1. O　2. O

+ 괄호문제

다음 괄호 안에 알맞은 내용을 쓰시오.

① 보일러에는 최고 사용압력 이하에서 작동하는 (㉠) 및 (㉡)를 설치하여야 한다.
② 산업안전보건기준에 관한 규칙상 보일러의 압력방출장치가 2개 설치된 경우 그 중 1개는 최고 사용압력 이하에서 작동된다고 할 때, 다른 압력방출장치는 최고 사용압력 (   )배 이하에서 작동되도록 부착해야 한다.

| 정답 |
① ㉠ 압력방출장치,
  ㉡ 압력제한스위치
② 1.05

(2) 보일러 안전사고

① 보일러 안전사고의 발생
  ㉠ 보일러 동체 파열
  ㉡ 보일러 연소실 내 미연소가스 체류로 인한 가스폭발
  ㉢ 보일러가스 유입에 따른 중독사고
② 산업용 보일러의 안전장치 종류
  ㉠ 안전밸브
  ㉡ 압력제한 장치(압력차단 SW)
  ㉢ 과열방지스위치 : 설정온도(최고 사용 압력하의 포화온도 + 10℃)에서 전원을 차단하는 방식
  ㉣ 저수위 차단장치
  ㉤ 연소 안전장치(프로텍트 릴레이 기능)

(3) 보일러의 방호장치

① 보일러에는 최고 사용압력 이하에서 작동하는 압력방출장치 및 압력제한스위치(온도제한스위치)를 설치하여야 한다.
② 다만, 압력방출장치가 2개 이상 설치된 경우 최고 사용압력 이하에서 1개가 작동되고, 다른 압력방출장치는 최고 사용압력 1.05배 이하에서 작동되도록 부착해야 한다(산업안전보건기준에 관한 규칙 제116조).
③ 압력방출장치는 법에 따른 안전인증을 받은 제품이어야 한다.
④ 종류
  ㉠ 압력방출장치
  ㉡ 압력제한스위치
  ㉢ 고저수위 조절장치
  ㉣ 화염검출기

확인! OX

다음은 보일러의 방호장치에 대한 설명이다. 옳으면 "O", 틀리면 "X"로 표시하시오.

1. 고저수위 조절장치와 화염검출기는 보일러의 방호장치이다. (   )
2. 역화방지기는 보일러의 방호장치이다. (   )

| 정답 | 1. O 2. X

| 해설 |
2. 역화방지기는 해당하지 않는다.

5. 산업용 로봇

중요도 ★☆☆

(1) 종류

① 머니퓰레이터 로봇 : 인간의 팔이나 손과 유사한 기능을 가지고 대상물을 공간적으로 이동시키는 로봇이다.
  ※ 머니퓰레이터(manipulator) : 인간의 상지(上肢)와 유사한 기능을 보유하고, 그 선단 부위에 해당하는 기계 손(mechanical hand) 등에 의해 물체를 파지(파악, 흡착, 유지하는 것)하여 공간(空間)적으로 이동시키는 작업 또는 그 선단 부위에 부착된 도장용 스프레이건(spray gun), 용접 토치 등의 공구에 의한 도장, 용접 등의 작업을 실시할 수 있는 것을 말한다.

② 수동 머니퓰레이터 로봇 : 사람이 직접 조작하는 머니퓰레이터
③ 시퀀스 로봇 : 미리 설정된 순서와 조건 및 위치에 따라 동작의 각 단계를 점차 진행하는 로봇
④ 플레이백 로봇 : 미리 사람이 작업의 순서, 위치 등의 정보를 기억시켜 작업하는 로봇

(2) 위험요인
① 작업영역이 커 작업자가 로봇의 작업영역에 들어가 있는 경우가 많으며 운동의 형태를 예상하기 힘들어 충돌할 위험이 크다.
② 교시나 보수 시 불의의 작동 또는 순서를 무시하고, 초기화에 의한 충돌 위험이 있다.
③ 로봇이 동작 중 주변기기의 이상이나 작업을 기다리며 정지하고 있을 때, 고장으로 오인하여 작업자가 위험구역 내로 진입하여 위험을 초래할 수 있다.

(3) 작업 시작 전 점검사항(산업안전보건기준에 관한 규칙 별표 3)
로봇의 작동범위에서 그 로봇에 관하여 교시 등(로봇의 동력원을 차단하고 하는 것은 제외)의 작업을 할 때는 작업 시작 전 다음과 같은 점검을 실시해야 한다.
① 외부전선의 피복 또는 외장의 손상 유무 점검
② 머니퓰레이터 작동의 이상 유무 점검
③ 제동장치 및 비상정지장치의 기능 점검

(4) 안전조치
① 운전 중 조치
  ㉠ 근로자가 부딪힐 위험이 있는 경우, 안전매트 및 높이 1.8m 이상의 울타리(방책)를 설치한다.
  ㉡ 로봇의 위험성을 고려하여 높이로 인한 위험성이 없는 경우, 높이를 그 이하로 조절할 수 있다.
② 교시 등의 작업 시 조치
  ㉠ 지침을 정하고 지침에 따라 작업한다.
  ㉡ 근로자 또는 감시자는 위험 발견 시 운전정지를 위한 조치를 한다.
  ㉢ 기동스위치에 작업 중 표시, 시건 등 임의조작 금지 조치를 한다.
③ 수리 등(교시 제외)의 작업 시 조치
  ㉠ 해당 작업을 하는 동안 기동스위치 잠금열쇠는 별도로 관리한다.
  ㉡ 로봇의 기동스위치에 작업 중이란 내용의 표지판을 부착한다.
  ㉢ 작업 종사자가 아닌 사람이 해당 기동스위치를 조작할 수 없도록 조치한다.

+ 괄호문제

다음 괄호 안에 알맞은 내용을 쓰시오.
① 산업용 로봇은 작업 시작 전 ( ) 또는 외장의 손상 유무를 점검해야 한다.
② 산업용 로봇은 작업 시작 전 ( ) 작동의 이상 유무를 점검해야 한다.

| 정답 |
① 외부전선의 피복
② 머니퓰레이터

확인! OX

다음은 산업용 로봇의 작업 시작 전 점검 사항에 대한 설명이다. 옳으면 "O", 틀리면 "X"로 표시하시오.
1. 압력방출장치의 이상 유무를 확인해야 한다. ( )
2. 제동장치 및 비상정지장치의 기능을 점검해야 한다. ( )

정답 1. X 2. O

| 해설 |
1. 해당사항 없다.

6. 목재가공용 기계

(1) 목재가공용 둥근톱 작업의 안전

① 정의
  ㉠ '가동식 덮개'란 가공재 송급 시 두께에 따라 덮개 또는 보조덮개가 움직이는 형식을 말한다.
  ㉡ '고정식 덮개'란 가공재 송급 시 두께에 따라 덮개가 움직이지 않는 형식을 말한다.
  ㉢ '반발 예방장치'란 둥근톱 작업 시 가공재의 반발을 방지하기 위하여 설치하는 분할날을 말한다.
  ㉣ '날 접촉 예방장치'란 목재가공용 둥근톱의 톱날과 인체의 접촉을 방지하기 위한 덮개를 말한다.

② 목재가공용 둥근톱 기계에 의한 재해 위험성
  ㉠ 톱날과 신체의 접촉에 의한 사고
  ㉡ 목재의 반발에 의한 사고 : 칩 비산에 의한 눈의 상해

③ 목재가공용 둥근톱 기계의 방호장치
  ㉠ 날 접촉 예방장치(덮개)
  ㉡ 반발 예방장치 : 분할날, 반발 방지 기구(finger), 반발 방지 롤러

> **더 알아보기**
>
> **분할날의 설치조건**
> - 분할날 두께는 톱 두께의 1.1배 이상이며 치진폭보다 작을 것
> $1.1t_1 \leq t_2 < b$ (여기서, t_1 : 톱 두께, t_2 : 분할날 두께, b : 치진폭)
> - 톱날 후면과의 간격은 12mm 이내일 것
> - 후면날의 $\frac{2}{3}$ 이상을 덮어 설치할 것
> - 분할날 조임볼트는 2개 이상일 것
> - 분할날 최소 길이 $L(mm) = \frac{\pi \times D}{6}$ (여기서, D : 톱날 직경(mm))
> - 직경이 610mm를 넘는 둥근톱에는 현수식 분할날을 사용할 것

(2) 동력식 수동대패 작업의 안전

① 정의
  ㉠ '동력식 수동대패'란 가공할 판재를 손의 힘으로 송급하여 표면을 미끈하게 하는 동력 기계를 말한다.
  ㉡ '칼날 접촉 방지장치'란 인체가 대패날에 접촉하지 않도록 덮어 주는 것을 말한다.

② 방호장치(산업안전보건법 시행령 제77조) : 칼날 접촉 방지장치(덮개)

+ 괄호문제

다음 괄호 안에 알맞은 내용을 쓰시오.

① (㉠)란 가공재 송급 시 두께에 따라 덮개 또는 보조덮개가 움직이는 형식을 말하며, (㉡)란 가공재 송급 시 두께에 따라 덮개가 움직이지 않는 형식을 말한다.

② (㉠)란 둥근톱 작업 시 가공재의 반발을 방지하기 위하여 설치하는 분할날을 말하며, (㉡)란 목재가공용 둥근톱의 톱날과 인체의 접촉을 방지하기 위한 덮개를 말한다.

| 정답 |
① ㉠ 가동식 덮개,
  ㉡ 고정식 덮개
② ㉠ 반발 예방장치,
  ㉡ 날 접촉 예방장치

확인! OX

다음은 산업안전보건기준에 관한 규칙 제222조에 따른 산업용 로봇에 의한 작업 시 안전조치에 대한 설명이다. 옳으면 "O", 틀리면 "X"로 표시하시오.

1. 로봇의 조작방법 및 순서, 작업 중의 머니퓰레이터의 속도 등에 관한 지침에 따라 작업을 하여야 한다. ( )
2. 작업에 종사하는 근로자가 이상을 발견하면, 관리감독자에게 우선 보고하고, 지시에 따라 로봇의 운전을 정지시킨다. ( )

정답 1. O 2. X

| 해설 |
2. 이상이 발견되면 즉시 작업을 중지하고 보고 조치한다.

(3) 목재가공용 기계의 방호장치(산업안전보건기준에 관한 규칙)

① 둥근톱 기계의 반발 예방장치(제105조) : 목재가공용 둥근톱 기계[가로 절단용 둥근톱기계 및 반발(反撥)에 의하여 근로자에게 위험을 미칠 우려가 없는 것은 제외]에는 분할날 등 반발 예방장치를 설치하여야 한다.

② 둥근톱 기계의 톱날 접촉 예방장치(제106조) : 목재가공용 둥근톱 기계(휴대용 둥근톱을 포함하되, 원목제재용 둥근톱 기계 및 자동이송장치를 부착한 둥근톱 기계를 제외)에는 톱날 접촉 예방장치를 설치하여야 한다.

③ 띠톱기계의 덮개(제107조) : 목재가공용 띠톱기계의 절단에 필요한 톱날 부위 외의 위험한 톱날 부위에는 덮개 또는 울 등을 설치하여야 한다.

④ 띠톱기계의 날 접촉 예방장치 등(제108조) : 목재가공용 띠톱기계에서 스파이크가 붙어 있는 이송롤러 또는 요철형 이송롤러에는 날 접촉 예방장치 또는 덮개를 설치하여야 한다. 다만, 스파이크가 붙어 있는 이송롤러 또는 요철형 이송롤러에 급정지장치가 설치된 때에는 그러하지 아니하다.

⑤ 대패기계의 날 접촉 예방장치(제109조) : 작업 대상물이 수동으로 공급되는 동력식 수동대패기계에는 날 접촉 예방장치를 하여야 한다.

⑥ 모떼기 기계의 날 접촉 예방장치(제110조) : 모떼기 기계(자동이송장치를 부착한 것은 제외)에는 날 접촉 예방장치를 설치하여야 한다. 다만, 작업의 성질상 날 접촉 예방장치를 설치하는 것이 곤란하여 해당 근로자에게 작업 공구 등을 사용하도록 한 경우에는 그러하지 아니하다.

> **더 알아보기**
>
> **목재가공용 둥근톱 작업의 안전**
> • 덮개 설치
> • 분할날

+ 괄호문제

다음 괄호 안에 알맞은 내용을 쓰시오.
① 목재가공용 둥근톱 기계에는 분할날 등 ( )를 설치하여야 한다.
② 목재가공용 띠톱기계의 절단에 필요한 톱날 부위 외의 위험한 톱날 부위에는 (㉠) 또는 (㉡) 등을 설치하여야 한다.

| 정답 |
① 반발 예방장치
② ㉠ 덮개, ㉡ 울

7. 고속회전체

(1) 개요

① 고속회전체는 터빈이나 원심분리기 등 고속으로 회전하는 기계를 말한다.
② 고속회전체의 원주속도가 25m/s를 초과하는 회전시험을 하는 때에는 고속회전체의 파괴로 인한 위험을 방지하기 위하여 전용의 견고한 시설물의 내부 또는 견고한 장벽 등으로 격리된 장소에서 실시해야 한다.
③ 고속으로 회전하는 회전체(터빈로터, 원심분리기의 버킷)는 원주속도가 일정값(25m/s) 초과할 때로 제한조건이 주어진다.
④ 회전체의 회전속도가 증가하면 일반적으로 회전체의 지지점을 중심으로 회전진동이 발생하게 되는데, 회전축의 진동은 회전체에 대한 위험속도로 나타나며, 회전체가 위험속도에 도달하면 이론적으로 변위가 무한대로 발생하게 된다.

확인! OX

다음은 목재가공용 기계의 방호장치에 대한 설명이다. 옳으면 "O", 틀리면 "X"로 표시하시오.

1. 산업안전보건법령상 모떼기 기계에 사용되는 방호장치는 날 접촉 예방장치이다. ( )
2. 산업안전보건법령상 동력식 수동대패기계에 사용되는 방호장치는 반발 예방장치이다. ( )

정답 1. O 2. X

| 해설 |
2. 칼날 접촉 예방장치이다.

+ 괄호문제

다음 괄호 안에 알맞은 내용을 쓰시오.

① 산업안전보건기준에 관한 규칙 제115조에 따르면, 회전축의 중량이 (㉠)을 초과하고 원주속도가 (㉡) 이상인 고속회전체의 회전시험을 하는 경우 미리 회전축의 재질 및 형상 등에 상응하는 종류의 (㉢)검사를 해서 결함 유무를 확인해야 한다.

② 열을 가하여 용융 상태의 열가소성 또는 열경화성 플라스틱, 고무 등의 재료를 노즐을 통해 두 개의 금형 사이에 주입하여 원하는 모양의 제품을 성형·생산하는 기계를 ( )라고 한다.

| 정답 |
① ㉠ 1ton, ㉡ 120m/s, ㉢ 비파괴
② 사출성형기

(2) 위험요인

① 회전기계에 연결된 조인트나 커플링 등이 풀리면서 주위로 튀어 오름
② 비스듬하게 지지되거나 유격이 있는 회전체에 과도한 축방향 힘으로 축이 이탈함
③ 개방베어링으로 지지된 회전체가 과도한 내부의 불균형 또는 회전 중 큰 질량의 분리 혹은 이동으로 인하여 튀어 오름
④ 회전 부분이나 회전체 부품 등이 회전 중에 회전체로부터 이탈함
⑤ 회전체 혹은 주요 부분이 고속회전이나 과속시험 중에 파손됨

(3) 잠재적 위험요소

① 로터(rotor)의 파단
② 부품의 절손
③ 로터 부품 및 불균형(unbalance) 질량의 이탈
④ 로터 지지대로부터의 이탈

> **더 알아보기**
> • 방호덮개 : 고속회전체의 안전장치로, 회전체 전체 질량의 3분의 1이 충격을 주는 파편에 견딜 것
> • 고속회전체 비파괴검사 실시 : 회전축의 중량이 1ton을 초과하고 원주속도가 120m/s 이상인 것은 비파괴검사를 실시할 것

8. 사출성형기(injection moulding machine)

(1) 정의

열을 가하여 용융 상태의 열가소성 또는 열경화성 플라스틱, 고무 등의 재료를 노즐을 통해 두 개의 금형 사이에 주입하여 원하는 모양의 제품을 성형·생산하는 기계이다.
※ 사출성형기 방호조치에 관한 기술지침

(2) 가드의 종류

① 고정식 가드(fixed guard) : 가드가 특정위치에 용접 등으로 영구적으로 고정되거나 고정 장치(스크루, 너트 등)로 부착된 구조로서, 공구를 사용하지 아니하고는 가드의 제거 또는 개방이 불가능한 구조의 가드를 말한다.
② 가동식 가드(movable guard) : 미닫이 또는 여닫이 형태로 중력이나 수동 조작 등으로 확실하게 잠길 수 있는 가드로서, 사출성형기에 견고하고 고정되어 공구를 사용하지 않고 제거할 수 없는 가드를 말한다.

확인! OX

다음은 사출성형기에서 동력작동 시 금형 고정장치의 안전사항에 대한 설명이다. 옳으면 "O", 틀리면 "X"로 표시하시오.

1. 금형 또는 부품의 낙하를 방지하기 위해 기계적 억제장치를 추가하거나 자체 고정장치(self retain clamping unit) 등을 설치해야 한다. ( )

2. 전자석 금형 고정장치를 사용하는 경우에는 전자기파에 의한 영향을 받지 않도록 전자파 내성대책을 고려해야 한다. ( )

정답 1. O 2. O

③ 연동식 가드(interlocking guard) : 기계의 위험한 부분이 가드로 방호되어 가드가 닫혀야만 작동될 수 있고 가드가 열리면 정지명령이 주어지는 연동장치와 조합된 가드를 말한다(단, 가드를 닫는 것만으로 위험한 기계 기능이 스스로 가동되지는 않는다).

(3) 가동형 가드의 Ⅰ형식, Ⅱ형식, Ⅲ형식

① 사출성형기에 사용되는 Ⅰ형식(type Ⅰ) 방호장치를 구비한 가동형 가드
  ㉠ 한 개의 위치검출스위치(position switch)가 부착된 가동형 연동장치로서 전원회로의 주 차단장치를 작동시킬 것
  ㉡ 가드가 닫힌 경우 위치검출스위치는 작동되지 않으며, 폐회로가 구성되어 사출성형기가 동작될 것
  ㉢ 가드가 열리는 경우 위치검출스위치가 직접 작동되고, 전원회로가 개방되어 사출성형기가 정지될 것
  ㉣ 위치검출스위치 제어회로상에서 단일결함이 발생되는 경우, 사출성형기의 작동이 정지될 것

② 사출성형기에 사용되는 Ⅱ형식(type Ⅱ) 방호장치를 구비한 가동형 가드
  ㉠ 두 개의 위치검출스위치(position switch)가 부착된 가동형 연동장치로서 전원회로의 주 차단장치를 작동시킬 것
  ㉡ 첫 번째 위치검출스위치는 Ⅰ형식 방호장치와 동일하게 작동되고, 가드가 닫힌 경우 두 번째 위치검출스위치의 접점이 닫히고 폐회로가 구성되어 사출성형기가 동작될 것
  ㉢ 가드가 열린 경우 두 번째 위치검출스위치의 접점이 열리게 되고 사출성형기 작동이 정지될 것
  ㉣ 두 개의 위치검출스위치 작동상태가 가드의 운동주기마다 각각 감시되어야 하며, 어떤 한 개의 스위치에서 결함이 감지된 경우에는 사출성형기의 작동이 정지될 것

③ 사출성형기에 사용되는 Ⅲ형식(type Ⅲ) 방호장치를 구비한 가동형 가드
  ㉠ 서로 독립된 두 개의 연동장치가 부착된 형태로서, 연동장치 중 하나는 Ⅱ형식 방호장치와 동일하게 작동되고 나머지 연동장치는 위치검출스위치(position switch)를 사용하여 직접 또는 간접적으로 전원회로를 개폐할 것
  ㉡ 가드가 닫힌 경우 위치검출스위치는 작동이 중지되고 폐회로가 구성되어, 전원회로를 차단시키지 않을 것
  ㉢ 가드가 열린 경우 위치검출스위치는 가드에 의해 직접 작동되며 2차 차단장치를 경유하여 전원회로를 차단시킬 것
  ㉣ 두 개의 연동장치 작동상태를 가드의 운동 주기마다 감시하여, 한 개의 연동장치에서 결함이 감지된 경우에는 사출 성형기의 작동이 정지될 것

+ 괄호문제

다음 괄호 안에 알맞은 내용을 쓰시오.
① 가드의 종류에는 (㉠), (㉡), (㉢) 3가지가 있다.
② ( )는 미닫이 또는 여닫이 형태로 중력이나 수동 조작 등으로 확실하게 잠길 수 있는 가드이다.

| 정답 |
① ㉠ 고정식 가드,
  ㉡ 가동식 가드,
  ㉢ 연동식 가드
② 가동식 가드

확인! OX

다음은 가동형 가드에 대한 설명이다. 옳으면 "O", 틀리면 "X"로 표시하시오.

1. 사출성형기에 사용되는 Ⅱ형식 방호장치를 구비한 가동형 가드는 세 개의 위치검출스위치가 부착된 가동형 연동장치로써 전원회로의 주 차단장치를 작동시킨다.
( )

2. 사출성형기에 사용되는 Ⅲ형식 방호장치를 구비한 가동형 가드는 서로 독립된 두 개의 연동장치가 부착된 형태로서, 연동장치 중 하나는 Ⅱ형식 방호장치와 동일하게 작동되고 나머지 연동장치는 위치검출스위치를 사용하여 직접 또는 간접적으로 전원회로를 개폐한다.
( )

정답 1. X 2. O

| 해설 |
1. 두 개의 위치검출스위치가 부착된 가동형 연동장치이다.

제4절 운반기계 및 양중기

1. 지게차(forklift) 〈중요도 ★★★〉

(1) 정의
① 차체 앞에 설치된 포크(fork)를 사용하여 화물의 적재, 하역 및 운반작업에 사용하는 운반기계이다.
② 적재, 하역, 운반작업이 포크(fork)에 의해 이루어지므로 포크리프트 트럭(forklift truck) 또는 포크리프트(forklift)라고 하며 지게차라는 명칭은 운반, 하역 등에 사용했던 '지게'에서 인용한 것이다.
③ 건설기계관리법 시행령 별표 1에 의한 지게차 범위는 '타이어식으로 들어올림장치와 조종석을 가진 것'으로 규정된다.
④ 지게차의 분류

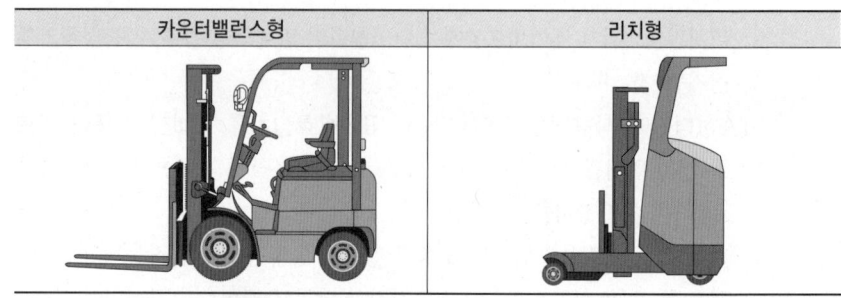

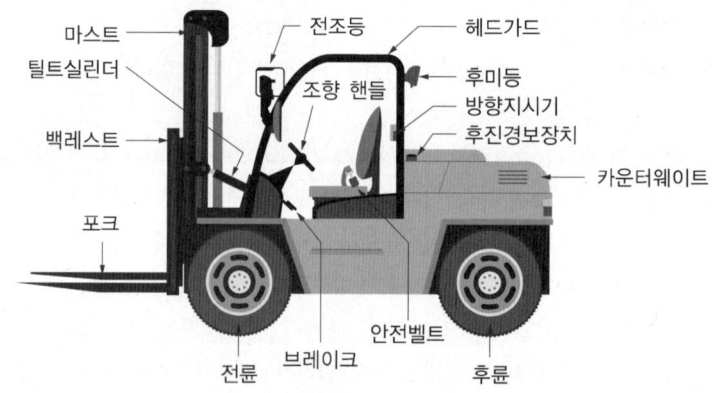

[지게차의 구성요소]

+ 괄호문제

다음 괄호 안에 알맞은 내용을 쓰시오.
① ( )는 차체 앞에 설치된 포크를 사용하여 화물의 적재, 하역 및 운반작업에 사용하는 운반기계이다.
② 지게차의 종류에는 (㉠)형과 (㉡)형이 있다.

| 정답 |
① 지게차
② ㉠ 카운터밸런스, ㉡ 리치

확인! OX

다음은 지게차에 대한 설명이다. 옳으면 "O", 틀리면 "X"로 표시하시오.

건설기계관리법 시행령에 의한 지게차 범위는 '타이어식으로 들어올림 장치와 조종석을 가진 것'으로 규정된다. ( )

정답 O

(2) 지게차 관련 용어

그림	용어
	적재능력(load capacity) 마스트를 90°로 세운 상태로 정해진 하중 중심의 범위 내에서 포크로 들어 올릴 수 있는 하물의 최대무게를 뜻한다. 적재능력의 표시방법은 표준하중 몇 mm에서 몇 kg으로 표시한다.
	하중중심(load center) 포크의 수직면으로부터 하물의 무게중심까지의 거리를 말한다.
	최대 인상높이(MFH ; Maximum Fork Height) 마스트가 수직인 상태에서 포크를 최대로 올렸을 때 지면으로부터 포크의 윗면까지의 높이를 말한다.
	자유인상높이(free lift) 포크를 들어 올릴 때 내측 마스트가 돌출되는 시점에 있어서 지면으로부터 포크 윗면까지의 높이를 말한다.
	마스트 경사각(tilting angle) 마스트 전체를 전방 또는 후방으로 경사시키는 각도를 말하며 통상 전경각이 후경각에 비해 작다.
	전장(overall length) 포크의 앞부분에서부터 지게차의 제일 끝부분까지의 길이를 말한다.

+ 괄호문제

다음 괄호 안에 알맞은 내용을 쓰시오.

① 최대 인상높이는 마스트가 (㉠)인 상태에서 포크를 최대로 올렸을 때 지면으로부터 포크의 (㉡)까지의 높이를 뜻한다.
② ( )는 포크를 들어 올릴 때 내측 마스트가 돌출되는 시점에 있어서 지면으로부터 포크 윗면까지의 높이를 말한다.

| 정답 |
① ㉠ 수직, ㉡ 윗면
② 자유인상높이

확인! OX

다음은 지게차 용어에 대한 설명이다. 옳으면 "O", 틀리면 "X"로 표시하시오.

1. 하중중심은 포크의 수평면으로부터 하물의 무게중심까지의 거리를 말한다. ( )
2. 지게차 적재능력의 표시방법은 표준하중 몇 mm에서 몇 kg으로 표시한다. ( )

정답 1. X 2. O

| 해설 |
1. 포크의 수직면으로부터 하물의 무게중심까지의 거리를 말한다.

+ 괄호문제

다음 괄호 안에 알맞은 내용을 쓰시오.
① 포크와 타이어는 제외하고 지면으로부터 지게차의 가장 낮은 부위까지의 높이를 (   )라고 한다.
② 지게차가 직각회전을 할 수 있는 최소 통로의 폭을 (   )이라고 한다.

| 정답 |
① 최저 지상고
② 최소 직각교차통로폭

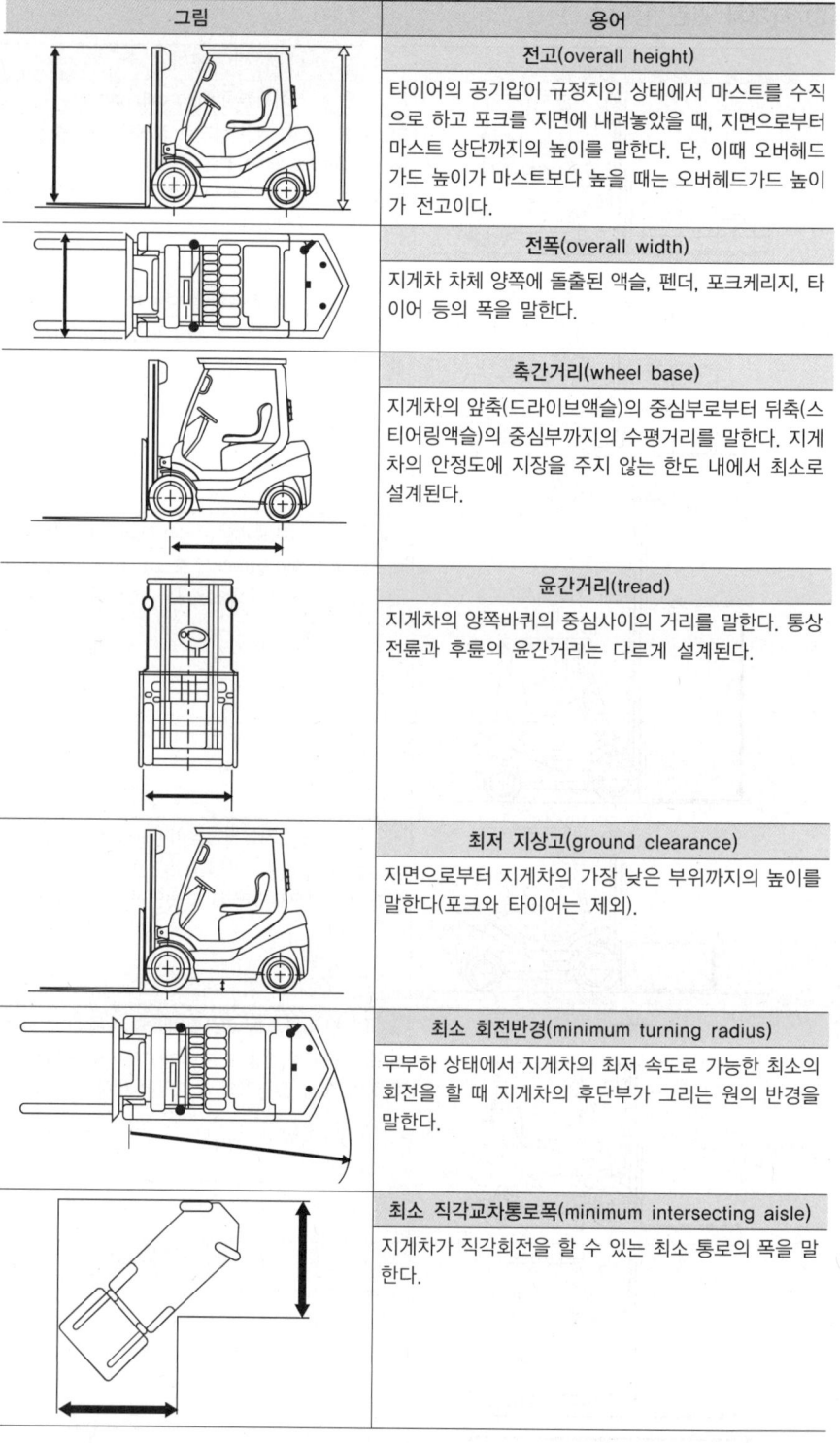

그림	용어
	전고(overall height) 타이어의 공기압이 규정치인 상태에서 마스트를 수직으로 하고 포크를 지면에 내려놓았을 때, 지면으로부터 마스트 상단까지의 높이를 말한다. 단, 이때 오버헤드가드 높이가 마스트보다 높을 때는 오버헤드가드 높이가 전고이다.
	전폭(overall width) 지게차 차체 양쪽에 돌출된 액슬, 펜더, 포크케리지, 타이어 등의 폭을 말한다.
	축간거리(wheel base) 지게차의 앞축(드라이브액슬)의 중심부로부터 뒤축(스티어링액슬)의 중심부까지의 수평거리를 말한다. 지게차의 안정도에 지장을 주지 않는 한도 내에서 최소로 설계된다.
	윤간거리(tread) 지게차의 양쪽바퀴의 중심사이의 거리를 말한다. 통상 전륜과 후륜의 윤간거리는 다르게 설계된다.
	최저 지상고(ground clearance) 지면으로부터 지게차의 가장 낮은 부위까지의 높이를 말한다(포크와 타이어는 제외).
	최소 회전반경(minimum turning radius) 무부하 상태에서 지게차의 최저 속도로 가능한 최소의 회전을 할 때 지게차의 후단부가 그리는 원의 반경을 말한다.
	최소 직각교차통로폭(minimum intersecting aisle) 지게차가 직각회전을 할 수 있는 최소 통로의 폭을 말한다.

확인! OX

다음은 지게차 용어에 대한 설명이다. 옳으면 "O", 틀리면 "X"로 표시하시오.

1. 타이어의 공기압이 규정치인 상태에서 마스트를 수직으로 하고 포크를 지면에 내려놓았을 때, 지면으로부터 마스트 상단까지의 높이를 전고라고 한다. (   )
2. 지게차의 앞축(드라이브액슬)의 중심부로부터 뒤축(스티어링액슬)의 중심부까지의 수평거리를 윤간거리라고 한다. (   )

정답 1. O 2. X

| 해설 |
2. 축간거리에 대한 설명이다.

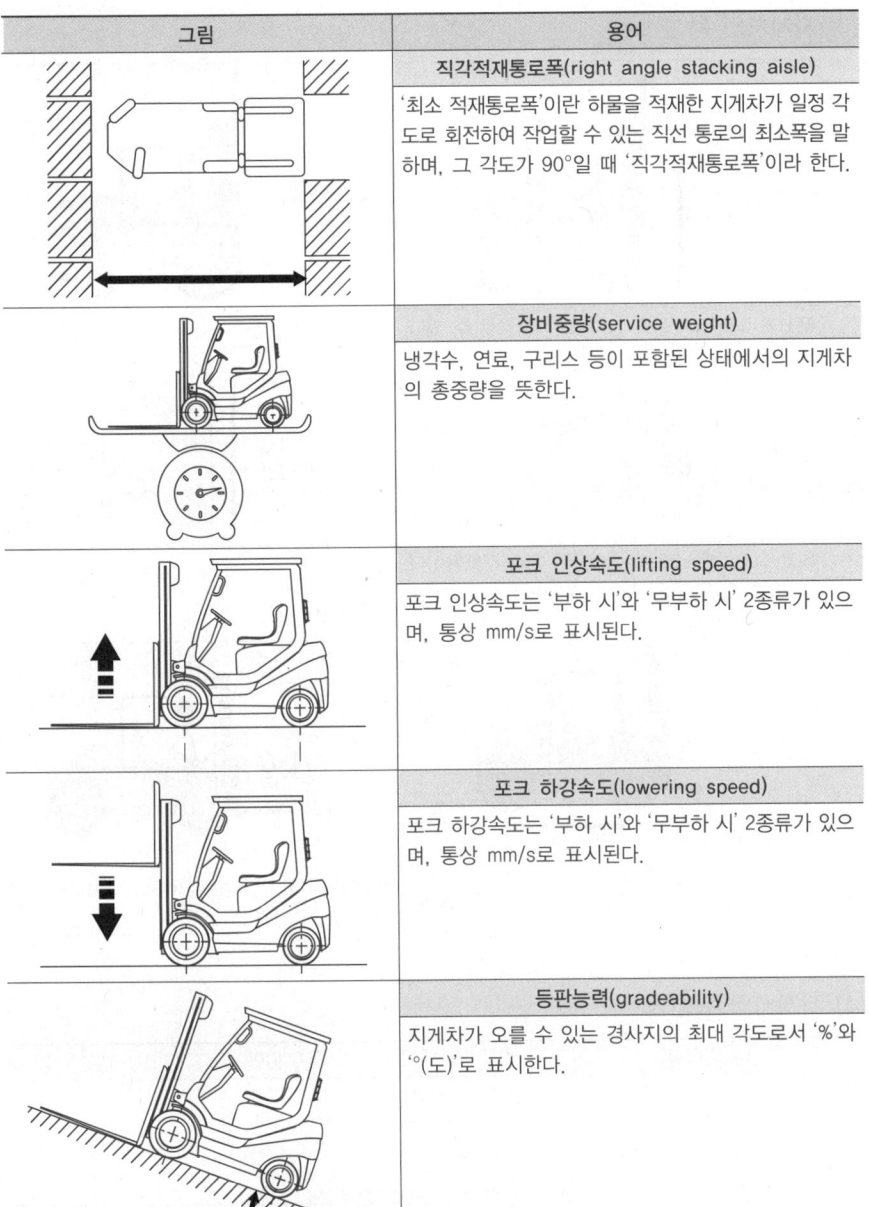

+ 괄호문제

다음 괄호 안에 알맞은 내용을 쓰시오.

① (㉠)이란 하물을 적재한 지게차가 일정 각도로 회전하여 작업할 수 있는 직선 통로의 최소폭을 말하며, 그 각도가 90°일 때를 (㉡)이라고 한다.

② 등판능력은 지게차가 오를 수 있는 경사지의 최대 각도로서 (㉠)와 (㉡)로 표시한다.

| 정답 |

① ㉠ 최소 적재통로폭, ㉡ 직각적재통로폭
② ㉠ %, ㉡ °(도)

확인! OX

다음은 지게차 용어에 대한 설명이다. 옳으면 "O", 틀리면 "X"로 표시하시오.

1. 장비중량은 냉각수, 연료, 구리스 등이 포함된 상태에서의 지게차의 총중량을 뜻한다. ( )
2. 포크 인상속도와 포크 하강속도는 '부하 시'와 '무부하 시' 2종류가 있으며, 통상 cm/s로 표시된다. ( )

정답 1. O 2. X

| 해설 |
2. 통상 mm/s로 표시된다.

+ 괄호문제

다음 괄호 안에 알맞은 내용을 쓰시오.
① 하물이 차체의 앞부분에 적재되므로 차체의 뒷부분에 ( )가 있어 차체 중량이 무겁다.
② 조명이 어두운 작업장에서 지게차의 위치와 움직임 등을 식별할 수 있도록 지게차의 테두리에 ( )를 부착한다.

| 정답 |
① 밸런스 웨이트
② 형광테이프

(3) 지게차의 특성

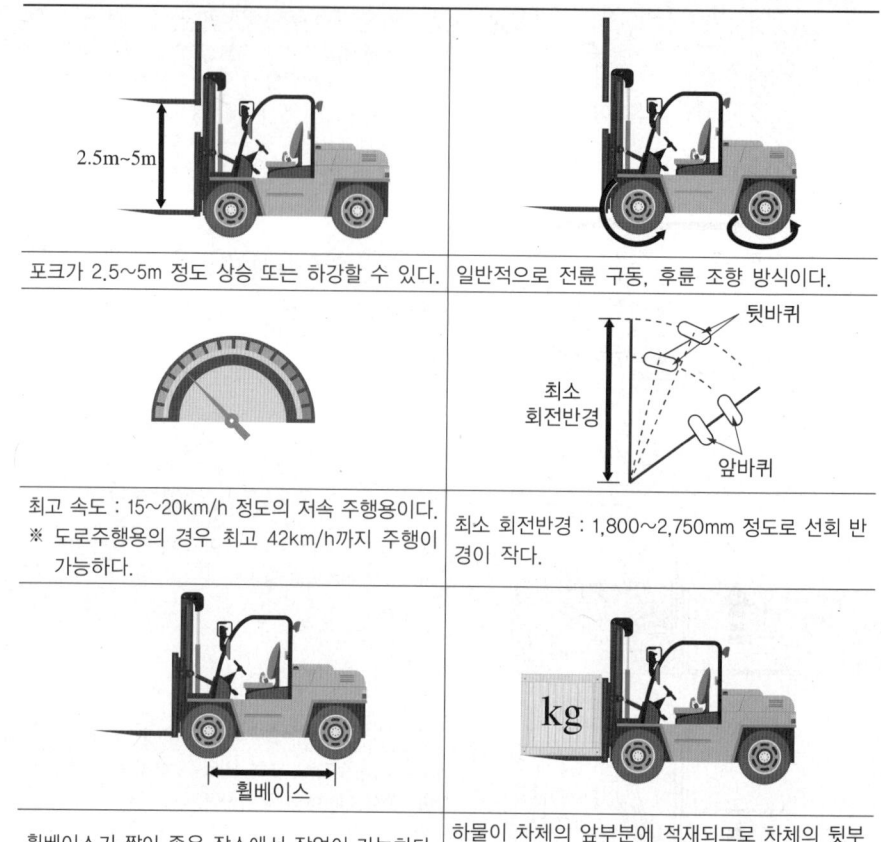

포크가 2.5~5m 정도 상승 또는 하강할 수 있다.	일반적으로 전륜 구동, 후륜 조향 방식이다.
최고 속도 : 15~20km/h 정도의 저속 주행용이다. ※ 도로주행용의 경우 최고 42km/h까지 주행이 가능하다.	최소 회전반경 : 1,800~2,750mm 정도로 선회 반경이 작다.
휠베이스가 짧아 좁은 장소에서 작업이 가능하다.	하물이 차체의 앞부분에 적재되므로 차체의 뒷부분에 밸런스 웨이트가 있어 차체 중량이 무겁다.

(4) 지게차의 위험성

위험성	원인
화물의 낙하	• 불안전한 화물의 적재 • 부적당한 작업장치(어태치먼트)의 선정 • 미숙한 운전 조작 • 급출발, 급정지 및 급선회
협착 및 충돌	• 구조상 피할 수 없는 시야의 악조건 • 후륜주행에 따른 후부의 선회반경
차량의 전도	• 요철 바닥면의 미정비 • 화물에 비해 작은 차량 • 화물의 과적재 • 급선회

확인! OX

다음은 지게차 특성에 대한 설명이다. 옳으면 "O", 틀리면 "X"로 표시하시오.
1. 지게차는 포크가 2.5~5m 정도 상승 또는 하강할 수 있으며, 일반적으로 전륜 구동, 후륜 조향 방식이다. ( )
2. 휠베이스가 길어 좁은 장소에서 작업이 가능하다. ( )

정답 1. O 2. X

| 해설 |
2. 휠베이스가 짧아 좁은 장소에서 작업이 가능하다.

> **더 알아보기**
>
> 지게차 작업 시작 전 점검사항(산업안전보건기준에 관한 규칙 별표 3)
> - 제동장치 및 조종장치 기능의 이상 유무
> - 하역장치 및 유압장치 기능의 이상 유무
> - 바퀴의 이상 유무
> - 전조등·후미등·방향지시기 및 경보장치 기능의 이상 유무

(5) 지게차의 방호장치

① 산업안전보건법상 설치하여야 하는 방호장치(산업안전보건법 시행규칙 제98조)

  ㉠ 전조등 및 후미등 : 야간작업 시 조명 확보와 지게차 위치 확인을 통해 안전한 작업이 되도록 설치하는 등화장치

  ㉡ 헤드가드 : 운전자 위쪽에서 적재물이 떨어져 운전자가 다치는 위험을 막기 위해 머리 위에 설치하는 덮개로 설치되는 장소에 따라서 낙하가 예상되는 물체에 대해 충분한 강도를 가져야 함(상부틀의 각 개구의 폭 또는 길이는 16cm 미만일 것)

  ㉢ 백레스트 : 지게차 마스트를 뒤로 기울일 때 화물이 마스트 방향으로 떨어지는 것을 방지하기 위한 짐받이 틀

  ㉣ 안전벨트 : 지게차가 넘어질 경우 근로자가 운전석으로부터 이탈되어 발생할 수 있는 재해를 예방하기 위한 좌석안전띠

전조등 및 후미등	헤드가드	백레스트	안전벨트

② 법으로 강제하고 있지 않으나, 지게차 안전사고를 예방하기 위해 설치를 권고하는 방호장치

  ㉠ 후사경 : 지게차 후진 시 후방에 위치한 근로자 또는 물체를 인지하기 위해 운전석 좌우 측면에 설치한다.

  ㉡ 룸미러 : 후사경(대형) 외에도 지게차 뒷면의 사각지역 해소를 위해 룸미러를 장착한다.

  ㉢ 경고표시 : 바닥으로부터 포크의 위치를 운전자가 쉽게 알 수 있도록 마스트와 포크 후면에 경고표지를 부착한다.

  ㉣ 형광테이프 : 조명이 어두운 작업장에서 약한 불빛에도 지게차의 위치와 움직임 등을 식별할 수 있도록 지게차의 테두리(좌우 및 후면)에 부착한다.

  ㉤ 경광등 : 지게차의 운행 상태를 알릴 수 있도록 경광등을 설치한다. 경광등이 작동하면서 스피커에서 경고음이 발생한다.

  ㉥ 지게차 안전문 : 운전자가 밖으로 튕겨 나가는 것을 방지하고 소음, 기상의 악조건 등 작업환경의 변화에도 작업이 가능하도록 안전문을 설치한다.

+ 괄호문제

다음 괄호 안에 알맞은 내용을 쓰시오.

① 운전자 위쪽에서 적재물이 떨어져 운전자가 다치는 위험을 막기 위해 머리 위에 설치하는 덮개를 (㉠)라고 하며, 상부틀의 각 개구의 폭 또는 길이는 (㉡) 미만이어야 한다.

② 지게차의 포크에 적재된 화물이 마스트 후방으로 낙하함으로서 근로자에게 미치는 위험을 방지하기 위하여 설치하는 것은 ( )이다.

| 정답 |
① ㉠ 헤드가드, ㉡ 16cm
② 백레스트

확인! OX

다음은 지게차의 작업 시작 전 점검사항에 대한 설명이다. 옳으면 "O", 틀리면 "X"로 표시하시오.

1. 제동장치 및 조종장치 기능의 이상 유무와 바퀴의 이상 유무를 점검한다. ( )
2. 압력방출장치의 작동 이상 유무와 전조등·후미등·방향지시기 및 경보장치 기능의 이상 유무를 점검한다. ( )

| 정답 | 1. O 2. X

| 해설 |
2. 압력방출장치의 작동 이상 유무는 해당사항 없다.

+ 괄호문제

다음 괄호 안에 알맞은 내용을 쓰시오.
① ( ) : 지게차 후진 시 후방에 위치한 근로자 또는 물체를 인지하기 위해 운전석 좌우 측면에 설치한다.
② ( ) : 지게차의 운행 상태를 알릴 수 있도록 설치한다. 작동하면서 스피커에서 경고음이 발생한다.

| 정답 |
① 후사경
② 경광등

ⓐ 포크 받침대 : 지게차를 수리하거나 점검할 때 포크의 갑작스러운 하강을 방지하기 위하여 받침대(안전블록 역할)를 설치한다.

[지게차 방호장치]

확인! OX

다음은 지게차의 작업 상태별 안정도에 대한 설명이다. 옳으면 "O", 틀리면 "X"로 표시하시오.

1. 지게차 기준부하 상태에서 주행 시의 전후안정도는 20% 이내이다. ( )
2. 지게차 기준무부하 상태의 주행 시의 좌우안정도는 (15 + 1.1)% 이내이다. ( )

정답 1. X 2. O

| 해설 |
1. 18% 이내이다.

(6) 지게차의 안정도 및 안정조건(지게차의 안전작업에 관한 기술지원규정)

① **지게차의 안정도** : 지게차의 전후 및 좌우 안정도를 유지하기 위하여 다음의 지게차의 주행·하역 작업 시 안정도 기준을 준수해야 한다.

[지게차의 주행·하행작업 시 안정도 기준]

안정도	지게차의 상태	
	옆에서 본 경우	위에서 본 경우
하역작업 시의 전후안정도 : 4% 이내 (5ton 이상 : 3.5% 이내) (최대 하중상태에서 포크를 가장 높이 올린 경우)		
주행 시의 전후안정도 : 18% 이내 (기준부하 상태)		
하역작업 시의 좌우안정도 : 6% 이내 (최대 하중상태에서 포크를 가장 높이 올리고 마스트를 가장 뒤로 기울인 경우)		
주행 시의 좌우안정도 : (15 + 1.1V)% 이내[V : 구내최고속도(km/h)] (기준무부하 상태)		

※ 안정도 = $\frac{h}{l} \times 100\%$

X-Y : 지게차의 좌우 안정도축
A-B : 지게차의 전후 방향의 중심선

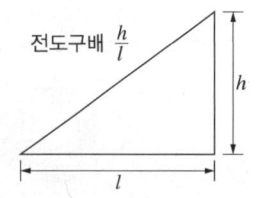

전도구배 $\frac{h}{l}$

② **지게차의 안정조건**

㉠ 지게차 본체의 모멘트가 화물의 모멘트보다 커야 한다.

  ※ 지게차로 화물 인양 시 지게차 뒷바퀴가 들려서는 안 된다.

  즉, 화물의 모멘트(M_1) ≦ 지게차의 모멘트(M_2)이어야 한다.

+ 괄호문제

다음 괄호 안에 알맞은 내용을 쓰시오.
① 지게차 하역작업 시의 전후 안정도 : ( )% 이내
② 지게차 하역작업 시의 좌우 안정도 : ( )% 이내

|정답|
① 4
② 6

확인! OX

다음은 지게차 안정도에 대한 설명이다. 옳으면 "O", 틀리면 "X"로 표시하시오.

안정도 공식은 $\frac{h}{l} \times 100\%$이다.
( )

정답 O

+ 괄호문제

다음 괄호 안에 알맞은 내용을 쓰시오.

① 화물중량이 200kgf, 지게차의 중량이 400kgf, 앞바퀴에서 화물의 중심까지의 최단거리가 1m일 때 지게차가 안정되기 위하여 앞바퀴에서 지게차의 중심까지 최단거리(b)는 최소 (　)m 이상이어야 한다.

② 지게차를 안정하게 하기 위하여 화물의 받침대에 (　) 물건을 적재으로써 안정을 유지한다.

| 정답 |
① 0.5
② 가깝게

| 해설 |
① $200 \times 1 \leq 400 \times b$이므로 $b \geq 0.5$

ⓒ 화물의 받침대에 가깝게(포크의 앞면에 가깝게) 물건을 적재함으로써 안정을 유지한다.

$$Wa \leq Gb \rightarrow M_1 \leq M_2$$

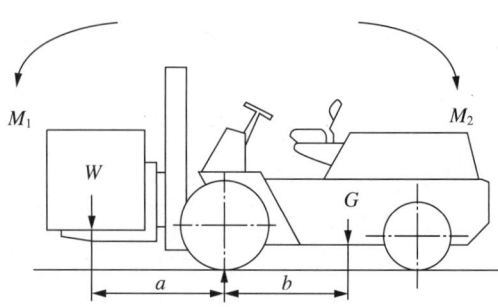

여기서, W : 화물의 중량(kgf)
G : 지게차 중량(kgf)
a : 앞바퀴에서 화물 중심까지의 최단거리(cm)
b : 앞바퀴에서 지게차 중심까지의 최단거리(cm)
$M_1 = W \times a$: 화물의 모멘트
$M_2 = G \times b$: 지게차의 모멘트

더 알아보기

지게차 운행경로의 폭

• 지게차 1대 : 운행 지게차의 최대 폭(W_1)에 60cm 이상의 여유를 확보

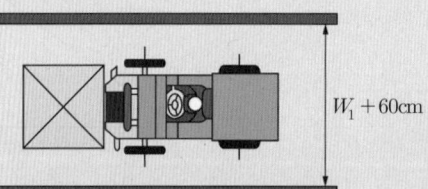

• 지게차 2대 : 운행 지게차의 최대 폭($W_1 + W_2$)에 90cm 이상의 여유를 확보

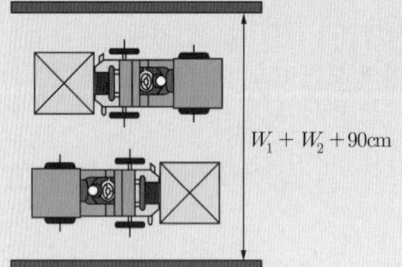

확인! OX

다음은 지게차의 안정조건에 대한 설명이다. 옳으면 "O", 틀리면 "X"로 표시하시오.

1. 지게차의 모멘트가 화물의 모멘트보다 작아야 한다. (　)
2. 지게차로 하물 인양 시, 지게차 뒷바퀴가 들려서는 안 된다. (　)

정답 1. X　2. O

| 해설 |
1. 지게차의 모멘트가 화물의 모멘트보다 크거나 같아야 한다.

(7) 전경각과 후경각

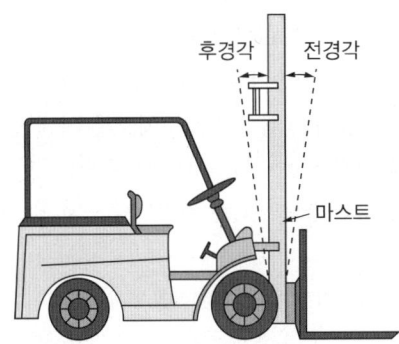

① 정격하중 10ton 이하인 경우

종류	전경각(°)	후경각(°)
카운터밸런스형	5~6	10~12
리치형	3	5
사이드포크형	3~5	3

※ 전경각 : 마스트의 수직위치에서 앞으로 기울인 경우의 최대 경사각
※ 후경각 : 마스트의 수직위치에서 뒤로 기울인 경우의 최대 경사각

② 정격하중 10ton 이상인 경우

전경각(°)	후경각(°)
3~6	10~12

더 알아보기

헤드가드(산업안전보건기준에 관한 규칙 제180조)
사업주는 다음에 따른 적합한 헤드가드(head guard)를 갖추지 아니한 지게차를 사용해서는 안 된다. 다만, 화물의 낙하에 의하여 지게차의 운전자에게 위험을 미칠 우려가 없는 경우에는 그렇지 않다.
- 강도는 지게차의 최대하중의 2배 값(4ton을 넘는 값에 대해서는 4ton으로 함)의 등분포정하중(等分布靜荷重)에 견딜 수 있을 것
- 상부틀의 각 개구의 폭 또는 길이가 16cm 미만일 것
- 운전자가 앉아서 조작하거나 서서 조작하는 지게차의 헤드가드는 한국산업표준에서 정하는 높이 기준 이상일 것

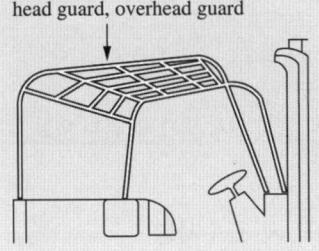
head guard, overhead guard

+ 괄호문제

다음 괄호 안에 알맞은 내용을 쓰시오.
① 지게차 정격하중 10ton 이하인 경우 카운터밸런스형의 전경각은 (㉠)°이고, 후경각은 (㉡)°이다.
② 지게차 정격하중 10ton 이하인 경우 리치형의 전경각은 (㉠)°이고, 후경각은 (㉡)°이다.

| 정답 |
① ㉠ 5~6, ㉡ 10~12
② ㉠ 3, ㉡ 5

확인! OX

다음은 전경각과 후경각에 대한 설명이다. 옳으면 "O", 틀리면 "X"로 표시하시오.
1. 마스트의 수직위치에서 뒤로 기울인 경우의 최대 경사각을 전경각이라고 한다. (   )
2. 마스트의 수직위치에서 앞으로 기울인 경우의 최대 경사각을 후경각이라고 한다. (   )

정답 1. X 2. X

| 해설 |
1. 후경각에 대한 설명이다.
2. 전경각에 대한 설명이다.

+ 괄호문제

다음 괄호 안에 알맞은 내용을 쓰시오.
① ( ) : 화물 또는 운반구의 이탈 및 역주행을 방지하는 컨베이어 방호장치
② ( ) : 근로자의 신체의 일부가 말려드는 등 근로자에게 위험을 미칠 우려가 있는 때 및 비상시에는 즉시 컨베이어 등의 운전을 정지하는 컨베이어 방호장치

| 정답 |
① 이탈 등의 방지장치
② 비상정지장치

확인! OX

다음은 컨베이어 작업 시작 전 점검사항에 대한 설명이다. 옳으면 "O", 틀리면 "X"로 표시하시오.
1. 클러치 및 브레이크 기능과 비상정지장치 기능의 이상 유무를 점검한다. ( )
2. 이탈 등의 방지장치 기능의 이상 유무와 원동기·회전축·기어 및 풀리 등의 덮개 또는 울 등의 이상 유무를 점검한다. ( )

정답 1. X 2. O

| 해설 |
1. 클러치 및 브레이크 기능의 점검은 프레스 등의 작업 시작 전 점검사항이다.

2. 컨베이어

(1) 컨베이어 작업 시작 전 점검사항

① 감속기의 적정 유량 : 감속기는 윤활유를 치지 않고 발송되는 경우가 많으므로 시동 전에 반드시 급유량이 정상적인 수준에 있는지 확인·점검한다.

② 전동용 체인의 이완
   ㉠ 체인 전동의 경우 벨트와 같은 장력이 필요치 않으므로 적당한 이완을 줄 필요가 있다.
   ㉡ 만약 체인이 지나치게 팽팽하면 작동부가 필요 이상의 하중을 받아 마모를 촉진시킨다. 반대로 너무 느슨하고 특히 중심거리가 길 때는 체인이 춤을 추므로 수명을 짧게 한다.

③ 베어링의 점검
   ㉠ 각 벨트 풀리 베어링의 청정도를 확인한다.
   ㉡ 적정한 윤활유로 윤활이 됐는지 확인한다.
   ㉢ 음향에 의한 점검을 실시한다.

④ 롤러의 점검
   ㉠ 회전하지 않는 롤러, 불쾌한 소리를 내는 롤러는 곧 교환한다.
   ㉡ 롤러의 본체와 롤러대의 간극이 표준보다 좁은 것 또는 일부가 접촉된 것은 그 원인을 규명하고 제거한다.
   ㉢ 롤러가 이탈되어 있으면 사행의 원인이 되는 동시에 하물이 흘러 떨어지기 쉽고, 아래 벨트에 올라타 테일 풀리에서 물리는 원인이 되므로 그 원인을 조사하여 조정한다.
   ㉣ 조심롤러는 사행하던 벨트가 중심으로 되돌아오면 곧 복원되어야 하며, 가이드 롤러는 특히 지반이 좋지 않은 컨베이어, 현수컨베이어 같은 것에는 유리하나 컨베이어가 안정되고 사행이 없으면 최소 한도로 하는 것이 중요하다.

> **더 알아보기**
>
> 컨베이어 작업 시작 전 점검사항(산업안전보건기준에 관한 규칙 별표 3)
> • 원동기 및 풀리 기능의 이상 유무
> • 이탈 등의 방지장치 기능의 이상 유무
> • 비상정지장치 기능의 이상 유무
> • 원동기·회전축·기어 및 풀리 등의 덮개 또는 울 등의 이상 유무

(2) 벨트컨베이어 설계·제작 시 준수사항

① 충분한 강도 및 안전도를 가져야 한다.
② 화물이 이탈할 우려가 없어야 한다.
③ 화물을 싣고 내리며 운반을 하는 곳에서 화물이 낙하할 우려가 없어야 한다.
④ 경사컨베이어, 수직컨베이어는 정전, 전압강하 등에 의한 화물 또는 운반구의 이탈 및 역주행을 방지하기 위한 장치를 설치하여야 한다.

⑤ 전동 또는 수동에 의해 작동하는 기복장치, 신축장치, 선회장치, 승강장치를 갖는 컨베이어에는 이들 장치의 작동을 고정하기 위한 장치를 설치하여야 한다.
⑥ 컨베이어의 동력전달 부분에는 덮개 또는 울을 설치하여야 한다.
⑦ 컨베이어 벨트, 풀리, 롤러, 체인, 체인스프로킷, 스크루 등에 근로자 신체의 일부가 말려드는 등 근로자에게 위험을 미칠 우려가 있는 부분에는 덮개 또는 울을 설치하여야 한다.
⑧ 컨베이어의 기동 또는 정지를 위한 스위치는 명확히 표시되고 용이하게 조작 가능한 것으로 접촉·진동 등에 의해 불의에 기동할 우려가 없는 것이어야 한다.
⑨ 컨베이어에는 급유자가 위험한 가동 부분에 접근하지 않고 급유가 가능한 장치를 설치하여야 한다.
⑩ 화물의 적재 또는 반출을 인력으로 하는 컨베이어에서는 근로자가 화물의 적재 또는 반출 작업을 쉽게 할 수 있도록 컨베이어의 높이, 폭, 속도 등이 적당하여야 한다.
⑪ 수동조작에 의한 장치의 조작에 필요한 힘은 196N(20kgf) 이하로 하여야 한다.

(3) 벨트컨베이어 안전장치

① 경사부 역주행 방지장치 : 벨트컨베이어의 경사부에 있어서 화물의 전체 적재량이 4,900N(500kgf) 이하이며 1개 화물의 중량이 294N(30kgf)를 초과하지 않는 경우로서 벨트의 과속 또는 후진으로 인하여 근로자에게 위험을 미칠 우려가 없을 때에는 역주행 방지장치를 설치하지 아니하여도 좋다.
② 벨트, 풀리에 점착되기 쉬운 화물의 경우 벨트클리너, 풀리 스크래퍼를 설치하고, 대형 호퍼 및 슈트에는 가능한 한 점검구를 설치한다.
③ 중력식 장력유지장치에는 울 및 추 낙하방지장치를 설치한다.

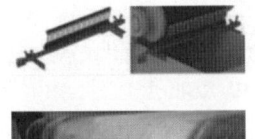
[벨트 스크래퍼]

[대형 호퍼 점검구]

[장력유지장치 울]

(4) 벨트컨베이어 퇴적 및 침적물 청소작업 시 안전조치

① 퇴적 및 침적물 청소 시에는 벨트컨베이어를 정지한다.
② 중앙운전실과 연락하고, 현장 스위치키는 작업자가 휴대하며 '작업 중', '청소 중'의 꼬리표를 부착한다.
③ 퇴적 및 침적물이 최소화되도록 스크래퍼의 상태를 점검하고 간격을 조정한다.
④ 벨트의 손상, 마모, 사행 유무, 롤러의 파손 및 비회전, 테이크업의 작동상태, 비상정지장치 운반물의 적재 적정성 등을 점검하고 항상 정상을 유지하도록 관리한다.

+ 괄호문제

다음 괄호 안에 알맞은 내용을 쓰시오.
① 벨트컨베이어 퇴적 및 침적물 청소 시에는 벨트컨베이어를 ( )한다.
② 벨트컨베이어에 퇴적 및 침적물이 최소화되도록 스크래퍼의 상태를 점검하고 ( )을 조정한다.

| 정답 |
① 정지
② 간격

확인! OX

다음은 벨트컨베이어 설계·제작 시 준수사항에 대한 설명이다. 옳으면 "O", 틀리면 "X"로 표시하시오.
1. 컨베이어의 동력전달 부분에는 긴급제동장치를 설치해야 한다. ( )
2. 컨베이어의 수동조작에 의한 장치의 조작에 필요한 힘은 196N(20kgf) 이하로 해야 한다. ( )

정답 1. X 2. O

| 해설 |
1. 덮개 또는 울을 설치해야 한다.

+ 괄호문제

다음 괄호 안에 알맞은 내용을 쓰시오.
① ( )에는 붐이 불시에 낙하되는 것을 방지하기 위한 장치 및 크랭크의 반동을 방지하기 위한 장치가 설치되고 정상적으로 작동되어야 한다.
② 양중기의 종류에는 (㉠), 이동식크레인, (㉡), 곤돌라, 승강기 등이 있다.

| 정답 |
① 기복장치
② ㉠ 크레인, ㉡ 리프트

---

⑤ 슈트 내의 침적물을 제거, 청소할 때는 일시에 쏟아지는 퇴적물에 의한 압착, 질식 등에 의한 재해가 발생하지 않도록 침적물의 1차 제거작업 등은 지렛대나 파이프 등 수공구를 이용하고 슈트 투입은 지양한다.
⑥ 청소 완료 후 시멘트벨트컨베이어 가공 시에는 사전점검 및 경보 후 가동한다.
⑦ 청소작업 시에는 안전모, 안전화, 방진마스크 등 개인 보호구를 착용한다.

(5) 기복장치

① 기복장치에는 붐이 불시에 낙하되는 것을 방지하기 위한 장치 및 크랭크의 반동을 방지하기 위한 장치가 설치되고 정상적으로 작동되어야 한다.
  예 기계식 봉, 걸쇠, 스프링 또는 유압 평형추 장치 등
② 붐의 위치를 조절하는 컨베이어에는 조절 가능한 범위를 제한하는 장치가 설치되고 정상적으로 작동되어야 한다.
  예 기계적 엔드 스토퍼, 리밋스위치 등

확인! OX

다음은 포터블벨트컨베이어(portable belt conveyor)의 안전사항에 대한 설명이다. 옳으면 "O", 틀리면 "X"로 표시하시오.

1. 포터블벨트컨베이어의 차륜 간의 거리는 전도 위험이 최소가 되도록 하여야 하며, 포터블벨트컨베이어를 사용하는 경우는 차륜을 고정하여야 한다. ( )
2. 기복장치는 포터블벨트컨베이어의 앞면에서만 조작하도록 하며, 전동식 포터블벨트컨베이어를 이동하는 경우는 먼저 전원을 내린 후 컨베이어를 이동시킨 다음 컨베이어를 최저의 위치로 내린다. ( )

| 정답 | 1. O 2. X

| 해설 |
2. 기복장치는 포터블벨트컨베이어의 옆면에서만 조작하도록 해야 하며, 포터블벨트컨베이어를 이동하는 경우는 먼저 컨베이어를 최저의 위치로 내리고 전동식의 경우 전원을 차단한 후에 이동한다.

---

3. 양중기(건설용 제외) 중요도 ★★★

(1) 개요

① 정의 : 양중기란 동력을 사용하여 화물, 사람 등을 운반하는 기계, 설비를 말하며 크레인, 이동식크레인, 리프트, 곤돌라, 승강기 등이 있다.
② 종류(산업안전보건기준에 관한 규칙 제132조)
  ㉠ 크레인[호이스트(hoist) 포함] : 동력을 사용하여 중량물을 매달아 상하 및 좌우(수평 또는 선회)로 운반하는 것을 목적으로 하는 기계 또는 기계장치를 말하며, '호이스트'란 훅이나 그 밖의 달기구 등을 사용하여 화물을 권상 및 횡행 또는 권상동작만을 하여 양중하는 것을 말한다.

[크레인의 종류 및 특징]

종류	특징
드래그 크레인 (drag crane)	• 크레인 선회 부분을 고무 타이어의 트럭 위에 장치한 기계를 말한다. • 연약지 작업이 불가능하나 기동성이 크고 미세한 인칭(inching)이 가능하다. • 고층 건물의 철골 조립, 자재의 적재, 운반, 항만 하역 작업 등에 사용한다.
휠 크레인 (wheel crane)	• 크롤러 크레인의 크롤러 대신 차륜을 장치한 것으로서 드래그 크레인보다 소형이며, 모빌 크레인이라고도 한다. • 공장과 같이 작업 범위가 제한된 장소나 고속주행을 요할 경우에 적합하다.
크롤러 크레인 (crawler crane)	• 크롤러 셔블에 크레인 부속 장치를 설치한 것으로서 안정성이 높으며 다목적이다. • 고르지 못한 지형이나 연약 지반에서의 작업, 좁은 장소나 습지대 등에서도 작업이 가능하다.
케이블 크레인 (cable crane)	• 타워(tower)에 케이블을 쳐서 트롤리를 달아 운반물을 달아 올리는 기계이다. • 댐 공사 등에서 콘크리트나 자재 운반 시에 이용한다.
천장주행 크레인	• 천장형 크레인에 주행 레일을 설치하여 이동하도록 한 기계이다. • 콘크리트 빔의 제작이나 가공 현장 등에서 사용한다.
타워크레인 (tower crane)	• 360° 회전이 가능하다. • 주로 높이를 필요로 하는 건축 현장이나 빌딩 고층화 등에 사용한다.

※ 적용 제외 : 이동식 크레인, 데릭, 엘리베이터, 간이 엘리베이터, 건설용 리프트는 크레인에 적용하지 않는다.

ⓒ 이동식 크레인 : 원동기를 내장하고 있는 것으로 불특정 장소에 스스로 이동할 수 있는 크레인이다. 동력을 사용하여 중량물을 매달아 상하 및 좌우로 운반하는 설비로서 기중기 또는 화물·특수자동차의 작업주에 탑재하여 화물운반 등에 사용하는 기계 또는 기계장치를 말한다.

ⓒ 리프트(이삿짐운반용 리프트의 경우 적재하중이 0.1ton 이상인 것으로 한정) : 동력을 사용하여 사람이나 화물을 운반하는 것을 목적으로 하는 기계 설비를 말한다.

[리프트의 종류 및 특징]

종류	특징
건설용 리프트	동력을 사용하여 가이드레일(운반구를 지지하여 상승 및 하강동작을 안내하는 레일)을 따라 상하로 움직이는 운반구를 매달아 사람이나 화물을 운반할 수 있는 설비 또는 이와 유사한 구조 및 성능을 가진 것으로 건설현장에서 사용하는 것을 말한다.
산업용 리프트	동력을 사용하여 가이드레일을 따라 상하로 움직이는 운반구를 매달아 화물을 운반할 수 있는 설비 또는 이와 유사한 구조 및 성능을 가진 것으로 건설현장 외의 장소에서 사용하는 것을 말한다.
자동차정비용 리프트	동력을 사용하여 가이드레일을 따라 움직이는 지지대로 자동차 등을 일정한 높이로 올리거나 내리는 구조의 리프트로서 자동차정비에 사용하는 것을 말한다.
이삿짐운반용 리프트	연장 및 축소가 가능하고 끝단을 건축물 등에 지지하는 구조의 사다리형 붐에 따라 동력을 사용하여 움직이는 운반구를 매달아 화물을 운반하는 설비로서 화물자동차 등 차량 위에 탑재하여 이삿짐 운반 등에 사용하는 것을 말한다.

ⓔ 곤돌라 : 달기발판 또는 운반구, 승강장치, 그 밖의 장치 및 이들에 부속된 기계부품에 의하여 구성되고, 와이어로프 또는 달기강선에 의하여 달기발판 또는 운반구가 전용 승강장치에 의하여 오르내리는 설비를 말한다.

+ 괄호문제

다음 괄호 안에 알맞은 내용을 쓰시오.

① ( ) 크레인은 원동기를 내장하고 있는 것으로 불특정 장소에 스스로 이동할 수 있는 크레인이다.
② 달기발판 또는 운반구, 승강장치, 그 밖의 장치 및 이들에 부속된 기계부품에 의하여 구성되고, 와이어로프 또는 달기강선에 의하여 달기발판 또는 운반구가 전용 승강장치에 의하여 오르내리는 설비를 ( )라고 한다.

| 정답 |
① 이동식
② 곤돌라

확인! OX

다음은 방호장치 안전인증 고시에 따른 양중기 과부하방지장치의 일반 공통사항에 대한 설명이다. 옳으면 "O", 틀리면 "X"로 표시하시오.

1. 과부하방지장치와 타 방호장치는 기능에 서로 장애를 주지 않도록 부착할 수 있는 구조이어야 한다. ( )
2. 방호장치의 기능을 변형 또는 보수할 때 양중기의 기능도 동시에 정지할 수 있는 구조이어야 한다. ( )

정답 1. O 2. X

| 해설 |
2. 방호장치의 기능을 제거 또는 정지할 때 양중기의 기능도 동시에 정지할 수 있는 구조이어야 한다.

+ 괄호문제

다음 괄호 안에 알맞은 내용을 쓰시오.

① 양중기(크레인, 이동식 크레인, 리프트, 곤돌라, 승강기)에 (㉠), (㉡), (㉢), 그 밖의 방호장치(승강기의 파이널리밋스위치, 속도조절기, 출입문 인터록 등)가 정상적으로 작동될 수 있도록 미리 조정해 두어야 한다.
② ( )를 설치하지 않은 크레인에 대해서는 권상용 와이어로프에 위험표시를 하고 경보장치를 설치하는 등 권상용 와이어로프가 지나치게 감겨서 근로자가 위험해질 상황을 방지하기 위한 조치를 하여야 한다.

| 정답 |
① ㉠ 과부하방지장치,
㉡ 권과방지장치,
㉢ 비상정지장치 및 제동장치
② 권과방지장치

확인! OX

다음은 승강기에 대한 설명이다. 옳으면 "O", 틀리면 "X"로 표시하시오.

화물용 엘리베이터는 화물 운반에 적합하게 제조·설치된 엘리베이터로서 조작자와 화물취급자 2명은 탑승할 수 있는 것을 말한다. ( )

정답 X

| 해설 |
조작자 또는 화물취급자 1명은 탑승할 수 있는 것을 말한다.

㉤ 승강기 : 건축물이나 고정된 시설물에 설치되어 일정한 경로에 따라 사람이나 화물을 승강장으로 옮기는 데에 사용되는 설비를 말한다.

[승강기의 종류 및 특징]

승객용 엘리베이터	사람의 운송에 적합하게 제조·설치된 엘리베이터
승객화물용 엘리베이터	사람의 운송과 화물 운반을 겸용하는 데 적합하게 제조·설치된 엘리베이터
화물용 엘리베이터	화물 운반에 적합하게 제조·설치된 엘리베이터로서 조작자 또는 화물취급자 1명은 탑승할 수 있는 것(적재용량이 300kg 미만인 것은 제외)
소형화물용 엘리베이터	음식물이나 서적 등 소형 화물의 운반에 적합하게 제조·설치된 엘리베이터로서 사람의 탑승이 금지된 것
에스컬레이터	일정한 경사로 또는 수평로를 따라 위아래 또는 옆으로 움직이는 디딤판을 통해 사람이나 화물을 승강장으로 운송시키는 설비

(2) 방호장치의 조정(산업안전보건기준에 관한 규칙 제134조)

① 양중기(크레인, 이동식 크레인, 리프트, 곤돌라, 승강기)에 과부하방지장치, 권과방지장치, 비상정지장치 및 제동장치, 그 밖의 방호장치[승강기의 파이널리밋스위치(final limit switch), 속도조절기, 출입문 인터록(inter lock) 등]가 정상적으로 작동될 수 있도록 미리 조정해 두어야 한다.

② 크레인, 이동식 크레인의 양중기에 대한 권과방지장치는 훅·버킷 등 달기구의 윗면(그 달기구에 권상용 도르래가 설치된 경우에는 권상용 도르래의 윗면)이 드럼, 상부 도르래, 트롤리프레임 등 권상장치의 아랫면과 접촉할 우려가 있는 경우에 그 간격이 0.25m 이상(직동식 권과방지장치는 0.05m 이상)이 되도록 조정하여야 한다.

③ ②의 권과방지장치를 설치하지 않은 크레인에 대해서는 권상용 와이어로프에 위험표시를 하고 경보장치를 설치하는 등 권상용 와이어로프가 지나치게 감겨서 근로자가 위험해질 상황을 방지하기 위한 조치를 하여야 한다.

(3) 양중기의 방호장치

① 리프트의 방호장치(산업안전보건기준에 관한 규칙 제151조, 제152조)

㉠ 리프트(자동차정비용 리프트는 제외)의 운반구 이탈 등의 위험을 방지하기 위하여 권과방지장치, 과부하방지장치, 비상정지장치 등을 설치하는 등 필요한 조치를 하여야 한다.

㉡ 운반구의 내부에만 탑승 조작장치가 설치되어 있는 리프트를 사람이 탑승하지 아니한 상태로 작동하게 해서는 아니 된다(무인작동의 제한).

㉢ 리프트 조작반에 잠금장치를 설치하는 등 관계 근로자가 아닌 사람이 리프트를 임의로 조작함으로써 발생하는 위험을 방지하기 위하여 필요한 조치를 하여야 한다.

② 크레인의 방호장치
  ㉠ 과부하방지장치
    • 정격하중 1.1배(지브형은 1.05배) 권상 시 경보와 함께 권상동작이 정지되고, 횡행, 주행동작 및 과부하를 증가시키는 동작이 불가능하게 하는 장치이다.
    • 종류 : 전기식, 기계식, 전자식
  ㉡ 권과방지장치
    • 훅, 버킷 등 달기구의 윗면이 드럼, 상부 도르래, 트롤리 프레임 등 권상장치의 아랫면과 접촉을 방지하기 위해 자동적으로 전동기용 동력을 차단하고 작동을 제동하는 장치이다.
    • 권상장치와 훅 등이 접촉할 우려가 있는 경우, 그 간격이 0.25m 이상(직동식 권과방지장치는 0.05m 이상으로 함)이 되도록 조정하여야 한다.
  ㉢ 비상정지장치
    • 해당 크레인을 비상정지시키기 위한 것으로 비상정지스위치를 작동하는 경우, 작동 중인 동력이 차단되도록 하는 장치이다.
    • 비상정지용 누름버튼은 적색으로 머리 부분이 돌출되고 수동 복귀되는 형식이어야 한다.
  ㉣ 제동장치(브레이크)
    • 권상장치 및 기복장치에 화물 또는 지브의 강하를 제동하기 위한 장치이다.
    • 천장주행크레인 - 전자식디스크 B/K, 전자 B/K, 유압상식 B/K, 와류 B/K
  ㉤ 그 밖의 방호장치 : 훅 해지장치, 충돌방지장치, 레일정지기구(기계식, 전기식), 안전밸브
③ 이동식 크레인의 방호장치(산업안전보건기준에 관한 규칙 제148조~제150조)
  ㉠ 유압을 동력으로 사용하는 이동식 크레인의 과도한 압력상승을 방지하기 위한 안전밸브에 대하여 최대의 정격하중을 건 때의 압력 이하로 작동되도록 조정하여야 한다. 다만, 하중시험 또는 안전도 시험을 실시할 때에 시험하중에 맞는 압력으로 작동될 수 있도록 조정한 경우에는 그러하지 아니하다.
  ㉡ 이동식 크레인을 사용하여 하물을 운반하는 경우에는 해지장치를 사용하여야 한다.
  ㉢ 이동식 크레인을 사용하여 작업을 하는 경우 이동식 크레인 명세서에 적혀 있는 지브의 경사각(인양하중이 3ton 미만인 이동식 크레인의 경우에는 제조한 자가 지정한 지브의 경사각)의 범위에서 사용하도록 하여야 한다.

+ 괄호문제

다음 괄호 안에 알맞은 내용을 쓰시오.
① 크레인의 과부하방지장치는 정격하중 (㉠)배, 지브형은 (㉡)배, 권상 시 경보와 함께 권상동작이 정지되고, 횡행, 주행동작 및 과부하를 증가시키는 동작이 불가능하게 하는 장치로서 (㉢), (㉣), 전자식의 종류가 있다.
② 크레인의 비상정지장치의 비상정지용 누름버튼은 (㉠)색으로 머리 부분이 돌출되고 (㉡) 복귀되는 형식으로 한다.

| 정답 |
① ㉠ 1.1, ㉡ 1.05, ㉢ 전기식, ㉣ 기계식
② ㉠ 적, ㉡ 수동

확인! OX

다음은 크레인의 방호장치에 대한 설명이다. 옳으면 "O", 틀리면 "X"로 표시하시오.
1. 운반물의 중량이 초과되지 않도록 과부하방지장치를 설치하여야 한다. ( )
2. 크레인을 필요한 상황에서는 고속으로 중지시킬 수 있도록 브레이크장치와 충돌 시 충격을 완화시킬 수 있는 완충장치를 설치한다. ( )

| 해설 |
2. 크레인을 필요한 상황에서는 저속으로 중지시킬 수 있도록 브레이크장치와 충돌 시 충격을 완화시킬 수 있는 완충장치를 설치한다.

정답 1. O 2. X

+ 괄호문제

다음 괄호 안에 알맞은 내용을 쓰시오.

리프트, 승강기의 설치·조립·수리·점검 또는 해체 작업을 하는 경우 작업 지휘자의 이행사항은 '(㉠)과 근로자의 배치를 결정하고 해당 작업을 지휘하는 일', '재료의 (㉡) 또는 기구 및 공구의 기능을 점검하고 불량품을 제거하는 일', '작업 중 안전대 등 보호구의 착용 상황을 (㉢)하는 일'이다.

| 정답 |
㉠ 작업방법, ㉡ 결함 유무,
㉢ 감시

양중기의 종류	방호장치	
	공통	그 밖의 방호장치
크레인	과부하방지장치 권과방지장치 비상정지장치 제동장치	• 훅의 해지장치 • 안전밸브(유압식)
이동식 크레인		• 훅의 해지장치 • 안전밸브(유압식)
리프트(자동차정비용 리프트 제외)		조작반 잠금장치
곤돌라		-
승강기		• 파이널리밋스위치 • 속도조절기(조속기) • 출입문인터록

(4) 양중기 작업 시 점검사항

① 작업 시작 전 점검사항(산업안전보건기준에 관한 규칙 별표 3)

작업의 종류	점검내용
크레인	• 권과방지장치·브레이크·클러치 및 운전장치의 기능 • 주행로의 상측 및 트롤리가 횡행하는 레일의 상태 • 와이어로프가 통하고 있는 곳의 상태
이동식 크레인	• 권과방지장치나 그 밖의 경보장치의 기능 • 브레이크·클러치 및 조정장치의 기능 • 와이어로프가 통하고 있는 곳 및 작업장소의 지반상태
리프트	• 방호장치·브레이크 및 클러치의 기능 • 와이어로프가 통하고 있는 곳의 상태
곤돌라	• 방호장치·브레이크의 기능 • 와이어로프·슬링와이어 등의 상태

② 리프트, 승강기의 설치·조립·수리·점검 또는 해체 작업을 하는 경우 조치사항 (산업안전보건기준에 관한 규칙 제156조, 제162조)

㉠ 작업을 지휘하는 사람으로 선임하여 그 사람의 지휘하에 작업을 실시할 것
  ※ 작업 지휘자의 이행사항
  • 작업방법과 근로자의 배치를 결정하고 해당 작업을 지휘하는 일
  • 재료의 결함 유무 또는 기구 및 공구의 기능을 점검하고 불량품을 제거하는 일
  • 작업 중 안전대 등 보호구의 착용 상황을 감시하는 일

㉡ 작업할 구역에 관계 근로자가 아닌 사람의 출입을 금지하고 그 취지를 보기 쉬운 장소에 표시할 것

㉢ 비, 눈, 그 밖에 기상상태의 불안정으로 날씨가 몹시 나쁜 경우에는 그 작업을 중지시킬 것

③ 크레인 작업 시의 조치(산업안전보건기준에 관한 규칙 제146조)

㉠ 사업주는 크레인을 사용하여 작업을 하는 경우 다음의 조치를 준수하고, 그 작업에 종사하는 관계 근로자가 그 조치를 준수하도록 하여야 한다.
  • 인양할 하물을 바닥에서 끌어당기거나 밀어내는 작업을 하지 아니할 것
  • 유류드럼이나 가스통 등 운반 도중에 떨어져 폭발하거나 누출될 가능성이 있는 위험물 용기는 보관함(또는 보관고)에 담아 안전하게 매달아 운반할 것

확인! OX

다음은 리프트, 승강기의 설치·조립·수리·점검 또는 해체 작업을 하는 경우 조치사항에 대한 설명이다. 옳으면 "O", 틀리면 "X"로 표시하시오.

1. 작업할 구역에 관계 근로자가 아닌 사람의 출입을 금지하고, 출입금지가 확인된다면 별도의 사항을 표시하지 않아도 된다. ( )
2. 비, 눈, 그 밖에 기상상태의 불안정으로 날씨가 몹시 나쁜 경우에는 그 작업을 중지시켜야 한다. ( )

정답 1. X 2. O

| 해설 |
1. 그 취지를 보기 쉬운 장소에 표시해야 한다.

- 고정된 물체를 직접 분리·제거하는 작업을 하지 아니할 것
- 미리 근로자의 출입을 통제하여 인양 중인 하물이 작업자의 머리 위로 통과하지 않도록 할 것
- 인양할 하물이 보이지 아니하는 경우에는 어떠한 동작도 하지 아니할 것(신호하는 사람에 의하여 작업을 하는 경우에는 제외)

ⓒ 사업주는 조종석이 설치되지 아니한 크레인에 대하여 다음의 조치를 하여야 한다.
- 고용노동부장관이 고시하는 크레인의 제작기준과 안전기준에 맞는 무선원격제어기 또는 펜던트스위치를 설치·사용할 것
- 무선원격제어기 또는 펜던트스위치를 취급하는 근로자에게는 작동요령 등 안전조작에 관한 사항을 충분히 주지시킬 것

ⓒ 사업주는 타워크레인을 사용하여 작업을 하는 경우 타워크레인마다 근로자와 조종작업을 하는 사람 간에 신호업무를 담당하는 사람을 각각 두어야 한다.

④ 탑승의 제한(산업안전보건기준에 관한 규칙 제86조)
㉠ 크레인을 사용하여 근로자를 운반하거나 근로자를 달아 올린 상태에서 작업에 종사시켜서는 아니 된다. 다만, 크레인에 전용 탑승설비를 설치하고 추락 위험을 방지하기 위하여 다음의 조치를 한 경우에는 그러하지 아니하다.
- 탑승설비가 뒤집히거나 떨어지지 않도록 필요한 조치를 할 것
- 안전대나 구명줄을 설치하고, 안전난간을 설치할 수 있는 구조인 경우에는 안전난간을 설치할 것
- 탑승설비를 하강시킬 때에는 동력하강방법으로 할 것

㉡ 이동식 크레인을 사용하여 근로자를 운반하거나 근로자를 달아 올린 상태에서 작업에 종사시켜서는 아니 된다. 다만, 작업 장소의 구조, 지형 등으로 고소작업대를 사용하기가 곤란하여 이동식 크레인 중 기중기를 한국산업표준에서 정하는 안전기준에 따라 사용하는 경우는 제외한다.

㉢ 내부에 비상정지장치·조작스위치 등 탑승 조작장치가 설치되어 있지 아니한 리프트의 운반구에 근로자를 탑승시켜서는 아니 된다. 다만, 리프트의 수리·조정 및 점검 등의 작업을 하는 경우로서 그 작업에 종사하는 근로자가 추락할 위험이 없도록 조치를 한 경우에는 그러하지 아니하다.

㉣ 자동차정비용 리프트에 근로자를 탑승시켜서는 아니 된다. 다만, 자동차정비용 리프트의 수리·조정 및 점검 등의 작업을 할 때에 그 작업에 종사하는 근로자가 위험해질 우려가 없도록 조치한 경우에는 그러하지 아니하다.

㉤ 곤돌라의 운반구에 근로자를 탑승시켜서는 아니 된다. 다만, 추락 위험을 방지하기 위하여 다음의 조치를 한 경우에는 그러하지 아니하다.
- 운반구가 뒤집히거나 떨어지지 않도록 필요한 조치를 할 것
- 안전대나 구명줄을 설치하고, 안전난간을 설치할 수 있는 구조인 경우이면 안전난간을 설치할 것

+ 괄호문제

다음 괄호 안에 알맞은 내용을 쓰시오.
① 조종석이 설치되지 아니한 크레인은 (㉠)이 고시하는 크레인의 제작기준과 (㉡)에 맞는 무선원격제어기 또는 펜던트스위치를 설치·사용해야 한다.
② 조종석이 설치되지 아니한 크레인에 대하여 무선원격제어기 또는 펜던트스위치를 취급하는 근로자에게는 ( ) 등 안전조작에 관한 사항을 충분히 주지시켜야 한다.

| 정답 |
① ㉠ 고용노동부장관,
  ㉡ 안전기준
② 작동요령

확인! OX

다음은 양중기 작업 시 탑승에 대한 설명이다. 옳으면 "O", 틀리면 "X"로 표시하시오.
1. 운반구가 뒤집히거나 떨어지지 않도록 필요한 조치를 한 경우에도 곤돌라의 운반구에 근로자를 탑승시켜서는 아니 된다. ( )
2. 안전대나 구명줄을 설치하고, 안전난간을 설치하였다면 곤돌라의 운반구에 근로자를 탑승시키는 것이 가능하다. ( )

정답 1. X 2. O

| 해설 |
1. 운반구가 뒤집히거나 떨어지지 않도록 필요한 조치를 한 경우에는 탑승이 가능하다.

+ 괄호문제

다음 괄호 안에 알맞은 내용을 쓰시오.

① 와이어로프 등 달기구의 안전계수는 근로자가 탑승하는 운반구를 지지하는 경우 (㉠) 이상, 화물의 하중을 직접 지지하는 경우 (㉡) 이상, 훅, 섀클, 클램프, 리프팅 빔의 경우 (㉢) 이상, 그 밖의 경우 (㉣) 이상이어야 한다.
② 양중기의 달기와이어로프 또는 달기체인과 일체형인 고리걸이 훅 또는 섀클의 안전계수가 사용되는 달기와이어로프 또는 달기체인의 안전계수와 ( )의 것을 사용하여야 한다.

| 정답 |
① ㉠ 10, ㉡ 5, ㉢ 3, ㉣ 4
② 같은 값 이상

확인! OX

다음은 양중기에 대한 설명이다. 옳으면 "O", 틀리면 "X"로 표시하시오.

1. 화물자동차에 울 등을 설치하였더라도 화물자동차 적재함에 근로자를 탑승시켜서는 아니 된다. ( )
2. 안전계수는 달기구 절단하중의 값을 그 달기구에 걸리는 하중의 최댓값으로 나눈 값이다. ( )

정답 1. X 2. O

| 해설 |
1. 화물자동차에 울 등을 설치하여 추락을 방지하는 경우에는 탑승이 가능하다.

㉥ 소형화물용 엘리베이터에 근로자를 탑승시켜서는 아니 된다. 다만, 소형화물용 엘리베이터의 수리·조정 및 점검 등의 작업을 하는 경우에는 그러하지 아니하다.
㉦ 차량계 하역 운반기계(화물자동차는 제외)를 사용하여 작업을 하는 경우 승차석이 아닌 위치에 근로자를 탑승시켜서는 아니 된다. 다만, 추락 등의 위험을 방지하기 위한 조치를 한 경우에는 그러하지 아니한다.
㉧ 화물자동차 적재함에 근로자를 탑승시켜서는 아니 된다. 다만, 화물자동차에 울 등을 설치하여 추락을 방지하는 경우에는 그러하지 아니하다.
㉨ 운전 중인 컨베이어 등에 근로자를 탑승시켜서는 아니 된다. 다만, 근로자를 운반할 수 있는 구조를 갖춘 컨베이어 등으로서 추락·접촉 등에 의한 위험을 방지할 수 있는 조치를 한 경우에는 그러하지 아니하다.
㉩ 이삿짐운반용 리프트 운반구에 근로자를 탑승시켜서는 아니 된다. 다만, 이삿짐운반용 리프트의 수리·조정 및 점검 등의 작업을 할 때에 그 작업에 종사하는 근로자가 추락할 위험이 없도록 조치한 경우에는 그러하지 아니하다.
㉪ 전조등, 제동등, 후미등, 후사경 또는 제동장치가 정상적으로 작동되지 아니하는 이륜자동차(총배기량 또는 정격출력의 크기와 관계없이 1인 또는 2인의 사람을 운송하기에 적합하게 제작된 이륜의 자동차 및 그와 유사한 구조로 되어 있는 자동차)에 근로자를 탑승시켜서는 아니 된다.

(5) 양중기의 와이어로프(산업안전보건기준에 관한 규칙)

① 와이어로프 등 달기구의 안전계수(제163조)
  ㉠ 근로자가 탑승하는 운반구를 지지하는 달기와이어로프 또는 달기체인의 경우 : 10 이상
  ㉡ 화물의 하중을 직접 지지하는 달기와이어로프 또는 달기체인의 경우 : 5 이상
  ㉢ 훅, 섀클, 클램프, 리프팅 빔의 경우 : 3 이상
  ㉣ 그 밖의 경우 : 4 이상
  ※ 안전계수 : 달기구 절단하중의 값을 그 달기구에 걸리는 하중의 최댓값으로 나눈 값

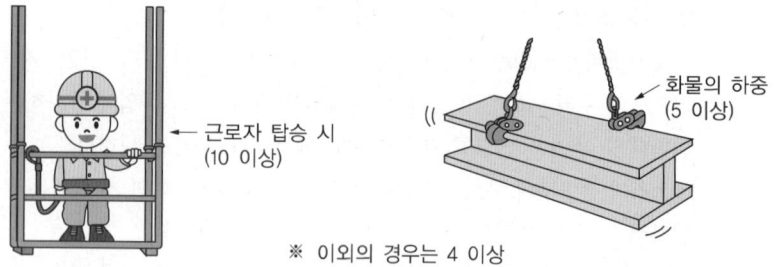

② 고리걸이 훅 등의 안전계수(제164조) : 양중기의 달기와이어로프 또는 달기체인과 일체형인 고리걸이 훅 또는 섀클의 안전계수가 사용되는 달기와이어로프 또는 달기체인의 안전계수와 같은 값 이상의 것을 사용하여야 한다.

③ 와이어로프의 절단방법(제165조)
  ㉠ 와이어로프를 절단하여 양중작업 용구를 제작하는 경우 반드시 기계적인 방법으로 절단하여야 하며, 가스용단 등 열에 의한 방법으로 절단해서는 아니 된다.
  ㉡ 아크(arc), 화염, 고온부 접촉 등으로 인하여 열 영향을 받은 와이어로프를 사용해서는 아니 된다.

④ 와이어로프 등의 사용금지 사항(제166조)
  ㉠ 이음매가 있는 것
  ㉡ 와이어로프의 한 꼬임에서 끊어진 소선의 수가 10% 이상인 것(비자전로프의 경우에는 끊어진 소선의 수가 와이어로프 호칭 지름의 6배 이내에서 4개 이상이거나 호칭지름 30배 길이 이내에서 8개 이상)
  ㉢ 지름의 감소가 공칭지름의 7%를 초과하는 것
  ㉣ 꼬인 것
  ㉤ 심하게 변형되거나 부식된 것
  ㉥ 열과 전기 충격에 의해 손상된 것

⑤ 늘어난 달기체인 등의 사용금지(제167조)
  ㉠ 달기체인의 길이가 달기체인이 제조된 때의 길이의 5%를 초과한 것
  ㉡ 링의 단면지름이 달기체인이 제조된 때의 해당 링의 지름의 10%를 초과하여 감소한 것
  ㉢ 균열이 있거나 심하게 변형된 것

⑥ 꼬임이 끊어진 섬유로프 등의 사용금지 사항(제169조)
  ㉠ 꼬임이 끊어진 것
  ㉡ 심하게 손상되거나 부식된 것
  ㉢ 2개 이상의 작업용 섬유로프 또는 섬유벨트를 연결한 것
  ㉣ 작업 높이보다 길이가 짧은 것

⑦ 변형되어 있는 훅·섀클 등의 사용금지 사항(제168조)
  ㉠ 훅·섀클·클램프 및 링 등의 철구로서 변형되어 있는 것 또는 균열이 있는 것을 크레인 또는 이동식 크레인의 고리걸이 용구로 사용해서는 아니 된다.
  ㉡ 중량물을 운반하기 위해 제작하는 지그, 훅의 구조를 운반 중 주변 구조물과의 충돌로 슬링이 이탈되지 않도록 하여야 한다.
  ㉢ 안전성 시험을 거쳐 안전율이 3 이상 확보된 중량물 취급용구를 구매하여 사용하거나 자체 제작한 중량물 취급용구에 대하여 비파괴시험을 하여야 한다.

+ 괄호문제

다음 괄호 안에 알맞은 내용을 쓰시오.
① 와이어로프 사용금지 사항으로는 '(㉠)가 있는 것', '와이어로프의 한 꼬임에서 끊어진 소선의 수가 (㉡) 이상인 것', '지름의 감소가 공칭지름의 (㉢)를 초과한 것' 등이 있다.
② 달기체인 사용금지 사항으로는 '달기체인의 길이가 달기체인이 제조된 때의 길이의 (㉠)를 초과한 것', '링의 단면지름이 달기체인이 제조된 때의 해당 링의 지름의 (㉡)를 초과하여 감소한 것', '균열이 있거나 심하게 변형된 것'이 있다.

| 정답 |
① ㉠ 이음매, ㉡ 10%, ㉢ 7%
② ㉠ 5%, ㉡ 10%

확인! OX

다음은 양중기의 와이어로프에 대한 설명이다. 옳으면 "O", 틀리면 "X"로 표시하시오.
1. 와이어로프를 절단하여 양중작업 용구를 제작하는 경우 반드시 가스용단 등 열에 의한 방법으로 절단해야 한다. ( )
2. 아크(arc), 화염, 고온부 접촉 등으로 인하여 열 영향을 받은 와이어로프를 사용해서는 아니 된다. ( )

정답 1. X 2. O

| 해설 |
1. 반드시 기계적인 방법으로 절단하여야 하며, 가스용단 등 열에 의한 방법으로 절단해서는 아니 된다.

+ 괄호문제

다음 괄호 안에 알맞은 내용을 쓰시오.
① 와이어로프의 구성은 (㉠), (㉡), (㉢)이다.
② 와이어로프 호칭이 '6×19'라고 할 때 숫자 '6'은 ( )를 의미한다.

| 정답 |
① ㉠ 소선(wire),
  ㉡ 가닥(strand),
  ㉢ 심(core) 또는 심강
② 꼬임의 수

확인! OX

다음은 와이어로프 사용 관련 지침에 대한 설명이다. 옳으면 "O", 틀리면 "X"로 표시하시오.

1. 클립의 새들은 와이어로프의 힘이 걸리는 쪽의 반대쪽에 있어야 한다. ( )
2. 달아매기 각도에 의한 장력을 고려할 때, 매다는 각도가 작을수록 좋으나 90° 이내로 사용하는 것이 바람직하다. ( )

정답 1. X 2. X

| 해설 |
1. 힘이 걸리는 쪽에 있어야 한다.
2. 60° 이내로 사용하는 것이 바람직하다.

[와이어로프 사용 관련 지침]

항목	내용
와이어로프의 안전율 계산	$$S = \frac{N \times P}{Q}$$ 여기서, S : 안전율 N : 로프의 가닥수 P : 로프의 파단강도(kg/mm²) Q : 허용응력(kg/mm²)
와이어로프에 걸리는 총하중 계산	$$w = w_1 + w_2 = w_1 + \left(\frac{w_1}{g} \times a\right)$$ $$w_2 = \frac{w_1}{g} \times a$$ 여기서, w : 총하중(kgf) w_1 : 정하중(kgf) w_2 : 동하중(kgf) g : 중력가속도(9.8m/s²) a : 가속도(m/s²) ※ 정하중 : 매단 물체의 무게
와이어로프 한 가닥에 걸리는 하중 계산	한 가닥에 걸리는 하중(kgf) = $\frac{w}{2} \div \cos\frac{\theta}{2}$ 여기서, w : 매단 물체의 무게(kgf) θ : 매단 각도(°)
달아매기 각도에 의한 장력의 변화	매다는 각도가 작을수록 좋으나 60° 이내로 사용하는 것이 바람직하다.
와이어로프의 구조	(그림) 와이어로프, 스트랜드, 소선, 심선, 중심
와이어로프의 표시	6×19 여기서, 6 : 꼬임(가닥, 자승, 스트랜드)의 수 19 : 소선의 수량
클립(clip) 고정법	• 클립의 새들(saddle)은 다음과 같이 와이어로프의 힘이 걸리는 쪽에 있어야 한다. (그림) 적합 / 부적합 / 부적합 • 클립과의 간격은 와이어로프 직경의 6배 이상, 수량은 최소 4개 이상이어야 한다. • 클립의 체결수량 | 와이어로프의 지름(mm)	클립 수(개)
16 이하	4
16 초과~28 이하	5
28 초과	6 | • 하중을 걸기 전후에 단단하게 조여줄 것 • 가능한 심블(thimble)을 부착할 것 • 남은 부분을 시징(seizing)할 것 • 심블 접합부가 이탈되지 않도록 할 것

와이어로프 꼬임의 종류	• 보통꼬임 – 스트랜드 꼬임 방향과 로프의 꼬임 방향이 반대인 것이다. – 랭꼬임에 비해 더 유연하여 EYE작업을 쉽게 할 수 있다. – 로프 자체의 변형이 적다. – 킹크가 잘 생기지 않는다. – 하중을 걸었을 때 저항성이 크다. • 랭꼬임 – 스트랜드 꼬임 방향과 로프의 꼬임 방향이 같은 방향인 것이다. – 보통꼬임의 로프보다 사용 시 표면 전체가 균일하게 마모됨으로 인하여 수명이 길다. – 내마모성, 유연성, 내피로성이 우수하다. 보통 Z꼬임 보통 S꼬임 랭 Z꼬임 랭 S꼬임
와이어로프의 직경 측정법	와이어로프의 직경은 수직 또는 대각선으로 측정하며, 섬유로프인 경우는 게이지(gauge)로 측정하는 것이 바람직하다.
소켓가공법	• 폐쇄형 소켓(closed socket) • 개방형 소켓(opened socket) • 브릿지 소켓(bridge socket)
아이 스플라이스 가공법	아이 스플라이스(eye splice) 가공은 로프의 단말을 링 형태로 가공하는 방법으로 주로 슬링용 로프에 이용된다. • 감아넣기 : 단말부 스트랜드를 로프의 꼬임결 방향대로 꼬아 넣는 방법으로 외관은 로프와 같은 모양이 된다. • 엮어넣기 : 단말부 스트랜드를 로프 본체의 꼬임 반대방향으로 밀어 넣는 방법으로 가공표면이 바구니처럼 엮여 있는 모양이다. B : 로프 지름의 2배 C : 로프 지름의 5배 D : 로프 지름의 약 18배 E : 5mm 이하–로프 지름의 40배 50mm 초과–로프 지름의 50배 D : 로프 지름의 약 20배

+ 괄호문제

다음 괄호 안에 알맞은 내용을 쓰시오.
① 와이어로프 꼬임의 종류는 (㉠)꼬임과 (㉡)꼬임이 있다.
② 와이어로프의 직경은 (㉠) 또는 (㉡)으로 측정하며, 섬유로프인 경우는 (㉢)로 측정하는 것이 바람직하다.

| 정답 |
① ㉠ 보통, ㉡ 랭
② ㉠ 수직, ㉡ 대각선, ㉢ 게이지(gauge)

확인! OX

다음은 와이어로프의 보통꼬임에 대한 설명이다. 옳으면 "O", 틀리면 "X"로 표시하시오.

1. 킹크가 잘 생기지 않으며, 하중을 걸었을 때 저항성이 크다. ( )
2. 내마모성, 유연성, 내피로성이 우수하며, 스트랜드의 꼬임 방향과 로프의 꼬임 방향이 반대이다. ( )

정답 1. O 2. X

| 해설 |
2. 내마모성, 유연성, 내피로성이 우수한 것은 랭꼬임이다.

+ 괄호문제

다음 괄호 안에 알맞은 내용을 쓰시오.

① 양중기에 사용하는 (㉠)장치는 양중기의 정격하중 이상의 하중이 부하되었을 경우 자동적으로 권상장치를 정지시키는 장치이다.
② 위 장치는 작동원리에 따라 (㉠), (㉡), (㉢)이 있으며 건설용 리프트에는 (㉡)은 설치가 금지된다.

| 정답 |
① ㉠ 과부하방지
② ㉠ 전자식, ㉡ 전기식, ㉢ 기계식

| 줄걸이 방법 | • 2줄 걸이 : 긴 환봉등의 줄걸이 작업 시 활용   2줄 달아 올리기
• 3줄 걸이
– U자나 T형의 형상일 때 적합
– 3점의 중심위치가 무게중심을 중앙으로 환원주상에 등간격이 되어야 함 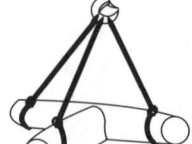 
• 십자(+자) 걸이
– 사다리꼴의 형상 등에 적합
– 2본의 로프를 십자형으로 거는데, 로프의 간격이 똑같도록 함   |

(6) 양중기에 사용하는 과부하방지장치(overload limiter)

① 양중기의 정격하중 이상의 하중이 부하되었을 경우 자동적으로 권상장치를 정지시키는 장치이다.
② 작동원리에 따라 전자식, 전기식, 기계식이 있으며 건설용 리프트에는 전기식은 설치가 금지된다.
③ 종류
   ㉠ 전자식
   • 스트레인 게이지를 이용한 전자감응방식으로 과부하상태를 감지한다.
   • moment limiter를 포함한다.
   • 스트레인 게이지와 컨트롤 부분으로 구성된다.
   • 스트레인 게이지에는 로드셀이 부착된다.
   • 스트레인 게이지의 전기식 저항값의 변화에 따라 아주 민감하게 동작한다.
   • 로드셀의 성능에 따라 정확성이 크게 좌우된다.
   • 변화되는 중량을 디지털로 표시하여 알려줄 수 있어 편리하나 가격이 비싸다.

확인! OX

다음은 양중기 방호장치에 대한 설명이다. 옳으면 "O", 틀리면 "X"로 표시하시오.

1. 전자식 과부하방지장치의 스트레인 게이지에는 로드셀이 부착된다. ( )
2. 전자식 과부하방지장치는 스트레인 게이지의 전기식 저항값의 변화에 둔감하게 동작한다. ( )

| 정답 | 1. O 2. X

| 해설 |
2. 전기식 저항값의 변화에 따라 아주 민감하게 동작한다.

- 과부하방지방법은 하중의 방향에 따라 인장 로드셀, 압축 로드셀이 있다.
- 양중기의 설계 및 제작부터 설치하는 것이 바람직하다.

ⓒ 전기식
- 권상모터의 부하변동에 따른 전류변화를 감지하여 과부하상태를 감지한다.
- 정지상태에서는 감지하지 못하기 때문에 층간 정지가 가능한 승강기, 리프트, 곤도라에서는 사용할 수 없다.
- 권상모터의 전류변화를 변류기(current transformer)로 감지하여 양중기를 정지한다.
- 일반 현장에서 가장 많이 활용되고 있는 방호장치이다.
- 설치가 용이하며 가격이 저렴하나 권상모터가 동작할 때만 감지가 가능하므로 정지상태에서는 감지가 불가하여 크레인에만 사용 가능하다.
- 크레인이 고속용과 저속용 권상모터가 각각 있는 경우 2개를 설치해야 하기 때문에 적합하지 않아 소형크레인에만 사용할 수 있다.

ⓒ 기계식
- 전기전자방식이 아닌 기계·기구학적인 방법에 의하여 과부하상태를 감지한다.
- 스프링의 탄성을 이용한 정지형 안전장치이다.
- 부하의 하중을 스프링에 작용하는 하중으로 환산하여 스프링의 정격 탄성력 이상으로 작용하면 마이크로스위치가 동작하여 운전을 정지한다.

더 알아보기

과부하방지장치의 분류와 적용(방호장치 안전인증 고시 별표 2)

종류	원리	적용
전자식 (J-1)	스트레인 게이지를 이용한 전자감응방식으로 과부하상태 감지	크레인, 곤도라, 리프트, 승강기, 고소작업대
전기식 (J-2)	권상모터의 부하변동에 따른 전류변화를 감지하여 과부하상태 감지	호이스트, 크레인
기계식 (J-3)	전기전자방식이 아닌 기계·기구학적인 방법에 의하여 과부하상태를 감지	크레인, 곤도라, 리프트, 승강기

(7) 타워크레인

① 타워크레인 작업계획서 포함사항
  ㉠ 타워크레인의 종류 및 형식
  ㉡ 설치·조립 및 해체순서
  ㉢ 작업 도구·장비·가설설비 및 방호설비
  ㉣ 작업 인원의 구성 및 작업근로자의 역할범위
  ㉤ 타워크레인 지지방법

+ 괄호문제

다음 괄호 안에 알맞은 내용을 쓰시오.
① ( ) 과부하방지장치는 일반 현장에서 가장 많이 활용되고 있는 방호장치이다.
② 기계식 과부하방지장치는 스프링의 탄성을 이용한 ( ) 안전장치이다.

| 정답 |
① 전기식
② 정지형

확인! OX

다음은 방호장치 안전인증 고시에 따른 양중기 과부하방지장치의 일반 공통사항에 대한 설명이다. 옳으면 "O", 틀리면 "X"로 표시하시오.

1. 과부하방지장치 작동 시 경보음과 경보램프가 작동되어야 하며 양중기는 작동이 되지 않아야 한다. ( )
2. 외함의 전선 접촉부분은 고무 등으로 밀폐되어 물과 먼지 등이 들어가지 않도록 한다. ( )

정답 1. O 2. O

+ 괄호문제

다음 괄호 안에 알맞은 내용을 쓰시오.

① 순간풍속 (㉠) 이상 : 타워크레인의 설치·수리·점검·해체작업 중지, 순간풍속 (㉡) 이상 : 타워크레인 운전작업 중지, 순간풍속 (㉢) 이상 : 건설작업용 리프트 및 옥외 승강기 붕괴를 방지하기 위한 조치

② 순간풍속 (㉠) 이상 : 옥외에 설치되어 있는 주행 크레인에 대한 이탈 방지조치, 순간풍속 (㉡) 이상 or 중진 이상 진도의 지진이 있은 후 : 옥외 양중기 각 부위 이상 점검

| 정답 |
① ㉠ 10m/s, ㉡ 15m/s, ㉢ 35m/s
② ㉠·㉡ 30m/s

② 악천후 시 조치사항(산업안전보건기준에 관한 규칙)

순간풍속이 초당 10m를 초과하는 경우(제37조)	타워크레인의 설치·수리·점검 또는 해체작업을 중지해야 한다.
순간풍속이 초당 15m를 초과하는 경우(제37조)	타워크레인의 운전작업을 중지해야 한다.
순간풍속이 초당 30m를 초과하는 바람이 불어올 우려가 있는 경우(제140조)	옥외에 설치되어 있는 주행 크레인에 대하여 이탈방지장치를 작동시키는 등 이탈방지를 위한 조치를 하여야 한다.
순간풍속이 초당 30m를 초과하는 바람이 불거나 중진 이상 진도의 지진이 있은 후(제143조)	옥외에 설치되어 있는 양중기를 사용하여 작업을 하는 경우 미리 기계 각 부위에 이상이 있는지 점검해야 한다.
순간풍속이 초당 35m를 초과하는 바람이 불어올 우려가 있는 경우(제154조, 제161조)	건설작업용 리프트(지하에 설치되어 있는 것은 제외) 및 옥외에 설치되어 있는 승강기에 대하여 받침의 수를 증가시키는 등 리프트 및 승강기가 무너지는 것을 방지하기 위한 조치를 하여야 한다.

4. 운반기계

(1) 차량계 하역 운반기계

① 접촉의 방지조치(산업안전보건기준에 관한 규칙 제172조)

㉠ 차량계 하역 운반기계 등을 사용하여 작업하는 경우에 하역 또는 운반 중인 화물이나 그 차량계 하역 운반기계 등에 접촉되어 근로자가 위험해질 우려가 있는 장소에는 근로자를 출입시켜서는 아니 된다. 다만, 작업지휘자 또는 유도자를 배치하고 그 차량계 하역 운반기계 등을 유도하는 경우에는 그러하지 아니하다.

※ 차량계 하역 운반기계 : 동력원에 의하여 특정되지 아니한 장소로 스스로 이동할 수 있는 지게차·구내운반차·화물차동차 등의 차량계 하역운반기계 및 고소작업대

㉡ 차량계 하역 운반기계 등의 운전자는 작업지휘자 또는 유도자가 유도하는 대로 따라야 한다.

② 전도 등의 방지조치(산업안전보건기준에 관한 규칙 제171조)

㉠ 지반의 부동침하 방지
㉡ 갓길의 붕괴 방지
㉢ 유도자 배치

③ 화물 적재 시의 조치(산업안전보건기준에 관한 규칙 제173조)

㉠ 하중이 한쪽으로 치우치지 않도록 적재할 것
㉡ 구내운반차 또는 화물자동차의 경우 화물의 붕괴 또는 낙하에 의한 위험을 방지하기 위하여 화물에 로프를 거는 등 필요한 조치를 할 것
㉢ 운전자의 시야를 가리지 않도록 화물을 적재할 것
㉣ ㉠, ㉡, ㉢의 화물을 적재하는 경우에는 최대 적재량을 초과해서는 아니 된다.

확인! OX

다음은 차량계 하역 운반기계에 대한 설명이다. 옳으면 "O", 틀리면 "X"로 표시하시오.

1. 차량계 하역 운반기계 등을 사용하여 작업하는 경우에 하역 또는 운반 중인 화물이나 그 차량계 하역 운반기계 등에 접촉되어 근로자가 위험해질 우려가 있는 장소에는 근로자를 출입시켜서는 아니 된다. ( )
2. 차량계 하역 운반기계 등의 운전자는 작업지휘자 또는 유도자가 유도하는 대로 따라야 한다. ( )

정답 1. O 2. O

④ 차량계 하역 운반기계 운전위치 이탈 시의 조치(산업안전보건기준에 관한 규칙 제99조)
  ㉠ 포크, 버킷, 디퍼 등의 장치를 가장 낮은 위치 또는 지면에 내려 둘 것
  ㉡ 원동기를 정지시키고 브레이크를 확실히 거는 등 갑작스러운 이동을 방지하기 위한 조치를 할 것
  ㉢ 운전석을 이탈하는 경우에는 시동키를 운전대에서 분리시킬 것. 다만, 운전석에 잠금장치를 하는 등 운전자가 아닌 사람이 운전하지 못하도록 조치하는 경우에는 그러하지 아니하다.
⑤ 수리 등의 작업 시 조치(산업안전보건기준에 관한 규칙 제176조) : 차량계 하역 운반기계 등의 수리 또는 부속 장치의 장착 및 해체 작업을 하는 경우 해당 작업의 지휘자를 지정하여 다음을 준수하도록 하여야 한다.
  ㉠ 작업순서를 결정하고 작업을 지휘할 것
  ㉡ 안전지지대 또는 안전블록 등의 사용상황 등을 점검할 것
⑥ 싣거나 내리는 작업(산업안전보건기준에 관한 규칙 제177조) : 차량계 하역 운반기계에 단위화물의 무게가 100kg 이상인 화물을 싣는 작업 또는 내리는 작업을 하는 때에는 해당 작업의 지휘자에게 다음을 준수하도록 하여야 한다.
  ㉠ 작업순서 및 작업방법을 정하고 작업을 지휘할 것
  ㉡ 기구 및 공구를 점검하고 불량품을 제거할 것
  ㉢ 해당 작업을 하는 장소에 관계 근로자가 아닌 사람이 출입하는 것을 금지할 것
  ㉣ 로프 풀기 작업 또는 덮개 벗기기 작업은 적재함의 화물이 떨어질 위험이 없음을 확인한 후에 하도록 할 것

> **더 알아보기**
>
> **차량계 하역 운반기계 등을 사용하는 작업의 작업계획서**
> - 작업계획서 내용
>   - 해당 작업에 따른 추락·낙하·전도·협착 및 붕괴 등의 위험 예방대책
>   - 차량계 하역운반기계 등의 운행경로 및 작업방법
> - 작성한 작업계획서의 내용을 해당 근로자에게 알려야 한다.
>   - 해당 작업에 투입되는 근로자에게 작업 전 작업계획서 주요 내용, 안전수칙 등을 정기안전보건교육, 툴박스미팅(TBM) 등을 활용해 알림(교육)
>   - 필요시 교육내용을 작업계획서나 교육이력 등에 기록
>   - 특별 교육 대상작업*인 경우 작업 전 관련 내용 교육 실시
>   * 운반용 등 하역기계를 5대 이상 보유한 사업장에서의 해당 기계로 하는 작업 등

(2) 구내운반차

① 제동장치(산업안전보건기준에 관한 규칙 제184조) : 구내운반차(작업장 내 운반을 주목적으로 하는 차량으로 한정)를 사용하는 경우에 다음의 사항을 준수해야 한다.
  ㉠ 주행을 제동하거나 정지 상태를 유지하기 위하여 유효한 제동장치를 갖출 것
  ㉡ 경음기를 갖출 것

+ 괄호문제

다음 괄호 안에 알맞은 내용을 쓰시오.

① 차량계 하역 운반기계 운전위치 이탈 시 포크, 버킷, 디퍼 등의 장치를 가장 (㉠) 위치 또는 (㉡)에 내려 두어야 한다.
② 차량계 하역 운반기계 운전위치 이탈 시 원동기를 정지시키고 (㉠)를 확실히 거는 등 갑작스러운 이동을 방지하기 위한 조치를 하고, 운전석을 이탈하는 경우에는 (㉡)를 운전대에서 분리시켜야 한다.

| 정답 |
① ㉠ 낮은, ㉡ 지면
② ㉠ 브레이크, ㉡ 시동키

확인! OX

다음은 차량계 하역 운반기계에 대한 설명이다. 옳으면 "O", 틀리면 "X"로 표시하시오.

1. 차량계 하역 운반기계에 단위화물의 무게가 1,000kg 이상인 화물을 싣는 작업 또는 내리는 작업을 하는 때에는 해당 작업의 지휘자를 지정하여 준수사항을 이행하도록 하여야 한다. ( )
2. 로프 풀기 작업 또는 덮개 벗기기 작업은 적재함의 화물이 떨어질 위험이 없음을 확인한 후에 하도록 하여야 한다. ( )

정답 1. X 2. O

| 해설 |
1. 무게가 100kg 이상인 화물을 싣거나 내리는 작업 시

+ 괄호문제

다음 괄호 안에 알맞은 내용을 쓰시오.

① 구내운반차의 작업 시작 전 점검사항으로는 '제동장치 및 (㉠) 기능의 이상 유무', '(㉡) 및 유압장치 기능의 이상 유무', '(㉢)의 이상 유무', '전조등·후미등·방향지시기 및 (㉣) 기능의 이상 유무', '충전장치를 포함한 홀더 등의 (㉤)의 이상 유무'가 있다.

② 작업대를 (㉠) 또는 체인으로 올리거나 내릴 경우에는 (㉠) 또는 체인이 끊어져 작업대가 낙하하지 아니하는 구조여야 하며, (㉠) 또는 체인의 안전율은 (㉡) 이상이어야 한다.

| 정답 |
① ㉠ 조종장치, ㉡ 하역장치, ㉢ 바퀴, ㉣ 경음기, ㉤ 결합상태
② ㉠ 와이어로프, ㉡ 5

확인! OX

다음은 구내운반차의 제동장치 준수사항에 대한 설명이다. 옳으면 "O", 틀리면 "X"로 표시하시오.

1. 운전석이 차 실내에 있는 것은 좌우에 한 개씩 방향지시기를 갖추어야 한다. ( )
2. 조명이 없는 장소에서 작업 시 전조등과 후미등을 갖추어야 한다. ( )

| 정답 | 1. O 2. O

㉢ 운전석이 차 실내에 있는 것은 좌우에 한 개씩 방향지시기를 갖출 것
㉣ 전조등과 후미등을 갖출 것. 다만, 작업을 안전하게 하기 위하여 필요한 조명이 있는 장소에서 사용하는 구내운반차에 대해서는 그러하지 아니하다.
㉤ 구내운반차가 후진 중에 주변의 근로자 또는 차량계 하역운반기계 등과 충돌할 위험이 있는 경우에는 구내운반차에 후진경보기와 경광등을 설치할 것

② 구내운반차의 작업 시작 전 점검사항(산업안전보건기준에 관한 규칙 별표 3)
㉠ 제동장치 및 조종장치 기능의 이상 유무
㉡ 하역장치 및 유압장치 기능의 이상 유무
㉢ 바퀴의 이상 유무
㉣ 전조등·후미등·방향지시기 및 경음기 기능의 이상 유무
㉤ 충전장치를 포함한 홀더 등의 결합상태의 이상 유무

(3) 고소작업대(산업안전보건기준에 관한 규칙 제186조)

① 종류(이동식 고소작업대의 선정과 안전관리에 관한 기술지침)
㉠ 동력에 의해 사람이 탑승한 작업대를 작업 위치로 이동시키는 것으로서 차량탑재형 고소작업대(자동차관리법에 따른 화물·특수자동차의 작업부에 고소장비를 탑재한 것)에 한정하여 적용한다.
㉡ 다음의 어느 하나에 해당하는 경우는 제외한다.
  • 테일 리프트(tail lift)
  • 승강 높이 2m 이하의 승강대
  • 항공기 지상 지원 장비
  • 소방기본법에 따른 소방장비
  • 농업용 고소작업차(농업기계화촉진법에 따른 검정 제품에 한함)

② 고소작업대를 설치하는 경우에는 다음에 해당하는 것을 설치하여야 한다.
㉠ 작업대를 와이어로프 또는 체인으로 올리거나 내릴 경우에는 와이어로프 또는 체인이 끊어져 작업대가 떨어지지 아니하는 구조여야 하며, 와이어로프 또는 체인의 안전율은 5 이상일 것
㉡ 작업대를 유압에 의해 올리거나 내릴 경우에는 작업대를 일정한 위치에 유지할 수 있는 장치를 갖추고 압력의 이상 저하를 방지할 수 있는 구조일 것
㉢ 권과방지장치를 갖추거나 압력의 이상 상승을 방지할 수 있는 구조일 것
㉣ 붐의 최대 지면경사각을 초과 운전하여 전도되지 않도록 할 것
㉤ 작업대의 정격하중(안전율 5 이상)을 표시할 것
㉥ 작업대에 끼임·충돌 등 재해를 예방하기 위한 가드 또는 과상승방지장치를 설치할 것
㉦ 조작반의 스위치는 눈으로 확인할 수 있도록 명칭 및 방향 표시를 유지할 것

③ 고소작업대를 설치하는 경우에는 다음의 사항을 준수하여야 한다.
  ㉠ 바닥과 고소작업대는 가능하면 수평을 유지하도록 할 것
  ㉡ 갑작스러운 이동을 방지하기 위하여 아웃트리거 또는 브레이크 등을 확실히 사용할 것
④ 고소작업대를 이동하는 경우에는 다음의 사항을 준수하여야 한다.
  ㉠ 작업대를 가장 낮게 내릴 것
  ㉡ 작업자를 태우고 이동하지 말 것. 다만, 이동 중 전도 등의 위험예방을 위하여 유도하는 사람을 배치하고 짧은 구간을 이동하는 경우에는 작업대를 가장 낮게 내린 상태에서 작업자를 태우고 이동할 수 있다.
  ㉢ 이동통로의 요철상태 또는 장애물의 유무 등을 확인할 것
⑤ 고소작업대를 사용하는 경우에는 다음의 사항을 준수하여야 한다.
  ㉠ 작업자가 안전모·안전대 등의 보호구를 착용하도록 할 것
  ㉡ 관계자 외의 사람이 작업구역 내에 들어오는 것을 방지하기 위하여 필요한 조치를 할 것
  ㉢ 안전한 작업을 위하여 적정수준의 조도를 유지할 것
  ㉣ 전로에 근접하여 작업을 하는 때에는 작업감시자를 배치하는 등 감전사고를 방지하기 위하여 필요한 조치를 할 것
  ㉤ 작업대를 정기적으로 점검하고 붐·작업대 등 각 부위의 이상 유무를 확인할 것
  ㉥ 전환스위치는 다른 물체를 이용하여 고정하지 말 것
  ㉦ 작업대는 정격하중을 초과하여 물건을 싣거나 탑승하지 말 것
  ㉨ 작업대의 붐대를 상승시킨 상태에서 탑승자는 작업대를 벗어나지 말 것. 다만, 작업대에 안전대 부착 설비를 설치하고 안전대를 연결하였을 때에는 그러하지 아니하다.
⑥ 악천후 시 작업중지 : 비·눈 그 밖의 기상상태의 불안정으로 인하여 날씨가 몹시 나쁠 때에 10m 이상의 높이에서 고소작업대를 사용함에 있어 근로자에게 위험을 미칠 우려가 있는 때에는 작업을 중지하여야 한다.
⑦ 고소작업대의 작업 시작 전 점검사항(산업안전보건기준에 관한 규칙 별표 3)
  ㉠ 비상정지장치 및 비상하강방지장치 기능의 이상 유무
  ㉡ 과부하방지장치의 작동 유무(와이어로프 또는 체인 구동 방식의 경우)
  ㉢ 아웃트리거 또는 바퀴의 이상 유무
  ㉣ 작업면의 기울기 또는 요철 유무
  ㉤ 활선작업용 장치의 경우 홈·균열·파손 등 그 밖의 손상 유무

(4) 화물자동차(산업안전보건기준에 관한 규칙)
  ① 승강설비의 설치(제187조) : 사업주는 바닥으로부터 짐 윗면까지의 높이가 2m 이상인 화물자동차에 짐을 싣는 작업 또는 내리는 작업을 하는 경우에는 근로자의 추락 위험을 방지하기 위하여 해당 작업에 근로하는 근로자가 바닥과 적재함의 짐 윗면 간을 안전하게 오르내리기 위한 설비를 설치하여야 한다.

+ 괄호문제

다음 괄호 안에 알맞은 내용을 쓰시오.
① 바닥과 고소작업대는 가능하면 (㉠)을 유지하도록 설치하고, 갑작스러운 이동을 방지하기 위하여 (㉡) 또는 브레이크 등을 확실히 사용해야 한다.
② 비·눈 등으로 날씨가 몹시 나쁠 때에 ( )m 이상의 높이에서 고소작업대를 사용함에 있어 근로자에게 위험을 미칠 우려가 있는 때에는 작업을 중지하여야 한다.

| 정답 |
① ㉠ 수평, ㉡ 아웃트리거
② 10

확인! OX

다음은 운반기계에 대한 설명이다. 옳으면 "O", 틀리면 "X"로 표시하시오.
1. 사업주는 고소작업대를 이동하는 때에는 작업자를 태우고 이동하여야 한다. ( )
2. 사업주는 바닥으로부터 짐 윗면까지의 높이가 3m 이상인 화물자동차에 짐을 싣는 작업을 하는 때에는 해당 작업에 근로하는 근로자가 바닥과 적재함의 짐 윗면 간을 안전하게 오르내리기 위한 설비를 설치하여야 한다. ( )

정답 1. X 2. X

| 해설 |
1. 작업자를 태우고 이동하면 안 된다.
2. 바닥으로부터 짐 윗면까지의 높이가 2m 이상인 화물자동차이다.

> **+ 괄호문제**
>
> 다음 괄호 안에 알맞은 내용을 쓰시오.
> ① 화물자동차 작업 시작 전 점검사항에는 '(㉠)장치 및 (㉡)장치의 기능', '(㉢)장치 및 (㉣)장치의 기능', '(㉤)의 이상 유무'가 있다.
> ② 차량계 건설기계는 ( )을 사용하여 특정되지 아니한 장소로 스스로 이동이 가능한 건설기계로 도저형 건설기계, 모터그레이더 등이 있다.
>
> | 정답 |
> ① ㉠ 제동, ㉡ 조종, ㉢ 하역, ㉣ 유압, ㉤ 바퀴
> ② 동력원

② 섬유로프 등의 점검(제189조) : 사업주는 섬유로프 등을 화물자동차의 짐 걸이에 사용하는 경우에는 해당 작업 시작 전에 다음의 조치를 하여야 한다.
  ㉠ 작업순서와 순서별 작업방법을 결정하고 작업을 직접 지휘하는 일
  ㉡ 기구와 공구를 점검하고 불량품을 제거하는 일
  ㉢ 해당 작업을 하는 장소에 관계 근로자가 아닌 사람의 출입을 금지하는 일
  ㉣ 로프 풀기 작업 및 덮개 벗기기 작업을 하는 경우에는 적재함의 화물에 낙하 위험이 없음을 확인한 후에 해당 작업의 착수를 지시하는 일
③ 화물자동차 작업 시작 전 점검사항(별표 3)
  ㉠ 제동장치 및 조종장치의 기능
  ㉡ 하역장치 및 유압장치의 기능
  ㉢ 바퀴의 이상 유무

(5) 차량계 건설기계(산업안전보건기준에 관한 규칙)

① 정의(제196조) : 동력원을 사용하여 특정되지 아니한 장소로 스스로 이동이 가능한 건설기계로 종류는 다음과 같다.
  ㉠ 도저형 건설기계 : 불도저, 스트레이트도저, 틸트도저, 앵글도저, 버킷도저 등
  ㉡ 모터그레이더(motor grader) : 땅 고르는 기계
  ㉢ 로더(loader) : 포크 등 부착물 종류에 따른 용도 변경 형식을 포함
  ㉣ 스크레이퍼(scraper) : 흙을 절삭·운반하거나 펴 고르는 등의 작업을 하는 토공기계
  ㉤ 크레인형 굴착기계 : 클램셸, 드래그라인 등
  ㉥ 굴착기 : 브레이커, 크러셔, 드릴 등 부착물 종류에 따른 용도 변경 형식을 포함
  ㉦ 항타기 및 항발기
  ㉧ 천공용 건설기계 : 어스드릴, 어스오거, 크롤러드릴, 점보드릴 등
  ㉨ 지반 압밀침하용 건설기계 : 샌드 드레인머신, 페이퍼 드레인머신, 팩 드레인머신 등
  ㉩ 지반 다짐용 건설기계 : 타이어롤러, 머캐덤롤러, 탠덤롤러 등
  ㉪ 준설용 건설기계 : 버킷준설선, 그래브준설선, 펌프준설선 등
  ㉫ 콘크리트 펌프카
  ㉬ 덤프트럭
  ㉭ 콘크리트 믹서 트럭
  ㉮ 도로포장용 건설기계 : 아스팔트 살포기, 콘크리트 살포기, 아스팔트 피니셔, 콘크리트 피니셔 등
  ㉯ 골재 채취 및 살포용 건설기계 : 쇄석기, 자갈채취기, 골재살포기 등
  ㉰ 상기와 유사한 구조 또는 기능을 갖는 건설기계로서 건설작업에 사용하는 것

② 낙하물 보호구조(제198조) : 토사 등(토사·암석 등)이 떨어질 우려가 있는 등 위험한 장소에서 차량계 건설기계(불도저, 트랙터, 굴착기, 로더, 스크레이퍼, 덤프트럭, 모터그레이더, 롤러, 천공기, 항타기 및 항발기로 한정)를 사용하는 경우에는 해당 차량계 건설기계에 견고한 낙하물 보호구조를 갖춰야 한다.

> **확인! OX**
>
> 다음은 차량계 건설기계에 대한 설명이다. 옳으면 "O", 틀리면 "X"로 표시하시오.
> 1. 스크레이퍼는 흙을 절삭·운반하거나 펴 고르는 등의 작업을 하는 토공 기계이며, 종류로는 불도저, 스트레이트도저, 틸트도저, 앵글도저, 버킷도저 등이 있다. ( )
> 2. 암석이 떨어질 우려가 있는 등 위험한 장소에서 차량계 건설기계를 사용하는 경우에는 해당 차량계 건설기계에 견고한 낙하물 보호구조를 갖추어야 한다. ( )
>
> 정답 1. X 2. O
>
> | 해설 |
> 1. 불도저, 스트레이트도저, 틸트도저, 앵글도저, 버킷도저 등은 도저형 건설기계의 종류이다.

③ 전도 등의 방지(제199조) : 사업주는 차량계 건설기계를 사용하는 작업할 때에 그 기계가 넘어지거나 굴러떨어짐으로써 근로자가 위험해질 우려가 있는 경우에는 유도하는 사람을 배치하고 지반의 부동침하방지, 갓길의 붕괴방지 및 도로 폭의 유지 등 필요한 조치를 하여야 한다.

④ 운전위치 이탈 시의 조치(제99조)
   ㉠ 포크, 버킷, 디퍼 등의 장치를 가장 낮은 위치 또는 지면에 내려둘 것
   ㉡ 원동기를 정지시키고 브레이크를 확실히 거는 등 갑작스러운 이동을 방지하기 위한 조치를 할 것
   ㉢ 운전석을 이탈하는 경우에는 시동키를 운전대에서 분리시킬 것. 다만, 운전석에 잠금장치를 하는 등 운전자가 아닌 사람이 운전하지 못하도록 조치한 경우에는 그러하지 아니하다.

⑤ 붐 등의 강하에 의한 위험 방지(제205조) : 사업주는 차량계 건설기계의 붐·암 등을 올리고 그 밑에서 수리·점검 작업 등을 하는 경우 붐·암 등이 갑자기 내려옴으로써 발생하는 위험을 방지하기 위하여 해당 작업에 종사하는 근로자에게 안전지지대 또는 안전블록 등을 사용하도록 하여야 한다.

⑥ 수리 등의 작업 시 조치(제206조) : 사업주는 차량계 건설기계의 수리 또는 부속장치의 장착 및 제거작업을 하는 경우 그 작업을 지휘하는 사람을 지정하여 다음의 사항을 준수하도록 하여야 한다.
   ㉠ 작업순서를 결정하고 작업을 지휘할 것
   ㉡ 안전지지대 또는 안전블록 등의 사용상황 등을 점검할 것

(6) 항타기, 항발기

① 무너짐의 방지(제209조)
   ㉠ 연약한 지반에 설치하는 경우에는 아웃트리거·받침 등 지지구조물의 침하를 방지하기 위하여 깔판·받침목 등을 사용할 것
   ㉡ 시설 또는 가설물 등에 설치하는 때에는 그 내력을 확인하고 내력이 부족하면 그 내력을 보강할 것
   ㉢ 아웃트리거·받침 등 지지구조물이 미끄러질 우려가 있는 경우에는 말뚝 또는 쐐기 등을 사용하여 해당 지지구조물을 고정시킬 것
   ㉣ 궤도 또는 차로 이동하는 항타기 또는 항발기에 대하여 불시에 이동하는 것을 방지하기 위하여 레일클램프 및 쐐기 등으로 고정시킬 것
   ㉤ 상단 부분은 버팀대·버팀줄로 고정하여 안정시키고, 그 하단 부분은 견고한 버팀·말뚝 또는 철골 등으로 고정시킬 것

② 권상용 와이어로프의 길이(제212조)
   ㉠ 권상용 와이어로프는 추 또는 해머가 최저의 위치에 있을 때 또는 널말뚝을 빼내기 시작한 때를 기준으로 권상장치의 드럼에 적어도 2회 감기고 남을 수 있는 충분한 길이일 것

+ 괄호문제

다음 괄호 안에 알맞은 내용을 쓰시오.

① 사업주는 차량계 건설기계의 전도를 방지하기 위해서는 (㉠)을 배치하고 지반의 (㉡)방지, 갓길의 (㉢)방지 및 도로 (㉣)의 유지 등 필요한 조치를 하여야 한다.

② 권상용 와이어로프는 추 또는 해머가 최저의 위치에 있을 때 또는 널말뚝을 빼내기 시작한 때를 기준으로 하여 권상장치의 드럼에 적어도 ( )회 감기고 남을 수 있는 충분한 길이여야 한다.

| 정답 |
① ㉠ 유도하는 사람, ㉡ 부동침하, ㉢ 붕괴, ㉣ 폭
② 2

확인! OX

다음은 차량계 건설기계에 대한 설명이다. 옳으면 "O", 틀리면 "X"로 표시하시오.

1. 차량계 건설기계 운전위치 이탈 시에는 포크, 버킷, 디퍼 등의 장치를 가장 높은 위치에 두어야 하며, 원동기를 정지시키고 브레이크를 확실히 거는 등 갑작스러운 이동을 방지하기 위한 조치를 하여야 한다. ( )

2. 차량계 건설기계의 붐·암 등을 올리고 그 밑에서 수리·점검 작업 등을 하는 경우 근로자에게 안전지지대 또는 안전블록 등을 사용하도록 하여야 한다. ( )

정답 1. X 2. O

| 해설 |
1. 포크, 버킷, 디퍼 등의 장치를 가장 낮은 위치 또는 지면에 내려 두어야 한다.

+ 괄호문제

다음 괄호 안에 알맞은 내용을 쓰시오.

항타기, 항발기를 조립·해체하는 경우 점검사항으로 '본체의 연결부의 (㉠)의 유무', '권상용 (㉡) 및 도르래의 부착상태의 이상 유무', '권상장치의 브레이크 및 (㉢) 기능의 이상 유무', '권상기의 (㉣)의 이상 유무' 등이 있다.

| 정답 |
㉠ 풀림 또는 손상,
㉡ 와이어로프·드럼,
㉢ 쐐기장치,
㉣ 설치상태

확인! OX

다음은 항타기, 항발기에 대한 설명이다. 옳으면 "O", 틀리면 "X"로 표시하시오.

1. 사업주는 항타기 또는 항발기의 권상장치의 드럼축과 권상장치로부터 첫 번째 도르래의 축과의 거리를 권상장치의 드럼폭의 10배 이상으로 하여야 한다. ( )
2. 사업주는 항타기나 항발기의 권상장치의 드럼에 권상용 와이어로프가 꼬인 경우에도 와이어로프에 하중을 걸어서 사용이 가능하다. ( )

정답 1. X 2. X

| 해설 |
1. 권상장치의 드럼폭의 15배 이상으로 하여야 한다.
2. 권상용 와이어로프가 꼬인 경우에는 와이어로프에 하중을 걸어서는 아니 된다.

㉡ 권상용 와이어로프는 권상장치의 드럼에 클램프·클립 등을 사용하여 견고하게 고정할 것
㉢ 권상용 와이어로프에서 추·해머 등과의 연결은 클램프·클립 등을 사용하여 견고하게 할 것

③ **도르래의 부착 등(제216조)**
  ㉠ 사업주는 항타기나 항발기에 도르래나 도르래 뭉치를 부착하는 경우에는 부착부가 받는 하중에 의하여 파괴될 우려가 없는 브래킷·섀클 및 와이어로프 등으로 견고하게 부착하여야 한다.
  ㉡ 사업주는 항타기 또는 항발기의 권상장치의 드럼축과 권상장치로부터 첫 번째 도르래의 축과의 거리를 권상장치의 드럼폭의 15배 이상으로 하여야 한다(도르래는 권상장치의 드럼의 중심을 지나야 하며 축과 수직면상에 있어야 한다).

④ **조립·해체 시 점검사항(제207조)**
  ㉠ 본체의 연결부의 풀림 또는 손상의 유무
  ㉡ 권상용 와이어로프·드럼 및 도르래의 부착상태의 이상 유무
  ㉢ 권상장치의 브레이크 및 쐐기장치 기능의 이상 유무
  ㉣ 권상기의 설치상태의 이상 유무
  ㉤ 리더(leader)의 버팀 방법 및 고정상태의 이상 유무
  ㉥ 본체·부속장치 및 부속품의 강도가 적합한지 여부
  ㉦ 본체·부속장치 및 부속품에 심한 손상·마모·변형 또는 부식이 있는지 여부

⑤ **사용 시의 조치(제217조)**
  ㉠ 사업주는 압축공기를 동력원으로 하는 항타기나 항발기를 사용하는 경우에는 다음의 사항을 준수하여야 한다.
    • 해머의 운동에 의하여 공기호스와 해머의 접속부가 파손되거나 벗겨지는 것을 방지하기 위하여 그 접속부가 아닌 부위를 선정하여 공기호스를 해머에 고정시킬 것
    • 공기를 차단하는 장치를 해머의 운전자가 쉽게 조작할 수 있는 위치에 설치할 것
  ㉡ 사업주는 항타기나 항발기의 권상장치의 드럼에 권상용 와이어로프가 꼬인 경우에는 와이어로프에 하중을 걸어서는 아니 된다.
  ㉢ 사업주는 항타기나 항발기의 권상장치에 하중을 건 상태로 정지하여 두는 경우에는 쐐기장치 또는 역회전방지용 브레이크를 사용하여 제동하는 등 확실하게 정지시켜 두어야 한다.

CHAPTER 04 기계안전시설 관리

PART 03. 기계·기구 및 설비 안전 관리

출제포인트
- 방호장치의 종류
- 안전보건규정
- 안전작업절차

기출 키워드
방호장치, 날 접촉 예방장치, 압력방출장치, 안전작업절차서, 안전보건관리규정, fool proof, fail safe, 안전보건표지

제1절 안전시설 관리 계획하기

1. 기계 방호장치

(1) 기계·기구에 설치해야 할 방호장치의 종류(산업안전보건법 시행규칙 제98조)

기계·기구	방호장치
예초기	날 접촉 예방장치
원심기	회전체 접촉 예방장치
공기압축기	압력방출장치
금속절단기	날 접촉 예방장치
지게차	헤드가드, 백레스트(backrest), 전조등, 후미등, 안전벨트
포장기계	구동부 방호 연동장치

(2) 방호조치(산업안전보건법 시행규칙 제98조)
① 작동 부분의 돌기 부분은 묻힘형으로 하거나 덮개를 부착할 것
② 동력전달 부분 및 속도조절 부분에는 덮개를 부착하거나 방호망을 설치할 것
③ 회전기계의 물림점(롤러나 톱니바퀴 등 반대방향의 두 회전체에 물려 들어가는 위험점)에는 덮개 또는 울을 설치할 것

(3) 기계설비 방호장치의 분류
① 격리형 방호장치 : 재해방지를 위한 차단벽, 망, 울타리 등 안전방책 설치
② 위치제한형 방호장치 : 위험점에 접근하지 못하도록 구동 S/W, 비상 S/W 등을 작업자와 안전거리를 확보
③ 접근거부형 방호장치 : 접근 시 위험구역으로부터 강제로 밀어내며 위험 예방
④ 접근반응형 방호장치
　㉠ 인터록(interlock) 연동
　㉡ 브레이크를 작동시키고 모터 전원을 차단시켜 위험 예방

+ 괄호문제

다음 괄호 안에 알맞은 내용을 쓰시오.
① 조작자의 신체 부위가 위험한계 밖에 위치하도록 기계의 조작 장치를 위험구역에서 일정거리 이상 떨어지게 하는 방호장치는 (   )이다.
② 작업자의 신체부위가 위험한계 내로 접근하였을 때 기계적인 작용에 의하여 접근을 못 하도록 저지하는 방호장치는 (㉠)이고, 작업자의 신체 부위가 위험한계 또는 그 인접한 거리 내로 들어오면 이를 감지하여 그 즉시 기계의 동작을 정지시키고 경보등을 발하는 방호장치는 (㉡)이다.

| 정답 |
① 위치제한형 방호장치
② ㉠ 접근거부형 방호장치,
  ㉡ 접근반응형 방호장치

확인! OX

다음은 안전작업절차서에 대한 설명이다. 옳으면 "O", 틀리면 "X"로 표시하시오.
1. 안전작업절차서는 위험이 발생할 수 있는 현장 상황을 조사하여 작업 동선과 계획을 설정하고, 위험 요소와 작업 방법에 대해 작업자에게 설명하기 위하여 작성한다.   (   )
2. 작업절차서는 작업의 실정에 입각한 것이어야 하고, 표현이 포괄적이어야 하며, 안전의 포인트를 누락하지 않아야 한다.   (   )

정답 1. O 2. X

| 해설 |
2. 표현이 구체적이어야 한다.

⑤ 포집형 방호장치
  ㉠ 위험장소가 아닌 위험원에 대한 방호장치
  ㉡ 연삭숫돌이 파괴되어 비상될 때 회전방향으로 튀어오는 비산물질이 덮개를 치면 덮개에 따라 움직이면서 파괴된 연삭숫돌의 파석을 포집하는 장치
⑥ 감지형 방호장치 : 이상 온도, 이상 압력, 과부하 등 한계치를 초과하는 경우 이를 감지하여 설비 중지

2. 안전작업절차

(1) 안전작업절차서

① 정의 : 사업장에서 안전보건을 확보하기 위해서는 사업장 전체의 안전보건관리에 관한 규정의 작성과 이를 철저하게 주지시키는 것이 중요하다. 나아가 안전보건관리규정에는 그 내용의 한 부분으로, 현장에서의 작업을 안전하고 정확하게 행하기 위한 작업절차서가 포함되어 있어야 한다. 작업절차서는 제일선에서의 안전한 작업을 확보하기 위한 안내서로서, 안전작업기준, 안전작업절차, 안전작업매뉴얼 등의 명칭으로 불리는 경우도 있고, 그 내용은 기업, 사업장에 따라 다양하다.
② 작성목적 : 위험이 발생할 수 있는 현장 상황을 조사하여 작업 동선과 계획을 설정하고, 위험 요소와 작업 방법에 대해 작업자에게 설명하기 위함이다.

(2) 안전작업절차서의 구비요건

사업장에서 안전한 작업을 수행하기 위해서는 명칭 여하에 관계없이 작업절차 등을 작성하여 관계 작업자로 하여금 철저히 준수하도록 하는 것이 중요하다. 작업절차서가 구비하여야 할 일반적인 요건은 다음과 같다.
① 작업 실정에 입각한 것일 것
② 표현이 구체적일 것
③ 안전의 포인트를 누락하지 않을 것
④ 너무 상세하지 않을 것
⑤ 법령 등을 위반한 내용이 없을 것
⑥ 이상 시 조치에 대해 정할 것

(3) 안전작업절차서의 작성 유의사항

① 단계(step)의 수가 너무 많아서는 안 된다.
② 불필요하다고 생각되는 단계는 가급적 생략한다.
③ 단계의 순서는 작업이 가장 원활하게 진행되도록 구성한다.
④ 각 단계의 동작은 무리가 없는 위치, 자세로 행하도록 한다.
⑤ 책상에서만 작성할 것이 아니라 작업자가 실연(實演)도 하면서 작성한다.
⑥ 주된 단계의 급소에 대해서는 전원이 납득할 때까지 검토한다(급하게 결론을 내어 지켜지지 않는 경우가 있다).

⑦ 초안이 작성되면 그 내용에 따라 시범적으로 행하고 부적절한 부분은 수정한다.
⑧ 안이 정해지면 작성 책임자는 상사에게 설명한 후 양식, 문장(표현)의 조정을 하며 절차에 따라 결재를 받고 사업장 차원에서 정식으로 결정한다(때로는 기업 전체의 것으로 하는 경우도 있다).

(4) 안전보건관리규정의 작성

① 포함해야 하는 사항(산업안전보건법 제25조)
  ㉠ 안전 및 보건에 관한 관리조직과 그 직무에 관한 사항
  ㉡ 안전보건교육에 관한 사항
  ㉢ 작업장의 안전 및 보건 관리에 관한 사항
  ㉣ 사고 조사 및 대책 수립에 관한 사항
  ㉤ 그 밖에 안전 및 보건에 관한 사항

② 작업장 안전관리에 대한 세부내용
  ㉠ 안전·보건관리에 관한 계획의 수립 및 시행에 관한 사항
  ㉡ 기계·기구 및 설비의 방호조치에 관한 사항
  ㉢ 유해·위험기계 등에 대한 자율검사프로그램에 의한 검사 또는 안전검사에 관한 사항
  ㉣ 근로자의 안전수칙 준수에 관한 사항
  ㉤ 위험물질의 보관 및 출입제한에 관한 사항
  ㉥ 중대재해 및 중대산업사고 발생, 급박한 산업재해 발생의 위험이 있는 경우 작업중지에 관한 사항
  ㉦ 안전표지·안전수칙의 종류 및 게시에 관한 사항과 그 밖의 안전관리에 관한 사항

③ 작업장 보건관리에 대한 세부내용
  ㉠ 근로자 건강진단, 작업환경측정의 실시 및 조치절차 등에 관한 사항
  ㉡ 유해물질의 취급에 관한 사항
  ㉢ 보호구의 지급 등에 관한 사항
  ㉣ 질병자의 근로금지 및 취업제한 등에 관한 사항
  ㉤ 보건표지·보건수칙의 종류 및 게시에 관한 사항과 그 밖에 보건관리에 관한 사항

3. 풀 프루프(fool proof) 　　중요도 ★☆☆

(1) 정의

① 바보(fool)와 같이 되는 경우를 방지(proof)한다는 의미로서, 사용자가 실수하더라도 사용자나 시스템에 피해가 발생하지 않도록 하는 설계개념이다.
② 전원 플러그를 사용하여야 하는 경우, 극성이 다르게 삽입되는 것을 방지하기 위하여 플러그의 모양을 극성이 올바른 경우에만 삽입될 수 있도록 설계하는 경우가 있다.

+ 괄호문제

다음 괄호 안에 알맞은 내용을 쓰시오.

① 안전보건관리규정의 작성 시 포함사항에는 '안전 및 보건에 관한 (㉠)과 그 직무에 관한 사항', '(㉡)에 관한 사항', '작업장의 (㉢) 및 (㉣) 관리에 관한 사항' 등이 있다.
② 인간이 기계 등의 취급을 잘못해도 그것이 바로 사고나 재해와 연결되는 일이 없는 기능을 의미하는 것은 ( )이다.

| 정답 |
① ㉠ 관리조직, ㉡ 안전보건교육, ㉢ 안전, ㉣ 보건
② fool proof

확인! OX

다음은 안전보건관리규정의 작성에 대한 설명이다. 옳으면 "O", 틀리면 "X"로 표시하시오.

1. 작업장 안전관리에 대한 세부내용으로 위험물질의 보관 및 출입제한에 관한 사항을 포함해야 한다. (　)
2. 작업장 보건관리에 대한 세부내용으로 보호구의 지급 등에 관한 사항을 포함해야 한다. (　)

정답 1. O　2. O

+ 괄호문제

다음 괄호 안에 알맞은 내용을 쓰시오.
① ( ) 설계방식은 초보자나 미숙련자가 사용법을 파악하지 못하고 제품을 사용하더라도 사고가 나지 않도록 하는 데 적절한 설계개념이다.
② 고장이나 오류가 발생하는 경우에도 안전한 상태를 유지하는 방식은 ( ) 설계방식이다.

| 정답 |
① fool proof
② fail safe

확인! OX

다음은 fool proof와 fail safe 설계방식에 대한 설명이다. 옳으면 "O", 틀리면 "X"로 표시하시오.

1. 전원 플러그를 사용하여야 하는 경우, 극성이 다르게 삽입되는 것을 방지하기 위하여 플러그의 모양을 극성이 올바른 경우에만 삽입될 수 있도록 설계하는 것은 fail safe 설계 방식이다. ( )

2. 비행기 엔진을 2개 이상 장착하여, 1개 엔진이 고장 나더라도 다른 엔진을 이용하여 당분간 운항한 뒤 착륙할 수 있도록 하는 병렬체계 방식은 fool proof 설계방식이다. ( )

정답 1. X 2. X

| 해설 |
1. fool proof 설계방식에 대한 설명이다.
2. fail safe 설계방식에 대한 설명이다.

③ 특히 초보자나 미숙련자가 사용법을 파악하지 못하고 제품을 사용하더라도 사고가 나지 않도록 하는 데 적절한 설계개념이다.

(2) 적용원칙

① 행동 유도성의 원칙(affordance)
② 좋은 개념모형의 원칙(mental model)
③ 대응의 원칙(mapping)
④ 가시성의 원칙(visibility)
⑤ 피드백의 원칙(feedback)
⑥ 일관성의 원칙(consistency)
⑦ 사용상 제약의 원칙(constraints)

4. 페일 세이프(fail safe) 중요도 ★☆☆

(1) 개요

① 정의 : 고장이나 오류가 발생하는 경우(fail)에도 안전한 상태(safe)를 유지하는 방식을 말한다.
② 종류
  ㉠ redundant system(중복 시스템 설계, 병렬체계 방식) : 비행기 엔진을 2개 이상 장착하여, 1개 엔진이 고장 나더라도 다른 엔진을 이용해 착륙할 수 있도록 하는 병렬체계 방식이다.
  ㉡ standby system(대기 시스템 설계, 대기체계 방식) : 평소에는 작동하지 않다가 주 장치가 고장이 나면 작동하는 방식이다.
    예 병원 수술실이나 엘리베이터의 자가 발전기
  ㉢ error recovery(에러복구)
    • 오류가 발생하여도 이를 쉽게 복구할 수 있게 하는 방식이다.
      예 컴퓨터 바탕화면의 휴지통
    • 고장이 발생하면 시스템이 작동을 멈추는 방식이다.
      예 과전압이 흐르면 전기가 차단되는 차단기, 넘어지면 작동되지 않는 전기히터 등

(2) 기능적인 측면 3단계

① fail passive : 부품이 고장 나면 기계는 통상 정지하는 방향으로 이동
② fail active : 부품이 고장 나면 기계는 경보를 울리며, 짧은 시간 동안 운전 가능
③ fail operational : 부품의 고장이 있어도 기계는 추후 보수가 있을 때까지 병렬계통, 대기여분계통 등으로 안전한 기능을 유지

> **더 알아보기**
>
> fool proof와 fail safe
>
> | fool proof | fail safe |
> | --- | --- |
> | 바보 같은 행동을 방지한다는 뜻으로 사용자가 비록 잘못된 조작을 하더라도 이로 인해 전체의 고장이 발생하지 않도록 하는 설계하는 방법 | 인간 또는 기계의 조작상의 과오로 기기의 일부에 고장이 발생해도 다른 부분의 고장이 발생하는 것을 방지하거나 어떤 사고를 사전에 방지하고 안전측으로 작동하도록 설계하는 방법 |

+ 괄호문제

다음 괄호 안에 알맞은 내용을 쓰시오.

동력전달 부분의 덮개나 바닥으로부터 2m 이상의 높이에 설치된 벨트로서 풀리 간의 거리가 (㉠)m 이상, 폭이 (㉡)m 이상, 속도가 (㉢)m/s 이상일 때에는 고정식 울을 그 밑에 설치하여야 한다.

| 정답 |
㉠ 3, ㉡ 1.5, ㉢ 10

제2절 안전시설 설치하기

1. 안전시설물 설치기준   중요도 ★☆☆

(1) 고정가드(fixed guards)

① 동력전달부용 가드(완전밀폐용) : 일반적으로 작업용 가드 설계에 필요한 원칙이 동력전달부용 가드 설계에도 적용된다. 그러나 재료의 송급이나 가공재의 배출을 위한 개구부는 고려할 필요가 없다. 단지 고려해야 할 개구부는 윤활, 조정이나 검사를 위한 것들이고 개구부는 가드로부터 제거되어서는 안 되는 나사나 힌지로 고정된 커버나 미닫이 형태가 되어야 하며 사용하지 않을 때는 항상 닫혀 있어야 한다. 또한, 동력전달부용 가드는 신체의 일부와 움직이는 기계 부분과 닿지 않게 설계되어야 한다. 동력전달 부분의 덮개나 바닥으로부터 2m 이상의 높이에 설치된 벨트로서 풀리 간의 거리가 3m 이상, 폭이 1.5m 이상, 속도가 10m/s 이상일 때에는 고정식 울을 그 밑에 설치하여야 한다.

② 작업점용 가드 : 작업점용 가드는 재료의 송급 및 가공재의 배출에 장애가 되지 않으며 아울러 작업자의 손이 안전울에 제어되어 위험점에 근접하지 못하게 하는 것을 말한다. 이 가드는 일차 가공작업에 널리 적용되고 있다.

> **더 알아보기**
>
> 고정가드(fixed guard)의 구비조건
> - 충분한 강도를 유지해야 한다.
> - 단순한 구조여야 하며 조정이 용이해야 한다.
> - 일반작업, 점검조정작업이나 주유작업에 방해가 되면 안 된다.
> - 안전울과 기계의 운동 부분 사이에 신체의 일부가 들어가지 않게 제작해야 한다.
> - 안전울을 만드는 개구부의 치수(opening size)는 임의조정이 불가능해야 한다.

확인! OX

다음은 고정가드에 대한 설명이다. 옳으면 "O", 틀리면 "X"로 표시하시오.

1. 충분한 강도를 유지해야 하고, 단순한 구조여야 하며 조정이 용이하여야 한다.
( )
2. 안전울을 만드는 개구부의 치수는 사용자의 신체조건에 맞도록 조정이 가능하다.
( )

정답 1. O 2. X

| 해설 |
2. 임의조정이 불가능해야 한다.

+ 괄호문제

다음 괄호 안에 알맞은 내용을 쓰시오.
① ( )는 방호하고자 하는 위험구역에 맞추어 적당한 모양으로 조절하는 것이며 기계에 사용하는 공구를 바꿀 때 이에 맞추어 조정하는 가드를 말한다.
② 가드를 자주 움직이거나 열 필요가 있는 것에서는 그것을 고정시키는 것이 매우 불편하다. 따라서 이때 가드들은 기계적, 전기적, 공기압식 등의 방법으로 기계제어에 연동시킨다. 이 경우 중요한 조건은 첫째, 가드가 닫히기 (㉠)까지는 기계의 작동이 시작되면 안 되고 둘째, 가드가 열리는 순간 기계의 작동이 (㉡) 한다.

| 정답 |
① 조정가드
② ㉠ 전, ㉡ 멈추어야

확인! OX

다음은 연동가드에 대한 설명이다. 옳으면 "O", 틀리면 "X"로 표시하시오.
1. 가드가 열렸을 때 기계가 움직이는 상황이 필요할 때에는, 기계의 최소 속도 등이 엄격하게 지켜지는 상황하에서만 허용되어야 한다. ( )
2. 연동방법은 동력공급방식, 기계의 운전배열, 보호되어야 하는 위험정도, 그리고 안전장치의 작동불량에 따른 결과 등에 따라 선택된다. 선택된 시스템은 가능한 한 단순하며 직접적인 것이 좋다. ( )

| 정답 | 1. O 2. O

(2) 조정가드(adjustable guards)

① 정의 : 방호하고자 하는 위험구역에 맞추어 적당한 모양으로 조절하는 것이며 기계에 사용하는 공구를 바꿀 때 이에 맞추어 조정하는 가드를 말한다.
  예 톱날 접촉 예방장치, 날 접촉 예방장치, 안전울 등
② 분류
  ㉠ 조정가드(adjustable guards) : 이는 고정가드와 함께 설치하나 작업자가 작업하는 일에 맞게 위치해야 하는 조절 가능한 요소들로 구성된다. 조정가드를 사용할 때 작업자는 그것들로부터 보호를 받도록 조절하는 방법을 충분히 훈련받아야 한다.
  ㉡ 자기조정가드(self-adjustable guards) : 자기조정가드는 재료의 이송에 의해서 가드가 열리는 경우를 제외하고는 위험지역에 작업자가 접근하는 것을 방지해 준다. 스프링 등과 연결되어 사용된다.

(3) 연동가드(자동형 : interlock guards)

① 가드를 자주 움직이거나 열 필요가 있는 것에서는 그것을 고정시키는 것이 매우 불편하다. 따라서 이때 가드들은 기계적, 전기적, 공기압식 등의 방법으로 기계제어에 연동시킨다. 이 경우 중요한 조건은 첫째, 가드가 닫히기 전까지는 기계의 작동이 시작되면 안 되고 둘째, 가드가 열리는 순간 기계의 작동이 멈추어야 한다.
② 완전정지까지 시간이 걸리는 경우는 지연 해제장치(delay release mechanism)를 설치할 필요가 있으며 예기치 않은 운동을 막기 위해서는 시동제어(start control)와 연결되어 있어야 한다.
③ 연동(interlocked)가드는 힌지, 미끄럼운동을 하게 설치하고 때때로 제거할 수 있어야 한다. 이 메커니즘은 신뢰성이 있어야 하며 어떤 충돌이나 사고 등에 견딜 수 있어야 한다. 특히 그 시스템은 페일세이프(fail safe) 개념으로 설계되어야 한다.
④ 인터록 가드는 작업자의 안전을 확신할 수 있어야 하며, 또한 쉽게 접근할 수 있어야 한다.
⑤ 가드가 열렸을 때 기계가 움직이는 상황이 필요할 때(예 기계의 설치, 청소, 고장처리 등)에는, 기계의 최소 속도 등이 엄격하게 지켜지는 상황하에서만 허용되어야 한다.
⑥ 연동방법(interlocking method)은 동력공급방식, 기계의 운전배열, 보호되어야 하는 위험정도, 그리고 안전장치의 작동불량에 따른 결과 등에 따라 선택된다. 선택된 시스템은 가능한 한 단순하며 직접적인 것이 좋다.

(4) 자동가드(automatic guards)

① 자동가드는 고정가드나 연동가드가 실용적이지 못할 때 사용된다.
② 자동가드는 작업자와 무관하게 기능하여 기계가 작동하는 동안 동일하게 반복되어야 하므로 연결기구나 레버를 통해 기계에 연결되어 기계에 의해 작동하게 된다.

③ 직접 제품의 이송·배출 등을 하여야 하는 경우 작업자는 반드시 수공구를 사용해야 한다.

2. 안전보건표지 설치기준

(1) 개요
① 정의 : '안전보건표지'란 근로자의 안전 및 보건을 확보하기 위하여 위험장소 또는 위험물질에 대한 경고, 비상시에 대처하기 위한 지시 또는 안내, 그 밖에 근로자의 안전·보건의식을 고취하기 위한 사항 등을 그림·기호 및 글자 등으로 표시하여 근로자의 판단이나 행동의 착오로 인하여 산업재해를 일으킬 우려가 있는 작업장의 특정 장소, 시설 또는 물체에 설치하거나 부착하는 표지를 말한다.

② 제작(산업안전보건법 시행규칙 제40조)
   ㉠ 안전보건표지는 그 표시내용을 근로자가 빠르고 쉽게 알아볼 수 있는 크기로 제작하여야 한다.
   ㉡ 안전보건표지 속의 그림 또는 부호의 크기는 안전보건표지의 크기와 비례하여야 하며, 안전보건표지 전체 규격의 30% 이상이 되어야 한다.
   ㉢ 안전보건표지는 쉽게 파손되거나 변형되지 아니하는 재료로 제작해야 한다.
   ㉣ 야간에 필요한 안전보건표지는 야광물질을 사용하는 등 쉽게 알아볼 수 있도록 제작하여야 한다.

③ 설치(산업안전보건법 시행규칙 제39조)
   ㉠ 사업주는 안전보건표지를 설치하거나 부착할 때에는 산업안전보건법 시행규칙 별표 7의 구분에 따라 근로자가 쉽게 알아볼 수 있는 장소·시설 또는 물체에 설치하거나 부착해야 한다.
   ㉡ 사업주는 안전보건표지를 설치하거나 부착할 때에는 흔들리거나 쉽게 파손되지 않도록 견고하게 설치하거나 부착해야 한다.
   ㉢ 안전보건표지의 성질상 설치하거나 부착하는 것이 곤란한 경우에는 해당 물체에 직접 도색할 수 있다.

+ 괄호문제

다음 괄호 안에 알맞은 내용을 쓰시오.
① 안전보건표지에서 경고표지는 삼각형, 안내표지는 사각형, 지시표지는 원형 등으로 부호가 고안되어 있다. 이처럼 부호가 이미 고안되어 이를 사용자가 배워야 하는 부호를 (   )라고 한다.
② 위험표지판의 해골과 뼈, 도보 표지판의 걷는 사람처럼 사물의 행동을 단순하고 정확하게 묘사한 것을 (㉠)라 하고, 전달정보의 기본요소를 도식적으로 압축한 부호로 원 개념과는 약간의 유사성이 있는 것을 (㉡)라고 한다.

| 정답 |
① 임의적 부호
② ㉠ 묘사적 부호,
   ㉡ 추상적 부호

확인! OX

다음은 안전보건표지 설치기준에 대한 설명이다. 옳으면 "O", 틀리면 "X"로 표시하시오.

1. 안전보건표지는 그 표시내용을 근로자가 빠르고 쉽게 알아볼 수 있는 크기로 제작하여야 한다. (   )
2. 안전보건표지 속의 그림 또는 부호의 크기는 안전보건표지 전체 규격의 40% 이상이 되어야 한다. (   )

정답 1. O 2. X

| 해설 |
2. 그림 또는 부호의 크기는 안전보건표지 전체 규격의 30% 이상이 되어야 한다.

+ 괄호문제

다음 괄호 안에 알맞은 내용을 쓰시오.
① 안전보건표지에서 금지표시의 색채 : 바탕 – (㉠), 기본 모형 – (㉡), 관련 부호 및 그림 – (㉢)
② 산업표준화법에 따라 산업표준심의회의 심의를 거쳐 국립기술품질원장이 제정·고시하는 산업표준약정을 ( )이라고 한다.

| 정답 |
① ㉠ 흰색, ㉡ 빨간색,
   ㉢ 검은색
② 한국산업표준(KS)

(2) 안전보건표지의 형태 및 색채(산업안전보건법 시행규칙 별표 7)

분류	형태(예시)	색채
금지표지		• 바탕 : 흰색 • 기본 모형 : 빨간색 • 관련 부호 및 그림 : 검은색
경고표지		• 바탕 : 무색 • 기본 모형 : 빨간색(검은색도 가능)
		• 바탕 : 노란색 • 기본 모형, 관련 부호, 그림 : 검은색
지시표지		• 바탕 : 파란색 • 관련 그림 : 흰색
안내표지		• 바탕 : 흰색 • 기본 모형, 관련 부호 : 녹색
		• 바탕 : 녹색 • 기본 모형, 관련 부호 : 흰색

출입금지표지	관계자외 출입금지
	석면 취급/해체 중
	보호구/보호복착용
	흡연 및 음식물
	섭취금지
		• 바탕 : 흰색
		• 글자 : 검은색
		  ※ 다음 글자는 빨간색
		   – ○○○제조/사용/보관 중
		   – 석면취급/해체 중
		   – 발암물질 취급 중

확인! OX

다음은 안전보건표지의 종류별 색채에 대한 설명이다. 옳으면 "O", 틀리면 "X"로 표시하시오.
1. 경고표지는 바탕은 파란색으로 하고, 기본 모형, 관련 부호, 그림 등은 빨간색이나 검은색으로 표기한다. ( )
2. 출입금지표지 중 '발암물질 취급 중' 표지는 흰 바탕에 검은색 글자로 표기한다. ( )

정답 1. X 2. X

| 해설 |
1. 바탕은 무색이나 노란색으로 한다.
2. 빨간색 글자로 표기한다.

제3절 안전시설 유지·관리하기

1. KS B 규격과 ISO 규격 통칙에 대한 지식

(1) KS(Korean Industrial Standards : 한국산업표준)
  ① 정의 : 산업표준화법에 따라 산업표준심의회의 심의를 거쳐 국립기술품질원장이 제정·고시하는 산업표준약정이다.
  ② 내용
   ㉠ 제품규격 : 제품의 형상·치수·품질 등에 관한 규격
   ㉡ 방법규격 : 시험·분석·감정·생산방법·작업표준 등에 관한 규격
   ㉢ 전달규격 : 용어·기호·약어·부호 등에 관한 규격

③ 역사
  ㉠ 한국산업규격은 1961년 공업표준화법이 제정·공포되면서 국가규격으로 보급되었으며 당시 상공부 표준국이 업무를 관장했다.
  ㉡ 1962년 공업표준에 관한 사항을 심의하기 위해 공업표준심의회(현 산업표준심의회)가 설치되었고, 공업표준의 보급·교육 및 지도를 담당할 한국규격협회(현 한국표준협회)가 설립되었다. 한편 한국은 1963년 국제표준에 관한 양대기구인 국제표준화기구(ISO)와 국제전기기술위원회(IEC)에 가입해 국제표준화활동에 참여하는 등 명실상부한 국가표준화 추진체제를 갖추게 되었다.
  ㉢ 1973년에는 공업진흥청이 개청되어 산업표준화에 대한 장기계획이 수립되고, 제정된 규격의 보완과 더불어 새로운 규격이 제정되는 등 양적 확대가 이루어졌으며 1996년 2월에는 정부조직 개편에 따라 공업진흥청이 폐지되고 국립기술품질원(표준계량부)이 산업표준에 관한 제반사항을 관장하게 되었다.
  ㉣ 한국산업규격은 1962년 300종이 제정된 이래 해마다 급격한 성장을 이룩해, 1998년 6월 말 기준 9,941종의 규격을 보유함으로 국가산업기반을 다지고 있으며, 한편 광공업품의 품질개선과 생산능률의 향상을 기하고 거래의 단순화와 공정화로 소비자보호에 기여해 왔다.
  ㉤ 한국산업규격 중 규격의 보급이 필요한 경우 광공업품의 품목이나 가공기술의 종목을 선정해 표시지정을 하고 제조업체가 지정규격에 대한 KS표시를 하고자 하는 경우, 정부가 주관해 소정의 공장심사와 제품심사를 실시한다.
  ㉥ 심사를 통해 KS수준 이상의 제품을 생산한다고 인정이 되면 KS표시를 할 수 있도록 하던 허가제는 1997년 산업표준화법 개정으로 1998년 7월부터 인증제로 전환되어 민간 인증기관이 인증을 하고 있다. 1998년 말 기준 KS표시인증(허가)을 받은 제품은 1,010개 품목, 4,880개 공장으로서 모두 11,588건에 달했다.
  ㉦ 아울러 외국에 소재한 업체에 대해서도 국내에 소재한 업체와 동일한 절차를 거쳐 KS표시인증을 함으로써 한국산업규격의 보급을 촉진하고자 했다. 1996년 6월 말 기준으로 중국 등 10개국의 45개 공정에서 위생도기 등 47개 품목의 인증제품이 생산되었다.
  ㉧ 한편, 우수규격제품의 보급을 촉진하기 위해 국가기관·지방자치단체·공공단체 등에서 물품을 구입하고자 하는 경우 KS표시제품을 우선적으로 구매하도록 산업표준화법을 통해 규정했다.
  ㉨ 또한 품질경영촉진법, 전기용품안전관리법 등 다른 법령에서 의무적으로 시행하는 검사 또는 형식승인을 KS표시제품에 대해서는 면제할 수 있도록 하고 있다.

출처 : '한국공업규격' – 한국민족문화대백과사전

+ 괄호문제

다음 괄호 안에 알맞은 내용을 쓰시오.

한국은 1963년 국제표준에 관한 양대기구인 (㉠)와 (㉡)에 가입해 국제표준화활동에 참여하는 등 명실상부한 국가표준화 추진체제를 갖추게 되었다.

| 정답 |
㉠ 국제표준화기구(ISO),
㉡ 국제전기기술위원회(IEC)

확인! OX

다음은 한국산업규격에 대한 설명이다. 옳으면 "O", 틀리면 "X"로 표시하시오.

한국산업규격은 1961년 공업표준화법이 제정·공포되면서 국가규격으로 보급되었으며 당시 상공부 표준국이 업무를 관장했다. ( )

정답 O

+ 괄호문제

다음 괄호 안에 알맞은 내용을 쓰시오.
① KS마크 표시제도에서 B는 (　　) 부문이다.
② KS마크 표시제도에서 C는 (　　) 부문이다.

| 정답 |
① 기계
② 전기전자

④ 목적
  ㉠ 한국공업규격의 약호, 공업표준화를 위해 제정된 공업 규격을 보급·활용하여 제품의 품질 개선과 생산능률의 향상, 거래의 단순화와 공정화의 도모 및 소비자 보호를 위해 만들어진 제도이다.
  ㉡ KS의 분류 및 번호, 각 부문별로 부문 기호 및 4급수의 번호를 붙여 부르도록 되어 있다.
    예 KS B 0001번

[KS마크 표시제도 예시]

기호	부문	기호	부문
A	기본	G	일용품
B	기계	H	식품
C	전기전자	K	섬유
D	금속	L	요업
E	광산	M	화학
F	건설	⋮	

(2) ISO(International Organization for Standardization, International Standardization, 국제표준기구)

① 설립목적 : ISO정관(statute) 제2조에 명기된 바와 같이 상품 및 서비스의 국제적 교환을 촉진하고 지적, 과학적, 기술적, 경제적 활동 분야에서의 협력 촉진을 위하여 세계의 표준화 및 관련 활동의 발전을 촉진시키는 데 있다. 이러한 목표달성을 위하여 ISO는 다음과 같은 업무를 수행할 수 있다.
  ㉠ 표준 및 관련 활동의 세계적인 조화를 촉진시키기 위한 조치
  ㉡ 국제표준을 개발, 발간하며 이 표준들이 세계적으로 사용되도록 조치
  ㉢ 회원기관 및 기술위원회의 작업에 관한 정보의 교환 주선
  ㉣ 관련 문제에 관심을 갖는 다른 국제기구와 협력하고, 특히 이들이 요청하는 경우 표준화 사업에 관한 연구를 통하여 타 국제기구와의 협력

② ISO표준 제정절차 : 일반적으로 제안부터 발행까지 6단계로 구성되며, 기술작업지침서를 준수한다. 신규표준제안은 ISO 국가회원기관, TC/SC간 연계기관, 기술관리이사회 또는 자문그룹 등 ISO 사무총장에 의해 이루어질 수 있다.

[제정절차단계]

단계	부문	
	명칭	약어
0 예비단계	예비작업항목	PWI
1 제안단계	신규업무항목 제안	NP
2 준비단계	작업초안	WD
3 위원회단계	위원회초안	CD
4 질의단계	질의안(국제표준안)	DIS
5 승인단계	최종국제표준안	FDIS
6 출판단계	국제표준	ISO

확인! OX

다음은 ISO표준 제정절차에 대한 설명이다. 옳으면 "O", 틀리면 "X"로 표시하시오.
1. 예비작업항목의 약어는 PWI이다. (　　)
2. 준비단계에서는 작업초안을 작성한다. (　　)

정답 1. O   2. O

㉠ 단계 0 : 예비단계(preliminary stage) – 예비작업항목(PWI)
  기술위원회나 분과위원회는 후속단계로 진행하기에는 충분하지 않은 예비작업항목(PWI)을 P멤버의 단순 과반수 투표로 작업프로그램에 도입할 수 있다.

㉡ 단계 1 : 제안단계(proposal stage) – 신규작업항목 제안(NP)
  신규작업항목 제안은 NP제안서식에 작성하여 제출하며, 이 항목을 작업프로그램에 추가할 것인지는 서신 또는 회의를 통해 결정한다. 적어도 5개 이상의 P멤버가 적극적으로 참여하겠다는 의사를 표명해야 하며, 작업프로그램에 프로젝트로 포함시키는 문제는 1단계에서 결정된다.

㉢ 단계 2 : 준비단계(preparatory stage) – 작업초안(WD)
  이 단계에서는 ISO/IEC directive, part 2에 따라 작업초안(WD)을 작성한다. 완성된 작업초안을 위원회안(CD)이라 하며, 위원회안이 기술위원회 또는 분과위원회의 멤버들에게 회람되고 중앙사무국에 등록되면 준비단계는 종료된다.

㉣ 단계 3 : 위원회단계(committee stage) – 위원회초안(CD)
  위원회단계는 국가 회원기관들의 의견을 검토하는 단계이다. 따라서 이 단계에서 국가 회원기관들은 위원회안의 내용을 검토하여 관련된 모든 의견, 특히 기술적인 의견을 제출하게 되며 국제회의 대표자들은 자국의 입장에 대해 보고하게 된다. 질의안에 대한 회부 결정은 합의 원칙에 따르며, 위원회안이 회람을 위해 질의안으로 승인되고 중앙사무국에 등록되면 위원회단계는 종료된다.

㉤ 단계 4 : 질의단계(enquiry stage) – 질의안(DIS)
  질의단계 기간 동안 중앙사무국은 질의안을 모든 회원기관에 배포하여 찬반투표를 하도록 하며 이는 기술위원회 또는 분과위원회 P멤버 투표수의 2/3 이상이 찬성하고, 전체 투표수의 1/4 이하가 반대할 경우에 승인된다.

㉥ 단계 5 : 승인단계(approval stage) – 최종국제표준안(FDIS)
  최종국제표준안을 중앙사무국에서 회원국에 배포 후 8주 동안 투표한다. 회원국은 찬성, 반대, 또는 기권의 의사를 명시하며 반대를 하는 경우 반드시 기술적 사유를 명시한다. 최종국제표준안은 질의안과 같은 조건에서 승인되며, 승인단계는 최종국제표준안을 국제표준으로 발간토록 승인하였음을 명시하는 투표보고서를 회람함으로써 종료된다.

㉦ 단계 6 : 출판단계(publication stage) – 국제표준(ISO)
  4주 안에 중앙사무국 기술위원회 또는 분과위원회 간사기관은 지적된 인쇄상 오류들을 수정하여 국제표준으로 인쇄하고 배포한다. 이 단계는 국제표준의 발간과 함께 종료된다.

> **+ 괄호문제**
>
> 다음 괄호 안에 알맞은 내용을 쓰시오.
> ① 작업프로그램에 프로젝트로 포함시키는 문제는 (   )단계에서 결정된다.
> ② (   )단계는 국가 회원기관들의 의견을 검토하는 단계이다.
>
> | 정답 |
> ① 1
> ② 위원회

> **확인! OX**
>
> 다음은 ISO표준 제정절차에 대한 설명이다. 옳으면 "O", 틀리면 "X"로 표시하시오.
> 1. 질의단계 기간 동안 중앙사무국은 질의안을 모든 회원기관에 배포하여 찬반투표를 하도록 한다. (   )
> 2. 출판단계는 국제표준의 발간과 함께 종료된다. (   )
>
> 정답 1. O 2. O

CHAPTER 05 설비진단 및 검사

PART 03. 기계·기구 및 설비 안전 관리

6% 출제율

출제포인트
- 비파괴검사의 종류와 특징
- 소음, 진동방지기술

기출 키워드

비파괴검사, 침투탐상검사, 초음파탐상검사, 자분탐상검사, 음향방출검사, 방사선투과검사

제1절 비파괴검사의 종류 및 특징

1. 육안검사(visual test)

① 직접 육안시험
  ㉠ 직접 육안시험은 보통 검사할 표면과 눈의 거리가 600mm 이내이고, 검사할 표면과 눈의 각도가 30° 이상이 되도록 충분히 접근할 수 있을 경우에 실시한다.
  ㉡ 시력의 각도를 개선하기 위해 거울을 사용할 수 있고, 확대경과 같은 보조기구도 시험에 도움을 주기 위해 사용할 수 있다.
  ㉢ 특정부품, 기기, 압력용기 또는 시험되는 대상의 일부분에 대하여 자연조명 또는 보조 백색등이 필요할 수 있다.
  ㉣ 시험 장소에서 빛의 최소강도는 1,000lx 이상으로 해야 한다.
  ㉤ 직접 육안시험은 문서화하여 보관하여야 한다.
② 일부 원격 육안시험의 경우에는 원격 육안시험이 직접 육안시험을 대신하여 사용될 수 있다. 원격 육안시험은 거울, 망원경, 내시경, 광학섬유, 카메라 또는 기타 적합한 장치와 같은 시각 보조기구를 사용한다. 이와 같은 장치는 직접 육안관찰로 얻을 수 있는 해상도와 최소한 동등한 수준의 해상도를 가져야 한다.

2. 누설검사(기밀시험)

(1) 정의

기밀시험(leak testing)이라 함은 누출의 존재라든가 누출 부분 또는 누출량을 검출하는 시험방법으로 일반적으로 비파괴시험 분야에서는 누설 또는 누출탐상시험이라 한다. 여기서 기밀시험은 압력시험을 의미하지 않는다.

(2) 시험방법 및 절차
① 시험방법 : 직접 가압하는 거품 기밀시험
거품 기밀시험에서 직접 가압법의 목적은 누출가스가 기기를 통과하여 새어나올 때 거품이 생기는 용액의 적용 또는 액체 내의 침지에 의해 가압된 기기의 누출위치를 찾는 방법이다.
② 시험절차
㉠ 압력 유지시간 : 시험하기 전, 시험압력을 최소 15분 동안 유지해야 한다.
㉡ 표면온도 : 시험할 부품의 표면온도는 시험기간 동안 4℃ 미만이거나 52℃를 초과해서는 안 된다. 국부가열 또는 냉각은 시험하는 동안 온도가 4~52℃ 범위 내로 유지된다면 허용된다. 위의 온도 제한범위를 벗어난 경우에는 절차서의 승인이 필요하다.
㉢ 용액의 적용 : 거품형성 용액은 시험부위에 용액을 흘리거나, 분무 또는 솔질하여 시험할 표면에 적용해야 한다. 용액을 적용하면서 생기는 거품의 수는 누출로 생긴 거품을 가리지 않도록 최소화하는 것이 바람직하다.
㉣ 용액 내의 침지 : 판독범위는 용액의 표면 아래에서 쉽게 관찰 가능한 위치이어야 한다.
㉤ 누출의 지시 : 시험하는 재료의 표면에서 연속적으로 거품이 성장하고 있다면 시험 중에 있는 부위에 누출이 있다는 것을 나타낸다.
㉥ 시험 후처리 : 시험 후 표면 세척은 제품 내구성을 위해서 필요할 수 있다.

3. 침투탐상검사(PT ; Penetration Test) 중요도 ★☆☆

(1) 정의
피검체 표면에 노출되어 있는 결함에 침투되었던 염료가 표면으로 새어나오면서 표면 주변 색깔과 선명히 대비되어 표면에 노출된 결함을 쉽게 찾아내는 검사법이다.

(2) 시험절차
① 전처리 : 시험체 표면을 깨끗하게 세척한다.
② 침투 : 시험체 표면에 액체의 침투제가 모세관현상에 의해 결함 내부로 침투한다.
③ 세척 : 시험체 표면부의 침투액을 세척한다.
④ 현상 : 작은 크기의 현상제(백색분말)를 시험편 표면에 칠하여 현상처리한다.
⑤ 판독 : 현상제를 칠하면 작은 분말 사이에 아주 좁은 틈이 생기고 모세관 현상에 의해 결함 내부에 잔류한 침투액이 다시 빨려 나오면서 결함 부위가 검출된다.

＋ 괄호문제

다음 괄호 안에 알맞은 내용을 쓰시오.
① 직접 육안시험은 보통 검사할 표면과 눈의 거리가 (㉠)mm 이내이고, 검사할 표면과 눈의 각도가 (㉡)° 이상이 되도록 충분히 접근할 수 있을 경우에 실시하며, 시험장소에서 빛의 최소강도는 (㉢)lx 이상으로 해야 한다.
② 기밀시험이라 함은 누출의 존재, 누출 부분 또는 누출량을 검출하는 시험방법으로 누설 또는 ( )이라 한다.

| 정답 |
① ㉠ 600, ㉡ 30, ㉢ 1,000
② 누출탐상시험

확인! OX

다음은 비파괴검사에 대한 설명이다. 옳으면 "O", 틀리면 "X"로 표시하시오.
1. 비파괴검사의 종류에는 인장검사, 자분탐상검사, 초음파탐상검사, 침투탐상검사 등이 있다. ( )
2. 누설검사는 압력 유지시간을 시험하기 전, 시험압력을 최소 15분 동안 유지해야 한다. ( )

정답 1. X 2. O

| 해설 |
1. • 비파괴검사 종류 : 자분탐상법, 침투탐상법, 타진법(음향법), 방사선 탐상법, 초음파 탐상법
• 비파괴검사 방법 : 육안검사, 자기검사, 누설검사, 초음파 투과검사, X선 투과검사, 내압검사, 와류검사
• 파괴검사 방법 : 인장검사, 굽힘검사, 경도검사, 크리프 검사, 충격검사

+ 괄호문제

다음 괄호 안에 알맞은 내용을 쓰시오.
① 침투탐상검사 시험절차 순서는 (㉠) → (㉡) → (㉢) → (㉣) → (㉤)이다.
② 액체침투탐상검사는 특히 ( )의 영향을 많이 받는다.

| 정답 |
① ㉠ 전처리, ㉡ 침투, ㉢ 세척, ㉣ 현상, ㉤ 판독
② 온도

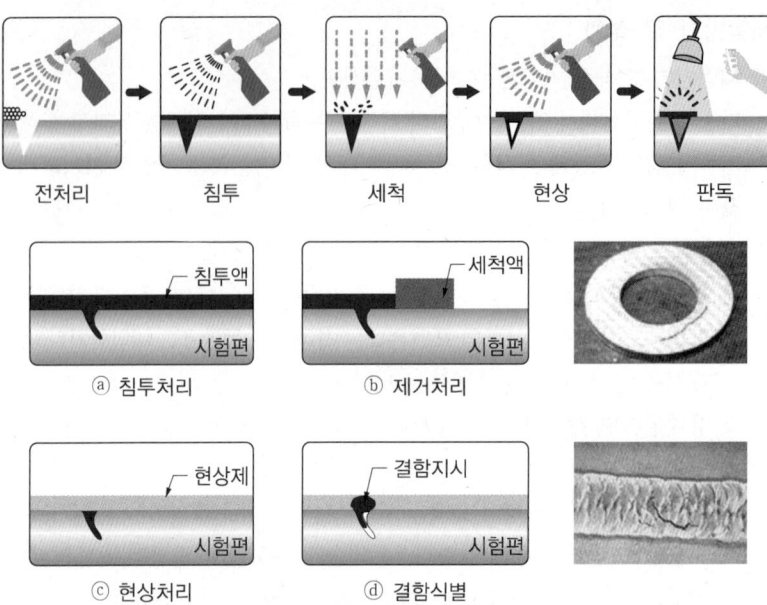

ⓐ 침투처리 ⓑ 제거처리
ⓒ 현상처리 ⓓ 결함식별

(3) 액체침투탐상검사의 장단점

① 장점
  ㉠ 금속, 비금속에 관계없이 거의 모든 재료에 적용할 수 있다.
  ㉡ 1회의 탐상조작으로 시험체 전체를 탐상할 수도 있고, 결함의 방향에 관계없이 결함을 검출할 수 있다.
  ㉢ 액체의 탐상제를 사용하기 때문에 형상이 복잡한 시험체라도 세밀한 부분의 결함을 탐상할 수 있다.
  ㉣ 결함이 확대되어 지각하기 쉬운 색상, 밝기로 지시 모양이 나타나므로 높은 확률로 결함을 검출할 수 있고, 결함 폭의 확대율이 높기 때문에 아주 미세한 결함도 쉽게 검출할 수 있다.
  ㉤ 어둡거나 밝아도 탐상할 수 있는 검사방법이 있으며, 검사환경에 따라 검사방법을 선택할 수 있다.
  ㉥ 전기 및 수도 등의 설비를 필요로 하지 않는 휴대성이 좋은 검사방법도 있다.
  ㉦ 검사가 비교적 간단하여 교육 및 훈련을 받으면 비교적 숙련이 쉽다.

② 단점
  ㉠ 표면이 열려 있어도 그곳에 침투액의 침투를 방해하는 물, 기름 등의 액체나 금속, 비금속 개재물 등의 이물질로 채워져 있으면 결함을 검출할 수 없다(즉, 표면이 열려 있지 않으면 검출이 불가능).
  ㉡ 표면이 거친 시험체나 다공성 재료는 충분한 배경이 얻어지지 않으며, 또한 적절한 탐상기술이 아직 정립되지 않아서 검사가 곤란하다.

확인! OX

다음은 액체침투탐상검사에 대한 설명이다. 옳으면 "O", 틀리면 "X"로 표시하시오.
1. 액체침투탐상검사는 금속에는 적용이 가능하지만 비금속에는 적용할 수 없다. ( )
2. 액체침투탐상검사는 표면이 열려 있지 않으면 검출이 불가능하다. ( )

정답 1. X 2. O

| 해설 |
1. 금속, 비금속에 관계없이 거의 모든 재료에 적용할 수 있다.

ⓒ 결함의 깊이와 결함의 내부 형상을 알 수 없다. 검출된 결함지시 모양으로부터 알 수 있는 것은 결함 유무와 결함의 위치 및 표면에 나타난 결함의 개략적인 모양뿐이다.
ⓔ 손으로 하는 작업이 많아 검사원의 기량에 따라 검사결과가 크게 좌우되기 쉽다.
ⓜ 유지류, 유기용제 등 가연성의 탐상제를 사용하므로, 보관 및 작업할 때에는 화기에 주의하고 환기에도 신경을 써야 한다.
ⓗ 주변 환경, 특히 온도의 영향을 많이 받는다.
ⓢ 일반적으로 밀집되어 있는 결함이나 매우 근접해 있는 결함을 분리하여 별도의 결함지시 모양으로 나타내는 것은 곤란하다.

4. 초음파탐상검사(UT ; Ultrasonic Test)

(1) 정의

탐촉자에서 전기신호로 변환하여 만들어진 초음파를 시험체 내부로 전달하여 내부에 존재하는 결함부로부터 반사한 신호를 검출하는 방법으로 종류로는 반사식, 투과식, 공진식이 있다.

(2) 장단점

① 장점
 ㉠ 시험체에 대한 3차원적인 검사 수행이 가능하다.
 ㉡ 결함의 위치와 길이를 알 수 있고, 표면으로부터의 깊이도 측정이 가능하다.
 ㉢ 방사선투과시험과는 달리 한쪽 접촉면을 통하여 시험체의 내부 검사가 가능하다.
 ㉣ 검사장비가 경량이고 배터리타입으로 현장적용에 용이하다.

② 단점
 ㉠ 시험체 표면을 평평하게 기계가공 또는 연삭가공해야 한다.
 ㉡ 많은 훈련과 높은 기량이 필요하다(검사자의 능력에 따라 해석이 다를 수 있음).

5. 자분(자기)탐상검사(MT ; Magnetic particle Test) 중요도 ★☆☆

(1) 정의

강자성체의 표면을 검사하는 데 주로 사용되는 것으로 전자석 장비를 사용하여 강자성체의 표면에 자분을 뿌렸을 때 누설자속을 이용하여 결함을 검출하는 방법이다.

+ 괄호문제

다음 괄호 안에 알맞은 내용을 쓰시오.
① 초음파탐상검사의 종류에는 (㉠), (㉡), (㉢)이 있다.
② 강자성체를 자화하여 표면의 누설자속을 검출하는 비파괴검사 방법은 ( )이다.

| 정답 |
① ㉠ 반사식, ㉡ 투과식, ㉢ 공진식
② 자분탐상검사

확인! OX

다음은 비파괴검사에 대한 설명이다. 옳으면 "O", 틀리면 "X"로 표시하시오.
1. 액체침투탐상검사 : 일반적으로 밀집되어 있는 결함이나 매우 근접해 있는 결함을 분리하여 별도의 결함지시 모양으로 나타내는 것은 일반적으로 곤란하다. ( )
2. 초음파탐상검사 : 결함의 위치와 길이를 알 수 있고, 표면으로부터의 깊이도 측정이 가능하지만 검사를 위하여 시험체 표면을 평평하게 기계가공 또는 연삭가공해야 한다. ( )

정답 1. O 2. O

+ 괄호문제

다음 괄호 안에 알맞은 내용을 쓰시오.
① 자기탐상검사는 (㉠)가 매우 빠르고, 시험비용이 (㉡)며, (㉢) 검출능력이 우수하다는 장점이 있다.
② 음향방출검사는 하중을 받고 있는 재료의 결함부에서 방출되는 (   )를 수신하여 분석함으로써 결함의 위치 판정, 손상의 진전 감시 등 동적거동을 판단하는 검사방법이다.

| 정답 |
① ㉠ 시험속도, ㉡ 저렴하,
  ㉢ 표면결함
② 응력파

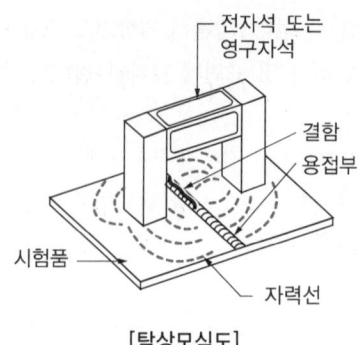

[탐상모식도]   [자분탐상검사 결과]

(2) 장단점
  ① 장점
    ㉠ 시험속도가 매우 빠르다.
    ㉡ 시험비용이 저렴하다.
    ㉢ 표면결함 검출능력이 우수하다.
    ㉣ 시험장비가 간편하며 이동성이 좋다.
  ② 단점
    ㉠ 시험대상물이 강자성체로 한정된다.
    ㉡ 두꺼운 페인트 등이 코팅된 경우 자분탐상검사를 위해 페인트를 제거해야 한다.
    ㉢ 피검체를 탈자작업하여 자성을 제거해야 한다.

확인! OX

다음은 비파괴검사에 대한 설명이다. 옳으면 "O", 틀리면 "X"로 표시하시오.

1. 자기탐상검사는 두꺼운 페인트 등이 코팅된 경우 자분탐상검사를 위해 페인트를 제거해야 한다. (   )
2. 재료가 변형 시에 외부응력이나 내부의 변형과정에서 방출되는 낮은 응력파를 감지하여 측정하는 비파괴검사는 와류탐상검사이다.
   (   )

   정답 1. O 2. X

| 해설 |
2. 낮은 응력파를 감지하여 측정하는 것은 음향방출검사이다.

6. 음향방출검사(acoustic emission)

(1) 정의

하중을 받고 있는 재료의 결함부에서 방출되는 응력파를 수신하여 분석함으로써 결함의 위치판정, 손상의 진전 감시 등 동적거동을 판단하는 검사방법이다.

(2) 검출대상 및 특징
  ① 검출대상
    ㉠ 모든 재료에 적용하며 소성변형, 균열의 생성 및 진전감시 등 동적거동을 파악한다.
    ㉡ 결함부의 추이 판정 및 재료의 특성평가에 이용한다.
  ② 특징
    ㉠ 회전체 이상 진단 등의 감시기법
    ㉡ 카이저효과
    ㉢ 소성변형 및 전위를 위한 에너지가 필요
    ㉣ 불연속 정적거동은 탐지 불가

7. 방사선투과검사(RT ; Radiographic Test)

(1) 정의

방사선은 물체를 투과하는 성질을 가지고 있으며, 투과하는 정도는 시험체의 두께 및 밀도에 따라 달라진다. 투과된 방사선량의 차이에 따라 필름의 감광 정도가 달라지게 되므로, 시험체 내부에 존재하는 결함의 종류, 위치, 크기 등을 판정한다.

(2) 장단점

① 장점
  ㉠ 육안으로 파악할 수 없는 내부결함들을 검사할 수 있다.
  ㉡ 현상된 필름을 적절히 보관하면 영구적으로 검사기록을 보존할 수 있다.

② 단점
  ㉠ 방사선을 사용하므로 인체에 유해하다.
  ㉡ 방사선 피폭량에 대한 관리와 교육이 필요하다.
  ㉢ 방사선 투과시험장비 가격이 비싸다.
  ㉣ 별도의 판독기가 필요하다.
  ㉤ 피검체 양쪽면 모두 접근과 작업수행이 가능해야 한다.

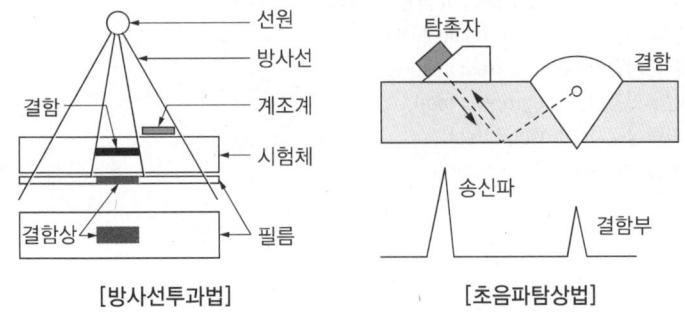

[방사선투과법]   [초음파탐상법]

8. 와전류(와류)탐상검사(ECT ; Eddy Current Test)

(1) 정의

와전류가 검사체 표면 근방의 균열 등의 불연속에 의하여 변화하는 것을 관찰함으로써 검사체에 존재하는 결함을 찾아내는 방법이다.

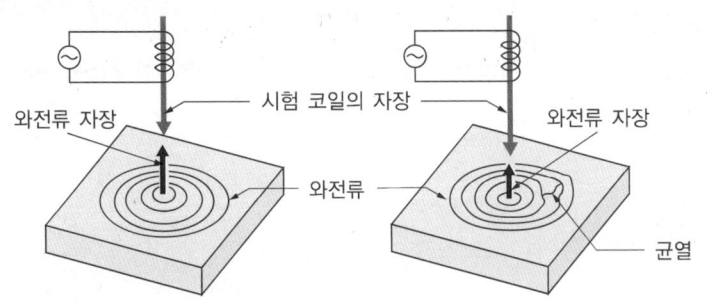

+ 괄호문제

다음 괄호 안에 알맞은 내용을 쓰시오.
① 방사선투과검사에서 투과사진의 상질을 점검할 때 확인해야 할 항목에는 (㉠), (㉡), (㉢) 등이 있다.
② ( )은 와전류가 검사체 표면 근방의 균열 등의 불연속에 의하여 변화하는 것을 관찰함으로써 검사체에 존재하는 결함을 찾아내는 방법이다.

| 정답 |
① ㉠ 투과도계의 식별도,
  ㉡ 시험부의 사진농도 범위,
  ㉢ 계조계의 값
② 와전류탐상검사

| 해설 |
① 방사선투과검사에서 투과사진의 상질을 점검할 때 확인해야 할 항목 : '투과도계 및 계조도', '선원, 투과도계 간의 거리', '투과도계, X선 필름 간 거리', '방사선의 조사방향과 시험부의 유효길이', '노출선도'

확인! OX

다음은 방사선투과검사에 대한 설명이다. 옳으면 "O", 틀리면 "X"로 표시하시오.
1. 육안으로 파악할 수 없는 내부결함들을 검사할 수 있다. ( )
2. 방사선을 사용하나 인체에는 무해하다. ( )

정답 1. O 2. X

| 해설 |
2. 방사선을 사용하므로 인체에 유해하다.

+ 괄호문제

다음 괄호 안에 알맞은 내용을 쓰시오.
① 소음방지대책을 크게 (㉠) 대책, (㉡) 대책, (㉢) 대책으로 나눌 수 있다
② 소음방지를 위한 전파경로 대책으로 소음기와 ( )을 이용할 수 있다.

| 정답 |
① ㉠ 소음원, ㉡ 전파경로, ㉢ 수음자
② 차음벽

(2) 장단점

① 장점
㉠ 시험장비의 자동화가 가능하다.
㉡ 대상물과 접촉하지 않고 검사를 수행할 수 있으며, 접촉 매질도 필요하지 않다.
㉢ 다른 시험방법에 비하여 시험속도가 빠르다.
㉣ 검사체가 도체이면 모두 검사가 가능하다.
㉤ 자성체, 비자성체 모두 적용이 가능하다.

② 단점
㉠ 와전류탐상검사에 사용되는 대비시험편은 매우 정밀하게 만들어야 한다.
㉡ 시험목적에 적합한 대비시험편을 구비해야 한다.
㉢ 시험체 표면이 먼지 등으로 오염되면 와전류에 큰 영향을 미치게 되므로 오염물을 반드시 제거하여야 한다.

> **더 알아보기**
>
> 비파괴검사법
> - 육안검사(visual test)
> - 누설검사(기밀시험)
> - 침투탐상검사(penetrant test) : 형광 및 액체
> - 자분탐상검사(magnetic particle test)
> - 와전류탐상검사(eddy current test)
> - 방사선투과검사(radiographic test)
> - 초음파탐상검사(ultrasonic test)
> - 음향방출검사(acoustic emission)

확인! OX

다음은 비파괴검사에 대한 설명이다. 옳으면 "O", 틀리면 "X"로 표시하시오.

1. 현장에서 사용 중인 크레인의 거더 밑면에 균열이 발생되어 이를 확인하려고 하는 경우 비파괴검사방법 중 가장 편리한 검사 방법은 방사선투과검사이다. ( )
2. 와전류탐상검사는 표면 아래 깊은 위치에 있는 결함의 검출이 가능하다. ( )

정답 1. X 2. X

| 해설 |
1. • 표면결함 검출을 위한 비파괴검사 : 육안검사, 자기탐상검사, 액체침투탐상검사, 와전류탐상검사
   • 내부결함 검출을 위한 비파괴검사 : 방사선투과검사, 음향방출검사, 초음파탐상검사
2. 표면 아래 깊은 위치에 있는 결함의 검출은 곤란하다.

제2절 소음·진동방지 기술

1. 소음방지 방법

(1) 일반적인 소음의 관리대책

① 거의 대부분의 제조업장에서 소음문제를 호소하고 있으나 방지대책의 효과는 미미한 편이다.
② 일반적으로 소음방지대책을 크게 소음원(발생원) 대책, 전파경로 대책, 수음자 대책으로 나눌 수 있다.

분류	방법	예시
소음원 대책	• 진동량과 진동 부분의 표면을 줄임 • 장비의 적절한 설계, 관리, 윤활 • 차음벽 설치 • 노후부품 교환 • 덮개, 장막 사용 • 탄력성 있는 재질의 공구 사용	• 부조합 조정, 부품 교환 • 저소음형 기계의 사용 • 방음커버 • 소음기, 흡음덕트 • 방진고무 사용 • 제진재 장착 • 소음기, 덕트, 차음벽 사용 • 자동화 도입
전파경로 대책	• 소음원을 멀리 이동시킴 • 흡음재를 사용하여 반사음을 억제 • 소음기, 차음벽 이용	• 변경배치 • 차폐물, 방음창, 방음실 • 건물 내부 흡음처리 • 소음기, 덕트, 차음벽 이용
수음자 대책	• 방음용구 착용(귀마개, 귀덮개 착용) • 노출시간 단축 및 적절한 휴식	• 방음 감시실 • 작업스케줄의 조정, 원격조정 • 귀마개, 귀덮개

(2) 흡음에 의한 관리대책

① 흡음계수와 흡음의 양

㉠ 흡음의 정도를 나타내는 계수를 흡음계수(α)라고 하며 0~1의 값을 갖는다.

$$\alpha = \frac{\text{표면에서 흡수된 음에너지}}{\text{표면에 도착한 음에너지}}, \text{무차원}$$

㉡ 유리의 경우 α는 0.01이지만 유리섬유로 만들어진 흡음물질은 0.99에 이른다. 흡음의 양을 sabin이라고 하고 다음과 같이 정의한다.

$$\text{sabin} = \alpha \text{가 } 1(100\%)\text{인 흡음물질의 표면적 } 1\text{m}^2$$

㉢ 총흡음량 : $A = \sum_{i=1}^{n} S_i \alpha_i$

여기서, A : 총흡음량, sabin
S_i : 흡음물질의 표면적, m^2
α_i : 그 물질의 흡음계수

② 흡음물질로 처리 후 소음 감소효과의 계산 : 흡음물질로 작업장을 처리한 후 소음의 감소 정도, NR(Noise Reduction)를 계산하는 방법은 다음과 같다.

$$NR(\text{dB}) = 10\log\frac{A_2}{A_1}$$

여기서, A_1 : 흡음물질로 처리 전 총흡음량, sabins
A_2 : 흡음물질로 처리 후 총흡음량, sabins

+ 괄호문제

다음 괄호 안에 알맞은 내용을 쓰시오.

① 산업안전보건기준에 관한 규칙 제512조에 따르면 소음작업이란 1일 (㉠)시간 작업을 기준으로 (㉡)dB 이상의 소음이 발생하는 작업이다.

② 흡음의 정도를 나타내는 계수를 (㉠)라고 하고 α로 표시하며 0~1의 값을 갖는다. 유리의 경우 α는 (㉡)이지만 유리섬유로 만들어진 흡음물질은 (㉢)에 이른다.

| 정답 |
① ㉠ 8, ㉡ 85
② ㉠ 흡음계수, ㉡ 0.01, ㉢ 0.99

확인! OX

다음은 소음방지 방법에 대한 설명이다. 옳으면 "O", 틀리면 "X"로 표시하시오.

1. 소음방지 대책에 있어 가장 효과적인 방법은 소음의 원인인 음원에 대한 대책(제거, 관리 등)이다. ( )
2. 소음 노출시간 단축 및 적절한 휴식을 통해 수음자를 보호한다. ( )

정답 1. O 2. O

+ 괄호문제

다음 괄호 안에 알맞은 내용을 쓰시오.
① 차음벽에 의한 차음효과는 발생한 음향에너지에 대한 차음벽을 통과한 음향에너지의 비의 대수치의 ( )배에 해당한다.
② 차음재는 기공이 없으며, ( )로는 사용할 수 없다.

| 정답 |
① 10
② 흡음재료

확인! OX

다음은 소음방지에 대한 설명이다. 옳으면 "O", 틀리면 "X"로 표시하시오.
소음성 난청으로부터 근로자를 보호하기 위한 최선의 관리대책은 개인보호구이다. ( )

정답 X

| 해설 |
개인보호구는 최후의 관리대책이다.

③ 흡음재의 특징
  ㉠ 차음재에 비하여 상대적으로 경량이다.
  ㉡ 내부통로를 가진 다공성 자재로서 차음재료로는 사용할 수 없다.
  ㉢ 음에너지를 소량의 열에너지로 변화시킨다.
  ㉣ 잔향음의 에너지를 저감시킨다.
  ㉤ 공기에 의하여 전파되는 음을 저감시킨다.

④ 흡음재의 종류
  ㉠ 다공질 재료(연속기포)
    • 중, 고주파 음역을 흡음
    • 글라스 울(glass wool), 암면(rock wool), 섬유재료, 흡음용 연질 섬유판, 발포수지재료 등
  ㉡ 구멍 뚫린 판상 구조체
    • 중, 저주파 음역을 흡음
    • 구멍 뚫린 석고보드, 구멍 뚫린 합판, 구멍 뚫린 하드보드 등
  ㉢ 막상재료
    • 중주파 음역을 흡음
    • 비닐필름, 금속박, 발포수지재료 등

(3) 차음에 의한 관리대책

① **차음벽에 의한 차음효과** : 차음벽에 의한 차음효과는 발생한 음향에너지에 대한 차음벽을 통과한 음향에너지의 비의 대수치의 10배에 해당한다. 따라서 차음값 TL (Transmission Loss)의 계산은 다음과 같다.

$$\text{차음값} \quad TL(\text{dB}) = 10\log_{10}\left(\frac{P_1}{P_2}\right)$$

여기서, P_1 : 차음벽을 통과하기 전 음력
P_2 : 차음벽을 통과한 후 음력

② 차음효과를 높이기 위한 방법
  ㉠ 벽체의 단위표면적당 무게가 클수록 차음효과가 높다.
  ㉡ 단일 벽보다 2중, 3중으로 여러 겹을 사용하는 것이 효과적이다.
  ㉢ 부분밀폐보다 완전밀폐에 효과적이다.
  ㉣ 저주파음보다 고주파음에 대한 차음효과가 좋다.

③ 차음재의 특성
  ㉠ 상대적으로 고밀도이다.
  ㉡ 기공이 없으며, 흡음재료로는 사용할 수 없다.
  ㉢ 음에너지를 감쇠시킨다.
  ㉣ 음의 투과를 저감하여 음을 억제시킨다.

(4) 구체적인 공학적 관리대책

① 소음기 이용
  ㉠ 배기가스가 방출되는 고압의 노즐이나 덕트에 소음기를 설치한다.
  ㉡ 덕트 관내에 흡음재를 발라서 사용하기도 한다.
  ㉢ 저주파음보다 고주파음에 대한 소음효과가 좋다.

② 진동 최소화
  ㉠ 소리는 공기 중에서 진동의 형태로 전달되므로 진동을 줄여야 한다.
  ㉡ 진동 표면적을 감소시킨다.
  ㉢ 공명현상을 줄인다.

③ 고주파음과 저주파음의 특성을 이용
  ㉠ 작업장에서는 고주파음이 작업자에게 더 큰 영향을 주므로 저주파음을 발생시키도록 한다.
  ㉡ 고주파음은 방향성이 강하고 쉽게 반사한다. 따라서 고주파음은 쉽게 차단되지만 저주파음은 먼 거리까지 전달되므로 철저히 밀폐하여야 한다.
  ㉢ 고주파음이 저주파음보다 공기 중에서 감소효과가 크다. 따라서 옥상에 설치된 설비의 고주파음은 옥상 주변에서는 시끄러우나 인근 주택까지는 전파가 덜 된다.

(5) 개인보호구의 착용

① 소음성 난청으로부터 근로자를 보호하기 위한 최후의 관리대책은 개인보호구이다.
② 귀마개, 귀덮개 등의 보호구는 25~35dB까지 차음효과를 가진다.
③ 120dB 이상의 소음 작업장에서는 귀마개와 귀덮개를 동시에 착용해야 한다.

> **+ 괄호문제**
> 다음 괄호 안에 알맞은 내용을 쓰시오.
> ① 차음효과를 높이기 위해서는 벽체의 단위표면적당 무게가 ( ) 차음효과가 높다.
> ② ( )dB 이상의 소음 작업장에서는 귀마개와 귀덮개를 동시에 착용해야 한다.
>
> |정답|
> ① 클수록
> ② 120

2. 진동방지 방법

(1) 진동공구 및 방진재료

① 진동공구에 의한 대책
  ㉠ 공구의 진동이 손잡이로 전파되는 것을 방지하는 방법이다.
  ㉡ 진동공구의 질량을 줄이거나 공구에서 나오는 바람이 손에 닿지 않도록 개조하는 방법이 주로 이용된다.
  ㉢ 가능한 한 진동공구의 무게는 10kg 이상 초과하지 않도록 만들어야 한다.

② 방진재료에 의한 대책
  ㉠ 강철 코일 용수철 : 설계를 쉽게 할 수 있으나 오일댐퍼(oil damper) 등의 저항요소가 필요할 때가 있다.
  ㉡ 방진고무 : 여러 가지 형태로 철물에 부착할 수 있으며 고무의 내부 마찰로 적당한 저항을 가질 수 있다.
  ㉢ 코르크 : 진동방지보다는 고체음의 전파방지에 유익하다.
  ㉣ 공기용수철 : 차량에 많이 쓰이며 구조가 복잡하여도 성능이 우수하다.

> **확인! OX**
> 다음은 소음방지 방법에 대한 설명이다. 옳으면 "O", 틀리면 "X"로 표시하시오.
> 1. 소리는 공기 중에서 진동의 형태로 전달되므로 진동을 줄여야 한다. ( )
> 2. 작업장에서는 저주파음이 작업자에게 더 큰 영향을 주므로 고주파를 발생시키도록 한다. ( )
>
> 정답 1. O 2. X
>
> |해설|
> 2. 고주파음이 작업자에게 더 큰 영향을 준다.

+ 괄호문제

다음 괄호 안에 알맞은 내용을 쓰시오.

① 진동작업 종사자의 건강장해 예방을 위하여 진동전달 억제를 위해 진동 감소용 (　　)을 착용하도록 한다.
② 진동작업 종사자의 건강장해 예방을 위하여 작업장의 온도는 (㉠)℃ 이상으로 유지해 주어야 하며, 진동공구 사용 시 작업시간은 1일 (㉡)시간을 초과하지 않도록 한다.

| 정답 |
① 보호장갑
② ㉠ 14, ㉡ 2

(2) 작업자에 대한 대책

① 진동의 인체전달 억제
　㉠ 진동 감소용 보호장갑을 착용한다.
　㉡ 진동공구와 손 사이에 톱밥이나 낡은 옷을 채워 넣는다.
　㉢ 공구의 손잡이를 너무 세게 잡지 않는다.
　㉣ 진동공구를 기계적으로 지지해 준다.
② 작업자의 보온유지와 금연
　㉠ 작업장의 온도는 14℃ 이상으로 유지해 주어야 한다.
　㉡ 흡연은 혈관을 수축시키는 작용을 하므로 금연하는 것이 바람직하다.
③ 작업시간의 단축 : 진동공구 사용 시 작업시간은 1일 2시간을 초과하지 않도록 한다.

확인! OX

다음은 산업안전보건법령상 진동작업에 종사하는 경우 사업자가 근로자에게 알려야 하는 사항에 대한 설명이다. 옳으면 "O", 틀리면 "X"로 표시하시오.

1. 보호구 선정과 착용방법, 진동재해 시 비상연락체계에 대하여 충분히 알려야 한다. (　)
2. 인체에 미치는 영향과 증상, 진동 기계·기구 관리 및 사용방법에 대하여 충분히 알려야 한다. (　)

| 정답 | 1. X　2. O

| 해설 |
1. 보호구의 선정과 착용방법, 진동 장해 예방방법에 대하여 충분히 알려야 한다(산업안전보건기준에 관한 규칙 제519조).

우리 인생의 가장 큰 영광은 결코 넘어지지 않는 데 있는 것이 아니라 넘어질 때마다 일어서는 데 있다.

– 넬슨 만델라 –

합격의 공식 시대에듀 www.sdedu.co.kr

PART 04

전기설비 안전관리

CHAPTER 01	전기안전관리 업무수행
CHAPTER 02	감전재해 및 방지대책
CHAPTER 03	정전기 장·재해 관리
CHAPTER 04	전기방폭 관리
CHAPTER 05	전기설비 위험요인 관리

CHAPTER 01 전기안전관리 업무수행

PART 04. 전기설비 안전관리

14% 출제율

출제포인트
- 보호계전기의 이해
- 퓨즈의 종류, 용단특성
- 감전방지용 누전차단기의 이해

기출 키워드
퓨즈, 누전차단기의 종류, 감전방지용 누전차단기

제1절 전기안전관리

1. 배전반 및 분전반   중요도 ★★☆

(1) 배전반

고압의 전기를 받아 각 시설에서 사용할 수 있는 저압으로 변환하여 배전하기 위한 장치이다. 전력을 배전하기 위한 개폐기, 차단기, 필요한 계측기기 등이 배치되어 있으며 충전부분을 금속판, 철망, 절연판 등을 사용해 덮어 안전성을 확보하여야 한다.

(2) 분전반

배전반에서 간선되어 들어온 전기를 공장이나 일반건물, 가정 등에 사용할 수 있도록 배전하는 장치이다. 배선용 차단기 및 누전차단기를 포함한 각종 분기회로를 기판에 모아서 장착하여 내장한 것을 분전반이라고 한다.

> **더 알아보기**
> - 분전반·배전반을 포함한 전기기계·기구는 충전부 부분으로부터 감전을 방지하기 위해 충전부를 방호하여야 한다. 이에 따라 분전반·배전반은 충전부가 노출되지 않도록 폐쇄형 외함이 있는 구조로 설치하여야 한다.
> - 충전부에는 충분한 절연효과가 있는 방호망이나 절연덮개를 설치한다.
> - 충전부를 내구성이 있는 절연물로 완전히 덮어 감싸도록 한다.
> - 관계자가 아닌 사람의 출입을 금지시킨다.

2. 개폐기 및 차단기

(1) 개폐기

전력회로의 부하전류 개폐에 사용되는 설비로 단락이나 과부화 전류에 대한 보호기능이 없는 것이 보통이나, 전력퓨즈와 조합하여 통전상태에서 이상이 발생했을 때 차단하는 기능을 가진 것도 있다.

① 단로기(DS) : 특별고압 정식 수전설비, 주로 무부하 개폐 상태에서 선로분리 후 점검 또는 선로분리 후 선로를 변경하여 접속하는 데 사용한다.
② 자동고장구간 개폐기(ASS) : 무부하 시 선로 점검 및 분리가 가능하며, 부하 시 부하전류가 일정 전류 이하인 경우 선로 개폐가 가능하다.
  ※ 과부하전류 및 고장전류 자동차단 가능
③ 자동부하전환 개폐기(ALTS) : 대형병원 등 정전 시 큰 피해가 예상되는 곳에서 한국전력공사에서 인입되는 전원을 이중으로 수용하여 주 선로가 정전되는 경우, 무순단으로 다른 인입 전원으로 전환한다.
④ 부하개폐기(LBS) : 무부하 및 부하 시 모두 개폐가 가능하며, 부하 시 개폐가 가능하나 정격전류 이상의 과전류나 단락전류의 차단기능이 없어 주로 전력퓨즈(PF)와 같이 설치되어 사용된다.
⑤ 선로개폐기(LS) : 각상 개폐가 가능한 단로기(DS)와 다르게 선로개폐기는 3상 동시 개폐를 원칙으로 하며 66kV 이상에서 사용 및 단로기(DS)와 같이 무부하에서 사용한다.
⑥ 가중부하 개폐기(IS) : 수동으로 개폐조작이 가능하며 고장전류 검출능력이 없는 것이 특징이다.
⑦ 컷아웃 스위치(COS) : 변압기 1차 측의 각 상마다 설치하여 변압기의 과부하 보호와 개폐에 사용한다.

(2) 차단기

회로에 전류가 흐르고 있는 상태에서 회로를 개폐하거나 단락사고 및 지락사고 등 이상이 발생했을 때 신속히 회로를 차단하기 위한 설비이다.
① 진공차단기(VCB) : 진공상태에서 높은 절연을 통해 소호하는 특성이 있으며 차단기의 형태가 소형이고 기름을 사용하지 않아 화재의 위험이 없다.
② 가스차단기(GCB) : 절연능력과 소호능력이 뛰어난 불활성 가스를 이용한 차단기로 차단성이 좋고 소음이 적으며, 대부분 초고압 계통의 차단기로 많이 사용한다.
③ 자기차단기(MBB) : 전자력을 이용하여 차단하는 장치로 고압전로에 사용되며 보수가 간단하다.
④ 유입차단기(OCB) : 절연유를 사용하여 차단하는 장치로 가스의 압력과 절연유가 아크를 소호하는 방식을 사용한다.
⑤ 공기차단기(ABB) : 압축공기를 이용하여 소호하는 방식의 차단기이며, 주로 고압회로에 적용한다.

+ 괄호문제

다음 괄호 안에 알맞은 내용을 쓰시오.
① 단락사고 및 지락사고 등 이상이 발생했을 때 신속하게 회로를 차단하기 위한 설비를 (   )라고 부른다.
② 공기차단기는 주로 (   )에 적용한다.

| 정답 |
① 차단기
② 고압회로

확인! OX

다음은 개폐기의 종류인 단로기에 대한 설명이다. 옳으면 "O", 틀리면 "X"로 표시하시오.
1. 무부하 개폐 상태에서 선로 분리 및 변경하여 접속하는 데 주로 사용하는 장치이다. (   )
2. 변압기의 과부하 보호와 개폐에 사용한다. (   )

정답 1. O   2. X

| 해설 |
2. 컷아웃 스위치에 대한 설명이다.

3. 보호계전기 　　중요도 ★★☆

(1) 보호계전 시스템
보호계전 시스템은 전력계통 감시를 통해 고장 또는 이상 상태를 신속하게 제거하여 전력계통을 안정적으로 유지하고 사람에 대한 피해 및 기기의 손상을 최소한으로 하기 위해 보호계전기를 중심으로 구성한 시스템을 말한다.

(2) 보호계전기
전력계통에 이상현상이나 단락, 과부하 또는 지락 등의 사고가 발생하는 경우, 즉시 그 부분을 계통에서 분리하여 사고가 다른 계통으로 확대되는 것을 방지하는 설비이다.

① 분류
　㉠ 전기 기계형(유도 원판형) : 가동부에 자속이 작용하여 그 힘에 의해 접점을 개폐하는 것이다.
　㉡ 정지형 : 트랜지스터 회로를 사용하여 입력 전기량의 크기 및 위상을 비교하여 그 결과에 따라 출력을 내는 것이다.
　㉢ 디지털형 : 입력된 신호로부터 아날로그 전압, 전류를 샘플링하여 디지털 연산처리하여 데이터화한 마이크로프로세서를 이용하여 사고의 유형에 따라 기능을 수행하는 것이다.

② 종류 및 적용

종류	적용
과전류계전기(OCR)	과부하 및 단락 보호
과전압계전기(OVR)	과전압 및 저전압 보호
부족전압계전기(UVR 27)	
지락과전류계전기(OCGR)	지락 보호
지락계전기(GR)	
선택지락계전기(SGR)	
비율차동계전기(PDR)	발전기, 변압기 내부고장 보호

③ 동작특성
　㉠ 한시(time delay) : 응동 시간이 늦어지도록 고려한 응동이다.
　　※ 응동 : 보호계전기에 전기적 입력의 변화나 또는 위상변화가 발생하는 경우 계전기의 동작기구가 작동하여 접점을 개폐해 출력하는 것을 말한다.
　　• 정한시 : 입력값에 관계없이 정해진 시간에 동작
　　• 반한시 : 입력값의 증가에 따라 짧은 시간에 동작
　　• 단산시 : 입력의 일정 범위별로 일정 시간에 계단식으로 동작
　㉡ 순시(instantaneous) : 세팅값 최소 동작치 이상이면 즉시 동작한다.

+ 괄호문제

다음 괄호 안에 알맞은 내용을 쓰시오.
① 전력계통에 단락, 과부하 등의 이상현상이 발생하는 경우 계통에서 분리하여 사고가 다른 계통으로 확대되는 것을 방지하는 설비를 ( )라고 부른다.
② 보호계전기의 종류 중 과부하 및 단락 보호를 위해 사용하는 설비는 ( )이다.

| 정답 |
① 보호계전기
② 과전류계전기(OCR)

확인! OX

다음은 보호계전기 종류에 대한 설명이다. 옳으면 "O", 틀리면 "X"로 표시하시오.
1. 지락계전기는 과부하 및 단락 보호를 위해 사용된다. ( )
2. 과전압계전기는 지락 보호를 위해 사용된다. ( )

정답 1. X　2. X

| 해설 |
1. 지락계전기는 지락 보호를 위해 사용된다.
2. 과전압계전기는 과전압 및 저전압 보호를 위해 사용된다.

4. 과전류 및 누전 차단기

중요도 ★★★

(1) 과전류

정격전류를 초과한 전류로서 단락(短絡)사고전류, 지락사고전류를 포함하는 것을 말하며, 이는 전기화재의 주요 원인이 되는 요인 중 하나이다. 이를 예방하기 위해 과전류 차단장치(보호장치)를 설치하여야 한다.

① 전원회로에는 과전류가 흐르면 전선의 절연피복, 단자부 또는 전선 주위가 고온이 되어 위험한 수준이 되므로 그 전에 과전류를 차단할 수 있는 보호장치를 설치하여야 한다.
② 과부하전류와 단락전류에 대한 보호장치는 설치된 지점에서의 최대 예상단락전류를 차단할 수 있는 용량이어야 한다.
③ 단락전류에 대한 보호장치가 설치된 선로는 과부하전류 또는 유사한 크기의 과전류에 대해서도 보호가 가능하도록 설치하여야 한다.
④ 전원회로에 대한 보호장치가 회로에 연결된 전기기기를 보호하는 것이 아니므로, 전기기기에 대한 별도의 보호장치를 설치한다.
⑤ 전선의 허용전류 이상의 전류가 발생하였을 때 자동차단이 되는 전원회로는 과부하전류 및 단락전류에 대한 보호장치가 설치된 것으로 간주한다.
   ※ 과부하전류 : 정격용량을 초과한 부하설비를 운전하는 경우 정격전류값을 초과하여 흐르는 전류
   ※ 단락전류 : 회로 간에 단락이 발생한 경우 선로에 흐르는 매우 큰 값의 전류
   ※ 단락 : 고장 또는 과실에 의해 전로 사이 전기저항이 작아진 상태 또는 전혀 없는 상태에서 접촉한 이상 상태를 말한다. 전기저항이 작아지거나 없는 상태이기 때문에 순간적으로 큰 전류가 흐르게 됨

(2) 과전류 차단장치(보호장치)

① 과전류로 인한 회로보호를 위해 차단기, 퓨즈 또는 보호계전기 등과 이에 수반되는 변성기를 설치하여야 하며 그 방법은 다음과 같다.
   ㉠ 과전류 차단장치는 반드시 접지선이 아닌 전로에 직렬로 연결하여 과전류 발생 시 전로를 자동으로 차단하도록 설치할 것
   ㉡ 차단기·퓨즈는 계통에서 발생하는 최대 과전류에 대하여 충분히 차단할 수 있는 성능을 가질 것
   ㉢ 과전류 차단장치가 전기계통상에서 상호 협조·보완되어 과전류를 효과적으로 차단하도록 할 것

+ 괄호문제

다음 괄호 안에 알맞은 내용을 쓰시오.
① 정격전류를 초과한 전류로 인한 사고를 예방하기 위해 (   )를 설치하여야 한다.
② 정격용량을 초과한 부하설비를 운전하는 경우 정격전류값을 초과하여 흐르는 전류를 (   )라 부른다.

| 정답 |
① 과전류 차단장치
② 과부하전류

확인! OX

다음은 과전류 차단장치에 대한 설명이다. 옳으면 "O", 틀리면 "X"로 표시하시오.
1. 과전류 차단장치는 반드시 접지선에 직렬로 연결하여야 한다. (   )
2. 과전류 차단기는 최대 과전류에 대해서 충분히 차단할 수 있는 성능을 가져야 한다. (   )

정답 1. X 2. O

| 해설 |
1. 과전류 차단장치는 반드시 접지선이 아닌 전로에 직렬로 연결하여야 한다.

+ 괄호문제

다음 괄호 안에 알맞은 내용을 쓰시오.
① 퓨즈는 (　　)로 구성되어 있으며 과전류가 발생했을 때 (　　)가 녹아서 전류의 흐름을 차단하게 된다.
② (　　)는 과부하 및 단락보호를 겸한 차단기로 용량을 초과하여 전기가 흐르게 되면 전기를 차단하는 설비이다.

| 정답 |
① 금속 와이어
② 배선차단기

② 퓨즈 : 전기회로의 과전류로부터 보호하기 위해 사용되는 부품으로 전류가 안전 한계를 초과했을 때 회로를 차단하는 안전장치이다. 퓨즈는 금속 와이어로 구성되어 있으며, 과전류가 발생하게 되어 와이어로 과전류가 흐르면 녹아서 전류의 흐름을 차단하게 된다.

㉠ 용단특성(용단 : 퓨즈, 전선 등이 대전류에 의해 녹아 끊어지는 것)

정격전류의 구분	시간	정격전류의 배수	
		불용단전류	용단전류
4A 이하	60분	1.5배	2.1배
4A 초과~16A 미만	60분	1.5배	1.9배
16A 이상~63A 이하	60분	1.25배	1.6배
63A 초과~160A 이하	120분	1.25배	1.6배
160A 초과~400A 이하	180분	1.25배	1.6배
400A 초과	240분	1.25배	1.6배

※ 한국전기설비규정 212.3.4

㉡ 고압 및 특고압전로 중 과전류차단기의 시설(한국전기설비규정 341.10)
- 과전류차단기로 시설하는 퓨즈 중 고압전로에 사용하는 포장 퓨즈(퓨즈 이외의 과전류차단기와 조합하여 하나의 과전류차단기로 사용하는 것은 제외)는 정격전류의 1.3배의 전류에 견디고, 2배의 전류로 120분 안에 용단되는 것이어야 한다.
- 과전류차단기로 시설하는 퓨즈 중 고압전로에 사용하는 비포장 퓨즈는 정격전류의 1.25배의 전류에 견디고, 2배의 전류로 2분 안에 용단되는 것이어야 한다.

더 알아보기

- 고압 또는 특고압의 전로에 단락이 생긴 경우에 동작하는 과전류차단기는 이것을 시설하는 곳을 통과하는 단락전류를 차단하는 능력을 가지는 것이어야 한다.
- 고압 또는 특고압의 과전류차단기는 동작에 따라 개폐상태를 표시하는 장치가 되어 있는 것이어야 한다. 다만, 개폐상태가 쉽게 확인될 수 있는 것은 적용하지 않는다.

확인! OX

다음은 고압전로에 사용하는 퓨즈에 대한 설명이다. 옳으면 "O", 틀리면 "X"로 표시하시오.

1. 포장 퓨즈는 정격전류의 1.1배의 전류에 견디고, 2배의 전류로 120분 안에 용단되는 것이어야 한다.　(　)
2. 비포장 퓨즈는 정격전류의 1.2배의 전류에 견디고, 2배의 전류로 2분 안에 용단되는 것이어야 한다.　(　)

정답 1. X 2. X

| 해설 |
1. 포장 퓨즈는 정격전류의 1.3배의 전류에 견디고, 2배의 전류로 120분 안에 용단되는 것이어야 한다.
2. 비포장 퓨즈는 정격전류의 1.25배의 전류에 견디고, 2배의 전류로 2분 안에 용단되는 것이어야 한다.

③ 배선차단기 : 과부하 및 단락보호를 겸한 차단기로 용량을 초과하여 전기가 흐르게 되면 전기를 차단하는 설비이다. 과전류차단기로 저압전로에 사용하는 산업용 배선차단기와 주택용 배선차단기는 다음과 같이 적합한 것을 설치하여야 한다. 단, 일반인이 접촉할 우려가 있는 장소에는 주택용 배선차단기를 설치하여야 한다.

㉠ 산업용 배선차단기(MCCB) 과전류트립 동작 시간 및 특성

정격전류의 구분	시간	정격전류의 배수(모든 극에 통전)	
		부동작전류	동작전류
63A 이하	60분	1.05배	1.3배
63A 초과	120분	1.05배	1.3배

※ 산업용 배선차단기 : 정격전압이 교류 1,000V 이하, 정격전류가 2,000A 이하이며 정격단락차단용량이 200kA 이하인 교류 배선차단기

ⓒ 주택용 배선차단기(MCB) 순시트립에 따른 구분

형	순시트립 범위
B	$3I_n$ 초과~$5I_n$ 이하
C	$5I_n$ 초과~$10I_n$ 이하
D	$10I_n$ 초과~$20I_n$ 이하

참고 • B, C, D : 순시트립전류에 따른 차단기 분류
　　• I_n : 차단기 정격전류

※ 주택용 배선차단기 : 정격전압이 교류 380V 이하, 정격전류가 125A 이하이며 정격단락차단용량이 25kA 이하인 주택용 및 이와 유사한 배선차단기

더 알아보기

고압, 특고압 차단기

구분	유입차단기 (OCB)	자기차단기 (MBB)	진공차단기 (VCB)	가스차단기 (GCB)
전류(A)	400~1,250	630~3,150	630~3,150	630~4,000
차단전류(kA)	8~40	12.5~50	8~40	20~25

(3) 누전차단기

① 개요

　㉠ 누전을 자동적으로 검출하여 누전전류가 감도전류 이상이 되면 전원을 자동으로 차단하는 장치를 말한다.

　ⓒ 누전이 되는 경우에는 감전위험이 있으므로 다음의 이동형 또는 휴대형 전기기계·기구에는 해당 전로의 정격에 적합하고 감도가 양호하며 확실하게 작동하는 감전방지용 누전차단기를 접속하여야 한다.

　ⓒ 감전방지용 누전차단기 설치대상(산업안전보건기준에 관한 규칙 제304조)
　　• 대지전압이 150V를 초과하는 이동형 또는 휴대형 전기기계·기구
　　• 물 등 도전성이 높은 액체가 있는 습윤장소에서 저압(1,500V 이하 직류전압이나 1,000V 이하의 교류전압)용 전기기계·기구
　　• 철판·철골 위 등 도전성이 높은 장소에서 사용하는 이동형 또는 휴대형 전기기계·기구
　　• 임시배선의 전로가 설치되는 장소에서 사용하는 이동형 또는 휴대형 전기기계·기구

　※ 감전방지용 누전차단기 : 정격감도전류 30mA에서 동작시간은 0.03초 이내인 차단기

+ 괄호문제

다음 괄호 안에 알맞은 내용을 쓰시오.
① (　　)는 누전을 자동적으로 검출하여 누전전류가 감도전류 이상이 되면 전원을 자동으로 차단하는 장치를 말한다.
② 정격감도전류 30mA에서 동작시간은 0.03초 이내인 차단기를 (　　)라 부른다.

|정답|
① 누전차단기
② 감전방지용 누전차단기

확인! OX

다음은 감전방지용 누전차단기에 대한 설명이다. 옳으면 "O", 틀리면 "X"로 표시하시오.

1. 대지전압이 150V를 초과하는 이동형 전기기계·기구에는 감전방지용 누전차단기를 설치하여야 한다. (　　)
2. 철판·철골 위 등 도전성이 높은 장소에서 사용하는 휴대용 전기기계·기구에는 감전방지용 누전차단기를 설치하지 않아도 된다. (　　)

　정답　1. O　2. X

|해설|
2. 감전방지용 누전차단기를 설치하여야 한다.

+ 괄호문제

다음 괄호 안에 알맞은 내용을 쓰시오.
① 감전방지용 누전차단기는 ( )의 전로에서는 설치가 제외된다.
② 지락보호전용 기능만 있는 누전차단기는 과전류를 차단하는 ( ) 등과 조합하여 접속하여야 한다.

| 정답 |
① 비접지방식
② 퓨즈나 차단기

더 알아보기

감전방지용 누전차단기 설치 제외(산업안전보건기준에 관한 규칙 제304조)
- 전기용품 및 생활용품 안전관리법이 적용되는 이중절연 또는 이와 같은 수준 이상으로 보호되는 구조로 된 전기기계·기구
- 절연대 위 등과 같이 감전위험이 없는 장소에서 사용하는 전기기계·기구
- 비접지방식의 전로

감전방지용 누전차단기를 접속하는 경우 준수사항(산업안전보건기준에 관한 규칙 제304조)
- 전기기계·기구에 설치된 누전차단기는 정격감도전류가 30mA 이하이고 작동시간은 0.03초 이내일 것. 다만, 정격전부하전류가 50A 이상인 전기기계·기구에 접속되는 누전차단기는 오작동을 방지하기 위하여 정격감도전류는 200mA 이하로, 작동시간은 0.1초 이내로 할 수 있다.
- 분기회로 또는 전기기계·기구마다 누전차단기를 접속할 것. 다만, 평상시 누설전류가 매우 적은 소용량부하의 전로에는 분기회로에 일괄하여 접속할 수 있다.
- 누전차단기는 배전반 또는 분전반 내에 접속하거나 꽂음접속기형 누전차단기를 콘센트에 접속하는 등 파손이나 감전사고를 방지할 수 있는 장소에 접속할 것
- 지락보호전용 기능만 있는 누전차단기는 과전류를 차단하는 퓨즈나 차단기 등과 조합하여 접속할 것

욕실 등 인체가 물에 젖어 있는 환경에서의 누전차단기 설치기준(한국전기설비규정)
정격감도전류 15mA 이하, 정격동작시간 0.03초 이하

확인! OX

다음은 감전방지용 누전차단기에 대한 설명이다. 옳으면 "O", 틀리면 "X"로 표시하시오.

1. 정격전부하전류가 60A인 전기기계·기구에 접속되는 누전차단기의 정격감도전류는 200mA 이하로, 작동시간은 0.1초 이내로 할 수 있다. ( )
2. 욕실에서 누전차단기를 설치하는 경우 정격감도전류는 30mA 이하, 작동시간은 0.03초 이내로 동작하는 것을 설치하여야 한다. ( )

정답 1. O 2. X

| 해설 |
2. 욕실 등 인체가 물에 젖어 있는 환경에서의 누전차단기의 설치기준은 정격감도전류 15mA 이하, 정격동작시간 0.03초 이하이다.

② 누전차단기의 분류
　㉠ 배전방식에 따른 분류

배전방식	누전차단기의 극수
3상3선식	3극
3상4선식	3극 또는 4극
단상3선식	3극 또는 2극
단상2선식	2극 또는 1극

　㉡ 감도에 따른 분류
　　• 고감도 : 정격감도전류 30mA 이하
　　• 중감도 : 정격감도전류 30~1,000mA 이하
　　• 저감도 : 정격감도전류 1,000~20,000mA 이하

　㉢ 보호목적에 따른 분류
　　• 지락보호전용
　　• 지락보호 및 과부하보호 겸용
　　• 지락보호와 과부하보호 및 단락보호 겸용

③ 누전차단기의 종류

구분		정격감도전류(mA)	동작시간
고감도형	고속형	5, 10, 15, 30	• 정격감도전류에서 0.1초 이내 • 인체 감전 보호형은 0.03초 이내
	시연형		정격감도전류에서 0.1초를 초과하고 2초 이내
	반시연형		• 정격감도전류에서 0.2초를 초과하고 1초 이내 • 정격감도전류의 1.4배의 전류에서 0.1초를 초과하고 0.5초 이내 • 정격감도전류 4.4배의 전류에서 0.05초 이내
중감도형	고속형	50, 100, 200, 500, 1,000	정격감도전류에서 0.1초 이내
	시연형		정격감도전류에서 0.1초를 초과하고 2초 이내
저감도형	고속형	3,000, 5,000, 10,000, 20,000	정격감도전류에서 0.1초 이내
	시연형		정격감도전류에서 0.1초를 초과하고 2초 이내

※ 감전방지 목적으로 시설하는 누전차단기는 고감도 고속형이어야 한다.

④ 감전방지용 누전차단기의 성능
   ㉠ 누전차단기는 설치된 해당 전로의 최대단락전류를 차단할 수 있어야 한다.
   ㉡ 정격 부동작전류(차단기가 동작하지 않는 최대누설전류)는 정격 감도전류의 50% 이상으로 하고, 이들의 전룻값은 가능한 한 작게 한다.
   ㉢ 절연저항은 500V 절연저항계로 5MΩ 이상으로 한다.

⑤ 감전방지용 누전차단기 설치방법
   ㉠ 전기기기의 금속제 외함, 금속제 외피 등 금속 부분은 누전차단기를 접속한 경우에도 접지한다.
   ㉡ 누전차단기는 분기회로 또는 전기기기마다 설치하는 것을 원칙으로 한다. 다만, 정상운전 시 누설전류가 적은 소용량 부하의 전로에는 분기회로에 일괄하여 설치할 수 있다.
   ㉢ 누전차단기는 배전반이나 분전반 등에 설치하는 것을 원칙으로 한다. 다만, 꽂음접속기형 누전차단기는 콘센트에 연결하거나 부착하여 사용할 수 있다.

⑥ 감전방지용 누전차단기의 정격전압 : 누전차단기의 정격전압은 당해 누전차단기를 설치하는 전로의 공칭전압의 90~110% 이내로 한다.

⑦ 누전차단기의 설치 환경조건
   ㉠ 주위온도에 유의(누전차단기는 주위온도 -10~+40℃ 범위 내에서 성능을 발휘할 수 있도록 구조 및 기능이 설계됨)
   ㉡ 표고 1,000m 이하의 장소
   ㉢ 비나 이슬에 젖지 않는 장소
   ㉣ 먼지가 적은 장소 선택
   ㉤ 이상한 진동 또는 충격을 받지 않는 장소
   ㉥ 습도가 적은 장소
   ㉦ 전원전압의 변동에 유의
   ㉧ 배선상태를 건전하게 유지
   ㉨ 불꽃 또는 아크에 의한 폭발의 위험이 없는 장소에 설치

+ 괄호문제

다음 괄호 안에 알맞은 내용을 쓰시오.
① 고감도 고속형 누전차단기는 ( ) 목적으로 시설한다.
② 콘센트에 연결하거나 부착하여 사용할 수 있는 누전차단기를 ( ) 누전차단기라 부른다.

| 정답 |
① 감전방지
② 꽂음접속기형

확인! OX

다음은 감전방지용 누전차단기에 대한 설명이다. 옳으면 "O", 틀리면 "X"로 표시하시오.
1. 누전차단기는 설치된 해당 전로의 최대단락전류의 50%를 차단할 수 있어야 한다. ( )
2. 누전차단기를 접속한 경우에 전기기기의 금속제 외함에는 접지를 하지 않아도 된다. ( )

정답 1. X 2. X

| 해설 |
1. 누전차단기는 설치된 해당 전로의 최대단락전류를 차단할 수 있어야 한다.
2. 전기기기의 금속제 외함, 금속제 외피 등 금속 부분은 누전차단기를 접속한 경우에도 접지한다.

+ 괄호문제

다음 괄호 안에 알맞은 내용을 쓰시오.
① 차단기가 차단할 수 있는 전류의 한도를 나타내는 용량을 ( )라 부른다.
② 차단기에 부과될 수 있는 사용 회로 전압의 상한을 ( )이라 부른다.

| 정답 |
① 정격차단용량
② 정격전압

(4) 차단기의 정격

① 정격차단용량 : 차단기가 차단할 수 있는 전류의 한도를 나타내는 용량
  ㉠ 차단용량(MVA) = $\sqrt{3}$ × 차단기의 차단전류(kA) × 정격전압(kV) : 3상인 경우
  ㉡ 차단용량(MAA) = 차단기의 차단전류(kA) × 정격전압(kV) : 단상인 경우
② 정격전압 : 차단기에 부과될 수 있는 사용 회로 전압의 상한
  ㉠ 정격전압 = 공칭전압 × 1.2 / 1.1V
  ㉡ 정격전압의 표준치

공칭전압(kV)	정격전압(kV)
22 또는 22.9	25.8
66	72.5
154	170
345	362
765	800

③ 정격전류 : 정격전압 및 정격 주파수에 규정된 온도 상승 한도를 초과하지 않는 상태에서 연속적으로 통할 수 있는 전류의 한도를 말하며, 일반적으로 계통의 부하전류 합보다 큰 정격전류를 선정한다.
④ 정격차단전류 : 정격전압, 정격 주파수 및 규정된 회로 조건에서 규정된 동작 상태를 수행할 수 있는 차단전류의 최대 한도이며, 일반적으로 고장전류(3상 단락전류)보다 큰 정격을 선정한다.

5. 전기안전 관련 법령

법령·고시·규정	비고
전기사업법	산업통상자원부
전기공사업법	
전기설비기술기준	
한국전기설비규정(KEC)	
전기용품 및 생활용품 안전관리법(약칭 : 전기생활용품안전법)	
산업안전보건기준에 관한 규칙(약칭 : 안전보건규칙)	고용노동부

① 전기사업법 : 전기사업에 관한 기본제도를 확립하여 전기사업을 합리적으로 운용 및 전기사업과 관련한 규제를 통해서 공공의 안전을 확보하기 위한 법령이다.
② 전기공사업법 : 전기공사업과 전기공사의 시공과 기술관리 및 도급에 관한 기본적인 사항을 규정한 법령으로 전기설비를 설치하는 공사에 있어서 적정한 시공을 통해 안전을 확보하고 전기공사업의 건전한 발전을 도모하기 위한 목적을 갖고 있다.
③ 전기설비기술기준 : 원활한 전기공급 및 전기설비의 안전관리를 위하여 필요한 기술기준을 정하여 고시한 사항으로 발전·송전·변전·배선 또는 전기사용을 위해 시설하는 기계·기구·댐·수로·저수지·전선로·보안통신선로 그 밖의 시설물의 안전에 필요한 기술적 요건을 규정한 고시이다.

확인! OX

다음은 정격전압에 대한 설명이다. 옳으면 "O", 틀리면 "X"로 표시하시오.
1. 공칭전압이 154kV일 때, 정격전압은 170kV이다. ( )
2. 정격전압은 공칭전압에 1.2V를 곱해준 값을 말한다. ( )

정답 1. O 2. X

| 해설 |
2. 정격전압 = 공칭전압 × 1.2/1.1V

④ 한국전기설비규정(KEC) : 전기설비기술기준 고시에서 정하는 전기설비(발전·송전·변전·배선 또는 기계·기구·댐·수로·저수지·전선로·보안통신선로 그 밖의 설비)의 안전성능과 기술적 요구사항을 구체적으로 정한 규정이다.

⑤ 전기용품 및 생활용품 안전관리법 : 전기용품 및 생활용품의 안전관리에 관한 사항을 규정하여 국민의 생명·신체 및 재산을 보호하는 동시에 소비자의 이익과 안전을 도모함을 목적으로 하는 법령이다.

⑥ 산업안전보건기준에 관한 규칙 : 산업안전보건기준에 관한 사항과 그 시행에 필요한 사항을 규정한 법령으로 전기안전과 관련된 사항은 '제2편 제3장 전기로 인한 위험방지'에 규정되어 있으며 그 내용은 제301조부터 제327조까지에 해당한다.

> **+ 괄호문제**
>
> 다음 괄호 안에 알맞은 내용을 쓰시오.
>
> ① 3상인 경우 : 차단용량 = ( ) × 정격전압(kV)
> ② 단상인 경우 : 차단용량 = ( ) × 정격전압(kV)
>
> | 정답 |
> ① $\sqrt{3}$ × 차단기의 차단전류(kA)
> ② 차단기의 차단전류(kA)

> **확인! OX**
>
> 다음은 전기안전 관련 법령에 대한 설명이다. 옳으면 "O", 틀리면 "X"로 표시하시오.
>
> 1. 산업안전보건법에서 전기안전과 관련된 사항은 산업안전보건기준에 관한 규칙 제2편 제3장에서 구체적으로 다루고 있다. ( )
> 2. 전기용품 및 생활용품 안전관리법은 고용노동부에서 주관하는 법령이다. ( )
>
> 정답 1. O 2. X
>
> | 해설 |
> 2. 전기용품 및 생활용품 안전관리법은 산업통상자원부에서 주관한다.

CHAPTER 02 감전재해 및 방지대책

PART 04. 전기설비 안전관리

25% 출제율

출제포인트
- 감전재해의 원인
- 통전경로별 위험도
- 허용접촉전압에 대한 이해
- 인체의 저항

기출 키워드

감전재해, 허용접촉전압, 통전전류, 절연용 안전보호구

제1절 감전재해 예방 및 조치

1. 안전전압   중요도 ★★☆

① 회로의 정격전압이 일정 수준 이하의 낮은 전압으로, 절연파괴 등의 사고 시에도 인체에 위험을 주지 않는 전압을 뜻한다.
   ※ 절연파괴 : 전기저항이 감소되어 많은 전류가 흐르게 되는 현상으로, 기계적 성질의 열화, 취급불량에 의한 절연피복 손상, 허용전류를 초과하는 전류에 의한 절연피복의 열화 등에 의해 발생한다.
② 안전전압은 주위의 작업환경과 밀접한 관련이 있으며, 일반사업장과 농경사업장 또는 물기가 많은 목욕탕 등의 수중에서의 안전전압은 다르다.
③ 국내 일반사업장에서의 안전전압 : 30V

2. 허용접촉 및 보폭전압   중요도 ★★☆

① 전원과 인체의 접촉으로 인체에 인가될 수 있는 전압 중 사람의 손과 다른 신체 일부 사이에 인가되는 전압을 허용접촉전압이라고 말하며 사람의 양발 사이에 인가되는 전압을 보폭전압이라 한다.
② 접촉전압의 허용한계

종별	통전경로	허용접촉전압
제1종	인체의 대부분이 수중에 있는 상태	2.5V 이하
제2종	• 인체가 현저하게 젖어 있는 상태 • 금속성의 전기기계·기구나 구조물에 인체의 일부가 상시 접촉된 상태	25V 이하
제3종	건조한 통상의 인체상태로, 접촉전압이 가해지더라도 위험성이 낮은 상태	50V 이하
제4종	• 건조한 통상의 인체상태로, 접촉전압이 가해지더라도 위험성이 낮은 상태 • 접촉전압이 가해질 우려가 없는 경우	제한 없음

3. 인체의 저항

중요도 ★★☆

① 인체저항은 피부저항과 조직저항의 합으로 구성된다. 이때 피부저항은 전압, 주파수, 접촉면적 및 시간, 피부상태, 습도 등에 의해 좌우되나, 조직저항은 거의 일정하다.
② 인체저항은 다음과 같은 각 부분의 합으로 하여 보통 5,000Ω으로 본다.
　㉠ 피부저항 : 2,500Ω
　㉡ 내부조직저항 : 300Ω
　㉢ 발과 신발 사이의 저항 : 1,500Ω
　㉣ 신발과 대지 사이 : 700Ω

더 알아보기

피부저항 감소
- 피부에 땀이 나 있는 경우 : $\frac{1}{20} \sim \frac{1}{12}$ 감소
- 피부가 물에 젖어 있는 경우 : $\frac{1}{25}$ 감소

절연파괴 : 인가전압이 1,000V 정도가 되면 피부는 절연 파괴되어 내부 조직만의 저항으로 된다.

+ 괄호문제

다음 괄호 안에 알맞은 내용을 쓰시오.
① 욕실에서 샤워 후 몸을 건조시키지 않았을 때 피부저항은 (　　) 감소한다.
② 전기 작업 중 안전장구 및 방호구를 착용하지 않은 작업자가 불안전한 행동으로 인하여 (　　) 부근에 접촉하는 경우 감전재해가 발생한다.

| 정답 |
① $\frac{1}{25}$
② 활선

| 해설 |
① 피부가 물에 젖어 있는 경우 피부저항은 $\frac{1}{25}$ 감소한다.

제2절 감전재해의 요인

1. 감전요소

(1) 개요

① 감전(electric shock) : 인체의 일부 또는 전체에 전류가 흐르는 경우 전기적인 충격으로 인체 내에서 일어나는 생리적인 현상이다. 감전은 근육의 수축, 호흡곤란, 심실세동 등을 일으키며 사망까지 이르게 할 수 있다.
② 감전의 형태
　㉠ 전기의 통로에 인체 등이 접촉되어 인체에서 단락 또는 단락회로의 일부를 구성하여 감전되는 경우(직접접촉)
　㉡ 충전선로에 인체 등이 접촉되어 인체를 통해 지락전류가 흘러 감전되는 경우
　㉢ 누전 상태에 있는 기기에 인체 등이 접촉되어 인체를 통하여 지락 또는 섬락에 의한 전류로 감전되는 경우(간접접촉)
　㉣ 전기의 유도현상에 의하여 인체를 통과하는 전류가 발생하여 감전되는 경우
③ 감전재해의 원인
　㉠ 안전장구 및 방호구를 미착용한 경우
　㉡ 작업 중 불안전한 행동으로 인하여 활선 부분에 인체가 접촉된 경우
　㉢ 충전전로를 휴전전로로 오인한 경우

확인! OX

다음은 감전에 대한 설명이다. 옳으면 "O", 틀리면 "X"로 표시하시오.

1. 감전은 근육의 수축, 호흡곤란, 심실세동 등을 일으키며 사망까지 이르게 할 수 있다. (　　)
2. 통상적으로 휴전전로에 접촉하여 감전이 발생한다. (　　)

정답 1. O 2. X

| 해설 |
2. 통상적으로 충전전로에 접촉하여 감전이 발생하며, 충전전로를 휴전전로로 오인하여 접촉하는 경우에 감전이 발생한다.

+ 괄호문제

다음 괄호 안에 알맞은 내용을 쓰시오.
① ( )는 전기나 정전기 등에 인체가 접촉하는 사고이며 사망, 실신, 화상 또는 충격으로 추락, 전도 등 2차로 발생하는 인명상해까지 포함하는 재해를 말한다.
② 전기화재는 전기에너지가 ( )으로 작용하여 발생한다.

| 정답 |
① 전격재해
② 점화원

　ㄹ 작업순서나 작업지시가 부적절한 경우
　ㅁ 작업에 수반되는 위험의 판단이 부족한 경우 등

(2) 주요 전기재해

① 전격재해 : 전기나 정전기 등에 인체가 접촉하는 사고이며 사망, 실신, 화상 또는 충격으로 추락, 전도 등 2차로 발생하는 인명상해까지 포함하는 재해를 말한다.
　㉠ 직접접촉 : 인체가 전기의 통로에 접촉되어 인체에서 단락 또는 단락회로의 일부를 구성하여 감전되는 경우이다.
　㉡ 간접접촉 : 기계·기구의 누전으로 인하여 지락 또는 섬락에 의한 전류로 감전되는 경우이다.
② 전기화재 : 전기에너지가 점화원으로 작용하여 가연성 물질, 건축물, 시설물 등에 화재를 유발하는 경우를 말한다.
③ 전기폭발 : 전기에너지가 폭발성 가스나 물질에 대해 점화원으로 작용하여 발생하는 폭발과 전기설비 자체의 폭발 등의 재해를 말한다.
④ 전자파재해 : 전자파가 가지고 있는 에너지가 주변 제어기기에 침입하여 오작동, 전자파 질환, 파손 등이 발생하는 재해를 말한다.

> **더 알아보기**
>
> 전기에너지의 형태
> • 동전기 : 전선로를 따라 흐르는 전기에너지로 일반적인 전기에너지
> • 정전기 : 절연된 금속체나 절연체에 존재하는 전기에너지로 회로를 구성해 주지 않으면 대전된 상태를 유지하는 에너지
> • 낙뢰 : 대전된 뇌운과 대지의 사이에서 방전현상이 발생하여 방전통로를 흐르게 되는 거대한 전기에너지
> • 전자파 : 시변전류에 의해 공간에 발생하는 전자파가 가지고 있는 에너지

확인! OX

다음은 감전사고에 대한 설명이다. 옳으면 "O", 틀리면 "X"로 표시하시오.
1. 감전사고는 과전류, 합선, 스파크 등이 원인이 되어 발생한다. ( )
2. 감전사고는 활선작업에서 주로 발생되며 정전작업에서는 발생하지 않는다. ( )

정답 1. O 2. X

| 해설 |
2. 감전사고의 위험성이 높은 작업으로는 정전작업과 활선작업이 있다. 해당 작업은 안전작업 절차에 따라 안전하게 작업할 수 있어야 한다.

2. 감전사고의 형태   중요도 ★★☆

① 감전사고 : 전기공급선로, 전기장치에 과부하(과전류), 단락(합선), 지락, 불꽃(스파크)에 의해 선로와 장치의 발열, 변형(탈락 포함), 파손, 화재, 정전, 신체의 감전사고 등이 발생하는 것을 말한다.
② 감전사고의 형태
　㉠ 접촉불량
　㉡ 누전
　㉢ 단락(합선)
　㉣ 과부하(과전류)
　㉤ 지락
　㉥ 불꽃(스파크)
　㉦ 정전

③ 감전사고의 위험성이 높은 작업으로는 정전작업과 활선작업이 있으며, 해당 작업은 특히 안전작업 절차에 따라 안전하게 작업할 수 있어야 한다.

㉠ 정전작업 시 안전작업 절차

```
작업 전후 안전회의 시행
        ↓
정전범위, 정전 및 송전시간, 개폐기의 차단장소 등 작업내용 설명
        ↓
작업 전 전원차단
        ↓
전원 재투입 방지조치[자물쇠 시건(lock out) 또는 표찰(tag out) 부착]
        ↓
작업 장소의 무전압 여부 확인(검전기 등 사용)
        ↓
단락접지 실시
        ↓
작업 완료 후 전원차단의 역순으로 전원 투입
```

㉡ 활선작업 시 안전작업 절차

```
작업 전 활선작업 허가서 작성(활선작업조 편성)
        ↓
작업 전 현장확인 및 안전확보
        ↓
현장 안전관리(충전전로 방호 및 작업자 절연보호)
        ↓
충전부 접근한계 고려 후 활선작업 시행
```

※ 접근한계거리(산업안전보건기준에 관한 규칙 제321조) : 유자격자가 충전전로 인근에서 작업하는 경우 다음 항목을 제외하고는 노출 충전부에 다음 표에 제시된 접근한계거리 이내로 접근하거나 절연손잡이가 없는 도전체에 접근할 수 없도록 하여야 한다.
- 근로자가 노출 충전부로부터 절연된 경우 또는 해당 전압에 적절한 절연장갑을 착용한 경우
- 노출 충전부가 다른 전위를 갖는 도전체 또는 근로자와 절연된 경우
- 근로자가 다른 전위를 갖는 모든 도전체로부터 절연된 경우

충전전로의 선간전압 (단위 : kV)	충전전로에 대한 접근한계거리 (단위 : cm)	충전전로의 선간전압 (단위 : kV)	충전전로에 대한 접근한계거리 (단위 : cm)
0.3 이하	접촉금지	121 초과 145 이하	150
0.3 초과 0.75 이하	30	145 초과 169 이하	170
0.75 초과 2 이하	45	169 초과 242 이하	230
2 초과 15 이하	60	242 초과 362 이하	380
15 초과 37 이하	90	362 초과 550 이하	550
37 초과 88 이하	110	550 초과 800 이하	790
88 초과 121 이하	130		

+ 괄호문제

다음 괄호 안에 알맞은 내용을 쓰시오.
① 활선작업 시 충전부의 ( )를 고려하여 활선작업을 시행하여야 한다.
② 정전작업 시 전원차단 이후 작업 장소의 ( ) 여부를 확인하고 단락접지를 실시한 이후에 작업을 시행하여야 한다.

|정답|
① 접근한계
② 무전압

확인! OX

다음은 접근한계거리에 대한 설명이다. 옳으면 "O", 틀리면 "X"로 표시하시오.
1. 유자격자가 해당 전압에 적절한 절연장갑을 착용한 경우에는 충전전로의 접근한계거리 이내로 접근할 수 있다. ( )
2. 절연손잡이가 없는 도전체에는 사람이 어떠한 경우에도 접근이 불가능하다. ( )

정답 1. O 2. X

|해설|
2. 근로자가 노출 충전부로부터 절연된 경우 또는 해당 전압에 적절한 절연장갑을 착용한 경우, 노출 충전부가 다른 전위를 갖는 도전체 또는 근로자와 절연된 경우, 근로자가 다른 전위를 갖는 모든 도전체로부터 절연된 경우 접근 가능하다.

+ 괄호문제

다음 괄호 안에 알맞은 내용을 쓰시오.
① 교류 1,000V 이하, 직류 1,500V 이하인 전압은 (　)으로 구분한다.
② 고통을 참을 수 있는 한계전류를 (　)라 한다.

| 정답 |
① 저압
② 고통한계전류

④ 전압의 구분(한국전기설비규정 111.1)

구분	교류(V)	직류(V)
저압	1,000 이하	1,500 이하
고압	1,000 초과 7,000 이하	1,500 초과 7,000 이하
특고압	7,000 초과	

3. 통전전류의 세기 및 그에 따른 영향　　중요도 ★★☆

(1) 통전전류에 의한 영향

① 최소감지전류 : 교류(상용주파수 60Hz)에서 이 값은 2mA 이하로서 이 정도의 전류로서는 위험이 없다.
② 고통한계전류 : 전류의 흐름에 따라 고통을 참을 수 있는 한계전류로서 교류(상용주파수 60Hz)에서 성인 남자의 경우 대략 7~8mA이다.
③ 이탈전류와 교착전류(마비한계전류) : 근육경련이 심해지고 신경이 마비되어 운동이 자유롭지 않게 되는 한계의 전류를 교착전류, 운동의 자유를 잃지 않는 최대한의 전류를 이탈전류라고 한다. 교류(상용주파수 60Hz)에서 이 값은 대략 10~15mA이다.
④ 심실세동전류 : 심장의 맥동에 영향을 주어 혈액순환이 곤란하게 되고 심장의 기능을 잃게 되는 현상을 말한다.

(2) 인체의 감전 위험도

① 인간의 감전 위험도는 통전전류의 크기, 통전시간, 통전경로, 전원의 종류에 따라 결정되며 통전전류의 크기, 통전시간, 통전경로, 전원의 종류 순으로 그 위험성이 크다.
② 통과전류의 크기에 따른 인체의 영향
　㉠ 1mA : 약간 느낄 정도
　㉡ 5mA : 경련
　㉢ 10mA : 불쾌
　㉣ 15mA : 강렬한 경련
　㉤ 50~100mA : 치사
③ 통전경로별 심장전류계수

통전경로	심장전류계수
왼손 – 가슴	1.5
오른손 – 가슴	1.3
왼손 – 한발 또는 양발	1.0
양손 – 양발	1.0
오른손 – 한발 또는 양발	0.8
왼손 – 등	0.7
앉아 있는 상태 – 한손 또는 양손	0.7
왼손 – 오른손	0.4
오른손 – 등	0.3

확인! OX

다음은 통전전류에 대한 설명이다. 옳으면 "O", 틀리면 "X"로 표시하시오.
1. 인체의 감전 위험도는 전원의 종류에 따라 그 위험성이 가장 크다.　　(　)
2. 왼손에서 가슴으로 통전하는 경우의 위험도가 가장 높다.　　(　)

정답 1. X 2. O

| 해설 |
1. 통전전류의 크기, 통전시간, 통전경로, 전원의 종류 순으로 그 위험성이 크다.

제3절　절연용 안전장구

1. 절연용 안전보호구 중요도 ★☆☆

(1) 개요
① 절연장갑, 전기용 안전모, 절연용 고무소매, 절연장화 등으로 작업자가 착용하는 절연용 보호구로서 대상 전로 전압에 대한 절연 성능을 가진 것을 말한다.
② 감전될 우려가 있는 상태에서 저압의 배선, 전기기계·기구 등의 절연이 불완전한 충전전로를 점검 및 수리할 경우(전선의 분기, 접속, 절단, 바인더 등의 작업) 근로자의 안전을 위해서 착용한다.

> **더 알아보기**
> 충전전로에서의 전기작업(산업안전보건기준에 관한 규칙 제321조)
> • 충전전로를 취급하는 근로자에게 그 작업에 적합한 절연용 보호구를 착용시킬 것
> • 근로자가 절연용 방호구의 설치·해체작업을 하는 경우에는 절연용 보호구를 착용하거나 활선작업용 기구 및 장치를 사용하도록 할 것

+ 괄호문제
다음 괄호 안에 알맞은 내용을 쓰시오.
① 충전전로를 취급하는 근로자에게 그 작업에 적합한 (　)를 착용시킬 것
② 근로자가 (　)의 설치·해체작업을 하는 경우에는 절연용 보호구를 착용하거나 활선작업용 기구 및 장치를 사용하도록 할 것
| 정답 |
① 절연용 보호구
② 절연용 방호구

(2) (절연)안전모
① 머리를 보호하는 보호구로 물체의 낙하 또는 비래, 추락에 대한 보호뿐 아니라 감전 등에 의한 상해를 방지하기 위해 착용하며, 내전압성을 갖고 있는 안전모는 AE, ABE 형이 있다.
② 착용기준
　㉠ 전기로 인한 감전 또는 추락, 물체의 낙하나 비래로 인한 상해의 위험이 있는 곳에서 착용한다.
　㉡ 절연안전모는 작업목적의 적합한 안전인증을 받은 것을 사용하며 금속성의 안전모를 착용하면 안 된다.
　㉢ 작업자의 머리를 보호하기 위한 안전모는 보호구 안전인증 고시에 적합하여야 한다.
③ 안전모의 종류(보호구 안전인증 고시 별표 1)

종류(기호)	사용 구분	내전압성
A	물체의 낙하 및 비래에 의한 위험을 방지 또는 경감시키기 위한 것	없음
B	추락에 의한 위험을 방지 또는 경감시키기 위한 것	없음
AB	물체의 낙하 또는 비래 및 추락에 의한 위험을 방지 또는 경감시키기 위한 것	없음
AE	물체의 낙하 또는 비래에 의한 위험을 방지 또는 경감하고, 머리 부위의 감전에 대한 위험을 방지하기 위한 것	있음
ABE	물체의 낙하 또는 비래 및 추락에 의한 위험을 방지 또는 경감하고, 머리 부위의 감전에 의한 위험을 방지하기 위한 것	있음

※ 내전압성 : 7,000V 이하의 전압에 견디는 것

확인! OX
다음은 안전모에 대한 설명이다. 옳으면 "O", 틀리면 "X"로 표시하시오.
1. 머리 부분의 감전을 예방하는 안전모의 종류로는 A, ABE가 있다. (　)
2. 보호구 안전인증 고시에 따른 안전모에 있어 내전압성이란 7,000V 이하의 전압에 견디는 것이다. (　)

　　정답　1. X　2. O

| 해설 |
1. 감전에 대한 위험을 방지하기 위한 안전모의 종류로는 AE, ABE가 있다.

+ 괄호문제

다음 괄호 안에 알맞은 내용을 쓰시오.
① 습기가 많은 곳에서 개폐기를 조작하여야 하는 경우, ( )을 착용하고 작업하여야 한다.
② 최대사용전압이 교류 7,500V일 때 사용하여야 하는 절연장갑은 ( )등급이다.

| 정답 |
① 절연장갑
② 1

(3) 절연장갑

① 내전압용 절연장갑은 전선로나 전기기계·기구의 충전부에 손이 접촉되어 감전되는 것을 방지하기 위해서 착용한다.
② 사용범위
  ㉠ 활선 상태의 배전용 지지물에 누설전류 발생 우려가 있을 때
  ㉡ 충전부의 접속, 절단 및 점검, 보수 등의 작업 시
  ㉢ 습기가 많은 장소에서의 개폐기 개방, 투입의 경우
  ㉣ 정전작업 시 역송전이 우려되는 선로나 기기에 단락접지를 하는 경우
  ㉤ 도체에 임시로 보호접지를 실시하거나 이동 시 또는 활선공구 사용 시
  ㉥ 기타 감전이 우려되는 경우
③ 일반구조 및 재료(보호구 안전인증 고시 별표 3)
  ㉠ 절연장갑은 탄성중합체(elastomer)로 제조하며 핀홀, 균열, 기포 등의 물리적인 변형이 없어야 한다.
  ㉡ 여러 색상의 층들로 제조된 합성 절연장갑이 마모되는 경우에는 그 아래 다른 색상의 층이 나타나야 한다.
  ㉢ 미트 모양은 하나 또는 그 이상의 손가락을 넣을 수 있는 구조여야 한다.
④ 절연장갑 등급(보호구 안전인증 고시 별표 3)

등급	최대사용전압		색상
	교류(V, 실횻값)	직류(V)	
00	500	750	갈색
0	1,000	1,500	빨간색
1	7,500	11,250	흰색
2	17,000	25,500	노란색
3	26,500	39,750	녹색
4	36,000	54,000	등색

확인! OX

다음은 절연화, 절연장화에 대한 설명이다. 옳으면 "O", 틀리면 "X"로 표시하시오.
1. 절연화는 직류 1,000V 이하 취급작업 시 사용한다. ( )
2. 절연장화는 직류 1,500V 이상 취급작업 시 사용한다. ( )

정답 1. X 2. O

| 해설 |
1. 절연화는 직류 1,500V 이하, 교류 1,000V 이하 취급작업 시 사용된다.

(4) 절연화, 절연장화 및 절연복

① 전기용 안전화는 절연화와 절연장화로 분류되며 7,000V 이하에서 감전을 방지하기 위하여 사용된다.
② 절연화
  ㉠ 물체의 낙하, 충격 및 날카로운 물체에 의한 찔림 위험으로 발을 보호하고 저압의 전기에 의한 감전을 방지한다.
  ㉡ 저압전기(직류 1,500V 이하 또는 교류 1,000V 이하) 취급작업 시 사용한다.
③ 절연장화
  ㉠ 고압에 의한 감전을 방지하며 방수를 겸한다.
  ㉡ 고압전기(직류 1,500V 이상 또는 교류 1,000V 초과 7,000V 이하) 취급작업 시 사용한다.

④ 절연복
  ㉠ 감전사고로부터 작업자의 상체를 보호하기 위해서 고압활선작업 또는 고압활선 근접작업 시 착용한다.
  ㉡ 종류 : 점퍼형, 망사형

2. 절연용 안전방호구(절연용 방호구의 선정, 사용 및 관리 등에 관한 기술지침)

(1) 개요
① 절연용 방호구는 충전전로를 취급하는 작업 또는 그 인접한 곳에서 작업하는 경우에 감전 또는 선로손상의 위험 등을 방지하기 위하여 충전 부분을 덮는 절연덮개, 선로호스, 절연매트, 절연담요 등과 같은 기구를 말한다.
② 충전전로에 근접한 장소에서 전기작업을 하는 경우에는 해당 전압에 적합한 절연용 방호구를 설치해야 한다. 다만, 저압인 경우에는 해당 전기작업자가 절연용 보호구를 착용하되, 충전전로에 접촉할 우려가 없는 경우에는 절연용 방호구를 설치하지 아니할 수 있다(산업안전보건기준에 관한 규칙 제321조).

(2) 방호덮개
① 종류

방호관(도체 덮개)	내장 애자 덮개	애자 덮개(중성선 애자)
애자 덮개(특고핀 애자)	전주 덮개	완금 덮개

② 등급별 최대사용전압

등급	교류 실횻값(V)
0	1,000
1	7,500
2	17,000
3	26,500
4	36,000
5	46,000

+ 괄호문제

다음 괄호 안에 알맞은 내용을 쓰시오.
① ( )은 감전사고로부터 작업자의 상체를 보호하기 위해서 고압활선작업 또는 고압활선 근접작업 시 착용한다.
② 충전전로에 근접한 장소에서 전기작업을 하는 경우에는 해당 전압에 적합한 ( )를 설치해야 한다.

| 정답 |
① 절연복
② 절연용 방호구

확인! OX

다음은 절연용 안전방호구에 대한 설명이다. 옳으면 "O", 틀리면 "X"로 표시하시오.
1. 절연용 안전방호구는 감전을 방지하기 위해서 인체에 설치하는 방호구이다. ( )
2. 교류 1,000V인 경우 1등급의 방호덮개를 사용하여야 한다. ( )

정답 1. X 2. X

| 해설 |
1. 절연용 안전방호구는 충전 부분을 덮는 기구를 말한다.
2. 0등급의 방호덮개를 사용하여야 한다.

+ 괄호문제

다음 괄호 안에 알맞은 내용을 쓰시오.
① 전체가 일정한 단면적으로 된 일자형태로 되어 있는 모양의 선로호스의 종류는 (   )이다.
② 절연담요의 직류 평균값이 (   )V인 경우 0등급을 사용하여야 한다.

| 정답 |
① A
② 1,500

(3) 선로호스

① 모양

    ㉠ A형 : 전체가 일정한 단면적으로 된 일자형
    ㉡ B형 : 몰드된 영구 접속기가 있는 쪽을 제외하고는 일자형으로 된 접속형
    ㉢ C형 : 립(lip)이 연장된 형
    ㉣ D형 : 한쪽 끝에 일체형 몰드 연결기구가 있는 립(lip)이 연장된 형
    ㉤ E형 : 맞물림형(interlocking style)
    ㉥ F형 : 기타형

[호스의 외관]

② 등급별 최대사용전압

호스의 등급	시스템의 최고전압(U_s, kV)	
	교류(실횟값)	직류
0	1.0	1.5
1	7.5	11.25
2	17.0	25.5
3	26.5	39.75
4	36.0	54.0

※ U_s : 계통(시스템)의 공칭선간전압
※ 실제 최대 운전전압을 모르는 경우, 전기설비의 최고 전압 U_s를 최대 전압으로 간주할 수 있다.

(4) 절연담요

① 절연담요는 전기 특성에 따라 6가지 등급으로 구분하며 필요에 따라 절단하여 사용할 수 있도록 롤형, 특수형 등으로 제조한다.
    ※ KS C IEC 61112에 따른 등급은 6가지 등급으로 분류하나, 방호장치 안전인증고시(고용노동부고시)에서는 5가지 등급(0~4등급)으로 구분하고 있다.

② 담요의 최대두께(KS C IEC 61112)

등급	합성고무(mm)	플라스틱(mm)
00	1.5	0.8
0	2.2	1.0
1	3.6	1.5
2	3.8	2.0
3	4.0	–
4	4.3	–

확인! OX

다음은 절연용 안전방호구에 대한 설명이다. 옳으면 "O", 틀리면 "X"로 표시하시오.

1. 3등급 절연담요는 재질이 합성고무이고 최대 두께가 4mm인 경우에 해당된다. (   )
2. 3등급인 선로호스의 경우에는 전기설비의 최고전압이 교류 36kV인 경우에 사용 가능하다. (   )

정답 1. O 2. X

| 해설 |
2. 3등급 선로호스의 경우에는 전기설비의 최고전압이 교류 26.5kV인 경우에 사용 가능하다.

③ 등급별 최대사용전압(KS C IEC 61112)

등급	교류 실횻값(V)	직류(V)
00	500	사용 불가
0	1,000	1,500
1	7,500	11,250
2	17,000	25,500
3	26,500	39,750
4	36,000	54,000

(5) 절연매트

① 절연매트는 전기 특성 차이에 따라 5가지 등급으로 구분되며 길이와 폭은 600mm보다 작지 않아야 한다.

② 매트의 최대두께

등급	고무(mm)
0	6.0
1	6.0
2	8.0
3	11.0
4	14.0

③ 등급별 최대사용전압(KS C IEC 61111)

등급	교류 실횻값(V)	직류(V)
0	1,000	1,500
1	7,500	11,250
2	17,000	25,500
3	26,500	39,750
4	36,000	54,000

+ 괄호문제

다음 괄호 안에 알맞은 내용을 쓰시오.
① 절연매트는 전기 특성 차이에 따라 ( )가지 등급으로 구분된다.
② 절연매트의 길이와 폭은 ( )mm보다 작지 않아야 한다.

| 정답 |
① 5
② 600

확인! OX

다음은 절연용 안전방호구에 대한 설명이다. 옳으면 "O", 틀리면 "X"로 표시하시오.

1. 절연담요는 전기 특성에 따라 6가지 등급으로 구분하며 필요에 따라 절단하여 사용할 수 있도록 롤형, 특수형 등으로 제조한다. ( )
2. 0등급 절연매트는 재질이 고무이고 두께가 6mm인 경우에 해당된다. ( )

정답 1. O 2. O

CHAPTER 03 정전기 장·재해 관리

PART 04. 전기설비 안전관리

24% 출제율

출제포인트
- 정전기의 발생에 대한 이해
- 정전기의 종류
- 정전기 재해 예방대책
- 정전기 방전의 형태

기출 키워드
정전기, 대전과 방전, 제전기, 접지

제1절 정전기 위험요소 파악

1. 정전기 발생현상   중요도 ★☆☆

(1) 정전기의 정의

공간의 모든 공간에서 전하의 이동이 없는 전기로 규정할 수 있으나, 일반적으로는 전하의 미소한 이동, 전류를 동반하고 있다. 즉, 전하의 공간적 이동이 매우 적고 그것에 의한 자계의 효과가 전계와 비교해 무시할 수 있을 만큼의 작은 전기라고 말할 수 있다.

(2) 발생현상

일반적으로 서로 다른 형태의 두 물체를 마찰하면 표면에 정전기가 발생하게 된다. 다만, 반드시 마찰에 의해서만 정전기가 발생하는 것은 아니며 다른 물질이 접촉된 후 서로 분리되면서도 정전기는 발생한다.

① 마찰대전 : 두 물질 사이의 마찰에 의해 발생하는 접촉과 분리 과정에 따라 자유전자가 방출 또는 흡입되어 정전기가 발생하는 현상을 말한다.

② 박리대전 : 밀착되어 있던 물질이 떨어질 때 전하분리에 의해 정전기가 발생하는 현상으로 접촉면적, 박리 속도, 접촉면의 밀착력 등에 의해 정전기 발생량이 변화하며 일반적으로 마찰대전보다 큰 정전기가 발생한다.

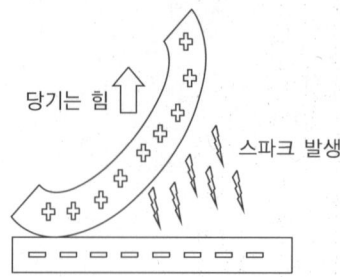

[박리대전에 의한 정전기 발생]

③ 유동대전 : 액체류가 파이프로 이동할 때 액체류와 파이프(고체)가 접촉하게 되면 두 물질 사이의 경계에서 전기 이중층이 형성되어 액체와 파이프 사이에 정전기가 발생하는 현상으로 액체의 유속에 큰 영향을 받는다.

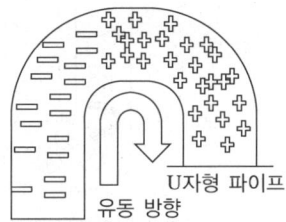

[액체류 유동에 의한 정전기 발생]

④ 분출대전 : 액체류, 기체류, 분체류가 단면적이 작은 분출구를 통해 공기 중으로 분출될 때 분출되는 물질과 분출구와의 마찰로 인하여 정전기가 발생하는 현상을 말한다.

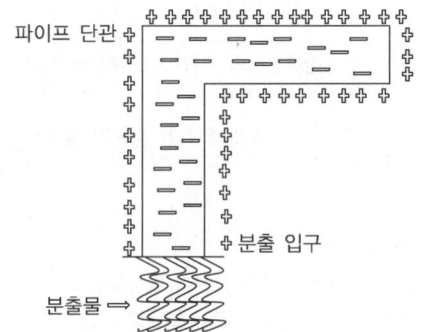

[분출에 의한 정전기 발생]

⑤ 유도대전 : 도체가 전기장에 노출되면 전하의 분극이 일어나게 되며 가까운 쪽의 반대 극성의 전하가 먼 쪽에 있는 같은 극성의 전하로 대전되며 정전기가 발생하는 현상을 말한다.
⑥ 충돌대전 : 입자와 고체와의 충돌에 의해 정전기가 발생하는 현상을 말한다.

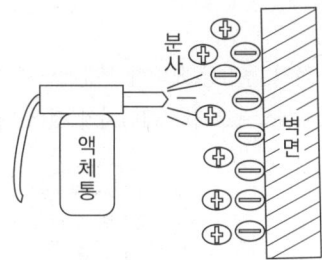

[충돌에 따른 정전기 발생]

+ 괄호문제

다음 괄호 안에 알맞은 내용을 쓰시오.
① 정전기의 발생기전 중 두 물질이 떨어질 때 전하분리에 의해 정전기가 발생하는 현상을 (   )이라고 한다.
② 유동대전으로 인한 정전기의 발생에 가장 영향을 크게 받는 요인은 (   )이다.

| 정답 |
① 박리대전
② 유속

확인! OX

다음은 정전기에 대한 설명이다. 옳으면 "O", 틀리면 "X"로 표시하시오.

1. 도체가 전기장에 노출되면 전하의 분극이 일어나게 되며 가까운 쪽의 반대 극성의 전하가 먼 쪽에 있는 같은 극성의 전하로 대전되며 정전기가 발생하는 현상을 유도대전이라 부른다. (   )
2. 액체가 단면적이 작은 분출구를 통해 공기 중으로 분출될 때 액체와 분출구의 마찰로 인하여 정전기가 발생하는 현상을 충돌대전이라 부른다. (   )

정답 1. O 2. X

| 해설 |
2. 충돌대전은 입자와 고체와의 충돌에 의해 정전기가 발생하는 현상을 말한다.

⑦ 교반·침강대전 : 액체를 수송하거나 교반될 때 마찰이나 접촉에 의해 정전기가 발생하는 현상을 말한다.

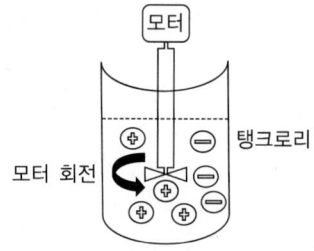

[교반에 의한 정전기 발생]

⑧ 파괴대전 : 고체나 분체류 등이 파괴되었을 때 정전기가 발생하는 현상을 말한다.

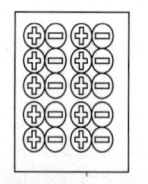 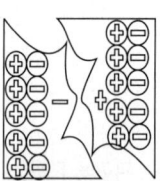

정부전하의 균형 (파괴 전)　　정부전하의 불균형 (파괴 후)

[파괴에 의한 정전기 발생]

> **더 알아보기**
>
> **정전기 발생에 영향을 주는 요인**
> - 물체의 특성 : 불순물을 포함하고 있으면 정전기 발생량이 커짐
> - 물체의 표면상태 : 수분이나 기름 등에 표면이 오염되는 경우에 정전기가 크게 발생함
> - 물체의 이력 : 처음 접촉, 분리할 때 최대가 되며 반복될수록 발생량이 감소함
> - 접촉면적 및 압력 : 접촉면적과 압력이 증가할수록 정전기가 크게 발생함
> - 물체의 분리속도 : 분리속도가 빠를수록 정전기가 크게 발생함

2. 방전의 형태 및 영향

중요도 ★☆☆

(1) 코로나 방전

스파크 방전을 억제한 접지 돌기상(뾰족한 부분) 도체 표면에서 발생하며 돌기 부위에서 미약한 발광이 일어나는 현상으로 방전에너지가 적어 재해원인이 될 확률이 비교적 낮다.

[코로나 방전]

+ 괄호문제

다음 괄호 안에 알맞은 내용을 쓰시오.
① 물체의 분리속도가 (　) 정전기가 크게 발생한다.
② 코로나 방전은 방전에너지가 (㉠) 때문에 재해의 원인이 될 확률이 비교적 (㉡).

| 정답 |
① 빠를수록
② ㉠ 적기, ㉡ 낮다

확인! OX

다음은 정전기에 대한 설명이다. 옳으면 "O", 틀리면 "X"로 표시하시오.
1. 불순물을 포함하는 경우에는 정전기 발생량이 커진다. (　)
2. 접촉면적이 클수록 압력이 낮을수록 정전기는 크게 발생한다. (　)

정답 1. O 2. X

| 해설 |
2. 접촉면적과 압력이 증가할수록 정전기는 크게 발생한다.

(2) 스트리머 방전

대전량이 큰 부도체와 평편한 모양을 갖고 있는 금속과의 기상 공간에서 발생하는 방전이다. 공기 중 나뭇가지 형태의 발광형태를 보이는 방전으로 파괴음을 수반한다. 재해원인이 될 수 있으며 점화원이 되어 화재나 폭발을 일으킬 수 있다.

[스트리머 방전]

(3) 스파크 방전(불꽃 방전)

전위차가 있는 두 개의 대전체가 특정한 거리에 가까워지면 등전위가 되기 위해 전하가 절연공간을 깨고 순간적으로 흐르면서 빛과 열이 발생하는 방전현상으로 스파크 방전 시 공기 중에 오존이 형성되며 인화성 물질에 인화될 수 있으며 분진폭발을 일으킬 수 있다.

[스파크 방전]

(4) 연면 방전

액체 및 고체 절연체와 기체 사이의 경계에 따른 방전이다. 정전기가 대전되어 있는 부도체에 접지체가 접근한 경우 대전물체와 접지체 사이에서 발생하며 방전과 동시에 부도체의 표면을 따라서 발생하는 나뭇가지 형태의 발광을 수반한다. 방전에너지가 큰 방전으로 불꽃 방전과 더불어 점화 및 전격을 일으킬 확률이 높다.

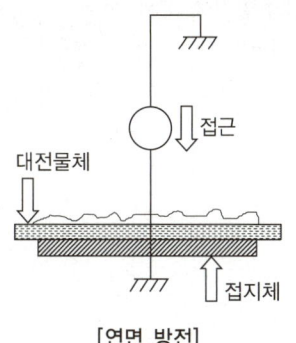

[연면 방전]

+ 괄호문제

다음 괄호 안에 알맞은 내용을 쓰시오.
① 평편한 모양을 갖고 있는 금속과의 기상 공간에서 발생하는 방전을 (　)이라 부른다.
② 방전현상 중 (　)은 빛과 열이 발생하는 특징이 있다.

| 정답 |
① 스트리머 방전
② 스파크 방전

확인! OX

다음은 방전에 대한 설명이다. 옳으면 "O", 틀리면 "X"로 표시하시오.

1. 스파크 방전 시 공기 중에 오존이 형성된다. (　)
2. 정전기가 대전되어 있는 부도체에 접지체가 접근한 경우 대전물체와 접지체 사이에 발생하는 방전과 거의 동시에 부도체의 표면을 따라서 발생하는 나뭇가지 형태의 발광을 수반하는 방전을 연면 방전이라고 한다. (　)

정답 1. O 2. O

3. 정전기의 장해

작업장에서 정전기 현상에 따라 제품에 발생하는 정전기 방전으로 인해 화재, 폭발 또는 제품의 부품 등의 파괴가 발생할 수 있다.

(1) 장해유형
① 화재 및 폭발
② 오염(제품의 불량률 증가)
③ 제품이나 부품의 파괴
④ 자동화 설비 및 전자·전기 제품의 오동작

(2) 장해관리대책
정전기의 발생원으로는 인체 및 제진복 등 의복 관련, 작업환경 및 책상이나 의자와 같은 비품 그 외에 액체, 기체, 고체의 흐름 등이 있으며, 일반적인 작업장은 정전기를 발생시키는 물질로 구성되어 있다. 이러한 작업환경에서의 정전기 장해 예방을 위해 정전기가 발생하지 않도록 관리해야 하며 관리대책은 다음과 같다.

① 일상관리 : 정전기 관리 대상을 지정하여 적절한 관리 매뉴얼을 작성하고 이에 따라서 관리한다.
  ㉠ 접지나 정전기 방지 기기·설비의 점검
  ㉡ 사람의 행동점검(지적 확인, 감시·지도 등)
  ㉢ 대전량(도전성 물체) 계측
  ㉣ 표면전하 밀도(비전도성 물체) 또는 표면전위 계측
  ㉤ 누설저항 계측
  ㉥ 표면저항 계측
② 제전기 사용(정전기를 중화)
  ㉠ 자기방전식 제전기
  ㉡ 전압인가식 제전기
  ㉢ 방사선식 제전기
③ 인체(작업자)의 정전기 관리
  ㉠ 도전성 바닥 및 대전방지용 신발 사용
  ㉡ 개인용 접지장치 사용
  ㉢ 대전방지 또는 도전성 의류, 장갑 착용 및 청소용 천 사용

+ 괄호문제

다음 괄호 안에 알맞은 내용을 쓰시오.
① 개인용 접지장치는 (   )의 정전기 관리 대책이다.
② 인체의 정전기 관리를 위해 (   ) 의류를 착용해야 한다.

| 정답 |
① 작업자
② 대전방지 또는 도전성

확인! OX

다음은 정전기에 의한 장해에 대한 설명이다. 옳으면 "O", 틀리면 "X"로 표시하시오.

1. 정전기로 인해 화재 및 폭발뿐 아니라 설비, 전기기기 등의 오동작이 발생할 수 있다. (   )
2. 정전기의 발생을 예방하기 위한 관리 방안 중 제전기의 사용은 적합하지 않다. (   )

정답 1. O 2. X

| 해설 |
2. 제전기를 사용하여 정전기를 중화시키는 것은 정전기의 발생을 예방하는 효과적인 방법이다.

제2절 정전기 위험요소 제거

1. 접지
중요도 ★★★

(1) 개요
① 접지란 보호하고자 하는 기계·기구를 대지와 끊임없이 연결하는 것으로 정전기 발생 방지대책 중에서 가장 기본적이다. 정전기 제거를 위해 접지는 금속도체에 적용되며, 발생된 정전기를 대지로 누설시켜 보호하고자 하는 기계·기구 등에 정전기가 축적되거나 대전되는 것을 방지한다.
② 전기저항률이 약 $10^{12}\Omega \cdot m$ 이상인 정전기 부도체는 접지 시 정전기 방지효과를 기대할 수 없으며, 전기적 절연물을 사용할 때는 전기저항률이 약 $10^6 \sim 10^{12}\Omega \cdot m$ 정도인 도전성 재료로 대체하는 것이 바람직하다(정전기 오염방지에 관한 기술지침).

(2) 접지도체(한국전기설비규정 142.3.1)
① 접지도체 선정
  ㉠ 구리 : 최소단면적 $6mm^2$ 이상
  ㉡ 철제 : 최소단면적 $50mm^2$ 이상
  ※ 피뢰시스템이 접속되는 경우 접지도체의 단면적
   • 구리 : $16mm^2$ 이상
   • 철 : $50mm^2$ 이상
② 접지도체와 접지극(접지봉)의 접속
  ㉠ 접속은 견고하고 전기적인 연속성이 보장되도록, 접속부는 발열성 용접, 눌러붙임 접속, 클램프 또는 그 밖에 적절한 기계적 접속장치에 의해야 한다. 다만, 기계적인 접속장치는 제작자의 지침에 따라 설치하여야 한다.
  ㉡ 클램프를 사용하는 경우, 접지극 또는 접지도체를 손상시키지 않아야 한다. 납땜에만 의존하는 접속은 사용해서는 안 된다.
  ㉢ 접지도체를 접지극이나 접지의 다른 수단과 연결하는 것은 견고하게 접속하고, 전기적, 기계적으로 적합하여야 하며 부식에 대해 적절하게 보호되어야 한다.
③ 접지도체 시공 : 접지도체는 지하 0.75m부터 지표상 2m까지 부분은 합성수지관(두께 2mm 미만의 합성수지제 전선관 및 가연성 콤바인 덕트관은 제외) 또는 이와 동등 이상의 절연강도를 가지는 몰드로 덮어야 한다.

+ 괄호문제

다음 괄호 안에 알맞은 내용을 쓰시오.
① 발생된 정전기를 대지로 누설시켜 기계·기구에 정전기의 축적을 방지하는 기술을 ( )라고 한다.
② 한국전기설비규정에 따라 접지도체 선정 시 구리는 최소단면적이 ( )mm^2 이상이어야 한다.

| 정답 |
① 접지
② 6

확인! OX

다음은 접지에 대한 설명이다. 옳으면 "O", 틀리면 "X"로 표시하시오.
1. 접지는 보호하고자 하는 기계에 정전기가 대전되는 것을 방지하지는 못한다. ( )
2. 정전기 제거를 위해 접지도체는 도전성 재료를 사용한다. ( )

정답 1. X 2. O

| 해설 |
1. 접지는 정전기가 대전되거나 축척되는 것을 방지할 수 있다.

+ 괄호문제

다음 괄호 안에 알맞은 내용을 쓰시오.
① ( )를 탱크로 이동시킬 경우에 정전기를 예방하기 위해 최대 허용유속 이내로 유속을 제한하여야 한다.
② 정전기를 예방하기 위해 인체에 착용하는 기구로서 ( )는 인체를 접지하여 정전기를 예방한다.

| 정답 |
① 절연성 액체
② 손목접지대

더 알아보기

접지도체의 접지단자는 접지도체 또는 접속기구에 견고하게 접촉할 수 있도록 나사, 너트 등을 이용하여 연결하여야 한다.

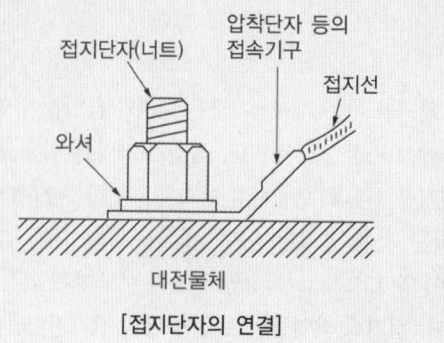

[접지단자의 연결]

2. 보호구의 착용

(1) 손목접지대

① 좌식작업 시에 유효한 것으로 손목에 가용성이 있는 밴드를 차고 그 밴드는 도선을 활용하여 접지선에 연결해 인체를 접지하는 기구이다.
② 접지대는 1MΩ 정도의 저항을 직렬로 삽입하고 동전기의 누설로 인하여 발생하는 감전사고가 일어나지 않도록 하여야 한다.

(2) 대전방지용 안전화

① 안전화 바닥의 저항을 높게 유지하여 도전성 바닥과 전기적으로 연결해 정전기의 발생을 방지하는 보호구이다.
② 일반적인 구두의 바닥저항은 약 $10^{12}Ω$이며 이 수준에서 정전기 대전이 일반적으로 일어나므로 대전방지용 안전화는 이보다 바닥저항이 높게 유지되어야 한다.

(3) 대전방지용 작업복(제전복)

일반 화학섬유 중간에 일정한 간격으로 도전성 섬유를 짜 넣은 것이다. 폭발위험 분위기의 발생우려가 있는 작업장에서 작업복 대전에 의한 착화를 방지하고 인체가 대전되는 것을 방지하는 목적으로 착용하는 보호구이다.

3. 유속의 제한

① 석유류, 유기용제 등의 절연성 액체를 금속배관 등을 사용하여 이송하거나 용기에 저장하는 과정에서 액체의 유동 및 비산에 의한 정전기가 발생한다. 이를 예방하기 위해 절연성 액체를 배관을 통해 탱크, 설비 등으로 이동할 경우, 최대 허용유속 이내로 유속을 제한하여야 한다.

확인! OX

다음은 보호구에 대한 설명이다. 옳으면 "O", 틀리면 "X"로 표시하시오.

1. 손목접지대는 좌식작업 시에 유효하다. ( )
2. 대전방지용 안전화는 감전사고 예방을 위해 사용되며, 정전기의 발생을 방지하지는 못한다. ( )

정답 1. O 2. X

| 해설 |
2. 대전방지용 안전화는 정전기의 발생을 방지한다.

② 관경과 유속제한 값

관 내경(mm)	유속(m/s)	관 내경(mm)	유속(m/s)
10	8	200	1.8
25	4.9	400	1.3
50	3.5	600	1.0
100	2.5		

※ 유속제한 공식 : $V^2 d = 0.64 (m^3/s^2)$

여기서, 유속 : $V(m/s)$

관경 : $d(m)$

③ 1m/s 이하로 유속을 제한해야 하는 경우

㉠ 탱크로리, 탱크차, 원주지붕탱크 등에 주입하는 경우

㉡ 낙차를 가진 주입을 행하는 경우

㉢ 플로팅 지붕탱크에 주입하는 경우

㉣ 공기, 물 등 다른 액체가 다량 혼입된 액체를 주입하는 경우

㉤ 에탄올, 이산화탄소와 같이 착화 위험이 큰 액체를 주입하는 경우

4. 대전방지제 · 가습

(1) 대전방지제

① 대전방지제는 섬유나 수지의 표면에 흡습성을 부여하여 도전성을 증가시켜 대전방지를 목표하는 것으로 대전방지제를 첨가하여 절연물질의 저항을 낮추어 정전기를 소멸시킬 수 있다.

② 대전방지제는 습도가 낮은 경우 효과가 떨어지기 때문에 상대습도가 50% 이상이 되도록 유지하여야 한다.

③ 대전방지제로는 주로 계면활성제를 사용한다.

(2) 가습

① 상대습도를 높게 하여 정전기를 발생시키는 방법으로 물체 내부 또는 표면에 물 분자가 흡착되면 전기저항률이 감소하는 원리를 이용한다.

② 흡습성이 높은 물체에 효과가 있으며 60~80%의 상대습도에서 효과가 있다.

③ 가습방법

㉠ 물 분무

㉡ 증기 분무

㉢ 물 증발

※ 물을 증발시키는 경우에는 발열원으로 인하여 위험할 수 있는 장소에서는 사용하지 않아야 한다.

+ 괄호문제

다음 괄호 안에 알맞은 내용을 쓰시오.

① 대전방지제의 효과는 습도가 낮은 경우에 떨어지기 때문에 상대습도가 ( ) 이상이 되도록 유지하여야 한다.

② 가습은 상대습도를 높게 하여 정전기 전위를 낮추는 방식으로 ( ) 범위의 상대습도에서 상당한 효과를 보인다.

| 정답 |

① 50%

② 60~80%

확인! OX

다음은 유속제한에 대한 설명이다. 옳으면 "O", 틀리면 "X"로 표시하시오.

1. 석유를 탱크로리에 0.5m/s로 주입하는 경우 정전기 예방을 위해 적합하게 유속을 제한하였다고 볼 수 있다. ( )

2. 공기, 물 등 다른 액체가 다량 혼입된 액체를 주입하는 경우에는 정전기 예방을 위해 유속을 제한하지 않아도 된다. ( )

정답 1. O 2. X

| 해설 |

1. 탱크로리, 탱크차 등에 석유류 등을 주입하는 경우에는 정전기 예방을 위해 유속을 1m/s 이하로 제한하여야 한다.

2. 유속을 제한해야 한다.

5. 제전기

(1) 정의
주로 초과한 전하를 역극성의 전하로 중성화시켜 전기적 중성으로 돌려놓는 것으로 주로 발생된 정전기를 중화시키는 역할을 한다.

(2) 자기방전식 제전기
① 대전물체와 제전침 사이의 전위차로 코로나 방전을 발생시켜 이온화된 반대극성의 전하가 자유롭게 이동하여 대전된 표면의 전하를 중화시킨다.
② 자기방전식 제전기 구성요소
  ㉠ 제전침 또는 여러 개의 제전침이 장착된 금속바
  ㉡ 금속실로 싼 금속 튜브
  ㉢ 도전성 실
  ㉣ 금속 섬유 또는 도전성 섬유로 만든 브러시
③ 자기방전식 제전기의 제전침은 대전물체의 정전계 내에 위치하여야 한다.

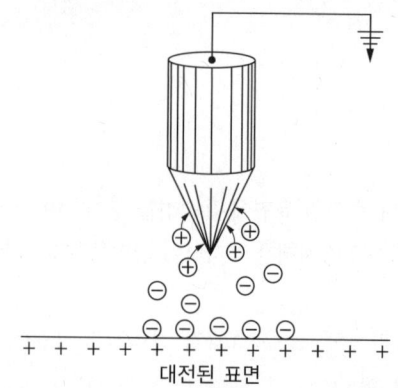

[제전침의 예(정전기 재해예방에 관한 기술지침)]

④ 자기방전식 제전기에 코로나가 발생하기 위해서는 대전물체와 제전침 사이에 최소한의 전위차가 있어야 한다.
⑤ 자기방전식 제전기는 접지되지 않으면 장착된 금속바에 불꽃이 발생할 수 있어 확실하게 접지되어 있어야 한다.

(3) 전압인가식 제전기
① 고전압 전원공급장치를 사용하여 제전기의 뾰족한 전극에서 코로나 방전을 발생시키는 것으로, 대전물체의 전하는 코로나에 의해 발생된 이온화 전하를 끌어당겨 중화된다.
② 전원공급장치 사용으로 전극에 교류전원이 공급되며 단락사고 발생 시 전류를 제한하기 위해 전류 제한장치를 설치한다. 따라서 폭발위험장소에서의 전압인가식 제전기는 방폭인증 제품을 사용하여야 한다.

(4) 방사선식 제전기

① 방사성 물질을 이용해 이온을 생성하며 대전된 전하는 일반적으로 사용되는 폴로늄-210 붕괴 시에 생성된 알파입자에 의해 중화된다.

② 원자력 관련 법에 부합되게 등록 및 설치하여야 하며, 주로 고전하 밀도를 제어하기 위해 자기방전식 제전기와 함께 사용된다. 또한 방사선 붕괴에 따라 성능이 감소되기 때문에 최소 1년 단위로 주기적인 교체가 필요하다.

6. 본딩

(1) 정의

본딩은 2개 또는 그 이상의 도체를 사용하여 서로 접속함으로써 각 도체의 전위를 같도록 해주는 것을 말한다.

(2) 감전보호용 등전위본딩(한국전기설비규정 143)

① 보호 등전위본딩

㉠ 건축물·구조물에서 접지도체, 주접지단자와 다음의 도전성 부분은 등전위본딩 하여야 한다. 다만, 이들 부분이 다른 보호도체로 주접지단자에 연결된 경우는 그러하지 아니하다.
  - 수도관·가스관 등 외부에서 내부로 인입되는 금속배관
  - 건축물·구조물의 철근, 철골 등 금속보강재
  - 일상생활에서 접촉이 가능한 금속제 난방배관 및 공조설비 등 계통외도전부

㉡ 보호 등전위본딩 시설
  - 건축물·구조물의 외부에서 내부로 들어오는 각종 금속제 배관은 다음과 같이 하여야 한다.
    - 1개소에 집중하여 인입하고, 인입구 부근에서 서로 접속하여 등전위본딩 바에 접속하여야 한다.
    - 대형건축물 등으로 1개소에 집중하여 인입하기 어려운 경우에는 본딩도체를 1개의 본딩바에 연결한다.
  - 수도관·가스관의 경우 내부로 인입된 최초의 밸브 후단에서 등전위본딩을 하여야 한다.
  - 건축물·구조물의 철근, 철골 등 금속보강재는 등전위본딩을 하여야 한다.

㉢ 보호 등전위본딩 도체
  - 주접지단자에 접속하기 위한 등전위본딩 도체는 설비 내에 있는 가장 큰 보호접지 도체 단면적의 2분의 1 이상의 단면적을 가져야 하고 다음의 단면적 이상이어야 한다.
    - 구리도체 : $6mm^2$

+ 괄호문제

다음 괄호 안에 알맞은 내용을 쓰시오.

① ( )은 2개 또는 그 이상의 도체를 사용하여 서로 접속함으로써 각 도체의 전위를 같도록 해주는 것을 말한다.
② 감전보호를 위해 건축물·구조물의 ( )을 접지도체, 주접지단자와 등전위본딩 하여야 한다.

|정답|
① 본딩
② 도전성 부분

확인! OX

다음은 등전위본딩에 대한 설명이다. 옳으면 "O", 틀리면 "X"로 표시하시오.

1. 외부에서 내부로 인입되는 금속배관은 어떠한 경우에도 항상 등전위본딩을 하여야 한다. ( )
2. 한국전기설비규정에 따라 보호 등전위본딩 도체로서 주접지단자에 접속하기 위한 등전위본딩 도체(구리도체)의 단면적은 $6mm^2$ 이상이어야 한다(단, 등전위본딩 도체는 설비 내에 있는 가장 큰 보호접지 도체 단면적의 2분의 1 이상의 단면적을 가지고 있다). ( )

정답 1. X 2. O

|해설|
1. 다른 보호도체로 주접지단자에 연결된 경우에는 제외된다.

- 알루미늄 도체 : $16mm^2$
- 강철도체 : $50mm^2$
- 주접지단자에 접속하기 위한 보호본딩도체의 단면적은 구리도체 $25mm^2$ 또는 다른 재질의 동등한 단면적을 초과할 필요는 없다.

② 보조 보호 등전위본딩
  ㉠ 전원자동차단에 의한 감전보호방식에서 고장 시 자동차단시간이 다음과 같은 계통별 최대 차단시간을 초과하고 2.5m 이내에 설치된 고정기기의 노출도전부와 계통외도전부는 보조 보호 등전위본딩을 하여야 한다.
  ㉡ 32A 이하 분기회로의 최대 차단시간

공칭전압(U_0)	교류		직류	
	TN	TT	TN	TT
120V < U_0 ≤ 230V	0.4초	0.2초	5초	0.4초
230V < U_0 ≤ 400V	0.2초	0.07초	0.4초	0.2초
U_0 > 400V	0.1초	0.04초	0.1초	0.1초

더 알아보기

계통접지 구성
- TN(TN계통) : 전원 측의 한 점을 직접 접지하고 설비의 노출도전부를 보호도체로 접속시키는 방식
- TT(TT계통) : 전원의 한 점을 직접 접지하고 설비의 노출도전부는 전원의 접지전극과 전기적으로 독립적인 접지극에 접속시키는 방식
- IT(IT계통) : 충전부 전체를 대지로부터 절연시키거나, 한 점을 임피던스를 통해 대지에 접속시키는 방식

  ㉢ 보조 보호 등전위본딩 도체
  - 두 개의 노출도전부를 접속하는 보호본딩도체의 도전성은 노출도전부에 접속된 더 작은 보호도체의 도전성보다 커야 한다.
  - 노출도전부를 계통외도전부에 접속하는 보호본딩도체의 도전성은 같은 단면적을 갖는 보호도체의 2분의 1 이상이어야 한다.
  - 케이블의 일부가 아닌 경우 또는 선로도체와 함께 수납되지 않은 본딩도체는 다음 값 이상이어야 한다.
    - 기계적 보호가 된 것은 구리도체 $2.5mm^2$, 알루미늄 도체 $16mm^2$
    - 기계적 보호가 없는 것은 구리도체 $4mm^2$, 알루미늄 도체 $16mm^2$

③ 비접지 국부 등전위본딩 : 절연성 바닥으로 된 비접지 장소에서는 다음과 같은 국부 등전위본딩을 하여야 하며, 전기설비 또는 계통외도 전부를 통해 대지에 접촉하지 않아야 한다.
  ㉠ 전기설비 상호 간이 2.5m 이내인 경우
  ㉡ 전기설비와 이를 지지하는 금속체 사이

+ 괄호문제

다음 괄호 안에 알맞은 내용을 쓰시오.
① TN계통은 설비의 ( )를 보호도체로 접속시키는 방법으로 전원 측의 한 점을 직접 접지하는 것을 말한다.
② 절연성 바닥 위에 2m로 간격으로 전기설비가 설치되어 있으며 접지되어 있지 않은 경우에 ( ) 등전위본딩 하여야 한다.

| 정답 |
① 노출도전부
② 비접지 국부

확인! OX

다음은 계통접지에 대한 설명이다. 옳으면 "O", 틀리면 "X"로 표시하시오.
1. 계통접지는 TN, TT, IT 계통으로 분류할 수 있다. ( )
2. TT계통은 충전부 전체를 대지로부터 절연시키는 방식을 말한다. ( )

정답 1. O 2. X

| 해설 |
2. IT계통은 충전부 전체를 대지로부터 절연시키거나 한 점을 임피던스를 통해 대지에 접속시키는 방식을 말한다.

CHAPTER 04 전기방폭 관리

PART 04. 전기설비 안전관리

출제율 20%

출제포인트
- 방폭구조에 대한 이해
- 방폭구조의 종류
- 최대안전틈새
- 폭발위험장소별 방폭구조

제1절 전기방폭설비

기출 키워드
방폭구조, 화염일주한계, 폭발등급, 시험장소

1. 방폭구조의 종류 및 특징 (중요도 ★★★)

(1) 전기방폭설비
① 폭발성 분위기 속에서 전기설비를 사용하여도 화재 및 폭발이 발생하지 않도록 기술적 조치를 한 것을 말한다.
② 화재 및 폭발을 예방하기 위해 위험 분위기가 조성되지 않도록 하거나 점화원이 접촉할 가능성이 없도록 하는 것이 중요하다.
※ 폭발성 분위기 : 폭발성 가스와 공기가 혼합되어 폭발한계 내에 있는 상태
※ 점화원 : 화재 및 폭발을 발생시킬 수 있는 에너지를 가진 물질(전기불꽃 등)

> **더 알아보기**
> - 화재·폭발 가능성 = 폭발성 분위기의 생성 확률(가능성) × 점화원의 접촉 확률(가능성)
> - 폭발성 분위기의 생성 확률 → 위험장소
> - 점화원의 접촉 확률 → 방폭구조(형식)
>
> 폭발성 분위기의 생성 확률과 점화원의 접촉 확률의 곱을 실질적으로 0에 가까운 작은 값을 갖도록 하여 화재 및 폭발을 방지할 수 있도록 하여야 한다. 이때, 폭발성 분위기가 생성되는 폭발위험장소(위험장소)를 폭발성 분위기의 생성빈도와 지속시간에 따라 등급으로 구분하여 3가지(0종, 1종, 2종)로 분류한다.

(2) 방폭구조
① 전기기기가 점화원으로 작용하여 그 주변의 폭발성 분위기를 통해 점화하지 않도록 해당 전기기기에 관하여 적용하는 기술적인 방법을 말한다.
② 점화원을 방폭적으로 격리하는 방법으로는 크게 전기기기에서 점화원이 될 수 있는 부분을 폭발성 가스와 격리하여 접촉하지 않도록 하거나 전기기기 내부에서 발생한 폭발이 주변 폭발성 가스에 영향을 미치지 않도록 격리하는 방법으로 나뉜다.

+ 괄호문제

다음 괄호 안에 알맞은 내용을 쓰시오.
① 전기방폭설비란 ( )에서 전기설비를 사용하여도 화재 및 폭발이 발생되지 않도록 기술적으로 조치한 것을 말한다.
② 폭발성 분위기에 의해 전기기기가 점화원으로 작동하여 폭발, 화재 등이 발생되지 않도록 전기기기에 적용하는 기술적인 방법을 ( )라 한다.

| 정답 |
① 폭발성 분위기
② 방폭구조

[방폭구조의 종류 및 특성]

종류 및 기호	특성
안전증 방폭구조(e)	안전증을 최대한 증대시켜 점화원의 발생률을 낮춘 구조
유입 방폭구조(o)	점화원이 될 위험 부분을 기름 속에 묻어둔 구조
압력 방폭구조(p)	불활성 가스를 사용함으로써 가연성 가스가 방폭함 내부로 들어오지 못하도록 만든 구조
내압 방폭구조(d)	내부의 폭발이 외부의 가연성 물질을 점화할 수 없도록 안전간극을 사용한 구조
본질안전 방폭구조 (ia 또는 ib)	기기 내부 및 폭발성 분위기에 노출된 연결배선의 전기에너지를 발화를 일으킬 수준 이하로 제한되도록 만든 구조
충전 방폭구조(q)	충전물을 내부에 채워 가연성 가스를 막아 들어오지 못하게 만든 구조
몰드 방폭구조(m)	콤파운드를 사용함으로써 가스의 유입을 방지한 구조
비점화 방폭구조(n)	정상인 상태에서 가스 점화를 시키지 않도록 한 구조
특수 방폭구조(s)	폭발성 가스의 점화를 방지할 수 있는 것이 시험 등에 의해 확인된 것을 말하며 충전 방폭구조와 몰드 방폭구조로 정형화되어 있음

2. 방폭구조 선정 및 유의사항 중요도 ★★☆

(1) 개요

방폭전기기기를 선정하는 경우에는 설치하고자 하는 장소에 존재하는 폭발성 가스의 위험특성 및 위험장소의 종별에 적합한 것을 선택하는 것이 중요하다. 또한 설치되는 장소는 가능한 비위험장소 또는 위험장소 중에서도 폭발위험이 적은 곳에 설치하여야 하며 다음과 같은 사항들이 검토되어야 한다.

(2) 검토사항

① 설치장소의 환경조건 검토 : 주위온도, 표고, 대기오염의 정도나 건축물의 구조 및 배치, 장치 또는 기기류의 기능과 운전조건을 검토하고, 가능한 비위험장소에 배치하는 것으로 한다.

> **더 알아보기**
>
> 방폭기기 표준대기조건(KS C IEC 60079-0)
> - 주위온도 : -20~40℃
> - 압력 : 80kPa(0.8bar)~110kPa(1.1bar)
> - 정상 산소 함량의 공기 : 21%v/v
> ※ 참고 : 상대습도 : 45~85%, 표고 : 1,000m 이하

② 가스 등의 발화온도 등 위험특성 검토 : 가연성 가스 또는 위험성 액체에 대해 인화점, 폭발한계, 발화온도, 최대안전틈새 등을 검토한다.

③ 위험장소 종별 및 범위 결정 : 가연성 가스 또는 위험성 액체 위험특성 검토 결과에 따라 위험장소의 종별 및 범위를 결정한다.

확인! OX

다음은 방폭구조에 대한 설명이다. 옳으면 "O", 틀리면 "X"로 표시하시오.

1. 압력 방폭구조는 불활성 가스를 사용함으로써 가연성 가스가 방폭함 내부로 들어오지 못하도록 한 구조이다. ( )
2. 내압 방폭구조는 내부의 폭발이 외부의 가연성 물질을 점화할 수 없도록 안전간극을 사용한 구조이다. ( )

정답 1. O 2. O

④ 방폭전기기기 선정 : 위험장소 종별 및 범위, 가연성 가스, 위험성 액체의 위험특성에 적합한 방폭전기기기를 선정하여야 한다. 내압 방폭구조 및 본질안전 방폭구조의 전기기기는 최대안전틈새, 최소점화전류비에 따라 선정하여야 하며 그 외의 방폭전기기기는 폭발성 가스의 분류와 대응하는 온도등급의 것을 선택하여야 한다.

3. 방폭형 전기기기의 분류

(1) 방폭구조의 종류와 기호

종류	기호
안전증 방폭구조	e
유입 방폭구조	o
압력 방폭구조	p
내압 방폭구조	d
본질안전 방폭구조	ia 또는 ib
충전 방폭구조	q
몰드 방폭구조	m
비점화 방폭구조	n
특수 방폭구조	s

(2) 방폭전기기기의 그룹

① 그룹 I : 폭발성 가스가 발생하는 광산에서 사용하는 광산용 기기
② 그룹 II : 광산 이외에 공장 및 사업장과 같이 폭발성 가스 분위기가 있는 모든 장소에서 사용되는 전기기기(가스, 증기용)
③ 그룹 III : 광산 이외의 모든 장소에서 폭발성 분진 분위기가 형성될 수 있는 상황에 사용할 수 있는 전기기기(분진용)

(3) 내압 방폭구조 및 본질안전 방폭구조 전기기기의 분류(공장, 사업장용)

① IIA : 폭발등급 A의 폭발성 가스에 적용
② IIB : 폭발등급 B의 폭발성 가스에 적용
③ IIC : 폭발등급 C의 폭발성 가스에 적용

(4) 방폭전기기기의 온도등급

① T1 : 최고표면온도 450℃ 이하, 증기 또는 가스의 발화도 450℃ 초과
② T2 : 최고표면온도 300℃ 이하, 증기 또는 가스의 발화도 300℃ 초과 450℃ 이하
③ T3 : 최고표면온도 200℃ 이하, 증기 또는 가스의 발화도 200℃ 초과 300℃ 이하
④ T4 : 최고표면온도 135℃ 이하, 증기 또는 가스의 발화도 135℃ 초과 200℃ 이하
⑤ T5 : 최고표면온도 100℃ 이하, 증기 또는 가스의 발화도 100℃ 초과 135℃ 이하
⑥ T6 : 최고표면온도 85℃ 이하, 증기 또는 가스의 발화도 85℃ 초과 100℃ 이하

+ 괄호문제

다음 괄호 안에 알맞은 내용을 쓰시오.
① 안전증 방폭구조의 기호는 ( )이다.
② 제조사업장에서 ia이며 IIB로 분류되어 있는 방폭구조를 사용하는 경우에는 해당 사업장에서 폭발등급 ( )의 폭발성 가스를 취급한다.

| 정답 |
① e
② B

확인! OX

다음은 방폭구조에 대한 설명이다. 옳으면 "O", 틀리면 "X"로 표시하시오.
1. 증기 또는 가스의 발화도가 450℃ 초과인 경우 온도등급 T1의 방폭전기기기를 사용하여야 한다. ( )
2. 최고표면온도가 85℃ 이하인 경우 온도등급 T5의 방폭전기기기를 사용하여야 한다. ( )

정답 1. O 2. X

| 해설 |
2. T6을 사용하여야 한다.

제2절 전기방폭 사고예방 및 대응

1. 폭발등급 ★★★

내압 방폭구조의 경우 화염일주를 일으키지 않는 틈새의 최대치에 따라 폭발등급을 3등급으로 나누고 있으며, 본질안전 방폭구조의 경우에는 폭발성 가스에 대한 최소점화전류를 측정하여 폭발성 가스의 폭발등급을 결정하여 내압 방폭구조와 같이 3등급으로 구분한다.

(1) 최대안전틈새에 의한 분류

폭발성 가스의 분류	A	B	C
최대안전틈새(화염일주한계)	0.9mm 이상	0.5mm 초과 0.9mm 미만	0.5mm 이하
내압 방폭구조 전기기기의 분류	ⅡA	ⅡB	ⅡC

※ 화염일주한계
 • 폭발성 가스가 폭발을 일으킬 때 폭발화염이 용기 접합면의 틈새를 통과하여도 외부폭발성 가스에 전달되지 않는 틈새의 최대 간격을 말한다.
 • 화염일주한계 = 최대안전틈새(MESG) = 안전간극(safe gap)

(2) 최소점화전류에 의한 분류

폭발성 가스의 분류	A	B	C
최소점화전류비	0.8 초과	0.45 이상 0.8 이하	0.45 미만
본질안전 방폭구조 전기기기의 분류	ⅡA	ⅡB	ⅡC

※ 최소점화전류 : 폭발성 가스 분위기가 전기불꽃에 의해 폭발을 일으킬 수 있는 최소의 회로전류를 말한다.
※ 최소점화전류비 : 메테인(CH_4, 메탄)에 대한 최소점화전류와 대상인 폭발성 가스의 최소점화전류와의 비를 말한다.

2. 위험장소 분류 ★★★

(1) 개요
① 폭발위험장소는 위험 분위기가 존재하는 시간과 빈도에 따라 분류된다.
② 가스폭발의 경우에는 0종 장소, 1종 장소, 2종 장소의 3가지로 분류하며 분진폭발 위험장소는 20종, 21종, 22종 장소로 구분된다.

(2) 분류
① 가스폭발 위험장소
 ㉠ 0종 장소 : 폭발성 가스 또는 증기가 폭발 가능한 농도로 지속적으로 존재하는 지역을 말하며 인화성 액체 및 가스의 탱크, 배관, 취급설비의 내부 등이 있다.

+ 괄호문제

다음 괄호 안에 알맞은 내용을 쓰시오.
① 화염일주를 일으키지 않는 틈새의 최대치에 따라 폭발등급을 구분하는 것을 ( )라 부른다.
② 메테인을 취급하는 사업장에서 위험 분위기의 존재 시간과 빈도에 따라 폭발 위험장소는 ( )로 분류된다.

| 정답 |
① 내압 방폭구조
② 3가지(0종, 1종, 2종)

확인! OX

다음은 본질안전과 내압 방폭구조에 대한 설명이다. 옳으면 "O", 틀리면 "X"로 표시하시오.

1. 내압 방폭구조에서는 최소점화전류를 측정하여 폭발성 가스의 폭발등급을 결정하게 되는데 최소점화전류비가 0.8을 초과한 경우에는 폭발성 가스를 A등급으로 분류한다. ( )
2. 내압 방폭구조에서 안전간극이 0.5mm 이하인 경우 폭발성 가스는 C등급으로 분류한다. ( )

정답 1. X 2. O

| 해설 |
1. 본질안전 방폭구조에 대한 설명이다.

ⓛ 1종 장소 : 통상적인 상태에서 간헐적으로 폭발성 분위기가 생성될 우려가 있는 장소를 말한다. 일반적인 운전조건에서 폭발성 가스의 농도가 위험수준에 도달하거나 보수 또는 누설로 인하여 폭발성 가스가 집적되어 위험수준 이상으로 존재할 수 있는 경우에 해당된다.

※ 1종 장소 예시
- 탱크로리, 드럼관 등에서 인화성 액체를 충전하는 경우의 개구부 부근
- 릴리프 밸브가 가끔 작동하여 가연성 가스가 방출될 경우
- 점검 및 수리작업 시 가연성 가스나 증기가 방출되는 경우
- 환기되지 않는 실내에서 가연성 가스 또는 증기가 방출될 염려가 있는 경우 등

ⓒ 2종 장소 : 이상 상태에서 폭발성 분위기가 생성될 우려가 있는 장소를 말한다.

※ 2종 장소 예시
- 가연성 가스 또는 인화성 액체를 보관하는 용기류가 부식되어 파손의 우려가 있는 경우
- 장치를 운전하는 근무자의 오조작으로 가연성 가스 또는 인화성 액체 분출의 우려가 있는 경우
- 강제 환기장치의 고장으로 폭발성 가스가 외부로부터 침입할 우려가 있는 경우 등

② 분진폭발 위험장소

㉠ 20종 장소 : 공기 중에서 가연성 분진 등이 지속적으로 존재하는 곳을 말하며 분진설비 내부, 분진 이송설비 등이 이에 속한다.

㉡ 21종 장소 : 공기 중에서 가연성 분진이 존재하기 쉬운 장소로 분진설비의 개폐문 또는 분진이 축척될 수 있는 설비의 외부, 분진운을 발생시킬 수 있는 분진설비 등이 이에 속한다.

㉢ 22종 장소 : 공기 중에서 가연성 분진이 드물게 존재하는 곳으로 폭발 분위기가 거의 발생되지 않고 발생하는 경우에도 단기간만 지속되는 장소를 말한다.

+ 괄호문제

다음 괄호 안에 알맞은 내용을 쓰시오.
① 인화성 액체의 증기 또는 가연성 가스에 의한 폭발위험이 지속적으로 또는 장기간 존재하는 장소는 (　)종 장소이다.
② 가연성 가스가 방출될 염려가 있는 장소에서 환기장치가 고장 난 경우 위험장소 분류에 따라 (　)종 장소로 분류될 수 있다.

| 정답 |
① 0
② 1

확인! OX

다음은 위험장소에 대한 설명이다. 옳으면 "O", 틀리면 "X"로 표시하시오.

1. 공기 중에 가연성 분진이 지속적으로 존재하는 곳을 통상 0종 장소로 분류한다. (　)
2. 방호장치 안전인증 고시에 따라 21종 장소는 20종 장소 밖으로서 분진운 형태의 가연성 분진이 폭발농도를 형성할 정도의 충분한 양이 정상작동 중에 존재할 수 있는 장소를 말한다. (　)

정답 1. X　2. O

| 해설 |
1. 가연성 분진의 분류는 20종, 21종, 22종 장소로 구분되며 0종의 경우에는 폭발성 가스의 분류에 해당된다.

+ 괄호문제

다음 괄호 안에 알맞은 내용을 쓰시오.
① 0종 장소에서는 ( ) 방폭구조를 사용하여야 한다.
② 20종 장소에서는 ( ) 방폭구조를 사용하여야 한다.

| 정답 |
① 본질안전
② 밀폐 방진

더 알아보기

폭발위험장소별 방폭구조

위험장소	등급	구조
가스폭발 위험장소	0종 장소	본질안전 방폭구조(ia)
	1종 장소	충전 방폭구조(q)
		유입 방폭구조(o)
		내압 방폭구조(d)
		압력 방폭구조(p)
		안전증 방폭구조(e)
		본질안전 방폭구조(ia, ib)
		몰드 방폭구조(m)
	2종 장소	비점화 방폭구조(n)
		0종 장소 및 1종 장소에 사용 가능한 방폭구조
분진폭발 위험장소	20종 장소	밀폐 방진 방폭구조
	21종 장소	특수 방진 방폭구조
		밀폐 방진 방폭구조
	22종 장소	20종 장소 및 21종 장소에서 사용 가능한 방폭구조
		일반 방진 방폭구조
		보통 방진 방폭구조

확인! OX

다음은 폭발 위험장소에 대한 설명이다. 옳으면 "O", 틀리면 "X"로 표시하시오.

1. 2종 장소에서는 0종 장소 및 1종 장소에 사용 가능한 방폭구조를 사용하여도 된다. ( )
2. 분진설비에 의해 분진운이 발생하는 장소에서는 특수 방진 방폭구조의 사용은 적합하지 않으며 밀폐 방진 방폭구조를 사용하여야 한다. ( )

정답 1. O 2. X

| 해설 |
2. 21종 장소에서는 특수 방진 방폭구조와 밀폐 방진 방폭구조를 모두 사용할 수 있다.

CHAPTER 05 전기설비 위험요인 관리

PART 04. 전기설비 안전관리

출제율 17%

출제포인트
- 전기화재의 발생 원인
- 누전차단기에 의한 감전방지
- 접지계통에 대한 이해
- 피뢰시스템의 구성

제1절 전기설비 위험요인 파악

기출 키워드
전기화재, 전기로 인한 위험방지, 접지, 피뢰시스템

(1) 개요
전기설비에 대한 부적절한 사용은 인체에 상해를 미칠 뿐만 아니라 전기화재를 유발시켜 물적인 피해를 미칠 수 있으므로 이에 대한 원인을 확인하여 관리하는 것이 중요하다.

(2) 전기화재를 유발하는 위험요인
① **단락(합선)** : 전기시설이나 전선의 절연체에 노화, 열화, 탄화, 파손 등 변질이 발생되어 전기가 흐르는 통로가 변경되는 현상을 말하며, 단락전류에 의해 높은 열이 발생하여 순간적으로 폭음이나 스파크가 발생해 전기화재의 원인이 되기도 한다.
② **누전** : 전기설비와 연결된 전선의 피복이나 절연체의 불량 또는 손상되어 전류의 통로 이외의 곳으로 전류가 흐르는 현상을 말하며, 누전으로 인한 전류가 관련 절연체를 부분적으로 파괴하고 누전전류로 인한 발열이 축적되어 가연물이 발화를 야기하여 전기화재가 발생된다.
③ **과전류** : 전선에서 허용하는 전류를 초과한 과전류가 발생하거나 전선과 전선, 전선과 단자 등의 접촉이 불완전한 상태에서 전류가 흐르게 되면 이로 인하여 발열이 발생된다. 이때 발생한 발열이 전선의 절연피복제의 허용 온도를 넘는 경우에 절연피복제가 발화하여 전기화재가 발생되게 된다.
④ **스파크** : 전기회로를 개폐하거나 퓨즈가 용단되는 경우에 스파크가 발생하게 되며, 이때 발생하는 스파크가 가연성 물질로 착화하여 전기화재의 원인이 된다.
⑤ **접촉부 과열** : 전기시설과 전선, 전선과 전선 등의 접촉이 발생하는 부분에서 접촉상태가 불완전하여 접촉저항이 커지는 것을 접촉불량이라고 한다. 이러한 접촉불량으로 인하여 접촉 부분의 접촉저항이 증가하게 되면 과열이 일어나고, 이때 주변에 가연물이 있는 경우 착화하여 화재가 발생된다.
⑥ **절연열화에 의한 발열** : 배선 등이 열화로 인하여 절연저항이 떨어지거나 고온 상태에서 탄화 과정을 거쳐서 도전성을 띠게 되어 탄화 현상이 누진적으로 촉진되는 현상을 말한다. 이로 인하여 배선이 타거나 주변의 가연물에 착화되어 화재가 발생할 수 있다.

+ 괄호문제

다음 괄호 안에 알맞은 내용을 쓰시오.
① 전기회로를 개폐할 때 ( )가 발생되며, 인근에 가연성 물질이 존재하는 경우 이에 착화하여 화재를 일으킬 수 있다.
② ( )은 전로와 대지와의 사이에 절연이 저하되어 전로 또는 기기의 외부에 위험한 수준의 전압 또는 전류가 흐르는 현상을 말한다.

| 정답 |
① 스파크
② 지락

⑦ 지락 : 전로와 대지와의 사이에 절연이 저하되어 전로 또는 기기의 외부에 위험한 수준의 전압 또는 전류가 흐르는 현상을 말한다. 일반적으로 누전이라고 볼 수 있으며 전로의 절연이 열화되어 화재가 발생할 수 있다.
⑧ 낙뢰 : 낙뢰로 인한 과전류가 발생되어 발열을 일으켜 화재의 원인이 된다.
⑨ 정전기 : 물질의 마찰에 의하여 정전기가 발생하고 이것에 의하여 스파크가 발생되어 주변의 가연성 물질에 착화해 화재가 발생할 수 있으며, 이 외에도 정전기에 의하여 자동화 설비 장해 등이 발생할 수 있다.

> **더 알아보기**
>
> 정전기 화재 발생조건
> • 가연성 가스 및 증기가 폭발한계 내에 있을 때
> • 정전기의 스파크에너지가 가연성 가스 및 증기의 최소점화에너지 이상일 때
> • 방전하기에 충분한 전위차가 있을 때

확인! OX

다음은 전기설비 위험요인에 대한 설명이다. 옳으면 "O", 틀리면 "X"로 표시하시오.
1. 낙뢰로 인한 화재의 원인은 과전류가 발생되어 발열을 일으키기 때문이다. ( )
2. 정전기의 경우 에너지가 적기 때문에 화재를 일으키기 어려워 전기화재의 원인이 될 수 없다. ( )

| 정답 | 1. O 2. X

| 해설 |
2. 정전기에 의해 발생된 스파크가 주변에 가연성 물질에 착화하여 화재를 일으킬 수 있다.

제2절 전기설비 위험요인 점검 및 개선

1. 전기기계·기구 등의 안전관리(산업안전보건기준에 관한 규칙) 중요도 ★★★

산업안전보건법에서는 전기기계·기구 등으로 인한 위험방지를 위해 산업안전보건기준에 관한 규칙 제2편 제3장 '전기로 인한 위험방지' 제1절 '전기기계·기구 등으로 인한 위험방지'를 두어 그 기준을 정하고 있다.

(1) 전기기계·기구 등의 충전부 방호(제301조)

① 사업주는 근로자가 작업이나 통행 등으로 인하여 전기기계·기구[전동기·변압기·접속기·개폐기·분전반·배전반 등 전기를 통하는 기계·기구, 그 밖의 설비 중 배선 및 이동전선 외의 것을 말한다. 이하 같다] 또는 전로 등의 충전 부분(전열기의 발열체 부분, 저항접속기의 전극 부분 등 전기기계·기구의 사용 목적에 따라 노출이 불가피한 충전 부분은 제외한다. 이하 같다)에 접촉(충전 부분과 연결된 도전체와의 접촉을 포함한다. 이하 같다)하거나 접근함으로써 감전 위험이 있는 충전 부분에 대하여 감전을 방지하기 위하여 다음 중 하나 이상의 방법으로 방호하여야 한다.
㉠ 충전부가 노출되지 않도록 폐쇄형 외함(外函)이 있는 구조로 할 것
㉡ 충전부에 충분한 절연효과가 있는 방호망이나 절연덮개를 설치할 것
㉢ 충전부는 내구성이 있는 절연물로 완전히 덮어 감쌀 것
㉣ 발전소·변전소 및 개폐소 등 구획되어 있는 장소로서 관계 근로자가 아닌 사람의 출입이 금지되는 장소에 충전부를 설치하고, 위험표시 등의 방법으로 방호를 강화할 것

ⓤ 전주 위 및 철탑 위 등 격리되어 있는 장소로서 관계 근로자가 아닌 사람이 접근할 우려가 없는 장소에 충전부를 설치할 것
　② 사업주는 근로자가 노출 충전부가 있는 맨홀 또는 지하실 등의 밀폐공간에서 작업하는 경우에는 노출 충전부와의 접촉으로 인한 전기위험을 방지하기 위하여 덮개, 울타리 또는 절연 칸막이 등을 설치하여야 한다.
　③ 사업주는 근로자의 감전위험을 방지하기 위하여 개폐되는 문, 경첩이 있는 패널 등(분전반 또는 제어반 문)을 견고하게 고정시켜야 한다.

(2) 전기기계·기구의 접지(제302조)

① 사업주는 누전에 의한 감전의 위험을 방지하기 위하여 다음 부분에 대하여 접지를 해야 한다.
　㉠ 전기기계·기구의 금속제 외함, 금속제 외피 및 철대
　㉡ 고정 설치되거나 고정배선에 접속된 전기기계·기구의 노출된 비충전 금속체 중 충전될 우려가 있는 다음 어느 하나에 해당하는 비충전 금속체
　　• 지면이나 접지된 금속체로부터 수직거리 2.4m, 수평거리 1.5m 이내인 것
　　• 물기 또는 습기가 있는 장소에 설치되어 있는 것
　　• 금속으로 되어 있는 기기접지용 전선의 피복·외장 또는 배선관 등
　　• 사용전압이 대지전압 150V를 넘는 것
　㉢ 전기를 사용하지 아니하는 설비 중 다음 어느 하나에 해당하는 금속체
　　• 전동식 양중기의 프레임과 궤도
　　• 전선이 붙어 있는 비전동식 양중기의 프레임
　　• 고압(1,500V 초과 7,000V 이하의 직류전압 또는 1,000V 초과 7,000V 이하의 교류전압을 말한다. 이하 같다) 이상의 전기를 사용하는 전기기계·기구 주변의 금속제 칸막이·망 및 이와 유사한 장치
　㉣ 코드와 플러그를 접속하여 사용하는 전기기계·기구 중 다음 어느 하나에 해당하는 노출된 비충전 금속체
　　• 사용전압이 대지전압 150V를 넘는 것
　　• 냉장고·세탁기·컴퓨터 및 주변기기 등과 같은 고정형 전기기계·기구
　　• 고정형·이동형 또는 휴대형 전동기계·기구
　　• 물 또는 도전성(導電性)이 높은 곳에서 사용하는 전기기계·기구, 비접지형 콘센트
　　• 휴대형 손전등
　㉤ 수중펌프를 금속제 물탱크 등의 내부에 설치하여 사용하는 경우 그 탱크(이 경우 탱크를 수중펌프의 접지선과 접속하여야 한다)
② 사업주는 다음 어느 하나에 해당하는 경우에는 ①을 적용하지 않을 수 있다.
　㉠ 전기용품 및 생활용품 안전관리법이 적용되는 이중절연 또는 이와 같은 수준 이상으로 보호되는 구조로 된 전기기계·기구

+ 괄호문제

다음 괄호 안에 알맞은 내용을 쓰시오.

① 사업주는 근로자가 (　　)가 있는 맨홀 또는 지하실 등의 밀폐공간에서 작업하는 경우에 전기위험을 방지하기 위하여 덮개, 울타리, 또는 절연 칸막이 등을 설치하여야 한다.

② 고정배선에 접속된 전기기계·기구 중 사용전압이 대지전압 (　　)V를 넘는 비충전 금속체는 산업안전보건기준에 관한 규칙에 따라 누전에 의한 감전의 위험을 방지하기 위하여 접지를 해야 한다.

| 정답 |
① 노출 충전부
② 150

확인! OX

다음은 접지에 대한 설명이다. 옳으면 "O", 틀리면 "X"로 표시하시오.

1. 전기를 사용하지 않는 설비 중 전선이 붙어 있는 비전동식 양중기의 프레임에는 접지를 하여야 한다. (　　)
2. 전기용품 및 생활용품 안전관리법이 적용되는 이중절연 또는 이와 같은 수준 이상으로 보호되는 구조로 되어 있는 전기기구는 접지를 하지 않아도 된다. (　　)

정답 1. O 2. O

+ 괄호문제

다음 괄호 안에 알맞은 내용을 쓰시오.
① 특별고압은 ( )를 초과하는 직교류전압을 말한다.
② 사업주는 전기기계·기구를 설치하려는 경우에는 ( )의 적정성을 고려하여 적절하게 설치해야 한다.

| 정답 |
① 7,000V
② 전기적·기계적 방호수단

  ⓒ 절연대 위 등과 같이 감전 위험이 없는 장소에서 사용하는 전기기계·기구
  ⓒ 비접지방식의 전로(그 전기기계·기구의 전원 측의 전로에 설치한 절연변압기의 2차 전압이 300V 이하, 정격용량이 3kVA 이하이고 그 절연전압기의 부하 측의 전로가 접지되어 있지 아니한 것으로 한정)에 접속하여 사용되는 전기기계·기구
 ③ 사업주는 특별고압(7,000V를 초과하는 직교류전압을 말한다. 이하 같다)의 전기를 취급하는 변전소·개폐소, 그 밖에 이와 유사한 장소에서 지락(地絡) 사고가 발생하는 경우에는 접지극의 전위상승에 의한 감전위험을 줄이기 위한 조치를 하여야 한다.
 ④ 사업주는 ①에 따라 설치된 접지설비에 대하여 항상 적정상태가 유지되는지를 점검하고 이상이 발견되면 즉시 보수하거나 재설치하여야 한다.

(3) 전기기계·기구의 적정설치 등(제303조)
 ① 사업주는 전기기계·기구를 설치하려는 경우에는 다음 사항을 고려하여 적절하게 설치해야 한다.
  ㉠ 전기기계·기구의 충분한 전기적 용량 및 기계적 강도
  ㉡ 습기·분진 등 사용장소의 주위 환경
  ㉢ 전기적·기계적 방호수단의 적정성
 ② 사업주는 전기기계·기구를 사용하는 경우에는 국내외의 공인된 인증기관의 인증을 받은 제품을 사용하되, 제조자의 제품설명서 등에서 정하는 조건에 따라 설치하고 사용하여야 한다.

(4) 누전차단기에 의한 감전방지(제304조)
 ① 사업주는 다음 전기기계·기구에 대하여 누전에 의한 감전위험을 방지하기 위하여 해당 전로의 정격에 적합하고 감도(전류 등에 반응하는 정도)가 양호하며 확실하게 작동하는 감전방지용 누전차단기를 설치해야 한다.
  ㉠ 대지전압이 150V를 초과하는 이동형 또는 휴대형 전기기계·기구
  ㉡ 물 등 도전성이 높은 액체가 있는 습윤장소에서 사용하는 저압(1,500V 이하 직류전압이나 1,000V 이하의 교류전압)용 전기기계·기구
  ㉢ 철판·철골 위 등 도전성이 높은 장소에서 사용하는 이동형 또는 휴대형 전기기계·기구
  ㉣ 임시배선의 전로가 설치되는 장소에서 사용하는 이동형 또는 휴대형 전기기계·기구
 ② 사업주는 ①에 따라 감전방지용 누전차단기를 설치하기 어려운 경우에는 작업시작 전에 접지선의 연결 및 접속부 상태 등이 적합한지 확실하게 점검하여야 한다.

확인! OX

다음은 누전차단기에 대한 설명이다. 옳으면 "O", 틀리면 "X"로 표시하시오.
1. 대지전압이 200V인 휴대형 전기기계에는 감전방지용 누전차단기를 설치하여야 한다. ( )
2. 목욕탕에서 사용되는 저압용 전기기계에는 감전방지용 누전차단기를 설치하지 않아도 된다. ( )

| 정답 | 1. O 2. X

| 해설 |
2. 습윤장소에서 사용하는 저압용 전기기계·기구에는 감전방지용 누전차단기를 설치하여야 한다.

(5) 과전류 차단장치(제305조)

사업주는 과전류[정격전류를 초과하는 전류로서 단락(短絡)사고전류, 지락사고전류를 포함하는 것을 말한다. 이하 같다]로 인한 재해를 방지하기 위하여 다음 방법으로 과전류 차단장치[차단기·퓨즈 또는 보호계전기 등과 이에 수반되는 변성기(變成器)를 말한다. 이하 같다]를 설치하여야 한다.

① 과전류 차단장치는 반드시 접지선이 아닌 전로에 직렬로 연결하여 과전류 발생 시 전로를 자동으로 차단하도록 설치할 것
② 차단기·퓨즈는 계통에서 발생하는 최대 과전류에 대하여 충분하게 차단할 수 있는 성능을 가질 것
③ 과전류 차단장치가 전기계통상에서 상호 협조·보완되어 과전류를 효과적으로 차단하도록 할 것

+ 괄호문제

다음 괄호 안에 알맞은 내용을 쓰시오.
① 과전류 차단장치는 반드시 접지선이 아닌 전로에 ( )로 연결하여야 한다.
② ( )는 계통에서 발생하는 최대 과전류에 대하여 충분하게 차단할 수 있는 성능을 가져야 한다.

| 정답 |
① 직렬
② 차단기·퓨즈

(6) 교류아크용접기 등(제306조)

① 사업주는 아크용접 등(자동용접은 제외)의 작업에 사용하는 용접봉의 홀더에 대하여 한국산업표준에 적합하거나 그 이상의 절연내력 및 내열성을 갖춘 것을 사용하여야 한다.
② 사업주는 다음 어느 하나에 해당하는 장소에서 교류아크용접기(자동으로 작동되는 것은 제외)를 사용하는 경우에는 교류아크용접기에 자동전격방지기를 설치하여야 한다.
  ㉠ 선박의 이중 선체 내부, 밸러스트 탱크(ballast tank, 평형수 탱크), 보일러 내부 등 도전체에 둘러싸인 장소
  ㉡ 추락할 위험이 있는 높이 2m 이상의 장소로 철골 등 도전성이 높은 물체에 근로자가 접촉할 우려가 있는 장소
  ㉢ 근로자가 물·땀 등으로 인하여 도전성이 높은 습윤상태에서 작업하는 장소
  ※ 자동전격방지기 : 무부하측 전압을 자동적으로 25V로 저하시키도록 동작하는 장치

(7) 단로기 등의 개폐(제307조)

사업주는 부하전류를 차단할 수 없는 고압 또는 특별고압의 단로기(斷路機) 또는 선로개폐기(이하 단로기 등)를 개로(開路)·폐로(閉路)하는 경우에는 그 단로기 등의 오조작을 방지하기 위하여 근로자에게 해당 전로가 무부하(無負荷)임을 확인한 후에 조작하도록 주의 표지판 등을 설치하여야 한다. 다만, 그 단로기 등에 전로가 무부하로 되지 아니하면 개로·폐로할 수 없도록 하는 연동장치를 설치한 경우에는 그러하지 아니하다.

확인! OX

다음은 교류아크용접기에 대한 설명이다. 옳으면 "O", 틀리면 "X"로 표시하시오.

1. 보일러 내부에서 자동으로 작동되지 않는 교류아크용접기를 사용하는 경우 자동전격방지기를 설치하여야 한다. ( )
2. 습윤상태에서 자동으로 작동되는 교류아크용접기를 사용하는 경우 무부하 측 전압을 25V로 자동으로 저하시키는 장비를 설치하여야 한다. ( )

정답 1. O 2. X

| 해설 |
2. 자동으로 작동되는 교류아크용접기에는 자동전격방지기의 설치가 제외된다.

+ 괄호문제

다음 괄호 안에 알맞은 내용을 쓰시오.

① 사업주는 이동전선에 접속하여 임시로 사용하는 전등이나 가설의 배선 또는 이동전선에 접속하는 가공매달기식 전등 등을 접촉함으로 인한 감전 및 전구의 파손에 의한 위험을 방지하기 위하여 ( )을 부착하여야 한다.

② 사업주는 전기기계·기구의 조작 부분을 점검하거나 보수하는 경우에는 근로자가 안전하게 작업할 수 있도록 전기기계·기구로부터 폭 (㉠) 이상의 작업공간을 확보하여야 한다. 다만, 작업공간을 확보하는 것이 곤란하여 근로자에게 (㉡)를 착용하도록 한 경우에는 그러하지 아니하다.

| 정답
① 보호망
② ㉠ 70cm, ㉡ 절연용 보호구

(8) 비상전원(제308조)

① 사업주는 정전에 의한 기계·설비의 갑작스러운 정지로 인하여 화재·폭발 등 재해가 발생할 우려가 있는 경우에는 해당 기계·설비에 비상발전기, 비상전원용 수전(受電)설비, 축전지 설비, 전기저장장치 등 비상전원을 접속하여 정전 시 비상전력이 공급되도록 하여야 한다.

② 비상전원의 용량은 연결된 부하를 각각의 필요에 따라 충분히 가동할 수 있어야 한다.

(9) 임시로 사용하는 전등 등의 위험방지(제309조)

① 사업주는 이동전선에 접속하여 임시로 사용하는 전등이나 가설의 배선 또는 이동전선에 접속하는 가공매달기식 전등 등을 접촉함으로 인한 감전 및 전구의 파손에 의한 위험을 방지하기 위하여 보호망을 부착하여야 한다.

② ①의 보호망을 설치하는 경우에는 다음 사항을 준수하여야 한다.
　㉠ 전구의 노출된 금속 부분에 근로자가 쉽게 접촉되지 아니하는 구조로 할 것
　㉡ 재료는 쉽게 파손되거나 변형되지 아니하는 것으로 할 것

(10) 전기기계·기구의 조작 시 등의 안전조치(제310조)

① 사업주는 전기기계·기구의 조작 부분을 점검하거나 보수하는 경우에는 근로자가 안전하게 작업할 수 있도록 전기기계·기구로부터 폭 70cm 이상의 작업공간을 확보하여야 한다. 다만, 작업공간을 확보하는 것이 곤란하여 근로자에게 절연용 보호구를 착용하도록 한 경우에는 그러하지 아니하다.

② 사업주는 전기적 불꽃 또는 아크에 의한 화상의 우려가 있는 고압 이상의 충전전로 작업에 근로자를 종사시키는 경우에는 방염처리된 작업복 또는 난연(難燃)성능을 가진 작업복을 착용시켜야 한다.

(11) 폭발위험장소에서 사용하는 전기기계·기구의 선정 등(제311조)

① 사업주는 산업안전보건기준에 관한 규칙 제230조 ①에 따른 가스폭발 위험장소 또는 분진폭발 위험장소에서 전기기계·기구를 사용하는 경우에는 한국산업표준에서 정하는 기준으로 그 증기, 가스 또는 분진에 대하여 적합한 방폭성능을 가진 방폭구조 전기기계·기구를 선정하여 사용하여야 한다.

② 사업주는 ①의 방폭구조 전기기계·기구에 대하여 그 성능이 항상 정상적으로 작동될 수 있는 상태로 유지·관리되도록 하여야 한다.

> **폭발위험이 있는 장소의 설정 및 관리(산업안전보건기준에 관한 규칙 제230조)**
> ① 사업주는 다음 장소에 대하여 폭발위험장소의 구분도(區分圖)를 작성하는 경우에는 한국산업표준으로 정하는 기준에 따라 가스폭발 위험장소 또는 분진폭발 위험장소로 설정하여 관리해야 한다.
> 　㉠ 인화성 액체의 증기나 인화성 가스 등을 제조·취급 또는 사용하는 장소
> 　㉡ 인화성 고체를 제조·사용하는 장소
> ② 사업주는 ①에 따른 폭발위험장소의 구분도를 작성·관리하여야 한다.

확인! OX

다음은 폭발위험장소에 대한 설명이다. 옳으면 "O", 틀리면 "X"로 표시하시오.

1. 인화성 가스를 사용하는 장소는 가스폭발 위험장소로 설정해 관리하여야 한다. ( )

2. 인화성 고체를 제조·사용하는 장소는 가스폭발 위험장소 또는 분진폭발 위험장소로 설정하여 관리해야 한다. ( )

| 정답 | 1. O 2. O

(12) 변전실 등의 위치(제312조)

사업주는 산업안전보건 기준에 관한 규칙 제230조 ①에 따른 가스폭발 위험장소 또는 분진폭발 위험장소에는 변전실, 배전반실, 제어실, 그 밖에 이와 유사한 시설(이하 이 조에서 변전실 등)을 설치해서는 아니 된다. 다만, 변전실 등의 실내기압이 항상 양압(25Pa 이상의 압력을 말한다. 이하 같다)을 유지하도록 하고 다음의 조치를 하거나, 가스폭발 위험장소 또는 분진폭발 위험장소에 적합한 방폭성능을 갖는 전기기계·기구를 변전실 등에 설치·사용한 경우에는 그러하지 아니하다.

① 양압을 유지하기 위한 환기설비의 고장 등으로 양압이 유지되지 아니한 경우 경보를 할 수 있는 조치
② 환기설비가 정지된 후 재가동하는 경우 변전실 등에 가스 등이 있는지를 확인할 수 있는 가스검지기 등 장비의 비치
③ 환기설비에 의하여 변전실 등에 공급되는 공기는 산업안전보건 기준에 관한 규칙 제230조 ①에 따른 가스폭발 위험장소 또는 분진폭발 위험장소가 아닌 곳으로부터 공급되도록 하는 조치

> **더 알아보기**
>
> **배선 및 이동전선으로 인한 위험방지 주요사항(산업안전보건 기준에 관한 규칙)**
> - 배선 등의 절연피복 등(제313조)
>   - 사업주는 근로자가 작업 중에나 통행하면서 접촉하거나 접촉할 우려가 있는 배선 또는 이동전선에 대하여 절연피복이 손상되거나 노화됨으로 인한 감전의 위험을 방지하기 위하여 필요한 조치를 하여야 한다.
>   - 사업주는 전선을 서로 접속하는 경우에는 해당 전선의 절연성능 이상으로 절연될 수 있는 것으로 충분히 피복하거나 적합한 접속기구를 사용하여야 한다.
> - 습윤한 장소의 이동전선 등(제314조) : 사업주는 물 등의 도전성이 높은 액체가 있는 습윤한 장소에서 근로자가 작업 중에나 통행하면서 이동전선 및 이에 부속하는 접속기구에 접촉할 우려가 있는 경우에는 충분한 절연효과가 있는 것을 사용하여야 한다.
> - 꽂음접속기의 설치·사용 시 준수사항(제316조)
>   - 서로 다른 전압의 꽂음접속기는 서로 접속되지 아니한 구조의 것을 사용할 것
>   - 습윤한 장소에 사용되는 꽂음접속기는 방수형 등 그 장소에 적합한 것을 사용할 것
>   - 근로자가 해당 꽂음접속기를 접속시킬 경우에는 땀 등으로 젖은 손으로 취급하지 않도록 할 것
>   - 해당 꽂음접속기에 잠금장치가 있는 경우에는 접속 후 잠그고 사용할 것
> - 이동 및 휴대장비 등의 사용 전기 작업(제317조)
>   - 근로자가 착용하거나 취급하고 있는 도전성 공구·장비 등이 노출 충전부에 닿지 않도록 할 것
>   - 근로자가 사다리를 노출 충전부가 있는 곳에서 사용하는 경우에는 도전성 재질의 사다리를 사용하지 않도록 할 것
>   - 근로자가 젖은 손으로 전기기계·기구의 플러그를 꽂거나 제거하지 않도록 할 것
>   - 근로자가 전기회로를 개방, 변환 또는 투입하는 경우에는 전기 차단용으로 특별히 설계된 스위치, 차단기 등을 사용하도록 할 것
>   - 차단기 등의 과전류 차단장치에 의하여 자동 차단된 후에는 전기회로 또는 전기기계·기구가 안전하다는 것이 증명되기 전까지는 과전류 차단장치를 재투입하지 않도록 할 것

+ 괄호문제

다음 괄호 안에 알맞은 내용을 쓰시오.
① 근로자가 착용하거나 취급하고 있는 도전성 공구는 ( )에 닿지 않게 조치하여야 한다.
② 노출 충전부가 있는 곳에서 사다리를 사용하는 경우에는 ( ) 재질의 사다리를 사용하지 않도록 하여야 한다.

| 정답 |
① 노출 충전부
② 도전성

확인! OX

다음은 꽂음접속기의 설치·사용 시 준수사항에 대한 설명이다. 옳으면 "O", 틀리면 "X"로 표시하시오.

1. 서로 다른 전압의 꽂음접속기는 서로 접속되는 구조의 것을 사용하여야 한다. ( )
2. 습윤한 장소에서 사용되는 꽂음접속기는 방수형을 사용하여야 한다. ( )

정답 1. X 2. O

| 해설 |
1. 서로 다른 전압의 꽂음접속기는 서로 접속되지 아니한 구조의 것을 사용하여야 한다.

+ 괄호문제

다음 괄호 안에 알맞은 내용을 쓰시오.
① 저압 배전계통 접지의 종류로서 전원 측의 한 점을 대지에 직접 접지하고 계통 전체에 대해 별도의 중성선을 사용하여 접속한 형태를 ( )라 부른다.
② 저압 배전계통 접지의 종류로서 전원 측의 한 점을 대지에 직접 접지하고 계통 전체에 대해 중성선과 보호도체(PE)의 기능을 동일도체로 겸용한 PEN도체에 접속한 형태를 ( )라 부른다.

| 정답 |
① TN-S
② TN-C

2. 접지 및 피뢰 설비

중요도 ★★☆

(1) 저압 배전계통 접지

① TN계통 : 전원 측의 한 점을 대지에 직접 접지하고 설비의 노출도전부를 보호도체(PE)로 접속시키는 방식으로 보호도체의 배치 및 접속방식에 따라 다음과 같이 분류된다.

㉠ TN-S : 전원 측의 한 점을 직접 접지하고 계통 전체에 대해 별도의 중성선 또는 보호도체(PE)를 사용하여 접속한 형태를 말한다.

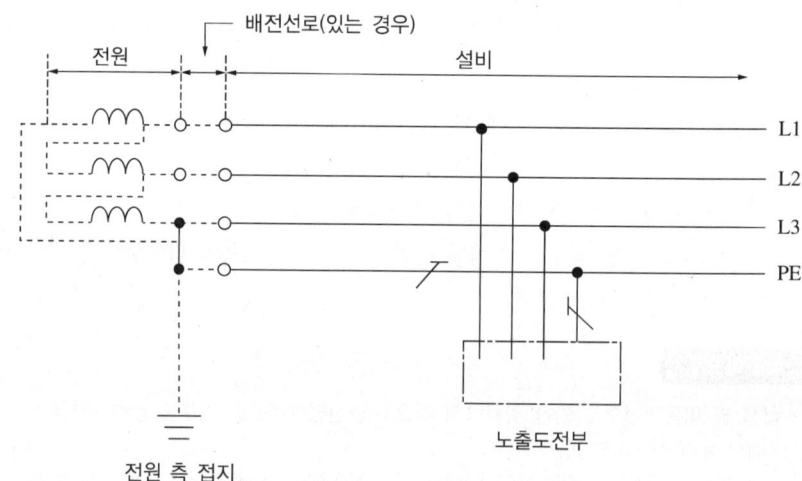

[TN-S계통(한국전기설비규정 203.2)]

㉡ TN-C : 전원 측의 한 점을 대지에 직접 접지하고 계통 전체에 대해 중성선과 보호도체(PE)의 기능을 동일도체로 겸용한 PEN도체에 접속한 형태를 말한다.

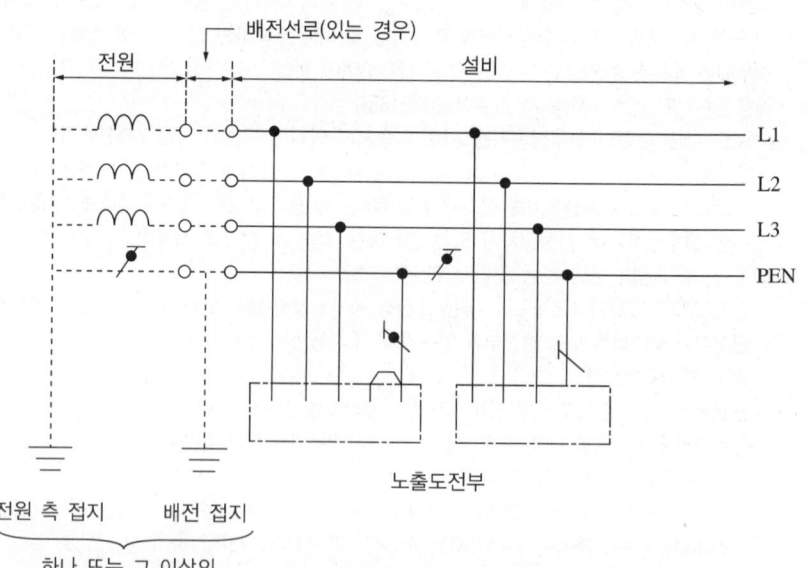

[TN-C계통(한국전기설비규정 203.2)]

확인! OX

다음은 저압 배전계통 접지에 대한 설명이다. 옳으면 "O", 틀리면 "X"로 표시하시오.

1. TN계통은 전원 측의 한 점을 대지에 직접 접지하고 설비의 노출도전부를 보호도체(PE)로 접속시키는 방식으로 보호도체의 배치 및 접속방식에 따라 분류된다. ( )
2. TN계통은 접속방식에 따라 TN-S, TN-C, TN-C-S로 분류된다. ( )

정답 1. O 2. O

ⓒ TN-C-S : 전원 측의 한 점을 대지에 직접 접지하고 전기설비의 노출도전부를 중성선과 별도의 보호도체(PE)에 접속하거나 계통의 일부분에서 PEN 도체를 사용하는 형태를 말한다.

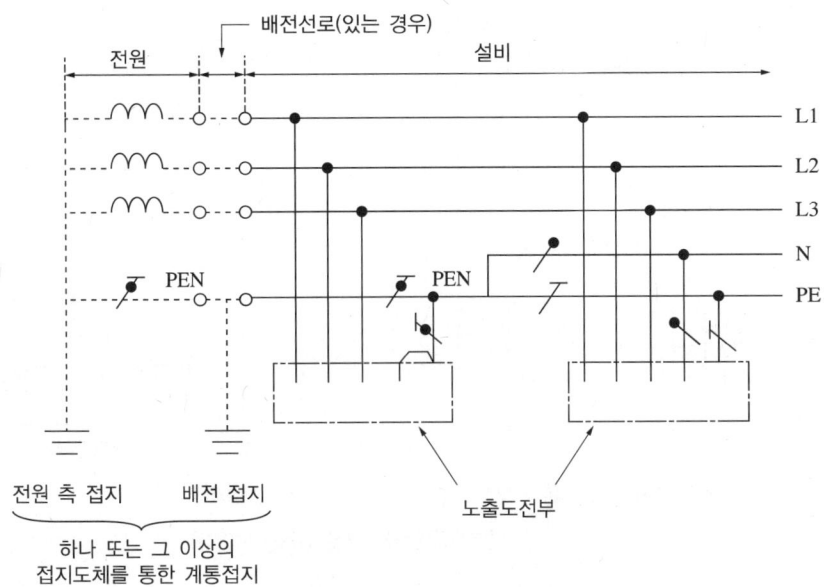

[TN-C-S계통(한국전기설비규정 203.2)]

② TT계통 : 전원의 한 점을 직접 접지하고 설비의 노출도전부는 전원의 접지전극과 전기적으로 독립적인 접지극에 접속시킨 형태를 말하며, 배전계통에서 보호도체(PE)를 추가로 접지할 수 있다.

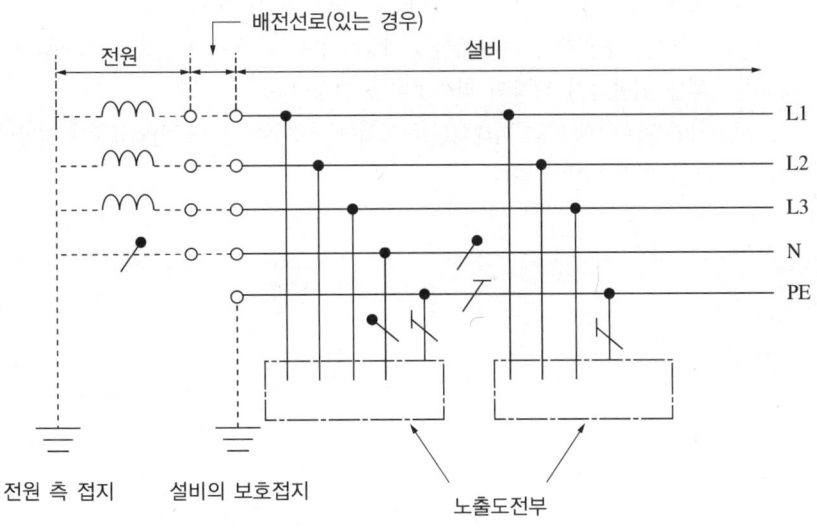

[TT계통(한국전기설비규정 203.3)]

+ 괄호문제

다음 괄호 안에 알맞은 내용을 쓰시오.
① 저압 배전계통 접지의 종류로서 계통의 일부분에서 PEN 도체를 사용하는 형태를 (　)라 부른다.
② 저압 배전계통 접지의 종류로서 전원의 한 점을 직접 접지하고 설비의 노출도전부는 전원의 접지전극과 전기적으로 독립적인 접지극에 접속시킨 형태를 (　)이라 부른다.

|정답|
① TN-C-S
② TT계통

확인! OX

다음은 저압 배전계통 접지에 대한 설명이다. 옳으면 "O", 틀리면 "X"로 표시하시오.
1. TT계통은 배전계통에서 보호도체를 추가로 접지할 수 없다. (　)
2. 저압 배전계통 접지 방식으로는 TN계통, TT계통, IN계통, IT계통이 있다. (　)

정답 1. X 2. X

|해설|
1. TT계통은 배전계통에서 보호도체를 추가로 접지할 수 있다.
2. TN계통, TT계통, IT계통이다.

+ 괄호문제

다음 괄호 안에 알맞은 내용을 쓰시오.

① 저압 배전계통 접지의 종류로서 충전부 전체를 대지로부터 절연시키거나 한 점을 임피던스를 통해 대지에 접속시키고, 전기설비의 노출도전부를 단독 또는 일괄적으로 계통의 보호도체에 접속시킨 형태를 (   )이라 부른다.
② 낙뢰로부터 보호가 필요하지 않지만, 전기전자설비가 설치된 건축물로 지상으로부터 (   )m 이상인 경우 피뢰설비를 설치하여야 한다.

| 정답 |
① IT계통
② 20

③ IT계통 : 충전부 전체를 대지로부터 절연시키거나 한 점을 임피던스를 통해 대지에 접속시키고, 전기설비의 노출도전부를 단독 또는 일괄적으로 계통의 보호도체(PE)에 접속시킨 형태를 말한다.

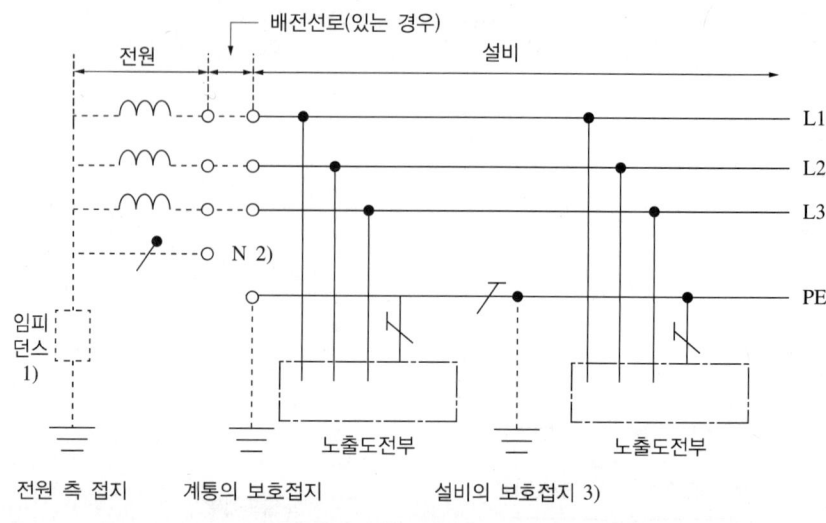

[IT계통(한국전기설비규정 203.4)]

(2) 피뢰설비

① 피뢰설비는 전기전자설비가 설치된 건축물 및 구조물로서 낙뢰로부터 보호가 필요하거나 지상으로부터 높이가 20m 이상에 시설되어야 하는 설비로서, 전기설비 및 전자설비 중 낙뢰로부터 보호가 필요한 설비에도 적용된다.
② 피뢰설비의 설치(산업안전보건기준에 관한 규칙 제326조)
　㉠ 사업주는 화약류 또는 위험물을 저장하거나 취급하는 시설물에 낙뢰에 의한 산업재해를 예방하기 위하여 피뢰설비를 설치하여야 한다.
　㉡ 사업주는 ㉠에 따라 피뢰설비를 설치하는 경우에는 한국산업표준에 적합한 피뢰설비를 사용하여야 한다.

확인! OX

다음은 피뢰설비에 대한 설명이다. 옳으면 "O", 틀리면 "X"로 표시하시오.

1. 사업주는 화약류 또는 위험물을 저장하는 경우에 피뢰설비를 설치하여야 한다. (   )
2. 사업주는 피뢰설비를 설치하는 경우에는 한국산업표준에 적합한 피뢰설비를 사용하여야 한다. (   )

정답 1. O 2. O

③ 피뢰시스템의 구성

㉠ 외부피뢰시스템 : 직격낙뢰로부터 대상물을 보호하기 위함

[외부피뢰시스템 구성(한국전기설비규정 152)]

구분	내용

수뢰부 시스템	뇌격전류를 받아들이기 위한 외부피뢰설비의 일부분을 말하며 배치 방법은 다음과 같다.
	• 보호각법, 회전구체법, 그물망법 중 하나 또는 조합된 방법으로 배치
	• 건축물·구조물의 뾰족한 부분, 모서리 등에 우선하여 배치
	• 지상으로부터 높이 60m를 초과하는 건축물·구조물에 측뢰 보호가 필요한 경우
	• 건축물·구조물과 분리되지 않은 수뢰부시스템의 경우
	  - 지붕 마감재가 불연성 재료로 된 경우 지붕표면에 시설 가능
	  - 지붕 마감재가 높은 가연성 재료로 된 경우 지붕재료와 이격하여 시설(초가지붕 또는 이와 유사한 경우 0.15m 이상, 다른 재료의 가연성 재료인 경우 0.1m 이상)

인하도선 시스템	수뢰부시스템과 접지시스템을 전기적으로 연결하는 것을 말하며 배치 방법은 다음과 같다.
	• 건축물·구조물과 분리된 피뢰시스템인 경우
	  - 뇌전류의 경로가 보호대상물에 접촉하지 않도록 시설
	  - 별개의 지주에 설치되어 있는 경우에 지주마다 1가닥 이상의 인하도선을 시설
	  - 수평도체 또는 그물망도체인 경우 지지 구조물마다 1가닥 이상의 인하도선을 시설
	• 건축물·구조물과 분리되지 않은 피뢰시스템인 경우
	  - 벽이 불연성 재료로 된 경우에는 벽의 표면 또는 내부에 시설할 수 있으며 벽이 가연성 재료인 경우에는 0.1m 이상 이격하고, 이격이 불가능한 경우에는 단면적을 100mm^2 이상으로 한다.
	  - 인하도선의 수는 2가닥 이상으로 한다.

접지극 시스템	뇌전류를 대지로 방류시키기 위해 시설하는 것을 말하며 다음과 같이 시설한다. • 지표면에서 0.75m 이상 깊이로 매설하여야 한다. 다만, 필요시는 해당 지역의 동결심도를 고려한 깊이로 할 수 있다. • 대지가 암반지역으로 대지저항이 높거나 건축물·구조물이 전자통신시스템을 많이 사용하는 시설의 경우에는 환상도체접지극 또는 기초접지극으로 한다. • 접지극 재료는 대지에 환경오염 및 부식의 문제가 없어야 한다. • 철근콘크리트 기초 내부의 상호 접속된 철근 또는 금속제 지하구조물 등 자연적 구성부재는 접지극으로 사용할 수 있다.

㉡ 내부피뢰시스템 : 간접낙뢰 및 유도낙뢰로부터 대상물을 보호하기 위함
• 건축물이나 수뢰부에 뇌격전류가 흐를 경우 건축물의 각 부분에 발생하는 전위상승 및 각종 설비와 피뢰설비 간 또는 건축물 구조체와의 전위차는 화재 폭발 및 인명에 대한 위험 발생의 원인이 된다.
• 건축물 내의 전위차로 인한 재해를 방지하는 기본적인 대책은 보호범위 내의 건축물 및 각종 설비를 등전위로 유지하는 것이다.
• 등전위화는 보호범위 내의 피뢰설비, 금속구조체, 금속설비, 외부 도전성 부분과 전력 및 통신선로 등을 본딩도체로 상호 연결하거나, 서지억제기를 설치하면 가능하다.
• 외부피뢰설비가 설치되지 않았으나, 인입선에 대한 보호가 필요한 경우에는 등전위본딩을 하여야 한다.

+ 괄호문제

다음 괄호 안에 알맞은 내용을 쓰시오.
① 외부피뢰시스템에서 접지극 시스템은 지표면에서 ( )m 이상 깊이로 매설하여야 한다.
② 내부피뢰시스템에서 건축물 내의 전위차로 인한 재해를 방지하는 대책으로는 보호범위 내의 각종 설비를 ( )로 유지하는 것을 기본으로 한다.

| 정답 |
① 0.75
② 등전위

확인! OX

다음은 피뢰시스템에 대한 설명이다. 옳으면 "O", 틀리면 "X"로 표시하시오.
1. 수뢰부시스템은 건축물의 모서리 부분에 우선하여 배치한다. ( )
2. 직격낙뢰로부터 대상물을 보호하기 위해서 내부피뢰시스템을 시설하여야 한다. ( )

정답 1. O 2. X

| 해설 |
2. 직격낙뢰로부터 대상물을 보호하기 위해서는 외부피뢰시스템을 시설하여야 한다.

+ 괄호문제

다음 괄호 안에 알맞은 내용을 쓰시오.
① 전력 및 통신선로의 등전위본딩은 건축물의 (　)에서 이루어진다.
② 금속 설비의 등전위본딩 시 본딩도체를 설치할 수 없는 곳에서는 (　)를 설치한다.

| 정답 |
① 인입점 가까이
② 서지억제기

더 알아보기

- 금속 설비의 등전위본딩
  - 지하 또는 지표면의 본딩용 도체는 쉽게 점검할 수 있도록 설치하고, 본딩모선에 접속하여야 한다. 본딩모선은 접지시스템과 연결되어야 한다. 대규모 건축물(일반적으로 높이 20m 이상)에서는 2개 이상의 본딩 모선을 설치하고, 이를 상호 접속한다.
  - 보호대상 구조물과 분리된 피뢰설비의 경우 등전위본딩은 지표면에서만 한다.
  - 높이가 20m 이상인 건축물은 수직거리 20m마다 인하도선을 상호 연결한 수평환상도체를 본딩모선에 접속한다.
  - 가스관이나 수도관에 절연물이 삽입되어 있는 경우는 적합한 동작조건을 가진 서지억제기로 교락(bridge)시키고, 등전위본딩을 한다.
  - 본딩도체를 설치할 수 없는 곳에서는 서지억제기를 설치한다.
- 외부 도전성 부분의 등전위본딩 : 외부 도전성 부분은 뇌격전류의 대부분이 본딩 접속을 통하여 흐르게 되므로 건축물의 인입점 가까이에 등전위본딩을 설치한다.
- 전력 및 통신선로의 등전위본딩
  - 건축물의 인입점 가까이 설치한다.
  - 전선이 차폐되어 있거나 금속관 안에 있는 경우에는 차폐층 또는 금속관을 본딩한다.

확인! OX

다음은 피뢰시스템의 등급에 따른 회전구체 반지름(KS C IEC 62305-3)에 대한 설명이다. 옳으면 "O", 틀리면 "X"로 표시하시오.

1. 피뢰시스템의 등급이 Ⅰ이면 회전구체의 반지름이 20m이고, Ⅱ등급이면 30m이다. (　)
2. 피뢰시스템의 등급이 Ⅲ이면 회전구체의 반지름이 45m이고, Ⅳ등급이면 60m이다. (　)

정답 1. O 2. O

교육이란 사람이 학교에서 배운 것을 잊어버린 후에 남은 것을 말한다.

– 알버트 아인슈타인 –

합격의 공식 시대에듀 www.sdedu.co.kr

PART 05

화학설비 안전관리

CHAPTER 01	화재·폭발 검토
CHAPTER 02	화학물질 안전관리 실행
CHAPTER 03	화공안전 비상조치 계획·대응
CHAPTER 04	화공 안전운전·점검

CHAPTER 01 화재·폭발 검토

PART 05. 화학설비 안전관리

39% 출제율

출제포인트
- 화재·폭발 이론 및 연소
- 소화원리
- 폭발방지대책
- 화재의 종류 및 예방대책
- 소화기의 종류

기출 키워드

연소, 폭발, 위험도, 화재, 소화기, 폭발위험장소

제1절 화재·폭발 이론 및 발생 이해

1. 연소의 정의 및 요소 중요도 ★★★

(1) 정의

연소는 기체, 액체 혹은 고체물질이 산소와 결합하면서 빛과 열을 수반하며 급격히 산화(rapid oxidation process)하는 현상이다. 화재가 발생하기 위해서는 '가연성 물질(heat), 산소(oxygen), 그리고 점화원(fuel)' 이 세 가지가 필수적으로 필요한데, 이 세 가지를 화재 삼각형으로 표현하여 다음 그림과 같이 나타낸다. 삼각형의 어느 한 변이 없으면 이루어질 수 없듯이 세 가지 요인 중 한 가지만 제거시키면 연소도 중단된다.

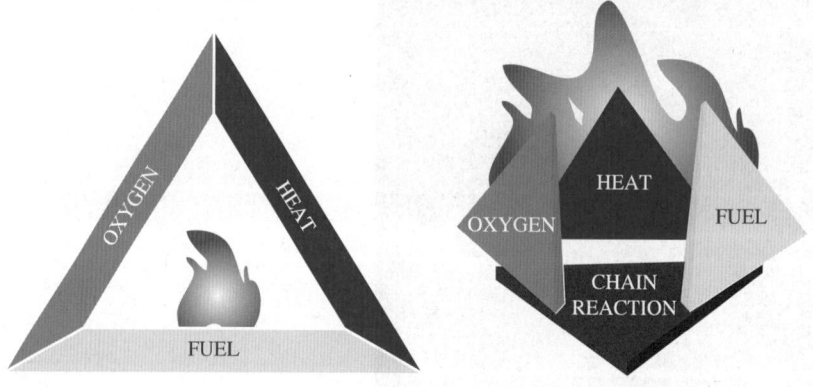

[연소의 3요소와 4요소]

① **완전연소** : 반응물질이 산소의 공급이 충분한 상태에서 완전히 타서 이산화탄소와 물을 발생시킨다.
② **불완전연소** : 연료가 완전히 반응할 정도로 산소가 충분히 공급되지 않은 경우 발생하며 일산화탄소를 만들어 낸다.

(2) 연소온도와 발색

색상	온도(℃)	색상	온도(℃)
암적색	700	백적색	1,300
적색	850	휘백색	1,500
휘적색	950	청백색	2,500
황적색	1,100~1,200		

(3) 연소의 3요소

작열연소에서 연소현상이 성립되기 위해서는 가연물, 적정량의 산소가 필요하며, 화재를 형성하기 위한 점화에너지, 즉 열이 공급되어야 한다. 이를 연소의 3요소(fire triangle) 혹은 화재의 3요소라 한다. 불꽃연소에서는 연소의 3요소 이외에 연쇄반응(chain reaction)이 4번째 요소로 작용하며 이를 연소의 4요소라고 한다.

① 가연물(fuel) : 가연물이란 산화되기 쉬운 물질로서 대부분의 물질이 탄소(C), 수소(H), 산소(O) 등으로 구성되고 혼합되어 있다.

　㉠ 가연물의 구비조건
　　• 발열량이 클 것 : 발열량이 클수록 더 오랜 시간 동안 연소할 수 있기 때문이다.
　　• 산소와 친화력이 클 것(화학적 친화력이 클 것) : 연소는 가연물과 산소의 반응이므로 산소와 친화력이 크면 반응이 더 잘 이루어진다.
　　• 표면적이 넓을 것 : 표면적이 넓으면 산소와의 접촉면적이 넓어져 연소반응이 잘 이루어지기 때문이다. 따라서, 표면적이 넓은 기체, 액체, 고체의 순서대로 가연물이 되기 쉽다.
　　• 열전도율이 작을 것 : 열전도율은 열을 전달하는 정도를 의미하므로 열을 다른 곳으로 전달하게 되면 온도 상승이 쉽지 않다. 따라서 열이 전달되지 않고 한곳에 모여 있을수록 온도 상승이 쉽고, 인화점 또는 발화점에 도달하는 데 시간이 짧아 가연물이 되기 쉽다.
　　• 활성화 에너지가 작을 것 : 활성화 에너지란 화학반응이 이루어지는 데 필요한 에너지이다. 같은 열에너지를 받았을 때 활성화 에너지가 크다면 반응이 이루어지기 전에 활성화 에너지로 에너지가 소모될 것이고, 활성화 에너지가 작으면 쉽게 반응이 이루어져 연소가 시작될 수 있다.

구비조건	설명
발열량이 클 것	산화되기 쉬운 물질은 발열량이 크다.
산소와 친화력이 클 것	산화와 친화력이 크면 반응이 더 잘 이루어진다.
표면적이 넓을 것	산소와의 접촉면적이 커져 연소가 용이(고체<액체<기체)하다.
열전도율이 작을 것	열전도도가 작으면 열축적이 용이(고체>액체>기체)하다.
활성화 에너지가 작을 것	산화되기 쉬운 물질은 활성화 에너지가 작다.

+ 괄호문제

다음 괄호 안에 알맞은 내용을 쓰시오.

① 연소는 기체, 액체 혹은 고체 물질이 산소와 결합하면서 (㉠)과 (㉡)을 수반하며 급격히 (㉢)하는 현상이다.
② 불완전연소는 연료가 완전히 반응할 정도로 (㉠)가 충분히 공급되지 않은 경우 발생하며 (㉡)를 만들어 낸다.

| 정답 |
① ㉠ 빛, ㉡ 열, ㉢ 산화
② ㉠ 산소, ㉡ 일산화탄소

확인! OX

다음은 연소온도와 발색에 대한 설명이다. 옳으면 "O", 틀리면 "X"로 표시하시오.

1. 황적색의 연소온도는 1,100~1,200℃이다. ( )
2. 청백색의 연소온도는 2,500℃이다. ( )

정답 1. O 2. O

+ 괄호문제

다음 괄호 안에 알맞은 내용을 쓰시오.
① ( )이란 연소하는 데 필요한 활성에너지를 제공하는 것으로 불꽃, 전기 및 정전기 스파크, 단열압축, 충격, 마찰 등이 있다.
② ( )이란 가연성 액체 또는 고체가 표면 근처에서 공기와 혼합하여 연소하기에 충분한 농도의 혼합증기를 발생하는 최저 온도이다.

| 정답 |
① 점화원
② 인화점

확인! OX

다음은 연소의 3요소에 대한 설명이다. 옳으면 "O", 틀리면 "X"로 표시하시오.
1. 공기 중에는 질소가 78%, 산소 21%, 기타 기체(아르곤 등) 1% 정도 용량비로 혼합되어 있다. ( )
2. 점화원을 에너지의 형태별로 분류하면 화학적 에너지에는 마찰열, 압축열, 마찰 스파크 등이 있다. ( )

| 정답 | 1. O 2. X

| 해설 |
2. 점화원을 에너지의 형태별로 분류하면 화학적 에너지에는 연소열, 자연발열, 분해열, 융해열, 생성열, 중화열 등이 있으며, 마찰열, 압축열, 마찰 스파크 등은 기계적 에너지에 해당한다.

  ㄴ 가연물의 종류
　• 고체 : 플라스틱류, 목분진, 섬유, 금속분말
　• 액체 : 가솔린, 아세톤, 에테르, 펜탄 등의 용제류
　• 기체 : 아세틸렌, 프로페인(프로판), 일산화탄소, 수소, 뷰테인(부탄)
② **산소공급원** : 공기 중에는 질소가 78%, 산소 21%, 기타 기체(아르곤 등) 1% 정도의 용량비로 혼합되어 있다. 가연성 물질의 연소에는 반드시 산소가 필요한데, 이는 연소가 일종의 산화반응이기 때문이다. 산소공급원으로는 염소산염류, 과산화물, 질산염 및 나이트로글리세린, 나이트로셀룰로스, 피크르산 등이 있다. 실제 연소에서는 공기비가 중요하다.

  ㄱ 공기비 : $\dfrac{\text{실제 공기량}}{\text{이론 공기량}}$

　• 이론 공기량 : 어느 가연물을 이론적으로 완전연소시키는 데 필요한 최소 공기량
　• 실제 공기량 : 이론 공기량에 실제 연소에서 요구되는 추가 공기량을 합산한 공기량

  ㄴ 가연물의 종류에 따른 공기비
　• 기체 : 1.1~1.3
　• 액체 : 1.2~1.4
　• 고체 : 1.4~2.0

③ **점화원** : 연소하는 데 필요한 활성에너지를 제공하는 것으로 불꽃, 전기 및 정전기 스파크, 단열압축, 충격, 마찰 등이 있다. 이를 에너지의 형태별로 분류하면 다음과 같다.

  ㄱ 화학적 에너지 : 연소열, 자연발열, 분해열, 융해열, 생성열, 중화열 등
  ㄴ 전기적 에너지 : 저항열, 유전열, 정전기열, 아크열, 낙뢰에 의해 발생하는 열
  ㄷ 기계적 에너지 : 마찰열, 압축열, 마찰 스파크 등

2. 인화점 및 발화점　　　　　　　　중요도 ★☆☆

(1) 인화점(flash point)

① 정의
  ㄱ 가연성 액체 또는 고체가 표면 근처에서 공기와 혼합하여 연소하기에 충분한 농도의 혼합증기를 발생하는 최저 온도를 의미한다. 즉, 작은 에너지 공급원에 의해 점화가 일어날 수 있는 최저 온도를 의미한다.
  ㄴ 물적조건과 에너지조건이 만나는 최솟값이다.
  ㄷ 포화증기압과 LFL이 만나는 최저 온도이다.
  ㄹ 가연성 혼합기를 형성하는 최저 온도이다.

(2) 발화점(ignition point)

① 정의 : 공기 중에서 가연성 물질을 가열할 경우 다른 곳에서 화염·전기불꽃 등 발화원이 없어도 연소가 일어나 계속 유지되는 최저의 온도를 말한다. 보통, 연료를 점차 고온으로 가열하여 혼합기체들의 일부가 활성화되어 자동발화할 수 있는 최저의 온도를 자동발화점(autoignition temperature)이라 하는데 단순히 이를 발화점이라고 한다.

② 발화온도는 발화 지연시간, 증기의 농도, 환경적 영향(압력, 산소농도), 촉매물질 등에 영향을 받는다.

③ 발화점이 낮을수록 발화의 위험성이 크며, 이황화탄소(100℃), 에틸에테르(180℃), 아세트알데하이드(185℃) 등은 발화의 위험이 크다.

[물질별 발화온도]

물질	발화온도(℃)	물질	발화온도(℃)
목재	410~450	프로페인	440~460
종이류	405~410	에테인(에탄)	520~630
역청탄	360	일산화탄소	641~658
셀룰로이드	180	아세틸렌	406~440

④ 발화점에 영향을 주는 인자
  ㉠ 가연성 가스와 공기의 혼합비
  ㉡ 발화가 생기는 공간의 형태와 크기
  ㉢ 가열속도와 지속시간(지속시간이 길면 낮은 온도에서 발화)
  ㉣ 용기 벽의 재질과 그 촉매 효과
  ㉤ 점화원의 종류와 에너지 투여법
  ㉥ 시험방법

3. 연소·폭발의 형태 및 종류

(1) 연소의 형태

① 연소의 형태는 연소의 상황에 따라 구분하는 방법과 가연물의 상태변화에 따라 구분하는 방법 그리고 불꽃의 존재 유무에 따라 구분하는 방법 등이 있다.
  ㉠ 연소의 상황에 따라 구분하는 방법은 열의 발생(발열)과 발산(방열)이 균형을 유지하면서 연소하는 정상연소와 균형이 깨져 연소속도가 급격히 증가하여 폭발적으로 연소하는 비정상연소가 있다.
  ㉡ 가연물의 상태변화에 따라 구분하는 방법은 가연성 고체, 액체, 기체의 상태변화에 따라 확산연소, 예혼합연소, 증발연소, 분해연소, 분무연소, 표면연소, 자기연소 등으로 구분한다.
  ㉢ 불꽃의 존재 유무에 따라 구분하는 방법은 불꽃이 있는 불꽃연소와 불꽃이 없는 작열연소로 구분하며, 불꽃이 있는 불꽃연소에는 확산연소, 예혼합연소, 자연발화가 있고 불꽃 없이 빛만 내는 작열연소에는 작열연소와 훈소가 있다.

+ 괄호문제

다음 괄호 안에 알맞은 내용을 쓰시오.
① ( )은 공기 중에서 가연성 물질을 가열할 경우 다른 곳에서 화염·전기불꽃 등 발화원이 없어도 연소가 일어나 계속 유지되는 최저의 온도이다.
② (㉠)의 발화온도는 410~450℃이고, (㉡)의 발화온도는 641~658℃이다.

| 정답 |
① 발화점
② ㉠ 목재, ㉡ 일산화탄소

확인! OX

다음은 발화점에 대한 설명이다. 옳으면 "O", 틀리면 "X"로 표시하시오.
1. 발화온도는 발화 지연시간, 증기의 농도, 환경적 영향(압력, 산소농도), 촉매물질 등에 영향을 받는다. ( )
2. 발화점이 높을수록 발화의 위험성이 크며, 이황화탄소(100℃), 에틸에테르(180℃), 아세트알데하이드(185℃) 등은 발화의 위험이 크다. ( )

정답 1. O 2. X

| 해설 |
2. 발화점이 낮을수록 발화의 위험성이 크다.

+ 괄호문제

다음 괄호 안에 알맞은 내용을 쓰시오.
① (   )는 고체 가연물의 표면에서 산소와 반응하여 연소하는 현상으로 휘발성분이 없어 가연성 증기증발도 없고 열분해반응도 없기 때문에 불꽃이 없는 것이 특징이다.
② (   )는 제5류 위험물과 같이 가연성이면서 자체로 산소를 함유하고 있어 공기 중의 산소를 필요로 하지 않는 연소형태로서 내부연소라고도 한다.

| 정답 |
① 표면연소
② 자기연소

확인! OX

다음은 연소의 일반적 형태에 대한 설명이다. 옳으면 "O", 틀리면 "X"로 표시하시오.
1. 표면연소는 숯, 코크스, 목탄, 금속분(마그네슘 등)의 연소가 대표적이다. (   )
2. 분해연소는 목재, 석탄, 종이, 플라스틱 등의 연소가 대표적이다. (   )

| 정답 | 1. O 2. O

② 연소의 일반적 형태
　㉠ 기체연소 : 불꽃은 있으나 불티가 없는 연소로서 확산연소, 예혼합연소, 폭발연소로 구분된다.
　　• 확산연소(발염연소) : 가연물이 공기와 혼합되어 연소가 이루어지는 현상으로 물질의 농도가 높은 곳에서 낮은 곳으로 이동하기 때문에 가연물과 공기가 서로 혼합되어 연소되는 것이다.
　　• 예혼합연소 : 연소시키기 전에 이미 연소 가능한 혼합가스를 만들어 연소시키는 것으로 혼합기로의 역화를 일으킬 위험성이 크다.
　　• 폭발연소 : 가연성 기체와 공기의 혼합가스가 밀폐용기 안에 있을 때 점화되면 연소가 폭발적으로 일어나는데, 예혼합연소의 경우에 밀폐된 용기로의 역화가 일어나면 폭발할 위험성이 크다. 이것은 많은 양의 가연성 기체와 산소가 혼합되어 일시에 폭발적인 연소현상을 일으키는 비정상연소이기도 하다.
　㉡ 액체연소
　　• 증발연소 : 액체표면에서 발생된 증기가 연소하는 것이다.
　　• 분해연소 : 액체가 비휘발성인 경우 열분해해서 분해된 가스가 공기와 혼합하여 연소하는 것이다.
　㉢ 고체연소
　　• 표면연소 : 고체 가연물의 표면에서 산소와 반응하여 연소하는 현상으로 휘발성분이 없어 가연성 증기증발도 없고 열분해반응도 없기 때문에 불꽃이 없는 것이 특징이다. 보통 직접연소라고도 하며, 발염을 동반하지 않기 때문에 무염연소라고도 한다. 연소속도는 비교적 느린 편이다. 숯, 코크스, 목탄, 금속분(마그네슘 등)의 연소가 대표적인 예이다.
　　• 분해연소 : 고체 가연물에 열을 가했을 때 열분해 반응을 일으켜 생성된 가연성 증기와 공기가 혼합하여 연소하는 형태이다. 생성된 가연성 혼합기의 연소가 진행되면 반응열에 의해 고체 가연물의 열분해는 계속 진행되며 가연물이 없어질 때까지 계속된다. 목재, 석탄, 종이, 플라스틱 등의 연소가 대표적인 예이다.
　　• 자기연소 : 제5류 위험물과 같이 가연성이면서 자체로 산소를 함유하고 있어 공기 중의 산소를 필요로 하지 않는 연소형태로서 내부연소라고도 한다. 셀룰로이드, TNT 등은 분자 내에 산소를 가지고 있어 가열 시 열분해에 의해 가연성 증기와 함께 산소를 발생하여 자신의 분자 속에 포함되어 있는 산소에 의해 연소한다. 공기 중의 산소가 부족하여도 연소가 빠르게 진행되며 외부에 산소가 존재할 때는 폭발로 진행될 수 있다.
　　• 증발연소 : 고체 가연물에 열을 가했을 때 가연성 증기를 발생하여 이때 발생한 증기와 공기의 혼합상태에서 연소하는 형태이다. 유황이나 나프탈렌은 가열하면 열분해를 일으키지 않고 증발하여 증기와 공기가 혼합되어 연소하는 형태를 보인다. 파라핀(양초), 유지 등은 가열하면 융해되어 액체로 변하게 되고, 지속적인 가열로 기화되면서 증기가 되어 공기와 혼합하여 연소하는 형태를 보인다.

[연소의 종류에 따른 특성과 물질의 종류]

연소의 종류	특성	물질의 종류
표면연소	• 가연물의 표면에서 산소와 반응하여 연소 • 불꽃이 없음	숯, 목탄, 금속분, 코크스
분해연소	열분해 반응을 일으켜 생성된 가연성 증기와 공기가 혼합되어 연소하는 형태	석탄, 종이, 고무, 목재, 플라스틱, 아스팔트
자기연소	• 공기 중의 산소를 필요로 하지 않는 연소 • 연소속도가 빠름 • 폭발적인 연소	나이트로셀룰로스, TNT, 피크르산, 나이트로글리세린, 질산에스테르류, 셀룰로이드류
증발연소	• 가연성 증기와 공기의 혼합상태에서 연소하는 형태 • 불꽃이 없음	유황, 왁스, 파라핀, 나프탈렌, 가솔린, 등유, 경유, 알코올, 아세톤

③ 연소 시 발생하는 이상현상

㉠ 불완전 연소(incomplete combustion)
- 산소량이 부족하여 산화반응을 완전히 완료하지 못해 일산화탄소, 그을음, 카본 등과 같은 미연소물이 생기는 연소현상이다.
- 염공(炎孔)에서 연료가스의 연소 시 가스와 공기의 혼합이 불충분하거나 연소온도가 낮은 경우 발생하는 연소현상이다.
- 원인
  - 공기와의 접촉 및 혼합이 불충분할 때
  - 과대한 가스량 또는 필요량의 공기가 없을 때
  - 배기가스의 배출이 불량할 때
  - 불꽃이 저온 물체에 접촉되어 온도가 내려갈 때

㉡ 역화(back fire)
- 연료 연소 시 연료의 분출속도가 연소속도보다 느릴 때 불꽃이 염공 속으로 빨려 들어가 혼합관 속에서 연소하는 현상이다.
- 원인
  - 1차 공기가 적을 경우
  - 공급가스의 압력이 낮을 경우
  - 염공이 크거나 부식에 의해 확대되었을 경우

㉢ 선화(리프팅, lifting)
- 불꽃이 염공 위에 들뜨는 현상으로 염공에서 연료가스의 분출속도가 연소속도보다 빠를 때 발생한다.
- 원인
  - 1차 공기가 너무 많을 경우
  - 공급가스의 압력이 높을 경우
  - 버너의 염공이 작거나 막혔을 경우

㉣ 황염(yellow tip)
- 불꽃의 색이 황색이 되는 현상으로 염공에서 연료가스의 연소 시 공기량의 조절이 적정하지 못하여 완전연소가 이루어지지 않을 때 발생한다.

+ 괄호문제

다음 괄호 안에 알맞은 내용을 쓰시오.

① ( )는 연료 연소 시 연료의 분출속도가 연소속도보다 느릴 때 불꽃이 염공 속으로 빨려 들어가 혼합관 속에서 연소하는 현상이다.

② ( )는 불꽃이 염공 위에 들뜨는 현상으로 염공에서 연료가스의 분출속도가 연소속도보다 빠를 때 발생한다.

| 정답 |
① 역화(back fire)
② 선화(lifting)

확인! OX

다음은 연소 시 발생하는 이상현상에 대한 설명이다. 옳으면 "O", 틀리면 "X"로 표시하시오.

1. 산소량이 부족하여 산화반응을 완전히 완료하지 못해 일산화탄소, 그을음, 카본 등과 같은 미연소물이 생기는 연소현상을 불완전 연소라고 한다. ( )

2. 불완전 연소는 염공에서 연료가스의 연소 시 가스와 공기의 혼합이 불충분하거나 연소온도가 낮은 경우에 발생한다. ( )

정답 1. O 2. O

+ 괄호문제

다음 괄호 안에 알맞은 내용을 쓰시오.
① ( )는 염공에서 연료가스의 분출속도가 연소속도보다 클 때, 주위 공기의 움직임에 따라 불꽃이 날려서 꺼지는 현상이다.
② ( )은 압력의 급격한 발생 또는 해방의 결과로서 굉음을 발생하며 파괴하기도 하고, 팽창하기도 하는 것. 화학변화에 동반해 일어나는 압력의 급격한 상승현상으로 파괴작용을 수분하는 현상으로 설명할 수 있다.

| 정답 |
① 블로오프(blow off)
② 폭발

- 원인 : 1차 공기가 부족할 때
ⓓ 블로오프(blow off)
  - 염공에서 연료가스의 분출속도가 연소속도보다 클 때, 주위 공기의 움직임에 따라 불꽃이 날려서 꺼지는 현상이다.
  - 선화상태에서 다시 분출속도가 증가하면 결국 화염이 꺼지는 현상이다.

(2) 폭발의 형태
① 개요
  ㉠ 폭발의 정의 : 압력의 급격한 발생 또는 해방의 결과로서 굉음을 발생하며 파괴하기도 하고, 팽창하기도 하는 것. 화학변화에 동반해 일어나는 압력의 급격한 상승현상으로 파괴작용을 수분하는 현상으로 설명할 수 있다.
  ㉡ 폭발반응의 원인 : 빛, 소리 및 충격 압력을 수반하여 순간적으로 완료되는 화학변화를 폭발반응이라 하며, 기체상태의 엔탈피(열량) 변화가 폭발반응과 압력상승의 원인이다.
    - 발열화학 반응 시에 일어난다.
    - 강력한 에너지에 의한 금속가열로 예를 들면 뷰테인가스통의 가열 시 폭발하는 것과 같다.
    - 액체에서 기체상태로 변화를 증발, 고체에서 기체상태로의 변화를 승화라 하는데 이처럼 응축상태에서 기상으로 변화(상변화) 시 일어난다.
  ㉢ 폭발의 성립조건
    - 가연성 혼합기가 형성되어 밀폐된 공간에 체류되어 있어야 한다.
    - 가연성 가스, 증기 또는 분진이 폭발범위 내에 있어야 한다.
    - 혼합가스 및 분진을 발화시킬 수 있는 최소 점화원(energy)이 있어야 한다. 간략하게 정리하면 연소의 3요소에 밀폐된 공간이 있으면 성립한다.
  ㉣ 폭발의 영향인자
    - 발화온도 : 가연성 혼합기를 형성하여 발화가 가능한 온도
    - 최소 점화에너지 : 가연성 혼합기를 형성한 상태에서 발화가 가능한 점화에너지가 내부계 또는 외부계로부터 공급되어야 한다.
    - 조성 : 가연성 혼합기의 상태가 폭발범위 내에 존재해야 한다.
    - 압력 : 압력이 높을수록 폭발이 잘 발생할 수 있다.
    - 가연성 물질의 양과 환경 : 가연성 혼합기를 형성하여 체류하여 폭발이 발생 가능한 정도의 에너지가 존재하는 밀폐계이어야 한다. 개방계에서는 가연성 혼합가스의 양이 밀폐계보다 수배 이상 체류된 상태에서만 UVCE(Unconfined Vapor Cloud Explosion, 증기운 폭발)가 발생한다.
    - 가연성 물질의 종류 : 가연성 물질의 발열량이 높을수록 폭발력이 강하다.
    - 기타 조건 : 가연성 혼합기의 흐름(난류), 착화지연시간 등

확인! OX

다음은 폭발에 대한 설명이다. 옳으면 "O", 틀리면 "X"로 표시하시오.
1. 액체에서 기체상태로 변화를 증발, 고체에서 기체상태로의 변화를 승화라 하는데 이처럼 응축상태에서 기상으로 변화(상변화) 시 일어난다. ( )
2. 폭발의 영향인자는 발화온도, 최소 점화에너지, 조성, 압력, 가연성 물질의 양과 환경, 가연성물질의 종류, 가연성 혼합기의 흐름(기류), 착화지연시간 등이 있다. ( )

| 정답 | 1. O 2. O

② 폭발의 종류
　㉠ 물리적 폭발 : 진공용기의 파손에 의한 폭발현상, 과열액체의 급격한 비등에 의한 증기폭발, 고압용기에서 가스의 과압과 과충전 등에 의한 용기의 파열에 의한 급격한 압력개방 등이 물리적인 폭발이다. 대표적인 예로 BLEVE(Boiling Liquid Expanding Vapor Explosion)를 들 수 있다.
　　• 압력폭발 : 압력의 증가로 인하여 폭발이 발생하는 경우
　　• 증기폭발
　　　– 수증기 폭발 : 액체가 급격히 기체로 부피팽창하여 압력의 증가로 폭발이 발생하는 경우
　　　– 전선폭발 : 금속도선에 큰 용량의 전류가 흐르게 되면 도선에서 저항으로 인하여 급격히 온도가 상승하게 된다. 이러한 온도상승으로 전선이 용해되면서 증발되어 기체가 팽창되어 폭발이 발생하는 경우
　㉡ 화학적 폭발 : 급격한 화학적 반응에 의해 압력의 상승을 수반하는 경우로서 대개 이상반응 현상에 의해 제어되지 않는 발열반응에서 발생하는 폭발이다.
　　• 산화폭발 : 산화반응의 형태로서 비정상상태로 되어서 폭발이 일어나는 형태이고 연소폭발이라고도 한다. 주로 가연성 가스, 증기, 분진, 미스트 등이 공기와의 혼합물, 산화성, 환원성 고체 및 액체 혼합물 혹은 화합물의 반응에 의하여 발생된다.
　　• 분해폭발 : 분해성 가스가 충격 또는 열에너지의 입열에 의해 급격히 분해되며 발열반응으로 인하여 폭발이 발생하게 되고 산화에틸렌(C_2H_4O), 아세틸렌(C_2H_2), 하이드라진(N_2H_4) 같은 분해성 가스와 다이아조 화합물 같은 자기분해성 고체류는 분해하면서 폭발하며 이는 단독으로 가스가 분해하여 폭발하는 것이다.
　　• 중합폭발 : 단위체 또는 단량체(monomer)가 화학반응을 통하여 2개 이상 결합하여 분자량이 큰 화합물을 생성하는 반응이 중합반응이다. 염화비닐, 초산비닐, 중합물질 단량체 등의 급격한 중합반응은 발열과 압력상승을 초래하게 되어 폭발이 발생하게 되며, 폭발로 인한 누출 시 2차적인 산화폭발을 일으키기도 한다.

③ 폭발재해의 6가지 형태
　㉠ 착화파괴형 폭발 : 용기 내 위험물질이 착화되어 발열반응으로 폭발하는 경우
　㉡ 누설착화형 폭발 : 위험물질이 누출되어 산화반응하며 폭발하는 경우
　㉢ 자연발화형 폭발 : 반응열 축적에 의하여 자연발화하여 폭발을 일으키는 경우
　㉣ 반응폭주형 폭발 : 이상반응으로 인하여 폭발을 일으키는 경우
　㉤ 열 이동형 증기폭발 : 저비점의 액체가 고열의 물체와 접촉하게 됨으로써 액체의 기화로 인한 부피팽창에 의한 폭발
　㉥ 평형파탄형 폭발 : 고압의 액체가 증기화되어 부피팽창에 의한 폭발

+ 괄호문제

다음 괄호 안에 알맞은 내용을 쓰시오.
① 폭발의 종류 중 (　)은 진공용기의 파손에 의한 폭발현상, 과열액체의 급격한 비등에 의한 증기폭발, 고압용기에서 가스의 과압과 과충전 등에 의한 용기의 파열에 의한 급격한 압력개방 등이 해당된다.
② (　)은 분해성 가스가 충격 또는 열에너지의 입열에 의해 급격히 분해되며 발열반응으로 인하여 폭발이 발생하게 되고 산화에틸렌(C_2H_4O), 아세틸렌(C_2H_2), 하이드라진(N_2H_4) 같은 분해성 가스와 다이아조 화합물 같은 자기분해성 고체류가 해당한다.

| 정답 |
① 물리적 폭발
② 분해폭발

확인! OX

다음은 폭발의 종류에 대한 설명이다. 옳으면 "O", 틀리면 "X"로 표시하시오.
1. BLEVE(Boiling Liquid Expanding Vapor Explosion)은 화학적 폭발이다. (　)
2. 화학적 폭발은 급격한 화학적 반응에 의해 압력의 상승을 수반하는 경우로서 대개 이상반응 현상에 의해 제어되지 않는 발열반응에서 발생하는 폭발이다. (　)

정답 1. X　2. O

| 해설 |
1. BLEVE은 물리적 폭발이다.

4. 연소(폭발)범위 및 위험도

(1) 연소(폭발)범위

① 개요
- ⊙ 화재는 발화 → 연소 → 연속확대로 성장하는데, 발화는 화재 성장의 시작점이므로 발화 메커니즘을 알면 화재에 대한 예방대책 수립이 가능하다.
- ⓒ 물질이 발화·연소하는 데는 물적조건과 에너지조건을 만족하여야 되는데, 이 물적조건을 연소범위라 하며 에너지조건을 발화온도나 발화에너지, 충격감도라 한다.
- ⓒ 발화와 연소의 조건에는 물적조건인 연소범위의 농도, 압력과 에너지조건인 발화온도, 발화에너지, 충격감도가 있다. 또 다른 관점으로는 연소의 4요소 관점이 있다.
- ② 발화와 연소를 예방하기 위해서는 물적조건과 에너지조건의 제어가 필요하며 연소의 4요소 메커니즘을 끊어야 한다.

② 정의
- ⊙ 연소범위는 연소가 일어나는 데 필요한 가연성 가스나 증기의 농도범위를 말한다.
- ⓒ 자력으로 화염을 전파하는 공간이라고도 한다.
- ⓒ 연소범위를 화염전파 가능한 범위라 하는 것은 연소 하한계 이하에서의 반응은 용이하게 산화되어 이산화탄소(CO_2)와 물(H_2O)로 변하지만 화염전파는 진행되지 않기 때문이다. 즉, 계 내 온도가 상승하게 되면 열분해에 의해 물적조건인 농도, 압력도 상승하게 되는데 연소 하한계 이하에서는 증기압 및 농도가 낮아 기상에서 반응이 일어나지 못하고 표면에서 산화반응을 한다. 때문에 화염전파를 하지 못하고 불꽃이 없는 작열연소를 하게 된다.

[가연성 가스의 연소범위]

기체 또는 증기	연소범위(vol%)	기체 또는 증기	연소범위(vol%)
수소	4.1~75	에틸렌	3.0~33.5
일산화탄소	12.5~75	사이안화수소	12.8~27
프로페인	2.1~9.5	암모니아	15.7~27.4
아세틸렌	2.5~81	메틸알코올	7~37
에틸에테르	1.7~48	에틸알코올	3.5~20
메테인	5.0~15	아세톤	2~13
에테인	3.0~12.5	휘발유	1.4~7.6

③ 종류
- ⊙ 연소 하한계(LFL ; Lower Flammability Limit)
  - 물질이 연소할 수 있는 최소 농도
  - 공기 중에서 가장 낮은 온도에서 연소할 수 있는 부피
  - 지연성 가스는 많으나, 가연성 가스는 적어 그 이하에서는 연소할 수 없는 한계치
    → 가연물의 최저용량비

+ 괄호문제

다음 괄호 안에 알맞은 내용을 쓰시오.
① (   )는 물질이 연소할 수 있는 최소 농도이다.
② (   )는 물질이 연소할 수 있는 최대 농도이다.

| 정답 |
① 연소 하한계
② 연소 상한계

확인! OX

다음은 연소(폭발)범위에 대한 설명이다. 옳으면 "O", 틀리면 "X"로 표시하시오.

1. 연소범위는 연소가 일어나는 데 필요한 가연성 가스나 증기의 농도범위를 말한다. (   )
2. 연소 하한계를 가연물의 최저용량비라 하고, 연소 상한계를 가연물의 최대용량비라 한다. (   )

정답 1. O 2. O

ⓒ 연소 상한계(UFL ; Upper Flammability Limit)
- 물질이 연소할 수 있는 최대 농도
- 공기 중에서 가장 높은 농도에서 연소할 수 있는 부피
- 지연성 가스는 적으나, 가연성 가스는 많아 그 이상에서는 연소할 수 없는 한계치
  → 가연물의 최대용량비

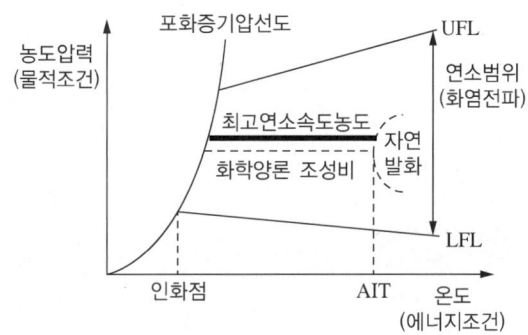

[연소한계곡선]

+ 괄호문제

다음 괄호 안에 알맞은 내용을 쓰시오.
① ( )의 연소범위는 4.1~75 vol%이다.
② ( )의 연소범위는 2.5~82 vol%이다.

| 정답 |
① 수소
② 아세틸렌

(2) 폭발한계

① 정의

ⓐ 가연성 가스와 공기(또는 산소)의 혼합물에서 가연성 가스의 농도가 낮을 때나 높을 때 화염의 전파가 일어나지 않는 농도가 있다. 농도가 낮은 경우를 폭발 하한계, 높은 경우를 폭발 상한계라 한다. 그 사이를 폭발범위라고 하고 연소한계 또는 가연한계라고도 한다.

ⓑ 폭발한계에 영향을 주는 인자
- 산소농도 : 가연성 가스에 산소를 투입하면 기존의 연소범위보다 더 넓어진다. 메테인의 경우 5.0~15vol%이던 연소범위가 산소 투입으로 5.1~61vol%로 넓어진다. 연소 상한계가 크게 확대되는 결과를 나타낸다. 가연성 가스의 농도가 짙어지더라도 반응할 수 있는 산소가 충분히 있어서 연소가 가능하게 된다는 것을 의미한다.
- 압력 : 압력은 기체 분자 간의 거리를 좁히는 효과가 있다. 분자 상호 간의 거리가 짧아지면 유효충돌이 증가하게 되고 반응이 활성화된다. 그래서 연소범위가 넓어지는 결과를 발생시킨다. 연소 하한계의 변화보다는 연소 상한계가 증가하여 연소범위가 넓어진다.
- 온도 : 가연성 가스의 온도가 증가하면 분자 운동이 활발해진다. 그래서 분자 상호 간의 유효충돌 횟수가 증가하게 되고 화염의 전파도 용이하게 된다. 또한 온도가 상승할수록 반응속도가 증가하므로 연소범위는 확대된다. 온도가 100℃ 증가하면 연소 하한계는 8% 감소하고, 연소 상한계는 8% 증가한다는 법칙이 있다.

확인! OX

다음은 폭발한계에 대한 설명이다. 옳으면 "O", 틀리면 "X"로 표시하시오.

1. 농도가 낮은 경우 폭발 하한계, 높은 경우를 폭발 상한계라 하고, 그 사이를 폭발 범위라고 한다. ( )
2. 가연성 가스의 온도가 증가하면 분자 운동이 활발해진다. ( )

정답 1. O 2. O

+ 괄호문제

다음 괄호 안에 알맞은 내용을 쓰시오.
① (　)는 질소나 할로겐족 가스를 의미한다. 가연성 가스가 들어 있는 용기나 배관에 투입하면 산소의 농도가 저하되므로 연소범위가 좁아진다.
② (　)는 화염을 전파하기 위해 필요한 최소한의 산소농도를 말한다.

| 정답 |
① 불활성 가스
② 최소 산소농도

• 불활성 가스 : 불활성 가스는 질소나 할로겐족 가스 등을 의미한다. 가연성 가스가 들어 있는 용기나 배관에 불활성 가스를 투입하면 산소의 농도가 저하되므로 연소범위가 좁아진다. 연소 하한계는 크게 변화하지 않지만, 연소 상한계는 낮아지는 효과를 얻는다. 그래서 가연성 가스의 전체적인 연소범위는 좁아진다.

(3) 위험도(H)

① 위험도 산출 공식

$$H = \frac{U-L}{L}$$

여기서, H : 위험도
　　　　U : 연소 상한계(UFL)
　　　　L : 연소 하한계(LFL)

② 위험도 산출 예시

가연성 기체	연소 하한계(LFL)	연소 상한계(UFL)	위험도(H)
수소(hydrogen)	4.1	75	17.29
아세틸렌(acetylene)	2.5	81	31.4
메테인(methane)	5	15	2
프로페인(propane)	2.1	9.5	3.52

5. 완전연소 조성농도

(1) 최소 산소농도(MOC농도)

① 화염을 전파하기 위해 필요한 최소한의 산소농도를 뜻한다.
② 최소 산소농도(MOC농도)의 계산식

$$\text{MOC농도} = \text{폭발하한계} \times \frac{\text{산소의 몰수}}{\text{연료의 몰수}} \text{ (vol\%)}$$

예 프로페인의 폭발하한이 2.1%일 때 프로페인의 완전연소 반응식은
$C_3H_8 + 5O_2 \rightarrow 3CO_2 + 4H_2O$이므로,
$\text{MOC} = 2.1 \times \frac{5}{1} = 10.5\%$
∴ 프로페인의 최소 산소농도는 10.5%이다.

확인! OX

다음은 위험도(H)에 대한 설명이다. 옳으면 "O", 틀리면 "X"로 표시하시오.
1. 수소의 위험도가 아세틸렌의 위험도보다 크다. (　)
2. 프로페인의 위험도가 수소의 위험도보다 크다. (　)

정답 1. X 2. X

| 해설 |
1. 수소의 위험도(17.29)는 아세틸렌의 위험도(31.4)보다 작다.
2. 프로페인의 위험도(3.52)는 수소의 위험도(17.29)보다 작다.

(2) 완전연소 조성농도(화학양론농도)

① 가연성 물질 1mol이 완전연소할 수 있는 공기와의 혼합기체 중 가연성 물질의 부피(%)를 말하며 발열량이 최대이고 폭발 파괴력이 가장 강한 농도를 뜻한다.

② 산소농도의 계산식

$$O_2 = a + \frac{(b-c-2d)}{4} + e$$

여기서, a : 탄소원자 수
b : 수소원자 수
c : 할로겐원자 수
d : 산소원자 수
e : 질소원자 수

③ 화학양론농도(C_{st})[vol%]의 계산식

$$C_{st} = \frac{100}{1 + 4.773\left[a + \frac{(b-c-2d)}{4} + e\right]}$$

여기서, a : 탄소원자 수
b : 수소원자 수
c : 할로겐원자 수
d : 산소원자 수
e : 질소원자 수

6. 화재의 종류 및 예방대책

(1) 화재의 종류

① 화재란 사람의 의도에 반하거나 고의 또는 과실에 의하여 발생하는 연소현상으로서 소화할 필요가 있는 현상 또는 사람의 의도에 반하여 발생하거나 확대된 화학적 폭발현상을 말한다.
  ㉠ 인간의 의도에 반하거나 또는 방화에 의하여 발생하여야 한다.
  ㉡ 사회공익을 해치거나 인명 및 경제적 손실을 수반하기 때문에 이를 방지하기 위하여 소화할 필요성이 있는 연소현상이어야 한다.
  ㉢ 소화시설 또는 이와 같은 효과가 있는 것을 이용할 필요가 있어야 한다.

② 화재의 분류
  ㉠ 일반화재(A급 화재)
   • 생활 주변에 가장 많이 존재하는 면화류, 목모, 대팻밥, 넝마, 종이, 사류, 볏짚, 고무, 석탄, 목재 등의 일반가연물과 폴리에스터(폴리에스테르), 폴리아크릴, 폴리아마이드, 폴리에틸렌, 폴리프로필렌, 폴리우레탄 등의 합성고분자 물질이 가연물이 되는 화재를 말한다.
   • 다른 화재보다 발생 건수가 월등히 많고, 연소 후 재를 남기며, 보통화재라고도 불린다.
   • 냉각이 가장 효율적인 소화방법이므로 다량의 물 또는 수용액을 사용한다.

+ 괄호문제

다음 괄호 안에 알맞은 내용을 쓰시오.

① ( )란 사람의 의도에 반하거나 고의 또는 과실에 의하여 발생하는 연소현상으로서 소화할 필요가 있는 현상 또는 사람의 의도에 반하여 발생하거나 확대된 화학적 폭발현상을 말한다.

② ( )는 다른 화재보다 발생 건수가 월등히 많고, 연소 후 재를 남기며, 보통화재라고도 불린다.

| 정답 |
① 화재
② 일반화재(A급 화재)

확인! OX

다음은 화재에 대한 설명이다. 옳으면 "O", 틀리면 "X"로 표시하시오.

1. 생활 주변에 가장 많이 존재하는 면화류, 목모, 대팻밥, 넝마, 종이, 사류, 볏짚, 고무, 석탄, 목재 등의 일반가연물과 폴리에스터, 폴리아크릴, 폴리아마이드, 폴리에틸렌, 폴리프로필렌, 폴리우레탄 등의 합성고분자 물질이 가연물이 되는 화재를 일반화재라고 한다. ( )

2. 전기화재(C급 화재)는 화재를 소화할 때 냉각이 가장 효율적이므로 다량의 물 또는 수용액으로 소화할 수 있다. ( )

정답 1. O 2. X

| 해설 |
2. 일반화재(A급 화재)에 대한 설명이다.

+ 괄호문제

다음 괄호 안에 알맞은 내용을 쓰시오.
① ( )란 인화성 액체, 가연성 액체, 알코올 및 인화성 가스와 같은 유류가 타는 화재를 말한다.
② ( )란 주방에서 동식물유를 취급하는 조리기구에서 일어나는 화재를 말한다.

| 정답 |
① 유류화재(B급 화재)
② 주방화재(K급 화재)

ⓒ 유류화재(B급 화재)
- 인화성 액체, 가연성 액체, 알코올 및 인화성 가스와 같은 유류가 타는 화재를 말한다.
- 연소 후 재를 남기지 않으며, 연소열이 크고 연소성이 좋기 때문에 일반화재보다 위험하다.
- 소화를 위해서는 포 등을 이용한 질식소화가 적응성이 있다.
- 알코올 등의 수용성 액체는 일반포가 적응성이 없으므로 내알코올형포를 사용해야 한다.

ⓒ 전기화재(C급 화재)
- 통전 중인 전기기기 등의 화재를 말한다(전기에너지가 발화원으로 작용한 화재가 아님).
- 소화 시 물 등처럼 전기전도성을 가진 액체를 사용하면 감전의 위험이 있으므로 주의해야 한다.

ⓒ 금속화재(D급 화재)
- 가연성 금속류가 가연물이 되는 화재를 말한다.
- 금속류 중 가연성이 강한 것으로는 칼륨, 나트륨, 마그네슘, 알루미늄 등이 있으며 괴상보다는 분말상으로 존재할 때 가연성이 현저히 증가한다.
- 물과 반응하여 폭발성이 강한 수소를 발생시키는 것이 대부분으로, 화재 시 수계 소화약제를 사용해서는 안 되고 금속화재용 분말소화약제나 건조사(마른 모래) 등을 사용해야 한다.

ⓜ 주방화재(K급 화재)
- 주방에서 동식물유를 취급하는 조리기구에 일어나는 화재를 말한다.
- 연소물의 표면을 차단하는 비누화작용 및 식용유 자체의 온도를 발화점 이하로 빠르게 하강시켜 주는 냉각작용이 동시에 필요하다.

[화재의 종류별 적응 소화제]

구분	A급	B급	C급	D급
명칭	일반화재	유류화재	전기화재	금속화재
가연물	목재, 종이, 섬유 등	유류 및 가스	전기기계·기구 등	Mg 분말, Al 분말 등
소화효과	냉각	질식	질식, 냉각	질식
적용 소화제	• 물 • 산알칼리 소화기 • 강화액 소화기	• 포말 소화기 • CO_2 소화기 • 분말 소화기 • 할론 1211 • 할론 1301	• CO_2 소화기 • 분말 소화기 • 할론 1211 • 할론 1301	• 마른 모래 • 팽창질석

확인! OX

다음은 화재에 대한 설명이다. 옳으면 "O", 틀리면 "X"로 표시하시오.

1. 전기화재 소화 시 물 등처럼 전기전도성을 가진 액체를 사용하면 감전의 위험이 있으므로 주의해야 한다. ( )
2. 금속화재의 적용 소화제는 마른 모래와 팽창질석이다. ( )

정답 1. O 2. O

[화재의 종류(소화기구 및 자동소화장치의 화재안전기술기준)]

화재의 분류	정의
일반화재 (A급 화재)	• 나무, 섬유, 종이, 고무, 플라스틱류와 같은 일반 가연물이 타고 나서 재가 남는 화재 • 일반화재에 대한 소화기의 적응 화재별 표시는 'A'로 표시
유류화재 (B급 화재)	• 인화성 액체, 가연성 액체, 석유 그리스, 타르, 오일, 유성도료, 솔벤트, 래커, 알코올 및 인화성 가스와 같은 유류가 타고 나서 재가 남지 않는 화재 • 유류화재에 대한 소화기의 적응 화재별 표시는 'B'로 표시
전기화재 (C급 화재)	• 전류가 흐르고 있는 전기기기, 배선과 관련된 화재 • 전기화재에 대한 소화기의 적응 화재별 표시는 'C'로 표시
금속화재 (D급 화재)	• 마그네슘 합금 등 가연성 금속에서 일어나는 화재 • 금속화재에 대한 소화기의 적응 화재별 표시는 'D'로 표시
주방화재 (K급 화재)	• 주방에서 동식물유를 취급하는 조리기구에서 일어나는 화재 • 주방화재에 대한 소화기의 적응 화재별 표시는 'K'로 표시

+ 괄호문제

다음 괄호 안에 알맞은 내용을 쓰시오.

① ( )란 나무, 섬유, 종이, 고무, 플라스틱류와 같은 일반 가연물이 타고 나서 재가 남는 화재를 말한다.
② 용접·용단 작업 시 작업반경 ( )m 이내에 건물구조 자체나 내부(개구부 등으로 개방된 부문을 포함)에 가연성 물질이 있는 장소에는 화재감시자를 배치한다.

| 정답 |
① 일반화재(A급 화재)
② 11

(2) 화재의 예방대책

① 가연물이 있는 장소에서 화재위험작업 시 화재예방 준수사항
  ㉠ 작업준비 및 작업절차 수립
  ㉡ 작업장 내 위험물의 사용·보관 현황 파악
  ㉢ 화기작업에 따른 인근 가연성 물질에 대한 방호조치 및 소화기구 비치
  ㉣ 용접불티 비산방지덮개, 용접방화포 등 불꽃, 불티 등 비산방지조치
  ㉤ 인화성 액체의 증기 및 인화성 가스가 남아 있지 않도록 환기 등의 조치
  ㉥ 작업근로자에 대한 화재예방 및 피난교육 등 비상조치
② 불꽃·불티 등의 비산을 방지하기 위한 조치 등 안전조치를 이행한 후 근로자에게 화재위험작업을 하도록 한다.
③ 화재위험작업이 시작되는 시점부터 종료될 때까지 작업내용, 작업일시, 안전점검 및 조치에 관한 사항 등을 해당 작업장소에 서면으로 게시한다.

(3) 용접·용단 작업 시 화재감시자의 배치(산업안전보건기준에 관한 규칙 제241조의2)

① 작업반경 11m 이내에 건물구조 자체나 내부(개구부 등으로 개방된 부문을 포함)에 가연성 물질이 있는 장소
② 작업반경 11m 이내의 바닥 하부에 가연성 물질이 11m 이상 떨어져 있지만 불꽃에 의해 쉽게 발화될 우려가 있는 장소
③ 가연성 물질이 금속으로 된 칸막이·벽·천장 또는 지붕의 반대쪽 면에 인접해 있어 열전도나 열복사에 의해 발화될 우려가 있는 장소

(4) 화재 위험이 있는 물질을 취급하는 경우 화기사용 금지

① 합성섬유·합성수지·면·양모·천조각·톱밥·짚·종이류 또는 인화성 액체(1기압에서 인화점이 250℃ 미만의 액체)
② 폭발성 물질 및 유기과산화물, 물반응성 물질 및 인화성 고체, 인화성 가스

확인! OX

다음은 화재의 예방대책에 대한 설명이다. 옳으면 "O", 틀리면 "X"로 표시하시오.

1. 불꽃, 불티 등의 비산을 방지하기 위한 조치 등 안전조치를 이행한 후 근로자에게 화재위험작업을 하도록 한다. ( )
2. 화재위험작업이 시작되는 시점부터 종료될 때까지 작업내용, 작업일시, 안전점검 및 조치에 관한 사항 등을 해당 작업장소에 서면으로 게시한다. ( )

정답 1. O 2. O

7. 연소파와 폭굉파

(1) 연소파(combustion wave)

① 가연성 가스에 적당량의 공기를 혼합하여 그 농도를 폭발범위 이내로 만들어 예혼합연소를 시키면, 가연성 가스가 공기 중에 확산하면서 연소하는 확산연소에 비해 연소속도가 매우 빠르게 된다.

② 이러한 예혼합가스를 착화원으로 인화시키면, 처음에는 착화원 근처에 국한된 반응영역이 형성되고 이것이 혼합가스 중에 전파하여 가게 되는데, 이와 같이 전파해 가는 화염면의 진행파를 연소파라고 한다. 그 진행속도는 가스의 종류 및 조성에 따라 다르나 대체로 0.1~10m/s이다.

③ 이때 만일 혼합가스가 밀폐된 용기 또는 폐쇄된 곳에 존재할 때는 발생한 연소열 때문에 연소가스는 팽창하여 고압을 발생시켜 기물 또는 건물 등을 파괴하게 되는데 이것이 가스폭발이다.

(2) 폭굉파(detonation wave)

① 관내 혼합가스의 한 지점에서 착화했을 때, 연소파가 어떤 거리를 진행한 후 돌발적으로 연소전파속도가 증가하여 그 연소속도가 1,000~3,500m/s에 도달하는 경우가 있다. 이와 같은 현상을 폭굉현상(detonation)이라 하며 이때 국한된 반응영역을 폭굉파라고 한다.

② 폭굉파의 전파속도는 음속을 넘는 것으로 그 진행방향에 충격파가 형성된다.

③ 또한 충격파는 그 진행방향에 고속 유동층이 존재하고 있기 때문에 이것이 물체에 충돌하면 아주 단시간이지만 강력한 충돌적 압력을 미치게 하여 기계적인 파괴작용을 일으킨다.

[연소파와 폭굉파]

구분	연소파	폭굉파
정의	반응 후에 온도는 올라가나 밀도가 내려가서 압력은 일정하게 유지됨	반응 후에 온도와 밀도 모두 올라가서 압력이 증가함
특성	T 상승, P 일정, ρ 감소 그래프	T, P, ρ 모두 상승 그래프
연소속도	0.1~10m/s	1,000~3,500m/s
충격파	형성되지 않음	형성됨

+ 괄호문제

다음 괄호 안에 알맞은 내용을 쓰시오.

① 연소파의 연소속도는 가스의 종류 및 조성에 따라 다르나 대체로 (㉠)m/s이고, 폭굉파의 연소속도는 (㉡)m/s에 도달하는 경우를 말한다.

② (㉠)는 관내 혼합가스의 한 지점에서 착화했을 때, 연소파가 어떤 거리를 진행한 후 돌발적으로 연소전파속도가 증가하여 그 연소속도가 (㉡)m/s에 도달하는 경우를 말한다.

| 정답 |
① ㉠ 0.1~10,
  ㉡ 1,000~3,500
② ㉠ 폭굉파,
  ㉡ 1,000~3,500

확인! OX

다음은 연소파와 폭굉파에 대한 설명이다. 옳으면 "O", 틀리면 "X"로 표시하시오.

1. 예혼합가스를 착화원으로 인화시키면, 처음에는 착화원 근처에 국한된 반응영역이 형성되고 이것이 혼합가스 중에 전파하여 가게 되는데, 이와 같이 전파해 가는 화염면의 진행파를 연소파라고 한다. ( )

2. 폭굉파의 전파속도는 음속을 넘는 것으로 그 진행방향에 충격파가 형성된다. ( )

정답 1. O 2. O

8. 폭발의 원리

(1) 폭연-폭굉전이(DDT) 조건
① 가연성 혼합기의 농도가 폭발범위 이내일 것
② 혼합기가 들어 있는 용기나 파이프 길이가 직경의 10배 이상일 것
③ 파이프의 직경이 최소 12mm 이상일 것

(2) 폭연-폭굉전이(DDT) 일반적 전이과정
① 1단계 : 밀폐된 배관이나 덕트 등의 미연소 혼합가스의 한 부분에서 착화 발생
② 2단계 : 화염은 전방의 미연소 혼합기를 팽창시키며 전방으로 선행(화염전파)
③ 3단계 : 화염 전방에 압축파 발생
④ 4단계 : 약한 압축파가 중첩되어 강한 압축파인 충격파 발생
⑤ 5단계 : 충격파의 단열압축에 의한 온도가 자연발화온도(AIT) 이상 상승하여 폭굉파 형성
⑥ 6단계 : 충격파는 연소반응에 의한 방출열에 의해 유지되고 화염은 충격파에 의해 보호

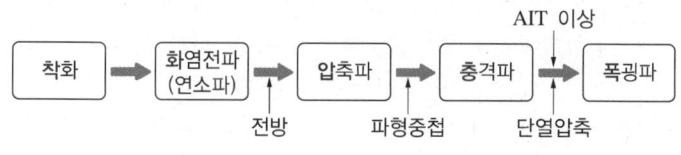

[폭연-폭굉의 일반적인 전이과정]

제2절 소화 원리 이해

1. 소화

(1) 정의
① 소화란 가연성 물질의 연소로 인한 화재 시 산소의 공급을 차단·희석시키거나, 발화온도 이하로 온도를 낮추거나, 가연성 물질을 화재현장으로부터 제거시키거나, 연소의 연쇄반응을 차단·억제시키는 것을 말한다.
② 소화는 인간에게 불안감, 공포감과 함께 인명과 재산상의 손실을 가져다주는 화재 제어가 주목적이며 연소의 3요소 또는 4요소 중 하나 또는 전부를 제거하는 것으로 물리적 소화방법과 화학적 소화방법이 있다.

+ 괄호문제

다음 괄호 안에 알맞은 내용을 쓰시오.
① ( )란 연소가 진행되고 있는 계의 열을 빼앗아 온도를 떨어트림으로써 불을 끄는 방법이며, 가연물의 온도가 인화점 이하로 떨어지면 열분해나 증발에 의해서 발생하던 가연성 증기의 농도가 연소범위의 하한계 아래로 떨어져 연소는 제어된다.
② ( )란 가연물을 제거하여 연소현상을 제어하는 소화법, 즉 가연물과 화원을 격리시킴으로써 연소를 중단시키는 방법을 말한다.

| 정답 |
① 냉각소화
② 제거소화

확인! OX

다음은 소화의 종류에 대한 설명이다. 옳으면 "O", 틀리면 "X"로 표시하시오.

1. 이산화탄소 등 불활성 가스의 방출로 화재를 제어하는 것을 질식소화라 한다.
( )
2. 산림화재에서 화염이 진행하는 방향으로 나무 등의 가연물을 미리 제거하여 더 이상 화염이 확산되는 것을 막는 것은 냉각소화이다.
( )

정답 1. O 2. X

| 해설 |
2. 제거소화에 대한 설명이다.

(2) 소화의 종류

① 물리적 소화방법
  ㉠ 질식소화 : 연소의 물질조건 중 하나인 산소의 공급을 차단하여 소화의 목적을 달성하는 방법이다.
    • 유류화재에서 폼으로 유면을 덮어서 불을 끄는 것
    • 이산화탄소 등 불활성 가스의 방출로 화재를 제어하는 것
    • 발화 초기에 쓸 수 있는 응급조치로 담요나 모래 등으로 덮어서 불을 끄는 것
    • 연소가 진행되고 있는 구획을 밀폐하여 소화하는 것
  ㉡ 냉각소화 : 연소가 진행되고 있는 계의 열을 빼앗아 온도를 떨어트림으로써 불을 끄는 방법이며, 가연물의 온도가 인화점 이하로 떨어지면 열분해나 증발에 의해서 발생하던 가연성 증기의 농도가 연소범위의 하한계 아래로 떨어져 연소는 제어된다.
  ㉢ 제거소화 : 가연물을 제거하여 연소현상을 제어하는 소화법, 즉 가연물과 화원을 격리시킴으로써 연소를 중단시키는 방법이다.
    • 화재현장에서 대상물을 파괴하거나 제거하여 연소를 방지
    • 가스화재에서 밸브를 잠금으로써 연소를 중지시키는 방법
    • 산림화재에서 화염이 진행하는 방향으로 나무 등의 가연물을 미리 제거하여 더 이상 화염이 확산되는 것을 막는 것

② 화학적 소화방법
  ㉠ 부촉매를 활용하는 소화방법, 염(炎)억제작용
  ㉡ 화학적 소화는 연쇄반응을 억제하면서 동시에 질식, 냉각, 제거 등의 작용을 한다.
  ㉢ 연쇄반응 억제란 할로겐화합물 등을 첨가하여 OH^+와 같은 활성라디칼인 연쇄전달체를 포착하여, 활성화에너지를 크게 하여 연소반응을 중단시키는 작용이다. 즉, 탄화수소계의 수소 등 물질이 치환됨으로 가연성 물질이 불연성 물질화되어 활성화에너지가 커진다.
  ㉣ 화학적 소화는 작열연소(심부화재)에는 효과가 없다.
  ㉤ 소화설비 : 할론, 분말, 청정소화설비(할로겐화합물), 산알칼리, 화학포, 강화액 소화기 등

[소화방법]

소화방법		내용
물리적 소화	질식소화	산소공급원 차단
	냉각소화	점화원, 점화에너지 차단
	제거소화	가연물 제거 또는 차단
화학적 소화	억제소화	연쇄반응 차단

2. 소화기의 종류

(1) 개요

① 소화기란 소화약제를 압력에 따라 방사하는 기구로서 사람이 수동으로 조작하여 소화하는 것을 말한다(소화약제에 따른 간이소화용구를 제외).

② 소화약제에 의한 분류
  ㉠ 액체 : 물, 강화액, 산알칼리, 포말소화기
  ㉡ 가스 : 이산화탄소, 할론, 할로겐화합물 및 불활성 기체 소화약제 소화기
  ㉢ 고체 : 분말소화기

③ 방출방식에 의한 분류
  ㉠ 자기방출식 : 가스계 소화기 중 증기압력이 높아 자기증기압으로 약제를 방출하는 방식
  ㉡ 축압식 : 용기 내에 소화약제 및 축압용 가스를 혼합하여 설치하고 축압가스의 가스압으로 약제를 방출하는 방식
  ㉢ 가압식 : 용기 외부 또는 내부에 가압용기를 설치하고 가압용기의 가스압으로 용기 내에 있는 약제를 방출하는 방식
  ㉣ 기계펌프식 : 내장된 수동식 펌프를 사용하여 펌프의 압력으로 약제를 방출하는 방식
  ㉤ 반응식 : 소화약제의 화학적 반응에 의해 발생된 가스압에 의해 약제를 방출하는 방식

(2) 소화기의 구조원리

① 분말소화기 : 분말소화기는 ABC급과 BC급으로 구분되며 현재 시중에 판매되는 분말소화기는 대부분 ABC급이다.

  ㉠ 소화약제

소화약제	적응소화
탄산수소나트륨($NaHCO_3$)	BC급
탄산수소칼륨($KHCO_3$)	BC급
제1인산암모늄($NH_4H_2PO_4$)	ABC급
탄산수소칼륨($KHCO_3$) + 요소[$(NH_2)_2CO$]	BC급

  ㉡ 구조
    • 가압식 소화기 : 본체 용기에는 규정량의 소화약제가 충전되어 있으며, 가압용 가스로는 소형의 경우 이산화탄소, 대형의 경우 이산화탄소 또는 질소가스가 사용된다.
    • 축압식 소화기 : 본체 용기에는 규정량의 소화약제와 함께 압력원인 질소가스가 충전되어 있다. 용기 내 압력을 확인할 수 있도록 지시압력계가 부착되어 사용 가능한 범위(0.7~0.98MPa)가 녹색으로 되어 있다.

+ 괄호문제

다음 괄호 안에 알맞은 내용을 쓰시오.
① ( )란 소화약제를 압력에 따라 방사하는 기구로서 사람이 수동으로 조작하여 소화하는 것을 말한다.
② ( )의 본체 용기에는 규정량의 소화약제와 함께 압력원인 질소가스가 충전되어 있다. 용기 내 압력을 확인할 수 있도록 지시압력계가 부착되어 사용 가능한 범위가 녹색으로 되어 있다.

| 정답 |
① 소화기
② 축압식 소화기

확인! OX

다음은 소화약제의 종류에 대한 설명이다. 옳으면 "O", 틀리면 "X"로 표시하시오.
1. 소화약제 탄산수소나트륨($NaHCO_3$)에 대한 적응소화는 B, C급이다. ( )
2. 소화약제 제1인산암모늄($NH_4H_2PO_4$)에 대한 적응소화는 A, B, C급이다. ( )

정답 1. O 2. O

+ 괄호문제

다음 괄호 안에 알맞은 내용을 쓰시오.
① ( )소화기의 구조 : 본체 용기에 충전된 ( )는 레버식 밸브(대형소화기는 핸들식)의 개폐에 의해 방사되므로 방사를 중지할 수 있다. 밸브 본체에는 일정한 압력(이상압력)에서 작동하는 안전밸브가 장치되어 있다.
② 이산화탄소소화기의 적응화재는 ( )급이다.

| 정답 |
① 이산화탄소
② BC

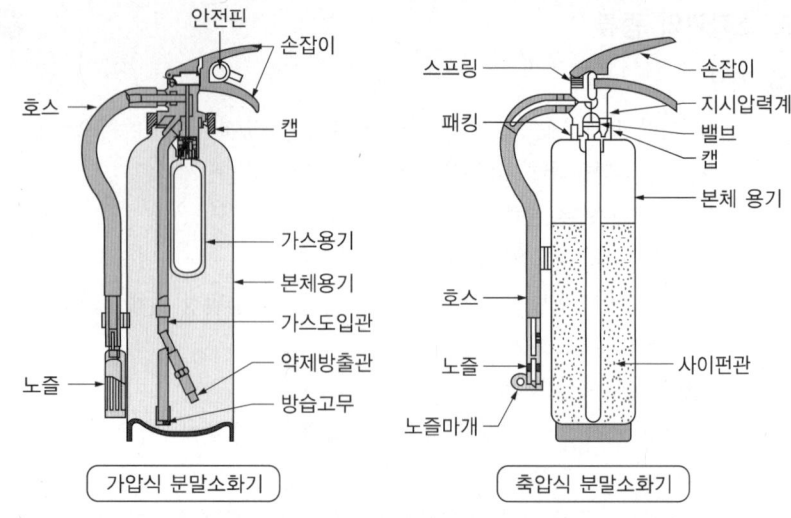

[분말소화기의 구조]

② 이산화탄소소화기
  ㉠ 소화약제
    • 주성분 : 이산화탄소 가스
    • 적응화재 : BC급
    • 소화효과 : 질식, 냉각소화
  ㉡ 구조 : 본체 용기에 충전된 이산화탄소는 레버식 밸브(대형소화기는 핸들식)의 개폐에 의해 방사되므로 방사를 중지할 수 있다. 밸브 본체에는 일정한 압력(이상압력)에서 작동하는 안전밸브가 장치되어 있다.

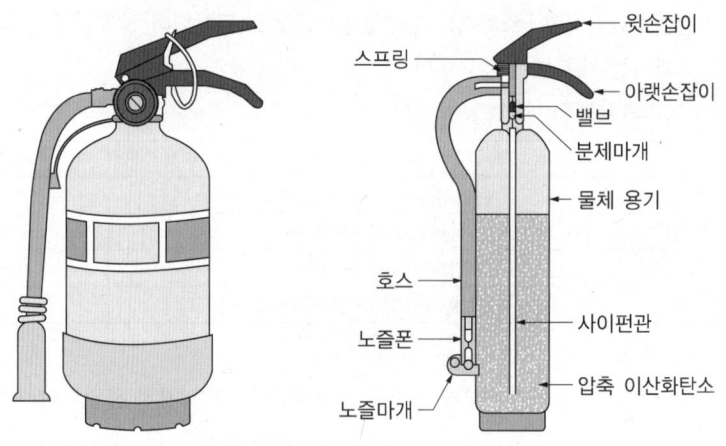

[이산화탄소소화기의 구조]

확인! OX

다음은 소화기에 대한 설명이다. 옳으면 "O", 틀리면 "X"로 표시하시오.
1. 이산화탄소소화기는 질식, 냉각소화 효과가 있다. ( )
2. 할론소화기는 억제(부촉매) 및 질식소화 효과가 있다. ( )

정답 1. O 2. O

③ 할론소화기
  ㉠ 소화약제
    - 할론 1211 : CF_2ClBr
    - 할론 2402 : $C_2F_4Br_2$
    - 할론 1301 : CF_3Br
  ㉡ 적응화재 및 소화효과
    - 적응화재 : BC급(할론 1211, 할론 1301 : ABC급)
    - 소화효과 : 억제(부촉매) 및 질식소화
  ㉢ 구조
    - 할론 1211, 할론 2402 소화기 : 용기 내 압력을 가리키는 지시압력계가 붙어 있어 사용 가능한 압력범위가 녹색으로 되어 있다.
    - 할론 1301 소화기 : 고압가스로서 가스 자체의 압력(증기압)으로 방사(질소가스로 가압한 것도 있음)한다. 할론소화약제 중 가장 소화능력이 좋으며, 독성이 가장 적고 냄새가 없다.

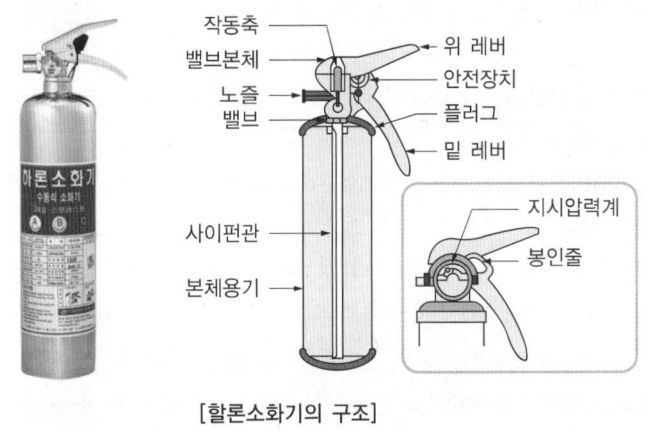

[할론소화기의 구조]

+ 괄호문제

다음 괄호 안에 알맞은 내용을 쓰시오.
① ( )의 소화약제는 CF_2ClBr이다.
② ( )의 소화약제는 CF_3Br이다.

| 정답 |
① 할론 1211
② 할론 1301

제3절 폭발방지대책 수립

1. 폭발방지대책   중요도 ★★☆

(1) 폭발위험장소 구분

① 0종 장소 : 가스, 증기 또는 미스트의 가연성 물질의 공기 혼합물로 구성되는 폭발분위기가 장기간 또는 빈번하게 생성되는 장소를 말한다.

② 1종 장소 : 가스, 증기 또는 미스트의 가연성 물질의 공기 혼합물로 구성되는 폭발분위기가 정상작동 중에 생성될 수 있는 장소를 말한다.

확인! OX

다음은 폭발위험장소에 대한 설명이다. 옳으면 "O", 틀리면 "X"로 표시하시오.

1. 0종 장소는 가스, 증기 또는 미스트의 가연성 물질의 공기 혼합물로 구성되는 폭발분위기가 장기간 또는 빈번하게 생성되는 장소이다. ( )

2. 1종 장소는 가스, 증기 또는 미스트의 가연성 물질의 공기 혼합물로 구성되는 폭발분위기가 정상작동 중에는 생성될 가능성이 없으나, 만약 위험 분위기가 생성될 경우에는 그 빈도가 극히 희박하고 아주 짧은 시간 지속되는 장소이다. ( )

정답 1. O 2. X

| 해설 |
2. 1종 장소는 가스, 증기 또는 미스트의 가연성 물질의 공기 혼합물로 구성되는 폭발분위기가 정상작동 중에 생성될 수 있는 장소이다.

+ 괄호문제

다음 괄호 안에 알맞은 내용을 쓰시오.
① (　)란 가스, 증기 또는 미스트의 가연성 물질의 공기 혼합물로 구성되는 폭발 분위기가 정상작동 중에는 생성될 가능성이 없으나, 만약 위험 분위기가 생성될 경우에는 그 빈도가 극히 희박하고 아주 짧은 시간 지속되는 폭발위험장소이다.
② (　)는 폭발압력방출장치로서 explosion relief vents, deflagration vents 등으로 표기되고, 폭압방산구, 폭발구 등으로 불리고 있다.

| 정답 |
① 2종 장소
② 폭발 압력 방산구

③ 2종 장소 : 가스, 증기 또는 미스트의 가연성 물질의 공기 혼합물로 구성되는 폭발 분위기가 정상작동 중에는 생성될 가능성이 없으나, 만약 위험 분위기가 생성될 경우에는 그 빈도가 극히 희박하고 아주 짧은 시간 지속되는 장소를 말한다.

(2) 폭발위험장소 구분방법

① 누출원 계산에 의한 방법 : 물질과 누출의 특성 등을 고려하여 폭발위험장소를 계산한다.
② 산업코드 및 국가표준 이용 : 부속서 K에 따라 산업계 코드(code) 등을 활용하여 계산 없이 일괄적으로 구분하는 방법이다.
③ 간이법 : 개별 누출원에 대해 필요한 평가를 하는 것이 비현실적인 경우 적용하는 방법이다.
④ 조합법 : ①~③의 방법을 조합하여 적용한다.

(3) 분진폭발 방지대책(분진폭발방지에 관한 기술지침)

① 분진 제거 : 건축물의 바닥 및 기타 표면에 분진이 누적, 비산되지 않도록 제때 제거한다.
② 분진발생설비의 구조개선 : 분진이 외부로 비산되지 않도록 조치(뚜껑 또는 밀폐구조로 설치)한다.
③ 금속분리장치 설치 : 분쇄기의 입구에 스파크 발생 방지를 위한 금속분리장치를 설치해야 한다.
④ 제진설비 : 모든 분진발생 설비를 제진설비 장치에 연결하고, 여과포를 사용하는 제진설비에 차압계를 설치(여과포는 전도성 소재 사용)하며, 내부 고착물에 의한 열축적 등의 우려가 있는 경우 온도계를 설치해야 한다.
⑤ 점화원 관리 : 분진발생 또는 분진취급 지역에서 흡연 등 불꽃을 발생시키는 기기의 사용을 금지한다.
⑥ 접지 : 공기로 분진물질을 수송하는 설비 및 수송덕트의 접속부위에 접지 실시하여야 한다.
⑦ 불활성 가스 봉입 : 질소 등의 불활성 가스 봉입을 통해 산소를 폭발 최소농도 이하로 낮추어야 한다.
⑧ 폭발 방호장치 설치 : 고속 작동밸브, 폭발 압력 방산구, 폭발 억제장치 등을 설치한다.
　※ 폭발 압력 방산구 : 폭발압력방출장치로서 explosion relief vents, deflagration vents 등으로 표기되고 폭압방산구, 폭발구 등으로 불리고 있다. 각종 설비나 건물 등에 설치함으로써 내부에서 폭발이 발생된 경우 그 압력과 화염을 외부 안전한 곳으로 방산시켜 설비나 건물 등의 파괴를 방지하고 압력파(壓力波)나 비산물(飛散物) 등에 의한 피해를 억제할 수 있는 방호장치의 일종이다.

확인! OX

다음은 분진폭발 방지대책에 대한 설명이다. 옳으면 "O", 틀리면 "X"로 표시하시오.
1. 모든 분진발생설비를 제진설비 장치에 연결하고, 여과포를 사용하는 제진설비에 차압계를 설치(여과포는 전도성 소재 사용)하며, 내부 고착물에 의한 열축적 등의 우려가 있는 경우 온도계를 설치한다. (　)
2. 질소 등의 불활성 가스 봉입을 통해 산소를 폭발 최소농도 이하로 낮추어야 한다. (　)

| 정답 | 1. O 2. O

2. 폭발하한계 및 폭발상한계의 계산

중요도 ★★☆

(1) 르샤틀리에(Le Chatelier)의 법칙(혼합가스 성분의 연소범위 구하는 공식)

$$\text{혼합가스의 연소범위 하한계 } L = \frac{100}{\frac{V_1}{L_1} + \frac{V_2}{L_2} + \frac{V_3}{L_3}}$$

$$\text{혼합가스의 연소범위 상한계 } U = \frac{100}{\frac{V_1}{U_1} + \frac{V_2}{U_2} + \frac{V_3}{U_3}}$$

여기서, V_1, V_2, V_3 : 각 성분의 기체체적(%)
L_1, L_2, L_3 : 각 성분의 연소범위 하한계(vol%)
U_1, U_2, U_3 : 각 성분의 연소범위 상한계(vol%)

※ $V_1 + V_2 = 100$ 또는 $V_1 + V_2 = 1$
가연성 가스 + 불연성 가스일 경우 가연성 가스만 백분율하여 계산

(2) 존스(Jone's)식(하나의 가연성 가스 연소범위 구하는 공식)

파라핀계 탄화수소의 25℃에서의 연소 하한계(연소 상한계)는 화학양론조성비에 일정한 값을 곱하여 구할 수 있다.

$$LFL = 0.55\,C_{ST}, \quad UFL = 3.50\,C_{ST}$$

$$C_{ST} = \frac{\text{연료몰수}}{(\text{연료몰수} + \text{이론공기몰수})} \times 100\%$$

$$C_{ST} = \frac{\text{연료몰수}}{(\text{연료질량} + \text{이론공기질량})} \times 100\%$$

> **더 알아보기**
> - 폭발하한(LEL ; Lower Explosive Limit) : 공기 중에서의 가스 등의 농도가 이 범위 미만에서는 폭발되지 않는 한계
> - 폭발상한(UEL ; Upper Explosive Limit) : 공기 중에서의 가스 등의 농도가 이 범위를 넘는 경우에는 폭발되지 않는 한계

+ 괄호문제

다음 괄호 안에 알맞은 내용을 쓰시오.
① 혼합가스 성분의 연소범위 구하는 공식은 ( )이다.
② 하나의 가연성 가스 연소범위 구하는 공식은 ( )이다.

| 정답 |
① 르샤틀리에의 법칙
② 존스식

확인! OX

다음은 폭발하한계 및 폭발상한계에 대한 설명이다. 옳으면 "O", 틀리면 "X"로 표시하시오.

1. 폭발하한은 공기 중에서의 가스 등의 농도가 이 범위 미만에서는 폭발되지 않는 한계이다. ( )
2. 폭발상한은 공기 중에서의 가스 등의 농도가 이 범위를 넘는 경우에는 폭발되지 않는 한계이다. ( )

정답 1. O 2. O

CHAPTER 02 화학물질 안전관리 실행

PART 05. 화학설비 안전관리

49% 출제율

출제포인트
- 위험물의 정의 및 종류
- 화학물질의 분류기준
- 가스의 분류
- 노출기준
- 위험물의 성질 및 위험성
- 위험물의 저장 및 취급방법

기출 키워드

위험물, 노출기준, 물리적 위험성, 건강 유해성, 환경 유해성, 물질안전보건자료, 경고표지, 화학설비

제1절 화학물질(위험물, 유해화학물질) 확인

1. 위험물의 기초화학   중요도 ★☆☆

(1) 물질(matter)

① 정의 : 질량을 가지면서 공간을 차지하는 것을 말한다. 질량은 어떤 물체에 있는 물질의 양을 측정하는 척도가 되며 더 무거운 물질일수록 그것을 움직이게 하는데 더 큰 힘을 필요로 한다.

② 물질의 상태 : 물질은 고체(solid), 액체(liquid), 기체(gas) 세 가지 상태로 분리할 수 있다.

③ 물질의 성질

  ㉠ 화학적 성질(chemical property) : 물질이 조성의 변화를 겪을 때 발생한다.
   예 금속 마그네슘이 공기와 결합하여 흰색 분말의 산화마그네슘을 생성

  ㉡ 물리적 성질(physical property) : 물질의 화학적 조성에 변화 없이 관측되고 측정되는 성질이다.
   예 색, 밀도, 녹는점, 끓는점, 전기전도도 등

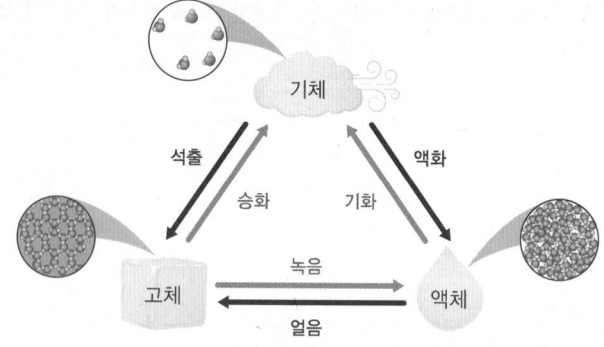

(2) 화학식

① 실험식(empirical formula)
  ㉠ 화합물 중에 포함되어 있는 원소의 종류와 원자 수를 가장 간단한 정수비로 나타낸 식이다.
  ㉡ H_2O_2의 실험식은 HO이고, C_2H_2, C_6H_6의 실험식은 CH

② 분자식(molecular formula)
  ㉠ 한 개의 분자 중에 들어 있는 원자의 종류와 그 수를 원소기호로 표시한 식이다.
  ㉡ $C_6H_{12}O_6$(포도당), H_2O(물) 등

③ 시성식(rational formula)
  ㉠ 분자의 성질을 표시할 수 있는 라디칼을 표시하여 그 결합상태를 나타낸 식이다.
  ㉡ CH_3COOH(초산), C_2H_5OH(에틸알코올) 등

④ 구조식(structural formula) : 분자 내의 원자와 원자의 결합 상태를 원자와 같은 수의 결합선으로 연결하여 나타낸 식이다.

+ 괄호문제

다음 괄호 안에 알맞은 내용을 쓰시오.
① ( )이란 질량을 가지면서 공간을 차지하는 것을 말한다. 질량은 어떤 물체에 있는 물질의 양을 측정하는 척도가 되며 더 무거운 물질일수록 그것을 움직이게 하는 데 더 큰 힘을 필요로 한다.
② 물질이 조성의 변화를 겪을 때 발생하는 물질의 성질을 ( )이라고 한다.

| 정답 |
① 물질
② 화학적 성질

2. 위험물 중요도 ★☆☆

(1) 정의

① 고유의 성질 혹은 직간접적으로 발생하는 화학반응에 의해 사람이나 다른 생물, 재산, 환경을 해칠 수 있는 물질을 말한다.
② 인화성 또는 발화성 등의 성질을 가지는 것으로서 대통령령으로 정하는 물품을 말한다(위험물안전관리법 제2조).

> **더 알아보기**
>
> • 인화성
>   – 가연성 액체의 인화에 대한 위험성은 인화점으로 결정한다.
>   – 인화점이란 액체가 공기 중에서 인화하는 데 충분한 농도의 증기를 발생하는 최저온도를 뜻한다.
> • 발화성
>   – 발화에 관한 기준도 발화점 또는 발화온도를 기준으로 그 위험성을 규정한다.
>   – 발화온도란 외부에서 화염, 전기불꽃 등의 착화원 없이 물질을 공기 중 또는 산소 중에서 가열한 경우 발화, 폭발하는 최저온도를 뜻한다.

③ 상온(20℃), 상압(1기압)에서 대기 중의 산소 또는 수분 등과 쉽게 격렬히 반응하면서, 수초 이내에 방출되는 막대한 에너지로 인하여 화재 및 폭발을 유발시키는 물질이다.

확인! OX

다음은 위험물에 대한 설명이다. 옳으면 "O", 틀리면 "X"로 표시하시오.

1. 인화점이란 액체가 공기 중에서 인화하는 데 충분한 농도의 증기를 발생하는 최저온도이다. ( )
2. 발화온도는 외부에서 화염, 전기불꽃 등의 착화원 없이 물질을 공기 중 또는 산소 중에서 가열한 경우 발화, 폭발하는 최저온도이다. ( )

정답 1. O 2. O

+ 괄호문제

다음 괄호 안에 알맞은 내용을 쓰시오.
① (　)은 1개 혹은 2개의 수소원자가 유기라디칼에 의하여 치환된 과산화수소의 유도체인 2가의 -O-O- 구조를 가지는 액체 또는 고체 유기물을 말한다.
② (　)은 물과의 상호작용에 의하여 자연발화하거나 인화성 가스의 양이 위험한 수준으로 발생하는 고체·액체 상태의 물질이나 그 혼합물을 말한다.

| 정답 |
① 유기과산화물
② 물반응성 물질

(2) 특징
① 화학적 구조와 결합력이 매우 불안정하다.
② 물이나 산소와의 반응이 용이하게 일어난다.
③ 반응속도가 빠르다.
④ 반응 시 발생하는 열량이 크다.
⑤ 반응 시 수소와 같은 가연성 가스가 발생된다.

3. 위험물의 종류   중요도 ★★☆

(1) 폭발성 물질 및 유기과산화물
① 정의
   ㉠ 폭발성 물질(explosives) : 자체의 화학반응에 의하여 주위 환경에 손상을 입힐 수 있는 온도, 압력과 속도를 가진 가스를 발생시키는 고체·액체 상태의 물질이나 그 혼합물을 말한다. 다만, 화공물질의 경우 가스가 발생하지 않더라도 폭발성 물질에 포함된다.
   ㉡ 유기과산화물(organic peroxides) : 1개 혹은 2개의 수소원자가 유기라디칼에 의하여 치환된 과산화수소의 유도체인 2가의 -O-O- 구조를 가지는 액체 또는 고체 유기물을 말한다.
② 종류(산업안전보건기준에 관한 규칙 별표 1)
   ㉠ 질산에스터류(질산에스테르류)
   ㉡ 나이트로화합물
   ㉢ 나이트로소화합물
   ㉣ 아조화합물
   ㉤ 다이아조화합물
   ㉥ 하이드라진유도체
   ㉦ 유기과산화물
   ㉧ 그 밖에 ㉠부터 ㉦까지의 물질과 같은 정도의 폭발 위험이 있는 물질
   ㉨ ㉠부터 ㉧까지의 물질을 함유한 물질

확인! OX

다음은 위험물에 대한 설명이다. 옳으면 "O", 틀리면 "X"로 표시하시오.
1. 질산에스터류, 나이트로화합물, 아조화합물, 하이드라진유도체 등은 물반응성 물질이다. (　)
2. 화공물질의 경우 가스가 발생하지 않더라도 폭발성 물질에 포함된다. (　)

정답 1. X 2. O

| 해설 |
1. 폭발성 물질이다.

(2) 물반응성 물질 및 인화성 고체
① 정의
   ㉠ 물반응성 물질 : 물과의 상호작용에 의하여 자연발화하거나 인화성 가스의 양이 위험한 수준으로 발생하는 고체·액체 상태의 물질이나 그 혼합물을 말한다.
   ㉡ 인화성 고체 : 가연 용이성 고체(분말, 과립상, 페이스트 형태의 물질로 성냥불씨와 같은 점화원을 잠깐 접촉하여도 쉽게 점화되거나 화염이 빠르게 확산되는 물질) 또는 마찰에 의해 화재를 일으키거나 화재를 돕는 고체를 말한다.

② 종류(산업안전보건기준에 관한 규칙 별표 1)
  ㉠ 리튬
  ㉡ 칼륨·나트륨
  ㉢ 황
  ㉣ 황린
  ㉤ 황화인·적린
  ㉥ 셀룰로이드류
  ㉦ 알킬알루미늄·알킬리튬
  ㉧ 마그네슘 분말
  ㉨ 금속 분말(마그네슘 분말은 제외)
  ㉩ 알칼리금속(리튬·칼륨 및 나트륨은 제외)
  ㉪ 유기금속화합물(알킬알루미늄 및 알킬리튬은 제외)
  ㉫ 금속의 수소화물, 금속의 인화물
  ㉬ 칼슘 탄화물, 알루미늄 탄화물
  ㉭ 그 밖에 ㉠부터 ㉬까지의 물질과 같은 정도의 발화성 또는 인화성이 있는 물질
  ㉮ ㉠부터 ㉭까지의 물질을 함유한 물질

(3) 산화성 액체 및 산화성 고체
  ① 정의
    ㉠ 산화성 액체 : 그 자체로는 연소하지 않더라도 일반적으로 산소를 발생시켜 다른 물질을 연소시키거나 연소를 촉진하는 액체를 말한다.
    ㉡ 산화성 고체 : 그 자체로는 연소하지 않더라도 일반적으로 산소를 발생시켜 다른 물질을 연소시키거나 연소를 촉진하는 고체를 말한다.
  ② 종류(산업안전보건기준에 관한 규칙 별표 1)
    ㉠ 차아염소산 및 그 염류
    ㉡ 아염소산 및 그 염류
    ㉢ 염소산 및 그 염류
    ㉣ 과염소산 및 그 염류
    ㉤ 브로민(브롬)산 및 그 염류
    ㉥ 아이오딘(요오드)산 및 그 염류
    ㉦ 과산화수소 및 무기 과산화물
    ㉧ 질산 및 그 염류
    ㉨ 과망가니즈(과망간)산 및 그 염류
    ㉩ 중크롬산 및 그 염류
    ㉪ 그 밖에 ㉠부터 ㉩까지의 물질과 같은 정도의 산화성이 있는 물질
    ㉫ ㉠부터 ㉪까지의 물질을 함유한 물질

+ 괄호문제

다음 괄호 안에 알맞은 내용을 쓰시오.

① ( )는 그 자체로는 연소하지 않더라도 일반적으로 산소를 발생시켜 다른 물질을 연소시키거나 연소를 촉진하는 액체를 말한다.

② ( )는 그 자체로는 연소하지 않더라도 일반적으로 산소를 발생시켜 다른 물질을 연소시키거나 연소를 촉진하는 고체를 말한다.

| 정답 |
① 산화성 액체
② 산화성 고체

확인! OX

다음은 위험물에 대한 설명이다. 옳으면 "O", 틀리면 "X"로 표시하시오.

1. 인화성 액체는 표준압력(101.3 kPa)에서 인화점이 93℃ 이하인 액체를 말한다. ( )
2. 차아염소산 및 그 염류, 아염소산 및 그 염류, 염소산 및 그 염류, 과염소산 및 그 염류는 물반응성 물질이다. ( )

정답 1. O 2. X

| 해설 |
2. 산화성 액체이다.

+ 괄호문제

다음 괄호 안에 알맞은 내용을 쓰시오.
① ( )는 20℃, 표준압력 101.3kPa에서 공기와 혼합하여 인화범위에 있는 가스와 54℃ 이하 공기 중에서 자연발화하는 가스를 말한다.
② 부식성 산류는 농도가 ( )% 이상인 염산, 황산, 질산, 그 밖에 이와 같은 정도 이상의 부식성을 가지는 물질을 말한다.

| 정답 |
① 인화성 가스
② 20

확인! OX

다음은 위험물에 대한 설명이다. 옳으면 "O", 틀리면 "X"로 표시하시오.
1. 인화성 가스의 종류에는 수소, 아세틸렌, 에틸렌, 메테인, 에테인, 프로페인, 뷰테인 등이 있다. ( )
2. 부식성 염기류는 농도가 30% 이상인 수산화나트륨, 수산화칼륨, 그 밖에 이와 같은 정도 이상의 부식성을 가지는 염기류를 말한다. ( )

| 정답 | 1. O 2. X

| 해설 |
2. 부식성 염기류는 농도가 40% 이상인 수산화나트륨, 수산화칼륨, 그 밖에 이와 같은 정도 이상의 부식성을 가지는 염기류를 말한다.

(4) 인화성 액체

① 정의 : 표준압력(101.3kPa)에서 인화점이 93℃ 이하인 액체를 말한다.
② 종류(산업안전보건기준에 관한 규칙 별표 1)
  ㉠ 에틸에테르, 가솔린, 아세트알데하이드, 산화프로필렌, 그 밖에 인화점이 23℃ 미만이고 초기 끓는점이 35℃ 이하인 물질
  ㉡ 노르말헥산, 아세톤, 메틸에틸케톤, 메틸알코올, 에틸알코올, 이황화탄소, 그 밖에 인화점이 23℃ 미만이고 초기 끓는점이 35℃를 초과하는 물질
  ㉢ 자일렌(크실렌), 아세트산아밀, 등유, 경유, 테레핀유, 아이소아밀알코올, 아세트산, 하이드라진, 그 밖에 인화점이 23℃ 이상 60℃ 이하인 물질

(5) 인화성 가스

① 정의 : 20℃, 표준압력 101.3kPa에서 공기와 혼합하여 인화범위에 있는 가스와 54℃ 이하 공기 중에서 자연발화하는 가스를 말한다.
② 종류(산업안전보건기준에 관한 규칙 별표 1)
  ㉠ 수소
  ㉡ 아세틸렌
  ㉢ 에틸렌
  ㉣ 메테인
  ㉤ 에테인
  ㉥ 프로페인
  ㉦ 뷰테인
  ㉧ 산업안전보건법 시행령 별표 13에 따른 인화성 가스

(6) 부식성 물질

① 정의 : 화학적인 작용으로 금속에 손상 또는 부식을 일으키는 물질 또는 그 혼합물을 말한다.
② 종류(산업안전보건기준에 관한 규칙 별표 1)
  ㉠ 부식성 산류
  • 농도가 20% 이상인 염산, 황산, 질산, 그 밖에 이와 같은 정도 이상의 부식성을 가지는 물질
  • 농도가 60% 이상인 인산, 아세트산, 불산, 그 밖에 이와 같은 정도 이상의 부식성을 가지는 물질
  ㉡ 부식성 염기류 : 농도가 40% 이상인 수산화나트륨, 수산화칼륨, 그 밖에 이와 같은 정도 이상의 부식성을 가지는 염기류

(7) 급성 독성 물질

① 정의 : 입 또는 피부를 통하여 1회 또는 24시간 이내에 수회로 나누어 투여되거나 호흡기를 통하여 4시간 동안 노출 시 나타나는 유해한 영향을 말한다.

② 종류(산업안전보건기준에 관한 규칙 별표 1)

㉠ 쥐에 대한 경구투입실험에 의하여 실험동물의 50%를 사망시킬 수 있는 물질의 양, 즉 LD_{50}(경구, 쥐)이 kg당 300mg-(체중) 이하인 화학물질

㉡ 쥐 또는 토끼에 대한 경피흡수실험에 의하여 실험동물의 50%를 사망시킬 수 있는 물질의 양, 즉 LD_{50}(경피, 토끼 또는 쥐)이 kg당 1,000mg-(체중) 이하인 화학물질

㉢ 쥐에 대한 4시간 동안의 흡입실험에 의하여 실험동물의 50%를 사망시킬 수 있는 물질의 농도, 즉 가스 LC_{50}(쥐, 4시간 흡입)이 2,500ppm 이하인 화학물질, 증기 LC_{50}(쥐, 4시간 흡입)이 10mg/L 이하인 화학물질, 분진 또는 미스트 1mg/L 이하인 화학물질

※ LD_{50}(Lethal Dose 50%, 반수치사용량) : 실험동물 집단에 물질을 투여했을 때 일정 시험기간 동안 실험동물 집단의 50%가 사망 반응을 나타내는 물질의 용량

※ LC_{50}(Lethal Concentration 50%, 반수치사농도) : 실험동물 집단에 물질을 흡입시켰을 때 일정 시험기간 동안 실험동물 집단의 50%가 사망 반응을 나타내는 물질의 공기 또는 물에서의 농도

4. 노출기준(화학물질 및 물리적 인자의 노출기준) 중요도 ★★☆

(1) 정의(제2조, 제6조)

근로자가 유해인자에 노출되는 경우 노출기준 이하 수준에서는 거의 모든 근로자에게 건강상 나쁜 영향을 미치지 아니하는 기준을 말하며, 1일 작업시간 동안의 시간가중평균노출기준(TWA ; Time Weighted Average), 단시간노출기준(STEL ; Short Term Exposure Limit), 또는 최고노출기준(C ; Ceiling)으로 표시한다.

① 시간가중평균노출기준(TWA) : 1일 8시간 작업을 기준으로 하여 유해인자의 측정치에 발생시간을 곱하여 8시간으로 나눈 값을 말하며, 다음 식에 따라 산출한다.

$$TWA \ 환산값 = \frac{C_1 T_1 + C_2 T_2 + \cdots + C_n T_n}{8}$$

여기서, C : 유해인자의 측정치(단위 : ppm, mg/m³ 또는 개/cm³)
T : 유해인자의 발생시간(단위 : 시간)

② 단시간노출기준(STEL) : 15분간의 시간가중평균노출값으로서 노출농도가 시간가중평균노출기준(TWA)을 초과하고 단시간노출기준(STEL) 이하인 경우에는 1회 노출 지속시간이 15분 미만이어야 하고, 이러한 상태가 1일 4회 이하로 발생하여야 하며, 각 노출의 간격은 60분 이상이어야 한다.

③ 최고노출기준(C) : 근로자가 1일 작업시간 동안 잠시라도 노출되어서는 아니 되는 기준을 말하며, 노출기준 앞에 'C'를 붙여 표시한다.

+ 괄호문제

다음 괄호 안에 알맞은 내용을 쓰시오.

① ( )은 실험동물 집단에 물질을 투여했을 때 일정 시험기간 동안 실험동물 집단의 50%가 사망 반응을 나타내는 물질의 용량을 말한다.

② ( )은 실험동물 집단에 물질을 흡입시켰을 때 일정 시험기간 동안 실험동물 집단의 50%가 사망 반응을 나타내는 물질의 공기 또는 물에서의 농도를 말한다.

| 정답 |
① LD_{50}(Lethal Dose 50%, 반수치사용량)
② LC_{50}(Lethal Concentration 50%, 반수치사농도)

확인! OX

다음은 노출기준에 대한 설명이다. 옳으면 "O", 틀리면 "X"로 표시하시오.

1. 단시간노출기준(STEL)은 1일 8시간 작업을 기준으로 하여 유해인자의 측정치에 발생시간을 곱하여 8시간으로 나눈 값을 말한다. ( )

2. 최고노출기준(C)은 근로자가 1일 작업시간 동안 잠시라도 노출되어서는 아니 되는 기준을 말한다. ( )

정답 1. X 2. O

| 해설 |
1. 시간가중평균노출기준(TWA)에 대한 설명이다.

+ 괄호문제

다음 괄호 안에 알맞은 내용을 쓰시오.
① ( )은 유해성·위험성이 평가된 유해인자나 유해성·위험성이 조사된 화학물질 중 근로자에게 중대한 건강장해를 일으킬 우려가 있는 물질을 말한다.
② ( )은 근로자가 상당한 건강장해를 일으킬 우려가 있어 건강장해를 예방하기 위한 보건상의 조치가 필요한 원재료·가스·증기·분진·흄·미스트로서 유기화합물, 금속류, 산·알칼리류, 가스상태 물질류를 말한다.

| 정답 |
① 제조 등 금지물질
② 관리대상 유해물질

---

④ 혼합물 : 화학물질이 2종 이상 혼재하는 경우에 혼재하는 물질 간에 유해성이 인체의 서로 다른 부위에 작용한다는 증거가 없는 한 유해작용은 가중되므로 노출기준은 다음식에 따라 산출하되, 산출되는 수치가 1일 초과하지 아니하는 것으로 한다.

$$\text{노출지수}(EI) = \frac{C_1}{T_1} + \frac{C_2}{T_2} + \cdots + \frac{C_n}{T_n}$$

여기서, C : 화학물질 각각의 측정치
T : 화학물질 각각의 노출기준

(2) 노출기준 사용상의 유의사항(제3조)

① 각 유해인자의 노출기준은 해당 유해인자가 단독으로 존재하는 경우의 노출기준을 말하며, 2종 또는 그 이상의 유해인자가 혼재하는 경우에는 각 유해인자의 상가작용으로 유해성이 증가할 수 있으므로 혼합물에 따라 산출하는 노출기준을 사용하여야 한다.
② 노출기준은 1일 8시간 작업을 기준으로 하여 제정된 것으로 이를 이용할 때에는 근로시간, 작업의 강도, 온열조건, 이상기압 등이 노출기준 적용에 영향을 미칠 수 있으므로 이와 같은 제반요인을 특별히 고려하여야 한다.
③ 유해인자에 대한 감수성은 개인에 따라 차이가 있으며 노출기준 이하의 작업환경에서도 직업성 질병에 이환되는 경우가 있으므로 노출기준을 직업병진단에 사용하거나 노출기준 이하의 작업환경이라는 이유만으로 직업성질병의 이환을 부정하는 근거 또는 반증자료로 사용하여서는 아니 된다.
④ 노출기준은 대기오염의 평가 또는 관리상의 지표로 사용하여서는 아니 된다.

확인! OX

다음은 노출기준에 대한 설명이다. 옳으면 "O", 틀리면 "X"로 표시하시오.
1. 노출기준은 대기오염의 평가 또는 관리상의 지표로 사용할 수 있다. ( )
2. 노출기준은 1일 8시간 작업을 기준으로 하여 제정된 것으로 이를 이용할 때에는 근로시간, 작업의 강도, 온열조건, 이상기압 등이 노출기준 적용에 영향을 미칠 수 있으므로 이와 같은 제반요인을 특별히 고려하여야 한다. ( )

정답 1. X   2. O

| 해설 |
1. 노출기준은 대기오염의 평가 또는 관리상의 지표로 사용할 수 없다.

---

5. 유해화학물질의 유해요인   중요도 ★★☆

(1) 유해인자의 관리

① 노출기준 설정 대상 유해인자
② 허용기준 설정 대상 유해인자 : 발암성 물질 등 근로자에게 중대한 건강장해를 유발할 우려가 있는 유해인자로서 대통령령으로 정하는 유해인자를 말한다.
③ 제조 등 금지물질 : 직업성 암을 유발하는 것으로 확인되어 근로자의 건강에 특히 해롭다고 인정되는 물질. 유해성·위험성이 평가된 유해인자나 유해성·위험성이 조사된 화학물질 중 근로자에게 중대한 건강장해를 일으킬 우려가 있는 물질을 말한다.
④ 제조 등 허가물질 : 허가대상 유해물질이란 고용노동부장관의 허가를 받지 않고는 제조·사용이 금지되는 물질, 대체물질이 개발되지 아니한 물질 등 대통령령으로 정하는 물질을 말한다.
⑤ 작업환경측정 대상 유해인자
⑥ 특수건강진단 대상 유해인자

⑦ 관리대상 유해물질 : 근로자가 상당한 건강장해를 일으킬 우려가 있어 건강장해를 예방하기 위한 보건상의 조치가 필요한 원재료·가스·증기·분진·흄·미스트로서 유기화합물, 금속류, 산·알칼리류, 가스상태 물질류를 말한다.

(2) 유해인자의 관리에 필요한 자료 확보를 위한 조사항목(산업안전보건법 시행규칙 제143조)
① 유해인자의 취급량
② 유해인자의 노출량
③ 취급 근로자 수
④ 취급 공정

(3) 화학물질의 분류기준(산업안전보건법 시행규칙 별표 18)
① 물리적 위험성 분류기준
  ㉠ 폭발성 물질 : 자체의 화학반응에 따라 주위환경에 손상을 줄 수 있는 정도의 온도·압력 및 속도를 가진 가스를 발생시키는 고체·액체 또는 혼합물
  ㉡ 인화성 가스 : 20℃, 표준압력(101.3kPa)에서 공기와 혼합하여 인화되는 범위에 있는 가스와 54℃ 이하 공기 중에서 자연발화하는 가스(혼합물 포함)
  ㉢ 인화성 액체 : 표준압력(101.3kPa)에서 인화점 93℃ 이하인 액체
  ㉣ 인화성 고체 : 쉽게 연소되거나 마찰에 의하여 화재를 일으키거나 촉진할 수 있는 물질
  ㉤ 에어로졸 : 재충전이 불가능한 금속·유리 또는 플라스틱 용기에 압축가스·액화가스 또는 용해가스를 충전하고 내용물을 가스에 현탁시킨 고체나 액상입자로, 액상 또는 가스상에서 폼·페이스트·분말상으로 배출되는 분사장치를 갖춘 것
  ㉥ 물반응성 물질 : 물과 상호작용을 하여 자연발화하거나 인화성 가스를 발생시키는 고체·액체 또는 혼합물
  ㉦ 산화성 가스 : 일반적으로 산소를 공급함으로써 공기보다 다른 물질의 연소를 더 잘 일으키거나 촉진하는 가스
  ㉧ 산화성 액체 : 그 자체로는 연소하지 않더라도, 일반적으로 산소를 발생시켜 다른 물질을 연소시키거나 연소를 촉진하는 액체
  ㉨ 산화성 고체 : 그 자체로는 연소하지 않더라도 일반적으로 산소를 발생시켜 다른 물질을 연소시키거나 연소를 촉진하는 고체
  ㉩ 고압가스 : 20℃, 200kPa 이상의 압력하에서 용기에 충전되어 있는 가스 또는 냉동액화가스 형태로 용기에 충전되어 있는 가스(압축가스, 액화가스, 냉동액화가스, 용해가스로 구분)
  ㉪ 자기반응성 물질 : 열적(熱的)인 면에서 불안정하여 산소가 공급되지 않아도 강렬하게 발열·분해하기 쉬운 액체·고체 또는 혼합물
  ㉫ 자연발화성 액체 : 적은 양이라도 공기와 접촉하여 5분 안에 발화할 수 있는 액체

+ 괄호문제

다음 괄호 안에 알맞은 내용을 쓰시오.
① 산업안전보건법 시행규칙 제143조에 의한 유해인자의 관리에 필요한 자료 확보를 한 조사항목은 (㉠), (㉡), (㉢), (㉣)이 있다.
② ( )는 20℃, 200kPa 이상의 압력하에서 용기에 충전되어 있는 가스 또는 냉동액화가스 형태로 용기에 충전되어 있는 가스(압축가스, 액화가스, 냉동액화가스, 용해가스로 구분)를 말한다.

| 정답 |
① ㉠ 유해인자의 취급량,
  ㉡ 유해인자의 노출량,
  ㉢ 취급 근로자 수,
  ㉣ 취급 공정
② 고압가스

확인! OX

다음은 화학물질의 분류에 대한 설명이다. 옳으면 "O", 틀리면 "X"로 표시하시오.
1. 화학물질의 분류기준 중 에어로졸은 건강 유해성에 해당한다. ( )
2. 화학물질의 분류기준 중 물반응성 물질, 자기반응성 물질, 자연발화성 액체는 물리적 위험성에 해당된다. ( )

정답 1. X 2. O

| 해설 |
1. 화학물질의 분류기준 중 에어로졸은 물리적 위험성에 해당한다.

※ 자연발화성 고체 : 적은 양이라도 공기와 접촉하여 5분 안에 발화할 수 있는 고체
⑥ 자기발열성 물질 : 주위의 에너지 공급 없이 공기와 반응하여 스스로 발열하는 물질(자기발화성 물질은 제외)
㉮ 유기과산화물 : 2가의 -O-O- 구조를 가지고 1개 또는 2개의 수소 원자가 유기라디칼에 의하여 치환된 과산화수소의 유도체를 포함한 액체 또는 고체 유기물질

② 건강 유해성 분류기준
  ㉠ 급성 독성 물질 : 입 또는 피부를 통하여 1회 투여 또는 24시간 이내에 여러 차례로 나누어 투여하거나 호흡기를 통하여 4시간 동안 흡입하는 경우 유해한 영향을 일으키는 물질
  ㉡ 피부 부식성 또는 자극성 물질 : 접촉 시 피부조직을 파괴하거나 자극을 일으키는 물질(피부 부식성 물질 및 피부 자극성 물질로 구분)
  ㉢ 심한 눈 손상성 또는 자극성 물질 : 접촉 시 눈 조직의 손상 또는 시력의 저하 등을 일으키는 물질(눈 손상성 물질 및 눈 자극성 물질로 구분)
  ㉣ 호흡기 과민성 물질 : 호흡기를 통하여 흡입되는 경우 기도에 과민반응을 일으키는 물질
  ㉤ 피부 과민성 물질 : 피부에 접촉되는 경우 피부 알레르기 반응을 일으키는 물질
  ㉥ 발암성 물질 : 암을 일으키거나 그 발생을 증가시키는 물질
  ㉦ 생식세포 변이원성 물질 : 자손에게 유전될 수 있는 사람의 생식세포에 돌연변이를 일으킬 수 있는 물질
  ㉧ 생식독성 물질 : 생식기능, 생식능력 또는 태아의 발생·발육에 유해한 영향을 주는 물질
  ㉨ 특정 표적장기 독성 물질(1회 노출) : 1회 노출로 특정 표적장기 또는 전신에 독성을 일으키는 물질
  ㉩ 특정 표적장기 독성 물질(반복 노출) : 반복적인 노출로 특정 표적장기 또는 전신에 독성을 일으키는 물질
  ㉪ 흡인 유해성 물질 : 액체 또는 고체 화학물질이 입이나 코를 통하여 직접적으로 또는 구토로 인하여 간접적으로, 기관 및 더 깊은 호흡기관으로 유입되어 화학적 폐렴, 다양한 폐 손상이나 사망과 같은 심각한 급성 영향을 일으키는 물질

③ 환경 유해성 분류기준
  ㉠ 수생 환경 유해성 물질 : 단기간 또는 장기간 노출로 수생생물에 유해한 영향을 일으키는 물질
  ㉡ 오존층 유해성 물질 : 오존층 보호 등을 위한 특정물질의 관리에 관한 법률 제2조 제1호에 따른 특정물질

(4) 유기화합물 취급 특별장소(산업안전보건기준에 관한 규칙 제420조)
① 선박의 내부
② 차량의 내부
③ 탱크의 내부(반응기 등 화학설비 포함)

+ 괄호문제

다음 괄호 안에 알맞은 내용을 쓰시오.
① 급성 독성 물질은 입 또는 피부를 통하여 1회 투여 또는 (㉠) 이내에 여러 차례로 나누어 투여하거나 호흡기를 통하여 (㉡) 동안 흡입하는 경우 유해한 영향을 일으키는 물질이다.
② ( )은 자손에게 유전될 수 있는 사람의 생식세포에 돌연변이를 일으킬 수 있는 물질을 말한다.

| 정답 |
① ㉠ 24시간, ㉡ 4시간
② 생식세포 변이원성 물질

확인! OX

다음은 화학물질의 분류에 대한 설명이다. 옳으면 "O", 틀리면 "X"로 표시하시오.
1. 화학물질의 분류 중 오존층 유해성 물질은 건강 유해성에 해당된다. ( )
2. 산업안전보건기준에 관한 규칙 제420조에 따라 선박의 내부, 차량의 내부, 터널이나 갱의 내부, 맨홀의 내부 등은 유기화합물 취급 특별장소에 해당한다. ( )

| 정답 | 1. X 2. O

| 해설 |
1. 화학물질의 분류기준 중 오존층 유해성 물질은 환경 유해성에 해당한다.

④ 터널이나 갱의 내부
⑤ 맨홀의 내부
⑥ 피트의 내부
⑦ 통풍이 충분하지 않은 수로의 내부
⑧ 덕트의 내부
⑨ 수관(水管)의 내부
⑩ 그 밖에 통풍이 충분하지 않은 장소

(5) 유해화학물질의 관리방법

① 제거(elimination) : 위험한 작업·공정·시설의 폐지, 계획단계에서 위험성을 제거
② 대치(substitution) : 공정변경, 시설변경, 물질변경(분말 또는 에어로졸 대신 용액으로 변경)
③ 격리(isolation) : 저장물질의 격리, 시설의 격리, 공정 및 작업자의 격리
④ 환기(ventilation) : 자연환기, 국소배기, 전체환기

> **+ 괄호문제**
>
> 다음 괄호 안에 알맞은 내용을 쓰시오.
> ① 유해화학물질의 관리방법으로 자연( ), 국소배기, 전체( )를 이용한 ( )가 있다.
> ② ( )는 대부분 무색의 결정 또는 백색의 분말로 무기화합물이며, 자신은 불연성 물질이지만 가연물의 연소를 돕는 지연성 물질이다.
>
> | 정답 |
> ① 환기
> ② 산화성 고체

제2절 화학물질(위험물, 유해화학물질) 유해 위험성 확인

1. 위험물의 성질 및 위험성　　　중요도 ★★★

(1) 위험물의 유별 특성 및 위험성

① 산화성 고체(제1류 위험물) : 상온에서 고체로 다량의 산소를 함유한 산화성 물질을 말하며, 가열, 충격, 마찰 등으로 쉽게 분해되어 산소를 방출한다.
　㉠ 위험물의 성질
　　• 대부분 무색의 결정 또는 백색의 분말로 무기화합물이다.
　　• 자신은 불연성 물질이지만 가연물의 연소를 돕는 지연성 물질이다.
　㉡ 위험성
　　• 가열·충격에 의하여 분해되며 일부는 폭발하기도 한다.
　　• 촉매나 강한 산 또는 다른 물질과 접촉하여 분해·폭발한다.
　　• 가연성 물질과 혼합접촉 시 착화하여 폭발한다.
　　• 무기과산화물 중 알칼리금속의 과산화물은 물과 격렬히 반응하여 분해되며 다량의 산소를 발생하면서 발열한다.

> **확인! OX**
>
> 다음은 화학물질에 대한 설명이다. 옳으면 "O", 틀리면 "X"로 표시하시오.
> 1. 유해화학물질의 관리방법 중 공정변경, 시설변경, 물질변경은 대치이다. ( )
> 2. 무기과산화물 중 알칼리금속의 과산화물은 물과 격렬히 반응하여 분해되며 다량의 수소를 발생하면서 발열한다. ( )
>
> 정답 1. O　2. X
>
> | 해설 |
> 2. 무기과산화물 중 알칼리금속의 과산화물은 물과 격렬히 반응하여 분해되며 다량의 산소를 발생하면서 발열한다.

+ 괄호문제

다음 괄호 안에 알맞은 내용을 쓰시오.
① 철분, 금속분, 마그네슘은 산과 반응하여 가연성의 ( ) 가스를 발생시킨다.
② ( )은 점화원을 주지 않고 공기 또는 산소 중에 노출하거나 가열한 경우, 어느 시점에서 연소가 개시되거나, 물과 반응하여 발화하거나 가연성 가스를 발생시키는 성질을 가진 물질이다.

| 정답 |
① 수소
② 자연발화성 및 금수성 물질

확인! OX

다음은 자연발화성 및 금수성 물질의 위험성에 대한 설명이다. 옳으면 "O", 틀리면 "X"로 표시하시오.

1. 알킬알루미늄 또는 알킬리튬은 공기 중에서 급격히 산화하고, 물과 접촉하면 가연성 가스를 발생하여 급격히 발화한다. ( )
2. 황린(발화온도 34℃)은 공기 중에서 자연발화한다. ( )

정답 1. O 2. O

② **가연성 고체(제2류 위험물)** : 가연성의 성질을 가진 것 중 쉽게 연소되는 고체를 말하며, 점화원에 의해 쉽게 발화되고, 화재 위험성은 물론 유독성 물질을 발생시키는 물질도 있다.

㉠ 위험물의 성질
- 가연성 고체로 비교적 낮은 온도에서 착화되기 쉽고, 연소속도가 대단히 빠른 고체이다.
- 대부분 비중이 1보다 크고 물에 녹지 않는다.
- 철분, 금속분, 마그네슘은 물 또는 산과 반응하여 가연성의 수소가스를 발생시킨다.

㉡ 위험성
- 저온에서 발화하며 많은 열과 빛을 낸다.
- 산화제와 혼합하면 폭발하고, 공기 중에 가루가 부유하면 분진폭발할 수 있다.
- 연소 시 발생하는 기체는 독성이 있다.

③ **자연발화성 및 금수성 물질(제3류 위험물)** : 점화원을 주지 않고 공기 또는 산소 중에 노출하거나 가열할 경우, 어느 시점에서 연소가 개시되거나, 물과 반응하여 발화하거나 가연성 가스를 발생시키는 성질을 말한다. 일반적으로 물을 소화약제로 많이 사용하는데, 금수성 물질의 화재 시 물을 사용하게 되면 화재를 더욱 확산시키는 위험에 이를 수 있다.

㉠ 위험물의 성질
- 공기 중에 노출되거나 수분과 접촉하는 경우 가연성 가스를 발생하고 발열하여 연소하는 자연발화성 물질 및 금수성 물질이다.
- 황린과 같은 자연발화성만을 가지고 있는 물질, 알칼리금속과 같이 금수성만을 가진 물질도 있지만 자연발화성 및 금수성의 성질을 동시에 갖는 물질도 많다.
- 칼륨, 나트륨, 알킬알루미늄과 알킬리튬은 물보다 가볍고 나머지는 물보다 무겁다.

㉡ 위험성
- 물과 만나면 발열하며, 가연성 가스를 생성하며 폭발한다.
- 알킬알루미늄 또는 알킬리튬은 공기 중에서 급격히 산화하고, 물과 접촉하면 가연성 가스를 발생하여 급격히 발화한다.
- 황린(발화온도 34℃)은 공기 중에서 자연발화한다.

④ **인화성 액체(제4류 위험물)** : 가연성 증기를 발생하는 액체로 공기 중 연소하기에 충분한 농도의 증기를 발생하여 점화원에 의해 불이 붙는 성질이 있는 액체이다.

㉠ 위험물의 성질
- 대단히 인화하기 쉽다.
- 증기의 비중은 공기보다 무겁다.
- 증기와 공기가 약간 혼합되어 있어도 연소한다.
- 발화온도가 낮은 것은 위험하다.
- 일반적으로 물보다 가볍고 물에 녹기 어렵다.

ⓒ 위험성 : 비점이 다른 성분의 혼합물인 원유나 중질유 등의 유류저장탱크에 화재가 발생하여 장시간 진행되면 비점이나 비중이 작은 성분은 유류 표면층에서 먼저 증발 연소되고, 비점이나 비중이 큰 성분은 가열 축적되어 열류층(heat layer)을 형성하게 된다. 이러한 열류층은 화재 진행과 더불어 점차 탱크의 저부로 내려와 탱크 저부의 수분을 비등시켜 연소 상태의 상부 유류를 비산·분출하게 되는데 이러한 현상을 보일오버(boil over) 현상이라고 한다.

⑤ 자기반응성 물질(제5류 위험물) : 외부로부터 산소 공급 없이도 가열, 충격, 마찰에 의하거나 다른 약품과의 접촉에 의해 연소폭발을 일으킬 수 있는 성질을 가진 물질을 말한다.
  ㉠ 위험물의 성질
    • 제5류 위험물은 가연성 물질이며, 대부분 산소 함유 물질이므로 자기연소(내부연소)를 일으키기 쉬우며, 연소속도도 대단히 빨라서 폭발적이다.
    • 가연물과 산소공급원이 혼합되어 있는 상태이므로 점화원을 가까이하는 것은 대단히 위험하다.
  ㉡ 위험성
    • 자기연소한다.
    • 연소속도가 빨라 폭발적이다.
    • 가열·충격·마찰·이물질과 접촉 시 폭발하는 것이 많다.

⑥ 산화성 액체(제6류 위험물) : 제1류 위험물과 같은 강한 산화력을 가진 액체로 물과 접촉하면 발열하고 금속과 반응이 심하고 부식성이 강한 물질이다.
  ㉠ 위험물의 성질
    • 불연성 물질이나 대부분 산소를 함유하고 있어 가연성 물질의 연소를 돕는 지연성 물질이다.
    • 대표적 성질은 산화성 액체로 모두가 무기화합물이며 물보다 무겁다.
    • 과산화수소를 제외하고 강산성 물질이며 물에 녹기 쉽다.
    • 증기는 유독하며 피부와 접촉 시 점막을 부식시킨다.
  ㉡ 위험성
    • 불연성이지만, 물과 만나면 발열한다.
    • 분해 시 다량의 산소를 발생시켜 다른 물질의 연소를 돕는다.

※ 산화 : 어떤 물질이 전자 또는 수소를 잃거나 산소와 결합하는 것
※ 산화성 : 자신은 산소를 방출하면서 다른 물질을 산화시키는 성질
※ 부식성 : 화학적인 작용에 의하여 금속 표면이 삭거나 녹슬거나 변질되어 가는 성질

(2) 가스의 분류
① 가스는 통상적으로 압축가스, 액화가스, 용해가스의 3가지 종류로 분류되며 가스의 성질에 따라 가연성 가스, 조연성 가스, 불연성 가스로 분류되고, 인체에 유해한 위험성 여부에 따라 독성 가스, 비독성 가스로 분류한다.

+ 괄호문제

다음 괄호 안에 알맞은 내용을 쓰시오.
① 비점이 다른 성분의 혼합물인 원유나 중질유 등의 유류저장탱크에 화재가 발생하여 장시간 진행되면 비점이나 비중이 작은 성분은 유류 표면층에서 먼저 증발 연소되고, 비점이나 비중이 큰 성분은 가열 축적되어 열류층을 형성하게 된다. 이러한 열류층은 화재 진행과 더불어 점차 탱크의 저부로 내려와 탱크 저부의 수분을 비등시켜 연소 상태의 상부 유류를 비산·분출하게 되는데 이러한 현상을 (   )라고 한다.
② (   )은 외부로부터 산소 공급 없이도 가열, 충격 등에 의해 연소폭발을 일으킬 수 있는 성질을 가진 물질이다.

| 정답 |
① 보일오버(boil over)
② 자기반응성 물질

확인! OX

다음은 위험물의 성질 및 위험성에 대한 설명이다. 옳으면 "O", 틀리면 "X"로 표시하시오.
1. 강한 산화력을 가진 액체로 물과 접촉하면 발열하고 금속과 반응이 심하고 부식성이 강한 물질은 제1류 위험물에 해당한다. (   )
2. 산화성 액체는 불연성 물질이나 대부분 산소를 함유하고 있어 가연성 물질의 연소를 돕는 지연성 물질이다. (   )

정답 1. X 2. O

| 해설 |
1. 제6류 위험물(산화성 액체)에 대한 설명이다. 제1류 위험물은 산화성 고체이다.

+ 괄호문제

다음 괄호 안에 알맞은 내용을 쓰시오.

① 공기 중에서 연소하는 가스로서 폭발한계의 하한이 (㉠) 이하인 것과 폭발한계의 상한과 하한의 차가 (㉡) 이상인 것을 가연성 가스라고 한다.

② 상태에 의한 가스의 분류 중 액화암모니아, 염소, 프로페인, 산화에틸렌과 같이 가압·냉각 등의 방법에 의하여 액체상태로 되어 있는 것으로서 대기압에서의 끓는 점이 40℃ 이하 또는 상용 온도 이하인 가스를 (　　)라고 한다.

| 정답 |
① ㉠ 10%, ㉡ 20%
② 액화가스

확인! OX

다음은 가스의 분류에 대한 설명이다. 옳으면 "O", 틀리면 "X"로 표시하시오.

1. 점성이 큰 중질유와 같은 유류에 화재가 발생하면 유류의 액 표면 온도가 물이 비점 이상으로 상승하게 되는데, 이때 소화용수가 연소유의 뜨거운 액 표면에 유입되면 급비등으로 부피팽창을 일으켜 탱크 외부로 유류를 분출시키는 현상을 블레비(BLEVE) 현상이라고 한다. (　)

2. 불연성 가스는 스스로 연소하지도 못하고 다른 물질을 연소시키는 성질도 갖지 않는 가스를 말한다. (　)

| 정답 | 1. X 2. O

| 해설 |
1. 슬롭오버(slop over) 현상에 대한 설명이다.

㉠ 슬롭오버(slop over) 현상 : 점성이 큰 중질유와 같은 유류에 화재가 발생하면 유류의 액 표면 온도가 물의 비점 이상으로 상승하게 되는데, 이때 소화용수가 연소유의 뜨거운 액 표면에 유입되면 급비등으로 부피팽창을 일으켜 탱크 외부로 유류를 분출시키는 현상을 슬롭오버 현상이라고 한다.

㉡ 블레비(BLEVE ; Boiling Liquid Expanding Vapor Explosion) 현상 : 인화점이나 비점이 낮은 인화성 액체(유류)가 가득 차 있지 않은 저장탱크 주위에 화재가 발생하여 저장탱크 벽면이 장시간 화염에 노출되면 윗부분의 온도가 매우 상승하여 재질의 인장력이 저하되고, 내부의 비등현상으로 인한 압력상승으로 저장탱크 벽면이 파열되어 블레비 현상을 일으키게 된다.

② 상태에 의한 분류

㉠ 압축가스(고압가스 안전관리법 시행규칙 제2조) : 일정한 압력에 의하여 압축되어 있는 가스를 말한다.
　예 수소, 산소, 질소, 메테인 등

㉡ 액화가스(고압가스 안전관리법 시행규칙 제2조) : 가압(加壓)·냉각 등의 방법에 의하여 액체상태로 되어 있는 것으로서 대기압에서의 끓는 점이 40℃ 이하 또는 상용 온도 이하인 것을 말한다.
　예 액화암모니아, 염소, 프로페인, 산화에틸렌

㉢ 용해가스 : 가스의 독특한 특성 때문에 용매를 추진시킨 다공물질에 용해시켜 사용되는 가스를 말한다.
　예 아세틸렌

③ 연소성에 의한 분류

㉠ 가연성 가스(고압가스 안전관리법 시행규칙 제2조) : 아크릴로나이트릴·아크릴알데하이드·아세트알데하이드·아세틸렌·암모니아·수소·황화수소·사이안화수소·일산화탄소·이황화탄소·메테인·염화메테인·브로민화메테인·에테인·염화에테인·염화비닐·에틸렌·산화에틸렌·프로페인·사이클로프로페인·프로필렌·산화프로필렌·뷰테인·부타디엔·부틸렌·메틸에테르·모노메틸아민·다이메틸아민·트라이메틸아민·에틸아민·벤젠·에틸벤젠 및 그 밖에 공기 중에서 연소하는 가스로서 폭발한계(공기와 혼합된 경우 연소를 일으킬 수 있는 공기 중의 가스 농도의 한계)의 하한이 10% 이하인 것과 폭발한계의 상한과 하한의 차가 20% 이상인 것을 말한다.

㉡ 조연성 가스 : 가연성 가스가 연소되는 데 필요한 가스. 지연성 가스라고도 한다.
　예 공기, 산소, 염소 등

㉢ 불연성 가스 : 스스로 연소하지도 못하고 다른 물질을 연소시키는 성질도 갖지 않는 가스를 말한다.
　예 질소, 이산화탄소, 아르곤 등 플루오린화(불화)성 가스

④ 독성에 의한 분류
  ㉠ 독성 가스(고압가스 안전관리법 시행규칙 제2조) : 아크릴로나이트릴·아크릴알데하이드·아황산가스·암모니아·일산화탄소·이황화탄소·플루오린(불소)·염소·브로민화메테인·염화메테인·염화프렌·산화에틸렌·사이안화수소·황화수소·모노메틸아민·다이메틸아민·트라이메틸아민·벤젠·포스겐·아이오딘화수소·브로민화수소·염화수소·플루오린화수소·겨자가스·알진·모노실란·다이실란·다이보레인·셀렌화수소·포스핀·모노게르만 및 그 밖에 공기 중에 일정량 이상 존재하는 경우 인체에 유해한 독성을 가진 가스로서 허용농도(해당 가스를 성숙한 흰쥐 집단에게 대기 중에서 1시간 동안 계속하여 노출시킨 경우 14일 이내에 그 흰쥐의 2분의 1 이상이 죽게 되는 가스의 농도)가 100만분의 5,000 이하인 것을 말한다.
  ㉡ 비독성 가스 : 공기 중에 어떤 농도 이상 존재하여도 유해하지 않은 가스. 산소, 수소 등

2. 위험물의 저장 및 취급방법   중요도 ★★★☆

(1) 산화성 고체(제1류 위험물)
① 반응성이 강하고 분해가 용이하므로, 가열, 충격, 마찰 등을 피하고 분해를 촉진하는 약품류와 가연물과의 접촉을 피한다.
② 무기과산화물 중 알칼리금속의 과산화물은 물과 접촉을 피한다.
③ 조해성이 있는 물질은 습기를 방지하고 용기를 밀폐해야 한다.
④ 환기가 잘되는 차가운 곳에 저장해서 열원과 분리해야 한다.
⑤ 위험물 제조소 등 및 운반용기의 외부에는 알칼리금속의 과산화물은 '화기·충격주의', '물기엄금' 및 '가연물 접촉주의', 그 밖의 것에는 '화기·충격주의' 및 '가연물 접촉주의'라고 표시한다.

(2) 가연성 고체(제2류 위험물)
① 산화성 물질과 접촉을 피하고 불티, 불꽃, 고온체의 접근 또는 과열을 피하여야 한다.
② 철분, 마그네슘, 금속분은 물 또는 산과의 접촉을 피해야 한다.
③ 유황, 철분, 금속분은 밀폐 공간 내에서 취급하면 분진폭발의 위험이 있다.
④ 위험물 제조소 등 및 운반용기의 외부에는 철분, 금속분, 마그네슘은 '화기주의' 및 '물기엄금', 인화성 고체는 '화기엄금', 그 밖의 것은 '화기주의'라 표시한다.

+ 괄호문제

다음 괄호 안에 알맞은 내용을 쓰시오.
① (   )은 가연성 물질이며, 대부분 산소 함유 물질이므로 자기연소(내부연소)를 일으키기 쉬우며, 연소속도도 대단히 빨라서 폭발적이다.
② 위험물 제조소 등 및 운반용기의 외부에는 주의사항으로 알칼리금속의 과산화물은 (㉠), (㉡) 및 (㉢)라고 표시한다.

| 정답 |
① 제5류 위험물
② ㉠ 화기·충격주의,
  ㉡ 물기엄금,
  ㉢ 가연물 접촉주의

확인! OX

다음은 위험물의 저장 및 취급방법에 대한 설명이다. 옳으면 "O", 틀리면 "X"로 표시하시오.
1. 산화성 고체는 반응성이 강하고 분해가 용이하므로, 가열, 충격, 마찰 등을 피하고 분해를 촉진하는 약품류와 가연물과의 접촉을 피한다. (   )
2. 인화성 고체의 위험물 제조소 등 및 운반용기의 외부에는 주의사항으로 '화기엄금'이라고 표시한다. (   )

정답 1. O 2. O

+ 괄호문제

다음 괄호 안에 알맞은 내용을 쓰시오.
① (　)의 용기는 밀전·밀봉하고 위험물 제조소 등 및 운반용기의 외부에는 주의사항으로 '화기엄금' 및 '충격주의'라고 표시한다.
② (　)는 물, 가연물, 염기 및 산화제와의 접촉을 피해야 한다.

| 정답 |
① 자기반응성 물질(제5류 위험물)
② 산화성 액체

(3) 자연발화성 및 금수성 물질(제3류 위험물)

① 제3류 위험물은 물의 접촉을 피하는 것이 가장 중요하다. 따라서 용기의 파손, 부식을 막고, 누설 등에 주의하는 것은 물론, 얼음이나 눈과의 접촉도 피하여야 한다.
② 황린은 자연발화의 위험성이 크므로 물속에 저장한다.
③ 칼륨, 나트륨 및 알칼리금속은 수분이 함유되지 않은 보호액(석유류) 속에 저장하며, 보호액이 유출되지 않도록 주의한다.
④ 위험물 제조소 등 및 운반용기의 외부에는 자연발화성 물질에는 '화기엄금' 및 '공기접촉엄금', 금수성 물질에는 '물기엄금'이라고 표시한다.

(4) 인화성 액체(제4류 위험물)

① 화기 등에 의해 인화될 위험이 매우 크므로 화기관리를 철저히 한다.
② 직사광선을 피하고 통풍이 잘되는 냉암소에 보관한다.
③ 저장용기는 밀전·밀봉하여 액체나 증기의 누설을 방지한다.
④ 정전기 발생에 유의하고 정전기를 예방할 수 있는 안전조치를 취한다.
⑤ 액체상태의 물질은 유동성이 좋으므로 화재 시 화재 확산에 대한 대비를 철저히 한다.
⑥ 위험물 제조소 등 및 운반용기의 외부에는 주의사항으로 '화기엄금'이라 표시한다.

(5) 자기반응성 물질(제5류 위험물)

① 직사광선을 피하고 적정한 온도와 습도가 유지되는 통풍이 잘되는 차가운 곳에 보관한다.
② 불꽃, 불티 등의 점화원과 가열, 충격, 마찰 등을 금지한다.
③ 강산화제, 강산류 및 기타 물질이 혼입되지 않도록 한다.
④ 가급적 소분하여 저장하고 용기파손 및 위험물의 누설을 방지한다.
⑤ 용기는 밀전·밀봉하고 위험물 제조소 등 및 운반용기의 외부에는 '화기엄금' 및 '충격주의'라고 표시한다.

(6) 산화성 액체(제6류 위험물)

① 물, 가연물, 염기 및 산화제와의 접촉을 피해야 한다.
② 흡습성이 강하기 때문에 내산성 용기에 보관해야 하며, 용기의 밀봉에 유의하고, 파손으로 인해 위험물이 새어나오지 않도록 주의하여야 한다.
③ 증기는 유독하므로 취급 시에는 안전보호 장구를 착용하며, 취급장소 부근에는 세척설비(샤워장치 및 세안기 등)를 갖추어 피부에 닿으면 즉시 세척하여야 한다.
④ 위험물 제조소 등 및 운반용기의 외부는 '가연물 접촉주의'라고 표시한다.

확인! OX

다음은 위험물의 저장 및 취급방법에 대한 설명이다. 옳으면 "O", 틀리면 "X"로 표시하시오.
1. 황린은 자연발화의 위험성이 크므로 수분이 함유되지 않은 보호액(석유류) 속에 저장한다. (　)
2. 칼륨, 나트륨 및 알칼리금속은 수분이 함유되지 않은 보호액(석유류) 속에 저장하며, 보호액이 유출되지 않도록 주의한다. (　)

정답 1. X 2. O

| 해설 |
1. 황린은 자연발화의 위험성이 크므로 물속에 저장한다.

3. 인화성 가스 취급 시 주의사항

(1) 인화성 가스
① 정의 : 폭발한계 농도의 하한(폭발하한)이 13% 이하 또는 상하한의 차(폭발상한 – 폭발하한)가 12% 이상인 것으로서 표준압력(101.3kPa) 20℃에서 가스상태인 물질을 뜻한다.
② 종류 : 수소, 아세틸렌, 에틸렌, 메테인, 에테인, 프로페인, 뷰테인, 도시가스(LNG), LPG, 암모니아 등

(2) 인화성 가스 취급 시 주의사항
① 유해・위험요인
  ㉠ 누출되어 밀폐된 공간에 가스가 축적될 때 점화원에 의해 화재나 폭발이 발생 수 있다.
  ㉡ 용기파손에 의한 누출 및 폭발의 위험이 있다.
  ㉢ 화염 또는 가스(액화가스)와 접촉 시 화상 또는 동상의 위험이 있다.
② 취급 시 주의사항 및 예방조치
  ㉠ 누출되면 쉽게 화재를 유발하므로 누출되지 않는 밀폐구조로 취급해야 한다.
  ㉡ 인화성 가스의 사용・저장장소는 누설 여부를 알 수 있도록 가스경보장치를 설치해야 한다.
  ㉢ 인화성 가스의 취급장소에는 흡연, 용접, 그라인딩 작업, 비방폭형 전기기기 사용을 금지하고, 접지조치로 인체 및 설비 정전기를 없애는 등 점화원을 제거해야 한다.
③ 안전한 저장방법
  ㉠ 직사광선을 피하고 환기가 잘되는 곳에 저장하여 용기온도를 40℃ 이하로 유지해야 한다.
  ㉡ 용기가 넘어지지 않도록 하고 용기에 충격을 주지 않아야 한다.
  ㉢ 운반하는 경우에는 캡을 씌우고, 캡은 전용 도구로 개방해야 한다.
  ㉣ 커플링 연결 시 규정된 힘으로 체결・분리하고 와셔는 1회 사용 후 폐기해야 한다.
  ㉤ 용기의 부식・마모 또는 변형상태를 점검 후 사용해야 한다.
④ 누출 및 화재폭발 시 대응방법
  ㉠ 인화성 가스 누출 시 지연된 폭발을 수반하는 경우가 많으므로 원격이나 안전한 방법으로 차단할 수 없으면 접근을 지양하고 경보 후 대피 조치해야 한다.
  ㉡ 폭발 후 누출로 인한 고압분출화재(jet fire) 발생 시 가스차단 외에는 소화할 수 없으므로 다 타도록 내버려 두고 인접시설의 피해방지에 주력한다.
    ※ 고압분출화재 : 압축가스 또는 액화가스가 저장탱크 또는 배관의 일정한 구멍을 통해 고압으로 분출되면서 화재를 일으키는 것을 의미한다.

+ 괄호문제

다음 괄호 안에 알맞은 내용을 쓰시오.

① 인화성 가스는 폭발한계 농도의 하한(폭발하한)이 (㉠) 이하 또는 상하한의 차(폭발상한 – 폭발하한)가 (㉡) 이상인 것으로서 표준압력(101.3kPa)에서 20℃에서 가스상태인 물질을 뜻한다.
② 인화성 가스의 사용・저장장소는 누설 여부를 알 수 있도록 ( )를 설치해야 한다.

| 정답 |
① ㉠ 13%, ㉡ 12%
② 가스경보장치

확인! OX

다음은 인화성 가스 취급 시 주의사항에 대한 설명이다. 옳으면 "O", 틀리면 "X"로 표시하시오.

1. 인화성 가스는 직사광선을 피하고 환기가 잘되는 곳에 저장하여 용기온도를 40℃ 이하로 유지해야 한다.
   ( )
2. 인화성 가스의 폭발 후 누출로 인한 고압분출화재(jet fire) 발생 시 가스차단 외에는 소화할 수 없으므로 다 타도록 내버려 두고 인접시설의 피해방지에 주력한다.
   ( )

정답 1. O 2. O

+ 괄호문제

다음 괄호 안에 알맞은 내용을 쓰시오.
① 인화성 혼합가스의 폭발을 방지하기 위한 불활성화의 종류 중 ( )은 용기의 한 개구부로 불활성 가스를 주입하고 다른 개구부를 통해 대기 또는 스크러버 등으로 혼합가스를 용기에서 방출하는 치환방법을 말한다.
② 인화성 혼합가스의 폭발을 방지하기 위한 불활성화의 종류 중 ( )은 불활성 가스를 주입 후 확산시키고 그것을 대기 중으로 방출하는 폭발 방지방법이다.

| 정답 |
① 스위프 치환
② 압력 치환

---

(3) 인화성 혼합가스의 폭발을 방지하기 위한 불활성화(inerting)의 종류(불활성 가스 치환에 관한 기술지침)

① 스위프 치환(sweep-through purging) : 용기의 한 개구부로 불활성 가스를 주입하고 다른 개구부를 통해 대기 또는 스크러버 등으로 혼합가스를 용기에서 방출하는 치환방법을 말한다.

② 압력 치환(pressure purging) : 불활성 가스를 주입 후 확산시키고 그것을 대기 중으로 방출하는 폭발 방지방법을 말한다.

③ 진공 치환(vacuum purging) : 진공을 만들고 불활성 가스를 주입하는 폭발 방지대책을 말한다.

④ 사이펀 치환(siphon purging) : 용기에 물 또는 비인화성, 비반응성의 적합한 액체를 채운 후 액체를 뽑아내면서 불활성 가스를 주입하여 치환하는 방법을 말한다.

※ 불활성화(inerting) : 산소농도를 안전한 농도로 낮추기 위하여 불활성 가스를 용기에 주입하는 것을 말한다.

※ 치환(purging) : 인화성 가스 또는 증기에 불활성 가스를 주입하여 산소의 농도를 최소산소농도(MOC) 이하로 낮게 하는 작업을 통하여 제한된 공간에서 화염이 전파되지 않도록 유지된 상태를 말하며, 불활성 가스로는 질소, 이산화탄소 및 수증기 등이 있다.

4. 유해화학물질 취급 시 주의사항 ★★☆

유해화학물질 저장 운반 및 취급에 관한 기술지침

(1) 포장

① 화학물질을 취급하거나 저장·적재·입출고 중에는 내용물이 유출되지 않도록 포장하여야 한다.

② 용기는 화학물질의 품질을 떨어뜨리거나 변형, 손상되지 않는 재질이어야 하고 화학물질의 성질에 따라 적당한 재질, 두께 및 구조를 갖추어야 한다.

③ 운반 도중 파손되거나 누설 위험이 있는 용기를 사용해서는 아니 된다. 다만, 화학물질의 성질상 유리 등 파손 우려가 있는 용기를 불가피하게 사용한 화학물질의 운송 시에는 충격에 견딜 수 있는 충진재를 사용하고 포장을 견고히 하여 운반 도중 파손되지 않도록 한다.

④ 뚜껑을 포함하여 용기의 재질이 화학물질과 반응을 일으키지 않아야 한다.

⑤ 용기의 모든 부분은 온도, 압력, 습도와 같은 대기조건에 영향을 받지 않아야 한다.

⑥ 화학물질의 용기는 사용자가 처음 개봉할 때 파손될 수 있도록 한 실(seal)이 있어야 하고 사용자가 사용 후 다시 잠글 수 있는 밀봉뚜껑이 있어야 한다.

⑦ 화학물질 또는 화학물질 함유 제재를 담은 용기 및 포장에 부착하거나 인쇄하는 등 유해·위험 정보가 명확히 표시된 경고표지를 부착하여야 한다.

확인! OX

다음은 유해화학물질 취급 시 주의사항에 대한 설명이다. 옳으면 "O", 틀리면 "X"로 표시하시오.

1. 유해화학물질 취급 시 뚜껑을 포함하여 용기의 재질이 화학물질과 반응을 일으키지 않아야 한다. ( )
2. 화학물질 또는 화학물질 함유 제재를 담은 용기 및 포장에 부착하거나 인쇄하는 등 유해·위험 정보가 명확히 표시된 경고표지로 명칭, 그림문자, 신호어, 유해·위험 문구, 예방조치 문구, 공급자 정보를 기재하여야 한다. ( )

| 정답 | 1. O 2. O

- ㉠ 명칭 : 해당 화학물질 또는 화학물질을 함유한 제재의 명칭
- ㉡ 그림문자 : 화학물질의 분류에 따라 유해·위험의 내용을 나타내는 그림
- ㉢ 신호어 : 유해·위험의 심각성 정도에 따라 표시하는 '위험' 또는 '경고' 문구
- ㉣ 유해·위험 문구 : 화학물질의 분류에 따라 유해·위험을 알리는 문구
- ㉤ 예방조치 문구 : 화학물질에 노출되거나 부적절한 저장·취급 등으로 발생하는 유해·위험을 방지하기 위하여 알리는 주요 유의사항
- ㉥ 공급자 정보 : 화학물질 또는 화학물질을 함유한 제재의 제조자 또는 공급자의 이름 및 전화번호 등

(2) 운반
① 화학물질을 실은 차량을 방치해 두지 않도록 한다.
② 공공장소에서 화학물질을 하역하거나 적재할 때는 안전관리자의 도움을 받아야 한다.
③ 화학물질을 하역하는 동안 차량 안에서 담배를 피워서는 안 된다.
④ 화학물질이 적재된 장소에서 화기를 취급해서는 안 된다.
⑤ 화학물질을 하역하거나 적재할 때는 차량엔진을 끄도록 한다.
⑥ 화학물질이 음식물이나 가축사료와 접촉하지 않도록 한다.
⑦ 운반하는 화학물질과 차량에는 화학물질의 명칭 및 경고표지를 부착하고 안전속도를 준수하여야 한다.
⑧ 위험물질은 별도로 구분하여 운반하여야 한다.
⑨ 운반할 때 화학물질의 용기는 바로 세워야 하고, 움직이지 않도록 고정시킨다.
⑩ 차량을 이용하여 화학물질을 운반할 때에는 규정된 제한속도를 준수한다.
⑪ 화학물질을 하역하거나 적재할 때에는 적절한 안전장구를 갖춘다.
⑫ 화학물질을 운송하는 차량의 기사 또는 운반하는 자는 해당 화학물질의 성질, 취급 시 주의사항, 누설 등 위급사항 발생 시 조치사항에 대한 교육을 받은 자이어야 한다.
⑬ 대중교통 수단을 이용하여 화학물질을 운반해서는 안 된다.
⑭ 화학물질을 우편으로 보내어서는 안 된다.
⑮ 차량의 운전석이나 승객이 타는 자리 옆에 화학물질을 두어서는 안 된다.

(3) 이송
① 저장탱크로 이송
  ㉠ 액체, 기체의 이송
   - 저장탱크, 탱크로리, 선박 등에 수송 등을 목적으로 화학물질을 이송할 때에는 화학물질의 증기, 가스 등의 발생이 최소화할 수 있는 방법을 사용하여야 한다.
   - 이송 시 발생하는 가스 등은 발생 즉시 회수할 수 있는 국소배기장치 등을 설치하고 정상적으로 가동하여 제거한다.
   - 이송 시 저장된 화학물질의 누출이 없도록 한다.
   - 독성물질의 이송지점 근처에는 세안설비를 설치한다.

+ 괄호문제

다음 괄호 안에 알맞은 내용을 쓰시오.
① 인화성 혼합가스의 폭발을 방지하기 위한 불활성화의 종류 중 ( )은 용기에 물 또는 비인화성, 비반응성의 적합한 액체를 채운 후 액체를 뽑아내면서 불활성 가스를 주입하여 치환하는 방법을 말한다.
② ( )란 산소농도를 안전한 농도로 낮추기 위하여 불활성 가스를 용기에 주입하는 것을 말한다.

| 정답 |
① 사이펀 치환
② 불활성화

확인! OX

다음은 유해화학물질 취급 시 주의사항에 대한 설명이다. 옳으면 "O", 틀리면 "X"로 표시하시오.

1. 화학물질을 운송하는 차량의 기사 또는 운반하는 자는 해당 화학물질의 성질, 취급 시 주의사항, 누설 등 위급사항 발생 시 조치사항에 대한 교육을 받은 자이어야 한다. ( )
2. 대중교통 수단을 이용하여 화학물질을 운반해서는 안 된다. ( )

정답 1. O 2. O

> **+ 괄호문제**
>
> 다음 괄호 안에 알맞은 내용을 쓰시오.
> ① 유해화학물질(액체, 기체)을 저장탱크로 탱크로리, 선박, 배관 등에 의한 이송 시 (　　) 이 없도록 한다.
> ② 유해화학물질(고체)을 저장탱크로 이송 시 고체물질의 낙하로 인해 발생하는 분진을 포집하기 위한 (　　)를 설치한다.
>
> | 정답 |
> ① 누설
> ② 국소배기장치

- 앞서 저장했던 화학물질과 상이한 화학물질을 저장하는 경우 저장하기 전에 탱크로리, 저장탱크, 선박 저장탱크 내부를 청소한다.
- 탱크로리, 선박, 배관 등에 의한 이송 시 누설이 없도록 한다.
- 탱크로리나 선박의 화학물질 저장탱크, 배관의 재질은 해당 화학물질에 의한 부식이나 반응이 일어나지 않는 재질을 사용한다.
- 이송 도중에 발생할 우려가 있는 화재, 폭발에 대한 방지 조치를 취한다.

ⓒ 고체의 이송
- 고체의 이송 시에는 비산하는 분진의 양을 최소화되도록 한다.
- 고체물질을 호퍼나 컨베이어, 용기 등에 낙하시킬 때에는 낙하거리가 최저가 되도록 한다.
- 고체물질의 낙하로 인해 발생하는 분진을 포집하기 위한 국소배기장치를 설치한다.
- 고체물질을 낙하시킬 때 호퍼나 컨베이어를 벗어나서 떨어지지 않도록 한다.
- 이송용으로 사용하는 호퍼나 컨베이어와 버킷엘리베이터에는 덮개를 설치한다.
- 이송 도중에 분진이 발생하는 경우에는 덮개에 국소배기장치를 연결한다.

② 공정과정의 이송
- ㉠ 배관이나 용기는 누설이 없도록 한다.
- ㉡ 고체물질을 용기에 담아 이동할 때 용기 높이의 90% 이상 담지 않도록 한다.
- ㉢ 증발, 비산의 우려가 있는 물질을 용기에 담아 이송할 때에는 밀봉한다.
- ㉣ 컨베이어나 버킷엘리베이터로 건조한 고체물질이나 증발, 비산의 우려가 있는 물질을 이동할 때에는 밀봉하고 국소배기장치에 연결한다.

(4) 사용

① 계량 및 투입
- ㉠ 화학물질을 계량하고 공정에 투입할 때 발생하는 증기 등을 포집하기 위한 국소배기장치를 설치하여야 한다.
- ㉡ 투입이 끝나면 투입구를 덮개로 덮어 둔다.
- ㉢ 투입구가 일정치 않은 개방된 옥외 설비에 투입 시에는 바람을 등지고 작업하여야 하며 투입 시 증기 등의 발생이 최소화되도록 한다.
- ㉣ 용기에 들어 있는 화학물질은 잔여물이 남아 있지 않도록 모두 투입한 뒤 용기에서 증기 등이 발생하지 않도록 밀봉하여 두거나 국소배기장치가 설치된 곳에 둔다.

② 공정과정
- ㉠ 유해물질이 발생하는 반응, 추출, 교반, 혼합, 분쇄, 선별, 여과, 탈수, 건조 등의 공정은 밀폐나 격리된 상태로 이루어져야 한다.
- ㉡ 밀폐된 내부에서 발생하는 유해물질과 격리된 공간에서 발생하는 유해물질은 국소배기장치에 연결 처리한다.
- ㉢ 공정과정의 설비나 시설의 덮개는 닫아 둔다.
- ㉣ 공정과정에서 발생한 유해물질들은 가능한 한 회수하여 재사용한다.

> **확인! OX**
>
> 다음은 유해화학물질 취급 시 주의사항에 대한 설명이다. 옳으면 "O", 틀리면 "X"로 표시하시오.
> 1. 탱크로리나 선박의 화학물질 저장탱크, 배관의 재질은 해당 화학물질에 의한 부식이나 반응이 일어나지 않는 재질을 사용한다. (　　)
> 2. 유해물질이 발생하는 반응, 추출, 교반, 혼합, 분쇄, 선별, 여과, 탈수, 건조 등의 공정은 밀폐나 격리된 상태로 이루어져야 한다. (　　)
>
> 정답 1. O 2. O

⑩ 수동으로 화학물질을 취급할 때에는 가급적 호흡기로부터 멀리 떨어져서 취급하도록 하여야 한다.
  ⑪ 수동으로 화학물질을 취급하는 장소에는 국소배기장치가 설치되어야 한다.
  ⑫ 밀봉한 용기를 가온할 시에는 간접열을 이용하여야 하고 규정된 온도 이상 올라가지 못하도록 하는 안전장치를 부착하여야 한다.
 ③ 제품포장 : 포장작업 시 발생하는 유해물질을 제거하기 위한 국소배기장치를 설치한다.
 ④ 시료채취 및 분석
  ⊙ 액체 화학물질의 시료채취에 앞서 드레인을 하는 지점에는 드레인되는 화학물질을 회수하기 위한 용기를 비치하여야 한다.
  ⓒ 화학물질과 분석이 끝난 시료는 해당 공정 중에 회수하여야 한다.
  ⓒ 시료취급 중 유해물질이 발생하지 않도록 밀봉하여야 하며 시료처리는 포위식 국소배기장치 내에서 행한다.
  ⓔ 분석실에는 전체 환기장치를 설치한다.

(5) 유출 시 안전조치
 ① 유출된 화학물질이 넓은 지역으로 퍼지지 않도록 차단하는 조치를 취한다.
 ② 유출량이 최소화되도록 밸브의 차단, 다른 용기로 이송 등의 조치를 취한다.
 ③ 다른 사람과 차량의 접근을 통제한다.
 ④ 유출된 화학물질의 성질을 이용하여 흡수제를 사용하거나 기계·기구를 이용해서 회수한다.
 ⑤ 유출된 화학물질에 적합한 보호장구를 착용한다.
 ⑥ 유출된 화학물질의 제거가 끝나면 물로 씻어 내리거나 흙으로 덮는다.
 ⑦ 제거작업이 끝나면 몸을 씻는다.

(6) 누출감지 및 화재폭발 등 예방(산업안전보건기준에 관한 규칙 제232조)
 ① 인화성 액체의 증기, 인화성 가스 또는 인화성 고체가 존재하여 폭발이나 화재가 발생할 우려가 있는 장소에서 해당 증기·가스 또는 분진에 의한 폭발 또는 화재를 예방하기 위해 환풍기, 배풍기(排風機) 등 환기장치를 적절하게 설치해야 한다.
 ② 증기나 가스에 의한 폭발이나 화재를 미리 감지하기 위하여 가스검지 및 경보 성능을 갖춘 가스검지 및 경보 장치를 설치해야 한다. 다만, 한국산업표준에 따른 0종 또는 1종 폭발위험장소에 해당하는 경우로서 방폭구조 전기기계·기구를 설치한 경우에는 그렇지 않다.

+ 괄호문제

다음 괄호 안에 알맞은 내용을 쓰시오.
① 유해화학물질 유출 시 유출량이 최소화되도록 ( ), 다른 용기로 이송 등의 조치를 취한다.
② 유해화학물질 유출 시 유출된 화학물질의 제거가 끝나면 (⊙)로 씻어 내리거나 (ⓒ)으로 덮는다.

| 정답 |
① 밸브의 차단
② ⊙ 물, ⓒ 흙

확인! OX

다음은 유해화학물질 취급 시 주의사항에 대한 설명이다. 옳으면 "O", 틀리면 "X"로 표시하시오.
1. 수동으로 화학물질을 취급할 때에는 가급적 호흡기로부터 가까이 취급하도록 한다. ( )
2. 시료취급 중 유해물질이 발생하지 않도록 밀봉하여야 하며 시료처리는 포위식 국소배기장치 내에서 행한다. ( )

정답 1. X 2. O

| 해설 |
1. 수동으로 화학물질을 취급할 때에는 가급적 호흡기로부터 멀리 떨어져서 취급하도록 한다.

+ 괄호문제

다음 괄호 안에 알맞은 내용을 쓰시오.
① (　　)의 교육내용에는 화학물질 또는 화학물질을 함유한 제재의 종류 및 그 유해·위험성, 안전·보건상의 취급주의 사항, 응급조치요령 등이 있다.
② (　　)란 물질안전보건자료대상물질을 제조·수입·사용·운반 또는 저장하고자 할 때에 안전취급 및 응급조치 요령 및 독성정보 등 16가지 정보가 포함되도록 작성하는 화학물질 또는 화학물질을 함유한 혼합물의 안전사용을 위한 설명자료를 말한다.

| 정답 |
① · ② 물질안전보건자료

확인! OX

다음은 유해화학물질 취급 시 주의사항에 대한 설명이다. 옳으면 "O", 틀리면 "X"로 표시하시오.
1. 화학물질 또는 화학물질을 함유한 제재를 저장, 사용, 운반하는 작업에 근로자를 배치한 후 해당 물질안전보건자료에 관한 교육을 실시하여야 한다. (　　)
2. 화학물질을 제조·취급하는 작업장 및 해당 작업장이 있는 건축물에는 출입구 외에 안전한 장소로 대피할 수 있는 1개 이상의 비상구를 적합한 구조로 설치하여야 한다. (　　)

| 정답 | 1. X 2. O

| 해설 |
1. 근로자를 배치하기 전에 해당 물질안전보건자료에 관한 교육을 실시하여야 한다.

(7) 저장, 사용, 운반작업자 교육

① 화학물질 또는 화학물질을 함유한 제재를 저장, 사용, 운반하는 작업에 근로자를 배치하기 전에 해당 물질안전보건자료에 관한 교육을 실시하여야 한다.
② 물질안전보건자료 교육내용
  ㉠ 화학물질 또는 화학물질을 함유한 제재의 종류 및 그 유해·위험성
  ㉡ 안전·보건상의 취급주의 사항
  ㉢ 응급조치 및 긴급대피 요령
  ㉣ 물질안전보건자료 및 경고표지를 이해하는 방법
  ㉤ 화학물질의 유해·위험으로부터 근로자의 건강을 예방할 수 있는 방법

(8) 화학물질 제조·취급 작업장 출입구 안전

① 출입구의 위치·수 및 크기가 작업장의 용도와 특성에 적합하도록 하여야 하며, 근로자가 쉽게 열고 닫을 수 있도록 설치하여야 한다.
② 화학물질을 제조·취급하는 작업장 및 해당 작업장이 있는 건축물에는 출입구 외에 안전한 장소로 대피할 수 있는 1개 이상의 비상구를 다음 기준에 적합한 구조로 설치하여야 한다.
  ㉠ 출입구와 같은 방향에 있지 아니하고, 출입구로부터 3m 이상 떨어져 있을 것
  ㉡ 작업장의 각 부분으로부터 하나의 비상구 또는 출입구까지의 수평거리가 50m 이하가 되도록 할 것
  ㉢ 비상구의 너비가 0.75m 이상으로 하고, 높이는 1.5m 이상으로 할 것
  ㉣ 비상구의 문은 피난방향으로 열리도록 하고, 실내에서 항상 열 수 있는 구조로 하며, 내부 및 외부에는 비상구의 표시를 할 것

5. 물질안전보건자료(MSDS)　　중요도 ★★★

(1) 정의

물질안전보건자료(MSDS ; Material Safety Data Sheet)란 물질안전보건자료대상물질을 제조·수입·사용·운반 또는 저장하고자 할 때에 안전·보건·환경에 관한 유해·위험성 평가 결과를 근거로 안전취급 및 응급조치 요령 및 독성정보 등 16가지 정보가 포함되도록 작성하는 화학물질 또는 화학물질을 함유한 혼합물의 안전사용을 위한 설명자료를 말한다.

(2) 물질안전보건자료(MSDS)의 작성항목 및 기재사항

화학물질의 분류·표시 및 물질안전보건자료에 관한 기준 별표 4
① 화학제품과 회사에 관한 정보
  ㉠ 제품명(경고표지상 사용되는 것과 동일한 명칭 또는 분류코드를 기재)
  ㉡ 제품의 권고 용도와 사용상의 제한

ⓒ 공급자 정보
② 유해성·위험성
　　㉠ 유해성·위험성 분류
　　㉡ 예방조치 문구를 포함한 경고표지 항목 : 그림문자, 신호어, 유해·위험 문구, 예방조치 문구
　　㉢ 유해성·위험성 분류기준에 포함되지 않는 기타 유해성·위험성
③ 구성성분의 명칭 및 함유량
　　㉠ 화학물질명
　　㉡ 관용명 및 이명(異名)
　　㉢ CAS번호 또는 식별번호
　　㉣ 함유량(%)
　　※ 대체자료 기재 승인(부분 승인) 시 승인번호 및 유효기간
④ 응급조치 요령
　　㉠ 눈에 들어갔을 때
　　㉡ 피부에 접촉했을 때
　　㉢ 흡입했을 때
　　㉣ 먹었을 때
　　㉤ 기타 의사의 주의사항
⑤ 폭발·화재 시 대처방법
　　㉠ 적절한(및 부적절한) 소화제
　　㉡ 화학물질로부터 생기는 특정 유해성(예 연소 시 발생 유해물질)
　　㉢ 화재진압 시 착용할 보호구 및 예방조치
⑥ 누출사고 시 대처방법
　　㉠ 인체를 보호하기 위해 필요한 조치사항 및 보호구
　　㉡ 환경을 보호하기 위해 필요한 조치사항
　　㉢ 정화 또는 제거 방법
⑦ 취급 및 저장방법
　　㉠ 안전취급요령
　　㉡ 안전한 저장방법(피해야 할 조건을 포함함)
⑧ 노출방지 및 개인 보호구
　　㉠ 화학물질의 노출기준, 생물학적 노출기준 등
　　㉡ 적절한 공학적 관리
　　㉢ 개인 보호구 : 호흡기 보호, 눈 보호, 손 보호, 신체 보호
⑨ 물리화학적 특성
　　㉠ 외관(물리적 상태, 색 등)
　　㉡ 냄새
　　㉢ 냄새 역치
　　㉣ pH

+ 괄호문제

다음 괄호 안에 알맞은 내용을 쓰시오.

① 물질안전보건자료의 작성항목 및 기재사항의 유해성·위험성에서 예방조치 문구를 포함한 경고표지 항목은 (㉠), (㉡), (㉢), (㉣)이다.

② 물질안전보건자료의 작성항목 및 기재사항의 노출방지 및 개인 보호구와 관련하여 개인 보호구는 (㉠) 보호, (㉡) 보호, (㉢) 보호, (㉣) 보호를 위한 내용을 담고 있다.

| 정답 |
① ㉠ 그림문자, ㉡ 신호어, ㉢ 유해·위험 문구, ㉣ 예방조치 문구
② ㉠ 호흡기, ㉡ 눈, ㉢ 손, ㉣ 신체

확인! OX

다음은 물질안전보건자료의 작성항목 및 기재사항에 대한 설명이다. 옳으면 "O", 틀리면 "X"로 표시하시오.

1. 화학제품과 회사에 관한 정보에는 제품명, 제품의 권고 용도와 사용상의 제한, 공급자 정보를 기재하여야 한다. ( )

2. 폭발·화재 시 대처방법에는 적절한 소화제를 기재하고, 화재진압 시 착용할 보호구 및 예방조치에 대한 내용 등을 담는다. ( )

정답 1. O 2. O

+ 괄호문제

다음 괄호 안에 알맞은 내용을 쓰시오.
① 물질안전보건자료의 작성항목 및 기재사항에서 독성에 관한 정보는 (㉠), (㉡)를 작성하여야 한다.
② 건강 유해성 정보의 발암성, 생식세포 변이원성, 생식독성 물질은 (   )로 불린다.

| 정답 |
① ㉠ 가능성이 높은 노출경로에 관한 정보,
  ㉡ 건강 유해성 정보
② 특별관리물질

확인! OX

다음은 물질안전보건자료의 작성항목 및 기재사항에 대한 설명이다. 옳으면 "O", 틀리면 "X"로 표시하시오.
1. 물질안전보건자료의 작성항목에는 유해성·위험성, 안정성 및 반응성, 독성에 관한 정보 등이 해당된다. (   )
2. 물질안전보건자료의 작성항목에는 법적 규제현황, 폐기 시 주의사항, 주요 구입 및 폐기처, 화학제품과 회사에 관한 정보 등이 해당된다. (   )

정답 1. O   2. X

| 해설 |
2. 물질안전보건자료 작성항목에 주요 구입 및 폐기처는 해당되지 않는다.

㉤ 녹는점/어는점
㉥ 초기 끓는점과 끓는점 범위
㉦ 인화점
㉧ 증발속도
㉨ 인화성(고체, 기체)
㉩ 인화 또는 폭발 범위의 상한/하한
㉪ 증기압
㉫ 용해도
㉬ 증기밀도
㉭ 비중
㉮ n 옥탄올/물 분배계수
㉯ 자연발화 온도
㉰ 분해온도
㉱ 점도
㉲ 분자량

⑩ 안정성 및 반응성
  ㉠ 화학적 안정성 및 유해 반응의 가능성
  ㉡ 피해야 할 조건(정전기 방전, 충격, 진동 등)
  ㉢ 피해야 할 물질
  ㉣ 분해 시 생성되는 유해물질

⑪ 독성에 관한 정보
  ㉠ 가능성이 높은 노출경로에 관한 정보
  ㉡ 건강 유해성 정보
   • 급성 독성(노출 가능한 모든 경로에 대해 기재)
   • 피부 부식성 또는 자극성
   • 심한 눈 손상 또는 자극성
   • 호흡기 과민성
   • 피부 과민성
   • 발암성
   • 생식세포 변이원성
   • 생식독성
   • 특정 표적장기 독성(1회 노출)
   • 특정 표적장기 독성(반복 노출)
   • 흡인 유해성
  ※ ㉠, ㉡을 합쳐서 노출경로와 건강 유해성 정보를 함께 기재할 수 있다.

⑫ 환경에 미치는 영향
  ㉠ 생태독성
  ㉡ 잔류성 및 분해성

ⓒ 생물 농축성
　　ⓔ 토양 이동성
　　ⓜ 기타 유해 영향
⑬ 폐기 시 주의사항
　　㉠ 폐기방법
　　㉡ 폐기 시 주의사항(오염된 용기 및 포장의 폐기방법을 포함)
⑭ 운송에 필요한 정보
　　㉠ 유엔번호
　　㉡ 유엔 적정 선적명
　　㉢ 운송에서의 위험성 등급
　　㉣ 용기등급(해당하는 경우)
　　㉤ 해양오염물질(해당 또는 비해당으로 표기)
　　㉥ 사용자가 운송 또는 운송수단에 관련해 알 필요가 있거나 필요한 특별한 안전대책
⑮ 법적 규제현황
　　㉠ 산업안전보건법에 의한 규제
　　㉡ 화학물질관리법에 의한 규제
　　㉢ 화학물질의 등록 및 평가 등에 관한 법률에 의한 규제
　　㉣ 위험물안전관리법에 의한 규제
　　㉤ 폐기물관리법에 의한 규제
　　㉥ 기타 국내 및 외국법에 의한 규제
⑯ 그 밖의 참고사항
　　㉠ 자료의 출처
　　㉡ 최초 작성일자
　　㉢ 개정 횟수 및 최종 개정일자
　　㉣ 기타

[물질안전보건자료(MSDS) 작성 시 포함되어야 할 항목 및 순서]

1	화학제품과 회사에 관한 정보	9	물리화학적 특성
2	유해성·위험성	10	안정성 및 반응성
3	구성성분의 명칭 및 함유량	11	독성에 관한 정보
4	응급조치 요령	12	환경에 미치는 영향
5	폭발·화재 시 대처방법	13	폐기 시 주의사항
6	누출사고 시 대처방법	14	운송에 필요한 정보
7	취급 및 저장방법	15	법적 규제현황
8	노출방지 및 개인 보호구	16	그 밖의 참고사항

+ 괄호문제

다음 괄호 안에 알맞은 내용을 쓰시오.
① 물질안전보건자료의 작성항목 및 기재사항에서 법적 규제현황에는 (㉠), (㉡), (㉢), (㉣), (㉤)에 의한 규제가 있다.
② 물질안전보건자료의 작성항목 및 기재사항에서 운송에 필요한 정보에는 유엔 번호, 유엔 적정 선적명, 운송에서의 (㉠), (㉡), 해양오염물질(해당 또는 비해당으로 표기), 사용자가 운송 또는 운송 수단에 관련해 알 필요가 있거나 필요한 특별한 안전대책이 있다.

| 정답
① ㉠ 산업안전보건법,
　㉡ 화학물질관리법,
　㉢ 위험물안전관리법,
　㉣ 폐기물관리법,
　㉤ 기타 국내 및 외국법
② ㉠ 위험성 등급,
　㉡ 용기등급

확인! OX

다음은 물질안전보건자료의 작성항목 및 기재사항에 대한 설명이다. 옳으면 "O", 틀리면 "X"로 표시하시오.
1. 폐기 시 주의사항에는 오염된 용기 및 포장의 폐기방법을 포함하여 작성해야 한다.
　　　　　　　( )
2. 자료의 출처, 최초 작성일자, 개정 횟수 및 최종 개정일자 등을 작성하여야 한다.
　　　　　　　( )

정답 1. O 2. O

+ 괄호문제

다음 괄호 안에 알맞은 내용을 쓰시오.

① 물질안전보건자료의 작성·제출 제외대상 화학물질은 ( )이 정하여 고시하는 연구·개발용 화학물질 또는 화학제품. 이 경우 산업안전보건법 제110조 제1항부터 제3항까지의 규정에 따른 자료의 제출만 제외된다.

② 물질안전보건자료의 교육내용으로 작업장 내 물질안전보건자료대상물질의 종류, 물리적 위험성 및 건강 유해성 및 환경에 미치는 영향, 취급상의 주의사항, (㉠), 응급조치 요령 및 사고 시 대처방법, MSDS 및 (㉡)를 이해하는 방법 등이 있다.

| 정답 |
① 고용노동부장관
② ㉠ 적절한 보호구,
  ㉡ 경고표지

확인! OX

다음은 물질안전보건자료에 대한 설명이다. 옳으면 "O", 틀리면 "X"로 표시하시오.

1. 산업안전보건법령상 물질안전보건자료의 작성·제출 제외대상 화학물질은 건강기능식품에 관한 법률에 따른 건강기능식품, 비료관리법에 따른 비료, 사료관리법에 따른 사료, 농약관리법에 따른 농약 등이 있다. ( )

2. 약사법 제2조 제4호 및 제7호에 따른 의약품 및 의약외품은 물질안전보건자료의 작성·제출 제외대상 화학물질에 해당된다. ( )

정답 1. O 2. O

(3) 물질안전보건자료(MSDS)의 작성·제출 제외대상 화학물질(산업안전보건법 시행령 제86조)

① 건강기능식품에 관한 법률 제3조 제1호에 따른 건강기능식품
② 농약관리법 제2조 제1호에 따른 농약
③ 마약류 관리에 관한 법률 제2조 제2호 및 제3호에 따른 마약 및 향정신성의약품
④ 비료관리법 제2조 제1호에 따른 비료
⑤ 사료관리법 제2조 제1호에 따른 사료
⑥ 생활주변방사선 안전관리법 제2조 제2호에 따른 원료물질
⑦ 생활화학제품 및 살생물제의 안전관리에 관한 법률 제3조 제4호 및 제8호에 따른 안전확인대상생활화학제품 및 살생물제품 중 일반소비자의 생활용으로 제공되는 제품
⑧ 식품위생법 제2조 제1호 및 제2호에 따른 식품 및 식품첨가물
⑨ 약사법 제2조 제4호 및 제7호에 따른 의약품 및 의약외품
⑩ 원자력안전법 제2조 제5호에 따른 방사성 물질
⑪ 위생용품 관리법 제2조 제1호에 따른 위생용품
⑫ 의료기기법 제2조 제1항에 따른 의료기기
⑬ 첨단재생의료 및 첨단바이오의약품 안전 및 지원에 관한 법률 제2조 제5호에 따른 첨단바이오의약품
⑭ 총포·도검·화약류 등의 안전관리에 관한 법률 제2조 제3항에 따른 화약류
⑮ 폐기물관리법 제2조 제1호에 따른 폐기물
⑯ 화장품법 제2조 제1호에 따른 화장품
⑰ ①부터 ⑯까지 규정 외의 화학물질 또는 혼합물로서 일반소비자의 생활용으로 제공되는 것(일반소비자의 생활용으로 제공되는 화학물질 또는 혼합물이 사업장 내에서 취급되는 경우를 포함)
⑱ 고용노동부장관이 정하여 고시하는 연구·개발용 화학물질 또는 화학제품. 이 경우 산업안전보건법 제110조 제1항부터 제3항까지의 규정에 따른 자료의 제출만 제외된다.
⑲ 그 밖에 고용노동부장관이 독성·폭발성 등으로 인한 위해의 정도가 적다고 인정하여 고시하는 화학물질

(4) 물질안전보건자료(MSDS)의 교육내용

① 작업장 내 물질안전보건자료대상물질의 종류(화학물질의 명칭 또는 제품명)
② 물리적 위험성 및 건강 유해성 및 환경에 미치는 영향
③ 취급상의 주의사항
④ 적절한 보호구
⑤ 응급조치 요령 및 사고 시 대처방법
⑥ MSDS 및 경고표지를 이해하는 방법

(5) 물질안전보건자료대상물질의 관리요령에 포함되어야 할 사항(산업안전보건법 시행규칙 제168조)

① 제품명
② 건강 및 환경에 대한 유해성, 물리적 위험성
③ 안전 및 보건상의 취급주의 사항
④ 적절한 보호구
⑤ 응급조치 요령 및 사고 시 대처방법

(6) 경고표지 구성요소(경고표지 작성 지침)

① 명칭(제품명) : 명칭은 물질안전보건자료상의 제품명을 기재한다. 다만, 단일성분으로 구성된 제품의 경우 단일성분 명칭을 추가로 기재할 수 있다.
② 그림문자 : 그림문자는 심벌과 테두리, 배경의 형태로 구성되며, 1개의 장점에서 바로 세워진 정마름모 안에 유해·위험 심벌로 구성되어 있다.
③ 신호어 : 신호어는 유해·위험의 심각성을 상대적 수준으로 나타낸 정보이며, 이용자에게 잠재적 유해·위험성을 경고하기 위하여 표시한다. 신호어는 「위험」과 「경고」로 구분하되, 심각성이 높은 구분에는 「위험」, 낮은 구분에는 「경고」로 표시한다. 다만, 「위험」과 「경고」 모두에 해당하는 경우 「위험」과 「경고」 신호어를 동시에 표시하지 않고 「위험」만을 표시한다.
④ 유해·위험 문구 : 유해·위험 문구는 제품의 유해·위험성 정도를 문구로 나타낸 정보이며, 유해·위험성 분류에 해당되는 모든 문구를 기재한다.
⑤ 예방조치 문구 : 제품의 유해·위험성 때문에 노출, 저장 및 취급 시 발생하는 피해를 예방 또는 최소화하기 위하여 권고하는 조치를 문구로 나타낸 정보이다.
⑥ 공급자 정보 : 공급자 정보는 물질안전보건자료상의 공급자 정보를 기재한다. 회사명, 주소, 긴급전화번호로 구성되어 있다.

[경고표지의 양식(화학물질의 분류·표시 및 물질안전보건자료에 관한 기준 별표 3)]

+ 괄호문제

다음 괄호 안에 알맞은 내용을 쓰시오.

① 물질안전보건자료대상물질 관리요령에 포함되어야 하는 사항으로 (㉠), 건강 및 환경에 대한 유해성, 물리적 위험성, 안전 및 보건상의 취급주의 사항, 적절한 (㉡), 응급조치 요령 및 사고 시 대처방법이 있다.
② 경고표지의 구성요소 중 신호어는 유해·위험의 심각성을 상대적 수준으로 나타낸 정보이며, 이용자에게 잠재적 유해·위험성을 경고하기 위하여 표시한다. 신호어는 (㉠)과 (㉡)로 구분한다.

| 정답 |
① ㉠ 제품명, ㉡ 보호구
② ㉠ 위험, ㉡ 경고

확인! OX

다음은 경고표지 구성요소에 대한 설명이다. 옳으면 "O", 틀리면 "X"로 표시하시오.

1. 명칭은 물질안전보건자료상의 제품명을 기재한다. 다만, 단일성분으로 구성된 제품의 경우 단일성분 명칭을 추가로 기재할 수 있다. ( )
2. 공급자 정보는 물질안전보건자료상의 공급자 정보를 기재한다. 회사명, 주소, 긴급전화번호로 구성되어 있다. ( )

정답 1. O 2. O

+ 괄호문제

다음 괄호 안에 알맞은 내용을 쓰시오.
① 경고표지의 규격은 용기 또는 포장의 용량이 200L ≤ 용량 < 500L인 경우 인쇄 또는 표찰의 규격이 ( ) 이상이다.
② ( )는 화합물을 물리적 또는 화학적으로 처리하거나 반응시키는 데 사용되는 설비이다.

| 정답 |
① 300cm²
② 화학설비

확인! OX

다음은 경고표지의 그림문자 크기에 대한 설명이다. 옳으면 "O", 틀리면 "X"로 표시하시오.
1. 개별 그림문자의 크기는 인쇄 또는 표찰 규격의 30분의 1 이상이어야 한다. ( )
2. 그림문자의 크기는 최소한 0.5cm² 이상이어야 한다. ( )

| 정답 | 1. X 2. O

| 해설 |
1. 경고표지의 개별 그림문자의 크기는 인쇄 또는 표찰 규격의 40분의 1 이상이어야 한다.

---

(7) 경고표지의 규격(화학물질의 분류·표시 및 물질안전보건자료에 관한 기준 별표 3)

① 용기 또는 포장의 용량별 인쇄 또는 표찰의 크기

용기 또는 포장의 용량	인쇄 또는 표찰의 규격
용량 ≥ 500L	450cm² 이상
200L ≤ 용량 < 500L	300cm² 이상
50L ≤ 용량 < 200L	180cm² 이상
5L ≤ 용량 < 50L	90cm² 이상
용량 < 5L	용기 또는 포장의 상하면적을 제외한 전체 표면적의 5% 이상

② 그림문자의 크기
㉠ 개별 그림문자의 크기는 인쇄 또는 표찰 규격의 40분의 1 이상이어야 한다.
㉡ 그림문자의 크기는 최소한 0.5cm² 이상이어야 한다.

제3절 화학물질 취급설비 개념 확인

1. 각종 장치(고정, 회전 및 안전장치 등) 종류 중요도 ★★☆

(1) 화학설비
① 정의
㉠ 화합물을 물리적 또는 화학적으로 처리하거나 반응시키는 데 사용되는 설비이다.
㉡ 구성
• 혼합, 분리, 저장, 계량, 열교환, 성형, 가공, 분체취급, 압축, 이송 등에 필요한 장치
• 기계, 기구 및 이에 부속하는 장치(배관, 계장, 제어, 안전장치 등)

② 범위
㉠ 화학설비 설치 시에 내부의 이상상태를 조기에 파악하기 위해 온도계, 유량계, 압력계 등의 계측장치를 설치한다.
㉡ 화학설비 종류(산업안전보건기준에 관한 규칙 별표 7)
• 반응기·혼합조 등 화학물질 반응 또는 혼합장치
• 증류탑·흡수탑·추출탑·감압탑 등 화학물질 분리장치
• 저장탱크·계량탱크·호퍼·사일로 등 화학물질 저장설비 또는 계량설비
• 응축기·냉각기·가열기·증발기 등 열교환기류
• 고로 등 점화기를 직접 사용하는 열교환기류
• 캘린더(calender)·혼합기·발포기·인쇄기·압출기 등 화학제품 가공설비
• 분쇄기·분체분리기·용융기 등 분체화학물질 취급장치
• 결정조·유동탑·탈습기·건조기 등 분체화학물질 분리장치
• 펌프류·압축기·이젝터(ejector) 등의 화학물질 이송 또는 압축설비

③ 부속설비(산업안전보건기준에 관한 규칙 별표 7)
  ㉠ 배관·밸브·관·부속류 등 화학물질 이송 관련 설비
  ㉡ 온도·압력·유량 등을 지시·기록 등을 하는 자동제어 관련 설비
  ㉢ 안전밸브·안전판·긴급차단 또는 방출밸브 등 비상조치 관련 설비
  ㉣ 가스누출감지 및 경보 관련 설비
  ㉤ 세정기, 응축기, 벤트스택(bent stack), 플레어스택(flare stack) 등 폐가스처리설비
  ㉥ 사이클론, 백필터(bag filter), 전기집진기 등 분진처리설비
  ㉦ ㉠부터 ㉥까지의 설비를 운전하기 위하여 부속된 전기 관련 설비
  ㉧ 정전기 제거장치, 긴급 샤워설비 등 안전 관련 설비

(2) 화학설비의 안전장치 종류
  ① 안전밸브(pressure relief valve 또는 safety valve)
    ㉠ 밸브의 입구 측의 압력이 상승하여 설정압력이 되었을 때 자동적으로 작동하여 밸브 몸체가 열리고, 유체(증기 또는 가스)를 배출하여 압력이 정해진 값으로 강하하면 다시 밸브 몸체가 닫히는 기능을 가진 밸브를 뜻한다.
    ㉡ 슬러지 층의 혐기 조건에서 발생되는 바이오 가스(메테인, 황화수소, 일산화탄소 등), 공정 내 우수의 유분이 유입되어 축적될 경우 폭발 분위기가 형성될 수 있다.
    ㉢ 안전밸브의 종류로 스프링식(화학설비에서 가장 많이 사용), 중추식, 지렛대식 등이 있다.
    ㉣ 설치장소(산업안전보건기준에 관한 규칙 제261조)
      • 압력용기 : 안지름이 150mm 이하인 압력용기는 제외하며, 압력용기 중 관형 열교환기의 경우에는 관의 파열로 인하여 상승한 압력이 압력용기의 최고 사용압력을 초과할 우려가 있는 경우만 해당한다.
      • 정변위 압축기
      • 정변위 펌프 : 토출측에 차단밸브가 설치된 것만 해당한다.
      • 배관 : 두 개 이상의 밸브에 의하여 차단되어 대기온도에서 액체의 열팽창에 의하여 파열될 우려가 있는 것으로 한정한다.
      • 그 밖의 화학설비 및 부속설비로서 해당 설비의 최고 사용압력을 초과할 우려가 있는 것에 설치한다.
    ㉤ 설치기준
      • 압력 상승의 우려가 있는 경우
      • 반응생성물에 따라 안전밸브 설치가 적절한 경우
      • 열팽창 우려가 있을 때 압력 상승을 방지할 경우
    ㉥ 작동요건(산업안전보건기준에 관한 규칙 제264조)
      • 안전밸브 등을 통하여 보호하려는 설비의 최고 사용압력 이하에서 작동되도록 해야 한다.
      • 안전밸브 등이 두 개 이상 설치된 경우에는 한 개는 최고 사용압력의 1.05배(외부화재를 대비한 경우에는 1.1배) 이하에서 작동되도록 설치할 수 있다.

+ 괄호문제

다음 괄호 안에 알맞은 내용을 쓰시오.
① 화학설비 설치 시에 내부의 이상상태를 조기에 파악하기 위해 (㉠), (㉡), (㉢) 등의 계측장비를 설치한다.
② 밸브의 입구 측의 압력이 상승하여 설정압력이 되었을 때 자동적으로 작동하여 밸브 몸체가 열리고, 유체(증기 또는 가스)를 배출하여 압력이 정해진 값으로 강하하면 다시 밸브 몸체가 닫히는 기능을 가진 밸브를 ( )라고 한다.

| 정답 |
① ㉠ 온도계, ㉡ 유량계, ㉢ 압력계
② 안전밸브

확인! OX

다음은 화학설비 안전장치에 대한 설명이다. 옳으면 "O", 틀리면 "X"로 표시하시오.
1. 안전밸브의 설치기준은 압력 상승의 우려가 있는 경우, 열팽창 우려가 있을 때 압력 상승을 방지할 경우 등이다. ( )
2. 안전밸브 등이 두 개 이상 설치된 경우에는 한 개는 최고 사용압력의 1.15배(외부화재를 대비한 경우에는 1.1배) 이하에서 작동되도록 설치할 수 있다. ( )

정답 1. O 2. X

| 해설 |
2. 안전밸브 등이 두 개 이상 설치된 경우에는 한 개는 최고 사용압력의 1.05배(외부화재를 대비한 경우에는 1.1배) 이하에서 작동되도록 설치할 수 있다.

+ 괄호문제

다음 괄호 안에 알맞은 내용을 쓰시오.
① ( )은 입구 측의 압력이 설정 압력에 도달하면 판이 파열하면서 유체가 분출되도록 용기 등에 설치된 얇은 판으로 된 안전장치이다.
② ( )는 건물, 건조로 또는 분체의 저장설비 등에 설치하는 압력방출장치로서 폭발로부터 건물, 설비 등을 보호하는 기능을 갖는다.

| 정답 |
① 파열판
② 폭발방산구

② 파열판(rupture, bursting disc)
  ㉠ 입구 측의 압력이 설정 압력에 도달하면 판이 파열하면서 유체가 분출되도록 용기 등에 설치된 얇은 판으로 된 안전장치를 뜻한다.
  ㉡ 파열판을 설치해야 할 경우
   • 반응폭주 등 급격한 압력 상승의 우려가 있는 경우
   • 급성 독성물질의 누출로 인하여 주위 작업환경을 오염시킬 우려가 있는 경우
   • 운전 중 안전밸브에 이상 물질이 누적되어 안전밸브가 작동되지 아니할 우려가 있는 경우
   • 유체의 부식성이 강하여 안전밸브의 재질 선정에 문제가 있는 경우
   ※ 반응폭주 : 서로 다른 물질이 폭발적으로 반응하는 현상으로 화학공장의 반응기에서 일어날 수 있는 현상
  ㉢ 특징
   • 압력 방출속도가 빠르며, 분출량이 많다.
   • 높은 점성의 슬러지나 부식성 유체에 적용할 수 있다.
   • 설정 파열압력 이하에서 파열될 수 있다.
   • 한 번 작동되면 파열되므로 교체해야 한다.

③ 통기설비(vent line)
  ㉠ 인화성 액체를 저장·취급하는 대기압 탱크에는 통기관 또는 통기밸브(breather valve)를 설치하여 정상운전 시에 탱크 내부가 진공 또는 가압되지 않도록 충분한 용량의 것을 사용해야 하며 철저하게 유지·보수를 하여야 한다.
  ㉡ 설치방법
   • 인화성 액체를 저장하는 용기의 통기관 및 통기밸브에는 외부의 화염이 탱크로 유입하지 못하도록 끝단에 화염방지기를 설치하여야 한다.
   • 휘발성이 높아 증발손실이 많고 위험성이 높은 인화성 액체 저장탱크에 통기밸브를 설치한다.

④ 폭발방산구
  ㉠ 건물, 건조로 또는 분체의 저장설비 등에 설치하는 압력방출장치이다.
  ㉡ 특징
   • 폭발로부터 건물, 설비 등을 보호하는 기능을 갖는다.
   • 다른 압력방출장치에 비해 구조가 간단하고 방출면적이 넓어 방출량이 많다.
   • 방출에 따른 2차적인 피해를 예방하기 위해 방출방향을 안전한 장소로 향하게 하는 것이 중요하다.
  ㉢ 설치기준
   • 패널, 출입문, 개구부 등을 이용 1 : 15 법칙을 준수한다.
   • 방출구 주위에 가이드 레일을 설치하고 경고표지를 설치한다.
   • 가능한 한 연소장치 가까이 설치한다.
   • 판넬이 비산되지 않도록 끈으로 묶어 설치한다.

확인! OX

다음은 화학설비의 안전장치에 대한 설명이다. 옳으면 "O", 틀리면 "X"로 표시하시오.
1. 파열판의 특징은 압력 방출속도가 빠르며, 분출량이 많고, 높은 점성의 슬러지나 부식성 유체에 적용할 수 있다는 것이다. ( )
2. 폭발방산구 설치기준은 패널, 출입문, 개구부 등을 이용 1 : 15 법칙을 준수한다. ( )

| 정답 | 1. O 2. O

- 판넬은 0.5psig의 서지 내압력 이상의 재질을 사용한다.
- 지붕 판넬을 단위면적당 최대 24.4kg/m²로 설치한다.
- 길이가 긴 건조설비는 최소 내경의 5배를 초과하지 않는다.
- 초기 증기폭발압력을 조기에 배출시켜 배출시간을 길게 설치한다.

⑤ 역화방지기(fire arrester)
  ㉠ 가연성 가스 또는 인화성 액체를 저장하거나 수송하는 설비 내외부에서 화재가 발생했을 경우 폭연 및 폭굉 화염이 인접 설비로 전파되지 않도록 차단하는 장치로서, 비교적 저압 또는 상압에서 가연성 증기를 발생하는 인화성 물질 등을 저장하는 탱크에 설치하는 장치이다.
  ㉡ 종류 : 소염소자식 역화방지기, 액봉식 역화방지기

⑥ 가스누설감지 경보기
  ㉠ 가연성 또는 독성 물질의 가스를 감지하여 그 농도를 지시하고, 미리 설정해 놓은 가스농도에서 자동적으로 경보가 울리도록 하는 장치이다.
  ㉡ 구성 : 감지부, 수신경보부
  ㉢ 설치장소
    - 건축물 내외에 설치되어 있는 가연성 물질 또는 독성 물질을 취급하는 압축기, 밸브, 반응기 및 배관 연결부위 등 가스 누출이 우려되는 화학설비 및 그 부속설비 주변
    - 가열로 등 점화원이 있는 제조설비 주위에 가스가 체류하기 쉬운 장소
    - 가연성 물질 또는 독성 물질의 충전용 설비의 접속부위 주위
    - 폭발위험장소 내에 위치한 변전실, 배전반실 및 제어실 내부 등
    - 기타 특별히 가스가 체류하기 쉬운 장소

2. 화학장치 특성

(1) 반응장치
① 반응물질(원료)들이 원하는 제품으로 전환되도록 반응을 조절 또는 촉진하는 장치와 여러 계측장치로 구성된 장치를 뜻한다.
② 분류기준
  ㉠ 물질의 형태
  ㉡ 반응속도
  ㉢ 반응조건(온도, 압력, 조성 및 유량)
  ㉣ 조작 방법(회분 또는 연속)
  ㉤ 물질 및 열의 이동방법
  ㉥ 단위시간당 처리량
  ㉦ 기타

+ 괄호문제

다음 괄호 안에 알맞은 내용을 쓰시오.
① 가연성 가스 또는 인화성 액체를 저장하거나 수송하는 설비 내외부에서 화재가 발생했을 경우 폭연 및 폭굉 화염이 인접 설비로 전파되지 않도록 차단하는 장치로서, 비교적 저압 또는 상압에서 가연성 증기를 발생하는 인화성 물질 등을 저장하는 탱크에 설치하는 장치를 (   )라고 한다.
② (   )는 가연성 또는 독성 물질의 가스를 감지하여 그 농도를 지시하고, 미리 설정해 놓은 가스농도에서 자동적으로 경보가 울리도록 하는 장치를 말한다.

| 정답 |
① 역화방지기
② 가스누설감지 경보기

확인! OX

다음은 화학물질 취급설비에 대한 설명이다. 옳으면 "O", 틀리면 "X"로 표시하시오.
1. 건축물 내외에 설치되어 있는 가연성 물질 또는 독성 물질을 취급하는 압축기, 밸브, 반응기 및 배관 연결부위 등 가스 누출이 우려되는 화학설비 및 그 부속설비 주변에 통기설비를 설치한다. (   )
2. 반응장치는 반응물질(원료)들이 원하는 제품으로 전환되도록 반응을 조절 또는 촉진하는 장치와 여러 계측장비로 구성된 장치이다. (   )

정답 1. X 2. O

| 해설 |
1. 주변에 가스누설감지 경보기를 설치한다.

+ 괄호문제

다음 괄호 안에 알맞은 내용을 쓰시오.
① 반응장치의 종류 중 (　)은 원료를 반응장치에 넣고 일정시간 동안 반응시켜 최종 생성물을 발생시킨다.
② 반응장치의 종류 중 (　)은 원료의 공급과 생성물의 배출이 연속적으로 발생, 대부분의 정유 및 석유화학공장에서 사용하는 방식이다.

| 정답 |
① 회분식
② 연속식

③ 종류
　㉠ 회분식 : 원료를 반응장치에 넣고 일정시간 동안 반응시켜 최종 생성물을 발생시킨다.
　㉡ 반회분식 : 하나의 반응물질을 투입하고 반응 진행 중간에 다른 물질을 첨가하여 반응생성물을 배출시킨다.
　㉢ 연속식 : 원료의 공급과 생성물의 배출이 연속적으로 발생, 대부분의 정유 및 석유화학공장에서 사용하는 방식이다.

(2) 혼합장치

① 혼합공정의 원리 : 혼합조작은 2개 내지 여러 개의 물질을 섞어서 균일한 제품을 만들고, 물질 사이의 화학적, 물리적 변화 및 열전달 또는 용해 등을 촉진한다.
② 특징
　㉠ 주로 교반장치가 대부분이다.
　㉡ 교반장치의 구성 : 감속 모터(speed reducer), 교반축(shaft), 방해판(baffle), 교반날개(impeller & blade)

(3) 증류장치

① 증류공정의 원리
　㉠ 비등점의 차이를 이용하여 액체 혼합물을 가열 및 기화시켜서 몇 가지 성분으로 분리하는 방법이다.
　㉡ 비등점이 낮은 물질로부터 차례로 기화되며, 기화된 증기를 응축시켜 각각의 물질로 분리시킨다.
　㉢ 기체와 액체의 접촉을 크게 하여 분리효율을 높이기 위하여 탑 내부에 여러 개의 다공판(perforated plate 또는 tray)을 설치하거나 충전물질(packing)을 채운 상태로 조작한다.
② 증류공정의 주요장치 : 증류탑, 충전탑
③ 증류탑의 주변장치 : 가열기(reboiler), 응축기(condenser), 스트레이너(strainer), 환류분배기(reflux distributer), 데미스터(demister)

(4) 저장설비

① 공정의 원리
　㉠ 화학공장에서 사용되는 저장탱크는 물질의 고유특성, 증기압, 상(state, 액체 또는 기체) 및 저장조건에 따라 상압탱크, 압력용기, 구형탱크(ball tank) 등으로 구분된다.
　㉡ 증기압이 낮은 물질 : 상압탱크에 저장한다.
　㉢ 휘발유 등 증기압이 높은 물질 : 지붕이 액면을 따라 자유로이 움직일 수 있는 부유식 저장탱크에 저장한다.
　㉣ 상온 및 상압에서 가스 성분인 경우 : 고압으로 압축하여 압력탱크 또는 구형탱크에 저장한다.

확인! OX

다음은 화학설비에 대한 설명이다. 옳으면 "O", 틀리면 "X"로 표시하시오.
1. 증기압이 낮은 물질은 상압탱크에 저장한다. (　)
2. 휘발유 등 증기압이 높은 물질은 지붕이 액면을 따라 자유로이 움직일 수 있는 부유식 저장탱크에 저장한다. (　)

정답 1. O 2. O

② 저장탱크의 종류
  ㉠ 고정식 저장탱크(상압탱크) : 휘발성이 적은 유체를 저장하는 저장탱크로 원추형 지붕탱크라고도 불리며, 등유(kerosene), 디젤(diesel) 등을 저장한다.
  ㉡ 부유식 저장탱크 : 휘발성이 큰 유체를 저장하는 곳으로, 나프타(naphtha), 휘발유(가솔린 등)를 저장한다.
  ㉢ 지붕부유식 저장탱크 : 탱크 내 원유 저장량에 맞게 위아래로 지붕이 자동으로 움직이는 형태로, 폭우나 폭설이 많은 지역 또는 제품오염방지가 필연적인 지역이나 경질유를 저장할 때 유용하며, 주로 벤젠, 톨루엔, 자일렌, 헥산 등 방향족탄화수소를 저장한다.
  ㉣ 돔형 저장탱크 : 증기압이 대기압보다 높은 유체의 저장 및 저온으로 유체를 저장하며, 도시가스(LNG)를 저장하는 곳이다.
  ㉤ 구형(球形) 저장탱크 : 상온, 상압에서 기체인 유체를 가압하여 액체로 저장하며, 구형 탱크(C3, C4, LPG) 형태이다.
  ㉥ 수평식 압력 저장탱크 : 상온, 상압에서 기체인 유체를 가압하여 액체로 저장하며, 암모니아(NH_3) 저장에 사용한다.
  ㉦ 사일로(silo) : 플라스틱 등의 고체물질을 저장하며, 일반적으로 수직 형태이다.

[저장설비의 종류]

(5) 열교환기
  ① 고온 유체의 열이 저온 유체로 전달되게 하는 장치를 뜻한다.
  ② **작동원리** : 서로 구분된 구역(동체, 관 등)으로 각각의 유체를 흐르게 하여 고온 유체의 열이 저온 유체로 전달되게 하는 현상을 열교환이라고 하고, 이러한 목적으로 만든 장치를 열교환기라 한다.
  ③ **열교환 흐름의 형태**
    ㉠ 병류흐름 : 같은 방향으로 흐르는 경우를 이르는 말
    ㉡ 향류흐름 : 고온 유체와 저온 유체가 반대방향으로 흐르는 경우를 이르는 말
  ④ **열교환기의 종류** : 이중관 열교환기, 단관식 열교환기, 공랭식 열교환기

+ 괄호문제

다음 괄호 안에 알맞은 내용을 쓰시오.
① (   )의 주변장치로 가열기, 응축기, 스트레이너, 환류분배기, 데미스터가 있다.
② 저장탱크의 종류 중 (   )는 탱크 내 원유 저장량에 맞게 위아래로 지붕이 자동으로 움직이는 형태로 폭우나 폭설이 많은 지역 또는 제품오염방지가 필연적인 지역이나 경질유를 저장할 때 유용하며, 주로 벤젠, 톨루엔, 자일렌, 헥산 등 방향족탄화수소를 저장한다.

| 정답 |
① 증류탑
② 지붕부유식 저장탱크

확인! OX

다음은 화학설비에 대한 설명이다. 옳으면 "O", 틀리면 "X"로 표시하시오.
1. 증기압이 대기압보다 높은 유체의 저장 및 저온으로 유체를 저장하며, 도시가스를 저장하는 곳을 돔형 저장탱크라고 한다. (   )
2. 열교환 흐름의 형태는 같은 방향으로 흐르는 경우를 향류흐름이라고 하며, 고온 유체와 저온 유체가 반대방향으로 흐르는 경우를 병류흐름이라고 한다. (   )

정답 1. O 2. X

| 해설 |
2. 열교환 흐름의 형태는 같은 방향으로 흐르는 경우를 병류흐름이라고 하며, 고온 유체와 저온 유체가 반대방향으로 흐르는 경우를 향류흐름이라고 한다.

3. 화학장치(건조설비 등)의 취급 시 주의사항

중요도 ★★☆

산업안전보건기준에 관한 규칙

(1) 위험물 건조설비를 설치하는 건축물의 구조(제280조)

다음의 어느 하나에 해당하는 위험물 건조설비(이하 위험물 건조설비) 중 건조실을 설치하는 건축물의 구조는 독립된 단층건물로 하여야 한다. 다만, 해당 건조실을 건축물의 최상층에 설치하거나 건축물이 내화구조인 경우에는 그러하지 아니하다.

① 위험물 또는 위험물이 발생하는 물질을 가열·건조하는 경우 내용적이 $1m^3$ 이상인 건조설비
② 위험물이 아닌 물질을 가열·건조하는 경우로서 다음에 해당하는 건조설비
　㉠ 고체 또는 액체연료의 최대 사용량이 시간당 10kg 이상
　㉡ 기체연료의 최대 사용량이 시간당 $1m^3$ 이상
　㉢ 전기사용 정격용량이 10kW 이상

※ 위험물 건조설비 : 건조설비 중 위험물 또는 위험물이 발생하는 물질을 가열·건조하는 건조실 및 건조기
※ 건조 : 수분을 포함하는 재료로부터 열(전도, 대류, 복사)에 의하여 고체 중에 수분을 기화·증발시키는 일련의 행위

> **더 알아보기**
>
> 건조설비의 종류(건조설비 설치에 관한 기술지침)
> • 간접가열식 건조설비 : 연료의 연소가스가 건조실 내부로 들어가지 않고 복사 또는 열교환 등 간접방식으로 건조하는 건조설비를 뜻한다.
> • 연소식 건조설비 : 연료의 연소가스가 건조실 내부를 통하여 피건조물과 직접 접촉하게 되는 건조설비를 뜻한다.

(2) 건조설비의 구조(제281조)

① 건조설비의 바깥 면은 불연성 재료로 만들 것
② 건조설비(유기과산화물을 가열 건조하는 것은 제외)의 내면과 내부의 선반이나 틀은 불연성 재료로 만들 것
③ 위험물 건조설비의 측벽이나 바닥은 견고한 구조로 할 것
④ 위험물 건조설비는 그 상부를 가벼운 재료로 만들고 주위 상황을 고려하여 폭발구를 설치할 것
⑤ 위험물 건조설비는 건조하는 경우에 발생하는 가스·증기 또는 분진을 안전한 장소로 배출시킬 수 있는 구조로 할 것
⑥ 액체연료 또는 인화성 가스를 열원의 연료로 사용하는 건조설비는 점화하는 경우에는 폭발이나 화재를 예방하기 위하여 연소실(연료 등을 점화·연소시켜 열을 발생시키는 공간)이나 그 밖에 점화하는 부분을 환기시킬 수 있는 구조로 할 것

+ 괄호문제

다음 괄호 안에 알맞은 내용을 쓰시오.
① 위험물 건조설비는 위험물 또는 위험물이 발생하는 물질을 가열·건조하는 경우 내용적이 (　) 이상인 건조설비를 말한다.
② 위험물이 아닌 물질을 가열·건조하는 경우로서 전기사용 정격용량이 (　) 이상인 경우를 위험물 건조설비라고 한다.

| 정답
① $1m^3$
② 10kW

확인! OX

다음은 건조설비에 대한 설명이다. 옳으면 "O", 틀리면 "X"로 표시하시오.
1. 간접가열식 건조설비는 연료의 연소가스가 건조실 내부로 들어가지 않고 복사 또는 열교환 등 간접방식으로 건조하는 건조설비를 뜻한다. (　)
2. 연소식 건조설비는 연료의 연소가스가 건조실 내부를 통하여 피건조물과 직접 접촉하게 되는 건조설비를 뜻한다. (　)

정답 1. O 2. O

⑦ 건조설비의 내부는 청소하기 쉬운 구조로 할 것
⑧ 건조설비의 감시창·출입구 및 배기구 등과 같은 개구부는 발화 시에 불이 다른 곳으로 번지지 아니하는 위치에 설치하고 필요한 경우에는 즉시 밀폐할 수 있는 구조로 할 것
⑨ 건조설비는 내부의 온도가 부분적으로 상승하지 아니하는 구조로 설치할 것
⑩ 위험물 건조설비의 열원으로서 직화를 사용하지 아니할 것
⑪ 위험물 건조설비가 아닌 건조설비의 열원으로서 직화를 사용하는 경우에는 불꽃 등에 의한 화재를 예방하기 위하여 덮개를 설치하거나 격벽을 설치할 것

(3) 건조설비의 취급 시 주의사항
① 건조설비의 부속전기설비(제282조)
  ㉠ 사업주는 건조설비에 부속된 전열기·전동기 및 전등 등에 접속된 배선 및 개폐기를 사용하는 경우에는 그 건조설비 전용의 것을 사용해야 한다.
  ㉡ 사업주는 위험물 건조설비의 내부에서 전기불꽃의 발생으로 위험물의 점화원이 될 우려가 있는 전기기계·기구 또는 배선을 설치해서는 아니 된다.
② 건조설비의 온도 측정(제284조)
  ㉠ 내부의 온도를 수시로 측정할 수 있는 장치를 설치한다.
  ㉡ 내부의 온도가 자동으로 조정되는 장치를 설치한다.

(4) 건조설비의 화재폭발 피해 최소화
① 억제(containment)
② 방산(deflagration venting)
③ 폭연 진압(deflagration suspension)
④ 폭연 차단(deflagration isolation)
⑤ 1차 폭발을 배출하거나 봉쇄시켜 피해를 최소화
⑥ 1차 폭발을 감지, 2차 폭발로 발전 차단

4. 계측장치의 설치

① 특수화학설비를 설치하는 경우에는 내부의 이상 상태를 조기에 파악하기 위하여 온도계·유량계·압력계 등의 계측장치를 설치하여야 한다(산업안전보건기준에 관한 규칙 제273조).
  ㉠ 발열반응이 일어나는 반응장치
  ㉡ 증류·정류·증발·추출 등 분리를 하는 장치
  ㉢ 가열시켜 주는 물질의 온도가 가열되는 위험물질의 분해온도 또는 발화점보다 높은 상태에서 운전되는 설비
  ㉣ 반응폭주 등 이상 화학반응에 의하여 위험물질이 발생할 우려가 있는 설비

+ 괄호문제

다음 괄호 안에 알맞은 내용을 쓰시오.
① 위험물 건조설비의 열원으로서 ( )를 사용하지 않아야 한다.
② 위험물 건조설비가 아닌 건조설비의 열원으로서 ( )를 사용하는 경우에는 불꽃 등에 의한 화재를 예방하기 위하여 덮개를 설치하거나 격벽을 설치해야 한다.

| 정답 |
①·② 직화

확인! OX

다음은 건조설비에 대한 설명이다. 옳으면 "O", 틀리면 "X"로 표시하시오.
1. 건조설비의 감시창·출입구 및 배기구 등과 같은 개구부는 발화 시에 불이 다른 곳으로 번지지 아니하는 위치에 설치하고 필요한 경우에는 즉시 개방할 수 있는 구조로 하여야 한다. ( )
2. 건조설비의 화재폭발 피해 최소화를 위해 억제, 방산, 폭연 진압, 폭연 차단 등을 적용한다. ( )

정답 1. X 2. O

| 해설 |
1. 필요한 경우에는 즉시 밀폐할 수 있는 구조로 하여야 한다.

+ 괄호문제

다음 괄호 안에 알맞은 내용을 쓰시오.

① 온도가 350℃ 이상이거나 게이지 압력이 980kPa 이상인 상태에서 운전되는 설비의 경우 내부의 이상 상태를 조기에 파악하기 위하여 ( )를 설치하여야 한다.
② 압력계측장치에는 용기, 배관 등의 화학설비에 설치되어 그 내부의 압력을 측정할 수 있는 (㉠), (㉡), (㉢), 진공계 등이 있다.

| 정답 |
① 계측장치
② ㉠ 탄성 압력계,
　㉡ 액주 압력계,
　㉢ 전기식 압력계

　　㉤ 온도가 350℃ 이상이거나 게이지 압력이 980kPa 이상인 상태에서 운전되는 설비
　　㉥ 가열로 또는 가열기
② 계측장치의 종류
　㉠ 온도계측장치 : 용기 또는 배관 등의 화학설비 및 장치에 부착되어 공정 중의 온도를 측정할 수 있는 바이메탈 온도계, 봉입식 온도계(filled thermal element), 열전대 온도계, 저항온도계, 색온도계, 방사식 온도계 등이 있다.
　㉡ 유량계측장치 : 배관 등에 설치하여 공정 중의 유량을 측정하기 위한 계기를 말하며, 차압식, 면적식, 전자식, 초음파, 용적식 유량계 등이 있다.
　㉢ 압력계측장치 : 용기, 배관 등의 화학설비에 설치되어 그 내부의 압력을 측정할 수 있는 탄성 압력계, 액주 압력계, 전기식 압력계, 진공계 등이 있다.

확인! OX

다음은 계측장치의 종류에 대한 설명이다. 옳으면 "O", 틀리면 "X"로 표시하시오.

1. 온도계측장치에는 바이메탈 온도계, 봉입식 온도계, 열전대 온도계, 저항온도계, 색온도계, 방사식 온도계 등이 있다. ( )
2. 유량계측장치에는 차압식, 면적식, 전자식, 초음파, 용적식 유량계 등이 있다. ( )

정답 1. O 2. O

CHAPTER 03 화공안전 비상조치 계획·대응

PART 05. 화학설비 안전관리

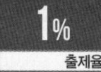

출제포인트
- 비상조치계획 및 평가
- 비상대응 교육 훈련

제1절 비상조치계획 및 평가

> **기출 키워드**
> 비상경보, 심폐소생술

1. 비상조치계획   중요도 ★☆☆

비상조치계획 수립에 관한 기술지침

(1) 정의
① 비상조치계획(emergency planning) : 사고예방을 위한 것이 아니라, 사고발생 후 신속한 조치를 통해 피해를 최소화하기 위한 계획이다.
② 주요 사고 : 유해물질 방출 등 사람과 주변 환경에 손실과 피해를 주는 사고이다.

(2) 비상사태 구분
① 조업상의 비상사태
  ㉠ 중대한 화재사고가 발생한 경우
  ㉡ 중대한 폭발사고가 발생한 경우
  ㉢ 독성화학물질의 누출사고 또는 환경오염 사고가 발생한 경우
  ㉣ 인근지역의 비상사태 영향이 사업장으로 파급될 우려가 있는 경우
    ※ 비상사태 : 공정 이상 또는 화재, 폭발, 독성·유해물질의 누출 등에 의하여 인명–재산손실, 심각한 환경오염의 우려가 있는 경우를 말하며, 조업 시의 비상사태와 자연재해로 구분한다.
② 자연재해 : 태풍, 폭우 및 지진 등 천재지변이 발생한 경우

(3) 비상조치계획의 수립
① 1단계 – 비상사태 파악 : 발생 가능한 모든 비상사태가 사내·외 지역을 포함하여 분류되고 평가됨을 확인한다.
② 2단계 – 비상대응 계획수립 : 비상사태 대응을 위한 조직 및 계획수립과 관계자 전달 절차를 확인한다.
③ 3단계 – 비상대응 체계구축 : 비상조직의 R&R과 적격성, 장비 확보 및 외부기관의 협조체계를 확인한다.
④ 4단계 – 비상사태 훈련 : 비상훈련의 적정성을 확인한다.

+ 괄호문제

다음 괄호 안에 알맞은 내용을 쓰시오.

① ( )은 사고 예방을 위한 것이 아니라, 사고발생 후 신속한 조치를 통해 피해를 최소화하기 위한 계획을 말한다.
② 비상조치계획의 수립은 1단계 (㉠), 2단계 (㉡), 3단계 (㉢), 4단계 (㉣)으로 구분한다.

| 정답 |
① 비상조치계획
② ㉠ 비상사태 파악,
㉡ 비상대응 계획수립,
㉢ 비상대응 체계구축,
㉣ 비상사태 훈련

(4) 비상조치계획 포함사항

① 근로자의 사전교육
② 비상시 대피절차와 비상대피로의 지정
③ 대피 전 안전조치를 취해야 할 주요 공정설비 및 절차
④ 비상대피 후 직원이 취해야 할 임무와 절차
⑤ 피해자에 대한 구조·응급조치 절차
⑥ 내외부와의 연락 및 통신체계
⑦ 비상사태 발생 시 통제조직 및 업무분장
⑧ 사고발생 시와 비상대피 시의 보호구 착용 지침
⑨ 비상사태 종료 후 오염물질 제거 등 수습 절차
⑩ (대)주민 홍보 계획
  ㉠ 유해·위험설비의 종류
  ㉡ 사용하고 있는 유해·위험물질 및 그 관리대책
  ㉢ 비상사태 발생 경보체계 등 인지방법
  ㉣ 비상사태 발생 시 주민행동 요령
  ㉤ 중대사고가 주민에게 미치는 영향
  ㉥ 중대사고로 입은 상해에 대한 적절한 치료 방법
⑪ 외부기관과의 협력체계

(5) 비상경보의 종류

① 경계경보
  ㉠ 비상 사이렌으로 3분간 장음으로 취명한다.
  ㉡ 필요시 공정상의 이상 또는 독성물질의 누출위험이 없을 때까지 취명하며 다음과 같은 조치를 취하도록 한다.
    • 모든 안전작업허가서는 효력을 상실하며 허가서는 발급자에게 반납한다.
    • 흡연과 가열기구는 사용이 금지된다.
    • 운전요원은 필요한 안전조치와 함께 비상사태 지휘자의 지시에 따른다.

② 가스누출경보
  ㉠ 고저음의 파상음을 연속적으로 취명한다.
  ㉡ 가스가 누출되는 동안 계속 취명하며 다음과 같은 조치를 취하도록 한다.
    • 모든 안전작업허가서는 효력을 상실하며, 허가서는 발급자에게 반납한다.
    • 흡연이 불가하고 가열기구 사용이 금지된다.
    • 운전요원은 필요한 비상운전정지 조치와 함께 비상지휘자의 지시에 따른다.
    • 독성가스 누출 시 비상방송의 안내에 따라 호흡보호 장비를 휴대하고 비상지휘자의 지시에 따른다.

확인! OX

다음은 비상사태에 대한 설명이다. 옳으면 "O", 틀리면 "X"로 표시하시오.

1. 중대한 화재·폭발사고가 발생한 경우, 독성화학물질의 누출사고 또는 환경오염 사고가 발생한 경우 등을 조업상의 비상사태라고 한다. ( )
2. 태풍, 폭우 및 지진 등 천재지변이 발생한 경우를 자연재해라고 한다. ( )

정답 1. O 2. O

③ 대피경보
  ㉠ 단음으로 연속 취명되며 비상사태 종료 시까지 계속 취명된다.
  ㉡ 폭발 또는 독성물질의 다량 누출 등 급박한 위험상황일 때 취명하며 대피에 필요한 지시사항과 대피경로 및 대피장소를 반복하여 안내하며 다음과 같은 조치를 취하도록 한다.
    • 모든 작업을 중지한다.
    • 비상지휘자가 지명한 요원(비상운전반 등)을 제외한 모든 사람은 지시에 따라 대피한다.
    • 풍향을 고려하여 대피지역을 지정한다.
    • 필요한 경우 비상사태 발생지역의 진입을 통제하고 인근 공장 및 주민의 대피를 지시한다.
④ 화재경보
  ㉠ 5초 간격 중단음으로 계속 취명한다.
  ㉡ 이 경보는 화재로 인한 비상사태에 발신되며 다음과 같은 조치를 취하도록 한다.
    • 비상지휘자는 비상방송을 통해 비상출동반을 비롯한 비상통제조직체제의 동원과 필요한 비상가동정지와 소방활동을 지시한다.
    • 모든 안전작업 허가서는 효력을 상실하며, 허가서는 발급자에게 반납한다.
    • 모든 방문자와 불필요한 인원은 비상지휘자의 지시에 따라 지정된 장소로 대피한다.
    • 비상통제 조직의 구성원 외에는 비상발생 장소에 접근하거나, 진화작업에 지장을 주어서는 안 된다.
⑤ 해제경보 : 1분간 장음으로 취명하며 비상방송을 통해 상황의 종료와 조치사항에 대하여 안내한다.

2. 비상대응 교육 훈련   중요도 ★★☆

(1) 밀폐공간 작업 시 긴급 구조훈련(산업안전보건기준에 관한 규칙 제640조)

긴급상황 발생 시 대응할 수 있도록 밀폐공간에서 작업하는 근로자에 대하여 비상연락체계 운영, 구조용 장비의 사용, 공기호흡기 또는 송기마스크의 착용, 응급처치 등에 관한 훈련을 6개월에 1회 이상 주기적으로 실시하고, 그 결과를 기록하여 보존하여야 한다.

(2) 비상조치계획에 따른 훈련 평가사항
  ① 비상시 구성원의 역할, 책임 및 권한의 적절성 및 실제 작동 여부
  ② 재해발생 상황을 전파하는 방법과 절차의 적정 여부
  ③ 현장 조치사항(재해자 구호조치, 위험요인 제거 등)의 적정 실행 여부
  ④ 대피가 필요한 경우 근로자 대피방법과 경로, 대피장소의 적정 여부

+ 괄호문제

다음 괄호 안에 알맞은 내용을 쓰시오.
① 밀폐공간 작업 시 착용하여야 하는 호흡용 보호구에는 (㉠) 또는 (㉡)가 있다.
② 밀폐공간 작업 시 응급처치 등에 관한 훈련을 (㉠)개월에 (㉡)회 이상 주기적으로 실시하고, 그 결과를 기록하여 보존하여야 한다.

| 정답 |
① ㉠ 공기호흡기,
  ㉡ 송기마스크
② ㉠ 6, ㉡ 1

확인! OX

다음은 비상조치계획 및 비상경보에 대한 설명이다. 옳으면 "O", 틀리면 "X"로 표시하시오.
1. 비상조치계획 시 대주민 홍보 계획에 포함되는 내용은 유해·위험설비의 종류, 비상사태 발생 경보체계 등 인지방법, 중대사고가 주민에게 미치는 영향 등이 있다. ( )
2. 비상경보의 종류에는 경계경보, 가스누출경보, 대피경보, 화재경보, 해제경보가 있다. ( )

정답 1. O 2. O

+ 괄호문제

다음 괄호 안에 알맞은 내용을 쓰시오.
① 환자가 반응이 없고 무호흡 또는 비정상적인 호흡을 보이면 심정지 상태로 판단하고 바로 (㉠)을 실시하면서 (㉡)를 사용한다.
② 심폐소생술 시행방법으로 가슴압박 (㉠)회와 인공호흡 (㉡)회를 시행하고, 인공호흡 방법을 모르거나, 꺼려지는 경우에는 인공호흡을 제외하고 지속적으로 가슴압박만 시행한다.

| 정답 |
① ㉠ 심폐소생술,
  ㉡ 자동심장충격기(AED)
② ㉠ 30, ㉡ 2

(3) 비상훈련의 횟수 변경
① 발생 가능성이 매우 높고, 피해규모가 클 경우
② 비상훈련 평가가 저조할 경우
③ 인원이 변경되거나 설비가 변경된 경우
④ 공정운전 조건이 변경된 경우
⑤ 외부의 인적·물적 자원이 변경된 경우
⑥ 기타 비상훈련의 증감이 필요하다고 판단되는 경우

(4) 비상조치 확인이 필요한 항목
① 비상연락 체계
② 통제실(상황실) 운영
③ 사고현장 관리
④ 대외 커뮤니케이션 조직 구성
⑤ 정보센터 운영
⑥ 비상대응 조직의 구성
⑦ 지역 비상대응 기관과의 협력체계
⑧ 자체 방제능력 확보 계획
⑨ 주민 협의체 구성
⑩ 주민 고지
⑪ 사고발생 시의 대피경보
⑫ 대피(직원, 주민)
⑬ 유관 기관과의 협의체계
⑭ 사고조사 계획
⑮ 사고복구 계획

(5) 심정지 응급처치법
① 환자가 쓰러졌을 때, 의식의 유무(반응의 확인) 파악이 중요하다.
② 어깨를 두드리며 말을 걸어 반응을 보고 의식(반응)이 없으면 바로 119에 신고하고 보건진료소에 연락한다.
③ 환자가 반응이 없고 무호흡 또는 비정상적인 호흡을 보이면 심정지 상태로 판단하고 바로 심폐소생술을 실시하면서 자동심장충격기(AED)를 사용한다.

확인! OX

다음은 비상대응 교육 훈련에 대한 설명이다. 옳으면 "O", 틀리면 "X"로 표시하시오.
1. 발생 가능성이 매우 낮고, 피해규모가 클 경우와 비상훈련 평가가 저조할 경우, 공정운전 조건이 변경된 경우에 비상훈련의 횟수를 변경한다. ( )
2. 비상조치 확인이 필요한 항목에는 비상연락 체계, 대외 커뮤니케이션 조직 구성, 주민 협의체 구성, 주민 고지, 유관 기관과의 협의체계 등이 있다. ( )

| 정답 | 1. X 2. O

| 해설 |
1. 발생 가능성이 매우 높고, 피해규모가 클 경우와 비상훈련 평가가 저조할 경우, 공정운전 조건이 변경된 경우에 비상훈련의 횟수를 변경한다.

[심폐소생술 시행방법]

단계	설명
1단계 반응의 확인	현장의 안전을 확보한 후 환자에게 다가가 어깨를 가볍게 두드리며, 큰 목소리로 "괜찮으세요?"라고 물어본다. 의식이 있다면 환자는 대답하거나 움직이거나 신음소리를 낸다. 반응이 없다면 심정지의 가능성이 높다고 판단해야 한다.
2단계 119 신고	환자가 반응이 없다면 즉시 큰 소리로 주변 사람에게 119 신고를 요청한다. 하지만 아무도 없다면 직접 119에 신고한다. 만약 주위에 심장충격기(자동제세동기)가 비치되어 있다면 즉시 가져와 사용한다.
3단계 호흡 확인	환자의 얼굴과 가슴을 10초 이내로 확인하여 호흡을 확인한다. 환자가 호흡이 없거나 비정상적이라면 심정지가 발생한 것으로 판단한다. 하지만 일반인은 비정상적인 호흡상태를 정확히 평가하기 어려우니 응급 의료 전화상담원의 도움을 받는 것이 바람직하다.
4단계 가슴압박 30회 시행	환자를 바닥이 단단하고 평평한 곳에 등을 대고 눕힌 뒤에 가슴뼈(흉골)의 아래쪽 절반 부위에 깍지를 낀 두 손의 손바닥 아랫부분을 댄다. 손가락이 가슴에 닿지 않도록 주의하면서, 양팔을 쭉 편 상태로 체중을 실어 환자의 몸과 수직이 되도록 가슴을 압박하고, 압박된 가슴은 완전히 이완되도록 한다. 가슴 압박은 분당 100~120회의 속도와 약 5cm 깊이(소아 4~5cm)로 강하고 빠르게 시행한다. '하나', '둘', '셋',…'서른' 하고 세어 가면서 규칙적으로 시행한다.
5단계 인공호흡 2회 시행	환자의 머리를 젖히고, 턱을 들어 올려 기도를 개방시킨다. 머리를 젖혔던 손의 엄지와 검지로 환자의 코를 잡아서 막고, 입을 크게 벌려 환자의 입을 완전히 막은 후 가슴이 올라올 정도로 1초 걸쳐서 숨을 불어넣는다. 이때 환자의 가슴이 부풀어 오르는지 눈으로 확인한다. 숨을 불어넣은 후에는 입을 떼고 코도 놓아 주어서 공기가 배출되도록 한다. 인공호흡 방법을 모르거나, 꺼려지는 경우에는 인공호흡을 제외하고 지속적으로 가슴압박만 시행한다(가슴압박 소생술).

3. 자체 매뉴얼 개발 중요도 ★☆☆

(1) 비상상황 대응 매뉴얼 작성
① 발생 가능한 비상상황을 고려해야 한다.
② 작업중지, 위험요인 제거 등 긴급구조 방법을 마련해야 한다.
③ 구호조치 및 기본적 응급조치계획을 수립해야 한다.
④ 대피절차와 비상대피로를 지정해야 한다.
⑤ 추가 피해방지를 위한 조치 및 재발방지 대책을 수립해야 한다.
⑥ 매뉴얼 이행 점검 관련 조항을 포함해야 한다.

(2) 비상조치에 필요한 자원(회사 내 인적·물적 자원 현황 파악)
① 공통 자원의 확보 : 상황실, 비상대응 전파 설비, 비상통신장비, 대피유도설비 등 공통적으로 사용하고 필요한 자원을 말한다.
② 비상대응 조직별 필요 자원 확보
  ㉠ 대피반, 방호반, 반출반, 소화·방재반, 의료구조반 등 비상대응 조직에 따른 필요한 자원을 확보한다.
  ㉡ 조끼, 확성기, 호루라기, 경광봉, 반출 및 운반용 장비, 굴삭기, 구급차, 공기호흡기, 삽, 구급함, 들 것, 무전기, 자동심장제세동기(AED), 산소 호흡기 등

+ 괄호문제

다음 괄호 안에 알맞은 내용을 쓰시오.

① 비상상황 대응 매뉴얼에는 대피절차와 ( )를 지정해야 한다.
② 비상조치를 위해 (㉠), (㉡), (㉢), 소화·방재반, 의료구조반 등 비상대응조직에 따른 필요한 자원을 확보하여야 한다.

| 정답 |
① 비상대피로
② ㉠ 대피반, ㉡ 방호반, ㉢ 반출반

확인! OX

다음은 심정지 응급처치법에 대한 설명이다. 옳으면 "O", 틀리면 "X"로 표시하시오.

1. 환자가 쓰러졌을 때, 의식의 유무(반응의 확인) 파악이 중요하다. ( )
2. 심폐소생술 시행방법에서 호흡 확인은 환자의 얼굴과 가슴을 5초 이내로 확인하고, 환자가 호흡이 없거나 비정상적이라면 심정지가 발생한 것으로 판단한다. ( )

정답 1. O 2. X

| 해설 |
2. 환자의 얼굴과 가슴을 10초 이내로 확인하고, 환자가 호흡이 없거나 비정상적이라면 심정지가 발생한 것으로 판단한다.

+ 괄호문제

다음 괄호 안에 알맞은 내용을 쓰시오.
① 높이 (　)m 이상 장소에서 작업발판, 안전난간 등이 설치되지 않아 추락위험이 높은 경우 급박한 위험 시 대응절차 등을 마련하여야 한다.
② (　) 작업 전 산소농도 측정을 하지 않는 경우 급박한 위험 시 대응절차 등을 마련하여야 한다.

| 정답 |
① 2
② 밀폐공간

③ 개인별 필요 자원 확보 : 방독면 등 개인 보호장구를 말한다.

(3) 급박한 위험 시 대응절차 등 마련

① 작업중지
  ㉠ 높이 2m 이상 장소에서 작업발판, 안전난간 등이 설치되지 않아 추락위험이 높은 경우
  ㉡ 비계, 거푸집, 동바리 등 가시설물 설치가 부적합하거나 부적절한 자재가 사용된 경우
  ㉢ 토사, 구축물 등의 변형 등으로 붕괴사고의 우려가 높은 경우
  ㉣ 가연성·인화성 물질 취급장소에서 화기작업을 실시하여 화재·폭발의 위험이 있는 경우
  ㉤ 유해·위험 화학물질 취급 설비의 고장, 변형으로 화학물질의 누출 위험이 있는 경우
  ㉥ 밀폐공간 작업 전 산소농도 측정을 하지 않는 경우
  ㉦ 유해 화학물질을 밀폐하는 설비에 국소배기장치를 설치하지 않는 경우

② 대응조치 : 급박한 위험이 있는 경우 즉각적으로 작업중지와 근로자 대피, 위험요인 제거가 이루어질 수 있도록 하여야 한다.
  ㉠ 상황전파 및 작업중지 : 통신설비 이용하여 상황 전파, 즉시 작업중지
  ㉡ 초기대응 : 사고 상황별 초기 대응(필요시 2차 피해방지 위험요인 제거)
  ㉢ 긴급대피 : 비상대피장소 긴급대피
  ㉣ 신고 및 보고 : 상황 발견자·관리감독자 등이 119 신고 및 응급처치 시행, 관할 고용노동관서 등에 신고
  ㉤ 현장보존 : 소방서, 산재예방 근로감독관 등의 현장보전지휘 협조

확인! OX

다음은 급박한 위험 시 대응절차에 대한 설명이다. 옳으면 "O", 틀리면 "X"로 표시하시오.
1. 가연성·인화성 물질 취급장소에서 화기작업을 실시하여 화재·폭발의 위험이 있는 경우 작업을 중지하여야 한다. (　)
2. 급박한 위험이 있는 경우 즉각적으로 작업중지와 근로자 대피, 위험요인 제거가 이루어질 수 있도록 하여야 한다. (　)

| 정답 | 1. O 2. O

CHAPTER 04 화공 안전운전·점검

PART 05. 화학설비 안전관리

출제율 11%

출제포인트
- 공정안전의 개요
- 안전운전계획
- 위험성 평가
- 안전장치의 종류
- 공정안전보고서 작성심사·확인

제1절 공정안전 기술

기출 키워드
공정안전관리, 제어장치, 안전장치, 피해저감장치, 안전운전계획, 위험성 평가

1. 공정안전의 개요   중요도 ★★☆

(1) 공정안전관리

① 정의(중대산업사고 예방센터 운영규정 제2조)
  ㉠ 공정안전관리(PSM ; Process Safety Management) : 중대산업사고를 야기할 가능성이 있는 공정·설비들을 체계적이고 지속적으로 관리하기 위해 사업주가 잠재된 사고의 위험요인을 사전에 발굴·제거하여 중대산업사고를 체계적으로 예방하기 위한 제도를 말한다.
  ㉡ 중대산업사고 : 공정안전보고서 제출 대상 설비로부터 위험물질 누출, 화재 및 폭발 등으로 인하여 사업장 내의 근로자에게 즉시 피해를 주거나 사업장 인근 지역에 피해를 줄 수 있는 사고로서 누출·화재·폭발사고를 말한다.

② 공정안전관리의 효과
  ㉠ 사고 및 재산손실 감소
  ㉡ 작업 생산성 및 품질 향상
  ㉢ 기업 신뢰도와 이미지 향상
  ㉣ 노사관계 개선 도모

(2) 공정안전관리의 12가지 실천과제

① 공정안전자료 : 공정안전자료의 주기적인 보완 및 체계적 관리
② 위험성 평가 : 공정위험평가 체제 구축 및 사후관리
③ 안전운전 절차 준수 : 안전운전 절차 보완 및 준수
④ 설비별 점검 기록, 유지 관리 : 설비별 위험등급에 따른 효율적 관리
⑤ 안전작업허가서 : 작업허가 절차 준수
⑥ 협력업체 운영관리 : 협력업체 선정 시 안전관리수준 반영
⑦ 근로자 교육계획 : 근로자에 대한 실질적인 공정안전관리 교육
⑧ 가동 전 안전점검 : 유해·위험 설비의 가동 전 안전점검

⑨ 변경관리 절차 준수 : 설비 등 변경 시 변경관리 절차 준수
⑩ 자체감사 실시 : 객관적인 자체감사 실시 및 사후조치
⑪ 사고원인 및 재발방지대책 : 정확한 사고원인 규명 및 재발방지
⑫ 비상대응 훈련 : 비상대응 시나리오 작성 및 주기적인 훈련

2. 각종 장치

(1) 제어장치

① 제어장치 : 기계나 설비를 목적에 알맞도록 조절하는 장치로 물체, 공정, 기계 등을 제어하기 위해 필요한 신호를 공급하는 장치로서 일반적으로 기기 전체를 말하기도 한다. 자동제어 이론에서는 동작신호를 증폭하여 조작량을 주는 부분을 말하며 제어신호가 전해지는 경로에 따라 열린 루프 제어계와 닫힌 루프 제어계로 나뉜다.
  ㉠ 열린 루프 제어계 : 시퀀스제어
  ㉡ 닫힌 루프 제어계 : 좁은 뜻의 자동제어의 전형인 피드백제어

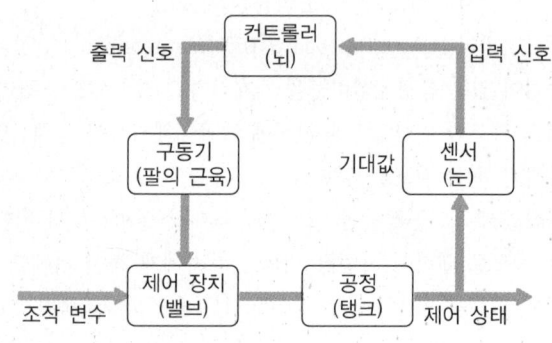

[자동제어의 구성요소]

② 제어동작(control mode)
  ㉠ 위치제어(on/off control) : 가장 간단하고 저렴하여 광범위하게 응용되고 있는 제어로 상대적으로 지연시간이 짧고 작은 양의 물질이나 에너지에도 잘 반응하기 때문에 대용량의 공정에 적합한 시스템이다. 거대한 탱크의 온도제어에 쓰인다.
  ㉡ 비례제어(proportional control) : 설정값에서 벗어남에 비례된 조작신호를 보내는 동작으로 비례대를 좁게 하면 같은 벗어남이라도 조작신호 변화가 크게 되고 밸브의 개도는 민감하게 된다.
  ㉢ 적분제어(integral control) : 비례제어만으로는 오프셋이라 하는 현상을 일으키고, 제어값이 목표값에 완전히 일치하지 않으므로 이것을 일치시키기 위해 설정값에서의 벗어남이 생기면, 이 벗어남에 비례된 속도로서 조작신호가 변화하는 동작을 말한다.

② 미분제어(derivative control) : 설정값에서 검출값이 벗어나는 속도(100℃에 설정되어 있을 때는 2분 안에 95℃로 내려가면 5℃ ÷ 2분 = 2.5℃/분)에 비례된 조작신호를 보내는 동작으로 이 시간을 길게 하면 설정값에서의 벗어나는 속도가 같아도 밸브개도의 변화는 크게 된다.

(2) 송풍기

① 기체를 수송하는 장치로서 토출압력이 1.0kg/cm² 이하인 저압에 대하여 적용한다.

[토출압력에 따른 분류]

FAN	BLOWER
1,000mmAq 미만 (0.1kg/cm² 미만)	1,000~10,000mmAq 미만 (0.1~1.0kg/cm² 미만)

② 분류
  ㉠ 터보형(회전형) : 날개의 원심력 또는 양력을 이용해 유체의 속도와 압력을 주어 송풍하거나 압축하는 것으로 임펠러의 기류방향에 따라 원심식, 축류식, 사류식, 횡류식으로 분류한다.
  ㉡ 용적형 : 용적형은 일정한 용적에 흡입되는 기체를 송풍 또는 압축하는 것으로 회전식, 왕복식으로 분류된다.

③ 송풍기의 상사법칙
  ㉠ 풍압은 회전수의 제곱에 비례한다.
  ㉡ 풍량은 회전수에 비례한다.
  ㉢ 소요동력은 회전수의 세제곱에 비례한다.

④ 서징현상의 방지법
  ㉠ 풍량을 감소시킨다.
  ㉡ 배관의 경사를 완만하게 한다.
  ㉢ 교축밸브를 기계 가까이 설치한다.
  ㉣ 토출가스를 흡입측에 바이패스시키거나 방출밸브에 의해 대기로 방출시킨다.
  ※ 서징(surging)현상 : 압축기와 송풍의 관로에 심한 공기의 맥동과 진동을 발생하면서 불안전한 운전이 되는 현상

⑤ 안전조치(송풍기의 보수유지에 관한 기술지침)
  ㉠ 송풍기는 점검 및 보수유지가 가능하도록 설치한다.
  ㉡ 회전부위나 운동부위는 덮개나 울 등으로 보호한다.
  ㉢ 노출된 송풍기의 급기구는 종이나 쓰레기, 기타 이물질이 유입되지 않도록 금속으로 제작된 미세한 망을 설치한다.
  ㉣ 급기구 및 배기구는 사람이 접근할 수 없는 곳에 설치하거나 주위에 울 등을 설치하여 사람의 접근을 방지한다.
  ㉤ 대형 송풍기에는 진동감시장치 및 베어링 부위에 온도측정장치를 설치하여 자동으로 경보가 울리고 차단하게 한다.

+ 괄호문제

다음 괄호 안에 알맞은 내용을 쓰시오.

① 기체를 수송하는 장치로서 토출압력이 1.0kg/cm² 이하의 저압에 대하여 적용하는 장치를 (   )라고 한다.
② 터보형(회전형) 송풍기는 날개의 원심력 또는 양력을 이용해 유체의 속도와 압력을 주어 송풍하거나 압축하는 것으로 임펠러의 기류방향에 따라 (㉠), (㉡), 사류식, 횡류식으로 분류한다.

|정답|
① 송풍기
② ㉠ 원심식, ㉡ 축류식

확인! OX

다음은 송풍기에 대한 설명이다. 옳으면 "O", 틀리면 "X"로 표시하시오.

1. 송풍기는 1,000mmAq 미만인 FAN과 1,000~10,000mmAq 미만인 BLOWER로 분류된다.   (   )
2. 압축기와 송풍의 관로에 심한 공기의 맥동과 진동을 발생하면서 불안전한 운전이 되는 서징현상의 방지법으로 풍량을 증가시키거나, 배관의 경사를 완만하게 한다.   (   )

정답 1. O 2. X

|해설|
2. 서징(surging)현상의 방지법에는 풍량을 감소시키거나, 배관의 경사를 완만하게 하거나, 교축밸브를 기계에서 가까이 설치하거나, 토출가스를 흡인측에 바이패스시키거나 방출밸브에 의해 대기로 방출시키는 방법이 있다.

+ 괄호문제

다음 괄호 안에 알맞은 내용을 쓰시오.
① 기체를 수송하는 장치로서 토출압력이 1.0kg/cm² 이상의 고압에 대하여 적용하는 장치를 (　)라고 한다.
② 압축기의 종류에는 (㉠), 왕복식 압축기, (㉡), 축류식 압축기가 있다.

| 정답 |
① 압축기
② ㉠ 회전식 압축기,
　㉡ 터보식 압축기

⑥ 안전한 운전방법(송풍기의 보수유지에 관한 기술지침)
　㉠ 운전이 시작되면 베어링 온도, 케이싱(casing) 내의 음향, 진동, 전류계 등의 상태가 정상인지를 확인한다.
　㉡ 전폐상태의 운전을 장시간 하면 케이싱 내에 압축열이 축적되어 사고발생 우려가 있으므로 규정풍량의 10% 이상을 유출시키도록 한다.
　㉢ 토출댐퍼를 조작할 때에는 소풍량의 범위에서 서지(surge)를 일으킬 수 있으므로 이 범위에서는 빨리 댐퍼를 열어 서지를 방지한다.
　㉣ 베어링의 온도는 주위온도보다 40℃ 높은 온도 또는 최대 70℃를 넘지 않도록 한다.

(3) 압축기
① 기체를 수송하는 장치로서 토출압력이 1.0kg/cm² 이상의 고압에 대하여 적용한다.
② 종류
　㉠ 회전식 압축기 : 케이싱 내에 1개 또는 수 개의 회전체를 설치하여 이것을 회전시킬 때 케이싱과 피스톤 사이의 체적이 감소해서 기체를 압축하는 방식이다.
　㉡ 왕복식 압축기 : 실린더 내에서 피스톤을 왕복시켜 이것을 따라 개폐하는 흡입밸브 및 배기밸브의 작용에 의해 기체를 압축하는 방식이다.
　㉢ 터보식 압축기 : 케이싱 내에 넣어진 날개바퀴를 회전시켜 기체에 작용하는 원심력에 의해서 기체를 압송하는 방식이다.
　㉣ 축류식 압축기 : 프로펠러의 회전에 의한 추진력에 의해 기체를 압송하는 방식이다.

확인! OX

다음은 압축기에 대한 설명이다. 옳으면 "O", 틀리면 "X"로 표시하시오.
1. 케이싱 내에 넣어진 날개바퀴를 회전시켜 기체에 작용하는 원심력에 의해서 기체를 압송하는 방식을 가지는 압축기는 회전식 압축기라고 한다. (　)
2. 왕복식 압축기는 실린더 내에서 피스톤을 왕복시켜 이것을 따라 개폐하는 흡입밸브 및 배기밸브의 작용에 의해 기체를 압축하는 방식을 말한다. (　)

| 정답 | 1. X　2. O

| 해설 |
1. 터보식 압축기라고 한다.

(4) 배관 및 피팅류
① 배관피팅(pipe fiffing)의 종류

90° 엘보(long)	180° 엘보(long)	동심 리듀서(concentric reducer)
90° 엘보(short)	180° 엘보(short)	편심 리듀서(eccentric reducer)
45° 엘보(long)	캡(cap)	이경 티(reducing tee)	동경 티(straight tee)

㉠ 배관이음 : 관의 직경이 5cm 이하일 경우 나사이음, 5cm 이상일 경우 플랜지를 사용하거나 용접이음으로 한다.
㉡ 패킹(packing)과 개스킷(gasket) : 화학설비 또는 배관의 덮개 플랜지 등의 접속 부분에서 위험물(가스) 누설을 방지하는 목적으로 사용하며, 운동 부분에 삽입하여 사용하는 것이 패킹이고, 정지 부분에 삽입하여 사용하는 것이 개스킷이다.
② 밸브 : 유체의 유량, 흐름의 단속, 방향전환, 압력조절에 사용한다.
　㉠ 글로브 밸브, 스톱밸브
　　• 유체의 흐름방향과 평행하게 밸브가 개폐된다.
　　• 마찰저항이 크고 섬세한 유량 조절에 사용한다.
　㉡ 슬루스 밸브
　　• 밸브가 유체의 흐름에 직각으로 개폐된다.
　　• 마찰저항이 작고 개폐용으로 사용한다.
　㉢ 체크밸브
　　• 역류방지를 목적으로 사용한다.
　　• 스윙형(수직, 수평, 저항이 적다), 리프트형(수평배관)
　㉣ 콕밸브 : 90° 회전하면서 가스의 흐름을 조절한다.
　㉤ 볼밸브 : 밸브디스크가 공 모양이고 콕과 유사한 밸브이다.
　㉥ 버터플라이 밸브 : 밸브 몸통 속에서 밸브대를 축으로 하여 원판모양의 밸브디스크가 회전하는 밸브이다.
③ 용도에 따른 관 부속품(fittings)
　㉠ 두 개의 관을 연결할 때 : 플랜지, 유니언, 커플링, 니플, 소켓
　㉡ 관로의 방향을 바꿀 때 : 엘보, Y지관, 티형, 십자형
　㉢ 관로의 크기를 바꿀 때 : 리듀서, 부싱
　㉣ 가지관을 설치할 때 : T, Y지관, 십자형
　㉤ 유로를 차단할 때 : 플러그, 캡, 밸브
　㉥ 유량 조절 : 밸브

+ 괄호문제

다음 괄호 안에 알맞은 내용을 쓰시오.

① 화학설비 또는 배관의 덮개 플랜지 등의 접속 부분에서 위험물(가스) 누설을 방지하는 목적으로 사용하며, 운동 부분에 삽입하여 사용하는 것이 (㉠)이고, 정지 부분에 삽입하여 사용하는 것이 (㉡)이다.

② 역류방지를 목적으로 사용하는 밸브를 (㉠)라 하고, 밸브 몸통 속에서 밸브대를 축으로 하여 원판모양의 밸브디스크가 회전하는 밸브를 (㉡)라 한다.

| 정답 |
① ㉠ 패킹, ㉡ 개스킷
② ㉠ 체크밸브,
　㉡ 버터플라이 밸브

확인! OX

다음은 배관과 밸브에 대한 설명이다. 옳으면 "O", 틀리면 "X"로 표시하시오.

1. 배관이음은 관의 직경이 5cm 이하일 경우 나사이음, 5cm 이상일 경우 플랜지를 사용하거나 용접이음으로 한다. ( )

2. 밸브는 유체의 유량, 흐름의 단속, 방향전환, 압력조절에 사용한다. ( )

정답 1. O 2. O

+ 괄호문제

다음 괄호 안에 알맞은 내용을 쓰시오.
① (　　)는 배관과 배관을 연결하고, 밸브, 설비를 연결하는 데 사용하는 접속용 부속품이다.
② (　　)는 밸브 입구쪽의 압력이 설정압력에 도달하면 밸브가 개방되어 유체가 분출하여 압력을 해소하는 장치로, 종류로는 스프링식, 파열판식, 벨로스식, 파일럿식 등이 있다.

| 정답 |
① 플랜지(flange)
② PSV(Pressure Safety Valve)

더 알아보기

배관 부속품의 용도
- 플랜지(flange) : 배관과 배관을 연결하고, 밸브, 설비를 연결하는 데 사용하는 접속용 부속품이다.
- 유니언(union) : 커플링과 외형이 비슷하나 중간 연결 부위가 추가되어 분해조립이 가능하다.
- 커플링(coupling) : 배관과 배관(직선 배관)을 연결할 때 사용한다.
- 엘보(elbow) : 배관의 진행방향을 상하좌우로 변경할 때 사용되는 배관 부속이다.
- 티(tee) : 배관의 진행이 한 방향에서 두 방향으로 나누어지거나, 반대로 두 갈래의 배관이 하나로 합쳐지는 경우 사용한다.
- 캡(cap) : 배관의 끝단 마감에 사용한다.
- 리듀서(reducer) : 배관의 사이즈가 변경되는 구간에서 사용한다.
- 스터드 엔드(stud end) : 배관을 플랜지로 연결 시 보통 플랜지를 배관에 용접하는 방법 외에 lap joint flange를 사용하는 경우가 많으며 이때 사용하는 것이 스터드 엔드이다.
- 밴딩(bending) : 직선 배관을 밴딩기를 통해서 각도 구배를 주는 것이다.
- 어댑터(adapters) : 목적은 커플링과 동일하나 반대편에 특정 파이프, 호스, 튜브를 연결할 때 사용한다.

3. 안전장치의 종류　　중요도 ★★☆

(1) 사고예방장치

① PSV(Pressure Safety Valve) : 밸브 입구쪽의 압력이 설정압력에 도달하면 밸브가 개방되어 유체가 분출하여 압력을 해소하는 장치로, 종류로는 스프링식, 파열판식, 벨로스식, 파일럿식 등이 있다. 설치 대상으로는 압력용기, 정변위 펌프, 정변위 압축기 등이 있다.

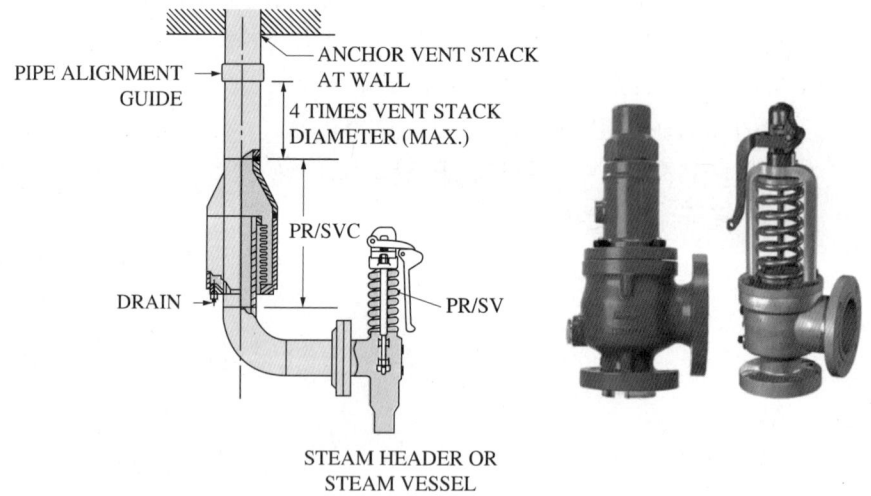

[PSV]

확인! OX

다음은 배관 부속품과 PSV에 대한 설명이다. 옳으면 "O", 틀리면 "X"로 표시하시오.
1. 배관의 사이즈가 변경되는 구간에서 사용되는 배관 부속품은 리듀서이다. (　)
2. PSV의 설치 대상으로는 압력용기, 정변위 펌프, 정변위 압축기 등이 있다. (　)

| 정답 | 1. O　2. O

② 통기밸브(breather valve) : 저장탱크 내부와 대기의 압력 차이 발생 시 대기 중 공기를 탱크 내부로 흡인하거나 탱크 내 압력을 대기로 방출하는 장치로, 주로 인화성 액체를 취급하는 상압용 저장탱크에 설치하며 저장탱크 내부의 증발손실이나 배기가스를 경감하기 위해 적용된다.

[통기밸브]

③ 가스 검지기(gas detector) : 가연성 물질이나 독성물질의 가스를 감지하여 자동적으로 경보가 울리도록 한 장치로서 접촉연소방식, 반도체방식, 갈바닉방식 등이 있다. 주로 가연성 설비나 독성 물질을 다루는 설비 근처에 설치한다.

[가스 검지기]

④ 역화방지기(flame arrestor) : 설비 내외부에서 화재 발생 시 화염이 인접설비로 전파되지 않도록 차단하는 설비로서, 종류로는 폭연식, 폭굉식이 있다. 주로 가연성 가스 및 인화성 액체를 저장 수송하는 설비에 적용한다.

⑤ 긴급차단밸브(emergency isolation valve) : 반응기나 설비의 이상상태 발생 시 해당 설비를 긴급 차단하는 설비로서 AOV, MOV가 있다. 저장탱크, 반응기, 이송설비, 증류탑 등에 적용된다.

[긴급차단밸브]

+ 괄호문제

다음 괄호 안에 알맞은 내용을 쓰시오.
① ( )는 가연성 물질이나 독성물질의 가스를 감지하여 자동적으로 경보가 울리도록 한 장치로서 접촉연소방식, 반도체방식, 갈바닉방식 등이 있고, 주로 가연성 설비나 독성 물질을 다루는 설비 근처에 설치한다.
② ( )는 반응기나 설비의 이상상태 발생 시 해당 설비를 긴급 차단하는 설비로서 AOV, MOV가 있으며, 저장탱크, 반응기, 이송설비, 증류탑 등에 적용된다.

| 정답 |
① 가스 검지기
② 긴급차단밸브

확인! OX

다음은 사고예방장치에 대한 설명이다. 옳으면 "O", 틀리면 "X"로 표시하시오.

1. 인화성 액체를 취급하는 상압용 저장탱크에 설치하며 저장탱크 내부의 증발손실이나 배기가스를 경감하기 위해 적용되는 밸브를 통기밸브라고 한다. ( )
2. 역화방지기는 설비 내외부에서 화재 발생 시 화염이 인접설비로 전파되지 않도록 차단하는 설비로서 종류로는 폭연식, 폭굉식이 있다. ( )

정답 1. O 2. O

+ 괄호문제

다음 괄호 안에 알맞은 내용을 쓰시오.

① ( )는 화재 발생 시 분무노즐을 통해 물을 미립자 형태로 소방대상물을 감싸듯 방사하는 설비로, 가연성 가스 취급 설비에 설치하여 화재의 입열방지 및 소화작용을 위해 적용한다.

② ( )는 화재에 일정 시간 견딜 수 있는 성능을 가진 구조로, 가스폭발 위험장소에 설치되는 건축물에 적용하며 방법으로는 내화페인트나 내화콘크리트를 도포한다.

| 정답 |
① 물분무설비
② 내화구조

확인! OX

다음은 피해저감장치에 대한 설명이다. 옳으면 "O", 틀리면 "X"로 표시하시오.

1. 방류벽은 위험물 취급 저장탱크에 설치되며, 일정 용량 이상에 적용하고 탱크와 일정 거리를 둔다. ( )

2. 방호벽은 설비 폭발 시 보호대상 설비를 폭발 과압으로부터 보호하기 위해 설치된 벽으로, 주로 가연성 가스 저장 설비 주위에 설치되며, 철근 콘크리트 재질로 두께는 120T, 높이는 2m 이상이다. ( )

| 정답 | 1. O 2. O

(2) 피해저감장치

① 방류벽 : 저장탱크에서 유출된 물질이 사업장 외부로 확산되는 것을 방지하도록 저장탱크 주변에 설치된 벽이다. 위험물 취급 저장탱크에 설치되며 일정 용량 이상에 적용되고 탱크와 일정 거리를 둔다.

[방류벽]

② 방호벽 : 설비 폭발 시 보호대상 설비를 폭발 과압으로부터 보호하기 위해 설치된 벽으로, 주로 가연성 가스 저장 설비 주위에 설치된다. 철근 콘크리트 재질로 두께는 120T, 높이는 2m 이상이다.

[방호벽]

③ 물분무설비 : 화재 발생 시 분무노즐을 통해 물을 미립자 형태로 소방대상물을 감싸듯 방사하는 설비로, 가연성 가스 취급 설비에 설치하며 화재의 입열방지 및 소화작용을 위해 적용한다.

[물분무설비]

④ 트렌치 : 화학물질이 누출되었을 때 외부로 확산되는 것을 방지하기 위해 지면 아래로 설치된 도랑이며, 저장탱크 하역장소에 주로 적용된다.

⑤ 내화구조 : 화재 시 인명 및 재산의 피해를 최소화하기 위해 화재에 일정 시간 견딜 수 있는 성능을 가진 구조이며, 가스폭발 위험장소에 설치되는 건축물에 적용한다. 내화페인트나 내화콘크리트를 도포하는 방법이 있다.

⑥ 긴급세척설비 : 화학물질이나 부식성 물질 등에 노출됐을 때 긴급하게 몸 전체나 눈을 세척하기 위해 설치된 설비로서 유해물질 제조 및 사용하는 작업장 근처에 설치한다.

+ 괄호문제

다음 괄호 안에 알맞은 내용을 쓰시오.
① 안전운전계획은 주기적으로 (㉠)과 (㉡)을 한다.
② 공정안전자료에는 물질의 (㉠) 및 (㉡)이 포함되어야 한다.

| 정답 |
① ㉠ 수정, ㉡ 보완
② ㉠ 종류, ㉡ 수량

제2절 안전점검계획 수립

1. 안전운전계획 중요도 ★☆☆

(1) 안전운전계획

① 공정사고조사, 자체검사, 설비 유지관리, 교육훈련, 안전운전절차, 도급업체 관리, 가동 전 점검, 안전작업허가, 변경요소 관리까지 총 9가지로 나뉜다.

② 목적
  ㉠ 설비의 안전운전과 효율, 연속성을 보장하기 위함이다.
  ㉡ 적당한 순서와 올바른 단계를 포함한 일련의 작업절차를 명확히 하여 작업을 안전하게 수행하기 위함이다.

③ 작성 및 관리
  ㉠ 실행 가능하여야 한다.
  ㉡ 운전자가 이해하기 쉬워야 한다.
  ㉢ 항상 가까이에 비치하여 활용한다.
  ㉣ 주기적으로 수정과 보완을 한다.

(2) 안전운전계획의 세부내용

① 공정안전자료
  ㉠ 사업 및 설비의 개요
  ㉡ 물질의 종류 및 수량
  ㉢ 시설·설비의 목록 및 사양
  ㉣ 공정도면
  ㉤ 건물·설비의 배치도
  ㉥ 방폭지역구분도, 전기단선도
  ㉦ 설계·제작 관련 지침서
  ㉧ 그 밖의 관련 자료

확인! OX

다음은 안전운전계획에 대한 설명이다. 옳으면 "O", 틀리면 "X"로 표시하시오.

1. 안전운전계획은 공정사고조사, 자체검사, 설비 유지관리, 교육훈련, 안전운전절차, 도급업체 관리, 가동 전 점검, 안전작업허가, 변경요소 관리까지 총 9가지로 나뉜다. ( )

2. 안전운전계획은 설비의 안전운전과 효율, 연속성을 보장하고, 적당한 순서와 올바른 단계를 포함한 일련의 작업절차를 명확히 하여 작업을 안전하게 수행한다. ( )

정답 1. O 2. O

+ 괄호문제

다음 괄호 안에 알맞은 내용을 쓰시오.
① 안전운전계획에는 변경요소 ( )이 포함되어야 한다.
② 비상조치계획에는 비상조직의 ( )가 포함되어야 한다.

| 정답 |
① 관리계획
② 임무 및 수행절차

② 안전성평가서
  ㉠ 공정위험특성
  ㉡ 잠재위험의 종류
  ㉢ 사고빈도 및 피해 최소 방안
  ㉣ 안전성평가 보고서
  ㉤ 안전성평가 수행자
③ 안전운전계획
  ㉠ 안전운전 지침서
  ㉡ 점검·보수 및 유지 지침서
  ㉢ 안전작업허가
  ㉣ 협력업체 안전관리계획
  ㉤ 종사자 교육계획
  ㉥ 가동 전 점검지침
  ㉦ 변경요소 관리계획
  ㉧ 자체감사 및 사고조사계획
  ㉨ 그 밖의 안전운전에 필요한 사항
④ 비상조치계획
  ㉠ 비상장치 및 인력현황
  ㉡ 비상연락체계
  ㉢ 비상조직의 임무 및 수행절차
  ㉣ 비상조치 교육계획
  ㉤ 주민홍보계획
  ㉥ 그 밖의 비상조치 관련 사항

확인! OX

다음은 안전운전절차에 대한 설명이다. 옳으면 "O", 틀리면 "X"로 표시하시오.

1. 안전성평가서에는 공정위험특성, 잠재위험의 종류, 사고빈도 및 피해 최소 방안, 안전성평가 보고서, 안전성평가 수행자를 담고 있다. ( )

2. 안전운전절차서에는 최초의 시운전, 정상운전, 비상시 운전, 정상적인 운전정지, 운전범위에서 벗어났을 경우 예상되는 결과 등을 포함한다. ( )

정답 1. O 2. O

2. 안전운전절차

중요도 ★☆☆

(1) 안전운전절차서 포함사항

① 최초의 시운전
② 정상운전
③ 비상시 운전
④ 정상적인 운전정지
⑤ 비상정지 및 정비 후의 운전개시
⑥ 운전범위에서 벗어났을 경우 예상되는 결과
⑦ 운전범위에서 벗어났을 경우 정상운전이 되도록 하기 위한 방법 및 절차 또는 운전범위에서 벗어나지 않도록 하기 위한 사전조치 방법 및 절차
⑧ 운전공정에 취급되는 화학물질의 물성과 유해·위험성
⑨ 위험물질 누출 예방을 위하여 취해야 할 사항

⑩ 위험물 누출 시 각종 개인 보호구 착용방법
⑪ 작업자가 위험물에 접촉되거나 흡입하였을 때 취해야 할 행동 요령과 절차
⑫ 원료 물질의 순도 등 품질유지와 위험물 저장량 조절 등 관리에 관한 사항

(2) 안전운전절차서 변경(안전운전절차서 작성에 관한 기술지침)

운전절차에 영향을 주는 변경이 발생하는 경우 변경관리절차에 따라 관리하여야 하며 안전운전절차서에 반영하여야 할 변경사항은 다음과 같다.
① 화학물질, 장치 및 공정 기술상 변경
② 운전방법 변경
③ 공정 위험성 평가로부터 나온 새로운 정보
④ 설계기준 변경
⑤ 사고조사결과 발견된 개선사항

제3절 공정안전보고서 작성심사 · 확인

1. 공정안전 자료

중요도 ★★★

(1) 공정안전보고서 제출 제도

① 정의 : 산업안전보건법에서 정하는 유해·위험물질을 제조·취급·저장하는 설비를 보유한 사업장은 그 설비로부터의 위험물질 누출 및 화재·폭발 등으로 인한 '중대산업사고'를 예방하기 위하여 공정안전보고서를 작성·제출하여 고용노동부장관에게 심사·확인을 받도록 한 제도이다.
② 공정안전보고서의 제출대상(산업안전보건법 시행령 제43조)
  ㉠ 원유 정제처리업
  ㉡ 기타 석유정제물 재처리업
  ㉢ 석유화학계 기초화학물질 제조업 또는 합성수지 및 기타 플라스틱물질 제조업
  ㉣ 질소화합물, 질소·인산 및 칼리질 화학비료 제조업 중 질소질 비료 제조
  ㉤ 복합비료 및 기타 화학비료 제조업 중 복합비료 제조(단순혼합 또는 배합에 의한 경우 제외)
  ㉥ 화학 살균·살충제 및 농업용 약제 제조업[농약 원제(原劑) 제조만 해당]
  ㉦ 화약 및 불꽃제품 제조업
③ 공정안전보고서 제출대상이 되는 유해·위험 설비로 보지 않는 시설이나 설비의 종류(산업안전보건법 시행령 제43조)
  ㉠ 원자력 설비
  ㉡ 군사시설

+ 괄호문제

다음 괄호 안에 알맞은 내용을 쓰시오.

① 산업안전보건법에서 정하는 유해·위험물질을 제조·취급·저장하는 설비를 보유한 사업장은 그 설비로부터 위험물질 누출 및 화재·폭발 등으로 인한 '중대산업사고'를 예방하기 위하여 공정안전보고서를 작성·제출하여 고용노동부장관에게 심사·확인을 받도록 한 제도를 ( ) 제출 제도라고 한다.
② 산업안전보건법 시행령 제43조에서 정한 공정안전보고서의 제출대상은 ( ), 기타 석유정제물 재처리업, 석유화학계 기초화학물질 제조업 또는 합성수지 및 기타 플라스틱 물질 제조업 등이 있다.

| 정답 |
① 공정안전보고서
② 원유 정제처리업

확인! OX

다음은 공정안전보고서에 대한 설명이다. 옳으면 "O", 틀리면 "X"로 표시하시오.

1. 화학 살균·살충제 및 농업용 약제 제조업(농약 원제 제조만 해당), 화학 및 불꽃제품 제조업은 공정안전보고서의 제출대상이다. ( )
2. 공정안전보고서 제출대상이 되는 유해·위험 설비로 보지 않는 시설이나 설비의 종류로는 원자력 설비, 군사시설 등이 있다. ( )

정답 1. O 2. O

+ 괄호문제

다음 괄호 안에 알맞은 내용을 쓰시오.
① 공정안전보고서 제출대상이 되는 유해·위험 설비로 보지 않는 시설에는 액화석유가스의 안전관리 및 사업법에 따른 ( )시설이 있다.
② 공정안전보고서 제출대상이 되는 유해·위험 설비로 보지 않는 시설에는 도시가스사업법에 따른 ( )시설이 있다.

| 정답 |
① 액화석유가스의 충전·저장
② 가스공급

ⓒ 사업주가 해당 사업장 내에서 직접 사용하기 위한 난방용 연료의 저장설비 및 사용설비
ⓓ 도매·소매시설
ⓔ 차량 등의 운송설비
ⓕ 액화석유가스의 안전관리 및 사업법에 따른 액화석유가스의 충전·저장시설
ⓖ 도시가스사업법에 따른 가스공급시설
ⓗ 그 밖에 고용노동부장관이 누출·화재·폭발 등의 사고가 있더라도 그에 따른 피해의 정도가 크지 않다고 인정하여 고시하는 설비

(2) 공정안전보고서의 세부내용(산업안전보건법 시행규칙 제50조)

① 공정안전자료
  ㉠ 취급·저장하고 있거나 취급·저장하려는 유해·위험물질의 종류 및 수량
  ㉡ 유해·위험물질에 대한 물질안전보건자료
  ㉢ 유해하거나 위험한 설비의 목록 및 사양
  ㉣ 유해하거나 위험한 설비의 운전방법을 알 수 있는 공정도면
  ㉤ 각종 건물·설비의 배치도
  ㉥ 폭발위험장소 구분도 및 전기단선도
  ㉦ 위험설비의 안전설계·제작 및 설치 관련 지침서

② 공정위험성평가서 및 잠재위험에 대한 사고예방·피해 최소화 대책
  ㉠ 체크리스트(check list)
  ㉡ 상대위험순위 결정(dow and mond indices)
  ㉢ 작업자 실수 분석(HEA)
  ㉣ 사고 예방 질문 분석(what-if)
  ㉤ 위험과 운전 분석(HAZOP)
  ㉥ 이상위험도 분석(FMECA)
  ㉦ 결함수 분석(FTA)
  ㉧ 사건수 분석(ETA)
  ㉨ 원인결과 분석(CCA)
  ㉩ ㉠부터 ㉨까지의 규정과 같은 수준 이상의 기술적 평가기법

③ 안전운전계획
  ㉠ 안전운전지침서
  ㉡ 설비점검·검사 및 보수계획, 유지계획 및 지침서
  ㉢ 안전작업허가
  ㉣ 도급업체 안전관리계획
  ㉤ 근로자 등 교육계획
  ㉥ 가동 전 점검지침
  ㉦ 변경요소 관리계획
  ㉧ 자체감사 및 사고조사계획

확인! OX

다음은 공정안전보고서에 대한 설명이다. 옳으면 "O", 틀리면 "X"로 표시하시오.
1. 공정안전보고서 중 공정안전자료에 포함하여야 할 세부내용에는 각종 건물·설비의 배치도를 포함한다. ( )
2. 산업안전보건법령상 공정안전보고서의 안전운전계획에는 안전운전지침서, 안전작업허가, 가동 전 점검지침이 포함된다. ( )

| 정답 | 1. O 2. O

ⓩ 그 밖에 안전운전에 필요한 사항
④ 비상조치계획
　　㉠ 비상조치를 위한 장비·인력 보유현황
　　㉡ 사고발생 시 각 부서·관련 기관과의 비상연락체계
　　㉢ 사고발생 시 비상조치를 위한 조직의 임무 및 수행 절차
　　㉣ 비상조치계획에 따른 교육계획
　　㉤ 주민홍보계획
　　㉥ 그 밖에 비상조치 관련 사항

> **더 알아보기**
>
> **화재 및 화학물질 누출사고 대응을 위한 비상조치계획에 관한 지침**
> - 비상조치계획(emergency planning) : 사고예방을 위한 것이 아니라, 사고발생 후 신속한 조치를 통해 피해를 최소화하기 위한 계획을 말한다.
> - 비상대피계획 : 화재 또는 화학물질 누출 등의 사고가 발생한 경우 사업장 내에 있는 근로자(협력업체 포함)를 안전한 장소까지 이동하는 계획을 말한다.

2. 위험성 평가　　　중요도 ★★☆

(1) 정의(사업장 위험성 평가에 관한 지침 제3조)

① 위험성 평가 : 사업주가 스스로 유해·위험요인을 파악하고 해당 유해·위험요인의 위험성 수준을 결정하여, 위험성을 낮추기 위한 적절한 조치를 마련하고 실행하는 과정을 말한다.
② 유해·위험요인 : 유해·위험을 일으킬 잠재적 가능성이 있는 것의 고유한 특징이나 속성을 말한다.
③ 위험성 : 유해·위험요인이 사망, 부상 또는 질병으로 이어질 수 있는 가능성과 중대성 등을 고려한 위험의 정도를 말한다.
④ 가능성 : 작업자의 부상·질병 발생의 확률을 의미하며, 유해·위험한 사건(hazardous situation)에의 노출, 유해·위험한 사건(hazardous event)의 발생, 피해의 회피·제한 가능성 등이 포함될 수 있다.
⑤ 중대성 : 부상 질병 발생했을 때 미치는 영향의 정도(강도 또는 심각성)를 의미하며, 부상 또는 질병의 정도, 치료기간, 사망 후유 장해 유무, 피해의 범위(한 사람, 여러 사람)를 고려한다.

(2) 위험성 평가의 절차

① 사전준비 : 위험성 평가 실시규정을 작성하고, 위험성의 수준과 그 수준의 판단기준을 정하고, 위험성 평가에 필요한 각종 자료를 수집하는 단계이다.

+ 괄호문제

다음 괄호 안에 알맞은 내용을 쓰시오.
① (　　)이란 화재 또는 화학물질 누출 등의 사고가 발생한 경우 사업장 내에 있는 근로자(협력업체 포함)를 안전한 장소까지 이동하는 계획을 말한다.
② (　　)는 사업주가 스스로 유해·위험요인을 파악하고 해당 유해·위험요인의 위험성 수준을 결정하여, 위험성을 낮추기 위한 적절한 조치를 마련하고 실행하는 과정을 말한다.

| 정답 |
① 비상대피계획
② 위험성 평가

확인! OX

다음은 위험성 평가에 대한 설명이다. 옳으면 "O", 틀리면 "X"로 표시하시오.
1. 유해·위험요인이 사망, 부상 또는 질병으로 이어질 수 있는 가능성과 중대성 등을 고려한 위험의 정도를 위험성이라고 한다. (　　)
2. 위험성 평가 실시규정을 작성하고, 위험성의 수준과 그 수준의 판단기준을 정하고, 위험성 평가에 필요한 각종 자료를 수집하는 단계를 사전준비 단계라고 한다. (　　)

정답 1. O　2. O

+ 괄호문제

다음 괄호 안에 알맞은 내용을 쓰시오.
① 위험성 평가의 절차 중 사업장 순회점검, 근로자들의 상시적인 제안 제도 등을 통해 사업장 내의 유해·위험요인을 빠짐없이 파악하는 단계를 ( )이라고 한다.
② 위험성 평가의 절차 중 사전준비 단계에서 미리 설정한 위험성의 판단 기준 등을 활용하여, 유해·위험요인의 위험성이 허용 가능한 수준인지 추정·판단하고 결정하는 단계를 ( )이라고 한다.

| 정답 |
① 유해·위험요인 파악
② 위험성 결정

확인! OX

다음은 위험성 평가에 대한 설명이다. 옳으면 "O", 틀리면 "X"로 표시하시오.
1. 정량적 위험성 평가에는 4M 위험성 평가, 체크리스트 평가, 사고 예방 질문 분석, 상대위험순위 결정, 위험과 운전 분석, 이상위험도 분석 등이 있다. ( )
2. 정성적 위험성 평가에는 결함수 분석(FTA), 사건수 분석(ETA), 원인-결과 분석(CCA) 등이 있다. ( )

| 정답 | 1. X 2. X

| 해설 |
1. 정성적 위험성 평가에 대한 설명이다.
2. 정량적 위험성 평가에 대한 설명이다.

---

② 유해·위험요인 파악 : 사업장 순회점검, 근로자들의 상시적인 제안 제도, 평상시 아차사고 발굴 등을 통해 사업장 내의 유해·위험요인을 빠짐없이 파악하는 단계이다.
③ 위험성 결정 : 사전준비 단계에서 미리 설정한 위험성의 판단 기준과 사업장에서 허용 가능한 위험성의 크기 등을 활용하여, 유해·위험요인의 위험성이 허용 가능한 수준인지 추정·판단하고 결정하는 단계이다.
④ 위험성 감소대책 수립 및 실행 : 위험성을 결정한 결과 유해·위험요인의 위험수준이 사업장에서 허용 가능한 수준을 넘는다면, 합리적으로 실천 가능한 범위에서 유해·위험요인의 위험성을 가능한 낮은 수준으로 감소시키기 위한 대책을 수립하고 실행하는 단계이다.
⑤ 위험성 평가 결과의 기록 및 공유 : 파악한 유해·위험요인과 각 유해·위험요인별 위험성의 수준, 그 위험성의 수준을 결정한 방법, 그에 따른 조치사항 등을 기록하고, 근로자들이 보기 쉬운 곳에 게시하며 작업 전 안전점검회의(TBM) 등을 통해 근로자들에게 위험성 평가 실시 결과를 공유하는 단계이다.

(3) 위험성 평가의 방법(사업장 위험성 평가에 관한 지침 제7조)

사업주는 사업장의 규모와 특성 등을 고려하여 다음의 위험성 평가 방법 중 한 가지 이상을 선정하여 위험성 평가를 실시할 수 있다.
① 위험 가능성과 중대성을 조합한 빈도·강도법
② 위험성 수준 3단계(저·중·고) 판단법
③ 핵심요인 기술(one point sheet)법
④ 체크리스트(check list)
⑤ 상대위험순위 결정(dow and mond indices)
⑥ 작업자 실수 분석(HEA)
⑦ 사고 예방 질문 분석(what-if)
⑧ 위험과 운전 분석(HAZOP)
⑨ 이상위험도 분석(FMECA)
⑩ 결함수 분석(FTA)
⑪ 사건수 분석(ETA)
⑫ 원인결과 분석(CCA)
⑬ ④부터 ⑫까지의 규정과 같은 수준 이상의 기술적 평가기법

더 알아보기

- 정성적 위험성 평가 : 4M 위험성 평가, 체크리스트 평가(checklist), 사고 예방 질문 분석(what if), 상대위험순위 결정(dow and mond indices), 위험과 운전 분석(HAZOP ; HAZard & OPerability studies), 이상위험도 분석(FMECA ; Failure Mode Effects & Criticality Analysis)
- 정량적 위험성 평가 : 결함수 분석(FTA ; Fault Tree Analysis), 사건수 분석(ETA ; Event Tree Analysis), 원인-결과 분석(CCA ; Cause-Consequence Analysis)

얼마나 많은 사람들이 책 한권을 읽음으로써

인생에 새로운 전기를 맞이했던가.

– 헨리 데이비드 소로 –

합격의 공식 시대에듀 www.sdedu.co.kr

PART 06

건설공사 안전관리

CHAPTER 01	건설공사 특성분석
CHAPTER 02	건설공사 위험성
CHAPTER 03	건설업 산업안전보건관리비 관리
CHAPTER 04	건설현장 안전시설 관리
CHAPTER 05	비계·거푸집 가시설 위험방지
CHAPTER 06	공사 및 작업 종류별 안전

CHAPTER 01 건설공사 특성분석

PART 06. 건설공사 안전관리

출제율 1%

출제포인트
- 건설공사 특수성 분석
- 안전관리조직
- 안전관리 고려사항

기출 키워드
안전관리계획, 안전보건대장, 설계도서, 관리감독자

제1절 건설공사 특수성 분석

1. 안전관리계획 수립   중요도 ★☆☆

안전관리계획은 발주처 담당자, 설계 기술자, 시공 담당 기술자 및 건설사업 관리자가 함께 참여하여 건설현장의 주변 환경이나 특수공법에 적합하고 공사의 계약조건, 발주처의 요청사항 등 해당 건설공사의 특수성이 적절히 반영될 수 있도록 충분한 검토와 협의를 하여야 하며, 산업안전보건법령 등에 의한 산업재해예방 조치가 이루어질 수 있도록 하여야 한다.

(1) 건설공사 안전관리 종합계획 확인

① 전체 안전관리계획 확인
  ㉠ 해당 건설공사의 전체 시공 공정표를 확인한다.
  ㉡ 전체 시공 공정표를 토대로 안전점검 항목을 중요도에 따라 선별한다.
  ㉢ 선별된 안전점검 항목을 근거로 전체 안전관리계획을 확인한다.
  ㉣ 안전관리계획상의 점검항목을 숙지하여 점검에 활용한다.

② 세부 안전관리계획 확인
  ㉠ 전체 안전관리계획의 검토에서 과다하게 요약되거나 하도급 업체의 관리를 위해 집중 점검이 필요한 공정을 중심으로 세부적인 안전점검계획을 확인한다.
  ㉡ 세부 안전관리계획은 전체 안전관리계획 단계와 동일하다.

③ 단위 안전관리계획 확인
  ㉠ 세부 안전관리계획의 검토에서 과다하게 요약되어 있거나 위험요인이 커서 집중적인 안전관리가 필요한 공종에 대해서는 세부 안전관리계획의 확인과정보다 더욱 세분화된 단위의 안전관리계획을 확인한다.
  ㉡ 단위 안전관리계획과 연관되는 안전점검 항목은 가능한 한 세밀하게 검토한다.
  ㉢ 단위 안전관리계획의 확인은 전체 안전관리 및 세부 안전관리계획 단계와 동일하다.

(2) 건설공사 안전관리 종합계획 절차

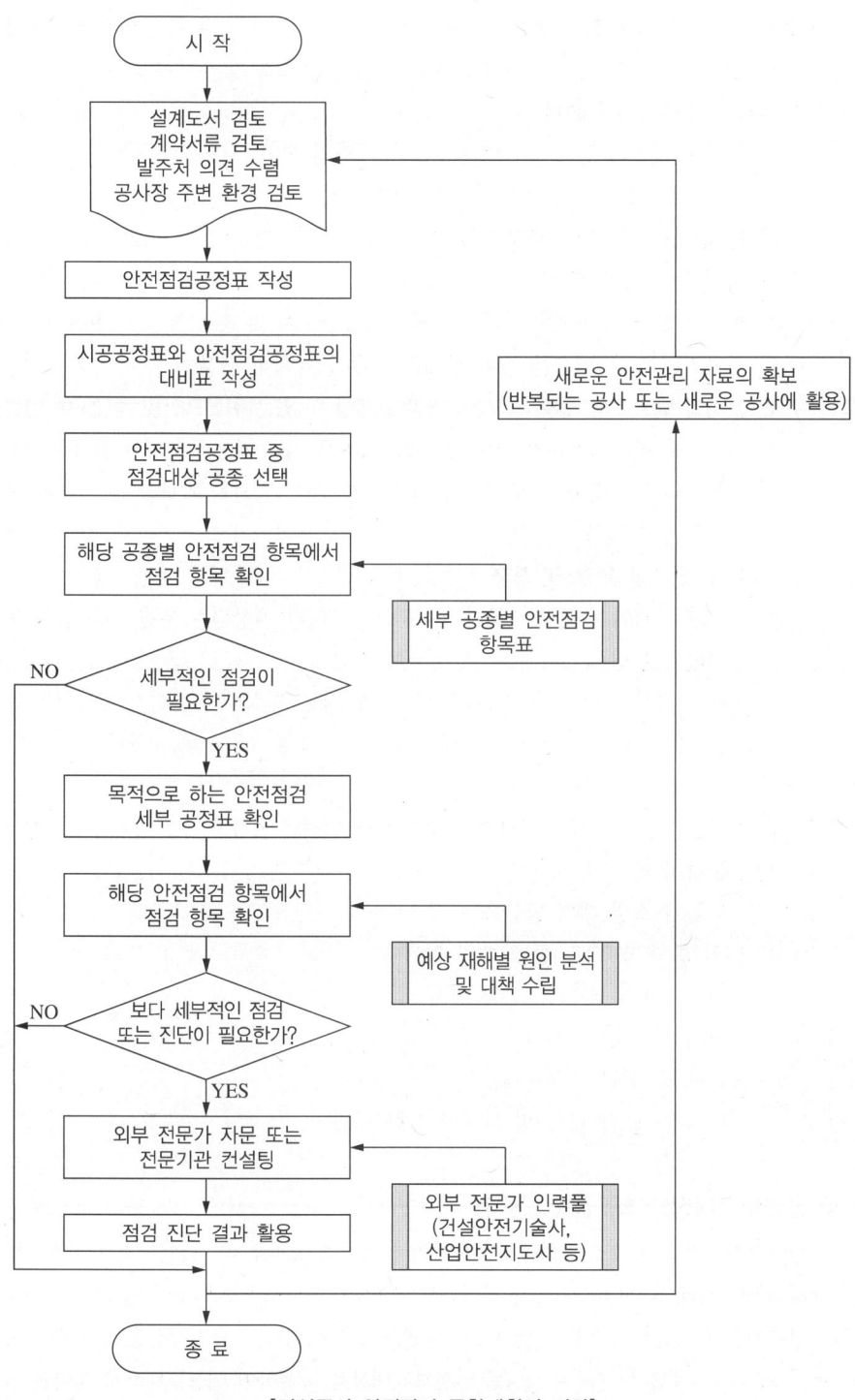

[건설공사 안전관리 종합계획의 절차]

> **+ 괄호문제**
>
> 다음 괄호 안에 알맞은 내용을 쓰시오.
> ① 전체 안전관리계획 확인 시 해당 건설공사의 ( )를 확인한다.
> ② 전체 안전관리계획의 검토에서 과다하게 요약되거나 하도급 업체의 관리를 위해 집중 점검이 필요한 공정을 중심으로 세부적인 ( )을 확인한다.
>
> | 정답 |
> ① 전체 시공 공정표
> ② 안전점검계획

> **확인! OX**
>
> 다음은 안전관리계획 수립에 대한 설명이다. 옳으면 "O", 틀리면 "X"로 표시하시오.
> 1. 안전관리계획은 발주처 담당자, 설계 기술자, 시공 담당 기술자 및 건설사업 관리자가 함께 참여하여 건설현장의 주변 환경이나 특수공법에 적합하고 공사의 계약 조건, 발주처의 요청사항 등 해당 건설공사의 특수성이 적절히 반영될 수 있도록 충분히 검토와 협의를 하여야 한다. ( )
> 2. 세부 안전관리계획의 검토에서 과다하게 요약되어 있거나 위험요인이 커서 집중적인 안전관리가 필요한 공종에 대해서는 세부 안전관리계획의 확인과정보다 더욱 세분화된 단위의 안전관리 계획을 확인한다. ( )
>
> 정답 1. O 2. O

+ 괄호문제

다음 괄호 안에 알맞은 내용을 쓰시오.

① 산업안전보건법 제67조, 산업안전보건법 시행령 제55조에 따라 총공사금액이 (㉠) 이상인 공사인 경우에는 건설공사발주자가 산업재해 예방조치를 위한 (㉡)을 작성해야 한다.
② 산업안전보건법 제67조에 따라 (   )은 계획단계, 설계단계, 시공단계별로 작성하여야 한다.

|정답|
① ㉠ 50억 원,
   ㉡ 안전보건대장
② 안전보건대장

(3) 공사장 및 주변 안전관리계획 검토

① 지하 매설물 보호조치 계획 : 지하 매설물에 영향을 미칠 수 있는 범위에서 작업을 할 경우, 노출 또는 지하 매설물 보호를 위해 다음과 같은 내용을 포함하여 조치계획을 수립하여야 한다.
  ㉠ 해당 매설물의 관계기관 또는 관리 주체와의 협의, 입회, 합동 감시 체제 구축 및 순회점검을 위한 조직표, 활동계획, 주요 점검항목 등
  ㉡ 관계기관 또는 관리 주체와의 협의 결과에 따른 각종 방호 및 보호조치에 대한 작업방법 및 주의사항
  ㉢ 비상 발생 시 긴급연락 체계, 긴급대피, 응급조치 및 복구 작업에 대한 시공자와 관계기관 또는 매설물 관리 주체의 업무를 명확히 구분

② 인접 시설 보호조치 계획 : 공사에 따라 발생할 수 있는 위험요인을 예상하여 인접한 구조물에 영향을 줄 우려가 있는 경우에는 피해 발생의 가능성이 있는 범위를 설정하여 안전대책을 수립하고, 주민이나 가축 등에 대한 안전을 확보할 수 있도록 보호조치 계획을 수립하여야 한다.
  ㉠ 인접 구조물 현황 및 도면
    • 위험 발생이 우려되는 공사 종류와 이에 따라 예상되는 분진, 지반침하 등의 위험요인 명시
    • 해당 공사가 실시되는 지점을 명시하고 해당 지점부터 피해가 예상되는 범위 및 공사 지점으로부터의 거리를 표시
  ㉡ 인접 시설물에 대한 대책
    • 실험결과, 전문가의 의견 등을 통해 영향 범위의 산정 근거를 명확하게 제시하였는지 확인
    • 위험 요소별 대책 방안을 수립
  ㉢ 인접 주민 및 가축 등에 대한 안전대책
    • 위험요인 발생 가능 공종 명시
    • 피해 예방 범위 설정
    • 홍보 및 협력 요청 계획
    • 민원 발생 시 협의 및 보상에 관한 계획

(4) 안전보건대장(계획, 설계, 공사)

산업안전보건법 제67조(건설공사발주자의 산업재해 예방조치), 산업안전보건법 시행령 제55조(산업재해 예방조치 대상 건설공사)에 따라 총공사금액이 50억 원 이상인 공사인 경우에는 건설공사발주자가 산업재해 예방조치를 위한 안전보건대장을 작성해야 하며 계획단계, 설계단계, 시공단계별로 안전보건대장을 작성하여 대통령령으로 정하는 안전보건 분야의 전문가에게 내용의 적정성 등을 확인받아야 한다.

확인! OX

다음은 공사장 및 주변 안전관리 계획 검토에 대한 설명이다. 옳으면 "O", 틀리면 "X"로 표시하시오.

1. 인접 시설물에 대한 대책으로 실험결과, 전문가의 의견 등을 통해 영향 범위의 산정 근거를 명확하게 제시하였는지 확인해야 한다. (   )
2. 인접 주민 및 가축 등에 대한 안전대책으로 홍보 및 협력 요청을 계획해야 한다. (   )

정답 1. O 2. O

① 건설공사 계획단계 : 해당 건설공사에서 중점적으로 관리하여야 할 유해·위험요인과 이의 감소방안을 포함한 기본안전보건대장을 작성할 것
② 건설공사 설계단계 : 기본안전보건대장을 설계자에게 제공하고, 설계자로 하여금 유해·위험요인의 감소방안을 포함한 설계안전보건대장을 작성하게 하고 이를 확인할 것
③ 건설공사 시공단계 : 건설공사 발주자로부터 건설공사를 최초로 도급받은 수급인에게 설계안전보건대장을 제공하고, 그 수급인에게 이를 반영하여 안전한 작업을 위한 공사안전보건대장을 작성하게 하고 그 이행 여부를 확인할 것

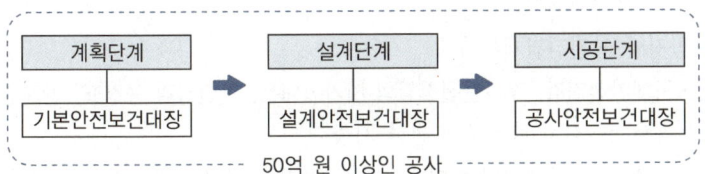

[건설공사 단계에 따른 안전보건대장의 작성]

+ 괄호문제

다음 괄호 안에 알맞은 내용을 쓰시오.
① 총공사금액이 (㉠) 이상인 건설공사 계획단계에서는 (㉡)을 작성해야 한다.
② 총공사금액이 (㉠) 이상인 건설공사 설계단계에서는 (㉡)을 작성해야 한다.

| 정답 |
① ㉠ 50억 원,
  ㉡ 기본안전보건대장
② ㉠ 50억 원,
  ㉡ 설계안전보건대장

2. 안전관리계획의 수립기준 중요도 ★☆☆

(1) 총괄 안전관리계획의 수립기준(건설기술 진흥법 시행규칙 별표 7)

① 건설공사의 개요 : 공사 전반에 대한 개략을 파악하기 위한 위치도, 공사개요, 전체 공정표 및 설계도서(해당 공사를 인가·허가 또는 승인한 행정기관 등에 이미 제출된 경우는 제외)
② 현장 특성 분석
  ㉠ 현장 여건 분석 : 주변 지장물(支障物) 여건(지하 매설물, 인접 시설물 제원 등을 포함), 지반 조건[지질 특성, 지하수위(地下水位), 시추주상도(試錐柱狀圖) 등], 현장시공 조건, 주변 교통 여건 및 환경요소 등
  ㉡ 시공단계의 위험요소, 위험성 및 그에 대한 저감대책
    • 핵심관리가 필요한 공정으로 선정된 공정의 위험요소, 위험성 및 그에 대한 저감대책
    • 시공단계에서 반드시 고려해야 하는 위험요소, 위험성 및 그에 대한 저감대책(시행령 제75조의2 제1항에 따라 설계의 안전성 검토를 실시한 경우에는 같은 조 제2항 제1호의 사항을 작성하되, 같은 조 제4항에 따라 설계도서의 보완·변경 등 필요한 조치를 한 경우에는 해당 조치가 반영된 사항을 기준으로 작성)
    • 상기사항 외에 시공자가 시공단계에서 위험요소 및 위험성을 발굴한 경우에 대한 저감대책 마련 방안
  ㉢ 공사장 주변 안전관리대책 : 공사 중 지하매설물의 방호, 인접 시설물 및 지반의 보호 등 공사장 및 공사현장 주변에 대한 안전관리에 관한 사항(주변 시설물에 대한 안전 관련 협의서류 및 지반침하 등에 대한 계측계획을 포함)

확인! OX

다음은 안전관리계획에 대한 설명이다. 옳으면 "O", 틀리면 "X"로 표시하시오.
1. 공사 전반에 대한 개략을 파악하기 위한 위치도, 공사개요, 전체 공정표 및 설계도서를 반영한 총괄 안전관리계획을 수립하여야 한다. ( )
2. 안전관리계획 수립 시 주변 지장물 여건, 지반 조건, 현장시공 조건, 주변 교통 여건 및 환경요소를 반영한 현장 여건 분석을 하여야 한다. ( )

정답 1. O 2. O

+ 괄호문제

다음 괄호 안에 알맞은 내용을 쓰시오.
① 공사관리조직 및 임무에 관한 사항으로서 시설물의 시공안전 및 공사장 주변안전에 대한 점검·확인 등을 위한 ( )를 작성하여야 한다.
② 공종별 세부 안전관리계획에서 ( )의 경우 가설구조물의 설치개요 및 시공상세도면, 안전시공 절차 및 주의사항, 안전점검계획표 및 안전점검표, 가설물 안전성 계산서를 포함한다.

| 정답 |
① 관리조직표
② 가설공사

ⓔ 통행안전시설의 설치 및 교통소통계획
- 공사장 주변의 교통소통대책, 교통안전시설물, 교통사고 예방대책 등 교통안전관리에 관한 사항(현장차량 운행계획, 교통 신호수 배치계획, 교통안전시설물 점검계획 및 손상·유실·작동 이상 등에 대한 보수 관리계획을 포함)
- 공사장 내부의 주요 지점별 건설기계·장비의 전담유도원 배치계획

③ 현장운영계획
ⓐ 안전관리조직 : 공사관리조직 및 임무에 관한 사항으로서 시설물의 시공안전 및 공사장 주변안전에 대한 점검·확인 등을 위한 관리조직표(비상시의 경우를 별도로 구분하여 작성)
ⓑ 공정별 안전점검계획
- 자체안전점검, 정기안전점검의 시기·내용, 안전점검 공정표, 안전점검 체크리스트 등 실시계획 등에 관한 사항
- 계측장비 및 폐쇄회로 텔레비전 등 안전 모니터링 장비의 설치 및 운용계획에 관한 사항(시설물의 안전 및 유지관리에 관한 특별법 시행령 별표 1에 따른 제2종 시설물 중 공동주택의 건설공사는 공사장 상부에서 전체를 실시간으로 파악할 수 있도록 폐쇄회로 텔레비전의 설치·운영계획을 마련해야 함)
ⓒ 안전관리비 집행계획 : 안전관리비의 계상, 산출·집행계획, 사용계획 등에 관한 사항
ⓓ 안전교육계획 : 안전교육계획표, 교육의 종류·내용 및 교육관리에 관한 사항
ⓔ 안전관리계획 이행보고 계획 : 위험한 공정으로 감독관의 작업허가가 필요한 공정과 그 시기, 안전관리계획 승인권자에게 안전관리계획 이행 여부 등에 대한 정기적 보고계획 등

④ 비상시 긴급조치계획
ⓐ 공사현장에서의 사고, 재난, 기상이변 등 비상사태에 대비한 내부·외부 비상연락망, 비상동원조직, 경보체제, 응급조치 및 복구 등에 관한 사항
ⓑ 건축공사 중 화재발생을 대비한 대피로 확보 및 비상대피 훈련계획에 관한 사항(단열재 시공시점부터는 월 1회 이상 비상대피 훈련을 실시해야 함)

(2) 공종별 세부 안전관리계획(건설기술 진흥법 시행규칙 별표 7)

① 가설공사
ⓐ 가설구조물의 설치개요 및 시공상세도면
ⓑ 안전시공 절차 및 주의사항
ⓒ 안전점검계획표 및 안전점검표
ⓓ 가설물 안전성 계산서

확인! OX

다음은 안전관리계획에 대한 설명이다. 옳으면 "O", 틀리면 "X"로 표시하시오.

1. 건축공사 중 화재발생을 대비한 대피로 확보 및 비상대피 훈련계획에 관한 안전관리계획 수립 시 단열재 시공시점부터는 월 1회 이상 비상대피 훈련을 실시하여야 한다. ( )
2. 건설기술 진흥법 시행규칙에 따라 안전관리계획의 수립기준에는 공사장 주변 안전관리대책, 통행안전시설의 설치 및 교통소통계획, 안전관리계획 이행보고 계획을 포함하고 있다. ( )

| 정답 | 1. O 2. O

② 굴착공사 및 발파공사
  ㉠ 굴착, 흙막이, 발파, 항타 등의 개요 및 시공상세도면
  ㉡ 안전시공 절차 및 주의사항(지하매설물, 지하수위 변동 및 흐름, 되메우기 다짐 등에 관한 사항을 포함)
  ㉢ 안전점검계획표 및 안전점검표
  ㉣ 굴착 비탈면, 흙막이 등 안전성 계산서
③ 콘크리트공사
  ㉠ 거푸집, 동바리, 철근, 콘크리트 등 공사개요 및 시공상세도면
  ㉡ 안전시공 절차 및 주의사항
  ㉢ 안전점검계획표 및 안전점검표
  ㉣ 동바리 등 안전성 계산서
④ 강구조물공사
  ㉠ 자재·장비 등의 개요 및 시공상세도면
  ㉡ 안전시공 절차 및 주의사항
  ㉢ 안전점검계획표 및 안전점검표
  ㉣ 강구조물의 안전성 계산서
⑤ 성토(흙쌓기) 및 절토(땅깎기) 공사(흙댐공사 포함)
  ㉠ 자재·장비 등의 개요 및 시공상세도면
  ㉡ 안전시공 절차 및 주의사항
  ㉢ 안전점검계획표 및 안전점검표
  ㉣ 안전성 계산서
⑥ 해체공사
  ㉠ 구조물해체의 대상·공법 등의 개요 및 시공상세도면
  ㉡ 해체순서, 안전시설 및 안전조치 등에 대한 계획
⑦ 건축설비공사
  ㉠ 자재·장비 등의 개요 및 시공상세도면
  ㉡ 안전시공 절차 및 주의사항
  ㉢ 안전점검계획표 및 안전점검표
  ㉣ 안전성 계산서
⑧ 타워크레인 사용공사
  ㉠ 타워크레인 운영계획 : 안전작업 절차 및 주의사항, 관리자 및 신호수 배치계획, 타워크레인 간 충돌방지계획 및 공사장 외부 선회방지 등 타워크레인 설치·운영계획, 표준작업시간 확보 계획, 관련 도면[타워크레인에 대한 기초 상세도, 브레이싱(압축 또는 인장에 작용하며 구조물을 보강하는 대각선 방향 등의 구조 부재) 연결 상세도 등 설치 상세도를 포함]
  ㉡ 타워크레인 점검계획 : 점검시기, 점검 체크리스트 및 검사업체 선정계획 등

+ 괄호문제

다음 괄호 안에 알맞은 내용을 쓰시오.
① 공종별 세부 안전관리계획에서 (　　)의 경우 굴착 비탈면, 흙막이 등 안전성 계산서를 포함하여야 한다.
② 공종별 세부 안전관리계획에서 (　　)의 경우 거푸집, 동바리, 철근, 콘크리트 등 공사개요 및 시공상세도면을 포함하여야 한다.

| 정답 |
① 굴착공사 및 발파공사
② 콘크리트공사

확인! OX

다음은 공종별 세부 안전관리계획에 대한 설명이다. 옳으면 "O", 틀리면 "X"로 표시하시오.
1. 해체공사의 경우 구조물해체의 대상·공법 등의 개요 및 시공상세도면, 해체순서, 안전시설 및 안전조치 등에 대한 계획을 포함한다. (　)
2. 건축설비공사의 경우 자재·장비 등의 개요 및 시공상세도면, 안전시공 절차 및 주의사항, 안전점검계획표 및 안전점검표, 안전성 계산서를 포함한다. (　)

정답 1. O 2. O

+ 괄호문제

다음 괄호 안에 알맞은 내용을 쓰시오.

① 건설기술 진흥법 제62조 제1항에 따른 안전관리계획을 수립해야 하는 건설공사에는 지하 ( )m 이상을 굴착하는 건설공사가 있다.
② 건설기술 진흥법 제62조 제1항에 따른 안전관리계획을 수립해야 하는 건설공사에는 ( )층 이상 16층 미만인 건축물의 건설공사가 있다.

| 정답 |
① 10
② 10

확인! OX

다음은 안전관리계획을 수립해야 하는 건설공사에 대한 설명이다. 옳으면 "O", 틀리면 "X"로 표시하시오.

1. 건설기술 진흥법 제62조 제1항에 따른 안전관리계획을 수립해야 하는 건설공사에 원자력시설공사는 제외해야 한다. ( )
2. 해당 건설공사가 산업안전보건법 제42조에 따른 유해위험방지계획을 수립해야 하는 건설공사에 해당하는 경우에는 해당 계획과 안전관리계획을 통합하여 작성할 수 있다. ( )

정답 1. O 2. O

ⓒ 타워크레인 임대업체 선정계획 : 적정 임대업체 선정계획(저가임대 및 재임대 방지방안을 포함), 조종사 및 설치·해체 작업자 운영계획(원격조종 타워크레인의 장비별 전담 조종사 지정 여부 및 조종사의 운전시간 등 기록관리 계획을 포함), 임대업체 선정과 관련된 발주자와의 협의시기, 내용, 방법 등 협의계획
ⓛ 타워크레인에 대한 안전성 계산서(현장조건을 반영한 타워크레인의 기초 및 브레이싱에 대한 계산서는 반드시 포함)

더 알아보기

안전관리계획을 수립해야 하는 건설공사의 종류(건설기술 진흥법 시행령 제98조)

건설기술 진흥법 제62조 제1항에 따른 안전관리계획을 수립해야 하는 건설공사는 다음과 같다. 이 경우 원자력시설공사는 제외하며, 해당 건설공사가 산업안전보건법 제42조에 따른 유해위험방지계획을 수립해야 하는 건설공사에 해당하는 경우에는 해당 계획과 안전관리계획을 통합하여 작성할 수 있다.

㉠ 시설물의 안전 및 유지관리에 관한 특별법 제7조 제1호 및 제2호에 따른 1종 시설물 및 2종 시설물의 건설공사(같은 법 제2조 제11호에 따른 유지관리를 위한 건설공사는 제외)
㉡ 지하 10m 이상을 굴착하는 건설공사. 이 경우 굴착 깊이 산정 시 집수정(물저장고), 엘리베이터 피트 및 정화조 등의 굴착 부분은 제외하며, 토지에 높낮이 차가 있는 경우 굴착 깊이의 산정방법은 건축법 시행령 제119조 제2항을 따른다.
㉢ 폭발물을 사용하는 건설공사로서 20m 안에 시설물이 있거나 100m 안에 사육하는 가축이 있어 해당 건설공사로 인한 영향을 받을 것이 예상되는 건설공사
㉣ 10층 이상 16층 미만인 건축물의 건설공사
㉤ 다음의 리모델링 또는 해체공사
  • 10층 이상인 건축물의 리모델링 또는 해체공사
  • 주택법 제2조 제25호 다목에 따른 수직증축형 리모델링
㉥ 건설기계관리법 제3조에 따라 등록된 다음의 어느 하나에 해당하는 건설기계가 사용되는 건설공사
  • 천공기(높이가 10m 이상인 것만 해당)
  • 항타 및 항발기
  • 타워크레인
㉦ 다음의 가설구조물을 사용하는 건설공사
  • 높이가 31m 이상인 비계
  • 브래킷(bracket) 비계
  • 작업발판 일체형 거푸집 또는 높이가 5m 이상인 거푸집 및 동바리
  • 터널의 지보공 또는 높이가 2m 이상인 흙막이 지보공
  • 동력을 이용하여 움직이는 가설구조물
  • 높이 10m 이상에서 외부작업을 하기 위하여 작업발판 및 안전시설물을 일체화하여 설치하는 가설구조물
  • 공사현장에서 제작하여 조립·설치하는 복합형 가설구조물
  • 그 밖에 발주자 또는 인·허가기관의 장이 필요하다고 인정하는 가설구조물
㉧ ㉠부터 ㉦의 건설공사 외의 건설공사로서 다음의 어느 하나에 해당하는 공사
  • 발주자가 안전관리가 특히 필요하다고 인정하는 건설공사
  • 해당 지방자치단체의 조례로 정하는 건설공사 중에서 인·허가기관의 장이 안전관리가 특히 필요하다고 인정하는 건설공사

3. 공사장 작업환경 특수성

(1) 건설공사 재해발생 원인

① 작업환경의 특수성 : 건설공사는 대부분 옥외에서 작업이 이루어져 공사현장의 지형, 지질, 기후 등의 영향을 받는다. 공사의 진행에 따라 작업환경과 종류가 수시로 변화하기 때문에 재해 위험성을 예측하기 어려운 특성이 있다.

② 작업 자체의 높은 위험성 : 건설공사는 일정한 근로자가 일정한 기계 또는 기구로 행하는 것이 아니라 작업 도구나 위치가 이동성을 갖고 있다. 또한 가설물의 조립 및 해체, 건조물의 축조, 중량물 취급 및 운반, 중·대형 건설기계의 운용 등 재해 위험성이 다양하다.

③ 공사계약의 일반성 : 공사 발주시기, 공사비, 공사기간 등에 있어서 발주자(발주처)의 무리한 요구가 수반될 수 있으며 안전관리비의 사용 등에 대한 지식이나 관심이 없는 경우 집행에 어려움이 있을 수 있다. 이에 보호장구, 안전설비 등의 적절한 안전조치의 반영이 잘 이루어지지 않을 수 있다.

④ 신기술 및 신공법 적용에 따른 불안전성 : 신기술 및 신공법의 개발 및 공사 적용에 따른 충분한 사전 안전조치가 미흡하며, 공사비의 절감, 공기의 단축 등 신기술·신공법에 부합하는 새로운 안전관리 기술의 연구·개발이 부족하다.

⑤ 원도급업자와 하도급업자 간의 복잡한 관계 : 대규모 공사에 있어서 수차례에 걸친 재도급 또는 공종별·공사별 하도급이 이루어지는 경우, 안전관리 체제의 미흡이 초래될 우려가 있다.

(2) 건설공사 안전사고 특징

① 공사규모 : 중, 소규모 공사에 해당하는 총공사비 100억 원 미만의 건설공사 현장의 안전사고 발생 건수가 전체 사고의 대부분을 차지하고 있다.

② 공사 발주 형식 : 토목공사 현장보다는 건축공사 현장에서 안전사고 발생 비율이 높게 나타나며, 특히 가시설물 붕괴사고 형태의 하나인 거푸집 동바리 붕괴사고는 층고 6m 이상의 건축공사 현장에서 대부분 발생하고 있다.

③ 안전사고 형태 : 추락사고가 전체 사고의 약 50%를 차지하고 있으며, 추락 발생 원인으로는 작업발판 불량, 안전대 미착용, 안전난간 미설치 등이 있다. 이는 안전조치 미흡과 근로자에 대한 안전관리 소홀, 안전의식 부족 등으로 인해 야기된다고 볼 수 있다.

+ 괄호문제

다음 괄호 안에 알맞은 내용을 쓰시오.
① 높이가 (　)m 이상인 비계를 사용하는 건설공사는 안전관리계획을 수립해야 한다.
② 작업발판 일체형 거푸집 또는 높이가 (　)m 이상인 거푸집 및 동바리를 사용하는 건설공사는 안전관리계획을 수립해야 한다.

| 정답 |
① 31
② 5

확인! OX

다음은 건설공사 안전사고 특징에 대한 설명이다. 옳으면 "O", 틀리면 "X"로 표시하시오.
1. 총공사비 100억 원 이상의 건설공사 현장의 안전사고 발생 건수가 전체 사고의 대부분을 차지하고 있다.　(　)
2. 건설공사 안전사고 중 추락사고가 전체 사고의 약 50%를 차지하고 있으며, 안전조치 미흡과 근로자에 대한 안전관리 소홀로 야기된다고 볼 수 있다.　(　)

정답 1. X 2. O

| 해설 |
1. 총공사비 100억 원 미만의 중, 소규모 건설공사 현장의 안전사고 발생 건수가 전체 사고의 대부분을 차지하고 있다.

제2절 안전관리 고려사항 확인

1. 설계도서 검토

중요도 ★☆☆

(1) 설계도서의 구성

설계도서는 공사(현장)설명서, 시방서, 내역서, 설계도면, 수량산출서, 구조계산서 등으로 구성된다.

① 설계도 : 일반적으로 공사를 시행하기 위하여 시공자가 쉽게 이해할 수 있도록 작성하여야 하며, 설계도면만으로 충분히 설명되지 않을 때는 범례(legend) 항목을 두어 설명하여 시공자 및 작업자들이 이해할 수 있도록 한다.
② 시방서 : 일반시방서, 전문시방서, 특별시방서, 공사시방서로 구분하여 작성하여야 하며, 구체적으로 명시하여야 한다.
③ 내역서 : 단가산출서, 내역서 등을 말한다.
④ 수량산출서 : 표준품셈의 적용기준과 각 발주청의 수량산출기준에 따른다.
⑤ 구조계산서(수리계산서 포함) : 설계의 하중 등 가정 사항을 기재한다.

(2) 설계도서의 작성(건설기술 진흥법 시행규칙 제40조)

① 발주청 또는 설계업무를 수행하는 건설엔지니어링 사업자는 다음의 기준에 따라 설계도서(설계도면, 설계명세서, 공사시방서, 발주청이 특히 필요하다고 인정하여 요구한 부대도면과 그 밖의 관련 서류를 말한다. 이하 같다)를 작성해야 한다.
　㉠ 설계도서는 누락된 부분이 없고 현장기술인들이 쉽게 이해하여 안전하고 정확하게 시공할 수 있도록 상세히 작성해야 한다.
　㉡ 설계도서에는 지진·화산재해대책법 제14조에 따라 관계 중앙행정기관의 장이 정한 시설물별 내진설계기준에 따라 내진설계 내용을 구체적으로 밝혀야 한다.
　㉢ 공사시방서(건설공사의 계약도서에 포함된 시공기준)는 표준시방서 및 전문시방서를 기본으로 하여 작성하되, 공사의 특수성, 지역여건, 공사방법 등을 고려하여 기본설계 및 실시설계 도면에 구체적으로 표시할 수 없는 내용과 공사 수행을 위한 시공방법, 자재의 성능·규격 및 공법, 품질시험 및 검사 등 품질관리, 안전관리, 환경관리 등에 관한 사항을 기술해야 한다.
　㉣ 교량 등 구조물을 설계하는 경우에는 설계방법을 구체적으로 밝혀야 한다.
　㉤ 설계보고서에는 시행령 제34조 제3항에 따라 신기술과 기존 공법에 대하여 시공성, 경제성, 안전성, 유지관리성, 환경성 등을 종합적으로 비교·분석하여 해당 건설공사에 적용할 수 있는지를 검토한 내용을 포함시켜야 한다.
② 국토교통부장관은 시설물의 일반적인 설계도서 작성기준을 정하여 발주청이나 건설엔지니어링사업자가 활용하도록 해야 하며, 발주청은 필요한 경우에는 건설공사 분야별로 자체 설계도서 작성기준을 마련하여 시행할 수 있다.

+ 괄호문제

다음 괄호 안에 알맞은 내용을 쓰시오.
① 설계도서는 공사(현장)설명서, (㉠), 내역서, (㉡), 수량산출서, 구조계산서 등으로 구성된다.
② ( )는 표준시방서 및 전문시방서를 기본으로 하여 작성해야 한다.

| 정답 |
① ㉠ 시방서, ㉡ 설계도면
② 공사시방서

확인! OX

다음은 설계도서에 대한 설명이다. 옳으면 "O", 틀리면 "X"로 표시하시오.
1. 설계도서는 누락된 부분이 없고 현장기술인들이 쉽게 이해하여 안전하고 정확하게 시공할 수 있도록 상세히 작성해야 한다. ( )
2. 설계도서에는 지진·화산재해대책법에 따라 관계 중앙행정기관의 장이 정한 시설물별 내진설계기준에 따라 내진설계 내용을 구체적으로 밝혀야 한다. ( )

정답 1. O 2. O

(3) 설계도서의 검토(건설기술 진흥법 시행규칙 제41조)

① 건설사업관리용역사업자, 건설사업자 또는 주택건설등록업자가 설계도서에 대하여 검토해야 할 사항은 다음과 같다.
  ㉠ 설계도서의 내용이 현장조건과 일치하는지 여부
  ㉡ 설계도서대로 시공할 수 있는지 여부
  ㉢ 그 밖에 시공과 관련된 사항
② 설계도서의 검토 결과를 보고받은 발주청은 필요하면 설계도서를 작성한 건설엔지니어링사업자에게 시정·보완 등 필요한 조치를 요구하여야 한다. 이 경우 건설엔지니어링사업자는 요구받은 조치를 이행하는 데 필요한 비용의 지급 등을 요청할 수 있고, 발주청은 해당 조치의 원인이 건설엔지니어링사업자에게 있는 등 다음의 국토교통부령으로 정하는 불가피한 사유가 없으면 이에 응하여야 한다.
  ㉠ 건설엔지니어링 사업자의 귀책사유로 설계도서의 시정·보완 등이 필요한 경우
  ㉡ 건설엔지니어링 사업자와 계약으로 정한 업무범위 내에서 발주청이 추가로 시정·보완 등을 요청한 경우

2. 안전관리조직 중요도 ★★☆

(1) 개요

안전관리조직은 구성원 전원을 참여시켜 계층 간에 종적, 횡적, 기능적으로 유대가 이루어질 수 있어야 하며, 이에 따라 조직의 기능을 충분히 발휘할 수 있어야 한다. 안전관리조직을 구성할 때에는 조직 구성원의 책임과 권한을 명확하게 하고 현장 여건을 충분히 고려하여 구성하여야 한다.

(2) 안전보건관리책임자

① 건설현장 안전보건관리조직의 최고 책임자로서 안전보건에 관한 책임과 관리를 수행하는 역할을 한다.
② 안전보건관리책임자의 직무(산업안전보건법 제15조)
  ㉠ 사업장의 산업재해 예방계획의 수립에 관한 사항
  ㉡ 안전보건관리규정의 작성 및 변경에 관한 사항
  ㉢ 안전보건교육에 관한 사항
  ㉣ 작업환경측정 등 작업환경의 점검 및 개선에 관한 사항
  ㉤ 근로자의 건강진단 등 건강관리에 관한 사항
  ㉥ 산업재해의 원인 조사 및 재발 방지대책 수립에 관한 사항
  ㉦ 산업재해에 관한 통계의 기록 및 유지에 관한 사항
  ㉧ 안전장치 및 보호구 구입 시 적격품 여부 확인에 관한 사항
  ㉨ 그 밖에 근로자의 유해·위험 방지조치에 관한 사항
  ㉩ 안전 및 보건관리자 지휘·감독

+ 괄호문제

다음 괄호 안에 알맞은 내용을 쓰시오.
① ( )은 구성원 전원을 참여시켜 계층 간에 종적, 횡적, 기능적으로 유대가 이루어질 수 있어야 하며, 이에 따라 조직의 기능을 충분히 발휘할 수 있어야 한다.
② ( )는 건설현장 안전보건관리조직의 최고 책임자로서 안전보건에 관한 책임과 관리를 수행하는 역할을 한다.

| 정답 |
① 안전관리조직
② 안전보건관리책임자

확인! OX

다음은 안전관리 고려사항에 대한 설명이다. 옳으면 "O", 틀리면 "X"로 표시하시오.

1. 건설사업관리용역사업자, 건설사업자 또는 주택건설등록업자는 설계도서의 내용이 현장조건과 일치하는지, 설계도서대로 시공할 수 있는지와 그 밖에 시공과 관련된 사항을 검토하여야 한다. ( )

2. 안전보건관리책임자는 사업장의 산업재해 예방계획의 수립에 관한 사항, 안전보건관리규정의 작성 및 변경에 관한 사항에 등에 대한 직무를 수행한다. ( )

정답 1. O 2. O

+ 괄호문제

다음 괄호 안에 알맞은 내용을 쓰시오.

① 도급인은 관계수급인 근로자가 도급인의 사업장에서 작업을 하는 경우 도급인과 수급인으로 하는 안전 및 보건에 관한 협의체의 구성 및 운영, 관계수급인이 근로자에게 하는 (　　)을 위한 장소 및 자료의 제공 등 지원을 하여야 한다.

② (　　)을 하는 경우, 작업 장소에서 화재·폭발, 토사·구축물 등의 붕괴 또는 지진 등이 발생한 경우에 대비한 경보체계 운영과 대피방법 등 훈련을 도급인은 관계수급인 근로자가 도급인의 사업장에서 작업을 하는 경우 이행하여야 한다.

| 정답 |
① 안전보건교육
② 작업 장소에서 발파작업

확인! OX

다음은 안전보건총괄책임자에 대한 설명이다. 옳으면 "O", 틀리면 "X"로 표시하시오.

1. 도급인은 관계수급인 근로자가 도급인의 사업장에서 작업을 하는 경우에는 그 사업장의 안전보건관리책임자를 도급인의 근로자와 관계수급인 근로자의 산업재해를 예방하기 위한 업무를 총괄하여 관리하는 안전보건총괄책임자로 지정하여야 한다. (　　)
2. 안전보건총괄책임자는 위험성 평가의 실시에 관한 사항, 작업의 중지 등을 직무로 한다. (　　)

정답 1. O 2. O

(3) 안전보건총괄책임자(산업안전보건법 제62조)

① 도급인은 관계수급인 근로자가 도급인의 사업장에서 작업을 하는 경우에는 그 사업장의 안전보건관리책임자를 도급인의 근로자와 관계수급인 근로자의 산업재해를 예방하기 위한 업무를 총괄하여 관리하는 안전보건총괄책임자로 지정하여야 한다. 이 경우 안전보건관리책임자를 두지 아니하여도 되는 사업장에서는 그 사업장에서 사업을 총괄하여 관리하는 사람을 안전보건총괄책임자로 지정하여야 한다.

② ①에 따라 안전보건총괄책임자를 지정한 경우에는 건설기술 진흥법에 따른 해당 건설공사의 시공 및 안전에 관한 업무를 총괄하여 관리하는 안전총괄책임자를 둔 것으로 본다.

③ 산업안전보건법령에 따른 안전보건총괄책임자의 직무(산업안전보건법 시행령 제53조)

　㉠ 위험성평가의 실시에 관한 사항
　㉡ 작업의 중지
　㉢ 도급 시 산업재해 예방조치
　㉣ 산업안전보건관리비의 관계수급인 간의 사용에 관한 협의·조정 및 그 집행의 감독
　㉤ 안전인증대상기계 등과 자율안전확인대상기계 등의 사용 여부 확인

더 알아보기

도급에 따른 산업재해 예방조치(산업안전보건법 제64조)

① 도급인은 관계수급인 근로자가 도급인의 사업장에서 작업을 하는 경우 다음의 사항을 이행하여야 한다.

　㉠ 도급인과 수급인을 구성원으로 하는 안전 및 보건에 관한 협의체의 구성 및 운영
　㉡ 작업장 순회점검
　㉢ 관계수급인이 근로자에게 하는 제29조 제1항부터 제3항까지의 규정에 따른 안전보건교육을 위한 장소 및 자료의 제공 등 지원
　㉣ 관계수급인이 근로자에게 하는 제29조 제3항에 따른 안전보건교육의 실시 확인
　㉤ 다음의 어느 하나의 경우에 대비한 경보체계 운영과 대피방법 등 훈련
　　• 작업 장소에서 발파작업을 하는 경우
　　• 작업 장소에서 화재·폭발, 토사·구축물 등의 붕괴 또는 지진 등이 발생한 경우
　㉥ 위생시설 등 고용노동부령으로 정하는 시설의 설치 등을 위하여 필요한 장소의 제공 또는 도급인이 설치한 위생시설 이용의 협조
　㉦ 같은 장소에서 이루어지는 도급인과 관계수급인 등의 작업에 있어서 관계수급인 등의 작업시기·내용, 안전조치 및 보건조치 등의 확인
　㉧ ㉦에 따른 확인 결과 관계수급인 등의 작업 혼재로 인하여 화재·폭발 등 대통령령으로 정하는 위험이 발생할 우려가 있는 경우 관계수급인 등의 작업시기·내용 등의 조정

② ①에 따른 도급인은 고용노동부령으로 정하는 바에 따라 자신의 근로자 및 관계수급인 근로자와 함께 정기적으로 또는 수시로 작업장의 안전 및 보건에 관한 점검을 하여야 한다.

③ ①에 따른 안전 및 보건에 관한 협의체 구성 및 운영, 작업장 순회점검, 안전보건교육 지원, 그 밖에 필요한 사항은 고용노동부령으로 정한다.

④ 건설기술 진흥법에 따른 안전총괄책임자의 직무(건설기술 진흥법 시행령 제102조)
  ㉠ 안전관리계획서의 작성 및 제출
  ㉡ 안전관리 관계자의 업무 분담 및 직무 감독
  ㉢ 안전사고가 발생할 우려가 있거나 안전사고가 발생한 경우의 비상동원 및 응급조치
  ㉣ 안전관리비의 집행 및 확인
  ㉤ 협의체의 운영
  ㉥ 안전관리에 필요한 시설 및 장비 등의 지원
  ㉦ 정기안전점검 및 정밀안전점검을 제외한(건설기술 진흥법 시행령 제100조) 자체 안전점검의 실시 및 점검 결과에 따른 조치에 대한 지휘·감독
  ㉧ 안전교육의 지휘·감독

(4) 관리감독자(산업안전보건법 제16조)

① 관리감독자는 사업장의 생산과 관련되는 업무와 소속 직원을 직접 지휘·감독하는 직위에 있는 자를 말한다.
② 관리감독자가 있는 경우에는 건설기술 진흥법에 따라 두어야 하는 안전관리책임자 및 안전관리담당자를 각각 둔 것으로 본다.
③ 관리감독자의 업무(산업안전보건법 시행령 제15조)
  ㉠ 관리감독자가 지휘·감독하는 작업(이하 해당작업)과 관련된 기계·기구 또는 설비의 안전·보건 점검 및 이상 유무의 확인
  ㉡ 관리감독자에게 소속된 근로자의 작업복·보호구 및 방호장치의 점검과 그 착용·사용에 관한 교육·지도
  ㉢ 해당작업에서 발생한 산업재해에 관한 보고 및 이에 대한 응급조치
  ㉣ 해당작업의 작업장 정리·정돈 및 통로 확보에 대한 확인·감독
  ㉤ 사업장의 다음 어느 하나에 해당하는 사람의 지도·조언에 대한 협조
    • 안전관리자 또는 안전관리전문기관에 위탁한 사업장의 경우에는 그 안전관리전문기관의 해당 사업장 담당자
    • 보건관리자 또는 보건관리전문기관에 위탁한 사업장의 경우에는 그 보건관리전문기관의 해당 사업장 담당자
    • 안전보건관리담당자 또는 안전보건관리담당자의 업무를 안전관리전문기관 또는 보건관리전문기관에 위탁한 사업장의 경우에는 그 안전관리전문기관 또는 보건관리전문기관의 해당 사업장 담당자
    • 산업보건의
  ㉥ 위험성평가에 관한 다음 하나에 해당하는 업무
    • 유해·위험요인의 파악에 대한 참여
    • 개선조치의 시행에 대한 참여
  ㉦ 그 밖에 해당작업의 안전 및 보건에 관한 사항

+ 괄호문제

다음 괄호 안에 알맞은 내용을 쓰시오.

① 건설기술 진흥법 시행령 제102조에 따라 안전관리 관계자의 업무 분담 및 직무 감독을 수행하는 직무는 (   )에게 있다.
② (   )는 사업장의 생산과 관련되는 업무와 소속 직원을 직접 지휘·감독하는 직위에 있는 자를 말한다.

| 정답 |
① 안전총괄책임자
② 관리감독자

확인! OX

다음은 관리감독자에 대한 설명이다. 옳으면 "O", 틀리면 "X"로 표시하시오.

1. 관리감독자에게 소속된 근로자의 작업복·보호구 및 방호장치의 점검과 그 착용·사용에 관한 교육·지도는 관리감독자가 수행한다. (   )
2. 관리감독자는 안전관리자, 보건관리자, 산업보건의 등의 지도·조언에 대한 협조를 하여야 한다. (   )

정답 1. O 2. O

+ 괄호문제

다음 괄호 안에 알맞은 내용을 쓰시오.
① 건설기술 진흥법 시행령에 따라 각종 자재 등의 적격품 사용 여부 확인은 ( )의 직무이다.
② 건설기술 진흥법 시행령에 따라 안전교육의 실시는 ( )의 직무이다.

| 정답 |
① 안전관리책임자
② 안전관리책임자, 안전관리담당자

④ 안전관리책임자의 직무(건설기술 진흥법 시행령 제102조)
  ㉠ 공사 분야별 안전관리 및 안전관리계획서의 검토·이행
  ㉡ 각종 자재 등의 적격품 사용 여부 확인
  ㉢ 자체안전점검 실시의 확인 및 점검 결과에 따른 조치
  ㉣ 건설공사현장에서 발생한 안전사고의 보고
  ㉤ 안전교육의 실시
  ㉥ 작업 진행 상황의 관찰 및 지도
⑤ 안전관리담당자의 직무(건설기술 진흥법 시행령 제102조)
  ㉠ 분야별 안전보건관리책임자의 직무 보조
  ㉡ 자체안전점검의 실시
  ㉢ 안전교육의 실시

확인! OX

다음은 건설기술 진흥법 시행령에 따른 안전관리담당자의 직무에 대한 설명이다. 옳으면 "O", 틀리면 "X"로 표시하시오.
1. 안전관리담당자는 건설공사현장에서 발생한 안전사고를 보고해야 한다. ( )
2. 안전관리담당자는 자체안전점검을 실시해야 한다. ( )

정답 1. X 2. O

| 해설 |
1. 안전관리책임자의 직무이다.

CHAPTER 02 건설공사 위험성

PART 06. 건설공사 안전관리

출제율 8%

출제포인트
- 건설공사 유해·위험요인
- 건설공사 위험성 추정·결정
- 유해위험방지계획서 제출대상
- 위험성평가

제1절 건설공사 유해·위험요인

기출 키워드
위험성평가, 유해위험방지계획서

1. 유해·위험요인 선정   중요도 ★☆☆

(1) 작업공정의 이해

공사의 주요 공정을 이해하고 공정별 특성에 따른 유해·위험요인을 파악한다. 주요 공정은 다음과 같다.

① **가설공사** : 건축물의 본공사 수행을 위해 필요한 수단으로 일시적, 보조적으로 행해지는 공사를 말하며, 공통가설공사와 직접가설공사가 이에 해당된다.

② **토목공사** : 기초·지정 구축을 목적으로 하는 대지조성을 위한 정지, 터파기, 기초파기, 매립, 배수 등을 총칭하며 기초파기 공사, 흙막이공사 등 이들 공사의 실시에 부수되는 공사를 의미한다.

③ **기초공사** : 지정공사와 기초공사로 나눌 수 있으며 지정공사는 기초 슬래브를 지지하기 위함이고 기초공사는 기초 슬래브와 지정을 총칭한 것으로 상부 구조에 대한 하중을 안전하게 지반에 전달시키는 구조 부분을 의미한다.

④ **골조공사** : 위에서 내려오는 하중을 받아 밑으로 안전하게 전달하기 위한 구조를 구성하기 위한 공사이다.

⑤ **마감공사** : 골조공사 위에 사람이 건축물을 사용할 수 있도록 하는 공사로 방수공사, 돌공사, 수장공사, 단열공사 등을 의미한다.

(2) 공정별 주요 위험요인

① **가설공사** : 건축물의 본공사 수행을 위해 필요한 수단으로 일시적, 보조적으로 행하는 공사를 의미한다. 본공사가 끝나고 철거 및 폐기하는 경우에 안전사고가 발생할 위험이 높다.

[가설공사 주요 위험요인]

구분	내용
가설공사 위험요인	근로자가 안전작업 수칙을 미숙지하고 무리하게 작업 중 떨어지지는 않는가?
	안전모, 안전대 등 개인보호구를 미착용하고 비계부재 위에서 작업 중 부딪히거나 떨어지지는 않는가?
	비계 설치 중 인근 고압전선과 접촉하여 감전되지는 않는가?
	근로자가 탄 채로 이동 중 이동식비계가 넘어지지는 않는가?
	이동식비계 기둥 간 연결 시 전용철물을 사용하지 않아 탈락되지는 않는가?
	작업발판 고정을 불량하게 하여 작업 중 발판이 탈락되지는 않는가?
	경사진 작업장소에서 이동식비계 고정 시 각재를 이용, 불안전하게 고정한 상태로 작업 중 이동식비계가 넘어지지는 않는가?
	안전대를 구명줄에 걸지 않고 작업 중 떨어지지는 않는가?
	안전모를 적정하게 착용하지 않아 벗겨지면서 벽체 등에 충돌하지는 않는가?
	가설통로가 아닌 장소로 이동 중 넘어지지는 않는가?
	가설경사로의 경사로 각도가 너무 높아서 승강 중 넘어지지는 않는가?
	가설통로 바닥의 돌출물에 이동 중 걸려 넘어지지는 않는가?

② **토목공사** : 천연재료를 취급하여 조건이 어렵고, 예측하기 어려운 자연기후의 영향으로 공사가 지연되기 쉽다. 또한 주변 지반 약화로 인한 재해위험 등이 상존한다.

[토목공사 주요 위험요인]

구분	내용
토목공사 위험요인	장비 하역 시 안전작업 절차 미준수에 의해 장비가 넘어지지는 않는가?
	장비 반입 시 부속품이 떨어지지는 않는가?
	과굴착에 의한 법면이 무너지지는 않는가?
	토사 반출 시 주변 법면이 무너지지는 않는가?
	굴착 단부 주변에서 작업 중 단부로 떨어지지는 않는가?
	세륜 시설 조작 중 감전이 되지는 않는가?
	굴삭기 회전 중 후면부에 부딪히지는 않는가?
	빗길, 눈길에 운전 부주의로 미끄러지지는 않는가?
	이동식 크레인 회전 중 부딪치지는 않는가?
	천공 구멍으로 근로자가 빠지지는 않는가?
	천공 시 슬라임 분출 위험성은 없는가?
	자재 인양 중 양중기 붐대가 꺾이면서 자재와 함께 떨어지지는 않는가?

+ 괄호문제

다음 괄호 안에 알맞은 내용을 쓰시오.

① ( )는 건축물의 본공사 수행을 위해 필요한 수단으로 일시적, 보조적으로 행하는 공사를 말하며, 본공사가 끝나고 철거 및 폐기하는 경우에 안전사고가 발생할 위험이 높다.

② ( )는 천연재료를 취급하여 조건이 어렵고 예측하기 어려운 자연기후의 영향으로 공사가 지연되기 쉽다. 또한 주변 지반 약화로 인한 재해위험 등이 상존한다.

| 정답 |
① 가설공사
② 토목공사

확인! OX

다음은 작업공정에 대한 설명이다. 옳으면 "O", 틀리면 "X"로 표시하시오.

1. 기초공사는 골조공사 위에 사람이 건축물을 사용할 수 있도록 하는 공사로 방수공사, 돌공사, 수장공사, 단열공사 등을 의미한다. ( )
2. 토목공사는 기초·지정 구축을 목적으로 하는 대지조성을 위한 정지, 터파기, 기초파기, 매립, 배수 등을 총칭하며 기초파기 공사 등 이들 공사의 실시에 부수되는 공사를 의미한다. ( )

정답 1. X 2. O

| 해설 |
1. 마감공사에 대한 설명이다.

③ 기초공사 : 콘크리트 타설을 위한 펌프카, 레미콘 트럭 등의 사용 및 양생 등으로 인한 재해위험이 존재한다.

[기초공사 주요 위험요인]

구분	내용
기초공사 위험요인	펌프카 장비 사용방법 미숙지에 의한 오작동으로 사고가 나지는 않는가?
	펌프카 붐 설치 중 주변 고압선 접촉에 감전되지는 않는가?
	콘크리트 타설 중 펌프카 붐 파단에 의해 떨어지지는 않는가?
	콘크리트 펌프카 후진 시 근로자가 부딪치지는 않는가?
	안전모 등 개인보호구를 착용하지 않고 작업 중 부딪히거나 찔리지는 않는가?
	콘크리트 펌프카 유압장치 점검 중 붐이 떨어져 끼이지는 않는가?
	파이프 연결부 결속 불량에 의한 파단으로 사고가 나지는 않는가?
	레미콘 트럭 사용 방법 미숙으로 오작동이 나지는 않는가?
	진동기 누전차단기 및 접지 미실시에 의한 감전사고가 나지는 않는가?
	콘크리트 피니셔 회전부에 접촉되지는 않는가?
	타워크레인 인양 로프 파단으로 인양 중인 호퍼가 떨어지는 일은 없는가?
	콘크리트 양생 시 어두운 조명에 의해 부딪치지는 않는가?
	누전차단기 미연결에 의한 감전 재해가 발생하지는 않는가?
	콘크리트 양생 장소 주변 개구부에 안전난간대가 미설치되어 떨어지지는 않는가?

④ 골조공사 및 마감공사 : 골조공사는 조적이나 석재, 철근콘크리트, 철골 부분만을 제외하고 모두 해체하게 되므로 시스템 동바리와 같은 부재를 다루는 경우의 위험요인을 확인하는 것이 중요하며, 마감공사의 경우에는 공사의 기간이 마지막 단계에 이르렀을 때 시행하는 공사로 공사를 마칠 때가 얼마 남지 않아 안전에 소홀해질 수 있다는 위험이 있다.

[골조공사 주요 위험요인]

구분	내용
골조공사 위험요인	슬래브 거푸집 중 filer판 설치 위치는 적합한가?
	filer판에 직접 동바리를 설치하였는지 확인하였는가?
	폼타이 체결이 느슨한 부분은 없는가?
	시스템 동바리의 높이가 4m를 초과할 때에는 높이 4m 이내마다 수평연결재를 2개의 방향으로 설치하고, 수평연결의 변위를 방지하였는가?
	spacer의 간격 및 크기는 적합한가?
	철근의 기름, 녹, 이물질 등이 제거되었는가?
	con'c 타설 전 construction joint 청소는 확인하였는가?
	ELEV. PIT 추락 방지를 위한 안전조치는 확인하였는가?
	철근, 거푸집 변형 바로잡기는 완료하였는가?
	콘크리트 치기 요원을 배치하여 타설 방법과 작업분배를 철저히 하였는가?
	콘크리트 표면 및 거푸집에 방풍작업이 선행되었는가?
	가열된 골재 및 물에 의한 시멘트의 급결 방지계획은 수립되었는가?

+ 괄호문제

다음 괄호 안에 알맞은 내용을 쓰시오.
① ( )의 위험요인을 파악하기 위해 근로자가 안전작업 수칙을 미숙지하고 무리하게 작업 중 떨어지지는 않는지 확인한다.
② ( )의 위험요인을 파악하기 위해 철근의 기름, 녹, 이물질 등이 제거되었는지 확인한다.

| 정답 |
① 가설공사
② 골조공사

확인! OX

다음은 공정별 위험요인에 대한 설명이다. 옳으면 "O", 틀리면 "X"로 표시하시오.

1. 기초공사는 콘크리트 타설을 위한 펌프카, 레미콘 트럭 등의 사용 및 양생 등으로 인한 재해위험이 존재한다. ( )

2. 골조공사는 조적이나 석재, 철근콘크리트, 철골 부분만을 제외하고 모두 해체하게 되므로 시스템 동바리와 같은 부재를 다루는 경우의 위험요인을 확인하는 것이 중요하다. ( )

정답 1. O 2. O

+ 괄호문제

다음 괄호 안에 알맞은 내용을 쓰시오.
① ( )의 위험요인을 파악하기 위해 장시간 입식 작업으로 근골격계질환의 위험이 있지는 않은지 확인한다.
② ( )란 안전한 작업을 수행하기 위해 작업으로부터 발생할 수 있는 유해·위험 방지에 관한 계획을 작성하는 것이다.

| 정답 |
① 마감공사
② 유해위험방지계획서

[마감공사 주요 위험요인]

구분	내용
마감공사 위험요인	자재 적재불량으로 무너지지는 않는가?
	인력운반작업 시 불균형한 동작을 하지는 않는가?
	크레인 안전장치가 미설치되어 있지는 않은가?
	낙하물 등에 의해 떨어져 맞지는 않는가?
	하차 작업 중 떨어지지는 않는가?
	유기용제에 의한 건강장해가 있지는 않은가?
	도장물 고정 불량으로 넘어지지는 않는가?
	고소음, 분진으로 인한 건강장해가 있지는 않은가?
	중량물 취급 등 무리한 동작으로 요통이 있지는 않은가?
	이송 중 원목이 떨어져 발에 맞지는 않는가?
	장시간 입식 작업으로 근골격계질환의 위험이 있지는 않은가?
	적재하중 초과 적재로 적재물이 떨어질 확률이 있지는 않은가?

2. 유해위험방지계획서 중요도 ★★☆

(1) 개요
① 유해위험방지계획서란 안전한 작업을 수행하기 위해 작업으로부터 발생할 수 있는 유해·위험 방지에 관한 계획을 작성하는 것을 말한다.
② 산업안전보건법 제42조(유해위험방지계획서의 작성·제출 등)에 해당하는 사업장 및 작업의 경우에는 유해·위험방지에 관한 사항을 적은 계획서를 작성하여 관련 법령에 정해진 기준에 따라 고용노동부장관에게 제출하고 심사를 받아야 한다.

(2) 유해위험방지계획서의 작성·제출 등(산업안전보건법 제42조 제1항)
사업주는 다음의 어느 하나에 해당하는 경우에는 이 법 또는 이 법에 따른 명령에서 정하는 유해·위험 방지에 관한 사항을 적은 계획서(이하 유해위험방지계획서)를 작성하여 고용노동부령으로 정하는 바에 따라 고용노동부장관에게 제출하고 심사를 받아야 한다. 다만, ③에 해당하는 사업주 중 산업재해발생률 등을 고려하여 고용노동부령으로 정하는 기준에 해당하는 사업주는 유해위험방지계획서를 스스로 심사하고, 그 심사결과서를 작성하여 고용노동부장관에게 제출하여야 한다.
① '대통령령으로 정하는 사업의 종류 및 규모에 해당하는 사업'으로서 해당 제품의 생산공정과 직접적으로 관련된 건설물·기계·기구 및 설비 등 전부를 설치·이전하거나 그 주요 구조부분을 변경하려는 경우
② 유해하거나 위험한 작업 또는 장소에서 사용하거나 건강장해를 방지하기 위하여 사용하는 기계·기구 및 설비로서 '대통령령으로 정하는 기계·기구 및 설비'를 설치·이전하거나 그 주요 구조부분을 변경하려는 경우
③ '대통령령으로 정하는 크기, 높이 등에 해당하는 건설공사'를 착공하려는 경우

확인! OX

다음은 유해위험방지계획서에 대한 설명이다. 옳으면 "O", 틀리면 "X"로 표시하시오.
1. 산업안전보건법 제42조에 해당하는 사업장 및 작업의 경우에는 유해·위험 방지에 관한 사항을 적은 계획서를 작성하여 관련 법령에 정해진 기준에 따라 고용노동부장관에게 제출만 하면 된다. ( )
2. 근로자의 건강에 상당한 장해를 일으킬 우려가 있는 물질로서 고용노동부령으로 정하는 물질의 밀폐·환기·배기를 위한 설비의 설치 시 유해위험방지계획서를 제출하여야 한다. ( )

정답 1. X 2. O

| 해설 |
1. 유해위험방지계획서를 작성하여 고용노동부장관에게 제출하고 심사를 받아야 한다.

(3) 유해위험방지계획서 제출 대상(산업안전보건법 시행령 제42조)

① (2)의 ①에서 '대통령령으로 정하는 사업의 종류 및 규모에 해당하는 사업'이란 다음의 어느 하나에 해당하는 사업으로서 전기 계약용량이 300kW 이상인 경우를 말한다.
  ㉠ 금속가공제품 제조업 : 기계 및 가구 제외
  ㉡ 비금속 광물제품 제조업
  ㉢ 기타 기계 및 장비 제조업
  ㉣ 자동차 및 트레일러 제조업
  ㉤ 식료품 제조업
  ㉥ 고무제품 및 플라스틱제품 제조업
  ㉦ 목재 및 나무제품 제조업
  ㉧ 기타 제품 제조업
  ㉨ 1차 금속 제조업
  ㉩ 가구 제조업
  ㉪ 화학물질 및 화학제품 제조업
  ㉫ 반도체 제조업
  ㉬ 전자부품 제조업

② (2)의 ②에서 '대통령령으로 정하는 기계·기구 및 설비'란 다음의 어느 하나에 해당하는 기계·기구 및 설비를 말한다. 이 경우 다음에 해당하는 기계·기구 및 설비의 구체적인 범위는 고용노동부장관이 정하여 고시한다.
  ㉠ 금속이나 그 밖의 광물의 용해로
  ㉡ 화학설비
  ㉢ 건조설비
  ㉣ 가스집합 용접장치
  ㉤ 근로자의 건강에 상당한 장해를 일으킬 우려가 있는 물질로서 고용노동부령으로 정하는 물질의 밀폐·환기·배기를 위한 설비

③ (2)의 ③에서 '대통령령으로 정하는 크기, 높이 등에 해당하는 건설공사'란 다음의 어느 하나에 해당하는 공사를 말한다.
  ㉠ 다음의 어느 하나에 해당하는 건축물 또는 시설 등의 건설·개조 또는 해체(이하 건설 등) 공사
    • 지상높이가 31m 이상인 건축물 또는 인공구조물
    • 연면적 30,000m² 이상인 건축물
    • 연면적 5,000m² 이상인 시설로서 다음의 어느 하나에 해당하는 시설
      - 문화 및 집회시설(전시장 및 동물원·식물원은 제외)
      - 판매시설, 운수시설(고속철도의 역사 및 집배송시설은 제외)
      - 종교시설
      - 의료시설 중 종합병원
      - 숙박시설 중 관광숙박시설

+ 괄호문제

다음 괄호 안에 알맞은 내용을 쓰시오.
① 산업안전보건법령상 유해위험방지계획서의 제출 대상 제조업은 전기 계약용량이 (   )kW인 경우이다.
② 연면적 (   )m² 이상인 종교시설의 해체공사 시 유해위험방지계획서를 제출해야 한다.

| 정답 |
① 300
② 5,000

확인! OX

다음은 유해위험방지계획서 제출 대상에 대한 설명이다. 옳으면 "O", 틀리면 "X"로 표시하시오.

1. 산업안전보건법령상 전기용접장치는 유해하거나 위험한 장소에서 사용하는 기계·기구 및 설비를 설치·이전하는 경우 유해위험방지계획서를 제출하여야 하는 대상에 포함된다. (   )
2. 유해위험방지계획서를 고용노동부장관에게 제출하고 심사를 받아야 하는 대상 건설공사에는 지상높이 25m 이상인 건축물 또는 인공구조물의 건설 등 공사가 해당된다. (   )

정답 1. X 2. X

| 해설 |
1. 전기용접장치는 해당하지 않는다.
2. 지상높이 31m 이상인 건축물 또는 인공구조물의 건설 등 공사는 유해위험방지계획서 제출 대상이다.

+ 괄호문제

다음 괄호 안에 알맞은 내용을 쓰시오.

① 유해위험방지계획서를 제출해야 할 대상 건설공사로 최대 지간 길이가 (   )m 이상인 다리의 건설 등 공사가 해당된다.
② 산업안전보건법령상 사업주가 유해위험방지계획서를 제출할 때에는 사업장별로 관련 서류를 첨부하여 해당 작업 시작 (   )일 전까지 공단에 2부를 제출하여야 한다.

| 정답 |
① 50
② 15

확인! OX

다음은 유해위험방지계획서 제출 대상에 대한 설명이다. 옳으면 "O", 틀리면 "X"로 표시하시오.

1. 연면적이 30,000m²인 건축물의 건설 등 공사는 유해위험방지계획서 제출 대상이다. (   )
2. 연면적이 4,000m²인 냉동·냉장 창고시설의 설비공사 및 단열공사의 경우 건설공사 유해위험방지계획서 제출 대상이다. (   )

| 정답 | 1. O 2. X

| 해설 |
2. 연면적 5,000m² 이상인 냉동·냉장 창고시설의 설비공사 및 단열공사이다.

– 지하도상가
– 냉동·냉장 창고시설
• 연면적 5,000m² 이상인 냉동·냉장 창고시설의 설비공사 및 단열공사
• 최대 지간(支間) 길이(다리의 기둥과 기둥의 중심 사이의 거리)가 50m 이상인 다리의 건설 등 공사
• 터널의 건설 등 공사
• 다목적댐, 발전용댐, 저수용량 2,000만ton 이상의 용수 전용 댐 및 지방상수도 전용 댐의 건설 등 공사
• 깊이 10m 이상인 굴착공사

더 알아보기

제출서류(산업안전보건법 시행규칙 제42조)
① (2)의 ①에 해당하는 사업주가 유해위험방지계획서를 제출할 때에는 사업장별로 별지 제16호 서식의 제조업 등 유해위험방지계획서에 다음의 서류를 첨부하여 해당 작업 시작 15일 전까지 공단에 2부를 제출해야 한다. 이 경우 유해위험방지계획서의 작성기준, 작성자, 심사기준, 그 밖에 심사에 필요한 사항은 고용노동부장관이 정하여 고시한다.
  ㉠ 건축물 각 층의 평면도
  ㉡ 기계·설비의 개요를 나타내는 서류
  ㉢ 기계·설비의 배치도면
  ㉣ 원재료 및 제품의 취급, 제조 등의 작업방법의 개요
  ㉤ 그 밖에 고용노동부장관이 정하는 도면 및 서류
② (2)의 ②에 해당하는 사업주가 유해위험방지계획서를 제출할 때에는 사업장별로 별지 제16호 서식의 제조업 등 유해위험방지계획서에 다음의 서류를 첨부하여 해당 작업 시작 15일 전까지 공단에 2부를 제출해야 한다.
  ㉠ 설치장소의 개요를 나타내는 서류
  ㉡ 설비의 도면
  ㉢ 그 밖에 고용노동부장관이 정하는 도면 및 서류

제2절 건설공사 위험성 추정·결정

1. 위험성 추정 및 평가 방법 ★★☆

(1) 위험성평가

① 위험성평가란 사업주가 근로자에게 부상이나 질병 등을 일으킬 수 있는 유해·위험요인이 무엇인지 사전에 찾아내어 그것이 얼마나 위험한지를 살펴보고, 위험하다면 그것을 감소시키기 위한 대책을 수립하고 실행하는 과정이다.

> **더 알아보기**
>
> 위험성평가 관련 법령
> - 산업안전보건법 제36조(위험성평가의 실시)
> - 산업안전보건법 시행규칙 제37조(위험성평가 실시내용 및 결과의 기록·보존)
> - 고용노동부고시 사업장 위험성평가에 관한 지침 : 산업안전보건법 제36조(위험성평가의 실시)에 따른 위험성평가의 방법, 절차, 시기 등에 대한 기준을 제시하는 지침

② 위험성평가조직 구성

    ㉠ 위험성평가를 실시하기 위해서 사업주는 안전보건관리책임자(및 안전보건총괄책임자), 관리감독자, 안전관리자, 보건관리자 등 산업안전보건법에 명시되어 있는 역할에 따라 조직을 구성한다.

    ㉡ 근로자 참여(사업장 위험성평가에 관한 지침 제6조) : 위험성평가를 실시할 때 다음에 해당하는 경우에는 해당 작업에 종사하는 근로자를 참여시켜야 한다.
- 유해·위험요인의 위험성 수준을 판단하는 기준을 마련하고, 유해·위험요인별로 허용 가능한 위험성 수준을 정하거나 변경하는 경우
- 해당 사업장의 유해·위험요인을 파악하는 경우
- 유해·위험요인의 위험성이 허용 가능한 수준인지 여부를 결정하는 경우
- 위험성 감소대책을 수립하여 실행하는 경우
- 위험성 감소대책 실행 여부를 확인하는 경우

③ 위험성평가조직의 역할과 책임

조직	역할과 책임(권한)

안전보건관리책임자
(사업주 또는 공장장)
	〈위험성평가 총괄 관리〉
	• 사업주의 의지 구현
	  - 방침과 추진목표를 문서화하고 게시
	  - 실시계획서 작성 지원
	  - 위험성평가 실행을 위한 조직구성과 역할 부여
	• 위험성평가 사업주 교육 이수
	• 예산지원 및 산업재해예방 노력
	• 무재해운동 참여

관리감독자 (위험성평가 담당자와 겸직 가능)	〈위험성평가 실시〉 • 유해·위험요인을 파악하고, 위험성 추정 및 결정 • 위험성 감소대책의 수립 및 실행 • 위험성평가 실시시기, 절차와 내용 • 책임과 권한 인지 및 이행
근로자 (위험성평가 담당자와 겸직 가능)	〈위험성평가 참여〉 • 담당업무와 관련된 위험성평가 활동에 참여 • 담당업무에 대한 안전보건수칙 및 위험성평가 결과 감소대책 • 비상상황에 대한 대비 및 대응방법 • 출입허가절차 및 위험한 장소
위험성평가 담당자 (관리감독자 및 근로자와 겸직 가능)	〈위험성평가의 실행 관리 및 지원〉 • 위험성평가 담당자 교육이수 • 위험성평가 실시계획 수립 및 실행 • 안전보건정보 수집 및 재해 조사 관련 자료 등을 기록 • 근로자에게 위험성평가 교육을 실시하고 기록 유지 • 위험성평가 검토 및 결과에 대한 기록, 보관

+ 괄호문제

다음 괄호 안에 알맞은 내용을 쓰시오.
① 다목적댐, 발전용댐, 저수용량 ( )ton 이상의 용수 전용 댐 및 지방상수도 전용 댐의 건설 등 공사는 유해위험방지계획서를 작성 및 제출하여야 한다.
② 깊이 ( )m 이상인 굴착공사는 유해위험방지계획서를 작성 및 제출하여야 한다.

| 정답 |
① 2,000만
② 10

확인! OX

다음은 위험성평가에 대한 설명이다. 옳으면 "O", 틀리면 "X"로 표시하시오.
1. 위험성평가를 실시하기 위해서 사업주는 안전보건관리책임자, 관리감독자, 안전관리자, 보건관리자 등 산업안전보건법에 명시되어 있는 역할에 따라 조직을 구성한다. ( )
2. 사업주는 위험성평가를 실시할 때 위험성 감소대책을 수립하여 실행하는 경우 해당 작업에 종사하는 근로자를 참여시켜야 한다. ( )

정답 1. O 2. O

+ 괄호문제

다음 괄호 안에 알맞은 내용을 쓰시오.
① ( )는 과거의 산업재해가 발생한 작업, 예측되는 유해·위험 요인 등, 질병 또는 재해가 발생할 가능성이 있는 것들을 대상으로 자료조사 및 평가를 시행하여야 한다.
② (㉠)는 위험성평가를 사업장에 도입하여 처음 실시하는 것을 말하고, (㉡)는 유해·위험요인이 있는 모든 작업을 대상으로 매년 정기적으로 실시하는 것을 의미한다.

| 정답 |
① 위험성평가
② ㉠ 최초평가, ㉡ 정기평가

확인! OX

다음은 위험성평가에 대한 설명이다. 옳으면 "O", 틀리면 "X"로 표시하시오.
1. 위험성평가의 절차는 사전준비, 유해·위험요인 파악, 위험성 결정, 위험성 감소대책 수립 및 실행, 위험성평가 실시내용 및 결과에 관한 기록 및 보존의 순서로 진행된다. ( )
2. 위험성평가는 최초평가, 정기평가, 수시평가로 나뉜다. ( )

정답 1. O 2. O

(2) 위험성평가 절차

① 위험성평가는 과거의 산업재해가 발생한 작업, 예측되는 유해·위험 요인 등, 질병 또는 재해가 발생할 가능성이 있는 것들을 대상으로 자료조사 및 평가를 시행하여야 한다.

② 사업주는 위험성평가를 다음의 절차에 따라 실시하여야 한다. 다만, 상시근로자 5인 미만 사업장(건설공사의 경우 1억 원 미만)의 경우 ㉠의 절차를 생략할 수 있다(사업장 위험성평가에 관한 지침 제8조).
  ㉠ 사전준비
  ㉡ 유해·위험요인 파악
  ㉢ 위험성 결정
  ㉣ 위험성 감소대책 수립 및 실행
  ㉤ 위험성평가 실시내용 및 결과에 관한 기록 및 보존

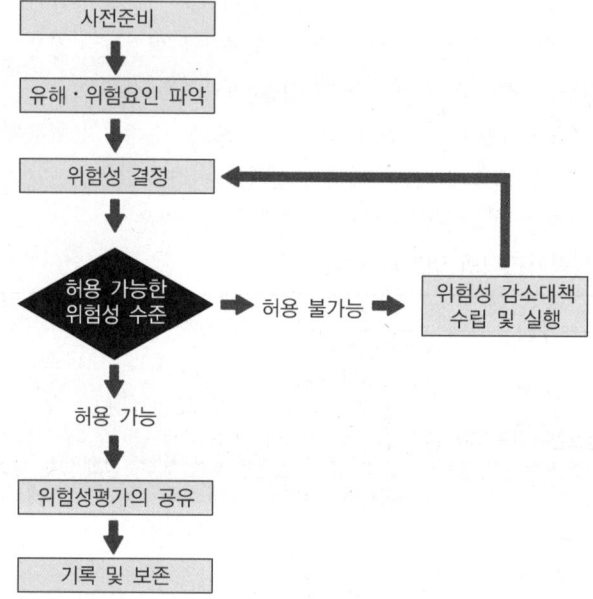

[위험성평가의 절차]

③ 위험성평가 실시 시기 : 위험성평가는 최초평가, 정기평가, 수시평가로 나뉜다. 최초평가는 위험성평가를 사업장에 도입하여 처음 실시하는 것을 말하고, 정기평가는 유해·위험요인이 있는 모든 작업을 대상으로 매년 정기적으로 실시하는 것을 의미하며, 수시평가는 실시할 사유가 발생하였을 경우에 주기와 시기에 상관없이 실시하는 것을 말한다. 이와 관련된 사항은 사업장 위험성평가에 관한 지침 제15조(위험성평가의 실시 시기)에서 규정하고 있다.

> **더 알아보기**
>
> **평가의 구분(사업장 위험성평가에 관한 지침 제15조)**
> ① 최초 위험성평가 : 사업주는 사업이 성립된 날(사업 개시일을 말하며, 건설업의 경우 실착공일)로부터 1개월이 되는 날까지 위험성평가의 대상이 되는 유해·위험요인에 대한 최초 위험성평가의 실시에 착수하여야 한다. 다만, 1개월 미만의 기간 동안 이루어지는 작업 또는 공사의 경우에는 특별한 사정이 없는 한 작업 또는 공사 개시 후 지체 없이 최초 위험성평가를 실시하여야 한다.
> ② 수시 위험성평가 : 사업주는 다음의 어느 하나에 해당하여 추가적인 유해·위험요인이 생기는 경우에는 해당 유해·위험요인에 대한 수시 위험성평가를 실시하여야 한다. 다만, ⓜ에 해당하는 경우에는 재해발생 작업을 대상으로 작업을 재개하기 전에 실시하여야 한다.
>   ㉠ 사업장 건설물의 설치·이전·변경 또는 해체
>   ㉡ 기계·기구, 설비, 원재료 등의 신규 도입 또는 변경
>   ㉢ 건설물, 기계·기구, 설비 등의 정비 또는 보수(주기적·반복적 작업으로서 이미 위험성평가를 실시한 경우에는 제외)
>   ㉣ 작업방법 또는 작업절차의 신규 도입 또는 변경
>   ㉤ 중대산업사고 또는 산업재해(휴업 이상의 요양을 요하는 경우에 한정) 발생
>   ㉥ 그 밖에 사업주가 필요하다고 판단한 경우
> ③ 정기 위험성평가 : 사업주는 다음의 사항을 고려하여 ①에 따라 실시한 위험성평가의 결과에 대한 적정성을 1년마다 정기적으로 재검토(이때, 해당 기간 내 ②에 따라 실시한 위험성평가의 결과가 있는 경우 함께 적정성을 재검토하여야 함)하여야 한다. 재검토 결과 허용 가능한 위험성 수준이 아니라고 검토된 유해·위험요인에 대해서는 위험성 감소대책을 수립하여 실행하여야 한다.
>   ㉠ 기계·기구, 설비 등의 기간 경과에 의한 성능 저하
>   ㉡ 근로자의 교체 등에 수반하는 안전·보건과 관련되는 지식 또는 경험의 변화
>   ㉢ 안전·보건과 관련되는 새로운 지식의 습득
>   ㉣ 현재 수립되어 있는 위험성 감소대책의 유효성 등

+ 괄호문제

다음 괄호 안에 알맞은 내용을 쓰시오.
① 사업주는 사업이 성립된 날로부터 (　)개월이 되는 날까지 위험성평가의 대상이 되는 유해·위험요인에 대한 최초 위험성평가의 실시에 착수하여야 한다.
② 사업주는 정기 위험성평가로 위험성평가의 결과에 대한 적정성을 (　)년마다 정기적으로 재검토해야 한다.

| 정답 |
① 1 ② 1

(3) 유해·위험요인 파악

사업장 내의 유해·위험요인을 파악하기 위한 방법으로는 순회점검에 의한 방법과 청취조사에 의한 방법, 안전보건 관련 자료에 의한 방법이 있다.
① 사업장 순회점검에 의한 방법 : 사업장 내 현장을 위험성평가 담당자가 순회하여 조사하는 방법을 말한다.
② 사업장 청취조사에 의한 방법 : 사업장 내 근로자를 대상으로 청취조사하여 근무 시 경험한 기계·기구 설비 또는 작업의 유해·위험요인을 조사하는 방법을 말한다.
③ 안전보건 관련 자료에 의한 방법

확인! OX

다음은 위험성평가에 대한 설명이다. 옳으면 "O", 틀리면 "X"로 표시하시오.

1. 작업방법 또는 작업절차의 신규 도입 또는 변경 시 추가적인 유해·위험요인이 생기는 경우에는 해당 유해·위험요인에 대한 수시 위험성평가를 실시하여야 한다. (　)
2. 사업장 내의 유해·위험요인을 파악하기 위한 방법으로는 순회점검에 의한 방법과 청취조사에 의한 방법, 안전보건 관련 자료에 의한 방법이 있다. (　)

정답 1. O　2. O

+ 괄호문제

다음 괄호 안에 알맞은 내용을 쓰시오.
① 사업장 내의 유해·위험요인 파악 시 물질안전보건자료, 작업환경측정결과 등 ( )에 의한 방법을 사용할 수 있다.
② 사업장 내의 유해·위험요인 파악 시 안전보건 ( )에 의한 방법을 사용할 수 있다.

| 정답 |
① 안전보건자료
② 체크리스트

더 알아보기

유해·위험요인 파악(사업장 위험성평가에 관한 지침 제10조)
사업주는 사업장 내의 유해·위험요인을 파악하여야 한다. 이때 업종, 규모 등 사업장 실정에 따라 다음의 방법 중 어느 하나 이상의 방법을 사용하되, 특별한 사정이 없으면 ㉠에 의한 방법을 포함하여야 한다.
㉠ 사업장 순회점검에 의한 방법
㉡ 근로자들의 상시적 제안에 의한 방법
㉢ 설문조사·인터뷰 등 청취조사에 의한 방법
㉣ 물질안전보건자료, 작업환경측정결과, 특수건강진단결과 등 안전보건자료에 의한 방법
㉤ 안전보건 체크리스트에 의한 방법
㉥ 그 밖에 사업장의 특성에 적합한 방법

(4) 위험성평가의 방법(사업장 위험성평가에 관한 지침 제7조)

사업주는 사업장의 규모와 특성 등을 고려하여 다음과 같은 위험성평가 방법 중 한 가지 이상을 선정하여 위험성평가를 실시할 수 있다.
① 위험 가능성과 중대성을 조합한 빈도·강도법
② 체크리스트(check list)법
③ 위험성 수준 3단계(저·중·고) 판단법
④ 핵심요인 기술(one point sheet)법
⑤ 그 외 산업안전보건법 시행규칙 제50조 제1항 제2호의 각 목의 방법

더 알아보기

공정안전보고서의 세부 내용 등(산업안전보건법 시행규칙 제50조 제1항 제2호)
공정위험성평가서 및 잠재위험에 대한 사고예방·피해 최소화 대책(공정위험성평가서는 공정의 특성 등을 고려하여 다음의 위험성평가 기법 중 한 가지 이상을 선정하여 위험성평가를 한 후 그 결과에 따라 작성해야 하며, 사고예방·피해최소화 대책은 위험성평가 결과 잠재위험이 있다고 인정되는 경우에만 작성한다)
㉠ 체크리스트(check list)
㉡ 상대위험순위 결정(dow and mond indices)
㉢ 작업자 실수 분석(HEA)
㉣ 사고 예상 질문 분석(what-if)
㉤ 위험과 운전 분석(HAZOP)
㉥ 이상위험도 분석(FMECA)
㉦ 결함수 분석(FTA)
㉧ 사건수 분석(ETA)
㉨ 원인결과 분석(CCA)
㉩ ㉠부터 ㉨까지의 규정과 같은 수준 이상의 기술적 평가기법

확인! OX

다음은 위험성평가의 방법에 대한 설명이다. 옳으면 "O", 틀리면 "X"로 표시하시오.

1. 사업장 내의 유해·위험요인을 파악하여야 하는데, 이때 업종, 규모 등 사업장 실정에 따라 하나 이상의 위험성평가 방법을 사용하되, 특별한 사정이 없으면 사업장 순회점검에 의한 방법을 포함하여야 한다. ( )
2. 위험성평가의 방법에는 위험 가능성과 중대성을 조합한 빈도·강도법, 체크리스트(checklist)법, 위험성 수준 3단계(저·중·고) 판단법 등이 있다. ( )

정답 1. O 2. O

(5) 위험성 감소대책 수립(사업장 위험성평가에 관한 지침 제12조)
① 위험성 결정에 따라 허용 가능한 위험성이 아니라고 판단된 경우에는 위험성의 수준, 영향을 받는 근로자수 등을 고려하여 위험성 감소대책을 수립하여 실행하여야 한다. 또한 위험성 감소대책을 실행한 후 해당 공정 또는 작업의 위험성의 수준이 사전에 자체 설정한 허용 가능한 위험성의 수준인지를 확인하여야 한다. 위험성이 자체 설정한 허용 가능한 위험성 수준으로 내려오지 않는 경우에는 허용 가능한 위험성 수준이 될 때까지 추가의 감소대책을 수립·실행하여야 하며, 중대재해, 중대산업사고 또는 심각한 질병이 발생할 우려가 있는 위험성으로서 수립한 위험성 감소대책의 실행에 많은 시간이 필요한 경우에는 즉시 잠정적인 조치를 강구하여야 한다.
② 위험성 감소대책 수립 시 고려사항
  ㉠ 위험한 작업의 폐지·변경, 유해·위험물질 대체 등의 조치 또는 설계나 계획 단계에서 위험성을 제거 또는 저감하는 조치
  ㉡ 연동장치, 환기장치 설치 등의 공학적 대책
  ㉢ 사업장 작업절차서 정비 등의 관리적 대책
  ㉣ 개인용 보호구의 사용

2. 위험성 결정 관련 지침 활용

(1) 위험성평가 인정제도
① 사업장 위험성평가에 관한 지침 제3장에 따라 위험성평가 수준을 심사하여 위험성평가 인정을 함으로써 우수사업장으로 지정하고 자율안전보건관리 시스템을 조성하기 위한 제도이다.
② 고용노동부장관은 소규모 사업장의 위험성평가를 활성화하기 위하여 위험성평가 활동이 일정 수준 이상인 사업장에 대해 인정하는 사업을 운영할 수 있다. 이 경우 인정을 신청할 수 있는 사업장은 다음과 같다(사업장 위험성평가에 관한 지침 제16조).
  ㉠ 상시 근로자 수 100명 미만 사업장(건설공사를 제외). 이 경우 산업안전보건법 제63조에 따른 작업의 일부 또는 전부를 도급에 의하여 행하는 사업의 경우는 도급사업주의 사업장(도급사업장)과 수급사업주의 사업장(수급사업장) 각각의 근로자수를 이 규정에 의한 상시 근로자 수로 본다.
  ㉡ 총공사금액 120억 원(토목공사는 150억 원) 미만의 건설공사
③ 위험성평가 우수사업장 인정절차

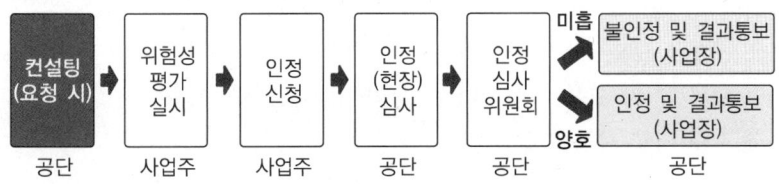

  ㉠ 인정 : 위험성평가 우수사업장으로 인정을 받고자 하는 사업장은 '위험성평가 인정 신청서'를 해당 사업장을 관할하는 안전보건공단에 제출해야 한다.

괄호문제

다음 괄호 안에 알맞은 내용을 쓰시오.
① (   )는 위험성평가 수준을 심사하여 위험성평가 인정을 함으로써 우수사업장으로 지정하고 자율안전보건관리 시스템을 조성하기 위한 제도이다.
② 상시 근로자 수 (   )명 미만 사업장(건설공사를 제외)의 경우 위험성평가 인정 신청 대상 사업장에 해당된다.

| 정답 |
① 위험성평가 인정제도
② 100

확인! OX

다음은 위험성평가에 대한 설명이다. 옳으면 "O", 틀리면 "X"로 표시하시오.
1. 위험성 감소대책 수립 시 위험한 작업의 폐지·변경, 유해·위험물질 대체 등의 조치 또는 설계나 계획 단계에서 위험성을 제거 또는 저감하는 조치를 고려해야 한다. (   )
2. 총공사금액 120억 원(토목공사는 150억 원) 미만의 건설공사의 경우 위험성평가 인정 신청 대상 사업장에 해당된다. (   )

정답 1. O 2. O

+ 괄호문제

다음 괄호 안에 알맞은 내용을 쓰시오.
① 위험성평가 우수사업장 인정 시 ( )을 20% 인하해 주는 혜택이 있다.
② 위험성평가 인정심사 항목으로 ( )의 관심도가 있다.

| 정답 |
① 산재보험료율
② 사업주

      ⓛ 교육 : 위험성평가에 필요한 사업주·평가담당자 교육신청서를 작성하여 한국산업안전보건공단 또는 한국산업안전보건공단에서 인정한 민간기관에 제출하고 교육을 이수해야 한다.
      ⓒ 컨설팅 : 사업주가 스스로 위험성평가를 할 수 있도록 전체 공정 중 일부의 컨설팅을 지원한다.
  ④ 위험성평가 우수사업장 인정 시 혜택
      ㉠ 산재보험료율 20% 인하
      ⓛ 정부 포상 또는 표창 우선 추천
      ⓒ 클린사업장 조성지원 보조금 1천만 원 추가 지원
      ㉢ 기술보증기금 보증실행 시 최초 3년간 보증비율 100% 적용, 보증요율 0.2%p 감면
  ⑤ 인정심사 항목
      ㉠ 사업주의 관심도
      ⓛ 위험성평가 실행수준
      ⓒ 구성원의 참여 및 이해 수준
      ㉢ 재해발생 수준

(2) 위험성평가 지원사업(사업장 위험성평가에 관한 지침 제23조)

고용노동부장관은 사업장의 위험성평가를 지원하기 위하여 한국산업안전보건공단 이사장으로 하여금 다음 위험성평가 사업을 추진하게 할 수 있다.
① 추진기법 및 모델, 기술자료 등의 개발·보급
② 우수사업장 발굴 및 홍보
③ 사업장 관계자에 대한 교육
④ 사업장 컨설팅
⑤ 전문가 양성
⑥ 지원시스템 구축·운영
⑦ 인정사업의 운영
⑧ 그 밖에 위험성평가 추진에 관한 사항

(3) 위험성평가 교육지원(사업장 위험성평가에 관한 지침 제24조)

한국산업안전보건공단은 사업장의 위험성평가를 지원하기 위하여 다음 교육과정을 개설하여 운영할 수 있다.
① 사업주 교육
② 평가담당자 교육
③ 실무 역량 지원 교육

확인! OX

다음은 위험성평가에 대한 설명이다. 옳으면 "O", 틀리면 "X"로 표시하시오.
1. 고용노동부장관은 사업장의 위험성평가를 지원하기 위하여 한국산업안전보건공단 이사장으로 하여금 사업장 관계자에 대한 교육 사업을 추진하게 할 수 있다. ( )
2. 한국산업안전보건공단은 사업장의 위험성평가를 지원하기 위하여 사업주, 평가담당자의 교육과정을 개설할 수 있다. ( )

정답 1. O 2. O

CHAPTER 03

PART 06. 건설공사 안전관리

건설업 산업안전보건관리비 관리 3%

출제포인트
- 건설업 산업안전보건관리비 정의
- 건설업 산업안전보건관리비 사용기준
- 건설업 산업안전보건관리비의 대상액

제1절 건설업 산업안전보건관리비 규정

기출 키워드
산업안전보건관리비, 사용기준, 공정률, 공사종류, 건설공사

1. 건설업 산업안전보건관리비의 정의 및 관계법령 중요도 ★★★

① 정의 : 건설공사 현장의 산업재해예방을 목적으로 도급금액 또는 사업비에 일정 비용을 계상하여 법령에 규정된 사항 범위 내에서 비용을 사용하도록 하는 제도이다. 건설공사를 다른 이에게 도급하는 자와 자체사업으로 이를 영위하는 자는 도급계약을 체결하거나 자체사업 계획을 수립하는 경우 고용노동부장관에 정하는 바에 따라 산업재해 예방을 위하여 산업안전보건관리비를 도급금액 또는 사업비에 계상하여야 한다.

② 관계법령
  ㉠ 산업안전보건법 제72조(건설공사 등의 산업안전보건관리비 계상 등)
  ㉡ 산업안전보건법 시행규칙 제89조(산업안전보건관리비의 사용)
  ㉢ 건설업 산업안전보건관리비 계상 및 사용기준

③ 적용범위 : 산업안전보건관리비는 산업안전보건법 제2조 제11호에 따른 건설공사 중 총공사금액 2,000만 원 이상인 공사에 적용된다.

> **더 알아보기**
>
> **건설공사(산업안전보건법 제2조 제11호)**
> 건설공사란 다음의 어느 하나에 해당하는 공사를 말한다.
> - 건설산업기본법 제2조 제4호에 따른 건설공사
> - 전기공사업법 제2조 제1호에 따른 전기공사
> - 정보통신공사업법 제2조 제2호에 따른 정보통신공사
> - 소방시설공사업법에 따른 소방시설공사
> - 국가유산수리 등에 관한 법률에 따른 국가유산 수리공사

2. 건설업 산업안전보건관리비의 대상액

중요도 ★★★

(1) 산업안전보건관리비 대상액 및 계상기준

산업안전보건관리비 대상액은 공사원가계산서 구성항목 중 직접재료비, 간접재료비와 직접노무비를 합한 금액이며, 발주자가 재료를 제공하는 경우에는 해당 재료비를 포함한 금액을 말한다. 단, 대상액이 명확하지 않은 경우 도급계약 또는 자체사업계획상 책정된 총공사금액의 10분의 7에 해당하는 금액을 대상액으로 한다. 대상액 금액 및 공사별로 계상 비율은 다음의 표와 같다.

[공사종류 및 규모별 산업안전보건관리비 계상기준표
(건설업 산업안전보건관리비 계상 및 사용기준 별표 1)]

(단위 : 원)

구분 공사종류	대상액 5억 원 미만인 경우 적용비율	대상액 5억 원 이상 50억 원 미만인 경우		대상액 50억 원 이상인 경우 적용비율	보건관리자 선임 대상 건설공사의 적용비율
		적용비율	기초액		
건축공사	3.11%	2.28%	4,325,000원	2.37%	2.64%
토목공사	3.15%	2.53%	3,300,000원	2.60%	2.73%
중건설공사	3.64%	3.05%	2,975,000원	3.11%	3.39%
특수건설공사	2.07%	1.59%	2,450,000원	1.64%	1.78%

더 알아보기

건설공사의 종류 예시(건설업 산업안전보건관리비 계상 및 사용기준 별표 5)
- 건축공사
  - 건설산업기본법 시행령(별표 1) 제1호 '나'목 종합적인 계획, 관리 및 조정에 따라 토지에 정착하는 공작물 중 지붕과 기둥(또는 벽)이 있는 것과 이에 부수되는 시설물을 건설하는 공사 및 이와 함께 부대하여 현장 내에서 행하는 공사
  - 건설산업기본법 시행령(별표 1) 제2호의 전문공사로서 건축물과 관련하여 분리하여 발주되었고 시간적·장소적으로도 독립하여 행하는 공사
- 토목공사
  - 건설산업기본법 시행령(별표 1) 제1호 '가'목 종합적인 계획·관리 및 조정에 따라 토목 공작물을 설치하거나 토지를 조성·개량하는 공사, '라'목 종합적인 계획, 관리 및 조정에 따라 산업의 생산시설, 환경 오염을 예방·제거 재활용하기 위한 시설, 에너지 등의 생산·저장·공급시설 등의 건설공사 및 이와 함께 부대하여 현장 내에서 행하는 공사
  - 건설산업기본법 시행령(별표 1) 제2호의 전문공사로서 같은 표 제1호 건축공사 외의 시설물과 관련하여 분리하여 발주되었고 시간적·장소적으로도 독립하여 행하는 공사
- 중건설공사 : 건설산업기본법 시행령(별표 1) 제1호 '가'목 및 '라'목에 해당되는 공사 중 다음과 같은 공사 및 이와 함께 부대하여 현장 내에서 행하는 공사
  - 고제방 댐 공사 등(댐 신설공사, 제방신설공사와 관련한 제반시설공사)
  - 화력, 수력, 원자력, 열병합 발전시설 등 설치공사(화력, 수력, 원자력, 열병합 발전시설과 관련된 신설공사 및 제반시설공사)
  - 터널신설공사 등(도로, 철도, 지하철 공사로서 터널, 교량, 토공사 등이 포함된 복합시설물로 구성된 공사에 있어 터널 공사비 비중이 가장 큰 비중을 차지하는 건설공사)
- 특수건설공사 : 건설산업기본법 시행령(별표 1) 제1호 '마'목 종합적인 계획·관리 및 조정에 따라 수목원, 공원, 녹지, 숲의 조성 등 경관 및 환경을 조성·개량 등의 건설공사로서 같은 법 시행규칙(별표 3)에서 구분한 조경공사에 해당하는 공사와 다음 항목에 따른 건설공사 중 다른 공사와 분리하여 발주되었고 시간적·장소적으로도 독립하여 행하는 공사

+ 괄호문제

다음 괄호 안에 알맞은 내용을 쓰시오.
① ( )는 건설공사 현장의 산업재해예방을 목적으로 도급금액 또는 사업비에 일정 비용을 계상하여 법령에 규정된 사항 범위 내에서 비용을 사용하도록 하는 제도를 말한다.
② 산업안전보건관리비는 산업안전보건법 제2조 11호에 따른 건설공사 중 총공사금액 ( ) 이상인 공사에 적용된다.

| 정답 |
① 산업안전보건관리비
② 2,000만 원

확인! OX

다음은 산업안전보건관리비에 대한 설명이다. 옳으면 "O", 틀리면 "X"로 표시하시오.
1. 토목공사의 산업안전보건관리비 계상 시 대상액이 50억 원 이상인 경우 적용비율은 2.37%이다. ( )
2. 특수건설공사의 산업안전보건관리비 계상 시 대상액이 5억 원 미만인 경우 적용비율은 2.07%이다. ( )

정답 1. X 2. O

| 해설 |
1. 토목공사의 산업안전보건관리비 계상 시 대상액이 50억 원 이상인 경우 적용비율은 2.60%이다.

- 전기공사업법에 의한 공사
- 정보통신공사업법에 의한 공사
- 소방공사업법에 의한 공사
- 문화재수리공사업법에 의한 공사

※ 비고
- 건축물과 관련하여 공사가 수행된다 하더라도 독립하여 행하는 공사가 토목공사, 중건설공사가 명백한 경우 해당 공사 종류로 분류한다.
- 건축공사, 토목공사 및 중건설공사와 함께 부대하여 현장 내에서 이루어지는 공사는 개별 법령에 따라 수행되는 공사를 포함한다.

(2) 공사진척에 따른 산업안전보건관리비 사용기준

도급인 및 자기공사자는 작업진행에 따른 안전보건관리비의 사용기준을 준수하여 각 공정률에 따른 비율만큼 사용하여야 한다.

[공사진척에 따른 산업안전보건관리비 사용기준
(건설업 산업안전보건관리비 계상 및 사용기준 별표 3]]

공정률	50% 이상 70% 미만	70% 이상 90% 미만	90% 이상
사용기준	50% 이상	70% 이상	90% 이상

※ 공정률은 기성공정률을 기준으로 한다.

+ 괄호문제

다음 괄호 안에 알맞은 내용을 쓰시오.

① 공사진척에 따른 산업안전보건관리비 사용기준으로 공정률 70% 이상 90% 미만인 경우 사용기준은 ( )% 이상이다.
② 공정률이 65%인 건설현장의 경우 공사진척에 따른 산업안전보건관리비의 최소 사용기준은 ( )%이다.

| 정답 |
① 70
② 50

3. 건설업 산업안전보건관리비 사용기준   중요도 ★★☆

(1) 개요

도급인과 자기공사자는 산업안전보건관리비를 산업재해예방 목적으로 사용하여야 하며 다음 기준에 따라 사용하여야 한다. 그 사용기준은 건설업 산업안전보건관리비 계상 및 사용기준 제7조(사용기준)에 따른다.

(2) 사용기준

① 안전관리자·보건관리자의 임금 등
  ㉠ 안전관리 또는 보건관리 업무만을 전담하는 안전관리자 또는 보건관리자의 임금과 출장비 전액(지방고용노동관서에 선임 보고한 날부터 발생한 비용에 한정)
  ㉡ 안전관리 또는 보건관리 업무를 전담하지 않는 안전관리자 또는 보건관리자의 임금과 출장비의 각각 2분의 1에 해당하는 비용(지방고용노동관서에 선임 보고한 날부터 발생한 비용에 한정)
  ㉢ 안전관리자를 선임한 건설공사 현장에서 산업재해 예방 업무만을 수행하는 작업지휘자, 유도자, 신호자 등의 임금 전액
  ㉣ 별표 1의2에 해당하는 작업을 직접 지휘·감독하는 직·조·반장 등 관리감독자의 직위에 있는 자가 산업안전보건법 시행령 제15조 제1항(관리감독자의 업무 등)에서 정하는 업무를 수행하는 경우에 지급하는 업무수당(임금의 10분의 1 이내)

확인! OX

다음은 건설업 산업안전보건관리비 사용기준에 대한 설명이다. 옳으면 "O", 틀리면 "X"로 표시하시오.

1. 도급인과 자기공사자는 산업안전보건관리비를 산업재해예방 목적으로 사용하여야 하며 건설업 산업안전보건관리비 계상 및 사용기준에 따라 사용하여야 한다. ( )
2. 안전관리 또는 보건관리 업무를 전담하지 않는 안전관리자 또는 보건관리자의 임금과 출장비의 각각 2분의 1에 해당하는 비용은 건설업 산업안전보건관리비로 사용할 수 있다. ( )

정답 1. O 2. O

+ 괄호문제

다음 괄호 안에 알맞은 내용을 쓰시오.
① 관리감독자 안전보건업무 수행 시 수당지급 작업으로 굴착 깊이가 ( )m 이상인 지반의 굴착작업이 포함된다.
② 관리감독자 안전보건업무 수행 시 수당지급 작업으로 전압이 ( )V 이상인 정전 및 활선작업이 포함된다.

| 정답 |
① 2
② 75

더 알아보기

관리감독자 안전보건업무 수행 시 수당지급 작업(건설업 산업안전보건관리비 계상 및 사용기준 별표 1의2)
- 건설용 리프트·곤돌라를 이용한 작업
- 콘크리트 파쇄기를 사용하여 행하는 파쇄작업(2m 이상인 구축물 파쇄에 한정)
- 굴착 깊이가 2m 이상인 지반의 굴착작업
- 흙막이 지보공의 보강, 동바리 설치 또는 해체작업
- 터널 안에서의 굴착작업, 터널 거푸집의 조립 또는 콘크리트 작업
- 굴착면의 깊이가 2m 이상인 암석 굴착 작업
- 거푸집 지보공의 조립 또는 해체작업
- 비계의 조립, 해체 또는 변경작업
- 건축물의 골조, 교량의 상부구조 또는 탑의 금속제의 부재에 의하여 구성되는 것(5m 이상에 한정)의 조립, 해체 또는 변경작업
- 콘크리트 공작물(높이 2m 이상에 한정)의 해체 또는 파괴 작업
- 전압이 75V 이상인 정전 및 활선작업
- 맨홀작업, 산소결핍장소에서의 작업
- 도로에 인접하여 관로, 케이블 등을 매설하거나 철거하는 작업
- 전주 또는 통신주에서의 케이블 공중가설작업

② 안전시설비 등
  ㉠ 산업재해 예방을 위한 안전난간, 추락방호망, 안전대 부착설비, 방호장치(기계·기구와 방호장치가 일체로 제작된 경우, 방호장치 부분의 가액에 한함) 등 안전시설의 구입·임대 및 설치 등을 위해 소요되는 비용
  ㉡ 산업재해예방시설자금 융자금 지원사업 및 보조금 지급사업 운영규정에 따른 스마트안전장비 지원사업 및 건설기술진흥법에 따른 스마트 안전장비 구입·임대 비용. 다만, 계상된 산업안전보건관리비 총액의 10분의 2을 초과할 수 없다.
  ㉢ 용접 작업 등 화재 위험작업 시 사용하는 소화기의 구입·임대비용

③ 보호구 등
  ㉠ 보호구의 구입·수리·관리 등에 소요되는 비용
  ㉡ 근로자가 ㉠에 따른 보호구를 직접 구매·사용하여 합리적인 범위 내에서 보전하는 비용
  ㉢ ①의 ㉠부터 ㉢까지의 규정에 따른 안전관리자 등의 업무용 피복, 기기 등을 구입하기 위한 비용
  ㉣ ①의 ㉠에 따른 안전관리자 및 보건관리자가 안전보건 점검 등을 목적으로 건설공사 현장에서 사용하는 차량의 유류비·수리비·보험료

④ 안전보건진단비 등
  ㉠ 산업안전보건법에 따른 유해위험방지계획서의 작성 등에 소요되는 비용
  ㉡ 산업안전보건법에 따른 안전보건진단에 소요되는 비용
  ㉢ 산업안전보건법에 따른 작업환경 측정에 소요되는 비용
  ㉣ 그 밖에 산업재해예방을 위해 법에서 지정한 전문기관 등에서 실시하는 진단, 검사, 지도 등에 소요되는 비용

확인! OX

다음은 건설업 산업안전보건관리비에 대한 설명이다. 옳으면 "O", 틀리면 "X"로 표시하시오.

1. 안전관리자 및 보건관리자가 안전보건 점검 등을 목적으로 건설공사 현장에서 사용하는 차량의 유류비·수리비·보험료는 '보호구 등' 사용기준으로 한다. ( )
2. 유해위험방지계획서의 작성 등에 소요되는 비용, 안전보건진단에 소요되는 비용, 작업환경 측정에 소요되는 비용 등은 '안전보건진단비 등' 사용기준으로 한다. ( )

| 정답 | 1. O 2. O

⑤ 안전보건교육비 등
  ㉠ 산업안전보건법 제29조부터 제32조까지의 규정에 따라 실시하는 의무교육이나 이에 준하여 실시하는 교육을 위해 건설공사 현장의 교육 장소 설치·운영 등에 소요되는 비용
  ㉡ ㉠ 이외 산업재해 예방이 주된 목적인 교육을 실시하기 위해 소요되는 비용
  ㉢ 응급의료에 관한 법률 제14조 제1항 제5호에 따른 안전보건교육 대상자 등에게 구조 및 응급처치에 관한 교육을 실시하기 위해 소요되는 비용
  ㉣ 안전보건관리책임자, 안전관리자, 보건관리자가 업무수행을 위해 필요한 정보를 취득하기 위한 목적으로 도서, 정기간행물을 구입하는 데 소요되는 비용
  ㉤ 건설공사 현장에서 안전기원제 등 산업재해 예방을 기원하는 행사를 개최하기 위해 소요되는 비용. 다만, 행사의 방법, 소요된 비용 등을 고려하여 사회통념에 적합한 행사에 한한다.
  ㉥ 건설공사 현장의 유해·위험요인을 제보하거나 개선방안을 제안한 근로자를 격려하기 위해 지급하는 비용
⑥ 근로자 건강장해예방비 등
  ㉠ 법·영·규칙에서 규정하거나 그에 준하여 필요로 하는 각종 근로자의 건강장해 예방에 필요한 비용
  ㉡ 중대재해 목격으로 발생한 정신질환을 치료하기 위해 소요되는 비용
  ㉢ 감염병의 예방 및 관리에 관한 법률에 따른 감염병의 확산 방지를 위한 마스크, 손소독제, 체온계 구입비용 및 감염병병원체 검사를 위해 소요되는 비용
  ㉣ 산업안전보건법에 따른 휴게시설을 갖춘 경우 온도, 조명 설치·관리기준을 준수하기 위해 소요되는 비용
  ㉤ 건설공사 현장에서 근로자 심폐소생을 위해 사용되는 자동심장충격기(AED) 구입에 소요되는 비용
  ㉥ 온열·한랭질환으로부터 근로자 건강장해를 예방하기 위한 임시 휴게시설 설치·해체·임대 비용 및 냉·난방기기의 임대 비용
⑦ 산업안전보건법에 따른 건설재해예방전문지도기관의 지도에 대한 대가로 자기공사자가 지급하는 비용
⑧ 중대재해 처벌 등에 관한 법률 시행령에 해당하는 건설사업자가 아닌 자가 운영하는 사업에서 안전보건 업무를 총괄·관리하는 3명 이상으로 구성된 본사 전담조직에 소속된 근로자의 임금 및 업무수행 출장비 전액. 다만, 계상된 산업안전보건관리비 총액의 20분의 1을 초과할 수 없다.
⑨ 산업안전보건법에 따른 위험성평가 또는 중대재해 처벌 등에 관한 법률 시행령에 따라 유해·위험요인 개선을 위해 필요하다고 판단하여 산업안전보건위원회 또는 노사협의체에서 사용하기로 결정한 사항을 이행하기 위한 비용(산업안전보건위원회 또는 노사협의체가 없는 현장의 경우에는 근로자의 의견을 들어 법 제64조에 따른 안전 및 보건에 관한 협의체에서 결정한 사항을 이행하기 위한 비용). 다만, 계상된 산업안전보건관리비 총액의 100분의 15를 초과할 수 없다.

+ 괄호문제

다음 괄호 안에 알맞은 내용을 쓰시오.
① 안전보건교육 대상자 등에게 구조 및 응급처치에 관한 교육을 실시하기 위해 소요되는 비용은 ( ) 사용기준으로 한다.
② 중대재해 목격으로 발생한 정신질환을 치료하기 위해 소요되는 비용은 ( ) 사용기준으로 한다.

| 정답 |
① 안전보건교육비 등
② 근로자 건강장해예방비 등

확인! OX

다음은 건설업 산업안전보건관리비에 대한 설명이다. 옳으면 "O", 틀리면 "X"로 표시하시오.
1. 휴게시설을 갖춘 경우 온도, 조명 설치·관리기준을 준수하기 위해 소요되는 비용은 '안전시설비 등' 사용기준으로 한다. ( )
2. 건설공사 현장의 유해·위험요인을 제보하거나 개선방안을 제안한 근로자를 격려하기 위해 지급하는 비용은 '안전보건교육비 등' 사용기준으로 한다. ( )

정답 1. X 2. O

| 해설 |
1. '근로자 건강장해예방비 등' 사용기준으로 한다.

CHAPTER 04 건설현장 안전시설 관리

PART 06. 건설공사 안전관리

출제율 33%

출제포인트
- 추락 방지용 안전시설
- 낙하·비래 방지용 안전시설
- 차량계 하역운반기계의 종류 및 안전수칙
- 붕괴 방지용 안전시설
- 차량계 건설기계의 종류 및 안전수칙

기출 키워드

추락방호망, 안전난간, 낙하물 방지망, 지게차, 고소작업대

제1절 안전시설 설치 및 관리

1. 추락 방지용 안전시설 중요도 ★★★

(1) 추락방호망

① 고소작업 시 추락사고를 예방하기 위한 안전시설로 그물코, 테두리로프, 달기로프, 재봉사로 구성된 시설물을 말한다.

[추락방호망]

[수직형 추락방호망]

② 추락방호망 설치 기준(산업안전보건기준에 관한 규칙 제42조)

㉠ 사업주는 근로자가 추락하거나 넘어질 위험이 있는 장소[작업발판의 끝·개구부(開口部) 등을 제외] 또는 기계·설비·선박블록 등에서 작업을 할 때에 근로자가 위험해질 우려가 있는 경우 비계(飛階)를 조립하는 등의 방법으로 작업발판을 설치하여야 한다.

㉡ 사업주는 ㉠에 따른 작업발판을 설치하기 곤란한 경우 다음의 기준에 맞는 추락방호망을 설치해야 한다. 다만, 추락방호망을 설치하기 곤란한 경우에는 근로자에게 안전대를 착용하도록 하는 등 추락위험을 방지하기 위해 필요한 조치를 해야 한다.

- 추락방호망의 설치위치는 가능하면 작업면으로부터 가까운 지점에 설치하여야 하며, 작업면으로부터 망의 설치지점까지의 수직거리는 10m를 초과하지 아니할 것
- 추락방호망은 수평으로 설치하고, 망의 처짐은 짧은 변 길이의 12% 이상이 되도록 할 것

- 건축물 등의 바깥쪽으로 설치하는 경우 추락방호망의 내민 길이는 벽면으로부터 3m 이상 되도록 할 것. 다만, 그물코가 20mm 이하인 추락방호망을 사용한 경우에는 산업안전보건기준에 관한 규칙 제14조 제3항에 따른 낙하물 방지망을 설치한 것으로 본다.
ⓒ 사업주는 추락방호망을 설치하는 경우에는 한국산업표준에서 정하는 성능기준에 적합한 추락방호망을 사용하여야 한다.

(2) 안전난간

① 고소작업 시 추락사고를 예방하기 위한 안전시설로 난간기둥, 상부난간대, 중간난간대 및 발끝막이판으로 구성된 시설물을 말한다.
② 안전난간의 구조 및 설치요건(산업안전보건기준에 관한 규칙 제13조) : 사업주는 근로자의 추락 등의 위험을 방지하기 위하여 안전난간을 설치하는 경우 다음 기준에 맞는 구조로 설치해야 한다.
  ㉠ 상부난간대, 중간난간대, 발끝막이판 및 난간기둥으로 구성할 것. 다만, 중간난간대, 발끝막이판 및 난간기둥은 이와 비슷한 구조와 성능을 가진 것으로 대체할 수 있다.
  ㉡ 상부난간대는 바닥면·발판 또는 경사로의 표면(이하 바닥면 등)으로부터 90cm 이상 지점에 설치하고, 상부난간대를 120cm 이하에 설치하는 경우에는 중간난간대는 상부난간대와 바닥면 등의 중간에 설치해야 하며, 120cm 이상 지점에 설치하는 경우에는 중간난간대를 2단 이상으로 균등하게 설치하고 난간의 상하 간격은 60cm 이하가 되도록 할 것. 다만, 난간기둥 간의 간격이 25cm 이하인 경우에는 중간난간대를 설치하지 않을 수 있다.
  ㉢ 발끝막이판은 바닥면 등으로부터 10cm 이상의 높이를 유지할 것. 다만, 물체가 떨어지거나 날아올 위험이 없거나 그 위험을 방지할 수 있는 망을 설치하는 등 필요한 예방조치를 한 장소는 제외한다.
  ㉣ 난간기둥은 상부난간대와 중간난간대를 견고하게 떠받칠 수 있도록 적정한 간격을 유지할 것
  ㉤ 상부난간대와 중간난간대는 난간 길이 전체에 걸쳐 바닥면 등과 평행을 유지할 것
  ㉥ 난간대는 지름 2.7cm 이상의 금속제 파이프나 그 이상의 강도가 있는 재료일 것
  ㉦ 안전난간은 구조적으로 가장 취약한 지점에서 가장 취약한 방향으로 작용하는 100kg 이상의 하중에 견딜 수 있는 튼튼한 구조일 것

+ 괄호문제

다음 괄호 안에 알맞은 내용을 쓰시오.
① ( )은 고소작업 시 추락사고를 예방하기 위한 안전시설로 그물코, 테두리로프, 달기로프, 재봉사로 구성된 시설물이다.
② 추락방호망의 설치위치는 작업면으로부터 망의 설치지점까지의 수직거리가 ( )m를 초과하지 않아야 한다.

| 정답 |
① 추락방호망
② 10

확인! OX

다음은 안전난간에 대한 설명이다. 옳으면 "O", 틀리면 "X"로 표시하시오.

1. 안전난간의 난간기둥 간의 간격이 25cm 이하인 경우에는 중간난간개를 설치하지 않을 수 있다. ( )
2. 안전난간의 난간기둥은 상부난간대와 중간난간대를 견고하게 떠받칠 수 있도록 적정한 간격을 유지하여야 한다. ( )

정답 1. O 2. O

(3) 안전대 부착설비

① 안전대를 고정하도록 하는 시설물로 비계, 수직·수평 지지로프, 건립 중의 철골, 턴버클, 와이어클립 등으로 구성된 시설물을 말한다.

[안전대 부착설비]

② 안전대 부착설비 등(산업안전보건기준에 관한 규칙 제44조)
   ㉠ 사업주는 추락할 위험이 있는 높이 2m 이상의 장소에서 근로자에게 안전대를 착용시킨 경우 안전대를 안전하게 걸어 사용할 수 있는 설비 등을 설치하여야 한다. 이러한 안전대 부착설비로 지지로프 등을 설치하는 경우에는 처지거나 풀리는 것을 방지하기 위하여 필요한 조치를 하여야 한다.
   ㉡ 사업주는 ㉠에 따른 안전대 및 부속설비의 이상 유무를 작업을 시작하기 전에 점검하여야 한다.

(4) 개구부 추락방지설비

① 개구부 추락사고를 예방하기 위해 안전난간대, 수직형 추락방망, 개구부 덮개 등으로 구성된 시설물을 말한다.

[개구부 추락방지설비]

② 개구부 등의 방호조치(산업안전보건기준에 관한 규칙 제43조)
   ㉠ 사업주는 작업발판 및 통로의 끝이나 개구부로서 근로자가 추락할 위험이 있는 장소에는 안전난간, 울타리, 수직형 추락방망 또는 덮개 등(이하 난간 등)의 방호조치를 충분한 강도를 가진 구조로 튼튼하게 설치하여야 하며, 덮개를 설치하는 경우에는 뒤집히거나 떨어지지 않도록 설치하여야 한다. 이 경우 어두운 장소에서도 알아볼 수 있도록 개구부임을 표시해야 하며, 수직형 추락방망은 한국산업표준에서 정하는 성능기준에 적합한 것을 사용해야 한다.

+ 괄호문제

다음 괄호 안에 알맞은 내용을 쓰시오.

① 사업주는 추락할 위험이 있는 높이 (   )m 이상의 장소에서 근로자에게 안전대를 착용시킨 경우 안전대를 안전하게 걸어 사용할 수 있는 안전대 부착설비를 설치하여야 한다.

② 개구부 추락사고를 예방하기 위해 (㉠), (㉡), 개구부 덮개 등으로 구성된 시설물을 개구부 추락방지설비라고 한다.

| 정답 |
① 2
② ㉠ 안전난간대,
   ㉡ 수직형 추락방망

확인! OX

다음은 추락 방지용 안전시설에 대한 설명이다. 옳으면 "O", 틀리면 "X"로 표시하시오.

1. 비계, 수직·수평 지지로프, 건립 중의 철골, 턴버클, 와이어클립 등으로 구성된 시설물을 안전대 부착설비라고 한다. (   )

2. 사업주는 작업발판 및 통로의 끝이나 개구부로서 근로자가 추락할 위험이 있는 장소에는 안전난간, 울타리, 수직형 추락방망 또는 덮개 등의 방호조치를 충분한 강도를 가진 구조로 튼튼하게 설치하여야 한다. (   )

정답 1. O 2. O

ⓒ 사업주는 난간 등을 설치하는 것이 매우 곤란하거나 작업의 필요상 임시로 난간 등을 해체하여야 하는 경우 산업안전보건기준에 관한 규칙 제42조 제2항 각 호의 기준에 맞는 추락방호망을 설치하여야 한다. 다만, 추락방호망을 설치하기 곤란한 경우에는 근로자에게 안전대를 착용하도록 하는 등 추락할 위험을 방지하기 위하여 필요한 조치를 하여야 한다.

2. 붕괴 방지용 안전시설

(1) 흙막이 지보공(산업안전보건기준에 관한 규칙)
① 지하를 굴착할 때 토사가 붕괴되지 않도록 흙막이 벽체를 설치하는 시설물을 말한다.
② 설치기준(제345조) : 사업주는 흙막이 지보공의 재료로 변형·부식되거나 심하게 손상된 것을 사용해서는 아니 된다.
③ 조립도(제346조)
 ㉠ 사업주는 흙막이 지보공을 조립하는 경우 미리 그 구조를 검토한 후 조립도를 작성하여 그 조립도에 따라 조립하도록 해야 한다.
 ㉡ ㉠의 조립도는 흙막이판·말뚝·버팀대 및 띠장 등 부재의 배치·치수·재질 및 설치방법과 순서가 명시되어야 한다.
④ 붕괴 등의 위험방지(제347조)
 ㉠ 사업주는 흙막이 지보공을 설치하였을 때에는 정기적으로 다음의 사항을 점검하고 이상을 발견하면 즉시 보수하여야 한다.
  • 부재의 손상·변형·부식·변위 및 탈락의 유무와 상태
  • 버팀대의 긴압(緊壓)의 정도
  • 부재의 접속부·부착부 및 교차부의 상태
  • 침하의 정도
 ㉡ 사업주는 ㉠의 점검 외에 설계도서에 따른 계측을 하고 계측 분석 결과 토압의 증가 등 이상한 점을 발견한 경우에는 즉시 보강조치를 하여야 한다.

(2) 터널 지보공
① 터널을 굴착 후 복공이 완료되기 전까지 지반의 느슨해짐을 억제하고 공간을 유지하기 위해 설치하는 시설물을 말한다.
② 설치기준(산업안전보건기준에 관한 규칙)
 ㉠ 터널 지보공의 재료(제361조) : 사업주는 터널 지보공의 재료로 변형·부식 또는 심하게 손상된 것을 사용해서는 아니 된다.
 ㉡ 터널 지보공의 구조(제362조) : 사업주는 터널 지보공을 설치하는 장소의 지반과 관계되는 지질·지층·함수·용수·균열 및 부식의 상태와 굴착 방법에 상응하는 견고한 구조의 터널 지보공을 사용하여야 한다.

+ 괄호문제

다음 괄호 안에 알맞은 내용을 쓰시오.
① 사업주는 난간 등을 설치하는 것이 매우 곤란하거나 작업의 필요상 임시로 난간 등을 해체하여야 하는 경우 ( )을 설치하여야 한다.
② 터널을 굴착 후 복공이 완료되기 전까지 지반의 느슨해짐을 억제하고 공간을 유지하기 위해 설치하는 시설물을 ( )이라고 한다.

| 정답 |
① 추락방호망
② 터널 지보공

확인! OX

다음은 흙막이 지보공에 대한 설명이다. 옳으면 "O", 틀리면 "X"로 표시하시오.
1. 흙막이 지보공의 재료로 변형·부식되거나 심하게 손상된 것을 사용해서는 아니 된다. ( )
2. 흙막이 지보공을 설치하였을 때 정기적으로 점검하여야 할 사항으로 부재의 손상·변형·부식·변위 및 탈락의 유무와 상태, 경보장치의 작동 상태 등이 있다. ( )

정답 1. O 2. X

| 해설 |
2. 산업안전보건기준에 관한 규칙 제347조에 따르면, 경보장치의 작동 상태는 해당하지 않는다.

+ 괄호문제

다음 괄호 안에 알맞은 내용을 쓰시오.

① 사업주는 터널 지보공을 조립하는 경우에는 미리 그 구조를 검토한 후 (　)를 작성해야 한다.
② 터널 지보공을 조립하거나 변경하는 경우에는 기둥에는 침하를 방지하기 위하여 (　)을 사용하는 등의 조치를 하여야 한다.

| 정답 |
① 조립도
② 받침목

ⓒ 조립도(제363조)
- 사업주는 터널 지보공을 조립하는 경우에는 미리 그 구조를 검토한 후 조립도를 작성하고, 그 조립도에 따라 조립하도록 하여야 한다.
- 위의 조립도에는 재료의 재질, 단면규격, 설치간격 및 이음방법 등을 명시하여야 한다.

ⓔ 조립 또는 변경 시의 조치(제364조) : 사업주는 터널 지보공을 조립하거나 변경하는 경우에는 다음의 사항을 조치하여야 한다.
- 주재(主材)를 구성하는 1세트의 부재는 동일 평면 내에 배치할 것
- 목재의 터널 지보공은 그 터널 지보공의 각 부재의 긴압 정도가 균등하게 되도록 할 것
- 기둥에는 침하를 방지하기 위하여 받침목을 사용하는 등의 조치를 할 것
- 강(鋼)아치 지보공의 조립은 다음의 사항을 따를 것
  - 조립간격은 조립도에 따를 것
  - 주재가 아치작용을 충분히 할 수 있도록 쐐기를 박는 등 필요한 조치를 할 것
  - 연결볼트 및 띠장 등을 사용하여 주재 상호 간을 튼튼하게 연결할 것
  - 터널 등의 출입구 부분에는 받침대를 설치할 것
  - 낙하물이 근로자에게 위험을 미칠 우려가 있는 경우에는 널판 등을 설치할 것
- 목재 지주식 지보공은 다음의 사항을 따를 것
  - 주기둥은 변위를 방지하기 위하여 쐐기 등을 사용하여 지반에 고정시킬 것
  - 양 끝에는 받침대를 설치할 것
  - 터널 등의 목재 지주식 지보공에 세로방향의 하중이 걸림으로써 넘어지거나 비틀어질 우려가 있는 경우에는 양 끝 외의 부분에도 받침대를 설치할 것
  - 부재의 접속부는 꺾쇠 등으로 고정시킬 것
- 강아치 지보공 및 목재지주식 지보공 외의 터널 지보공에 대해서는 터널 등의 출입구 부분에 받침대를 설치할 것

ⓜ 부재의 해체(제365조) : 사업주는 하중이 걸려 있는 터널 지보공의 부재를 해체하는 경우에는 해당 부재에 걸려 있는 하중을 터널 거푸집 및 동바리가 받도록 조치를 한 후에 그 부재를 해체해야 한다.

ⓗ 붕괴 등의 방지(제366조) : 사업주는 터널 지보공을 설치한 경우에 다음의 사항을 수시로 점검하여야 하며, 이상을 발견한 경우에는 즉시 보강하거나 보수하여야 한다.
- 부재의 손상·변형·부식·변위 탈락의 유무 및 상태
- 부재의 긴압 정도
- 부재의 접속부 및 교차부의 상태
- 기둥침하의 유무 및 상태

확인! OX

다음은 터널 지보공에 대한 설명이다. 옳으면 "O", 틀리면 "X"로 표시하시오.

1. 강아치 지보공의 조립 시 낙하물이 근로자에게 위험을 미칠 우려가 있는 경우에는 널판 등을 설치해야 한다. (　)
2. 사업주는 하중이 걸려 있는 터널 지보공의 부재를 해체하는 경우에는 해당 부재에 걸려 있는 하중을 터널 거푸집 및 동바리가 받도록 조치를 한 후에 그 부재를 해체해야 한다. (　)

정답 1. O 2. O

3. 낙하·비래 방지용 안전시설

(1) 낙하물 방지망

① 고층 건축물 공사 시 재료 또는 공구 등의 낙하물로 인한 사고를 예방하기 위한 시설물로 벽체 및 비계 외부에 설치하는 시설물을 말한다.

② 설치기준(낙하물 방지망 설치 지침)

　㉠ 그물코의 크기는 2cm 이하로 하여야 한다.

　㉡ 낙하물 방지망의 설치간격은 매 10m 이내로 하여야 한다. 다만, 첫 단의 설치 높이는 근로자를 낙하물에 의한 위험으로부터 방호할 수 있도록 가능한 낮은 위치에 설치하여야 한다.

　㉢ 낙하물 방지망이 수평면과 이루는 각도는 20~30°로 하여야 한다.

　㉣ 낙하물 방지망의 내민 길이는 비계 외측으로부터 수평거리 2m 이상으로 하여야 한다.

　㉤ 방망의 가장자리는 테두리 로프를 그물코를 통과하는 방법으로 방망과 결합시키고 로프와 방망을 재봉사 등으로 묶어 고정하여야 한다. 단, 테두리 로프의 지름이 그물코보다 큰 경우 로프와 방망을 재봉사 등으로 묶어 고정하여야 한다.

　㉥ 방망을 지지하는 긴결재의 강도는 15kN 이상의 인장력에 견딜 수 있는 로프 등을 사용하여야 한다.

　㉦ 낙하물 방지망과 구조물 사이의 간격은 낙하물에 위한 위험이 없는 간격으로 설치하여야 한다.

　㉧ 방망의 겹침폭은 30cm 이상으로 테두리로프로 결속하여 방망과 방망 사이에 틈이 없도록 하여야 한다.

　㉨ 근로자, 통행인 등의 왕래가 빈번한 장소인 경우에는 최하단의 방망은 크기가 작은 못, 볼트, 콘크리트 부스러기 등의 낙하물이 떨어지지 못하도록 방망의 그물코 크기가 0.3cm 이하인 망을 설치하여야 한다. 다만, 낙하물 방호선반을 설치하였을 경우에는 그러하지 아니한다.

　㉩ 매다는 지지재의 간격은 3m 이상으로 하되 방망의 수평투영면의 폭이 전체 구간에 걸쳐 2m 이상 유지되도록 조치하여야 한다.

(2) 방호선반

① 작업 중 재료나 공구 등의 낙하로 인한 사고를 예방하기 위해 합판 또는 철판 등의 재료를 사용하여 비계 내측과 외측, 낙하물에 의한 위험의 발생이 우려되는 주변에 설치하는 시설물을 말한다.

② 설치기준(낙하물 방호선반 설치 지침)

　㉠ 방호선반은 풍압, 진동, 충격으로 탈락하지 않도록 견고하게 설치하여야 한다.

　㉡ 방호선반의 바닥판은 틈새가 없도록 설치하여야 한다.

　㉢ 방호선반의 내민 길이는 비계의 외측(비계를 설치하지 않은 경우에는 구조체의 외측)으로부터 수평거리 2m 이상 돌출되도록 설치하여야 한다.

+ 괄호문제

다음 괄호 안에 알맞은 내용을 쓰시오.

① 낙하물 방지망의 그물코의 크기는 ( )cm 이하로 하여야 한다.

② 낙하물 방지망의 설치간격은 매 ( )m 이내로 하여야 한다.

| 정답 |
① 2
② 10

확인! OX

다음은 낙하·비래 방지용 안전시설에 대한 설명이다. 옳으면 "O", 틀리면 "X"로 표시하시오.

1. 낙하물 방지망이 수평면과 이루는 각도는 20~30°로 하여야 한다. ( )

2. 방호선반의 내민 길이는 비계의 외측으로부터 수평거리 1m 이상 돌출되도록 설치하여야 한다. ( )

정답 1. O 2. X

| 해설 |
2. 수평거리 2m 이상 돌출되도록 설치하여야 한다.

+ 괄호문제

다음 괄호 안에 알맞은 내용을 쓰시오.

① 방호선반을 설치하는 경우에는 수평으로 설치하는 방호선반의 끝단에는 수평면으로부터 높이 (　)cm 이상의 난간을 설치하여야 하며, 난간은 방호선반에 낙하한 낙하물이 외부로 튕겨 나감을 방지할 수 있는 구조여야 한다.
② 강관틀 비계에 수직보호망을 설치하는 경우에는 수평지지대 설치간격을 (　)m 이하로 하고 여기에 수직보호망을 견고하게 설치하여야 한다.

| 정답 |
① 60
② 5.5

확인! OX

다음은 수직보호망에 대한 설명이다. 옳으면 "O", 틀리면 "X"로 표시하시오.

1. 수직·수평지지대에 수직보호망 설치 또는 수직보호망과 수직보호망 사이 연결은 수직보호망의 금속고리나 동등 이상의 강도를 갖는 테두리 부분에서 해야 하며, 고정 부분은 쉽게 빠지거나 풀어지지 않는 구조이어야 한다. (　)
2. 수직보호망의 고정 간결재는 인장강도 0.98kN 이상으로서 간결방법은 사용기간 동안 강풍 등에 반복되는 외력에 견딜 수 있어야 한다. (　)

| 정답 | 1. O 2. O

---

② 수평으로 설치하는 방호선반의 끝단에는 수평면으로부터 높이 60cm 이상의 난간을 설치하여야 하며, 난간은 방호선반에 낙하한 낙하물이 외부로 튕겨 나감을 방지할 수 있는 구조여야 한다.
⑩ 경사지게 설치하는 방호선반이 수평면과 이루는 각도는 방호선반의 최외측이 구조물쪽보다 20° 이상 30° 이내로 높아야 한다.
⑪ 방호선반의 설치높이는 근로자를 낙하물에 의한 위험으로부터 방호할 수 있도록 가능한 낮은 위치에 설치하여야 하며, 8m를 초과하여 설치하지 않는다.

(3) 수직보호망

① 비래나 낙하물 등에 의한 재해방지를 위한 목적으로 가설 구조물의 바깥면 등에 설치하여 낙하물의 비산 등을 방지하기 위하여 수직으로 설치하는 보호망을 수직보호망이라고 한다.
② 설치기준(수직보호망 설치 지침)
  ㉠ 강관비계에 수직보호망을 설치하는 경우에는 비계기둥과 띠장간격에 맞추어 수직보호망을 제작·설치하고, 빈 공간이 발생하지 않도록 하여야 한다.
  ㉡ 강관틀 비계에 수직보호망을 설치하는 경우에는 수평지지대 설치간격을 5.5m 이하로 하고 여기에 수직보호망을 견고하게 설치하여야 한다.
  ㉢ 철골구조물에 수직보호망을 설치하는 경우에는 수직지지대를 설치하고 여기에 수직보호망을 견고하게 설치하여야 한다.
  ㉣ 갱폼에 수직보호망을 설치하는 경우에는 수평지지대와 수직지지대를 이용하여 빈 공간이 발생하지 않도록 설치하여야 한다.
  ㉤ 수직보호망이 설치된 장소 주변에서 용단, 용접 등의 작업이 예상되는 경우에는 반드시 난연 또는 방염성이 있는 수직보호망을 설치하여야 한다.
  ㉥ 수직·수평지지대에 수직보호망 설치 또는 수직보호망과 수직보호망 사이 연결은 수직보호망의 금속고리나 동등 이상의 강도를 갖는 테두리 부분에서 해야 하며, 고정 부분은 쉽게 빠지거나 풀어지지 않는 구조이어야 한다.
  ㉦ 수직보호망을 지지대에 설치할 때 설치간격은 35cm 이하로 하고 틈새나 처짐이 생기지 않도록 밀실하게 설치하여야 한다.
  ㉧ 수직보호망을 붙여서 설치하는 때에는 틈이 생기지 않도록 밀실하게 설치하여야 한다.
  ㉨ 수직보호망의 고정 간결재는 인장강도 0.98kN 이상으로서 간결방법은 사용기간 동안 강풍 등에 반복되는 외력에 견딜 수 있어야 한다.
  ㉩ 긴결재로 케이블타이와 같은 플라스틱재료를 사용할 경우에는 끊어지거나 파손되지 않아야 한다.
  ㉪ 수직보호망의 간결재로 로프를 사용할 경우에는 금속고리 구멍마다 로프가 통과하여 지지대에 감기도록 하여야 한다.

ⓔ 통기성이 적은 수직보호망은 예상되는 최대 풍압력과 지지대의 내력을 검토하여 벽이음을 보강하고, 벽이음을 일시적으로 해체하는 경우에는 가설구조물의 전도 위험에 대비하여야 한다.
ⓕ 기타 수직보호망을 설치해야 할 구조물의 단부, 모서리 등에는 그 치수에 맞는 수직보호망을 이용하여 빈틈이 없도록 설치하여야 한다.

> **더 알아보기**
>
> **낙하물 방지망, 방호선반, 수직보호망 관련 법령**
> 낙하물에 의한 위험의 방지(산업안전보건기준에 관한 규칙 제14조)
> ① 사업주는 작업장의 바닥, 도로 및 통로 등에서 낙하물이 근로자에게 위험을 미칠 우려가 있는 경우 보호망을 설치하는 등 필요한 조치를 하여야 한다.
> ② 사업주는 작업으로 인하여 물체가 떨어지거나 날아올 위험이 있는 경우 낙하물 방지망, 수직보호망 또는 방호선반의 설치, 출입금지구역의 설정, 보호구의 착용 등 위험을 방지하기 위하여 필요한 조치를 하여야 한다. 이 경우 낙하물 방지망 및 수직보호망은 산업표준화법 제12조에 따른 한국산업표준에서 정하는 성능기준에 적합한 것을 사용하여야 한다.
> ③ ②에 따라 낙하물 방지망 또는 방호선반을 설치하는 경우에는 다음의 사항을 준수하여야 한다.
> ㉠ 높이 10m 이내마다 설치하고, 내민 길이는 벽면으로부터 2m 이상으로 할 것
> ㉡ 수평면과의 각도는 20° 이상 30° 이하를 유지할 것

+ 괄호문제

다음 괄호 안에 알맞은 내용을 쓰시오.
① 수직보호망을 지지대에 설치할 때 설치간격은 ( )cm 이하로 하고 틈새나 처짐이 생기지 않도록 밀실하게 설치하여야 한다.
② ( )는 동력원을 사용하여 특정되지 아니한 장소로 스스로 이동할 수 있는 건설기계이다.

|정답|
① 35
② 차량계 건설기계

(4) 투하설비
① 물체 투하 시 발생할 수 있는 사고를 예방하기 위해 플라스틱관, 부직포 등을 사용하여 설치하는 시설물을 말한다.
② 사업주는 높이가 3m 이상인 장소로부터 물체를 투하하는 경우 적당한 투하설비를 설치하거나 감시인을 배치하는 등 위험을 방지하기 위하여 필요한 조치를 하여야 한다(산업안전보건기준에 관한 규칙 제15조).

제2절 건설공구 및 장비 안전수칙

1. 차량계 건설기계의 종류 및 안전수칙   중요도 ★★☆

(1) 종류
① 동력원을 사용하여 특정되지 아니한 장소로 스스로 이동할 수 있는 건설기계이다.
② 종류(산업안전보건기준에 관한 규칙 별표 6)
㉠ 도저형 건설기계(불도저, 스트레이트도저, 틸트도저, 앵글도저, 버킷도저 등)
㉡ 모터그레이더(motor grader, 땅 고르는 기계)
㉢ 로더(포크 등 부착물 종류에 따른 용도변경 형식을 포함)
㉣ 스크레이퍼(scraper, 흙을 절삭·운반하거나 펴 고르는 등의 작업을 하는 토공기계)

확인! OX

다음은 낙하물 방지망에 대한 설명이다. 옳으면 "O", 틀리면 "X"로 표시하시오.
1. 작업으로 인하여 물체가 떨어지거나 날아올 위험이 있는 경우 낙하물 방지망을 설치하여야 한다. ( )
2. 작업으로 인하여 물체가 떨어지거나 날아올 위험이 있는 경우 방호선반을 설치하여야 한다. ( )

정답 1. O 2. O

+ 괄호문제

다음 괄호 안에 알맞은 내용을 쓰시오.
① 차량계 건설기계의 야간작업을 위한 (　)이 설치되어 있어야 한다.
② 붐을 올린 상태에서 사용할 때 하물이 갑자기 탈락하거나 굴곡면 주행 중에 흔들려 붐이 전도되는 것을 막기 위해 (　)가 설치되어 있어야 한다.

| 정답 |
① 전조등
② 붐 전도방지장치

㉤ 크레인형 굴착기계(클램셸, 드래그라인 등)
㉥ 굴착기(브레이커, 크러셔, 드릴 등 부착물 종류에 따른 용도변경 형식을 포함)
㉦ 항타기 및 항발기
㉧ 천공용 건설기계(어스드릴, 어스오거, 크롤러드릴, 점보드릴 등)
㉨ 지반 압밀침하용 건설기계(샌드 드레인머신, 페이퍼 드레인머신, 팩 드레인머신 등)
㉩ 지반 다짐용 건설기계(타이어롤러, 머캐덤롤러, 탠덤롤러 등)
㉪ 준설용 건설기계(버킷준설선, 그래브준설선, 펌프준설선 등)
㉫ 콘크리트 펌프카
㉬ 덤프트럭
㉭ 콘크리트 믹서 트럭
㉮ 도로포장용 건설기계(아스팔트 살포기, 콘크리트 살포기, 아스팔트 피니셔, 콘크리트 피니셔 등)
㉯ 골재 채취 및 살포용 건설기계(쇄석기, 자갈채취기, 골재살포기 등)
㉰ ㉠부터 ㉯까지와 유사한 구조 또는 기능을 갖는 건설기계로서 건설작업에 사용하는 것

(2) 주요 안전수칙(건설기계 안전보건작업지침)

① 야간작업을 위한 전조등이 설치되어 있어야 한다.

> **더 알아보기**
>
> **전조등의 설치(산업안전보건기준에 관한 규칙 제197조)**
> 차량계 건설기계에 전조등을 갖추어야 한다. 다만, 작업을 안전하게 수행하기 위하여 필요한 조명이 있는 장소에서 사용하는 경우에는 그러하지 아니하다.

② 건설기계에는 전·후진 시 및 작업 시 등에 있어 안전확보를 위해 주위 사람들에게 알릴 수 있는 경보장치가 설치되어 있어야 한다.
③ 암석이 떨어질 우려가 있는 등 위험한 장소에서 차량계 건설기계[불도저, 트랙터, 굴착기, 로더(loader : 흙 따위를 퍼 올리는 데 쓰는 기계), 스크레이퍼(scraper : 흙을 절삭·운반하거나 펴 고르는 등의 작업을 하는 토공기계), 덤프트럭, 모터그레이더(motor grader : 땅 고르는 기계), 롤러(roller : 지반 다짐용 건설기계), 천공기, 항타기 및 항발기로 한정]를 사용하는 경우에는 해당 차량계 건설기계에 견고한 낙하물 보호구조를 갖춰야 한다.
④ 붐을 올린 상태에서 사용할 때 하물이 갑자기 탈락하거나 굴곡면 주행 중에 흔들려 붐이 전도되는 것을 막기 위해 붐 전도방지장치가 설치되어 있어야 한다.
⑤ 드래그라인, 기계식 클램셸 등을 사용할 경우에는 붐 기복방지장치를 설치하여야 하며, 이 장치가 설치되어 있어도 붐 각도를 80° 가까이하여 사용할 경우에는 주의하여 작업한다.

확인! OX

다음은 차량계 건설기계에 대한 설명이다. 옳으면 "O", 틀리면 "X"로 표시하시오.
1. 작업을 안전하게 수행하기 위하여 필요한 조명이 있는 장소에서 사용하는 경우에는 차량계 건설기계에 전조등을 설치하지 않을 수 있다. (　)
2. 건설기계에는 전·후진 시 및 작업 시 등에 있어 안전확보를 위해 주위 사람들에게 알릴 수 있는 경보장치가 설치되어 있어야 한다. (　)

정답 1. O 2. O

⑥ 붐 권상드럼의 역회전 방지장치는 붐 권상드럼의 하중으로 인해 와이어로프가 풀리는 것을 막기 위한 안전장치로서, 붐을 하강시키는 동안 작용시키면 래칫(ratchet)에 깔쭉기구를 걸어 래칫이나 깔쭉기구 등이 파손될 수 있기 때문에 붐을 하강시키는 동안에는 절대로 작동시켜서는 안 된다.
⑦ 권상 브레이크 페달 잠금장치, 권상드럼 잠금장치, 붐 각도지 시기, 전조등, 경보장치, 헤드가드, 앞 유리창 닦기, 제상(서리), 제무장치의 작동상태 등을 확인하여야 한다.
⑧ 당해 기계에 대한 구조 및 사용상의 안전도 및 최대 사용하중을 준수하여야 한다.

> **더 알아보기**
>
> **차량계 건설기계 이송 시 안전수칙(산업안전보건기준에 관한 규칙 제201조)**
> 사업주는 차량계 건설기계를 이송하기 위하여 자주 또는 견인에 의해 화물자동차 등에 싣거나 내리는 작업을 할 때에 발판·성토 등을 사용하는 경우에는 해당 차량계 건설기계의 전도 또는 굴러떨어짐에 의한 위험을 방지하기 위해 다음의 사항을 준수해야 한다.
> ㉠ 싣거나 내리는 작업은 평탄하고 견고한 장소에서 할 것
> ㉡ 발판을 사용하는 경우에는 충분한 길이·폭 및 강도를 가진 것을 사용하고 적당한 경사를 유지하기 위하여 견고하게 설치할 것
> ㉢ 자루·가설대 등을 사용하는 경우에는 충분한 폭 및 강도와 적당한 경사를 확보할 것

(3) 항타기 및 항발기의 주요 안전수칙

① 조립·해체 시 준수사항(산업안전보건기준에 관한 규칙 제207조)
  ㉠ 항타기 또는 항발기에 사용하는 권상기에 쐐기장치 또는 역회전방지용 브레이크를 부착할 것
  ㉡ 항타기 또는 항발기의 권상기가 들리거나 미끄러지거나 흔들리지 않도록 설치할 것
  ㉢ 그 밖에 조립·해체에 필요한 사항은 제조사에서 정한 설치·해체 작업 설명서에 따를 것
② 조립·해체 시 점검사항(산업안전보건기준에 관한 규칙 제207조)
  ㉠ 본체 연결부의 풀림 또는 손상의 유무
  ㉡ 권상용 와이어로프·드럼 및 도르래의 부착상태의 이상 유무
  ㉢ 권상장치의 브레이크 및 쐐기장치 기능의 이상 유무
  ㉣ 권상기의 설치상태의 이상 유무
  ㉤ 리더(leader)의 버팀 방법 및 고정상태의 이상 유무
  ㉥ 본체·부속장치 및 부속품의 강도가 적합한지 여부
  ㉦ 본체·부속장치 및 부속품에 심한 손상·마모·변형 또는 부식이 있는지 여부
③ 무너짐의 방지(산업안전보건기준에 관한 규칙 제209조)
  ㉠ 연약한 지반에 설치하는 경우에는 아웃트리거·받침 등 지지구조물의 침하를 방지하기 위하여 깔판·받침목 등을 사용할 것
  ㉡ 시설 또는 가설물 등에 설치하는 경우에는 그 내력을 확인하고 내력이 부족하면 그 내력을 보강할 것

+ 괄호문제

다음 괄호 안에 알맞은 내용을 쓰시오.
① 드래그라인, 기계식 클램셸 등을 사용할 경우에는 붐 기복방지장치를 설치하여야 하며, 이 장치가 설치되어 있어도 붐 각도를 (   )° 가까이하여 사용할 경우에는 주의하여 작업한다.
② 항타기 및 항발기 조립·해체 시 권상장치의 (㉠) 및 (㉡) 기능의 이상 유무를 점검하여야 한다.

| 정답 |
① 80
② ㉠ 브레이크, ㉡ 쐐기장치

확인! OX

다음은 항타기 및 항발기의 조립·해체 시 준수사항에 대한 설명이다. 옳으면 "O", 틀리면 "X"로 표시하시오.
1. 항타기 또는 항발기에 사용하는 권상기에 쐐기장치 또는 역회전방지용 브레이크를 부착하여야 한다. (   )
2. 항타기 또는 항발기의 권상기가 들리거나 미끄러지거나 흔들리지 않도록 설치하여야 한다. (   )

정답 1. O 2. O

+ 괄호문제

다음 괄호 안에 알맞은 내용을 쓰시오.

① 항타기 및 항발기의 권상용 와이어로프의 안전계수가 ( ) 이상이 아니면 이를 사용하지 않아야 한다.
② 도르래 부착 시 항타기 또는 항발기의 권상장치의 드럼축과 권상장치로부터 첫 번째 도르래의 축 간의 거리를 권상장치 드럼폭의 ( )배 이상으로 하여야 한다.

| 정답 |
① 5
② 15

확인! OX

다음은 항타기 및 항발기에 대한 설명이다. 옳으면 "O", 틀리면 "X"로 표시하시오.

1. 권상용 와이어로프는 추 또는 해머가 최저의 위치에 있을 때 또는 널말뚝을 빼내기 시작할 때를 기준으로 권상장치의 드럼에 적어도 2회 감기고 남을 수 있는 충분한 길이이어야 한다. ( )
2. 산업안전보건기준에 관한 규칙 제217조에 따라 항타기나 항발기의 권상장치의 드럼에 권상용 와이어로프가 꼬인 경우에는 와이어로프에 하중을 걸어서는 안 된다. ( )

| 정답 | 1. O 2. O

ⓒ 아웃트리거·받침 등 지지구조물이 미끄러질 우려가 있는 경우에는 말뚝 또는 쐐기 등을 사용하여 해당 지지구조물을 고정시킬 것
ⓔ 궤도 또는 차로 이동하는 항타기 또는 항발기에 대해서는 불시에 이동하는 것을 방지하기 위하여 레일 클램프(rail clamp) 및 쐐기 등으로 고정시킬 것
ⓜ 상단 부분은 버팀대·버팀줄로 고정하여 안정시키고, 그 하단 부분은 견고한 버팀·말뚝 또는 철골 등으로 고정시킬 것

④ 권상용 와이어로프 사용 시 안전 준수사항(산업안전보건기준에 관한 규칙 제212조)
  ㉠ 권상용 와이어로프의 안전계수 5 이상이 아니면 이를 사용하지 않을 것(산업안전보건기준에 관한 규칙 제211조)
  ㉡ 권상용 와이어로프는 추 또는 해머가 최저의 위치에 있을 때 또는 널말뚝을 빼내기 시작할 때를 기준으로 권상장치의 드럼에 적어도 2회 감기고 남을 수 있는 충분한 길이일 것
  ㉢ 권상용 와이어로프는 권상장치의 드럼에 클램프·클립 등을 사용하여 견고하게 고정할 것
  ㉣ 권상용 와이어로프에서 추·해머 등과의 연결은 클램프·클립 등을 사용하여 견고하게 할 것
  ㉤ 클램프·클립 등은 한국산업표준 제품이거나 한국산업표준이 없는 제품의 경우에는 이에 준하는 규격을 갖춘 제품을 사용할 것

⑤ 도르래 부착 시 준수사항(산업안전보건기준에 관한 규칙 제216조)
  ㉠ 항타기나 항발기에 도르래나 도르래 뭉치를 부착하는 경우에는 부착부가 받는 하중에 의하여 파괴될 우려가 없는 브래킷·섀클 및 와이어로프 등으로 견고하게 부착하여야 한다.
  ㉡ 항타기 또는 항발기의 권상장치의 드럼축과 권상장치로부터 첫 번째 도르래의 축 간의 거리를 권상장치 드럼폭의 15배 이상으로 하여야 한다.
  ㉢ ㉡의 도르래는 권상장치의 드럼 중심을 지나야 하며 축과 수직면상에 있어야 한다.
  ㉣ 항타기나 항발기의 구조상 권상용 와이어로프가 꼬일 우려가 없는 경우에는 ㉡, ㉢의 사항을 적용하지 않는다.

(4) 굴착기의 주요 안전수칙(산업안전보건기준에 관한 규칙)
  ① 충돌위험 방지조치(제221조의2)
    ㉠ 굴착기에 사람이 부딪히는 것을 방지하기 위해 후사경과 후방영상표시장치 등 굴착기를 운전하는 사람이 좌우 및 후방을 확인할 수 있는 장치를 굴착기에 갖춰야 한다.
    ㉡ 굴착기로 작업을 하기 전에 후사경과 후방영상표시장치 등의 부착상태와 작동 여부를 확인해야 한다.
  ② 잠금장치의 체결(제221조의4) : 굴착기 퀵커플러(quick coupler)에 버킷, 브레이커(breaker), 클램셸(clamshell) 등 작업장치를 장착 또는 교환하는 경우에는 안전핀 등 잠금장치를 체결하고 이를 확인해야 한다.

③ 인양작업 시 조치(제221조의5)
  ㉠ 인양작업이 가능한 굴착기계의 조건(다음 사항을 모두 갖춘 경우에 한함)
    • 굴착기의 퀵커플러 또는 작업장치에 달기구(훅, 걸쇠 등)가 부착되어 있는 등 인양작업이 가능하도록 제작된 기계일 것
    • 굴착기 제조사에서 정한 정격하중이 확인되는 굴착기를 사용할 것
    • 달기구에 해지장치가 사용되는 등 작업 중 인양물의 낙하 우려가 없을 것
  ㉡ 굴착기를 사용하여 인양작업 시의 준수사항
    • 굴착기 제조사에서 정한 작업설명서에 따라 인양할 것
    • 사람을 지정하여 인양작업을 신호하게 할 것
    • 인양물과 근로자가 접촉할 우려가 있는 장소에 근로자의 출입을 금지시킬 것
    • 지반의 침하 우려가 없고 평평한 장소에서 작업할 것
    • 인양 대상 화물의 무게는 정격하중을 넘지 않을 것
  ※ 굴착기를 이용한 인양작업 시 와이어로프 등 달기구의 사용에 관해서는 산업안전보건기준에 관한 규칙 제2편 제1장 제9절 제7관 양중기의 와이어로프 등을 준용한다. 이 경우 '양중기' 또는 '크레인'은 '굴착기'로 본다.

> **+ 괄호문제**
> 다음 괄호 안에 알맞은 내용을 쓰시오.
> ① 토공기계 중 주로 부드러운 지반의 굴착이나 수중 준설에 사용되는 좁고 깊은 장소를 굴착하는 굴착기계는 ( )이다.
> ② 굴착기에 사람이 부딪히는 것을 방지하기 위해 (㉠)과 (㉡) 등 굴착기를 운전하는 사람이 좌우 및 후방을 확인할 수 있는 장치를 굴착기에 갖춰야 한다.
>
> | 정답 |
> ① 클램셸(clamshell)
> ② ㉠ 후사경,
>   ㉡ 후방영상표시장치

2. 차량계 하역운반기계 등의 종류 및 안전수칙(산업안전보건기준에 관한 규칙)
중요도 ★★★

(1) 차량계 하역운반기계의 주요 안전수칙
① 차량계 하역운반기계 등을 사용하는 작업을 할 때에 그 기계가 넘어지거나 굴러떨어짐으로써 근로자에게 위험을 미칠 우려가 있는 경우에는 그 기계를 유도하는 사람(이하 유도자)을 배치하고 지반의 부동침하 및 갓길 붕괴를 방지하기 위한 조치를 해야 한다(제171조).
② 접촉의 방지(제172조)
  ㉠ 사업주는 차량계 하역운반기계 등을 사용하여 작업을 하는 경우에 하역 또는 운반 중인 화물이나 그 차량계 하역운반기계 등에 접촉되어 근로자가 위험해질 우려가 있는 장소에는 근로자를 출입시켜서는 아니 된다. 다만, 작업지휘자 또는 유도자를 배치하고 그 차량계 하역운반기계 등을 유도하는 경우에는 그러하지 아니하다.
  ㉡ 차량계 하역운반기계 등의 운전자는 ㉠ 단서의 작업지휘자 또는 유도자가 유도하는 대로 따라야 한다.
③ 화물적재 시의 조치(제173조)
  ㉠ 하중이 한쪽으로 치우치지 않도록 적재할 것
  ㉡ 구내운반차 또는 화물자동차의 경우 화물의 붕괴 또는 낙하에 의한 위험을 방지하기 위하여 화물에 로프를 거는 등 필요한 조치를 할 것
  ㉢ 운전자의 시야를 가리지 않도록 화물을 적재할 것
  ㉣ 화물을 적재하는 경우에는 최대 적재량을 초과해서는 아니 된다.

> **확인! OX**
> 다음은 굴착기 안전수칙에 대한 설명이다. 옳으면 "O", 틀리면 "X"로 표시하시오.
> 1. 굴착기로 작업을 하기 전에 후사경과 후방영상표시장치 등의 부착상태와 작동 여부를 확인해야 한다. ( )
> 2. 굴착기를 사용하여 인양작업 시 인양물과 근로자가 접촉할 우려가 있는 장소에 근로자의 출입을 금지시켜야 한다. ( )
>
> 정답 1. O 2. O

+ 괄호문제

다음 괄호 안에 알맞은 내용을 쓰시오.
① 차량계 하역운반기계 등에 화물을 적재하는 경우 하중이 ( ) 적재해야 한다.
② 지게차의 방호장치인 헤드가드 상부틀의 각 개구의 폭 또는 길이는 ( )cm 미만이어야 한다.

| 정답 |
① 한쪽으로 치우치지 않도록
② 16

④ 이송 시 준수사항(제174조)
  ㉠ 싣거나 내리는 작업은 평탄하고 견고한 장소에서 할 것
  ㉡ 발판을 사용하는 경우에는 충분한 길이·폭 및 강도를 가진 것을 사용하고 적당한 경사를 유지하기 위하여 견고하게 설치할 것
  ㉢ 가설대 등을 사용하는 경우에는 충분한 폭 및 강도와 적당한 경사를 확보할 것
  ㉣ 지정운전자의 성명·연락처 등을 보기 쉬운 곳에 표시하고 지정운전자 외에는 운전하지 않도록 할 것
⑤ 100kg 이상인 화물을 싣거나 내리는 작업 시 작업지휘자의 준수사항(제177조)
  ㉠ 작업순서 및 그 순서마다의 작업방법을 정하고 작업을 지휘할 것
  ㉡ 기구와 공구를 점검하고 불량품을 제거할 것
  ㉢ 해당 작업을 하는 장소에 관계 근로자가 아닌 사람이 출입하는 것을 금지할 것
  ㉣ 로프 풀기 작업 또는 덮개 벗기기 작업은 적재함의 화물이 떨어질 위험이 없음을 확인한 후에 하도록 할 것
⑥ 허용하중 초과 등의 제한(제178조)
  ㉠ 지게차의 허용하중(지게차의 구조, 재료 및 포크·램 등 화물을 적재하는 장치에 적재하는 화물의 중심위치에 따라 실을 수 있는 최대하중)을 초과하여 사용해서는 아니 되며, 안전한 운행을 위한 유지·관리 및 그 밖의 사항에 대하여 해당 지게차를 제조한 자가 제공하는 제품설명서에서 정한 기준을 준수하여야 한다.
  ㉡ 구내운반차, 화물자동차를 사용할 때에는 그 최대 적재량을 초과해서는 아니 된다.

(2) 지게차의 주요 안전수칙

① 전조등 등의 설치(제179조)
  ㉠ 전조등과 후미등을 갖추지 아니한 지게차를 사용해서는 아니 된다. 다만, 작업을 안전하게 수행하기 위하여 필요한 조명이 확보되어 있는 장소에서 사용하는 경우에는 그러하지 아니하다.
  ㉡ 지게차 작업 중 근로자와 충돌할 위험이 있는 경우에는 지게차에 후진경보기와 경광등을 설치하거나 후방감지기를 설치하는 등 후방을 확인할 수 있는 조치를 해야 한다.

> **더 알아보기**
>
> **전조등 및 후미등의 설치방법(지게차의 안전작업에 관한 기술지원규정)**
> • 광도 : 한 등당 15,000cd(칸델라) 이상 112,500cd 이하의 광도를 가지는 전조등, 2cd 이상 25cd 이하의 광도를 가지는 후미등을 설치
> • 전조등 설치위치 : 좌우에 1개씩 설치하며, 등광색은 백색으로 하고 점등 시 차체의 다른 부분에 의해 가려지지 아니하여야 한다.
> • 후미등 설치위치 : 지게차 뒷면 양쪽에 설치하고 등광색은 적색으로 하며 지게차 중심선에 대하여 좌우대칭이 되게 설치하여야 한다.

확인! OX

다음은 지게차의 안전수칙에 대한 설명이다. 옳으면 "O", 틀리면 "X"로 표시하시오.
1. 작업을 안전하게 수행하기 위하여 필요한 조명이 확보되어 있는 장소에서 지게차를 사용하는 경우에는 전조등과 후미등을 설치하지 않아도 된다. ( )
2. 지게차 작업 중 근로자와 충돌할 위험이 있는 경우에는 지게차에 후진경보기와 경광등을 설치하거나 후방감지기를 설치하는 등 후방을 확인할 수 있는 조치를 해야 한다. ( )

| 정답 | 1. O 2. O

② 헤드가드 설치기준(제180조)
  ㉠ 강도는 지게차의 최대하중의 2배 값(4ton을 넘는 값에 대해서는 4ton으로 함)의 등분포정하중(等分布靜荷重)에 견딜 수 있을 것
  ㉡ 상부틀의 각 개구의 폭 또는 길이가 16cm 미만일 것
  ㉢ 운전자가 앉아서 조작하거나 서서 조작하는 지게차의 헤드가드는 한국산업표준에서 정하는 높이 기준 이상일 것

> **더 알아보기**
>
> **지게차 헤드가드의 조건**
> - 적합한 헤드가드(head guard)를 갖추지 아니한 지게차를 사용해서는 안 되나, 화물의 낙하에 의하여 지게차의 운전자에게 위험을 미칠 우려가 없는 경우에는 그렇지 않다.
> - 운전자가 앉아서 조작하는 방식의 지게차에 있어서는 운전자의 좌석 윗면에서 헤드가드의 상부틀 아랫면까지의 높이가 0.903m 이상일 것
> - 운전자가 서서 조작하는 방식의 지게차에 있어서는 운전석의 바닥면에서 헤드가드의 상부틀의 하면까지의 높이가 1.905m 이상일 것

③ 백레스트의 설치(제181조) : 백레스트(backrest)를 갖추지 아니한 지게차를 사용해서는 아니 된다. 다만, 마스트의 후방에서 화물이 낙하함으로써 근로자가 위험해질 우려가 없는 경우에는 그러하지 아니하다.

> **더 알아보기**
>
> **백레스트의 설치방법(위험기계·기구 방호조치 기준 제19조)**
> - 외부충격이나 진동 등에 의해 탈락 또는 파손되지 않도록 견고하게 부착할 것
> - 최대하중을 적재한 상태에서 마스트가 뒤쪽으로 경사지더라도 변형 또는 파손이 없을 것

④ 팰릿(pallet) 또는 스키드(skid)의 사용기준(제182조)
  ㉠ 적재하는 화물의 중량에 따른 충분한 강도를 가질 것
  ㉡ 심한 손상·변형 또는 부식이 없을 것

⑤ 좌석 안전띠 착용(산업안전보건기준에 관한 규칙 제183조)
  ㉠ 사업주는 앉아서 조작하는 방식의 지게차를 운전하는 근로자에게 좌석 안전띠를 착용하도록 하여야 한다.
  ㉡ ㉠에 따른 지게차를 운전하는 근로자는 좌석 안전띠를 착용하여야 한다.

(3) 구내운반차의 주요 안전수칙(제184조)

① 주행을 제동하거나 정지상태를 유지하기 위하여 유효한 제동장치를 갖출 것
② 경음기를 갖출 것
③ 운전석이 차 실내에 있는 것은 좌우에 한 개씩 방향지시기를 갖출 것
④ 전조등과 후미등을 갖출 것. 다만, 작업을 안전하게 하기 위하여 필요한 조명이 있는 장소에서 사용하는 구내운반차에 대해서는 그러하지 않는다.

+ 괄호문제

다음 괄호 안에 알맞은 내용을 쓰시오.
① 산업안전보건법령상 통상적으로 지게차가 갖추고 있어야 하나, 마스트의 후방에서 화물이 낙하함으로써 근로자가 위험해질 우려가 없는 경우 갖추지 않아도 되는 것은 ( )이다.
② 지게차의 방호장치에는 전조등과 후미등, ( ), 백레스트, 좌석 안전띠가 있다.

| 정답 |
① 백레스트
② 헤드가드

확인! OX

다음은 지게차에 대한 설명이다. 옳으면 "O", 틀리면 "X"로 표시하시오.

1. 지게차의 방호장치인 헤드가드의 강도는 최대하중의 2배 값(5ton을 넘는 값에 대해서는 5ton으로 함)의 등분포정하중에 견딜 수 있는 강도의 헤드가드를 설치하여야 한다. ( )
2. 지게차에 의한 하역운반작업에 사용되는 팰릿 또는 스키드는 적재하는 화물의 중량에 따른 충분한 강도를 가지고, 심한 손상·변형 또는 부식이 없어야 한다. ( )

정답 1. X 2. O

| 해설 |
1. 지게차의 방호장치인 헤드가드의 강도는 최대하중의 2배 값(4ton을 넘는 값에 대해서는 4ton으로 함)의 등분포정하중에 견딜 수 있는 강도의 헤드가드를 설치하여야 한다.

+ 괄호문제

다음 괄호 안에 알맞은 내용을 쓰시오.
① 구내운반차가 후진 중에 주변의 근로자 또는 차량계 하역운반기계 등과 충돌할 위험이 있는 경우에는 구내운반차에 (㉠)와 (㉡)을 설치할 것
② 고소작업대를 설치 및 이동하는 경우에 준수하여야 할 사항으로 와이어로프 또는 체인의 안전율은 ( ) 이상이어야 한다.

| 정답 |
① ㉠ 후진경보기, ㉡ 경광등
② 5

확인! OX

다음은 고소작업대의 설치기준에 대한 설명이다. 옳으면 "O", 틀리면 "X"로 표시하시오.
1. 붐의 최대 지면경사각을 초과 운전하여 전도되지 않도록 하여야 한다. (   )
2. 작업대에 끼임·충돌 등 재해를 예방하기 위한 가드 또는 과상승방지장치를 설치하여야 한다. (   )

정답 1. O 2. O

⑤ 구내운반차가 후진 중에 주변의 근로자 또는 차량계 하역운반기계 등과 충돌할 위험이 있는 경우에는 구내운반차에 후진경보기와 경광등을 설치할 것(⑤ 시행일 : 2025. 06.29)

(4) 고소작업대의 주요 안전수칙(제186조)
① 설치기준
  ㉠ 작업대를 와이어로프 또는 체인으로 올리거나 내릴 경우에는 와이어로프 또는 체인이 끊어져 작업대가 떨어지지 아니하는 구조여야 하며, 와이어로프 또는 체인의 안전율은 5 이상일 것
  ㉡ 작업대를 유압에 의해 올리거나 내릴 경우에는 작업대를 일정한 위치에 유지할 수 있는 장치를 갖추고 압력의 이상저하를 방지할 수 있는 구조일 것
  ㉢ 권과방지장치를 갖추거나 압력의 이상상승을 방지할 수 있는 구조일 것
  ㉣ 붐의 최대 지면경사각을 초과 운전하여 전도되지 않도록 할 것
  ㉤ 작업대에 정격하중(안전율 5 이상)을 표시할 것
  ㉥ 작업대에 끼임·충돌 등 재해를 예방하기 위한 가드 또는 과상승방지장치를 설치할 것
  ㉦ 조작반의 스위치는 눈으로 확인할 수 있도록 명칭 및 방향표시를 유지할 것
② 설치 시 준수사항
  ㉠ 바닥과 고소작업대는 가능하면 수평을 유지하도록 할 것
  ㉡ 갑작스러운 이동을 방지하기 위하여 아웃트리거 또는 브레이크 등을 확실히 사용할 것
③ 이동 시 준수사항
  ㉠ 작업대를 가장 낮게 내릴 것
  ㉡ 작업자를 태우고 이동하지 말 것. 다만, 이동 중 전도 등의 위험예방을 위하여 유도하는 사람을 배치하고 짧은 구간을 이동하는 경우에는 ㉠에 따라 작업대를 가장 낮게 내린 상태에서 작업자를 태우고 이동할 수 있다.
  ㉢ 이동통로의 요철상태 또는 장애물의 유무 등을 확인할 것
④ 사용 시 준수사항
  ㉠ 작업자가 안전모·안전대 등의 보호구를 착용하도록 할 것
  ㉡ 관계자가 아닌 사람이 작업구역에 들어오는 것을 방지하기 위하여 필요한 조치를 할 것
  ㉢ 안전한 작업을 위하여 적정수준의 조도를 유지할 것
  ㉣ 전로(電路)에 근접하여 작업을 하는 경우에는 작업감시자를 배치하는 등 감전사고를 방지하기 위하여 필요한 조치를 할 것
  ㉤ 작업대를 정기적으로 점검하고 붐·작업대 등 각 부위의 이상 유무를 확인할 것
  ㉥ 전환스위치는 다른 물체를 이용하여 고정하지 말 것
  ㉦ 작업대는 정격하중을 초과하여 물건을 싣거나 탑승하지 말 것

ⓞ 작업대의 붐대를 상승시킨 상태에서 탑승자는 작업대를 벗어나지 말 것. 다만, 작업대에 안전대 부착설비를 설치하고 안전대를 연결하였을 때에는 그러하지 아니하다.

(5) 화물자동차의 주요 안전수칙

① 승강설비 설치(제187조) : 바닥으로부터 짐 윗면까지의 높이가 2m 이상인 화물자동차에 짐을 싣는 작업 또는 내리는 작업을 하는 경우에는 근로자의 추가 위험을 방지하기 위하여 해당 작업에 종사하는 근로자가 바닥과 적재함의 짐 윗면 간을 안전하게 오르내리기 위한 설비를 설치하여야 한다.

② 화물자동차의 짐걸이로 사용이 금지되는 섬유로프의 경우(제188조)
  ㉠ 꼬임이 끊어진 것
  ㉡ 심하게 손상되거나 부식된 것

③ 섬유로프 등을 짐걸이로 사용하는 경우의 작업 전 조치사항(제189조)
  ㉠ 작업순서와 순서별 작업방법을 결정하고 작업을 직접 지휘하는 일
  ㉡ 기구와 공구를 점검하고 불량품을 제거하는 일
  ㉢ 해당 작업을 하는 장소에 관계 근로자가 아닌 사람의 출입을 금지하는 일
  ㉣ 로프 풀기 작업 및 덮개 벗기기 작업을 하는 경우에는 적재함의 화물에 낙하 위험이 없음을 확인한 후에 해당 작업의 착수를 지시하는 일
  ㉤ 사업주는 위의 열거된 사항에 따른 섬유로프 등에 대하여 이상 유무를 점검하고 이상이 발견된 섬유로프 등을 교체하여야 한다.

+ 괄호문제

다음 괄호 안에 알맞은 내용을 쓰시오.
① 고소작업대 설치 시 갑작스러운 이동을 방지하기 위하여 (㉠) 또는 (㉡) 등을 확실히 사용해야 한다.
② 바닥으로부터 짐 윗면까지의 높이가 ( )m 이상인 화물자동차에 짐을 싣는 작업 또는 내리는 작업을 하는 경우에는 근로자의 추가 위험을 방지하기 위하여 해당 작업에 종사하는 근로자가 바닥과 적재함의 짐 윗면 간을 안전하게 오르내리기 위한 설비를 설치하여야 한다.

|정답|
① ㉠ 아웃트리거, ㉡ 브레이크
② 2

확인! OX

다음은 화물자동차 안전수칙에 대한 설명이다. 옳으면 "O", 틀리면 "X"로 표시하시오.

1. 꼬임이 끊어진 것과 심하게 손상되거나 부식된 섬유로프는 사용하면 안 된다. ( )

2. 섬유로프 등에 대하여 이상 유무를 점검하고 이상이 발견된 섬유로프 등을 교체하여야 한다. ( )

정답 1. O 2. O

CHAPTER 05 비계·거푸집 가시설 위험방지

PART 06. 건설공사 안전관리

출제율 31%

출제포인트
- 비계의 안전수칙
- 작업통로
- 강관비계 및 강관틀비계의 안전수칙
- 거푸집 및 동바리

기출 키워드
비계, 가설통로, 거푸집, 동바리, 사다리식 통로

제1절 건설 가시설물 설치 및 관리

1. 비계 중요도 ★★★

비계는 고소에 임시로 설치된 작업상면 및 그것을 지지하는 구조물을 의미하며, 강관비계, 달비계, 말비계 및 이동식비계, 시스템비계 등이 있다.

(1) 비계의 주요 안전수칙

비계(달비계, 달대비계 및 말비계는 제외)의 높이가 2m 이상인 작업장소에 다음의 기준에 맞는 작업발판을 설치하여야 한다(산업안전보건기준에 관한 규칙 제56조).

① 발판재료는 작업할 때의 하중을 견딜 수 있도록 견고한 것으로 할 것
② 작업발판의 폭은 40cm 이상으로 하고, 발판재료 간의 틈은 3cm 이하로 할 것. 다만, 외줄비계의 경우에는 고용노동부장관이 별도로 정하는 기준에 따른다.
③ 선박 및 보트 건조작업의 경우 선박블록 또는 엔진실 등의 좁은 작업공간에 작업발판을 설치하기 위하여 필요하면 작업발판의 폭을 30cm 이상으로 할 수 있고, 걸침비계의 경우 강관기둥 때문에 발판재료 간의 틈을 3cm 이하로 유지하기 곤란하면 5cm 이하로 할 수 있다. 이 경우 그 틈 사이로 물체 등이 떨어질 우려가 있는 곳에는 출입금지 등의 조치를 하여야 한다.
④ 추락의 위험이 있는 장소에는 안전난간을 설치할 것. 다만, 작업의 성질상 안전난간을 설치하는 것이 곤란한 경우, 작업의 필요상 임시로 안전난간을 해체할 때에 추락방호망을 설치하거나 근로자로 하여금 안전대를 사용하도록 하는 등 추락위험 방지조치를 한 경우에는 그러하지 아니하다.
⑤ 작업발판의 지지물은 하중에 의하여 파괴될 우려가 없는 것을 사용할 것
⑥ 작업발판재료는 뒤집히거나 떨어지지 않도록 둘 이상의 지지물에 연결하거나 고정시킬 것
⑦ 작업발판을 작업에 따라 이동시킬 경우에는 위험방지에 필요한 조치를 할 것

(2) 강관비계 및 강관틀비계의 주요 안전수칙
  ① 강관을 사용하여 비계를 구성하는 경우의 준수사항(산업안전보건기준에 관한 규칙 제60조)
    ㉠ 비계기둥의 간격은 띠장 방향에서는 1.85m 이하, 장선(長線) 방향에서는 1.5m 이하로 할 것. 다만, 다음의 어느 하나에 해당하는 작업의 경우에는 안전성에 대한 구조검토를 실시하고 조립도를 작성하면 띠장 방향 및 장선 방향으로 각각 2.7m 이하로 할 수 있다.
      • 선박 및 보트 건조작업
      • 그 밖에 장비 반입·반출을 위하여 공간 등을 확보할 필요가 있는 등 작업의 성질상 비계기둥 간격에 관한 기준을 준수하기 곤란한 작업
    ㉡ 띠장 간격은 2.0m 이하로 할 것. 다만, 작업의 성질상 이를 준수하기가 곤란하여 쌍기둥틀 등에 의하여 해당 부분을 보강한 경우에는 그러하지 아니하다.
    ㉢ 비계기둥의 제일 윗부분으로부터 31m 되는 지점 밑부분의 비계기둥은 2개의 강관으로 묶어 세울 것. 다만, 브래킷(bracket, 까치발) 등으로 보강하여 2개의 강관으로 묶을 경우 이상의 강도가 유지되는 경우에는 그러하지 아니하다.
    ㉣ 비계기둥 간의 적재하중은 400kg을 초과하지 않도록 할 것
  ② 강관틀비계를 조립하여 사용하는 경우의 준수사항(산업안전보건기준에 관한 규칙 제62조)
    ㉠ 비계기둥의 밑둥에는 밑받침 철물을 사용하여야 하며 밑받침에 고저차(高低差)가 있는 경우에는 조절형 밑받침철물을 사용하여 각각의 강관틀비계가 항상 수평 및 수직을 유지하도록 할 것
    ㉡ 높이가 20m를 초과하거나 중량물의 적재를 수반하는 작업을 할 경우에는 주틀 간의 간격을 1.8m 이하로 할 것
    ㉢ 주틀 간에 교차 가새를 설치하고 최상층 및 5층 이내마다 수평재를 설치할 것
    ㉣ 수직방향으로 6m, 수평방향으로 8m 이내마다 벽이음을 할 것
    ㉤ 길이가 띠장 방향으로 4m 이하이고 높이가 10m를 초과하는 경우에는 10m 이내마다 띠장 방향으로 버팀기둥을 설치할 것

(3) 달비계, 달대비계 및 걸침비계 주요 안전수칙(산업안전보건기준에 관한 규칙 제63조)
  ① 곤돌라형 달비계를 설치하는 경우의 준수사항
    ㉠ 다음의 어느 하나에 해당하는 와이어로프를 달비계에 사용해서는 아니 된다.
      • 이음매가 있는 것
      • 와이어로프의 한 꼬임[(스트랜드(strand)를 말한다. 이하 같다)]에서 끊어진 소선(素線)[필러(pillar)선은 제외]의 수가 10% 이상(비자전로프의 경우에는 끊어진 소선의 수가 와이어로프 호칭지름의 6배 길이 이내에서 4개 이상이거나 호칭지름 30배 길이 이내에서 8개 이상)인 것
      • 지름의 감소가 공칭지름의 7%를 초과하는 것
      • 꼬인 것

+ 괄호문제
다음 괄호 안에 알맞은 내용을 쓰시오.
① (   )는 고소에 임시로 설치된 작업상면 및 그것을 지지하는 구조물을 말한다.
② 비계의 높이가 2m 이상인 작업장소에 작업발판을 설치할 때 작업발판의 폭은 (㉠)cm 이상으로 하고, 발판재료 간의 틈은 (㉡)cm 이하로 하여야 한다.
| 정답 |
① 비계
② ㉠ 40, ㉡ 3

확인! OX
다음은 강관틀비계를 조립하여 사용하는 경우의 준수사항에 대한 설명이다. 옳으면 "O", 틀리면 "X"로 표시하시오.
1. 높이가 15m를 초과하거나 중량물의 적재를 수반하는 작업을 할 경우에는 주틀 간의 간격을 1.8m 이하로 하여야 한다. (   )
2. 수직방향으로 6m, 수평방향으로 8m 이내마다 벽이음을 하여야 한다. (   )
정답 1. X 2. O
| 해설 |
1. 높이가 20m를 초과하거나 중량물의 적재를 수반하는 작업을 할 경우에는 주틀 간의 간격을 1.8m 이하로 하여야 한다.

+ 괄호문제

다음 괄호 안에 알맞은 내용을 쓰시오.

① 건설현장에 곤돌라형 달비계를 설치하여 작업 시 와이어로프의 한 꼬임에서 끊어진 소선의 수가 ( )% 이상인 것은 달비계에 사용해서는 아니 된다.
② 곤돌라형 달비계를 설치하는 경우에 작업발판의 폭을 ( )cm 이상으로 하고 틈새가 없도록 하여야 한다.

| 정답 |
① 10
② 40

확인! OX

다음은 곤돌라형 달비계 설치 시 준수사항에 대한 설명이다. 옳으면 "O", 틀리면 "X"로 표시하시오.

1. 곤돌라형 달비계를 설치하여 작업 시 와이어로프 지름의 감소가 공칭지름의 5%를 초과하는 것은 사용해서는 아니 된다. ( )
2. 달기 체인의 길이가 달기 체인이 제조된 때의 길이의 5%를 초과한 것은 사용해서는 아니 된다. ( )

| 정답 | 1. X 2. O

| 해설 |
1. 지름의 감소가 공칭지름의 7%를 초과하는 것은 사용해서는 아니 된다.

- 심하게 변형되거나 부식된 것
- 열과 전기충격에 의해 손상된 것

ⓒ 다음에 해당하는 달기 체인을 달비계에 사용해서는 아니 된다.
  - 달기 체인의 길이가 달기 체인이 제조된 때의 길이의 5%를 초과한 것
  - 링의 단면지름이 달기 체인이 제조된 때의 해당 링의 지름의 10%를 초과하여 감소한 것
  - 균열이 있거나 심하게 변형된 것

ⓒ 달기 강선 및 달기 강대는 심하게 손상·변형 또는 부식된 것을 사용하지 않도록 할 것

ⓔ 달기 와이어로프, 달기 체인, 달기 강선, 달기 강대는 한쪽 끝을 비계의 보 등에, 다른 쪽 끝을 내민 보, 앵커볼트 또는 건축물의 보 등에 각각 풀리지 않도록 설치할 것

ⓜ 작업발판은 폭을 40cm 이상으로 하고 틈새가 없도록 할 것

ⓗ 작업발판의 재료는 뒤집히거나 떨어지지 않도록 비계의 보 등에 연결하거나 고정시킬 것

ⓢ 비계가 흔들리거나 뒤집히는 것을 방지하기 위하여 비계의 보·작업발판 등에 버팀을 설치하는 등 필요한 조치를 할 것

ⓞ 선반비계에서는 보의 접속부 및 교차부를 철선·이음철물 등을 사용하여 확실하게 접속시키거나 단단하게 연결시킬 것

ⓩ 근로자의 추락 위험을 방지하기 위하여 다음의 조치를 할 것
  - 달비계에 구명줄을 설치할 것
  - 근로자에게 안전대를 착용하도록 하고 근로자가 착용한 안전줄을 달비계의 구명줄에 체결(締結)하도록 할 것
  - 달비계에 안전난간을 설치할 수 있는 구조인 경우에는 달비계에 안전난간을 설치할 것

② 작업의자형 달비계를 설치하는 경우의 준수사항

ⓘ 달비계의 작업대는 나무 등 근로자의 하중을 견딜 수 있는 강도의 재료를 사용하여 견고한 구조로 제작할 것

ⓒ 작업대의 4개 모서리에 로프를 매달아 작업대가 뒤집히거나 떨어지지 않도록 연결할 것

ⓒ 작업용 섬유로프는 콘크리트에 매립된 고리, 건축물의 콘크리트 또는 철재 구조물 등 2개 이상의 견고한 고정점에 풀리지 않도록 결속(結束)할 것

ⓔ 작업용 섬유로프와 구명줄은 다른 고정점에 결속되도록 할 것

ⓜ 작업하는 근로자의 하중을 견딜 수 있을 정도의 강도를 가진 작업용 섬유로프, 구명줄 및 고정점을 사용할 것

ⓗ 근로자가 작업용 섬유로프에 작업대를 연결하여 하강하는 방법으로 작업을 하는 경우 근로자의 조종 없이는 작업대가 하강하지 않도록 할 것

ⓢ 작업용 섬유로프 또는 구명줄이 결속된 고정점의 로프는 다른 사람이 풀지 못하게

하고 작업 중임을 알리는 경고표지를 부착할 것
ⓞ 작업용 섬유로프와 구명줄이 건물이나 구조물의 끝부분, 날카로운 물체 등에 의하여 절단되거나 마모(磨耗)될 우려가 있는 경우에는 로프에 이를 방지할 수 있는 보호 덮개를 씌우는 등의 조치를 할 것
ⓩ 달비계에 다음의 작업용 섬유로프 또는 안전대의 섬유벨트를 사용하지 않을 것
- 꼬임이 끊어진 것
- 심하게 손상되거나 부식된 것
- 2개 이상의 작업용 섬유로프 또는 섬유벨트를 연결한 것
- 작업높이보다 길이가 짧은 것

ⓩ 근로자의 추락위험을 방지하기 위하여 다음의 조치를 할 것
- 달비계에 구명줄을 설치할 것
- 근로자에게 안전대를 착용하도록 하고 근로자가 착용한 안전줄을 달비계의 구명줄에 체결하도록 할 것

(4) 말비계 및 이동식비계 주요 안전수칙

① 말비계를 조립하여 사용하는 경우의 준수사항(산업안전보건기준에 관한 규칙 제67조)
  ㉠ 지주부재(支柱部材)의 하단에는 미끄럼 방지장치를 하고, 근로자가 양측 끝부분에 올라서서 작업하지 않도록 할 것
  ㉡ 지주부재와 수평면의 기울기를 75° 이하로 하고, 지주부재와 지주부재 사이를 고정시키는 보조부재를 설치할 것
  ㉢ 말비계의 높이가 2m를 초과하는 경우에는 작업발판의 폭을 40cm 이상으로 할 것

② 이동식비계를 조립하여 작업을 하는 경우의 준수사항(산업안전보건기준에 관한 규칙 제68조)
  ㉠ 이동식비계의 바퀴에는 뜻밖의 갑작스러운 이동 또는 전도를 방지하기 위하여 브레이크·쐐기 등으로 바퀴를 고정시킨 다음 비계의 일부를 견고한 시설물에 고정하거나 아웃트리거를 설치하는 등 필요한 조치를 할 것
  ㉡ 승강용 사다리는 견고하게 설치할 것
  ㉢ 비계의 최상부에서 작업을 하는 경우에는 안전난간을 설치할 것
  ㉣ 작업발판은 항상 수평을 유지하고 작업발판 위에서 안전난간을 딛고 작업을 하거나 받침대 또는 사다리를 사용하여 작업하지 않도록 할 것
  ㉤ 작업발판의 최대적재하중은 250kg을 초과하지 않도록 할 것

(5) 시스템비계 주요 안전수칙(산업안전보건기준에 관한 규칙 제69조)

시스템비계를 사용하여 비계를 구성하는 경우의 준수사항은 다음과 같다.
① 수직재·수평재·가새재를 견고하게 연결하는 구조가 되도록 할 것
② 비계 밑단의 수직재와 받침철물은 밀착되도록 설치하고, 수직재와 받침철물의 연결부의 겹침길이는 받침철물 전체 길이의 3분의 1 이상이 되도록 할 것

+ 괄호문제

다음 괄호 안에 알맞은 내용을 쓰시오.
① 말비계를 조립하여 사용하는 경우 지주부재와 수평면의 기울기를 ( )° 이하로 하고, 지주부재와 지주부재 사이를 고정시키는 보조부재를 설치하여야 한다.
② 말비계의 높이가 (㉠)m를 초과하는 경우에는 작업발판의 폭을 (㉡)cm 이상으로 하여야 한다.

| 정답 |
① 75
② ㉠ 2, ㉡ 40

확인! OX

다음은 달비계 설치에 대한 설명이다. 옳으면 "O", 틀리면 "X"로 표시하시오.

1. 작업의자형 달비계 설치 시 작업용 섬유로프는 콘크리트에 매립된 고리, 건축물의 콘크리트 또는 철재 구조물 등 2개 이상의 견고한 고정점에 풀리지 않도록 결속하여야 한다. (　)
2. 작업의자형 달비계 설치 시 근로자의 추락위험을 방지하기 위하여 달비계에 구명줄을 설치하며, 근로자에게 안전대를 착용하도록 하고 근로자가 착용한 안전줄을 달비계의 구명줄에 체결하도록 해야 한다. (　)

정답 1. O 2. O

③ 수평재는 수직재와 직각으로 설치하여야 하며, 체결 후 흔들림이 없도록 견고하게 설치할 것
④ 수직재와 수직재의 연결철물은 이탈되지 않도록 견고한 구조로 할 것
⑤ 벽 연결재의 설치간격은 제조사가 정한 기준에 따라 설치할 것

2. 작업통로

중요도 ★★★

(1) 가설통로 설치 시 준수사항(산업안전보건기준에 관한 규칙 제23조)

① 견고한 구조로 할 것
② 경사는 30° 이하로 할 것. 다만, 계단을 설치하거나 높이 2m 미만의 가설통로로서 튼튼한 손잡이를 설치한 경우에는 그러하지 아니하다.
③ 경사가 15°를 초과하는 경우에는 미끄러지지 아니하는 구조로 할 것
④ 추락할 위험이 있는 장소에는 안전난간을 설치할 것. 다만, 작업상 부득이한 경우에는 필요한 부분만 임시로 해체할 수 있다.
⑤ 수직갱에 가설된 통로의 길이가 15m 이상인 경우에는 10m 이내마다 계단참을 설치할 것
⑥ 건설공사에 사용하는 높이 8m 이상인 비계다리에는 7m 이내마다 계단참을 설치할 것

(2) 사다리식 통로 설치 시 준수사항(산업안전보건기준에 관한 규칙 제24조)

① 견고한 구조로 할 것
② 심한 손상·부식 등이 없는 재료를 사용할 것
③ 발판의 간격은 일정하게 할 것
④ 발판과 벽과의 사이는 15cm 이상의 간격을 유지할 것
⑤ 폭은 30cm 이상으로 할 것
⑥ 사다리가 넘어지거나 미끄러지는 것을 방지하기 위한 조치를 할 것
⑦ 사다리의 상단은 걸쳐 놓은 지점으로부터 60cm 이상 올라가도록 할 것
⑧ 사다리식 통로의 길이가 10m 이상인 경우에는 5m 이내마다 계단참을 설치할 것
⑨ 사다리식 통로의 기울기는 75° 이하로 할 것. 다만, 고정식 사다리식 통로의 기울기는 90° 이하로 하고, 그 높이가 7m 이상인 경우에는 다음의 구분에 따른 조치를 할 것
  ㉠ 등받이울이 있어도 근로자 이동에 지장이 없는 경우 : 바닥으로부터 높이가 2.5m 되는 지점부터 등받이울을 설치할 것
  ㉡ 등받이울이 있으면 근로자가 이동이 곤란한 경우 : 한국산업표준에서 정하는 기준에 적합한 개인용 추락 방지 시스템을 설치하고 근로자로 하여금 한국산업표준에서 정하는 기준에 적합한 전신안전대를 사용하도록 할 것
⑩ 접이식 사다리 기둥은 사용 시 접혀지거나 펼쳐지지 않도록 철물 등을 사용하여 견고하게 조치할 것

+ 괄호문제

다음 괄호 안에 알맞은 내용을 쓰시오.
① 시스템비계를 사용하여 비계를 구성하는 경우 비계 밑단의 수직재와 받침철물은 밀착되도록 하고, 수직재와 받침철물의 연결부의 겹침길이는 받침철물 전체 길이의 (   ) 이상이 되도록 해야 한다.
② 가설통로 설치 시 경사는 (   )° 이하로 하여야 한다.

| 정답
① 3분의 1
② 30

확인! OX

다음은 가설통로 설치 시 준수사항에 대한 설명이다. 옳으면 "O", 틀리면 "X"로 표시하시오.
1. 수직갱에 가설된 통로의 길이가 15m 이상인 경우에는 10m 이내마다 계단참을 설치해야 한다. (   )
2. 건설공사에 사용하는 높이 8m 이상인 비계다리에는 7m 이내마다 계단참을 설치해야 한다. (   )

정답 1. O 2. O

3. 거푸집 및 동바리(산업안전보건기준에 관한 규칙)   중요도 ★★☆

(1) 거푸집 조립 시의 안전조치(제331조의2)

① 거푸집을 조립하는 경우에는 거푸집이 콘크리트 하중이나 그 밖의 외력에 견딜 수 있거나, 넘어지지 않도록 견고한 구조의 긴결재(콘크리트를 타설할 때 거푸집이 변형되지 않게 연결하여 고정하는 재료), 버팀대 또는 지지대를 설치하는 등 필요한 조치를 할 것

② 거푸집이 곡면인 경우에는 버팀대의 부착 등 그 거푸집의 부상(浮上)을 방지하기 위한 조치를 할 것

> **더 알아보기**
>
> **작업발판 일체형 거푸집(산업안전보건기준에 관한 규칙 제331조의3)**
> 거푸집의 설치·해체, 철근 조립, 콘크리트 타설, 콘크리트 면처리 작업 등을 위하여 거푸집을 작업발판과 일체로 제작하여 사용하는 거푸집으로 다음의 거푸집을 말한다.
> ㉠ 갱폼(gang form)
> ㉡ 슬립폼(slip form)
> ㉢ 클라이밍폼(climbing form)
> ㉣ 터널라이닝폼(tunnel lining form)
> ㉤ 그 밖에 거푸집과 작업발판이 일체로 제작된 거푸집 등

③ 갱폼의 조립·이동·양중·해체 작업 시의 준수사항(제331조의3)
  ㉠ 조립·이동·양중·해체(이하 조립 등)의 범위 및 작업절차를 미리 그 작업에 종사하는 근로자에게 주지시킬 것
  ㉡ 근로자가 안전하게 구조물 내부에서 갱폼의 작업발판으로 출입할 수 있는 이동통로를 설치할 것
  ㉢ 갱폼의 지지 또는 고정철물의 이상 유무를 수시점검하고 이상이 발견된 경우에는 교체하도록 할 것
  ㉣ 갱폼을 조립하거나 해체하는 경우에는 갱폼을 인양장비에 매단 후에 작업을 실시하도록 하고, 인양장비에 매달기 전에 지지 또는 고정철물을 미리 해체하지 않도록 할 것
  ㉤ 갱폼 인양 시 작업발판용 케이지에 근로자가 탑승한 상태에서 갱폼의 인양작업을 하지 않을 것

④ 슬립폼, 클라이밍폼, 터널라이닝폼, 그 밖에 거푸집과 작업발판이 일체로 제작된 거푸집 등의 조립 등의 작업 시 준수사항(제331조의3)
  ㉠ 조립 등 작업 시 거푸집 부재의 변형 여부와 연결 및 지지재의 이상 유무를 확인할 것
  ㉡ 조립 등 작업과 관련한 이동·양중·운반 장비의 고장·오조작 등으로 인해 근로자에게 위험을 미칠 우려가 있는 장소에는 근로자의 출입을 금지하는 등 위험 방지 조치를 할 것

＋ 괄호문제

다음 괄호 안에 알맞은 내용을 쓰시오.
① 사다리식 통로 설치 시 사다리의 상단은 걸쳐 놓은 지점으로부터 (   )cm 이상 올라가도록 하여야 한다.
② 사다리식 통로 설치 시 고정식 사다리식 통로의 기울기는 최대 (   )° 이하로 하여야 한다.

| 정답 |
① 60
② 90

확인! OX

다음은 사다리식 통로 설치 시 준수사항에 대한 설명이다. 옳으면 "O", 틀리면 "X"로 표시하시오.
1. 사다리식 통로의 길이가 10m 이상인 경우에는 5m 이내마다 계단참을 설치하여야 한다. (   )
2. 사다리식 통로의 기울기는 80° 이하로 하여야 한다. (   )

| 정답 | 1. O 2. X

| 해설 |
2. 사다리식 통로의 기울기는 75° 이하로 하여야 한다.

+ 괄호문제

다음 괄호 안에 알맞은 내용을 쓰시오.
① 거푸집이 콘크리트면에 지지될 때에 콘크리트의 굳기 정도와 거푸집의 무게, 풍압 등의 영향으로 거푸집의 갑작스러운 이탈 또는 낙하로 인해 근로자가 위험해질 우려가 있는 경우에는 설계도서에서 정한 콘크리트의 (　　)하거나 콘크리트면에 견고하게 지지하는 등 필요한 조치를 하여야 한다.
② 동바리로 사용하는 파이프 서포트의 설치기준으로 파이프 서포트를 (　　) 이상 이어서 사용하지 않도록 하여야 한다.

| 정답 |
① 양생기간을 준수
② 3개

ⓒ 거푸집이 콘크리트면에 지지될 때에 콘크리트의 굳기 정도와 거푸집의 무게, 풍압 등의 영향으로 거푸집의 갑작스러운 이탈 또는 낙하로 인해 근로자가 위험해질 우려가 있는 경우에는 설계도서에서 정한 콘크리트의 양생기간을 준수하거나 콘크리트면에 견고하게 지지하는 등 필요한 조치를 할 것
ⓔ 연결 또는 지지 형식으로 조립된 부재의 조립 등 작업을 하는 경우에는 거푸집을 인양장비에 매단 후에 작업을 하도록 하는 등 낙하·붕괴·전도의 위험 방지를 위하여 필요한 조치를 할 것

(2) 동바리 조립 시의 안전조치(제332조)

① 받침목이나 깔판의 사용, 콘크리트 타설, 말뚝박기 등 동바리의 침하를 방지하기 위한 조치를 할 것
② 동바리의 상하 고정 및 미끄러짐 방지 조치를 할 것
③ 상부·하부의 동바리가 동일 수직선상에 위치하도록 하여 깔판·받침목에 고정시킬 것
④ 개구부 상부에 동바리를 설치하는 경우에는 상부하중을 견딜 수 있는 견고한 받침대를 설치할 것
⑤ U헤드 등의 단판이 없는 동바리의 상단에 멍에 등을 올릴 경우에는 해당 상단에 U헤드 등의 단판을 설치하고, 멍에 등이 전도되거나 이탈되지 않도록 고정시킬 것
⑥ 동바리의 이음은 같은 품질의 재료를 사용할 것
⑦ 강재의 접속부 및 교차부는 볼트·클램프 등 전용철물을 사용하여 단단히 연결할 것
⑧ 거푸집의 형상에 따른 부득이한 경우를 제외하고는 깔판이나 받침목은 2단 이상 끼우지 않도록 할 것
⑨ 깔판이나 받침목을 이어서 사용하는 경우에는 그 깔판·받침목을 단단히 연결할 것

확인! OX

다음은 동바리의 유형별 조립 시 안전조치에 대한 설명이다. 옳으면 "O", 틀리면 "X"로 표시하시오.
1. 동바리로 사용하는 파이프 서포트를 이어서 사용하는 경우에는 4개 이상의 볼트 또는 전용철물을 사용하여 이어야 한다. (　　)
2. 동바리로 사용하는 파이프 서포트는 높이가 3.5m를 초과하는 경우에는 높이 2m 이내마다 수평 연결재를 2개 방향으로 만들고 수평 연결재의 변위를 방지해야 한다. (　　)

| 정답 | 1. O 2. O

(3) 동바리의 유형별 조립 시 안전조치(제332조의2)

① 동바리로 사용하는 파이프 서포트의 경우
　ⓐ 파이프 서포트를 3개 이상 이어서 사용하지 않도록 할 것
　ⓑ 파이프 서포트를 이어서 사용하는 경우에는 4개 이상의 볼트 또는 전용철물을 사용하여 이을 것
　ⓒ 높이가 3.5m를 초과하는 경우에는 높이 2m 이내마다 수평 연결재를 2개 방향으로 만들고 수평 연결재의 변위를 방지할 것
② 동바리로 사용하는 강관틀의 경우
　ⓐ 강관틀과 강관틀 사이에 교차가새를 설치할 것
　ⓑ 최상단 및 5단 이내마다 동바리의 측면과 틀면의 방향 및 교차가새의 방향에서 5개 이내마다 수평 연결재를 설치하고 수평 연결재의 변위를 방지할 것
　ⓒ 최상단 및 5단 이내마다 동바리의 틀면의 방향에서 양단 및 5개틀 이내마다 교차가새의 방향으로 띠장틀을 설치할 것

③ 동바리로 사용하는 조립강주의 경우 : 조립강주의 높이가 4m를 초과하는 경우에는 높이 4m 이내마다 수평 연결재를 2개 방향으로 설치하고 수평 연결재의 변위를 방지할 것
④ 시스템 동바리(규격화·부품화된 수직재, 수평재 및 가새재 등의 부재를 현장에서 조립하여 거푸집을 지지하는 지주 형식의 동바리)의 경우
　㉠ 수평재는 수직재와 직각으로 설치해야 하며, 흔들리지 않도록 견고하게 설치할 것
　㉡ 연결철물을 사용하여 수직재를 견고하게 연결하고, 연결부위가 탈락 또는 꺾어지지 않도록 할 것
　㉢ 수직 및 수평하중에 대해 동바리의 구조적 안정성이 확보되도록 조립도에 따라 수직재 및 수평재에는 가새재를 견고하게 설치할 것
　㉣ 동바리 최상단과 최하단의 수직재와 받침철물은 서로 밀착되도록 설치하고 수직재와 받침철물의 연결부의 겹침길이는 받침철물 전체길이의 3분의 1 이상 되도록 할 것
⑤ 보 형식의 동바리[강제 갑판(steel deck), 철재트러스 조립 보 등 수평으로 설치하여 거푸집을 지지하는 동바리]의 경우
　㉠ 접합부는 충분한 걸침 길이를 확보하고 못, 용접 등으로 양 끝을 지지물에 고정시켜 미끄러짐 및 탈락을 방지할 것
　㉡ 양 끝에 설치된 보 거푸집을 지지하는 동바리 사이에는 수평 연결재를 설치하거나 동바리를 추가로 설치하는 등 보 거푸집이 옆으로 넘어지지 않도록 견고하게 할 것
　㉢ 설계도면, 시방서 등 설계도서를 준수하여 설치할 것

(4) 조립·해체 등 작업 시의 준수사항(제333조)

① 기둥·보·벽체·슬래브 등의 거푸집 및 동바리를 조립하거나 해체하는 작업을 하는 경우에는 다음 사항을 준수해야 한다.
　㉠ 해당 작업을 하는 구역에는 관계 근로자가 아닌 사람의 출입을 금지할 것
　㉡ 비, 눈, 그 밖의 기상상태의 불안정으로 날씨가 몹시 나쁜 경우에는 그 작업을 중지할 것
　㉢ 재료, 기구 또는 공구 등을 올리거나 내리는 경우에는 근로자로 하여금 달줄·달포대 등을 사용하도록 할 것
　㉣ 낙하·충격에 의한 돌발적 재해를 방지하기 위하여 버팀목을 설치하고 거푸집 및 동바리를 인양장비에 매단 후에 작업을 하도록 하는 등 필요한 조치를 할 것
② 철근조립 등의 작업을 하는 경우에는 다음 사항을 준수하여야 한다.
　㉠ 양중기로 철근을 운반할 경우에는 두 군데 이상 묶어서 수평으로 운반할 것
　㉡ 작업위치의 높이가 2m 이상일 경우에는 작업발판을 설치하거나 안전대를 착용하게 하는 등 위험 방지를 위하여 필요한 조치를 할 것

> **+ 괄호문제**
> 다음 괄호 안에 알맞은 내용을 쓰시오.
> ① 시스템 동바리의 경우 수평재는 수직재와 (　)으로 설치해야 한다.
> ② 동바리로 사용하는 조립강주의 높이가 (　)m를 초과하는 경우에는 높이 (　)m 이내마다 수평 연결재를 2개 방향으로 설치하고 수평 연결재의 변위를 방지하여야 한다.
>
> | 정답 |
> ① 직각
> ② 4

> **확인! OX**
> 다음은 거푸집 동바리의 조립·해체작업 시 준수사항에 대한 설명이다. 옳으면 "O", 틀리면 "X"로 표시하시오.
> 1. 철근조립 등의 작업 시 양중기로 철근을 운반할 경우에는 두 군데 이상 묶어서 수평으로 운반하여야 한다. (　)
> 2. 철근조립 등의 작업 시 작업위치의 높이가 2m 이상일 경우에는 작업발판을 설치하거나 안전대를 착용하게 하는 등 위험 방지를 위하여 필요한 조치를 하여야 한다. (　)
>
> 정답 1. O 2. O

CHAPTER 06 공사 및 작업 종류별 안전

PART 06. 건설공사 안전관리

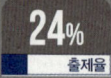

출제포인트
- 양중공사 시 안전수칙
- 콘크리트공사 시 안전수칙
- 항만하역작업
- 양중기의 종류
- 하역작업 시 안전수칙
- 와이어로프

기출 키워드
양중기, 해체공사, 콘크리트공사, 인력운반작업, 하역작업

제1절 양중 및 해체 공사

1. 양중공사 시 안전수칙

(1) 양중기의 종류(산업안전보건기준에 관한 규칙 제132조)
① 크레인[호이스트(hoist)를 포함]
② 이동식 크레인
③ 리프트(이삿짐운반용 리프트의 경우에는 적재하중이 0.1ton 이상인 것으로 한정)
④ 곤돌라
⑤ 승강기

(2) 양중기의 정의(산업안전보건기준에 관한 규칙 제132조)
① '크레인'이란 동력을 사용하여 중량물을 매달아 상하 및 좌우(수평 또는 선회)로 운반하는 것을 목적으로 하는 기계 또는 기계장치를 말하며, '호이스트'란 훅이나 그 밖의 달기구 등을 사용하여 화물을 권상 및 횡행 또는 권상동작만을 하여 양중하는 것을 말한다.
② '이동식 크레인'이란 원동기를 내장하고 있는 것으로서 불특정 장소에 스스로 이동할 수 있는 크레인으로 동력을 사용하여 중량물을 매달아 상하 및 좌우(수평 또는 선회)로 운반하는 설비로서 건설기계관리법을 적용받는 기중기 또는 자동차관리법 제3조에 따른 화물·특수자동차의 작업부에 탑재하여 화물운반 등에 사용하는 기계 또는 기계장치를 말한다.
③ '리프트'란 동력을 사용하여 사람이나 화물을 운반하는 것을 목적으로 하는 기계설비로서 다음의 것을 말한다.
  ㉠ 건설용 리프트 : 동력을 사용하여 가이드레일(운반구를 지지하여 상승 및 하강 동작을 안내하는 레일)을 따라 상하로 움직이는 운반구를 매달아 사람이나 화물을 운반할 수 있는 설비 또는 이와 유사한 구조 및 성능을 가진 것으로 건설현장에서 사용하는 것

ⓒ 산업용 리프트 : 동력을 사용하여 가이드레일을 따라 상하로 움직이는 운반구를 매달아 화물을 운반할 수 있는 설비 또는 이와 유사한 구조 및 성능을 가진 것으로 건설현장 외의 장소에서 사용하는 것
　　ⓒ 자동차정비용 리프트 : 동력을 사용하여 가이드레일을 따라 움직이는 지지대로 자동차 등을 일정한 높이로 올리거나 내리는 구조의 리프트로서 자동차 정비에 사용하는 것
　　ⓔ 이삿짐운반용 리프트 : 연장 및 축소가 가능하고 끝단을 건축물 등에 지지하는 구조의 사다리형 붐에 따라 동력을 사용하여 움직이는 운반구를 매달아 화물을 운반하는 설비로서 화물자동차 등 차량 위에 탑재하여 이삿짐 운반 등에 사용하는 것
　④ '곤돌라'란 달기발판 또는 운반구, 승강장치, 그 밖의 장치 및 이들에 부속된 기계부품에 의하여 구성되고, 와이어로프 또는 달기강선에 의하여 달기발판 또는 운반구가 전용 승강장치에 의하여 오르내리는 설비를 말한다.
　⑤ '승강기'란 건축물이나 고정된 시설물에 설치되어 일정한 경로에 따라 사람이나 화물을 승강장으로 옮기는 데에 사용되는 설비로서 다음의 것을 말한다.
　　㉠ 승객용 엘리베이터 : 사람의 운송에 적합하게 제조·설치된 엘리베이터
　　ⓒ 승객화물용 엘리베이터 : 사람의 운송과 화물 운반을 겸용하는 데 적합하게 제조·설치된 엘리베이터
　　ⓒ 화물용 엘리베이터 : 화물 운반에 적합하게 제조·설치된 엘리베이터로서 조작자 또는 화물취급자 1명은 탑승할 수 있는 것(적재용량이 300kg 미만인 것은 제외)
　　ⓔ 소형화물용 엘리베이터 : 음식물이나 서적 등 소형 화물의 운반에 적합하게 제조·설치된 엘리베이터로서 사람의 탑승이 금지된 것
　　ⓜ 에스컬레이터 : 일정한 경사로 또는 수평로를 따라 위아래 또는 옆으로 움직이는 디딤판을 통해 사람이나 화물을 승강장으로 운송시키는 설비

(3) 양중기의 안전 준수사항(산업안전보건기준에 관한 규칙)
　① 정격하중 등의 표시(제133조) : 양중기(승강기는 제외) 및 달기구를 사용하여 작업하는 운전자 또는 작업자가 보기 쉬운 곳에 해당 기계의 정격하중, 운전속도, 경고표시 등을 부착하여야 한다. 다만, 달기구는 정격하중만 표시한다.
　② 방호장치의 조정(제134조) : 다음 양중기에 과부하방지장치, 권과방지장치(捲過防止裝置), 비상정지장치 및 제동장치, 그 밖의 방호장치[(승강기의 파이널리밋스위치(final limit switch), 속도조절기, 출입문 인터록(interlock) 등]가 정상적으로 작동될 수 있도록 미리 조정해 두어야 한다.
　　㉠ 크레인
　　ⓒ 이동식 크레인
　　ⓒ 리프트
　　ⓔ 곤돌라
　　ⓜ 승강기

> **+ 괄호문제**
> 다음 괄호 안에 알맞은 내용을 쓰시오.
> ① 양중기의 종류에는 크레인, 이동식 크레인, 리프트, (㉠), (ⓒ)가 있다.
> ② ( )이란 동력을 사용하여 중량물을 매달아 상하 및 좌우로 운반하는 것을 목적으로 하는 기계 또는 기계장치를 말한다.
> | 정답 |
> ① ㉠ 곤돌라, ⓒ 승강기
> ② 크레인

> **확인! OX**
> 다음은 양중기에 대한 설명이다. 옳으면 "O", 틀리면 "X"로 표시하시오.
> 1. 리프트란 동력을 사용하여 사람이나 화물을 운반하는 것을 목적으로 하는 기계설비를 말한다. ( )
> 2. 승강기란 달기발판 또는 운반구, 승강장치, 그 밖의 장치 및 이들에 부속된 기계부품에 의하여 구성되고, 와이어로프 또는 달기강선에 의하여 달기발판 또는 운반구가 전용 승강장치에 의하여 오르내리는 설비를 말한다. ( )
> | 정답 | 1. O 2. X
> | 해설 |
> 2. 곤돌라에 대한 설명이다.

+ 괄호문제

다음 괄호 안에 알맞은 내용을 쓰시오.

① 지브 크레인을 사용하여 작업을 하는 경우에 크레인 명세서에 적혀 있는 지브의 경사각(인양하중이 (　)ton 미만인 지브 크레인의 경우에는 제조한 자가 지정한 지브의 경사각)의 범위에서 사용하도록 하여야 한다.

② 갠트리 크레인 등과 같이 작업장 바닥에 고정된 레일을 따라 주행하는 크레인의 새들 돌출부와 주변 구조물 사이의 안전공간이 (　)cm 이상 되도록 바닥에 표시를 하는 등 안전공간을 확보하여야 한다.

| 정답 |
① 3
② 40

더 알아보기

크레인 및 이동식크레인 방호장치에 관한 사항(산업안전보건기준에 관한 규칙 제134조)
① 크레인 및 이동식 크레인의 양중기에 대한 권과방지장치는 훅·버킷 등 달기구의 윗면(그 달기구에 권상용 도르래가 설치된 경우에는 권상용 도르래의 윗면)이 드럼, 상부 도르래, 트롤리프레임 등 권상장치의 아랫면과 접촉할 우려가 있는 경우에 그 간격이 0.25m 이상[(직동식(直動式) 권과방지장치는 0.05m 이상)]이 되도록 조정하여야 한다.
② ①의 권과방지장치를 설치하지 않은 크레인에 대해서는 권상용 와이어로프에 위험표시를 하고 경보장치를 설치하는 등 권상용 와이어로프가 지나치게 감겨서 근로자가 위험해질 상황을 방지하기 위한 조치를 하여야 한다.

③ 과부하의 제한(제135조) : 양중기(크레인, 이동식 크레인, 리프트, 곤돌라, 승강기)에 그 적재하중을 초과하는 하중을 걸어서 사용하도록 해서는 안 된다.

(4) 크레인 안전 준수사항(산업안전보건기준에 관한 규칙)

① 안전밸브의 조정(제136조) : 유압을 동력으로 사용하는 크레인의 과도한 압력 상승을 방지하기 위한 안전밸브에 대하여 정격하중(지브 크레인은 최대의 정격하중으로 함)을 건 때의 압력 이하로 작동되도록 조정하여야 한다. 다만, 하중시험 또는 안전도시험을 하는 경우 그러하지 아니하다.

② 해지장치의 사용(제137조) : 훅걸이용 와이어로프 등이 훅으로부터 벗겨지는 것을 방지하기 위한 장치(이하 해지장치)를 구비한 크레인을 사용하여야 하며, 그 크레인을 사용하여 짐을 운반하는 경우에는 해지장치를 사용하여야 한다.

③ 경사각의 제한(제138조) : 지브 크레인을 사용하여 작업을 하는 경우에 크레인 명세서에 적혀 있는 지브의 경사각(인양하중이 3ton 미만인 지브 크레인의 경우에는 제조한 자가 지정한 지브의 경사각)의 범위에서 사용하도록 하여야 한다.

④ 크레인의 수리 등의 작업(제139조)
　㉠ 같은 주행로에 병렬로 설치되어 있는 주행 크레인의 수리·조정 및 점검 등의 작업을 하는 경우, 주행로상이나 그 밖에 주행 크레인이 근로자와 접촉할 우려가 있는 장소에서 작업을 하는 경우 등에 주행 크레인끼리 충돌하거나 주행 크레인이 근로자와 접촉할 위험을 방지하기 위하여 감시인을 두고 주행로상에 스토퍼(stopper)를 설치하는 등 위험 방지조치를 하여야 한다.
　㉡ 갠트리 크레인 등과 같이 작업장 바닥에 고정된 레일을 따라 주행하는 크레인의 새들(saddle) 돌출부와 주변 구조물 사이의 안전공간이 40cm 이상 되도록 바닥에 표시를 하는 등 안전공간을 확보하여야 한다.

⑤ 폭풍에 의한 이탈방지(제140조) : 순간풍속이 30m/s를 초과하는 바람이 불어올 우려가 있는 경우 옥외에 설치되어 있는 주행 크레인에 대하여 이탈방지장치를 작동시키는 등 이탈방지를 위한 조치를 하여야 한다.

확인! OX

다음은 크레인에 대한 설명이다. 옳으면 "O", 틀리면 "X"로 표시하시오.

1. 유압을 동력으로 사용하는 크레인의 과도한 압력 상승을 방지하기 위한 안전밸브에 대하여 정격하중을 건 때의 압력 이하로 작동되도록 조정하여야 한다. (　)

2. 훅걸이용 와이어로프 등이 훅으로부터 벗겨지는 것을 방지하기 위한 장치를 구비한 크레인을 사용해야 한다. (　)

정답 1. O 2. O

⑥ 크레인의 설치·조립·수리·점검 또는 해체 등의 작업 시 조치사항(제141조)
  ⊙ 작업순서를 정하고 그 순서에 따라 작업을 할 것
  ⊙ 작업을 할 구역에 관계 근로자가 아닌 사람의 출입을 금지하고 그 취지를 보기 쉬운 곳에 표시할 것
  ⊙ 비, 눈, 그 밖에 기상상태의 불안정으로 날씨가 몹시 나쁜 경우에는 그 작업을 중지시킬 것
  ⊙ 작업장소는 안전한 작업이 이루어질 수 있도록 충분한 공간을 확보하고 장애물이 없도록 할 것
  ⊙ 들어 올리거나 내리는 기자재는 균형을 유지하면서 작업을 하도록 할 것
  ⊙ 크레인의 성능, 사용조건 등에 따라 충분한 응력(應力)을 갖는 구조로 기초를 설치하고 침하 등이 일어나지 않도록 할 것
  ⊙ 규격품인 조립용 볼트를 사용하고 대칭되는 곳을 차례로 결합하고 분해할 것
⑦ 타워크레인의 지지(제142조) : 타워크레인을 자립고(自立高) 이상의 높이로 설치하는 경우 건축물 등의 벽체에 지지하도록 하여야 한다. 다만, 지지할 벽체가 없는 등 부득이한 경우에는 와이어로프에 의하여 지지할 수 있다.
  ⊙ 벽체에 지지하는 경우 준수사항
    • 서면심사에 관한 서류 또는 제조사의 설치작업설명서 등에 따라 설치할 것
    • 서면심사 서류 등이 없거나 명확하지 아니한 경우에는 국가기술자격법에 따른 건축구조·건설기계·기계안전·건설안전기술사 또는 건설안전 분야 산업안전지도사의 확인을 받아 설치하거나 기종별·모델별 공인된 표준방법으로 설치할 것
    • 콘크리트 구조물에 고정시키는 경우에는 매립이나 관통 또는 이와 같은 수준 이상의 방법으로 충분히 지지되도록 할 것
    • 건축 중인 시설물에 지지하는 경우에는 그 시설물의 구조적 안정성에 영향이 없도록 할 것
  ⊙ 와이어로프에 지지하는 경우 준수사항
    • 서면심사에 관한 서류 또는 제조사의 설치작업설명서 등에 따라 설치할 것
    • 서면심사 서류 등이 없거나 명확하지 아니한 경우에는 국가기술자격법에 따른 건축구조·건설기계·기계안전·건설안전기술사 또는 건설안전 분야 산업안전지도사의 확인을 받아 설치하거나 기종별·모델별 공인된 표준방법으로 설치할 것
    • 와이어로프를 고정하기 위한 전용 지지프레임을 사용할 것
    • 와이어로프 설치각도는 수평면에서 60° 이내로 하되, 지지점은 4개소 이상으로 하고, 같은 각도로 설치할 것

+ 괄호문제

다음 괄호 안에 알맞은 내용을 쓰시오.
① 순간풍속이 ( )m/s를 초과하는 바람이 불어올 우려가 있는 경우 옥외에 설치되어 있는 주행 크레인에 대하여 이탈방지장치를 작동시키는 등 이탈방지를 위한 조치를 하여야 한다.
② 타워크레인을 자립고 이상의 높이로 설치하는 경우 건축물 등의 벽체에 지지하도록 하여야 한다. 다만, 지지할 벽체가 없는 등 부득이한 경우에는 ( )에 의하여 지지할 수 있다.

| 정답 |
① 30
② 와이어로프

확인! OX

다음은 크레인에 대한 설명이다. 옳으면 "O", 틀리면 "X"로 표시하시오.
1. 크레인 조립 등의 작업 시 크레인의 성능, 사용조건 등에 따라 충분한 응력을 갖는 구조로 기초를 설치하고 침하 등이 일어나지 않도록 하여야 한다. ( )
2. 타워크레인을 와이어로프에 지지하는 경우 서면심사에 관한 서류 또는 제조사의 설치작업설명서 등에 따라 설치하여야 한다. ( )

정답 1. O 2. O

+ 괄호문제

다음 괄호 안에 알맞은 내용을 쓰시오.
① 주행 크레인 또는 선회 크레인과 건설물 또는 설비와의 사이에 통로를 설치하는 경우 그 폭을 (   )m 이상으로 하여야 한다.
② 크레인의 운전실 또는 운전대를 통하는 통로의 끝과 건설물 등의 벽체의 간격은 (   )m 이하로 하여야 한다.

| 정답 |
① 0.6
② 0.3

- 와이어로프와 그 고정 부위는 충분한 강도와 장력을 갖도록 설치하고, 와이어로프를 클립·섀클(shackle, 연결고리) 등의 고정기구를 사용하여 견고하게 고정시켜 풀리지 않도록 하며, 사용 중에는 충분한 강도와 장력을 유지하도록 할 것. 이 경우 클립·섀클 등의 고정기구는 한국산업표준 제품이거나 한국산업표준이 없는 제품의 경우에는 이에 준하는 규격을 갖춘 제품이어야 한다.
- 와이어로프가 가공전선(架空電線)에 근접하지 않도록 할 것

⑧ 건설물 등과의 간격
  ㉠ 건설물 등과의 사이 통로(제144조) : 주행 크레인 또는 선회 크레인과 건설물 또는 설비와의 사이에 통로를 설치하는 경우 그 폭을 0.6m 이상으로 하여야 한다. 다만, 그 통로 중 건설물의 기둥에 접촉하는 부분에 대해서는 0.4m 이상으로 할 수 있다.
  ㉡ 건설물 등의 벽체와 통로의 간격 등(제145조) : 다음의 사항의 간격을 0.3m 이하로 하여야 한다. 다만, 근로자가 추락할 위험이 없는 경우에는 그 간격을 0.3m 이하로 유지하지 아니할 수 있다.
    - 크레인의 운전실 또는 운전대를 통하는 통로의 끝과 건설물 등의 벽체의 간격
    - 크레인 거더(girder)의 통로 끝과 크레인 거더의 간격
    - 크레인 거더의 통로로 통하는 통로의 끝과 건설물 등의 벽체의 간격

⑨ 크레인 작업 시의 작업자 준수사항(제146조)
  ㉠ 인양할 하물(荷物)을 바닥에서 끌어당기거나 밀어내는 작업을 하지 아니할 것
  ㉡ 유류드럼이나 가스통 등 운반 도중에 떨어져 폭발하거나 누출될 가능성이 있는 위험물 용기는 보관함(또는 보관고)에 담아 안전하게 매달아 운반할 것
  ㉢ 고정된 물체를 직접 분리·제거하는 작업을 하지 아니할 것
  ㉣ 미리 근로자의 출입을 통제하여 인양 중인 하물이 작업자의 머리 위로 통과하지 않도록 할 것
  ㉤ 인양할 하물이 보이지 아니하는 경우에는 어떠한 동작도 하지 아니할 것(신호하는 사람에 의하여 작업을 하는 경우는 제외)
  ㉥ 타워크레인을 사용하여 작업을 하는 경우 타워크레인마다 근로자와 조종 작업을 하는 사람 간에 신호업무를 담당하는 사람을 각각 두어야 한다.

> **더 알아보기**
>
> **조종석이 설치되지 않은 크레인에 대한 준수사항(산업안전보건기준에 관한 규칙 제146조)**
> ① 고용노동부장관이 고시하는 크레인의 제작기준과 안전기준에 맞는 무선원격제어기 또는 펜던트 스위치를 설치·사용할 것
> ② 무선원격제어기 또는 펜던트 스위치를 취급하는 근로자에게는 작동요령 등 안전조작에 관한 사항을 충분히 주지시킬 것

확인! OX

다음은 크레인에 대한 설명이다. 옳으면 "O", 틀리면 "X"로 표시하시오.

1. 크레인 거더의 통로로 통하는 통로의 끝과 건설물 등의 벽체의 간격은 0.3m 이하로 하여야 한다. (   )
2. 타워크레인을 사용하여 작업을 하는 경우 타워크레인마다 근로자와 조종 작업을 하는 사람 간에 신호업무를 담당하는 사람을 각각 두어야 한다. (   )

정답 1. O 2. O

(5) 리프트 안전 준수사항(산업안전보건기준에 관한 규칙)

① **방호장치(제151조)** : 리프트(자동차정비용 리프트는 제외한다. 이하 같다)의 운반구 이탈 등의 위험을 방지하기 위하여 권과방지장치, 과부하방지장치, 비상정지장치 등을 설치하는 등 필요한 조치를 하여야 한다.

② **안전 준수사항(제152조~제156조)**

㉠ 무인작동의 제한
- 운반구의 내부에만 탑승조작장치가 설치되어 있는 리프트를 사람이 탑승하지 아니한 상태로 작동하게 해서는 아니 된다.
- 리프트 조작반(盤)에 잠금장치를 설치하는 등 관계 근로자가 아닌 사람이 리프트를 임의로 조작함으로써 발생하는 위험을 방지하기 위하여 필요한 조치를 하여야 한다.

㉡ 피트 청소 시의 조치 : 리프트의 피트 등의 바닥을 청소하는 경우 운반구의 낙하에 의한 근로자의 위험을 방지하기 위하여 다음의 조치를 하여야 한다.
- 승강로에 각재 또는 원목 등을 걸칠 것
- 상기의 사항에 따라 걸친 각재(角材) 또는 원목 위에 운반구를 놓고 역회전방지기가 붙은 브레이크를 사용하여 구동모터 또는 윈치(winch)를 확실하게 제동해 둘 것

㉢ 붕괴 등의 방지
- 지반침하, 불량한 자재사용 또는 헐거운 결선(結線) 등으로 리프트가 붕괴되거나 넘어지지 않도록 필요한 조치를 하여야 한다.
- 순간풍속이 35m/s를 초과하는 바람이 불어올 우려가 있는 경우 건설용 리프트(지하에 설치되어 있는 것은 제외)에 대하여 받침의 수를 증가시키는 등 그 붕괴 등을 방지하기 위한 조치를 하여야 한다.

㉣ 운반구의 정지위치 : 리프트 운반구를 주행로 위에 달아 올린 상태로 정지시켜 두어서는 아니 된다.

㉤ 설치·조립·수리·점검 또는 해체 작업 시 조치
- 작업을 지휘하는 사람을 선임하여 그 사람의 지휘하에 작업을 실시할 것
- 작업을 할 구역에 관계 근로자가 아닌 사람의 출입을 금지하고 그 취지를 보기 쉬운 장소에 표시할 것
- 비, 눈, 그 밖에 기상상태의 불안정으로 날씨가 몹시 나쁜 경우에는 그 작업을 중지시킬 것

㉥ 이삿짐 운반용 리프트 전도의 방지(제158조)
- 아웃트리거가 정해진 작동위치 또는 최대 전개위치에 있지 않은 경우(아웃트리거 발이 닿지 않는 경우를 포함)에는 사다리 붐 조립체를 펼친 상태에서 화물 운반작업을 하지 않을 것
- 사다리 붐 조립체를 펼친 상태에서 이삿짐 운반용 리프트를 이동시키지 않을 것
- 지반의 부동침하 방지 조치를 할 것

+ 괄호문제

다음 괄호 안에 알맞은 내용을 쓰시오.

① 리프트(자동차정비용 리프트 제외)의 운반구 이탈 등의 위험을 방지하기 위하여 ( ), 과부하방지장치, 비상정지장치 등 방호장치를 설치하는 등 필요한 조치를 하여야 한다.
② 순간풍속이 ( )m/s를 초과하는 바람이 불어올 우려가 있는 경우 건설용 리프트에 대하여 받침의 수를 증가시키는 등 그 붕괴 등을 방지하기 위한 조치를 하여야 한다.

| 정답 |
① 권과방지장치
② 35

확인! OX

다음은 리프트에 대한 설명이다. 옳으면 "O", 틀리면 "X"로 표시하시오.

1. 리프트 조작반에 잠금장치를 설치하는 등 관계 근로자가 아닌 사람이 리프트를 임의로 조작함으로써 발생하는 위험을 방지하기 위하여 필요한 조치를 하여야 한다. ( )
2. 리프트의 피트 등의 바닥을 청소하는 경우 운반구의 낙하에 의한 근로자의 위험을 방지하기 위하여 승강로에 각재 또는 원목 등을 걸쳐야 한다. ( )

정답 1. O 2. O

+ 괄호문제

다음 괄호 안에 알맞은 내용을 쓰시오.
① 순간풍속이 (　)m/s를 초과하는 바람이 불어올 우려가 있는 경우 옥외에 설치되어 있는 승강기에 대하여 받침의 수를 증가시키는 등 승강기가 무너지는 것을 방지하기 위한 조치를 하여야 한다.
② 양중기의 와이어로프 등 달기구의 안전계수는 훅, 섀클, 클램프, 리프팅 빔의 경우 (　) 이상이다.

| 정답 |
① 35
② 3

ⓐ 이삿짐 운반용 리프트 운반구로부터의 화물 낙하 방지(제159조)
　• 화물을 적재 시 하중이 한쪽으로 치우치지 않도록 할 것
　• 적재화물이 떨어질 우려가 있는 경우에는 화물에 로프를 거는 등 낙하 방지 조치를 할 것

(6) 승강기 안전 준수사항(산업안전보건기준에 관한 규칙)

① 폭풍에 의한 무너짐 방지(제161조) : 순간풍속이 35m/s를 초과하는 바람이 불어올 우려가 있는 경우 옥외에 설치되어 있는 승강기에 대하여 받침의 수를 증가시키는 등 승강기가 무너지는 것을 방지하기 위한 조치를 하여야 한다.
② 승강기의 설치·조립·수리·점검 또는 해체 작업 시 조치사항(제162조)
　㉠ 작업을 지휘하는 사람을 선임하여 그 사람의 지휘하에 작업을 실시할 것
　㉡ 작업을 할 구역에 관계 근로자가 아닌 사람의 출입을 금지하고 그 취지를 보기 쉬운 장소에 표시할 것
　㉢ 비, 눈, 그 밖에 기상상태의 불안정으로 날씨가 몹시 나쁜 경우에는 그 작업을 중지시킬 것

> **더 알아보기**
>
> **폭풍 등으로 인한 이상 유무 점검(옥외 설치대상 양중기)**
> 순간풍속이 30m/s를 초과하는 바람이 불거나 중진(中震) 이상 진도의 지진이 있은 후에 옥외에 설치되어 있는 양중기를 사용하여 작업을 하는 경우에는 미리 기계 각 부위에 이상이 있는지를 점검하여야 한다(산업안전보건기준에 관한 규칙 제143조).

(7) 와이어로프의 안전 준수사항(산업안전보건기준에 관한 규칙)

① 와이어로프 등 달기구의 안전계수(제163조) : 양중기의 와이어로프 등 달기구의 안전계수(달기구 절단하중의 값을 그 달기구에 걸리는 하중의 최댓값으로 나눈 값)가 다음의 구분에 따른 기준에 맞지 아니한 경우에는 이를 사용해서는 아니 된다.
　㉠ 근로자가 탑승하는 운반구를 지지하는 달기와이어로프 또는 달기체인의 경우 : 10 이상
　㉡ 화물의 하중을 직접 지지하는 달기와이어로프 또는 달기체인의 경우 : 5 이상
　㉢ 훅, 섀클, 클램프, 리프팅 빔의 경우 : 3 이상
　㉣ 그 밖의 경우 : 4 이상
② 와이어로프의 절단방법(제165조)
　㉠ 와이어로프를 절단하여 양중(揚重)작업용구를 제작하는 경우 반드시 기계적인 방법으로 절단하여야 하며, 가스용단(溶斷) 등 열에 의한 방법으로 절단해서는 아니 된다.
　㉡ 아크(arc), 화염, 고온부 접촉 등으로 인하여 열영향을 받은 와이어로프를 사용해서는 아니 된다.

확인! OX

다음은 와이어로프에 대한 설명이다. 옳으면 "O", 틀리면 "X"로 표시하시오.
1. 양중기의 와이어로프 등 달기구의 안전계수는 근로자가 탑승하는 운반구를 지지하는 달기와이어로프의 경우 10 이상이다. (　)
2. 와이어로프를 절단하여 양중작업용구를 제작하는 경우 반드시 기계적인 방법으로 절단하여야 하며, 가스용단 등 열에 의한 방법으로 절단해서는 아니 된다. (　)

| 정답 | 1. O 2. O

③ 와이어로프 사용 금지사항(제166조)
  ㉠ 이음매가 있는 것
  ㉡ 와이어로프의 한 꼬임[[스트랜드(strand)를 말한다. 이하 같다]]에서 끊어진 소선(素線)[필러(pillar)선은 제외]의 수가 10% 이상(비자전로프의 경우에는 끊어진 소선의 수가 와이어로프 호칭지름의 6배 길이 이내에서 4개 이상이거나 호칭지름 30배 길이 이내에서 8개 이상)인 것
  ㉢ 지름의 감소가 공칭지름의 7%를 초과하는 것
  ㉣ 꼬인 것
  ㉤ 심하게 변형되거나 부식된 것
  ㉥ 열과 전기충격에 의해 손상된 것

④ 달기체인 사용 금지사항(제167조)
  ㉠ 달기체인의 길이가 달기체인이 제조된 때의 길이의 5%를 초과한 것
  ㉡ 링의 단면지름이 달기체인이 제조된 때의 해당 링의 지름의 10%를 초과하여 감소한 것
  ㉢ 균열이 있거나 심하게 변형된 것

⑤ 변형되어 있는 훅·섀클 등의 사용 금지사항(제168조)
  ㉠ 훅·섀클·클램프 및 링 등의 철구로서 변형되어 있는 것 또는 균열이 있는 것을 크레인 또는 이동식 크레인의 고리걸이 용구로 사용해서는 아니 된다.
  ㉡ 중량물을 운반하기 위해 제작하는 지그, 훅의 구조를 운반 중 주변 구조물과의 충돌로 슬링이 이탈되지 않도록 하여야 한다.
  ㉢ 안전성 시험을 거쳐 안전율이 3 이상 확보된 중량물 취급용구를 구매하여 사용하거나 자체 제작한 중량물 취급용구에 대하여 비파괴시험을 하여야 한다.

⑥ 섬유로프 사용금지 사항(제169조)
  ㉠ 꼬임이 끊어진 것
  ㉡ 심하게 손상되거나 부식된 것
  ㉢ 2개 이상의 작업용 섬유로프 또는 섬유벨트를 연결한 것
  ㉣ 작업높이보다 길이가 짧은 것

2. 해체공사 시 안전수칙(해체공사 안전보건작업 기술지침) 중요도 ★★☆

(1) 해체공사 시 주요 안전작업 준수사항
① 구조물을 해체할 때는 해체물이 날아오거나 예상치 않은 구조물의 넘어짐 등의 위험이 없도록 작업 시 주의하여야 한다. 또한 작업구역 내와 해체물의 맞음 등이 예상되는 위험지역에는 작업 관계자 이외의 자에 대하여 출입을 금지하여야 한다.
② 강풍, 폭우, 폭설 등 악천후 시에는 작업을 중지하여야 한다.

+ 괄호문제
다음 괄호 안에 알맞은 내용을 쓰시오.
① 와이어로프는 지름의 감소가 공칭지름의 (　)%를 초과하는 것의 사용을 금지한다.
② 변형되어 있는 훅·섀클 등은 안전성 시험을 거쳐 안전율이 (　) 이상 확보된 중량물 취급용구를 구매하여 사용하여야 한다.

| 정답 |
① 7
② 3

확인! OX
다음은 달기체인에 대한 설명이다. 옳으면 "O", 틀리면 "X"로 표시하시오.
1. 달기체인의 길이가 달기체인이 제조된 때의 길이의 10%를 초과한 것은 사용을 금지한다. (　)
2. 링의 단면지름이 달기체인이 제조된 때의 해당 링의 지름의 10%를 초과하여 감소한 것은 사용을 금지한다. (　)

| 정답 | 1. X 2. O

| 해설 |
1. 달기체인의 길이가 달기체인이 제조된 때의 길이의 5%를 초과한 것은 사용을 금지한다.

+ 괄호문제

다음 괄호 안에 알맞은 내용을 쓰시오.
① 압쇄기에 의한 해체작업 시 압쇄기 연결구조부는 (　) 을 수시로 하여야 한다.
② 압쇄기에 의한 해체작업 시 (　)은 마모가 심하기 때문에 적절히 교환하여야 하며 교환대체품목을 항상 비치하여야 한다.

| 정답 |
① 보수점검
② 절단날

확인! OX

다음은 해체공사 시 안전수칙에 대한 설명이다. 옳으면 "O", 틀리면 "X"로 표시하시오.
1. 파쇄작업은 상층에서 하층 방향으로 슬래브, 벽체, 보, 기둥의 순서로 작업하여야 한다. (　)
2. 흙에 접한 구조물을 흙막이 지보공 부재로 활용할 경우에는 토압에 대한 지지력 검토 등 해체 대상 구조물 또는 인접 시설물의 무너짐, 중기 넘어짐 등의 위험이 없도록 안전성을 확인하여야 한다. (　)

| 정답 | 1. X 2. O

| 해설 |
1. 슬래브, 보, 벽체, 기둥의 순서로 작업하여야 한다.

---

③ 중기를 구조물에 올리거나 해체한 중량물을 내리는 등의 작업 시, 사전에 작업 장소·조건 조사, 양중기 선정 및 작업방법 결정 등 양중작업 안전성을 확인하여야 한다. 또한 소형 기계·기구 등을 인양하거나 내릴 때에는 그물망이나 그물포대 등을 사용하도록 하여야 한다.
④ 무너뜨리는 작업을 할 때에는 작업자 이외에는 모두 대피시킨 뒤 작업을 진행하여야 한다.
⑤ 해체구조물 외곽에 방호용 울타리를 설치하고 해체물의 넘어짐, 떨어짐 등에 대비하여 안전거리를 유지할 수 있도록 한다.
⑥ 파쇄공법의 특성에 따라 방진벽, 비산차단벽 및 분진억제 살수시설을 설치한다.
⑦ 작업자가 작업방법, 작업순서, 상호 간 연락방법 및 신호기기 사용법 등을 숙지하도록 사전에 교육을 실시하고, 건설기계, 양중 등의 작업 장소에는 넘어지거나 부딪치는 등의 위험이 없도록 유도자나 신호업무를 수행하는 자를 배치하여야 한다.
⑧ 중기 이동용 램프 조성 등 중기가 해체물을 깔고 올라가 작업 또는 이동하는 상황이 발생할 때에는 중기가 넘어지거나, 구조물이 무너지는 등의 사고가 발생하지 않도록 사전에 구조 안전성을 확인하여 보강조치를 할 수 있도록 한다.
⑨ 파쇄작업은 상층에서 하층 방향으로 슬래브, 보, 벽체, 기둥의 순으로 하는 등 구조물 구조특성을 고려하여 무너짐, 넘어짐 등의 위험이 없는 순서로 작업하여야 한다.
⑩ 절단 등의 방법으로 블록 단위로 구조물을 해체하여 들어낼 때에는 넘어짐, 맞음 등의 위험이 없도록 사전에 작업순서 결정 및 걸이설비, 양중작업 등의 안전성을 검토하여야 한다.
⑪ 흙에 접한 구조물을 흙막이 지보공 부재로 활용할 경우에는 토압에 대한 지지력 검토 등 해체 대상 구조물 또는 인접 시설물의 무너짐, 중기 넘어짐 등의 위험이 없도록 안전성을 확인하여야 한다.
⑫ 해체 구조물 내·외부의 화재, 폭발, 중독 등의 유해·위험물질은 산업안전보건법, 대기환경보전법, 폐기물관리법 등의 관계 법령에 따른 기준을 준수하여 사전에 제거 또는 격리하는 등의 조치를 하여야 한다.
⑬ 적정한 위치에 대피소를 설치하여야 한다.

(2) 해체공법별 안전작업 준수사항

① 압쇄기에 의한 해체작업(해체공사 표준안전작업지침 제3조)
   ㉠ 압쇄기의 중량, 작업충격을 사전에 고려하고, 차체 지지력을 초과하는 중량의 압쇄기부착을 금지하여야 한다.
   ㉡ 압쇄기 부착과 해체에는 경험이 많은 사람으로서 선임된 자에 한하여 실시한다.
   ㉢ 압쇄기 연결구조부는 보수점검을 수시로 하여야 한다.
   ㉣ 배관 접속부의 핀, 볼트 등 연결구조의 안전 여부를 점검하여야 한다.
   ㉤ 절단날은 마모가 심하기 때문에 적절히 교환하여야 하며 교환대체품목을 항상 비치하여야 한다.

② 대형 브레이커에 의한 해체작업(해체공사 표준안전작업지침 제4조)
   ㉠ 대형 브레이커는 중량, 작업 충격력을 고려, 차체 지지력을 초과하는 중량의 브레이커 부착을 금지하여야 한다.
   ㉡ 대형 브레이커의 부착과 해체에는 경험이 많은 사람으로서 선임된 자에 한하여 실시하여야 한다.
   ㉢ 유압작동구조, 연결구조 등의 주요구조는 보수점검을 수시로 하여야 한다.
   ㉣ 유압식일 경우에는 유압이 높기 때문에 수시로 유압호스가 새거나 막힌 곳이 없는가를 점검하여야 한다.
   ㉤ 해체대상물에 따라 적합한 형상의 브레이커를 사용하여야 한다.
③ 핸드 브레이커에 의한 해체작업(해체공사 표준안전작업지침 제7조)
   ㉠ 끝의 부러짐을 방지하기 위하여 작업자세는 하향 수직방향으로 유지하도록 하여야 한다.
   ㉡ 기계는 항상 점검하고, 호스의 꼬임·교차 및 손상 여부를 점검하여야 한다.
④ 절단톱에 의한 해체작업(해체공사 표준안전작업지침 제9조)
   ㉠ 작업현장은 정리·정돈이 잘 되어야 한다.
   ㉡ 절단기에 사용되는 전기시설과 급수, 배수설비를 수시로 정비 점검하여야 한다.
   ㉢ 회전날에는 접촉방지 커버를 부착토록 하여야 한다.
   ㉣ 회전날의 조임상태는 안전한지 작업 전에 점검하여야 한다.
   ㉤ 절단 중 회전날을 냉각시키는 냉각수는 충분한지 점검하고 불꽃이 많이 비산되거나 수증기 등이 발생되면 과열된 것이므로 일시중단한 후 작업을 실시하여야 한다.
   ㉥ 절단방향은 직선을 기준하여 절단하고 부재 중에 철근 등이 있어 절단이 안 될 경우에는 최소 단면으로 절단하여야 한다.
   ㉦ 절단기는 매일 점검하고 정비해 두어야 하며 회전 구조부에는 윤활유를 주유해 두어야 한다.
⑤ 절단줄톱에 의한 해체작업(해체공사 표준안전작업지침 제13조)
   ㉠ 절단작업 중 줄톱이 끊어지거나, 수명이 다할 경우에는 줄톱의 교체가 어려우므로 작업 전에 충분히 와이어를 점검하여야 한다.
   ㉡ 절단대상물의 절단면적을 고려하여 줄톱의 크기와 규격을 결정하여야 한다.
   ㉢ 절단면에 고온이 발생하므로 냉각수 공급을 적절히 하여야 한다.
   ㉣ 구동축에는 접촉방지 커버를 부착하도록 하여야 한다.

+ 괄호문제

다음 괄호 안에 알맞은 내용을 쓰시오.
① 절단줄톱에 의한 해체작업 시 절단면에 고온이 발생하므로 (   ) 공급을 적절히 하여야 한다.
② 절단톱에 의한 해체작업 시 회전날에는 (   )를 부착하여야 하며, 절단줄톱에 의한 해체작업 시 구동축에는 (   )를 부착하도록 하여야 한다.

| 정답 |
① 냉각수
② 접촉방지 커버

확인! OX

다음은 해체작업용 기계·기구에 대한 설명이다. 옳으면 "O", 틀리면 "X"로 표시하시오.

1. 해체작업용 기계·기구로 대형 브레이커, 핸드 브레이커, 절단톱, 절단줄톱 등이 있다. (   )
2. 절단톱에 의한 해체작업 시 절단방향은 곡선을 기준하여 절단하고 부재 중에 철근 등이 있어 절단이 안 될 경우에는 최소 단면으로 절단하여야 한다. (   )

정답 1. O 2. X

| 해설 |
2. 절단방향은 직선을 기준하여 절단하여야 한다.

제2절 콘크리트 및 PC공사

1. 콘크리트공사 시 안전수칙   중요도 ★★★

(1) 콘크리트 타설작업 시 준수사항(산업안전보건기준에 관한 규칙 제334조)
① 당일의 작업을 시작하기 전에 해당 작업에 관한 거푸집 및 동바리의 변형·변위 및 지반의 침하 유무 등을 점검하고 이상이 있으면 보수할 것
② 작업 중에는 감시자를 배치하는 등의 방법으로 거푸집 및 동바리의 변형·변위 및 침하 유무 등을 확인해야 하며, 이상이 있으면 작업을 중지하고 근로자를 대피시킬 것
③ 콘크리트 타설작업 시 거푸집 붕괴의 위험이 발생할 우려가 있으면 충분한 보강조치를 할 것
④ 설계도서상의 콘크리트 양생기간을 준수하여 거푸집 및 동바리를 해체할 것
⑤ 콘크리트를 타설하는 경우에는 편심이 발생하지 않도록 골고루 분산하여 타설할 것

> **더 알아보기**
> **콘크리트 타설 시 안전수칙(콘크리트공사 표준안전작업지침 제13조)**
> ① 타설순서는 계획에 의하여 실시하여야 한다.
> ② 콘크리트를 치는 도중에는 거푸집, 지보공 등의 이상 유무를 확인하여야 하고, 담당자를 배치하여 이상이 발생한 때에는 신속한 처리를 하여야 한다.
> ③ 타설속도는 건설부 제정 콘크리트 표준시방서에 의한다.
> ④ 손수레를 이용하여 콘크리트를 운반할 때에는 다음의 사항을 준수하여야 한다.
>   ㉠ 손수레를 타설하는 위치까지 천천히 운반하여 거푸집에 충격을 주지 아니하도록 타설하여야 한다.
>   ㉡ 손수레에 의하여 운반할 때에는 적당한 간격을 유지하여야 하고 뛰어서는 안 되며, 통로 구분을 명확히 하여야 한다.
>   ㉢ 운반통로에 방해가 되는 것은 즉시 제거하여야 한다.
> ⑤ 기자재 설치, 사용을 할 때에는 다음의 사항을 준수하여야 한다.
>   ㉠ 콘크리트의 운반, 타설기계를 설치하여 작업할 때에는 성능을 확인하여야 한다.
>   ㉡ 콘크리트의 운반, 타설기계는 사용 전, 사용 중, 사용 후 반드시 점검하여야 한다.
> ⑥ 콘크리트를 한곳에만 치우쳐서 타설할 경우 거푸집의 변형 및 탈락에 의한 붕괴사고가 발생되므로 타설순서를 준수하여야 한다.
> ⑦ 전동기는 적절히 사용되어야 하며, 지나친 진동은 거푸집 도괴의 원인이 될 수 있으므로 각별히 주의하여야 한다.

(2) 콘크리트 타설장비 사용 시 준수사항(산업안전보건기준에 관한 규칙 제335조)
콘크리트 타설작업을 하기 위해서 콘크리트 플레이싱 붐(placing boom), 콘크리트 분배기, 콘크리트 펌프카 등(이하 콘크리트 타설장비)을 사용하는 경우에는 다음과 같은 사항을 준수하여야 한다.
① 작업을 시작하기 전에 콘크리트 타설장비를 점검하고 이상을 발견하였으면 즉시 보수할 것

+ 괄호문제

다음 괄호 안에 알맞은 내용을 쓰시오.
① 콘크리트 타설 시 당일의 작업을 시작하기 전에 해당 작업에 관한 거푸집 및 동바리의 (㉠)·변위 및 (㉡) 등을 점검하고 이상을 발견한 때에는 이를 보수해야 한다.
② 콘크리트 타설 시 작업 중에는 ( )를 배치하는 등의 방법으로 거푸집 및 동바리의 변형·변위 및 침하 유무 등을 확인해야 한다.

| 정답 |
① ㉠ 변형, ㉡ 지반의 침하 유무
② 감시자

확인! OX

다음은 콘크리트 타설작업에 대한 설명이다. 옳으면 "O", 틀리면 "X"로 표시하시오.
1. 콘크리트 타설 시 전동기를 많이 사용할수록 균일한 콘크리트를 얻을 수 있다. ( )
2. 콘크리트 타설작업을 하기 위해서 콘크리트 플레이싱 붐, 콘크리트 분배기, 콘크리트 펌프카 등을 사용하는 경우 작업을 시작하기 전에 콘크리트 타설장비를 점검하고 이상을 발견하였다면 즉시 보수하여야 한다. ( )

정답 1. X 2. O

| 해설 |
1. 전동기는 적절히 사용되어야 하며, 지나친 진동은 거푸집 도괴의 원인이 될 수 있으므로 각별히 주의하여야 한다.

② 건축물의 난간 등에서 작업하는 근로자가 호스의 요동·선회로 인하여 추락하는 위험을 방지하기 위하여 안전난간 설치 등 필요한 조치를 할 것
③ 콘크리트 타설장비의 붐을 조정하는 경우에는 주변의 전선 등에 의한 위험을 예방하기 위한 적절한 조치를 할 것
④ 작업 중에 지반의 침하나 아웃트리거 등 콘크리트 타설장비 지지구조물의 손상 등에 의하여 콘크리트 타설장비가 넘어질 우려가 있는 경우에는 이를 방지하기 위한 적절한 조치를 할 것

더 알아보기

펌프카에 의해 콘크리트를 타설할 경우의 안전수칙(콘크리트공사 표준안전작업지침 제14조)
① 레디믹스트 콘크리트(이하 레미콘) 트럭과 펌프카를 적절히 유도하기 위하여 차량 안내자를 배치하여야 한다.
② 펌프배관용 비계를 사전점검하고 이상이 있을 때에는 보강 후 작업하여야 한다.
③ 펌프카의 배관상태를 확인하여야 하며, 레미콘트럭과 펌프카와 호스선단의 연결작업을 확인하여야 하며 장비사양의 적정호스 길이를 초과하여서는 아니된다.
④ 호스선단이 요동하지 아니하도록 확실히 붙잡고 타설하여야 한다.
⑤ 공기압송 방법의 펌프카를 사용할 때에는 콘크리트가 비산하는 경우가 있으므로 주의하여 타설하여야 한다.
⑥ 펌프카의 붐대를 조정할 때에는 주변 전선 등 지장물을 확인하고 이격거리를 준수하여야 한다.
⑦ 아웃트리거를 사용할 때 지반의 부동침하로 펌프카가 전도되지 아니하도록 하여야 한다.
⑧ 펌프카의 전후에는 식별이 용이한 안전표지판을 설치하여야 한다.

+ 괄호문제

다음 괄호 안에 알맞은 내용을 쓰시오.
① 콘크리트 타설작업을 하기 위해서 콘크리트 플레이싱 붐, 콘크리트 분배기, 콘크리트 펌프카 등을 사용하는 경우 건축물의 난간 등에서 작업하는 근로자가 호스의 요동·선회로 인하여 추락하는 위험을 방지하기 위하여 ( ) 설치 등 필요한 조치를 해야 한다.
② ( )는 공사의 건식화와 공기단축을 도모하여 공장이나 건설현장 내에서 제작하고 접합부는 콘크리트에 의한 충전 또는 기타 접합방식으로 현장 내에서 조립하여 사용할 수 있도록 한 콘크리트 부재를 의미한다.

| 정답 |
① 안전난간
② 프리캐스트 콘크리트

2. PC공사 시 안전수칙 중요도 ★★☆

프리캐스트 콘크리트 건축구조물조립 안전보건작업 지침

(1) 프리캐스트 콘크리트(Precast Concrete, PC)

공사의 건식화와 공기단축을 도모하여 공장이나 건설현장 내에서 제작하고 접합부는 콘크리트에 의한 충전 또는 기타 접합방식으로 현장 내에서 조립하여 사용할 수 있도록 한 콘크리트 부재를 의미한다.

(2) 작업 시 검토사항

① 부재의 운반을 위한 계획
  ㉠ 운반차량의 종류와 주행시간
  ㉡ 부재의 과적 여부 등 도로교통 관련 법규의 제한사항
  ㉢ 현장조건 및 진입도로 사항(운반차량의 길이를 감안하여 급커브를 배제)
  ㉣ 최대하중 부재의 인양에 적합한 규격의 크레인 배치
  ㉤ 고압선 등과 같은 지상 지장물 관련 사항
  ㉥ 지중전선 등 지하 매설물이나 지하 탱크, 지하 웅덩이 등 지하 지장물 관련 사항

확인! OX

다음은 콘크리트 타설장비에 대한 설명이다. 옳으면 "O", 틀리면 "X"로 표시하시오.
1. 콘크리트 타설장비의 붐을 조정하는 경우에는 주변의 전선 등에 의한 위험을 예방하기 위한 적절한 조치를 하여야 한다. ( )
2. 펌프카에 의해 콘크리트를 타설할 경우 펌프카의 전후에는 식별이 용이한 안전표지판을 설치하여야 한다. ( )

정답 1. O 2. O

② 작업의 순서 및 방법
  ㉠ 조립의 전체공정
  ㉡ 기초, 기둥, 벽체, 바닥판 등 각 부재의 세부적인 조립 작업 순서 및 방법
  ㉢ 사용기계, 도구 및 관리방법
  ㉣ 인원배치
  ㉤ 조립검사 요령 및 허용오차
  ㉥ 작업 시의 위험요인 분석 및 위험관리 계획 등

(3) 부재의 반입 및 하역 시 안전수칙

① 부재 반입
  ㉠ 부재의 반입도로는 먼저 들어온 차량의 부재를 하역하는 동안 후속 차량의 대기를 위한 장소도 확보하여야 한다.
  ㉡ 부재 반입 작업 시에는 유도자를 배치하여야 한다.
  ㉢ 부재의 야적장 위치는 가급적 조립장비의 작업반경 내로 하고 다른 작업으로 인한 부재의 손상 우려가 없으며 운반차량이 돌아 나갈 수 있는 여유가 있는 곳으로 하여야 한다.
  ㉣ 야적장은 평탄하여야 하며 모래나 잡석 등을 이용하여 잘 다지거나 콘크리트 또는 아스팔트로 포장하고 주변에는 배수로를 설치하여 물이 고이지 않도록 하여야 한다.

② 양중장비 결정 시 고려사항
  ㉠ 부재의 종류
  ㉡ 부재의 무게
  ㉢ 작업반경
  ㉣ 크레인의 양중용량 및 양중속도
  ㉤ 지형, 현장접근 가능성 등 입지적 조건

③ 하역작업 시 안전수칙
  ㉠ 하역작업 장소에는 출입금지 구역을 설정하여야 하며 관리감독자의 지휘하에 작업하여야 한다.
  ㉡ 관리감독자는 부재의 차량 적재상태를 점검하고 고정용 줄을 풀었을 때 부재가 무너질 위험이 없는가 확인하여야 한다.
  ㉢ 차량의 적재함 위에는 작업자의 대피공간을 확보하여야 한다.
  ㉣ 차량의 적재함 위에서의 슬링(sling)작업 시에는 단독작업을 금지하여야 한다.
  ㉤ 와이어로프, 인양용 지그 등 적정한 슬링을 사용하여야 한다.
  ㉥ 부재를 인양할 때 사용하는 와이어로프의 각도는 수평면에 대하여 60° 이상으로 하고 안전계수는 5 이상으로 하여야 한다.
  ㉦ 인양 전에 와이어로프의 긴장 정도, 섀클의 벗겨짐이나 다른 곳에 부재가 걸리지 않았는지 등을 확인하여야 한다.

+ 괄호문제

다음 괄호 안에 알맞은 내용을 쓰시오.
① 부재 반입 작업 시에는 ( )를 배치하여야 한다.
② 하역작업 장소에는 출입금지 구역을 설정하여야 하며 ( )의 지휘하에 작업하여야 한다.

| 정답 |
① 유도자
② 관리감독자

확인! OX

다음은 부재의 반입 및 하역 시 안전수칙에 대한 설명이다. 옳으면 "O", 틀리면 "X"로 표시하시오.
1. 부재 반입 시 야적장은 평탄하여야 하며 모래나 잡석 등을 이용하여 잘 다지거나 콘크리트 또는 아스팔트로 포장하고 주변에는 배수로를 설치하여 물이 고이지 않도록 하여야 한다. ( )
2. 하역작업 시 관리감독자는 부재의 차량 적재상태를 점검하고 고정용 줄을 풀었을 때 부재가 무너질 위험이 없는가 확인하여야 한다. ( )

정답 1. O 2. O

ⓞ 부재 고정용 로프나 체인(chain)을 풀어내고 부재의 모서리 보호물 등을 조심하여 제거한 다음에 부재를 내려야 한다.
ⓩ 차량에 적재되어 있는 부재는 항상 바깥쪽 부재부터 차례로 내리고 차량의 양쪽 가장자리 부재들을 교대로 내려 차량의 균형을 유지하여야 한다.
ⓧ 부재의 크기가 크거나 변의 길이가 다를 경우에는 하중분산 보(spreader beam)를 사용하여 수평균형을 유지하여야 한다.
㉠ 부재 내리기를 하는 동안 운반차량에 남아 있는 다른 부재들은 기울어지지 않게 묶거나 받침대로 받쳐 두어야 한다.
㉡ 부재가 바닥에서 들린 후에는 일단정지를 하여 안전성 여부를 확인하여야 한다.
㉢ 들린 부재가 불안전할 때에는 지체 없이 내려놓고 슬링작업을 다시 하여야 한다.
㉣ 슬링 작업자 및 신호수는 와이어로프를 감아올리기 전에 부재에 충돌되지 않을 위치로 대피하여야 한다.
㉮ 부재를 매단 채 급선회를 해서는 안 된다.
㉯ 매달린 부재 하부에는 모든 사람의 출입을 금지하여야 한다.
㉰ 부재가 지면에 닿기 전에 일단정지를 하고 주위 부재와의 접촉 여부를 확인하여야 한다.
㉱ 부재를 지면에 내려놓을 때 손발이 부재에 협착되지 않도록 주의하여야 한다.
㉲ 부재를 받침목 위에 수직으로 올려놓은 후 서서히 옆으로 뉘어 놓아야 한다.
㉳ 적재 후 와이어로프를 인양하기 전에 부재에서 인양용 철물이 완전히 분리되었는지 확인하여야 한다.

> **+ 괄호문제**
>
> 다음 괄호 안에 알맞은 내용을 쓰시오.
> ① ( ) 결정 시 고려사항으로 부재의 종류, 부재의 무게, 작업반경, 크레인의 양중용량 및 양중속도, 지형, 현장 접근 가능성 등 입지적 조건이 있다.
> ② 하역작업 시 안전수칙으로 부재를 인양할 때 사용하는 와이어로프의 각도는 수평면에 대하여 (㉠)° 이상으로 하고, 안전계수는 (㉡) 이상으로 하여야 한다.
>
> | 정답 |
> ① 양중장비
> ② ㉠ 60, ㉡ 5

제3절 운반 및 하역작업

1. 운반작업 시 안전수칙   중요도 ★★☆

인력운반작업에 관한 안전가이드

(1) 운반재해예방 기본원칙
① 작업공정을 개선하여 운반의 필요성이 없도록 한다.
② 운반작업을 줄인다.
③ 운반횟수(빈도) 및 거리를 최소화, 최단거리화한다.
④ 중량물의 경우에는 2~3인이 운반하도록 한다.
⑤ 운반보조 기구 및 기계를 이용한다.

> **확인! OX**
>
> 다음은 하역작업에 대한 설명이다. 옳으면 "O", 틀리면 "X"로 표시하시오.
> 1. 차량에 적재되어 있는 부재는 항상 바깥쪽 부재부터 차례로 내리고 차량의 양쪽 가장자리 부재들을 교대로 내려 차량의 균형을 유지하여야 한다. ( )
> 2. 들린 부재가 불안전할 때에는 지체 없이 내려놓고 슬링작업을 다시 하여야 한다. ( )
>
> 정답 1. O 2. O

+ 괄호문제

다음 괄호 안에 알맞은 내용을 쓰시오.

① 작업부품이나 공구 등은 사용빈도를 고려하여 분당 (　) 회 이상 사용하는 것은 작업자의 최적작업 범위 내에 배치하고 시간당 (　)회 이상 사용하는 것은 작업자의 최대 작업범위 내에 배치한다.
② 운반작업을 인력운반작업과 기계운반작업으로 분류할 때 취급물의 형상, 성질, 크기 등이 다양한 작업의 경우는 (　)을 실시한다.

| 정답 |
① 1
② 인력운반작업

확인! OX

다음은 운반 및 취급에 대한 설명이다. 옳으면 "O", 틀리면 "X"로 표시하시오.

1. 운반대상물의 경우 필요한 것은 구분하여 무엇이 어디에 있는지 사용빈도에 따라 바로 알고 사용하기 쉽고, 편리한 장소에 안전한 상태로 깨끗하게 보관한다. (　)
2. 인력운반작업 절차 시 사업주는 작업자에게 매년 운반안전교육을 실시하여 올바른 운반자세가 몸에 배도록 하여야 한다. (　)

정답 1. O 2. O

---

(2) 운반대상물의 최적화

① 모든 작업공정을 분석하여 운반작업이 반드시 필요한 공정인가 정밀검토한다.
　㉠ 제품 원료의 입고, 저장, 불출과정
　㉡ 제품 설계, 시작품, 금형입고, 불출, 수리과정
　㉢ 공구입고, 불출과정
　㉣ 각종 점검과정
② 정리를 철저히 한다.
　㉠ 사용할 수 있는 것과 사용할 수 없는 것을 구분하여 사용하지 못하는 것은 즉시 처분한다.
　㉡ 현장에서는 남은 재료, 불량품 및 사용하지 못하는 물건 등은 작업장을 협소하게 만들고 생산에도 지장을 초래하므로 바로 정리한다.
③ 정돈을 철저히 한다. : 필요한 것은 구분하여 무엇이 어디에 있는지 사용빈도에 따라 바로 알고 사용하기 쉽고, 편리한 장소에 안전한 상태로 깨끗하게 보관한다.
④ 운반작업을 최대한 줄인다.
　㉠ 공정순으로 기계설비 등을 배치하여 일관된 생산이 되도록 한다.
　㉡ 작업부품이나 공구 등은 사용빈도를 고려하여 분당 1회 이상 사용하는 것은 작업자의 최적작업 범위 내에 배치하고 시간당 1회 이상 사용하는 것은 작업자의 최대 작업범위 내에 배치한다.
⑤ 다음의 요소가 있는지 사전에 파악하여 개선함으로써 운반환경을 최적상태로 유지한다.
　㉠ 운반공간이 협소한가 여부
　㉡ 바닥이 미끄러운가 여부
　㉢ 바닥이 울퉁불퉁한가 여부
　㉣ 바닥의 일부가 파손되어 있는가 여부
　㉤ 운반경로 중에 계단이 있는가 여부
　㉥ 운반에 영향을 줄 정도로 덥거나 추운가 여부
　㉦ 익숙하지 않은 환경에서 운반을 행하지 않는가 여부
　㉧ 운반에 적절한 조명인가 여부
　㉨ 의사소통에 지장을 줄 정도의 소음이 발생되고 있지는 않은가 여부

(3) 인력운반작업의 절차

작업자는 화물의 특성을 파악하여 이에 맞는 운반작업 절차를 수립하고 충분한 교육훈련을 받아야 한다. 또한 필요한 보호구를 착용한 후 올바른 운반자세를 숙지하여 실천하여야 한다.

① 사업주는 작업자에게 매년 운반안전교육을 실시하여 올바른 운반자세가 몸에 배도록 하여야 한다.

② 작업자는 운반하기 전에 반드시 운반안전교육을 받고 올바른 운반자세를 익혀 항상 실천하여야 한다.
  ㉠ 사업주는 화물의 특성에 따라 적정한 보호구를 지급하고 작업자는 이를 반드시 착용한 후에 운반작업을 한다.
    예 화물의 특성
      • 화물이 뜨거운가 여부
      • 화물이 지나치게 차가운가 여부
      • 화물의 모서리가 날카로운가 여부
      • 화물이 깨지거나 반응이 있나 여부 등
  ㉡ 화물운반 시의 올바른 자세를 익히고 실천한다.
    • 화물의 무게중심을 찾아 최대한 몸의 무게중심에 가까이 밀착시킨다.
    • 인체의 기계적인 이점을 활용하여 대퇴부와 정강이 사이의 각도를 90° 이상 두어 이곳에서 나오는 힘으로 화물을 든다.
    • 양발은 화물을 사이에 두고 대각선으로 2족장 정도 벌려 안정된 자세를 유지한다.
    • 손바닥 전체로 화물을 감싸고 턱은 당기며 허리를 곧추세우고 지면과 직각이 되도록 하여 다리 힘으로 든다.
    • 화물을 들고 방향을 전환할 때에는 갑자기 허리를 틀지 말고 한두 걸음 좌우측으로 나간 후 발과 함께 돌리도록 하여 허리에 갑자기 무리가 가지 않도록 한다.
  ㉢ 화물 특성에 알맞는 운반작업 절차를 수립하고 이를 몸에 배도록 교육, 훈련시킨다.

더 알아보기

인력운반중량 권장기준

작업형태	성별	연령별 허용 권장기준(kg)			
		18세 이하	19~35세	36~50세	51세 이상
일시작업 (시간당 2회 이하)	남	25	30	27	25
	여	17	20	17	15
계속작업 (시간당 3회 이상)	남	12	15	13	10
	여	8	10	8	5

2. 하역작업 시 안전수칙   중요도 ★★☆

(1) 화물취급 작업 등(산업안전보건기준에 관한 규칙 제387조~제393조)

① **꼬임이 끊어진 섬유로프 등의 사용 금지** : 다음의 어느 하나에 해당하는 섬유로프 등을 화물운반용 또는 고정용으로 사용해서는 아니 된다.
  ㉠ 꼬임이 끊어진 것
  ㉡ 심하게 손상되거나 부식된 것
② **사용 전 점검** : 섬유로프 등을 사용하여 화물취급작업을 하는 경우에 해당 섬유로프 등을 점검하고 이상을 발견한 섬유로프 등을 즉시 교체하여야 한다.

+ 괄호문제

다음 괄호 안에 알맞은 내용을 쓰시오.
① 화물운반 시 인체의 기계적인 이점을 활용하여 대퇴부와 정강이 사이의 각도를 ( )° 이상 두어 이곳에서 나오는 힘으로 화물을 든다.
② 화물운반 시 ( ) 전체로 화물을 감싸고 턱은 당기며 허리는 곧추세우고 지면과 직각이 되도록 하여 다리 힘으로 든다.

| 정답 |
① 90
② 손바닥

확인! OX

다음은 화물취급 작업에 대한 설명이다. 옳으면 "O", 틀리면 "X"로 표시하시오.
1. 섬유로프의 꼬임이 끊어진 것, 심하게 손상되거나 부식된 것은 화물운반용 또는 고정용으로 사용해서는 아니 된다. ( )
2. 차량 등에서 화물을 내리는 작업을 하는 경우에 해당 작업에 종사하는 근로자에게 쌓여 있는 화물 중간에서 화물을 빼내도록 해서는 아니 된다. ( )

정답 1. O 2. O

+ 괄호문제

다음 괄호 안에 알맞은 내용을 쓰시오.

① 부두·안벽 등 하역작업장에서 부두 또는 안벽의 선을 따라 통로를 설치하는 경우에는 폭을 (   )cm 이상 해야 한다.
② 선창의 내부에서 화물취급작업을 하는 근로자가 안전하게 통행할 수 있는 설비를 설치하여야 하는 기준은 갑판의 윗면에서 선창 밑바닥까지의 깊이가 (   )m를 초과하는 경우이다.

| 정답 |
① 90
② 1.5

확인! OX

다음은 하역작업에 대한 설명이다. 옳으면 "O", 틀리면 "X"로 표시하시오.

1. 하역작업을 하는 장소에서 작업장 및 통로의 위험한 부분에는 안전하게 작업할 수 있도록 조명을 유지해야 한다. (   )
2. 바닥으로부터의 높이가 2m 이상 되는 하적단과 인접 하적단 사이의 간격을 하적단의 밑부분을 기준하여 15cm 이상으로 하여야 한다. (   )

| 정답 | 1. O 2. X

| 해설 |
2. 바닥으로부터의 높이가 2m 이상 되는 하적단과 인접 하적단 사이의 간격을 하적단의 밑부분을 기준하여 10cm 이상으로 하여야 한다.

---

③ 화물 중간에서 화물 빼내기 금지 : 차량 등에서 화물을 내리는 작업을 하는 경우에 해당 작업에 종사하는 근로자에게 쌓여 있는 화물 중간에서 화물을 빼내도록 해서는 아니 된다.

④ 하역작업장의 조치기준 : 부두·안벽 등 하역작업을 하는 장소에 다음의 조치를 하여야 한다.
   ㉠ 작업장 및 통로의 위험한 부분에는 안전하게 작업할 수 있는 조명을 유지할 것
   ㉡ 부두 또는 안벽의 선을 따라 통로를 설치하는 경우에는 폭을 90cm 이상으로 할 것
   ㉢ 육상에서의 통로 및 작업장소로서 다리 또는 선거(船渠) 갑문(閘門)을 넘는 보도(步道) 등의 위험한 부분에는 안전난간 또는 울타리 등을 설치할 것

⑤ 하적단의 간격 : 바닥으로부터의 높이가 2m 이상 되는 하적단(포대·가마니 등으로 포장된 화물이 쌓여 있는 것만 해당)과 인접 하적단 사이의 간격을 하적단의 밑부분을 기준하여 10cm 이상으로 하여야 한다.

⑥ 하적단의 붕괴 등에 의한 위험방지
   ㉠ 하적단의 붕괴 또는 화물의 낙하에 의하여 근로자가 위험해질 우려가 있는 경우에는 그 하적단을 로프로 묶거나 망을 치는 등 위험을 방지하기 위하여 필요한 조치를 하여야 한다.
   ㉡ 하적단을 쌓는 경우에는 기본형을 조성하여 쌓아야 한다.
   ㉢ 하적단을 헐어내는 경우에는 위에서부터 순차적으로 층계를 만들면서 헐어내어야 하며, 중간에서 헐어내어서는 아니 된다.

⑦ 화물의 적재 : 화물을 적재하는 경우에 다음의 사항을 준수하여야 한다.
   ㉠ 침하 우려가 없는 튼튼한 기반 위에 적재할 것
   ㉡ 건물의 칸막이나 벽 등이 화물의 압력에 견딜 만큼의 강도를 지니지 아니한 경우에는 칸막이나 벽에 기대어 적재하지 않도록 할 것
   ㉢ 불안정할 정도로 높이 쌓아 올리지 말 것
   ㉣ 하중이 한쪽으로 치우치지 않도록 쌓을 것

(2) 항만하역작업(산업안전보건기준에 관한 규칙 제394조~제404조)

① 통행설비의 설치 등 : 갑판의 윗면에서 선창(船倉) 밑바닥까지의 깊이가 1.5m를 초과하는 선창의 내부에서 화물취급작업을 하는 경우에 그 작업에 종사하는 근로자가 안전하게 통행할 수 있는 설비를 설치하여야 한다. 다만, 안전하게 통행할 수 있는 설비가 선박에 설치되어 있는 경우에는 그러하지 아니하다.

② 급성 중독물질 등에 의한 위험방지 : 항만하역작업을 시작하기 전에 그 작업을 하는 선창 내부, 갑판 위 또는 안벽 위에 있는 화물 중에 급성 독성물질이 있는지를 조사하여 안전한 취급방법 및 누출 시 처리방법을 정하여야 한다.

> **더 알아보기**
>
> 급성 독성물질(산업안전보건기준에 관한 규칙 별표 1)
> ① 쥐에 대한 경구투입실험에 의하여 실험동물의 50%를 사망시킬 수 있는 물질의 양, 즉 LD_{50}(경구, 쥐)이 kg당 300mg-(체중) 이하인 화학물질
> ② 쥐 또는 토끼에 대한 경피흡수실험에 의하여 실험동물의 50%를 사망시킬 수 있는 물질의 양, 즉 LD_{50}(경피, 토끼 또는 쥐)이 kg당 1,000mg-(체중) 이하인 화학물질
> ③ 쥐에 대한 4시간 동안의 흡입실험에 의하여 실험동물의 50%를 사망시킬 수 있는 물질의 농도, 즉 가스 LC_{50}(쥐, 4시간 흡입)이 2,500ppm 이하인 화학물질, 증기 LC_{50}(쥐, 4시간 흡입)이 10mg/L 이하인 화학물질, 분진 또는 미스트 1mg/L 이하인 화학물질

③ 무포장 화물의 취급방법
  ㉠ 선창 내부의 밀·콩·옥수수 등 무포장 화물을 내리는 작업을 할 때에는 시프팅보드(shifting board), 피더박스(feeder box) 등 화물이동방지를 위한 칸막이벽이 넘어지거나 떨어짐으로써 근로자가 위험해질 우려가 있는 경우에는 그 칸막이벽을 해체한 후 작업을 하도록 하여야 한다.
  ㉡ 진공흡입식 언로더(unloader) 등의 하역기계를 사용하여 무포장 화물을 하역할 때 그 하역기계의 이동 또는 작동에 따른 흔들림 등으로 인하여 근로자가 위험해질 우려가 있는 경우에는 근로자의 접근을 금지하는 등 필요한 조치를 하여야 한다.

④ 선박승강설비의 설치
  ㉠ 300ton급 이상의 선박에서 하역작업을 하는 경우에 근로자들이 안전하게 오르내릴 수 있는 현문(舷門) 사다리를 설치하여야 하며, 이 사다리 밑에 안전망을 설치하여야 한다.
  ㉡ ㉠에 따른 현문 사다리는 견고한 재료로 제작된 것으로 너비는 55cm 이상이어야 하고, 양측에 82cm 이상의 높이로 울타리를 설치하여야 하며, 바닥은 미끄러지지 않도록 적합한 재질로 처리되어야 한다.
  ㉢ ㉠의 현문 사다리는 근로자의 통행에만 사용하여야 하며, 화물용 발판 또는 화물용 보판으로 사용하도록 해서는 아니 된다.

⑤ 통선 등에 의한 근로자 수송 시의 위험방지 : 통선(通船) 등에 의하여 근로자를 작업장소로 수송(輸送)하는 경우 그 통선 등이 정하는 탑승정원을 초과하여 근로자를 승선시켜서는 아니 되며, 통선 등에 구명용구를 갖추어 두는 등 근로자의 위험방지에 필요한 조치를 취하여야 한다.

⑥ 수상의 목재·뗏목 등의 작업 시 위험방지 : 물 위의 목재·원목·뗏목 등에서 작업을 하는 근로자에게 구명조끼를 착용하도록 하여야 하며, 인근에 인명구조용 선박을 배치하여야 한다.

⑦ 베일포장화물의 취급 : 양화장치를 사용하여 베일포장으로 포장된 화물을 하역하는 경우에 그 포장에 사용된 철사·로프 등에 훅을 걸어서는 아니 된다.

⑧ 동시작업의 금지 : 같은 선창 내부의 다른 층에서 동시에 작업을 하도록 해서는 아니 된다. 다만, 방망(防網) 및 방포(防布) 등 화물의 낙하를 방지하기 위한 설비를 설치한 경우에는 그러하지 아니하다.

+ 괄호문제

다음 괄호 안에 알맞은 내용을 쓰시오.

① 항만하역작업에서의 선박승강설비 설치 시 ( )ton급 이상의 선박에서 하역작업을 하는 경우에 근로자들이 안전하게 오르내릴 수 있는 현문 사다리를 설치하여야 한다.

② 현문 사다리는 견고한 재질로 제작된 것으로 너비는 ( )cm 이상이어야 하고, 양측에 82cm 이상의 높이로 울타리를 설치하여야 한다.

| 정답 |
① 300
② 55

확인! OX

다음은 항만하역작업에 대한 설명이다. 옳으면 "O", 틀리면 "X"로 표시하시오.

1. 통선 등에 의하여 근로자를 작업장소로 수송하는 경우 그 통선 등이 정하는 탑승정원을 초과하여 근로자를 승선시켜서는 아니 된다. ( )

2. 같은 선창 내부의 다른 층에서 동시에 작업을 하도록 해서는 아니 된다. 다만, 방망 등 화물의 낙하를 방지하기 위한 설비를 설치한 경우에는 그러하지 아니하다. ( )

정답 1. O 2. O

+ 괄호문제

다음 괄호 안에 알맞은 내용을 쓰시오.

① 양하작업 시의 안전조치로 화물을 옮기는 경우에는 (㉠) 또는 (㉡)을 사용하는 등 안전한 방법을 사용하여야 한다.
② ( ) 등을 사용하여 로프로 화물을 잡아당기는 경우에 로프나 도르래가 떨어져 나감으로써 근로자가 위험해질 우려가 있는 장소에 근로자를 출입시켜서는 아니 된다.

| 정답 |
① ㉠ 대차, ㉡ 스내치 블록
② 양화장치

⑨ 양하작업 시의 안전조치
  ㉠ 양화장치 등을 사용하여 양하작업을 하는 경우에 선창 내부의 화물을 안전하게 운반할 수 있도록 미리 해치(hatch)의 수직하부에 옮겨 놓아야 한다.
  ㉡ ㉠에 따라 화물을 옮기는 경우에는 대차(臺車) 또는 스내치 블록(snatch block)을 사용하는 등 안전한 방법을 사용하여야 하며, 화물을 슬링 로프(sling rope)로 연결하여 직접 끌어내는 등 안전하지 않은 방법을 사용해서는 아니 된다.
⑩ 훅부착슬링의 사용 : 양화장치 등을 사용하여 드럼통 등의 화물권상작업을 하는 경우에 그 화물이 벗어지거나 탈락하는 것을 방지하는 구조의 해지장치가 설치된 훅부착슬링을 사용하여야 한다. 다만, 작업의 성질상 보조슬링을 연결하여 사용하는 경우 화물에 직접 연결하는 훅은 그러하지 아니하다.
⑪ 로프 탈락 등에 의한 위험방지 : 양화장치 등을 사용하여 로프로 화물을 잡아당기는 경우에 로프나 도르래가 떨어져 나감으로써 근로자가 위험해질 우려가 있는 장소에 근로자를 출입시켜서는 아니 된다.

확인! OX

다음은 양하작업 시의 안전조치에 대한 설명이다. 옳으면 "O", 틀리면 "X"로 표시하시오.

1. 양화장치 등을 사용하여 양하작업을 하는 경우에 선창 내부의 화물을 안전하게 운반할 수 있도록 미리 해치의 수직상부에 옮겨 놓아야 한다. ( )
2. 양화장치 등을 사용하여 드럼통 등의 화물권상작업을 하는 경우에 그 화물이 벗어지거나 탈락하는 것을 방지하는 구조의 해지장치가 설치된 훅부착슬링을 사용하여야 한다. ( )

| 정답 | 1. X 2. O

| 해설 |
1. 수직하부에 옮겨 놓아야 한다.

Add+

산업안전기사 기출(복원)문제

2020년	제1·2회 통합	과년도 기출문제
	제3회	과년도 기출문제
	제4회	과년도 기출문제
2021년	제1회	과년도 기출문제
	제2회	과년도 기출문제
	제3회	과년도 기출문제
2022년	제1회	과년도 기출문제
	제2회	과년도 기출문제
	제3회	과년도 기출복원문제
2023년	제1회	과년도 기출복원문제
	제2회	과년도 기출복원문제
	제3회	과년도 기출복원문제
2024년	제1회	최근 기출복원문제
	제2회	최근 기출복원문제
	제3회	최근 기출복원문제

2020년 제1·2회 통합 과년도 기출문제

Add+ 산업안전기사 기출(복원)문제

제1과목 안전관리론

01 산업안전보건법령상 안전보건표지의 종류 중 경고표지에 해당하지 않는 것은?

① 레이저광선 경고
② 급성독성물질 경고
③ 매달린 물체 경고
④ 차량통행 경고

해설

안전보건표지의 종류와 형태(산업안전보건법 시행규칙 별표 6)

분류	표지	예시

경고표지	• 인화성물질 경고
	• 산화성물질 경고
	• 폭발성물질 경고
	• 급성독성물질 경고
	• 부식성물질 경고
	• 발암성·변이원성·생식독성·
	  전신독성·호흡기 과민성 물질
	  경고	

	• 방사성물질 경고 • 고압전기 경고 • 매달린 물체 경고 • 낙하물 경고 • 고온경고 • 저온경고 • 몸균형상실 경고 • 레이저광선 경고 • 위험장소 경고	

정답 ④

02 몇 사람의 전문가에 의하여 과제에 관한 견해를 발표한 뒤에 참가자로 하여금 의견이나 질문을 하게 하여 토의하는 방법을 무엇이라 하는가?

① 심포지엄(symposium)
② 버즈 세션(buzz session)
③ 케이스 메소드(case method)
④ 패널 디스커션(panel discussion)

해설

② 버즈 세션 : 6-6회의라고도 하며 6명씩 소집단으로 구분하고 사회자를 선출하여 6분간 자유토의를 행하여 의견을 종합하는 방법
③ 케이스 메소드(사례연구법) : 개인의 문제행동을 심층적으로 조사·분석하고, 그 원인을 구명하여 조처하는 실제적인 연구방법
④ 패널 디스커션 : 소수의 전문가들이 과제에 관한 견해를 자유롭게 참가자들 앞에서 토의한 후 참가자 전원이 참가하여 사회자의 사회에 따라 토의하는 방법

정답 ①

03 작업을 하고 있을 때 긴급 이상 상태 또는 돌발사태가 되면 순간적으로 긴장하게 되어 판단능력의 둔화 또는 정지 상태가 되는 것은?

① 의식의 우회
② 의식의 과잉
③ 의식의 단절
④ 의식의 수준 저하

해설

① 의식의 우회 : 의식의 흐름이 집중하고 있는 상태에서 벗어나는 것을 말한다.
③ 의식의 단절 : 지속적인 의식의 흐름에 단절이 생기는 상태로 주로 특수한 질병인 경우에 발생한다.
④ 의식의 수준 저하 : 정상상태가 아닌 혼미한 상태 또는 단조로운 작업 등을 수행할 때 발생한다.

정답 ②

04
A사업장의 2019년 도수율이 10이라 할 때 연천인율은 얼마인가?

① 2.4
② 5
③ 12
④ 24

해설

연천인율 : 근로자 1,000명당 1년에 발생하는 사상자 수

$$\frac{연간재해자수}{연평균근로자수} \times 1,000 = 도수율 \times 2.4$$

∴ $10 \times 2.4 = 24$

정답 ④

05
산업안전보건법령상 산업안전보건위원회의 사용자위원에 해당되지 않는 사람은?(단, 각 사업장은 해당하는 사람을 선임하여야 하는 대상 사업장으로 한다)

① 안전관리자
② 산업보건의
③ 명예산업안전감독관
④ 해당 사업장 부서의 장

해설

산업안전보건위원회의 구성(산업안전보건법 시행령 제35조)
- 근로자위원
  ㉠ 근로자대표
  ㉡ 명예산업안전감독관이 위촉되어 있는 사업장의 경우 근로자대표가 지명하는 1명 이상의 명예산업안전감독관
  ㉢ 근로자대표가 지명하는 9명(근로자인 ㉡의 위원이 있는 경우에는 9명에서 그 위원의 수를 제외한 수를 말한다) 이내의 해당 사업장의 근로자
- 사용자위원 : 산업안전보건위원회의 사용자위원은 다음의 사람으로 구성한다. 다만, 상시근로자 50명 이상 100명 미만을 사용하는 사업장에서는 ㉤에 해당하는 사람을 제외하고 구성할 수 있다.
  ㉠ 해당 사업의 대표자
  ㉡ 안전관리자 1명
  ㉢ 보건관리자 1명
  ㉣ 산업보건의
  ㉤ 해당 사업의 대표자가 지명하는 9명 이내의 해당 사업장 부서의 장

정답 ③

06
산업안전보건법상 안전관리자의 업무는?

① 직업성 질환 발생의 원인조사 및 대책 수립
② 해당 사업장 안전교육계획의 수립 및 안전교육 실시에 관한 보좌 및 조언·지도
③ 근로자의 건강장해의 원인조사와 재발방지를 위한 의학적 조치
④ 당해 작업에서 발생한 산업재해에 관한 보고 및 이에 대한 응급조치

해설

안전관리자의 업무 등(산업안전보건법 시행령 제18조)
- 산업안전보건위원회 또는 안전 및 보건에 관한 노사협의체에서 심의·의결한 업무와 해당 사업장의 안전보건관리규정 및 취업규칙에서 정한 업무
- 위험성평가에 관한 보좌 및 지도·조언
- 안전인증대상기계 등과 자율안전확인대상기계 등 구입 시 적격품의 선정에 관한 보좌 및 지도·조언
- 해당 사업장 안전교육계획의 수립 및 안전교육 실시에 관한 보좌 및 지도·조언
- 사업장 순회점검, 지도 및 조치 건의
- 산업재해 발생의 원인조사·분석 및 재발 방지를 위한 기술적 보좌 및 지도·조언
- 산업재해에 관한 통계의 유지·관리·분석을 위한 보좌 및 지도·조언
- 법 또는 법에 따른 명령으로 정한 안전에 관한 사항의 이행에 관한 보좌 및 지도·조언
- 업무 수행 내용의 기록·유지
- 그 밖에 안전에 관한 사항으로서 고용노동부장관이 정하는 사항

정답 ②

07
어느 사업장에서 물적 손실이 수반된 무상해사고가 180건 발생하였다면 중상은 몇 건이나 발생할 수 있는가?(단, 버드의 재해구성 비율 법칙에 따른다)

① 6건
② 18건
③ 20건
④ 29건

해설

① 180건의 무상해사고가 발생한 경우 6배의 비율로 사고가 발생함을 알 수 있으므로 중상은 6건임

버드의 재해분포비율
1(중상 또는 폐질) : 10(경상) : 30(무상해사고) : 600(무상해, 무사고 고장)

정답 ①

08 안전보건교육계획에 포함해야 할 사항이 아닌 것은?

① 교육지도안
② 교육장소 및 교육방법
③ 교육의 종류 및 대상
④ 교육의 과목 및 교육내용

해설

안전보건교육계획 포함사항
- 교육목표
- 교육의 종류 및 교육대상
- 교육과목 및 교육내용
- 교육장소 및 교육방법
- 교육기간 및 교육시간
- 교육담당자 및 강사

정답 ①

09 Y·G 성격검사에서 '안전, 적응, 적극형'에 해당하는 형의 종류는?

① A형
② B형
③ C형
④ D형

해설

Y·G 성격검사
- A형(평균형) : 조화, 적응
- B형(우편형) : 불안정, 활동 및 적극적
- C형(좌편형) : 온순, 소극, 안정, 내향적
- D형(우하형) : 안전, 적응, 적극적
- E형(좌하형) : 불안정, 부적응, 수동적

정답 ④

10 안전교육에 대한 설명으로 옳은 것은?

① 사례 중심과 실연을 통하여 기능적 이해를 돕는다.
② 사무직과 기능직은 그 업무가 판이하게 다르므로 분리하여 교육한다.
③ 현장 작업자는 이해력이 낮으므로 단순반복 및 암기를 시킨다.
④ 안전교육에 건성으로 참여하는 것을 방지하기 위하여 인사고과에 필히 반영한다.

해설

안전교육은 근로자가 안전하게 업무를 수행할 수 있도록 안전의 중요성을 인식시키는 중요한 수단으로 실제 재해 사례 등 사례 중심으로 안전의식을 향상시키기 위한 교육을 시행하여야 한다.

정답 ①

11 산업안전보건법령에 따라 환기가 극히 불량한 좁은 밀폐된 장소에서 용접작업을 하는 근로자를 대상으로 한 특별안전·보건교육 내용에 포함되지 않는 것은?(단, 일반적인 안전·보건에 필요한 사항은 제외한다)

① 환기설비에 관한 사항
② 질식 시 응급조치에 관한 사항
③ 작업순서, 안전작업방법 및 수칙에 관한 사항
④ 폭발한계점, 발화점 및 인화점 등에 관한 사항

해설

안전보건교육 교육대상별 교육 내용 – 근로자 특별교육 대상 작업별 교육(산업안전보건법 시행규칙 별표 5)
밀폐된 장소(탱크 내 또는 환기가 극히 불량한 좁은 장소를 말한다)에서 하는 용접작업 또는 습한 장소에서 하는 전기용접작업
- 작업순서, 안전작업방법 및 수칙에 관한 사항
- 환기설비에 관한 사항
- 전격방지 및 보호구 착용에 관한 사항
- 질식 시 응급조치에 관한 사항
- 작업환경 점검에 관한 사항
- 그 밖에 안전·보건관리에 필요한 사항

정답 ④

12

크레인, 리프트 및 곤돌라는 사업장에 설치가 끝난 날부터 몇 년 이내에 최초의 안전검사를 실시해야 하는가?(단, 이동식 크레인, 이삿짐운반용 리프트는 제외한다)

① 1년 ② 2년
③ 3년 ④ 4년

해설

안전검사의 주기와 합격표시 및 표시방법(산업안전보건법 시행규칙 제126조)
안전검사대상 기계 등의 안전검사 주기는 다음과 같다.
- 크레인(이동식 크레인은 제외), 리프트(이삿짐운반용 리프트는 제외) 및 곤돌라 : 사업장에 설치가 끝난 날부터 3년 이내에 최초 안전검사를 실시하되, 그 이후부터 2년마다(건설현장에서 사용하는 것은 최초로 설치한 날부터 6개월마다)
- 이동식 크레인, 이삿짐운반용 리프트 및 고소작업대 : 자동차관리법 제8조에 따른 신규등록 이후 3년 이내에 최초 안전검사를 실시하되, 그 이후부터 2년마다
- 프레스, 전단기, 압력용기, 국소 배기장치, 원심기, 롤러기, 사출성형기, 컨베이어 및 산업용 로봇 : 사업장에 설치가 끝난 날부터 3년 이내에 최초 안전검사를 실시하되, 그 이후부터 2년마다(공정안전보고서를 제출하여 확인을 받은 압력용기는 4년마다)

정답 ③

13

재해코스트 산정에 있어 시몬즈(R. H. Simonds) 방식에 의한 재해코스트 산정법으로 옳은 것은?

① 직접비 + 간접비
② 간접비 + 비보험코스트
③ 보험코스트 + 비보험코스트
④ 보험코스트 + 사업부보상금 지급액

해설

시몬즈 재해비용 산정법 : 보험코스트 + 비보험코스트
비보험코스트는 휴업상해 건수, 통원상해 건수, 구급조치상해건수, 무상해사고 건수를 각 재해에 대한 평균비보험 비용(A, B, C, D)에 곱하여 합산한다.

정답 ③

14

다음 중 맥그리거(McGregor)의 Y이론과 가장 거리가 먼 것은?

① 성선설
② 상호신뢰
③ 선진국형
④ 권위주의적 리더십

해설

- X이론 : 목표를 달성하기 위해서는 조직구성원에 대한 통제와 감시, 처벌이 필요하다고 보는 이론으로 인간에 대해 부정(게으름)적이며, 권위주의적이고 제한적인 특성을 갖고 있는 관리이론이다.
- Y이론 : 통제와 감시보다는 목표를 공유하여 자기실현 욕구를 충족할 수 있도록 하며 인간이 본성적으로 일을 즐기고 책임감이 있다고 신뢰한다. 문제해결에 창의력을 발휘하고 자율적 규제를 두어 자아실현 욕구를 충족시키는 것으로 동기가 유발된다고 보는 관리이론이다.

정답 ④

15

생체리듬(biorhythm) 중 일반적으로 28일을 주기로 반복되며, 주의력·창조력·예감 및 통찰력 등을 좌우하는 리듬은?

① 육체적 리듬 ② 지성적 리듬
③ 감성적 리듬 ④ 정신적 리듬

해설

① 육체적 리듬 : 23일 주기로 반복되며 식욕, 스태미나, 지구력 등을 좌우하는 리듬을 말한다.
② 지성적 리듬 : 33일 주기로 반복되며 상상력, 사고력, 기억력, 의지, 비판력 등을 좌우하는 리듬을 말한다.

정답 ③

16. 재해예방의 4원칙에 해당하지 않는 것은?

① 예방가능의 원칙
② 손실가능의 원칙
③ 원인연계의 원칙
④ 대책선정의 원칙

해설

재해예방의 4원칙
- 손실우연의 법칙 : 재해의 결과(상해 등)는 사고대상의 조건에 따라 달라지므로 재해손실은 우연성에 의해 결정된다.
- 예방가능의 원칙 : 천재지변을 제외한 모든 재해의 발생은 미연에 방지할 수 있다.
- 원인연계의 원칙 : 재해 발생에는 필연적으로 원인이 존재한다.
- 대책선정의 원칙 : 재해예방을 위한 안전대책은 반드시 존재한다.

정답 ②

17. 관리감독자를 대상으로 교육하는 TWI의 교육내용이 아닌 것은?

① 문제해결훈련
② 작업지도훈련
③ 인간관계훈련
④ 작업방법훈련

해설

TWI 교육내용
- 작업지도훈련(JIT ; Job Instruction Training)
- 인간관계관리훈련(JRT ; Job Relation Training)
- 작업방법훈련(JMT ; Job Method Training)
- 작업안전훈련(JST ; Job Safety Training)

정답 ①

18. 위험예지훈련 4R(라운드) 기법의 진행방법에서 3R에 해당하는 것은?

① 목표설정
② 대책수립
③ 본질추구
④ 현상파악

해설

위험예지훈련 문제해결 4라운드
- 1단계 : 현상파악(사실의 파악)
- 2단계 : 본질추구(원인의 파악)
- 3단계 : 대책수립
- 4단계 : 목표설정(행동계획 수립)

정답 ②

19. 무재해운동의 기본이념 3원칙 중 다음에서 설명하는 것은?

> 직장 내의 모든 잠재위험요인을 적극적으로 사전에 발견, 파악, 해결함으로써 뿌리에서부터 산업재해를 제거하는 것

① 무의 원칙
② 선취의 원칙
③ 참가의 원칙
④ 확인의 원칙

해설

무재해운동의 3대 원칙
- 무의 원칙 : 사업장 내의 모든 잠재위험요인을 사전에 파악하고 해결함으로써 재해 발생의 근원이 되는 요소들을 제거
- 선취의 원칙 : 사업장 내에서 행동하기 전에 잠재위험 요인을 발견 및 파악하여 재해를 예방
- 참가의 원칙 : 잠재위험요인을 발견하고 파악, 해결하기 위해 구성원 전원이 협력하여 문제해결을 도모

정답 ①

20. 방진마스크의 사용 조건 중 산소농도의 최소 기준으로 옳은 것은?

① 16%
② 18%
③ 21%
④ 23.5%

해설

방진마스크의 성능기준 - 사용 조건(보호구 안전인증고시 별표 4)
산소농도 18% 이상인 장소에서 사용하여야 한다.

정답 ②

제2과목 인간공학 및 시스템 안전공학

21 인체계측자료의 응용원칙이 아닌 것은?

① 기존 동일 제품을 기준으로 한 설계
② 최대 치수와 최소 치수를 기준으로 한 설계
③ 조절범위를 기준으로 한 설계
④ 평균치를 기준으로 한 설계

해설
인체측정치의 응용원리
- 조절식 설계
- 극단치를 이용한 설계
  - 최대 집단값에 의한 설계
  - 최소 집단값에 의한 설계
- 평균치를 이용한 설계

정답 ①

22 인체에서 뼈의 주요 기능이 아닌 것은?

① 인체의 지주   ② 장기의 보호
③ 골수의 조혈   ④ 근육의 대사

해설
뼈의 주요 기능
- 인체의 지주
- 장기의 보호
- 혈액세포 생산(골수의 조혈)
- 골격근의 움직임
- 미네랄의 저장

정답 ④

23 각 부품의 신뢰도가 다음과 같을 때 시스템의 전체 신뢰도는 약 얼마인가?

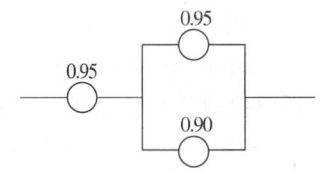

① 0.8123   ② 0.9453
③ 0.9553   ④ 0.9953

해설
$0.95 \times [1-(1-0.95) \times (1-0.90)] ≒ 0.9453$

정답 ②

24 손이나 특정 신체부위에 발생하는 누적손상장애(CTD)의 발생인자와 가장 거리가 먼 것은?

① 무리한 힘   ② 다습한 환경
③ 장시간의 진동   ④ 반복도가 높은 작업

해설
근골격계질환 발생요인
- 무리한 힘의 사용
- 진동
- 반복도가 높은 작업
- 부적절한 작업자세
- 온도
- 날카로운 면과의 신체접촉

정답 ②

25 인간공학 연구조사에 사용되는 기준의 구비조건과 가장 거리가 먼 것은?

① 다양성   ② 적절성
③ 무오염성   ④ 기준 척도의 신뢰성

해설
인간공학 연구조사에 사용되는 구비조건
- 적절성 : 실제로 의도하는 바와 부합해야 한다.
- 무오염성 : 측정하고자 하는 변수 이외의 다른 변수의 영향을 받아서는 안 된다.
- 신뢰성 : 반복실험 시 재현성이 있어야 한다.
- 민감도 : 예상 차이점에 비례하는 단위로 측정하여야 한다.

정답 ①

26
의자 설계 시 고려해야 할 일반적인 원리와 가장 거리가 먼 것은?

① 자세고정을 줄인다.
② 조정이 용이해야 한다.
③ 디스크가 받는 압력을 줄인다.
④ 요추 부위의 후만곡선을 유지한다.

해설
의자 설계의 일반적인 원칙
- 요추의 전만곡선을 유지한다.
- 자세고정을 줄인다.
- 쉽게 조절할 수 있어야 한다.
- 디스크가 받는 압력을 줄인다.
- 등근육의 정적부하를 줄여야 한다.

정답 ④

27
다음 FT도에서 시스템에 고장이 발생할 확률은 약 얼마인가?(단, X_1과 X_2의 발생확률은 각각 0.05, 0.03이다)

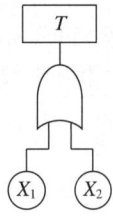

① 0.0015
② 0.0785
③ 0.9215
④ 0.9985

해설
$T = 1 - (1 - X_1) \times (1 - X_2)$
$= 1 - (1 - 0.05) \times (1 - 0.03)$
$= 0.0785$

정답 ②

28
반사율이 85%, 글자의 밝기가 400cd/m²인 VDT 화면에 350lx의 조명이 있다면 대비는 약 얼마인가?

① -6.0
② -5.0
③ -4.2
④ -2.8

해설
- 반사율은 반사광의 에너지와 입사광의 에너지 비율을 말한다.

$$반사율 = \frac{광도}{조도} \times 100 = \frac{광속발산도}{소요\ 조명} \times 100$$

$$광속발산도 = \frac{반사율 \times 소요\ 조명}{100} = \frac{85 \times 350}{100}$$
$$= 297.5$$

광속발산도 $= \pi \times 휘도$

$$조명의\ 휘도(화면의\ 밝기) = \frac{광속발산도}{\pi} = \frac{297.5}{\pi}$$
$$\fallingdotseq 94.7 cd/m^2$$

- 글자의 총밝기 = 글자의 밝기 + 조명의 휘도
  = 400 + 94.7
  = 494.7cd/m²

- 대비 $= \frac{배경의\ 밝기 - 표적물체의\ 밝기}{배경의\ 밝기}$

$$= \frac{94.7 - 494.7}{94.7}$$
$$\fallingdotseq -4.22$$

정답 ③

29
화학설비에 대한 안전성 평가 중 정량적 평가항목에 해당되지 않는 것은?

① 공정
② 취급물질
③ 압력
④ 화학설비 용량

해설
정량적 평가
- 취급물질
- 온도, 압력
- 화학설비의 용량
- 조작

정답 ①

30. 시각장치와 비교하여 청각장치 사용이 유리한 경우는?

① 메시지가 길 때
② 메시지가 복잡할 때
③ 정보전달 장소가 너무 소란할 때
④ 메시지에 대한 즉각적인 반응이 필요할 때

해설
- 청각장치
  - 전달정보가 즉각적인 행동을 요구하는 경우
  - 전달정보가 짧고 간단한 경우
  - 수신장소가 너무 밝거나 암순응이 요구되는 경우
- 시각장치
  - 전달정보가 즉각적인 행동을 요구하지 않는 경우
  - 전달정보가 길고 복잡한 경우
  - 수신장소가 시끄러울 경우

정답 ④

31. 산업안전보건법령상 사업주가 유해위험방지계획서를 제출할 때에는 사업장별로 관련 서류를 첨부하여 해당 작업 시작 며칠 전까지 해당 기관에 제출하여야 하는가?

① 7일
② 15일
③ 30일
④ 60일

해설
② 15일 전까지 공단에 2부를 제출(산업안전보건법 시행규칙 제42조)

정답 ②

32. 인간-기계 시스템을 설계할 때에는 특정 기능을 기계에 할당하거나 인간에게 할당하게 된다. 이러한 기능할당과 관련된 사항으로 옳지 않은 것은? (단, 인공지능과 관련된 사항은 제외한다)

① 인간은 원칙을 적용하여 다양한 문제를 해결하는 능력이 기계에 비해 우월하다.
② 일반적으로 기계는 장시간 일관성이 있는 작업을 수행하는 능력이 인간에 비해 우월하다.
③ 인간은 소음, 이상온도 등의 환경에서 작업을 수행하는 능력이 기계에 비해 우월하다.
④ 일반적으로 인간은 주위가 이상하거나 예기치 못한 사건을 감지하여 대처하는 능력이 기계에 비해 우월하다.

해설
③ 소음, 이상온도 등의 환경에서의 작업은 기계가 인간보다 우월하다.

정답 ③

33. 모든 시스템 안전분석에서 제일 첫 번째 단계의 분석으로, 실행되고 있는 시스템을 포함한 모든 것의 상태를 인식하고 시스템의 개발단계에서 시스템 고유의 위험상태를 식별하여 예상되고 있는 재해의 위험 수준을 결정하는 것을 목적으로 하는 위험분석기법은?

① 결함위험분석(FHA ; Fault Hazard Analysis)
② 시스템위험분석(SHA ; System Hazard Analysis)
③ 예비위험분석(PHA ; Preliminary Hazard Analysis)
④ 운용위험분석(OHA ; Operating Hazard Analysis)

해설
PHA(예비위험분석) : 구상단계
사고를 유발하는 요인을 식별하는 단계로 최초 단계에서 실시하는 분석법을 말한다.

정답 ③

34 컷셋(cut set)과 패스셋(path set)에 관한 설명으로 옳은 것은?

① 동일한 시스템에서 패스셋의 개수와 컷셋의 개수는 같다.
② 패스셋은 동시에 발생했을 때 정상사상을 유발하는 사상들의 집합이다.
③ 일반적으로 시스템에서 최소 컷셋의 개수가 늘어나면 위험 수준이 높아진다.
④ 최소 컷셋은 어떤 고장이나 실수를 일으키지 않으면 재해는 일어나지 않는다고 하는 것이다.

해설
③ 최소 컷셋의 개수가 늘어나면 위험 수준이 높아진다.
패스셋(path set)
• 시스템의 고장을 일으키지 않는 기본사상들의 집합
• 포함된 기본사상이 일어나지 않을 때 처음으로 정상사상이 일어나지 않는 기본사상들의 집합
최소 컷셋(minimal cut set)
• 정상사상(top event)을 일으키는 최소한의 집합
• 시스템의 고장을 일으키는 최소한의 기본사상의 집합

정답 ③

36 FT도에서 사용하는 기호 중 다음 그림과 같이 OR 게이트이지만 2개 또는 그 이상의 입력이 동시에 존재할 때 출력이 생기지 않는 경우 사용하는 것은?

① 부정 OR 게이트
② 배타적 OR 게이트
③ 억제 게이트
④ 조합 OR 게이트

해설
※ 문제 오류로 인해 전항정답 처리되었습니다.

정답 전항정답

37 휴먼에러(human error)의 요인을 심리적 요인과 물리적 요인으로 구분할 때, 심리적 요인에 해당하는 것은?

① 일이 너무 복잡한 경우
② 일의 생산성이 너무 강조될 경우
③ 동일 형상의 것이 나란히 있을 경우
④ 서두르거나 절박한 상황에 놓여 있을 경우

해설
①·②·③ 물리적 요인
휴먼에러의 심리적 요인
• 서두르거나 절박한 상황에 놓여 있을 경우
• 해당 일에 대한 지식이 부족한 경우
• 일할 의욕이나 도덕성 결여된 경우
• 기존 체험으로 인해 습관이 되어 있는 경우
• 선입관으로 인해 괜찮다고 느끼는 경우
• 주의를 끄는 것으로 인해 주의를 빼앗기고 있을 경우
• 자극이 많아 어떤 것에 반응해야 할지 알 수 없을 경우
• 매우 피로한 경우

정답 ④

35 조종장치를 촉각적으로 식별하기 위하여 사용되는 촉각적 코드화의 방법으로 옳지 않은 것은?

① 색감을 활용한 코드화
② 크기를 이용한 코드화
③ 조종장치의 형상 코드화
④ 표면 촉감을 이용한 코드화

해설
① 색감은 시각으로 식별된다.

정답 ①

38. 적절한 온도의 작업환경에서 추운 환경으로 온도가 변할 때 우리의 신체가 수행하는 조절작용이 아닌 것은?

① 발한(發汗)이 시작된다.
② 피부의 온도가 내려간다.
③ 직장(直腸)온도가 약간 올라간다.
④ 혈액의 많은 양이 몸의 중심부를 위주로 순환한다.

해설
① 발한은 더운 환경에서 체온을 낮추기 위해 피부의 땀샘에서 땀이 나는 현상으로, 추운 환경과는 맞지 않는다.

정답 ①

39. 시스템안전 MIL-STD-882B 분류기준의 위험성평가 매트릭스에서 발생빈도에 속하지 않는 것은?

① 거의 발생하지 않는(remote)
② 전혀 발생하지 않는(impossible)
③ 보통 발생하는(reasonably probable)
④ 극히 발생하지 않을 것 같은(extremely improbable)

해설
시스템안전 MIL-STD-882B 분류기준의 위험성평가 매트릭스에서 발생빈도
• 자주 발생(frequent)
• 보통 발생(probable)
• 가끔 발생(occasional)
• 거의 발생하지 않음(remote)
• 극히 발생하지 않음(improbable)

정답 ②

40. FTA에 의한 재해사례 연구순서 중 2단계에 해당하는 것은?

① FT도의 작성
② 톱(top) 사상의 선정
③ 개선계획의 작성
④ 사상의 재해원인을 규명

해설
FTA에 의한 재해사례 연구순서
• 1단계 : 톱(top) 사상의 선정
• 2단계 : 재해원인 규명
• 3단계 : FT도 작성
• 4단계 : 개선계획의 작성

정답 ④

제3과목 기계위험 방지기술

41. 산업안전보건법령상 로봇에 설치되는 제어장치의 조건에 적합하지 않은 것은?

① 누름 버튼은 오작동 방지를 위한 가드를 설치하는 등 불시기동을 방지할 수 있는 구조로 제작·설치되어야 한다.
② 로봇에는 외부 보호장치와 연결하기 위해 하나 이상의 보호정지회로를 구비해야 한다.
③ 전원공급 램프, 자동운전, 결함검출 등 작동제어의 상태를 확인할 수 있는 표시장치를 설치해야 한다.
④ 조작 버튼 및 선택 스위치 등 제어장치에는 해당 기능을 명확하게 구분할 수 있도록 표시해야 한다.

해설
산업용 로봇의 제작 및 안전기준 - 제어장치(위험기계·기구 자율안전확인 고시 별표 2)
로봇에 설치되는 제어장치는 다음 요건에 적합하도록 설계·제작되어야 한다.
• 누름 버튼은 오작동 방지를 위한 가드를 설치하는 등 불시기동을 방지할 수 있는 구조로 제작·설치되어야 한다.
• 전원공급 램프, 자동운전, 결함검출 등 작동제어의 상태를 확인할 수 있는 표시장치를 설치해야 한다.
• 조작 버튼 및 선택 스위치 등 제어장치에는 해당 기능을 명확하게 구분할 수 있도록 표시해야 한다.

정답 ②

42. 컨베이어의 제작 및 안전기준상 작업구역 및 통행구역에 덮개, 울 등을 설치해야 하는 부위에 해당하지 않는 것은?

① 컨베이어의 동력전달 부분
② 컨베이어의 제동장치 부분
③ 호퍼, 슈트의 개구부 및 장력 유지장치
④ 컨베이어 벨트, 풀리, 롤러, 체인, 스프라켓, 스크루 등

해설

컨베이어의 제작 및 안전기준 – 덮개 또는 울(위험기계·기구 자율안전확인 고시 별표 6)
작업구역 및 통행구역에서 다음의 부위에는 덮개, 울, 물림 보호물(nip guard), 감응형 방호장치(광전자식, 안전매트 등) 등을 설치해야 한다.
- 컨베이어의 동력전달 부분
- 컨베이어 벨트, 풀리, 롤러, 체인, 스프라켓, 스크루 등
- 호퍼, 슈트의 개구부 및 장력 유지장치
- 기타 가동 부분과 정지 부분 또는 다른 물건 사이 틈 등 작업자에게 위험을 미칠 우려가 있는 부분. 다만, 그 틈이 5mm 이내인 경우에는 예외로 할 수 있다.
- 운반되는 재료 또는 컨베이어가 화상 등을 일으킬 수 있는 구간, 다만 이 경우 덮개나 울을 설치해야 한다.

정답 ②

43. 산업안전보건법령상 탁상용 연삭기의 덮개에는 작업받침대와 연삭숫돌과의 간격을 몇 mm 이하로 조정할 수 있어야 하는가?

① 3
② 4
③ 5
④ 10

해설

연삭기 덮개의 성능기준(방호장치 자율안전기준 고시 별표 4)
워크레스트(작업받침대)는 연삭숫돌과의 간격을 3mm 이하로 조정할 수 있는 구조여야 한다.

정답 ①

44. 다음 중 회전축, 커플링 등 회전하는 물체에 작업복 등이 말려드는 위험을 초래하는 위험점은?

① 협착점
② 접선 물림점
③ 절단점
④ 회전 말림점

해설

기계설비에서 발생하는 위험점의 종류
- 회전 말림점 : 회전하는 물체에 작업복 등이 말려들어가는 위험이 존재하는 위험점을 말하며, 회전하는 축, 커플링, 회전하는 공구 등에서 형성된다.
- 협착점 : 왕복운동을 하는 동작 부분과 고정 부분 사이에서 형성되는 위험점이다.
- 접선 물림점 : 회전하는 부분의 접선방향으로 물려 들어갈 위험이 존재하는 위험점을 말하며 체인, 풀리, 벨트 등에 형성된다.
- 절단점 : 회전하는 운동 부분 자체 또는 운동을 하는 기계의 돌출 부위에서 초래되는 위험점이다.
- 물림점 : 회전운동하는 동작 부분과 반대로 회전운동을 하는 동작 부분에서 형성되는 위험점이다.
- 끼임점 : 회전운동을 하는 동작 부분과 고정 부분 사이에서 형성되는 위험점이다.

정답 ④

45. 가공기계에 쓰이는 주된 풀 프루프(fool proof)에서 가드(guard)의 형식으로 틀린 것은?

① 인터록 가드(interlock guard)
② 안내가드(guide guard)
③ 조정가드(adjustable guard)
④ 고정가드(fixed guard)

해설

가드의 종류
- 인터록 가드
- 조정가드
- 고정가드
- 자동가드

정답 ②

46 밀링작업 시 안전수칙으로 틀린 것은?

① 보안경을 착용한다.
② 칩은 기계를 정지시킨 다음에 브러시로 제거한다.
③ 가공 중에는 손으로 가공면을 점검하지 않는다.
④ 면장갑을 착용하여 작업한다.

해설
④ 밀링작업 시 면장갑을 착용하면 장갑이 말려들어 가 손이 다칠 위험이 있다.

정답 ④

47 크레인의 방호장치에 해당되지 않는 것은?

① 권과방지장치 ② 과부하방지장치
③ 비상정지장치 ④ 자동보수장치

해설
방호장치의 조정(산업안전보건기준에 관한 규칙 제134조)
사업주는 다음의 양중기에 과부하방지장치, 권과방지장치(捲過防止裝置), 비상정지장치 및 제동장치, 그 밖의 방호장치[(승강기의 파이널리밋스위치(final limit switch), 속도조절기, 출입문 인터록(interlock) 등]가 정상적으로 작동될 수 있도록 미리 조정해 두어야 한다.
• 크레인
• 이동식 크레인
• 리프트
• 곤돌라
• 승강기

정답 ④

48 무부하 상태에서 지게차로 20km/h의 속도로 주행할 때, 좌우 안정도는 몇 % 이내이어야 하는가?

① 37% ② 39%
③ 41% ④ 43%

해설
주행 시 좌우 안정도(%) = $15 + 1.1V$
= $15 + 1.1 \times 20$
= 37%
여기서, V : 구내최고속도(km/h)

정답 ①

49 선반가공 시 연속적으로 발생되는 칩으로 인해 작업자가 다치는 것을 방지하기 위하여 칩을 짧게 절단시켜 주는 안전장치는?

① 커버 ② 브레이크
③ 보안경 ④ 칩 브레이커

해설
선반의 안전장치
• 칩 브레이커 : 선반에서 절삭가공 시 발생하는 칩을 짧게 절단하는 장치
• 실드(shield) : 칩 및 절삭유의 비산을 방지하기 위해 설치하는 플라스틱 덮개
• 척 커버 : 기어 등을 복개하는 장치
• 브레이크 : 선반의 일시 정지 장치

정답 ④

50 아세틸렌 용접장치에 관한 설명 중 틀린 것은?

① 아세틸렌 발생기로부터 5m 이내, 발생기실로부터 3m 이내에는 흡연 및 화기사용을 금지한다.
② 발생기실에는 관계 근로자가 아닌 사람이 출입하는 것을 금지한다.
③ 아세틸렌 용기는 뉘어서 사용한다.
④ 건식안전기의 형식으로 소결금속식과 우회로식이 있다.

해설
③ 아세틸렌 용기는 반드시 똑바로 세워서 사용하여야 한다.

정답 ③

51. 산업안전보건법령상 프레스의 작업시작 전 점검사항이 아닌 것은?

① 금형 및 고정볼트 상태
② 방호장치의 기능
③ 전단기의 칼날 및 테이블의 상태
④ 트롤리(trolley)가 횡행하는 레일의 상태

해설

작업시작 전 점검사항(산업안전보건기준에 관한 규칙 별표 3)
프레스 등을 사용하여 작업을 할 때
- 클러치 및 브레이크의 기능
- 크랭크축·플라이휠·슬라이드·연결봉 및 연결 나사의 풀림 여부
- 1행정 1정지기구·급정지장치 및 비상정지장치의 기능
- 슬라이드 또는 칼날에 의한 위험방지 기구의 기능
- 프레스의 금형 및 고정볼트 상태
- 방호장치의 기능
- 전단기의 칼날 및 테이블의 상태

정답 ④

52. 프레스 양수조작식 방호장치 누름 버튼의 상호 간 내측거리는 몇 mm 이상인가?

① 50
② 100
③ 200
④ 300

해설

프레스 또는 전단기 방호장치의 성능기준(방호장치 안전인증고시 별표 1)
누름 버튼의 상호 간 내측거리는 300mm 이상이어야 한다.

정답 ④

53. 산업안전보건법령상 승강기의 종류에 해당하지 않는 것은?

① 리프트
② 에스컬레이터
③ 화물용 엘리베이터
④ 승객용 엘리베이터

해설

양중기(산업안전보건기준에 관한 규칙 제132조)
'승강기'란 건축물이나 고정된 시설물에 설치되어 일정한 경로에 따라 사람이나 화물을 승강장으로 옮기는 데에 사용되는 설비로서 다음의 것을 말한다.
- 승객용 엘리베이터 : 사람의 운송에 적합하게 제조·설치된 엘리베이터
- 승객화물용 엘리베이터 : 사람의 운송과 화물 운반을 겸용하는 데 적합하게 제조·설치된 엘리베이터
- 화물용 엘리베이터 : 화물 운반에 적합하게 제조·설치된 엘리베이터로서 조작자 또는 화물취급자 1명은 탑승할 수 있는 것(적재용량이 300kg 미만인 것은 제외)
- 소형화물용 엘리베이터 : 음식물이나 서적 등 소형화물의 운반에 적합하게 제조·설치된 엘리베이터로서 사람의 탑승이 금지된 것
- 에스컬레이터 : 일정한 경사로 또는 수평로를 따라 위아래 또는 옆으로 움직이는 디딤판을 통해 사람이나 화물을 승강장으로 운송시키는 설비

정답 ①

54
롤러기의 앞면 롤의 지름이 300mm, 분당회전수가 30회일 경우 허용되는 급정지장치의 급정지거리는 약 몇 mm 이내이어야 하는가?

① 37.7
② 31.4
③ 377
④ 314

해설

롤러기 급정지장치의 성능기준 – 무부하 동작에서 급정지거리(방호장치 자율안전기준 고시 별표 3)

앞면 롤러의 표면속도(m/min)	급정지거리
30 미만	앞면 롤러 원주의 3분의 1 이내
30 이상	앞면 롤러 원주의 2.5분의 1 이내

※ 표면속도 산식 : $V = \dfrac{\pi DN}{1,000}$ (m/min)

여기서, D : 롤러 원통의 직경(mm)
N : 1분 간에 롤러기가 회전되는 수(rpm)

따라서, $V = \dfrac{\pi \times 300 \times 30}{1,000} ≒ 28.26$m/min이며, 표면속도가 30 미만이므로 급정지거리는 앞면 롤러 원주의 1/3이다.

∴ 급정지거리 $= \pi \times 300 \times \dfrac{1}{3} = 314$mm

정답 ④

55
어떤 로프의 최대하중이 700N이고, 정격하중은 100N이다. 이때 안전계수는 얼마인가?

① 5
② 6
③ 7
④ 8

해설

안전계수 $= \dfrac{\text{최대하중}}{\text{정격하중}} = \dfrac{700}{100} = 7$N

정답 ③

56
다음 중 설비의 진단방법에 있어 비파괴시험이나 검사에 해당하지 않는 것은?

① 피로시험
② 음향탐상검사
③ 방사선투과시험
④ 초음파탐상검사

해설

비파괴검사 종류 : 와류탐상검사, 자분탐상검사, 초음파탐상검사, 침투형광탐사검사, 음향탐상검사, 방사선투과시험

정답 ①

57
지름 5cm 이상을 갖는 회전 중인 연삭숫돌이 근로자들에게 위험을 미칠 우려가 있는 경우에 필요한 방호장치는?

① 받침대
② 과부하방지장치
③ 덮개
④ 프레임

해설

연삭숫돌의 덮개 등(산업안전보건기준에 관한 규칙 제122조)
지름이 5cm 이상인 회전 중인 연삭숫돌이 근로자에게 위험을 미칠 우려가 있는 경우에는 그 부위에 덮개를 설치하여야 한다.

정답 ③

58
프레스 금형의 파손에 의한 위험방지 방법이 아닌 것은?

① 금형에 사용하는 스프링은 반드시 인장형으로 할 것
② 작업 중 진동 및 충격에 의해 볼트 및 너트의 헐거워짐이 없도록 할 것
③ 금형의 하중 중심은 원칙적으로 프레스 기계의 하중 중심과 일치하도록 할 것
④ 캠, 기타 충격이 반복해서 가해지는 부분에는 완충장치를 설치할 것

해설

① 금형에 사용하는 스프링은 압축형으로 해야 한다.

정답 ①

59 기계설비의 작업능률과 안전을 위해 공장의 설비배치 3단계를 올바른 순서대로 나열한 것은?

① 지역배치 → 건물배치 → 기계배치
② 건물배치 → 지역배치 → 기계배치
③ 기계배치 → 건물배치 → 지역배치
④ 지역배치 → 기계배치 → 건물배치

해설
공장의 설비배치 3단계
지역배치 → 건물배치 → 기계배치

정답 ①

제4과목 전기위험 방지기술

61 충격전압시험 시의 표준충격파형을 $1.2 \times 50\mu s$로 나타내는 경우 1.2와 50이 뜻하는 것은?

① 파두장 - 파미장
② 최초 섬락시간 - 최종 섬락시간
③ 라이징타임 - 스테이블타임
④ 라이징타임 - 충격전압인가시간

해설
파두장(1.2)과 파미장(50)을 뜻한다.

정답 ①

60 다음 중 연삭숫돌의 파괴원인으로 거리가 먼 것은?

① 플랜지가 현저히 클 때
② 숫돌에 균열이 있을 때
③ 숫돌의 측면을 사용할 때
④ 숫돌의 치수 특히 내경의 크기가 적당하지 않을 때

해설
연삭숫돌 파괴원인
• 플랜지의 직경이 숫돌에 비해 작은 경우(숫돌 직경의 3분의 1 이상일 것)
• 숫돌 자체에 균열 및 파손이 있는 경우
• 숫돌의 측면을 사용하는 경우
• 숫돌의 내경 크기가 적당하지 못할 경우(내경의 틈 0.05~0.15mm)
• 숫돌에 과대한 충격을 준 경우
• 숫돌의 회전속도가 너무 빠른 경우

정답 ①

62 폭발위험장소의 분류 중 인화성 액체의 증기 또는 가연성 가스에 의한 폭발위험이 지속적으로 또는 장기간 존재하는 장소는 몇 종 장소로 분류되는가?

① 0종 장소   ② 1종 장소
③ 2종 장소   ④ 3종 장소

해설
위험장소 분류
• 0종 장소 : 폭발성 가스 또는 증기가 폭발 가능한 농도로 지속적으로 존재하는 지역을 말한다.
• 1종 장소 : 통상적인 상태에서 간헐적으로 폭발성 분위기가 생성될 우려가 있는 장소를 말한다.
• 2종 장소 : 이상 상태에서 폭발성 분위기가 생성될 우려가 있는 장소를 말하며 조성된다고 하여도 짧은 기간에만 존재한다.

정답 ①

63
활선작업 시 사용할 수 없는 전기작업용 안전장구는?

① 전기안전모
② 절연장갑
③ 검전기
④ 승주용 가제

해설
④ 승주용 가제는 승주작업을 위해 사용되는 지지물이다.
활선작업 시의 전기작업용 안전장구
- 전기안전모
- 절연장갑
- 검전기

정답 ④

64
인체의 전기저항을 500Ω이라 한다면 심실세동을 일으키는 위험에너지 J는?(단, 심실세동전류 $I=\dfrac{165}{\sqrt{T}}$ mA, 통전시간은 1초이다)

① 13.61
② 23.21
③ 33.42
④ 44.63

해설
위험에너지
$Q = I^2RT$
$= \left(\dfrac{165}{\sqrt{1}} \times 10^{-3}\right)^2 \times 500 \times 1$
$\fallingdotseq 13.61J$

정답 ①

65
피뢰침의 제한전압이 800kV, 충격절연강도가 1,000kV라 할 때, 보호여유도는 몇 %인가?

① 25
② 33
③ 47
④ 63

해설
피뢰기의 보호여유도
보호여유도 $= \dfrac{\text{충격절연강도} - \text{제한전압}}{\text{제한전압}} \times 100$
$= \dfrac{1,000 - 800}{800} \times 100$
$= 25$

정답 ①

66
감전사고를 일으키는 주된 형태가 아닌 것은?

① 충전전로에 인체가 접촉되는 경우
② 이중절연 구조로 된 전기기계·기구를 사용하는 경우
③ 고전압의 전선로에 인체가 근접하여 섬락이 발생된 경우
④ 충전 전기회로에 인체가 단락회로의 일부를 형성하는 경우

해설
② 이중절연 구조로 된 전기기계·기구의 사용은 감전사고를 방지하기 위한 방법이다.

정답 ②

67
화재가 발생하였을 때 조사해야 하는 내용으로 가장 관계가 먼 것은?

① 발화원
② 착화물
③ 출화의 경과
④ 응고물

해설
전기화재 발생원인
- 발화원
- 착화물
- 출화의 경과

정답 ④

68 정전기에 관한 설명으로 옳은 것은?

① 정전기는 발생에서부터 억제 – 축적방지 – 안전한 방전이 재해를 방지할 수 있다.
② 정전기 발생은 고체의 분쇄공정에서 가장 많이 발생한다.
③ 액체의 이송 시는 그 속도(유속)를 7m/s 이상 빠르게 하여 정전기의 발생을 억제한다.
④ 접지 값은 10Ω 이하로 하되 플라스틱 같은 절연도가 높은 부도체를 사용한다.

해설
정전기의 발생을 예방을 위해서는 축적, 대전방지 등을 하여야 한다.

정답 ①

69 전기설비의 필요한 부분에 반드시 보호접지를 실시하여야 한다. 접지공사의 종류에 따른 접지저항과 접지선의 굵기가 틀린 것은?

① 제1종 : 10Ω 이하,
　　　　공칭단면적 6mm² 이상의 연동선
② 제2종 : $\frac{150}{1\text{선 지락전류}}$ Ω 이하,
　　　　공칭단면적 2.5mm² 이상의 연동선
③ 제3종 : 100Ω 이하,
　　　　공칭단면적 2.5mm² 이상의 연동선
④ 특별 제3종 : 10Ω 이하,
　　　　공칭단면적 2.5mm² 이상의 연동선

해설
※ 출제 당시 정답은 ②였으나, KEC(한국전기설비규정)의 전면 변경으로 정답없음 처리하였습니다.

정답 정답없음

70 교류아크용접기에 전격방지기를 설치하는 요령 중 틀린 것은?

① 이완 방지 조치를 한다.
② 직각으로만 부착해야 한다.
③ 동작 상태를 알기 쉬운 곳에 설치한다.
④ 테스트 스위치는 조작이 용이한 곳에 위치시킨다.

해설
교류아크용접기 전격방지기 설치요령
• 연직 또는 불가피한 경우에는 연직에서 경사가 20°를 넘지 않은 상태로 설치할 것
• 이완 방지 조치를 취할 것
• 동작 상태를 알기 쉬운 곳에 설치할 것
• 테스트 스위치는 조작이 용이한 곳에 위치시킬 것

정답 ②

71 전기기기의 Y종 절연물의 최고 허용온도는?

① 80℃
② 85℃
③ 90℃
④ 105℃

해설
절연물 종류에 따른 최고 허용온도
• Y종 : 90℃　　• A종 : 105℃
• E종 : 120℃　　• B종 : 130℃
• F종 : 155℃　　• H종 : 180℃
• C종 : 180℃ 초과

정답 ③

72
내압 방폭구조의 기본적 성능에 관한 사항으로 틀린 것은?

① 내부에서 폭발할 경우 그 압력에 견딜 것
② 폭발화염이 외부로 유출되지 않을 것
③ 습기침투에 대한 보호가 될 것
④ 외함 표면온도가 주위의 가연성 가스에 점화하지 않을 것

해설
내압 방폭구조 : 내부의 폭발로 인해 외부의 가연성 물질이 점화될 수 없도록 안전간극을 사용한 구조로, 폭발화염이 외부로 유출되지 않도록 하기 위해서 내부에서 폭발할 경우 그 압력에 견뎌야 하며, 외함 표면온도가 주위의 가연성 가스에 점화하지 않아야 한다.

정답 ③

73
온도조절용 바이메탈과 온도 퓨즈가 회로에 조합되어 있는 다리미를 사용한 가정에서 화재가 발생했다. 다리미에 부착되어 있던 바이메탈과 온도 퓨즈를 대상으로 화재사고를 분석하려 하는데 논리기호를 사용하여 표현하고자 한다. 어느 기호가 적당한가?(단, 바이메탈의 작동과 온도 퓨즈가 끊어졌을 경우를 0, 그렇지 않을 경우를 1이라 한다)

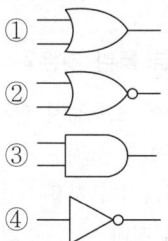

해설
바이메탈과 온도 퓨즈가 전부 고장 났을 경우 화재가 발생함으로 AND 게이트이다.

정답 ③

74
화염일주한계에 대한 설명으로 옳은 것은?

① 폭발성 가스와 공기의 혼합기에 온도를 높인 경우 화염이 발생할 때까지의 시간 한계치
② 폭발성 분위기에 있는 용기의 접합면 틈새를 통해 화염이 내부에서 외부로 전파되는 것을 저지할 수 있는 틈새의 최대 간격치
③ 폭발성 분위기 속에서 전기불꽃에 의하여 폭발을 일으킬 수 있는 화염을 발생시키기에 충분한 교류파형의 1주기치
④ 방폭설비에서 이상이 발생하여 불꽃이 생성된 경우에 그것이 점화원으로 작용하지 않도록 화염의 에너지를 억제하여 폭발하한계로 되도록 화염 크기를 조정하는 한계치

해설
화염일주한계 : 용기의 접합면 틈새를 통해 화염이 내부에서 외부로 전파되는 것을 저지할 수 있는 틈새의 최대 간격치를 뜻한다.

정답 ②

75
폭발위험이 있는 장소의 설정 및 관리와 가장 관계가 먼 것은?

① 인화성 액체의 증기 사용
② 가연성 가스의 제조
③ 가연성 분진 제조
④ 종이 등 가연성 물질 취급

해설
폭발위험이 있는 장소의 설정 및 관리(산업안전보건기준에 관한 규칙 제230조)
• 인화성 액체의 증기나 인화성 가스 등을 제조·취급 또는 사용하는 장소
• 인화성 고체를 제조·사용하는 장소

정답 ④

76 인체의 표면적이 0.5m²이고, 정전용량은 0.02 pF/cm²이다. 3,300V의 전압이 인가되어 있는 전선에 접근하여 작업을 할 때 인체에 축적되는 정전기 에너지(J)는?

① 5.445×10^{-2}
② 5.445×10^{-4}
③ 2.723×10^{-2}
④ 2.723×10^{-4}

해설

$$E = \frac{1}{2}CV^2(J)$$
$$= \frac{1}{2} \times (0.02 \times 10^{-12}) \times 0.5 \times 100^2 \times 3,300^2$$
$$= 5.445 \times 10^{-4}(J)$$

※ 0.5 뒤에 100²를 곱하는 이유는 cm² 단위로 변환하여 계산하기 위함이다.

정답 ②

77 제3종 접지공사를 시설하여야 하는 장소가 아닌 것은?

① 금속 몰드 배선에 사용하는 몰드
② 고압계기용 변압기의 2차측 전로
③ 고압용 금속제 케이블 트레이 계통의 금속 트레이
④ 400V 미만의 저압용 기계·기구의 철대 및 금속제 외함

해설

※ 출제 당시 정답은 ③이었으나, 전기설비기술기준의 판단기준의 폐지로 인해 정답없음 처리하였습니다.

정답 정답없음

78 전자파 중에서 광량자 에너지가 가장 큰 것은?

① 극저주파
② 마이크로파
③ 가시광선
④ 적외선

해설

광량자 에너지 크기
자외선 > 가시광선 > 적외선 > 마이크로파 > 극저주파

정답 ③

79 다음 중 폭발위험장소에 전기설비를 설치할 때 전기적인 방호조치로 적절하지 않은 것은?

① 다상 전기기기는 결상운전으로 인한 과열방지 조치를 한다.
② 배선은 단락·지락사고 시의 영향과 과부하로부터 보호한다.
③ 자동차단이 점화의 위험보다 클 때는 경보장치를 사용한다.
④ 단락보호장치는 고장상태에서 자동복구되도록 한다.

해설

④ 단락보호장치는 고장상태에서 자동재폐로가 되지 말아야 한다.

정답 ④

80 감전사고 방지대책으로 틀린 것은?

① 설비의 필요한 부분에 보호접지 실시
② 노출된 충전부에 통전망 설치
③ 안전전압 이하의 전기기기 사용
④ 전기기기 및 설비의 정비

해설

② 노출된 충전부에는 절연능력이 있는 방호장치를 설치하여야 한다.

정답 ②

제5과목 화학설비위험 방지기술

81. 다음 관(Pipe) 부속품 중 관로의 방향을 변경하기 위하여 사용하는 부속품은?

① 니플(nipple) ② 유니언(union)
③ 플랜지(flange) ④ 엘보(elbow)

해설

용도에 따른 피팅류

용도	관 부속품
두 개의 관을 연결할 때	플랜지, 유니언, 커플링, 니플, 소켓
관로의 방향을 바꿀 때	엘보, Y지관, 티형, 십자형

정답 ④

82. 산업안전보건기준에 관한 규칙상 국소배기장치의 후드 설치 기준이 아닌 것은?

① 유해물질이 발생하는 곳마다 설치할 것
② 후드의 개구부 면적은 가능한 한 크게 할 것
③ 외부식 또는 리시버식 후드는 해당 분진 등의 발산원에 가장 가까운 위치에 설치할 것
④ 후드 형식은 가능하면 포위식 또는 부스식 후드를 설치할 것

해설

후드(산업안전보건기준에 관한 규칙 제72조)
사업주는 인체에 해로운 분진, 흄(fume, 열이나 화학반응에 의하여 형성된 고체증기가 응축되어 생긴 미세입자), 미스트(mist, 공기 중에 떠다니는 작은 액체 방울), 증기 또는 가스 상태의 물질(이하 분진 등)을 배출하기 위하여 설치하는 국소배기장치의 후드가 다음의 기준에 맞도록 하여야 한다.
• 유해물질이 발생하는 곳마다 설치할 것
• 유해인자의 발생 형태와 비중, 작업방법 등을 고려하여 해당 분진 등의 발산원(發散源)을 제어할 수 있는 구조로 설치할 것
• 후드(hood) 형식은 가능하면 포위식 또는 부스식 후드를 설치할 것
• 외부식 또는 리시버식 후드는 해당 분진 등의 발산원에 가장 가까운 위치에 설치할 것

정답 ②

83. 산업안전보건기준에 관한 규칙에 따르면 쥐에 대한 경구투입실험에 의하여 실험동물의 50%를 사망시킬 수 있는 물질의 양, 즉 LD₅₀(경구, 쥐)이 kg당 몇 mg-(체중) 이하인 화학물질이 급성 독성 물질에 해당하는가?

① 25 ② 100
③ 300 ④ 500

해설

위험물질의 종류 – 급성 독성물질(산업안전보건기준에 관한 규칙 별표 1)
쥐에 대한 경구투입실험에 의하여 실험동물의 50%를 사망시킬 수 있는 물질의 양, 즉 LD₅₀(경구, 쥐)이 kg당 300mg-(체중) 이하인 화학물질

정답 ③

84. 반응성 화학물질의 위험성은 실험에 의한 평가 대신 문헌조사 등을 통해 계산에 의해 평가하는 방법을 사용할 수 있다. 이에 관한 설명으로 옳지 않은 것은?

① 위험성이 너무 커서 물성을 측정할 수 없는 경우 계산에 의한 평가 방법을 사용할 수도 있다.
② 연소열, 분해열, 폭발열 등의 크기에 의해 그 물질의 폭발 또는 발화의 위험예측이 가능하다.
③ 계산에 의한 평가를 하기 위해서는 폭발 또는 분해에 따른 생성물의 예측이 이루어져야 한다.
④ 계산에 의한 위험성 예측은 모든 물질에 대해 정확성이 있으므로 더 이상의 실험을 필요로 하지 않는다.

해설

④ 계산에 의한 위험성 예측은 모든 물질에 대해서 정확성이 있는 것이 아니므로 실험이 필요하다.

정답 ④

85
압축기와 송풍의 관로에 심한 공기의 맥동과 진동을 발생하면서 불안정한 운전이 되는 서징(surging) 현상의 방지법으로 옳지 않은 것은?

① 풍량을 감소시킨다.
② 배관의 경사를 완만하게 한다.
③ 교축밸브를 기계에서 멀리 설치한다.
④ 토출가스를 흡입측에 바이패스시키거나 방출밸브에 의해 대기로 방출시킨다.

해설
③ 교축밸브를 기계 가깝게 설치한다.

정답 ③

86
다음 중 독성이 가장 강한 가스는?

① NH_3 ② $COCl_2$
③ $C_6H_5CH_3$ ④ H_2S

해설
② $COCl_2$: TWA 0.1ppm으로 독성이 강하다.
시간가중평균노출기준(TWA)(화학물질 및 물리적 인자의 노출기준 별표 1)
• $COCl_2$(포스겐) : 0.1ppm
• NH_3(암모니아) : 25ppm
• $C_6H_5CH_3$(톨루엔) : 50ppm
• H_2S(황화수소) : 10ppm

정답 ②

87
다음 중 분해폭발의 위험성이 있는 아세틸렌의 용제로 가장 적절한 것은?

① 에테르 ② 에틸알코올
③ 아세톤 ④ 아세트알데하이드

해설
아세틸렌의 용제로는 아세톤이 사용된다.

정답 ③

88
분진폭발의 발생순서로 옳은 것은?

① 비산 → 분산 → 퇴적분진 → 발화원 → 2차 폭발 → 전면폭발
② 비산 → 퇴적분진 → 분산 → 발화원 → 2차 폭발 → 전면폭발
③ 퇴적분진 → 발화원 → 분산 → 비산 → 전면폭발 → 2차 폭발
④ 퇴적분진 → 비산 → 분산 → 발화원 → 전면폭발 → 2차 폭발

해설
분진폭발 발생순서
퇴적분진 → 비산 → 분산 → 발화원 → 전면폭발 → 2차 폭발

정답 ④

89
폭발방호대책 중 이상 또는 과잉압력에 대한 안전장치로 볼 수 없는 것은?

① 안전 밸브(safety valve)
② 릴리프 밸브(relief valve)
③ 파열판(bursting sisk)
④ 플레임 어레스터(flame arrester)

해설
화염방지기의 설치 등(산업안전보건기준에 관한 규칙 제269조)
사업주는 인화성 액체 및 인화성 가스를 저장·취급하는 화학설비에서 증기나 가스를 대기로 방출하는 경우에는 외부로부터의 화염을 방지하기 위하여 화염방지기를 그 설비 상단에 설치해야 한다. 다만, 대기로 연결된 통기관에 화염방지 기능이 있는 통기밸브가 설치되어 있거나, 인화점이 38℃ 이상 60℃ 이하인 인화성 액체를 저장·취급할 때에 화염방지 기능을 가지는 인화방지망을 설치한 경우에는 그렇지 않다.
※ 플레임 어레스터(flame arrester) = 화염방지기

정답 ④

90
다음 인화성 가스 중 가장 가벼운 물질은?

① 아세틸렌   ② 수소
③ 뷰테인   ④ 에틸렌

해설
원자번호 1번인 수소가 가장 가벼운 물질이다.

정답 ②

91
가연성 가스 및 증기의 위험도에 따른 방폭전기기기의 분류로 폭발등급을 사용하는데, 이러한 폭발등급을 결정하는 것은?

① 발화도   ② 화염일주한계
③ 폭발한계   ④ 최소 발화에너지

해설
폭발등급 – 최대 안전틈새에 의한 분류

폭발성 가스의 분류	A	B	C
최대 안전틈새	0.9mm 이상	0.5mm 초과 0.9mm 미만	0.5mm 이하
내압 방폭구조 전기기기의 분류	ⅡA	ⅡB	ⅡC

※ 화염일주한계 = 안전간격 = 최대 안전틈새

정답 ②

92
다음 중 메타인산(HPO_3)에 의한 소화효과를 가진 분말소화약제의 종류는?

① 제1종 분말소화약제
② 제2종 분말소화약제
③ 제3종 분말소화약제
④ 제4종 분말소화약제

해설
분말소화기
- 제1종 분말 : 탄산수소나트륨
- 제2종 분말 : 탄산수소칼륨
- 제3종 분말 : 제1인산암모늄
- 제4종 분말 : 탄산수소칼륨 + 요소

정답 ③

93
다음 중 파열판에 관한 설명으로 틀린 것은?

① 압력 방출속도가 빠르다.
② 한번 파열되면 재사용할 수 없다.
③ 한번 부착한 후에는 교환할 필요가 없다.
④ 높은 점성의 슬러리나 부식성 유체에 적용할 수 있다.

해설
파열판이 파열되는 경우에 교체하여야 하며 파열되지 않더라도 노후화(부식 등)에 따라 기능을 적절히 할 수 있도록 주기적으로 확인 및 교체하여야 한다.

정답 ③

94
공기 중에서 폭발범위가 12.5~74vol%인 일산화탄소의 위험도는 얼마인가?

① 4.92   ② 5.26
③ 6.26   ④ 7.05

해설

$$H(\text{위험도}) = \frac{U(\text{폭발상한계}) - L(\text{폭발하한계})}{L}$$

$$= \frac{74 - 12.5}{12.5}$$

$$= 4.92$$

정답 ①

95

산업안전보건법령에 따라 유해하거나 위험한 설비의 설치·이전 또는 주요 구조 부분의 변경공사 시 공정안전보고서의 제출 시기는 착공일 며칠 전까지 관련기관에 제출하여야 하는가?

① 15일 ② 30일
③ 60일 ④ 90일

해설

공정안전보고서의 제출 시기(산업안전보건법 시행규칙 제51조)
사업주는 유해하거나 위험한 설비의 설치·이전 또는 주요 구조 부분의 변경공사 착공일 30일 전까지 공정안전보고서를 2부 작성하여 공단에 제출해야 한다.

정답 ②

97

프로페인(C_3H_8)의 연소에 필요한 최소산소농도의 값은 약 얼마인가?(단, 프로페인의 폭발하한은 Jone식에 의해 추산한다)

① 8.1%v/v ② 11.1%v/v
③ 15.1%v/v ④ 20.1%v/v

해설

- 프로페인가스 연소 : $C_3H_8 + 5O_2 \rightarrow 3CO_2 + 4H_2O$
  (프로페인 1몰, 산소 5몰, 이산화탄소 3몰, 물 4몰)
- 폭발하한계(Jone's식) : $0.55\,C_{st}$

$$C_{st} = \frac{100}{1 + 4.773\left(3 + \frac{8}{4}\right)} = 4.02(\text{vol}\%)$$

프로페인 폭발하한계 $= 0.55 \times 4.02 = 2.211$

- MOC 농도 : 폭발하한계 $\times \dfrac{\text{산소의 몰수}}{\text{연료의 몰수}}$ (vol%)

$$= 2.211 \times \frac{5}{1} \fallingdotseq 11.1(\text{vol}\%)$$

정답 ②

96

소화약제 IG-100의 구성성분은?

① 질소 ② 산소
③ 이산화탄소 ④ 수소

해설

불연성·불활성 기체 혼합가스 소화약제와 화학식(할로겐화합물 및 불활성 기체 소화설비의 화재안전성능기준 제4조)
불연성·불활성기체혼합가스(IG-100) : N_2(질소)

정답 ①

98

다음 중 물과 반응하여 아세틸렌을 발생시키는 물질은?

① Zn ② Mg
③ Al ④ CaC_2

해설

$CaC_2 + 2H_2O = Ca(OH)_2 + C_2H_2$
(탄화칼슘) (물) (수산화칼슘) (아세틸렌)

정답 ④

99.

메테인 1vol%, 헥산 2vol%, 에틸렌 2vol%, 공기 95vol%로 된 혼합가스의 폭발하한계값(vol%)은 약 얼마인가?(단, 메테인, 헥산, 에틸렌의 폭발하한계값은 각각 5.0, 1.1, 2.7vol%이다)

① 1.8
② 3.5
③ 12.8
④ 21.7

해설

폭발하한계값

$$L = \frac{V_1 + V_2 + V_3 + \cdots}{\dfrac{V_1}{L_1} + \dfrac{V_2}{L_2} + \dfrac{V_3}{L_3} + \cdots}$$

$$= \frac{1+2+2}{\dfrac{1}{5.0} + \dfrac{2}{1.1} + \dfrac{2}{2.7}} = 1.81(\text{vol}\%)$$

정답 ①

100.

가열·마찰·충격 또는 다른 화학물질과의 접촉 등으로 인하여 산소나 산화제의 공급이 없더라도 폭발 등 격렬한 반응을 일으킬 수 있는 물질은?

① 에틸알코올
② 인화성 고체
③ 나이트로화합물
④ 테레핀유

해설

폭발성 물질 및 유기과산화물(산업안전보건기준에 관한 규칙 별표 1)
- 질산에스테르류
- 나이트로화합물
- 나이트로소화합물
- 아조화합물
- 다이아조화합물
- 하이드라진 유도체
- 유기과산화물
- 그 밖에 위에 열거한 물질과 같은 정도의 폭발위험이 있는 물질
- 위에 열거한 물질을 함유한 물질

정답 ③

제6과목 건설안전기술

101.

사업주가 유해위험방지계획서 제출 후 건설공사 중 6개월 이내마다 안전보건공단의 확인을 받아야 할 내용이 아닌 것은?

① 유해위험방지계획서의 내용과 실제 공사내용이 부합하는지 여부
② 유해위험방지계획서 변경내용의 적정성
③ 자율안전관리 업체 유해위험방지계획서 제출·심사 면제
④ 추가적인 유해·위험요인의 존재 여부

해설

확인(산업안전보건법 시행규칙 제46조)
- 유해위험방지계획서의 내용과 실제 공사내용이 부합하는지 여부
- 유해위험방지계획서 변경내용의 적정성
- 추가적인 유해·위험요인의 존재 여부

정답 ③

102.

철골공사 시 안전작업방법 및 준수사항으로 옳지 않은 것은?

① 강풍, 폭우 등과 같은 악천우 시에는 작업을 중지하여야 하며 특히 강풍 시에는 높은 곳에 있는 부재나 공구류가 낙하비래하지 않도록 조치하여야 한다.
② 철골부재 반입 시 시공순서가 빠른 부재는 상단부에 위치하도록 한다.
③ 구명줄 설치 시 마닐라 로프 직경 10mm를 기준하여 설치하고 작업방법을 충분히 검토하여야 한다.
④ 철골보의 두 곳을 매어 인양시킬 때 와이어로프의 내각은 60° 이하이어야 한다.

해설

① 철골공사 표준안전작업지침 제4조
② 철골공사 표준안전작업지침 제8조
④ 철골공사 표준안전작업지침 제11조
구명줄 설치에 관한 사항(철골공사 표준안전작업지침 제16조)
구명줄을 설치할 경우에는 1가닥의 구명줄을 여러 명이 동시에 사용하지 않도록 하여야 하며 구명줄을 마닐라로프 직경 16mm를 기준하여 설치하고 작업방법을 충분히 검토하여야 한다.

정답 ③

103. 지면보다 낮은 땅을 파는 데 적합하고 수중굴착도 가능한 굴착기계는?

① 백호
② 파워셔블
③ 가이데릭
④ 파일드라이버

해설
백호 : 기계가 서 있는 지면보다 낮은 장소의 굴착에도 적당하고 수중굴착도 가능한 굴착기계를 말한다.

정답 ①

104. 산업안전보건법령에 따른 지반의 종류별 굴착면의 기울기 기준으로 옳지 않은 것은?

① 보통 흙 습지 – 1:1~1:1.5
② 보통 흙 건지 – 1:0.3~1:1
③ 풍화암 – 1:0.8
④ 연암 – 1:0.5

해설
※ 출제 당시 정답은 ②였으나, 산업안전보건기준에 관한 규칙 개정(23.11.14)으로 인해 문제가 성립되지 않아 정답없음 처리하였습니다.
굴착면의 기울기 기준(산업안전보건기준에 관한 규칙 별표 11)

지반의 종류	굴착면의 기울기
모래	1:1.8
연암 및 풍화암	1:1.0
경암	1:0.5
그 밖의 흙	1:1.2

정답 정답없음

105. 콘크리트 타설 시 거푸집 측압에 관한 설명으로 옳지 않은 것은?

① 기온이 높을수록 측압은 크다.
② 타설속도가 클수록 측압은 크다.
③ 슬럼프가 클수록 측압은 크다.
④ 다짐이 과할수록 측압은 크다.

해설
① 콘크리트의 온도가 높을 경우 측압이 낮아진다.

정답 ①

106. 강관비계의 수직 방향 벽이음 조립간격(m)으로 옳은 것은?(단, 틀비계이며 높이가 5m 이상일 경우)

① 2m
② 4m
③ 6m
④ 9m

해설
강관비계의 조립간격(산업안전보건기준에 관한 규칙 별표 5)

강관비계의 종류	조립간격(m)	
	수직 방향	수평 방향
단관비계	5	5
틀비계(높이가 5m 미만인 것은 제외한다)	6	8

정답 ③

107. 굴착과 실기를 동시에 할 수 있는 토공기계가 아닌 것은?

① power shovel
② tractor shovel
③ back hoe
④ motor grader

해설
motor grader(모터그레이더, 땅고르는 기계) : 노면을 평탄하게 깎아내고 비탈면을 절삭하는 작업에 사용된다.

정답 ④

108. 구축물에 안전진단 등 안전성 평가를 실시하여 근로자에게 미칠 위험성을 미리 제거하여야 하는 경우가 아닌 것은?

① 구축물 또는 이와 유사한 시설물의 인근에서 굴착·항타작업 등으로 침하·균열 등이 발생하여 붕괴의 위험이 예상될 경우
② 구조물, 건축물, 그 밖의 시설물이 그 자체의 무게·적설·풍압 또는 그 밖에 부가되는 하중 등으로 붕괴 등의 위험이 있을 경우
③ 화재 등으로 구축물 또는 이와 유사한 시설물의 내력(耐力)이 심하게 저하되었을 경우
④ 구축물의 구조체가 안전측으로 과도하게 설계가 되었을 경우

해설

※ 법 개정(23.11.14)에 따라 일부 용어가 변경되었음을 알려드립니다.

구축물 등의 안전성 평가(산업안전보건기준에 관한 규칙 제52조)
사업주는 구축물 등이 다음 어느 하나에 해당하는 경우에는 구축물 등에 대한 구조검토, 안전진단 등의 안전성 평가를 하여 근로자에게 미칠 위험성을 미리 제거해야 한다.
• 구축물 등의 인근에서 굴착·항타작업 등으로 침하·균열 등이 발생하여 붕괴의 위험이 예상될 경우
• 구축물 등에 지진, 동해(凍害), 부동침하(不同沈下) 등으로 균열·비틀림 등이 발생하였을 경우
• 구조물 등이 그 자체의 무게·적설·풍압 또는 그 밖에 부가되는 하중 등으로 붕괴 등의 위험이 있을 경우
• 화재 등으로 구축물 등의 내력(耐力)이 심하게 저하되었을 경우
• 오랜 기간 사용하지 아니하던 구축물 등을 재사용하게 되어 안전성을 검토하여야 하는 경우
• 구축물 등의 주요 구조부에 대한 설계 및 시공 방법의 전부 또는 일부를 변경하는 경우
• 그 밖의 잠재위험이 예상될 경우
※ 구축물 등 : 구축물, 건축물, 그 밖의 시설물 등

정답 ④

109. 다음 중 방망사의 폐기 시 인장강도에 해당하는 것은?(단, 그물코의 크기는 10cm이며 매듭 없는 방망의 경우임)

① 50kg ② 100kg
③ 150kg ④ 200kg

해설

방망사의 폐기 시 인장강도(추락재해방지 표준안전작업지침 제5조)

그물코의 크기(cm)	방망의 종류(kg)	
	매듭 없는 방망	매듭 방망
10	150	135
5		60

정답 ③

110. 작업장에 계단 및 계단참을 설치하는 경우 매 m² 당 최소 몇 kg 이상의 하중에 견딜 수 있는 강도를 가진 구조로 설치하여야 하는가?

① 300kg ② 400kg
③ 500kg ④ 600kg

해설

계단의 강도(산업안전보건기준에 관한 규칙 제26조)
사업주는 계단 및 계단참을 설치하는 경우 매 m²당 500kg 이상의 하중에 견딜 수 있는 강도를 가진 구조로 설치하여야 하며, 안전율(안전의 정도를 표시하는 것으로서 재료의 파괴응력도(破壞應力度)와 허용응력도(許容應力度)의 비율을 말한다)은 4 이상으로 하여야 한다.

정답 ③

111
굴착공사에서 비탈면 또는 비탈면 하단을 성토하여 붕괴를 방지하는 공법은?

① 배수공
② 배토공
③ 공작물에 의한 방지공
④ 압성토공

해설

압성토 공법: 흙을 쌓을 때 흙의 중량으로 지반이 눌려 침하해 비탈끝 근처의 지반이 올라오게 되는데, 이를 방지하기 위해 비탈끝 근처에 흙을 추가로 쌓는 공법을 말한다.

정답 ④

112
공정률이 65%인 건설현장의 경우 공사진척에 따른 산업안전보건관리비의 최소 사용기준으로 옳은 것은?(단, 공정률은 기성공정률을 기준으로 함)

① 40% 이상
② 50% 이상
③ 60% 이상
④ 70% 이상

해설

공사진척에 따른 안전관리비 사용기준(건설업 산업안전 보건관리비 계상 및 사용기준 별표 3)

공정률	50% 이상 70% 미만	70% 이상 90% 미만	90% 이상
사용기준	50% 이상	70% 이상	90% 이상

※ 공정률은 기성공정률을 기준으로 한다.

정답 ②

113
해체공사 시 작업용 기계·기구의 취급 안전기준에 관한 설명으로 옳지 않은 것은?

① 철제해머와 와이어로프의 결속은 경험이 많은 사람으로서 선임된 자에 한하여 실시하도록 하여야 한다.
② 팽창제 천공간격은 콘크리트 강도에 의하여 결정되나 70~120cm 정도를 유지하도록 한다.
③ 쐐기 타입으로 해체 시 천공구멍은 타입기 삽입부분의 직경과 거의 같아야 한다.
④ 화염방사기로 해체작업 시 용기 내 압력은 온도에 의해 상승하기 때문에 항상 40℃ 이하로 보존해야 한다.

해설

① 해체공사 표준안전작업지침 제5조
③ 해체공사 표준안전작업지침 제11조
④ 해체공사 표준안전작업지침 제12조

팽창제(해체공사 표준안전작업지침 제8조)
광물의 수화반응에 의한 팽창압을 이용하여 파쇄하는 공법으로 다음의 사항을 준수하여야 한다.
- 팽창제와 물과의 시방 혼합비율을 확인하여야 한다.
- 천공직경이 너무 작거나 크면 팽창력이 작아 비효율적이므로, 천공 직경은 30 내지 50mm 정도를 유지하여야 한다.
- 천공간격은 콘크리트 강도에 의하여 결정되나 30 내지 70cm 정도를 유지하도록 한다.
- 팽창제를 저장하는 경우에는 건조한 장소에 보관하고 직접 바닥에 두지 말고 습기를 피하여야 한다.
- 개봉된 팽창제는 사용하지 말아야 하며 쓰다 남은 팽창제 처리에 유의하여야 한다.

정답 ②

114. 가설통로의 설치에 관한 기준으로 옳지 않은 것은?

① 경사는 30° 이하로 한다.
② 건설공사에 사용하는 높이 8m 이상인 비계다리에는 7m 이내마다 계단참을 설치한다.
③ 작업상 부득이한 경우에는 필요한 부분에 한하여 안전난간을 임시로 해체할 수 있다.
④ 수직갱에 가설된 통로의 길이가 10m 이상인 경우에는 5m 이내마다 계단참을 설치한다.

해설
가설통로의 구조(산업안전보건기준에 관한 규칙 제23조)
• 견고한 구조로 할 것
• 경사는 30° 이하로 할 것. 다만, 계단을 설치하거나 높이 2m 미만의 가설통로로서 튼튼한 손잡이를 설치한 경우에는 그러하지 아니하다.
• 경사가 15°를 초과하는 경우에는 미끄러지지 아니하는 구조로 할 것
• 추락할 위험이 있는 장소에는 안전난간을 설치할 것. 다만, 작업상 부득이한 경우에는 필요한 부분만 임시로 해체할 수 있다.
• 수직갱에 가설된 통로의 길이가 15m 이상인 경우에는 10m 이내마다 계단참을 설치할 것
• 건설공사에 사용하는 높이 8m 이상인 비계다리에는 7m 이내마다 계단참을 설치할 것

정답 ④

115. 작업으로 인하여 물체가 떨어지거나 날아올 위험이 있는 경우 필요한 조치와 가장 거리가 먼 것은?

① 투하설비 설치
② 낙하물 방지망 설치
③ 수직보호망 설치
④ 출입금지구역 설정

해설
낙하물에 의한 위험의 방지(산업안전보건기준에 관한 규칙 제14조)
사업주는 작업으로 인하여 물체가 떨어지거나 날아올 위험이 있는 경우 낙하물 방지망, 수직보호망 또는 방호선반의 설치, 출입금지구역의 설정, 보호구의 착용 등 위험을 방지하기 위하여 필요한 조치를 하여야 한다.

정답 ①

116. 다음은 안전대와 관련된 설명이다. 아래 내용에 해당되는 용어로 옳은 것은?

> 로프 또는 레일 등과 같은 유연하거나 단단한 고정줄로서 추락 발생 시 추락을 저지시키는 추락방지대를 지탱해 주는 줄 모양의 부품

① 안전블록
② 수직구명줄
③ 죔줄
④ 보조죔줄

해설
정의(보호구 안전인증 고시 제26조)
• 수직구명줄이란 로프 또는 레일 등과 같은 유연하거나 단단한 고정줄로서 추락 발생 시 추락을 저지시키는 추락방지대를 지탱해 주는 줄 모양의 부품을 말한다.
• 안전블록이란 안전그네와 연결하여 추락 발생 시 추락을 억제할 수 있는 자동잠김장치가 갖추어져 있고 죔줄이 자동적으로 수축되는 장치를 말한다.
• 죔줄이란 벨트 또는 안전그네를 구명줄 또는 구조물 등 그 밖의 걸이설비와 연결하기 위한 줄 모양의 부품을 말한다.
• 보조죔줄이란 안전대를 U자걸이로 사용할 때 U자걸이를 위해 훅 또는 카라비너를 지탱벨트의 D링에 걸거나 떼어낼 때 잘못하여 추락하는 것을 방지하기 위한 링과 걸이설비 연결에 사용하는 훅 또는 카라비너를 갖춘 줄 모양의 부품을 말한다.

정답 ②

117. 크레인의 운전실 또는 운전대를 통하는 통로의 끝과 건설물 등의 벽체의 간격은 최대 얼마 이하로 하여야 하는가?

① 0.2m
② 0.3m
③ 0.4m
④ 0.5m

해설
건설물 등의 벽체와 통로의 간격 등(산업안전보건기준에 관한 규칙 제145조)
사업주는 다음의 간격을 0.3m 이하로 하여야 한다. 다만, 근로자가 추락할 위험이 없는 경우에는 그 간격을 0.3m 이하로 유지하지 아니할 수 있다.
• 크레인의 운전실 또는 운전대를 통하는 통로의 끝과 건설물 등의 벽체의 간격
• 크레인 거더(girder)의 통로 끝과 크레인 거더의 간격
• 크레인 거더의 통로로 통하는 통로의 끝과 건설물 등의 벽체의 간격

정답 ②

118 달비계의 최대 적재하중을 정하는 경우 그 안전계수 기준으로 옳지 않은 것은?

① 달기 와이어로프 및 달기 강선의 안전계수 : 10 이상
② 달기 체인 및 달기 훅의 안전계수 : 5 이상
③ 달기 강대와 달비계의 하부 및 상부 지점의 안전계수 : 강재의 경우 3 이상
④ 달기 강대와 달비계의 하부 및 상부 지점의 안전계수 : 목재의 경우 5 이상

해설

※ 출제 당시 정답은 ③이었으나, 산업안전보건기준에 관한 규칙 제55조의 개정(24.06.28)으로 해당 내용이 삭제되어 문제가 성립되지 않아 정답없음 처리하였습니다.

정답 정답없음

119 달비계에 사용이 불가한 와이어로프의 기준으로 옳지 않은 것은?

① 이음매가 있는 것
② 와이어로프의 한 꼬임에서 끊어진 소선의 수가 7% 이상인 것
③ 지름의 감소가 공칭지름의 7%를 초과하는 것
④ 심하게 변형되거나 부식된 것

해설

달비계의 구조(산업안전보건기준에 관한 규칙 제63조)
다음 어느 하나에 해당하는 와이어로프를 달비계에 사용해서는 아니 된다.
- 이음매가 있는 것
- 와이어로프의 한 꼬임(스트랜드(strand)를 말한다. 이하 같다)에서 끊어진 소선(素線)(필러(pillar)선은 제외한다)의 수가 10% 이상(비자전 로프의 경우에는 끊어진 소선의 수가 와이어로프 호칭지름의 6배 길이 이내에서 4개 이상이거나 호칭지름 30배 길이 이내에서 8개 이상)인 것
- 지름의 감소가 공칭지름의 7%를 초과하는 것
- 꼬인 것
- 심하게 변형되거나 부식된 것
- 열과 전기충격에 의해 손상된 것

정답 ②

120 흙막이 지보공을 설치하였을 때 정기적으로 점검하여 이상 발견 시 즉시 보수하여야 할 사항이 아닌 것은?

① 굴착 깊이의 정도
② 버팀대의 긴압 정도
③ 부재의 접속부·부착부 및 교차부의 상태
④ 부재의 손상·변형·부식·변위 및 탈락의 유무와 상태

해설

붕괴 등의 위험방지(산업안전보건기준에 관한 규칙 제347조)
사업주는 흙막이 지보공을 설치하였을 때에는 정기적으로 다음의 사항을 점검하고 이상을 발견하면 즉시 보수하여야 한다.
- 부재의 손상·변형·부식·변위 및 탈락의 유무와 상태
- 버팀대의 긴압(緊壓) 정도
- 부재의 접속부·부착부 및 교차부의 상태
- 침하 정도

정답 ①

2020년 제3회 과년도 기출문제

Add+ 산업안전기사 기출(복원)문제

제1과목 안전관리론

01 산업안전보건법령상 안전·보건표지의 색채와 사용사례의 연결로 틀린 것은?

① 노란색 – 정지신호, 소화설비 및 그 장소, 유해 행위의 금지
② 파란색 – 특정 행위의 지시 및 사실의 고지
③ 빨간색 – 화학물질 취급장소에서의 유해·위험경고
④ 녹색 – 비상구 및 피난소, 사람 또는 차량의 통행표지

해설
① 노란색(경고) : 화학물질 취급장소에서의 유해·위험경고 이외의 위험경고, 주의표지 또는 기계방호물 (산업안전보건법 시행규칙 별표 8)

정답 ①

02 파블로프(Pavlov)의 조건반사설에 의한 학습이론의 원리가 아닌 것은?

① 일관성의 원리
② 계속성의 원리
③ 준비성의 원리
④ 강도의 원리

해설
파블로브의 조건반사설
• 일관성의 원리
• 계속성의 원리
• 강도의 원리
• 시간의 원리

정답 ③

03 허즈버그(Herzberg)의 위생-동기이론에서 동기요인에 해당하는 것은?

① 감독
② 안전
③ 책임감
④ 작업조건

해설
허즈버그 동기-위생 원칙
• 동기요인(만족요인) : 성취감, 책임감, 안정감, 도전감 등 성장과 발전을 도모하는 동기부여 원칙
• 위생요인(불만족요인) : 회사환경, 작업조건, 급여, 지위 등으로 부족 시 불만족 발생

정답 ③

04 매슬로(Maslow)의 욕구단계 이론 중 제2단계 욕구에 해당하는 것은?

① 자아실현의 욕구
② 안전에 대한 욕구
③ 사회적 욕구
④ 생리적 욕구

해설
매슬로(Maslow)의 인간욕구 5단계
• 1단계 : 생리적 욕구(생존을 위해 필요한 욕구)
• 2단계 : 안전의 욕구(안전한 환경에 대한 욕구)
• 3단계 : 사회적 욕구(애정, 소속감에 대한 욕구)
• 4단계 : 존중에 대한 욕구(존경이나 지위, 명예에 대한 욕구)
• 5단계 : 자아실현의 욕구(자아실현 목적을 이루고자 하는 욕구)

정답 ②

05 다음 중 안전모의 성능시험에 있어서 AE, ABE종에만 한하여 실시하는 시험은?

① 내관통성시험, 충격흡수성시험
② 난연성시험, 내수성시험
③ 난연성시험, 내전압성시험
④ 내전압성시험, 내수성시험

해설

추락 및 감전 위험방지용 안전모의 성능기준(보호구 안전 인증고시 별표 1)
- 내전압성 : AE, ABE
- 내수성 : AE, ABE
- 내관통성 : AE, ABE, AB
- 충격흡수성, 난연성, 턱끈 풀림 : 공통

정답 ④

06 다음 중 안전교육의 기본방향과 가장 거리가 먼 것은?

① 생산성 향상을 위한 교육
② 사고사례 중심의 안전교육
③ 안전작업을 위한 교육
④ 안전의식 향상을 위한 교육

해설

안전교육은 근로자가 안전하게 업무를 수행할 수 있도록 안전의 중요성을 인식시키는 중요한 수단으로, 실제 재해사례 등 사례 중심으로 안전의식을 향상시키기 위한 교육을 시행하여야 한다. 즉, 생산성 향상을 위한 교육은 안전교육의 기본방향과 일치하지 않는다.

정답 ①

07 강도율에 관한 설명 중 틀린 것은?

① 사망 및 영구 전노동 불능(신체장해등급 1~3급)의 근로손실일수는 7,500일로 환산한다.
② 신체장해등급 중 제14급은 근로손실일수를 50일로 환산한다.
③ 영구 일부노동 불능은 신체장해등급에 따른 근로손실일수에 $\dfrac{300}{365}$ 을 곱하여 환산한다.
④ 일시 전노동 불능은 휴업일수에 $\dfrac{300}{365}$ 을 곱하여 근로손실일수를 환산한다.

해설

손실일수의 계산
- 사망, 장해등급 1~3급(영구 전노동 불능) : 7,500일
- 4~14등급(영구 일부노동 불능)
  4등급 : 5,500일, 5등급 : 4,000일, 6등급 : 3,000일,
  7등급 : 2,200일, 8등급 : 1,500일, 9등급 : 1,000일,
  10등급 : 600일, 11등급 : 400일, 12등급 : 200일,
  13등급 : 100일, 14등급 : 50일
- 일시 전노동 불능 근로손실일수 : 휴업일수 × $\dfrac{300}{365}$

정답 ③

08 플리커 검사(flicker test)의 목적으로 가장 적절한 것은?

① 혈중 알코올 농도 측정
② 체내 산소량 측정
③ 작업강도 측정
④ 피로의 정도 측정

해설

④ 인간의 지각기능을 측정하는 검사로서 피로의 정도를 판정한다(값이 낮을수록 피로도는 높다).

정답 ④

09
레빈(Lewin)은 인간의 행동 특성을 다음과 같이 표현하였다. 변수 'E'가 의미하는 것은?

$$B = f(P \cdot E)$$

① 연령　② 성격
③ 환경　④ 지능

해설
레빈의 법칙
- B : Behavior(인간의 행동)
- f : function(함수 관계)
- P : Person(개체 : 연령, 경험, 성격, 지능, 소질 등)
- E : Environment(심리적 환경, 물리적 작업환경, 설비적 결함)

정답 ③

10
하인리히의 재해발생이론이 다음과 같이 표현될 때, α가 의미하는 것으로 옳은 것은?

─보기─
재해의 발생 = 설비적 결함 + 관리적 결함 + α

① 노출된 위험의 상태
② 재해의 직접원인
③ 물적 불안전 상태
④ 잠재된 위험의 상태

해설
하인리히의 재해발생이론
재해의 발생 = 설비적 결함(물적 불안전 상태) + 관리적 결함(인적 불안전 행동) + 잠재된 위험의 상태

정답 ④

11
인간의 동작특성 중 판단과정의 착오요인이 아닌 것은?

① 합리화　② 정서 불안정
③ 작업조건불량　④ 정보부족

해설
② 인지과정 착오요인

정답 ②

12
다음 설명의 학습지도 형태는 어떤 토의법 유형인가?

6-6회의라고도 하며, 6명씩 소집단으로 구분하고, 집단별로 각각의 사회자를 선발하여 6분간씩 자유토의를 행하여 의견을 종합하는 방법

① 포럼(forum)
② 버즈세션(buzz session)
③ 케이스 메소드(case method)
④ 패널 디스커션(panel discussion)

해설
① 포럼(forum) : 새로운 자료나 교재를 제시하고 거기서의 문제점을 피교육자로 하여금 제기하게 하거나 의견을 여러 가지 방법으로 발표하게 하고 다시 깊이 파고들어 토의를 행하는 방법
③ 사례연구법(case method) : 먼저 사례를 제시하고 문제적 사실들과 그의 상호관계에 대해서 검토하고 대책을 토의하는 방법
④ 패널 디스커션(panel discussion) : 피교육자 앞에서 자유로이 토의하고 뒤에 피교육자 전원이 참가하여 사회자의 사회에 따라 토의하는 방법

정답 ②

13
다음 중 브레인스토밍의 4원칙과 가장 거리가 먼 것은?

① 자유로운 비평　② 자유분방한 발언
③ 대량적인 발언　④ 타인 의견의 수정 발언

해설
브레인스토밍 4원칙
- 비판금지 : 의견에 대해 비판이나 평가를 하지 않는다.
- 대량발언 : 어떠한 의견이라도 다양하게 많이 발언한다.
- 자유분방 : 어떠한 의견이라도 자유롭게 발언한다.
- 수정발언 : 타 의견에 대하여 나의 의견을 조합하거나 수정하여 새로운 의견을 발언할 수 있다.

정답 ①

14. 다음 중 산업재해의 원인으로 간접적 원인에 해당되지 않는 것은?

① 기술적 원인
② 물적원인
③ 관리적 원인
④ 교육적 원인

해설

산업재해의 원인
- 재해원인 중 직접원인
  - 물적원인(불안전 상태) : 물질 자체의 결함, 복장 및 보호구의 결함, 작업환경의 결함 등
  - 인적원인(불안전 행동) : 위험장소 접근, 복장 및 보호구의 잘못된 착용, 위험물 취급 부주의 등
- 재해원인 중 간접원인 : 기술적, 관리적, 교육적 원인 등

정답 ②

15. 다음 중 안전교육의 형태 중 OJT(On the Job of Training) 교육에 대한 설명과 가장 거리가 먼 것은?

① 다수의 근로자에게 조직적 훈련이 가능하다.
② 직장의 실정에 맞게 실제적인 훈련이 가능하다.
③ 훈련에 필요한 업무의 지속성이 유지된다.
④ 직장의 직속상사에 의한 교육이 가능하다.

해설

OJT(직장 내 훈련)
- 직장의 실정에 맞게 실제적인 훈련이 가능하다.
- 훈련에 필요한 업무의 지속성이 유지된다.
- 직장 직속상사에 의한 교육이 가능하기 때문에 교육자와 훈련자 간의 상호신뢰 및 이해도가 높다.
- 교육훈련이 현실적이고 실제적으로 시행된다.
- 교육을 위해 특별히 시간과 장소를 마련할 필요가 없다.
- 개개인에게 적절한 지도 훈련이 가능하다.

OFF JT(직장 외 훈련)
- 다수의 훈련자를 대상으로 교육이 가능하다.
- 직장 외에서 훈련(교육)을 수행하기 때문에 훈련자가 교육에 몰입할 수 있다.
- 전문적인 훈련이 가능하며 많은 지식이나 경험을 얻을 수 있다.

정답 ①

16. 산업안전보건법령상 안전보건관리책임자 등에 대한 교육시간 기준으로 틀린 것은?

① 보건관리자, 보건관리전문기관의 종사자 보수교육 : 24시간 이상
② 안전관리자, 안전관리전문기관의 종사자 신규교육 : 34시간 이상
③ 안전보건관리책임자 보수교육 : 6시간 이상
④ 건설재해예방전문지도기관의 종사자 신규교육 : 24시간 이상

해설

안전보건교육 교육과정별 교육시간(산업안전보건법 시행규칙 별표 4)

안전보건관리책임자 등에 대한 교육

교육대상	교육시간	
	신규교육	보수교육
안전보건관리책임자	6시간 이상	6시간 이상
안전관리자, 안전관리전문기관의 종사자	34시간 이상	24시간 이상
보건관리자, 보건관리전문기관의 종사자		
건설재해예방전문지도기관의 종사자		
석면기관의 종사자		
안전보건관리담당자	–	8시간 이상
안전검사기관, 자율안전검사기관의 종사자	34시간 이상	24시간 이상

정답 ④

17 안전점검의 종류 중 태풍, 폭우 등에 의한 침수, 지진 등의 천재지변이 발생한 경우나 이상사태 발생 시 관리자나 감독자가 기계·기구, 설비 등의 기능상 이상 유무에 대하여 점검하는 것은?

① 일상점검　② 정기점검
③ 특별점검　④ 수시점검

해설
안전점검의 종류
- 특별점검 : 비정기적인 점검으로 설비의 신설, 변경, 고장 등이나 재해발생으로 인한 점검, 천재지변 발생 예측점검, 후점검 등이 이에 해당된다.
- 정기점검 : 계획점검의 일종으로 일정 기간마다 정기적으로 실시하는 점검을 말한다.
- 수시점검 : 일상점검으로 매일 작업 전·중·후에 실시하는 점검을 말한다.
- 임시점검 : 일시적인 문제가 발생하였을 때 임시로 하는 점검을 말한다.

정답 ③

18 산업안전보건법령상 안전·보건표지의 종류 중 다음 표지의 명칭은?(단, 마름모 테두리는 빨간색이며, 안의 내용은 검은색이다)

① 폭발성물질 경고
② 산화성물질 경고
③ 부식성물질 경고
④ 급성독성물질 경고

해설
안전보건표지의 종류와 형태(산업안전보건법 시행규칙 별표 6)

폭발성물질 경고	산화성물질 경고	부식성물질 경고

정답 ④

19 재해분석도구 중 재해발생의 유형을 어골상(魚骨像)으로 분류하여 분석하는 것은?

① 파레토도
② 특성요인도
③ 관리도
④ 클로즈 분석

해설
통계적 재해원인 분석방법
- 특성요인도 : 특성과 요인 사이의 관계를 어골형(魚骨形)의 도형으로 나타내어 분석하는 방법이다.
- 파레토도 : 사고의 유형, 기인물 등 분류항목을 항목값이 큰 순서대로 도표화하여 분석하는 방법이다.
- 관리도 : 재해 발생건수 등 추이를 그래프화하여 재해분석 및 관리하는 방법이다.
- 크로스도(cross diagram, 클로즈 분석) : 2개 이상의 문제 관계를 분석하는 데 사용하는 것으로 데이터를 집계하고, 표로 표시하여 요인별 결과 내역을 교차한 그림을 작성하여 분석하는 방법이다.

정답 ②

20 다음 중 재해예방의 4원칙과 관련이 가장 적은 것은?

① 모든 재해의 발생원인은 우연적인 상황에서 발생한다.
② 재해손실은 사고가 발생할 때 사고대상의 조건에 따라 달라진다.
③ 재해예방을 위한 가능한 안전대책은 반드시 존재한다.
④ 재해는 원칙적으로 원인만 제거되면 예방이 가능하다.

해설
재해예방의 4원칙
- 원인연계의 원칙 : 재해발생에는 필연적으로 원인이 존재한다.
- 예방가능의 원칙 : 천재지변을 제외한 모든 재해의 발생은 미연에 방지할 수 있다.
- 손실우연의 법칙 : 재해의 결과(상해 등)는 사고대상의 조건에 따라 달라지므로 재해손실은 우연성에 의해 결정된다.
- 대책선정의 원칙 : 재해예방을 위한 안전대책은 반드시 존재한다.

정답 ①

제2과목 인간공학 및 시스템 안전공학

21 화학설비의 안전성 평가에서 정량적 평가의 항목에 해당되지 않는 것은?

① 훈련
② 조작
③ 취급물질
④ 화학설비용량

해설
정량적 평가
- 화학설비의 용량
- 온도, 압력
- 조작
- 취급물질

정답 ①

22 Sanders와 McCormick의 의자 설계의 일반적인 원칙으로 옳지 않은 것은?

① 요추 후만을 유지한다.
② 조정이 용이해야 한다.
③ 등근육의 정적부하를 줄인다.
④ 디스크가 받는 압력을 줄인다.

해설
의자 설계의 일반적인 원칙
- 요추 전반을 유지한다.
- 쉽게 조절할 수 있어야 한다.
- 등근육의 정적부하를 줄여야 한다.
- 디스크가 받는 압력을 줄인다.
- 자세고정을 줄인다.

정답 ①

23 HAZOP 기법에서 사용하는 가이드워드와 의미가 잘못 연결된 것은?

① no/not - 설계의도의 완전한 부정
② more/less - 정량적인 증가 또는 감소
③ part of - 성질상의 감소
④ other than - 기타 환경적인 요인

해설
HAZOP 용어
- part of : 성질상의 감소
- as well as : 성질상의 증가
- other than : 완전한 대체
- more/less : 정량적인 증가 또는 감소
- no/not : 완전한 부정
- reverse : 설계의도의 논리적인 역

정답 ④

24 후각적 표시장치(olfactory display)와 관련된 내용으로 옳지 않은 것은?

① 냄새와 확산을 제어할 수 없다.
② 시각적 표시장치에 비해 널리 사용되지 않는다.
③ 냄새에 대한 민감도의 개별적 차이가 존재한다.
④ 경보장치로서 실용성이 없기 때문에 사용되지 않는다.

해설
④ 후각을 이용하여 정보를 전송하는 매체로 가스 누출경보 등에 사용된다.

정답 ④

25 직무에 대하여 청각적 자극 제시에 대한 음성 응답을 하도록 할 때 가장 관련 있는 양립성은?

① 공간적 양립성
② 양식 양립성
③ 운동 양립성
④ 개념적 양립성

해설
양식 양립성 : 기계가 특성 음성에 대해 정해진 반응을 하는 것으로 소리의 정보는 말로 반응하거나 시각적인 정보는 손으로 반응

정답 ②

26
NIOSH lifting guideline에서 권장무게한계(RWL) 산출에 사용되는 계수가 아닌 것은?

① 휴식계수
② 수평계수
③ 수직계수
④ 비대칭계수

해설
권장무게한계(RWL) = 23kg × 수평계수 × 수직계수 × 거리계수 × 비대칭계수 × 빈도계수 × 결합계수

정답 ①

27
컴퓨터 스크린상에 있는 버튼을 선택하기 위해 커서를 이동시키는 데 걸리는 시간을 예측하는 데 가장 적합한 법칙은?

① Fitts의 법칙
② Lewin의 법칙
③ Hick의 법칙
④ Weber의 법칙

해설
Fitts의 법칙 : 인간과 컴퓨터의 상호작용과 인간공학 분야에서 인간의 행동에 대해 속도와 정확성의 관계를 설명하는 기본적인 법칙이다.

정답 ①

28
THERP(Technique for Human Error Rate Prediction)의 특징에 대한 설명으로 옳은 것을 모두 고른 것은?

┌─ 보기 ─────────────────┐
│ ㉠ 인간-기계 계(system)에서 여러 가지의 인간의 에러와 이에 의해 발생할 수 있는 위험성의 예측과 개선을 위한 기법
│ ㉡ 인간의 과오를 정성적으로 평가하기 위하여 개발된 기법
│ ㉢ 가지처럼 갈라지는 형태의 논리구조와 나무 형태의 그래프를 이용
└──────────────────────┘

① ㉠, ㉡
② ㉠, ㉢
③ ㉡, ㉢
④ ㉠, ㉡, ㉢

해설
THERP(휴먼에러율 추정법) : 인간의 과오를 정량적으로 평가하기 위해 개발된 기법으로, 인간과 기계 시스템에서 인간의 과오를 통해 발생할 수 있는 위험성의 예측과 개선을 위한 기법이다.

정답 ②

29
인간 에러(human error)에 관한 설명으로 틀린 것은?

① omission error : 필요한 작업 또는 절차를 수행하지 않는 데 기인한 에러
② commission error : 필요한 작업 또는 절차의 수행지연으로 인한 에러
③ extraneous error : 불필요한 작업 또는 절차를 수행함으로써 기인한 에러
④ sequential error : 필요한 작업 또는 절차의 순서 착오로 인한 에러

해설
인간오류(human error)의 행동에 따른 분류
• 생략오류(omission error) : 수행해야 하는 직무나 단계를 수행하지 않음
• 실행오류(commission error) : 수행해야 하는 직무나 순서를 착각하여 잘못 수행
• 과잉행동오류(extraneous error) : 업무를 수행하는 과정에서 불필요한 작업 내지 행동을 함으로써 발생
• 순서오류(sequential error) : 업무를 수행하는 과정에서 순서를 잘못 수행
• 시간지연오류(time error) : 업무를 시간 내에 수행하지 못함

정답 ②

30

눈과 물체의 거리가 23cm, 시선과 직각으로 측정한 물체의 크기가 0.03cm일 때 시각(분)은 얼마인가?(단, 시각은 600 이하이며, radian 단위를 분으로 환산하기 위한 상수값은 57.3과 60을 모두 적용하여 계산하도록 한다)

① 0.001 ② 0.007
③ 4.48   ④ 24.55

해설

시각(분) $= \dfrac{57.3 \times 60 \times H}{D}$

여기서, H : 시각 자극(물체)의 크기(높이)
　　　D : 눈과 물체 사이의 거리

$= \dfrac{57.3 \times 60 \times 0.03}{23}$

$≒ 4.48$

정답 ③

31

산업안전보건기준에 관한 규칙상 '강렬한 소음작업'에 해당하는 기준은?

① 85dB 이상의 소음이 1일 4시간 이상 발생하는 작업
② 85dB 이상의 소음이 1일 8시간 이상 발생하는 작업
③ 90dB 이상의 소음이 1일 4시간 이상 발생하는 작업
④ 90dB 이상의 소음이 1일 8시간 이상 발생하는 작업

해설

강렬한 소음작업(산업안전보건기준에 관한 규칙 제512조)
- 90dB 이상의 소음이 1일 8시간 이상 발생하는 작업
- 95dB 이상의 소음이 1일 4시간 이상 발생하는 작업
- 100dB 이상의 소음이 1일 2시간 이상 발생하는 작업
- 105dB 이상의 소음이 1일 1시간 이상 발생하는 작업
- 110dB 이상의 소음이 1일 30분 이상 발생하는 작업
- 115dB 이상의 소음이 1일 15분 이상 발생하는 작업

정답 ④

32

그림과 같이 FTA로 분석된 시스템에서 현재 모든 기본사상에 대한 부품이 고장 난 상태이다. 부품 X_1부터 부품 X_5까지 순서대로 복구한다면 어느 부품을 수리 완료하는 시점에서 시스템이 정상가동 되는가?

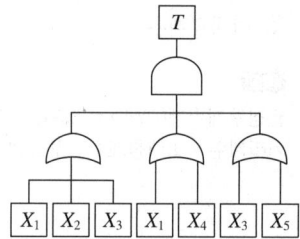

① 부품 X_2 ② 부품 X_3
③ 부품 X_4 ④ 부품 X_5

해설

- 부품 X_3를 수리하게 되는 경우 3개의 OR 게이트가 모두 정상으로 바뀐다(OR 게이트는 요소 중 하나가 정상이면 전체 시스템이 정상이 됨).
- 3개의 OR 게이트가 AND 게이트로 연결되어 있기 때문에 OR 게이트 3개가 모두 정상이면 전체 시스템은 정상이 됨을 알 수 있다.
- 그렇기 때문에 부품 X_3을 수리하는 순간부터 전체 시스템은 정상이 된다.

정답 ②

33. 인간이 기계보다 우수한 기능으로 옳지 않은 것은?(단, 인공지능은 제외한다)

① 암호화된 정보를 신속하게 대량으로 보관할 수 있다.
② 관찰을 통해서 일반화하여 귀납적으로 추리한다.
③ 항공사진의 피사체나 말소리처럼 상황에 따라 변화하는 복잡한 자극의 형태를 식별할 수 있다.
④ 수신 상태가 나쁜 음극선관에 나타나는 영상과 같이 배경 잡음이 심한 경우에도 신호를 인지할 수 있다.

해설

인간과 기계의 정보처리
- 인간의 정보처리
  - 귀납적이며 다양한 문제 처리가 가능하다.
  - 대량의 정보를 장시간 보관할 수 있다.
  - 경험을 통해 향상된다.
- 기계의 정보처리
  - 암호화된 정보를 신속하게 대량으로 보관할 수 있다.
  - 연역적이며 정량적인 처리가 가능하다.
  - 신뢰성 있는 반복작업이 가능하다.

정답 ①

34. 그림과 같이 신뢰도 95%인 펌프 A가 각각 신뢰도 90%인 밸브 B와 밸브 C의 병렬밸브계와 직렬계를 이룬 시스템의 실패확률은 약 얼마인가?

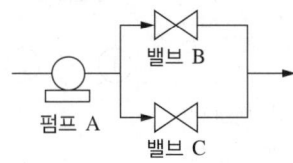

① 0.0091   ② 0.0595
③ 0.9405   ④ 0.9811

해설

- 신뢰도(성공확률) $= A \times [1-(1-B) \times (1-C)]$
  $= 0.95 \times [1-(1-0.9) \times (1-0.9)]$
  $= 0.9405$
- 실패확률 $= 1 - 0.9405$(성공확률)
  $= 0.0595$

정답 ②

35. 보기는 유해위험방지계획서의 제출에 관한 설명이다. ( ) 안에 들어갈 내용으로 옳은 것은?

보기

산업안전보건법령상 "대통령령으로 정하는 사업의 종류 및 규모에 해당하는 사업으로서 해당 제품의 생산 공정과 직접적으로 관련된 건설물·기계·기구 및 설비 등 일체를 설치·이전하거나 그 주요 구조 부분을 변경하려는 경우"에 해당하는 사업주는 유해위험방지계획서에 관련 서류를 첨부하여 해당 작업시작 (㉠)까지 공단에 (㉡)부를 제출하여야 한다.

① ㉠ : 7일 전, ㉡ : 2
② ㉠ : 7일 전, ㉡ : 4
③ ㉠ : 15일 전, ㉡ : 2
④ ㉠ : 15일 전, ㉡ : 4

해설

제출서류 등(산업안전보건법 시행규칙 제42조)
작업시작 15일 전까지 공단에 2부를 제출

정답 ③

36. FTA에서 사용되는 최소 컷셋에 관한 설명으로 옳지 않은 것은?

① 일반적으로 Fussell algorithm을 이용한다.
② 정상사상(top event)을 일으키는 최소한의 집합이다.
③ 반복되는 사건이 많은 경우 Limnios와 Ziani algorithm을 이용하는 것이 유리하다.
④ 시스템에 고장이 발생하지 않도록 하는 모든 사상의 집합이다.

해설

패스셋(path set)
- 시스템의 고장을 일으키지 않는 기본사상들의 집합
- 포함된 기본사상이 일어나지 않을 때 처음으로 정상사상이 일어나지 않는 기본사상들의 집합

최소 컷셋(minimal cut set)
- 시스템의 고장을 일으키는 최소한의 기본사상의 집합
- 정상사상(top event)을 일으키는 최소한의 집합

정답 ④

37. 인간공학을 기업에 적용할 때의 기대효과로 볼 수 없는 것은?

① 노사 간의 신뢰 저하
② 작업손실 시간의 감소
③ 제품과 작업의 질 향상
④ 작업자의 건강 및 안전 향상

해설
인간공학의 기업에서의 기대효과
• 노사 간의 신뢰 구축
• 생산성의 향상
• 작업자의 건강 및 안전 향상
• 제품과 작업의 질 향상
• 산업재해의 감소
• 작업손실 시간의 감소

정답 ①

38. 차폐효과에 대한 설명으로 옳지 않은 것은?

① 차폐음과 배음의 주파수가 가까울 때 차폐효과가 크다.
② 헤어드라이어 소음 때문에 전화 음을 듣지 못한 것과 관련이 있다.
③ 유의적 신호와 배경 소음의 차이를 신호/소음(S/N)비로 나타낸다.
④ 차폐효과는 어느 한 음 때문에 다른 음에 대한 감도가 증가되는 현상이다.

해설
차폐효과는 어느 한 음 때문에 다른 음에 대한 감도가 감소 또는 들리지 않게 되는 현상이다. 헤어드라이어 소음(강한 음) 때문에 전화 음(약한 음)을 듣지 못하는 경우가 이에 해당된다.

정답 ④

39. 설비의 고장과 같이 발생확률이 낮은 사건의 특정 시간 또는 구간에서의 발생횟수를 측정하는 데 가장 적합한 확률분포는?

① 이항분포(binomial distribution)
② 푸아송분포(Poisson distribution)
③ 와이블분포(Weibull distribution)
④ 지수분포(exponential distribution)

해설
푸아송분포 : 어떤 시간이나 장소 등 특정 구간에서 사건이 발생할 횟수의 분포

정답 ②

40. 그림과 같은 FT도에서 $F_1 = 0.015$, $F_2 = 0.02$, $F_3 = 0.05$이면, 정상사상 T가 발생할 확률은 약 얼마인가?

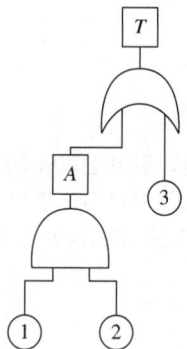

① 0.0002
② 0.0283
③ 0.0503
④ 0.9500

해설
$T = 1 - (1 - A)(1 - ③)$
$\quad = 1 - [1 - (① \times ②)](1 - ③)$
$\quad = 1 - (1 - 0.0003)(1 - 0.05)$
$\quad ≒ 0.0503$
※ 참고 : $① \times ② = 0.015 \times 0.02$

정답 ③

제3과목 기계위험 방지기술

41. 산업안전보건법령상 형삭기(slotter, shaper)의 주요 구조부로 가장 거리가 먼 것은?(단, 수치제어식은 제외)

① 공구대
② 공작물 테이블
③ 램
④ 아버

해설
형삭기의 주요 구조부(위험기계·기구 자율안전확인 고시 제18조)
- 공작물 테이블
- 공구대
- 공구공급장치(수치제어식으로 한정)
- 램

정답 ④

42. 둥근톱기계의 방호장치 중 반발예방장치의 종류로 틀린 것은?

① 분할날
② 반발방지기구(finger)
③ 보조안내판
④ 안전덮개

해설
안전덮개 : 날접촉 예방장치

정답 ④

43. 크레인의 사용 중 하중이 정격을 초과하였을 때 자동적으로 상승이 정지되는 장치는?

① 해지장치
② 이탈방지장치
③ 아웃트리거
④ 과부하방지장치

해설
과부하방지장치 : 크레인 사용 중 하중이 정격을 초과하였을 때 자동으로 상승이 정지되는 장치

정답 ④

44. 산업안전보건법령상 아세틸렌 용접장치를 사용하여 금속의 용접·용단 또는 가열작업을 하는 경우 게이지 압력은 얼마를 초과하는 압력의 아세틸렌을 발생시켜 사용하면 안 되는가?

① 98kPa
② 127kPa
③ 147kPa
④ 196kPa

해설
압력의 제한(산업안전보건기준에 관한 규칙 제285조)
사업주는 아세틸렌 용접장치를 사용하여 금속의 용접·용단 또는 가열작업을 하는 경우에는 게이지 압력이 127kPa을 초과하는 압력의 아세틸렌을 발생시켜 사용해서는 아니 된다.

정답 ②

45. 산업안전보건법령상 컨베이어를 사용하여 작업을 할 때 작업시작 전 점검사항으로 가장 거리가 먼 것은?

① 원동기 및 풀리(pulley) 기능의 이상 유무
② 이탈 등의 방지장치 기능의 이상 유무
③ 유압장치의 기능의 이상 유무
④ 비상정지장치 기능의 이상 유무

해설
작업시작 전 점검사항(산업안전보건기준에 관한 규칙 별표 3)
컨베이어 등을 사용하여 작업을 할 때
- 원동기 및 풀리(pulley) 기능의 이상 유무
- 이탈 등의 방지장치 기능의 이상 유무
- 비상정지장치 기능의 이상 유무
- 원동기, 회전축, 기어 및 풀리 등의 덮개 또는 울 등의 이상 유무

정답 ③

46. 선반작업 시 안전수칙으로 가장 적절하지 않은 것은?

① 기계에 주유 및 청소 시 반드시 기계를 정지시키고 한다.
② 칩 제거 시 브러시를 사용한다.
③ 바이트에는 칩 브레이커를 설치한다.
④ 선반의 바이트는 끝을 길게 장치한다.

해설
④ 바이트는 짧고 단단하게 고정한다.

정답 ④

47. 산업안전보건법령상 보일러의 과열을 방지하기 위하여 최고사용압력과 상용압력 사이에서 보일러의 버너 연소를 차단하여 정상압력으로 유도하는 방호장치로 가장 적절한 것은?

① 압력방출장치   ② 고저수위조절장치
③ 언로드밸브   ④ 압력제한스위치

해설
압력제한스위치 : 상용운전압력 이상으로 압력이 상승할 경우에 보일러의 파열을 방지하기 위해서 버너의 연소를 차단하여 정상압력으로 유도하는 장치
※ 산업안전보건기준에 관한 규칙 제117조

정답 ④

48. 산업안전보건법령상 프레스 및 전단기에서 안전블록을 사용해야 하는 작업으로 가장 거리가 먼 것은?

① 금형 가공작업   ② 금형 해체작업
③ 금형 부착작업   ④ 금형 조정작업

해설
금형 조정작업의 위험 방지(산업안전보건기준에 관한 규칙 제104조)
사업주는 프레스 등의 금형을 부착·해체 또는 조정하는 작업을 할 때에 해당 작업에 종사하는 근로자의 신체가 위험한계 내에 있는 경우 슬라이드가 갑자기 작동함으로써 근로자에게 발생할 우려가 있는 위험을 방지하기 위하여 안전블록을 사용하는 등 필요한 조치를 하여야 한다.

정답 ①

49. 롤러기의 가드와 위험점 간의 거리가 100mm일 경우 ILO 규정에 의한 가드 개구부의 안전간격은?

① 11mm   ② 21mm
③ 26mm   ④ 31mm

해설
가드 개구부 안전간격
$Y = 6 + 0.15X$ (단, X가 160mm보다 작은 경우)
여기서, X : 안전거리(위험점에서 가드까지의 거리, mm)
Y : 가드의 최대 개구간격(mm)
$Y(\text{mm}) = 6 + 0.15X = 6 + 0.15 \times 100 = 21$

정답 ②

50. 프레스 작동 후 슬라이드가 하사점에 도달할 때까지의 소요시간이 0.5s일 때 양수기동식 방호장치의 안전거리는 최소 얼마인가?

① 200mm   ② 400mm
③ 600mm   ④ 800mm

해설
양수기동식 방호장치 안전거리
$D_m = 1.6 T_m$
여기서, D_m : 안전거리(확동식 클러치의 경우 : mm)
T_m : 양손으로 누름버튼을 눌렀을 때부터 슬라이드가 하사점에 도달하기까지의 소요 최대시간(단위 : ms)
$D_m = 1.6 \times (0.5 \times 1,000) = 800(\text{mm})$
※ $0.5 \times 1,000$은 T_m의 단위인 ms를 $\dfrac{1}{1,000}$ s로 환산한 것이다.

정답 ④

51
연삭기의 안전작업수칙에 대한 설명 중 가장 거리가 먼 것은?

① 숫돌의 정면에 서서 숫돌 원주면을 사용한다.
② 숫돌 교체 시 3분 이상 시운전을 한다.
③ 숫돌의 회전은 최고사용 원주속도를 초과하여 사용하지 않는다.
④ 연삭숫돌에 충격을 가하지 않는다.

해설
① 숫돌의 정면이 아닌 측면에 서서 숫돌 원주면을 사용한다.

정답 ①

52
지게차의 포크에 적재된 화물이 마스트 후방으로 낙하함으로써 근로자에게 미치는 위험을 방지하기 위하여 설치하는 것은?

① 헤드가드 ② 백레스트
③ 낙하방지장치 ④ 과부하방지장치

해설
백레스트 : 포크에 적재된 화물이 마스트 후방으로 낙하하는 것을 방지하기 위한 장치

정답 ②

53
산업안전보건법령상 산업용 로봇의 작업 시작 전 점검사항으로 가장 거리가 먼 것은?

① 외부 전선의 피복 또는 외장의 손상 유무
② 압력방출장치의 이상 유무
③ 머니퓰레이터 작동 이상 유무
④ 제동장치 및 비상정지장치의 기능

해설
작업시작 전 점검사항(산업안전보건 기준에 관한 규칙 별표 3)
로봇의 작동범위에서 그 로봇에 관하여 교시 등의 작업을 할 때
• 외부 전선의 피복 또는 외장의 손상 유무
• 머니퓰레이터(manipulator) 작동의 이상 유무
• 제동장치 및 비상정지장치의 기능

정답 ②

54
산업안전보건법령상 산업용 로봇으로 인하여 근로자에게 발생할 수 있는 부상 등의 위험이 있는 경우 위험을 방지하기 위하여 울타리를 설치할 때 높이는 최소 몇 m 이상으로 해야 하는가?(단, 산업표준화법 및 국제적으로 통용되는 안전기준은 제외한다)

① 1.8 ② 2.1
③ 2.4 ④ 1.2

해설
운전 중 위험 방지(산업안전보건기준에 관한 규칙 제223조)
사업주는 로봇의 운전(교시 등을 위한 로봇의 운전과 단서에 따른 로봇의 운전은 제외)으로 인하여 근로자에게 발생할 수 있는 부상 등의 위험을 방지하기 위하여 높이 1.8m 이상의 울타리(로봇의 가동범위 등을 고려하여 높이로 인한 위험성이 없는 경우에는 높이를 그 이하로 조절할 수 있다)를 설치해야 하며, 컨베이어 시스템의 설치 등으로 울타리를 설치할 수 없는 일부 구간에 대해서는 안전매트 또는 광전자식 방호장치 등 감응형 방호장치를 설치해야 한다. 다만, 고용노동부장관이 해당 로봇의 안전기준이 한국산업표준에서 정하고 있는 안전기준 또는 국제적으로 통용되는 안전기준에 부합한다고 인정하는 경우에는 본문에 따른 조치를 하지 않을 수 있다.

정답 ①

55. 인간이 기계 등의 취급을 잘못해도 그것이 바로 사고나 재해와 연결되는 일이 없는 기능을 의미하는 것은?

① fail safe
② fail active
③ fail operational
④ fool proof

해설

- fool proof : 인간이 기계 등을 취급할 때 조작실수가 있더라도 그것이 사고나 재해와 연결되지 않도록 하는 장치
- fail safe : 기계 또는 부품에 고장이나 불량이 생겨도 재해를 발생시키지 않고 항상 안전을 유지하는 구조나 기능
  - fail passive : 부품이 고장 나면 통상 기계가 정지하는 방향으로 이동
  - fail active : 부품이 고장 나면 기계는 경보를 울리면서 짧은 시간 동안 운전이 가능
  - fail operational(차단 및 조정) : 부품의 고장이 있더라도 추후 보수가 있을 때까지 안전한 기능을 유지

정답 ④

56. 산업안전보건법령상 양중기를 사용하여 작업하는 운전자 또는 작업자가 보기 쉬운 곳에 해당 양중기에 대해 표시하여야 할 내용으로 가장 거리가 먼 것은?(단, 승강기는 제외한다)

① 정격하중
② 운전속도
③ 경고표시
④ 최대인양높이

해설

정격하중 등의 표시(산업안전보건기준에 관한 규칙 제133조)
사업주는 양중기(승강기는 제외한다) 및 달기구를 사용하여 작업하는 운전자 또는 작업자가 보기 쉬운 곳에 해당 기계의 정격하중, 운전속도, 경고표시 등을 부착하여야 한다. 다만, 달기구는 정격하중만 표시한다.

정답 ④

57. 롤러기의 급정지장치에 관한 설명으로 가장 적절하지 않은 것은?

① 복부 조작식은 조작부 중심점을 기준으로 밑면으로부터 1.2~1.4m 이내의 높이로 설치한다.
② 손 조작식은 조작부 중심점을 기준으로 밑면으로부터 1.8m 이내의 높이로 설치한다.
③ 급정지장치의 조작부에 사용하는 줄은 사용 중에 늘어져서는 안 된다.
④ 급정지장치의 조작부에 사용하는 줄은 충분한 인장강도를 가져야 한다.

해설

롤러기 급정지장치(위험기계·기구 안전인증 고시 별표 5)
- 손 조작식 : 밑면으로부터 1.8m 이내 설치
- 복부 조작식 : 밑면으로부터 0.8m 이상 1.1m 이내 설치
- 무릎 조작식 : 밑면으로부터 0.4m 이상 0.6m 이내 설치
- ※ 비고 : 위치는 급정지장치 조작부의 중심점을 기준으로 함

정답 ①

58. 다음 중 비파괴검사법으로 틀린 것은?

① 인장검사
② 자기탐상검사
③ 초음파탐상검사
④ 침투탐상검사

해설

비파괴검사 종류
- 와류탐상검사 : 금속 등의 도체에 교류를 통한 코일을 접근시켰을 때 결함이 존재하면 전류의 흐름이 변화하는 것을 통해 결함을 검사하는 비파괴 검사방법
- 자기탐상검사 : 강자성체의 표면을 검사하는 데 주로 사용되는 것으로 전자석 장비를 사용하여 강자성체의 표면에 자분을 뿌렸을 때 누설자속을 이용하여 결함을 검출하는 비파괴 검사방법
- 초음파탐상검사 : 초음파를 사용하여 내부결함을 검사하는 비파괴 검사방법
- 침투형광탐사검사 : 형광물질을 넣은 침투액을 사용하여 330~390nm의 자외선을 조사하고 결함 지시모양의 형광을 발하게 하여 결함을 검사하는 비파괴 검사방법

정답 ①

59 다음 중 기계설비에서 반대로 회전하는 2개의 회전체가 맞닿는 사이에 발생하는 위험점으로 가장 적절한 것은?

① 물림점
② 협착점
③ 끼임점
④ 절단점

해설
기계설비에서 발생하는 위험점의 종류
- 물림점 : 회전운동하는 동작 부분과 반대로 회전운동을 하는 동작 부분에서 형성되는 위험점이다.
- 협착점 : 왕복운동을 하는 동작 부분과 고정 부분 사이에서 형성되는 위험점이다.
- 끼임점 : 회전운동을 하는 동작 부분과 고정 부분 사이에서 형성되는 위험점이다.
- 절단점 : 회전하는 운동 부분 자체 또는 운동을 하는 기계의 돌출 부위에서 초래되는 위험점이다.

정답 ①

제4과목 전기위험 방지기술

61 300A의 전류가 흐르는 저압 가공전선로의 1선에서 허용 가능한 누설전류(mA)는?

① 600 ② 450
③ 300 ④ 150

해설
누설전류

최대공급전류 $\times \dfrac{1}{2,000}$ (A)

$= 300 \times \dfrac{1}{2,000} = 0.15$(A)

∴ mA로 환산하면 150mA이다.

정답 ④

60 다음 중 기계설비의 안전조건에서 안전화의 종류로 가장 거리가 먼 것은?

① 재질의 안전화
② 작업의 안전화
③ 기능의 안전화
④ 외형의 안전화

해설
기계설비의 안전조건
- 외관의 안전화
- 구조의 안전화
- 기능의 안전화
- 작업의 안전화

정답 ①

62 전기설비의 방폭구조의 종류가 아닌 것은?

① 근본 방폭구조
② 압력 방폭구조
③ 안전증 방폭구조
④ 본질안전 방폭구조

해설
방폭구조의 종류
- 안전증 방폭구조
- 압력 방폭구조
- 본질안전 방폭구조
- 몰드 방폭구조
- 특수 방폭구조
- 유입 방폭구조
- 내압 방폭구조
- 충전 방폭구조
- 비점화 방폭구조

정답 ①

63

전로에 시설하는 기계·기구의 금속제 외함에 접지공사를 하지 않아도 되는 경우로 틀린 것은?

① 저압용의 기계·기구를 건조한 목재의 마루 위에서 취급하도록 시설한 경우
② 외함 주위에 적당한 절연대를 설치한 경우
③ 교류 대지전압이 300V 이하인 기계·기구를 건조한 곳에 시설한 경우
④ 전기용품 및 생활용품 안전관리법의 적용을 받는 이중절연구조로 되어 있는 기계·기구를 시설하는 경우

해설
③ 사용전압이 직류 300V 또는 교류 대지전압이 150V 이하인 기계·기구를 건조한 곳에 시설하는 경우(한국전기설비규정 142.7)

정답 ③

64

다음 중 정전기의 발생현상에 포함되지 않는 것은?

① 파괴에 의한 발생
② 분출에 의한 발생
③ 전도대전
④ 유동에 의한 대전

해설
정전기 발생현상 분류
- 마찰대전
- 유동대전
- 유도대전
- 교반, 침강대전
- 박리대전
- 분출대전
- 충돌대전
- 파괴대전

정답 ③

65

방폭전기기기에 'Ex ia ⅡC T4 Ga'라고 표시되어 있다. 해당 기기에 대한 설명으로 틀린 것은?

① 정상 작동, 예상된 오작동 또는 드문 오작동 중에 점화원이 될 수 없는 '매우 높은' 보호등급의 기기이다.
② 온도등급은 T4이므로 최고 표면온도가 150℃를 초과해서는 안 된다.
③ 본질안전 방폭구조로 0종 장소에서 사용이 가능하다.
④ 수소 및 아세틸렌 등의 가스가 존재하는 곳에 사용이 가능하다.

해설
방폭전기기기의 온도등급
- T1 : 최고 표면온도 450℃ 이하
- T2 : 최고 표면온도 300℃ 이하
- T3 : 최고 표면온도 200℃ 이하
- T4 : 최고 표면온도 135℃ 이하
- T5 : 최고 표면온도 100℃ 이하
- T6 : 최고 표면온도 85℃ 이하

정답 ②

66

Dalziel에 의하여 동물실험을 통해 얻어진 전류값을 인체에 적용했을 때 심실세동을 일으키는 전기에너지(J)는 약 얼마인가?(단, 인체 전기저항은 500Ω으로 보며, 흐르는 전류 $I=\dfrac{165}{\sqrt{T}}$ mA로 한다)

① 9.8
② 13.6
③ 19.6
④ 27

해설
위험에너지

$Q = I^2 RT$
$= \left(\dfrac{165}{\sqrt{1}} \times 10^{-3}\right)^2 \times 500 \times 1$
$≒ 13.61$J

정답 ②

67
정전기로 인한 화재 및 폭발을 방지하기 위하여 조치가 필요한 설비가 아닌 것은?

① 드라이클리닝 설비
② 위험물 건조설비
③ 화약류 제조설비
④ 위험기구의 제전설비

해설
정전기로 인한 화재 폭발 등 방지(산업안전보건기준에 관한 규칙 제325조)
사업주는 다음 설비를 사용할 때에 정전기에 의한 화재 또는 폭발 등의 위험이 발생할 우려가 있는 경우에는 해당 설비에 대하여 확실한 방법으로 접지를 하거나, 도전성 재료를 사용하거나 가습 및 점화원이 될 우려가 없는 제전장치를 사용하는 등 정전기의 발생을 억제하거나 제거하기 위하여 필요한 조치를 하여야 한다.
- 위험물을 탱크로리·탱크차 및 드럼 등에 주입하는 설비
- 탱크로리·탱크차 및 드럼 등 위험물저장설비
- 인화성 액체를 함유하는 도료 및 접착제 등을 제조·저장·취급 또는 도포(塗布)하는 설비
- 위험물 건조설비 또는 그 부속설비
- 인화성 고체를 저장하거나 취급하는 설비
- 드라이클리닝 설비, 염색 가공설비 또는 모피류 등을 씻는 설비 등 인화성 유기용제를 사용하는 설비
- 유압, 압축공기 또는 고전위정전기 등을 이용하여 인화성 액체나 인화성 고체를 분무하거나 이송하는 설비
- 고압가스를 이송하거나 저장·취급하는 설비
- 화약류 제조설비
- 발파공에 장전된 화약류를 점화시키는 경우에 사용하는 발파기(발파공을 막는 재료로 물을 사용하거나 갱도 발파를 하는 경우는 제외한다)

정답 ④

68
정전용량 $C = 20\mu F$, 방전 시 전압 $V = 2kV$일 때 정전에너지(J)는?

① 40   ② 80
③ 400 ④ 800

해설
정전에너지
$$E = \frac{1}{2}CV^2(J) = \frac{1}{2} \times (20 \times 10^{-6}) \times 2{,}000^2 = 40J$$
※ 참고 : = $10^{-6}F$, $2kV = 2{,}000V$

정답 ①

69
피뢰기가 구비하여야 할 조건으로 틀린 것은?

① 제한전압이 낮아야 한다.
② 상용 주파 방전 개시전압이 높아야 한다.
③ 충격방전 개시전압이 높아야 한다.
④ 속류 차단 능력이 충분하여야 한다.

해설
피뢰기가 갖추어야 할 성능
- 충격방전 개시전압이 낮을 것
- 반복동작이 가능할 것
- 뇌전류의 방전능력이 클 것
- 제한전압이 낮을 것
- 속류의 차단이 확실할 것
- 상용 주파 방전 개시전압이 높을 것

정답 ③

70
작업자가 교류전압 7,000V 이하의 전로에 활선 근접작업 시 감전사고 방지를 위한 절연용 보호구는?

① 고무절연판
② 절연시트
③ 절연커버
④ 절연안전모

해설
④ 교류전압 7,000V 이하 전로 활선작업 시 절연용 안전보호구를 착용해야 한다.
절연용 안전보호구
- 절연안전모
- 절연화 및 절연장화
- 절연장갑
- 절연복

정답 ④

71

전로에 지락이 생겼을 때에 자동적으로 전로를 차단하는 장치를 시설해야 하는 전기기계의 사용전압 기준은?(단, 금속제 외함을 가지는 저압의 기계・기구로서 사람이 쉽게 접촉할 우려가 있는 곳에 시설되어 있다)

① 30V 초과 ② 50V 초과
③ 90V 초과 ④ 150V 초과

해설
전원의 자동차단에 의한 저압전로의 보호대책으로 누전차단기를 시설해야 할 대상(한국전기설비규정 211.2.4) 금속제 외함을 가지는 사용전압이 50V를 초과하는 저압의 기계・기구로서 사람이 쉽게 접촉할 우려가 있는 곳에 시설하는 것에 전기를 공급하는 전로에는 누전차단기를 설치하여야 한다.

정답 ②

72

변압기의 중성점을 제2종 접지한 수전전압 22.9kV, 사용전압 220V인 공장에서 외함을 제3종 접지공사를 한 전동기가 운전 중에 누전되었을 경우에 작업자가 접촉될 수 있는 최소 전압은 약 몇 V인가?(단, 1선 지락전류 10A, 제3종 접지저항 30Ω, 인체저항 10,000Ω이다)

① 116.7 ② 127.5
③ 146.7 ④ 165.6

해설
※ 출제 당시 정답은 ③이었으나, KEC(한국전기설비규정)의 전면 변경으로 정답없음 처리하였습니다.

정답 정답없음

73

전기기계・기구의 기능 설명으로 옳은 것은?

① CB는 부하전류를 개폐시킬 수 있다.
② ACB는 진공 중에서 차단동작을 한다.
③ DS는 회로의 개폐 및 대용량 부하를 개폐시킨다.
④ 피뢰침은 뇌나 계통의 개폐에 의해 발생하는 이상 전압을 대지로 방전시킨다.

해설
CB(차단기) : 회로의 전류가 흐르고 있는 상태에서 회로를 개폐하거나 또는 단락사고 및 지락사고 등 이상이 발생했을 때 신속히 회로를 차단하기 위한 설비

정답 ①

74

가스(발화온도 120℃)가 존재하는 지역에 방폭기기를 설치하고자 한다. 설치가 가능한 기기의 온도등급은?

① T2 ② T3
③ T4 ④ T5

해설
방폭 전기기기의 온도등급
T1 : 최고 표면온도 450℃ 이하
T2 : 최고 표면온도 300℃ 이하
T3 : 최고 표면온도 200℃ 이하
T4 : 최고 표면온도 135℃ 이하
T5 : 최고 표면온도 100℃ 이하
T6 : 최고 표면온도 85℃ 이하

정답 ④

75 방폭기기에 별도의 주위 온도 표시가 없을 때 방폭기기의 주위온도 범위는?(단, 기호 'X'의 표시가 없는 기기이다)

① 20~40℃ ② -20~40℃
③ 10~50℃ ④ -10~50℃

해설
방폭기기 일반요구사항(KS C IEC 60079-0)
온도 : -20~40℃(달리 명시되어 있지 않은 경우)

정답 ②

76 유자격자가 아닌 근로자가 방호되지 않은 충전전로 인근의 높은 곳에서 작업할 때에 근로자의 몸은 충전전로에서 몇 cm 이내로 접근할 수 없도록 하여야 하는가?(단, 대지전압이 50kV이다)

① 50 ② 100
③ 200 ④ 300

해설
충전전로에서의 전기작업(산업안전보건기준에 관한 규칙 제321조)
유자격자가 아닌 근로자가 충전전로 인근의 높은 곳에서 작업할 때에 근로자의 몸 또는 긴 도전성 물체가 방호되지 않은 충전전로에서 대지전압이 50kV 이하인 경우에는 300cm 이내로, 대지전압이 50kV를 넘는 경우에는 10kV당 10cm씩 더한 거리 이내로 각각 접근할 수 없도록 할 것

정답 ④

77 다음 중 정전기의 재해방지 대책으로 틀린 것은?

① 설비의 도체 부분을 접지
② 작업자는 정전화를 착용
③ 작업장의 습도를 30% 이하로 유지
④ 배관 내 액체의 유속제한

해설
정전기 재해방지 대책
• 접지
• 유속의 제한
• 보호구의 착용
• 대전방지제 사용
• 가습(60~80%에서 효과가 있음)
• 제전기 사용

정답 ③

78 정전기 방전현상에 해당되지 않는 것은?

① 연면 방전
② 코로나 방전
③ 낙뢰 방전
④ 스팀 방전

해설
정전기 방전현상
• 코로나 방전
• 연면 방전
• 불꽃 방전
• 스트리머 방전
• 낙뢰 방전

정답 ④

79 제전기의 종류가 아닌 것은?

① 전압인가식 제전기
② 정전식 제전기
③ 방사선식 제전기
④ 자기방전식 제전기

해설
제전기의 종류 : 전압인가식 제전기, 자기방전식 제전기, 방사선식 제전기

정답 ②

80 산업안전보건기준에 관한 규칙 제319조에 따라 감전될 우려가 있는 장소에서 작업을 하기 위해서는 전로를 차단하여야 한다. 전로차단을 위한 시행 절차 중 틀린 것은?

① 전기기기 등에 공급되는 모든 전원을 관련 도면, 배선도 등으로 확인
② 각 단로기를 개방한 후 전원 차단
③ 단로기 개방 후 차단장치나 단로기 등에 잠금장치 및 꼬리표를 부착
④ 잔류전하 방전 후 검전기를 이용하여 작업 대상 기기가 충전되어 있는지 확인

해설
정전전로에서의 전기작업(산업안전보건기준에 관한 규칙 제319조)
전로 차단은 다음 절차에 따라 시행하여야 한다.
- 전기기기 등에 공급되는 모든 전원을 관련 도면, 배선도 등으로 확인할 것
- 전원을 차단한 후 각 단로기 등을 개방하고 확인할 것
- 차단장치나 단로기 등에 잠금장치 및 꼬리표를 부착할 것
- 개로된 전로에서 유도전압 또는 전기에너지가 축적되어 근로자에게 전기위험을 끼칠 수 있는 전기기기 등은 접촉하기 전에 잔류전하를 완전히 방전시킬 것
- 검전기를 이용하여 작업 대상 기기가 충전되었는지를 확인할 것
- 전기기기 등이 다른 노출 충전부와의 접촉, 유도 또는 예비동력원의 역송전 등으로 전압이 발생할 우려가 있는 경우에는 충분한 용량을 가진 단락 접지기구를 이용하여 접지할 것

정답 ②

제5과목 화학설비위험 방지기술

81 다음 중 유류화재의 화재급수에 해당하는 것은?

① A급
② B급
③ C급
④ D급

해설
화재급수
- A급 : 일반화재
- B급 : 유류화재
- C급 : 전기화재
- D급 : 금속화재
- E급 : 가스화재
- K급 : 주방화재

정답 ②

82 다음 중 분진폭발에 관한 설명으로 틀린 것은?

① 폭발한계 내에서 분진의 휘발성분이 많으면 폭발위험성이 높다.
② 분진이 발화 폭발하기 위한 조건은 가연성, 미분 상태, 공기 중에서의 교반과 유동 및 점화원의 존재이다.
③ 가스폭발과 비교하여 연소의 속도나 폭발의 압력이 크고, 연소시간이 짧으며, 발생에너지가 작다.
④ 폭발한계는 입자의 크기, 입도분포, 산소농도, 함유수분, 가연성 가스의 혼입 등에 의해 같은 물질의 분진에서도 달라진다.

해설
③ 분진폭발은 가스폭발보다 연소시간은 길고 발생에너지는 크고 폭발압력은 작으며, 불완전연소하여 일산화탄소로 인한 중독이 발생한다는 특징이 있다.

정답 ③

83
다음 중 아세틸렌을 용해가스로 만들 때 사용되는 용제로 가장 적합한 것은?

① 아세톤 ② 메테인
③ 뷰테인 ④ 프로페인

해설
아세틸렌의 용제로는 아세톤이 사용된다.

정답 ①

84
진한 질산이 공기 중에서 햇빛에 의해 분해되었을 때 발생하는 갈색 증기는?

① N_2 ② NO_2
③ NH_3 ④ NH_2

해설
$4HNO_3 \rightarrow 4NO_2$(이산화질소) $+ 2H_2O + O_2$

정답 ②

85
프로페인과 메테인의 폭발하한계가 각각 2.5, 5.0vol%라고 할 때 프로페인과 메테인이 3:1의 체적비로 혼합되어 있다면 이 혼합가스의 폭발하한계는 약 몇 vol%인가?(단, 상온, 상압 상태이다)

① 2.9 ② 3.3
③ 3.8 ④ 4.0

해설
몰비가 3:1로 부피비도 동일하게 3:1임을 알 수 있다.
$$L = \frac{V_1 + V_2 + V_3 + \cdots}{\frac{V_1}{L_1} + \frac{V_2}{L_2} + \frac{V_3}{L_3} + \cdots}$$
$$L = \frac{3+1}{\frac{3}{2.5} + \frac{1}{5.0}} = 2.9(\text{vol}\%)$$

정답 ①

86
탄화수소 증기의 연소하한값 추정식은 연료의 양론농도(C_{st})의 0.55배이다. 프로페인 1mol의 연소반응식이 다음과 같을 때 연소하한값은 약 몇 vol%인가?

$$C_3H_8 + 5O_2 \rightarrow 3CO_2 + 4H_2O$$

① 2.22 ② 4.03
③ 4.44 ④ 8.06

해설
- 화학 양론농도의 계산식
  메테인은 탄소 3몰, 수소 8몰, 할로겐 원소 및 산소원소는 0이므로,
$$C_{st} = \frac{100}{1 + 4.773\left(3 + \frac{8}{4}\right)}$$

$= 4.02(\text{vol}\%)$
- 프로페인 폭발하한계(존스식)
  $0.55 \times 4.02 \fallingdotseq 2.22(\text{vol}\%)$

정답 ①

87
다음 중 물질의 자연발화를 촉진시키는 요인으로 가장 거리가 먼 것은?

① 표면적이 넓고, 발열량이 클 것
② 열전도율이 클 것
③ 주위 온도가 높을 것
④ 적당한 수분을 보유할 것

해설
자연발화의 조건
- 열전도율이 적을 것
- 주위의 온도가 높을 것
- 발열량이 클 것
- 표면적이 넓을 것
- 열의 축적이 클 것

정답 ②

88
에틸알코올(C_2H_5OH) 1mol이 완전연소할 때 생성되는 CO_2의 몰수로 옳은 것은?

① 1
② 2
③ 3
④ 4

해설
$C_2H_5OH + 3O_2 \rightarrow 2CO_2 + 3H_2O$

정답 ②

89
증기 배관 내에 생성하는 응축수를 제거할 때 증기가 배출되지 않도록 하면서 응축수를 자동적으로 배출하기 위한 장치를 무엇이라 하는가?

① vent stack
② steam trap
③ blow down
④ relief valve

해설
steam trap : 증기 배출 없이 응축수를 자동으로 배출하는 장치

정답 ②

90
다음 중 산업안전보건법령상 화학설비의 부속설비로만 이루어진 것은?

① 사이클론, 백필터, 전기집진기 등 분진처리설비
② 응축기, 냉각기, 가열기, 증발기 등 열교환기류
③ 고로 등 점화기를 직접 사용하는 열교환기류
④ 혼합기, 발포기, 압출기 등 화학제품 가공설비

해설
화학설비의 부속설비(산업안전보건기준에 관한 규칙 별표 7)
• 배관·밸브·관·부속류 등 화학물질 이송 관련 설비
• 온도·압력·유량 등을 지시·기록 등을 하는 자동제어 관련 설비
• 안전밸브·안전판·긴급차단 또는 방출밸브 등 비상조치 관련 설비
• 가스누출감지 및 경보 관련 설비
• 세정기, 응축기, 벤트스택(bent stack), 플레어스택(flare stack) 등 폐가스처리설비
• 사이클론, 백필터(bag filter), 전기집진기 등 분진처리설비
• 위에 열거한 설비를 운전하기 위하여 부속된 전기 관련 설비
• 정전기 제거장치, 긴급 샤워설비 등 안전 관련 설비

정답 ①

91
고온에서 완전 열분해하였을 때 산소를 발생하는 물질은?

① 황화수소
② 과염소산칼륨
③ 메틸리튬
④ 적린

해설
$KClO_4$ → KCl + $2O_2$
(과염소산칼륨) (염화칼륨) (산소)

정답 ②

92
산업안전보건법령에서 규정하고 있는 위험물질의 종류 중 부식성 염기류로 분류되기 위하여 농도가 40% 이상이어야 하는 물질은?

① 염산
② 아세트산
③ 불산
④ 수산화칼륨

해설
부식성 염기류(산업안전보건기준에 관한 규칙 별표 1)
농도가 40% 이상인 수산화나트륨, 수산화칼륨, 그 밖에 이와 같은 정도 이상의 부식성을 가지는 염기류

정답 ④

93
다음 중 소화약제로 사용되는 이산화탄소에 관한 설명으로 틀린 것은?

① 사용 후에 오염의 영향이 거의 없다.
② 장시간 저장하여도 변화가 없다.
③ 주된 소화효과는 억제소화이다.
④ 자체 압력으로 방사가 가능하다.

해설
③ 이산화탄소의 소화효과는 질식소화이다.

정답 ③

94 산업안전보건법령상 폭발성 물질을 취급하는 화학설비를 설치하는 경우에 단위공정설비로부터 다른 단위공정설비 사이의 안전거리는 설비 바깥면으로부터 몇 m 이상이어야 하는가?

① 10
② 15
③ 20
④ 30

해설
안전거리(산업안전보건기준에 관한 규칙 별표 8)
단위공정시설 및 설비로부터 다른 단위공정시설 및 설비의 사이는 설비 바깥면으로부터 10m 이상의 안전거리를 두어야 한다.

정답 ①

95 인화점이 각 온도범위에 포함되지 않는 물질은?

① -30℃ 미만 : 다이에틸에테르
② -30℃ 이상 0℃ 미만 : 아세톤
③ 0℃ 이상 30℃ 미만 : 벤젠
④ 30℃ 이상 65℃ 이하 : 아세트산

해설
인화점
• 벤젠 : -11℃
• 다이에틸에테르 : -45℃
• 아세톤 : -18℃
• 아세트산 : 41.7℃

정답 ③

96 자동화재탐지설비의 감지기 종류 중 열감지기가 아닌 것은?

① 차동식
② 정온식
③ 보상식
④ 광전식

해설
열감지기의 종류
• 차동식 감지기
• 정온식 감지기
• 보상식 감지기

정답 ④

97 다음 중 수분(H_2O)과 반응하여 유독성 가스인 포스핀이 발생되는 물질은?

① 금속나트륨
② 알루미늄 분말
③ 인화칼슘
④ 수소화리튬

해설
$Ca_3P_2 + 6H_2O = 3Ca(OH)_2 + 2PH_3$
(인화칼슘) (포스핀)

정답 ③

98 대기압에서 사용하나 증발에 의한 액체의 손실을 방지함과 동시에 액면 위의 공간에 폭발성 위험가스를 형성할 위험이 적은 구조의 저장탱크는?

① 유동형 지붕탱크
② 원추형 지붕탱크
③ 원통형 저장탱크
④ 구형 저장탱크

해설
유동형 지붕탱크(FRT) : 지붕이 상하로 움직이도록 설계된 형태

정답 ①

99 다음 중 밀폐 공간 내 작업 시의 조치사항으로 가장 거리가 먼 것은?

① 산소결핍이나 유해가스로 인한 질식의 우려가 있으면 진행 중인 작업에 방해되지 않도록 주의하면서 환기를 강화하여야 한다.
② 해당 작업장을 적정한 공기 상태로 유지되도록 환기하여야 한다.
③ 그 장소에 근로자를 입장시킬 때와 퇴장시킬 때마다 인원을 점검하여야 한다.
④ 그 작업장과 외부의 감시인 간에 항상 연락을 취할 수 있는 설비를 설치하여야 한다.

해설
사고 시의 대피 등(산업안전보건기준에 관한 규칙 제639조)
- 근로자가 밀폐공간에서 작업을 하는 경우에 산소결핍이나 유해가스로 인한 질식·화재·폭발 등의 우려가 있으면 즉시 작업을 중단시키고 해당 근로자를 대피하도록 하여야 한다.
- 사업주는 위의 내용에 따라 근로자를 대피시킨 경우 적정공기 상태임이 확인될 때까지 그 장소에 관계자가 아닌 사람이 출입하는 것을 금지하고, 그 내용을 해당 장소의 보기 쉬운 곳에 게시하여야 한다.
- 근로자는 위의 내용에 따라 출입이 금지된 장소에 사업주의 허락 없이 출입하여서는 아니 된다.

정답 ①

100 다음 중 압축기 운전 시 토출압력이 갑자기 증가하는 이유로 가장 적절한 것은?

① 윤활유의 과다
② 피스톤 링의 가스 누설
③ 토출관 내에 저항 발생
④ 저장조 내 가스압의 감소

해설
③ 토출관 내에 저항이 발생하는 경우에 토출압력이 증가한다.

정답 ③

제6과목 건설안전기술

101 비계의 부재 중 기둥과 기둥을 연결시키는 부재가 아닌 것은?

① 띠장
② 장선
③ 가새
④ 작업발판

해설
작업발판 : 고소작업 중 추락이나 발이 빠질 위험이 있는 장소에서 안전하게 작업할 수 있도록 하는 것을 말한다.

정답 ④

102 터널작업 시 자동경보장치에 대하여 당일의 작업 시작 전 점검하여야 할 사항으로 옳지 않은 것은?

① 검지부의 이상 유무
② 조명시설의 이상 유무
③ 경보장치의 작동 상태
④ 계기의 이상 유무

해설
인화성 가스의 농도측정 등 - 자동경보장치 당일 작업 시작 전 점검사항(산업안전보건기준에 관한 규칙 제350조)
- 계기의 이상 유무
- 검지부의 이상 유무
- 경보장치의 작동 상태

정답 ②

103 다음은 말비계를 조립하여 사용하는 경우에 관한 준수사항이다. ( ) 안에 들어갈 내용으로 옳은 것은?

> • 지주부재와 수평면의 기울기를 (A)° 이하로 하고 지주부재와 지주부재 사이를 고정시키는 보조부재를 설치할 것
> • 말비계의 높이가 2m를 초과하는 경우에는 작업발판의 폭을 (B)cm 이상으로 할 것

① A : 75, B : 30
② A : 75, B : 40
③ A : 85, B : 30
④ A : 85, B : 40

해설
말비계(산업안전보건기준에 관한 규칙 제67조)
사업주는 말비계를 조립하여 사용하는 경우에 다음 사항을 준수하여야 한다.
• 지주부재(支柱部材)의 하단에는 미끄럼 방지장치를 하고, 근로자가 양측 끝부분에 올라서서 작업하지 않도록 할 것
• 지주부재와 수평면의 기울기를 75° 이하로 하고, 지주부재와 지주부재 사이를 고정시키는 보조부재를 설치할 것
• 말비계의 높이가 2m를 초과하는 경우에는 작업발판의 폭을 40cm 이상으로 할 것

정답 ②

104 본 터널(main tunnel)을 시공하기 전에 터널에서 약간 떨어진 곳에 지질조사, 환기, 배수, 운반 등의 상태를 알아보기 위하여 설치하는 터널은?

① 프리패브(prefab) 터널
② 사이드(side) 터널
③ 실드(shield) 터널
④ 파일럿(pilot) 터널

해설
파일럿 터널 : 본 터널을 시공하기 전에, 사전에 굴착하는 소형의 터널로 지질조사, 환기, 배수, 운반 등의 상태를 알아보기 위해서 설치하는 터널을 말한다.

정답 ④

105 항만 하역작업에서의 선박 승강설비 설치기준으로 옳지 않은 것은?

① 200ton급 이상의 선박에서 하역작업을 하는 경우에 근로자들이 안전하게 오르내릴 수 있는 현문(舷門) 사다리를 설치하여야 하며, 이 사다리 밑에 안전망을 설치하여야 한다.
② 현문 사다리는 견고한 재료로 제작된 것으로 너비는 55cm 이상이어야 한다.
③ 현문 사다리의 양측에는 82cm 이상의 높이로 울타리를 설치하여야 한다.
④ 현문 사다리는 근로자의 통행에만 사용하여야 하며, 화물용 발판 또는 화물용 보관으로 사용하도록 해서는 아니 된다.

해설
선박 승강설비의 설치(산업안전보건기준에 관한 규칙 제397조)
• 사업주는 300ton급 이상의 선박에서 하역작업을 하는 경우에 근로자들이 안전하게 오르내릴 수 있는 현문(舷門) 사다리를 설치하여야 하며, 이 사다리 밑에 안전망을 설치하여야 한다.
• 현문 사다리는 견고한 재료로 제작된 것으로 너비는 55cm 이상이어야 하고, 양측에 82cm 이상의 높이로 울타리를 설치하여야 하며, 바닥은 미끄러지지 않도록 적합한 재질로 처리되어야 한다.
• 현문 사다리는 근로자의 통행에만 사용하여야 하며, 화물용 발판 또는 화물용 보관으로 사용하도록 해서는 아니 된다.

정답 ①

106
산업안전보건관리비계상기준에 따른 일반건설공사(갑), 대상액 5억 원 이상 50억 원 미만의 안전관리비 비율 및 기초액으로 옳은 것은?

① 비율 : 1.86%, 기초액 : 5,349,000원
② 비율 : 1.99%, 기초액 : 5,499,000원
③ 비율 : 2.35%, 기초액 : 5,400,000원
④ 비율 : 1.57%, 기초액 : 4,411,000원

해설

※ 출제 당시 정답은 ①이었으나, 건설업 산업안전보건관리비 계상 및 사용기준의 개정(24.09.19)으로 정답 없음 처리하였습니다.

공사종류 및 규모별 안전관리비 계상기준표(건설업 산업안전보건관리비 계상 및 사용기준 별표 1)

구 분 공사종류	대상액 5억 원 미만인 경우 적용비율	대상액 5억 원 이상 50억 원 미만인 경우		대상액 50억 원 이상인 경우 적용비율	보건관리자 선임대상 건설공사의 적용비율
		적용비율	기초액		
건축공사	3.11%	2.28%	4,325,000원	2.37%	2.64%
토목공사	3.15%	2.53%	3,300,000원	2.60%	2.73%
중건설공사	3.64%	3.05%	2,975,000원	3.11%	3.39%
특수건설공사	2.07%	1.59%	2,450,000원	1.64%	1.78%

정답 정답없음

107
토질시험 중 연약한 점토 지반의 점착력을 판별하기 위하여 실시하는 현장시험은?

① 베인테스트(vane test)
② 표준관입시험(SPT)
③ 하중재하시험
④ 삼축압축시험

해설

베인테스트 : 연약한 점성토 지반에서 점착력을 확인하는 시험으로, 베인(vane)을 땅에 관입하여 회전시켜 전단강도를 계산한다.

정답 ①

108
추락방지망 설치 시 그물코의 크기가 10cm인 매듭 있는 방망의 신품에 대한 인장강도 기준으로 옳은 것은?

① 100kg 이상
② 200kg 이상
③ 300kg 이상
④ 400kg 이상

해설

방망사의 신품에 대한 인장강도(추락재해방지 표준안전작업지침 제5조)

그물코의 크기(cm)	방망의 종류(kg)	
	매듭 없는 방망	매듭 방망
10	240	200
5		110

정답 ②

109
사다리식 통로의 길이가 10m 이상일 때 얼마 이내마다 계단참을 설치하여야 하는가?

① 3m 이내마다
② 4m 이내마다
③ 5m 이내마다
④ 6m 이내마다

해설

사다리식 통로의 길이가 10m 이상인 경우에는 5m 이내마다 계단참을 설치할 것(산업안전보건기준에 관한 규칙 제24조)

정답 ③

110 거푸집 동바리 등을 조립하는 경우에 준수하여야 할 안전조치기준으로 옳지 않은 것은?

① 동바리로 사용하는 강관은 높이 2m 이내마다 수평연결재를 2개 방향으로 만들고 수평 연결재의 변위를 방지할 것
② 동바리로 사용하는 파이프 서포트는 3개 이상 이어서 사용하지 않도록 할 것
③ 동바리로 사용하는 파이프 서포트를 이어서 사용하는 경우에는 3개 이상의 볼트 또는 전용철물을 사용하여 이을 것
④ 동바리로 사용하는 강관틀과 강관틀 사이에는 교차가새를 설치할 것

[해설]
※ 출제 당시 정답은 ③이었으나, 산업안전보건기준에 관한 규칙 개정(23.11.14)으로 정답없음 처리하였습니다.

동바리 유형에 따른 동바리 조립 시의 안전조치(산업안전보건기준에 관한 규칙 제332조의2)
- 동바리로 사용하는 파이프 서포트의 경우
  - 파이프 서포트를 3개 이상 이어서 사용하지 않도록 할 것
  - 파이프 서포트를 이어서 사용하는 경우에는 4개 이상의 볼트 또는 전용철물을 사용하여 이을 것
  - 높이가 3.5m를 초과하는 경우에는 높이 2m 이내마다 수평 연결재를 2개 방향으로 만들고 수평 연결재의 변위를 방지할 것
- 동바리로 사용하는 강관틀의 경우
  - 강관틀과 강관틀 사이에 교차가새를 설치할 것
  - 최상단 및 5단 이내마다 동바리의 측면과 틀면의 방향 및 교차가새의 방향에서 5개 이내마다 수평 연결재를 설치하고 수평 연결재의 변위를 방지할 것
  - 최상단 및 5단 이내마다 동바리의 틀면의 방향에서 양단 및 5개틀 이내마다 교차가새의 방향으로 띠장틀을 설치할 것

[정답] 정답없음

111 다음 중 해체작업용 기계·기구로 가장 거리가 먼 것은?

① 압쇄기
② 핸드 브레이커
③ 철제해머
④ 진동롤러

[해설]
해체작업용 기계·기구(해체공사 표준안전작업지침 제2장)
압쇄기, 대형 브레이커, 철제해머, 화약류, 핸드 브레이커, 팽창제, 절단톱, 재키, 쐐기타입기, 화염방사기, 절단줄톱

[정답] ④

112 지반의 종류가 다음과 같을 때 굴착면의 기울기 기준으로 옳은 것은?

보통 흙의 습지

① 1 : 0.5 ~ 1 : 1
② 1 : 1 ~ 1 : 1.5
③ 1 : 0.8
④ 1 : 0.5

[해설]
※ 출제 당시 정답은 ②였으나, 산업안전보건기준에 관한 규칙 개정(23.11.14)으로 문제가 성립되지 않아 정답없음 처리하였습니다.

굴착면의 기울기 기준(산업안전보건기준에 관한 규칙 별표 11)

지반의 종류	굴착면의 기울기
모래	1 : 1.8
연암 및 풍화암	1 : 1.0
경암	1 : 0.5
그 밖의 흙	1 : 1.2

[정답] 정답없음

113 장비 자체보다 높은 장소의 땅을 굴착하는 데 적합한 장비는?

① 파워셔블(power shovel)
② 불도저(bulldozer)
③ 드래그라인(drag line)
④ 클램셸(clamshell)

해설

파워셔블 : 기계가 위치한 지면보다 높은 곳을 굴착하는 장비이다.

정답 ①

114 운반작업을 인력운반작업과 기계운반작업으로 분류할 때 기계운반작업으로 실시하기에 부적당한 대상은?

① 단순하고 반복적인 작업
② 표준화되어 있어 지속적이고 운반량이 많은 작업
③ 취급물의 형상, 성질, 크기 등이 다양한 작업
④ 취급물이 중량인 작업

해설

③ 취급물의 형상이나 성질, 크기 등이 다양하여 통일성이 없는 경우에는 인력운반작업이 적합하다.

정답 ③

115 타워크레인을 자립고(自立高) 이상의 높이로 설치할 때 지지 벽체가 없어 와이어로프로 지지하는 경우의 준수사항으로 옳지 않은 것은?

① 와이어로프를 고정하기 위한 전용 지지 프레임을 사용할 것
② 와이어로프 설치각도는 수평면에서 60° 이내로 하되, 지지점은 4개소 이상으로 하고, 같은 각도로 설치할 것
③ 와이어로프와 그 고정부위는 충분한 강도와 장력을 갖도록 설치하되, 와이어로프를 클립·섀클(shackle) 등의 기구를 사용하여 고정하지 않도록 유의할 것
④ 와이어로프가 가공전선(架空電線)에 근접하지 않도록 할 것

해설

타워크레인의 지지(산업안전보건기준에 관한 규칙 제142조)
사업주는 타워크레인을 와이어로프로 지지하는 경우 다음의 사항을 준수하여야 한다.
- 산업안전보건법 시행규칙 제110조 제1항 제2호에 따른 서면심사에 관한 서류(건설기계관리법 제18조에 따른 형식승인서류를 포함한다) 또는 제조사의 설치작업설명서 등에 따라 설치할 것
- 서면심사 서류 등이 없거나 명확하지 아니한 경우에는 국가기술자격법에 따른 건축구조·건설기계·기계안전·건설안전기술사 또는 건설안전분야 산업안전지도사의 확인을 받아 설치하거나 기종별·모델별 공인된 표준방법으로 설치할 것
- 와이어로프를 고정하기 위한 전용 지지 프레임을 사용할 것
- 와이어로프 설치각도는 수평면에서 60° 이내로 하되, 지지점은 4개소 이상으로 하고, 같은 각도로 설치할 것
- 와이어로프와 그 고정부위는 충분한 강도와 장력을 갖도록 설치하고, 와이어로프를 클립·섀클(shackle, 연결고리) 등의 고정기구를 사용하여 견고하게 고정시켜 풀리지 않도록 하며, 사용 중에는 충분한 강도와 장력을 유지하도록 할 것. 이 경우 클립·섀클 등의 고정기구는 한국산업표준 제품이거나 한국산업표준이 없는 제품의 경우에는 이에 준하는 규격을 갖춘 제품이어야 한다.
- 와이어로프가 가공전선(架空電線)에 근접하지 않도록 할 것

정답 ③

116
다음은 강관틀비계를 조립하여 사용하는 경우 준수해야 할 기준이다. ( ) 안에 알맞은 숫자를 나열한 것은?

> 길이가 띠장 방향으로 (A)m 이하이고 높이가 (B)m를 초과하는 경우에는 (C)m 이내마다 띠장 방향으로 버팀기둥을 설치할 것

① A : 4, B : 10, C : 5
② A : 4, B : 10, C : 10
③ A : 5, B : 10, C : 5
④ A : 5, B : 10, C : 10

해설
강관틀비계(산업안전보건기준에 관한 규칙 제62조)
길이가 띠장 방향으로 4m 이하이고 높이가 10m를 초과하는 경우에는 10m 이내마다 띠장 방향으로 버팀기둥을 설치할 것

정답 ②

117
다음 중 유해위험방지계획서 제출 대상 공사가 아닌 것은?

① 지상높이가 30m인 건축물 건설공사
② 최대 지간길이가 50m인 교량 건설공사
③ 터널 건설공사
④ 깊이가 11m인 굴착공사

해설
유해위험방지계획서 제출 대상(산업안전보건법 시행령 제42조)
- 다음의 어느 하나에 해당하는 건축물 또는 시설 등의 건설·개조 또는 해체(이하 건설 등) 공사
  - 지상높이가 31m 이상인 건축물 또는 인공구조물
  - 연면적 3만m^2 이상인 건축물
  - 연면적 5천m^2 이상인 시설로서 다음의 어느 하나에 해당하는 시설
    ⓐ 문화 및 집회시설(전시장 및 동물원·식물원은 제외)
    ⓑ 판매시설, 운수시설(고속철도의 역사 및 집배송 시설은 제외)
    ⓒ 종교시설
    ⓓ 의료시설 중 종합병원
    ⓔ 숙박시설 중 관광숙박시설
    ⓕ 지하도상가
    ⓖ 냉동·냉장 창고시설
- 연면적 5천m^2 이상인 냉동·냉장 창고시설의 설비공사 및 단열공사
- 최대 지간(支間)길이(다리의 기둥과 기둥의 중심 사이 거리)가 50m 이상인 다리의 건설 등 공사
- 터널의 건설 등 공사
- 다목적댐, 발전용댐, 저수용량 2천만ton 이상의 용수 전용 댐 및 지방상수도 전용 댐의 건설 등 공사
- 깊이 10m 이상인 굴착공사

정답 ①

118
동력을 사용하는 항타기 또는 항발기에 대하여 무너짐을 방지하기 위하여 준수하여야 할 기준으로 옳지 않은 것은?

① 연약한 지반에 설치하는 경우에는 각부(脚部)나 가대(架臺)의 침하를 방지하기 위하여 깔판·깔목 등을 사용할 것
② 각부나 가대가 미끄러질 우려가 있는 경우에는 말뚝 또는 쐐기 등을 사용하여 각부나 가대를 고정시킬 것
③ 버팀대만으로 상단부분을 안정시키는 경우에는 버팀대는 3개 이상으로 하고 그 하단부분은 견고한 버팀·말뚝 또는 철골 등으로 고정시킬 것
④ 버팀줄만으로 상단부분을 안정시키는 경우에는 버팀줄을 2개 이상으로 하고 같은 간격으로 배치할 것

해설

※ 출제 당시 정답은 ④였으나, 산업안전보건기준에 관한 규칙 개정(22.10.18)으로 정답없음 처리하였습니다.
무너짐의 방지(산업안전보건기준에 관한 규칙 제209조)
사업주는 동력을 사용하는 항타기 또는 항발기에 대하여 무너짐을 방지하기 위하여 다음 사항을 준수해야 한다.
• 연약한 지반에 설치하는 경우에는 아웃트리거·받침 등 지지구조물의 침하를 방지하기 위하여 깔판·받침목 등을 사용할 것
• 시설 또는 가설물 등에 설치하는 경우에는 그 내력을 확인하고 내력이 부족하면 그 내력을 보강할 것
• 아웃트리거·받침 등 지지구조물이 미끄러질 우려가 있는 경우에는 말뚝 또는 쐐기 등을 사용하여 해당 지지구조물을 고정시킬 것
• 궤도 또는 차로 이동하는 항타기 또는 항발기에 대해서는 불시에 이동하는 것을 방지하기 위하여 레일 클램프(rail clamp) 및 쐐기 등으로 고정시킬 것
• 상단 부분은 버팀대·버팀줄로 고정하여 안정시키고, 그 하단 부분은 견고한 버팀·말뚝 또는 철골 등으로 고정시킬 것

정답 정답없음

119
터널 등의 건설작업을 하는 경우에 낙반 등에 의하여 근로자가 위험해질 우려가 있는 경우에 필요한 직접적인 조치사항과 거리가 먼 것은?

① 터널 지보공 설치   ② 부석의 제거
③ 울 설치   ④ 록볼트 설치

해설

낙반 등에 의한 위험의 방지(산업안전보건기준에 관한 규칙 제351조)
사업주는 터널 등의 건설작업을 하는 경우에 낙반 등에 의하여 근로자가 위험해질 우려가 있는 경우에 터널 지보공 및 록볼트의 설치, 부석(浮石)의 제거 등 위험을 방지하기 위하여 필요한 조치를 하여야 한다.

정답 ③

120
콘크리트 타설을 위한 거푸집 동바리의 구조 검토 시 가장 선행되어야 할 작업은?

① 각 부재에 생기는 응력에 대하여 안전한 단면을 산정한다.
② 가설물에 작용하는 하중 및 외력의 종류, 크기를 산정한다.
③ 하중 및 외력에 의하여 각 부재에 생기는 응력을 구한다.
④ 사용할 거푸집 동바리의 설치간격을 결정한다.

해설

거푸집 동바리의 구조 검토 시 하중 및 외력의 종류, 크기 산정이 가장 우선되어야 한다.

정답 ②

2020년 제4회 과년도 기출문제

Add+ 산업안전기사 기출(복원)문제

제1과목 안전관리론

01 라인(line)형 안전관리조직의 특징으로 옳은 것은?

① 안전에 관한 기술의 축적이 용이하다.
② 안전에 관한 지시나 조치가 신속하다.
③ 조직원 전원을 자율적으로 안전활동에 참여시킬 수 있다.
④ 권한 다툼이나 조정 때문에 통제수속이 복잡해지며, 시간과 노력이 소모된다.

해설
안전관리조직의 직계식(line) 조직
- 안전관리에 관한 계획에서 실시까지 안전에 대한 모든 것을 생산조직을 통해 시행(안전에 관한 지시나 조치가 신속)
- 안전전문조직 없음
- 소규모 사업장(100명 이하)에 적합

정답 ②

02 레빈(Lewin)은 인간의 행동 특성을 다음과 같이 표현하였다. 변수 'P'가 의미하는 것은?

$$B = f(P \cdot E)$$

① 행동
② 소질
③ 환경
④ 함수

해설
레빈의 법칙
- B : Behavior(인간의 행동)
- f : function(함수 관계)
- P : Person(개체 : 연령, 경험, 성격, 지능, 소질 등)
- E : Environment(심리적 환경, 물리적 작업환경, 설비적 결함)

정답 ②

03 Y-K(Yutaka-Kohata) 성격검사에 관한 사항으로 옳은 것은?

① C, C'형은 적응이 빠르다.
② M, M'형은 내구성, 집념이 부족하다.
③ S, S'형은 담력, 자신감이 강하다.
④ P, P'형은 운동, 결단이 빠르다.

해설
Y-K 성격검사
- C, C'형 : 적응 빠름, 기민함 / 내구성·집념 부족
- M, M'형 : 내구성, 자신감 강함 / 적응 느림
- S, S'형 : 적응 빠름, 기민함 / 내구성·집념·자신감 부족
- P, P'형 : 내구성, 자신감 강함 / 적응·결단 느림
- Am형 : 극도로 자신감이 강하거나 약함

정답 ①

04 재해예방의 4원칙이 아닌 것은?

① 손실우연의 원칙
② 사전준비의 원칙
③ 원인계기의 원칙
④ 대책선정의 원칙

해설
재해예방의 4원칙
- 예방가능의 원칙 : 천재지변을 제외한 모든 재해의 발생은 미연에 방지할 수 있다.
- 원인연계의 원칙 : 재해 발생에는 필연적으로 원인이 존재한다.
- 손실우연의 법칙 : 재해의 결과(상해 등)는 사고대상의 조건에 따라 달라지므로 재해손실은 우연성에 의해 결정된다.
- 대책선정의 원칙 : 재해예방을 위한 안전대책은 반드시 존재한다.

정답 ②

05
재해의 발생확률은 개인적 특성이 아니라 그 사람이 종사하는 직업의 위험성에 기초한다는 이론은?

① 암시설 ② 경향설
③ 미숙설 ④ 기회설

해설
재해빈발성의 원인에 대한 이론
- 기회설 : 개인적인 특성이 문제가 되어 재해가 발생하는 것이 아닌 작업장에 문제가 있어 재해가 발생한다는 이론이다.
- 암시설 : 재해를 경험한 사람은 재해가 발생할 우려로 심리적인 부담을 받게 되어 대처능력이 떨어져 재해가 빈번하게 발생한다는 이론이다.
- 경향설(빈발경향자설) : 근로자 중 재해를 빈번하게 일으키는 소질을 가진 자가 있다는 이론이다.

정답 ④

06
타인의 비판 없이 자유로운 토론을 통하여 다량의 독창적인 아이디어를 이끌어내고, 대안적 해결안을 찾기 위한 집단적 사고기법은?

① role playing
② brain storming
③ action playing
④ fish bowl playing

해설
브레인스토밍 4원칙
- 비판금지 : 의견에 대해 비판이나 평가를 하지 않는다.
- 대량발언 : 어떠한 의견이라도 다양하게 많이 발언한다.
- 자유분방 : 어떠한 의견이라도 자유롭게 발언한다.
- 수정발언 : 타 의견에 대하여 나의 의견을 조합하거나 수정하여 새로운 의견을 발언할 수 있다.

정답 ②

07
강도율 7인 사업장에서 한 작업자가 평생 동안 작업을 한다면 산업재해로 인한 근로손실일수는 며칠로 예상되는가?(단, 이 사업장의 연근로시간과 한 작업자의 평생근로시간은 100,000시간으로 가정한다)

① 500 ② 600
③ 700 ④ 800

해설
강도율
$$\frac{근로손실일수}{연근로시간수} \times 1,000$$
$$7 = \frac{X}{100,000} \times 1,000$$
$$X = 700$$

정답 ③

08
산업안전보건법령상 유해·위험방지를 위한 방호조치가 필요한 기계·기구가 아닌 것은?

① 예초기 ② 지게차
③ 금속절단기 ④ 금속탐지기

해설
유해·위험방지를 위한 방호조치가 필요한 기계·기구 (산업안전보건법 시행령 별표 20)
- 예초기
- 원심기
- 공기압축기
- 금속절단기
- 지게차
- 포장기계(진공포장기, 래핑기로 한정)

정답 ④

09
산업안전보건법령상 안전·보건표지의 색채와 사용사례의 연결로 틀린 것은?

① 노란색 - 화학물질 취급장소에서의 유해·위험 경고 이외의 위험경고
② 파란색 - 특정 행위의 지시 및 사실의 고지
③ 빨간색 - 화학물질 취급장소에서의 유해·위험경고
④ 녹색 - 정지신호, 소화설비 및 그 장소, 유해행위의 금지

해설
안전보건표지의 색도기준 및 용도(산업안전보건법 시행규칙 별표 8)

색채	용도	사용 예
빨간색	금지	정지신호, 소화설비 및 그 장소, 유해행위의 금지
	경고	화학물질 취급장소에서의 유해·위험경고
노란색	경고	화학물질 취급장소에서의 유해·위험경고 이외의 위험경고, 주의표지 또는 기계방호물
파란색	지시	특정 행위의 지시 및 사실의 고지
녹색	안내	비상구 및 피난소, 사람 또는 차량의 통행표지
흰색		파란색 또는 녹색에 대한 보조색
검은색		문자 및 빨간색 또는 노란색에 대한 보조색

정답 ④

10
재해의 발생형태 중 다음 그림이 나타내는 것은?

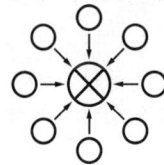

① 단순연쇄형 ② 복합연쇄형
③ 단순자극형 ④ 복합형

해설
단순자극형(집중형) : 재해가 발생한 장소나 그 시점에 일시적으로 요인이 집중되는 것으로 순간적으로 재해가 발생하는 형태이다.

정답 ③

11
생체리듬의 변화에 대한 설명으로 틀린 것은?

① 야간에는 체중이 감소한다.
② 야간에는 말초운동기능이 증가된다.
③ 체온, 혈압, 맥박수는 주간에 상승하고 야간에 감소한다.
④ 혈액의 수분과 염분량은 주간에 감소하고 야간에 상승한다.

해설
② 야간에는 말초기능운동이 저하된다.

정답 ②

12
무재해운동을 추진하기 위한 조직의 세 기둥으로 볼 수 없는 것은?

① 최고경영자의 경영자세
② 소집단 자주활동의 활성화
③ 전 종업원의 안전요원화
④ 라인 관리자에 의한 안전보건의 추진

해설
무재해운동의 3요소
• 라인(관리감독자)에 의한 안전보건의 추진
• 직장의 자율활동 활성화
• 최고경영자의 안전경영자세

정답 ③

13
안전인증 절연장갑에 안전인증 표시 외에 추가로 표시하여야 하는 등급별 색상의 연결로 옳은 것은?(단, 고용노동부 고시를 기준으로 한다)

① 00등급 : 갈색
② 0등급 : 흰색
③ 1등급 : 노란색
④ 2등급 : 빨간색

해설
안전인증 절연장갑 등급별 색상(보호구 안전인증고시 별표 3)
- 00등급 : 갈색
- 0등급 : 빨간색
- 1등급 : 흰색
- 2등급 : 노란색
- 3등급 : 녹색
- 4등급 : 등색

정답 ①

14
안전교육방법 중 구안법(project method)의 4단계의 순서로 옳은 것은?

① 계획수립 → 목적결정 → 활동 → 평가
② 평가 → 계획수립 → 목적결정 → 활동
③ 목적결정 → 계획수립 → 활동 → 평가
④ 활동 → 계획수립 → 목적결정 → 평가

해설
구안법의 실시순서 4단계
- 1단계 : 학습에 대한 목표설정
- 2단계 : 계획수립
- 3단계 : 실행
- 4단계 : 평가

정답 ③

15
산업안전보건법령상 사업 내 안전보건교육 중 관리감독자 정기교육의 내용이 아닌 것은?

① 유해・위험 작업환경 관리에 관한 사항
② 표준안전 작업방법 및 지도 요령에 관한 사항
③ 작업공정의 유해・위험과 재해 예방대책에 관한 사항
④ 기계・기구의 위험성과 작업의 순서 및 동선에 관한 사항

해설
관리감독자 정기 안전・보건교육의 교육내용(산업안전보건법 시행규칙 별표 5)
- 산업안전 및 사고 예방에 관한 사항
- 산업보건 및 직업병 예방에 관한 사항
- 위험성평가에 관한 사항
- 유해・위험 작업환경 관리에 관한 사항
- 산업안전보건법령 및 산업재해보상보험 제도에 관한 사항
- 직무스트레스 예방 및 관리에 관한 사항
- 직장 내 괴롭힘, 고객의 폭언 등으로 인한 건강장해 예방 및 관리에 관한 사항
- 작업공정의 유해・위험과 재해 예방대책에 관한 사항
- 사업장 내 안전보건관리체제 및 안전・보건조치 현황에 관한 사항
- 표준안전 작업방법 결정 및 지도・감독 요령에 관한 사항
- 현장근로자와의 의사소통능력 및 강의능력 등 안전보건교육 능력 배양에 관한 사항
- 비상시 또는 재해 발생 시 긴급조치에 관한 사항
- 그 밖의 관리감독자의 직무에 관한 사항

정답 ④

16
다음 재해원인 중 간접원인에 해당하지 않는 것은?

① 기술적 원인
② 교육적 원인
③ 관리적 원인
④ 인적원인

해설
산업재해의 원인
- 재해원인 중 직접원인
  - 물적원인(불안전 상태) : 물질 자체의 결함, 복장 및 보호구의 결함, 작업환경의 결함 등
  - 인적원인(불안전 행동) : 위험장소 접근, 복장 및 보호구의 잘못된 착용, 위험물 취급 부주의 등
- 재해원인 중 간접원인 : 기술적, 관리적, 교육적 원인 등

정답 ④

17 재해원인 분석방법의 통계적 원인분석 중 사고의 유형, 기인물 등 분류항목을 큰 순서대로 도표화 한 것은?

① 파레토도 ② 특성요인도
③ 크로스도 ④ 관리도

해설
통계적 재해원인 분석방법
- 파레토도 : 사고의 유형, 기인물 등 분류항목을 항목값이 큰 순서대로 도표화하여 분석하는 방법이다.
- 특성요인도 : 특성과 요인 사이의 관계를 어골형(魚骨形)의 도형으로 나타내어 분석하는 방법이다.
- 크로스도(cross diagram, 클로즈 분석) : 2개 이상의 문제 관계를 분석하는 데 사용하는 것으로 데이터를 집계하고, 표로 표시하여 요인별 결과 내역을 교차한 그림을 작성하여 분석하는 방법이다.
- 관리도 : 재해 발생건수 등 추이를 그래프화하여 재해 분석 및 관리하는 방법이다.

정답 ①

18 다음 중 헤드십(headship)에 관한 설명과 가장 거리가 먼 것은?

① 권한의 근거는 공식적이다.
② 지휘의 형태는 민주주의적이다.
③ 상사와 부하와의 사회적 간격은 넓다.
④ 상사와 부하와의 관계는 지배적이다.

해설
② 헤드십은 지휘의 형태가 권위적이며 부하직원의 활동을 감독하는 형태로 민주주의와는 거리가 멀다.
헤드십(headship) 특성
- 부하직원의 활동을 감독한다.
- 상사와 부하와의 관계가 종속적이다.
- 부하와의 사회적 간격이 넓다.
- 지휘의 형태가 권위적이다.

정답 ②

19 다음 설명에 해당하는 학습지도의 원리는?

> 학습자가 지니고 있는 각자의 요구와 능력 등에 알맞은 학습활동의 기회를 마련해 주어야 한다는 원리

① 직관의 원리
② 자기활동의 원리
③ 개별화의 원리
④ 사회화의 원리

해설
개별화의 원리 : 학습자가 지니고 있는 각자의 요구와 능력 등에 알맞은 학습활동의 기회를 마련해 주어야 하고자 하는 원리를 말한다.

정답 ③

20 안전교육의 단계에 있어 교육대상자가 스스로 행함으로써 습득하게 하는 교육은?

① 의식교육
② 기능교육
③ 지식교육
④ 태도교육

해설
안전보건교육의 3단계
- 지식교육 : 안전에 대한 지식을 교육하는 방법으로 인간이 직접 경험하기에는 위험한 사례들을 위주로 교육하여 학습시킨다.
- 기능교육 : 교육 대상자가 스스로 수행하여 얻어지는 형태로 실습 등의 교육을 통해 학습시킨다.
- 태도교육 : 지식과 기능교육을 통해 얻은 안전지식을 통해 행할 수 있게 안전행동을 체득화시키는 단계이다.

정답 ②

제2과목 인간공학 및 시스템 안전공학

21 결함수 분석의 기호 중 입력사상이 어느 하나라도 발생할 경우 출력사상이 발생하는 것은?

① NOR GATE
② AND GATE
③ OR GATE
④ NAND GATE

해설
- OR 게이트 : 입력사상이 어느 하나라도 발생할 경우 출력사상이 발생하는 논리게이트
- AND 게이트 : 입력사상이 전부 발생하는 경우에만 출력사상이 발생하는 논리게이트

정답 ③

22 가스밸브를 잠그는 것을 잊어 사고가 발생했다면 작업자는 어떤 인적오류를 범한 것인가?

① 생략오류(omission error)
② 시간지연오류(time error)
③ 순서오류(sequential error)
④ 작위적오류(commission error)

해설
인간오류(human error)의 행동에 따른 분류
- 생략오류(omission error) : 수행해야 하는 직무나 단계를 수행하지 않음
- 실행(작위적)오류(commission error) : 수행해야 하는 직무나 순서를 착각하여 잘못 수행함
- 순서오류(sequential error) : 업무를 수행하는 과정에서 순서를 잘못 수행함
- 시간지연오류(time error) : 업무를 시간 내에 수행하지 못함

정답 ①

23 어떤 소리가 1,000Hz, 60dB인 음과 같은 높이임에도 4배 더 크게 들린다면, 이 소리의 음압수준은 얼마인가?

① 70dB
② 80dB
③ 90dB
④ 100dB

해설
- 10dB 증가하는 경우 소음은 2배 증가
- 20dB 증가하는 경우 소음은 4배 증가
∴ 60dB + 20dB = 80dB

정답 ②

24 시스템 안전분석 방법 중 예비위험분석(PHA)단계에서 식별하는 4가지 범주에 속하지 않는 것은?

① 위기 상태
② 무시가능 상태
③ 파국적 상태
④ 예비조처 상태

해설
PHA(예비위험분석) 분류
- class 1 : 파국적(사망, 시스템 손상)
- class 2 : 중대, 위기(심각한 상해, 시스템 중대 손상)
- class 3 : 한계적(경미한 상해, 시스템 성능 저하)
- class 4 : 무시(경미 상해 및 시스템 저하 없음)

정답 ④

25
다음은 불꽃놀이용 화학물질취급설비에 대한 정량적 평가이다. 해당 항목에 대한 위험등급이 올바르게 연결된 것은?

항목	A(10점)	B(5점)	C(2점)	D(0점)
취급물질	O	O	O	
조작		O		O
화학설비의 용량	O		O	
온도	O	O		
압력		O	O	O

① 취급물질 - Ⅰ등급, 화학설비의 용량 - Ⅰ등급
② 온도 - Ⅰ등급, 화학설비의 용량 - Ⅱ등급
③ 취급물질 - Ⅰ등급, 조작 - Ⅳ등급
④ 온도 - Ⅱ등급, 압력 - Ⅲ등급

해설
위험등급

Ⅰ등급	16점 이상	위험도 높음
Ⅱ등급	11점 이상 15점 이하	비교하여 평가
Ⅲ등급	10점 이하	위험도 낮음

- 취급물질 : 17점 → Ⅰ등급
- 조작 : 5점 → Ⅲ등급
- 화학설비의 용량 : 12점 → Ⅱ등급
- 온도 : 15점 → Ⅱ등급
- 압력 : 7점 → Ⅲ등급

정답 ④

26
산업안전보건법령상 유해위험방지계획서의 제출 대상 제조업은 전기 계약용량이 얼마 이상인 경우에 해당되는가?(단, 기타 예외사항은 제외한다)

① 50kW
② 100kW
③ 200kW
④ 300kW

해설
유해위험방지계획서 제출 대상(산업안전보건법 시행령 제42조)
전기 계약용량이 300kW 이상인 경우

정답 ④

27
인간-기계 시스템에서 시스템의 설계를 다음과 같이 구분할 때 제3단계인 기본설계에 해당되지 않는 것은?

1단계 : 시스템의 목표와 성능 명세 결정
2단계 : 시스템의 정의
3단계 : 기본설계
4단계 : 인터페이스 설계
5단계 : 보조물 설계
6단계 : 시험 및 평가

① 화면설계
② 작업설계
③ 직무분석
④ 기능할당

해설
기본설계
- 직무분석
- 작업설계
- 기능할당
- 인간의 성능조건

정답 ①

28
결함수 분석법에서 path set에 관한 설명으로 옳은 것은?

① 시스템의 약점을 표현한 것이다.
② top사상을 발생시키는 조합이다.
③ 시스템이 고장 나지 않도록 하는 사상의 조합이다.
④ 시스템 고장을 유발하는 필요불가결한 기본사상들의 집합이다.

해설
패스셋(path set)
- 시스템의 고장을 일으키지 않는 기본사상들의 집합
- 포함된 기본사상이 일어나지 않을 때 처음으로 정상사상이 일어나지 않는 기본사상들의 집합

정답 ③

29. 연구 기준의 요건과 내용이 옳은 것은?

① 무오염성 : 실제로 의도하는 바와 부합해야 한다.
② 적절성 : 반복실험 시 재현성이 있어야 한다.
③ 신뢰성 : 측정하고자 하는 변수 이외의 다른 변수의 영향을 받아서는 안 된다.
④ 민감도 : 피실험자 사이에서 볼 수 있는 예상 차이점에 비례하는 단위로 측정해야 한다.

해설

인간공학 연구조사에 사용되는 구비조건
- 무오염성 : 측정하고자 하는 변수 이외의 다른 변수의 영향을 받아서는 안 된다.
- 적절성 : 실제로 의도하는 바와 부합해야 한다.
- 신뢰성 : 반복실험 시 재현성이 있어야 한다.
- 민감도 : 예상 차이점에 비례하는 단위로 측정하여야 한다.

정답 ④

30. FTA 결과 다음과 같은 패스셋을 구하였다. 최소 패스셋(minimal path set)으로 옳은 것은?

┌ 보기 ┐
$\{X_2, X_3, X_4\}$
$\{X_1, X_3, X_4\}$
$\{X_3, X_4\}$

① $\{X_3, X_4\}$
② $\{X_1, X_3, X_4\}$
③ $\{X_2, X_3, X_4\}$
④ $\{X_2, X_3, X_4\}$와 $\{X_3, X_4\}$

해설

세 집합의 부분집합인 $\{X_3, X_4\}$가 시스템의 기능을 살리는 최소한의 집합인 최소 패스셋이 된다.

정답 ①

31. 인체측정에 대한 설명으로 옳은 것은?

① 인체측정은 동적측정과 정적측정이 있다.
② 인체측정학은 인체의 생화학적 특징을 다룬다.
③ 자세에 따른 인체치수의 변화는 없다고 가정한다.
④ 측정항목에 무게, 둘레, 두께, 길이는 포함되지 않는다.

해설

인체측정
- 동적측정 : 기능적 치수로서 신체가 움직이는 데 맞춰서 계측하는 방법이다.
- 정적측정 : 기초적인 치수로서 표준 자세에서 움직이지 않는 신체를 계측하는 방법이다.

정답 ①

32. 실린더 블록에 사용하는 개스킷의 수명 분포는 $X \sim N(10,000, 200^2)$인 정규분포를 따른다. $t = 9,600$시간일 경우에 신뢰도($R(t)$)는?(단, $P(Z \leq 1) = 0.8413$, $P(Z \leq 1.5) = 0.9332$, $P(Z \leq 2) = 0.9772$, $P(Z \leq 3) = 0.9987$이다)

① 84.13%   ② 93.32%
③ 97.72%   ④ 99.87%

해설

$$Z = \frac{10,000 - 9,600}{200(표준편차)} = \frac{400(평균기대수명)}{200} = 2$$

$Z2 = 0.9772$이므로,
신뢰도는 $0.9772 \times 100 = 97.72\%$이다.

정답 ③

33. 다음 중 열중독증(heat illness)의 강도를 올바르게 나열한 것은?

ⓐ 열소모(heat exhaustion)
ⓑ 열발진(heat rash)
ⓒ 열경련(heat cramp)
ⓓ 열사병(heat stroke)

① ⓒ < ⓑ < ⓐ < ⓓ
② ⓒ < ⓑ < ⓓ < ⓐ
③ ⓑ < ⓒ < ⓐ < ⓓ
④ ⓑ < ⓓ < ⓐ < ⓒ

해설
열중독증의 강도
열발진 < 열경련 < 열소모 < 열사병

정답 ③

34. 사무실 의자나 책상에 적용할 인체측정 자료의 설계원칙으로 가장 적합한 것은?

① 평균치 설계
② 조절식 설계
③ 최대치 설계
④ 최소치 설계

해설
② 사용자에 맞게 조절이 필요하므로 조절식 설계를 하여야 한다.
인체측정치의 응용원리
• 최대치 설계
 – 출입문
 – 비상통로
 – 탈출구
• 최소치 설계
 – 선반의 높이
 – 조정장치까지의 거리
• 평균치 설계
 – 안내데스크의 높이
 – 공용으로 사용하는 것(버스의자 등)
• 조절식 설계 : 자동차 및 사무실 의자 등(사용자에 맞게 조절)

정답 ②

35. 암호체계의 사용 시 고려해야 될 사항과 거리가 먼 것은?

① 정보를 암호화한 자극은 검출이 가능하여야 한다.
② 다차원의 암호보다 단일차원화된 암호가 정보전달이 촉진된다.
③ 암호를 사용할 때는 사용자가 그 뜻을 분명히 알 수 있어야 한다.
④ 모든 암호 표시는 감지장치에 의해 검출될 수 있고, 다른 암호 표시와 구별될 수 있어야 한다.

해설
암호체계 사용 시 일반적 지침
• 암호의 검출성 : 모든 암호 표시는 감지장치에 의해 검출되어야 한다.
• 암호의 변별성 : 모든 암호 표시는 다른 표시와 구별될 수 있어야 한다.
• 부호의 양립성 : 자극과 반응 조합의 관계가 인간의 기대와 모순되지 않아야 한다.
• 부호의 의미 : 암호를 사용할 때에는 사용자가 그 뜻을 분명히 알 수 있어야 한다.
• 암호의 표준화 : 암호를 표준화하여야 한다.
• 다차원 암호의 사용 : 다차원의 암호(2가지 이상)인 경우 정보전달이 촉진된다.

정답 ②

36. 신호검출이론(SDT)의 판정결과 중 신호가 없었는 데도 있었다고 말하는 경우는?

① 긍정(hit)
② 누락(miss)
③ 허위(false alarm)
④ 부정(correct rejection)

해설
허위(false alarm) : 신호가 없었는 데도 있었다고 말하는 경우

정답 ③

37
촉감의 일반적인 척도의 하나인 2점 문턱값(two-point threshold)이 감소하는 순서대로 나열된 것은?

① 손가락 → 손바닥 → 손가락 끝
② 손바닥 → 손가락 → 손가락 끝
③ 손가락 끝 → 손가락 → 손바닥
④ 손가락 끝 → 손바닥 → 손가락

해설
2점 문턱값이 감소하는 순서 : 손바닥 → 손가락 → 손가락 끝
※ 2점 문턱값 : 피부상 두 군데를 자극하였을 때 자극을 식별할 수 있는 최소거리를 뜻한다.

정답 ②

38
시스템 안전분석 방법 중 HAZOP에서 '완전 대체'를 의미하는 것은?

① not
② reverse
③ part of
④ other than

해설
HAZOP 용어
- part of : 성질상의 감소
- as well as : 성질상의 증가
- other than : 완전한 대체
- more/less : 정량적인 증가 또는 감소
- no/not : 완전한 부정
- reverse : 설계의도의 논리적인 역

정답 ④

39
어느 부품 1,000개를 100,000시간 동안 가동하였을 때 5개의 불량품이 발생하였을 경우 평균동작시간(MTTF)은?

① 1×10^6시간
② 2×10^7시간
③ 1×10^8시간
④ 2×10^9시간

해설
고장률(λ) = $\dfrac{고장건수}{총가동시간}$ (건/시간)

MTBF(평균고장시간), MTTF = $\dfrac{1}{고장률(\lambda)}$ (시간)

- 고장률 = $\dfrac{5}{1,000 \times 100,000}$ = 5×10^{-8}(건/시간)
- 평균고장시간 = $\dfrac{1}{5 \times 10^{-8}}$ = 2×10^7(시간)

정답 ②

40
신체활동의 생리학적 측정법 중 전신의 육체적인 활동을 측정하는 데 가장 적합한 방법은?

① flicker 측정
② 산소 소비량 측정
③ 근전도(EMG) 측정
④ 피부전기반사(GSR) 측정

해설
산소 소비량 측정 : 전신의 육체적인 활동 측정
- GSR : 피부전기반사
- EMG : 근전도

정답 ②

제3과목 기계위험 방지기술

41 산업안전보건법령상 롤러기의 방호장치 중 롤러의 앞면 표면속도가 30m/min 이상일 때 무부하 동작에서 급정지거리는?

① 앞면 롤러 원주의 1/2.5 이내
② 앞면 롤러 원주의 1/3 이내
③ 앞면 롤러 원주의 1/3.5 이내
④ 앞면 롤러 원주의 1/5.5 이내

해설
무부하 동작에서 앞면 롤러의 표면속도에 따른 급정지거리(방호장치 자율안전기준 고시 별표 3)

앞면 롤러의 표면속도 (m/min)	급정지거리
30 미만	앞면 롤러 원주의 1/3 이내
30 이상	앞면 롤러 원주의 1/2.5 이내

정답 ①

43 연삭작업에서 숫돌의 파괴원인으로 가장 적절하지 않은 것은?

① 숫돌의 회전속도가 너무 빠를 때
② 연삭작업 시 숫돌의 정면을 사용할 때
③ 숫돌에 큰 충격을 줬을 때
④ 숫돌의 회전중심이 제대로 잡히지 않았을 때

해설
연삭숫돌의 파괴원인
• 숫돌의 측면을 사용하여 작업할 때
• 숫돌의 회전속도가 너무 빠를 때(회전력이 결합력보다 큼)
• 숫돌 자체에 균열이 있을 때
• 숫돌에 과대한 충격을 가할 때
• 숫돌의 균형이나 베어링 마모에 의한 진동이 있을 때
• 숫돌 반경 방향의 온도 변화가 심할 때
• 플랜지가 현저히 작을 때(플랜지는 숫돌 지름의 3분의 1 이상일 것)
• 작업에 부적당한 숫돌을 사용할 때
• 숫돌의 치수가 적당하지 않을 때

정답 ②

42 극한하중이 600N인 체인에 안전계수가 4일 때 체인의 정격하중(N)은?

① 130 ② 140
③ 150 ④ 160

해설
$$안전계수 = \frac{극한하중}{정격하중}$$

$$정격하중 = \frac{600}{4} = 150N$$

정답 ③

44. 산업안전보건법령상 용접장치의 안전에 관한 준수사항으로 옳은 것은?

① 아세틸렌 용접장치의 발생기실을 옥외에 설치한 경우에는 그 개구부를 다른 건축물로부터 1m 이상 떨어지도록 하여야 한다.
② 가스집합장치로부터 7m 이내의 장소에서는 화기의 사용을 금지시킨다.
③ 아세틸렌 발생기에서 10m 이내 또는 발생기실에서 4m 이내의 장소에서는 화기의 사용을 금지시킨다.
④ 아세틸렌 용접장치를 사용하여 용접작업을 할 경우 게이지 압력이 127kPa을 초과하는 압력의 아세틸렌을 발생시켜 사용해서는 아니 된다.

해설

④ 산업안전보건기준에 관한 규칙 제285조
① 아세틸렌 용접장치의 발생기실을 옥외에 설치한 경우에는 그 개구부를 다른 건축물로부터 1.5m 이상 떨어지도록 할 것(산업안전보건기준에 관한 규칙 제286조)
② 가스집합장치로부터 5m 이내의 장소에서는 흡연, 화기의 사용 또는 불꽃을 발생할 우려가 있는 행위를 금지할 것(산업안전보건기준에 관한 규칙 제295조)
③ 아세틸렌 용접장치의 발생기에서 5m 이내 또는 발생기실에서 3m 이내의 장소에서는 흡연, 화기의 사용 또는 불꽃이 발생할 위험한 행위를 금지시킬 것(산업안전보건기준에 관한 규칙 제290조)

정답 ④

45. 500rpm으로 회전하는 연삭숫돌의 지름이 300mm일 때 원주속도(m/min)는?

① 약 748
② 약 650
③ 약 532
④ 약 471

해설

$$V = \frac{\pi DN}{1,000} \text{(m/min)} = \frac{\pi \times 300 \times 500}{1,000} \fallingdotseq 471\text{(m/min)}$$

여기서, D : 롤러의 직경(mm)
N : 회전수(rpm)

정답 ④

46. 산업안전보건법령상 로봇을 운전하는 경우 근로자가 로봇에 부딪칠 위험이 있을 때 높이는 최소 얼마 이상의 울타리를 설치하여야 하는가?(단, 로봇의 가동범위 등을 고려하여 높이로 인한 위험성이 없는 경우는 제외)

① 0.9m
② 1.2m
③ 1.5m
④ 1.8m

해설

운전 중 위험 방지(산업안전보건기준에 관한 규칙 제223조)
사업주는 로봇의 운전으로 인하여 근로자에게 발생할 수 있는 부상 등의 위험을 방지하기 위하여 높이 1.8m 이상의 울타리(로봇의 가동범위 등을 고려하여 높이로 인한 위험성이 없는 경우에는 높이를 그 이하로 조절할 수 있다)를 설치해야 한다.

정답 ④

47. 일반적으로 전류가 과대하고, 용접속도가 너무 빠르며, 아크를 짧게 유지하기 어려운 경우 모재 및 용접부의 일부가 녹아서 홈 또는 오목한 부분이 생기는 용접부 결함은?

① 잔류응력
② 융합불량
③ 기공
④ 언더컷

해설

① 잔류응력 : 재료에 외력이 작동하지 않을 때 재료 내부에 남아 있는 응력을 말한다.
② 융합불량 : 용접금속과 모재 또는 용접금속 사이가 충분히 융합되지 않는 결함을 말한다.
③ 기공 : 용접한 부위 내에 가스가 갇혀 표면 또는 비드 내에 가공이 생기는 결함을 말한다.

정답 ④

48. 산업안전보건법령상 승강기의 종류로 옳지 않은 것은?

① 승객용 엘리베이터
② 리프트
③ 화물용 엘리베이터
④ 승객화물용 엘리베이터

해설
승강기의 종류(산업안전보건기준에 관한 규칙 제132조)
승강기란 건축물이나 고정된 시설물에 설치되어 일정한 경로에 따라 사람이나 화물을 승강장으로 옮기는 데에 사용되는 설비로서 다음의 것을 말한다.
- 승객용 엘리베이터 : 사람의 운송에 적합하게 제조·설치된 엘리베이터
- 승객화물용 엘리베이터 : 사람의 운송과 화물 운반을 겸용하는 데 적합하게 제조·설치된 엘리베이터
- 화물용 엘리베이터 : 화물 운반에 적합하게 제조·설치된 엘리베이터로서 조작자 또는 화물취급자 1명은 탑승할 수 있는 것(적재용량이 300kg 미만인 것은 제외)
- 소형화물용 엘리베이터 : 음식물이나 서적 등 소형화물의 운반에 적합하게 제조·설치된 엘리베이터로서 사람의 탑승이 금지된 것
- 에스컬레이터 : 일정한 경사로 또는 수평로를 따라 위아래 또는 옆으로 움직이는 디딤판을 통해 사람이나 화물을 승강장으로 운송시키는 설비

정답 ②

49. 다음 중 선반의 방호장치로 가장 거리가 먼 것은?

① 실드(shield) ② 슬라이딩
③ 척 커버 ④ 칩 브레이커

해설
선반의 방호장치
- 칩 브레이커 : 칩을 잘게 끊어주는 장치
- 실드 : 칩 및 절삭유의 비산 방지
- 척 커버 : 작업복 등이 말려들어 가는 것을 방지
- 브레이크 : 긴급상황 시 정지시키는 장치

정답 ②

50. 산업안전보건법령상 목재가공용 둥근톱 작업에서 분할날과 톱날 원주면과의 간격은 최대 얼마 이내가 되도록 조정하는가?

① 10mm ② 12mm
③ 14mm ④ 16mm

해설
목재가공용 덮개 및 분할날 성능기준(방호장치 자율안전기준 고시 별표 5)
분할날과 톱날 원주면과의 거리는 12mm 이내로 조정, 유지할 수 있어야 한다.

정답 ②

51. 기계설비에서 기계고장률의 기본모형으로 옳지 않은 것은?

① 조립고장 ② 초기고장
③ 우발고장 ④ 마모고장

해설
기계설비 고장 유형
초기고장 → 우발고장 → 마모고장

정답 ①

52. 산업안전보건법령상 화물의 낙하에 의해 운전자가 위험을 미칠 경우 지게차의 헤드가드(head guard)는 지게차 최대하중의 몇 배가 되는 등분포정하중에 견디는 강도를 가져야 하는가?(단, 4ton을 넘는 값은 제외)

① 1배 ② 1.5배
③ 2배 ④ 3배

해설
헤드가드(산업안전보건기준에 관한 규칙 제180조)
- 강도는 지게차의 최대하중의 2배 값(4ton을 넘는 값에 대해서는 4ton으로 한다)의 등분포정하중(等分布靜荷重)에 견딜 수 있을 것
- 상부틀의 각 개구의 폭 또는 길이가 16cm 미만일 것
- 운전자가 앉아서 조작하거나 서서 조작하는 지게차의 헤드가드는 한국산업표준에서 정하는 높이 기준 이상일 것

정답 ③

53
다음 중 컨베이어의 안전장치로 옳지 않은 것은?

① 비상정지장치
② 반발예방장치
③ 역회전방지장치
④ 이탈방지장치

해설
컨베이어 방호장치
- 화물 또는 운반구의 이탈 및 역주행을 방지하는 장치
- 비상정지장치
- 낙하물에 의한 위험방지(덮개, 울)
- 컨베이어 위로 근로자가 건널 경우의 방호장치(건널다리)

정답 ②

54
크레인에 돌발 상황이 발생한 경우 안전을 유지하기 위하여 모든 전원을 차단하여 크레인을 급정지시키는 방호장치는?

① 호이스트
② 이탈방지장치
③ 비상정지장치
④ 아웃트리거

해설
비상정지장치 : 돌발 상황 시 모든 전원을 차단하여 급정지시키는 장치

정답 ③

55
산업안전보건법령상 프레스 등을 사용하여 작업을 할 때에 작업시작 전 점검사항으로 가장 거리가 먼 것은?

① 압력방출장치의 기능
② 클러치 및 브레이크의 기능
③ 프레스의 금형 및 고정볼트 상태
④ 1행정 1정지기구·급정지장치 및 비상정지장치의 기능

해설
작업시작 전 점검사항(산업안전보건기준에 관한 규칙 별표 3)
프레스 등을 사용하여 작업을 할 때
- 클러치 및 브레이크의 기능
- 크랭크축·플라이휠·슬라이드·연결봉 및 연결 나사의 풀림 여부
- 1행정 1정지기구·급정지장치 및 비상정지장치의 기능
- 슬라이드 또는 칼날에 의한 위험방지 기구의 기능
- 프레스의 금형 및 고정볼트 상태
- 방호장치의 기능
- 전단기의 칼날 및 테이블의 상태

정답 ①

56
다음 중 프레스 방호장치에서 게이트 가드식 방호장치의 종류를 작동방식에 따라 분류할 때 가장 거리가 먼 것은?

① 경사식
② 하강식
③ 도립식
④ 횡 슬라이드식

해설
게이트 가드식 방호장치의 작동방식에 따른 분류
- 하강식
- 상승식
- 횡 슬라이드식
- 도립식

정답 ①

57
선반작업의 안전수칙으로 가장 거리가 먼 것은?

① 기계에 주유 및 청소를 할 때에는 저속회전에서 한다.
② 일반적으로 가공물의 길이가 지름의 12배 이상일 때는 방진구를 사용하여 선반작업을 한다.
③ 바이트는 가급적 짧게 설치한다.
④ 면장갑을 사용하지 않는다.

해설
① 기계에 주유 및 청소를 하는 경우에는 기계를 정지시킨 이후에 작업하도록 한다.

정답 ①

58
다음 중 보일러 운전 시 안전수칙으로 가장 적절하지 않은 것은?

① 가동 중인 보일러에는 작업자가 항상 정위치를 떠나지 아니할 것
② 보일러의 각종 부속장치의 누설상태를 점검할 것
③ 압력방출장치는 매 7년마다 정기적으로 작동시험을 할 것
④ 노 내의 환기 및 통풍 장치를 점검할 것

해설
압력방출장치(산업안전보건기준에 관한 규칙 제116조)
압력방출장치는 매년 1회 이상 국가표준기본법에 따라 산업통상자원부장관의 지정을 받은 국가교정업무 전담기관에서 교정을 받은 압력계를 이용하여 설정압력에서 압력방출장치가 적정하게 작동하는지를 검사한 후 납으로 봉인하여 사용하여야 한다. 다만, 공정안전보고서 제출 대상으로서 고용노동부장관이 실시하는 공정안전보고서 이행상태 평가결과가 우수한 사업장은 압력방출장치에 대하여 4년마다 1회 이상 설정압력에서 압력방출장치가 적정하게 작동하는지를 검사할 수 있다.

정답 ③

59
산업안전보건법령상 크레인에서 권과방지장치의 달기구 윗면이 권상장치의 아랫면과 접촉할 우려가 있는 경우 최소 몇 m 이상 간격이 되도록 조정하여야 하는가?(단, 직동식 권과방지장치의 경우는 제외)

① 0.1   ② 0.15
③ 0.25   ④ 0.3

해설
방호장치의 조정(산업안전보건기준에 관한 규칙 제134조)
양중기에 대한 권과방지장치는 훅·버킷 등 달기구의 윗면(그 달기구에 권상용 도르래가 설치된 경우에는 권상용 도르래의 윗면)이 드럼, 상부 도르래, 트롤리프레임 등 권상장치의 아랫면과 접촉할 우려가 있는 경우에 그 간격이 0.25m 이상(직동식 권과방지장치는 0.05m 이상으로 한다)이 되도록 조정하여야 한다.

정답 ③

60
슬라이드가 내려옴에 따라 손을 쳐내는 막대가 좌우로 왕복하면서 위험한계에 있는 손을 보호하는 프레스 방호장치는?

① 수인식   ② 게이트 가드식
③ 반발예방장치   ④ 손쳐내기식

해설
프레스의 방호장치
- 손쳐내기식 방호장치 : 손을 쳐내는 막대가 좌우로 왕복하면서 위험점으로부터 손을 보호하여 주는 방호장치
- 양수조작식 방호장치 : 1행정 1정지식 프레스에 사용되며 양손으로 동시에 조작을 하지 않을 경우에는 기계가 동작하지 않는 방호장치
- 게이트 가드식 방호장치 : 장비의 가드가 열려 있는 상태라면 동작하지 않고 기계 자체가 위험한 상태일 경우 가드가 열리지 않도록 하는 방호장치
- 수인식 방호장치 : 슬라이드와 작업자 손을 끈으로 연결하여 슬라이드 하강 시 작업자의 손을 당겨 위험점으로부터 보호하여 주는 방호장치
- 광전식 방호장치 : 신체의 일부가 위험점 및 접근금지구역에 접근하게 되어 광선을 차단하게 되는 경우에 급정지하는 방호장치

정답 ④

제4과목　전기위험 방지기술

61 KS C IEC 60079-0에 따른 방폭기기에 대한 설명이다. 다음 빈칸에 들어갈 알맞은 용어는?

> (ⓐ)은 EPL로 표현되며 점화원이 될 수 있는 가능성에 기초하여 기기에 부여된 보호등급이다. EPL의 등급 중 (ⓑ)는 정상작동, 예상된 오작동, 드문 오작동 중에 점화원이 될 수 없는 '매우 높은' 보호등급의 기기이다.

① ⓐ Explosion Protection Level, ⓑ EPL Ga
② ⓐ Explosion Protection Level, ⓑ EPL Gc
③ ⓐ Equipment Protection Level, ⓑ EPL Ga
④ ⓐ Equipment Protection Level, ⓑ EPL Gc

해설
Equipment Protection Level(기기보호등급, EPL)
EPL의 등급 중 Ga는 폭발성 가스분위기에 설치되는 기기로 정상작동, 예상된 오작동, 드문 오작동 중에 점화원이 될 수 없는 '매우 높은' 보호등급의 기기이다.

정답 ③

62 접지계통 분류에서 TN 접지방식이 아닌 것은?

① TN-S 방식　② TN-C 방식
③ TN-T 방식　④ TN-C-S 방식

해설
TN 계통방식
- TN-S
- TN-C
- TN-C-S

정답 ③

63 접지공사의 종류에 따른 접지선(연동선)의 굵기 기준으로 옳은 것은?

① 제1종 : 공칭단면적 $6mm^2$ 이상
② 제2종 : 공칭단면적 $12mm^2$ 이상
③ 제3종 : 공칭단면적 $5mm^2$ 이상
④ 특별 제3종 : 공칭단면적 $3.5mm^2$ 이상

해설
※ 출제 당시 정답은 ①이었으나, KEC(한국전기설비규정)의 전면 변경으로 정답없음 처리하였습니다.

정답 정답없음

64 최소 착화에너지가 0.26mJ인 가스에 정전용량이 100pF인 대전물체로부터 정전기 방전에 의하여 착화할 수 있는 전압은 약 몇 V인가?

① 2,240　② 2,260
③ 2,280　④ 2,300

해설
$$E = \frac{1}{2}CV^2(J)$$
$$V = \sqrt{\frac{2E}{C}}$$
$$= \sqrt{\frac{2 \times 0.26 \times 10^{-3}}{100 \times 10^{-12}}} = 2,280.35(V)$$

※ 참고 : pF = 10^{-12}(F), mJ = 10^{-3}(J)

정답 ③

65. 누전차단기의 구성요소가 아닌 것은?

① 누전검출부
② 영상변류기
③ 차단장치
④ 전력퓨즈

해설
누전차단기의 구성요소
- 누전검출부
- 영상변류기
- 차단장치

정답 ④

66. 우리나라의 안전전압으로 볼 수 있는 것은 약 몇 V인가?

① 30 ② 50
③ 60 ④ 70

해설
국내 일반사업장에서의 안전전압 : 30V

정답 ①

67. 산업안전보건기준에 관한 규칙에 따라 누전에 의한 감전의 위험을 방지하기 위하여 접지를 해야 하는 대상의 기준으로 틀린 것은?(단, 예외조건은 고려하지 않는다)

① 전기기계·기구의 금속제 외함
② 고압 이상의 전기를 사용하는 전기기계·기구 주변의 금속제 칸막이
③ 고정배선에 접속된 전기기계·기구 중 사용전압이 대지전압 100V를 넘는 비충전 금속체
④ 코드와 플러그를 접속하여 사용하는 전기기계·기구 중 휴대형 전동기계·기구의 노출된 비충전 금속체

해설
전기기계·기구의 접지(산업안전보건기준에 관한 규칙 제302조)
- 전기기계·기구의 금속제 외함, 금속제 외피 및 철대
- 고정 설치되거나 고정배선에 접속된 전기기계·기구의 노출된 비충전 금속체 중 충전될 우려가 있는 다음의 어느 하나에 해당하는 비충전 금속체
  - 지면이나 접지된 금속체로부터 수직거리 2.4m, 수평거리 1.5m 이내인 것
  - 물기 또는 습기가 있는 장소에 설치되어 있는 것
  - 금속으로 되어 있는 기기접지용 전선의 피복·외장 또는 배선관 등
  - 사용전압이 대지전압 150V를 넘는 것
- 전기를 사용하지 아니하는 설비 중 다음의 어느 하나에 해당하는 금속체
  - 전동식 양중기의 프레임과 궤도
  - 전선이 붙어 있는 비전동식 양중기의 프레임
  - 고압(1.5천V 초과 7천V 이하의 직류전압 또는 1천V 초과 7천V 이하의 교류전압을 말한다. 이하 같다) 이상의 전기를 사용하는 전기기계·기구 주변의 금속제 칸막이·망 및 이와 유사한 장치
- 코드와 플러그를 접속하여 사용하는 전기기계·기구 중 다음의 어느 하나에 해당하는 노출된 비충전 금속체
  - 사용전압이 대지전압 150V를 넘는 것
  - 냉장고·세탁기·컴퓨터 및 주변기기 등과 같은 고정형 전기기계·기구
  - 고정형·이동형 또는 휴대형 전동기계·기구
  - 물 또는 도전성이 높은 곳에서 사용하는 전기기계·기구, 비접지형 콘센트
  - 휴대형 손전등
- 수중펌프를 금속제 물탱크 등의 내부에 설치하여 사용하는 경우 그 탱크(이 경우 탱크를 수중펌프의 접지선과 접속하여야 한다)

정답 ③

68

정전유도를 받고 있는 접지되어 있지 않는 도전성 물체에 접촉한 경우 전격을 당하게 되는데, 이때 물체에 유도된 전압 V(V)를 옳게 나타낸 것은? (단, E는 송전선의 대지전압, C_1은 송전선과 물체 사이의 정전용량, C_2는 물체와 대지 사이의 정전용량이며, 물체와 대지 사이의 저항은 무시한다)

① $V = \dfrac{C_1}{C_1 + C_2} \times E$

② $V = \dfrac{C_1 + C_2}{C_1} \times E$

③ $V = \dfrac{C_1}{C_1 \times C_2} \times E$

④ $V = \dfrac{C_1 \times C_2}{C_1} \times E$

해설

$V = \dfrac{C_1}{C_1 + C_2} \times E$

정답 ①

69

교류 아크용접기의 자동전격방지장치는 전격의 위험을 방지하기 위하여 아크 발생이 중단된 후 약 1초 이내에 출력측 무부하전압을 자동적으로 몇 V 이하로 저하시켜야 하는가?

① 85 ② 70
③ 50 ④ 25

해설

자동전격방지기 : 교류 아크용접기의 안전장치로서 용접기의 1차 또는 2차측에 부착하며 1초 이내에 안전전압(25V 이하)으로 내려주는 장치이다.

정답 ④

70

정전기 발생에 영향을 주는 요인으로 가장 적절하지 않은 것은?

① 분리속도   ② 물체의 질량
③ 접촉면적 및 압력   ④ 물체의 표면상태

해설

정전기 발생에 영향을 주는 요인
• 물체의 특성 : 불순물을 포함하고 있으면 정전기 발생량이 커짐
• 물체의 표면상태 : 수분이나 기름 등에 표면이 오염되는 경우에 정전기가 크게 발생함
• 물체의 이력 : 처음 접촉, 분리할 때 최대가 되며 반복될수록 발생량이 감소함
• 접촉면적 및 압력 : 접촉면적과 압력이 증가할수록 정전기가 크게 발생함
• 물체의 분리속도 : 분리속도가 빠를수록 정전기가 크게 발생함

정답 ②

71

다음에서 설명하고 있는 방폭구조는?

> 전기기기의 정상 사용 조건 및 특정 비정상 상태에서 과도한 온도상승, 아크 또는 스파크의 발생 위험을 방지하기 위해 추가적인 안전조치를 취한 것으로 Ex e라고 표시한다.

① 유입 방폭구조   ② 압력 방폭구조
③ 내압 방폭구조   ④ 안전증 방폭구조

해설

안전증 방폭구조 : e

정답 ④

72

KS C IEC 60079-6에 따른 유입방폭구조 'o' 방폭장비의 최소 IP등급은?

① IP44   ② IP54
③ IP55   ④ IP66

해설

유입방폭구조는 최소 IP66 이상의 보호등급을 가져야 한다.

정답 ④

73 20Ω의 저항 중에 5A의 전류를 3분간 흘렸을 때의 발열량(cal)은?

① 4,320
② 90,000
③ 21,600
④ 376,560

해설
발열량 $Q = I^2RT = 5^2 \times 20 \times 180(sec)$
$= 90,000(J)$
∴ $90,000 \times 0.24 = 21,600(cal)$

정답 ③

74 다음은 어떤 방전에 대한 설명인가?

> 정전기가 대전되어 있는 부도체에 접지체가 접근한 경우 대전물체와 접지체 사이에 발생하는 방전과 거의 동시에 부도체의 표면을 따라서 발생하는 나뭇가지 형태의 발광을 수반하는 방전

① 코로나방전
② 뇌상방전
③ 연면방전
④ 불꽃방전

해설
연면방전 : 정전기가 대전되어 있는 부도체에 접지체가 접근하는 경우 대전물체와 접지체 사이에서 발생하며 방전과 동시에 부도체의 표면을 따라서 발생하는 나뭇가지 형태의 발광을 수반하는 방전

정답 ③

75 가연성 가스가 있는 곳에 저압 옥내전기설비를 금속관 공사에 의해 시설하고자 한다. 관 상호 간 또는 관과 전기기계·기구와는 몇 턱 이상 나사 조임으로 접속하여야 하는가?

① 2턱
② 3턱
③ 4턱
④ 5턱

해설
가스증기 위험장소(한국전기설비규정 242.3.1)
관 상호 간 및 관과 박스 기타의 부속품·풀 박스 또는 전기기계·기구와는 5턱 이상 나사 조임으로 접속하는 방법 또는 기타 이와 동등 이상의 효력이 있는 방법에 의하여 견고하게 접속할 것

정답 ④

76 전기시설의 직접 접촉에 의한 감전방지 방법으로 적절하지 않은 것은?

① 충전부는 내구성이 있는 절연물로 완전히 덮어 감쌀 것
② 충전부가 노출되지 않도록 폐쇄형 외함이 있는 구조로 할 것
③ 충전부에 충분한 절연효과가 있는 방호망 또는 절연덮개를 설치할 것
④ 충전부는 출입이 용이한 전개된 장소에 설치하고 위험표시 등의 방법으로 방호를 강화할 것

해설
전기기계·기구 등의 충전부 직접 접촉 방호대책(산업안전보건기준에 관한 규칙 제301조)
• 충전부가 노출되지 않도록 폐쇄형 외함(外函)이 있는 구조로 할 것
• 충전부에 충분한 절연효과가 있는 방호망이나 절연덮개를 설치할 것
• 충전부는 내구성이 있는 절연물로 완전히 덮어 감쌀 것
• 발전소·변전소 및 개폐소 등 구획되어 있는 장소로서 관계 근로자가 아닌 사람의 출입이 금지되는 장소에 충전부를 설치하고, 위험표시 등의 방법으로 방호를 강화할 것
• 전주 위 및 철탑 위 등 격리되어 있는 장소로서 관계 근로자가 아닌 사람이 접근할 우려가 없는 장소에 충전부를 설치할 것

정답 ④

77 심실세동을 일으키는 위험한계에너지는 약 몇 J 인가?(단, 심실세동전류 $I=\dfrac{165}{\sqrt{T}}$ mA, 인체의 전기저항 $R=800\Omega$, 통전시간 $T=1$초이다)

① 12
② 22
③ 32
④ 42

해설
위험한계에너지
$Q = I^2RT$
$= \left(\dfrac{165}{\sqrt{1}} \times 10^{-3}\right)^2 \times 800 \times 1$
$= 22J$

정답 ②

78 전기기계・기구에 설치되어 있는 감전방지용 누전차단기의 정격감도전류 및 작동시간으로 옳은 것은?(단, 정격전부하전류가 50A 미만이다)

① 15mA 이하, 0.1초 이내
② 30mA 이하, 0.03초 이내
③ 50mA 이하, 0.5초 이내
④ 100mA 이하, 0.05초 이내

해설
누전차단기에 의한 감전방지(산업안전보건기준에 관한 규칙 제304조)
전기기계・기구에 설치되어 있는 누전차단기는 정격감도전류가 30mA 이하이고 작동시간은 0.03초 이내일 것. 다만, 정격전부하전류가 50A 이상인 전기기계・기구에 접속되는 누전차단기는 오작동을 방지하기 위하여 정격감도전류는 200mA 이하로, 작동시간은 0.1초 이내로 할 수 있다.

정답 ②

79 피뢰레벨에 따른 회전구체 반경이 틀린 것은?

① 피뢰레벨 Ⅰ : 20m
② 피뢰레벨 Ⅱ : 30m
③ 피뢰레벨 Ⅲ : 50m
④ 피뢰레벨 Ⅳ : 60m

해설
피뢰시스템의 등급별 회전구체의 반지름(KS C IEC 62305-3)
• 피뢰시스템의 등급 Ⅰ : 20m
• 피뢰시스템의 등급 Ⅱ : 30m
• 피뢰시스템의 등급 Ⅲ : 45m
• 피뢰시스템의 등급 Ⅳ : 60m

정답 ③

80 지락사고 시 1초를 초과하고 2초 이내에 고압전로를 자동차단하는 장치가 설치되어 있는 고압전로에 제2종 접지공사를 하였다. 접지저항은 몇 Ω 이하로 유지해야 하는가?(단, 변압기의 고압측 전로의 1선 지락전류는 10A이다)

① 10Ω
② 20Ω
③ 30Ω
④ 40Ω

해설
※ 출제 당시 정답은 ③이었으나, KEC(한국전기설비규정)의 전면 변경으로 정답없음 처리하였습니다.

정답 정답없음

제5과목 화학설비위험 방지기술

81 사업주는 가스폭발 위험장소 또는 분진폭발 위험장소에 설치되는 건축물 등에 대해서는 규정에서 정한 부분을 내화구조로 하여야 한다. 다음 중 내화구조로 하여야 하는 부분에 대한 기준이 틀린 것은?

① 건축물의 기둥 : 지상 1층(지상 1층의 높이가 6m를 초과하는 경우에는 6m)까지
② 위험물 저장·취급용기의 지지대(높이가 30cm 이하인 것은 제외) : 지상으로부터 지지대의 끝부분까지
③ 건축물의 보 : 지상 2층(지상 2층의 높이가 10m를 초과하는 경우에는 10m)까지
④ 배관·전선관 등의 지지대 : 지상으로부터 1단(1단의 높이가 6m를 초과하는 경우에는 6m)까지

해설

내화기준(산업안전보건기준에 관한 규칙 제270조)
- 가스폭발 위험장소 또는 분진폭발 위험장소에 설치되는 건축물 등에 대해서는 다음에 해당하는 부분을 내화구조로 하여야 하며, 그 성능이 항상 유지될 수 있도록 점검·보수 등 적절한 조치를 하여야 한다. 다만, 건축물 등의 주변에 화재에 대비하여 물 분무시설 또는 폼 헤드(foam head)설비 등의 자동소화설비를 설치하여 건축물 등이 화재 시에 2시간 이상 그 안전성을 유지할 수 있도록 한 경우에는 내화구조로 하지 아니할 수 있다.
  - 건축물의 기둥 및 보 : 지상 1층(지상 1층의 높이가 6m를 초과하는 경우에는 6m)까지
  - 위험물 저장·취급용기의 지지대(높이가 30cm 이하인 것은 제외한다) : 지상으로부터 지지대의 끝부분까지
  - 배관·전선관 등의 지지대 : 지상으로부터 1단(1단의 높이가 6m를 초과하는 경우에는 6m)까지
- 내화재료는 한국산업표준으로 정하는 기준에 적합하거나 그 이상의 성능을 가지는 것이어야 한다.

정답 ③

82 다음 물질 중 인화점이 가장 낮은 물질은?

① 이황화탄소 ② 아세톤
③ 자일렌   ④ 경유

해설

① 이황화탄소 : -30℃
② 아세톤 : -18℃
③ 자일렌 : 27℃
④ 경유 : 50℃

정답 ①

83 물의 소화력을 높이기 위하여 물에 탄산칼륨(K_2CO_3)과 같은 염류를 첨가한 소화약제를 일반적으로 무엇이라 하는가?

① 포 소화약제
② 분말 소화약제
③ 강화액 소화약제
④ 산알칼리 소화약제

해설

강화액 소화약제 : 물에 알칼리 금속염류 등을 첨가한 약제로 응고점이 낮아 영하의 온도에서도 사용할 수 있다.

정답 ③

84 다음 중 분진의 폭발위험성을 증대시키는 조건에 해당하는 것은?

① 분진의 온도가 낮을수록
② 분위기 중 산소농도가 작을수록
③ 분진 내의 수분농도가 작을수록
④ 분진의 표면적이 입자체적에 비교하여 작을수록

해설

③ 분진 내의 수분농도가 작을수록 분진의 폭발위험성이 증가한다.

정답 ③

85
다음 중 관의 지름을 변경하는 데 사용되는 관의 부속품으로 가장 적절한 것은?

① 엘보(elbow)
② 커플링(coupling)
③ 유니언(union)
④ 리듀서(reducer)

해설
관의 지름 변경 : 리듀서(지름이 서로 다른 관을 연결)
① 관의 방향 변경
②·③ 2개의 관 연결

정답 ④

86
가연성 물질의 저장 시 산소농도를 일정한 값 이하로 낮추어 연소를 방지할 수 있는데 이때 첨가하는 물질로 적합하지 않은 것은?

① 질소　　② 이산화탄소
③ 헬륨　　④ 일산화탄소

해설
④ 일산화탄소는 인화성 물질이므로 연소방지에 첨가되는 물질로 적합하지 않다.

정답 ④

87
다음 중 물과의 반응성이 가장 큰 물질은?

① 나이트로글리세린　② 이황화탄소
③ 금속나트륨　　　　④ 석유

해설
물과의 반응성이 가장 큰 물질은 물반응성 물질(금수성 물질)인 금속나트륨이다.

정답 ③

88
산업안전보건법령상 위험물질의 종류에서 폭발성 물질에 해당하는 것은?

① 나이트로화합물
② 등유
③ 황
④ 질산

해설
폭발성 물질 및 유기과산화물(산업안전보건기준에 관한 규칙 별표 1)
- 질산에스터류
- 나이트로화합물
- 나이트로소화합물
- 아조화합물
- 다이아조화합물
- 하이드라진 유도체
- 유기과산화물
- 그 밖에 위에 열거한 물질과 같은 정도의 폭발위험이 있는 물질
- 위에 열거한 물질을 함유한 물질

정답 ①

89
어떤 습한 고체재료 10kg을 완전 건조 후 무게를 측정하였더니 6.8kg이었다. 이 재료의 건량 기준 함수율은 몇 kg·H_2O/kg인가?

① 0.25　　② 0.36
③ 0.47　　④ 0.58

해설
함수율

$$함수율 = \frac{10(습한 고체재료) - 6.8(완전 건조 후 무게)}{6.8(완전 건조 후 무게)}$$

$\fallingdotseq 0.47$

정답 ③

90. 대기압하에서 인화점이 0℃ 이하인 물질이 아닌 것은?

① 메탄올
② 이황화탄소
③ 산화프로필렌
④ 다이에틸에테르

해설
① 메탄올 : 13℃
② 이황화탄소 : −30℃
③ 산화프로필렌 : −37℃
④ 다이에틸에테르 : −45℃

정답 ①

91. 가연성 가스의 폭발범위에 관한 설명으로 틀린 것은?

① 압력 증가에 따라 폭발상한계와 하한계가 모두 현저히 증가한다.
② 불활성 가스를 주입하면 폭발범위는 좁아진다.
③ 온도의 상승과 함께 폭발범위는 넓어진다.
④ 산소 중에서 폭발범위는 공기 중에서 보다 넓어진다.

해설
① 압력 상승 시 폭발하한계는 변하지 않지만 폭발상한계는 상승하여 폭발범위가 넓어지게 된다.

정답 ①

92. 열교환기의 정기적 점검을 일상점검과 개방점검으로 구분할 때 개방점검 항목에 해당하는 것은?

① 보랭재의 파손 상황
② 플랜지부나 용접부에서의 누출 여부
③ 기초볼트의 체결 상태
④ 생성물, 부착물에 의한 오염 상황

해설
일상점검 항목
• 보온재 및 보랭재의 파손 여부
• 도장의 노후 상황
• 플랜지부, 용접부 등의 누설 여부
• 기초볼트의 체결 상태

정답 ④

93. 다음 중 분진폭발을 일으킬 위험이 가장 높은 물질은?

① 염소
② 마그네슘
③ 산화칼슘
④ 에틸렌

해설
분진폭발 위험물질
• 마그네슘, 알루미늄 등 금속분말
• 황
• 석탄
• 전분 및 소맥분

정답 ②

94. 산업안전보건법령에서 인화성 액체를 정의할 때 기준이 되는 표준압력은 몇 kPa인가?

① 1
② 100
③ 101.3
④ 273.15

해설
인화성 액체(산업안전보건법 시행규칙 별표 18)
표준압력(101.3kPa)에서 인화점이 93℃ 이하인 액체

정답 ③

95. 다음 중 C급 화재에 해당하는 것은?

① 금속화재
② 전기화재
③ 일반화재
④ 유류화재

해설
화재급수
- A급 : 일반화재
- B급 : 유류화재
- C급 : 전기화재
- D급 : 금속화재
- E급 : 가스화재
- K급 : 주방화재

정답 ②

97. 다음 중 가연성 가스의 연소형태에 해당하는 것은?

① 분해연소
② 증발연소
③ 표면연소
④ 확산연소

해설
확산연소 : 가연성 가스가 공기 중에 확산(혼합)되어 연소하는 현상을 말한다.

정답 ④

96. 액화 프로페인 310kg을 내용적 50L 용기에 충전할 때 필요한 소요 용기의 수는 몇 개인가?(단, 액화 프로페인의 가스정수는 2.35이다)

① 15
② 17
③ 19
④ 21

해설
용기의 개수 = $\dfrac{310\text{kg}}{50\text{L}} \times 2.35(\text{L/kg})$
≒ 15개
※ 소수점 첫째자리에서 반올림

정답 ①

98. 다음 중 산업안전보건법령상 위험물질의 종류에 있어 인화성 가스에 해당하지 않는 것은?

① 수소
② 뷰테인
③ 에틸렌
④ 과산화수소

해설
인화성 가스(산업안전보건기준에 관한 규칙 별표 1)
- 수소
- 아세틸렌
- 에틸렌
- 메테인
- 에테인
- 프로페인
- 뷰테인
- 인화한계농도의 최저한도가 13% 이하 또는 최고한도와 최저한도의 차가 12% 이상인 것으로서 표준압력(101.3kPa)하의 20℃에서 가스 상태인 물질을 말한다.

정답 ④

99 반응폭주 등 급격한 압력상승의 우려가 있는 경우에 설치하여야 하는 것은?

① 파열판
② 통기밸브
③ 체크밸브
④ flame arrester

해설
파열판의 설치(산업안전보건기준에 관한 규칙 제262조)
• 반응폭주 등 급격한 압력상승 우려가 있는 경우
• 급성 독성물질의 누출로 인하여 주위의 작업환경을 오염시킬 우려가 있는 경우
• 운전 중 안전밸브에 이상 물질이 누적되어 안전밸브가 작동되지 아니할 우려가 있는 경우

정답 ①

100 다음 중 응상폭발이 아닌 것은?

① 분해폭발
② 수증기폭발
③ 전선폭발
④ 고상 간의 전이에 의한 폭발

해설
응상폭발의 종류
• 수증기폭발
• 전선폭발
• 고상 간 전이에 의한 폭발
• 증기폭발

정답 ①

제6과목 건설안전기술

101 건설재해대책의 사면보호공법 중 식물을 생육시켜 그 뿌리로 사면의 표층토를 고정하여 빗물에 의한 침식, 동상, 이완 등을 방지하고, 녹화에 의한 경관 조성을 목적으로 시공하는 것은?

① 식생공
② 실드공
③ 뿜어 붙이기공
④ 블록공

해설
식생공 : 식물을 생육시켜 그 뿌리로 사면의 표층토를 고정하여 빗물에 의한 경사면의 침식, 동상, 이완 등을 방지하고 녹화에 의한 경관 조성을 목적으로 시공하는 사면보호공법

정답 ①

102 산업안전보건법령에 따른 양중기의 종류에 해당하지 않는 것은?

① 곤돌라
② 리프트
③ 클램셸
④ 크레인

해설
양중기의 종류(산업안전보건기준에 관한 규칙 제132조)
• 크레인[호이스트(hoist)를 포함]
• 이동식 크레인
• 리프트(이삿짐운반용 리프트의 경우에는 적재하중이 0.1ton 이상인 것으로 한정)
• 곤돌라
• 승강기

정답 ③

103 화물 취급작업과 관련한 위험방지를 위해 조치하여야 할 사항으로 옳지 않은 것은?

① 하역작업을 하는 장소에서 작업장 및 통로의 위험한 부분에는 안전하게 작업할 수 있는 조명을 유지할 것
② 하역작업을 하는 장소에서 부두 또는 안벽의 선을 따라 통로를 설치하는 경우에는 폭을 50cm 이상으로 할 것
③ 차량 등에서 화물을 내리는 작업을 하는 경우에 해당 작업에 종사하는 근로자에게 쌓여 있는 화물 중간에서 화물을 빼내도록 하지 말 것
④ 꼬임이 끊어진 섬유로프 등을 화물운반용 또는 고정용으로 사용하지 말 것

해설
② 하역작업을 하는 장소에서 부두 또는 안벽의 선을 따라 통로를 설치하는 경우에는 폭을 90cm 이상으로 할 것(산업안전보건기준에 관한 규칙 제390조)
① 산업안전보건기준에 관한 규칙 제390조
③ 산업안전보건기준에 관한 규칙 제389조
④ 산업안전보건기준에 관한 규칙 제387조

정답 ②

104 표준관입시험에 관한 설명으로 옳지 않은 것은?

① N치(N-value)는 지반을 30cm 굴진하는 데 필요한 타격횟수를 의미한다.
② N치가 4~10일 경우 모래의 상대밀도는 매우 단단한 편이다.
③ 63.5kg 무게의 추를 76cm 높이에서 자유낙하하여 타격하는 시험이다.
④ 사질지반에 적용하며, 점토지반에서는 편차가 커서 신뢰성이 떨어진다.

해설
표준관입시험은 63.5kg 무게의 추를 76cm 높이에서 자유낙하하여 타격하는 시험으로 타격횟수 N치를 구하여 지반의 특성(전단강도 등)을 확인하는 시험을 말한다. N치가 4~10인 경우에는 연약지반으로 분류된다.

정답 ②

105 근로자의 추락 등의 위험을 방지하기 위한 안전난간의 설치요건에서 상부 난간대를 120cm 이상 지점에 설치하는 경우 중간 난간대를 최소 몇 단 이상 균등하게 설치하여야 하는가?

① 2단 ② 3단
③ 4단 ④ 5단

해설
안전난간의 구조 및 설치요건(산업안전보건기준에 관한 규칙 제13조)
상부 난간대는 바닥면·발판 또는 경사로의 표면(이하 바닥면 등)으로부터 90cm 이상 지점에 설치하고, 상부 난간대를 120cm 이하에 설치하는 경우에는 중간 난간대는 상부 난간대와 바닥면 등의 중간에 설치하여야 하며, 120cm 이상 지점에 설치하는 경우에는 중간 난간대를 2단 이상으로 균등하게 설치하고 난간의 상하 간격은 60cm 이하가 되도록 할 것. 다만, 난간기둥 간의 간격이 25cm 이하인 경우에는 중간 난간대를 설치하지 않을 수 있다.

정답 ①

106 건설현장에 설치하는 사다리식 통로의 설치기준으로 옳지 않은 것은?

① 발판과 벽 사이는 15cm 이상의 간격을 유지할 것
② 발판의 간격은 일정하게 할 것
③ 사다리의 상단은 걸쳐 놓은 지점으로부터 60cm 이상 올라가도록 할 것
④ 사다리식 통로의 길이가 10m 이상인 경우에는 3m 이내마다 계단참을 설치할 것

해설
④ 사다리식 통로의 길이가 10m 이상인 경우에는 5m 이내마다 계단참을 설치할 것(산업안전보건기준에 관한 규칙 제24조)

정답 ④

107 불도저를 이용한 작업 중 안전조치사항으로 옳지 않은 것은?

① 작업 종료와 동시에 삽날을 지면에서 띄우고 주차 제동장치를 건다.
② 모든 조종간은 엔진 시동 전에 중립 위치에 놓는다.
③ 장비의 승차 및 하차 시 뛰어내리거나 오르지 말고 안전하게 잡고 오르내린다.
④ 야간작업 시 자주 장비에서 내려와 장비 주위를 살피며 점검하여야 한다.

해설
① 작업 종료 시 삽날은 지면에서 띄우지 않고 지면에 붙여야 한다.

정답 ①

108 건설공사의 산업안전보건관리비 계상 시 대상액이 구분되어 있지 않은 공사는 도급계약 또는 자체 사업계획상의 총공사금액 중 얼마를 대상액으로 하는가?

① 50% ② 60%
③ 70% ④ 80%

해설
계상의무 및 기준(건설업 산업안전보건관리비 계상 및 사용기준 제4조)
• 대상액이 5억 원 미만 또는 50억 원 이상인 경우 : 대상액에 별표 1에서 정한 비율을 곱한 금액
• 대상액이 5억 원 이상 50억 원 미만인 경우 : 대상액에 별표 1에서 정한 비율을 곱한 금액에 기초액을 합한 금액
• 대상액이 명확하지 않은 경우 : 도급계약 또는 자체 사업계획상 책정된 총공사금액의 10분의 7에 해당하는 금액을 대상액으로 하고 위의 각 항목에서 정한 기준에 따라 계상

정답 ③

109 도심지 폭파해체공법에 관한 설명으로 옳지 않은 것은?

① 장기간 발생하는 진동, 소음이 적다.
② 해체속도가 빠르다.
③ 주위의 구조물에 끼치는 영향이 적다.
④ 많은 분진 발생으로 민원을 발생시킬 우려가 있다.

해설
도심지는 주위에 구조물이 많기 때문에 도심지에서 폭파해체하는 경우 순간적인 진동 등에 의하여 주위 구조물에 영향을 준다.

정답 ③

110 NATM 공법 터널공사의 경우 록볼트 작업과 관련된 계측결과에 해당되지 않은 것은?

① 내공변위측정 결과
② 천단침하측정 결과
③ 인발시험 결과
④ 진동측정 결과

해설
시공(터널공사 표준안전작업지침 – NATM공법 제21조)
록볼트 작업의 표준시공방식으로서 시스템 볼팅을 실시하여야 하며 인발시험, 내공변위측정, 천단침하측정, 지중변위측정 등의 계측결과로부터 해당 사유에 해당될 때에는 록볼트의 추가시공을 하여야 한다.

정답 ④

111

거푸집 동바리 등을 조립하는 경우에 준수하여야 할 사항으로 옳지 않은 것은?

① 깔목의 사용, 콘크리트 타설, 말뚝박기 등 동바리의 침하를 방지하기 위한 조치를 할 것
② 개구부 상부에 동바리를 설치하는 경우에는 상부하중을 견딜 수 있는 견고한 받침대를 설치할 것
③ 거푸집이 곡면인 경우에는 버팀대의 부착 등 그 거푸집의 부상(浮上)을 방지하기 위한 조치를 할 것
④ 동바리의 이음은 맞댄이음이나 장부이음을 피할 것

해설

※ 산업안전보건기준에 관한 규칙의 개정(23.11.14)에 따라 일부 용어가 변경되었음을 알려드립니다.

거푸집 조립 시의 안전조치(산업안전보건기준에 관한 규칙 제331조의2)
사업주는 거푸집을 조립하는 경우에는 다음 사항을 준수해야 한다.
- 거푸집을 조립하는 경우에는 거푸집이 콘크리트 하중이나 그 밖의 외력에 견딜 수 있거나, 넘어지지 않도록 견고한 구조의 긴결재(콘크리트를 타설할 때 거푸집이 변형되지 않게 연결하여 고정하는 재료를 말한다), 버팀대 또는 지지대를 설치하는 등 필요한 조치를 할 것
- 거푸집이 곡면인 경우에는 버팀대의 부착 등 그 거푸집의 부상을 방지하기 위한 조치를 할 것

동바리 조립 시의 안전조치(산업안전보건기준에 관한 규칙 제332조)
사업주는 동바리를 조립하는 경우에는 하중의 지지상태를 유지할 수 있도록 다음 사항을 준수해야 한다.
- 받침목이나 깔판의 사용, 콘크리트 타설, 말뚝박기 등 동바리의 침하를 방지하기 위한 조치를 할 것
- 동바리의 상하 고정 및 미끄러짐 방지 조치를 할 것
- 상부·하부의 동바리가 동일 수직선상에 위치하도록 하여 깔판·받침목에 고정시킬 것
- 개구부 상부에 동바리를 설치하는 경우에는 상부하중을 견딜 수 있는 견고한 받침대를 설치할 것
- U헤드 등의 단판이 없는 동바리의 상단에 멍에 등을 올릴 경우에는 해당 상단에 U헤드 등의 단판을 설치하고, 멍에 등이 전도되거나 이탈되지 않도록 고정시킬 것
- 동바리의 이음은 같은 품질의 재료를 사용할 것
- 강재의 접속부 및 교차부는 볼트·클램프 등 전용철물을 사용하여 단단히 연결할 것
- 거푸집의 형상에 따른 부득이한 경우를 제외하고는 깔판이나 받침목은 2단 이상 끼우지 않도록 할 것
- 깔판이나 받침목을 이어서 사용하는 경우에는 그 깔판·받침목을 단단히 연결할 것

정답 ④

112

비계의 높이가 2m 이상인 작업장소에 설치하는 작업발판의 설치기준으로 옳지 않은 것은?(단, 달비계, 달대비계 및 말비계는 제외)

① 작업발판의 폭은 40cm 이상으로 한다.
② 작업발판 재료는 뒤집히거나 떨어지지 않도록 하나 이상의 지지물에 연결하거나 고정시킨다.
③ 발판재료 간의 틈은 3cm 이하로 한다.
④ 작업발판의 지지물은 하중에 의하여 파괴될 우려가 없는 것을 사용한다.

해설

작업발판의 구조(산업안전보건기준에 관한 규칙 제56조)
사업주는 비계(달비계, 달대비계 및 말비계는 제외한다)의 높이가 2m 이상인 작업장소에 다음 기준에 맞는 작업발판을 설치하여야 한다.
㉠ 발판재료는 작업할 때의 하중을 견딜 수 있도록 견고한 것으로 할 것
㉡ 작업발판의 폭은 40cm 이상으로 하고, 발판재료 간의 틈은 3cm 이하로 할 것. 다만 외줄비계의 경우에는 고용노동부장관이 별도로 정하는 기준에 따른다.
㉢ ㉡에도 불구하고 선박 및 보트 건조작업의 경우 선박블록 또는 엔진실 등의 좁은 작업공간에 작업발판을 설치하기 위하여 필요하면 작업발판의 폭을 30cm 이상으로 할 수 있고, 걸침비계의 경우 강관기둥 때문에 발판재료 간의 틈을 3cm 이하로 유지하기 곤란하면 5cm 이하로 할 수 있다. 이 경우 그 틈 사이로 물체 등이 떨어질 우려가 있는 곳에는 출입금지 등의 조치를 하여야 한다.
㉣ 추락의 위험이 있는 장소에는 안전난간을 설치할 것. 다만, 작업의 성질상 안전난간을 설치하는 것이 곤란한 경우, 작업의 필요상 임시로 안전난간을 해체할 때에 추락방호망을 설치하거나 근로자로 하여금 안전대를 사용하도록 하는 등 추락위험 방지 조치를 한 경우에는 그러하지 아니하다.
㉤ 작업발판의 지지물은 하중에 의하여 파괴될 우려가 없는 것을 사용할 것
㉥ 작업발판 재료는 뒤집히거나 떨어지지 않도록 둘 이상의 지지물에 연결하거나 고정시킬 것
㉦ 작업발판을 작업에 따라 이동시킬 경우에는 위험방지에 필요한 조치를 할 것

정답 ②

113. 흙막이 지보공을 설치하였을 경우 정기적으로 점검하고 이상을 발견하면 즉시 보수하여야 하는 사항과 가장 거리가 먼 것은?

① 부재의 접속부·부착부 및 교차부의 상태
② 버팀대의 긴압(緊壓) 정도
③ 부재의 손상·변형·부식·변위 및 탈락의 유무와 상태
④ 지표수의 흐름 상태

해설
붕괴 등의 위험방지(산업안전보건기준에 관한 규칙 제347조)
사업주는 흙막이 지보공을 설치하였을 때에는 정기적으로 다음의 사항을 점검하고 이상을 발견하면 즉시 보수하여야 한다.
• 부재의 손상·변형·부식·변위 및 탈락의 유무와 상태
• 버팀대의 긴압(緊壓) 정도
• 부재의 접속부·부착부 및 교차부의 상태
• 침하의 정도

정답 ④

114. 말비계를 조립하여 사용하는 경우 지주부재와 수평면의 기울기는 얼마 이하로 하여야 하는가?

① 65° ② 70°
③ 75° ④ 80°

해설
말비계(산업안전보건기준에 관한 규칙 제67조)
지주부재와 수평면의 기울기를 75° 이하로 하고, 지주부재와 지주부재 사이를 고정시키는 보조부재를 설치할 것

정답 ③

115. 지반 등의 굴착 시 위험을 방지하기 위한 연암 지반 굴착면의 기울기 기준으로 옳은 것은?

① 1 : 0.3 ② 1 : 0.4
③ 1 : 0.5 ④ 1 : 0.6

해설
※ 출제 당시 정답은 ③이었으나, 산업안전보건기준에 관한 규칙 개정(23.11.14)으로 정답없음 처리하였습니다.

굴착면의 기울기 기준(산업안전보건기준에 관한 규칙 별표 11)

지반의 종류	굴착면의 기울기
모래	1 : 1.8
연암 및 풍화암	1 : 1.0
경암	1 : 0.5
그 밖의 흙	1 : 1.2

정답 정답없음

116. 작업발판 및 통로의 끝이나 개구부로서 근로자가 추락할 위험이 있는 장소에서 난간 등의 설치가 매우 곤란하거나 작업의 필요상 임시로 난간 등을 해체하여야 하는 경우에 설치하여야 하는 것은?

① 구명구
② 수직보호망
③ 석면포
④ 추락방호망

해설
개구부 등의 방호 조치(산업안전보건기준에 관한 규칙 제43조)
난간 등을 설치하는 것이 매우 곤란하거나 작업의 필요상 임시로 난간 등을 해체하여야 하는 경우 추락방호망을 설치하여야 한다. 다만, 추락방호망을 설치하기 곤란한 경우에는 근로자에게 안전대를 착용하도록 하는 등 추락할 위험을 방지하기 위하여 필요한 조치를 하여야 한다.

정답 ④

117 흙막이 공법을 흙막이 지지방식에 의한 분류와 구조방식에 의한 분류로 나눌 때 다음 중 지지방식에 의한 분류에 해당하는 것은?

① 수평버팀대식 흙막이 공법
② h-pile 공법
③ 지하연속벽 공법
④ top down method 공법

해설
흙막이 공법의 분류
- 지지방식에 의한 분류 : 버팀대식(수평버팀대식, 경사버팀대식) 공법, 자립식 공법, 어스앵커식 공법
- 구조방식에 의한 분류 : h-pile 공법, 지하연속벽 공법, top down method 공법

정답 ①

118 철골용접부의 내부결함을 검사하는 방법으로 가장 거리가 먼 것은?

① 알칼리 반응시험
② 방사선 투과시험
③ 자기분말탐상시험
④ 침투탐상시험

해설
- 내부결함 검사 : 방사선 투과시험
- 표면결함 검사 : 자분탐상시험, 침투탐상시험

정답 ①, ③, ④

119 유해위험방지계획서를 제출하려고 할 때 그 첨부서류와 가장 거리가 먼 것은?

① 공사 개요서
② 산업안전보건관리비 작성 요령
③ 전체 공정표
④ 재해 발생 위험 시 연락 및 대피방법

해설
유해위험방지계획서 첨부서류(산업안전보건법 시행규칙 별표 10)
- 공사 개요서
- 공사현장의 주변 현황 및 주변과의 관계를 나타내는 도면(매설물 현황을 포함)
- 전체 공정표
- 산업안전보건관리비 사용계획서
- 안전관리 조직표
- 재해 발생 위험 시 연락 및 대피방법

정답 ②

120 콘크리트 타설작업과 관련하여 준수하여야 할 사항으로 가장 거리가 먼 것은?

① 당일의 작업을 시작하기 전에 해당 작업에 관한 거푸집 동바리 등의 변형·변위 및 지반의 침하 유무 등을 점검하고 이상이 있으면 보수할 것
② 콘크리트를 타설하는 경우에는 편심이 발생하지 않도록 골고루 분산하여 타설할 것
③ 진동기의 사용은 많이 할수록 균일한 콘크리트를 얻을 수 있으므로 가급적 많이 사용할 것
④ 설계도서상의 콘크리트 양생기간을 준수하여 거푸집 동바리 등을 해체할 것

해설
①·②·④ 산업안전보건기준에 관한 규칙 제334조
타설(콘크리트공사 표준안전작업지침 제13조)
진동기는 적절히 사용되어야 하며, 지나친 진동은 거푸집 도괴의 원인이 될 수 있으므로 각별히 주의하여야 한다.

정답 ③

2021년 제1회 과년도 기출문제

Add+ 산업안전기사 기출(복원)문제

제1과목 안전관리론

01 참가자에게 일정한 역할을 주어 실제적으로 연기를 시켜봄으로써 자기의 역할을 보다 확실히 인식할 수 있도록 체험학습을 시키는 교육방법은?

① symposium
② brain storming
③ role playing
④ fish bowl playing

해설
롤 플레잉(role playing) : 참가자에게 일정한 역할을 주어 실제적으로 연기를 시켜봄으로써 자기의 역할을 보다 확실히 인식할 수 있도록 체험시키는 교육방법을 뜻한다.

정답 ③

02 일반적으로 시간의 변화에 따라 야간에 상승하는 생체리듬은?

① 혈압
② 맥박수
③ 체중
④ 혈액의 수분

해설
④ 야간에 상승, 주간에 감소한다.
①·② 주간에 상승, 야간에 감소한다.
③ 야간에 감소한다.

정답 ④

03 하인리히의 재해구성 비율 '1 : 29 : 300'에서 '29'에 해당되는 사고발생 비율은?

① 8.8%
② 9.8%
③ 10.8%
④ 11.8%

해설
$$\frac{29}{(1 + 29 + 300)} \times 100 = 약\ 8.8\%$$

정답 ①

04 무재해운동의 3원칙에 해당되지 않는 것은?

① 무의 원칙
② 참가의 원칙
③ 선취의 원칙
④ 대책선정의 원칙

해설
무재해운동의 3대 원칙
• 무의 원칙 : 사업장 내의 모든 잠재위험요인을 사전에 파악하고 해결함으로써 재해 발생의 근원이 되는 요소들을 제거한다.
• 선취의 원칙 : 사업장 내에서 행동하기 전에 잠재위험요인을 발견 및 파악하여 재해를 예방한다.
• 참가의 원칙 : 잠재위험요인을 발견하고 파악, 해결하기 위해 구성원 전원이 협력하여 문제해결을 도모한다.

정답 ④

05 안전보건관리조직의 형태 중 라인-스태프(line-staff)형에 관한 설명으로 틀린 것은?

① 조직원 전원을 자율적으로 안전활동에 참여시킬 수 있다.
② 라인의 관리, 감독자에게도 안전에 관한 책임과 권한이 부여된다.
③ 중규모 사업장(100명 이상 500명 미만)에 적합하다.
④ 안전활동과 생산업무가 유리될 우려가 없기 때문에 균형을 유지할 수 있어 이상적인 조직 형태이다.

해설
안전관리조직의 종류
- 직계-참모식(line-staff형) 조직
  - 직계식과 참모식을 혼합한 형태
  - 안전을 관리하는 관리자를 두고 생산조직에도 안전담당자를 배치
  - 안전기획은 관리자(staff)에서 시행하고 생산조직(line)의 명령과 지시를 통해 실행
  - 안전관리 계획수립 및 실행 용이
  - 대규모 사업장(1,000명 이상)에 적합
- 직계식(line형) 조직
  - 안전관리에 관한 계획에서 실시까지 안전에 대한 모든 것을 생산조직을 통해 시행
  - 안전전문조직 없음
  - 소규모 사업장(100명 이하)에 적합
- 참모식(staff형) 조직
  - 안전을 관리하는 관리자를 두어 안전관리를 하는 형태
  - 중규모 사업장 (100명 이상 1,000명 이하) 사업장에 적합

정답 ③

06 브레인스토밍 기법에 관한 설명으로 옳은 것은?

① 타인의 의견을 수정하지 않는다.
② 지정된 표현방식에서 벗어나 자유롭게 의견을 제시한다.
③ 참여자에게는 동일한 횟수의 의견제시 기회가 부여된다.
④ 주제와 내용이 다르거나 잘못된 의견은 지적하여 조정한다.

해설
브레인스토밍 4원칙
- 비판금지 : 의견에 대해 비판이나 평가를 하지 않는다.
- 대량발언 : 어떠한 의견이라도 다양하게 많이 발언한다.
- 자유분방 : 어떠한 의견이라도 자유롭게 발언한다.
- 수정발언 : 타 의견에 대하여 나의 의견을 조합하거나 수정하여 새로운 의견을 발언할 수 있다.

정답 ②

07 산업안전보건법령상 안전인증대상 기계 등에 포함되는 기계, 설비, 방호장치에 해당하지 않는 것은?

① 롤러기
② 크레인
③ 동력식 수동대패용 칼날 접촉 방지장치
④ 방폭구조(防爆構造) 전기기계·기구 및 부품

해설
안전인증대상 기계 등(산업안전보건법 시행령 제74조)
- 기계, 설비
  - 프레스
  - 전단기 및 절곡기
  - 크레인
  - 리프트
  - 압력용기
  - 롤러기
  - 사출성형기
  - 고소 작업대
  - 곤돌라
- 방호장치
  - 프레스 및 전단기 방호장치
  - 양중기용 과부하방지장치
  - 보일러 압력방출용 안전밸브
  - 압력용기 압력방출용 안전밸브
  - 압력용기 압력방출용 파열판
  - 절연용 방호구 및 활선작업용 기구
  - 방폭구조 전기기계·기구 및 부품
  - 추락·낙하 및 붕괴 등의 위험방지 및 보호에 필요한 가설기자재로서 고용노동부장관이 정하여 고시하는 것
  - 충돌·협착 등의 위험방지에 필요한 산업용 로봇 방호장치로서 고용노동부장관이 정하여 고시하는 것

정답 ③

08. 안전교육 중 같은 것을 반복하여 개인의 시행착오에 의해서만 점차 그 사람에게 형성되는 것은?

① 안전기술의 교육
② 안전지식의 교육
③ 안전기능의 교육
④ 안전태도의 교육

해설
③ 개인의 시행착오에 의해서 점차 그 개인에게 형성되는 것은 안전기능의 교육의 특성이다.

안전보건교육의 3단계
- 지식교육 : 안전에 대한 지식을 교육하는 방법으로 인간이 직접 경험하기에는 위험한 사례들을 위주로 교육하여 학습시킨다.
- 기능교육 : 교육 대상자가 스스로 수행하여 얻어지는 형태로 실습 등의 교육을 통해 학습시킨다.
- 태도교육 : 지식과 기능교육을 통해 얻은 안전지식을 통해 행할 수 있게 안전행동을 체득화시키는 단계이다.

정답 ③

09. 상황성 누발자의 재해유발 원인과 가장 거리가 먼 것은?

① 작업이 어렵기 때문이다.
② 심신에 근심이 있기 때문이다.
③ 기계설비의 결함이 있기 때문이다.
④ 도덕성이 결여되어 있기 때문이다.

해설
상황성 누발자의 재해유발 원인
- 작업 자체의 어려움이 존재하는 경우
- 심신에 근심이 있는 경우
- 기계설비에 결함이 존재할 경우
- 작업환경 특성상 주의력이 결핍되기 쉬운 경우

정답 ④

10. 작업자 적성의 요인이 아닌 것은?

① 지능
② 인간성
③ 흥미
④ 연령

해설
작업자 적성의 요인에는 지능, 흥미, 인간성, 직업적성 등이 있다.

정답 ④

11. 재해로 인한 직접비용으로 8,000만 원의 산재보상비가 지급되었을 때, 하인리히 방식에 따른 총 손실비용은?

① 16,000만 원
② 24,000만 원
③ 32,000만 원
④ 40,000만 원

해설
직접비와 간접비의 비율이 1 : 4이므로, 직접비용이 8,000만 원일 경우 간접비는 32,000만 원임을 알 수 있다. 이에 직접비와 간접비를 합산하였을 때 총손실비용은 40,000만 원이 된다.
※ 하인리히 방식 재해손실비용[1(직접비) : 4(간접비)]
- 직접비 : 치료비, 휴업 및 요양급여, 장해보상비, 유족보상비, 장례비 등으로 직접적으로 발생하는 비용을 말한다.
- 간접비 : 작업 중단에 의한 시간손실 등 재해 발생으로 인하여 발생하는 손실을 말한다.

정답 ④

12. 재해조사의 목적과 가장 거리가 먼 것은?

① 재해예방 자료수집
② 재해 관련 책임자 문책
③ 동종 및 유사재해 재발방지
④ 재해 발생원인 및 결함 규명

해설
② 재해 관련 책임자를 문책하는 것은 재해조사의 목적과는 관계가 없다.

정답 ②

13

교육훈련기법 중 OFF JT(OFF the Job Training)의 장점이 아닌 것은?

① 업무의 계속성이 유지된다.
② 외부의 전문가를 강사로 활용할 수 있다.
③ 특별교재, 시설을 유효하게 사용할 수 있다.
④ 다수의 대상자에게 조직적 훈련이 가능하다.

해설

① 업무의 계속성이 유지되는 것은 OJT 교육의 장점이다.

OFF JT : 직장 외 훈련
- 다수의 훈련자를 대상으로 교육이 가능하다.
- 직장 외에서 훈련(교육)을 수행하기 때문에 훈련자가 교육에 몰입할 수 있다.
- 전문적인 훈련이 가능하며 많은 지식이나 경험을 얻을 수 있다.

OJT : 직장 내 훈련
- 훈련에 필요한 업무의 계속성이 유지된다.
- 교육훈련이 현실적이고 실제적으로 시행된다.
- 직장의 실정에 맞게 구체적인 훈련이 가능하다.
- 교육을 위해 특별히 시간과 장소를 마련할 필요가 없다.
- 개개인에게 적절한 지도 훈련이 가능하다.
- 직장 직속상사에 의한 교육이 가능하기 때문에 교육자와 훈련자 간의 상호신뢰 및 이해도가 높다.

정답 ①

14

산업안전보건법령상 중대재해의 범위에 해당하지 않는 것은?

① 1명의 사망자가 발생한 재해
② 1개월의 요양을 요하는 부상자가 동시에 5명 발생한 재해
③ 3개월의 요양을 요하는 부상자가 동시에 3명 발생한 재해
④ 10명의 직업성 질병자가 동시에 발생한 재해

해설

중대재해의 범위(산업안전보건법 시행규칙 제3조)
- 사망자가 1명 이상 발생한 재해
- 3개월 이상의 요양이 필요한 부상자가 동시에 2명 이상 발생한 재해
- 부상자 또는 직업성 질병자가 동시에 10명 이상 발생한 재해

정답 ②

15

Thorndike의 시행착오설에 의한 학습의 원칙이 아닌 것은?

① 연습의 원칙
② 효과의 원칙
③ 동일성의 원칙
④ 준비성의 원칙

해설

손다이크의 시행착오설에 의한 학습의 원칙
- 연습의 원칙
- 효과의 원칙
- 준비성의 원칙

정답 ③

16

산업안전보건법령상 보안경 착용을 포함하는 안전보건표지의 종류는?

① 지시표지
② 안내표지
③ 금지표지
④ 경고표지

해설

지시표지의 종류(산업안전보건법 시행규칙 별표 6)
보안경 착용, 방독마스크 착용, 방진마스크 착용, 보안면 착용, 안전모 착용, 귀마개 착용, 안전화 착용, 안전장갑 착용, 안전복 착용

정답 ①

17. 보호구에 관한 설명으로 옳은 것은?

① 유해물질이 발생하는 산소결핍지역에서는 필히 방독마스크를 착용하여야 한다.
② 차광용 보안경의 사용구분에 따른 종류에는 자외선용, 적외선용, 복합용, 용접용이 있다.
③ 선반작업과 같이 손에 재해가 많이 발생하는 작업장에서는 장갑 착용을 의무화한다.
④ 귀마개는 처음에는 저음만을 차단하는 제품부터 사용하며, 일정 기간이 지난 후 고음까지 모두 차단할 수 있는 제품을 사용한다.

해설
차광용 보안경의 종류(보호구 안전인증고시 별표 10)
• 자외선용   • 적외선용
• 복합용   • 용접용

정답 ②

18. 산업안전보건법령상 사업 내 안전보건교육의 교육시간에 관한 설명으로 옳은 것은?

① 일용근로자의 작업내용 변경 시의 교육은 2시간 이상이다.
② 사무직에 종사하는 근로자의 정기교육은 매 분기 3시간 이상이다.
③ 일용근로자를 제외한 근로자의 채용 시 교육은 4시간 이상이다.
④ 관리감독자의 지위에 있는 사람의 정기교육은 연간 8시간 이상이다.

해설
※ 출제 당시 정답은 ②였으나, 산업안전보건법 시행규칙 개정(23.09.27)으로 정답없음 처리하였습니다.
안전보건교육 교육과정별 교육시간(산업안전보건법 시행규칙 별표 4)
• 일용근로자 작업내용 변경 시 교육 : 1시간 이상
• 사무직 종사 근로자 정기교육 : 매 반기 6시간 이상
• 그 밖[일용근로자 및 근로계약기간이 1주일 이하인 기간제근로자(1시간 이상), 근로계약기간이 1주일 초과 1개월 이하인 기간제근로자(4시간 이상) 외]의 근로자 채용 시 교육 : 8시간 이상
• 관리감독자 정기교육 : 연간 16시간 이상

정답 정답없음

19. 집단에서의 인간관계 메커니즘(mechanism)과 가장 거리가 먼 것은?

① 분열, 강박
② 모방, 암시
③ 동일화, 일체화
④ 커뮤니케이션, 공감

해설
인간관계 메커니즘
• 동일화
• 투사
• 커뮤니케이션
• 모방
• 암시
• 일체화
• 공감

정답 ①

20. 재해의 빈도와 상해의 강약도를 혼합하여 집계하는 지표로 옳은 것은?

① 강도율
② 종합재해지수
③ 안전활동률
④ Safe-T-Score

해설
종합재해지수 : 재해의 빈도와 상해의 강약도를 혼합하여 집계하는 지표

정답 ②

제2과목 인간공학 및 시스템 안전공학

21 인체측정 자료를 장비, 설비 등의 설계에 적용하기 위한 응용원칙에 해당하지 않는 것은?

① 조절식 설계
② 극단치를 이용한 설계
③ 구조적 치수 기준의 설계
④ 평균치를 기준으로 한 설계

해설
인체측정치의 응용원리
- 조절식 설계
- 극단치를 이용한 설계
  - 최대 집단값에 의한 설계
  - 최소 집단값에 의한 설계
- 평균치를 이용한 설계

정답 ③

22 컷셋(cut set)과 최소 패스셋(minimal path set)의 정의로 옳은 것은?

① 컷셋은 시스템 고장을 유발시키는 필요 최소한의 고장들의 집합이며, 최소 패스셋은 시스템의 신뢰성을 표시한다.
② 컷셋은 시스템 고장을 유발시키는 기본고장들의 집합이며, 최소 패스셋은 시스템의 불신뢰도를 표시한다.
③ 컷셋은 그 속에 포함되어 있는 모든 기본사상이 일어났을 때 정상사상을 일으키는 기본사상의 집합이며, 최소 패스셋은 시스템의 신뢰성을 표시한다.
④ 컷셋은 그 속에 포함되어 있는 모든 기본사상이 일어났을 때 정상사상을 일으키는 기본사상의 집합이며, 최소 패스셋은 시스템의 성공을 유발하는 기본사상의 집합이다.

해설
- 컷셋(cut set) : 정상사상을 발생시키는 기본사상의 집합으로 모든 기본사상이 발생할 때 정상사상을 발생시키는 기본사상의 집합이다.
- 최소 패스셋(minimal path set)
  - 시스템이 정상적으로 유지되는 데 필요한 최소한의 집합이다.
  - 시스템의 신뢰성을 표시한다.

정답 ③

23 작업공간의 배치에 있어 구성요소 배치의 원칙에 해당하지 않는 것은?

① 기능성의 원칙
② 사용빈도의 원칙
③ 사용순서의 원칙
④ 사용방법의 원칙

해설
부품배치의 원칙
- 중요성의 원칙 : 부품을 작동하는 성능이 목표 달성에 중요한 정도에 따라 우선순위를 정한다.
- 사용빈도의 원칙 : 자주 사용하는 부품에 따라 우선순위를 정한다.
- 기능별 배치의 원칙 : 기능적으로 관련된 부품들을 모아서 배치한다.
- 사용순서의 원칙 : 사용순서에 따라 부품을 배치한다.

정답 ④

24. 시스템의 수명 및 신뢰성에 관한 설명으로 틀린 것은?

① 병렬설계 및 디레이팅 기술로 시스템의 신뢰성을 증가시킬 수 있다.
② 직렬시스템에서는 부품들 중 최소 수명을 갖는 부품에 의해 시스템 수명이 정해진다.
③ 수리가 가능한 시스템의 평균 수명(MTBF)은 평균 고장률(λ)과 정비례 관계가 성립한다.
④ 수리가 불가능한 구성요소로 병렬구조를 갖는 설비는 중복도가 늘어날수록 시스템 수명이 길어진다.

해설
MTBF(평균 고장시간)
$$MTBF = \frac{1}{고장률(\lambda)} (시간)$$

정답 ③

25. 자동차를 생산하는 공장의 어떤 근로자가 95dB(A)의 소음수준에서 하루 8시간 작업하며 매시간 조용한 휴게실에서 20분씩 휴식을 취한다고 가정하였을 때, 8시간 시간가중평균(TWA)은? (단, 소음은 누적 소음노출량 측정기로 측정하였으며, OSHA에서 정한 95dB(A)의 허용시간은 4시간이라 가정한다)

① 약 91dB(A) ② 약 92dB(A)
③ 약 93dB(A) ④ 약 94dB(A)

해설
시간가중평균 소음수준(TWA)
$$TWA = 16.61\log\left(\frac{D}{100}\right) + 90$$

• 누적 소음노출량, $D(\%) = \frac{가동시간(h)}{기준시간(h)}$
$$= \frac{8 \times (60-20)}{60 \times 4} = 133\%$$

• $TWA = 16.61 \times \log\left(\frac{133}{100}\right) + 90 ≒ 92(dB)$

※ 작업환경측정 및 정도관리 등에 관한 고시 제36조 참고

정답 ②

26. 화학설비에 대한 안정성 평가 중 정성적 평가방법의 주요 진단항목으로 볼 수 없는 것은?

① 건조물   ② 취급물질
③ 입지조건   ④ 공장 내 배치

해설
정성적 평가항목
• 입지조건
• 공장 내의 배치
• 건축물(건조물)
• 소방설비

정답 ②

27. 작업면상의 필요한 장소만 높은 조도를 취하는 조명은?

① 완화조명   ② 전반조명
③ 투명조명   ④ 국소조명

해설
국소조명 : 작업면상의 필요한 장소만 높은 조도를 취하는 조명

정답 ④

28. 동작경제의 원칙에 해당하지 않는 것은?

① 공구의 기능을 각각 분리하여 사용하도록 한다.
② 두 팔의 동작은 동시에 서로 반대방향으로 대칭적으로 움직이도록 한다.
③ 공구나 재료는 작업동작이 원활하게 수행되도록 그 위치를 정해준다.
④ 가능하다면 쉽고도 자연스러운 리듬이 작업동작에 생기도록 작업을 배치한다.

해설
① 공구의 기능을 결합하여 사용하도록 한다.

정답 ①

29. 인간이 기계보다 우수한 기능이라 할 수 있는 것은?(단, 인공지능은 제외한다)

① 일반화 및 귀납적 추리
② 신뢰성 있는 반복 작업
③ 신속하고 일관성 있는 반응
④ 대량의 암호화된 정보의 신속한 보관

해설
인간과 기계의 정보처리
• 인간의 정보처리
 - 귀납적이며 다양한 문제 처리가 가능하다.
 - 대량의 정보를 장시간 보관할 수 있다.
 - 경험을 통해 향상된다.
• 기계의 정보처리
 - 연역적이며 정량적인 처리가 가능하다.
 - 암호화된 정보를 신속하게 대량으로 보관할 수 있다.
 - 신뢰성 있는 반복작업이 가능하다.

정답 ①

30. 시각적 표시장치보다 청각적 표시장치를 사용하는 것이 더 유리한 경우는?

① 정보의 내용이 복잡하고 긴 경우
② 정보가 공간적인 위치를 다룬 경우
③ 직무상 수신자가 한곳에 머무르는 경우
④ 수신 장소가 너무 밝거나 암순응이 요구될 경우

해설
• 청각장치
 - 수신장소가 너무 밝거나 암조응 유지가 필요한 경우
 - 전달정보가 간단하고 짧을 경우
 - 전달정보가 시각적인 이벤트를 다루는 경우
 - 직무상 수신자가 자주 움직이는 경우
• 시각장치
 - 수신장소가 시끄러울 경우
 - 전달정보가 복잡하고 길 경우
 - 전달정보가 공간적인 위치를 다룰 경우
 - 직무상 수신자가 한곳에 머무르는 경우

정답 ④

31. 다음 시스템의 신뢰도값은?

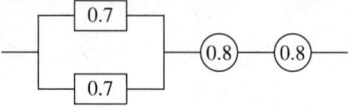

① 0.5824
② 0.6682
③ 0.7855
④ 0.8642

해설
신뢰도 = $[1-(1-0.7)(1-0.7)] \times 0.8 \times 0.8$
    = 0.5824

정답 ①

32. 다음 현상을 설명한 이론은?

> 인간이 감지할 수 있는 외부의 물리적 자극 변화의 최소범위는 표준자극의 크기에 비례한다.

① 피츠(Fitts) 법칙
② 웨버(Weber) 법칙
③ 신호검출이론(SDT)
④ 힉-하이만(Hick-Hyman) 법칙

해설
웨버의 법칙 = $\dfrac{\text{변화감지역}}{\text{표준자극(기준자극)}}$

정답 ②

33. 그림과 같은 FT도에서 정상사상 T의 발생확률은?(단, X_1, X_2, X_3의 발생확률은 각각 0.1, 0.15, 0.1이다)

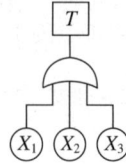

① 0.3115
② 0.35
③ 0.496
④ 0.9985

해설
$T = 1-(1-0.1) \times (1-0.15) \times (1-0.1) = 0.3115$

정답 ①

34 산업안전보건법령상 해당 사업주가 유해위험방지계획서를 작성하여 제출해야 하는 대상은?

① 시·도지사 ② 관할 구청장
③ 고용노동부장관 ④ 행정안전부장관

해설
유해위험방지계획서는 고용노동부장관에게 제출하고 심사를 받아야 한다(산업안전보건법 제42조).

정답 ③

35 인간의 위치 동작에 있어 눈으로 보지 않고 손을 수평면상에서 움직이는 경우 짧은 거리는 지나치고, 긴 거리는 못 미치는 경향이 있는데 이를 무엇이라고 하는가?

① 사정효과(range effect)
② 반응효과(reaction effect)
③ 간격효과(distance effect)
④ 손동작효과(hand action effect)

해설
사정효과 : 눈으로 보지 않고 손을 수평면상에서 움직이는 경우에 짧은 거리는 지나치고 긴 거리는 못 미치는 경향을 보이며, 작은 오차에는 과잉반응, 큰 오차에는 과소반응하는 인간의 행동을 말한다.

정답 ①

36 정신작업 부하를 측정하는 척도를 크게 4가지로 분류할 때 심박수의 변동, 뇌 전위, 동공반응 등 정보처리에 중추신경계 활동이 관여하고 그 활동이나 징후를 측정하는 것은?

① 주관적(subjective) 척도
② 생리적(physiological) 척도
③ 주 임무(primary task) 척도
④ 부 임무(secondary task) 척도

해설
생리적 척도 : 심박수의 변화, 뇌 전위, 동공반응 등 중추신경계의 활동을 측정한다.

정답 ②

37 서브시스템, 구성요소, 기능 등의 잠재적 고장 형태에 따른 시스템의 위험을 파악하는 위험분석기법으로 옳은 것은?

① ETA(Event Tree Analysis)
② HEA(Human Error Analysis)
③ PHA(Preliminary Hazard Analysis)
④ FMEA(Failure Mode and Effect Analysis)

해설
FMEA(고장형태와 영향분석) : 시스템 안전분석에 이용되는 정성적, 귀납적 분석방법으로 시스템에 영향을 미치는 전체 요소의 고장을 형태별로 분석하여 시스템 또는 서브시스템이 가동 중에 기기나 부품의 고장에 의해 재해나 사고를 일으키게 할 우려가 있는지를 해석하는 방법이다.

정답 ④

38 불필요한 작업을 수행함으로써 발생하는 오류로 옳은 것은?

① command error
② extraneous error
③ secondary error
④ commission error

해설
② extraneous error(과잉행동오류) : 업무를 수행하는 과정에서 불필요한 작업 내지 행동을 함으로써 발생
① command error(수행단계오류) : 필요한 물품, 정보, 에너지 등 공급되지 않아 작업자가 움직일 수 없는 상태
③ secondary error(2차단계오류) : 작업조건이나 작업형태 중에서 다른 문제가 생겨서 필요한 사항을 실행할 수 없는 상태
④ commission error(실행오류) : 수행해야 할 작업을 부정확하게 수행하는 오류

정답 ②

39 불(Boole) 대수의 정리를 나타낸 관계식으로 틀린 것은?

① $A \cdot A = A$
② $A + \overline{A} = 0$
③ $A + AB = A$
④ $A + A = A$

해설
② $A + \overline{A} = 1$

정답 ②

40 Chapanis가 정의한 위험의 확률수준과 그에 따른 위험발생률로 옳은 것은?

① 전혀 발생하지 않는(impossible) 발생빈도 : 10^{-8}/day
② 극히 발생할 것 같지 않는(extremely unlikely) 발생빈도 : 10^{-7}/day
③ 거의 발생하지 않는(remote) 발생빈도 : 10^{-6}/day
④ 가끔 발생하는(occasional) 발생빈도 : 10^{-5}/day

해설
Chapanis 위험 확률수준
- 자주 발생 : 10^{-2}/day
- 보통 발생 : 10^{-3}/day
- 가끔 발생 : 10^{-4}/day
- 거의 발생하지 않는 : 10^{-5}/day
- 극히 발생하지 않는 : 10^{-6}/day
- 전혀 발생하지 않는 : 10^{-8}/day

정답 ①

제3과목 기계위험 방지기술

41 휴대형 연삭기 사용 시 안전사항에 대한 설명으로 가장 적절하지 않은 것은?

① 잘 안 맞는 장갑이나 옷은 착용하지 말 것
② 긴 머리는 묶고 모자를 착용하고 작업할 것
③ 연삭숫돌을 설치하거나 교체하기 전에 전선과 압축공기 호스를 설치할 것
④ 연삭작업 시 클램핑 장치를 사용하여 공작물을 확실히 고정할 것

해설
연삭숫돌의 덮개 등(산업안전보건기준에 관한 규칙 제122조)
- 사업주는 회전 중인 연삭숫돌(지름이 5cm 이상인 것으로 한정)이 근로자에게 위험을 미칠 우려가 있는 경우에 그 부위에 덮개를 설치하여야 한다.
- 사업주는 연삭숫돌을 사용하는 작업의 경우 작업을 시작하기 전에는 1분 이상, 연삭숫돌을 교체한 후에는 3분 이상 시험운전을 하고 해당 기계에 이상이 있는지를 확인하여야 한다.
- 시험운전에 사용하는 연삭숫돌은 작업 시작 전에 결함이 있는지를 확인한 후 사용하여야 한다.
- 사업주는 연삭숫돌의 최고사용 회전속도를 초과하여 사용하도록 해서는 아니 된다.
- 사업주는 측면을 사용하는 것을 목적으로 하지 않는 연삭숫돌을 사용하는 경우 측면을 사용하도록 해서는 아니 된다.

정답 ③

42 선반 작업에 대한 안전수칙으로 가장 적절하지 않은 것은?

① 선반의 바이트는 끝을 짧게 장치한다.
② 작업 중에는 면장갑을 착용하지 않도록 한다.
③ 작업이 끝난 후 절삭 칩의 제거는 반드시 브러시 등의 도구를 사용한다.
④ 작업 중 일감의 치수 측정 시 기계 운전상태를 저속으로 하고 측정한다.

해설
④ 작업 중 일감의 치수 측정 시 기계를 정지해야 한다.

정답 ④

43
다음 중 금형을 설치 및 조정할 때 안전수칙으로 가장 적절하지 않은 것은?

① 금형을 체결할 때에는 적합한 공구를 사용한다.
② 금형의 설치 및 조정은 전원을 끄고 실시한다.
③ 금형을 부착하기 전에 하사점을 확인하고 설치한다.
④ 금형을 체결할 때에는 안전블록을 잠시 제거하고 실시한다.

해설
금형조정작업의 위험방지(산업안전보건기준에 관한 규칙 제104조)
사업주는 프레스 등의 금형을 부착·해체 또는 조정하는 작업을 할 때에 해당 작업에 종사하는 근로자의 신체가 위험한계 내에 있는 경우 슬라이드가 갑자기 작동함으로써 근로자에게 발생할 우려가 있는 위험을 방지하기 위하여 안전블록을 사용하는 등 필요한 조치를 하여야 한다.

정답 ④

44
지게차의 방호장치에 해당하는 것은?

① 버킷　　② 포크
③ 마스트　④ 헤드가드

해설
지게차의 방호장치
- 전조등과 후미등
- 백레스트
- 헤드가드
- 좌석 안전띠

정답 ④

45
다음 중 절삭가공으로 틀린 것은?

① 선반　② 밀링
③ 프레스　④ 보링

해설
프레스 : 압축력을 이용하여 가공하는 기계

정답 ③

46
산업안전보건법령상 롤러기의 방호장치 설치 시 유의해야 할 사항으로 가장 적절하지 않은 것은?

① 손으로 조작하는 급정지 장치의 조작부는 롤러기의 전면 및 후면에 각각 1개씩 수평으로 설치하여야 한다.
② 앞면 롤러의 표면속도가 30m/min 미만인 경우 급정지거리는 앞면 롤러 원주의 1/2.5 이하로 한다.
③ 급정지장치의 조작부에 사용하는 줄은 사용 중 늘어져서는 안 된다.
④ 급정지장치의 조작부에 사용하는 줄은 충분한 인장강도를 가져야 한다.

해설
롤러기 급정지장치의 정지거리(위험기계·기구 안전인증고시 별표 5)

앞면 롤러의 표면속도 (m/min)	급정지거리
30 미만	앞면 롤러 원주의 3분의 1
30 이상	앞면 롤러 원주의 2.5분의 1

정답 ②

47
보일러 부하의 급변, 수위의 과상승 등에 의해 수분이 증기와 분리되지 않아 보일러 수면이 심하게 솟아올라 올바른 수위를 판단하지 못하는 현상은?

① 프라이밍　② 모세관
③ 워터해머　④ 역화

해설
프라이밍 현상 : 보일러 부하의 급변, 수위의 과상승 등에 의해 수분이 증기와 분리되지 않아 보일러 수면이 심하게 솟아올라 올바른 수위를 판단하지 못하는 현상

정답 ①

48
자동화 설비를 사용하고자 할 때 기능의 안전화를 위하여 검토할 사항으로 거리가 가장 먼 것은?

① 재료 및 가공 결함에 의한 오동작
② 사용압력 변동 시의 오동작
③ 전압강하 및 정전에 따른 오동작
④ 단락 또는 스위치 고장 시의 오동작

해설
① 구조의 안전화에 속한다.
- 기계설비 구조의 안전화
  - 재료의 결함 방지
  - 설계의 결함 방지
  - 가공 결함 방지
- 기계설비 기능의 안전화
  - 사용압력 변동 시의 오동작 방지
  - 전압강하 및 정전에 따른 오동작 방지
  - 단락 또는 스위치 고장 시의 오동작 방지

정답 ①

50
크레인 로프에 질량 2,000kg의 물건을 $10m/s^2$의 가속도로 감아올릴 때, 로프에 걸리는 총하중(kN)은?(단, 중력가속도는 $9.8m/s^2$)

① 9.6
② 19.6
③ 29.6
④ 39.6

해설
총하중(w) = 정하중(w_1) + 동하중(w_2)
$$= w_1 + \left(\frac{w_1}{g} \times a\right)$$
여기서, g : 중력가속도
a : 가속도
∴ 총하중 $= 2,000 + \left(\frac{2,000}{9.8} \times 10\right)$
$≒ 4,040.8 kg \times 9.8N$
$= 39,600N$
$= 39.6kN$
※ $1kgf = 9.8N$

정답 ④

49
산업안전보건법령상 금속의 용접, 용단에 사용하는 가스 용기를 취급할 때 유의사항으로 틀린 것은?

① 밸브의 개폐는 서서히 할 것
② 운반하는 경우에는 캡을 벗길 것
③ 용기의 온도는 40℃ 이하로 유지할 것
④ 통풍이나 환기가 불충분한 장소에는 설치하지 말 것

해설
② 운반하는 경우에는 캡을 씌울 것(산업안전보건기준에 관한 규칙 제234조)

정답 ②

51
산업안전보건법령상 보일러에 설치해야 하는 안전장치로 거리가 가장 먼 것은?

① 해지장치
② 압력방출장치
③ 압력제한스위치
④ 고저수위 조절장치

해설
보일러의 방호장치(산업안전보건기준에 관한 규칙 제119조)
- 압력방출장치
- 압력제한스위치
- 고저수위 조절장치
- 화염검출기

정답 ①

52
프레스 작동 후 작업점까지의 도달시간이 0.3초인 경우 위험한계로부터 양수조작식 방호장치의 최단 설치거리는?

① 48cm 이상
② 58cm 이상
③ 68cm 이상
④ 78cm 이상

해설

안전거리(cm) = 160 × 프레스 작동 후 작업점까지의 도달시간(초)
= 160 × 0.3
= 48cm

정답 ①

53
산업안전보건법령상 고속회전체의 회전시험을 하는 경우 미리 회전축의 재질 및 형상 등에 상응하는 종류의 비파괴검사를 해서 결함 유무를 확인해야 한다. 이때 검사 대상이 되는 고속회전체의 기준은?

① 회전축의 중량이 0.5ton을 초과하고, 원주속도가 100m/s 이내인 것
② 회전축의 중량이 0.5ton을 초과하고, 원주속도가 120m/s 이상인 것
③ 회전축의 중량이 1ton을 초과하고, 원주속도가 100m/s 이내인 것
④ 회전축의 중량이 1ton을 초과하고, 원주속도가 120m/s 이상인 것

해설

비파괴검사의 실시(산업안전보건기준에 관한 규칙 제115조) 사업주는 고속회전체(회전축의 중량이 1ton을 초과하고 원주속도가 초당 120m 이상인 것으로 한정한다)의 회전시험을 하는 경우 미리 회전축의 재질 및 형상 등에 상응하는 종류의 비파괴검사를 해서 결함 유무를 확인하여야 한다.

정답 ④

54
프레스의 손쳐내기식 방호장치 설치기준으로 틀린 것은?

① 방호판의 폭이 금형폭의 1/2 이상이어야 한다.
② 슬라이드 행정수가 300SPM 이상의 것에 사용한다.
③ 손쳐내기 봉의 행정(stroke) 길이를 금형의 높이에 따라 조정할 수 있고 진동폭은 금형폭 이상이어야 한다.
④ 슬라이드 하행정거리의 3/4 위치에서 손을 완전히 밀어내야 한다.

해설

손쳐내기식 : 슬라이스 행정 길이 40mm 이상, 행정 수 100SPM 이하 프레스에 사용한다(프레스 방호장치의 선정·설치 및 사용 기술지침).

정답 ②

55
산업안전보건법령상 컨베이어에 설치하는 방호장치로 거리가 가장 먼 것은?

① 건널다리 ② 반발예방장치
③ 비상정지장치 ④ 역주행방지장치

해설

컨베이어 방호장치(산업안전보건 기준에 관한 규칙 제2편 제1장 제11절)
• 화물 또는 운반구의 이탈 및 역주행을 방지하는 장치
• 비상정지장치
• 낙하물에 의한 위험방지(덮개, 울)
• 운전 중인 컨베이어 위로 근로자를 넘어가도록 하는 경우의 방호장치(건널다리)

정답 ②

56 산업안전보건법령상 숫돌 지름이 60cm인 경우 숫돌 고정장치인 평형플랜지의 지름은 최소 몇 cm 이상인가?

① 10　　② 20
③ 30　　④ 60

해설
플랜지는 숫돌 지름의 3분의 1 이상이어야 한다. 즉, 지름이 60cm인 경우의 평형플랜지의 지름은 20cm 이상이어야 한다(연삭기 안전작업에 관한 기술지원규정).

정답 ②

57 기계설비의 위험점 중 연삭숫돌과 작업받침대, 교반기의 날개와 하우스 등 고정 부분과 회전하는 동작 부분 사이에서 형성되는 위험점은?

① 끼임점　　② 물림점
③ 협착점　　④ 절단점

해설
기계설비에서 발생하는 위험점의 종류
- 끼임점 : 회전운동을 하는 동작 부분과 고정 부분 사이에서 형성되는 위험점이다.
- 물림점 : 회전운동하는 동작 부분과 반대로 회전운동을 하는 동작 부분에서 형성되는 위험점이다.
- 협착점 : 왕복운동을 하는 동작 부분과 고정 부분 사이에서 형성되는 위험점이다.
- 절단점 : 회전하는 운동 부분 자체 또는 운동을 하는 기계의 돌출 부위에서 초래되는 위험점이다.

정답 ①

58 500rpm으로 회전하는 연삭숫돌의 지름이 300mm일 때 회전속도(m/min)는?

① 471　　② 551
③ 751　　④ 1,025

해설
회전속도(V)

$$V = \frac{\pi DN}{1,000} \text{(m/min)}$$

$$= \frac{\pi \times 300 \times 500}{1,000} = 471\text{(m/min)}$$

정답 ①

59 산업안전보건법령상 정상적으로 작동될 수 있도록 미리 조정해 두어야 할 이동식 크레인의 방호장치로 가장 적절하지 않은 것은?

① 제동장치
② 권과방지장치
③ 과부하방지장치
④ 파이널 리밋 스위치

해설
파이널 리밋 스위치는 승강기에 사용되는 방호장치이다.
※ 산업안전보건기준에 관한 규칙 제134조

정답 ④

60 비파괴검사 방법으로 틀린 것은?

① 인장시험　　② 음향탐상시험
③ 와류탐상시험　　④ 초음파탐상시험

해설
비파괴검사 종류
- 와류탐상검사
- 자분탐상검사
- 초음파탐상검사
- 침투형광탐사검사
- 음향탐상검사
- 방사선투과시험

정답 ①

제4과목 전기위험 방지기술

61. 속류를 차단할 수 있는 최고의 교류전압을 피뢰기의 정격전압이라고 하는데 이 값은 통상적으로 어떤 값으로 나타내고 있는가?

① 최댓값 ② 평균값
③ 실횻값 ④ 파곳값

[해설]
통상적으로 피뢰기의 정격전압은 실횻값으로 나타낸다.

정답 ③

62. 전로에 시설하는 기계·기구의 철대 및 금속제 외함에 접지공사를 생략할 수 없는 경우는?

① 30V 이하의 기계·기구를 건조한 곳에 시설하는 경우
② 물기 없는 장소에 설치하는 저압용 기계·기구를 위한 전로에 정격감도전류 40mA 이하, 동작시간 2초 이하의 전류동작형 누전차단기를 시설하는 경우
③ 철대 또는 외함의 주위에 적당한 절연대를 설치하는 경우
④ 전기용품 및 생활용품 안전관리법의 적용을 받는 이중절연구조로 되어 있는 기계·기구를 시설하는 경우

[해설]
물기 있는 장소 이외의 장소에 시설하는 저압용의 개별 기계·기구에 전기를 공급하는 전로에 전기용품 및 생활용품 안전관리법의 적용을 받는 인체감전보호용 누전차단기(정격감도전류가 30mA 이하, 동작시간이 0.03초 이하의 전류동작형에 한한다)를 시설하는 경우 접지공사 생략이 가능하다(한국전기설비규정 142.7).

정답 ②

63. 인체의 전기저항을 500Ω으로 하는 경우 심실세동을 일으킬 수 있는 에너지는 약 얼마인가?(단, 심실세동전류 $I = \dfrac{165}{\sqrt{T}}$ mA로 한다)

① 13.6J ② 19.0J
③ 13.6mJ ④ 19.0mJ

[해설]
$$Q = I^2 RT = \left(\dfrac{165}{\sqrt{1}} \times 10^{-3}\right)^2 \times 500 \times 1 = 13.61\text{J}$$

정답 ①

64. 전기설비에 접지를 하는 목적으로 틀린 것은?

① 누설전류에 의한 감전방지
② 낙뢰에 의한 피해방지
③ 지락사고 시 대지전위 상승유도 및 절연강도 증가
④ 지락사고 시 보호계전기 신속 동작

[해설]
③ 지락사고 시 대지전위가 상승되지 않도록 억제한다.

정답 ③

65. 한국전기설비규정에 따라 과전류차단기로 저압전로에 사용하는 범용 퓨즈(gG)의 용단전류는 정격전류의 몇 배인가?(단, 정격전류가 4A 이하인 경우이다)

① 1.5배 ② 1.6배
③ 1.9배 ④ 2.1배

[해설]
퓨즈의 용단특성(한국전기설비규정 212.3.4)

정격전류의 구분	시간	정격전류의 배수	
		불용단 전류	용단 전류
4A 이하	60분	1.5배	2.1배
4A 초과~16A 미만	60분	1.5배	1.9배
16A 이상~63A 이하	60분	1.25배	1.6배
63A 초과~160A 이하	120분	1.25배	1.6배
160A 초과~400A 이하	180분	1.25배	1.6배
400A 초과	240분	1.25배	1.6배

정답 ④

66
정전기가 대전된 물체를 제전시키려고 한다. 다음 중 대전된 물체의 절연저항이 증가되어 제전의 효과를 감소시키는 것은?

① 접지한다.
② 건조시킨다.
③ 도전성 재료를 첨가한다.
④ 주위를 가습한다.

해설
② 건조하는 경우 오히려 정전기 발생이 증가한다.

정답 ②

67
감전 등의 재해를 예방하기 위하여 특고압용 기계·기구 주위에 관계자 외 출입을 금하도록 울타리를 설치할 때, 울타리의 높이와 울타리로부터 충전 부분까지의 거리 합이 최소 몇 m 이상이 되어야 하는가?(단, 사용전압이 35kV 이하인 특고압용 기계·기구이다)

① 5m
② 6m
③ 7m
④ 9m

해설
특고압용 기계·기구 충전 부분의 지표상 높이(한국전기설비규정 341.4)

사용전압의 구분	울타리의 높이와 울타리로부터 충전 부분까지의 거리 합계 또는 지표상의 높이
35kV 이하	5m
35kV 초과 160kV 이하	6m
160kV 초과	6m에 160kV를 초과하는 10kV 또는 그 단수마다 0.12m를 더한 값

정답 ①

68
개폐기로 인한 발화는 스파크에 의한 가연물의 착화화재가 많이 발생한다. 이를 방지하기 위한 대책으로 틀린 것은?

① 가연성 증기, 분진 등이 있는 곳은 방폭형을 사용한다.
② 개폐기를 불연성 상자 안에 수납한다.
③ 비포장 퓨즈를 사용한다.
④ 접속 부분의 나사 풀림이 없도록 한다.

해설
③ 비포장 퓨즈가 아닌 포장 퓨즈를 사용하여야 한다.

정답 ③

69
극간 정전용량이 1,000pF이고, 착화에너지가 0.019mJ인 가스에서 폭발한계 전압(V)은 약 얼마인가?(단, 소수점 이하는 반올림한다)

① 3,900
② 1,950
③ 390
④ 195

해설
$$E = \frac{1}{2}CV^2 \text{(J)}$$
$$V = \sqrt{\frac{2E}{C}}$$
$$= \sqrt{\frac{2 \times 0.019 \times 10^{-3}}{1,000 \times 10^{-12}}} \fallingdotseq 195\text{V}$$

※ 참고 : pF = 10^{-12}(F), mJ = 10^{-3}(J)

정답 ④

70
개폐기, 차단기, 유도 전압조정기의 최대 사용전압이 7kV 이하인 전로의 경우 절연내력시험은 최대 사용전압의 1.5배의 전압을 몇 분간 가하는가?

① 10
② 15
③ 20
④ 25

해설
고압 및 특고압의 전로는 시험전압을 전로와 대지 사이에 연속하여 10분간 가하여 절연내력을 시험하였을 때에 이에 견디어야 한다(한국전기설비규정 132).

정답 ①

71 한국전기설비규정에 따라 욕조나 샤워시설이 있는 욕실 등 인체가 물에 젖어 있는 상태에서 전기를 사용하는 장소에 인체감전보호용 누전차단기가 부착된 콘센트를 시설하는 경우 누전차단기의 정격감도전류 및 동작시간은?

① 15mA 이하, 0.01초 이하
② 15mA 이하, 0.03초 이하
③ 30mA 이하, 0.01초 이하
④ 30mA 이하, 0.03초 이하

해설
욕조나 샤워시설이 있는 욕실 또는 화장실 등 인체가 물에 젖어 있는 상태에서의 인체감전보호용 누전차단기 설치기준(한국전기설비규정 234.5)
정격감도전류 15mA 이하, 정격동작시간 0.03초 이하

정답 ②

72 불활성화할 수 없는 탱크, 탱크로리 등에 위험물을 주입하는 배관은 정전기 재해방지를 위하여 배관 내 액체의 유속제한을 한다. 배관 내 유속제한에 대한 설명으로 틀린 것은?

① 물이나 기체를 혼합하는 비수용성 위험물의 배관 내 유속은 1m/s 이하로 할 것
② 저항률이 $10^{10}\Omega \cdot cm$ 미만의 도전성 위험물의 배관 내 유속은 7m/s 이하로 할 것
③ 저항률이 $10^{10}\Omega \cdot cm$ 이상인 위험물의 배관 내 유속은 관내경이 0.05m이면 3.5m/s 이하로 할 것
④ 이황화탄소 등과 같이 유동대전이 심하고 폭발위험성이 높은 것은 배관 내 유속을 3m/s 이하로 할 것

해설
④ 유동대전이 심하고 폭발위험성이 높은 것은 배관 내 유속을 1m/s 이하로 하여야 한다.

정답 ④

73 절연물의 절연계급을 최고 허용온도가 낮은 온도에서 높은 온도 순으로 배치한 것은?

① Y종 → A종 → E종 → B종
② A종 → B종 → E종 → Y종
③ Y종 → E종 → B종 → A종
④ B종 → Y종 → A종 → E종

해설
절연물 종류에 따른 최고 허용온도
- Y종 : 90℃
- A종 : 105℃
- E종 : 120℃
- B종 : 130℃
- F종 : 155℃
- H종 : 180℃
- C종 : 180℃ 초과

정답 ①

74 다른 두 물체가 접촉할 때 접촉 전위차가 발생하는 원인으로 옳은 것은?

① 두 물체의 온도차
② 두 물체의 습도차
③ 두 물체의 밀도차
④ 두 물체의 일함수차

해설
두 물체가 접촉할 때 접촉 전위차가 발생하는 원인은 두 물체의 일함수 차이 때문에 발생한다.

정답 ④

75 방폭인증서에서 방폭 부품을 나타내는 데 사용되는 인증번호의 접미사는?

① G ② X
③ D ④ U

해설
④ 방폭용 장비가 아닌 장비의 부품(구성품)으로만 사용한다.

정답 ④

76
고압 및 특고압 전로에 시설하는 피뢰기의 설치장소로 잘못된 곳은?

① 가공전선로와 지중전선로가 접속되는 곳
② 발전소, 변전소의 가공전선 인입구 및 인출구
③ 고압 가공전선로에 접속하는 배전용 변압기의 저압측
④ 고압 가공전선로로부터 공급을 받는 수용장소의 인입구

해설
피뢰기의 설치장소(한국전기설비규정 341.13)
- 발전소, 변전소 또는 이에 준하는 장소의 가공전선 인입구 및 인출구
- 특고압 가공전선로에 접속하는 배전용 변압기의 고압측 및 특고압측
- 고압 및 특고압 가공전선로로부터 공급을 받는 수용장소의 인입구
- 가공전선로와 지중전선로가 접속되는 곳

정답 ③

77
산업안전보건기준에 관한 규칙 제319조에 의한 정전전로에서의 정전작업을 마친 후 전원을 공급하는 경우에 사업주가 작업에 종사하는 근로자 및 전기기기와 접촉할 우려가 있는 근로자에게 감전의 위험이 없도록 준수해야 할 사항이 아닌 것은?

① 단락 접지기구 및 작업기구를 제거하고 전기기 등이 안전하게 통전될 수 있는지 확인한다.
② 모든 작업자가 작업이 완료된 전기기기에서 떨어져 있는지 확인한다.
③ 잠금장치와 꼬리표를 근로자가 직접 설치한다.
④ 모든 이상 유무를 확인한 후 전기기기 등의 전원을 투입한다.

해설
③ 잠금장치와 꼬리표는 설치한 근로자가 직접 철거할 것(산업안전보건기준에 관한 규칙 제319조)

정답 ③

78
변압기의 최소 IP 등급은?(단, 유입 방폭구조의 변압기이다)

① IP55　　② IP56
③ IP65　　④ IP66

해설
유입 방폭구조는 최소 IP66에 적합하여야 한다(KS C IEC 60079-6).

정답 ④

79
가스그룹이 ⅡB인 지역에 내압 방폭구조 'd'의 방폭기기가 설치되어 있다. 기기의 플랜지 개구부에서 장애물까지의 최소 거리(mm)는?

① 10　　② 20
③ 30　　④ 40

해설
플랜지 접합면과 장애물과의 최소 이격거리(내압 방폭구조)
- ⅡA : 10mm
- ⅡB : 30mm
- ⅡC : 40mm

정답 ③

80
방폭전기설비의 용기 내부에서 폭발성 가스 또는 증기가 폭발하였을 때 용기가 그 압력에 견디고 접합면이나 개구부를 통해서 외부의 폭발성 가스나 증기에 인화되지 않도록 한 방폭구조는?

① 내압 방폭구조
② 압력 방폭구조
③ 유입 방폭구조
④ 본질안전 방폭구조

해설
내압 방폭구조 : 내부의 폭발이 외부의 가연성 물질을 점화할 수 없도록 안전간극을 사용한 구조

정답 ①

제5과목 화학설비위험 방지기술

81 포스겐가스 누설검지의 시험지로 사용되는 것은?

① 연당지
② 염화파라듐지
③ 하리슨시험지
④ 초산벤젠지

[해설]
포스겐가스 누설검지 시험지로는 하리슨시험지를 사용한다.

정답 ③

82 안전밸브 전단·후단에 자물쇠형 또는 이에 준하는 형식의 차단밸브를 설치를 할 수 있는 경우에 해당하지 않는 것은?

① 자동압력조절밸브와 안전밸브 등이 직렬로 연결된 경우
② 화학설비 및 그 부속설비에 안전밸브 등이 복수방식으로 설치되어 있는 경우
③ 열팽창에 의하여 상승된 압력을 낮추기 위한 목적으로 안전밸브가 설치된 경우
④ 인접한 화학설비 및 그 부속설비에 안전밸브 등이 각각 설치되어 있고, 해당 화학설비 및 그 부속설비의 연결배관에 차단밸브가 없는 경우

[해설]
① 안전밸브 등의 배출용량의 2분의 1 이상에 해당하는 용량의 자동압력조절밸브(구동용 동력원의 공급을 차단하는 경우 열리는 구조인 것으로 한정한다)와 안전밸브 등이 병렬로 연결된 경우(산업안전보건기준에 관한 규칙 제266조)

정답 ①

83 압축하면 폭발할 위험성이 높아 아세톤 등에 용해시켜 다공성 물질과 함께 저장하는 물질은?

① 염소
② 아세틸렌
③ 에테인
④ 수소

[해설]
아세틸렌의 용제로는 아세톤이 사용되며, 아세톤에 용해시켜 다공성 물질과 함께 저장한다.

정답 ②

84 산업안전보건법령상 대상 설비에 설치된 안전밸브에 대해서는 경우에 따라 구분된 검사주기마다 안전밸브가 적정하게 작동하는지 검사하여야 한다. 화학공정 유체와 안전밸브의 디스크 또는 시트가 직접 접촉될 수 있도록 설치된 경우의 검사주기로 옳은 것은?

① 매년 1회 이상
② 2년마다 1회 이상
③ 3년마다 1회 이상
④ 4년마다 1회 이상

[해설]
※ 출제 당시 정답은 ①이었으나, 산업안전보건법 시행규칙 개정(24.06.28)으로 정답을 ②로 변경하였습니다.
안전밸브 검사주기(산업안전보건기준에 관한 규칙 제261조)
화학공정 유체와 안전밸브의 디스크 또는 시트가 직접 접촉될 수 있도록 설치된 경우 : 2년마다 1회 이상

정답 ②

85

위험물을 산업안전보건법령에서 정한 기준량 이상으로 제조하거나 취급하는 설비로서 특수화학설비에 해당되는 것은?

① 가열시켜 주는 물질의 온도가 가열되는 위험물질의 분해온도보다 높은 상태에서 운전되는 설비
② 상온에서 게이지 압력으로 200kPa의 압력으로 운전되는 설비
③ 대기압하에서 300℃로 운전되는 설비
④ 흡열반응이 행하여지는 반응설비

해설

계측장치 등의 설치(산업안전보건기준에 관한 규칙 제273조)
사업주는 별표 9에 따른 위험물을 같은 표에서 정한 기준량 이상으로 제조하거나 취급하는 다음 어느 하나에 해당하는 화학설비(특수화학설비)를 설치하는 경우에는 내부의 이상 상태를 조기에 파악하기 위하여 필요한 온도계·유량계·압력계 등의 계측장치를 설치하여야 한다.
• 발열반응이 일어나는 반응장치
• 증류·정류·증발·추출 등 분리를 하는 장치
• 가열시켜 주는 물질의 온도가 가열되는 위험물질의 분해온도 또는 발화점보다 높은 상태에서 운전되는 설비
• 반응폭주 등 이상 화학반응에 의하여 위험물질이 발생할 우려가 있는 설비
• 온도가 350℃ 이상이거나 게이지 압력이 980kPa 이상인 상태에서 운전되는 설비
• 가열로 또는 가열기

정답

86

산업안전보건법령상 다음 내용에 해당하는 폭발 위험장소는?

> 20종 장소 밖으로서 분진운 형태의 가연성 분진이 폭발농도를 형성할 정도의 충분한 양이 정상 작동 중에 존재할 수 있는 장소를 말한다.

① 21종 장소　② 22종 장소
③ 0종 장소　④ 1종 장소

해설

분진폭발 위험장소(방호장치 안전인증 고시 제31조)
• 20종 장소 : 분진운 형태의 가연성 분진이 폭발농도를 형성할 정도로 충분한 양이 정상작동 중에 연속적으로 또는 자주 존재하거나, 제어할 수 없을 정도의 양 및 두께의 분진층이 형성될 수 있는 장소를 말한다.
• 21종 장소 : 20종 장소 밖으로서 분진운 형태의 가연성 분진이 폭발농도를 형성할 정도의 충분한 양이 정상 작동 중에 존재할 수 있는 장소를 말한다.
• 22종 장소 : 21종 장소 밖으로서 가연성 분진운 형태가 드물게 발생 또는 단기간 존재할 우려가 있거나, 이상 작동 상태하에서 가연성 분진운이 형성될 수 있는 장소를 말한다.

정답

87

Li과 Na에 관한 설명으로 틀린 것은?

① 두 금속 모두 실온에서 자연발화의 위험성이 있으므로 알코올 속에 저장해야 한다.
② 두 금속은 물과 반응하여 수소기체를 발생한다.
③ Li은 비중값이 물보다 작다.
④ Na는 은백색의 무른 금속이다.

해설

① 리튬(Li)과 나트륨(Na)은 실온에서 자연발화의 위험성이 있으므로 파라핀유나 등유에 보관하여야 한다.

정답

88. 다음 중 누설발화형 폭발재해의 예방대책으로 가장 거리가 먼 것은?

① 발화원 관리
② 밸브의 오동작 방지
③ 가연성 가스의 연소
④ 누설물질의 검지 경보

해설
누설발화형 폭발재해 예방대책
- 발화원 관리
- 밸브의 오조작 방지
- 위험물질의 누설방지
- 누설물질의 검지경보

정답 ③

89. 수분을 함유하는 에탄올에서 순수한 에탄올을 얻기 위해 벤젠과 같은 물질을 첨가하여 수분을 제거하는 증류 방법은?

① 공비증류
② 추출증류
③ 가압증류
④ 감압증류

해설
① 공비증류 : 보통 증류법으로는 순수한 성분으로 분리시킬 수 없을 때 제3의 성분을 첨가하여 공비혼합물을 만들어 분리하는 방법이다.
② 추출증류 : 끓는점이 비슷한 혼합물의 성분을 분리하기 위해 사용되는 증류법으로 혼합된 두 성분보다 끓는점이 높은 제3의 성분을 가하여 한 성분의 비휘발도를 변화시켜 한 성분을 분리하는 방법이다.
③ 가압증류 : 증류장치에 대기압보다 높은 압력을 가해서 증류하는 방법이다.
④ 감압증류 : 낮은 압력에서 물질의 끓는점이 내려가는 현상을 이용하는 증류법으로 상압에서 끓는점이 높은 물질을 증류하는 데 사용한다.

정답 ①

90. 다음 중 인화점에 관한 설명으로 옳은 것은?

① 액체의 표면에서 발생한 증기농도가 공기 중에서 연소하한 농도가 될 수 있는 가장 높은 액체온도
② 액체의 표면에서 발생한 증기농도가 공기 중에서 연소상한 농도가 될 수 있는 가장 낮은 액체온도
③ 액체의 표면에서 발생한 증기농도가 공기 중에서 연소하한 농도가 될 수 있는 가장 낮은 액체온도
④ 액체의 표면에서 발생한 증기농도가 공기 중에서 연소상한 농도가 될 수 있는 가장 높은 액체온도

해설
인화점 : 액체의 표면에서 발생한 증기농도가 공기 중에서 연소하한 농도가 될 수 있는 가장 낮은 액체온도이다(인화되는 최저 온도).

정답 ③

91. 분진폭발의 특징에 관한 설명으로 옳은 것은?

① 가스폭발보다 발생에너지가 작다.
② 폭발압력과 연소속도는 가스폭발보다 크다.
③ 입자의 크기, 부유성 등이 분진폭발에 영향을 준다.
④ 불완전연소로 인한 가스중독의 위험성은 작다.

해설
분진폭발은 가스폭발보다 연소시간은 길고 발생에너지는 크고 폭발압력은 작으며, 불완전연소하여 일산화탄소로 인한 중독이 발생한다는 특징이 있다.

정답 ③

92

위험물안전관리법령상 제1류 위험물에 해당하는 것은?

① 과염소산나트륨
② 과염소산
③ 과산화수소
④ 과산화벤조일

해설

위험물 및 지정수량(위험물안전관리법 시행령 별표 1)
제1류 : 산화성고체

품명	지정수량
아염소산염류, 염소산염류, 과염소산염류, 무기과산화물	50kg
브로민산염류, 질산염류, 아이오딘산염류	300kg
과망가니즈산염류, 다이크로뮴산염류	1,000kg
그 밖에 행정안전부령으로 정하는 것	50kg, 300kg 또는 1,000kg
상기 어느 하나에 해당하는 위험물을 하나 이상 함유한 것	

정답 ①

93

다음 중 질식소화에 해당하는 것은?

① 가연성 기체의 분출화재 시 주 밸브를 닫는다.
② 가연성 기체의 연쇄반응을 차단하여 소화한다.
③ 연료탱크를 냉각하여 가연성 가스의 발생속도를 작게 한다.
④ 연소하고 있는 가연물이 존재하는 장소를 기계적으로 폐쇄하여 공기의 공급을 차단한다.

해설

연소하고 있는 가연물에 공기가 공급되지 못하도록 폐쇄 및 차단하여 소화하는 것을 질식소화라 한다.

정답 ④

94

산업안전보건기준에 관한 규칙에서 정한 위험물질의 종류에서 '물반응성 물질 및 인화성 고체'에 해당하는 것은?

① 질산에스터류
② 나이트로화합물
③ 칼륨·나트륨
④ 나이트로소화합물

해설

물반응성 물질 및 인화성 고체(산업안전보건기준에 관한 규칙 별표 1)
• 리튬
• 칼륨·나트륨
• 황
• 황린
• 황화인·적린
• 셀룰로이드류
• 알킬알루미늄·알킬리튬
• 마그네슘 분말
• 금속 분말(마그네슘 분말은 제외)
• 알칼리금속(리튬·칼륨 및 나트륨은 제외)
• 유기 금속화합물(알킬알루미늄 및 알킬리튬은 제외)
• 금속의 수소화물
• 금속의 인화물
• 칼슘 탄화물, 알루미늄 탄화물
• 그 밖에 위에 열거한 물질과 같은 정도의 발화성 또는 인화성이 있는 물질
• 위에 열거한 물질을 함유한 물질

정답 ③

95

공기 중 아세톤의 농도가 200ppm(TLV 500ppm), 메틸에틸케톤(MEK)의 농도가 100ppm(TLV 200ppm)일 때 혼합물질의 허용농도(ppm)는?(단, 두 물질은 서로 상가작용을 하는 것으로 가정한다)

① 150
② 200
③ 270
④ 333

해설

• 노출지수 $EI = \dfrac{C_1}{T_1} + \dfrac{C_2}{T_2} + \cdots + \dfrac{C_n}{T_n}$

여기서, C : 화학물질 각각의 측정치
T : 화학물질 각각의 노출기준

$\dfrac{200}{500} + \dfrac{100}{200} = 0.9$

• 허용농도 = $\dfrac{혼합물의\ 공기\ 중\ 농도}{EI}$

$= \dfrac{200 + 100}{0.9} = 333\text{ppm}$

정답 ④

96 다음 중 분진이 발화 폭발하기 위한 조건으로 거리가 먼 것은?

① 불연성질 ② 미분상태
③ 점화원의 존재 ④ 산소공급

해설
불연성질은 쉽게 불이 붙지 않는 성질을 말한다.

정답 ①

97 다음 중 폭발한계(vol%)의 범위가 가장 넓은 것은?

① 메테인 ② 뷰테인
③ 톨루엔 ④ 아세틸렌

해설
폭발한계
- 아세틸렌 : 2.5~81(vol%)
- 메테인 : 5.3~15(vol%)
- 뷰테인 : 1.8~8.4(vol%)
- 톨루엔 : 1.3~6.7(vol%)

정답 ④

98 다음 중 최소 발화에너지[E(J)]를 구하는 식으로 옳은 것은?(단, I는 전류(A), R은 저항(Ω), V는 전압(V), C는 콘덴서 용량(F), T는 시간(초)이라 한다)

① $E = IRT$
② $E = 0.24I^2\sqrt{R}$
③ $E = \frac{1}{2}CV^2$
④ $E = \frac{1}{2}\sqrt{C^2V}$

해설
정전기 최소 발화에너지
$E = \frac{1}{2}CV^2$

정답 ③

99 공기 중에서 A 물질의 폭발하한계가 4vol%, 상한계가 75vol%라면 이 물질의 위험도는?

① 16.75 ② 17.75
③ 18.75 ④ 19.75

해설
위험도(H)

$H = \dfrac{\text{폭발상한계} - \text{폭발하한계}}{\text{폭발하한계}}$

$= \dfrac{75 - 4}{4}$

$= 17.75$

정답 ②

100 다음 중 관의 지름을 변경하고자 할 때 필요한 관 부속품은?

① elbow ② reducer
③ plug ④ valve

해설
용도에 따른 관 부속품
- 관의 지름 변경 : 리듀서(지름이 서로 다른 관을 연결)
- 관의 방향 변경 : 엘보
- 유로차단 : 플러그, 밸브

정답 ②

제6과목　건설안전기술

101 다음 중 지하수위 측정에 사용되는 계측기는?

① load cell
② inclinometer
③ extensometer
④ piezometer

해설

지하수위 측정에서는 지하수위계를 사용한다(문제 오류로 전항정답 처리됨).

※ • load cell(하중계)
　• inclinometer(지중경사계)
　• extensometer(지중침하측정계)
　• piezometer(간극수압계)

정답 전항정답

102 이동식비계를 조립하여 작업을 하는 경우에 준수하여야 할 기준으로 옳지 않은 것은?

① 승강용 사다리는 견고하게 설치할 것
② 비계의 최상부에서 작업을 하는 경우에는 안전난간을 설치할 것
③ 작업발판의 최대적재하중은 400kg을 초과하지 않도록 할 것
④ 작업발판은 항상 수평을 유지하고 작업발판 위에서 안전난간을 딛고 작업을 하거나 받침대 또는 사다리를 사용하여 작업하지 않도록 할 것

해설

이동식비계(산업안전보건기준에 관한 규칙 제68조)
• 이동식비계의 바퀴에는 뜻밖의 갑작스러운 이동 또는 전도를 방지하기 위하여 브레이크·쐐기 등으로 바퀴를 고정시킨 다음 비계의 일부를 견고한 시설물에 고정하거나 아웃트리거를 설치하는 등 필요한 조치를 할 것
• 승강용 사다리는 견고하게 설치할 것
• 비계의 최상부에서 작업을 하는 경우에는 안전난간을 설치할 것
• 작업발판은 항상 수평을 유지하고 작업발판 위에서 안전난간을 딛고 작업을 하거나 받침대 또는 사다리를 사용하여 작업하지 않도록 할 것
• 작업발판의 최대적재하중은 250kg을 초과하지 않도록 할 것

정답 ③

103 터널 지보공을 조립하거나 변경하는 경우에 조치하여야 하는 사항으로 옳지 않은 것은?

① 목재의 터널 지보공은 그 터널 지보공의 각 부재에 작용하는 긴압 정도를 체크하여 그 정도가 최대한 차이나도록 할 것
② 강(鋼)아치 지보공의 조립은 연결볼트 및 띠장 등을 사용하여 주재 상호 간을 튼튼하게 연결할 것
③ 기둥에는 침하를 방지하기 위하여 받침목을 사용하는 등의 조치를 할 것
④ 주재(主材)를 구성하는 1세트의 부재는 동일 평면 내에 배치할 것

해설

조립 또는 변경 시의 조치(산업안전보건기준에 관한 규칙 제364조)
터널 지보공을 조립하거나 변경하는 경우에는 다음의 사항을 조치하여야 한다.
• 주재(主材)를 구성하는 1세트의 부재는 동일 평면 내에 배치할 것
• 목재의 터널 지보공은 그 터널 지보공의 각 부재의 긴압 정도가 균등하게 되도록 할 것
• 기둥에는 침하를 방지하기 위하여 받침목을 사용하는 등의 조치를 할 것
• 강(鋼)아치 지보공의 조립은 다음의 사항을 따를 것
　- 조립간격은 조립도에 따를 것
　- 주재가 아치작용을 충분히 할 수 있도록 쐐기를 박는 등 필요한 조치를 할 것
　- 연결볼트 및 띠장 등을 사용하여 주재 상호 간을 튼튼하게 연결할 것
　- 터널 등의 출입구 부분에는 받침대를 설치할 것
　- 낙하물이 근로자에게 위험을 미칠 우려가 있는 경우에는 널판 등을 설치할 것
• 목재 지주식 지보공은 다음의 사항을 따를 것
　- 주기둥은 변위를 방지하기 위하여 쐐기 등을 사용하여 지반에 고정시킬 것
　- 양끝에는 받침대를 설치할 것
　- 터널 등의 목재 지주식 지보공에 세로방향의 하중이 걸림으로써 넘어지거나 비틀어질 우려가 있는 경우에는 양끝 외의 부분에도 받침대를 설치할 것
　- 부재의 접속부는 꺾쇠 등으로 고정시킬 것
• 강아치 지보공 및 목재지주식 지보공 외의 터널 지보공에 대해서는 터널 등의 출입구 부분에 받침대를 설치할 것

정답 ①

104. 거푸집 동바리 등을 조립하는 경우에 준수하여야 하는 기준으로 옳지 않은 것은?

① 동바리로 사용하는 파이프 서포트를 이어서 사용하는 경우에는 3개 이상의 볼트 또는 전용철물을 사용하여 이을 것
② 동바리로 사용하는 강관은 높이 2m 이내마다 수평 연결재를 2개 방향으로 만들 것
③ 깔목의 사용, 콘크리트 타설, 말뚝박기 등 동바리의 침하를 방지하기 위한 조치를 할 것
④ 동바리로 사용하는 파이프 서포트를 3개 이상 이어서 사용하지 않도록 할 것

해설

※ 출제 당시 정답은 ①이었으나, 산업안전보건기준에 관한 규칙 개정(23.11.14)으로 정답없음 처리하였습니다.

- 동바리 유형에 따른 동바리 조립 시의 안전조치(산업안전보건기준에 관한 규칙 제332조의2) : 사업주는 동바리를 조립할 때 동바리로 사용하는 파이프 서포트의 경우 다음 구분에 따른 사항을 준수해야 한다.
  - 파이프 서포트를 3개 이상 이어서 사용하지 않도록 할 것
  - 파이프 서포트를 이어서 사용하는 경우에는 4개 이상의 볼트 또는 전용철물을 사용하여 이을 것
  - 높이가 3.5m를 초과하는 경우에는 높이 2m 이내마다 수평 연결재를 2개 방향으로 만들고 수평 연결재의 변위를 방지할 것
- 동바리 조립 시의 안전조치(산업안전보건기준에 관한 규칙 제332조) : 사업주는 동바리를 조립하는 경우에는 하중의 지지상태를 유지할 수 있도록 받침목이나 깔판의 사용, 콘크리트 타설, 말뚝박기 등 동바리의 침하를 방지하기 위한 조치를 해야 한다.

정답 정답없음

105. 가설통로를 설치하는 경우 준수하여야 할 기준으로 옳지 않은 것은?

① 경사는 30° 이하로 할 것
② 경사가 15°를 초과하는 경우에는 미끄러지지 아니하는 구조로 할 것
③ 추락할 위험이 있는 장소에는 안전난간을 설치할 것
④ 수직갱에 가설된 통로의 길이가 15m 이상인 경우에는 7m 이내마다 계단참을 설치할 것

해설

가설통로의 구조(산업안전보건기준에 관한 규칙 제23조)
- 견고한 구조로 할 것
- 경사는 30° 이하로 할 것. 다만, 계단을 설치하거나 높이 2m 미만의 가설통로로서 튼튼한 손잡이를 설치한 경우에는 그러하지 아니하다.
- 경사가 15°를 초과하는 경우에는 미끄러지지 아니하는 구조로 할 것
- 추락할 위험이 있는 장소에는 안전난간을 설치할 것. 다만, 작업상 부득이한 경우에는 필요한 부분만 임시로 해체할 수 있다.
- 수직갱에 가설된 통로의 길이가 15m 이상인 경우에는 10m 이내마다 계단참을 설치할 것
- 건설공사에 사용하는 높이 8m 이상인 비계다리에는 7m 이내마다 계단참을 설치할 것

정답 ④

106. 사면보호 공법 중 구조물에 의한 보호 공법에 해당되지 않는 것은?

① 블록공
② 식생구멍공
③ 돌쌓기공
④ 현장타설 콘크리트 격자공

해설

식생구멍공 : 식물을 생육시켜 그 뿌리로 사면의 표층토를 고정하여 빗물에 의한 경사면의 침식, 동상, 이완 등을 방지하고 녹화에 의한 경관 조성을 목적으로 시공하는 것이다.

정답 ②

107 안전계수가 4이고 2,000MPa의 인장강도를 갖는 강선의 최대 허용응력은?

① 500MPa
② 1,000MPa
③ 1,500MPa
④ 2,000MPa

해설

안전계수 = $\dfrac{\text{인장강도}}{\text{최대 허용응력}}$

최대 허용응력 = $\dfrac{\text{인장강도}}{\text{안전계수}}$

$= \dfrac{2,000}{4} = 500\text{MPa}$

정답 ①

108 터널공사의 전기발파작업에 관한 설명으로 옳지 않은 것은?

① 전선은 점화하기 전에 화약류를 충진한 장소로부터 30m 이상 떨어진 안전한 장소에서 도통시험 및 저항시험을 하여야 한다.
② 점화는 충분한 허용량을 갖는 발파기를 사용하고 규정된 스위치를 반드시 사용하여야 한다.
③ 발파 후 발파기와 발파모선의 연결을 유지한 채 그 단부를 절연시킨 후 재점화가 되지 않도록 한다.
④ 점화는 선임된 발파책임자가 행하고 발파기의 핸들을 점화할 때 이외는 시건장치를 하거나 모선을 분리하여야 하며 발파책임자의 엄중한 관리하에 두어야 한다.

해설

※ 출제 당시 정답은 ③이었으나, 터널공사 표준안전 작업지침 제8조의 개정(23.07.01)으로 해당 내용이 삭제되어 정답없음 처리하였습니다.

정답 정답없음

109 화물을 적재하는 경우의 준수사항으로 옳지 않은 것은?

① 침하 우려가 없는 튼튼한 기반 위에 적재할 것
② 건물의 칸막이나 벽 등이 화물의 압력에 견딜 만큼의 강도를 지니지 아니한 경우에는 칸막이나 벽에 기대어 적재하지 않도록 할 것
③ 불안정한 정도로 높이 쌓아 올리지 말 것
④ 하중을 한쪽으로 치우치더라도 화물을 최대한 효율적으로 적재할 것

해설

화물의 적재(산업안전보건기준에 관한 규칙 제393조)
• 침하 우려가 없는 튼튼한 기반 위에 적재할 것
• 건물의 칸막이나 벽 등이 화물의 압력에 견딜 만큼의 강도를 지니지 아니한 경우에는 칸막이나 벽에 기대어 적재하지 않도록 할 것
• 불안정할 정도로 높이 쌓아 올리지 말 것
• 하중이 한쪽으로 치우치지 않도록 쌓을 것

정답 ④

110 발파구간 인접구조물에 대한 피해 및 손상을 예방하기 위한 건물 기초에서의 허용진동치(cm/s) 기준으로 옳지 않은 것은?(단, 기존 구조물에 금이 가있거나 노후구조물 대상일 경우 등은 고려하지 않는다)

① 문화재 : 0.2cm/s
② 주택, 아파트 : 0.5cm/s
③ 상가 : 1.0cm/s
④ 철골콘크리트 빌딩 : 0.8~1.0cm/s

해설

철골콘크리트 빌딩 : 1.0~4.0cm/s

정답 ④

111 거푸집 동바리 등을 조립 또는 해체하는 작업을 하는 경우의 준수사항으로 옳지 않은 것은?

① 재료, 기구 또는 공구 등을 올리거나 내리는 경우에는 근로자로 하여금 달줄·달포대 등의 사용을 금하도록 할 것
② 낙하·충격에 의한 돌발적 재해를 방지하기 위하여 버팀목을 설치하고 거푸집 동바리 등을 인양장비에 매단 후에 작업을 하도록 하는 등 필요한 조치를 할 것
③ 비, 눈, 그 밖의 기상상태의 불안정으로 날씨가 몹시 나쁜 경우에는 그 작업을 중지할 것
④ 해당 작업을 하는 구역에는 관계 근로자가 아닌 사람의 출입을 금지할 것

해설
조립·해체 등 작업 시의 준수사항(산업안전보건기준에 관한 규칙 제333조)
사업주는 기둥·보·벽체·슬래브 등의 거푸집 및 동바리를 조립하거나 해체하는 작업을 하는 경우에는 다음 사항을 준수해야 한다.
- 해당 작업을 하는 구역에는 관계 근로자가 아닌 사람의 출입을 금지할 것
- 비, 눈, 그 밖의 기상상태의 불안정으로 날씨가 몹시 나쁜 경우에는 그 작업을 중지할 것
- 재료, 기구 또는 공구 등을 올리거나 내리는 경우에는 근로자로 하여금 달줄·달포대 등을 사용하도록 할 것
- 낙하·충격에 의한 돌발적 재해를 방지하기 위하여 버팀목을 설치하고 거푸집 동바리 등을 인양장비에 매단 후에 작업을 하도록 하는 등 필요한 조치를 할 것

정답 ①

112 강관을 사용하여 비계를 구성하는 경우 준수하여야 할 기준으로 옳지 않은 것은?

① 비계기둥의 간격은 띠장 방향에서는 1.85m 이하, 장선(長線) 방향에서는 1.5m 이하로 할 것
② 띠장 간격은 2.0m 이하로 할 것
③ 비계기둥의 제일 윗부분으로부터 31m 되는 지점 밑부분의 비계기둥은 3개의 강관으로 묶어 세울 것
④ 비계기둥 간의 적재하중은 400kg을 초과하지 않도록 할 것

해설
③ 비계기둥의 제일 윗부분으로부터 31m 되는 지점 밑부분의 비계기둥은 2개의 강관으로 묶어 세울 것. 다만, 브라켓(bracket, 까치발) 등으로 보강하여 2개의 강관으로 묶을 경우 이상의 강도가 유지되는 경우에는 그러하지 아니하다(산업안전보건기준에 관한 규칙 제60조).

정답 ③

113 지하수위 상승으로 포화된 사질토 지반의 액상화 현상을 방지하기 위한 가장 직접적이고 효과적인 대책은?

① well point 공법 적용
② 동다짐 공법 적용
③ 입도가 불량한 재료를 입도가 양호한 재료로 치환
④ 밀도를 증가시켜 한계간극비 이하로 상대밀도를 유지하는 방법 강구

해설
well point 공법 : 지하수를 진공 펌프로 흡입하여 지하수를 저하시키는 공법이다.

정답 ①

114
크레인 등 건설장비의 가공전선로 접근 시 안전대책으로 옳지 않은 것은?

① 안전 이격거리를 유지하고 작업한다.
② 장비를 가공전선로 밑에 보관한다.
③ 장비의 조립, 준비 시부터 가공전선로에 대한 감전방지 수단을 강구한다.
④ 장비 사용 현장의 장애물, 위험물 등을 점검 후 작업계획을 수립한다.

해설
② 감전사고 예방을 위해 장비를 가공전선로 밑에 보관하면 안 된다.

정답 ②

116
산업안전보건법령에서 규정하는 철골작업을 중지하여야 하는 기후조건에 해당하지 않는 것은?

① 풍속이 초당 10m 이상인 경우
② 강우량이 시간당 1mm 이상인 경우
③ 강설량이 시간당 1cm 이상인 경우
④ 기온이 영하 5℃ 이하인 경우

해설
작업의 제한(산업안전보건기준에 관한 규칙 제383조)
사업주는 다음 어느 하나에 해당하는 경우에 철골작업을 중지하여야 한다.
• 풍속이 초당 10m 이상인 경우
• 강우량이 시간당 1mm 이상인 경우
• 강설량이 시간당 1cm 이상인 경우

정답 ④

115
흙의 투수계수에 영향을 주는 인자에 관한 설명으로 옳지 않은 것은?

① 포화도 : 포화도가 클수록 투수계수도 크다.
② 공극비 : 공극비가 클수록 투수계수는 작다.
③ 유체의 점성계수 : 점성계수가 클수록 투수계수는 작다.
④ 유체의 밀도 : 유체의 밀도가 클수록 투수계수는 크다.

해설
② 공극비가 클수록 투수계수는 크다.

정답 ②

117
차량계 건설기계를 사용하여 작업을 하는 경우 작업계획서 내용에 포함되지 않는 사항은?

① 사용하는 차량계 건설기계의 종류 및 성능
② 차량계 건설기계의 운행경로
③ 차량계 건설기계에 의한 작업방법
④ 차량계 건설기계 사용 시 유도자 배치 위치

해설
사전조사 및 작업계획서 내용(산업안전보건기준에 관한 규칙 별표 4)
차량계 건설기계를 사용하는 작업의 작업계획서 내용
• 사용하는 차량계 건설기계의 종류 및 성능
• 차량계 건설기계의 운행경로
• 차량계 건설기계에 의한 작업방법

정답 ④

118
유해위험방지계획서를 고용노동부장관에게 제출하고 심사를 받아야 하는 대상 건설공사 기준으로 옳지 않은 것은?

① 최대 지간길이가 50m 이상인 다리의 건설 등 공사
② 지상높이 25m 이상인 건축물 또는 인공구조물의 건설 등 공사
③ 깊이 10m 이상인 굴착공사
④ 다목적댐, 발전용댐, 저수용량 2천만ton 이상의 용수 전용 댐 및 지방상수도 전용 댐의 건설 등 공사

해설
유해위험방지계획서 제출 대상(산업안전보건법 시행령 제42조)
• 다음의 어느 하나에 해당하는 건축물 또는 시설 등의 건설·개조 또는 해체(이하 건설 등) 공사
 – 지상높이가 31m 이상인 건축물 또는 인공구조물
 – 연면적 3만㎡ 이상인 건축물
 – 연면적 5천㎡ 이상인 시설로서 다음의 어느 하나에 해당하는 시설
  ⓐ 문화 및 집회시설(전시장 및 동물원·식물원은 제외한다)
  ⓑ 판매시설, 운수시설(고속철도의 역사 및 집배송시설은 제외한다)
  ⓒ 종교시설
  ⓓ 의료시설 중 종합병원
  ⓔ 숙박시설 중 관광숙박시설
  ⓕ 지하도상가
  ⓖ 냉동·냉장 창고시설
• 연면적 5천㎡ 이상인 냉동·냉장 창고시설의 설비공사 및 단열공사
• 최대 지간길이(다리의 기둥과 기둥의 중심 사이 거리)가 50m 이상인 다리의 건설 등 공사
• 터널의 건설 등 공사
• 다목적댐, 발전용댐, 저수용량 2천만ton 이상의 용수 전용 댐 및 지방상수도 전용 댐의 건설 등 공사
• 깊이 10m 이상인 굴착공사

정답 ②

119
공사진척에 따른 공정률이 다음과 같을 때 안전관리비 사용기준으로 옳은 것은?(단, 공정률은 기성공정률을 기준으로 함)

> 공정률 : 70% 이상, 90% 미만

① 50% 이상
② 60% 이상
③ 70% 이상
④ 80% 이상

해설
공사진척에 따른 안전관리비 사용기준(건설업 산업안전보건관리비 계상 및 사용기준 별표 3)

공정률	50% 이상 70% 미만	70% 이상 90% 미만	90% 이상
사용기준	50% 이상	70% 이상	90% 이상

정답 ③

120
미리 작업장소의 지형 및 지반 상태 등에 적합한 제한속도를 정하지 않아도 되는 차량계 건설기계의 속도기준은?

① 최대 제한속도가 10km/h 이하
② 최대 제한속도가 20km/h 이하
③ 최대 제한속도가 30km/h 이하
④ 최대 제한속도가 40km/h 이하

해설
제한속도의 지정 등(산업안전보건기준에 관한 규칙 제98조)
사업주는 차량계 하역운반기계, 차량계 건설기계(최대 제한속도가 시속 10km 이하인 것은 제외한다)를 사용하여 작업을 하는 경우 미리 작업장소의 지형 및 지반 상태 등에 적합한 제한속도를 정하고, 운전자로 하여금 준수하도록 하여야 한다.

정답 ①

2021년 제2회 과년도 기출문제

제1과목 안전관리론

01 학습자가 자신의 학습 속도에 적합하도록 프로그램 자료를 가지고 단독으로 학습하도록 하는 안전교육방법은?

① 실연법
② 모의법
③ 토의법
④ 프로그램 학습법

해설
① 이미 알고 있는 지식을 직접 실습, 연습을 통해 적용하는 교육법
② 실제 장면을 가상으로 만들어 모의상황을 통해 교육하는 방법
③ 교육생들이 특정 주제에 관하여 주도적으로 참여하여 학습하는 방법

정답 ④

02 헤드십의 특성이 아닌 것은?

① 지휘 형태는 권위주의적이다.
② 권한 행사는 임명된 헤드이다.
③ 구성원과의 사회적 간격은 넓다.
④ 상관과 부하와의 관계는 개인적인 영향이다.

해설
④ 헤드십은 권위주의적으로 지휘하는 형태로 권한은 임명된 상사가 행사한다. 따라서 상사와 부하와의 관계는 지배적이다.

헤드십(headship)의 특성
- 부하직원의 활동을 감독한다.
- 상사와 부하와의 관계가 종속적이다.
- 부하와의 사회적 간격이 넓다.
- 지휘 형태가 권위적이다.

정답 ④

03 산업안전보건법령상 특정 행위의 지시 및 사실의 고지에 사용되는 안전·보건표지의 색도기준으로 옳은 것은?

① 2.5G 4/10
② 5Y 8.5/12
③ 2.5PB 4/10
④ 7.5R 4/14

해설
③ 파란색(지시) : 특정 행위의 지시 및 사실의 고지
① 녹색(안내) : 비상구 및 피난소, 사람 또는 차량의 통행표지
② 노란색(경고) : 화학물질 취급장소에서의 유해·위험경고 이외의 위험경고, 주의표지 또는 기계방호물
④ 빨간색
- 금지 : 정지신호, 소화설비 및 그 장소, 유해행위의 금지
- 경고 : 화학물질 취급장소에서의 유해·위험 경고
※ 안전보건표지의 색도기준 및 용도(산업안전보건법 시행규칙 별표 8)

정답 ③

04 인간관계의 메커니즘 중 다른 사람의 행동 양식이나 태도를 투입시키거나 다른 사람 가운데서 자기와 비슷한 것을 발견하는 것은?

① 공감
② 모방
③ 동일화
④ 일체화

해설
③ 인간관계 메커니즘 중 다른 사람의 행동 양식이나 태도를 투입시키거나 다른 사람 가운데서 자기와 비슷한 점을 발견하는 것을 동일화라고 한다.

인간관계 메커니즘
- 동일화
- 공감
- 커뮤니케이션
- 모방
- 암시
- 일체화

정답 ③

05 다음의 교육내용과 관련 있는 교육은?

- 작업동작 및 표준작업방법의 습관화
- 공구·보호구 등의 관리 및 취급태도의 확립
- 작업 전후의 점검, 검사요령의 정확화 및 습관화

① 지식교육　　② 기능교육
③ 태도교육　　④ 문제해결교육

해설
안전보건교육의 3단계
- 지식교육 : 안전에 대한 지식을 교육하는 방법으로 인간이 직접 경험하기에는 위험한 사례들을 위주로 교육하여 학습시킨다.
- 기능교육 : 교육 대상자가 스스로 수행하여 얻어지는 형태로 실습 등의 교육을 통해 학습시킨다.
- 태도교육 : 지식과 기능교육을 통해 얻은 안전지식을 통해 행할 수 있게 안전행동을 체득화시키는 단계이다.

정답 ③

06 데이비스(K. Davis)의 동기부여이론에 관한 등식에서 그 관계가 틀린 것은?

① 지식 × 기능 = 능력
② 상황 × 능력 = 동기유발
③ 능력 × 동기유발 = 인간의 성과
④ 인간의 성과 × 물질의 성과 = 경영의 성과

해설
② 상황 × 태도 = 동기유발

정답 ②

07 산업안전보건법령상 보호구 안전인증 대상 방독마스크의 유기화합물용 정화통 외부 측면 표시색으로 옳은 것은?

① 갈색　　② 녹색
③ 회색　　④ 노란색

해설
방독마스크의 성능기준 – 정화통 외부 측면의 표시색(보호구 안전인증고시 별표 5)
- 갈색 : 유기화합물용 정화통
- 회색 : 할로겐용, 황화수소용, 사이안화수소용 정화통
- 노란색 : 아황산용 정화통
- 녹색 : 암모니아용 정화통

정답 ①

08 재해원인 분석기법의 하나인 특성요인도의 작성방법에 대한 설명으로 틀린 것은?

① 큰 뼈는 특성이 일어나는 요인이라고 생각되는 것을 크게 분류하여 기입한다.
② 등뼈는 원칙적으로 우측에서 좌측으로 향하여 가는 화살표를 기입한다.
③ 특성의 결정은 무엇에 대한 특성요인도를 작성할 것인가를 결정하고 기입한다.
④ 중 뼈는 특성이 일어나는 큰 뼈의 요인마다 다시 미세하게 원인을 결정하여 기입한다.

해설
② 등뼈는 원칙적으로 좌측에서 우측으로 향하여 가는 화살표를 기입한다.

정답 ②

09 TWI의 교육내용 중 인간관계 관리방법, 즉 부하통솔법을 주로 다루는 것은?

① JST(Job Safety Training)
② JMT(Job Method Training)
③ JRT(Job Relation Training)
④ JIT(Job Instruction Training)

해설
TWI 교육내용
• 인간관계관리훈련(JRT ; Job Relation Training)
• 작업방법훈련(JMT ; Job Method Training)
• 작업지도훈련(JIT ; Job Instruction Training)
• 작업안전훈련(JST ; Job Safety Training)

정답 ③

11 재해조사에 관한 설명으로 틀린 것은?

① 조사목적에 무관한 조사는 피한다.
② 조사는 현장을 정리한 후에 실시한다.
③ 목격자나 현장 책임자의 진술을 듣는다.
④ 조사자는 객관적이고 공정한 입장을 취해야 한다.

해설
② 재해조사는 현장이 보존된 상태에서 시행되어야 한다.

정답 ②

12 산업안전보건법령상 안전보건표지의 종류 중 경고표지의 기본모형(형태)이 다른 것은?

① 고압전기 경고
② 방사성물질 경고
③ 폭발성물질 경고
④ 매달린 물체 경고

해설
안전보건표지의 종류와 형태(산업안전보건법 시행규칙 별표 6)

분류	표지	예시
경고표지	• 인화성물질 경고 • 산화성물질 경고 • 폭발성물질 경고 • 급성독성물질 경고 • 부식성물질 경고 • 발암성·변이원성·생식독성·전신독성·호흡기 과민성 물질 경고	
	• 방사성물질 경고 • 고압전기 경고 • 매달린 물체 경고 • 낙하물 경고 • 고온경고 • 저온경고 • 몸균형상실 경고 • 레이저광선 경고 • 위험장소 경고	

정답 ③

10 산업안전보건법령상 안전보건관리규정에 반드시 포함되어야 할 사항이 아닌 것은?(단, 그 밖에 안전 및 보건에 관한 사항은 제외한다)

① 재해코스트 분석방법
② 사고조사 및 대책수립
③ 작업장 안전 및 보건 관리
④ 안전 및 보건관리조직과 그 직무

해설
안전보건관리규정의 작성(산업안전보건법 제25조)
• 안전 및 보건에 관한 관리조직과 그 직무에 관한 사항
• 안전보건교육에 관한 사항
• 작업장의 안전 및 보건 관리에 관한 사항
• 사고조사 및 대책수립에 관한 사항
• 그 밖에 안전 및 보건에 관한 사항

정답 ①

13 무재해운동 추진의 3요소에 관한 설명이 아닌 것은?

① 안전보건은 최고경영자의 무재해 및 무질병에 대한 확고한 경영자세로 시작된다.
② 안전보건을 추진하는 데에는 관리감독자들의 생산활동 속에 안전보건을 실천하는 것이 중요하다.
③ 모든 재해는 잠재요인을 사전에 발견·파악·해결함으로써 근원적으로 산업재해를 없애야 한다.
④ 안전보건은 각자 자신의 문제이며, 동시에 동료의 문제로서 직장의 팀 멤버와 협동 노력하여 자주적으로 추진하는 것이 필요하다.

해설
무재해운동의 3요소
- 최고경영자의 안전경영자세
- 라인(관리감독자)에 의한 안전보건의 추진
- 직장의 자율활동 활성화(자주적인 활동)

정답 ③

14 헤링(Hering)의 착시현상에 해당하는 것은?

①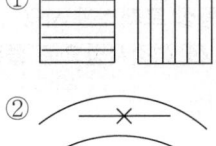
②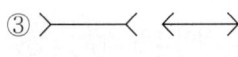
③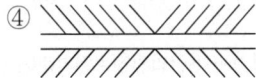
④

해설
④ 헤링(Hering)의 착시현상 : 가운데의 두 직선이 곡선으로 보이는 현상
① 헬름홀츠(Helmholtz)의 착시현상 : 좌측은 가로로, 우측은 세로로 길어 보이는 현상
② 쾰러(Köhler)의 착시현상 : 직선이 호의 반대방향으로 굽어 보이는 현상
③ 뮬러리어(Müller-Lyer)의 착시현상 : 좌측이 우측보다 길게 보이는 현상

정답 ④

15 도수율이 24.5이고, 강도율이 1.15인 사업장에서 한 근로자가 입사하여 퇴직할 때까지의 근로손일 일수는?

① 2.45일   ② 115일
③ 215일   ④ 245일

해설
환산강도율 : 근로자가 근무를 시작하여 퇴직할 때(일평생 근로시간)까지 경험하는 근로손실일수
환산강도율 = 강도율 × 100
∴ 1.15 × 100 = 115일

정답 ②

16 학습을 자극(stimulus)에 의한 반응(response)으로 보는 이론에 해당하는 것은?

① 장설(field theory)
② 통찰설(insight theory)
③ 기호형태설(sign-gestalt theory)
④ 시행착오설(trial and error theory)

해설
손다이크의 시행착오설 : 학습을 자극과 반응의 결합에 의해 결정된다고 보는 이론

정답 ④

17 하인리히의 사고방지 기본원리 5단계 중 시정방법의 선정 단계에 있어서 필요한 조치가 아닌 것은?

① 인사조정
② 안전행정의 개선
③ 교육 및 훈련의 개선
④ 안전점검 및 사고조사

해설
하인리히의 사고예방원리 5단계
- 1단계 : 안전관리의 조직(안전관리조직 구성 및 운영)
- 2단계 : 사실의 발견(위험 및 재해원인 확인 및 조사)
- 3단계 : 분석·평가(재해원인 분석 및 평가)
- 4단계 : 시정방법의 선정(인사조정, 제도 및 기술적 개선)
- 5단계 : 시정책의 적용(교육적, 기술적 지원 및 독려)

정답 ④

18. 산업안전보건법령상 안전보건교육 교육대상별 교육내용 중 관리감독자 정기교육의 내용으로 틀린 것은?

① 정리·정돈 및 청소에 관한 사항
② 유해·위험 작업환경 관리에 관한 사항
③ 표준안전 작업방법 및 지도 요령에 관한 사항
④ 작업공정의 유해·위험과 재해 예방대책에 관한 사항

해설
관리감독자 정기 안전·보건교육의 교육내용(산업안전보건법 시행규칙 별표 5)
- 산업안전 및 사고 예방에 관한 사항
- 산업보건 및 직업병 예방에 관한 사항
- 위험성평가에 관한 사항
- 유해·위험 작업환경 관리에 관한 사항
- 산업안전보건법령 및 산업재해보상보험 제도에 관한 사항
- 직무스트레스 예방 및 관리에 관한 사항
- 직장 내 괴롭힘, 고객의 폭언 등으로 인한 건강장해 예방 및 관리에 관한 사항
- 작업공정의 유해·위험과 재해 예방대책에 관한 사항
- 사업장 내 안전보건관리체제 및 안전·보건조치 현황에 관한 사항
- 표준안전 작업방법 결정 및 지도·감독 요령에 관한 사항
- 현장근로자와의 의사소통능력 및 강의능력 등 안전보건교육 능력 배양에 관한 사항
- 비상시 또는 재해 발생 시 긴급조치에 관한 사항
- 그 밖의 관리감독자의 직무에 관한 사항

정답 ①

19. 산업안전보건법령상 협의체 구성 및 운영에 관한 사항으로 ( )에 알맞은 내용은?

> 도급인은 관계수급인 근로자가 도급인의 사업장에서 작업을 하는 경우 도급인과 수급인을 구성원으로 하는 안전 및 보건에 관한 협의체를 구성 및 운영하여야 한다. 이 협의체는 ( ) 정기적으로 회의를 개최하고 그 결과를 기록·보존해야 한다.

① 매월 1회 이상 ② 2개월마다 1회
③ 3개월마다 1회 ④ 6개월마다 1회

해설
도급인은 관계수급인 근로자가 도급인의 사업장에서 작업을 하는 경우 도급인과 수급인을 구성원으로 하는 안전 및 보건에 관한 협의체를 구성 및 운영하여야 한다. 이 협의체는 매월 1회 이상 회의를 개최하고 그 결과를 기록·보존해야 한다(산업안전보건법 시행규칙 제79조).

정답 ①

20. 산업안전보건법령상 프레스를 사용하여 작업을 할 때 작업시작 전 점검사항으로 틀린 것은?

① 방호장치의 기능
② 언로드밸브의 기능
③ 금형 및 고정볼트 상태
④ 클러치 및 브레이크의 기능

해설
작업시작 전 점검사항(산업안전보건기준에 관한 규칙 별표 3)
프레스 등을 사용하여 작업할 때
- 클러치 및 브레이크의 기능
- 크랭크축·플라이휠·슬라이드·연결봉 및 연결 나사의 풀림 여부
- 1행정 1정지기구·급정지장치 및 비상정지장치의 기능
- 슬라이드 또는 칼날에 의한 위험방지 기구의 기능
- 프레스의 금형 및 고정볼트 상태
- 방호장치의 기능
- 전단기의 칼날 및 테이블의 상태

정답 ②

제2과목 인간공학 및 시스템 안전공학

21 일반적으로 은행의 접수대 높이나 공원의 벤치를 설계할 때 가장 적합한 인체측정 자료의 응용원칙은?

① 조절식 설계
② 평균치를 이용한 설계
③ 최대치수를 이용한 설계
④ 최소치수를 이용한 설계

해설
② 은행의 접수대나 공원의 벤치는 공용으로 다양한 사람들이 사용하기 때문에 평균치를 이용한 설계를 하여야 한다.

인체측정치의 응용원리
- 최대치 설계
  - 출입문
  - 비상통로
  - 탈출구
- 최소치 설계
  - 선반의 높이
  - 조정장치까지의 거리
- 평균치 설계
  - 안내데스크의 높이
  - 공용으로 사용하는 것(버스의자 등)
- 조절식 설계 : 자동차 및 사무실 의자 등(사용자에 맞게 조절)

정답 ②

22 위험분석기법 중 고장이 시스템의 손실과 인명의 사상에 연결되는 높은 위험도를 가진 요소나 고장의 형태에 따른 분석법은?

① CA   ② ETA
③ FHA   ④ FTA

해설
CA(치명도 분석, Criticality Analysis) : 고장이 시스템의 손실과 인명에 사상에 연결되는 높은 위험도를 가진 요소나 고장의 형태에 따른 분석법

정답 ①

23 작업장의 설비 3대에서 각각 80dB, 86dB, 78dB의 소음이 발생되고 있을 때 작업장의 음압수준은?

① 약 81.3dB   ② 약 85.5dB
③ 약 87.5dB   ④ 약 90.3dB

해설
합성소음도(dB)
$$10\log_{10}(10^{\frac{SPL_1}{10}} + 10^{\frac{SPL_2}{10}} + \cdots + 10^{\frac{SPL_n}{10}})$$
여기서, SPL : 각 소음원의 소음
$$= 10\log(10^{\frac{80}{10}} + 10^{\frac{86}{10}} + 10^{\frac{78}{10}})$$
$$\fallingdotseq 87.5$$

정답 ③

24 일반적인 화학설비에 대한 안전성 평가(safety assessment) 절차에 있어 안전대책 단계에 해당되지 않는 것은?

① 보전   ② 위험도 평가
③ 설비적 대책   ④ 관리적 대책

해설
② 화학설비 안정성 평가 제4단계인 안전대책에는 설비적 대책(안전장치 및 방재장치 대책)과 관리적 대책(인원배치, 교육훈련), 보전대책(설비의 보전)이 해당된다.

화학설비 안정성 평가
- 1단계 : 관계자료의 준비
- 2단계 : 정성적 평가(설계 및 운전 관계)
- 3단계 : 정량적 평가
- 4단계 : 안전대책
- 5단계 : 재평가

정답 ②

25 욕조곡선에서의 고장 형태에서 일정한 형태의 고장률이 나타나는 구간은?

① 초기고장 구간   ② 마모고장 구간
③ 피로고장 구간   ④ 우발고장 구간

해설
시스템 수명곡선(욕조곡선) 분류
- 초기고장(debugging 또는 burn-in 기간) : 사용 초기에 고장이 발생하는 구간(고장률은 감소)
- 우발고장 : 사용조건의 우발적인 변화에 의해 발생(고장률 일정)
- 마모고장 : 일정 기간 경과 후 마모나 노후에 의하여 발생(고장률 증가)

정답 ④

26 음량수준을 평가하는 척도와 관계없는 것은?

① dB   ② HSI
③ phon   ④ sone

해설
HSI : 색을 표현하는 하나의 방법

정답 ②

27 실효온도(effective temperature)에 영향을 주는 요인이 아닌 것은?

① 온도   ② 습도
③ 복사열   ④ 공기유동

해설
실효온도에 영향을 주는 요인 : 공기유동, 온도, 습도

정답 ③

28 FT도에서 시스템의 신뢰도는 얼마인가?(단, 모든 부품의 발생확률은 0.1이다)

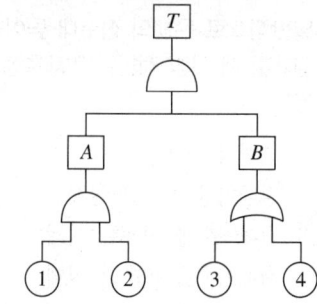

① 0.0033   ② 0.0062
③ 0.9981   ④ 0.9936

해설
- 시스템의 고장확률
$T = A \times B$
$T = (① \times ②) \times [(1 - (1 - ③)(1 - ④))]$
$= (0.1 \times 0.1) \times [(1 - (1 - 0.1)(1 - 0.1))]$
$= 0.0019$
- 신뢰도 = 1 - 시스템의 고장확률
$1 - 0.0019 = 0.9981$

정답 ③

29 인간공학 연구방법 중 실제의 제품이나 시스템이 추구하는 특성 및 수준이 달성되는지를 비교하고 분석하는 연구는?

① 조사연구   ② 실험연구
③ 분석연구   ④ 평가연구

해설
평가연구 : 실제 제품이나 시스템이 추구하는 특성 및 수준이 달성되는지 비교하고 분석하는 연구방법

정답 ④

30 어떤 설비의 시간당 고장률이 일정하다고 할 때 이 설비의 고장 간격은 다음 중 어떤 확률분포를 따르는가?

① t분포
② 와이블분포
③ 지수분포
④ 아이링(eyring)분포

해설
- 우발고장 : 사용조건의 우발적인 변화에 의해 발생(고장률 일정)
- 우발고장기간의 설비 고장간격 : 지수분포

정답 ③

31 시스템 수명주기에 있어서 예비위험분석(PHA)이 이루어지는 단계에 해당하는 것은?

① 구상단계
② 점검단계
③ 운전단계
④ 생산단계

해설
PHA(예비위험분석) : 구상단계
사고를 유발하는 요인을 식별하는 단계로 최초 단계에서 실시하는 분석법을 말한다.

정답 ①

32 FTA에서 사용하는 다음 사상기호에 대한 설명으로 맞는 것은?

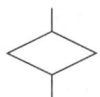

① 시스템 분석에서 좀 더 발전시켜야 하는 사상
② 시스템의 정상적인 가동상태에서 일어날 것이 기대되는 사상
③ 불충분한 자료로 결론을 내릴 수 없어 더 이상 전개할 수 없는 사상
④ 주어진 시스템의 기본사상으로 고장원인이 분석되었기 때문에 더 이상 분석할 필요가 없는 사상

해설
생략사상 : 불충분한 자료로 결론을 내릴 수 없어 더 이상 전개할 수 없는 사상

정답 ③

33 정보를 전송하기 위해 청각적 표시장치보다 시각적 표시장치를 사용하는 것이 더 효과적인 경우는?

① 정보의 내용이 간단한 경우
② 정보가 후에 재참조되는 경우
③ 정보가 즉각적인 행동을 요구하는 경우
④ 정보의 내용이 시간적인 사건을 다루는 경우

해설
- 시각장치
  - 전달정보가 후에 재참조되는 경우
  - 전달정보가 복잡하고 길 경우
  - 전달정보가 즉각적인 행동을 요구하지 않을 경우
  - 전달정보가 공간적인 위치를 다룰 경우
- 청각장치
  - 전달정보가 후에 재참조되지 않는 경우
  - 전달정보가 간단하고 짧을 경우
  - 전달정보가 즉각적인 행동을 요구하는 경우
  - 전달정보가 시각적인 이벤트를 다루는 경우

정답 ②

34 감각저장으로부터 정보를 작업기억으로 전달하기 위한 코드화 분류에 해당되지 않는 것은?

① 시각코드
② 촉각코드
③ 음성코드
④ 의미코드

해설
정보를 작업기억으로 전달하기 위한 코드화 분류
- 시각코드
- 음성코드
- 의미코드

정답 ②

35 인간-기계 시스템 설계과정 중 직무분석을 하는 단계는?

① 제1단계 : 시스템의 목표와 성능명세 결정
② 제2단계 : 시스템의 정의
③ 제3단계 : 기본설계
④ 제4단계 : 인터페이스 설계

[해설]
기본설계 : 직무분석, 작업설계, 기능할당 등

정답 ③

36 중량물 들기 작업 시 5분간의 산소소비량을 측정한 결과 90L의 배기량 중에 산소가 16%, 이산화탄소가 4%로 분석되었다. 해당 작업에 대한 산소소비량(L/min)은 약 얼마인가?(단, 공기 중 질소는 79vol%, 산소는 21vol%이다)

① 0.948
② 1.948
③ 4.74
④ 5.74

[해설]
• 산소 소비량 = 흡기량 − 배기량
• 분당 배기량 V_1(L/min) = $\dfrac{배기량(L)}{시간(min)}$ = $\dfrac{90}{5}$ = 18
• 분당 흡기량 V_2(L/min)
  = $\dfrac{100 - O_2(\%) - CO_2(\%)}{100 - 산소}$ × 분당 배기량
  = $\dfrac{100 - 16 - 4}{79}$ × 18
  = 18.23(L/min)
• 분당 산소 소비량(L/min) = (V_2 × 21) − (V_1 × 16)
  = (18.23 × 21%) − (18 × 16%)
  ≒ 0.948L/min

정답 ①

37 의도는 올바른 것이었지만, 행동이 의도한 것과는 다르게 나타나는 오류는?

① slip
② mistake
③ lapse
④ violation

[해설]
인간의 오류 유형
• 실수(slip) : 올바른 의도를 잘못 실행함
• 건망증(lapse) : 필요한 행동의 수행을 놓침
• 위반(violation) : 규칙을 알고 있음에도 의도적으로 따르지 않음
• 착오(mistake) : 상황을 제대로 해석하지 못하여 적절한 대책을 선택하지 못함

정답 ①

38 동작경제의 원칙과 가장 거리가 먼 것은?

① 급작스런 방향의 전환은 피하도록 할 것
② 가능한 관성을 이용하여 작업하도록 할 것
③ 두 손의 동작은 같이 시작하고 같이 끝나도록 할 것
④ 두 팔의 동작은 동시에 같은 방향으로 움직일 것

[해설]
④ 두 팔의 동작은 서로 반대의 대칭 방향으로 이루어져야 한다.

정답 ④

39 두 가지 상태 중 하나가 고장 또는 결함으로 나타나는 비정상적인 사건은?

① 톱사상
② 결함사상
③ 정상적인 사상
④ 기본적인 사상

해설
결함사상 : 고장 또는 결함으로 나타나는 비정상적인 사건

정답 ②

40 설비보전 방법 중 설비의 열화를 방지하고 그 진행을 지연시켜 수명을 연장하기 위한 점검, 청소, 주유 및 교체 등의 활동은?

① 사후보전
② 개량보전
③ 일상보전
④ 보전예방

해설
① 사후보전(BM ; Break-down Maintenance) : 시스템이나 부품이 고장에 의해 정지 또는 유해한 성능 저하를 초래한 뒤 수리를 하는 보전활동
② 개량보전(CM ; Corrective Maintenance) : 설비의 재질이나 형상의 개량, 설계변경 등에 의한 설비의 체질을 개선하기 위하여 설비의 생산성을 높이기 위한 보전활동
④ 보전예방(MP ; Maintenance Prevention) : 신규설비의 계획과 건설을 할 때 보전정보나 새로운 기술을 도입하여 열화손실을 적게 하는 보전활동

정답 ③

제3과목 기계위험 방지기술

41 산업안전보건법령상 보일러 수위가 이상현상으로 인해 위험수위로 변하면 작업자가 쉽게 감지할 수 있도록 경보등, 경보음을 발하고 자동적으로 급수 또는 단수되어 수위를 조절하는 방호장치는?

① 압력방출장치
② 고저수위조절장치
③ 압력제한스위치
④ 과부하방지장치

해설
고저수위조절장치 : 보일러의 방호장치 중 하나로 보일러 수위가 이상현상으로 인하여 위험순위로 변하면 작업자가 쉽게 감지할 수 있도록 경보하고 자동적으로 급수 또는 단수하여 수위를 조절하는 방호장치
※ 산업안전보건기준에 관한 규칙 제118조

정답 ②

42 프레스 작업에서 제품 및 스크랩을 자동적으로 위험한계 밖으로 배출하기 위한 장치로 틀린 것은?

① 피더
② 키커
③ 이젝터
④ 공기분사장치

해설
피더 : 재료의 자동송급장치로 위험한계 밖에서 가공물을 투입하기 위한 장치

정답 ①

43 산업안전보건법령상 로봇의 작동범위 내에서 그 로봇에 관하여 교시 등 작업을 행하는 때 작업시작 전 점검사항으로 옳은 것은?(단, 로봇의 동력원을 차단하고 행하는 것은 제외)

① 과부하방지장치의 이상 유무
② 압력제한스위치의 이상 유무
③ 외부 전선의 피복 또는 외장의 손상 유무
④ 권과방지장치의 이상 유무

해설
로봇의 작동 범위에서 그 로봇에 관하여 교시 등의 작업을 할 때 작업시작 전 점검사항(산업안전보건기준에 관한 규칙 별표 3)
• 외부 전선의 피복 또는 외장의 손상 유무
• 머니퓰레이터(manipulator) 작동의 이상 유무
• 제동장치 및 비상정지장치의 기능

정답 ③

44 산업안전보건법령상 지게차 작업 시작 전 점검사항으로 거리가 가장 먼 것은?

① 제동장치 및 조종장치 기능의 이상 유무
② 압력방출장치의 작동 이상 유무
③ 바퀴의 이상 유무
④ 전조등 · 후미등 · 방향지시기 및 경보장치 기능의 이상 유무

해설
지게차를 사용하여 작업을 하는 때 작업시작 전 점검사항(산업안전보건기준에 관한 규칙 별표 3)
• 제동장치 및 조종장치 기능의 이상 유무
• 하역장치 및 유압장치 기능의 이상 유무
• 바퀴의 이상 유무
• 전조등 · 후미등 · 방향지시기 및 경보장치 기능의 이상 유무

정답 ②

45 다음 중 가공재료의 칩이나 절삭유 등이 비산되어 나오는 위험으로부터 보호하기 위한 선반의 방호장치는?

① 바이트
② 권과방지장치
③ 압력제한스위치
④ 실드(shield)

해설
실드 : 칩이나 절삭유 등이 비산되어 나오는 위험으로부터 보호(비산방지)하기 위한 선반의 방호장치

정답 ④

46 산업안전보건법령상 보일러의 압력방출장치가 2개 설치된 경우 그중 1개는 최고사용압력 이하에서 작동된다고 할 때 다른 압력방출장치는 최고사용압력의 최대 몇 배 이하에서 작동되도록 하여야 하는가?

① 0.5
② 1
③ 1.05
④ 2

해설
압력방출장치(산업안전보건기준에 관한 규칙 제116조)
사업주는 보일러의 안전한 가동을 위하여 보일러 규격에 맞는 압력방출장치를 1개 또는 2개 이상 설치하고 최고사용압력(설계압력 또는 최고 허용압력을 말한다. 이하 같다) 이하에서 작동되도록 하여야 한다. 다만, 압력방출장치가 2개 이상 설치된 경우에는 최고사용압력 이하에서 1개가 작동되고, 다른 압력방출장치는 최고사용압력 1.05배 이하에서 작동되도록 부착하여야 한다.

정답 ③

47 상용운전압력 이상으로 압력이 상승할 경우 보일러의 파열을 방지하기 위하여 버너의 연소를 차단하여 정상압력으로 유도하는 장치는?

① 압력방출장치
② 고저수위조절장치
③ 압력제한스위치
④ 통풍제어스위치

해설
압력제한스위치 : 상용운전압력 이상으로 압력이 상승할 경우에 보일러의 파열을 방지하기 위해서 버너의 연소를 차단하여 정상압력으로 유도하는 장치

정답 ③

48
용접부 결함에서 전류가 과대하고, 용접 속도가 너무 빨라 용접부의 일부가 홈 또는 오목하게 생기는 결함은?

① 언더컷 ② 기공
③ 균열   ④ 융합불량

해설
용접부 결함
- 언더컷 : 전류가 과대하고 용접 속도가 너무 빨라 용접부의 일부가 홈 또는 오목하게 생기는 결함을 말한다.
- 기공 : 용접한 부위 내에 가스가 갇혀 표면 또는 비드 내에 기공이 생기는 결함을 말한다.
- 균열 : 용접부가 균열되는 결함을 말한다.
- 융합불량 : 용접금속과 모재 또는 용접금속 사이가 충분히 융합되지 않는 결함을 말한다.

정답 ①

49
물체의 표면에 침투력이 강한 적색 또는 형광성의 침투액을 표면 개구 결함에 침투시켜 직접 또는 자외선 등으로 관찰하여 결함장소와 크기를 판별하는 비파괴시험은?

① 피로시험   ② 음향탐상시험
③ 와류탐상시험 ④ 침투탐상시험

해설
침투형광탐사검사 : 형광물질을 넣은 침투액을 사용하여 330~390nm의 자외선을 조사하고 결함 지시모양의 형광을 발하게 하여 결함을 검사하는 비파괴검사 방법

정답 ④

50
연삭숫돌의 파괴원인으로 거리가 가장 먼 것은?

① 숫돌이 외부의 큰 충격을 받았을 때
② 숫돌의 회전속도가 너무 빠를 때
③ 숫돌 자체에 이미 균열이 있을 때
④ 플랜지 직경이 숫돌 직경의 3분의 1 이상일 때

해설
연삭숫돌 파괴원인
- 숫돌의 회전속도가 너무 빠른 경우
- 숫돌 자체에 균열 및 파손이 있는 경우
- 숫돌의 측면을 사용하는 경우
- 숫돌의 내경 크기가 적당하지 못할 경우(내경의 틈 0.05~0.15mm)
- 플랜지의 직경이 숫돌에 비해 작은 경우(숫돌 직경의 3분의 1 이상일 것)
- 숫돌에 과대한 충격을 준 경우

정답 ④

51
산업안전보건법령상 프레스 등 금형을 부착·해체 또는 조정하는 작업을 할 때, 슬라이드가 갑자기 작동함으로써 근로자에게 발생할 우려가 있는 위험을 방지하기 위해 사용해야 하는 것은?(단, 해당 작업에 종사하는 근로자의 신체가 위험한계 내에 있는 경우)

① 방진구   ② 안전블록
③ 시건장치   ④ 날접촉 예방장치

해설
금형조정작업의 위험방지(산업안전보건기준에 관한 규칙 제104조)
사업주는 프레스 등의 금형을 부착·해체 또는 조정하는 작업을 할 때에 해당 작업에 종사하는 근로자의 신체가 위험한계 내에 있는 경우 슬라이드가 갑자기 작동함으로써 근로자에게 발생할 우려가 있는 위험을 방지하기 위하여 안전블록을 사용하는 등 필요한 조치를 하여야 한다.

정답 ②

52
페일세이프(fail safe)의 기능적인 면에서 분류할 때 거리가 가장 먼 것은?

① fool proof
② fail passive
③ fail active
④ fail operational

해설
fail safe : 기계 또는 부품에 고장이나 불량이 생겨도 재해를 발생시키지 않고 항상 안전을 유지하는 구조나 기능
- fail passive : 고장 나면 통상 기계가 정지하는 방향으로 이동
- fail active : 고장 나면 기계는 경보를 울리면서 짧은 시간 동안 운전이 가능
- fail operational (차단 및 조정) : 고장이 있더라도 추후 보수가 있을 때까지 안전한 기능을 유지

정답 ①

53
산업안전보건법령상 크레인에서 정격하중에 대한 정의는?(단, 지브가 있는 크레인은 제외)

① 부하할 수 있는 최대하중
② 부하할 수 있는 최대하중에서 달기기구의 중량에 상당하는 하중을 뺀 하중
③ 짐을 싣고 상승할 수 있는 최대하중
④ 가장 위험한 상태에서 부하할 수 있는 최대하중

해설
정격하중이란 크레인의 권상하중에서 훅, 크래브 또는 버킷 등 달기기구의 중량에 상당하는 하중을 뺀 하중을 말한다.

정답 ②

54
기계설비의 안전조건인 구조의 안전화와 거리가 가장 먼 것은?

① 전압강하에 따른 오동작 방지
② 재료의 결함 방지
③ 설계상의 결함 방지
④ 가공 결함 방지

해설
기계설비 구조의 안전화
- 재료의 결함 방지
- 설계상의 결함 방지
- 가공 결함 방지

정답 ①

55
공기압축기의 작업안전수칙으로 가장 적절하지 않은 것은?

① 공기압축기의 점검 및 청소는 반드시 전원을 차단한 후에 실시한다.
② 운전 중에 어떠한 부품도 건드려서는 안 된다.
③ 공기압축기 분해 시 내부의 압축공기를 이용하여 분해한다.
④ 최대공기압력을 초과한 공기압력으로는 절대로 운전하여서는 안 된다.

해설
③ 공기압축기의 분해는 모든 압축공기를 완전히 배출하고 나서 시행하여야 한다.

정답 ③

56
산업안전보건법령상 컨베이어, 이송용 롤러 등을 사용하는 경우 정전·전압강하 등에 의한 위험을 방지하기 위하여 설치하는 안전장치는?

① 권과방지장치
② 동력전달장치
③ 과부하방지장치
④ 화물의 이탈 및 역주행 방지장치

해설
이탈 등의 방지(산업안전보건기준에 관한 규칙 제191조)
사업주는 컨베이어, 이송용 롤러 등을 사용하는 경우에는 정전·전압강하 등에 따른 화물 또는 운반구의 이탈 및 역주행을 방지하는 장치를 갖추어야 한다. 다만, 무동력 상태 또는 수평 상태로만 사용하여 근로자가 위험해질 우려가 없는 경우에는 그러하지 아니하다.

정답 ④

57
회전하는 동작 부분과 고정 부분이 함께 만드는 위험점으로 주로 연삭숫돌과 작업대, 교반기의 교반날개와 몸체 사이에서 형성되는 위험점은?

① 협착점　② 절단점
③ 물림점　④ 끼임점

해설

기계설비에서 발생하는 위험점의 종류
- 끼임점 : 회전운동을 하는 동작 부분과 고정 부분 사이에서 형성되는 위험점이다.
- 협착점 : 왕복운동을 하는 동작 부분과 고정 부분 사이에서 형성되는 위험점이다.
- 절단점 : 회전하는 운동 부분 자체 또는 운동을 하는 기계의 돌출 부위에서 초래되는 위험점이다.
- 물림점 : 회전운동하는 동작 부분과 반대로 회전운동을 하는 동작 부분에서 형성되는 위험점이다.

정답 ④

58
다음 중 드릴작업의 안전사항으로 틀린 것은?

① 옷소매가 길거나 찢어진 옷은 입지 않는다.
② 작고, 길이가 긴 물건은 손으로 잡고 뚫는다.
③ 회전하는 드릴에 걸레 등을 가까이 하지 않는다.
④ 스핀들에서 드릴을 뽑아낼 때에는 드릴 아래에 손을 내밀지 않는다.

해설

② 작은 물건은 바이스로 고정한 후 작업한다.

정답 ②

59
산업안전보건법령상 양중기의 과부하방지장치에서 요구하는 일반적인 성능기준으로 가장 적절하지 않은 것은?

① 과부하방지장치 작동 시 경보음과 경보램프가 작동되어야 하며 양중기는 작동되지 않아야 한다.
② 외함의 전선 접촉 부분은 고무 등으로 밀폐되어 물과 먼지 등이 들어가지 않도록 한다.
③ 과부하방지장치와 타 방호장치는 기능에 서로 장애를 주지 않도록 부착할 수 있는 구조이어야 한다.
④ 방호장치의 기능을 정지 및 제거할 때 양중기의 기능이 동시에 원활하게 작동하는 구조이며 정지해서는 안 된다.

해설

양중기 과부하방지장치 성능기준 – 일반 공통사항(방호장치 안전인증고시 별표 2)
- 과부하방지장치 작동 시 경보음과 경보램프가 작동되어야 하며 양중기는 작동이 되지 않아야 한다. 다만, 크레인은 과부하 상태 해지를 위하여 권상된 만큼 권하시킬 수 있다.
- 외함은 납봉인 또는 시건할 수 있는 구조이어야 한다.
- 외함의 전선 접촉 부분은 고무 등으로 밀폐되어 물과 먼지 등이 들어가지 않도록 한다.
- 과부하방지장치와 타 방호장치는 기능에 서로 장애를 주지 않도록 부착할 수 있는 구조이어야 한다.
- 방호장치의 기능을 제거 또는 정지할 때 양중기의 기능도 동시에 정지할 수 있는 구조이어야 한다.
- 과부하방지장치는 별표 2의2 각 호의 시험 후 정격하중의 1.1배 권상 시 경보와 함께 권상동작이 정지되고 횡행과 주행동작이 불가능한 구조이어야 한다. 다만, 타워크레인은 정격하중의 1.05배 이내로 한다.
- 과부하방지장치에는 정상동작 상태의 녹색 램프와 과부하 시 경고 표시를 할 수 있는 붉은색 램프와 경보음을 발하는 장치 등을 갖추어야 하며, 양중기 운전자가 확인할 수 있는 위치에 설치해야 한다.

정답 ④

60 프레스기의 SPM(Stroke Per Minute)이 200이고, 클러치의 맞물림 개소수가 6인 경우 양수기동식 방호장치의 안전거리는?

① 120mm ② 200mm
③ 320mm ④ 400mm

해설
양수기동식 방호장치 안전거리
$D_m(mm) = 1.6 T_m$
여기서, T_m : 양손으로 누름버튼을 눌렀을 때부터 슬라이드가 하사점에 도달하기까지의 소요 최대시간(단위 : ms)

$T_m(ms) = \left(\dfrac{1}{\text{클러치 맞물림 개소수}} + \dfrac{1}{2}\right) \times \left(\dfrac{60,000}{\text{매 분 행정수(SPM)}}\right)$

$D_m = 1.6 \times \left(\dfrac{1}{6} + \dfrac{1}{2}\right) \times \left(\dfrac{60,000}{200}\right)$
$= 320(mm)$

정답 ③

62 $Q = 2 \times 10^{-7}$C으로 대전하고 있는 반경 25cm 도체구의 전위(kV)는 약 얼마인가?

① 7.2 ② 12.5
③ 14.4 ④ 25

해설
$E = \dfrac{Q}{4\pi\epsilon_0 \times r}(V)$
여기서, ϵ_0 : 유전율(8.855×10^{-12})
r : 반경(m)
$E = \dfrac{2 \times 10^{-7}}{4\pi \times 8.855 \times 10^{-12} \times 0.25} = 7,189.38(V)$
kV로 단위변환 → 7.189kV(약 7.2kV)

정답 ①

제4과목 전기위험 방지기술

61 폭발한계에 도달한 메테인가스가 공기에 혼합되었을 경우 착화한계전압(V)은 약 얼마인가?(단, 메테인의 착화최소에너지는 0.2mJ, 극간용량은 10pF으로 한다)

① 6,325 ② 5,225
③ 4,135 ④ 3,035

해설
$E = \dfrac{1}{2}CV^2(J)$
$V = \sqrt{\dfrac{2E}{C}}$
$= \sqrt{\dfrac{2 \times 0.2 \times 10^{-3}}{10 \times 10^{-12}}}$
$\approx 6,325(V)$
※ 참고 : pF = 10^{-12}(F), mJ = 10^{-3}(J)

정답 ①

63 다음 중 누전차단기를 시설하지 않아도 되는 전로가 아닌 것은?(단, 전로는 금속제 외함을 가지는 사용전압이 50V를 초과하는 저압의 기계·기구에 전기를 공급하는 전로이며, 기계·기구에는 사람이 쉽게 접촉할 우려가 있다)

① 기계·기구를 건조한 장소에 시설하는 경우
② 기계·기구가 고무, 합성수지, 기타 절연물로 피복된 경우
③ 대지전압 200V 이하인 기계·기구를 물기가 있는 곳 이외의 곳에 시설하는 경우
④ 전기용품 및 생활용품 안전관리법의 적용을 받는 이중절연구조의 기계·기구를 시설하는 경우

해설
③ 대지전압이 150V 이하인 기계·기구를 물기가 있는 곳 이외에 곳에 시설하는 경우(한국전기설비규정 211.2.4)

정답 ③

64
고압전로에 설치된 전동기용 고압전류 제한퓨즈의 불용단전류의 조건은?

① 정격전류 1.3배의 전류로 1시간 이내에 용단되지 않을 것
② 정격전류 1.3배의 전류로 2시간 이내에 용단되지 않을 것
③ 정격전류 2배의 전류로 1시간 이내에 용단되지 않을 것
④ 정격전류 2배의 전류로 2시간 이내에 용단되지 않을 것

해설
- 과전류차단기로 시설하는 퓨즈 중 고압전로에 사용하는 포장 퓨즈(퓨즈 이외의 과전류차단기와 조합하여 하나의 과전류차단기로 사용하는 것은 제외한다)는 정격전류의 1.3배의 전류에 견디고 또한 2배의 전류로 120분 안에 용단되는 것이어야 한다.
- 과전류차단기로 시설하는 퓨즈 중 고압전로에 사용하는 비포장 퓨즈는 정격전류의 1.25배의 전류에 견디고 또한 2배의 전류로 2분 안에 용단되는 것이어야 한다.

정답 ②

65
누전차단기의 시설방법 중 옳지 않은 것은?

① 시설장소는 배전반 또는 분전반 내에 설치한다.
② 정격전류용량은 해당 전로의 부하전류값 이상이어야 한다.
③ 정격감도전류는 정상의 사용 상태에서 불필요하게 동작하지 않도록 한다.
④ 인체감전보호형은 0.05초 이내에 동작하는 고감도 고속형이어야 한다.

해설
감전방지용 누전차단기 : 정격감도전류 30mA에서 동작시간은 0.03초 이내인 차단기

정답 ④

66
정전기 방지대책 중 적합하지 않는 것은?

① 대전서열이 가급적 먼 것으로 구성한다.
② 카본블랙을 도포하여 도전성을 부여한다.
③ 유속을 저감시킨다.
④ 도전성 재료를 도포하여 대전을 감소시킨다.

해설
① 대전서열에서 멀리 있는 물체들끼리 마찰이 일어나는 경우에는 정전기 발생량이 많아지므로 대전서열이 가급적이면 가까운 것으로 구성하여야 한다.

정답 ①

67
다음 중 방폭전기기기의 구조별 표시방법으로 틀린 것은?

① 내압 방폭구조 : p
② 본질안전 방폭구조 : ia, ib
③ 유입 방폭구조 : o
④ 안전증 방폭구조 : e

해설
방폭구조의 종류와 기호
- 내압 방폭구조 : d
- 본질안전 방폭구조 : ia 또는 ib
- 유입 방폭구조 : o
- 안전증 방폭구조 : e
- 충전 방폭구조 : q
- 몰드 방폭구조 : m
- 비점화 방폭구조 : n

정답 ①

68. 내전압용 절연장갑의 등급에 따른 최대 사용전압이 틀린 것은?(단, 교류전압은 실횻값이다)

① 등급 00 : 교류 500V
② 등급 1 : 교류 7,500V
③ 등급 2 : 직류 17,000V
④ 등급 3 : 직류 39,750V

해설

절연장갑의 등급(보호구 안전인증고시 별표 3)

등급	최대 사용전압 교류(V, 실횻값)	최대 사용전압 직류(V)	색상
00	500	750	갈색
0	1,000	1,500	빨간색
1	7,500	11,250	흰색
2	17,000	25,500	노란색
3	26,500	39,750	녹색
4	36,000	54,000	등색

정답 ③

69. 저압전로의 절연성능에 관한 설명으로 적합하지 않은 것은?

① 전로의 사용전압이 SELV 및 PELV일 때 절연저항은 0.5MΩ 이상이어야 한다.
② 전로의 사용전압이 FELV일 때 절연저항은 1.0MΩ 이상이어야 한다.
③ 전로의 사용전압이 FELV일 때 DC 시험전압은 500V이다.
④ 전로의 사용전압이 600V일 때 절연저항은 1.5MΩ 이상이어야 한다.

해설

저압전로의 절연성능(전기설비기술기준 제52조)

전로의 사용전압(V)	DC 시험전압(V)	절연저항(MΩ)
SELV 및 PELV	250 이상	0.5 이상
FELV, 500V 이하	500 이상	1.0 이상
500V 초과	1,000 이상	1.0 이상

정답 ④

70. 다음 중 0종 장소에 사용될 수 있는 방폭구조의 기호는?

① Ex ia ② Ex ib
③ Ex d   ④ Ex e

해설

폭발위험장소별 방폭구조
- 0종 장소 : 본질안전 방폭구조(ia)
- 1종 장소 : 충전 방폭구조(q), 유입 방폭구조(o), 내압 방폭구조(d), 압력 방폭구조(p), 안전증 방폭구조(e), 본질안전 방폭구조(ia, ib), 몰드 방폭구조(m)
- 2종 장소 : 비점화 방폭구조(n), 0종 장소 및 1종 장소에 사용 가능한 방폭구조

정답 ①

71. 다음 중 전기화재의 주요 원인이라고 할 수 없는 것은?

① 절연전선의 열화
② 정전기 발생
③ 과전류 발생
④ 절연저항값의 증가

해설

④ 절연저항값의 증가가 아닌 감소가 전기화재의 원인이다.

정답 ④

72. 배전선로에 정전작업 중 단락 접지기구를 사용하는 목적으로 가장 적합한 것은?

① 통신선 유도 장해 방지
② 배전용 기계·기구의 보호
③ 배전선 통전 시 전위경도 저감
④ 혼촉 또는 오동작에 의한 감전방지

해설

혼촉 또는 오동작에 의한 감전방지를 위해 단락 접지기구를 사용한다.

정답 ④

73
어느 변전소에서 고장전류가 유입되었을 때 도전성 구조물과 그 부근 지표상의 점과의 사이(약 1m)의 허용접촉전압은 약 몇 V인가?(단, 심실세동전류 : $I_k = \dfrac{0.165}{\sqrt{t}}$ A, 인체의 저항 : 1,000Ω, 지표면의 저항률 : 150Ω·m, 통전시간을 1초로 한다)

① 164
② 186
③ 202
④ 228

해설

허용접촉전압(V) $= I_k$(심실세동전류) $\times \left(R_b + \dfrac{3}{2}R_g\right)$

여기서, R_b : 인체의 저항률(Ω)
R_g : 지표면의 저항률(Ω)

∴ $\dfrac{0.165}{\sqrt{1}} \times \left(1,000 + \dfrac{3 \times 150}{2}\right) = 202(V)$

정답 ③

74
방폭기기 그룹에 관한 설명으로 틀린 것은?

① 그룹 I, 그룹 II, 그룹 III이 있다.
② 그룹 I 의 기기는 폭발성 갱내 가스에 취약한 광산에서의 사용을 목적으로 한다.
③ 그룹 II의 세부 분류로 IIA, IIB, IIC가 있다.
④ IIA로 표시된 기기는 그룹 IIB기기를 필요로 하는 지역에 사용할 수 있다.

해설

④ IIA로 표시된 기기는 그룹 IIB기기를 필요로 하는 지역에 사용할 수 없다.

정답 ④

75
한국전기설비규정에 따라 피뢰설비에서 외부 피뢰시스템의 수뢰부시스템으로 적합하지 않은 것은?

① 돌침
② 수평도체
③ 메시도체
④ 환상도체

해설

수뢰부시스템(한국전기설비규정 152.1)
수뢰부시스템은 돌침, 수평도체, 그물망도체의 요소 중 한 가지 또는 이를 조합한 형식으로 시설하여야 한다.

정답 ④

76
정전기 재해의 방지를 위하여 배관 내 액체의 유속 제한이 필요하다. 배관의 내경(mm)과 유속제한 값(m/s)으로 적절하지 않은 것은?

① 관내경 : 25, 제한유속 : 6.5
② 관내경 : 50, 제한유속 : 3.5
③ 관내경 : 100, 제한유속 : 2.5
④ 관내경 : 200, 제한유속 : 1.8

해설

배관의 내경과 유속제한 값

관 내경(mm)	유속(m/s)
10	8
25	4.9
50	3.5
100	2.5
200	1.8
400	1.3
600	1.0

정답 ①

77 지락이 생긴 경우 접촉상태에 따라 접촉전압을 제한할 필요가 있다. 인체의 접촉상태에 따른 허용접촉전압을 나타낸 것으로 다음 중 옳지 않은 것은?

① 제1종 : 2.5V 이하
② 제2종 : 25V 이하
③ 제3종 : 35V 이하
④ 제4종 : 제한 없음

해설
접촉전압의 허용한계

종별	통전경로	허용접촉전압
제1종	인체의 대부분이 수중에 있는 상태	2.5V 이하
제2종	• 인체가 현저하게 젖어 있는 상태 • 금속성의 전기기계·기구나 구조물에 인체의 일부가 상시 접촉된 상태	25V 이하
제3종	건조한 통상의 인체 상태로서, 접촉전압이 가해지더라도 위험성이 낮은 상태	50V 이하
제4종	• 건조한 통상의 인체 상태로서, 접촉전압이 가해지더라도 위험성이 낮은 상태 • 접촉전압이 가해질 우려가 없는 경우	제한 없음

정답 ③

78 계통접지로 적합하지 않은 것은?

① TN계통   ② TT계통
③ IN계통   ④ IT계통

해설
계통접지 방식 : TN계통, TT계통, IT계통

정답 ③

79 정전기 발생에 영향을 주는 요인이 아닌 것은?

① 물체의 분리속도
② 물체의 특성
③ 물체의 접촉시간
④ 물체의 표면상태

해설
정전기 발생에 영향을 주는 요인
• 물체의 분리속도 : 분리속도가 빠를수록 정전기가 크게 발생함
• 물체의 특성 : 불순물을 포함하고 있으면 정전기 발생량이 커짐
• 물체의 표면상태 : 수분이나 기름 등에 표면이 오염되는 경우에 정전기가 크게 발생함
• 물체의 이력 : 처음 접촉, 분리할 때 최대가 되며 반복될수록 발생량이 감소함
• 접촉면적 및 압력 : 접촉면적과 압력이 증가할수록 정전기가 크게 발생함

정답 ③

80 정전기재해의 방지대책에 대한 설명으로 적합하지 않은 것은?

① 접지의 접속은 납땜, 용접 또는 멈춤나사로 실시한다.
② 회전부품의 유막저항이 높으면 도전성의 윤활제를 사용한다.
③ 이동식 용기는 절연성 고무제 바퀴를 달아서 폭발위험을 제거한다.
④ 폭발의 위험이 있는 구역은 도전성 고무류로 바닥 처리를 한다.

해설
③ 이동식 용기는 도전성 바퀴를 달아서 폭발위험을 제거한다.

정답 ③

제5과목 화학설비위험 방지기술

81 산업안전보건법령상 특수화학설비를 설치할 때 내부의 이상 상태를 조기에 파악하기 위하여 필요한 계측장치를 설치하여야 한다. 이러한 계측장치로 거리가 먼 것은?

① 압력계
② 유량계
③ 온도계
④ 비중계

[해설]
계측장치 등의 설치(산업안전보건기준에 관한 규칙 제273조)
특수화학설비를 설치하는 경우에는 내부의 이상 상태를 조기에 파악하기 위하여 필요한 온도계·유량계·압력계 등의 계측장치를 설치하여야 한다.

[정답] ④

82 불연성이지만 다른 물질의 연소를 돕는 산화성 액체물질에 해당하는 것은?

① 하이드라진
② 과염소산
③ 벤젠
④ 암모니아

[해설]
산화성 액체 및 산화성 고체(산업안전보건기준에 관한 규칙 별표 1)
• 차아염소산 및 그 염류
• 아염소산 및 그 염류
• 염소산 및 그 염류
• 과염소산 및 그 염류
• 브로민산 및 그 염류
• 아이오딘산 및 그 염류
• 과산화수소 및 무기 과산화물
• 질산 및 그 염류
• 과망가니즈산 및 그 염류
• 중크롬산 및 그 염류
• 그 밖에 위에 열거한 물질과 같은 정도의 산화성이 있는 물질
• 위에 열거한 물질을 함유한 물질

[정답] ②

83 아세톤에 대한 설명으로 틀린 것은?

① 증기는 유독하므로 흡입하지 않도록 주의해야 한다.
② 무색이고 휘발성이 강한 액체이다.
③ 비중이 0.79이므로 물보다 가볍다.
④ 인화점이 20℃이므로 여름철에 인화위험이 더 높다.

[해설]
④ 아세톤의 인화점은 -20℃이다.

[정답] ④

84 화학물질 및 물리적 인자의 노출기준에서 정한 유해인자에 대한 노출기준의 표시단위가 잘못 연결된 것은?

① 에어로졸 : ppm
② 증기 : ppm
③ 가스 : ppm
④ 고온 : 습구흑구온도지수(WBGT)

[해설]
표시단위(화학물질 및 물리적 인자의 노출기준 제11조)
• 가스 및 증기의 노출기준 표시단위는 ppm(피피엠)을 사용한다.
• 분진 및 미스트 등 에어로졸(aerosol)의 노출기준 표시단위는 mg/m^3(세제곱미터당 밀리그램)을 사용한다. 다만, 석면 및 내화성세라믹섬유의 노출기준 표시단위는 개/cm^3(세제곱센티미터당 개수)를 사용한다.
• 고온의 노출기준 표시단위는 습구흑구온도지수(WBGT)를 사용한다.

[정답] ①

85

다음 표를 참조하여 메테인 70vol%, 프로페인 21vol%, 뷰테인 9vol%인 혼합가스의 폭발범위를 구하면 약 몇 vol%인가?

가스	폭발하한계(vol%)	폭발상한계(vol%)
C_4H_{10}	1.8	8.4
C_3H_8	2.1	9.5
C_2H_6	3.0	12.4
CH_4	5.0	15.0

① 3.45~9.11
② 3.45~12.58
③ 3.85~9.11
④ 3.85~12.58

해설

르샤틀리에의 법칙

혼합가스의 연소범위 하한계 $L = \dfrac{100}{\dfrac{V_1}{L_1} + \dfrac{V_2}{L_2} + \dfrac{V_3}{L_3}}$

혼합가스의 연소범위 상한계 $U = \dfrac{100}{\dfrac{V_1}{U_1} + \dfrac{V_2}{U_2} + \dfrac{V_3}{U_3}}$

여기서, V_1, V_2, V_3 : 각 성분의 기체체적
L_1, L_2, L_3 : 각 성분의 연소범위 하한계
U_1, U_2, U_3 : 각 성분의 연소범위 상한계

- 폭발하한계 $L = \dfrac{70+21+9}{\dfrac{70}{5.0} + \dfrac{21}{2.1} + \dfrac{9}{1.8}} = 3.45 \text{vol\%}$

- 폭발상한계 $U = \dfrac{70+21+9}{\dfrac{70}{15} + \dfrac{21}{9.5} + \dfrac{9}{8.4}} = 12.58 \text{vol\%}$

정답 ②

86

산업안전보건법령상 위험물질의 종류를 구분할 때 다음 물질들이 해당하는 것은?

> 리튬, 칼륨·나트륨, 황, 황린, 황화인·적린

① 폭발성 물질 및 유기과산화물
② 산화성 액체 및 산화성 고체
③ 물반응성 물질 및 인화성 고체
④ 급성 독성 물질

해설

물반응성 물질 및 인화성 고체(산업안전보건기준에 관한 규칙 별표 1)
- 리튬
- 칼륨·나트륨
- 황
- 황린
- 황화인·적린
- 셀룰로이드류
- 알킬알루미늄·알킬리튬
- 마그네슘 분말
- 금속 분말(마그네슘 분말은 제외)
- 알칼리금속(리튬·칼륨 및 나트륨은 제외)
- 유기 금속화합물(알킬알루미늄 및 알킬리튬은 제외)
- 금속의 수소화물
- 금속의 인화물
- 칼슘 탄화물, 알루미늄 탄화물
- 그 밖에 위에 열거한 물질과 같은 정도의 발화성 또는 인화성이 있는 물질
- 위에 열거한 물질을 함유한 물질

정답 ③

87

제1종 분말소화약제의 주성분에 해당하는 것은?

① 사염화탄소
② 브로민화메테인
③ 수산화암모늄
④ 탄산수소나트륨

해설

분말소화기
- 제1종 분말 : 탄산수소나트륨
- 제2종 분말 : 탄산수소칼륨
- 제3종 분말 : 제1인산암모늄
- 제4종 분말 : 탄산수소칼륨 + 요소

정답 ④

88 탄화칼슘이 물과 반응하였을 때 생성물을 옳게 나타낸 것은?

① 수산화칼슘 + 아세틸렌
② 수산화칼슘 + 수소
③ 염화칼슘 + 아세틸렌
④ 염화칼슘 + 수소

해설
$CaC_2 + 2H_2O = Ca(OH)_2 + C_2H_2$
(탄화칼슘) (물) (수산화칼슘) (아세틸렌)

정답 ①

90 가연성 가스 A의 연소범위를 2.2~9.5vol%라 할 때 가스 A의 위험도는 얼마인가?

① 2.52   ② 3.32
③ 4.91   ④ 5.64

해설
위험도 = $\dfrac{\text{폭발상한계} - \text{폭발하한계}}{\text{폭발하한계}}$

위험도 = $\dfrac{9.5 - 2.2}{2.2} = 3.32$

정답 ②

91 다음 중 증기배관 내에 생성된 증기의 누설을 막고 응축수를 자동적으로 배출하기 위한 안전장치는?

① steam trap   ② vent stack
③ blow down   ④ flame arrester

해설
steam trap : 증기 배출 없이 응축수를 자동으로 배출하는 장치

정답 ①

89 다음 중 분진폭발의 특징으로 옳은 것은?

① 가스폭발보다 연소시간이 짧고 발생에너지가 작다.
② 압력의 파급속도보다 화염의 파급속도가 빠르다.
③ 가스폭발에 비하여 불완전연소의 발생이 없다.
④ 주위의 분진에 의해 2차, 3차 폭발로 파급될 수 있다.

해설
분진폭발은 가스폭발보다 연소시간은 길고 발생에너지는 크고 폭발압력은 작으며, 불완전연소하여 일산화탄소로 인한 중독이 발생한다는 특징이 있다. 또한 주위 분진에 의해 2차, 3차 폭발로 파급될 수 있다.

정답 ④

92 CF_3Br 소화약제의 할론 번호를 옳게 나타낸 것은?

① 할론 1031   ② 할론 1311
③ 할론 1301   ④ 할론 1310

해설
할론소화기 소화약제
• 할론 1301 : CF_3Br
• 할론 1211 : CF_2ClBr
• 할론 2402 : $C_2F_4Br_2$

정답 ③

93
산업안전보건법령에 따라 공정안전보고서에 포함해야 할 세부 내용 중 공정안전자료에 해당하지 않는 것은?

① 안전운전지침서
② 각종 건물·설비의 배치도
③ 유해하거나 위험한 설비의 목록 및 사양
④ 위험설비의 안전설계·제작 및 설치 관련 지침서

해설
공정안전자료의 세부내용 등(산업안전보건법 시행규칙 제50조)
공정안전자료
- 취급·저장하고 있거나 취급·저장하려는 유해·위험물질의 종류 및 수량
- 유해·위험물질에 대한 물질안전보건자료
- 유해하거나 위험한 설비의 목록 및 사양
- 유해하거나 위험한 설비의 운전방법을 알 수 있는 공정도면
- 각종 건물·설비의 배치도
- 폭발위험장소 구분도 및 전기단선도
- 위험설비의 안전설계·제작 및 설치 관련 지침서

정답 ①

95
자연발화 성질을 갖는 물질이 아닌 것은?

① 질화면
② 목탄분말
③ 아마인유
④ 과염소산

해설
④ 산화성 액체

정답 ④

96
다음 중 왕복 펌프에 속하지 않는 것은?

① 피스톤 펌프
② 플런저 펌프
③ 기어 펌프
④ 격막 펌프

해설
- 왕복 펌프 : 피스톤 펌프, 플런저 펌프, 격막 펌프
- 회전 펌프 : 기어 펌프, 나사 펌프, 베인 펌프, 재생 펌프

정답 ③

94
산업안전보건법령상 단위공정시설 및 설비로부터 다른 단위공정시설 및 설비 사이의 안전거리는 설비의 바깥면부터 얼마 이상이 되어야 하는가?

① 5m
② 10m
③ 15m
④ 20m

해설
안전거리(산업안전보건기준에 관한 규칙 별표 8)
단위공정시설 및 설비로부터 다른 단위공정시설 및 설비의 사이는 설비 바깥면으로부터 10m 이상의 안전거리를 두어야 한다.

정답 ②

97
두 물질을 혼합하면 위험성이 커지는 경우가 아닌 것은?

① 이황화탄소 + 물
② 나트륨 + 물
③ 과산화나트륨 + 염산
④ 염소산칼륨 + 적린

해설
이황화탄소는 물에 보관하므로 물에 접촉되어도 위험성이 커지지 않는다.

정답 ①

98 5% NaOH 수용액과 10% NaOH 수용액을 반응기에 혼합하여 6%, 100kg의 NaOH 수용액을 만들려면 각각 몇 kg의 NaOH 수용액이 필요한가?

① 5% NaOH 수용액 : 33.3,
   10% NaOH 수용액 : 66.7
② 5% NaOH 수용액 : 50,
   10% NaOH 수용액 : 50
③ 5% NaOH 수용액 : 66.7,
   10% NaOH 수용액 : 33.3
④ 5% NaOH 수용액 : 80,
   10% NaOH 수용액 : 20

[해설]
NaOH 수용액 100kg 중 NaOH 6kg이 포함되어야 6% NaOH 수용액이 된다.
5% NaOH 수용액 80kg일 때 NaOH는 4kg, 10% NaOH 수용액 20kg일 때 NaOH는 2kg
→ $(0.05 \times 80kg) + (0.1 \times 20kg) = 6kg$

[정답] ④

99 다음 중 노출기준(TWA, ppm) 값이 가장 작은 물질은?

① 염소
② 암모니아
③ 에탄올
④ 메탄올

[해설]
시간가중평균노출기준(TWA)(화학물질 및 물리적 인자의 노출기준 별표 1)
• 염소 : 0.5ppm
• 암모니아 : 25ppm
• 에탄올(에틸알코올) : 1,000ppm
• 메탄올(메틸알코올) : 200ppm

[정답] ①

100 산업안전보건법령에 따라 위험물 건조설비 중 건조실을 설치하는 건축물의 구조를 독립된 단층 건물로 하여야 하는 건조설비가 아닌 것은?

① 위험물 또는 위험물이 발생하는 물질을 가열·건조하는 경우 내용적이 $2m^3$인 건조설비
② 위험물이 아닌 물질을 가열·건조하는 경우 액체연료의 최대사용량이 5kg/h인 건조설비
③ 위험물이 아닌 물질을 가열·건조하는 경우 기체연료의 최대사용량이 $2m^3$/h인 건조설비
④ 위험물이 아닌 물질을 가열·건조하는 경우 전기사용 정격용량이 20kW인 건조설비

[해설]
위험물 건조설비를 설치하는 건축물의 구조(산업안전보건기준에 관한 규칙 제280조)
다음의 어느 하나에 해당하는 위험물 건조설비 중 건조실을 설치하는 건축물의 구조는 독립된 단층건물로 하여야 한다. 다만, 해당 건조실을 건축물의 최상층에 설치하거나 건축물이 내화구조인 경우에는 그러하지 아니하다.
• 위험물 또는 위험물이 발생하는 물질을 가열·건조하는 경우 내용적이 $1m^3$ 이상인 건조설비
• 위험물이 아닌 물질을 가열·건조하는 경우로서 다음의 어느 하나의 용량에 해당하는 건조설비
 – 고체 또는 액체연료의 최대사용량이 시간당 10kg 이상
 – 기체연료의 최대사용량이 시간당 $1m^3$ 이상
 – 전기사용 정격용량이 10kW 이상

[정답] ②

제6과목 건설안전기술

101 부두·안벽 등 하역작업을 하는 장소에서 부두 또는 안벽의 선을 따라 통로를 설치하는 경우에는 폭을 최소 얼마 이상으로 하여야 하는가?

① 85cm
② 90cm
③ 100cm
④ 120cm

해설
하역작업장의 조치기준(산업안전보건기준에 관한 규칙 제390조)
• 작업장 및 통로의 위험한 부분에는 안전하게 작업할 수 있는 조명을 유지할 것
• 부두 또는 안벽의 선을 따라 통로를 설치하는 경우에는 폭을 90cm 이상으로 할 것
• 육상에서의 통로 및 작업장소로서 다리 또는 선거(船渠) 갑문(閘門)을 넘는 보도(步道) 등의 위험한 부분에는 안전난간 또는 울타리 등을 설치할 것

정답 ②

102 다음은 산업안전보건법령에 따른 산업안전보건관리비의 사용에 관한 규정이다. ( ) 안에 들어갈 내용을 순서대로 옳게 작성한 것은?

> 건설공사도급인은 고용노동부장관이 정하는 바에 따라 해당 건설공사를 위하여 계상된 산업안전보건관리비를 그가 사용하는 근로자와 그의 관계수급인이 사용하는 근로자의 산업재해 및 건강장해예방에 사용하고, 그 사용명세서를 ( ) 작성하고 건설공사 종료 후 ( )간 보존해야 한다.

① 매월, 6개월
② 매월, 1년
③ 2개월마다, 6개월
④ 2개월마다, 1년

해설
산업안전보건관리비의 사용(산업안전보건법 시행규칙 제89조)
건설공사도급인은 법 제72조 제3항에 따라 산업안전보건관리비를 사용하는 해당 건설공사의 금액(고용노동부장관이 정하여 고시하는 방법에 따라 산정한 금액)이 4천만 원 이상인 때에는 고용노동부장관이 정하는 바에 따라 매월(건설공사가 1개월 이내에 종료되는 사업의 경우에는 해당 건설공사가 끝나는 날이 속하는 달) 사용명세서를 작성하고, 건설공사 종료 후 1년 동안 보존해야 한다.

정답 ②

103 지반의 굴착작업에 있어서 비가 올 경우를 대비한 직접적인 대책으로 옳은 것은?

① 측구 설치
② 낙하물 방지망 설치
③ 추락 방호망 설치
④ 매설물 등의 유무 또는 상태 확인

해설
측구 : 비, 눈에 의해 생긴 물을 배수하기 위한 배수시설을 말한다.

정답 ①

104. 강관틀비계(높이 5m 이상)의 넘어짐을 방지하기 위하여 사용하는 벽이음 및 버팀의 설치간격 기준으로 옳은 것은?

① 수직방향 5m, 수평방향 5m
② 수직방향 6m, 수평방향 7m
③ 수직방향 6m, 수평방향 8m
④ 수직방향 7m, 수평방향 8m

해설

강관비계의 조립간격(산업안전보건기준에 관한 규칙 별표 5)

강관비계의 종류	조립간격(m)	
	수직방향	수평방향
단관비계	5	5
틀비계(높이가 5m 미만인 것은 제외)	6	8

정답 ③

105. 굴착공사에 있어서 비탈면 붕괴를 방지하기 위하여 실시하는 대책으로 옳지 않은 것은?

① 지표수의 침투를 막기 위해 표면배수공을 한다.
② 지하수위를 내리기 위해 수평배수공을 설치한다.
③ 비탈면 하단을 성토한다.
④ 비탈면 상부에 토사를 적재한다.

해설

④ 비탈면 하부에 토사를 적재하여야 한다.

정답 ④

106. 강관을 사용하여 비계를 구성하는 경우 준수해야 할 사항으로 옳지 않은 것은?

① 비계기둥의 간격은 띠장 방향에서는 1.85m 이하, 장선(長線) 방향에서는 1.5m 이하로 할 것
② 띠장 간격은 2.0m 이하로 할 것
③ 비계기둥의 제일 윗부분으로부터 31m 되는 지점 밑부분의 비계기둥은 3개의 강관으로 묶어 세울 것
④ 비계기둥 간의 적재하중은 400kg을 초과하지 않도록 할 것

해설

강관비계의 구조(산업안전보건기준에 관한 규칙 제60조)
사업주는 강관을 사용하여 비계를 구성하는 경우 다음 사항을 준수해야 한다.
- 비계기둥의 간격은 띠장 방향에서는 1.85m 이하, 장선(長線) 방향에서는 1.5m 이하로 할 것. 다만, 다음 어느 하나에 해당하는 작업의 경우 안전성에 대한 구조 검토를 실시하고 조립도를 작성하면 띠장 방향 및 장선 방향으로 각각 2.7m 이하로 할 수 있다.
  - 선박 및 보트 건조작업
  - 그 밖에 장비 반입·반출을 위하여 공간 등을 확보할 필요가 있는 등 작업의 성질상 비계기둥 간격에 관한 기준을 준수하기 곤란한 작업
- 띠장 간격은 2.0m 이하로 할 것. 다만, 작업의 성질상 이를 준수하기가 곤란하여 쌍기둥틀 등에 의하여 해당 부분을 보강한 경우에는 그러하지 아니하다.
- 비계기둥의 제일 윗부분으로부터 31m 되는 지점 밑부분의 비계기둥은 2개의 강관으로 묶어 세울 것. 다만, 브래킷(bracket, 까치발) 등으로 보강하여 2개의 강관으로 묶을 경우 이상의 강도가 유지되는 경우에는 그러하지 아니하다.
- 비계기둥 간의 적재하중은 400kg을 초과하지 않도록 할 것

정답 ③

107

다음은 산업안전보건법령에 따른 시스템비계의 구조에 관한 사항이다. ( ) 안에 들어갈 내용으로 옳은 것은?

> 비계 밑단의 수직재와 받침철물은 밀착되도록 설치하고, 수직재와 받침철물의 연결부의 겹침길이는 받침철물 전체 길이의 ( ) 이상이 되도록 할 것

① 2분의 1 ② 3분의 1
③ 4분의 1 ④ 5분의 1

해설

시스템비계의 구조(산업안전보건기준에 관한 규칙 제69조)
비계 밑단의 수직재와 받침철물은 밀착되도록 설치하고, 수직재와 받침철물의 연결부의 겹침길이는 받침철물 전체 길이의 3분의 1 이상이 되도록 할 것

정답 ②

108

건설현장에서 작업으로 인하여 물체가 떨어지거나 날아올 위험이 있는 경우에 대한 안전조치에 해당하지 않는 것은?

① 수직보호망 설치
② 방호선반 설치
③ 울타리 설치
④ 낙하물 방지망 설치

해설

낙하물에 의한 위험의 방지(산업안전보건기준에 관한 규칙 제14조)
사업주는 작업으로 인하여 물체가 떨어지거나 날아올 위험이 있는 경우 낙하물 방지망, 수직보호망 또는 방호선반의 설치, 출입금지구역의 설정, 보호구의 착용 등 위험을 방지하기 위하여 필요한 조치를 하여야 한다.

정답 ③

109

흙막이 가시설공사 중 발생할 수 있는 보일링(boiling) 현상에 관한 설명으로 옳지 않은 것은?

① 이 현상이 발생하면 흙막이 벽의 지지력이 상실된다.
② 지하수위가 높은 지반을 굴착할 때 주로 발생한다.
③ 흙막이벽의 근입장 깊이가 부족할 경우 발생한다.
④ 연약한 점토지반에서 굴착면의 융기로 발생한다.

해설

④ 히빙(heaving) 현상에 대한 설명이다.

정답 ④

110

거푸집 동바리 등을 조립하는 경우에 준수해야 할 기준으로 옳지 않은 것은?

① 동바리의 상하 고정 및 미끄러짐 방지 조치를 하고, 하중의 지지 상태를 유지한다.
② 강재와 강재의 접속부 및 교차부는 볼트·클램프 등 전용철물을 사용하여 단단히 연결한다.
③ 파이프 서포트를 제외한 동바리로 사용하는 강관은 높이 2m마다 수평 연결재를 2개 방향으로 만들고 수평 연결재의 변위를 방지할 것
④ 동바리로 사용하는 파이프 서포트는 4개 이상 이어서 사용하지 않도록 할 것

해설

※ 출제 당시 정답은 ④였으나, 산업안전보건기준에 관한 규칙 개정(23.11.14)으로 해당 내용이 변경되어 정답없음 처리하였습니다.

정답 정답없음

111
장비가 위치한 지면보다 낮은 장소를 굴착하는 데 적합한 장비는?

① 트럭크레인
② 파워셔블
③ 백호
④ 진폴

해설
백호 : 기계가 서 있는 지면보다 낮은 장소의 굴착에도 적당하고 수중굴착도 가능한 굴착기계를 말한다.

정답 ③

112
건설공사도급인은 건설공사 중에 가설구조물의 붕괴 등 산업재해가 발생할 위험이 있다고 판단되면 건축·토목 분야 전문가의 의견을 들어 건설공사 발주자에게 해당 건설공사의 설계변경을 요청할 수 있는데, 이러한 가설구조물의 기준으로 옳지 않은 것은?

① 높이 20m 이상인 비계
② 작업발판 일체형 거푸집 또는 높이 6m 이상인 거푸집 동바리
③ 터널의 지보공 또는 높이 2m 이상인 흙막이 지보공
④ 동력을 이용하여 움직이는 가설구조물

해설
설계변경 요청 가설구조물의 기준(산업안전보건법 시행령 제58조)
- 높이 31m 이상인 비계
- 작업발판 일체형 거푸집 또는 높이 5m 이상인 거푸집 동바리[타설(打設)된 콘크리트가 일정 강도에 이르기까지 하중 등을 지지하기 위하여 설치하는 부재(部材)]
- 터널의 지보공(支保工, 무너지지 않도록 지지하는 구조물) 또는 높이 2m 이상인 흙막이 지보공
- 동력을 이용하여 움직이는 가설구조물

정답 ①

113
콘크리트 타설 시 안전수칙으로 옳지 않은 것은?

① 타설순서는 계획에 의하여 실시하여야 한다.
② 진동기는 최대한 많이 사용하여야 한다.
③ 콘크리트를 치는 도중에는 거푸집, 지보공 등의 이상 유무를 확인하여야 한다.
④ 손수레로 콘크리트를 운반할 때에는 손수레를 타설하는 위치까지 천천히 운반하여 거푸집에 충격을 주지 아니하도록 타설하여야 한다.

해설
타설(콘크리트공사 표준안전작업지침 제13조)
진동기는 적절히 사용되어야 하며, 지나친 진동은 거푸집 도괴의 원인이 될 수 있으므로 각별히 주의하여야 한다.

정답 ②

114
산업안전보건법령에 따른 작업발판 일체형 거푸집에 해당되지 않는 것은?

① 갱폼(gang form)
② 슬립폼(slip form)
③ 유로폼(euro form)
④ 클라이밍폼(climbing form)

해설
작업발판 일체형 거푸집의 안전조치(산업안전보건기준에 관한 규칙 제331조의3)
작업발판 일체형 거푸집이란 거푸집의 설치·해체, 철근 조립, 콘크리트 타설, 콘크리트 면처리 작업 등을 위하여 거푸집을 작업발판과 일체로 제작하여 사용하는 거푸집으로서 다음의 거푸집을 말한다.
- 갱폼(gang form)
- 슬립폼(slip form)
- 클라이밍폼(climbing form)
- 터널라이닝폼(tunnel lining form)
- 그 밖에 거푸집과 작업발판이 일체로 제작된 거푸집 등

정답 ③

115
터널 지보공을 조립하는 경우에는 미리 그 구조를 검토한 후 조립도를 작성하고, 그 조립도에 따라 조립하도록 하여야 하는데 이 조립도에 명시하여야 할 사항과 가장 거리가 먼 것은?

① 이음방법
② 단면규격
③ 재료의 재질
④ 재료의 구입처

해설
조립도(산업안전보건기준에 관한 규칙 제363조)
조립도에는 재료의 재질, 단면규격, 설치간격 및 이음방법 등을 명시하여야 한다.

정답 ④

116
산업안전보건법령에 따른 건설공사 중 다리건설 공사의 경우 유해위험방지계획서를 제출하여야 하는 기준으로 옳은 것은?

① 최대 지간길이가 40m 이상인 다리의 건설 등 공사
② 최대 지간길이가 50m 이상인 다리의 건설 등 공사
③ 최대 지간길이가 60m 이상인 다리의 건설 등 공사
④ 최대 지간길이가 70m 이상인 다리의 건설 등 공사

해설
유해위험방지계획서 제출 대상(산업안전보건법 시행령 제42조)
최대 지간(支間)길이(다리의 기둥과 기둥의 중심 사이 거리)가 50m 이상인 다리의 건설 등 공사

정답 ②

117
가설통로 설치에 있어 경사가 최소 얼마를 초과하는 경우에는 미끄러지지 아니하는 구조로 하여야 하는가?

① 15°
② 20°
③ 30°
④ 40°

해설
가설통로의 구조(산업안전보건기준에 관한 규칙 제23조)
- 견고한 구조로 할 것
- 경사는 30° 이하로 할 것. 다만, 계단을 설치하거나 높이 2m 미만의 가설통로로서 튼튼한 손잡이를 설치한 경우에는 그러하지 아니하다.
- 경사가 15°를 초과하는 경우에는 미끄러지지 아니하는 구조로 할 것
- 추락할 위험이 있는 장소에는 안전난간을 설치할 것. 다만, 작업상 부득이한 경우에는 필요한 부분만 임시로 해체할 수 있다.
- 수직갱에 가설된 통로의 길이가 15m 이상인 경우에는 10m 이내마다 계단참을 설치할 것
- 건설공사에 사용하는 높이 8m 이상인 비계다리에는 7m 이내마다 계단참을 설치할 것

정답 ①

118
굴착과 싣기를 동시에 할 수 있는 토공기계가 아닌 것은?

① 트랙터 셔블(tractor shovel)
② 백호(backhoe)
③ 파워 셔블(power shovel)
④ 모터그레이더(motor grader)

해설
모터그레이더(motor grader, 땅고르는 기계) : 노면을 평탄하게 깎아내고 비탈면을 절삭하는 작업에 사용된다.

정답 ④

119 강관틀비계를 조립하여 사용하는 경우 준수하여야 할 사항으로 옳지 않은 것은?

① 비계기둥의 밑둥에는 밑받침 철물을 사용할 것
② 높이가 20m를 초과하거나 중량물의 적재를 수반하는 작업을 할 경우에는 주틀 간의 간격을 1.8m 이하로 할 것
③ 주틀 간에 교차가새를 설치하고 최하층 및 3층 이내마다 수평재를 설치할 것
④ 길이가 띠장 방향으로 4m 이하이고 높이가 10m를 초과하는 경우에는 10m 이내마다 띠장 방향으로 버팀기둥을 설치할 것

해설
강관틀비계(산업안전보건기준에 관한 규칙 제62조)
- 비계기둥의 밑둥에는 밑받침 철물을 사용하여야 하며 밑받침에 고저차(高低差)가 있는 경우에는 조절형 밑받침 철물을 사용하여 각각의 강관틀비계가 항상 수평 및 수직을 유지하도록 할 것
- 높이가 20m를 초과하거나 중량물의 적재를 수반하는 작업을 할 경우에는 주틀 간의 간격을 1.8m 이하로 할 것
- 주틀 간에 교차가새를 설치하고 최상층 및 5층 이내마다 수평재를 설치할 것
- 수직 방향으로 6m, 수평 방향으로 8m 이내마다 벽이음을 할 것
- 길이가 띠장 방향으로 4m 이하이고 높이가 10m를 초과하는 경우에는 10m 이내마다 띠장 방향으로 버팀기둥을 설치할 것

정답 ③

120 산업안전보건법령에 따른 양중기의 종류에 해당하지 않는 것은?

① 고소작업차
② 이동식 크레인
③ 승강기
④ 리프트(lift)

해설
양중기의 종류(산업안전보건기준에 관한 규칙 제132조)
- 크레인[호이스트(hoist)를 포함]
- 이동식 크레인
- 리프트(이삿짐 운반용 리프트의 경우에는 적재하중이 0.1ton 이상인 것으로 한정)
- 곤돌라
- 승강기

정답 ①

2021년 제3회 과년도 기출문제

제1과목 안전관리론

01 안전점검표(체크리스트) 항목 작성 시 유의사항으로 틀린 것은?

① 정기적으로 검토하여 설비나 작업방법이 타당성 있게 개조된 내용일 것
② 사업장에 적합한 독자적 내용을 가지고 작성할 것
③ 위험성이 낮은 순서 또는 긴급을 요하는 순서대로 작성할 것
④ 점검항목을 이해하기 쉽게 구체적으로 표현할 것

해설
③ 안전점검표 항목 작성 시에는 위험성이 높은 순서 또는 긴급을 요하는 순서대로 작성하여야 한다.

정답 ③

02 안전교육에 있어서 동기부여 방법으로 가장 거리가 먼 것은?

① 책임감을 느끼게 한다.
② 관리감독을 철저히 한다.
③ 자기 보존본능을 자극한다.
④ 물질적 이해관계에 관심을 두도록 한다.

해설
안전교육은 근로자 스스로가 안전에 대한 중요도를 이해하여 지식을 습득하고 그것을 행동함으로써 안전습관을 체득하는 것을 목표로 한다. 이 과정에 있어서 관리감독을 통해 교육을 올바르게 받고 있는지 확인하는 것은 안전교육에 대해 동기를 부여하는 것과는 거리가 멀다.

정답 ②

03 교육과정 중 학습경험 조직의 원리에 해당하지 않는 것은?

① 기회의 원리
② 계속성의 원리
③ 계열성의 원리
④ 통합성의 원리

해설
- 교육과정 중 학습경험 조직의 원리 : 계속성의 원리, 계열성의 원리, 통합성의 원리
- 타일러(Tyler)의 학습경험 선정 원리 : 기회의 원리, 만족의 원리, 가능성의 원리, 다경험의 원리, 다성과의 원리, 행동의 원리

정답 ①

04 근로자 1,000명 이상의 대규모 사업장에 적합한 안전관리조직의 유형은?

① 직계식 조직
② 참모식 조직
③ 병렬식 조직
④ 직계참모식 조직

해설
근로자 1,000명 이상의 대규모 사업장인 경우에는 직계참모식(line-staff형) 조직이 적합하다.

정답 ④

05
산업안전보건법령상 안전보건표지의 종류와 형태 중 관계자 외 출입금지에 해당하지 않는 것은?

① 관리대상물질 작업장
② 허가대상물질 작업장
③ 석면 취급·해체 작업장
④ 금지대상물질의 취급 실험실

해설
관계자 외 출입금지표지의 종류(산업안전보건법 시행규칙 별표 6)
- 허가대상물질 작업장
- 석면 취급·해체 작업장
- 금지대상물질의 취급 실험실 등

정답 ①

06
산업안전보건법령상 명시된 타워크레인을 사용하는 작업에서 신호업무를 하는 작업 시 특별교육 대상 작업별 교육 내용이 아닌 것은?(단, 그 밖에 안전·보건관리에 필요한 사항은 제외한다)

① 신호방법 및 요령에 관한 사항
② 걸고리·와이어로프 점검에 관한 사항
③ 화물의 취급 및 안전작업방법에 관한 사항
④ 인양물이 적재될 지반의 조건, 인양하중, 풍압 등이 인양물과 타워크레인에 미치는 영향

해설
안전보건교육 교육대상별 교육내용 – 타워크레인을 사용하는 작업 시 신호업무를 하는 작업(산업안전보건법 시행규칙 별표 5)
- 타워크레인의 기계적 특성 및 방호장치 등에 관한 사항
- 화물의 취급 및 안전작업방법에 관한 사항
- 신호방법 및 요령에 관한 사항
- 인양 물건의 위험성 및 낙하·비래·충돌재해 예방에 관한 사항
- 인양물이 적재될 지반의 조건, 인양하중, 풍압 등이 인양물과 타워크레인에 미치는 영향
- 그 밖에 안전·보건관리에 필요한 사항

정답 ②

07
보호구 안전인증고시상 추락방지대가 부착된 안전대 일반구조에 관한 내용 중 틀린 것은?

① 죔줄은 합성섬유로프를 사용해서는 안 된다.
② 고정된 추락방지대의 수직구명줄은 와이어로프 등으로 하며 최소지름이 8mm 이상이어야 한다.
③ 수직구명줄에서 걸이설비와의 연결 부위는 훅 또는 카라비너 등이 장착되어 걸이설비와 확실히 연결되어야 한다.
④ 추락방지대를 부착하여 사용하는 안전대는 신체지지의 방법으로 안전그네만을 사용하여야 하며 수직구명줄이 포함되어야 한다.

해설
① 죔줄은 합성섬유로프, 웨빙, 와이어로프 등을 사용하여야 한다.

정답 ①

08
하인리히 재해구성 비율 중 무상해 사고가 600건이라면 사망 또는 중상 발생건수는?

① 1
② 2
③ 29
④ 58

해설
② 1 : 29 : 300 재해구성 비율에 따라 무상해 사고가 600건인 경우에는 사망 또는 중상은 2건이다.
하인리히의 재해구성 비율
1(사망 또는 중상) : 29(경상) : 300(무상해 사고)

정답 ②

09 재해사례연구 순서로 옳은 것은?

재해 상황의 파악 → (㉠) → (㉡) → 근본적 문제점의 결정 → (㉢)

① ㉠ 문제점의 발견, ㉡ 대책 수립, ㉢ 사실의 확인
② ㉠ 문제점의 발견, ㉡ 사실의 확인, ㉢ 대책 수립
③ ㉠ 사실의 확인, ㉡ 대책 수립, ㉢ 문제점의 발견
④ ㉠ 사실의 확인, ㉡ 문제점의 발견, ㉢ 대책 수립

해설
재해사례연구 단계
- 전제조건 : 재해 상황의 파악
- 1단계 : 사실의 확인
- 2단계 : 문제점의 발견
- 3단계 : 근본 문제점의 결정
- 4단계 : 대책 수립

정답 ④

10 강의식 교육지도에서 가장 많은 시간을 소비하는 단계는?

① 도입
② 제시
③ 적용
④ 확인

해설
강의식 교육지도에서 가장 많은 시간을 소비하는 단계는 제시 단계이다.

정답 ②

11 위험예지훈련 4단계의 진행 순서를 바르게 나열한 것은?

① 목표설정 → 현상파악 → 대책수립 → 본질추구
② 목표설정 → 현상파악 → 본질추구 → 대책수립
③ 현상파악 → 본질추구 → 대책수립 → 목표설정
④ 현상파악 → 본질추구 → 목표설정 → 대책수립

해설
위험예지훈련 문제해결 4라운드
- 1단계 : 현상파악(사실의 파악)
- 2단계 : 본질추구(원인의 파악)
- 3단계 : 대책수립
- 4단계 : 목표설정(행동계획 수립)

정답 ③

12 레빈(Lewin. K)에 의하여 제시된 인간의 행동에 관한 식을 올바르게 표현한 것은?(단, B는 인간의 행동, P는 개체, E는 환경, f는 함수관계를 의미한다)

① $B = f(P \cdot E)$
② $B = f(P+1)^E$
③ $P = E \cdot f(B)$
④ $E = f(P \cdot B)$

해설
레빈의 법칙
$B = f(P \cdot E)$

정답 ①

13 산업안전보건법령상 근로자에 대한 일반건강진단 실시시기 기준으로 옳은 것은?

① 사무직에 종사하는 근로자 : 1년에 1회 이상
② 사무직에 종사하는 근로자 : 2년에 1회 이상
③ 사무직 외의 업무에 종사하는 근로자 : 6월에 1회 이상
④ 사무직 외의 업무에 종사하는 근로자 : 2년에 1회 이상

해설
일반건강진단의 주기(산업안전보건법 시행규칙 제197조)
• 사무직에 종사하는 근로자 : 2년에 1회 이상
• 사무직 외의 업무에 종사하는 근로자 : 1년에 1회 이상

정답 ②

15 교육계획 수립 시 가장 먼저 실시하여야 하는 것은?

① 교육내용의 결정
② 실행교육계획서 작성
③ 교육의 요구사항 파악
④ 교육실행을 위한 순서, 방법, 자료의 검토

해설
안전보건교육계획 수립절차
• 교육의 필요성 및 요구사항 파악
• 교육내용 및 교육방법 결정
• 교육의 준비 및 실시
• 교육의 성과 평가

정답 ③

14 매슬로(Maslow)의 욕구 5단계 이론 중 안전욕구의 단계는?

① 제1단계   ② 제2단계
③ 제3단계   ④ 제4단계

해설
매슬로(Maslow)의 인간욕구 5단계
• 1단계 : 생리적 욕구(생존을 위해 필요한 욕구)
• 2단계 : 안전의 욕구(안전한 환경에 대한 욕구)
• 3단계 : 사회적 욕구(애정, 소속감에 대한 욕구)
• 4단계 : 존중에 대한 욕구(존경이나 지위, 명예에 대한 욕구)
• 5단계 : 자아실현의 욕구(자아실현 목적을 이루고자 하는 욕구)

정답 ②

16 상황성 누발자의 재해 유발원인이 아닌 것은?

① 심신의 근심
② 작업의 어려움
③ 도덕성의 결여
④ 기계설비의 결함

해설
상황성 누발자의 재해 유발원인
• 심신에 근심이 있는 경우
• 기계설비에 결함이 존재할 경우
• 작업 자체의 어려움이 존재하는 경우
• 작업환경 특성상 주의력이 결핍되기 쉬운 경우

정답 ③

17 인간의 의식수준을 5단계로 구분할 때 의식이 몽롱한 상태의 단계는?

① phase Ⅰ ② phase Ⅱ
③ phase Ⅲ ④ phase Ⅳ

해설

인간의 의식수준 5단계
- phase 0 : 무의식, 실신
- phase Ⅰ : 졸음, 주취(의식이 몽롱한 상태)
- phase Ⅱ : 정상 활동 시(이완)
- phase Ⅲ : 적극 활동 시(명료)
- phase Ⅳ : 과긴장 상태

정답 ①

18 산업안전보건법령상 사업장에서 산업재해 발생 시 사업주가 기록·보존하여야 하는 사항을 모두 고른 것은?(단, 산업재해조사표와 요양신청서의 사본은 보존하지 않았다)

ㄱ. 사업장의 개요 및 근로자의 인적사항
ㄴ. 재해 발생의 일시 및 장소
ㄷ. 재해 발생의 원인 및 과정
ㄹ. 재해 재발방지계획

① ㄱ, ㄹ ② ㄴ, ㄷ, ㄹ
③ ㄱ, ㄴ, ㄷ ④ ㄱ, ㄴ, ㄷ, ㄹ

해설

산업재해가 발생한 때에 사업주가 기록·보존하여야 하는 사항(산업안전보건법 시행규칙 제72조)
- 사업장의 개요 및 근로자의 인적사항
- 재해 발생의 일시 및 장소
- 재해 발생의 원인 및 과정
- 재해 재발방지계획

정답 ④

19 A사업장의 조건이 다음과 같을 때 A사업장에서 연간 재해 발생으로 인한 근로손실일수는?

- 강도율 : 0.4
- 근로자 수 : 1,000명
- 연 근로시간 수 : 2,400시간

① 480 ② 720
③ 960 ④ 1,440

해설

$$강도율 = \frac{근로손실일수}{연근로시간수} \times 1,000$$

$$\therefore 근로손실일수 = \frac{0.4 \times (2,400 \times 1,000)}{1,000}$$

$$= 960$$

정답 ③

20 무재해운동의 이념 중 선취의 원칙에 대한 설명으로 옳은 것은?

① 사고의 잠재요인을 사후에 파악하는 것
② 근로자 전원이 일체감을 조성하여 참여하는 것
③ 위험요소를 사전에 발견, 파악하여 재해를 예방 또는 방지하는 것
④ 관리감독자 또는 경영층에서의 자발적 참여로 안전 활동을 촉진하는 것

해설

무재해운동의 3대 원칙
- 무의 원칙 : 사업장 내의 모든 잠재위험요인을 사전에 파악하고 해결함으로써 재해 발생의 근원이 되는 요소들을 제거
- 선취의 원칙 : 사업장 내에서 행동하기 전에 잠재위험요인을 발견 및 파악하여 재해를 예방
- 참가의 원칙 : 잠재위험요인을 발견하고 파악, 해결하기 위해 구성원 전원이 협력하여 문제해결을 도모

정답 ③

제2과목　인간공학 및 시스템 안전공학

21 다음 상황은 인간 실수의 분류 중 어느 것에 해당하는가?

> 전자기기 수리공이 어떤 제품의 분해·조립과정을 거쳐서 수리를 마친 후 부품 하나가 남았다.

① time error
② omission error
③ command error
④ extraneous error

해설
휴먼에러의 심리적 분류(Swain의 분류)
- 생략(부작위) 오류(omission error) : 수행해야 할 작업을 빠트리는 오류
- 시간지연 오류(time error) : 수행해야 할 작업을 정해진 시간 동안 완수하지 못하는 오류
- 부적절한 수행 오류(extraneous error) : 작업 완수에 불필요한 작업을 수행하는 오류
- 실행(작위적) 오류(commission error) : 수행해야 할 작업을 부정확하게 수행하는 오류
- 순서 오류(sequential error) : 수행해야 하는 작업의 순서를 틀리게 수행하는 오류

정답 ②

22 스트레스의 영향으로 발생된 신체반응의 결과인 스트레인(strain)을 측정하는 척도가 잘못 연결된 것은?

① 인지적 활동 – EEG
② 육체적 동적 활동 – GSR
③ 정신 운동적 활동 – EOG
④ 국부적 근육 활동 – EMG

해설
② 피부전기반사(GSR ; Galvanic Skin Reflex)

정답 ②

23 일반적인 시스템의 수명곡선(욕조곡선)에서 고장 형태 중 증가형 고장률을 나타내는 기간으로 옳은 것은?

① 우발고장 기간
② 마모고장 기간
③ 초기고장 기간
④ burn-in 고장 기간

해설
시스템 수명곡선(욕조곡선) 분류
- 초기고장(debugging 또는 burn-in 기간) : 사용 초기에 고장이 발생하는 구간(고장률은 감소)
- 우발고장 : 사용조건의 우발적인 변화에 의해 발생(고장률 일정)
- 마모고장 : 일정 기간 경과 후 마모나 노후에 의하여 발생(고장률 증가)

정답 ②

24 청각적 표시장치의 설계 시 적용하는 일반 원리에 대한 설명으로 틀린 것은?

① 양립성이란 긴급용 신호일 때는 낮은 주파수를 사용하는 것을 의미한다.
② 검약성이란 조작자에 대한 입력신호는 꼭 필요한 정보만을 제공하는 것이다.
③ 근사성이란 복잡한 정보를 나타내고자 할 때 2단계의 신호를 고려하는 것이다.
④ 분리성이란 두 가지 이상의 채널을 듣고 있다면 각 채널의 주파수가 분리되어 있어야 한다는 의미이다.

해설
① 양립성이란 긴급용 신호일 때에는 높은 주파수를 사용하는 것을 의미한다.

정답 ①

25. FTA에 대한 설명으로 가장 거리가 먼 것은?

① 정성적 분석만 가능
② 하향식(top-down) 방법
③ 복잡하고 대형화된 시스템에 활용
④ 논리게이트를 이용하여 도해적으로 표현하여 분석하는 방법

해설
FTA
고장 또는 재해요인의 정성적 분석과 정량적 분석이 가능한 기법으로 연역적인 분석(top-down) 방식을 수행하며 복잡하고 대형화된 시스템에 사용된다.

정답 ①

26. 발생확률이 동일한 64가지의 대안이 있을 때 얻을 수 있는 총정보량은?

① 6bit ② 16bit
③ 32bit ④ 64bit

해설
2^n (n개의 비트)
$2^6 = 64$
$n = 6$

정답 ①

27. 인간-기계 시스템의 설계과정을 보기와 같이 분류할 때 다음 중 인간, 기계의 기능을 할당하는 단계는?

보기
1단계 : 시스템의 목표와 성능 명세 결정
2단계 : 시스템의 정의
3단계 : 기본설계
4단계 : 인터페이스 설계
5단계 : 보조물 설계 혹은 편의수단 설계
6단계 : 평가

① 기본설계
② 인터페이스 설계
③ 시스템의 목표와 성능 명세 결정
④ 보조물 설계 혹은 편의수단 설계

해설
① 기본설계 : 직무분석, 작업설계, 기능할당, 인간의 성능 조건

정답 ①

28. FT도에서 최소 컷셋을 올바르게 구한 것은?

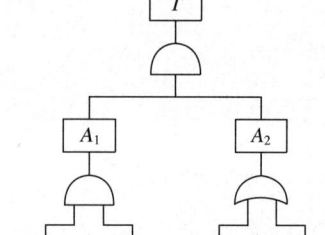

① (X_1, X_2) ② (X_1, X_3)
③ (X_2, X_3) ④ (X_1, X_2, X_3)

해설
$T = A_1 \cdot A_2$
$= (X_1 \cdot X_2) \cdot \begin{pmatrix} X_1 \\ X_3 \end{pmatrix}$
$= \dfrac{(X_1 \cdot X_2 \cdot X_1)}{(X_1 \cdot X_2 \cdot X_3)}$

컷셋 = $(X_1 \cdot X_2)(X_1 \cdot X_2 \cdot X_3)$
미니멀 컷셋 = $(X_1 \cdot X_2)$

정답 ①

29 일반적으로 인체측정치의 최대 집단치를 기준으로 설계하는 것은?

① 선반의 높이
② 공구의 크기
③ 출입문의 크기
④ 안내데스크의 높이

해설
인체측정치의 응용원리
- 최대치 설계 : 출입문, 비상통로, 탈출구
- 최소치 설계 : 선반의 높이, 조정장치까지의 거리
- 평균치 설계 : 안내데스크의 높이, 공용으로 사용하는 것(버스의자 등)
- 조절식 설계 : 자동차 및 사무실 의자 등(사용자에 맞게 조절)

정답 ③

30 인간공학의 궁극적인 목적과 가장 관계가 깊은 것은?

① 경제성 향상
② 인간 능력의 극대화
③ 설비의 가동률 향상
④ 안전성 및 효율성 향상

해설
인간공학은 인간을 위한 공학으로 인간이 사용하는 물건과의 상호관계를 다루며 인간의 행동, 능력, 한계, 특성 등에 관한 정보를 통해서 기계, 시스템, 직무, 환경 등을 설계하는 데 응용하여 인간이 보다 쾌적하고 안전한 환경에서 근무하는 것을 목표로 한다.

정답 ④

31 '화재 발생'이라는 시작(초기)사상에 대하여, 화재감지기, 화재 경보, 스프링클러 등의 성공 또는 실패 작동여부와 그 확률에 따른 피해 결과를 분석하는 데 가장 적합한 위험분석기법은?

① FTA
② ETA
③ FHA
④ THERP

해설
ETA : 연속된 사건들의 시스템 모델로 귀납적, 정량적 분석으로 발생경로를 파악하는 분석법이다.

정답 ②

32 여러 사람이 사용하는 의자의 좌판 높이 설계 기준으로 옳은 것은?

① 5% 오금 높이
② 50% 오금 높이
③ 75% 오금 높이
④ 95% 오금 높이

해설
의자 좌판 앞부분이 대퇴를 압박하지 않도록 기준을 5% 오금 높이로 한다.

정답 ①

33
FTA에서 사용되는 사상기호 중 결함사상을 나타낸 기호로 옳은 것은?

①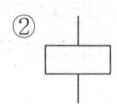
②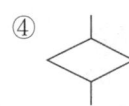
③
④

해설
FTA에 사용되는 사상기호

기호	명칭	설명
	결함사상 (중간사상)	한 개 이상의 입력사상에 의해 발생된 고장사상
	통상사상	통상의 작업이나 기계의 상태에서 재해 발생의 원인이 되는 사상
	기본사상	더 이상 전개할 수 없는 사건의 원인
	생략사상	불충분한 자료로 결론을 내릴 수 없어 더 이상 전개할 수 없는 사상

정답 ②

34
기술개발 과정에서 효율성과 위험성을 종합적으로 분석·판단할 수 있는 평가방법으로 가장 적절한 것은?

① risk assessment
② risk management
③ safety assessment
④ technology assessment

해설
technology assessment : 기술개발 과정에서의 효율성과 위험성을 종합적으로 분석·판단하는 평가방법

정답 ④

35
자동차를 타이어가 4개인 하나의 시스템으로 볼 때, 타이어 1개가 파열될 확률이 0.01이라면, 이 자동차의 신뢰도는 약 얼마인가?

① 0.91
② 0.93
③ 0.96
④ 0.99

해설
타이어 1개의 신뢰도는 1 - 0.01 = 0.99이다.
자동차 타이어는 직렬관계(1개만 파열되어도 시스템 정지)이므로 자동차의 신뢰도는 다음과 같다.
$0.99 \times 0.99 \times 0.99 \times 0.99 ≒ 0.96$

정답 ③

36
다음 그림에서 명료도 지수는?

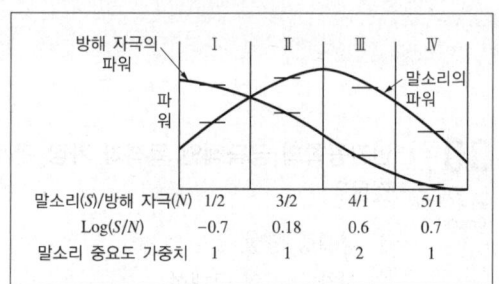

① 0.38
② 0.68
③ 1.38
④ 5.68

해설
명료도 지수
각각의 대역에 대한 가중치를 말소리 대 소음의 로그 비율값과 각각 곱한 후 합산하여 명료도 지수를 산출한다.
∴ $(-0.7 \times 1) + (0.18 \times 1) + (0.6 \times 2) + (0.7 \times 1)$
= 1.38

정답 ③

37. 정보수용을 위한 작업자의 시각 영역에 대한 설명으로 옳은 것은?

① 판별시야 : 안구운동만으로 정보를 주시하고 순간적으로 특정 정보를 수용할 수 있는 범위
② 유효시야 : 시력, 색판별 등의 시각 기능이 뛰어나며 정밀도가 높은 정보를 수용할 수 있는 범위
③ 보조시야 : 머리부분의 운동이 안구운동을 돕는 형태로 발생하며 무리 없이 주시가 가능한 범위
④ 유도시야 : 제시된 정보의 존재를 판별할 수 있는 정도의 식별능력 밖에 없지만 인간의 공간좌표 감각에 영향을 미치는 범위

해설
유도시야 : 제시된 정보의 존재를 판별할 수 있는 정도의 식별능력 밖에 없지만 인간의 공간좌표 감각에 영향을 미치는 범위

정답 ④

38. FMEA 분석 시 고장평점법의 5가지 평가요소에 해당하지 않는 것은?

① 고장발생의 빈도
② 신규설계의 가능성
③ 기능적 고장 영향의 중요도
④ 영향을 미치는 시스템의 범위

해설
FMEA 고장평점법 5가지 평가요소
- 신규설계의 정도
- 기능적 고장 영향의 중요도
- 영향을 미치는 시스템의 범위
- 고장발생의 빈도
- 고장방지의 가능성

정답 ②

39. 건구온도 30℃, 습구온도 35℃일 때의 옥스퍼드(oxford) 지수는?

① 20.75
② 24.58
③ 30.75
④ 34.25

해설
옥스퍼드 지수
WD = (0.85 × 습구온도) + (0.15 × 건구온도)
   = (0.85 × 35) + (0.15 × 30)
   = 34.25

정답 ④

40. 설비보전에서 평균 수리시간을 나타내는 것은?

① MTBF
② MTTR
③ MTTF
④ MTBP

해설
설비의 운전 및 유지관리 관련 용어
- MTTR(Mean Time To Repair) : 평균 수리에 소요되는 시간을 말한다.
- MTBF(Mean Time Between Failures) : 수리 가능한 제품에서 고장~다음 고장까지 시간의 평균치(신뢰도)를 말한다.
- MTTF(Mean Time To Failure) : 수리 불가능한 제품에서 처음 고장 날 때까지의 시간(평균수명)을 말한다.

정답 ②

제3과목 기계위험 방지기술

41. 산업안전보건법령상 사업장 내 근로자 작업환경 중 '강렬한 소음작업'에 해당하지 않는 것은?

① 85dB 이상의 소음이 1일 10시간 이상 발생하는 작업
② 90dB 이상의 소음이 1일 8시간 이상 발생하는 작업
③ 95dB 이상의 소음이 1일 4시간 이상 발생하는 작업
④ 100dB 이상의 소음이 1일 2시간 이상 발생하는 작업

해설
강렬한 소음작업(산업안전보건기준에 관한 규칙 제512조)
• 90dB 이상의 소음이 1일 8시간 이상 발생하는 작업
• 95dB 이상의 소음이 1일 4시간 이상 발생하는 작업
• 100dB 이상의 소음이 1일 2시간 이상 발생하는 작업
• 105dB 이상의 소음이 1일 1시간 이상 발생하는 작업
• 110dB 이상의 소음이 1일 30분 이상 발생하는 작업
• 115dB 이상의 소음이 1일 15분 이상 발생하는 작업

정답 ①

42. 산업안전보건법령상 프레스의 작업시작 전 점검사항이 아닌 것은?

① 슬라이드 또는 칼날에 의한 위험방지 기구의 기능
② 프레스의 금형 및 고정볼트 상태
③ 전단기의 칼날 및 테이블의 상태
④ 권과방지장치 및 그 밖의 경보장치의 기능

해설
프레스 작업시작 전 점검사항(산업안전보건기준에 관한 규칙 별표 3)
• 클러치 및 브레이크의 기능
• 크랭크축·플라이휠·슬라이드·연결봉 및 연결 나사의 풀림 여부
• 1행정 1정지기구·급정지장치 및 비상정지장치의 기능
• 슬라이드 또는 칼날에 의한 위험방지 기구의 기능
• 프레스의 금형 및 고정볼트 상태
• 방호장치의 기능
• 전단기의 칼날 및 테이블의 상태

정답 ④

43. 동력전달부분의 전방 35cm 위치에 일반 평형보호망을 설치하고자 한다. 보호망의 최대 구멍의 크기는 몇 mm인가?

① 41
② 45
③ 51
④ 55

해설
일반 평형보호망(위험점이 전동체인 경우)
$Y = 6 + 0.1 \times X$
여기서, X(mm) : 안전거리
Y(mm) : 가드 개구부 간격
$Y = 6 + (0.1 \times 350)$
$\quad = 41$(mm)

정답 ①

44. 다음 연삭숫돌의 파괴원인 중 가장 적절하지 않은 것은?

① 숫돌의 회전속도가 너무 빠른 경우
② 플랜지의 직경이 숫돌 직경의 3분의 1 이상으로 고정된 경우
③ 숫돌 자체에 균열 및 파손이 있는 경우
④ 숫돌에 과대한 충격을 준 경우

해설
연삭숫돌 파괴원인
• 플랜지의 직경이 숫돌에 비해 작은 경우(숫돌 직경의 3분의 1 이상일 것)
• 숫돌의 회전속도가 너무 빠른 경우
• 숫돌 자체에 균열 및 파손이 있는 경우
• 숫돌의 측면을 사용하는 경우
• 숫돌의 내경 크기가 적당하지 못할 경우(내경의 틈 0.05~0.15mm)
• 숫돌에 과대한 충격을 준 경우

정답 ②

45

화물중량이 200kgf, 지게차의 중량이 400kgf, 앞바퀴에서 화물의 무게중심까지의 최단거리가 1m일 때 지게차가 안정되기 위하여 앞바퀴에서 지게차의 무게중심까지 최단거리는 최소 몇 m를 초과해야 하는가?

① 0.2m ② 0.5m
③ 1m ④ 2m

해설

지게차의 무게중심 최단거리
$Wa \leq Gb$
여기서, W : 화물의 무게
a : 앞바퀴에서 화물 무게중심까지 거리
G : 지게차 무게
b : 앞바퀴에서 지게차 무게중심까지 거리
$200 \times 1 \leq 400 \times b$
$\therefore b = 0.5(\text{m})$

정답 ②

46

산업안전보건법령상 압력용기에서 안전인증된 파열판에 안전인증 표시 외에 추가로 나타내어야 하는 사항이 아닌 것은?

① 분출차(%)
② 호칭지름
③ 용도(요구성능)
④ 유체의 흐름 방향 지시

해설

안전인증 파열판 추가표시 사항(방호장치 안전인증고시 별표 4)
• 호칭지름
• 용도(요구성능)
• 설정파열압력(MPa) 및 설정온도(℃)
• 분출용량(kg/h) 또는 공칭분출계수
• 파열판의 재질
• 유체의 흐름 방향 지시

정답 ①

47

선반에서 일감의 길이가 지름에 비하여 상당히 길 때 사용하는 부속품으로 절삭 시 절삭저항에 의한 일감의 진동을 방지하는 장치는?

① 칩 브레이커 ② 척 커버
③ 방진구 ④ 실드

해설

방진구 : 일감의 길이가 지름에 비하여 상당히 길 때 사용하는 부속품으로 절삭 시 절삭저항에 의한 일감의 진동을 방지하는 장치이다.

정답 ③

48

산업안전보건법령상 프레스를 제외한 사출성형기·주형조형기 및 형단조기 등에 관한 안전조치 사항으로 틀린 것은?

① 근로자의 신체 일부가 말려들어 갈 우려가 있는 경우에는 양수조작식 방호장치를 설치하여 사용한다.
② 게이트 가드식 방호장치를 설치할 경우에는 연동구조를 적용하여 문을 닫지 않아도 동작할 수 있도록 한다.
③ 사출성형기의 전면에 작업용 발판을 설치할 경우 근로자가 쉽게 미끄러지지 않는 구조여야 한다.
④ 기계의 히터 등의 가열 부위, 감전 우려가 있는 부위에는 방호덮개를 설치하여 사용한다.

해설

사출성형기 등의 방호장치(산업안전보건기준에 관한 규칙 121조)
사업주는 사출성형기·주형조형기 및 형단조기(프레스 등은 제외) 등에 근로자의 신체 일부가 말려들어 갈 우려가 있는 경우 게이트 가드(gate guard) 또는 양수조작식 등에 의한 방호장치, 그 밖에 필요한 방호조치를 하여야 한다.
• 게이트 가드는 닫지 아니하면 기계가 작동되지 아니하는 연동구조여야 한다.
• 기계의 히터 등의 가열 부위 또는 감전 우려가 있는 부위에는 방호덮개를 설치하는 등 필요한 안전조치를 하여야 한다.

정답 ②

49
연강의 인장강도가 420MPa이고, 허용응력이 140MPa이라면 안전율은?

① 1 ② 2
③ 3 ④ 4

해설

안전율 = 인장강도 / 허용응력

∴ $\frac{420}{140} = 3$

정답 ③

50
밀링작업 시 안전수칙에 관한 설명으로 틀린 것은?

① 칩은 기계를 정지시킨 다음에 브러시 등으로 제거한다.
② 일감 또는 부속장치 등을 설치하거나 제거할 때는 반드시 기계를 정지시키고 작업한다.
③ 면장갑을 반드시 끼고 작업한다.
④ 강력 절삭을 할 때는 일감을 바이스에 깊게 물린다.

해설

③ 밀링작업 시 면장갑을 착용하게 되는 경우 장갑이 말려들어가 손을 다칠 위험이 있다.

정답 ③

51
다음 중 프레스기에 사용되는 방호장치에 있어 원칙적으로 급정지기구가 부착되어야만 사용할 수 있는 방식은?

① 양수조작식 ② 손쳐내기식
③ 가드식   ④ 수인식

해설

1행정 1정지식 프레스기에는 양수조작식이 방호장치가 사용된다.

정답 ①

52
산업안전보건법령상 지게차의 최대하중의 2배 값이 6ton일 경우 헤드가드의 강도는 몇 ton의 등분포정하중에 견딜 수 있어야 하는가?

① 4   ② 6
③ 8   ④ 10

해설

헤드가드(산업안전보건기준에 관한 규칙 제180조)
강도는 지게차의 최대하중의 2배 값(4ton을 넘는 값에 대해서는 4ton으로 함)의 등분포정하중(等分布靜荷重)에 견딜 수 있을 것

정답 ①

53
강자성체를 자화하여 표면의 누설자속을 검출하는 비파괴검사 방법은?

① 방사선투과시험   ② 인장시험
③ 초음파탐상시험   ④ 자분탐상시험

해설

자분탐상검사 : 강자성체를 자화하고 결함 부분에 생긴 자극에 자분이 부착되는 것을 이용하여 결함을 검사하는 비파괴검사 방법

정답 ④

54
산업안전보건법령상 보일러 방호장치로 거리가 가장 먼 것은?

① 고저수위 조절장치 ② 아웃트리거
③ 압력방출장치   ④ 압력제한스위치

해설

보일러의 방호장치(산업안전보건기준에 관한 규칙 제119조)
• 압력방출장치
• 압력제한스위치
• 고저수위 조절장치
• 화염검출기

정답 ②

55

산업안전보건법령상 아세틸렌 용접장치에 관한 설명이다. ( ) 안에 공통으로 들어갈 내용으로 옳은 것은?

- 사업주는 아세틸렌 용접장치의 취관마다 ( )를 설치하여야 한다.
- 사업주는 가스용기가 발생기와 분리되어 있는 아세틸렌 용접장치에 대하여 발생기와 가스용기 사이에 ( )를 설치하여야 한다.

① 분기장치
② 자동발생 확인장치
③ 유수분리장치
④ 안전기

해설

안전기의 설치(산업안전보건기준에 관한 규칙 제289조)
- 사업주는 아세틸렌 용접장치의 취관마다 안전기를 설치하여야 한다. 다만, 주관 및 취관에 가장 가까운 분기관(分岐管)마다 안전기를 부착한 경우에는 그러하지 아니하다.
- 사업주는 가스용기가 발생기와 분리되어 있는 아세틸렌 용접장치에 대하여 발생기와 가스용기 사이에 안전기를 설치하여야 한다.

정답 ④

56

프레스기의 안전대책 중 손을 금형 사이에 집어넣을 수 없도록 하는 본질적 안전화를 위한 방식(no-hand in die)에 해당하는 것은?

① 수인식
② 광전자식
③ 방호울식
④ 손쳐내기식

해설

방호울식 : 외부로부터 손이 위험한계에 닿지 않도록 방호울을 설치하는 것을 말한다.

정답 ③

57

회전하는 부분의 접선방향으로 물려 들어갈 위험이 존재하는 점으로 주로 체인, 풀리, 벨트, 기어와 랙 등에서 형성되는 위험점은?

① 끼임점
② 협착점
③ 절단점
④ 접선물림점

해설

① 끼임점 : 고정 부분과 회전하는 동작 부분이 함께 만드는 위험점
② 협착점 : 왕복 운동을 하는 동작 부분과 움직임이 없는 고정 부분 사이에서 형성되는 위험점
③ 절단점 : 회전하는 운동 부분 자체나 운동하는 기계의 돌출부에서 초래되는 위험점

정답 ④

58

산업안전보건법령상 양중기에 해당하지 않는 것은?

① 곤돌라
② 이동식 크레인
③ 적재하중 0.05ton의 이삿짐운반용 리프트
④ 화물용 엘리베이터

해설

※ 저자의견 : 정답은 ③, ④로 출제되었으나, 산업안전보건기준에 관한 규칙 제132조에 따르면 승강기의 종류로 화물용 엘리베이터가 제시되어 있기 때문에 정답은 ③이다.

양중기의 종류(산업안전보건기준에 관한 규칙 제132조)
- 크레인[호이스트(hoist)를 포함]
- 이동식 크레인
- 리프트(이삿짐운반용 리프트의 경우에는 적재하중이 0.1ton 이상인 것으로 한정)
- 곤돌라
- 승강기

정답 ③

59 다음 설명 중 ( ) 안에 알맞은 내용은?

산업안전보건법령상 롤러기의 급정지장치는 롤러를 무부하로 회전시킨 상태에서 앞면 롤러의 표면속도가 30m/min 미만일 때에는 급정지거리가 앞면 롤러 원주의 ( ) 이내에서 롤러를 정지시킬 수 있는 성능을 보유해야 한다.

① $\frac{1}{4}$　② $\frac{1}{3}$
③ $\frac{1}{2.5}$　④ $\frac{1}{2}$

해설

롤러기 급정지장치의 성능기준 – 무부하 동작에서의 앞면 롤러의 표면속도에 따른 급정지거리(방호장치 자율안전기준 고시 별표 3)

앞면 롤러의 표면속도(m/min)	급정지거리
30 미만	앞면 롤러 원주의 3분의 1 이내
30 이상	앞면 롤러 원주의 2.5분의 1 이내

정답 ②

60

산업안전보건법령상 지게차에서 통상적으로 갖추고 있어야 하나, 마스트의 후방에서 화물이 낙하함으로써 근로자에게 위험을 미칠 우려가 없는 때에는 반드시 갖추지 않아도 되는 것은?

① 전조등　② 헤드가드
③ 백레스트　④ 포크

해설

백레스트(산업안전보건기준에 관한 규칙 제181조)
사업주는 백레스트(backrest)를 갖추지 아니한 지게차를 사용해서는 아니 된다. 다만, 마스트의 후방에서 화물이 낙하함으로써 근로자가 위험해질 우려가 없는 경우에는 그러하지 아니하다.

정답 ③

제4과목 전기위험 방지기술

61 피뢰시스템의 등급에 따른 회전구체의 반지름으로 틀린 것은?

① Ⅰ등급 : 20m
② Ⅱ등급 : 30m
③ Ⅲ등급 : 40m
④ Ⅳ등급 : 60m

해설

피뢰시스템의 등급별 회전구체의 반지름(KS C IEC 62305-3)
- 피뢰시스템의 등급 Ⅰ : 20m
- 피뢰시스템의 등급 Ⅱ : 30m
- 피뢰시스템의 등급 Ⅲ : 45m
- 피뢰시스템의 등급 Ⅳ : 60m

정답 ③

62 전류가 흐르는 상태에서 단로기를 끊었을 때 여러 가지 파괴작용을 일으킨다. 다음 그림에서 유입차단기의 차단순서와 투입순서가 안전수칙에 가장 적합한 것은?

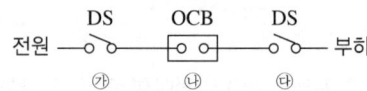

① 차단 : ㉮ → ㉯ → ㉰, 투입 : ㉮ → ㉯ → ㉰
② 차단 : ㉯ → ㉰ → ㉮, 투입 : ㉯ → ㉰ → ㉮
③ 차단 : ㉰ → ㉯ → ㉮, 투입 : ㉰ → ㉮ → ㉯
④ 차단 : ㉯ → ㉰ → ㉮, 투입 : ㉰ → ㉮ → ㉯

해설

- 전원 투입 : ㉰ → ㉮ → ㉯
- 전원 차단 : ㉯ → ㉰ → ㉮

정답 ④

63. 다음은 무슨 현상을 설명한 것인가?

> 전위차가 있는 2개의 대전체가 특정 거리에 접근하게 되면 등전위가 되기 위하여 전하가 절연공간을 깨고 순간적으로 빛과 열을 발생하며 이동하는 현상

① 대전 ② 충전
③ 방전 ④ 열전

해설
방전 : 전위차가 있는 2개의 대전체가 특정 거리에 접근하게 되면 등전위가 되기 위하여 전하가 절연공간을 깨고 순간적으로 빛과 열을 발생하며 이동하는 현상을 말한다(대전체에서 전하를 잃는 과정으로 대전체에서 전기가 방출).

정답 ③

64. 정전기 재해를 예방하기 위해 설치하는 제전기의 제전효율은 설치 시에 얼마 이상이 되어야 하는가?

① 40% 이상 ② 50% 이상
③ 70% 이상 ④ 90% 이상

해설
정전기 재해를 예방하기 위해서는 제전기 효율이 90% 이상이어야 한다.

정답 ④

65. 정전기 화재폭발 원인으로 인체 대전에 대한 예방대책으로 옳지 않은 것은?

① wrist strap을 사용하여 접지선과 연결한다.
② 대전방지제를 넣은 제전복을 착용한다.
③ 대전방지 성능이 있는 안전화를 착용한다.
④ 바닥 재료는 고유저항이 큰 물질로 사용한다.

해설
④ 바닥 재료는 고유저항이 적은 물질로 사용한다(도전성 있는 바닥 재료 사용).

정답 ④

66. 정격사용률이 30%, 정격 2차 전류가 300A인 교류 아크용접기를 200A로 사용하는 경우의 허용사용률(%)은?

① 13.3 ② 67.5
③ 110.3 ④ 157.5

해설
교류 아크용접기의 허용사용률

$$허용사용률 = \frac{정격\ 2차\ 전류^2}{실제용접전류^2} \times 정격사용률$$

$$= \frac{300^2}{200^2} \times 30$$

$$= 67.5\%$$

정답 ②

67. 피뢰기의 제한전압이 752kV이고 변압기의 기준충격절연강도가 1,050kV이라면, 보호여유도(%)는 약 얼마인가?

① 18 ② 28
③ 40 ④ 43

해설
피뢰기의 보호여유도

$$보호여유도 = \frac{충격절연강도 - 제한전압}{제한전압} \times 100$$

$$= \frac{1,050 - 752}{752} \times 100$$

$$\fallingdotseq 40\%$$

정답 ③

68. 절연물의 절연불량의 주요 원인으로 거리가 먼 것은?

① 진동, 충격 등에 의한 기계적 요인
② 산화 등에 의한 화학적 요인
③ 온도상승에 의한 열적 요인
④ 정격전압에 의한 전기적 요인

해설
절연불량의 주요 원인
- 진동, 충격 등에 의한 기계적 요인
- 산화 등에 의한 화학적 요인
- 온도상승에 의한 열적 요인
- 높은 이상전압 등에 의한 전기적 요인

정답 ④

69. 고장전류를 차단할 수 있는 것은?

① 차단기(CB) ② 유입개폐기(OS)
③ 단로기(DS) ④ 선로개폐기(LS)

해설
차단기(CB) : 회로의 전류가 흐르고 있는 상태에서 회로를 개폐하거나 또는 단락사고 및 지락사고 등 이상이 발생했을 때 신속히 회로를 차단하기 위한 설비

정답 ①

70. 주택용 배선차단기 B타입의 경우 순시동작 범위는?(단, I_n는 차단기 정격전류이다)

① $3I_n$ 초과~$5I_n$ 이하
② $5I_n$ 초과~$10I_n$ 이하
③ $10I_n$ 초과~$15I_n$ 이하
④ $10I_n$ 초과~$20I_n$ 이하

해설
주택용 배선차단기 순시트립에 따른 구분

형	순시트립 범위
B	$3I_n$ 초과~$5I_n$ 이하
C	$5I_n$ 초과~$10I_n$ 이하
D	$10I_n$ 초과~$20I_n$ 이하

정답 ①

71. 다음 중 방폭구조의 종류가 아닌 것은?

① 유압 방폭구조(k)
② 내압 방폭구조(d)
③ 본질안전 방폭구조(i)
④ 압력 방폭구조(p)

해설
방폭구조의 종류
- 안전증 방폭구조
- 압력 방폭구조
- 본질안전 방폭구조
- 몰드 방폭구조
- 특수 방폭구조
- 유입 방폭구조
- 내압 방폭구조
- 충전 방폭구조
- 비점화 방폭구조

정답 ①

72. 동작 시 아크가 발생하는 고압 및 특고압용 개폐기·차단기의 이격거리(목재의 벽 또는 천장, 기타 가연성 물체로부터의 거리)의 기준으로 옳은 것은?(단, 사용전압이 35kV 이하의 특고압용 기구 등으로서 동작할 때에 생기는 아크의 방향과 길이를 화재가 발생할 우려가 없도록 제한하는 경우가 아니다)

① 고압용 : 0.8m 이상, 특고압용 : 1.0m 이상
② 고압용 : 1.0m 이상, 특고압용 : 2.0m 이상
③ 고압용 : 2.0m 이상, 특고압용 : 3.0m 이상
④ 고압용 : 3.5m 이상, 특고압용 : 4.0m 이상

해설
아크를 발생하는 기구 시설 시 간격(한국전기설비규정 341.7)
- 고압용 : 1.0m 이상
- 특고압 : 2.0m 이상(단, 사용전압이 35kV 이하의 특고압용 기구 등으로서 동작할 때에 생기는 아크의 방향과 길이를 화재가 발생할 우려가 없도록 제한하는 경우에는 1m 이상)

정답 ②

73

3,300/220V, 20kVA인 3상 변압기로부터 공급받고 있는 저압 전선로의 절연 부분 전선과 대지 간 절연저항의 최솟값은 약 몇 Ω인가?(단, 변압기의 저압측 중성점에 접지되어 있다)

① 1,240
② 2,794
③ 4,840
④ 8,383

해설

절연저항

- 절연저항(Ω) = $\dfrac{전압}{누설전류}$

  $= \dfrac{220}{\dfrac{20 \times 1,000}{220} \times \dfrac{1}{2,000}} = 4,840\Omega$

  ※ 누설전류
  $= \dfrac{20V \times 1,000(20kV를\ V로\ 변환)}{220V} \times \dfrac{1}{2,000}$

- 3상에서 절연저항 계산 : $\sqrt{3} \times 4,840 = 8,383$

정답 ④

74

감전사고로 인한 전격사의 메커니즘으로 가장 거리가 먼 것은?

① 흉부수축에 의한 질식
② 심실세동에 의한 혈액순환 기능 상실
③ 내장파열에 의한 소화기계통 기능 상실
④ 호흡중추신경 마비에 따른 호흡 기능 상실

해설

전격사의 메커니즘
- 흉부수축에 의한 질식
- 심실세동에 의한 혈액순환 기능 상실
- 호흡중추신경 마비에 따른 호흡 기능 상실

정답 ③

75

욕조나 샤워시설이 있는 욕실 또는 화장실에 콘센트가 시설되어 있다. 해당 전로에 설치된 누전차단기의 정격감도전류와 동작시간은?

① 정격감도전류 15mA 이하, 동작시간 0.01초 이하
② 정격감도전류 15mA 이하, 동작시간 0.03초 이하
③ 정격감도전류 30mA 이하, 동작시간 0.01초 이하
④ 정격감도전류 30mA 이하, 동작시간 0.03초 이하

해설

욕조나 샤워시설이 있는 욕실 또는 화장실 등 인체가 물에 젖어 있는 상태에서의 인체감전보호용 누전차단기 설치기준(한국전기설비규정 234.5) : 정격감도전류 15mA 이하, 정격동작시간 0.03초 이하

정답 ②

76

50kW, 60Hz 3상 유도전동기가 380V 전원에 접속된 경우 흐르는 전류(A)는 약 얼마인가?(단, 역률은 80%이다)

① 82.24
② 94.96
③ 116.30
④ 164.47

해설

$W = AV$

$A = \dfrac{W}{V} = \dfrac{50,000}{380} = 131.58A$

3상이므로 $\dfrac{1}{\sqrt{3}}$을 131.58(A)에 곱해준다.

$\dfrac{1}{\sqrt{3}} \times 131.58(A) = 75.97$

여기서, 역률 80%이므로, 비례식으로 계산한다.
$80 : 75.97 = 100 : X$

$X = \dfrac{75.97 \times 100}{80}$

$= 94.96A$

정답 ②

77 인체 저항을 500Ω이라 한다면, 심실세동을 일으키는 위험한계에너지는 약 몇 J인가?(단, 심실세동전류값 $I=\dfrac{165}{\sqrt{T}}$ mA의 Dalziel의 식을 이용하며, 통전시간은 1초로 한다)

① 11.5　② 13.6
③ 15.3　④ 16.2

해설
위험한계에너지
$Q = I^2RT$
$= \left(\dfrac{165}{\sqrt{1}} \times 10^{-3}\right)^2 \times 500 \times 1$
$= 13.61$

정답 ②

78 내압 방폭용기 'd'에 대한 설명으로 틀린 것은?

① 원통형 나사 접합부의 체결 나사산 수는 5산 이상이어야 한다.
② 가스/증기 그룹이 ⅡB일 때 내압 접합면과 장애물과의 최소 이격거리는 20mm이다.
③ 용기 내부의 폭발이 용기 주위의 폭발성 가스 분위기로 화염이 전파되지 않도록 방지하는 부분은 내압 방폭 접합부이다.
④ 가스/증기 그룹이 ⅡC일 때 내압 접합면과 장애물과의 최소 이격거리는 40mm이다.

해설
플랜지 접합면과 장애물과의 최소 이격거리(내압 방폭구조)
- ⅡA : 10mm
- ⅡB : 30mm
- ⅡC : 40mm

정답 ②

79 KS C IEC 60079-0의 정의에 따라 '두 도전부 사이의 고체 절연물 표면을 따른 최단거리'를 나타내는 명칭은?

① 전기적 간격
② 절연 공간거리
③ 연면거리
④ 충전물 통과거리

해설
① 다른 전위를 갖고 있는 도전부 사이의 이격거리
② 두 도전부 사이의 공간을 통한 최단거리
④ 두 도전부 사이의 충전물을 통과한 최단거리

정답 ③

80 접지 목적에 따른 분류에서 병원설비의 의료용 전기전자(M·E)기기와 모든 금속 부분 또는 도전 바닥에도 접지하여 전위를 동일하게 하기 위한 접지를 무엇이라 하는가?

① 계통 접지
② 등전위 접지
③ 노이즈 방지용 접지
④ 정전기 장해방지 이용 접지

해설
등전위 접지 : 병원설비의 의료용 전기전자기기와 모든 금속 부분 또는 도전 바닥에도 접지하여 전위를 동일하게 한다.

정답 ②

제5과목 화학설비위험 방지기술

81 다음 중 고체연소의 종류에 해당하지 않는 것은?

① 표면연소
② 증발연소
③ 분해연소
④ 예혼합연소

해설
고체연소의 종류 : 표면연소, 증발연소, 분해연소, 자기연소

정답 ④

82 가연성 물질을 취급하는 장치를 퍼지하고자 할 때 잘못된 것은?

① 대상 물질의 물성을 파악한다.
② 사용하는 불활성 가스의 물성을 파악한다.
③ 퍼지용 가스를 가능한 한 빠른 속도로 단시간에 다량 송입한다.
④ 장치 내부를 세정한 후 퍼지용 가스를 송입한다.

해설
③ 퍼지용 가스는 가능한 한 천천히 주입하여야 한다.
※ 퍼지(불활성화) : 압력용기 등에 불활성 가스를 주입하여 폭발분위기를 불활성화시키는 방법

정답 ③

83 위험물질에 대한 설명 중 틀린 것은?

① 과산화나트륨에 물이 접촉하는 것은 위험하다.
② 황린은 물속에 저장한다.
③ 염소산나트륨은 물과 반응하여 폭발성의 수소 기체를 발생한다.
④ 아세트알데하이드는 0℃ 이하의 온도에서도 인화할 수 있다.

해설
③ 염소산나트륨은 산화성 고체로 물, 알코올, 글리세린 등에 잘 녹는다.

정답 ③

84 공정안전보고서 중 공정안전자료에 포함하여야 할 세부 내용에 해당하는 것은?

① 비상조치계획에 따른 교육계획
② 안전운전지침서
③ 각종 건물·설비의 배치도
④ 도급업체 안전관리계획

해설
공정안전자료의 세부내용 등(산업안전보건법 시행규칙 제50조)
• 취급·저장하고 있거나 취급·저장하려는 유해·위험물질의 종류 및 수량
• 유해·위험물질에 대한 물질안전보건자료
• 유해하거나 위험한 설비의 목록 및 사양
• 유해하거나 위험한 설비의 운전방법을 알 수 있는 공정도면
• 각종 건물·설비의 배치도
• 폭발위험장소 구분도 및 전기단선도
• 위험설비의 안전설계·제작 및 설치 관련 지침서

정답 ③

85 다이에틸에테르의 연소범위에 가장 가까운 값은?

① 2~10.4%
② 1.9~48%
③ 2.5~15%
④ 1.5~7.8%

해설
다이에틸에테르 연소범위 : 1.9~48%

정답 ②

86 공기 중에서 A가스의 폭발하한계는 2.2vol%이다. 이 폭발하한계값을 기준으로 하여 표준상태에서 A가스와 공기의 혼합기체 1m³에 함유되어 있는 A가스의 질량을 구하면 약 몇 g인가?(단, A가스의 분자량은 26이다)

① 19.02
② 25.54
③ 29.02
④ 35.54

해설
공기 1m³에서 폭발하한계가 2.2vol%이므로 A가스의 부피는 다음과 같다.
1,000(1m³ = 1,000L) × 0.022 = 22L
그리고 비례식으로 계산하면, 22.4L : 26g = 22L : X
※ 표준상태(22.4L)인 경우 분자량은 26이기에 22L일 때 X(분자량)를 비례식으로 놓는다.

따라서, $X = \dfrac{26g \times 22L}{22.4L}$

$= 25.54g$

정답 ②

87 다음 물질 중 물에 가장 잘 융해되는 것은?

① 아세톤
② 벤젠
③ 톨루엔
④ 휘발유

해설
아세톤은 물에 및 다른 유기용제에도 잘 녹는 특성이 있다.

정답 ①

88 가스누출감지경보기 설치에 관한 기술상의 지침으로 틀린 것은?

① 암모니아를 제외한 가연성 가스 누출감지경보기는 방폭성능을 갖는 것이어야 한다.
② 독성 가스 누출감지경보기는 해당 독성 가스 허용농도의 25% 이하에서 경보가 울리도록 설정하여야 한다.
③ 하나의 감지대상 가스가 가연성이면서 독성인 경우에는 독성 가스를 기준하여 가스누출감지경보기를 선정하여야 한다.
④ 건축물 안에 설치되는 경우, 감지대상 가스의 비중이 공기보다 무거운 경우에는 건축물 내의 하부에 설치하여야 한다.

해설
경보설정치(가스누출감지경보기 설치에 관한 기술상의 지침 제6조)
• 가연성 가스누출감지경보기는 감지대상 가스의 폭발하한계 25% 이하, 독성 가스누출감지경보기는 해당 독성 가스의 허용농도 이하에서 경보가 울리도록 설정하여야 한다.
• 가스누출감지경보의 정밀도는 경보설정치에 대하여 가연성 가스누출감지경보기는 ±25% 이하, 독성 가스누출감지경보기는 ±30% 이하이어야 한다.

정답 ②

89
폭발을 기상폭발과 응상폭발로 분류할 때 기상폭발에 해당되지 않는 것은?

① 분진폭발 ② 혼합가스폭발
③ 분무폭발 ④ 수증기폭발

해설
응상폭발의 종류
- 수증기폭발
- 전선폭발
- 고상 간 전이에 의한 폭발

정답 ④

90
다음 가스 중 가장 독성이 큰 것은?

① CO ② COCl₂
③ NH₃ ④ H₂

해설
시간가중평균노출기준(TWA)ppm(화학물질 및 물리적 인자의 노출기준 별표 1)
COCl₂(포스겐) : TWA 0.1ppm으로 독성이 강하다.

정답 ②

91
처음 온도가 20℃인 공기를 절대압력 1기압에서 3기압으로 단열압축하면 최종 온도는 약 몇 ℃인가?(단, 공기의 비열비 1.4이다)

① 68℃ ② 75℃
③ 128℃ ④ 164℃

해설

$$\frac{T_2}{T_1} = \left(\frac{P_2}{P_1}\right)^{\frac{r-1}{r}}$$

$$T_2 = (20+273) \times \left(\frac{3}{1}\right)^{\frac{1.4-1}{1.4}} = 401K$$

여기서, 절대온도를 섭씨온도로 변환하면, 다음과 같다.
401 - 273 = 128℃

정답 ③

92
물질의 누출방지용으로서 접합면을 상호 밀착시키기 위하여 사용하는 것은?

① 개스킷 ② 체크밸브
③ 플러그 ④ 콕

해설
덮개 등의 접합부(산업안전보건기준에 관한 규칙 제257조)
사업주는 화학설비 또는 그 배관의 덮개·플랜지·밸브 및 콕의 접합부에 대해서는 접합부에서 위험물질 등이 누출되어 폭발·화재 또는 위험물이 누출되는 것을 방지하기 위하여 적절한 개스킷(gasket)을 사용하고 접합면을 서로 밀착시키는 등 적절한 조치를 하여야 한다.

정답 ①

93
건조설비의 구조를 구조 부분, 가열장치, 부속설비로 구분할 때 다음 중 '부속설비'에 속하는 것은?

① 보온판 ② 열원장치
③ 소화장치 ④ 철골부

해설
건조설비의 구조
- 부속설비 : 소화장치
- 구조 부분 : 철골부, 보온판
- 가열장치 : 열원장치

정답 ③

94

에틸렌(C_2H_4)이 완전연소하는 경우 다음의 Jones 식을 이용하여 계산할 경우 연소하한계는 약 몇 vol%인가?

$$\text{Jones식} : LFL = 0.55 \times C_{st}$$

① 0.55
② 3.6
③ 6.3
④ 8.5

해설

$$C_{st} = \frac{100}{1 + 4.773\left(a + \frac{b-c-2d}{4}\right)} (\text{vol}\%)$$

여기서, a : 탄소, b : 수소, c : 할로겐, d : 산소의 원자수이며, 에틸렌은 탄소 2개, 수소 4개를 갖는다(할로겐 및 산소는 없음 = 0).

$$C_{st} = \frac{100}{1 + 4.773\left(2 + \frac{4}{4}\right)} = 6.53 (\text{vol}\%)$$

∴ 폭발하한계(Jones식) = 0.55 × 6.53
= 3.6vol%

정답 ②

95

보기의 물질을 폭발범위가 넓은 것부터 좁은 순서로 옳게 배열한 것은?

보기
H_2 C_3H_8 CH_4 CO

① CO > H_2 > C_3H_8 > CH_4
② H_2 > CO > CH_4 > C_3H_8
③ C_3H_8 > CO > CH_4 > H_2
④ CH_4 > H_2 > CO > C_3H_8

해설

폭발범위
- H_2(수소) : 4~75vol%
- C_3F_8(프로페인) : 2.1~9.5vol%
- CH_4(메테인) : 5~15vol%
- CO(일산화탄소) : 12.5~75vol%

정답 ②

96

산업안전보건법령상 위험물질의 종류에서 '폭발성 물질 및 유기과산화물'에 해당하는 것은?

① 다이아조화합물
② 황린
③ 알킬알루미늄
④ 마그네슘 분말

해설

폭발성 물질 및 유기과산화물(산업안전보건기준에 관한 규칙 별표 1)
- 질산에스터류
- 나이트로화합물
- 나이트로소화합물
- 아조화합물
- 다이아조화합물
- 하이드라진 유도체
- 유기과산화물
- 그 밖에 위에 열거한 물질과 같은 정도의 폭발위험이 있는 물질
- 위에 열거한 물질을 함유한 물질

정답 ①

97

화염방지기의 설치에 관한 사항으로 ( )에 알맞은 것은?

사업주는 인화성 액체 및 인화성 가스를 저장·취급하는 화학설비에서 증기나 가스를 대기로 방출하는 경우에는 외부로부터의 화염을 방지하기 위하여 화염방지기를 그 설비 ( )에 설치하여야 한다.

① 상단
② 하단
③ 중앙
④ 무게중심

해설

화염방지기의 설치 등(산업안전보건기준에 관한 규칙 제269조)
사업주는 인화성 액체 및 인화성 가스를 저장·취급하는 화학설비에서 증기나 가스를 대기로 방출하는 경우에는 외부로부터의 화염을 방지하기 위하여 화염방지기를 그 설비 상단에 설치해야 한다.

정답 ①

98 다음 중 인화성 가스가 아닌 것은?

① 뷰테인
② 메테인
③ 수소
④ 산소

해설
조연성 가스 : 연소를 도와주는 가스로 대표적으로 산소가 이에 해당된다.

정답 ④

99 반응기를 조작방식에 따라 분류할 때 해당되지 않는 것은?

① 회분식 반응기
② 반회분식 반응기
③ 연속식 반응기
④ 관형식 반응기

해설
반응기 분류

조작방식에 따른 분류	구조에 의한 분류
• 회분식 반응기 • 반회분식 반응기 • 연속식 반응기	• 관형식 반응기 • 교반기형 반응기 • 탑형 반응기

정답 ④

100 다음 중 가연성 물질과 산화성 고체가 혼합하고 있을 때 연소에 미치는 현상으로 옳은 것은?

① 착화온도(발화점)가 높아진다.
② 최소점화에너지가 감소하며, 폭발의 위험성이 증가한다.
③ 가스나 가연성 증기의 경우 공기혼합보다 연소범위가 축소된다.
④ 공기 중에서보다 산화작용이 약하게 발생하여 화염온도가 감소하며 연소속도가 늦어진다.

해설
② 산화성 고체가 가연성 물질과 혼합하는 경우 가연성 물질에 산소를 공급하기 용이하여 연소 및 폭발의 위험성이 증가하게 된다.

정답 ②

제6과목　건설안전기술

101 건설현장에서 사용되는 작업발판 일체형 거푸집의 종류에 해당되지 않는 것은?

① 갱폼(gang form)
② 슬립폼(slip form)
③ 클라이밍폼(climbing form)
④ 유로폼(euro form)

해설
작업발판 일체형 거푸집(산업안전보건기준에 관한 규칙 제331조의3)
• 갱폼(gang form)
• 슬립폼(slip form)
• 클라이밍폼(climbing form)
• 터널라이닝폼(tunnel lining form)
• 그 밖에 거푸집과 작업발판이 일체로 제작된 거푸집 등

정답 ④

102 콘크리트 타설작업을 하는 경우 준수하여야 할 사항으로 옳지 않은 것은?

① 당일의 작업을 시작하기 전에 해당 작업에 관한 거푸집 동바리 등의 변형·변위 및 지반의 침하 유무 등을 점검하고 이상이 있으면 보수할 것
② 콘크리트를 타설하는 경우에는 편심이 발생하지 않도록 골고루 분산하여 타설할 것
③ 설계도서상의 콘크리트 양생기간을 준수하여 거푸집 동바리 등을 해체할 것
④ 작업 중에는 거푸집 동바리 등의 변형·변위 및 침하 유무 등을 감시할 수 있는 감시자를 배치하여 이상이 있으면 작업을 중지하지 아니하고, 즉시 충분한 보강조치를 실시할 것

해설

콘크리트의 타설작업(산업안전보건기준에 관한 규칙 제334조)
- 당일의 작업을 시작하기 전에 해당 작업에 관한 거푸집 및 동바리의 변형·변위 및 지반의 침하 유무 등을 점검하고 이상이 있으면 보수할 것
- 작업 중에는 감시자를 배치하는 등의 방법으로 거푸집 및 동바리의 변형·변위 및 침하 유무 등을 확인해야 하며, 이상이 있으면 작업을 중지하고 근로자를 대피시킬 것
- 콘크리트 타설작업 시 거푸집 붕괴의 위험이 발생할 우려가 있으면 충분한 보강조치를 할 것
- 설계도서상의 콘크리트 양생기간을 준수하여 거푸집 동바리를 해체할 것
- 콘크리트를 타설하는 경우에는 편심이 발생하지 않도록 골고루 분산하여 타설할 것

정답 ④

103 버팀보, 앵커 등의 축하중 변화상태를 측정하여 이들 부재의 지지효과 및 그 변화 추이를 파악하는 데 사용되는 계측기기는?

① water level meter
② load cell
③ piezometer
④ strain gauge

해설

load cell(하중계) : 앵커 등의 축하중 변화상태를 측정하는 계측기기

정답 ②

104 차량계 건설기계를 사용하여 작업을 하는 경우 작업계획서 내용에 포함되지 않는 것은?

① 사용하는 차량계 건설기계의 종류 및 성능
② 차량계 건설기계의 운행경로
③ 차량계 건설기계에 의한 작업방법
④ 차량계 건설기계의 유지보수방법

해설

사전조사 및 작업계획서 내용(산업안전보건기준에 관한 규칙 별표 4)
차량계 건설기계를 사용하는 작업의 작업계획서 내용
- 사용하는 차량계 건설기계의 종류 및 성능
- 차량계 건설기계의 운행경로
- 차량계 건설기계에 의한 작업방법

정답 ④

105. 근로자의 추락 등의 위험을 방지하기 위한 안전난간의 설치기준으로 옳지 않은 것은?

① 상부 난간대와 중간 난간대는 난간 길이 전체에 걸쳐 바닥면 등과 평행을 유지할 것
② 발끝막이판은 바닥면 등으로부터 20cm 이상의 높이를 유지할 것
③ 난간대는 지름 2.7cm 이상의 금속제 파이프나 그 이상의 강도가 있는 재료일 것
④ 안전난간은 구조적으로 가장 취약한 지점에서 가장 취약한 방향으로 작용하는 100kg 이상의 하중에 견딜 수 있는 튼튼한 구조일 것

해설
안전난간의 구조 및 설치요건(산업안전보건기준에 관한 규칙 제13조)
- 상부 난간대, 중간 난간대, 발끝막이판 및 난간기둥으로 구성할 것. 다만, 중간 난간대, 발끝막이판 및 난간기둥은 이와 비슷한 구조와 성능을 가진 것으로 대체할 수 있다.
- 상부 난간대는 바닥면·발판 또는 경사로의 표면(이하 바닥면 등)으로부터 90cm 이상 지점에 설치하고, 상부 난간대를 120cm 이하에 설치하는 경우에는 중간 난간대는 상부 난간대와 바닥면 등의 중간에 설치하여야 하며, 120cm 이상 지점에 설치하는 경우에는 중간 난간대를 2단 이상으로 균등하게 설치하고 난간의 상하 간격은 60cm 이하가 되도록 할 것. 다만, 난간기둥 간의 간격이 25cm 이하인 경우에는 중간 난간대를 설치하지 아니할 수 있다.
- 발끝막이판은 바닥면 등으로부터 10cm 이상의 높이를 유지할 것. 다만, 물체가 떨어지거나 날아올 위험이 없거나 그 위험을 방지할 수 있는 망을 설치하는 등 필요한 예방조치를 한 장소는 제외한다.
- 난간기둥은 상부 난간대와 중간 난간대를 견고하게 떠받칠 수 있도록 적정한 간격을 유지할 것
- 상부 난간대와 중간 난간대는 난간 길이 전체에 걸쳐 바닥면 등과 평행을 유지할 것
- 난간대는 지름 2.7cm 이상의 금속제 파이프나 그 이상의 강도가 있는 재료일 것
- 안전난간은 구조적으로 가장 취약한 지점에서 가장 취약한 방향으로 작용하는 100kg 이상의 하중에 견딜 수 있는 튼튼한 구조일 것

정답 ②

106. 흙 속의 전단응력을 증대시키는 원인에 해당하지 않는 것은?

① 자연 또는 인공에 의한 지하공동의 형성
② 함수비의 감소에 따른 흙의 단위체적 중량의 감소
③ 지진, 폭파에 의한 진동 발생
④ 균열 내에 작용하는 수압 증가

해설
② 함수비의 증가에 따른 흙의 단위체적 중량의 증가

정답 ②

107. 다음은 산업안전보건법령에 따른 항타기 또는 항발기에 권상용 와이어로프를 사용하는 경우에 준수하여야 할 사항이다. ( ) 안에 알맞은 내용으로 옳은 것은?

> 권상용 와이어로프는 추 또는 해머가 최저의 위치에 있을 때 또는 널말뚝을 빼내기 시작할 때를 기준으로 권상장치의 드럼에 적어도 ( ) 감기고 남을 수 있는 충분한 길이일 것

① 1회　　　　② 2회
③ 4회　　　　④ 6회

해설
권상용 와이어로프의 길이 등(산업안전보건기준에 관한 규칙 제212조)
권상용 와이어로프는 추 또는 해머가 최저의 위치에 있을 때 또는 널말뚝을 빼내기 시작할 때를 기준으로 권상장치의 드럼에 적어도 2회 감기고 남을 수 있는 충분한 길이일 것

정답 ②

108 산업안전보건법령에 따른 유해위험방지계획서 제출 대상 공사로 볼 수 없는 것은?

① 지상 높이가 31m 이상인 건축물의 건설공사
② 터널 건설공사
③ 깊이 10m 이상인 굴착공사
④ 다리의 전체 길이가 40m 이상인 건설공사

해설

유해위험방지계획서 제출 대상(산업안전보건법 시행령 제42조)
- 다음의 어느 하나에 해당하는 건축물 또는 시설 등의 건설·개조 또는 해체(이하 건설 등) 공사
  - 지상높이가 31m 이상인 건축물 또는 인공구조물
  - 연면적 30,000m² 이상인 건축물
  - 연면적 5,000m² 이상인 시설로서 다음의 어느 하나에 해당하는 시설
    ⓐ 문화 및 집회시설(전시장 및 동물원·식물원은 제외)
    ⓑ 판매시설, 운수시설(고속철도의 역사 및 집배송 시설은 제외)
    ⓒ 종교시설
    ⓓ 의료시설 중 종합병원
    ⓔ 숙박시설 중 관광숙박시설
    ⓕ 지하도상가
    ⓖ 냉동·냉장 창고시설
- 연면적 5,000m² 이상인 냉동·냉장 창고시설의 설비공사 및 단열공사
- 최대 지간(支間)길이(다리의 기둥과 기둥의 중심 사이 거리)가 50m 이상인 다리의 건설 등 공사
- 터널의 건설 등 공사
- 다목적댐, 발전용댐, 저수용량 2,000만ton 이상의 용수 전용 댐 및 지방상수도 전용 댐의 건설 등 공사
- 깊이 10m 이상인 굴착공사

정답 ④

109 사다리식 통로 등을 설치하는 경우 고정식 사다리식 통로의 기울기는 최대 몇 ° 이하로 하여야 하는가?

① 60°   ② 75°
③ 80°   ④ 90°

해설

사다리식 통로 등의 구조 – 기울기(산업안전보건기준에 관한 규칙 제24조)
사다리식 통로의 기울기는 75° 이하로 할 것. 다만, 고정식 사다리식 통로의 기울기는 90° 이하로 하고, 그 높이가 7m 이상인 경우에는 다음 구분에 따른 조치를 할 것
- 등받이울이 있어도 근로자 이동에 지장이 없는 경우 : 바닥으로부터 높이가 2.5m 되는 지점부터 등받이울을 설치할 것
- 등받이울이 있으면 근로자가 이동이 곤란한 경우 : 한국산업표준에서 정하는 기준에 적합한 개인용 추락 방지 시스템을 설치하고 근로자로 하여금 한국산업표준에서 정하는 기준에 적합한 전신안전대를 사용하도록 할 것

정답 ④

110 거푸집 동바리 구조에서 높이가 $l=3.5\text{m}$인 파이프 서포트의 좌굴하중은?(단, 상부받이판과 하부받이판은 힌지로 가정하고, 단면 2차 모멘트 $I=8.31\text{cm}^4$, 탄성계수 $E=2.1\times10^5\text{MPa}$)

① 14,060N   ② 15,060N
③ 16,060N   ④ 17,060N

해설

좌굴하중(P_{cr})

$$P_{cr} = \frac{\pi^2 EI}{l^2} = \frac{\pi^2 \times 2.1\times10^5 \times 10^6\text{Pa}\times 8.31\times10^{-8}\text{m}^4}{3.5^2\text{m}^2}$$

$$\fallingdotseq 14,060(\text{N})$$

여기서, E : 탄성계수
I : 단면 2차 모멘트
l : 부재 길이
※ $\text{MPa}=10^6\text{Pa}$, $\text{Pa}=\text{N/m}^2$

정답 ①

111
하역작업 등에 의한 위험을 방지하기 위하여 준수하여야 할 사항으로 옳지 않은 것은?

① 꼬임이 끊어진 섬유로프를 화물운반용으로 사용해서는 안 된다.
② 심하게 부식된 섬유로프를 고정용으로 사용해서는 안 된다.
③ 차량 등에서 화물을 내리는 작업 시 해당 작업에 종사하는 근로자에게 쌓여 있는 화물 중간에서 화물을 빼내도록 할 경우에는 사전 교육을 철저히 한다.
④ 부두 또는 안벽의 선을 따라 통로를 설치하는 경우에는 폭을 90cm 이상으로 한다.

해설
③ 사업주는 차량 등에서 화물을 내리는 작업을 하는 경우에 해당 작업에 종사하는 근로자에게 쌓여 있는 화물 중간에서 화물을 빼내도록 해서는 아니 된다(산업안전보건기준에 관한 규칙 제389조).

정답 ③

112
추락방지용 방망 중 그물코의 크기가 5cm인 매듭 방망 신품의 인장강도는 최소 몇 kg 이상이어야 하는가?

① 60
② 110
③ 150
④ 200

해설
방망사의 신품에 대한 인장강도(추락재해방지 표준안전작업지침 제5조)

그물코의 크기(cm)	방망의 종류(kg)	
	매듭 없는 방망	매듭 방망
10	240	200
5		110

정답 ②

113
단관비계의 도괴 또는 전도를 방지하기 위하여 사용하는 벽이음의 간격 기준으로 옳은 것은?

① 수직 방향 5m 이하, 수평 방향 5m 이하
② 수직 방향 6m 이하, 수평 방향 6m 이하
③ 수직 방향 7m 이하, 수평 방향 7m 이하
④ 수직 방향 8m 이하, 수평 방향 8m 이하

해설
강관비계의 조립간격(산업안전보건기준에 관한 규칙 별표 5)

강관비계의 종류	조립간격(m)	
	수직 방향	수평 방향
단관비계	5	5
틀비계(높이가 5m 미만인 것은 제외)	6	8

정답 ①

114
인력으로 하물을 인양할 때의 몸의 자세와 관련하여 준수하여야 할 사항으로 옳지 않은 것은?

① 한쪽 발은 들어 올리는 물체를 향하여 안전하게 고정시키고 다른 발은 그 뒤에 안전하게 고정시킬 것
② 등은 항상 직립한 상태와 90° 각도를 유지하여 가능한 한 지면과 수평이 되도록 할 것
③ 팔은 몸에 밀착시키고 끌어당기는 자세를 취하며 가능한 한 수평거리를 짧게 할 것
④ 손가락으로만 인양물을 잡아서는 아니 되며 손바닥으로 인양물 전체를 잡을 것

해설
인력운반작업 절차(인력운반작업에 관한 안전가이드)
손바닥 전체로 화물을 감싸고 턱은 당기며 허리를 곧추세우고 지면과 직각이 되도록 하여 다리 힘으로 든다.

정답 ②

115. 산업안전보건관리비 항목 중 안전시설비로 사용 가능한 것은?

① 원활한 공사수행을 위한 가설시설 중 비계 설치 비용
② 소음 관련 민원예방을 위한 건설현장 소음방지용 방음시설 설치 비용
③ 근로자의 재해예방을 위한 목적으로만 사용하는 CCTV에 사용되는 비용
④ 기계·기구 등과 일체형 안전장치의 구입 비용

해설
※ 출제 당시 정답은 ③이었으나, 건설업 산업안전보건관리비 계상 및 사용기준 개정(24.09.19)으로 정답없음 처리하였습니다.
안전시설비 등 사용기준(건설업 산업안전보건관리비 계상 및 사용기준 제7조)
- 산업재해 예방을 위한 안전난간, 추락방호망, 안전대 부착설비, 방호장치(기계·기구와 방호장치가 일체로 제작된 경우, 방호장치 부분의 가액에 한함) 등 안전시설의 구입·임대 및 설치를 위해 소요되는 비용
- 스마트안전장비 지원사업 및 스마트 안전장비 구입·임대 비용. 다만, 계상된 산업안전보건관리비 총액의 10분의 1을 초과할 수 없다.
- 용접 작업 등 화재 위험작업 시 사용하는 소화기의 구입·임대 비용

정답 정답없음

116. 유한사면에서 원형활동면에 의해 발생하는 일반적인 사면파괴의 종류에 해당하지 않는 것은?

① 사면내파괴(slope failure)
② 사면선단파괴(toe failure)
③ 사면인장파괴(tension failure)
④ 사면저부파괴(base failure)

해설
원형활동에 의해 발생되는 사면파괴 종류 : 사면선단파괴, 사면내파괴, 사면저부파괴

정답 ③

117. 강관비계를 사용하여 비계를 구성하는 경우 준수해야 할 기준으로 옳지 않은 것은?

① 비계기둥의 간격은 띠장 방향에서는 1.85m 이하, 장선(長線) 방향에서는 1.5m 이하로 할 것
② 띠장 간격은 2.0m 이하로 할 것
③ 비계기둥의 제일 윗부분으로부터 31m 되는 지점 밑부분의 비계기둥은 2개의 강관으로 묶어 세울 것
④ 비계기둥 간의 적재하중은 600kg을 초과하지 않도록 할 것

해설
④ 비계기둥 간의 적재하중은 400kg을 초과하지 않도록 할 것(산업안전보건기준에 관한 규칙 제60조)

정답 ④

118. 다음은 산업안전보건법령에 따른 화물자동차의 승강설비에 관한 사항이다. ( ) 안에 알맞은 내용으로 옳은 것은?

> 사업주는 바닥으로부터 짐 윗면까지의 높이가 ( ) 이상인 화물자동차에 짐을 싣는 작업 또는 내리는 작업을 하는 경우에는 근로자의 추가 위험을 방지하기 위하여 해당 작업에 종사하는 근로자가 바닥과 적재함의 짐 윗면 간을 안전하게 오르내리기 위한 설비를 설치하여야 한다.

① 2m
② 4m
③ 6m
④ 8m

해설
화물자동차 승강설비(산업안전보건기준에 관한 규칙 제187조)
사업주는 바닥으로부터 짐 윗면까지의 높이가 2m 이상인 화물자동차에 짐을 싣는 작업 또는 내리는 작업을 하는 경우에는 근로자의 추가 위험을 방지하기 위하여 해당 작업에 종사하는 근로자가 바닥과 적재함의 짐 윗면 간을 안전하게 오르내리기 위한 설비를 설치하여야 한다.

정답 ①

119 달비계의 최대적재하중을 정함에 있어서 활용하는 안전계수의 기준으로 옳은 것은?(단, 곤돌라의 달비계를 제외한다)

① 달기 훅 : 5 이상
② 달기 강선 : 5 이상
③ 달기 체인 : 3 이상
④ 달기 와이어로프 : 5 이상

해설

※ 출제 당시 정답은 ①이었으나, 산업안전보건기준에 관한 규칙 제55조의 개정(24.06.28)으로 해당 내용이 삭제되어 문제가 성립되지 않아 정답없음 처리하였습니다.

정답 정답없음

120 발파작업 시 암질변화 구간 및 이상암질의 출현 시 반드시 암질 판별을 실시하여야 하는데, 이와 관련된 암질 판별기준과 가장 거리가 먼 것은?

① RQD(%)
② 탄성파속도(m/s)
③ 전단강도(kg/cm^2)
④ RMR

해설

※ 출제 당시 정답은 ③이었으나, 굴착공사 표준안전작업지침 제12조의 개정(23.07.01)으로 해당 내용이 삭제되어 문제가 성립되지 않아 정답없음 처리하였습니다.

정답 정답없음

2022년 제1회 과년도 기출문제

제1과목 안전관리론

01 산업안전보건법령상 산업안전보건위원회의 구성·운영에 관한 설명 중 틀린 것은?

① 정기회의는 분기마다 소집한다.
② 위원장은 위원 중에서 호선(互選)한다.
③ 근로자 대표가 지명하는 명예산업안전감독관은 근로자 위원에 속한다.
④ 공사금액 100억 원 이상의 건설업의 경우 산업안전보건위원회를 구성·운영해야 한다.

해설
④ 공사금액 120억 원 이상의 건설업의 경우 산업안전보건위원회를 구성하여야 한다(산업안전보건법 시행령 별표 9).

정답 ④

02 산업안전보건법령상 잠함(潛函) 또는 잠수작업 등 높은 기압에서 작업하는 근로자의 근로시간 기준은?

① 1일 6시간, 1주 32시간 초과 금지
② 1일 6시간, 1주 34시간 초과 금지
③ 1일 8시간, 1주 32시간 초과 금지
④ 1일 8시간, 1주 34시간 초과 금지

해설
유해·위험작업에 대한 근로시간 제한 등(산업안전보건법 제139조)
잠함 또는 잠수작업 등 높은 기압에서 작업하는 근로자에게는 1일 6시간, 주 34시간을 초과하여 근로하게 해서는 아니 된다.

정답 ②

03 산업현장에서 재해발생 시 조치순서로 옳은 것은?

① 긴급처리 → 재해조사 → 원인분석 → 대책수립
② 긴급처리 → 원인분석 → 대책수립 → 재해조사
③ 재해조사 → 원인분석 → 대책수립 → 긴급처리
④ 재해조사 → 대책수립 → 원인분석 → 긴급처리

해설
재해발생 시 조치순서
긴급처리 → 재해조사 → 원인분석 → 대책수립 → 대책실시계획 → 실시 → 평가

정답 ①

04 산업재해보험적용근로자 1,000명인 플라스틱 제조 사업장에서 작업 중 재해 5건이 발생하였고, 1명이 사망하였을 때 이 사업장의 사망만인율은?

① 2   ② 5
③ 10   ④ 20

해설
사망만인율 : 임금근로자 수 10,000명당 발생하는 사망자수의 비율

사망만인율 = $\dfrac{\text{사망자수}}{\text{임금근로자수}} \times 10{,}000$

∴ $\dfrac{1}{1{,}000} \times 10{,}000 = 10$

정답 ③

05 안전보건교육 계획 수립 시 고려사항 중 틀린 것은?

① 필요한 정보를 수집한다.
② 현장의 의견은 고려하지 않는다.
③ 지도안은 교육대상을 고려하여 작성한다.
④ 법령에 의한 교육에만 그치지 않아야 한다.

해설
안전보건교육은 근로자의 재해예방을 위해 근로자를 대상으로 하는 교육이기 때문에 현장의 의견을 고려하여 수립해 보다 효과적인 교육이 될 수 있도록 하여야 한다.

정답 ②

06 학습지도의 형태 중 몇 사람의 전문가가 주제에 대한 견해를 발표하고 참가자로 하여금 의견을 내거나 질문을 하게 하는 토의방식은?

① 포럼(forum)
② 심포지엄(symposium)
③ 버즈세션(buzz session)
④ 자유토의법(free discussion method)

해설
심포지엄 : 3~5명의 전문가가 주제에 대한 견해를 발표하고 참가자로 하여금 의견을 내거나 질문을 하게 하는 토의방법

정답 ②

07 산업안전보건법령상 근로자 안전보건교육 대상에 따른 교육시간 기준 중 틀린 것은?(단, 상시작업이며 일용근로자는 제외한다)

① 특별교육 – 16시간 이상
② 채용 시 교육 – 8시간 이상
③ 작업내용 변경 시 교육 – 2시간 이상
④ 사무직 종사 근로자 정기교육 – 매 분기 1시간 이상

해설
④ 매 반기 6시간 이상(산업안전보건법 시행규칙 별표 4)

정답 ④

08 버드(Bird)의 신도미노이론 5단계에 해당하지 않는 것은?

① 제어부족(관리)   ② 직접원인(징후)
③ 간접원인(평가)   ④ 기본원인(기원)

해설
버드의 신도미노이론 5단계
• 1단계 : 제어부족(관리)
• 2단계 : 기본원인(기원)
• 3단계 : 직접원인(징후)
• 4단계 : 사고(접촉)
• 5단계 : 재해(손실)

정답 ③

09 재해예방의 4원칙에 해당하지 않는 것은?

① 예방가능의 원칙
② 손실우연의 원칙
③ 원인연계의 원칙
④ 재해연쇄성의 원칙

해설
재해예방의 4원칙
• 예방가능의 원칙 : 천재지변을 제외한 모든 재해의 발생은 미연에 방지할 수 있다.
• 원인연계의 원칙 : 재해발생에는 필연적으로 원인이 존재한다.
• 손실우연의 법칙 : 재해의 결과(상해 등)는 사고대상의 조건에 따라 달라지므로 재해손실은 우연성에 의해 결정된다.
• 대책선정의 원칙 : 재해예방을 위한 안전대책은 반드시 존재한다.

정답 ④

10. 안전점검을 점검시기에 따라 구분할 때 다음에서 설명하는 안전점검은?

> 작업담당자 또는 해당 관리감독자가 맡고 있는 공정의 설비, 기계, 공구 등을 매일 작업 전 또는 작업 중에 일상적으로 실시하는 안전점검

① 정기점검
② 수시점검
③ 특별점검
④ 임시점검

해설
② 수시점검 : 일상점검으로 매일 작업 전·중·후에 실시하는 점검을 말한다.
① 정기점검 : 계획점검의 일종으로 일정 기간마다 정기적으로 실시하는 점검을 말한다.
③ 특별점검 : 비정기적인 점검으로 설비의 신설, 변경, 고장 등이나 재해발생으로 인한 점검, 천재지변 발생 예측점검, 후점검 등이 이에 해당된다.
④ 임시점검 : 일시적인 문제가 발생하였을 때 임시로 하는 점검을 말한다.

정답 ②

11. 타일러(Tyler)의 교육과정 중 학습경험 선정의 원리에 해당하는 것은?

① 기회의 원리
② 계속성의 원리
③ 계열성의 원리
④ 통합성의 원리

해설
- 타일러(Tyler)의 학습경험 선정 원리 : 기회의 원리, 만족의 원리, 가능성의 원리, 다경험의 원리, 다성과의 원리, 행동의 원리
- 교육과정 중 학습경험 조직의 원리 : 계속성의 원리, 계열성의 원리, 통합성의 원리

정답 ①

12. 주의(attention)의 특성에 관한 설명 중 틀린 것은?

① 고도의 주의는 장시간 지속하기 어렵다.
② 한 지점에 주의를 집중하면 다른 곳의 주의는 약해진다.
③ 최고의 주의집중은 의식의 과잉 상태에서 가능하다.
④ 여러 자극을 지각할 때 소수의 현란한 자극에 선택적 주의를 기울이는 경향이 있다.

해설
③ 의식이 과잉되어 있는 상태에서는 주의집중이 어렵다.

정답 ③

13. 산업재해보상보험법령상 보험급여의 종류가 아닌 것은?

① 장례비
② 간병급여
③ 직업재활급여
④ 생산손실비용

해설
보험급여의 종류(산업재해보상보험법 제36조)
요양급여, 휴업급여, 장해급여, 간병급여, 유족급여, 상병(傷病)보상연금, 장례비, 직업재활급여

정답 ④

14
산업안전보건법령상 그림과 같은 기본 모형이 나타내는 안전·보건표시의 표시사항으로 옳은 것은?(단, L은 안전·보건표지를 인식할 수 있거나 인식해야 할 안전거리를 말한다)

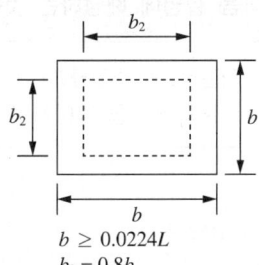

$b \geq 0.0224L$
$b_2 = 0.8b$

① 금지 ② 경고
③ 지시 ④ 안내

해설
산업안전보건법 시행규칙 별표 9에 따르면 해당 모형의 표시사항은 안내이다.

정답 ④

15
기업 내의 계층별 교육훈련 중 주로 관리감독자를 교육대상자로 하며 작업을 가르치는 능력, 작업방법을 개선하는 기능 등을 교육내용으로 하는 기업 내 정형교육은?

① TWI(Training Within Industry)
② ATT(American Telephone Telegram)
③ MTP(Management Training Program)
④ ATP(Administration Training Program)

해설
TWI(Training Within Industry)
직장에서 제일선 감독자를 교육대상으로 하여 그의 감독능력을 한층 더 발휘시키거나 인간관계를 개선해서 생산성을 높이기 위한 교육방법을 말한다.

정답 ①

16
사회행동의 기본 형태가 아닌 것은?

① 모방 ② 대립
③ 도피 ④ 협력

해설
사회행동의 기본 형태
도피, 대립, 융합, 협력

정답 ①

17
위험예지훈련의 문제해결 4라운드에 해당하지 않는 것은?

① 현상파악 ② 본질추구
③ 대책수립 ④ 원인결정

해설
위험예지훈련 문제해결 4라운드
• 1단계 : 현상파악(사실의 파악)
• 2단계 : 본질추구(원인의 파악)
• 3단계 : 대책수립
• 4단계 : 목표설정(행동계획 수립)

정답 ④

18
바이오리듬(생체리듬)에 관한 설명 중 틀린 것은?

① 안정기(+)와 불안정기(-)의 교차점을 위험일이라 한다.
② 감성적 리듬은 33일을 주기로 반복하며 주의력, 예감 등과 관련되어 있다.
③ 지성적 리듬은 'I'로 표시하며 사고력과 관련이 있다.
④ 육체적 리듬은 신체적 컨디션의 율동적 발현, 즉 식욕·활동력 등과 밀접한 관계를 갖는다.

해설
바이오리듬의 종류
• 감성적 리듬(S) : 28일 주기로 반복되며 주의력, 창조력, 예감, 통찰력 등을 좌우하는 리듬을 말한다.
• 육체적 리듬(P) : 23일 주기로 반복되며 식욕, 스태미나, 지구력 등을 좌우하는 리듬을 말한다.
• 지성적 리듬(I) : 33일 주기로 반복되며 상상력, 사고력, 기억력, 의지, 비판력 등을 좌우하는 리듬을 말한다.

정답 ②

19 운동의 시지각(착각현상) 중 자동운동이 발생하기 쉬운 조건에 해당하지 않는 것은?

① 광점이 작은 것
② 대상이 단순한 것
③ 광의 강도가 큰 것
④ 시야의 다른 부분이 어두운 것

해설
자동운동
- 암실 내에서 정지되어 있는 광점을 응시하고 있으면 그 광점이 움직이는 것처럼 보이는 현상
- 자동운동이 발생하기 쉬운 조건
  - 광점이 작은 것
  - 광의 강도가 작은 것
  - 시야의 다른 부분이 어두운 것
  - 대상이 단순한 것

정답 ③

20 보호구 안전인증 고시상 안전인증 방독마스크의 정화통 종류와 외부 측면의 표시색이 잘못 연결된 것은?

① 할로겐용 – 회색
② 황화수소용 – 회색
③ 암모니아용 – 회색
④ 사이안화수소용 – 회색

해설
방독마스크 종류별 정화통 외부 측면의 표시색(보호구 안전인증 고시 별표 5)
- 갈색 : 유기화합물용 정화통
- 회색 : 할로겐용, 황화수소용, 사이안화수소용 정화통
- 노란색 : 아황산용 정화통
- 녹색 : 암모니아용 정화통

정답 ③

제2과목 인간공학 및 시스템 안전공학

21 인간공학적 연구에 사용되는 기준척도의 요건 중 다음 설명에 해당하는 것은?

> 기준척도는 측정하고자 하는 변수 외의 다른 변수들의 영향을 받아서는 안 된다.

① 신뢰성
② 적절성
③ 검출성
④ 무오염성

해설
평가(기준)척도가 갖추어야 하는 일반적인 요건
- 무오염성 : 측정하고자 하는 변수가 아닌 다른 변수들에 의해 영향을 받지 않아야 한다.
- 신뢰성 : 실험 반복에 대한 일정한 결과를 나타내어야 한다.
- 타당성 및 적절성 : 시스템의 목표(goal)를 잘 반영하여야 한다.
- 실제적 요건 : 현실성을 가져야 하며, 실질적으로 이용하기 쉬워야 한다.
- 측정의 민감도 : 기대되는 차이에 적합한 정도의 단위로 측정이 가능해야 한다.

정답 ④

22 그림과 같은 시스템에서 부품 A, B, C, D의 신뢰도가 모두 r로 동일할 때 이 시스템의 신뢰도는?

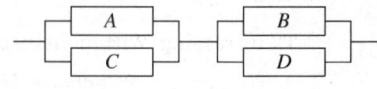

① $r(2-r^2)$
② $r^2(2-r)^2$
③ $r^2(2-r^2)$
④ $r^2(2-r)$

해설
신뢰도
$[1-(1-r)(1-r)] \times [1-(1-r)(1-r)]$
$= (2r-r^2)(2r-r^2)$
$= r^2(2-r)^2$

정답 ②

23
서브시스템 분석에 사용되는 분석방법으로 시스템 수명주기에서 ㉠에 들어갈 위험분석기법은?

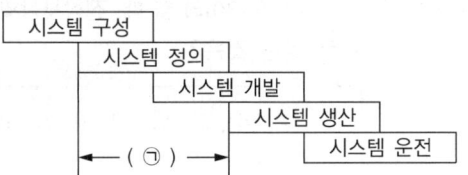

① PHA
② FHA
③ FTA
④ ETA

해설
FHA(결함위험분석)
서브시스템의 해석에 사용되는 분석기법으로, 분업에 의해 각각의 서브시스템을 분담하여 분담한 서브시스템 간에 인터페이스를 조정하고 전체 시스템과 서브시스템 간에 오류가 발생되지 않게 하기 위한 분석방법이다.

정답 ②

24
정신적 작업 부하에 관한 생리적 척도에 해당하지 않는 것은?

① 근전도
② 뇌파도
③ 부정맥 지수
④ 점멸융합주파수

해설
신체적 작업 부하 : 근전도(EMG, 근육의 피로도와 활성화 검사)

정답 ①

25
A사의 안전관리자는 자사 화학설비의 안전성 평가를 실시하고 있다. 그중 제2단계인 정성적 평가를 진행하기 위하여 평가항목을 설계 관계 대상과 운전 관계 대상으로 분류하였을 때 설계 관계 항목이 아닌 것은?

① 건조물
② 공장 내 배치
③ 입지조건
④ 원재료, 중간제품

해설
• 설계 관계 : 입지조건, 공장 내 배치, 건축물(건조물), 소방설비
• 운전 관계 : 원재료·중간제품, 공정, 수송·저장 등, 공정기기

정답 ④

26
불(Boole) 대수의 관계식으로 틀린 것은?

① $A + \overline{A} = 1$
② $A + AB = A$
③ $A(A+B) = A+B$
④ $A + \overline{A}B = A+B$

해설
③ $A(A+B) = A$

정답 ③

27
인간공학의 목표와 거리가 가장 먼 것은?

① 사고 감소
② 생산성 증대
③ 안전성 향상
④ 근골격계질환 증가

해설
④ 근골격계질환을 감소시키는 것이 인간공학의 목표 중 하나이다.
인간공학의 목표
인간공학은 인간을 위한 공학으로 인간이 사용하는 물건과의 상호관계를 다루며, 인간의 행동, 능력, 한계, 특성 등에 관한 정보를 통해서 기계, 시스템, 직무, 환경 등을 설계하는 데 응용하여 인간이 보다 쾌적하고 안전한 환경에서 근무하는 것을 목표한다.

정답 ④

28
통화 이해도 척도로서 통화 이해도에 영향을 주는 잡음의 영향을 추정하는 지수는?

① 명료도 지수
② 통화 간섭 수준
③ 이해도 점수
④ 통화 공진 수준

해설
통화 간섭 수준
통화 이해도에 영향을 주는 잡음의 영향을 추정하는 지수

정답 ②

29
예비위험분석(PHA)에서 식별된 사고의 범주가 아닌 것은?

① 중대(critical)
② 한계적(marginal)
③ 파국적(catastrophic)
④ 수용가능(acceptable)

해설
PHA(예비위험분석) 분류
- class 1 : 파국적(사망, 시스템 손상)
- class 2 : 중대, 위기(심각한 상해, 시스템 중대 손상)
- class 3 : 한계적(경미한 상해, 시스템 성능 저하)
- class 4 : 무시(경미 상해 및 시스템 저하 없음)

정답 ④

30
어떤 결함수를 분석하여 minimal cut set을 구한 결과 다음과 같았다. 각 기본사상의 발생확률은 q_i, $i = 1, 2, 3$이라 할 때, 정상사상의 발생확률함수로 맞는 것은?

$$k_1 = [1, 2],\ k_2 = [1, 3],\ k_3 = [2, 3]$$

① $q_1 q_2 + q_1 q_2 - q_2 q_3$
② $q_1 q_2 + q_1 q_3 - q_2 q_3$
③ $q_1 q_2 + q_1 q_3 + q_2 q_3 - q_1 q_2 q_3$
④ $q_1 q_2 + q_1 q_3 + q_2 q_3 - 2 q_1 q_2 q_3$

해설
미니멀 컷셋 FT도 구성

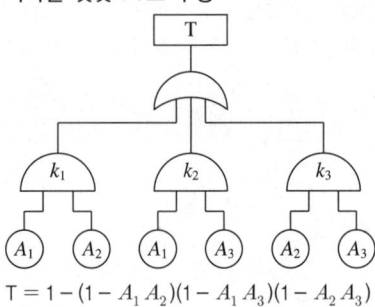

$T = 1 - (1 - A_1 A_2)(1 - A_1 A_3)(1 - A_2 A_3)$
$= A_1 A_2 + A_1 A_3 + A_2 A_3 - 2 A_1 A_2 A_3$
$= q_1 q_2 + q_1 q_3 + q_2 q_3 - 2 q_1 q_2 q_3$

정답 ④

31
반사경 없이 모든 방향으로 빛을 발하는 점광원에서 3m 떨어진 곳의 조도가 300lx라면 2m 떨어진 곳에서 조도(lx)는?

① 375
② 675
③ 875
④ 975

해설
조도(lx) = $\dfrac{광도}{거리^2}$

광도 = $300 \times 3^2 = 2,700$

$\therefore \dfrac{2,700}{2^2} = 675$

정답 ②

32
근골격계부담작업의 범위 및 유해요인조사방법에 관한 고시상 근골격계부담작업에 해당하지 않는 것은?(단, 상시작업을 기준으로 한다)

① 하루에 10회 이상 25kg 이상의 물체를 드는 작업
② 하루에 총 2시간 이상 쪼그리고 앉거나 무릎을 굽힌 자세에서 이루어지는 작업
③ 하루에 총 2시간 이상 시간당 5회 이상 손 또는 무릎을 사용하여 반복적으로 충격을 가하는 작업
④ 하루에 4시간 이상 집중적으로 자료입력 등을 위해 키보드 또는 마우스를 조작하는 작업

해설
③ 하루에 총 2시간 이상 시간당 10회 이상 손 또는 무릎을 사용하여 반복적으로 충격을 가하는 작업(근골격계부담작업의 범위 및 유해요인조사방법에 관한 고시 제3조)

정답 ③

33
시각적 식별에 영향을 주는 각 요소에 대한 설명 중 틀린 것은?

① 조도는 광원의 세기를 말한다.
② 휘도는 단위 면적당 표면에 반사 또는 방출되는 광량을 말한다.
③ 반사율은 물체의 표면에 도달하는 조도와 광도의 비를 말한다.
④ 광도 대비란 표적의 광도와 배경의 광도의 차이를 배경 광도로 나눈 값을 말한다.

해설
조도
단위 면적이 단위 시간에 받는 빛의 양(대상면에 도달하는 빛의 양)

정답 ①

34
부품배치의 원칙 중 기능적으로 관련된 부품들을 모아서 배치한다는 원칙은?

① 중요성의 원칙
② 사용빈도의 원칙
③ 사용순서의 원칙
④ 기능별 배치의 원칙

해설
부품배치의 원칙
• 중요성의 원칙 : 부품을 작동하는 성능이 목표 달성에 중요한 정도에 따라 우선순위를 정한다.
• 사용빈도의 원칙 : 자주 사용하는 부품에 따라 우선순위를 정한다.
• 기능별 배치의 원칙 : 기능적으로 관련된 부품들을 모아서 배치한다.
• 사용순서의 원칙 : 사용순서에 따라 부품을 배치한다.

정답 ④

35
HAZOP 분석기법의 장점이 아닌 것은?

① 학습 및 적용이 쉽다.
② 기법 적용에 큰 전문성을 요구하지 않는다.
③ 짧은 시간에 저렴한 비용으로 분석이 가능하다.
④ 다양한 관점을 가진 팀 단위 수행이 가능하다.

해설
③ 다수의 전문가가 참여하여 체계적으로 진행하여야 하는 과정에 있어 짧은 시간에 분석하기는 어렵다.
HAZOP(위험과 운전분석) : 대표적인 정성적 위험성 평가 기법으로 공정에 존재하는 위험요소들과 공정의 효율을 저하시키는 문제점을 찾아내어 원인을 제거하는 것을 의미한다.

정답 ③

36
태양광이 내리쬐지 않는 옥내의 습구흑구온도지수(WBGT)산출식은?

① 0.6×자연습구온도 + 0.3×흑구온도
② 0.7×자연습구온도 + 0.3×흑구온도
③ 0.6×자연습구온도 + 0.4×흑구온도
④ 0.7×자연습구온도 + 0.4×흑구온도

해설
습구흑구온도지수(℃)
- 태양광이 내리쬐지 않는 옥내 또는 옥외
  0.7×자연습구온도 + 0.3×흑구온도
- 태양광이 내리쬐는 옥외
  0.7×자연습구온도 + 0.2×흑구온도 + 0.1×건구온도

정답 ②

37
FTA에서 사용되는 논리 게이트 중 입력과 반대되는 현상으로 출력되는 것은?

① 부정 게이트
② 억제 게이트
③ 배타적 OR 게이트
④ 우선적 AND 게이트

해설
② 억제 게이트 : 입력사상이 특정한 조건을 만족한 경우에 출력
③ 배타적 OR 게이트 : 입력사상 중 오직 한 개의 발생으로만 출력
④ 우선적 AND 게이트 : 입력사상이 특정 순서로 발생하는 경우 출력

정답 ①

38
부품 고장이 발생하여도 기계가 추후 보수될 때까지 안전한 기능을 유지할 수 있도록 하는 기능은?

① fail-soft
② fail-active
③ fail-operational
④ fail-passive

해설
fail-safe의 기능적인 측면 3단계
- fail-operational : 부품이 고장이 있더라도 추후 보수가 있을 때까지 안전한 기능 유지
- fail-active : 부품이 고장 나는 경우, 경보는 울리지만 짧은 시간 동안 운전이 가능
- fail-passive : 부품이 고장 나는 경우 기계 정지

정답 ③

39
양립성의 종류가 아닌 것은?

① 개념의 양립성
② 감성의 양립성
③ 운동의 양립성
④ 공간의 양립성

해설
양립성의 종류
- 운동 양립성
- 공간 양립성
- 개념 양립성
- 양태(양식) 양립성

정답 ②

40
James Reason의 원인적 휴먼 에러 종류 중 다음 설명의 휴먼 에러 종류는?

> 자동차가 우측 운행하는 한국의 도로에 익숙해진 운전자가 좌측 운행을 해야 하는 일본에서 우측 운행을 하다가 교통사고를 냈다.

① 고의사고(violation)
② 숙련기반 에러(skill-based error)
③ 규칙기반 착오(rule-based mistake)
④ 지식기반 착오(knowledge-based mistake)

해설
③ 규칙기반 착오 : 올바른 규칙을 잘못 적용하거나 잘못된 규칙을 적용하는 의도적인 행동에 의한 휴먼 에러
James Reason 휴먼 에러(원인적 분류)
- 실수(slip) : 부주의에 의한 실수 / 숙련기반 에러
- 망각(lapse) : 기억실패에 의한 망각 / 숙련기반 에러
- 실패(mistake) : 목적수행 실패 / 규칙기반 착오, 지식기반 착오
- 위반(violation) : 일상, 상황, 고의위반

정답 ③

제3과목 기계위험 방지기술

41 산업안전보건법령상 사업주가 진동작업을 하는 근로자에게 충분히 알려야 할 사항과 거리가 가장 먼 것은?

① 인체에 미치는 영향과 증상
② 진동기계·기구 관리방법
③ 보호구 선정과 착용방법
④ 진동재해 시 비상연락체계

해설
유해성 등의 주지(산업안전보건기준에 관한 규칙 제519조)
사업주는 근로자가 진동작업에 종사하는 경우에 다음 사항을 근로자에게 충분히 알려야 한다.
• 인체에 미치는 영향과 증상
• 보호구의 선정과 착용방법
• 진동기계·기구 관리 및 사용방법
• 진동장해 예방방법

정답 ④

42 산업안전보건법령상 크레인에 전용 탑승설비를 설치하고 근로자를 달아 올린 상태에서 작업에 종사시킬 경우 근로자의 추락 위험을 방지하기 위하여 실시해야 할 조치사항으로 적합하지 않은 것은?

① 승차석 외의 탑승 제한
② 안전대나 구명줄의 설치
③ 탑승설비의 하강 시 동력하강방법을 사용
④ 탑승설비가 뒤집히거나 떨어지지 않도록 필요한 조치

해설
탑승의 제한(산업안전보건기준에 관한 규칙 제86조)
사업주는 크레인을 사용하여 근로자를 운반하거나 근로자를 달아 올린 상태에서 작업에 종사시켜서는 아니 된다. 다만, 크레인에 전용 탑승설비를 설치하고 추락 위험을 방지하기 위하여 다음 조치를 한 경우에는 그러하지 아니하다.
• 탑승설비가 뒤집히거나 떨어지지 않도록 필요한 조치를 할 것
• 안전대나 구명줄을 설치하고, 안전난간을 설치할 수 있는 구조인 경우에는 안전난간을 설치할 것
• 탑승설비를 하강시킬 때에는 동력하강방법으로 할 것

정답 ①

43 연삭기에서 숫돌의 바깥지름이 150mm일 경우 평형플랜지 지름은 몇 mm 이상이어야 하는가?

① 30 ② 50
③ 60 ④ 90

해설
숫돌 고정장치의 요건(위험기계·기구 자율안전확인 고시 별표 1)
평형플랜지의 직경은 설치하는 숫돌 직경의 3분의 1이상, 여유값은 1.5mm 이상

정답 ②

44 플레이너 작업 시의 안전대책이 아닌 것은?

① 베드 위에 다른 물건을 올려놓지 않는다.
② 바이트는 되도록 짧게 나오도록 설치한다.
③ 프레임 내의 피트(pit)에는 뚜껑을 설치한다.
④ 칩 브레이커를 사용하여 칩이 길게 되도록 한다.

해설
칩 브레이커
선반에서 절삭가공 시 발생하는 칩을 짧게 끊어지도록 절단시키는 장치

정답 ④

45
양중기 과부하방지장치의 일반적인 공통사항에 대한 설명 중 부적합한 것은?

① 과부하방지장치와 타 방호장치는 기능에 서로 장애를 주지 않도록 부착할 수 있는 구조이어야 한다.
② 방호장치의 기능을 변형 또는 보수할 때 양중기의 기능도 동시에 정지할 수 있는 구조이어야 한다.
③ 과부하방지장치에는 정상동작 상태의 녹색 램프와 과부하 시 경고 표시를 할 수 있는 붉은색 램프와 경보음을 발하는 장치 등을 갖추어야 하며, 양중기 운전자가 확인할 수 있는 위치에 설치해야 한다.
④ 과부하방지장치 작동 시 경보음과 경보 램프가 작동되어야 하며 양중기는 작동되지 않아야 한다. 다만, 크레인은 과부하 상태 해지를 위하여 권상된 만큼 권하시킬 수 있다.

해설
양중기 과부하방지장치 성능기준 일반 공통사항(방호장치 안전인증고시 별표 2)
- 과부하방지장치 작동 시 경보음과 경보 램프가 작동되어야 하며 양중기는 작동되지 않아야 한다. 다만, 크레인은 과부하 상태 해지를 위하여 권상된 만큼 권하시킬 수 있다.
- 외함은 납봉인 또는 시건할 수 있는 구조이어야 한다.
- 외함의 전선 접촉 부분은 고무 등으로 밀폐되어 물과 먼지 등이 들어가지 않도록 한다.
- 과부하방지장치와 타 방호장치는 기능에 서로 장애를 주지 않도록 부착할 수 있는 구조이어야 한다.
- 방호장치의 기능을 제거 또는 정지할 때 양중기의 기능도 동시에 정지할 수 있는 구조이어야 한다.
- 과부하방지장치는 별표 2의2 각 호의 시험 후 정격하중의 1.1배 권상 시 경보와 함께 권상동작이 정지되고 횡행과 주행동작이 불가능한 구조이어야 한다. 다만, 타워크레인은 정격하중의 1.05배 이내로 한다.
- 과부하방지장치에는 정상동작 상태의 녹색 램프와 과부하 시 경고 표시를 할 수 있는 붉은색 램프와 경보음을 발하는 장치 등을 갖추어야 하며, 양중기 운전자가 확인할 수 있는 위치에 설치해야 한다.

정답 ②

46
산업안전보건법령상 프레스 작업시작 전 점검해야 할 사항에 해당하는 것은?

① 와이어로프가 통하고 있는 곳 및 작업장소의 지반 상태
② 하역장치 및 유압장치 기능
③ 권과방지장치 및 그 밖의 경보장치의 기능
④ 1행정 1정지기구·급정지장치 및 비상정지장치의 기능

해설
작업시작 전 점검사항(산업안전보건기준에 관한 규칙 별표 3)
프레스 등을 사용하여 작업을 할 때
- 클러치 및 브레이크의 기능
- 크랭크축·플라이휠·슬라이드·연결봉 및 연결 나사의 풀림 여부
- 1행정 1정지기구·급정지장치 및 비상정지장치의 기능
- 슬라이드 또는 칼날에 의한 위험방지 기구의 기능
- 프레스의 금형 및 고정볼트 상태
- 방호장치의 기능
- 전단기(剪斷機)의 칼날 및 테이블의 상태

정답 ④

47
방호장치를 분류할 때는 크게 위험장소에 대한 방호장치와 위험원에 대한 방호장치로 구분할 수 있는데, 다음 중 위험장소에 대한 방호장치가 아닌 것은?

① 격리형 방호장치
② 접근거부형 방호장치
③ 접근반응형 방호장치
④ 포집형 방호장치

해설
위험기계·기구 방호장치 분류
- 위험장소 : 위치제한형 방호장치, 접근거부형 방호장치, 접근반응형 방호장치, 격리형 방호장치
- 격리형 : 포집형 방호장치, 감지형 방호장치

정답 ④

48 산업안전보건법령상 목재가공용 기계에 사용되는 방호장치의 연결이 옳지 않은 것은?

① 둥근톱기계 : 톱날접촉 예방장치
② 띠톱기계 : 날접촉 예방장치
③ 모따기기계 : 날접촉 예방장치
④ 동력식 수동대패기계 : 반발 예방장치

해설
④ 동력식 수동대패기계 : 날접촉 예방장치(산업안전보건기준에 관한 규칙 제109조)

정답 ④

49 다음 중 금속 등의 도체에 교류를 통한 코일을 접근시켰을 때, 결함이 존재하면 코일에 유기되는 전압이나 전류가 변하는 것을 이용한 검사방법은?

① 자분탐상검사
② 초음파탐상검사
③ 와류탐상검사
④ 침투형광탐상검사

해설
③ 와류탐상검사 : 금속 등의 도체에 교류를 통한 코일을 접근시켰을 때 결함이 존재하면 전류의 흐름이 변화하는 것을 통해 결함을 검사하는 비파괴검사 방법
① 자분탐상검사 : 강자성체를 자화하고 결함 부분에 생긴 자극에 자분이 부착되는 것을 이용하여 결함을 검사하는 비파괴검사 방법
② 초음파탐상검사 : 초음파를 사용하여 내부결함을 검사하는 비파괴검사 방법
④ 침투형광탐사검사 : 형광물질을 넣은 침투액을 사용하여 330~390nm의 자외선을 조사하고 결함 지시 모양의 형광을 발하게 하여 결함을 검사하는 비파괴검사방법

정답 ③

50 산업안전보건법령상에서 정한 양중기의 종류에 해당하지 않는 것은?

① 크레인[호이스트(hoist)를 포함한다]
② 도르래
③ 곤돌라
④ 승강기

해설
양중기의 종류(산업안전보건기준에 관한 규칙 제132조)
• 크레인[호이스트(hoist)를 포함한다]
• 이동식 크레인
• 리프트(이삿짐운반용 리프트의 경우에는 적재하중이 0.1ton 이상인 것으로 한정한다)
• 곤돌라
• 승강기

정답 ②

51 롤러의 급정지를 위한 방호장치를 설치하고자 한다. 앞면 롤러 직경이 36cm이고, 분당 회전속도가 50rpm이라면 급정지거리는 약 얼마 이내이어야 하는가?(단, 무부하동작에 해당한다)

① 45cm
② 50cm
③ 55cm
④ 60cm

해설
롤러기 급정지장치의 성능기준 – 무부하 동작에서의 앞면 롤러의 표면속도에 따른 급정지거리(방호장치 자율안전기준 고시 별표 3)

앞면 롤러의 표면속도(m/min)	급정지거리
30 미만	앞면 롤러 원주의 3분의 1 이내
30 이상	앞면 롤러 원주의 2.5분의 1 이내

※ 표면속도 산식 : $V = \dfrac{\pi DN}{1,000}$ (m/min)

여기서, D : 롤러 원통의 직경(mm)
N : 1분 간에 롤러기가 회전되는 수(rpm)

따라서, $V = \dfrac{\pi \times 360 \times 50}{1,000} ≒ 56.55$(m/min)이며, 표면속도가 30 이상이므로 급정지거리는 앞면 롤러 원주의 $\dfrac{1}{2.5}$이다.

∴ 급정지거리 $= \pi \times 36 \times \dfrac{1}{2.5} ≒ 45.24$cm

정답 ①

52
다음 중 금형 설치·해체작업의 일반적인 안전사항으로 틀린 것은?

① 고정볼트는 고정 후 가능하면 나사산을 3~4개 정도 짧게 남겨 슬라이드 면과의 사이에 협착이 발생하지 않도록 해야 한다.
② 금형 고정용 브래킷(물림판)을 고정시킬 때 고정용 브래킷은 수평이 되게 하고, 고정볼트는 수직이 되게 고정하여야 한다.
③ 금형을 설치하는 프레스의 T홈 안길이는 설치볼트 직경 이하로 한다.
④ 금형의 설치용구는 프레스의 구조에 적합한 형태로 한다.

해설
금형 설치·해체작업 시 안전사항
• 금형을 설치하는 프레스의 T홈의 안길이는 설치 볼트 직경의 2배 이상으로 한다.
• 고정볼트는 고정 후 가능하면 나사선이 3~4개 정도 짧게 남겨 슬라이드 면과의 사이에 협착이 발생하지 않도록 해야 한다.
• 금형 고정용 브래킷을 고정시킬 때 고정용 브래킷은 수평이 되게 하고, 고정 볼트는 수직이 되게 고정해야 한다.
• 금형의 설치용구는 프레스의 구조에 적합한 형태로 한다.

정답 ③

54
슬라이드가 내려옴에 따라 손을 쳐내는 막대가 좌우로 왕복하면서 위험점으로부터 손을 보호하여 주는 프레스의 안전장치는?

① 수인식 방호장치
② 양손조작식 방호장치
③ 손쳐내기식 방호장치
④ 게이트 가드식 방호장치

해설
프레스의 방호장치
• 손쳐내기식 방호장치 : 손을 쳐내는 막대가 좌우로 왕복하면서 위험점으로부터 손을 보호하여 주는 방호장치
• 양수조작식 방호장치 : 1행정 1정지식 프레스에 사용되며 양손으로 동시에 조작을 하지 않을 경우에는 기계가 동작하지 않는 방호장치
• 게이트 가드식 방호장치 : 장비의 가드가 열려 있는 상태라면 동작하지 않고 기계 자체가 위험한 상태일 경우 가드가 열리지 않도록 하는 방호장치
• 수인식 방호장치 : 슬라이드와 작업자 손을 끈으로 연결하여 슬라이드 하강 시 작업자의 손을 당겨 위험점으로부터 보호하여 주는 방호장치
• 광전식 방호장치 : 신체의 일부가 위험점 및 접근금지 구역에 접근하게 되어 광선을 차단하게 되는 경우 급정지하는 방호장치

정답 ③

53
산업안전보건법령상 보일러에 설치하는 압력방출장치에 대하여 검사 후 봉인에 사용되는 재료에 가장 적합한 것은?

① 납
② 주석
③ 구리
④ 알루미늄

해설
압력방출장치(산업안전보건기준에 관한 규칙 제116조)
압력방출장치는 매년 1회 이상 국가표준기본법에 따라 산업통상자원부장관의 지정을 받은 국가교정업무 전담기관(국가교정기관)에서 교정을 받은 압력계를 이용하여 설정압력에서 압력방출장치가 적정하게 작동하는지를 검사한 후 납으로 봉인하여 사용하여야 한다.

정답 ①

55
산업안전보건법령에 따라 사업주는 근로자가 안전하게 통행할 수 있도록 통로에 얼마 이상의 채광 또는 조명시설을 하여야 하는가?

① 50lx
② 75lx
③ 90lx
④ 100lx

해설
작업 시 조도기준(산업안전보건기준에 관한 규칙 제8조)
• 초정밀작업 : 750lx 이상
• 정밀작업 : 300lx 이상
• 보통작업 : 150lx 이상
• 그 밖의 작업(통로 등) : 75lx 이상

정답 ②

56
산업안전보건법령상 다음 중 보일러의 방호장치와 가장 거리가 먼 것은?

① 언로드밸브
② 압력방출장치
③ 압력제한스위치
④ 고저수위 조절장치

해설
보일러의 방호장치(산업안전보건기준에 관한 규칙 제119조)
• 압력방출장치
• 압력제한스위치
• 고저수위 조절장치
• 화염검출기

정답 ①

57
다음 중 롤러기 급정지장치의 종류가 아닌 것은?

① 어깨 조작식
② 손 조작식
③ 복부 조작식
④ 무릎 조작식

해설
롤러기 급정지장치(위험기계·기구 안전인증 고시 별표 5)
• 손 조작식 : 밑면으로부터 1.8m 이내 설치
• 복부 조작식 : 밑면으로부터 0.8m 이상 1.1m 이내 설치
• 무릎 조작식 : 밑면으로부터 0.4m 이상 0.6m 이내 설치
※ 비고 : 위치는 급정지장치 조작부의 중심점을 기준으로 함

정답 ①

58
산업안전보건법령에 따라 레버풀러(lever puller) 또는 체인블록(chain block)을 사용하는 경우 훅의 입구(hook mouth) 간격이 제조자가 제공하는 제품사양서 기준으로 몇 % 이상 벌어진 것은 폐기하여야 하는가?

① 3
② 5
③ 7
④ 10

해설
④ 레버풀러(lever puller) 또는 체인블록(chain block)을 사용하는 경우 훅의 입구(hook mouth) 간격이 제조자가 제공하는 제품사양서 기준으로 10% 이상 벌어진 것은 폐기할 것(산업안전보건기준에 관한 규칙 제96조)

정답 ④

59
컨베이어(conveyor) 역전방지장치의 형식을 기계식과 전기식으로 구분할 때 기계식에 해당하지 않는 것은?

① 래칫식
② 밴드식
③ 스러스트식
④ 롤러식

해설
역전방지장치 형식에 따른 컨베이어의 분류
• 기계식 : 래칫식, 롤러식, 밴드식
• 전기적 : 전기브레이크, 스러스트브레이크

정답 ③

60
다음 중 연삭숫돌의 3요소가 아닌 것은?

① 결합제
② 입자
③ 저항
④ 기공

해설
연삭숫돌의 3요소
• 결합제 : 숫돌 입자를 고정시키기 위한 본드
• 입자 : 숫돌의 입자로 절삭하는 날
• 기공 : 절삭칩이 쌓이는 공간

정답 ③

제4과목 전기위험 방지기술

61 다음 ( ) 안의 알맞은 내용을 나타낸 것은?

> 폭발성 가스의 폭발등급 측정에 사용되는 표준 용기는 내용적이 (㉮)cm³, 반구상의 플랜지 접합면의 안길이 (㉯)mm의 구상 용기 틈새를 통과시켜 화염일주한계를 측정하는 장치이다.

① ㉮ 600, ㉯ 0.4
② ㉮ 1,800, ㉯ 0.6
③ ㉮ 4,500, ㉯ 8
④ ㉮ 8,000, ㉯ 25

해설
폭발성 가스의 폭발등급 측정에 사용되는 표준용기는 내용적이 8L(= 8,000cm³), 반구상의 플랜지 접합면의 안길이 25mm인 구상 용기의 틈새를 통과시켜 화염일주한계를 측정하는 장치이다.

정답 ④

62 다음 차단기는 개폐기구가 절연물의 용기 내에 일체로 조립한 것으로 과부하 및 단락사고 시에 자동적으로 전로를 차단하는 장치는?

① OS
② VCB
③ MCCB
④ ACB

해설
MCCB(배선용 차단기)
과전류 및 단락 등이 발생하여 전류의 흐름이 증가하였을 때 자동적으로 전로를 차단하는 장치

정답 ③

63 한국전기설비규정에 따라 보호등전위본딩 도체로서 주접지단자에 접속하기 위한 등전위본딩 도체(구리 도체)의 단면적은 몇 mm² 이상이어야 하는가?(단, 등전위본딩 도체는 설비 내에 있는 가장 큰 보호접지 도체 단면적의 2분의 1 이상의 단면적을 가지고 있다)

① 2.5
② 6
③ 16
④ 50

해설
보호등전위본딩 도체(한국전기설비규정 143.3.1)
• 주접지단자에 접속하기 위한 등전위본딩 도체는 설비 내에 있는 가장 큰 보호접지 도체 단면적의 2분의 1 이상의 단면적을 가져야 하고 다음의 단면적 이상이어야 한다.
 - 구리 도체 6mm²
 - 알루미늄 도체 16mm²
 - 강철 도체 50mm²
• 주접지단자에 접속하기 위한 보호본딩 도체의 단면적은 구리 도체 25mm² 또는 다른 재질의 동등한 단면적을 초과할 필요는 없다.

정답 ②

64 저압전로의 절연성능시험에서 전로의 사용전압이 380V인 경우 전로의 전선 상호 간 및 전로와 대지 사이의 절연저항은 최소 몇 MΩ 이상이어야 하는가?

① 0.1
② 0.3
③ 0.5
④ 1

해설
저압전로의 절연성능(전기설비기술기준 제52조)

전로의 사용전압(V)	DC 시험전압(V)	절연저항(MΩ)
SELV 및 PELV	250 이상	0.5 이상
FELV, 500V 이하	500 이상	1.0 이상
500V 초과	1,000 이상	1.0 이상

정답 ④

65. 전격의 위험을 결정하는 주된 인자로 가장 거리가 먼 것은?

① 통전전류
② 통전시간
③ 통전경로
④ 접촉전압

해설
인체감전 위험도
통전전류의 크기, 통전시간, 통전경로, 전원의 종류에 따라 결정되며 통전전류의 크기, 통전시간, 통전경로, 전원의 종류 순으로 그 위험성이 크다.

정답 ④

67. 내압방폭구조의 필요충분조건에 대한 사항으로 틀린 것은?

① 폭발화염이 외부로 유출되지 않을 것
② 습기침투에 대한 보호를 충분히 할 것
③ 내부에서 폭발한 경우 그 압력에 견딜 것
④ 외함의 표면온도가 외부의 폭발성 가스를 점화하지 않을 것

해설
내압 방폭구조
내부의 폭발로 인해 외부의 가연성 물질이 점화될 수 없도록 안전간극을 사용한 구조이다.

정답 ②

66. 교류 아크용접기의 허용사용률(%)은?(단, 정격사용률은 10%, 2차 정격전류는 500A, 교류 아크용접기의 사용전류는 250A이다)

① 30
② 40
③ 50
④ 60

해설
교류 아크용접기의 허용사용률

$$허용사용률 = \frac{정격\ 2차\ 전류^2}{실제용접전류^2} \times 정격사용률$$
$$= \frac{500^2}{250^2} \times 10$$
$$= 40\%$$

정답 ②

68. 다음 중 전동기를 운전하고자 할 때 개폐기의 조작 순서로 옳은 것은?

① 메인 스위치 → 분전반 스위치 → 전동기용 개폐기
② 분전반 스위치 → 메인 스위치 → 전동기용 개폐기
③ 전동기용 개폐기 → 분전반 스위치 → 메인 스위치
④ 분전반 스위치 → 전동기용 스위치 → 메인 스위치

해설
전동기 운전 시 개폐기 조작 순서
메인 스위치 → 분전반 스위치 → 전동기용 개폐기

정답 ①

69. 다음 빈칸에 들어갈 내용으로 알맞은 것은?

> 교류 특고압 가공전선로에서 발생하는 극저주파 전자계는 지표상 1m에서 전계가 (ⓐ), 자계가 (ⓑ)가 되도록 시설하는 등 상시 정전유도 및 전자유도 작용에 의하여 사람에게 위험을 줄 우려가 없도록 시설하여야 한다.

① ⓐ 0.35kV/m 이하, ⓑ 0.833μT 이하
② ⓐ 3.5kV/m 이하, ⓑ 8.33μT 이하
③ ⓐ 3.5kV/m 이하, ⓑ 83.3μT 이하
④ ⓐ 35kV/m 이하, ⓑ 833μT 이하

해설
유도장해 방지(전기설비기술기준 제17조)
교류 특고압 가공전선로에서 발생하는 극저주파 전자계는 지표상 1m에서 전계가 3.5kV/m 이하, 자계가 83.3μT 이하가 되도록 시설하고, 직류 특고압 가공전선로에서 발생하는 직류전계는 지표면에서 25kV/m 이하, 직류자계는 지표상 1m에서 400,000μT 이하가 되도록 시설하는 등 상시 정전유도(靜電誘導) 및 전자유도(電磁誘導) 작용에 의하여 사람에게 위험을 줄 우려가 없도록 시설하여야 한다. 다만, 논밭, 산림 그 밖에 사람의 왕래가 적은 곳에서 사람에 위험을 줄 우려가 없도록 시설하는 경우에는 그러하지 아니하다.

정답 ③

70. 감전사고를 방지하기 위한 방법으로 틀린 것은?

① 전기기기 및 설비의 위험부에 위험표지
② 전기설비에 대한 누전차단기 설치
③ 전기기기에 대한 정격표시
④ 무자격자는 전기기계 및 기구에 전기적인 접촉 금지

해설
③ 전기기기에 대한 정격표시는 감전사고를 방지하기 위한 조치가 아니며 기기를 보호하기 위한 수단이다.
감전사고 예방대책
• 전기기기 및 설비의 위험부에 위험표지 부착
• 누전으로 인한 감전을 예방하기 위해 누전차단기 설치
• 무자격자는 전기기계 및 기구에 접촉할 수 없도록 조치
• 전기 취급자에는 절연용 보호구 착용하도록 조치
• 접지를 통해 누설전류로 인한 감전 예방

정답 ③

71. 외부피뢰시스템에서 접지극은 지표면에서 몇 m 이상 깊이로 매설하여야 하는가?(단, 동결심도는 고려하지 않는 경우이다)

① 0.5
② 0.75
③ 1
④ 1.25

해설
접지극 시스템(한국전기설비규정 152.3)
지표면에서 0.75m 이상 깊이로 매설하여야 한다. 다만, 필요시는 해당 지역의 동결심도를 고려한 깊이로 할 수 있다.

정답 ②

72. 정전기의 재해방지 대책이 아닌 것은?

① 부도체에는 도전성을 향상 또는 제전기를 설치 운영한다.
② 접촉 및 분리를 일으키는 기계적 작용으로 인한 정전기 발생을 적게 하기 위해서는 가능한 접촉 면적을 크게 하여야 한다.
③ 저항률이 $10^{10}\Omega \cdot cm$ 미만의 도전성 위험물의 배관유속은 7m/s 이하로 한다.
④ 생산공정에 별다른 문제가 없다면, 습도를 70% 정도 유지하는 것도 무방하다.

해설
② 접촉 및 분리를 일으키는 기계적 작용으로 인한 정전기 발생을 적게 하기 위해서는 접촉 면적을 작게 하여야 한다.

정답 ②

73
어떤 부도체에서 정전용량이 10pF이고, 전압이 5kV일 때 전하량(C)은?

① 9×10^{-12}
② 6×10^{-10}
③ 5×10^{-8}
④ 2×10^{-6}

해설

전하량(Q)
$Q = C \times V$
$Q = 10(pF) \times 5(kV)$
$\quad = (10 \times 10^{-12}) \times (5 \times 10^3)$
$\quad = 5 \times 10^{-8}(C)$

정답 ③

74
KS C IEC 60079-0에 따른 방폭에 대한 설명으로 틀린 것은?

① 기호 'X'는 방폭기기의 특정사용조건을 나타내는 데 사용되는 인증번호의 접미사이다.
② 인화하한(LFL)과 인화상한(UFL) 사이의 범위가 클수록 폭발성 가스 분위기 형성 가능성이 크다.
③ 기기 그룹에 따라 폭발성 가스를 분류할 때 ⅡA의 대표 가스로 에틸렌이 있다.
④ 연면거리는 두 도전부 사이의 고체 절연물 표면을 따른 최단거리를 말한다.

해설

그룹 Ⅱ의 세부분류
- ⅡA 대표적 가스 : 프로페인
- ⅡB 대표적 가스 : 에틸렌
- ⅡC 대표적 가스 : 아세틸렌, 수소

정답 ③

75
다음 중 활선근접작업 시의 안전조치로 적절하지 않은 것은?

① 근로자가 절연용 방호구의 설치·해체작업을 하는 경우에는 절연용 보호구를 착용하거나 활선작업용 기구 및 장치를 사용하도록 하여야 한다.
② 저압인 경우에는 해당 전기작업자가 절연용 보호구를 착용하되, 충전전로에 접촉할 우려가 없는 경우에는 절연용 방호구를 설치하지 아니할 수 있다.
③ 유자격자가 아닌 근로자가 근로자의 몸 또는 긴 도전성 물체가 방호되지 않은 충전전로에서 대지전압이 50kV 이하인 경우에는 400cm 이내로 접근할 수 없도록 하여야 한다.
④ 고압 및 특별고압의 전로에서 전기작업을 하는 근로자에게 활선작업용 기구 및 장치를 사용하여야 한다.

해설

충전전로에서의 전기작업(산업안전보건기준에 관한 규칙 제321조)
유자격자가 아닌 근로자가 충전전로 인근의 높은 곳에서 작업할 때에 근로자의 몸 또는 긴 도전성 물체가 방호되지 않은 충전전로에서 대지전압이 50kV 이하인 경우에는 300cm 이내로, 대지전압이 50kV를 넘는 경우에는 10kV당 10cm씩 더한 거리 이내로 각각 접근할 수 없도록 할 것

정답 ③

76
밸브 저항형 피뢰기의 구성요소로 옳은 것은?

① 직렬 갭, 특성요소
② 병렬 갭, 특성요소
③ 직렬 갭, 충격요소
④ 병렬 갭, 충격요소

해설

피뢰기 구성요소
직렬 갭, 특성요소

정답 ①

77. 정전기 제거방법으로 가장 거리가 먼 것은?

① 작업장 바닥을 도전처리한다.
② 설비의 도체 부분은 접지시킨다.
③ 작업자는 대전방지화를 신는다.
④ 작업장을 항온으로 유지한다.

해설
④ 작업장을 항온으로 만드는 것과는 상관이 없으며, 습도(60% 이상)를 관리한다.

정전기 재해방지 대책
- 접지
- 유속의 제한
- 보호구의 착용
- 대전방지제 사용
- 가습(60~80%에서 효과가 있음)
- 제전기 사용

정답 ④

78. 인체의 전기저항을 0.5kΩ이라고 하면 심실세동을 일으키는 위험한계에너지는 몇 J인가?(단, 심실세동전류값 $I = \dfrac{165}{\sqrt{T}}$ mA의 Dalziel 식을 이용하며, 통전시간은 1초로 한다)

① 13.6
② 12.6
③ 11.6
④ 10.6

해설
위험한계에너지
$$Q = I^2 RT$$
$$= \left(\dfrac{165}{\sqrt{1}} \times 10^{-3}\right)^2 \times 500 \times 1$$
$$\fallingdotseq 13.61\text{J}$$

정답 ①

79. 다음 중 전기설비기술기준에 따른 전압의 구분으로 틀린 것은?

① 저압 : 직류 1kV 이하
② 고압 : 교류 1kV 초과, 7kV 이하
③ 특고압 : 직류 7kV 초과
④ 특고압 : 교류 7kV 초과

해설
전압의 구분(전기설비기술기준 제3조)

구분	교류(kV)	직류(kV)
저압	1 이하	1.5 이하
고압	1 초과 7 이하	1.5 초과 7 이하
특고압	7 초과	

정답 ①

80. 가스 그룹 ⅡB 지역에 설치된 내압방폭구조 'd' 장비의 플랜지 개구부에서 장애물까지의 최소 거리(mm)는?

① 10
② 20
③ 30
④ 40

해설
플랜지 접합면과 장애물과의 최소 이격거리(내압 방폭구조)
- ⅡA : 10mm
- ⅡB : 30mm
- ⅡC : 40mm

정답 ③

제5과목　화학설비위험 방지기술

81 다음 설명이 의미하는 것은?

> 온도, 압력 등 제어 상태가 규정의 조건을 벗어나는 것에 의해 반응속도가 지수함수적으로 증대되고, 반응용기 내의 온도, 압력이 급격히 이상 상승되어 규정조건을 벗어나고, 반응이 과격화되는 현상

① 비등　② 과열·과압
③ 폭발　④ 반응폭주

해설
반응폭주 : 온도, 압력 등 제어 상태가 규정의 조건을 벗어나 반응용기 내의 온도, 압력이 이상 상승되어 반응이 과격화되는 현상

정답 ④

82 다음 중 전기화재의 종류에 해당하는 것은?

① A급　② B급
③ C급　④ D급

해설
화재급수
- A급 : 일반화재
- B급 : 유류화재
- C급 : 전기화재
- D급 : 금속화재
- E급 : 가스화재
- K급 : 주방화재

정답 ③

83 다음 중 폭발범위에 관한 설명으로 틀린 것은?

① 상한값과 하한값이 존재한다.
② 온도에는 비례하지만 압력과는 무관하다.
③ 가연성 가스의 종류에 따라 각각 다른 값을 갖는다.
④ 공기와 혼합된 가연성 가스의 체적 농도로 나타낸다.

해설
② 압력상승 시 폭발하한계는 변하지 않지만 폭발상한계는 상승하여 폭발범위가 넓어지게 된다.

정답 ②

84 다음 표와 같은 혼합가스의 폭발범위(vol%)로 옳은 것은?

종류	용적비율 (vol%)	폭발하한계 (vol%)	폭발상한계 (vol%)
CH_4	70	5	15
C_2H_6	15	3	12.5
C_3H_8	5	2.1	9.5
C_4H_{10}	10	1.9	8.5

① 3.75~13.21
② 4.33~13.21
③ 4.33~15.22
④ 3.75~15.22

해설

$$L = \frac{V_1 + V_2 + V_3 + \cdots}{\frac{V_1}{L_1} + \frac{V_2}{L_2} + \frac{V_3}{L_3} + \cdots}$$

- 폭발하한계 $L = \dfrac{70+15+5+10}{\frac{70}{5}+\frac{15}{3}+\frac{5}{2.1}+\frac{10}{1.9}} = 3.75 \text{vol}\%$

- 폭발상한계 $L = \dfrac{70+15+5+10}{\frac{70}{15}+\frac{15}{12.5}+\frac{5}{9.5}+\frac{10}{8.5}}$
　　　　　　　$= 13.21 \text{vol}\%$

정답 ①

85
위험물을 저장·취급하는 화학설비 및 그 부속설비를 설치할 때 단위공정시설 및 설비로부터 다른 단위공정시설 및 설비의 사이의 안전거리는 설비의 바깥 면으로부터 몇 m 이상이 되어야 하는가?

① 5
② 10
③ 15
④ 20

해설
안전거리(산업안전보건기준에 관한 규칙 별표 8)
단위공정시설 및 설비로부터 다른 단위공정시설 및 설비의 사이는 설비 바깥면으로부터 10m 이상의 안전거리를 두어야 한다.

정답 ②

86
열교환기의 열교환 능률을 향상시키기 위한 방법으로 거리가 먼 것은?

① 유체의 유속을 적절하게 조절한다.
② 유체의 흐르는 방향을 병류로 한다.
③ 열교환기 입구와 출구의 온도차를 크게 한다.
④ 열전도율이 좋은 재료를 사용한다.

해설
② 유체의 흐르는 방향을 향류로 한다.
- 병류 : 두 유체가 흐르는 방향이 같은 경우를 말한다.
- 향류 : 두 유체 사이에서 열의 이동이나 물질의 이동이 있는 경우 두 유체가 흐르는 방향이 반대인 것을 말한다.

정답 ②

87
다음 중 인화성 물질이 아닌 것은?

① 다이에틸에테르
② 아세톤
③ 에틸알코올
④ 과염소산칼륨

해설
④ 산화성 고체이다.

정답 ④

88
산업안전보건법령상 위험물질의 종류에서 '폭발성 물질 및 유기과산화물'에 해당하는 것은?

① 리튬
② 아조화합물
③ 아세틸렌
④ 셀룰로이드류

해설
폭발성 물질 및 유기과산화물(산업안전보건기준에 관한 규칙 별표 1)
- 질산에스터류
- 나이트로화합물
- 나이트로소화합물
- 아조화합물
- 다이아조화합물
- 하이드라진 유도체
- 유기과산화물
- 그 밖에 위에 열거한 물질과 같은 정도의 폭발위험이 있는 물질
- 위에 열거한 물질을 함유한 물질

정답 ②

89
건축물 공사에 사용되고 있으나, 불에 타는 성질이 있어서 화재 시 유독한 사이안화수소 가스가 발생되는 물질은?

① 염화비닐
② 염화에틸렌
③ 메타크릴산메틸
④ 우레탄

해설
우레탄은 화재 시 유독한 사이안화수소 등의 가스를 발생시킨다.

정답 ④

90
반응기를 설계할 때 고려하여야 할 요인으로 가장 거리가 먼 것은?

① 부식성
② 상의 형태
③ 온도범위
④ 중간생성물의 유무

해설
반응기 설계 시 고려사항
• 부식성
• 상의 형태
• 온도범위
• 압력

정답 ④

92
산업안전보건법령상 각 물질이 해당하는 위험물질의 종류를 옳게 연결한 것은?

① 아세트산(농도 90%) – 부식성 산류
② 아세톤(농도 90%) – 부식성 염기류
③ 이황화탄소 – 인화성 가스
④ 수산화칼륨 – 인화성 가스

해설
부식성 물질(산업안전보건기준에 관한 규칙 별표 1)
• 부식성 산류
  – 농도가 20% 이상인 염산, 황산, 질산, 그 밖에 이와 같은 정도 이상의 부식성을 가지는 물질
  – 농도가 60% 이상인 인산, 아세트산, 플루오린산, 그 밖에 이와 같은 정도 이상의 부식성을 가지는 물질
• 부식성 염기류 : 농도가 40% 이상인 수산화나트륨, 수산화칼륨, 그 밖에 이와 같은 정도 이상의 부식성을 가지는 염기류

정답 ①

93
물과의 반응으로 유독한 포스핀가스를 발생하는 것은?

① HCl
② NaCl
③ Ca_3P_2
④ $Al(OH)_3$

해설
$Ca_3P_2 + 6H_2O = 3Ca(OH)_2 + 2PH_3$
(인화칼슘) (포스핀)

정답 ③

91
에틸알코올 1mol이 완전연소 시 생성되는 CO_2와 H_2O의 몰수로 옳은 것은?

① CO_2 : 1, H_2O : 4
② CO_2 : 2, H_2O : 3
③ CO_2 : 3, H_2O : 2
④ CO_2 : 4, H_2O : 1

해설
$C_2H_5OH + 3O_2 \rightarrow 2CO_2 + 3H_2O$

정답 ②

94
분진폭발의 요인을 물리적 인자와 화학적 인자로 분류할 때 화학적 인자에 해당하는 것은?

① 연소열
② 입도분포
③ 열전도율
④ 입자의 형성

해설
분진폭발 요인의 분류
• 분진폭발 화학적 인자 : 연소열, 산화속도
• 분진폭발 물리적 인자 : 입자의 형성, 입도분포, 열전도율

정답 ①

95 메탄올에 관한 설명으로 틀린 것은?

① 무색투명한 액체이다.
② 비중은 1보다 크고, 증기는 공기보다 가볍다.
③ 금속나트륨과 반응하여 수소를 발생한다.
④ 물에 잘 녹는다.

해설
② 메탄올의 비중은 0.79로 1보다 작고, 증기는 공기보다 무겁다.

정답 ②

96 다음 중 자연발화가 쉽게 일어나는 조건으로 틀린 것은?

① 주위온도가 높을수록
② 열 축적이 클수록
③ 적당량의 수분이 존재할 때
④ 표면적이 작을수록

해설
자연발화의 조건
- 표면적이 넓을 것
- 주위의 온도가 높을 것
- 열전도율이 적을 것
- 발열량이 클 것
- 열의 축적이 클 것

정답 ④

97 다음 중 인화점이 가장 낮은 것은?

① 벤젠   ② 메탄올
③ 이황화탄소   ④ 경유

해설
③ 이황화탄소 : -30℃
① 벤젠 : -11℃
② 메탄올 : 13℃
④ 경유 : 50℃

정답 ③

98 자연발화성을 가진 물질이 자연발화를 일으키는 원인으로 거리가 먼 것은?

① 분해열
② 증발열
③ 산화열
④ 중합열

해설
자연발화의 원인
- 산화열
- 분해열
- 흡착열
- 중합열
- 미생물에 의한 발열

정답 ②

99 비점이 낮은 가연성 액체 저장탱크 주위에 화재가 발생했을 때 저장탱크 내부의 비등현상으로 인한 압력상승으로 탱크가 파열되어 그 내용물이 증발, 팽창하면서 발생되는 폭발현상은?

① back draft
② BLEVE
③ flash over
④ UVCE

해설
블레비(BLEVE) 현상 : 가연성 액체 저장탱크 주위에 화재가 발생하여 저장탱크 내부의 액체가 비등하여 압력이 상승해 폭발이 일어나는 현상

정답 ②

100 사업주는 산업안전보건법령에서 정한 설비에 대해서는 과압에 따른 폭발을 방지하기 위하여 안전밸브 등을 설치하여야 한다. 다음 중 이에 해당하는 설비가 아닌 것은?

① 원심펌프
② 정변위 압축기
③ 정변위 펌프(토출측에 차단밸브가 설치된 것만 해당한다)
④ 배관(2개 이상의 밸브에 의하여 차단되어 대기온도에서 액체의 열팽창에 의하여 파열될 우려가 있는 것으로 한정한다)

해설

안전밸브 등의 설치(산업안전보건기준에 관한 규칙 제261조)
사업주는 다음 어느 하나에 해당하는 설비에 대해서는 과압에 따른 폭발을 방지하기 위하여 폭발 방지 성능과 규격을 갖춘 안전밸브 또는 파열판(안전밸브 등)을 설치하여야 한다. 다만, 안전밸브 등에 상응하는 방호장치를 설치한 경우에는 그러하지 아니하다.
• 압력용기(안지름이 150mm 이하인 압력용기는 제외하며, 압력용기 중 관형 열교환기의 경우에는 관의 파열로 인하여 상승한 압력이 압력용기의 최고사용압력을 초과할 우려가 있는 경우만 해당)
• 정변위 압축기
• 정변위 펌프(토출측에 차단밸브가 설치된 것만 해당)
• 배관(2개 이상의 밸브에 의하여 차단되어 대기온도에서 액체의 열팽창에 의하여 파열될 우려가 있는 것으로 한정)
• 그 밖의 화학설비 및 그 부속설비로서 해당 설비의 최고사용압력을 초과할 우려가 있는 것

정답 ①

제6과목 건설안전기술

101 유해위험방지계획서 제출 시 첨부서류로 옳지 않은 것은?

① 공사현장의 주변 현황 및 주변과의 관계를 나타내는 도면
② 공사개요서
③ 전체 공정표
④ 작업인부의 배치를 나타내는 도면 및 서류

해설

유해위험방지계획서 첨부서류(산업안전보건법 시행규칙 별표 10)
• 공사개요 및 안전보건관리계획
 – 공사개요서
 – 공사현장의 주변 현황 및 주변과의 관계를 나타내는 도면(매설물 현황을 포함)
 – 전체 공정표
 – 산업안전보건관리비 사용계획서
 – 안전관리조직표
 – 재해 발생 위험 시 연락 및 대피방법
• 작업공사 종류별 유해·위험방지계획

정답 ④

102 거푸집 해체작업 시 유의사항으로 옳지 않은 것은?

① 일반적으로 수평부재의 거푸집은 연직부재의 거푸집보다 빨리 떼어낸다.
② 해체된 거푸집이나 각목 등에 박혀 있는 못 또는 날카로운 돌출물은 즉시 제거하여야 한다.
③ 상하동시작업은 원칙적으로 금지하여 부득이한 경우에는 긴밀히 연락을 취하며 작업을 하여야 한다.
④ 거푸집 해체작업장 주위에는 관계자를 제외하고는 출입을 금지시켜야 한다.

해설

해체(콘크리트공사 표준안전작업지침 제9조)
거푸집의 해체작업을 하여야 할 때에는 다음의 사항을 준수하여야 한다.
- 거푸집 및 지보공(동바리)의 해체는 순서에 의하여 실시하여야 하며 안전담당자를 배치하여야 한다.
- 거푸집 및 지보공(동바리)은 콘크리트 자중 및 시공 중에 가해지는 기타 하중에 충분히 견딜 만한 강도를 가질 때까지는 해체하지 아니하여야 한다.
- 거푸집을 해체할 때에는 다음에 정하는 사항을 유념하여 작업하여야 한다.
  - 해체작업을 할 때에는 안전모 등 안전 보호장구를 착용토록 하여야 한다.
  - 거푸집 해체작업장 주위에는 관계자를 제외하고는 출입을 금지시켜야 한다.
  - 상하동시작업은 원칙적으로 금지하여 부득이한 경우에는 긴밀히 연락을 취하며 작업을 하여야 한다.
  - 거푸집 해체 때 구조체에 무리한 충격이나 큰 힘에 의한 지렛대 사용은 금지하여야 한다.
  - 보 또는 슬래브 거푸집을 제거할 때에는 거푸집의 낙하 충격으로 인한 작업원의 돌발적 재해를 방지하여야 한다.
  - 해체된 거푸집이나 각목 등에 박혀 있는 못 또는 날카로운 돌출물은 즉시 제거하여야 한다.
  - 해체된 거푸집이나 각목은 재사용 가능한 것과 보수하여야 할 것을 선별, 분리하여 적치하고 정리정돈을 하여야 한다.
- 기타 제3자의 보호조치에 대하여도 완전한 조치를 강구하여야 한다.

정답 ①

103 사다리식 통로 등을 설치하는 경우 통로 구조로서 옳지 않은 것은?

① 발판의 간격은 일정하게 한다.
② 발판과 벽과의 사이는 15cm 이상의 간격을 유지한다.
③ 사다리의 상단은 걸쳐 놓은 지점으로부터 60cm 이상 올라가도록 한다.
④ 폭은 40cm 이상으로 한다.

해설

④ 폭은 30cm 이상으로 할 것(산업안전보건기준에 관한 규칙 제24조)

정답 ④

104 추락재해 방지 설비 중 근로자의 추락재해를 방지할 수 있는 설비로 작업발판 설치가 곤란한 경우에 필요한 설비는?

① 경사로
② 추락방호망
③ 고정사다리
④ 달비계

해설

개구부 등의 방호 조치(산업안전보건기준에 관한 규칙 제43조)
난간 등을 설치하는 것이 매우 곤란하거나 작업의 필요상 임시로 난간 등을 해체하여야 하는 경우 추락방호망을 설치하여야 한다. 다만, 추락방호망을 설치하기 곤란한 경우에는 근로자에게 안전대를 착용하도록 하는 등 추락할 위험을 방지하기 위하여 필요한 조치를 하여야 한다.

정답 ②

105. 콘크리트 타설작업을 하는 경우에 준수해야 할 사항으로 옳지 않은 것은?

① 당일의 작업을 시작하기 전에 해당 작업에 관한 거푸집 동바리 등의 변형·변위 및 지반의 침하 유무 등을 점검하고 이상이 있으면 보수한다.
② 작업 중에는 거푸집 동바리 등의 변형·변위 및 침하 유무 등을 감시할 수 있는 감시자를 배치하여 이상이 있으면 작업을 빠른 시간 내 우선 완료하고 근로자를 대피시킨다.
③ 콘크리트 타설작업 시 거푸집 붕괴의 위험이 발생할 우려가 있으면 충분한 보강조치를 한다.
④ 콘크리트를 타설하는 경우에는 편심이 발생하지 않도록 골고루 분산하여 타설한다.

해설
② 작업 중에는 감시자를 배치하는 등의 방법으로 거푸집 및 동바리의 변형·변위 및 침하 유무 등을 확인해야 하며, 이상이 있으면 작업을 중지하고 근로자를 대피시킬 것(산업안전보건기준에 관한 규칙 제334조)

정답 ②

106. 작업장 출입구 설치 시 준수해야 할 사항으로 옳지 않은 것은?

① 출입구의 위치·수 및 크기가 작업장의 용도와 특성에 맞도록 한다.
② 출입구에 문을 설치하는 경우에는 근로자가 쉽게 열고 닫을 수 있도록 한다.
③ 주된 목적이 하역운반기계용인 출입구에는 보행자용 출입구를 따로 설치하지 않는다.
④ 계단이 출입구와 바로 연결된 경우에는 작업자의 안전한 통행을 위하여 그 사이에 1.2m 이상 거리를 두거나 안내표지 또는 비상벨 등을 설치한다.

해설
작업장의 출입구(산업안전보건기준에 관한 규칙 제11조)
• 출입구의 위치, 수 및 크기가 작업장의 용도와 특성에 맞도록 할 것
• 출입구에 문을 설치하는 경우에는 근로자가 쉽게 열고 닫을 수 있도록 할 것
• 주된 목적이 하역운반기계용인 출입구에는 인접하여 보행자용 출입구를 따로 설치할 것
• 하역운반기계의 통로와 인접하여 있는 출입구에서 접촉에 의하여 근로자에게 위험을 미칠 우려가 있는 경우에는 비상등·비상벨 등 경보장치를 할 것
• 계단이 출입구와 바로 연결된 경우에는 작업자의 안전한 통행을 위하여 그 사이에 1.2m 이상 거리를 두거나 안내표지 또는 비상벨 등을 설치할 것. 다만, 출입구에 문을 설치하지 아니한 경우에는 그러하지 아니하다.

정답 ③

107. 건설작업장에서 근로자가 상시 작업하는 장소의 작업면 조도기준으로 옳지 않은 것은?(단, 갱내 작업장과 감광재료를 취급하는 작업장의 경우는 제외)

① 초정밀작업 : 600lx 이상
② 정밀작업 : 300lx 이상
③ 보통작업 : 150lx 이상
④ 초정밀, 정밀, 보통작업을 제외한 기타 작업 : 75lx 이상

해설
조도(산업안전보건기준에 관한 규칙 제8조)
• 초정밀작업 : 750lx 이상
• 정밀작업 : 300lx 이상
• 보통작업 : 150lx 이상
• 그 밖의 작업 : 75lx 이상

정답 ①

108. 건설업 산업안전보건관리비 계상 및 사용기준에 따른 안전관리비의 개인보호구 및 안전장구 구입비 항목에서 안전관리비로 사용이 가능한 경우는?

① 안전·보건관리자가 선임되지 않은 현장에서 안전·보건업무를 담당하는 현장관계자용 무전기, 카메라, 컴퓨터, 프린터 등 업무용 기기
② 혹한·혹서에 장기간 노출로 인해 건강장해를 일으킬 우려가 있는 경우 특정 근로자에게 지급되는 기능성 보호 장구
③ 근로자에게 일률적으로 지급하는 보랭·보온 장구
④ 감리원이나 외부에서 방문하는 인사에게 지급하는 보호구

해설
② 안전과 보건에 관련된 보호구를 구입하는 사항이며, 근로자의 안전을 위해서 사용될 수 있다.
보호구 등 사용기준(건설업 산업안전보건관리비 계상 및 사용기준 제7조)
- 산업안전보건법 시행령 제74조 제1항 제3호(추락 및 감전 위험방지용 안전모, 안전화, 안전장갑, 방진마스크, 방독마스크, 송기마스크, 전동식 호흡보호구, 보호복, 안전대, 차광 및 비산물 위험방지용 보안경, 용접용 보안면, 방음용 귀마개 또는 귀덮개)에 따른 보호구의 구입·수리·관리 등에 소요되는 비용
- 근로자가 위의 내용에 따른 보호구를 직접 구매·사용하여 합리적인 범위 내에서 보전하는 비용
- 안전관리자 등의 업무용 피복, 기기 등을 구입하기 위한 비용
- 안전관리자 및 보건관리자가 안전보건 점검 등을 목적으로 건설공사 현장에서 사용하는 차량의 유류비·수리비·보험료

정답 ②

109. 옥외에 설치되어 있는 주행 크레인에 대하여 이탈방지장치를 작동시키는 등 그 이탈을 방지하기 위한 조치를 하여야 하는 순간풍속에 대한 기준으로 옳은 것은?

① 순간풍속이 10m/s를 초과하는 바람이 불어올 우려가 있는 경우
② 순간풍속이 20m/s를 초과하는 바람이 불어올 우려가 있는 경우
③ 순간풍속이 30m/s를 초과하는 바람이 불어올 우려가 있는 경우
④ 순간풍속이 40m/s를 초과하는 바람이 불어올 우려가 있는 경우

해설
폭풍에 의한 이탈방지(산업안전보건기준에 관한 규칙 제140조)
사업주는 순간풍속이 30m/s를 초과하는 바람이 불어올 우려가 있는 경우 옥외에 설치되어 있는 주행 크레인에 대하여 이탈방지장치를 작동시키는 등 이탈방지를 위한 조치를 하여야 한다.

정답 ③

110. 지반 등의 굴착작업 시 연암의 굴착면 기울기로 옳은 것은?

① 1 : 0.3　　② 1 : 0.5
③ 1 : 0.8　　④ 1 : 1.0

해설
굴착면의 기울기 기준(산업안전보건기준에 관한 규칙 별표 11)

지반의 종류	굴착면의 기울기
모래	1 : 1.8
연암 및 풍화암	1 : 1.0
경암	1 : 0.5
그 밖의 흙	1 : 1.2

정답 ④

111
철골작업 시 철골부재에서 근로자가 수직 방향으로 이동하는 경우에 설치하여야 하는 고정된 승강로의 최대 답단 간격은 얼마 이내인가?

① 20cm
② 25cm
③ 30cm
④ 40cm

해설
승강로의 설치(산업안전보건기준에 관한 규칙 제381조)
사업주는 근로자가 수직 방향으로 이동하는 철골부재(鐵骨部材)에는 답단(踏段) 간격이 30cm 이내인 고정된 승강로를 설치하여야 하며, 수평 방향 철골과 수직 방향 철골이 연결되는 부분에는 연결작업을 위하여 작업발판 등을 설치하여야 한다.

정답 ③

112
흙막이벽 근입 깊이를 깊게 하고, 전면의 굴착부분을 남겨 두어 흙의 중량으로 대항하게 하거나, 굴착 예정 부분의 일부를 미리 굴착하여 기초 콘크리트를 타설하는 등의 대책과 가장 관계가 깊은 것은?

① 파이핑현상이 있을 때
② 히빙현상이 있을 때
③ 지하수위가 높을 때
④ 굴착 깊이가 깊을 때

해설
히빙현상 : 흙막이벽 내·외의 흙의 중량 차이로 인하여 흙막이 바깥에 있는 흙이 안으로 밀려들어 볼록하게 되는 현상을 말하며, 흙막이벽 근입 깊이를 깊게 하는 것은 히빙현상을 방지하는 대표적인 대책 중 하나이다.

정답 ②

113
재해사고를 방지하기 위하여 크레인에 설치된 방호장치로 옳지 않은 것은?

① 공기정화장치
② 비상정지장치
③ 제동장치
④ 권과방지장치

해설
방호장치의 조정(산업안전보건기준에 관한 규칙 제134조)
사업주는 다음의 양중기에 과부하방지장치, 권과방지장치(捲過防止裝置), 비상정지장치 및 제동장치, 그 밖의 방호장치[승강기의 파이널리밋스위치(final limit switch), 속도조절기, 출입문 인터록(interlock) 등을 말한다]가 정상적으로 작동될 수 있도록 미리 조정해 두어야 한다.
• 크레인
• 이동식 크레인
• 리프트
• 곤돌라
• 승강기

정답 ①

114
가설구조물의 문제점으로 옳지 않은 것은?

① 도괴재해의 가능성이 크다.
② 추락재해 가능성이 크다.
③ 부재의 결함이 간단하나 연결부가 견고하다.
④ 구조물이라는 통상의 개념이 확고하지 않으며 조립의 정밀도가 낮다.

해설
가설구조물 문제점
• 부재의 결합이 간단하나 불완전한 결합이 되기 쉽다.
• 연결재가 부족한 구조로 되기 쉽다.
• 구조물이라는 통상의 개념이 확고하지 않으며 조립의 정밀도가 낮다.
• 부재가 과소 단면이거나 결함 있는 재료가 사용될 가능성이 높다.

정답 ③

115 강관틀비계를 조립하여 사용하는 경우 준수해야 할 기준으로 옳지 않은 것은?

① 수직 방향으로 6m, 수평 방향으로 8m 이내마다 벽이음을 할 것
② 높이가 20m를 초과하거나 중량물의 적재를 수반하는 작업을 할 경우에는 주틀 간의 간격을 2.4m 이하로 할 것
③ 길이가 띠장 방향으로 4m 이하이고 높이가 10m를 초과하는 경우에는 10m 이내마다 띠장 방향으로 버팀기둥을 설치할 것
④ 주틀 간에 교차가새를 설치하고 최상층 및 5층 이내마다 수평재를 설치할 것

해설
강관틀비계(산업안전보건기준에 관한 규칙 제62조)
- 비계기둥의 밑둥에는 밑받침 철물을 사용하여야 하며 밑받침에 고저차(高低差)가 있는 경우에는 조절형 밑받침철물을 사용하여 각각의 강관틀비계가 항상 수평 및 수직을 유지하도록 할 것
- 높이가 20m를 초과하거나 중량물의 적재를 수반하는 작업을 할 경우에는 주틀 간의 간격을 1.8m 이하로 할 것
- 주틀 간에 교차가새를 설치하고 최상층 및 5층 이내마다 수평재를 설치할 것
- 수직 방향으로 6m, 수평 방향으로 8m 이내마다 벽이음을 할 것
- 길이가 띠장 방향으로 4m 이하이고 높이가 10m를 초과하는 경우에는 10m 이내마다 띠장 방향으로 버팀기둥을 설치할 것

정답 ②

116 비계의 높이가 2m 이상인 작업장소에 작업발판을 설치할 경우 준수하여야 할 기준으로 옳지 않은 것은?

① 작업발판의 폭은 30cm 이상으로 한다.
② 발판재료 간의 틈은 3cm 이하로 한다.
③ 추락의 위험성이 있는 장소에는 안전난간을 설치한다.
④ 발판재료는 뒤집히거나 떨어지지 않도록 2개 이상의 지지물에 연결하거나 고정시킨다.

해설
작업발판의 구조(산업안전보건기준에 관한 규칙 제56조)
- 발판재료는 작업할 때의 하중을 견딜 수 있도록 견고한 것으로 할 것
- 작업발판의 폭은 40cm 이상으로 하고, 발판재료 간의 틈은 3cm 이하로 할 것. 다만, 외줄비계의 경우에는 고용노동부장관이 별도로 정하는 기준에 따른다.
- 위의 내용에도 불구하고 선박 및 보트 건조작업의 경우 선박블록 또는 엔진실 등의 좁은 작업공간에 작업발판을 설치하기 위하여 필요하면 작업발판의 폭을 30cm 이상으로 할 수 있고, 걸침비계의 경우 강관기둥 때문에 발판재료 간의 틈을 3cm 이하로 유지하기 곤란하면 5cm 이하로 할 수 있다. 이 경우 그 틈 사이로 물체 등이 떨어질 우려가 있는 곳에는 출입금지 등의 조치를 하여야 한다.
- 추락의 위험이 있는 장소에는 안전난간을 설치할 것. 다만, 작업의 성질상 안전난간을 설치하는 것이 곤란한 경우, 작업의 필요상 임시로 안전난간을 해체할 때에 추락방호망을 설치하거나 근로자로 하여금 안전대를 사용하도록 하는 등 추락위험 방지 조치를 한 경우에는 그러하지 아니하다.
- 작업발판의 지지물은 하중에 의하여 파괴될 우려가 없는 것을 사용할 것
- 작업발판재료는 뒤집히거나 떨어지지 않도록 둘 이상의 지지물에 연결하거나 고정시킬 것
- 작업발판을 작업에 따라 이동시킬 경우에는 위험방지에 필요한 조치를 할 것

정답 ①

117 사면지반 개량공법으로 옳지 않은 것은?

① 전기화학적 공법
② 석회 안정처리 공법
③ 이온 교환 방법
④ 옹벽 공법

해설

사면지반 개량공법
- 전기화학적 공법
- 석회 안전처리 공법
- 이온 교환 공법

정답 ④

119 취급·운반의 원칙으로 옳지 않은 것은?

① 운반작업을 집중하여 시킬 것
② 생산을 최고로 하는 운반을 생각할 것
③ 곡선운반을 할 것
④ 연속운반을 할 것

해설

취급·운반의 원칙
- 운반은 직선으로 할 것
- 연속운반을 할 것
- 운반작업을 집중하여 시킬 것
- 생산을 최고로 하는 운반을 생각할 것

정답 ③

118 법면 붕괴에 의한 재해 예방조치로서 옳은 것은?

① 지표수와 지하수의 침투를 방지한다.
② 법면의 경사를 증가한다.
③ 절토 및 성토 높이를 증가한다.
④ 토질의 상태에 관계없이 구배조건을 일정하게 한다.

해설

① 지표수 및 지하수 침투에 의하여 토사 중량이 증가하게 되면 경사면의 붕괴가 발생할 위험이 높아지기 때문에 지표수와 지하수의 침투를 방지하여야 한다.

예방(굴착공사 표준안전작업지침 제31조)
도시붕괴의 발생을 예방하기 위하여 다음의 조치를 취하여야 한다.
- 적절한 경사면의 기울기를 계획하여야 한다.
- 경사면의 기울기가 당초 계획과 차이가 발생되면 즉시 재검토하여 계획을 변경시켜야 한다.
- 활동할 가능성이 있는 토석은 제거하여야 한다.
- 경사면의 하단부에 압성토 등 보강공법으로 활동에 대한 저항대책을 강구하여야 한다.
- 말뚝(강관, H형강, 철근 콘크리트)을 타입하여 지반을 강화시킨다.

정답 ①

120 가설통로의 설치기준으로 옳지 않은 것은?

① 경사가 15°를 초과하는 때에는 미끄러지지 않는 구조로 한다.
② 건설공사에 사용하는 높이 8m 이상인 비계다리에는 7m 이내마다 계단참을 설치한다.
③ 수직갱에 가설된 통로의 길이가 15m 이상일 경우에는 15m 이내마다 계단참을 설치한다.
④ 추락의 위험이 있는 장소에는 안전난간을 설치한다.

해설

가설통로의 구조(산업안전보건기준에 관한 규칙 제23조)
- 견고한 구조로 할 것
- 경사는 30° 이하로 할 것. 다만, 계단을 설치하거나 높이 2m 미만의 가설통로로서 튼튼한 손잡이를 설치한 경우에는 그러하지 아니하다.
- 경사가 15°를 초과하는 경우에는 미끄러지지 아니하는 구조로 할 것
- 추락할 위험이 있는 장소에는 안전난간을 설치할 것. 다만, 작업상 부득이한 경우에는 필요한 부분만 임시로 해체할 수 있다.
- 수직갱에 가설된 통로의 길이가 15m 이상인 경우에는 10m 이내마다 계단참을 설치할 것
- 건설공사에 사용하는 높이 8m 이상인 비계다리에는 7m 이내마다 계단참을 설치할 것

정답 ③

2022년 제2회 과년도 기출문제

Add+ 산업안전기사 기출(복원)문제

제1과목 안전관리론

01 매슬로(Maslow)의 인간의 욕구단계 중 5번째 단계에 속하는 것은?

① 안전 욕구
② 존경의 욕구
③ 사회적 욕구
④ 자아실현의 욕구

해설
매슬로(Maslow)의 인간욕구 5단계
- 1단계 : 생리적 욕구
- 2단계 : 안전의 욕구
- 3단계 : 사회적 욕구
- 4단계 : 존중(존경)에 대한 욕구
- 5단계 : 자아실현의 욕구

정답 ④

02 A사업장의 현황이 다음과 같을 때 이 사업장의 강도율은?

- 근로자수 : 500명
- 연근로시간수 : 2,400시간
- 신체장해등급
  - 2급 : 3명
  - 10급 : 5명
- 의사 진단에 의한 휴업일수 : 1,500일

① 0.22
② 2.22
③ 22.28
④ 222.88

해설
- 강도율 = $\dfrac{\text{근로손실일수}}{\text{연근로시간수}} \times 1,000$
- 근로손실일수 = $\left(\text{휴업, 요양, 입원일수} \times \dfrac{300}{365}\right)$ + 장애등급에 따른 근로손실일수

∴ 강도율
= $\dfrac{\left(1,500 \times \dfrac{300}{365}\right) + (7,500 \times 3) + (600 \times 5)}{500 \times 2,400} \times 1,000$

≒ 22.28

※ 근로손실일수
- 사망, 장해등급 1~3급(영구 전노동 불능) : 7,500일
- 4~14등급(영구 일부노동 불능)
  4등급 : 5,500일, 5등급 : 4,000일, 6등급 : 3,000일,
  7등급 : 2,200일, 8등급 : 1,500일, 9등급 : 1,000일,
  10등급 : 600일, 11등급 : 400일, 12등급 : 200일,
  13등급 : 100일, 14등급 : 50일

정답 ③

03 보호구 자율안전확인고시상 자율안전확인 보호구에 표시하여야 하는 사항을 모두 고른 것은?

ㄱ. 모델명
ㄴ. 제조번호
ㄷ. 사용기한
ㄹ. 자율안전확인번호

① ㄱ, ㄴ, ㄷ
② ㄱ, ㄴ, ㄹ
③ ㄱ, ㄷ, ㄹ
④ ㄴ, ㄷ, ㄹ

해설
자율안전확인 제품표시의 붙임(보호구 자율안전확인고시 제11조)
- 형식 또는 모델명
- 규격 또는 등급 등
- 제조자명
- 제조번호 및 제조연월
- 자율안전확인번호

정답 ②

04
학습지도의 형태 중 참가자에게 일정한 역할을 주어 실제적으로 연기를 시켜 봄으로써 자기의 역할을 보다 확실히 인식시키는 방법은?

① 포럼(forum)
② 심포지엄(symposium)
③ 롤 플레잉(role playing)
④ 사례연구법(case study method)

해설

롤 플레잉(role playing) : 사례를 바탕으로, 연기하는 형태로 재현하여 이해시키는 형태의 교육방법

정답 ③

05
보호구 안전인증고시상 전로 또는 평로 등의 작업 시 사용하는 방열두건의 차광도 번호는?

① #2~#3
② #3~#5
③ #6~#8
④ #9~#11

해설

방열두건의 사용구분(보호구 안전인증고시 별표 8)
• 차광도 번호 #2~#3 : 고로강판가열로, 조괴(造塊) 등의 작업
• 차광도 번호 #3~#5 : 전로 또는 평로 등의 작업
• 차광도 번호 #6~#8 : 전기로의 작업

정답 ②

06
산업재해의 분석 및 평가를 위하여 재해 발생 건수 등의 추이에 대해 한계선을 설정하여 목표 관리를 수행하는 재해통계 분석기법은?

① 관리도
② 안전 T점수
③ 파레토도
④ 특성 요인도

해설

관리도 : 산업재해의 분석 및 평가를 위해 재해 발생 건수 등의 추이에 대한 한계선을 설정하여 목표 관리를 수행하는 재해통계 분석기법

정답 ①

07
산업안전보건법령상 안전보건관리규정 작성 시 포함되어야 하는 사항을 모두 고른 것은?(단, 그 밖에 안전 및 보건에 관한 사항은 제외한다)

> ㄱ. 안전보건교육에 관한 사항
> ㄴ. 재해사례 연구·토의결과에 관한 사항
> ㄷ. 사고 조사 및 대책 수립에 관한 사항
> ㄹ. 작업장의 안전 및 보건관리에 관한 사항
> ㅁ. 안전 및 보건에 관한 관리조직과 그 직무에 관한 사항

① ㄱ, ㄴ, ㄷ, ㄹ
② ㄱ, ㄴ, ㄹ, ㅁ
③ ㄱ, ㄷ, ㄹ, ㅁ
④ ㄴ, ㄷ, ㄹ, ㅁ

해설

안전보건관리규정 작성 시 포함되어야 하는 사항(산업안전보건법 제25조)
• 안전 및 보건에 관한 관리조직과 그 직무에 관한 사항
• 안전보건교육에 관한 사항
• 작업장의 안전 및 보건관리에 관한 사항
• 사고 조사 및 대책 수리에 관한 사항
• 그 밖에 안전 및 보건에 관한 사항

정답 ③

08 억측판단이 발생하는 배경으로 볼 수 없는 것은?

① 정보가 불확실할 때
② 타인의 의견에 동조할 때
③ 희망적인 관측이 있을 때
④ 과거에 성공한 경험이 있을 때

해설

억측판단 : 주관적인 판단으로 확인하지 않고 행동으로 옮기는 판단
- 정보가 불확실한 경우
- 희망적인 관측이 있을 경우
- 과거에 성공한 경험이 있는 경우
- 일을 빨리 끝내고 싶어 초조한 경우

정답 ②

09 하인리히의 사고예방원리 5단계 중 교육 및 훈련의 개선, 인사조정, 안전관리규정 및 수칙의 개선 등을 행하는 단계는?

① 사실의 발견
② 분석 평가
③ 시정방법의 선정
④ 시정책의 적용

해설

하인리히의 사고예방원리 5단계
- 1단계 : 안전관리의 조직(안전관리조직 구성 및 운영)
- 2단계 : 사실의 발견(위험 및 재해원인 확인 및 조사)
- 3단계 : 분석·평가(재해원인 분석 및 평가)
- 4단계 : 시정방법의 선정(인사조정, 제도 및 기술적 개선)
- 5단계 : 시정책의 적용(교육적, 기술적 지원 및 독려)

정답 ③

10 재해예방의 4원칙에 대한 설명으로 틀린 것은?

① 재해 발생은 반드시 원인이 있다.
② 손실과 사고와의 관계는 필연적이다.
③ 재해는 원인을 제거하면 예방이 가능하다.
④ 재해를 예방하기 위한 대책은 반드시 존재한다.

해설

재해예방의 4원칙
- 예방가능의 원칙 : 천재지변을 제외한 모든 재해의 발생은 미연에 방지할 수 있다.
- 원인연계의 원칙 : 재해 발생에는 필연적으로 원인이 존재한다.
- 손실우연의 법칙 : 재해의 결과(상해 등)는 사고대상의 조건에 따라 달라지므로 재해손실은 우연성에 의해 결정된다.
- 대책선정의 원칙 : 재해예방을 위한 안전대책은 반드시 존재한다.

정답 ②

11 산업안전보건법령상 안전보건진단을 받아 안전보건개선계획의 수립 및 명령을 할 수 있는 대상이 아닌 것은?

① 유해인자의 노출기준을 초과한 사업장
② 산업재해율이 같은 업종 평균 산업재해율의 2배 이상인 사업장
③ 사업주가 필요한 안전조치 또는 보건조치를 이행하지 아니하여 중대재해가 발생한 사업장
④ 상시근로자 1천명 이상인 사업장에서 직업성 질병자가 연간 2명 이상 발생한 사업장

해설

안전보건진단을 받아 안전보건개선계획을 수립할 대상 (산업안전보건법 시행령 제49조)
- 산업재해율이 같은 업종 평균 산업재해율의 2배인 사업장
- 사업주가 필요한 안전조치 또는 보건조치를 이행하지 아니하여 중대재해가 발생한 사업장
- 직업성 질병자가 연간 2명 이상(상시근로자 1천명 이상 사업장의 경우 3명 이상) 발생한 사업장
- 그 밖의 작업환경 불량, 화재, 폭발 또는 누출 사고 등으로 사업장 주변까지 피해가 확산된 사업장으로써 고용노동부령으로 정하는 사업장

정답 ④

12
버드(Bird)의 재해분포에 따르면 20건의 경상(물적, 인적 상해)사고가 발생했을 때 무상해·무사고(위험순간) 고장발생건수는?

① 200
② 600
③ 1,200
④ 12,000

해설
버드의 재해분포비율(1 : 10 : 30 : 600의 법칙)
- 1(중상 또는 폐질)
- 10(경상)
- 30(무상해사고)
- 600(무상해·무사고 고장)
따라서, 20건의 경상이 발생한 경우 2배의 비율로 사고가 발생함을 알 수 있으므로 무상해·무사고 고장은 1,200건이다.

정답 ③

13
산업안전보건법령상 거푸집 동바리의 조립 또는 해체작업 시 특별교육 내용이 아닌 것은?(단, 그 밖에 안전·보건관리에 필요한 사항은 제외한다)

① 비계의 조립 순서 및 방법에 관한 사항
② 조립 해체 시의 사고 예방에 관한 사항
③ 동바리의 조립방법 및 작업 절차에 관한 사항
④ 조립재료의 취급방법 및 설치기준에 관한 사항

해설
거푸집 동바리의 조립 또는 해체작업 시 특별교육 내용(산업안전보건법 시행규칙 별표 5)
- 동바리의 조립방법 및 작업 절차에 관한 사항
- 조립재료의 취급방법 및 설치기준에 관한 사항
- 조립 해체 시의 사고 예방에 관한 사항
- 보호구 착용 및 점검에 관한 사항
- 그 밖에 안전·보건관리에 필요한 사항

정답 ①

14
산업안전보건법령상 다음의 안전보건표지 중 기본모형이 다른 것은?

① 위험장소 경고
② 레이저광선 경고
③ 방사성물질 경고
④ 부식성물질 경고

해설
안전보건표지의 종류와 형태(산업안전보건법 시행규칙 별표 6)

분류	표지	예시
금지 표지	출입금지, 보행금지, 차량통행금지, 사용금지, 탑승금지, 금연, 화기금지, 물체이동금지	
경고 표지	인화성물질 경고, 산화성물질 경고, 폭발성물질 경고, 급성독성물질 경고, 부식성물질 경고, 발암성·변이원성·생식독성·전신독성·호흡기 과민성 물질 경고	
	방사성물질 경고, 고압전기 경고, 매달린 물체 경고, 낙하물 경고, 고온경고, 저온경고, 몸균형상실 경고, 레이저광선 경고, 위험장소 경고	

정답 ④

15
학습정도(level of learning)의 4단계를 순서대로 나열한 것은?

① 인지 → 이해 → 지각 → 적용
② 인지 → 지각 → 이해 → 적용
③ 지각 → 이해 → 인지 → 적용
④ 지각 → 인지 → 이해 → 적용

해설
학습정도의 4단계
인지 → 지각 → 이해 → 적용

정답 ②

16. 기업 내 정형교육 중 TWI(Training Within Industry)의 교육내용이 아닌 것은?

① Job Method Training
② Job Relation Training
③ Job Instruction Training
④ Job Standardization Training

해설

TWI 교육내용
- 작업방법훈련(JMT ; Job Method Training)
- 인간관계관리훈련(JRT ; Job Relation Training)
- 작업지도훈련(JIT ; Job Instruction Training)
- 작업안전훈련(JST ; Job Safety Training)

정답 ④

17. 레빈(Lewin)의 법칙 $B = f(P \cdot E)$ 중 B가 의미하는 것은?

① 행동   ② 경험
③ 환경   ④ 인간관계

해설

레빈의 법칙
- B : Behavior(인간의 행동)
- f : function(함수 관계)
- P : Person(개체 : 연령, 경험, 성격, 지능, 소질 등)
- E : Environment(심리적 환경, 물리적 작업환경, 설비적 결함)

정답 ①

18. 재해원인을 직접원인과 간접원인으로 분류할 때 직접원인에 해당하는 것은?

① 물적원인   ② 교육적 원인
③ 정신적 원인 ④ 관리적 원인

해설

산업재해의 원인
- 재해원인 중 직접원인
  - 물적원인(불안전 상태) : 물질 자체의 결함, 복장 및 보호구의 결함, 작업환경의 결함 등
  - 인적원인(불안전 행동) : 위험장소 접근, 복장 및 보호구의 잘못된 착용, 위험물 취급 부주의 등
- 재해원인 중 간접원인 : 기술적, 관리적, 교육적 원인 등

정답 ①

19. 산업안전보건법령상 안전관리자의 업무가 아닌 것은?(단, 그 밖에 고용노동부장관이 정하는 사항은 제외한다)

① 업무 수행 내용의 기록
② 산업재해에 관한 통계의 유지·관리·분석을 위한 보좌 및 지도·조언
③ 안전교육계획의 수립 및 안전교육 실시에 관한 보좌 및 지도·조언
④ 작업장 내에서 사용되는 전체 환기장치 및 국소 배기장치 등에 관한 설비의 점검

해설

④ 보건관리자의 업무이다(산업안전보건법 시행령 제22조).
안전관리자의 업무(산업안전보건법 시행령 제18조)
- 법 제24조 제1항에 따른 산업안전보건위원회 또는 법 제75조 제1항에 따른 안전 및 보건에 관한 노사협의체에서 심의·의결한 업무와 해당 사업장의 법 제25조 제1항에 따른 안전보건관리규정 및 취업규칙에서 정한 업무
- 법 제36조에 따른 위험성평가에 관한 보좌 및 지도·조언
- 법 제84조 제1항에 따른 안전인증대상기계 등과 법 제89조 제1항 각 호 외의 부분 본문에 따른 자율안전확인대상기계 등 구입 시 적격품의 선정에 관한 보좌 및 지도·조언
- 해당 사업장 안전교육계획의 수립 및 안전교육 실시에 관한 보좌 및 지도·조언
- 사업장 순회점검, 지도 및 조치 건의
- 산업재해 발생의 원인 조사·분석 및 재발 방지를 위한 기술적 보좌 및 지도·조언
- 산업재해에 관한 통계의 유지·관리·분석을 위한 보좌 및 지도·조언
- 법 또는 법에 따른 명령으로 정한 안전에 관한 사항의 이행에 관한 보좌 및 지도·조언
- 업무 수행 내용의 기록·유지
- 그 밖에 안전에 관한 사항으로서 고용노동부장관이 정하는 사항

정답 ④

20. 헤드십(headship)의 특성에 관한 설명으로 틀린 것은?

① 지휘 형태는 권위주의적이다.
② 상사의 권한 근거는 비공식적이다.
③ 상사와 부하의 관계는 지배적이다.
④ 상사와 부하의 사회적 간격은 넓다.

해설
헤드십(headship) 특성
- 공식적인 계층제적 직위의 권위를 근거로 한다.
- 부하직원의 활동을 감독한다.
- 상사와 부하와의 관계가 종속적이다.
- 부하와의 사회적 간격이 넓다.
- 지휘의 형태가 권위적이다.

정답 ②

제2과목 인간공학 및 시스템 안전공학

21. 위험분석기법 중 시스템 수명주기 관점에서 적용 시점이 가장 빠른 것은?

① PHA
② FHA
③ OHA
④ SHA

해설
PHA(예비위험분석) : 구상단계
- 사고를 유발하는 요인을 식별하는 단계로 최초 단계에서 실시하는 분석법을 말한다.
- PHA(예비위험분석) 분류
  - class 1 : 파국적(사망, 시스템 손상)
  - class 2 : 중대, 위기(심각한 상해, 시스템 중대 손상)
  - class 3 : 한계적(경미한 상해, 시스템 성능저하)
  - class 4 : 무시(경미 상해 및 시스템 저하 없음)

정답 ①

22. 상황해석을 잘못하거나 목표를 잘못 설정하여 발생하는 인간의 오류 유형은?

① 실수(slip)
② 착오(mistake)
③ 위반(violation)
④ 건망증(lapse)

해설
인간의 오류 유형
- 착오(mistake) : 상황을 제대로 해석하지 못하여 적절한 대책을 선택하지 못함
- 실수(slip) : 올바른 의도를 잘못 실행
- 위반(violation) : 규칙을 알고 있음에도 의도적으로 따르지 않음
- 건망증(lapse) : 필요한 행동의 수행을 놓침

정답 ②

23. A작업의 평균 에너지소비량이 다음과 같을 때, 60분간의 총작업시간 내에 포함되어야 하는 휴식시간(분)은?

- 휴식 중 에너지소비량 : 1.5kcal/min
- A작업 시 평균 에너지소비량 : 6kcal/min
- 기초대사를 포함한 작업에 대한 평균 에너지소비량 상한 : 5kcal/min

① 10.3
② 11.3
③ 12.3
④ 13.3

해설
휴식시간(R) 산정 공식

$$R(분) = \frac{T(E-S)}{E-1.5}$$

여기서, T : 총작업시간(분)
E : 작업의 평균 에너지소비량(kcal/min)
S : 권장 평균 에너지소비량(kcal/min)

$\frac{60(6-5)}{6-1.5} ≒ 13.3$

정답 ④

24
시스템의 수명곡선(욕조곡선)에 있어서 디버깅(debugging)에 관한 설명으로 옳은 것은?

① 초기고장의 결함을 찾아 고장률을 안정시키는 과정이다.
② 우발고장의 결함을 찾아 고장률을 안정시키는 과정이다.
③ 마모고장의 결함을 찾아 고장률을 안정시키는 과정이다.
④ 기계결함을 발견하기 위해 동작시험을 하는 기간이다.

해설
디버깅(debugging) : 초기에 일어나기 쉬운 고장의 결함을 찾아내어 발생하지 않도록 고장률을 안정시키는 과정
※ 시스템 수명곡선(욕조곡선) 분류
 • 초기고장(debugging 또는 burn-in 기간)
 • 우발고장
 • 마모고장

정답 ①

25
밝은 곳에서 어두운 곳으로 갈 때 망막에 시홍이 형성되는 생리적 과정인 암조응이 발생하는데, 완전 암조응(dark adaptation)이 발생하는 데 소요되는 시간은?

① 약 3~5분
② 약 10~15분
③ 약 30~40분
④ 약 60~90분

해설
• 완전 암조응 : 약 30~40분 소요
• 명조응 : 수초 내지 1~2분 소요

정답 ③

26
인간공학에 대한 설명으로 틀린 것은?

① 인간-기계 시스템의 안전성, 편리성, 효율성을 높인다.
② 인간을 작업과 기계에 맞추는 설계 철학이 바탕이 된다.
③ 인간이 사용하는 물건, 설비, 환경의 설계에 적용된다.
④ 인간의 생리적, 심리적인 면에서의 특성이나 한계점을 고려한다.

해설
② 인간을 작업과 기계에 맞추는 것이 아닌 인간이 조작하는 설비를 인간의 신체에 근골격계 등에 부담이 되지 않도록 설계하는 것을 말한다.

정답 ②

27
HAZOP 기법에서 사용하는 가이드워드와 그 의미가 잘못 연결된 것은?

① part of : 성질상의 감소
② as well as : 성질상의 증가
③ other than : 기타 환경적인 요인
④ more/less : 정량적인 증가 또는 감소

해설
HAZOP 용어
• other than : 완전한 대체
• part of : 성질상의 감소
• as well as : 성질상의 증가
• more/less : 정량적인 증가 또는 감소
• no, not : 완전한 부정
• reverse : 설계의도의 논리적인 역

정답 ③

28
그림과 같은 FT도에 대한 최소 컷셋(minimal cut set)으로 옳은 것은?(단, Fussell의 알고리즘을 따른다)

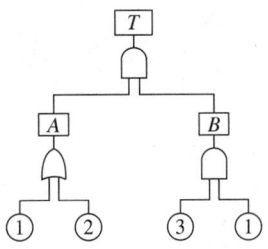

① {1, 2}   ② {1, 3}
③ {2, 3}   ④ {1, 2, 3}

해설
$T = A \cdot B$
$= \begin{pmatrix} 1 \\ 2 \end{pmatrix} \cdot (1, 3)$
$= \begin{matrix} (1, 3) \\ (1, 2, 3) \end{matrix}$

∴ 컷셋 : (1, 3) (1, 2, 3)이므로,
최소 컷셋 : (1, 3)

정답 ②

29
경계 및 경보신호의 설계지침으로 틀린 것은?

① 주의를 환기시키기 위하여 변조된 신호를 사용한다.
② 배경소음의 진동수와 다른 진동수의 신호를 사용한다.
③ 귀는 중음역에 민감하므로 500~3,000Hz의 진동수를 사용한다.
④ 300m 이상의 장거리용으로는 1,000Hz를 초과하는 진동수를 사용한다.

해설
경계 및 경보신호 설계 지침
- 300m 이상 장거리용 신호는 1,000Hz 이하의 진동수를 사용한다.
- 귀는 중음역에 민감하여 500~3,000Hz의 진동수 사용한다.
- 장애물이나 칸막이를 돌아가는 경우에는 500Hz 이하의 진동수를 사용한다.
- 주의를 환기시키기 위하여 변조된 신호를 사용한다.
- 배경소음의 진동수와는 다른 진동수의 신호를 사용한다.

정답 ④

30
FTA(Fault Tree Analysis)에서 사용되는 사상 기호 중 통상의 작업이나 기계의 상태에서 재해의 발생 원인이 되는 요소가 있는 것을 나타내는 것은?

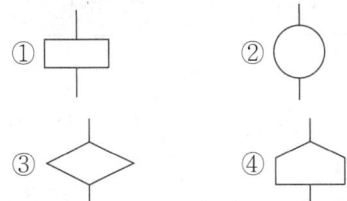

해설
FTA에 사용되는 사상 기호

기호	명칭	설명
	통상사상	통상의 작업이나 기계의 상태에서 재해 발생의 원인이 되는 사상
	결함사상 (중간사상)	한 개 이상의 입력사상에 의해 발생된 고장사상
	기본사상	더 이상 전개할 수 없는 사건의 원인
	생략사상	불충분한 자료로 결론을 내릴 수 없어 더 이상 전개할 수 없는 사상

정답 ④

31
불(Boole) 대수의 정리를 나타낸 관계식 중 틀린 것은?

① $A \cdot 0 = 0$
② $A + 1 = 1$
③ $A \cdot \overline{A} = 1$
④ $A(A+B) = A$

해설
③ $A \cdot \overline{A} = 0$

정답 ③

32. 근골격계질환 작업분석 및 평가방법인 OWAS의 평가요소를 모두 고른 것은?

ㄱ. 상지	ㄴ. 무게(하중)
ㄷ. 하지	ㄹ. 허리

① ㄱ, ㄴ
② ㄱ, ㄷ, ㄹ
③ ㄴ, ㄷ, ㄹ
④ ㄱ, ㄴ, ㄷ, ㄹ

해설
OWAS(Ovako Working-posture Analysis System)
- 작업자들의 작업자세를 평가하는 기법이다.
- 평가요소 : 허리, 팔, 다리, 하중/힘

정답 ④

34. n개의 요소를 가진 병렬시스템에 있어 요소의 수명(MTTF)이 지수 분포를 따를 경우, 이 시스템의 수명으로 옳은 것은?

① $\text{MTTF} \times n$
② $\text{MTTF} \times \dfrac{1}{n}$
③ $\text{MTTF} \times \left(1 + \dfrac{1}{2} + \cdots + \dfrac{1}{n}\right)$
④ $\text{MTTF} \times \left(1 \times \dfrac{1}{2} \times \cdots \times \dfrac{1}{n}\right)$

해설
시스템의 수명
- 병렬 = $\text{MTTF} \times \left(1 + \dfrac{1}{2} + \cdots + \dfrac{1}{n}\right)$
- 직렬 = $\text{MTTF} \times \dfrac{1}{n}$

정답 ③

33. 다음 중 좌식작업이 가장 적합한 작업은?

① 정밀조립작업
② 4.5kg 이상의 중량물을 다루는 작업
③ 작업장이 서로 떨어져 있으며 작업장 간 이동이 잦은 작업
④ 작업자의 정면에서 매우 높거나 낮은 곳으로 손을 자주 뻗어야 하는 작업

해설
작업자가 움직임이 적고 정밀한 작업인 경우에 좌식작업에 적합하며, 중량물을 앉아서 취급하는 경우에는 신체 일부에 큰 부하가 걸리기 때문에 좌식작업으로는 적합하지 않다.

정답 ①

35. 인간-기계 시스템에 관한 설명으로 틀린 것은?

① 자동시스템에서는 인간요소를 고려하여야 한다.
② 자동차 운전이나 전기드릴작업은 반자동시스템의 예시이다.
③ 자동시스템에서 인간은 감시, 정비 유지, 프로그램 등의 작업을 담당한다.
④ 수동시스템에서 기계는 동력원을 제공하고 인간의 통제하에서 제품을 생산한다.

해설
각 시스템별 특징
- 수동시스템 : 인간이 동력원이 된다.
- 반자동시스템 : 기계가 동력원이 된다.
- 자동화시스템 : 장비가 감시, 행동 등을 자체적으로 수행하며 인간은 감시, 정비 유지, 프로그램 등의 작업을 담당한다.

정답 ④

36. 양식 양립성의 예시로 가장 적절한 것은?

① 자동차 설계 시 고도계 높낮이 표시
② 방사능 사업장에 방사능 폐기물 표시
③ 청각적 자극 제시와 이에 대한 음성 응답
④ 자동차 설계 시 제어장치와 표시장치의 배열

해설
양식 양립성 : 소리로 제시된 정보를 음성으로 반응

정답 ③

37. 다음에서 설명하는 용어는?

> 유해·위험요인을 파악하고 해당 유해·위험요인에 의한 부상 또는 질병의 발생 가능성(빈도)과 중대성(강도)을 추정·결정하고 감소대책을 수립하여 실행하는 일련의 과정을 말한다.

① 위험성 결정
② 위험성평가
③ 위험 빈도 추정
④ 유해·위험요인 파악

해설
위험성평가 : 사업장에서 유해·위험요인을 파악하여 이를 통한 부상 또는 질병의 발생 가능성(빈도)과 중대성(강도)을 추정하여 위험성을 결정하고 그에 대한 감소대책을 수립하는 과정을 말한다.

정답 ②

38. 태양광선이 내리쬐는 옥외장소의 자연습구온도 20℃, 흑구온도 18℃, 건구온도 30℃일 때 습구흑구온도지수(WBGT)는?

① 20.6℃
② 22.5℃
③ 25.0℃
④ 28.5℃

해설
태양광선이 내리쬐는 옥외장소 습구흑구온도지수(WBGT)
WBGT(℃) = (0.7 × 자연습구온도) + (0.2 × 흑구온도) + (0.1 × 건구온도)
= (0.7 × 20) + (0.2 × 18) + (0.1 × 30)
= 20.6

정답 ①

39. FTA(Fault Tree Analysis)에 관한 설명으로 옳은 것은?

① 정성적 분석만 가능하다.
② 복잡하고 대형화된 시스템의 신뢰성 분석 및 안정성 분석에 이용되는 기법이다.
③ FT에 동일한 사건이 중복되어 나타나는 경우 상향식(bottom-up)으로 정상사건 T의 발생확률을 계산할 수 있다.
④ 기초사건과 생략사건의 확률값이 주어지게 되더라도 정상 사건의 최종적인 발생확률을 계산할 수 없다.

해설
FTA
고장 또는 재해요인의 정성적 분석과 정량적 분석이 가능한 기법으로, 연역적인 분석(top down)방식을 수행하며 복잡하고 대형화된 시스템에 사용된다.

정답 ②

40. 1sone에 관한 설명으로 ( )에 알맞은 수치는?

> 1sone : (㉠)Hz, (㉡)dB의 음압수준을 가진 순음의 크기

① ㉠ : 1,000, ㉡ : 1
② ㉠ : 4,000, ㉡ : 1
③ ㉠ : 1,000, ㉡ : 40
④ ㉠ : 4,000, ㉡ : 40

해설
1sone : 1,000Hz, 40dB의 음압수준을 가진 순음의 크기

정답 ③

제3과목 기계위험 방지기술

41 다음 중 와이어로프의 구성요소가 아닌 것은?

① 클립
② 소선
③ 스트랜드
④ 심강

해설
② 소선 : 스트랜드를 이루는 가닥을 말한다.
③ 스트랜드 : 와이어로프를 이루는 가닥을 말한다.
④ 심강 : 와이어로프의 중심에 들어가는 심을 말한다.

정답 ①

해설
교시 등(산업안전보건기준에 관한 규칙 제222조)
사업주는 산업용 로봇(이하 로봇)의 작동범위에서 해당 로봇에 대하여 교시(教示) 등(머니퓰레이터(manipulator)의 작동순서, 위치·속도의 설정·변경 또는 그 결과를 확인하는 것을 말한다. 이하 같다)의 작업을 하는 경우에는 해당 로봇의 예기치 못한 작동 또는 오(誤)조작에 의한 위험을 방지하기 위하여 다음의 조치를 하여야 한다. 다만, 로봇의 구동원을 차단하고 작업을 하는 경우에는 ⓒ와 ⓒ의 조치를 하지 아니할 수 있다.
㉠ 다음의 사항에 관한 지침을 정하고 그 지침에 따라 작업을 시킬 것
  • 로봇의 조작방법 및 순서
  • 작업 중의 머니퓰레이터의 속도
  • 2명 이상의 근로자에게 작업을 시킬 경우의 신호방법
  • 이상을 발견한 경우의 조치
  • 이상을 발견하여 로봇의 운전을 정지시킨 후 이를 재가동시킬 경우의 조치
  • 그 밖에 로봇의 예기치 못한 작동 또는 오조작에 의한 위험을 방지하기 위하여 필요한 조치
ⓒ 작업에 종사하고 있는 근로자 또는 그 근로자를 감시하는 사람은 이상을 발견하면 즉시 로봇의 운전을 정지시키기 위한 조치를 할 것
ⓒ 작업을 하고 있는 동안 로봇의 기동스위치 등에 작업 중이라는 표시를 하는 등 작업에 종사하고 있는 근로자가 아닌 사람이 그 스위치 등을 조작할 수 없도록 필요한 조치를 할 것

정답 ④

42 산업안전보건법령상 산업용 로봇에 의한 작업 시 안전조치 사항으로 적절하지 않은 것은?

① 로봇의 운전으로 인해 근로자가 로봇에 부딪칠 위험이 있을 때에는 높이 1.8m 이상의 울타리를 설치하여야 한다.
② 작업을 하고 있는 동안 로봇의 기동스위치 등은 작업에 종사하고 있는 근로자가 아닌 사람이 그 스위치 등을 조작할 수 없도록 필요한 조치를 한다.
③ 로봇의 조작방법 및 순서, 작업 중의 머니퓰레이터의 속도 등에 관한 지침에 따라 작업을 하여야 한다.
④ 작업에 종사하는 근로자가 이상을 발견하면 관리감독자에게 우선 보고하고, 지시가 나올 때까지 작업을 진행한다.

43 밀링작업 시 안전수칙으로 옳지 않은 것은?

① 테이블 위에 공구나 기타 물건 등을 올려놓지 않는다.
② 제품 치수를 측정할 때는 절삭 공구의 회전을 정지한다.
③ 강력절삭을 할 때는 일감을 바이스에 짧게 물린다.
④ 상하, 좌우 이송장치의 핸들은 사용 후 풀어 둔다.

해설
③ 강력절삭을 하는 경우에는 그 대상이 되는 일감을 바이스에 깊게 물려야 한다.

정답 ③

44
다음 중 지게차의 작업 상태별 안정도에 관한 설명으로 틀린 것은?(단, V는 최고속도(km/h)이다)

① 기준 부하 상태의 하역작업 시의 전후 안정도는 20% 이내이다.
② 기준 부하 상태의 하역작업 시의 좌우 안정도는 6% 이내이다.
③ 기준 무부하 상태에서 주행 시의 전후 안정도는 18% 이내이다.
④ 기준 무부하 상태에서 주행 시의 좌우 안정도는 $(15 + 1.1V)\%$ 이내이다.

해설
※ 저자의견 : 출제 당시 정답은 ①이었으나, 지게차의 안전작업에 관한 기술지원규정에 따라 ③도 정답이다.
지게차의 주행·하역작업 시 안정도 기준(지게차의 안전작업에 관한 기술지원규정)
- 최대하중 상태에서 포크를 가장 높이 올린 경우 하역작업 시의 전후 안정도 : 4% 이내(5ton 이상 : 3.5% 이내)
- 최대하중 상태에서 포크를 가장 높이 올리고 마스트를 가장 뒤로 기울인 경우 하역작업 시의 좌우 안정도 : 6% 이내
- 기준 부하 상태에서 주행 시의 전후 안정도 : 18% 이내
- 기준 무부하 상태에서 주행 시의 좌우 안정도 : $(15+1.1V)\%$ 이내(V : 구내 최고속도 km/h)

정답 ①, ③

45
산업안전보건법령상 보일러의 안전한 가동을 위하여 보일러 규격에 맞는 압력방출장치가 2개 이상 설치된 경우에 최고사용압력 이하에서 1개가 작동되고, 다른 압력방출장치는 최고사용압력의 몇 배 이하에서 작동되도록 부착하여야 하는가?

① 1.03배
② 1.05배
③ 1.2배
④ 1.5배

해설
압력방출장치(산업안전보건기준에 관한 규칙 제116조)
사업주는 보일러의 안전한 가동을 위하여 보일러 규격에 맞는 압력방출장치를 1개 또는 2개 이상 설치하고 최고사용압력(설계압력 또는 최고허용압력을 말한다. 이하 같다) 이하에서 작동되도록 하여야 한다. 다만, 압력방출장치가 2개 이상 설치된 경우에는 최고사용압력 이하에서 1개가 작동되고, 다른 압력방출장치는 최고사용압력 1.05배 이하에서 작동되도록 부착하여야 한다.

정답 ②

46
금형의 설치, 해체, 운반 시 안전사항에 관한 설명으로 틀린 것은?

① 운반을 통하여 관통 아이볼트가 사용될 때는 구멍 틈새가 최소화되도록 한다.
② 금형을 설치하는 프레스의 T홈 안길이는 설치 볼트 지름의 2분의 1 이하로 한다.
③ 고정볼트는 고정 후 가능하면 나사산을 3~4개 정도 짧게 남겨 설치 또는 해체 시 슬라이드 면과의 사이에 협착이 발생하지 않도록 해야 한다.
④ 운반 시 상부 금형과 하부 금형이 닿을 위험이 있을 때는 고정 패드를 이용한 스트랩, 금속 재질이나 우레탄 고무의 블록 등을 사용한다.

해설
② 금형을 설치하는 프레스의 T홈 안길이는 설치 볼트 지름의 2배 이상으로 한다.

정답 ②

47

선반에서 절삭가공 시 발생하는 칩을 짧게 끊어지도록 공구에 설치되어 있는 방호장치의 일종인 칩 제거기구를 무엇이라 하는가?

① 칩 브레이커
② 칩 받침
③ 칩 실드
④ 칩 커터

해설

칩 브레이커
선반에서 절삭가공 시 발생하는 칩을 짧게 끊어지도록 절단시키는 장치

정답 ①

48

다음 중 산업안전보건법령상 안전인증대상 방호장치에 해당하지 않는 것은?

① 연삭기 덮개
② 압력용기 압력방출용 파열판
③ 압력용기 압력방출용 안전밸브
④ 방폭구조(防爆構造) 전기기계·기구 및 부품

해설

안전인증대상 기계 등(산업안전보건법 시행령 제74조)
다음의 어느 하나에 해당하는 방호장치
- 프레스 및 전단기 방호장치
- 양중기용(揚重機用) 과부하방지장치
- 보일러 압력방출용 안전밸브
- 압력용기 압력방출용 안전밸브
- 압력용기 압력방출용 파열판
- 절연용 방호구 및 활선작업용(活線作業用) 기구
- 방폭구조(防爆構造) 전기기계·기구 및 부품
- 추락·낙하 및 붕괴 등의 위험방지 및 보호에 필요한 가설기자재로서 고용노동부장관이 정하여 고시하는 것
- 충돌·협착 등의 위험방지에 필요한 산업용 로봇 방호장치로서 고용노동부장관이 정하여 고시하는 것

정답 ①

49

인장강도가 250N/mm²인 강판에서 안전율이 4라면, 이 강판의 허용응력(N/mm²)은 얼마인가?

① 42.5
② 62.5
③ 82.5
④ 102.5

해설

- 안전율 = $\dfrac{\text{인장강도}}{\text{허용응력}}$
- 허용응력 = $\dfrac{250}{4}$ = 62.5

정답 ②

50

산업안전보건법령상 강렬한 소음작업에서 dB에 따른 노출시간으로 적합하지 않은 것은?

① 100dB 이상의 소음이 1일 2시간 이상 발생하는 작업
② 110dB 이상의 소음이 1일 30분 이상 발생하는 작업
③ 115dB 이상의 소음이 1일 15분 이상 발생하는 작업
④ 120dB 이상의 소음이 1일 7분 이상 발생하는 작업

해설

정의(산업안전보건기준에 관한 규칙 제512조)
'강렬한 소음작업'이란 다음의 어느 하나에 해당하는 작업을 말한다.
- 90dB 이상의 소음이 1일 8시간 이상 발생하는 작업
- 95dB 이상의 소음이 1일 4시간 이상 발생하는 작업
- 100dB 이상의 소음이 1일 2시간 이상 발생하는 작업
- 105dB 이상의 소음이 1일 1시간 이상 발생하는 작업
- 110dB 이상의 소음이 1일 30분 이상 발생하는 작업
- 115dB 이상의 소음이 1일 15분 이상 발생하는 작업

정답 ④

51

방호장치 안전인증고시에 따라 프레스 및 전단기에 사용되는 광전자식 방호장치의 일반구조에 대한 설명으로 가장 적절하지 않은 것은?

① 정상동작표시 램프는 녹색, 위험표시 램프는 붉은색으로 하며, 근로자가 쉽게 볼 수 있는 곳에 설치해야 한다.
② 슬라이드 하강 중 정전 또는 방호장치의 이상 시에 정지할 수 있는 구조이어야 한다.
③ 방호장치는 릴레이, 리밋 스위치 등의 전기부품의 고장, 전원전압의 변동 및 정전에 의해 슬라이드가 불시에 동작하지 않아야 하며, 사용전원전압의 ±(10/100)의 변동에 대하여 정상으로 작동되어야 한다.
④ 방호장치의 감지기능은 규정한 검출영역 전체에 걸쳐 유효하여야 한다(다만, 블랭킹 기능이 있는 경우 그렇지 않다).

해설
프레스 또는 전단기 방호장치의 성능기준(방호장치 안전인증 고시 별표 1)
광전자식 방호장치의 일반사항
- 정상동작표시 램프는 녹색, 위험표시 램프는 붉은색으로 하며, 쉽게 근로자가 볼 수 있는 곳에 설치해야 한다.
- 슬라이드 하강 중 정전 또는 방호장치의 이상 시에 정지할 수 있는 구조이어야 한다.
- 방호장치는 릴레이, 리밋스위치 등의 전기부품의 고장, 전원전압의 변동 및 정전에 의해 슬라이드가 불시에 동작하지 않아야 하며, 사용전원전압의 ±(100분의 20)의 변동에 대하여 정상으로 작동되어야 한다.
- 방호장치의 정상작동 중에 감지가 이루어지거나 공급전원이 중단되는 경우 적어도 2개 이상의 독립된 출력신호 개폐장치가 꺼진 상태로 돼야 한다.
- 방호장치의 감지기능은 규정한 검출영역 전체에 걸쳐 유효하여야 한다(다만, 블랭킹 기능이 있는 경우 그렇지 않다).
- 방호장치에 제어기(controller)가 포함되는 경우에는 이를 연결한 상태에서 모든 시험을 한다.
- 방호장치를 무효화하는 기능이 있어서는 안 된다.

정답 ③

52

산업안전보건법령상 연삭기 작업 시 작업자가 안심하고 작업을 할 수 있는 상태는?

① 탁상용 연삭기에서 숫돌과 작업받침대의 간격이 5mm이다.
② 덮개 재료의 인장강도는 224MPa이다.
③ 숫돌 교체 후 2분 정도 시험운전을 실시하여 해당 기계의 이상 여부를 확인하였다.
④ 작업 시작 전 1분 정도 시험운전을 실시하여 해당 기계의 이상 여부를 확인하였다.

해설
연삭숫돌의 덮개 등(산업안전보건기준에 관한 규칙 제122조)
㉠ 사업주는 회전 중인 연삭숫돌(지름이 5cm 이상인 것으로 한정)이 근로자에게 위험을 미칠 우려가 있는 경우에 그 부위에 덮개를 설치하여야 한다.
㉡ 사업주는 연삭숫돌을 사용하는 작업의 경우 작업을 시작하기 전에는 1분 이상, 연삭숫돌을 교체한 후에는 3분 이상 시험운전을 하고 해당 기계에 이상이 있는지를 확인하여야 한다.
㉢ ㉡에 따른 시험운전에 사용하는 연삭숫돌은 작업 시작 전에 결함이 있는지를 확인한 후 사용하여야 한다.
㉣ 사업주는 연삭숫돌의 최고사용 회전속도를 초과하여 사용하도록 해서는 아니 된다.
㉤ 사업주는 측면을 사용하는 것을 목적으로 하지 않는 연삭숫돌을 사용하는 경우 측면을 사용하도록 해서는 아니 된다.

정답 ④

53

보기와 같은 기계요소가 단독으로 발생시키는 위험점은?

┌─보기─────────────────┐
│   밀링커터, 둥근톱날   │
└─────────────────────┘

① 협착점   ② 끼임점
③ 절단점   ④ 물림점

해설
절단점 : 회전하는 운동 부분 자체 또는 운동을 하는 기계의 돌출 부위에서 초래되는 위험점을 말한다.

정답 ③

54
다음 중 크레인의 방호장치로 가장 거리가 먼 것은?

① 권과방지장치
② 과부하방지장치
③ 비상정지장치
④ 자동보수장치

해설
방호장치의 조정(산업안전보건기준에 관한 규칙 제134조)
사업주는 다음의 양중기에 과부하방지장치, 권과방지장치(捲過防止裝置), 비상정지장치 및 제동장치, 그 밖의 방호장치[승강기의 파이널리밋스위치(final limit switch), 속도조절기, 출입문 인터록(interlock) 등을 말한다]가 정상적으로 작동될 수 있도록 미리 조정해 두어야 한다.
• 크레인
• 이동식 크레인
• 리프트
• 곤돌라
• 승강기

정답 ④

55
산업안전보건법령상 프레스기를 사용하여 작업을 할 때 작업시작 전 점검사항으로 틀린 것은?

① 클러치 및 브레이크의 기능
② 압력방출장치의 기능
③ 크랭크축·플라이휠·슬라이드·연결봉 및 연결 나사의 풀림 유무
④ 프레스의 금형 및 고정볼트의 상태

해설
작업시작 전 점검사항(산업안전보건기준에 관한 규칙 별표 3)
프레스 등을 사용하여 작업을 할 때
• 클러치 및 브레이크의 기능
• 크랭크축·플라이휠·슬라이드·연결봉 및 연결 나사의 풀림 여부
• 1행정 1정지기구·급정지장치 및 비상정지장치의 기능
• 슬라이드 또는 칼날에 의한 위험방지 기구의 기능
• 프레스의 금형 및 고정볼트 상태
• 방호장치의 기능
• 전단기의 칼날 및 테이블의 상태

정답 ②

56
설비보전은 예방보전과 사후보전으로 대별된다. 다음 중 예방보전의 종류가 아닌 것은?

① 시간계획보전
② 개량보전
③ 상태기준보전
④ 적응보전

해설
설비보전 중 예방보전과 사후보전
• 예방보전 : 장비가 고장 나기 전에 보전하는 활동으로 시간계획보전, 상태기준보전, 적응보전이 이에 해당된다.
• 사후보전 : 보전주기가 도래하지 않아도 장비가 고장 나면 그 이후에 보전하는 활동을 말한다.

정답 ②

57
천장크레인에 중량 3kN의 화물을 2줄로 매달았을 때 매달기용 와이어(sling wire)에 걸리는 장력은 약 몇 kN인가?(단, 매달기용 와이어 2줄 사이의 각도는 55°이다)

① 1.3
② 1.7
③ 2.0
④ 2.3

해설
와이어로프 한 가닥에 걸리는 하중 계산

$$장력하중(T) = \frac{w}{2} \div \cos\frac{\theta}{2}$$
$$= \frac{3}{2} \div \cos\frac{55}{2}$$
$$≒ 1.7$$

여기서, w : 매단 물체의 무게
θ : 매단 각도

정답 ②

58. 다음 중 롤러의 급정지 성능으로 적합하지 않은 것은?

① 앞면 롤러 표면 원주속도가 25m/min, 앞면 롤러의 원주가 5m일 때 급정지거리 1.6m 이내
② 앞면 롤러 표면 원주속도가 35m/min, 앞면 롤러의 원주가 7m일 때 급정지거리 2.8m 이내
③ 앞면 롤러 표면 원주속도가 30m/min, 앞면 롤러의 원주가 6m일 때 급정지거리 2.6m 이내
④ 앞면 롤러 표면 원주속도가 20m/min, 앞면 롤러의 원주가 8m일 때 급정지거리 2.6m 이내

해설
③ 앞면 롤러 표면의 원주속도가 30m/min, 앞면 롤러의 원주가 6m일 때 급정지거리 = 6/2.5 = 2.4m

무부하 동작에서의 급정지거리(방호장치 자율안전기준 고시 별표 3)

앞면 롤러의 표면속도(m/min)	급정지거리
30 미만	앞면 롤러 원주의 3분의 1 이내
30 이상	앞면 롤러 원주의 2.5분의 1 이내

정답 ③

59. 조작자의 신체부위가 위험한계 밖에 위치하도록 기계의 조작장치를 위험구역에서 일정 거리 이상 떨어지게 하는 방호장치는?

① 덮개형 방호장치
② 차단형 방호장치
③ 위치제한형 방호장치
④ 접근반응형 방호장치

해설
위치제한형 방호장치 : 조작자의 신체부위가 위험한계 밖에 있도록 기계의 조작장치를 위험한 작업점에서 안전거리 이상 떨어지게 하거나, 조작장치를 양손으로 동시 조작하게 함으로써 위험한계에 접근하는 것을 제한하는 방호장치

정답 ③

60. 산업안전보건법령상 아세틸렌 용접장치의 아세틸렌 발생기실을 설치하는 경우 준수하여야 하는 사항으로 옳은 것은?

① 벽은 가연성 재료로 하고 철근 콘크리트 또는 그 밖에 이와 동등하거나 그 이상의 강도를 가진 구조로 할 것
② 바닥면적의 16분의 1 이상의 단면적을 가진 배기통을 옥상으로 돌출시키고 그 개구부를 창이나 출입구로부터 1.5m 이상 떨어지도록 할 것
③ 출입구의 문은 불연성 재료로 하고 두께 1.0mm 이하의 철판이나 그 밖에 그 이상의 강도를 가진 구조로 할 것
④ 발생기실을 옥외에 설치한 경우에는 그 개구부를 다른 건축물로부터 1.0m 이내 떨어지도록 할 것

해설
발생기실의 구조 등(산업안전기준에 관한 규칙 제287조)
사업주는 발생기실을 설치하는 경우에 다음의 사항을 준수하여야 한다.
- 벽은 불연성 재료로 하고 철근 콘크리트 또는 그 밖에 이와 같은 수준이거나 그 이상의 강도를 가진 구조로 할 것
- 지붕과 천장에는 얇은 철판이나 가벼운 불연성 재료를 사용할 것
- 바닥면적의 16분의 1 이상의 단면적을 가진 배기통을 옥상으로 돌출시키고 그 개구부를 창이나 출입구로부터 1.5m 이상 떨어지도록 할 것
- 출입구의 문은 불연성 재료로 하고 두께 1.5mm 이상의 철판이나 그 밖에 그 이상의 강도를 가진 구조로 할 것
- 벽과 발생기 사이에는 발생기의 조정 또는 카바이드 공급 등의 작업을 방해하지 않도록 간격을 확보할 것

정답 ②

제4과목 전기위험 방지기술

61. 대지에서 용접작업을 하고 있는 작업자가 용접봉에 접촉한 경우 통전전류는?(단, 용접기의 출력측 무부하전압 : 90V, 접촉저항(손, 용접봉 등 포함) : 10kΩ, 인체의 내부저항 : 1kΩ, 발과 대지의 접촉저항 : 20kΩ이다)

① 약 0.19mA
② 약 0.29mA
③ 약 1.96mA
④ 약 2.90mA

해설
$V = IR$
$R = 10 + 1 + 20 = 31(k\Omega) \rightarrow 31,000(\Omega)$
$I = \dfrac{90}{31,000} \times 1,000$
$\fallingdotseq 2.9(mA)$
※ A 단위를 mA로 변환하기 위해 1,000을 곱함

정답 ④

62. KS C IEC 60079-10-2에 따라 공기 중에 분진운의 형태로 폭발성 분진 분위기가 지속적으로 또는 장기간 또는 빈번히 존재하는 장소는?

① 0종 장소
② 1종 장소
③ 20종 장소
④ 21종 장소

해설
폭발위험장소의 종별(KS C IEC 60079-10-2)
- 20종 장소(zone 20) : 공기 중 분진운 형태의 폭발성 분진 분위기가 연속적 또는 장기간 또는 빈번히 존재하는 장소
- 21종 장소(zone 21) : 공기 중 분진운 형태의 폭발성 분진 분위기가 가끔씩 정상운전 시에 발생할 우려가 있는 장소
- 22종 장소(zone 22) : 공기 중 가연성 분진운 형태로 폭발성 분진 분위기가 정상 운전 시에는 발생할 우려가 없으며, 발생한다고 해도 짧은 기간 동안만 지속될 수 있는 장소
※ 분진층으로부터 분진운이 형성될 수 있는 가능성도 고려하여야 한다.

정답 ③

63. 설비의 이상현상에 나타나는 아크(arc)의 종류가 아닌 것은?

① 단락에 의한 아크
② 지락에 의한 아크
③ 차단기에서의 아크
④ 전선저항에 의한 아크

해설
아크는 단락, 지락, 차단기 등에 의해서 발생할 수 있다.

정답 ④

64. 정전기 재해방지에 관한 설명 중 틀린 것은?

① 이황화탄소의 수송 과정에서 배관 내의 유속을 2.5m/s 이상으로 한다.
② 포장 과정에서 용기를 도전성 재료에 접지한다.
③ 인쇄 과정에서 도포량을 소량으로 하고 접지한다.
④ 작업장의 습도를 높여 전하가 제거되기 쉽게 한다.

해설
① 이황화탄소 등과 같이 유동대전이 심하고 폭발위험성이 있는 물질은 배관 내에서 유속을 1m/s 이하로 제한하여야 한다.

정답 ①

65. 한국전기설비규정에 따라 사람이 쉽게 접촉할 우려가 있는 곳에 금속제 외함을 가지는 저압의 기계·기구가 시설되어 있다. 이 기계·기구의 사용전압이 몇 V를 초과할 때 전기를 공급하는 전로에 누전차단기를 시설해야 하는가?(단, 누전차단기를 시설하지 않아도 되는 조건은 제외한다)

① 30V
② 40V
③ 50V
④ 60V

해설
전원의 자동차단에 의한 저압전로의 보호대책으로 누전차단기를 시설해야 할 대상(한국전기설비규정 211.2.4)
금속제 외함을 가지는 사용전압이 50V를 초과하는 저압의 기계·기구로서 사람이 쉽게 접촉할 우려가 있는 곳에 시설하는 것에 전기를 공급하는 전로에는 누전차단기를 설치하여야 한다.

정답 ③

66 다음 중 방폭설비의 보호등급(IP)에 대한 설명으로 옳은 것은?

① 제1특성 숫자가 '1'인 경우 지름 50mm 이상의 외부 분진에 대한 보호
② 제1특성 숫자가 '2'인 경우 지름 10mm 이상의 외부 분진에 대한 보호
③ 제2특성 숫자가 '1'인 경우 지름 50mm 이상의 외부 분진에 대한 보호
④ 제2특성 숫자가 '2'인 경우 지름 10mm 이상의 외부 분진에 대한 보호

해설
방폭설비 보호등급(IP)
• 제1특성 숫자(방진)
 - 1 : 지름 50mm 이상의 이물질(고형)이 침입하지 못하게 한 구조
 - 2 : 지름 12mm 이상의 이물질(고형)이 침입하지 못하게 한 구조
 - 3 : 지름 2.5mm 이상의 이물질(고형)이 침입하지 못하게 한 구조
 - 4 : 지름 1.0mm 이상의 이물질(고형)이 침입하지 못하게 한 구조
 - 5 : 분진이 침입하여도 정상운전 가능
 - 6 : 어떠한 이물질(고형)도 침입하지 못하게 한 구조
• 제2특성 숫자(방수)
 - 1 : 수직으로 낙수되는 물방울로부터 보호
 - 2 : 15° 방향에서 분사되는 액체로부터 보호
 - 3 : 60° 이내의 방향에 분사되는 액체로부터 보호
 - 4 : 모든 방향의 분사되는 액체로부터 보호
 - 5 : 모든 방향에서 분사되는 낮은 수압으로부터 보호
 - 6 : 모든 방향의 분사되는 높은 수압으로부터 보호
 - 7 : 특정 압력 및 시간까지 침수되어도 보호
 - 8 : 장기간 침수되어 수압을 받아도 보호

정답 ①

67 정전기 발생에 영향을 주는 요인에 대한 설명으로 틀린 것은?

① 물체의 분리속도가 빠를수록 발생량은 적어진다.
② 접촉면적이 크고 접촉압력이 높을수록 발생량이 많아진다.
③ 물체 표면이 수분이나 기름으로 오염되면 산화 및 부식에 의해 발생량이 많아진다.
④ 정전기의 발생은 처음 접촉, 분리할 때가 최대로 되고 접촉, 분리가 반복됨에 따라 발생량은 감소한다.

해설
정전기 발생에 영향을 주는 요인
• 물체의 특성 : 불순물을 포함하고 있으면 정전기 발생량이 커짐
• 물체의 표면상태 : 수분이나 기름 등에 표면이 오염되는 경우에 정전기가 크게 발생함
• 물체의 이력 : 처음 접촉, 분리할 때 최대가 되며 반복될수록 발생량이 감소함
• 접촉면적 및 압력 : 접촉면적과 압력이 증가할수록 정전기가 크게 발생함
• 물체의 분리속도 : 분리속도가 빠를수록 정전기가 크게 발생함

정답 ①

68 전기기기, 설비 및 전선로 등의 충전 유무 등을 확인하기 위한 장비는?

① 위상검출기
② 디스콘 스위치
③ COS
④ 저압 및 고압용 검전기

해설
전기기기나 설비, 전선로 등의 충전 유무를 확인하는 장비는 검전기이다.

정답 ④

69 피뢰기로서 갖추어야 할 성능 중 틀린 것은?

① 충격방전 개시전압이 낮을 것
② 뇌전류 방전능력이 클 것
③ 제한전압이 높을 것
④ 속류 차단을 확실하게 할 수 있을 것

해설
피뢰기가 갖추어야 할 성능
- 반복동작이 가능할 것
- 뇌전류의 방전능력이 클 것
- 충격방전 개시전압이 낮을 것
- 제한전압이 낮을 것
- 속류의 차단이 확실할 것
- 상용 주파 방전 개시전압이 높을 것

정답 ③

70 접지저항 저감방법으로 틀린 것은?

① 접지극의 병렬 접지를 실시한다.
② 접지극의 매설 깊이를 증가시킨다.
③ 접지극의 크기를 최대한 작게 한다.
④ 접지극 주변의 토양을 개량하여 대지저항률을 떨어뜨린다.

해설
③ 접지극의 크기를 최대한 크게 하여야 한다.

정답 ③

71 교류 아크용접기의 사용에서 무부하 전압이 80V, 아크전압 25V, 아크전류 300A일 경우 효율은 약 몇 %인가?(단, 내부손실은 4kW이다)

① 65.2
② 70.5
③ 75.3
④ 80.6

해설
- 사용전력 계산 = 아크전압 × 전류
  = 25 × 300
  = 7,500W
- 총전력 계산 = 사용전력 + 손실전력
  = 7,500 + 4,000
  = 11,500W
- 효율 계산

$$효율 = \frac{사용전력}{총전력} \times 100$$
$$= \frac{7,500}{11,500} \times 100$$
$$≒ 65.22\%$$

정답 ①

72 아크방전의 전압전류 특성으로 가장 옳은 것은?

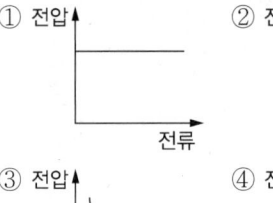
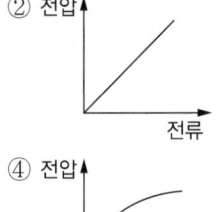
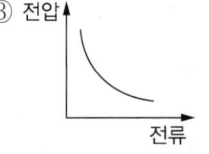
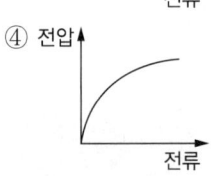

해설
아크방전은 전류가 증가함에 따라 전압이 감소한다.

정답 ③

73. 다음 중 기기보호등급(EPL)에 해당하지 않는 것은?

① EPL Ga
② EPL Ma
③ EPL Dc
④ EPL Mc

[해설]
기기보호등급(EPL)
- 가스폭발
  - EPL Ga
  - EPL Gb
  - EPL Gc
- 분진폭발
  - EPL Da
  - EPL Db
  - EPL Dc
- 광산
  - EPL Ma
  - EPL Mb

정답 ④

74. 다음 중 산업안전보건기준에 관한 규칙에 따라 누전차단기를 설치하지 않아도 되는 곳은?

① 철판·철골 위 등 도전성이 높은 장소에서 사용하는 이동형 전기기계·기구
② 대지전압이 220V인 휴대형 전기기계·기구
③ 임시배선이 전로가 설치되는 장소에서 사용하는 이동형 전기기계·기구
④ 절연대 위에서 사용하는 전기기계·기구

[해설]
누전차단기에 의한 감전방지(산업안전보건기준에 관한 규칙 제304조)
다음의 어느 하나에 해당하는 경우에는 누전차단기 설치를 적용하지 않는다.
- 전기용품 및 생활용품 안전관리법이 적용되는 이중절연 또는 이와 같은 수준 이상으로 보호되는 구조로 된 전기기계·기구
- 절연대 위 등과 같이 감전위험이 없는 장소에서 사용하는 전기기계·기구
- 비접지방식의 전로

정답 ④

75. 다음 설명이 나타내는 현상은?

> 전압이 인가된 이극 도체 간의 고체 절연물 표면에 이물질이 부착되면 미소방전이 일어난다. 이 미소방전이 반복되면서 절연물 표면에 도전성 통로가 형성되는 현상이다.

① 흑연화현상
② 트래킹현상
③ 반단선현상
④ 절연이동현상

[해설]
트래킹현상
전압이 인가된 이극 도체 간의 고체 절연물 표면에 이물질이 부착되면 미소방전이 일어난다. 이 미소방전이 반복되면서 절연물 표면에 도전성 통로가 형성되는 현상을 말한다.

정답 ②

76. 다음 중 방폭구조의 종류가 아닌 것은?

① 본질안전 방폭구조
② 고압 방폭구조
③ 압력 방폭구조
④ 내압 방폭구조

[해설]
방폭구조의 종류
- 안전증 방폭구조
- 유입 방폭구조
- 압력 방폭구조
- 내압 방폭구조
- 본질안전 방폭구조
- 충전 방폭구조
- 몰드 방폭구조
- 비점화 방폭구조
- 특수 방폭구조

정답 ②

77

심실세동전류 $I = \dfrac{165}{\sqrt{t}}$ mA라면 심실세동 시 인체에 직접 받는 전기에너지(cal)는 약 얼마인가?(단, t는 통전시간으로 1초이며, 인체의 저항은 500Ω으로 한다)

① 0.52 ② 1.35
③ 2.14 ④ 3.27

해설

위험에너지

$$Q = I^2 RT = \left(\dfrac{165}{\sqrt{1}} \times 10^{-3}\right)^2 \times 500 \times 1 ≒ 13.61J$$

→ 13.61J × 0.24 ≒ 3.27cal

정답 ④

78

산업안전보건기준에 관한 규칙에 따른 전기기계·기구의 설치 시 고려할 사항으로 거리가 먼 것은?

① 전기기계·기구의 충분한 전기적 용량 및 기계적 강도
② 전기기계·기구의 안전효율을 높이기 위한 시간 가동률
③ 습기·분진 등 사용장소의 주위 환경
④ 전기적·기계적 방호수단의 적정성

해설

전기기계·기구의 적정설치 등(산업안전보건기준에 관한 규칙 제303조)
- 전기기계·기구의 충분한 전기적 용량 및 기계적 강도
- 습기·분진 등 사용장소의 주위 환경
- 전기적·기계적 방호수단의 적정성

정답 ②

79

정전작업 시 조치사항으로 틀린 것은?

① 작업 전 전기설비의 잔류전하를 확실히 방전한다.
② 개로된 전로의 충전 여부를 검전기구에 의하여 확인한다.
③ 개폐기에 잠금장치를 하고 통전 금지에 관한 표지판은 제거한다.
④ 예비 동력원의 역송전에 의한 감전의 위험을 방지하기 위해 단락 접지기구를 사용하여 단락 접지를 한다.

해설

정전전로에서의 전기작업(산업안전보건기준에 관한 규칙 제319조)
전로차단은 다음 절차에 따라 시행하여야 한다.
- 전기기기 등에 공급되는 모든 전원을 관련 도면, 배선도 등으로 확인할 것
- 전원을 차단한 후 각 단로기 등을 개방하고 확인할 것
- 차단장치나 단로기 등에 잠금장치 및 꼬리표를 부착할 것
- 개로된 전로에서 유도전압 또는 전기에너지가 축적되어 근로자에게 전기위험을 끼칠 수 있는 전기기기 등은 접촉하기 전에 잔류전하를 완전히 방전시킬 것
- 검전기를 이용하여 작업 대상 기기가 충전되었는지를 확인할 것
- 전기기기 등이 다른 노출 충전부와의 접촉, 유도 또는 예비 동력원의 역송전 등으로 전압이 발생할 우려가 있는 경우에는 충분한 용량을 가진 단락 접지기구를 이용하여 접지할 것

정답 ③

80 정전기로 인한 화재폭발의 위험이 가장 높은 것은?

① 드라이클리닝설비
② 농작물 건조기
③ 가습기
④ 전동기

해설
정전기로 인한 화재 폭발 등 방지(산업안전보건기준에 관한 규칙 제325조)
사업주는 다음 설비를 사용할 때에 정전기에 의한 화재 또는 폭발 등의 위험이 발생할 우려가 있는 경우에는 해당 설비에 대하여 확실한 방법으로 접지를 하거나, 도전성 재료를 사용하거나 가습 및 점화원이 될 우려가 없는 제전장치를 사용하는 등 정전기의 발생을 억제하거나 제거하기 위하여 필요한 조치를 하여야 한다.
- 위험물을 탱크로리·탱크차 및 드럼 등에 주입하는 설비
- 탱크로리·탱크차 및 드럼 등 위험물저장설비
- 인화성 액체를 함유하는 도료 및 접착제 등을 제조·저장·취급 또는 도포(塗布)하는 설비
- 위험물 건조설비 또는 그 부속설비
- 인화성 고체를 저장하거나 취급하는 설비
- 드라이클리닝설비, 염색가공설비 또는 모피류 등을 씻는 설비 등 인화성 유기용제를 사용하는 설비
- 유압, 압축공기 또는 고전위정전기 등을 이용하여 인화성 액체나 인화성 고체를 분무하거나 이송하는 설비
- 고압가스를 이송하거나 저장·취급하는 설비
- 화약류 제조설비
- 발파공에 장전된 화약류를 점화시키는 경우에 사용하는 발파기(발파공을 막는 재료로 물을 사용하거나 갱도 발파를 하는 경우는 제외)

정답 ①

제5과목 화학설비위험 방지기술

81 산업안전보건법에서 정한 위험물질을 기준량 이상 제조하거나 취급하는 화학설비로서 내부의 이상 상태를 조기에 파악하기 위하여 필요한 온도계·유량계·압력계 등의 계측장치를 설치하여야 하는 대상이 아닌 것은?

① 가열로 또는 가열기
② 증류·정류·증발·추출 등 분리를 하는 장치
③ 반응폭주 등 이상 화학반응에 의하여 위험물질이 발생할 우려가 있는 설비
④ 흡열반응이 일어나는 반응장치

해설
계측장치 등의 설치(산업안전보건기준에 관한 규칙 제273조)
특수화학설비를 설치하는 경우에는 내부의 이상 상태를 조기에 파악하기 위하여 필요한 온도계·유량계·압력계 등의 계측장치를 설치하여야 한다.
- 발열반응이 일어나는 반응장치
- 증류·정류·증발·추출 등 분리를 하는 장치
- 가열시켜 주는 물질의 온도가 가열되는 위험물질의 분해온도 또는 발화점보다 높은 상태에서 운전되는 설비
- 반응폭주 등 이상 화학반응에 의하여 위험물질이 발생할 우려가 있는 설비
- 온도가 350℃ 이상이거나 게이지 압력이 980kPa 이상인 상태에서 운전되는 설비
- 가열로 또는 가열기

정답 ④

82 다음 중 퍼지(purge)의 종류에 해당하지 않는 것은?

① 압력 퍼지
② 진공 퍼지
③ 스위프 퍼지
④ 가열 퍼지

해설
퍼지의 종류
- 압력 퍼지
- 진공 퍼지
- 스위프 퍼지
- 사이펀 퍼지

정답 ④

83

폭발한계와 완전연소 조성 관계인 Jones식을 이용하여 뷰테인(C_4H_{10})의 폭발하한계를 구하면 몇 vol%인가?

① 1.4
② 1.7
③ 2.0
④ 2.3

해설

$$C_{st} = \frac{100}{1+4.773\left(a+\frac{b-c-2d}{4}\right)}(\text{vol}\%)$$

여기서, a : 탄소, b : 수소, c : 할로겐, d : 산소의 원자수이며, 뷰테인은 탄소 4개, 수소 10개를 갖는다(할로겐 및 산소는 없음 = 0).

$$C_{st} = \frac{100}{1+4.773\left(4+\frac{10}{4}\right)} = 3.13(\text{vol}\%)$$

∴ 폭발하한계(Jones식) = $0.55 \times C_{st} = 0.55 \times 3.13$
= $1.7\text{vol}\%$

정답 ②

84

가스를 분류할 때 독성 가스에 해당하지 않는 것은?

① 황화수소
② 사이안화수소
③ 이산화탄소
④ 산화에틸렌

해설

③ 이산화탄소는 독성 가스에 해당하지 않는다(고압가스 안전관리법 시행규칙 제2조).

정답 ③

85

다음 중 폭발 방호대책과 가장 거리가 먼 것은?

① 불활성화
② 억제
③ 방산
④ 봉쇄

해설

폭발 방호대책
- 폭발억제 : 불활성 가스 등 유입하여 큰 폭발이 이루어지지 않도록 억제
- 폭발방산 : 폭발이 일어났을 때 폭발압력을 파열판 등을 통해 외부로 방출시키면서 내부 압력을 완화
- 폭발봉쇄 : 압력밸브 등으로 내부 압력을 완화

정답 ①

86

질화면(nitrocellulose)은 저장·취급 중에는 에틸알코올 등으로 습면 상태를 유지해야 한다. 그 이유를 옳게 설명한 것은?

① 질화면은 건조 상태에서는 자연적으로 분해하면서 발화할 위험이 있기 때문이다.
② 질화면은 알코올과 반응하여 안정한 물질을 만들기 때문이다.
③ 질화면은 건조 상태에서 공기 중의 산소와 환원반응을 하기 때문이다.
④ 질화면은 건조 상태에서 유독한 중합물을 형성하기 때문이다.

해설

① 나이트로셀룰로스(질화면)는 건조 상태에서는 자연적으로 분해하여 폭발위험이 있기 때문에 에틸알코올 등을 이용하여 표면을 적셔 보관한다.

정답 ①

87

분진폭발의 특징으로 옳은 것은?

① 연소속도가 가스폭발보다 크다.
② 완전연소로 가스중독의 위험이 작다.
③ 화염의 파급속도보다 압력의 파급속도가 빠르다.
④ 가스폭발보다 연소시간은 짧고 발생에너지는 작다.

해설

분진폭발은 가스폭발보다 연소시간은 길고 발생에너지는 크고 폭발압력은 작으며, 불완전연소하여 일산화탄소로 인한 중독이 발생한다는 특징이 있다.

정답 ③

88. 크롬에 대한 설명으로 옳은 것은?

① 은백색 광택이 있는 금속이다.
② 중독 시 미나마타병이 발병한다.
③ 비중이 물보다 작은 값을 나타낸다.
④ 3가 크롬이 인체에 가장 유해하다.

해설

크롬
3가 크롬보다 6가 크롬이 인체에 유해하며, 크롬의 비중은 물보다 크다.
※ 미나마타병 : 수은 중독으로 발생하는 병

정답 ①

89. 사업주는 인화성 액체 및 인화성 가스를 저장·취급하는 화학설비에서 증기나 가스를 대기로 방출하는 경우에는 외부로부터의 화염을 방지하기 위하여 화염방지기를 설치하여야 한다. 다음 중 화염방지기의 설치 위치로 옳은 것은?

① 설비의 상단
② 설비의 하단
③ 설비의 측면
④ 설비의 조작부

해설

화염방지기의 설치 등(산업안전보건기준에 관한 규칙 제269조)
사업주는 인화성 액체 및 인화성 가스를 저장·취급하는 화학설비에서 증기나 가스를 대기로 방출하는 경우에는 외부로부터의 화염을 방지하기 위하여 화염방지기를 그 설비 상단에 설치해야 한다.

정답 ①

90. 열교환탱크 외부를 두께 0.2m의 단열재(열전도율 $k = 0.037$ kcal/m·h·℃)로 보온하였더니 단열재 내면은 40℃, 외면은 20℃이었다. 면적 1m²당 1시간에 손실되는 열량(kcal)은?

① 0.0037
② 0.037
③ 1.37
④ 3.7

해설

열교환기 손실열량

$$Q = KA\frac{\Delta T}{\Delta X}(\text{kcal/hr})$$

여기서, K : 전열계수
A : 면적
ΔX : 두께
ΔT : 온도변화량

$$Q = 0.037 \times \frac{40-20}{0.2} = 3.7\text{kcal}$$

정답 ④

91. 산업안전보건법령상 다음 인화성 가스의 정의에서 ( ) 안에 알맞은 값은?

'인화성 가스'란 인화한계농도의 최저한도가 (㉠) % 이하 또는 최고한도와 최저한도의 차가 (㉡) % 이상인 것으로서 표준압력(101.3kPa), 20℃에서 가스 상태인 물질을 말한다.

① ㉠ 13, ㉡ 12
② ㉠ 13, ㉡ 15
③ ㉠ 12, ㉡ 13
④ ㉠ 12, ㉡ 15

해설

'인화성 가스'란 인화한계 농도의 최저한도가 13% 이하 또는 최고한도와 최저한도의 차가 12% 이상인 것으로서 표준압력(101.3kPa)에서 20℃에서 가스 상태인 물질을 말한다(산업안전보건법 시행령 별표 13).

정답 ①

92
액체 표면에서 발생한 증기농도가 공기 중에서 연소하한 농도가 될 수 있는 가장 낮은 액체 온도를 무엇이라 하는가?

① 인화점 ② 비등점
③ 연소점 ④ 발화온도

해설
인화점 : 액체의 표면에서 발생한 증기농도가 공기 중에서 연소하한 농도가 될 수 있는 가장 낮은 액체 온도이다 (인화되는 최저의 온도).

정답 ①

93
위험물의 저장방법으로 적절하지 않은 것은?

① 탄화칼슘은 물속에 저장한다.
② 벤젠은 산화성 물질과 격리시킨다.
③ 금속나트륨은 석유 속에 저장한다.
④ 질산은 갈색병에 넣어 냉암소에 보관한다.

해설
① 탄화칼슘은 물과 반응하여 격렬하게 반응하므로 건조한 곳에서 보관하여야 한다.

정답 ①

94
다음 중 열교환기의 보수에 있어 일상점검 항목과 정기적 개방점검 항목으로 구분할 때 일상점검 항목으로 거리가 먼 것은?

① 도장의 노후 상황
② 부착물에 의한 오염의 상황
③ 보온재, 보랭재의 파손 여부
④ 기초볼트의 체결 정도

해설
열교환기의 일상점검 항목
- 보온재 및 보랭재의 파손 여부
- 도장의 노후 상황
- 플랜지부, 용접부 등의 누설 여부
- 기초볼트의 체결 상태

정답 ②

95
다음 중 반응기의 구조 방식에 의한 분류에 해당하는 것은?

① 탑형 반응기
② 연속식 반응기
③ 반회분식 반응기
④ 회분식 균일상반응기

해설
반응기 분류

조작방식에 따른 분류	구조에 의한 분류
• 회분식 반응기 • 반회분식 반응기 • 연속식 반응기	• 관형식 반응기 • 교반기형 반응기 • 탑형 반응기

정답 ①

96
다음 중 공기 중 최소 발화에너지값이 가장 작은 물질은?

① 에틸렌
② 아세트알데하이드
③ 메테인
④ 에테인

해설
최소 발화에너지 : 가연성 가스나 액체의 증기 또는 폭발성 분진이 공기 중에 있을 때 이것을 발화시키는 데 필요한 최저의 에너지를 말한다.
- 에틸렌 : 0.07mJ
- 아세트알데하이드 : 0.37mJ
- 메테인 : 0.27mJ
- 에테인 : 0.24mJ

정답 ①

97

다음 표의 가스(A~D)를 위험도가 큰 것부터 작은 순으로 나열한 것은?

	폭발하한값(vol%)	폭발상한값(vol%)
A	4.0	75.0
B	3.0	80.0
C	1.25	44.0
D	2.5	81.0

① D - B - C - A
② D - B - A - C
③ C - D - A - B
④ C - D - B - A

해설

위험도 = $\dfrac{\text{폭발상한계} - \text{폭발하한계}}{\text{폭발하한계}}$

- A 위험도 = $\dfrac{75-4}{4} = 17.8$
- B 위험도 = $\dfrac{80-3}{3} = 25.7$
- C 위험도 = $\dfrac{44-1.25}{1.25} = 34.2$
- D 위험도 = $\dfrac{81-2.5}{2.5} = 31.4$

※ 계산은 소수 둘째자리에서 반올림함

정답 ④

98

알루미늄분이 고온의 물과 반응하였을 때 생성되는 가스는?

① 이산화탄소
② 수소
③ 메테인
④ 에테인

해설

$2Al + 6H_2O \rightarrow 2Al(OH)_3 + 3H_2$
(알루미늄) (물) (수산화알루미늄) (수소)

정답 ②

99

메테인, 에테인, 프로페인의 폭발하한계가 각각 5vol%, 3vol%, 2.1vol%일 때 다음 중 폭발하한계가 가장 낮은 것은?(단, Le Chatelier의 법칙을 이용한다)

① 메테인 20vol%, 에테인 30vol%, 프로페인 50vol%의 혼합가스
② 메테인 30vol%, 에테인 30vol%, 프로페인 40vol%의 혼합가스
③ 메테인 40vol%, 에테인 30vol%, 프로페인 30vol%의 혼합가스
④ 메테인 50vol%, 에테인 30vol%, 프로페인 20vol%의 혼합가스

해설

$$L = \dfrac{V_1 + V_2 + V_3 + \cdots}{\dfrac{V_1}{L_1} + \dfrac{V_2}{L_2} + \dfrac{V_3}{L_3} + \cdots}$$

- 메테인 20vol%, 에테인 30vol%, 프로페인 50vol%

$L = \dfrac{20+30+50}{\dfrac{20}{5}+\dfrac{30}{3}+\dfrac{50}{2.1}} \fallingdotseq 2.6(\text{vol}\%)$

- 메테인 30vol%, 에테인 30vol%, 프로페인 40vol%

$L = \dfrac{30+30+40}{\dfrac{30}{5}+\dfrac{30}{3}+\dfrac{40}{2.1}} \fallingdotseq 2.9(\text{vol}\%)$

- 메테인 40vol%, 에테인 30vol%, 프로페인 30vol%

$L = \dfrac{40+30+30}{\dfrac{40}{5}+\dfrac{30}{3}+\dfrac{30}{2.1}} \fallingdotseq 3.1(\text{vol}\%)$

- 메테인 50vol%, 에테인 30vol%, 프로페인 20vol%

$L = \dfrac{50+30+20}{\dfrac{50}{5}+\dfrac{30}{3}+\dfrac{20}{2.1}} \fallingdotseq 3.4(\text{vol}\%)$

정답 ①

100

고압가스 용기 파열사고의 주요 원인 중 하나는 용기의 내압력(耐壓力, capacity to resist pressure) 부족이다. 다음 중 내압력 부족의 원인으로 거리가 먼 것은?

① 용기 내벽의 부식
② 강재의 피로
③ 과잉 충전
④ 용접 불량

해설

과잉 충전의 경우, 용기 내 압력 상승의 원인이 된다.

정답 ③

제6과목 건설안전기술

101 건설현장에 거푸집 동바리 설치 시 준수사항으로 옳지 않은 것은?

① 파이프 서포트 높이가 4.5m를 초과하는 경우에는 높이 2m 이내마다 2개 방향으로 수평 연결재를 설치한다.
② 동바리의 침하 방지를 위해 깔목의 사용, 콘크리트 타설, 말뚝박기 등을 실시한다.
③ 강재와 강재의 접속부는 볼트 또는 클램프 등 전용철물을 사용한다.
④ 강관틀 동바리는 강관틀과 강관틀 사이에 교차 가새를 설치한다.

해설
① 높이가 3.5m를 초과하는 경우에는 높이 2m 이내마다 수평 연결재를 2개 방향으로 만들고 수평 연결재의 변위를 방지할 것(산업안전보건기준에 관한 규칙 제332조의2)
②·③ 산업안전보건기준에 관한 규칙 제332조[산업안전보건기준에 관한 규칙 개정(23.11.14)에 따라 ②의 '깔목'이 '받침목이나 깔판'으로 변경됨]
④ 산업안전보건기준에 관한 규칙 제332조의2

정답 ①

102 고소작업대를 설치 및 이동하는 경우에 준수하여야 할 사항으로 옳지 않은 것은?

① 와이어로프 또는 체인의 안전율은 3 이상일 것
② 붐의 최대 지면경사각을 초과 운전하여 전도되지 않도록 할 것
③ 고소작업대를 이동하는 경우 작업대를 가장 낮게 내릴 것
④ 작업대에 끼임·충돌 등 재해를 예방하기 위한 가드 또는 과상승방지장치를 설치할 것

해설
① 작업대를 와이어로프 또는 체인으로 올리거나 내릴 경우에는 와이어로프 또는 체인이 끊어져 작업대가 떨어지지 아니하는 구조여야 하며, 와이어로프 또는 체인의 안전율은 5 이상일 것(산업안전보건기준에 관한 규칙 제186조)

정답 ①

103 건설공사의 유해위험방지계획서 제출 기준일로 옳은 것은?

① 당해 공사 착공 1개월 전까지
② 당해 공사 착공 15일 전까지
③ 당해 공사 착공 전날까지
④ 당해 공사 착공 15일 후까지

해설
③ 건설공사의 유해위험방지계획서는 착공 전날까지 공단에 2부를 제출하여야 한다(산업안전보건법 시행규칙 제42조 제3항).

정답 ③

104 철골건립 준비를 할 때 준수하여야 할 사항으로 옳지 않은 것은?

① 지상 작업장에서 건립 준비 및 기계·기구를 배치할 경우에는 낙하물의 위험이 없는 평탄한 장소를 선정하여 정비하여야 한다.
② 건립작업에 다소 지장이 있다 하더라도 수목은 제거하거나 이설하여서는 안 된다.
③ 사용 전에 기계·기구에 대한 정비 및 보수를 철저히 실시하여야 한다.
④ 기계에 부착된 앵커 등 고정장치와 기초구조 등을 확인하여야 한다.

해설
② 수목은 작업에 지장을 줄 수 있어 제거하고 건립작업을 하여야 한다.

정답 ②

105 가설공사 표준안전작업지침에 따른 통로발판을 설치하여 사용함에 있어 준수사항으로 옳지 않은 것은?

① 추락의 위험이 있는 곳에는 안전난간이나 철책을 설치하여야 한다.
② 작업발판의 최대 폭은 1.6m 이내이어야 한다.
③ 비계발판의 구조에 따라 최대 적재하중을 정하고 이를 초과하지 않도록 하여야 한다.
④ 발판을 겹쳐 이음하는 경우 장선 위에서 이음을 하고 겹침길이는 10cm 이상으로 하여야 한다.

해설

통로발판(가설공사 표준안전작업지침 제15조)
사업주는 통로발판을 설치하여 사용함에 있어서 다음 사항을 준수하여야 한다.
- 근로자가 작업 및 이동하기에 충분한 넓이가 확보되어야 한다.
- 추락의 위험이 있는 곳에는 안전난간이나 철책을 설치하여야 한다.
- 발판을 겹쳐 이음하는 경우 장선 위에서 이음을 하고 겹침길이는 20cm 이상으로 하여야 한다.
- 발판 1개에 대한 지지물은 2개 이상이어야 한다.
- 작업발판의 최대 폭은 1.6m 이내이어야 한다.
- 작업발판 위에는 돌출된 못, 옹이, 철선 등이 없어야 한다.
- 비계발판의 구조에 따라 최대 적재하중을 정하고 이를 초과하지 않도록 하여야 한다.

정답 ④

106 항타기 또는 항발기의 사용 시 준수사항으로 옳지 않은 것은?

① 증기나 공기를 차단하는 장치를 작업관리자가 쉽게 조작할 수 있는 위치에 설치한다.
② 해머의 운동에 의하여 증기호스 또는 공기호스와 해머의 접속부가 파손되거나 벗겨지는 것을 방지하기 위하여 그 접속부가 아닌 부위를 선정하여 증기호스 또는 공기호스를 해머에 고정시킨다.
③ 항타기나 항발기의 권상장치의 드럼에 권상용 와이어로프가 꼬인 경우에는 와이어로프에 하중을 걸어서는 안 된다.
④ 항타기나 항발기의 권상장치에 하중을 건 상태로 정지하여 두는 경우에는 쐐기장치 또는 역회전방지용 브레이크를 사용하여 제동하는 등 확실하게 정지시켜 두어야 한다.

해설

※ 산업안전보건기준에 관한 규칙의 개정(22.10.18)에 따라 ②의 '증기호스 또는 공기호스'가 '공기호스'로 변경되었음을 알려드립니다.

사용 시의 조치 등(산업안전보건기준에 관한 규칙 제217조)
- 사업주는 압축공기를 동력원으로 하는 항타기나 항발기를 사용하는 경우에는 다음의 사항을 준수하여야 한다.
  - 해머의 운동에 의하여 공기호스와 해머의 접속부가 파손되거나 벗겨지는 것을 방지하기 위하여 그 접속부가 아닌 부위를 선정하여 공기호스를 해머에 고정시킬 것
  - 공기를 차단하는 장치를 해머의 운전자가 쉽게 조작할 수 있는 위치에 설치할 것
- 사업주는 항타기나 항발기의 권상장치의 드럼에 권상용 와이어로프가 꼬인 경우에는 와이어로프에 하중을 걸어서는 아니 된다.
- 사업주는 항타기나 항발기의 권상장치에 하중을 건 상태로 정지하여 두는 경우에는 쐐기장치 또는 역회전방지용 브레이크를 사용하여 제동하는 등 확실하게 정지시켜 두어야 한다.

정답 ①

107 건설업 중 유해위험방지계획서 제출대상 사업장으로 옳지 않은 것은?

① 지상 높이가 31m 이상인 건축물 또는 인공구조물, 연면적 30,000m² 이상인 건축물 또는 연면적 5,000m² 이상의 문화 및 집회시설의 건설공사
② 연면적 3,000m² 이상의 냉동·냉장 창고시설의 설비공사 및 단열공사
③ 깊이 10m 이상인 굴착공사
④ 최대 지간길이가 50m 이상인 다리의 건설공사

해설

유해위험방지계획서 제출 대상(산업안전보건법 시행령 제42조)
- 다음의 어느 하나에 해당하는 건축물 또는 시설 등의 건설·개조 또는 해체(이하 건설 등) 공사
  - 지상높이가 31m 이상인 건축물 또는 인공구조물
  - 연면적 30,000m² 이상인 건축물
  - 연면적 5,000m² 이상인 시설로서 다음의 어느 하나에 해당하는 시설
    ⓐ 문화 및 집회시설(전시장 및 동물원·식물원은 제외한다)
    ⓑ 판매시설, 운수시설(고속철도의 역사 및 집배송시설은 제외한다)
    ⓒ 종교시설
    ⓓ 의료시설 중 종합병원
    ⓔ 숙박시설 중 관광숙박시설
    ⓕ 지하도상가
    ⓖ 냉동·냉장 창고시설
- 연면적 5,000m² 이상인 냉동·냉장 창고시설의 설비공사 및 단열공사
- 최대 지간(支間)길이(다리의 기둥과 기둥의 중심 사이 거리)가 50m 이상인 다리의 건설 등 공사
- 터널의 건설 등 공사
- 다목적댐, 발전용댐, 저수용량 2,000만ton 이상의 용수 전용 댐 및 지방상수도 전용 댐의 건설 등 공사
- 깊이 10m 이상인 굴착공사

정답 ②

108 건설작업용 타워크레인의 안전장치로 옳지 않은 것은?

① 권과방지장치
② 과부하방지장치
③ 비상정지장치
④ 호이스트스위치

해설

방호장치의 조정(산업안전보건기준에 관한 규칙 제134조)
사업주는 양중기(크레인, 이동식 크레인, 리프트, 곤돌라, 승강기)에 과부하방지장치, 권과방지장치(捲過防止裝置), 비상정지장치 및 제동장치, 그 밖의 방호장치[승강기의 파이널리밋스위치(final limit switch), 속도조절기, 출입문 인터록(interlock) 등을 말한다]가 정상적으로 작동될 수 있도록 미리 조정해 두어야 한다.

정답 ④

109 이동식비계를 조립하여 작업을 하는 경우의 준수기준으로 옳지 않은 것은?

① 비계의 최상부에서 작업을 할 때에는 안전난간을 설치하여야 한다.
② 작업발판의 최대적재하중은 400kg을 초과하지 않도록 한다.
③ 승강용 사다리는 견고하게 설치하여야 한다.
④ 작업발판은 항상 수평을 유지하고 작업발판 위에서 안전난간을 딛고 작업을 하거나 받침대 또는 사다리를 사용하여 작업하지 않도록 한다.

해설

이동식비계(산업안전보건기준에 관한 규칙 제68조)
- 이동식비계의 바퀴에는 뜻밖의 갑작스러운 이동 또는 전도를 방지하기 위하여 브레이크·쐐기 등으로 바퀴를 고정시킨 다음 비계의 일부를 견고한 시설물에 고정하거나 아웃트리거를 설치하는 등 필요한 조치를 할 것
- 승강용사다리는 견고하게 설치할 것
- 비계의 최상부에서 작업을 하는 경우에는 안전난간을 설치할 것
- 작업발판은 항상 수평을 유지하고 작업발판 위에서 안전난간을 딛고 작업을 하거나 받침대 또는 사다리를 사용하여 작업하지 않도록 할 것
- 작업발판의 최대적재하중은 250kg을 초과하지 않도록 할 것

정답 ②

110 토사 붕괴 원인으로 옳지 않은 것은?

① 경사 및 기울기 증가
② 성토 높이의 증가
③ 건설기계 등 하중작용
④ 토사 중량의 감소

해설
④ 토사 중량이 증가하였을 때 토사 붕괴의 원인이 된다.

정답 ④

112 토사 붕괴에 따른 재해를 방지하기 위한 흙막이 지보공 부재로 옳지 않은 것은?

① 흙막이판
② 말뚝
③ 턴버클
④ 띠장

해설
조립도(산업안전보건기준에 관한 규칙 제346조)
• 사업주는 흙막이 지보공을 조립하는 경우 미리 그 구조를 검토한 후 조립도를 작성하여 그 조립도에 따라 조립하도록 해야 한다.
• 조립도는 흙막이판·말뚝·버팀대 및 띠장 등 부재의 배치·치수·재질 및 설치방법과 순서가 명시되어야 한다.

정답 ③

111 건설용 리프트의 붕괴 등을 방지하기 위해 받침의 수를 증가시키는 등 안전조치를 하여야 하는 순간풍속 기준은?

① 15m/s 초과
② 25m/s 초과
③ 35m/s 초과
④ 45m/s 초과

해설
붕괴 등의 방지(산업안전보건기준에 관한 규칙 제154조)
순간풍속이 35m/s를 초과하는 바람이 불어올 우려가 있는 경우 건설용 리프트(지하에 설치되어 있는 것은 제외한다)에 대하여 받침의 수를 증가시키는 등 그 붕괴 등을 방지하기 위한 조치를 하여야 한다.

정답 ③

113 가설구조물의 특징으로 옳지 않은 것은?

① 연결재가 적은 구조로 되기 쉽다.
② 부재 결합이 간략하여 불안전 결합이다.
③ 구조물이라는 개념이 확고하여 조립의 정밀도가 높다.
④ 사용 부재는 과소단면이거나 결함재가 되기 쉽다.

해설
가설구조물 문제점
• 구조물이라는 통상의 개념이 확고하지 않으며 조립의 정밀도가 낮다.
• 연결재가 부족한 구조로 되기 쉽다.
• 부재의 결합이 간단하나 불완전한 결합이 되기 쉽다.
• 부재가 과소단면이거나 결함 있는 재료가 사용될 가능성이 높다.

정답 ③

114 사다리식 통로 등의 구조에 대한 설치기준으로 옳지 않은 것은?

① 발판의 간격은 일정하게 할 것
② 발판과 벽과의 사이는 15cm 이상의 간격을 유지할 것
③ 사다리식 통로의 길이가 10m 이상인 때에는 7m 이내마다 계단참을 설치할 것
④ 사다리의 상단은 걸쳐 놓은 지점으로부터 60cm 이상 올라가도록 할 것

해설
③ 사다리식 통로의 길이가 10m 이상인 경우에는 5m 이내마다 계단참을 설치할 것(산업안전보건기준에 관한 규칙 제24조)

정답 ③

115 가설통로를 설치하는 경우 준수해야 할 기준으로 옳지 않은 것은?

① 경사는 30° 이하로 할 것
② 경사가 25°를 초과하는 경우에는 미끄러지지 아니하는 구조로 할 것
③ 건설공사에 사용하는 높이 8m 이상인 비계다리에는 7m 이내마다 계단참을 설치할 것
④ 수직갱에 가설된 통로의 길이가 15m 이상인 때에는 10m 이내마다 계단참을 설치할 것

해설
가설통로의 구조(산업안전보건기준에 관한 규칙 제23조)
• 견고한 구조로 할 것
• 경사는 30° 이하로 할 것. 다만, 계단을 설치하거나 높이 2m 미만의 가설통로로서 튼튼한 손잡이를 설치한 경우에는 그러하지 아니하다.
• 경사가 15°를 초과하는 경우에는 미끄러지지 아니하는 구조로 할 것
• 추락할 위험이 있는 장소에는 안전난간을 설치할 것. 다만, 작업상 부득이한 경우에는 필요한 부분만 임시로 해체할 수 있다.
• 수직갱에 가설된 통로의 길이가 15m 이상인 경우에는 10m 이내마다 계단참을 설치할 것
• 건설공사에 사용하는 높이 8m 이상인 비계다리에는 7m 이내마다 계단참을 설치할 것

정답 ②

116 터널공사에서 발파작업 시 안전대책으로 옳지 않은 것은?

① 발파 전 도화선 연결 상태, 저항치 조사 등의 목적으로 도통시험 실시 및 발파기의 작동 상태에 대한 사전점검 실시
② 모든 동력선은 발원점으로부터 최소한 15m 이상 후방으로 옮길 것
③ 지질, 암의 절리 등에 따라 화약량에 대한 검토 및 시방기준과 대비하여 안전조치 실시
④ 발파용 점화회선은 타 동력선 및 조명회선과 한 곳으로 통합하여 관리

해설
④ 발파용 점화회선은 타 동력선 및 조명회선으로부터 분리되어야 한다[터널공사(NATM공법) 안전보건작업 지침].

정답 ④

117 건설업 산업안전보건관리비 계상 및 사용기준은 산업재해보상보험법의 적용을 받는 공사 중 총공사금액이 얼마 이상인 공사에 적용하는가?(단, 전기공사업법, 정보통신공사업법에 의한 공사는 제외)

① 4천만 원   ② 3천만 원
③ 2천만 원   ④ 1천만 원

해설
※ 건설업 산업안전보건관리비 계상 및 사용기준의 개정(22.06.02)에 따라 지문의 '산업재해보상보험법의 적용을 받는 공사'가 '산업안전보건법 제2조 제11호의 건설공사'로 변경되었음을 알려드립니다.
적용범위(건설업 산업안전보건관리비 계상 및 사용기준 제3조)
산업안전보건법 제2조 제11호의 건설공사 중 총공사금액 2천만 원 이상인 공사에 적용한다. 다만, 다음의 단가계약에 의하여 행하는 공사에 대하여는 총계약금액을 기준으로 적용한다.

정답 ③

118
건설업의 공사금액이 850억 원일 경우 산업안전보건법령에 따른 안전관리자의 수로 옳은 것은? (단, 전체 공사기간을 100으로 할 때 공사 전후 15에 해당하는 경우는 고려하지 않는다)

① 1명 이상
② 2명 이상
③ 3명 이상
④ 4명 이상

해설
안전관리자를 두어야 하는 사업의 종류 등(산업안전보건법 시행령 별표 3)
공사금액 800억 원 이상 1,500억 원 미만 : 안전관리자 2명 이상(다만, 전체 공사 기간을 100으로 할 때 공사 시작에서 15에 해당하는 기간과 공사 종료 전의 15에 해당하는 기간 동안은 1명 이상으로 함)

정답 ②

119
거푸집 동바리의 침하를 방지하기 위한 직접적인 조치로 옳지 않은 것은?

① 수평 연결재 사용
② 깔목의 사용
③ 콘크리트의 타설
④ 말뚝박기

해설
※ 산업안전보건기준에 관한 규칙 개정(23.11.14)에 따라 '깔목'이 '받침목이나 깔판'으로 변경되었습니다.
동바리 조립 시의 안전조치(산업안전보건기준에 관한 규칙 제332조 1호)
받침목이나 깔판의 사용, 콘크리트 타설, 말뚝박기 등 동바리의 침하를 방지하기 위한 조치를 할 것

정답 ①

120
달비계에 사용하는 와이어로프의 사용금지 기준으로 옳지 않은 것은?

① 이음매가 있는 것
② 열과 전기충격에 의해 손상된 것
③ 지름의 감소가 공칭지름의 7%를 초과하는 것
④ 와이어로프의 한 꼬임에서 끊어진 소선의 수가 7% 이상인 것

해설
달비계의 구조 - 와이어로프를 달비계에 사용해서는 안 되는 경우(산업안전보건기준에 관한 규칙 제63조)
• 이음매가 있는 것
• 와이어로프의 한 꼬임[스트랜드(strand)를 말한다. 이하 같다]에서 끊어진 소선(素線)[필러(pillar)선은 제외]의 수가 10% 이상(비자전로프의 경우에는 끊어진 소선의 수가 와이어로프 호칭지름의 6배 길이 이내에서 4개 이상이거나 호칭지름 30배 길이 이내에서 8개 이상)인 것
• 지름의 감소가 공칭지름의 7%를 초과하는 것
• 꼬인 것
• 심하게 변형되거나 부식된 것
• 열과 전기충격에 의해 손상된 것

정답 ④

2022년 제3회 과년도 기출복원문제

※ 2022년 제3회부터는 CBT(컴퓨터 기반 시험)로 진행되어 수험자의 기억에 의해 문제를 복원하였습니다. 실제 시행문제와 일부 상이할 수 있음을 알려드립니다.

제1과목 안전관리론

01 무재해운동 추진기법에 있어 위험예지훈련 4라운드에서 제3단계 진행방법에 해당하는 것은?

① 본질추구
② 현상파악
③ 목표설정
④ 대책수립

해설
위험예지훈련 문제해결 4라운드
• 1단계 : 현상파악(사실의 파악)
• 2단계 : 본질추구(원인의 파악)
• 3단계 : 대책수립
• 4단계 : 목표설정(행동계획 수립)

정답 ④

02 인간오류에 관한 분류 중 독립행동에 의한 분류가 아닌 것은?

① 생략오류
② 실행오류
③ 명령오류
④ 시간오류

해설
인간오류(human error)의 행동에 따른 분류
• 생략오류(omission error) : 수행해야 하는 직무나 단계를 수행하지 않음
• 실행오류(commission error) : 수행해야 하는 직무나 순서를 착각하여 잘못 수행
• 시간지연오류(time error) : 수행해야 할 작업을 정해진 시간 동안 완수하지 못하는 에러
• 과잉행동오류(extraneous error) : 업무를 수행하는 과정에서 불필요한 작업 내지 행동을 함으로써 발생

정답 ③

03 안전교육 방법의 4단계의 순서로 옳은 것은?

① 도입 → 확인 → 적용 → 제시
② 도입 → 제시 → 적용 → 확인
③ 제시 → 도입 → 적용 → 확인
④ 제시 → 확인 → 도입 → 적용

해설
안전교육 방법의 4단계
도입 → 제시 → 적용 → 확인

정답 ②

04 안전점검의 종류 중 태풍, 폭우 등에 의한 침수, 지진 등의 천재지변이 발생한 경우나 이상사태 발생 시 관리자나 감독자가 기계·기구, 설비 등의 기능상 이상 유무에 대하여 점검하는 것은?

① 일상점검
② 정기점검
③ 특별점검
④ 수시점검

해설
안전점검의 종류
• 특별점검 : 비정기적인 점검으로 설비의 신설, 변경, 고장 등이나 재해발생으로 인한 점검, 천재지변 발생 예측점검, 후점검 등이 이에 해당된다.
• 정기점검 : 계획점검의 일종으로 일정 기간마다 정기적으로 실시하는 점검을 말한다.
• 수시점검 : 일상점검으로 매일 작업 전, 중, 후에 실시하는 점검을 말한다.
• 임시점검 : 일시적인 문제가 발생하였을 때 임시로 하는 점검을 말한다.

정답 ③

05. OFF JT(OFF the Job Training)의 특징으로 옳은 것은?

① 훈련에만 전념할 수 있다.
② 상호신뢰 및 이해도가 높아진다.
③ 개개인에게 적절한 지도훈련이 가능하다.
④ 직장의 실정에 맞게 실제적 훈련이 가능하다.

해설

- OFF JT : 직장 외 훈련
  - 다수의 훈련자를 대상으로 교육이 가능하다.
  - 직장 외에서 훈련(교육)을 수행하기 때문에 훈련자가 교육에 몰입할 수 있다.
  - 전문적인 훈련이 가능하며 많은 지식이나 경험을 얻을 수 있다.
- OJT : 직장 내 훈련
  - 교육훈련이 현실적이고 실제적으로 시행된다.
  - 직장의 실정에 맞게 구체적인 훈련이 가능하다.
  - 교육을 위해 특별히 시간과 장소를 마련할 필요가 없다.
  - 개개인에게 적절한 지도 훈련이 가능하다.
  - 직장 직속상사에 의한 교육이 가능하기 때문에 교육자와 훈련자 간의 상호신뢰 및 이해도가 높다.
  - 훈련에 필요한 업무 지속적이 유지된다.

정답 ①

06. 재해예방의 4원칙에 관련 설명으로 틀린 것은?

① 재해발생에는 반드시 원인이 존재한다.
② 재해발생과 손실 발생은 우연적이다.
③ 재해를 예방할 수 있는 안전대책은 반드시 존재한다.
④ 재해는 원인 제거가 불가능하므로 예방만이 최선이다.

해설

재해예방의 4원칙
- 예방가능의 원칙 : 천재지변을 제외한 모든 재해의 발생은 미연에 방지할 수 있으며, 원칙적으로 원인만 제거하면 예방이 가능하다.
- 원인연계의 원칙 : 재해발생에는 필연적으로 원인이 존재한다.
- 손실우연의 법칙 : 재해의 결과(상해 등)는 사고대상의 조건에 따라 달라지므로 재해손실은 우연성에 의해 결정된다.
- 대책선정의 원칙 : 재해예방을 위한 안전대책은 반드시 존재한다.

정답 ④

07. 6~12명의 구성원으로 타인의 비판 없이 자유로운 토론을 통하여 다량의 독창적인 아이디어를 이끌어내고, 대안적 해결안을 찾기 위한 집단적 사고기법은?

① role playing
② brain storming
③ action playing
④ fish bowl playing

해설

브레인스토밍 4원칙
- 비판금지 : 의견에 대해 비판이나 평가를 하지 않는다.
- 대량발언 : 어떠한 의견이라도 다양하게 많이 발언한다.
- 자유분방 : 어떠한 의견이라도 자유롭게 발언한다.
- 수정발언 : 타 의견에 대하여 나의 의견을 조합하거나 수정하여 새로운 의견을 발언할 수 있다.

정답 ②

08. 보호구 안전인증 고시에 따른 분리식 방진마스크의 성능기준에서 포집효율이 특급인 경우, 염화나트륨(NaCl) 및 파라핀 오일(paraffin oil) 시험에서의 포집효율은?

① 99.95% 이상
② 99.9% 이상
③ 99.5% 이상
④ 99.0% 이상

해설

방진 마스크의 성능기준(보호구 안전인증 고시 별표 4)
여과재 분진 등 포집효율

형태 및 등급		염화나트륨(NaCl) 및 파라핀 오일(paraffin oil) 시험(%)
분리식	특급	99.95 이상
	1급	94.0 이상
	2급	80.0 이상
안면부 여과식	특급	99.0 이상
	1급	94.0 이상
	2급	80.0 이상

정답 ①

09 매슬로의 욕구단계이론 중 자기의 잠재력을 최대한 살리고 자기가 하고 싶었던 일을 실현하려는 인간의 욕구에 해당하는 것은?

① 생리적 욕구
② 사회적 욕구
③ 자아실현의 욕구
④ 안전에 대한 욕구

해설
매슬로(Maslow)의 인간욕구 5단계
• 1단계 : 생리적 욕구(생존을 위해 필요한 욕구)
• 2단계 : 안전의 욕구(안전한 환경에 대한 욕구)
• 3단계 : 사회적 욕구(애정, 소속감에 대한 욕구)
• 4단계 : 존중에 대한 욕구(존경이나 지위, 명예에 대한 욕구)
• 5단계 : 자아실현의 욕구(자아실현 목적을 이루고자 하는 욕구)

정답 ③

10 산업안전보건법령상 안전모의 시험성능기준 항목으로 옳지 않은 것은?

① 내열성
② 턱끈 풀림
③ 내관통성
④ 충격흡수성

해설
안전모의 시험성능기준 항목(보호구 안전인증 고시 별표 1)
• 내관통성   • 충격흡수성
• 내전압성   • 내수성
• 난연성   • 턱끈 풀림

정답 ①

11 AE형 또는 ABE형 안전모에 있어 내전압성이란 얼마 이하의 전압에 견디는 것을 말하는가?

① 750V
② 1,000V
③ 3,000V
④ 7,000V

해설
AE형 또는 ABE형 안전모 내전압성 : 7,000V

정답 ④

12 연간 근로자 수가 1,000명인 공장의 도수율이 10인 경우 이 공장에서 연간 발생한 재해건수는 몇 건인가?

① 20건
② 22건
③ 24건
④ 26건

해설

$$도수율 = \frac{재해건수}{근로총시간수} \times 1,000,000$$

$$재해건수 = \frac{10 \times (1,000 \times 8 \times 300)}{1,000,000} = 24건$$

정답 ③

13 맥그리거(McGregor)의 Y이론과 관계가 없는 것은?

① 직무확장
② 책임과 창조력
③ 인간관계 관리방식
④ 권위주의적 리더십

해설
맥그리거의 X이론, Y이론
• X이론 : 목표를 달성하기 위해서는 조직구성원에 대한 통제와 감시, 처벌이 필요하다고 보는 이론으로 인간에 대해 부정(게으름)적이며, 권위주의적이고 제한적인 특성을 갖고 있는 관리이론이다.
• Y이론 : 통제와 감시보다는 목표를 공유하여 자기실현 욕구를 충족할 수 있도록 하며 인간이 본성적으로 일을 즐기고 책임감이 있다고 신뢰한다. 문제 해결에 창의력을 발휘하고 자율적 규제를 두어 자아실현 욕구를 충족시키는 것으로 동기가 유발된다고 보는 관리이론이다.

정답 ④

14
기술교육의 형태 중 존 듀이(J. Dewey)의 사고과정 5단계에 해당하지 않는 것은?

① 추론한다.
② 시사를 받는다.
③ 가설을 설정한다.
④ 가슴으로 생각한다.

해설
기술교육의 형태 중 존 듀이의 사고과정 5단계
- 1단계 : 시사를 받는다.
- 2단계 : 머리로 생각한다.
- 3단계 : 가설을 설정한다.
- 4단계 : 추론한다.
- 5단계 : 가설을 검토한다.

정답 ④

15
산업안전보건법상 근로자 안전보건교육 중 작업내용 변경 시의 교육을 할 때 일용근로자를 제외한 근로자의 교육시간으로 옳은 것은?

① 1시간 이상
② 2시간 이상
③ 4시간 이상
④ 8시간 이상

해설
작업내용 변경 시의 교육시간(산업안전보건법 시행규칙 별표 4)
- 일용근로자 및 근로계약기간이 1주일 이하인 기간제 근로자 : 1시간 이상
- 그 밖의 근로자 : 2시간 이상

정답 ②

16
다음 중 상황성 누발자의 재해 유발원인으로 옳지 않은 것은?

① 작업의 난이성
② 기계설비의 결함
③ 도덕성의 결여
④ 심신의 근심

해설
상황성 누발자의 재해 유발원인
- 심신에 근심이 있는 경우
- 기계설비에 결함이 존재할 경우
- 작업 자체의 어려움이 존재하는 경우
- 작업환경 특성상 주의력이 결핍되기 쉬운 경우

정답 ③

17
안전조직 중에서 라인-스태프(line-staff) 조직의 특징으로 옳지 않은 것은?

① 라인형과 스태프형의 장점을 취한 절충식 조직형태이다.
② 중규모 사업장(100명 이상~500명 미만)에 적합하다.
③ 라인의 관리, 감독자에게도 안전에 관한 책임과 권한이 부여된다.
④ 안전활동과 생산업무가 분리될 가능성이 낮기 때문에 균형을 유지할 수 있다.

해설
직계-참모식(line-staff형) 조직
- 대규모 사업장(1,000명 이상)에 적합
- 직계식과 참모식을 혼합한 형태
- 안전을 관리하는 관리자를 두고 생산조직에도 안전 담당자를 배치
- 안전기획은 관리자(staff)에서 시행하고 생산조직(line)에 명령과 지시를 통해 실행
- 안전관리 계획수립 및 실행 용이

정답 ②

18
하인리히의 재해 코스트 평가방식 중 직접비에 해당하지 않는 것은?

① 산재보상비
② 치료비
③ 간호비
④ 생산손실

해설
재해손실비용[1(직접비) : 4(간접비)]
- 직접비 : 치료비, 휴업 및 요양급여, 장해보상비, 유족보상비, 장례비 등으로 직접적으로 발생하는 비용을 말한다.
- 간접비 : 작업 중단에 의한 시간손실 등 재해 발생으로 인하여 발생하는 손실을 말한다.

정답 ④

19 산업안전보건법령에 따라 사업주가 사업장에서 중대재해가 발생한 사실을 알게 된 경우 관할지방고용노동관서의 장에게 보고하여야 하는 시기로 옳은 것은?(단, 천재지변 등 부득이한 사유가 발생한 경우는 제외한다)

① 지체 없이
② 12시간 이내
③ 24시간 이내
④ 48시간 이내

해설
중대재해 발생 시 지체 없이 관할 지방고용노동관서장에게 보고하여야 한다(산업안전보건법 시행규칙 제67조).

정답 ①

20 제일선의 감독자를 교육대상으로 하고, 작업을 지도하는 방법, 작업 개선방법 등의 주요 내용을 다루는 기업 내 교육방법은?

① TWI
② MTP
③ ATT
④ CCS

해설
TWI(Training Within Industry)
• 직장에서 제일선 감독자를 교육대상으로 하여 그의 감독능력을 한층 더 발휘시키거나 인간관계를 개선해서 생산성을 높이기 위한 교육방법
• TWI 교육내용
 - 작업방법훈련(JMT ; Job Method Training)
 - 인간관계관리훈련(JRT ; Job Relation Training)
 - 작업지도훈련(JIT ; Job Instruction Training)
 - 작업안전훈련(JST ; Job Safety Training)

정답 ①

제2과목 인간공학 및 시스템 안전공학

21 산업안전보건법에 따라 유해위험방지계획서의 제출 대상 사업은 해당 사업으로서 전기 계약용량이 얼마 이상인 사업인가?

① 150kW
② 200kW
③ 300kW
④ 500kW

해설
유해위험방지계획서 제출 대상(산업안전보건법 시행령 제42조)
전기 계약용량이 300kW 이상인 경우

정답 ③

22 작업의 강도는 에너지대사율(RMR)에 따라 분류된다. 분류 기준 중 중(中) 작업(보통 작업)의 에너지대사율은?

① 0~1RMR
② 2~4RMR
③ 4~7RMR
④ 7~9RMR

해설
RMR에 의한 작업강도 단계
• 0~1RMR : 최경작업
• 1~2RMR : 경작업
• 2~4RMR : 중작업(보통 작업)
• 4~7RMR : 중작업(힘든 작업)
• 7RMR 이상 : 초중작업(과격한 작업)

정답 ②

23 설비보전에서 평균수리시간의 의미로 맞는 것은?

① MTTR
② MTBF
③ MTTF
④ MTBP

해설
평균수리시간 : MTTR

정답 ①

24
보기의 실내면에서 빛의 반사율이 낮은 곳에서부터 높은 순서대로 나열한 것은?

┌보기─────────────┐
│ A : 바닥   B : 천장 │
│ C : 가구   D : 벽   │
└──────────────────┘

① A < B < C < D   ② A < C < B < D
③ A < C < D < B   ④ A < D < C < B

해설
옥내 추천 반사율
- 천장 : 80~90%
- 벽 : 40~60%
- 가구 : 25~45%
- 바닥 : 20~40%

정답 ③

25
의도는 올바른 것이었지만, 행동이 의도한 것과는 다르게 나타나는 오류를 무엇이라고 하는가?

① slip   ② mistake
③ lapse   ④ violation

해설
인간의 오류 유형
- 실수(slip) : 올바른 의도를 잘못 실행
- 착오(mistake) : 상황을 제대로 해석하지 못하여 적절한 대책을 선택하지 못함
- 건망증(lapse) : 필요한 행동의 수행을 놓침
- 위반(violation) : 규칙을 알고 있음에도 의도적으로 따르지 않음

정답 ①

26
동작경제의 원칙에 해당하지 않는 것은?

① 공구의 기능을 각각 분리하여 사용하도록 한다.
② 두 팔의 동작은 동시에 서로 반대방향으로 대칭적으로 움직이도록 한다.
③ 공구나 재료는 작업동작이 원활하게 수행되도록 그 위치를 정해준다.
④ 가능하다면 쉽고도 자연스러운 리듬이 작업동작에 생기도록 작업을 배치한다.

해설
① 공구의 기능을 각각 분리하는 것이 아닌 결합하여 사용하도록 한다.

정답 ①

27
빨강, 노랑, 파랑의 3가지 색으로 구성된 교통신호등이 있다. 신호등은 항상 3가지 색 중 하나가 켜지도록 되어 있다. 1시간 동안 조사한 결과 파란등은 총 30분 동안, 빨간등과 노란등은 각각 총 15분 동안 켜진 것으로 나타났다. 이 신호등의 총정보량은 몇 bit인가?

① 0.5   ② 0.75
③ 1.0   ④ 1.5

해설
신호등의 총정보량(H)
$$H = A\log_2\left(\frac{1}{A}\right) + B\log_2\left(\frac{1}{B}\right) + \cdots + n\log_2\left(\frac{1}{n}\right)$$
여기서, 파란등 확률 = $\frac{30}{60} = 0.5$

빨간등, 노란등 확률 = $\frac{15}{60} = 0.25$

$\therefore \left(0.5 \times \log_2 \frac{1}{0.5}\right) + \left(0.25 \times \log_2 \frac{1}{0.25}\right) + \left(0.25 \times \log_2 \frac{1}{0.25}\right)$
$= 1.5$

정답 ④

28. 휴먼 에러 예방대책 중 인적요인에 대한 대책이 아닌 것은?

① 설비 및 환경개선
② 소집단 활동의 활성화
③ 작업에 대한 교육 및 훈련
④ 전문인력의 적재적소 배치

해설
① 설비 및 환경개선은 물적원인을 관리하여 휴먼 에러를 예방하는 대책이다.

정답 ①

30. FTA에서 시스템의 기능을 살리는 데 필요한 최소 요인의 집합을 무엇이라고 하는가?

① critical set
② minimal gate
③ minimal path
④ boolean indicated cut set

해설
최소 패스셋(minimal path set)
• 시스템이 정상적으로 유지되는 데 필요한 최소한의 집합이다.
• 시스템의 신뢰성을 나타낸다.

정답 ③

29. 손이나 특정 신체부위에 발생하는 누적손상장애(CTDs)의 발생인자와 가장 거리가 먼 것은?

① 무리한 힘
② 다습한 환경
③ 장시간의 진동
④ 반복도가 높은 작업

해설
근골격계질환 발생요인
• 반복도가 높은 작업
• 부적절한 작업자세
• 무리한 힘의 사용
• 진동
• 온도
• 날카로운 면과의 신체접촉

정답 ②

31. 화학설비의 안전성 평가 5단계 중 4단계에 해당하는 것은?

① 안전대책
② 정성적 평가
③ 정량적 평가
④ 재평가

해설
화학설비 안정성 평가
• 1단계 : 관계자료의 준비
• 2단계 : 정성적 평가(설계 및 운전 관계)
• 3단계 : 정량적 평가
• 4단계 : 안전대책
• 5단계 : 재평가

정답 ①

32 일반적으로 보통 작업자의 정상적인 시선으로 가장 적합한 것은?

① 수평선을 기준으로 위쪽 5° 정도
② 수평선을 기준으로 위쪽 15° 정도
③ 수평선을 기준으로 아래쪽 5° 정도
④ 수평선을 기준으로 아래쪽 15° 정도

해설
일반적인 보통 작업자의 정상적인 시선은 수평선을 기준으로 하여 아래쪽 15° 정도이다.

정답 ④

33 착석식 작업대의 높이 설계를 할 경우 고려해야 할 사항과 가장 관계가 먼 것은?

① 의자의 높이   ② 대퇴 여유
③ 작업의 성격   ④ 작업대의 형태

해설
착석식 작업대 높이 설계 시 고려사항
- 의자의 높이
- 대퇴 여유
- 작업의 성격(중작업, 정밀작업 등 작업 성격 고려)

정답 ④

34 FTA에 대한 설명으로 틀린 것은?

① 정성적 분석만 가능하다.
② 하향식(top down) 방법이다.
③ 짧은 시간에 점검할 수 있다.
④ 비전문가라도 쉽게 할 수 있다.

해설
FTA
고장 또는 재해요인의 정성적 분석과 정량적 분석이 가능한 기법으로, 연역적인 분석(top down)방식을 수행하며 복잡하고 대형화된 시스템에 사용된다.

정답 ①

35 음량수준을 측정할 수 있는 3가지 척도에 해당되지 않는 것은?

① sone
② 럭스
③ phon
④ 인식소음 수준

해설
② 럭스는 조도를 의미한다.

정답 ②

36 기계설비 고장 유형 중 기계의 초기결함을 찾아내 고장률을 안정시키는 기간은?

① 마모고장 기간
② 우발고장 기간
③ 에이징(aging) 기간
④ 디버깅(debugging) 기간

해설
시스템 수명곡선(욕조곡선) 분류
- 초기고장(debugging 또는 burn-in 기간) : 사용 초기에 고장이 발생하는 구간(고장률은 감소)
- 우발고장 : 사용조건의 우발적인 변화에 의해 발생(고장률 일정)
- 마모고장 : 일정 기간 경과 후 마모나 노후에 의하여 발생(고장률 증가)

정답 ④

37

다음 그림과 같이 7개의 부품으로 구성된 시스템의 신뢰도는 약 얼마인가?(단, 네모 안의 숫자는 각 부품의 신뢰도이다)

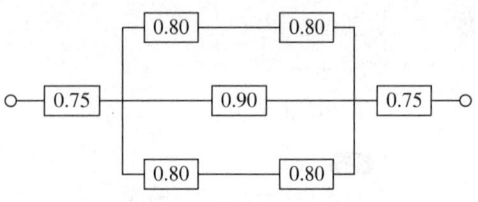

① 0.5552 ② 0.5427
③ 0.6234 ④ 0.9740

해설

신뢰도
$0.75 \times \{1 - [1 - (0.8 \times 0.8)] \times (1 - 0.9) \times [1 - (0.8 \times 0.8)]\} \times 0.75 = 0.55521$

정답 ①

38

HAZOP 기법에서 사용하는 가이드워드와 그 의미가 잘못 연결된 것은?

① other than : 기타 환경적인 요인
② no/not : 디자인 의도의 완전한 부정
③ reverse : 디자인 의도의 논리적 반대
④ more/less : 정량적인 증가 또는 감소

해설

HAZOP 용어
- part of : 성질상의 감소
- as well as : 성질상의 증가
- other than : 완전한 대체
- more/less : 정량적인 증가 또는 감소
- no/not : 완전한 부정
- reverse : 설계의도의 논리적인 역

정답 ①

39

다음 FT도에서 최소 컷셋(minimal cut set)으로만 올바르게 나열한 것은?

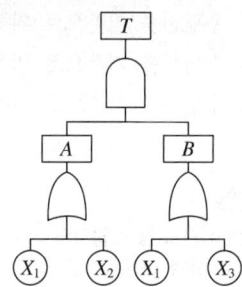

① $[X_1]$
② $[X_1]$, $[X_2]$
③ $[X_1, X_2, X_3]$
④ $[X_1, X_2]$, $[X_1, X_3]$

해설

$T = A \cdot B$
$= \begin{pmatrix} X_1 \\ X_2 \end{pmatrix} \cdot \begin{pmatrix} X_1 \\ X_3 \end{pmatrix} = (X_1), (X_1 X_3), (X_1 X_2), (X_2 X_3)$

미니멀 컷셋 : $(X_1), (X_2 X_3)$

정답 ①

40

동작경제 원칙에 해당되지 않는 것은?

① 신체 사용에 관한 원칙
② 작업장 배치에 관한 원칙
③ 사용자 요구조건에 관한 원칙
④ 공구 및 설비 디자인에 관한 원칙

해설

동작경제 원칙
- 신체 사용에 관한 원칙
- 작업장 배치에 관한 원칙
- 공구 및 설비 디자인에 관한 원칙

정답 ③

제3과목 기계위험 방지기술

41 인터록(interlock) 장치에 해당하지 않는 것은?

① 연삭기의 워크레스트
② 사출기의 도어잠금장치
③ 자동화라인의 출입시스템
④ 리프트의 출입문 안전장치

해설
① 워크레스트는 연삭기 사용 시 공작물을 올려놓는 곳을 말한다.
연삭기 덮개의 성능기준(방호장치 자율안전기준 고시 별표 4)
워크레스트(작업 받침대)는 연삭숫돌과의 간격을 3mm 이하로 조정할 수 있는 구조여야 한다.

정답 ①

42 다음 중 소성가공을 열간가공과 냉간가공으로 분류하는 가공온도의 기준은?

① 융해점 온도
② 공석점 온도
③ 공정점 온도
④ 재결정 온도

해설
재결정 온도를 기준으로 소성가공을 열간가공과 냉간가공으로 분류한다.

정답 ④

43 프레스작업에서 재해예방을 위한 재료의 자동송급 또는 자동배출장치가 아닌 것은?

① 롤피더
② 그리퍼피더
③ 플라이어
④ 셔블 이젝터

해설
③ 플라이어 : 작업용 공구로서 물건을 강력하게 붙잡을 수 있는 공구이다.
①·② 자동송급장치
④ 자동배출장치

정답 ③

44 연삭기의 연삭숫돌을 교체했을 경우 시운전은 최소 몇 분 이상 실시해야 하는가?

① 1분
② 3분
③ 5분
④ 7분

해설
연삭숫돌의 덮개 등(산업안전보건기준에 관한 규칙 제122조)
사업주는 연삭숫돌을 사용하는 작업의 경우 작업을 시작하기 전에는 1분 이상, 연삭숫돌을 교체한 후에는 3분 이상 시험운전을 하고 해당 기계에 이상이 있는지를 확인하여야 한다.

정답 ②

45 프레스 작업시작 전 점검해야 할 사항으로 거리가 먼 것은?

① 머니퓰레이터 작동의 이상 유무
② 클러치 및 브레이크 기능
③ 슬라이드, 연결봉 및 연결나사의 풀림 여부
④ 프레스 금형 및 고정볼트 상태

해설
작업시작 전 점검사항(산업안전보건기준에 관한 규칙 별표 3)
프레스 등을 사용하여 작업할 때
• 클러치 및 브레이크의 기능
• 크랭크축·플라이휠·슬라이드·연결봉 및 연결나사의 풀림 여부
• 1행정 1정지기구·급정지장치 및 비상정지장치의 기능
• 슬라이드 또는 칼날에 의한 위험방지 기구의 기능
• 프레스의 금형 및 고정볼트 상태
• 방호장치의 기능
• 전단기의 칼날 및 테이블의 상태

정답 ①

46
로봇의 작동범위 내에서 그 로봇에 관하여 교시 등(로봇의 동력원을 차단하고 행하는 것을 제외)의 작업을 행하는 때 작업 시작 전 점검사항으로 옳은 것은?

① 과부하방지장치의 이상 유무
② 압력제한스위치 등의 기능의 이상 유무
③ 외부 전선의 피복 또는 외장의 손상 유무
④ 권과방지장치의 이상 유무

해설
작업 시작 전 점검사항(산업안전보건기준에 관한 규칙 별표 3)
로봇의 작동범위에서 그 로봇에 관하여 교시 등의 작업을 할 때
- 외부 전선의 피복 또는 외장의 손상 유무
- 머니퓰레이터(manipulator) 작동의 이상 유무
- 제동장치 및 비상정지장치의 기능

정답 ③

47
비파괴시험의 종류가 아닌 것은?

① 자분탐상시험
② 침투탐상시험
③ 와류탐상시험
④ 샤르피 충격시험

해설
비파괴검사 종류
- 와류탐상검사
- 자분탐상검사
- 초음파탐상검사
- 침투형광탐사검사
- 음향탐상검사
- 방사선투과시험

정답 ④

48
회전수가 300rpm, 연삭숫돌의 지름이 200mm 일 때 숫돌의 원주속도는 약 몇 m/min인가?

① 60.0
② 94.2
③ 150.0
④ 188.5

해설
$$V = \frac{\pi DN}{1,000} = \frac{\pi \times 200 \times 300}{1,000} \fallingdotseq 188.5 \text{m/min}$$

여기서, D : 롤러의 직경(mm)
N : 회전수(rpm)

정답 ④

49
기계 고장률의 기본 모형이 아닌 것은?

① 초기고장
② 우발고장
③ 마모고장
④ 수시고장

해설
시스템 수명곡선(욕조곡선) 분류
- 초기고장 : 사용 초기에 고장이 발생하는 구간(고장률은 감소)
- 우발고장 : 사용조건의 우발적인 변화에 의해 발생(고장률 일정)
- 마모고장 : 일정 기간 경과 후 마모나 노후에 의하여 발생(고장률 증가)

정답 ④

50
산업용 로봇에 사용되는 안전매트의 종류 및 일반 구조에 관한 설명으로 틀린 것은?

① 단선 경보장치가 부착되어 있어야 한다.
② 감응시간을 조절하는 장치가 부착되어 있어야 한다.
③ 감응도 조절장치가 있는 경우 봉인되어 있어야 한다.
④ 안전매트의 종류는 연결 사용 가능 여부에 따라 단일 감지기와 복합 감지기가 있다.

해설
② 감응시간을 조절하는 장치는 부착되어 있지 않아야 한다(방호장치 안전인증고시 별표 25).

정답 ②

51. 연삭용 숫돌의 3요소가 아닌 것은?

① 조직
② 입자
③ 결합제
④ 기공

해설
연삭숫돌의 3요소
- 결합제 : 숫돌 입자를 고정시키기 위한 본드
- 입자 : 숫돌의 입자로 절삭하는 날
- 기공 : 절삭칩이 쌓이는 공간

정답 ①

52. 보일러 압력방출장치의 종류에 해당하지 않는 것은?

① 스프링식
② 중추식
③ 플런저식
④ 지렛대식

해설
보일러 압력방출장치 종류
- 스프링식
- 중추식
- 지렛대식

정답 ③

53. 산업안전보건법령에서 정하는 압력용기에서 안전인증된 파열판에는 안전인증 표시 외에 추가로 나타내어야 하는 사항이 아닌 것은?

① 분출차(%)
② 호칭지름
③ 용도(요구성능)
④ 유체의 흐름 방향 지시

해설
파열판의 성능기준 – 추가표시(방호장치 안전인증고시 별표 4)
- 호칭지름
- 용도(요구성능)
- 설정파열압력(MPa) 및 설정온도(℃)
- 분출용량(kg/h) 또는 공칭분출계수
- 파열판의 재질
- 유체의 흐름 방향 지시

정답 ①

54. 아세틸렌 용접 시 역류를 방지하기 위하여 설치하여야 하는 것은?

① 안전기
② 청정기
③ 발생기
④ 유량기

해설
① 용접 시 가스의 역류를 방지하기 위해 안전기를 설치한다.

정답 ①

55. 롤러기 맞물림점의 전방에 개구부의 간격을 30mm로 하여 가드를 설치하고자 한다. 가드의 설치위치는 맞물림점에서 적어도 얼마의 간격을 유지하여야 하는가?

① 154mm
② 160mm
③ 166mm
④ 172mm

해설
가드 개구부의 안전간격
$Y = 6 + 0.15X$ (단, X가 160mm보다 작은 경우)
여기서, X : 안전거리(위험점에서 가드까지의 거리, mm)
Y : 가드의 최대 개구간격(mm)
$30 = 6 + 0.15X$
$X = \dfrac{30-6}{0.15} = 160\text{mm}$

정답 ②

56. 동력 프레스기의 no hand die 방식의 안전대책으로 틀린 것은?

① 안전금형을 부착한 프레스
② 양수조작식 방호방치의 설치
③ 안전울을 부착한 프레스
④ 전용 프레스의 도입

해설

no hand in die 방식 : 위험한계에 손이 닿을 수 없도록 조치한 방식을 말한다.
- 안전울을 부착한 프레스
- 안전금형을 부착한 프레스
- 전용 프레스의 도입
- 자동 프레스의 도입

정답 ②

57. 양중기에 해당하지 않는 것은?

① 크레인
② 리프트
③ 체인블록
④ 곤돌라

해설

양중기의 종류(산업안전보건기준에 관한 규칙 제132조)
- 크레인[호이스트(hoist)를 포함한다]
- 이동식 크레인
- 리프트(이삿짐운반용 리프트의 경우에는 적재하중이 0.1ton 이상인 것으로 한정한다)
- 곤돌라
- 승강기

정답 ③

58. 와이어로프의 구성요소가 아닌 것은?

① 소선
② 클립
③ 스트랜드
④ 심강

해설

① 소선 : 스트랜드를 이루는 가닥을 말한다.
③ 스트랜드 : 와이어로프를 이루는 가닥을 말한다.
④ 심강 : 와이어로프의 중심에 들어가는 심을 말한다.

정답 ②

59. 프레스기의 비상정지스위치 작동 후 슬라이드가 하사점까지 도달시간이 0.15초 걸렸다면 양수기동식 방호장치의 안전거리는 최소 몇 cm 이상이어야 하는가?

① 24
② 240
③ 15
④ 150

해설

양수기동식 방호장치 안전거리
$D_m = 1.6\,T_m$
여기서, D_m : 안전거리(확동식 클러치의 경우 : mm)
T_m : 양손으로 누름버튼을 눌렀을 때부터 슬라이드가 하사점에 도달하기까지의 소요 최대시간(단위 : ms)
$D_m = 1.6 \times (0.15 \times 1{,}000) = 240\,mm = 24\,cm$

※ $0.5 \times 1{,}000$은 T_m의 단위인 ms를 $\dfrac{1}{1{,}000}$ s로 환산한 것이다.

정답 ①

60. 컨베이어 방호장치에 대한 설명으로 옳은 것은?

① 역전방지장치에 롤러식, 래칫식, 권과방지식, 전기 브레이크식 등이 있다.
② 작업자가 임의로 작업을 중단할 수 없도록 비상정지장치를 부착하지 않는다.
③ 구동부 측면에 롤러 안내 가이드 등의 이탈방지장치를 설치한다.
④ 롤러 컨베이어의 롤 사이에 방호판을 설치할 때 롤과의 최대 간격은 8mm이다.

해설

구동부 측면에 롤러 안내 가이드 등의 이탈방지장치를 설치하여야 한다.

정답 ③

제4과목 전기위험 방지기술

61 다음 그림과 같이 완전 누전되고 있는 전기기기의 외함에 사람이 접촉하였을 경우 인체에 흐르는 전류(I_m)는?(단, $E(V)$는 전원의 대지전압, $R_2(\Omega)$는 변압기 1선 접지의 접지저항, $R_3(\Omega)$은 전기기기 외함접지의 접지저항, $R_m(\Omega)$은 인체 저항이다)

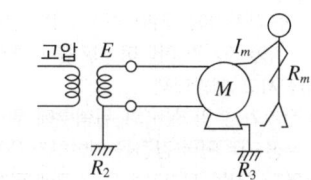

① $\dfrac{E}{R_2+\left(\dfrac{R_3 \times R_m}{R_3 + R_m}\right)} \times \dfrac{R_3}{R_3+R_m}$

② $\dfrac{E}{R_2+\left(\dfrac{R_3 + R_m}{R_3 \times R_m}\right)} \times \dfrac{R_3}{R_3+R_m}$

③ $\dfrac{E}{R_2+\left(\dfrac{R_3 \times R_m}{R_3 + R_m}\right)} \times \dfrac{R_m}{R_3+R_m}$

④ $\dfrac{E}{R_3+\left(\dfrac{R_2 \times R_m}{R_2 + R_m}\right)} \times \dfrac{R_3}{R_3+R_m}$

해설

$I_m = \dfrac{E}{R_2+\left(\dfrac{R_3 \times R_m}{R_3 + R_m}\right)} \times \dfrac{R_3}{R_3+R_m}$

정답 ①

62 정전기 발생에 영향을 주는 요인이 아닌 것은?

① 물체의 분리속도
② 물체의 특성
③ 물체의 표면상태
④ 외부공기의 풍속

해설

정전기 발생에 영향을 주는 요인
- 물체의 특성 : 불순물을 포함하고 있으면 정전기 발생량이 커짐
- 물체의 표면상태 : 수분이나 기름 등에 표면이 오염되는 경우 정전기가 크게 발생함
- 물체의 이력 : 처음 접촉, 분리할 때 최대가 되며 반복될수록 발생량이 감소함
- 접촉면적 및 압력 : 접촉면적과 압력이 증가할수록 정전기가 크게 발생함
- 물체의 분리속도 : 분리속도가 빠를수록 정전기가 크게 발생함

정답 ④

63 인체감전보호용 누전차단기의 정격감도전류(mA)와 동작시간(초)의 최댓값은?

① 10mA, 0.03초
② 20mA, 0.01초
③ 30mA, 0.03초
④ 50mA, 0.1초

해설

감전방지용 누전차단기 : 정격감도전류 30mA에서 동작시간은 0.03초 이내인 차단기

정답 ③

64
저압전로의 절연성능시험에서 전로의 사용전압이 380V인 경우 전로의 전선 상호 간 및 전로와 대지 사이의 절연저항은 최소 몇 MΩ 이상이어야 하는가?

① 0.1
② 0.3
③ 0.5
④ 1

해설
저압전로의 절연성능(전기설비기술기준 제52조)

전로의 사용전압(V)	DC 시험전압(V)	절연저항(MΩ)
SELV 및 PELV	250 이상	0.5 이상
FELV, 500V 이하	500 이상	1.0 이상
500V 초과	1,000 이상	1.0 이상

정답 ④

65
감전사고로 인한 전격사의 메커니즘으로 가장 거리가 먼 것은?

① 흉부수축에 의한 질식
② 심실세동에 의한 혈액순환 기능 상실
③ 내장파열에 의한 소화기계통의 기능 상실
④ 호흡중추신경 마비에 따른 호흡 기능 상실

해설
전격사의 메커니즘
- 흉부수축에 의한 질식
- 심실세동에 의한 혈액순환 기능 상실
- 호흡중추신경 마비에 따른 호흡 기능 상실

정답 ③

66
감전사고를 방지하기 위한 방법으로 옳지 않은 것은?

① 전기기기 및 설비의 위험부에 위험표지 부착
② 전기설비에 대한 누전차단기 설치
③ 전기기기에 대한 정격표시
④ 무자격자는 전기기계 및 기구에 전기적인 접촉 금지

해설
③ 전기기기에 대한 정격표시는 감전사고를 방지하기 위한 조치가 아니며 기기를 보호하기 위한 수단이다.
감전사고 예방대책
- 전기기기 및 설비의 위험부에 위험표지 부착
- 누전으로 인한 감전을 예방하기 위해 누전차단기 설치
- 무자격자는 전기기계 및 기구에 접촉할 수 없도록 조치
- 전기 취급자에는 절연용 보호구 착용하도록 조치
- 접지를 통해 누설전류로 인한 감전 예방

정답 ③

67
인체의 피부 전기저항은 여러 가지의 제반 조건에 의해서 변화를 일으키는데 다음 중 제반 조건으로 가장 가까운 것은?

① 피부의 청결
② 피부의 노화
③ 인가전압의 크기
④ 통전경로

해설
인체의 피부 전기저항은 전압의 크기, 주파수, 접촉면적 및 시간, 습도 등에 좌우된다.

정답 ③

68 금속성의 전기기계장치나 구조물에 인체의 일부가 상시 접촉되어 있는 상태의 허용접촉 전압으로 옳은 것은?

① 2.5V 이하 ② 25V 이하
③ 50V 이하 ④ 제한 없음

해설
접촉전압의 허용한계

종별	통전경로	허용접촉 전압
제1종	인체의 대부분이 수중에 있는 상태	2.5V 이하
제2종	• 인체가 현저하게 젖어 있는 상태 • 금속성의 전기기계·기구나 구조물에 인체의 일부가 상시 접촉된 상태	25V 이하
제3종	건조한 통상의 인체 상태로서, 접촉전압이 가해지더라도 위험성이 낮은 상태	50V 이하
제4종	• 건조한 통상의 인체 상태로서, 접촉전압이 가해지더라도 위험성이 낮은 상태 • 접촉전압이 가해질 우려가 없는 경우	제한 없음

정답 ②

69 다음 중 불꽃(spark)방전 발생 시 공기 중에 생성되는 물질은?

① O_2 ② O_3
③ H_2 ④ C

해설
불꽃방전(스파크방전)이 발생할 때에는 빛과 열이 발생하며 공기 중에 오존(O_3)이 형성된다.

정답 ②

70 기중차단기의 기호로 옳은 것은?

① VCB ② MCCB
③ OCB ④ ACB

해설
① VCB(진공차단기)
② MCCB(배선용 차단기)
③ OCB(유입차단기)

정답 ④

71 온도조절용 바이메탈과 온도퓨즈가 회로에 조합되어 있는 다리미를 사용한 가정에서 화재가 발생했다. 다리미에 부착되어 있던 바이메탈과 온도퓨즈를 대상으로 화재사고를 분석하려 하는데 논리기호를 사용하여 표현하고자 한다. 어느 기호가 적당한가?(단, 바이메탈의 작동과 온도퓨즈가 끊어졌을 경우를 0, 그렇지 않을 경우를 1이라 한다)

① 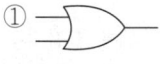 ②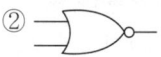
③ 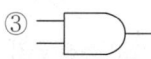 ④

해설
바이메탈과 온도퓨즈 둘 다 고장일 경우 화재가 발생함으로 AND 게이트이다.

정답 ③

72

정전기가 발생되어도 즉시 이를 방전하고 전하의 축적을 방지하면 위험성이 제거된다. 정전기에 관한 내용으로 틀린 것은?

① 대전하기 쉬운 금속 부분에 접지한다.
② 작업장 내 습도를 높여 방전을 촉진한다.
③ 공기를 이온화하여 (+)는 (-)로 중화시킨다.
④ 절연도가 높은 플라스틱류는 전하의 방전을 촉진시킨다.

해설

④ 절연도가 높은 플라스틱류는 전하의 방전을 방해하여 전하가 축적되며 이에 정전기가 발생할 위험이 높아진다.

정전기 재해방지 대책
• 접지
• 유속의 제한
• 보호구의 착용
• 대전방지제 사용
• 가습(60~80%에서 효과가 있음)
• 제전기 사용

정답 ④

73

정전작업 시 조치사항으로 부적합한 것은?

① 작업 전 전기설비의 잔류전하를 확실히 방전한다.
② 개로된 전로의 충전여부를 검전기구에 의하여 확인한다.
③ 개폐기에 시건장치를 하고 통전 금지에 관한 표지판은 제거한다.
④ 예비 동력원의 역송전에 의한 감전의 위험을 방지하기 위해 단락 접지기구를 사용하여 단락 접지를 한다.

해설

정전전로에서의 전기작업(산업안전보건기준에 관한 규칙 제319조)
전로차단은 다음 절차에 따라 시행하여야 한다.
• 전기기기 등에 공급되는 모든 전원을 관련 도면, 배선도 등으로 확인할 것
• 전원을 차단한 후 각 단로기 등을 개방하고 확인할 것
• 차단장치나 단로기 등에 잠금장치 및 꼬리표를 부착할 것
• 개로된 전로에서 유도전압 또는 전기에너지가 축적되어 근로자에게 전기위험을 끼칠 수 있는 전기기기 등은 접촉하기 전에 잔류전하를 완전히 방전시킬 것
• 검전기를 이용하여 작업 대상 기기가 충전되었는지를 확인할 것
• 전기기기 등이 다른 노출 충전부와의 접촉, 유도 또는 예비 동력원의 역송전 등으로 전압이 발생할 우려가 있는 경우에는 충분한 용량을 가진 단락 접지기구를 이용하여 접지할 것

정답 ③

74

화재 · 폭발 위험분위기 생성방지 방법으로 옳지 않은 것은?

① 폭발성 가스의 누설 방지
② 가연성 가스의 방출 방지
③ 폭발성 가스의 체류 방지
④ 폭발성 가스의 옥내 체류

해설

폭발성 가스가 체류하게 되는 경우에는 폭발 위험분위기가 생성된다.

정답 ④

75. 내압 방폭구조의 주요 시험항목으로 옳지 않은 것은?

① 폭발강도 ② 인화시험
③ 절연시험 ④ 기계적 강도시험

해설
내압 방폭구조의 주요 시험항목으로는 폭발강도, 인화시험, 기계적 강도시험 등이 있다.
※ 내압 방폭구조 : 내부의 폭발이 외부의 가연성 물질을 점화할 수 없도록 안전간극을 사용한 구조

정답 ③

76. 방전전극에 약 7,000V의 전압을 인가하면 공기가 전리되어 코로나방전을 일으킴으로써 발생한 이온으로 대전체의 전하를 중화시키는 방법을 이용한 제전기는?

① 전압인가식 제전기
② 자기방전식 제전기
③ 이온스프레이식 제전기
④ 이온식 제전기

해설
전압인가식 제전기(정전기 재해예방에 관한 기술지침)
제전기의 뾰족한 전극에서 코로나가 발생되도록 고전압의 전원공급장치를 사용하는 것으로서, 대전 물체의 전하는 코로나에 의해 발생된 이온화 전하를 끌어당겨 중화된다. 고전압 전원공급장치를 사용하면 코로나 개시전압 이하에서는 제어할 수 없던 자기방전식 제전기의 문제점이 해결된다.

정답 ①

77. 다음 작업조건에 적합한 보호구로 옳은 것은?

> 물체의 낙하, 충격, 끼임, 감전 또는 정전기의 대전에 의한 위험이 있는 작업

① 안전모   ② 안전화
③ 방열복   ④ 보안면

해설
물체의 낙하, 충격, 끼임, 감전, 정전기에 의한 대전으로부터 인체를 보호해 주는 보호구는 안전화이다.

정답 ②

78. 전력용 피뢰기에서 직렬 갭의 주된 사용 목적은?

① 방전 내량을 크게 하고 장시간 사용 시 열화를 적게 하기 위하여
② 충격방전 개시전압을 높게 하기 위하여
③ 이상전압 발생 시 신속히 대지로 방류함과 동시에 속류를 즉시 차단하기 위하여
④ 충격파 침입 시에 대지로 흐르는 방전전류를 크게 하여 제한전압을 낮게 하기 위하여

해설
직렬 갭 : 이상전압(과전압) 발생 시 신속히 이상전압을 대지로 방류함과 동시에 속류를 즉시 차단한다.

정답 ③

79 다음은 어떤 방폭구조에 대한 설명인가?

전기기구의 권선, 에어 캡, 접점부, 단자부 등과 같이 정상적인 운전 중에 불꽃, 아크 또는 과열이 생겨서는 안 되는 부분에 대하여 이를 방지하거나 또는 온도상승을 제한하기 위해 전기안전도를 증가시켜 제작한 구조이다.

① 안전증 방폭구조
② 내압 방폭구조
③ 몰드 방폭구조
④ 본질안전 방폭구조

해설

안전증 방폭구조 : 조명기구의 광원부와 같이 전기불꽃이나 고온이 발생해서는 안 되는 부분에 이상이 생겼을 때 이를 방지하기 위해 안전도를 증가시킨 구조를 말한다.

정답 ①

80 6,600/100V, 15kVA의 변압기에서 공급하는 저압 전선로의 허용 누설전류는 몇 A를 넘지 않아야 하는가?

① 0.025
② 0.045
③ 0.075
④ 0.085

해설

누설전류 = 최대공급전류 × $\frac{1}{2,000}$

= $150 \times \frac{1}{2,000} = 0.075A$

정답 ③

제5과목 화학설비위험 방지기술

81 다음 중 반응기를 조작방식에 따라 분류할 때 이에 해당하지 않는 것은?

① 회분식 반응기
② 반회분식 반응기
③ 연속식 반응기
④ 관형식 반응기

해설

반응기 분류

조작방식에 따른 분류	구조에 의한 분류
• 회분식 반응기 • 반회분식 반응기 • 연속식 반응기	• 관형식 반응기 • 교반기형 반응기 • 탑형 반응기

정답 ④

82 분진폭발을 방지하기 위하여 첨가하는 불활성 첨가물로 적합하지 않은 것은?

① 탄산칼슘
② 모래
③ 석분
④ 마그네슘

해설

마그네슘은 분진폭발을 일으키는 물질이다.

정답 ④

83 위험물에 관한 설명으로 틀린 것은?

① 이황화탄소의 인화점은 0℃보다 낮다.
② 과염소산은 쉽게 연소되는 가연성 물질이다.
③ 황린은 물속에 저장한다.
④ 알킬알루미늄은 물과 격렬하게 반응한다.

해설
② 산화성 액체 및 산화성 고체인 과염소산은 연소를 도와주는 물질이다(산소 생성).
산화성 액체 및 산화성 고체(산업안전보건기준에 관한 규칙 별표 1)
- 차아염소산 및 그 염류
- 아염소산 및 그 염류
- 염소산 및 그 염류
- 과염소산 및 그 염류
- 브로민산 및 그 염류
- 아이오딘산 및 그 염류
- 과산화수소 및 무기 과산화물
- 질산 및 그 염류
- 과망가니즈산 및 그 염류
- 중크롬산 및 그 염류
- 그 밖에 위에 열거한 물질과 같은 정도의 산화성이 있는 물질
- 위에 열거한 물질을 함유한 물질

정답 ②

84 헥산 1vol%, 메테인 2vol%, 에틸렌 2vol%, 공기 95vol%로 된 혼합가스의 폭발하한계값(vol%)은 약 얼마인가?(단, 헥산, 메테인, 에틸렌의 폭발하한계값은 각각 1.1vol%, 5.0vol%, 2.7vol%이다)

① 2.44
② 12.89
③ 21.78
④ 48.78

해설
폭발하한계값
$$L = \frac{V_1 + V_2 + V_3 + \cdots}{\frac{V_1}{L_1} + \frac{V_2}{L_2} + \frac{V_3}{L_3} + \cdots}$$
$$= \frac{1+2+2}{\frac{1}{1.1} + \frac{2}{5} + \frac{2}{2.7}} = 2.44 \text{vol\%}$$

정답 ①

85 다음 중 전기화재의 종류에 해당하는 것은?

① A급
② B급
③ C급
④ D급

해설
화재급수
- A급 : 일반화재
- B급 : 유류화재
- C급 : 전기화재
- D급 : 금속화재
- E급 : 가스화재
- K급 : 주방화재

정답 ③

86 다음 중 자연발화의 방지법으로 적절하지 않은 것은?

① 통풍을 잘 시킬 것
② 습도가 높은 곳에 저장할 것
③ 저장실의 온도 상승을 피할 것
④ 공기가 접촉되지 않도록 불활성 물질 중에 저장할 것

해설
자연발화 예방대책
- 가연성 물질의 제거
- 적절한 통풍이나 환기(열의 축적 방지)
- 저장실 온도를 낮출 것
- 습도가 높은 곳에 저장하지 않을 것
- 산소와 접촉면적을 최소화
※ 자연발화 : 어떤 물질이 외부로부터 열원이 없어도 상온의 공기 중에서 스스로 산화반응을 일으켜 발화하는 것을 말한다.

정답 ②

87 폭발 원인물질의 물리적 상태에 따라 구분할 때 기상폭발(gas explosion)에 해당되지 않는 것은?

① 분진폭발
② 응상폭발
③ 분무폭발
④ 가스폭발

해설
기상폭발의 종류
- 가스폭발
- 분진폭발
- 분무폭발

정답 ②

88 다음 중 분진폭발의 특징으로 옳은 것은?

① 가스폭발보다 연소시간이 짧고, 발생에너지가 작다.
② 압력의 파급속도보다 화염의 파급속도가 빠르다.
③ 가스폭발에 비하여 불완전연소가 적게 발생한다.
④ 주위의 분진에 의해 2차, 3차 폭발로 파급될 수 있다.

해설
분진폭발은 가스폭발보다 연소시간은 길고 발생에너지는 크고 폭발압력은 작으며, 불완전연소하여 일산화탄소로 인한 중독이 발생한다는 특징이 있다.

정답 ④

89 독성 가스에 속하지 않은 것은?

① 암모니아　② 황화수소
③ 포스겐　　④ 질소

해설
질소는 독성 가스에 속하지 않는다(고압가스 안전관리법 시행규칙 제2조).

정답 ④

90 다음 중 위험물과 그 소화방법이 잘못 연결된 것은?

① 염소산칼륨 - 다량의 물로 냉각소화
② 마그네슘 - 건조사 등에 의한 질식소화
③ 칼륨 - 이산화탄소에 의한 질식소화
④ 아세트알데하이드 - 다량의 물에 의한 희석소화

해설
③ 칼륨 - 건조사, 팽창질석, 팽창진주암 등을 이용한 질식소화

정답 ③

91 다음 중 관로의 방향을 변경하는 데 가장 적합한 것은?

① 소켓　② 엘보
③ 유니언　④ 플러그

해설
용도에 따른 관 부속품
• 관로의 방향을 바꿀 때 : 엘보 등
• 두 개의 관을 연결할 때 : 소켓, 유니언, 커플링, 니플, 플랜지
• 유로를 차단할 때 : 플러그, 캡, 밸브

정답 ②

92 나이트로셀룰로스의 취급 및 저장방법에 관한 설명으로 틀린 것은?

① 저장 중 충격과 마찰 등을 방지하여야 한다.
② 물과 격렬히 반응하여 폭발하므로 습기를 제거하고, 건조 상태를 유지한다.
③ 자연발화 방지를 위하여 안전용제를 사용한다.
④ 화재 시 질식소화는 적응성이 없으므로 냉각소화를 한다.

해설
나이트로셀룰로스(질화면)는 건조 상태에서는 자연적으로 분해하여 폭발위험이 있기 때문에 에틸알코올 등을 이용하여 표면을 적셔 보관한다.

정답 ②

93 공기 중에서 A 물질의 폭발하한계가 4vol%, 상한계가 75vol%라면 이 물질의 위험도는?

① 16.75
② 17.75
③ 18.75
④ 19.75

해설

$$위험도 = \frac{폭발상한계 - 폭발하한계}{폭발하한계}$$

$$= \frac{75-4}{4} = 17.75$$

정답 ②

94 사업주는 특수화학설비를 설치할 때 내부의 이상상태를 조기에 파악하기 위하여 필요한 계측장치를 설치하여야 한다. 다음 중 이에 해당하는 특수화학설비가 아닌 것은?

① 발열반응이 일어나는 반응장치
② 증류, 증발 등 분리를 하는 장치
③ 가열로 또는 가열기
④ 액체의 누설을 방지하는 방유장치

해설

계측장치 등의 설치(산업안전보건기준에 관한 규칙 제273조)
다음 어느 하나에 해당하는 화학설비(특수화학설비)를 설치하는 경우에는 내부의 이상 상태를 조기에 파악하기 위하여 필요한 온도계·유량계·압력계 등의 계측장치를 설치하여야 한다.
• 발열반응이 일어나는 반응장치
• 증류·정류·증발·추출 등 분리를 하는 장치
• 가열시켜 주는 물질의 온도가 가열되는 위험물질의 분해온도 또는 발화점보다 높은 상태에서 운전되는 설비
• 반응폭주 등 이상 화학반응에 의하여 위험물질이 발생할 우려가 있는 설비
• 온도가 350℃ 이상이거나 게이지 압력이 980kPa 이상인 상태에서 운전되는 설비
• 가열로 또는 가열기

정답 ④

95 프로페인가스 1m³를 완전 연소시키는 데 필요한 이론공기량은 몇 m³인가?(단, 공기 중의 산소농도는 20vol%이다)

① 20
② 25
③ 30
④ 35

해설

프로페인가스 완전연소 방정식
$C_3H_8 + 5O_2 \rightarrow 3CO_2 + 4H_2O$
→ 프로페인가스가 완전연소하는 데 산소 5mol이 필요하다. 프로페인과 산소의 비율은 1:5이므로 부피의 비율도 이와 같기에, 1m³ 프로페인이 연소되는 데 산소 5m³이 필요하다는 것을 알 수 있다. 여기서, 공기 중 산소농도는 20vol%이기 때문에, 전체 공기량 × 20vol% = 5m³이 되어야 프로페인가스 1m³을 완전 연소시킬 수 있다. 따라서 전체 공기량은 25m³이다.

정답 ②

96 위험물안전관리법상 제4류 위험물 중 제2석유류로 분류되는 물질은?

① 실린더유
② 휘발유
③ 등유
④ 중유

해설

제2석유류(위험물안전관리법 시행령 별표 1)
등유, 경유 그 밖에 1기압에서 인화점이 21℃ 이상 70℃ 미만인 것을 말한다. 다만, 도료류 그 밖의 물품에 있어서 가연성 액체량이 40중량% 이하이면서 인화점이 40℃ 이상인 동시에 연소점이 60℃ 이상인 것은 제외한다.

정답 ③

97
산업안전보건기준에 관한 규칙에서 지정한 '화학설비 및 그 부속설비의 종류' 중 화학설비의 부속설비에 해당하는 것은?

① 응축기, 냉각기, 가열기 등의 열교환기류
② 반응기, 혼합조 등의 화학물질 반응 또는 혼합 장치
③ 펌프류, 압축기 등의 화학물질 이송 또는 압출 설비
④ 온도, 압력, 유량 등을 지시·기록하는 자동제어 관련 설비

해설
화학설비의 부속설비(산업안전보건기준에 관한 규칙 별표 7)
- 배관·밸브·관·부속류 등 화학물질 이송 관련 설비
- 온도·압력·유량 등을 지시·기록 등을 하는 자동제어 관련 설비
- 안전밸브·안전판·긴급차단 또는 방출밸브 등 비상조치 관련 설비
- 가스누출감지 및 경보 관련 설비
- 세정기, 응축기, 벤트스택(bent stack), 플레어스택(flare stack) 등 폐가스처리설비
- 사이클론, 백필터(bag filter), 전기집진기 등 분진처리설비
- 위에 열거한 설비를 운전하기 위하여 부속된 전기 관련 설비
- 정전기 제거장치, 긴급 샤워설비 등 안전 관련 설비

정답 ④

98
이산화탄소 소화약제의 특징으로 가장 거리가 먼 것은?

① 전기절연성이 우수하다.
② 액체로 저장할 경우 자체 압력으로 방사할 수 있다.
③ 기화 상태에서 부식성이 매우 강하다.
④ 저장에 의한 변질이 없어 장기간 저장이 용이한 편이다.

해설
이산화탄소 소화약제는 기화 상태에서는 부식성이 없다.

정답 ③

99
증류탑에서 포종탑 내에 설치되어 있는 포종의 주요 역할로 옳은 것은?

① 압력을 증가시켜 주는 역할
② 탑 내 액체를 이송하는 역할
③ 화학적 반응을 시켜주는 역할
④ 증기와 액체의 접촉을 용이하게 해주는 역할

해설
증류탑의 포종탑 내에 설치된 포종은 증기와 액체의 접촉을 용이하게 해주는 역할을 한다.

정답 ④

100
위험물 또는 위험물이 발생하는 물질을 가열·건조하는 경우 내용적이 몇 m^3 이상인 건조설비인 경우 건조실을 설치하는 건축물의 구조를 독립된 단층건물로 하여야 하는가?(단, 건조실을 건축물의 최상층에 설치하거나 건축물이 내화구조인 경우는 제외한다)

① 1   ② 10
③ 100   ④ 1,000

해설
위험물 건조설비를 설치하는 건축물의 구조(산업안전보건기준에 관한 규칙 제280조)
다음의 어느 하나에 해당하는 위험물 건조설비 중 건조실을 설치하는 건축물의 구조는 독립된 단층건물로 하여야 한다. 다만, 해당 건조실을 건축물의 최상층에 설치하거나 건축물이 내화구조인 경우에는 그러하지 아니하다.
- 위험물 또는 위험물이 발생하는 물질을 가열·건조하는 경우 내용적이 $1m^3$ 이상인 건조설비
- 위험물이 아닌 물질을 가열·건조하는 경우로서 다음의 어느 하나의 용량에 해당하는 건조설비
  - 고체 또는 액체연료의 최대사용량이 시간당 10kg 이상
  - 기체연료의 최대사용량이 시간당 $1m^3$ 이상
  - 전기사용 정격용량이 10kW 이상

정답 ①

제6과목 건설안전기술

101 건설현장에서 근로자의 추락재해를 예방하기 위한 안전난간을 설치하는 경우 그 구성요소와 거리가 먼 것은?

① 상부 난간대   ② 중간 난간대
③ 사다리   ④ 발끝막이판

해설
안전난간의 구성요소(산업안전보건기준에 관한 규칙 제13조)
근로자의 추락 등의 위험을 방지하기 위하여 안전난간을 설치하는 경우 다음의 기준에 맞는 구조로 설치하여야 한다.
- 상부 난간대, 중간 난간대, 발끝막이판 및 난간 기둥으로 구성할 것. 다만, 중간 난간대, 발끝막이판 및 난간 기둥은 이와 비슷한 구조와 성능을 가진 것으로 대체할 수 있다.
- 상부 난간대는 바닥면·발판 또는 경사로의 표면(이하 바닥면 등)으로부터 90cm 이상 지점에 설치하고, 상부 난간대를 120cm 이하에 설치하는 경우에는 중간 난간대는 상부 난간대와 바닥면 등의 중간에 설치하여야 하며, 120cm 이상 지점에 설치하는 경우에는 중간 난간대를 2단 이상으로 균등하게 설치하고 난간의 상하 간격은 60cm 이하가 되도록 할 것. 다만, 난간 기둥 간의 간격이 25cm 이하인 경우에는 중간 난간대를 설치하지 않을 수 있다.
- 발끝막이판은 바닥면 등으로부터 10cm 이상의 높이를 유지할 것. 다만, 물체가 떨어지거나 날아올 위험이 없거나 그 위험을 방지할 수 있는 망을 설치하는 등 필요한 예방조치를 한 장소는 제외한다.
- 난간 기둥은 상부 난간대와 중간 난간대를 견고하게 떠받칠 수 있도록 적정한 간격을 유지할 것
- 상부 난간대와 중간 난간대는 난간 길이 전체에 걸쳐 바닥면 등과 평행을 유지할 것
- 난간대는 지름 2.7cm 이상의 금속제 파이프나 그 이상의 강도가 있는 재료일 것
- 안전난간은 구조적으로 가장 취약한 지점에서 가장 취약한 방향으로 작용하는 100kg 이상의 하중에 견딜 수 있는 튼튼한 구조일 것

정답 ③

102 지반조사의 목적에 해당되지 않는 것은?

① 토질의 성질 파악
② 지층의 분포 파악
③ 지하수위 및 피압수 파악
④ 구조물의 편심에 의한 적절한 침하 유도

해설
지반조사란 지반의 공학적 특성을 파악하기 위해 시행하는 조사를 말한다. 지질구조와 지형구조 등을 파악하며 침하를 방지하기 위한 기초자료로 사용된다.

정답 ④

103 철골 건립 준비를 할 때 준수하여야 할 사항과 가장 거리가 먼 것은?

① 지상 작업장에서 건립 준비 및 기계·기구를 배치할 경우에는 낙하물의 위험이 없는 평탄한 장소를 선정하여 정비하고 경사지에는 작업대나 임시 발판 등을 설치하는 등 안전조치를 한 후 작업하여야 한다.
② 건립작업에 다소 지장이 있다 하더라도 수목은 제거하여서는 안 된다.
③ 사용 전에 기계·기구에 대한 정비 및 보수를 철저히 실시하여야 한다.
④ 기계에 부착된 앵커 등 고정장치와 기초구조 등을 확인하여야 한다.

해설
② 수목은 작업에 지장을 줄 수 있어 제거하고 건립작업을 하여야 한다.

정답 ②

104 흙막이 가시설공사 시 사용되는 각 계측기 설치 목적으로 옳지 않은 것은?

① 지표침하계 - 지표면 침하량 측정
② 수위계 - 지반 내 지하수위의 변화 측정
③ 하중계 - 상부 적재하중 변화 측정
④ 지중경사계 - 지중의 수평 변위량 측정

해설
하중계 : 스트럿(strut) 또는 어스앵커(earth anchor) 등의 축 하중 변화를 측정하는 기구

정답 ③

105. 다음 토공기계 중 굴착기계와 가장 관계있는 것은?

① clamshell ② road roller
③ shovel loader ④ belt conveyer

해설
클램셸(clamshell) : 좁고 깊은 장소를 굴착하는 굴착기계로 주로 부드러운 지반의 굴착이나 수중 준설에 사용된다.

정답 ①

106. 비계(달비계, 달대비계 및 말비계는 제외한다)의 높이가 2m 이상인 작업장소에 설치하여야 하는 작업발판의 기준으로 옳지 않은 것은?

① 작업발판의 폭은 40cm 이상으로 하고, 발판재료 간의 틈은 3cm 이하로 할 것
② 추락의 위험이 있는 장소에는 안전난간을 설치할 것
③ 작업발판의 지지물은 하중에 의하여 파괴될 우려가 없는 것은 사용할 것
④ 작업발판재료는 뒤집히거나 떨어지지 않도록 1개 이상의 지지물에 연결하거나 고정시킬 것

해설
작업발판의 구조(산업안전보건기준에 관한 규칙 제56조)
사업주는 비계(달비계, 달대비계 및 말비계는 제외한다)의 높이가 2m 이상인 작업장소에 다음의 기준에 맞는 작업발판을 설치하여야 한다.
㉠ 발판재료는 작업할 때의 하중을 견딜 수 있도록 견고한 것으로 할 것
㉡ 작업발판의 폭은 40cm 이상으로 하고, 발판재료 간의 틈은 3cm 이하로 할 것. 다만, 외줄비계의 경우에는 고용노동부장관이 별도로 정하는 기준에 따른다.
㉢ ㉡에도 불구하고 선박 및 보트 건조작업의 경우 선박블록 또는 엔진실 등의 좁은 작업공간에 작업발판을 설치하기 위하여 필요하면 작업발판의 폭을 30cm 이상으로 할 수 있고, 걸침비계의 경우 강관기둥 때문에 발판재료 간의 틈을 3cm 이하로 유지하기 곤란하면 5cm 이하로 할 수 있다. 이 경우 그 틈 사이로 물체 등이 떨어질 우려가 있는 곳에는 출입금지 등의 조치를 하여야 한다.
㉣ 추락의 위험이 있는 장소에는 안전난간을 설치할 것. 다만, 작업의 성질상 안전난간을 설치하는 것이 곤란한 경우, 작업의 필요상 임시로 안전난간을 해체할 때에 추락방호망을 설치하거나 근로자로 하여금 안전대를 사용하도록 하는 등 추락위험 방지 조치를 한 경우에는 그러하지 아니하다.
㉤ 작업발판의 지지물은 하중에 의하여 파괴될 우려가 없는 것을 사용할 것
㉥ 작업발판재료는 뒤집히거나 떨어지지 않도록 둘 이상의 지지물에 연결하거나 고정시킬 것
㉦ 작업발판을 작업에 따라 이동시킬 경우에는 위험방지에 필요한 조치를 할 것

정답 ④

107. 철골 건립기계 선정 시 사전 검토사항과 가장 거리가 먼 것은?

① 건립기계의 소음 영향
② 건립기계로 인한 일조권 침해
③ 건물 형태
④ 작업 반경

해설
건립기계 선정 시 검토사항(철골공사 표준안전작업지침 제4조)
- 건립기계의 출입로, 설치장소, 기계조립에 필요한 면적, 이동식 크레인은 건물 주위 주행통로의 유무, 타워크레인과 가이데릭 등 기초구조물을 필요로 하는 정치식 기계는 기초구조물을 설치할 수 있는 공간과 면적 등을 검토하여야 한다.
- 이동식 크레인의 엔진소음은 부근의 환경을 해칠 우려가 있으므로 학교, 병원, 주택 등이 근접되어 있는 경우에는 소음을 측정 조사하고 소음진동 허용치는 관계법에서 정하는 바에 따라 처리하여야 한다.
- 건물의 길이 또는 높이 등 건물의 형태에 적합한 건립기계를 선정하여야 한다.
- 타워크레인, 가이데릭, 삼각데릭 등 정치식 건립기계의 경우 그 기계의 작업 반경이 건물 전체를 수용할 수 있는지의 여부, 또 부움이 안전하게 인양할 수 있는 하중범위, 수평거리, 수직높이 등을 검토하여야 한다.

정답 ②

108 지반에서 나타나는 보일링(boiling) 현상의 직접적인 원인으로 볼 수 있는 것은?

① 굴착부와 배면부의 지하수위의 수두차
② 굴착부와 배면부의 흙의 중량차
③ 굴착부와 배면부의 흙의 함수비차
④ 굴착부와 배면부의 흙의 토압차

해설
보일링 현상 : 사질지반을 굴착할 때 굴착 바닥면으로 모래가 액상화되어 솟아오르는 현상을 말하며 굴착부와 지하수위차가 있을 때 수위차에 의한 삼투압으로 인하여 발생한다.

정답 ①

109 가설통로를 설치하는 경우 준수하여야 할 기준으로 옳지 않은 것은?

① 경사는 30° 이하로 할 것
② 경사가 15°를 초과하는 경우에는 미끄러지지 아니하는 구조로 할 것
③ 수직갱에 가설된 통로의 길이가 15m 이상인 때에는 15m 이내마다 계단참을 설치할 것
④ 건설공사에 사용하는 높이 8m 이상의 비계다리에는 7m 이내마다 계단참을 설치할 것

해설
가설통로의 구조(산업안전보건기준에 관한 규칙 제23조)
• 견고한 구조로 할 것
• 경사는 30° 이하로 할 것. 다만, 계단을 설치하거나 높이 2m 미만의 가설통로로서 튼튼한 손잡이를 설치한 경우에는 그러하지 아니하다.
• 경사가 15°를 초과하는 경우에는 미끄러지지 아니하는 구조로 할 것
• 추락할 위험이 있는 장소에는 안전난간을 설치할 것. 다만, 작업상 부득이한 경우에는 필요한 부분만 임시로 해체할 수 있다.
• 수직갱에 가설된 통로의 길이가 15m 이상인 경우에는 10m 이내마다 계단참을 설치할 것
• 건설공사에 사용하는 높이 8m 이상인 비계다리에는 7m 이내마다 계단참을 설치할 것

정답 ③

110 다음 중 건설재해대책의 사면보호공법에 해당하지 않는 것은?

① 실드공
② 식생공
③ 뿜어 붙이기공
④ 블록공

해설
① 실드 공법 : 지반의 붕괴를 방지하기 위해 원통형의 실드를 투입시켜 굴착하며 전진해 터널을 파는 공법이다.

정답 ①

111 추락방지용 방망의 그물코의 크기가 10cm인 신품 매듭 방망사의 인장강도는 몇 kg 이상이어야 하는가?

① 80
② 110
③ 150
④ 200

해설
방망사의 신품에 대한 인장강도(추락재해방지 표준안전 작업지침 제5조)

그물코의 크기(cm)	방망의 종류(kg)	
	매듭 없는 방망	매듭 방망
10	240	200
5		110

정답 ④

112 콘크리트 타설 시 안전수칙으로 옳지 않은 것은?

① 타설순서는 계획에 의하여 실시하여야 한다.
② 진동기는 최대한 많이 사용하여야 한다.
③ 콘크리트를 치는 도중에는 거푸집, 지보공 등의 이상 유무를 확인하여야 한다.
④ 손수레로 콘크리트를 운반할 때에는 손수레를 타설하는 위치까지 천천히 운반하여 거푸집에 충격을 주지 아니하도록 타설하여야 한다.

해설

타설(콘크리트공사 표준안전작업지침 제13조)
- 타설순서는 계획에 의하여 실시하여야 한다.
- 콘크리트를 치는 도중에는 거푸집, 지보공 등의 이상 유무를 확인하여야 하고, 담당자를 배치하여 이상이 발생한 때에는 신속한 처리를 하여야 한다.
- 타설속도는 건설부 제정 콘크리트 표준시방서에 의한다.
- 손수레를 이용하여 콘크리트를 운반할 때에는 다음의 사항을 준수하여야 한다.
  - 손수레를 타설하는 위치까지 천천히 운반하여 거푸집에 충격을 주지 아니하도록 타설하여야 한다.
  - 손수레에 의하여 운반할 때에는 적당한 간격을 유지하여야 하고 뛰어서는 안 되며, 통로 구분을 명확히 하여야 한다.
  - 운반 통로에 방해가 되는 것은 즉시 제거하여야 한다.
- 기자재 설치, 사용을 할 때에는 다음의 사항을 준수하여야 한다.
  - 콘크리트의 운반, 타설기계를 설치하여 작업할 때에는 성능을 확인하여야 한다.
  - 콘크리트의 운반, 타설기계는 사용 전, 사용 중, 사용 후 반드시 점검하여야 한다.
- 콘크리트를 한 곳에만 치우쳐서 타설할 경우 거푸집의 변형 및 탈락에 의한 붕괴사고가 발생되므로 타설순서를 준수하여야 한다.
- 진동기는 적절히 사용되어야 하며, 지나친 진동은 거푸집 도괴의 원인이 될 수 있으므로 각별히 주의하여야 한다.

정답 ②

113 부두·안벽 등 하역작업을 하는 장소에서 부두 또는 안벽의 선을 따라 통로를 설치하는 경우에는 폭을 최소 얼마 이상으로 해야 하는가?

① 70cm   ② 80cm
③ 90cm   ④ 100cm

해설

하역작업장의 조치기준(산업안전보건기준에 관한 규칙 제390조)
사업주는 부두·안벽 등 하역작업을 하는 장소에 다음의 조치를 하여야 한다.
- 작업장 및 통로의 위험한 부분에는 안전하게 작업할 수 있는 조명을 유지할 것
- 부두 또는 안벽의 선을 따라 통로를 설치하는 경우에는 폭을 90cm 이상으로 할 것
- 육상에서의 통로 및 작업장소로서 다리 또는 선거(船渠) 갑문(閘門)을 넘는 보도(步道) 등의 위험한 부분에는 안전난간 또는 울타리 등을 설치할 것

정답 ②

114 차량계 하역운반기계를 사용하는 작업을 할 때 그 기계가 넘어지거나 굴러떨어짐으로써 근로자에게 위험을 미칠 우려가 있는 경우에 우선적으로 조치하여야 할 사항과 가장 거리가 먼 것은?

① 해당 기계에 대한 유도자 배치
② 지반의 부동침하 방지 조치
③ 갓길 붕괴 방지 조치
④ 경보장치 설치

해설

전도 등의 방지(산업안전보건기준에 관한 규칙 제171조)
사업주는 차량계 하역운반기계 등을 사용하는 작업을 할 때에 그 기계가 넘어지거나 굴러떨어짐으로써 근로자에게 위험을 미칠 우려가 있는 경우에는 그 기계를 유도하는 사람(유도자)을 배치하고 지반의 부동침하 및 갓길 붕괴를 방지하기 위한 조치를 하여야 한다.

정답 ④

115 건설현장의 가설계단 및 계단참을 설치하는 경우 얼마 이상의 하중에 견딜 수 있는 강도를 가진 구조로 설치하여야 하는가?

① 200kg/m²
② 300kg/m²
③ 400kg/m²
④ 500kg/m²

해설
계단의 강도(산업안전보건기준에 관한 규칙 제26조)
계단 및 계단참을 설치하는 경우 매 m²당 500kg 이상의 하중에 견딜 수 있는 강도를 가진 구조로 설치하여야 하며, 안전율[안전의 정도를 표시하는 것으로서 재료의 파괴응력도(破壞應力度)와 허용응력도(許容應力度)의 비율]은 4 이상으로 하여야 한다.

정답 ④

116 로드(rod) · 유압잭(jack) 등을 이용하여 거푸집을 연속적으로 이동시키면서 콘크리트를 타설할 때 사용되는 것으로 사일로(silo) 공사 등에 적합한 거푸집은?

① 메탈폼
② 슬라이딩폼
③ 워플폼
④ 페코빔

해설
슬라이딩폼 : 콘크리트를 부어 넣으면서 거푸집을 연속적으로 이동시키면서 콘크리트를 타설하는 데 사용되며 사일로, 연돌 등의 공사에 적합한 거푸집을 말한다.

정답 ②

117 거푸집 해체작업 시 유의사항으로 옳지 않은 것은?

① 일반적으로 수평부재의 거푸집은 연직부재의 거푸집보다 빨리 떼어낸다.
② 해체된 거푸집이나 각목 등에 박혀 있는 못 또는 날카로운 돌출물은 즉시 제거하여야 한다.
③ 상하 동시 작업은 원칙적으로 금지하여 부득이한 경우에는 긴밀히 연락을 취하며 작업을 하여야 한다.
④ 거푸집 해체작업장 주위에는 관계자를 제외하고는 출입을 금지시켜야 한다.

해설
해체(콘크리트공사 표준안전작업지침 제9조)
거푸집의 해체작업을 하여야 할 때에는 다음의 사항을 준수하여야 한다.
• 거푸집 및 지보공(동바리)의 해체는 순서에 의하여 실시하여야 하며 안전담당자를 배치하여야 한다.
• 거푸집 및 지보공(동바리)은 콘크리트 자중 및 시공 중에 가해지는 기타 하중에 충분히 견딜 만한 강도를 가질 때까지는 해체하지 아니하여야 한다.
• 거푸집을 해체할 때에는 다음에 정하는 사항을 유념하여 작업하여야 한다.
 – 해체작업을 할 때에는 안전모 등 안전 보호장구를 착용토록 하여야 한다.
 – 거푸집 해체작업장 주위에는 관계자를 제외하고는 출입을 금지시켜야 한다.
 – 상하 동시 작업은 원칙적으로 금지하여 부득이한 경우에는 긴밀히 연락을 취하며 작업을 하여야 한다.
 – 거푸집 해체 때 구조체에 무리한 충격이나 큰 힘에 의한 지렛대 사용은 금지하여야 한다.
 – 보 또는 슬래브 거푸집을 제거할 때에는 거푸집의 낙하 충격으로 인한 작업원의 돌발적 재해를 방지하여야 한다.
 – 해체된 거푸집이나 각목 등에 박혀 있는 못 또는 날카로운 돌출물은 즉시 제거하여야 한다.
 – 해체된 거푸집이나 각목은 재사용 가능한 것과 보수하여야 할 것을 선별, 분리하여 적치하고 정리정돈을 하여야 한다.
• 기타 제3자의 보호조치에 대하여도 완전한 조치를 강구하여야 한다.

정답 ①

118 폭우 시 옹벽 배면의 배수시설이 취약하면 옹벽 저면을 통하여 침투수(seepage)의 수위가 올라간다. 이 침투수가 옹벽의 안정에 미치는 영향으로 옳지 않은 것은?

① 옹벽 배면토의 단위수량 감소로 인한 수직 저항력 증가
② 옹벽 바닥면에서의 양압력 증가
③ 수평 저항력(수동토압)의 감소
④ 포화 또는 부분 포화에 따른 뒷채움용 흙 무게의 증가

해설
옹벽 배면토의 단위수량 증가로 인하여 수직 저항력이 감소한다.

정답 ①

119 토질시험(soil test)방법 중 전단시험에 해당하지 않는 것은?

① 1면전단시험
② 베인테스트
③ 일축압축시험
④ 투수시험

해설
④ 투수시험 : 흙의 투수성을 살피는 것으로 물이 침투해 가는 속도를 살피는 시험이다.

정답 ④

120 흙막이 계측기의 종류 중 주변 지반의 변형을 측정하는 기계는?

① tiltmeter
② inclinometer
③ strain gauge
④ load cell

해설
② inclinometer(지중경사계) : 지중의 수평변위를 측정한다.

정답 ②

2023년 제1회 과년도 기출복원문제

제1과목 안전관리론

01 서로 손을 얹고 팀의 행동구호를 외치는 무재해운동 추진기법의 하나로, 스킨십(skinship)에 바탕을 두고 팀 전원의 일체감, 연대감을 느끼게 하며, 대뇌피질에 안전태도 형성에 좋은 이미지를 심어 주는 기법은?

① touch and call
② brain storming
③ error cause removal
④ safety training observation program

해설
터치 앤 콜(touch and call) : 함께 일하는 동료끼리 스킨십에 바탕을 두어 안전행동을 하는 것으로 소수의 인원(5~6명)이 손을 맞잡고 무재해운동의 구호를 외치는 것을 말한다.

정답 ①

02 A사업장의 2019년 도수율이 10이라 할 때 연천인율은 얼마인가?

① 2.4　　② 5
③ 12　　④ 24

해설
연천인율 : 근로자 1,000명당 1년에 발생하는 사상자수

$\dfrac{연간재해자수}{연평균근로자수} \times 1{,}000 =$ 도수율 $\times 2.4$

$= 10 \times 2.4 = 24$

정답 ④

03 하인리히 안전론에서 괄호 안에 들어갈 단어로 적합한 것은?

- 안전은 사고예방
- 사고예방은 ( )와(과) 인간 및 기계의 관계를 통제하는 과학이자 기술이다.

① 물리적 환경　　② 화학적 요소
③ 위험요인　　　④ 사고 및 재해

해설
하인리히의 안전론 : 안전은 사고예방이며, 사고예방은 물리적 환경과 인간 및 기계의 관계를 통제하는 과학이자 기술이다.

정답 ①

04 안전교육 중 프로그램 학습법의 장점이 아닌 것은?

① 학습자의 학습과정을 쉽게 알 수 있다.
② 여러 가지 수업 매체를 동시에 다양하게 활용할 수 있다.
③ 지능, 학습속도 등 개인차를 충분히 고려할 수 있다.
④ 매 반응마다 피드백이 주어지기 때문에 학습자가 흥미를 가질 수 있다.

해설
프로그램 학습법 : 이미 개발된 교육 프로그램을 기반으로 언제, 어디서나 교육이 가능하여 시간을 효과적으로 이용할 수 있다는 장점이 있다.

정답 ②

05
재해원인 분석방법의 통계적 원인분석 중 사고의 유형, 기인물 등 분류항목을 큰 순서대로 도표화한 것은?

① 파레토도 ② 특성요인도
③ 크로스도 ④ 관리도

해설

통계적 재해원인 분석방법
- 파레토도 : 사고의 유형, 기인물 등 분류항목을 항목값이 큰 순서대로 도표화하여 분석하는 방법이다.
- 특성요인도 : 특성과 요인 사이의 관계를 어골형(魚骨形)의 도형으로 나타내어 분석하는 방법이다.
- 크로스도(cross diagram, 클로즈 분석) : 2개 이상의 문제 관계를 분석하는 데 사용하는 것으로 데이터를 집계하고, 표로 표시하여 요인별 결과 내역을 교차한 그림을 작성하여 분석하는 방법이다.
- 관리도 : 재해 발생건수 등 추이를 그래프화하여 재해를 분석 및 관리하는 방법이다.

정답 ①

06
산업재해의 기본원인 중 '작업정보, 작업방법 및 작업환경' 등이 분류되는 항목은?

① Man
② Machine
③ Media
④ Management

해설

재해의 기본원인 4M
- Man(인간적 요인) : 망각, 피로, 수면부족 등 인간으로부터 발생되는 요인
- Machine(기계적 요인) : 기계설비의 불량 등 기계적 요인
- Media(환경적 요인) : 작업방법이나 환경적인 요인
- Management(관리적 요인) : 안전관리조직 및 규정 등의 요인

정답 ③

07
산업안전보건법령에 따른 특정 행위의 지시 및 사실의 고지에 사용되는 안전·보건표지의 색도기준으로 옳은 것은?

① 2.5G 4/10 ② 2.5PB 4/10
③ 5Y 8.5/12 ④ 7.5R 4/14

해설

② 파란색(지시) : 특정 행위의 지시 및 사실의 고지
① 녹색(안내) : 비상구 및 피난소, 사람 또는 차량의 통행표지
③ 노란색(경고) : 화학물질 취급장소에서의 유해·위험경고 이외의 위험경고, 주의표지 또는 기계방호물
④ 빨간색
  - 금지 : 정지신호, 소화설비 및 그 장소, 유해행위의 금지
  - 경고 : 화학물질 취급장소에서의 유해·위험 경고
※ 안전보건표지의 색도기준 및 용도(산업안전보건법 시행규칙 별표 8)

정답 ②

08
인간의 행동특성과 관련한 레빈의 법칙(Lewin) 중 P가 의미하는 것은?

$$B = f(P \cdot E)$$

① 사람의 경험, 성격 등
② 인간의 행동
③ 심리에 영향을 주는 인간관계
④ 심리에 영향을 미치는 작업환경

해설

레빈의 법칙
- B : Behavior(인간의 행동)
- f : function(함수 관계)
- P : Person(개체 : 연령, 경험, 성격, 지능, 소질 등)
- E : Environment(심리적 환경, 물리적 작업환경, 설비적 결함)

정답 ①

09 산업안전보건법상 괄호 안에 알맞은 기준은?

안전보건표지의 제작에 있어 안전보건표지 속의 그림 또는 부호의 크기는 안전보건표지의 크기와 비례하여야 하며, 안전보건표지 전체 규격의 ( ) 이상이 되어야 한다.

① 20%
② 30%
③ 40%
④ 50%

[해설]
안전보건표지 속의 그림 또는 부호의 크기는 안전보건표지의 크기와 비례해야 하며, 안전보건표지 전체 규격의 30% 이상이 되어야 한다(산업안전보건법 시행규칙 제40조).

[정답] ②

10 안전교육에 대한 설명으로 옳은 것은?

① 사례 중심과 실연을 통하여 기능적 이해를 돕는다.
② 사무직과 기능직은 그 업무가 판이하게 다르므로 분리하여 교육한다.
③ 현장 작업자는 이해력이 낮으므로 단순반복 및 암기를 시킨다.
④ 안전교육에 건성으로 참여하는 것을 방지하기 위하여 인사고과에 필히 반영한다.

[해설]
안전교육은 근로자가 안전하게 업무를 수행할 수 있도록 안전의 중요성을 인식시키는 중요한 수단으로, 실제 재해사례 등 사례 중심으로 안전의식을 향상시키기 위한 교육을 시행하여야 한다.

[정답] ①

11 산업안전보건법상 안전관리자의 업무에 해당되지 않는 것은?

① 업무수행 내용의 기록·유지
② 산업재해에 관한 통계의 유지·관리·분석을 위한 보좌 및 조언·지도
③ 법 또는 법에 따른 명령으로 정한 안전에 관한 사항의 이행에 관한 보좌 및 조언·지도
④ 작업장 내에서 사용되는 전체 환기장치 및 국소배기장치 등에 관한 설비의 점검과 작업방법의 공학적 개선에 관한 보좌 및 조언·지도

[해설]
④ 보건관리자의 업무이다(산업안전보건법 시행령 제22조).

안전관리자의 업무(산업안전보건법 시행령 제18조)
- 법 제24조 제1항에 따른 산업안전보건위원회 또는 법 제75조 제1항에 따른 안전 및 보건에 관한 노사협의체에서 심의·의결한 업무와 해당 사업장의 법 제25조 제1항에 따른 안전보건관리규정 및 취업규칙에서 정한 업무
- 법 제36조에 따른 위험성평가에 관한 보좌 및 지도·조언
- 법 제84조 제1항에 따른 안전인증대상기계 등과 법 제89조 제1항 각 호 외의 부분 본문에 따른 자율안전확인대상기계 등 구입 시 적격품의 선정에 관한 보좌 및 지도·조언
- 해당 사업장 안전교육계획의 수립 및 안전교육 실시에 관한 보좌 및 지도·조언
- 사업장 순회점검, 지도 및 조치 건의
- 산업재해 발생의 원인 조사·분석 및 재발 방지를 위한 기술적 보좌 및 지도·조언
- 산업재해에 관한 통계의 유지·관리·분석을 위한 보좌 및 지도·조언
- 법 또는 법에 따른 명령으로 정한 안전에 관한 사항의 이행에 관한 보좌 및 지도·조언
- 업무 수행 내용의 기록·유지
- 그 밖에 안전에 관한 사항으로서 고용노동부장관이 정하는 사항

[정답] ④

12. 산업안전보건법령상 안전보건표지의 종류 중 경고표지에 해당하지 않는 것은?

① 레이저광선 경고
② 급성독성물질 경고
③ 매달린 물체 경고
④ 차량통행 경고

해설
안전보건표지의 종류와 형태(산업안전보건법 시행규칙 별표 6)

분류	표지	예시

경고표지	• 인화성물질 경고
	• 산화성물질 경고
	• 폭발성물질 경고
	• 급성독성물질 경고
	• 부식성물질 경고
	• 발암성·변이원성·생식독성·
	  전신독성·호흡기 과민성 물질
	  경고	

	• 방사성물질 경고 • 고압전기 경고 • 매달린 물체 경고 • 낙하물 경고 • 고온경고 • 저온경고 • 몸균형상실 경고 • 레이저광선 경고 • 위험장소 경고	

정답 ④

13. 산업안전보건법상 방독마스크 사용이 가능한 공기 중 최소 산소농도 기준은 몇 % 이상인가?

① 14%   ② 16%
③ 18%   ④ 20%

해설
③ 방독마스크는 산소농도가 18% 이상인 장소에서 사용하여야 한다(보호구 안전인증고시 별표 5).

정답 ③

14. 유기화합물용 방독마스크 시험가스의 종류가 아닌 것은?

① 염소가스 또는 증기
② 사이클로헥산
③ 다이메틸에테르
④ 아이소뷰테인(이소부탄)

해설
방독마스크별 시험가스(보호구 안전인증 고시 별표 5)

종류	시험가스
유기화합물용	사이클로헥산(C_6H_{12}) 다이메틸에테르(CH_3OCH_3) 아이소뷰테인(C_4H_{10})
할로겐용	염소가스 또는 증기(Cl_2)
황화수소용	황화수소가스(H_2S)
사이안화수소용	사이안화수소가스(HCN)
아황산용	아황산가스(SO_2)
암모니아용	암모니아가스(NH_3)

정답 ①

15. 무재해운동의 기본이념 3원칙 중 다음에서 설명하는 것은?

> 직장 내의 모든 잠재위험요인을 적극적으로 사전에 발견, 파악, 해결함으로써 뿌리에서부터 산업재해를 제거하는 것

① 무의 원칙   ② 선취의 원칙
③ 참가의 원칙 ④ 확인의 원칙

해설
무재해운동의 3대 원칙
• 무의 원칙 : 사업장 내의 모든 잠재위험요인을 사전에 파악하고 해결함으로써 재해 발생의 근원이 되는 요소들을 제거
• 선취의 원칙 : 사업장 내에서 행동하기 전에 잠재위험요인을 발견 및 파악하여 재해를 예방
• 참가의 원칙 : 잠재위험요인을 발견하고 파악, 해결하기 위해 구성원 전원이 협력하여 문제해결을 도모

정답 ①

16
작업을 하고 있을 때 긴급이상상태 또는 돌발사태가 되면 순간적으로 긴장하게 되어 판단능력의 둔화 또는 정지 상태가 되는 것은?

① 의식의 우회
② 의식의 과잉
③ 의식의 단절
④ 의식의 수준저하

해설
부주의 현상
- 의식의 과잉 : 긴급이상상태 또는 돌발사태가 되면 순간적으로 긴장하게 되어 정상적인 판단을 하지 못하는 상태를 말한다.
- 의식의 우회 : 의식의 흐름이 집중하고 있는 상태에서 벗어나는 것을 말한다.
- 의식의 단절 : 지속적인 의식의 흐름에 단절이 생기는 상태로 주로 특수한 질병인 경우에 발생한다.
- 의식의 수준 저하 : 정상상태가 아닌 혼미한 상태 또는 단조로운 작업 등을 수행할 때 발생한다.

정답 ②

17
일반적으로 시간의 변화에 따라 야간에 상승하는 생체리듬은?

① 맥박수
② 염분량
③ 혈압
④ 체중

해설
- 염분량 : 주간에 감소, 야간에 상승한다.
- 혈압, 맥박수 : 주간에 상승, 야간에 감소한다.
- 체중 : 야간에 감소한다.

정답 ②

18
안전보건교육계획에 포함하여야 할 사항이 아닌 것은?

① 교육의 종류 및 대상
② 교육과목 및 내용
③ 교육장소 및 방법
④ 교육지도안

해설
안전보건교육계획 포함사항
- 교육목표 및 테마
- 교육 대상자
- 교육 지도자
- 교육방법, 내용
- 교육시간
- 교육장소

정답 ④

19
어느 사업장에서 물적손실이 수반된 무상해 사고가 180건 발생하였다면 중상은 몇 건이나 발생할 수 있는가?(단, 버드의 재해구성 비율법칙에 따른다)

① 6건
② 18건
③ 20건
④ 29건

해설
180건의 무상해 사고가 발생한 경우 6배의 비율로 사고가 발생함을 알 수 있으므로 중상은 6건이다.
버드의 재해분포비율(1 : 10 : 30 : 600의 법칙)
- 1(중상 또는 폐질)
- 10(경상)
- 30(무상해 사고)
- 600(무상해·무사고 고장)

정답 ①

20. 산업안전보건법상 유해위험방지계획서 제출 대상 공사에 해당하는 것은?

① 깊이가 5m 이상인 굴착공사
② 최대 지간길이가 30m 이상인 다리의 건설공사
③ 지상 높이 21m 이상인 건축물 공사
④ 터널 건설공사

해설

유해위험방지계획서 제출 대상(산업안전보건법 시행령 제42조)
- 다음의 어느 하나에 해당하는 건축물 또는 시설 등의 건설·개조 또는 해체(이하 건설 등) 공사
  - 지상높이가 31m 이상인 건축물 또는 인공구조물
  - 연면적 3만m^2 이상인 건축물
  - 연면적 5천m^2 이상인 시설로서 다음의 어느 하나에 해당하는 시설
    ⓐ 문화 및 집회시설(전시장 및 동물원·식물원은 제외한다)
    ⓑ 판매시설, 운수시설(고속철도의 역사 및 집배송시설은 제외한다)
    ⓒ 종교시설
    ⓓ 의료시설 중 종합병원
    ⓔ 숙박시설 중 관광숙박시설
    ⓕ 지하도상가
    ⓖ 냉동·냉장 창고시설
- 연면적 5천m^2 이상인 냉동·냉장 창고시설의 설비공사 및 단열공사
- 최대 지간(支間)길이(다리의 기둥과 기둥의 중심 사이 거리)가 50m 이상인 다리의 건설 등 공사
- 터널의 건설 등 공사
- 다목적댐, 발전용댐, 저수용량 2천만ton 이상의 용수 전용 댐 및 지방상수도 전용 댐의 건설 등 공사
- 깊이 10m 이상인 굴착공사

정답 ④

제2과목 인간공학 및 시스템 안전공학

21. FT도에 사용되는 다음 게이트의 명칭은?

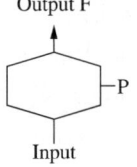

① 부정 게이트
② 억제 게이트
③ 배타적 OR 게이트
④ 우선적 AND 게이트

해설

억제 게이트 : 입력사상이 특정한 조건을 만족한 경우에 출력

정답 ②

22. 그림과 같은 시스템의 전체 신뢰도는 약 얼마인가?(단, 네모 안의 수치는 각 구성요소의 신뢰도이다)

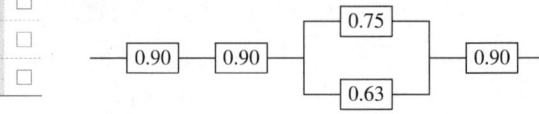

① 0.5275
② 0.6616
③ 0.7575
④ 0.8516

해설

신뢰도 계산
$0.9 \times 0.9 \times \{1 - [(1 - 0.75) \times (1 - 0.63)]\} \times 0.9 ≒ 0.6616$

정답 ②

23. 쾌적 환경에서 추운 환경으로 변화 시 신체의 조절작용이 아닌 것은?

① 피부온도가 내려간다.
② 직장온도가 약간 내려간다.
③ 몸이 떨리고 소름이 돋는다.
④ 피부를 경유하는 혈액순환량이 감소한다.

해설

② 추운 환경에 노출 시 직장온도는 올라간다.

정답 ②

24
결함수 분석의 기대효과와 가장 관계가 먼 것은?

① 시스템의 결함 진단
② 시간에 따른 원인 분석
③ 사고원인 규명의 간편화
④ 사고원인 분석의 정량화

해설

결함수 분석의 기대효과
- 사고원인 규명의 간편화
- 사고원인 분석의 일반화
- 사고원인 분석의 정량화
- 노력, 시간의 절감
- 시스템 결함 진단
- 안전점검 체크리스트 작성

정답 ②

25
소음 방지대책에 있어 가장 효과적인 방법은?

① 음원에 대한 대책
② 수음자에 대한 대책
③ 전파경로에 대한 대책
④ 거리감쇠와 지향성에 대한 대책

해설

소음 방지대책에 있어 가장 효과적인 방법은 소음의 원인인 음원에 대한 대책(제거, 관리 등)이다.

정답 ①

26
산업안전보건법령상 유해위험방지계획서의 제출 대상 제조업은 전기 계약용량이 얼마 이상인 경우에 해당되는가?(단, 기타 예외사항은 제외한다)

① 50kW
② 100kW
③ 200kW
④ 300kW

해설

유해위험방지계획서 제출 대상(산업안전보건법 시행령 제42조)
전기 계약용량이 300kW 이상인 경우

정답 ④

27
온도와 습도 및 공기 유동이 인체에 미치는 열효과를 하나의 수치로 통합한 경험적 감각지수로, 상대습도 100%일 때의 건구온도에서 느끼는 것과 동일한 온감을 의미하는 온열조건의 용어는?

① oxford 지수
② 발한율
③ 실효온도
④ 열압박지수

해설

- 실효온도 : 온도, 습도 및 공기 유동이 인체에 미치는 열효과를 하나의 수치로 통합한 경험적 감각지수로, 상대습도 100%일 때 건구온도에서 느끼는 것과 동일한 온감을 말한다.
- 옥스퍼드(oxford) 지수 : 습건(WD) 지수라고도 하며, 습구, 건구온도의 가중 평균치이다.

정답 ③

28
산업안전보건법령에 따라 제출된 유해위험방지계획서의 심사 결과에 따른 구분·판정 결과에 해당하지 않는 것은?

① 적정
② 일부 적정
③ 부적정
④ 조건부 적정

해설

심사 결과의 구분(산업안전보건법 시행규칙 제45조)
공단은 유해위험방지계획서의 심사 결과를 다음과 같이 구분·판정한다.
- 적정
- 조건부 적정
- 부적정

정답 ②

29
FTA에서 사용하는 다음 사상기호에 대한 설명으로 옳은 것은?

① 시스템 분석에서 좀 더 발전시켜야 하는 사상
② 시스템의 정상적인 가동 상태에서 일어날 것이 기대되는 사상
③ 불충분한 자료로 결론을 내릴 수 없어 더 이상 전개할 수 없는 사상
④ 주어진 시스템의 기본사상으로 고장원인이 분석되었기 때문에 더 이상 분석할 필요가 없는 사상

해설
FTA에서 사용되는 사상기호

기호	명칭	설명
◇	생략사상	불충분한 자료로 결론을 내릴 수 없어 더 이상 전개할 수 없는 사상
○	기본사상	더 이상 전개할 수 없는 사건의 원인
□	결함사상 (중간사상)	한 개 이상의 입력사상에 의해 발생된 고장사상
⌂	통상사상	통상의 작업이나 기계의 상태에서 재해 발생의 원인이 되는 사상

정답 ③

30
부품에 고장이 있더라도 플레이너 공작기계를 가장 안전하게 운전할 수 있는 방법은?

① fail – soft
② fail – active
③ fail – passive
④ fail – operational

해설
④ fail operational(차단 및 조정) : 부품에 고장이 있더라도 추후 보수가 있을 때까지 안전한 기능을 유지
② fail active : 부품이 고장 나면 기계는 경보를 울리면서 짧은 시간 동안 운전이 가능
③ fail passive : 부품이 고장 나면 통상 기계가 정지하는 방향으로 이동

정답 ④

31
FMEA에서 고장평점을 결정하는 5가지 평가요소에 해당하지 않는 것은?

① 생산능력의 범위
② 고장발생의 빈도
③ 고장방지의 가능성
④ 영향을 미치는 시스템의 범위

해설
FMEA 고장평점법 5가지 평가요소
기능적 고장 영향의 중요도, 영향을 미치는 시스템의 범위, 고장발생의 빈도, 고장방지의 가능성, 신규설계의 정도

정답 ①

32
8시간 근무를 기준으로 남성 작업자 A의 대사량을 측정한 결과, 산소소비량이 1.3L/min으로 측정되었다. Murrell 방법으로 계산 시, 8시간의 총 근로시간에 포함되어야 할 휴식시간은?

① 124분
② 134분
③ 144분
④ 154분

해설
휴식시간(R)
$$R = \frac{(60 \times h) \times (E - 5)}{E - 1.5} = \frac{(60 \times 8) \times (6.5 - 5)}{6.5 - 1.5}$$
$= 144(분)$

※ 작업 시 필요에너지(E, kcal/min) 계산
1L당 산소소비량 = 5kcal이고,
산소소비량 = 1.3L/min이므로,
작업 시 필요에너지 = 1.3 × 5 = 6.5kcal/min

정답 ③

33. 시각장치와 비교하여 청각장치 사용이 유리한 경우는?

① 메시지가 길 때
② 메시지가 복잡할 때
③ 정보전달 장소가 너무 소란할 때
④ 메시지에 대한 즉각적인 반응이 필요할 때

해설
- 청각장치
  - 전달정보가 즉각적인 행동을 요구하는 경우
  - 전달정보가 간단하고 짧을 경우
  - 수신장소가 너무 밝거나 암조응 유지가 필요한 경우
- 시각장치
  - 전달정보가 즉각적인 행동을 요구하지 않을 경우
  - 전달정보가 복잡하고 길 경우
  - 수신장소가 시끄러울 경우

정답 ④

34. 인간의 에러 중 불필요한 작업 또는 절차를 수행함으로써 기인한 에러를 무엇이라 하는가?

① omission error
② sequential error
③ extraneous error
④ commission error

해설
인간오류(human error)의 행동에 따른 분류
- 과잉행동오류(extraneous error) : 업무를 수행하는 과정에서 불필요한 작업 내지 행동을 함으로써 발생
- 생략오류(omission error) : 수행해야 하는 직무나 단계를 수행하지 않음
- 실행오류(commission error) : 수행해야 하는 직무나 순서를 착각하여 잘못 수행
- 순서오류(sequential error) : 업무를 수행하는 과정에서 순서를 잘못 수행
- 시간지연오류(time error) : 업무를 시간 내에 수행하지 못함

정답 ③

35. 다음 ㉠, ㉡에 들어갈 내용은?

> 산업안전보건기준에 관한 규칙상 작업장의 작업면에 따른 적정 조명 수준은 초정밀작업에서 (㉠)lx 이상이고, 보통작업에서는 (㉡)lx 이상이다.

① ㉠ : 650   ㉡ : 150
② ㉠ : 650   ㉡ : 250
③ ㉠ : 750   ㉡ : 150
④ ㉠ : 750   ㉡ : 250

해설
조도(산업안전보건기준에 관한 규칙 제8조)
- 초정밀작업 : 750lx 이상
- 정밀작업 : 300lx 이상
- 보통작업 : 150lx 이상
- 그 밖의 작업 : 75lx 이상

정답 ③

36. 산업안전보건법령상 유해하거나 위험한 장소에서 사용하는 기계·기구 및 설비를 설치·이전하는 경우 유해·위험방지계획서를 작성, 제출하여야 하는 대상이 아닌 것은?

① 화학설비
② 금속 용해로
③ 건조설비
④ 전기용접장치

해설
유해위험방지계획서 제출 대상(산업안전보건법 시행령 제42조 2항)
- 금속이나 그 밖의 광물의 용해로
- 화학설비
- 건조설비
- 가스집합 용접장치
- 근로자의 건강에 상당한 장해를 일으킬 우려가 있는 물질로서 고용노동부령으로 정하는 물질의 밀폐·환기·배기를 위한 설비

정답 ④

37

눈과 물체의 거리가 23cm, 시선과 직각으로 측정한 물체의 크기가 0.03cm일 때 시각(분)은 얼마인가?(단, 시각은 600 이하이며, radian 단위를 분으로 환산하기 위한 상수 값은 57.3과 60을 모두 적용하여 계산하도록 한다)

① 0.001
② 0.007
③ 4.48
④ 24.55

해설

$$시각(분) = \frac{57.3 \times 60 \times H}{D}$$

여기서, H : 시각 자극(물체)의 크기(높이)
D : 눈과 물체 사이의 거리

$$= \frac{57.3 \times 60 \times 0.03}{23}$$
$$≒ 4.48$$

정답 ③

38

결함수 분석법(FTA)에서의 미니멀 컷셋과 미니멀 패스셋에 관한 설명으로 옳은 것은?

① 미니멀 컷셋은 시스템의 신뢰성을 표시하는 것이다.
② 미니멀 패스셋은 시스템의 위험성을 표시하는 것이다.
③ 미니멀 패스셋은 시스템의 고장을 발생시키는 최소의 패스셋이다.
④ 미니멀 컷셋은 정상사상(top event)을 일으키기 위한 최소한의 컷셋이다.

해설

최소 컷셋(minimal cut set)
- 정상사상(top event)을 일으키는 최소한의 집합
- 시스템의 고장을 일으키는 최소한의 기본사상 집합

정답 ④

39

인간의 생리적 부담 척도 중 국소적 근육 활동의 척도로 가장 적합한 것은?

① 혈압
② 맥박수
③ 근전도
④ 점멸융합주파수

해설

EMG(근전도) : 신체적 작업부하 측정

정답 ③

40

의자 설계의 인간공학적 원리로 옳지 않은 것은?

① 쉽게 조절할 수 있도록 한다.
② 추간판의 압력을 줄일 수 있도록 한다.
③ 등근육의 정적부하를 줄일 수 있도록 한다.
④ 고정된 자세로 장시간 유지할 수 있도록 한다.

해설

의자 설계의 일반적인 원칙
- 자세고정을 줄인다.
- 요추 전반을 유지한다.
- 쉽게 조절할 수 있어야 한다.
- 등근육의 정적부하를 줄여야 한다.
- 디스크가 받는 압력을 줄인다.

정답 ④

제3과목　기계위험 방지기술

41 다음 중 산업안전보건법령상 아세틸렌 가스용접장치에 관한 기준으로 틀린 것은?

① 전용의 발생기실은 건물의 최상층에 위치하여야 하며, 화기를 사용하는 설비로부터 1m를 초과하는 장소에 설치하여야 한다.
② 전용의 발생기실을 옥외에 설치한 경우에는 그 개구부를 다른 건축물로부터 1.5m 이상 떨어지도록 하여야 한다.
③ 아세틸렌 용접장치를 사용하여 금속의 용접·용단 또는 가열작업을 하는 경우에는 게이지 압력이 127kPa을 초과하는 압력의 아세틸렌을 발생시켜 사용해서는 아니 된다.
④ 전용의 발생기실을 설치하는 경우 벽은 불연성 재료로 하고 철근 콘크리트 또는 그 밖에 이와 동등하거나 그 이상의 강도를 가진 구조로 하여야 한다.

해설
발생기실의 설치장소 등(산업안전보건기준에 관한 규칙 제286조)
• 사업주는 아세틸렌 용접장치의 아세틸렌 발생기(이하 발생기)를 설치하는 경우에는 전용의 발생기실에 설치하여야 한다.
• 발생기실은 건물의 최상층에 위치하여야 하며, 화기를 사용하는 설비로부터 3m를 초과하는 장소에 설치하여야 한다.
• 발생기실을 옥외에 설치한 경우에는 그 개구부를 다른 건축물로부터 1.5m 이상 떨어지도록 하여야 한다.

정답 ①

42 프레스 방호장치 중 수인식 방호장치의 일반 구조에 대한 사항으로 틀린 것은?

① 수인끈의 재료는 합성섬유로 지름이 4mm 이상이어야 한다.
② 수인끈의 길이는 작업자에 따라 임의로 조정할 수 없도록 해야 한다.
③ 수인끈의 안내통은 끈의 마모와 손상을 방지할 수 있는 조치를 해야 한다.
④ 손목밴드(wrist band)의 재료는 유연한 내유성 피혁 또는 이와 동등한 재료를 사용해야 한다.

해설
② 수인끈은 작업자와 작업공정에 따라 그 길이를 조정할 수 있어야 한다(방호장치 안전인증 고시 별표 1).

정답 ②

43 회전 중인 연삭숫돌이 근로자에게 위험을 미칠 우려가 있을 시 덮개를 설치하여야 할 연삭숫돌의 최소 지름은?

① 지름이 5cm 이상인 것
② 지름이 10cm 이상인 것
③ 지름이 15cm 이상인 것
④ 지름이 20cm 이상인 것

해설
연삭숫돌의 덮개 등(산업안전보건기준에 관한 규칙 제122조)
사업주는 회전 중인 연삭숫돌(지름이 5cm 이상인 것으로 한정)이 근로자에게 위험을 미칠 우려가 있는 경우에 그 부위에 덮개를 설치하여야 한다.

정답 ①

44

밀링작업의 안전조치에 대한 설명으로 적절하지 않은 것은?

① 절삭 중의 칩 제거는 칩 브레이커로 한다.
② 공작물을 고정할 때에는 기계를 정지시킨 후 작업한다.
③ 강력 절삭을 할 경우에는 공작물을 바이스에 깊게 물려 작업한다.
④ 가공 중 공작물의 치수를 측정할 때에는 기계를 정지시킨 후 측정한다.

해설
① 칩을 제거할 때는 브러시를 이용하여야 하며, 운전을 정지하고 행하여야 한다.

정답 ①

45

산업안전보건법령상 보일러의 폭발위험 방지를 위한 방호장치가 아닌 것은?

① 급정지장치   ② 압력제한스위치
③ 압력방출장치 ④ 고저수위 조절장치

해설
보일러의 방호장치
• 압력방출장치   • 압력제한스위치
• 고저수위 조절장치 • 화염검출기
※ 산업안전보건기준에 관한 규칙 제119조

정답 ①

46

반복응력을 받게 되는 기계구조 부분의 설계에서 허용응력을 결정하기 위한 기초강도로 가장 적합한 것은?

① 항복점(yield point)
② 극한강도(ultimate strength)
③ 크리프 한도(creep limit)
④ 피로한도(fatigue limit)

해설
피로한도 : 재료가 반복하중을 받게 되면 피로가 발생하게 되어 결국 파단이 되는데, 이때 아무리 반복하중을 받아도 파단하지 않는 수준을 말한다.

정답 ④

47

다음 용접 중 불꽃 온도가 가장 높은 것은?

① 산소-메테인 용접
② 산소-수소 용접
③ 산소-프로페인 용접
④ 산소-아세틸렌 용접

해설
④ 산소-아세틸렌 용접 : 최고온도 3,430℃
① 산소-메테인 용접 : 최고온도 2,700℃
② 산소-수소 용접 : 최고온도 2,900℃
③ 산소-프로페인 용접 : 최고온도 2,820℃

정답 ④

48

산업안전보건법에 따른 승강기의 종류에 해당하지 않는 것은?

① 리프트   ② 승객용 승강기
③ 에스컬레이터 ④ 화물용 승강기

해설
승강기의 종류(산업안전보건기준에 관한 규칙 제132조)
'승강기'란 건축물이나 고정된 시설물에 설치되어 일정한 경로에 따라 사람이나 화물을 승강장으로 옮기는 데에 사용되는 설비로서 다음의 것을 말한다.
• 승객용 엘리베이터 : 사람의 운송에 적합하게 제조·설치된 엘리베이터
• 승객화물용 엘리베이터 : 사람의 운송과 화물 운반을 겸용하는 데 적합하게 제조·설치된 엘리베이터
• 화물용 엘리베이터 : 화물 운반에 적합하게 제조·설치된 엘리베이터로서 조작자 또는 화물취급자 1명은 탑승할 수 있는 것(적재용량이 300kg 미만인 것은 제외)
• 소형화물용 엘리베이터 : 음식물이나 서적 등 소형화물의 운반에 적합하게 제조·설치된 엘리베이터로서 사람의 탑승이 금지된 것
• 에스컬레이터 : 일정한 경사로 또는 수평로를 따라 위·아래 또는 옆으로 움직이는 디딤판을 통해 사람이나 화물을 승강장으로 운송시키는 설비

정답 ①

49 금형의 안전화에 관한 설명으로 옳지 않은 것은?

① 금형을 설치하는 프레스의 T홈 안길이는 설치볼트 직경의 2배 이상으로 한다.
② 맞춤 핀을 사용할 때에는 헐거움 끼워맞춤으로 하고, 이를 하형에 사용할 때에는 낙하방지의 대책을 세워둔다.
③ 금형의 사이에 신체 일부가 들어가지 않도록 이동 스트리퍼와 다이의 간격은 8mm 이하로 한다.
④ 대형 금형에서 생크가 헐거워짐이 예상될 경우 생크만으로 상형을 슬라이드에 설치하는 것을 피하고 볼트 등을 사용하여 조인다.

해설
② 맞춤 핀을 사용할 때에는 억지 끼워맞춤으로 하고, 이를 상형에 사용할 때에는 낙하방지 대책을 세워둔다(프레스 금형작업의 안전에 관한 기술지침).

정답 ②

50 사람이 작업하는 기계장치에서 작업자가 실수를 하거나 오조작을 하여도 안전하게 유지되게 하는 안전설계방법은?

① fail safe   ② 다중계화
③ fool proof   ④ back up

해설
• fool proof : 인간이 기계 등을 취급할 때 조작실수가 있더라도 그것이 사고나 재해와 연결되지 않도록 하는 장치
• fail safe : 기계 또는 부품에 고장이나 불량이 생겨도 재해를 발생시키지 않고 항상 안전을 유지하는 구조나 기능

정답 ③

51 지름이 D(mm)인 연삭기 숫돌의 회전수가 N(rpm)일 때 숫돌의 원주속도(m/min)를 옳게 표시한 식은?

① $\pi DN / 1,000$ ② πDN
③ $\pi DN / 60$ ④ $DN / 1,000$

해설

$$V(\text{m/min}) = \frac{\pi DN}{1,000}$$

여기서, D : 롤러의 직경(mm), N : 회전수(rpm)

정답 ①

52 기준 무부하 상태에서 지게차 주행 시의 좌우 안정도 기준은?(단, V는 구내 최고속도(km/h)이다)

① $(15 + 1.1 \times V)\%$ 이내
② $(15 + 1.5 \times V)\%$ 이내
③ $(20 + 1.1 \times V)\%$ 이내
④ $(20 + 1.5 \times V)\%$ 이내

해설
안정도(건설기계 안전기준에 관한 규칙 제22조)
지게차의 기준 무부하 상태에서 주행할 경우 구배가 지게차의 최고주행속도에 1.1을 곱한 후 15를 더한 값인 지면(다만, 규격이 5,000kg 미만인 경우에는 최대 기울기가 100분의 50, 5,000kg 이상인 경우에는 최대 기울기가 100분의 40인 지면을 말한다)에서 중심선이 지면의 기울어진 방향과 직각으로 교차할 경우 옆으로 넘어지지 아니하여야 한다.

정답 ①

53 극한하중이 600N인 체인에 안전계수가 4일 때 체인의 정격하중(N)은?

① 130   ② 140
③ 150   ④ 160

해설

안전계수 = $\dfrac{\text{극한하중}}{\text{정격하중}}$ = 4

정격하중 = $\dfrac{600}{4}$ = 150N

정답 ③

54
산업용 로봇에서 근로자에게 발생할 수 있는 부상 등의 위험을 방지하기 위하여 방책을 세우고자 할 때 일반적으로 높이는 몇 m 이상으로 해야 하는가?

① 1.8m
② 2.1m
③ 2.4m
④ 2.7m

해설
사업주는 로봇의 운전으로 인하여 근로자에게 발생할 수 있는 부상 등의 위험을 방지하기 위하여 높이 1.8m 이상의 울타리를 설치해야 한다(산업안전보건기준에 관한 규칙 제223조).

정답 ①

55
다음 중 선반의 방호장치로 가장 거리가 먼 것은?

① 실드(shield)
② 슬라이딩
③ 척 커버
④ 칩 브레이커

해설
선반의 방호장치
- 실드 : 칩 및 절삭유의 비산 방지
- 척 커버 : 작업복 등이 말려들어 가는 것을 방지
- 칩 브레이커 : 칩을 잘게 끊어주는 장치
- 브레이크 : 긴급상황 시 정지시키는 장치

정답 ②

56
컨베이어(conveyor) 역전방지장치의 형식을 기계식과 전기식으로 구분할 때 기계식에 해당하지 않는 것은?

① 래칫식
② 밴드식
③ 스러스트식
④ 롤러식

해설
역전방지장치 형식에 다른 컨베이어의 분류
- 기계식 : 래칫식, 롤러식, 밴드식
- 전기적 : 전기브레이크, 스러스트브레이크

정답 ③

57
지게차의 방호장치인 헤드가드에 대한 설명으로 옳은 것은?

① 상부틀의 각 개구의 폭 또는 길이는 16cm 미만일 것
② 운전자가 앉아서 조작하는 방식의 지게차의 경우에는 운전자의 좌석 윗면에서 헤드가드의 상부틀 아랫면까지의 높이는 1.5m 이상일 것
③ 지게차에는 최대 하중의 2배 값(5ton을 넘는 값에 대해서는 5ton으로 한다)에 해당하는 등분포정하중에 견딜 수 있는 강도의 헤드가드를 설치하여야 한다.
④ 운전자가 서서 조작하는 방식의 지게차의 경우에는 운전석의 바닥면에서 헤드가드의 상부 틀 하면까지의 높이는 1.8m 이상일 것

해설
헤드가드(산업안전보건기준에 관한 규칙 제180조)
- 강도는 지게차의 최대하중의 2배 값(4ton을 넘는 값에 대해서는 4ton으로 한다)의 등분포정하중(等分布靜荷重)에 견딜 수 있을 것
- 상부틀의 각 개구의 폭 또는 길이가 16cm 미만일 것
- 운전자가 앉아서 조작하거나 서서 조작하는 지게차의 헤드가드는 한국산업표준에서 정하는 높이 기준 이상일 것(좌식 : 903mm 이상, 입식 : 1,905mm 이상)

정답 ①

58
다음 중 선반에서 절삭가공 시 발생하는 칩을 짧게 끊어지도록 공구에 설치되어 있는 방호장치의 일종인 칩 제거기구를 무엇이라 하는가?

① 칩 브레이커
② 칩 받침
③ 칩 실드
④ 칩 커터

해설
칩 브레이커 : 선반에서 절삭가공 시 발생하는 칩이 짧게 끊어지도록 절단하는 장치

정답 ①

59 기계설비의 작업능률과 안전을 위한 배치(lay-out)의 3단계를 올바른 순서대로 나열한 것은?

① 지역배치 → 건물배치 → 기계배치
② 건물배치 → 지역배치 → 기계배치
③ 기계배치 → 건물배치 → 지역배치
④ 지역배치 → 기계배치 → 건물배치

해설
공장의 설비배치 3단계
지역배치 → 건물배치 → 기계배치

정답 ①

60 질량이 100kg인 물체를 그림과 같이 길이가 같은 2개의 와이어로프로 매달아 옮기고자 할 때 와이어로프 T_a에 걸리는 장력은 약 몇 N인가?

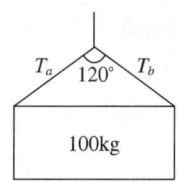

① 200
② 400
③ 490
④ 980

해설
와이어로프 한 가닥에 걸리는 하중 계산

장력하중(T) $= \dfrac{w}{2} \div \cos\dfrac{\theta}{2}$

$= \dfrac{100}{2} \div \cos\dfrac{120}{2} = 100$kg

여기서, w : 매단 물체의 무게
θ : 매단 각도

∴ 100kg × 9.8 = 980N

정답 ④

제4과목 전기위험 방지기술

61 전류가 흐르는 상태에서 단로기를 끊었을 때 여러 가지 파괴작용을 일으킨다. 다음 그림에서 유입차단기의 차단 순위와 투입 순위가 안전수칙에 가장 적합한 것은?

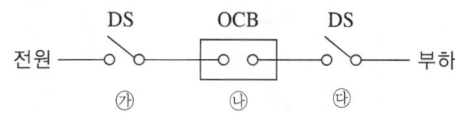

① 차단 : ㉮ → ㉯ → ㉰, 투입 : ㉮ → ㉯ → ㉰
② 차단 : ㉯ → ㉰ → ㉮, 투입 : ㉯ → ㉰ → ㉮
③ 차단 : ㉰ → ㉯ → ㉮, 투입 : ㉰ → ㉮ → ㉯
④ 차단 : ㉯ → ㉰ → ㉮, 투입 : ㉰ → ㉮ → ㉯

해설
• 전원 차단 : ㉯ → ㉰ → ㉮
• 전원 투입 : ㉰ → ㉮ → ㉯

정답 ④

62 다음 중 전기설비기술기준에 따른 전압의 구분으로 옳지 않은 것은?

① 저압 : 직류 1kV 이하
② 고압 : 교류 1kV 초과, 7kV 이하
③ 특고압 : 직류 7kV 초과
④ 특고압 : 교류 7kV 초과

해설
전압의 구분(전기설비기술기준 제3조)

구분	교류(kV)	직류(kV)
저압	1 이하	1.5 이하
고압	1 초과 7 이하	1.5 초과 7 이하
특고압	7 초과	

정답 ①

63 괄호 안에 들어갈 내용으로 알맞은 것은?

폭발성 가스의 폭발등급 측정에 사용되는 표준용기는 내용이 (㉮)cm³, 반구상의 플랜지 접합면의 안길이 (㉯)mm의 구상 용기 틈새를 통과시켜 화염일주한계를 측정하는 장치이다.

① ㉮ 6,000 ㉯ 0.4
② ㉮ 1,800 ㉯ 0.6
③ ㉮ 4,500 ㉯ 8
④ ㉮ 8,000 ㉯ 25

해설
폭발성 가스의 폭발등급 측정에 사용되는 표준용기는 내용적이 8L(= 8,000cm³), 반구상의 플랜지 접합면의 안길이 25mm인 구상 용기의 틈새를 통과시켜 화염일주한계를 측정하는 장치이다.

정답 ④

64 지락전류가 거의 0에 가까워서 안정도가 양호하고 무정전의 송전이 가능한 접지방식은?

① 직접 접지방식
② 리액터 접지방식
③ 저항 접지방식
④ 소호 리액터 접지방식

해설
소호 리액터 접지방식 : 지락전류가 거의 0에 가까워서 안정도가 양호하고 무정전의 송전이 가능하다.

정답 ④

65 인체의 전기저항을 500Ω이라 한다면 심실세동을 일으키는 위험에너지(J)는?(단, 심실세동전류 $I = \dfrac{165}{\sqrt{T}}$ mA, 통전시간은 1초이다)

① 13.61
② 23.21
③ 33.42
④ 44.63

해설
위험에너지
$$Q = I^2 RT$$
$$= \left(\dfrac{165}{\sqrt{1}} \times 10^{-3}\right)^2 \times 500 \times 1$$
$$\fallingdotseq 13.61\text{J}$$

정답 ①

66 산업안전보건법에는 보호구 사용 시 안전인증을 받은 제품을 사용토록 하고 있다. 다음 중 안전인증 대상이 아닌 것은?

① 안전화
② 고무장화
③ 안전장갑
④ 감전 위험방지용 안전모

해설
안전인증대상 보호구(산업안전보건법 시행령 제74조)
• 추락 및 감전 위험방지용 안전모
• 안전화
• 안전장갑
• 방진마스크
• 방독마스크
• 송기(送氣)마스크
• 전동식 호흡보호구
• 보호복
• 안전대
• 차광(遮光) 및 비산물(飛散物) 위험방지용 보안경
• 용접용 보안면
• 방음용 귀마개 또는 귀덮개

정답 ②

67 전기설비의 방폭구조의 종류가 아닌 것은?

① 근본 방폭구조
② 압력 방폭구조
③ 안전증 방폭구조
④ 본질안전 방폭구조

해설
방폭구조의 종류
- 안전증 방폭구조
- 유입 방폭구조
- 압력 방폭구조
- 내압 방폭구조
- 본질안전 방폭구조
- 충전 방폭구조
- 몰드 방폭구조
- 비점화 방폭구조
- 특수 방폭구조

정답 ①

68 전기시설의 직접 접촉에 의한 감전방지 방법으로 적절하지 않은 것은?

① 충전부는 내구성이 있는 절연물로 완전히 덮어 감쌀 것
② 충전부가 노출되지 않도록 폐쇄형 외함이 있는 구조로 할 것
③ 충전부에 충분한 절연효과가 있는 방호망 또는 절연 덮개를 설치할 것
④ 충전부는 관계자 외 출입이 용이한 전개된 장소에 설치하고 위험표시 등의 방법으로 방호를 강화할 것

해설
전기기계·기구 등의 충전부분 감전방지 방호대책(산업안전보건기준에 관한 규칙 제301조)
- 충전부가 노출되지 않도록 폐쇄형 외함(外函)이 있는 구조로 할 것
- 충전부에 충분한 절연효과가 있는 방호망이나 절연덮개를 설치할 것
- 충전부는 내구성이 있는 절연물로 완전히 덮어 감쌀 것
- 발전소·변전소 및 개폐소 등 구획되어 있는 장소로서 관계 근로자가 아닌 사람의 출입이 금지되는 장소에 충전부를 설치하고, 위험표시 등의 방법으로 방호를 강화할 것
- 전주 위 및 철탑 위 등 격리되어 있는 장소로서 관계 근로자가 아닌 사람이 접근할 우려가 없는 장소에 충전부를 설치할 것

정답 ④

69 가스(발화온도 120℃)가 존재하는 지역에 방폭기기를 설치하고자 한다. 설치가 가능한 기기의 온도등급은?

① T2
② T3
③ T4
④ T5

해설
방폭전기기기의 온도등급
- T1 : 최고 표면온도 450℃ 이하
- T2 : 최고 표면온도 300℃ 이하
- T3 : 최고 표면온도 200℃ 이하
- T4 : 최고 표면온도 135℃ 이하
- T5 : 최고 표면온도 100℃ 이하
- T6 : 최고 표면온도 85℃ 이하

정답 ③

70 220V 전압에 접촉된 사람의 인체저항이 약 1,000Ω일 때 인체전류와 그 결괏값의 위험성 여부로 알맞은 것은?

① 22mA, 안전
② 220mA, 안전
③ 22mA, 위험
④ 220mA, 위험

해설
$V = IR$ (여기서, V : 전압, I : 전류, R : 인체저항)
$I = \dfrac{V}{R} = \dfrac{220}{1,000} = 220\text{mA}$

정답 ④

71 접지계통 분류에서 TN 접지방식이 아닌 것은?

① TN-S 방식
② TN-C 방식
③ TN-T 방식
④ TN-C-S 방식

해설
TN 계통방식
- TN-S
- TN-C
- TN-C-S

정답 ③

72 사업장에서 많이 사용되고 있는 이동식 전기기계·기구의 안전대책으로 가장 거리가 먼 것은?

① 충전부 전체를 절연한다.
② 절연이 불량인 경우 접지저항을 측정한다.
③ 금속제 외함이 있는 경우 접지를 한다.
④ 습기가 많은 장소는 누전차단기를 설치한다.

해설
② 절연이 불량인 경우 절연저항을 측정하여야 한다.

정답 ②

73 전기화재 발생원인으로 옳지 않은 것은?

① 발화원
② 내화물
③ 착화물
④ 출화의 경과

해설
전기화재 발생원인
- 발화원
- 착화물
- 출화의 경과

정답 ②

74 전기기기의 충격전압시험 시 사용하는 표준충격파형(Tf, Tt)은?

① $1.2 \times 50\mu s$
② $1.2 \times 100\mu s$
③ $2.4 \times 50\mu s$
④ $2.4 \times 100\mu s$

해설
표준충격파형
- Tf = 파두장($1.2\mu s$)
- Tt = 파미장($50\mu s$)

정답 ①

75 샤워시설이 있는 욕실에 콘센트를 시설하고자 한다. 이때 설치되는 인체감전보호용 누전차단기의 정격감도전류는 몇 mA 이하인가?

① 5
② 15
③ 30
④ 60

해설
욕조나 샤워시설이 있는 욕실 또는 화장실 등 인체가 물에 젖어 있는 환경에서의 인체감전보호용 누전차단기 설치기준(한국전기설비규정 234.5)
정격감도전류 15mA 이하, 동작시간 0.03초 이하

정답 ②

76 심실세동전류란?

① 최소감지전류
② 치사적 전류
③ 고통한계전류
④ 마비한계전류

해설
심실세동전류 : 심장이 경련을 일으키며 정상 맥동이 뛰지 않게 되어 혈액을 내보내는 심실이 세동을 일으키게 되는 전류를 말하며 사망에 이를 확률이 높다(= 치사적 전류).

정답 ②

77
우리나라의 안전전압으로 볼 수 있는 것은 약 몇 V인가?

① 30 ② 50
③ 60 ④ 70

해설
국내 일반사업장에서의 안전전압 : 30V

정답 ①

79
폭발위험장소의 분류 중 인화성 액체의 증기 또는 가연성 가스에 의한 폭발위험이 지속적으로 또는 장기간 존재하는 장소는 몇 종 장소로 분류되는가?

① 0종 장소 ② 1종 장소
③ 2종 장소 ④ 3종 장소

해설
① 0종 장소 : 폭발성 가스 또는 증기가 폭발 가능한 농도로 지속적으로 존재하는 지역을 말한다.
② 1종 장소 : 통상적인 상태에서 간헐적으로 폭발성 분위기가 생성될 우려가 있는 장소를 말한다.
③ 2종 장소 : 이상 상태에서 폭발성 분위기가 생성될 우려가 있는 장소를 말하며 조성된다고 하여도 짧은 기간에만 존재한다.

정답 ①

78
정전용량 $C = 20\mu F$, 방전 시 전압 $V = 2kV$일 때 정전에너지(J)는?

① 40 ② 80
③ 400 ④ 800

해설
정전에너지
$E = \frac{1}{2}CV^2$
$= \frac{1}{2} \times (20 \times 10^{-6}) \times 2,000^2$
$= 40J$
※ 참고 : $\mu F = 10^{-6}F$

정답 ①

80
교류 아크용접기의 허용사용률(%)은?(단, 정격사용률은 10%, 정격 2차 전류는 500A, 교류 아크용접기의 사용 전류는 250A이다)

① 30 ② 40
③ 50 ④ 60

해설
교류 아크용접기의 허용사용률
허용사용률 $= \dfrac{\text{정격 2차 전류}^2}{\text{실제 용접 전류}^2} \times \text{정격사용률}$
$= \dfrac{500^2}{250^2} \times 10$
$= 40\%$

정답 ②

제5과목 화학설비위험 방지기술

81 위험물질을 저장하는 방법으로 틀린 것은?

① 황린은 물속에 저장한다.
② 나트륨은 석유 속에 저장한다.
③ 칼륨은 석유 속에 저장한다.
④ 리튬은 물속에 저장한다.

해설
리튬(물 반응성 물질)은 물과 만나면 폭발하기 때문에 석유 속에 저장하여야 한다.

정답 ④

82 가솔린(휘발유)의 일반적인 연소범위에 가장 가까운 값은?

① 2.7~27.8vol%
② 3.4~11.8vol%
③ 1.4~7.6vol%
④ 5.1~18.2vol%

해설
가솔린(휘발유) 연소범위 : 1.4~7.6vol%

정답 ③

83 고압가스의 분류 중 압축가스에 해당되는 것은?

① 질소
② 프로페인
③ 산화에틸렌
④ 염소

해설
압축가스 : 상온에서 액화하지 않을 정도로 압축한 고압가스로 그 종류로는 수소, 산소, 질소, 메테인 등이 있다.

정답 ①

84 다음 중 물과 반응하여 수소가스를 발생할 위험이 가장 낮은 물질은?

① Mg
② Zn
③ Cu
④ Na

해설
③ Cu(구리)는 반응성이 낮아 물과 반응하여 수소가스를 발생할 위험성이 낮다.
금속의 반응성
K Ca Na Mg Al Zn Fe Ni Sn Pb H Cu Hg Ag Pt Au
← 반응성 큼   반응성 작음 →

정답 ③

85 뷰테인(C_4H_{10})의 연소에 필요한 최소산소농도(MOC)를 추정하여 계산하면 약 몇 vol%인가? (단, 뷰테인의 폭발하한계는 공기 중에서 1.6vol%이다)

① 5.6
② 7.8
③ 10.4
④ 14.1

해설
최소산소농도(MOC)

$$MOC = 폭발하한계 \times \frac{산소의\ 몰수}{연료의\ 몰수}$$

$$= 1.6 \times \frac{6.5}{1}$$

$$= 10.4 vol\%$$

※ $C_4H_{10} + 6.5O_2 \rightarrow 4CO_2 + 5H_2O$
 • 뷰테인의 몰수 : 1
 • 산소의 몰수 : 6.5

정답 ③

86
자연발화성을 가진 물질이 자연발열을 일으키는 원인으로 거리가 먼 것은?

① 분해열　② 증발열
③ 산화열　④ 중합열

해설
자연발화의 원인
- 산화열
- 분해열
- 흡착열
- 중합열
- 미생물에 의한 발열

정답 ②

87
고체의 연소 형태 중 증발연소에 속하는 것은?

① 나프탈렌　② 목재
③ TNT　④ 목탄

해설
② 분해연소, ③ 자기연소, ④ 표면연소
증발연소 : 액체 또는 고체가 증발하여 생긴 가연성 증기가 연소하는 현상이다.

정답 ①

88
다음 중 마그네슘의 저장 및 취급에 관한 설명으로 옳지 않은 것은?

① 산화제와 접촉을 피한다.
② 고온의 물이나 과열 수증기와 접촉하면 격렬히 반응하므로 주의한다.
③ 분말은 분진폭발성이 있으므로 누설되지 않도록 포장한다.
④ 화재 발생 시 물의 사용을 금하고, 이산화탄소소화기를 사용하여야 한다.

해설
④ 마그네슘은 건조사 등에 의한 질식소화를 하여야 한다.

정답 ④

89
공기 중에서 폭발범위가 12.5~74vol%인 일산화탄소의 위험도는 얼마인가?

① 4.92　② 5.26
③ 6.26　④ 7.05

해설
$$위험도 = \frac{U(폭발상한계) - L(폭발하한계)}{L}$$
$$= \frac{74 - 12.5}{12.5} = 4.92$$

정답 ①

90
다음 중 파열판에 관한 설명으로 옳지 않은 것은?

① 압력 방출속도가 빠르다.
② 설정 파열압력 이하에서 파열될 수 있다.
③ 한 번 부착한 후에는 교환할 필요가 없다.
④ 높은 점성의 슬러리나 부식성 유체에 적용할 수 있다.

해설
③ 파열판이 파열되는 경우에 교체하여야 하며 파열되지 않더라도 노후화(부식 등)에 따라 기능을 적절히 할 수 있도록 주기적으로 확인 및 교체하여야 한다.

정답 ③

91
소화약제 IG-100의 구성성분은?

① 질소　② 산소
③ 이산화탄소　④ 수소

해설
불연성·불활성 기체 혼합가스 소화약제와 화학식(할로겐화합물 및 불활성 기체 소화설비의 화재안전성능기준 제4조)
불연성·불활성기체혼합가스(IG-100) : N_2(질소)

정답 ①

92. 폭발에 관한 용어 중 'BLEVE'가 의미하는 것은?

① 고농도의 분진폭발
② 저농도의 분해폭발
③ 개방계 증기운 폭발
④ 비등액 팽창증기폭발

해설

비등액 팽창증기폭발[블레비(BLEVE)] : 가연성 액체 저장탱크 주위에 화재가 발생하여 저장탱크 내부의 액체가 비등하여 압력이 상승해 폭발이 일어나는 현상

정답 ④

93. 산업안전보건기준에 관한 규칙상 국소배기장치의 후드 설치기준이 아닌 것은?

① 유해물질이 발생하는 곳마다 설치할 것
② 후드의 개구부 면적은 가능한 한 크게 할 것
③ 외부식 또는 리시버식 후드는 해당 분진 등의 발산원에 가장 가까운 위치에 설치할 것
④ 후드 형식은 가능하면 포위식 또는 부스식 후드를 설치할 것

해설

후드(산업안전보건기준에 관한 규칙 제72조)
사업주는 인체에 해로운 분진, 흄(fume, 열이나 화학반응에 의하여 형성된 고체증기가 응축되어 생긴 미세입자), 미스트(mist, 공기 중에 떠다니는 작은 액체 방울), 증기 또는 가스 상태의 물질(이하 분진 등)을 배출하기 위하여 설치하는 국소배기장치의 후드가 다음의 기준에 맞도록 하여야 한다.
• 유해물질이 발생하는 곳마다 설치할 것
• 유해인자의 발생 형태와 비중, 작업방법 등을 고려하여 해당 분진 등의 발산원(發散源)을 제어할 수 있는 구조로 설치할 것
• 후드(hood) 형식은 가능하면 포위식 또는 부스식 후드를 설치할 것
• 외부식 또는 리시버식 후드는 해당 분진 등의 발산원에 가장 가까운 위치에 설치할 것

정답 ②

94. 보기의 물질을 폭발범위가 넓은 것부터 좁은 순서로 바르게 배열한 것은?

보기
H_2 C_3H_8 CH_4 CO

① $CO > H_2 > C_3H_8 > CH_4$
② $H_2 > CO > CH_4 > C_3H_8$
③ $C_3H_8 > CO > CH_4 > H_2$
④ $CH_4 > H_2 > CO > C_3H_8$

해설

폭발범위
• H_2(수소) : 4~75%
• CO(일산화탄소) : 12.5~75%
• CH_4(메테인) : 5~15%
• C_3H_8(프로페인) : 2.1~9.5%

정답 ②

95. 가연성 가스 및 증기의 위험도에 따른 방폭전기기기의 분류로 폭발등급을 사용하는데, 이러한 폭발등급을 결정하는 것은?

① 발화도
② 화염일주한계
③ 폭발한계
④ 최소 발화에너지

해설

폭발등급 – 최대 안전틈새에 의한 분류

폭발성 가스의 분류	A	B	C
최대 안전틈새	0.9mm 이상	0.5mm 초과 0.9mm 미만	0.5mm 이하
내압 방폭구조 전기기기의 분류	ⅡA	ⅡB	ⅡC

※ 화염일주한계 = 안전간격 = 최대 안전틈새

정답 ②

96 다음 중 흡인 시 인체에 구내염과 혈뇨, 손 떨림 등의 증상을 일으키며 신경계를 대표적인 표적기관으로 하는 물질은?

① 백금 ② 석회석
③ 수은 ④ 이산화탄소

해설
흡인 시 구내염 및 혈뇨, 손떨림 등의 증상을 일으키는 물질은 수은이다.

정답 ③

97 Burgess-Wheeler의 법칙에 따르면 서로 유사한 탄화수소계의 가스에서 폭발하한계의 농도(vol%)와 연소열(kcal/mol)의 곱의 값은 약 얼마 정도인가?

① 1,100 ② 2,800
③ 3,200 ④ 3,800

해설
Burgess-Wheeler(버제스-휠러)의 법칙
연소열(kcal/mol) × 폭발하한계의 농도(vol%) = 1,100

정답 ①

98 공기 중에서 이황화탄소(CS_2)의 폭발한계는 하한값이 1.25vol%, 상한값이 44vol%이다. 이를 20℃ 대기압하에서 mg/L의 단위로 환산하면 하한값과 상한값은 각각 약 얼마인가?(단, 이황화탄소의 분자량은 76.1이다)

① 하한값 : 61, 상한값 : 640
② 하한값 : 39.6, 상한값 : 1,394
③ 하한값 : 146, 상한값 : 860
④ 하한값 : 55.4, 상한값 : 1,642

해설
- 20℃ 1기압, 1mol의 부피 = 24L
- 이황화탄소 g/L = $\frac{76.1(분자량, g)}{24L}$ = 3.17(g/L)
- mg/L로 변환 → 3,170(mg/L)
- 하한값 = 3,170(mg/L) × 0.0125 = 39.6(mg/L)
- 상한값 = 3,170(mg/L) × 0.44 = 1,394(mg/L)

정답 ②

99 다음 가스 중 가장 독성이 큰 것은?

① CO ② $COCl_2$
③ NH_3 ④ H_2

해설
시간가중평균노출기준(TWA)ppm(화학물질 및 물리적 인자의 노출기준 별표 1)
- $COCl_2$(포스겐) : TWA 0.1ppm
- CO(일산화탄소) : TWA 30ppm
- NH_3(암모니아) : TWA 25ppm

정답 ②

100 메테인이 공기 중에서 연소될 때의 이론혼합비(화학양론조성)는 몇 vol%인가?

① 2.21 ② 4.03
③ 5.76 ④ 9.50

해설
화학양론농도
$$C_{st} = \frac{100}{1+4.773\left(a+\frac{b-c-2d}{4}\right)}(\text{vol}\%)$$

여기서, a : 탄소, b : 수소, c : 할로겐, d : 산소의 원자수이며, 메테인(CH_4)은 탄소가 1개, 수소가 4개이다. 공식에 대입하면

$$C_{st} = \frac{100}{1+4.773\left(1+\frac{4}{4}\right)} \fallingdotseq 9.5\text{vol}\%$$

정답 ④

제6과목 건설안전기술

101 굴착과 싣기를 동시에 할 수 있는 토공기계가 아닌 것은?

① power shovel
② tractor shovel
③ back hoe
④ motor grader

[해설]
motor grader(모터그레이더, 땅고르는 기계) : 노면을 평탄하게 깎아내고 비탈면을 절삭하는 작업에 사용된다.

정답 ④

102 토사 붕괴재해를 방지하기 위한 흙막이 지보공설비를 구성하는 부재와 거리가 먼 것은?

① 말뚝
② 버팀대
③ 띠장
④ 턴버클

[해설]
조립도(산업안전보건기준에 관한 규칙 제346조)
- 사업주는 흙막이 지보공을 조립하는 경우 미리 그 구조를 검토한 후 조립도를 작성하여 그 조립도에 따라 조립하도록 해야 한다.
- 조립도는 흙막이판·말뚝·버팀대 및 띠장 등 부재의 배치·치수·재질 및 설치방법과 순서가 명시되어야 한다.

정답 ④

103 산업안전보건법에 따른 거푸집 동바리를 조립하는 경우 준수사항으로 옳지 않은 것은?

① 개구부 상부에 동바리를 설치하는 경우에는 상부 하중을 견딜 수 있는 견고한 받침대를 설치할 것
② 동바리의 이음은 같은 품질의 제품을 사용할 것
③ 강재의 접속부 및 교차부는 철선을 사용하여 단단히 연결할 것
④ 거푸집이 곡면인 경우에는 버팀대의 부착 등 그 거푸집의 부상(浮上)을 방지하기 위한 조치를 할 것

[해설]
① 산업안전보건기준에 관한 규칙 제332조
④ 산업안전보건기준에 관한 규칙 제331조의2
동바리 조립 시의 안전조치(산업안전보건기준에 관한 규칙 제332조)
사업주는 동바리를 조립하는 경우에는 하중의 지지상태를 유지할 수 있도록 다음의 사항을 준수해야 한다.
- 받침목이나 깔판의 사용, 콘크리트 타설, 말뚝박기 등 동바리의 침하를 방지하기 위한 조치를 할 것
- 동바리의 상하 고정 및 미끄러짐 방지 조치를 할 것
- 상부·하부의 동바리가 동일 수직선상에 위치하도록 하여 깔판·받침목에 고정시킬 것
- 개구부 상부에 동바리를 설치하는 경우에는 상부 하중을 견딜 수 있는 견고한 받침대를 설치할 것
- U헤드 등의 단판이 없는 동바리의 상단에 멍에 등을 올릴 경우에는 해당 상단에 U헤드 등의 단판을 설치하고, 멍에 등이 전도되거나 이탈되지 않도록 고정시킬 것
- 동바리의 이음은 같은 품질의 재료를 사용할 것
- 강재의 접속부 및 교차부는 볼트·클램프 등 전용철물을 사용하여 단단히 연결할 것
- 거푸집의 형상에 따른 부득이한 경우를 제외하고는 깔판이나 받침목은 2단 이상 끼우지 않도록 할 것
- 깔판이나 받침목을 이어서 사용하는 경우에는 그 깔판·받침목을 단단히 연결할 것

정답 ③

104 화물 취급작업 시 준수사항으로 옳지 않은 것은?

① 꼬임이 끊어지거나 심하게 부식된 섬유로프는 화물운반용으로 사용해서는 아니 된다.
② 섬유로프 등을 사용하여 화물 취급작업을 하는 경우에 해당 섬유로프 등을 점검하고 이상을 발견한 섬유로프 등을 즉시 교체하여야 한다.
③ 차량 등에서 화물을 내리는 작업을 하는 경우에 해당 작업에 종사하는 근로자에게 쌓여 있는 화물의 중간에서 필요한 화물을 빼낼 수 있도록 허용한다.
④ 하역작업을 하는 장소에서 작업장 및 통로의 위험한 부분에는 안전하게 작업할 수 있는 조명을 유지한다.

해설
③ 차량 등에서 화물을 내리는 작업을 하는 경우에는 화물의 중간에서 화물을 빼내도록 하지 말아야 한다(산업안전보건기준에 관한 규칙 제389조).

정답 ③

105 구축물이 풍압·지진 등에 의하여 붕괴 또는 전도하는 위험을 예방하기 위한 조치가 가장 거리가 먼 것은?

① 설계도면에 따라 시공했는지 확인
② 시방서에 따라 시공했는지 확인
③ 건축물의 구조기준 등에 관한 규칙에 따른 구조설계도서를 준수했는지 확인
④ 보호구 및 방호장치의 성능검정 합격품을 사용했는지 확인

해설
구축물 등의 안전 유지(산업안전보건기준에 관한 규칙 제51조)
사업주는 구축물 등이 고정하중, 적재하중, 시공·해체 작업 중 발생하는 하중, 적설, 풍압(風壓), 지진이나 진동 및 충격 등에 의하여 전도·폭발하거나 무너지는 등의 위험을 예방하기 위하여 설계도면, 시방서(示方書), 건축물의 구조기준 등에 관한 규칙 제2조 제15호에 따른 구조설계도서, 해체계획서 등 설계도서를 준수하여 필요한 조치를 해야 한다.

정답 ④

106 옥외에 설치되어 있는 주행 크레인에 대하여 이탈방지장치를 작동시키는 등 이탈방지를 위한 조치를 하여야 하는 풍속 기준으로 옳은 것은?

① 순간풍속이 20m/s를 초과할 때
② 순간풍속이 25m/s를 초과할 때
③ 순간풍속이 30m/s를 초과할 때
④ 순간풍속이 35m/s를 초과할 때

해설
폭풍에 의한 이탈방지(산업안전보건기준에 관한 규칙 제140조)
사업주는 순간풍속이 30m/s를 초과하는 바람이 불어올 우려가 있는 경우 옥외에 설치되어 있는 주행 크레인에 대하여 이탈방지장치를 작동시키는 등 이탈방지를 위한 조치를 하여야 한다.

정답 ③

107 콘크리트 타설 시 거푸집 측압에 관한 설명으로 옳지 않은 것은?

① 기온이 높을수록 측압은 크다.
② 타설속도가 클수록 측압은 크다.
③ 슬럼프가 클수록 측압은 크다.
④ 다짐이 과할수록 측압은 크다.

해설
① 콘크리트의 온도가 높을 경우 거푸집 측압은 낮아진다.

정답 ①

108 터널 등의 건설작업을 하는 경우에 낙반 등에 의하여 근로자가 위험해질 우려가 있는 경우에 필요한 직접적인 조치사항과 거리가 먼 것은?

① 터널 지보공 설치　② 부석의 제거
③ 울 설치　　　　　④ 록볼트 설치

해설
낙반 등에 의한 위험의 방지(산업안전보건기준에 관한 규칙 제351조)
사업주는 터널 등의 건설작업을 하는 경우에 낙반 등에 의하여 근로자가 위험해질 우려가 있는 경우에 터널 지보공 및 록볼트의 설치, 부석의 제거 등 위험을 방지하기 위하여 필요한 조치를 하여야 한다.

정답 ③

109 건설작업장에서 근로자가 상시 작업하는 장소의 작업면 조도기준으로 옳지 않은 것은?(단, 갱내 작업장과 감광재료를 취급하는 작업장의 경우는 제외)

① 초정밀작업 : 600lx 이상
② 정밀작업 : 300lx 이상
③ 보통작업 : 150lx 이상
④ 초정밀, 정밀, 보통작업을 제외한 기타 작업 : 75lx 이상

해설
조도(산업안전보건기준에 관한 규칙 제8조)
- 초정밀작업 : 750lx 이상
- 정밀작업 : 300lx 이상
- 보통작업 : 150lx 이상
- 그 밖의 작업 : 75lx 이상

정답 ①

110 비계의 부재 중 기둥과 기둥을 연결시키는 부재가 아닌 것은?

① 띠장　　　② 장선
③ 가새　　　④ 작업발판

해설
작업발판 : 고소작업 중 추락이나 발이 빠질 위험이 있는 장소에서 안전하게 작업할 수 있도록 하는 것을 말한다.

정답 ④

111 점토질 지반의 침하 및 압밀 재해를 막기 위하여 실시하는 지반개량 탈수공법으로 적당하지 않은 것은?

① 샌드드레인 공법　② 생석회말뚝 공법
③ 진동 공법　　　　④ 페이퍼드레인 공법

해설
지반개량 탈수공법 : 샌드드레인, 페이퍼드레인, 생석회말뚝 공법 등이 있다.

정답 ③

112 본 터널(main tunnel)을 시공하기 전에 터널에서 약간 떨어진 곳에 지질조사, 환기, 배수, 운반 등의 상태를 알아보기 위하여 설치하는 터널은?

① 프리패브(prefab) 터널
② 사이드(side) 터널
③ 실드(shield) 터널
④ 파일럿(pilot) 터널

해설
파일럿 터널 : 본 터널을 시공하기 전에, 사전에 굴착하는 소형의 터널로 지질조사, 환기, 배수, 운반 등의 상태를 알아보기 위해서 설치하는 터널을 말한다.

정답 ④

114 지표면에서 소정의 위치까지 파 내려간 후 구조물을 축조하고 되메운 후 지표면을 원상태로 복구시키는 공법은?

① NATM 공법
② 개착식 터널공법
③ TBN 공법
④ 침매공법

해설
개착식 터널공법 : 지표면에서 소정의 위치까지 파 내려간 후 구조물을 축조하고 되메운 후 지표면을 원상태로 복구시키는 공법

정답 ②

115 달비계에 사용이 불가한 와이어로프의 기준으로 옳지 않은 것은?

① 이음매가 있는 것
② 와이어로프의 한 꼬임에서 끊어진 소선의 수가 7% 이상인 것
③ 지름의 감소가 공칭지름의 7%를 초과하는 것
④ 심하게 변형되거나 부식된 것

해설
달비계의 구조(산업안전보건기준에 관한 규칙 제63조)
다음 어느 하나에 해당하는 와이어로프를 달비계에 사용해서는 아니 된다.
• 이음매가 있는 것
• 와이어로프의 한 꼬임[(스트랜드(strand)를 말한다. 이하 같다)]에서 끊어진 소선(素線)[필러(pillar)선은 제외한다]의 수가 10% 이상(비자전로프의 경우에는 끊어진 소선의 수가 와이어로프 호칭지름의 6배 길이 이내에서 4개 이상이거나 호칭지름 30배 길이 이내에서 8개 이상)인 것
• 지름의 감소가 공칭지름의 7%를 초과하는 것
• 꼬인 것
• 심하게 변형되거나 부식된 것
• 열과 전기충격에 의해 손상된 것

정답 ②

113 권상용 와이어로프의 절단하중이 200ton일 때 와이어로프에 걸리는 최대하중은?(단, 안전계수는 5임)

① 1,000ton
② 400ton
③ 100ton
④ 40ton

해설
안전계수 = $\dfrac{\text{절단하중}}{\text{최대하중}}$

최대하중 = $\dfrac{200}{5}$ = 40ton

정답 ④

116
안전대의 종류는 사용 구분에 따라 벨트식과 안전그네식으로 구분되는데 이 중 안전그네식에만 적용하는 것은?

① 추락방지대, 안전블록
② 1개 걸이용, U자 걸이용
③ 1개 걸이용, 추락방지대
④ U자 걸이용, 안전블록

해설
- 안전그네식 : 추락방지대, 안전블록
- 벨트식 : U자 걸이용, 1개 걸이용
※ 보호구 안전인증고시 별표 9

정답 ①

117
기계가 위치한 지면보다 높은 장소의 땅을 굴착하는 데 적합하며 산지에서의 토공사 및 암반으로부터의 점토질까지 굴착할 수 있는 건설장비는?

① 파워셔블　② 불도저
③ 파일드라이버　④ 크레인

해설
파워셔블 : 기계가 위치한 지면보다 높은 곳을 굴착하는 장비

정답 ①

118
건설업 산업안전보건관리비의 사용 내역에 대하여 도급인은 공사 시작 후 몇 개월마다 1회 이상 발주자 또는 감리자의 확인을 받아야 하는가?

① 3개월　② 4개월
③ 5개월　④ 6개월

해설
사용 내역의 확인(건설업 산업안전보건관리비 계상 및 사용기준 제9조)
도급인은 산업안전보건관리비 사용 내역에 대하여 공사 시작 후 6개월마다 1회 이상 발주자 또는 감리자의 확인을 받아야 한다. 다만, 6개월 이내에 공사가 종료되는 경우에는 종료 시 확인을 받아야 한다.

정답 ④

119
온도가 하강함에 따라 토중수가 얼어 부피가 약 9% 정도 증대하게 됨으로써 지표면이 부풀어 오르는 현상은?

① 동상현상　② 연화현상
③ 리칭현상　④ 액상화현상

해설
동상현상 : 토중수가 얼어 지표면이 부풀어 오르는 현상

정답 ①

120
사업주가 유해위험방지계획서 제출 후 건설공사 중 6개월 이내마다 안전보건공단의 확인을 받아야 할 내용이 아닌 것은?

① 유해위험방지계획서의 내용과 실제 공사내용이 부합하는지 여부
② 유해위험방지계획서 변경 내용의 적정성
③ 자율안전관리 업체 유해위험방지계획서 제출·심사 면제
④ 추가적인 유해·위험요인의 존재 여부

해설
확인(산업안전보건법 시행규칙 제46조)
산업안전보건법(이하 법) 제42조 제1항 제1호 및 제2호에 따라 유해위험방지계획서를 제출한 사업주는 해당 건설물·기계·기구 및 설비의 시운전단계에서, 법 제42조 제1항 제3호에 따른 사업주는 건설공사 중 6개월 이내마다 법 제43조 제1항에 따라 다음 사항에 관하여 공단의 확인을 받아야 한다.
- 유해위험방지계획서의 내용과 실제 공사내용이 부합하는지 여부
- 유해위험방지계획서 변경 내용의 적정성
- 추가적인 유해·위험요인의 존재 여부

정답 ③

2023년 제2회 과년도 기출복원문제

제1과목 안전관리론

01 다음 중 안전모의 성능시험에 있어서 AE, ABE종에만 한하여 실시하는 시험은?

① 내관통성시험, 충격흡수성시험
② 난연성시험, 내수성시험
③ 난연성시험, 내전압성시험
④ 내전압성시험, 내수성시험

해설
안전모 종류에 따른 성능시험
- 내관통성 : AE, ABE, AB
- 내전압성 : AE, ABE
- 내수성 : AE, ABE
- 충격흡수성, 난연성, 턱끈 풀림 : 공통

정답 ④

02 다음 재해사례에서 기인물에 해당하는 것은?

기계작업에 배치된 작업자가 반장의 지시를 받기 전에 정지된 선반을 운전시키면서 변속치차의 덮개를 벗겨내고 치차를 저속으로 운전하면서 급유하려고 할 때 오른손이 변속치차에 맞물려 손가락이 절단되었다.

① 덮개
② 급유
③ 선반
④ 변속치차

해설
- 기인물 : 선반
- 가해물 : 변속치차

정답 ③

03 다음 중 산업안전보건법상 안전인증대상 기계·기구 등의 표시로 옳은 것은?

①  ②

③   ④

해설
안전인증 및 자율안전확인의 표시 및 표시방법(산업안전보건법 시행규칙 별표 14)

정답 ①

04 다음 중 산업재해의 원인으로 간접적 원인에 해당되지 않는 것은?

① 기술적 원인
② 물적원인
③ 관리적 원인
④ 교육적 원인

해설
산업재해의 원인
- 재해원인 중 직접원인
  - 물적원인(불안전 상태) : 물질 자체의 결함, 복장 및 보호구의 결함, 작업환경의 결함 등
  - 인적원인(불안전 행동) : 위험장소 접근, 복장 및 보호구의 잘못된 착용, 위험물 취급 부주의 등
- 재해원인 중 간접원인 : 기술적, 관리적, 교육적 원인 등

정답 ②

05 산업안전보건법상 안전인증대상 기계·기구 및 설비가 아닌 것은?

① 연삭기
② 롤러기
③ 압력용기
④ 고소(高所) 작업대

해설

안전인증대상 기계 등(산업안전보건법 시행령 제74조)
- 프레스
- 전단기 및 절곡기(折曲機)
- 크레인
- 리프트
- 압력용기
- 롤러기
- 사출성형기(射出成形機)
- 고소(高所) 작업대
- 곤돌라

정답 ①

06 산업안전보건법상 근로시간 연장의 제한에 관한 기준에서 다음 괄호 안에 알맞은 것은?

사업주는 유해하거나 위험한 작업으로서 대통령령으로 정하는 작업에 종사하는 근로자에게는 1일 (㉠)시간, 1주 (㉡) 시간을 초과하여 근로하게 하여서는 아니 된다.

① ㉠ 6, ㉡ 34
② ㉠ 7, ㉡ 36
③ ㉠ 8, ㉡ 40
④ ㉠ 8, ㉡ 44

해설

사업주는 유해하거나 위험한 작업으로서 높은 기압에서 하는 작업 등 대통령령으로 정하는 작업에 종사하는 근로자에게는 1일 6시간, 1주 34시간을 초과하여 근로하게 하여서는 아니 된다(산업안전보건법 제139조).

정답 ①

07 다음 중 안전·보건교육의 단계별 교육과정 순서로 옳은 것은?

① 안전태도교육 → 안전지식교육 → 안전기능교육
② 안전지식교육 → 안전기능교육 → 안전태도교육
③ 안전기능교육 → 안전지식교육 → 안전태도교육
④ 안전자세교육 → 안전지식교육 → 안전기능교육

해설

안전지식교육 → 안전기능교육 → 안전태도교육

정답 ②

08 보호구 안전인증 고시에 따른 방음용 귀마개 또는 귀덮개와 관련된 용어의 정의 중 괄호 안에 알맞은 것은?

음압수준이란 음압을 다음 식에 따라 데시벨(dB)로 나타낸 것을 말하며 적분평균소음계(KS C 1505) 또는 소음계(KS C 1502)에 규정하는 소음계의 ( ) 특성을 기준으로 한다.

① A
② B
③ C
④ D

해설

정의(보호구 안전인증 고시 제32조)
음압수준이란 음압을 다음 식에 따라 데시벨(dB)로 나타낸 것을 말하며 적분평균소음계(KS C 1505) 또는 소음계(KS C 1502)에 규정하는 소음계의 C 특성을 기준으로 한다.

음압수준(dB) = $20\log_{10}\dfrac{P}{P_0}$

P : 측정음압으로서 파스칼(Pa) 단위를 사용
P_0 : 기준음압으로서 $20\mu Pa$ 사용

정답 ③

09 강도율에 관한 설명 중 틀린 것은?

① 사망 및 영구 전노동 불능(신체장해등급 1~3급)의 근로손실일수는 7,500일로 환산한다.
② 신체장해등급 중 제14급은 근로손실일수를 50일로 환산한다.
③ 영구 일부노동 불능은 신체장해등급에 따른 근로손실일수에 $\frac{300}{365}$ 을 곱하여 환산한다.
④ 일시 전노동 불능은 휴업일수에 $\frac{300}{365}$ 을 곱하여 근로손실일수를 환산한다.

해설
손실일수의 계산
• 사망, 장해등급 1~3급(영구 전노동 불능) : 7,500일
• 4~14등급(영구 일부노동 불능)
  4등급 : 5,500일, 5등급 : 4,000일, 6등급 : 3,000일,
  7등급 : 2,200일, 8등급 : 1,500일, 9등급 : 1,000일,
  10등급 : 600일, 11등급 : 400일, 12등급 : 200일,
  13등급 : 100일, 14등급 : 50일
• 일시 전노동 불능 근로손실일수 : 휴업일수 $\times \frac{300}{365}$

정답 ③

10 안전검사기관은 고용노동부장관에게 그 실적을 보고하도록 관련법에 명시되어 있는데 그 주기로 옳은 것은?

① 매월 ② 격월
③ 분기 ④ 반기

해설
안전검사 실적보고(안전검사 절차에 관한 고시 제9조)
안전검사기관은 별지 제1호 서식에 따라 분기마다 다음달 10일까지 분기별 실적과, 매년 1월 20일까지 전년도 실적을 고용노동부 장관에게 제출하여야 하며, 공단은 별지 제2호 서식에 따라 분기마다 다음 달 10일까지 분기별 실적과, 매년 1월 20일까지 전년도 실적을 고용노동부 장관에게 제출하여야 한다.

정답 ③

11 국제노동기구(ILO)의 산업재해 정도 구분에서 부상 결과 근로자가 신체장해등급 제12급 판정을 받았다면 이는 어느 정도의 부상을 의미하는가?

① 영구 전 노동 불능
② 영구 일부 노동 불능
③ 일시 전 노동 불능
④ 일시 일부 노동 불능

해설
② 4~14등급(영구 일부노동 불능)
※ • 영구 일부 노동 불능 : 재해의 결과 노동 기능의 일부를 상실
• 영구 전 노동 불능 : 재해의 결과 노동 기능을 완전히 상실
• 일시 전 노동 불능 : 의사의 소견에 따라 일정기간 동안 노동이 불가한 재해
• 일시 일부 노동 불능 : 의사의 소견에 따라 일정기간 동안 노동이 불가하나 휴업상해가 아닌 재해

정답 ②

12 사고예방대책의 기본원리 5단계 중 옳지 않은 것은?

① 1단계 : 안전관리계획
② 2단계 : 현상 파악
③ 3단계 : 분석·평가
④ 4단계 : 대책의 선정

해설
하인리히의 사고예방원리 5단계
• 1단계 : 안전관리의 조직(안전관리조직 구성 및 운영)
• 2단계 : 사실의 발견(위험 및 재해원인 확인 및 조사)
• 3단계 : 분석·평가(재해원인 분석 및 평가)
• 4단계 : 시정방법의 선정(인사조정, 제도 및 기술적 개선)
• 5단계 : 시정책의 적용(교육적, 기술적 지원 및 독려)

정답 ①

13

참가자에게 일정한 역할을 주어 실제적으로 연기를 시켜봄으로써 자기의 역할을 보다 확실히 인식할 수 있도록 체험학습을 시키는 교육방법은?

① role playing
② brain storming
③ action playing
④ fish bowl playing

해설

역할연기(role playing)
참가자에게 일정한 역할을 주어 실제적으로 연기를 시켜봄으로써 자기의 역할을 보다 확실히 인식할 수 있도록 체험시키는 교육방법이다.

정답 ①

14

인간의 동작특성 중 판단과정의 착오요인이 아닌 것은?

① 합리화
② 정서 불안정
③ 작업조건 불량
④ 정보부족

해설

정서 불안정은 인지과정 착오요인이다.

정답 ②

15

산업안전보건법상 산업안전보건위원회의 구성에서 사용자위원 구성원이 아닌 것은?(단, 해당 위원이 사업장에 선임이 되어 있는 경우에 한한다)

① 안전관리자
② 보건관리자
③ 산업보건의
④ 명예산업안전감독관

해설

산업안전보건위원회의 구성(산업안전보건법 시행령 제35조)

- 근로자위원
  ㉠ 근로자대표
  ㉡ 명예산업안전감독관이 위촉되어 있는 사업장의 경우 근로자대표가 지명하는 1명 이상의 명예산업안전감독관
  ㉢ 근로자대표가 지명하는 9명(근로자인 ㉡의 위원이 있는 경우에는 9명에서 그 위원의 수를 제외한 수) 이내의 해당 사업장의 근로자

- 사용자위원 : 산업안전보건위원회의 사용자위원은 다음의 사람으로 구성한다. 다만, 상시근로자 50명 이상 100명 미만을 사용하는 사업장에서는 ㉤에 해당하는 사람을 제외하고 구성할 수 있다.
  ㉠ 해당 사업의 대표자(같은 사업으로서 다른 지역에 사업장이 있는 경우에는 그 사업장의 안전보건관리책임자를 말한다. 이하 같다)
  ㉡ 안전관리자(제16조 제1항에 따라 안전관리자를 두어야 하는 사업장으로 한정하되, 안전관리자의 업무를 안전관리전문기관에 위탁한 사업장의 경우에는 그 안전관리전문기관의 해당 사업장 담당자를 말한다) 1명
  ㉢ 보건관리자(제20조 제1항에 따라 보건관리자를 두어야 하는 사업장으로 한정하되, 보건관리자의 업무를 보건관리전문기관에 위탁한 사업장의 경우에는 그 보건관리전문기관의 해당 사업장 담당자를 말한다) 1명
  ㉣ 산업보건의(해당 사업장에 선임되어 있는 경우로 한정한다)
  ㉤ 해당 사업의 대표자가 지명하는 9명 이내의 해당 사업장 부서의 장

- 위의 사항에도 불구하고 건설공사도급인이 안전 및 보건에 관한 협의체를 구성한 경우에는 산업안전보건위원회의 위원을 다음 사람을 포함하여 구성할 수 있다.
  ㉠ 근로자위원 : 도급 또는 하도급 사업을 포함한 전체 사업의 근로자대표, 명예산업안전감독관 및 근로자대표가 지명하는 해당 사업장의 근로자
  ㉡ 사용자위원 : 도급인 대표자, 관계수급인의 각 대표자 및 안전관리자

정답 ④

16. 안전교육의 3요소에 해당되지 않는 것은?

① 강사
② 교육방법
③ 수강자
④ 교재

해설
안전교육의 3요소 : 강사, 수강자(교육대상), 교재(교육내용)

정답 ②

17. 한 사람, 한 사람의 위험에 대한 감수성 향상을 도모하기 위하여 삼각 및 원 포인트 위험예지훈련을 통합한 활용기법은?

① 1인 위험예지훈련
② TBM 위험예지훈련
③ 자문자답 위험예지훈련
④ 시나리오 역할연기훈련

해설
1인 위험예지훈련 : 삼각 및 원포인트 위험예지훈련을 통합한 것으로, 근로자 1인이 위험예지훈련을 하는 것을 말한다. 위험예지훈련 후에는 강평 등을 통해 위험 감수성과 훈련 효과를 향상시킨다.

정답 ①

18. 산업안전보건기준에 관한 규칙에 따른 프레스기의 작업시작 전 점검사항이 아닌 것은?

① 클러치 및 브레이크의 기능
② 프레스의 금형 및 고정볼트 상태
③ 방호장치의 기능
④ 언로드밸브의 기능

해설
작업시작 전 점검사항(산업안전보건기준에 관한 규칙 별표 3)
프레스 등을 사용하여 작업을 할 때
• 클러치 및 브레이크의 기능
• 크랭크축·플라이휠·슬라이드·연결봉 및 연결 나사의 풀림 여부
• 1행정 1정지기구·급정지장치 및 비상정지장치의 기능
• 슬라이드 또는 칼날에 의한 위험방지 기구의 기능
• 프레스의 금형 및 고정볼트 상태
• 방호장치의 기능
• 전단기의 칼날 및 테이블의 상태

정답 ④

19. 1년간 80건의 재해가 발생한 A사업장은 1,000명의 근로자가 1주일당 48시간, 1년간 52주를 근무하고 있다. A사업장의 도수율은?(단, 근로자들은 재해와 관련 없는 사유로 연간 노동시간의 3%를 결근하였다)

① 31.06
② 32.05
③ 33.04
④ 34.03

해설
도수율 : 1,000,000 근로시간당 발생한 재해건수의 비율

$$도수율 = \frac{재해건수}{근로\ 총시간수} \times 1,000,000$$

$$= \frac{80}{1,000 \times 48 \times 52 \times 0.97} \times 1,000,000$$

$$\fallingdotseq 33.04$$

정답 ③

20. 산업안전보건법령상 안전보건표지의 색채와 사용사례의 연결로 옳지 않은 것은?

① 노란색 - 정지신호, 소화설비 및 그 장소, 유해행위의 금지
② 파란색 - 특정 행위의 지시 및 사실의 고지
③ 빨간색 - 화학물질 취급 장소에서의 유해·위험 경고
④ 녹색 - 비상구 및 피난소, 사람 또는 차량의 통행표지

해설
① 노란색(경고) : 화학물질 취급장소에서의 유해·위험경고 이외의 위험경고, 주의표지 또는 기계방호물 (산업안전보건법 시행규칙 별표 8)

정답 ①

제2과목 인간공학 및 시스템 안전공학

21 음압수준이 70dB인 경우, 1,000Hz에서 순음의 phon치는?

① 50phon
② 70phon
③ 90phon
④ 100phon

해설
1phon은 1,000Hz일 때 1dB의 음의 크기이다. 즉, 70dB이며 1,000Hz인 경우에는 70phon이다.

정답 ②

22 고용노동부 고시의 근골격계부담작업의 범위에서 근골격계부담작업에 대한 설명으로 옳지 않은 것은?

① 하루에 10회 이상 25kg 이상의 물체를 드는 작업
② 하루에 총 2시간 이상 쪼그리고 앉거나 무릎을 굽힌 자세에서 이루어지는 작업
③ 하루에 총 2시간 이상 집중적으로 자료입력 등을 위해 키보드 또는 마우스를 조작하는 작업
④ 하루에 총 2시간 이상 지지되지 않은 상태에서 4.5kg 이상의 물건을 한 손으로 들거나 동일한 힘으로 쥐는 작업

해설
③ 하루에 4시간 이상 집중적으로 자료입력 등을 위해 키보드 또는 마우스를 조작하는 작업(근골격계부담작업의 범위 및 유해요인 조사 방법에 관한 고시 제3조)

정답 ③

23 결함수 분석의 기대효과와 가장 관계가 먼 것은?

① 시스템의 결함 진단
② 시간에 따른 원인 분석
③ 사고원인 규명의 간편화
④ 사고원인 분석의 정량화

해설
결함수 분석의 기대효과
- 사고원인 규명의 간편화
- 사고원인 분석의 일반화
- 사고원인 분석의 정량화
- 노력, 시간의 절감
- 시스템 결함 진단
- 안전점검 체크리스트 작성

정답 ②

24 FTA(Fault Tree Analysis)의 기호 중 다음의 사상기호에 적합한 각각의 명칭은?

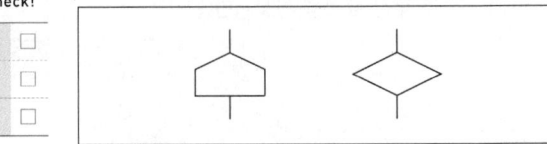

① 전이기호와 통상사상
② 통상사상과 생략사상
③ 통상사상과 전이기호
④ 생략사상과 전이기호

해설
FTA에 사용되는 사상기호

기호	명칭	설명
⌂	통상사상	유통계층의 층 변화와 같이 일반적으로 발생이 예상되는 사상
◇	생략사상	불충분한 자료로 결론을 내릴 수 없어 더 이상 전개할 수 없는 사상
△	전이기호	다른 부분에 있는(예 다른 페이지) 게이트와의 연결 관계를 나타내기 위한 기호

정답 ③

25. 일반적으로 기계가 인간보다 우월한 기능에 해당되는 것은?(단, 인공지능은 제외한다)

① 귀납적으로 추리한다.
② 원칙을 적용하여 다양한 문제를 해결한다.
③ 다양한 경험을 토대로 하여 의사 결정을 한다.
④ 명시된 절차에 따라 신속하고 정량적인 정보처리를 한다.

해설
인간과 기계의 정보처리
- 인간의 정보처리
  - 귀납적이며 다양한 문제 처리가 가능하다.
  - 대량의 정보를 장시간 보관할 수 있다.
  - 경험을 통해 향상된다.
- 기계의 정보처리
  - 연역적이며 정량적인 처리가 가능하다.
  - 암호화된 정보를 신속하게 대량으로 보관할 수 있다.
  - 신뢰성 있는 반복작업이 가능하다.

정답 ④

26. 정성적 표시장치의 설명으로 옳지 않은 것은?

① 정성적 표시장치의 근본자료 자체는 정량적인 것이다.
② 전력계에서와 같이 기계적 혹은 전자적으로 숫자가 표시된다.
③ 색채 부호가 부적합한 경우에는 계기판 표시 구간을 형상 부호화하여 나타낸다.
④ 연속적으로 변하는 변수의 대략적인 값이나 변화추세, 변화율 등을 알고자 할 때 사용된다.

해설
② 정량적 표시장치 : 동적으로 변하는 변수나 길이 같은 계량치에 관한 정보를 제공하는 데 사용된다.

정답 ②

27. FTA에 의한 재해사례 연구순서 중 2단계에 해당하는 것은?

① FT도의 작성
② 톱 사상의 선정
③ 개선계획의 작성
④ 사상의 재해원인을 규명

해설
FTA에 의한 재해사례 연구순서
- 1단계 : 톱(top) 사상의 선정
- 2단계 : 재해원인 규명
- 3단계 : FT도 작성
- 4단계 : 개선계획의 작성

정답 ④

28. 다음 중 인간공학을 기업에 적용할 때의 기대효과로 볼 수 없는 것은?

① 노사 간의 신뢰 저하
② 제품과 작업의 질 향상
③ 작업자의 건강 및 안전 향상
④ 이직률 및 작업손실시간의 감소

해설
인간공학의 기업에서의 기대효과
- 노사 간의 신뢰 구축
- 생산성의 향상
- 작업자의 건강 및 안전 향상
- 제품과 작업의 질 향상
- 산업재해의 감소
- 작업손실시간의 감소

정답 ①

29
FTA 결과 다음과 같은 패스셋을 구하였다. X_4가 중복사상인 경우, 최소 패스셋(minimal path set)으로 맞는 것은?

> 보기
>
> $\{X_2, X_3, X_4\}$
> $\{X_1, X_3, X_4\}$
> $\{X_3, X_4\}$

① $\{X_3, X_4\}$
② $\{X_1, X_3, X_4\}$
③ $\{X_2, X_3, X_4\}$
④ $\{X_2, X_3, X_4\}$와 $\{X_3, X_4\}$

해설
최소 패스셋(minimal path set)
- 시스템이 정상적으로 유지되는 데 필요한 최소한의 집합이다.
- 시스템의 신뢰성을 나타낸다.

정답 ①

30
인체계측자료의 응용원칙 중 조절범위에서 수용하는 통상의 범위는 얼마인가?

① 5~95%tile
② 20~80%tile
③ 30~70%tile
④ 40~60%tile

해설
인체계측자료의 응용원칙 중 조절범위에서 수용하는 통상적인 범위는 5~95%tile 정도이다.

정답 ①

31
후각적 표시장치(olfactory display)와 관련된 내용으로 옳지 않은 것은?

① 냄새와 확산을 제어할 수 없다.
② 시각적 표시장치에 비해 널리 사용되지 않는다.
③ 냄새에 대한 민감도의 개별적 차이가 존재한다.
④ 경보장치로서 실용성이 없기 때문에 사용되지 않는다.

해설
④ 후각을 이용하여 정보를 전송하는 매체로 가스 누출 경보 등에 사용된다.

정답 ④

32
반사율이 85%, 글자의 밝기가 400cd/m²인 VDT 화면에 350lx의 조명이 있다면 대비는 약 얼마인가?

① -6.0
② -5.0
③ -4.2
④ -2.8

해설
- 반사율은 반사광의 에너지와 입사광의 에너지 비율을 말한다.

$$반사율 = \frac{광도}{조도} \times 100 = \frac{광속발산도}{소요\ 조명} \times 100$$

$$광속발산도 = \frac{반사율 \times 소요\ 조명}{100} = \frac{85 \times 350}{100}$$
$$= 297.5$$

광속발산도 $= \pi \times$ 휘도

조명의 휘도(화면의 밝기) $= \dfrac{광속발산도}{\pi} = \dfrac{297.5}{\pi}$
$\fallingdotseq 94.7 cd/m^2$

- 글자의 총밝기 = 글자의 밝기 + 조명의 휘도
  = 400 + 94.7
  = 494.7cd/m²

- 대비 $= \dfrac{배경의\ 밝기 - 표적물체의\ 밝기}{배경의\ 밝기}$

$= \dfrac{94.7 - 494.7}{94.7}$
$\fallingdotseq -4.22$

정답 ③

33
인간의 정보처리 과정 3단계에 포함되지 않는 것은?

① 인지 및 정보처리단계
② 반응단계
③ 행동단계
④ 인식 및 감지단계

해설
인간의 정보처리 과정 3단계
- 인지 및 정보처리 단계
- 인식 및 감지단계
- 행동단계

정답 ②

34
전신육체적 작업에 대한 개략적 휴식시간의 산출 공식으로 맞는 것은?(단, R은 휴식시간(분), E는 작업의 에너지소비율(kcal/분)이다)

① $R = E \times \dfrac{60-4}{E-2}$
② $R = 60 \times \dfrac{E-4}{E-1.5}$
③ $R = 60 \times (E-4) \times (E-2)$
④ $R = 60 \times (60-4) \times (E-1.5)$

해설
Murrell의 휴식시간 산출공식
$R = 60 \times \dfrac{E-4}{E-1.5}$

※ 저자의견 : 권장 평균 에너지 소비량(kcal/min)은 남성은 5kcal/min, 여성은 3.5kcal/min이다. 다만, 문제에서 '개략적' 휴식시간의 산출이라고 언급했으므로 정답은 ②이다.

정답 ②

35
원자력 산업과 같이 상당한 안전이 확보되어 있는 장소에서 추가적인 고도의 안전 달성을 목적으로 하고 있으며, 관리·설계·생산·보전 등 광범위한 안전을 도모하기 위하여 개발된 분석기법은?

① DT
② FTA
③ THERP
④ MORT

해설
MORT(Management Oversight and Risk Tree) : 관리·설계·생산·보전 등 넓은 범위에 걸쳐서 안전성을 확보하려는 수법으로 원자력 산업 등과 같이 상당한 안전이 확보되어 있는 장소에서 고도의 안전 달성을 목적으로 한다.

정답 ④

36
촉감의 일반적인 척도의 하나인 2점 문턱값(two-point threshold)이 감소하는 순서대로 나열된 것은?

① 손가락 → 손바닥 → 손가락 끝
② 손바닥 → 손가락 → 손가락 끝
③ 손가락 끝 → 손가락 → 손바닥
④ 손가락 끝 → 손바닥 → 손가락

해설
2점 문턱값 : 피부상 두 군데를 자극하였을 때 자극을 식별할 수 있는 최소거리를 뜻한다.
※ 2점 문턱값이 감소하는 순서 : 손바닥 → 손가락 → 손가락 끝

정답 ②

37

점광원으로부터 0.3m 떨어진 구면에 비추는 광량이 5lm일 때, 조도는 약 몇 lx인가?

① 0.06
② 16.7
③ 55.6
④ 83.4

해설

$$조도 = \frac{광량}{거리^2}$$

$$조도(lx) = \frac{5}{0.3^2} ≒ 55.6$$

정답 ③

38

매직넘버라고도 하며, 인간이 절대식별 시 작업기억 중에 유지할 수 있는 항목의 최대 수를 나타낸 것은?

① 3±1
② 7±2
③ 10±1
④ 20±2

해설

밀러의 매직넘버 : 인간이 절대식별 시 작업 기억 중 유지할 수 있는 항목의 최대 수는 7±2이다.

정답 ②

39

공정안전관리(PSM ; Process Safety Management)의 적용대상 사업장이 아닌 것은?

① 복합비료 제조업
② 농약 원제 제조업
③ 차량 등의 운송설비업
④ 합성수지 및 기타 플라스틱 물질 제조업

해설

공정안전보고서의 제출대상(산업안전보건법 시행령 제43조)
- 원유 정제처리업
- 기타 석유정제물 재처리업
- 석유화학계 기초화학물질 제조업 또는 합성수지 및 기타 플라스틱 물질 제조업. 다만, 합성수지 및 기타 플라스틱물질 제조업은 별표 13 제1호 또는 제2호에 해당하는 경우로 한정한다.
- 질소 화합물, 질소·인산 및 칼리질 화학비료 제조업 중 질소질 비료 제조
- 복합비료 및 기타 화학비료 제조업 중 복합비료 제조(단순혼합 또는 배합에 의한 경우는 제외)
- 화학 살균·살충제 및 농업용 약제 제조업[농약 원제(原劑) 제조만 해당]
- 화약 및 불꽃제품 제조업

정답 ③

40

다음 FT도에서 시스템에 고장이 발생할 확률은 약 얼마인가?(단, X_1과 X_2의 발생확률은 각각 0.05, 0.03이다)

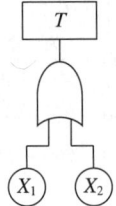

① 0.0015
② 0.0785
③ 0.9215
④ 0.9985

해설

$$T = 1-(1-X_1)\times(1-X_2)$$
$$= 1-(1-0.05)\times(1-0.03)$$
$$= 0.0785$$

정답 ②

제3과목 기계위험 방지기술

41 프레스 및 전단기에 사용되는 손쳐내기식 방호장치의 성능기준에 대한 설명 중 옳지 않은 것은?

① 진동 각도·진폭시험 : 행정길이가 최소일 때 진동 각도는 60~90°이다.
② 진동 각도·진폭시험 : 행정길이가 최대일 때 진동 각도는 30~60°이다.
③ 완충시험 : 손쳐내기 봉에 의한 과도한 충격이 없어야 한다.
④ 무부하 동작시험 : 1회의 오동작도 없어야 한다.

해설

손쳐내기식 방호장치의 성능기준(방호장치 안전인증고시 별표 1)
• 진동 각도·진폭시험
  – 행정길이가 최소일 때 : 60~90° 진동 각도
  – 행정길이가 최대일 때 : 45~90° 진동 각도
• 완충시험 : 손쳐내기 봉에 의한 과도한 충격이 없어야 한다.
• 무부하동작시험 : 1회의 오동작도 없어야 한다.

정답 ②

42 밀링작업의 안전수칙이 아닌 것은?

① 주축속도를 변속시킬 때는 반드시 주축이 정지한 후에 변환한다.
② 절삭 공구를 설치할 때에는 전원을 반드시 끄고 한다.
③ 정면 밀링커터 작업 시 날 끝과 동일 높이에서 확인하며 작업한다.
④ 작은 칩의 제거는 브러시나 청소용 솔을 사용하며 제거한다.

해설

③ 정면 밀링커터 작업 시 날 끝 위쪽에서 확인하여야 한다.

정답 ③

43 지름 5cm 이상을 갖는 회전 중인 연삭숫돌이 근로자들에게 위험을 미칠 우려가 있는 경우에 필요한 방호장치는?

① 받침대
② 과부하방지장치
③ 덮개
④ 프레임

해설

연삭숫돌의 덮개 등(산업안전보건기준에 관한 규칙 제122조)
사업주는 회전 중인 연삭숫돌(지름이 5cm 이상인 것으로 한정)이 근로자에게 위험을 미칠 우려가 있는 경우에는 그 부위에 덮개를 설치하여야 한다.

정답 ③

44 양중기의 과부하장치에서 요구하는 일반적인 성능기준으로 옳지 않은 것은?

① 과부하방지장치 작동 시 경보음과 경보램프가 작동되어야 하며 양중기는 작동이 되지 않아야 한다.
② 외함의 전선 접촉 부분은 고무 등으로 밀폐되어 물과 먼지 등이 들어가지 않도록 한다.
③ 과부하방지장치와 타 방호장치는 기능에 서로 장애를 주지 않도록 부착할 수 있는 구조이어야 한다.
④ 방호장치의 기능을 제거하더라도 양중기는 원활하게 작동시킬 수 있는 구조여야 한다.

해설

④ 방호장치의 기능을 제거 또는 정지할 때 양중기의 기능도 동시에 정지할 수 있는 구조이어야 한다(방호장치 안전인증 고시 별표 2).

정답 ④

45
산업안전보건법령상 형삭기(slotter, shaper)의 주요 구조부로 가장 거리가 먼 것은?(단, 수치제어식은 제외)

① 공구대
② 공작물 테이블
③ 램
④ 아버

해설
형삭기의 주요 구조부(위험기계·기구 자율안전확인 고시 제18조)
- 공작물 테이블
- 공구대
- 공구공급장치(수치제어식으로 한정)
- 램

정답 ④

46
보일러에서 프라이밍(priming)과 포밍(foaming)의 발생 원인으로 가장 거리가 먼 것은?

① 역화가 발생되었을 경우
② 기계적 결함이 있을 경우
③ 보일러가 과부하로 사용될 경우
④ 보일러수에 불순물이 많이 포함되었을 경우

해설
- 포밍현상 : 고형물, 부유물 등의 농도가 높아지며 보일러수에 거품이 발생하는 현상
- 프라이밍 현상 : 보일러 부하의 급변, 수위의 과상승 등에 의해 수분이 증기와 분리되지 않아 보일러 수면이 심하게 솟아올라 올바른 수위를 판단하지 못하는 현상

정답 ①

47
산업안전보건법령상 프레스 및 전단기에서 안전블록을 사용해야 하는 작업으로 가장 거리가 먼 것은?

① 금형 가공작업
② 금형 해체작업
③ 금형 부착작업
④ 금형 조정작업

해설
금형 조정작업의 위험 방지(산업안전보건기준에 관한 규칙 제104조)
사업주는 프레스 등의 금형을 부착·해체 또는 조정하는 작업을 할 때에 해당 작업에 종사하는 근로자의 신체가 위험한계 내에 있는 경우 슬라이드가 갑자기 작동함으로써 근로자에게 발생할 우려가 있는 위험을 방지하기 위하여 안전블록을 사용하는 등 필요한 조치를 하여야 한다.

정답 ①

48
크레인에서 화물의 하중을 지지하는 달기 와이어로프 및 달기 체인의 안전계수 기준은?

① 10 이상
② 2.7 이상
③ 4 이상
④ 5 이상

해설
와이어로프 등 달기구의 안전계수(산업안전보건기준에 관한 규칙 제163조)
사업주는 양중기의 와이어로프 등 달기구의 안전계수(달기구 절단하중의 값을 그 달기구에 걸리는 하중의 최대값으로 나눈 값)가 다음 구분에 따른 기준에 맞지 아니한 경우에는 이를 사용해서는 아니 된다.
- 근로자가 탑승하는 운반구를 지지하는 달기 와이어로프 또는 달기 체인의 경우 : 10 이상
- 화물의 하중을 직접 지지하는 달기 와이어로프 또는 달기 체인의 경우 : 5 이상
- 훅, 섀클, 클램프, 리프팅 빔의 경우 : 3 이상
- 그 밖의 경우 : 4 이상

정답 ④

49
다음 중 회전축, 커플링 등 회전하는 물체에 작업복 등이 말려드는 위험을 초래하는 위험점은?

① 협착점　② 접선 물림점
③ 절단점　④ 회전 말림점

해설

기계설비에서 발생하는 위험점의 종류
- 회전 말림점 : 회전하는 물체에 작업복 등이 말려들어가는 위험이 존재하는 위험점이다.
- 끼임점 : 회전운동을 하는 동작 부분과 고정 부분 사이에서 형성되는 위험점이다.
- 협착점 : 왕복운동을 하는 동작 부분과 고정 부분 사이에서 형성되는 위험점이다.
- 절단점 : 회전하는 운동 부분 자체 또는 운동을 하는 기계의 돌출 부위에서 초래되는 위험점이다.
- 물림점 : 회전운동하는 동작 부분과 반대로 회전운동을 하는 동작 부분에서 형성되는 위험점
- 접선 물림점 : 회전하는 부분의 접선 방향으로 물려들어 갈 위험이 존재하는 위험점이다.

정답 ④

50
롤러기 급정지장치 조작부에 사용하는 로프의 성능기준으로 적합한 것은?(단, 로프의 재질은 관련 규정에 적합한 것으로 본다)

① 지름 1mm 이상의 와이어로프
② 지름 2mm 이상의 합성섬유로프
③ 지름 3mm 이상의 합성섬유로프
④ 지름 4mm 이상의 와이어로프

해설

롤러기 급정지장치의 성능기준 일반요구사항(방호장치 자율안전기준 고시 별표 3)
조작부에 로프를 사용할 경우에는 KS D 3514(와이어로프)에 정한 규격에 적합한 직경 4mm 이상의 와이어로프 또는 직경 6mm 이상이고 절단하중이 2.94kN 이상의 합성섬유의 로프를 사용하여야 한다.

정답 ④

51
크레인의 방호장치에 해당되지 않는 것은?

① 권과방지장치
② 과부하방지장치
③ 자동보수장치
④ 비상정지장치

해설

방호장치의 조정(산업안전보건기준에 관한 규칙 제134조)
사업주는 다음의 양중기에 과부하방지장치, 권과방지장치(捲過防止裝置), 비상정지장치 및 제동장치, 그 밖의 방호장치[승강기의 파이널밋스위치(final limit switch), 속도조절기, 출입문 인터록(interlock) 등을 말한다]가 정상적으로 작동될 수 있도록 미리 조정해 두어야 한다.
- 크레인
- 이동식 크레인
- 리프트
- 곤돌라
- 승강기

정답 ③

52
무부하 상태에서 지게차로 20km/h의 속도로 주행할 때, 좌우 안정도는 몇 % 이내이어야 하는가?

① 37%　② 39%
③ 41%　④ 43%

해설

무부하 상태에서 주행 시 좌우 안정도(%)는 $15 + 1.1V$ 이내여야 한다(여기서, V : 구내최고속도).
∴ $15 + 1.1 \times 20 = 37\%$

정답 ①

53 둥근톱기계의 방호장치 중 반발예방장치의 종류로 가장 옳지 않은 것은?

① 분할날
② 반발방지기구(finger)
③ 보조안내판
④ 안전덮개

[해설]
안전덮개 : 날접촉 예방장치

[정답] ④

54 범용 수동 선반의 방호조치에 관한 설명으로 옳지 않은 것은?

① 척 가드의 폭은 공작물의 가공작업에 방해가 되지 않는 범위 내에서 척 전체 길이를 방호할 수 있을 것
② 척 가드의 개방 시 스핀들의 작동이 정지되도록 연동회로를 구성할 것
③ 전면 칩 가드의 폭은 새들 폭 이하로 설치할 것
④ 전면 칩 가드는 심압대가 베드 끝단부에 위치하고 있고 공작물 고정장치에서 심압대까지 가드를 연장시킬 수 없는 경우에는 부착 위치를 조정할 수 있을 것

[해설]
③ 전면 칩 가드의 폭은 새들 폭 이상으로 설치할 것

[정답] ③

55 산업안전보건법령상 컨베이어를 사용하여 작업을 할 때 작업시작 전 점검사항으로 가장 거리가 먼 것은?

① 원동기 및 풀리(pulley) 기능의 이상 유무
② 이탈 등의 방지장치 기능의 이상 유무
③ 유압장치의 기능의 이상 유무
④ 비상정지장치 기능의 이상 유무

[해설]
작업시작 전 점검사항(산업안전보건기준에 관한 규칙 별표 3)
컨베이어 등을 사용하여 작업을 할 때
• 원동기 및 풀리(pulley) 기능의 이상 유무
• 이탈 등의 방지장치 기능의 이상 유무
• 비상정지장치 기능의 이상 유무
• 원동기, 회전축, 기어 및 풀리 등의 덮개 또는 울 등의 이상 유무

[정답] ③

56 연삭기의 숫돌 지름이 300mm일 경우 평형 플랜지의 지름은 몇 mm 이상으로 해야 하는가?

① 50
② 100
③ 150
④ 200

[해설]
숫돌 고정장치의 요건(위험기계·기구 자율안전확인 고시 별표 1)
평형 플랜지의 직경은 설치하는 숫돌 직경의 3분의 1 이상, 여유값은 1.5mm 이상이어야 한다.
∴ $300 \times \frac{1}{3} = 100$mm

[정답] ②

57 지게차의 포크에 적재된 화물이 마스트 후방으로 낙하함으로써 근로자에게 미치는 위험을 방지하기 위하여 설치하는 것은?

① 헤드가드
② 백레스트
③ 낙하방지장치
④ 과부하방지장치

해설
백레스트 : 포크에 적재된 화물이 마스트 후방으로 낙하하는 것을 방지하기 위한 장치
※ 지게차 방호장치 : 헤드가드, 백레스트, 전조등, 후미등, 안전벨트

정답 ②

58 아세틸렌 용기의 사용 시 주의사항으로 옳지 않은 것은?

① 충격을 가하지 않는다.
② 화기나 열기를 멀리한다.
③ 아세틸렌 용기를 뉘어 놓고 사용한다.
④ 운반 시에는 반드시 캡을 씌우도록 한다.

해설
③ 아세틸렌 용기는 세워서 사용하여야 한다.

정답 ③

59 어떤 로프의 최대하중이 700N이고, 정격하중은 100N이다. 이때 안전계수는 얼마인가?

① 5
② 6
③ 7
④ 8

해설
안전계수 = $\dfrac{최대하중}{정격하중}$

$\dfrac{700}{100} = 7N$

정답 ③

60 휴대용 연삭기 덮개의 개방부 각도(°)는 얼마 이내여야 하는가?

① 60°
② 90°
③ 125°
④ 180°

해설
연삭기 덮개의 각도(방호장치 자율안전기준 고시 별표 4)
휴대용 연삭기 덮개의 개방부 각도 : 180° 이내

정답 ④

제4과목 전기위험 방지기술

61. 인체의 표면적이 0.5m²이고 정전용량은 0.02pF/cm²이다. 3,300V의 전압이 인가되어 있는 전선에 접근하여 작업을 할 때 인체에 축적되는 정전기 에너지(J)는?

① 5.445×10^{-2} ② 5.445×10^{-4}
③ 2.723×10^{-2} ④ 2.723×10^{-4}

해설

$E = \dfrac{1}{2}CV^2$ (J)

$= \dfrac{1}{2} \times (0.02 \times 10^{-12}) \times 0.5 \times 100^2 \times 3{,}300^2$

$= 5.445 \times 10^{-4}$ J

※ 0.5 뒤에 100^2를 곱하는 이유는 cm² 단위로 변환하여 계산하기 위함이다.

정답 ②

62. 자동전격방지장치에 대한 설명으로 틀린 것은?

① 무부하 시 전력손실을 줄인다.
② 무부하전압을 안전전압 이하로 저하시킨다.
③ 용접을 할 때에만 용접기의 주회로를 개로(off)시킨다.
④ 교류 아크용접기의 안전장치로서 용접기의 1차 또는 2차측에 부착한다.

해설

자동전격방지기 : 교류 아크용접기의 안전장치로서 용접기의 1차 또는 2차측에 부착하며 1초 이내에 안전전압(25V 이하)으로 내려주는 장치이다.

정답 ③

63. 방폭전기기기의 온도등급의 기호는?

① E ② S
③ T ④ N

해설

방폭전기기기의 온도등급 기호 : T

정답 ③

64. 전기기기 방폭의 기본개념이 아닌 것은?

① 점화원의 방폭적 격리
② 전기기기의 안전도 증강
③ 점화능력의 본질적 억제
④ 전기설비 주위 공기의 절연능력 향상

해설

전기기기 방폭의 기본개념
- 점화원의 방폭적 격리
- 전기기기의 안전도 증강
- 점화능력의 본질적 억제

정답 ④

65. 다음 중 전동기를 운전하고자 할 때 개폐기의 조작 순서로 옳은 것은?

① 메인 스위치 → 분전반 스위치 → 전동기용 개폐기
② 분전반 스위치 → 메인 스위치 → 전동기용 개폐기
③ 전동기용 개폐기 → 분전반 스위치 → 메인 스위치
④ 분전반 스위치 → 전동기용 스위치 → 메인 스위치

해설

전동기 운전 시 개폐기의 조작 순서
메인 스위치 → 분전반 스위치 → 전동기용 개폐기

정답 ①

66
방폭전기기기에 'Ex ia ⅡC T4 Ga'라고 표시되어 있다. 해당 기기에 대한 설명으로 틀린 것은?

① 정상작동, 예상된 오작동 또는 드문 오작동 중에 점화원이 될 수 없는 '매우 높은' 보호등급의 기기이다.
② 온도등급은 T4이므로 최고 표면온도가 150℃를 초과해서는 안 된다.
③ 본질안전 방폭구조로 0종 장소에서 사용이 가능하다.
④ 수소 및 아세틸렌 등의 가스가 존재하는 곳에 사용이 가능하다.

해설
② 온도등급 T4의 경우에는 최고 표면온도가 135℃ 이하여야 한다.
방폭전기기기의 온도등급
- T1 : 최고 표면온도 450℃ 이하
- T2 : 최고 표면온도 300℃ 이하
- T3 : 최고 표면온도 200℃ 이하
- T4 : 최고 표면온도 135℃ 이하
- T5 : 최고 표면온도 100℃ 이하
- T6 : 최고 표면온도 85℃ 이하

정답 ②

67
이동식 전기기기의 감전사고를 방지하기 위한 가장 적정한 시설은?

① 접지설비　② 폭발방지설비
③ 시건장치　④ 피뢰기설비

해설
누전에 의한 감전을 방지하기 위해서 이동식 전기기기에 접지설비를 한다.

정답 ①

68
인체의 피부저항은 피부에 땀이 나 있는 경우 건조 시보다 약 어느 정도 저하되는가?

① $\frac{1}{4} \sim \frac{1}{2}$　② $\frac{1}{10} \sim \frac{1}{6}$
③ $\frac{1}{20} \sim \frac{1}{12}$　④ $\frac{1}{31} \sim \frac{1}{25}$

해설
인체의 피부저항 감소
- 피부에 땀이 나 있는 경우 : $\frac{1}{20} \sim \frac{1}{12}$ 감소
- 피부가 물에 젖어 있는 경우 : $\frac{1}{25}$ 감소

정답 ③

69
유자격자가 아닌 근로자가 방호되지 않은 충전전로 인근의 높은 곳에서 작업할 때에 근로자의 몸은 충전전로에서 몇 cm 이내로 접근할 수 없도록 하여야 하는가?(단, 대지전압이 50kV이다)

① 50　② 100
③ 200　④ 300

해설
충전전로에서의 전기작업(산업안전보건기준에 관한 규칙 제321조)
유자격자가 아닌 근로자가 충전전로 인근의 높은 곳에서 작업할 때에 근로자의 몸 또는 긴 도전성 물체가 방호되지 않은 충전전로에서 대지전압이 50kV 이하인 경우에는 300cm 이내로, 대지전압이 50kV를 넘는 경우에는 10kV당 10cm씩 더한 거리 이내로 각각 접근할 수 없도록 할 것

정답 ④

70

대전물체의 표면전위를 검출전극에 의한 용량 분할을 통해 측정할 수 있다. 대전물체의 표면전위 V_s는?(단, 대전물체와 검출전극 간의 정전용량은 C_1, 검출전극과 대지 간의 정전용량은 C_2, 검출전극의 전위는 V_e이다)

① $V_s = \left(\dfrac{C_1 + C_2}{C_1} + 1\right) V_e$

② $V_s = \dfrac{C_1 + C_2}{C_1} V_e$

③ $V_s = \dfrac{C_2}{C_1 + C_2} V_e$

④ $V_s = \left(\dfrac{C_1}{C_1 + C_2} + 1\right) V_e$

해설

표면전위
$V_s = \dfrac{C_1 + C_2}{C_1} V_e$

정답 ②

71

감전사고를 방지하기 위해 허용보폭전압에 대한 수식으로 맞는 것은?

- E : 허용보폭전압
- R_b : 인체의 저항
- P_s : 지표 상층 저항률
- I_k : 심실세동전류

① $E = (R_b + 3P_s)I_k$
② $E = (R_b + 4P_s)I_k$
③ $E = (R_b + 5P_s)I_k$
④ $E = (R_b + 6P_s)I_k$

해설

감전사고 방지를 위한 허용보폭전압
$E = (R_b + 6P_s)I_k$

정답 ④

72

전기화재의 경로별 원인으로 거리가 먼 것은?

① 단락
② 누전
③ 저전압
④ 접촉부의 과열

해설

전기화재의 원인 중 하나는 과전압이다.

정답 ③

73

누전된 전동기에 인체가 접촉하여 500mA의 누전전류가 흘렀고 정격감도전류 500mA인 누전차단기가 동작하였다. 이때 인체전류를 약 10mA로 제한하기 위해서는 전동기 외함에 설치할 접지저항의 크기는 약 몇 Ω인가?(단, 인체저항은 500Ω이며, 다른 저항은 무시한다)

① 5
② 10
③ 50
④ 100

해설

전동기 외함에 설치할 접지저항 계산
인체저항 Rh, 인체전류 Ih, 접지저항 Rg, 접지전류 Ig일 때,
1. 누전전류는 $Ih + Ig$이므로, $Ih + Ig = 500$이다.
2. 병렬연결로 접지와 인체를 통한 전압이 같으므로, $Ih \times Rh = Ig \times Rg$이다.
3. $Ig = 500 - Ih$이고, $Rh = 500$이므로,
$Ih \times 500 = (500 - Ih) \times Rg$이며 $Rg = \dfrac{Ih \times 500}{500 - Ih}$이다.

여기서, 인체전류 $Ih = 10$mA로, $Rg = \dfrac{5,000}{490} ≒ 10.2$이다.

정답 ②

74
작업자가 교류전압 7,000V 이하의 전로에 활선 근접작업 시 감전사고 방지를 위한 절연용 보호구는?

① 고무절연판
② 절연시트
③ 절연커버
④ 절연안전모

해설
④ 교류전압 7,000V 이하 전로 활선작업 시 절연용 안전보호구 착용
※ 절연용 안전보호구 : 절연안전모, 절연화 및 절연장화, 절연장갑, 절연복

정답 ④

75
KS C IEC 60079-6에 따른 유입 방폭구조 'o' 방폭장비의 최소 IP등급은?

① IP44
② IP54
③ IP55
④ IP66

해설
유입 방폭구조는 IP66 이상의 보호등급을 가져야 한다.

정답 ④

76
다음 중 폭발위험장소에 전기설비를 설치할 때 전기적인 방호조치로 적절하지 않은 것은?

① 다상 전기기기는 결상운전으로 인한 과열방지 조치를 한다.
② 배선은 단락·지락사고 시의 영향과 과부하로부터 보호한다.
③ 자동차단이 점화의 위험보다 클 때는 경보장치를 사용한다.
④ 단락보호장치는 고장상태에서 자동복구되도록 한다.

해설
④ 단락보호장치는 고장상태에서 자동재폐로가 되지 말아야 한다.

정답 ④

77
폭발위험이 있는 장소의 설정 및 관리와 가장 관계가 먼 것은?

① 인화성 액체의 증기 사용
② 인화성 가스의 제조
③ 인화성 고체의 제조
④ 종이 등 가연성 물질 취급

해설
폭발위험이 있는 장소의 설정 및 관리(산업안전보건기준에 관한 규칙 제230조)
사업주는 다음 장소에 대하여 폭발위험장소의 구분도(區分圖)를 작성하는 경우에는 한국산업표준으로 정하는 기준에 따라 가스폭발 위험장소 또는 분진폭발 위험장소로 설정하여 관리해야 한다.
• 인화성 액체의 증기나 인화성 가스 등을 제조·취급 또는 사용하는 장소
• 인화성 고체를 제조·사용하는 장소

정답 ④

78
다음은 무슨 현상을 설명한 것인가?

> 전위차가 있는 2개의 대전체가 특정 거리에 접근하게 되면 등전위가 되기 위하여 전하가 절연공간을 깨고 순간적으로 빛과 열을 발생하며 이동하는 현상

① 대전
② 충전
③ 방전
④ 열전

해설
방전 : 전위차가 있는 2개의 대전체가 특정 거리에 접근하게 되면 등전위가 되기 위하여 전하가 절연공간을 깨고 순간적으로 빛과 열을 발생하며 이동하는 현상을 말한다(대전체에서 전하를 잃는 과정으로 대전체에서 전기가 방출).

정답 ③

79. 피뢰기가 구비하여야 할 조건으로 옳지 않은 것은?

① 제한전압이 낮아야 한다.
② 상용 주파 방전 개시전압이 높아야 한다.
③ 충격방전 개시전압이 높아야 한다.
④ 속류 차단 능력이 충분하여야 한다.

해설
피뢰기가 갖추어야 할 성능
• 충격방전 개시전압이 낮을 것
• 반복동작이 가능할 것
• 뇌전류의 방전능력이 클 것
• 제한전압이 낮을 것
• 속류의 차단이 확실할 것
• 상용 주파 방전 개시전압이 높을 것

정답 ③

80. 일반 허용접촉 전압과 그 종별을 짝지은 것으로 옳지 않은 것은?

① 제1종 : 0.5V 이하
② 제2종 : 25V 이하
③ 제3종 : 50V 이하
④ 제4종 : 제한 없음

해설
접촉전압의 허용한계

종별	통전경로	허용접촉 전압
제1종	인체의 대부분이 수중에 있는 상태	2.5V 이하
제2종	• 인체가 현저하게 젖어 있는 상태 • 금속성의 전기기계 · 기구나 구조물에 인체의 일부가 상시 접촉된 상태	25V 이하
제3종	건조한 통상의 인체상태로서, 접촉전압이 가해지더라도 위험성이 낮은 상태	50V 이하
제4종	• 건조한 통상의 인체상태로서, 접촉전압이 가해지더라도 위험성이 낮은 상태 • 접촉전압이 가해질 우려가 없는 경우	제한 없음

정답 ①

제5과목 화학설비위험 방지기술

81. 위험물안전관리법상 제3류 위험물 중 금수성 물질에 대하여 적응성이 있는 소화기는?

① 포소화기
② 이산화탄소소화기
③ 할로겐화합물소화기
④ 탄산수소염류 분말소화기

해설
소화설비의 적응성(위험물안전관리법 시행규칙 별표 17)
탄산수소염류 분말소화기는 금수성 물질에 대한 적응성이 있다.

정답 ④

82. 다음 중 아세틸렌을 용해가스로 만들 때 사용되는 용제로 가장 적합한 것은?

① 아세톤
② 메테인
③ 뷰테인
④ 프로페인

해설
아세틸렌의 용제로는 아세톤이 사용된다.

정답 ①

83

사업주는 가스폭발 위험장소 또는 분진폭발 위험장소에 설치되는 건축물 등에 대해서는 규정에서 정한 부분을 내화구조로 하여야 한다. 다음 중 내화구조로 하여야 하는 부분에 대한 기준으로 옳지 않은 것은?

① 건축물의 기둥 : 지상 1층(지상 1층의 높이가 6m를 초과하는 경우에는 6m)까지
② 위험물 저장·취급용기의 지지대(높이가 30cm 이하인 것은 제외) : 지상으로부터 지지대의 끝부분까지
③ 건축물의 보 : 지상 2층(지상 2층의 높이가 10m를 초과하는 경우에는 10m)까지
④ 배관·전선관 등의 지지대 : 지상으로부터 1단(1단의 높이가 6m를 초과하는 경우에는 6m)까지

해설

내화기준(산업안전보건기준에 관한 규칙 제270조)
• 사업주는 가스폭발 위험장소 또는 분진폭발 위험장소에 설치되는 건축물 등에 대해서는 다음에 해당하는 부분을 내화구조로 하여야 하며, 그 성능이 항상 유지될 수 있도록 점검·보수 등 적절한 조치를 하여야 한다. 다만, 건축물 등의 주변에 화재에 대비하여 물 분무시설 또는 폼 헤드(foam head)설비 등의 자동소화설비를 설치하여 건축물 등이 화재 시에 2시간 이상 그 안전성을 유지할 수 있도록 한 경우에는 내화구조로 하지 아니할 수 있다.
 - 건축물의 기둥 및 보 : 지상 1층(지상 1층의 높이가 6m를 초과하는 경우에는 6m)까지
 - 위험물 저장·취급용기의 지지대(높이가 30cm 이하인 것은 제외) : 지상으로부터 지지대의 끝부분까지
 - 배관·전선관 등의 지지대 : 지상으로부터 1단(1단의 높이가 6m를 초과하는 경우에는 6m)까지
• 내화재료는 한국산업표준으로 정하는 기준에 적합하거나 그 이상의 성능을 가지는 것이어야 한다.

정답 ③

84

반응성 화학물질의 위험성은 실험에 의한 평가 대신 문헌조사 등을 통해 계산에 의해 평가하는 방법을 사용할 수 있다. 이에 관한 설명으로 옳지 않은 것은?

① 위험성이 너무 커서 물성을 측정할 수 없는 경우 계산에 의한 평가 방법을 사용할 수도 있다.
② 연소열, 분해열, 폭발열 등의 크기에 의해 그 물질의 폭발 또는 발화의 위험예측이 가능하다.
③ 계산에 의한 평가를 하기 위해서는 폭발 또는 분해에 다른 생성물의 예측이 이루어져야 한다.
④ 계산에 의한 위험성 예측은 모든 물질에 대해 정확성이 있으므로 더 이상의 실험을 필요로 하지 않는다.

해설

④ 계산에 의한 위험성 예측은 모든 물질에 대해서 정확성이 있는 것이 아니므로 실험이 필요하다.

정답 ④

85

어떤 습한 고체재료 10kg을 완전 건조 후 무게를 측정하였더니 6.8kg이었다. 이 재료의 건량 기준 함수율은 몇 kg·H₂O/kg인가?

① 0.25
② 0.36
③ 0.47
④ 0.58

해설

함수율

$$\frac{10(습한\ 고체재료) - 6.8(완전\ 건조\ 후\ 무게)}{6.8(완전\ 건조\ 후\ 무게)}$$

≒ 0.47

정답 ③

86

폭발의 위험성을 고려하기 위해 정전에너지 값을 구하고자 한다. 다음 중 정전에너지를 구하는 식은?(단, E는 정전에너지, C는 정전용량, V는 전압을 의미한다)

① $E = \frac{1}{2}CV^2$ ② $E = \frac{1}{2}VC^2$

③ $E = VC^2$ ④ $E = \frac{1}{4}VC$

해설

정전에너지
$E = \frac{1}{2}CV^2$

정답 ①

88

공정안전보고서에 포함하여야 할 세부내용 중 공정안전자료의 세부내용이 아닌 것은?

① 유해・위험설비의 목록 및 사양
② 폭발위험장소 구분도 및 전기단선도
③ 유해・위험물질에 대한 물질안전보건자료
④ 설비점검・검사 및 보수계획, 유지계획 및 지침서

해설

공정안전보고서의 세부내용 등 – 공정안전자료(산업안전보건법 시행규칙 제50조)
• 취급・저장하고 있거나 취급・저장하려는 유해・위험물질의 종류 및 수량
• 유해・위험물질에 대한 물질안전보건자료
• 유해하거나 위험한 설비의 목록 및 사양
• 유해하거나 위험한 설비의 운전방법을 알 수 있는 공정도면
• 각종 건물・설비의 배치도
• 폭발위험장소 구분도 및 전기단선도
• 위험설비의 안전설계・제작 및 설치 관련 지침서

정답 ④

87

인화성 가스가 발생할 우려가 있는 지하작업장에서 작업할 경우 폭발이나 화재를 방지하기 위한 조치사항 중 가스의 농도를 측정하는 기준으로 적절하지 않은 것은?

① 매일 작업을 시작하기 전에 측정한다.
② 가스 누출이 의심되는 경우 측정한다.
③ 장시간 작업할 때에는 매 8시간마다 측정한다.
④ 가스가 발생하거나 정체할 위험이 있는 장소에 대하여 측정한다.

해설

③ 장시간 작업할 때에는 4시간마다 가스농도를 측정하여야 한다(산업안전보건기준에 관한 규칙 제296조).

정답 ③

89

산업안전보건법상 사업주가 인화성 액체 위험물을 액체 상태로 저장하는 저장탱크를 설치하는 경우에는 위험물질이 누출되어 확산되는 것을 방지하기 위하여 무엇을 설치하여야 하는가?

① flame arrester
② vent stack
③ 긴급방출장치
④ 방유제

해설

방유제 설치(산업안전보건기준에 관한 규칙 제272조)
사업주는 위험물(인화성 액체, 인화성 가스, 부식성 물질, 급성 독성 물질)을 액체 상태로 저장하는 저장탱크를 설치하는 경우에는 위험물질이 누출되어 확산되는 것을 방지하기 위하여 방유제(防油堤)를 설치하여야 한다.

정답 ④

90 위험물의 저장방법으로 적절하지 않은 것은?

① 탄화칼슘은 물속에 저장한다.
② 벤젠은 산화성 물질과 격리시킨다.
③ 금속나트륨은 석유 속에 저장한다.
④ 질산은 갈색병에 넣어 냉암소에 보관한다.

해설
① 탄화칼슘은 물과 닿으면 아세틸렌을 발생시키므로 건조한 곳에서 보관하여야 한다.
※ $CaC_2 + 2H_2O = Ca(OH)_2 + C_2H_2$
　(탄화칼슘)　(물)　(수산화칼슘)　(아세틸렌)

정답 ①

91 다이에틸에테르와 에틸알코올이 3:1로 혼합증기의 몰비가 각각 0.75, 0.25이고, 다이에틸에테르와 에틸알코올의 폭발하한값이 각각 1.9vol%, 4.3vol%일 때 혼합가스의 폭발하한값은 약 몇 vol%인가?

① 2.2
② 3.5
③ 22.0
④ 34.7

해설
폭발하한값
$$L = \frac{V_1 + V_2 + V_3 + \cdots}{\frac{V_1}{L_1} + \frac{V_2}{L_2} + \frac{V_3}{L_3} + \cdots}$$
$$= \frac{100}{\frac{75}{1.9} + \frac{25}{4.3}} \fallingdotseq 2.2 \text{vol\%}$$

※ 몰비의 비중이 각각 0.75, 0.25이므로, 부피의 비중은 75%, 25%임을 알 수 있다.

정답 ①

92 나이트로셀룰로스와 같이 연소에 필요한 산소를 포함하고 있는 물질이 연소하는 것을 무엇이라고 하는가?

① 분해연소
② 확산연소
③ 그을음연소
④ 자기연소

해설
자기연소 : 물질 자체 내의 산소를 이용하여 연소하는 형태를 말한다.

정답 ④

93 진한 질산이 공기 중에서 햇빛에 의해 분해되었을 때 발생하는 갈색 증기는?

① N_2
② NO_2
③ NH_3
④ NH_2

해설
$4HNO_3 \rightarrow 4NO_2 + 2H_2O + O_2$
(진한 질산)　(이산화질소)　(물)　(산소)

정답 ②

94 다음 중 분진이 발화 폭발하기 위한 조건으로 거리가 먼 것은?

① 불연성 성질
② 미분 상태
③ 점화원의 존재
④ 지연성 가스 중에서의 교반과 운동

해설
불연성 성질은 불이 붙어도 연소가 되지 않는 것으로 분진의 발화 폭발과는 관계가 없다.

정답 ①

95 일산화탄소에 대한 설명으로 옳지 않은 것은?

① 무색·무취의 기체이다.
② 염소와 촉매 존재하에 반응하여 포스겐이 된다.
③ 인체 내의 헤모글로빈과 결합하여 산소 운반기능을 저하시킨다.
④ 불연성 가스로서 허용농도가 10ppm이다.

해설
④ 일산화탄소의 허용농도는 30ppm 미만이다.

정답 ④

96
유체의 역류를 방지하기 위해 설치하는 밸브는?

① 체크밸브 ② 게이트밸브
③ 대기밸브 ④ 글로브밸브

해설
체크밸브 : 유체를 한쪽 방향으로만 흐르게 하고 반대 방향으로는 흐르지 못하게 하는 밸브로 역류를 방지하기 위해 설치한다.

정답 ①

97
고압의 환경에서 장시간 작업하는 경우에 발생할 수 있는 잠함병(潛函病) 또는 잠수병(潛水病)은 다음 중 어떤 물질에 의하여 일어나는 중독현상인가?

① 질소 ② 황화수소
③ 일산화탄소 ④ 이산화탄소

해설
잠함병, 잠수병은 질소중독에 의해 일어나며 급격한 감압 시에 혈액과 조직에 기포를 형성하여 두통, 구역질, 출혈 등 여러 신체적 문제를 야기한다.

정답 ①

98
공업용 가스의 용기가 주황색으로 도색되어 있을 때 용기 안에는 어떠한 가스가 들어 있는가?

① 수소 ② 질소
③ 암모니아 ④ 아세틸렌

해설
① 수소 : 주황색
② 질소 : 회색
③ 암모니아 : 백색
④ 아세틸렌 : 황색

정답 ①

99
다음 중 열교환기의 보수에 있어 일상점검 항목과 정기적 개방점검 항목으로 구분할 때 일상점검 항목으로 가장 거리가 먼 것은?

① 도장의 노후 상황
② 부착물에 의한 오염 상황
③ 보온재, 보랭재의 파손 여부
④ 기초볼트의 체결 정도

해설
열교환기의 일상점검 항목
- 도장의 노후 상황
- 보온재 및 보랭재의 파손 여부
- 플랜지부, 용접부 등의 누설 여부
- 기초볼트의 체결 정도

정답 ②

100
에틸알코올(C_2H_5OH) 1mol이 완전연소할 때 생성되는 CO_2의 몰수로 옳은 것은?

① 1 ② 2
③ 3 ④ 4

해설
$C_2H_5OH + 3O_2 \rightarrow 2CO_2 + 3H_2O$

정답 ②

제6과목 건설안전기술

101 흙막이 공법을 흙막이 지지방식에 의한 분류와 구조방식에 의한 분류로 나눌 때 지지방식에 의한 분류에 해당하는 것은?

① 수평버팀대식 흙막이 공법
② h-pile 공법
③ 지하연속벽 공법
④ top down method 공법

해설
흙막이 공법의 분류
- 지지방식에 의한 분류 : 버팀대식(수평버팀대식, 경사버팀대식) 공법, 자립식 공법, 어스앵커식 공법
- 구조방식에 의한 분류 : h-pile 공법, 지하연속벽 공법, top down method 공법

정답 ①

102 지반의 종류가 경암일 때의 굴착면 기울기 기준으로 옳은 것은?

① 1:1.0
② 1:0.5
③ 1:1.8
④ 1:1.2

해설
굴착면의 기울기 기준(산업안전보건기준에 관한 규칙 별표 11)

지반의 종류	굴착면의 기울기
모래	1:1.8
연암 및 풍화암	1:1.0
경암	1:0.5
그 밖의 흙	1:1.2

정답 ②

103 표면장력이 흙입자의 이동을 막고 조밀하게 다져지는 것을 방해하는 현상과 관계 깊은 것은?

① 흙의 압밀(consolidation)
② 흙의 침하(settlement)
③ 벌킹(bulking)
④ 과다짐(over compaction)

해설
벌킹 : 모래 또는 실트가 물에 약간 머물고 있을 때 느슨한 상태가 되어 건조한 경우에 비해 체적이 증가하는 증상으로 흙입자의 이동을 막고 조밀하게 다져지는 것을 방해한다.

정답 ③

104 표준관입시험에 관한 설명으로 옳지 않은 것은?

① N치(N-value)는 지반을 30cm 굴진하는 데 필요한 타격횟수를 의미한다.
② N치가 4~10일 경우 모래의 상대밀도는 매우 단단한 편이다.
③ 63.5kg 무게의 추를 76cm 높이에서 자유낙하하여 타격하는 시험이다.
④ 사질지반에 적용하며, 점토지반에서는 편차가 커서 신뢰성이 떨어진다.

해설
표준관입시험은 63.5kg 무게의 추를 76cm 높이에서 자유낙하하여 타격하는 시험으로 타격횟수 N치를 구하여 지반의 특성(전단강도 등)을 확인하는 시험을 말한다. N치가 4~10인 경우에는 연약지반으로 분류된다.

정답 ②

105
지면보다 낮은 땅을 파는 데 적합하고 수중굴착도 가능한 굴착기계는?

① 백호
② 파워셔블
③ 가이데릭
④ 파일드라이버

해설
백호 : 기계가 서 있는 지면보다 낮은 장소의 굴착에도 적당하고 수중굴착도 가능한 굴착기계이다.

정답 ①

106
개착식 흙막이벽의 계측 내용에 해당되지 않는 것은?

① 경사 측정
② 지하수위 측정
③ 변형률 측정
④ 내공변위 측정

해설
내공변위 측정은 터널의 계측관리에 해당된다.

정답 ④

107
다음 중 해체작업용 기계·기구로 가장 거리가 먼 것은?

① 압쇄기
② 핸드 브레이커
③ 철제해머
④ 진동롤러

해설
해체작업용 기계·기구(해체공사 표준안전작업지침 제2장)
압쇄기, 대형 브레이커, 철제해머, 화약류, 핸드 브레이커, 팽창제, 절단톱, 재키, 쐐기타입기, 화염방사기, 절단줄톱

정답 ④

108
안전계수가 4이고 2,000MPa의 인장강도를 갖는 강선의 최대 허용응력은?

① 500MPa
② 1,000MPa
③ 1,500MPa
④ 2,000MPa

해설
$$\text{안전계수} = \frac{\text{인장강도}}{\text{최대 허용응력}}$$

$$\text{최대 허용응력} = \frac{\text{인장강도}}{\text{안전계수}} = \frac{2,000}{4} = 500\text{MPa}$$

정답 ①

109 다음은 말비계를 조립하여 사용하는 경우에 관한 준수사항이다. 빈칸 안에 들어갈 내용으로 옳은 것은?

- 지주부재와 수평면의 기울기를 (A)° 이하로 하고 지주부재와 지주부재 사이를 고정시키는 보조부재를 설치할 것
- 말비계의 높이가 2m를 초과하는 경우에는 작업발판의 폭을 (B)cm 이상으로 할 것

① A : 75, B : 30
② A : 75, B : 40
③ A : 85, B : 30
④ A : 85, B : 40

해설
말비계(산업안전보건기준에 관한 규칙 제67조)
사업주는 말비계를 조립하여 사용하는 경우에 다음 사항을 준수하여야 한다.
- 지주부재(支柱部材)의 하단에는 미끄럼 방지장치를 하고, 근로자가 양측 끝부분에 올라서서 작업하지 않도록 할 것
- 지주부재와 수평면의 기울기를 75° 이하로 하고, 지주부재와 지주부재 사이를 고정시키는 보조부재를 설치할 것
- 말비계의 높이가 2m를 초과하는 경우에는 작업발판의 폭을 40cm 이상으로 할 것

정답 ②

110 구조물 해체작업으로 사용되는 공법이 아닌 것은?

① 압쇄공법   ② 잭공법
③ 절단공법   ④ 진공공법

해설
구조물 해체공법 : 압쇄공법, 잭공법, 절단공법, 브레이커 공법 등이 있다.

정답 ④

111 터널 지보공을 설치한 경우에 수시로 점검하여 이상 발견 시 즉시 보강하거나 보수해야 할 사항이 아닌 것은?

① 부재의 손상·변형·부식·변위·탈락 유무 및 상태
② 부재의 긴압 정도
③ 부재의 접속부 및 교차부의 상태
④ 계측기 설치 상태

해설
붕괴 등의 방지(산업안전보건기준에 관한 규칙 제366조)
사업주는 터널 지보공을 설치한 경우에 다음 사항을 수시로 점검하여야 하며, 이상을 발견한 경우에는 즉시 보강하거나 보수하여야 한다.
- 부재의 손상·변형·부식·변위 탈락의 유무 및 상태
- 부재의 긴압 정도
- 부재의 접속부 및 교차부의 상태
- 기둥침하의 유무 및 상태

정답 ④

112 취급·운반의 원칙으로 옳지 않은 것은?

① 연속운반을 할 것
② 생산을 최고로 하는 운반을 생각할 것
③ 운반작업을 집중하여 시킬 것
④ 곡선운반을 할 것

해설
취급·운반의 원칙
- 운반은 직선으로 할 것
- 연속운반을 할 것
- 생산을 최고로 하는 운반을 생각할 것
- 운반작업을 집중하여 시킬 것

정답 ④

113
다음은 가설통로를 설치하는 경우의 준수사항이다. 괄호 안에 알맞은 숫자를 고르면?

> 건설공사에 사용하는 높이 8m 이상인 비계다리에는 ( )m 이내마다 계단참을 설치할 것

① 7 ② 6
③ 5 ④ 4

해설
가설통로의 구조(산업안전보건기준에 관한 규칙 제23조)
건설공사에 사용하는 높이 8m 이상인 비계다리에는 7m 이내마다 계단참을 설치할 것

정답 ①

114
다음은 산업안전보건기준에 관한 규칙의 콘크리트 타설작업에 관한 사항이다. 빈칸에 들어갈 적절한 용어는?

> 당일의 작업을 시작하기 전에 해당 작업에 관한 거푸집 및 동바리의 (A)·변위 및 (B) 등을 점검하고 이상이 있으면 보수할 것

① A : 변형, B : 지반의 침하 유무
② A : 변형, B : 개구부 방호설비
③ A : 균열, B : 깔판
④ A : 균열, B : 지주의 침하

해설
콘크리트 타설작업(산업안전보건기준에 관한 규칙 제334조)
당일의 작업을 시작하기 전에 해당 작업에 관한 거푸집 및 동바리의 변형·변위 및 지반의 침하 유무 등을 점검하고 이상이 있으면 보수할 것

정답 ①

115
근로자에게 작업 중 또는 통행 시 굴러떨어짐으로 인하여 근로자가 화상·질식 등의 위험에 처할 우려가 있는 케틀(kettle), 호퍼(hopper), 피트(pit) 등이 있는 경우에 그 위험을 방지하기 위하여 최소 높이 얼마 이상의 울타리를 설치하여야 하는가?

① 80cm 이상 ② 85cm 이상
③ 90cm 이상 ④ 95cm 이상

해설
울타리의 설치(산업안전보건기준에 관한 규칙 제48조)
근로자에게 작업 중 또는 통행 시 굴러떨어짐으로 인하여 근로자가 화상·질식 등의 위험에 처할 우려가 있는 케틀(kettle, 가열 용기), 호퍼(hopper, 깔때기 모양의 출입구가 있는 큰 통), 피트(pit, 구덩이) 등이 있는 경우에 그 위험을 방지하기 위하여 필요한 장소에 높이 90cm 이상의 울타리를 설치하여야 한다.

정답 ③

116
토질시험 중 연약한 점토 지반의 점착력을 판별하기 위하여 실시하는 현장시험은?

① 베인테스트(vane test)
② 표준관입시험(SPT)
③ 하중재하시험
④ 삼축압축시험

해설
베인테스트 : 연약한 점성토 지반에서 점착력을 확인하는 시험으로, 베인(vane)을 땅에 관입하여 회전시켜 전단강도를 계산한다.

정답 ①

117 건설공사의 산업안전보건관리비 계상 시 대상액이 구분되어 있지 않은 공사는 도급계약 또는 자체 사업계획상의 총공사금액 중 얼마를 대상액으로 하는가?

① 50% ② 60%
③ 70% ④ 80%

해설
계상의무 및 기준(건설업 산업안전보건관리비 계상 및 사용기준 제4조)
㉠ 대상액이 5억 원 미만 또는 50억 원 이상인 경우 : 대상액에 별표 1에서 정한 비율을 곱한 금액
㉡ 대상액이 5억 원 이상 50억 원 미만인 경우 : 대상액에 별표 1에서 정한 비율을 곱한 금액에 기초액을 합한 금액
㉢ 대상액이 명확하지 않은 경우 : 제4조 제1항의 도급계약 또는 자체 사업계획상 책정된 총공사금액의 10분의 7에 해당하는 금액을 대상액으로 하고 ㉠, ㉡에서 정한 기준에 따라 계상

정답 ③

118 철골공사 시 안전작업방법 및 준수사항으로 옳지 않은 것은?

① 강풍, 폭우 등과 같은 악천우 시에는 작업을 중지하여야 하며 특히 강풍 시에는 높은 곳에 있는 부재나 공구류가 낙하비래하지 않도록 조치하여야 한다.
② 부재 반입 시 시공순서가 빠른 부재는 상단부에 위치하도록 한다.
③ 구명줄 설치 시 마닐라 로프 직경 10mm를 기준하여 설치하고 작업방법을 충분히 검토하여야 한다.
④ 철골보의 두 곳을 매어 인양시킬 때 와이어 로프의 내각은 60° 이하이어야 한다.

해설
③ 구명줄을 설치할 경우에는 1가닥의 구명줄을 여러 명이 동시에 사용하지 않도록 하여야 하며 구명줄을 마닐라 로프 직경 16mm를 기준하여 설치하고 작업방법을 충분히 검토하여야 한다(철골공사 표준안전작업지침 제16조).

정답 ③

119 중량물을 운반할 때의 자세로 옳은 것은?

① 허리를 구부리고 양손으로 들어 올린다.
② 중량은 보통 체중의 60%가 적당하다.
③ 물건은 최대한 몸에서 멀리 떼어서 들어 올린다.
④ 길이가 긴 물건은 앞쪽을 높게 하여 운반한다.

해설
① 중량물 취급 시 허리 대신 다리를 굽혀 다리의 힘으로 자연스럽게 들어 올린다.
② 중량은 남자 근로자인 경우에는 체중의 40%, 여자 근로자인 경우에는 24% 이하가 되어야 한다.
③ 물건은 최대한 몸 가까이에서 잡고 들어 올린다.

정답 ④

120 강관비계의 수직 방향 벽이음 조립간격(m)으로 옳은 것은?(단, 틀비계이며 높이가 5m 이상일 경우)

① 2m ② 4m
③ 6m ④ 9m

해설
강관비계의 조립간격(산업안전보건기준에 관한 규칙 별표 5)

강관비계의 종류	조립간격(m)	
	수직 방향	수평 방향
단관비계	5	5
틀비계(높이가 5m 미만인 것은 제외)	6	8

정답 ③

2023년 제3회 과년도 기출복원문제

제1과목 안전관리론

01 산업안전보건법상 특별안전보건교육에서 방사선 업무에 관계되는 작업을 할 때 근로자 대상 교육내용으로 거리가 먼 것은?

① 방사선의 유해·위험 및 인체에 미치는 영향
② 방사선 측정기기 기능의 점검에 관한 사항
③ 비상시 응급처치 및 보호구 착용에 관한 사항
④ 산소농도 측정 및 작업환경에 관한 사항

해설
안전보건교육 교육대상별 교육내용 – 근로자 특별교육 대상 작업별 교육(산업안전보건법 시행규칙 별표 5)
방사선 업무에 관계되는 작업(의료 및 실험용은 제외)
• 방사선의 유해·위험 및 인체에 미치는 영향
• 방사선의 측정기기 기능의 점검에 관한 사항
• 방호거리·방호벽 및 방사선물질의 취급 요령에 관한 사항
• 응급처치 및 보호구 착용에 관한 사항
• 그 밖에 안전·보건관리에 필요한 사항

정답 ④

02 산업안전보건법상 환기가 극히 불량한 좁고 밀폐된 장소에서 용접작업을 하는 근로자 대상의 특별안전보건교육 교육내용에 해당하지 않는 것은?(단, 기타 안전·보건관리에 필요한 사항은 제외한다)

① 환기설비에 관한 사항
② 작업환경 점검에 관한 사항
③ 질식 시 응급조치에 관한 사항
④ 화재예방 및 초기대응에 관한 사항

해설
안전보건교육 교육대상별 교육내용 – 근로자 특별교육 대상 작업별 교육(산업안전보건법 시행규칙 별표 5)
밀폐된 장소(탱크 내 또는 환기가 극히 불량한 좁은 장소를 말한다)에서 하는 용접작업 또는 습한 장소에서 하는 전기용접 작업
• 작업순서, 안전작업방법 및 수칙에 관한 사항
• 환기설비에 관한 사항
• 전격방지 및 보호구 착용에 관한 사항
• 질식 시 응급조치에 관한 사항
• 작업환경 점검에 관한 사항
• 그 밖에 안전·보건관리에 필요한 사항

정답 ④

03 위험예지훈련의 문제해결 4라운드에 속하지 않는 것은?

① 현상파악
② 본질추구
③ 원인결정
④ 대책수립

해설
위험예지훈련 문제해결 4라운드
• 1단계 : 현상파악(사실의 파악)
• 2단계 : 본질추구(원인의 파악)
• 3단계 : 대책수립
• 4단계 : 목표설정(행동계획 수립)

정답 ③

04 수업매체별 장단점 중 '컴퓨터 수업(computer assisted instruction)'의 장점으로 옳지 않은 것은?

① 개인차를 최대한 고려할 수 있다.
② 학습자가 능동적으로 참여하고, 실패율이 낮다.
③ 교사와 학습자가 시간을 효과적으로 이용할 수 없다.
④ 학생의 학습과 과정의 평가를 과학적으로 할 수 있다.

해설
이미 개발된 교육 프로그램을 기반으로 언제, 어디서나 교육이 가능하여 시간을 효과적으로 이용할 수 있다는 장점이 있다.

정답 ③

05 산소결핍이 예상되는 맨홀 내에서 작업을 실시할 때의 사고방지대책으로 적절하지 않은 것은?

① 작업 시작 전 및 작업 중 충분한 환기 실시
② 작업장소의 입장 및 퇴장 시 인원 점검
③ 방진마스크의 보급과 착용 철저
④ 작업장과 외부와의 상시 연락을 위한 설비 설치

해설
산업안전보건기준에 관한 규칙에 따르면, 방진마스크 사용은 선창 등에서 분진(粉塵)이 심하게 발생하는 하역작업에 사용하도록 되어 있다. 즉, 방진마스크는 분진에 대해 적용성이 있으며 밀폐공간과는 어울리지 않는다. 밀폐공간에서는 송기마스크를 착용할 수 있도록 한다.

정답 ③

06 버드(Bird)의 재해발생에 관한 연쇄이론 중 직접적인 원인은 몇 단계에 해당하는가?

① 1단계
② 2단계
③ 3단계
④ 4단계

해설
버드의 신도미노이론 5단계
- 1단계 : 제어 부족(관리)
- 2단계 : 기본원인(기원)
- 3단계 : 직접원인(징후)
- 4단계 : 사고(접촉)
- 5단계 : 재해(손실)

정답 ③

07 적응기제(適應機制, adjustment mechanism)의 종류 중 도피적 기제(행동)에 해당하지 않는 것은?

① 고립
② 퇴행
③ 억압
④ 합리화

해설
적응기제의 종류
- 도피적 기제 : 현실에서 도피하는 것으로 불안이나 긴장을 해소하려는 행동으로 고립, 퇴행, 억압, 억제 등의 모습을 보인다.
- 방어적 기제 : 본인의 열등감 등을 충족하기 위해 내 욕망을 낮추거나 다른 가치를 충족시키는 행동 양상을 보이며 보상, 합리화, 승화, 동일시 등의 모습을 보인다.

정답 ④

08 산업안전심리의 5대 요소에 포함되지 않는 것은?

① 습관
② 동기
③ 감정
④ 지능

해설
산업안전심리 5대 요소
- 동기(motive)
- 기질(temper)
- 감정(emotion)
- 습성(habit)
- 습관(custom)

정답 ④

09 A사업장의 2019년 도수율이 10이라 할 때 연천인율은 얼마인가?

① 2.4
② 5
③ 12
④ 24

해설
연천인율 : 근로자 1,000명당 1년에 발생하는 사상자수

연천인율 = $\dfrac{\text{연간재해자수}}{\text{연평균근로자수}} \times 1,000$
= 도수율 × 2.4
= 10 × 2.4
= 24

정답 ④

10 하인리히 사고예방대책의 기본원리 5단계로 옳은 것은?

① 조직 → 사실의 발견 → 분석 → 시정방법의 선정 → 시정책의 적용
② 조직 → 분석 → 사실의 발견 → 시정방법의 선정 → 시정책의 적용
③ 사실의 발견 → 조직 → 분석 → 시정방법의 선정 → 시정책의 적용
④ 사실의 발견 → 분석 → 조직 → 시정방법의 선정 → 시정책의 적용

해설
하인리히 사고예방원리 5단계
- 1단계 : 안전관리의 조직(안전관리조직 구성 및 운영)
- 2단계 : 사실의 발견(위험 및 재해원인 확인 및 조사)
- 3단계 : 분석·평가(재해원인 분석 및 평가)
- 4단계 : 시정방법의 선정(인사조정, 제도 및 기술적 개선)
- 5단계 : 시정책의 적용(교육적, 기술적 지원 및 독려)

정답 ①

11 재해조사의 목적에 해당되지 않는 것은?

① 재해 발생원인 및 결함 규명
② 재해 관련 책임자 문책
③ 재해예방 자료수집
④ 동종 및 유사재해 재발방지

해설
재해 관련 책임자를 문책하는 것은 재해조사의 목적과는 관계가 없다.

정답 ②

12 다음 중 안전보건교육계획을 수립할 때 고려할 사항으로 가장 거리가 먼 것은?

① 현장의 의견을 충분히 반영한다.
② 대상자의 필요한 정보를 수집한다.
③ 안전교육 시행체계와의 연관성을 고려한다.
④ 정부 규정에 의한 교육에 한정하여 실시한다.

해설
안전보건교육계획을 수립할 때에는 사업장에 맞는 교육내용을 통해 안전의식을 체득시키고 이를 통해 재해를 예방하는 것이 가장 중요하다. 그러므로, 정부가 규정한 교육내용 이상이 필요하다.

정답 ④

13 관리감독자를 대상으로 교육하는 TWI의 교육내용이 아닌 것은?

① 문제해결훈련   ② 작업지도훈련
③ 인간관계훈련   ④ 작업방법훈련

해설
TWI 교육내용
• 작업지도훈련(JIT ; Job Instruction Training)
• 인간관계관리훈련(JRT ; Job Relation Training)
• 작업방법훈련(JMT ; Job Method Training)
• 작업안전훈련(JST ; Job Safety Training)

정답 ①

14 적성요인에 있어 직업적성 검사항목이 아닌 것은?

① 지능   ② 촉각 적응력
③ 형태식별능력   ④ 운동속도

해설
직업적성 검사항목
• 지능, 운동능력   • 손재능
• 형태식별능력   • 창의력
• 언어능력   • 수리 및 논리력
• 대인관계 및 자연친화력

정답 ②

15 크레인, 리프트 및 곤돌라는 사업장에 설치가 끝난 날부터 몇 년 이내에 최초의 안전검사를 실시해야 하는가?(단, 이동식 크레인, 이삿짐운반용 리프트는 제외한다)

① 1년   ② 2년
③ 3년   ④ 4년

해설
안전검사의 주기와 합격표시 및 표시방법(산업안전보건법 시행규칙 제126조)
• 크레인(이동식 크레인은 제외), 리프트(이삿짐운반용 리프트는 제외) 및 곤돌라 : 사업장에 설치가 끝난 날부터 3년 이내에 최초 안전검사를 실시하되, 그 이후부터 2년마다(건설현장에서 사용하는 것은 최초로 설치한 날부터 6개월마다)
• 이동식 크레인, 이삿짐운반용 리프트 및 고소작업대 : 자동차관리법 제8조에 따른 신규등록 이후 3년 이내에 최초 안전검사를 실시하되, 그 이후부터 2년마다
• 프레스, 전단기, 압력용기, 국소 배기장치, 원심기, 롤러기, 사출성형기, 컨베이어 및 산업용 로봇 : 사업장에 설치가 끝난 날부터 3년 이내에 최초 안전검사를 실시하되, 그 이후부터 2년마다(공정안전보고서를 제출하여 확인을 받은 압력용기는 4년마다)

정답 ③

16 주의의 특성에 관한 설명으로 옳지 않은 것은?

① 한 지점에 주의를 집중하면 다른 곳에의 주의는 약해진다.
② 장시간 주의를 집중하려 해도 주기적으로 부주의의 리듬이 존재한다.
③ 의식이 과잉되어 있는 상태에서는 최고의 주의집중이 가능해진다.
④ 여러 자극을 지각할 때 소수의 현란한 자극에 선택적 주의를 기울이는 경향이 있다.

해설
③ 의식이 과잉되어 있는 상태에서는 주의집중이 어렵다.

정답 ③

17
안전교육방법 중 학습자가 이미 설명을 듣거나 시험을 보고 알게 된 지식이나 기능을 강사의 감독 아래 직접적으로 연습하여 적용할 수 있도록 하는 교육방법은?

① 모의법 ② 토의법
③ 실연법 ④ 반복법

해설
③ 실연법 : 학습자가 이미 설명을 듣거나 시범을 보고 알게 된 지식이나 기능을 교사의 지휘·감독 아래 연습에 적용을 해 보게 하는 교육방법이다.
① 모의법 : 실제의 장면이나 상태와 극히 유사한 상태를 인위적으로 만들어 그 속에서 학습하도록 하는 교육 방법이다.
② 토의법 : 쌍방적 의사전달방식에 의한 교육으로 적극성, 협동성을 기르는 데 유효하다.
④ 반복법 : 이미 학습한 내용이나 기능을 반복해서 이야기하거나 실연하도록 하는 방법이다.

정답 ③

18
토의법의 유형 중 다음에서 설명하는 것은?

> 새로운 자료나 교재를 제시하고 문제점을 피교육자로 하여금 제기하도록 하거나 피교육자의 의견을 여러 가지 방법으로 발표하게 하고 청중과 토론자 간 활발한 의견 개진 과정을 통하여 합의를 도출해 내는 방법이다.

① 포럼 ② 심포지엄
③ 자유토의 ④ 패널 디스커션

해설
② 심포지엄 : 몇 사람의 전문가에 의하여 과제에 관한 견해를 발표한 뒤 참가자로 하여금 의견이나 질문을 하게 하여 토의하는 방법
④ 패널 디스커션(panel discussion) : 피교육자 앞에서 자유로이 토의하고 뒤에 피교육자 전원이 참가하여 사회자의 사회에 따라 토의하는 방법

정답 ①

19
생체리듬(biorhythm) 중 일반적으로 28일 주기로 반복되며, 주의력·창조력·예감 및 통찰력 등을 좌우하는 리듬은?

① 육체적 리듬 ② 지성적 리듬
③ 감성적 리듬 ④ 정신적 리듬

해설
생체리듬의 종류
• 육체적 리듬 : 23일 주기로 반복되며 식욕, 스태미나, 지구력 등을 좌우하는 리듬을 말한다.
• 감성적 리듬 : 28일 주기로 반복되며 주의력, 창조력, 예감, 통찰력 등을 좌우하는 리듬을 말한다.
• 지성적 리듬 : 33일 주기로 반복되며 상상력, 사고력, 기억력, 의지, 비판력 등을 좌우하는 리듬을 말한다.

정답 ③

20
허즈버그(Herzberg)의 일을 통한 동기부여 원칙으로 옳지 않은 것은?

① 새롭고 어려운 업무의 부여
② 교육을 통한 간접적 정보제공
③ 자기과업을 위한 작업자의 책임감 증대
④ 작업자에게 불필요한 통제를 배제

해설
허즈버그 동기 – 위생 원칙
• 동기요인(만족요인) : 성취감, 책임감, 안정감, 도전감 등 성장과 발전을 도모하는 동기부여 원칙
• 위생요인(불만족요인) : 회사환경, 작업조건, 급여, 지위 등으로 부족 시 불만족 발생

정답 ②

제2과목 인간공학 및 시스템 안전공학

21 컴퓨터 스크린상에 있는 버튼을 선택하기 위해 커서를 이동시키는 데 걸리는 시간을 예측하는 가장 적합한 법칙은?

① Fitts의 법칙
② Lewin의 법칙
③ Hick의 법칙
④ Weber의 법칙

[해설]
피츠(Fitts)의 법칙 : 인간과 컴퓨터의 상호작용과 인간공학 분야에서 인간의 행동에 대해 속도와 정확성의 관계를 설명하는 기본적인 법칙이다.

[정답] ①

22 시스템 수명주기단계 중 마지막 단계인 것은?

① 구상단계
② 개발단계
③ 운전단계
④ 생산단계

[해설]
시스템 수명주기단계
시스템 구상 → 시스템 정의 → 시스템 개발 → 시스템 생산 → 시스템 운전

[정답] ③

23 다음 중 인간신뢰도(human reliability)의 평가방법으로 가장 적합하지 않은 것은?

① HCR
② THERP
③ SLIM
④ FMECA

[해설]
FMECA : 설계의 불완전이나 잠재적인 결함을 찾아내기 위해 구성요소의 고장 모드와 그 상위 아이템에 대한 영향을 해석하는 기법인 FMEA에서 특히 영향에 대한 치명도에 대한 정도를 중요시하는 경우를 말한다.

[정답] ④

24 FTA에서 특정 조합의 기본사상들이 동시에 결함을 발생하였을 때 정상사상을 일으키는 기본사상의 집합을 무엇이라 하는가?

① cut set
② error set
③ path set
④ success set

[해설]
• 컷셋(cut set) : 정상사상을 발생시키는 기본사상의 집합이다.
• 패스셋(path set) : 시스템이 고장 나지 않도록 하는 기본사상의 조합을 말한다.

[정답] ①

25 산업안전보건법상 유해위험방지계획서의 제출 시 첨부하는 서류에 포함되지 않는 것은?

① 설비 점검 및 유지계획
② 기계·설비의 배치도면
③ 건축물 각 층의 평면도
④ 원재료 및 제품의 취급, 제조 등의 작업방법의 개요

[해설]
제조업 유해위험방지계획서 첨부서류(산업안전보건법 시행규칙 제42조)
• 건축물 각 층의 평면도
• 기계·설비의 개요를 나타내는 서류
• 기계·설비의 배치도면
• 원재료 및 제품의 취급, 제조 등의 작업방법의 개요
• 그 밖에 고용노동부장관이 정하는 도면 및 서류

[정답] ①

26
국내 규정상 1일 노출횟수가 100일 때 최대 음압 수준이 몇 dB(A)를 초과하는 충격소음에 노출되어서는 아니 되는가?

① 110
② 120
③ 130
④ 140

해설
충격소음의 노출기준(화학물질 및 물리적 인자의 노출기준 별표 2의2)
- 1일 노출횟수 100회 : 140dB(A)
- 1일 노출횟수 1,000회 : 130dB(A)
- 1일 노출횟수 10,000회 : 120dB(A)

정답 ④

27
보기와 같은 실내 표면에서 일반적으로 추천 반사율의 크기를 맞게 나열한 것은?

보기
㉠ 바닥　　㉡ 천장
㉢ 가구　　㉣ 벽

① ㉠ < ㉣ < ㉢ < ㉡
② ㉣ < ㉠ < ㉢ < ㉡
③ ㉠ < ㉢ < ㉣ < ㉡
④ ㉣ < ㉡ < ㉠ < ㉢

해설
옥내 추천반사율
- 천장 : 80~90%
- 벽 : 40~60%
- 가구 : 25~45%
- 바닥 : 20~40%

정답 ③

28
다음 내용의 괄호 안에 들어갈 내용을 순서대로 정리한 것은?

근섬유의 수축단위는 (A)(이)라 하는데, 이것은 2가지 기본형의 단백질 필라멘트로 구성되어 있으며, (B)(이)가 (C) 사이로 미끄러져 들어가는 현상으로 근육의 수축을 설명하기도 한다.

① A : 근막,　　B : 마이오신,　C : 액틴
② A : 근막,　　B : 액틴,　　C : 마이오신
③ A : 근원섬유,　B : 근막,　　C : 근섬유
④ A : 근원섬유,　B : 액틴,　　C : 마이오신

해설
- 근섬유의 수축단위 : 근원섬유
- 액틴 : 근원섬유를 구성하는 단백질
- 마이오신(미오신) : 액틴과 작용하여 근육수축을 일으키는 운동성 단백질

정답 ④

29
특정한 목적을 위해 시각적 암호, 부호 및 기호를 의도적으로 사용할 때에 반드시 고려하여야 할 사항과 가장 거리가 먼 것은?

① 검출성　　　② 변별성
③ 양립성　　　④ 심각성

해설
암호체계 사용 시 일반적 지침
- 암호의 검출성
- 암호의 변별성
- 부호의 양립성
- 부호의 의미
- 암호의 표준화
- 다차원 암호의 사용

정답 ④

30
A 제지회사의 유아용 화장지 생산 공정에서 작업자의 불안전한 행동을 유발하는 상황이 자주 발생하고 있다. 이를 해결하기 위한 개선의 ECRS에 해당하지 않는 것은?

① Combine　② Standard
③ Eliminate　④ Rearrange

해설
ECRS
- Eliminate(제거) : 불필요한 작업요소의 생략
- Combine(결합) : 다른 과업이나 공정과의 통합
- Rearrange(재배치) : 공정, 업무처리 절차의 재배열
- Simplify(단순화) : 업무요소를 간단하거나 용이하게 단순화

정답 ②

31
조종장치를 촉각적으로 식별하기 위하여 사용되는 촉각적 코드화의 방법으로 옳지 않은 것은?

① 색감을 활용한 코드화
② 크기를 이용한 코드화
③ 조종장치의 형상 코드화
④ 표면 촉감을 이용한 코드화

해설
색감은 시각으로 식별된다.

정답 ①

32
사업장에서 인간공학의 적용분야로 가장 거리가 먼 것은?

① 제품설계
② 설비의 고장률
③ 재해·질병 예방
④ 장비·공구·설비의 배치

해설
인간공학은 인간을 위한 공학으로 인간이 사용하는 물건과의 상호관계를 다루며 인간의 행동, 능력, 한계, 특성 등에 관한 정보를 통해서 기계, 시스템, 직무, 환경 등을 설계하는 데 응용하여 인간이 보다 쾌적하고 안전한 환경에서 근무하는 것을 목표한다.

정답 ②

33
그림과 같은 FT도에서 $F_1 = 0.015$, $F_2 = 0.02$, $F_3 = 0.05$이면, 정상사상 T가 발생할 확률은 약 얼마인가?

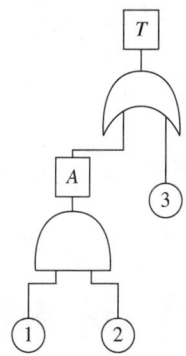

① 0.0002
② 0.0283
③ 0.0503
④ 0.9500

해설
$T = 1 - (1-A) \times (1-③)$
$= 1 - [1-(① \times ②)] \times (1-③)$
$= 1 - (1-0.0003)(1-0.05) ≒ 0.0503$

정답 ③

34
차폐효과에 대한 설명으로 옳지 않은 것은?

① 차폐음과 배음의 주파수가 가까울 때 차폐효과가 크다.
② 헤어드라이어 소음 때문에 전화 음을 듣지 못한 것과 관련이 있다.
③ 유의적 신호와 배경 소음의 차이를 신호/소음(S/N)비로 나타낸다.
④ 차폐효과는 어느 한 음 때문에 다른 음에 대한 감도가 증가되는 현상이다.

해설
④ 차폐효과는 어느 한 음 때문에 다른 음에 대한 감도가 감소 또는 들리지 않게 되는 현상이다. 헤어드라이어 소음(강한 음) 때문에 전화 음(약한 음)을 듣지 못하는 경우가 이에 해당된다.

정답 ④

35

어느 부품 1,000개를 100,000시간 동안 가동하였을 때 5개의 불량품이 발생하였을 경우 평균동작시간(MTTF)은?

① 1×10^6시간 ② 2×10^7시간
③ 1×10^8시간 ④ 2×10^9시간

해설

고장률(λ) = $\dfrac{\text{고장건수}}{\text{총가동시간}}$ (건/시간)

MTBF(평균고장시간), MTTF = $\dfrac{1}{\text{고장률}(\lambda)}$ (시간)

• 고장률 = $\dfrac{5}{1,000 \times 100,000}$ = 5×10^{-8}(건/시간)

• 평균고장시간 = $\dfrac{1}{5 \times 10^{-8}}$ = 2×10^7(시간)

정답 ②

36

병렬로 이루어진 두 요소의 신뢰도가 각각 0.7일 경우, 시스템 전체의 신뢰도는?

① 0.30 ② 0.49
③ 0.70 ④ 0.91

해설

병렬작업 신뢰도
$1 - \{(1-0.7)(1-0.7)\} = 0.91$

정답 ④

37

설비의 고장과 같이 발생확률이 낮은 사건의 특정 시간 또는 구간에서의 발생횟수를 측정하는 데 가장 적합한 확률분포는?

① 이항분포(binomial distribution)
② 푸아송분포(Poisson distribution)
③ 와이블분포(weibull distribution)
④ 지수분포(exponential distribution)

해설

푸아송분포 : 어떤 시간이나 장소 등 특정 구간에서 사건이 발생할 횟수의 분포

정답 ②

38

다음 중 청각적 표시장치보다 시각적 표시장치를 이용하는 경우가 더 유리한 경우는?

① 메시지가 간단한 경우
② 메시지가 추후에 재참조되지 않는 경우
③ 직무상 수신자가 자주 움직이는 경우
④ 메시지가 즉각적인 행동을 요구하지 않는 경우

해설

청각장치와 시각장치 사용의 특성 비교
• 청각장치
 – 전달정보가 즉각적인 행동을 요구하는 경우
 – 전달정보가 간단하고 짧을 경우
 – 전달정보가 후에 재참조되지 않는 경우
 – 직무상 수신자가 자주 움직이는 경우
• 시각장치
 – 전달정보가 즉각적인 행동을 요구하지 않을 경우
 – 전달정보가 복잡하고 길 경우
 – 전달정보가 후에 재참조되는 경우
 – 직무상 수신자가 한곳에 머무르는 경우

정답 ④

39 실내에서 사용하는 습구흑구온도(WBGT ; Wet Bulb Globe Temperature) 지수는?(단, NWB는 자연습구, GT는 흑구온도, DB는 건구온도이다)

① WBGT = 0.6NWB + 0.4GT
② WBGT = 0.7NWB + 0.3GT
③ WBGT = 0.6NWB + 0.3GT + 0.1DB
④ WBGT = 0.7NWB + 0.2GT + 0.1DB

해설

습구흑구온도지수(℃)
- 태양광이 내리쬐지 않는 옥내 또는 옥외 : 0.7×자연습구온도 + 0.3×흑구온도
- 태양광이 내리쬐는 옥외 : 0.7×자연습구온도 + 0.2×흑구온도 + 0.1×건구온도

정답 ②

40 어떤 소리가 1,000Hz, 60dB인 음과 같은 높이임에도 4배 더 크게 들린다면, 이 소리의 음압수준은 얼마인가?

① 70dB   ② 80dB
③ 90dB   ④ 100dB

해설

10dB 증가하는 경우 소음은 2배 증가하고, 20dB 증가하는 경우 소음은 4배 증가한다.
따라서, 60dB + 20dB = 80dB이다.

정답 ②

제3과목 기계위험 방지기술

41 안전계수가 6인 체인의 정격하중이 100kg일 경우 이 체인의 극한강도는 몇 kg인가?

① 0.06
② 16.67
③ 26.67
④ 600

해설

안전계수 = $\dfrac{극한강도}{정격하중}$

극한강도 = 6 × 100 = 600

정답 ④

42 가스용접에 이용되는 아세틸렌 가스용기의 색상으로 옳은 것은?

① 녹색
② 회색
③ 황색
④ 청색

해설

가스용기의 색상
- 황색 : 아세틸렌
- 녹색 : 산소
- 회색 : 그 밖의 가스
- 청색 : 탄산가스

정답 ③

43

가공기계에 쓰이는 주된 풀 프루프(fool proof)에서 가드(guard)의 형식으로 옳지 않은 것은?

① 인터록 가드(interlock guard)
② 안내가드(guide guard)
③ 조정가드(adjustable guard)
④ 고정가드(fixed guard)

해설
가드의 종류
- 고정가드
- 조정가드
- 인터록 가드
- 자동가드

정답 ②

44

프레스 방호장치에서 수인식 방호장치를 사용하기에 가장 적합한 기준은?

① 슬라이드 행정길이가 100mm 이상, 슬라이드 행정수가 100SPM 이하
② 슬라이드 행정길이가 50mm 이상, 슬라이드 행정수가 100SPM 이하
③ 슬라이드 행정길이가 100mm 이상, 슬라이드 행정수가 200SPM 이하
④ 슬라이드 행정길이가 50mm 이상, 슬라이드 행정수가 200SPM 이하

해설
수인식 방호장치(프레스 방호장치의 선정·설치 및 사용 기술지침)
- 슬라이드 행정수가 100SPM 이하 프레스에 사용
- 슬라이드 행정길이가 50mm 이상 프레스에 사용

정답 ②

45

소음에 관한 사항으로 옳지 않은 것은?

① 소음에는 익숙해지기 쉽다.
② 소음계는 소음에 한하여 계측할 수 있다.
③ 소음의 피해는 정신적, 심리적인 것이 주가 된다.
④ 소음이란 귀에 불쾌한 음이나 생활을 방해하는 음을 통틀어 말한다.

해설
② 소음계는 소음뿐 아니라 소음이 아닌 음을 계측할 수 있다.

정답 ②

46

선반 작업 시 안전수칙으로 가장 적절하지 않은 것은?

① 기계에 주유 및 청소 시 반드시 기계를 정지시키고 한다.
② 칩 제거 시 브러시를 사용한다.
③ 바이트에는 칩 브레이커를 설치한다.
④ 선반의 바이트는 끝을 길게 장치한다.

해설
④ 바이트는 끝을 짧게 한다.

정답 ④

47 크레인의 사용 중 하중이 정격을 초과하였을 때 자동적으로 상승이 정지되는 장치는?

① 해지장치
② 비상정지장치
③ 권과방지장치
④ 과부하방지장치

해설
과부하방지장치 : 기계설비에 허용 이상의 부하가 가해지는 경우에 그 동작을 정지하기 위한 장치이다.

정답 ④

48 다음 중 비파괴검사법으로 옳지 않은 것은?

① 인장검사
② 자분탐상검사
③ 초음파탐상검사
④ 침투탐상검사

해설
비파괴검사 종류
• 자분탐상검사 : 강자성체를 자화하고 결함 부분에 생긴 자극에 자분이 부착되는 것을 이용하여 결함을 검사하는 비파괴 검사방법
• 초음파탐상검사 : 초음파를 사용하여 내부결함을 검사하는 비파괴 검사방법
• 침투형광탐사검사 : 형광물질을 넣은 침투액을 사용하여 330~390nm의 자외선을 조사하고 결함 지시모양의 형광을 발하게 하여 결함을 검사하는 비파괴 검사방법
• 와류탐상검사 : 금속 등의 도체에 교류를 통한 코일을 접근시켰을 때 결함이 존재하면 전류의 흐름이 변화하는 것을 통해 결함을 검사하는 비파괴 검사방법

정답 ①

49 다음 중 보일러 운전 시 안전수칙으로 가장 적절하지 않은 것은?

① 가동 중인 보일러에는 작업자가 항상 정위치를 떠나지 아니할 것
② 보일러의 각종 부속장치의 누설 상태를 점검할 것
③ 압력방출장치는 매 7년마다 정기적으로 작동시험을 할 것
④ 노 내의 환기 및 통풍 장치를 점검할 것

해설
압력방출장치(산업안전보건기준에 관한 규칙 제116조)
• 사업주는 보일러의 안전한 가동을 위하여 보일러 규격에 맞는 압력방출장치를 1개 또는 2개 이상 설치하고 최고사용압력(설계압력 또는 최고허용압력을 말한다. 이하 같다) 이하에서 작동되도록 하여야 한다. 다만, 압력방출장치가 2개 이상 설치된 경우에는 최고사용압력 이하에서 1개가 작동되고, 다른 압력방출장치는 최고사용압력 1.05배 이하에서 작동되도록 부착하여야 한다.
• 위의 압력방출장치는 매년 1회 이상 국가표준기본법 제14조 제3항에 따라 산업통상자원부장관의 지정을 받은 국가교정업무 전담기관에서 교정을 받은 압력계를 이용하여 설정압력에서 압력방출장치가 적정하게 작동하는지를 검사한 후 납으로 봉인하여 사용하여야 한다. 다만, 영 제43조에 따른 공정안전보고서 제출 대상으로서 고용노동부장관이 실시하는 공정안전보고서 이행상태 평가결과가 우수한 사업장은 압력방출장치에 대하여 4년마다 1회 이상 설정압력에서 압력방출장치가 적정하게 작동하는지를 검사할 수 있다.

정답 ③

50 보일러에 사용하는 압력방출장치의 봉인은 무엇으로 실시해야 하는가?

① 구리 테이프   ② 납
③ 봉인용 철사   ④ 알루미늄 실(seal)

해설
49번 해설 참고

정답 ②

51

광전자식 방호장치를 설치한 프레스에서 광선을 차단한 후 0.2초 후에 슬라이드가 정지하였다. 이때 방호장치의 안전거리는 최소 몇 mm 이상이어야 하는가?

① 140
② 200
③ 260
④ 320

해설

방호장치 안전거리(D_m)

$$D_m = 1,600\,T_m$$
$$= 1,600(T_i + T_s)$$
$$= 1,600 \times 0.2$$
$$= 320\text{mm}$$

여기서, D_m : 안전거리
T_i : 버튼에서 손을 떼는 순간부터 급정지 기구가 작동하기까지의 시간
T_s : 슬라이드가 정지하는 데 걸리는 시간

정답 ④

52

슬라이드가 내려옴에 따라 손을 쳐내는 막대가 좌우로 왕복하면서 위험한계에 있는 손을 보호하는 프레스 방호장치는?

① 수인식
② 게이트 가드식
③ 반발예방장치
④ 손쳐내기식

해설

프레스의 방호장치
- 손쳐내기식 방호장치 : 손을 쳐내는 막대가 좌우로 왕복하면서 위험점으로부터 손을 보호하여 주는 방호장치
- 양수조작식 : 1행정 1정지식 프레스에 사용되며 양손으로 동시에 조작을 하지 않을 경우에는 기계가 동작하지 않는 방호장치
- 게이트 가드식 방호장치 : 장비의 가드가 열려 있는 상태라면 동작하지 않고 기계 자체가 위험한 상태일 경우 가드가 열리지 않도록 하는 방호장치
- 수인식 방호장치 : 슬라이드와 작업자 손을 끈으로 연결하여 슬라이드 하강 시 작업자의 손을 당겨 위험점으로부터 보호하여 주는 방호장치
- 광전식 방호자치 : 신체의 일부가 위험점 및 접근금지 구역에 접근하게 되어 광선을 차단하게 되는 경우에 급정지하는 방호장치

정답 ④

53

다음은 프레스 제작 및 안전기준에 따라 높이 2m 이상인 작업용 발판의 설치기준을 설명한 것이다. 빈칸 안에 알맞은 말은?

[안전난간 설치기준]
- 상부 난간대는 바닥면으로부터 (가) 이상 120cm 이하에 설치하고, 중간 난간대는 상부 난간대와 바닥면 등의 중간에 설치할 것
- 발끝막이판은 바닥면 등으로부터 (나) 이상의 높이를 유지할 것

① 가 : 90cm, 나 : 10cm
② 가 : 60cm, 나 : 10cm
③ 가 : 90cm, 나 : 20cm
④ 가 : 60cm, 나 : 20cm

해설

프레스 등 제작 및 안전기준 – 작업용 발판(위험기계·기구 안전인증 고시 별표 1)
높이 2m 이상인 작업용 발판의 안전난간 설치는 다음과 같다.
- 상부 난간대는 바닥면으로부터 90cm 이상 120cm 이하에 설치하고, 중간 난간대는 상부 난간대와 바닥면 등의 중간에 설치할 것
- 발끝막이판은 바닥면 등으로부터 10cm 이상의 높이를 유지할 것

정답 ①

54

산업안전보건법령상 양중기를 사용하여 작업하는 운전자 또는 작업자가 보기 쉬운 곳에 해당 양중기에 대해 표시하여야 할 내용으로 가장 거리가 먼 것은?(단, 승강기는 제외한다)

① 정격하중
② 운전속도
③ 경고표시
④ 최대 인양높이

해설

정격하중 등의 표시(산업안전보건기준에 관한 규칙 제133조)
사업주는 양중기(승강기는 제외) 및 달기구를 사용하여 작업하는 운전자 또는 작업자가 보기 쉬운 곳에 해당 기계의 정격하중, 운전속도, 경고표시 등을 부착하여야 한다. 다만, 달기구는 정격하중만 표시한다.

정답 ④

55 아세틸렌 용접장치에서 사용하는 발생기실의 구조에 대한 요구사항으로 옳지 않은 것은?

① 벽의 재료는 불연성의 재료를 사용할 것
② 천정과 벽은 견고한 콘크리트 구조로 할 것
③ 출입구의 문은 두께 1.5mm 이상의 철판이나 그 밖에 그 이상의 강도를 가진 구조로 할 것
④ 바닥면적의 16분의 1 이상의 단면적을 가진 배기통을 옥상으로 돌출시킬 것

[해설]
② 지붕과 천장에는 얇은 철판이나 가벼운 불연성 재료를 사용할 것(산업안전기준에 관한 규칙 제287조)

[정답] ②

56 목재가공용 둥근톱에서 안전을 위해 요구되는 구조로 옳지 않은 것은?

① 톱날은 어떤 경우에도 외부에 노출되지 않고 덮개가 덮여 있어야 한다.
② 작업 중 근로자의 부주의에도 신체의 일부가 날에 접촉할 염려가 없도록 설계되어야 한다.
③ 덮개 및 지지부는 경량이면서 충분한 강도를 가져야 하며, 외부에서 힘을 가했을 때 쉽게 회전될 수 있는 구조로 설계되어야 한다.
④ 덮개의 가동부는 원활하게 상하로 움직일 수 있고 좌우로 움직일 수 없는 구조로 설계되어야 한다.

[해설]
③ 덮개 및 지지부는 경량이면서 충분한 강도를 가져야 하며, 외부에서 힘을 가했을 때 지지부는 회전되지 않는 구조로 설계되어야 한다(방호장치 자율안전기준 고시 별표 5).

[정답] ③

57 다음 중 기계설비의 안전조건에서 안전화의 종류로 가장 거리가 먼 것은?

① 재질의 안전화
② 작업의 안전화
③ 기능의 안전화
④ 외형의 안전화

[해설]
기계설비의 안전조건
• 외관의 안전화
• 구조의 안전화
• 기능의 안전화
• 작업의 안전화

[정답] ①

58 산업안전보건법령상 롤러기의 방호장치 중 롤러의 앞면 표면속도가 30m/min 이상일 때 무부하 동작에서 급정지거리는?

① 앞면 롤러 원주의 1/2.5 이내
② 앞면 롤러 원주의 1/3 이내
③ 앞면 롤러 원주의 1/3.5 이내
④ 앞면 롤러 원주의 1/5.5 이내

[해설]
롤러기 급정지장치의 성능기준 - 무부하 동작에서의 앞면 롤러의 표면속도에 따른 급정지거리(방호장치 자율안전기준 고시 별표 3)

앞면 롤러의 표면속도(m/min)	급정지거리
30 미만	앞면 롤러 원주의 3분의 1 이내
30 이상	앞면 롤러 원주의 2.5분의 1 이내

[정답] ①

59
크레인에 돌발 상황이 발생한 경우 안전을 유지하기 위하여 모든 전원을 차단하여 크레인을 급정지시키는 방호장치는?

① 호이스트
② 이탈방지장치
③ 비상정지장치
④ 아웃트리거

해설
비상정지장치 : 돌발 상황 시 모든 전원을 차단하여 급정지시키는 장치

정답 ③

60
롤러기의 앞면 롤의 지름이 300mm, 분당 회전수가 30회일 경우 허용되는 급정지장치의 급정지거리는 약 몇 mm 이내이어야 하는가?

① 37.7
② 31.4
③ 377
④ 314

해설
롤러기 급정지장치의 성능기준 – 무부하 동작에서의 앞면 롤러의 표면속도에 따른 급정지거리(방호장치 자율안전기준 고시 별표 3)

앞면 롤러의 표면속도 (m/min)	급정지거리
30 미만	앞면 롤러 원주의 1/3 이내
30 이상	앞면 롤러 원주의 1/2.5 이내

※ 표면속도(V) 산식 : $V = \dfrac{\pi \times D \times N}{1,000}$ (m/min)

여기서, D : 롤러 원통의 직경(mm),
N : 1분간에 롤러기가 회전되는 수(rpm)

따라서, $V = \dfrac{\pi \times 300 \times 30}{1,000} ≒ 28.26$ m/min

표면속도가 30 미만이므로 급정지거리는 앞면 롤러 원주의 1/3 이내이다.

∴ 급정지거리 $= \pi \times 300 \times \dfrac{1}{3} ≒ 314$ mm

정답 ④

제4과목 전기위험 방지기술

61
우리나라의 안전전압으로 볼 수 있는 것은 약 몇 V인가?

① 30
② 50
③ 60
④ 70

해설
국내 일반사업장에서의 안전전압 : 30V

정답 ①

62
고장전류와 같은 대전류를 차단할 수 있는 것은?

① 차단기(CB)
② 유입 개폐기(OS)
③ 단로기(DS)
④ 선로 개폐기(LS)

해설
차단기 : 회로에 전류가 흐르고 있는 상태에서 회로를 개폐하거나 또는 단락사고 및 지락사고 등 이상이 발생했을 때 신속히 회로를 차단하기 위한 설비(고장전류와 같은 대전류 차단)

정답 ①

63 전자파 중에서 광량자 에너지가 가장 큰 것은?

① 극저주파
② 마이크로파
③ 가시광선
④ 적외선

해설
광량자 에너지 크기
자외선 > 가시광선 > 적외선 > 마이크로파 > 극저주파

정답 ③

64 인체통전으로 인한 전격(electric shock)의 정도를 정함에 있어 그 인자로서 가장 거리가 먼 것은?

① 전압의 크기
② 통전시간
③ 전류의 크기
④ 통전경로

해설
1차 감전위험요소
- 통전전류의 크기
- 통전시간
- 통전경로
- 통전전원의 종류

정답 ①

65 피뢰침의 제한전압이 800kV, 충격절연강도가 1,000kV라 할 때, 보호여유도는 몇 %인가?

① 25
② 33
③ 47
④ 63

해설
피뢰기의 보호여유도

$$보호여유도 = \frac{충격절연강도 - 제한전압}{제한전압} \times 100$$

$$= \frac{1,000 - 800}{800} \times 100$$

$$= 25\%$$

정답 ①

66 한국전기설비규정에 따라 과전류차단기로 저압 전로에 사용하는 범용 퓨즈(gG)의 용단전류는 정격전류의 몇 배인가?(단, 정격전류가 4A 이하인 경우이다)

① 1.5배
② 1.6배
③ 1.9배
④ 2.1배

해설
퓨즈의 용단특성(한국전기설비규정 212.3.4)

정격전류의 구분	시간	정격전류의 배수	
		불용단 전류	용단 전류
4A 이하	60분	1.5배	2.1배
4A 초과~16A 미만	60분	1.5배	1.9배
16A 이상~63A 이하	60분	1.25배	1.6배
63A 초과~160A 이하	120분	1.25배	1.6배
160A 초과~400A 이하	180분	1.25배	1.6배
400A 초과	240분	1.25배	1.6배

정답 ④

67 피뢰레벨에 따른 회전구체 반경으로 옳지 않은 것은?

① 피뢰레벨 Ⅰ : 20m
② 피뢰레벨 Ⅱ : 30m
③ 피뢰레벨 Ⅲ : 50m
④ 피뢰레벨 Ⅳ : 60m

해설
피뢰시스템의 등급별 회전구체의 반지름(KS C IEC 62305-3)
- 피뢰시스템의 등급 Ⅰ : 20m
- 피뢰시스템의 등급 Ⅱ : 30m
- 피뢰시스템의 등급 Ⅲ : 45m
- 피뢰시스템의 등급 Ⅳ : 60m

정답 ③

68
교류 아크용접기의 자동전격방지장치는 전격의 위험을 방지하기 위하여 아크 발생이 중단된 후 약 1초 이내에 출력측 무부하전압을 자동적으로 몇 V 이하로 저하시켜야 하는가?

① 85 ② 70
③ 50 ④ 25

해설
자동전격방지기 : 교류 아크용접기의 안전장치로서 용접기의 1차 또는 2차측에 부착하며 1초 이내에 안전전압(25V 이하)으로 내려주는 장치이다.

정답 ④

69
전로에 지락이 생겼을 때에 자동적으로 전로를 차단하는 장치를 시설해야 하는 전기기계의 사용전압 기준은?(단, 금속제 외함을 가지는 저압의 기계·기구로서 사람이 쉽게 접촉할 우려가 있는 곳에 시설되어 있다)

① 30V 초과 ② 50V 초과
③ 90V 초과 ④ 150V 초과

해설
전원의 자동차단에 의한 저압전로의 보호대책으로 누전차단기를 시설해야 할 대상(한국전기설비규정 211.2.4)
금속제 외함을 가지는 사용전압이 50V를 초과하는 저압의 기계·기구로서 사람이 쉽게 접촉할 우려가 있는 곳에 시설하는 것에 전기를 공급하는 전로에는 누전차단기를 설치하여야 한다.

정답 ②

70
누전차단기의 구성요소가 아닌 것은?

① 누전검출부 ② 영상변류기
③ 차단장치   ④ 전력퓨즈

해설
누전차단기는 누전검출부, 영상변류기, 차단장치 등으로 구성되어 있으며 전력퓨즈는 금속 와이어로 구성되어 있어 과전류가 흐르면 와이어가 녹아 전류의 흐름을 차단하게 되는 장치를 말한다.

정답 ④

71
누전화재가 발생하기 전에 나타나는 현상으로 가장 옳지 않은 것은?

① 인체 감전현상
② 전등 밝기의 변화현상
③ 빈번한 퓨즈 용단현상
④ 전기사용 기계장치의 오동작 감소

해설
④ 전기사용 기계장치의 오동작이 증가한다.

정답 ④

72
전기기계·기구의 기능 설명으로 옳은 것은?

① CB는 부하전류를 개폐시킬 수 있다.
② ACB는 진공 중에서 차단동작을 한다.
③ DS는 회로의 개폐 및 대용량 부하를 개폐시킨다.
④ 피뢰침은 뇌나 계통의 개폐에 의해 발생하는 이상전압을 대지로 방전시킨다.

해설
CB(차단기) : 회로의 전류가 흐르고 있는 상태에서 회로를 개폐하거나 또는 단락사고 및 지락사고 등 이상이 발생했을 때 신속히 회로를 차단하기 위한 설비이다.

정답 ①

73
최소 착화에너지가 0.26mJ인 가스에 정전용량이 100pF인 대전물체로부터 정전기 방전에 의하여 착화할 수 있는 전압은 약 몇 V인가?

① 2,240
② 2,260
③ 2,280
④ 2,300

해설

$E = \frac{1}{2}CV^2 (\text{J})$

$V = \sqrt{\frac{2E}{C}} = \sqrt{\frac{2 \times 0.26 \times 10^{-3}}{100 \times 10^{-12}}} \fallingdotseq 2,280(\text{V})$

※ 참고 : pF = 10^{-12}(F), mJ = 10^{-3}(J)

정답 ③

74
자동차가 통행하는 도로에서 고압의 지중전선로를 직접 매설식으로 시설할 때 사용되는 전선으로 가장 적합한 것은?

① 비닐 외장 케이블
② 폴리에틸렌 외장 케이블
③ 클로로프렌 외장 케이블
④ 콤바인 덕트 케이블(combine duct cable)

해설

지중전선로를 직접 매설식에 의하여 시설하는 경우에는 매설 깊이를 차량 기타 중량물의 압력을 받을 우려가 있는 장소에는 1.0m 이상, 기타 장소에는 0.6m 이상으로 하고 또한 지중전선을 견고한 트로프 기타 방호물에 넣어 시설하여야 한다. 다만, 저압 또는 고압의 지중전선에 콤바인 덕트 케이블을 사용하여 시설하는 경우에는 지중전선을 견고한 트로프 기타 방호물에 넣지 아니하여도 된다(한국전기설비규정 334.1).

정답 ④

75
KS C IEC 60079-0에 따른 방폭기기에 대한 설명이다. 다음 빈칸에 들어갈 알맞은 용어는?

> (ⓐ)은 EPL로 표현되며 점화원이 될 수 있는 가능성에 기초하여 기기에 부여된 보호등급이다. EPL의 등급 중 (ⓑ)는 정상작동, 예상된 오작동, 드문 오작동 중에 점화원이 될 수 없는 '매우 높은' 보호등급의 기기이다.

① ⓐ : Explosion Protection Level,
　ⓑ : EPL Ga
② ⓐ : Explosion Protection Level,
　ⓑ : EPL Gc
③ ⓐ : Equipment Protection Level,
　ⓑ : EPL Ga
④ ⓐ : Equipment Protection Level,
　ⓑ : EPL Gc

해설

Equipment Protection Level(EPL)
EPL의 등급 중 Ga는 정상작동, 예상된 오작동, 드문 오작동 중에 점화원이 될 수 없는 '매우 높은' 보호등급의 기기이다.

정답 ③

76
아크 용접작업 시 감전사고 방지대책으로 옳지 않은 것은?

① 절연장갑의 사용
② 절연 용접봉의 사용
③ 적정한 케이블의 사용
④ 절연 용접봉 홀더의 사용

해설

아크용접 작업 시 감전사고 방지대책
- 절연장갑의 사용
- 적정한 케이블의 사용
- 절연 용접봉 홀더의 사용
- 자동전격방지장치 사용

정답 ②

77 정전기 발생에 영향을 주는 요인으로 가장 적절하지 않은 것은?

① 분리속도
② 물체의 질량
③ 접촉면적 및 압력
④ 물체의 표면상태

해설

정전기 발생에 영향을 주는 요인
- 물체의 특성 : 불순물을 포함하고 있으면 정전기 발생량이 커짐
- 물체의 표면상태 : 수분이나 기름 등에 표면이 오염되는 경우에 정전기가 크게 발생함
- 물체의 이력 : 처음 접촉, 분리할 때 최대가 되며 반복될수록 발생량이 감소함
- 접촉면적 및 압력 : 접촉면적과 압력이 증가할수록 정전기가 크게 발생함
- 물체의 분리속도 : 분리속도가 빠를수록 정전기가 크게 발생함

정답 ②

78 전기기기의 Y종 절연물의 최고허용온도는?

① 80℃
② 85℃
③ 90℃
④ 105℃

해설

절연물 종류에 따른 최고허용온도
- Y종 : 90℃
- A종 : 105℃
- E종 : 120℃
- B종 : 130℃
- F종 : 155℃
- H종 : 180℃
- C종 : 180℃ 초과

정답 ③

79 제1종 위험장소로 분류되지 않는 것은?

① 탱크류의 벤트(vent) 개구부 부근
② 인화성 액체 탱크 내의 액면 상부의 공간부
③ 점검수리 작업에서 가연성 가스 또는 증기를 방출하는 경우의 밸브 부근
④ 탱크로리, 드럼관 등에서 인화성 액체를 충전하고 있는 경우의 개구부 부근

해설

② 0종 위험장소 : 폭발성 가스 또는 증기가 폭발 가능한 농도로 지속적으로 존재하는 지역을 말하며, 인화성 액체 및 가스의 탱크, 배관, 취급설비의 내부 등이 이에 해당된다.

1종 위험장소 분류
- 탱크로리, 드럼관 등에서 인화성 액체를 충전하는 경우 개구부 부근
- 릴리브 밸브가 작동하여 가연성 가스를 가끔 방출하는 경우
- 점검 및 수리작업 시 가연성 가스나 증기를 방출하는 경우의 밸브 부근
- 환기가 되지 않는 실내에서 가연성 가스 또는 증기가 방출된 염려가 있는 경우

정답 ②

80 심실세동을 일으키는 위험한계에너지는 약 몇 J 인가?(단, 심실세동 전류 $I = \dfrac{165}{\sqrt{T}}$ mA, 인체의 전기저항 $R = 800\Omega$, 통전시간 $T = 1$초이다)

① 12
② 22
③ 32
④ 42

해설

위험한계에너지

$Q = I^2 RT$

$= \left(\dfrac{165}{\sqrt{1}} \times 10^{-3}\right)^2 \times 800 \times 1$

$≒ 22J$

정답 ②

제5과목 화학설비위험 방지기술

81 가스 또는 분진폭발 위험장소에 설치되는 건축물의 내화구조를 설명한 것으로 옳지 않은 것은?

① 건축물 기둥 및 보는 지상 1층까지 내화구조로 한다.
② 위험물 저장·취급용기의 지지대는 지상으로부터 지지대의 끝부분까지 내화구조로 한다.
③ 건축물 주변에 자동소화설비를 설치한 경우 건축물 화재 시 1시간 이상 그 안전성을 유지한 경우는 내화구조로 하지 아니할 수 있다.
④ 배관·전선관 등의 지지대는 지상으로부터 1단까지 내화구조로 한다.

해설
내화기준(산업안전보건기준에 관한 규칙 제270조)
가스폭발 위험장소 또는 분진폭발 위험장소에 설치되는 건축물 등에 대해서는 다음에 해당하는 부분을 내화구조로 하여야 하며, 그 성능이 항상 유지될 수 있도록 점검·보수 등 적절한 조치를 하여야 한다. 다만, 건축물 등의 주변에 화재에 대비하여 물 분무시설 또는 폼 헤드(foam head)설비 등의 자동소화설비를 설치하여 건축물 등이 화재 시에 2시간 이상 그 안전성을 유지할 수 있도록 한 경우에는 내화구조로 하지 아니할 수 있다.
- 건축물의 기둥 및 보 : 지상 1층(지상 1층의 높이가 6m를 초과하는 경우에는 6m)까지
- 위험물 저장·취급용기의 지지대(높이가 30cm 이하인 것은 제외) : 지상으로부터 지지대의 끝부분까지
- 배관·전선관 등의 지지대 : 지상으로부터 1단(1단의 높이가 6m를 초과하는 경우에는 6m)까지

정답 ③

82 다음 중 가연성 물질이 연소하기 쉬운 조건으로 옳지 않은 것은?

① 연소 발열량이 클 것
② 점화에너지가 작을 것
③ 산소와 친화력이 클 것
④ 입자의 표면적이 작을 것

해설
가연성 물질이 연소하기 쉬운 조건
- 연소 발열량이 클 것
- 점화에너지가 작을 것(작은 에너지에도 점화됨)
- 산소와 친화력이 클 것
- 입자의 표면적이 넓을 것

정답 ④

83 산업안전보건법령상 위험물질의 종류에서 폭발성 물질에 해당하는 것은?

① 나이트로화합물   ② 등유
③ 황   ④ 질산

해설
폭발성 물질 및 유기과산화물(산업안전보건기준에 관한 규칙 별표 1)
- 질산에스터류
- 나이트로화합물
- 나이트로소화합물
- 아조화합물
- 다이아조화합물
- 하이드라진 유도체
- 유기과산화물
- 그 밖에 위에 열거한 물질과 같은 정도의 폭발위험이 있는 물질
- 위에 열거한 물질을 함유한 물질

정답 ①

84. 숯, 코크스, 목탄의 대표적인 연소 형태는?

① 혼합연소　② 증발연소
③ 표면연소　④ 비혼합연소

해설
표면연소 : 목탄, 숯, 코크스 등의 대표적인 연소 형태로 가연성 물질의 표면에서 산소와 발열반응을 일으켜 타는 연소를 말한다.

정답 ③

85. 가연성 가스 혼합물을 구성하는 각 성분의 조성과 연소범위가 다음 표와 같을 때 혼합가스의 연소하한값은 약 몇 vol%인가?

성분	조성 (vol%)	연소하한값 (vol%)	연소상한값 (vol%)
헥산	1	1.1	7.4
메테인	2.5	5.0	15.0
에틸렌	0.5	2.7	36.0
공기	96	–	–

① 2.51　② 7.51
③ 12.07　④ 15.01

해설
$$L = \frac{V_1 + V_2 + V_3 + \cdots}{\frac{V_1}{L_1} + \frac{V_2}{L_2} + \frac{V_3}{L_3} + \cdots}$$

$$L = \frac{1 + 2.5 + 0.5}{\frac{1}{1.1} + \frac{2.5}{5.0} + \frac{0.5}{2.7}} \fallingdotseq 2.51 \text{vol}\%$$

정답 ①

86. 위험물안전관리법령에서 정한 위험물의 유형 구분이 나머지 셋과 다른 하나는?

① 질산　② 질산칼륨
③ 과염소산　④ 과산화수소

해설
② 산화성 고체(1류 위험물)
①・③・④ 산화성액체(6류 위험물)

정답 ②

87. 펌프의 사용 시 공동현상(cavitation)을 방지하고자 할 때의 조치사항으로 옳지 않은 것은?

① 펌프의 회전수를 높인다.
② 흡입비 속도를 작게 한다.
③ 펌프의 흡입관의 두(head) 손실을 줄인다.
④ 펌프의 설치높이를 낮추어 흡입양정을 짧게 한다.

해설
① 펌프의 회전수를 낮추어야 한다.
공동현상(cavitation) : 물이 관 속을 흐를 때 속도 변화에 의해 물속 어느 부분의 정압이 그때 물의 증기압보다 낮을 경우 물이 증발하여 부분적으로 증기가 발생되어 배관의 부식을 초래하는 현상을 말한다.

정답 ①

88. 산업안전보건기준에 관한 규칙에 따라 쥐에 대한 경구투입실험에 의하여 실험동물의 50%를 사망시킬 수 있는 물질의 양, 즉 LD_{50}(경구, 쥐)이 kg당 몇 mg-(체중) 이하인 화학물질이 급성 독성 물질에 해당하는가?

① 25　② 100
③ 300　④ 500

해설
급성 독성 물질(산업안전보건기준에 관한 규칙 별표 1)
- 쥐에 대한 경구투입실험에 의하여 실험동물의 50%를 사망시킬 수 있는 물질의 양, 즉 LD_{50}(경구, 쥐)이 kg당 300mg-(체중) 이하인 화학물질
- 쥐 또는 토끼에 대한 경피흡수실험에 의하여 실험동물의 50%를 사망시킬 수 있는 물질의 양, 즉 LD_{50}(경피, 토끼 또는 쥐)이 kg당 1,000mg-(체중) 이하인 화학물질
- 쥐에 대한 4시간 동안의 흡입실험에 의하여 실험동물의 50%를 사망시킬 수 있는 물질의 농도, 즉 가스 LC_{50}(쥐, 4시간 흡입)이 2,500ppm 이하인 화학물질, 증기 LC_{50}(쥐, 4시간 흡입)이 10mg/L 이하인 화학물질, 분진 또는 미스트 1mg/L 이하인 화학물질

정답 ③

89

압축기와 송풍의 관로에 심한 공기의 맥동과 진동을 발생하면서 불안정한 운전이 되는 서징(surging) 현상의 방지법으로 옳지 않은 것은?

① 풍량을 감소시킨다.
② 배관의 경사를 완만하게 한다.
③ 교축밸브를 기계에서 멀리 설치한다.
④ 토출가스를 흡입측에 바이패스시키거나 방출밸브에 의해 대기로 방출시킨다.

해설
③ 교축밸브를 기계 가깝게 설치한다.

정답 ③

90

다음 중 메타인산(HPO_3)에 의한 소화효과를 가진 분말소화약제의 종류는?

① 제1종 분말소화약제
② 제2종 분말소화약제
③ 제3종 분말소화약제
④ 제4종 분말소화약제

해설
분말소화기
- 제1종 분말 : 탄산수소나트륨
- 제2종 분말 : 탄산수소칼륨
- 제3종 분말 : 제1인산암모늄
- 제4종 분말 : 탄산수소칼륨 + 요소

정답 ③

91

할론 소화약제 중 Halon 2402의 화학식으로 옳은 것은?

① $C_2F_4Br_2$
② $C_2H_4Br_2$
③ $C_2Br_4H_2$
④ $C_2Br_4F_2$

해설
Halon 2402 : $C_2F_4Br_2$

정답 ①

92

다음 인화성 가스 중 가장 가벼운 물질은?

① 아세틸렌
② 수소
③ 뷰테인
④ 에틸렌

해설
원자번호 1번인 수소가 가장 가벼운 물질이다.

정답 ②

93

산업안전보건법령에 따라 유해하거나 위험한 설비의 설치·이전 또는 주요 구조 부분의 변경공사 시 공정안전보고서의 제출 시기는 착공일 며칠 전까지 공단에 제출하여야 하는가?

① 15일
② 30일
③ 60일
④ 90일

해설
30일 전까지 공정안전보고서를 2부 작성하여 공단에 제출해야 한다(산업안전보건법 시행규칙 제51조).

정답 ②

94. 다음 중 물과 반응하여 아세틸렌을 발생시키는 물질은?

① Zn
② Mg
③ Al
④ CaC_2

해설

$CaC_2 + 2H_2O = Ca(OH)_2 + C_2H_2$
(탄화칼슘) (물) (수산화칼슘) (아세틸렌)

정답 ④

95. 다음 중 산업안전보건법령상 화학설비의 부속설비로만 이루어진 것은?

① 사이클론, 백필터, 전기집진기 등 분진처리설비
② 응축기, 냉각기, 가열기, 증발기 등 열교환기류
③ 고로 등 점화기를 직접 사용하는 열교환기류
④ 혼합기, 발포기, 압출기 등 화학제품 가공설비

해설

②・③・④ 화학설비이다.
화학설비의 부속설비(산업안전보건기준에 관한 규칙 별표 7)
• 배관・밸브・관・부속류 등 화학물질 이송 관련 설비
• 온도・압력・유량 등을 지시・기록 등을 하는 자동제어 관련 설비
• 안전밸브・안전판・긴급차단 또는 방출밸브 등 비상조치 관련 설비
• 가스누출감지 및 경보 관련 설비
• 세정기, 응축기, 벤트 스택(bent stack), 플레어 스택(flare stack) 등 폐가스처리설비
• 사이클론, 백필터(bag filter), 전기집진기 등 분진처리설비
• 위에 열거한 설비를 운전하기 위하여 부속된 전기 관련 설비
• 정전기 제거장치, 긴급 샤워설비 등 안전 관련 설비

정답 ①

96. 다음 중 화학공장에서 주로 사용되는 불활성 가스는?

① 수소
② 수증기
③ 질소
④ 일산화탄소

해설

③ 화학공장에서는 주로 질소를 사용한다.
불활성 가스 : 질소, 아르곤, 헬륨가스 등

정답 ③

97. 인화점이 각 온도범위에 포함되지 않는 물질은?

① -30℃ 미만 : 다이에틸에테르
② -30℃ 이상 0℃ 미만 : 아세톤
③ 0℃ 이상 30℃ 미만 : 벤젠
④ 30℃ 이상 65℃ 이하 : 아세트산

해설

인화점
• 벤젠 : -11℃
• 다이에틸에테르 : -45℃
• 아세톤 : -18℃
• 아세트산 : 41.7℃

정답 ③

98 다음 중 압축기 운전 시 토출압력이 갑자기 증가하는 이유로 가장 적절한 것은?

① 윤활유의 과다
② 피스톤 링의 가스 누설
③ 토출관 내에 저항 발생
④ 저장조 내 가스압의 감소

해설
토출관 내에 저항이 발생하는 경우, 토출압력이 증가한다.

정답 ③

100 위험물 또는 가스에 의한 화재를 경보하는 기구에 필요한 설비가 아닌 것은?

① 간이 완강기
② 자동화재감지기
③ 축전지설비
④ 자동화재수신기

해설
간이 완강기는 피난기구이다.

정답 ①

제6과목 건설안전기술

101 산업안전보건법령에 따른 양중기의 종류에 해당하지 않는 것은?

① 곤돌라
② 리프트
③ 클램셸
④ 크레인

해설
양중기(산업안전보건기준에 관한 규칙 제132조)
양중기란 다음 기계를 말한다.
• 크레인[호이스트(hoist)를 포함한다]
• 이동식 크레인
• 리프트(이삿짐운반용 리프트의 경우에는 적재하중이 0.1ton 이상인 것으로 한정)
• 곤돌라
• 승강기

정답 ③

99 액화 프로페인 310kg을 내용적 50L 용기에 충전할 때 필요한 소요 용기의 수는 몇 개인가?(단, 액화 프로페인의 가스정수는 2.35이다)

① 15
② 17
③ 19
④ 21

해설
용기의 개수 = $\dfrac{310\text{kg}}{50\text{L}} \times 2.35(\text{L/kg}) = 15$개
※ 소수점 첫째자리에서 반올림

정답 ①

102
근로자의 추락 등의 위험을 방지하기 위한 안전난간의 설치요건에서 상부 난간대를 120cm 이상 지점에 설치하는 경우 중간 난간대를 최소 몇 단 이상 균등하게 설치하여야 하는가?

① 2단
② 3단
③ 4단
④ 5단

해설

안전난간의 구조 및 설치요건(산업안전보건기준에 관한 규칙 제13조)
상부 난간대는 바닥면·발판 또는 경사로의 표면(이하 바닥면 등)으로부터 90cm 이상 지점에 설치하고, 상부 난간대를 120cm 이하에 설치하는 경우에는 중간 난간대는 상부 난간대와 바닥면 등의 중간에 설치하여야 하며, 120cm 이상 지점에 설치하는 경우에는 중간 난간대를 2단 이상으로 균등하게 설치하고 난간의 상하 간격은 60cm 이하가 되도록 할 것. 다만, 난간기둥 간의 간격이 25cm 이하인 경우에는 중간 난간대를 설치하지 아니할 수 있다.

정답 ①

103
작업 중이던 미장공이 상부에서 떨어지는 공구에 의해 상해를 입었다면 어느 부분에 대한 결함이 있었겠는가?

① 작업대 설치
② 작업방법
③ 낙하물 방지시설 설치
④ 비계 설치

해설

상부에서 떨어지는 공구에 의해 상해를 입었다면 낙하물 방지시설에 대한 결함이 있다고 보아야 한다.

정답 ③

104
건설업 중 다리 건설공사의 경우 유해위험방지계획서를 제출하여야 하는 기준으로 옳은 것은?

① 최대 지간길이가 40m 이상인 다리의 건설 등 공사
② 최대 지간길이가 50m 이상인 다리의 건설 등 공사
③ 최대 지간길이가 60m 이상인 다리의 건설 등 공사
④ 최대 지간길이가 70m 이상인 다리의 건설 등 공사

해설

유해위험방지계획서 제출대상(산업안전보건법 시행령 제42조)
- 다음 어느 하나에 해당하는 건축물 또는 시설 등의 건설·개조 또는 해체(이하 건설 등) 공사
  - 지상높이가 31m 이상인 건축물 또는 인공구조물
  - 연면적 3만m^2 이상인 건축물
  - 연면적 5천m^2 이상인 시설로서 다음의 어느 하나에 해당하는 시설
    ⓐ 문화 및 집회시설(전시장 및 동물원·식물원은 제외)
    ⓑ 판매시설, 운수시설(고속철도의 역사 및 집배송 시설은 제외)
    ⓒ 종교시설
    ⓓ 의료시설 중 종합병원
    ⓔ 숙박시설 중 관광숙박시설
    ⓕ 지하도상가
    ⓖ 냉동·냉장 창고시설
- 연면적 5천m^2 이상인 냉동·냉장 창고시설의 설비공사 및 단열공사
- 최대 지간(支間) 길이(다리의 기둥과 기둥의 중심 사이의 거리)가 50m 이상인 다리의 건설 등 공사
- 터널의 건설 등 공사
- 다목적댐, 발전용댐, 저수용량 2천만ton 이상의 용수 전용 댐 및 지방상수도 전용 댐의 건설 등 공사
- 깊이 10m 이상인 굴착공사

정답 ②

105
동바리의 유형에 따라 동바리를 조립하는 경우에 준수하여야 할 안전조치 사항으로 옳지 않은 것은?

① 동바리로 사용하는 파이프 서포트의 높이가 3.5m를 초과하는 경우에는 높이 2m 이내마다 수평 연결재를 2개 방향으로 만들고 수평 연결재의 변위를 방지할 것
② 동바리로 사용하는 파이프 서포트는 3개 이상 이어서 사용하지 않도록 할 것
③ 동바리로 사용하는 파이프 서포트를 이어서 사용하는 경우에는 3개 이상의 볼트 또는 전용철물을 사용하여 이을 것
④ 동바리로 사용하는 강관틀과 강관틀 사이에는 교차가새를 설치할 것

[해설]
동바리 유형에 따른 동바리 조립 시의 안전조치(산업안전보건기준에 관한 규칙 제332조의2)
- 동바리로 사용하는 파이프 서포트의 경우
  - 파이프 서포트를 3개 이상 이어서 사용하지 않도록 할 것
  - 파이프 서포트를 이어서 사용하는 경우에는 4개 이상의 볼트 또는 전용철물을 사용하여 이을 것
  - 높이가 3.5m를 초과하는 경우에는 높이 2m 이내마다 수평 연결재를 2개 방향으로 만들고 수평 연결재의 변위를 방지할 것
- 동바리로 사용하는 강관틀의 경우
  - 강관틀과 강관틀 사이에 교차가새를 설치할 것
  - 최상단 및 5단 이내마다 동바리의 측면과 틀면의 방향 및 교차가새의 방향에서 5개 이내마다 수평 연결재를 설치하고 수평 연결재의 변위를 방지할 것
  - 최상단 및 5단 이내마다 동바리의 틀면의 방향에서 양단 및 5개틀 이내마다 교차가새의 방향으로 띠장틀을 설치할 것

정답 ③

106
차량계 건설기계를 사용하여 작업하고자 할 때 작업계획서에 포함되어야 할 사항에 해당되지 않는 것은?

① 사용하는 차량계 건설기계의 종류 및 성능
② 차량계 건설기계의 운행경로
③ 차량계 건설기계에 의한 작업방법
④ 차량계 건설기계의 유지보수방법

[해설]
사전조사 및 작업계획서 내용 – 차량계 건설기계를 사용하는 작업(산업안전보건기준에 관한 규칙 별표 4)
작업계획서 내용
- 사용하는 차량계 건설기계의 종류 및 성능
- 차량계 건설기계의 운행경로
- 차량계 건설기계에 의한 작업방법

정답 ④

107
도심지 폭파해체공법에 관한 설명으로 옳지 않은 것은?

① 장기간 발생하는 진동, 소음이 적다.
② 해체 속도가 빠르다.
③ 주위의 구조물에 끼치는 영향이 적다.
④ 많은 분진 발생으로 민원을 발생시킬 우려가 있다.

[해설]
③ 도심지는 주위에 구조물이 많기 때문에 도심지에서 폭파해체하는 경우 순간적인 진동 등에 의하여 주위 구조물에 영향을 준다.

정답 ③

108 공사진척에 따른 공정률이 다음과 같을 때 산업안전보건관리비 사용기준으로 옳은 것은?(단, 공정률은 기성공정률을 기준으로 함)

> 공정률 : 70% 이상, 90% 미만

① 50% 이상
② 60% 이상
③ 70% 이상
④ 80% 이상

해설
공사진척에 따른 산업안전보건관리비 사용기준(건설업 산업안전보건관리비 계상 및 사용기준 별표 3)

공정률	50% 이상 70% 미만	70% 이상 90% 미만	90% 이상
사용기준	50% 이상	70% 이상	90% 이상

※ 공정률은 기성공정률을 기준으로 한다.

정답 ③

109 굴착공사에서 비탈면 또는 비탈면 하단을 성토하여 붕괴를 방지하는 공법은?

① 배수공
② 배토공
③ 공작물에 의한 방지공
④ 압성토공

해설
압성토 공법 : 흙을 쌓을 때 흙의 중량으로 지반이 눌려 침하해 비탈끝 근처의 지반이 올라오게 되는데, 이를 방지하기 위해 비탈끝 근처에 흙을 추가로 쌓는 공법을 말한다.

정답 ④

110 타워크레인(tower crane)을 선정하기 위한 사전 검토사항으로 가장 거리가 먼 것은?

① 붐의 모양
② 인양능력
③ 작업반경
④ 붐의 높이

해설
타워크레인 선정 시 사전 검토사항
• 인양능력
• 작업반경
• 붐의 높이

정답 ①

111 산업안전보건법령에 따른 유해하거나 위험한 기계·기구에 설치하여야 할 방호장치를 연결한 것으로 옳지 않은 것은?

① 포장기계 – 헤드가드
② 예초기 – 날접촉 예방장치
③ 원심기 – 회전체 접촉 예방장치
④ 금속절단기 – 날접촉 예방장치

해설
① 헤드가드는 지게차의 방호장치이다(위험기계·기구 방호조치 기준 제18조).

정답 ①

112 크레인 또는 데릭에서 붐 각도 및 작업반경별로 작용시킬 수 있는 최대하중에서 훅(hook), 와이어로프 등 달기구의 중량을 공제한 하중은?

① 작업하중
② 정격하중
③ 이동하중
④ 적재하중

해설
정격하중 : 크레인이 들어 올릴 수 있는 하중에서, 훅, 와이어로프 등 달기구 중량을 공제한 하중을 말한다.

정답 ②

113 불도저를 이용한 작업 중 안전조치사항으로 옳지 않은 것은?

① 작업 종료와 동시에 삽날을 지면에서 띄우고 주차 제동장치를 건다.
② 모든 조종간은 엔진 시동 전에 중립위치에 놓는다.
③ 장비의 승차 및 하차 시 뛰어내리거나 오르지 말고 안전하게 잡고 오르내린다.
④ 야간작업 시 자주 장비에서 내려와 장비 주위를 살피며 점검하여야 한다.

해설
① 작업 종료 시 삽날은 지면에서 띄우지 않고 지면에 붙여야 한다.

정답 ①

114 압쇄기를 사용하여 건물해체 시 그 순서로 가장 타당한 것은?

A : 보   B : 기둥
C : 슬래브   D : 벽체

① A → B → C → D
② A → C → B → D
③ C → A → D → B
④ D → C → B → A

해설
압쇄기 사용공법(해체공사 표준안전작업지침 제17조)
압쇄기에 의한 파쇄작업 순서는 슬래브, 보, 벽체, 기둥의 순서로 해체하여야 한다.

정답 ③

115 철골 건립기계 선정 시 사전 검토사항과 가장 거리가 먼 것은?

① 건립기계의 소음 영향
② 건립기계로 인한 일조권 침해
③ 건물의 형태
④ 작업반경

해설
건립계획(철골공사 표준안전작업지침 제4조)
건립기계는 다음 사항을 검토하여 적절한 것을 선정하여야 한다.
• 건립기계의 출입로, 설치장소, 기계조립에 필요한 면적, 이동식 크레인은 건물 주위 주행통로의 유무, 타워크레인과 가이데릭 등 기초구조물을 필요로 하는 정치식 기계는 기초구조물을 설치할 수 있는 공간과 면적 등을 검토하여야 한다.
• 이동식 크레인의 엔진소음은 부근의 환경을 해칠 우려가 있으므로 학교, 병원, 주택 등이 근접되어 있는 경우에는 소음을 측정 조사하고 소음진동 허용치는 관계법에서 정하는 바에 따라 처리하여야 한다.
• 건물의 길이 또는 높이 등 건물의 형태에 적합한 건립기계를 선정하여야 한다.
• 타워크레인, 가이데릭, 삼각데릭 등 정치식 건립기계의 경우 그 기계의 작업반경이 건물 전체를 수용할 수 있는지의 여부, 또 붐이 안전하게 인양할 수 있는 하중범위, 수평거리, 수직높이 등을 검토하여야 한다.

정답 ②

116 터널 지보공을 조립하는 경우에는 미리 그 구조를 검토한 후 조립도를 작성하고, 그 조립도에 따라 조립하도록 하여야 하는데 이 조립도에 명시하여야 할 사항과 가장 거리가 먼 것은?

① 이음방법   ② 단면규격
③ 재료의 재질   ④ 재료의 구입처

해설
조립도(산업안전보건기준에 관한 규칙 제363조)
터널 지보공을 조립하는 경우 조립도에는 재료의 재질, 단면규격, 설치간격 및 이음방법 등을 명시하여야 한다.

정답 ④

117 말비계를 조립하여 사용하는 경우 지주부재와 수평면의 기울기는 얼마 이하로 하여야 하는가?

① 65° ② 70°
③ 75° ④ 80°

해설
말비계(산업안전보건기준에 관한 규칙 제67조)
지주부재와 수평면의 기울기를 75° 이하로 하고, 지주부재와 지주부재 사이를 고정시키는 보조부재를 설치할 것

정답 ③

119 다음은 사다리식 통로 등을 설치하는 경우의 준수사항이다. 괄호 안에 들어갈 숫자로 옳은 것은?

> 사다리의 상단은 걸쳐 놓은 지점으로부터 (   ) cm 이상 올라가도록 할 것

① 30 ② 40
③ 50 ④ 60

해설
사다리식 통로 등의 구조(산업안전보건기준에 관한 규칙 제24조)
사다리의 상단은 걸쳐 놓은 지점으로부터 60cm 이상 올라가도록 할 것

정답 ④

118 건축공사로서 대상액이 5억 원 이상 50억 원 미만인 경우에 산업안전보건관리비의 적용비율 (가) 및 기초액 (나)으로 옳은 것은?

① (가) 2.28%, (나) 4,325,000원
② (가) 1.99%, (나) 5,499,000원
③ (가) 2.35%, (나) 5,400,000원
④ (가) 1.57%, (나) 4,411,000원

해설
공사종류 및 규모별 산업안전관리비 계상기준표(건설업 산업안전보건관리비 계상 및 사용기준 별표 1)

구분 공사종류	대상액 5억 원 미만인 경우 적용비율	대상액 5억 원 이상 50억 원 미만인 경우		대상액 50억 원 이상인 경우 적용비율	보건관리자 선임대상 건설공사의 적용비율
		적용 비율	기초액		
건축공사	3.11%	2.28%	4,325,000원	2.37%	2.64%
토목공사	3.15%	2.53%	3,300,000원	2.60%	2.73%
중건설 공사	3.64%	3.05%	2,975,000원	3.11%	3.39%
특수건설 공사	2.07%	1.59%	2,450,000원	1.64%	1.78%

정답 ①

120 NATM공법 터널공사의 경우 록볼트 작업과 관련된 계측결과에 해당되지 않는 것은?

① 내공변위측정 결과
② 천단침하측정 결과
③ 인발시험 결과
④ 진동측정 결과

해설
시공(터널공사 표준안전작업지침 – NATM공법 제21조)
록볼트 작업의 표준시공방식으로서 시스템 볼팅을 실시하여야 하며 인발시험, 내공변위측정, 천단침하측정, 지중변위측정 등의 계측결과로부터 다음에 해당될 때에는 록볼트의 추가시공을 하여야 한다.
- 터널벽면의 변형이 록볼트 길이의 약 6% 이상으로 판단되는 경우
- 록볼트의 인발시험 결과로부터 충분한 인발내력이 얻어지지 않는 경우
- 록볼트 길이의 약 반 이상으로부터 지반 심부까지의 사이에 축력분포의 최대치가 존재하는 경우
- 소성영역의 확대가 록볼트 길이를 초과한 것으로 판단되는 경우

정답 ④

2024년 제1회 최근 기출복원문제

제1과목 산업재해예방 및 안전보건교육

01 하인리히 방식의 재해코스트 산정에서 직접비에 해당하지 않은 것은?

① 휴업보상비
② 병상위문금
③ 장해특별보상비
④ 상병보상연금

해설
하인리히 방식의 재해손실비용[1(직접비) : 4(간접비)]
- 직접비 : 치료비, 휴업 및 요양급여, 장해보상비, 유족보상비, 장례비 등으로 직접적으로 발생하는 비용을 말한다.
- 간접비 : 작업 중단에 의한 시간손실 등 재해발생으로 인하여 발생하는 손실을 말한다.
※ 병상위문금은 직접비에 해당하지 않는다.

정답 ②

02 산업안전보건법상 특별안전보건교육에서 방사선 업무에 관계되는 작업을 할 때 근로자 교육내용으로 거리가 먼 것은?

① 방사선의 유해·위험 및 인체에 미치는 영향
② 방사선 측정기기 기능의 점검에 관한 사항
③ 응급처치 및 보호구 착용에 관한 사항
④ 산소농도 측정 및 작업환경에 관한 사항

해설
근로자 특별교육 대상 작업별 교육(산업안전보건법 시행규칙 별표 5)
방사선 업무에 관계되는 작업(의료 및 실험용은 제외)
- 방사선의 유해·위험 및 인체에 미치는 영향
- 방사선의 측정기기 기능의 점검에 관한 사항
- 방호거리·방호벽 및 방사선물질의 취급 요령에 관한 사항
- 응급처치 및 보호구 착용에 관한 사항
- 그 밖에 안전·보건관리에 필요한 사항

정답 ④

03 다음 중 특정과업에서 에너지 소비수준에 영향을 미치는 인자가 아닌 것은?

① 작업방법
② 작업속도
③ 작업관리
④ 도구

해설
특정과업에서 에너지 소비수준에 영향을 미치는 인자 : 작업방법, 작업속도, 작업자세, 도구설계(도구)

정답 ③

04 다음 무재해운동의 이념 중 '선취의 원칙'에 대한 설명으로 가장 적절한 것은?

① 사고의 잠재요인을 사후에 파악하는 것
② 근로자 전원이 일체감을 조성하여 참여하는 것
③ 위험요소를 사전에 발견, 파악하여 재해를 예방 또는 방지하는 것
④ 관리감독자 또는 경영층에서의 자발적 참여로 안전 활동을 촉진하는 것

해설
무재해운동의 3대 원칙
- 선취의 원칙 : 사업장 내에서 행동하기 전에 잠재위험요인을 발견 및 파악하여 재해를 예방한다.
- 무의 원칙 : 사업장 내의 모든 잠재위험요인을 사전에 파악하고 해결함으로 재해 발생의 근원이 되는 요소들을 제거한다.
- 참가의 원칙 : 잠재위험요인을 발견하고 파악, 해결하기 위해 구성원 전원이 협력하여 문제해결을 도모한다.

정답 ③

05 라인(line)형 안전관리조직에 대한 설명으로 옳은 것은?

① 명령계통과 조언이나 권고적 참여가 혼동되기 쉽다.
② 생산부서와 마찰이 일어나기 쉽다.
③ 명령계통이 간단명료하다.
④ 생산 부분에는 안전에 대한 책임과 권한이 없다.

해설
안전관리조직의 직계식(line) 조직
- 안전관리에 관한 계획에서 실시까지 안전에 대한 모든 것을 생산조직을 통해 시행한다(명령계통이 간단).
- 안전전문조직이 없다.
- 소규모 사업장(100명 이하)에 적합하다.

정답 ③

06 안전교육방법 중 강의법에 대한 설명으로 옳지 않은 것은?

① 단기간의 교육시간 내에 비교적 많은 내용을 전달할 수 있다.
② 다수의 수강자를 대상으로 동시에 교육할 수 있다.
③ 다른 교육방법에 비해 수강자의 참여가 제약된다.
④ 수강자 개개인의 학습진도를 조절할 수 있다.

해설
강의법 : 사전에 계획된 내용체계에 따라 학습자에게 전달해야 할 지식이나 정보를 일방적으로 설명하는 교수방식
- 수강자의 학습진척상황이나 성취 정도를 점검하기 곤란하다.
- 집단적 지도법으로 많은 인원(최적 인원 30~50명)을 단시간에 교육할 수 있으며, 교육내용이 많을 때 효율적인 방법이다.
- 교사 중심으로 진행되어 수강자는 완전히 수동적인 입장이며 참여가 제약된다.

정답 ④

07 제일선의 감독자를 교육대상으로 하여 작업지도방법, 작업개선방법 등의 주요 내용을 다루는 기업 내 교육방법은?

① TWI
② MTP
③ ATT
④ CCS

해설
TWI(Training Within Industry)
- 직장에서 제일선 감독자를 교육대상으로 하여 그의 감독능력을 한층 더 발휘시키거나 인간관계를 개선해서 생산성을 높이기 위한 교육방법이다.
- 교육내용
  - 작업방법훈련(JMT ; Job Method Training)
  - 인간관계관리훈련(JRT ; Job Relation Training)
  - 작업지도훈련(JIT ; Job Instruction Training)
  - 작업안전훈련(JST ; Job Safety Training)

정답 ①

08 연천인율 45인 사업장의 도수율은?

① 10.8
② 18.75
③ 108
④ 187.5

해설
연천인율 : 근로자 1,000명당 1년에 발생하는 사상자수

$$연천인율 = \frac{연간재해자수}{연평균근로자수} \times 1,000$$
$$= 도수율 \times 2.4$$

$$도수율 = \frac{연천인율}{2.4} = \frac{45}{2.4} = 18.75$$

정답 ②

09. 보호구 안전인증 고시상 주로 고음을 차단하고, 저음은 차단하지 않는 방음보호구의 기호로 옳은 것은?

① NRR
② EM
③ EP-1
④ EP-2

해설

방음용 귀마개 또는 귀덮개의 성능기준(보호구 안전인증 고시 별표 12)

종류	등급	기호	성능
귀마개	1종	EP-1	저음부터 고음까지 차음하는 것
	2종	EP-2	주로 고음을 차음하고 저음(회화음영역)은 차음하지 않는 것
귀덮개	–	EM	

정답 ④

10. 방진마스크의 사용 조건 중 산소농도의 최소 기준으로 옳은 것은?

① 16%
② 18%
③ 21%
④ 23.5%

해설

방진마스크의 성능기준 – 사용 조건(보호구 안전인증 고시 별표 4)
산소농도 18% 이상인 장소에서 사용하여야 한다.

정답 ②

11. Y·G 성격검사에서 '안전, 적응, 적극형'에 해당하는 형의 종류는?

① A형
② B형
③ C형
④ D형

해설

Y·G 성격검사
- A형(평균형) : 조화, 적응
- B형(우편형) : 불안정, 활동 및 적극적
- C형(좌편형) : 온순, 소극, 안정, 내향적
- D형(우하형) : 안전, 적응, 적극적
- E형(좌하형) : 불안정, 부적응, 수동적

정답 ④

12. 다음 중 맥그리거(McGregor)의 Y이론과 가장 거리가 먼 것은?

① 성선설
② 상호신뢰
③ 선진국형
④ 권위주의적 리더십

해설

맥그리거의 X이론, Y이론
- X이론 : 목표를 달성하기 위해서는 조직구성원에 대한 통제와 감시, 처벌이 필요하다고 보는 이론으로 인간에 대해 부정(게으름), 권위적이며 제한적인 특성을 갖고 있는 관리이론이다.
- Y이론 : 통제와 감시보다는 목표를 공유하여 자기실현 욕구를 충족할 수 있도록 하며, 인간이 본성적으로 일을 즐기고 책임감이 있다고 신뢰한다. 문제 해결에 창의력을 발휘하고 자율적 규제를 두어 자아실현 욕구를 충족시키는 것으로 동기가 유발된다고 보는 관리이론이다.

정답 ④

13. 파블로프(Pavlov)의 조건반사설에 의한 학습이론의 원리로 옳지 않은 것은?

① 일관성의 원리
② 계속성의 원리
③ 준비성의 원리
④ 강도의 원리

해설

파블로브의 조건반사설
- 일관성의 원리
- 계속성의 원리
- 강도의 원리
- 시간의 원리

정답 ③

14 산업안전보건법령상 산업안전보건위원회의 사용자위원에 해당하지 않는 사람은?(단, 각 사업장은 해당하는 사람을 선임하여야 하는 대상 사업장으로 한다)

① 안전관리자
② 산업보건의
③ 명예산업안전감독관
④ 해당 사업장 부서의 장

해설

산업안전보건위원회의 구성(산업안전보건법 시행령 제35조)

- 근로자위원
  ㉠ 근로자대표
  ㉡ 명예산업안전감독관이 위촉되어 있는 사업장의 경우 근로자대표가 지명하는 1명 이상의 명예산업안전감독관
  ㉢ 근로자대표가 지명하는 9명(근로자인 ㉡의 위원이 있는 경우에는 9명에서 그 위원의 수를 제외한 수) 이내의 해당 사업장의 근로자
- 사용자위원 : 산업안전보건위원회의 사용자위원은 다음의 사람으로 구성한다. 다만, 상시근로자 50명 이상 100명 미만을 사용하는 사업장에서는 ㉤에 해당하는 사람을 제외하고 구성할 수 있다.
  ㉠ 해당 사업의 대표자(같은 사업으로서 다른 지역에 사업장이 있는 경우에는 그 사업장의 안전보건관리책임자를 말한다. 이하 같다)
  ㉡ 안전관리자(제16조 제1항에 따라 안전관리자를 두어야 하는 사업장으로 한정하되, 안전관리자의 업무를 안전관리전문기관에 위탁한 사업장의 경우에는 그 안전관리전문기관의 해당 사업장 담당자) 1명
  ㉢ 보건관리자(제20조 제1항에 따라 보건관리자를 두어야 하는 사업장으로 한정하되, 보건관리자의 업무를 보건관리전문기관에 위탁한 사업장의 경우에는 그 보건관리전문기관의 해당 사업장 담당자) 1명
  ㉣ 산업보건의(해당 사업장에 선임되어 있는 경우로 한정)
  ㉤ 해당 사업의 대표자가 지명하는 9명 이내의 해당 사업장 부서의 장

정답 ③

15 산업안전보건법령상 유해·위험 방지를 위한 방호조치가 필요한 기계·기구가 아닌 것은?

① 예초기
② 지게차
③ 금속절단기
④ 금속탐지기

해설

유해·위험 방지를 위한 방호조치가 필요한 기계·기구(산업안전보건법 시행령 별표 20)
- 예초기
- 원심기
- 공기압축기
- 금속절단기
- 지게차
- 포장기계(진공포장기, 래핑기로 한정)

정답 ④

16 강도율에 관한 설명으로 옳지 않은 것은?

① 사망 및 영구 전 노동 불능(신체장해등급 1~3급)의 근로손실일수는 7,500일로 환산한다.
② 신체장해등급 중 제14급은 근로손실일수를 50일로 환산한다.
③ 영구 일부 노동 불능은 신체장해등급에 따른 근로손실일수에 $\frac{300}{365}$을 곱하여 환산한다.
④ 일시 전 노동 불능은 휴업일수에 $\frac{300}{365}$을 곱하여 근로손실일수를 환산한다.

해설

손실일수의 계산
- 사망, 장해등급 1~3급(영구 전 노동 불능) : 7,500일
- 4~14등급(영구 일부 노동 불능)
  - 4등급 : 5,500일   - 10등급 : 600일
  - 5등급 : 4,000일   - 11등급 : 400일
  - 6등급 : 3,000일   - 12등급 : 200일
  - 7등급 : 2,200일   - 13등급 : 100일
  - 8등급 : 1,500일   - 14등급 : 50일
  - 9등급 : 1,000일
- 일시 전 노동 불능 : 휴업일수 $\times \frac{300}{365}$

정답 ③

17

레빈(Lewin)은 인간의 행동 특성을 다음과 같이 표현하였다. 변수 'E'가 의미하는 것은?

$$B = f(P \cdot E)$$

① 연령 ② 성격
③ 환경 ④ 지능

해설

레빈의 법칙
- B : Behavior(인간의 행동)
- f : function(함수 관계)
- P : Person(개체 : 연령, 경험, 성격, 지능, 소질 등)
- E : Environment(심리적 환경, 물리적 작업환경, 설비적 결함)

정답 ③

18

다음 설명의 학습지도 형태는 어떤 토의법 유형인가?

6-6회의라고도 하며, 6명씩 소집단으로 구분하고, 집단별로 각각의 사회자를 선발하여 6분간 자유토의를 행하여 의견을 종합하는 방법

① 포럼(forum)
② 버즈 세션(buzz session)
③ 케이스 메소드(case method)
④ 패널 디스커션(panel discussion)

해설

버즈 세션 : 6-6회의라고도 하며 6명씩 소집단으로 구분하고 사회자를 선출하여 6분간 자유토의를 행하여 의견을 종합하는 방법

정답 ②

19

재해분석도구 중 재해발생의 유형을 어골상(魚骨像)으로 분류하여 분석하는 것은?

① 파레토도
② 특성요인도
③ 관리도
④ 클로즈분석

해설

통계적 재해원인 분석방법
- 특성요인도 : 특성과 요인 사이의 관계를 어골형(魚骨形)의 도형으로 나타내어 분석하는 방법이다.
- 파레토도 : 사고의 유형, 기인물 등 분류항목을 큰 순서대로 도표화하여 분석하는 방법이다.
- 관리도 : 재해발생건수 등 추이를 그래프화하여 추이를 파악해 재해분석 및 관리하는 방법이다.
- 크로스도(cross diagram, 클로즈 분석) : 2개 이상의 문제 관계를 분석하는 데 사용하는 것으로 데이터를 집계하고, 표로 표시하여 요인별 결과 내역을 교차한 그림을 작성하여 분석하는 방법이다.

정답 ②

20

재해의 발생확률은 개인적 특성이 아니라 그 사람이 종사하는 직업의 위험성에 기초한다는 이론은?

① 암시설
② 경향설
③ 미숙설
④ 기회설

해설

재해 빈발성의 원인에 대한 이론
- 기회설 : 개인적인 특성이 문제가 되어 재해가 발생하는 것이 아닌 작업장에 문제가 있어 재해가 발생한다는 이론이다.
- 암시설 : 재해를 경험한 사람은 재해가 발생할 우려로 심리적인 부담을 받게 되어 대처능력이 떨어져 재해가 빈번하게 발생한다는 이론이다.
- 빈발경향자설 : 근로자 중 재해를 빈번하게 일으키는 소질을 가진 자가 있다는 이론이다.

정답 ④

제2과목 인간공학 및 위험성 평가·관리

21 소음 발생에 있어 음원에 대한 대책으로 볼 수 없는 것은?

① 설비의 격리
② 적절한 재배치
③ 저소음 설비의 사용
④ 귀마개 및 귀덮개 사용

해설
귀마개 및 귀덮개 사용은 근로자(사람)에 대한 대책이다.

정답 ④

22 신체 부위의 운동에 대한 설명으로 옳지 않은 것은?

① 굴곡(flexion)은 부위 간의 각도가 증가하는 신체의 움직임을 의미한다.
② 외전(abduction)은 신체 중심선에서 멀어지는 신체의 움직임을 의미한다.
③ 내전(adduction)은 신체의 외부에서 중심선으로 이동하는 신체의 움직임을 의미한다.
④ 외선(lateral rotation)은 신체의 중심선으로부터 회전하는 신체의 움직임을 의미한다.

해설
① 굴곡은 부위 간의 각도(관절각)가 감소하는 신체의 움직임을 의미한다.

정답 ①

23 쾌적한 환경에서 추운 환경으로 변화할 때 신체의 조절작용으로 옳지 않은 것은?

① 피부온도가 내려간다.
② 직장온도가 약간 내려간다.
③ 몸이 떨리고 소름이 돋는다.
④ 피부를 경유하는 혈액순환량이 감소한다.

해설
② 추운 환경에 노출되면 직장온도는 올라간다.

정답 ②

24 인간-기계 시스템의 설계를 6단계로 구분할 때, 첫 번째 단계에서 시행하는 것은?

① 기본설계
② 시스템의 정의
③ 인터페이스 설계
④ 시스템의 목표와 성능 명세 결정

해설
인간-기계 시스템 설계절차 6단계
- 1단계 : 시스템의 목표와 성능 명세 결정
- 2단계 : 시스템의 정의
- 3단계 : 기본설계
- 4단계 : 인터페이스 설계(계면설계)
- 5단계 : 촉진물, 보조물 설계
- 6단계 : 시험 및 평가

정답 ④

25 점광원으로부터 0.3m 떨어진 구면에 비추는 광량이 5lm일 때, 조도는 약 몇 lx인가?

① 0.06 ② 16.7
③ 55.6 ④ 83.4

해설

$$조도(lx) = \frac{광량}{거리^2}$$
$$= \frac{5}{0.3^2}$$
$$\fallingdotseq 55.6$$

정답 ③

26 염산을 취급하는 A업체에서는 신설 설비에 관한 안전성 평가를 실시해야 한다. 정성적 평가단계의 주요 진단항목에 해당하는 것은?

① 공장 내의 배치
② 제조공정의 개요
③ 재평가방법 및 계획
④ 안전보건교육 훈련계획

해설

화학설비 안전성 평가에서 정성적 평가항목
• 공장 내의 배치
• 입지조건
• 건축물(건조물)
• 소방설비

정답 ①

27 화학설비에 대한 안전성 평가(safety assessment)에서 정량적 평가항목이 아닌 것은?

① 습도
② 온도
③ 압력
④ 용량

해설

화학설비 안전성 평가에서 정량적 평가항목
• 온도, 압력
• 화학설비의 용량
• 조작
• 취급물질

정답 ①

28 FT도에 사용되는 다음 게이트의 명칭은?

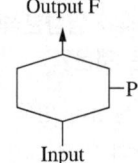

① 부정 게이트
② 억제 게이트
③ 배타적 OR 게이트
④ 우선적 AND 게이트

해설

억제 게이트 : 이 게이트의 출력사상은 한 개의 입력사상에 의해 발생하며, 입력사상이 출력사상을 생성하기 전에 특정조건을 만족하여야 하는 논리게이트이다.

정답 ②

29. 인간전달함수(human transfer function)의 결점으로 옳지 않은 것은?

① 입력의 협소성
② 시점적 제약성
③ 정신운동의 묘사성
④ 불충분한 직무 묘사

해설
인간전달함수의 결점
• 입력의 협소성
• 시점적 제약성
• 불충분한 직무 묘사

정답 ③

30. 고장형태와 영향분석(FMEA)에서 평가요소로 옳지 않은 것은?

① 고장발생의 빈도
② 고장의 영향 크기
③ 고장방지의 가능성
④ 기능적 고장 영향의 중요도

해설
FMEA 고장평점 평가요소 5가지
• 고장발생의 빈도
• 고장방지의 가능성
• 기능적 고장 영향의 중요도
• 영향을 미치는 시스템의 범위
• 신규설계 정도

정답 ②

31. 산업안전보건법상 유해위험방지계획서의 제출 시 첨부하는 서류에 포함되지 않는 것은?

① 설비 점검 및 유지계획
② 기계·설비의 배치도면
③ 건축물 각 층의 평면도
④ 원재료 및 제품의 취급, 제조 등의 작업방법의 개요

해설
제조업 등 유해위험방지계획서 첨부서류(산업안전보건법 시행규칙 제42조)
• 건축물 각 층의 평면도
• 기계·설비의 개요를 나타내는 서류
• 기계·설비의 배치도면
• 원재료 및 제품의 취급, 제조 등의 작업방법의 개요
• 그 밖에 고용노동부장관이 정하는 도면 및 서류

정답 ①

32. 인체에서 뼈의 주요 기능으로 옳지 않은 것은?

① 인체의 지주
② 장기의 보호
③ 골수의 조혈
④ 근육의 대사

해설
뼈의 주요 기능
• 인체의 지주
• 장기의 보호
• 골격근의 움직임
• 혈액세포 생산(골수의 조혈)
• 미네랄의 저장

정답 ④

33 다음 FT도에서 최소 컷셋(minimal cut set)으로만 올바르게 나열한 것은?

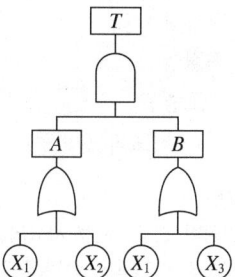

① $[X_1]$
② $[X_1]$, $[X_2]$
③ $[X_1, X_2, X_3]$
④ $[X_1, X_2]$, $[X_1, X_3]$

해설
$T = A \cdot B$
$\begin{pmatrix} X_1 \\ X_2 \end{pmatrix} \cdot \begin{pmatrix} X_1 \\ X_3 \end{pmatrix} = (X_1), (X_1X_3), (X_1X_2), (X_2X_3)$ 이므로 최소 컷셋은 $(X_1), (X_2X_3)$ 이다.

정답 ①

---

34 시각 표시장치보다 청각 표시장치의 사용이 바람직한 경우는?

① 전언이 복잡한 경우
② 전언이 재참조되는 경우
③ 전언이 즉각적인 행동을 요구하는 경우
④ 직무상 수신자가 한곳에 머무는 경우

해설
청각·시각 표시장치의 비교

청각 표시장치	시각 표시장치
• 전달정보가 짧고 간단한 경우	• 전달정보가 길고 복잡한 경우
• 전달정보가 후에 재참조되지 않는 경우	• 전달정보가 후에 재참조되는 경우
• 전달정보가 즉각적인 행동을 요구하는 경우	• 전달정보가 즉각적인 행동을 요구하지 않을 경우
• 직무상 수신자가 자주 움직이는 경우	• 직무상 수신자가 한곳에 머무는 경우

정답 ③

---

35 암호체계의 사용상에 있어서 일반적인 지침에 포함되지 않는 것은?

① 암호의 검출성
② 부호의 양립성
③ 암호의 표준화
④ 암호의 단일 차원화

해설
암호체계 사용 시 일반적 지침
• 암호의 검출성 : 모든 암호 표시는 감지장치에 의해 검출되어야 한다.
• 암호의 변별성 : 모든 암호 표시는 다른 표시와 구별될 수 있어야 한다.
• 부호의 양립성 : 자극과 반응 조합의 관계가 인간의 기대와 모순되지 않아야 한다.
• 부호의 의미 : 암호를 사용할 때에는 사용자가 그 뜻을 분명히 알 수 있어야 한다.
• 암호의 표준화 : 암호를 표준화하여야 한다.
• 다차원 암호의 사용 : 다차원의 암호(2가지 이상)인 경우 정보전달이 촉진된다.

정답 ④

---

36 결함수 분석(FTA)에 관한 설명으로 옳지 않은 것은?

① 연역적 방법이다.
② 버텀-업(bottom-up) 방식이다.
③ 기능적 결함의 원인을 분석하는 데 용이하다.
④ 정량적 분석이 가능하다.

해설
② 고장 또는 재해요인의 정성적 분석과 정량적 분석이 가능한 기법으로 연역적인 분석(top-down)방식을 수행하며 복잡하고 대형화된 시스템에 사용된다.

정답 ②

37. 인간공학적 의자 설계의 원리로 가장 적합하지 않은 것은?

① 자세고정을 줄인다.
② 요부측만을 촉진한다.
③ 디스크 압력을 줄인다.
④ 등근육의 정적부하를 감소시킨다.

해설
의자 설계의 일반 원칙
• 요추(요부)의 전만곡선을 유지한다.
• 자세고정을 줄인다.
• 디스크의 압력을 줄인다.
• 등근육의 정적부하를 감소시킨다.
• 쉽게 조절할 수 있도록 설계한다.

정답 ②

38. 인체 계측 자료의 응용원칙이 아닌 것은?

① 기존 동일 제품을 기준으로 한 설계
② 최대 치수와 최소 치수를 기준으로 한 설계
③ 조절범위를 기준으로 한 설계
④ 평균치를 기준으로 한 설계

해설
인체측정치의 응용원리
• 극단치를 이용한 설계
 – 최대치 설계 : 출입문, 비상통로, 탈출구
 – 최소치 설계 : 선반의 높이, 조정장치까지의 거리
• 평균치 설계 : 안내데스크의 높이, 공용으로 사용하는 것(버스의자 등)
• 조절식 설계 : 자동차 및 사무실 의자 등(사용자에 맞게 조절)

정답 ①

39. 인간공학 연구조사에 사용되는 기준의 구비조건과 가장 거리가 먼 것은?

① 다양성
② 적절성
③ 무오염성
④ 기준 척도의 신뢰성

해설
인간공학 연구조사에 사용되는 구비조건
• 타당성 및 적절성 : 시스템의 목표(goal)를 잘 반영하여야 한다.
• 무오염성 : 측정하고자 하는 변수가 아닌 다른 변수들에 의해 영향을 받지 않아야 한다.
• 신뢰성 : 실험 반복에 대한 일정한 결과를 나타내어야 한다.
• 측정의 민감도 : 기대되는 차이에 적합한 정도의 단위로 측정이 가능해야 한다.

정답 ①

40. n개의 요소를 가진 병렬시스템에 있어 요소의 수명(MTTF)이 지수분포를 따를 경우, 이 시스템의 수명을 구하는 식으로 맞는 것은?

① $MTTF \times n$
② $MTTF \times \dfrac{1}{n}$
③ $MTTF \times \left(1 + \dfrac{1}{2} + \cdots + \dfrac{1}{n}\right)$
④ $MTTF \times \left(1 \times \dfrac{1}{2} \times \cdots \times \dfrac{1}{n}\right)$

해설
MTTF(고장까지의 평균시간, 평균수명)
• 직렬 $= MTTF \times \dfrac{1}{n}$
• 병렬 $= MTTF \times \left(1 + \dfrac{1}{2} + \cdots + \dfrac{1}{n}\right)$
여기서, n : 요소의 개수

정답 ③

제3과목 기계·기구 및 설비 안전 관리

41 와이어로프의 꼬임은 일반적으로 특수로프를 제외하고는 보통 꼬임(ordinary lay)과 랭 꼬임(Lang's lay)으로 분류할 수 있다. 다음 중 랭 꼬임과 비교하여 보통 꼬임의 특징에 관한 설명으로 옳지 않은 것은?

① 킹크가 잘 생기지 않는다.
② 내마모성, 유연성, 저항성이 우수하다.
③ 로프의 변형이 적고 하중을 걸었을 때 저항성이 크다.
④ 스트랜드의 꼬임 방향과 로프의 꼬임 방향이 반대이다.

해설
② 랭 꼬임의 특징이다.

정답 ②

42 다음 중 산업용 로봇에 의한 작업 시 안전조치사항으로 적절하지 않은 것은?

① 로봇의 운전으로 인하여 근로자에게 발생할 수 있는 부상 등의 위험을 방지하기 위하여 1.8m 이상의 울타리를 설치하여야 한다.
② 작업을 하고 있는 동안 로봇의 기동스위치는 작업에 종사하고 있는 근로자가 아닌 사람이 그 스위치 등을 조작할 수 없도록 필요한 조치를 한다.
③ 로봇의 조작방법 및 순서, 작업 중의 머니퓰레이터의 속도 등에 관한 지침에 따라 작업을 하여야 한다.
④ 작업에 종사하는 근로자가 이상을 발견하면, 관리감독자에게 우선 보고하고 지시에 따라 로봇의 운전을 정지시킨다.

해설
④ 작업에 종사하고 있는 근로자 또는 그 근로자를 감시하는 사람은 이상을 발견하면 즉시 로봇의 운전을 정지시키기 위한 조치를 할 것(산업안전보건기준에 관한 규칙 제222조)

정답 ④

43 다음 중 공장소음에 대한 방지계획에 있어 소음원에 대한 대책에 해당하지 않는 것은?

① 해당 설비의 밀폐
② 설비실의 차음벽 시공
③ 작업자의 보호구 착용
④ 소음기 및 흡음장치 설치

해설
③ 보호구 착용은 작업자에 대한 대책이다.

정답 ③

44 프레스의 방호장치 중 광전자식 방호장치에 관한 설명으로 옳지 않은 것은?

① 연속 운전작업에 사용할 수 있다.
② 핀클러치 구조의 프레스에 사용할 수 있다.
③ 기계적 고장에 의한 2차 낙하에는 효과가 없다.
④ 시계를 차단하지 않기 때문에 작업에 지장을 주지 않는다.

해설
② 광전자식 방호장치는 핀클러치 구조의 프레스에 사용할 수 없다.

정답 ②

45 소음에 관한 사항으로 옳지 않은 것은?

① 소음에는 익숙해지기 쉽다.
② 소음계는 소음에 한하여 계측할 수 있다.
③ 소음의 피해는 정신적, 심리적인 것이 주가 된다.
④ 소음이란 귀에 불쾌한 음이나 생활을 방해하는 음을 통틀어 말한다.

해설
② 소음계는 소음뿐만 아니라 소음이 아닌 음도 계측할 수 있다.

정답 ②

46 압력용기 등에 설치하는 안전밸브와 관련된 설명으로 옳지 않은 것은?

① 안지름이 150mm를 초과하는 압력용기에 대해서는 과압에 따른 폭발을 방지하기 위하여 규정에 맞는 안전밸브를 설치해야 한다.
② 급성독성물질이 지속적으로 외부에 유출될 수 있는 화학설비 및 그 부속설비에는 파열판과 안전밸브를 병렬로 설치한다.
③ 안전밸브는 보호하려는 설비의 최고 사용압력 이하에서 작동되도록 하여야 한다.
④ 안전밸브의 배출용량은 그 작동원인에 따라 각각의 소요 분출량을 계산하여 가장 큰 수치를 해당 안전밸브의 배출용량으로 하여야 한다.

해설
② 급성독성물질이 지속적으로 외부에 유출될 수 있는 화학설비 및 그 부속설비에는 파열판과 안전밸브를 직렬로 설치한다(산업안전보건기준에 관한 규칙 제263조).
① 산업안전보건기준에 관한 규칙 제261조
③ 산업안전보건기준에 관한 규칙 제264조
④ 산업안전보건기준에 관한 규칙 제265조

정답 ②

47 기계설비 구조의 안전화 중 가공결함 방지를 위해 고려할 사항이 아닌 것은?

① 안전율   ② 열처리
③ 가공경화   ④ 응력집중

해설
가공결함 방지 고려사항
• 열처리
• 가공경화
• 응력집중

정답 ①

48 진동에 의한 1차 설비진단법 중 정상, 비정상, 악화의 정도를 판단하기 위한 방법에 해당하지 않는 것은?

① 상호판단   ② 비교판단
③ 절대판단   ④ 평균판단

해설
진동상태 평가기준 3가지
• 상호판단
• 상대판단(비교판단)
• 절대판단

정답 ④

49 연삭기에서 숫돌의 바깥지름이 180mm일 경우 숫돌 고정용 평형 플랜지의 지름으로 적합한 것은?

① 30mm 이상
② 40mm 이상
③ 50mm 이상
④ 60mm 이상

해설
평형 플랜지의 지름은 숫돌 지름의 $\frac{1}{3}$ 이상이어야 하므로
$180 \times \frac{1}{3} = 60$mm 이상이어야 한다.

정답 ④

50 산업안전보건법령상 산업용 로봇의 작업 시작 전 점검사항으로 가장 거리가 먼 것은?

① 외부 전선의 피복 또는 외장의 손상 유무
② 압력방출장치의 이상 유무
③ 머니퓰레이터 작동 이상 유무
④ 제동장치 및 비상정지장치의 기능

해설
작업 시작 전 점검사항(산업안전보건기준에 관한 규칙 별표 3)
로봇의 작동 범위에서 그 로봇에 관하여 교시 등(로봇의 동력원을 차단하고 하는 것은 제외)의 작업을 할 때
- 외부 전선의 피복 또는 외장의 손상 유무
- 머니퓰레이터(manipulator) 작동의 이상 유무
- 제동장치 및 비상정지장치의 기능

정답 ②

51 선반작업 시 안전수칙으로 옳지 않은 것은?

① 작업 중 절삭칩이 눈에 들어가지 않도록 보안경을 착용한다.
② 공작물 세팅에 필요한 공구는 세팅이 끝난 후 바로 제거한다.
③ 상의의 옷자락은 안으로 넣고, 끈을 이용하여 소맷자락을 묶어 작업을 준비한다.
④ 공작물은 전원스위치를 끄고 바이트를 충분히 멀리 위치시킨 후 고정한다.

해설
③ 기계에 말려 들어갈 위험이 있으므로 끈을 이용하여 소맷자락을 묶고 작업하여서는 안 된다.

정답 ③

52 산업안전보건법령에 따라 다음 괄호 안에 들어갈 내용으로 옳은 것은?

> 사업주는 바닥으로부터 짐 윗면까지의 높이가 ( )m 이상인 화물자동차에 짐을 싣는 작업 또는 내리는 작업을 하는 경우에는 근로자의 추가 위험을 방지하기 위하여 해당 작업에 종사하는 근로자가 바닥과 적재함의 짐 윗면 간을 안전하게 오르내리기 위한 설비를 설치하여야 한다.

① 1.5
② 2
③ 2.5
④ 3

해설
승강설비(산업안전보건기준에 관한 규칙 제187조)
사업주는 바닥으로부터 짐 윗면까지의 높이가 2m 이상인 화물자동차에 짐을 싣는 작업 또는 내리는 작업을 하는 경우에는 근로자의 추가 위험을 방지하기 위하여 해당 작업에 종사하는 근로자가 바닥과 적재함의 짐 윗면 간을 안전하게 오르내리기 위한 설비를 설치하여야 한다.

정답 ②

53. 산업안전보건법령상 로봇에 설치되는 제어장치의 조건에 적합하지 않은 것은?

① 누름버튼은 오작동 방지를 위한 가드를 설치하는 등 불시기동을 방지할 수 있는 구조로 제작·설치되어야 한다.
② 로봇에는 외부 보호장치와 연결하기 위해 하나 이상의 보호정지회로를 구비해야 한다.
③ 전원공급램프, 자동운전, 결함검출 등 작동제어의 상태를 확인할 수 있는 표시장치를 설치해야 한다.
④ 조작버튼 및 선택스위치 등 제어장치에는 해당 기능을 명확하게 구분할 수 있도록 표시해야 한다.

[해설]
② 보호정지의 조건이다.
산업용 로봇의 제작 및 안전기준(위험기계·기구 자율안전확인 고시 별표 2)
로봇에 설치되는 제어장치는 다음 요건에 적합하도록 설계·제작되어야 한다.
- 누름버튼은 오작동 방지를 위한 가드를 설치하는 등 불시기동을 방지할 수 있는 구조로 제작·설치되어야 한다.
- 전원공급램프, 자동운전, 결함검출 등 작동제어의 상태를 확인할 수 있는 표시장치를 설치해야 한다.
- 조작버튼 및 선택스위치 등 제어장치에는 해당 기능을 명확하게 구분할 수 있도록 표시해야 한다.

정답 ②

54. 산업안전보건법령상 탁상용 연삭기의 덮개에는 워크레스트와 연삭숫돌과의 간격을 몇 mm 이하로 조정할 수 있어야 하는가?

① 3
② 4
③ 5
④ 10

[해설]
연삭기 덮개의 성능기준(방호장치 자율안전기준 고시 별표 4)
탁상용 연삭기의 덮개에는 워크레스트 및 조정편을 구비하여야 하며, 워크레스트는 연삭숫돌과의 간격을 3mm 이하로 조정할 수 있는 구조여야 한다.

정답 ①

55. 밀링작업 시 안전수칙으로 옳지 않은 것은?

① 보안경을 착용한다.
② 칩은 기계를 정지시킨 다음에 브러시로 제거한다.
③ 가공 중에는 손으로 가공면을 점검하지 않는다.
④ 면장갑을 착용하여 작업한다.

[해설]
④ 밀링작업 시 면장갑을 착용하게 되는 경우 장갑이 말려 들어가 다칠 위험이 있다.

정답 ④

56. 다음 중 산업안전보건법령상 연삭숫돌을 사용하는 작업의 안전수칙으로 옳지 않은 것은?

① 연삭숫돌을 사용하는 경우 작업 시작 전과 연삭숫돌을 교체한 후에는 1분 정도 시운전을 통해 이상 유무를 확인한다.
② 회전 중인 연삭숫돌이 근로자에게 위험을 미칠 우려가 있는 경우에 그 부위에 덮개를 설치하여야 한다.
③ 연삭숫돌의 최고 사용회전속도를 초과하여 사용하여서는 안 된다.
④ 측면을 사용하는 목적으로 하는 연삭숫돌 이외에는 측면을 사용해서는 안 된다.

[해설]
연삭숫돌의 덮개 등(산업안전보건기준에 관한 규칙 제122조)
- 사업주는 회전 중인 연삭숫돌(지름이 5cm 이상인 것으로 한정)이 근로자에게 위험을 미칠 우려가 있는 경우에 그 부위에 덮개를 설치하여야 한다.
- 사업주는 연삭숫돌을 사용하는 작업의 경우 작업을 시작하기 전에는 1분 이상, 연삭숫돌을 교체한 후에는 3분 이상 시험운전을 하고 해당 기계에 이상이 있는지를 확인하여야 한다.
- 시험운전에 사용하는 연삭숫돌은 작업시작 전에 결함이 있는지를 확인한 후 사용하여야 한다.
- 사업주는 연삭숫돌의 최고 사용회전속도를 초과하여 사용하도록 해서는 아니 된다.
- 사업주는 측면을 사용하는 것을 목적으로 하지 않는 연삭숫돌을 사용하는 경우 측면을 사용하도록 해서는 아니 된다.

정답 ①

57. 크레인의 사용 중 하중이 정격을 초과하였을 때 자동적으로 상승이 정지되는 장치는?

① 해지장치
② 이탈방지장치
③ 아웃트리거
④ 과부하방지장치

해설
과부하방지장치
크레인 사용 중 하중이 정격을 초과하였을 때 자동으로 상승이 정지되는 장치를 말한다.

정답 ④

58. 산업안전보건법에 따라 사다리식 통로를 설치하는 경우 준수해야 할 기준으로 옳지 않은 것은?

① 사다리식 통로의 기울기는 60° 이하로 할 것
② 발판과 벽과의 사이는 15cm 이상의 간격을 유지할 것
③ 사다리의 상단은 걸쳐 놓은 지점으로부터 60cm 이상 올라가도록 할 것
④ 사다리식 통로의 길이가 10m 이상인 경우에는 5m 이내마다 계단참을 설치할 것

해설
사다리식 통로 등의 구조(산업안전보건기준에 관한 규칙 제24조)
- 견고한 구조로 할 것
- 심한 손상·부식 등이 없는 재료를 사용할 것
- 발판의 간격은 일정하게 할 것
- 발판과 벽과의 사이는 15cm 이상의 간격을 유지할 것
- 폭은 30cm 이상으로 할 것
- 사다리가 넘어지거나 미끄러지는 것을 방지하기 위한 조치를 할 것
- 사다리의 상단은 걸쳐 놓은 지점으로부터 60cm 이상 올라가도록 할 것
- 사다리식 통로의 길이가 10m 이상인 경우에는 5m 이내마다 계단참을 설치할 것
- 사다리식 통로의 기울기는 75° 이하로 할 것. 다만, 고정식 사다리식 통로의 기울기는 90° 이하로 하고, 그 높이가 7m 이상인 경우에는 다음의 구분에 따른 조치를 할 것
  - 등받이울이 있어도 근로자 이동에 지장이 없는 경우 : 바닥으로부터 높이가 2.5m 되는 지점부터 등받이울을 설치할 것
  - 등받이울이 있으면 근로자가 이동이 곤란한 경우 : 한국산업표준에서 정하는 기준에 적합한 개인용 추락 방지 시스템을 설치하고 근로자로 하여금 한국산업표준에서 정하는 기준에 적합한 전신안전대를 사용하도록 할 것
- 접이식 사다리 기둥은 사용 시 접혀지거나 펼쳐지지 않도록 철물 등을 사용하여 견고하게 조치할 것

정답 ①

59. 산업안전보건법령상 컨베이어에 설치하는 방호장치로 거리가 가장 먼 것은?

① 건널다리
② 반발예방장치
③ 비상정지장치
④ 역주행방지장치

해설
컨베이어 방호장치(산업안전보건 기준에 관한 규칙 제2편 제1장 제11절)
- 화물 또는 운반구의 이탈 및 역주행을 방지하는 장치
- 비상정지장치
- 낙하물에 의한 위험방지(덮개, 울)
- 컨베이어 등의 위로 근로자를 넘어가도록 하는 경우의 방호장치(건널다리)

정답 ②

60. 산업안전보건법령상 아세틸렌 용접장치를 사용하여 금속의 용접·용단 또는 가열작업을 하는 경우 게이지 압력은 얼마를 초과하는 압력의 아세틸렌을 발생시켜 사용하면 안 되는가?

① 98kPa
② 127kPa
③ 147kPa
④ 196kPa

해설
압력의 제한(산업안전보건기준에 관한 규칙 제285조)
사업주는 아세틸렌 용접장치를 사용하여 금속의 용접·용단 또는 가열작업을 하는 경우에는 게이지 압력이 127kPa을 초과하는 압력의 아세틸렌을 발생시켜 사용해서는 아니 된다.

정답 ②

제4과목 전기설비 안전관리

61. 누전차단기의 설치가 필요한 것은?

① 이중절연 구조의 전기기계·기구
② 비접지식 전로의 전기기계·기구
③ 절연대 위에서 사용하는 전기기계·기구
④ 도전성이 높은 장소에서 사용하는 이동형 전기기계·기구

해설

누전차단기에 의한 감전방지(산업안전보건기준에 관한 규칙 제304조)
- 사업주는 다음의 전기기계·기구에 대하여 누전에 의한 감전위험을 방지하기 위하여 해당 전로의 정격에 적합하고 감도(전류 등에 반응하는 정도)가 양호하며 확실하게 작동하는 감전방지용 누전차단기를 설치해야 한다.
  - 대지전압이 150V를 초과하는 이동형 또는 휴대형 전기기계·기구
  - 물 등 도전성이 높은 액체가 있는 습윤장소에서 사용하는 저압(1,500V 이하 직류전압이나 1,000V 이하의 교류전압)용 전기기계·기구
  - 철판·철골 위 등 도전성이 높은 장소에서 사용하는 이동형 또는 휴대형 전기기계·기구
  - 임시배선의 전로가 설치되는 장소에서 사용하는 이동형 또는 휴대형 전기기계·기구
- 사업주는 감전방지용 누전차단기를 설치하기 어려운 경우에는 작업시작 전에 접지선의 연결 및 접속부 상태 등이 적합한지 확실하게 점검하여야 한다.
- 다음의 어느 하나에 해당하는 경우에는 위에 열거된 사항을 적용하지 않는다.
  - 전기용품 및 생활용품 안전관리법이 적용되는 이중절연 또는 이와 같은 수준 이상으로 보호되는 구조로 된 전기기계·기구
  - 절연대 위 등과 같이 감전위험이 없는 장소에서 사용하는 전기기계·기구
  - 비접지방식의 전로

정답 ④

62. 폭발위험장소에서의 본질안전 방폭구조에 대한 설명으로 옳지 않은 것은?

① 본질안전 방폭구조의 기본적 개념은 점화능력의 본질적 억제이다.
② 본질안전 방폭구조의 Exib는 Fault에 대한 2중 안전보장으로 0~2종 장소에 사용할 수 있다.
③ 이론적으로는 모든 전기기기를 본질안전 방폭구조를 적용할 수 있으나, 동력을 직접 사용하는 기기는 실제적으로 적용이 곤란하다.
④ 온도, 압력, 액면유량 등의 검출용 측정기는 대표적인 본질안전 방폭구조의 예이다.

해설

폭발위험장소별 방폭구조
- 0종 : 본질안전 방폭구조(ia)
- 1종 : 본질안전 방폭구조(ia, ib)
- 2종 : 본질안전 방폭구조(ia, ib)

정답 ②

63. 역률 개선용 커패시터(capacitor)가 접속된 전로에서 정전작업을 할 경우, 다른 정전작업과는 달리 주의 깊게 취해야 할 조치사항으로 옳은 것은?

① 안전 표지 부착
② 개폐기 전원 투입금지
③ 잔류전하 방전
④ 활선 근접작업에 대한 방호

해설

③ 역률 개선용 커패시터가 접속된 전로에서 정전작업을 할 경우, 잔류전하가 방전되었는지 확인하여야 한다. 왜냐하면, 전기에너지가 축적되어 있을 수 있어, 잔류전하로 인한 감전을 방지하기 위함이다.

정답 ③

64 전기화재가 발생하는 비중이 가장 큰 발화원은?

① 주방기기
② 이동식 전열기
③ 회전체 전기기계 및 기구
④ 전기배선 및 배선기구

해설
④ 전기배선 및 배선기구에 의해 전기화재가 발생하는 비중이 가장 크다.

정답 ④

65 전기기기 방폭의 기본개념이 아닌 것은?

① 점화원의 방폭적 격리
② 전기기기의 안전도 증강
③ 점화능력의 본질적 억제
④ 전기설비 주위 공기의 절연능력 향상

해설
전기설비 방폭의 기본개념
- 점화원의 방폭적 격리
- 전기기기의 안전도 증강
- 점화능력의 본질적 억제

정답 ④

66 정전기 발생현상의 분류에 해당하지 않는 것은?

① 유체대전
② 마찰대전
③ 박리대전
④ 교반대전

해설
정전기 발생현상 분류
마찰대전, 박리대전, 유동대전, 분출대전, 유도대전, 충돌대전, 교반·침강대전, 파괴대전

정답 ①

67 인체의 전기저항 R을 1,000Ω이라고 할 때 위험한계에너지의 최저는 약 몇 J인가?(단, 통전시간 T는 1초이고, 심실세동전류 $I = \dfrac{165}{\sqrt{T}}$ mA이다)

① 17.23
② 27.23
③ 37.23
④ 47.23

해설
위험한계에너지
$Q = I^2RT$
$= \left(\dfrac{165}{\sqrt{1}} \times 10^{-3}\right)^2 \times 1,000 \times 1$
$≒ 27.23\text{J}$

※ 계산결과는 소수점 셋째 자리에서 반올림

정답 ②

68 정전작업 시 작업 중 조치사항으로 옳은 것은?

① 검전기에 의한 정전 확인
② 개폐기의 관리
③ 잔류전하의 방전
④ 단락접지 실시

해설
정전작업 시 작업 중 조치사항
- 개폐기의 관리
- 작업지휘자에 의한 지휘
- 단락접지 상태 수시 확인
- 근접활선에 대한 방호상태 관리

정답 ②

69 감전사고를 방지하기 위한 대책으로 옳지 않은 것은?

① 전기설비에 대한 보호접지
② 전기기기에 대한 정격표시
③ 전기설비에 대한 누전차단기 설치
④ 충전부가 노출된 부분에는 절연용 방호구 사용

해설

② 전기기기에 대한 정격표시는 감전사고를 방지하기 위한 조치가 아니며 기기를 보호하기 위한 수단이다.

감전사고 예방대책
- 전기기기 및 설비의 위험부에 위험표지를 부착한다.
- 누전으로 인한 감전을 예방하기 위해 누전차단기를 설치한다.
- 무자격자는 전기기계 및 기구에 접촉할 수 없도록 조치한다.
- 전기 취급자에는 절연용 보호구를 착용하도록 조치한다.
- 접지를 통해 누설전류로 인한 감전을 예방한다.

정답 ②

70 인체 피부의 전기저항에 영향을 주는 주요 인자와 가장 거리가 먼 것은?

① 접촉면적
② 인가전압의 크기
③ 통전경로
④ 인가시간

해설

인체 피부의 전기저항은 접촉면적 및 시간, 전압의 크기, 주파수, 피부상태, 습도 등에 의해 좌우된다.

정답 ③

71 전기화재 발생원인으로 옳지 않은 것은?

① 발화원
② 내화물
③ 착화물
④ 출화의 경과

해설

전기화재 발생원인
- 발화원
- 착화물
- 출화의 경과

정답 ②

72 다음 그림과 같이 인체가 전기설비의 외함에 접촉하였을 때 누전사고가 발생하였다. 인체 통과전류(mA)는 약 얼마인가?

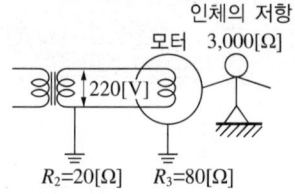

① 35
② 47
③ 58
④ 66

해설

인체 통과전류

$$I = \frac{V}{R\left(1+\dfrac{R_2}{R_3}\right)}$$

(여기서, R : 인체저항, R_2, R_3 : 접지저항)

$$= \frac{220}{3,000\left(1+\dfrac{20}{80}\right)} \times 1,000$$

$$\fallingdotseq 58.7\,\mathrm{mA}$$

정답 ③

73 동작 시 아크를 발생하는 고압용 개폐기·차단기·피뢰기 등은 목재의 벽 또는 천장 기타의 가연성 물체로부터 몇 m 이상 떼어 놓아야 하는가?

① 0.3
② 0.5
③ 1.0
④ 1.5

해설
동작 시 아크를 발생하는 고압용 개폐기·차단기·피뢰기 등은 목재의 벽 또는 천장 기타의 가연성 물체로부터 1m 이상, 특고압용의 것은 2m 이상 떼어 놓아야 한다(한국전기설비규정 341.7).

정답 ③

74 정전에너지를 나타내는 식으로 알맞은 것은?(단, Q는 대전전하량, C는 정전용량이다)

① $\dfrac{Q}{2C}$ ② $\dfrac{Q}{2C^2}$
③ $\dfrac{Q^2}{2C}$ ④ $\dfrac{Q^2}{2C^2}$

해설
- 정전에너지 : $E = \dfrac{1}{2}CV^2$
- 대전전하량 : $Q = C \times V$

따라서 정전에너지에 대전전하량 공식 대입하면 다음과 같다.

$E = \dfrac{Q^2}{2C}$

정답 ③

75 정전기에 관한 설명으로 옳은 것은?

① 정전기는 발생에서부터 억제 – 축적방지 – 안전한 방전이 재해를 방지할 수 있다.
② 정전기 발생은 고체의 분쇄공정에서 가장 많이 발생한다.
③ 액체 이송 시에는 그 속도(유속)를 7m/s 이상 빠르게 하여 정전기의 발생을 억제한다.
④ 접지값은 10Ω 이하로 하되 플라스틱 같은 절연도가 높은 부도체를 사용한다.

해설
정전기의 발생을 예방을 위해서는 축적·대전방지 등을 하여야 한다.

정답 ①

76 충격전압시험 시의 표준충격파형을 $1.2 \times 50\mu s$로 나타내는 경우 1.2와 50이 뜻하는 것은?

① 파두장 – 파미장
② 최초 섬락시간 – 최종 섬락시간
③ 라이징타임 – 스테이블타임
④ 라이징타임 – 충격전압인가시간

해설
파두장(1.2)와 파미장(50)을 뜻한다.

정답 ①

77. 활선작업 시 사용할 수 없는 전기작업용 안전장구는?

① 전기안전모 ② 절연장갑
③ 검전기   ④ 승주용 가제

해설
④ 승주작업을 위해 사용되는 지지물이다.
활선작업 시의 전기작업용 안전장구
- 전기안전모
- 절연장갑
- 검전기

정답 ④

78. 감전사고를 일으키는 주된 형태가 아닌 것은?

① 충전전로에 인체가 접촉되는 경우
② 이중절연 구조로 된 전기기계·기구를 사용하는 경우
③ 고전압의 전선로에 인체가 근접하여 섬락이 발생된 경우
④ 충전 전기회로에 인체가 단락회로의 일부를 형성하는 경우

해설
② 이중절연 구조로 된 전기기계·기구의 사용은 감전사고를 방지하기 위한 방법이다.

정답 ②

79. 인체감전보호용 누전차단기의 정격감도전류(mA)와 동작시간(초)의 최댓값은?

① 10mA, 0.03초
② 20mA, 0.01초
③ 30mA, 0.03초
④ 50mA, 0.1초

해설
감전방지용 누전차단기
정격감도전류 30mA에서 동작시간은 0.03초 이내인 차단기

정답 ③

80. 내압 방폭구조에서 안전간극(safe gap)을 작게 하는 이유로 옳은 것은?

① 최소 점화에너지를 높게 하기 위해
② 폭발화염이 외부로 전파되지 않도록 하기 위해
③ 폭발압력에 견디고 파손되지 않도록 하기 위해
④ 설치류가 전선 등을 훼손하지 않도록 하기 위해

해설
② 폭발화염이 외부로 전파되지 않도록 하여야 하므로 안전간극을 작게 하여야 한다.
※ 안전간극(safe gap, 화염일주한계) : 폭발성 가스가 폭발을 일으킬 때 폭발화염이 용기 접합면의 틈새를 통과하여도 외부폭발성 가스에 전달되지 않는 틈새 최대 간격을 말한다.

정답 ②

제5과목 화학설비 안전관리

81 다음 중 가연성 가스이며 독성가스에 해당하는 것은?

① 수소
② 프로페인
③ 산소
④ 일산화탄소

[해설]
정의(고압가스 안전관리법 시행규칙 제2조)
일산화탄소는 가연성 가스이며 독성가스이다.

정답 ④

82 뜨거운 금속에 물이 닿으면 튀는 현상과 같이 핵비등(nucleate boiling) 상태에서 막비등(film boiling)으로 이행하는 온도를 무엇이라고 하는가?

① burn-out point
② leidenfrost point
③ entrainment point
④ sub-cooling boiling point

[해설]
라이덴프로스트점(leidenfrost point)
액체 본연의 끓는점보다 더 뜨거운 부분과 접촉하는 경우 액체가 끓으면서 증기로 이루어진 단열층이 만들어지는 현상

정답 ②

83 산업안전보건기준에 관한 규칙의 급성독성물질에 관한 기준 중 일부이다. A와 B에 알맞은 수치는?

- 쥐에 대한 경구투입실험에 의하여 실험동물의 50%를 사망시킬 수 있는 물질의 양, 즉 LD_{50}(경구, 쥐)이 kg당 (A)mg-(체중) 이하인 화학물질
- 쥐 또는 토끼에 대한 경피흡수실험에 의하여 실험동물의 50%를 사망시킬 수 있는 물질의 양, 즉 LD_{50}(경피, 토끼 또는 쥐)이 kg당 (B)mg-(체중) 이하인 화학물질

① A : 1,000   B : 300
② A : 1,000   B : 1,000
③ A : 300   B : 300
④ A : 300   B : 1,000

[해설]
위험물질의 종류 – 급성독성물질(산업안전보건기준에 관한 규칙 별표 1)
- 쥐에 대한 경구투입실험에 의하여 실험동물의 50%를 사망시킬 수 있는 물질의 양, 즉 LD_{50}(경구, 쥐)이 kg당 300mg-(체중) 이하인 화학물질
- 쥐 또는 토끼에 대한 경피흡수실험에 의하여 실험동물의 50%를 사망시킬 수 있는 물질의 양, 즉 LD_{50}(경피, 토끼 또는 쥐)이 kg당 1,000mg-(체중) 이하인 화학물질
- 쥐에 대한 4시간 동안의 흡입실험에 의하여 실험동물의 50%를 사망시킬 수 있는 물질의 농도, 즉 가스 LC_{50}(쥐, 4시간 흡입)이 2,500ppm 이하인 화학물질, 증기 LC_{50}(쥐, 4시간 흡입)이 10mg/L 이하인 화학물질, 분진 또는 미스트 1mg/L 이하인 화학물질

정답 ④

84

공기 중에서 A가스의 폭발하한계는 2.2vol%이다. 이 폭발하한계값을 기준으로 하여 표준 상태에서 A가스와 공기의 혼합기체 $1m^3$에 함유되어 있는 A가스의 질량을 구하면 약 몇 g인가?(단, A가스의 분자량은 26이다)

① 19.02
② 25.54
③ 29.02
④ 35.54

해설

해설
공기 $1m^3$에서 폭발하한계가 2.2vol%이므로 A가스의 부피는 다음과 같다.
$1,000(1m^3 = 1,000L) \times 0.022 = 22L$
그리고 비례식으로 계산하면, $22.4L : 26g = 22L : X$
※ 표준상태(22.4L)인 경우 분자량은 26이기에 22L일 때 X(분자량)를 비례식으로 놓는다.
따라서, $X = \dfrac{26g \times 22L}{22.4L}$
$= 25.54g$

정답 ②

85

알루미늄분이 고온의 물과 반응하였을 때 생성되는 가스는?

① 산소
② 수소
③ 메테인
④ 에테인

해설
알루미늄이 물과 반응하면 수소를 발생시킨다.
$2Al + 6H_2O \rightarrow 2Al(OH)_3 + 3H_2$

정답 ②

86

다음 중 자연발화 방지법으로 가장 거리가 먼 것은?

① 직접 인화할 수 있는 불꽃과 같은 점화원만 제거하면 된다.
② 저장소 등의 주위 온도를 낮게 한다.
③ 습기가 많은 곳에는 저장하지 않는다.
④ 통풍이나 저장법을 고려하여 열의 축적을 방지한다.

해설
자연발화
- 어떤 물질이 외부로부터 열원이 없어도 상온의 공기 중에서 스스로 산화반응을 일으켜 발화하는 것을 말한다.
- 예방대책
  - 저장실 온도를 낮출 것
  - 습도가 높은 곳에 저장하지 않을 것
  - 적절한 통풍이나 환기를 통해 열의 축적을 방지할 것
  - 산소와 접촉면적을 최소화할 것

정답 ①

87

20℃, 1기압의 공기를 5기압으로 단열압축하면 공기의 온도는 약 몇 ℃인가?(단, 공기의 비열비는 1.4이다)

① 32
② 191
③ 305
④ 464

해설
단열압축 시 공기의 온도(T_2)

$\dfrac{T_2}{T_1} = \left(\dfrac{P_2}{P_1}\right)^{\frac{r-1}{r}}$

$\dfrac{T_2}{273+20} = \left(\dfrac{5}{1}\right)^{\frac{1.4-1}{1.4}}$

$T_2 ≒ 464.1K$

여기서, 절대온도를 섭씨온도로 변환하면 다음과 같다.
$464 - 273 = 191℃$

정답 ②

88 다음 중 가연성 물질을 취급하는 장치를 퍼지 하고자 할 때 잘못된 것은?

① 대상물질의 물성을 파악한다.
② 사용하는 불활성가스의 물성을 파악한다.
③ 퍼지용 가스를 가능한 한 빠른 속도로 단시간에 다량 송입한다.
④ 장치 내부를 세정한 후 퍼지용 가스를 송입한다.

해설
③ 퍼지용 가스는 가능한 한 천천히 주입하여야 한다.
※ 퍼지(불활성화) : 압력용기 등에 불활성 가스를 주입하여 폭발분위기를 불활성화시키는 방법

정답 ③

---

89 다음 중 C급 화재에 해당하는 것은?

① 금속화재
② 전기화재
③ 일반화재
④ 유류화재

해설
화재급수
• A급 : 일반화재
• B급 : 유류화재
• C급 : 전기화재
• D급 : 금속화재
• E급 : 가스화재
• K급 : 주방화재

정답 ②

---

90 다음 중 포스겐가스 누설검지 시험지로 사용되는 것은?

① 연당지
② 염화파라듐지
③ 하리슨시험지
④ 초산벤젠지

해설
포스겐가스 누설검지 시험지로는 하리슨시험지를 사용한다.

정답 ③

---

91 산업안전보건법령상 '부식성 산류'에 해당하지 않는 것은?

① 농도 20%인 염산
② 농도 40%인 인산
③ 농도 50%인 질산
④ 농도 60%인 아세트산

해설
부식성 산류(산업안전보건기준에 관한 규칙 별표 1)
• 농도가 20% 이상인 염산, 황산, 질산, 그 밖에 이와 같은 정도 이상의 부식성을 가지는 물질
• 농도가 60% 이상인 인산, 아세트산, 플루오린산, 그 밖에 이와 같은 정도 이상의 부식성을 가지는 물질

정답 ②

92
물이 관 속을 흐를 때 유동하는 물속 어느 부분의 정압이 그때 물의 증기압보다 낮을 경우 물이 증발하여 부분적으로 증기가 발생되어 배관의 부식을 초래하는 현상을 무엇이라고 하는가?

① 서징(surging)
② 공동현상(cavitation)
③ 비말동반(entrainment)
④ 수격작용(water hammering)

해설

공동현상(cavitation)
물이 관 속을 흐를 때 속도 변화에 의해 물속 어느 부분의 정압이 그때 물의 증기압보다 낮을 경우 물이 증발하여 부분적으로 증기가 발생되어 배관의 부식을 초래하는 현상을 말한다.

정답 ②

93
이상반응 또는 폭발로 인하여 발생되는 압력의 방출장치가 아닌 것은?

① 파열판
② 폭압방산구
③ 화염방지기
④ 가용합금 안전밸브

해설

화염방지기의 설치 등(산업안전보건기준에 관한 규칙 제269조)
사업주는 인화성 액체 및 인화성 가스를 저장·취급하는 화학설비에서 증기나 가스를 대기로 방출하는 경우에는 외부로부터의 화염을 방지하기 위하여 화염방지기를 그 설비 상단에 설치해야 한다.

정답 ③

94
분진폭발의 특징으로 옳은 것은?

① 연소속도가 가스폭발보다 빠르다.
② 완전연소로 가스중독의 위험이 적다.
③ 화염의 파급속도보다 압력의 파급속도가 빠르다.
④ 가스폭발보다 연소시간은 짧고 발생에너지는 작다.

해설

분진폭발은 가스폭발보다 연소시간은 길고 발생에너지는 크고 폭발압력은 작으며, 불완전연소하여 일산화탄소로 인한 중독이 발생한다는 특징이 있다.

정답 ③

95
다음 중 관로의 방향을 변경하기 위하여 사용하는 관(pipe) 부속품은?

① 니플(nipple)
② 유니언(union)
③ 플랜지(flange)
④ 엘보(elbow)

해설

용도에 따른 관 부속품
• 관로의 방향 변경 : 엘보
• 2개의 관 연결 : 플랜지, 니플, 유니언

정답 ④

96
공기 중에서 폭발범위가 12.5~74vol%인 일산화탄소의 위험도는 얼마인가?

① 4.92
② 5.26
③ 6.26
④ 7.05

해설

위험도(H)

$H = \dfrac{U - L}{L}$

여기서, U : 연소 상한계(UFL)
L : 연소 하한계(LFL)

$\dfrac{74 - 12.5}{12.5} = 4.92$

정답 ①

97 산업안전보건법령상 대상 설비에 설치된 안전밸브에 대해서는 경우에 따라 구분된 검사주기마다 안전밸브가 적정하게 작동하는지 검사하여야 한다. 화학공정 유체와 안전밸브의 디스크 또는 시트가 직접 접촉될 수 있도록 설치된 경우의 검사주기로 옳은 것은?

① 매년 1회 이상
② 2년마다 1회 이상
③ 3년마다 1회 이상
④ 4년마다 1회 이상

해설
안전밸브 등의 설치(산업안전보건기준에 관한 규칙 제261조)
화학공정 유체와 안전밸브의 디스크 또는 시트가 직접 접촉될 수 있도록 설치된 경우 : 2년마다 1회 이상

정답 ②

98 반응폭주 등 급격한 압력 상승 우려가 있는 경우 설치하여야 하는 것은?

① 파열판
② 통기밸브
③ 체크밸브
④ 화염방지기

해설
파열판의 설치(산업안전보건기준에 관한 규칙 제262조)
• 반응폭주 등 급격한 압력 상승 우려가 있는 경우
• 급성 독성물질의 누출로 인하여 주위의 작업환경을 오염시킬 우려가 있는 경우
• 운전 중 안전밸브에 이상 물질이 누적되어 안전밸브가 작동되지 아니할 우려가 있는 경우

정답 ①

99 산업안전보건법령상 화학설비와 화학설비의 부속설비를 구분할 때 화학설비에 해당하는 것은?

① 응축기·냉각기·가열기·증발기 등 열교환기류
② 사이클론·백필터·전기집진기 등 분진처리설비
③ 온도·압력·유량 등을 지시·기록 등을 하는 자동제어 관련 설비
④ 안전밸브·안전판·긴급차단 또는 방출밸브 등 비상조치 관련 설비

해설
②·③·④ 화학설비의 부속설비이다.
화학설비의 분류(산업안전보건기준에 관한 규칙 별표 7)
• 반응기·혼합조 등 화학물질 반응 또는 혼합장치
• 증류탑·흡수탑·추출탑·감압탑 등 화학물질 분리장치
• 저장탱크·계량탱크·호퍼·사일로 등 화학물질 저장설비 또는 계량설비
• 응축기·냉각기·가열기·증발기 등 열교환기류
• 고로 등 점화기를 직접 사용하는 열교환기류
• 캘린더(calender)·혼합기·발포기·인쇄기·압출기 등 화학제품 가공설비
• 분쇄기·분체분리기·용융기 등 분체화학물질 취급장치
• 결정조·유동탑·탈습기·건조기 등 분체화학물질 분리장치
• 펌프류·압축기·이젝터(ejector) 등의 화학물질 이송 또는 압축설비

정답 ①

100 위험물의 취급에 관한 설명으로 옳지 않은 것은?

① 모든 폭발성 물질은 석유류에 침지시켜 보관해야 한다.
② 산화성 물질의 경우 가연물과의 접촉을 피해야 한다.
③ 가스 누설의 우려가 있는 장소에서는 점화원의 철저한 관리가 필요하다.
④ 도전성이 나쁜 액체는 정전기 발생을 방지하기 위한 조치를 취한다.

해설
① 폭발성 물질은 그 특성에 따라 저장법이 다르다.

정답 ①

제6과목 건설공사 안전관리

101 강관비계 조립 시의 준수사항으로 옳지 않은 것은?

① 비계기둥에는 미끄러지거나 침하하는 것을 방지하기 위하여 밑받침철물을 사용한다.
② 지상 높이 4층 이하 또는 12m 이하인 건축물의 해체 및 조립 등의 작업에서만 사용한다.
③ 교차 가새로 보강한다.
④ 외줄비계·쌍줄비계 또는 돌출비계에 대해서는 벽이음 및 버팀을 설치한다.

[해설]
강관비계 조립 시 준수사항(산업안전보건기준에 관한 규칙 제59조)
- 비계기둥에는 미끄러지거나 침하하는 것을 방지하기 위하여 밑받침철물을 사용하거나 깔판·받침목 등을 사용하여 밑둥잡이를 설치하는 등의 조치를 할 것
- 강관의 접속부 또는 교차부(交叉部)는 적합한 부속철물을 사용하여 접속하거나 단단히 묶을 것
- 교차 가새로 보강할 것
- 외줄비계·쌍줄비계 또는 돌출비계에 대해서는 다음 정하는 바에 따라 벽이음 및 버팀을 설치할 것. 다만, 창틀의 부착 또는 벽면의 완성 등의 작업을 위하여 벽이음 또는 버팀을 제거하는 경우, 그 밖에 작업의 필요상 부득이한 경우로서 해당 벽이음 또는 버팀 대신 비계기둥 또는 띠장에 사재(斜材)를 설치하는 등 비계가 넘어지는 것을 방지하기 위한 조치를 한 경우에는 그러하지 아니하다.
  - 강관비계의 조립 간격은 별표 5의 기준에 적합하도록 할 것
  - 강관·통나무 등의 재료를 사용하여 견고한 것으로 할 것
  - 인장재(引張材)와 압축재로 구성된 경우에는 인장재와 압축재의 간격을 1m 이내로 할 것
- 가공전로(架空電路)에 근접하여 비계를 설치하는 경우에는 가공전로를 이설(移設)하거나 가공전로에 절연용 방호구를 장착하는 등 가공전로와의 접촉을 방지하기 위한 조치를 할 것

정답 ②

102 건물 외부에 낙하물 방지망을 설치할 경우 수평면과의 가장 적절한 각도는?

① 5° 이상 10° 이하
② 10° 이상 15° 이하
③ 15° 이상 20° 이하
④ 20° 이상 30° 이하

[해설]
낙하물 방지망 또는 방호선반 설치기준(산업안전보건기준에 관한 규칙 제14조)
- 높이 10m 이내마다 설치하고, 내민 길이는 벽면으로부터 2m 이상으로 할 것
- 수평면과의 각도는 20° 이상 30° 이하를 유지할 것

정답 ④

103 달비계의 구조에서 달비계 작업발판의 폭은 최소 얼마 이상이어야 하는가?

① 30cm
② 40cm
③ 50cm
④ 60cm

[해설]
달비계의 구조(산업안전보건기준에 관한 규칙 제63조)
작업발판은 폭을 40cm 이상으로 하고 틈새가 없도록 할 것

정답 ②

104 거푸집 동바리 구조에서 높이가 $l = 3.5\text{m}$인 파이프 서포트의 좌굴하중은?(단, 상부받이판과 하부받이판은 힌지로 가정하고, 단면 2차 모멘트 $I = 8.31\text{cm}^4$, 탄성계수 $E = 2.1 \times 10^5\text{MPa}$)

① 14,060N
② 15,060N
③ 16,060N
④ 17,060N

[해설]
좌굴하중(P_{cr})
$$P_{cr} = \frac{\pi^2 EI}{l^2} = \frac{\pi^2 \times 2.1 \times 10^5 \times 10^6 \text{Pa} \times 8.31 \times 10^{-8}\text{m}^4}{3.5^2 \text{m}^2}$$
≒ 14,060N
여기서, E : 탄성계수
I : 단면 2차 모멘트
l : 부재 길이
※ MPa = 10^6Pa, Pa = N/m²

정답 ①

105
건설현장에서 높이 5m 이상인 콘크리트 교량의 설치작업을 하는 경우 재해예방을 위해 준수해야 할 사항으로 옳지 않은 것은?

① 작업을 하는 구역에는 관계 근로자가 아닌 사람의 출입을 금지할 것
② 재료, 기구 또는 공구 등을 올리거나 내릴 경우에는 근로자로 하여금 크레인을 이용하도록 하고 달줄, 달포대 등의 사용을 금하도록 할 것
③ 중량물 부재를 크레인 등으로 인양하는 경우에는 부재에 인양용 고리를 견고하게 설치하고, 인양용 로프는 부재에 두 군데 이상 결속하여 인양하여야 하며, 중량물이 안전하게 거치되기 전까지는 걸이로프를 해제시키지 아니할 것
④ 자재나 부재의 낙하·전도 또는 붕괴 등에 의하여 근로자에게 위험을 미칠 우려가 있을 경우에는 출입금지구역의 설정, 자재 또는 가설시설의 좌굴(挫屈) 또는 변형방지를 위한 보강재 부착 등의 조치를 할 것

해설
작업 시 준수사항(산업안전보건기준에 관한 규칙 제369조)
사업주는 교량(상부구조가 금속 또는 콘크리트로 구성되는 교량으로서 그 높이가 5m 이상이거나 교량의 최대지간 길이가 30m 이상인 교량으로 한정)의 설치·해체 또는 변경 작업을 하는 경우에는 다음 사항을 준수하여야 한다.
• 작업을 하는 구역에는 관계 근로자가 아닌 사람의 출입을 금지할 것
• 재료, 기구 또는 공구 등을 올리거나 내릴 경우에는 근로자로 하여금 달줄, 달포대 등을 사용하도록 할 것
• 중량물 부재를 크레인 등으로 인양하는 경우에는 부재에 인양용 고리를 견고하게 설치하고, 인양용 로프는 부재에 두 군데 이상 결속하여 인양하여야 하며, 중량물이 안전하게 거치되기 전까지는 걸이로프를 해제시키지 아니할 것
• 자재나 부재의 낙하·전도 또는 붕괴 등에 의하여 근로자에게 위험을 미칠 우려가 있을 경우에는 출입금지구역의 설정, 자재 또는 가설시설의 좌굴(挫屈) 또는 변형방지를 위한 보강재 부착 등의 조치를 할 것

정답 ②

106
산업안전보건법령에 따른 지반의 종류별 굴착면의 기울기 기준으로 옳지 않은 것은?

① 모래 – 1 : 0.5
② 연암 및 풍화암 – 1 : 1.0
③ 경암 – 1 : 0.5
④ 그 밖의 흙 – 1 : 1.2

해설
굴착면의 기울기 기준(산업안전보건기준에 관한 규칙 별표 11)

지반의 종류	굴착면의 기울기
모래	1 : 1.8
연암 및 풍화암	1 : 1.0
경암	1 : 0.5
그 밖의 흙	1 : 1.2

정답 ①

107
다음 중 방망에 표시해야 할 사항이 아닌 것은?

① 방망의 신축성
② 제조자명
③ 제조연월
④ 재봉치수

해설
표시(추락재해방지 표준안전작업지침 제13조)
방망에는 보기 쉬운 곳에 다음의 사항을 표시하여야 한다.
• 제조자명
• 제조연월
• 재봉치수
• 그물코
• 신품인 때의 방망의 강도

정답 ①

108
그물코의 크기가 5cm인 매듭 방망사의 폐기 시 인장강도 기준으로 옳은 것은?

① 200kg
② 100kg
③ 60kg
④ 30kg

해설
방망사의 폐기 시 인장강도(추락재해방지 표준안전작업지침 제5조)

그물코의 크기 (cm)	방망의 종류(kg)	
	매듭 없는 방망	매듭방망
10	150	135
5		60

정답 ③

109
중량물을 운반할 때의 바른 자세로 옳은 것은?

① 허리를 구부리고 양손으로 들어 올린다.
② 중량은 보통 체중의 60%가 적당하다.
③ 물건은 최대한 몸에서 멀리 떼어서 들어 올린다.
④ 길이가 긴 물건은 앞쪽을 높게 하여 운반한다.

해설
중량물을 운반할 때의 바른 자세
- 중량물 취급 시 허리 대신 다리를 굽혀 다리의 힘으로 자연스럽게 들어 올린다.
- 중량은 남자 근로자인 경우에는 체중의 40%, 여자 근로자인 경우에는 체중의 24% 이하가 되어야 한다.
- 물건은 최대한 몸 가까이에서 잡고 들어 올려야 한다.

정답 ④

110
다음 산업안전보건법령에서 말하는 고용노동부령으로 정하는 공사에 해당하지 않는 것은?

> 건설업 중 고용노동부령으로 정하는 공사를 착공하려는 사업주는 고용노동부령으로 정하는 자격을 갖춘 자의 의견을 들은 후 유해위험방지계획서를 작성하여 고용노동부령으로 정하는 바에 따라 고용노동부장관에게 제출하여야 한다.

① 지상높이가 31m인 건축물의 건설·개조 또는 해체공사
② 최대 지간길이가 50m인 다리의 건설 등 공사
③ 깊이가 8m인 굴착공사
④ 터널의 건설공사

해설
유해위험방지계획서 제출 대상(산업안전보건법 시행령 제42조)
- 다음 어느 하나에 해당하는 건축물 또는 시설 등의 건설·개조 또는 해체(이하 건설 등) 공사
  - 지상높이가 31m 이상인 건축물 또는 인공구조물
  - 연면적 3만m² 이상인 건축물
  - 연면적 5천m² 이상인 시설로서 다음의 어느 하나에 해당하는 시설 : 문화 및 집회시설(전시장 및 동물원·식물원은 제외), 판매시설, 운수시설(고속철도의 역사 및 집배송시설은 제외), 종교시설, 의료시설 중 종합병원, 숙박시설 중 관광숙박시설, 지하도상가, 냉동·냉장 창고시설
- 연면적 5천m² 이상인 냉동·냉장 창고시설의 설비공사 및 단열공사
- 최대 지간(支間)길이(다리의 기둥과 기둥의 중심 사이의 거리)가 50m 이상인 다리의 건설 등 공사
- 터널의 건설 등 공사
- 다목적댐, 발전용댐, 저수용량 2천만ton 이상의 용수전용 댐 및 지방상수도 전용 댐의 건설 등 공사
- 깊이 10m 이상인 굴착공사

정답 ③

111
건립 중 강풍에 의한 풍압 등 외압에 대한 내력이 설계에 고려되었는지 확인하여야 하는 철골구조물의 기준으로 옳지 않은 것은?

① 높이 20m 이상의 구조물
② 구조물의 폭과 높이의 비가 1 : 4 이상인 구조물
③ 이음부가 공장제작인 구조물
④ 연면적당 철골량이 50kg/m² 이하인 구조물

해설
설계도 및 공작도 확인(철골공사 표준안전작업지침 제3조)
구조안전의 위험이 큰 다음의 철골구조물은 건립 중 강풍에 의한 풍압 등 외압에 대한 내력이 설계에 고려되었는지 확인하여야 한다.
• 높이 20m 이상의 구조물
• 구조물의 폭과 높이의 비가 1 : 4 이상인 구조물
• 단면구조에 현저한 차이가 있는 구조물
• 연면적당 철골량이 50kg/m² 이하인 구조물
• 기둥이 타이플레이트(tie plate)형인 구조물
• 이음부가 현장용접인 구조물

정답 ③

112
산업안전보건법령에 따른 동바리로 사용하는 파이프 서포트의 설치기준이다. 괄호 안에 들어갈 내용으로 옳은 것은?

| 파이프 서포트를 (　　) 이상 이어서 사용하지 않도록 할 것 |

① 2개　　② 3개
③ 4개　　④ 5개

해설
동바리로 사용하는 파이프 서포트의 준수사항(산업안전보건기준에 관한 규칙 제332조의2)
• 파이프 서포트를 3개 이상 이어서 사용하지 않도록 할 것
• 파이프 서포트를 이어서 사용하는 경우에는 4개 이상의 볼트 또는 전용철물을 사용하여 이을 것
• 높이가 3.5m를 초과하는 경우에는 높이 2m 이내마다 수평 연결재를 2개 방향으로 만들고 수평 연결재의 변위를 방지할 것

정답 ②

113
터널 지보공을 설치한 경우에 수시로 점검하고, 이상을 발견한 경우에는 즉시 보강하거나 보수해야 할 사항이 아닌 것은?

① 부재의 긴압 정도
② 기둥침하의 유무 및 상태
③ 부재의 접속부 및 교차부의 상태
④ 부재를 구성하는 재질의 종류 확인

해설
붕괴 등의 방지(산업안전보건기준에 관한 규칙 제366조)
사업주는 터널 지보공을 설치한 경우에 다음 사항을 수시로 점검하여야 하며, 이상을 발견한 경우에는 즉시 보강하거나 보수하여야 한다.
• 부재의 손상·변형·부식·변위 탈락의 유무 및 상태
• 부재의 긴압 정도
• 부재의 접속부 및 교차부의 상태
• 기둥침하의 유무 및 상태

정답 ④

114
선창의 내부에서 화물취급작업을 하는 근로자가 안전하게 통행할 수 있는 설비를 설치하여야 하는 기준은 갑판의 윗면에서 선창(船倉) 밑바닥까지의 깊이가 최소 얼마를 초과할 때인가?

① 1.3m
② 1.5m
③ 1.8m
④ 2.0m

해설
통행설비의 설치 등(산업안전보건기준에 관한 규칙 제394조)
사업주는 갑판의 윗면에서 선창(船倉) 밑바닥까지의 깊이가 1.5m를 초과하는 선창의 내부에서 화물취급작업을 하는 경우에 그 작업에 종사하는 근로자가 안전하게 통행할 수 있는 설비를 설치하여야 한다. 다만, 안전하게 통행할 수 있는 설비가 선박에 설치되어 있는 경우에는 그러하지 아니하다.

정답 ②

115. 굴착기계의 운행 시 안전대책으로 옳지 않은 것은?

① 버킷에 사람의 탑승을 허용해서는 안 된다.
② 운전반경 내에 사람이 있을 때 회전은 10rpm 정도의 느린 속도로 하여야 한다.
③ 장비의 주차 시 경사지나 굴착작업장으로부터 충분히 이격시켜 주차한다.
④ 전선이나 구조물 등에 인접하여 붐을 선회해야 할 작업에는 사전에 회전반경, 높이 제한 등 방호조치를 강구한다.

해설
② 운전반경 내에 사람이 있을 때는 작업을 정지하여야 한다.

정답 ②

116. 부두 등의 하역작업장에서 부두 또는 안벽의 선에 따라 통로를 설치하는 경우, 최소 폭 기준은?

① 90cm 이상
② 75cm 이상
③ 60cm 이상
④ 45cm 이상

해설
하역작업장의 조치기준(산업안전보건기준에 관한 규칙 제390조)
사업주는 부두·안벽 등 하역작업을 하는 장소에 다음 조치를 하여야 한다.
- 작업장 및 통로의 위험한 부분에는 안전하게 작업할 수 있는 조명을 유지할 것
- 부두 또는 안벽의 선을 따라 통로를 설치하는 경우에는 폭을 90cm 이상으로 할 것
- 육상에서의 통로 및 작업장소로서 다리 또는 선거(船渠) 갑문(閘門)을 넘는 보도(步道) 등의 위험한 부분에는 안전난간 또는 울타리 등을 설치할 것

정답 ①

117. 차량계 하역운반기계 등에 화물을 적재하는 경우에 준수하여야 할 사항으로 옳지 않은 것은?

① 하중이 한쪽으로 치우쳐서 효율적으로 적재되도록 할 것
② 구내운반차 또는 화물자동차의 경우 화물의 붕괴 또는 낙하에 의한 위험을 방지하기 위하여 화물에 로프를 거는 등 필요한 조치를 할 것
③ 운전자의 시야를 가리지 않도록 화물을 적재할 것
④ 최대 적재량을 초과하지 않도록 할 것

해설
화물적재 시의 조치(산업안전보건기준에 관한 규칙 제173조)
㉠ 사업주는 차량계 하역운반기계 등에 화물을 적재하는 경우에 다음 사항을 준수하여야 한다.
- 하중이 한쪽으로 치우치지 않도록 적재할 것
- 구내운반차 또는 화물자동차의 경우 화물의 붕괴 또는 낙하에 의한 위험을 방지하기 위하여 화물에 로프를 거는 등 필요한 조치를 할 것
- 운전자의 시야를 가리지 않도록 화물을 적재할 것
㉡ ㉠의 화물을 적재하는 경우에는 최대 적재량을 초과해서는 아니 된다.

정답 ①

118. 유해위험방지계획서 제출 시 첨부서류에 해당하지 않는 것은?

① 교통처리계획
② 안전관리 조직표
③ 공사 개요서
④ 공사현장의 주변 현황 및 주변과의 관계를 나타내는 도면

해설
유해위험방지계획서 첨부서류(산업안전보건법 시행규칙 별표 10)
- 공사 개요서
- 공사현장의 주변 현황 및 주변과의 관계를 나타내는 도면(매설물 현황을 포함)
- 전체 공정표
- 산업안전보건관리비 사용계획서
- 안전관리 조직표
- 재해 발생 위험 시 연락 및 대피방법

정답 ①

119 강관비계의 설치기준으로 옳은 것은?

① 비계기둥의 간격은 띠장 방향에서는 1.5m 이상 1.8m 이하로 하고, 장선 방향에서는 2.0m 이하로 한다.
② 띠장 간격은 1.8m 이하로 설치하되, 첫 번째 띠장은 지상으로부터 2m 이하의 위치에 설치한다.
③ 비계기둥 간의 적재하중은 400kg을 초과하지 않도록 한다.
④ 비계기둥의 제일 윗부분으로부터 21m 되는 지점 밑부분의 비계기둥은 2개의 강관으로 묶어 세운다.

해설
① 비계기둥의 간격은 띠장 방향에서는 1.85m 이하, 장선 방향에서는 1.5m 이하로 할 것
② 띠장 간격은 2.0m 이하로 할 것. 다만, 작업의 성질상 이를 준수하기가 곤란하여 쌍기둥틀 등에 의하여 해당 부분을 보강한 경우에는 그러하지 아니하다.
④ 비계기둥의 제일 윗부분으로부터 31m 되는 지점 밑부분의 비계기둥은 2개의 강관으로 묶어 세울 것
※ 산업안전보건기준에 관한 규칙 제60조

정답 ③

120 콘크리트 타설작업의 안전대책으로 옳지 않은 것은?

① 작업을 시작하기 전에 거푸집 및 동바리의 변형·변위 및 지반의 침하 유무를 점검한다.
② 작업 중 감시자를 배치하여 거푸집 및 동바리의 변형·변위 및 침하 유무를 확인한다.
③ 콘크리트 타설은 한쪽부터 순차적으로 타설하여 붕괴 재해를 방지해야 한다.
④ 설계도서상 콘크리트 양생기간을 준수하여 거푸집 및 동바리를 해체한다.

해설
콘크리트의 타설작업(산업안전보건기준에 관한 규칙 제334조)
사업주는 콘크리트 타설작업을 하는 경우에는 다음 사항을 준수해야 한다.
- 당일의 작업을 시작하기 전에 해당 작업에 관한 거푸집 및 동바리의 변형·변위 및 지반의 침하 유무 등을 점검하고 이상이 있으면 보수할 것
- 작업 중에는 감시자를 배치하는 등의 방법으로 거푸집 및 동바리의 변형·변위 및 침하 유무 등을 확인해야 하며, 이상이 있으면 작업을 중지하고 근로자를 대피시킬 것
- 콘크리트 타설작업 시 거푸집 붕괴의 위험이 발생할 우려가 있으면 충분한 보강조치를 할 것
- 설계도서상의 콘크리트 양생기간을 준수하여 거푸집 및 동바리를 해체할 것
- 콘크리트를 타설하는 경우에는 편심이 발생하지 않도록 골고루 분산하여 타설할 것

정답 ③

2024년 제2회 최근 기출복원문제

Add+ 산업안전기사 기출(복원)문제

제1과목 산업재해예방 및 안전보건교육

01 산업안전보건법령상 안전보건표지의 색채와 사용사례의 연결로 옳지 않은 것은?

① 노란색 – 화학물질 취급장소에서의 유해·위험 경고 이외의 위험경고
② 파란색 – 특정 행위의 지시 및 사실의 고지
③ 빨간색 – 화학물질 취급장소에서의 유해·위험 경고
④ 녹색 – 정지신호, 소화설비 및 그 장소, 유해행위의 금지

해설
④ 녹색(안내) – 비상구 및 피난소, 사람 또는 차량의 통행표지(산업안전보건법 시행규칙 별표 8)

정답 ④

02 불안전 상태와 불안전 행동을 제거하는 안전관리의 시책에는 적극적인 대책과 소극적인 대책이 있다. 다음 중 소극적인 대책에 해당하는 것은?

① 보호구의 사용
② 위험공정의 배제
③ 위험물질의 격리 및 대체
④ 위험성 평가를 통한 작업환경 개선

해설
②·③·④ 적극적 대책

정답 ①

03 산업안전보건법령에 따라 환기가 극히 불량한 좁은 밀폐된 장소에서 용접작업을 하는 근로자를 대상으로 한 특별안전보건교육 내용에 포함되지 않는 것은?(단, 일반적인 안전·보건에 필요한 사항은 제외한다)

① 환기설비에 관한 사항
② 질식 시 응급조치에 관한 사항
③ 작업순서, 안전작업방법 및 수칙에 관한 사항
④ 폭발 한계점, 발화점 및 인화점 등에 관한 사항

해설
안전보건교육 교육대상별 교육내용 – 근로자 특별교육 대상 작업별 교육(산업안전보건법 시행규칙 별표 5)
밀폐된 장소(탱크 내 또는 환기가 극히 불량한 좁은 장소)에서 하는 용접작업 또는 습한 장소에서 하는 전기용접 작업
• 작업순서, 안전작업방법 및 수칙에 관한 사항
• 환기설비에 관한 사항
• 전격 방지 및 보호구 착용에 관한 사항
• 질식 시 응급조치에 관한 사항
• 작업환경 점검에 관한 사항
• 그 밖에 안전·보건관리에 필요한 사항

정답 ④

04 다음 중 브레인스토밍(brain storming)의 4원칙을 올바르게 나열한 것은?

① 자유분방, 비판금지, 대량발언, 수정발언
② 비판자유, 소량발언, 자유분방, 수정발언
③ 대량발언, 비판자유, 자유분방, 수정발언
④ 소량발언, 자유분방, 비판금지, 수정발언

해설

브레인스토밍 4원칙
- 자유분방 : 어떠한 의견이라도 자유롭게 발언한다.
- 비판금지 : 의견에 대해 비판이나 평가를 하지 않는다.
- 대량발언 : 어떠한 의견이라도 다양하게 많이 발언한다.
- 수정발언 : 타 의견에 대하여 나의 의견을 조합하거나 수정하여 새로운 의견을 발언할 수 있다.

정답 ①

05 산업안전보건법상 유기화합물용 방독 마스크의 시험가스로 옳지 않은 것은?

① 아이소뷰테인
② 사이클로헥산
③ 다이메틸에테르
④ 염소가스 또는 증기

해설

방독 마스크별 시험가스(보호구 안전인증 고시 별표 5)

종류	시험가스
유기화합물용	사이클로헥산(C_6H_{12})
	다이메틸에테르(CH_3OCH_3)
	아이소뷰테인(C_4H_{10})
할로겐용	염소가스 또는 증기(Cl_2)
황화수소용	황화수소가스(H_2S)
사이안화수소용	사이안화수소가스(HCN)
아황산용	아황산가스(SO_2)
암모니아용	암모니아가스(NH_3)

정답 ④

06 안전점검의 종류 중 태풍이나 폭우 등의 천재지변이 발생한 후에 실시하는 기계, 기구 및 설비 등에 대한 점검의 명칭은?

① 정기점검
② 수시점검
③ 특별점검
④ 임시점검

해설

안전점검의 종류
- 정기점검 : 계획점검의 일종으로 일정 기간마다 정기적으로 실시하는 점검을 말한다.
- 수시점검 : 일상점검으로 매일 작업 전, 중, 후에 실시하는 점검을 말한다.
- 특별점검 : 비정기적인 점검으로 설비의 신설, 변경, 고장 등이나 재해 발생으로 인한 점검, 천재지변 발생 예측점검, 후점검 등이 이에 해당된다.
- 임시점검 : 일시적인 문제가 발생하였을 때 임시로 하는 점검을 말한다.

정답 ③

07 주의의 수준이 phase 0인 상태에서의 의식 상태는?

① 무의식 상태
② 의식의 이완 상태
③ 명료한 상태
④ 과긴장 상태

해설

인간의 의식수준 5단계
- phase 0 : 무의식, 실신 상태
- phase Ⅰ : 졸음, 주취 상태
- phase Ⅱ : 정상 활동 시(이완 상태)
- phase Ⅲ : 적극 활동 시(명료한 상태)
- phase Ⅳ : 과긴장 상태

정답 ①

08 안전교육훈련에 있어 동기부여 방법에 대한 설명으로 가장 거리가 먼 것은?

① 안전목표를 명확히 설정한다.
② 안전활동의 결과를 평가, 검토하도록 한다.
③ 경쟁과 협동을 유발시킨다.
④ 동기유발 수준을 과도하게 높인다.

해설

안전교육훈련에 있어 동기부여 방법으로 동기유발 수준을 과도하게 높이는 것이 아니라 최적 수준을 유지할 수 있도록 한다.

정답 ④

09 사고의 원인 분석방법에 해당하지 않는 것은?

① 통계적 원인 분석
② 종합적 원인 분석
③ 클로즈(close) 분석
④ 관리도

해설

통계적 재해원인 분석방법
- 파레토도 : 사고의 유형, 기인물 등 분류항목을 큰 순서대로 도표화하여 분석하는 방법이다.
- 특성요인도 : 특성과 요인 사이의 관계를 어골형(魚骨形)의 도형으로 나타내어 분석하는 방법이다.
- 크로스도(cross diagram, 클로즈 분석) : 2개 이상의 문제 관계를 분석하는 데 사용하는 것으로 데이터를 집계하고, 표로 표시하여 요인별 결과 내역을 교차한 그림을 작성하여 분석하는 방법이다.
- 관리도 : 재해발생건수 등 추이를 그래프화 하여 추이를 파악해 재해분석 및 관리하는 방법이다.

정답 ②

10 산업안전보건법상 안전관리자의 업무는?

① 직업성 질환 발생의 원인조사 및 대책수립
② 해당 사업장 안전교육계획의 수립 및 안전교육 실시에 관한 보좌 및 조언·지도
③ 근로자의 건강장해의 원인조사와 재발방지를 위한 의학적 조치
④ 당해 작업에서 발생한 산업재해에 관한 보고 및 이에 대한 응급조치

해설

안전관리자의 업무 등(산업안전보건법 시행령 제18조)
- 법 제24조 제1항에 따른 산업안전보건위원회 또는 법 제75조 제1항에 따른 안전 및 보건에 관한 노사협의체에서 심의·의결한 업무와 해당 사업장의 법 제25조 제1항에 따른 안전보건관리규정 및 취업규칙에서 정한 업무
- 법 제36조에 따른 위험성평가에 관한 보좌 및 지도·조언
- 법 제84조 제1항에 따른 안전인증대상기계 등과 법 제89조 제1항 각 호 외의 부분 본문에 따른 자율안전확인대상기계 등 구입 시 적격품의 선정에 관한 보좌 및 지도·조언
- 해당 사업장 안전교육계획의 수립 및 안전교육 실시에 관한 보좌 및 지도·조언
- 사업장 순회점검, 지도 및 조치 건의
- 산업재해 발생의 원인 조사·분석 및 재발 방지를 위한 기술적 보좌 및 지도·조언
- 산업재해에 관한 통계의 유지·관리·분석을 위한 보좌 및 지도·조언
- 법 또는 법에 따른 명령으로 정한 안전에 관한 사항의 이행에 관한 보좌 및 지도·조언
- 업무 수행 내용의 기록·유지
- 그 밖에 안전에 관한 사항으로서 고용노동부장관이 정하는 사항

정답 ②

11. 적응기제(適應機制)의 형태 중 방어적 기제에 해당하지 않는 것은?

① 고립
② 보상
③ 승화
④ 합리화

해설
적응기제의 형태
- 도피적 기제 : 현실에서 도피하는 것으로 불안이나 긴장을 해소하려는 행동으로 고립, 퇴행, 억압, 억제 등의 모습을 보인다.
- 방어적 기제 : 본인의 열등감 등을 충족하기 위해 내 욕망을 낮추거나 다른 가치를 충족시키는 행동 양상을 보이며 보상, 합리화, 승화, 동일시 등의 모습을 보인다.

정답 ①

12. 재해예방의 4원칙에 해당하지 않는 것은?

① 예방가능의 원칙
② 손실가능의 원칙
③ 원인연계의 원칙
④ 대책선정의 원칙

해설
재해예방의 4원칙
- 예방가능의 원칙 : 천재지변을 제외한 모든 재해의 발생은 미연에 방지할 수 있다.
- 원인연계의 원칙 : 재해 발생에는 필연적으로 원인이 존재한다.
- 대책선정의 원칙 : 재해예방을 위한 안전대책은 반드시 존재한다.
- 손실우연의 법칙 : 재해의 결과(상해 등)는 사고대상의 조건에 따라 달라지므로 재해손실은 우연성에 의해 결정된다.

정답 ②

13. 강도율 7인 사업장에서 한 작업자가 평생 동안 작업을 한다면 산업재해로 인한 근로손실일수는 며칠로 예상되는가?(단, 이 사업장의 연근로시간과 한 작업자의 평생근로시간은 100,000시간으로 가정한다)

① 500
② 600
③ 700
④ 800

해설
강도율(SR)

$$SR = \frac{근로손실일수}{연근로시간수} \times 1,000$$

$$7 = \frac{근로손실일수}{100,000} \times 1,000$$

∴ 근로손실일수 = 700

정답 ③

14. 무재해운동의 기본이념 3원칙 중 다음에서 설명하는 것은?

> 직장 내의 모든 잠재위험요인을 적극적으로 사전에 발견, 파악, 해결함으로써 뿌리에서부터 산업재해를 제거하는 것

① 무의 원칙
② 선취의 원칙
③ 참가의 원칙
④ 확인의 원칙

해설
무재해운동의 3대 원칙
- 무의 원칙 : 사업장 내의 모든 잠재위험요인을 사전에 파악하고 해결함으로써 재해발생의 근원이 되는 요소들을 제거
- 선취의 원칙 : 사업장 내에서 행동하기 전에 잠재위험요인을 발견 및 파악하여 재해를 예방
- 참가의 원칙 : 잠재위험요인을 발견하고 파악, 해결하기 위해 구성원 전원이 협력하여 문제해결을 도모

정답 ①

15 매슬로(Maslow)의 욕구단계 이론 중 제2단계 욕구에 해당하는 것은?

① 자아실현의 욕구
② 안전에 대한 욕구
③ 사회적 욕구
④ 생리적 욕구

해설
매슬로(Maslow)의 인간욕구 5단계
• 1단계 : 생리적 욕구
• 2단계 : 안전에 대한 욕구
• 3단계 : 사회적 욕구
• 4단계 : 존경의 욕구
• 5단계 : 자아실현의 욕구

정답 ②

16 수업매체별 작단점 중 '컴퓨터 수업(computer assisted instruction)'의 장점으로 옳지 않은 것은?

① 개인차를 최대한 고려할 수 있다.
② 학습자가 능동적으로 참여하고, 실패율이 낮다.
③ 교사와 학습자가 시간을 효과적으로 이용할 수 없다.
④ 학생의 학습과 과정의 평가를 과학적으로 할 수 있다.

해설
컴퓨터 수업은 이미 개발된 교육 프로그램을 기반으로 언제, 어디서나 교육이 가능하여 시간을 효과적으로 이용할 수 있다는 장점이 다.

정답 ③

17 산업안전보건법령상 안전보건관리책임자 등에 대한 교육시간 기준으로 옳지 않은 것은?

① 보건관리자, 보건관리전문기관의 종사자 보수교육 : 24시간 이상
② 안전관리자, 안전관리전문기관의 종사자 신규교육 : 34시간 이상
③ 안전보건관리책임자 보수교육 : 6시간 이상
④ 건설재해예방전문지도기관의 종사자 신규교육 : 24시간 이상

해설
안전보건교육 교육과정별 교육시간(산업안전보건법 시행규칙 별표 4)
안전보건관리책임자 등에 대한 교육

교육대상	교육시간	
	신규교육	보수교육
안전보건관리책임자	6시간 이상	6시간 이상
안전관리자, 안전관리전문기관의 종사자	34시간 이상	24시간 이상
보건관리자, 보건관리전문기관의 종사자		
건설재해예방전문지도기관의 종사자		
석면조사기관의 종사자		
안전보건관리담당자	–	8시간 이상
안전검사기관, 자율안전검사기관의 종사자	34시간 이상	24시간 이상

정답 ④

18 Y-K(Yutaka-Kohata) 성격검사에 관한 사항으로 옳은 것은?

① C, C'형은 적응이 빠르다.
② M, M'형은 내구성, 집념이 부족하다.
③ S, S'형은 담력, 자신감이 강하다.
④ P, P'형은 운동, 결단이 빠르다.

해설
Y-K 성격검사
• C, C'형 : 적응 빠름, 기민함 / 내구성・집념 부족
• M, M'형 : 내구성, 자신감 강함 / 적응 느림
• S, S'형 : 적응 빠름, 기민함 / 내구성・집념・자신감 부족
• P, P'형 : 내구성, 자신감 강함 / 적응・결단 느림
• Am형 : 극도로 자신감이 강하거나 약함

정답 ①

19 안전인증 절연장갑에 안전인증 표시 외에 추가로 표시하여야 하는 등급별 색상의 연결로 옳은 것은?(단, 고용노동부 고시를 기준으로 한다)

① 00등급 : 갈색
② 0등급 : 흰색
③ 1등급 : 노란색
④ 2등급 : 빨간색

해설
안전인증 절연장갑 등급별 색상(보호구 안전인증 고시 별표 3)
- 00등급 : 갈색
- 0등급 : 빨간색
- 1등급 : 흰색
- 2등급 : 노란색
- 3등급 : 녹색
- 4등급 : 등색

정답 ①

20 하인리히의 재해발생이론이 다음과 같이 표현될 때, α의 의미는?

재해의 발생 = 설비적 결함 + 관리적 결함 + α

① 노출된 위험의 상태
② 재해의 직접원인
③ 물적 불안전 상태
④ 잠재된 위험의 상태

해설
하인리히의 재해발생이론
재해의 발생 = 설비적 결함(물적 불안전 상태) + 관리적 결함(인적 불안전 행동) + 잠재된 위험의 상태

정답 ④

제2과목 인간공학 및 위험성 평가·관리

21 음량수준을 평가하는 척도와 관계없는 것은?

① HSI
② phon
③ dB
④ sone

해설
① 색을 표현하는 하나의 방법이다.

정답 ①

22 다음 중 FMEA의 장점은?

① 분석방법에 대한 논리적 배경이 강하다.
② 물적·인적 요소가 모두 분석대상이 된다.
③ 서식이 간단하고 비교적 적은 노력으로 분석이 가능하다.
④ 두 가지 이상의 요소가 동시에 고장 나는 경우에도 분석이 용이하다.

해설
고장형태와 영향분석(FMEA) 특징
- 장점
  - 서식이 간단하다.
  - 특별한 교육이 없어도 분석이 가능하다.
- 단점
  - 논리성이 부족하다.
  - 물적 원인에 대한 영향분석으로 한정되기 때문에 인적 원인 분석은 할 수 없다.
  - 요소 간 영향분석이 되지 않기 때문에 2 이상의 요소가 고장이 나면 분석할 수 없다.

정답 ③

23 정신적 작업부하에 관한 생리적 척도에 해당하지 않는 것은?

① 부정맥 지수
② 근전도
③ 점멸융합 주파수
④ 뇌파도

해설

② EMG(근전도) : 신체적 작업부하 측정
정신적 작업부하를 측정하기 위한 생리적 측정 지표
• 뇌전도(EEG ; Electro Encephalo Graphy)
• 점멸융합 주파수(FFF ; Flicker Fusion Frequency)
• 부정맥 지수(cardiac arrhythmia)
• 눈꺼풀의 깜박임(blink rate)
• 동공지름(pupil diameter)

정답 ②

25 인간공학에 대한 설명으로 옳지 않은 것은?

① 인간이 사용하는 물건, 설비, 환경의 설계에 적용된다.
② 인간을 작업과 기계에 맞추는 설계 철학이 바탕이 된다.
③ 인간 – 기계 시스템의 안전성과 편리성, 효율성을 높인다.
④ 인간의 생리적, 심리적인 면에서의 특성이나 한계점을 고려한다.

해설

인간공학이란 인간을 작업과 기계에 맞추는 것이 아닌, 인간이 조작하는 설비를 인간 신체의 근골격계 등에 부담이 되지 않도록 설계하는 것을 말한다.

정답 ②

24 수리가 가능한 어떤 기계의 가용도(availability)는 0.9이고, 평균 수리시간(MTTR)이 2시간일 때, 이 기계의 평균 수명(MTBF)은?

① 15시간
② 16시간
③ 17시간
④ 18시간

해설

설비가동률

가동률(가용도) $= \dfrac{MTBF}{MTBF + MTTR}$

$0.9 = \dfrac{MTBF}{MTBF + 2}$

∴ $MTBF = 18$

정답 ④

26 실린더 블록에 사용하는 개스킷의 수명은 평균 10,000시간이며, 표준편차는 200시간으로 정규분포를 따른다. 사용시간이 9,600시간일 경우에 신뢰도는 약 얼마인가?(단, 표준 정규분포표에서 $u_{0.8413} = 1$, $u_{0.9772} = 2$이다)

① 84.13%
② 88.73%
③ 92.72%
④ 97.72%

해설

$u = \dfrac{10,000 - 9,600}{200(\text{표준편차})} = \dfrac{400(\text{평균기대수명})}{200} = 2$

$u2 = 0.9772$이므로,
신뢰도는 $0.9772 \times 100 = 97.72\%$이다.

정답 ④

27 인간의 오류모형에서 '알고 있음에도 의도적으로 따르지 않거나 무시한 경우'를 무엇이라 하는가?

① 실수(slip)
② 착오(mistake)
③ 건망증(lapse)
④ 위반(violation)

해설
인간의 오류 유형
- 위반(violation) : 정해진 규칙을 알고 있음에도 의도적으로 따르지 않거나 무시하는 행위
- 실수(slip) : 올바른 의도를 잘못 실행
- 착오(mistake) : 상황을 제대로 해석하지 못하여 적절한 대책을 선택하지 못하는 오류
- 건망증(lapse) : 여러 과정이 연계적으로 일어나는 행동 중의 일부를 잊어버리거나 기억의 실패에 의하여 발생하는 오류

정답 ④

28 FT도에 사용하는 기호에서 3개의 입력현상 중 임의의 시간에 2개가 발생하면 출력이 생기는 기호의 명칭은?

① 억제 게이트
② 조합 AND 게이트
③ 배타적 OR 게이트
④ 우선적 AND 게이트

해설
① 억제 게이트 : AND 게이트의 특별한 경우로서 이 게이트의 출력사상은 한 개의 입력사상에 의해 발생하며, 입력사상이 출력사상을 생성하기 전에 특정조건을 만족하여야 하는 논리게이트이다.
③ 배타적 OR 게이트 : OR 게이트의 특별한 경우로서 입력사상 중 오직 한 개의 발생으로만 출력사상이 생성되는 논리게이트이다.
④ 우선적 AND 게이트 : AND 게이트의 특별한 경우로서 입력사상이 특정 순서별로 발생한 경우에만 출력사상이 발생하는 논리 게이트이다.

정답 ②

29 아령을 사용하여 30분간 훈련한 후, 이두근의 근육 수축작용에 대한 전기적인 신호 데이터를 모았다. 이 데이터들을 이용하여 분석할 수 있는 것은?

① 근육의 질량과 밀도
② 근육의 활성도와 밀도
③ 근육의 피로도와 크기
④ 근육의 피로도와 활성도

해설
근전도 검사를 통해 근육의 피로도와 활성도를 측정 및 분석할 수 있다.

정답 ④

30 산업안전보건법령에 따라 제조업 중 유해위험방지계획서 제출대상 사업의 사업주가 유해위험방지계획서를 제출하고자 할 때 첨부하여야 하는 서류에 해당하지 않는 것은?(단, 기타 고용노동부장관이 정하는 도면 및 서류 등은 제외한다)

① 공사개요서
② 기계·설비의 배치도면
③ 기계·설비의 개요를 나타내는 서류
④ 원재료 및 제품의 취급, 제조 등의 작업방법의 개요

해설
제조업 유해위험방지계획서 첨부서류(산업안전보건법 시행규칙 제42조)
- 건축물 각 층의 평면도
- 기계·설비의 개요를 나타내는 서류
- 기계·설비의 배치도면
- 원재료 및 제품의 취급, 제조 등의 작업방법의 개요
- 그 밖에 고용노동부장관이 정하는 도면 및 서류

정답 ①

31

초기고장과 마모고장 각각의 고장형태와 그 예방대책에 관한 연결로 옳지 않은 것은?

① 초기고장 - 감소형 - 번인(burn-in)
② 마모고장 - 증가형 - 예방보전(PM)
③ 초기고장 - 감소형 - 디버깅(debugging)
④ 마모고장 - 증가형 - 스크리닝(screening)

해설
스크리닝(screening)
고장 발생 초기의 것을 선별하여 잠재결함을 조기에 제거하는 것으로 초기고장의 예방대책이다.

정답 ④

32

작업개선을 위하여 도입되는 원리인 ECRS로 옳지 않는 것은?

① Combine
② Standard
③ Eliminate
④ Rearrange

해설
작업개선의 원칙 ECRS
• Eliminate(제거) : 불필요한 작업요소의 생략
• Combine(결합) : 다른 과업이나 공정과의 통합
• Rearrange(재배치) : 공정, 업무처리 절차의 재배열
• Simplify(단순화) : 업무요소를 간단하거나 용이하게 단순화

정답 ②

33

각 부품의 신뢰도가 다음과 같을 때 시스템의 전체 신뢰도는 약 얼마인가?

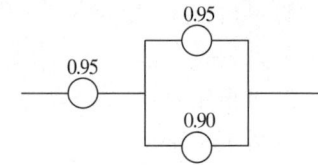

① 0.8123
② 0.9453
③ 0.9553
④ 0.9953

해설
$0.95 \times [1 - (1 - 0.95) \times (1 - 0.90)] ≒ 0.9453$

정답 ②

34

양립성의 종류에 포함되지 않는 것은?

① 공간양립성
② 형태양립성
③ 개념양립성
④ 운동양립성

해설
양립성의 종류
• 공간양립성
• 개념양립성
• 운동양립성
• 양식양립성

정답 ②

35 다음 설명에 해당하는 설비보전 방식의 유형은?

> 설비보전 정보와 신기술을 기초로 신뢰성, 조작성, 보전성, 안전성, 경제성 등이 우수한 설비의 선정, 조달 또는 설계를 통하여 궁극적으로 설비의 설계, 제작단계에서 보전활동이 불필요한 체제를 목표로 한 설비보전방법을 말한다.

① 개량보전   ② 보전예방
③ 사후보전   ④ 일상보전

해설
② 보전예방 : 신규설비의 계획과 건설을 할 때 보전정보나 새로운 기술을 도입하여 열화 손실을 적게 하는 보전활동이다.
① 개량보전 : 설비의 신뢰성, 보전성, 경제성, 조작성, 안전성, 에너지 절약, 유용성 등의 향상을 목적으로 설비의 재질이나 형상의 개량, 설계변경 등을 행하는 보전활동이다.
③ 사후보전 : 시스템이나 부품이 고장에 의해 정지 또는 유해한 성능 저하를 초래한 뒤 수리를 하는 보전활동이다.
④ 예방보전 : 시스템이나 부품의 사용 중 고장 또는 정지와 같은 사고를 미연에 방지하거나 품목을 사용 가능 상태로 유지하기 위해 계획적으로 하는 보전활동이다.

정답 ②

36 그림과 같이 신뢰도 95%인 펌프 A가 각각 신뢰도 90%인 밸브 B와 밸브 C의 병렬밸브계와 직렬계를 이룬 시스템의 실패확률은 약 얼마인가?

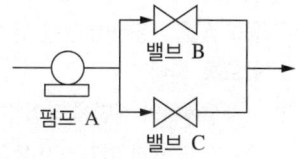

① 0.0091   ② 0.0595
③ 0.9405   ④ 0.9811

해설
• 신뢰도(성공확률) = $A \times [1-(1-B) \times (1-C)]$
 $= 0.95 \times [1-(1-0.9) \times (1-0.9)]$
 $= 0.9405$
• 실패확률 = 1 - 0.9405(성공확률)
 $= 0.0595$

정답 ②

37 인간의 실수 중 수행해야 할 작업 및 단계를 생략하여 발생하는 오류는?

① omission error
② commission error
③ sequence error
④ time error

해설
휴먼에러(human error)의 심리적 분류
• 생략(부작위) 오류(omission error) : 수행해야 할 작업을 빠트리는 오류
• 시간지연 오류(time error) : 수행해야 할 작업을 정해진 시간 동안 완수하지 못하는 오류
• 부적절한 수행 오류(extraneous error) : 작업 완수에 불필요한 작업을 수행하는 오류
• 실행(작위적) 오류(commission error) : 수행해야 할 작업을 부정확하게 수행하는 오류
• 순서 오류(sequential error) : 수행해야 하는 작업의 순서를 틀리게 수행하는 오류

정답 ①

38 손이나 특정 신체부위에 발생하는 누적손상장애(CTD)의 발생인자와 가장 거리가 먼 것은?

① 무리한 힘
② 다습한 환경
③ 장시간의 진동
④ 반복도가 높은 작업

해설
근골격계질환 발생요인
• 반복도가 높은 작업
• 부적절한 작업자세
• 무리한 힘의 사용
• 진동
• 온도
• 날카로운 면과의 신체접촉

정답 ②

39 화학설비에 대한 안전성 평가 중 정량적 평가항목에 해당하지 않는 것은?

① 공정
② 취급물질
③ 압력
④ 화학설비 용량

해설
화학설비에 대한 안전성 평가 중 정량적 평가항목
- 취급물질
- 온도, 압력
- 화학설비의 용량
- 조작

정답 ①

제3과목 기계·기구 및 설비 안전 관리

41 둥근톱 기계의 방호장치에서 분할날과 톱날 원주면과의 거리는 몇 mm 이내로 조정, 유지할 수 있어야 하는가?

① 12 ② 14
③ 16 ④ 18

해설
목재가공용 덮개 및 분할날 성능기준(방호장치 자율안전기준 고시 별표 5)
둥근톱에는 분할날을 설치하여야 하며, 분할날과 톱날 원주면과의 거리는 12mm 이내로 조정, 유지할 수 있어야 한다.

정답 ①

---

40 컷셋(cut set)과 패스셋(path set)에 관한 설명으로 옳은 것은?

① 동일한 시스템에서 패스셋의 개수와 컷셋의 개수는 같다.
② 패스셋은 동시에 발생했을 때 정상사상을 유발하는 사상들의 집합이다.
③ 일반적으로 시스템에서 최소 컷셋의 개수가 늘어나면 위험수준이 높아진다.
④ 최소 컷셋은 어떤 고장이나 실수를 일으키지 않으면 재해는 일어나지 않는다고 하는 것이다.

해설
- 패스셋(path set) : 시스템의 고장을 일으키지 않는 기본사상들의 집합
- 최소 컷셋(minimal cut set)
  - 정상사상(top event)을 일으키는 최소한의 집합
  - 시스템의 고장을 일으키는 최소한의 기본사상의 집합

정답 ③

---

42 다음 중 프레스를 제외한 사출성형기, 주형조형기 및 형단조기 등에 관한 안전조치사항으로 옳지 않은 것은?

① 근로자의 신체 일부가 말려들어 갈 우려가 있는 경우에는 양수조작식 방호장치를 설치하여 사용한다.
② 게이트 가드식 방호장치를 설치할 경우에는 연동구조를 적용하여 문을 닫지 않아도 동작할 수 있도록 한다.
③ 사출성형기의 전면에 작업용 발판을 설치할 경우 근로자가 쉽게 미끄러지지 않는 구조여야 한다.
④ 기계의 히터 등의 가열 부위, 감전 우려가 있는 부위에는 방호덮개를 설치하여 사용한다.

해설
② 게이트가드는 닫지 아니하면 기계가 작동되지 아니하는 연동구조여야 한다(산업안전보건기준에 관한 규칙 제121조).
①·④ 산업안전보건기준에 관한 규칙 제121조
③ 위험기계·기구 안전인증 고시 별표 6

정답 ②

43 자분탐상검사에서 사용하는 자화방법으로 옳지 않은 것은?

① 축통전법
② 전류관통법
③ 극간법
④ 임피던스법

해설
자분탐상검사에서 사용하는 자화방법
• 축통전법
• 전류관통법
• 극간법
• 코일법
• 자속관통법

정답 ④

44 기능의 안전화 방안을 소극적 대책과 적극적 대책으로 구분할 때 다음 중 적극적 대책에 해당하는 것은?

① 기계의 이상을 확인하고 급정지시켰다.
② 원활한 작동을 위해 급유를 하였다.
③ 회로를 개선하여 오동작을 방지하도록 하였다.
④ 기계의 볼트 및 너트가 이완되지 않도록 다시 조립하였다.

해설
①·②·④ 소극적 대책

정답 ③

45 프레스의 금형을 부착, 조정하는 작업을 할 경우 슬라이드의 낙하를 방지하기 위하여 설치하는 것은?

① 슈트
② 키록
③ 안전블록
④ 스트리퍼

해설
금형조정작업의 위험 방지(산업안전보건기준에 관한 규칙 제104조)
사업주는 프레스 등의 금형을 부착·해체 또는 조정하는 작업을 할 때에 해당 작업에 종사하는 근로자의 신체가 위험한계 내에 있는 경우 슬라이드가 갑자기 작동함으로써 근로자에게 발생할 우려가 있는 위험을 방지하기 위하여 안전블록을 사용하는 등 필요한 조치를 하여야 한다.

정답 ③

46 지게차의 방호장치인 헤드가드에 대한 설명으로 옳은 것은?

① 상부틀의 각 개구의 폭 또는 길이는 16cm 미만일 것
② 운전자가 앉아서 조작하는 방식의 지게차의 경우에는 운전자의 좌석 윗면에서 헤드가드의 상부틀 아랫면까지의 높이는 1.5m 이상일 것
③ 지게차에는 최대 하중의 2배값(5ton을 넘는 값에 대해서는 5ton으로 한다)에 해당하는 등분포정하중에 견딜 수 있는 강도의 헤드가드를 설치하여야 한다.
④ 운전자가 서서 조작하는 방식의 지게차의 경우에는 운전석의 바닥면에서 헤드가드의 상부틀 하면까지의 높이는 1.8m 이상일 것

해설
헤드가드(산업안전보건기준에 관한 규칙 제180조)
• 강도는 지게차의 최대 하중의 2배값(4ton을 넘는 값에 대해서는 4ton으로 함)의 등분포정하중에 견딜 수 있을 것
• 상부틀의 각 개구의 폭 또는 길이가 16cm 미만일 것
• 운전자가 앉아서 조작하거나 서서 조작하는 지게차의 헤드가드는 한국산업표준에서 정하는 높이 기준 이상일 것(좌식 : 0.903m 이상, 입식 : 1.905m 이상)

정답 ①

47 일반적으로 장갑을 착용해야 하는 작업은?

① 드릴작업
② 밀링작업
③ 선반작업
④ 전기용접작업

[해설]
전기용접작업 외의 작업들은 회전체에 말려들어 갈 위험이 있으므로 장갑을 착용하여서는 안 된다.

[정답] ④

48 회전 중인 연삭숫돌이 근로자에게 위험을 미칠 우려가 있을 시 덮개를 설치하여야 할 연삭숫돌의 최소 지름은?

① 지름이 5cm 이상인 것
② 지름이 10cm 이상인 것
③ 지름이 15cm 이상인 것
④ 지름이 20cm 이상인 것

[해설]
연삭숫돌의 덮개 등(산업안전보건기준에 관한 규칙 제122조)
사업주는 회전 중인 연삭숫돌(지름이 5cm 이상인 것으로 한정)이 근로자에게 위험을 미칠 우려가 있는 경우에 그 부위에 덮개를 설치하여야 한다.

[정답] ①

49 유해·위험기계·기구 중에서 진동과 소음을 동시에 수반하는 기계설비로 가장 거리가 먼 것은?

① 컨베이어
② 사출성형기
③ 가스용접기
④ 공기압축기

[해설]
가스용접기를 제외한 나머지는 진동과 소음이 동시에 발생한다.

[정답] ③

50 산업안전보건법령상 프레스의 작업시작 전 점검사항으로 옳지 않은 것은?

① 프레스의 금형 및 고정볼트 상태
② 방호장치의 기능
③ 전단기의 칼날 및 테이블의 상태
④ 트롤리(trolley)가 횡행하는 레일의 상태

[해설]
작업시작 전 점검사항(산업안전보건기준에 관한 규칙 별표 3)
프레스 등을 사용하여 작업을 할 때
- 클러치 및 브레이크의 기능
- 크랭크축·플라이휠·슬라이드·연결봉 및 연결 나사의 풀림 여부
- 1행정 1정지기구·급정지장치 및 비상정지장치의 기능
- 슬라이드 또는 칼날에 의한 위험방지 기구의 기능
- 프레스의 금형 및 고정볼트 상태
- 방호장치의 기능
- 전단기의 칼날 및 테이블의 상태

[정답] ④

51 다음 중 드릴작업의 안전수칙으로 가장 적합한 것은?

① 손을 보호하기 위하여 장갑을 착용한다.
② 작은 일감은 양손으로 견고히 잡고 작업한다.
③ 정확한 작업을 위하여 구멍에 손을 넣어 확인한다.
④ 작업시작 전 척 렌치(chuck wrench)를 반드시 제거하고 작업한다.

[해설]
① 드릴 작업에 있어서 장갑을 착용하면 장갑이 말려들어 갈 위험이 있어 착용하면 안 된다.
② 작은 일감은 바이스를 사용하여 고정한다.
※ 척 렌치 : 드릴비트를 조이고 푸는 장치

[정답] ④

52
다음 중 기계설비의 정비·청소·급유·검사·수리 등의 작업 시 근로자가 위험해질 우려가 있는 경우 필요한 조치와 거리가 먼 것은?

① 근로자의 위험방지를 위하여 해당 기계를 정지시킨다.
② 작업지휘자를 배치하여 갑작스러운 기계 가동에 대비한다.
③ 기계 내부에 압축된 기체나 액체가 불시에 방출될 수 있는 경우에는 사전에 방출조치를 실시한다.
④ 기계 운전을 정지한 경우에는 기동장치에 잠금장치를 하고 다른 작업자가 그 기계를 임의 조작할 수 있도록 열쇠를 찾기 쉬운 곳에 보관한다.

해설
④ 기계의 운전을 정지한 경우에 다른 사람이 그 기계를 운전하는 것을 방지하기 위하여 기계의 기동장치에 잠금장치를 하고 그 열쇠를 별도 관리하거나 표지판을 설치하는 등 필요한 방호조치를 하여야 한다(산업안전보건기준에 관한 규칙 제92조).

정답 ④

53
산업안전보건법에 따라 레버풀러(lever puller) 또는 체인블록(chain block)을 사용하는 경우 훅의 입구(hook mouth) 간격이 제조자가 제공하는 제품사양서 기준으로 몇 % 이상 벌어진 것은 폐기하여야 하는가?

① 3
② 5
③ 7
④ 10

해설
작업도구 등의 목적 외 사용금지 등(산업안전보건기준에 관한 규칙 제96조)
사업주는 레버풀러(lever puller) 또는 체인블록(chain block)을 사용하는 경우 다음의 사항을 준수하여야 한다.
• 정격하중을 초과하여 사용하지 말 것
• 레버풀러 작업 중 훅이 빠져 튕길 우려가 있을 경우에는 훅을 대상물에 직접 걸지 말고 피벗클램프(pivot clamp)나 러그(lug)를 연결하여 사용할 것
• 레버풀러의 레버에 파이프 등을 끼워서 사용하지 말 것
• 체인블록의 상부 훅(top hook)은 인양하중에 충분히 견디는 강도를 갖고, 정확히 지탱될 수 있는 곳에 걸어서 사용할 것
• 훅의 입구(hook mouth) 간격이 제조자가 제공하는 제품사양서 기준으로 10% 이상 벌어진 것은 폐기할 것
• 체인블록은 체인의 꼬임과 헝클어지지 않도록 할 것
• 훅은 변형, 파손, 부식, 마모되거나 균열된 것을 사용하지 않도록 조치할 것
• 다음 어느 하나에 해당하는 체인을 사용하지 않도록 조치할 것
 - 변형, 파손, 부식, 마모되거나 균열된 것
 - 체인의 길이가 체인이 제조된 때의 길이의 5%를 초과한 것
 - 링의 단면지름이 체인이 제조된 때의 해당 링의 지름의 10%를 초과하여 감소한 것

정답 ④

54
산업안전보건법에 따라 아세틸렌 용접장치의 아세틸렌 발생기를 설치하는 경우, 발생기실의 설치 장소에 대한 설명 중 A, B에 들어갈 내용으로 옳은 것은?

• 발생기실은 건물의 최상층에 위치하여야 하며, 화기를 사용하는 설비로부터 (A)를 초과하는 장소에 설치하여야 한다.
• 발생기실을 옥외에 설치한 경우에는 그 개구부를 다른 건축물로부터 (B) 이상 떨어지도록 하여야 한다.

① A : 1.5m   B : 3m
② A : 2m   B : 4m
③ A : 3m   B : 1.5m
④ A : 4m   B : 2m

해설
발생기실의 설치 장소(산업안전기준에 관한 규칙 제286조)
• 사업주는 아세틸렌 용접장치의 아세틸렌 발생기(이하 발생기)를 설치하는 경우에는 전용의 발생기실에 설치하여야 한다.
• 발생기실은 건물의 최상층에 위치하여야 하며, 화기를 사용하는 설비로부터 3m를 초과하는 장소에 설치하여야 한다.
• 발생기실을 옥외에 설치한 경우에는 그 개구부를 다른 건축물로부터 1.5m 이상 떨어지도록 하여야 한다.

정답 ③

55 크레인의 방호장치에 해당되지 않는 것은?

① 권과방지장치
② 과부하방지장치
③ 비상정지장치
④ 자동보수장치

해설
방호장치의 조정(산업안전보건기준에 관한 규칙 제134조)
사업주는 다음 양중기에 과부하방지장치, 권과방지장치(捲過防止裝置), 비상정지장치 및 제동장치, 그 밖의 방호장치[승강기의 파이널리밋스위치(final limit switch), 속도조절기, 출입문 인터록(interlock) 등]가 정상적으로 작동될 수 있도록 미리 조정해 두어야 한다.
• 크레인
• 이동식 크레인
• 리프트
• 곤돌라
• 승강기

정답 ④

56 산업안전보건법에 따라 사업주가 보일러의 폭발사고를 예방하기 위하여 유지·관리하여야 할 안전장치로 옳지 않은 것은?

① 압력방호판
② 화염검출기
③ 압력방출장치
④ 고저수위 조절장치

해설
폭발위험의 방지(산업안전보건기준에 관한 규칙 제119조)
사업주는 보일러의 폭발사고를 예방하기 위하여 압력방출장치, 압력제한스위치, 고저수위 조절장치, 화염검출기 등의 기능이 정상적으로 작동될 수 있도록 유지·관리하여야 한다.

정답 ①

57 롤러기의 가드와 위험점 간의 거리가 100mm일 경우 ILO 규정에 의한 가드 개구부의 안전간격은?

① 11mm
② 21mm
③ 26mm
④ 31mm

해설
가드 개구부 안전간격
$Y = 6 + 0.15X$(단, X가 160mm보다 작은 경우)
여기서, X : 안전거리(위험점에서 가드까지의 거리, mm)
Y : 가드의 최대 개구간격(mm)
$Y(mm) = 6 + 0.15X$
$= 6 + 0.15 \times 100$
$= 21$

정답 ②

58 프레스 작동 후 슬라이드가 하사점에 도달할 때까지의 소요시간이 0.5s일 때 양수기동식 방호장치의 안전거리는 최소 얼마인가?

① 200mm
② 400mm
③ 600mm
④ 800mm

해설
양수기동식 방호장치 안전거리
$D_m = 1.6 T_m$
여기서, D_m : 안전거리(확동식 클러치의 경우 : mm)
T_m : 양손으로 누름버튼을 눌렀을 때부터 슬라이드가 하사점에 도달하기까지의 소요 최대시간(단위 : ms)
$D_m = 1.6 \times (0.5 \times 1,000) = 800(mm)$
※ $0.5 \times 1,000$은 T_m의 단위인 ms를 $\frac{1}{1,000}$ s로 환산한 것이다.

정답 ④

59 금형의 설치, 해체, 운반 시 안전사항에 관한 설명으로 옳지 않은 것은?

① 운반을 위하여 관통 아이볼트가 사용될 때는 구멍 틈새가 최소화되도록 한다.
② 금형을 설치하는 프레스의 T홈 안길이는 설치볼트 지름의 $\frac{1}{2}$배 이하로 한다.
③ 고정볼트는 고정 후 가능하면 나사산이 3~4개 정도 짧게 남겨 설치 또는 해체 시 슬라이드면과의 사이에 협착이 발생하지 않도록 해야 한다.
④ 운반 시 상부 금형과 하부 금형이 닿을 위험이 있을 때는 고정 패드를 이용한 스트랩, 금속재질이나 우레탄 고무의 블록 등을 사용한다.

해설
② 금형을 설치하는 프레스의 T홈 안길이는 설치 볼트 지름의 2배 이상으로 한다(프레스 금형작업의 안전에 관한 기술지침).

정답 ②

60 재료의 강도시험 중 항복점을 알 수 있는 시험의 종류는?

① 비파괴 시험
② 충격시험
③ 인장시험
④ 피로시험

해설
항복점이란, 인장시험에 있어서 어떤 응력에서부터는 응력이 증가하지 않는 것으로, 더 이상 탄성을 유지하지 못하고 영구적 변형이 되는 것을 말한다.

정답 ③

제4과목 전기설비 안전관리

61 정전기의 유동대전에 가장 크게 영향을 미치는 요인은?

① 액체의 밀도
② 액체의 유동속도
③ 액체의 접촉면적
④ 액체의 분출온도

해설
유동대전은 액체류가 파이프로 이동할 때 액체류와 파이프(고체)가 접촉하게 되면 두 물질 사이의 경계에서 정전기가 발생하는 현상으로, 액체의 유속에 큰 영향을 받는다.

정답 ②

62 다음 괄호 안에 들어갈 내용으로 알맞은 것은?

> 과전류 차단장치는 반드시 접지선이 아닌 전로에 (　　)로 연결하여 과전류 발생 시 전로를 자동으로 차단하도록 설치할 것

① 직렬
② 병렬
③ 임시
④ 직병렬

해설
과전류 차단장치(산업안전보건기준에 관한 규칙 제305조)
• 과전류 차단장치는 반드시 접지선이 아닌 전로에 직렬로 연결하여 과전류 발생 시 전로를 자동으로 차단하도록 설치할 것
• 차단기·퓨즈는 계통에서 발생하는 최대 과전류에 대하여 충분하게 차단할 수 있는 성능을 가질 것
• 과전류 차단장치가 전기계통상에서 상호 협조·보완되어 과전류를 효과적으로 차단하도록 할 것

정답 ①

63

감전사고가 발생했을 때 피해자를 구출하는 방법으로 옳지 않은 것은?

① 피해자가 계속하여 전기설비에 접촉되어 있다면 우선 그 설비의 전원을 신속히 차단한다.
② 감전상황을 빠르게 판단하고 피해자의 몸과 충전부가 접촉되어 있는지를 확인한다.
③ 충전부에 감전되어 있으면 몸이나 손을 잡고 피해자를 곧바로 이탈시켜야 한다.
④ 절연 고무장갑, 고무장화 등을 착용한 후에 구출해 준다.

해설
③ 피해자가 충전부에 감전되어 있을 때 몸이나 손을 잡으면 구출자도 같이 감전되기 때문에 절대 감전자를 잡으면 안 된다.

정답 ③

64

접지의 목적과 효과로 볼 수 없는 것은?

① 낙뢰에 의한 피해방지
② 송배전선에서 지락사고의 발생 시 보호계전기를 신속하게 작동시킴
③ 설비의 절연물이 손상되었을 때 흐르는 누설전류에 의한 감전방지
④ 송배전선로의 지락사고 발생 시 대지전위의 상승을 억제하고 절연강도를 상승시킴

해설
④ 송배전선로의 지락사고 발생 시 대지전위의 상승을 억제하고 절연강도를 저감시킨다.

정답 ④

65

인체의 저항을 500Ω이라고 할 때 단상 440V의 회로에서 누전으로 인한 감전재해를 방지할 목적으로 설치하는 누전차단기의 규격은?

① 30mA, 0.1초
② 30mA, 0.03초
③ 50mA, 0.1초
④ 50mA, 0.3초

해설
감전방지용 누전차단기
정격감도전류 30mA 이하, 동작시간은 0.03초 이하인 차단기

정답 ②

66

접지의 종류와 목적이 바르게 짝지어지지 않은 것은?

① 계통접지 : 고압전로와 저압전로가 혼촉되었을 때의 감전이나 화재방지를 위하여
② 지락검출용 접지 : 차단기의 동작을 확실하게 하기 위하여
③ 기능용 접지 : 피뢰기 등의 기능 손상을 방지하기 위하여
④ 등전위 접지 : 병원에 있어서 의료기기 사용 시 안전을 위하여

해설
③ 기능용 접지 : 전기방식 설비 등의 기능 손상을 방지하기 위한 접지

정답 ③

67

누전차단기의 구성요소가 아닌 것은?

① 누전검출부
② 영상변류기
③ 차단장치
④ 전력퓨즈

해설
누전차단기의 구성요소
- 누전검출부
- 영상변류기
- 차단장치

정답 ④

68 Dalziel에 의하여 동물실험을 통해 얻어진 전류값을 인체에 적용했을 때 심실세동을 일으키는 전기에너지(J)는 약 얼마인가?(단, 인체 전기저항은 500Ω으로 보며, 흐르는 전류 $I=\frac{165}{\sqrt{T}}$ mA로 한다)

① 9.8
② 13.6
③ 19.6
④ 27

해설
위험한계에너지
$Q = I^2RT$
$= \left(\frac{165}{\sqrt{1}} \times 10^{-3}\right)^2 \times 500 \times 1$
$= 13.6125 J$

정답 ②

69 정전작업 시 작업 전 조치하여야 할 실무사항으로 옳지 않은 것은?

① 잔류전하의 방전
② 단락 접지기구의 철거
③ 검전기에 의한 작업 대상 기기의 충전 확인
④ 차단장치에 잠금장치 및 꼬리표 부착

해설
정전전로에서의 전기작업(산업안전보건기준에 관한 규칙 제319조)
전로차단은 다음 절차에 따라 실시하여야 한다.
- 전기기기 등에 공급되는 모든 전원을 관련 도면, 배선도 등으로 확인할 것
- 전원을 차단한 후 각 단로기 등을 개방하고 확인할 것
- 차단장치나 단로기 등에 잠금장치 및 꼬리표를 부착할 것
- 개로된 전로에서 유도전압 또는 전기에너지가 축적되어 근로자에게 전기위험을 끼칠 수 있는 전기기기 등은 접촉하기 전에 잔류전하를 완전히 방전시킬 것
- 검전기를 이용하여 작업 대상 기기가 충전되었는지를 확인할 것
- 전기기기 등이 다른 노출 충전부와의 접촉, 유도 또는 예비동력원의 역송전 등으로 전압이 발생할 우려가 있는 경우에는 충분한 용량을 가진 단락 접지기구를 이용하여 접지할 것

정답 ②

70 300A의 전류가 흐르는 저압 가공전선로의 1선에서 허용 가능한 누설전류(mA)는?

① 600
② 450
③ 300
④ 150

해설
누설전류
최대공급전류 $\times \frac{1}{2,000}$(A) $= 300 \times \frac{1}{2,000}$
$= 0.15A$
∴ mA로 환산하면 150mA이다.

정답 ④

71 내부에서 폭발하더라도 틈의 냉각효과로 인하여 외부의 폭발성 가스에 착화될 우려가 없는 방폭구조는?

① 내압 방폭구조
② 유입 방폭구조
③ 안전증 방폭구조
④ 본질안전 방폭구조

해설
① 내부의 폭발이 외부의 가연성 물질을 점화할 수 없도록 안전간극(틈)을 사용한 구조로, 안전간극의 냉각효과로 인해 폭발성 가스에 착화되지 않도록 한다.
② 점화원이 될 위험 부분을 기름 속에 묻어둔 구조이다.
③ 안전증을 최대한 증대시켜 점화원의 발생률을 낮춘 구조이다.
④ 기기 내부 및 폭발성 분위기에 노출된 연결배선의 전기에너지를 발화를 일으킬 수준 이하로 제한되도록 만든 구조이다.

정답 ①

72
정전기 발생에 대한 방지대책의 설명으로 옳지 않은 것은?

① 가스용기, 탱크 등의 도체부는 전부 접지한다.
② 배관 내 액체의 유속을 제한한다.
③ 화학섬유의 작업복을 착용한다.
④ 대전방지제 또는 제전기를 사용한다.

해설
③ 정전기 재해예방을 위해서는 제전복을 착용하여야 한다.

정답 ③

73
과전류에 의해 전선의 허용전류보다 큰 전류가 흐르는 경우 절연물이 화구가 없더라도 자연히 발화하고 심선이 용단되는 발화단계의 전선전류밀도(A/mm^2)는?

① 10~20
② 30~50
③ 60~120
④ 130~200

해설
절연전선 과대전류
- 인화단계 : 40~43A/mm^2
- 착화단계 : 43~60A/mm^2
- 발화단계 : 60~120A/mm^2
- 순간용단단계 : 120A/mm^2 이상

정답 ③

74
샤워시설이 있는 욕실에 콘센트를 시설하고자 한다. 이때 설치되는 인체감전보호용 누전차단기의 정격감도전류는 몇 mA 이하인가?

① 5
② 15
③ 30
④ 60

해설
욕조나 샤워시설이 있는 욕실 또는 화장실 등 인체가 물에 젖어 있는 상태에서의 인체감전보호용 누전차단기 설치 기준(한국전기설비규정 234.5)
정격감도전류 15mA 이하, 동작시간 0.03초 이하

정답 ②

75
금속관의 폭발방지형 부속품에 대한 설명으로 옳지 않은 것은?

① 재료는 아연도금을 하거나 녹스는 것을 방지한 강 또는 가단주철일 것
② 안쪽 면 및 끝부분은 전선피복이 손상되지 않도록 매끈할 것
③ 전선관과의 접속 부분의 나사는 5턱 이상 완전히 나사결합이 될 수 있는 길이일 것
④ 완성품은 유입 방폭구조의 폭발압력측정에 적합할 것

해설
④ 완성품은 내압 방폭구조(d) 폭발압력측정에 적합하여야 한다(한국전기설비규정 232.12.2).

정답 ④

76
교류아크용접기에 전격방지기를 설치하는 요령으로 옳지 않은 것은?

① 이완방지 조치를 한다.
② 직각으로만 부착해야 한다.
③ 동작상태를 알기 쉬운 곳에 설치한다.
④ 테스트 스위치는 조작이 용이한 곳에 위치시킨다.

해설
교류아크용접기 전격방지기 설치 요령
- 연직 또는 불가피한 경우에는 연직에서 경사가 20°를 넘지 않은 상태로 설치할 것
- 이완방지 조치를 할 것
- 동작상태를 알기 쉬운 곳에 설치할 것
- 테스트 스위치는 조작이 용이한 곳에 위치할 것

정답 ②

77. 내압 방폭구조의 기본적 성능에 관한 사항으로 옳지 않은 것은?

① 내부에서 폭발할 경우 그 압력에 견딜 것
② 폭발화염이 외부로 유출되지 않을 것
③ 습기침투에 대한 보호가 될 것
④ 외함 표면온도가 주위의 가연성 가스에 점화하지 않을 것

해설
내압 방폭구조
내부의 폭발로 인해 외부의 가연성 물질이 점화될 수 없도록 안전간극을 사용한 구조로, 폭발화염이 외부로 유출되지 않도록 하기 위해 내부에서 폭발할 경우 그 압력에 견뎌야 하며, 외함 표면온도가 주위의 가연성 가스에 점화하지 않아야 한다.

정답 ③

78. 전로에 시설하는 기계·기구의 금속제 외함에 접지공사를 하지 않아도 되는 경우로 옳지 않은 것은?

① 저압용의 기계·기구를 건조한 목재의 마루 위에서 취급하도록 시설한 경우
② 외함 주위에 적당한 절연대를 설치한 경우
③ 교류 대지전압이 300V 이하인 기계·기구를 건조한 곳에 시설한 경우
④ 전기용품 및 생활용품 안전관리법의 적용을 받는 이중 절연구조로 되어 있는 기계·기구를 시설하는 경우

해설
③ 사용전압이 직류 300V 또는 교류 대지전압이 150V 이하인 기계·기구를 건조한 곳에 시설하는 경우(한국전기설비규정 142.7)

정답 ③

79. 산업안전보건기준에 관한 규칙에 따라 누전에 의한 감전의 위험을 방지하기 위하여 접지해야 하는 대상의 기준으로 옳지 않은 것은?(단, 예외조건은 고려하지 않는다)

① 전기기계·기구의 금속제 외함
② 고압 이상의 전기를 사용하는 전기기계·기구 주변의 금속제 칸막이
③ 고정배선에 접속된 전기기계·기구 중 사용전압이 대지전압 100V를 넘는 비충전 금속체
④ 코드와 플러그를 접속하여 사용하는 전기기계·기구 중 휴대형 전동기계·기구의 노출된 비충전 금속체

해설
③ 고정 설치되거나 고정배선에 접속된 전기기계·기구의 노출된 비충전 금속체 중 충전될 우려가 있는 사용전압이 대지전압 150V를 넘는 비충전 금속체(산업안전보건기준에 관한 규칙 제302조)

정답 ③

80. 전기기기, 설비 및 전선로 등의 충전 유무 등을 확인하기 위한 장비는?

① 위상검출기
② 디스콘 스위치
③ COS
④ 저압 및 고압용 검전기

해설
전기기기, 설비 및 전선로 등의 충전 유무를 확인하는 장비는 검전기이다.

정답 ④

제5과목 화학설비 안전관리

81 다음 중 산화반응에 해당하는 것을 모두 나타낸 것은?

㉮ 철이 공기 중에서 녹이 슬었다.
㉯ 솜이 공기 중에서 불에 탔다.

① ㉮
② ㉯
③ ㉮, ㉯
④ 없음

해설
- 철이 공기 중에서 녹이 생기는 경우 : 공기 중의 산소와 철의 산화반응
- 솜이 공기 중에서 불에 타는 경우 : 공기 중의 산소와 솜(가연물)의 산화반응

정답 ③

82 건조설비를 사용하여 작업을 하는 경우에 폭발이나 화재를 예방하기 위하여 준수하여야 하는 사항으로 옳지 않은 것은?

① 위험물 건조설비를 사용하는 경우에는 미리 내부를 청소하거나 환기할 것
② 위험물 건조설비를 사용하여 가열건조하는 건조물은 쉽게 이탈되도록 할 것
③ 고온으로 가열건조한 인화성 액체는 발화의 위험이 없는 온도로 냉각한 후에 격납시킬 것
④ 바깥 면이 현저히 고온이 되는 건조설비에 가까운 장소에는 인화성 액체를 두지 않도록 할 것

해설
② 위험물 건조설비를 사용하여 가열건조하는 건조물은 쉽게 이탈되지 않도록 할 것(산업안전보건기준에 관한 규칙 제283조)

정답 ②

83 가연성 가스 A의 연소범위를 2.2~9.5vol%라고 할 때 가스 A의 위험도는?

① 2.52
② 3.32
③ 4.91
④ 5.64

해설
위험도(H)

$$H = \frac{U-L}{L}$$

여기서, U : 연소 상한계(UFL)
L : 연소 하한계(LFL)

$\frac{9.5-2.2}{2.2} \fallingdotseq 3.32$

정답 ②

84 다음 중 산화성 물질이 아닌 것은?

① KNO_3
② NH_4ClO_3
③ HNO_3
④ P_4S_3

해설
P_4S_3(삼황화인)은 가연성 고체이다.

정답 ④

85
다음 중 누설 발화형 폭발재해의 예방대책으로 가장 거리가 먼 것은?

① 발화원 관리
② 밸브의 오동작 방지
③ 가연성 가스의 연소
④ 누설물질의 검지 경보

해설
가연성 가스가 연소하는 것은 폭발재해의 원인이다.

정답 ③

86
산업안전보건법령에서 규정하고 있는 위험물질의 종류 중 부식성 염기류로 분류되기 위하여 농도가 40% 이상이어야 하는 물질은?

① 염산
② 아세트산
③ 플루오린산
④ 수산화칼륨

해설
부식성 염기류(산업안전보건기준에 관한 규칙 별표 1)
농도가 40% 이상인 수산화나트륨, 수산화칼륨, 그 밖에 이와 같은 정도 이상의 부식성을 가지는 염기류

정답 ④

87
NH_4NO_3의 가열, 분해로부터 생성되는 무색의 가스로 일명 웃음가스라고도 하는 것은?

① N_2O
② NO_2
③ N_2O_4
④ NO

해설
$NH_4NO_3 \rightarrow N_2O + 2H_2O$
(질산암모늄) (아산화질소)

정답 ①

88
Burgess-Wheeler의 법칙에 따르면 서로 유사한 탄화수소계의 가스에서 폭발하한계의 농도(vol%)와 연소열(kcal/mol)의 곱의 값은 약 얼마 정도인가?

① 1,100
② 2,800
③ 3,200
④ 3,800

해설
Burgess-Wheeler의 법칙
연소열(kcal/mol) × 폭발하한계(vol%) = 1,100

정답 ①

89
다음 중 화재 예방에 있어 화재의 확대방지를 위한 방법으로 적절하지 않은 것은?

① 가연물량의 제한
② 난연화 및 불연화
③ 화재의 조기발견 및 초기 소화
④ 공간의 통합과 대형화

해설
④ 공간을 통합하고 대형화하는 경우 화재가 확대될 우려가 있다. 그렇기 때문에 공간을 구획화하여 화재가 구획된 공간 외로 확대되지 않도록 하여야 한다.

정답 ④

90
산업안전보건법령에 따라 위험물 건조설비 중 건조실을 설치하는 건축물의 구조를 독립된 단층건물로 하여야 하는 건조설비가 아닌 것은?

① 위험물 또는 위험물이 발생하는 물질을 가열·건조하는 경우 내용적이 $2m^3$인 건조설비
② 위험물이 아닌 물질을 가열·건조하는 경우 액체연료의 최대사용량이 5kg/h인 건조설비
③ 위험물이 아닌 물질을 가열·건조하는 경우 기체연료의 최대사용량이 $2m^3$/h인 건조설비
④ 위험물이 아닌 물질을 가열·건조하는 경우 전기사용 정격용량이 20kW인 건조설비

해설
위험물 건조설비를 설치하는 건축물의 구조(산업안전보건기준에 관한 규칙 제280조)
사업주는 다음 어느 하나에 해당하는 위험물 건조설비 중 건조실을 설치하는 건축물의 구조는 독립된 단층건물로 하여야 한다. 다만, 해당 건조실을 건축물의 최상층에 설치하거나 건축물이 내화구조인 경우에는 그러하지 아니하다.
• 위험물 또는 위험물이 발생하는 물질을 가열·건조하는 경우 내용적이 $1m^3$ 이상인 건조설비
• 위험물이 아닌 물질을 가열·건조하는 경우로서 다음 어느 하나의 용량에 해당하는 건조설비
  – 고체 또는 액체연료의 최대사용량이 시간당 10kg 이상
  – 기체연료의 최대사용량이 시간당 $1m^3$ 이상
  – 전기사용 정격용량이 10kW 이상

정답 ②

91
비점이나 인화점이 낮은 액체가 들어 있는 용기 주위에 화재 등으로 인하여 가열되면, 내부의 비등현상으로 인한 압력 상승으로 용기의 벽면이 파열되면서 그 내용물이 폭발적으로 증발, 팽창하며 폭발을 일으키는 현상을 무엇이라 하는가?

① BLEVE
② UVCE
③ 개방계 폭발
④ 밀폐계 폭발

해설
블레비(BLEVE) 현상 : 가연성 액체 저장탱크 주위에 화재가 발생하여 저장탱크 내부의 액체가 비등하여 압력이 상승해 폭발이 일어나는 현상을 말한다.

정답 ①

92
가스 또는 분진폭발 위험장소에 설치되는 건축물의 내화구조를 설명한 것으로 옳지 않은 것은?

① 건축물 기둥 및 보는 지상 1층까지 내화구조로 한다.
② 위험물 저장·취급용기의 지지대는 지상으로부터 지지대의 끝부분까지 내화구조로 한다.
③ 건축물 주변에 자동소화설비를 설치한 경우 건축물 화재 시 1시간 이상 그 안전성을 유지한 경우는 내화구조로 하지 아니할 수 있다.
④ 배관·전선관 등의 지지대는 지상으로부터 1단까지 내화구조로 한다.

해설
③ 건축물 등의 주변에 화재에 대비하여 물 분무시설 또는 폼헤드(foam head)설비 등의 자동소화설비를 설치하여 건축물 등이 화재 시에 2시간 이상 그 안전성을 유지할 수 있도록 한 경우에는 내화구조로 하지 아니할 수 있다(산업안전보건기준에 관한 규칙 제270조).

정답 ③

93 비교적 저압 또는 상압에서 가연성의 증기를 발생하는 유류를 저장하는 탱크의 외부로 그 증기를 방출하기도 하고, 탱크 내에 외기를 흡입하기도 하는 부분에 설치하며, 가는 눈금의 금망이 여러 개 겹쳐진 구조로 된 안전장치는?

① check valve
② flame arrester
③ vent stack
④ rupture disk

해설
② flame arrester(화염방지기) : 사업주는 인화성 액체 및 인화성 가스를 저장·취급하는 화학설비에서 증기나 가스를 대기로 방출하는 경우에는 외부로부터의 화염을 방지하기 위하여 화염방지기를 그 설비 상단에 설치해야 한다(산업안전보건기준에 관한 규칙 제269조).

정답 ②

94 단위공정시설 및 설비로부터 다른 단위공정시설 및 설비 사이의 안전거리는 설비의 바깥면부터 얼마 이상이 되어야 하는가?

① 5m
② 10m
③ 15m
④ 20m

해설
안전거리(산업안전보건기준에 관한 규칙 별표 8)
단위공정시설 및 설비로부터 다른 단위공정시설 및 설비의 사이는 설비 바깥면으로부터 10m 이상의 안전거리를 두어야 한다.

정답 ②

95 금속의 용접·용단 또는 가열에 사용되는 가스 등의 용기를 취급할 때의 준수사항으로 옳지 않은 것은?

① 전도의 위험이 없도록 한다.
② 밸브를 서서히 개폐한다.
③ 용해 아세틸렌의 용기는 세워서 보관한다.
④ 용기의 온도를 65℃ 이하로 유지한다.

해설
가스 등의 용기(산업안전보건기준에 관한 규칙 제234조)
금속의 용접·용단 또는 가열에 사용되는 가스 등의 용기를 취급하는 경우에 다음 사항을 준수하여야 한다.
- 다음 어느 하나에 해당하는 장소에서 사용하거나 해당 장소에 설치·저장 또는 방치하지 않도록 할 것
  - 통풍이나 환기가 불충분한 장소
  - 화기를 사용하는 장소 및 그 부근
  - 위험물 또는 인화성 액체(1기압에서 인화점이 250℃ 미만인 액체)를 취급하는 장소 및 그 부근
- 용기의 온도를 40℃ 이하로 유지할 것
- 전도의 위험이 없도록 할 것
- 충격을 가하지 않도록 할 것
- 운반하는 경우에는 캡을 씌울 것
- 사용하는 경우에는 용기의 마개에 부착되어 있는 유류 및 먼지를 제거할 것
- 밸브의 개폐는 서서히 할 것
- 사용 전 또는 사용 중인 용기와 그 밖의 용기를 명확히 구별하여 보관할 것
- 용해 아세틸렌의 용기는 세워 둘 것
- 용기의 부식·마모 또는 변형상태를 점검한 후 사용할 것

정답 ④

96. 트라이에틸알루미늄에 화재가 발생하였을 때 다음 중 가장 적합한 소화약제는?

① 팽창질석 ② 할로겐화합물
③ 이산화탄소 ④ 물

해설
트라이에틸알루미늄에 화재가 발생하였을 때는 팽창질석, 팽창진주암 등을 사용하여 질식소화해야 한다.

정답 ①

97. 다음 중 공기와 혼합 시 최소 착화에너지값이 가장 작은 것은?

① CH_4 ② C_3H_8
③ C_6H_6 ④ H_2

해설
④ H_2(수소) : 0.019mJ
① CH_4(메테인) : 0.27mJ
② C_3H_8(프로페인) : 0.25mJ
③ C_6H_6(벤젠) : 0.2mJ

정답 ④

98. 화재감지에 있어서 열감지 방식 중 차동식에 해당하지 않는 것은?

① 공기관식 ② 열전대식
③ 바이메탈식 ④ 열반도체식

해설
열감지기의 종류
- 차동식 : 공기관식, 열전대식, 열반도체식
- 정온식 : 바이메탈식
- 보상식

정답 ③

99. 독성가스에 속하지 않은 것은?

① 암모니아 ② 황화수소
③ 포스겐 ④ 질소

해설
독성가스(고압가스 안전관리법 시행규칙 제2조)
아크릴로나이트릴・아크릴알데하이드・아황산가스・암모니아・일산화탄소・이황화탄소・플루오린(불소)・염소・브로민화메테인・염화메테인・염화프렌・산화에틸렌・사이안화수소・황화수소・모노메틸아민・다이메틸아민・트라이메틸아민・벤젠・포스겐・아이오딘화수소・브로민화수소・염화수소・플루오린화수소(불화수소)・겨자가스・알진・모노실란・다이실란・다이보레인・세렌화수소・포스핀・모노게르만 및 그 밖에 공기 중에 일정량 이상 존재하는 경우 인체에 유해한 독성을 가진 가스로서 허용농도(해당 가스를 성숙한 흰쥐 집단에게 대기 중에서 1시간 동안 계속하여 노출시킨 경우 14일 이내에 그 흰쥐의 2분의 1 이상이 죽게 되는 가스의 농도를 말함)가 100만분의 5,000 이하인 것을 말한다.

정답 ④

100. 가연성 기체의 분출화재 시 주 공급밸브를 닫아서 연료공급을 차단하여 소화하는 방법은?

① 제거소화 ② 냉각소화
③ 희석소화 ④ 억제소화

해설
① 제거소화 : 가연물을 제거하여 소화하는 방법
② 냉각소화 : 발화점의 온도를 낮추어 소화하는 방법
③ 희석소화 : 가연물의 농도를 희석시켜 소화하는 방법
④ 억제소화 : 산화반응의 진행을 차단시켜 소화하는 방법

정답 ①

제6과목 건설공사 안전관리

101 다음은 타워크레인을 와이어로프로 지지하는 경우의 준수해야 할 기준이다. 빈칸에 들어갈 내용을 순서대로 나타낸 것은?

> 와이어로프 설치각도는 수평면에서 (　)° 이내로 하되, 지지점은 (　)개소 이상으로 하고 같은 각도로 설치할 것

① 45, 4　　② 45, 5
③ 60, 4　　④ 60, 5

해설
타워크레인의 지지(산업안전보건기준에 관한 규칙 제142조)
사업주는 타워크레인을 와이어로프로 지지하는 경우 와이어로프 설치각도는 수평면에서 60° 이내로 하되, 지지점은 4개소 이상으로 하고, 같은 각도로 설치할 것

정답 ③

102 사다리식 통로 등을 설치하는 경우 고정식 사다리식 통로의 기울기는 최대 몇 도 이하로 하여야 하는가?

① 60°　　② 75°
③ 80°　　④ 90°

해설
사다리식 통로 등의 구조(산업안전보건기준에 관한 규칙 제24조)
사다리식 통로의 기울기는 75° 이하로 할 것. 다만, 고정식 사다리식 통로의 기울기는 90° 이하로 하고, 그 높이가 7m 이상인 경우에는 다음 구분에 따른 조치를 할 것
- 등받이울이 있어도 근로자 이동에 지장이 없는 경우 : 바닥으로부터 높이가 2.5m 되는 지점부터 등받이울을 설치할 것
- 등받이울이 있으면 근로자가 이동이 곤란한 경우 : 한국산업표준에서 정하는 기준에 적합한 개인용 추락 방지 시스템을 설치하고 근로자로 하여금 한국산업표준에서 정하는 기준에 적합한 전신안전대를 사용하도록 할 것

정답 ④

103 흙막이 지보공을 설치하였을 때 정기적으로 점검하여야 할 사항과 거리가 먼 것은?

① 경보장치의 작동 상태
② 부재의 손상・변형・부식・변위 및 탈락의 유무와 상태
③ 버팀대의 긴압(緊壓)의 정도
④ 부재의 접속부・부착부 및 교차부의 상태

해설
붕괴 등의 위험방지(산업안전보건기준에 관한 규칙 제347조)
사업주는 흙막이 지보공을 설치하였을 때에는 정기적으로 다음 사항을 점검하고 이상을 발견하면 즉시 보수하여야 한다.
- 부재의 손상・변형・부식・변위 및 탈락의 유무와 상태
- 버팀대의 긴압(緊壓)의 정도
- 부재의 접속부・부착부 및 교차부의 상태
- 침하의 정도

정답 ①

104 다음 중 유해위험방지계획서를 작성 및 제출하여야 하는 공사에 해당하지 않는 것은?

① 지상 높이가 31m인 건축물의 건설・개조 또는 해체공사
② 최대 지간 길이가 50m인 다리의 건설 등 공사
③ 깊이가 9m인 굴착공사
④ 터널의 건설 등의 공사

해설
③ 깊이 10m 이상인 굴착공사(산업안전보건법 시행령 제42조)

정답 ③

105
다음은 달비계 또는 높이 5m 이상의 비계를 조립·해체하거나 변경하는 작업을 하는 경우에 대한 내용이다. 괄호 안에 알맞은 숫자는?

> 비계재료의 연결·해체작업을 하는 경우에는 폭 ( )cm 이상의 발판을 설치하고 근로자로 하여금 안전대를 사용하도록 하는 등 추락을 방지하기 위한 조치를 할 것

① 15
② 20
③ 25
④ 30

해설
비계재료의 연결·해체작업을 하는 경우에는 폭 20cm 이상의 발판을 설치하고 근로자로 하여금 안전대를 사용하도록 하는 등 추락을 방지하기 위한 조치를 할 것(산업안전보건기준에 관한 규칙 제57조)

정답 ②

106
가설통로를 설치하는 경우 준수하여야 할 기준으로 옳지 않은 것은?

① 경사는 30° 이하로 할 것
② 경사는 15°를 초과하는 경우에는 미끄러지지 아니하는 구조로 할 것
③ 수직갱에 가설된 통로의 길이가 15m 이상인 경우에는 15m 이내마다 계단참을 설치할 것
④ 건설공사에 사용하는 높이 8m 이상의 비계다리에는 7m 이내마다 계단참을 설치할 것

해설
가설통로의 구조(산업안전보건기준에 관한 규칙 제23조)
• 견고한 구조로 할 것
• 경사는 30° 이하로 할 것. 다만, 계단을 설치하거나 높이 2m 미만의 가설통로로서 튼튼한 손잡이를 설치한 경우에는 그러하지 아니하다.
• 경사가 15°를 초과하는 경우에는 미끄러지지 아니하는 구조로 할 것
• 추락할 위험이 있는 장소에는 안전난간을 설치할 것. 다만, 작업상 부득이한 경우에는 필요한 부분만 임시로 해체할 수 있다.
• 수직갱에 가설된 통로의 길이가 15m 이상인 경우에는 10m 이내마다 계단참을 설치할 것
• 건설공사에 사용하는 높이 8m 이상의 비계다리에는 7m 이내마다 계단참을 설치할 것

정답 ③

107
작업장에 계단 및 계단참을 설치하는 경우 매 m² 당 최소 몇 kg 이상의 하중에 견딜 수 있는 강도를 가진 구조로 설치하여야 하는가?

① 300
② 400
③ 500
④ 600

해설
계단의 강도(산업안전보건기준에 관한 규칙 제26조)
사업주는 계단 및 계단참을 설치하는 경우 매 m²당 500kg 이상의 하중에 견딜 수 있는 강도를 가진 구조로 설치하여야 하며, 안전율[안전의 정도를 표시하는 것으로서 재료의 파괴응력도(破壞應力度)와 허용응력도(許容應力度)의 비율]은 4 이상으로 하여야 한다.

정답 ③

108
차량계 하역운반기계 등에 화물을 적재하는 경우에 준수해야 할 사항으로 옳지 않은 것은?

① 하중이 한쪽으로 치우치도록 하여 공간상 효율적으로 적재할 것
② 구내운반차 또는 화물자동차의 경우 화물의 붕괴 또는 낙하에 의한 위험을 방지하기 위하여 화물에 로프를 거는 등 필요한 조치를 할 것
③ 운전자의 시야를 가리지 않도록 화물을 적재할 것
④ 화물을 적재하는 경우 최대적재량을 초과하지 않을 것

해설
화물적재 시의 조치(산업안전보건기준에 관한 규칙 제173조)
㉠ 사업주는 차량계 하역운반기계 등에 화물을 적재하는 경우에 다음 사항을 준수하여야 한다.
• 하중이 한쪽으로 치우치지 않도록 적재할 것
• 구내운반차 또는 화물자동차의 경우 화물의 붕괴 또는 낙하에 의한 위험을 방지하기 위하여 화물에 로프를 거는 등 필요한 조치를 할 것
• 운전자의 시야를 가리지 않도록 화물을 적재할 것
㉡ ㉠의 화물을 적재하는 경우에는 최대적재량을 초과해서는 아니 된다.

정답 ①

109 강관틀비계를 조립하여 사용하는 경우 준수해야 할 기준으로 옳지 않은 것은?

① 높이가 20m를 초과하거나 중량물의 적재를 수반하는 작업을 할 경우에는 주틀 간의 간격을 2.4m 이하로 할 것
② 수직 방향으로 6m, 수평 방향으로 8m 이내마다 벽이음을 할 것
③ 길이가 띠장 방향으로 4m 이하이고 높이가 10m를 초과하는 경우에는 10m 이내마다 띠장 방향으로 버팀기둥을 설치할 것
④ 주틀 간에 교차가새를 설치하고 최상층 및 5층 이내마다 수평재를 설치할 것

해설
① 높이가 20m를 초과하거나 중량물의 적재를 수반하는 작업을 할 경우에는 주틀 간의 간격을 1.8m 이하로 할 것(산업안전보건기준에 관한 규칙 제62조)

정답 ①

110 다음 설명에 해당하는 안전대와 관련된 용어로 옳은 것은?(단, 보호구 안전인증 고시 기준)

신체 지지의 목적으로 전신에 착용하는 띠 모양의 것으로서 상체 등 신체 일부분만 지지하는 것은 제외한다.

① 안전그네 ② 벨트
③ 죔줄   ④ 버클

해설
안전그네(보호구 안전인증 고시 제26조)
신체 지지의 목적으로 전신에 착용하는 띠 모양의 것으로서 상체 등 신체 일부분만 지지하는 것은 제외한다.

정답 ①

111 근로자의 추락 등의 위험을 방지하기 위한 안전난간의 구조 및 설치요건에 관한 기준으로 옳지 않은 것은?

① 상부 난간대는 바닥면·발판 또는 경사로의 표면으로부터 90cm 이상 지점에 설치할 것
② 발끝막이판은 바닥면 등으로부터 10cm 이상의 높이를 유지할 것
③ 난간대는 지름 1.5cm 이상의 금속제 파이프나 그 이상의 강도를 가진 재료일 것
④ 안전난간은 구조적으로 가장 취약한 지점에서 가장 취약한 방향으로 작용하는 100kg 이상의 하중에 견딜 수 있는 튼튼한 구조일 것

해설
③ 난간대는 지름 2.7cm 이상의 금속제 파이프나 그 이상의 강도가 있는 재료일 것(산업안전보건기준에 관한 규칙 제13조)

정답 ③

112 작업발판 및 통로의 끝이나 개구부로서 근로자가 추락할 위험이 있는 장소에서 난간 등의 설치가 매우 곤란하거나 작업의 필요상 임시로 난간 등을 해체하여야 하는 경우에 설치하여야 하는 것은?

① 구명구
② 수직보호망
③ 석면포
④ 추락방호망

해설
개구부 등의 방호조치(산업안전보건기준에 관한 규칙 제43조)
사업주는 난간 등을 설치하는 것이 매우 곤란하거나 작업의 필요상 임시로 난간 등을 해체하여야 하는 경우 추락방호망을 설치하여야 한다. 다만, 추락방호망을 설치하기 곤란한 경우에는 근로자에게 안전대를 착용하도록 하는 등 추락할 위험을 방지하기 위하여 필요한 조치를 하여야 한다.

정답 ④

113
건설현장에 달비계를 설치하여 작업 시 달비계에 사용 가능한 와이어로프로 볼 수 있는 것은?

① 이음매가 있는 것
② 와이어로프의 한 꼬임에서 끊어진 소선의 수가 5%인 것
③ 지름의 감소가 공칭지름의 10%인 것
④ 열과 전기충격에 의해 손상된 것

해설
달비계의 구조(산업안전보건기준에 관한 규칙 제63조)
다음 어느 하나에 해당하는 와이어로프를 달비계에 사용해서는 아니 된다.
- 이음매가 있는 것
- 와이어로프의 한 꼬임[스트랜드(strand)]에서 끊어진 소선(素線)[필러(pillar)선은 제외]의 수가 10% 이상(비자전로프의 경우에는 끊어진 소선의 수가 와이어로프 호칭지름의 6배 길이 이내에서 4개 이상이거나 호칭지름 30배 길이 이내에서 8개 이상)인 것
- 지름의 감소가 공칭지름의 7%를 초과하는 것
- 꼬인 것
- 심하게 변형되거나 부식된 것
- 열과 전기충격에 의해 손상된 것

정답 ②

114
사질지반 굴착 시 굴착부와 지하수위차가 있을 때 수두차에 의하여 삼투압이 생겨 흙막이벽 근입부분을 침식하는 동시에 모래가 액상화되어 솟아오르는 현상은?

① 동상현상　② 연화현상
③ 보일링 현상　④ 히빙현상

해설
보일링 현상
사질지반을 굴착할 때 굴착 바닥면으로 모래가 액상화되어 솟아오르는 현상을 말하며, 이는 굴착부와 지하수위차가 있을 때 수위차에 의한 삼투압으로 인하여 발생한다.

정답 ③

115
건설현장에 설치하는 사다리식 통로의 설치기준으로 옳지 않은 것은?

① 발판과 벽과의 사이는 15cm 이상의 간격을 유지할 것
② 발판의 간격은 일정하게 할 것
③ 사다리의 상단은 걸쳐 놓은 지점으로부터 60cm 이상 올라가도록 할 것
④ 사다리식 통로의 길이가 10m 이상인 경우에는 3m 이내마다 계단참을 설치할 것

해설
④ 사다리식 통로의 길이가 10m 이상인 경우에는 5m 이내마다 계단참을 설치할 것(산업안전보건기준에 관한 규칙 제24조)

정답 ④

116
사면 보호 공법 중 구조물에 의한 보호공법에 해당하지 않는 것은?

① 현장타설 콘크리트 격자공
② 식생구멍공
③ 블록공
④ 돌쌓기공

해설
식생구멍공
식물을 생육시켜 그 뿌리로 사면의 표충토를 고정하여 빗물에 의한 경사면의 침식, 동상, 이완 등을 방지하고 녹화에 의한 경관조성을 목적으로 하는 공법이다.

정답 ②

117
안전계수가 4이고 2,000kg/cm²의 인장강도를 갖는 강선의 최대 허용응력은?

① 500kg/cm²　② 1,000kg/cm²
③ 1,500kg/cm²　④ 2,000kg/cm²

해설
$$\text{허용응력} = \frac{\text{인장강도}}{\text{안전율}} = \frac{2,000}{4} = 500\text{kg/cm}^2$$

정답 ①

118 구축물에 안전진단 등 안전성 평가를 실시하여 근로자에게 미칠 위험성을 미리 제거하여야 하는 경우로 옳지 않은 것은?

① 구축물 등의 인근에서 굴착·항타작업 등으로 침하·균열 등이 발생하여 붕괴의 위험이 예상될 경우
② 구조물 등이 그 자체의 무게·적설·풍압 또는 그 밖에 부가되는 하중 등으로 붕괴 등의 위험이 있을 경우
③ 화재 등으로 구축물 등의 내력(耐力)이 심하게 저하되었을 경우
④ 구축물의 구조체가 안전측으로 과도하게 설계가 되었을 경우

해설

구축물 등의 안전성 평가(산업안전보건기준에 관한 규칙 제52조)
사업주는 구축물 등(구축물, 건축물, 그 밖의 시설물 등)이 다음 어느 하나에 해당하는 경우에는 구축물 등에 대한 구조검토, 안전진단 등의 안전성 평가를 하여 근로자에게 미칠 위험성을 미리 제거해야 한다.
• 구축물 등의 인근에서 굴착·항타작업 등으로 침하·균열 등이 발생하여 붕괴의 위험이 예상될 경우
• 구축물 등에 지진, 동해(凍害), 부동침하(不同沈下) 등으로 균열·비틀림 등이 발생했을 경우
• 구축물 등이 그 자체의 무게·적설·풍압 또는 그 밖에 부가되는 하중 등으로 붕괴 등의 위험이 있을 경우
• 화재 등으로 구축물 등의 내력(耐力)이 심하게 저하됐을 경우
• 오랜 기간 사용하지 않던 구축물 등을 재사용하게 되어 안전성을 검토해야 하는 경우
• 구축물 등의 주요 구조부에 대한 설계 및 시공 방법의 전부 또는 일부를 변경하는 경우
• 그 밖의 잠재위험이 예상될 경우

정답 ④

119 철골 작업 시 기상조건에 따라 안전상 작업을 중지하여야 하는 경우에 해당하는 기준으로 옳은 것은?

① 강우량이 시간당 0.5mm 이상인 경우
② 강우량이 시간당 0.1mm 이상인 경우
③ 풍속이 초당 10m 이상인 경우
④ 강설량이 시간당 20mm 이상인 경우

해설

작업의 제한(산업안전보건기준에 관한 규칙 제383조)
사업주는 다음 어느 하나에 해당하는 경우에 철골작업을 중지하여야 한다.
• 풍속이 초당 10m 이상인 경우
• 강우량이 시간당 1mm 이상인 경우
• 강설량이 시간당 1cm 이상인 경우

정답 ③

120 건설업 산업안전보건관리비 계상 및 사용기준(고용노동부 고시)은 건설공사 중 총공사금액이 얼마 이상인 공사에 적용하는가?

① 4,000만 원
② 3,000만 원
③ 2,000만 원
④ 1,000만 원

해설

적용범위(건설업 산업안전보건관리비 계상 및 사용기준 제3조)
이 고시는 건설공사 중 총공사금액 2,000만 원 이상인 공사에 적용한다. 다만, 단가계약에 의하여 행하는 공사에 대하여는 총계약금액을 기준으로 적용한다.

2024년 제3회 최근 기출복원문제

제1과목 산업재해예방 및 안전보건교육

01 다음 중 재해예방의 4원칙과 관련이 가장 적은 것은?

① 모든 재해의 발생 원인은 우연적인 상황에서 발생한다.
② 재해손실은 사고가 발생할 때 사고대상의 조건에 따라 달라진다.
③ 재해예방을 위한 가능한 안전대책은 반드시 존재한다.
④ 재해는 원칙적으로 원인만 제거되면 예방이 가능하다.

해설
재해예방의 4원칙
- 예방가능의 원칙 : 천재지변을 제외한 모든 재해의 발생은 미연에 방지할 수 있다.
- 원인연계의 원칙 : 재해의 발생에는 필연적으로 원인이 존재한다.
- 손실우연의 법칙 : 재해의 결과(상해 등)는 사고대상의 조건에 따라 달라지므로 재해손실은 우연성에 의해 결정된다.
- 대책선정의 원칙 : 재해예방을 위한 안전대책은 반드시 존재한다.

정답 ①

02 산업안전보건법상의 안전보건표지 종류 중 '관계자 외 출입금지표지'에 해당하는 것은?

① 안전모 착용
② 폭발성 물질 경고
③ 방사성 물질 경고
④ 석면취급 및 해체 작업장

해설
관계자 외 출입금지표지의 종류(산업안전보건법 시행규칙 별표 6)
- 허가대상물질 작업장
- 석면취급/해체 작업장
- 금지대상물질의 취급 실험실 등

정답 ④

03 재해 통계에 있어 강도율이 2.0인 경우에 대한 설명으로 옳은 것은?

① 재해로 인해 전제 작업비용의 2.0%에 해당하는 손실이 발생하였다.
② 근로자 1,000명당 2.0건의 재해가 발생하였다.
③ 근로시간 1,000시간당 2.0건의 재해가 발생하였다.
④ 근로시간 1,000시간당 2.0일의 근로손실일수가 발생하였다.

해설
강도율 : 1,000시간당 재해에 의해 상실된 근로손실일수

$$강도율 = \frac{근로손실일수}{연근로시간수} \times 1,000$$

정답 ④

04 부주의의 발생원인에 포함되지 않는 것은?

① 의식의 단절
② 의식의 우회
③ 의식수준의 저하
④ 의식의 지배

해설
부주의의 발생원인
- 의식의 단절
- 의식의 우회
- 의식수준의 저하
- 의식의 혼란
- 의식의 과잉
- 억측판단

정답 ④

05 스트레스의 요인 중 외부적 자극요인에 해당하지 않는 것은?

① 자존심의 손상
② 대인관계 갈등
③ 가족의 죽음, 질병
④ 경제적 어려움

해설
스트레스의 요인
- 외부적 자극요인 : 대인관계 갈등, 가족의 죽음이나 질병, 경제적 어려움 등 외부로부터 기인하는 스트레스 요인을 말한다.
- 내부적 자극요인 : 마음속에서부터 일어나는 스트레스 요인으로 자존심의 손상이나 목표를 달성하지 못하는 좌절감 등이 이에 해당된다.

정답 ①

06 재해코스트 산정에 있어 시몬즈(R.H. Simonds) 방식에 의한 재해코스트 산정법으로 옳은 것은?

① 직접비 + 간접비
② 간접비 + 비보험코스트
③ 보험코스트 + 비보험코스트
④ 보험코스트 + 사업부보상금 지급액

해설
시몬즈 재해비용 산정법 : 보험코스트 + 비보험코스트
비보험코스트는 휴업상해 건수, 통원상해 건수, 구급조치상해 건수, 무상해사고 건수를 각 재해에 대한 평균 비보험 비용(A, B, C, D)에 곱하여 합산한다.

정답 ③

07 교육훈련 방법 중 OJT(On the Job Training)의 특징으로 옳지 않은 것은?

① 동시에 다수의 근로자들을 조직적으로 훈련이 가능하다.
② 개개인에게 적절한 지도훈련이 가능하다.
③ 훈련 효과에 의해 상호신뢰 및 이해도가 높아진다.
④ 직장의 실정에 맞게 실제적 훈련이 가능하다.

해설
- OJT : 직장 내 훈련
  - 개개인에게 적절한 지도훈련이 가능하다.
  - 직장 직속상사에 의한 교육이 가능하기 때문에 교육자와 훈련자 간의 상호신뢰 및 이해도가 높다.
  - 교육훈련이 현실적이고 실제적으로 시행된다.
  - 직장의 실정에 맞게 구체적인 훈련이 가능하다.
  - 교육을 위해 특별히 시간과 장소를 마련할 필요가 없다.
  - 훈련에 필요한 업무지속성이 유지된다.
- OFF JT : 직장 외 훈련
  - 다수의 훈련자를 대상으로 교육이 가능하다.
  - 직장 외에서 훈련(교육)을 수행하기 때문에 훈련자가 교육에 몰입할 수 있다.
  - 전문적인 훈련이 가능하며 지식이나 경험을 많이 얻을 수 있다.

정답 ①

08 산업안전보건법상 관리감독자 대상 정기 안전보건교육의 교육내용으로 옳은 것은?

① 작업 개시 전 점검에 관한 사항
② 정리정돈 및 청소에 관한 사항
③ 작업공정의 유해·위험과 재해 예방대책에 관한 사항
④ 기계·기구의 위험성과 작업의 순서 및 동선에 관한 사항

해설

안전보건교육 교육대상별 교육내용(산업안전보건법 시행규칙 별표 5)
관리감독자 정기 안전보건교육의 교육내용
- 산업안전 및 사고 예방에 관한 사항
- 산업보건 및 직업병 예방에 관한 사항
- 위험성 평가에 관한 사항
- 유해·위험 작업환경 관리에 관한 사항
- 산업안전보건법령 및 산업재해보상보험 제도에 관한 사항
- 직무스트레스 예방 및 관리에 관한 사항
- 직장 내 괴롭힘, 고객의 폭언 등으로 인한 건강장해 예방 및 관리에 관한 사항
- 작업공정의 유해·위험과 재해 예방대책에 관한 사항
- 사업장 내 안전보건관리체제 및 안전·보건조치 현황에 관한 사항
- 표준안전 작업방법 결정 및 지도·감독 요령에 관한 사항
- 현장근로자와의 의사소통능력 및 강의능력 등 안전보건교육 능력 배양에 관한 사항
- 비상시 또는 재해 발생 시 긴급조치에 관한 사항
- 그 밖의 관리감독자의 직무에 관한 사항

정답 ③

09 몇 사람의 전문가에 의하여 과제에 관한 견해를 발표한 뒤에 참가자로 하여금 의견이나 질문을 하게 하여 토의하는 방법을 무엇이라 하는가?

① 심포지엄(symposium)
② 버즈 세션(buzz session)
③ 케이스 메소드(case method)
④ 패널 디스커션(panel discussion)

해설

① 심포지엄 : 몇 사람의 전문가에 의하여 과제나 견해를 발표한 뒤 참가자로 하여금 의견이나 질문을 하게 하여 토의하는 방법
② 버즈 세션 : 6-6회의라고도 하며 6명씩 소집단으로 구분하고 사회자를 선출하여 6분간 자유토의를 행하여 의견을 종합하는 방법
④ 패널 디스커션 : 소수의 전문가들이 과제에 관한 견해를 자유롭게 참가자들 앞에서 토의한 후 참가자 전원이 참가하여 사회자의 사회에 따라 토의하는 방법

정답

10 안전보건교육의 단계에 해당하지 않는 것은?

① 지식교육
② 기초교육
③ 태도교육
④ 기능교육

해설

안전교육의 3단계
- 1단계 : 지식교육
- 2단계 : 기능교육
- 3단계 : 태도교육

정답 ②

11
산업안전보건법령상 안전보건표지의 종류 중 다음 표지의 명칭은?(단, 마름모 테두리는 빨간색이며, 안의 내용은 검은색이다)

① 폭발성 물질 경고
② 산화성 물질 경고
③ 부식성 물질 경고
④ 급성독성 물질 경고

해설
산업안전보건법 시행규칙 별표 6 참고

정답 ④

12
다음 중 안전교육의 기본 방향과 가장 거리가 먼 것은?

① 생산성 향상을 위한 교육
② 사고사례 중심의 안전교육
③ 안전작업을 위한 교육
④ 안전의식 향상을 위한 교육

해설
안전교육은 근로자가 안전하게 업무를 수행할 수 있도록 안전의 중요성을 인식시키는 중요한 수단으로 실제 재해 사례 등 사례 중심으로 안전의식을 향상시키기 위한 교육을 시행하여야 한다. 즉, 생산성 향상을 위한 교육은 안전교육의 기본 방향과 일치하지 않는다.

정답 ①

13
안전관리조직의 참모식(staff형)에 대한 장점이 아닌 것은?

① 경영자의 조언과 자문역할을 한다.
② 안전정보 수집이 용이하고 빠르다.
③ 안전에 관한 명령과 지시는 생산라인을 통해 신속하게 전달한다.
④ 안전전문가가 안전계획을 세워 문제해결방안을 모색하고 조치한다.

해설
안전관리조직의 종류
- 참모식(staff형) 조직
  - 안전을 관리하는 관리자를 두어 안전관리를 하는 형태
  - 중규모 사업장(100명 이상 1,000명 이하) 사업장에 적합
- 직계식(line형) 조직
  - 안전관리에 관한 계획에서 실시까지 안전에 대한 모든 것을 생산조직을 통해 시행
  - 안전전문조직 없음
  - 소규모 사업장(100명 이하)에 적합
- 직계·참모식(line·staff형) 조직
  - 직계식과 참모식을 혼합한 형태
  - 안전을 관리하는 관리자를 두고 생산조직에도 안전담당자를 배치
  - 안전기획은 관리자(staff)에서 시행하고 생산조직(line)의 명령과 지시를 통해 실행
  - 안전관리 계획수립 및 실행 용이
  - 대규모 사업장(1,000명 이상)에 적합

정답 ③

14
위험예지훈련 4R(라운드) 기법의 진행방법에서 3R에 해당하는 것은?

① 목표설정   ② 대책수립
③ 본질추구   ④ 현상파악

해설
위험예지훈련 문제해결 4라운드
- 1단계 : 현상파악(사실의 파악)
- 2단계 : 본질추구(원인의 파악)
- 3단계 : 대책수립
- 4단계 : 목표설정(행동계획 수립)

정답 ②

15. 다음 중 브레인스토밍의 4원칙과 가장 거리가 먼 것은?

① 자유로운 비평
② 자유분방한 발언
③ 대량적인 발언
④ 타인 의견의 수정발언

해설

브레인스토밍 4원칙
• 비판금지 : 의견에 대해 비판이나 평가를 하지 않는다.
• 자유분방 : 어떠한 의견이라도 자유롭게 발언한다.
• 대량발언 : 어떠한 의견이라도 다양하게 많이 발언한다.
• 수정발언 : 타 의견에 대하여 나의 의견을 조합하거나 수정하여 새로운 의견을 발언할 수 있다.

정답 ①

16. 재해의 발생형태 중 다음 그림이 나타내는 것은?

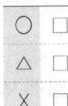

① 단순연쇄형
② 복합연쇄형
③ 단순자극형
④ 복합형

해설

단순자극형(집중형)
재해가 발생한 장소나 그 시점에 일시적으로 요인이 집중되는 것으로, 순간적으로 재해가 발생하는 형태이다.

정답 ③

17. 다음 중 헤드십(headship)에 관한 설명과 가장 거리가 먼 것은?

① 권한의 근거는 공식적이다.
② 지휘의 형태는 민주주의적이다.
③ 상사와 부하와의 사회적 간격은 넓다.
④ 상사와 부하와의 관계는 지배적이다.

해설

② 지휘의 형태가 권위적이며 부하직원의 활동을 감독하는 형태로 민주주의와는 거리가 멀다.

헤드십(headship)의 특성
• 지휘의 형태가 권위적이다.
• 공식적인 계층제적 직위의 권위를 근거로 한다.
• 부하직원의 활동을 감독한다.
• 부하와의 사회적 간격이 넓다.
• 상사와 부하와의 관계가 종속적이다.

정답 ②

18. 플리커 검사(flicker test)의 목적으로 가장 적절한 것은?

① 혈중 알코올농도 측정
② 체내 산소량 측정
③ 작업강도 측정
④ 피로의 정도 측정

해설

플리커 검사는 인간의 지각기능을 측정하는 검사로, 피로의 정도를 판정한다(값이 낮을수록 피로도는 높음).

정답 ④

19 생체리듬의 변화에 대한 설명으로 옳지 않은 것은?

① 야간에는 체중이 감소한다.
② 야간에는 말초운동 기능이 증가된다.
③ 체온, 혈압, 맥박수는 주간에 상승하고 야간에 감소한다.
④ 혈액의 수분과 염분량은 주간에 감소하고 야간에 상승한다.

해설
② 야간에는 말초운동 기능이 감소된다.

정답 ②

20 안전교육방법 중 구안법(project method)의 4단계 순서로 옳은 것은?

① 계획수립 → 목적결정 → 활동 → 평가
② 평가 → 계획수립 → 목적결정 → 활동
③ 목적결정 → 계획수립 → 활동 → 평가
④ 활동 → 계획수립 → 목적결정 → 평가

해설
구안법의 실시순서 4단계
• 1단계 : 학습에 대한 목표설정
• 2단계 : 계획수립
• 3단계 : 실행(활동)
• 4단계 : 평가

정답 ③

제2과목 인간공학 및 위험성 평가·관리

21 그림과 같은 FT도에서 정상사상 T의 발생확률은?(단, X_1, X_2, X_3의 발생확률은 각각 0.1, 0.15, 0.1이다)

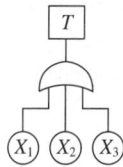

① 0.3115
② 0.35
③ 0.496
④ 0.9985

해설
$T = 1 - [(1-0.1)(1-0.15)(1-0.1)] = 0.3115$

정답 ①

22 다음 보기의 각 단계를 결함수분석법(FTA)에 의한 재해사례의 연구 순서대로 나열한 것은?

┌보기┐
㉠ 톱(top)사상의 선정
㉡ FT도 작성 및 분석
㉢ 개선계획의 작성
㉣ 각 사상의 재해원인 규명

① ㉠ → ㉡ → ㉢ → ㉣
② ㉠ → ㉣ → ㉢ → ㉡
③ ㉠ → ㉢ → ㉡ → ㉣
④ ㉠ → ㉣ → ㉡ → ㉢

해설
FTA에 의한 재해사례 연구 순서
• 1단계 : 톱(top)사상의 선정
• 2단계 : 재해원인 규명
• 3단계 : FT도 작성
• 4단계 : 개선계획의 작성

정답 ④

23
인간의 신뢰도가 0.6, 기계의 신뢰도가 0.9이다. 인간과 기계가 직렬체제로 작업할 때의 신뢰도는?

① 0.32
② 0.54
③ 0.75
④ 0.96

해설

직렬작업 신뢰도(R_s)
$R_s = R_1 \times R_2$
∴ $0.6 \times 0.9 = 0.54$

정답 ②

24
조종-반응비(Control-Response ratio, C/R비)에 대한 설명 중 옳지 않은 것은?

① 조종장치와 표시장치의 이동거리 비율을 의미한다.
② C/R비가 클수록 조종장치는 민감하다.
③ 최적 C/R비는 조정시간과 이동시간의 교점이다.
④ 이동시간과 조정시간을 감안하여 최적 C/R비를 구할 수 있다.

해설

② C/R비가 작을수록 조종장치는 민감하다.

정답 ②

25
FTA에서 사용하는 수정 게이트의 종류 중 3개의 입력현상 중 2개가 발생한 경우에 출력이 생기는 것은?

① 위험지속기호
② 조합 AND 게이트
③ 배타적 OR 게이트
④ 억제 게이트

해설

조합 AND 게이트
3개의 입력 현상 중 2개가 발생한 경우에 출력

정답 ②

26
생명유지에 필요한 단위시간당 에너지양을 무엇이라 하는가?

① 기초대사량
② 산소소비율
③ 작업대사량
④ 에너지소비율

해설

기초대사량(BMR)
생물체가 생명유지에 필요한 단위시간당 에너지양

정답 ①

27
국소진동에 지속적으로 노출된 근로자에게 발생할 수 있으며, 말초혈관장해로 손가락이 창백해지고 동통을 느끼는 질환의 명칭은?

① 레이노병(Raynaud's phenomenon)
② 파킨슨병(Parkinson's disease)
③ 규폐증
④ C5-dip현상

해설

레이노증후군의 증상
• 국소진동으로 인하여 발생하는 질병이다.
• 진동으로 인하여 손과 손가락으로 가는 혈관이 수축하여, 손과 손가락이 하얗게 되며, 저리고 아프고 쑤시는 현상이 나타난다.
• 추운 환경에서 진동을 유발하는 진동공구를 사용하는 경우 손가락의 감각과 민첩성이 떨어지고, 혈류의 흐름이 원활하지 못하며, 악화되면 손끝에 괴사가 일어난다.

정답 ①

28

다음 시스템의 신뢰도값은?

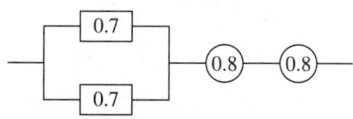

① 0.5824
② 0.6682
③ 0.7855
④ 0.8642

해설

신뢰도 계산
[1 − (1 − 0.7)(1 − 0.7)] × 0.8 × 0.8 = 0.5824

정답 ①

29

시스템 안전분석 방법 중 예비위험분석(PHA) 단계에서 식별하는 4가지 범주에 속하지 않는 것은?

① 위기 상태
② 무시 가능 상태
③ 파국적 상태
④ 예비조처 상태

해설

예비위험분석(PHA) 분류
- class 1 : 파국적(사망, 시스템 손상)
- class 2 : 중대, 위기(심각한 상해, 시스템 중대 손상)
- class 3 : 한계적(경미한 상해, 시스템 성능 저하)
- class 4 : 무시 가능(경미 상해 및 시스템 저하 없음)

정답 ④

30

산업안전보건법령상 사업주가 유해위험방지계획서를 제출할 때에는 사업장별로 관련 서류를 첨부하여 해당 작업 시작 며칠 전까지 공단에 제출하여야 하는가?

① 7일
② 15일
③ 30일
④ 60일

해설

제출서류 등(산업안전보건법 시행규칙 제42조)
사업주가 유해위험방지계획서를 제출할 때에는 사업장별로 제조업 등 유해위험방지계획서에 해당하는 서류를 첨부하여 해당 작업 시작 15일 전까지 공단에 2부를 제출해야 한다.

정답 ②

31

동작경제의 원칙에 해당하지 않는 것은?

① 공구의 기능을 각각 분리하여 사용하도록 한다.
② 두 팔의 동작은 동시에 서로 반대방향으로 대칭적으로 움직이도록 한다.
③ 공구나 재료는 작업동작이 원활하게 수행되도록 그 위치를 정해준다.
④ 가능하다면 쉽고도 자연스러운 리듬이 작업동작에 생기도록 작업을 배치한다.

해설

① 공구의 기능을 결합하여 사용하도록 한다.

정답 ①

32. 휴먼에러(human error)의 요인을 심리적 요인과 물리적 요인으로 구분할 때, 심리적 요인에 해당하는 것은?

① 일이 너무 복잡한 경우
② 일의 생산성이 너무 강조될 경우
③ 동일 형상의 것이 나란히 있을 경우
④ 서두르거나 절박한 상황에 놓여 있을 경우

해설

①·②·③ 물리적 요인
휴먼에러의 심리적 요인
- 서두르거나 절박한 상황에 놓여 있을 경우
- 해당 일에 대한 지식이 부족한 경우
- 일할 의욕이나 도덕성 결여된 경우
- 기존 체험으로 인해 습관이 되어 있는 경우
- 선입관으로 인해 괜찮다고 느끼는 경우
- 주의를 끄는 것으로 인해 주의를 빼앗기고 있을 경우
- 자극이 많아 어떤 것에 반응해야 할지 알 수 없을 경우
- 매우 피로한 경우

정답 ④

33. 적절한 온도의 작업환경에서 추운 환경으로 온도가 변할 때 우리의 신체가 수행하는 조절작용이 아닌 것은?

① 발한(發汗)이 시작된다.
② 피부온도가 내려간다.
③ 직장(直腸)온도가 약간 올라간다.
④ 혈액의 많은 양이 몸의 중심부를 위주로 순환한다.

해설

① 발한은 더운 환경에서 체온을 낮추기 위해서 땀이 나는 현상으로 추운 환경과는 맞지 않는다.

정답 ①

34. HAZOP 기법에서 사용하는 가이드워드와 의미가 잘못 연결된 것은?

① no/not : 설계의도의 완전한 부정
② more/less : 정량적인 증가 또는 감소
③ part of : 성질상의 감소
④ other than : 기타 환경적인 요인

해설

HAZOP 기법에서 사용하는 가이드워드
- other than : 완전한 대체
- no/not : 설계의도의 완전한 부정
- more/less : 정량적인 증가 또는 감소
- part of : 성질상의 감소
- as well as : 성질상의 증가
- reverse : 설계의도의 논리적인 역

정답 ④

35. 인간-기계 시스템을 설계할 때에는 특정 기능을 기계에 할당하거나 인간에게 할당하게 된다. 이러한 기능할당과 관련된 사항으로 옳지 않은 것은? (단, 인공지능과 관련된 사항은 제외한다)

① 인간은 원칙을 적용하여 다양한 문제를 해결하는 능력이 기계에 비해 우월하다.
② 일반적으로 기계는 장시간 일관성이 있는 작업을 수행하는 능력이 인간에 비해 우월하다.
③ 인간은 소음, 이상온도 등의 환경에서 작업을 수행하는 능력이 기계에 비해 우월하다.
④ 일반적으로 인간은 주위가 이상하거나 예기치 못한 사건을 감지하여 대처하는 능력이 기계에 비해 우월하다.

해설

③ 소음, 이상온도 등의 환경에서의 작업은 기계가 인간보다 우월하다.

정답 ③

36
NIOSH Lifting Guideline에서 권장무게한계(RWL) 산출에 사용되는 계수로 옳지 않은 것은?

① 휴식계수
② 수평계수
③ 수직계수
④ 비대칭계수

해설
권장무게한계(RWL)
RWL = 23 × 수평계수 × 수직계수 × 거리계수 × 비대칭계수 × 빈도계수 × 결합계수

정답 ①

37
인간-기계 시스템의 연구목적으로 가장 적절한 것은?

① 정보 저장의 극대화
② 운전 시 피로의 평준화
③ 시스템의 신뢰성 극대화
④ 안전의 극대화 및 생산능률의 향상

해설
인간공학은 인간을 위한 공학으로, 인간이 사용하는 물건과의 상호관계를 다루며 인간의 행동, 능력, 한계, 특성 등에 관한 정보를 통해 기계, 시스템, 직무, 환경 등을 설계하는 데 응용하여 인간이 보다 쾌적하고 안전한 환경에서 근무하는 것을 목표한다.

정답 ④

38
결함수분석의 기호 중 입력사상이 어느 하나라도 발생할 경우 출력사상이 발생하는 것은?

① NOR 게이트
② AND 게이트
③ OR 게이트
④ NAND 게이트

해설
OR 게이트 : 한 개 이상의 입력사상이 발생하면 출력사상이 발생하는 논리게이트를 말한다.

정답 ③

39
어떤 소리가 1,000Hz, 60dB인 음과 같은 높이임에도 4배 더 크게 들린다면, 이 소리의 음압수준은 얼마인가?

① 70dB
② 80dB
③ 90dB
④ 100dB

해설
10dB 증가하는 경우 소음은 2배 증가하고, 20dB 증가하는 경우 소음은 4배 증가하므로 60dB + 20dB = 80dB이다.

정답 ②

40
직무에 대하여 청각적 자극 제시에 대한 음성 응답을 하도록 할 때 가장 관련 있는 양립성은?

① 공간 양립성
② 양식 양립성
③ 운동 양립성
④ 개념 양립성

해설
양식 양립성
기계가 특성 음성에 대해 정해진 반응을 하는 것으로, 소리로 제시된 정보는 말로 반응하거나 시각적으로 제시된 정보는 손으로 반응하는 경우가 있다.

정답 ②

제3과목 기계·기구 및 설비 안전 관리

41 다음과 같은 기계요소가 단독으로 발생시키는 위험점은?

> 밀링커터, 둥근톱날

① 협착점 ② 끼임점
③ 절단점 ④ 물림점

해설
③ 절단점 : 회전하는 운동 부분 자체 또는 운동하는 기계의 돌출 부위에서 초래되는 위험점(예 밀링의 커터, 둥근톱의 톱날, 벨트의 이음새 등)
① 협착점 : 왕복 운동을 하는 동작 부분과 고정 부분 사이에서 형성되는 위험점(예 인쇄기, 프레스, 절단기 등)
② 끼임점 : 회전 운동을 하는 동작 부분과 고정 부분이 사이에서 형성되는 위험점(예 연삭숫돌과 작업받침대, 교반기의 날개와 하우스 등)
④ 물림점 : 회전 운동하는 동작 부분과 반대로 회전 운동을 하는 동작 부분에서 형성되는 위험점(예 롤러와 기어)

정답 ③

42 프레스기의 방호장치 중 위치제한형 방호장치에 해당되는 것은?

① 수인식 방호장치
② 광전자식 방호장치
③ 손쳐내기식 방호장치
④ 양수조작식 방호장치

해설
위치제한형 방호장치
조작자의 신체부위가 위험한계 밖에 있도록 기계의 조작장치를 위험한 작업점에서 안전거리 이상 떨어지게 하거나, 조작장치를 양손으로 동시조작하게 함으로써 위험한계에 접근하는 것을 제한하는 방호장치이다.

정답 ④

43 지게차의 헤드가드(head guard)는 지게차 최대하중의 몇 배가 되는 등분포정하중에 견딜 수 있는 강도를 가져야 하는가?

① 2
② 3
③ 4
④ 5

해설
헤드가드(산업안전보건기준에 관한 규칙 제180조)
강도는 지게차의 최대하중의 2배값(4ton을 넘는 값에 대해서는 4ton으로 함)의 등분포정하중에 견딜 수 있을 것

정답 ①

44 컨베이어 설치 시 주의사항에 관한 설명으로 옳지 않은 것은?

① 컨베이어에 설치된 보도 및 운전실 상면은 가능한 한 수평이어야 한다.
② 근로자가 컨베이어를 횡단하는 곳에는 바닥면 등으로부터 90cm 이상 120cm 이하에 상부 난간대를 설치하고, 바닥면과의 중간에 중간 난간대가 설치된 건널다리를 설치한다.
③ 폭발의 위험이 있는 가연성 분진 등을 운반하는 컨베이어 또는 폭발의 위험이 있는 장소에 사용되는 컨베이어의 전기기계 및 기구는 방폭구조이어야 한다.
④ 보도, 난간, 계단, 사다리의 설치 시 컨베이어를 가동시킨 후에 설치하면서 설치상황을 확인한다.

해설
④ 보도, 난간, 계단, 사다리 등은 컨베이어의 가동 개시 전에 설치하여야 한다(컨베이어의 안전에 관한 기술지침).

정답 ④

45. 와이어로프의 꼬임에 관한 설명으로 옳지 않은 것은?

① 보통꼬임에는 S꼬임이나 Z꼬임이 있다.
② 보통꼬임은 스트랜드의 꼬임 방향과 로프의 꼬임 방향이 반대로 된 것을 말한다.
③ 랭꼬임은 로프의 끝이 자유로이 회전하는 경우나 킹크가 생기기 쉬운 곳에 적당하다.
④ 랭꼬임은 보통꼬임에 비하여 마모에 대한 저항성이 우수하다.

해설
③ 보통꼬임은 킹크가 잘 생기지 않아 킹크가 생기기 쉬운 곳에 사용한다.

정답 ③

46. 공기압축기의 방호장치로 옳지 않은 것은?

① 언로드밸브   ② 압력방출장치
③ 수봉식 안전기 ④ 회전부의 덮개

해설
수봉식 안전기
아세틸렌 용접에 따른 방호장치로 산소가 아세틸렌 가스 쪽으로 역류하는 것을 방지하기 위한 방호장치이다.

정답 ③

47. 프레스기에 금형 설치 및 조정 작업 시 준수하여야 할 안전수칙으로 옳지 않은 것은?

① 금형을 부착하기 전에 하사점을 확인한다.
② 금형의 체결은 올바른 치공구를 사용하고 균등하게 체결한다.
③ 금형은 하형부터 잡고 무거운 금형의 받침은 인력으로 하지 않는다.
④ 슬라이드의 불시하강을 방지하기 위하여 안전블록을 제거한다.

해설
④ 슬라이스의 불시하강을 방지하기 위해서 안전블록을 제거하지 않아야 한다.

정답 ④

48. 컨베이어 작업시작 전 점검사항에 해당하지 않는 것은?

① 브레이크 및 클러치 기능의 이상 유무
② 비상정지장치 기능의 이상 유무
③ 이탈 등의 방지장치 기능의 이상 유무
④ 원동기 및 풀리 기능의 이상 유무

해설
작업시작 전 점검사항(산업안전보건기준에 관한 규칙 별표 3)
컨베이어 등을 사용하여 작업을 할 때
• 원동기 및 풀리(pulley) 기능의 이상 유무
• 이탈 등의 방지장치 기능의 이상 유무
• 비상정지장치 기능의 이상 유무
• 원동기·회전축·기어 및 풀리 등의 덮개 또는 울 등의 이상 유무

정답 ①

49. 산업안전보건법령에 따라 원동기·회전축 등의 위험방지를 위한 설명 중 괄호 안에 들어갈 내용은?

> 사업주는 회전축·기어·풀리 및 플라이휠 등에 부속되는 키·핀 등의 기계요소는 ( )으로 하거나 해당 부위에 덮개를 설치하여야 한다.

① 개방형
② 돌출형
③ 묻힘형
④ 고정형

해설
원동기·회전축 등의 위험방지(산업안전보건기준에 관한 규칙 제87조)
사업주는 회전축·기어·풀리 및 플라이휠 등에 부속되는 키·핀 등의 기계요소는 묻힘형으로 하거나 해당 부위에 덮개를 설치하여야 한다.

정답 ③

50
크레인 로프에 질량 2,000kg의 물건을 $10m/s^2$의 가속도로 감아올릴 때, 로프에 걸리는 총하중(kN)은?(단, 중력가속도는 $9.8m/s^2$)

① 9.6
② 19.6
③ 29.6
④ 39.6

해설
총하중(w) = 정하중(w_1) + 동하중(w_2)
$$= w_1 + \left(\frac{w_1}{g} \times a\right)$$
여기서, g : 중력가속도
a : 가속도
∴ 총하중 $= 2,000 + \left(\frac{2,000}{9.8} \times 10\right)$
$≒ 4,040.8 \text{kg} \times 9.8N$
$= 39,600N$
$= 39.6kN$
※ $1kgf = 9.8N$

정답 ④

51
목재가공용 기계에 사용되는 방호장치의 연결로 옳지 않은 것은?

① 둥근톱기계 : 톱날접촉예방장치
② 띠톱기계 : 날접촉예방장치
③ 모떼기기계 : 날접촉예방장치
④ 동력식 수동대패기계 : 반발예방장치

해설
④ 사업주는 작업대상물이 수동으로 공급되는 동력식 수동대패기계에 날접촉예방장치를 설치하여야 한다(산업안전보건기준에 관한 규칙 제109조).

정답 ④

52
밀링작업 시 안전수칙으로 옳지 않은 것은?

① 칩은 기계를 정지시킨 다음에 브러시 등으로 제거한다.
② 일감 또는 부속장치 등을 설치하거나 제거할 때는 반드시 기계를 정지시키고 작업한다.
③ 커터는 될 수 있는 한 컬럼에서 멀게 설치한다.
④ 강력 절삭을 할 때는 일감을 바이스에 깊게 물린다.

해설
③ 커터는 될 수 있는 한 컬럼에서 가깝게 설치하여야 한다.

정답 ③

53
다음 중 선반의 방호장치로 가장 거리가 먼 것은?

① 실드   ② 슬라이딩
③ 척 커버   ④ 칩 브레이커

해설
선반의 방호장치
• 실드 : 칩 및 절삭유의 비산 방지
• 척 커버 : 작업복 등이 말려들어 가는 것을 방지
• 칩 브레이커 : 칩을 잘게 끊어 주는 장치
• 브레이크 : 긴급상황 시 정지시키는 장치

정답 ②

54
다음 중 드릴작업의 안전사항이 아닌 것은?

① 옷소매가 길거나 찢어진 옷은 입지 않는다.
② 작고, 길이가 긴 물건은 플라이어로 잡고 뚫는다.
③ 회전하는 드릴에 걸레 등을 가까이 하지 않는다.
④ 스핀들에서 드릴을 뽑아낼 때에는 드릴 아래에 손을 내밀지 않는다.

해설
② 일감이 작을 때는 바이스로 고정한 후 작업하고, 크고 복잡할 때는 볼트와 고정구를 이용한다.

정답 ②

55
다음 중 용접결함의 종류에 해당하지 않는 것은?

① 비드(bead)
② 기공(blowhole)
③ 언더컷(under cut)
④ 용입 불량(incomplete penetration)

해설
용접결함의 종류
- 기공(blowhole)
- 언더컷(under cut)
- 용입 불량(incomplete penetration)
- 균열
- 오버랩(over lap) 등

정답 ①

56
다음 괄호 안에 들어갈 용어로 알맞은 것은?

> 사업주는 보일러의 과열을 방지하기 위하여 최고 사용압력과 상용압력 사이에서 보일러의 버너연소를 차단할 수 있도록 (   )을/를 부착하여 사용하여야 한다.

① 고저수위 조절장치
② 압력방출장치
③ 압력제한스위치
④ 파열판

해설
압력제한스위치(산업안전보건기준에 관한 규칙 제117조)
사업주는 보일러의 과열을 방지하기 위하여 최고 사용압력과 상용압력 사이에서 보일러의 버너연소를 차단할 수 있도록 압력제한스위치를 부착하여 사용하여야 한다.

정답 ③

57
원동기, 기어, 풀리 등 근로자에게 위험을 미칠 우려가 있는 부위에 설치하는 위험방지 장치가 아닌 것은?

① 덮개
② 슬리브
③ 건널다리
④ 램

해설
원동기·회전축 등의 위험방지(산업안전보건기준에 관한 규칙 제87조)
사업주는 기계의 원동기·회전축·기어·풀리·플라이휠·벨트 및 체인 등 근로자가 위험에 처할 우려가 있는 부위에 덮개·울·슬리브 및 건널다리 등을 설치하여야 한다.

정답 ④

58
롤러기의 급정지장치로 사용되는 정지봉 또는 로프의 설치에 관한 설명으로 옳지 않은 것은?

① 복부 조작식은 밑면으로부터 1,200~1,400mm 이내의 높이로 설치한다.
② 손 조작식은 밑면으로부터 1,800mm 이내의 높이로 설치한다.
③ 손 조작식은 앞면 롤 끝단으로부터 수평거리가 50mm 이내에 설치한다.
④ 무릎 조작식은 밑면으로부터 400~600mm 이내의 높이로 설치한다.

해설
정지봉 또는 로프의 종류에 따른 설치 높이(고무 또는 합성수지 가공용 롤러기 방호조치에 관한 기술지침)

종류	설치높이
손으로 조작하는 것	밑면으로부터 1,800mm 이내
복부로 조작하는 것	밑면으로부터 800~1,100mm
무릎으로 조작하는 것	밑면으로부터 400~600mm

※ 손 조작식은 수평거리가 앞면 롤 끝단으로부터 50mm 이내여야 한다.

정답 ①

59
500rpm으로 회전하는 연삭숫돌의 지름이 300mm일 때 원주속도(m/min)는 약 얼마인가?

① 748
② 650
③ 532
④ 471

해설
원주속도

$$V = \frac{\pi DN}{1,000} \text{(m/min)}$$

$$= \frac{\pi \times 300 \times 500}{1,000}$$

$$\fallingdotseq 471\text{m/min}$$

정답 ④

60
다음 중 비파괴 시험의 종류에 해당하지 않는 것은?

① 와류탐상검사
② 초음파탐상검사
③ 인장검사
④ 방사선투과검사

해설
① 와류탐상검사 : 금속 등의 도체에 교류를 통한 코일을 접근시켰을 때 결함이 존재하면 전류의 흐름이 변화하는 것을 통해 결함을 검사하는 비파괴 검사방법이다.
② 초음파탐상검사 : 초음파를 사용하여 내부결함을 검사하는 비파괴 검사방법이다.
④ 방사선투과검사 : 투과된 방사선량의 차이에 따라 필름의 감광 정도가 달라지게 되므로 시험체 내부에 존재하는 결함의 종류, 위치, 크기 등을 판정하는 비파괴 검사방법이다.

정답 ③

제4과목 전기설비 안전관리

61
정격감도전류에서 동작시간이 가장 짧은 누전차단기는?

① 시연형 누전차단기
② 반한시형 누전차단기
③ 고속형 누전차단기
④ 감전보호용 누전차단기

해설
누전차단기의 종류

구분		정격감도 전류(mA)	동작시간
고 감 도 형	고속형	5, 10, 15, 30	• 정격감도전류에서 0.1초 이내 • 인체 감전보호형은 0.03초 이내
	시연형		정격감도전류에서 0.1초를 초과하고 2초 이내
	반시연형		• 정격감도전류에서 0.2초를 초과하고 1초 이내 • 정격감도전류의 1.4배의 전류에서 0.1초를 초과하고 0.5초 이내 • 정격감도전류 4.4배의 전류에서 0.05초 이내
중 감 도 형	고속형	50, 100, 200, 500, 1,000	정격감도전류에서 0.1초 이내
	시연형		정격감도전류에서 0.1초를 초과하고 2초 이내
저 감 도 형	고속형	3,000, 5,000, 10,000, 20,000	정격감도전류에서 0.1초 이내
	시연형		정격감도전류에서 0.1초를 초과하고 2초 이내

※ 감전방지 목적으로 시설하는 누전차단기는 고감도 고속형이어야 한다.

정답 ④

62
분진폭발 방지대책으로 거리가 먼 것은?

① 작업장 등은 분진이 퇴적하지 않는 형상으로 한다.
② 분진취급장치에는 유효한 집진장치를 설치한다.
③ 분체 프로세스의 장치는 밀폐화하고 누설이 없도록 한다.
④ 분진폭발의 우려가 있는 작업장에는 감독자를 상주시킨다.

해설
분진폭발 우려가 있는 작업장에는 분진이 퇴적하지 않도록 하고 집진장치 등의 설치 등을 통해 분진의 누설이 없도록 하여야 한다. 분진폭발 우려가 있는 작업장에 감독자를 상주시키는 것은 분진폭발 방지에 대한 유효한 조치가 아니다.

정답 ④

63
교류아크용접기의 자동전격방지장치는 전격의 위험을 방지하기 위하여 아크 발생이 중단된 후 약 1초 이내에 출력측 무부하 전압을 자동적으로 몇 V 이하로 저하시켜야 하는가?

① 85
② 70
③ 50
④ 25

해설
자동전격방지장치
교류아크용접기의 안전장치로서 용접기의 1차 또는 2차 측에 부착하며 1초 이내에 안전전압(25V 이하)으로 내려 주는 장치이다.

정답 ④

64
방폭기기-일반요구사항(KS C IEC 60079-0) 규정에서 제시하고 있는 방폭기기 설치 시 표준 환경조건이 아닌 것은?

① 압력 : 80~110kPa
② 상대습도 : 40~80%
③ 주위온도 : -20~40℃
④ 산소 함유율 21%v/v의 공기

해설
방폭기기 일반요구사항(KS C IEC 60079-0)
- 주위온도 : -20~40℃
- 압력 : 80kPa(0.8bar)~110kPa(1.1bar)
- 정상 산소 함량의 공기 : 21%v/v
※ 참고 : 상대습도 : 45~85%, 표고 : 1,000m 이하

정답 ②

65
피뢰기의 구성요소로 옳은 것은?

① 직렬 갭, 특성요소
② 병렬 갭, 특성요소
③ 직렬 갭, 충격요소
④ 병렬 갭, 충격요소

해설
피뢰기 구성요소
직렬 갭, 특성요소

정답 ①

66
인체의 손과 발 사이에 과도전류를 인가한 경우, 파두장 700μs에 따른 전류파고치의 최댓값은 약 몇 mA 이하인가?

① 4
② 40
③ 400
④ 800

해설
인체의 손과 발 사이에 과도전류를 인가한 경우 파두장에 따른 전류파고치의 최댓값

파두장(μs)	최대 전류파고치(mA)
60	90 이하
325	60 이하
700	40 이하

정답 ②

67 방폭전기설비의 용기 내부에 보호가스를 압입하여 내부압력을 외부 대기 이상의 압력으로 유지함으로써 용기 내부에 폭발성 가스 분위기가 형성되는 것을 방지하는 방폭구조는?

① 내압 방폭구조
② 압력 방폭구조
③ 안전증 방폭구조
④ 유입 방폭구조

해설
① 내압 방폭구조 : 내부의 폭발이 외부의 가연성 물질을 점화할 수 없도록 안전간극을 사용한 구조
③ 안전증 방폭구조 : 안전증을 최대한 증대시켜 점화원의 발생률을 낮춘 구조
④ 유입 방폭구조 : 점화원이 될 위험 부분을 기름 속에 묻어둔 구조

정답 ②

68 누전사고가 발생할 수 있는 취약 개소가 아닌 것은?

① 나선으로 접속된 분기회로의 접속점
② 전선의 열화가 발생한 곳
③ 부도체를 사용하여 이중절연이 되어 있는 곳
④ 리드선과 단자와의 접속이 불량한 곳

해설
부도체는 전기에 대한 저항이 커서 전기를 잘 전달하지 못하는 물체이기에, 부도체를 사용하여 이중절연이 되어 있는 곳은 누전사고 발생 위험이 적다.

정답 ③

69 피뢰기가 갖추어야 할 특성으로 알맞은 것은?

① 충격방전 개시전압이 높을 것
② 제한전압이 높을 것
③ 뇌전류의 방전능력이 클 것
④ 속류를 차단하지 않을 것

해설
피뢰기가 갖추어야 할 성능
• 뇌전류의 방전능력이 클 것
• 충격방전 개시전압이 낮을 것
• 제한전압이 낮을 것
• 속류의 차단이 확실할 것
• 반복동작이 가능할 것
• 상용 주파 방전 개시전압이 높을 것

정답 ③

70 방폭지역 구분 중 폭발성 가스 분위기가 정상 상태에서 조성되지 않거나 조성된다 하더라도 짧은 기간에만 존재할 수 있는 장소는?

① 제0종 장소
② 제1종 장소
③ 제2종 장소
④ 비방폭지역

해설
위험장소 분류
• 제0종 장소 : 폭발성 가스 또는 증기가 폭발 가능한 농도로 지속적으로 존재하는 지역을 말한다.
• 제1종 장소 : 통상적인 상태에서 간헐적으로 폭발성 분위기가 생성될 우려가 있는 장소를 말한다.
• 제2종 장소 : 이상상태에서 폭발성 분위기가 생성될 우려가 있는 장소를 말하며 조성된다고 하여도 짧은 기간에만 존재한다.

정답 ③

71 이동하여 사용하는 전기기계·기구의 금속제 외함 등의 특고압·고압 전기설비용 접지도체 및 중성점 접지용 접지도체의 접지선 종류와 단면적의 기준으로 옳은 것은?

① 다심 코드, $0.75mm^2$ 이상
② 다심 캡타이어케이블, $2.5mm^2$ 이상
③ 3종 클로로프렌캡타이어케이블, $4mm^2$ 이상
④ 3종 클로로프렌캡타이어케이블, $10mm^2$ 이상

[해설]
이동하여 사용하는 전기기계·기구의 금속제 외함 등의 접지시스템 사용기준(한국전기설비규정 142.3.1)
- 특고압·고압 전기설비용 접지도체 및 중성점 접지용 접지도체는 클로로프렌캡타이어케이블(3종 및 4종) 또는 클로로설포네이트폴리에틸렌캡타이어케이블(3종 및 4종)의 1개 도체 또는 다심 캡타이어케이블의 차폐 또는 기타의 금속체로 단면적이 $10mm^2$ 이상인 것을 사용한다.
- 저압 전기설비용 접지도체는 다심 코드 또는 다심 캡타이어케이블의 1개 도체의 단면적이 $0.75mm^2$ 이상인 것을 사용한다. 다만, 기타 유연성이 있는 연동연선은 1개 도체의 단면적이 $1.5mm^2$ 이상인 것을 사용한다.

[정답] ④

73 극간 정전용량이 1,000pF이고, 착화에너지가 0.019mJ인 가스에서 폭발한계 전압(V)은 약 얼마인가?(단, 소수점 이하는 반올림한다)

① 3,900
② 1,950
③ 390
④ 195

[해설]
$$E = \frac{1}{2}CV^2(J)$$
$$V = \sqrt{\frac{2E}{C}}$$
$$= \sqrt{\frac{2 \times 0.019 \times 10^{-3}}{1,000 \times 10^{-12}}}$$
$$\fallingdotseq 195V$$

※ 참고 : $pF = 10^{-12}F$, $mJ = 10^{-3}J$

[정답] ④

72 다음 그림은 심장맥동주기를 나타낸 것이다. T파는 어떤 경우인가?

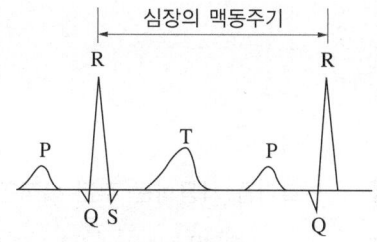

① 심방의 수축에 따른 파형
② 심실의 수축에 따른 파형
③ 심실의 휴식 시 발생하는 파형
④ 심방의 휴식 시 발생하는 파형

[해설]
- T파 : 심실의 휴식 시 발생하는 파형으로 전격에 의하여 심실세동을 일으킬 확률이 가장 크다.
- P파 : 심방의 수축에 따른 파형이다.
- Q-R-S파 : 심실의 수축에 따른 파형이다.

[정답] ③

74 방폭전기기기의 온도등급에서 기호 T2의 의미로 맞는 것은?

① 최고표면온도의 허용치가 135℃ 이하인 것
② 최고표면온도의 허용치가 200℃ 이하인 것
③ 최고표면온도의 허용치가 300℃ 이하인 것
④ 최고표면온도의 허용치가 450℃ 이하인 것

[해설]
방폭전기기기의 온도등급
- T1 : 최고표면온도 450℃ 이하
- T2 : 최고표면온도 300℃ 이하
- T3 : 최고표면온도 200℃ 이하
- T4 : 최고표면온도 135℃ 이하
- T5 : 최고표면온도 100℃ 이하
- T6 : 최고표면온도 85℃ 이하

[정답] ③

75

내압 방폭구조의 필요충분조건에 대한 사항으로 옳지 않은 것은?

① 폭발화염이 외부로 유출되지 않을 것
② 습기침투에 대한 보호를 충분히 할 것
③ 내부에서 폭발한 경우 그 압력에 견딜 것
④ 외함의 표면온도가 외부의 폭발성 가스를 점화하지 않을 것

해설

내압 방폭구조
내부의 폭발이 외부의 가연성 물질을 점화할 수 없도록 안전간극을 사용한 구조로 폭발화염이 외부로 유출되지 않도록 하기 위해서 내부에서 폭발할 경우 그 압력에 견뎌야 하며, 외함의 표면온도가 주위의 가연성 가스에 점화하지 않아야 한다.

정답 ②

77

정전유도를 받고 있는 접지되어 있지 않는 도전성 물체에 접촉한 경우 전격을 당하게 되는데, 이때 물체에 유도된 전압 $V(V)$를 옳게 나타낸 것은? (단, E는 송전선의 대지전압, C_1은 송전선과 물체 사이의 정전용량, C_2는 물체와 대지 사이의 정전용량이며, 물체와 대지 사이의 저항은 무시한다)

① $V = \dfrac{C_1}{C_1 + C_2} \times E$

② $V = \dfrac{C_1 + C_2}{C_1} \times E$

③ $V = \dfrac{C_1}{C_1 \times C_2} \times E$

④ $V = \dfrac{C_1 \times C_2}{C_1} \times E$

해설

물체에 유도된 전압

$V = \dfrac{C_1}{C_1 + C_2} \times E$

정답 ①

76

20Ω의 저항 중에 5A의 전류를 3분간 흘렸을 때의 발열량(cal)은?

① 4,320
② 90,000
③ 21,600
④ 376,560

해설

발열량
$Q = I^2 RT$
$= 5^2 \times 20 \times 180(\text{sec})$
$= 90{,}000\text{J}$
∴ $90{,}000 \times 0.24 = 21{,}600\text{cal}$

정답 ③

78

단로기를 사용하는 주된 목적은?

① 과부하 차단
② 변성기의 개폐
③ 이상전압의 차단
④ 무부하 선로의 개폐

해설

단로기(DS)
특별고압 정식 수전 설비, 주로 무부하 개폐 상태에서 선로 분리 후 점검 또는 선로 분리 후 선로를 변경하여 접속하는 데 사용한다. 즉, 무부하 상태의 선로를 개폐하는 역할을 수행한다.

정답 ④

79
산업안전보건기준에 관한 규칙 제319조에 따라 감전될 우려가 있는 장소에서 작업을 하기 위해서는 전로를 차단하여야 한다. 전로차단을 위한 시행 절차로 옳지 않은 것은?

① 전기기기 등에 공급되는 모든 전원을 관련 도면, 배선도 등으로 확인
② 각 단로기를 개방한 후 전원 차단
③ 단로기 개방 후 차단장치나 단로기 등에 잠금장치 및 꼬리표를 부착
④ 잔류전하 방전 후 검전기를 이용하여 작업 대상 기기가 충전되어 있는지 확인

해설
정전전로에서의 전기작업(산업안전보건기준에 관한 규칙 제319조)
전로차단은 다음 절차에 따라 시행하여야 한다.
• 전기기기 등에 공급되는 모든 전원을 관련 도면, 배선도 등으로 확인할 것
• 전원을 차단한 후 각 단로기 등을 개방하고 확인할 것
• 차단장치나 단로기 등에 잠금장치 및 꼬리표를 부착할 것
• 개로된 전로에서 유도전압 또는 전기에너지가 축적되어 근로자에게 전기위험을 끼칠 수 있는 전기기기 등은 접촉하기 전에 잔류전하를 완전히 방전시킬 것
• 검전기를 이용하여 작업 대상 기기가 충전되었는지를 확인할 것
• 전기기기 등이 다른 노출 충전부와의 접촉, 유도 또는 예비동력원의 역송전 등으로 전압이 발생할 우려가 있는 경우에는 충분한 용량을 가진 단락 접지기구를 이용하여 접지할 것

정답 ②

80
욕실 등 물기가 많은 장소에서 인체감전보호용 누전차단기의 정격감도전류와 동작시간은?

① 정격감도전류 30mA, 동작시간 0.01초 이하
② 정격감도전류 30mA, 동작시간 0.03초 이하
③ 정격감도전류 15mA, 동작시간 0.01초 이하
④ 정격감도전류 15mA, 동작시간 0.03초 이하

해설
욕조나 샤워시설이 있는 욕실 또는 화장실 등 인체가 물에 젖어 있는 상태에서의 인체감전보호용 누전차단기(한국전기설비규정 234.5)
정격감도전류 15mA 이하, 동작시간 0.03초 이하

정답 ④

제5과목 화학설비 안전관리

81
다음 중 냉각소화에 해당하는 것은?

① 튀김 기름이 인화되었을 때 싱싱한 야채를 넣어 소화한다.
② 가연성 기체의 분출 화재 시 주 밸브를 닫아서 연료공급을 차단한다.
③ 금속화재의 경우 불활성 물질로 가연물을 덮어 미연소 부분과 분리한다.
④ 촛불을 입으로 불어서 끈다.

해설
냉각소화
가연물의 온도를 발화점 및 인화점 이하로 떨어뜨려 소화시키는 방법

정답 ①

82
4% NaOH 수용액과 10% NaOH 수용액을 반응기에 혼합하여 6% 100kg의 NaOH 수용액을 만들려면 각각 몇 kg의 NaOH 수용액이 필요한가?

① 4% NaOH 수용액 : 50
   10% NaOH 수용액 : 50
② 4% NaOH 수용액 : 56.2
   10% NaOH 수용액 : 43.8
③ 4% NaOH 수용액 : 66.67
   10% NaOH 수용액 : 33.33
④ 4% NaOH 수용액 : 80
   10% NaOH 수용액 : 20

해설
NaOH 수용액 100kg 중 NaOH 6kg이 포함되어야 6% NaOH 수용액이 된다.
4% NaOH 수용액 66.67kg일 때 NaOH는 33.33kg, 10% NaOH 수용액 20kg일 때 NaOH는 2.67kg이다.
→ (0.04 × 66.67kg) + (0.1 × 33.33kg) = 6kg

정답 ③

83
다음 중 연소속도에 영향을 주는 요인으로 가장 거리가 먼 것은?

① 가연물의 색상
② 촉매
③ 산소와의 혼합비
④ 반응계의 온도

해설
가연물의 색상은 연소속도와 전혀 관계가 없다.

정답 ①

84
폭발하한계를 L, 폭발상한계를 U라 할 경우 위험도(H)를 옳게 나타낸 것은?

① $H = \dfrac{U-L}{L}$
② $H = \dfrac{|L-U|}{U}$
③ $H = \dfrac{L}{U-L}$
④ $H = \dfrac{U}{|L-U|}$

해설
위험도(H)
$H = \dfrac{U-L}{L}$
여기서, U : 연소상한계(UFL)
L : 연소하한계(LFL)

정답 ①

85
산업안전보건법령상 특수화학설비 설치 시 반드시 필요한 장치로 옳지 않은 것은?

① 원재료 공급의 긴급차단장치
② 즉시 사용할 수 있는 예비동력원
③ 화재 시 긴급대응을 위한 물분무소화장치
④ 온도계·유량계·압력계 등의 계측장치

해설
특수화학설비 설치 시 필요한 장치(산업안전보건기준에 관한 규칙)
- 원재료 공급의 긴급차단, 제품 등의 방출, 불활성가스의 주입이나 냉각용수 등의 공급을 위하여 필요한 장치(제275조)
- 즉시 사용할 수 있는 예비동력원(제276조)
- 온도계·유량계·압력계 등의 계측장치(제273조)

정답 ③

86
다음 중 송풍기의 상사법칙으로 옳은 것은?(단, 송풍기의 크기와 공기의 비중량은 일정하다)

① 풍압은 회전수에 반비례한다.
② 풍량은 회전수의 제곱에 비례한다.
③ 소요동력은 회전수의 세제곱에 비례한다.
④ 풍압과 동력은 절대온도에 비례한다.

해설
송풍기의 상사법칙
- 풍압은 회전수의 제곱에 비례
- 풍량은 회전수에 비례
- 소요동력은 회전수의 세제곱에 비례

정답 ③

87 다음 중 펌프의 공동현상(cavitation)을 방지하기 위한 방법으로 가장 적절한 것은?

① 펌프의 설치 위치를 높게 한다.
② 펌프의 회전속도를 빠르게 한다.
③ 펌프의 유효 흡입양정을 작게 한다.
④ 흡입측에서 펌프의 토출량을 줄인다.

해설
공동현상(cavitation)
- 물이 관 속을 흐를 때 속도 변화에 의해 물속의 어느 부분의 정압이 그때의 물 증기압보다 낮을 경우 물이 증발하여 부분적으로 증기가 발생되어 배관의 부식을 초래하는 현상
- 방지대책
  - 펌프의 설치 높이를 낮추어 흡입양정을 짧게 한다.
  - 펌프의 회전수를 낮춘다.
  - 흡입관의 손실수두를 줄인다.

정답 ③

88 기체의 자연발화온도 측정법에 해당하는 것은?

① 중량법
② 접촉법
③ 예열법
④ 발열법

해설
기체의 자연발화온도 측정법 : 예열법

정답 ③

89 다음 중 산업안전보건법령상 공정안전보고서의 안전운전계획에 포함되지 않는 항목은?

① 안전작업허가
② 안전운전지침서
③ 가동 전 점검지침
④ 비상조치계획에 따른 교육계획

해설
공정안전보고서의 안전운전계획에 포함해야 할 세부내용 (산업안전보건법 시행규칙 제50조)
- 안전운전지침서
- 설비점검·검사 및 보수계획, 유지계획 및 지침서
- 안전작업허가
- 도급업체 안전관리계획
- 근로자 등 교육계획
- 가동 전 점검지침
- 변경요소 관리계획
- 자체감사 및 사고조사계획
- 그 밖에 안전운전에 필요한 사항

정답 ④

90 위험물안전관리법령에 의한 위험물 분류에서 제1류 위험물은 산화성 고체이다. 다음 중 산화성 고체 위험물에 해당하는 것은?

① 과염소산칼륨
② 황린
③ 마그네슘
④ 나트륨

해설
위험물 및 지정수량(위험물안전관리법 시행령 별표 1)
제1류(산화성 고체)
- 아염소산염류, 염소산염류, 과염소산염류, 무기과산화물 : 지정수량 50kg
- 브로민산염류, 질산염류, 아이오딘산염류 : 지정수량 300kg
- 과망가니즈산염류, 다이크로뮴산염류 : 지정수량 1,000kg

정답 ①

91. 방호장치 안전인증 고시상 다음 내용에 해당하는 폭발위험장소는?

> 20종 장소 밖으로서 분진운 형태의 가연성 분진이 폭발농도를 형성할 정도의 충분한 양이 정상작동 중에 존재할 수 있는 장소를 말한다.

① 21종 장소
② 22종 장소
③ 0종 장소
④ 1종 장소

해설
분진폭발 위험장소(방호장치 안전인증 고시 제31조)
- 20종 장소 : 분진운 형태의 가연성 분진이 폭발농도를 형성할 정도로 충분한 양이 정상작동 중에 연속적으로 또는 자주 존재하거나, 제어할 수 없을 정도의 양 및 두께의 분진층이 형성될 수 있는 장소를 말한다.
- 21종 장소 : 20종 장소 밖으로서 분진운 형태의 가연성 분진이 폭발농도를 형성할 정도의 충분한 양이 정상작동 중에 존재할 수 있는 장소를 말한다.
- 22종 장소 : 21종 장소 밖으로서 가연성 분진운 형태가 드물게 발생 또는 단기간 존재할 우려가 있거나, 이상작동 상태하에서 가연성 분진운이 형성될 수 있는 장소를 말한다.

정답 ①

92. 다음 중 상온에서 물과 격렬히 반응하여 수소를 발생시키는 물질은?

① Au
② K
③ S
④ Ag

해설
2K + 2H$_2$O = 2KOH + H$_2$
(칼륨) (물) (수산화칼륨) (수소)

정답 ②

93. 다음 중 관의 지름을 변경하고자 할 때 필요한 관 부속품은?

① 리듀서
② 엘보
③ 플러그
④ 밸브

해설
용도에 따른 관 부속품
- 관의 지름 변경 : 리듀서(reducer, 지름이 서로 다른 관을 연결)
- 관의 방향 변경 : 엘보(elbow) 등
- 유로 차단 : 플러그(plug), 밸브(valve) 등

정답 ①

94. 다음 중 완전연소 조성농도가 가장 낮은 것은?

① 메테인(CH$_4$)
② 프로페인(C$_3$H$_8$)
③ 뷰테인(C$_4$H$_{10}$)
④ 아세틸렌(C$_2$H$_2$)

해설
완전연소 조성농도(화학양론농도)

$$C_{st} = \frac{100}{1+4.773\left[a+\frac{(b-c-2d)}{4}+e\right]}(\text{vol}\%)$$

여기서, a : 탄소원자 수
b : 수소원자 수
c : 할로겐원자 수
d : 산소원자 수
e : 질소원자 수

- 메테인 : $C_{st} = \dfrac{100}{1+4.773\left(1+\frac{4}{4}\right)} \fallingdotseq 9.48\text{vol}\%$

- 프로페인 : $C_{st} = \dfrac{100}{1+4.773\left(3+\frac{8}{4}\right)} \fallingdotseq 4.02\text{vol}\%$

- 뷰테인 : $C_{st} = \dfrac{100}{1+4.773\left(4+\frac{10}{4}\right)} \fallingdotseq 3.12\text{vol}\%$

- 아세틸렌 : $C_{st} = \dfrac{100}{1+4.773\left(2+\frac{2}{4}\right)} \fallingdotseq 7.73\text{vol}\%$

정답 ③

95. 다음의 두 가지 물질을 혼합 또는 접촉하였을 때 발화·폭발의 위험성이 가장 낮은 것은?

① 나이트로셀룰로스와 물
② 나트륨과 물
③ 염소산칼륨과 유황
④ 황화인과 무기과산화물

해설
① 나이트로셀룰로스는 보통의 경우 수분을 20% 이상 첨가하여 보관하도록 한다(습윤상태 보관).

정답 ①

96. 물과 카바이드가 결합하면 어떤 가스가 생성되는가?

① 염소가스
② 아황산가스
③ 수성가스
④ 아세틸렌가스

해설

$CaC_2 + 2H_2O \rightarrow Ca(OH)_2 + C_2H_2$
[탄화칼슘(카바이드)] (물) (수산화칼슘) (아세틸렌)

정답 ④

97. 금속화재에 해당하는 화재의 급수는?

① A급
② B급
③ C급
④ D급

해설
화재급수
- A급 : 일반화재
- B급 : 유류화재
- C급 : 전기화재
- D급 : 금속화재
- E급 : 가스화재
- K급 : 주방화재

정답 ④

98. 산업안전보건법령상 안전밸브 등의 전단·후단에는 차단밸브를 설치해서는 아니 되지만 다음 중 자물쇠형 또는 이에 준하는 형식의 차단밸브를 설치할 수 있는 경우로 옳지 않은 것은?

① 인접한 화학설비 및 그 부속설비에 안전밸브 등이 각각 설치되어 있고, 해당 화학설비 및 그 부속설비의 연결배관에 차단밸브가 없는 경우
② 안전밸브 등의 배출용량의 4분의 1 이상에 해당하는 용량의 자동압력조절밸브와 안전밸브 등이 직렬로 연결된 경우
③ 화학설비 및 그 부속설비에 안전밸브 등이 복수방식으로 설치되어 있는 경우
④ 열팽창에 의하여 상승된 압력을 낮추기 위한 목적으로 안전밸브가 설치된 경우

해설
차단밸브의 설치 금지(산업안전보건기준에 관한 규칙 제266조)
사업주는 안전밸브 등의 전단·후단에 차단밸브를 설치해서는 아니 된다. 다만, 다음 어느 하나에 해당하는 경우에는 자물쇠형 또는 이에 준하는 형식의 차단밸브를 설치할 수 있다.
- 인접한 화학설비 및 그 부속설비에 안전밸브 등이 각각 설치되어 있고, 해당 화학설비 및 그 부속설비의 연결배관에 차단밸브가 없는 경우
- 안전밸브 등의 배출용량의 2분의 1 이상에 해당하는 용량의 자동압력조절밸브(구동용 동력원의 공급을 차단하는 경우 열리는 구조인 것으로 한정)와 안전밸브 등이 병렬로 연결된 경우
- 화학설비 및 그 부속설비에 안전밸브 등이 복수방식으로 설치되어 있는 경우
- 예비용 설비를 설치하고 각각의 설비에 안전밸브 등이 설치되어 있는 경우
- 열팽창에 의하여 상승된 압력을 낮추기 위한 목적으로 안전밸브가 설치된 경우
- 하나의 플레어 스택(flare stack)에 둘 이상의 단위공정의 플레어 헤더(flare header)를 연결하여 사용하는 경우로서 각각의 단위공정의 플레어헤더에 설치된 차단밸브의 열림·닫힘 상태를 중앙제어실에서 알 수 있도록 조치한 경우

정답 ②

99
공기 중 아세톤의 농도가 200ppm(TLV 500 ppm), 메틸에틸케톤(MEK)의 농도가 100ppm (TLV 200ppm)일 때 혼합물질의 허용농도(ppm)는?(단, 두 물질은 서로 상가작용을 하는 것으로 가정한다)

① 150
② 200
③ 270
④ 333

해설
- 노출지수 EI $= \dfrac{C_1}{T_1} + \dfrac{C_2}{T_2} + \cdots + \dfrac{C_n}{T_n}$

  여기서, C : 화학물질 각각의 측정치
  T : 화학물질 각각의 노출기준

  $\dfrac{200}{500} + \dfrac{100}{200} = 0.9$

- 허용농도 $= \dfrac{혼합물의\ 공기\ 중\ 농도}{EI}$
  $= \dfrac{200+100}{0.9} = 333$(ppm)

정답 ④

100
화재 시 오히려 주수에 의해 위험성이 증대되는 물질은?

① 황린
② 나이트로셀룰로스
③ 적린
④ 금속나트륨

해설
금속나트륨은 금수성 물질로 물과 반응하여 다량의 수소를 발생시키므로 주수소화는 위험하다.

정답 ④

제6과목 건설공사 안전관리

101
이동식 크레인을 사용하여 작업을 할 때 작업시작 전 점검사항으로 옳지 않은 것은?

① 주행로의 상측 및 트롤리(trolley)가 횡행하는 레일의 상태
② 권과방지장치 그 밖의 경보장치의 기능
③ 브레이크·클러치 및 조정장치의 기능
④ 와이어로프가 통하고 있는 곳 및 작업장소의 지반상태

해설
① 크레인을 사용하여 작업을 하는 때의 작업시작 전 점검사항이다.

작업시작 전 점검사항(산업안전보건기준에 관한 규칙 별표 3)
이동식 크레인을 사용하여 작업을 할 때
- 권과방지장치나 그 밖의 경보장치의 기능
- 브레이크·클러치 및 조정장치의 기능
- 와이어로프가 통하고 있는 곳 및 작업장소의 지반상태

정답 ①

102
차량계 건설기계를 사용하여 작업을 하는 경우 작업계획서 내용에 포함되지 않는 사항은?

① 사용하는 차량계 건설기계의 종류 및 성능
② 차량계 건설기계의 운행경로
③ 차량계 건설기계에 의한 작업방법
④ 차량계 건설기계 사용 시 유도자 배치 위치

해설
차량계 건설기계를 사용하여 작업을 하는 경우 작업계획서 내용(산업안전보건기준에 관한 규칙 별표 4)
- 사용하는 차량계 건설기계의 종류 및 성능
- 차량계 건설기계의 운행경로
- 차량계 건설기계에 의한 작업방법

정답 ④

103 겨울철 공사 중인 건축물의 벽체 콘크리트 타설 시 거푸집이 터져서 콘크리트 쏟아지는 사고가 발생하였다. 이 사고의 발생 원인으로 가장 타당한 것은?

① 콘크리트의 타설속도가 빨랐다.
② 진동기를 사용하지 않았다.
③ 철근 사용량이 많았다.
④ 콘크리트의 슬럼프가 작았다.

해설
측압이 높아지는 경우
• 콘크리트의 타설속도가 빠를수록
• 철근 사용량이 적을수록
• 콘크리트의 슬럼프가 클수록
• 다짐이 좋을수록
• 거푸집의 투수성이 낮을수록
• 타설 높이가 높을수록

정답 ①

104 클램셸(clamshell)의 용도로 옳지 않은 것은?

① 잠함 안의 굴착에 사용된다.
② 수면 아래의 자갈, 모래를 굴착하고 준설선에 많이 사용된다.
③ 건축구조물의 기초 등 정해진 범위의 깊은 굴착에 적합하다.
④ 단단한 지반의 작업도 가능하며 작업속도가 빠르고 특히 암반굴착에 적합하다.

해설
④ 클램셸은 연약지반에 사용된다.

정답 ④

105 터널붕괴를 방지하기 위한 지보공에 대한 점검사항과 가장 거리가 먼 것은?

① 버팀대의 긴압 정도
② 부재의 손상·변형·부식·변위 및 탈락의 유무와 상태
③ 부재의 접속부·부착부 및 교차부의 상태
④ 경보장치의 작동상태

해설
붕괴 등의 위험방지(산업안전보건기준에 관한 규칙 제347조)
사업주는 흙막이 지보공을 설치하였을 때에는 정기적으로 다음 사항을 점검하고 이상을 발견하면 즉시 보수하여야 한다.
• 부재의 손상·변형·부식·변위 및 탈락의 유무와 상태
• 버팀대의 긴압(緊壓)의 정도
• 부재의 접속부·부착부 및 교차부의 상태
• 침하의 정도

정답 ④

106 선박에서 하역작업 시 근로자들이 안전하게 오르내릴 수 있는 현문 사다리 및 안전망을 설치하여야 하는 것은 선박이 최소 몇 ton급 이상일 경우인가?

① 500ton   ② 300ton
③ 200ton   ④ 100ton

해설
선박승강설비의 설치(산업안전보건기준에 관한 규칙 제397조)
㉠ 사업주는 300ton급 이상의 선박에서 하역작업을 하는 경우에 근로자들이 안전하게 오르내릴 수 있는 현문(舷門) 사다리를 설치하여야 하며, 이 사다리 밑에 안전망을 설치하여야 한다.
㉡ ㉠에 따른 현문 사다리는 견고한 재료로 제작된 것으로 너비는 55cm 이상이어야 하고, 양측에 82cm 이상의 높이로 울타리를 설치하여야 하며, 바닥은 미끄러지지 않도록 적합한 재질로 처리되어야 한다.
㉢ ㉠의 현문 사다리는 근로자의 통행에만 사용하여야 하며, 화물용 발판 또는 화물용 보관으로 사용하도록 해서는 아니 된다.

정답 ②

107 감전재해의 직접적인 요인으로 가장 거리가 먼 것은?

① 통전전압의 크기
② 통전전류의 크기
③ 통전시간
④ 통전경로

해설

인체감전 위험도
통전전류의 크기, 통전시간, 통전경로, 전원의 종류에 따라 결정되며 통전전류의 크기, 통전시간, 통전경로, 전원의 종류 순으로 그 위험성이 크다.

정답 ①

108 유해·위험 방지를 위한 방호조치를 하지 아니하고는 양도, 대여, 설치 또는 사용에 제공하거나, 양도·대여를 목적으로 진열해서는 아니 되는 기계·기구에 해당하지 않는 것은?

① 지게차
② 공기압축기
③ 원심기
④ 덤프트럭

해설

유해하거나 위험한 기계·기구에 대한 방호조치(산업안전보건법 제80조)
누구든지 동력으로 작동하는 기계·기구로서 대통령령으로 정하는 것[예초기, 원심기, 공기압축기, 금속절단기, 지게차, 포장기계(진공포장기, 래핑기로 한정)]은 고용노동부령으로 정하는 유해·위험 방지를 위한 방호조치를 하지 아니하고는 양도, 대여, 설치 또는 사용에 제공하거나 양도·대여의 목적으로 진열해서는 아니 된다.

정답 ④

109 터널 등의 건설작업을 하는 경우에 낙반 등에 의하여 근로자가 위험해질 우려가 있는 경우에 필요한 조치와 가장 거리가 먼 것은?

① 터널 지보공을 설치한다.
② 록볼트를 설치한다.
③ 환기, 조명시설을 설치한다.
④ 부석을 제거한다.

해설

낙반 등에 의한 위험의 방지(산업안전보건기준에 관한 규칙 제351조)
사업주는 터널 등의 건설작업을 하는 경우에 낙반 등에 의하여 근로자가 위험해질 우려가 있는 경우에 터널 지보공 및 록볼트의 설치, 부석의 제거 등 위험을 방지하기 위하여 필요한 조치를 하여야 한다.

정답 ③

110 화물취급 작업 시 준수사항으로 옳지 않은 것은?

① 꼬임이 끊어지거나 심하게 부식된 섬유로프는 화물운반용으로 사용해서는 아니 된다.
② 섬유로프 등을 사용하여 화물취급작업을 하는 경우에 해당 섬유로프 등을 점검하고 이상을 발견한 섬유로프 등을 즉시 교체하여야 한다.
③ 차량 등에서 화물을 내리는 작업을 하는 경우에 해당 작업에 종사하는 근로자에게 쌓여 있는 화물의 중간에서 필요한 화물을 빼낼 수 있도록 허용한다.
④ 하역작업을 하는 장소에서 작업장 및 통로의 위험한 부분에는 안전하게 작업할 수 있는 조명을 유지한다.

해설

③ 사업주는 차량 등에서 화물을 내리는 작업을 하는 경우에 해당 작업에 종사하는 근로자에게 쌓여 있는 화물 중간에서 화물을 빼내도록 해서는 아니 된다(산업안전보건기준에 관한 규칙 제389조).
① 산업안전보건기준에 관한 규칙 제387조
② 산업안전보건기준에 관한 규칙 제388조
④ 산업안전보건기준에 관한 규칙 제390조

정답 ③

111. 불도저를 이용한 작업 중 안전조치사항으로 옳지 않은 것은?

① 작업 종료와 동시에 삽날을 지면에서 띄우고 주차 제동장치를 건다.
② 모든 조종간은 엔진 시동 전에 중립위치에 놓는다.
③ 장비 승하차 시 뛰어내리거나 오르지 말고 안전하게 잡고 오르내린다.
④ 야간작업 시 자주 장비에서 내려와 장비 주위를 살피며 점검하여야 한다.

해설
① 작업 종료 시 삽날은 지면에서 띄우지 않고 지면에 붙여야 한다.

정답 ①

112. 흙막이 공법을 흙막이 지지방식에 의한 분류와 구조방식에 의한 분류로 나눌 때 다음 중 지지방식에 의한 분류에 해당하는 것은?

① 수평버팀대식 흙막이 공법
② h-pile 공법
③ 지하연속벽 공법
④ top down method 공법

해설
흙막이 공법의 분류
- 지지방식에 의한 분류 : 자립식 공법, 버팀대식(수평버팀대식, 경사버팀대식) 공법, 어스앵커식 공법
- 구조방식에 의한 분류 : h-pile 공법, 지하연속벽 공법, top down method 공법

정답 ①

113. 항타기 또는 항발기의 권상장치 드럼축과 권상장치로부터 첫 번째 도르래의 축 간의 거리는 권상장치 드럼폭의 몇 배 이상으로 하여야 하는가?

① 5배
② 8배
③ 10배
④ 15배

해설
도르래의 부착 등(산업안전보건기준에 관한 규칙 제216조)
사업주는 항타기 또는 항발기의 권상장치의 드럼축과 권상장치로부터 첫 번째 도르래의 축 간의 거리를 권상장치 드럼폭의 15배 이상으로 하여야 한다.

정답 ④

114. 미리 작업장소의 지형 및 지반상태 등에 적합한 제한속도를 정하지 않아도 되는 차량계 건설기계의 속도 기준은?

① 최대 제한속도가 10km/h 이하
② 최대 제한속도가 20km/h 이하
③ 최대 제한속도가 30km/h 이하
④ 최대 제한속도가 40km/h 이하

해설
제한속도의 지정 등(산업안전보건기준에 관한 규칙 제98조)
사업주는 차량계 하역운반기계, 차량계 건설기계(최대 제한속도가 10km/h 이하인 것은 제외)를 사용하여 작업을 하는 경우 미리 작업장소의 지형 및 지반상태 등에 적합한 제한속도를 정하고, 운전자로 하여금 준수하도록 하여야 한다.

정답 ①

115 곤돌라형 달비계를 설치할 때 작업발판의 폭은 최소 얼마 이상으로 하여야 하는가?

① 30cm
② 40cm
③ 50cm
④ 60cm

해설

달비계의 구조(산업안전보건기준에 관한 규칙 제63조)
사업주는 곤돌라형 달비계를 설치하는 경우, 작업발판의 폭을 40cm 이상으로 하고 틈새가 없도록 할 것

정답 ②

116 건물 등의 해체작업 시 작업계획서에 포함하여야 할 사항으로 옳지 않은 것은?

① 해체의 방법 및 해체 순서도면
② 해체물의 처분계획
③ 주변 민원 처리계획
④ 사업장 내 연락방법

해설

건물 등의 해체작업 시 작업계획서 내용(산업안전보건기준에 관한 규칙 별표 4)
- 해체의 방법 및 해체 순서도면
- 가설설비·방호설비·환기설비 및 살수·방화설비 등의 방법
- 사업장 내 연락방법
- 해체물의 처분계획
- 해체작업용 기계·기구 등의 작업계획서
- 해체작업용 화약류 등의 사용계획서
- 그 밖에 안전·보건에 관련된 사항

정답 ③

117 추락재해에 대한 예방차원에서 고소작업의 감소를 위한 근본적인 대책으로 옳은 것은?

① 방망 설치
② 지붕트러스의 일체화 또는 지상에서 조립
③ 안전대 사용
④ 비계 등에 의한 작업대 설치

해설

지붕트러스를 지상에서 조립하는 이유는 고소작업을 감소시키기 위해서다.

정답 ②

118 건설공사 유해위험방지계획서를 제출해야 할 대상공사에 해당하지 않는 것은?

① 깊이 10m인 굴착공사
② 다목적댐 건설공사
③ 최대 지간길이가 40m인 다리의 건설공사
④ 연면적 5,000m²인 냉동·냉장 창고시설의 건설공사

해설

유해위험방지계획서 제출대상(산업안전보건법 시행령 제42조)
- 다음 어느 하나에 해당하는 건축물 또는 시설 등의 건설·개조 또는 해체(이하 건설 등) 공사
  - 지상높이가 31m 이상인 건축물 또는 인공구조물
  - 연면적 3만m² 이상인 건축물
  - 연면적 5천m² 이상인 시설로서 다음의 어느 하나에 해당하는 시설 : 문화 및 집회시설(전시장 및 동물원·식물원은 제외), 판매시설·운수시설(고속철도의 역사 및 집배송시설은 제외), 종교시설, 의료시설 중 종합병원, 숙박시설 중 관광숙박시설, 지하도상가, 냉동·냉장 창고시설
- 연면적 5천m² 이상인 냉동·냉장 창고시설의 설비공사 및 단열공사
- 최대 지간길이(다리의 기둥과 기둥의 중심 사이의 거리)가 50m 이상인 다리의 건설 등 공사
- 터널의 건설 등 공사
- 다목적댐, 발전용댐, 저수용량 2천만ton 이상의 용수 전용 댐 및 지방상수도 전용 댐의 건설 등 공사
- 깊이 10m 이상인 굴착공사

정답 ③

119 다음 중 차량계 건설기계에 속하지 않는 것은?

① 불도저
② 스크레이퍼
③ 타워크레인
④ 항타기

해설

차량계 건설기계(산업안전보건기준에 관한 규칙 별표 6)
㉠ 도저형 건설기계(불도저, 스트레이트도저, 틸트도저, 앵글도저, 버킷도저 등)
㉡ 모터그레이더(motor grader, 땅 고르는 기계)
㉢ 로더(포크 등 부착물 종류에 따른 용도 변경 형식을 포함)
㉣ 스크레이퍼(scraper, 흙을 절삭·운반하거나 펴 고르는 등의 작업을 하는 토공기계)
㉤ 크레인형 굴착기계(클램셸, 드래그라인 등)
㉥ 굴착기(브레이커, 크러셔, 드릴 등 부착물 종류에 따른 용도 변경 형식을 포함)
㉦ 항타기 및 항발기
㉧ 천공용 건설기계(어스드릴, 어스오거, 크롤러드릴, 점보드릴 등)
㉨ 지반 압밀침하용 건설기계(샌드드레인머신, 페이퍼드레인머신, 팩드레인머신 등)
㉩ 지반 다짐용 건설기계(타이어롤러, 매커덤롤러, 탠덤롤러 등)
㉪ 준설용 건설기계(버킷준설선, 그래브준설선, 펌프준설선 등)
㉫ 콘크리트 펌프카
㉬ 덤프트럭
㉭ 콘크리트 믹서 트럭
ⓐ 도로포장용 건설기계(아스팔트 살포기, 콘크리트 살포기, 아스팔트 피니셔, 콘크리트 피니셔 등)
ⓑ 골재 채취 및 살포용 건설기계(쇄석기, 자갈채취기, 골재살포기 등)
ⓒ ㉠부터 ⓑ까지와 유사한 구조 또는 기능을 갖는 건설기계로서 건설작업에 사용하는 것

정답 ③

120 장비가 위치한 지면보다 낮은 장소를 굴착하는 데 적합한 장비는?

① 트럭크레인
② 파워셔블
③ 백호
④ 진폴

해설

백호 : 기계가 서 있는 지면보다 낮은 장소의 굴착에도 적당하고 수중굴착도 가능한 굴착기계

정답 ③

배우기만 하고 생각하지 않으면 얻는 것이 없고,
생각만 하고 배우지 않으면 위태롭다.

– 공자 –

Add++

산업안전기사 최근 기출복원문제

2025년 제1회   최근 기출복원문제
　　　　 제2회   최근 기출복원문제
　　　　 제3회   최근 기출복원문제

2025년 제1회 최근 기출복원문제

제1과목 산업재해예방 및 안전보건교육

01 맥그리거(McGregor)의 Y이론과 관계가 없는 것은?

① 직무확장
② 책임과 창조력
③ 인간관계 관리방식
④ 권위주의적 리더십

해설
맥그리거의 X이론, Y이론
- X이론 : 목표를 달성하기 위해서는 조직구성원에 대한 통제와 감시, 처벌이 필요하다고 보는 이론으로 인간에 대해 부정(게으름)적이며, 권위적이고 제한적인 특성을 갖고 있는 관리이론이다.
- Y이론 : 통제와 감시보다는 목표를 공유하여 자기실현 욕구를 충족할 수 있도록 하며, 인간이 본성적으로 일을 즐기고 책임감이 있다고 신뢰한다. 문제 해결에 창의력을 발휘하고 자율적 규제를 두어 자아실현 욕구를 충족시키는 것으로 동기가 유발된다고 보는 관리이론이다.

정답 ④

02 연간 근로자 수가 1,000명인 공장의 도수율이 10인 경우 이 공장에서 연간 발생한 재해건수는?

① 20건
② 22건
③ 24건
④ 26건

해설

도수율 = $\dfrac{\text{재해건수}}{\text{총근로시간 수}} \times 1,000,000$

재해건수 = $\dfrac{10 \times (1,000 \times 8 \times 300)}{1,000,000}$ = 24건

정답 ③

03 무재해운동의 기본이념 3원칙 중 다음에서 설명하는 것은?

> 직장 내외 모든 잠재위험요인을 적극적으로 사전에 발견, 파악, 해결함으로써 뿌리에서부터 산업재해를 제거하는 것

① 무의 원칙
② 선취의 원칙
③ 참가의 원칙
④ 확인의 원칙

해설
무재해운동의 3대 원칙
- 무의 원칙 : 사업장 내의 모든 잠재위험요인을 사전에 파악하고 해결함으로써 재해발생의 근원이 되는 요소들을 제거
- 선취의 원칙 : 사업장 내에서 행동하기 전에 잠재위험 요인을 발견 및 파악하여 재해를 예방
- 참가의 원칙 : 잠재위험요인을 발견하고 파악, 해결하기 위해 구성원 전원이 협력하여 문제해결을 도모

정답 ①

04 일반적으로 시간의 변화에 따라 야간에 상승하는 생체리듬은?

① 맥박수
② 염분량
③ 혈압
④ 체중

해설
② 주간에 감소, 야간에 상승한다.
①·③ 주간에 상승하고 야간에 감소한다.
④ 야간에 감소한다.

정답 ②

05
산업안전보건법령상 산업안전보건위원회의 구성에서 사용자위원 구성원이 아닌 것은?(단, 해당 위원이 사업장에 선임이 되어 있는 경우에 한한다)

① 안전관리자
② 보건관리자
③ 산업보건의
④ 명예산업안전감독관

해설
산업안전보건위원회의 구성(산업안전보건법 시행령 제35조)
- 근로자위원
  ㉠ 근로자대표
  ㉡ 명예산업안전감독관이 위촉되어 있는 사업장의 경우 근로자대표가 지명하는 1명 이상의 명예산업안전감독관
  ㉢ 근로자대표가 지명하는 9명(근로자인 ㉡의 위원이 있는 경우에는 9명에서 그 위원의 수를 제외한 수) 이내의 해당 사업장의 근로자
- 사용자위원 : 산업안전보건위원회의 사용자위원은 다음 사람으로 구성한다. 다만, 상시근로자 50명 이상 100명 미만을 사용하는 사업장에서는 ㉣에 해당하는 사람을 제외하고 구성할 수 있다.
  ㉠ 해당 사업의 대표자(같은 사업으로서 다른 지역에 사업장이 있는 경우에는 그 사업장의 안전보건관리책임자를 말한다. 이하 같다)
  ㉡ 안전관리자(제16조 제1항에 따라 안전관리자를 두어야 하는 사업장으로 한정하되, 안전관리자의 업무를 안전관리전문기관에 위탁한 사업장의 경우에는 그 안전관리전문기관의 해당 사업장 담당자) 1명
  ㉢ 보건관리자(제20조 제1항에 따라 보건관리자를 두어야 하는 사업장으로 한정하되, 보건관리자의 업무를 보건관리전문기관에 위탁한 사업장의 경우에는 그 보건관리전문기관의 해당 사업장 담당자) 1명
  ㉣ 산업보건의(해당 사업장에 선임되어 있는 경우로 한정)
  ㉤ 해당 사업의 대표자가 지명하는 9명 이내의 해당 사업장 부서의 장

정답 ④

06
재해통계를 포함하여 산업재해조사보고서를 작성하는 과정 중 유의해야 할 사항으로 가장 적절하지 않은 것은?

① 설비상의 결함요인을 개선, 시정하는 데 활용한다.
② 관리상 책임 소재를 명시하여 담당자의 평가자료로 활용한다.
③ 재해의 구성요소와 분포상태를 알고 대책을 수립할 수 있도록 한다.
④ 근로자 행동결함을 발견하여 안전교육훈련 자료로 활용한다.

해설
산업재해조사보고서를 작성하는 이유는 동일한 재해가 발생하지 않도록 하기 위함이며, 관리상 책임 소재를 명시하여 담당자의 평가자료로 활용하는 것은 적절하지 않다.

정답 ②

07
위험예지훈련의 문제해결 4라운드에 해당하지 않는 것은?

① 현상파악 ② 본질추구
③ 대책수립 ④ 원인결정

해설
위험예지훈련 문제해결 4라운드
- 1단계 : 현상파악(사실의 파악)
- 2단계 : 본질추구(원인의 파악)
- 3단계 : 대책수립
- 4단계 : 목표설정(행동계획 수립)

정답 ④

08 매슬로(Maslow)의 욕구단계 이론 중 2단계 욕구에 해당하는 것은?

① 생리적 욕구
② 안전에 대한 욕구
③ 자아실현의 욕구
④ 존경과 긍지에 대한 욕구

해설
매슬로(Maslow)의 인간욕구 5단계
- 1단계 : 생리적 욕구(생존을 위해 필요한 욕구)
- 2단계 : 안전의 욕구(안전한 환경에 대한 욕구)
- 3단계 : 사회적 욕구(애정, 소속감에 대한 욕구)
- 4단계 : 존중에 대한 욕구(존경이나 지위, 명예에 대한 욕구)
- 5단계 : 자아실현의 욕구(자아실현 목적을 이루고자 하는 욕구)

정답 ②

09 참가자에게 일정한 역할을 주어 실제적으로 연기를 시켜봄으로써 자기의 역할을 보다 확실히 인식할 수 있도록 체험학습을 시키는 교육방법은?

① role playing
② brain storming
③ action playing
④ fish bowl plaing

해설
롤 플레잉(role playing) : 참가자에게 일정한 역할을 주어 실제적으로 연기를 시켜봄으로써 자기의 역할을 보다 확실히 인식할 수 있도록 체험시키는 교육방법을 뜻한다.

정답 ①

10 안전에 관한 기본 방침을 명확하게 해야 할 임무는 다음 중 누구에게 있는가?

① 안전관리자
② 관리감독자
③ 근로자
④ 사업주

해설
사업주는 안전에 관한 기본 방침을 명확하게 하여 안전 및 보건에 관한 계획을 성실하게 이행하여야 한다.
※ 산업안전보건법 제14조 참고

정답 ④

11 산업안전보건법상 안전보건관리책임자의 업무에 해당하지 않는 것은?(단, 그 밖에 근로자의 유해·위험 방지조치에 관한 사항으로서 고용노동부령으로 정하는 사항은 제외한다)

① 근로자의 안전보건교육에 관한 사항
② 사업장 순회점검·지도 및 조치에 관한 사항
③ 안전보건관리규정의 작성 및 변경에 관한 사항
④ 산업재해의 원인 조사 및 재발 방지대책 수립에 관한 사항

해설
안전보건관리책임자(산업안전보건법 제15조)
사업주는 사업장을 실질적으로 총괄하여 관리하는 사람에게 해당 사업장의 다음의 업무를 총괄하여 관리하도록 하여야 한다.
- 사업장의 산업재해 예방계획의 수립에 관한 사항
- 제25조 및 제26조에 따른 안전보건관리규정의 작성 및 변경에 관한 사항
- 제29조에 따른 안전보건교육에 관한 사항
- 작업환경측정 등 작업환경의 점검 및 개선에 관한 사항
- 제129조부터 제132조까지에 따른 근로자의 건강진단 등 건강관리에 관한 사항
- 산업재해의 원인 조사 및 재발 방지대책 수립에 관한 사항
- 산업재해에 관한 통계의 기록 및 유지에 관한 사항
- 안전장치 및 보호구 구입 시 적격품 여부 확인에 관한 사항
- 그 밖에 근로자의 유해·위험 방지조치에 관한 사항으로서 고용노동부령으로 정하는 사항

정답 ②

12. 산업현장에서 재해발생 시 조치순서로 옳은 것은?

① 긴급처리 → 재해조사 → 원인분석 → 대책수립 → 실시계획 → 실시 → 평가
② 긴급처리 → 원인분석 → 재해조사 → 대책수립 → 실시 → 평가
③ 긴급처리 → 재해조사 → 원인분석 → 실시계획 → 실시 → 대책수립 → 평가
④ 긴급처리 → 실시계획 → 재해조사 → 대책수립 → 평가 → 실시

해설
재해발생 시 조치순서
- 재해발생 시 조치는 발생 이후 조사를 통해 원인을 분석하여 대책을 마련해 실행하는 순서로 이루어진다.
- 긴급처리 → 재해조사 → 원인분석 → 대책수립 → 대책실시계획 → 실시 → 평가

정답 ①

13. 산업안전보건법령상 중대재해에 해당하지 않는 것은?

① 사망자가 2명 발생한 재해
② 6개월의 요양을 요하는 부상자가 동시에 4명 발생한 재해
③ 부상자 또는 직업성 질병자가 동시에 12명 발생한 재해
④ 3개월의 요양을 요하는 부상자가 1명, 2개월의 요양을 요하는 부상자가 4명 발생한 재해

해설
중대재해의 범위(산업안전보건법 시행규칙 제3조)
- 사망자가 1명 이상 발생한 재해
- 3개월 이상의 요양이 필요한 부상자가 동시에 2명 이상 발생한 재해
- 부상자 또는 직업성 질병자가 동시에 10명 이상 발생한 재해

정답 ④

14. ABE종 안전모에 대하여 내수성 시험을 할 때 물에 담그기 전의 질량이 400g이고, 물에 담근 후의 질량이 410g이었다면 다음 중 질량증가율과 합격여부로 옳은 것은?

① 질량증가율 : 2.5%, 합격여부 : 불합격
② 질량증가율 : 2.5%, 합격여부 : 합격
③ 질량증가율 : 102.5%, 합격여부 : 불합격
④ 질량증가율 : 102.5%, 합격여부 : 합격

해설
AE, ABE종 안전모는 질량증가율이 1% 미만이어야 한다. 400g이 410g으로 증가, 즉 10g이 증가하였으므로 $\frac{10}{400} \times 100 = 2.5\%$이다. 따라서, 2.5% 증가하였으므로 질량증가율이 1%가 넘었기에 불합격이다.
※ 보호구 안전인증 고시 별표 1

정답 ①

15. 안전교육방법 중 학습자가 이미 설명을 듣거나 시험을 보고 알게 된 지식이나 기능을 강사의 감독 아래 직접적으로 연습하여 적용할 수 있도록 하는 교육방법은?

① 모의법
② 토의법
③ 실연법
④ 반복법

해설
③ 실연법 : 학습자가 이미 설명을 듣거나 시범을 보고 알게 된 지식이나 기능을 교사의 지휘·감독 아래 연습에 적용을 해 보게 하는 교육방법이다.
① 모의법 : 실제의 장면이나 상태와 극히 유사한 상태를 인위적으로 만들어 그 속에서 학습하도록 하는 교육방법이다.
② 토의법 : 쌍방적 의사전달방식에 의한 교육으로 적극성, 협동성을 기르는 데 유효하다.
④ 반복법 : 이미 학습한 내용이나 기능을 반복해서 이야기하거나 실연하도록 하는 방법이다.

정답 ③

16
산업안전보건법령상 안전관리자가 수행해야 할 업무로 옳지 않은 것은?

① 사업장 순회점검, 지도 및 조치 건의
② 산업재해에 관한 통계의 유지·관리·분석을 위한 보좌 및 조언·지도
③ 작업장 내에서 사용되는 전체 환기장치 및 국소 배기장치 등에 관한 설비의 점검
④ 해당 사업장 안전교육계획의 수립 및 안전교육 실시에 관한 보좌 및 지도·조언

해설

③ 보건관리자가 수행하여야 할 업무 사항이다.
안전관리자의 업무 등(산업안전보건법 시행령 제18조)
- 산업안전보건위원회 또는 노사협의체에서 심의·의결한 업무와 해당 사업장의 안전보건관리규정 및 취업규칙에서 정한 업무
- 법 제36조에 따른 위험성평가에 관한 보좌 및 지도·조언
- 안전인증대상기계 등과 자율안전확인대상기계 등 구입 시 적격품의 선정에 관한 보좌 및 지도·조언
- 해당 사업장 안전교육계획의 수립 및 안전교육 실시에 관한 보좌 및 지도·조언
- 사업장 순회점검, 지도 및 조치 건의
- 산업재해 발생의 원인 조사·분석 및 재발 방지를 위한 기술적 보좌 및 지도·조언
- 산업재해에 관한 통계의 유지·관리·분석을 위한 보좌 및 지도·조언
- 법 또는 법에 따른 명령으로 정한 안전에 관한 사항의 이행에 관한 보좌 및 지도·조언
- 업무 수행 내용의 기록·유지
- 그 밖에 안전에 관한 사항으로서 고용노동부장관이 정하는 사항

정답 ③

17
스태프형 안전조직에서 스태프의 주된 역할이 아닌 것은?

① 실시계획의 추진
② 안전관리계획안의 작성
③ 정보수집과 주지·활용
④ 기업의 제도적 기본방침 시달

해설

스태프(staff)형(참모식) : 안전을 전담하는 참모를 두어 안전관리에 관한 계획, 조사, 검토, 보고 등의 직무를 수행하고 현장에 대한 기술지원을 담당하도록 한다. 안전관리만을 전담하는 담당자와 조직이 있으므로 안전업무를 전문적으로 수행할 수 있다.

정답 ④

18
인간의 행동특성과 관련한 레빈(Lewin)의 법칙 중 P가 의미하는 것은?

$$B = f(P \cdot E)$$

① 사람의 경험, 성격 등
② 인간의 행동
③ 심리에 영향을 주는 인간관계
④ 심리에 영향을 미치는 작업환경

해설

레빈의 법칙
$B = f(P \cdot E)$
여기서, B : Behavior(인간의 행동)
　　　　f : function(함수 관계)
　　　　P : Person(개체 : 연령, 경험, 심신상태, 성격, 지능 등)
　　　　E : Environment(심리적 환경 : 가정·직장 등의 인간관계 등, 물리적 작업환경 : 조도·습도, 조명, 먼지, 소음 등, 설비적 결함 : 기계나 설비 등의 모든 결함 요인)

정답 ①

19

재해원인 분석방법의 통계적 원인분석 중 사고의 유형, 기인물 등 분류항목을 큰 순서대로 도표화한 것은?

① 파레토도
② 특성요인도
③ 크로스도
④ 관리도

해설

통계적 재해원인 분석방법
- 파레토도 : 사고의 유형, 기인물 등 분류항목을 항목값이 큰 순서대로 도표화하여 분석하는 방법이다.
- 특성요인도 : 특성과 요인 사이의 관계를 어골형(漁骨形)의 도형으로 나타내어 분석하는 방법이다.
- 크로스도(cross diagram, 클로즈 분석) : 2개 이상의 문제 관계를 분석하는 데 사용하는 것으로 데이터를 집계하고, 표로 표시하여 요인별 결과 내역을 교차한 그림을 작성하여 분석하는 방법이다.
- 관리도 : 재해 발생건수 등 추이를 그래프화하여 재해분석 및 관리하는 방법이다.

정답 ①

20

AE형 또는 ABE형 안전모에 있어 내전압성이란 얼마 이하의 전압에 견디는 것을 말하는가?

① 750V
② 1,000V
③ 3,000V
④ 7,000V

해설

AE형 또는 ABE형 안전모 내전압성 : 7,000V

정답 ④

제2과목 인간공학 및 위험성 평가·관리

21

다음 중 FTA(Fault Tree Analysis)에 관한 설명으로 가장 적절한 것은?

① 복잡하고 대형화된 시스템의 신뢰성 분석에는 적절하지 않다.
② 시스템 각 구성요소의 기능을 정상인가 또는 고장인가로 점진적으로 구분 짓는다.
③ '그것이 발생하기 위해서는 무엇이 필요한가'라는 것은 연역적이다.
④ 사건들을 일련의 이분(binary) 의사결정 분기들로 모형화한다.

해설

FTA : 고장 또는 재해요인의 정성적 분석과 정량적 분석이 가능한 기법으로 연역적인 분석(top-down)방식을 수행하며 복잡하고 대형화된 시스템에 사용된다.

정답 ③

22

한 대의 기계를 10시간 가동하는 동안 4회의 고장이 발생하였고, 이때의 고장수리시간이 다음 표와 같을 때 MTTR(Mean Time To Repair)은 얼마인가?

가동시간(hour)	수리시간(hour)
T1=2.7	Ta=0.1
T2=1.8	Tb=0.2
T3=1.5	Tc=0.3
T4=2.3	Td=0.3

① 0.225시간/회
② 0.325시간/회
③ 0.425시간/회
④ 0.525시간/회

해설

$MTTR = \dfrac{수리시간\ 합계}{수리\ 횟수}$

총수리시간은 Ta + Tb + Tc + Td = 0.1 + 0.2 + 0.3 + 0.3 = 0.9시간이고, 수리 횟수는 4회이다.

따라서 $MTTR = \dfrac{0.9}{4} = 0.225$시간/회이다.

정답 ①

23
FT도에 사용하는 기호에서 3개의 입력현상 중 임의의 시간에 2개가 발생하면 출력이 생기는 기호의 명칭은?

① 억제 게이트
② 조합 AND 게이트
③ 배타적 OR 게이트
④ 우선적 AND 게이트

해설
① 억제 게이트 : AND 게이트의 특별한 경우로서 이 게이트의 출력사상은 한 개의 입력사상에 의해 발생하며, 입력사상이 출력사상을 생성하기 전에 특정조건을 만족하여야 하는 논리게이트이다.
③ 배타적 OR 게이트 : OR 게이트의 특별한 경우로서 입력사상 중 오직 한 개의 발생으로만 출력사상이 생성되는 논리게이트이다.
④ 우선적 AND 게이트 : AND 게이트의 특별한 경우로서 입력사상이 특정 순서별로 발생한 경우에만 출력사상이 발생하는 논리게이트이다.

정답 ②

24
실험실 환경에서 수행하는 인간공학 연구의 장단점에 대한 설명으로 옳은 것은?

① 변수의 통제가 용이하다.
② 주위 환경의 간섭에 영향받기 쉽다.
③ 실험 참가자의 안전을 확보하기가 어렵다.
④ 피실험자의 자연스러운 반응을 기대할 수 있다.

해설
① 실험실에서는 환경 조건(조명, 소음 등)을 일정하게 유지하거나 조작하여 독립변수가 종속변수에 미치는 영향을 정확히 파악할 수 있어 변수의 통제가 용이하다.

정답 ①

25
FTA 결과 다음과 같은 패스셋을 구하였다. X_4가 중복사상인 경우, 최소 패스셋(minimal path set)으로 옳은 것은?

$$\{X_2, X_3, X_4\}$$
$$\{X_1, X_3, X_4\}$$
$$\{X_3, X_4\}$$

① $\{X_3, X_4\}$
② $\{X_1, X_3, X_4\}$
③ $\{X_2, X_3, X_4\}$
④ $\{X_2, X_3, X_4\}$와 $\{X_3, X_4\}$

해설
시스템이 정상동작하기 위해 반드시 필요한 최소한의 요소 집합으로, 더 이상 축소할 수 없는 조합이어야 한다. 그렇기에 세 집합의 부분집합인 $\{X_3, X_4\}$가 시스템의 기능을 살리는 최소한의 집합인 최소 패스셋이 된다.

정답 ①

26
신호검출이론(SDT)에서 두 정규분포 곡선이 교차하는 부분에 판별기준이 놓였을 경우 beta값으로 옳은 것은?

① beta = 0
② beta < 1
③ beta = 1
④ beta > 1

해설
신호검출이론(SDT)에서 beta(β)는 신호와 소음분포의 확률비로 정의된다.
$$\beta = \frac{신호분포}{소음분포}$$
따라서, 두 분포가 교차하는 지점에서는 신호가 있을 때와 없을 때의 확률이 같으므로 이 지점을 기준으로 할 경우 beta값은 1이 된다.

정답 ③

27 다음 설명에 해당하는 것은?

- 인간과오(human error)에서 의지적 제어가 되지 않는다.
- 결정을 잘못한다.

① 동작 조작 미스(miss)
② 기억 판단 미스(miss)
③ 인지 확인 미스(miss)
④ 조치 과정 미스(miss)

해설
의지적 제어가 되지 않고(자동적으로 발생하는 오류) 판단을 잘못한다(판단 과정에서 실수)는 설명은 기억에 기반한 판단 오류로 기억 판단 미스에 해당한다.

정답 ②

28 조종장치의 우발작동을 방지하는 방법으로 옳지 않은 것은?

① 오목한 곳에 둔다.
② 조종장치를 덮거나 방호해서는 안 된다.
③ 작동을 위해 힘이 요구되는 조종장치에는 저항을 제공한다.
④ 순서적 작동이 요구되는 작업일 때는 순서를 지나치지 않도록 잠김장치를 설치한다.

해설
우발작동을 방지하기 위해 양수조작식 방호장치 등과 같은 방호장치를 설치하여, 작업자의 의도에 반하여 조작되는 것을 방지하는 것이 원칙이다.

정답 ②

29 설계단계에서부터 보전이 불필요한 설비를 설계하는 보전방식은?

① 보전예방
② 생산보전
③ 일상보전
④ 개량보전

해설
① 보전예방 : 신규설비의 계획과 건설을 할 때 보전정보나 새로운 기술을 도입하여 열화 손실을 적게 하는 보전활동이다.
② 생산보전 : 미국의 GE사가 처음으로 사용한 보전으로 설계에서 폐기에 이르기까지 기계설비의 전 과정에서 소요되는 설비의 열화 손실과 보전 비용을 최소화하여 생산성을 향상시키는 보전활동이다.
③ 일상보전 : 설비의 열화를 방지하고 그 진행을 지연시켜 수명을 연장하기 위해 매일 설비 점검, 청소, 주유 및 교체 등을 행하는 보전활동이다.
④ 개량보전 : 설비의 신뢰성, 보전성, 경제성, 조작성, 안전성, 에너지 절약, 유용성 등의 향상을 목적으로 설비의 재질이나 형상의 개량, 설계변경 등을 행하는 보전활동이다.

정답 ①

30 병렬시스템의 대한 특성으로 옳지 않은 것은?

① 요소의 수가 많을수록 고장의 기회는 줄어든다.
② 요소의 중복도가 늘어날수록 시스템의 수명은 길어진다.
③ 요소의 어느 하나라도 정상이면 시스템은 정상이다.
④ 시스템의 수명은 요소 중에서 수명이 가장 짧은 것으로 정해진다.

해설
④ 병렬시스템은 하나라도 작동하면 시스템이 정상이기에, 병렬시스템에서 시스템의 수명은 수명이 가장 긴 것으로 정해진다.

정답 ④

31

산업안전보건법령상 유해위험방지계획서를 제출한 사업주는 건설공사 중 얼마 이내마다 관련법에 따라 유해위험방지계획서의 내용과 실제공사 내용이 부합하는지의 여부 등을 확인받아야 하는가?

① 1개월
② 3개월
③ 6개월
④ 12개월

해설

확인(산업안전보건법 시행규칙 제46조)
법 제42조 제1항 제1호 및 제2호에 따라 유해위험방지계획서를 제출한 사업주는 해당 건설물·기계·기구 및 설비의 시운전단계에서, 법 제42조 제1항 제3호에 따른 사업주는 건설공사 중 6개월 이내마다 법 제43조 제1항에 따라 다음 사항에 관하여 공단의 확인을 받아야 한다.
• 유해위험방지계획서의 내용과 실제공사 내용이 부합하는지 여부
• 유해위험방지계획서 변경내용의 적정성
• 추가적인 유해·위험요인의 존재 여부

정답 ③

32

FMEA에서 고장평점을 결정하는 5가지 평가요소에 해당하지 않는 것은?

① 생산능력의 범위
② 고장발생의 빈도
③ 고장방지의 가능성
④ 영향을 미치는 시스템의 범위

해설

FMEA 고장평점법 5가지 평가요소 : 기능적 고장 영향의 중요도, 영향을 미치는 시스템의 범위, 고장발생의 빈도, 고장방지의 가능성, 신규설계의 정도

정답 ①

33

화학설비에 대한 안전성 평가에서 정성적 평가항목으로 옳지 않은 것은?

① 건조물
② 취급물질
③ 공장 내의 배치
④ 입지조건

해설

화학설비 안전성 평가에서 정성적·정량적 평가항목

정성적 평가항목	정량적 평가항목
• 건축물(건조물) • 공장 내의 배치 • 입지조건 • 소방설비	• 취급물질 • 온도, 압력 • 화학설비의 용량 • 조작

정답 ②

34

운동관계의 양립성을 고려하여 동목(moving scale)형 표시장치를 바람직하게 설계한 것은?

① 눈금과 손잡이가 같은 방향으로 회전하도록 설계한다.
② 눈금의 숫자는 우측으로 감소하도록 설계한다.
③ 꼭지의 시계 방향 회전이 지시치를 감소시키도록 설계한다.
④ 위의 세 가지 요건을 동시에 만족시키도록 설계한다.

해설

② 눈금의 숫자는 우측으로 갈수록 증가하는 것이 자연스럽다.
③ 꼭지의 시계 방향 회전은 지시치가 증가하는 것으로 인식된다(예 볼륨 증가 등).
④ ②와 ③이 요건에 만족하지 않아 양립하지 않는다.
※ 운동양립성 : 사람이 조작하는 방향과 그 결과(예 눈금의 움직임 등)가 일치한다는 개념을 의미한다.

정답 ①

35
다음 시스템의 신뢰도는?(단, 각 요소의 신뢰도는 a, b가 각 0.8, c, d가 각 0.6이다)

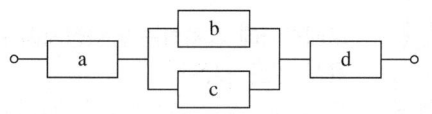

① 0.2245 ② 0.3754
③ 0.4416 ④ 0.5756

해설
먼저 병렬 부분의 신뢰도를 계산하면 다음과 같다.
$R(병렬) = 1 - (1 - R_b) \times (1 - R_c)$
$= 1 - (1 - 0.8) \times (1 - 0.6)$
$= 1 - (0.2 \times 0.4)$
$= 1 - 0.08$
$= 0.92$
전체 직렬 신뢰도를 계산하면
$R(전체) = R_a \times R(병렬) \times R_d$
$= 0.8 \times 0.92 \times 0.6$
$= 0.4416$

정답 ③

36
인간이 기계와 비교하여 정보처리 및 결정의 측면에서 상대적으로 우수한 것은?(단, 인공지능은 제외한다)

① 연역적 추리
② 정량적 정보처리
③ 관찰을 통한 일반화
④ 정보의 신속한 보관

해설
인간과 기계의 정보처리
• 인간의 정보처리
 - 귀납적이며 다양한 문제 처리가 가능하다.
 - 대량의 정보를 장시간 보관할 수 있다.
 - 경험을 통해 향상된다.
• 기계의 정보처리
 - 연역적이며 정량적인 처리가 가능하다.
 - 암호화된 정보를 신속하게 대량으로 보관할 수 있다.
 - 신뢰성 있는 반복작업이 가능하다.

정답 ③

37
인간실수 확률에 대한 추정기법으로 가장 적절하지 않은 것은?

① CIT(Critical Incident Technique) : 위급사건 기법
② FMEA(Failure Mode and Effect Analysis) : 고장형태 영향분석
③ TCRAM(Task Criticality Rating Analysis Method) : 직무위급도 분석법
④ THERP(Technique for Human Error Rate Prediction) : 인간실수율 예측기법

해설
② FMEA는 서브시스템 위험 분석을 위하여 일반적으로 사용되는 전형적인 정성적, 귀납적 분석법이며, 시스템에 영향을 미치는 모든 요소의 고장을 형태별로 분석하여 그 영향을 검토하는 것을 뜻한다.

정답 ②

38
시력에 대한 설명으로 옳은 것은?

① 배열시력(vernier acuity) – 배경과 구별하여 탐지할 수 있는 최소의 점
② 동적시력(dynamic visual acuity) – 비슷한 두 물체가 다른 거리에 있다고 느껴지는 시차각의 최소차로 측정되는 시력
③ 입체시력(stereoscopic acuity) – 거리가 있는 한 물체에 대한 약간 다른 상이 두 눈의 망막에 맺힐 때 이것을 구별하는 능력
④ 최소지각시력(minimum perceptible acuity) – 하나의 수직선이 중간에서 끊겨 아랫부분이 옆으로 옮겨진 경우에 탐지할 수 있는 최소 측변방위

해설
③ 두 눈을 통해 본 물체가 각기 다른 위치에 맺혀 생기는 시차(망막차)를 통해 깊이와 입체감을 느끼는 것을 말한다.

정답 ③

39. 화학설비 안전성 평가의 기본원칙 5단계에 해당하지 않는 것은?

① 안전대책
② 정성적 평가
③ 작업환경 평가
④ 관계자료의 준비

해설

화학설비 안전성 평가
- 1단계 : 관계자료의 준비
- 2단계 : 정성적 평가(설계 및 운전 관계)
- 3단계 : 정량적 평가
- 4단계 : 안전대책
- 5단계 : 재평가

정답 ③

40. 정성적 표시장치의 설명으로 옳지 않은 것은?

① 정성적 표시장치의 근본자료 자체는 정량적인 것이다.
② 전력계에서와 같이 기계적 혹은 전자적으로 숫자가 표시된다.
③ 색채 부호가 부적합한 경우에는 계기판 표시 구간을 형상 부호화하여 나타낸다.
④ 연속적으로 변하는 변수의 대략적인 값이나 변화추세, 변화율 등을 알고자 할 때 사용된다.

해설

정량적 · 정성적 표시장치
- 정량적 표시장치 : 온도와 속도같이 동적으로 변화하는 변수나 자로 재는 길이와 같은 정적변수의 계량값에 관한 정보를 제공하는 데 사용된다.
- 정성적 표시장치 : 연속적으로 변하는 변수의 대략적인 값이나 변화추세, 변화율 등을 알고자 할 때 사용된다.

정답 ②

제3과목 기계 · 기구 및 설비 안전 관리

41. 프레스기에 설치하는 방호장치에 관한 사항으로 옳지 않은 것은?

① 수인식 방호장치의 수인끈 재료는 합성섬유로 직경이 4mm 이상이어야 한다.
② 양수조작식 방호장치는 1행정마다 누름버튼에서 양손을 떼지 않으면 다음 작업의 동작을 할 수 없는 구조여야 한다.
③ 광전자식 방호장치의 정상동작표시 램프는 적색, 위험표시 램프는 녹색으로 하며, 쉽게 근로자가 볼 수 있는 곳에 설치해야 한다.
④ 손쳐내기식 방호장치는 슬라이드 하행정거리의 $\frac{3}{4}$ 위치에서 손을 완전히 밀어내야 한다.

해설

③ 광전자식 방호장치의 정상동작표시 램프는 녹색, 위험표시 램프는 붉은색으로 한다(방호장치 안전인증 고시 별표 1).

정답 ③

42. 다음 중 셰이퍼에서 근로자의 보호를 위한 방호장치로 옳지 않은 것은?

① 방책
② 칩받이
③ 칸막이
④ 급속귀환장치

해설

④ 급속귀환장치는 귀환행정의 속도를 빠르게 하여 시간을 단축시키는 장치로 방호장치가 아니다.

정답 ④

43
슬라이드가 내려옴에 따라 손을 쳐내는 막대가 좌우로 왕복하면서 위험점으로부터 손을 보호하는 프레스의 방호장치는?

① 손쳐내기식
② 수인식
③ 게이트 가드식
④ 양수조작식

해설

프레스의 방호장치
- 손쳐내기식 방호장치 : 손을 쳐내는 막대가 좌우로 왕복하면서 위험점으로부터 손을 보호하는 방호장치
- 수인식 방호장치 : 슬라이드와 작업자 손을 끈으로 연결하여 슬라이드 하강 시 작업자의 손을 당겨 위험점으로부터 보호하여 주는 방호장치
- 게이트 가드식 방호장치 : 장비의 가드가 열려 있는 상태라면 동작하지 않고 기계 자체가 위험한 상태일 경우 가드가 열리지 않도록 하는 방호장치
- 양수조작식 방호장치 : 1행정 1정지식 프레스에 사용되며 양손으로 동시에 조작을 하지 않을 경우에는 기계가 동작하지 않는 방호장치
- 광전식 방호장치 : 신체의 일부가 위험점 및 접근금지 구역에 접근하게 되어 광선을 차단하게 되는 경우에 급정지하는 방호장치

정답 ①

44
인간이 기계 등의 취급을 잘못해도 그것이 바로 사고나 재해와 연결되지 않도록 하는 기능은?

① fail safe
② fail active
③ fail operational
④ fool proof

해설

- fool proof : 인간이 기계 등을 취급할 때 조작실수가 있더라도 그것이 사고나 재해와 연결되지 않도록 하는 장치
- fail safe : 기계 또는 부품에 고장이나 불량이 생겨도 재해를 발생시키지 않고 항상 안전을 유지하는 구조나 기능
  - fail passive : 부품이 고장 나면 통상 기계가 정지하는 방향으로 이동
  - fail active : 부품이 고장 나면 기계는 경보를 울리면서 짧은 시간 동안 운전이 가능
  - fail operational(차단 및 조정) : 부품의 고장이 있더라도 추후 보수가 있을 때까지 안전한 기능을 유지

정답 ④

45
방사선 투과검사에서 투과사진에 영향을 미치는 인자는 크게 콘트라스트(명암도)와 명료도로 나누어 검토할 수 있다. 다음 중 투과사진의 콘트라스트(명암도)에 영향을 미치는 인자에 속하지 않는 것은?

① 방사선의 선질
② 필름의 종류
③ 현상액의 강도
④ 초점-필름 간 거리

해설

④ 초점-필름 간 거리는 명료도에 영향을 준다.
콘트라스트에 영향을 미치는 인자
- 방사선의 선질
- 필름의 종류
- 현상액의 강도

정답 ④

46
산업안전보건법령상 용접장치의 안전에 관한 준수사항으로 옳은 것은?

① 아세틸렌 용접장치의 발생기실을 옥외에 설치한 때에는 그 개구부를 다른 건축물로부터 1m 이상 떨어지도록 하여야 한다.
② 가스집합장치로부터 3m 이내의 장소에서는 화기의 사용을 금지시킨다.
③ 아세틸렌 발생기에서 10m 이내 또는 발생기실에서 4m 이내의 장소에서는 흡연행위를 금지시킨다.
④ 아세틸렌 용접장치를 사용하여 용접작업을 할 경우 게이지 압력이 127kPa을 초과하는 아세틸렌을 발생시켜 사용해서는 아니 된다.

해설

④ 산업안전보건기준에 관한 규칙 제285조
① 아세틸렌 용접장치의 발생기실을 옥외에 설치한 경우에는 그 개구부를 다른 건축물로부터 1.5m 이상 떨어지도록 할 것(산업안전보건기준에 관한 규칙 제286조)
② 가스집합장치로부터 5m 이내의 장소에서는 흡연, 화기의 사용 또는 불꽃을 발생할 우려가 있는 행위를 금지할 것(산업안전보건기준에 관한 규칙 제295조)
③ 아세틸렌 용접장치의 발생기에서 5m 이내 또는 발생기실에서 3m 이내의 장소에서는 흡연, 화기의 사용 또는 불꽃이 발생할 위험한 행위를 금지시킬 것(산업안전보건기준에 관한 규칙 제290조)

정답 ④

47

산업안전보건법령상 프레스 작업 시작 전 점검사항에 해당하는 것은?

① 언로드밸브의 기능
② 하역장치 및 유압장치 기능
③ 권과방지장치 및 그 밖의 경보장치의 기능
④ 1행정 1정지기구·급정지장치 및 비상정지장치의 기능

해설

프레스 작업 시작 전 점검사항(산업안전보건기준에 관한 규칙 별표 3)
- 클러치 및 브레이크의 기능
- 크랭크축·플라이휠·슬라이드·연결봉 및 연결 나사의 풀림 여부
- 1행정 1정지기구·급정지장치 및 비상정지장치의 기능
- 슬라이드 또는 칼날에 의한 위험방지 기구의 기능
- 프레스의 금형 및 고정볼트 상태
- 방호장치의 기능
- 전단기의 칼날 및 테이블의 상태

정답 ④

48

연삭기에서 숫돌의 바깥지름이 180mm일 경우 숫돌 고정용 평형 플랜지의 지름으로 적합한 것은?

① 30mm 이상
② 40mm 이상
③ 50mm 이상
④ 60mm 이상

해설

평형 플랜지의 지름은 숫돌 지름의 $\frac{1}{3}$ 이상이어야 하므로 $180 \times \frac{1}{3} = 60$mm 이상이어야 한다.

정답 ④

49

인장강도가 350MPa인 강판의 안전율이 4라면 허용응력은 몇 N/mm²인가?

① 76.4
② 87.5
③ 98.7
④ 102.3

해설

$$안전율 = \frac{인장강도}{허용응력}$$

$$4 = \frac{350}{허용응력}$$

따라서, 허용응력 $= \frac{350}{4}$
$= 87.5\text{MPa} = 87.5\text{N/mm}^2$

※ $1\text{MPa} = 1\text{N/mm}^2$

정답 ②

50

산업안전보건법령에 따라 아세틸렌 용접장치의 아세틸렌 발생기를 설치하는 경우, 발생기실의 설치장소에 대한 설명 중 A, B에 들어갈 내용으로 옳은 것은?

> - 발생기실은 건물의 최상층에 위치하여야 하며, 화기를 사용하는 설비로부터 (A)를 초과하는 장소에 설치하여야 한다.
> - 발생기실을 옥외에 설치한 경우에는 그 개구부를 다른 건축물로부터 (B) 이상 떨어지도록 하여야 한다.

① A : 1.5m, B : 3m
② A : 2m, B : 4m
③ A : 3m, B : 1.5m
④ A : 4m, B : 2m

해설

발생기실의 설치장소 등(산업안전보건기준에 관한 규칙 제286조)
- 사업주는 아세틸렌 용접장치의 아세틸렌 발생기(이하 발생기)를 설치하는 경우에는 전용의 발생기실에 설치하여야 한다.
- 발생기실은 건물의 최상층에 위치하여야 하며, 화기를 사용하는 설비로부터 3m를 초과하는 장소에 설치하여야 한다.
- 발생기실을 옥외에 설치한 경우에는 그 개구부를 다른 건축물로부터 1.5m 이상 떨어지도록 하여야 한다.

정답 ③

51
산업안전보건법령상 산업용 로봇의 작업 시작 전 점검사항으로 가장 거리가 먼 것은?

① 외부 전선의 피복 또는 외장의 손상 유무
② 압력방출장치의 이상 유무
③ 머니퓰레이터 작동의 이상 유무
④ 제동장치 및 비상정지장치의 기능

해설
작업 시작 전 점검사항(산업안전보건기준에 관한 규칙 별표 3)
로봇의 작동범위에서 그 로봇에 관하여 교시 등의 작업을 할 때
- 외부 전선의 피복 또는 외장의 손상 유무
- 머니퓰레이터(manipulator) 작동의 이상 유무
- 제동장치 및 비상정지장치의 기능

정답 ②

52
다음 중 금속 등의 도체에 교류를 통한 코일을 접근시켰을 때, 결함이 존재하면 코일에 유기되는 전압이나 전류가 변하는 것을 이용한 검사방법은?

① 자분탐상검사   ② 초음파탐상검사
③ 와류탐상검사   ④ 침투형광탐상검사

해설
③ 와류탐상검사 : 금속 등의 도체에 교류를 통한 코일을 접근시켰을 때 결함이 존재하면 전류의 흐름이 변화하는 것을 통해 결함을 검사하는 비파괴검사 방법
① 자분탐상검사 : 강자성체를 자화하고 결함 부분에 생긴 자극에 자분이 부착되는 것을 이용하여 결함을 검사하는 비파괴검사 방법
② 초음파탐상검사 : 초음파를 사용하여 내부결함을 검사하는 비파괴검사 방법
④ 침투형광탐사검사 : 형광물질을 넣은 침투액을 사용하여 330~390nm의 자외선을 조사하고 결함 지시 모양을 형광을 발하게 하여 결함을 검사하는 비파괴검사 방법

정답 ③

53
연삭숫돌의 상부를 사용하는 것을 목적으로 하는 탁상용 연삭기에서 안전덮개의 노출 부위 각도는 몇 ° 이내여야 하는가?

① 90° 이내   ② 75° 이내
③ 60° 이내   ④ 105° 이내

해설
연삭기 덮개의 각도(방호장치 자율안전기준 고시 별표 4)
연삭숫돌의 상부를 사용하는 것을 목적으로 하는 탁상용 연삭기의 덮개 각도

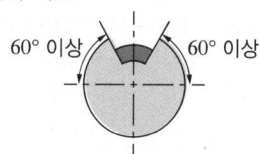

정답 ③

54
컨베이어, 이송용 롤러 등을 사용하는 경우 정전·전압강하 등에 의한 위험을 방지하기 위하여 설치하는 안전장치는?

① 덮개 또는 울
② 비상정지장치
③ 과부하방지장치
④ 이탈 및 역주행 방지장치

해설
이탈 등의 방지(산업안전보건기준에 관한 규칙 제191조)
사업주는 컨베이어, 이송용 롤러 등을 사용하는 경우에는 정전·전압강하 등에 따른 화물 또는 운반구의 이탈 및 역주행을 방지하는 장치를 갖추어야 한다. 다만, 무동력 상태 또는 수평 상태로만 사용하여 근로자가 위험해질 우려가 없는 경우에는 그러하지 아니하다.

정답 ④

55

산업용 로봇에서 근로자에게 발생할 수 있는 부상 등의 위험을 방지하기 위하여 울타리를 세우고자 할 때 일반적으로 높이는 몇 m 이상으로 해야 하는가?

① 1.8m
② 2.1m
③ 2.4m
④ 2.7m

해설

운전 중 위험 방지(산업안전보건기준에 관한 규칙 제223조)
사업주는 로봇의 운전으로 인하여 근로자에게 발생할 수 있는 부상 등의 위험을 방지하기 위하여 높이 1.8m 이상의 울타리를 설치해야 한다.

정답 ①

56

질량 100kg의 화물이 와이어로프에 매달려 2m/s² 의 가속도로 권상되고 있다. 이때 와이어로프에 작용하는 장력의 크기는 몇 N인가?(단, 여기서 중력가속도는 10m/s²로 한다)

① 200N
② 300N
③ 1,200N
④ 2,000N

해설

$w = w_1 + w_2 = w_1 + \left(\dfrac{w_1}{g} \times a\right)$

여기서, w : 총하중, w_1 : 정하중, w_2 : 동하중, g : 중력가속도, a : 가속도

$w = 100 + \left(\dfrac{100}{10} \times 2\right) = 120\text{kg}$이다.

장력 = 총하중 × 중력가속도이므로 답은 1,200N이다.
※ 정하중 : 매단 물체의 무게

정답 ③

57

산업안전보건법령상 보일러의 과열을 방지하기 위하여 최고사용압력과 상용압력 사이에서 보일러의 버너 연소를 차단하여 정상압력으로 유도하는 방호장치로 가장 적절한 것은?

① 압력방출장치
② 고저수위조절장치
③ 언로드밸브
④ 압력제한스위치

해설

압력제한스위치(산업안전보건기준에 관한 규칙 제117조)
사업주는 보일러의 과열을 방지하기 위하여 최고사용압력과 상용압력 사이에서 보일러의 버너 연소를 차단할 수 있도록 압력제한스위치를 부착하여 사용하여야 한다.

정답 ④

58

양중기(승강기를 제외)를 사용하여 작업하는 운전자 또는 작업자가 보기 쉬운 곳에 해당 양중기에 대해 표시하여야 할 내용으로 옳지 않은 것은?

① 정격하중
② 운전속도
③ 경고표시
④ 최대 인양 높이

해설

정격하중 등의 표시(산업안전보건기준에 관한 규칙 제133조)
사업주는 양중기(승강기는 제외) 및 달기구를 사용하여 작업하는 운전자 또는 작업자가 보기 쉬운 곳에 해당 기계의 정격하중, 운전속도, 경고표시 등을 부착하여야 한다. 다만, 달기구는 정격하중만 표시한다.

정답 ④

59 프레스 금형 부착·해체작업 시 슬라이드의 낙하를 방지하기 위하여 설치하는 것은?

① 슈트
② 키록
③ 안전블록
④ 스트리퍼

해설

금형조정작업의 위험 방지(산업안전보건기준에 관한 규칙 제104조)
사업주는 프레스 등의 금형을 부착·해체 또는 조정하는 작업을 할 때에 해당 작업에 종사하는 근로자의 신체가 위험한계 내에 있는 경우 슬라이드가 갑자기 작동함으로써 근로자에게 발생할 우려가 있는 위험을 방지하기 위하여 안전블록을 사용하는 등 필요한 조치를 하여야 한다.

정답 ③

60 어떤 로프의 최대하중이 700N이고, 정격하중은 100N이다. 이때 안전계수는 얼마인가?

① 5
② 6
③ 7
④ 8

해설

$$안전계수 = \frac{최대하중}{정격하중}$$

$$\frac{700}{100} = 7N$$

정답 ③

제4과목 전기설비 안전관리

61 흡수성이 강한 물질은 가습에 의한 부도체의 정전기 대전방지 효과의 성능이 좋다. 이러한 작용을 하는 기를 갖는 물질로 옳지 않은 것은?

① OH
② C_6H_6
③ NH_2
④ COOH

해설

② 벤젠(C_6H_6)은 비극성 물질로 수분을 흡착하지 못해 정전기 방지 효과가 없다.

정답 ②

62 근로자가 노출된 충전부 또는 그 부근에서 작업함으로써 감전될 우려가 있는 경우에는 작업에 들어가기 전에 해당 전로를 차단하여야 하나 전로를 차단하지 않아도 되는 예외 기준이 있다. 그 예외 기준으로 옳지 않은 것은?

① 생명유지장치, 비상경보설비, 폭발위험장소의 환기설비, 비상조명설비 등의 장치·설비의 가동이 중지되어 사고의 위험이 증가되는 경우
② 관리감독자를 배치하여 짧은 시간 내에 작업을 완료할 수 있는 경우
③ 기기의 설계상 또는 작동상 제한으로 전로차단이 불가능한 경우
④ 감전, 아크 등으로 인한 화상, 화재·폭발의 위험이 없는 것으로 확인된 경우

해설

정전전로에서의 전기작업(산업안전보건기준에 관한 규칙 제319조)
근로자가 노출된 충전부 또는 그 부근에서 작업함으로써 감전될 우려가 있는 경우에는 작업에 들어가기 전에 해당 전로를 차단하여야 한다. 다만, 다음의 경우에는 그러하지 아니하다.
• 생명유지장치, 비상경보설비, 폭발위험장소의 환기설비, 비상조명설비 등의 장치·설비의 가동이 중지되어 사고의 위험이 증가되는 경우
• 기기의 설계상 또는 작동상 제한으로 전로차단이 불가능한 경우
• 감전, 아크 등으로 인한 화상, 화재·폭발의 위험이 없는 것으로 확인된 경우

정답 ②

63
폭연성 먼지 또는 화약류의 분말이 전기설비가 발화원이 되어 폭발할 우려가 있는 곳에 시설하는 저압 옥내 전기설비의 공사 방법으로 옳은 것은?

① 금속관 공사
② 합성수지관 공사
③ 가요전선관 공사
④ 캡타이어 케이블 공사

해설

폭연성 먼지 위험장소(한국전기설비규정 242.2.1)
폭연성 먼지(마그네슘 · 알루미늄 · 티탄 · 지르코늄 등의 먼지가 쌓여 있는 상태에서 불이 붙었을 때에 폭발할 우려가 있는 것을 말한다. 이하 같다) 또는 화약류의 분말이 전기설비가 발화원이 되어 폭발할 우려가 있는 곳에 시설하는 저압 옥내 전기설비(사용전압이 400V 초과인 방전등을 제외)는 다음에 따르고 또한 위험의 우려가 없도록 시설하여야 한다.
• 저압 옥내배선, 저압 관등회로 배선 및 241.14에서 규정하는 소세력 회로의 전선은 금속관 공사 또는 케이블 공사(캡타이어 케이블을 사용하는 것을 제외)에 의할 것

정답 ①

64
피부의 전기저항 연구에 의하면 인체의 피부 중 1~2mm² 정도의 적은 부분은 전기 자극에 의해 신경이 이상적으로 흥분하여 다량의 피부지방이 분비되기 때문에 그 부분의 전기저항이 1/10 정도로 적어지는 피전점(皮電点)이 존재한다고 한다. 이러한 피전점이 존재하는 부분은?

① 머리
② 손등
③ 손바닥
④ 발바닥

해설

피전점이란 인체의 전기저항이 약한 부분을 의미하며 대표적으로는 턱, 볼, 손등, 정강이 등이 해당된다.

정답 ②

65
대지를 접지로 이용하는 이유 중 가장 옳은 것은?

① 대지는 토양의 주성분이 규소(SiO_2)이므로 저항이 영(0)에 가깝다.
② 대지는 토양의 주성분인 산화알미늄(Al_2O_3)이므로 저항이 영(0)에 가깝다.
③ 대지는 철분을 많이 포함하고 있기 때문에 전류를 잘 흘릴 수 있다.
④ 대지는 넓어서 무수한 전류통로가 있기 때문에 저항이 영(0)에 가깝다.

해설

④ 대지는 넓게 퍼져 있기 때문에 전류가 흘러갈 경로(전류통로)가 많아, 대지 전체로 보면 저항이 극히 작아지고 실제로 0에 가까워 접지저항이 매우 낮아진다.

정답 ④

66
Dalziel에 의하여 동물실험을 통해 얻어진 전류값을 인체에 적용했을 때 심실세동을 일으키는 전기에너지(J)는?(단, 인체의 전기저항 R은 500Ω으로 보며, 흐르는 전류 I는 $\frac{165}{\sqrt{T}}$ mA, 통전시간 T는 1초이다)

① 9.8
② 13.6
③ 19.6
④ 27

해설

위험한계에너지
$Q = I^2RT$
$= \left(\frac{165}{\sqrt{1}} \times 10^{-3}\right)^2 \times 500 \times 1$
$= 13.6125 J$

정답 ②

67
접지 목적에 따른 분류에서 병원설비의 의료용 전기전자(M·E)기기와 모든 금속 부분 또는 도전 바닥에도 접지하여 전위를 동일하게 하기 위한 접지를 무엇이라 하는가?

① 계통 접지
② 등전위 접지
③ 노이즈 방지용 접지
④ 정전기 장해방지 이용 접지

해설

등전위 접지 : 모든 도전성 부분을 전기적으로 연결하여 동일한 전위를 유지함으로써 전위차로 인한 전류 흐름을 방지하고, 감전 등의 위험을 예방하는 접지 방식을 의미한다. 병원에서는 다양한 전기적 장비와 환자가 연결되기 때문에 기기들 간의 전위차로 인해서 감전 등이 발생하는 것을 예방하기 위해 등전위 접지를 사용한다.
※ 한국전기설비규정 242.10.4

정답 ②

68
피뢰기의 설치장소로 옳지 않은 것은?(단, 직접 접속하는 전선이 짧은 경우 및 피보호기기가 보호 범위 내에 위치하는 경우가 아니다)

① 저압을 공급받는 수용장소의 인입구
② 지중전선로와 가공전선로가 접속되는 곳
③ 가공전선로에 접속하는 배전용 변압기의 고압측
④ 발전소 또는 변전소의 가공전선 인입구 및 인출구

해설

피뢰기의 시설(한국전기설비규정 341.13)
- 발전소·변전소 또는 이에 준하는 장소의 가공전선 인입구 및 인출구
- 특고압 가공전선로에 접속하는 341.2의 배전용 변압기의 고압측 및 특고압측
- 고압 및 특고압 가공전선로로부터 공급을 받는 수용장소의 인입구
- 가공전선로와 지중전선로가 접속되는 곳

정답 ①

69
다음 중 방전의 분류로 옳지 않은 것은?

① 연면 방전
② 불꽃 방전
③ 코로나 방전
④ 스프레이 방전

해설

방전의 종류 : 연면 방전, 불꽃(스파크) 방전, 코로나 방전, 스트리머 방전 등

정답 ④

70
1종 위험장소로 분류되지 않는 것은?

① floating roof tank상의 shell 내의 부분
② 인화성 액체의 용기 내부의 액면 상부의 공간부
③ 점검수리 작업에서 가연성 가스 또는 증기를 방출하는 경우의 밸브 부근
④ 탱크로리, 드럼관 등이 인화성 액체를 충전하고 있는 경우의 개구부 부근

해설

② 0종 위험장소 : 폭발성 가스 또는 증기가 폭발 가능한 농도로 지속적으로 존재하는 지역을 말하며, 인화성 액체 및 가스의 탱크, 배관, 취급설비의 내부 등이 이에 해당된다.

1종 위험장소 분류
- 탱크로리, 드럼관 등에서 인화성 액체를 충전하는 경우 개구부 부근
- 릴리브 밸브가 작동하여 가연성 가스를 가끔 방출하는 경우
- 점검 및 수리작업 시 가연성 가스나 증기를 방출하는 경우의 밸브 부근
- 환기가 되지 않는 실내에서 가연성 가스 또는 증기가 방출된 염려가 있는 경우

정답 ②

71 저압 전기기기의 누전으로 인한 감전재해의 방지대책으로 옳지 않은 것은?

① 보호접지
② 안전전압의 사용
③ 비접지식 전로의 채용
④ 배선용 차단기(MCCB)의 사용

해설
MCCB(배선용 차단기) : 과전류 및 단락 등이 발생하여 전류의 흐름이 증가하였을 때 자동적으로 전로를 차단하는 장치

정답 ④

72 감전사고를 방지하기 위한 방법으로 옳지 않은 것은?

① 전기기기 및 설비의 위험부에 위험표지 부착
② 전기설비에 대한 누전차단기 설치
③ 전기기기에 대한 정격표시
④ 무자격자는 전기기계 및 기구에 전기적인 접촉 금지

해설
③ 전기기기에 대한 정격표시는 감전사고를 방지하기 위한 조치가 아니며 기기를 보호하기 위한 수단이다.
감전사고 예방대책
• 전기기기 및 설비의 위험부에 위험표지 부착
• 누전으로 인한 감전을 예방하기 위해 누전차단기 설치
• 무자격자는 전기기계 및 기구에 접촉할 수 없도록 조치
• 전기 취급자에는 절연용 보호구를 착용하도록 조치
• 접지를 통해 누설전류로 인한 감전예방

정답 ③

73 접지계통 분류에서 TN 접지방식으로 옳지 않은 것은?

① TN-S 방식
② TN-C 방식
③ TN-T 방식
④ TN-C-S 방식

해설
TN 계통 방식
• TN-S
• TN-C
• TN-C-S

정답 ③

74 샤워시설이 있는 욕실에 콘센트를 시설하고자 한다. 이때 설치되는 인체감전보호용 누전차단기의 정격감도전류는 몇 mA 이하인가?

① 5
② 15
③ 30
④ 60

해설
욕조나 샤워시설이 있는 욕실 또는 화장실 등 인체가 물에 젖어 있는 환경에서의 인체감전보호용 누전차단기 설치 기준(한국전기설비규정 234.5)
정격감도전류 15mA 이하, 동작시간 0.03초 이하

정답 ②

75
인체저항이 5,000Ω이고, 전류가 3mA가 흘렀다. 인체의 정전용량이 0.1μF라면 인체에 대전된 정전하는 몇 μC인가?

① 0.5
② 1.0
③ 1.5
④ 2.0

해설

$Q = CV$
$V = IR$
여기서, 인체저항(R) : 5,000Ω
전류(I) : 3mA=0.003A
인체의 정전용량(C) : 0.1μF
따라서, $V = IR = 0.003A \times 5,000 = 15V$
$Q = CV = 0.1\mu F \times 15V = 1.5\mu C$

정답 ③

76
내압 방폭구조는 다음 중 어느 경우에 가장 가까운가?

① 점화능력의 본질적 억제
② 점화원의 방폭적 격리
③ 전기설비의 안전도 증강
④ 전기설비의 밀폐화

해설

내압 방폭구조 : 내부의 폭발이 외부의 가연성 물질을 점화할 수 없도록 안전간극을 사용한 구조로, 폭발이 내부에서 일어나도 설비 외부에 점화가 전파되지 않도록 격리하는 것이 특징이다.

정답 ②

77
인체통전으로 인한 전격(electric shock)의 정도를 정함에 있어 그 인자로서 가장 거리가 먼 것은?

① 전압의 크기
② 통전시간
③ 전류의 크기
④ 통전경로

해설

1차 감전위험요소
- 통전시간
- 통전전류의 크기
- 통전경로
- 통전전원의 종류

정답 ①

78
다음 ( ) 안에 들어갈 내용으로 옳은 것은?

- 감전 시 인체에 흐르는 전류는 인가전압에 (㉠)하고 인체저항에 (㉡)한다.
- 인체에 대한 전류의 열작용은 (㉢)×(㉣)이 어느 정도 이상이 되면 발생한다.

① ㉠ 비례 ㉡ 반비례
  ㉢ 전류의 세기 ㉣ 시간
② ㉠ 반비례 ㉡ 비례
  ㉢ 전류의 세기 ㉣ 시간
③ ㉠ 비례 ㉡ 반비례
  ㉢ 전압 ㉣ 시간
④ ㉠ 반비례 ㉡ 비례
  ㉢ 전압 ㉣ 시간

해설

- $I(전류) = \dfrac{V(전압)}{R(저항)}$: 전류는 인가전압에 비례하고 인체저항에 반비례한다.
- $Q(열량, J) = I^2(전류) \times R(저항) \times T(시간)$: 전류의 열작용은 전류의 세기×시간이 어느 정도 이상이 되면 발생한다.

정답 ①

79 정전기 발생의 일반적인 종류로 옳지 않은 것은?

① 마찰
② 중화
③ 박리
④ 유동

해설
정전기 발생현상 분류 : 마찰대전, 박리대전, 유동대전, 분출대전, 유도대전, 충돌대전, 교반·침강대전, 파괴대전

정답 ②

80 심장의 맥동주기 중 어느 때에 전격이 인가되면 심실세동을 일으킬 확률이 크고 위험한가?

① 심방의 수축이 있을 때
② 심실의 수축이 있을 때
③ 심실의 수축 종료 후 심실의 휴식이 있을 때
④ 심실의 수축이 있고 심방의 휴식이 있을 때

해설
③ 심실의 이완(휴식)이 있을 때 외부 전류가 가해지면 심실세동이 유발될 확률이 가장 크다.

정답 ③

제5과목 화학설비 안전관리

81 20℃, 1기압의 공기를 5기압으로 단열압축하면 공기의 온도는 약 몇 ℃인가?(단, 공기의 비열비는 1.4이다)

① 32
② 191
③ 305
④ 464

해설
단열압축 시 공기의 온도(T_2)

$$\frac{T_2}{T_1} = \left(\frac{P_2}{P_1}\right)^{\frac{r-1}{r}}$$

여기서, T_1 : 초기절대온도(K)
P_1 : 초기압력
P_2 : 최종압력
r : 비열비

$$\frac{T_2}{273+20} = \left(\frac{5}{1}\right)^{\frac{1.4-1}{1.4}}$$

$T_2 \fallingdotseq 464.1K$

절대온도를 섭씨온도로 변환하면 다음과 같다.
464 - 273 = 191℃

정답 ②

82 연소에 관한 설명으로 옳지 않은 것은?

① 인화점이 상온보다 낮은 가연성 액체는 상온에서 인화의 위험이 있다.
② 가연성 액체를 발화점 이상으로 공기 중에서 가열하면 별도의 점화원이 없어도 발화할 수 있다.
③ 가연성 액체는 가열되어 완전 열분해되지 않으면 착화원이 있어도 연소하지 않는다.
④ 열전도도가 클수록 연소하기 어렵다.

해설
③ 가연성 액체는 착화원이 있으면 연소가 가능하다.

정답 ③

83
다음 중 분진이 발화 폭발하기 위한 조건으로 거리가 먼 것은?

① 불연성질
② 미분상태
③ 점화원의 존재
④ 지연성 가스 중에서의 교반과 운동

해설
① 불연성질은 쉽게 불이 붙지 않는 성질을 말하는 것으로 분진의 발화 폭발과는 관계가 없다.

정답 ①

84
다음 중 flashover의 방지(지연)대책으로 가장 적정한 것은?

① 출입구 개방 전 외부 공기 유입
② 실내의 가열
③ 가연성 건축자재 사용
④ 개구부의 제한

해설
④ 산소 유입을 제한할 수 있는 개구부의 제한이 flashover 방지(지연)에 가장 적절하다.
① 산소가 유입되어 연소를 촉진한다.
② 실내 온도를 상승시켜 flashover를 유발한다.
③ 가연성 건축자재는 화재 확산에 취약하다.

정답 ④

85
인화성 액체 위험물을 액체상태로 저장하는 저장탱크를 설치할 때, 위험물질이 누출되어 확산되는 것을 방지하기 위하여 설치해야 하는 것은?

① 방유제
② 유막시스템
③ 방폭제
④ 수막시스템

해설
방유제 설치(산업안전보건기준에 관한 규칙 제272조)
위험물을 액체상태로 저장하는 저장탱크를 설치하는 경우에는 위험물질이 누출되어 확산되는 것을 방지하기 위하여 방유제를 설치하여야 한다.

정답 ①

86
다음 중 설비의 주요 구조 부분을 변경함으로써 공정안전보고서를 제출하여야 하는 경우로 옳지 않은 것은?

① 플레어스택을 설치 또는 변경하는 경우
② 가스누출감지경보기를 교체 또는 추가로 설치하는 경우
③ 변경된 생산설비 및 부대설비의 해당 전기정격용량이 300kW 이상 증가한 경우
④ 생산량의 증가, 원료 또는 제품의 변경을 위하여 반응기(관련 설비 포함)를 교체 또는 추가로 설치하는 경우

해설
설비의 주요 구조 부분을 변경함으로써 공정안전보고서를 제출하여야 하는 경우(공정안전보고서의 제출·심사·확인 및 이행상태평가 등에 관한 규정 제2조)
- 반응기를 교체(같은 용량과 형태로 교체되는 경우는 제외)하거나 추가로 설치하는 경우 또는 이미 설치된 반응기를 변형하여 용량을 늘리는 경우
- 생산설비 및 부대설비(유해·위험물질의 누출·화재·폭발과 무관한 자동화창고·조명설비 등은 제외)가 교체 또는 추가되어 늘어나게 되는 전기정격용량의 총합이 300kW 이상인 경우(다만, 단위공장 내 심사 완료된 설비와 같은 제조사의 같은 모델로서 같은 종류 이내의 물질을 취급하는 설비는 제외)
- 플레어스택(flare stack)을 설치 또는 변경하는 경우

정답 ②

87
Burgess-Wheeler의 법칙에 따라 서로 유사한 탄화수소계의 가스에서 폭발하한계의 농도(vol%)와 연소열(kcal/mol)의 곱의 값은 약 얼마인가?

① 1,100
② 2,800
③ 3,200
④ 3,800

해설
Burgess-Wheeler(버제스-휠러)의 법칙
연소열(kcal/mol) × 폭발하한계의 농도(vol%) = 1,100

정답 ①

88
공기 중에서 A가스의 폭발하한계는 2.2vol%이다. 이 폭발하한계값을 기준으로 하여 표준 상태에서 A가스와 공기의 혼합기체 1m³에 함유되어 있는 A가스의 질량을 구하면 약 몇 g인가?(단, A가스의 분자량은 26이다)

① 19.02
② 25.54
③ 29.02
④ 35.54

해설
공기 1m³에서 폭발하한계가 2.2vol%이므로 A가스의 부피는 다음과 같다.
1,000(1m³ = 1,000L) × 0.022 = 22L
그리고 비례식으로 계산하면, 22.4L : 26g = 22L : X
※ 표준상태(22.4L)인 경우 분자량은 26이기에 22L일 때 X(분자량)를 비례식으로 놓는다.
따라서, $X = \dfrac{26g \times 22L}{22.4L} = 25.54g$

정답 ②

89
다음 중 관로의 방향을 변경하는 데 가장 적합한 것은?

① 소켓
② 엘보
③ 유니언
④ 플러그

해설
①・③ 두 개의 관을 연결할 때
④ 유로를 차단할 때

정답 ②

90
다음 중 전기화재의 종류에 해당하는 것은?

① A급
② B급
③ C급
④ D급

해설
화재급수
- A급 : 일반화재
- B급 : 유류화재
- C급 : 전기화재
- D급 : 금속화재
- E급 : 가스화재
- K급 : 주방화재

정답 ③

91
산업안전보건법령상 위험물질의 종류와 해당물질의 연결이 옳은 것은?

① 폭발성 물질 : 마그네슘 분말
② 인화성 고체 : 중크롬산
③ 산화성 물질 : 나이트로소화합물
④ 인화성 가스 : 에테인

해설
위험물질의 종류(산업안전보건기준에 관한 규칙 별표 1)
- 물반응성 물질 및 인화성 고체 : 마그네슘 분말
- 산화성 액체 및 산화성 고체 : 중크롬산
- 폭발성 물질 및 유기과산화물 : 나이트로소화합물
- 인화성 가스 : 에테인

정답 ④

92 아세톤에 대한 설명으로 옳지 않은 것은?

① 증기는 유독하므로 흡입하지 않도록 주의해야 한다.
② 무색이고 휘발성이 강한 액체이다.
③ 비중이 0.79이므로 물보다 가볍다.
④ 인화점이 20℃이므로 여름철에 더 인화위험이 높다.

해설
④ 아세톤의 인화점은 -20℃이다.

정답 ④

93 독성 가스에 속하지 않는 것은?

① 암모니아 ② 황화수소
③ 포스겐   ④ 질소

해설
④ 질소는 독성 가스에 속하지 않는다(고압가스 안전관리법 시행규칙 제2조).

정답 ④

94 다음 중 분진폭발에 관한 설명으로 옳지 않은 것은?

① 가스폭발에 비해 연소시간이 짧고, 발생에너지가 작다.
② 최초의 부분적인 폭발이 분진의 비산으로 2차, 3차 폭발로 파급되어 피해가 커진다.
③ 가스에 비하여 불완전 연소를 일으키기 쉬우므로 연소 후 가스에 의한 중독 위험이 있다.
④ 폭발 시 입자가 비산하므로 이것에 부딪히는 가연물로 국부적으로 탄화를 일으킬 수 있다.

해설
① 분진폭발은 가스폭발보다 연소시간은 길고 발생에너지, 폭발압력이 크며 불완전연소하여 일산화탄소로 인한 중독이 발생한다는 특징이 있다.

정답 ①

95 비점이 낮은 액체 저장탱크 주위에 화재가 발생했을 때 저장탱크 내부의 비등현상으로 인한 압력상승으로 탱크가 파열되어 그 내용물이 증발, 팽창하면서 발생되는 폭발현상은?

① back draft   ② BLEVE
③ flash over   ④ UVCE

해설
블레비(BLEVE) 현상 : 인화점이나 비점이 낮은 인화성 액체(유류)가 가득 차 있지 않은 저장탱크 주위에 화재가 발생하여 저장탱크 벽면이 장시간 화염에 노출되면 윗부분의 온도가 매우 상승하여 재질의 인장력이 저하되고, 내부의 비등현상으로 인한 압력상승으로 저장탱크 벽면이 파열되어 블레비 현상을 일으키게 된다.

정답 ②

96 화학설비 가운데 분체화학물질 분리장치에 해당하지 않는 것은?

① 건조기
② 분쇄기
③ 유동탑
④ 결정조

해설
화학설비의 종류(산업안전보건기준에 관한 규칙 별표 7)
- 반응기·혼합조 등 화학물질 반응 또는 혼합장치
- 증류탑·흡수탑·추출탑·감압탑 등 화학물질 분리장치
- 저장탱크·계량탱크·호퍼·사일로 등 화학물질 저장설비 또는 계량설비
- 응축기·냉각기·가열기·증발기 등 열교환기류
- 고로 등 점화기를 직접 사용하는 열교환기류
- 캘린더(calender)·혼합기·발포기·인쇄기·압출기 등 화학제품 가공설비
- 분쇄기·분체분리기·용융기 등 분체화학물질 취급장치
- 결정조·유동탑·탈습기·건조기 등 분체화학물질 분리장치
- 펌프류·압축기·이젝터(ejector) 등 화학물질 이송 또는 압축설비

정답 ②

97. 다음 중 자연발화 방지법으로 적절하지 않은 것은?

① 통풍을 잘 시킬 것
② 습도가 높은 곳에 저장할 것
③ 저장실의 온도 상승을 피할 것
④ 공기가 접촉되지 않도록 불활성 물질 중에 저장할 것

해설

자연발화 예방대책
- 가연성 물질의 제거
- 적절한 통풍이나 환기(열의 축적 방지)
- 저장실 온도를 낮출 것
- 습도가 높은 곳에 저장하지 않을 것
- 산소와 접촉면적을 최소화

※ 자연발화 : 어떤 물질이 외부로부터 열원이 없어도 상온의 공기 중에서 스스로 산화반응을 일으켜 발화하는 것을 말한다.

정답 ②

98. 나이트로셀룰로스의 취급 및 저장방법에 관한 설명으로 옳지 않은 것은?

① 저장 중 충격과 마찰 등을 방지하여야 한다.
② 물과 격렬히 반응하여 폭발함으로 습기를 제거하고, 건조 상태를 유지한다.
③ 자연발화 방지를 위하여 안전용제를 사용한다.
④ 화재 시 질식소화는 적응성이 없으므로 냉각소화를 한다.

해설

② 나이트로셀룰로스(질화면)는 건조 상태에서는 자연적으로 분해하여 폭발위험이 있기 때문에 에틸알코올 등을 이용하여 표면을 적셔 보관한다.

정답 ②

99. 사업주는 산업안전보건기준에 관한 규칙에서 정한 위험물을 기준량 이상으로 제조하거나 취급하는 특수화학설비를 설치하는 경우에는 내부의 이상상태를 조기에 파악하기 위하여 필요한 온도계·유량계·압력계 등의 계측장치를 설치하여야 한다. 이때 위험물질별 기준량으로 옳은 것은?

① 뷰테인 – $25m^3$
② 뷰테인 – $150m^3$
③ 사이안화수소 – 5kg
④ 사이안화수소 – 200kg

해설

위험물의 기준량(산업안전보건기준에 관한 규칙 별표 9)
- 뷰테인 : $50m^3$
- 사이안화수소 : 5kg

정답 ③

100. 열교환기의 열교환 능률을 향상시키기 위한 방법으로 옳지 않은 것은?

① 유체의 유속을 적절하게 조절한다.
② 유체의 흐르는 방향을 병류로 한다.
③ 열교환하는 유체의 온도차를 크게 한다.
④ 열전도율이 높은 재료를 사용한다.

해설

② 유체의 흐르는 방향을 향류로 한다.
- 병류 : 두 유체가 흐르는 방향이 같은 경우를 말한다.
- 향류 : 두 유체 사이에서 열의 이동이나 물질의 이동이 있는 경우 두 유체가 흐르는 방향이 반대인 것을 말한다.

정답 ②

제6과목 건설공사 안전관리

101 토질시험(soil test)방법 중 전단시험에 해당하지 않는 것은?

① 1면전단시험
② 베인테스트
③ 일축압축시험
④ 투수시험

해설
④ 투수시험 : 흙의 투수성을 살피는 것으로 물이 침투해 가는 속도를 살피는 시험이다.

정답 ④

102 추락방지용 방망의 그물코의 크기가 10cm인 매듭 있는 방망의 신품에 대한 인장강도는 몇 kg 이상이어야 하는가?

① 80
② 110
③ 150
④ 200

해설
방망사의 신품에 대한 인장강도(추락재해방지 표준안전 작업지침 제5조)

그물코의 크기(cm)	방망의 종류(kg)	
	매듭 없는 방망	매듭 방망
10	240	200
5		110

정답 ④

103 토사 붕괴 재해를 방지하기 위한 흙막이 지보공 설비를 구성하는 부재와 거리가 먼 것은?

① 말뚝
② 버팀대
③ 띠장
④ 턴버클

해설
조립도(산업안전보건기준에 관한 규칙 제346조)
• 사업주는 흙막이 지보공을 조립하는 경우 미리 그 구조를 검토한 후 조립도를 작성하여 그 조립도에 따라 조립하도록 해야 한다.
• 위의 조립도는 흙막이판·말뚝·버팀대 및 띠장 등 부재의 배치·치수·재질 및 설치방법과 순서가 명시되어야 한다.

정답 ④

104 표면장력이 흙입자의 이동을 막고 조밀하게 다져지는 것을 방해하는 현상과 관계 깊은 것은?

① 흙의 압밀(consolidation)
② 흙의 침하(settlement)
③ 벌킹(bulking)
④ 과다짐(over compaction)

해설
벌킹(bulking) : 모래 또는 실트가 물에 약간 머물고 있을 때 느슨한 상태가 되어 건조한 경우에 비해 체적이 증가하는 증상으로 흙입자의 이동을 막고 조밀하게 다져지는 것을 방해한다.

정답 ③

105 가설구조물에서 많이 발생하는 중대 재해의 유형으로 가장 거리가 먼 것은?

① 도괴재해
② 낙하물에 의한 재해
③ 굴착기계와의 접촉에 의한 재해
④ 추락재해

해설
가설구조물의 주된 재해 유형
• 가설구조물 위에서 작업 시 추락
• 가설구조물 해체, 조립 중 부재나 자재가 떨어져 작업자와 충돌 등

정답 ③

106 와이어로프를 달비계에 사용할 때의 사용금지 기준으로 옳지 않은 것은?

① 이음매가 있는 것
② 꼬인 것
③ 지름의 감소가 공칭지름의 5%를 초과하는 것
④ 와이어로프의 한 꼬임에서 끊어진 소선의 수가 10% 이상인 것

해설

달비계의 구조(산업안전보건기준에 관한 규칙 제63조)
다음 어느 하나에 해당하는 와이어로프를 달비계에 사용해서는 아니 된다.
- 이음매가 있는 것
- 와이어로프의 한 꼬임[스트랜드(strand)를 말한다. 이하 같다]에서 끊어진 소선[필러(pillar)선은 제외]의 수가 10% 이상(비자전로프의 경우에는 끊어진 소선의 수가 와이어로프 호칭지름의 6배 길이 이내에서 4개 이상이거나 호칭지름 30배 길이 이내에서 8개 이상)인 것
- 지름의 감소가 공칭지름의 7%를 초과하는 것
- 꼬인 것
- 심하게 변형되거나 부식된 것
- 열과 전기충격에 의해 손상된 것

정답 ③

107 다음은 가설통로를 설치하는 경우의 준수사항이다. ( ) 안에 알맞은 숫자를 고르면?

> 건설공사에 사용하는 높이 8m 이상인 비계다리에는 ( )m 이내마다 계단참을 설치할 것

① 7   ② 6
③ 5   ④ 4

해설

가설통로의 구조(산업안전보건기준에 관한 규칙 제23조)
건설공사에 사용하는 높이 8m 이상인 비계다리에는 7m 이내마다 계단참을 설치할 것

정답 ①

108 크레인을 사용하여 작업할 때 작업 시작 전 점검사항으로 옳지 않은 것은?

① 권과방지장치·브레이크·클러치 및 운전장치의 기능
② 방호장치의 이상 유무
③ 와이어로프가 통하고 있는 곳의 상태
④ 주행로의 상측 및 트롤리가 횡행하는 레일의 상태

해설

작업 시작 전 점검사항(산업안전보건기준에 관한 규칙 별표 3)
크레인을 사용하여 작업을 하는 경우
- 권과방지장치·브레이크·클러치 및 운전장치의 기능
- 주행로의 상측 및 트롤리(trolley)가 횡행하는 레일의 상태
- 와이어로프가 통하고 있는 곳의 상태

정답 ②

109 표준관입시험에 관한 설명으로 옳지 않은 것은?

① N치(N-value)는 지반을 30cm 굴진하는 데 필요한 타격횟수를 의미한다.
② N치가 4~10일 경우 모래의 상대밀도는 매우 단단한 편이다.
③ 63.5kg 무게의 추를 76cm 높이에서 자유낙하하여 타격하는 시험이다.
④ 사질지반에 적용하며, 점토지반에서는 편차가 커서 신뢰성이 떨어진다.

해설

표준관입시험은 63.5kg 무게의 추를 76cm 높이에서 자유낙하하여 타격하는 시험으로 타격횟수 N치를 구하여 지반의 특성(전단강도 등)을 확인하는 시험을 말한다. N치가 4~10인 경우에는 연약지반으로 분류된다.

정답 ②

110 옥외에 설치되어 있는 주행 크레인에 대하여 이탈방지장치를 작동시키는 등 이탈을 방지하기 위한 조치를 하여야 하는 풍속기준으로 옳은 것은?

① 순간풍속이 20m/s를 초과할 때
② 순간풍속이 25m/s를 초과할 때
③ 순간풍속이 30m/s를 초과할 때
④ 순간풍속이 35m/s를 초과할 때

해설
폭풍에 의한 이탈 방지(산업안전보건기준에 관한 규칙 제140조)
사업주는 순간풍속이 30m/s를 초과하는 바람이 불어올 우려가 있는 경우 옥외에 설치되어 있는 주행 크레인에 대하여 이탈방지장치를 작동시키는 등 이탈 방지를 위한 조치를 하여야 한다.

정답 ③

112 외줄비계·쌍줄비계 또는 돌출비계는 벽이음 및 버팀을 설치하여야 하는데 강관비계 중 단관비계로 설치할 때의 조립간격으로 옳은 것은?(단, 수직 방향, 수평 방향의 순서이다)

① 4m, 4m
② 5m, 5m
③ 5.5m, 7.5m
④ 6m, 8m

해설
강관비계의 조립간격(산업안전보건기준에 관한 규칙 별표 5)

강관비계의 종류	조립간격(m)	
	수직 방향	수평 방향
단관비계	5	5
틀비계(높이가 5m 미만인 것은 제외)	6	8

※ 산업안전보건기준에 관한 규칙 제59조 참고

정답 ②

111 권상용 와이어로프의 절단하중이 200ton일 때 와이어로프에 걸리는 최대하중은?(단, 안전계수는 5이다)

① 1,000ton
② 400ton
③ 100ton
④ 40ton

해설
안전계수 = $\dfrac{절단하중}{최대하중}$

최대하중 = $\dfrac{200}{5}$ = 40

정답 ④

113 다음 중 방망에 표시해야 할 사항이 아닌 것은?

① 제조자명
② 제조연월
③ 재봉치수
④ 방망의 신축성

해설
표시(추락재해방지 표준안전작업지침 제13조)
방망에는 보기 쉬운 곳에 다음의 사항을 표시하여야 한다.
• 제조자명
• 제조연월
• 재봉치수
• 그물코
• 신품인 때의 방망의 강도

정답 ④

114
다음은 말비계를 조립하여 사용하는 경우에 관한 준수사항이다. ( ) 안에 들어갈 내용으로 옳은 것은?

- 지주부재와 수평면의 기울기를 (A)° 이하로 하고, 지주부재와 지주부재 사이를 고정시키는 보조부재를 설치할 것
- 말비계의 높이가 2m를 초과하는 경우에는 작업발판의 폭을 (B)cm 이상으로 할 것

① A : 75, B : 30
② A : 75, B : 40
③ A : 85, B : 30
④ A : 85, B : 40

해설
말비계(산업안전보건기준에 관한 규칙 제67조)
사업주는 말비계를 조립하여 사용하는 경우에 다음 사항을 준수하여야 한다.
- 지주부재(支柱部材)의 하단에는 미끄럼 방지장치를 하고, 근로자가 양측 끝부분에 올라서서 작업하지 않도록 할 것
- 지주부재와 수평면의 기울기를 75° 이하로 하고, 지주부재와 지주부재 사이를 고정시키는 보조부재를 설치할 것
- 말비계의 높이가 2m를 초과하는 경우에는 작업발판의 폭을 40cm 이상으로 할 것

정답 ②

115
히빙(heaving)현상 방지대책으로 옳지 않은 것은?

① 소단굴착을 실시하여 소단부 흙의 중량이 바닥을 누르게 한다.
② 흙막이 벽체 배면의 지반을 개량하여 흙의 전단강도를 높인다.
③ 부풀어 솟아오르는 바닥면의 토사를 제거한다.
④ 흙막이 벽체의 근입깊이를 깊게 한다.

해설
히빙현상 : 흙막이벽 내·외의 흙의 중량 차이로 인하여 흙막이 바깥에 있는 흙이 안으로 밀려들어 볼록하게 되는 현상을 말한다. 부풀어 솟아오르는 바닥면의 토사를 제거하면 저면이 더 쉽게 올라올 수 있어 일반적으로 적절한 방지대책으로 보기 어렵다.

정답 ③

116
물로 포화된 점토에 다지기를 하면 압축하중으로 지반이 침하하는데, 이로 인하여 간극수압이 높아져 물이 배출되면서 흙의 간극이 감소하는 현상을 무엇이라고 하는가?

① 액상화
② 압밀
③ 예민비
④ 동상현상

해설
② 압밀 : 포화된 점토에서 하중에 의해 물이 빠져나오고 체적이 줄어드는 현상을 의미한다.

정답 ②

117
굴착기계의 운행 시 안전대책으로 옳지 않은 것은?

① 버킷에 사람의 탑승을 허용해서는 안 된다.
② 운전반경 내에 사람이 있을 때 회전은 10rpm 이하의 느린 속도로 하여야 한다.
③ 장비의 주차 시 경사지나 굴착작업장으로부터 충분히 이격시켜 주차한다.
④ 전선이나 구조물 등에 인접하여 붐을 선회해야 할 작업에는 사전에 회전반경, 높이 제한 등 방호조치를 강구한다.

해설
② 운전반경 내에 사람이 있는 경우에는 운행을 중지하여야 한다.

정답 ②

118 산업안전보건법령에 따른 거푸집 및 동바리를 조립하는 경우 준수사항으로 옳지 않은 것은?

① 개구부 상부에 동바리를 설치하는 경우에는 상부하중을 견딜 수 있는 견고한 받침대를 설치할 것
② 동바리의 이음은 같은 품질의 재료를 사용할 것
③ 강재의 접속부 및 교차부는 철선을 사용하여 단단히 연결할 것
④ 거푸집이 곡면인 경우에는 버팀대의 부착 등 그 거푸집의 부상(浮上)을 방지하기 위한 조치를 할 것

해설
③ 강재의 접속부 및 교차부는 볼트·클램프 등 전용철물을 사용하여 단단히 연결할 것(산업안전보건기준에 관한 규칙 제332조)
①·② 산업안전보건기준에 관한 규칙 제332조
④ 산업안전보건기준에 관한 규칙 제331조의2

정답 ③

119 다음 토공기계 중 굴착기계와 가장 관계있는 것은?

① clamshell
② road roller
③ shovel loader
④ belt conveyer

해설
① 클램셸(clamshell) : 좁고 깊은 장소를 굴착하는 굴착기계로 주로 부드러운 지반의 굴착이나 수중 준설에 사용된다.

정답 ①

120 지반조사의 목적으로 옳지 않은 것은?

① 토질의 성질 파악
② 지층의 분포 파악
③ 지하수위 및 피압수 파악
④ 구조물의 편심에 의한 적절한 침하 유도

해설
지반조사 : 지반의 공학적 특성을 파악하기 위해 시행하는 조사를 말한다. 지질구조와 지형구조 등을 파악하며 침하를 방지하기 위한 기초자료로 사용된다.

정답 ④

2025년 제2회 최근 기출복원문제

제1과목 산업재해예방 및 안전보건교육

01 산업안전보건법령에 따라 사업주가 사업장에서 중대재해가 발생한 사실을 알게 된 경우 관할 지방고용노동관서의 장에게 보고하여야 하는 시기로 옳은 것은?(단, 천재지변 등 부득이한 사유가 발생한 경우는 제외한다)

① 지체 없이
② 12시간 이내
③ 24시간 이내
④ 48시간 이내

해설
중대재해 발생 시 보고(산업안전보건법 시행규칙 제67조)
중대재해 발생 시 지체 없이 관할 지방고용노동관서장에게 보고하여야 한다.

정답 ①

02 보호구 안전인증 고시상 방독마스크 사용이 가능한 공기 중 최소 산소농도 기준은 몇 % 이상인가?

① 14%
② 16%
③ 18%
④ 20%

해설
③ 방독마스크는 산소농도가 18% 이상인 장소에서 사용하여야 한다(보호구 안전인증 고시 별표 5).

정답 ③

03 A 사업장의 2019년 도수율이 10일 때 연천인율은?

① 2.4
② 5
③ 12
④ 24

해설
연천인율 : 근로자 1,000명당 1년에 발생하는 사상자 수

$$\frac{연간\ 재해자\ 수}{연평균\ 근로자\ 수} \times 1,000 = 도수율 \times 2.4$$

$$\therefore 10 \times 2.4 = 24$$

정답 ④

04 OFF JT(OFF the Job Training)의 특징으로 옳은 것은?

① 훈련에만 전념할 수 있다.
② 상호신뢰 및 이해도가 높아진다.
③ 개개인에게 적절한 지도훈련이 가능하다.
④ 직장의 실정에 맞게 실제적 훈련이 가능하다.

해설
- OFF JT : 직장 외 훈련
  - 다수의 훈련자를 대상으로 교육이 가능하다.
  - 직장 외에서 훈련(교육)을 수행하기 때문에 훈련자가 교육에 몰입할 수 있다.
  - 전문적인 훈련이 가능하며 지식이나 경험을 많이 얻을 수 있다.
- OJT : 직장 내 훈련
  - 교육훈련이 현실적이고 실제적으로 시행된다.
  - 직장의 실정에 맞게 구체적인 훈련이 가능하다.
  - 교육을 위해 특별히 시간과 장소를 마련할 필요가 없다.
  - 개개인에게 적절한 지도훈련이 가능하다.
  - 직장 직속상사에 의한 교육이 가능하기 때문에 교육자와 훈련자 간의 상호신뢰 및 이해도가 높다.
  - 훈련에 필요한 업무지속성이 유지된다.

정답 ①

05
다음 중 안전모의 성능시험에 있어서 AE, ABE종에만 한하여 실시하는 시험은?

① 내관통성 시험, 충격흡수성 시험
② 난연성 시험, 내수성 시험
③ 난연성 시험, 내전압성 시험
④ 내전압성 시험, 내수성 시험

해설

추락 및 감전 위험방지용 안전모의 성능기준(보호구 안전인증 고시 별표 1)
안전모 종류에 따른 성능시험
- 내관통성 : AE, ABE, AB
- 내전압성 : AE, ABE
- 내수성 : AE, ABE
- 충격흡수성, 난연성, 턱끈풀림 : 공통

정답 ④

06
어느 사업장에서 당해 연도에 총 660명의 재해자가 발생하였을 때 하인리히의 재해구성비율에 의한 경상의 재해자는 몇 명인가?

① 58
② 64
③ 600
④ 631

해설

하인리히 재해구성비율 : 1(사망 또는 중상) : 29(경상) : 300(무상해 사고)
따라서, 전체 660건의 재해가 발생한 경우 사망 또는 중상 2건, 경상 58건, 무상해 사고 600건이다.

정답 ①

07
시몬즈(Simonds)의 재해손실비용 산정 방식에서 비보험코스트에 포함되지 않는 것은?

① 영구 전 노동 불능 상해
② 영구 부분 노동 불능 상해
③ 일시 전 노동 불능 상해
④ 일시 부분 노동 불능 상해

해설

① 비보험코스트인 휴업상해, 통원상해, 구급조치상해, 무상해 사고는 영구 전 노동 불능 상해에 포함되지 않는다.

시몬스 재해비용 산정법
총재해코스트 = 보험코스트 + 비보험코스트
= 산재보험료 + (A × 휴업상해 건수) + (B × 통원상해 건수) + (C × 구급조치상해 건수) + (D × 무상해사고 건수)
여기서, A, B, C, D : 상수(각 재해에 대한 평균 비보험코스트)
　보험코스트 : 산재보험료
　비보험코스트 : 휴업상해, 통원상해, 구급조치상해, 무상해 사고

정답 ①

08
산업안전보건법상 근로시간 연장의 제한에 관한 기준에서 아래의 (　) 안에 알맞은 것은?

> 사업주는 유해하거나 위험한 작업으로서 대통령령으로 정하는 작업에 종사하는 근로자에게는 1일 (㉠)시간, 1주 (㉡)시간을 초과하여 근로하게 하여서는 아니 된다.

① ㉠ 6, ㉡ 34
② ㉠ 7, ㉡ 36
③ ㉠ 8, ㉡ 40
④ ㉠ 8, ㉡ 44

해설

유해·위험작업에 대한 근로시간 제한 등(산업안전보건법 제139조)
사업주는 유해하거나 위험한 작업으로서 높은 기압에서 하는 작업 등 대통령령으로 정하는 작업에 종사하는 근로자에게는 1일 6시간, 1주 34시간을 초과하여 근로하게 해서는 아니 된다.

정답 ①

09 산업안전보건법령상 안전인증대상 기계 또는 설비로 옳지 않은 것은?

① 연삭기
② 롤러기
③ 압력용기
④ 고소(高所) 작업대

해설

안전인증대상 기계 또는 설비(산업안전보건법 시행령 제74조)
- 프레스
- 전단기 및 절곡기(折曲機)
- 크레인
- 리프트
- 압력용기
- 롤러기
- 사출성형기(射出成形機)
- 고소(高所) 작업대
- 곤돌라

정답 ①

10 산업안전보건법령상 안전보건개선계획의 수립·시행 명령을 받은 사업주는 고용노동부장관이 정하는 바에 따라 안전보건개선계획서를 작성하여 그 명령을 받은 날부터 며칠 이내에 관할 지방고용노동관서의 장에게 제출해야 하는가?

① 15일
② 30일
③ 45일
④ 60일

해설

안전보건개선계획의 제출 등(산업안전보건법 시행규칙 제61조)
법 제50조 제1항에 따라 안전보건개선계획서를 제출해야 하는 사업주는 법 제49조 제1항에 따른 안전보건개선계획서 수립·시행 명령을 받은 날부터 60일 이내에 관할 지방고용노동관서의 장에게 해당 계획서를 제출(전자문서로 제출하는 것을 포함)해야 한다.

정답 ④

11 직무적성검사의 특징과 가장 거리가 먼 것은?

① 재현성
② 객관성
③ 타당성
④ 표준화

해설

직무적성검사 : 특정 직무를 수행하는 데 필요한 적성과 능력을 객관적으로 측정하기 위한 검사로 객관성, 타당성, 표준화, 신뢰성 등을 갖춰야 한다.

정답 ①

12 크레인, 리프트 및 곤돌라는 사업장에 설치가 끝난 날부터 몇 년 이내에 최초의 안전검사를 실시해야 하는가?

① 1년
② 2년
③ 3년
④ 4년

해설

크레인(이동식 크레인은 제외), 리프트(이삿짐운반용 리프트는 제외) 및 곤돌라는 사업장에 설치가 끝난 날부터 3년 이내에 최초의 안전검사를 실시하되, 그 이후부터 2년마다(건설현장에서 사용하는 것은 최초로 설치한 날부터 6개월마다) 안전검사를 실시해야 한다(산업안전보건법 시행규칙 제126조).

정답 ③

13 주의의 특성에 관한 설명으로 옳지 않은 것은?

① 한 지점에 주의를 집중하면 다른 곳에의 주의는 약해진다.
② 장시간 주의를 집중하려 해도 주기적으로 부주의의 리듬이 존재한다.
③ 의식이 과잉상태인 경우 최고의 주의집중이 가능해진다.
④ 여러 자극을 지각할 때 소수의 현란한 자극에 선택적 주의를 기울이는 경향이 있다.

해설
③ 의식의 과잉 : 긴급 이상상태 또는 돌발사태가 되면 순간적으로 긴장하게 되어 정상적인 판단을 하지 못하는 상태를 말한다.

정답 ③

14 안전교육 중 제2단계로 시행되며 같은 것을 반복하여 개인의 시행착오에 의해서만 점차 그 사람에게 형성되는 교육은?

① 안전기술의 교육
② 안전지식의 교육
③ 안전기능의 교육
④ 안전태도의 교육

해설
③ 개인의 시행착오에 의해서 점차 그 개인에게 형성되는 것은 안전기능의 교육의 특성이다.
안전보건교육의 3단계
- 지식교육 : 안전에 대한 지식을 교육하는 방법으로 인간이 직접 경험하기에는 위험한 사례들을 위주로 교육하여 학습시킨다.
- 기능교육 : 교육 대상자가 스스로 수행하여 얻어지는 형태로 실습 등의 교육을 통해 학습시킨다.
- 태도교육 : 지식과 기능교육을 통해 얻은 안전지식을 통해 행할 수 있게 안전행동을 체득화시키는 단계이다.

정답 ③

15 서로 손을 얹고 팀의 행동구호를 외치는 무재해운동 추진기법의 하나로, 스킨십(skinship)에 바탕을 두고 팀 전원의 일체감, 연대감을 느끼게 하며, 대뇌피질에 안전태도 형성에 좋은 이미지를 심어주는 기법은?

① touch and call
② brain storming
③ error cause removal
④ safety training observation program

해설
터치 앤 콜(touch and call) : 함께 일하는 동료끼리 스킨십에 바탕을 두어 안전행동을 하는 것으로 소수의 인원(5~6명)이 손을 맞잡고 무재해운동의 구호를 외치는 것을 말한다.

정답 ①

16 안전교육 중 프로그램 학습법의 장점으로 옳지 않은 것은?

① 학습자의 학습과정을 쉽게 알 수 있다.
② 여러 가지 수업 매체를 동시에 다양하게 활용할 수 있다.
③ 지능, 학습속도 등 개인차를 충분히 고려할 수 있다.
④ 매 반응마다 피드백이 주어지기 때문에 학습자가 흥미를 가질 수 있다.

해설
프로그램 학습법 : 이미 개발된 교육 프로그램을 기반으로 언제, 어디서나 교육이 가능하여 시간을 효과적으로 이용할 수 있다는 장점이 있다.

정답 ②

17 산업안전보건법령상 안전보건표지의 종류 중 경고표지에 해당하지 않는 것은?

① 레이저광선 경고
② 급성독성물질 경고
③ 매달린 물체 경고
④ 차량통행 경고

해설
④ 차량통행 금지표지이다.
안전보건표지의 종류와 형태(산업안전보건법 시행규칙 별표 6)

분류	표지	예시
경고 표지	인화성물질 경고, 산화성물질 경고, 폭발성물질 경고, 급성독성물질 경고, 부식성물질 경고, 발암성·변이원성·생식독성·전신독성·호흡기 과민성 물질 경고	
	방사성물질 경고, 고압전기 경고, 매달린 물체 경고, 낙하물 경고, 고온 경고, 저온 경고, 몸균형 상실 경고, 레이저광선 경고, 위험장소 경고	

정답 ④

18 한 사람, 한 사람의 위험에 대한 감수성 향상을 도모하기 위하여 삼각 및 원포인트 위험예지훈련을 통합한 활용기법은?

① 1인 위험예지훈련
② TBM 위험예지훈련
③ 자문자답 위험예지훈련
④ 시나리오 역할연기훈련

해설
1인 위험예지훈련 : 삼각 및 원포인트 위험예지훈련을 통합한 것으로, 근로자 1인이 위험예지훈련을 하는 것을 말한다. 위험예지훈련 후에는 강평 등을 통해 위험 감수성과 훈련 효과를 향상시킨다.

정답 ①

19 산업안전보건법령상 근로자 안전보건교육 중 작업내용 변경 시의 교육을 할 때 일용근로자 및 근로계약기간이 1주일 이하인 기간제 근로자를 제외한 근로자의 교육시간은?

① 1시간 이상
② 2시간 이상
③ 4시간 이상
④ 8시간 이상

해설
작업내용 변경 시 교육시간(산업안전보건법 시행규칙 별표 4)
• 일용근로자 및 근로계약기간이 1주일 이하인 기간제 근로자 : 1시간 이상
• 그 밖의 근로자 : 2시간 이상

정답 ②

20 6~12명의 구성원으로 타인의 비판 없이 자유로운 토론을 통하여 다량의 독창적인 아이디어를 이끌어내고, 대안적 해결안을 찾기 위한 집단적 사고기법은?

① role playing
② brain storming
③ action playing
④ fish bowl playing

해설
브레인스토밍 4원칙
• 비판금지 : 의견에 대해 비판이나 평가를 하지 않는다.
• 대량발언 : 어떠한 의견이라도 다양하게 많이 발언한다.
• 자유분방 : 어떠한 의견이라도 자유롭게 발언한다.
• 수정발언 : 타 의견에 대하여 나의 의견을 조합하거나 수정하여 새로운 의견을 발언할 수 있다.

정답 ②

제2과목 인간공학 및 위험성 평가·관리

21. 다음 중 진동의 영향을 가장 많이 받는 인간의 성능은?

① 추적(tracking) 능력
② 감시(monitoring) 작업
③ 반응시간(reaction time)
④ 형태식별(pattern recognition)

해설
손이나 눈으로 움직이는 물체를 지속적으로 따라가며 조작하는 작업 등은 진동이 손이나 몸에 전달되면 정밀하게 제어하기 어렵다.

정답 ①

22. 다음 중 산업안전보건법 시행규칙상 유해위험방지계획서의 제출 기관으로 옳은 것은?

① 대한산업안전협회
② 안전관리대행기관
③ 한국건설기술인협회
④ 한국산업안전보건공단

해설
④ 사업주가 유해위험방지계획서를 제출할 때에는 산업안전보건법령에서 요구하는 서류를 첨부하여 해당 작업 시작 15일 전까지 한국산업안전보건공단에 2부 제출하여야 한다(산업안전보건법 시행규칙 제42조).

정답 ④

23. 다음 중 화학설비에 대한 안전성 평가에 있어 정량적 평가항목에 해당하지 않는 것은?

① 공정
② 취급물질
③ 압력
④ 화학설비의 용량

해설
화학설비 안전성 평가에서 정성적·정량적 평가항목

정성적 평가항목	정량적 평가항목
• 건축물(건조물)	• 취급물질
• 공장 내의 배치	• 온도, 압력
• 입지조건	• 화학설비의 용량
• 소방설비	• 조작

정답 ①

24. 산업안전보건법령에 따라 유해위험방지계획서의 제출대상 사업은 해당 사업으로서 전기 계약용량이 얼마 이상인 사업을 말하는가?

① 150kW
② 200kW
③ 300kW
④ 500kW

해설
유해위험방지계획서 제출대상(산업안전보건법 시행령 제42조)
전기 계약용량이 300kW 이상인 경우

정답 ③

25

다음 그림과 같이 FTA로 분석된 시스템에서 현재 모든 기본사상에 대한 부품이 고장 난 상태이다. 부품 X_1부터 부품 X_5까지 순서대로 복구한다면 어느 부품을 수리 완료하는 순간부터 시스템은 정상가동이 되겠는가?

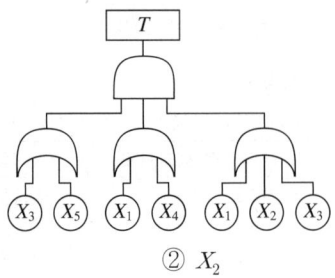

① X_1
② X_2
③ X_3
④ X_4

해설

FTA 구조에서 최상위 사건(T)은 AND 게이트이며, 그 아래에는 3개의 OR 게이트가 연결되어 있다. AND 게이트는 모두 정상일 때 전체 시스템이 정상가동되며, OR 게이트의 경우 두 부품 중 하나만 정상이면 가동된다. OR 게이트를 왼쪽에서부터 1, 2, 3번으로 지칭할 때, X_1을 수리하면 OR 게이트 2번과 3번은 정상가동되지만 1번은 여전히 가동되지 않는다. X_2를 수리해도 1번은 여전히 가동되지 않고, X_3을 수리해야만 1번이 가동되므로, 모든 OR 게이트가 가동되어야 AND 게이트 조건을 만족하기에 X_3의 수리가 완료되는 순간부터 시스템은 정상가동된다.

정답 ③

26

그림과 같은 시스템의 전체 신뢰도는 약 얼마인가?(단, 네모 안의 수치는 각 구성요소의 신뢰도이다)

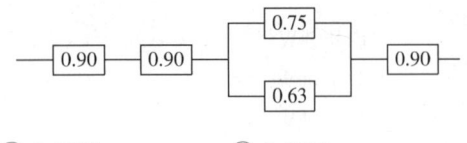

① 0.5275
② 0.6616
③ 0.7575
④ 0.8516

해설

신뢰도 계산
$0.9 \times 0.9 \times [1 - \{(1 - 0.75) \times (1 - 0.63)\}] \times 0.9 ≒ 0.6616$

정답 ②

27

안전보건표지에서 경고표지는 삼각형, 안내표지는 사각형, 지시표지는 원형 등으로 부호가 고안되어 있다. 이처럼 부호가 이미 고안되어 이를 사용자가 배워야 하는 부호를 무엇이라 하는가?

① 묘사적 부호
② 추상적 부호
③ 임의적 부호
④ 사실적 부호

해설

③ 임의적 부호 : 사용자가 학습을 통해서 의미를 익혀야 하는 부호를 의미한다. 즉, 형태와 의미가 직접 관련이 없어 학습이 필요하다.

정답 ③

28

의자 설계에 대한 조건으로 옳지 않은 것은?

① 좌판의 깊이는 작업자의 등이 등받이에 닿을 수 있도록 설계한다.
② 좌판은 엉덩이가 앞으로 미끄러지지 않는 재질과 구조로 설계한다.
③ 좌판의 넓이는 작은 사람에게 적합하도록, 깊이는 큰 사람에게 적합하도록 설계한다.
④ 등받이는 충분한 넓이를 가지고 요추 부위부터 어깨 부위까지 편안하게 지지되도록 설계한다.

해설

의자 좌판의 깊이와 폭
- 일반적으로 좌판의 폭은 큰 사람에게 맞도록 설계한다.
- 깊이는 장딴지 여유를 주고 대퇴를 압박하지 않도록 작은 사람에게 맞도록 설계한다.

정답 ③

29 실린더 블록에 사용하는 개스킷의 수명은 평균 10,000시간이며, 표준편차는 200시간으로 정규분포를 따른다. 사용시간이 9,600시간일 경우에 신뢰도는 약 얼마인가?(단, 표준 정규분포표에서 $u_{0.8413}=1$, $u_{0.9772}=2$이다)

① 84.13%
② 88.73%
③ 92.72%
④ 97.72%

해설

$$u = \frac{10,000 - 9,600}{200(\text{표준편차})} = \frac{400(\text{평균기대수명})}{200} = 2$$

$u2 = 0.9772$이므로,
신뢰도는 $0.9772 \times 100 = 97.72\%$이다.

정답 ④

30 어떤 소리가 1,000Hz, 60dB인 음과 같은 높이임에도 4배 더 크게 들린다면, 이 소리의 음압수준은 얼마인가?

① 70dB
② 80dB
③ 90dB
④ 100dB

해설

10dB 증가하는 경우 소음은 2배 증가하고, 20dB 증가하는 경우 소음은 4배 증가하므로 60dB + 20dB = 80dB이다.

정답 ②

31 일반적으로 보통 작업자의 정상적인 시선으로 가장 적합한 것은?

① 수평선을 기준으로 위쪽 5° 정도
② 수평선을 기준으로 위쪽 15° 정도
③ 수평선을 기준으로 아래쪽 5° 정도
④ 수평선을 기준으로 아래쪽 15° 정도

해설

일반적인 보통 작업자의 정상적인 시선은 수평선을 기준으로 하여 아래쪽 15° 정도이다.

정답 ④

32 표시장치와 이에 대응하는 조종장치 간의 위치 또는 배열이 인간의 기대와 모순되지 않아야 한다는 인간공학적 설계원리와 가장 관계가 깊은 것은?

① 개념양립성
② 운동양립성
③ 문화양립성
④ 공간양립성

해설

양립성의 종류

- 공간양립성 : 표시장치와 조작장치 간의 공간적 배열이 사용자의 직관과 일치하는 경우를 의미한다.
  예 버튼의 위치와 관련 디스플레이의 위치가 양립하는 것이다.
- 개념양립성 : 사람들이 가지고 있는 개념적 연상의 양립성을 뜻한다.
  예 지도에서 비행기 모형 → 비행장
- 운동양립성 : 표시장치와 조종장치 그리고 체계반응과 운동방향 간의 관련을 나타내는 것이다.
  예 라디오의 음량을 줄일 때 조절장치를 반시계 방향으로 회전
- 양태(양식)양립성 : 기계가 특성 음성에 대해 정해진 반응을 하는 것으로, 소리로 제시된 정보는 말로 반응하거나 시각적으로 제시된 정보는 손으로 반응하는 경우가 있다.

정답 ④

33. 작업공간 설계에 있어 '접근제한요건'에 대한 설명으로 옳은 것은?

① 조절식 의자와 같이 누구나 사용할 수 있도록 설계한다.
② 비상벨의 위치를 작업자의 신체조건에 맞추어 설계한다.
③ 트럭운전이나 수리작업을 위한 공간을 확보하여 설계한다.
④ 박물관의 미술품 전시와 같이 장애물 뒤의 타깃과의 거리를 확보하여 설계한다.

해설
접근제한요건 : 작업자가 일부 대상에 쉽게 접근하지 못하도록 제한하거나, 접근 시 일정한 거리나 공간이 필요하도록 설계하는 것을 의미한다.

정답 ④

34. 신뢰성과 보전성 개선을 목적으로 한 효과적인 보전기록자료에 해당하는 것은?

① 자재관리표
② 주유지시서
③ 재고관리표
④ MTBF 분석표

해설
MTBF(평균 고장간격, Mean Time Between Failures)
• 고장이 발생한 후 다음 고장까지 걸리는 평균 시간을 나타내는 지표로, 설비의 신뢰성과 보전성을 분석하고 개선하는 데 중요한 자료로 사용된다.

• $MTBF = \dfrac{1}{고장률(\lambda)}(시간)$

정답 ④

35. 사업장에서 인간공학의 적용분야로 가장 거리가 먼 것은?

① 제품설계
② 설비의 고장률
③ 재해·질병 예방
④ 장비·공구·설비의 배치

해설
인간공학은 인간을 위한 공학으로 인간이 사용하는 물건과의 상호관계를 다루며 인간의 행동, 능력, 한계, 특성 등에 관한 정보를 통해서 기계, 시스템, 직무, 환경 등을 설계하는 데 응용하여 인간이 보다 쾌적하고 안전한 환경에서 근무하는 것을 목표한다.

정답 ②

36. 스트레스에 반응하는 신체의 변화로 옳은 것은?

① 혈소판이나 혈액응고 인자가 증가한다.
② 더 많은 산소를 얻기 위해 호흡이 느려진다.
③ 중요한 장기인 뇌·심장·근육으로 가는 혈류가 감소한다.
④ 상황 판단과 빠른 행동 대응을 위해 감각기관은 매우 둔감해진다.

해설
② 더 많은 산소를 얻기 위해 호흡이 빨라진다.
③ 뇌, 심장, 근육으로 가는 혈류가 증가한다.
④ 감각기관은 예민해진다.

정답 ①

37. 부품에 고장이 있더라도 플레이너 공작기계를 가장 안전하게 운전할 수 있는 방법은?

① fail-soft
② fail-active
③ fail-passive
④ fail-operational

해설
fail-safe의 기능적인 측면 3단계
- fail-operational(차단 및 조정) : 부품의 고장이 있어도 기계는 추후 보수가 있을 때까지 병렬계통, 대기여분계통 등으로 안전한 기능을 유지
- fail-passive : 부품이 고장 나면 기계는 통상 정지하는 방향으로 이동
- fail-active : 부품이 고장 나면 기계는 경보를 울리며, 짧은 시간 동안 운전 가능

정답 ④

38. FTA에서 시스템의 기능을 살리는 데 필요한 최소 요인의 집합을 무엇이라고 하는가?

① critical set
② minimal gate
③ minimal path
④ boolean indicated cut set

해설
최소 패스셋(minimal path set)
- 시스템이 정상적으로 유지되는 데 필요한 최소한의 집합이다.
- 시스템의 신뢰성을 나타낸다.

정답 ③

39. 정보처리과정에서 부적절한 분석이나 의사결정의 오류에 의하여 발생하는 행동은?

① 규칙에 기초한 행동(rule-based behavior)
② 기능에 기초한 행동(skill-based behavior)
③ 지식에 기초한 행동(knowledge-based behavior)
④ 무의식에 기초한 행동(unconsciousness-based behavior)

해설
라스무센(Rasmussen)의 SRK모델 중 지식기반 행동은 익숙하지 않은 상황에서 개인이 지식과 경험을 바탕으로 분석하고 판단하여 행동하는 것을 의미한다. 이 과정에서는 상황에 대한 오해, 정보 부족, 부적절한 판단 등으로 인하여 의사결정 오류가 발생할 수 있다.

정답 ③

40. 동작경제의 원칙에 해당하지 않는 것은?

① 공구의 기능을 각각 분리하여 사용하도록 한다.
② 두 팔의 동작은 동시에 서로 반대방향, 대칭적으로 움직이도록 한다.
③ 공구나 재료는 작업동작이 원활하게 수행되도록 그 위치를 정해준다.
④ 가능하다면 쉽고 자연스러운 리듬이 작업동작에 생기도록 작업을 배치한다.

해설
동작경제의 원칙 : 작업자의 동작을 최소화하고 효율적으로 설계하여 작업의 피로도 감소를 도모하는 인간공학적 기법을 의미한다. 따라서 공구의 기능을 각각 분리하여 사용하는 것은 동작경제의 원칙에서 비효율적인 작업방식이기에 공구의 기능을 결합하여 사용하는 것이 더 적합하다.

정답 ①

제3과목 기계·기구 및 설비 안전 관리

41 광전자식 방호장치의 광선에 신체의 일부가 감지된 후로부터 급정지기구가 작동개시하기까지의 시간이 40ms이고, 광축의 최소설치거리(안전거리)가 200mm일 때 급정지기구가 작동개시한 때로부터 프레스기의 슬라이드가 정지될 때까지의 시간은 약 몇 ms인가?

① 60ms
② 85ms
③ 105ms
④ 130ms

해설

방호장치 안전거리(D_m)
$D_m = 1.6(T_i + T_s)$
$200 = 1.6(40 + T_s)$

$T_s = \dfrac{200}{1.6} - 40 = 85\text{ms}$

여기서, D_m : 안전거리
T_i : 감지 후부터 급정지기구가 작동하기까지의 시간(ms)
T_s : 급정지기구가 작동개시한 때로부터 기계가 정지하는 데 걸리는 시간

정답 ②

42 연삭기의 연삭숫돌을 교체했을 경우 시운전은 최소 몇 분 이상 실시해야 하는가?

① 1분
② 3분
③ 5분
④ 7분

해설

연삭숫돌의 덮개 등(산업안전보건기준에 관한 규칙 제122조)
사업주는 연삭숫돌을 사용하는 작업의 경우 작업을 시작하기 전에는 1분 이상, 연삭숫돌을 교체한 후에는 3분 이상 시험운전을 하고 해당 기계에 이상이 있는지를 확인하여야 한다.

정답 ②

43 다음 중 기계설비에서 반대로 회전하는 2개의 회전체가 맞닿는 사이에 발생하는 위험점을 무엇이라 하는가?

① 물림점(nip point)
② 협착점(squeeze point)
③ 접선 물림점(tangential point)
④ 회전 말림점(trapping point)

해설

기계설비에서 발생하는 위험점 분류
- 물림점 : 서로 반대방향으로 맞물려 회전하는 2개의 회전체에 물려 들어가 만들어지는 위험점
- 협착점 : 왕복 운동을 하는 동작 부분과 움직임이 없는 고정 부분 사이에서 형성되는 위험점
- 끼임점 : 고정 부분과 회전하는 동작 부분이 함께 만드는 위험점
- 절단점 : 회전하는 운동 부분 자체나 운동하는 기계의 돌출부에서 초래되는 위험점
- 접선 물림점 : 회전하는 부분의 접선방향으로 물려 들어갈 위험이 만들어지는 위험점
- 회전 말림점 : 회전하는 물체에 작업복, 머리카락 등이 말려드는 위험이 존재하는 위험점

정답 ①

44 아세틸렌 용기의 사용 시 주의사항으로 옳지 않은 것은?

① 충격을 가하지 않는다.
② 화기나 열기를 멀리한다.
③ 아세틸렌 용기를 뉘어 놓고 사용한다.
④ 운반 시에는 반드시 캡을 씌우도록 한다.

해설

③ 아세틸렌 용기는 세워서 사용하여야 한다.

정답 ③

45 산업안전보건법령상 보일러의 안전한 가동을 위하여 보일러 규격에 맞는 압력방출장치가 2개 이상 설치된 경우에 최고 사용압력 이하에서 1개가 작동되고, 다른 압력방출장치는 최고 사용압력의 몇 배 이하에서 작동되도록 부착하여야 하는가?

① 1.03배
② 1.05배
③ 1.2배
④ 1.5배

해설
압력방출장치(산업안전보건기준에 관한 규칙 제116조)
사업주는 보일러의 안전한 가동을 위하여 보일러 규격에 맞는 압력방출장치를 1개 또는 2개 이상 설치하고 최고 사용압력(설계압력 또는 최고 허용압력을 말한다. 이하 같다) 이하에서 작동되도록 하여야 한다. 다만, 압력방출장치가 2개 이상 설치된 경우에는 최고 사용압력 이하에서 1개가 작동되고, 다른 압력방출장치는 최고 사용압력 1.05배 이하에서 작동되도록 부착하여야 한다.

정답 ②

46 지게차의 포크에 적재된 화물이 마스트 후방으로 낙하함으로써 근로자에게 미치는 위험을 방지하기 위하여 설치하는 것은?

① 헤드가드
② 백레스트
③ 낙하방지장치
④ 과부하방지장치

해설
백레스트 : 포크에 적재된 화물이 마스트 후방으로 낙하하는 것을 방지하기 위한 장치

정답 ②

47 범용 수동 선반의 방호조치에 관한 설명으로 옳지 않은 것은?

① 척 가드의 폭은 공작물의 가공작업에 방해가 되지 않는 범위 내에서 척 전체 길이를 방호할 수 있을 것
② 척 가드의 개방 시 스핀들의 작동이 정지되도록 연동회로를 구성할 것
③ 전면 칩 가드의 폭은 새들 폭 이하로 설치할 것
④ 전면 칩 가드는 심압대가 베드 끝단부에 위치하고 있고 공작물 고정 장치에서 심압대까지 가드를 연장시킬 수 없는 경우에는 부착위치를 조정할 수 있을 것

해설
③ 전면 칩 가드의 폭은 새들 폭 이상으로 설치할 것

정답 ③

48 다음 중 기계·설비에서 재료 내부의 균열결함을 확인할 수 있는 가장 적절한 검사방법은?

① 육안검사
② 초음파탐상검사
③ 피로검사
④ 액체침투탐상검사

해설
결함위치에 따른 분류방법
- 내부결함 검출을 위한 비파괴검사 : 방사선투과검사, 음향방출검사, 초음파탐상검사
- 표면결함 검출을 위한 비파괴검사 : 육안검사, 자기탐상검사, 액체침투탐상검사, 와전류탐상검사

정답 ②

49. 크레인에서 일반적인 권상용 와이어로프 및 권상용 체인의 안전율 기준은?

① 10
② 2.7
③ 4
④ 5

해설

크레인 제작 및 안전기준(위험기계·기구 안전인증 고시 별표 2)

- 와이어로프의 안전율
  - 권상용 와이어로프, 지브의 기복용 와이어로프, 횡행용 와이어로프 및 케이블 크레인의 주행용 와이어로프 : 5.0
  - 지브의 지지용 와이어로프, 보조로프 및 고정용 와이어로프 : 4.0
  - 케이블 크레인의 주 로프 및 레일로프 : 2.7
  - 운전실 등 권상용 와이어로프 : 10.0
- 권상용 체인
  - 안전율은 5 이상일 것
  - 연결된 5개의 링크를 측정하여 연신율이 제조 당시 길이의 5% 이하일 것(습동면의 마모량 포함)
  - 링크 단면의 지름 감소가 해당 체인의 제조 시보다 10% 이하일 것
  - 균열이 없을 것
  - 심한 부식이 없을 것
  - 깨지거나 홈 모양의 결함이 없을 것
  - 심한 변형 등이 없을 것

정답 ④

50. 무부하 상태에서 지게차로 20km/h의 속도로 주행할 때, 좌우 안정도는 몇 % 이내여야 하는가?

① 37%   ② 39%
③ 41%   ④ 43%

해설

기준 무부하 상태에서 주행 시 좌우 안정도는 $(15+1.1V)$% 이내[여기서, V : 구내최고속도(km/h)]이다. 따라서 $15+(1.1\times20)=37$%이다(지게차의 안전작업에 관한 기술지원규정).

정답 ①

51. 용접장치에서 안전기의 설치기준에 관한 설명으로 옳지 않은 것은?

① 아세틸렌 용접장치에 대하여는 일반적으로 각 취관마다 안전기를 설치하여야 한다.
② 아세틸렌 용접장치의 안전기는 가스용기와 발생기가 분리되어 있는 경우 발생기와 가스용기 사이에 설치한다.
③ 가스집합 용접장치에서는 주관 및 분기관에 안전기를 설치하며, 이 경우 하나의 취관에 2개 이상의 안전기를 설치한다.
④ 가스집합장치에 대해서는 화기사용설비로부터 3m 이상 떨어진 장소에 설치한다.

해설

④ 사업주는 가스집합장치에 대해서는 화기를 사용하는 설비로부터 5m 이상 떨어진 장소에 설치하여야 한다(산업안전보건기준에 관한 규칙 제291조).
①·② 산업안전보건기준에 관한 규칙 제289조
③ 산업안전보건기준에 관한 규칙 제293조

정답 ④

52. 슬라이드 행정수가 100spm 이하이거나, 행정길이가 50mm 이상의 프레스에 설치해야 하는 방호장치의 방식은?

① 양수조작식   ② 수인식
③ 가드식   ④ 광전자식

해설

수인식 방호장치(프레스 방호장치의 선정·설치 및 사용 기술지침)
- 슬라이드 행정수가 100spm 이하 프레스에 사용
- 슬라이드 행정길이가 50mm 이상 프레스에 사용

정답 ②

53
인장강도가 250N/mm²인 강판의 안전율이 4라면, 이 강판의 허용응력(N/mm²)은 얼마인가?

① 42.5
② 62.5
③ 82.5
④ 102.5

해설

안전율 = $\dfrac{\text{인장강도}}{\text{허용응력}}$

$4 = \dfrac{250}{\text{허용응력}}$

따라서, 허용응력 = $\dfrac{250}{4} = 62.5$

정답 ②

54
컨베이어에 사용되는 방호장치와 그 목적에 관한 설명으로 옳지 않은 것은?

① 운전 중인 컨베이어 등의 위로 넘어가고자 할 때를 위하여 급정지장치를 설치한다.
② 근로자의 신체 일부가 말려들 위험이 있을 때 이를 즉시 정지시키기 위한 비상정지장치를 설치한다.
③ 정전·전압강하 등에 따른 화물 이탈을 방지하기 위해 이탈 및 역주행 방지장치를 설치한다.
④ 낙하물에 의한 위험방지를 위해 덮개 또는 울을 설치한다.

해설

① 사업주는 운전 중인 컨베이어 등의 위로 근로자를 넘어가도록 하는 경우에는 위험을 방지하기 위하여 건널다리를 설치하는 등 필요한 조치를 하여야 한다(산업안전보건기준에 관한 규칙 제195조).
② 산업안전보건기준에 관한 규칙 제192조
③ 산업안전보건기준에 관한 규칙 제191조
④ 산업안전보건기준에 관한 규칙 제193조

정답 ①

55
밀링작업 시 주의해야 할 사항으로 옳지 않은 것은?

① 보안경을 쓴다.
② 일감 절삭 중 치수를 측정한다.
③ 커터에 옷이 감기지 않게 한다.
④ 커터는 될 수 있는 한 컬럼에 가깝게 설치한다.

해설

② 작업 중이 아닌 기계가 멈춘 후에 측정해야 한다.

정답 ②

56
크레인의 방호장치에 해당하지 않는 것은?

① 권과방지장치 ② 과부하방지장치
③ 자동보수장치 ④ 비상정지장치

해설

방호장치의 조정(산업안전보건기준에 관한 규칙 제134조)
사업주는 다음 양중기에 과부하방지장치, 권과방지장치, 비상정지장치 및 제동장치, 그 밖의 방호장치[승강기의 파이널리밋스위치(final limit switch), 속도조절기, 출입문 인터록(interlock) 등]가 정상적으로 작동될 수 있도록 미리 조정해 두어야 한다.
• 크레인
• 이동식 크레인
• 리프트
• 곤돌라
• 승강기

정답 ③

57
연삭숫돌의 지름이 20cm이고, 원주속도가 250 m/min일 때 연삭숫돌의 회전수는 약 몇 rpm인가?

① 398
② 433
③ 489
④ 552

해설
원주속도(V)
$$V = \frac{\pi D N}{1,000}$$
여기서, D : 롤러의 직경(mm)
N : 회전수(rpm)
$$250 = \frac{\pi \times 200\text{mm} \times N}{1,000}$$
$$N = \frac{250 \times 1,000}{\pi \times 200} \fallingdotseq 398$$

정답 ①

58
다음 중 안전율을 구하는 산식은?

① $\dfrac{허용응력}{기초강도}$
② $\dfrac{허용응력}{인장강도}$
③ $\dfrac{인장강도}{허용응력}$
④ $\dfrac{안전하중}{파단하중}$

해설
안전율 = $\dfrac{인장강도}{허용응력}$

정답 ③

59
프레스작업 시 재해예방을 위한 재료의 자동송급 또는 자동배출장치로 옳지 않은 것은?

① 롤피더
② 그리퍼피더
③ 플라이어
④ 셔블 이젝터

해설
③ 작업용 공구로서 물건을 강력하게 붙잡을 수 있는 공구이다.
①·② 자동송급장치
④ 자동배출장치

정답 ③

60
프레스 작업에서 제품 및 스크랩을 자동적으로 위험한계 밖으로 배출하기 위한 장치로 볼 수 없는 것은?

① 피더
② 키커
③ 이젝터
④ 공기분사장치

해설
① 피더 : 재료의 자동송급장치로 위험한계 밖에서 가공물을 투입하기 위한 장치

정답 ①

제4과목 전기설비 안전관리

61 가연성 증기나 먼지 등이 체류할 우려가 있는 장소의 전기회로에 설치하여야 하는 누전경보기의 수신기가 갖추어야 할 성능으로 옳은 것은?

① 음향장치를 가진 수신기
② 차단기구를 가진 수신기
③ 가스감지기를 가진 수신기
④ 분진농도 측정기를 가진 수신기

해설
수신부(누전경보기의 화재안전성능기준 제5조)
- 누전경보기의 수신부는 옥내의 점검에 편리한 장소에 설치하되, 가연성의 증기·먼지 등이 체류할 우려가 있는 장소의 전기회로에는 해당 부분의 전기회로를 차단할 수 있는 차단기구를 가진 수신부를 설치해야 한다. 이 경우 차단기구의 부분은 해당 장소 외의 안전한 장소에 설치해야 한다.
- 누전경보기의 수신부는 화재, 부식, 폭발의 위험성이 없고, 습도, 온도, 대전류 또는 고주파 등에 의한 영향을 받지 않는 장소에 설치해야 한다.
- 음향장치는 수위실 등 상시 사람이 근무하는 장소에 설치해야 하며, 그 음량 및 음색은 다른 기기의 소음 등과 명확히 구별할 수 있는 것으로 해야 한다.

정답 ②

62 활선작업을 시행할 때 감전의 위험을 방지하고 안전한 작업을 하기 위한 활선장구 중 충전 중인 전선의 변경작업이나 활선작업으로 애자 등을 교환할 때 사용하는 것은?

① 점프선
② 활선커터
③ 활선시메라
④ 디스콘 스위치 조작봉

해설
③ 활선시메라 : 활선상태에서 애자 교환 등에 사용되는 활선장구이다.

정답 ③

63 전기설비 방폭구조의 종류로 옳지 않은 것은?

① 근본 방폭구조
② 압력 방폭구조
③ 안전증 방폭구조
④ 본질안전 방폭구조

해설
방폭구조의 종류
- 안전증 방폭구조
- 유입 방폭구조
- 압력 방폭구조
- 내압 방폭구조
- 본질안전 방폭구조
- 충전 방폭구조
- 몰드 방폭구조
- 비점화 방폭구조
- 특수 방폭구조

정답 ①

64 화재 대비 비상용 동력 설비에 포함되지 않는 것은?

① 소화펌프
② 급수펌프
③ 배연용 송풍기
④ 스프링클러 펌프

해설
② 급수펌프는 생활용 수도 공급용 펌프로, 화재 대응 목적이 아니다.

정답 ②

65 전기설비 화재의 경과별 재해 중 가장 빈도가 높은 것은?

① 단락(합선)
② 누전
③ 접촉부 과열
④ 정전기

해설
① 단락(합선)이 가장 대표적이고 빈번한 전기화재의 원인이다. 전기시설이나 전선의 절연체에 노화, 열화, 탄화, 파손 등 변질이 발생되어 전기가 흐르는 통로가 변경되는 현상을 말하며, 단락전류에 의해 높은 열이 발생하여 순간적으로 폭음이나 스파크가 발생해 전기화재의 원인이 되기도 한다.

정답 ①

66 다음 작업조건에 적합한 보호구로 옳은 것은?

> 물체의 낙하·충격, 물체에의 끼임, 감전 또는 정전기의 대전에 의한 위험이 있는 작업

① 안전모
② 안전화
③ 방열복
④ 보안면

해설
① 물체가 떨어지거나 날아올 위험 또는 근로자가 추락할 위험이 있는 작업
③ 고열에 의한 화상 등의 위험이 있는 작업
④ 용접 시 불꽃이나 물체가 흩날릴 위험이 있는 작업
※ 산업안전보건기준에 관한 규칙 제32조

정답 ②

67 다음 중 정전기로 인한 화재 발생조건으로 옳지 않은 것은?

① 방전하기에 충분한 전위차가 있을 때
② 가연성 가스 및 증기가 폭발한계 내에 있을 때
③ 대전하기 쉬운 금속 부분에 접지를 한 상태일 때
④ 정전기의 스파크에너지가 가연성 가스 및 증기의 최소점화에너지 이상일 때

해설
③ 접지는 대표적인 정전기 재해방지 대책이다.
정전기 재해방지 대책
- 접지
- 유속의 제한
- 보호구의 착용
- 대전방지제 사용
- 가습(60~80%에서 효과가 있음)
- 제전기 사용

정답 ③

68 화염일주한계에 대해 가장 잘 설명한 것은?

① 화염이 발화온도로 전파될 가능성의 한계값이다.
② 화염이 전파되는 것을 저지할 수 있는 틈새의 최대 간격치이다.
③ 폭발성 가스와 공기가 혼합되어 폭발한계 내에 있는 상태를 유지하는 한계값이다.
④ 폭발성 분위기가 전기 불꽃에 의하여 화염을 일으킬 수 있는 최소의 전류값이다.

해설
화염일주한계
- 폭발성 가스가 폭발을 일으킬 때 폭발화염이 용기 접합면의 틈새를 통과하여도 외부폭발성 가스에 전달되지 않는 틈새의 최대 간격을 말한다.
- 화염일주한계 = 최대안전틈새(MESG) = 안전간극(safe gap)

정답 ②

69

입욕자에게 전기적 자극을 주기 위한 전기욕기의 전원장치에 내장되어 있는 전원 변압기의 2차측 전로의 사용전압은 몇 V 이하로 하여야 하는가?

① 10
② 15
③ 30
④ 60

해설
전기욕기 전원장치(한국전기설비규정 241.2.1)
전기욕기에 전기를 공급하기 위한 전기욕기용 전원장치(내장되는 전원 변압기의 2차측 전로의 사용전압이 10V 이하인 것에 한함)는 전기용품 및 생활용품 안전관리법에 의한 안전기준에 적합하여야 한다.

정답 ①

70

방폭전기기기의 성능을 나타내는 기호표시로 Ex P ⅡA T5를 나타내었을 때 관계가 없는 표시 내용은?

① 온도등급
② 폭발성능
③ 방폭구조
④ 폭발등급

해설
- Ex : 방폭전기기기임을 나타내는 기호
- P : 방폭구조
- ⅡA : 폭발등급
- T5 : 온도등급

정답 ②

71

정전기 발생에 영향을 주는 요인에 대한 설명으로 옳지 않은 것은?

① 물체의 분리속도가 빠를수록 발생량은 적어진다.
② 접촉면적이 크고 접촉압력이 높을수록 발생량이 많아진다.
③ 물체 표면이 수분이나 기름으로 오염되면 산화 및 부식에 의해 발생량이 많아진다.
④ 정전기의 발생은 처음 접촉, 분리할 때 최대가 되고 접촉, 분리가 반복됨에 따라 발생량은 감소한다.

해설
① 정전기는 물체의 분리속도가 빠를수록 발생량이 많아진다.

정답 ①

72

정격사용률이 30%, 정격 2차 전류가 300A인 교류 아크용접기를 200A로 사용하는 경우 허용사용률(%)은?

① 67.5
② 91.6
③ 110.3
④ 130.5

해설
교류 아크용접기의 허용사용률

$$허용사용률(\%) = \left(\frac{정격\ 2차\ 전류}{실제\ 용접\ 전류}\right)^2 \times 정격사용률$$

$$= \frac{300^2}{200^2} \times 30$$

$$= 67.5\%$$

정답 ①

73
가스(발화온도 120℃)가 존재하는 지역에 방폭기기를 설치하고자 한다. 설치가 가능한 기기의 온도등급은?

① T2
② T3
③ T4
④ T5

해설
방폭전기기기의 온도등급
- T1 : 최고 표면온도 450℃ 이하
- T2 : 최고 표면온도 300℃ 이하
- T3 : 최고 표면온도 200℃ 이하
- T4 : 최고 표면온도 135℃ 이하
- T5 : 최고 표면온도 100℃ 이하
- T6 : 최고 표면온도 85℃ 이하

정답 ③

75
감전사고를 방지하기 위한 허용보폭전압 수식으로 옳은 것은?

- E : 허용보폭전압
- R_b : 인체의 저항
- P_s : 지표 상층 저항률
- I_k : 심실세동전류

① $E = (R_b + 3P_s)I_k$
② $E = (R_b + 4P_s)I_k$
③ $E = (R_b + 5P_s)I_k$
④ $E = (R_b + 6P_s)I_k$

해설
감전사고 방지를 위한 허용보폭전압
$E = (R_b + 6P_s)I_k$

정답 ④

74
인체의 표면적이 0.5m²이고, 정전용량은 0.02 pF/cm²이다. 3,300V의 전압이 인가되어 있는 전선에 접근하여 작업할 때 인체에 축적되는 정전기 에너지(J)는?

① 5.445×10^{-2}
② 5.445×10^{-4}
③ 2.723×10^{-2}
④ 2.723×10^{-4}

해설
$$E = \frac{1}{2}CV^2 (J)$$
$$= \frac{1}{2} \times (0.02 \times 10^{-12}) \times 0.5 \times 100^2 \times 3,300^2$$
$$= 5.445 \times 10^{-4} J$$

※ 0.5 뒤에 100²을 곱하는 이유는 cm² 단위로 변환하여 계산하기 위함이다.

정답 ②

76
22.9kV 충전전로에 대해 필수적으로 작업자와 이격시켜야 하는 접근한계거리는?

① 45cm
② 60cm
③ 90cm
④ 110cm

해설
충전전로에서의 전기작업(산업안전보건기준에 관한 규칙 제321조)
15kV 초과 37kV 이하인 경우 충전전로에 대한 접근한계거리는 90cm이다.

정답 ③

77. 이동식 전기기기의 감전사고를 방지하기 위한 가장 적정한 시설은?

① 접지설비
② 폭발방지설비
③ 시건장치
④ 피뢰기설비

해설
누전에 의한 감전을 방지하기 위해서 이동식 전기기기에 접지설비를 한다.

정답 ①

78. 피뢰기가 구비하여야 할 조건으로 옳지 않은 것은?

① 제한전압이 낮아야 한다.
② 상용 주파 방전 개시전압이 높아야 한다.
③ 충격방전 개시전압이 높아야 한다.
④ 속류 차단 능력이 충분하여야 한다.

해설
피뢰기가 갖추어야 할 성능
- 충격방전 개시전압이 낮을 것
- 반복동작이 가능할 것
- 뇌전류의 방전능력이 클 것
- 제한전압이 낮을 것
- 속류의 차단이 확실할 것
- 상용 주파 방전 개시전압이 높을 것

정답 ③

79. 분진폭발 방지대책으로 가장 거리가 먼 것은?

① 작업장 등은 분진이 퇴적하지 않는 형상으로 한다.
② 분진취급장치에는 유효한 집진장치를 설치한다.
③ 분체 프로세스 장치는 밀폐화하고 누설이 없도록 한다.
④ 분진폭발의 우려가 있는 작업장에는 감독자를 상주시킨다.

해설
분진폭발 우려가 있는 작업장에는 분진이 퇴적하지 않도록 하고 집진장치 등의 설치 등을 통해 분진의 누설이 없도록 하여야 한다. 하지만 분진폭발 우려가 있는 작업장에 감독자를 상주시키는 것은 분진폭발 방지에 대한 유효한 조치가 아니다.

정답 ④

80. 다음 중 정전기의 발생현상에 포함되지 않는 것은?

① 파괴에 의한 발생
② 분출에 의한 발생
③ 전도대전
④ 유동에 의한 대전

해설
정전기 발생현상 분류
- 마찰대전
- 유동대전
- 유도대전
- 교반, 침강대전
- 박리대전
- 분출대전
- 충돌대전
- 파괴대전

정답 ③

제5과목 화학설비 안전관리

81 위험물의 취급에 관한 설명으로 옳지 않은 것은?

① 모든 폭발성 물질은 석유류에 침지시켜 보관해야 한다.
② 산화성 물질의 경우 가연물과의 접촉을 피해야 한다.
③ 가스 누설의 우려가 있는 장소에서는 점화원의 철저한 관리가 필요하다.
④ 도전성이 나쁜 액체는 정전기 발생을 방지하기 위한 조치를 취한다.

해설
① 폭발성 물질은 그 특성에 따라 저장법이 다르다.

정답 ①

82 다음 중 Halon 1211의 화학식으로 옳은 것은?

① CH_2FBr
② CH_2ClBr
③ CF_2HCl
④ CF_2ClBr

해설
Halon ABCD
- A : 탄소(C) 원자의 수
- B : 플루오린(F) 원자의 수
- C : 염소(Cl) 원자의 수
- D : 브로민(Br) 원자의 수

※ Halon 1211의 경우 탄소가 1개, 플루오린이 2개, 염소가 1개, 브로민이 2개이다.

정답 ④

83 일반적인 자동제어시스템의 작동순서를 바르게 나열한 것은?

① 검출 → 조절계 → 공정상황 → 밸브
② 공정상황 → 검출 → 조절계 → 밸브
③ 조절계 → 공정상황 → 검출 → 밸브
④ 밸브 → 조절계 → 공정상황 → 검출

해설
자동제어시스템의 기본 흐름 : 공정상황 → 검출 → 조절계 → 밸브

정답 ②

84 관 부속품 중 유로를 차단할 때 사용하는 것은?

① 유니언   ② 소켓
③ 플러그   ④ 엘보

해설
① · ② 두 개의 관을 연결할 때
④ 관로의 방향을 바꿀 때

정답 ③

85 다음 중 산업안전보건기준에 관한 규칙에서 규정한 위험물질의 종류에서 '물반응성 물질 및 인화성 고체'에 해당하는 것은?

① 질산에스터류
② 나이트로화합물
③ 칼륨 · 나트륨
④ 나이트로소화합물

해설
칼륨 · 나트륨은 물반응성 물질 및 인화성 고체에 해당되며, 질산에스터류, 나이트로화합물, 나이트로소화합물의 경우에는 폭발성 물질 및 유기과산화물에 해당된다(산업안전보건기준에 관한 규칙 별표 1).

정답 ③

86
폭발압력과 가연성 가스의 농도와의 관계에 대한 설명으로 가장 적절한 것은?

① 가연성 가스의 농도와 폭발압력은 반비례 관계이다.
② 가연성 가스의 농도가 너무 희박하거나 너무 진해도 폭발압력은 최대로 높아진다.
③ 폭발압력은 화학양론농도보다 약간 높은 농도에서 최대 폭발압력이 된다.
④ 최대 폭발압력의 크기는 공기와의 혼합기체에서보다 산소의 농도가 큰 혼합기체에서 더 낮아진다.

해설
① 가연성 가스의 농도가 증가할수록 폭발압력도 증가한다(비례).
② 가연성 가스의 농도가 너무 희박하거나 너무 진하면 폭발압력은 낮아진다(연소 상한계 이상인 경우 산소 부족으로 불완전 연소).
④ 최대 폭발압력의 크기는 공기와의 혼합기체에서보다 산소의 농도가 큰 혼합기체에서 더 높아진다.

정답 ③

87
다음 중 파열판과 스프링식 안전밸브를 직렬로 설치해야 할 경우로 옳지 않은 것은?

① 부식물질로부터 스프링식 안전밸브를 보호할 때
② 독성이 매우 강한 물질을 취급 시 완벽하게 격리를 할 때
③ 스프링식 안전밸브에 막힘을 유발시킬 수 있는 슬러리를 방출시킬 때
④ 릴리프 장치가 작동 후 방출라인이 개방되어야 할 때

해설
파열판과 스프링식 안전밸브를 직렬로 설치하는 목적
- 부식물질 차단 : 안전밸브를 부식시키지 않게 보호
- 독성 물질 격리 : 안전밸브에서 누설이 생기는 경우 가스 유출 방지
- 슬러리나 찌꺼기 차단 : 안전밸브에 유체 찌꺼기 막힘 방지
※ 파열판 및 안전밸브의 직렬설치(산업안전보건기준에 관한 규칙 제263조) : 사업주는 급성 독성 물질이 지속적으로 외부에 유출될 수 있는 화학설비 및 그 부속설비에 파열판과 안전밸브를 직렬로 설치하고 그 사이에는 압력지시계 또는 자동경보장치를 설치하여야 한다.

정답 ④

88
건조설비를 사용하여 작업을 하는 경우에 폭발이나 화재를 예방하기 위하여 준수하여야 하는 사항으로 옳지 않은 것은?

① 위험물 건조설비를 사용하는 경우에는 미리 내부를 청소하거나 환기할 것
② 위험물 건조설비를 사용하여 가열건조하는 건조물은 쉽게 이탈되도록 할 것
③ 고온으로 가열건조한 인화성 액체는 발화의 위험이 없는 온도로 냉각한 후에 격납시킬 것
④ 바깥 면이 현저히 고온이 되는 건조설비에 가까운 장소에는 인화성 액체를 두지 않도록 할 것

해설
건조설비의 사용(산업안전보건기준에 관한 규칙 제283조)
사업주는 건조설비를 사용하여 작업을 하는 경우에 폭발이나 화재를 예방하기 위하여 다음 사항을 준수하여야 한다.
- 위험물 건조설비를 사용하는 경우에는 미리 내부를 청소하거나 환기할 것
- 위험물 건조설비를 사용하는 경우에는 건조로 인하여 발생하는 가스·증기 또는 분진에 의하여 폭발·화재의 위험이 있는 물질을 안전한 장소로 배출시킬 것
- 위험물 건조설비를 사용하여 가열건조하는 건조물은 쉽게 이탈되지 않도록 할 것
- 고온으로 가열건조한 인화성 액체는 발화의 위험이 없는 온도로 냉각한 후에 격납시킬 것
- 건조설비(바깥 면이 현저히 고온이 되는 설비만 해당)에 가까운 장소에는 인화성 액체를 두지 않도록 할 것

정답 ②

89
물과 반응하여 가연성 기체를 발생하는 것은?

① 피크르산   ② 이황화탄소
③ 칼륨   ④ 과산화칼륨

해설
③ $2K + 2H_2O \rightarrow 2KOH + H_2$(수소) : 칼륨은 물반응성 물질로 물과 반응하여 가연성 기체인 수소가스를 발생시킨다.

정답 ③

90

다음 중 산업안전보건법령상 화학설비의 부속설비로만 이루어진 것은?

① 사이클론, 백필터, 전기집진기 등 분진처리설비
② 응축기·냉각기·가열기·증발기 등 열교환기류
③ 고로 등 점화기를 직접 사용하는 열교환기류
④ 혼합기·발포기·압출기 등 화학제품 가공설비

해설
②·③·④ 화학설비이다.
화학설비의 부속설비(산업안전보건기준에 관한 규칙 별표 7)
• 배관·밸브·관·부속류 등 화학물질 이송 관련 설비
• 온도·압력·유량 등을 지시·기록 등을 하는 자동제어 관련 설비
• 안전밸브·안전판·긴급차단 또는 방출밸브 등 비상조치 관련 설비
• 가스누출감지 및 경보 관련 설비
• 세정기, 응축기, 벤트스택(bent stack), 플레어스택(flare stack) 등 폐가스처리설비
• 사이클론, 백필터(bag filter), 전기집진기 등 분진처리설비
• 상기의 설비를 운전하기 위하여 부속된 전기 관련 설비
• 정전기 제거장치, 긴급 샤워설비 등 안전 관련 설비

정답 ①

91

고체 가연물의 일반적인 4가지 연소방식에 해당하지 않는 것은?

① 분해연소
② 표면연소
③ 확산연소
④ 증발연소

해설
연소의 일반적 형태
• 고체연소 : 표면연소, 분해연소, 증발연소, 자기연소
• 기체연소 : 확산연소(발염연소), 예혼합연소, 폭발연소
• 액체연소 : 증발연소, 분해연소

정답 ③

92

분진폭발의 발생순서로 옳은 것은?

① 비산 → 분산 → 퇴적분진 → 발화원 → 2차 폭발 → 전면폭발
② 비산 → 퇴적분진 → 분산 → 발화원 → 2차 폭발 → 전면폭발
③ 퇴적분진 → 발화원 → 분산 → 비산 → 전면폭발 → 2차 폭발
④ 퇴적분진 → 비산 → 분산 → 발화원 → 전면폭발 → 2차 폭발

해설
분진폭발 발생순서 : 퇴적분진 → 비산 → 분산 → 발화원 → 전면폭발 → 2차 폭발

정답 ④

93

폭발을 기상폭발과 응상폭발로 분류할 때 기상폭발에 해당하지 않는 것은?

① 분진폭발
② 혼합가스폭발
③ 분무폭발
④ 수증기폭발

해설
응상폭발의 종류
• 수증기폭발
• 전선폭발
• 고상 간 전이에 의한 폭발
기상폭발의 종류
• 가스폭발
• 분진폭발
• 분무폭발

정답 ④

94 다음 중 산업안전보건법령상 위험물질의 종류와 해당 물질이 올바르게 연결된 것은?

① 부식성 산류 – 아세트산(농도 90%)
② 부식성 염기류 – 아세톤(농도 90%)
③ 인화성 가스 – 이황화탄소
④ 인화성 가스 – 수산화칼륨

해설
부식성 물질(산업안전보건기준에 관한 규칙 별표 1)
• 부식성 산류
 – 농도가 20% 이상인 염산, 황산, 질산, 그 밖에 이와 같은 정도 이상의 부식성을 가지는 물질
 – 농도가 60% 이상인 인산, 아세트산, 플루오린산, 그 밖에 이와 같은 정도 이상의 부식성을 가지는 물질
• 부식성 염기류 : 농도가 40% 이상인 수산화나트륨, 수산화칼륨, 그 밖에 이와 같은 정도 이상의 부식성을 가지는 염기류
※ 노르말헥산, 아세톤, 메틸에틸케톤, 메틸알코올, 에틸알코올, 이황화탄소, 그 밖에 인화점이 23℃ 미만이고 초기 끓는점이 35℃를 초과하는 물질은 인화성 액체에 해당한다.

정답 ①

95 다음 중 자연발화가 일어나기 위한 조건에 가장 가까운 것은?

① 큰 열전도율
② 고온, 다습한 환경
③ 표면적이 작은 물질
④ 공기의 이동이 많은 장소

해설
자연발화의 조건
• 주위의 온도가 높을 것   • 고온, 다습한 환경일 것
• 열전도율이 작을 것   • 표면적이 넓을 것
• 발열량이 클 것   • 열의 축적이 클 것

정답 ②

96 다음 중 가연성 물질과 산화성 고체가 혼합하고 있을 때 연소에 미치는 현상으로 옳은 것은?

① 착화온도(발화점)가 높아진다.
② 최소점화에너지가 감소하며, 폭발의 위험성이 증가한다.
③ 가스나 가연성 증기의 경우 공기혼합보다 연소범위가 축소된다.
④ 공기 중에서보다 산화작용이 약하게 발생하여 화염온도가 감소하며 연소속도가 늦어진다.

해설
② 가연성 고체가 산화성 물질과 혼합하는 경우 가연성 물질에 산소를 공급하기 용이하여 연소 및 폭발의 위험성이 증가하게 된다.

정답 ②

97 위험물을 산업안전보건법령에서 정한 기준량 이상으로 제조하거나 취급하는 설비로서 특수화학설비에 해당하는 것은?

① 가열시켜 주는 물질의 온도가 가열되는 위험물질의 분해온도보다 높은 상태에서 운전되는 설비
② 상온에서 게이지 압력으로 200kPa의 압력으로 운전되는 설비
③ 대기압하에서 섭씨 300℃로 운전되는 설비
④ 흡열반응이 행해지는 반응설비

해설
계측장치 등의 설치(산업안전보건기준에 관한 규칙 제273조)
사업주는 별표 9에 따른 위험물을 같은 표에서 정한 기준량 이상으로 제조하거나 취급하는 특수화학설비를 설치하는 경우에는 내부의 이상 상태를 조기에 파악하기 위하여 필요한 온도계·유량계·압력계 등의 계측장치를 설치하여야 한다.
• 발열반응이 일어나는 반응장치
• 증류·정류·증발·추출 등 분리를 하는 장치
• 가열시켜 주는 물질의 온도가 가열되는 위험물질의 분해온도 또는 발화점보다 높은 상태에서 운전되는 설비
• 반응폭주 등 이상 화학반응에 의하여 위험물질이 발생할 우려가 있는 설비
• 온도가 350℃ 이상이거나 게이지 압력이 980kPa 이상인 상태에서 운전되는 설비
• 가열로 또는 가열기

정답 ①

98
8% NaOH 수용액과 5% NaOH 수용액을 반응기에 혼합하여 6% 100kg의 NaOH 수용액을 만들려면 각각 약 몇 kg의 NaOH 수용액이 필요한가?

① 5% NaOH 수용액 : 33.3kg,
    8% NaOH 수용액 : 66.7kg
② 5% NaOH 수용액 : 56.8kg,
    8% NaOH 수용액 : 43.2kg
③ 5% NaOH 수용액 : 66.7kg,
    8% NaOH 수용액 : 33.3kg
④ 5% NaOH 수용액 : 43.2kg,
    8% NaOH 수용액 : 56.8kg

해설

고농도 용액(8%) : x kg
저농도 용액(5%) : y kg
혼합 용액 농도 : 6%
혼합 용액 총량 : 100kg

1. 질량 보존식
   $x + y = 100$
   $y = 100 - x$
2. 용질 보존식(NaOH)
   $0.08x + 0.05y = 0.06 \times 100$
   $= 6$

1의 공식에서 y를 2의 공식에 대입한다.
$0.08x + 0.05(100 - x) = 6$
$0.03x = 1$
$x ≒ 33.3$

따라서, x는 약 33.3이고, y는 약 66.7이다.

정답 ③

99
다음 표를 참조하여 메테인 70vol%, 프로페인 21vol%, 뷰테인 9vol%인 혼합가스의 폭발범위를 구하면 약 몇 vol%인가?

가스	폭발하한계(vol%)	폭발상한계(vol%)
C_4H_{10}	1.8	8.4
C_3H_8	2.1	9.5
C_2H_6	3.0	12.4
CH_4	5.0	15.0

① 3.45~9.11   ② 3.45~12.58
③ 3.85~9.11   ④ 3.85~12.58

해설

르샤틀리에의 법칙

혼합가스의 연소범위 하한계 $L = \dfrac{100}{\dfrac{V_1}{L_1} + \dfrac{V_2}{L_2} + \dfrac{V_3}{L_3}}$

혼합가스의 연소범위 상한계 $U = \dfrac{100}{\dfrac{V_1}{U_1} + \dfrac{V_2}{U_2} + \dfrac{V_3}{U_3}}$

여기서, V_1, V_2, V_3 : 각 성분의 기체체적
L_1, L_2, L_3 : 각 성분의 연소범위 하한계
U_1, U_2, U_3 : 각 성분의 연소범위 상한계

- 폭발하한계 $L = \dfrac{70 + 21 + 9}{\dfrac{70}{5.0} + \dfrac{21}{2.1} + \dfrac{9}{1.8}} ≒ 3.45 \text{vol}\%$

- 폭발상한계 $U = \dfrac{70 + 21 + 9}{\dfrac{70}{15} + \dfrac{21}{9.5} + \dfrac{9}{8.4}} ≒ 12.58 \text{vol}\%$

정답 ②

100
ABC급 분말 소화약제의 주성분에 해당하는 것은?

① $NH_4H_2PO_4$
② Na_2CO_3
③ Na_2SO_3
④ K_2CO_3

해설

소화약제

소화약제	적응소화
제1인산암모늄($NH_4H_2PO_4$)	ABC급
탄산수소나트륨($NaHCO_3$)	BC급
탄산수소칼륨($KHCO_3$)	BC급
탄산수소칼륨($KHCO_3$) + 요소[$(NH_2)_2CO$]	BC급

정답 ①

제6과목 건설공사 안전관리

101 차량계 하역운반기계를 사용하는 작업을 할 때 그 기계가 넘어지거나 굴러떨어짐으로써 근로자에게 위험을 미칠 우려가 있는 경우에 우선적으로 조치하여야 할 사항과 가장 거리가 먼 것은?

① 해당 기계에 대한 유도자 배치
② 지반의 부동침하 방지 조치
③ 갓길 붕괴 방지 조치
④ 경보장치 설치

해설
전도 등의 방지(산업안전보건기준에 관한 규칙 제171조)
사업주는 차량계 하역운반기계 등을 사용하는 작업을 할 때에 그 기계가 넘어지거나 굴러떨어짐으로써 근로자에게 위험을 미칠 우려가 있는 경우에는 그 기계를 유도하는 사람(유도자)을 배치하고 지반의 부동침하 및 갓길 붕괴를 방지하기 위한 조치를 해야 한다.

정답 ④

102 산업안전보건법령에 따른 지반의 종류별 굴착면의 기울기 기준으로 옳지 않은 것은?

① 모래 – 1 : 1.8
② 연암 및 풍화암 – 1 : 1.5
③ 경암 – 1 : 0.5
④ 그 밖의 흙 – 1 : 1.2

해설
굴착면의 기울기 기준(산업안전보건기준에 관한 규칙 별표 11)

지반의 종류	굴착면의 기울기
모래	1 : 1.8
연암 및 풍화암	1 : 1.0
경암	1 : 0.5
그 밖의 흙	1 : 1.2

정답 ②

103 비계의 부재 중 기둥과 기둥을 연결시키는 부재가 아닌 것은?

① 띠장
② 장선
③ 가새
④ 작업발판

해설
작업발판 : 고소작업 중 추락이나 발이 빠질 위험이 있는 장소에서 안전하게 작업할 수 있도록 하는 것을 말한다.

정답 ④

104 경암을 다음 그림과 같이 굴착하고자 한다. 굴착면의 기울기를 1 : 0.5로 하고자 할 경우 L의 길이로 옳은 것은?

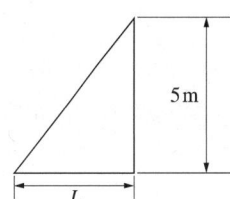

① 2m
② 2.5m
③ 5m
④ 10m

해설
기울기 $= \dfrac{수직높이}{수평길이} = \dfrac{0.5}{1} = 0.5$

실제 높이는 5m이므로 수평길이를 x라고 하면,
$\dfrac{5}{x} = 0.5 \to 5 = 0.5x$ 이다.

따라서, $x = \dfrac{5}{0.5} = 10\text{m}$

정답 ④

105. 산업안전보건법령상 강풍이 불어올 때 타워크레인의 운전작업을 중지하여야 하는 순간풍속의 기준은?

① 순간풍속이 초당 10m 초과
② 순간풍속이 초당 15m 초과
③ 순간풍속이 초당 25m 초과
④ 순간풍속이 초당 30m 초과

해설

악천후 및 강풍 시 작업 중지(산업안전보건기준에 관한 규칙 제37조)
사업주는 순간풍속이 초당 10m를 초과하는 경우 타워크레인의 설치・수리・점검 또는 해체 작업을 중지하여야 하며, 순간풍속이 초당 15m를 초과하는 경우에는 타워크레인의 운전작업을 중지하여야 한다.

정답 ②

107. 미리 작업장소의 지형 및 지반상태 등에 적합한 제한속도를 정하지 않아도 되는 차량계 건설기계의 속도 기준은?

① 최대 제한속도가 10km/h 이하
② 최대 제한속도가 20km/h 이하
③ 최대 제한속도가 30km/h 이하
④ 최대 제한속도가 40km/h 이하

해설

제한속도의 지정 등(산업안전보건기준에 관한 규칙 제98조)
사업주는 차량계 하역운반기계, 차량계 건설기계(최대 제한속도가 10km/h 이하인 것은 제외)를 사용하여 작업을 하는 경우 미리 작업장소의 지형 및 지반상태 등에 적합한 제한속도를 정하고, 운전자로 하여금 준수하도록 하여야 한다.

정답 ①

108. 가설통로의 설치기준으로 옳지 않은 것은?

① 추락할 위험이 있는 장소에는 안전난간을 설치할 것
② 경사가 10°를 초과하는 경우에는 미끄러지지 아니하는 구조로 할 것
③ 경사는 30° 이하로 할 것
④ 건설공사에 사용하는 높이 8m 이상인 비계다리에는 7m 이내마다 계단참을 설치할 것

해설

가설통로의 구조(산업안전보건기준에 관한 규칙 제23조)
사업주는 가설통로를 설치하는 경우 다음 사항을 준수하여야 한다.
• 견고한 구조로 할 것
• 경사는 30° 이하로 할 것. 다만, 계단을 설치하거나 높이 2m 미만의 가설통로로서 튼튼한 손잡이를 설치한 경우에는 그러하지 아니하다.
• 경사가 15°를 초과하는 경우에는 미끄러지지 아니하는 구조로 할 것
• 추락할 위험이 있는 장소에는 안전난간을 설치할 것. 다만, 작업상 부득이한 경우에는 필요한 부분만 임시로 해체할 수 있다.
• 수직갱에 가설된 통로의 길이가 15m 이상인 경우에는 10m 이내마다 계단참을 설치할 것
• 건설공사에 사용하는 높이 8m 이상인 비계다리에는 7m 이내마다 계단참을 설치할 것

정답 ②

106. 본 터널(main tunnel)을 시공하기 전에 터널에서 약간 떨어진 곳에 지질조사, 환기, 배수, 운반 등의 상태를 알아보기 위하여 설치하는 터널은?

① 프리패브(prefab) 터널
② 사이드(side) 터널
③ 실드(shield) 터널
④ 파일럿(pilot) 터널

해설

파일럿 터널 : 본 터널을 시공하기 전에, 사전에 굴착하는 소형의 터널로 지질조사, 환기, 배수, 운반 등의 상태를 알아보기 위해서 설치하는 터널을 말한다.

정답 ④

109 그물코의 크기가 5cm인 매듭 방망일 경우 방망사의 인장강도는 최소 얼마 이상이어야 하는가?(단, 방망사가 신품인 경우이다)

① 50kg
② 100kg
③ 110kg
④ 150kg

해설

방망사의 신품에 대한 인장강도(추락재해방지 표준안전작업지침 제5조)

그물코의 크기(cm)	방망의 종류(kg)	
	매듭 없는 방망	매듭 방망
10	240	200
5		110

정답 ③

---

110 해체공사 시 작업용 기계·기구의 취급 안전기준에 관한 설명으로 옳지 않은 것은?

① 철제해머와 와이어로프의 결속은 경험이 많은 사람으로서 선임된 자에 한하여 실시하도록 하여야 한다.
② 팽창제 천공간격은 콘크리트 강도에 의하여 결정되나 70~120cm 정도를 유지하도록 한다.
③ 쐐기 타입기로 해체 시 천공구멍은 타입기 삽입부분의 직경과 거의 같아야 한다.
④ 화염방사기로 해체작업 시 용기 내 압력은 온도에 의해 상승하기 때문에 항상 40℃ 이하로 보존해야 한다.

해설

① 해체공사 표준안전작업지침 제5조
③ 해체공사 표준안전작업지침 제11조
④ 해체공사 표준안전작업지침 제12조
팽창제(해체공사 표준안전작업지침 제8조)
광물의 수화반응에 의한 팽창압을 이용하여 파쇄하는 공법으로 다음의 사항을 준수하여야 한다.
• 팽창제와 물과의 시방 혼합비율을 확인하여야 한다.
• 천공직경이 너무 작거나 크면 팽창력이 작아 비효율적이므로, 천공 직경은 30 내지 50mm 정도를 유지하여야 한다.
• 천공간격은 콘크리트 강도에 의하여 결정되나 30 내지 70cm 정도를 유지하도록 한다.
• 팽창제를 저장하는 경우에는 건조한 장소에 보관하고 직접 바닥에 두지 말고 습기를 피하여야 한다.
• 개봉된 팽창제는 사용하지 말아야 하며 쓰다 남은 팽창제 처리에 유의하여야 한다.

정답 ②

---

111 건립 중 강풍에 의한 풍압 등 외압에 대한 내력이 설계에 고려되었는지 확인하여야 하는 철골구조물이 아닌 것은?

① 단면이 일정한 구조물
② 기둥이 타이플레이트형인 구조물
③ 이음부가 현장용접인 구조물
④ 구조물의 폭과 높이의 비가 1:4 이상인 구조물

해설

설계도 및 공작도 확인(철골공사 표준안전작업지침 제3조)
구조안전의 위험이 큰 다음의 철골구조물은 건립 중 강풍에 의한 풍압 등 외압에 대한 내력이 설계에 고려되었는지 확인하여야 한다.
• 높이 20m 이상의 구조물
• 구조물의 폭과 높이의 비가 1:4 이상인 구조물
• 단면구조에 현저한 차이가 있는 구조물
• 연면적당 철골량이 50kg/m² 이하인 구조물
• 기둥이 타이플레이트(tie plate)형인 구조물
• 이음부가 현장용접인 구조물

정답 ①

---

112 흙의 간극비를 나타낸 식으로 옳은 것은?

① $\dfrac{공기 + 물의\ 체적}{흙 + 물의\ 체적}$

② $\dfrac{공기 + 물의\ 체적}{흙의\ 체적}$

③ $\dfrac{물의\ 체적}{물 + 흙의\ 체적}$

④ $\dfrac{공기 + 물의\ 체적}{공기 + 흙 + 물의\ 체적}$

해설

흙의 간극비(e)

$e = \dfrac{간극의\ 체적}{고체(흙)의\ 체적} = \dfrac{공기 + 물의\ 체적}{흙의\ 체적}$

정답 ②

113
사다리식 통로의 길이가 10m 이상일 때 얼마 이내마다 계단참을 설치하여야 하는가?

① 3m 이내마다
② 4m 이내마다
③ 5m 이내마다
④ 6m 이내마다

해설
사다리식 통로의 길이가 10m 이상인 경우에는 5m 이내마다 계단참을 설치해야 한다(산업안전보건기준에 관한 규칙 제24조).

정답 ③

114
유해위험방지계획서 제출대상 공사로 볼 수 없는 것은?

① 지상높이가 31m 이상인 건축물의 건설공사
② 터널 건설공사
③ 깊이 10m 이상인 굴착공사
④ 교량의 전체길이가 40m 이상인 교량공사

해설
유해위험방지계획서 제출대상(산업안전보건법 시행령 제42조)
- 다음 어느 하나에 해당하는 건축물 또는 시설 등의 건설·개조 또는 해체(이하 건설 등) 공사
  - 지상높이가 31m 이상인 건축물 또는 인공구조물
  - 연면적 30,000m^2 이상인 건축물
  - 연면적 5,000m^2 이상인 시설로서 다음의 어느 하나에 해당하는 시설 : 문화 및 집회시설(전시장 및 동물원·식물원은 제외), 판매시설·운수시설(고속철도의 역사 및 집배송시설은 제외), 종교시설, 의료시설 중 종합병원, 숙박시설 중 관광숙박시설, 지하도상가, 냉동·냉장 창고시설
- 연면적 5,000m^2 이상인 냉동·냉장 창고시설의 설비공사 및 단열공사
- 최대 지간길이(다리의 기둥과 기둥의 중심 사이의 거리)가 50m 이상인 다리의 건설 등 공사
- 터널의 건설 등 공사
- 다목적댐, 발전용댐, 저수용량 2,000만ton 이상의 용수 전용 댐 및 지방상수도 전용 댐의 건설 등 공사
- 깊이 10m 이상인 굴착공사

정답 ④

115
콘크리트 타설작업 시 안전에 대한 유의사항으로 옳지 않은 것은?

① 콘크리트를 치는 도중에는 거푸집, 지보공 등의 이상 유무를 확인한다.
② 높은 곳으로부터 콘크리트를 타설할 때는 호퍼로 받아 거푸집 내에 꽂아 넣는 슈트를 통해서 부어 넣어야 한다.
③ 전동기를 가능한 한 많이 사용할수록 거푸집에 작용하는 측압상 안전하다.
④ 콘크리트를 한 곳에만 치우쳐서 타설하지 않도록 주의한다.

해설
③ 전동기는 적절히 사용되어야 하며, 지나친 진동은 거푸집 도괴의 원인이 될 수 있으므로 각별히 주의하여야 한다(콘크리트공사 표준안전작업지침 제13조).

정답 ③

116
터널작업 시 자동경보장치에 대하여 당일의 작업 시작 전 점검하여야 할 사항으로 옳지 않은 것은?

① 검지부의 이상 유무
② 조명시설의 이상 유무
③ 경보장치의 작동상태
④ 계기의 이상 유무

해설
인화성 가스의 농도측정 등(산업안전보건기준에 관한 규칙 제350조)
사업주는 자동경보장치에 대하여 당일 작업 시작 전 다음 사항을 점검하고 이상을 발견하면 즉시 보수하여야 한다.
- 계기의 이상 유무
- 검지부의 이상 유무
- 경보장치의 작동상태

정답 ②

117 로프길이 2m의 안전대를 착용한 근로자가 추락에 따른 부상을 당하지 않기 위한 지면으로부터 안전대 고정점까지의 높이(H)의 기준으로 옳은 것은?(단, 로프의 신장률은 30%, 근로자의 신장은 180cm이다)

① H > 1.5m
② H > 2.5m
③ H > 3.5m
④ H > 4.5m

해설
추락 시 아래로 늘어나는 거리를 고려해서 지면에 닿지 않도록 고정점까지의 높이(H)를 계산해야 한다.
총길이 = 로프길이 + (로프길이 × 신장률) + 신장길이의 절반(허리나 가슴 부분에서 매달리는 상황 반영)
따라서, 2 + 0.6 + 0.9 = 3.5m이다.

정답 ③

118 흙막이 지보공을 조립하는 경우 미리 조립도를 작성하여야 하는데 이 조립도에 명시되어야 할 사항과 거리가 먼 것은?

① 부재의 배치
② 부재의 치수
③ 부재의 긴압 정도
④ 설치방법과 순서

해설
조립도(산업안전보건기준에 관한 규칙 제346조)
조립도는 흙막이판·말뚝·버팀대 및 띠장 등 부재의 배치·치수·재질 및 설치방법과 순서가 명시되어야 한다.

정답 ③

119 콘크리트 타설 시 거푸집 측압에 관한 설명으로 옳지 않은 것은?

① 기온이 높을수록 측압은 크다.
② 타설속도가 클수록 측압은 크다.
③ 슬럼프가 클수록 측압은 크다.
④ 다짐이 과할수록 측압은 크다.

해설
① 콘크리트의 온도가 높을 경우 거푸집 측압은 낮아진다.

정답 ①

120 다음은 달비계 또는 높이 5m 이상의 비계를 조립·해체하거나 변경하는 작업을 하는 경우에 대한 내용이다. ( ) 안에 알맞은 숫자는?

> 비계재료의 연결·해체작업을 하는 경우에는 폭 ( )cm 이상의 발판을 설치하고 근로자로 하여금 안전대를 사용하도록 하는 등 추락을 방지하기 위한 조치를 할 것

① 15
② 20
③ 25
④ 30

해설
비계 등의 조립·해체 및 변경(산업안전보건기준에 관한 규칙 제57조)
비계재료의 연결·해체작업을 하는 경우에는 폭 20cm 이상의 발판을 설치하고 근로자로 하여금 안전대를 사용하도록 하는 등 추락을 방지하기 위한 조치를 할 것

정답 ②

2025년 제3회 최근 기출복원문제

제1과목 산업재해예방 및 안전보건교육

01 의무안전인증 대상 보호구 중 AE, ABE종 안전모의 질량증가율은 몇 % 미만이어야 하는가?

① 1 ② 2
③ 3 ④ 5

해설
안전모의 시험성능기준 항목(보호구 안전인증 고시 별표 1)
내수성 - AE, ABE종 안전모는 질량증가율이 1% 미만이어야 한다.

정답 ①

02 인간의 행동에 관한 레빈(Lewin)의 식, $B = f(P \cdot E)$에 관한 설명으로 옳은 것은?

① 인간의 개성(P)에는 연령과 지능이 포함되지 않는다.
② 인간의 행동(B)은 개인의 능력과 관련이 있으며, 환경과는 무관하다.
③ 인간의 행동(B)은 개인의 자질과 심리학적 환경과의 상호 함수관계에 있다.
④ B는 행동, P는 개성, E는 기술을 의미하며 행동은 능력을 기반으로 하는 개성에 따라 나타나는 함수 관계이다.

해설
③ 레빈은 인간의 행동(B)은 그 사람이 가진 자질, 즉 개체(P)와 심리적 환경(E)과의 상호 함수관계에 있다고 주장하였다
레빈의 법칙 [$B = f(P \cdot E)$]
B : Behavior(인간의 행동)
f : function(함수 관계)
P : Person(개체 : 연령, 경험, 심신상태, 성격, 지능 등)
E : Environment(심리적 환경, 물리적 작업환경, 설비적 결함)

정답 ③

03 다음 중 산업안전보건법령상 근로자에 대한 일반건강진단의 실시시기가 올바르게 연결된 것은?

① 사무직에 종사하는 근로자 : 1년에 1회 이상
② 사무직에 종사하는 근로자 : 2년에 1회 이상
③ 사무직 외의 업무에 종사하는 근로자 : 6월에 1회 이상
④ 사무직 외의 업무에 종사하는 근로자 : 2년에 1회 이상

해설
일반건강진단의 주기 등(산업안전보건법 시행규칙 제197조)
사업주는 상시 사용하는 근로자 중 사무직에 종사하는 근로자(공장 또는 공사현장과 같은 구역에 있지 않은 사무실에서 서무·인사·경리·판매·설계 등의 사무업무에 종사하는 근로자를 말하며, 판매업무 등에 직접 종사하는 근로자는 제외)에 대해서는 2년에 1회 이상, 그 밖의 근로자에 대해서는 1년에 1회 이상 일반건강진단을 실시해야 한다.

정답 ②

04 다음 중 태도교육을 통한 안전태도 형성요령과 가장 거리가 먼 것은?

① 이해한다. ② 칭찬한다.
③ 모범을 보인다. ④ 금전적인 보상을 한다.

해설
④ 금전적인 보상을 하는 것은 태도교육을 통해 안전태도를 형성하는 것과는 거리가 멀다.
태도교육의 단계 : 청취 → 이해, 납득 → 모범 → 평가(권장) → 장려 및 처벌

정답 ④

05. 인간오류에 관한 분류 중 독립행동에 의한 분류가 아닌 것은?

① 생략오류 ② 실행오류
③ 명령오류 ④ 시간오류

해설
인간오류(human error)의 행동에 따른 분류
- 과잉행동오류(extraneous error) : 업무를 수행하는 과정에서 불필요한 작업 내지 행동을 함으로써 발생
- 생략오류(omission error) : 수행해야 하는 직무나 단계를 수행하지 않음
- 실행오류(commission error) : 수행해야 할 작업을 부정확하게 수행
- 순서오류(sequential error) : 업무를 수행하는 과정에서 순서를 잘못 수행
- 시간지연오류(time error) : 업무를 시간 내에 수행하지 못함

정답 ③

06. 교육훈련 방법 중 OFF JT(OFF the Job Training)의 특징으로 옳은 것은?

① 훈련에만 전념할 수 있다.
② 상호신뢰 및 이해도가 높아진다.
③ 개개인에게 적절한 지도훈련이 가능하다.
④ 직장의 실정에 맞게 실제적 훈련이 가능하다.

해설
- OFF JT : 직장 외 훈련
  - 다수의 훈련자를 대상으로 교육이 가능하다.
  - 직장 외에서 훈련(교육)을 수행하기 때문에 훈련자가 교육에 몰입할 수 있다.
  - 전문적인 훈련이 가능하며 많은 지식이나 경험을 얻을 수 있다.
- OJT : 직장 내 훈련
  - 교육훈련이 현실적이고 실제적으로 시행된다.
  - 직장의 실정에 맞게 구체적인 훈련이 가능하다.
  - 교육을 위해 특별히 시간과 장소를 마련할 필요가 없다.
  - 개개인에게 적절한 지도 훈련이 가능하다.
  - 직장 직속상사에 의한 교육이 가능하기 때문에 교육자와 훈련자 간의 상호신뢰 및 이해도가 높다.
  - 훈련에 필요한 업무 지속성이 유지된다.

정답 ①

07. 산업안전보건법령상 협의체 구성 및 운영에 관한 사항으로 (　)에 알맞은 내용은?

> 도급인은 관계수급인 근로자가 도급인의 사업장에서 작업을 하는 경우 도급인과 수급인을 구성원으로 하는 안전 및 보건에 관한 협의체를 구성 및 운영하여야 한다. 이 협의체는 (　) 정기적으로 회의를 개최하고 그 결과를 기록·보존해야 한다.

① 매월 1회 이상 ② 2개월마다 1회
③ 3개월마다 1회 ④ 6개월마다 1회

해설
도급인은 관계수급인 근로자가 도급인의 사업장에서 작업을 하는 경우 도급인과 수급인을 구성원으로 하는 안전 및 보건에 관한 협의체를 구성 및 운영하여야 한다. 이 협의체는 매월 1회 이상 회의를 개최하고 그 결과를 기록·보존해야 한다(산업안전보건법 시행규칙 제79조).

정답 ①

08. 6~12명의 구성원으로 타인의 비판 없이 자유로운 토론을 통하여 다량의 독창적인 아이디어를 이끌어 내고, 대안적 해결안을 찾기 위한 집단적 사고기법은?

① role playing
② brain storming
③ action playing
④ fishbowl playing

해설
브레인스토밍 4원칙
- 비판금지 : 의견에 대해 비판이나 평가를 하지 않는다.
- 대량발언 : 어떠한 의견이라도 다양하게 많이 발언한다.
- 자유분방 : 어떠한 의견이라도 자유롭게 발언한다.
- 수정발언 : 타 의견에 대하여 나의 의견을 조합하거나 수정하여 새로운 의견을 발언할 수 있다.

정답 ②

09
어느 사업장에서 물적손실이 수반된 무상해 사고가 180건 발생하였다면 중상은 몇 건이나 발생할 수 있는가?(단, 버드의 재해구성 비율법칙에 따른다)

① 6건
② 18건
③ 20건
④ 29건

해설
180건의 무상해 사고가 발생한 경우 6배의 비율로 사고가 발생함을 알 수 있으므로 중상은 6건이다.
버드의 재해분포 비율(1 : 10 : 30 : 600의 법칙)
- 1(중상 또는 폐질)
- 10(경상)
- 30(무상해 사고)
- 600(무상해, 무사고 고장)

정답 ①

10
다음 중 산업안전보건법령상 관리감독자의 업무 내용에 해당하는 것은?(단, 기타 해당 작업의 안전·보건에 관한 사항으로서 고용노동부령으로 정하는 사항은 제외한다)

① 사업장 순회점검, 지도 및 조치 건의
② 물질안전보건자료의 게시 또는 비치에 관한 보좌 및 지도·조언
③ 해당 작업의 작업장 정리·정돈 및 통로확보에 대한 확인·감독
④ 근로자의 건강장해의 원인 조사와 재발 방지를 위한 의학적 조치

해설
③ 산업안전보건법 시행령 제15조
① 안전관리자, 보건관리자의 업무이다(산업안전보건법 시행령 제18조, 제22조).
② 보건관리자의 업무이다(산업안전보건법 시행령 제22조).
④ 산업보건의의 직무이다(산업안전보건법 시행령 제31조).

정답 ③

11
다음 중 산소결핍이 예상되는 맨홀 내에서 작업을 실시할 때 사고방지대책으로 적절하지 않은 것은?

① 작업 시작 전 및 작업 중 충분한 환기 실시
② 작업장소의 입장 및 퇴장 시 인원 점검
③ 방독마스크의 보급과 착용 철저
④ 작업장과 외부와의 상시 연락을 위한 설비 설치

해설
산업안전보건기준에 관한 규칙에 따르면, 방진마스크 사용은 선창 등에서 분진이 심하게 발생하는 하역작업에 사용하도록 되어 있다. 즉, 방진마스크는 분진에 대해 적용성이 있으며 밀폐공간과는 어울리지 않는다. 밀폐공간에서는 송기마스크를 착용할 수 있도록 한다.

정답 ③

12
안전보건교육계획에 포함해야 할 사항으로 옳지 않은 것은?

① 교육의 종류 및 대상
② 교육의 과목 및 내용
③ 교육장소 및 방법
④ 교육지도안

해설
안전보건교육계획 포함사항
- 교육종류 및 교육대상
- 교육과목 및 교육내용
- 교육장소 및 교육방법
- 교육목표
- 교육기간 및 교육시간
- 교육담당자 및 강사

정답 ④

13
하인리히의 재해발생과 관련한 도미노이론으로 설명되는 안전관리의 핵심단계에 해당하는 요소는?

① 외부 환경
② 개인적 성향
③ 재해 및 상해
④ 불안전한 상태 및 행동

해설
하인리히의 도미노이론은 다음과 같이 5단계로 정리하고 있다. '사회적 환경 및 유전적 요소 → 개인적인 결함 → 불안전한 행동 및 상태(인적원인과 물적원인) → 사고 → 재해' 이중 사회적 환경 및 유전적 요소와 개인적인 결함은 간접원인으로 분류되며, 불안전한 행동 및 상태는 직접원인으로 분류된다. 즉 직접원인을 제거하는 것으로 재해로 연결될 수 있는 연쇄작용을 끊어낼 수 있다.

정답 ④

14
산업재해의 기본원인 중 '작업정보, 작업방법 및 작업환경' 등이 분류되는 항목은?

① Man
② Machine
③ Media
④ Management

해설
재해의 기본원인 4M
• Man(인간적 요인) : 망각, 피로, 수면부족 등 인간으로부터 발생되는 요인
• Machine(기계적 요인) : 기계설비의 불량 등 기계적 요인
• Media(환경적 요인) : 작업방법이나 환경적인 요인
• Management(관리적 요인) : 안전관리조직 및 규정 등의 요인

정답 ③

15
산업안전보건법령상 사업 내 안전보건교육에서 근로자 정기 안전보건교육의 교육내용에 해당하지 않은 것은?(단, 기타 산업안전보건법 및 일반관리에 관한 사항은 제외한다)

① 건강증진 및 질병 예방에 관한 사항
② 산업보건 및 건강장해 예방에 관한 사항
③ 유해·위험 작업환경 관리에 관한 사항
④ 작업공정의 유해·위험과 재해 예방대책에 관한 사항

해설
안전보건교육 교육대상별 교육내용(산업안전보건법 시행규칙 별표 5)
근로자 정기 안전보건교육 내용
• 산업안전 및 산업재해 예방에 관한 사항(화재·폭발 사고 발생 시 대피에 관한 사항을 포함)
• 산업보건 및 건강장해 예방에 관한 사항(폭염·한파작업으로 인한 건강장해 발생 시 응급조치에 관한 사항을 포함)
• 위험성 평가에 관한 사항
• 건강증진 및 질병 예방에 관한 사항
• 유해·위험 작업환경 관리에 관한 사항
• 산업안전보건법령 및 산업재해보상보험 제도에 관한 사항
• 직무스트레스 예방 및 관리에 관한 사항
• 직장 내 괴롭힘, 고객의 폭언 등으로 인한 건강장해 예방 및 관리에 관한 사항

정답 ④

16
산업안전보건법령상 ( ) 안에 알맞은 기준은?

> 안전보건표지의 제작에 있어 안전보건표지 속의 그림 또는 부호의 크기는 안전보건표지의 크기와 비례하여야 하며, 안전보건표지 전체 규격의 ( ) 이상이 되어야 한다.

① 20% ② 30%
③ 40% ④ 50%

해설
안전보건표지의 제작(산업안전보건법 시행규칙 제40조)
안전보건표지 속의 그림 또는 부호의 크기는 안전보건표지의 크기와 비례해야 하며, 안전보건표지 전체 규격의 30% 이상이 되어야 한다.

정답 ②

17 다음 중 안전보건교육계획의 수립 시 고려할 사항으로 가장 거리가 먼 것은?

① 현장의 의견을 충분히 반영한다.
② 대상자의 필요한 정보를 수집한다.
③ 안전교육시행체계와의 연관성을 고려한다.
④ 정부 규정에 의한 교육에 한정하여 실시한다.

해설
안전보건교육계획을 수립할 때에는 사업장에 맞는 교육 내용을 통해 안전의식을 체득시키고 이를 통해 재해를 예방하는 것이 가장 중요하다. 그러므로, 정부에서 규정한 교육에 한정하는 것이 아니라, 정부에서 규정한 교육 외에도 각 사업장 특성에 맞는 안전보건교육을 수립하여 시행해야 한다.

정답 ④

18 매슬로의 욕구단계이론 중 자기의 잠재력을 최대한 살리고 자기가 하고 싶었던 일을 실현하려는 인간의 욕구에 해당하는 것은?

① 생리적 욕구
② 사회적 욕구
③ 자아실현의 욕구
④ 안전에 대한 욕구

해설
매슬로(Maslow)의 인간욕구 5단계
• 1단계 : 생리적 욕구(생존을 위해 필요한 욕구)
• 2단계 : 안전의 욕구(안전한 환경에 대한 욕구)
• 3단계 : 사회적 욕구(애정, 소속감에 대한 욕구)
• 4단계 : 존중에 대한 욕구(존경이나 지위, 명예에 대한 욕구)
• 5단계 : 자아실현의 욕구(자아실현 목적을 이루고자 하는 욕구)

정답 ③

19 재해로 인한 직접비용으로 8,000만 원의 산재보상비가 지급되었을 때, 하인리히 방식에 따른 총손실비용은?

① 16,000만 원 ② 24,000만 원
③ 32,000만 원 ④ 40,000만 원

해설
직접비와 간접비의 비율이 1 : 4이므로, 직접비용이 8,000만 원일 경우 간접비는 32,000만 원임을 알 수 있다. 이에 직접비와 간접비를 합산하였을 때 총손실비용은 40,000만 원이 된다.
※ 하인리히 방식 재해손실비용[1(직접비) : 4(간접비)]
• 직접비 : 치료비, 휴업 및 요양급여, 장해보상비, 유족보상비, 장례비 등으로 직접적으로 발생하는 비용을 말한다.
• 간접비 : 작업 중단에 의한 시간손실 등 재해 발생으로 인하여 발생하는 손실을 말한다.

정답 ④

20 산업안전보건법령상 안전보건개선계획서에 개선을 위하여 포함되어야 하는 중점개선 항목에 해당하지 않는 것은?

① 시설
② 안전보건관리체제
③ 안전보건교육
④ 보호구 착용

해설
안전보건개선계획서의 제출 등(산업안전보건법 시행규칙 제61조)
안전보건개선계획서에는 시설, 안전보건관리체제, 안전보건교육, 산업재해 예방 및 작업환경의 개선을 위하여 필요한 사항이 포함되어야 한다.

정답 ④

제2과목 인간공학 및 위험성 평가·관리

21 산업안전보건법령에 따라 기계·기구 및 설비의 설치·이전 등으로 인해 유해위험방지계획서를 제출하여야 하는 대상에 해당하지 않는 것은?

① 건조설비
② 공기압축기
③ 화학설비
④ 가스집합 용접장치

해설
유해위험방지계획서 제출대상 기계·기구 및 설비(산업안전보건법 시행령 제42조)
• 금속이나 그 밖의 광물의 용해로
• 화학설비
• 건조설비
• 가스집합 용접장치
• 근로자의 건강에 상당한 장해를 일으킬 우려가 있는 물질로서 고용노동부령으로 정하는 물질의 밀폐·환기·배기를 위한 설비

정답 ②

22 다음 중 소음에 대한 대책으로 가장 적합하지 않은 것은?

① 소음원의 통제
② 소음의 격리
③ 소음의 분배
④ 적절한 배치

해설
소음방지 대책에 있어 가장 효과적인 방법은 소음의 원인인 소음원에 대한 대책(제거, 관리 등)이다. 즉, 소음의 발생을 줄이거나, 전달을 차단하는 등의 대책을 수립하여야 효과적으로 소음을 방지할 수 있으며, 소음을 분배하여 퍼뜨리는 것은 대책으로 적합하지 않다.

정답 ③

23 FTA에서 사용하는 다음 사상기호에 대한 설명으로 옳은 것은?

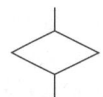

① 시스템 분석에서 좀 더 발전시켜야 하는 사상
② 시스템의 정상적인 가동 상태에서 일어날 것이 기대되는 사상
③ 불충분한 자료로 결론을 내릴 수 없어 더 이상 전개할 수 없는 사상
④ 주어진 시스템의 기본사상으로 고장원인이 분석되었기 때문에 더 이상 분석할 필요가 없는 사상

해설
FTA에서 사용되는 사상기호

기호	명칭	설명
◇	생략사상	불충분한 자료로 결론을 내릴 수 없어 더 이상 전개할 수 없는 사상
○	기본사상	더 이상 전개할 수 없는 사건의 원인
▭	결함사상 (중간사상)	한 개 이상의 입력사상에 의해 발생된 고장사상
⌂	통상사상	통상의 작업이나 기계의 상태에서 재해 발생의 원인이 되는 사상

정답 ③

24 인간공학의 궁극적인 목적과 가장 관계가 깊은 것은?

① 경제성 향상
② 인간 능력의 극대화
③ 설비의 가동률 향상
④ 안전성 및 효율성 향상

해설
인간공학은 인간을 위한 공학으로 인간이 사용하는 물건과의 상호관계를 다루며 인간의 행동, 능력, 한계, 특성 등에 관한 정보를 통해서 기계, 시스템, 직무, 환경 등을 설계하는 데 응용하여 인간이 보다 쾌적하고 안전한 환경에서 근무하는 것을 목표로 한다.

정답 ④

25 시각장치와 비교하여 청각장치 사용이 유리한 경우는?

① 메시지가 길 때
② 메시지가 복잡할 때
③ 정보전달 장소가 너무 소란할 때
④ 메시지에 대한 즉각적인 반응이 필요할 때

해설

청각장치와 시각장치 사용의 특성 비교
- 청각장치
  - 전달정보가 즉각적인 행동을 요구하는 경우
  - 전달정보가 짧고 간단한 경우
  - 수신장소가 너무 밝거나 암조응 유지가 필요한 경우
- 시각장치
  - 전달정보가 즉각적인 행동을 요구하지 않을 경우
  - 전달정보가 길고 복잡한 경우
  - 수신장소가 시끄러울 경우

정답 ④

26 HAZOP 기법에서 사용하는 가이드워드 중에서 성질상의 감소를 의미하는 것은?

① part of
② more/less
③ no/not
④ other than

해설

HAZOP 기법에서 사용하는 가이드워드
- part of : 성질상의 감소
- more/less : 정량적인 증가 또는 감소
- no/not : 설계의도의 완전한 부정
- other than : 완전한 대체
- as well as : 성질상의 증가
- reverse : 설계의도의 논리적인 역

정답 ①

27 후각적 표시장치(olfactory display)와 관련된 내용으로 옳지 않은 것은?

① 냄새와 확산을 제어할 수 없다.
② 시각적 표시장치에 비해 널리 사용되지 않는다.
③ 냄새에 대한 민감도의 개별적 차이가 존재한다.
④ 경보장치로서 실용성이 없기 때문에 사용되지 않는다.

해설

④ 후각을 이용하여 정보를 전송하는 매체로 가스 누출 경보 등에 사용된다.

정답 ④

28 두 가지 상태 중 하나가 고장 또는 결함으로 나타나는 비정상적인 사건은?

① 톱사상
② 정상적인 사상
③ 결함사상
④ 기본적인 사상

해설

결함사상 : 고장 또는 결함으로 나타나는 비정상적인 사건

정답 ③

29. 결함수 분석법에서 path set에 관한 설명으로 옳은 것은?

① 시스템의 약점을 표현한 것이다.
② top사상을 발생시키는 조합이다.
③ 시스템이 고장 나지 않도록 하는 사상의 조합이다.
④ 시스템 고장을 유발시키는 필요불가결한 기본사상들의 집합이다.

해설
패스셋(path set)이란 시스템의 고장을 일으키지 않는 기본사상들의 집합을 의미한다. 반대로 컷셋(cut set)은 시스템 고장을 유발시키는 기본사상의 집합을 의미한다.

정답 ③

30. FT도에서 최소 컷셋을 올바르게 구한 것은?

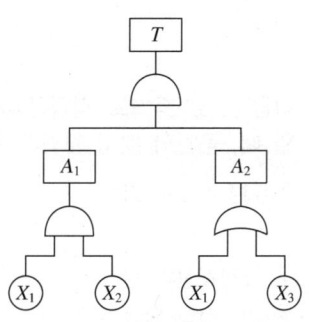

① (X_1, X_2)
② (X_1, X_3)
③ (X_2, X_3)
④ (X_1, X_2, X_3)

해설
$$T = A_1 \cdot A_2$$
$$= (X_1 \cdot X_2) \cdot \begin{pmatrix} X_1 \\ X_3 \end{pmatrix}$$
$$= \frac{(X_1 \cdot X_2 \cdot X_1)}{(X_1 \cdot X_2 \cdot X_3)}$$
컷셋 $= (X_1 \cdot X_2)(X_1 \cdot X_2 \cdot X_3)$
미니멀 컷셋 $= (X_1 \cdot X_2)$

정답 ①

31. 다음 설명에 해당하는 설비보전방식의 유형은?

> 설비보전 정보와 신기술을 기초로 신뢰성, 조작성, 보전성, 안전성, 경제성 등이 우수한 설비의 선정, 조달 또는 설계를 통하여 궁극적으로 설비의 설계, 제작단계에서 보전활동이 불필요한 체제를 목표로 한 설비보전 방법을 말한다.

① 개량보전
② 보전예방
③ 사후보전
④ 일상보전

해설
② 보전예방 : 신규설비의 계획과 건설을 할 때 보전정보나 새로운 기술을 도입하여 열화 손실을 적게 하는 보전활동이다. 또한, 우수한 설비의 선정, 조달 또는 설계를 통하여 궁극적으로 설비의 설계, 제작단계에서 보전활동이 불필요한 체제를 목표로 한 보전활동이다.
① 개량보전 : 설비의 신뢰성, 보전성, 경제성, 조작성, 안전성, 에너지 절약, 유용성 등의 향상을 목적으로 설비의 재질이나 형상의 개량, 설계변경 등을 행하는 보전활동이다.
③ 사후보전 : 시스템이나 부품이 고장에 의해 정지 또는 유해한 성능 저하를 초래한 뒤 수리를 하는 보전활동이다.
④ 일상보전 : 설비의 열화를 방지하고 그 진행을 지연시켜 수명을 연장하기 위해 매일 설비 점검, 청소, 주유 및 교체 등을 행하는 보전활동이다.

정답 ②

32. 통화이해도를 측정하는 지표로서, 각 옥타브(octave) 대의 음성과 잡음의 데시벨(dB)값에 가중치를 곱하여 합계를 구하는 것을 무엇이라 하는가?

① 명료도 지수
② 통화 간섭 수준
③ 이해도 점수
④ 소음 기준 곡선

해설
청취자가 음성을 얼마나 명확하게 이해할 수 있는지를 평가하는 지표로, 각 옥타브대의 음성과 잡음의 데시벨 값에 가중치를 곱하여 합계를 구하는 것은 명료도 지수이다.

정답 ①

33. 인간공학 연구조사에 사용되는 기준의 구비조건과 가장 거리가 먼 것은?

① 적절성
② 다양성
③ 무오염성
④ 기준 척도의 신뢰성

해설
② 기준은 다양성보다 일관성을 갖추는 것이 중요하다. 그래야 비교 가능성과 해석의 신뢰성이 확보된다.

인간공학 연구조사에 사용되는 구비조건
- 적절성 : 실제로 의도하는 바와 부합해야 한다.
- 무오염성 : 측정하고자 하는 변수 이외의 다른 변수의 영향을 받아서는 안 된다.
- 신뢰성 : 반복실험 시 재현성이 있어야 한다.
- 민감도 : 예상 차이점에 비례하는 단위로 측정하여야 한다.

정답 ②

34. 음압수준이 70dB인 경우, 1,000Hz에서 순음의 phon치는?

① 50phon
② 70phon
③ 90phon
④ 100phon

해설
1phone은 1,000Hz일 때 1dB의 음의 크기이다. 즉, 70dB이며 1,000Hz인 경우에는 70phone이다.

정답 ②

35. 고용노동부고시의 근골격계부담작업의 범위에서 근골격계부담작업에 대한 설명으로 옳지 않은 것은?

① 하루에 10회 이상 25kg 이상의 물체를 드는 작업
② 하루에 총 2시간 이상 쪼그리고 앉거나 무릎을 굽힌 자세에서 이루어지는 작업
③ 하루에 총 2시간 이상 집중적으로 자료입력 등을 위해 키보드 또는 마우스를 조작하는 작업
④ 하루에 총 2시간 이상 지지되지 않은 상태에서 4.5kg 이상의 물건을 한 손으로 들거나 동일한 힘으로 쥐는 작업

해설
③ 하루에 4시간 이상 집중적으로 자료입력 등을 위해 키보드 또는 마우스를 조작하는 작업(근골격계부담작업의 범위 및 유해요인 조사 방법에 관한 고시 제3조)

정답 ③

36. 다음 중 일반적으로 작업장에서 구성요소를 배치할 때, 공간의 배치 원칙에 속하지 않는 것은?

① 사용빈도의 원칙
② 중요도의 원칙
③ 공정개선의 원칙
④ 기능성의 원칙

해설
③ 공정개선의 원칙은 작업방식 자체를 개선하는 개념으로 공간배치의 원칙에는 포함되지 않는다.

부품배치의 원칙
- 중요도의 원칙 : 부품을 작동하는 성능이 목표 달성에 중요한 정도에 따라 우선순위를 정한다.
- 사용빈도의 원칙 : 자주 사용하는 부품에 따라 우선순위를 정한다.
- 기능별 배치의 원칙 : 기능적으로 관련된 부품들을 모아서 배치한다.
- 사용순서의 원칙 : 사용순서에 따라 부품을 배치한다.

정답 ③

37. 조종장치를 촉각적으로 식별하기 위하여 사용되는 촉각적 코드화의 방법으로 옳지 않은 것은?

① 색감을 활용한 코드화
② 크기를 이용한 코드화
③ 조종장치의 형상 코드화
④ 표면 촉감을 이용한 코드화

해설
① 색감은 시각으로 식별된다.

정답 ①

38. 다음의 FT도에서 사상 A의 발생 확률값은?

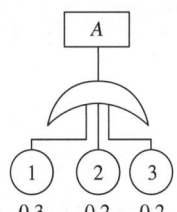

① 게이트 기호가 OR이므로 0.012
② 게이트 기호가 AND이므로 0.012
③ 게이트 기호가 OR이므로 0.552
④ 게이트 기호가 AND이므로 0.552

해설
OR 게이트이기 때문에 하위 사건 중 하나라도 발생하면 상위 사건이 발생한다.
따라서, $1-(1-0.3)(1-0.2)(1-0.2) = 0.552$이다.

정답 ③

39. FTA에 의한 재해사례 연구순서 중 2단계에 해당하는 것은?

① FT도의 작성
② 톱 사상의 선정
③ 개선계획의 작성
④ 사상의 재해원인을 규명

해설
FTA에 의한 재해사례 연구순서
- 1단계 : 톱(top) 사상의 선정
- 2단계 : 재해원인 규명
- 3단계 : FT도 작성
- 4단계 : 개선계획의 작성

정답 ④

40. 인간공학에 있어 기본적인 가정에 관한 설명으로 옳지 않은 것은?

① 인간 기능의 효율은 인간-기계 시스템의 효율과 연계된다.
② 인간에게 적절한 동기부여가 된다면 좀 더 나은 성과를 얻게 된다.
③ 개인이 시스템에서 효과적으로 기능을 하지 못하여도 시스템의 수행도는 변함없다.
④ 장비, 물건, 환경 특성이 인간의 수행도와 인간-기계 시스템의 성과에 영향을 준다.

해설
③ 인간-기계 시스템의 효율을 높이기 위해 인간의 능력과 한계를 고려하여 장비와 환경을 설계하게 된다. 이때 개인이 시스템에서 기능을 잘 수행하여야 시스템의 수행도가 향상되게 된다.
  예 자동차 운전의 경우, 차량의 조작계가 잘 설계되어 있더라도 운전자의 숙련도에 따라 자동차의 움직임과 반응은 달라질 수 있다. 즉, 운전자가 제대로 기능하지 못하면 시스템(자동차)의 성능도 제한을 받게 된다.

정답 ③

제3과목 기계·기구 및 설비 안전 관리

41. 기계설비에서 기계고장률의 기본모형으로 옳지 않은 것은?

① 초기고장
② 우발고장
③ 마모고장
④ 수시고장

해설
기계설비 고장 유형 : 초기고장 → 우발고장 → 마모고장
- 초기고장 : 설비 등 사용 개시 후의 비교적 빠른 시기에 설계, 제작, 조립상의 결함, 사용환경과의 부적합 등에 의해서 발생하는 고장이다(고장률 감소).
- 우발고장 : 초기고장 기간과 마모고장 기간 사이에 우발적으로 발생하는 고장이다(고장률 일정).
- 마모고장 : 구성부품 등의 피로, 마모, 노화현상 등에 의해 발생하며 시간의 경과와 함께 고장률이 급격히 커진다.

정답 ④

42. 숫돌 지름이 60cm인 경우 숫돌 고정장치인 평형 플랜지의 지름은 몇 cm 이상이어야 하는가?

① 10
② 20
③ 30
④ 60

해설
평형플랜지의 지름은 설치하는 숫돌 지름의 3분의 1 이상이어야 한다. 즉, 숫돌의 지름이 60cm인 경우의 평형플랜지의 지름은 20cm 이상이어야 한다(위험기계·기구 자율안전확인 고시 별표 1).

정답 ②

43. 프레스 및 전단기에서 위험한계 내에서 작업하는 작업자의 안전을 위하여 안전블록의 사용 등 필요한 조치를 취해야 한다. 다음 중 안전블록을 사용해야 하는 작업으로 가장 거리가 먼 것은?

① 금형 가공작업
② 금형 해체작업
③ 금형 부착작업
④ 금형 조정작업

해설
금형 조정작업의 위험 방지(산업안전보건기준에 관한 규칙 제104조)
사업주는 프레스 또는 전단기의 금형을 부착·해체 또는 조정하는 작업을 할 때에 해당 작업에 종사하는 근로자의 신체가 위험한계 내에 있는 경우 슬라이드가 갑자기 작동함으로써 근로자에게 발생할 우려가 있는 위험을 방지하기 위하여 안전블록을 사용하는 등 필요한 조치를 하여야 한다.

정답 ①

44. 아세틸렌 용접 시 역류를 방지하기 위하여 설치하여야 하는 것은?

① 안전기
② 청정기
③ 발생기
④ 유량기

해설
① 용접 시 가스의 역류를 방지하기 위해 안전기를 설치한다.

정답 ①

45. 다음 중 선반의 방호장치와 가장 거리가 먼 것은?

① 실드(shield)
② 슬라이딩
③ 척 커버
④ 칩 브레이커

해설
선반의 방호장치
- 실드 : 칩 및 절삭유의 비산 방지
- 척 커버 : 작업복 등이 말려들어 가는 것을 방지
- 칩 브레이커 : 칩을 잘게 끊어주는 장치
- 브레이크 : 긴급상황 시 정지시키는 장치

정답 ②

46. 지름이 5cm 이상인 회전 중인 연삭숫돌이 근로자에게 위험을 미칠 우려가 있을 경우 필요한 방호장치는?

① 받침대
② 과부하 방지장치
③ 덮개
④ 프레임

해설
연삭숫돌의 덮개 등(산업안전보건기준에 관한 규칙 제122조)
사업주는 회전 중인 연삭숫돌(지름이 5cm 이상인 것으로 한정)이 근로자에게 위험을 미칠 우려가 있는 경우에는 그 부위에 덮개를 설치하여야 한다.

정답 ③

47. 초음파탐상법의 종류에 해당하지 않는 것은?

① 반사식
② 투과식
③ 공진식
④ 침투식

해설
④ 액체침투탐상검사에 사용된다.
초음파탐상검사 : 탐촉자에서 전기신호로 변환하여 만들어진 초음파를 시험체 내부로 전달하여 내부에 존재하는 결함부로부터 반사한 신호를 검출하는 방법으로 종류로는 반사식, 투과식, 공진식이 있다.

정답 ④

48. 지게차의 방호장치인 헤드가드에 대한 설명으로 옳은 것은?

① 상부틀의 각 개구의 폭 또는 길이는 16cm 미만일 것
② 운전자가 앉아서 조작하는 방식의 지게차의 경우에는 운전자의 좌석 윗면에서 헤드가드의 상부틀 아랫면까지의 높이는 1.5m 이상일 것
③ 지게차에는 최대 하중의 2배(5ton을 넘는 값에 대해서는 5ton으로 함)에 해당하는 등분포정하중에 견딜 수 있는 강도의 헤드가드를 설치하여야 한다.
④ 운전자가 서서 조작하는 방식의 지게차의 경우에는 운전석의 바닥면에서 헤드가드의 상부틀 하면까지의 높이는 1.8m 이상일 것

해설
헤드가드(산업안전보건기준에 관한 규칙 제180조)
사업주는 다음에 따른 적합한 헤드가드(head guard)를 갖추지 아니한 지게차를 사용해서는 안 된다. 다만, 화물의 낙하에 의하여 지게차의 운전자에게 위험을 미칠 우려가 없는 경우에는 그렇지 않다.
- 강도는 지게차의 최대 하중의 2배값(4ton을 넘는 값에 대해서는 4ton으로 함)의 등분포정하중에 견딜 수 있을 것
- 상부틀의 각 개구의 폭 또는 길이가 16cm 미만일 것
- 운전자가 앉아서 조작하거나 서서 조작하는 지게차의 헤드가드는 한국산업표준에서 정하는 높이 기준 이상일 것(좌식 : 903mm 이상, 입식 : 1,905mm 이상)

정답 ①

49

드릴링머신에서 드릴의 지름이 20mm이고 원주속도가 62.8m/min일 때 드릴의 회전수는 약 몇 rpm인가?

① 500
② 1,000
③ 2,000
④ 3,000

해설

원주속도(V)

$$V = \frac{\pi DN}{1,000}$$

여기서, D : 롤러의 직경(mm)
N : 회전수(rpm)

$$62.8\text{m/min} = \frac{\pi \times 20 \times N}{1,000}$$

$$N = \frac{62.8 \times 1,000}{\pi \times 20} ≒ 1,000$$

정답 ②

50

방호장치 안전인증 고시에 따라 산업용 로봇에 사용되는 안전매트의 종류 및 일반구조에 관한 설명으로 가장 옳지 않은 것은?

① 안전매트의 종류는 단일 감지기와 복합 감지기가 있다.
② 단선 경보장치가 부착되어 있어야 한다.
③ 감응시간을 조절하는 장치가 부착되어 있어야 한다.
④ 감응도 조절장치가 있는 경우 봉인되어 있어야 한다.

해설

③ 감응시간을 조절하는 장치는 부착되어 있지 않아야 한다(방호장치 안전인증 고시 별표 25).

정답 ③

51

그림과 같이 50kN의 중량물을 와이어로프를 이용하여 상부에 60°의 각도가 되도록 들어 올릴 때, 로프 하나에 걸리는 하중(T)은 약 몇 kN인가?

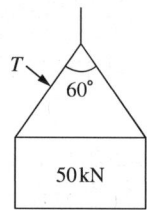

① 16.8
② 24.5
③ 28.9
④ 37.9

해설

와이어로프 한 가닥에 걸리는 하중 계산

장력하중(T) = $\frac{w}{2} \div \cos\frac{\theta}{2}$

여기서, w : 매단 물체의 무게
θ : 매단 각도

$= \frac{50}{2} \div \cos\frac{60}{2}$

$≒ 28.9$

정답 ③

52

인터록(interlock) 장치에 해당하지 않는 것은?

① 연삭기의 워크레스트
② 사출기의 도어잠금장치
③ 자동화라인의 출입시스템
④ 리프트의 출입문 안전장치

해설

① 워크레스트는 연삭기 사용 시 공작물을 올려놓는 곳을 말한다.

정답 ①

53
산업안전보건법령상 양중기를 사용하여 작업하는 운전자 또는 작업자가 보기 쉬운 곳에 해당 양중기에 대해 표시하여야 할 내용으로 가장 거리가 먼 것은?(단, 승강기는 제외한다)

① 정격하중
② 운전속도
③ 경고표시
④ 최대 인양높이

해설

정격하중 등의 표시(산업안전보건기준에 관한 규칙 제133조)
사업주는 양중기(승강기는 제외) 및 달기구를 사용하여 작업하는 운전자 또는 작업자가 보기 쉬운 곳에 해당 기계의 정격하중, 운전속도, 경고표시 등을 부착하여야 한다. 다만, 달기구는 정격하중만 표시한다.

정답 ④

54
산업안전보건법령에 따른 승강기의 종류로 옳지 않은 것은?

① 리프트
② 승객용 엘리베이터
③ 에스컬레이터
④ 화물용 엘리베이터

해설

승강기(산업안전보건기준에 관한 규칙 제132조)
승강기란 건축물이나 고정된 시설물에 설치되어 일정한 경로에 따라 사람이나 화물을 승강장으로 옮기는 데에 사용되는 설비로서 다음의 것을 말한다.
- 승객용 엘리베이터 : 사람의 운송에 적합하게 제조·설치된 엘리베이터
- 승객화물용 엘리베이터 : 사람의 운송과 화물 운반을 겸용하는 데 적합하게 제조·설치된 엘리베이터
- 화물용 엘리베이터 : 화물 운반에 적합하게 제조·설치된 엘리베이터로서 조작자 또는 화물취급자 1명은 탑승할 수 있는 것(적재용량이 300kg 미만인 것은 제외)
- 소형화물용 엘리베이터 : 음식물이나 서적 등 소형화물의 운반에 적합하게 제조·설치된 엘리베이터로서 사람의 탑승이 금지된 것
- 에스컬레이터 : 일정한 경사로 또는 수평로를 따라 위아래 또는 옆으로 움직이는 디딤판을 통해 사람이나 화물을 승강장으로 운송시키는 설비

정답 ①

55
크레인의 와이어로프에서 보통꼬임이 랭꼬임에 비하여 우수한 점은?

① 수명이 길다.
② 킹크의 발생이 적다.
③ 내마모성이 우수하다.
④ 소선의 접촉 길이가 길다.

해설

와이어로프 꼬임의 종류
- 보통꼬임
  - 스트랜드 꼬임 방향과 로프의 꼬임 방향이 반대인 것이다.
  - 랭꼬임에 비해 더 유연하여 EYE작업을 쉽게 할 수 있다.
  - 로프 자체의 변형이 적다.
  - 킹크가 잘 생기지 않는다.
  - 하중을 걸었을 때 저항성이 크다.
- 랭꼬임
  - 스트랜드 꼬임 방향과 로프의 꼬임 방향이 같은 방향인 것이다.
  - 보통꼬임의 로프보다 사용 시 표면 전체가 균일하게 마모됨으로 인하여 수명이 길다.
  - 내마모성, 유연성, 내피로성이 우수하다.

정답 ②

56
와이어로프의 표기에서 "6×19" 중 숫자 "6"이 의미하는 것은?

① 소선의 지름(mm)
② 소선의 수량(wire 수)
③ 꼬임의 수량(strand 수)
④ 로프의 인장강도(kg/cm^2)

해설

와이어로프의 표기방식
스트랜드(꼬임) 수 × 소선(와이어)의 수
※ 일반적으로 스트랜드 수, 소선의 수, 심강의 종류, 소선의 인장강도, 로프의 직경 순으로 표기한다.

정답 ③

57
이상온도, 이상기압, 과부하 등 기계의 부하가 안전 한계치를 초과하는 경우에 이를 감지하고 자동으로 안전상태가 되도록 조정하거나 기계의 작동을 중지시키는 방호장치는?

① 감지형 방호장치
② 접근거부형 방호장치
③ 위치제한형 방호장치
④ 접근반응형 방호장치

해설
② 접근거부형 방호장치 : 작업자의 신체부위가 위험한계 내로 접근하였을 때 기계적인 작용에 의하여 접근을 못 하도록 저지하는 방호장지
③ 위치제한형 방호장치 : 작업자의 신체부위가 위험한계 밖에 있도록 기계의 조작장치를 위험한 작업점에서 안전거리 이상 떨어지게 하거나, 조작장치를 양손으로 동시조작하게 함으로써 위험한계에 접근하는 것을 제한하는 방호장치
④ 접근반응형 방호장치 : 작업자의 신체부위가 위험한계 또는 그 인접한 거리 내로 들어오면 이를 감지하여 그 즉시 기계의 동작을 정지시키고 경보 등을 발하는 방호장치

정답 ①

58
휴대용 동력 드릴작업 시 주의해야 할 사항에 대한 설명으로 옳지 않은 것은?

① 드릴작업 시 과도한 진동을 일으키면 즉시 작업을 중단한다.
② 드릴이나 리머를 고정하거나 제거할 때는 금속성 망치 등을 사용한다.
③ 절삭하기 위하여 구멍에 드릴날을 넣거나 뺄 때는 팔을 드릴과 직선으로 유지한다.
④ 작업 중에는 드릴을 구멍에 맞추거나 하기 위해서 드릴날을 손으로 잡아서는 안 된다.

해설
② 드릴이나 리머를 고정시키거나 제거하고자 할 때 금속성 물질로 두드리면 변형 및 파손될 우려가 있으므로 고무망치 등을 사용하거나 나무블록 등을 사이에 두고 두드린다(휴대용 동력 드릴의 사용안전에 관한 기술지침).

정답 ②

59
산업안전보건법령에 따른 가스집합 용접장치의 안전에 관한 설명으로 옳지 않은 것은?

① 가스집합장치에 대해서는 화기를 사용하는 설비로부터 5m 이상 떨어진 장소에 설치해야 한다.
② 가스집합 용접장치의 배관에서 플랜지·밸브 등의 접합부에는 개스킷을 사용하고 접합면을 상호 밀착시킨다.
③ 주관 및 분기관에 안전기를 설치해야 하며 이 경우 하나의 취관에 2개 이상의 안전기를 설치해야 한다.
④ 용해아세틸렌을 사용하는 가스집합 용접장치의 배관 및 부속기구는 구리나 구리 함유량이 60% 이상인 합금을 사용해서는 아니 된다.

해설
④ 사업주는 용해아세틸렌의 가스집합 용접장치의 배관 및 부속기구는 구리나 구리 함유량이 70% 이상인 합금을 사용해서는 아니 된다(산업안전보건기준에 관한 규칙 제294조).
① 산업안전보건기준에 관한 규칙 제291조
②·③ 산업안전보건기준에 관한 규칙 제293조

정답 ④

60
다음 중 방호장치의 기본목적과 가장 관계가 먼 것은?

① 작업자 보호
② 기계기능 향상
③ 인적·물적 손실 방지
④ 기계 위험부위 접촉방지

해설
방호장치는 작업 중 사고를 예방하여 인적·물적 손실을 방지하는 것이다. 따라서 기계기능 향상은 방호장치의 기본목적과 거리가 멀다.

정답 ②

제4과목 전기설비 안전관리

61 감전사고를 방지하기 위한 대책으로 옳지 않은 것은?

① 전기기기에 대한 정격표시
② 전기설비에 대한 보호접지
③ 전기설비에 대한 누전차단기 설치
④ 충전부가 노출된 부분은 절연방호구 사용

[해설]
① 전기기기에 대한 정격표시는 감전사고를 방지하기 위한 조치가 아니며 기기를 보호하기 위한 수단이다.

감전사고 예방대책
- 전기기기 및 설비의 위험부에 위험표지 부착
- 누전으로 인한 감전을 예방하기 위해 누전차단기 설치
- 무자격자는 전기기계 및 기구에 접촉할 수 없도록 조치
- 전기 취급자에는 절연용 보호구 착용하도록 조치
- 접지를 통해 누설전류로 인한 감전 예방

[정답] ①

62 전자파 중에서 광량자 에너지가 가장 큰 것은?

① 극저주파
② 마이크로파
③ 가시광선
④ 적외선

[해설]
광량자 에너지 크기
자외선 > 가시광선 > 적외선 > 마이크로파 > 극저주파

[정답] ③

63 200A의 전류가 흐르는 단상전로의 한 선에서 누전되는 최소 전류(mA)의 기준은?

① 100
② 200
③ 10
④ 20

[해설]
전선로의 전선 및 절연성능(전기설비기술기준 제27조)
저압전선로 중 절연 부분의 전선과 대지 사이 및 전선의 심선 상호 간의 절연저항은 사용전압에 대한 누설전류가 최대 공급전류의 1/2,000을 넘지 않도록 하여야 한다.

[정답] ①

64 반도체 취급 시 정전기로 인한 재해 방지대책으로 거리가 먼 것은?

① 작업자 정전화 착용
② 작업자 제전복 착용
③ 부도체 작업대 접지 실시
④ 작업장 도전성 매트 사용

[해설]
③ 부도체는 전기가 흐르지 않는 재료이기 때문에 접지를 해도 정전기 방전 효과가 없다. 즉, 접지가 무의미한 대상이다.

[정답] ③

65 내압방폭 금속관배선에 대한 설명으로 옳지 않은 것은?

① 전선관은 박강전선관을 사용한다.
② 배관 인입부분은 실링피팅(sealing fitting)을 설치하고 실링 콤파운드로 밀봉한다.
③ 전선관과 전기기기와의 접속은 관용평행나사에 의해 완전나사부가 "5턱" 이상 결합되도록 한다.
④ 가용성을 요하는 접속 부분에는 플렉시블 피팅(flexible fitting)을 사용하고, 플렉시블 피팅은 비틀어서 사용해서는 안 된다.

해설
① 전선관은 KS C 8401(강제전선관)에서 규정한 후강전선관을 사용한다.

정답 ①

66 정전용량 $C = 20\mu F$, 방전 시 전압 $V = 2kV$일 때 정전에너지(J)는?

① 40
② 80
③ 400
④ 800

해설
정전에너지
$E = \frac{1}{2}CV^2(J) = \frac{1}{2} \times (20 \times 10^{-6}) \times 2{,}000^2 = 40J$
※ 참고 : $\mu F = 10^{-6}F$, $2kV = 2{,}000V$

정답 ①

67 저압방폭구조 배선 중 노출 도전성 부분의 보호 접지선으로 알맞은 항목은?

① 전선관이 충분한 지락전류를 흐르게 할 시에도 결합부에 본딩(bonding)을 해야 한다.
② 전선관이 최대 지락전류를 안전하게 흐르게 할 시 접지선으로 이용 가능하다.
③ 접지선의 전선 또는 선심은 그 절연피복을 흰색 또는 검정색을 사용한다.
④ 접지선은 1,000V 비닐절연전선 이상 성능을 갖는 전선을 사용한다.

해설
내압방폭, 안전증방폭 금속관배선에서 접지선은 전선관 내를 통과하고, 단자함 내의 내부 접속단자에 접속한다. 단, 전선관이 예상 최대 지락전류를 안전하게 흐르게 할 경우 접지선으로 이용할 수 있다. 또한, 이 경우 나사결합부는 원칙적으로 본딩할 필요가 있다.

정답 ②

68 다음 중 접지저항치를 결정하는 저항으로 옳지 않은 것은?

① 접지선, 접지극의 도체저항
② 접지전극과 주회로 사이의 낮은 절연저항
③ 접지전극 주위의 토양이 나타내는 저항
④ 접지전극의 표면과 접하는 토양 사이의 접촉저항

해설
② 절연저항은 전기적 절연 성능을 의미하며, 접지저항을 구성하는 요소가 아니다.

정답 ②

69 개폐기로 인한 발화는 스파크에 의한 가연물의 착화화재가 많이 발생한다. 이를 방지하기 위한 대책으로 옳지 않은 것은?

① 가연성 증기, 분진 등이 있는 곳은 방폭형을 사용한다.
② 개폐기를 불연성 상자 안에 수납한다.
③ 비포장 퓨즈를 사용한다.
④ 접속 부분의 나사 풀림이 없도록 한다.

해설
③ 비포장 퓨즈는 노출된 상태에서 동작하기 때문에 스파크가 외부로 튈 수 있어 화재 위험이 크다. 포장 퓨즈를 사용하여야 한다.

정답 ③

70 피뢰침의 제한전압이 800kV, 충격절연강도가 1,000kV라 할 때, 보호여유도는 몇 %인가?

① 25
② 33
③ 47
④ 63

해설
피뢰기의 보호여유도

$$보호여유도 = \frac{충격절연강도 - 제한전압}{제한전압} \times 100$$

$$= \frac{1,000 - 800}{800} \times 100$$

$$= 25\%$$

정답 ①

71 전로에 지락이 생겼을 때에 자동적으로 전로를 차단하는 장치를 시설해야 하는 전기기계의 사용전압 기준은?(단, 금속제 외함을 가지는 저압의 기계·기구로서 사람이 쉽게 접촉할 우려가 있는 곳에 시설되어 있다)

① 30V 초과
② 50V 초과
③ 90V 초과
④ 150V 초과

해설
전원의 자동차단에 의한 저압전로의 보호대책으로 누전차단기를 시설해야 할 대상(한국전기설비규정 211.2.4)
금속제 외함을 가지는 사용전압이 50V를 초과하는 저압의 기계·기구로서 사람이 쉽게 접촉할 우려가 있는 곳에 시설하는 것에 전기를 공급하는 전로에는 누전차단기를 설치하여야 한다.

정답 ②

72 전격의 위험을 결정하는 주된 인자로 가장 거리가 먼 것은?

① 통전전류
② 통전시간
③ 통전경로
④ 통전전압

해설
인체감전 위험도
통전전류의 크기, 통전시간, 통전경로, 전원의 종류에 따라 결정되며 통전전류의 크기, 통전시간, 통전경로, 전원의 종류 순으로 그 위험성이 크다.

정답 ④

73
감전되어 사망하는 주된 메커니즘으로 옳지 않은 것은?

① 심장부에 전류가 흘러 심실세동이 발생하여 혈액순환기능이 상실되어 일어난 것
② 흉골에 전류가 흘러 혈압이 약해져 뇌에 산소 공급기능이 정지되어 일어난 것
③ 뇌의 호흡중추 신경에 전류가 흘러 호흡기능이 정지되어 일어난 것
④ 흉부에 전류가 흘러 흉부수축에 의한 질식으로 일어난 것

해설
② 흉골은 단순한 뼈 구조로, 이곳에 전류가 흐른다고 해서 혈압이 약해지거나 뇌의 산소 공급 기능이 정지된다고 보기는 어렵기에 감전사고의 주된 원인을 설명하는 데 적절하지 않다.
①·③·④ 감전에 의해 인체에 전류가 통전되면서 발생할 수 있는 대표적인 사망 메커니즘이다.

정답 ②

75
인체의 대부분이 수중에 있는 상태에서 허용접촉전압은 몇 V 이하인가?

① 2.5V
② 25V
③ 30V
④ 50V

해설
접촉전압의 허용한계

종별	통전경로	허용접촉전압
제1종	인체의 대부분이 수중에 있는 상태	2.5V 이하
제2종	• 인체가 현저하게 젖어 있는 상태 • 금속성의 전기기계·기구나 구조물에 인체의 일부가 상시 접촉된 상태	25V 이하
제3종	건조한 통상의 인체 상태로, 접촉전압이 가해지더라도 위험성이 낮은 상태	50V 이하
제4종	• 건조한 통상의 인체 상태로서, 접촉전압이 가해지더라도 위험성이 낮은 상태 • 접촉전압이 가해질 우려가 없는 경우	제한 없음

정답 ①

74
방폭전기기기의 등급에서 위험장소의 등급분류에 해당하지 않는 것은?

① 3종 장소
② 2종 장소
③ 1종 장소
④ 0종 장소

해설
② 2종 장소 : 이상 상태에서 폭발성 분위기가 생성될 우려가 있는 장소를 말하며 조성된다고 하여도 짧은 기간에만 존재한다.
③ 1종 장소 : 통상적인 상태에서 간헐적으로 폭발성 분위기가 생성될 우려가 있는 장소를 말한다.
④ 0종 장소 : 폭발성 가스 또는 증기가 폭발 가능한 농도로 지속적으로 존재하는 지역을 말한다.

정답 ①

76
전기설비 사용장소의 폭발 위험성에 대한 위험장소 판정 시의 기준과 가장 관계가 먼 것은?

① 위험가스 현존 가능성
② 통풍의 정도
③ 습도의 정도
④ 위험 가스의 특성

해설
③ 전기설비 사용장소의 폭발 위험성에 대한 위험장소 판정 시 습도의 정도는 가연성 가스, 분진의 존재 유무 또는 폭발 가능성과 직접적인 관계가 없다.

정답 ③

77
정전작업 시 정전시킨 전로에 잔류전하를 방전할 필요가 있다. 전원차단 이후에도 잔류전하가 남아 있을 가능성이 가장 낮은 것은?

① 방전코일
② 전력케이블
③ 전력용 콘덴서
④ 용량이 큰 부하기기

해설
① 방전코일은 잔류전하를 방전시키기 위한 장치로, 스스로 전하를 저장하지 않는다.

정답 ①

78
유자격자가 아닌 근로자가 방호되지 않은 충전전로 인근의 높은 곳에서 작업할 때에 근로자의 몸은 충전전로에서 몇 cm 이내로 접근할 수 없도록 하여야 하는가?(단, 대지전압이 50kV이다)

① 50
② 100
③ 200
④ 300

해설
충전전로에서의 전기작업(산업안전보건기준에 관한 규칙 제321조)
유자격자가 아닌 근로자가 충전전로 인근의 높은 곳에서 작업할 때에 근로자의 몸 또는 긴 도전성 물체가 방호되지 않은 충전전로에서 대지전압이 50kV 이하인 경우에는 300cm 이내로, 대지전압이 50kV를 넘는 경우에는 10kV당 10cm씩 더한 거리 이내로 각각 접근할 수 없도록 할 것

정답 ④

79
가수전류(let-go current)에 대한 설명으로 옳은 것은?

① 마이크 사용 중 전격으로 사망에 이른 전류
② 전격을 일으킨 전류가 교류인지 직류인지 구별할 수 없는 전류
③ 충전부로부터 인체가 자력으로 이탈할 수 있는 전류
④ 몸이 물에 젖어 전압이 낮은 데도 전격을 일으킨 전류

해설
가수전류(이탈전류) : 자력으로 이탈할 수 있는 전류로, 감전 시 사람이 의도적으로 손을 뗄 수 있는 최대 전류값을 의미한다.

정답 ③

80
위험방지를 위한 전기기계·기구의 설치 시 고려사항으로 거리가 먼 것은?

① 전기기계·기구의 충분한 전기적 용량 및 기계적 강도
② 전기기계·기구의 안전효율을 높이기 위한 시간 가동률
③ 습기·분진 등 사용장소의 주위 환경
④ 전기적·기계적 방호수단의 적정성

해설
② 시간 가동률은 생산성이나 운영 효율성 등을 평가할 때 쓰는 개념으로 직접적인 안전 확보 목적과는 관련이 없다.
전기기계·기구의 적정설치 등(산업안전보건기준에 관한 규칙 제303조)
사업주는 전기기계·기구를 설치하려는 경우에는 다음 사항을 고려하여 적절하게 설치해야 한다.
• 전기기계·기구의 충분한 전기적 용량 및 기계적 강도
• 습기·분진 등 사용장소의 주위 환경
• 전기적·기계적 방호수단의 적정성

정답 ②

제5과목 화학설비 안전관리

81 공기 중에서 A 물질의 폭발하한계가 4vol%, 상한계가 75vol%라면 이 물질의 위험도는?

① 16.75
② 17.75
③ 18.75
④ 19.75

해설

위험도(H)

$$H = \frac{\text{폭발상한계} - \text{폭발하한계}}{\text{폭발하한계}}$$

$$= \frac{75 - 4}{4}$$

$$= 17.75$$

정답 ②

82 탄산수소나트륨을 주요성분으로 하는 것은 몇 종 분말소화기인가?

① 제1종
② 제2종
③ 제3종
④ 제4종

해설

분말소화기
- 제1종 분말 : 탄산수소나트륨
- 제2종 분말 : 탄산수소칼륨
- 제3종 분말 : 제1인산암모늄
- 제4종 분말 : 탄산수소칼륨 + 요소

정답 ①

83 위험물안전관리법령에서 정한 제3류 위험물에 해당하지 않는 것은?

① 나트륨
② 알킬알루미늄
③ 황린
④ 나이트로글리세린

해설

위험물 및 지정수량(위험물안전관리법 시행령 별표 1)
제3류(자연발화성 물질 및 금수성 물질) : 칼륨, 나트륨, 알킬알루미늄, 알킬리튬, 황린, 알칼리금속(칼륨 및 나트륨 제외) 및 알칼리토금속, 유기금속화합물(알킬알루미늄 및 알킬리튬 제외), 금속의 수소화물, 금속의 인화물, 칼슘 또는 알루미늄의 탄화물

정답 ④

84 다음 중 반응기를 조작방식에 따라 분류할 때 이에 해당하지 않는 것은?

① 회분식 반응기
② 반회분식 반응기
③ 연속식 반응기
④ 관형식 반응기

해설

반응기 분류

조작방식에 따른 분류	구조에 의한 분류
• 회분식 반응기 • 반회분식 반응기 • 연속식 반응기	• 관형식 반응기 • 교반기형 반응기 • 탑형 반응기

정답 ④

85 다음 중 가연성 가스의 연소형태에 해당하는 것은?

① 분해연소
② 자기연소
③ 표면연소
④ 확산연소

해설

확산연소 : 가연성 가스가 공기 중에 확산(혼합)되어 연소하는 현상을 말한다.
예 가스버너, 용접토치의 불꽃 등

정답 ④

86
다음 중 자연발화의 방지법으로 적절하지 않은 것은?

① 주위의 온도를 낮춘다.
② 공기의 출입을 방지하고 밀폐시킨다.
③ 습도가 높은 곳에는 저장하지 않는다.
④ 황린의 경우 산소와의 접촉을 피한다.

해설

자연발화 예방대책
- 가연성 물질의 제거
- 적절한 통풍이나 환기(열의 축적 방지)
- 저장실 온도를 낮출 것
- 습도가 높은 곳에 저장하지 않을 것
- 산소와 접촉면적을 최소화
※ 자연발화 : 어떤 물질이 외부로부터 열원이 없어도 상온의 공기 중에서 스스로 산화반응을 일으켜 발화하는 것을 말한다.

정답 ②

87
대기압에서 물의 엔탈피가 1kcal/kg이었던 것이 가압하여 1.45kcal/kg을 나타내었다면 flash율은 얼마인가?(단, 물의 기화열은 540cal/g이라고 가정한다)

① 0.00083
② 0.0015
③ 0.0083
④ 0.015

해설

기화열은 540cal/g=540kcal/kg, 초기 엔탈피는 1kcal/kg, 최종 엔탈피는 1.45kcal/kg이다. 물 1kg에 대하여 초기 엔탈피는 1kcal, 최종 엔탈피는 1.45kcal이므로, 엔탈피 증가량 = (1.45 − 1)kcal = 0.45kcal(기화에 소비된 열량) 이다.

따라서, $flash율 = \dfrac{기화에\ 소비된\ 열량}{기화열}$

$= \dfrac{0.45}{540}$

$\fallingdotseq 0.000833$

정답 ①

88
다음 중 분진폭발을 일으킬 위험이 가장 높은 물질은?

① 염소
② 마그네슘
③ 산화칼슘
④ 에틸렌

해설

② 마그네슘은 금속 분말로 존재할 경우 점화되면 매우 격렬한 폭발성 연소를 발생시킨다.

분진폭발 위험물질
- 마그네슘, 알루미늄 등 금속분말
- 황
- 석탄
- 전분 및 소맥분

정답 ②

89
산업안전보건기준에 관한 규칙상 국소배기장치의 후드 설치기준으로 옳지 않은 것은?

① 유해물질이 발생하는 곳마다 설치할 것
② 후드의 개구부 면적은 가능한 한 크게 할 것
③ 외부식 또는 리시버식 후드는 해당 분진 등의 발산원에 가장 가까운 위치에 설치할 것
④ 후드 형식은 가능하면 포위식 또는 부스식 후드를 설치할 것

해설

후드(산업안전보건기준에 관한 규칙 제72조)
인체에 해로운 분진, 흄(fume, 열이나 화학반응에 의하여 형성된 고체증기가 응축되어 생긴 미세입자), 미스트(mist, 공기 중에 떠다니는 작은 액체방울), 증기 또는 가스 상태의 물질(이하 분진 등)을 배출하기 위하여 설치하는 국소배기장치의 후드가 다음 기준에 맞도록 하여야 한다.
- 유해물질이 발생하는 곳마다 설치할 것
- 유해인자의 발생형태와 비중, 작업방법 등을 고려하여 해당 분진 등의 발산원을 제어할 수 있는 구조로 설치할 것
- 후드(hood) 형식은 가능하면 포위식 또는 부스식 후드를 설치할 것
- 외부식 또는 리시버식 후드는 해당 분진 등의 발산원에 가장 가까운 위치에 설치할 것

정답 ②

90. 다음 중 CO_2 소화약제의 장점으로 볼 수 없는 것은?

① 기체 팽창률 및 기화잠열이 작다.
② 액화하여 용기에 보관할 수 있다.
③ 전기에 대해 부도체이다.
④ 자체 증기압이 높기 때문에 자체 압력으로 방사가 가능하다.

해설
① 이산화탄소는 팽창률이 크고 기화잠열도 커서 냉각과 질식효과가 크다.

정답 ①

91. 다음 설명이 의미하는 것은?

> 온도, 압력 등 제어 상태가 규정의 조건을 벗어나는 것에 의해 반응속도가 지수함수적으로 증대되고, 반응용기 내의 온도, 압력이 급격히 이상 상승되어 규정조건을 벗어나고, 반응이 과격화되는 현상

① 비등
② 과열·과압
③ 폭발
④ 반응폭주

해설
반응폭주 : 온도, 압력 등 제어 상태가 규정의 조건을 벗어나 반응용기 내의 온도, 압력이 이상 상승되어 반응이 과격화되는 현상

정답 ④

92. 다음 물질 중 공기 중에서 폭발상한계의 값이 가장 큰 것은?

① 사이클로헥산 ② 산화에틸렌
③ 수소   ④ 이황화탄소

해설
② 산화에틸렌의 폭발범위는 약 3~80%이며, 상한계 80% 이상에서도 폭발이 가능해 공기 중 거의 전 농도 범위에서 폭발위험이 존재한다.

정답 ②

93. 산업안전보건법령상 위험물질의 종류를 구분할 때 다음 물질들이 해당하는 것은?

> 리튬, 칼륨·나트륨, 황, 황린, 황화인·적린

① 폭발성 물질 및 유기과산화물
② 산화성 액체 및 산화성 고체
③ 물반응성 물질 및 인화성 고체
④ 급성 독성 물질

해설
물반응성 물질 및 인화성 고체(산업안전보건기준에 관한 규칙 별표 1)
가. 리튬
나. 칼륨·나트륨
다. 황
라. 황린
마. 황화인·적린
바. 셀룰로이드류
사. 알킬알루미늄·알킬리튬
아. 마그네슘 분말
자. 금속 분말(마그네슘 분말 제외)
차. 알칼리금속(리튬·칼륨 및 나트륨 제외)
카. 유기 금속화합물(알킬알루미늄 및 알킬리튬 제외)
타. 금속의 수소화물
파. 금속의 인화물
하. 칼슘 탄화물, 알루미늄 탄화물
거. 그 밖에 가목부터 하목까지의 물질과 같은 정도의 발화성 또는 인화성이 있는 물질
너. 가목부터 거목까지의 물질을 함유한 물질

정답 ③

94
안전설계의 기초에 있어 기상폭발대책을 예방대책, 긴급대책, 방호대책으로 나눌 때, 다음 중 방호대책과 가장 관계가 깊은 것은?

① 경보
② 발화의 저지
③ 방폭벽과 안전거리
④ 가연조건의 성립저지

해설
기상폭발대책
- 예방대책 : 폭발이 일어나지 않도록 조건을 제거(발화원 제거, 가연조건 성립저지 등)
- 긴급대책 : 폭발 조짐이 있는 경우 즉시 대응(경보, 긴급정지, 대피 등)
- 방호대책 : 폭발이 일어났을 경우 피해를 최소화(방폭벽, 안전거리 확보 등)

정답 ③

95
산업안전보건법령에서 규정하고 있는 위험물질의 종류 중 부식성 염기류로 분류되기 위하여 농도가 40% 이상이어야 하는 물질은?

① 염산
② 아세트산
③ 불산
④ 수산화칼륨

해설
부식성 염기류(산업안전보건기준에 관한 규칙 별표 1)
농도가 40% 이상인 수산화나트륨, 수산화칼륨, 그 밖에 이와 같은 정도 이상의 부식성을 가지는 염기류

정답 ④

96
다음 중 물질에 대한 저장방법으로 잘못된 것은?

① 나트륨 – 유동 파라핀 속에 저장
② 나이트로글리세린 – 강산화제 속에 저장
③ 적린 – 냉암소에 격리 저장
④ 칼륨 – 등유 속에 저장

해설
② 나이트로글리세린은 매우 민감한 폭발성 물질로 강산화제에 저장하면 폭발위험이 극대화된다.

정답 ②

97
다음 중 축류식 압축기에 대한 설명으로 옳은 것은?

① 케이싱(casing) 내에 1개 또는 수 개의 회전체를 설치하여 이것을 회전시킬 때 케이싱과 피스톤 사이의 체적이 감소해서 기체를 압축하는 방식이다.
② 실린더 내에서 피스톤을 왕복시켜 이것에 따라 개폐하는 흡입밸브 및 배기밸브의 작용에 의해 기체를 압축하는 방식이다.
③ 케이싱 내에 넣어진 날개바퀴를 회전시켜 기체에 작용하는 원심력에 의해서 기체를 압송하는 방식이다.
④ 프로펠러의 회전에 의한 추진력에 의해 기체를 압송하는 방식이다.

해설
① 회전식 압축기
② 왕복식 압축기
③ 터보식 압축기

정답 ④

98
사업주는 산업안전보건법령에서 정한 설비에 대해서는 과압에 따른 폭발을 방지하기 위하여 안전밸브 등을 설치하여야 한다. 다음 중 이에 해당하는 설비로 옳지 않은 것은?

① 원심펌프
② 정변위 압축기
③ 정변위 펌프(토출측에 차단밸브가 설치된 것만 해당)
④ 배관(2개 이상의 밸브에 의하여 차단되어 대기온도에서 액체의 열팽창에 의하여 파열될 우려가 있는 것으로 한정)

해설
안전밸브 등의 설치(산업안전보건기준에 관한 규칙 제261조)
다음 어느 하나에 해당하는 설비에 대해서는 과압에 따른 폭발을 방지하기 위하여 폭발 방지 성능과 규격을 갖춘 안전밸브 또는 파열판(안전밸브 등)을 설치하여야 한다. 다만, 안전밸브 등에 상응하는 방호장치를 설치한 경우에는 그러하지 아니하다.
- 압력용기(안지름이 150mm 이하인 압력용기는 제외하며, 압력용기 중 관형 열교환기의 경우에는 관의 파열로 인하여 상승한 압력이 압력용기의 최고사용압력을 초과할 우려가 있는 경우만 해당)
- 정변위 압축기
- 정변위 펌프(토출측에 차단밸브가 설치된 것만 해당)
- 배관(2개 이상의 밸브에 의하여 차단되어 대기온도에서 액체의 열팽창에 의하여 파열될 우려가 있는 것으로 한정)
- 그 밖의 화학설비 및 그 부속설비로서 해당 설비의 최고사용압력을 초과할 우려가 있는 것

정답 ①

99
위험물 또는 위험물이 발생하는 물질을 가열·건조하는 경우 내용적이 몇 m³ 이상인 건조설비일 때 건조실을 설치하는 건축물의 구조를 독립된 단층건물로 하여야 하는가?(단, 건조실을 건축물의 최상층에 설치하거나 건축물이 내화구조인 경우는 제외한다)

① 1 ② 10
③ 100 ④ 1,000

해설
위험물 건조설비를 설치하는 건축물의 구조(산업안전보건기준에 관한 규칙 제280조)
다음 어느 하나에 해당하는 위험물 건조설비(이하 위험물 건조설비) 중 건조실을 설치하는 건축물의 구조는 독립된 단층건물로 하여야 한다. 다만, 해당 건조실을 건축물의 최상층에 설치하거나 건축물이 내화구조인 경우에는 그러하지 아니하다.
- 위험물 또는 위험물이 발생하는 물질을 가열·건조하는 경우 내용적이 1m³ 이상인 건조설비
- 위험물이 아닌 물질을 가열·건조하는 경우로서 다음 어느 하나의 용량에 해당하는 건조설비
  - 고체 또는 액체연료의 최대사용량이 시간당 10kg 이상
  - 기체연료의 최대사용량이 시간당 1m³ 이상
  - 전기사용 정격용량이 10kW 이상

정답 ①

100
다음 중 유류화재에 해당하는 화재급수는?

① A급 ② B급
③ C급 ④ D급

해설
화재급수
- A급 : 일반화재
- B급 : 유류화재
- C급 : 전기화재
- D급 : 금속화재
- E급 : 가스화재
- K급 : 주방화재

정답 ②

제6과목 건설공사 안전관리

101 철근콘크리트 구조물의 해체를 위한 장비가 아닌 것은?

① 래머(rammer)
② 압쇄기
③ 철제해머
④ 핸드브레이커(hand breaker)

해설
해체작업용 기계·기구(해체공사 표준안전작업지침 제2장)
압쇄기, 대형브레이커, 철제해머, 화약류, 핸드브레이커, 팽창제, 절단톱, 재키, 쐐기타입기, 화염방사기, 절단줄톱

정답 ①

102 달비계에 사용하는 와이어로프의 사용금지 기준으로 옳지 않은 것은?

① 이음매가 있는 것
② 열과 전기충격에 의해 손상된 것
③ 지름의 감소가 공칭지름의 7%를 초과하는 것
④ 와이어로프의 한 꼬임에서 끊어진 소선의 수가 7% 이상인 것

해설
달비계의 구조(산업안전보건기준에 관한 규칙 제63조)
다음 어느 하나에 해당하는 와이어로프를 달비계에 사용해서는 아니 된다.
• 이음매가 있는 것
• 와이어로프의 한 꼬임[스트랜드(strand)를 말한다. 이하 같다]에서 끊어진 소선[필러(pillar)선은 제외]의 수가 10% 이상(비자전로프의 경우에는 끊어진 소선의 수가 와이어로프 호칭지름의 6배 길이 이내에서 4개 이상이거나 호칭지름 30배 길이 이내에서 8개 이상)인 것
• 지름의 감소가 공칭지름의 7%를 초과하는 것
• 꼬인 것
• 심하게 변형되거나 부식된 것
• 열과 전기충격에 의해 손상된 것

정답 ④

103 토질시험 중 액체 상태의 흙이 건조되면서 액성, 소성, 반고체, 고체 상태의 경계선과 관련된 시험의 명칭은?

① 아터버그한계시험
② 압밀시험
③ 삼축압축시험
④ 투수시험

해설
아터버그한계시험에 관한 설명으로 흙의 상태변화를 구분하는 시험이다. 액성한계, 소성한계, 수축한계 등을 측정한다.

정답 ①

104 토사붕괴 재해를 방지하기 위한 흙막이 지보공설비를 구성하는 부재로 옳지 않은 것은?

① 말뚝
② 버팀대
③ 띠장
④ 턴버클

해설
조립도(산업안전보건기준에 관한 규칙 제346조)
조립도는 흙막이판·말뚝·버팀대 및 띠장 등 부재의 배치·치수·재질 및 설치방법과 순서가 명시되어야 한다.

정답 ④

105 철골구조의 앵커 볼트 매립과 관련된 사항 중 옳지 않은 것은?

① 기둥 중심은 기준선 및 인접기둥의 중심에서 3mm 이상 벗어나지 않을 것
② 앵커 볼트는 매립 후에 수정하지 않도록 설치할 것
③ 베이스 플레이트의 하단은 기준 높이 및 인접기둥의 높이에서 3mm 이상 벗어나지 않을 것
④ 앵커 볼트는 기둥 중심에서 2mm 이상 벗어나지 않을 것

해설

앵커 볼트의 매립(철골공사 표준안전작업지침 제5조)
사업주는 앵커 볼트의 매립에 있어서 다음 사항을 준수하여야 한다.
- 앵커 볼트는 매립 후에 수정하지 않도록 설치하여야 한다.
- 앵커 볼트를 매립하는 정밀도는 다음의 범위 내여야 한다.
  - 기둥 중심은 기준선 및 인접기둥의 중심에서 5mm 이상 벗어나지 않을 것
  - 인접기둥 간 중심거리의 오차는 3mm 이하일 것
  - 앵커 볼트는 기둥 중심에서 2mm 이상 벗어나지 않을 것
  - 베이스 플레이트의 하단은 기준 높이 및 인접기둥의 높이에서 3mm 이상 벗어나지 않을 것
- 앵커 볼트는 견고하게 고정시키고 이동, 변형이 발생하지 않도록 주의하면서 콘크리트를 타설해야 한다.

정답 ①

106 온도가 하강함에 따라 토중수가 얼어 부피가 약 9% 정도 증대되면서 지표면이 부풀어 오르는 현상은?

① 동상현상 ② 연화현상
③ 리칭현상 ④ 액상화현상

해설

동상현상 : 토중수가 얼어 지표면이 부풀어 오르는 현상

정답 ①

107 다음 중 산업안전보건법령상 양중기에 해당하지 않는 것은?

① 어스드릴
② 크레인
③ 리프트
④ 곤돌라

해설

양중기의 종류(산업안전보건기준에 관한 규칙 제132조)
- 크레인[호이스트(hoist)를 포함]
- 이동식 크레인
- 리프트(이삿짐운반용 리프트의 경우에는 적재하중이 0.1ton 이상인 것으로 한정)
- 곤돌라
- 승강기

정답 ①

108 52m 높이로 강관비계를 세우려면 지상에서 몇 m까지 2개의 강관으로 묶어 세워야 하는가?

① 11m
② 16m
③ 21m
④ 26m

해설

③ 비계기둥의 제일 윗부분으로부터 31m 되는 지점 밑부분의 비계기둥은 2개의 강관으로 묶어 세워야 하므로, 52m − 31m = 21m이다(산업안전보건기준에 관한 규칙 제60조).

정답 ③

109 건설현장에 설치하는 사다리식 통로의 설치기준으로 옳지 않은 것은?

① 발판과 벽과의 사이는 15cm 이상의 간격을 유지할 것
② 발판의 간격은 일정하게 할 것
③ 사다리의 상단은 걸쳐 놓은 지점으로부터 60cm 이상 올라가도록 할 것
④ 사다리식 통로의 길이가 10m 이상인 경우에는 3m 이내마다 계단참을 설치할 것

해설
④ 사다리식 통로의 길이가 10m 이상인 경우에는 5m 이내마다 계단참을 설치할 것(산업안전보건기준에 관한 규칙 제24조)

정답 ④

110 화물취급 작업 시 준수사항으로 옳지 않은 것은?

① 꼬임이 끊어지거나 심하게 부식된 섬유로프는 화물운반용으로 사용해서는 아니 된다.
② 섬유로프 등을 사용하여 화물취급작업을 하는 경우에 해당 섬유로프 등을 점검하고 이상을 발견한 섬유로프 등을 즉시 교체하여야 한다.
③ 차량 등에서 화물을 내리는 작업을 하는 경우에 해당 작업에 종사하는 근로자에게 쌓여 있는 화물의 중간에서 필요한 화물을 빼낼 수 있도록 허용한다.
④ 하역작업을 하는 장소에서 작업장 및 통로의 위험한 부분에는 안전하게 작업할 수 있는 조명을 유지한다.

해설
③ 사업주는 차량 등에서 화물을 내리는 작업을 하는 경우에 해당 작업에 종사하는 근로자에게 쌓여 있는 화물 중간에서 화물을 빼내도록 해서는 아니 된다(산업안전보건기준에 관한 규칙 제389조).
① 산업안전보건기준에 관한 규칙 제387조
② 산업안전보건기준에 관한 규칙 제388조
④ 산업안전보건기준에 관한 규칙 제390조

정답 ③

111 항타기 및 항발기에 관한 설명으로 옳지 않은 것은?

① 도괴방지를 위해 시설 또는 가설물 등에 설치하는 때에는 그 내력을 확인하고 내력이 부족하면 그 내력을 보강해야 한다.
② 와이어로프의 한 꼬임에서 끊어진 소선(필러선을 제외)의 수가 10% 이상인 것은 권상용 와이어로프로 사용을 금한다.
③ 지름 감소가 공칭지름의 7%를 초과하는 것은 권상용 와이어로프로 사용을 금한다.
④ 권상용 와이어로프의 안전계수가 4 이상이 아니면 이를 사용하여서는 아니 된다.

해설
④ 사업주는 항타기 또는 항발기의 권상용 와이어로프의 안전계수가 5 이상이 아니면 이를 사용해서는 아니 된다(산업안전보건기준에 관한 규칙 제211조).
① 산업안전보건기준에 관한 규칙 제209조
②·③ 산업안전보건기준에 관한 규칙 제210조

정답 ④

112 흙막이공의 파괴 원인 중 하나인 보일링(boiling)현상에 관한 설명으로 옳지 않은 것은?

① 지하수위가 높은 지반을 굴착할 때 주로 발생한다.
② 연약 사질토 지반에서 주로 발생한다.
③ 시트파일(sheet pile) 등의 저면에 분사현상이 발생한다.
④ 연약 점토지반에서 굴착면의 융기로 발생한다.

해설
④ 히빙현상에 대한 설명이다.
보일링 현상: 사질지반을 굴착할 때 굴착 바닥면으로 모래가 액상화되어 솟아오르는 현상을 말하며 굴착부와 지하수위차가 있을 때 수위차에 의한 삼투압으로 인하여 발생한다.

정답 ④

113 기계가 위치한 지면보다 높은 장소의 땅을 굴착하는 데 적합하며 산지에서의 토공사 및 암반으로부터의 점토질까지 굴착할 수 있는 건설장비는?

① 파워셔블
② 불도저
③ 파일드라이버
④ 크레인

해설
파워셔블 : 기계가 위치한 지면보다 높은 장소의 땅을 굴착하는 데 적합하며 산지, 암반, 점토 등 다양한 곳에서 굴착이 가능하다.

정답 ①

114 건축물의 해체공사에 대한 설명으로 옳지 않은 것은?

① 압쇄기와 대형 브레이커(breaker)는 파워셔블 등에 설치하여 사용한다.
② 철제 해머(hammer)는 크레인 등에 설치하여 사용한다.
③ 핸드 브레이커(hand breaker) 사용 시 수직보다는 경사를 주어 파쇄하는 것이 좋다.
④ 절단톱의 회전날에는 접촉방지 커버를 설치하여야 한다.

해설
③ 핸드 브레이커는 경사를 주면 브레이커가 미끄러지거나 튀어 오를 수 있으므로 수직으로 사용해야 한다.

정답 ③

115 흙막이 지보공을 설치하였을 때 정기적으로 점검하여 이상 발견 시 즉시 보수하여야 할 사항이 아닌 것은?

① 굴착 깊이의 정도
② 버팀대의 긴압의 정도
③ 부재의 접속부·부착부 및 교차부의 상태
④ 부재의 손상·변형·부식·변위 및 탈락의 유무와 상태

해설
붕괴 등의 위험 방지(산업안전보건기준에 관한 규칙 제347조)
사업주는 흙막이 지보공을 설치하였을 때에는 정기적으로 다음 사항을 점검하고 이상을 발견하면 즉시 보수하여야 한다.
• 부재의 손상·변형·부식·변위 및 탈락의 유무와 상태
• 버팀대의 긴압의 정도
• 부재의 접속부·부착부 및 교차부의 상태
• 침하의 정도

정답 ①

116 다음 중 건설업의 산업안전보건관리비 사용항목으로 가장 적절하지 않은 것은?

① 안전시설비
② 근로자 건강관리비
③ 운반기계 수리비
④ 안전진단비

해설
사용기준(건설업 산업안전보건관리비 계상 및 사용기준 제7조)
• 안전관리자, 보건관리자의 임금 등
• 안전시설비 등
• 보호구 등
• 안전보건진단비 등
• 안전보건교육비 등
• 근로자 건강장해예방비 등
• 건설재해예방전문지도기관의 지도에 대한 대가로 자기공사자가 지급하는 비용
• 건설사업자가 아닌 자가 운영하는 사업에서 안전보건업무를 총괄·관리하는 3명 이상으로 구성된 본사 전담조직에 소속된 근로자의 임금 및 업무수행 출장비 전액. 다만, 계상된 산업안전보건관리비 총액의 20분의 1을 초과할 수 없다.
• 위험성평가 또는 유해·위험요인 개선을 위해 필요하다고 판단하여 산업안전보건위원회 또는 노사협의체에서 사용하기로 결정한 사항을 이행하기 위한 비용(산업안전보건위원회 또는 노사협의체가 없는 현장의 경우에는 근로자의 의견을 들어 법 제64조에 따른 안전 및 보건에 관한 협의체에서 결정한 사항을 이행하기 위한 비용). 다만, 계상된 산업안전보건관리비 총액의 100분의 15를 초과할 수 없다.

정답 ③

117 산업안전보건기준에 관한 규칙에 따라 철골공사 작업을 중지해야 하는 경우는?

① 강우량 1.5mm/h
② 풍속 8m/s
③ 강설량 5mm/h
④ 지진 진도 1.0

해설
작업의 제한(산업안전보건기준에 관한 규칙 제383조)
사업주는 다음 어느 하나에 해당하는 경우에 철골작업을 중지하여야 한다.
• 풍속이 10m/s 이상인 경우
• 강우량이 1mm/h 이상인 경우
• 강설량이 1cm/h 이상인 경우

정답 ①

118 크레인의 운전실 또는 운전대를 통하는 통로의 끝과 건설물 등의 벽체의 간격은 최대 얼마 이하로 하여야 하는가?

① 0.2m
② 0.3m
③ 0.4m
④ 0.5m

해설
건축물 등의 벽체와 통로의 간격 등(산업안전보건기준에 관한 규칙 제145조)
사업주는 다음의 간격을 0.3m 이하로 하여야 한다. 다만, 근로자가 추락할 위험이 없는 경우에는 그 간격을 0.3m 이하로 유지하지 아니할 수 있다.
• 크레인의 운전실 또는 운전대를 통하는 통로의 끝과 건설물 등의 벽체의 간격
• 크레인 거더(girder)의 통로 끝과 크레인 거더의 간격
• 크레인 거더의 통로로 통하는 통로의 끝과 건설물 등의 벽체의 간격

정답 ②

119 차량계 건설기계를 사용하여 작업하고자 할 때 작업계획서에 포함되어야 할 사항에 해당하지 않는 것은?

① 사용하는 차량계 건설기계의 종류 및 성능
② 차량계 건설기계의 운행경로
③ 차량계 건설기계에 의한 작업방법
④ 차량계 건설기계의 유지보수방법

해설
차량계 건설기계를 사용하는 작업의 작업계획서 내용(산업안전보건기준에 관한 규칙 별표 4)
• 사용하는 차량계 건설기계의 종류 및 성능
• 차량계 건설기계의 운행경로
• 차량계 건설기계에 의한 작업방법

정답 ④

120 표준관입시험에 대한 내용으로 옳지 않은 것은?

① N치(N-value)는 지반을 30cm 굴진하는 데 필요한 타격횟수를 의미한다.
② 50/3의 표기에서 50은 굴진수치, 3은 타격횟수를 의미한다.
③ 63.5kg 무게의 추를 76cm 높이에서 자유낙하하여 타격하는 시험이다.
④ 사질지반에 적용하며, 점토지반에서는 편차가 커서 신뢰성이 떨어진다.

해설
② 50이 타격횟수, 3이 굴진수치이다.
표준관입시험: 63.5kg 무게의 추를 76cm 높이에서 자유낙하하여 타격하는 시험으로 타격횟수 N치를 구하여 지반의 특성(전단강도 등)을 확인하는 시험을 말한다. N치가 4~10인 경우에는 연약지반으로 분류된다.

정답 ②

참 / 고 / 문 / 헌

- 고용노동부, 「2023 새로운 위험성평가 안내서」(2023)
- 고용노동부, 「공정안전관리(PSM) 12대 실천과제」
- 고용노동부, 「사업장 보건관리 업무매뉴얼」(2024)
- 고용노동부, 「사업장 비상상황 대비 가이드라인」(2023)
- 고용노동부, 「산업재해 예방을 위한 안전보건관리체계 가이드북」(2021)
- 고용노동부·안전보건공단, 「중·소규모 사업장을 위한 쉽고 간편한 위험성평가 방법 안내서」(2023)
- 교육부, 「감전 위험관리(LM2306010221_21v1)」(2022), 한국직업능력연구원
- 교육부, 「건설공사 위험성평가(LM2306010325_21v5)」(2023), 한국직업능력연구원
- 교육부, 「건설공사 특수성분석(LM2306010303_21v4)」(2023), 한국직업능력연구원
- 교육부, 「건설기계·운송장비 안전관리(LM2306010317_21v3)」(2023), 한국직업능력연구원
- 교육부, 「건설업 산업안전보건관리비 관리(LM2306010311_21v5)」(2023), 한국직업능력연구원
- 교육부, 「건설현장 안전사고 예방(LM2306010321_21v3)」(2023), 한국직업능력연구원
- 교육부, 「건설현장 안전시설 관리(LM2306010305_21v5)」(2023), 한국직업능력연구원
- 교육부, 「건설현장 안전점검(LM2306010306_21v5)」(2023), 한국직업능력연구원
- 교육부, 「건설현장 유해·위험요인 관리(LM2306010320_21v3)」(2023), 한국직업능력연구원
- 교육부, 「보호시스템운영(LM1901060324_16v1)」(2023), 한국직업능력연구원
- 교육부, 「비계·거푸집 동바리 가설구조물 위험방지(LM2306010322_21v3)」(2023), 한국직업능력연구원
- 교육부, 「비상조치 대응(LM2306010409_16v2)」(2018), 한국직업능력연구원
- 교육부, 「산업·환경계측제어설비 안전보건환경관리(LM1404020310_14v2)」, 한국직업능력연구원
- 교육부, 「수변전설비 스마트 유지보수 운영(LM1901130109_18v1)」(2019), 한국직업능력연구원
- 교육부, 「전기 방폭 관리(LM2306010220_21v2)」(2022), 한국직업능력연구원
- 교육부, 「전기설비 안전설계(LM1901060108_23v4)」, 한국직업능력연구원
- 교육부, 「전기설비설계 기본계획(LM1901060101_23v3)」, 한국직업능력연구원
- 교육부, 「전기작업 안전관리(LM2306010214_21v3)」(2022), 한국직업능력연구원
- 교육부, 「전기 화재 위험관리(LM2306010219_21v2)」(2022), 한국직업능력연구원
- 교육부, 「정전기 위험관리(LM2306010218_21v2)」(2022), 한국직업능력연구원
- 교육부, 「화공안전설계(LM2306010430_21v2)」(2023), 한국직업능력연구원
- 교육부, 「화공안전시설 관리(LM2306010424_21v2)」(2023), 한국직업능력연구원
- 교육부, 「화재·폭발·누출 사고 예방(LM2306010414_21v3)」(2023), 한국직업능력연구원
- 고재욱 외, 「정량적 위험성평가(CPQRA) 방법 도입 방안 마련 연구」(2020년), 한국산업안전보건공단 산업안전보건연구원
- 권오헌 외, 『실무 기계안전공학』(2008), 신광출판사
- 기도형, 『시스템적 산업안전관리론』(2018), 한경사

- 김대식, 『최신산업인간공학』(2015), 형설출판사
- 김두현 외, 『전기안전공학』, 동화기술
- 김의수, 『기계안전공학』(2022), 동화기술
- 김재형 외, 『디자인 인간공학』(2022), 세이프티퍼스트닷뉴스
- 김진현, 「추락보호구로서의 안전모 관련 기준 등 개정 연구」(2012), 한국산업안전보건공단
- 대한산업안전협회, 「안전교육교안 사고 발생 시 대처요령」
- 박대성, 『건설공사 안전관리』(2014), 구미서관
- 박동욱 외, 『산업보건학』(2019), 한국방송통신대학교출판문화원
- 박병호, 『2023 Win-Q 산업안전기사 필기 단기합격』(2023), 시대고시기획
- 박상문, 「대학기초화학」(2011), 신라대학교
- 박희석 외, 『인간공학』(2018), 한경사
- 산업통상자원부, 「ESS 전기안전관리자 가이드북」
- 정명진 외, 『기계설비안전』(2023), 화수목
- 정병용, 『디자인과 인간공학』(2012), 민영사
- 정병용·이동경, 『현대인간공학』(2016), 민영사
- 정진우, 『산업안전관리론』(2023), 중앙경제
- 최돈묵 외, 「화재조사실무Ⅰ」(2024), 중앙소방학교
- 추병길, 『기계 설비안전 실무』(2018), 지우북스
- 한국민족문화대백과사전, 한국공업규격
- 한국산업안전보건공단, 「2024 만화로 보는 산업안전보건기준에 관한 규칙」(2023)
- 한국산업안전보건공단, 「안전보건경영시스템(KOSHA-MS) 구축지원 사업안내」(2020)
- 한국산업안전보건공단, 「지게차 작업안전 매뉴얼」(2019)
- 한국산업안전보건공단, 「현장작업자를 위한 소화기 종류와 사용방법」(2016)
- 한국산업안전보건공단, 「화재·폭발·누출 사고예방 가이드북」(2018)
- 한국산업안전보건연구원, 「폭발압력방산구에 의한 폭발·화재 방호대책에 관한 연구」(1991)
- 한국소방안전원, 「1급 강습교재 소방안전관리자 제1권」(2024)
- 한국소방안전원, 「1급 강습교재 소방안전관리자 제2권」(2024)
- 한국소방안전원, 「강습교재 위험물안전관리자」(2024)
- 한국소방안전원, 「위험물안전관리자 강습교육 교재」(2024)
- 한국전기안전공사, 「전기안전작업 요령에 관한 지침」(2021)
- Christopher D. Wickens, 『인간공학』(2018), 시그마프레스
- Donald A. Norman, 『도널드 노먼의 디자인과 인간심리』(2016), 학지사
- KOSHA Guide B-5-2011 조선업 안전점검 기술지침
- KOSHA Guide B-M-11-2025 지게차의 안전작업에 관한 기술지원규정
- KOSHA Guide B-M-14-2025 연삭기 안전작업에 관한 기술지원규정
- KOSHA Guide C-26-2017 낙하물 방지망 설치 지침

- KOSHA Guide C-27-2011 낙하물 방호선반 설치 지침
- KOSHA Guide C-29-2017 수직보호망 설치 지침
- KOSHA Guide C-45-2012 터널공사(NATM 공법) 안전보건작업 지침
- KOSHA Guide C-47-2023 해체공사 안전보건작업 기술지침
- KOSHA Guide C-48-2022 건설기계 안전보건작업 지침
- KOSHA Guide C-53-2012 프리캐스트 콘크리트 건축구조물조립 안전보건작업 지침
- KOSHA Guide C-105-2022 굴착기 안전보건작업 지침
- KOSHA Guide D-9-2016 플랜지 및 개스킷 등의 접합부에 관한 기술지침
- KOSHA Guide D-12-2012 분진폭발방지에 관한 기술지침
- KOSHA Guide D-18-2020 안전밸브 등의 배출용량 산정 및 설치 등에 관한 기술지침
- KOSHA Guide D-52-2013 배관계통의 공정설계에 관한 기술지침
- KOSHA Guide D-64-2018 원심펌프의 최소유량 선정 및 펌프 설치 등에 관한 기술지침
- KOSHA Guide D-67-2020 안전밸브와 파열판 직렬설치에 관한 기술지침
- KOSHA Guide E-6-2012 전기개폐장치의 관리에 관한 기술지침
- KOSHA Guide E-15-2012 개폐장치의 사용에 관한 기술지침
- KOSHA Guide E-43-2012 과전류 보호장치가 없는 저압용 누전차단기에 관한 기술지침
- KOSHA Guide E-54-2012 누전차단기의 일반관리에 관한 기술지침
- KOSHA Guide E-55-2022 절연용 방호구의 선정, 사용 및 관리 등에 관한 기술지침
- KOSHA Guide E-85-2017 전기설비 설치상의 안전에 관한 기술지침
- KOSHA Guide E-88-2011 감전방지용 누전차단기 설치에 관한 기술지침
- KOSHA Guide E-96-2011 산업용 기계설비의 비상정지장치 설계에 관한 기술지침
- KOSHA Guide E-105-2011 전기작업안전에 관한 기술지침
- KOSHA Guide E-107-2011 건축물 등의 피뢰설비 설치에 관한 기술지침
- KOSHA Guide E-116-2021 과전류 보호장치 선정 및 설치에 관한 기술지침
- KOSHA Guide E-164-2017 특정용도의 전기기계·기구 설치에 관한 기술지침
- KOSHA Guide E-165-2017 전기작업용 기구, 장치 등의 용어에 관한 지침
- KOSHA Guide E-179-2020 정전기 오염방지에 관한 기술지침
- KOSHA Guide E-188-2021 정전기 재해예방에 관한 기술지침
- KOSHA Guide G-104-2020 화재 및 화학물질 누출사고 대응을 위한 비상조치계획에 관한 지침
- KOSHA Guide G-119-2015 인력운반작업에 관한 안전가이드
- KOSHA Guide G-135-2021 스마트팩토리 안전시스템 평가에 관한 기술지침
- KOSHA Guide G-120-2015 인적에러 방지를 위한 안전가이드
- KOSHA Guide H-9-2022 근골격계부담작업 유해요인조사 지침
- KOSHA Guide H-66-2012 근골격계질환 예방을 위한 작업환경개선 지침
- KOSHA Guide H-158-2021 물질안전보건자료 교육 실시에 관한 지침
- KOSHA Guide K-1-2023 유해화학물질 저장 운반 및 취급에 관한 기술지침

- KOSHA Guide M-69-2012 압력용기의 잔여수명 평가에 관한 기술지침
- KOSHA Guide M-82-2011 타워크레인의 설치·조립·해체작업에 관한 기술지침
- KOSHA Guide M-101-2012 컨베이어의 안전에 관한 기술지침
- KOSHA Guide M-122-2012 프레스 방호장치의 선정·설치 및 사용 기술지침
- KOSHA Guide M-125-2012 혼합기의 안전작업에 관한 기술지침
- KOSHA Guide M-135-2023 고무 또는 합성수지 가공용 롤러기 방호조치에 관한 기술지침
- KOSHA Guide M-137-2023 기계의 제작 구매 사용 시 안전기준에 관한 기술지침
- KOSHA Guide M-138-2012 프레스 금형작업의 안전에 관한 기술지침
- KOSHA Guide M-146-2012 고령화 설비의 손상평가와 수명예측에 관한 기술지침
- KOSHA Guide M-148-2012 기어 및 감속기의 유지보수에 관한 기술지침
- KOSHA Guide M-149-2012 송풍기의 보수유지에 관한 기술지침
- KOSHA Guide M-186-2015 크레인 달기기구 및 줄걸이 작업용 와이어로프의 작업에 관한 기술지침
- KOSHA Guide M-187-2016 사출성형기 방호조치에 관한 기술지침
- KOSHA Guide M-192-2017 기계안전을 위한 제어시스템의 안전 관련 부품류 설계 기술지침
- KOSHA Guide P-71-2012 건조설비 설치에 관한 기술지침
- KOSHA Guide P-75-2011 인화성 액체의 안전한 사용 및 취급에 관한 기술지침
- KOSHA Guide P-80-2022 불활성가스 치환에 관한 기술지침
- KOSHA Guide P-84-2021 결함수 분석에 관한 기술지침
- KOSHA Guide P-93-2020 유해·위험설비의 점검·정비·유지관리 지침
- KOSHA Guide P-101-2023 비상조치계획 수립에 관한 기술지침
- KOSHA Guide P-102-2021 사고 피해예측 기법에 관한 기술지침
- KOSHA Guide P-107-2020 최악 및 대안의 사고 시나리오 선정에 관한 기술지침
- KOSHA Guide P-108-2023 안전운전절차서 작성에 관한 기술지침
- KOSHA Guide W-14-2022 경고표지 작성 지침
- KOSHA Guide X-38-2014 체크리스트를 이용한 사업장의 리스크 평가 기술지침
- KSH Guidance E-G-1-2025 근골격계질환 예방에 관한 기술지원규정
- Spirax sarco, 「Steam people」(2022.06)

참 / 고 / 사 / 이 / 트

- 국가건설기준센터(www.kcsc.re.kr)
- 국가기술표준원(www.kats.go.kr)
- 국가법령정보센터(www.law.go.kr)
- 나무위키(namu.wiki)
- 네이버 블로그 가스/화공 기술안전연구소(blog.naver.com/chemsafetylab)
- 네이버 블로그 엑셀이가 사는 곳(blog.naver.com/skarudd83)
- 네이버 블로그 은아빠의 블로그(blog.naver.com/safe1825)
- 네이버 블로그 프로텍 컨설팅(blog.naver.com/proteccon)
- 대한심폐소생협회(www.kacpr.org)
- 동신대학교 소방안전학과(fire.dsu.ac.kr/fire) Part Ⅰ 연소공학
- 동신대학교 소방안전학과(fire.dsu.ac.kr/fire) Part Ⅱ 화재공학 화재이론-보충자료
- 동신대학교 소방안전학과(fire.dsu.ac.kr/fire) Part Ⅲ 소화이론
- 손태일, 기계공작법(slidesplayer.org/slide/11219446)
- 에듀넷(www.edunet.net)
- 티스토리 또또찡의 블루스(ttottoblues.tistory.com/)
- 티스토리 산업재해예방(summitsec.tistory.com)
- 티스토리 소방의 모든 것(allsobang.tistory.com)
- 티스토리 소방이야기(cookyjsh.com/18)
- 티스토리 [공학나라] 기계 공학 기술정보(mechengineering.tistory.com)
- 한국교육학술정보원 KOCW(www.kocw.net)
- 한국민족문화대백과사전(encykorea.aks.ac.kr)
- 한국산업안전보건공단(www.kosha.or.kr/kosha)
- 한국적합성평가원
- ㈜캠코엔지니어링(www.kemcoeng.co.kr)
- Qlight, 기술자료(www.qlight.com/kr/customer-support/technical-information)

행운이란 100%의 노력 뒤에 남는 것이다.

– 랭스턴 콜먼 –

많이 보고 많이 겪고 많이 공부하는 것은
배움의 세 기둥이다.

– 벤자민 디즈라엘리 –

무단뽀 산업안전기사 필기

개정1판1쇄 발행	2025년 10월 10일 (인쇄 2025년 08월 14일)
초 판 발 행	2025년 04월 10일 (인쇄 2025년 02월 26일)
발 행 인	박영일
책 임 편 집	이해욱
편 저	황정호 · 추철웅 · 심용섭 · 김홍관
편 집 진 행	윤진영 · 오현석
표지디자인	권은경 · 길전홍선
편집디자인	정경일 · 박동진
발 행 처	(주)시대고시기획
출 판 등 록	제10-1521호
주 소	서울시 마포구 큰우물로 75 [도화동 538 성지 B/D] 9F
전 화	1600-3600
팩 스	02-701-8823
홈 페 이 지	www.sdedu.co.kr
I S B N	979-11-383-9614-1(13500)
정 가	37,000원

※ 저자와의 협의에 의해 인지를 생략합니다.
※ 이 책은 저작권법의 보호를 받는 저작물이므로 동영상 제작 및 무단전재와 배포를 금합니다.
※ 잘못된 책은 구입하신 서점에서 바꾸어 드립니다.

안전이 곧 경쟁력! 산업안전 시리즈

산업안전(산업)기사란?

제조 및 서비스업 등 각 산업현장에 소속되어 산업재해 예방계획 수립에 관한 사항을 수행하여 작업환경의 점검 및 개선에 관한 사항, 사고사례 분석 및 개선에 관한 사항, 근로자의 안전교육 및 훈련 등을 수행하는 직무이다.

산업안전지도사란?

외부전문가인 지도사의 객관적이고도 전문적인 지도·조언을 통하여 사업장 내에서의 기존의 안전상의 문제점을 규명하여 개선하고 생산라인 관계자에게 생산현장의 생산방식이나 공법 도입에 따른 안전대책 수립에 도움을 주는 직무이다.

무단뽀 산업안전기사 필기
+무료 동영상(기출) 강의

단기합격을 위한 핵심요약 이론
실제 기출 선지를 활용한 OX/빈칸문제
과년도+최근 기출(복원)문제 및 상세한 해설

기출이 답이다 산업안전산업기사
필기 9개년 기출문제집

최근 9개년 기출(복원)문제 수록
2025년 최신 출제기준 반영
개정 산업안전보건법 반영

기출이 답이다 산업안전지도사 1차
10개년 기출문제집

시험에 자주 나오는 문제를 분석한 핵심이론
최근 10개년 기출(복원)문제 수록
이론서가 필요 없는 자세한 해설 수록

기출이 답이다 산업안전지도사 2+3차
건설안전공학

시험에 자주 나오는 문제를 분석한 핵심이론
2차 12개년 기출문제 수록
3차 면접 기출복원문제 및 예상문제 수록

※ 도서의 구성 및 이미지는 변경될 수 있습니다.

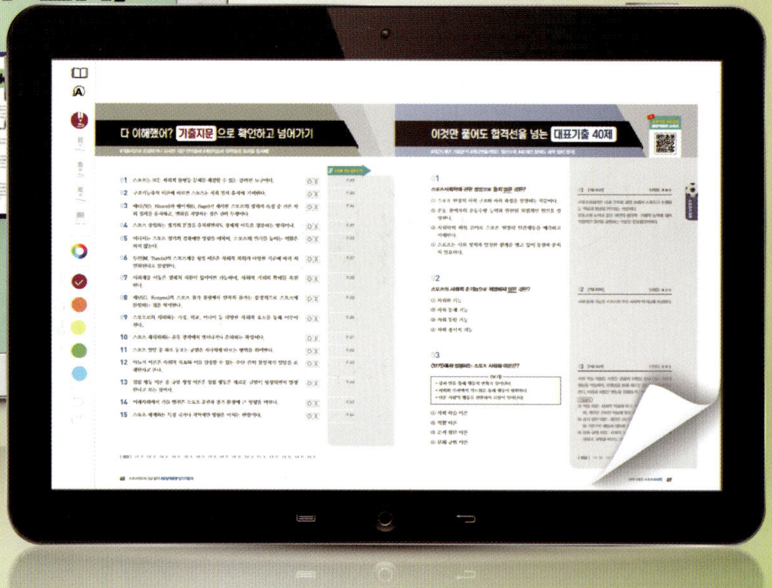